U0809656

2024中国国际油气勘探技术年会论文集

Proceedings of 2024 China International Oil and Gas Exploration Technology Annual Conference

李俊军　宋宁　黄凌　等编

Written by Junjun Li, Ning Song, Ling Huang etc.

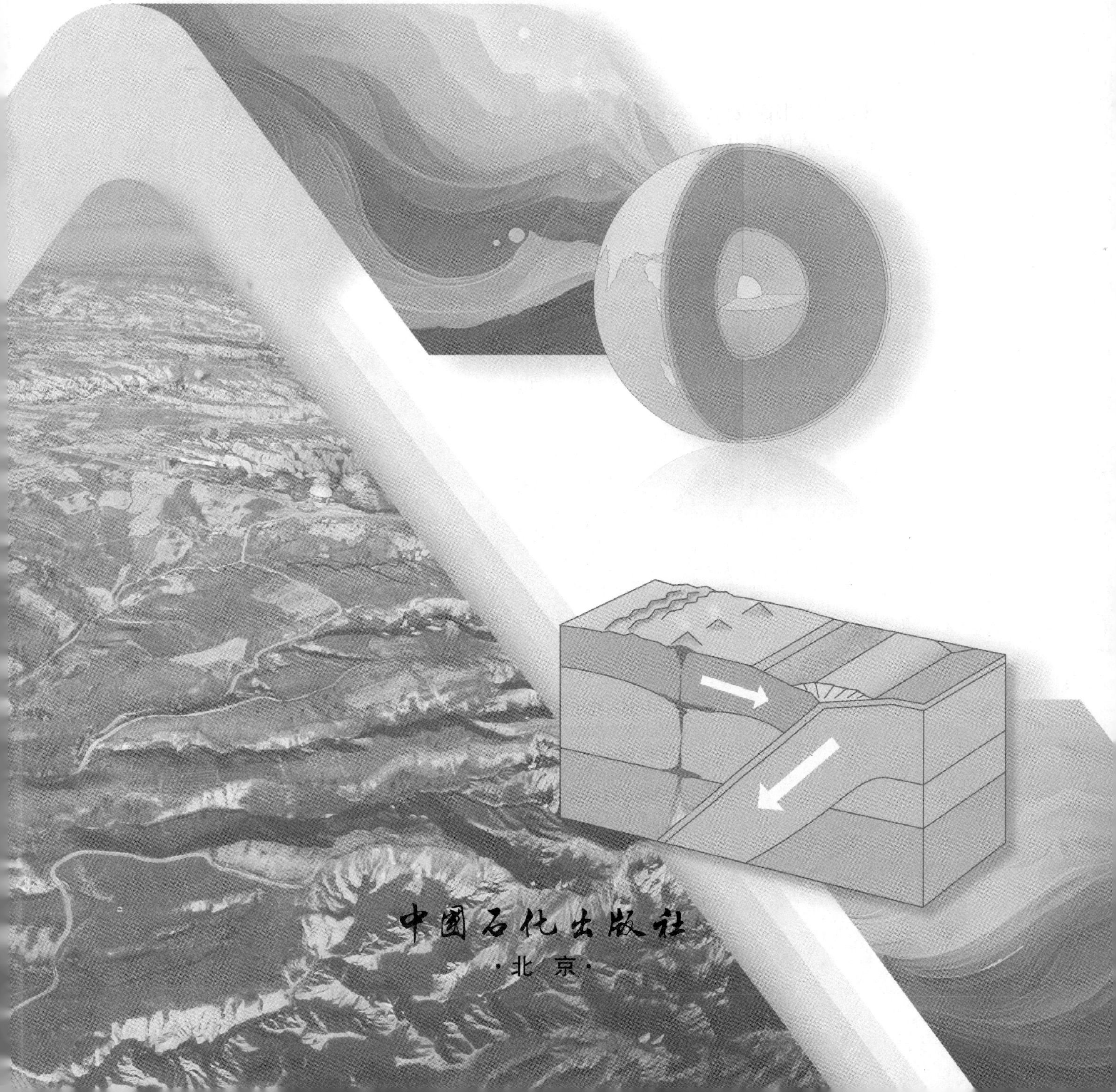

中国石化出版社

·北　京·

图书在版编目(CIP)数据

2024 中国国际油气勘探技术年会论文集 / 李俊军，
宋宁，黄凌编. —北京 ：中国石化出版社，2024. 8.
ISBN 978-7-5114-7636-4

Ⅰ. TE1

中国国家版本馆 CIP 数据核字第 2024SR0928 号

未经本社书面授权，本书任何部分不得被复制、抄袭，或者以任何形式或任何方式传播。版权所有，侵权必究。

中国石化出版社出版发行

地址:北京市东城区安定门外大街 58 号
邮编:100011 电话:(010)57512500
发行部电话:(010)57512575
http://www. sinopec-press. com
E-mail:press@ sinopec. com
北京艾普海德印刷有限公司印刷
全国各地新华书店经销

*

880 毫米×1230 毫米 16 开本 79. 25 印张 2396 千字
2024 年 8 月第 1 版　2024 年 8 月第 1 次印刷
定价:498. 00 元

《2024中国国际油气勘探技术年会论文集》
编　委　会

主　任：李俊军

副主任：（按姓氏笔画排序）

关晓东　孙丙向　芦文生　杜向东　杨　雨　尚　捷
周新桂　胡宗全　钟太贤　高阳东　黄先雄　蔡勋育
魏登峰

委　员：（按姓氏笔画排序）

万永平　王小军　王凤琴　王必金　王永东　王延光
王良军　王贵文　牛小兵　文　龙　邓　勇　朱相羽
刘　军　刘国勇　刘金水　刘显阳　孙　虎　孙宝江
孙建芳　牟汉生　李晓光　李培明　李瑞磊　杨　勇
杨海军　杨跃明　杨彩虹　何东博　何发岐　何登发
邹　刚　沈　华　宋　宁　宋　永　张迎朝　张尚虎
张菲菲　张锦宏　陈　宝　陈　涛　陈长伟　武　玺
罗晓容　周家雄　屈　刚　胡英杰　柳　波　段金宝
姜福杰　秦　强　唐海忠　黄　凌　黄旭日　曹　宏
曹自成　阎卫军　梁　兴　舒红林　熊　亮　熊先钺
魏志红

序

在全球能源结构经历深刻变革之际，油气勘探行业正站在新的历史起点上。面对日益严峻的资源环境挑战和不断升级的技术工艺需求，中国油气勘探领域迎来了前所未有的挑战，勘探开发目标转向深层–超深层、低渗–特低渗、高温、高压、高盐等极端地质条件下的油气藏；研究对象从传统流程、传统技术、传统方法快速迭代发展到新思想、新技术、新方法。与此同时，油气勘探开发行业把大数据、人工智能等新兴技术引入本行业中，新成果如同雨后春笋般不断涌现。

为了初步总结“十四五”期间和“油气增储上产七年行动计划”实施中油气勘探开发取得的新成果、新进展，探讨相关理论与技术进展，中国石油学会联合中国石油、中国石化、中国海油、中国地质调查局油气资源调查中心等单位共同主办“2024 年中国国际油气勘探技术年会暨新技术成果展”，旨在汇聚国内外专家学者和行业精英，共同探讨油气勘探技术的挑战与机遇，交流油气勘探开发行业最新进展与未来趋势。本次大会不仅是一次技术盛宴，更是一次智慧的碰撞与交融。在此，对广大技术人员的积极参与和各相关单位的大力支持致以崇高敬意和衷心感谢！

本届大会在筹备过程中收到了数百篇投稿论文，经过严格筛选，精选出一批具有创新性和实践价值的成果，编纂成本论文集。这些论文主题涉及油气勘探开发多个领域，内容涵盖常规油气勘探成果、非常规油气勘探成果、深层–超深层油气勘探成果、油气勘探钻录测完井及压裂技术与装备等方面，具体包括，致密砂岩和特殊岩性储层表征、多维地震采集和属性反演、油气藏预测评价、油气勘探开发实验、地质工程一体化、解释建模一体化、岩石物理实验与地质物探结合储层预测、油气藏数值模拟、智能化–数字化油气勘探、陆相页岩气储层特征、页岩气井生产制度优化、特殊油气藏勘探开发实践、双碳和 CCUS、压裂与检测等多个领域的新技术。所录论文不仅具有深厚的理论基础，更具备现实的指导意义和应用价值，充分体现了当下中国油气勘探开发技术发展的深度和广度，每一篇都凝聚着作者的心血和智慧，必将为推动全球油气勘探的技术进步贡献中国智慧和中国方案。

在此，我对所有参与本届年会的论文作者、参会代表以及支持单位表示衷心感谢。让我们携手共进、共创中国油气勘探行业的美好未来。

贾承造
中国科学院院士

Foreword

As the global energy structure undergoes profound changes, the oil and gas exploration industry is now standing at a new historical starting point. In the face of increasingly severe resource and environmental challenges and upgrading technical and process demands, China's oil and gas exploration field has ushered in unprecedented challenges. The exploration and development targets have shifted to deep/ultra-deep, low-permeability/extra-low-permeability oil and gas reservoirs under high temperature, high pressure, high salt and other extreme geological conditions; and the research objects have evolved rapidly and iteratively from traditional processes, technologies, and methods to new ideas, technologies, and methods. At the same time, emerging technologies such as big data and AI have been introduced into the industry, with new results sprung up.

In order to summarize the new results and progress made in oil and gas exploration and development during the "14th Five-Year Plan" period and the "Seven-Year Action Plan for Increasing Oil and Gas Reserves and Production", and to discuss the relevant theoretical and technological progress, Chinese Petroleum Society, partnering with PetroChina, Sinopec, CNOOC, and the Oil and Gas Resources Survey Center, China Geological Survey etc., will hold the 2024 China International Oil and Gas Exploration Technology Annual Conference and Technological Achievements Exhibition, aiming to bring together experts, scholars and industry elites from China and abroad to discuss the challenges and opportunities of oil and gas exploration technology, and to exchange views on the latest progress and future trends of the industry. The Conference is a feast of technologies and also a collision of wisdom. We would like to express our respect and thanks for the active participation of technicians and the strong support from all the relevant organizations.

Hundreds of papers were received during the preparation of the Conference, a number of which with innovative and practical value were selected and compiled into this proceedings after strict screening. These papers cover a wide range of areas in oil and gas exploration and development, including conventional oil and gas exploration results, unconventional oil and gas exploration results, deep and ultra-deep oil and gas exploration results, as well as drilling, logging, completion and fracturing technologies and equipment for oil and gas exploration. Specifically, they include the characterization of tight sandstone and special lithologic reservoirs, multi-dimensional seismic acquisition and attribute inversion, prediction and evaluation of oil and gas reservoirs, oil and gas exploration and development experiments, integration of geology and engineering, interpretation and modeling, petrochemical experiments and geological geophysical prospecting combined with reservoir prediction, numerical simulation of oil and gas reservoirs, intelligent-digital oil and gas exploration, characteristics of continental shale gas reservoirs, optimization of shale gas well production system, exploration and development practice of special oil and gas reservoirs, dual carbon and CCUS, fracturing and detection, and other new technologies. These papers have a profound theoretical foundation, as well as practical guiding significance and application value, fully reflecting the depth and breadth of China's current oil and gas exploration and development technology development. Each of the papers embodies the author's hard work and wisdom, and will surely contribute Chinese wisdom and Chinese solutions to promote the technological progress of global oil and gas exploration.

We would like to express our thanks to all the authors, delegates and supporting organizations for their participation in this conference. Let us work together to create a bright future for China's oil and gas exploration industry.

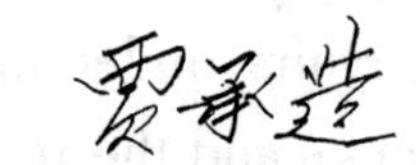

中国科学院院士

前　言

2014年6月，习近平总书记提出“四个革命、一个合作”能源安全新战略，明确了我国能源发展的战略方向，为我国统筹能源高质量发展和高水平安全提供了根本遵循。在过去十年中，全球经历了新一轮科技革命和产业变革深入发展，绿色低碳转型加速演进。伴随这一进程，全球能源行业取得了一系列理论与技术重要进展。各大油气田企业和石油院校聚焦科技创新，驱动油气高效勘探，构建新质生产力，加快绿色低碳转型，持续推动行业高质量发展。新理论、新方法和新技术的不断涌现，并大量应用于保障老油田持续生产，提升新油气田储量和产量，全面提升了我国油气勘探开发科技水平。这些进展充分体现了各大油气田企业和科研院所等单位孜孜不辍践行使命担当的努力成就——不断提升我国油气安全保障能力，发展新质生产力，确保国家能源自给自足，不仅为我国能源行业的可持续发展奠定了坚实基础，也为全球能源行业的绿色低碳转型提供了有力支持。

为更好服务油气企业，聚焦科技创新驱动油气高效勘探，培育和发展新质生产力，持续推动油气勘探技术高质量发展，提升能源保供能力，深入交流创新创效经验、共建共享技术成果、聚焦解决“卡脖子”技术攻关，促进企业院所“产—学—研—用”深度融合，中国石油学会联合中国石油油气和新能源分公司、中国石油国际勘探开发有限公司、中国石化油田勘探开发事业部、中国石化国际石油勘探开发有限公司、中国海洋石油有限公司勘探开发部、中国地质调查局油气资源调查中心以“创新驱动技术，推进高效勘探，助力能源转型”为主题，定于2024年8月21-23日在北京举办“2024中国国际油气勘探技术年会暨新技术成果展”。

本次大会得到了国家有关部委、中国石油、中国石化、中国海油、延长石油、中国地质调查局油气资源调查中心、相关高等院校和科研院所等单位广大油气勘探专家和科技工作者的大力支持。大会征集论文共计550余篇，经中国石油学会学术交流部组织专家认真审核，择优收入139篇辑册成集并公开出版发行。全集共分四篇，分别为常规油气勘探成果与关键技术篇，非常规油气勘探成果与关键技术篇，深层超深层油气勘探技术篇，油气勘探钻录测完井、压裂技术篇，内容涵盖常规/非常规油气勘探成果与关键技术和装备，深层超深层油气勘探技术与装备，油气勘探钻录测完井及压裂技术与装备，勘探大数据及人工智能应用技术等领域。论文集由李俊军整体策划，宋宁、黄凌等负责审稿排版，李俊军最终审定。

本书收录的论文来源广泛，主题百花齐放、百舸争流，研究内容涉及多个领域，理论高度与实践广度紧密融合，充分展示了近年来中国油气勘探技术最新研究成果和技术方法。我们希望这本论文集能为读者提供有益的启示和参考，同时向所有论文作者及关心支持中国油气勘探技术发展的各界朋友致以崇高敬意和衷心感谢！

限于编者水平，若有疏漏，敬请谅解。愿我们共同努力，在中国油气勘探技术不断提升的新征程上持续实现技术突破，引领本行业的变革与发展，为全球勘探技术发展做出更大贡献。

本书编委会

2024 年 8 月

Preface

In June 2014, Chinese president Xi Jinping put forward the new energy security strategy of "Four Revolutions and One Cooperation", which clearly defined the strategic direction of China's energy development and provided a fundamental guideline for the country to coordinate high-quality energy development and high-level energy security. Over the past decade, the world has witnessed in-depth development of a new round of scientific and technological revolution and industrial change, as well as the accelerated evolution of green and low-carbon transition. This process has been accompanied by a series of important theoretical and technological advances in the global energy industry. Oil and gas field enterprises and petroleum colleges have focused on scientific and technological innovation, propelling efficient oil and gas exploration, the building of new quality productive forces, accelerated green and low-carbon transition, and continuous high-quality development of the industry. The explosion and massive application of new theories, methods and technologies to safeguard the continuous production of old oilfields and increase the reserves and production of new oil and gas fields have comprehensively upgraded the scientific and technological level of China's oil and gas exploration and development. These developments have fully reflected the achievements of oil and gas field enterprises, research institutes and other organizations that have been tirelessly practicing their mission – continuously improving China's oil and gas safety and security capabilities, developing new quality productive forces, and ensuring the country's energy self-sufficiency, which lays a solid foundation for the sustainable development of China's energy industry and also provides strong support for the green and low-carbon transition of the global energy industry.

With aims to better support oil and gas enterprises, focus on innovation-driven and efficient exploration, foster new quality productive forces, further promote the high-quality development of oil and gas exploration technology, as well as to enhance the energy supply capacity and promote in-depth exchange of innovation and efficiency experience, joint building and sharing of technical achievements, research on "neckstuck" technologies, and the "industry-university-research-application" deep integration, the Chinese Petroleum Society, partnering with PetroChina Oil, Gas & New Energies Company, China National Oil and Gas Exploration and Development Co., Ltd., Sinopec Oilfield Exploration and Development Department, Sinopec International Petroleum Exploration and Production Corporation, CNOOC Exploration Department and the Oil and Gas Resources Survey Center of China Geological Survey, will hold the 2024 China International Oil and Gas Exploration Technology Annual Conference and Technological Achievements Exhibition from August 21 to 23 in Beijing, with the theme of "promoting efficient exploration and energy transition with innovation-driven technology".

The Conference has received strong support from the relevant state ministries and commissions, PetroChina, Sinopec, CNOOC, Yanchang Petroleum, the Oil and Gas Resources Survey Center of China Geological Survey, and the relevant higher education colleges and research institutes, as well as the vast number of experts and scientific and technological workers in the field of oil and gas exploration. A total of more than 550 papers will be collected, of which 140 will be selected as the conference proceedings for publication after review by experts organized by the academic exchange department of the Chinese Petroleum Society. The proceedings will be structured into four chapters (namely, conventional oil and gas exploration results and key technologies, unconventional oil and gas exploration results and key technologies, deep and ultra-deep oil and gas exploration technologies, as well as drilling, logging, completion and fracturing technologies for oil and gas exploration), covering conventional/unconventional oil and gas exploration results and key technologies and equipment, deep and ultra-deep oil and gas exploration technologies and equipment, drilling, logging, completion and fracturing technologies and equipment for oil and gas exploration, exploration big data and AI application technologies, etc. Planned by Li Junjun, the proceedings will be reviewed and typeset by Ning Song, Huang Ling, etc. and finalized by Li Junjun.

Papers included in the proceedings come from various sources, with a diversity of themes and researches covering many fields. Their close integration of theories and practices fully demonstrates the latest research results and technical methods of oil and gas exploration technology in China in recent years. We hope that the proceedings will provide useful insights and references for the readers, and we would like to express our respect and thanks to all the authors of the papers as well as friends from all walks of life who have been concerned about and supported the development of oil and gas exploration technology in China, with apologies for any omissions. May we work together for technological breakthroughs on the new journey of China's oil and gas exploration technology, lead the change and development of the industry, and make greater contributions to the development of global exploration technology.

The Editorial Board

August 2024

目　录

第一篇　常规油气勘探成果与关键技术篇

第二篇　油气勘探钻录测完井、压裂技术篇

第三篇　非常规油气勘探成果与关键技术篇

第四篇 深层超深层油气勘探技术篇

CONTENTS

Chapter Ⅰ Conventional oil and gas exploration results and key technologies

Chapter Ⅱ Drilling, logging, completion and fracturing technologies for oil and gas exploration

Chater Ⅲ Unconventional oil and gas exploration results and key technologies

Chapter Ⅳ Deep and ultra-deep oil and gas exploration technologies

第一篇　常规油气勘探成果与关键技术篇

Chapter Ⅰ　Conventional oil and gas exploration results and key technologies

常规油气剩余资源仍是今后油气增储上产的最现实领域之一。随着技术的进步和创新，相关勘探成果显著。本篇收录了近年来中国及海外在常规油气勘探中取得的理论技术进展及勘探实践成果，包括精细地质综合评价、地震勘探技术、储层评价技术、钻井技术及其在提高勘探效率、降低成本等方面的最新应用成果，以及这些技术在实际应用中面临的挑战和未来发展趋势，希望能有效推动油气资源的可持续开发，为油气勘探领域的科研人员和工程技术人员提供宝贵参考和指导。

Residual conventional oil and gas resources are still one of the most realistic areas for increasing oil and gas reserves and production in the future. With the advancement and innovation of technologies, remarkable results in exploration have been achieved. This chapter contains theoretical and technological advances and results of practices achieved in conventional oil and gas exploration in China and abroad in recent years, including fine geological comprehensive evaluation, seismic prospecting technology, reservoir evaluation technology, drilling technology and results of their last application in improving exploration efficiency and reducing costs, as well as challenges and future trends in the practical application of these technologies. We hope that it will effectively promote the sustainable development of oil and gas resources and provide valuable reference and guidance for scientific researchers and engineering technicians in oil and gas exploration.

鄂尔多斯盆地旬宜地区延长组长 7 段重力流沉积特征及分布规律

王　勇[1]　岳欣欣[2]　朱景修[1]　朱　颜[2]　邢丽娟[2]　王延鹏[2]

（1. 中国石油化工股份有限公司河南油田分公司；2. 中国石油化工股份有限公司河南油田分公司勘探开发研究院）

摘　要　鄂尔多斯盆地南部旬宜地区长 7 段厚层块状砂岩油气显示丰富，具有较好的增储上产潜力。但该区沉积特征及展布认识不清，制约了该区勘探进展。明确长 7 段沉积微相类型、沉积模式及分布规律，对于后续“甜点”区预测具有重要指导意义。以岩心的详细观察与测井资料综合分析为基础，将旬宜地区长 7 段重力流沉积物划分为 4 种岩相类型：韵律层砂岩相、块状砂岩相、滑塌混杂相、泥页岩相，分别对应浊积岩、砂质碎屑流、滑动-滑塌及泥页岩四种沉积物，其中浊流沉积具备正粒序特征，砂质碎屑流以块状砂岩为主，见泥岩撕裂屑，滑动-滑塌沉积见变形构造，泥页岩以块状构造为主，见凝灰质条带；其中浊积岩、砂质碎屑流这两种沉积物在研究区广泛发育，滑动-滑塌沉积在局部井区发育。建立了沿搬运方向，重力流沉积物呈现滑塌沉积-砂质碎屑流沉积-浊流沉积渐变的沉积模式。砂质碎屑流砂体厚度大、连片分布，具有较好的储集性和含油性，是旬宜地区长 7 段有利储集体。

关键词　重力流沉积；砂质碎屑流；浊流；沉积模式；旬宜地区

Sedimentary characteristics and distribution rules of gravity flow in Chang 7 Member of Yanchang Formation, Xunyi area, Ordos Basin

Wang Yong[1]　Yue Xinxin[2]　Zhu Jingxiu[1]　Zhu Yan[2]　Xing Lijuan[2]　Wang Yanpeng[2]

（1. Sinopec Henan Oilfield Branch；2. Exploration and Development Research Institute of Sinopec Henan Oilfield Branch）

Abstract　The thick block sandstone of chang 7 member in xunyi area of southern Ordos Basin is rich in oil and gas，and has good potential for increasing storage and production. However，the unclear understanding of sedimentary characteristics and distribution restricts the progress of exploration in this area. Defining the sedimentary microfacies types，sedimentary models，and distribution rules of the chang 7 member is crucial for guiding subsequent“sweet spot”area prediction. Based on detailed core observation and comprehensive analysis of logging data，gravity flow sediments of the chang 7 member in xunyi area are categorized into four lithofacies types：Rhythmical sandstone facies，massive sandstone facies，slump hybrid facies，and mudshale facies corresponding to turbidite，sandy clastic flow，slip-slump，and mudshale respectively. Turbidite deposits have positive grain order characteristics，sandy clastic flow is dominated by massive sandstone and mudstone tear debris，slip-slump deposit is deformed structure，mudshale is dominated by massive structure and tuffaceous bands. Turbidite and sandy clastic flow sediments are widely distributed in the study area with slip-slump deposits being localized in well areas. The sedimentary model of gravity flow sediments along the transport direction is established，which presents a gradual gradient of sling-clastic flow sediments，sandy clastic flow sediments and turbidity current sediments. The sandy clastic flow sand body has large thickness，contiguous distribution，good reservoir property and oil content，and is a favorable reservoir group of chang 7 member in xunyi area.

Key words　Gravity-flow deposit；Sandy debris flow；Turbidity current；Sedimentary model；XunYi area

鄂尔多斯盆地是一个发育在太古代-早元古代结晶基底之上的大型多旋回克拉通盆地，由晋西挠褶带、西缘冲断带、渭北隆起、北部伊盟隆起以及天环坳陷和伊陕斜坡等6个构造单元组成(图1)。晚三叠世延长组沉积期，华北陆块与扬子陆块碰撞拼接，受秦岭造山活动的影响，在鄂尔多斯地区西南部形成了大型陆相坳陷湖盆，湖盆演化经历了一个形成-发展-全盛-消亡的完整旋回。长7期经历了晚三叠世最大的一次湖泛事件，强烈的构造活动使得盆地基底迅速沉降，发生快速湖侵，形成大范围的深水沉积，半深湖、深湖区范围可以达到$6.5\times10^4km^2$。

近些年，鄂尔多斯盆地内部深水重力流沉积砂岩油气勘探成果表明，盆地内重力流砂岩为有利的油气储集体，其蕴含着丰富的油气资源，已成为盆地油气可持续勘探开发的重要领域。前人对鄂尔多斯盆地延长组深水重力流沉积做了大量研究(邹才能等，2009；李相博等，2009；袁珍等，2011；邓秀芹等，2011；杨华等，2015；付金华等，2015)，但针对旬宜地区长7段重力流沉积类型、沉积特征、分布规律研究较少。本文以鄂尔多斯盆地南部旬宜地区长7段重力流沉积为研究对象(图1)，通过岩心观察、测井等资料，在对该地区深水重力流沉积类型、沉积特征研究的基础上，明确不同沉积微相平面展布规律，建立重力流沉积模式，有助于预测有利储集体分布区，对油气勘探开发具有重要的指导意义。

1　研究区地质概况

旬宜探区位于盆地南缘，横跨了伊陕斜坡及渭北隆起两个一级构造单元(图1)，长7沉积期为深湖-半深湖沉积背景，发育一套富有机质页岩及细粒砂岩沉积。近年来的油气勘探表明，与深湖相油页岩共生的长7重力流砂岩储层具有先天优越的成藏条件，容易形成规模比较大的岩性油气藏，旬宜地区钻探发现了多个出油点，并提交了三级储量。本次研究主要层位是中生界三叠系上统延长组长7段。

2　重力流沉积物特征分析

通过对旬宜地区延长组长7段50余口取心井岩心观察与描述，发现重力流沉积物常夹于黑色、灰黑色的深湖泥岩中，不同类型的重力流沉

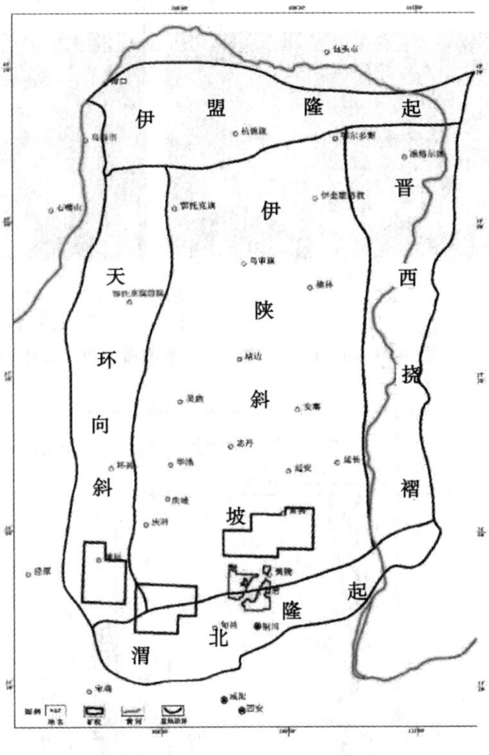

图1　旬宜地区位置图

积物发育的沉积构造差异明显。本文结合岩心、测井特征分析，将区内重力流沉积物划分为4种岩相类型。

2.1　韵律层砂岩相

2.1.1　沉积构造特征

韵律层砂岩相主要沉积在半深湖-深湖环境中，对应沉积物为经典浊积岩。浊流是一种富含水、泥、砂等物质的高密度流，流态为紊流，以水流扰动支撑颗粒进行悬浮状态搬运，当外力消失时，其通过悬浮沉降的方式卸载内部的沉积物颗粒，随着水动力条件的减弱，水流扰动强度降低，颗粒按照密度大小依次发生沉降，形成了向上变细的正粒序。

韵律层砂岩相主要由细砂岩、粉砂岩构成，发育正粒序，厚度薄、但发育期次多。在粒序层理砂岩之上，可出现平行层理、小-中型交错层理、水平层理以及沙纹层理等沉积构造，表现为不完整的鲍马序列ABE、DE等(图2a、图2b)。

由于浊流内部呈紊乱的流动状态，在流动过程中能对下伏地层产生冲刷侵蚀，产生小沟槽，又被后期上覆砂岩充填，在浊积岩层的底部形成沟模、槽模等底层面构造(图2c)。除此以外，浊积砂体底部发育同生变形构造，如火焰构造(图2a)。火焰状构造底部为半深湖-深湖暗色泥岩，构成底部

与下伏突变、顶部渐变的岩性接触关系。测井曲线以钟型为主，展现正韵律特征(图 3)。

(a)　　(b)　　(c)

图 2　旬宜地区长 7 段经典浊积岩的沉积构造特征

(a)建 1 井，973.6m，长 7_1，多个不完整鲍马序列，ABE、DE；(b)建 1 井，991.85m，波状层理；(c)渭北 37 井，699.4m，长 7_1，槽模

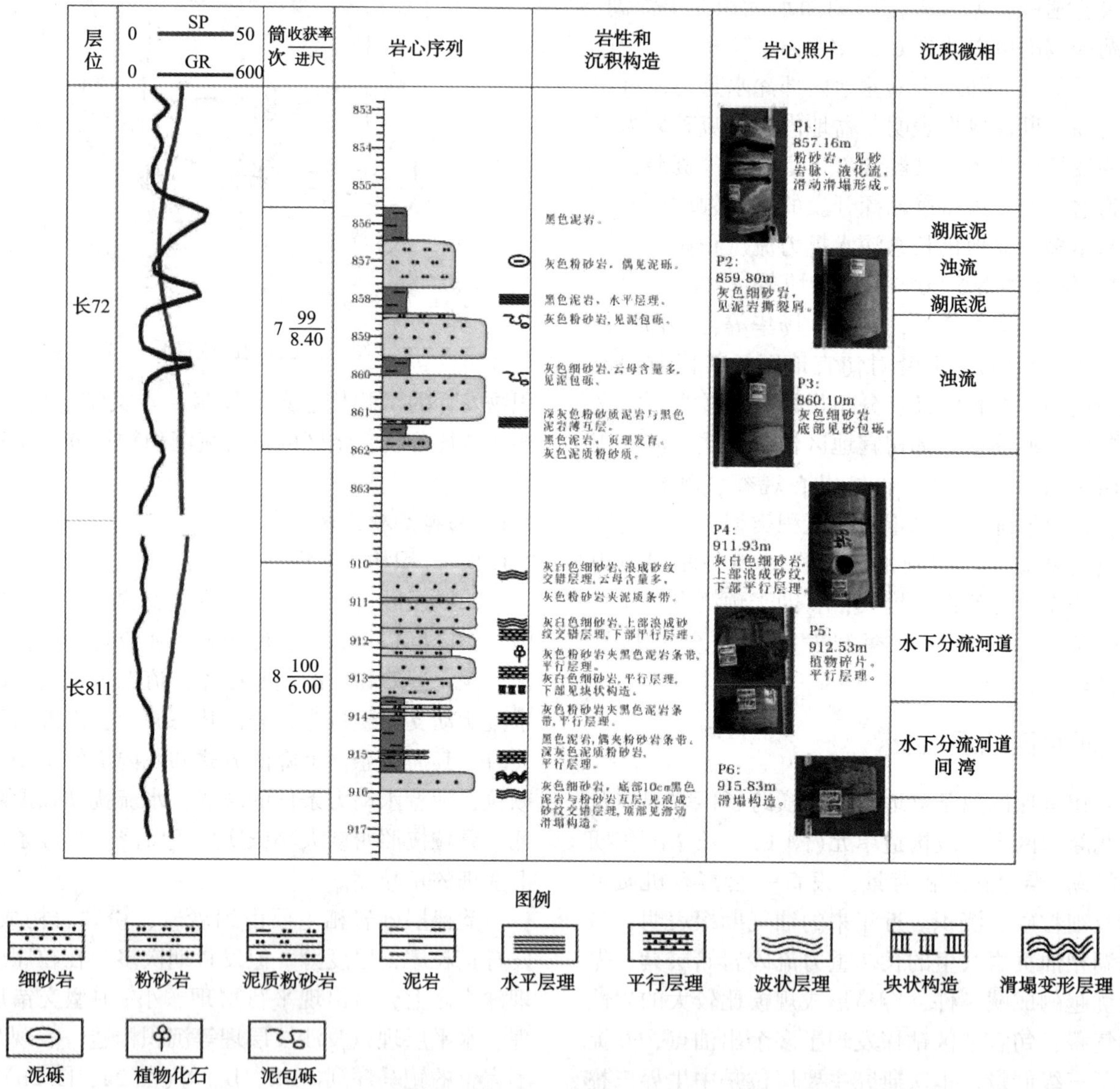

图 3　渭北 5 井长 7 段岩心综合图

2.1.2　岩石学特征

研究区浊流沉积砂体以灰色细砂岩、粉砂岩、粉砂质泥岩为主。结合分析化验样品，浊流储层岩性为细砂岩、粉砂岩，细砂岩碎屑组分具有高石英(48%)、低岩屑(15%)的特征(表 1)，主要为长石砂岩、岩屑长石砂岩，黏土矿物中伊/蒙混层含量最高，其次伊利石，绿泥石含量较少，不含高岭石，伊蒙混层蒙脱石比例在 15%~20%，局部发育粒间溶孔(图 4)，孔隙度平均 4.5%，渗透率平均 0.09mD，储层物性较

好、厚度偏薄。

表1　鄂尔多斯盆地旬宜地区长7段浊流砂体碎屑组分

%

层位	石英(Q)	长石(F)	岩屑(R)	岩屑组分		
				火成岩	变质岩	沉积岩
长7	48	31	15	5	9	1

2.2　块状砂岩相

2.2.1　沉积构造特征

块状砂岩相对应沉积岩类型为砂质碎屑流，是一种以砂质为主，可混杂砾石(陆源砾石、泥砾)和泥质的非黏结性碎屑流，流变学属于塑性流，运动状态为层流，以整体冻结的方式发生沉积。由于泥质含量少(最低可为.5%)，因此砂质碎屑流的支撑机制是内部颗粒间的碰撞、分散压力共同作用。

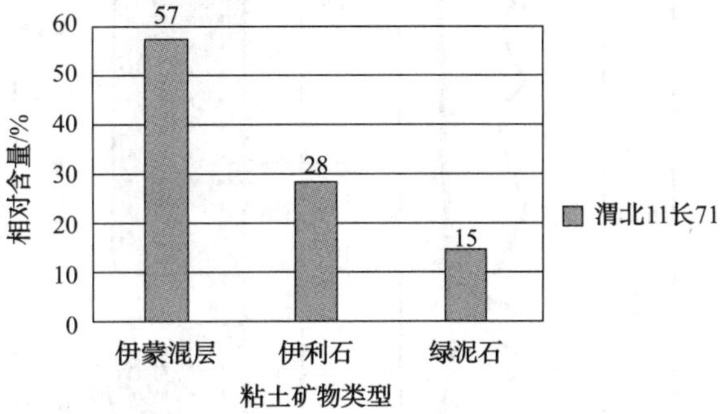

图4　鄂尔多斯盆地旬宜地区长7段浊流砂体显微特征(左)、黏土矿物类型直方图(右)

左：渭北11井707.6m，长7段，粒间溶孔

基于前人的研究，砂质碎屑流沉积一般具有块状构造，富含黑色泥岩撕裂屑。研究区长7段砂质碎屑流沉积物岩性主要为细砂岩，块状构造发育，一般不显示粒序层理(图5a)，反映构成砂质碎屑流的原始物质分选较好，并且在流体的运动过程中泥质混入少，含油性好，为目前研究区重点勘探对象。测井曲线为高幅箱型特征(图6)。部分块状砂岩中富含黑色泥岩撕裂屑，撕裂屑颜色与下伏深水泥岩特征相似，是沉积物搬运过程中对底部半深湖–深湖相黑色泥岩产生侵蚀而形成。该类泥砾呈漂浮状分散于细砂岩中，具有一定的定向性或成层性，大小混杂、毛刺发育(图5b)，反映沉积体呈层状运动且经过短距离搬运快速沉积。测井曲线为高幅、微锯齿箱型特征(图6)。部分砂岩内部发育典型的“泥包砾”结构，即砂质团块被不等厚的泥质薄层所包裹，悬浮在厚层块状砂岩中形成“泥包砾”结构(图5c)。砂质碎屑流沉积物底界面较平整，与上覆、下伏岩层突变接触，这是因为砂质碎屑流呈层状流动，它对下伏的深水沉积物一般不具有侵蚀作用(图5d)。

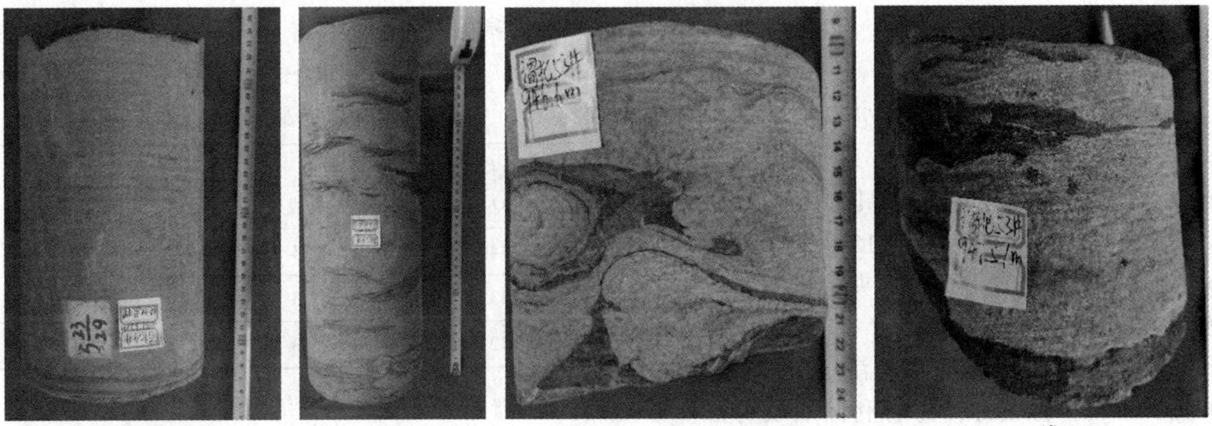

(a)　(b)　(c)　(d)

图5　旬宜地区长7段砂质碎屑流沉积构造特征

(a)渭北4井，灰色细砂岩，1031.3m，长7_1，块状层理；(b)渭北4井，灰色细砂岩，1042m，长7_1，块状层理，泥岩撕裂屑；(c)渭北53，946.6m，长7_1，上部“泥包砾”，下部变形构造；(d)渭北53，947.57m，长7_1，与下伏泥岩突变接触

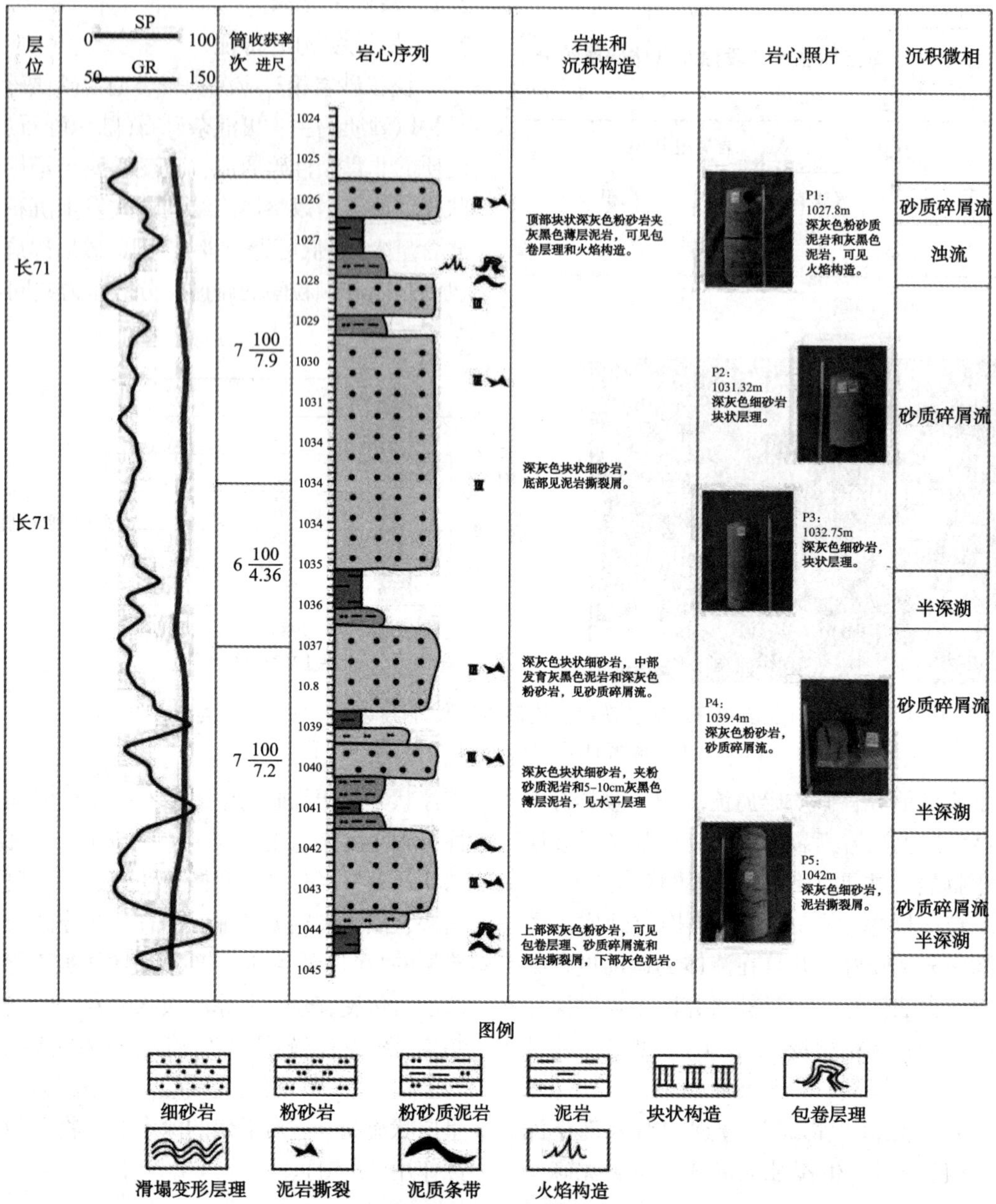

图6　渭北4井长7段岩心综合图

2.2.2　岩石学特征

研究区砂质碎屑流沉积砂体以灰色细砂岩为主。结合分析化验样品，砂质碎屑流储层岩性以岩屑长石砂岩为主，具有高石英(平均42%~44%)、低岩屑(平均15%~20%)的特征(表2)，砂岩较纯，泥质隔夹层不发育，主要发育粒间溶孔，最大孔喉半径0.11~0.3μm，孔隙度4.5%~12.9%，渗透率0.107~0.123mD，物性较好，为有利储层发育区。砂质碎屑流储层黏土矿物中伊/蒙混层含量最高，其次伊利石、绿泥石，高岭石含量较少，伊蒙混层蒙脱石比例均在10%~20%(6口井、73个样品)(图7)。

表2　鄂尔多斯盆地旬宜地区长7段砂质碎屑流砂体碎屑组分　　%

层位	石英(Q)	长石(F)	岩屑(R)	岩屑组分		
				火成岩	变质岩	沉积岩
长7_1	44	36	20	3	11	6
长7_2	43	40	17	3	10	4
长7_3	42	43	15	3	7	5

2.3　滑塌混杂相

滑塌沉积是指当沉积物处于弱固结或者未固结阶段时受外界作用力的影响而失稳垮塌，沉积体顺着斜坡往下滑动并嵌入另外一个正在沉积的异地沉积体里形成的一种重力流，其形成的沉积物为滑塌岩。在滑动和坍塌的过程中，发育砂泥的变形层理，滑塌构造被视为水下斜坡的良好识别标志。砂岩与泥岩接触面或者砂岩与砂岩之间的接触面间发育的滑动面，以及沉积体内部的变形构造是识别滑塌体的重要证据。典型的沉积构造包括多种同生变形构造、岩性角砾化或岩性混杂等。

旬宜地区长7段滑塌沉积相对较少，仅在局部井区发育，通过岩心观察，识别出滑塌岩的典型沉积构造有以下几点：粉砂质泥岩或粉砂岩中发育包卷层理和球枕构造(图8a)，滑塌体中见滑塌角砾沉积(图8b)，沉积岩底部发育滑动面，界面上下岩性差异显著(图8c)，泥岩中见肠状液化砂岩脉(图8d)。

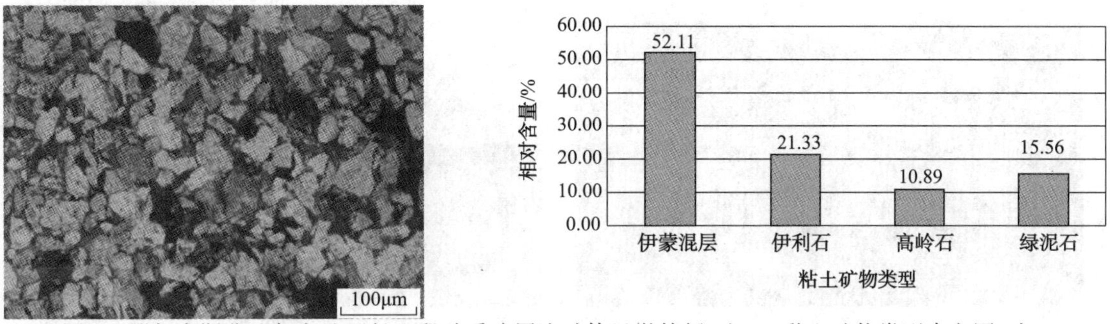

图7　鄂尔多斯盆地旬宜地区长7段砂质碎屑流砂体显微特征(左)、黏土矿物类型直方图(右)

左：渭北67井1174.6m，长7段，粒间溶孔为主，其次为残余粒间孔

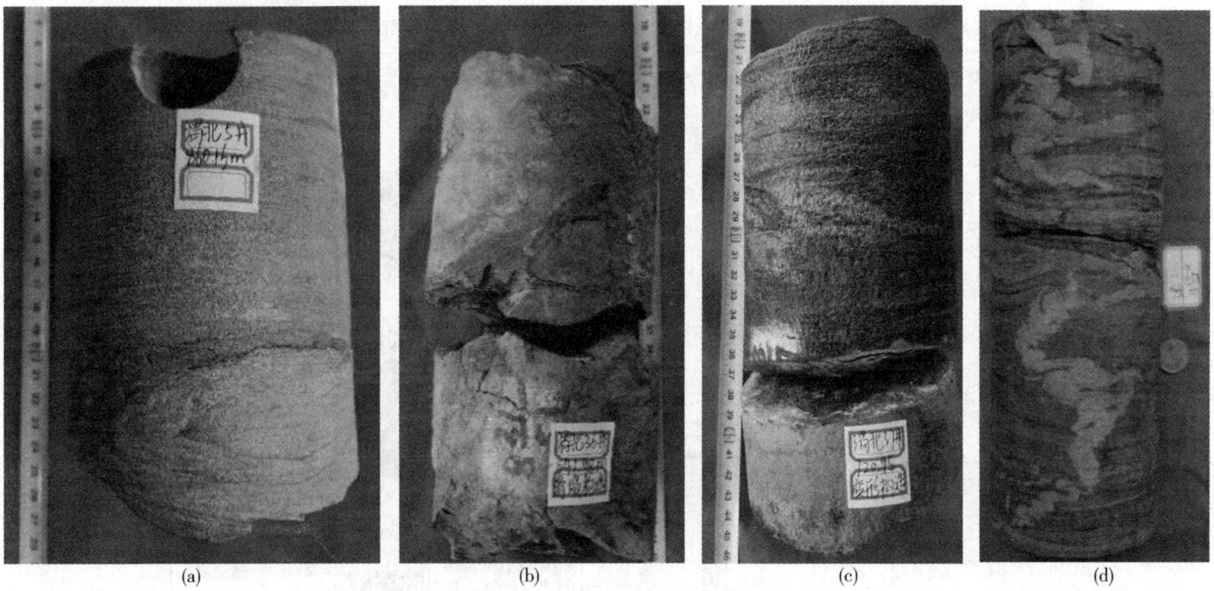

图8　旬宜地区长7段滑塌岩沉积构造特征

(a)渭北5，860.1m，长7_2，球枕构造；(b)渭北36，641.98m，长7_2，滑塌角砾；

(c)渭北37，720.95m，长7_2，变形构造；(d)建1，1015.7m，长7_2，液化砂岩脉，揉皱变形

2.4　泥页岩相

岩性为泥岩、油页岩，页理发育，常见砂质条带、凝灰质条带、水平层理、块状构造，测井曲线为直线型，属于深湖-半深湖相沉积，在探区内广泛发育(图7、图8)。

3　重力流沉积物平面分布及沉积模式

3.1　重力流沉积分布及演化特征

在对区内重力流沉积岩心、测井特征分析基础上，进一步开展地震相、连井相分析，落实重力流沉积物展布。

通过过井地震剖面分析，重力流砂体呈中等振幅，连续性差，相位变化快的特征；三角洲前缘砂体呈强振幅反射，连续性好，前积特征明显(图11)。

结合北东-南西向、北西-南东向两组连井对比剖面，相对较好的控制了旬宜探区延长组长7段沉积相横向展布及纵向演化规律。

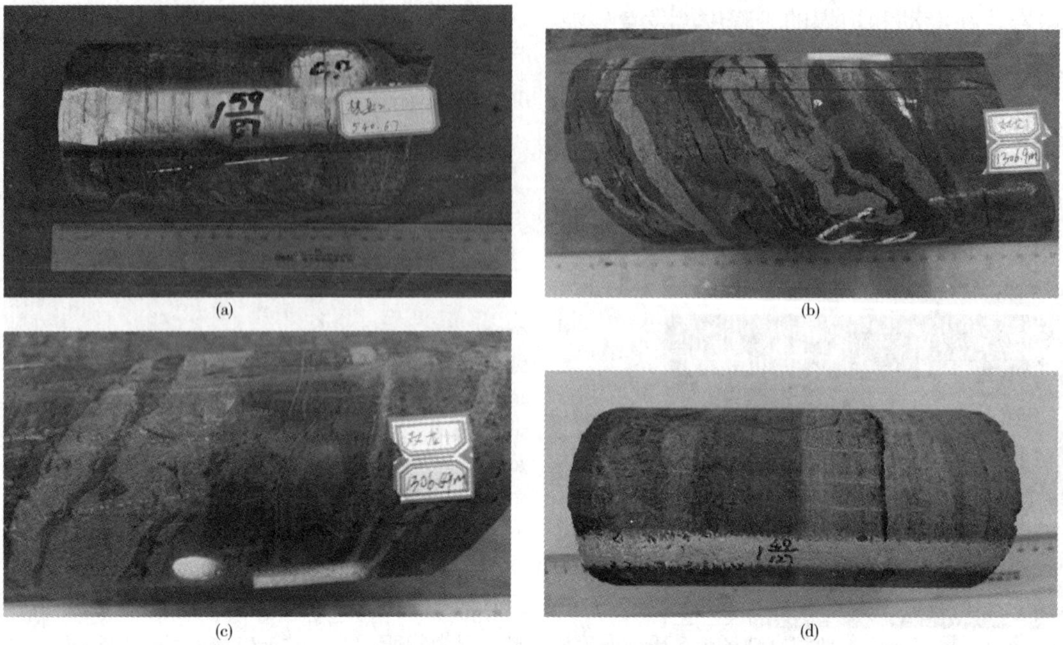

图 9　旬宜地区长 7 段泥页岩沉积构造特征

(a) 棋盘 2，540.67m，长 7_3，黑色油页岩，块状构造；(b) 双龙 1，1306.9m，长 7_3，黑灰色油页岩，夹砂质条带，变形构造；(c) 双龙 1，1306.69m，长 7_3，黑灰色油页岩，见褐色凝灰岩条带；(d) 玉华 1，688.9m，长 7_3，上部黑色块状油页岩，下部灰黑色块状粉砂质泥岩

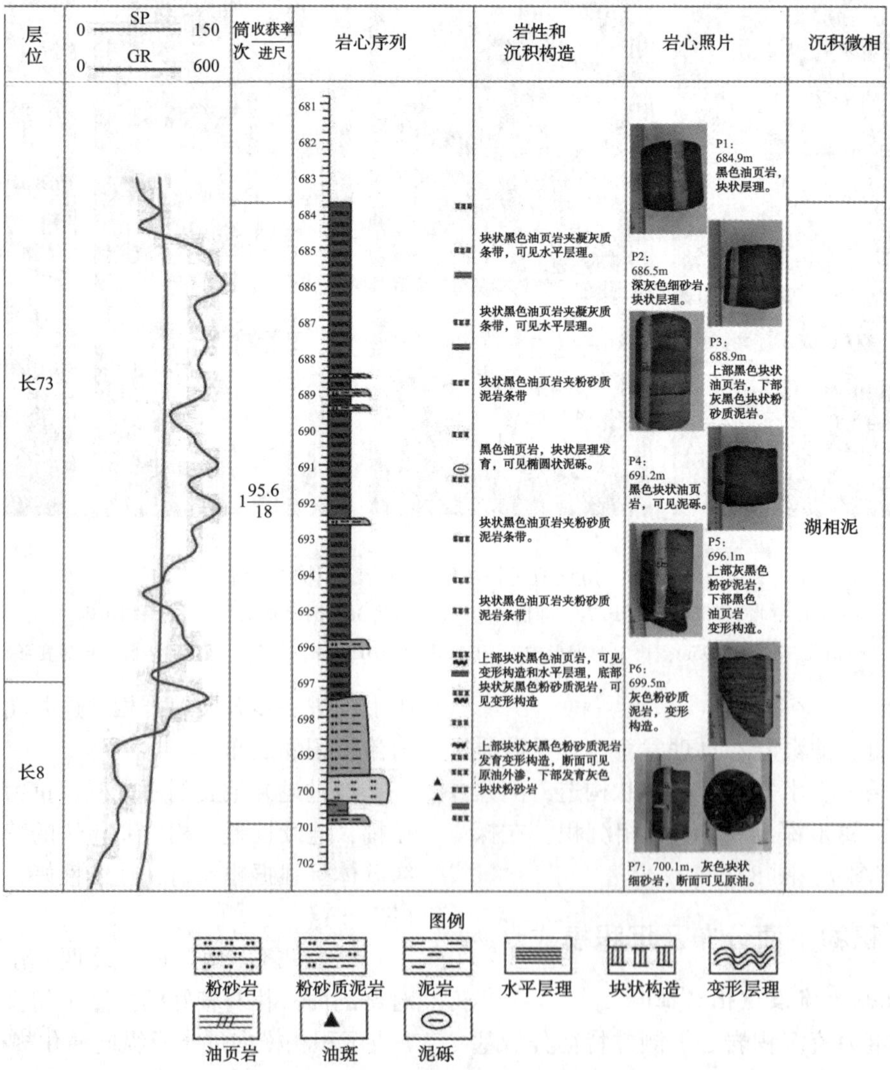

图 10　玉华 1 井长 7 段岩心综合图

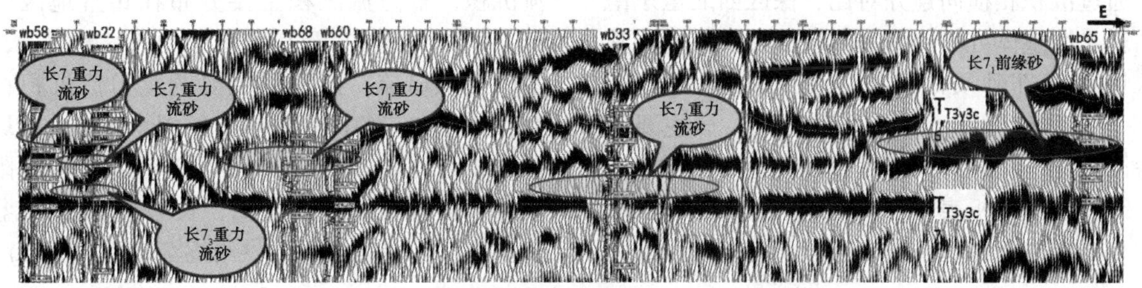

图 11　过渭北 58、渭北 65 等井轨迹地震剖面图

(1) 北东-南西向沉积相连井对比剖面

根据已有井资料，选取走向大致为东北—西南向的渭北 5 井、渭北 24 井、渭北 37 井、渭北 32 井、渭北 97 井以及渭北 95 井共计 6 口钻井进行延长组长 7 段连井对比(图 12)。

通过沉积相横向连井对比，探区长 7 段发育湖底扇-三角洲沉积体系，探区东北向西南依次发育三角洲前缘水下分流河道沉积、滑塌体、砂质碎屑流、浊流沉积，滑塌体分布较为局限，砂质碎屑流、浊流沉积为区内主要砂岩类型。长 7_3-长 7_2-长 7_1 水体由深变浅，三角洲沉积范围逐渐扩大。

(2) 北西-南东向沉积相连井对比剖面

根据已有井资料，选取走向大致为西北—东南向的渭北 22 井、渭北 68 井、渭北 40 井、渭北 25 井以及渭北 77 井共计 5 口钻井进行延长组长 7 段连井对比(图 13)。

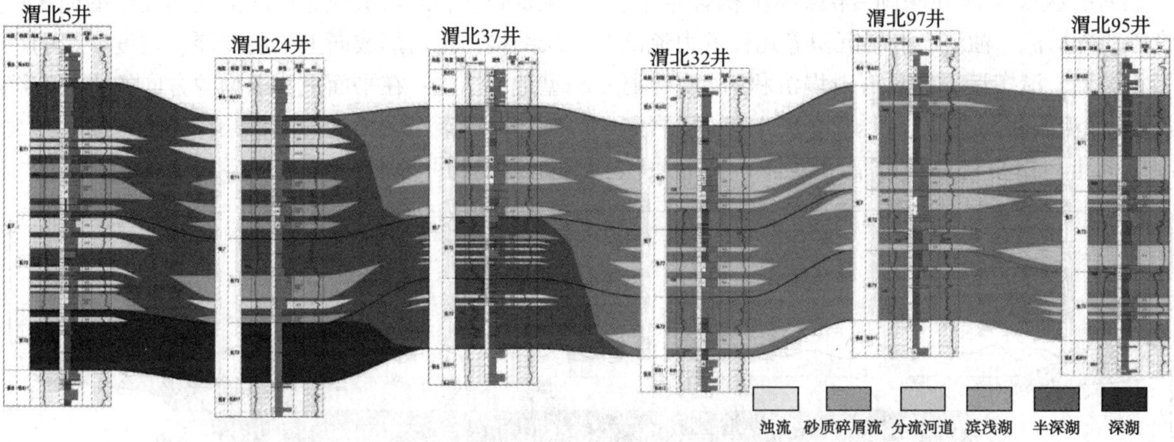

图 12　渭北 5-渭北 24-渭北 37-渭北 32-渭北 97-渭北 95 井连井相图

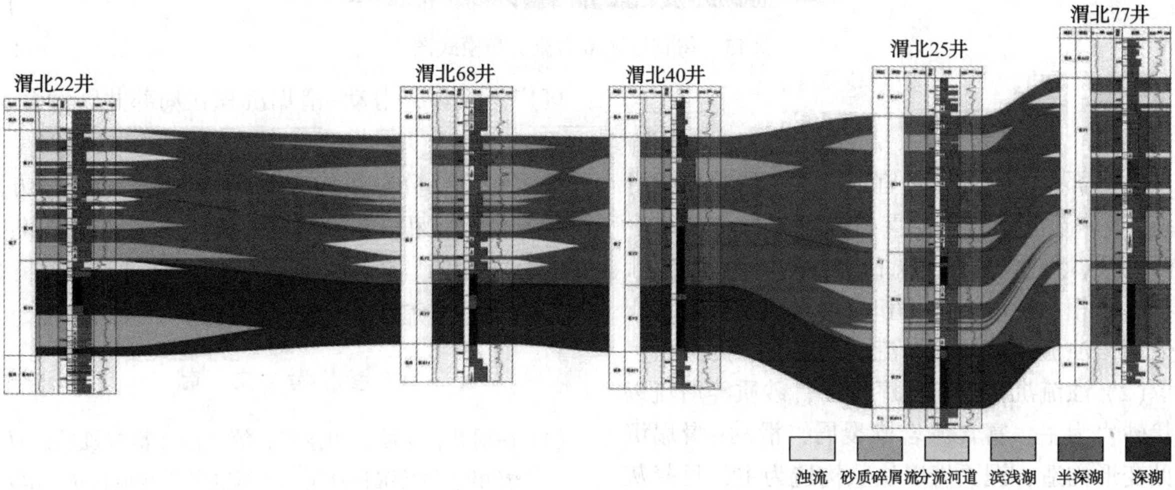

图 13　渭北 22-渭北 68-渭北 40-渭北 25-渭北 77 连井相图

通过沉积相横向连井对比，探区西北至东南方向长 7 期整体处于半深湖-深湖沉积环境，其中探区西北部砂质碎屑流、浊流发育。长 7_1、长 7_2 段砂质碎屑流、浊流发育，长 7_3 段主要发育深湖相泥、页岩，局部发育砂岩。

综合以上分析表明，旬宜探区延长组长 7 段沉积相具有以下特征：长 7 段发育三角洲-重力流沉积，重力流沉积主要分布在旬宜地区中西部，砂体类型为砂质碎屑流、浊流、滑塌岩，其中砂质碎屑流、浊流是主要的重力流沉积物类型，分布在三角洲前缘前方的深水区域；滑塌岩分布较为局限，仅在探区东北部三角洲前缘附近发育。长 7_3 为最大湖泛期，长 7_3 至长 7_1 湖盆逐渐萎缩，重力流沉积物供给逐渐增强（图 14）。

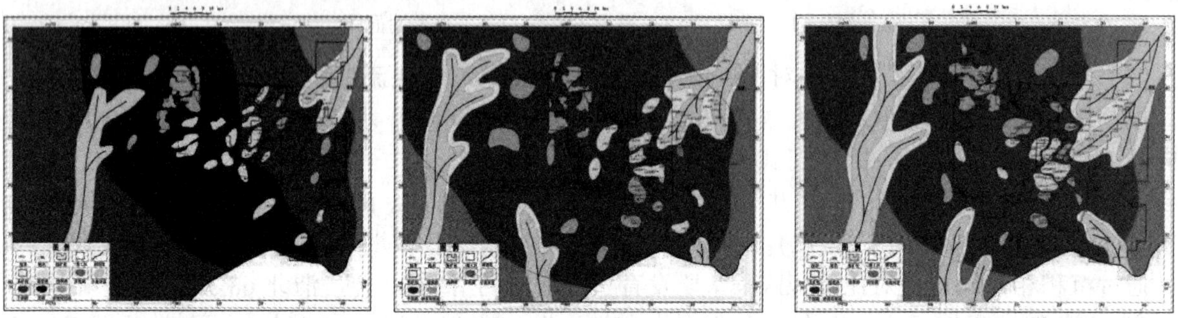

(a)长73段沉积相平面图　(b)长72段沉积相平面图　(c)长71段沉积相平面图

图 14　旬宜探区及周缘长 7 段沉积相平面图

3.2　沉积模式分析

旬宜探区长 7 段在深湖-半深湖沉积背景下，发育砂质碎屑流、浊流、滑塌沉积等几种重力流沉积微相类型，沿搬运方向具有滑塌沉积-砂质碎屑流沉积-浊流沉积渐变的分布规律（图 15）。砂岩展布在纵向上：由下部砂质碎屑流砂体—上部浊积岩—顶部深湖相暗色泥岩组成的沉积序列在垂向上反复叠置，既可形成总体向上变薄变细的退积型地层结构，也可形成向上单层变厚、粒度变粗的进积型地层结构；在平面上：以物源方向的小浊流沉积朵体，逐渐汇聚为大的浊积朵体，最终发育为大片的浊积岩并伴随有大面积的砂质碎屑流沉积。

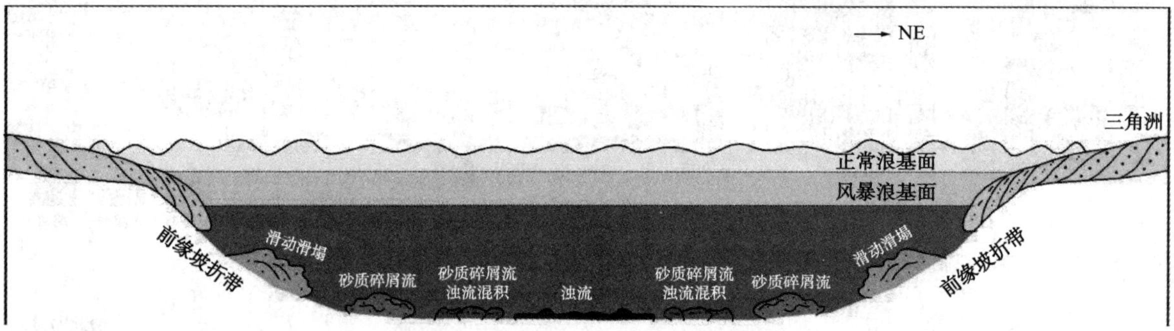

图 15　旬宜地区重力流沉积模式图

4　结论

（1）鄂尔多斯盆地旬宜地区长 7 段整体发育深湖-半深湖沉积背景，重力流砂岩发育，结合岩心特征，将重力流沉积细分为韵律层砂岩相、块状砂岩相、滑塌混杂相和泥页岩相，对应沉积物分别为浊流、砂质碎屑流、滑塌岩、泥页岩。

（2）浊流沉积见正粒序特征，砂质碎屑流以块状砂岩为主，富含泥岩撕裂屑，滑动-滑塌沉积见变形构造，泥页岩以块状构造为主，见凝灰质条带；浊流、砂质碎屑流这两种沉积物在研究区广泛发育，滑动-滑塌沉积在局部井区发育。

（3）长 7 段发育三角洲-重力流沉积，重力流沉积主要分布在旬宜地区中西部，沿搬运方向具有滑塌沉积-砂质碎屑流沉积-浊流沉积渐变的分布规律。长 7_3 为最大湖泛期，长 7_3 至长 7_1 湖盆逐渐萎缩，重力流沉积物供给逐渐增强。

参　考　文　献

[1] 徐明慧，王峰，田景春，等．湖相富有机质泥页岩岩相划分及沉积环境-以鄂尔多斯盆地长 7_3 亚段为例[J]．沉积学报，2023，43(11)：1520-1541.

[2] 邓秀芹，蔺昉晓，刘显阳，等．鄂尔多斯盆地三叠系延长组沉积演化及其与早印支运动关系的探讨[J]．古地理学报，2008，10(2)：159-166.

[3] 王昊，杨友运，李元昊，等．鄂尔多斯盆地合水地区长7段重力流沉积特征及分布规律[J]．西安石油大学学报(自然科学版)，2019，34(2)：39-45.

[4] 孙宁亮，钟建华，王书宝，等．鄂尔多斯盆地南部三叠系延长组深水重力流沉积特征及其石油地质意义[J]．古地理学报，2017，19(2)：299-314.

[5] 杨琪．鄂尔多斯盆地黄陵地区长6油层组湖盆重力流沉积特征研究[D]．成都理工大学．

[6] Shanmugam G. Ten turbidite myths[J]. Earth Science Reviews，2002，58(3/4)：311-341.

[7] 廖纪佳，朱筱敏，邓秀芹，等．鄂尔多斯盆地陇东地区延长组重力流沉积特征及其模式[J]．地学前缘，2013，20(2)：29-39.

[8] 王颖．大型坳陷湖盆坡折带对沉积和岩性地层圈闭的控制作用[D]．北京：中国石油大学(北京)，2005.

层序地层技术在滨里海盆地碳酸盐岩油藏勘探中的应用

张艺琼[1,2,3]　王　震[3]　金树堂[1,2,3]　孙铁军[1,2,3]　盛善波[1,2,3]
计智锋[3]　林雅平[3]　郑　越[3]　姜　仁[3]　王国军[1,2,3]

[1. 中国石油国际勘探开发有限公司；2. 中国石油(哈萨克斯坦)阿克纠宾公司；3. 中国石油勘探开发研究院]

摘　要　滨里海盆地东缘是中国与哈萨克斯坦油气合作项目的主要分布区，盆地内盐下油气资源十分丰富，盆地内目前发现的油气探明储量85%分布在上古生界石炭系碳酸盐岩地层内。本文通过对滨里海盆地东缘南部上古生界开展系统的研究，厘清地层沉积特征、构造沉积演化过程并建立层序地层格架，旨在为勘探开发提供科学依据。通过连井层序地层对比与地震层序划分相结合，开展井震对比，建立该区井震统一的层序地层格架，各二级层序界面在地震上能够连续追踪解释，从而厘清碳酸盐岩地层展布特征。本次研究将KT-Ⅱ、MKT、KT-Ⅰ地层划分为5个二级层序，在二级层序划分的基础上，又将KT-Ⅱ、MKT、KT-Ⅰ地层划分为9个三级层序，将研究区划分为局限台地台内滩亚相、潮坪亚相、泻湖亚相、开阔台地相台内滩亚相、滩间洼地亚相、台内海亚相、台缘斜坡相。盐下碳酸盐岩KT-Ⅱ段发育碳酸盐岩台地—台地前缘斜坡的沉积体系，沉积东西分带明显，发育近岸局限台地-障壁礁滩-开阔台地-弱镶边台缘-斜坡相；南北存在差异。碳酸盐岩KT-I段发育碳酸盐岩台地—台地前缘斜坡的沉积体系，整个碳酸盐岩台地呈西南-北东方向延伸，发育近岸局限台地-障壁礁滩-开阔台地-弱镶边台缘-斜坡相。

关键词　滨里海盆地；碳酸盐岩；层序地层学；沉积相；演化特征

Application of Carbonate Sequence Stratigraphy Models in Reservoir Exploration: A Case Study from the Akrol Subsalt Oil Reservoir in the Eastern Margin of the Pre-Caspian Basin

Zhang Yiqiong[1,2,3]　Wang Zhen[3]　Jin Shutang[1,2,3]　Sun Tiejun[1,2,3]　Sheng Shanbo[1,2,3]
Ji Zhifeng[3]　Lin Yaping[3]　Zheng Yue[3]　Jiang Ren[3]　Wang Guojun[1,2,3]

[1. petrochina International Exploration and Development Company Limited;
2. China National Petroleum(Kazakhstan) Akkibin Company;
3. Petrochina Research Institute of Exploration and Development]

Abstract　ABC The eastern flank of the Precaspian Basin constitutes a prime region for oil and gas cooperation ventures between China and Kazakhstan, where an abundance of subsalt hydrocarbon resources is concentrated, notably with roughly 85% of discovered proven oil and gas reserves residing in the Upper Paleozoic Carboniferous carbonate formations. This study undertakes a comprehensive examination of the Upper Paleozoic section in the southern segment of the eastern margin of the Precaspian Basin, aiming to elucidate the stratigraphic depositional attributes, tectono-sedimentary evolutionary history, and to construct a robust stratigraphic framework, thus furnishing a scientifically grounded basis for exploration and development activities. By integrating well - seismic correlations with seismic stratigraphic interpretation, a harmonized stratigraphic framework was established for both well-log and seismic sequences across the area. The formations KT-Ⅱ, MKT, and KT-Ⅰ were meticulously dissected into five secondary stratigraphic sequences (SSQs). Building upon these secondary sequences, the KT-Ⅱ, MKT, and KT-Ⅰ formations were further partitioned into nine tertiary stratigraphic sequences. Consequently, the study area was classified into seven distinct depositional facies: restricted platform intraterrace beach, tidal, lagoon, open platform intraterrace beach, interterrace depression, intraterrace marine, and platform margin slope facies. The subsalt carbonate layer of KT-Ⅱ features a sedimentary system characteristic of carbonate terraces and terrace-front slopes, exhibiting a marked east-west sedimentary differentiation. This system includes the development of nearshore-confined terraces, barrier reef beaches, open terraces, weakly margined terraces, and slope facies, with variations observed between northern and southern sections. In contrast, the KT-Ⅰ carbonate embodies a sedimentary system akin to carbonate terraces and terrace-front slopes. The entire carbonate terrace extends in a southwest-northeast orientation, manifesting the development of nearshore-confined terraces transitioning to barrier reef beaches, open terraces, weakly margined terrace edges, and slope facies.

Key wordst Precaspian Basin; Subsalt Carbonate Rocks; Stratigraphic Stratigraphy; Sedimentary Facies, Evolution

1 引言

滨里海盆地及其毗邻的中亚地区是世界上油气最为富集的地区之一，是世界级的“超级盆地”。盆地内广泛分布下二叠统孔谷阶盐丘构造，以盐岩沉积为界，划分为盐下层系、含盐层系和盐上层系。盐下层系为下二叠统阿丁斯克阶及其以下的沉积地层，包括巨厚的碎屑岩和碳酸盐岩沉积层序。滨里海盆地盐下层系的油气勘探最早始于20世纪70年代末期，在该盆地盐下层系内相继发现了扎纳若尔(Zhanazhol，1978年)、卡拉恰加纳克(Karachaganak，1979年)和田吉兹(Tengiz，1980年)大型油气田(图1)，后两个油气田属于世界巨型油田的行列，自此滨里海盆地盐下油气勘探引起了广泛关注。截至2022年底，在哈萨克斯坦和俄罗斯境内，已在该盆地盐下层系内发现油气田94个，预测远景石油可采储量约为548.7×10^{8}bbl(约81.7×10^{8}t)，占盆地总可采储量的85%以上，预测远景天然气可采储量约为5.8×10^{12}m^{3}(据IHS数据库，2023)，目前盐下层系已成为滨里海盆地油气勘探的主要领域。

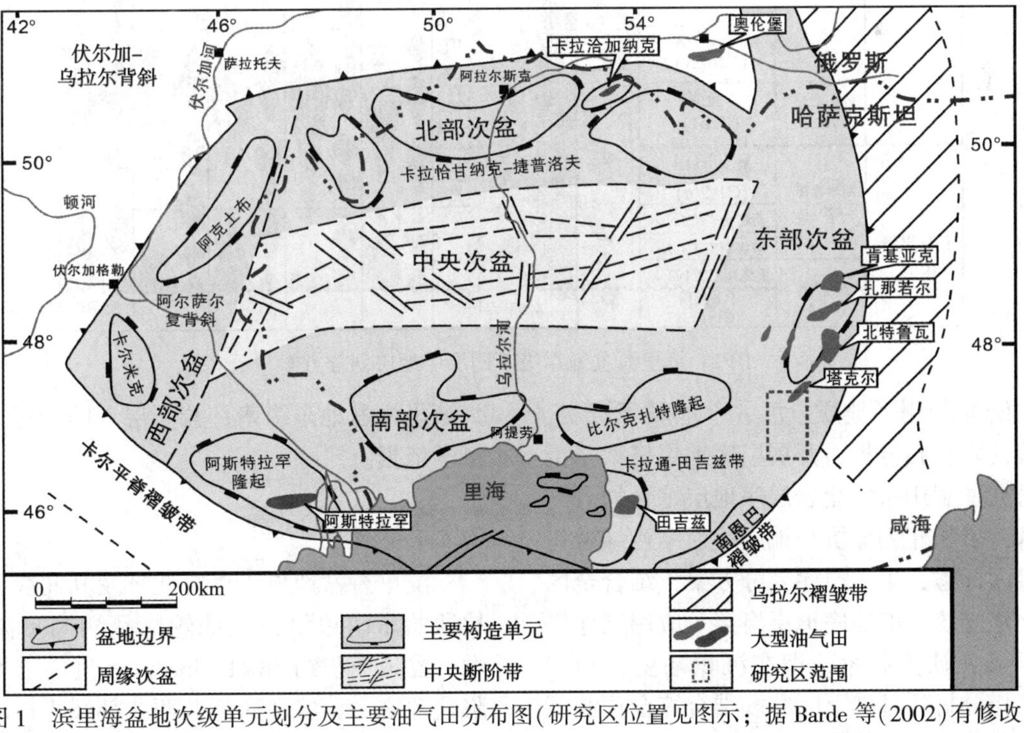

图1 滨里海盆地次级单元划分及主要油气田分布图(研究区位置见图示；据Barde等(2002)有修改)

盆地下二叠统孔谷阶发育巨厚盐丘，引起时间域地震剖面上的众多假象，特别是盐下构造识别方面难度较大、速度高、横向变化快。本区盐下碳酸盐岩储层分为两套(图2)，一套为上石炭统的KT-Ⅰ层，一套为下石炭统的KT-Ⅱ层，海相碳酸盐岩储集层厚度薄、连续性差，远远小于地震纵向分辨率，因此储层的平面变化规律还是很难掌握。岩相古地理的研究对油气勘探具有重要的意义，关于滨里海盆地东缘沉积相的研究，前人提出了许多观点（图2），雍天寿等（2003）首次对扎纳若尔地区石炭系含油气层进行了详细的沉积相研究，认为沉积相带以浅海开阔台地相和局限台地相为主，东缘石炭系具有潮上带、潮间带和潮下带的沉积序列特征的滩、潮汐通道、滩间洼地和潟湖4种沉积微相，其中浅海高能环境沉积整体上为开阔台地相粒屑滩沉积，王雪柯等（2022）建立KT-Ⅱ及KT-Ⅰ油层组"碳酸盐台地—台地前缘斜坡"沉积模式。目前，由于该构型的成因缺乏合理解释，致使盐下石炭系沉积演化规律认识不清晰，制约了后续勘探工作的深入。加强对滨里海盆地古地理环境的研究，对我国油气勘探开发的国际合作具有重要意义。

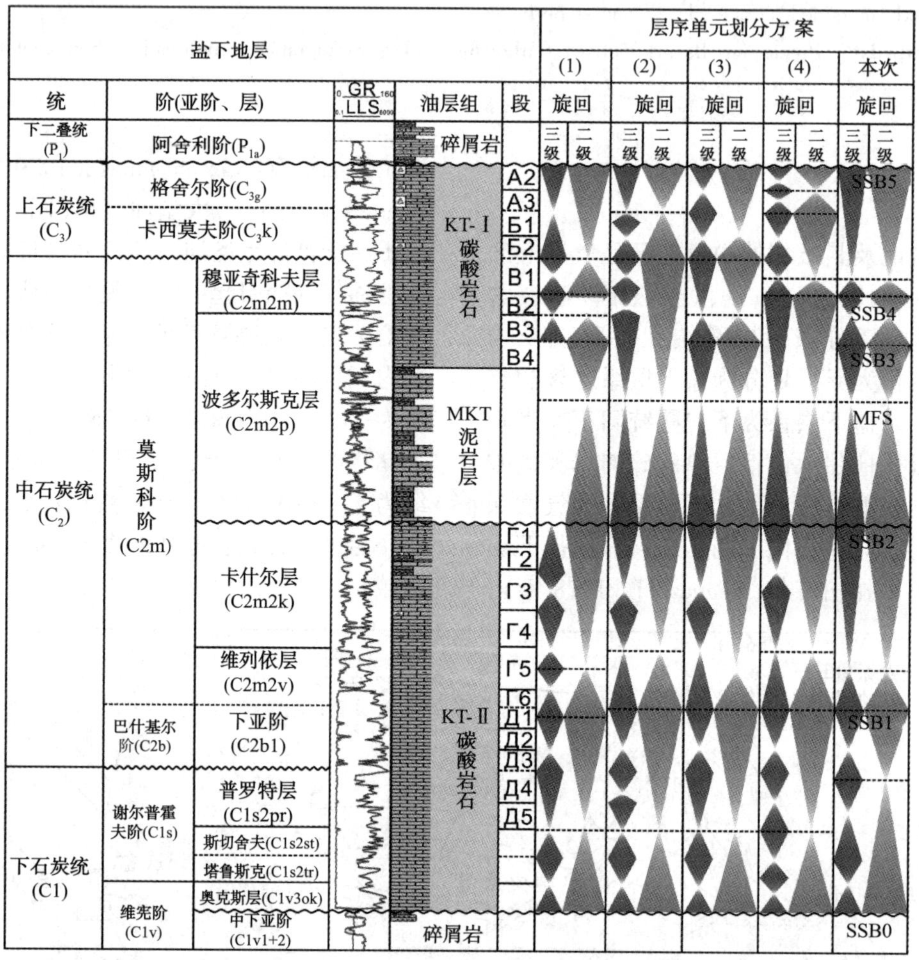

图2　滨里海盆地东缘不同层序地层划分方案

本次研究利用了地质、测井、地震等资料，进行碳酸盐岩岩相分析，开展层序地层格架与沉积特征研究。利用碳酸盐岩层序地层综合划分与对比技术，岩相序列分析与地震反射结构结合识别层序界面标志，确定层序划分方案，结合全区井间对比建立统一的层序地层格架。应用层序格架内沉积微相研究技术，即在沉积环境、测井相、单井相分析的基础上，井震结合综合预测沉积相空间展布，并总结研究区的碳酸盐岩沉积演化史，分析从泥盆系到石炭系的沉积演化序列，为滨里海盆地东缘南部盐下层系的勘探开发提供科学依据。

2　区域地质背景

滨里海盆地位于里海北部及其北缘、东欧克拉通的东南边缘，盆地轮廓呈椭圆形阶梯式下坳，盆地面积约$58\times10^4km^2$，是世界上大型深坳陷盆地之一。盆地西部及西北部属于被动大陆边缘断阶带；北部与伏尔加-乌拉尔盆地相连；东部及东南边界为乌拉尔造山带和南恩巴褶皱带；

南部、西南部边界为卡尔平脊褶皱带(图1)。根据盆地的结构特征可将其划分为5个构造单元：南部次盆、东部次盆、北部次盆、西部次盆及中央次盆。研究区位于东部次盆的阿斯特拉罕-阿克托别隆起带和东南部坳陷带内，盆地东缘盐下碳酸盐岩地层已获得的巨大的油气发现，盐下石炭系碳酸盐岩顶面构造形态整体为东高西低的缓坡特征，发育一系列局部构造圈闭；东南缘为一系列断层所控制。

滨里海盆地东缘钻遇地层为石炭系-新近系，钻井揭示最大深度为4001m。盐下石炭系自上而下划分为KT-Ⅰ段油层组(包括格舍尔阶、卡西莫夫阶和莫斯科阶上部)碳酸盐岩和膏盐岩层、MKT(莫斯科阶中部)碎屑岩层、KT-Ⅱ油层组(包括莫斯科阶下部、巴什基尔阶、谢尔普霍夫阶、维宪阶上部)碳酸盐岩和少量泥岩层以及维宪阶中下部及其以下的杜内阶砂泥岩层(图2)。

(1) KT-Ⅰ段

KT-Ⅰ段从上到下分为A层、Б层和B层(图2)，KT-Ⅰ段地层埋深约3100m，向研究区西部快速减薄并逐渐尖灭。A层可划分为2个小层，A1均被剥蚀(与上覆层二叠系为假整合接触关系)，A2层为浅灰色、灰色、褐灰色亮晶-泥晶生屑颗粒灰岩，含较多粗大、硅化的棘皮类，并见介形虫、苔藓虫、腕足、有孔虫、蜓类和单射钙质骨针，细晶~粉晶结构，质较纯，性中等，较致密，亮晶二世代粒状胶结，局部嵌晶胶结，为局限台地下的沉积产物(图3(1~2))，自然伽马较低，电阻率亦较低，受后期建设性成岩作用改造弱，储层不发育。A3段主要为过渡岩类，主要为灰质云岩，含灰云岩和云质灰岩次之。Б层可划分为2个小层，中上部为浅灰色、灰色、褐灰色亮晶-泥晶灰岩，泥晶为主，粉晶次之，疏松，性较软，含泥质，分布不均，岩屑多呈粉团状；下部为深灰色泥岩，土状结构，吸水性强，可塑性差，粉团状，灰质含量较重，分布不均；中部夹云质灰岩。为局限台地下的沉积产物，灰岩自然伽马较低，泥岩自然伽马高，电阻率较低，储层不甚发育。B层可划分为5个小层，岩性为浅褐灰色、灰色灰岩为主，泥晶结构，性硬，致密，质较纯，夹云质灰岩、泥晶云岩和少量泥岩。主要为台地内正常海水环境下沉积产物，灰岩自然伽马低，随泥质含量的增加，伽马值升高，电阻率较低，储层不发育；B5底部为海陆过渡环境的沉积产物，以灰岩与下伏石炭系的MKT的深灰色、黑灰色泥岩为分界线。

(2) MKT段

MKT段地层平均厚度约230m，岩性为深灰色、黑灰色、灰色泥岩为主，夹灰色粉砂质泥岩、粉砂岩、泥质粉砂岩，底部夹薄层深灰色泥灰岩；底为黑灰色泥岩与下伏石炭系KT-Ⅱ油层组浅褐灰色灰岩分界明显，二者之间为假整合接触关系，下覆层缺失Г1层。该段发育一个表现为一相对海平面快速上升的环境，进一步可划分出两个次级完整海进、海退半旋回(图2)，主要为陆棚-斜坡相沉积，属烃源岩发育层段，总体不利于储层发育。

(3) KT-Ⅱ段

KT-Ⅱ段由上到下分为Г层、Д层、斯切舍夫段(C1s2st)、塔鲁斯段(C1s1tr)和奥克斯段(C1v3ok)(图2)，整体埋深约3800m。Г层可划分为6个小层(Г1~Г6)，岩性主要为浅褐灰色、浅灰色、灰色灰岩为主(图3(3-4))，泥-细粉晶结构，局部见砂屑及细晶，局部夹薄层灰色泥岩，性中硬，较致密，质较纯，孔隙不发育。该段发育多个海退的半旋回，为开阔台地相的台内滩和滩间海沉积，偶见Г5段中部发育滩间洼地沉积。Д层划分为6个小层(Д1~Д6)，Д1~Д4岩性为浅灰、浅褐灰色泥晶灰岩、泥晶生屑灰岩夹少量亮晶生屑灰岩和泥质灰岩，泥晶~粉晶结构，性硬，质较纯，致密；Д5~Д6以浅灰色、灰褐色云岩为主，粉晶~泥晶结构，质纯，致密，性硬，局部夹薄层灰色泥岩；局部夹高伽马灰色泥岩，含灰质，性软，吸水性强，可塑性差；孔隙欠发育。该段发育一个海退-海进旋回，为台地边缘沉积的台缘滩和滩间海沉积过渡到开阔台地相的台内滩和滩间洼地沉积(图2)。C1s2st层岩性为灰褐色，浅灰色云岩，含灰质，粉晶-泥晶结构。C1s1tr层岩性为浅灰、浅褐灰色灰岩，泥晶-粉晶结构。C1v3ok岩性为灰、褐灰色的灰岩，泥晶结构，性硬，致密。C1v3ok称奥克斯灰岩层，与其下的砂、泥岩层之间为假整合接触关系。Д1~Д4为开阔台地下的沉积产物，生物含量丰富，Д5~C1v3ok为水淹台地沉积产物，泥晶结构、灰泥支撑为主，白云岩为后期埋藏白云石化的产物，电性上表现以灰岩段的低自然伽马、较高密度、高电阻率特征为主局部为泥岩段的高自然伽马、低密度、低电阻率特征，孔隙不发育。

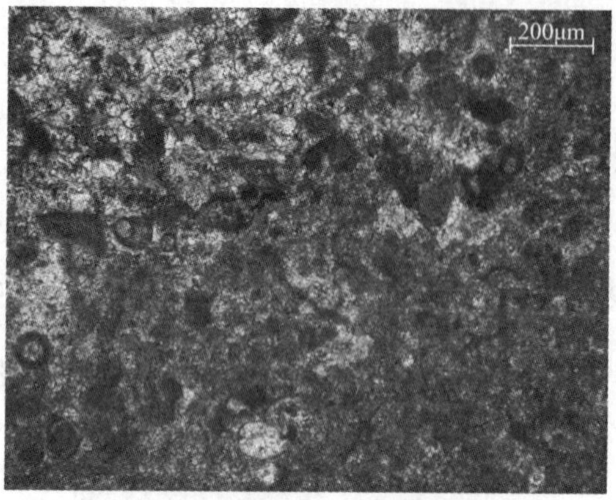

(a)KT-Ⅰ段，深度2109.2m，藻黏结礁灰岩。
礁灰岩颗粒与泥晶基质同沉积，受后期能量
改造充填亮晶、且发育溶蚀孔隙。

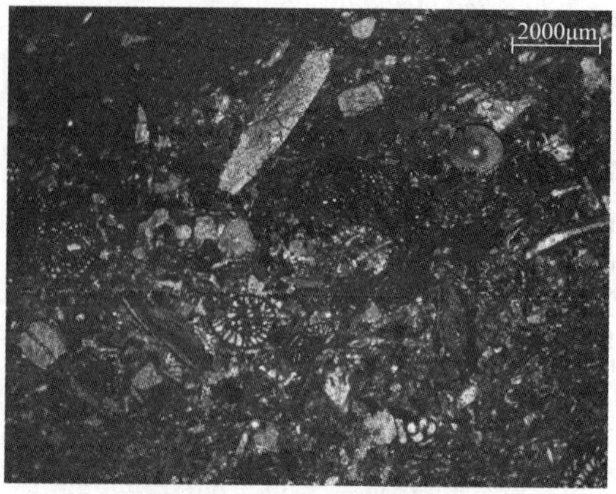

(b)KT-Ⅰ段，深度2014.3m，泥晶藻砂屑生屑灰岩。
粒间由泥晶充填，仅局部区域发育孔隙、
为蜓类体腔孔，缝合线被有机质全充填。

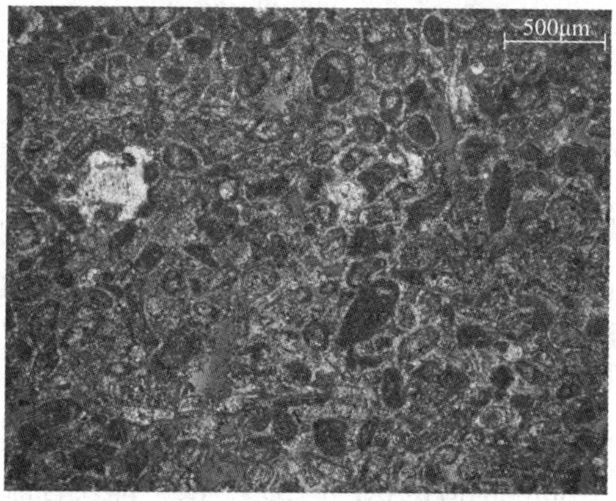

(c)KT-Ⅱ段，深度2820.6m，亮晶藻颗粒生屑灰岩。
孔隙发育，以粒间溶孔为主，多见溶扩孔，
蜓类、壳体类生物体腔孔，形成铸模孔。

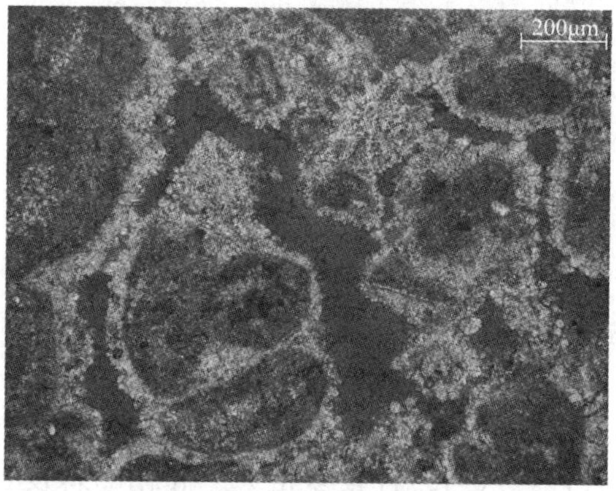

(d)KT-Ⅱ段，深度2821.8m，亮晶含生屑藻颗粒灰岩。
粒间溶孔为主，多见溶扩孔；藻团块、
生物体腔发育粒内溶孔，多呈炭渣状。

图 3　(1)和(2)KT-Ⅰ油层组局限台地台内滩的岩石薄片微观特征，
(3)和(4)KT-Ⅱ油层组开阔台地台内滩的岩石薄片微观特征(研究区 K-9 井，单偏光显微镜)

(4) 维宪阶(Visean)

维宪阶地层意义的维宪阶代号为 C1v，分 3 个层段(图 2)：C1v1+2 为泥砂岩层系，局部夹石灰岩，它与下伏的杜内阶(C1t)及其以下的泥砂岩层系尚无确切的分层界线。C1v1+2 未钻穿。中上部(3544~3586m)有一套连续的灰色、深灰色的粉砂岩，其余以深灰色、黑灰色泥岩、页岩为主，局部夹浅灰色灰岩和深灰色含砾泥岩；深灰色、黑灰色、灰绿色、灰色、紫红色的泥岩吸水性好，可塑性强；黑灰色页岩，页理发育，可塑性中等，吸水性较差；深灰色含砾泥岩，性较软，吸水性好，可塑性中等，砾以石英，砂岩为主，少见变质岩砾，砾径 3~6mm 不等。为浅海陆棚环境下的沉积产物，电性上表现为随泥质含量的增加，伽马值升高，电阻率低等特征，孔隙不发育。

3　层序地层划分方案

开展滨里海盆地东缘层序地层学研究对碳酸盐岩储层分布规律和有利储层预测意义重大。针对滨里海盆地东缘已钻井少、地层厚度变化快，层序地层界面识别难等问题，结合区域构造运动地质背景，分析测井岩性组合，利用地震数据的横向优势，地震反射结构分析，结合前人的成果认识进行了研究区的层序地层方案划分(图 2)。根据层序界面识别标准，以 ER-1 井为例，本次层序地层划分将 KT-Ⅱ、MKT、KT-Ⅰ地层划分为 5 个二级层序，在二级层序划分的基础上，又将 KT-Ⅱ、MKT、KT-Ⅰ地层划分为 9 个三级层序；此外，还识别出最大海泛面 1 期(MFS)(图 2)。体系域主要包括低位-海侵体系域(LST-TST)为基准面上升半旋回，高位体系域(HST)为基准面下降半旋回。

本次研究划分的二级层序界面，由构造隆升和全球海平面显著下降两种因素叠加而形成的不整合面，综合年代地层、岩石地层及地震地层研究成果来识别(图2~图5)，如岩性-岩相的突变面，测井曲线突变、叠加样式转换面。本次研究划分的三级层序界面，多为暴露层序不整合与海侵上超不整合叠加(图2)。在岩性上，高位体系域颗粒灰岩突变为海侵体系域的泥晶灰岩、泥灰岩；GR测井曲线在界面之下为中低值，界面之上为指状尖峰高值；电阻率测井曲线在界面之下为锯齿状高值，界面之上为低值；密度、声波、井径曲线在界面之上表现指状突变，较易识别(图3)；最大海泛面，发育在稳定的中厚层泥岩段内，对应GR、DT高值，RT低值，并呈退积-进积叠加样式。从地震反射特征来看，可以依据地震反射终端类型来识别各级次的层序界面。从研究区的地震剖面来看(图4~图5)，可见明显的削截不整合、顶超和上超等反射终止关系，地震反射特征表现为中等-强振幅、连续性好的地震特征，易对比追踪。

地层	沉积体系	沉积相	亚相	测井相	地震相
KT-Ⅰ KT-Ⅱ	碳酸盐岩台地	局限台地	潮坪	中高GR、低RD、高声波微齿-齿形	整体呈席状外形，内部呈亚平行反射结构，含丘形-透镜状反射；中等-弱振幅，连续性中等
			泻湖	中高GR、低RD、高声波	
			台内滩	中-低GR、中高RD、光滑-微齿化漏斗形	
		障壁滩	礁滩	低GR、中高RD、光滑-微齿化箱形-漏斗形	整体呈杂乱状，礁滩呈丘形-透镜状反射结构，中-弱振幅，连续性差；
			礁滩间	中-高GR、中低RD、微齿-齿形	
		开阔台地	台内滩	中-低GR、中高RD、光滑-微齿化箱形	整体呈席状外形，台内滩呈丘形-透镜状反射结构，低频、中-弱振幅连续性中等-差；滩间洼地及台内海亚平行反射结构；中-强振幅，连续性中等-好
			台内洼地	中-高GR、中低RD、微齿-齿形	
			台内海	中-高GR、中高-低RD、微齿-齿形	
		台地边缘	台缘礁滩	低GR、中高RD、光滑-微齿化箱形-漏斗形	外部反射形态整体呈丘型，内部呈前积、杂乱反射结构；中-弱振幅，连续性中等-差
			礁滩间	中-高GR、中高RD、微齿-齿形	
		台地前缘斜坡	礁前斜坡	中高GR、中低RD、高声波微齿-齿形	整体呈楔形-席状的外部形态，平行-亚平行反射结构；中-强振幅，连续性中等-好
			斜坡脚	低GR、中高RD、光滑-微齿化箱形-漏斗形	
MKT	浅海陆棚	陆棚	泥质陆棚	中-高GR、中低LL3、齿化-微齿化线形-漏斗形	整体呈楔形-席状内部平行-亚平行反射结构；中-强振幅，连续性较好

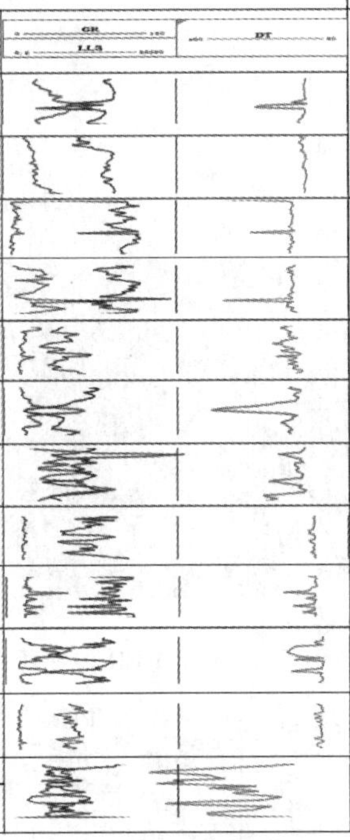

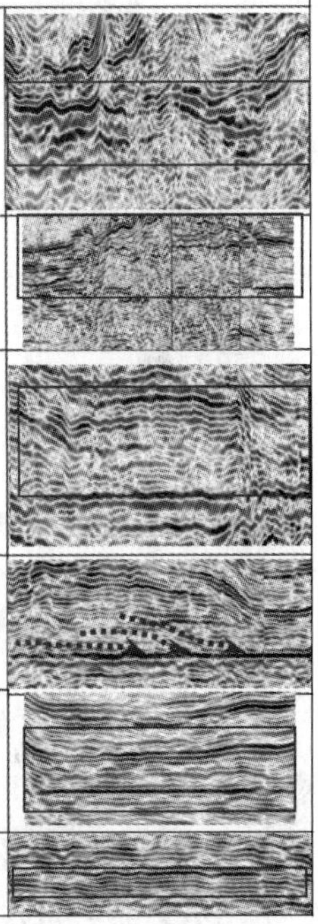

图4　滨里海盆地东缘层序界面地震特征识别测井、地震响应特征

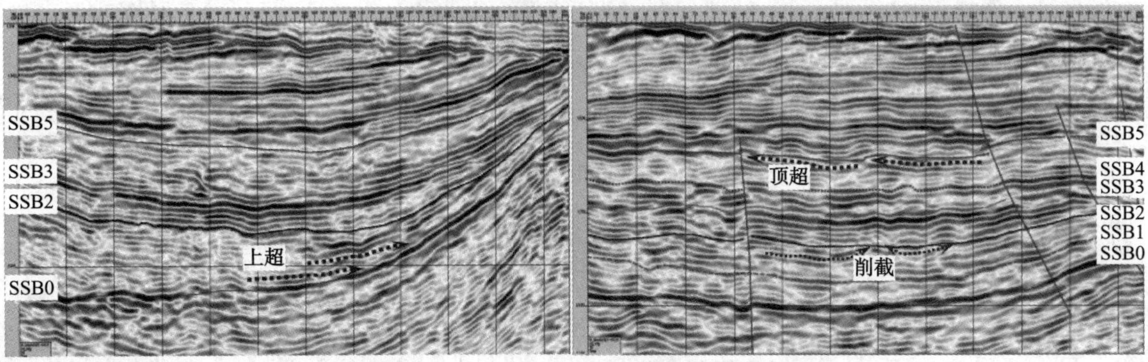

图5　滨里海盆地东缘层序界面地震特征识别

4　地层层序分布特征

通过连井层序地层对比与地震层序划分相结合，开展井震对比，建立该区井震统一的层序地层格架，各二级层序界面在地震上能够连续追踪解释，从而厘清碳酸盐岩地层展布特征(图6~图10)。以近东西向的过R-3—ER-2—ER-3—H-2连井剖面(图6~图7)和过EB-2—T-11—

K-3—A-11 连井剖面(图 8)为例，井上层序地层对比及三维地震与二维地震拼接的地震连井剖面对比可见，SSQ1、SSQ2 层序的厚度向东、向西都逐渐减薄，中部厚度最大；SSQ3、SSQ4、SSQ5 层序则向西逐渐尖灭，向东呈现逐渐减薄的趋势。通过对比可以看出，西部低陡坡区的井，层序地层只发育 2 个二级层序；中部缓坡区的井，层序地层发育齐全；东部陡坡区，层序发育厚度明显减薄(图 6)。过 H-3—R-3—H-1—K-3 连井剖面展示出近南北向的地层层序分布特征(图 9~图 10)，在研究区中部地区地层分布相对稳定，在近南北方向的构造带上，各二级层序的厚度变化较小，可连续对比。

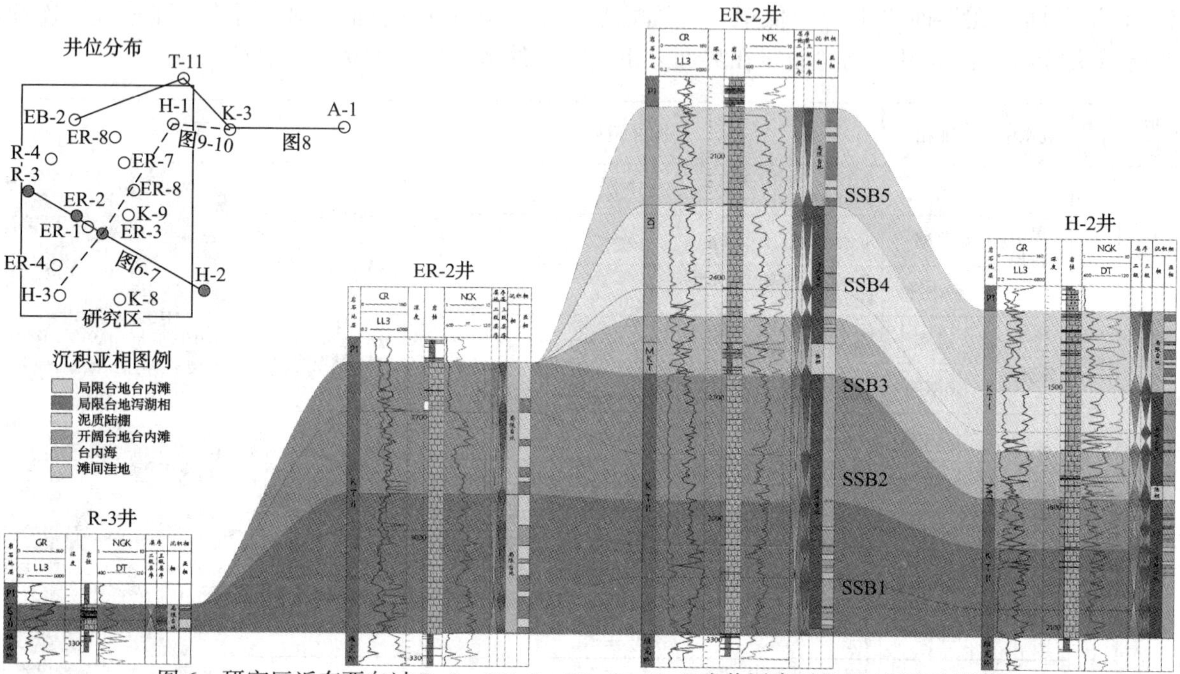

图 6　研究区近东西向过 R-3—ER-2—ER-3—H-2 连井层序对比图(深度为测深)

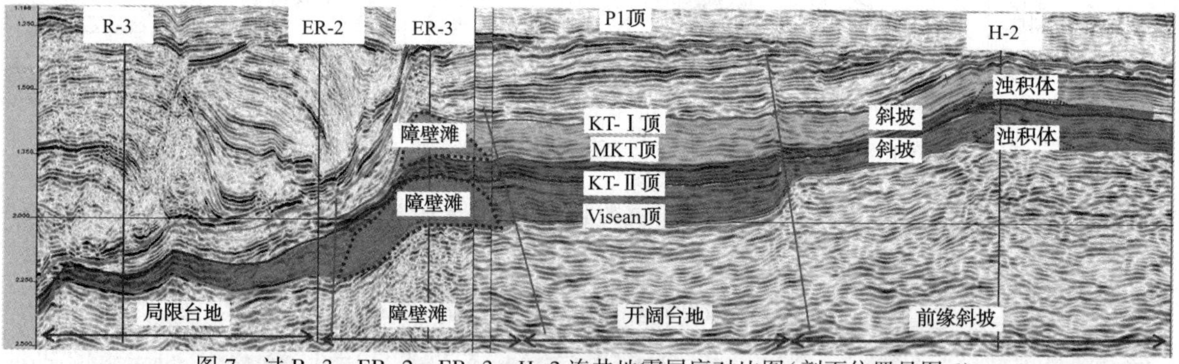

图 7　过 R-3—ER-2—ER-3—H-2 连井地震层序对比图(剖面位置见图 6)

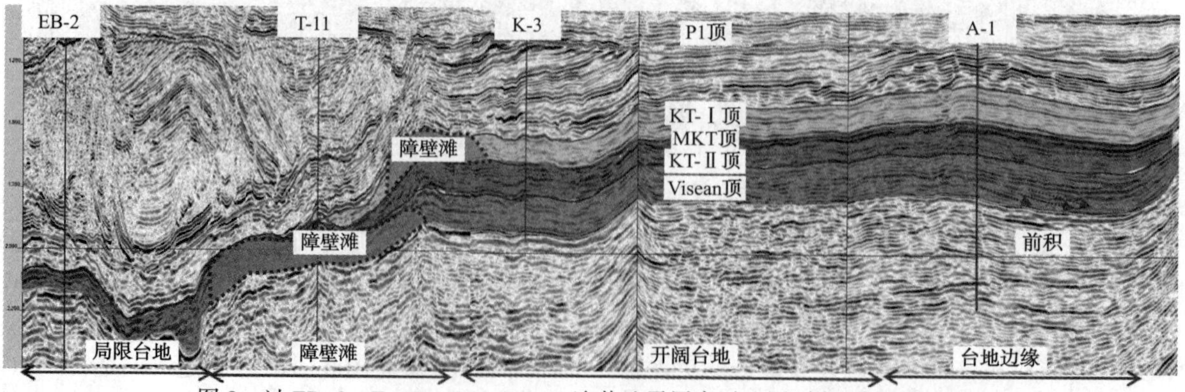

图 8　过 EB-2—T-11—K-3—A-11 连井地震层序对比图(剖面位置见图 6)

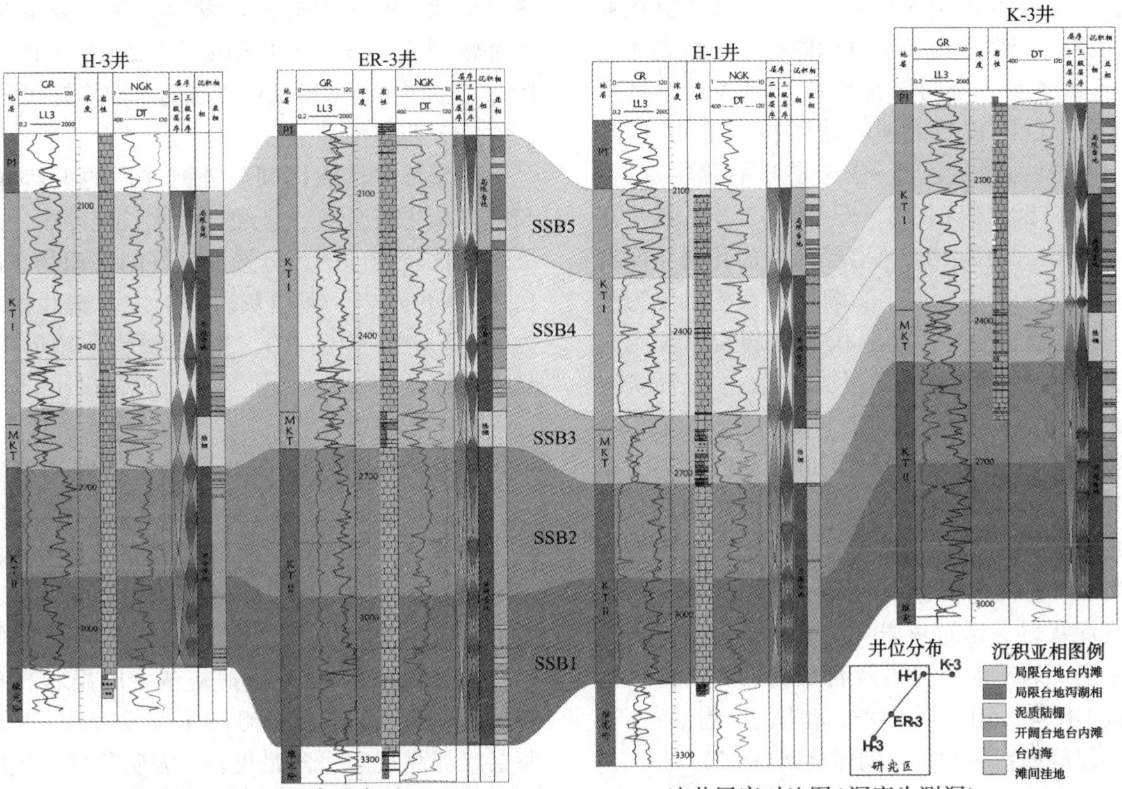

图9　研究区近南北向过 H-3—R-3—H-1—K-3 连井层序对比图(深度为测深)

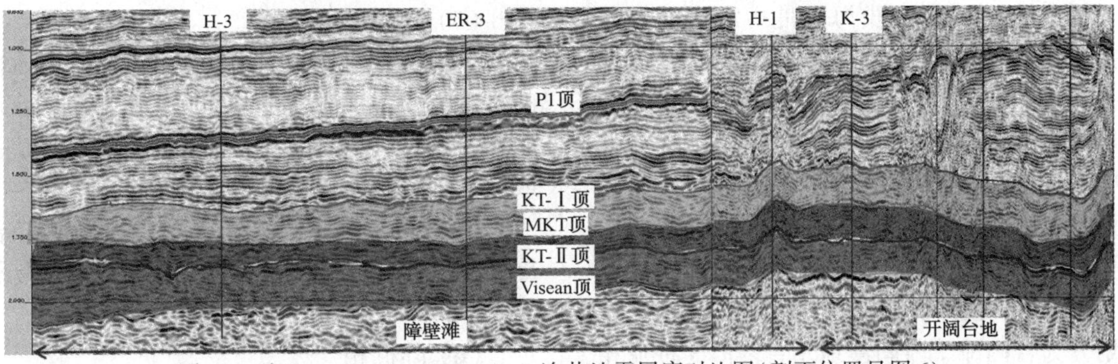

图10　过 H-3—R-3—H-1—K-3 连井地震层序对比图(剖面位置见图6)

根据层序地层划分方案，本次研究落实了滨里海盆地东缘南部 KT-Ⅱ段 SSQ1 和 SSQ2 层序地层厚度以及 KT-I 段 SSQ4 和 SSQ5 层序地层厚度(图6和图9)。层序地层厚度主要集中在中部地区近南北向的 H-3—R-3—H-1—K-3 连井一带，且地层厚度具有向东减薄，向西逐渐递减的分布趋势。在层序地层较厚区域，KT-Ⅱ段的 SSQ1 和 SSQ2 厚度主要分布在 250~350m 左右，KT-Ⅰ段的 SSQ4 和 SSQ5 厚度主要分布在 200~250m 之间。

5　碳酸盐岩沉积相

5.1　*沉积亚相*

综合沉积背景、岩石学特征和电性特征以及地震等资料的研究成果，结合水深、水动力和盐度特征的差异，开展对滨里海盆地东缘南部盐下碳酸盐岩进行沉积微相相带的研究，并进一步按碳酸盐岩的成分特征和沉积时水动力条件进行碳酸盐岩微相划分，将研究区划分为局限台地台内滩亚相、潮坪亚相、泻湖亚相、开阔台地相台内滩亚相、滩间洼地亚相、台内海亚相、台缘斜坡相等。

(1) 局限台地相

局限台地又称局限浅海，是指海水循环受到很大限制，盐度不正常的浅海，其水体能量较低，局部浅水区有时发育浅滩。地震相整体呈席状外形，内部呈亚平行反射结构，含丘形-透镜状反射；中等-弱振幅，连续性中等。局限台地相主要发育在石炭系 KT-I 段上部及二叠系 P1a 阶。根据沉积特征的差异，局限台地相可划分为台内滩、潮坪及泻湖 3 种亚相类型，各类沉积亚相又可进一步细分为若干沉积微相。①台内滩位于浪基面之上，是局限台地内水体浅，能量中等-较高，以沉积异地碳酸盐颗粒为主的沉积。岩石相主要为浅灰色薄-中厚层状的颗粒灰岩、灰质晶粒白云岩等(图 2，图 3(1-2))。测井相为中-低 GR、中高 RD，呈光滑-微齿化漏斗形特征；表现为反韵律旋回。②潮坪岩石相主要为浅灰色-灰色或棕色中-厚层状泥晶灰岩、含泥灰岩、泥质灰岩、泥质白云岩及含白云-白云质灰岩等；测井相为中 GR、低 RD、高声波，呈微齿-齿形特征；表现为反韵律或正韵律旋回。③泻湖沉积发育在台地浅滩之后，水动力能量偏弱，局部有白云岩化或石膏化作用。岩石相以泥质含量高为特征，主要为灰色-深灰色或棕红色薄-中厚层状含泥灰岩、泥质灰岩、泥质白云岩、灰质泥岩、云质泥岩、泥质膏岩及膏质泥岩等；测井相为中高 GR、低 RD，高声波，呈微齿-齿形特征；沉积韵律旋回：表现为反韵律旋回(图 2)。

（2）开阔台地相

开阔台地又称开阔浅海，是指海水循环较好，盐度基本正常的浅海，其水体能量一般较高，在浅水区常常发育浅滩等。地震相整体呈席状外形，台内滩呈丘形-透镜状反射结构，低频、中-弱振幅，连续性中等-差；台内滩及台内海亚平行反射结构；中-强振幅，连续性中等-好。开阔台地相主要发育在石炭系 KT-Ⅱ及 KT-Ⅰ中下部。根据沉积特征的差异，开阔台地相可划分为台内滩、滩间洼地及台内海 3 种亚相类型，各类沉积亚相又可进一步细分为若干沉积微相。①台内滩位于浪基面之上，是开阔台地内水体浅，相对能量较高，以沉积异地碳酸盐颗粒为主的沉积。岩石相主要为浅灰色中厚层状颗粒灰岩等(图 2，图 3(3-4))。测井相为中-低 GR、中高 RD，呈光滑-微齿化箱形-漏斗形特征；表现为(稍)反韵律旋回。②滩间洼地位于浪基面之下，台内滩与台内滩之间形成的水体比较深的稳定环境，水体能量很低。由于台内滩体在平面上展布的不连续以及滩体的迁移，滩间洼地常在垂向上表现为在中-厚层状的亮晶灰质台内滩中夹有的米级厚度的薄层泥晶灰岩-泥质灰岩等。测井相为中-高 GR、中低 RD，呈微齿-齿形特征；表现为(稍)反韵律沉积旋回。③台内海位于滩体之外，浪基面之下的低能环境，相对水体较深。呈中厚层状，泥晶生屑灰岩发育。在石炭系 KT-I 下部较明显发育。测井相为中-高 GR、中高-低 RD，呈微齿-齿形特征；表现为反韵律旋回。

（3）障壁滩

障壁滩是构成泻湖与外海连通的天然屏障，与海岸线平行分布，是经过海水长期冲刷，沉淀下来的比较纯净的、分选性良好的沉积物。以灰白色-灰色灰岩、泥质灰岩等为主，测井相表现为中-低 GR、中高 RD、光滑-微齿化箱形特征；显反韵律旋回。

（4）台地边缘相

台地边缘是浅水台地与深水斜坡相邻的部分，是台地的前沿，不断受到海浪、洋流的冲洗，水浅，水体能量高且富含养分，是生物礁和浅滩发育的有利场所。台地边缘主要发育在石炭系 KT-Ⅱ、KT-Ⅰ及二叠系 P1a-s 阶(图 6~图 10)。台缘礁滩主要发育浅灰色中厚层状亮晶颗粒灰岩、礁灰岩等；礁滩间主要发育灰-深灰色薄层状泥晶灰岩、含泥灰岩、泥质灰岩、灰质泥岩及泥岩等；(稍)显反韵律旋回。

（5）台缘斜坡相

台地前缘斜坡为浅水碳酸盐台地与深水陆棚的过渡沉积，主要处于浪基面之下，沉积水动力较弱，主要沉积泥晶灰岩及泥岩等，可形成滑塌或前积层。主要发育在石炭系 KT-Ⅱ、KT-Ⅰ及二叠系 P1a-s 阶(图 6~图 10)。整体略呈反韵律旋回，内部含正韵律或反韵律-正韵律的复合韵律(图 2)。

（6）陆棚相

陆棚相是典型的较深的浅海沉积环境，地形坡度不是很大，位于正常浪基面与陆架边缘之间，水深一般在 10~200m。水动力条件总体弱。陆棚相在石炭系 C1v 阶、KT-Ⅱ、MKT、KT-Ⅰ及二叠系 P1a-P1s 阶均有发育(图 6~图 10)。岩石相为灰白~深灰色泥岩、钙质泥岩、泥质灰岩、灰岩、粉砂质泥岩、粉砂岩、泥质粉砂岩等；测井相为中-高 GR、中低 LL3、齿化-微齿化线形-漏斗形特征；整体略呈反韵律旋回(图 2)。

5.2 沉积相平面展布

充分结合前人区域沉积古地理背景成果认识的基础上，综合古地貌分析以及“点—线—面”的沉积相研究成果，建立了滨里海盆地东缘南部盐下石炭系 KT-Ⅱ及 KT-Ⅰ段的沉积相平面展布(图 11~图 12)。

KT-Ⅱ沉积时期，发育碳酸盐岩台地—台地前缘斜坡的沉积体系。整个碳酸盐岩台地（包括内部的开阔台地-台地边缘）呈西南-北东方向延伸，研究区南部遭受剥蚀，受西部古隆起和东侧乌拉尔海槽控制（图1），沉积东西分带明显，发育近岸局限台地-障壁礁滩-开阔台地-弱镶边台缘-斜坡相；南北存在差异，研究区南部台缘沉积相不明显（图11）。

KT-Ⅰ沉积时期，发育碳酸盐岩台地—台地前缘斜坡的沉积体系。整个碳酸盐岩台地（包括内部的开阔台地-台地边缘）呈西南-北东方向延伸，研究区南部遭受剥蚀，碳酸盐岩沉积东西分带明显，发育近岸局限台地-障壁礁滩-开阔台地-弱镶边台缘-斜坡相（图12）。

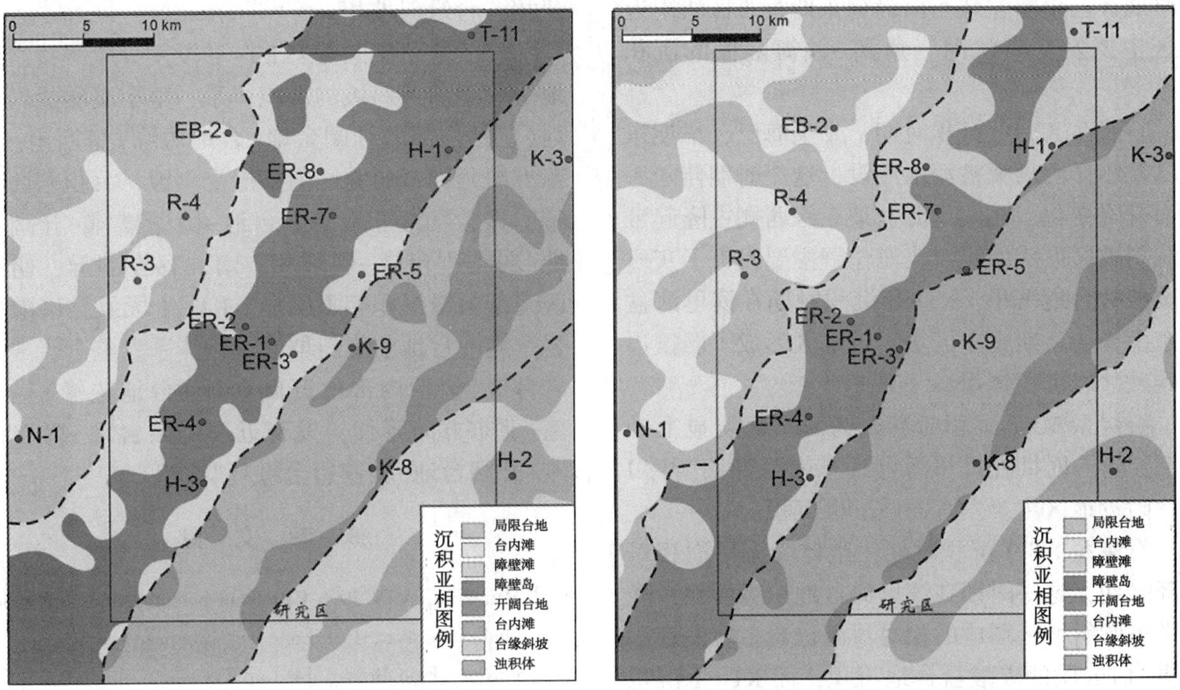

(a)　　(b)

图11　研究区石炭系KT-Ⅱ油层组SSQ1（a）和SSQ2（b）层序沉积相平面图

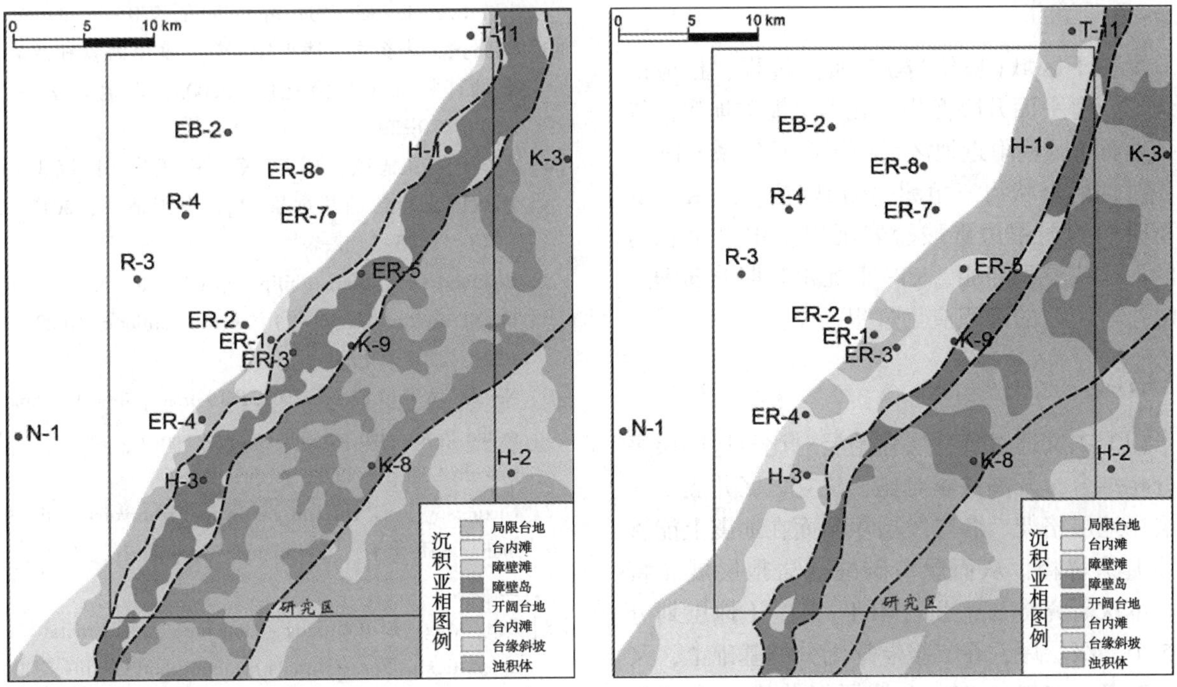

(a)　　(b)

图12　研究区石炭系KT-Ⅰ油层组SSQ4（a）和SSQ5（b）层序沉积相平面图

5.3 沉积演化特征

泥盆系沉积时期，形成浅海陆棚—台地前缘斜坡沉积，发育碳酸盐台地-生物礁。石炭系下统 C1v 阶沉积时期，整体为海平面下降时期，这一时期东部乌拉尔洋内岛弧为研究区东部提供丰富的较粗碎屑物源，形成自东向西延伸入海的含砾-砂泥质辫状河三角洲沉积，从而 C1v 阶沉积时期在滨里海盆地东南缘德莱斯肯Ⅰ区块附近地区主要发育辫状河三角洲-浅海陆棚的沉积体系。

石炭系 KT-Ⅱ沉积时期，发生海泛，早期东部乌拉尔洋内岛弧被海水淹没，这一时期伴随海平面升降变化，在滨里海盆地东缘西侧古隆起带东倾斜坡区形成的相对浅海位置主要发育了灰质的碳酸盐台地沉积，KT-Ⅱ沉积时期在滨里海盆地东南缘德莱斯肯Ⅰ区块附近地区形成了弱镶边的碳酸盐岩沉积体系。

石炭系 MKT 沉积时期，为海平面明显上升时期，这一时期在滨里海盆地东南缘德莱斯肯 I 区块附近地区主要发育泥质陆棚沉积。

石炭系 KT-I 沉积时期，整体为海平面相对下降时期，这一时期在滨里海盆地东缘西侧古隆起带东倾斜坡区形成的相对浅海位置主要发育了灰质-白云质的碳酸盐台地沉积，而 KT-Ⅰ沉积时期在滨里海盆地东南缘德莱斯肯 I 区块附近地区形成了弱镶边的碳酸盐岩沉积体系的沉积体系。

受控于区域（板块）构造演化过程、相应的古地形及海平面升降变化，在滨里海盆地东南缘德莱斯肯 I 区块附近地区经历了由石炭系 C1v 阶沉积时期的辫状河三角洲-泥质陆棚，经 KT-Ⅱ沉积时期的弱镶边碳酸盐岩沉积、MKT 沉积时期的泥质或混积陆棚、KT-Ⅰ沉积时期的弱镶边碳酸盐岩沉积的沉积演化过程。

6 结论

（1）本文通过连井层序地层对比与地震层序划分相结合，开展井震对比，建立该区井震统一的层序地层格架，各二级层序界面在地震上能够连续追踪解释，从而厘清碳酸盐岩地层展布特征。本次研究将 KT-Ⅱ、MKT、KT-Ⅰ地层划分为 5 个二级层序，在二级层序划分的基础上，又将 KT-Ⅱ、MKT、KT-Ⅰ地层划分为 9 个三级层序。

（2）综合沉积背景、岩石学特征和电性特征以及地震等资料的研究成果，开展对滨里海盆地东缘南部盐下碳酸盐岩进行沉积微相相带的研究，并进一步按碳酸盐岩的成分特征和沉积时水动力条件进行碳酸盐岩微相划分，将研究区划分为局限台地台内滩亚相、潮坪亚相、泻湖亚相、开阔台地相台内滩亚相、滩间洼地亚相、台内海亚相、台缘斜坡相。

（3）盐下碳酸盐岩 KT-Ⅱ段发育碳酸盐岩台地—台地前缘斜坡的沉积体系。整个碳酸盐岩台地（包括内部的开阔台地-台地边缘）呈西南-北东方向延伸，研究区南部遭受剥蚀，沉积东西分带明显，发育近岸局限台地-障壁礁滩-开阔台地-弱镶边台缘-斜坡相；南北存在差异，研究区南部台缘沉积相不明显。KT-Ⅰ段发育碳酸盐岩台地—台地前缘斜坡的沉积体系。整个碳酸盐岩台地（包括内部的开阔台地-台地边缘）呈西南-北东方向延伸，发育近岸局限台地-障壁礁滩-开阔台地-弱镶边台缘-斜坡相。

参 考 文 献

[1] Pairazian, V. V. 1996. Petroleum potential and exploration challenges of ex-USSR and east European sedimentary basins[J]. First Break, 14(1): 11-17.

[2] Ulmishek, G. F., 2001. Petroleum geology and resources of the North Caspian Basin, Kazakhstan and Russia [J]. U. S. Geological Survey Bulletin, 2201-B, 29.

[3] 刘洛夫，朱毅秀，熊正祥，等．滨里海盆地的岩相古地理特征及其演化[J]. 2003，古地理学报，5(3)：279-290.

[4] 游国庆，王志欣，郑宁，等．中亚及邻区沉积盆地形成演化与含油气远景[J]．中国地质，2010，37(04)：1175-1182.

[5] Fryklund Bob, Stark Philip. Super basins—New paradigm for oil and gas supply[J]. AAPG Bulletin, 2020, 104(12): 2507-2519.

[6] Nevolin N. V., Fedorov D. L. Palaeozoic pre-salt sediments in the PreCaspian petroliferous province[J]. Journal of Petroleum Geology, 1995, 18(4): 453-470.

[7] Kuznetsov V. G. Oil and gas in reef reservoirs in the former USSR [J]. Petroleum Geoscience, 1997, 3: 65-71.

[8] Zeng Xing, Li Weiqiang, Hou Jue, et al. Fractal Characteristics of Pore-Throats Structure and Quality Evaluation of Carbonate Reservoirs in Eastern Margin of Pre-Caspian Basin[J]. Energies, 2022, 15(17).

[9] 金之钧，王骏，张生根，等．滨里海盆地盐下油气成藏主控因素及勘探方向[J]．石油实验地质，2007，(02)：111-115.

[10] Pairazian，V. V. A review of the petroleum geochemistry of the Precaspian basin[J]. Petroleum Geoscience，1999，5：361-369.

[11] 梁爽，吴亚东，王燕琨，等．滨里海盆地东缘盐下油气成藏特征与主控因素[J]．中国石油勘探，2020，25(04)：125-132.

[12] 卢家希，谭秀成，金值民，等．碳酸盐岩早期差异成储路径及其对储集性能的影响：以滨里海盆地N油田石炭系KT-Ⅰ与KT-Ⅱ层系为例[J]．古地理学报，2023.

[13] 陈双廷，蒋剑克，曾庆芹，等．滨里海盆地巨厚盐丘速度建模技术[C]．中国石油学会2021年物探技术研讨会论文集，2021，320-323.

[14] 方甲中，吴林刚，高岗，等．滨里海盆地碳酸盐岩储集层沉积相与类型——以让纳若尔油田石炭系KT-Ⅱ含油层系为例[J]．石油勘探与开发，2008，(04)：498-508.

[15] 周生友，马艳．哈萨克斯坦滨里海盆地北部石炭纪巴什基尔期滩相灰岩基本特征及其油气勘探意义[J]．中国地质，2020，37(02)：446-452.

[16] 吴嘉鹏，程晓东，金树堂，等．滨里海盆地东缘塔克尔构造石炭系台内滩储层特征及主控因素[J]．重庆科技学院学报(自然科学版)，2021，23(04)：10-17.

[17] 雍天寿，杨瑞麒，关维东，等．扎纳若尔油田石炭系划分及沉积特征[J]．新疆石油地质，2003，24(1)：92-95.

[18] 苗钱友，朱筱敏，李国斌，等．2014. 滨里海盆地M区块晚石炭世古地貌恢复与白云岩储层预测[J]．地球科学(中国地质大学学报)，39(07)：871-879.

[19] 王雪柯，王震，王燕琨，等．2022. 滨里海盆地D-Ⅰ、Ⅱ区块石炭系碳酸盐岩沉积模式与沉积相演化[J]．海相油气地质，(01)：93-102.

[20] 王燕琨，王震，梁爽，等．2022. 古地貌恢复技术在滨里海盆地东缘中—下石炭统岩性勘探中的应用[J]．中国石油勘探，27(02)：131-141.

[21] 代寒松，陈彬滔，郝晋进，等．2018. 滨里海盆地东南缘石炭系MKT组“反向前积”构型的性质[J]．石油与天然气地质，(06)：1246-1254+1279.

[22] 胡源，陈开远，李玉海，刘双双，郭晓琛．2013. 滨里海盆地碳酸盐岩高频层序特征及其油气勘探应用——以M区块石炭系KT—I含油层系为例[J]．沉积学报，(4)：608-615.

[23] 谢华锋．2018. 滨里海盆地东缘石炭纪构造演化的沉积作用响应[D]．中国地质大学(北京).

[24] 徐辰浩，梁治国，程俊生．2021. 滨里海盆地东缘中石炭统台内滩分布预测及甄别：以北特鲁瓦斜坡区为例[J]．地质科技通报，40(06)：216-225.

[25] 杨泰，汤良杰，余一欣，等．2015. 王燕锟．滨里海盆地南缘盐构造相关油气成藏特征及其物理模拟[J]．石油实验地质，2：246-251.

一种新的物探技术—被动源地震频率谐振勘探技术在二连盆地某凹陷油气勘探中的应用实验

薛爱民[1]　王正茂[1]　石魏斌[1]　杨毓金[2]　巫祥阳[2]　冯国良[3]

（1. 北京派特森科技股份有限公司；2. 重庆碳达油气工程技术服务有限公司；
3. 北京鼎恒财富投资有限公司）

摘　要　一种新型的勘探地球物理技术-被动源地震频率谐振勘探技术应用于二连盆地某凹陷油气勘探作业获得了成功。该凹陷虽已具油气生产能力，但由于三维地震勘探成果不理想，致使钻探工作受到影响，特别深部油气潜力的评估受到制约。2024 年 4 月，在该凹陷开展了三维被动源地震频率谐振勘探工作，获得了该区地下 3000m 深度范围内地层的 S 波阻抗，并以此对石油储层、盖层和下伏侏罗系地层进行了地质解释。地质解释表明，目标区白垩系石油储层地层与构造清晰，与钻探结合，可以明确地划分出Ⅰ、Ⅱ、Ⅲ类油储层的厚度和空间位置，从而进一步获得了更有潜力的钻探方向。地震频率谐振勘探在本区还发现了 2000~2700m 深度范围内存在一套 500~600m 厚度的低密度沉积岩系，很可能具有油气潜力，此为前人三维地震勘探尚未揭示的可能为区域性的中下侏罗统的阿拉坦合力群。实验工作与以往本区三维反射地震勘探工作进行了比较，在勘探的经济性、野外作业的环保性、数据采集与数据处理方面的简单快速性、对储层分辨能力以及深层构造解析能力方面，该技术具有优势。此外，该技术不存在诸如侏罗纪火山岩屏蔽地震能量致使深部地层成像不佳等普遍性问题。本次实验证实了该技术有能力胜任对油气田的勘探工作；特别是它的地质属性勘探优点为常规地震勘探技术所难以比拟。

关键词　被动源地震频率谐振；二连盆地；油气勘探；石油储层；S 波阻抗

A new geophysical exploration technology-The application experiment of passive source seismic frequency resonance exploration technology in oil and gas exploration in a depression of the Erlian Basin

Xue Aimin[1]　Wang Zhengmao[1]　Shi Weibin[1]　Yang Yujin[2]　Wu Xiangyang[2]　Feng Guoliang[3]

(1. Beijing Petrosound Geoservices Co., Ltd.;
2. Chongqing Carbon Da Oil and Gas Engineering Technical Service Co., Ltd.;
3. Beijing Ding Heng Fortune Investment Co., Ltd.)

Abstract　A novel exploration geophysical technology-passive source seismic frequency resonance exploration technology-has been successfully applied in the oil and gas exploration operations in a depression of the Erlian Basin. Although the depression has oil and gas production capabilities, the unsatisfactory results from 3D seismic exploration have affected drilling operations, particularly constraining the assessment of deep oil and gas potential. In April 2024, a 3D passive source seismic frequency resonance exploration was conducted in the depression, yielding the S-wave impedance of the strata within a depth range of 3000 meters underground. Based on this data, geological interpretation of the petroleum reservoirs, cap rocks, and underlying Jurassic strata was carried out. The geological interpretation indicates that the Cretaceous petroleum reservoir strata in the target area are clearly defined in terms of structure, and when combined with drilling, can distinctly delineate the thickness and spatial locations of Type I, II, and III oil reservoirs, thereby further identifying more promising drilling directions. The seismic frequency resonance exploration also discovered a low-density sedimentary rock system with a thickness of 500-600 meters in the depth range of 2000 to 2700 meters, which is likely to have oil and gas potential. This system, possibly belonging to the regional Lower and Middle Jurassic Alatan Heli Group, had not been revealed by previous 3D seismic exploration. The experimental work was compared with past 3D reflection seismic exploration in the area, and the technology showed advantages in terms of exploration economy, environmental friendliness of field operations, simplicity and speed of data collection and processing, resolution of reservoirs, and deep structural analysis capabilities. Additionally, the technology does not suffer from common issues such as the shielding of seismic energy by Jurassic volcanic rocks, which leads to poor imaging of deep strata. This experiment confirms the technology's capability to handle oil and gas field exploration effectively; especially the geological attribute exploration has the strengths that the conventional seismic exploration technologies can hardly match.

Key words Passive Source Seismic Frequency Resonance; Erlian Basin; Oil and Gas Exploration; Petroleum Reservoir; S-wave Impedance

1 引言

一种新的地球物理勘探技术—被动源地震频率谐振勘探技术已经被应用到多领域地质勘探。它的主要优点是无源环保、工作效率高和几乎无限制性的勘探深度。其勘探分辨率受地下介质的密度差异，数据采集条件和数据处理与解释等人为因素制约。密度差异大小是勘探能力的决定因素，由于该技术的成像参数为波阻抗，在常规地质条件下，对煤层的分辨率成为检验其勘探分辨率的标尺。在煤层气钻井地质导向的勘探实例表明，其对煤层的分辨率达到(3~5)m/1000m，顶底板结构清晰。采集条件主要指气候、植被、地形以及人文作业等获得数据的质量条件，数据处理解释方面与常规地震数据处理解释一样，处理解释人员对地质问题的理解和使用软件的经验对获得高水平的成果也是重要的因素。如何应用好该项技术，特别是在复杂的地质条件下以及在油气地质领域应用该项技术，成为人们关心的课题。

2024 年 4 月，我们在二连盆地某凹陷应用该项物探技术进行了试验性勘探工作。探区已经有若干生产井产油，但局部构造由于三维地震成像不理想而难以落实。此外，人们广泛关注的侏罗系和下部油气地质条件更是不甚清晰。考虑到目标区域的地层岩性主要为陆相沉积的煤系和火山碎屑岩系，断层发育，地震反射层面不连续，反射地震效果不好，但对被动源频率谐振勘探而言，可能没有大的障碍。被动源地震频率谐振勘探利用了地下透射到地表的随机地震波，其不存在反射层面是否连续、反射能量大小是否足够的问题，所以提出了实验性应用该技术的勘探提案。其主要目地也是了解被动源地震频率谐振勘探技术是否有能力有效区分诸如二连盆地这种类型油田的勘探目的层、落实目的层系的构造以及考察透过侏罗系红层获得下伏地层岩系地质信息的能力。

2 区域地质和试验概况

二连盆地位于内蒙古自治区中部，东西长约 70km，南北宽约 40km，总面积逾 $2800km^2$ 是我国陆上大型沉积盆地之一。该盆地是中生代后期在海西褶皱基底和侏罗系残留盆地基础上，由 40 多个经过强烈拉伸和裂陷而形成的中、小凹陷组成的盆地。盆地分割性强，单个凹陷的规模较小。本实验工作所在凹陷位于乌尼特坳陷东北部，行政区划属内蒙古东乌旗与西乌旗。该凹陷是众多凹陷群中面积最大的富油凹陷之一，也是最早发现油气且形成产能的凹陷(图 1)。收集的区域地质资料表明：该凹陷的新生界为一套冲击扇河流相红色碎屑岩建造，白垩系存在煤系和油气生储盖组合，侏罗统上部为火山岩建造和侏罗统下部为冲积扇湖泊沼泽建造。由于常规地震勘探剖面成像效果不佳，在被动源频率谐振勘探介入前，该凹陷没有发现存在于侏罗统下部的以湖泊沼泽建造为代表的含油气系统，该系统在二连盆地被称为阿拉坦合力群。下伏古生界面目不祥。

地震频率谐振勘探区域已经有多口井进入石油开采阶段，目的层为白垩系腾格尔组，埋深 870~1200m。测区内于 2022 年完成的三维地震显示，沿测线的过井(井 1)剖面的白垩系构造非常发育，图像不清，即使浅层波组特征也不明显(图 2)。分析认为，反射地震成像不清的原因在于白垩系内部具有一些小型断层，反射界面不连续，面波发育，特别是浅层具有高速度的砂岩红层，影响地震波能量的传播及数据处理静校正工作及后续的叠加偏移，成像后反射同相轴不能连续追踪导致储层和深部侏罗系构造面貌不清，开发井位落实和深层勘探受到很大影响。

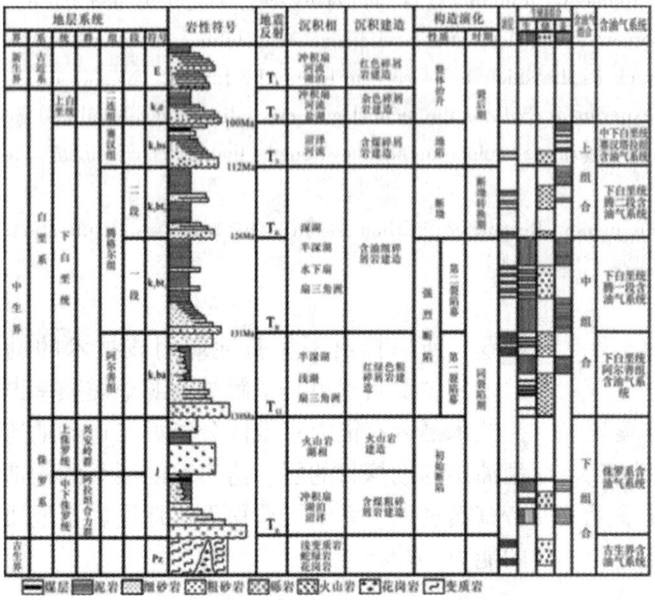

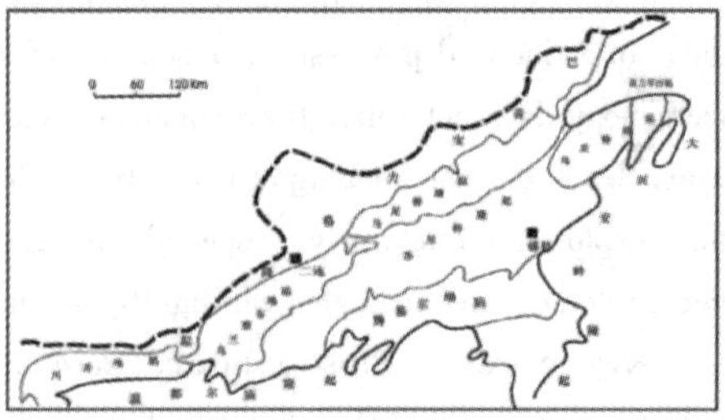

高力罕凹陷位于二连盆地东北角

图 1　二连盆地地层综合柱状图、生储盖组合以及构造区划图

(工区位于二连盆地东北角)

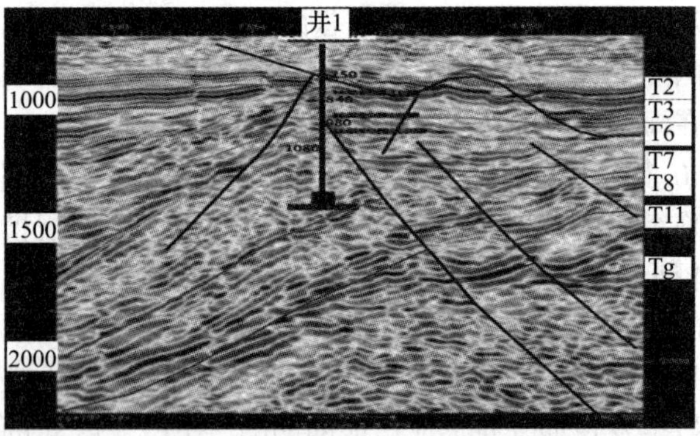

图 2　试验区三维地震剖面、测线和钻井情况

(T3 对应赛汉塔拉组底、T8 对应腾格尔组底、T11 对应阿尔善组底)

地震频率谐振勘探工作在区内采用点距 15m，线距 30m，采样时间间隔 4ms，采集时长 25min 的测量参数进行三维数据采集。最大数据处理深度 3000m(图 3)。

3　S 波阻抗剖面和地质解释

被动源地震频率谐振勘探技术利用 S 波谐振频率对地下介质波阻抗变化的高度敏感性，实现对地下地质体成像。该方法中，应用了地下介质横波速度(与密度正相关)的等效层原理和地下介质的谐振频率、速度和深度的关系，通过对透射到地表的地球噪声波对地质体进行成像，获取地质体的结构和波阻抗信息。图 3 为过钻井 1 附

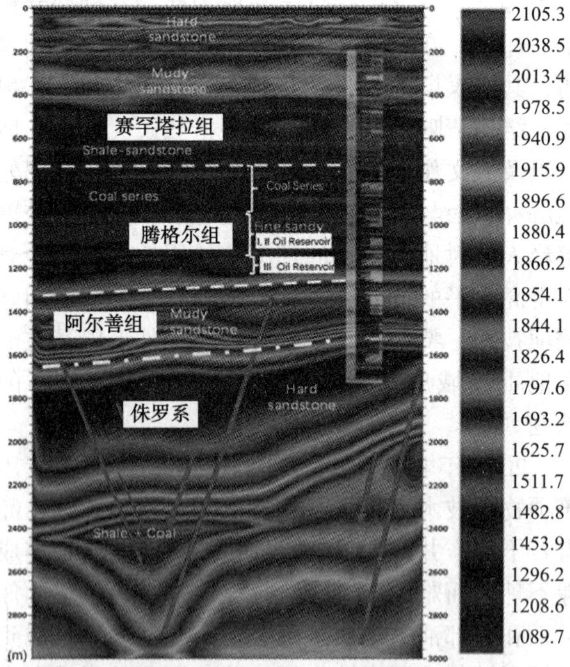

图 3　过井测线附近地震 S 波阻抗成像结果结合测井解释图(S 波阻抗单位：$10^9 g/(m^2 \cdot s)$)

近一段测线的地震频率谐振S波阻抗剖面结合钻孔测井成果的解释图(横向剖面长度1650m)。可见，S波阻抗剖面与钻井地质剖面对应良好，较低的S波阻抗对应煤系地层和下伏油储层，较高的(红色)S波阻抗对应侏罗系上部的砂岩。S波阻抗反映的地层结构清晰，1000m深度分辨率不大于10m，特别，S波阻抗对Ⅰ、Ⅱ类储层的清晰分辨具有显著的优点。对比三维地震勘探剖面(图2)，可见地震频率谐振勘探在本区对地层的分辨是成功的。

图3的S波阻抗特征清晰地揭示了不同密度的砂泥岩地层精细结构。如果我们认为岩石的S波阻抗与密度等价，而陆相地层岩石的密度与泥砂比及孔隙度相关，S波阻抗大小完全反映了岩石的泥砂比例以及孔隙度。图3中最小的波阻抗值对应了煤系地层，最高波阻抗对应本区红砂岩，Ⅰ、Ⅱ类储层和Ⅲ类储层在图中区分明显，说明地层孔隙变化和泥砂比变化决定了储层的性质。

精细分析Ⅰ、Ⅱ类储层内部，还可以区分出更加细微的结构，内部相对较低的S波阻抗对应了Ⅰ类储层，厚度仅仅一到三、五米，而Ⅱ类储层单层相对厚度大、S波阻抗高(图4)。

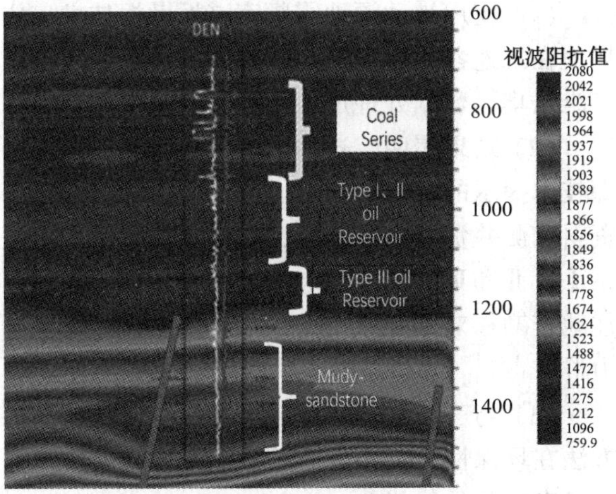

图4　地震S波阻抗与储层变化特征分析对比图
(S波阻抗单位：10^9g/(m^2·s)，剖面长度1100m)

通过对图4的储层结构分析表明，地震频率谐振勘探S波阻抗对岩石物性—泥砂比与孔隙度比较敏感，利用S波阻抗特征可比较清晰地确定岩石泥砂比和孔隙度变化。更深入分析到底是由于泥砂含量变化造成的波阻抗降低还是由于孔隙度变化造成的波阻抗降低要根据具体地质条件进行分析。对本测区的地质情况，Ⅰ、Ⅱ类储层岩性对应的波阻抗变化，我们认为主要由于孔隙度的变化引起，因为在储层较薄的情况下单纯的泥质含量降低没有孔隙度增大对波阻抗的影响大。Ⅰ、Ⅱ类储层段的密度测井曲线非常清晰地表明，凡具备数米地层段密度均较低的位置大多对应Ⅰ类储层段，地震频率谐振的S波阻抗也与此对应。所以，在图4中，大致900~1120m深度段内相对更低波阻抗平缓的条带即为Ⅰ类储层，一般厚度1~5m，但远离井位见到更厚的低波阻抗条带，可能预示井位侧方具有更好的储层。

为了更清晰了解地震频率谐振勘探S波阻抗剖面与常规地震反射剖面的各自特点，我们将地震频率谐振S波阻抗剖面与瑞克子波做褶积得到一个拟反射地震剖面，但该拟反射地震剖面非时间域而是深度域剖面，用以观察拟反射剖面是否与反射地震剖面存在相似性。图5即为常规三维反射地震剖面与频率谐振S波阻抗和拟反射地震剖面的对比。

考察图5，我们注意到被动源地震频率谐振勘探剖面与三维地震反射剖面在基本构造格局方面是对应的，虽然前者为深度域，后者为时间域，二者的纵坐标不完全相同。根据S波阻抗剖面进而获得的子波褶积拟地震反射剖面与三维地震反射剖面在构造格局方面相同但细节具有差异。因为二者在不同的纵坐标域，自然地深度方面和地层倾角方面是存在区别的。拟地震反射剖面更多地显现了反射地震的应用波形特征和反射能量大小来体现地下介质的差异，与图5中(左)应用波阻抗大小来体现地质差异并没有体现任何优势。由此也可见，地震频率谐振勘探参数-S波阻抗对揭示油气储层精细的岩性变化，比常规地震勘探利用子波反映储层特征或岩性变化，应该具备更明显的优势。当然，反射地震也可以进行岩性反演，但从野外采集到室内特殊处理还额外地存在其他问题。

图3~图5见到侏罗系红砂岩下方存在一套低密度的岩性组合，厚度达500~600m。经过分析认为，该地层很可能为一套泥页岩沉积层系，同时存在生烃或存储潜力。由于二连盆地主要是侏罗系的残留盆地，我们根据盆地内其他凹陷地质特征，认为上述侏罗系红砂岩下伏低密度层系很可能就是在该凹陷尚未发现的侏罗系中下统的阿拉坦合力群。该地层体系在此很有可能具有油气勘探潜力。

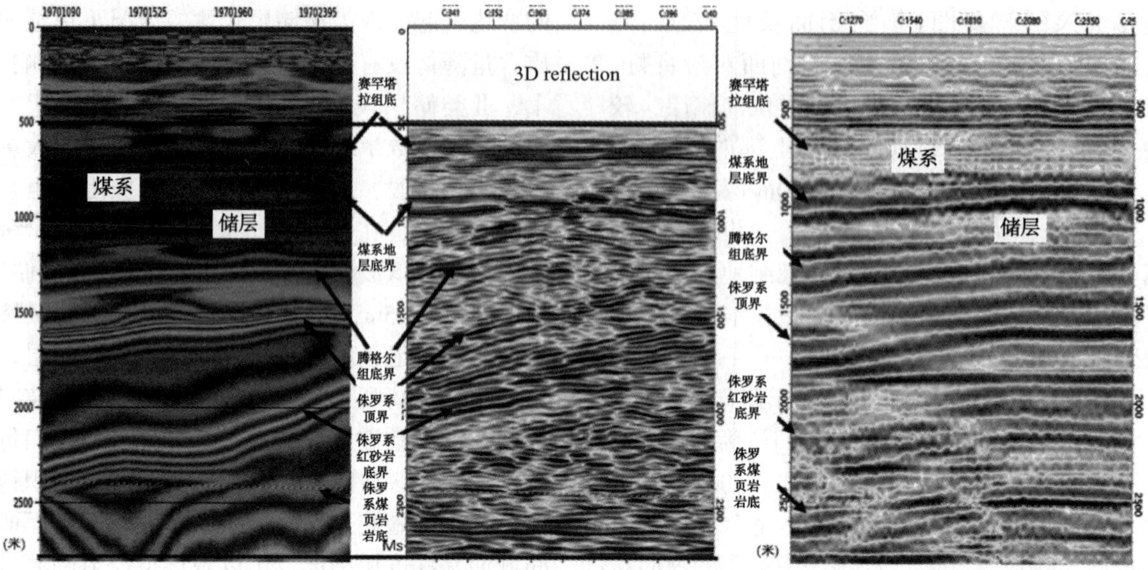

图 5　频率谐振勘探 S 波阻抗剖面(左)、反射地震剖面(中)和 S 波阻抗子波褶积剖面

4　应用场景条件分析

该方法技术实验工作属于生产性实验，布设的三维面积性勘探工作对野外应用条件、人员配置和仪器设备要求等都进行了基本的评估。按照三维地震勘探要求，野外数据采集和室内数据处理解释工作流程的工作情况如下：

(1) 技术设计、后勤准备和野外工作现场预先协调与站点坐标测量。由于勘探不需要震源，该项工作减少了许多繁琐性业务和经费支出。

(2) 野外数据采集。实验场地为平缓丘陵草原地带，不存在地形对数据采集作业的影响。按现场实测数据点(每小时采集 100 个数据点)计算，所需民工数量 10~15 人；技术工程师 1~2 人；车辆、司机、后勤若干；采集站设备 50 台。一般每个站点的野外数据采集时长为 20~25min，数据采集间隔 4ms。

(3) 数据处理解释。数据可以在整个采集作业完毕以后，统一从设备内调出传到室内数据中心，但为防止测量失误，本实验由技术人员在作业当天晚上传输到处理中心。数据处理工作比常规地震数据处理流程简单，但本实验工作由于地质工程师和数据处理工程师在初期对当地地质情况了解甚少，需要熟悉地质资料，耗费了一定时间。整个处理和解释时间花费了两周的时间。

野外数据采集和室内处理解释工作顺利，整个项目时间花费不足一个月。由于没有涉及震源问题，环境保护工作顺利，与常规三维地震勘探工作相比，该项目比较经济。在数据处理环节，该项目没有遭遇地表静校正问题、白垩系上部高速砂岩的能量屏蔽问题以及其他人为的干扰问题，通常这些问题在本区的常规三维地震勘探中是避免不了的。

5　结论

(1) 应用被动源地震频率谐振勘探技术，成功地在二连盆地东北部某凹陷的石油采区进行了三维采集、数据处理成像和地质解释工作。

(2) 结果表明，这种被动源地震频率谐振勘探技术揭示的区内的岩石属性和构造面貌与钻井资料和测井资料完全吻合，它清晰地揭示了白垩系Ⅰ、Ⅱ和Ⅲ类油储层空间展布特征；揭示了以往地震勘探难以解释的侏罗系中下部阿拉坦合力群。

(3) 与三维常规地震反射勘探相比，该勘探方法在环保性、经济性和精细的地质属性揭示方面具有特殊的优势。

参　考　文　献

[1] 薛爱民 . 被动源地震频率谐振勘探方法 . 中国国家专利局，申请号 CN110954943A，2019.

[2] 薛爱民，李达，宋红星，等 . 应用振动噪声的频率谐振效应对地球进行成像[J]. 地质论评，2021，65(增 1)：47-48.

[3] 张华青，张光亮，薛爱民，等 . 地震频率谐振技术在内蒙古额尔古纳东珺银铅锌矿区勘查中的应用

[J]. 地质与勘探，2024，60(02)：311-318.
[4] 张文君．谐波地震在沁水盆地深部煤层气勘探开发中的初步应用[J]．山西煤炭，2021，41(04)：70-76.5.
[5] 池继立．二连盆地高力罕凹陷查干诺尔洼槽腾一段沉积相研究[D]．西安石油大学，2014.
[6] 许兴波．高力罕凹陷查干诺尔地区油气成藏特征及有利区预测[D]．西安石油大学，2014.
[7] 吴飘．二连盆地典型洼槽成藏机理研究[D]．中国地质大学(北京)，2020.

滨里海盆地东南缘碳酸盐岩储层精细刻画与流体识别

李曦宁[1,2,3]　盛善波[1,2]　程晓东[3]　金树堂[1,2]　孙铁军[1,2]　张胜斌[3]
吴嘉鹏[3]　高慧波[3]　牛虎林[3]　杨爰齐[3]　王国军[1,2]

［1. 中国石油国际勘探开发有限公司；2. 中国石油(哈萨克斯坦)阿克纠宾公司；3. 中国石油测井公司国际公司］

摘　要　滨里海盆地东南缘碳酸盐岩具有巨大的油气勘探潜力，但是其储层属于低孔特低渗储层，非均质性强、储集空间类型多样、油水关系复杂，制约着岩性复合圈闭的油气勘探。为解决研究区复杂储层精细评价难题，明确其碳酸盐岩层序地层格架及沉积相模式，形成一种融合岩石物理分析、常规测井与特殊测井多数据的低孔特低渗碳酸盐岩储层测井精细刻画与流体识别技术。基于岩石物理响应特征，优选孔隙度、渗透率、束缚水饱和度、排驱压力、最大汞饱和度和最大孔喉半径，构建井筒微观孔隙结构综合评价指数。深入挖掘电成像测井信息，提出一种基于电成像测井的孔隙结构自动识别与定量表征技术，可提供近井壁地层的裂缝孔隙度、孔洞孔隙度、多尺度孔隙结构谱等储集空间表征参数。以常规测井的电阻率-孔隙度流体识别图版为基础，结合录井气体定量分析结果，建立一种融合电成像视地层水电阻率谱与二维核磁 T1-T2、T2-D 图版的流体识别方法。多口井的实际应用结果表明，该方法有效建立了滨里海盆地东南缘阿克若尔构造带储层分类分级标准，充分挖掘储层流体信息，弥补常规流体识别图版对低对比度油层识别能力的不足，提高了测井解释符合率，为低孔特低渗碳酸盐岩储层精细测井评价提供了一套新的可行性方法。

关键词　储层精细刻画，岩石物理，流体识别，滨里海盆地，电成像测井，二维核磁共振

Fine Characterization and Fluid Identification of Carbonate Reservoirs in the Southeast Margin of the Pre-Caspian Basin

Li Xining[1,2,3]　Sheng Shanbo[1,2]　Cheng Xiaodong[3]　Jin Shutang[1,2]　Sun Tiejun[1,2]
Zhang Shengbin[3]　Wu Jiapeng[3]　Gao Huibo[3]　Niu Hulin[3]　Yang Yuanqi[3]　Wang Guojun[1,2]

(1. China National Oil and Gas Exploration and Development Company Ltd.;
2. CNPC-AktobeMunaiGas JSC.; 3. China National Logging Corporation)

Abstract　Carbonate rocks in the southeast margin of the Pre-Caspian Basin have huge hydrocarbon exploration potential. However, the carbonate reservoirs with low porosity and ultra-low permeability have diverse reservoir space types, and complex oil-water relationship. Therefore, a novel multi-data fusion method based on petrophysical analysis, conventional logging and special logging is proposed to characterize the complex reservoirs and identify the low-contrast fluids. According to the petrophysical response characteristics, six parameters including porosity, permeability, irreducible water saturation, displacement pressure, maximum mercury saturation and maximum pore throat radius are determined to generate a micro-pore structure comprehensive evaluation index. Based on the resistivity-porosity fluid identification pattern of conventional logging and the quantitative analysis of gas logging, a fluid identification method combining the apparent formation water resistivity spectrum with T1-T2 and T2-D patterns of two-dimensional nuclear magnetic resonance is established. The reliability of the reservoir space structure characterization and fluid identification method has been verified by comparing with digital cores, thin sections and two-dimensional

NMR from several wells. The novel method effectively established the classification standard of the Akerol structural belts in the southeast margin of the Pre-Caspian Basin, and adequately excavated fluid information of the carbonate reservoirs. What's more, it provides a feasible method of fine logging evaluation for the low porosity and ultra-low permeability carbonate reservoirs in the southeastern margin of the Pre-Caspian Basin.

Key words Reservoir fine characterization; Petrophysical physics; Fluid identification; Pre-Caspian Basin; Electrical imaging logging; 2D NMR

1 引言

滨里海盆地东南缘石炭系碳酸盐岩储集空间复杂，孔隙及裂缝均有发育。其分布的非均质性和复杂性严重制约着对该类储层的识别精度。目前，许多学者对常规测井和特殊测井的孔、洞、缝准确识别方面做了大量的科学研究。Zazoun(2013)针对 Mesdar 油田寒武系-奥陶系储层，提出了基于人工神经网络的岩心和常规测井裂缝密度估算方法。Zhao 等(2015)和 Fan 等(2016)详细分析和模拟洞穴型碳酸盐岩储层的双侧向响应。Lyu(2016)通过增强裂缝响应强度，消除非裂缝影响，实现致密油砂岩裂缝识别。Amartey(2017)采用融合伽马测井与电测井的方法，识别 Ghana 基岩裂缝带。Shalaby 等(2017)综合运用多种常规测井资料(包括次生孔隙度指数、三孔隙交会图和自然伽马能谱等)，实现对埃及 Geisum 油田的裂缝识别。

滨里海盆地东南缘石炭系碳酸盐岩油水关系复杂，部分井储层段存在低阻油气层、高阻水层、高阻干层，增加了储层流体性质识别的难度(徐可强，2011)。目前，许多学者在特殊测井方法的碳酸盐岩储层流体识别方面做出了大量探索。谢然红和肖立志(2009)采用改变回波间隔测量多组自回波串序列实现了(T2，D)二维核磁共振方法，为有效识别储层提供了基础。佘刚等(2018)利用 T2-T1、T2-D 的二维核磁交会技术，识别柴达木盆地复杂储层流体。Deng 等(2019)应用基于电成像测井的视地层水电阻率谱识别储层流体。Fan 等(2019)提出利用电成像测井识别柴达木盆地致密碳酸盐岩储层流体类型。

以上这些方法在相应地区均取得了不错的应用效果。然而，在滨里海盆地东南缘碳酸盐岩储层的精细刻画和流体识别方面未见有详细的研究。为此，本文以滨里海盆地东南缘石炭系碳酸盐岩储层为例，发展了一种融合岩石物理分析、常规测井与特殊测井多数据的低孔特低渗碳酸盐岩储层精细刻画与流体识别方法。

2 岩心孔隙结构评价指数

详细分析研究区多井岩石物理响应特征，优选岩石物理参数(孔隙度、渗透率、束缚水饱和度、排驱压力、最大汞饱和度和最大孔喉半径)，构建井筒微观孔隙结构综合评价指数 T，

$$T=\left(\frac{\phi\times\kappa\times S_{hg}\times R_{max}}{P\times S_{wi-NMR}}\right)^{0.5} \tag{1}$$

式中，ϕ 为孔隙度；κ 为渗透率；S_{hg} 为最大汞饱和度；R_{max} 为最大孔喉半径；P 为排驱压力；S_{wi-NMR} 为核磁束缚水饱和度。

图 1a 是岩心压汞数据的孔渗分析结果，颜色表示每米产液量。从岩心数据分析，研究区 KT-Ⅰ和 KT-Ⅱ储层孔隙度主要分布 4%~20%，渗透率主要分布 0.01~10mD，以低孔特低渗储层为主。一般来说，孔渗越好的储层，米产液量越高。但研究区孔隙结构复杂，图 1a 中部分样点值并不符合孔渗关系。图 1b 是构建的井筒微观孔隙结构综合评价指数-孔隙度分析结果。可见，综合评价指数 T 很好地描述了孔隙结构与米产能的关系。

3 基于电成像测井的储集空间自动表征

电成像测井以其高分辨率、高覆盖率的优点，广泛应用于井壁精细地质特征表征。研究区碳酸盐岩储层储集空间复杂，难以准确计算其储层参数。为了实现对碳酸盐岩储层孔隙结构的精细评价，发展一种基于电成像测井的储集空间自动表征方法。这里，提出利用最大连通路径算法来自动识别孔、洞、缝。

通过阈值分解，将电成像图 X 转换为二值图像 B，设 $B(x)$ 为二值图像像素点 x 值，(x_1，x_2)为像素点 x 的坐标。在每个像素点 x 处计算

两个值：从 x 点往左最大路径长度 $l^-[x]$（不包括 x 点本身）和从 x 点右最大路径长度 $l^+[x]$。通过 x 的最大连通长度 $l[x]=l^-[x]+l^+[x]-1$。利用公式(2)和公式(3)，计算每个像素点 x 的 $l^-[x]$ 和 $l^+[x]$（如图 2）：

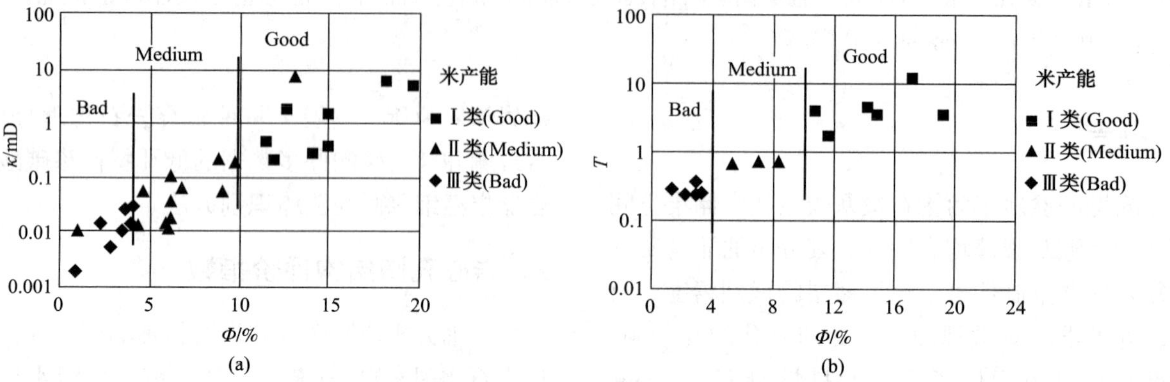

图 1　(a)压汞的孔隙度-渗透率-试油关系(颜色表示每米产液量)；(b)孔隙结构综合指数 T-孔隙度-产能关系(颜色表示每米产液量)

$$l^-[x]=1+\max\{l^-[(x_1+1,\ x_2-1)],\ l^-[(x_1+1,\ x_2)],\ l^-[(x_1+1,\ x_2+1)]\} \tag{2}$$

$$l^+[x]=1+\max\{l^+[(x_1-1,\ x_2-1)],\ l^+[(x_1-1,\ x_2)],\ l^+[(x_1-1,\ x_2+1)]\} \tag{3}$$

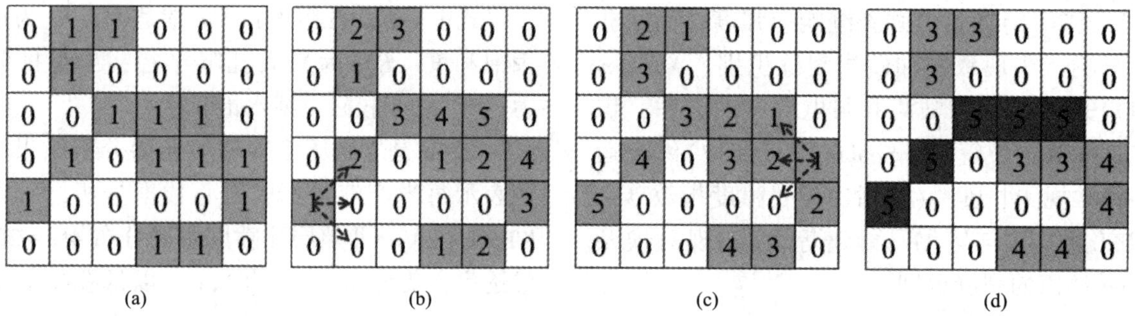

图 2　最大连通路径的缝洞识别的计算过程

(a)输入的二值图；(b)每个像点的往右最大路径长度 $l^-[x]$；(c)每个像素点的往左最大路径长度 $l^+[x]$；(d)每个像点的最大路径长度，红框为最大连通路径 $L=5$ 的目标子图像

在确定裂缝的最大连通长度后，即可将裂缝与溶蚀孔洞分离开来。通过计算最大连通长度的连通域属性，即可获得孔、洞、缝表征参数，包括面孔率、裂缝孔隙度、孔洞孔隙度、多尺度孔隙结构谱等。

滨里海盆地东南缘碳酸盐岩 KT-Ⅱ地层作为主要目的层系，其储集空间展布复杂，孔、洞、缝均有发育，具有强均质性。以典型井为例，采用基于最大连通路径的方法对储集空间进行表征(图 3)。图 3a 为 X1 井裂缝-孔隙型储层表征结果。新方法自动提取的裂缝和孔洞子图像保持了储集空间的原始形态(图 3a 中的第 4 和第 5 道)。同时，自动计算的储集空间表征参数，包括裂缝产状(图 3a 第 6 道)、缝洞孔隙结构谱(图 3a 第 7 道)、裂缝面孔隙率和孔洞面孔隙率(图 3a 第 8 道)，可自动划分储层类型。对比数字岩心(图 3b)和铸体薄片(图 3c)，该层段内确实发育了裂缝和孔洞，这验证了最大连通路径算法的可靠性。

4　融合多数据的储层流体识别方法

滨里海盆地东南缘碳酸盐岩储层油水关系复杂，存在低对比度油气藏，增加了储层流体性质识别的难度。为此，基于常规测井资料的流体识别图版，提出一套融合电成像视地层水电阻率谱与二维核磁横向弛豫时间(T_2)与扩散系数(D)图版的储层流体识别方法。

如图 4，在 2188~2199.0m 段，常规测井和核磁测井图(第 3 道和第 11 道)显示该层储层物性好，深侧向电阻率高，符合油层特征，因此将该段解释了油层。但对该段实际试油，仅见油花，日产水 16m^3，试油为含油水层。因此，构建电成像视地层水电阻率谱(图 4b 第 10 道)和二维核磁 T_2-D 图(图 4c)。在 2192m 上下(红线)的 2 个层均落在常规的孔隙度-电阻率交会图版的油区(图 4a)，但其两段的视地层水电阻率谱和二维核磁 T_2-D 图表现出不同的特征。如图 4b 第 10 道，在 2192m 上部，视地层水电阻率谱分布峰值小且靠后，显示油水同层特征，而在 2192m 下部，视地层水电阻率谱分布峰值大且靠前，则显示水层特征。该识别结果也可以从二维核磁 T_2-D 图版上反映出来(图 5c)。综合分析将该段储层从油层调整为含油水层。新解释结论与试油结论相吻合。可见，融合多数据的储层流体识别方法有效提高了测井解释符合率。

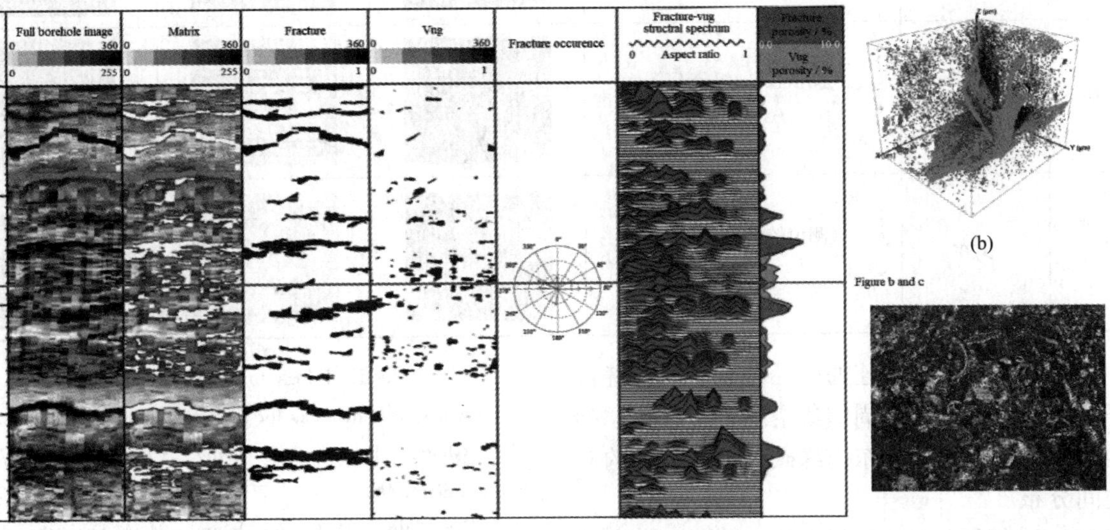

图 3　X1 井裂缝-孔隙型储层储集空间表征

(a) 电成像自动表征；(b)数字岩心；(c)铸体薄

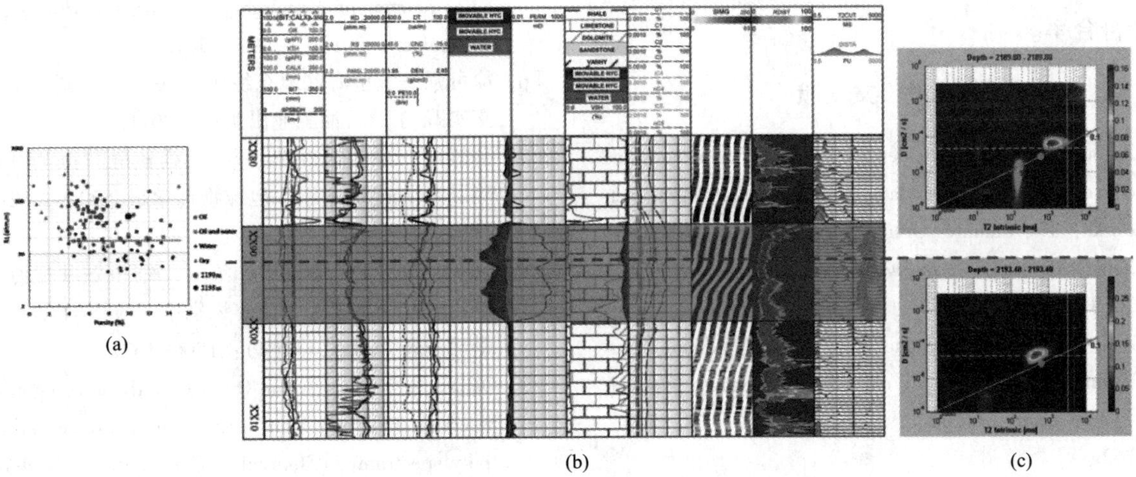

图 4　X-2 井流体综合识别

(a)孔隙度-电阻率交会图；(b)综合测井解释成果图；(c)二维核磁共振 T_2-D 图

因此，采用融合多数据的储层流体识别方法，建立了滨里海盆地东南缘碳酸盐岩储层综合流体识别标准(表 1)，助力了勘探增产增效。

5　结论

本文形成一种融合岩石物理分析、常规测井与特殊测井多数据的低孔特低渗碳酸盐岩储层测井精细刻画与流体识别方法，为低孔特低渗碳酸盐岩储层精细测井评价提供有力支持。

(1) 基于岩石物理响应特征，构建井筒微观孔隙结构综合评价指数，建立了滨里海盆地东南缘阿克若尔构造带储层分类分级标准。

表 1　AMG 储层综合流体识别标准

流体类型	深侧向 ohm. m	录井	电成像测井	核磁测井	二维核磁(T_1-T_2)
油层	≥35	气测组分较全/有荧光显示、TG>0. 8%	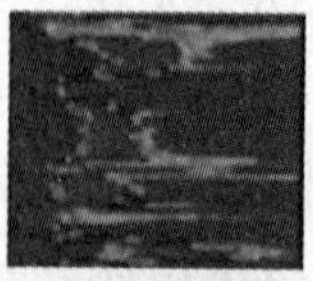	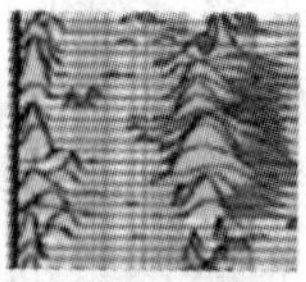	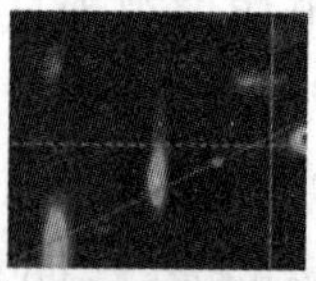
油水同层	20~35	气测组分较全/有荧光显示、TG>0. 8%	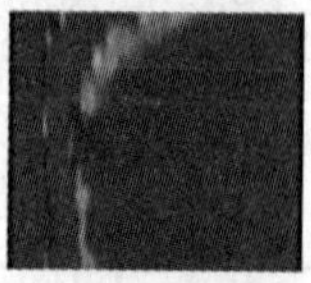	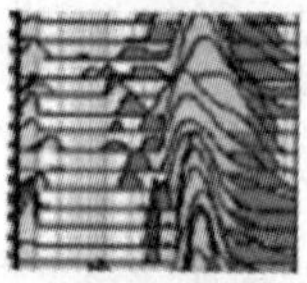	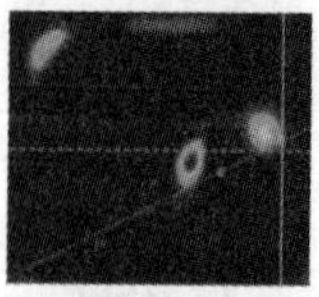
水层	<20	气测值较低/组分不全、TG<0. 8%		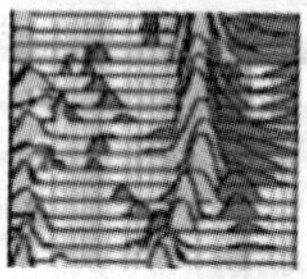	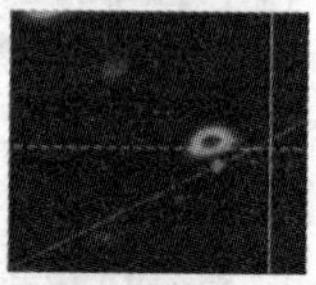
干层	>20	气测值较低/组分不全、TG<0. 8%	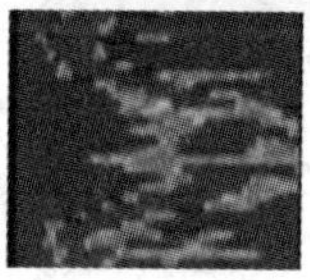	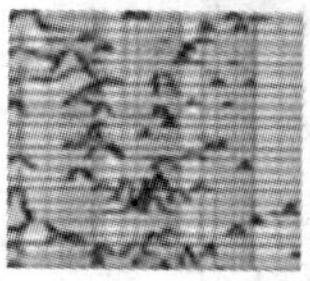	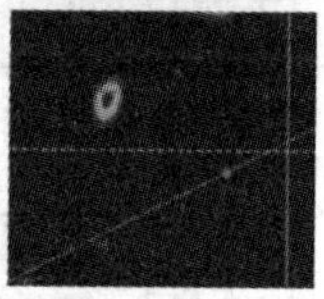

(2) 提出基于最大连通路径的孔、洞、缝自动识别方法，并计算井周储集空间表征参数，准确地描述了滨里海盆地东南缘碳酸盐岩储层的储集空间分布。

(3) 融合多数据的储层流体识别方法，有效识别了储层的流体类型，弥补了常规流体识别图版对低对比度油层识别能力的不足，提高了测井解释符合率。

参　考　文　献

[1] Zazoun, R. S. Fracture density estimation from core and conventional well logs data using artificial neural networks: The Cambro-Ordovician reservoir of Mesdar oil field, Algeria [J]. *Journal of African Earth Sciences*, 2013, 83(1), 55-73.

[2] Zhao, J., Wang, D. and Gu, H. W. Numerical simulation of dual laterolog in cavernous carbonatite reservoir [J]. *Journal of Coastal Research*, 2015, 73, 758-762.

[3] Lyu W., Zeng, L., Liu Z., Liu, G., and Zu, K. Fracture responses of conventional logs in tight-oil sandstones: A case study of the Upper Triassic Yanchang Formation in southwest Ordos Basin, China [J]. *AAPG Bulletin*, 2016, 100(9), 1399-1417.

[4] Amartey, E. O., Akiti, T. T., Armah, T., and Osae, S. and Agyekum, W. A. Integrating gamma log and conventional electrical logs to improve identification of fracture zones in hard rocks for hydrofracturing: a case study from Ghana [J]. *Applied Water Science*, 2017, 7 (3), 1091-1098.

[5] Shalaby, M. R. and Islam, M. A. Fracture detection using conventional well logging in carbonate Matulla Formation, Geisum oil field, southern Gulf of Suez, Egypt [J]. *Journal of Petroleum Exploration and Production Technology*, 2017, 7, 977-989.

[6] 徐可强. 滨里海盆地东缘中区块油气成藏特征和勘探实践[J]. 石油工业出版社, 2011.

[7] 谢然红, 肖立志. (T_2, D)二维核磁共振测井识别储层流体的方法[J]. 地球物理学报, 2009, 52(9): 2410-2418.

[8] 佘刚, 徐永发, 李世毅, 等. 二维核磁共振测井在柴达木盆地复杂储层流体识别中的应用[J]. 地球物理学进展, 2018, 33(4): 1566-1572.

[9] Deng, R., Sun, J. and Qiu, J. Study on recognition of reservoir fluid based on apparent formation water resistivity spectrum[J]. Journal of Computational Methods in Sciences and Engineering, 2019, 20(8), 1-7.

[10] Fan, X. Q., Wang, G. W., Dai, Q. Q., et al. Using image logs to identify fluid types in tight carbonate reservoirs via apparent formation water resistivity spectrum [J]. Journal of Petroleum Science and Engineering, 2019, 178, 937-947.

鄂尔多斯盆地南部旬宜探区太原组障壁海岸沉积特征及其与天然气成藏关系的研究

岳欣欣 李连生 金芸芸 邢丽娟 宋 哲 陈燕萍

（中国石油化工股份有限公司河南油田分公司）

摘 要 旬宜探区东南部棋盘1井太原组障壁岛砂岩天然气勘探取得突破，证实了研究区发育障壁海岸沉积体系。但针对探区障壁海岸的沉积特征及其对天然气聚集的关系研究相对薄弱。笔者立足于已钻探井的岩心特征、构造特征测井曲线特征以及地震响应等特征的研究，认为：研究区主要发育障壁岛、潮坪、泻湖、潮汐水道4类微相，障壁岛砂岩作为障壁沉积体系的核心单元，主要在探区东南部的太1期发育，且发育有三期，不同期次障壁砂坝横向上多呈孤立分布，纵向上与煤系烃源岩紧密接触，具备良好的源储配置关系，为一有利勘探领域，是下一步重点勘探对象。

关键词 旬宜探区；太原组；障壁海岸沉积特征；障壁岛；天然气成藏

Study on the sedimentary characteristics of Taiyuan Fm barrier coast and its relationship with natural gas accumulation in the southern part of Xunyi exploration area of Ordos Basin

Yue Xinxin Li Liansheng Jin Yunyun Xing Lijuan Song Zhe Chen Yanping

(China Petroleum & Chemical Corporation Henan Oilfield Branch)

Abstract A breakthrough has been made in the natural gas exploration of barrier island sandstone in Taiyuan Fm of Qipan 1 well in the southeast of Xunyi exploration area, which confirms the development of barrier coastal sedimentary system in the study area. However, it is relatively weak of the research specifically on the sedimentary characteristics of the barrier coast in the exploration area and its relationship with natural gas accumulation. Established in the research of core characteristics, structural features, logging curve characteristics, and seismic response characteristics of the drilled exploration wells, the author perceives that four types of microfacies(barrier island, tidal flat, lagoon and tidal channel) are primarily developed in the study area. Barrier island sandstone, serving as the core unit of the barrier sedimentary system, is mainly developed in the southeastern exploration area during the Tai1 period, spanning three development phases. Barrier sand bars, from different phases, often appear isolated horizontally yet vertically intimately contact coal-bearing source rocks, presenting an optimal source-reservoir configuration. This represents a promising exploration area and is the primary focus for subsequent exploration efforts.

Key words Xunyi exploration area; Taiyuan Formation; barrier coast sedimentary characteristic; barrier island; natural gas accumulation

1 引言

鄂尔多斯盆地作为中国第二大陆内沉积盆地，盆内资源多样、成藏规模大，已成为重要的油气生产基地，且一度形成南油北气的分布规律认识。盆地上古生界主要产层为下石盒子组、山西组，前人对盆地南部的旬宜探区上古生界勘探，同样将目标聚焦在山西组、石盒子组，整体对太原组的研究相对薄弱，整体认为旬宜探区不发育障壁海岸沉积。

2021 年旬宜探区东南部棋盘 1 井太原组钻遇多套粗粒石英砂岩，综合解释为气层，经测试获最高日产 $2\times10^4m^3$ 的工业气流，太原组天然气勘探取得实质性突破，并且旬宜探区太原组发育障壁海岸沉积体系的观点得以落实。这坚定了该区太原组天然气藏勘探信心的同时，也初步展现了太原组障壁砂型储层的勘探潜力。但针对探区太原组障壁岛海岸体系的沉积特征及其对天然气聚集的关系研究程度偏低。鉴于此，笔者立足于本探区已钻探井，根据岩心、薄片、测井、分析化验及试气等资料，针对该地区太原组障壁岛体系的岩相类型及其组合、沉积微相、与油气聚集的关系等展开研究，从而为探区太原组天然气资源的高效勘探开发提供科学依据。

2　区域地质背景

现代障壁海岸的分布较为普遍，约占世界海岸线的 13%，我国东南沿海某些地段可达 21%。诸多能源矿产勘探实践证实，在地质历史时期障壁海岸沉积体系也广泛发育，由于受地壳运动、海平面升降、海侵及海退的直接影响，其不仅赋存重要的煤炭资源，而且常以特殊的沉积叠置样式构成有利的生储盖组合并蕴藏丰富的石油与天然气，是重要的资源勘探领域，因而受到越来越多的关注。

鄂尔多斯盆地是一个在华北地台基础上发展起来的大型多旋回克拉通盆地，根据现今构造特点划分为 6 大构造单元，分别是盆地中央的伊陕斜坡，东部的晋西挠褶带，西部的天环坳陷和西缘逆冲带，南部的渭北隆起，北部的伊盟隆起。整体构造相对简单，东高西低，地层平缓，地层倾角不足 1°。研究区位于鄂尔多斯盆地南缘，横跨了伊陕斜坡及渭北隆起两个一级构造单元，为南东高、北西低单斜，构造平缓，地层倾角 1°~2°，局部发育小型背斜、断背斜(图 1)。中央古隆起在中元古代裂陷基础上早古生代被动大陆边缘背景下发育，自伊盟-杭锦旗、乌审旗-定边、南延至镇原-正宁一带，呈南北走向的不规则的哑铃状，面积超过 $7.5\times10^4km^2$。晚石炭世，以中央古隆起为界，西侧为祁连海，东侧为华北海，鄂尔多斯盆地南部此时期位于华北海的西南部，遭受其海侵影响。晚石炭世太原组沉积期，海水减退，盆地南部形成了由海相向海陆过渡相转化的海岸沉积特征。同时受中央古隆起影响，古海岸线方向呈近似南北向，区域调研资料表明，鄂南地区太原组由阿拉善-阴山古陆、华北板块南缘的秦岭造山带双向供源。由中央古隆起向东，依次为潮坪沉积、障壁岛-泻湖沉积、浅海陆棚沉积。

旬宜探区位于鄂尔多斯盆地南部，与区域具有相似沉积背景，发育波浪、潮汐作用改造的障壁海岸沉积，自西向东发育潮坪、障壁岛-泻湖、滨浅海沉积。

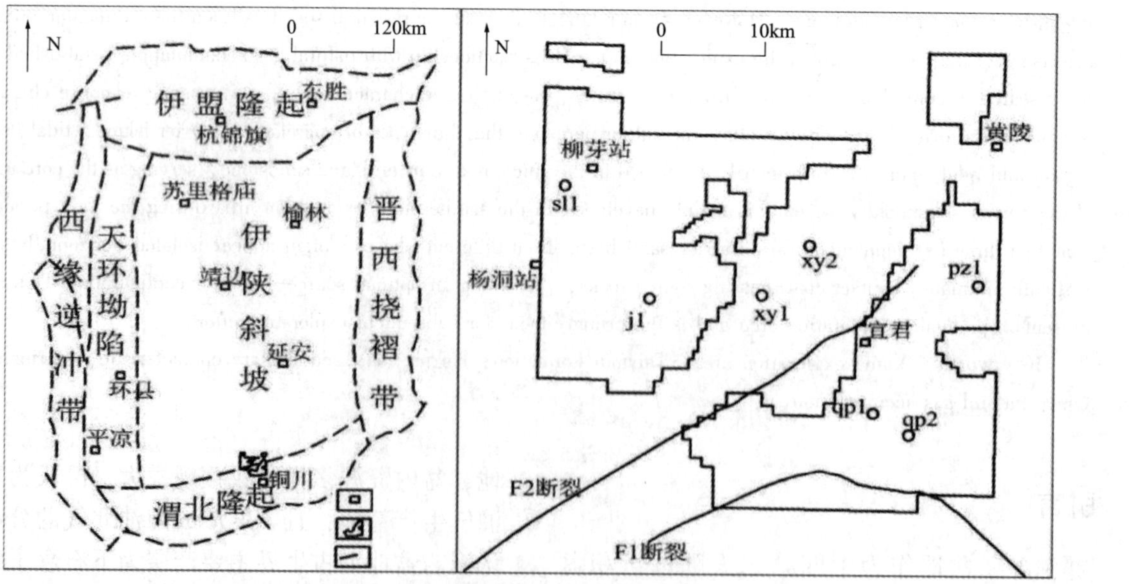

图 1　鄂尔多斯南部旬宜探区位置图

3 障壁海岸沉积特征

鄂尔多斯盆地南部旬宜探区上古生界太原组历经多次海侵，发育广阔陆表海沉积，障壁体系作为海岸环境的一部分，相较于河流、三角洲环境，具有其典型岩性及沉积构造特征。

基于研究区已钻探井的岩心特征、沉积构造特征以及测井曲线特征等资料，同时参照区域沉积背景，建立了旬宜探区太原组沉积相识别图版(图2)，将旬宜探区太原组障壁海岸沉积体系划分为潮坪、障壁-泻湖沉积2个亚相及障壁岛、泻湖、潮汐水道、砂坪泥炭坪等多个微相。

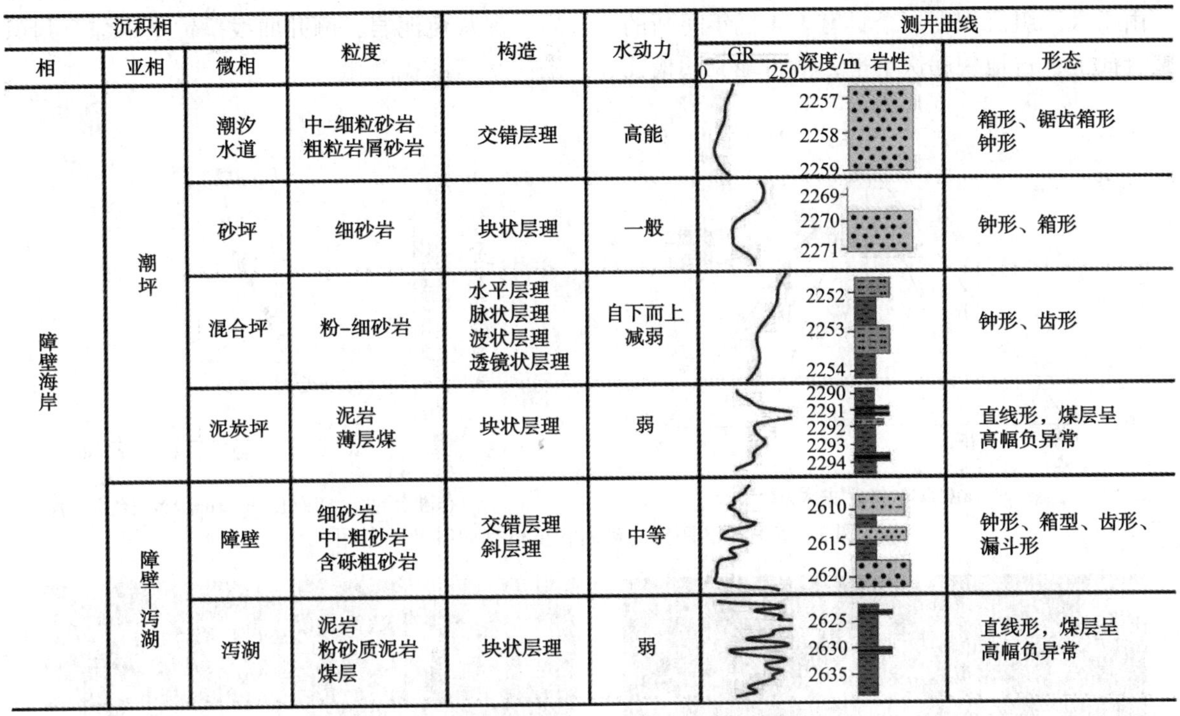

图2 旬宜探区太原组沉积相识别图版

3.1 岩相类型及其组合

旬宜探区太原组直接沉积在马家沟组不整合面之上，目前共有8口井钻穿太原组，沉积厚度厚度45.3~83.05m，岩性复杂，岩相类型涵盖煤层、泥岩、粉砂岩、砂岩等岩性变化，多为细砂岩-粉砂岩-泥岩组合，局部地区含灰岩(彭镇1井)，且见多套煤层，下部见铁铝岩层(旬宜1井)，单砂体厚度2~16m。

3.2 障壁海岸沉积微相

不同的岩相组合及沉积构造特征及测井响应特征表征了不同的沉积微相。本文主要针对障壁岛、泥炭坪、泻湖、潮汐水道4类微相进行识别描述。

3.2.1 障壁岛

障壁岛是障壁沉积体系的核心单元，其平行于海岸线高出水面的狭长形砂体将泻湖与广海隔开，形成一道天然屏障，主要受潮汐与波浪作用影响，长轴方向一般与海岸线平行，也发现少数与海岸线呈一定夹角的障壁岛描述。

探区内障壁砂体岩石类型为石英砂岩、岩屑石英砂岩、块状构造细-中砂岩为主(图3a、图4a)，可见正粒序排列、脉状层理，发育炭质纹层，底部见含砾粗砂岩与泥岩互层发育，砂泥岩界面呈突变接触，测井曲线呈高幅箱型，

粒度概率曲线表现为以跳跃次总体为主，悬浮次总体只作为次要成分填充于跳跃组分的颗粒间。跳跃次总体发育为3个粒度次总体，表现为3个相交的线段。此外，累积曲线整体很陡斜率高，反应碎屑物质分选好，受海水反复冲刷、波洗，成份成熟度高(图3b)。

3.2.2 泥炭坪

主要分布在障壁后，岩性为深灰色泥岩、灰色泥岩，夹薄层煤，厚度在0.25~5m，块状层理、水平纹层，水动力条件弱，见植物根茎化石(图4b)，测井曲线为低幅光滑线形，煤层为低幅负异常。

3.2.3 泻湖

为障壁后的半封闭水域，处于低能环境，波

浪、潮汐作用影响小。岩性为灰黑色、深灰色泥岩、碳质泥岩、黑色煤，夹少量薄层粉砂岩、泥质粉砂岩、细砂岩，局部地区夹薄层灰岩，植物化石、黄铁矿较多发育，块状构造(图 4c)。水体呈还原反应。水动力环境稳定，多见植物根茎化石，测井曲线呈直线型。

3.2.4　潮汐水道

由于太原组沉积在一个具有 1.4 亿年间断的不整合面上，古地貌起伏不平，沿古地貌凹槽往往会形成潮汐水道微相砂体。

连接外海和泻湖的通道。沉积物为薄层中粗砂与粗砂，多交错层理。底部多由粗砂和砾石组成，中间夹有中细砂、有机质互层和重矿物(图 4d)。已钻探井，彭镇 1 井太原组底部钻遇 0.67m 的浅灰色中砂岩、2.52m 浅灰色细砂岩、1.52m 浅灰色细砂岩互层，中间夹有泥质粉砂岩、深灰色泥岩，测井曲线呈钟型。综合判识为潮汐水道沉积微相。

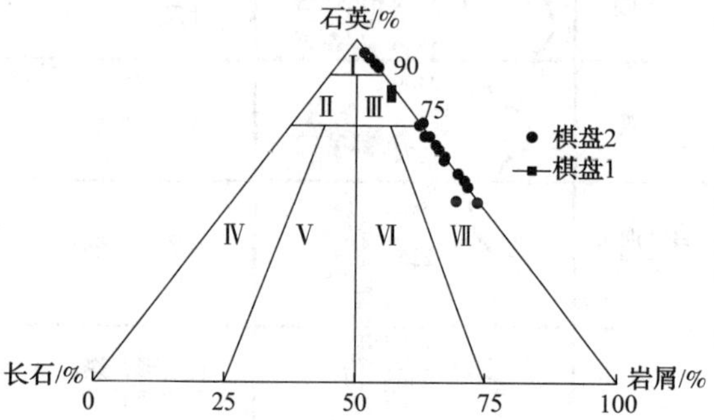

(a)棋盘1、棋盘2井太原组

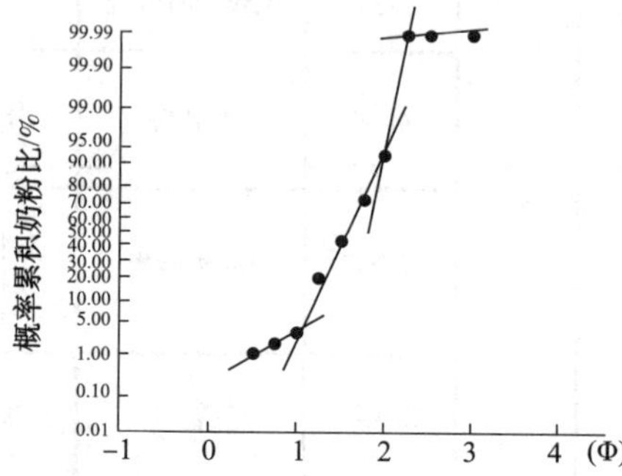

(b)棋盘1井，太原组，2619.6m，浅灰色中砂岩

图 3　旬宜探区障壁岛砂岩粒度概率曲线及三角图

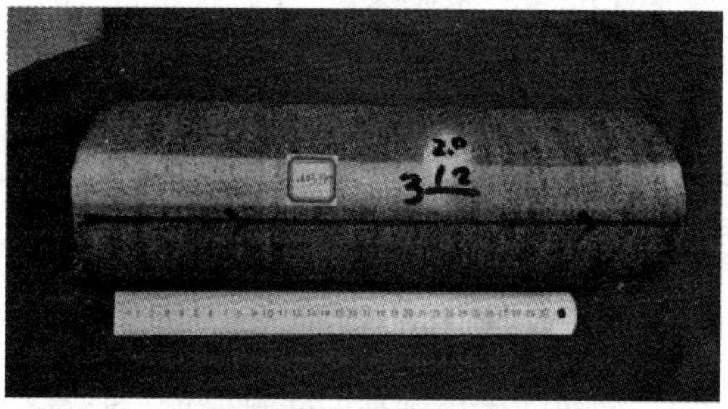

(a)棋盘2井，障壁砂坝，2603.76m，灰色粗砂岩，小型交错层理

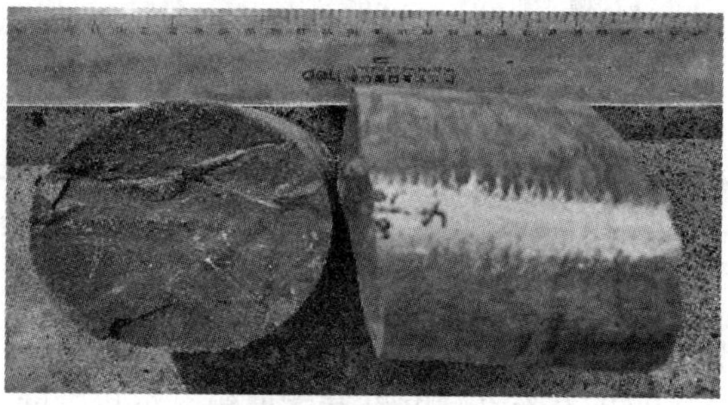

(b)玉华1井，潮坪微相，2977.9m，深灰色泥岩，见植物根茎化石

(c)棋盘2井，泻湖微相，2646.48m，灰黑色泥岩，断面见碳屑

(d)彭镇1井，潮汐水道，2258.96m，下部发育浅灰色细砂岩，向上渐变成泥质粉砂岩，正韵律，发育交错层理，见黄铁矿

图 4　旬宜探区太原组障壁岛体系沉积微相及特征

4　障壁岛沉积体系展布规律

4.1　太原组沉积前古地貌特征

太原组海侵陆表海沉积是从早期的不整合地貌发展而来，古地貌特征制约了早期的沉积过程，并控制了宏观上的沉积相展布，因此太原组沉积前的古地貌恢复至关重要。古地貌可表征古岸线轨迹的大致方向，此岸线轨迹方向的明确有

助于明确障壁的长轴展布以及明确障壁的迁移方向，且沉积时期的实际海岸线与古岸线轨迹大致平行。探区内山2段地层厚度近似等厚，即已填平补齐，应用太原组与山1段地层厚度法即可恢复太原组沉积前古地貌。

从该古地貌图可以获得如下信息：①古岸线轨迹方向大致为近南北向；②彭镇1井区为古地貌凹槽区，这与彭镇1井钻遇潮汐水道砂体不谋而合；③整体呈现西北高，东南低的古地貌，这与区域调查中自西向东发育潮坪、障壁岛-泻湖、滨浅海沉积背景相一致(图5)。

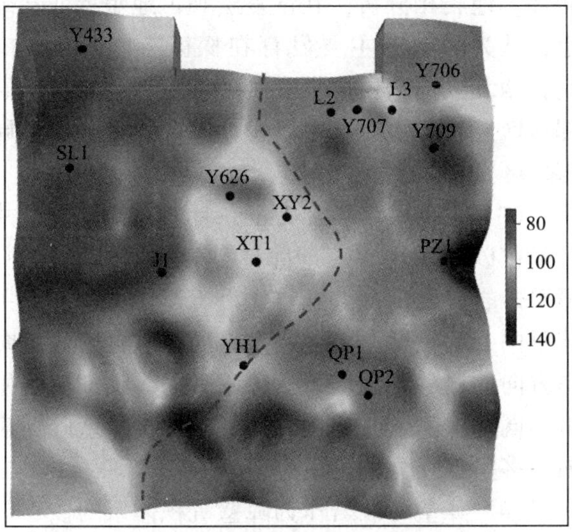

图5　太原组沉积前古地貌图

4.2　障壁岛沉积体系展布特征

通过对钻井取心资料再观察、再认识，结合测井、地震相分析，研究建立障壁岛体系的沉积微相，在恢复宏观古地貌特征基础上，落实该区不同期次障壁砂体的平面展布(图6)。

探区障壁岛主要发育在东南部的太1期，西南大部分地区发育潮坪相沉积，砂坪在局部地区发育。太2期主要发育潮坪相，砂坪在局部地区发育(图6a、图6b)。

4.3　障壁砂体迁移样式

重点聚焦研究区东南部棋盘井区障壁砂体，建立三期障壁砂岩砂体迁移模式。古地形呈西高东低，海进过程中，障壁砂坝向西部高处迁移，沿着迁移方向障壁主体垂向上叠置较厚，一旦海平面越过台阶后，向岸方向的迁移距离增大，障壁后的泻湖细粒沉积将不同期次障壁砂分隔开；不同期次障壁砂坝横向上多呈孤立分布，反映海平面逐渐升高障壁体系的逐步后撤(图7)，并且早期的障壁被后一期次障壁改造。

5　与天然气聚集的关系

5.1　太原组障壁海岸沉积具备发育较好的烃源条件，物质基础好

潮坪相、泻湖相为煤层及泥岩发育提供良好沉积环境，旬宜探区太原组煤层厚度3~11m，TOC值21%~93%，根据恢复的TOC与S1+S2交会图，煤岩为优质烃源岩。暗色泥岩和碳质泥岩厚度60-100m，泥岩TOC值0.76%~5.7%；碳质泥岩TOC值6.03%~15.7%，根据恢复的TOC与S1+S2交会图，整体为中等-好烃源岩，炭质泥岩是煤层的有效补充。

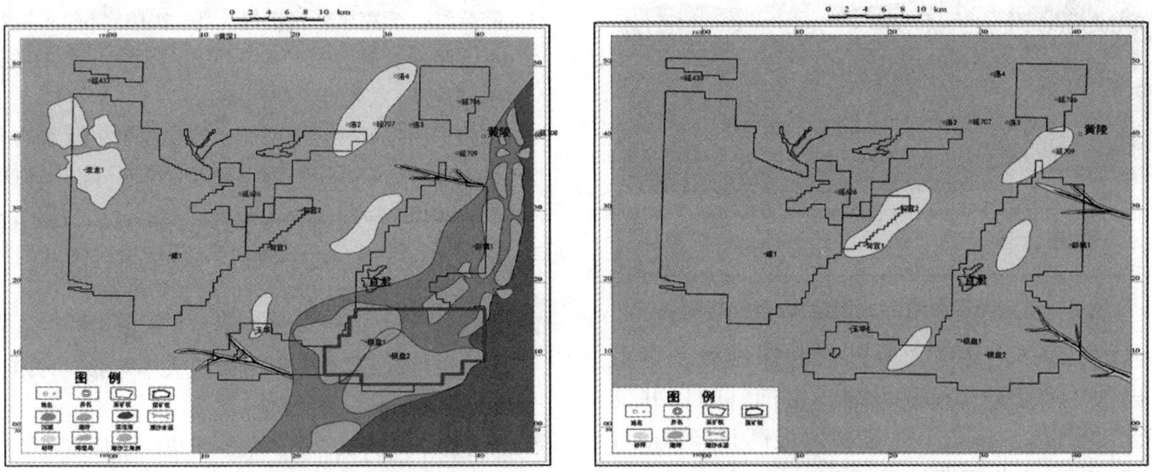

(a)太1段障壁岛体系平面展布　　(b)太2段障壁岛体系平面展布

图6　旬宜探区太原组障壁岛体系平面展布

有机质类型Ⅲ型，Ro 值 1.93%~2.6%，处于高-过成熟演化阶段，过成熟煤层、炭质泥岩的单位体积烃产率是高熟的一倍，弥补了厚度薄的不足。

鄂南上古煤系烃源岩生烃强度(4~20)×$10^8m^3/km^2$，旬宜探区上古煤系烃源岩生烃强度 8-18×$10^8m^3/km^2$，具备较好物质基础。

图 7　垂直海岸线方向砂体迁移模式图

5.2　障壁岛储层物性好，具备较好的源储配置关系

障壁岛砂岩为形成于流体活跃的高能相带，岩石颗粒易于被溶蚀，储层物性好，障壁岛砂岩的孔隙度平均为 8.41%，渗透率平均为 2.12mD，潮汐水道砂岩的孔隙度平均为 4.08%，渗透率平均为 0.1mD，砂坪砂岩的孔隙度平均为 2.18%，渗透率平均为 0.16mD，因此，障壁砂岩储层物性远远好于潮汐水道、砂坪物性。

障壁岛砂岩优质储层纵向上与煤系烃源岩紧密接触，源储配置条件较好，源内成藏，好的砂体是成藏的重要条件，障壁砂岩展布控制气藏展布，具有整体含气、局部富集特征，裂缝和微幅构造有利于天然气富集(图 8)。

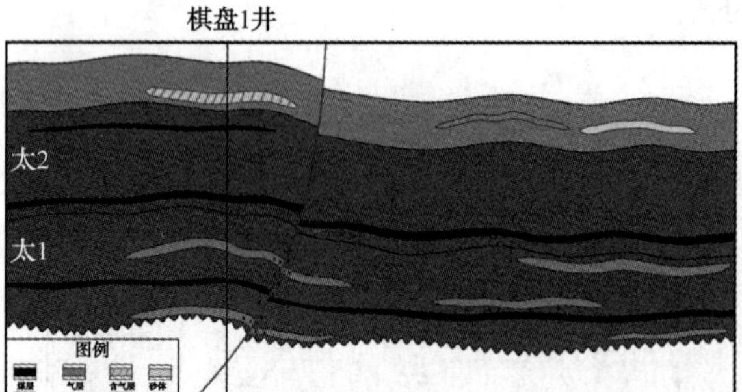

图 8　旬宜探区东南部太原组成藏模式图

障壁岛砂岩发育区为有利勘探领域。棋盘 1、棋盘 2 均钻遇障壁岛砂岩。目前，两口井均试获工业气流，棋盘 1 井累初期最高日产气 2.1 万 m^3，棋盘 2 井初期日产气 1.3 万 m^3。

目前，棋盘 1、棋盘 2 井钻遇 2 期障壁砂，并获得突破，是下一步重点评价领域。1 期、3 期障壁砂目前无井钻遇，并且 3 期障壁砂与 2 期障壁砂具有相似的构造背景，1 期障壁砂位于现今构造高部位，均具有较有利的成藏背景，是下一步重点勘探对象。

6　结论

(1) 基于已钻探井的岩心特征、构造特征以及测井曲线特征等资料，同时参照区域沉积背景，认为研究区太原组障壁岛沉积体系以障壁岛、潮坪、泻湖、潮汐水道 4 类微相为主。

(2) 通过对钻井取心资料的描述分析，结合测井、地震相分析，在恢复宏观古地貌特征基础上，认为障壁岛主要发育在探区东南部的太 1 期，西北大部分地区发育潮坪相沉积，砂坪在局部地区发育。太 2 期主要发育潮坪相，砂坪在局部地区发育。

(3) 根据地震波形特征，针对东南部棋盘井区障壁砂体识别出三期障壁砂岩，海进过程中，障壁砂岩向西部高处迁移，沿着迁移方向障壁主体垂向上叠置增厚，一旦海平面越过台阶后，向岸方向的迁移距离增大，障壁后的泻湖细粒沉积将不同期次障壁砂分隔开，不同期次障壁砂坝横向上多呈孤立分布。

(4) 障壁岛砂岩作为障壁沉积体系的核心单元，具有形成优质储层的沉积背景。纵向上与潮坪、泻湖微相形成的煤系烃源岩紧密接触，具备良好的源储配置关系，因此，障壁岛砂岩发育区为有利勘探领域。

参　考　文　献

[1] 陈全红，李克永，张道锋，等. 2010. 鄂尔多斯盆地本溪组—太原组扇三角洲沉积与油气聚集的关系. 中国地质，37(2)：421-429.

[2] 付金华，魏新善，南珺祥，等. 鄂尔多斯盆地上古生界致密砂岩气田储集层特征与成因[J]. 古地理学报，2013，15(4)：529-538.

[3] 庄振业，李从先. 山东半岛滨外坝沙体沉积特征[J]. 海洋学报，1989，11(4)：470-480.

[4] 郭英海，李壮福，张德高，等. 海南岛万宁小海的障壁海岸沉积[J]. 中国矿业大学学报，1999，28(5)：461-464.

[5] 朱筱敏，王贵文，谢庆宾. 塔里木盆地东河塘石炭系障壁岛后冲溢扇研究[J]. 沉积学报，1997，15(1)：43-47.

[6] 李剑，罗霞，单秀琴，等. 鄂尔多斯盆地上古生界

天然气成藏特征[J]. 石油勘探与开发，2005，32(4)：54-59.

[7] 解习农，李思田，高东升，等 . 江西丰城矿区障壁坝砂体内部构成及沉积模式[J]. 岩相古地理，1994，14(4)：1-10.

[8] 陈全红，李文厚，姜培海，，等 . 2007. 鄂尔多斯盆地西南部上古生界油气成藏条件分析[J]. 石油实验地质，29(6)：554-559.

[9] 杨伟利，王毅，孙宜朴，，等 . 鄂尔多斯盆地南部上古生界天然气勘探潜力[J]. 天然气工业，2009，29(12)：13-16.

[10] 王香增 . 延长探区天然气勘探重大突破及启示[J]. 石油与天然气地质，2014，35(1)：1-9.

[11] 张金山 . 鄂尔多斯盆地构造演化及含油气展望[J]. 石油与天然气地质，1982，3(4)：304-315.

[12] 马永生，田海芹 . 2006. 华北盆地北部深层层序古地理与油气地质综合研究[J]. 北京：地质出版社，15.

[13] 何登发，包洪平，孙方源，等 . 2020. 鄂尔多斯盆地中央古隆起的地质结构与成因机制[J]. 地质科学，55(3)：627-656.

[14] 陈洪德，侯忠建，田景春，等 . 鄂尔多斯地区晚古生代沉积层序地层学与盆地构造演化研究[J]. 矿物岩石，2001，21(3)：16-22.

[15] 邓昆，张哨楠，周立，等 . 鄂尔多斯盆地古生代中央古隆起形成演化与油气勘探[J]. 大地构造与成矿，2011，35(2)：190-197.

[16] 程林，田海兰，刘西汉，等 . 近 44 年来滦河口障壁岛演变过程及其影响因素研究-以唐山市龙岛为例[J]. 海洋科学，2020，44(6)：22-30.

[17] 苏东旭，于兴河，李胜利，等 . 2017. 鄂尔多斯盆地东南部本溪组障壁海岸沉积特征与展布规律[J]. 天然气工业，37(9)：48-56.

[18] 屈红军，马强，高胜利，等 . 2011. 物源与沉积相对鄂尔多斯盆地东南部上古生界砂体展布的控制[J]. 沉积学报，29(5)，825-834.

[19] 杨华，刘新社，闫小雄 . 鄂尔多斯盆地晚古生代以来构造—沉积演化与致密砂岩气成藏[J]. 地学前缘，2015，22(3)：174-183.

[20] 付金华，魏新善，南珺祥，等 . 鄂尔多斯盆地上古生界致密砂岩气田储集层特征与成因[J]. 古地理学报，2013，15(4)：529-538.

[21] 李剑，罗霞，单秀琴，等 . 鄂尔多斯盆地上古生界天然气成藏特征[J]. 石油勘探与开发，2005，32(4)：54-59.

[22] 彭子霄，于兴河，李顺利，等 . 鄂尔多斯盆地东南部本溪组障壁迁移样式及控制因素[J]. 古地理学报，2023，25(6)：1330-1346.

春光探区白垩系稠油油藏叠前烃类检测技术及应用

熊　健　王　勇　张新超　郭军参　谢　启

（中国石油化工股份有限公司河南油田分公司）

摘　要　春光探区东北部白垩系地层埋深浅，砂岩疏松，储层物性较好，主要发育稠油岩性油藏。由于稠油层与水层的速度、密度以及 V_p/V_s、泊松比等弹性参数相近，常用的叠前、叠后油气检测方法难以准确刻画稠油层分布特征。为了准确识别稠油层的分布，开展了一系列精细研究攻关：首先针对稠油特征，结合稠油测试及岩心测试结果，明确地层条件下，黏度为10000~20000mPa＊s的稠油对砂岩速度有一定的影响。通过建立疏松砂岩-岩石物理模型，在实测横波测井资料不足的情况下估算多口井的横波曲线；然后针对地震道集随机噪音大、动较不准的问题，开展频率域分析和技术攻关，形成了分频道集优化技术，对叠前地震资料进行保幅性优化处理，提高了道集资料的信噪比；最后在叠前弹性参数反演的基础上，针对常用的弹性属性（V_p/V_s、泊松比等）难以准确识别稠油层的问题，通过开展流体指示因子反演，得到能够准确识别稠油层和水层的流体指示因子属性，精细刻画了稠油层分布特征；根据地质分析和油气检测结果，明确了稠油油水界面与不完全受现今构造线控制的倾斜界面特征。该技术近年来在春光探区稠油层识别中取得了较好的应用效果，精细刻画了稠油层分布特征，新钻井吻合率达到85%以上，有力的支撑了春光探区东北部白垩系稠油区的油气勘探。

关键词　春光探区；稠油油藏；疏松砂岩；分频道集优化；叠前弹性参数反演；流体指示因子属性

Pre stack Hydrocarbon Detection Technology and Application in Cretaceous Heavy Oil Reservoirs in the Chunguang Exploration Area

Xiong Jian　Wang Yong　Zhang Xinchao　Guo Juncan　Xie Qi

(SINOPEC Henan Oilfield Company)

Abstract　The Cretaceous strata in the northeast of the Chunguang exploration area have shallow burial depth, unconsolidated sandstone, and good reservoir properties, mainly developing heavy oil reservoirs. Due to the similar velocity, density, and elastic parameters such as V_p/V_s and Poisson's ratio between heavy oil layers and water layers, commonly detection methods of pre stack and post stack oil and gas are difficult to accurately characterize the distribution characteristics of heavy oil layers. In order to accurately identify the distribution of heavy oil reservoir, a series of detailed research and breakthroughs have been carried out: firstly, based on the characteristics of heavy oil, combined with the results of heavy oil testing and core testing, it is clarified that under formation conditions, heavy oil with a viscosity of 10000~20000 mPa ＊ s has a certain impact on sandstone velocity. By establishing a physical model of unconsolidated sandstone rock, the shear wave curves of multiple wells can be estimated; Then, in response to the problems of large random noise and inaccurate motion in seismic gathers, frequency domain analysis and technical breakthroughs are carried out, and frequency division optimization technology is developed to optimize the amplitude preservation of pre stack seismic data and improve the signal-to-noise ratio of gathers; Finally, based on the inversion of pre stack elastic parameters, in order to address the problem of difficulty in accurately identifying heavy oil reservoir using commonly used elastic attributes such as V_p/V_s and Poisson's ratio, fluid indicator factor inversion is carried out to obtain fluid indicator factor attributes that can accurately identify heavy oil layers and water layers, and the distribution characteristics of heavy oil reservoir were finely delineated; Based on geological analysis and oil and gas detection results, the characteristics of the oil-water interface of heavy oil and the inclined interface that is not completely controlled by current structural lines have been clarified. In recent years, this technology has achieved good application results in the identification of heavy oil reservoir in the Chunguang exploration area, finely depicting the distribution characteristics of heavy oil reservoir. The coincidence rate of new drilling has reached over 85%, which strongly supports the oil and gas exploration in the Cretaceous heavy oil area in the northeast of the Chunguang exploration area.

Key words Chunguang exploration area; Heavy oil reservoir; Unconsolidated sandstone; Frequency division optimization; Pre stack elastic parameter inversion; Fluid indicator factor attribute

随着油气勘探开发一体化的深入开展，稠油油藏勘探中暴露出越来越复杂的问题。然而在以往研究中，针对稠油油藏的研究多集中在开发、工程等方面，对稠油层含油气检测技术的研究相对较少，特别是针对稠油油藏的岩石物理特征分析、叠前烃类检测技术等，均属于国内外研究中的难点课题。为了精细刻画稠油油藏特征，需要开展精细的叠前烃类检测技术研究。目前关于叠前烃类检测技术的研究中，为了提高预测结果精度，开展的攻关主要集中在岩石物理特征分析、叠前道集优化处理、叠前反演方法等方面。

岩石物理特征精细分析的前提是做好岩石物理建模工作。地震岩石物理建模通过合理的假设把实际岩石等效为理想介质，使用物理学原理建立储层岩石物性参数与弹性参数的量化关系，是地震岩石物理研究的重要内容之一。在稠油岩石物理方面，李鑫龙等、张郑玉成等、曾心等通过物理模拟方法，明确了含稠油砂岩的弹性参数变化、频散的特征；闫晨等通指出常用的Gassmann方程不适合含稠油储层，通过岩石物理实验模拟了疏松砂岩等富含稠油时出现速度异常特征等现象；张亚龙等也通过实验室岩石物理模拟，明确了稠油储层弹性参数随温度变化的特征。

叠前道集优化处理方面的研究相对较多，其目的主要是开展叠前AVO分析和叠前反演。处理技术主要涉及去除随机噪音、剩余动校正(同相轴拉平)和道集提频处理等重要环节，为叠前反演提供高分辨率和高信噪比的资料基础。前人根据道集中存在的问题，开展了不同环节的技术攻关，如PCA算法应用、沿射线路径的反Q滤波技术、RNA-3D随机噪声压制技术、局部Radon变换技术、高分辨率5D技术等方面。

针对稠油油藏特征开展的地震反演方法攻关较少。赵卫平等通过地质统计学反演识别了稠油油藏中砾岩夹层；谢祥等指出稠油层AVO特征不明显，以岩石弹性参数为桥梁建立反射系数与储层物性之间的关系，从而预测稠油层。

在将上述常用方法应用到春光探区东北部白垩系的稠油油藏识别的过程中，发现还存在一些问题。一是地层条件下的稠油层特征是否对速度存在影响还不够明确；二是常规道集优化方法处理完的地震道集中，还存在远道画弧、相位不一致等道集质量问题；三是常用的弹性属性(V_p/V_s、泊松比等)难以刻画稠油层。

针对这些问题，本文首先综合分析了春光探区东北部白垩系稠油油藏特征，从岩石物理特征分析、叠前道集优化处理、叠前反演方法等方面开展攻关，尝试精细刻画稠油层分布特征。根据研究区的稠油黏度等特征，建立适用的稠油-疏松砂岩岩石物理模型；在常规道集优化处理技术存在误差的基础上，根据道集频谱差异，开展频率域道集优化处理技术攻关；在常用弹性属性(V_p/V_s、泊松比等)难以刻画油层的情况下，通过流体指示因子反演技术精细刻画了稠油层分布。围绕勘探部署需求，逐步解决该区域稠油油水识别的问题，从而实现了向稠油层精细化识别的方向迈进。

1　研究区概况

春光探区位于准噶尔盆地西缘车排子凸起中部，东部为沙湾凹陷，南部为四棵树凹陷(图1)。两个凹陷是春光探区多套油藏的烃源区。春光探区自下而上发育石炭系、侏罗系、白垩系、古近系、新近系等多套地层。从构造上来看，各套地层逐层超覆在石炭系基底之上，且整体表现为北高南低、相对平缓的单斜结构，断裂仅在区内局部发育，构造格局相对简单。

目前已发现的油藏主要发育在白垩系、古近系和新近系沙湾组。其中白垩系内多套小层逐层超覆在石炭系基底之上，顶部由于暴露而遭受剥蚀，形成了下超上削的特征。白垩系东北部发育辫状河三角洲和滩坝沉积，水下分流河道砂体和滩坝砂体是主要的有利勘探目标，岩性以含砾细砂岩、细砂岩、粉砂岩、泥质粉砂岩、泥岩为主，多形成岩性油藏和地层-岩性油藏。

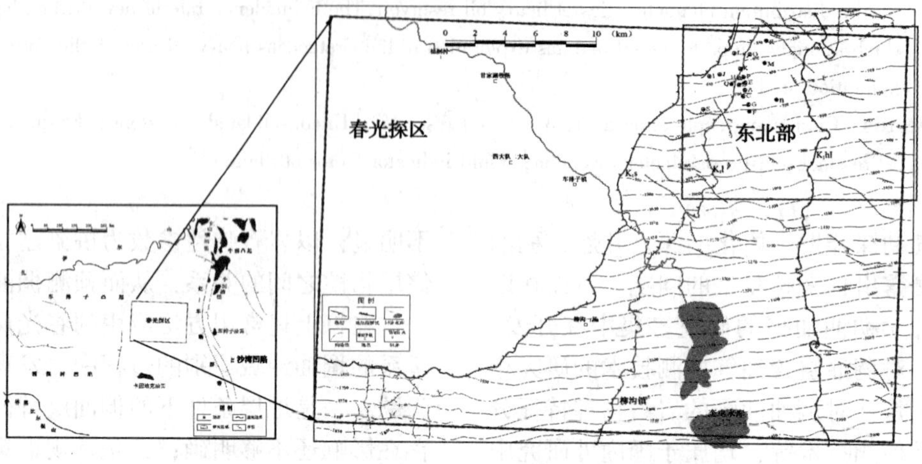

图 1　准噶尔盆地西缘春光探区区域位置图和构造图

白垩系东北部砂岩埋藏较浅，约在 800～1300m，成岩作用较弱。从现场取心结果来看，砂岩整体较为疏松。从岩心测试来看，储层孔隙度在 31%～39%左右，渗透率为(700～1500)×$10^{-3}\mu m^2$。测井曲线中以低自然伽马、低自然电位等岩性特征为主，同时也表现为较高声波时差和较低的密度。

随着勘探研究的深入开展，春光探区勘探对象开始围绕白垩系超覆/削蚀带附近开展。但超覆/削蚀带岩性油藏在地震资料中受到不整合面地震反射的影响，相对比较隐蔽，且面临着稠油油藏含油气性难以识别等问题。常用的针对岩性油气藏的地震预测技术，难以解决这些问题。

2　疏松砂岩岩石物理分析

2.1　白垩系稠油油质特征

春光探区东北部白垩系的油气主要来源于东部沙湾凹陷二叠系烃源岩，主要沿着石炭系顶不整合面向西、向西北运移。部分油气通过大断裂向上调整，在白垩系顶部削蚀带砂体中成藏，形成了底部超覆带、顶部削蚀带、内幕岩性等均成藏的特征。白垩系地层中油气富集后，又经过生物降解等稠化作用，形成了稠油油藏。从已钻井中原油样品的密度和黏度特征来看(表 1)，密度值主要分布在 0.957～0.983g/cm³，在地层条件下，温度 50℃左右，黏度值 4439～44289mPa·s。

表 1　春光探区东北部白垩系稠油密度和黏度统计表

样品	地层	密度(20°)	黏度(30°)	黏度(40°)	黏度(50°)	黏度(60°)
1	E、K	0.965	187000	60254	20356	7747
2	E、K	0.970	380000	104000	31343	11343
3	E、K	0.958	220000	75075	22468	9338
4	K	0.963	90838	32633	11179	4618
5	K	0.964	160000	50364	25345	16596
6	K	0.973	322000	98319	29919	10641
7	E、K	0.967	139000	43191	16197	6786
8	E、K	0.957	31127	10870	4439	1875
9	K	0.983	593000	132000	44298	16563
10	K	0.969		51469	18316	7080
11	J	0.974	94780	33273	10998	4822
12	K	0.971	50029	15522	5665	2411

续表

样品	地层	密度(20°)	黏度(30°)	黏度(40°)	黏度(50°)	黏度(60°)
13	K	0.965	73429	24038	8291	3386
14	K	0.976	281000	87410	26268	10423
15	K	0.968	421000	115000	35018	12397
16	K	0.979	130000	37912	11374	4523

春光探区东北部白垩系埋深800~1300m，地面海拔300m左右，孔隙压力5~10MPa；地温梯度约3℃/100m，对应白垩系目的层的温度约44~59℃。通过Batzle & Wang或者FLAG公式等经验公式，可估算稠油的速度。在10MPa、50℃的地层条件下，密度为0.983g/cm^{3}的稠油速度为1521m/s。而同样地层条件下，地层矿化度21457ppm左右地层水的速度为1579m/s。两者速度非常相近。

在开展岩石物理建模之前，还需要弄清楚稠油在地层条件下的赋存状态和含稠油岩性的弹性特征。前人研究中指出了稠油通常具有较强的粘滞性，只有温度达到一定程度(通常要达到50℃~60℃)，稠油逐渐转化为流体状态。从表1中也可以看出，白垩系的稠油在地层温度50℃左右，原油黏度多在10000~20000mPa·s，符合流动条件。

2.2 稠油岩心测试结果分析

为了弄清楚稠油-疏松砂岩的速度特征，开展了疏松砂岩稠油超声波速度测量。稀油样品利用煤油代替，稠油样品通过生产井采样获得。测试过程中疏松砂岩样品制作是重点。由于砂岩比较疏松，岩心中的砂岩储层多为固结较差的散沙块(图2(a))。因此选取砂岩储层段的散沙岩心，根据测井孔隙度混合相同比例的稠油样品(图2(b))，在地层压力条件下，放入模型内压制成柱塞样(图2(c))。然后利用超声波速度测试仪器，测量样品的纵、横波速度等数据(图2(d))。

图2(e)和图2(f)为其中一块富含稠油随温度变化的测试结果，样品来自A井，稠油样品来自表1中3号。从图2e中看出，在速度25~75℃变化过程中，纵波速度随稳定上升而略微减小，在55℃附近有微弱的变化点。对应图2f中横波速度也在55℃附近存在微弱的变化点。这些变化特征表明，在春光探区东北部白垩系地层条件下，即温度40~60℃、孔隙压力6~10MPa的条件下，黏度为10000~20000mPa * s的稠油基本可以流动，但在黏度变化较大时(低温到高温)，会存在一定的粘滞性，从而影响岩性的速度。

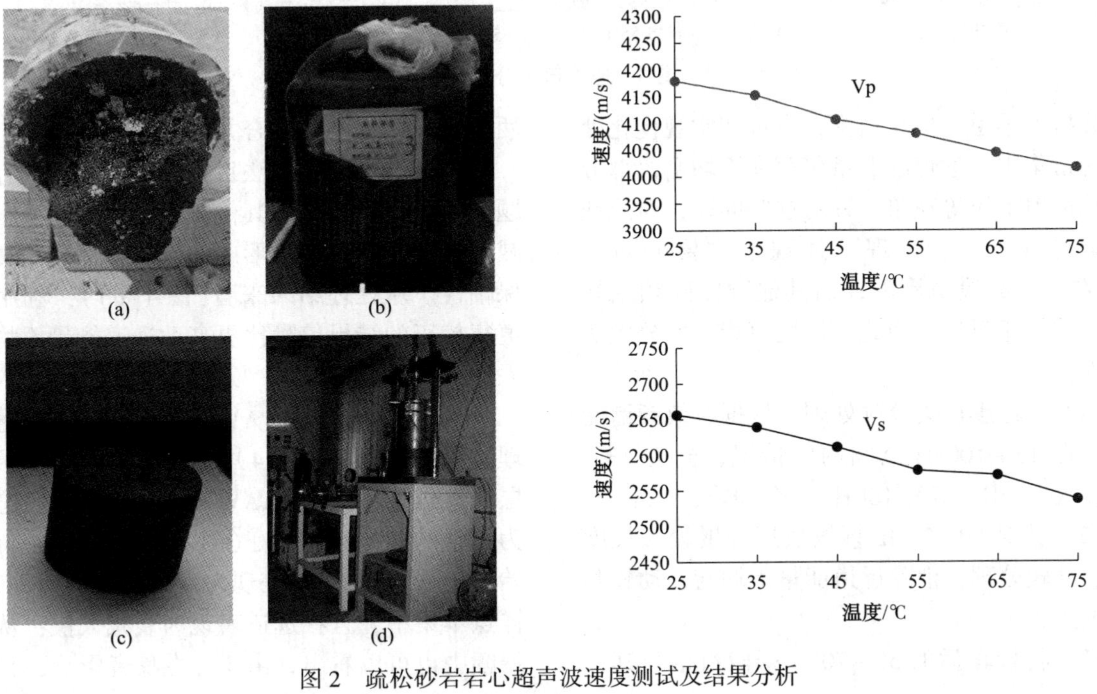

图2　疏松砂岩岩心超声波速度测试及结果分析

2.3 稠油–疏松砂岩岩石物理建模

由于研究区内仅有 1 口有效的横波测井资料，因而需要开展岩石物理建模，计算其他钻井的横波曲线，进一步通过实际测井曲线交会分析，寻求稠油层敏感参数。

对于疏松砂岩，选用 Hertz–Mindlin 模型来构建岩石骨架模型，建立岩石物理模型。未固结碎屑砂岩具有典型的粒状结构特征，由矿物颗粒按照一定的接触方式构成岩石骨架。假设未胶结砂岩的骨架具有一定的孔隙度和配位数 C，那么接触 Hertz–Mindlin 理论给出静水压力 P 条件下等同球体颗粒紧密任意排列的骨架有效体积模型（K_{HM}）和剪切模量（G_{HM}）：

$$\begin{cases} K_{\mathrm{HM}}=\left[\dfrac{C^2(1-\varphi_0)^2G^2}{18\pi^2(1-\nu)^2}P\right]^{\frac{1}{3}} \\ G_{\mathrm{HM}}=\dfrac{5-4\nu}{5(2-\nu)}\left[\dfrac{3C^2(1-\varphi_0)^2G^2}{2\pi^2(1-\nu)^2}P\right]^{\frac{1}{3}} \end{cases} \tag{1}$$

式中，φ_0 为砂岩极限孔隙度，疏松砂岩通常取 40%；v 为矿物骨架颗粒泊松比，G 为矿物骨架颗粒剪切模量。

在上式计算出岩石骨架模量的基础上，根据春光探区东北部白垩系的稠油特征和岩心测试分析，考虑到稠油黏度对速度有一定的影响，利用 FLAG 公式等经验公式，即可得到含油稠油等流体的岩石的纵波、横波等特征。据此也可估算多口井的横波曲线，以满足后续井约束叠前反演过程中的需求。

3 分频道集优化处理技术

叠前道集的质量影响着叠前特殊处理的结果。噪音过大、动校正不准等资料质量问题都会影响着叠前反演结果的质量。春光探区叠前道集主要存在着线性干扰和随机噪音的影响，且远道的同相轴也有一定画弧线现象（图 3、图 4（a））。针对这些问题，前期尝试了利用 Radon 变换、局部动较均衡等常用技术，初步去除了道集信噪比低、能量不均造成偏移画弧现象，提高了地震道集质量（图 4（c））。

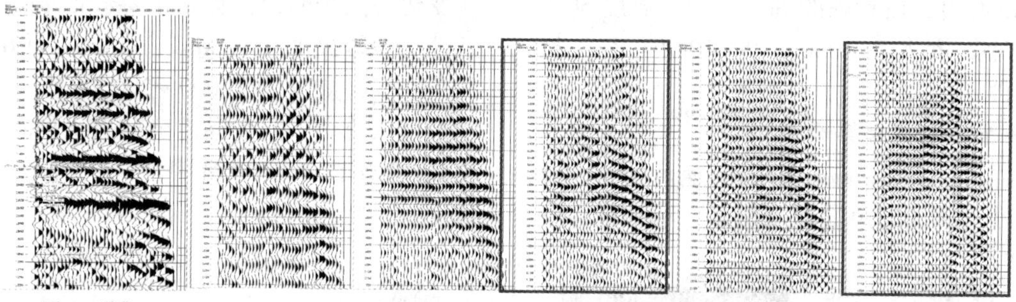

图 3　地震道集分频分析

分析上述道集优化结果，发现在常规优化处理后的道集中，远道的能量仍存在不均衡，部分同相轴远道下拉等现象。针对这些问题，对原地震道集分频处理，发现上述现象主要分布在 60Hz 左右的频段范围内，而其他频段同相轴均较平，质量相对好。为此对地震道集采用分频优化处理：

（1）对地震道集分频处理，根据有效频谱能量集中在 13～100Hz 范围内的情况，分为 13～50Hz，50～70Hz，70～100Hz 三个频段；

（2）针对 50～70Hz 频段数据开展较大尺度的剩余动较处理，消除远道能量不均衡、动较剩余等现象；

（3）将校正后的 50～70Hz 频段数据与其他两个频段数据在频域合并，形成新的数据。

分频道集校正方法目标性强，只针对存在问题的频段开展校正，其他频段不做处理，尽可能减少校正处理过程中形成的假象，提高地震资料保幅性。从处理结果来看（图 4（d）），利用分频道集校正的结果信噪比更高，远道能量不均衡现象消失。

从道集目的层的 AVO 特征对比分析优化处理过程的保幅性。图 4 中道集目的层为水层，储层物性较好，正演的 AVO 道集近道到远道表现为正常的能量衰减特征（图 4（b））。图 4（a）中原始道集 AVO 整体也表现为衰减特征，但噪音大，样点不集中，且在远道表现为衰减太快；从道集振幅中也可以看出，由于存在噪音影响，且远道畸变，使同相轴相位不一致；目的层近道在波谷顶，而远道已偏向波峰，因而表现在 AVO 特征上，远道振幅衰减太快。图 4(c)中常规优化处理的 AVO 特征中，尽管噪音得到压制，样点相对集中，但远道畸变的特征并没有消除，AVO 振幅远道同样出现衰减太快的现象。在图 4(d)分频道集校正处理的结果中，相位一致性高，道集信噪比较高；目的层 AVO 特征整体与正演的特征相近，且振幅随偏移距变化过程中，没有太多突变点，振幅一致性较好。

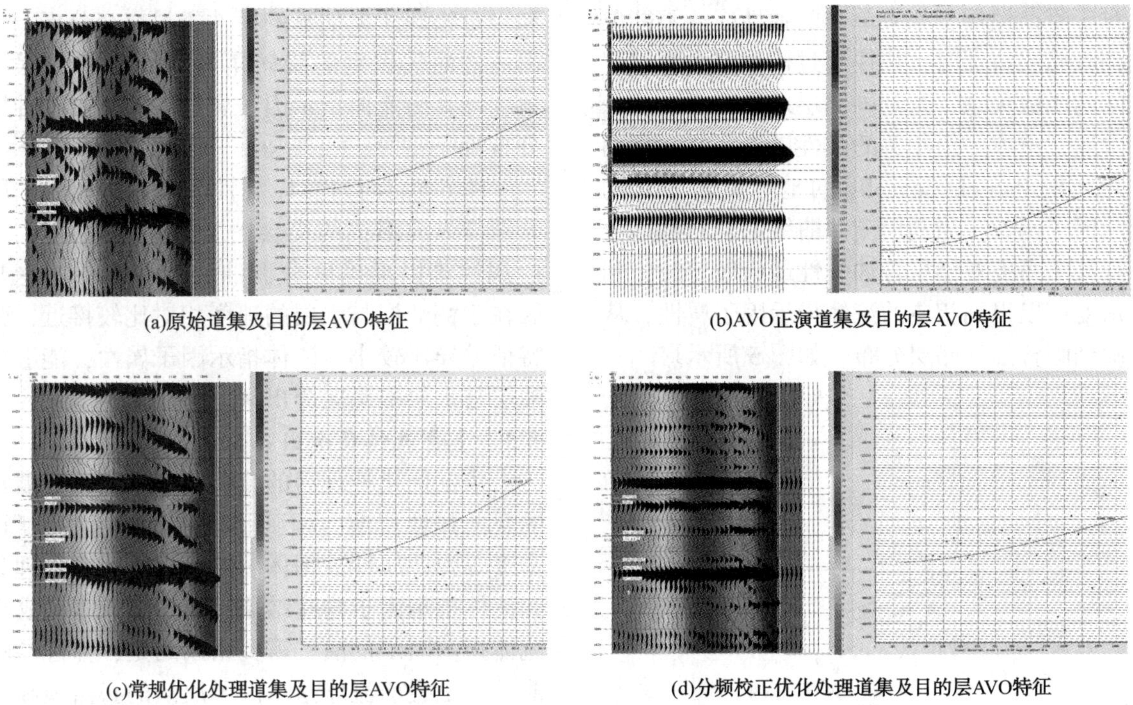

(a)原始道集及目的层AVO特征　(b)AVO正演道集及目的层AVO特征

(c)常规优化处理道集及目的层AVO特征　(d)分频校正优化处理道集及目的层AVO特征

图 4　地震道集优化处理前(a)和处理后(b)及 AVO 特征对比

需要注意的是，处理前后道集 AVO 特征中，最近和最远端附近振幅均突变。其中近端是由于切除面波等的处理过程中减弱了有效信号，远端则是异常振幅值。在实际反演中，要把这些突变点去除，使用中间大部分相对比较平稳变化的偏移距(角度)道开展地震反演。图中可以确定，参加反演的偏移距范围为 300～1300m 的地震资料。

4　叠前流体指示因子反演

4.1　叠前弹性反演

在油气勘探中，通常根据叠前地震道集的 AVO 异常类型，利用岩石物理分析优选对油气储层较敏感的弹性参数，并依据弹性反演的结果刻画储层含油气性。通常利用叠前弹性参数反演方法来计算各种弹性属性，例如纵横波速度比、泊松比等，来刻画油藏的分布特征。叠前弹性参数反演一般利用叠前道集数据的部分入射角叠加剖面，得到的弹性阻抗体中包含了丰富的能够反映储层地质特征的信息，包括速度、密度和泊松比等地层参数，从而为地下油气藏的勘探和开发服务。

Whitcombe 等引入了三个参考常数，推导得到了标准化弹性阻抗公式：

$$EI_{\mathrm{PP}}(\theta)=\left(\frac{\alpha}{\alpha_0}\right)^A\left(\frac{\beta}{\beta_0}\right)^B\left(\frac{\rho}{\rho_0}\right)^C \tag{2}$$

其中，$A=1+\tan^2\theta$，$B=-8K\sin^2\theta$，$C=1-4K\sin^2\theta$，α 为纵波速度，β 为横波速度，ρ 为密度，θ 为入射角，$K=(\beta_i^2/\alpha_i^2+\beta_{i+1}^2/\alpha_{i+1}^2)/2$，$i$ 和 i+1 分别代表界面上、下介质。三个参考常数 α_0、β_0、ρ_0 一般为测井资料中纵波速度、横波速度和密度的平均值。

利用道集优化处理的结果和岩石物理建模等预测的横波等测井资料，代入弹性阻抗公式(1)开展叠前弹性参数反演，得到纵波速度、横波速度和密度等参数，进一步计算可得到常用的能够反映储层含油气性的 V_p/V_s、泊松比等参数。

4.2　流体指示因子属性

在地下储层比较复杂的情况下，油水层的纵、横波速度关系也比较复杂，有时不能直接用来识别油气储层。特别是当储层内富含稠油时，由于稠油本身的纵波速度与水的差异较小，同时由于黏稠，也会引起横波速度的微弱变化。在这种情况下，直接利用纵横波速度比等弹性属性来表征储层的含油气性，存在较大的多解性，这就需要寻求其他方法来识别此类含油气储层。

对于复杂储层，如果单个的弹性属性不能够准确刻画储层特征时，往往通过构建多个弹性属性之间的函数关系，来刻画储层地质特征。这一过程中通常选取一组相关的弹性属性，常常是两个，并利用 Patrick Connolly 的坐标旋转公式构建指示因子函数。当利用测井曲线的岩石物理分析得到某个角度对储层含油气性最为敏感时，利用该角度可以得到相应的流体指示因子属性，从而准确刻画含油气储层分布，如图 5 所示。

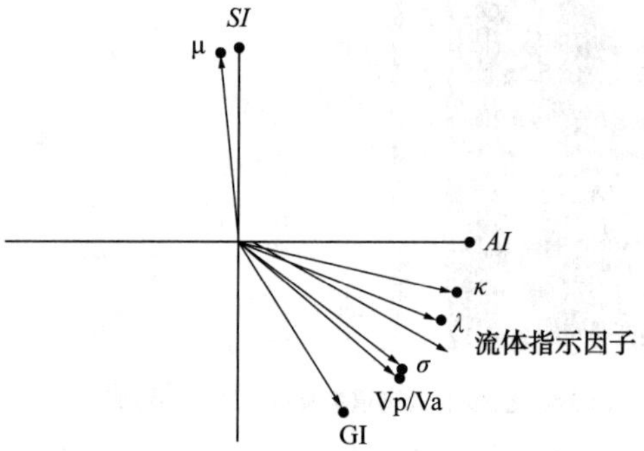

图 5　利用坐标旋转得到流体指示因子

$$R_S = A\cos(\theta) + B\sin(\theta) \tag{3}$$

式中，R_S 为流体指示因子，A、B 为构建流体指示因子的属性对，通常为纵波阻抗与横波阻抗，θ 为坐标旋转角度。

依据岩石物理交会分析得到角度，计算流体指示因子属性。通过对东北部白垩系钻测井资料和岩石物理建模估算的横波资料交会分析，计算出适合油气识别的旋转角度为 310°。根据这一角度计算出流体指示因子属性，来刻画稠油层的分布特征。

图 6 显示了 V_p/V_s 属性和流体指示因子属性分别与纵波阻抗的交会图。图中可以看到，V_p/V_s 属性难以准确区分稠油油层和水层，主要原因在于稠油层与水层的速度相对比较接近，弹性特征差异比较小。流体指示因子属性，能够把稠油层与水层准确区分出来。

4.3　叠前流体指示因子反演

依据优化处理后的叠前地震道集，开展常规的叠前弹性反演，得到了纵波阻抗、横波阻抗、密度等弹性属性数据体。然后根据岩石物理分析和流体指示因子构建结果，通过式(3)完成叠前流体指示因子反演。需要指出的是，弹性参数反演结果是叠前流体指示因子反演的必需项和前置技术。只有事先得到准确的弹性参数反演结果，才能做好叠前流体指示因子反演等后续工作。

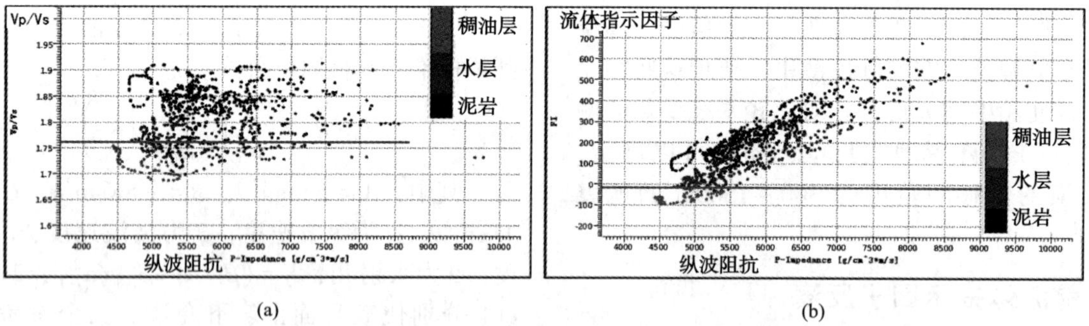

图 6　V_p/V_s 属性(a)和流体指示因子属性(b)与纵波阻抗交会图

5　应用效果分析

在春光探区东北部稠油油藏发育区开展叠前烃类检测技术应用。稠油油藏由于油水赋存关系复杂，且存在倾斜的油水界面，稠油层的分布特征难以准确刻画。通过精细勘探技术攻关，在岩石物理分析和叠前道集优化处理的基础上，开展叠前流体指示因子反演，精细刻画东北部稠油油藏的油水特征。从预测结果来看，油水识别吻合率达到 85%以上，指导了多口钻井的井位部署、轨迹设计、完井讨论等工作。

如图 7 所示是研究区重点井近东西向的剖面，分别为地震剖面、V_p/V_s 属性剖面、叠前流体指示因子属性剖面。剖面中 Well D 井水平段钻遇油层，Well G 井则钻遇油水同层，插入曲线为自然电位曲线。该区砂岩成岩作用普遍不强，岩性疏松，自然电位对砂岩储层较敏感，能够准确指示砂岩储层，并用于标定反演结果和层位。通常砂体由于速度低于泥岩，其顶部在地震剖面上表现出强波谷的地震反射特征，在图7(a)中为红色色调，应用地震波谷振幅属性一般能够识别砂岩储层。图中也可以看出，稠油层和水层的纵波速度和密度都很低，且速度差异不大，在地震剖面上，往往表现出相近的地震反射特征，导致稠油层的边界难以准确识别。

图7(b)是常规叠前弹性参数反演得到的V_p/V_s属性。V_p/V_s属性常用来反映油气层的特征，但在剖面中，钻井G已钻遇油水界面，而剖面中仍表现为较亮色的油层特征，表明预测结果不准确。

图7(c)为流体指示因子反演剖面。从剖面中可以看出，与钻井中油水关系一致性高，能够精细的识别稠油层与水层的特征。

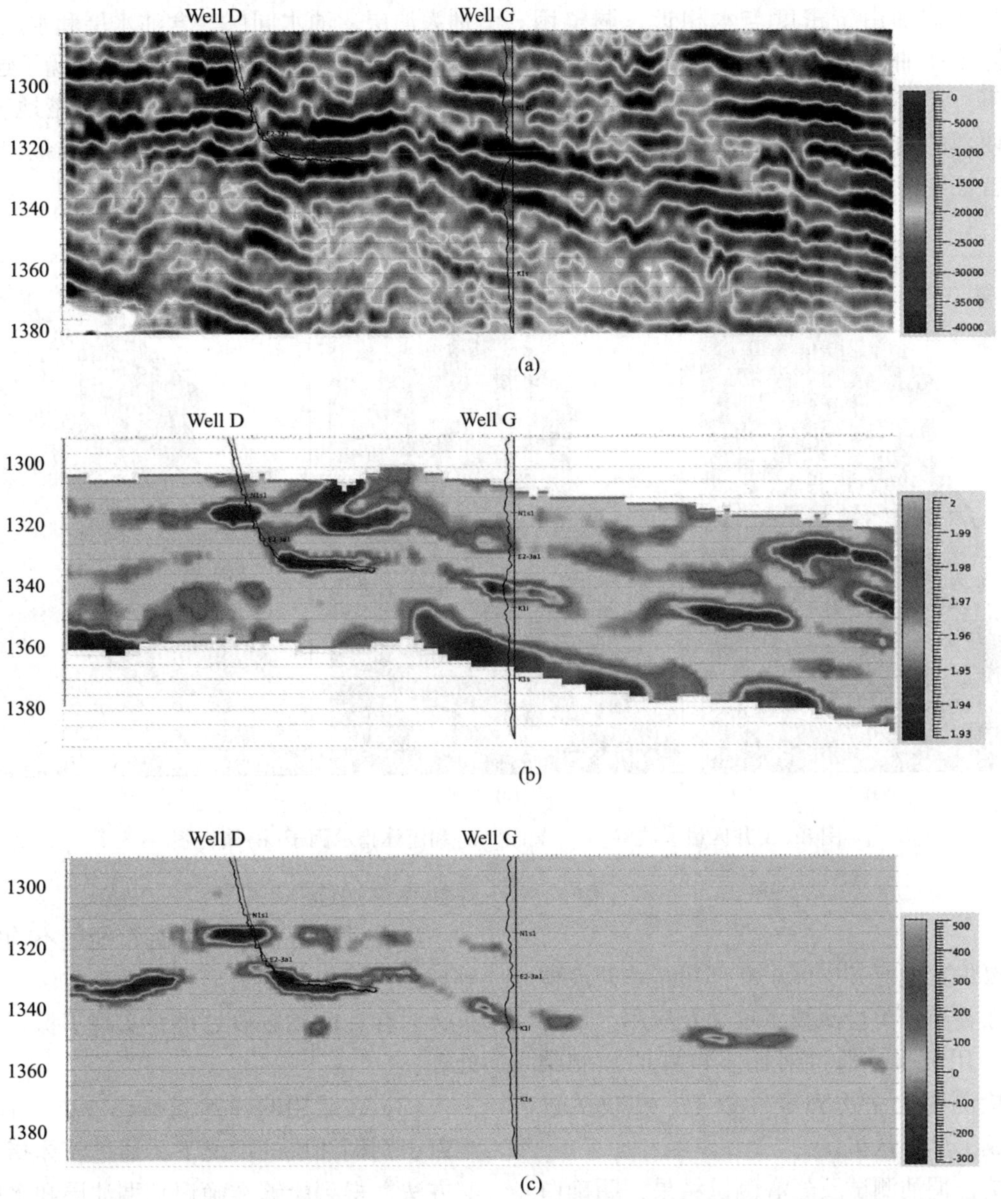

图7　近东西向地震(上)、V_p/V_s属性(中)和流体指示因子属性(下)剖面

如图8所示的属性平面对比图，也表明了流体指示因子反演应用效果较好。图8(a)为最大波谷地震振幅属性。由于该区砂岩速度低，顶部为强波谷反射，因而最大波谷属性能够一定程度的反演砂体的分布。图8(b)中V_p/V_s属性由于对稠油层和水层的区分不好，表现为与振幅属性

反映的砂体范围相近的特征，没能够刻画油水界面及分布特征；图 8(c)流体指示因子属性精细刻画了稠油层的分布范围，也精细的刻画了油水界面特征。从图中可以清楚的看出油层与水层的分布范围，刻画的油层范围与钻井吻合较好，从而能够指导油气勘探部署。

在地质分析中已明确，东北部白垩系稠油油藏存在倾斜的油水界面：受古构造西高东低的地貌特征影响，稠油油水界面古构造时期为近南北向；后期构造反转为现今北高南低的特征，如图 8 所示。但是稠油由于密度与水相近，调整困难，因而除了在油藏南部存在近东西向的油水界面的情况下，还存在南北向、与构造相交的油水界面，将西部的油层与东部的水层区分开。

这一特征在图 7(c)流体指示因子属性剖面中已表现出。剖面为沿近东西向水平段井轨迹方向，在井底附近构造未见明显变化时钻遇油水同层。结合地质分析和流体指示因子属性结果，明确了东西方向上的油水界面特征。该井前期试采出水，后根据属性预测结果在水平段尾端下封隔器，试采获高产工业油流。

图 8 中 Well A、C、D、E、F 井钻遇油层，Well G 及 Well F 井下部钻遇油水同层，南部的 Well B 井和东部的 Well H、I 井钻遇含油水层或水层。从井的钻探情况也可以看出，从西向东分别为油层、油水同层、含油水层和水层的分布规律。流体指示因子属性清楚的展现了这一特征。油水界面的特征在图 8(c)中也清楚地表现出来，图中从北到南落实了 3 个独立的油藏，均分布在西部靠近小层尖灭线附近。

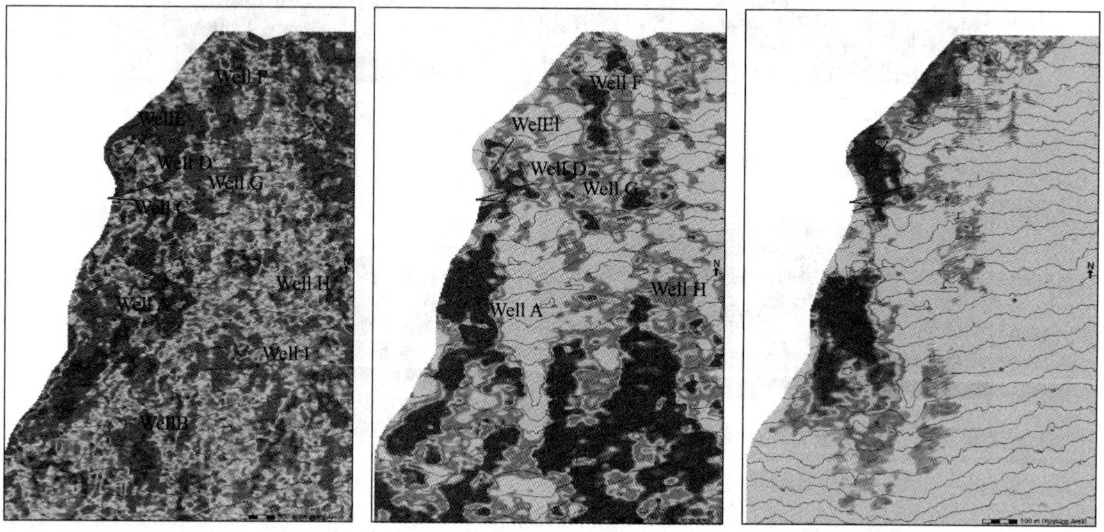

图 8　A 井区最大波谷(a)、V_p/V_s(b)和流体指示因子(c)属性图

6　结论

在准噶尔盆地春光探区东北部白垩系开展稠油油藏精细叠前烃类检测技术攻关及应用，取得了较好的应用效果。通过对比多口井的预测结果，烃类检测吻合率达到 85%以上。在攻关过程中，形成了如下认识：

(1) 结合稠油测试及岩心测试结果，明确白垩系地层条件下，稠油黏度值多在 10000～20000mPa＊s，在疏松砂岩的高孔隙中可以有效流动，但对速度有一定的影响，因而利用 Hertz-Mindlin 模型 FLAG 经验公式，优选参数实现稠油—疏松砂岩岩石物理建模，并完成横波估算、弹性参数优选；

(2) 针对叠前道集中远道能量不均衡、画弧等现象，提出分频道集优化处理方法，在频率域只针对存在问题频段处理，实现了保幅道集优化处理；

(3) 在常用的弹性属性(V_p/V_s、泊松比等)难以识别稠油层的情况下，通过流体指示因子反演方法，得到能够准确识别稠油层和水层的流体指示因子属性，精细刻画了稠油层分布特征；

(4) 结合地质特征，综合分析油气预测结果，精细刻画了白垩系稠油油水界面相对构造线倾斜的特征，落实了多个稠油油藏的边界特征。

参考文献

[1] 郭旭升，刘金连，杨江峰，等．中国石化地球物理勘探实践与展望[J]．石油物探．2022，61(1)：1-14.

[2] 侯连华，邹才能，匡立春，等．老油气区精细勘探潜力与方法技术[J]．石油与天然气地质，2009，30(1)：108-115.

[3] 印兴耀，刘欣欣．储层地震岩石物理建模研究现状与进展[J]．石油物探，2016，55(3)：309-325.

[4] 李鑫龙．含稠油储层岩石宽频段频散衰减岩石物理实验与理论研究[D]．中国石油大学(北京)，2022.

[5] 张郑玉成．稠油岩石物理建模和储层预测[D]．中国石油大学(北京)，2022.

[6] 曾心．含高黏度流体多孔介质岩石物理实验与建模研究[D]．中国石油大学(北京)，2022.

[7] 间晨，印兴耀，张亚龙，等．含稠油砂岩储层地震岩石物理实验及建模[C]//中国和平音像电子出版社，2017：21-23.

[8] 张亚龙．碎屑岩稠油储层岩石物理实验与建模研究[D]．中国石油大学(华东)，2018.

[9] 熊业刚，罗铮，朱波，等．叠前反演基础数据的优化处理——以扎哈泉地区为例[J]．物探化探计算技术，2020，42(02)：184-193.

[10] 邓吉锋，王改卫，潘永，等．基于CRP道集优化处理的叠前AVA同步反演技术的应用——以KL9构造区为例[J]．石油物探，2019，58(03)：461-470.

[11] 王忠桃，彭鑫．基于叠前道集优化处理及应用[J]．地质灾害与环境保护，2021，32(02)：82-85.

[12] 周家雄，马光克，隋波，等．PCA算法在CRP地震道集优化处理中的应用研究[J]．地球物理学进展，2019，34(04)：1577-1583.

[13] 兰慧田．CRP道集优化处理技术在深层致密砂砾岩储层预测中的应用[C]//《中国学术期刊(光盘版)》电子杂志社有限公司，2020：1411-1414.

[14] 隋波，苏云，邓盾，等．文昌A油田叠前道集优化处理技术研究[J]．中国海上油气，2022，34(03)：62-70.

[15] 陈家银，陈双全，王国权，等．基于局部Radon变换的叠前道集优化处理[C]//2024：755-758.

[16] 朱剑兵，韩宏伟，李红梅．高分辨率五维地震道集优化处理技术及其应用[J]．石油物探，2024，63(03)：589-597.

[17] 谢祥，吴奎，张金辉，等．稠油油藏AVO影响因素分析[J]．石油地球物理勘探，2018，53(03)：545-551+5.

[18] 赵卫平，范洪军，陈飞．地质统计学反演在稠油油藏砾岩夹层预测中的应用[J]．海洋地质前沿，2022，38(03)：65-73.

[19] 王勇，李凤勋，丁洁莹，等．准噶尔盆地西缘春光探区沉积演化及含油砂体分布特征[J]．石油地质与工程，2015，29(4)，1-4.

[20] 樊晓伊．准噶尔盆地春光探区古近系浅水辫状河三角洲沉积特征[J]．特种油气藏，2022，29(04)：47-54.

[21] 董艳蕾，朱筱敏，赵东娜．准噶尔盆地车排子地区下白垩统沉积体系分布及油气成藏模式[J]．现代地质，2015，29(1)：71-79.

[22] Batzle，M.，andWang，Z.，Seismi cproperties of porefluids [J]:，Geophysics，1992，vol. 57，1396-1408.

[23] Rock Physics Lab，University of Houston and Center for Rock Abuse，Colorado School of Mines，2011，FLAG Excel spreadsheet.

[24] Mavko，G.，Mukerji，T.，and Dvorkin，J. et al. The Rock Physics Handbook [M]：Tools for Seismic An alysis of Porous Media，Cambridge UniversityPress，2009.

[25] Mindlin R D.，Compliance of elastic bodies in contact [J]. Appl Mech. 1949，16：259-268.

[26] David N. Whitcombe，Patrick A. Connolly，et.，Extended elastic impedance for fluid and lithology prediction[J]. Geophysics，2002，67(1)：63-67.

[27] Connolly，P.，Robust workflow for seismic reservoir characterization，Spring SEG Distinguished Lecturer，2010.

[28] 耿斌，蔡进功，王端平，等．疏松砂岩稠油层油水赋存特征及识别——以济阳坳陷沾化凹陷馆下段稠油油藏为例[J]．中国矿业大学学报，2017，46(05)：1126-1133

[29] 张德尧．春风油田沙湾组稠油油藏倾斜油水界面成因[J]．新疆石油地质，2024，45(02)：205-212.

[30] 严永新，张驰，常炳章，等．准噶尔盆地春光区块地震预测技术应用[J]．石油实验地质，2013，35(1)，104-107.

[31] 张新超，李锋，严永新，等．分频融合反演技术在春光探区的应用[J]．石油地球物理勘探，2018，53(5)：1006-1013.

基于谐波频谱延拓技术的薄层重力流砂体识别描述研究

贾秀容　王良军　王　勇　朱　颜　熊　健　李恒权

（中国石油化工股份有限公司河南油田分公司）

摘　要　鄂尔多斯盆地南缘延长组长7段为主力烃源岩发育层系，在半深湖-深湖沉积背景下，发育多套厚薄不等的重力流砂体，属源内层系、成藏条件有利。重力流砂体一在定触发机制下形成、具有偶然性、空间展布变化快特征。复合砂体内部的隔夹层或薄层单砂体普遍发育，研究区地震资料难以满足单砂体识别描述。反褶积、S变换等提频方法存在有效反射波从重叠的能量中分离难度大、相位不具有物理意义等缺陷。为此提出基于谐波频谱延拓技术的薄层重力流砂体识别描述研究方法。首先明确各小层沉积微相特征，应用正弦分解频率道集中地震信息熵变化分析岩性特征变化，寻找到不同厚度砂体的特征频率；再利用连续小波域的多分辨率特征，按照谐频分析的思路，利用优势频段信息提取谐波分量，迭代有效频段内不同时频谱的基波和谐波叠加信号，实现保幅保真前提下的地震资料低频段和高频段频谱同时延展拓宽。最后基于拓频处理后地震资料开展井震联合高分辨率波形指示反演完成薄层重力流储层预测。通过钻井验证，该技术具有较高的储层预测精度，检验井预测准确率可达到85%以上，有效支撑了水平井部署，实现了致密砂岩油藏提产提效。

关键词　谐波频谱延拓；鄂尔多斯，重力流，薄层砂岩预测

Study on identification and description of thin-layer gravity flow sand body based on harmonic spectrum extension technique

Jia Xiurong　Wang Liangjun　Wang Yong　Zhu Yan，Xiong Jian　Li Hegnquan

(China Petroleum & Chemical Corporation Henan Oilfield Branch)

Abstract　The Chang 7 member of Yanchang Formation in the southern margin of Ordos Basin is the main source rock developed series. Under the half deep Lake—deep Lake depositional background, several sets of gravity flow sandbodies with different thickness are developed, which belong to the internal source series, and reservoir-forming conditions are favorable. The gravity flow sand body is formed under the fixed triggering mechanism, and has the characteristics of contingency and rapid spatial distribution change. The intercalation in the composite sand body or thin single sand body is widely developed, and the seismic data in the study area can not satisfy the description of single sand body. The frequency-raising methods such as deconvolution and s-transform have some disadvantages, such as the difficulty of separating effective reflected wave from overlapped energy and the lack of physical significance of phase. Therefore, a method for identifying and describing thin-layer gravity flow sand body based on harmonic spectrum continuation technique is proposed. Firstly, defined the characteristics of sedimentary microfacies in each substratum, analyze the change of lithologic characteristics by using the change of information entropy of sinusoidal decomposed frequency channels, then find the characteristic frequency of sand body with different thickness. Using the multi-resolution features of continuous wavelet domain and Extracting harmonic components from dominant frequency band information according to the idea of harmonic analysis, Iterative fundamental and harmonic superposition signals of different time-frequency spectrum in the effective frequency band, Realized the spectrum of low frequency band and high frequency band of seismic data can be expanded simultaneously. Finally, the reservoir prediction of thin-bed gravity flow is completed by well-seismic combined with high-resolution waveform indication inversion based on seismic data after extension frequency processing. It is proved by drilling that this technique has high reservoir prediction accuracy, and The prediction accuracy of inspection well can reach more than 85%. The horizontal well deployment is effectively supported, and the production and efficiency of tight sandstone reservoir Exploration and development are improved.

Key words　Harmonic spectrum extension technique, Ordos basin, Gravity flow, Tight sandstone, Thin layer prediction

湖相重力流是致密油、页岩油的有利场所，多套重力流砂体夹于主要生油岩中，构成典型的自生自储含油组合。低位域湖底扇和水进体系域烃源岩的展布，控制了岩性油气藏富集带的展布。在一定触发机制下发育的重力流具有偶然性，砂体体具有厚度不稳定、连续性差、空间分布规律性不强等特点，是目前研究的热点和难点。随着勘探程度加大，勘探目标由厚层砂体转向薄层砂体，薄层重力流砂体分布认识不清，制约了勘探开发进展。现有地震资料分辨率有限，无法识别复合砂体内部的隔夹层或薄层单砂体的厚度，单砂体的纵向期次和横向展布情况不明确。

薄层砂体识别通常应用的提高地震分辨率处理有许多手段，目前有多种地震数据提频方法，如反褶积、短时傅里叶变换、Gabor 变换、小波变换、S 变换等均取得了明显的应用效果。但同时也存在一些局限性：常规反褶积是基于单道匹配滤波模式，而单道匹配滤波很难将有效反射波从重叠的能量中分离出来，结果会导致在消除多次波的同时有效波也被消除。短时傅里叶变换虽然计算简单，可以反映信号的整体趋势，但仅限于以某个固定的分辨率进行时频分析，这就在拓宽频带方面有更多限制。基于短时傅里叶变换的逆变换是用窗函数局部化，可以实现频率域和时间域的局部化，但同时时窗不可变，时频分辨率受到海森堡测不准原理的限制。小波变换克服了短时傅里叶变换单分辨率的问题，实现了窗函数的可变性，但是相位信息仅仅是局部的相位，不具有物理意义，且在高频区段分辨率较差。S 变换结合了小波变换与短时傅里叶变换，不可避免出现基本变换函数的窗函数形态固定的问题。

本文提出一种基于谐波频谱延拓技术的薄层重力流砂岩甜点预测技术。地震信号谐波频谱延拓技术，采用同步压缩小波变换技术，使用地震数据中的基波信号预测谐波、次谐波信号，再将所有谐波信号叠加到原地震数据中，以拓展高频端和低频端地震信号，达到提频目的。该方法突破传统褶积模型的限制，不再需要估计地震子波、无需假设地层反射系数稀疏、无需井信息等等，减少人为主观因素，拓宽了地震频带。具有更高的时频分辨能力，用其细分出的各基频信号的混叠效应小，分解精度更高。首先对地震资料进行连续小波变换，然后在优势频带内白化，按倍频程延拓得到延拓谐波，将延拓谐波从小波域变换到时间域；即恢复原信号中高、低频率弱势信号，将估算的高、低次谐波分量回加到小波谱，并进行逆变换拓宽地震数据有效频带。最后应用拓频后地震资料，进一步地井震联合开展高分辨率反演，完成薄层重力流单砂体识别和刻画。

1　地质特征

鄂尔多斯盆地是在华北地台基础上产生和发展的大型内陆坳陷，演化过程具有稳定沉降、坳陷迁移、发育多期旋回的特点。形态呈西浅东深、南低北高，为大型多旋回克拉通盆地，整体具有盆大、坡缓、水浅、多源的特点。本文研究区位于鄂尔多斯盆地南部，横跨两个一级构造单元，包括伊陕斜坡的南部和渭北隆起的北部。区内中生界三叠系保存相对完整，构造上整体为西倾单斜，构造平缓，地层倾角 1°~2°。长 7 段地层整体埋深在 420~1300m 之间，探区西北部埋深较深，平均埋藏深度 1135m。延长组为鄂尔多斯盆地内陆湖盆形成后的第一套生储油岩系，也是盆地南部最主要的勘探开发层系。长 7 期湖盆范围达到最大，沉积了一套富含有机质的淡水型泥页岩，是整个盆地中生界的主力烃源岩。南缘旬宜探区受火山活动影响，沉积了富含有机质泥页岩，烃源岩厚度大、分布广，生烃品质与庆城地区相似，具备规模增储资源基础。周边发育的古隆起为盆地提供了充足的物源供给，不同岩性的垂向叠置关系形成了良好的“生—储—盖”组合配置，成为控制长 7 页岩油大面积分布和富集的重要因素。

鄂尔多斯西南部晚三叠世长 7 期发育辫状河-重力流-湖泊沉积体系，长 7 段重力流的形成机制为水下坡折带、火山和地震多种作用。研究区西北部长 7 段在半深湖-深湖沉积背景下，发育多套厚薄不等的重力流砂体，长 7 段重力流砂体与生油岩直接接触，具有供烃面积大、充注效率高、油藏分布广的特点，是自源型有利成藏组合。区内多口井岩心进行精细观察和描述，岩心见明显的包卷层理、泥岩撕裂屑、块状层理构造、突变接触，具有重力流沉积特征，结合多口井的测井曲线形态、岩性组合等方面分析，认为长 7 段在深湖-半深湖沉积背景下，发育砂质碎屑流、浊流、滑塌体等几种重力流沉积微相类型，沿搬运方向具有滑塌沉积-砂质碎屑流沉积-浊流沉积渐变的分布规律，具有纵向上由下部砂质碎屑流砂体—上部浊流沉积体—顶部深湖相暗色泥岩组成的沉积序列在垂向上反复叠置特征。滑塌沉积发育包卷层理、揉皱变形构造、同沉积阶梯状小断层及滑动面；砂质碎屑流沉积发育厚层块状砂岩、泥岩撕裂屑及泥包砾结构；浊流沉积发育火焰状构造、沟模、槽模和不完整的鲍马序列。A 井区以发育薄互层结构浊流和块状砂质碎屑流沉积为主，长 7 段单砂体厚度 2~12m 不等，长 7_2 亚段发育砂体厚度较薄，平均厚度 4 米。地震资料主频为 35Hz 左右，频宽为 7~78Hz，目的层层速度为 4200m/s，地震资料纵向可分辨的最小厚度为 12.5~25m，横向分辨率为 140m；根据 Widess 模型，在没有噪音的情况下，地震上时间厚度小于 1/8 波长的薄层是无法分辨的。长 7_1、7_2、7_3 油层砂体标定对应的波形代表一整套岩性组合的整体响应特征，地震资料对于纵向薄层结构砂体及横向变化较快的单砂体预测存在较强多解性(图 1)。

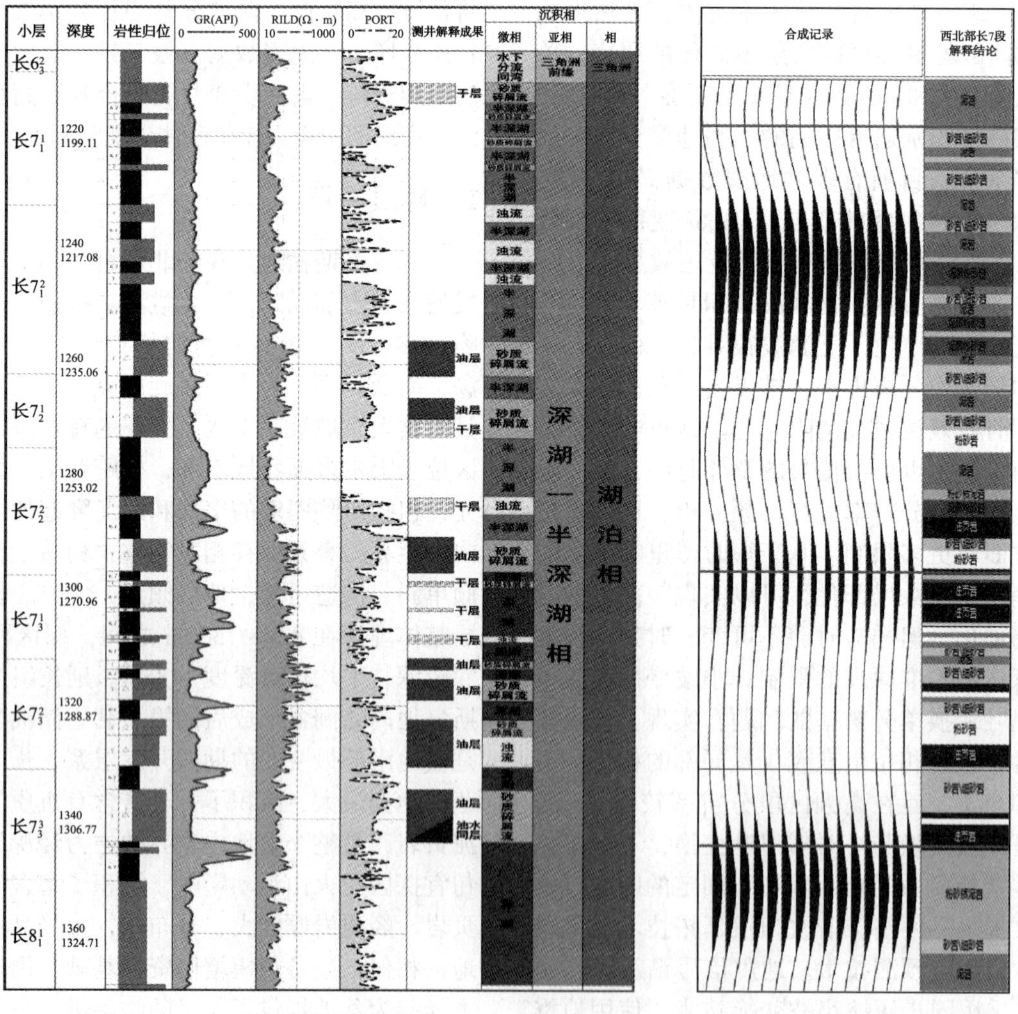

A井长7段沉积相划分图　　　　A井地震标定图

图 1　A 井长 7 段沉积微相划分及地震标定图

2　方法原理

地震资料高分辨率处理是预测薄储集层的有效手段，高分辨率处理的主要目的是有效恢复地震高、低频信息和拓宽频带，同时保持资料的信噪比和保真度。地层沉积的韵律性和旋回性与地震频谱特征的方向性一致。地震频率反映沉积地层的厚薄和沉积岩岩性的粗细，低频信息对应沉积较厚的地层或岩性较粗的沉积岩发育，高频信息对应沉积较薄的地层或岩性较细的沉积岩发育。地受地震资料分辨率限制以及岩性变化快的地质条件影响，岩性变化引起的地震波形的变化，在时间域很难检测到，时间域相似的不同地质事件在频率域有着不同的特征频率响应，通过正弦分解道集上地震信息熵变化表征岩性特征变化。信息熵是系统有序化程度的一个度量，一个系统越是有序，信息熵就越低；反之，一个系统越是混乱，信息熵就越高。对地震资料进行连续小波变换，将时间域单地震道通过频谱分解处理为频率域时频道集显示，通过傅里叶变换把地震波分解为许多正弦波，分析地震波形的横向变化，在频率道集上能够比较清楚的呈现。从过A井水平段频率道集中可以看出，钻遇前段岩性结构相对简单，地震反射同相轴横向稳定，波形相对简单，信息熵值较小；水平段中后段为砂泥岩互层，岩性结构相对复杂，在正弦分解道集信息熵值较大，砂岩向砂泥岩变化交界点处信息熵变化明显(图2)。

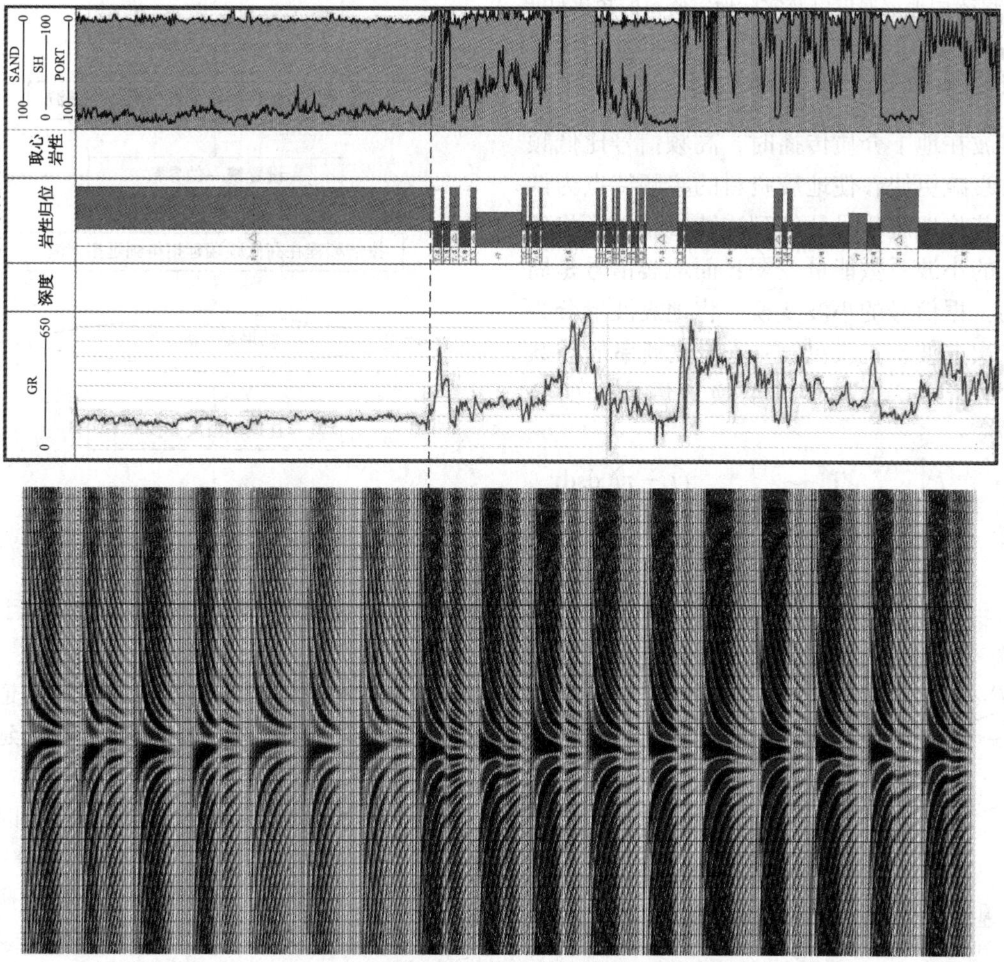

图2　B井水平段岩性及对应频率道集变化分析图

地震反射系数序列的频谱含有丰富的岩性及沉积相信息，而由于受到地震子波的影响，这些信息很难直接检测到。Mail 等人指出，对于砂泥岩地层，砂岩碎屑成分较粗，反映较强的水动力条件，沉积速率快，单层厚度大；泥岩属细粒沉积，属于弱的水动力条件和缓慢的沉积过程，故单层厚度较小。不同的沉积期形成的不同砂泥岩地层厚度有着不同的峰值振幅和峰值频率(主

频）响应。因此寻找到不同厚度地层的特征频率，以此为依据即可开展

提高分辨率处理，解决薄储层识别的问题（图 3）。

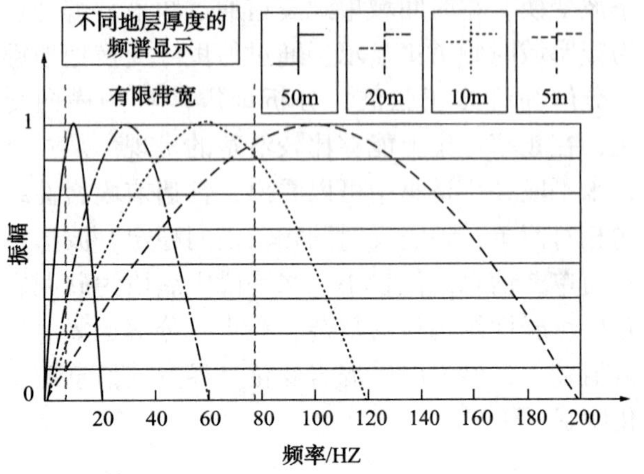

图 3 研究区不同地层厚度以及实际地震资料的频谱显示

3 频谱延拓流程

地震波在地下介质传播时，高频信号比低频信号吸收衰减更快，使地震资料的主频特点为低频窄带，若将地震信号分解到连续小波域，将致高频信号的小波系数能量变弱；而地震信号是周期循环的，据信号的小波变换，将地震波形分为基波、二次谐波、三次谐波…（基波频率的整数倍）如图 4 所示。连续小波变换地震信号的公式为：

$$\tilde{f}(t)=\frac{1}{C_{\varphi}}\int_{0}^{\infty}\int^{\infty}-\infty\ \frac{1}{\sqrt{s}}\widetilde{W}(\tau,\ s)\varphi\left(\frac{t-\tau}{s}\right)\frac{\mathrm{d}s\mathrm{d}\tau}{s^{2}}$$

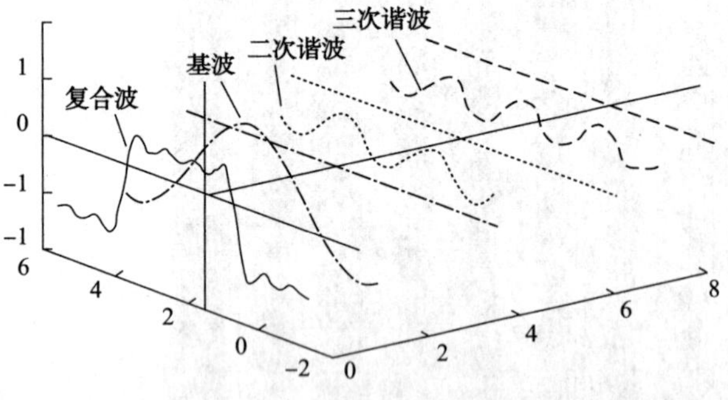

图 4 基于连续小波变换的谐波频谱延拓原理图

利用连续小波域的多分辨率特征，按照谐频分析的思路，计算出地震子波的谐波信息（基波频率的整数倍）利用优势频段信息提取谐波分量，保证拓频结果具有较高的信噪比。因此将地震信号分为基波信号、谐波信号、次谐波信号等，再结合实际地震资料频谱特征选取相应的基波预测谐波、次谐波，再加回原始信号中，达到提高地震分辨率的目的。

提取地震资料的时频谱，再提取其中有效频段的时频谱，每次提取的时频谱视为一个基波信号，再计算该基波信号的谐波信号，再加回基波信号上，得到叠加后的信号（图 1(b)），再进行反变换。反复对有效频段内的不同的时频谱进行以上同样的步骤，最终得到拓宽频带的叠加的地震信号。由于叠加过程中基波信号，谐波与次谐波的信号均只与原始地震资料的有效频谱有关系，因此叠加拓频后的地震资料的波组能量相对关系与原始地震资料的基本一致，能做到保幅保真。具体流程如图 5 所示：

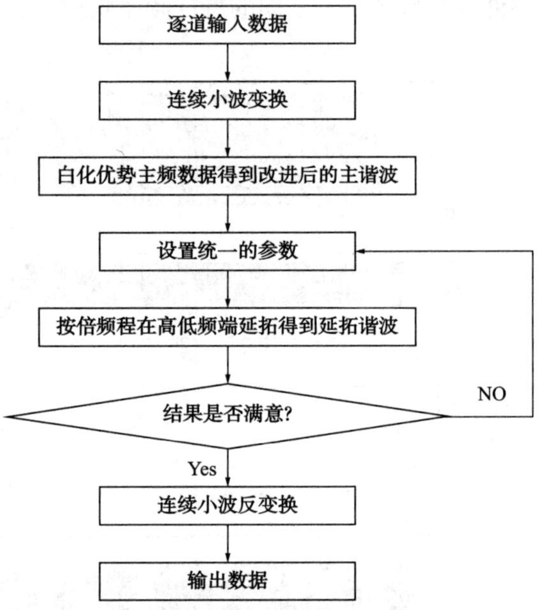

图 5 谐波频谱延拓技术流程图

（1）多井合成记录标定，确定目的层优势频带；

（2）利用连续小波变换分解地震道；

（3）优势频带内白化，按倍频程延拓，得到延拓谐波；

（4）将延拓谐波从小波域变换到时间域，拓宽有效频带。

对原始地震记录应用连续小波变换时间序列分析，将谐波信息加入到原始地震记录上，有效拓展地震数据的频宽，进而更好地刻画地下的地层反射。

4 应用效果

从井震联合开展的高分辨率反演剖面与提频前处理剖面对比看，由于地震分辨率低，原始地

震资料开展波阻抗反演难以识别纵向的单砂体，一个地震同相轴基本包含了多个单砂体。对原始地震资料进行了分析，在长7段目的层段地震资料主频35Hz，频宽7~78Hz；确定高频端基准频率为70Hz，低频端基准频率为20Hz。依据处理流程，设高频段的谐波频带为60~80Hz，预测此范围内地震信号的谐波，得到预测的地震谐波信号为80~100Hz，将预测的谐波信号加回到原始地震信号中，完成高频段的拓频。同理，设低频段的谐波频带为7~20Hz，预测得到低频段的谐波信号为5~10Hz的地震信号加回到原始地震信号中，完成低频段的拓频，最终完成低频和高频段的拓频处理。地震分辨率得到明显提高，从地震资料频谱分析结果看，从频宽从原始地震的7~78Hz到拓频后的5~100Hz。从拓频后C井到D井的连井地震剖面看，反射同相轴数量增多，相对能量关系保持较好，波组特征更加清晰明确，保幅保真效果较好；没有明显的噪音，信噪比得到保证，使地震资料变得更可靠。拓频后的地震资料显示，重力流砂体的薄互层识别能力提高，且能将单砂体的纵横向分布范围进行详细描述，（图6~图8）。

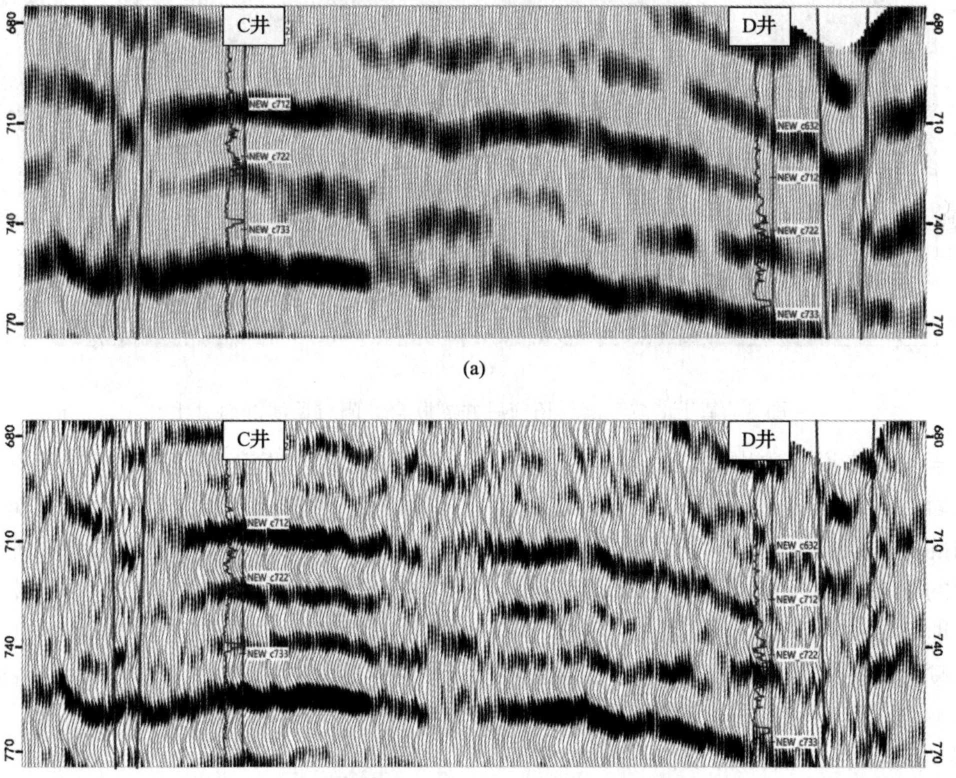

图6　谐波频谱延拓前后连井地震剖面对比图

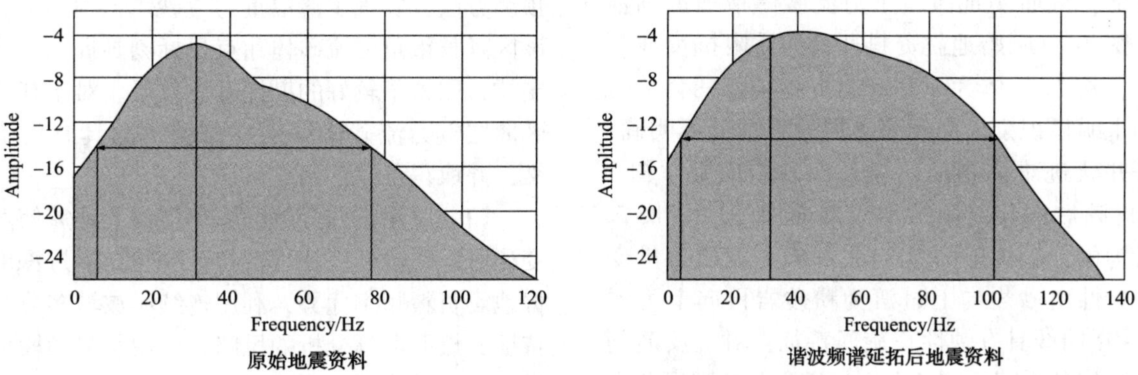

图7　谐波频谱延拓前后地震资料频谱分析图

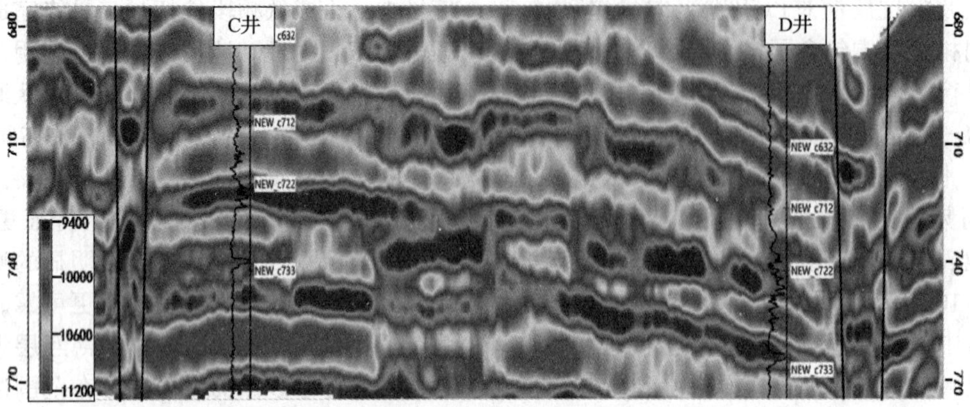

(a)

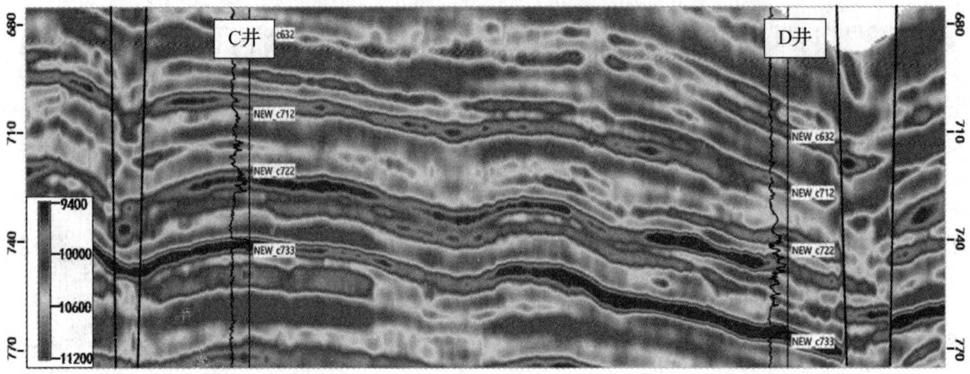

(b)

图 8　基于谐波频谱延拓前后井震联合波阻抗反演剖面对比

对砂泥岩互层来说，砂岩段岩性成分相对单一，泥岩段岩性成分纵向分布很不均一，因此砂泥岩互层的韵律层既是岩韵律又是层厚度变化的韵律。层厚的纵向变化反映波阻抗曲线的变化，进而反映反射系数序列频率成分的纵向变化。因此基于谐波频谱延拓处理后地震再开展井震联合波阻抗反演，利用沉积学原理，采用“地震波形指示马尔科夫链蒙特卡洛随机模拟（SMCMC）”算法按照地震波形的横向变化特征预测分析储层的相变特征，进而研究储层垂向岩性组合高频结构特征，从而实现薄层重力流砂体精细识别描述。图 7(a) 原始地震资料开展的波阻抗反演剖面中，长 7_3 整体为一套高阻抗特征，三套单砂体的未明显识别，中间隔夹层发育情况不明确，水平井轨迹难以精准的设计在砂岩内部。图 7(b) 提频后的相对阻抗地震剖面中三口井长 7_3 亚段为例，C 井在长 7_3 自底部向上泥质含量变重，岩性由砂岩向上过渡为粉砂岩再向上为泥岩，GR 曲线具有钟性正旋回特征；对应反演剖面中为红色高阻抗特征向上过渡为黄色到绿色中低阻抗特征。到 D 井处长 7_3 发育三套砂体，其中顶部和底部发育细砂岩对应反演剖面中高阻抗特征，中间砂岩泥质含量较重，为黄色中阻抗特征。谐波提频后预测的重力流砂体能够明确反映多期砂体空间展布，与实钻井吻合率较高，各小层检验井预测准确率可达到 85% 以上；部署的水平井砂岩钻遇率高，多口井均钻遇工业油流（图 9）。

5　结论

本文提出一种基于谐波频谱延拓技术的储层预测方法，实现了薄层重力流砂体识别刻画。为该区延长组重力流砂体甜点目标刻画提供了技术支撑，取得了较好的勘探开发效果。对于其他地区薄层重力流砂体识别和储层预测具有借鉴意义，并取得了以下两点认识。

（1）应用正弦分解的频率道集上地震信息熵变化可以明确的表征岩性特征变化；通过深度挖掘地震资料频率优势，利用连续小波域多分辨率特征，按照谐频分析的思路，应用优势频段信息提取谐波分量，并将谐波信息加入到原始地震记录上，能够有效拓展地震数据频宽，保证了拓频后地震资料具有较高的信噪比。

（2）砂泥岩互层的韵律层既是岩性韵律又是层厚度变化的韵律。层厚的纵向变化反映波阻抗曲线的变化，进而反映反射系数序列频率成分的纵向变化。基于谐波频谱延拓处理后地震再开展井震联合波阻抗反演，可实现薄层重力流砂体精细识别，提高了薄层重力流单砂体识别精度，有效支撑了水平井部署，应用效果较好。

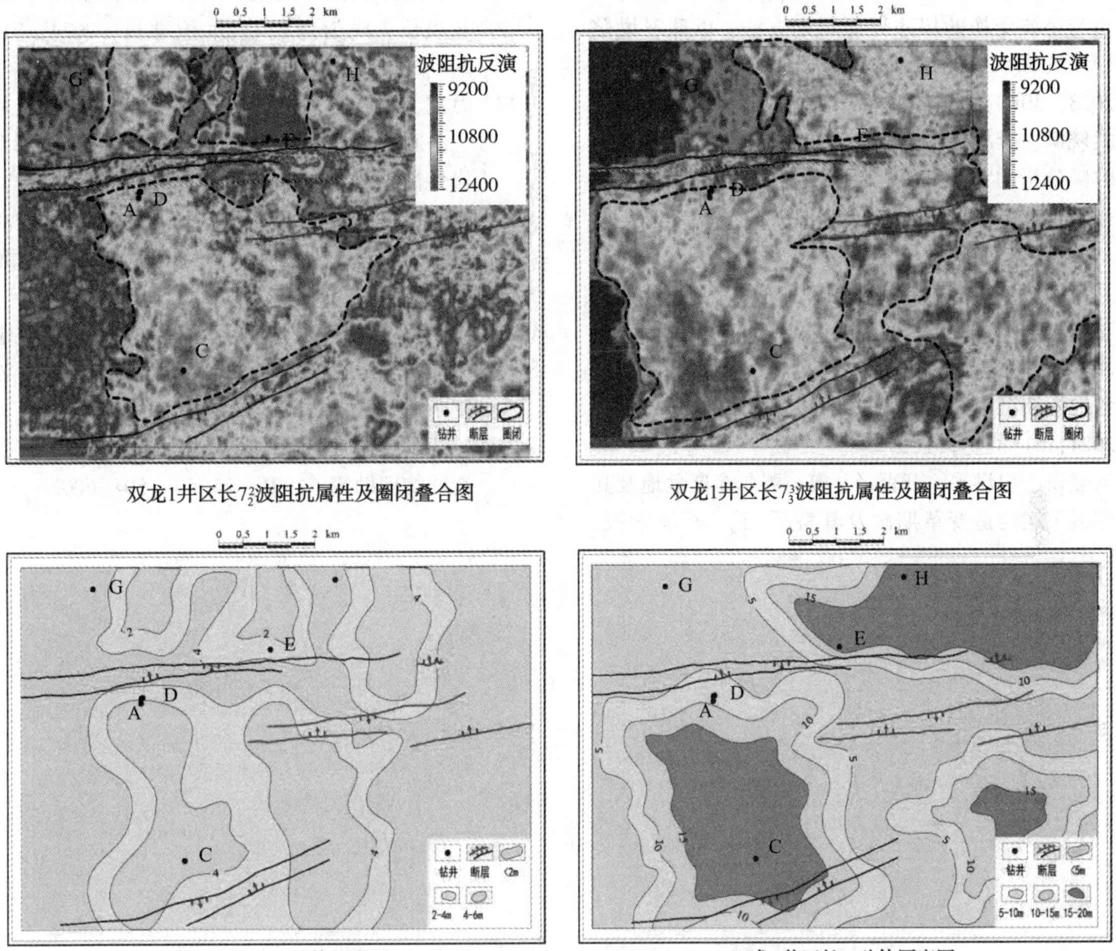

双龙1井区长7_2^2波阻抗属性及圈闭叠合图　　双龙1井区长7_3^3波阻抗属性及圈闭叠合图

双龙1井区长7_2^2砂体厚度图　　双龙1井区长7_3^3砂体厚度图

图 9　波阻抗属性预测重力流砂体分布及砂厚图

参 考 文 献

[1] 冯有良，邹才能，杨智，等．中国断陷和坳陷湖盆高可容纳空间层序细粒重力流沉积及其页岩油意义[J]．古地理学报，2024，26(4)：1-21.

[2] 张军，白玉彬，闫新智，等．鄂尔多斯盆地富县地区长 7 段深水重力流沉积及勘探意义[J]．沉积学报，2024，59(1)：70-79.

[3] 王秀娟，辛红刚，程党性，等．鄂尔多斯盆地华池地区长 73 亚段深水重力流砂体发育规模定量表征——以 CY1、CY2 水平井钻遇砂体为例[J]．天然气地球科学，2024，62(1)：214-225.

[4] 时建超，屈雪峰，雷启鸿，等．陆相湖盆深水重力流沉积特征、砂体结构研究及油气勘探意义_以鄂尔多斯盆地上三叠统长 7 油层组为例[J]．地球物理学进展．2018，54(1)，183-193.

[5] 云美厚，赵秋芳，李晓斌．地震分辨率思考与高分辨率勘探对策[J]．石油地球物理勘探，2022，57(5)：1250-1262.

[6] 黄林军，郭欣，刘立辉，等．基于对时变子波进行分频段处理的反褶积方法在薄层预测中的应用[J]．物探化探计算技术，2019，41(5)：586-592.

[7] 赵泽茜，成丽芳，范殿佐．时变分频反褶积在提高薄砂体预测精度方面的应用[J]．物探与化探，2023，47(6)：1588-1594.

[8] 倪文军，刘少勇，王丽萍，等．基于深度学习的子波整形反褶积方法[J]．石油地球物理勘探，2023，58(6)：1313-1321.

[9] 陈旭平，陈辉，胡英．横向一致性短时傅里叶变换及在致密砂岩气储层识别中的应用[C]．中国地球

科学联合学术年会，2022，1(1)：886-889.
[10] 赵文昊，聂其海，董建雄，等. 小波变换在高分辨率层序分析中的应用--以大庆长垣姚家组为例[C]. 中国石油学会 2022 年物探技术研讨会论文集，2022，1(1)：1000-1003.
[11] 闫伟，董艳蕾，葛家旺，等. 基于频谱属性趋势分析与小波变换的层序界面识别方法：以珠三坳陷中新统珠江组-韩江组为例[J]. 断块油气田，2023，30(3)，448-457.
[12] 袁晓满，李相文，张洁，等. 基于改进广义 S 变换时频分析的“板状”断控油藏油柱高度预测[J]. 物探与化探，2024，48(3)：768-776.
[13] 刘俊杰，陈学华，吴昊杰，等. 稀疏广义 S 变换及其在储层地震低频异常检测中的应用[J]. 石油地球物理勘探，2023，58(3)：690-699.
[14] 邓秀芹，楚美娟，王龙，等. 中晚三叠世鄂尔多斯盆地两期沉降及其形成机制[J]. 石油勘探与开发，2024，51(3)：501-512.
[15] 何登发，包洪平，开百泽，等. 鄂尔多斯盆地及其邻区关键构造变革期次及其特征[J]. 石油学报，2021，42(10)：1255-1269.
[16] 刘翰林，邹才能，邱振，等. 陆相黑色页岩沉积环境及有机质富集机制--以鄂尔多斯盆地长 7 段为例[J]. 沉积学报，2023，41(6)：1810-1829.
[17] 肖颖，赵卫卫，王嘉楠，等. 陆相富有机质页岩纹层特征及其储集性能—以鄂尔多斯盆地东南部延长组长 7 段为例[J]. 沉积学报，2024，71(1)：294-300.
[18] 尹虎，屈红军，孙晓晗，等. 鄂尔多斯盆地东南部三叠系长 7 油层组深水沉积特征及演化规律[J]. 岩性油气藏，2024，36(5)：145-155.
[19] 张军，白玉彬，闫新智，等. 鄂尔多斯盆地富县地区长 7 段深水重力流沉积及勘探意义[J]. 沉积学报，2024，59(1)：294-300.
[20] 沈卫民，靳晓杰，赵美丽，等. 鄂尔多斯盆地七里村油田长 6 和长 7 重力流沉积的发现及其意义[J]. 复杂油气藏，2024，17(1)：38-43.
[21] 姚建阳. 在频率域中求取薄地层的厚度[J]. 石油地球物理勘探，1991，26(5)：594-600.

Doseo 盆地复杂走滑构造带成藏规律与勘探启示

贾　瀛[1]　张新顺[2]　王　林[1]　杜业波[2]　王　利[2]　胡　杰[1]　马　洪[1]　高华华[1]　高思敏[1]

（1. 中国石油国际勘探开发有限公司；2. 中国石油勘探开发研究院）

摘　要　Doseo 盆地是非洲陆上重要的油气勘探远景区，但构造复杂多样，油气成藏规律尚不明确。本文基于 Doseo 盆地最新勘探成果，深入分析三个复杂走滑构造带的油气成藏条件，梳理富集规律，并为下步勘探指明方向。研究表明，Doseo 盆地受中非剪切带构造持续活动影响，经历了伸展、走滑和反转多期构造活动，发育北部反转走滑构造带、中部叠加走滑构造带、南部伸展走滑构造带三个复杂走滑构造带。北部反转走滑构造带受到区域的强反转作用影响，主要发育规模较大的背斜/断背斜圈闭，储层以短轴物源的扇三角洲相为主，相变较快，成藏主控因素为储盖组合，下步勘探重点为寻找走滑构造转换带的优质储层发育区；中部叠加走滑构造带广泛发育复合花状构造等走滑构造样式，两期构造反转作用在“花心”形成背斜/断背斜构造，在“花边”形成断鼻构造。成藏主控因素为断-盖配置关系，下步勘探工作应聚焦构造带西段和翼部具有良好封堵性的断鼻/断块圈闭；南部伸展走滑构造带远离中非剪切带，发育伸展型断层组合，以断鼻/断块圈闭为主，成藏主控因素为油源及盖层条件，盆缘近洼区次级台阶的圈闭为未来勘探重点区域。

关键词　中非裂谷系；Doseo 盆地；走滑构造带；成藏规律；勘探启示

Hydrocarbon Accumulation characteristics and Exploration Implications of Complex Strike-Slip Fault Zones of Doseo Basin

Jia Ying[1]　Zhang Xinshun[2]　Wang Lin[1]　Du Yebo[2]　Wang Li[2]
Hu Jie[1]　Ma Hong[1]　Gao Huahua[1]　Gao Simin[1]

(1. China National Oil and Gas Exploration and development Corporation Ltd.;
2. PetroChina Research Institute of Petroleum Exploration & Development)

Abstract　The Doseo basin is a significant onshore oil and gas exploration region in Africa, characterized by complex and diverse structures. The characteristics of hydrocarbon accumulation are still unclear. Based on the latest exploration findings, this study analyzes the hydrocarbon accumulation conditions of three complex strike-slip fault zones in Doseo basin and summarizes hydrocarbon enrichment patterns and provides directional guidance for future exploration. Research indicates that Doseo basin has been influenced by ongoing tectonic activities associated with the Central African Shear Zone, and underwent multiple phases of extension, strike-slip, and inversion which resulted in the development of three complex strike-slip fault zones: the northern inversion strike-slip fault zone, the central superimposed strike-slip fault zone, and the southern extensional strike-slip fault zone. The northern inversion strike-slip fault zone, influenced by strong regional inversion, is characterized by large-scale anticlines/faulted anticlines traps with reservoirs mainly composed of fan delta facies with rapid facies changes. The main controlling factors for hydrocarbon accumulation in the region are the quality of reservoir-seal combination. The focus of future exploration lies in identifying high-quality reservoirs developed within the strike-slip fault transition zones. The central superimposed strike-slip fault zone exhibits plenty of compound flower structure. Two phases of structural inversion have resulted in anticlines/faulted anticlines at the "flower core" and faulted nose structure at the "flower margins." Controlling factors for hydrocarbon accumulation in this region are the features of fault-seal assemblage, suggesting that future exploration efforts should concentrate on the western part of the region and flanking areas of the faulted nose/ faulted block traps. In the southern extensional strike-slip fault zone, which is far away from the Central African Shear Zone, extensional fault combinations are prevalent. Faulted nose/ faulted block traps are widely developed and hydrocarbon accumulation is primarily controlled by source rocks and seal conditions. The traps in the sub-step close to the depression are the potential targets for future exploration.

Key words　Central African Rift System; Doseo Basin; Strike-slip fault zones; Hydrocarbon accumulation characteristics; Exploration implications

Doseo 盆地属于中非裂谷系，面积约 5 万平方公里，横跨乍得和中非共和国，主体位于乍得境内，是非洲陆上重要的含油气盆地之一。埃克森等西方油公司在此勘探三十余年，部署大量二维地震和 12 口探评井，未获商业发现，认为该盆地受中非走滑断裂持续活动控制，构造复杂多样、油气成藏条件较差，油气难以规模成藏，进而主动退出该区。2015 年中石油进入后，针对 Doseo 盆地东部走滑构造持续开展攻关研究，在走滑控制的三个复杂构造带部署了大量的勘探工作，2019 年开始先后证实为三个油气富集区带，并获得规模油气储量，突破该区复杂走滑构造带难以规模成藏的认识，油气地质特征和成藏规律均不清楚。前人认为 Doseo 盆地上白垩统不发育，导致其缺少区域盖层，而下白垩统以泥岩为主，缺少有效的储层，与 Doba 盆地地层有明显不同，造成该盆地油气潜力有限。本文基于 Doseo 盆地近年的勘探突破，深入分析三个油气富集区带的油气成藏条件，结合已发现油藏特征，系统梳理复杂走滑构造带油气成藏规律，为下步勘探指明方向，也为邻区走滑构造带的油气勘探提供新的认识。

1　构造特征

Doseo 盆地位于中非剪切带中段，西邻 Doba 盆地及 Bongor 盆地、东邻 Salamat 盆地，是非洲重要含油气盆地。Doseo 盆地南北宽约 60～80km，东西长约 450km，整体呈北东东-南西西向狭长展布，其构造特征受中西非裂谷系转换构造带控制。按照箕状断陷构造带的划分规律，Doseo 盆地东部由北向南可划分为北部陡坡带、中部走滑带、南部缓坡带 3 个正向构造以及分别位于两正向构造之间的北部坳陷和南部坳陷两个负向构造（图 1）；按照多期走滑作用的结果划分三个正向构造为：北部反转走滑构造带、中部叠加走滑构造带、南部伸展走滑构造带。

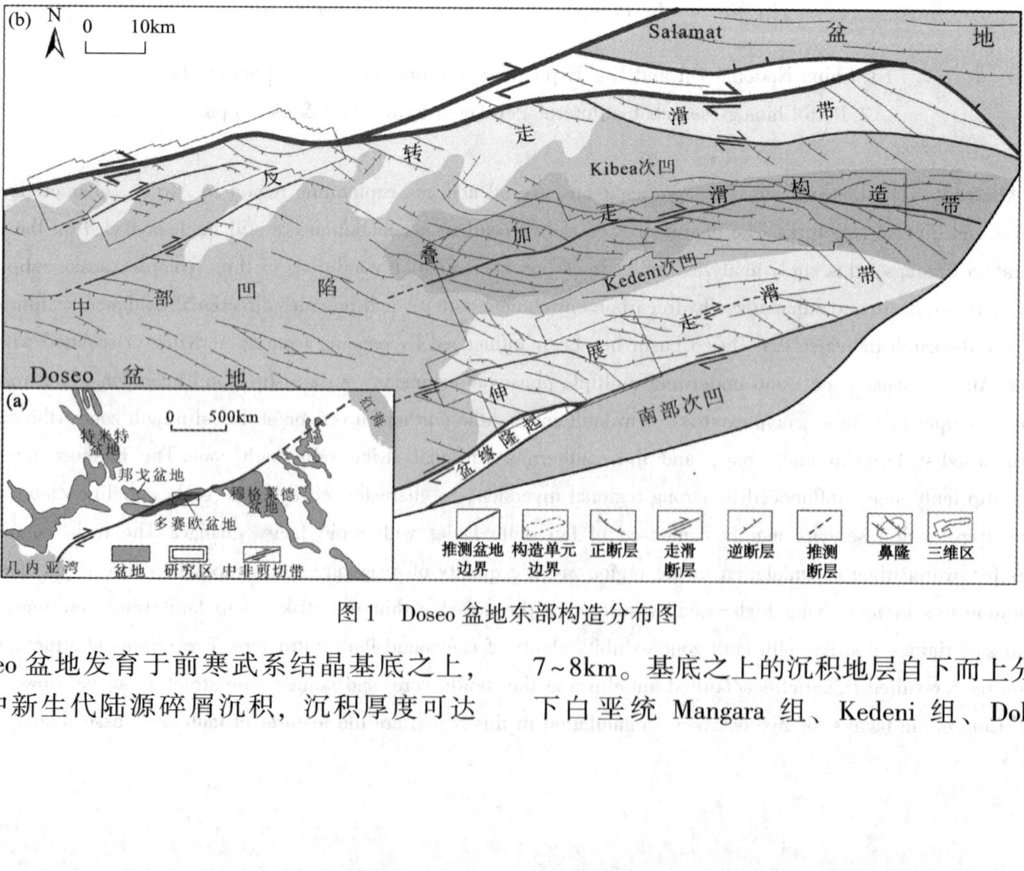

图 1　Doseo 盆地东部构造分布图

Doseo 盆地发育于前寒武系结晶基底之上，主要为中新生代陆源碎屑沉积，沉积厚度可达 7～8km。基底之上的沉积地层自下而上分别发育下白垩统 Mangara 组、Kedeni 组、Doba 组和

Koumra 组及上白垩统 K2 组及新生界地层。盆地内发育 3 组区域性不整合面，分别为前寒武系结晶基底与下白垩统、下白垩统与上白垩统、白垩系与新生界不整合面。下白垩统是盆地内主要勘探目的层系，发育多套有利生储盖组合。

Doseo 盆地受中非剪切带构造活动影响，经历了多期构造活动阶段，其演化历史十分复杂。早白垩世早期，中非剪切带发生近南北向伸展，Doseo 盆地发育一系列断陷形成裂谷盆地雏形(Mangara 组沉积期)。早白垩世中晚期，中非裂谷受板块构造运动影响，发生近东西向右旋张扭走滑剪切，盆地内发育相应的右旋张扭走滑断裂体系，此时为 Kedeni 组、Doba 组和 Koumra 组沉积时期。随后，盆地经历两期构造反转事件，即晚白垩世晚期(圣通期)挤压反转事件和古近纪走滑反转事件。新生代以来，受非洲-阿拉板块与欧亚大陆碰撞影响，Doseo 盆地发生强烈抬升剥蚀，导致白垩系顶面明显的角度不整合，并沉积新生界地层，盆地构造格局基本定型。在盆地的演化过程中，多期走滑断裂系统的发育对盆地的构造格局和沉积充填具有重要影响。这些断裂不仅控制了沉积物的搬运和沉积过程，也为油气运移和聚集提供了通道和场所(图 2)。

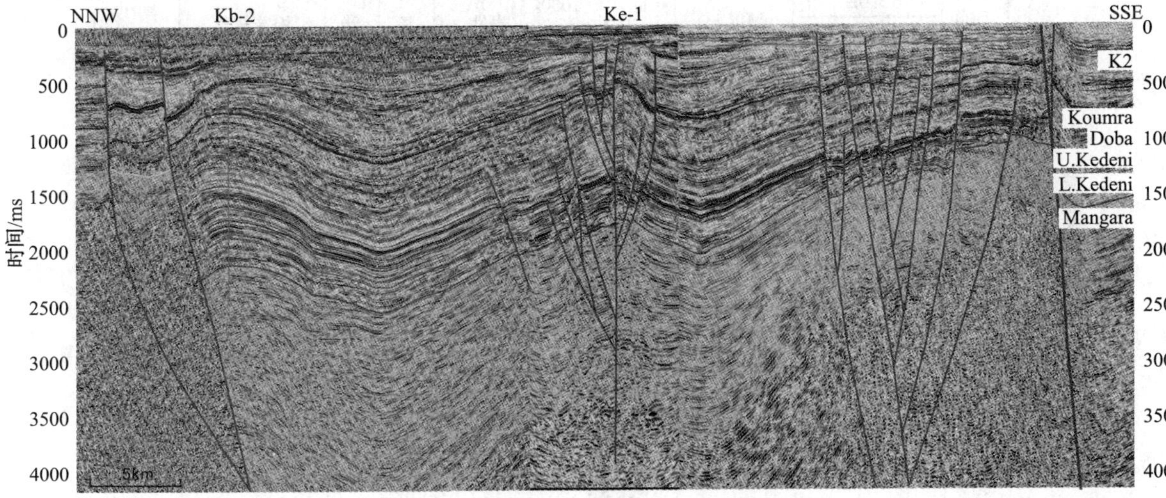

图 2　Doseo 盆地典型构造剖面

2　含油气系统

2.1　地层特征

2.1.1　烃源岩条件

Doseo 盆地内烃源岩条件优越，主要烃源岩为下白垩统的 Kedeni 组和 Mangara 群。早白垩世中晚期，Doseo 盆地主体受近东西向右旋张扭走滑剪切作用，中非走滑断裂右旋右阶弯曲带发育在盆地北部，形成深陡凹陷，在早白垩世早期伸展断陷的基础上继续沉积发育厚层烃源岩，生烃中心厚度可达 7000m。这些烃源岩有机质丰度高，类型好，成熟度适中，为盆地内油气成藏提供了充足的油源。烃源岩的生烃潜力分析表明，Kedeni 组烃源岩为主要生烃层系，有机质类型以Ⅰ型和Ⅱ1 型为主，有机质丰度高，成熟度适中，已进入生烃高峰期，是盆地内最重要的烃源岩之一。

2.1.2　储盖组合

Doseo 盆地下白垩统发育了多套有利的储盖组合，以 Mangara 组上部、Kedeni 组和 Doba 组为主，这些储盖组合的形成与沉积体系展布密切相关。主要储层包括三角洲砂体、辫状河三角洲砂体、扇三角洲砂体等，这些储层物性好，连通性强，具有良好的储集能力。盖层条件良好，主要为暗色泥岩和页岩，分布广泛，厚度大，可形成区域性或局部盖层，为油气保存提供了有利条件。

Doba 组储层以中-高孔、中-高渗为主，物性相对较好；Doba 组泥岩单层有效厚度在盆地中心部位可达 20~30m，可作为局部有效盖层。盆地的主力成藏组合主要发育在 Kedeni 组，该组储层以中孔、中渗为主，储层物性较好；Kedeni 组广泛发育区域性的暗色泥岩，可作为有效盖层。Mangara 组储层以中-低孔、中-低渗为主，物性较差；上覆 Kedeni 组底部暗色泥岩可作为局部有效盖层。

2.1.3　圈闭条件与油气成藏模式

Doseo 盆地经历多期构造活动，构造圈闭是盆地内最主要的圈闭类型，包括背斜圈闭、断背斜圈闭、断块圈闭和断鼻圈闭等。这些圈闭的形成与盆地的走滑构造活动密切相关，为油气聚集提供了良好的场所。

Doseo 盆地内油气运移与聚集受多种因素控制，包括构造活动、沉积体系展布、烃源岩条件等。盆地的走滑反转构造为油气运移提供了良好的通道，而沉积体系展布则控制了油气聚集的空间位置。油气成藏模式主要包括自生自储型、下生上储型和上生下储型等。

自生自储型油气藏主要发育在 Kedeni 组内，烃源岩生成的油气就近运移至邻近的砂体储层中聚集成藏。下生上储型油气藏则主要分布在 Kedeni 组与上覆地层之间，烃源岩生成的油气通过断裂等通道向上运移至上覆地层中的砂体储层中聚集成藏。上生下储型油气藏则发育在 Mangara 组上部，推测上覆 Kedeni 组的厚层泥岩生烃后通过断裂通道运移到紧邻的 Mangara 组，形成上生下储型油气成藏组合(图 3)。

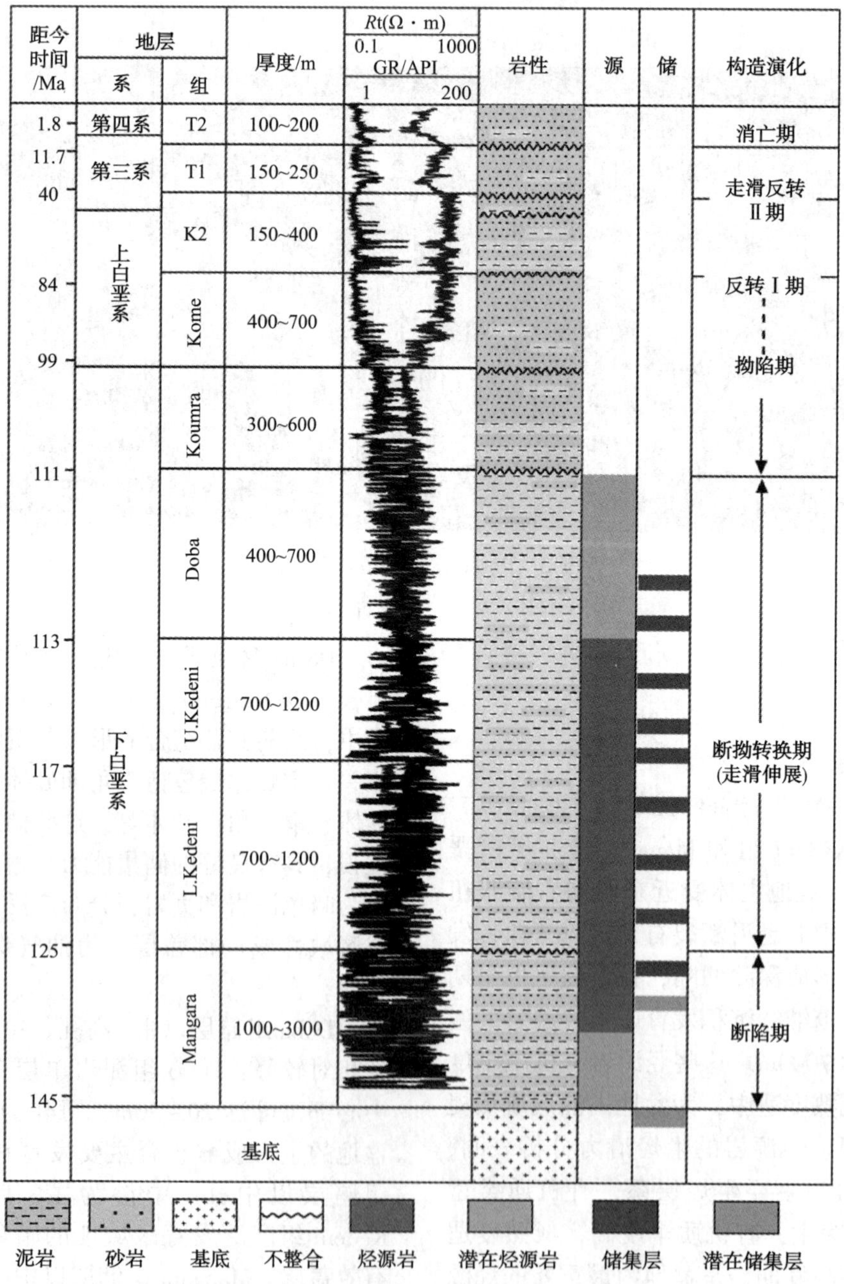

图 3　Doseo 盆地地层柱状图(* 据文献[7]修改)

3　复杂走滑构造带分布与成藏规律

受中非剪切带多期次构造活动的影响，Doseo 盆地内断裂体系广泛发育，且具有明显的分带特点。由北到南可依次分为北部反转走滑构造带、中部叠加走滑构造带、南部伸展走滑构造带(图 4)。

Doseo 盆地北部发育一条近 EW 向主干断裂，由于经历后期的压扭构造应力作用，导致前期的大型高角度正断层上盘岩层褶皱变形，形成多条 NE 向展布的断褶构造，组成现今北部反转走滑构造带(图 4b)。

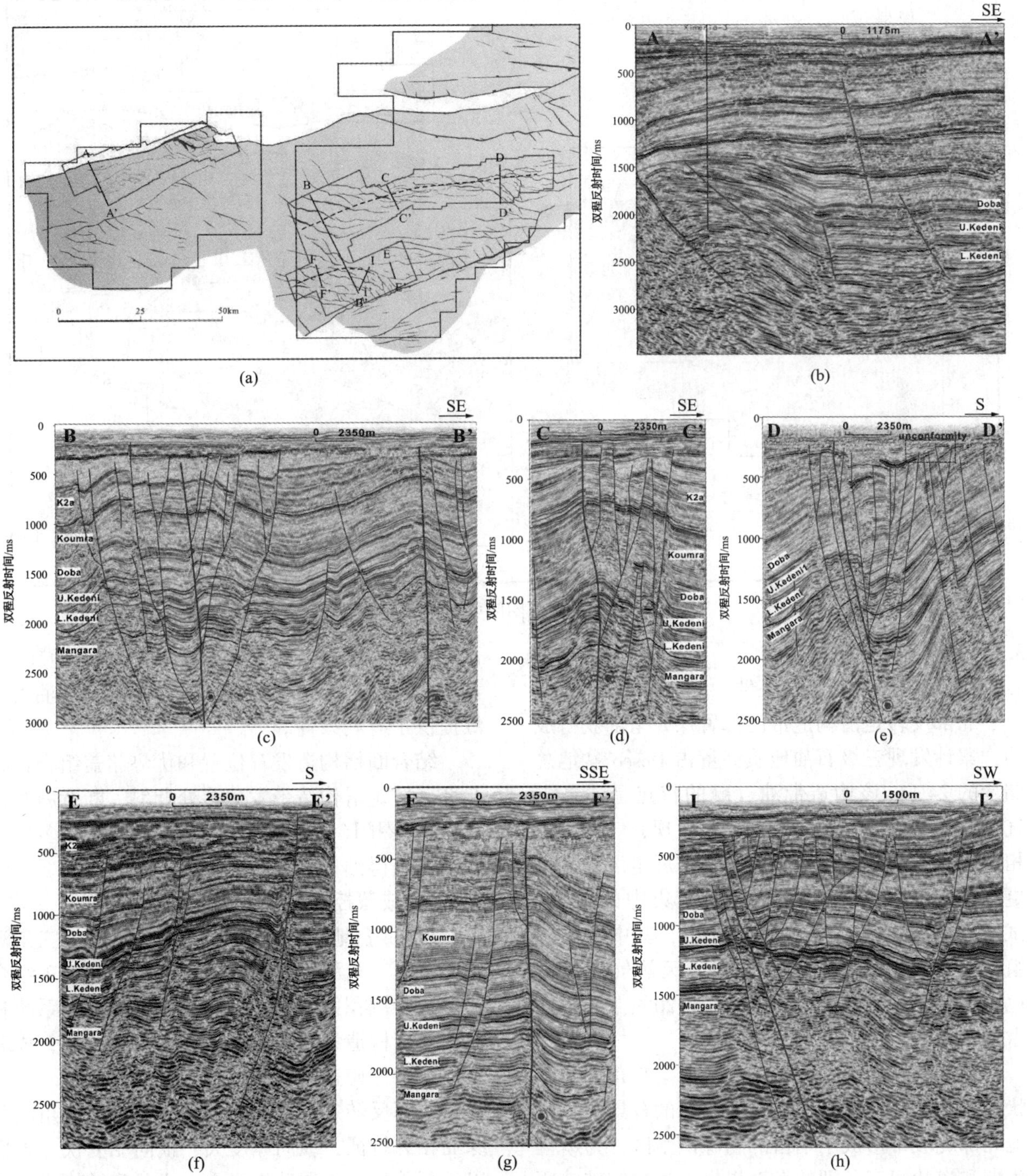

图 4　Doseo 盆地典型构造样式图

(a)平面分带特征；(b)北部反转走滑构造带断褶构造；(c-e)中部叠加走滑构造带花状构造；(f-h)南部伸展构造构造带断块构造

盆地中部早期伸展型的正断层基础上，继承性发育一系列走滑伸展构造，早期以负花状构造为主，叠加晚白垩世和古近纪的反转作用，地层整体上拱呈现“背斜”形态，组成复合花状构造，成为中部叠加走滑构造带；盆地南部在晚期反转作用下地层整体抬升，仍保留早期伸展作用下形成的 Y 型和多米诺型构造，以及走滑作用下的线状走滑断裂，因此为伸展走滑构造带。

三个构造带具有明显的断层分带特征，同时控制了三个构造带的有利圈闭类型：北部反转走滑构造带主要发育背斜圈闭和断背斜圈闭，中部叠加走滑构造带主要发育断鼻圈闭、南部伸展走滑构造带主要发育断块圈闭(图 5)。

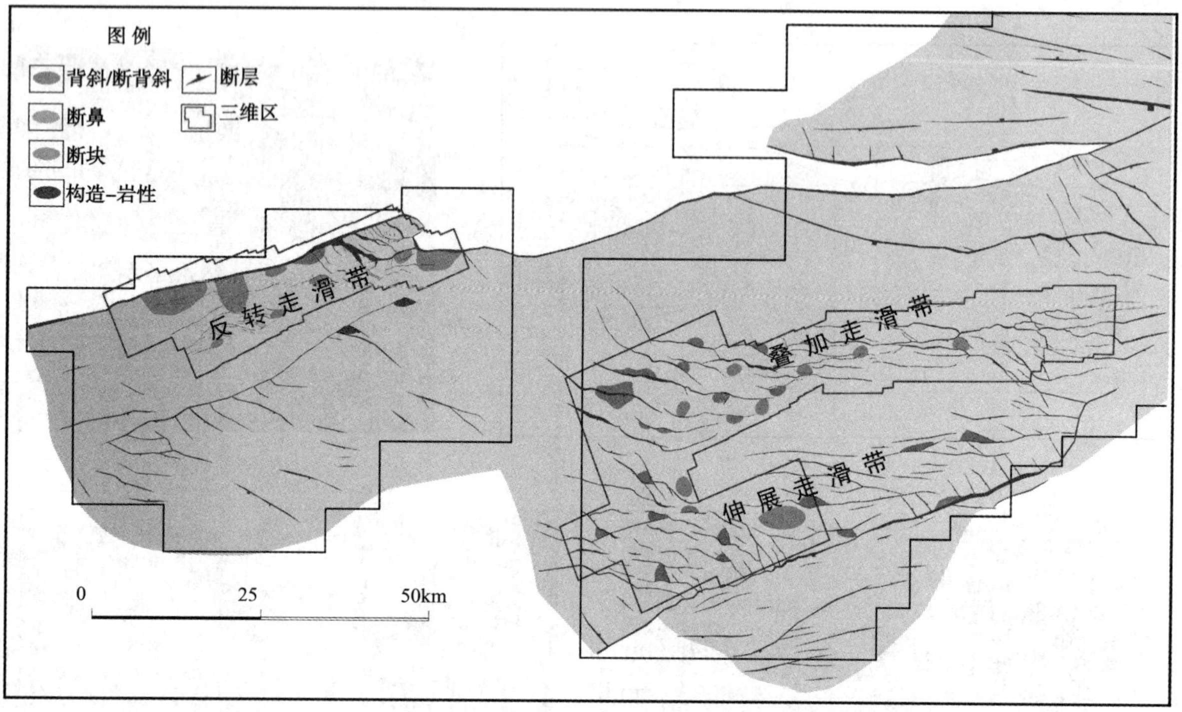

图 5　Doseo 盆地各圈闭类型平面分布特征

3.1　北部反转走滑构造带

3.1.1　油气发现与成藏条件

北部反转走滑构造带已部署探井全部获得成功，累计发现三级石油地质储量占 Doseo 盆地总储量的 24%。该构造带油气藏的特点是油藏与气藏共存，且干气与凝析气均有发现，气藏占比相对中部叠加走滑构造带、南部伸展走滑构造带更高。Kedeni 组是油气发现最为集中的层段，试油后储量基本落实在 Kedeni 组，其中 Kedeni 组上段石油地质储量占比 80%、天然气储量占比 86%，Kedeni 组下段石油占比 20%、天然气占比 14%。

北部反转走滑构造带主要发育扇三角洲和辫状河三角洲沉积体系。在走滑运动的背景下，盆地北部陡坡带形成了丰富的物源供给区，为扇三角洲和辫状河三角洲的发育提供了物质基础。这些沉积体系以粗碎屑岩为主，平均孔隙度 13.7%～15.1%，平均渗透率 $15.9\times10^{-3}\mu m^2$～$27.8\times10^{-3}\mu m^2$，沉积厚度大，砂体发育，有利于形成优质的储集层。北部反转走滑构造带泥岩盖层突破压力大、泥岩展布范围广、泥地比高，盖层封闭能力强。这种优质的储盖组合为油气成藏提供了有利条件。

结合断褶构造发育位置和优势储盖组合，在北部反转走滑构造带发现多处背斜、断背斜和构造-岩性圈闭(图 5)，在该构造带部署的多口预探井均获得油气突破(图 6)。

3.1.2　成藏控制因素分析

Doseo 盆地北部反转走滑构造带以扇三角洲和辫状河三角洲为主要沉积体系，有利储盖组合的发育与沉积体系密切相关，与走滑断裂系统相关的断褶构造为圈闭形成提供了有利条件，成藏主控因素为储盖配置条件。

北部反转走滑构造带西部以发育扇三角洲前缘亚相为特征，纵向厚度大、横向相变快。岩性以长石砂岩、岩屑砂岩为主，成分和结构成熟度均较低，颗粒粒度细—粗粒，长石含量较高，并可见火山岩及泥岩岩屑，颗粒分选磨圆较差，为次棱角—次圆状，显示了和短轴物源和快速沉积的特征。在垂直于物源地震剖面上，扇三角洲前缘表现为宽缓丘形，连续性中等，可见晚期地震同相轴叠覆于早期之上并向东迁移，认为该特征响应于同沉积边界断裂右旋走滑活动的影响。北部反转走滑构造带东部以发育辫状河三角洲为特征。岩性粒度较粗，以砾岩、含砾砂岩与暗色泥岩为主，发育冲刷面、砾石定向排列、楔状交错层理、波状层理粉砂岩、水平层理泥岩、扁平泥砾及变形构造等典型辫状河三角洲沉积特征。该区垂直物源地震反射剖面具有双向上超特征，体现了断层构造对沉积活动的影响。

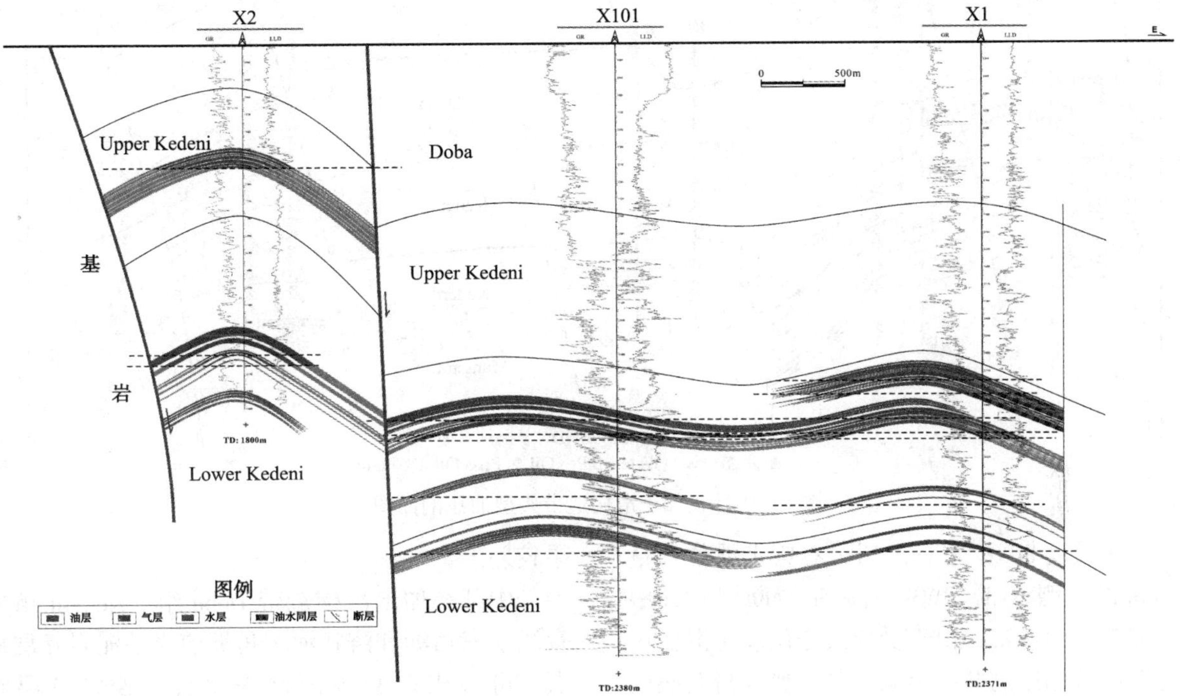

图6　北部反转走滑构造带典型油藏剖面

Mangara组沉积期内，Doseo盆地处于NNW-SSE向拉张应力场内，主要形成了控制盆地发育的两条边界正断层以及盆地中部的一条由多条小规模正断层组成的断裂带，断裂呈NEE向展布。据断层生长指数推测，断裂活动最强的区域位于北部反转走滑构造带东部。总体上看，盆地的沉积中心接近于北部反转走滑构造带一侧。Kedeni组沉积期，Doseo盆地整体处于NE-SW向的拉张与右旋走滑的叠加应力场下，但是断裂总体活动程度较低，北部边界断裂处活动性略强一些，具有一定的走滑伸展特点。受圣通期挤压反转事件和古近纪走滑反转事件影响，北部断层受NNW-SSE向强烈挤压作用，挤压方向与北部边界断层走向近垂直，在断层附近形成背斜，与边界断层组合构成断褶构造。北部反转走滑构造带的背斜和断背斜圈闭的形成与走滑构造活动密切相关，同时也受到了沉积体系等因素的影响。

Doseo盆地北部反转走滑构造带发育扇三角洲和辫状河三角洲沉积体系，砂体相变快、横向对比性不强。结合叠后波阻抗反演、复杂岩性岩石物理分析、相控储层预测等技术，确定砂泥岩岩性序列、厘清砂体叠置关系，寻找优势储层分布并落实多处有利储盖组合。结合边界断层发育条件和走滑断裂系统分布特征，在北部反转走滑构造带边界断层靠近短轴物源区确定多处背斜、断背斜圈闭，在构造带东部通过识别砂体横向相变区确定多处构造-岩性圈闭。通过在该构造带部署风险探井成功发现若干背斜、断背斜和构造-岩性油气藏。

3.2　中部叠加走滑构造带

3.2.1　油气发现与成藏条件

中部叠加走滑构造带富含油气，储量占Doseo盆地总储量的57%，多口井获得高产。纵向上，石油储量主要分布于U. Kedeni组，占53%，其次是L. Kedeni组，占35%。由于构造复杂破碎，砂泥岩地层频繁交互，中部叠加走滑构造带单个油藏的圈闭规模较小、油层厚度薄，每个油藏控制的储量规模有限。油气层具有层数多、跨度大、充满度低的特点，平面上断层发育，切割成多个区块，纵向砂泥岩互层，造成平面纵向油气水分布复杂，区块间不具有统一油水界面，油气水分布复杂，一般具有多套油气水系统(图 7)。

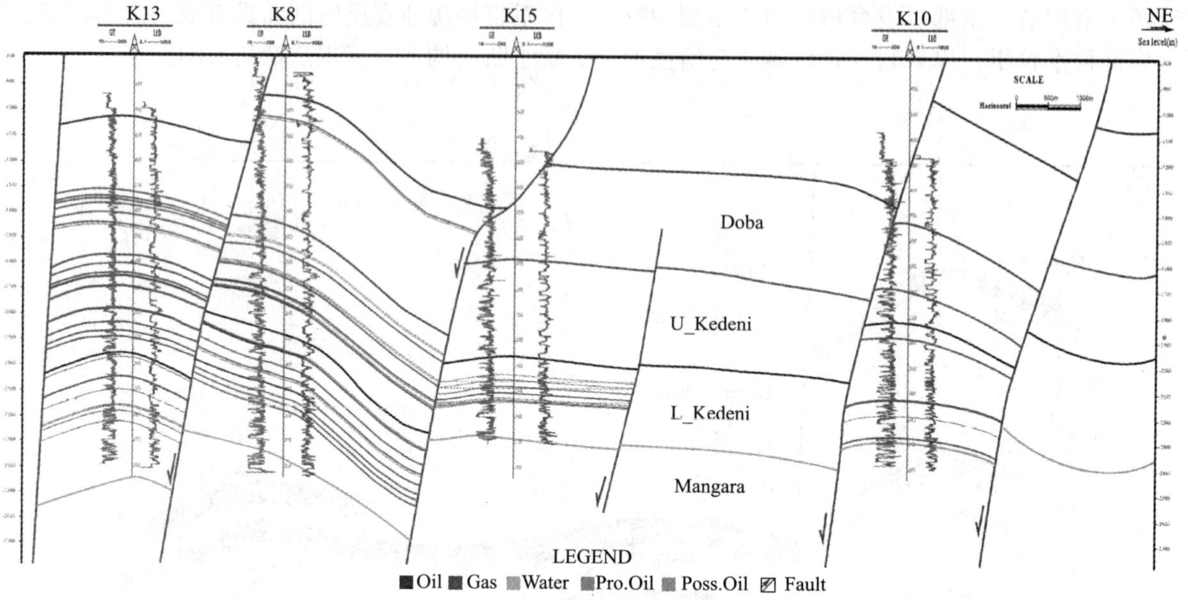

图 7　中部叠加走滑构造带典型油藏剖面图

一条长度 80km 左右，超过右旋走滑位移量 2~4km 的大型 NEE-SWW 右旋走滑断层横穿中部叠加走滑构造带，由于受伸展作用、走滑作用和构造反转作用的共同影响，与经典走滑断裂模式类比，中部叠加走滑构造带在平面上具有明显分段特征。构造带西部为雁列式断层发育带；中部为应力受阻弯曲带，发育辫状构造；东部为应力释放带，发育马尾构造，在平面上组成斜列段-叠覆段-马尾段构造组合。

纵向上，受走滑和反转多期构造运动叠加，中部叠加走滑构造带广泛发育负花状构造、复合花状构造等构造样式，具有“浅层开花、深层收敛”的分层特征。早白垩世 Aptian-Albian 期 NEE-SWW 向拉张作用，形成负花状等张扭构造；晚白垩世 Santonian 期近 N-S 向挤压作用，在“花心”(走滑带核部)形成背斜/断背斜构造；始新世 NW-SE 向挤压作用下，进一步在“花边”(走滑带两翼)形成断鼻构造，呈 NE-SW 向成排成带，为油气成藏提供了良好的圈闭条件。目前构造带油气发现储量以走滑带核部背斜、断背斜占比最高，圈闭充满度高；其次为构造带翼部的断背斜和断鼻，断块圈闭含油气性最差。背斜及断背斜分别占总储量的 45%与 32%，而断鼻圈闭与断块圈闭分别占总储量的 19%与 4%；平面上，构造带中-西段油气较为富集，东段勘探效果较差。

中部叠加走滑构造带 Doba 组、Kedeni 组发育浅水三角洲和辫状河三角洲前缘砂泥岩互层地层，可形成多套源内储盖组合。砂岩储层在 1000~3000m 深度分布，岩性以石英砂岩为主，孔隙度 10%~30%，渗透率 $100\times10^{-3}\mu m^2 \sim 1000\times10^{-3}\mu m^2$,，属中高孔-中高渗储层，孔渗关系复杂。构造带东部区域靠近物源、地层有一定变化且砂地比增高。东部 Kedeni 组储层条件优越，Doba 组和 Kedeni 组盖层条件比西部略差，但 Kedeni Ⅱ和 Mangara 组盖层自西向东明显变差；东段在 Kedeni 下段以下厚层泥岩不发育。构造带盖层泥岩单层厚度主要分布在 20~60m，累计厚度在 100-200m，自靠近坳陷的西部向东部边缘减薄趋势明显。局部泥岩盖层对油气纵向和平面分布有明显控制作用，油藏总体呈现分块、分层、局部富集的特点。平面上，由于构造带东部靠近物源，东部盖层条件弱于西部；纵向上，自 Doba 组到 Kedeni 组下段盖层条件有变好的趋势，已发现断控油藏的油层主要集中在 L. Kedeni 组中部，与 L. Kedeni 组顶部的优质厚层泥岩有关。

3.2.2　成藏主控因素分析

中部叠加走滑构造带埋深 1000~3000m 砂岩储层普遍发育，物性较好，圈闭受走滑和反转控制明显，因断层影响复杂破碎，成藏主控因素为断-盖配置关系。

对已钻断鼻、断块圈闭的油气发现情况与断层的晚期活动情况进行统计分析，结果显示，地震剖面上的 K2 层是否断穿对断块、断鼻圈闭中油气富集程度具有较大影响。古近纪断层活动性较弱的控圈断层，在地震剖面上未断穿 K2 层或断距较小(图 8a、8b)，其对应的断鼻/断块圈闭油层厚度较大，油气富集程度较高；古近纪活动性较强的控圈断层，断穿 K2 层且断距较大(图 8c)，对应圈闭均失利。由此可见，古近纪断层活动是中部叠加走滑构造带成藏的重要影响因素。

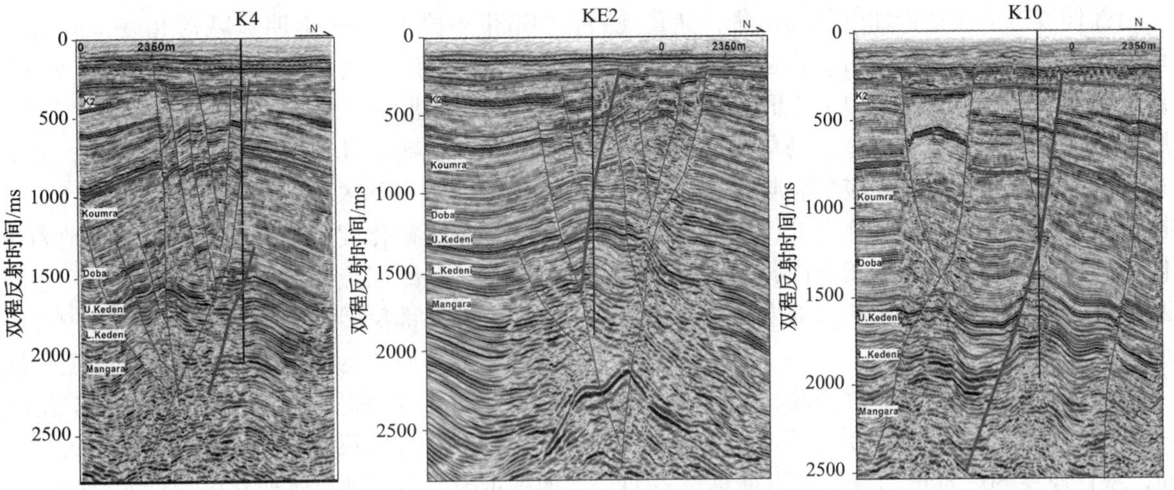

图 8　中部叠加走滑带典型油藏地震剖面图

除晚期断层活动性外，静止期时断层封堵性也是中部叠加走滑构造带成藏的重要影响因素。断层两盘并置对接(岩性配置)和泥岩涂抹为断层主要的封闭机理，前者是由于断层两盘岩性的差异形成封堵性，后者是在断层活动过程中，由于拖曳、挤压、研磨和塑性流动等作用，使得沿断裂分布的非渗透性泥状物附在断层上形成封堵性。断层泥比率(SGR)表示通过各种机理挤入断裂带的泥岩比例，是泥岩涂抹作用的定量评价指标。针对砂泥岩频繁互层的中部叠加走滑构造带地层，断层泥比率 SGR 展现出了较好的表征断层封堵性的效果。图 9 为 K8、K15、K10 井控圈断层的 SGR 分布图，油层均位于图中 SGR 较高的区域，体现出 SGR 较为准确的预测性。平面上，中部叠加走滑构造带西南方向远离物源，泥地比增高，断层泥比率 SGR 变高，封堵性逐渐变好；从 K10 井到 K15 井、K8 井，控圈断层的 SGR 分布图中表示高值的紫色与深蓝色色块逐渐增多，体现出断层泥比率(SGR)向西南方向逐渐增高、断层封堵性逐渐变好的趋势。中部叠加走滑构造带共钻探成功率 86%，失利井主要是由于古近纪断层活动、泥地比低导致断层封堵性不足所致，由此可见，断层的保存条件是构造带成藏的主控因素。

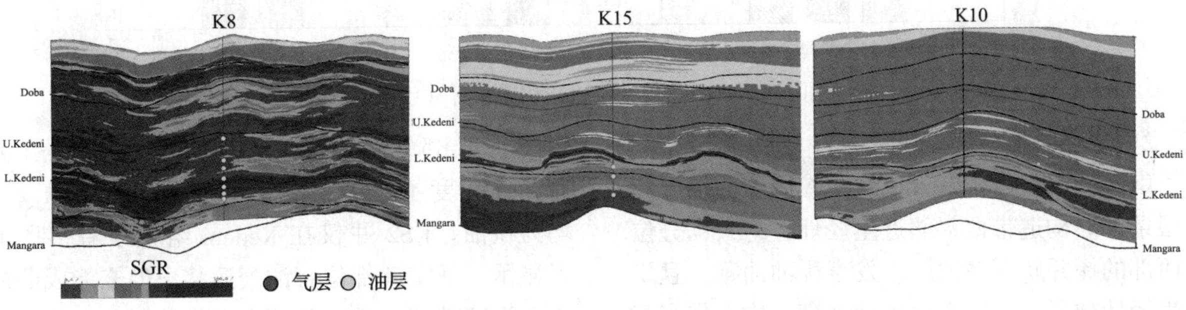

图 9　中部叠加走滑带典型油气藏及 SGR 封堵性图

对于中部叠加走滑构造带整体而言，中央坳陷为主力生烃灶，油气自西向东运移，形成油藏规模越来越小，同时烃源岩生烃能力减弱，Kibea 次凹生烃但有限，导致东部油气显示不活跃。东部圈闭主要为断块和断鼻，由西向东逐渐靠近物源，主要目的层砂体发育，砂地比变高，侧向封堵不利，且盖层东部减薄趋势明显，断-盖配置关系差，不利于油气聚集。因此，中部叠加走滑构造带西部油气富集程度远大于东部。

3.3 南部伸展走滑构造带

3.3.1 油气发现与成藏条件

南部伸展走滑构造带油气较为富集，储量规模仅次于中部叠加走滑构造带。构造上，南部伸展走滑构造带发育一条超过10公里的右旋走滑断层带，平面上发育线状构造、马尾构造等构造样式；剖面上出现"海豚效应"等典型走滑构造特征，以及"Y"型构造、断阶构造、多米诺构造等伸展型断层组合。构造圈闭方面，主要发育反向断鼻、反向翘倾断块圈闭，局部发育挤压背斜圈闭。

南部伸展走滑构造带邻近物源，盖层条件弱于中部叠加走滑构造带。盖层泥岩单层厚度5~20m，累计厚度30~80m，构造带为继承性古斜坡，是油气运聚的有利指向区。录井气测显示本地源岩成熟度较低，油气贡献能力有限，控凹边界断层断距大，断层"通天"，南部凹陷的油气首先沿断层向上，沿断裂带发育的北倾反向块，不在油气优势运移路径上，接受南部凹陷油气有限。因此，南部伸展走滑构造带主要依靠中央凹陷的主力生烃灶供油。构造带邻近东南部物源区，地层砂地比相比中部叠加走滑构造带增高，主要发育辫状河三角洲沉积。地层可对比性强，Doba组和L. Kedeni顶部发育良好的盖层泥岩；构造带东段Kedeni组明显减薄相变，砂地比变高，盖层条件变差。南部伸展走滑构造带Mangara组埋深与北部、中部构造带相比变浅，储层条件优越，孔隙度介于15%~20%，是未来深层勘探的有利区域。

地层水矿化度反映了地层水中混入地表淡水的比例，是断层疏导能力的体现。从整个坳陷范围内看，北部反转走滑构造带、中部叠加走滑构造带、南部伸展走滑构造带地层水矿化度呈现逐渐降低的趋势(图10)。地层含水率与矿化度呈反比，推测与油藏被破坏地表水渗入有关。南部伸展走滑构造带地层水矿化度最低，反映出盆缘断距大的"通天"边界断层对地表水有较强的输导作用。地表水的淋滤、水洗是导致盆缘油藏普遍降解特征的主要原因。

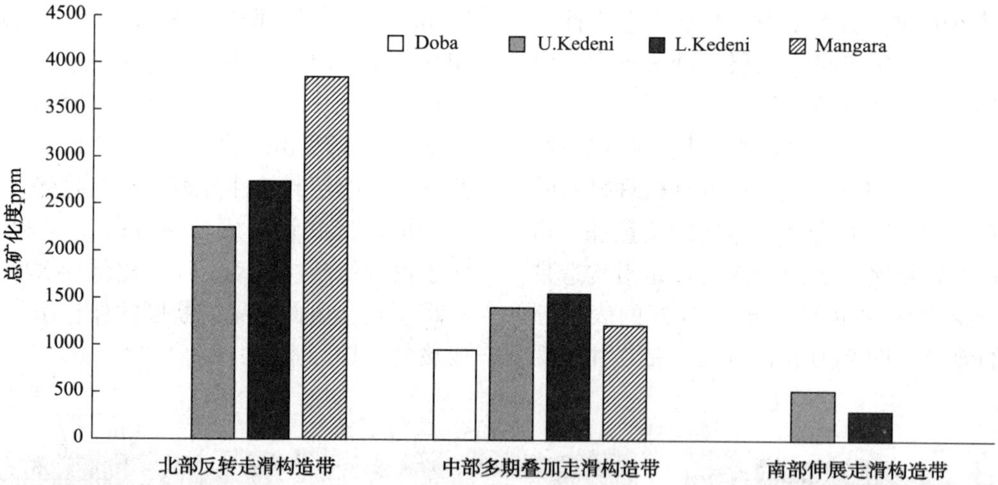

图10 Doseo盆地地层水矿化度统计柱状图

3.3.2 成藏主控因素分析

南部伸展走滑构造带成藏主控因素为油源和盖层条件。构造带西部邻近生烃灶，绝大部分位于西部的探井解释厚油层，发育稀油油藏，且距离生烃灶越近，油气富集程度越高。构造带东部离物源较近，盖层条件变差。由于盆地边缘地层抬升，东部靠近盆缘的油藏埋深较浅，盆缘边界断层导致油藏普遍受到地表水的淋滤、水洗作用，展现出降解的特征，API偏低。其中KS1井原油API度17.89°，KS7井原油API度11.6°，均为稠油。KS2井仅在Kedeni组上段有多段沥青显示，证实此部位有油气运移史但未能成藏或遭受降解破坏，进一步证实南部伸展走滑构造带东部具备油气运聚的有利条件，但受储盖组合变差和南部边界断层的影响，油气富集成藏难度高。

4　勘探突破与启示

在油气勘探领域，受大型走滑断裂控制的盆地往往发育复杂的走滑构造带，具其独特的油气成藏条件，进而形成特殊的油气生成、运移和聚集规律。Doseo 盆地的勘探早期受限于资料缺乏和地质研究不足，对这些复杂的走滑构造带认识不够深入，极大地制约了该区油气勘探的进展。在认识到盆内构造带受到多期走滑改造，构造变形强烈、圈闭较为破碎，有针对性部署高精度地震和探井，分别在三个复杂走滑构造带获得勘探突破，并给予未来勘探带来了重要启示。

（1）北部反转走滑构造带寻找走滑构造转换带的优质储层

北部反转走滑构造带紧邻控制盆地的走滑断层，靠近生烃凹陷，油源条件优越。在区域的强反转作用下，控盆断裂下降盘地层挠曲，形成了规模较大的背斜圈闭，圈闭的高点较为一致，类似“同心”构造。这些圈闭面积可达 2～25 平方公里，地震剖面上构造形态清晰，为油气成藏提供了有利的地质条件。虽然在控盆断裂的平直段，优质储盖组合的相带分布较窄，主要集中在距离控盆走滑断裂 2～3km 的扇三角洲前缘相带。然而，在控盆走滑断裂的转换带，发育辫状河三角洲前缘相带，其砂体延伸较远，在凹陷分布范围更为广泛，即使在距离边界断层 8～10km 的地方，仍能找到优质的厚砂岩储层。因此，对于北部控盆断裂下降盘的反转走滑构造带的勘探，我们应重点关注走滑构造转换带中的优质砂体发育区，配合一定的构造背景，可形成构造-岩性圈闭，具备成藏的良好条件。

（2）中部叠加走滑构造带聚焦西段和翼部断层封堵性强的圈闭

中部叠加走滑构造带的走滑断裂不仅沟通了深部的油源，而且与整体低凸起的构造背景相结合，为凹陷中心深部生成的规模油气运聚提供了有利的条件。辫状河和浅水三角洲砂体在这里广泛分布，为油气的储存提供了良好的场所，使得中部走滑构造带成为盆内已证实油气最富集的区带。该区背斜圈闭均已证实发育厚油层油藏，剩余圈闭主要为断层控制的断鼻、断块圈闭等断层圈闭，圈闭有效性受到多种因素的影响，勘探效果差异较大。研究证实断层的封闭性和活动性是圈闭有效性的重要因素，因此在构造带的西段，靠近盆地沉积中心，地层泥地比较高，断层的泥岩涂抹能力更好，断层圈闭有效性更强；同时，在花状构造的翼部，也是“花边”构造位置，白垩纪晚期以来断层活动弱，断层圈闭形成后的保存条件更好。因此，中部叠加走滑构造带未来要更加关注这些具有良好保存条件的断层圈闭。

（3）南部伸展走滑构造带探索盆缘近洼区次级台阶的圈闭

南部伸展走滑构造带相对远离盆地北部的中非走滑断裂带，沉积地层厚度相对较薄且深部为刚性结晶基底，因此这一区域的走滑控制作用相对较弱。该区仍以“Y”型和“多米诺”型等伸展构造样式为主。虽然在早期断层下降盘反转形成的背斜圈闭中获得良好发现，但是在断块和断鼻圈闭中发现油气规模普遍较小且油质较稠。该区靠近盆缘，以粗粒相带为主，优质盖层较薄，加之区域反转事件造成的地层抬升剥蚀严重，圈闭保存风险较大，整体上油气不如中部走滑构造带富集。然而，南部缓坡带中仍有一些值得关注的潜力地区，在西部靠近盆地沉积中心的地区和近洼陷的次级台阶带，保存条件相对较好，可以成为未来扩大勘探成果的主力区。

5　结论

（1）Doseo 盆地北部反转走滑构造带发育背斜和构造-岩性为主油气藏，成藏主控因素为储盖配置条件；中部叠加走滑构造带发育断背斜和断鼻为主油气藏，成藏主控因素为断层和盖层的配置关系；南部伸展走滑构造带发育断鼻和断块为主油藏，成藏主控因素为油源和盖层条件。

（2）Doseo 盆地复杂构造带的成藏认识指导下，北部反转走滑构造带寻找走滑构造转换带的优质储层；中部叠加走滑构造带聚焦西段和翼部断层封堵性强的圈闭；南部伸展走滑构造带探索盆缘近洼区次级台阶的圈闭，从而进一步扩大该区油气发现规模。

参　考　文　献

[1] Genik，G.，*Petroleum geology of Cretaceous-Tertiary rift basins in Niger，Chad，and Central African Republic*. AAPG Bulletin，1993. 77(8)：p. 1405-1434.

[2] Genik，G. J.，*Regional framework，structural and petroleum aspects of rift basins in Niger，Chad and the Central African Republic（CAR）*. Tectonophysics，

1992. 213(1-2): p. 169-185.

[3] Ivanhoe, L. F., *Oil discovery indexes of Africa, Far East*: 1945 - 81. Oil & gas journal, 1984. 82(11): p. 115-116

[4] Zhang, G., C. Yu, Z. Chen, et al. *Tectonic evolution and hydrocarbon distribution in African basins*. Earth Science Frontiers, 2018. 25(2): p. 1-14.

[5] 张光亚，余朝华，黄彤飞，等．非洲地区裂谷盆地类型及油气成藏特征．中国石油勘探，2020. 25(04): p. 43-51.

[6] 张光亚，黄彤飞，刘计国，等．中西非叠合裂谷盆地形成与演化．岩石学报，2022. 38(09): p. 2539-2553.

[7] 窦立荣，肖坤叶，杜业波，等．乍得 *Doseo* 走滑反转盆地油气成藏特征和勘探发现．石油勘探与开发，2022. 49(02): p. 215-223.

[8] Dou, L., X. Zhang, K. Xiao, et al. *Early Cretaceous (Aptian to Albian) vegetation and climate change in Central Africa: Novel palynological evidence from the Doseo Basin*. Geological Journal, 2024.

[9] Guiraud, R. and W. Bosworth, *Senonian basin inversion and rejuvenation of rifting in Africa and Arabia: synthesis and implications to plate-scale tectonics*. Tectonophysics, 1997. 282(1-4): p. 39-82.

[10] Guiraud, R., W. Bosworth, J. Thierry, A. Delplanque, *Phanerozoic geological evolution of Northern and Central Africa: an overview*. Journal of African Earth Sciences, 2005. 43(1-3): p. 83-143.

[11] Warren, M. J. *Tectonic inversion and petroleum system implications in the rifts of Central Africa*. in *Frontiers and Innovation, CSPG CSEG CWLS Convention*. 2009.

[12] Eyike, A., S. C. Werner, J. Ebbing, E. M. Dicoum, *On the use of global potential field models for regional interpretation of the West and Central African Rift System*. Tectonophysics, 2010. 492(1-4): p. 25-39.

[13] 何文渊，王利，汪望泉，等．中非走滑裂谷盆地群石油地质特征与勘探方向．中国石油勘探，2023. 28(03): p. 90-99.

[14] 黄迟君，胡望水，李希元，等．中非 *Doseo* 盆地构造特征及成因演化机制．东北石油大学学报，2021. 45(04): p. 35-45+7.

[15] 周小蓉，陈石，张新顺，等．南乍得盆地 *Doseo* 坳陷背形负花状构造成因分析．现代地质，2023. 37(05): p. 1146-1154.

[16] 陈宏逵，朱筱敏，肖坤叶，等．乍得 *Doseo* 盆地东部坳陷下白垩统 *Kedeni* 组层序地层格架与沉积体系分布．古地理学报，2024: p. 1-20.

[17] 刘为付．乍得 *Doseo* 盆地白垩系层序地层与沉积体系．中南大学学报(自然科学版)，2016. 47(06): p. 1981-1989.

[18] Fairhead, J. D., C. M. Green, S. M. Masterton, R. Guiraud, *The role that plate tectonics, inferred stress changes and stratigraphic unconformities have on the evolution of the West and Central African Rift System and the Atlantic continental margins*. Tectonophysics, 2013. 594(3): p. 118-127.

[19] W, P. S., *Chapter 9 Mesozoic-Cenozoic Basins in Africa*. Lecture Notes in Earth Sciences, 1991. 40: p. 532-621.

[20] Reynolds, D. J. and C. R. Jones, *Tectonic evolution of the Doba and Doseo Basins, Chad: controls on trap formation and depositional setting of the Three Fields area, Chad*. American Association of Petroleum Geologists Bulletin, 2004. 88: p. 15-16.

[21] Binks R M, F. J. D., *A plate tectonic setting for Mesozoic rifts of West and Central Africa*. Tectonophysics, 1992. 213(1-2): p. 0-151.

[22] Guiraud, R. and J. -C. Maurin, *Early Cretaceous rifts of Western and Central Africa: an overview*. Tectonophysics, 1992. 213(1-2): p. 153-168.

[23] Fairhead, J. D., *The Mesozoic West and Central African Rift System: Qualitative Evaluation*. AAPG International Conference and Exhibition, Cape Town, South Africa, October 26-29, 2008: p. Search and Discovery Article #30077.

[24] Fairhead, J. D., *Regional tectonics and basin formation: the role of potential field studies-an application to the Mesozoic West and Central African Rift System*, in *Regional geology and tectonics*. 2020, Elsevier. p. 541-556.

[25] El Hassan, W. M., A. G. Farwa, M. Z. Awad, *Inversion tectonics in Central Africa Rift System: Evidence from the Heglig Field*. Marine and Petroleum Geology, 2017. 80: p. 293-306.

[26] Zhang, X., K. Xiao, J. Wang, L. Wang, Y. Wang, *Organic geochemical characteristics of Lower Cretaceous source rocks and crude oils in Doseo Depression of Central African rift system*. Journal of African Earth Sciences, 2021. 175: p. 104118.

[27] Zhang, X., L. Dou, Z. Nie, et al. *Role of two-stage strike slip faulting in the tectonic evolution of the Doseo depression in the central Africa rift system*. Frontiers in Earth Science, 2023. 11: p. 1087217.

[28] Zhang, X. S., H. J. Wang, F. Ma, et al. *Classification and characteristics of tight oil plays*. 石油科学：英文版，2016(1): p. 16.

[29] 程顶胜，窦立荣，王景春，等．乍得 *Doseo* 盆地烃源岩评价与油源分析．地质学报，2021. 95(11)：p. 3413-3425.

[30] 陈全红，赵红岩，李全，等．乍得 *Doseo* 盆地白垩纪沉积充填演化及对油气成藏的控制作用．沉积学报，2023. 41(03)：p. 919-931.

[31] 程顶胜，窦立荣，张光亚，等．中西非裂谷盆地白垩系两类优质烃源岩发育模式．地质学报，2020. 94(11)：p. 3449-3460.

[32] 石梦阳，王兵，魏涛，等．乍得东南部 *Doseo* 盆地下白垩统泥质岩盖层有效性及其展布特征．地球物理学进展，2022. 37(06)：p. 2439-2448.

宽频地震技术在深水浊积岩油气勘探中的应用

苑书金　李发有　陆文明　孙建芳　徐　睿

（中国石化石油勘探开发研究院）

摘　要　海上三维地震技术是深水油气勘探开发成功的关键技术。与常规海上拖揽三维地震缺少低频成分相比，海上宽频三维地震包含了丰富的低、高频信息，能够有效地提高深水深层浊积砂的成像精度。本文以深水浊积砂岩的DX油田为例，通过常规拖揽地震采集与斜揽宽频地震采集参数及地震数据成像分辨率的分析研究，表明海上斜揽宽频地震成像较以前常规海上三维地震成像的中深层目标分辨率提高了一倍，宽频地震成像提高了浊积砂岩的地震识别精度，能够精细描述油藏浊积砂的内部特征。基于频宽地震数据的油藏描述成果提高了油藏储量评估的精确度，能够降低油气钻探开发的风险。

关键词　宽频地震技术；深水深层油藏；浊积砂岩；油气勘探

The Application of Offshore Broadband Seismic in the Exploration of Deepwater turbidite Reservoir

Yuan Shujin　Li Fayou　Lu Wenming　Sun Jianfang　Xu Rui

（Petroleum Exploration and Production Research Institute，SINOPEC）

Abstract　Offshore 3D seismic technology is the key technology for the successful exploration and development of deepwater oil and gas. Compared with conventional offshore towed 3D seismic，which lacks low frequency components，offshore broadband 3D seismic contains abundant low and high frequency information，which can effectively improve the imaging accuracy of deep water turbidite sand. Taking the DX oilfield of deep water turbidite sandstone as an example，this paper analyzes the parameters and imaging resolution of the seismic data through conventional towing seismic acquisition and oblique broadband seismic acquisition，and shows that the resolution of the middle and deep targets of offshore oblique broadband seismic imaging is doubled compared with that of conventional offshore 3D seismic imaging，and broadband seismic imaging improves the seismic identification accuracy of turbidite sandstone. It can describe the internal characteristics of reservoir turbidite sand. Reservoir characterization based on broadband seismic data improves the accuracy of reservoir assessment and reduces the risk of oil and gas drilling and development.

Key words　broadband seismic；deep-water reservoirs；turbidite sandstone；oil-gas exploration

深水油气勘探开发是近20年全球油气勘探开发的热点，世界各大石油公司纷纷进入深水域，不断加强勘探开发投资力度，是目前油气增储上产的重点领域。近十几年来中石油、中石化、中海油三大石油公司也分别以不同比例参股西非深水、巴西深水许多区块油田开发，中国的南海油气勘探开发也属于深水域。海上三维地震技术是深水油气勘探开发成功的关键技术。与常规海上拖揽三维地震缺少低频成分相比，海上宽频三维地震包含了丰富的低、高频信息，能够有效地提高深水深层浊积砂的成像精度，能够获得薄砂体及微型沉积圈闭的高分辨率成像，是降低深水油气勘探开发风险的有效技术。。

海上地震宽频技术是近二十年业界研究的热点，国外大型地震勘探专业公司相关研究起步较早，形成了多种有效的海上宽频地震技术，取得良好的应用效果。典型的海上宽频地震技术主要有倾斜电缆采集的宽频地震技术、上下双缆采集的宽频地震技术、双检电缆采集的宽频地震技术及同步多级震源采集的宽频地震技术四种。第一种方法是倾斜电缆采集的宽频地震技术，最早由Ray在1982年提出，但由于当时倾斜电缆采集数据处理缺乏配套方法，一直到2010年Soubaras提出了镜像偏移和联合反褶积相结合的处理方法，倾斜电缆采集的宽频地震技术才得到推广应用。第二种宽频地震技术是上下双缆采集技术，最早由Sonneland于1986年提出，随着固体拖缆技术成熟，近几年该技术得到完善和推广应用。第三种是双检电缆采集宽频技术，最早在上个世纪80年代末由Barr等人提出，2007年Carlson等通过实验研究提出用万向架固定的垂直检波器代替运动传感器测量垂直分量速度，这种改变的优点是能测量所有偏移距上、下行波压力场。第四种是同步多级震源采集的宽频地震技术，前三种海上宽频地震技术均为在信号接收端来消除鬼波不同，该宽频地震技术为了消除震源产生的鬼波，采取了同步多级震源采集，通过不同震源因所在深度不同导致的陷波点不同，实现对鬼波的压制。国内海上宽频地震技术研究也取得了很好的研究成果，中海油在珠江口盆地及琼东南盆地深水成功实施了斜揽宽频地震和上下双缆采集的宽频地震，提高了深水深层特殊岩体成像的精度，降低了海上油气勘探开发的风险。

本文针对西非深水DX油藏渐新统浊积砂岩常规拖揽地震成像精度较低问题，实施斜揽宽频地震技术的方案。海上宽频地震技术将深水渐新统浊积砂岩成像的精度提高了一倍，能够精细描述油藏浊积砂的内部特征，提高油藏评估的有效性，降低深水深层油气勘探开发的风险。

1 海上斜揽宽频地震技术

倾斜电缆采集技术是通过先进的拖缆操控技术将采集电缆倾斜布置(图1右上)，检波器的深度(6~50m)随着偏移距的增大而变深，这样倾斜电缆采集地震信号随着拖缆深度的增加，拖拽噪声、膨胀波干扰和波浪噪声也会得到很大程度上的弱化，这样噪声对地震信号的影响更小，相应地采集的地震信号的信噪比也会有明显的提高。海上拖缆采集数据存在受海水面的虚反射(鬼波)引起的陷波特性，由于斜揽沉放深度特点以及斜揽采集数据的虚反射(鬼波)滤波算子具有明显的陷波频率多样性分布的特征．将斜缆采集的虚反射(鬼波)滤波算子的平均叠加，可得到斜揽宽频成像地震数据。

对于单个沉放深度为z的拖揽检波器虚反射(鬼波)滤波算子为G

$$G(f,\ z)=1-e^{-2j\pi 2zf/c} \tag{1}$$

其虚反射(鬼波)对应的振幅谱为

$$|G(f,\ z)|=2\sin\left(\frac{2\pi fz}{c}\right) \tag{2}$$

其中c是地震波在海水的传播速度。因此，斜揽检波器的虚反射(鬼波)滤波算子为：

$$G(f)=\frac{1}{N}\cdot\sum_{i=1}^{N}(1-e^{-2j\pi 2z_i f/c}) \tag{3}$$

其中，z_i是斜揽上第i个检波器的沉深，$i=1,\ \cdots,\ N$。

那么，斜揽的低频极限为：

$$G(f)=j\frac{4\pi f}{c}\frac{1}{N}\sum_{i=1}^{N}z_i=\alpha\langle z_i\rangle f \tag{4}$$

其中，$\langle z_i\rangle$是斜揽上检波器沉深的平均值，α是常数系数。

根据上述公式可得知倾斜采集陷波的频率随着检波器深度的变化而变化(图1右下)，而常规采集中鬼波可认为是包含于同一个地震子波中，因此常规的去鬼波处理方法并不适合倾斜电缆采集得到的地震数据。

Soubaras(2010年)提出先将采集地震数据进行一次常规偏移和一次镜像偏移处理(图1)，常规偏移是为了突出有效反射波信号，因此常规偏移是对一次反射信号的叠加成像，与此同时，没有得到很好叠加的虚反射以一种因果剩余子波出现，而镜像偏移是为了突出虚反射，这样虚反射通过极性反转得到了很好的叠加成像，与此同时没有得到很好叠加的一次反射通过非因果剩余子波方式出现。然后，将常规偏移成像数据和镜像偏移成像数据同时进行联合反褶积，这样得到的成像数据既包含地震的低频成分，又包含了地震的高频成分，同时也增加地震有效频带的宽度，因此能极大地提高地震记录分辨率，满足深层及特殊地质体地震高分辨率勘探的需求。

2 在深水浊积砂油气勘探中的应用

2.1 油藏概况

DX油田位于大西洋西海岸，西非海上深水区，距离海岸150km，水深1100m左右，平均油藏顶面深度在海平面以下3700~3950m，如图

2 所示 DX 油田的地理位置图。由于受盐拱和盐底辟共同作用，油藏东部为盐遮挡的鼻状构造，西部构造平缓，油藏为构造岩性油藏。地层沉积体系为深水环境下的浊流相沉积，储层为非常复杂的弱限制型多套叠置浊积水道砂体，均为弱胶结的浊积砂岩。DX 油田为深水浊积水道砂岩在盐拱张作用下形成的构造岩性油气藏，按照东西区之间的鞍部划分东西两部分，Rup3 东部为盐遮挡的鼻状构造，探井 N1 位于油藏东部的高点部位；西部为构造-岩性油藏，Rup2 东西两部分均为岩性油气藏，评价井 N2 井位于西部次高点部位。总体呈现北部高，南部低的特征(图 3)。储层孔隙度在 12% ~ 23% 之间，平均渗透率 310mD。

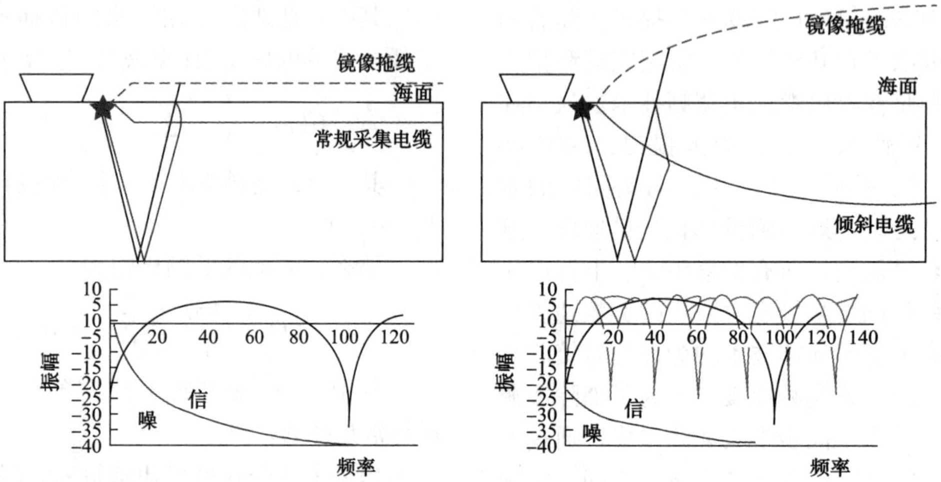

图 1　常规拖揽采集(左)与倾斜拖揽采集(右)示意图及其频谱特征

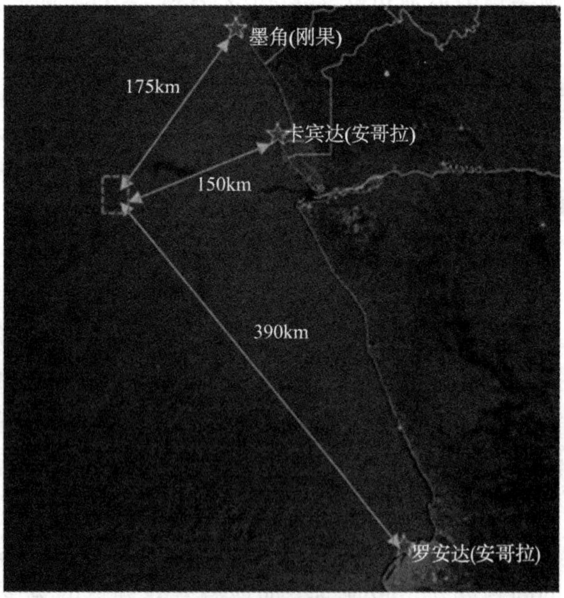

图 2　DX 油田的位置图

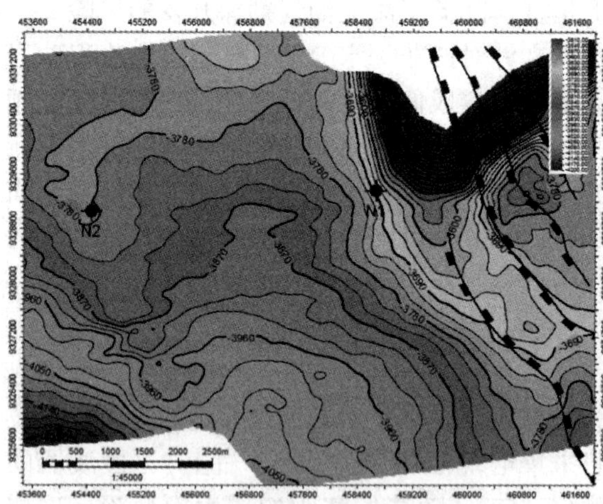

图 3　DX 油田顶面构造图

沉积特征：该区域主要以第三纪的浊流水道沉积以为主。在发育过程中，浊流沉积起源于切入大陆架的峡谷，物源来自河流三角洲，浊流水道向下游逐渐变宽，直到在坡脚处转变为“分流水道复合体”(图 3)。理想情况下，渐新统至晚中新统的进积作用，导致该区域形成垂向叠置的“分流水道复合体”(渐新统)，具有决口的弱受限水道(Chattian 和下中新统)，受限水道复合体(下中新统和中中新统)，最后是狭窄、深且几乎笔直的峡谷沉积(上中新统)。

在 DX 油田主要目的层 Rup2、Rup3 属于弱受限水道，受边界大断层与盐体遮挡的影响，靠近断层的盐下区域水道边界具有不确定性。Rup3 砂体在北部发育，Rup2 砂体向南迁移，部分叠置在 Rup3 砂体上；Rup1 砂体可能属于非储层段，继续向南迁移，垂向剥蚀 Rup2 砂体，而侧向对 Rup2 砂体起封堵作用。平面上 Rup2 与 Rup3 为近东西向的水道沉积，物源来自东部。纵向上 Rup2 砂层组内部复合水道可分为 3 期沉积，侧向叠置明显，Rup3 砂层组内部的复合水道体同样为 3 期沉积，主要以垂向加积为主；平面上水道为东西走向，侧向迁移明显(图 4)。

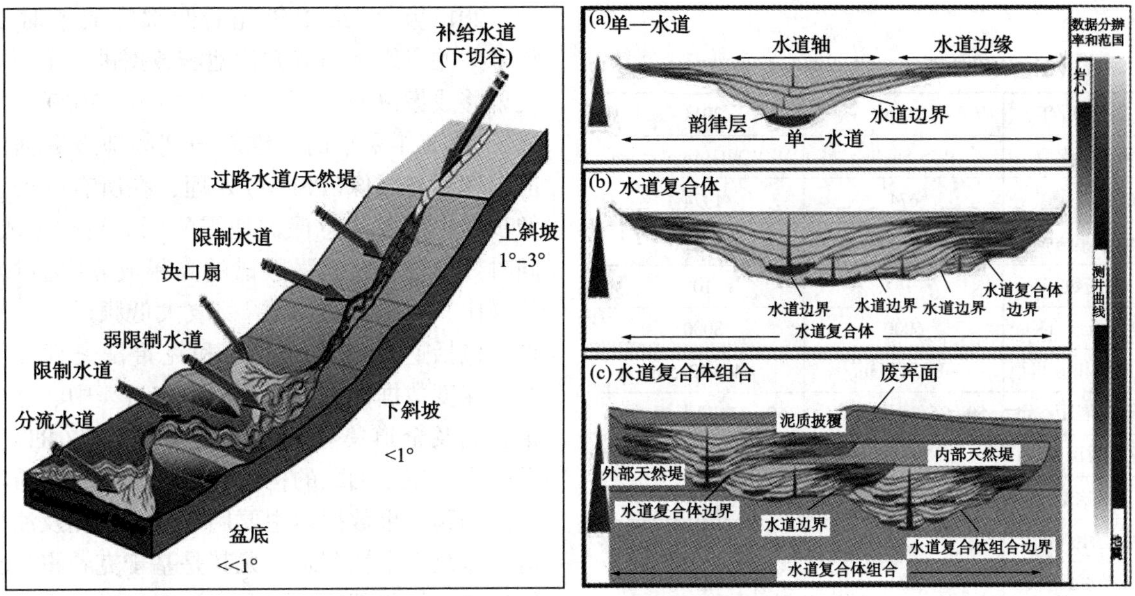

图 4　西非深水浊积水道的沉积模式

DX 油田在东部高点的第一口探井 N1 在深层渐新统 RUP3 组钻遇储层物性较好的 72m 厚油层；整个构造圈闭 OOIP 评估为 4.3×10^{8} 桶(P50)。后续西部次高点评价井 N2 在深层渐新统 Rup2 组钻遇储层物性较好的 23.8m 厚油层，Rup3 钻遇 18.9m 厚油层，评价井 N2 钻后评价整个油田圈闭的 OOIP 地质储量为 6.5×10^{8} 桶(P50)；这两口井的钻探奠定了 DX 油田的巨大勘探开发潜力。

为开发已发现 DX 油田的 Rup3 砂体组的储量，实现渐新统储层的真实产能，公司按照边勘探边开发的策略，编制了油田第一阶段的两采两注油田早期开发方案(EP)。早期开发方案 EP1 实施后开发效果好，后续的评价井 N2 落实后，为充分挖掘宽频地震构造储层信息丰富的优势，开展了基于宽频地震成像的全油田开发方案优化研究，取得了很好的效果，研究成果展现了三维宽频地震油藏描述精细的优势，提高了油藏储量评估的可靠性，奠定了优化油田开发方案的基础。

2.2　地震勘探历程

三维地震技术是降低海上油田勘探开发风险的关键技术。依据目标区块各个阶段勘探开发的需求差异，于 1996 年、1997 年、1999 年和 2001 年先后进行了四次海上三维地震采集。由于受当时海上三维地震采集技术的限制，普遍存在不适当的采集观测系统导致地震照明不足和采集脚印；同时，盐下屏蔽导致地震波传播路径复杂、最大偏移距偏小、CMP 点偏移距缺失，速度分析精度不够，难以有效解决盐发育区陡倾角的构造精确成像问题。此外，由于当时地震速度建模技术精度及去多次波技术限制，目标区的地震资料信噪比偏低，盐发育区中深层成像精度不高，不能满足中深地层浊积砂岩的地震识别需求。2011 年作业公司部署了三维平揽宽角地震采集，主要是通过增加地震照明量、增加拖缆长度及最大炮检距，提高盐下及盐体周边的陡倾角的构造成像精度，同时作业公司在 2021 年对 DX 油田目标区的 2011 采集的宽方位地震数据进行了重新处理；2018 年作业公司为了监测油藏区域的中新统油田开发动态部署了三维斜揽宽频地震采集，其处理成像质量得到明显的提高，为该目标区深层渐新统浊积砂体目标的勘探开发奠定了良好的基础。

2.3 海上深水斜揽宽频地震数据采集

斜揽宽频地震采集：为满足深水油田中深层目标勘探开发的需求，该油田最近的两次三维地震采集分别为 2011 年的三维平揽宽方位地震数据采集和 2018 年的三维斜揽宽频宽方位地震数据采集，两次三维地震采集参数对比如下表 1 所示。

表 1　DX 油田的两次三维地震采集参数对比

采集日期/年	2018	2011
采集船名	PGS Sterling	M/V WG AmuDXsen
面积/km^2	674	1974
线的采集方向	80°~260°	80°~260°
电缆数	14	10
电缆长度/m	6000	8000
记录道数和道间距	480X12. 5m	640X12. 5m
电缆扩展距/m	50~75(扇形模式)	50~75(扇形模式)
电缆沉放深度/m	20~25	8
覆盖次数	60	80
炮间距/m	25	25
震源扩展距/m	25	25
震源深度/m	7	7
震源容量/in^3	4130in^3	5085in^3
记录长度/s	9	9
采样间隔/ms	2	2
高截滤波/坡度	214Hz@ 341dB/octave	200Hz@ 477dB/octave
低截滤波/坡度	3. 04@ 7. 5dBD/octave	3Hz@ 18dB/octave
采集面元	6. 25×12. 5m	6. 25×12. 5m

对比表 1 的采集关键参数知，2018 年的宽频三维地震采集主要参数电缆长度与前期三维地震采集的 8000m 减少到 6000m，而电缆数目为 14 条，比 2011 年采集的电缆数多了 4 条电缆，这样采集的地震数据方位更宽；2018 年的宽频三维地震采用 20~25m 斜缆沉放模式，去除了常规海上采集受鬼波的影响，通过随检波器深度变化而变化的地震子波处理技术，彻底消除鬼波，从而保护、增加了地震资料的高低频能量、拓宽了地震资料的频带，确保能够提高中、深层地震资料有效频带宽度，改善成像分辨率及信噪比。高截滤波参数表明，斜揽宽频三维地震采集在原始数据采集时就比 2011 年三维平揽采集的原始地震宽 14Hz；总之三维斜揽宽频地震采集的优势明显，提高了盐发育区中深层多期叠置水道地震成像的分辨率。

2.4 斜揽宽频地震地震成像与浊积砂体地震识别

叠前深度偏移成像(PSDM)是深水油气勘探发现和评价阶段的关键核心，是深水中深层发育地层圈闭的多期叠置浊积水道储层结构描述和砂体预测基础。

2012 年和 2021 年先后两次完成了对 2011 年采集的三维平揽宽方位地震数据进行了叠前深度偏移成像(PSDM)处理，2019 年-2020 年间完成了 2018 年采集的三维斜揽宽频地震数据的叠前深度偏移成像(PSDM)处理，在所有的处理成像步骤中都要注意保护地震的低、高频率成分，同时处理不仅要增强频谱的高频成分(通过增加信噪比)，还要通过反褶积放大低频成分，其成果都包括逆时偏移(RTM)和克希霍夫真振偏移两套深度数据体，两套数据均有近、中、远偏移距叠加及全道集叠加数据。逆时偏移(RTM)数据体主要用于油藏的构造、断层解释，克希霍夫真振偏移成果数据体主要用于储层预测及浊积水道砂体范围定性刻画，尤其是基于克希霍夫真振偏移的远偏移部分(入射角大于 24 度)叠前数据体对浊积水道砂体含油气特征反映比较敏感，可直接用识别含油气浊积砂岩特征、预测含油气浊积砂岩的分布范围。图 5 是过井 N1 与 N2 的连井常规地震成像与宽频地震成像效果对比图，2018 年宽频采集的地震数据 PSDM 成像无论目标区的分辨率，还是断层成像的精度都比 2011 年采集的地震数据 PSDM 成像效果好。图 6 是图 4 目标区的常规地震成果与宽频地震成果的频谱对比，目标区的常规地震的主频大约 25Hz，而宽频地震成像目标区的主频大约 50Hz，2018 年宽频采集的地震数据的 PSDM 成像比 2011 年常规三维采集的成像地震主频及有效频宽都大约提高了一倍，大约能识别 8 米左右的砂体，为地震砂体预测奠定基础。图 7 是常规三维地震远道成像 RMS 预测的 Rup3 优质砂体剖面分布，浊积水道的方向主要从东向西呈条带状分布；图 8 是宽频三维地震远道成像 RMS 预测的 Rup3 优质砂体剖面分布图，与图 6 展示的 Rup3 砂体分布形态基本一致，但砂体成像效果更好，振幅能量更聚焦，更符合浊积水道叠置的区域沉积特征，水道砂体的分辨率更好，能更精细精确地描述 Rup3 的空间展布形态、砂体的连通性及范围。图 9 是目标宽频地震的 Rup3 砂体的三维空间展布图，砂体水道 Rup3 的空间展布特征更清晰，砂体间的连通性更容易精细刻画，为优化油藏开发提供了可靠的油藏构造、砂体发育特征及断裂信息，降低了油藏开发的风险。

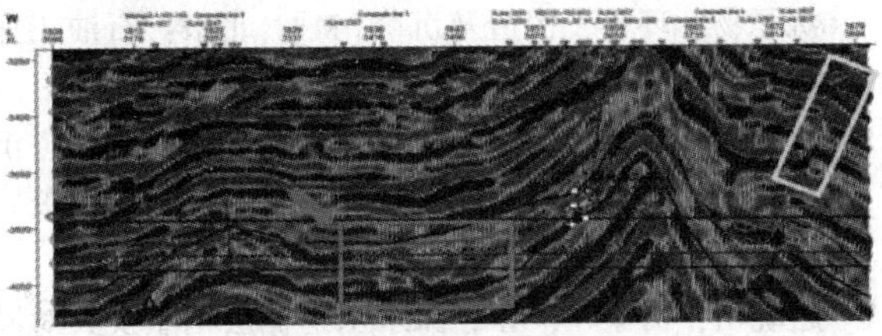

(a)常规地震采集的PSDM砂体成像

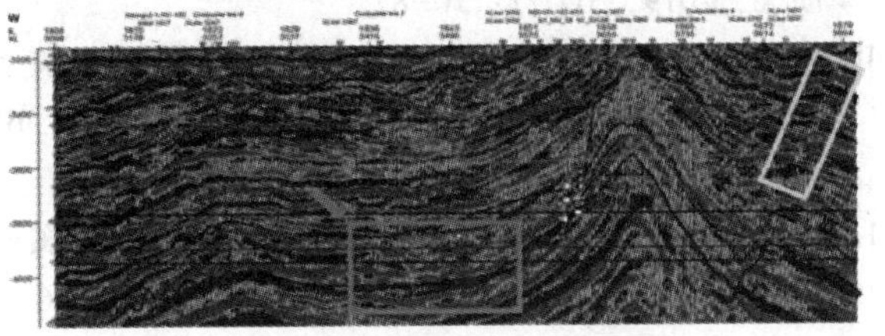

(b)宽频地震采集的PSDM成像效果

图 5　过井 N1 与井 N2 的连井常规地震砂体成像与宽频地震砂体成像效果对比图

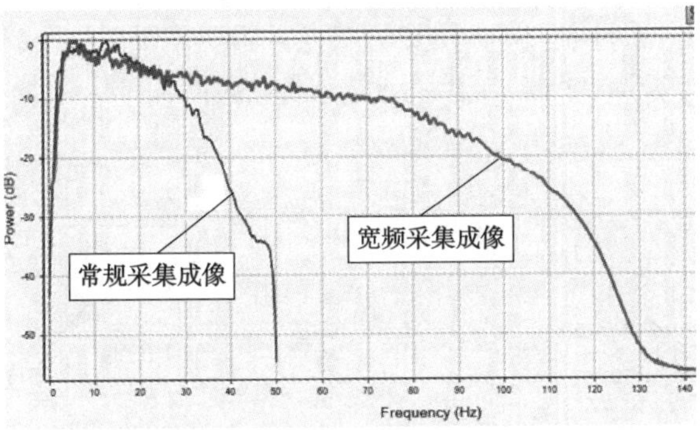

图 6　常规地震成果与宽频地震成果的频谱对比

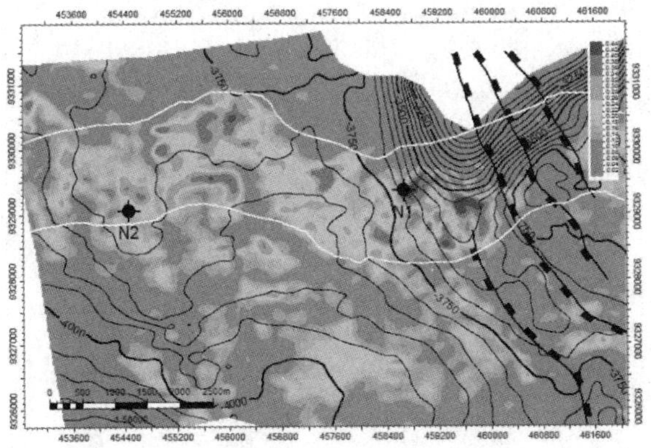

图 7　常规地震远道成像 RMS 预测的 Rup3 优质砂体剖面分布

由于宽频地震成像分辨率的改善，提高了油藏砂体精细描述的的精度，DX 油藏的 STOIIP 地

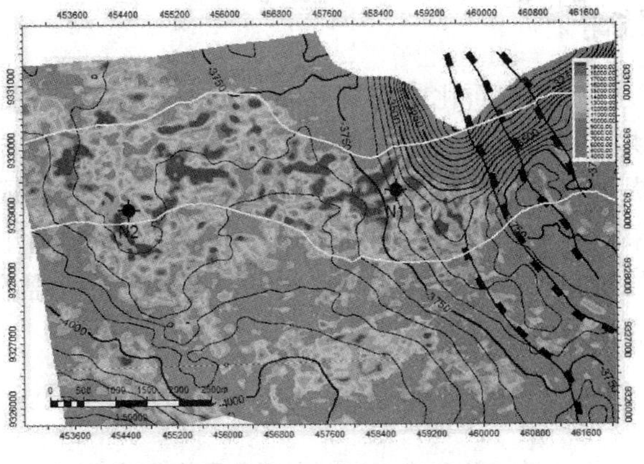

图 8　宽频地震远道成像 RMS 预测的 Rup3 优质砂体剖面分布图

图 9　目标 Rup3 宽频地震的砂体三维空间展布图

质储量重新评估后为为 4.74×10^8 桶，与前期 STOIIP 地质储量 6.5×10^8 桶相比降低了 25%。依据重新评估的地质储量及油藏浊积砂体的连通性，重新优化了 DX 油田的开发方案，在不影响油藏采收率的情况下，油田开发方案优化为 7 口采油井和 4 口注水井，与前期的油田开发方案相比，减少了一口采油井和一口注水井，从而降低了深水油田的开发成本，提高了油田开发的经济效益。

5　结束语

（1）海上宽频地震技术是提高深水深层复杂岩体成像分辨率、降低海上深水油气勘探开发风险的有效地震勘探技术。（2）宽频地震技术不仅能够提高了深水油藏中深层构造解释的精度，而且能够更好地识别深层浊积砂岩的内部结构特征及复合叠置水道的反射内幕，提高了地震砂体预测的精度。依据宽频地震构造解释及砂体预测的成果，能够提高油藏地质储量评估的可靠性，优化油藏开发方案，从而降低深水油田开发风险。

致谢

感谢中石化中安国际石油开发公司(SSI)提供相关的基础资料，感谢 AZULE ENERGY 公司提供基础地震数据及 DX 油藏的前期部分研究成果，感谢中石化石油勘探开发研究院深水项目组的研究成员提供部分研究成果。对编审老师给予的指导表示真诚的感谢!

参 考 文 献

[1] 余本善，孙乃成．海上宽频地震采集技术新进展[J]. 石油科技论坛，2015，34(1)：41-45.

[2] 姜雨，陈华，姚刚，等．海上变深电缆宽频宽方位地震采集现场作业难点及解决方案[J]. 海洋石油，2016，36(4)：8-13.

[3]张振波，李东方．斜缆宽频地震勘探技术在珠江口盆地的应用[J]. 石油地球物理勘探，2014，49(3)：451-456.

[4] Robert Soubaras and Yves Lafet. Variable - depth streamer acquisition：Broadband data for imaging and inversion[J]. GEOPHYSICS，2013，78(2)：27-39.

[5] 姚根顺，吕福亮，范国章，等．深水油气勘探开发概论[M]. 北京：石油工业出版社，2016 年 6 月．

[6] 姚根顺，吕福亮，范国章，等．深水油气地质导论[M]. 北京：石油工业出版社，2012 年 4 月．

[7] 范国章，邵大力，许小勇，等．深水沉积体系过程、沉积物、环境、构造及沉降[M]. 北京：石油工业出版社，2020 年 9 月．

[8] 赵晓明，吴胜合，等．西非陆坡区深水复合水道沉积构型模式[J]. 中国石油大学学报(自然科学版)，2012，36(5)：1-5，12.

[9] 赵晓明，葛家旺，等．深水水道储层构型及其对同沉积构造响应机理的研究现状与展望[J]. 中国海上油气，2019，31(5)：76-87.

[10] 尹成，彭浩，等．薄砂体重叠带与小断层的地震多属性联合识别方法研究[J]. 石油物探，2022，61(4)：625-634.

[11] 程雯泽，尹成．典型河流相叠置砂体构型的地震相位特征分析[J]. 石油物探，2023，62(6)：1115-1125.

[12] 王建花，唐和兵，等．基于地震多属性分析的深层浊积扇刻画研究[J]. 西南石油大学(自然科学版)，2012，34(2)：54-65.

鄂尔多斯盆地甘泉—富县地区长 8 成藏主控因素分析

袁 媛 杜克锋 贺 晓 李红进 许 璟 魏笑笑

[陕西延长石油(集团)有限责任公司研究院]

摘 要 鄂尔多斯盆地甘泉—富县地区致密油勘探取得了一定的进展，但是长 8 成藏研究程度依然较低，本文从长 8 致密油分布特征、烃源岩分布特征、砂体展布带和相控带、运移动力等方面，对鄂尔多斯盆地甘泉—富县地区长 8 致密油成藏主控因素进行了探讨。发现长 8 油层组具有“源控区、砂体展布带和相控带、源—储压力差控位”特点，即优质烃源岩的分布控制着致密油的成藏位置和规模；三角洲前缘水下分流河道复合砂体为有利相带，有利相带物性相对发育区为油藏聚集的“甜点”区。长 7、长 9 优质烃源岩与长 8 段优质储层之间的源—储压力差为石油短距离运移提供了动力，控制了长 8 致密油的形成与富集。

关键词 鄂尔多斯盆地；甘泉—富县地区；长 8；主控因素

Main controlling factor of Chang 8 in Gan Quan-Fu Xian areas, Ordos Basin

Yuan Yuan Du Kefeng He Xiao Li Hongjin Xu Jing Wei Xiaoxiao

[Shaanxi Yanchang Petroleum (Group) Co., Ltd. Research Institute]

Abstract The tight oil exploration in Gan Quan-Fu Xian areas, Ordos Basin has made important progress, but study on Chang 8 accumulation is still low. The present paper study the distribution characteristics of Chang 8 tight oil, source rocks, sand body distribution and facies-controlled zones, migration dynamics and so on, the main controlling factors of Chang 8 tight oil reservoir formation in ganquan-fuxian area of Ordos Basin are discussedin Gan Quan-Fu Xian areas, Ordos Basin. It is found that the Chang 8 oil formation has the characteristics of“Source-controlled area, sand body distribution zone and facies-controlled zone, source-reservoir pressure difference control” source rocks controll the Chang 8 location and scale of hydrocarbon accumulation, The large area of the underwater distributary channel composite sand bodies in the delta front are the main accumulation sites of the Chang 8 tight oil, and the partial“dessert”under the wide tight reservoir background is conducive to oil enrichment; The source-reservoir pressure difference between the high quality source rocks of Chang 7 and Chang 9 and the high quality reservoir of Chang 8 provides the motive force for the short distance migration of oil and controls the formation and enrichment of Chang 8 tight oil.

Key words Ordos Basin; GANQUAN-FUXIAN Area; Chang 8; main controlling factor

鄂尔多斯盆地致密油是中国陆相致密油的典型代表，长庆油田先后发现了西峰、姬塬、华庆等三个致密砂岩油田，已探明石油地质储量十余亿吨，发现亿吨级的新安边致密油田，初步预测，盆地的致密岩油地质资源量为 35~40×10^8t。目前，众多研究者主要集中对盆地长 7 致密油的地质认识、成藏特征、主控因素等方面的研究，并取得了重要进展，但是对长 8 致密油的研究及分布规律和主控因素等显著问题研究较少，本文主要是从甘泉—富县地区长 8 致密油地质特征出发，分析该区域长 8 致密油分布主控因素，以期为甘泉—富县乃至整个盆地南部的致密油的下一步的勘探部署提供依据。

1　研究区概况

甘泉-富县地区位于鄂尔多斯盆地伊陕斜坡东南部，构造上整体为一平缓的、近南北向展布的、由东向西倾斜的大型单斜，构造形态为宽缓西倾单斜，其中东南较高、较陡，西北较低、较宽缓。

近年来的勘探实践表明，研究区主力产油层为长 2、长 7 和长 8，其中长 8 致密油层组厚度大，产能强。根据沉积旋回和岩性、电性等特征，将长 8 油层组自下而上氛围长 8^2、长 8^1 两个亚相，表现为长 8 上部和下部同时含油。平面上，长 8 油层组分布范围广，在研究区北部呈现连片态势，主要分布在直罗大东沟、姜家川等油区(图 1)。

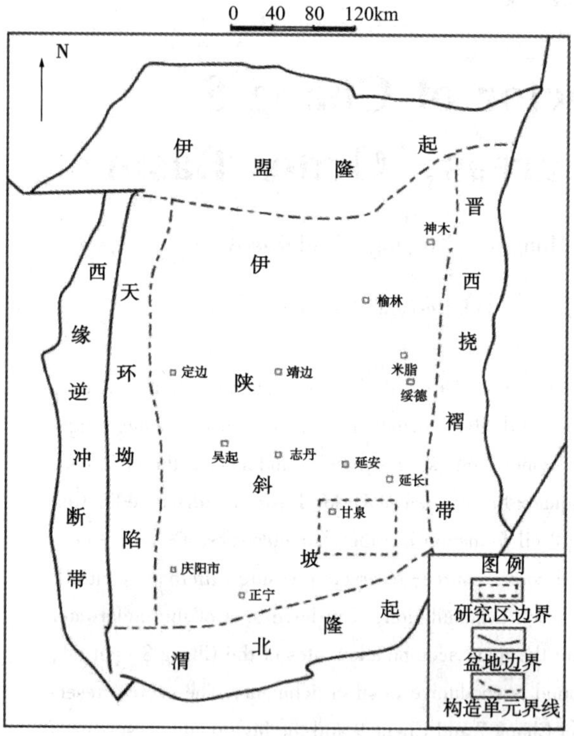

图 1　鄂尔多斯盆地甘泉—富县地区位置

2　优质烃源岩分布及控藏作用

2.1　烃源岩分布特征及生烃潜力分析

从测井曲线解释上可以看到长 8 油层组包含三套烃源岩，即为长 7 张家滩页岩，长 8 中部页岩和长 9 李家畔页岩。这三套烃源岩在全区广泛分布。

甘泉—富县地区长 7 烃源岩为深灰色—灰黑色页岩、暗色泥岩，纵向上发育三套油页岩，以底部长 7^3 最为发育，累计厚度达到 20~70m。平面上主要在整体呈由西北部及中部向东、南逐渐变薄趋势。研究区长 7 烃源岩主要有机质类型以Ⅰ(腐泥型)~Ⅱ1(腐植-腐泥型)为主，长 7 油层组暗色泥岩有机碳含量(TOC)较高，其质量分数为在 2.29%~6.29%，平均为 4.63%，氯仿沥青“A”的质量分数为在 0.63%~1.65%，平均为 1.08%；热解生烃潜量 $w(S_1+S_2)$ 为 6.71~20.78mg/g，平均为 11.35mg/g。R_0 平均值为 0.92%，有机质已进入成熟演化阶段，显示为好烃源岩特征。

长 9 烃源岩岩石类型与长 7 相似，在纵向上多集中在顶部长 9^1，累计厚度明显较长 7 薄，厚度为 4-15m，平面上也呈现北厚南薄趋势，长 9 烃源岩主要有机质类型以Ⅱ1(腐植-腐泥型)为主，有机碳含量 TOC 平均为 2.41%，氯仿沥青“A”平均值为 0.26%；热解生烃平均值为 7.83mg/g。R_0 平均值为 0.87%，有机质已进入成熟演化阶段，显示为好烃源岩特征。

同时发现研究区内长 8 内部(长 8^1 底部)亦存在泥质烃源岩，烃源岩厚度大概是 3~8 米。有机碳含量 TOC 平均为 2.1%，氯仿沥青“A”平均值为 0.21%；热解生烃平均值为 7.81mg/g。R_0 平均值为 0.84%，有机质已进入成熟演化阶段，显示为较好烃源岩特征(表 1)。

表 1　甘泉-富县地区长 7-长 9 暗色泥岩有机地球化学参数

名　称	$w(TOC)/\%$	φ(氯仿沥青“A”)/%	T_{max}/℃	$w(S_1+S_2)/(mg/g)$	$R_o/\%$
长 7 各参数值范围	2.29~6.29	0.63~1.65	421~458	6.71~20.78	0.84~1.08
长 7 各参数平均值	4.63	1.08	454	11.35	0.92
长 8 各参数值范围	0.59~4.4	0.058~0.72	408~444	2.42~37.84	0.71~0.94
长 8 各参数平均值	2.1	0.212	424	7.81	0.84
长 9 各参数值范围	0.73~5.55	0.046~0.572	418~450	1.25~17.03	0.78~1.02
长 9 各参数平均值	2.41	0.26	446	7.83	0.87

2.2 优质烃源岩控藏作用

优质烃源岩不仅提供了充足的油源，而且还是运移充注动力来源。鄂尔多斯盆地储层喉道细小，毛细管阻力大，石油运移成藏需要较高的驱动力。但鄂尔多斯盆地构造平缓，油水密度差产生的浮力较小，不足以驱动石油在致密储层中运移，需要其他的驱动力。随着长7段优质烃源岩生烃转化率的不断增大，生油增压强度逐渐增大，形成了较高的源储压差，使原油可以突破致密储层的毛细管阻力，连续充注成藏。

利用声波时差等资料，通过平衡深度法计算鄂尔多斯盆地甘泉-富县地区100多口井的延长组下组合长7和长8泥岩异常压力，发现：长7油层组与长8油层组都具有相对较高的异常压力，长7地层与下部长8地层普遍存在较高的异常压力差，一般为6~10MPa，局部地区超过10MPa，异常压力差整体为北西-南东向展布，研究区西、南部异常压力差显示较大，向东、向北逐渐变小(图2)。油气运移动力主要为异常压力，在其作用下，使得油气从烃源灶中经过初次运移，进入具有静水压力的孔隙型储集岩中同时异常压力在一定背景下还是控制油气分布的重要因素的异常压力差是石油向下运移最主要的动力。结合富县-下寺湾地区长8储层的生产动态，发现油气富集较好的区域，垂向上基本分布在长7油层组与长8油层组异常压力差低值背景下的相对高值区，即甘泉—富县地区长8油层组具有源储压力差控位的规律。

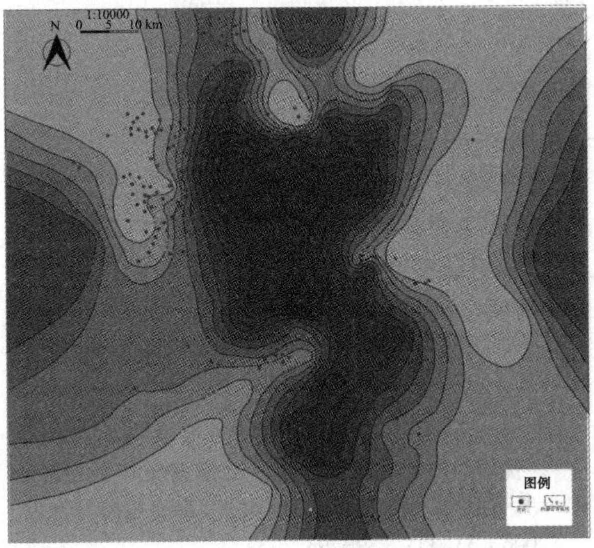

图2　长7与长8异常压力差与长8油藏分布特征图

3 储层和源-储组合特征及控藏作用

3.1 储层特征

长8地层沉积期为延长组第一个沉积旋回高水位沉积期，在浅湖沉积背景下，研究区主要发育三角洲前缘亚相沉积和部分重力流沉积，以发育水下分流河道、河口坝和水下分流河道间湾等沉积微相为主。下分流河道砂体前段呈朵状分布，不同方向的砂体在沉积中心汇聚，平面上砂体互相叠置连片分布。研究区长8在继承长9期砂体展布方向的基础上，砂体分布范围更广，规模也较大。发育北北东、北东和北东东三个方向的砂体，以北北东沉积体系的砂体最为发育，厚度也较大。甘泉三角洲自东向西发育，砂体宽约7km，厚度为6~14m，富县三角洲砂体宽度约为15km，厚度约为6~18m(图3)。

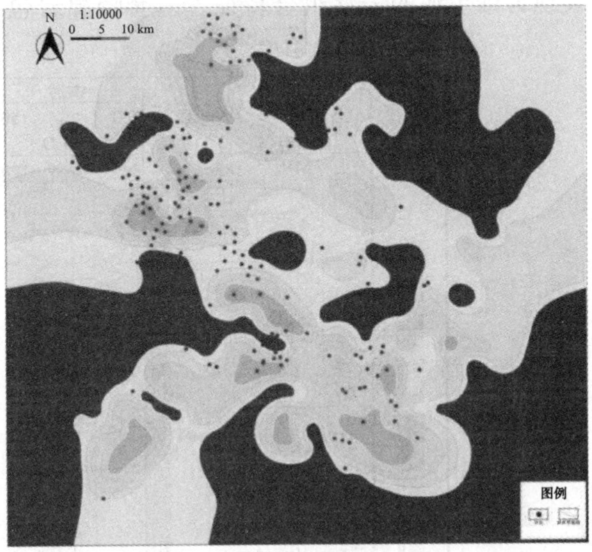

图3　长8砂体厚度与长8工业油流井平面分布图

长8储层岩性以细粒长石砂岩和岩屑长石砂岩为主，填隙物主要为方解石、伊利石等，分选好，孔隙类型主要为残余粒间孔隙、粒间溶蚀孔隙、粒内溶蚀孔隙和晶间孔隙，孔隙度主要分布在2%~14%，峰值分布在4%~6%，平均值为6.5%；渗透率主要分布在0.05~0.6mD，呈双峰态，峰值分别为0.05~0.2mD和0.4~0.6mD，平均值为0.29mD，属于致密储层。

3.2 储层控制油藏分布特征

三角洲前缘水下分流河道颗粒相对较粗，而且受到河流的改造作用，颗粒分选较好，因此空隙比较发育，渗透性往往较好，能形成良好的储层物性。所以长8广泛发育的三角洲前缘水下分流河道复合砂体为有利相带，有利相带物性相对发育区为油藏聚集的“甜点”区。

3.3　源-储组合特征控制了长 8 致密油分布

传统石油地质学理论认为，常规油气藏主要有自生自储、下生上储和上生下储 3 种类型。然而油气勘探实践证实，源-储组合关系对常规油气藏的形成并不是决定性的常规油气藏的形成对各种地质要素的时空配置要求更为严格，在源-储条件一定的情况下，大油气田的形成更加依赖良好的运移通道、圈闭条件和封盖条件。非常规油气则不同，由于储层致密，非均质性强，原油以短距离运移和垂向运移为主，对圈闭与盖层条件要求降低，因此烃源岩与储层的组合关系就变得至关重要。

储夹源型—此类源储组合主要发育在长 8 油层组，包含三套烃源岩和两套储层，垂向上表现为砂包泥的岩性组合特征。三套烃源岩包括：长 7^3 底部烃源岩，长 9 烃源岩和长 8^1 底部烃源岩。两套储层包括：长 8^1 储层和长 8^2 储层。储层成因类型主要为三角洲前缘分流河道和河口坝砂体，其物性较好，分布范围广泛。长 8^1 小层的石油可能来源于长 9 和长 8^1 烃源岩，也有可能来源于上部长 7^3 底部烃源岩。长 8^2 小层的石油可能来源于长 8^1 烃源岩，也可能来源于下部长 9 烃源岩。此类型组合中，长 8^1 和长 9 烃源岩的厚度虽然小于长 7^3 烃源岩，但储层物性良好，平面上分布广泛，因此成为目前研究区含油性最好的层段。如图 4 所示，芦 58 井长 7^3 底部 1400m 处、长 8^1 底部 1450m 处和长 9 顶部 1530m 处发育三套烃源岩，长 8^1 和长 8^2 中上部两套砂体夹在三套烃源岩之间发育。长 8^1 顶部试油日产油 1.47t，录井和测井解释结果表明长 8^2 储层也有良好的油气前景。

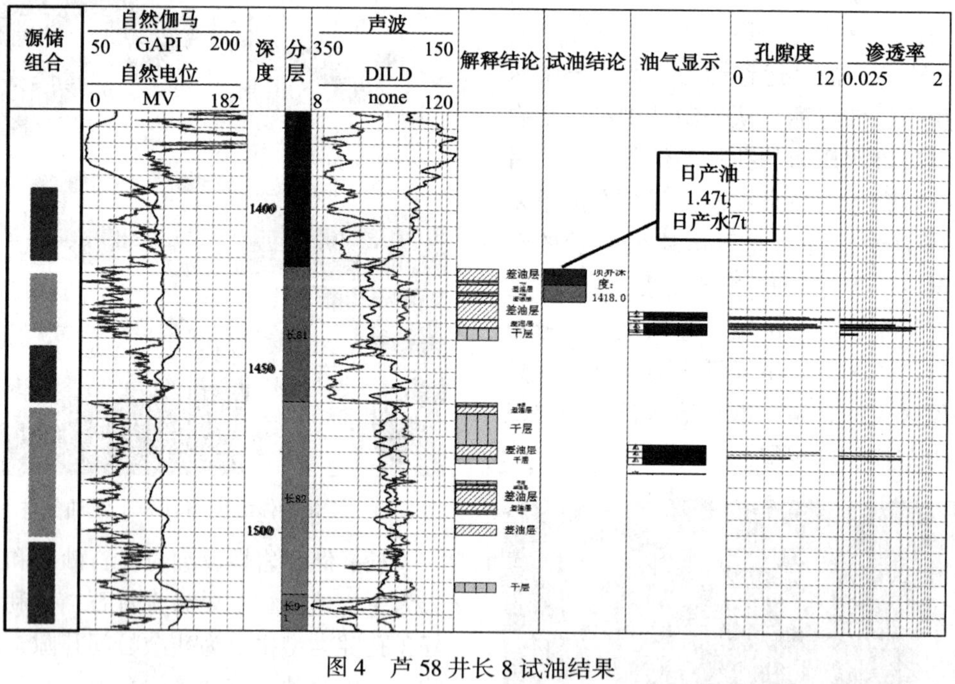

图 4　芦 58 井长 8 试油结果

4　结论

（1）鄂尔多斯盆地甘泉—富县地区烃源岩大面积分布，广泛分布的优质烃源岩奠定了本区致密油大面积发育的物质基础。

（2）水下分流河道、河口坝、浊积扇等多种类型的砂体均为潜在的优势储层，为长 8 致密油成藏提供了储集空间。

（3）储层物性对致密油形成局部的富集、高产区域起主要控制作用，同时源-储过剩压力差及源-储有效配置关系对长 8 致密油形成与富集也具有明显的控制作用。

参 考 文 献

[1] 张文正，杨华，李剑锋，等．论鄂尔多斯盆地长 7 段优质油源岩在低渗透油气成藏富集中的主导作用：强生排烃特征及机理分析．石油勘探与开发，2006，33(3)：289-293.

[2] 杨华，李士祥，刘显阳．鄂尔多斯盆地致密油、页

岩油特征及资源潜力．石油学报，2013，34(1)：1-11.
[3] 李元昊，刘池洋，王秀娟，等．鄂尔多斯盆地西北部延长组下部幕式成藏研究．石油学报，2009，30(1)：61-67.
[4] 杨华，刘显阳，张才利，等．鄂尔多斯盆地三叠系延长组低渗透岩性油藏主控因素及其分布规律．岩性油气藏，2007，19(3)：1-6.
[5] 李凤杰，王多云，张庆龙，等．鄂尔多斯盆地陇东地区延长组沉积相特征与层序地层分析．沉积学报，2006，24(4)：549-554.
[6] 姚泾利，赵彦德，邓秀芹，等．鄂尔多斯盆地延长组致密油成藏控制因素．吉林大学学报(地球科学版)，2015，45(4)：983-992.
[7] 屈红军，杨县超，曹金舟，等．鄂尔多斯盆地上三叠统延长组深层油气聚集规律．石油学报，2011，32(2)：243-247.
[8] 贺永红，任战利，陈占军，等．富县探区长8段致密油藏特征及主控因素．西安科技大学学报，2016，36(3)：393-399.
[9] 袁媛，杜克锋，葛云锦，等．鄂尔多斯盆地甘泉—富县地区长7烃源岩地球化学特征．岩性油气藏，2018，30(1)：39-45.
[10] 王乃军，赵靖舟．鄂尔多斯盆地柴窑区延长组油气二次运移动力，西安石油大学学报：自然科学版，2010，25(5)，6-9.
[11] 王晓梅，王震亮，管红，等．鄂尔多斯盆地延长矿区油气运移成藏研究．天然气地球科学，2006，17(4)，485-489.
[12] 吴保祥，段毅，郑朝阳，等．鄂尔多斯盆地古峰庄-王洼子地区长9油层组流体过剩压力与油气运移研究．地质学报，2008，82(6)：844-849.
[13] 吴永平，王允诚，李仲东，等．镇径地区地层异常压力与油气聚集关系．西南石油大学学报(自然科学版).2008，30(1)：47-50.
[14] 席胜利，刘新社，王涛．鄂尔多斯盆地中生界石油运移特征分析．石油实验地质，2004，26(3)：229-235.
[15] 李文厚，庞军刚，曹红霞，等．鄂尔多斯盆地晚三叠世延长期沉积体系及岩相古地理演化．西北大学学报(自然科学版).2009，39(3)：501-506.
[16] 杨县超，屈红军，崔智林，等．鄂尔多斯盆地吴起—定边地区长8沉积相．西北大学学报：自然科学版，2010，40(2)：291-298.
[17] 李凤杰，王多云，张庆龙，等．鄂尔多斯盆地陇东地区延长组沉积相特征与层序地层分析．沉积学报，2006，24(4)：549-554.
[18] 杨友运，张蓬勃，张忠义．鄂尔多斯盆地西峰油田长8辫状河三角洲沉积特征与层序演化．地质科技情报，2005，24(1)：45-48.
[19] 柳娜，南珺祥，刘玮．鄂尔多斯盆地中部长6和长8储层特征及酸敏机理．石油学报，2008，29(4)：588-591.
[20] 罗静兰，李忠兴，史成恩，等．鄂尔多斯盆地西南部上三叠统延长组长8、长6油层组的沉积体系与物源方向．地质通报，2008，27(1)：101-111.
[21] 王力，崔攀峰．鄂尔多斯盆地西峰油田长8沉积相研究．西安石油学报：自然科学版，2003，18(6)：26-30.
[22] 姚泾利，赵彦德，邓秀芹，等．鄂尔多斯盆地延长组致密油成藏控制因素．吉林大学学报(地球科学版)，2015，45(4)：983-992.

中非乍得 Doseo 盆地烃源岩特征及评价

宋海强　石科平　郝　平　陈　越　闫小星

（陕西延长石油国际能源化工有限公司）

摘　要　中非乍得 Doseo 盆地是世界上最重要的油气区块之一，但目前油气勘探程度较低且有关的地质资料较少，制约了对该盆地的认识与资源评价，为了进一步对 Doseo 盆地高效开发，亟需深入分析 Doseo 盆地的烃源岩特征及生烃潜力。本文根据近几年的地震及钻井资料，系统评价了 Doseo 盆地烃源岩及其生成原油的地球化学特征，探究了烃源岩的发育分布及演化特征，并根据油气富集规律评估了 Doseo 盆地的勘探潜力。结果表明，Doseo 盆地下白垩统巴列姆阶和阿普第阶烃源岩发育较好，烃源岩有机质丰度高（平均 TOC≥3%），有机质类型好（Ⅰ~Ⅱ型），是烃源岩的主力发育层，但有机质成熟度整体偏低（钻遇经源岩 Ro 主要介于 0.4%~0.8%之间），仅局部达到生排经高峰阶段，多数油气富集在生烃灶内，平面构造也表明 Doseo 凹陷主要的成藏模式是生烃洼陷内近源背斜、断鼻等正向构造油气藏，具有一定的勘探潜力。该研究成果有助于指导下一步油气斯探，有望助推下一步油气开发。

关键词　Doseo 盆地；下白垩统；烃源岩特征；发育特征；生烃潜力

Characteristics and Evaluation of source rocks in Doseo Basin, Chad, Central Africa

Song Haiqiang　Shi Keping　Hao Ping　Chen Yue　Yan Xiaoxing

(Shaanxi Yanchang Petroleum International Exploration and Development Engineering Co., Ltd.)

Abstract　The Doseo basin in Chad, Central Africa is one of the most important oil and gas blocks in the world. However, the low degree of oil and gas exploration and the lack of relevant geological data restrict the understanding and resource evaluation of the basin. To further develop the Doseo basin efficiently, it is urgent to deeply analyze the source rock characteristics and hydrocarbon generation potential of the Doseo basin. Based on seismic and drilling data in recent years, this paper systematically evaluates the geochemical characteristics of source rocks and their generated oils in Doseo Basin, explores the development, distribution, and evolution characteristics of source rocks, and evaluates the exploration potential of Doseo Basin according to the hydrocarbon enrichment law. The results show that the Lower Cretaceous Baliemian and Apudian source rocks in Doseo Basin are well developed, with high organic matter abundance (average TOC≥3%) and good organic matter types (type q Ⅰ ~ Ⅱ), which are the main development layers of source rocks, but the organic matter maturity is generally low (Ro of the drilled source rocks is mainly between 0.4% ~ 0.8%). The planar structure also shows that the main hydrocarbon accumulation mode in Doseo sag is the forward tectonic reservoirs such as near source anticlines and faulted noses. Finally, It has certain exploration potential. The results of this study will help guide the next step of oil and gas exploration, which is expected to drive the next step of oil and gas development.

Key words　Doseo basin; Lower Cretaceous; Source rock characteristics; Developmental characteristics; Hydrocarbon generation potential

Doseo 盆地跨越乍得、中非两国，位于中非裂谷系剪切带上，该剪切带是非洲内部形成的一条北东走向长达 2000km 的陆内巨型剪切带，剪切带附近发育有一系列中生代-新生代裂谷盆地。如图 1 所示，从西至东依次有 Bongor、Doba-Doseo、Salamat、Bagarra、Mugald、Melut 和 Khartoum 等盆地，亦被称为“乍得盆地群”。这些盆地几乎从东到西横跨整个非洲，是非洲重要的陆上含油气盆地之一，据英国石油公司(BP)统计，截至 2015 年 6 月，中非剪切带周边国家的石油探明储量已达 20.41×10^{8}t。

Doseo 盆地位于中非剪切带中段，宽 70～100km，长 550km，面积约 $3.52\times10^{5}km^{2}$，油气勘探开始于上世纪 70 年代，目前已钻井 12 口，均位于乍得境内，其中 3 口为高产油流井(均大于 2000BOPD)、3 口低产油流井，5 口井有油气显示，1 口井无油气显示，工区内目前没有探井。虽然经过多年的油气勘探，但由于钻探深度较浅，目前有关该盆地的勘探程度仍较低，现仅有近 3000km 二维地震测线和少量油井，大部分工作仍停留在 20 世纪 90 年代。针对新的国际勘探形势，本文基于前人整理的资料和近年新采集的大量地震和钻井新资料，重新对 Doseo 盆地的油气特征进行梳理，重点分析了烃源岩的发育及地化特征，并结合盆地内的生烃演化特征和油气富集规律，明确了烃源岩的展布规律及生烃潜力，以期为中非裂谷系的油气勘探提供新的思路(图 1)。

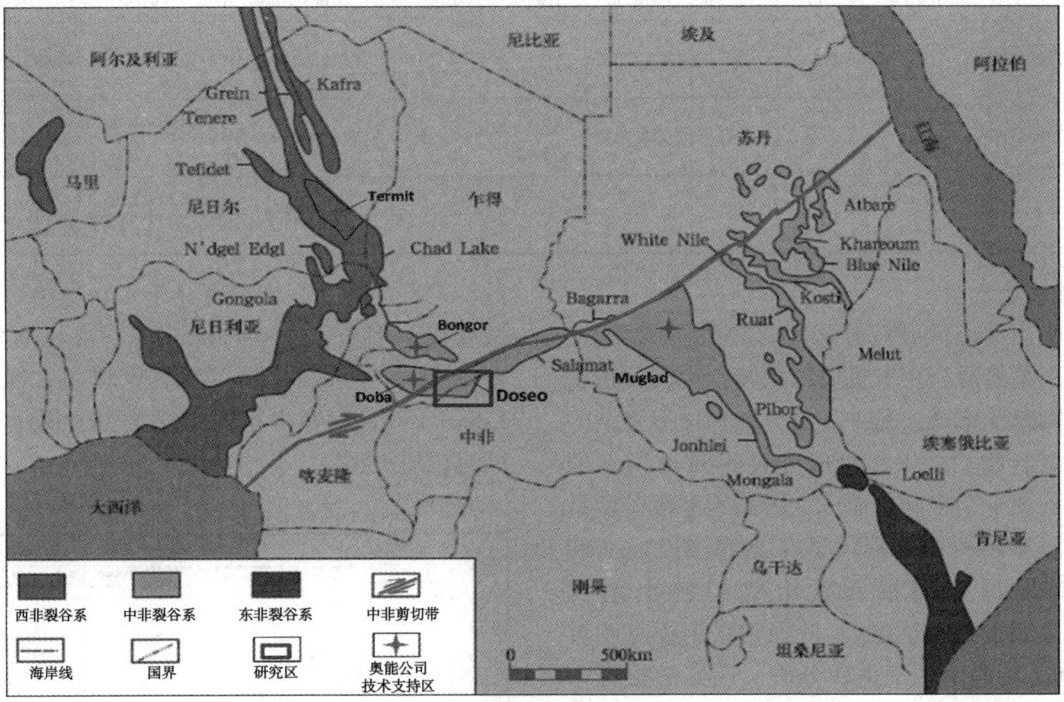

图 1　Doseo 盆地区域构造位置图

1　地质概况

通过以往在中非剪切带各盆地的地质研究，发现剪切带各盆地的构造具有相似性，总体都是受拉张走滑作用形成的拉张走滑盆地，Doseo 盆地也与中非裂谷系其他盆地的沉积序列一致，是在前寒武系变质岩基底上发育起来的中-新生代断陷湖盆，岩性主要为片麻岩、闪长岩、花岗岩、片岩和大理岩等。与苏丹裂谷盆地的基底性质类似，盆地经历过三次沉积回旋，沉积盖层为中生界白垩系和新生界地层，自下而上发育了较厚的下白垩统、较薄的上白垩统和较稳定的新生界地层，以白垩系为主，新生界地层相对较薄，主要为湖泊、三角洲、冲积扇和河流相沉积物。据高光谱遥感、地震等资料，盆地自南向北可划分为 3 个次级构造单元：南部断阶带、中部洼陷带和北部断阶带，其中南部断阶带是盆地已证实的油气富集区。从二维地震资料和临近盆地的地层发育情况来看，Doseo 盆地下白垩统发育了巴列姆阶、阿普第阶和阿尔布阶三套地层，盆地在下白垩统强烈裂陷期发育了大套的暗色泥岩，其厚度大，生烃潜力高。

2　地球化学特征

2.1　有机质丰度

岩石中的有机质是生成油气的物质基础，只有当岩石中的有机质含量达到一定界限时，才可能生成具有工业价值的油气，成为有效烃源岩。

目前常见的有机质丰度指标有有机碳含量(TOC)、氯仿沥青"A"、总烃含量(HC)和岩石热解生烃潜量(Pg)等，其中有机碳含量(TOC)是最常用的有机质丰度指标，TOC<0.5%称为非烃源岩。

对烃源岩有机质丰度的评价，不同地区所采用的评价标准也不甚相同，按照我国烃源岩地球化学评价方法(SY/T-5735-2019)和黄第藩教授于1992年提出的泥质烃源岩有机质丰度评价表，Doseo盆地有机质丰度总体上偏好(表1)，TOC含量平均值大于1%，属于深湖-半深湖相，其中Kibea-1井最高达5.82%、Tega-1井最高达7.28%。岩屑和岩心切片分析也表明，样品TOC变化范围是0.88%-3.55%，其中，2473.79m处岩心样品TOC值是1.4%，揭示了较好的生烃潜力，以阿普第阶为例，沉积的暗色泥岩厚度达300~700m，在盆地大范围内处于成熟阶段，是盆地的主要烃源岩。

表1　Doseo盆地有机质丰度评价表

层位	Kibea-1井				Northsako-1井				Tega-1井			
	井段/m	TOC/%	平均值/%	丰度评价	井段/m	TOC/%	平均值/%	丰度评价	井段/m	TOC/%	平均值/%	丰度评价
阿尔比阶	1262~2263	0.51~2.48 (n=11)	1.13	好	1208~2161	0.42~2.62 (n=29)	1.19	好	1186~2192	1.15~7.28 (n=20)	3.89	最好
阿普第阶	2263~2932	0.5~5.82 (n=20)	2.48	最好	2161~未穿	0.5~2.0 (n=2)	1.25	好	2192~2817	1.67~5.69 (n=13)	3.02	最好
巴列姆阶	2932~未穿	0.68~3.01 (n=4)	1.58	好	—	—	—	—	2817~未穿	0.51~2.13 (n=8)	1.13	好

2.2　有机质类型

有机质类型代表烃源岩所含有机质的质量，而干酪根是烃源岩中有机质的主体，由沉积物腐泥化及腐殖化形成，是一种成分结构均很复杂的高分子聚合物，前人大量研究表明80%以上的石油烃是由干酪根转化而成，因此干酪根类型是评价烃源岩的关键指标。早在1974年Tissot和Welte就根据干酪根元素组成绘制出范氏(D. W. VanKrevelan)图版，我国常采用程克明教授于1987年提出的三类四分法，该方法根据干酪根类型，将干酪根划分为Ⅰ腐泥型、$Ⅱ_1$混合型、$Ⅱ_2$混合型和Ⅲ腐殖型，腐泥型干酪根富H贫O，HC原子比高，以腐泥体和壳质组为主，腐殖型干酪根富O贫H，HC原子比低，以镜质组为主，混合型干酪根C、H、O原子含量位于两者之间。

中非裂谷系下白垩统湖相泥页岩有很高的有机质含量，当成熟时被认为是西到乍得、东到南苏丹等一系列中非裂谷盆地的重要烃源岩。以Tega-1井为例，C1-C4和C4-C7岩样切片常规气体色谱分析和光学干酪根测定表明，Doseo盆地Tega-1井泥岩样品主要以藻类有机质为主，还有少量的草本类和木质类(图2)。根据氢指数与岩石热解最高峰温度(T_{max})交会图版可以看出(图3)，三口井的岩样都具有较高的热解生烃指数，岩石热解最高峰温度介于410~510℃，氢指数变化范围介于150~700mg/g，有机质类型主要为易于生油的$Ⅱ_1$混合型和$Ⅱ_2$混合型，Kiber-1井还存在少量的Ⅰ腐泥型，揭示了很好的有机质类型。

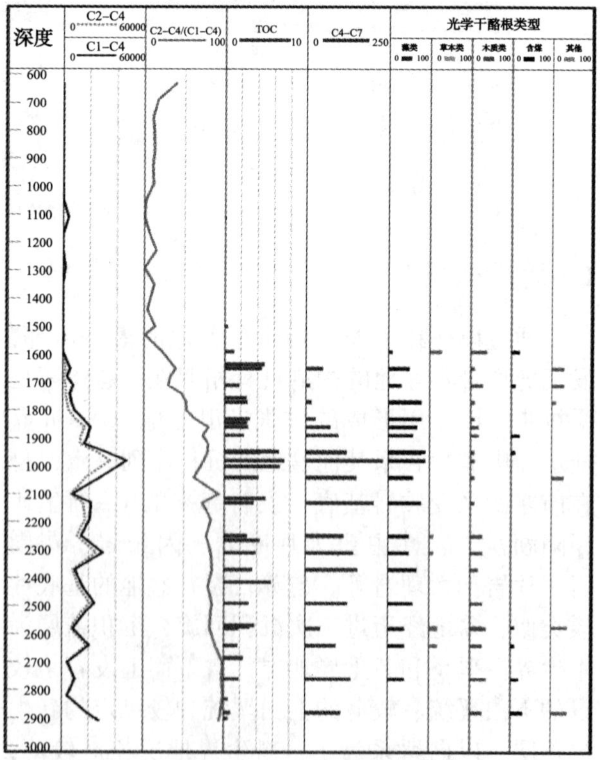

图2　Doseo盆地Tega-1井地化曲线

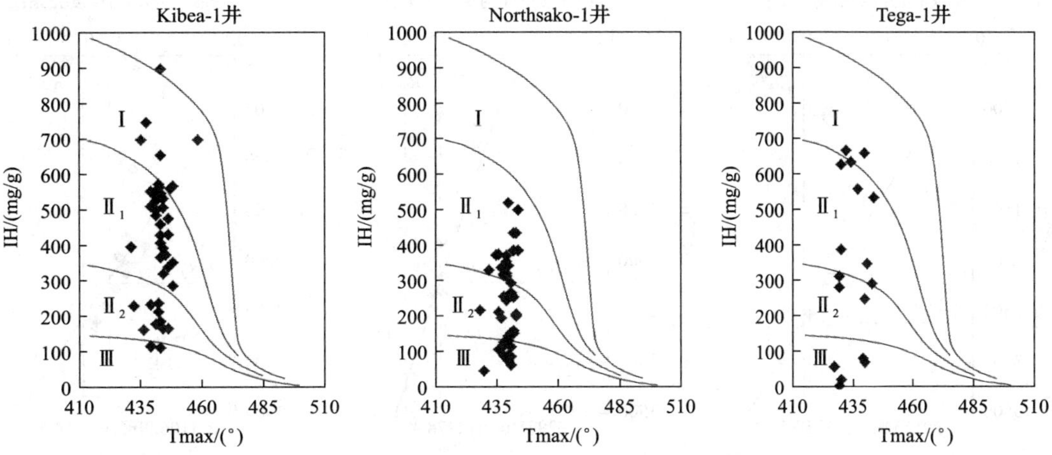

图 3　HI-Tmax 交会图版

2.3　有机质成熟度

沉积岩中有机质的丰度和类型是生成油气的物质基础，代表着烃源岩的演化进度，但是有机质只有达到一定的热演化程度才能开始大量生烃，多用镜质体反射率(Ro)表示有机质成熟度，它具有分布范围广、变化范围大、不可逆的特点，是最有效的成熟度指标之一。勘探实践证明，只有在成熟烃源岩分布区才有较高的油气勘探成功率，按照我国陆相烃源岩有机质成熟度判别指标(SY/T 5735—1995)，Doseo 盆地阿尔布阶有机质成熟度总体上为未成熟，阿普第阶和巴列姆阶则为低熟-成熟(表 2)。

表 2　Doseo 盆地有机质成熟度评价表

层位	Kibea-1 井				Northsako-1 井				Tega-1 井			
	井段/m	T_{max}	平均值	成熟度评价	井段/m	T_{max}	平均值	成熟度评价	井段/m	T_{max}	平均值	成熟度评价
阿尔比阶	1262~2263	245~546 (n=31)	435.1	低成熟	1208~2161	386~444 (n=39)	437.8	低成熟	1186~2192	429~440 (n=7)	432	未成熟
阿普第阶	2263~2932	440~449 (n=23)	445	成熟	2161~未穿	432~444 (n=7)	438.6	低成熟	2192~2817	437~444 (n=5)	441	成熟
巴列姆阶	2932~未穿	440~449 (n=5)	443.6	成熟	—	—	—	—	2817~未穿	427~440 (n=5)	433	未成熟

随着埋藏深度的增大，热变质作用逐渐增强，镜质体反射率 R_o 增大的趋势较为明显。根据邬立言教授 1986 年提出的烃源岩热解参数划分标准，以 435℃ (R_o = 0.5%) 和 455℃ (R_o = 1.3%)作为主生油带的区间，R_o = 0.5%作为生经门限，从图 4 可以看出 Kibea-1 井在 2600m 左右有机质进入生烃门限开始生油，而 Northsako-1 井和 Tega-1 井在 2200m 左右就开始生油，样品绝大部分位于生油窗内，处于生油阶段前期，只有极少量样品处于未成熟阶段。根据测定的岩样 R_o 对数据进行线性拟合，拟合结果见图 4，从拟合方程可以推测在 4000m 左右时，有机质应达到生烃高峰，在深度超过 4500m 时进入高成熟阶段，主生油期结束。

3　发育分布特征

3.1　巴列姆阶烃源岩特征

Tega-1、Mya-1、Motokaba-1 和 Kibea-1 井都钻遇有巴列姆阶地层(图 5)，厚度分别是 524.7m、175.1m、626.3m 和 114.3m，但都没有钻穿巴列姆阶，根据钻井资料，巴列姆阶为高伽玛暗色泥岩和浅灰色砂岩互层，但不同井处于巴列姆沉积期湖盆不同的位置，烃源岩发育程度不同，位于湖盆北部和西侧的 Tega-1、Kibea-1 和 Motokaba-1 井暗色泥岩厚度分别为 396.0m、49.9m 和 530.0m，百分含量分别为 75.47%、43.67%和 84.63%，而位于湖盆南部的 Mya-1 井暗色泥岩厚度为 28.3m，百分含量仅 16.19%。

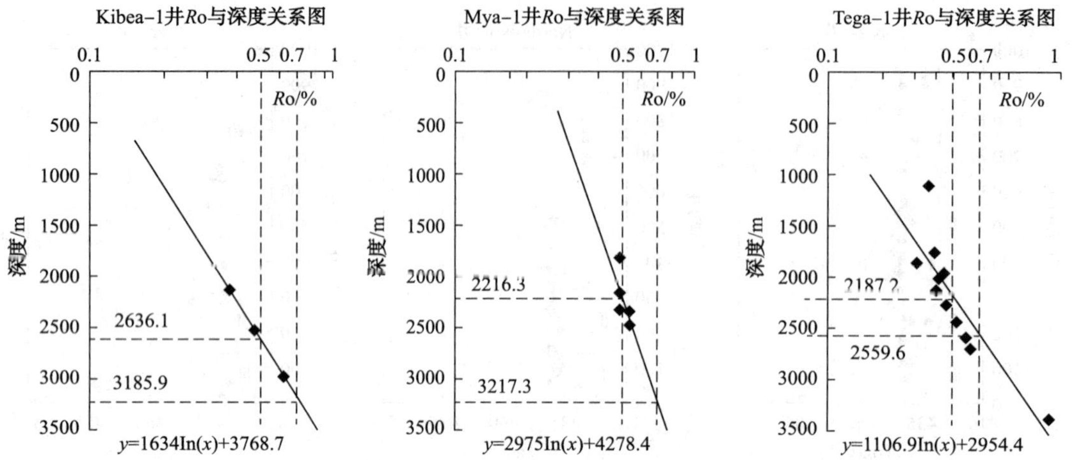

图 4　Doseo 盆地烃源岩样品 R_o 与深度关系

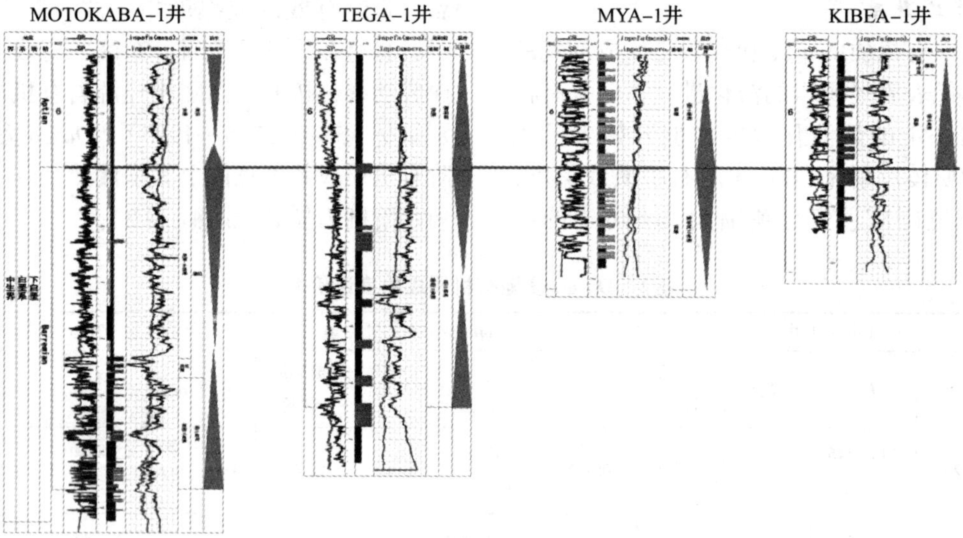

图 5　Doseo 盆地巴列姆阶烃源岩发育剖面

通过邻区钻井资料分析，巴列姆阶及以下地层沉积时期是盆地发育的裂陷初期，其下部地层为灰白色中砂岩、细砂岩、粉砂质泥岩和泥岩组成，向上为退积旋回，暗色湖相泥页岩(油页岩)可作为烃源岩，上部为半深湖-深湖相页岩段，向上砂质含量减少，体现半深湖至浅湖砂坝相的沉积序列。从总体上看，巴列姆阶属于滨湖-半深湖-深湖相沉积，与下伏前寒武系地层呈角度不整合接触。用井控及地层充填规律预测巴列姆阶烃源岩厚度为 200~500m(图 6)，厚度中心位于盆地北部断阶带与中部洼槽带，泥岩累计厚度 400~500m。南部断阶带泥岩累计厚度 200~300m。

3.2　阿普第阶烃源岩特征

阿普第阶烃源岩最为发育，暗色泥岩厚度达 100~600m，位于湖盆北部的 Tega-1 井、西侧的 Motokaba-1 井和中部的 NorthSako-1 井全段烃源岩发育(图 7)，暗色泥岩厚度分别为 607.2m、237.7m 和 125.1m，百分含量分别为 97.11%、88.2%和 66.22%，而位于湖盆南部的 Mya-1 井和东侧的 Kibea-1 井暗色泥岩厚度分别为 123.1m 和 194.3m，百分含量分别为 27.18% 和 29.03%。

阿普第阶以深湖相沉积层序为特征，由深湖泥页岩、扇三角洲或辫状河三角洲、湖底扇砂岩等沉积地层组成。平面上阿普第阶烃源岩厚度中心位于盆地北部断阶带及中部洼槽带，泥岩累计厚度 600~700m。南部断阶带泥岩累计厚度 300~500m。烃源岩平面上分布广泛(图 8)。地震反射特征为强振幅反射，阿普第阶地层顶面为较强的波峰反射，局部为弱反射，与下伏巴列姆阶地层呈整合接触关系。

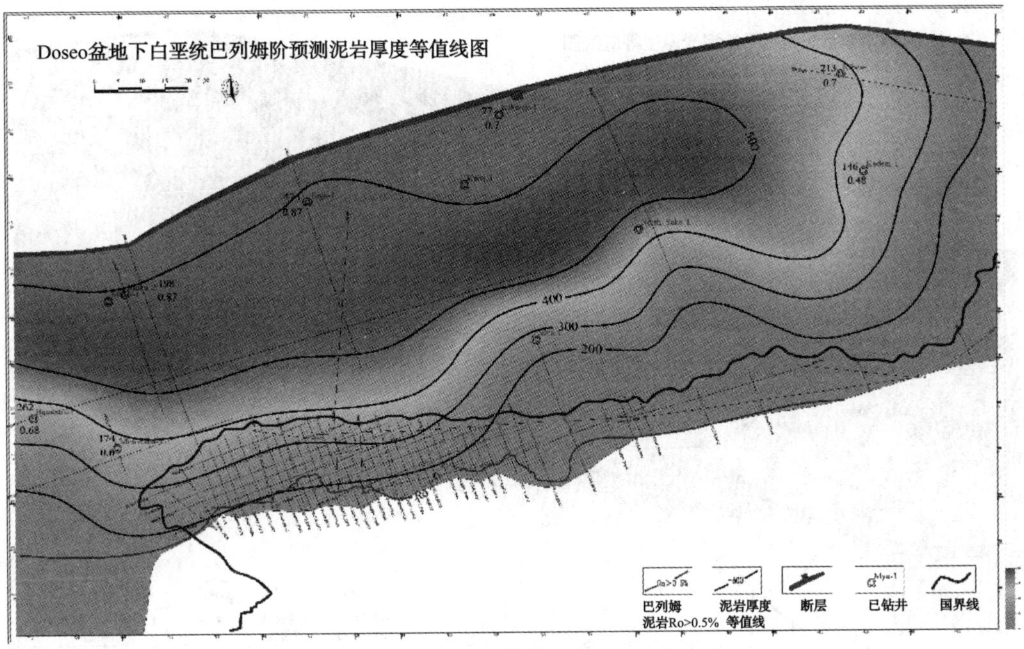

图 6　Doseo 盆地下白垩统巴列姆阶泥岩厚度等值线图

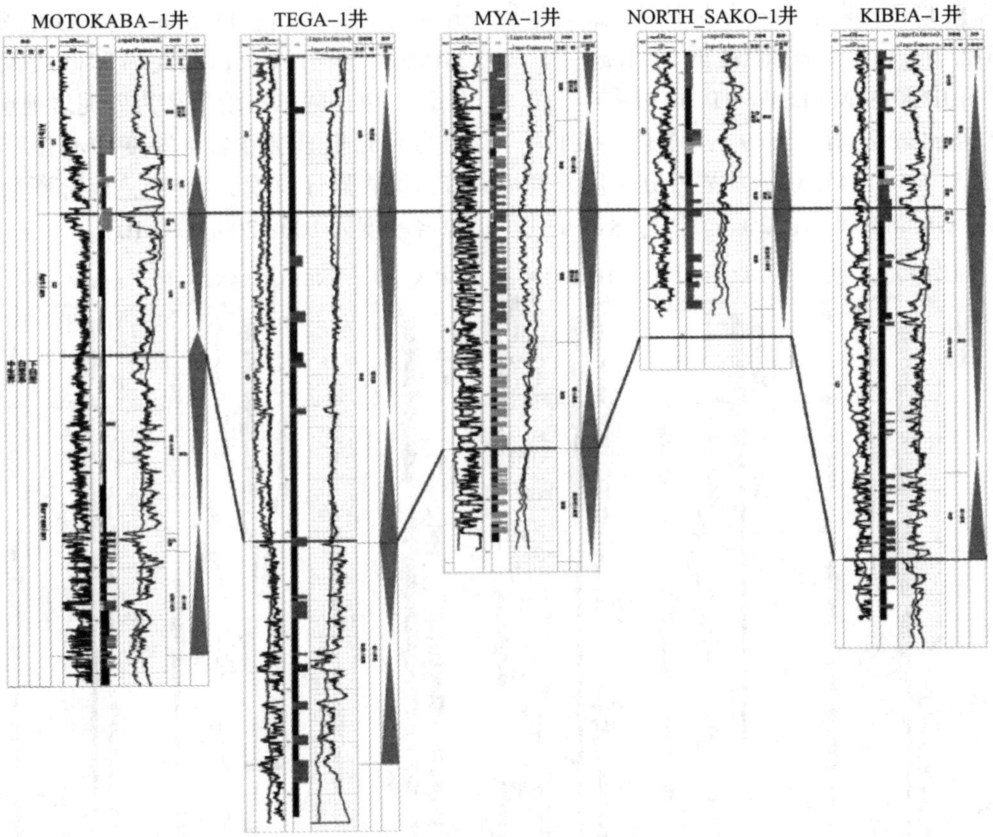

图 7　Doseo 盆地阿普第阶烃源岩发育剖面图

3.3　阿尔布阶烃源岩特征

下白垩统阿尔布阶，继承了阿普第阶的地形特征，该时期发育了两个四级层序，是 Doseo 盆地湖平面最大的时期。因此，阿尔布阶早期以深湖相沉积层序为特征，由深湖泥页岩、扇三角洲砂体、湖底扇砂体等沉积地层组成；阿尔布阶的沉积中期以半深-滨浅湖相沉积为主，沉积晚期发育辫状河三角洲砂体以及浅湖相碎屑沉积，地层厚度一般 700～2000m，整体上有南厚北薄，西厚东薄的特点。

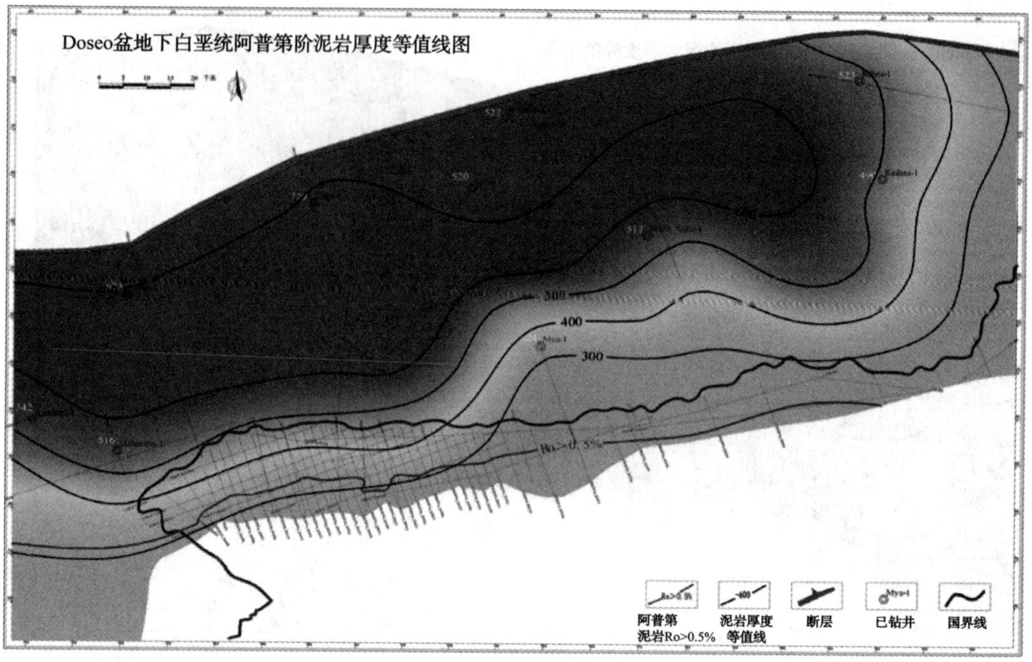

图8　Doseo盆地下白垩统阿普第阶泥岩厚度等值线图

阿尔布阶暗色泥岩主要发育在下部，最大厚度可达672.7m。位于盆地北翼的Tega-1、Maku-1井和中部的NorthSako-1井在阿尔布阶下部烃源岩比较发育（图9），厚度分别为672.7m、505.4m和545.3m，泥岩百分含量分别为66.87%、64.88%和57.22%。其中，Kibea-1井泥岩厚度达611.58m，但暗色泥岩只有370.5m，部分浅灰棕色泥岩和砂质泥岩未参与统计。由于阿尔布阶下部为砂泥岩地层，上部主要为河流相厚层砂岩，厚度中心位于中部洼槽带，泥岩累计厚度为500m，南部断阶带预测烃源岩厚度为100~200m（图10）。

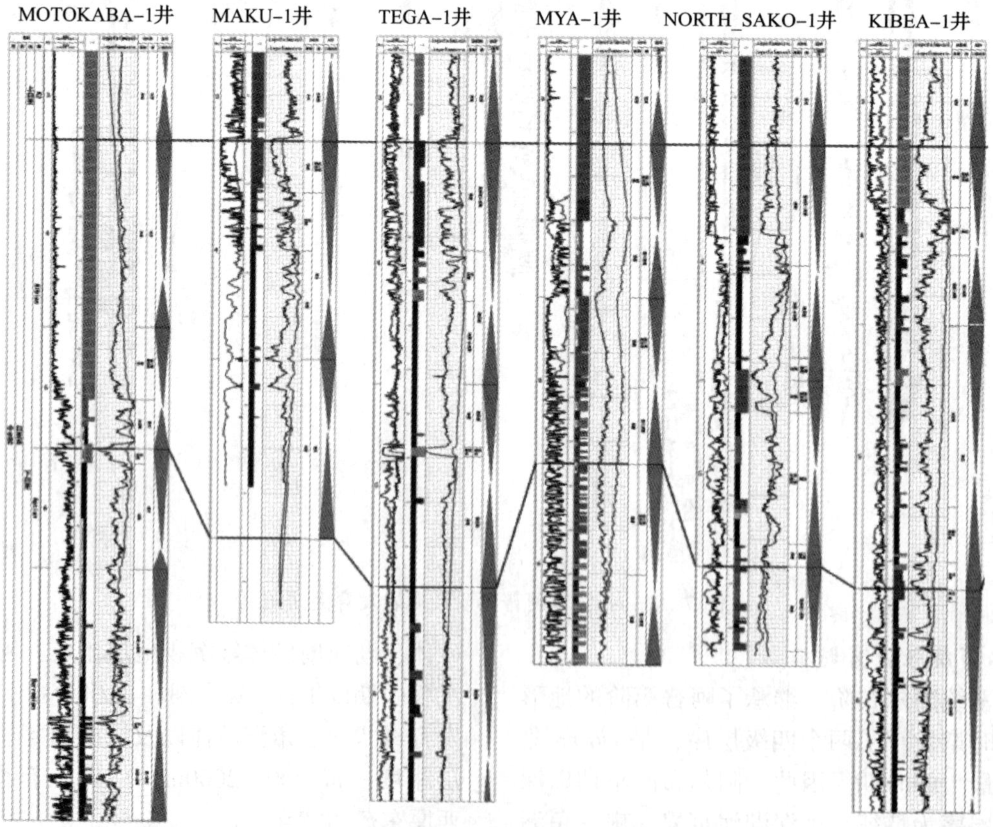

图9　Doseo盆地阿尔布阶烃源岩发育剖面图

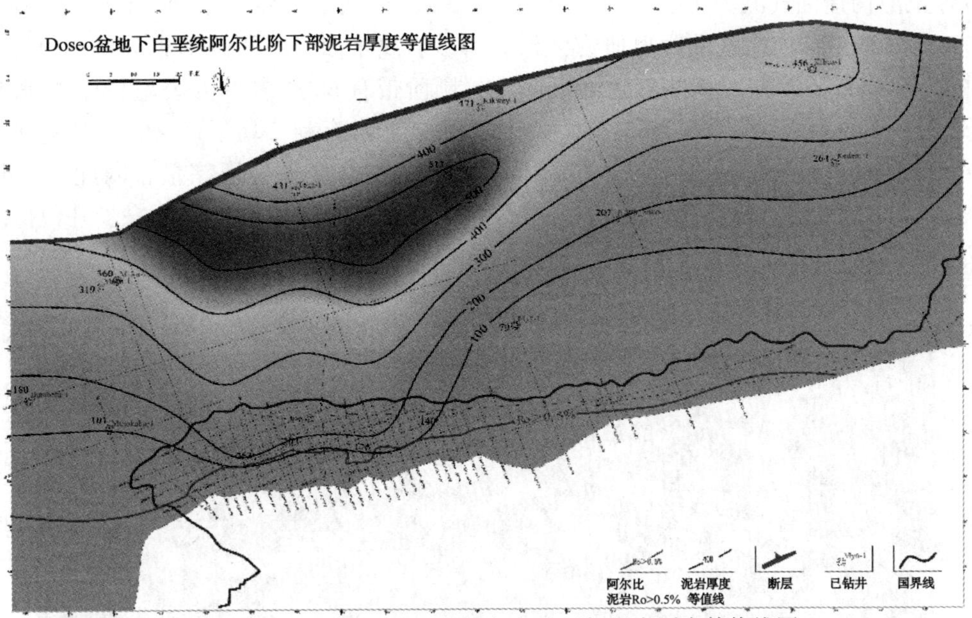

图 10　Doseo 盆地下白垩统阿尔布阶下部泥岩厚度等值线图

4　生烃演化特征

现场资料表明，中非裂谷盆地现今地温梯度整体偏低(表 3)，平均为 2.5~3.0℃/100m，但盆地中心部位最大可以达到 5.92℃/100m，由于抬升剥蚀和较低的地温梯度，可能会影响到较浅层系的烃源岩成熟。从目前深度的烃源岩生烃演化特征来看(图 11)，Doseo 盆地有机质热演化程度处于未成熟-成熟阶段，且尚未达到生油高峰，从地化研究成果以及相邻盆地资料看，估计研究区生油窗开始于 2050~2100m。纵观整个盆地演化史，鉴于烃源岩层的中等埋藏深度，即使再考虑新生代有一些剥蚀，大多数烃类仍以油的生成为主，除非在盆地最深的部位才可能有气的生成。

表 3　中非裂谷盆地现地温梯度及生烃门限统计表

盆地	代表井	现地温梯度(℃/100m)	生烃门限深度(m)
Muglad	Baleela-1	2.27~2.93	2360
	North-4		2450
	SC-1		2400
	GC-1		2000
	AG-1		2788
Bongor	Mimosa-2	2.33~2.60	1580
Doseo	Tega-1	3.5	2000~2500
	Motokaba-1	3.9	
	NorthSako-1	2.5	
	Mya-1	2.3	
Salamat	Aoukale-1	—	2000~2500

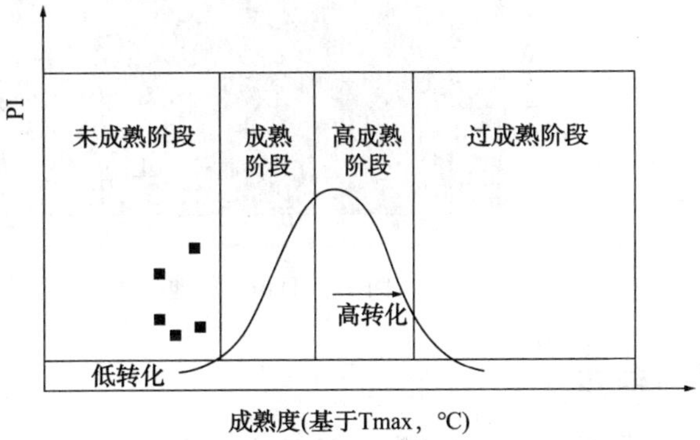

图 11　Doseo 盆地 Tega-1 井烃源岩生烃演化特征

5　油气富集规律

现场资料表明，Doseo 凹陷已钻井揭示了油气垂向上主要富集在下白垩统阿普第阶和巴列姆阶中，部分井在阿尔布阶和上白垩统底部还有油气显示，且表现为浅层、多见沥青，深层产出有天然气，除了与烃源岩主要发育在阿普第阶和巴列姆阶中有关外，还因为该两套烃源岩沉积厚度大、封盖条件好，二者压力系统为正常压力导致排烃动力不足，以及该凹陷断裂不发育确保了较好的保存条件等，这些都是油气富集在深层阿普第阶和巴列姆阶中的关键因素。另外，从已发现油气井的平面构造位置来看，油气发现都集中在凹陷的洼陷带中或近洼的正向构造中，这也是因为 Doseo 凹陷烃源岩发育厚度大，自身提供的盖层条件好，缺少断层活动，保存条件好，外供难度大，所以油气都富集在生烃灶内(图 12)，因此 Doseo 凹陷主要的成藏模式是生烃洼陷内近源背斜、断鼻等正向构造油气藏为主。

距离 Doseo 盆地南部乍得一侧距离研究区最近的 1 口井是 Motokaba-1 井，该井暗色烃源岩发育井段长达 1000m 以上，在 265.2m、530.4~621.8m、1463~1542.3m 见少量油气显示(显示级别 0~1 级)，1682.5~2042.2m、2104.6~2161m 见较好油气显示(显示级别 0~1 级，少量 2 级)，从电性特征判断 2130~2150m 井段两层砂岩属于油气层的概率非常高，而且该凹陷南部断阶带有 6000 多平方公里位于中非境内，勘探位置非常有利，乌干达 Albert 盆地在类似缓坡带已发现 10 亿桶规模储量，因此，研究区南部多级断阶式斜坡带可作为下一步井位探勘及部署的重点目标区。

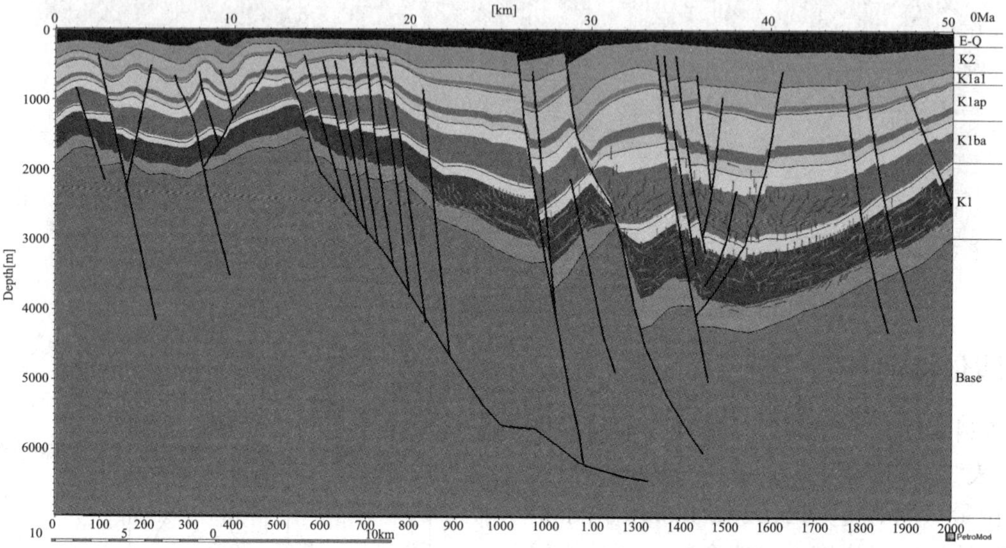

图 12　Doseo 盆地二维地震测线 DS2016-EW04 油气富集成藏规律图

6　结论

① Doseo 盆地下白垩统发育巴列姆阶、阿普第阶、阿尔布阶三套烃源岩，且有机质丰度高，有机质类型以Ⅰ、Ⅱ型为主，母质类型好，成熟烃源岩源岩分布较广，厚度较大，生烃潜力较大，为油气的富集奠定了坚实的物质基础。

② Doseo 凹陷主要的成藏模式是生烃洼陷内近源背斜、断鼻等正向构造油气藏为主，有机质热演化程度较低，且尚未达到生油高峰。

③ 采用常规烃源岩评价技术分析了 Doseo 盆地烃源岩：丰度上总体为中等-好，类型上为Ⅰ~Ⅱ，成熟度为未熟-低熟，其中巴列姆阶和阿普第阶烃源岩发育较好，盆地南部多级断阶式斜坡带可作为下一步井位探勘及部署的重点目标区。

参 考 文 献

[1] 刘为付. 乍得 Doseo 盆地白垩系层序地层与沉积体系[J]. 中南大学学报(自然科学版), 2016, 06: 1981-1988.

[2] 张艺琼, 何登发, 童晓光. 中非剪切带含油气盆地成因机制与构造类型[J]. 石油学报, 2015, 10: 1234-1247.

[3] 孙海涛, 钟大康, 张思梦. 非洲东西部被动大陆边缘盆地油气分布差异[J]. 石油勘探与开发, 2010, 37(5): 561-567.

[4] 宋红日, 窦立荣, 肖坤叶, 等. Bongor 盆地油气成藏地质条件及分布规律初探[J]. 石油与天然气地质, 2009, 06: 762-767.

[5] 窦立荣, 肖坤叶, 胡勇, 等. 乍得 Bongor 盆地石油地质特征及成藏模式[J]. 石油学报, 2011, 03: 379-386.

[6] 代双和, 王玮, 陈志刚, 等. 坡折带控沉积理论在乍得 Bongor 盆地油气勘探中的应用[J]. 石油地球物理勘探, 2010, 03: 448-453.

[7] 陈忠民, 卞德智, 潘校华, 等. 中非地区 B 盆地下白垩统储层特征及其控制因素[J]. 西北大学学报(自然科学版), 2006, 06: 976-981.

[8] 陈昭年. 石油与天然气地质学[M]. 北京: 地质出版社, 2005.

[9] 李建雄, 李明杰, 赵秀岐, 等. 断陷湖盆层序地层学解释与隐蔽油气藏勘探[J]. 石油地球物理勘探, 2004, 39(5): 607-613.

[10] 吴珍云, 尹宏伟, 汪新, 等. 裂谷盆地盐构造形成

演化及油气成藏地质意义：以苏丹红海裂谷盆地为例[J]. 石油学报，2014，35(5)：879-889.

[11] B. A. Moseley，V. A. Tsimmer. Evolution and hydrocarbon habitat of the South Turgay Basin，Kazakhstan [J]. Petroleum Geoscience；June 2000；v. 6；no. 2；p. 125-136.

[12] Khalit Kh. Paragulgov. Structure，evolution and oil and gas potential of the South Turgay Basin，Kazakhstan. Annual Meeting Expanded Abstracts - AAPG (1997)，6 90.

[13] VERONICA T A，ALEJANDRO B，EDWARD R，et al. Cenozoic extension in the Kenya Rift from low-temperature thermochronology：links to diachronous spatiotemporal evolution of rifting in east Africa[J]. Tectonics，2015，34(12)：2367-2386.

[14] DONNELL J P，ADAMS A，NYBLADE A A，et al. The uppermost mantle shear wave velocity structure of easternAfrica fromRayleigh wavetomography：constraints onriftevolution[J]. GeophysicalJournalInternational，2013，194(2)：961-978.

[15] 童晓光，李浩武，肖坤叶，等. 成藏组合快速分析技术在海外低勘探程度盆地的应用[J]. 石油学报，2009，03：317-323.

[16] 张可宝，史卜庆，徐志强，等. 东非地区沉积盆地油气潜力浅析[J]. 天然气地球科学，2007，06：869-874.

[17] 黄先雄，夏斌，万志峰，等. 乍得湖盆地构造特征与油气成藏规律初探[J]. 大地构造与成矿学，2008，03：326-331.

[18] 文志刚，王登，宋换新，等. Bongor 盆地北部斜坡带稠油地球化学特征及成因[J]. 石油天然气学报，2013，4(35)：4.

[19] 路玉林，刘嘉麒，窦立荣，等. 非洲乍得盆地玄武岩 K-Ar 和 39Ar-40Ar 年代学及其动力学背景[J]. 地质学报，2009，8(83)：8.

[20] 王昕，周心怀，徐国胜，等. 渤海海域蓬莱 9-1 花岗岩潜山大型油气田储层发育特征与主控因素[J]. 石油与天然气地质，2015，4(36)：2.

[21] 李富恒，侯连华，石磊，等. 花岗岩油气藏成藏富集因素[J]. 岩性油气藏，2017，2(29)：1.

[22] 代双和，王玮，陈志刚，等. 坡折带控沉积理论在乍得 Bongor 盆地油气勘探中的应用[J]. 石油地球物理勘探，2010，6(45)：3.

[23] 赵健，童晓光，肖坤叶，等. 乍得 Bongor 盆地储层沉积成岩特征及其主控因素[J]. 吉林大学学报(地球科学版)，2013，5(43)：3.

[24] 张艺琼，何登发，童晓光，等. 中非剪切带含油气盆地成因机制与构造类型[J]. 石油学报，2015，10(36)：10.

[25] 肖坤叶，赵健，余朝华，等. 中非裂谷系 Bongor 盆地强反转裂谷构造特征及其对油气成藏的影响[J]. 地学前锋(中国地质大学(北京)；北京大学)，2014，5(21)：3.

准噶尔盆地沙湾凹陷下三叠统百口泉组油气成藏条件与勘探潜力分析

邓高山　董雪梅　张　洁　岳喜伟　任军民　姜　涛

（中国石油新疆油田分公司勘探开发研究院）

摘　要　准噶尔盆地玛湖凹陷下三叠统百口泉组已探明10亿吨储量，而同属于西部坳陷位于玛湖凹陷南部的沙湾凹陷百口泉组勘探程度非常低，长久以来未获得油气突破。对该区油气成藏条件的认识不清楚，勘探潜力的不落实严重制约了沙湾凹陷下三叠统百口泉组油气勘探的进程。通过对沙湾凹陷烃源岩、沉积储层和成藏等条件分析，认为沙湾凹陷百口泉组具备形成大油气区的基本条件：具备以风城组盐湖优质烃源岩为主的多套二叠系烃源岩持续供烃；三大物源体系控制三大扇体，发育前缘相深埋、面积广大的优质规模储集层；具备高角度深大断裂、不整合面和砂体高效输导体系和区域性盖层等有利条件。基于已钻失利井和成功井分析，明确了沙湾凹陷百口泉组油气成藏及富集的关键是源储配置的紧密性、优质的储集条件、正向构造及异常高压等多个成藏要素的耦合。基于百口泉组成藏主控因素的分析指出沙湾凹陷百口泉组具备两大勘探潜力的区带。一是百口泉组构造型有利勘探区带，沙湾凹陷沿北西向发育的一系列鼻凸近源且位于有利储层区作为优先勘探区，以求获得快速突破；二是岩性有利勘探区带，坡折区具备岩性圈闭发育的良好条件，可作为风险勘探区。提出的两类区带勘探潜力大，以期为沙湾凹陷百口泉组的勘探部署和油气突破提供理论支持。

关键词　准噶尔盆地；沙湾凹陷；百口泉组；成藏条件；成藏主控因素；勘探潜力

HydrocarbonAccumulation Conditions and Exploration Potential of Triassic Baikouquan Formation of Shawan Sag in Junggar Basin

Deng Gaoshan　Dong Xuemei　Zhang Jie　Yue Xiwei　Ren Junmin　Jiang Tao

（Research Institute of Exploration and Development，PetroChina Xinjiang Oilfield Company）

Abstract　The Triassic Baikouquanformation in the Mahu sag of the Junggar Basin has proven reserves of 1 billion tons，while the exploration degree of the Baikouquan formation in the Shawan Sag，located in the south of the Mahu Sag，is very low，and no oil and gas breakthrough has been achieved for a long time. The understanding of oil and gas accumulation conditions in this area is not clear，and its exploration potential is not implemented. Based on the analysis of the conditions of source rocks，sedimentary reservoirs and hydrocarbon accumulation in Shawan sag，it is considered that the Baikouquan formation in Shawan sag has the basic conditions for forming a large oil and gas area：it has multiple sets of source rocks with continuous hydrocarbon supply，dominated by high-quality salt lake source rocks of Fengcheng formation. Deep-buried high-quality reservoirs of delta front facies，and favorable conditions such as high-angle deep faults，unconformity surfaces，efficient channeling system of sand bodies and regional cap rocks were also developed in Shawan sag. Based on the analysis of failed wells and successful wells，it has been determined that Baikouquan formation in Shawan sag has at least two exploration potential zones. One is the favorable exploration zone for strctural traps of Baikouquan formation，which is the priority exploration area . The second is the favorable exploration zone for lithology traps，which is the field of risk well exploration. Aiming to provide theoretical support for the exploration deployment and oil and gas breakthrough of Baikouquan formation in Shawan Sag.

Key words　Shawan sag; Baikouquan formation; Accumulation conditions; Exploration potential; reservoir controlling factors

2018年之前，沙湾凹陷勘探主要集中于凹陷周缘的红车断裂带及中拐凸起高部位，已探明储量5亿吨，表明沙湾凹陷生烃资源量充足，勘探潜力巨大。凹陷区地层发育更完备，埋藏深度普遍大于4000m，有效储层、圈闭的发育条件不明确，缺乏深层勘探的理论认识和与之匹配的技术，使得凹陷区的勘探程度低。近十年以来，玛湖凹陷百口泉组成功勘探带来了深层勘探地质认识的转变：表现在高角度断裂体系可实现油气垂向跨层运移，砾岩优质储层埋深拓展到5000m以深，缓坡沉积背景下平原相致密砂砾岩侧向遮挡控制油气富集。玛湖凹陷三叠系百口泉组已探明十余个油藏，已全面效益开发，目前累产已超千万吨，近年年产量达500万吨，百口泉组是目前盆地效益勘探最重要的目的层。2018年以来，沙湾凹陷在风险勘探的引领和以及邻区玛湖凹陷勘实践经验的指导下，从断裂带浅层转向沙湾凹陷下凹勘探，二叠系上乌尔禾组(P_3w)和风城组(P_1f)削蚀带获得突破，已提交控制储量2亿吨。钻探分析沙湾凹陷三叠系百口泉组发育规模扇体和厚砂层，但储层含油性较差，始终未获得勘探突破，仅ST1等7口井获得日产油1~3t的含油水层。根据中国石油第四次资源评价结果，沙湾凹陷生油/气量是玛湖凹陷的2倍左右，但资源量与两个凹陷已发现的储量严重不匹配，沙湾凹陷三叠系百口泉组是否具备与玛湖凹陷类似的成藏条件和规模勘探的潜力？

2022年针对二叠系部署的两口风险探井在三叠系百口泉组获得高产工业油气流，为沙湾凹陷百口泉的勘探带来了重要的启示。Z10井在三叠系百口泉组埋深6700m处未经过压裂，自然产能为日产轻质油78m^3，稳产130天，累产油超6000m^3，储层岩性为粉—细砂岩，孔隙度17%，渗透率1.76mD，揭示邻近生烃中心区的百口泉组发育深埋优质规模储层，具备高产稳产的基础。另一口风险探井SW1井在沙湾凹陷斜坡区百口泉组试油获得工业油流，储层岩性为砂砾岩，孔隙度15%，风险探井的钻探表明沙湾凹陷三叠系深层条件下也具备较优质的储层条件。此前对沙湾凹陷三叠系百口泉组的研究较少，少量的研究也主要集中于对物源以及沉积储层特征方面。本文根据最近三年新获得的地震资料、钻井、录井、试油等地质及分析化验资料，结合前期的失利井原因分析，对沙湾凹陷烃源岩条件、三叠系百口泉组的储盖组合、沉积储层等成藏条件和成藏模式进行分析，指出有利勘探区，为该区的油气勘探规模性突破提供支撑。

1　地质概况

沙湾凹陷属于准噶尔盆地西部坳陷的一个二级构造单元，构造上位于准噶尔盆地西南部，北部与中拐凸起和盆1井西凹陷相接，西部为红车断裂带—车排子凸起，南部与北天山山前冲断带相邻，东部为莫索湾凸起和莫南凸起(图1)。凸起区地层残缺剥蚀严重，斜坡及凹陷区地层发育较为完整，沉积基底为巨厚的石炭系(C)火山熔岩和火山碎屑岩，自下而上依次发育二叠系佳木河组(P_1j)、风城组(P_1f)、夏子街组(P_1j)、下乌尔禾组(P_2w)、乌尔禾组(P_3w)，三叠系百口泉组(T_1b)、克拉玛依组(T_2k)、白碱滩组(T_3b)以及侏罗系(J)、白垩系(K)、古近系(E)、新近系(N)和第四系(Q)，沉积上万米厚的地层(图1)。三叠系湖平面变化整体从低到高，为持续湖侵的缓坡湖盆环境。自下而上发育百口泉组、克拉玛依组和白碱滩组。百口泉组发育扇三角洲-湖泊相沉积体系，岩性组合具“砂厚泥薄”特征，主要为厚层灰色砂砾岩夹薄泥岩层。克拉玛依岩性为砂泥岩不等厚互层，白碱滩组为“泥包砂”，深灰色泥岩、粉砂岩夹薄砂岩。百口泉组自下而上分为百口泉组一段(T_1b_1)、二段(T_1b_2)和三段(T_1b_3)。

2　成藏条件

2.1　烃源岩条件

受构造运动和古气候的共同控制，沙湾凹陷经历了多个沉积旋回，发生过多次湖侵过程，形成多套烃源岩。本文结合西部坳陷的三个次级凹陷(玛湖凹陷、盆1井西凹陷和沙湾凹陷)烃源岩分析化验数据和油气来源，认为沙湾凹陷风城组、夏子街组和下乌尔禾组为沙湾凹陷最可靠的可以生成并排出烃类、形成商业油气藏的有效烃源岩。多套烃源岩资源基础充足，具备形成大规模的油气田的物质基础。

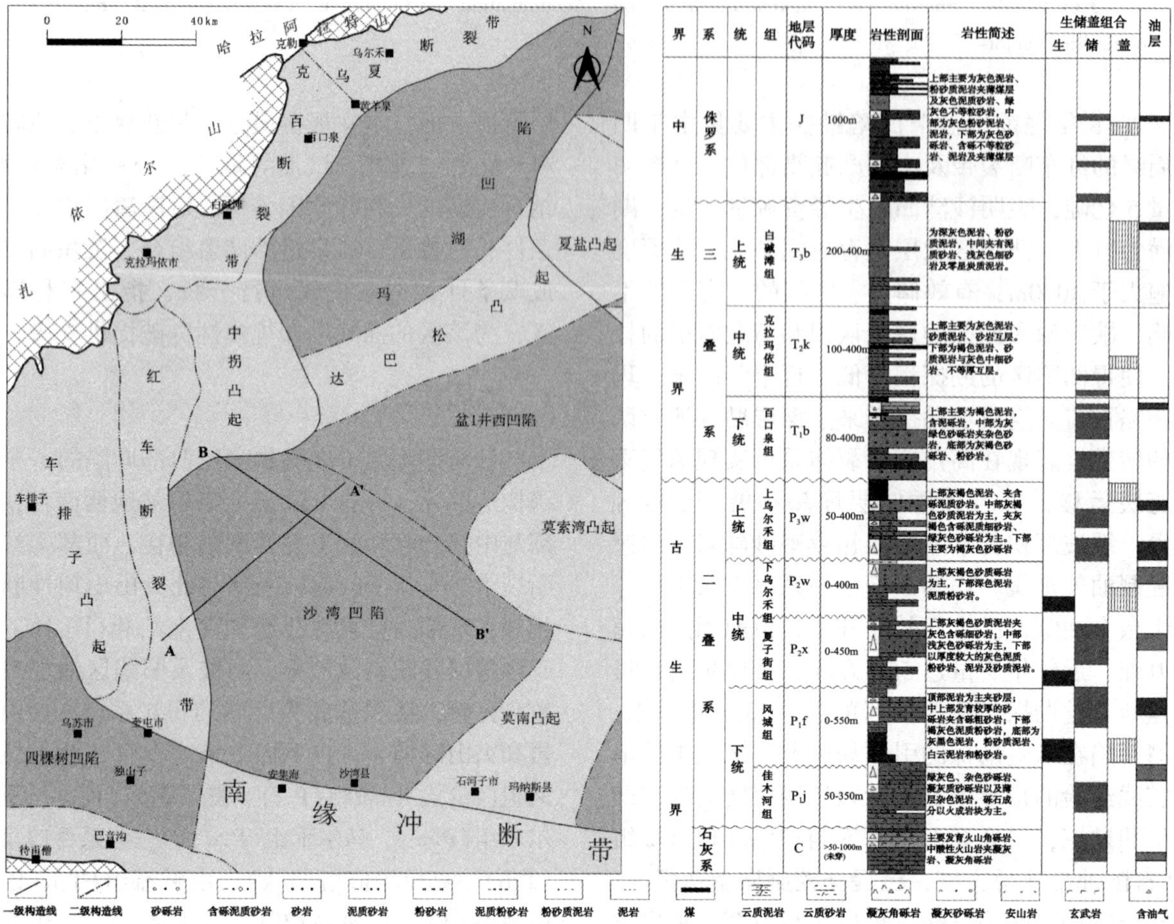

图 1　准噶尔盆地西部构造分区(a)及沙湾凹陷地层综合柱状图(b)

准噶尔盆地石炭系烃源岩被认为主要发育于盆地东部，盆地西北缘石炭系研究相对较少。前期在红车断裂带 5 口井钻遇石炭系 20~90m 厚的凝灰质泥岩，总有机碳质量分数(TOC)平均值 1.63%(表 1)。近期在盆地西部沙湾凹陷周缘车排子凸起 CT2 井石炭系产层天然气乙烷碳同位素−22.47‰(图 2)，和盆地东部石炭系生成气地球化学特征基本一致，分析认为具有典型石炭系天然气来源特征，证实盆地西部石炭系为一套有效的烃源岩。但是其分布和生烃能力应当较为局限，在凹陷区是否发育仍不太清楚。

表 1　西部坳陷主要烃源岩地球化学特征

层位	w(TOC)/%	R_o/%	$w(S_1+S_2)$/(mg/g)	w(氯仿沥青“A”)/%	氢指数/(mg/g)	干酪根类型
C	(0.03~19.8)/1.63	0.70~2.20	(0.02~19.97)/0.84	(0.001~0.3515)/0.031	(1.63~365.06)/52.45	Ⅲ
P_1j	(0.17~2.51)/1.08	1.38~1.90	(0.06~1.91)/0.56	(0.0012~0.2822)/0.0415	(2.00~354)/55.85	Ⅲ
P_1f	(0.07~6.1)/1.01	0.85~1.74	(0.01~59.84)/4.66	(0.0017~1.5398)/0.2431	(3.33~1872.37)/375	Ⅰ–$Ⅱ_2$ 型
P_2x	(0.43~5.53)/1.36	0.76~1.68	(0.03~46.53)/3.12	—	(3.47~580)/397	$Ⅱ_2$–Ⅲ
P_2w	(0.09~4.55)/1.49	0.50~1.70	(0.01~23.21)/2.15	(0.0008~0.0978)/0.0210	(1.20~950.00)/42	$Ⅱ_2$–Ⅲ

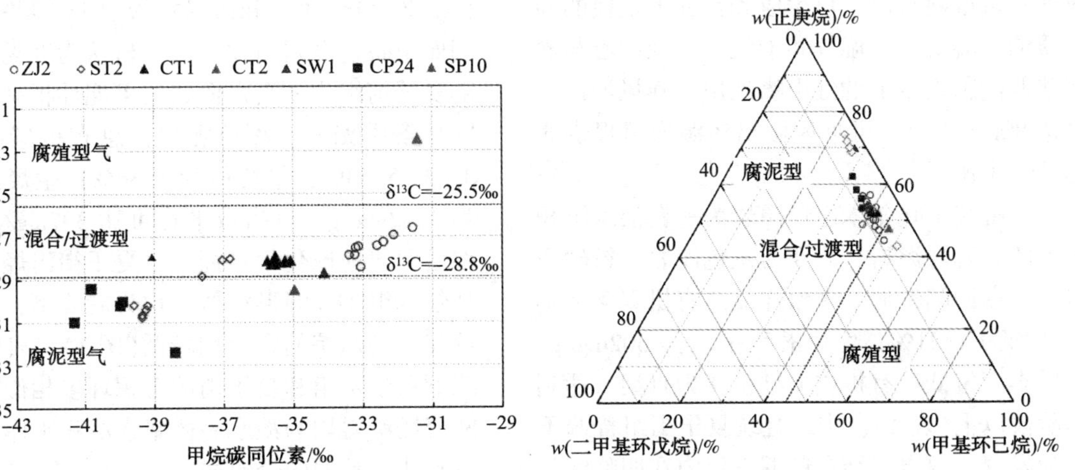

图2　沙湾凹陷天然气甲烷乙烷碳同位素分布及 C_7 轻烃组成图

佳木河组沉积期是准噶尔盆地造山运动剧烈的前陆期，构造活动强烈，发育巨厚的磨拉石建造。在盆地边缘厚度大、盆地中心厚度小，因此在构造背景上，佳木河组时期烃源岩的发育条件并不优越。目前钻遇佳木河组烃源岩的井处于红车断裂带上，埋深一般小于 3000m，但最高热解峰温介于 440~550℃，为成熟—过成熟阶段，表明佳木河组烃源岩先埋深达到较高成熟度，后经构造运动抬升至浅部。烃源岩岩性以凝灰质泥岩和泥质凝灰岩为主，有机质类型主要为Ⅲ型，丰度差—中等，其分布和生烃规模可能较为局限。

风城组烃源岩主要分布于准噶尔盆地西部坳陷的玛湖凹陷、盆 1 井西凹陷和沙湾凹陷三个次级凹陷。前期风城组烃源岩仅在玛湖地区在井下钻揭。玛湖地区风城组为海陆过渡环境的残留海—潟湖相沉积，具有碎屑岩和碳酸盐岩混积特征。烃源岩岩性为黑灰色泥岩、白云质泥-页岩。有机质类型以Ⅱ类为主，总有机碳质量分数平均值为 1.01%，抽提物氯仿沥青“A”质量分数为 0.24%，生烃潜量(S_1+S_2)为 4.54mg/g，氢指数(I_H)为 388mg/g，干酪根镜质组反射率(R_o)在 0.85%~1.56%之间，达到成熟阶段以上(表 1)。近期风险探井 ZS101 井、TT1 井两口井在沙湾凹陷钻遇风城组优质烃源岩，总有机碳质量分数在 0.57%~2.90%之间，平均值为 2.04%，生烃潜量为 6.77mg/g。风城组烃源岩生烃母质主要为细菌和高度富含油脂的耐盐碱绿藻。加之准噶尔盆地低地温梯度条件，使得风城烃源岩具有不同于常见淡水湖相烃源岩的生烃特点，突出表现为早期、长期、持续生烃，成熟—高熟的黑油—轻质凝析油气—天然气连续充注。沙湾凹陷相比玛湖凹陷，湖盆发育范围更大，沉积水体深，烃源岩埋藏深度更深，沉积的厚度也厚于玛湖凹陷。烃源岩层地震反射特征为顶底界面表现为强反射界面，内部表现为弱反射—空白反射。从沙湾凹陷周缘已发现的石油、天然气的性质和地球化学特征也表明沙湾凹陷风城组也发育一套咸水型偏腐泥烃源岩。

沙湾凹陷斜坡区 CP24 井风城组油藏原油平均密度 0.85g/cm^3，黏度 12.8mPa·s(50℃条件下)，含蜡量 6.5%，凝固点 11.2℃，为中等黏度、中等凝固点、中等含蜡量正常原油。原油总离子流图(TIC)上，烃组分完整，富含姥鲛烷和植烷，Pr/nC_{17} 和 Ph/nC_{18} 分别为 0.64 和 0.71，姥植比 1.02，富含 β-胡萝卜烷，β 胡萝卜烷/主峰为 0.52；三环萜烷 C_{20}、C_{21}、C_{23} 的相对丰度为呈现“山峰型”分布，富含伽马蜡烷，伽马蜡烷指数为 0.26；规则甾烷 αααC_{27}、C_{28}、C_{29} 相对丰度依次增加(图 3)。油藏溶解气甲烷和乙烷碳同位素较轻，分别为-41.32‰和-30.98‰，与玛湖凹陷典型风城组来源原油的物理性质和地球化学特征的相似度非常高。同时从 CT2、SW1、ST2 等气藏的天然气碳同位素分布特征分析，均呈现为明显的腐泥型天然气特征(图 2)。已发现油藏和气藏的流体性质特征表明沙湾凹陷风城组烃源岩同时具备生油和生气能力。沙湾凹陷风城组烃源岩埋深大，在 6000m~13000m 之间。根据实测镜质体反射率(R_o)资料推算，风城组烃源岩 R_o 介于 1.35%~2.00%时，对应的埋深为 6500m~8500m，平面上的面积超过 2000km^2，而 R_o 高于 2.00% 的面积超过 1000km^2。因此，沙湾凹陷主力烃源岩已经进入高成熟和过成熟阶段，可生成和排除大规模的高熟轻质油、凝析油、湿气和干气。生烃中心与沙湾凹陷西侧断裂带上的红山嘴油田、春风油田距离可达 80km 以上，可见风城组烃源岩可提供充足的油气来源。

中二叠统下乌尔禾组烃源岩为一套淡水沉积背景下的一套烃源岩，岩性为灰色泥岩、粉砂质泥岩。玛湖凹陷钻遇大多数样品总有机碳含量不高，平均为 1.21%，生烃潜量平均为 302mg/g，有机质丰度偏低，有机质类型主要为Ⅲ型，达到成熟阶段以上(表 1)。中二叠统夏子街组普遍不被认为发育烃源岩，结合最近三年内在凹陷区新钻的 ZS101、JT1 和边缘相带 JL48 等井实钻岩性剖面中暗色泥岩占比大，分析认为准噶尔盆地西部夏子街组为一套烃源岩的可能性很高。岩性主要是碳质泥岩、深色泥岩，总有机碳质量分数 0.43~5.53%，平均值为 1.36%；生烃潜量平均为 3.12mg/g，氢指数平均可达 397mg/g(表 1)。在烃源岩地球化学特征上，夏子街组烃源岩和下乌尔禾组 TIC 峰形相似，均为后峰型；β 胡萝卜烷和伽马蜡烷的含量均较低(图 3)，表明中二叠统下乌尔禾组和夏子街的沉积环境相似，中二叠两套烃源岩均为淡水—微咸水沉积水体下沉积的一套Ⅱ$_2$-Ⅲ型的烃源岩。

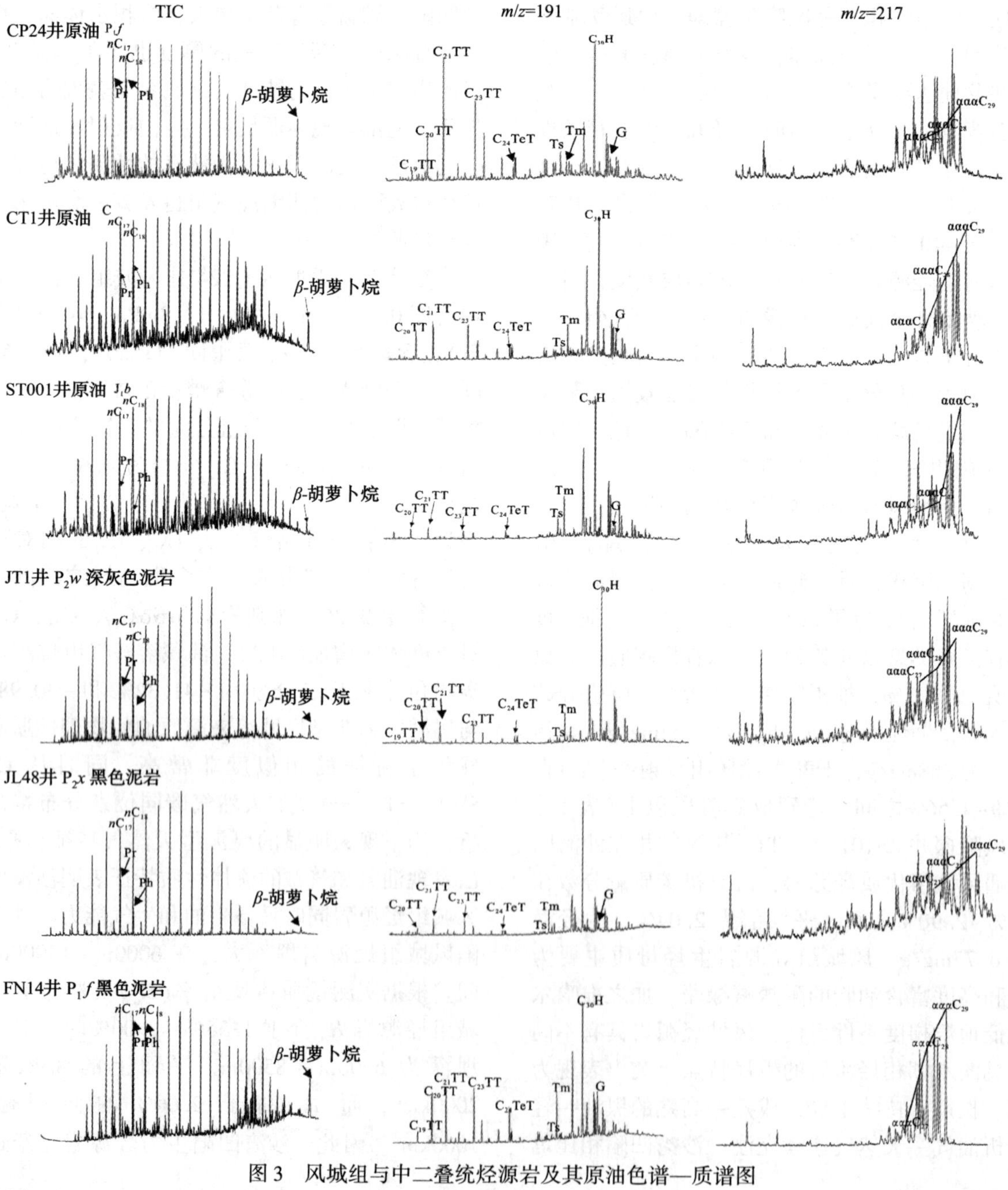

图 3　风城组与中二叠统烃源岩及其原油色谱—质谱图

沙湾凹陷周缘 CT1 井石炭系油藏原油特征为贫姥鲛烷和植烷、Pr/nC_{17} 和 Ph/nC_{18} 分别为 0.41 和 0.48，姥植比 1.38，β-胡萝卜烷相对丰度较低，β 胡萝卜烷/主峰为 0.17；伽马蜡烷相对丰度低 0.13，具有以下乌尔禾组来源为主、少量风城组混源的特征；ST001 井谱图表明其来源于下乌尔禾组(图 3)。中拐凸起天然气中甲烷和乙烷碳同位素较重，分别为 -35.09‰ 和 -27.92‰(图 2)。油藏和气藏特征表明其来源为沙湾凹陷下乌尔禾组，说明下乌尔禾组是沙湾凹陷的另一套有效的烃源岩。从发现的储量总量大小而言，来自下乌尔禾组的原油和天然气储量明显小于风城烃源岩。

沙湾凹陷以南的南缘山前带侏罗系为一套主力烃源岩，侏罗系属于辫状河—三角洲—湖沼相含煤沉积，烃源岩岩性主要为暗色泥岩和碳质泥岩，煤层发育。而目前沙湾凹陷 SW1 井埋深 4800m 钻遇 10m 厚碳质泥岩，综合评价为低丰度低、低成熟、Ⅲ型较差烃源岩。沙湾凹陷生烃中心八道湾组埋深达到 7000m 以上，和南缘深度相近。由此推测沙湾凹陷生烃中心八道湾组为一套潜在的烃源岩。

从目前盆地西部泥岩钻遇情况以及油气源分析来看，石炭系、下二叠统佳木河组和和侏罗系烃源岩则是沙湾凹陷潜在的烃源岩，这三套烃源岩的分布和规模有待钻探进一步证实。而三叠系百口泉组油气来源则主要为下二叠统风城组和中二叠的三套烃源岩，烃源层和百口接触关系为源储分离和下生上储型。

2.2　沉积相特征和储盖层条件

2.2.1　沉积相特征及演化

沙湾凹陷三叠系百口泉组和二叠系上乌尔禾组沉积期均处于盆地坳陷期构造阶段，沉积相演化和物源具有一定的继承性，三叠系基本承续了二叠系物源方向，但盆地沉降速度和物源的供应速率存在一定的差异。古地貌和重矿物研究表明，沙湾凹陷发育中拐、柳树沟、沙门子 3 大物源体系，北部的中拐凸起和南部车排子凸起形成于晚石炭世，晚二叠世-晚侏罗世期间接受来自扎伊尔山的物源沉积，控制了北部中拐和南部沙门子物源体系的形成。中部的柳树沟物源来自山间河流，形成长轴扇体。沙湾凹陷三叠系百口泉在山前部分发育山麓-洪积扇沉积环境，向盆地中央推进，逐渐过渡为扇三角洲及湖泊沉积环境。根据层序内部的不整合和沉积水体的变化，可将三叠系的 1 个二级层序划分为 3 个三级层序，百口泉组为其中 1 个三级层序。百口泉组受到两级坡折的控制，结合沉积旋回特征进一步划分为 3 个四级层序，对应百口泉组的三个层段，四级层序受短期沉积旋回的控制，可以分为多个五级层序，对应沉积微相。整体表现为水进砂退的特征，发育缓坡浅水退积式扇三角洲沉积，呈现“下粗上细”的正旋回特征(图 4)。

T_1b_1、T_1b_2 和 T_1b_3 逐层超覆沉积与下伏的上乌尔禾组之上，T_1b_1 沉积时期为低位体系域，湖岸线距离物源区较远，湖盆分布范围较小，湖平面处于一级坡折附近，主要发育河流-扇三角洲沉积体系。目前绝大数井未钻遇百一段，仅 SW1 井和 Z10 井钻遇。SW1 井钻遇氧化色泥岩，整体呈现为河流相二元结构，为下切水道沉积；T_1b_2 沉积时期为湖侵体系域，湖平面缓慢上升至二级坡折处，可容空间增加的速度略快于沉积物供给的速度，发育水进型扇三角洲沉积体系，扇体规模和沉积厚度明显大于百一段，形成了上百米厚的砂砾岩。较高部位发育含砾砂岩沉积，向沉积中心逐渐过渡为较细粒的沉积。T_1b_3 沉积时期湖平面相对高，扇体沉积的规模较小，主要以湖相沉积为主，发育围绕湖岸线分布的滩坝砂体，该时期细粒沉积物较多，在后期高部位地层遭受风化剥蚀作用(图 5)。沉积演化过程分析表明，湖盆范围逐渐向构造高部位逐渐扩大，扇三角洲前缘和沿岸滩坝砂体逐渐向高部位移动，沉积相带对优质储层的发育具有控制作用。百口泉组有利砂体可以分为两种类型，一类是扇三角洲前缘砂体。退积过程中湖平面振荡变化，形成了多期次、纵向叠置横向迁移大面积分布的水下分流河道沉积，砂体呈纵向叠置、横向连片。较强的水动力使得砂体形成较好的分选和磨圆度，较高的孔隙度和渗透率，这些物性较好的砂体为油气的富集成藏提供了优质的储存空间。沙湾凹陷扇三角洲前缘发育面积为 600~2000km^2，单砂体厚度为 3~45m，砂地比为 0.48~0.72，总体上扇体规模大。另一种为前缘相前端的沿岸砂坝砂体，前缘砂体受坡折和湖平面频繁升降的影响，砂体受到波浪反复淘洗，砂体岩性较纯、分选磨圆好，储层物性好。

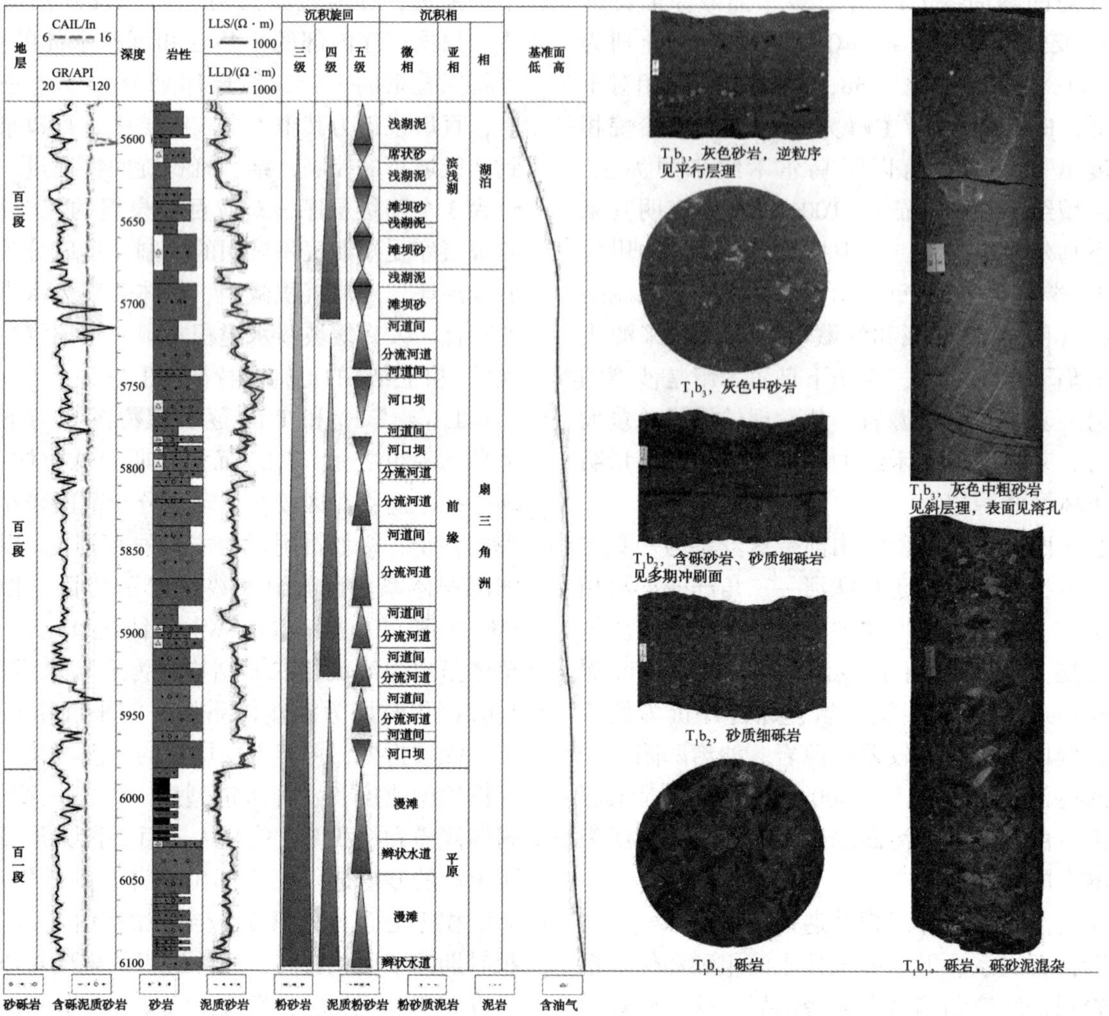

图 4　沙湾凹陷 SW1 井三叠系百口泉组地层综合柱状图

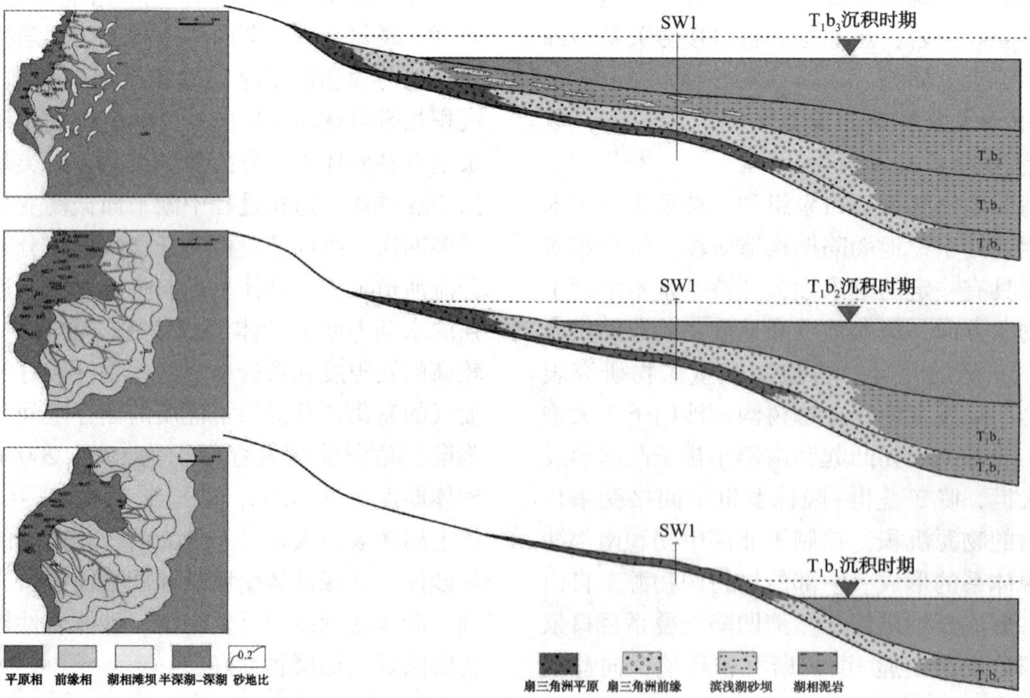

图 5　沙湾凹陷百口泉组沉积演化模式图

2.2.2 储层特征

2.2.2.1 岩石学特征

根据沙湾凹陷百口泉组 11 口钻井取心及镜下微观资料分析，沙湾凹陷百口泉组一段和二段的岩性明显粗于三段。一段和二段储层岩性以褐色、杂色中-细砾岩、含砂砾岩为主。砾石排列定向性较差，大小悬殊，粒径在 2～150mm 之间分选极差，砾砂泥混杂。砾石成分较为复杂，以安山岩、凝灰岩、花岗岩主；磨圆多呈棱角—次圆状。砂泥质填隙物充满砾石颗粒孔隙，泥质含量高，介于 5%～18%。岩石以块块状层理为主，偶见交错层理。整体上储层成分成熟度、结构成熟度低。百口泉组三段储层岩石粒度明显偏细，其沉积相带主要为扇三角洲前缘水下分流河道前端及滨浅湖沿岸沙坝、滩坝微相。岩性主要为岩屑长石砂质细砾岩和岩屑长石砂质砾岩，其次为含砾长石岩屑砂岩和长石岩屑砂岩。砾石的粒径较为均一，底部具有一定的定向排列。岩屑含量较高且成分复杂多样，主要有凝灰岩、花岗岩、安山岩、流纹岩、石英岩和霏细岩。颗粒磨圆度相对较好，多呈次棱状—次圆状，分选中等。颗粒之间填隙物含量较少，含量一般小于 5%，以绿泥石、高岭石胶结物为主，其次为方解石胶结物，偶见沸石胶结。

2.2.2.2 物性及储集空间类型

根据 187 组钻井取心样品物性统计资料，三叠系百口泉组整体上表现为特低孔—低孔、特低渗—低渗储层。岩心实测孔隙度 2.7%～15.5%，平均值 7.8%。孔隙度大于 10%的储层样品占比 22%，孔隙度介于 8.0%～10.0%之间的样品占比 26%，小于 8.0%的储层样品占比 52%。百口泉组渗透率为 0.013～56×10^{-3}μm^2，平均为 2.380×10^{-3}μm^2。渗透率小于 1.000×10^{-3}μm^2 样品占比 37%。百口泉物性受到沉积相控制的作用较为明显，扇三角洲平原亚相和前缘亚相物性差异较大。平原亚相储层孔隙度小于 10%，渗透率小于 3.000×10^{-3}μm^2。前缘储层物性相对更好，孔隙度大于 5%～21%，渗透率一般大于 3.000×10^{-3}μm^2。压汞实验显示，三叠系百口泉组前缘水下分流河道微相和沿岸砂坝微相储层的孔喉结构整体属细喉、微细吼道，孔隙—吼道连通性中等—较好，孔喉结构相对较优。毛管压力曲线反映排驱压力中等，孔隙分选相对较好，偏粗歪度，以中细孔喉为主。最大孔喉半径为 0.61μm ～ 25.79μm，平均 4.84μm。从各段的特征而言，百口泉组三段的储层物性最好，孔隙度介于 3.8～15.5%，平均值 12.5%。渗透率介于 0.440～13.9×10^{-3}μm^2，平均值 4.880×10^{-3}μm^2。孔隙度和渗透率正向线性关系较好，铸体薄片资料显示孔隙类型以原生粒间孔隙为主、少量的溶蚀孔隙(图 6)，百三段砂体主要为滨浅湖沿岸砂坝及滩坝，岩性组合具有砂薄泥厚特征，厚层泥岩形成的超压利于原生孔隙保存，经历的成岩作用相对简单。百口泉组二段的储层物性整体较三段差、较一段物性更好，局部物性优于百三段。孔隙度介于 3.6～13.6%，平均值 9.2%。渗透率介于 0.021～56.000×10^{-3}μm^2，平均值 3.540×10^{-3}μm^2。百口泉组二段孔隙度和渗透率线性关系较差，成岩作用相对复杂。百口泉组三段的储层物性较差、整体更为致密。孔隙度介于 2.7～10.1%，平均值 5.9%。渗透率介于 0.013～9.500×10^{-3}μm^2，平均值 1.55×10^{-3}μm^2。

图 6　沙湾凹陷百口泉组铸体薄片

2.2.2.3 深埋优质储层成因机理

Z10井在三叠系百口泉组三段埋深6700m处细砂岩储层，孔隙度12%～17%，渗透率1.4～8.9×$10^{-3}$$\mu m^2$，表明在超埋深条件下仍可发育高孔优质储层。SW1井在百口泉组钻遇两层累计180m厚的异常高孔发育砂砾岩储层。在测井特征上表现为低密度、高电阻率，核磁测井上呈现双峰，表明储层大孔隙发育。平均孔隙度14.6%。分析认为沙湾凹陷深埋条件下形成高孔隙的成因机制可归结为以下4种作用：沉积相带的先决作用，绿泥石膜抑制作用，钠长石溶蚀增孔作用，烃类充注持续超压保孔。

百口泉组深埋优质储层具有“基因好”的特点—有利的沉积相带。沉积相是储层发育的先决条件，对储层的演化形成、品质及其展布形态具有宏观控制作用。相带决定了优质储层发育的优势岩性，进而影响了储层的结构和物性。沙湾凹陷百口泉组属于扇三角洲-滨浅湖沉积体系，发育扇三角洲平原、扇三角洲前缘以及滨浅湖亚相。其中，Z10井T_1b_3底部整体为灰色砂岩，发育于前缘亚相的水下分流河道和沿岸砂坝微相。受湖平面振荡的影响，波浪反复淘洗改造，砂体分选、磨圆较好，粒间孔隙的发育程度高(图6)。同时泥质含量低，粒间孔隙的充填作用更弱。相比之下，平原亚相储层沉积水体筛选作用不充分，含大量的泥质，岩石更加致密，物性更差。

深埋优质储层具有“成长好”的特点—绿泥石膜抑制作用和钠长石溶蚀增孔作用主要发生于成岩作用阶段，绿泥石膜的发育通过占据石英结晶核的位置，减弱石英的此生加大，在一定程度上对原生孔隙的保存具有建设性作用。在早成岩阶段，随着埋深增加，储层主要为压实作用，储层流体介质主要为弱酸性，因此胶结作用较弱，储层物性随着埋深增加逐渐变差。同时储层流体转为弱碱性，对胶结物的形成有利。这一时期自生黏土矿物类型主要为绿泥石，呈薄膜状态分在颗粒的边缘(图7)，绿泥石颗粒包壳对储层胶结作用的发生具有抑制作用。根据Z10井实验数据统计发现绿泥石膜含量与原生孔隙的含量具有较好的正相关性，从统计规律上也可以反映绿泥石的抑制作用(图8)。早成岩晚期阶段，胶结物主要为钠长石胶结物和方解石胶结物。扫描电镜照片以及电子探针主量元素图谱均显示，在镜下可观察到钠长石胶结物的存在。在中成岩阶段，富含有机酸的地层水和烃类从烃源岩中排出，在氧化剂(Mn^{3+}、Mn^{4+}、Fe^{3+})参与下，发生烃类氧化作用，在地层中产生CO_2和H^+，从而使得储层流体环境为酸性。钠长石胶结物和方解石胶结物发生溶蚀增孔作用，形成次生孔隙。图8可以观察到钠长石胶结物经受的溶蚀作用、方解石交代钠长石作用。SP2井百口泉组储层中较高含量的Mn^{2+}，表明储层具备发生烃类反应的氧化剂。百口泉组储层方解石碳同位素主要介于-55‰～-25‰，氧同位素主要介于-15‰～-25‰，表明方解石碳主要来源为烃类碳源(图9)。氧化剂和碳的来源说明百口泉储层具备发生烃类氧化的条件，从而为钠长石和方解石的溶解作用提供良好的酸性流体环境。因此在深埋条件下百口泉组储层产生大量的次生孔，进而为油气提供了良好的运移以及储集空间。

图7 沙湾凹陷百口泉组储层绿泥石包壳与含量—深度关系图

图8　沙湾凹陷百口泉组储层薄片

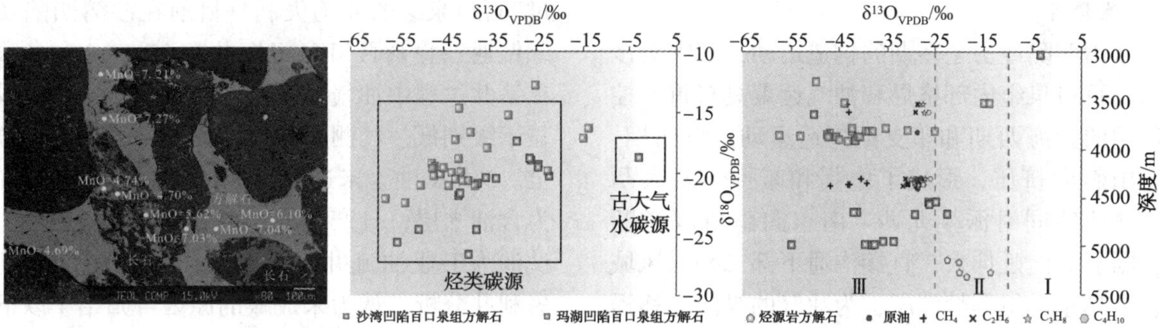

图9　沙湾凹陷百口泉组储层 Mn^{2+} 含量及方解石碳同位素

深埋优质储层具有“保养好”的特点—烃类充注持续超压保孔以及高孔隙压力下易形成微裂缝。泥岩声速和密度关系特征表明Z10井超压成因具有欠压实和流体膨胀成因。沙湾凹陷在白垩纪早中期(埋深小于3000m)为油气大量充注时期，在储层内部形成烃类超压并持续至今。超压在一定程度上有效抑制上覆地层的压实作用，使得原生孔隙能很好的保存下来。当压力系数超过1.5左右，超压抗压实的效果比较明显，压力系数在2.0时，储层的原生孔隙度将不再减小，Z10井 T_1b 压力系数达到1.80，对应的超压保孔量可以达到4%，抗压实作用效果明显。随着孔隙压力的增加，储层保孔量和渗透率增大，当孔隙压力达到临界值时，渗透率快速增大。此外，温度对成岩作用发生的进程具有重要的影响。准噶尔盆地为典型的“冷盆”，在低温梯度条件下，储层的成岩作用显著延缓。西部低地温场—深埋期短暂的储层成岩作用和孔隙演化和东部高地温场—深埋期长的储层成岩作用和孔隙演化具有不同的路径，低温场条件下储层长期处于早成岩阶段，原生孔隙度下降更缓慢。虽然后期成岩阶段为快速埋深阶段，但储层成岩环境利于次生孔隙产生，从而在深埋条件下形成优质储层。这对在超深埋条件下的油气成藏具有重要意义(图10)。

2.2.3　储盖组合

三叠系百口泉组属于扇三角洲相，在大型地层超覆背景下，发育多套砂体，呈现“纵向叠置、横向连片”的展布特征。百口泉组顶部发育一套湖泛褐色泥岩、泥质粉砂岩，厚度在20~50m之间，全区稳定分布。上部的中三叠统克拉玛依组和上三叠统白碱滩组发育大套细粒沉积物，泥质含量70%以上，厚度达500m以上，分布非常稳定，可作为百口泉组储层的盖层；上倾方向扇三角洲平原亚相致密富含泥质的砂砾岩物性很差，平均孔隙度小于3.5%，渗透率小于0.08mD，可作为有效的横向遮挡。三叠系为异常高压层，预测压力系数在 1.3 以上，凹陷区甚至达到 2.1 以上，异常高压的发育对泥质盖层的封闭作用具有促进作用。整体而言三叠系百口泉的盖层条件十分有利。

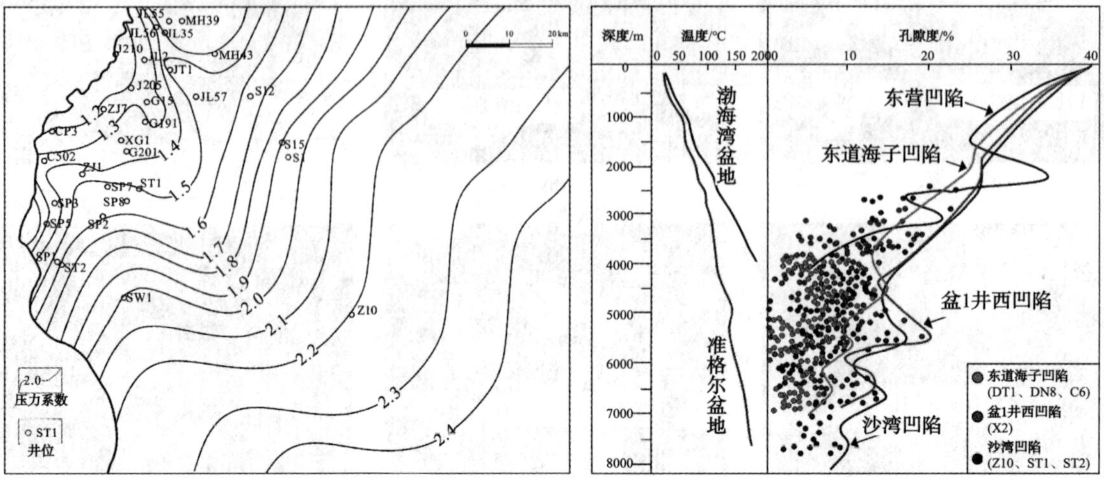

图 10　沙湾凹陷百口泉组压力系数分布(a)与温度—孔隙度—深度(b)图

2.3　运聚条件

沙湾凹陷经历了多期的构造运动，其中对沙湾凹陷百口泉组内部格局和油气运聚具有重大控制作用的为海西期和印支期构造运动。海西期，受老山斜向挤压，形成了中拐和车排子两大凸起。海西期同时派生北西～南东向高角度逆断层，断裂纵向延伸大，直接沟通下部二叠系风城组、上乌尔禾组等烃源层，为油气的纵向运移提供了高效的运移通道。印支期断裂以东西走向的正断裂为主，延伸较短、规模较小，纵向上主要为对百口泉组油藏进行小规模的调整，在横向上一系列的断层对下倾方向起到遮挡封堵作用，使得油气藏类型多样化。两类断裂构成重要的运聚输导体系，凹陷生烃中心的油气沿深～浅断裂体系向三叠系运移成藏。同时在全区三叠系与下伏的二叠系上乌尔禾组之间为平行不整合接触，不整合面经历长期风化淋滤形成可供流体高效运移的残积层。第三种高效运移通道为三角洲前缘相优质砂体，大面积水下分滩河道砂体纵向上叠合、横向连通，高渗砂体和不整合面为油气横向运移提供通道。百口泉组和二叠系烃源岩为源储下生上储的分离型接触关系，垂向高角度直通断裂、横向不整合面和前缘相高渗砂体形成高效运聚输导体系。

2.4　失利井分析与成藏主控因素

通过对三叠系百口泉基本石油地质条件的静态和动态分析，认为百口泉组具备形成规模油气藏的基础。可是为什么在前期主探或者钻探“路过”百口泉组的井均失利？目前在沙湾凹陷及周缘钻遇三叠系百口泉组探井有 27 口，大多数井在钻井过程中油气显示差，岩屑荧光无显示或者显示级别低、气测录井显示无异常且气测组分不全。5 井试油为未达到工业油流的低产井，普遍为含油水层，日产油介于 0.5t～4.0t 之间；2 井试油为工业油流井，日产油 15～78m^3；通过对失利井分析，认为未成藏的原因可归结于以下三类：一是储层发育但运聚条件差，二是具备运聚条件但优质储层不发育，三是储层和运聚条件均不发育。第一种失利原因以 ST1 和 ST002 井为代表井，ST1 和 ST002 井为三角洲前缘和平原过渡沉积环境。储层物性优于平原相储层，试油结果产液量较大，但含油率低。储层岩性为砂质砾岩，ST1 井储层平均孔隙度 10.0%，平均渗透率为 $2.36\times10^{-3}\mu m^2$，压裂后日产油 1.38t、日产水 13.42m^3；ST002 井发育 32m 厚的砂质砾岩储层，成像测井显示发育一定程度的天然裂缝，且储层基质物性整体偏好，平均孔隙度为 12.27%，平均渗透率为 $6.04\times10^{-3}\mu m^2$，压裂后日产水 73.5 方。ST1 和 ST002 井附近发育 1-3 条印支期小型正断裂，但距离通源断裂距离在 5 公里左右，同时不发育正向圈闭、以单斜为主，即不具备优越的运移和圈闭条件，因此油气充注程度低，储层主要产水。第二种失利原因的井以 SP2 井和 S15 井为典型井，两井均处于小型鼻凸或者挠曲构造处，在海西期和印支期的两期断裂附近，具备良好的运移和圈闭条件。沙排 2 井储层平均孔隙度

7.4%，平均渗透率为 1.39×10^{-3}μm^2，压裂后日产油 0.62t、日产水 6.65 方。S15 井储层孔隙度 3.3%~8.1%，平均值 6.3%，渗透率 0.038×10^{-3}μm^2~1.023×10^{-3}μm^2，两井的储层物性差导致未成藏。第三种失利原因则是钻遇钻遇扇三角洲平原相，距离物源近，储层缺乏分选且致密，同时无断裂沟通，试油基本为干层。

由此可见，沙湾凹陷百口泉组油气成藏需要多个因素的耦合，当缺乏某些关键控制因素时就不能形成油气藏。SW1 井和 Z10 井在百口泉组成藏，则是多个成藏条件的耦合。圈闭邻近二叠系成熟烃源岩发育区，邻近生烃中心的区域源储配置更加紧密。近源区，烃类供给充足且油气充注强度更大，源源不断地获得油气运移动力，形成的连续油柱高度大，能在很大程度上驱替出储层孔隙中的自由水和毛细管水，使得储层整体含油饱和度更高，更加利于油气成藏。目前获油的两口井点距离生烃灶的距离最近，而失利井点距离生烃中心更远。有利的构造背景更加容易形成油气藏，SW1 井处于鼻凸构造之上、Z10 井处于低幅度背斜，具有较好的圈闭条件，较大的圈闭闭合度更容易捕获石油。具有输导效率高的输导体系类型，沙湾凹陷百口泉组与上乌尔禾组呈平行不整合接触，百口泉组储层与二叠系烃源岩并未直接接触，因此大型油源断层是油气的向三叠系储层运移的必要条件。而百口泉组输导体系可以分为两大类，一类是 Z10 井为代表的断裂输导体系，另一类是以源外斜坡区断裂垂向+不整合面和砂体横向疏导体系。这两类输导体系的油气输导性能导致了油气富集程度的差异性，油气通过大型纵向深入二叠系多套烃源岩的油源断裂垂向运移后短距离侧向运移之后再第势区聚集，而源外斜坡区还需要通过较长的侧向运移，在长距离运移中油气可能通过小型断裂向上逸散或者在运移路径中滞留一部分，从而造成输导效率的下降，油气富集的程度也随之下降。形成油气聚集还需要良好的储集条件，平原相砂砾岩储层普遍较为致密，油气充注的动力主要以浮力为主，不足以克服储层毛管压力，油气难以驱替地层水形成油气藏。SW1 和 Z10 井具有良好的储层条件，为大型扇三角洲前缘相砂体以及滨浅湖滩坝砂体，分选好，原生孔隙发育、储层建设性改造作用强烈，利于孔隙保存和油气充注。

综上所述，沙湾凹陷百口泉组成藏的关键是源储配置的紧密性，即在平面上储集层与生烃中心的分布位置紧邻，在纵向上高效输导性能的油源断裂直接连通储层和烃源岩层，从而在时空上形成源—储配置的紧密连接，油气生成后能在较短的时间、较短的运移距离之后高效地聚集在储层中。百口泉组油气富集以及高产的关键是优质的储集条件和正向构造，优质储层孔喉结构和连通性好，储层毛管力小，油气充注需要克服的阻力小，油气充注程度高。正向构造往往是低势能区，是油气运移的优先指向区。此外，异常高压对油气的高产具有重要的影响作用。沙湾凹陷百口泉组埋深大，斜坡区到凹陷区压力系数从 1.5 到 2.5 以上，表明储层具有充注的能量为油气高产创造了条件(图 11)。

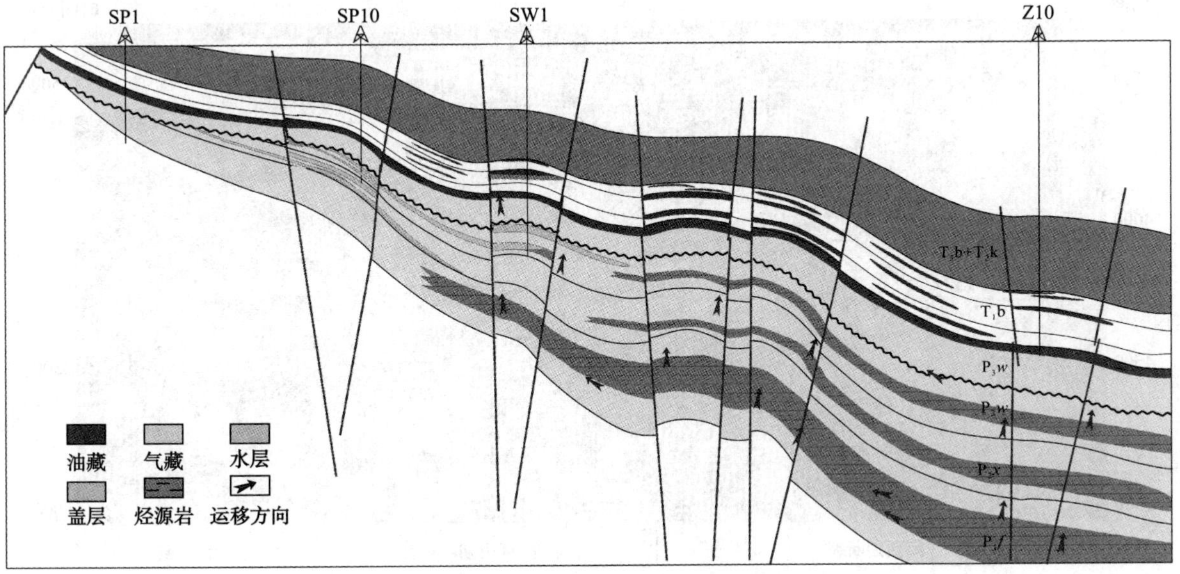

图 11　沙湾凹陷百口泉组成藏模式图

3　勘探潜力分析/有利区带分析

上述油气成藏条件及成藏主控因素分析表明，未来沙湾凹陷百口泉组的勘探领域应当优先考虑源储配置紧密区，并且具备一定的构造背景和有利砂体分布区。笔者认为沙湾凹陷百口泉组具有较大勘探潜力，可分为以下两大区域：一是百口泉组构造型有利勘探区带，二是岩性型有利勘探区带。

3.1　百口泉组构造型有利勘探区

沙湾凹陷百口泉组内部发育一系列的鼻凸构造，目前这一领域的勘探程度较低，沙湾 1 井钻遇南部的一个鼻凸，而其余的鼻凸构造仍无井钻遇，整体勘探程度低，但是勘探潜力巨大，主要表现在以下 4 个方面。

（1）具备规模构造圈闭。海西期南西-北东向挤压作用派生北西向的逆断层，沙湾凹陷的内部形成了一系列的多个轴向呈北西向展布的鼻凸构造。而在印支-燕山期，鼻凸构造继承性发育，在三叠系同样发育鼻凸构造。这些大型正向构造圈闭的形成时间较早，沙湾凹陷风城组烃源岩和下乌尔禾组烃源岩的形成时间为中晚三叠世和早白垩世。因此，圈源时间匹配关系良好，为有效圈闭。

（2）发育规模高孔储层。根据沙湾 1 井三叠系百口泉组累计发育 180m 的高孔隙度储层，测井曲线上表现为低密度、高电阻率；核磁测井具有明显的双峰拖曳现象，表明可动孔占比大，核磁测井孔隙度为 10%～19%。两套高孔储层上部均发育钙质胶结的致密层，岩心上可观察到自生高岭石被方解石包裹，高岭石晶间孔也被部分钙质胶结，碳酸盐含量 3%～6%，自生高岭石含量 0.5%～1%，孔隙度剧烈减至 3.5%～6.3%，平均 4.6%，渗透率平均 0.082mD。底部为扇三角洲泥岩和泥质砂砾岩。可见，百口泉组储层具备优越的储层条件和局部的储盖组合条件。

（3）具备高效的运移条件。百口泉组储层和二叠系烃源岩为下生上储型，二者并非直接接触。鼻凸构造受控于海西期断裂和印支期两期断裂，在纵向上海西期高角度断裂直接断穿二叠系烃源岩，伸向二叠系烃源岩内部。两期断裂接替运移，使得充足的二叠系油气来源具有高效直接的运移通道，因此三叠系鼻凸构造为油气长期运聚的有利指向区。

（4）具备立体勘探的潜力。鼻凸构造主探目的层多，上部的侏罗系、白垩系可以作为兼探层，从上到下形成立体勘探的态势。鼻凸构造具有继承性发育的特征，从二叠系到三叠系的多个层系，部分鼻隆甚至到侏罗系均具有正向构造背景，只不过上部地层的构造幅度有所减小。下部二叠系佳木河组、风城组和夏子街和上乌尔禾组均发育砂岩—砾岩规模储层；上部的侏罗系八道湾组、白垩系清水河底部和东沟组也有规模储层发育。二叠系、三叠系鼻凸带有利面积达 3200km^2，具备立体勘探的条件。构造型油气藏群为优先勘探领域，可实现凹陷区资源突破(图 12)。

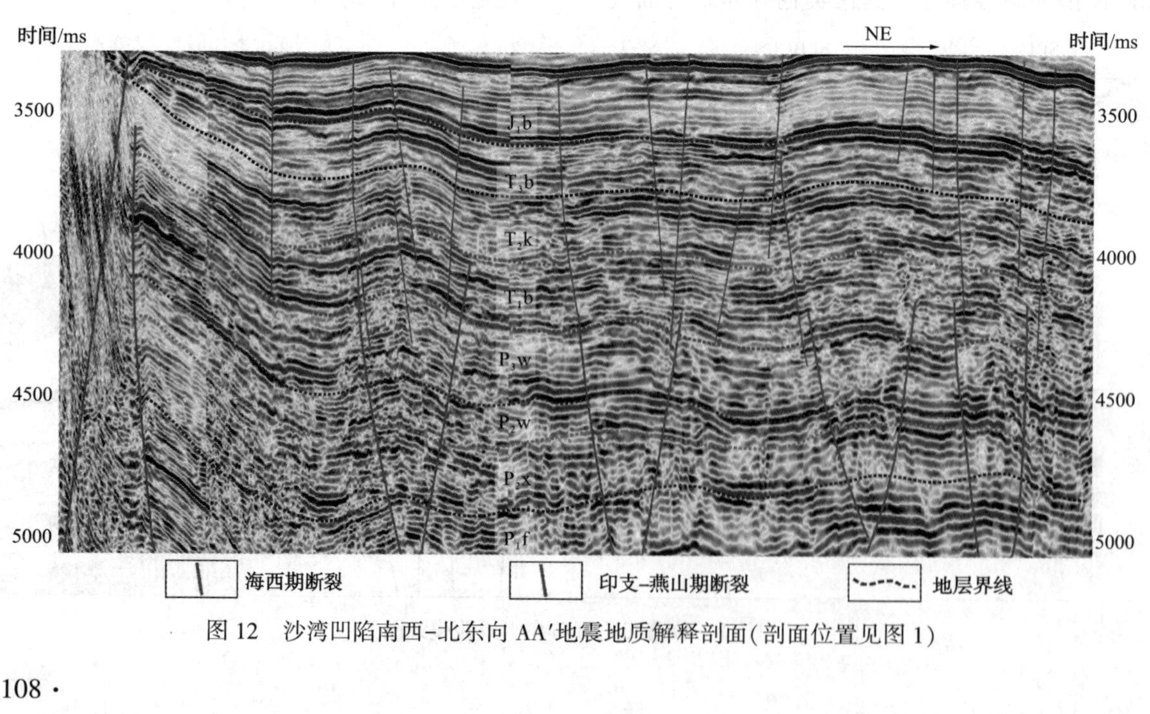

图 12　沙湾凹陷南西-北东向 AA′地震地质解释剖面(剖面位置见图 1)

3.2 百口泉组岩性型有利勘探区

同时，类比玛湖凹陷三叠系百口泉组扇控大面积岩性油藏勘探实践[引用多篇大面积文献]，沙湾凹陷三叠系百口泉组同样也具备岩性油气藏勘探潜力。主要表现在以下几个方面。

（1）具备优质砂体和形成岩性圈闭的良好条件。沙湾凹陷西斜坡百口泉组沉积时期为缓坡，物源为北西方向，一共发育了三大扇体分别为中拐、柳树沟和车排子扇体。在三大扇体充足的陆源碎屑供给下，百口泉组扇三角洲平原和前缘的分布范围均较大，前缘和平原的界线受到了坡折的控制，坡折之下，百口泉组三段和二段前缘相分流河道砂体和席状砂体广泛发育，百口泉组三段主要以滨浅湖沿岸砂坝、滩坝砂体；在湖浪淘洗和分选作用下。砂体向湖盆中心推进，可形成浊积砂体。百口泉组的坡折下发育的前缘砂体和凹陷中心区发育的浊积砂体为岩性圈闭的发育提供了良好的条件，均为岩性油气藏勘探的潜在目标。

（2）具备顶底板和侧向封堵条件。百口泉组储层在缓坡沉积背景下发育厚层的顶底板条件，以及在坡折之上发育的侧向遮挡带，从而使得油气不易逸散，具有较好的保存条件。百口泉组顶板为三叠系白碱滩组厚层深灰色湖相泥岩区域盖层和克拉玛依组细粒沉积；而底板条件为西部坳陷整体发育的稳定分布的、厚度在30~100m之间的二叠系上乌尔禾组三段红色泥岩。从岩性油藏侧向封堵的条件来看，在沙湾凹陷百口泉组坡折之上发育平原相杂色、红褐色的泥质含量5%~15%的致密砂砾岩，泥砂砾混杂、分选极差，主要为泥石流沉积。同时在不同扇体之间，平原相发育扇间泥岩。因此在上顷方向上，泥质致密砂砾岩和扇间泥岩形成侧向封挡条件，为坡折下前缘相岩性砂体大面积成藏提供了良好的保存条件。

（3）位于超压带，具备高产潜力。

根据实际随钻压力和测试压力数据表明，沙湾凹陷斜坡区从上到下发育三个大的压力系统，白垩系~侏罗系八道湾组为上部正常压力系统，压力系数一般为0.9~1.25。三叠系~二叠系风城组为中部异常高压系统，压力系数一般为1.25~2.2。二叠系佳木河组和石炭系为底部异常压力系统，压力系数为1.3~2.0，受到岩性逐渐变为火山岩的影响，压力相比中部略有回落。压力系数极大值一般位于三叠系百口泉组和二叠系上乌尔禾组上部，沙湾1井百口泉组钻井液密度为2.1g/cm^3，因此百口泉组油藏往往具备充足的压力，对于油气的高产非常有利。

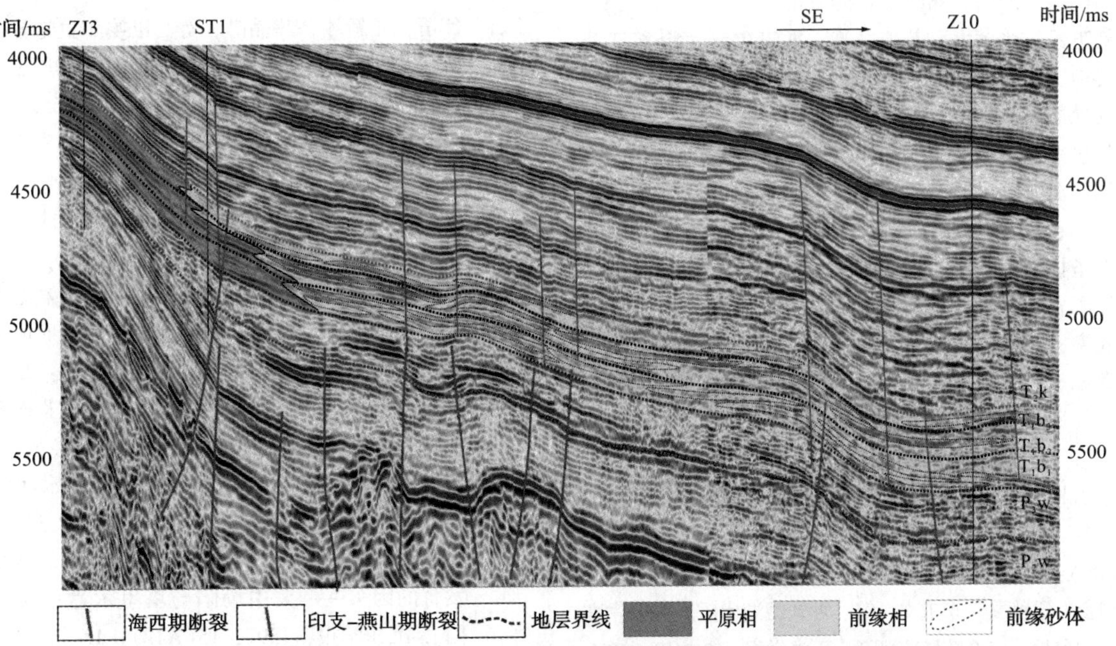

图13　沙湾凹陷北西—南东向BB′地震地质解释剖面(剖面位置见图1)

4 结论

（1）新井钻探揭示盆1井凹陷—沙湾凹陷中二叠统夏子街组为一套烃源岩，中二叠两套烃源岩均为淡水—微咸水沉积水体下沉积的一套Ⅱ$_2$-Ⅲ型的烃源岩。沙湾凹陷百口泉组油气藏具备多套烃源岩持续供烃，主要的贡献来自下二叠风城组、中二叠统夏子街组和下乌尔禾组烃源岩。

（2）沙湾凹陷发育中拐、柳树沟、沙门子三大物源体系，发育缓坡浅水退积式扇三角洲沉积，具有水进砂退的沉积演化特征。扇三角洲前缘砂体和滨浅湖相沿岸砂坝、滩坝砂体在深埋条件可形成优质储层，深埋高孔隙的储层的成因机制可归结为沉积相带的先决作用，绿泥石膜抑制作用，钠长石溶蚀增孔作用和烃类充注持续超压保孔四种类型。

（3）沙湾凹陷百口泉组具备良好的石油地质条件，成藏及富集的关键是源储配置的紧密性、优质的储集条件、正向构造及异常高压等多个成藏要素的耦合。根据沙湾凹陷百口泉组的勘探实践和石油地质特征指出沙湾凹陷百口泉组的具有较大勘探潜力的区带可分为以下两大区域，一是百口泉组构造型有利勘探区带，二是岩性有利勘探区带。

参 考 文 献

[1] 雷德文，瞿建华，安志渊，等．玛湖凹陷百口泉组低渗砂砾岩油气藏成藏条件及富集规律[J]．新疆石油地质，2015，36(6)：6.

[2] 阿布力米提·依明，唐勇，曹剑，等．准噶尔盆地玛湖凹陷下三叠统百口泉组源外"连续型"油藏成藏机理与富集规律[J]．天然气地球科学，2016，27(02)：241-250.

[3] 尹路，许多年，乐幸福，等．准噶尔盆地玛湖凹陷三叠系百口泉组储层特征及油气成藏规律[J]．岩性油气藏，2024，36(01)：59-68.

[4] 刘惠民，张关龙，范婕，等．准噶尔盆地腹部征沙村地区征 10 井的勘探发现与启示[J]．石油与天然气地质，2023，44(05)：1118-1128.

[5] 陈建平，王绪龙，邓春萍，等．准噶尔盆地油气源、油气分布与油气系统[J]．地质学报，2016，90(03)：421-450.

[6] 王圣柱，王千军，张关龙，等．准噶尔盆地石炭系烃源岩发育模式及地球化学特征[J]．油气地质与采收率，2020，27(04)：13-25.

[7] 龚德瑜，齐雪峰，郑孟林，等．准噶尔盆地克拉美丽气田及周缘天然气成因来源再认识与勘探启示[J]．天然气工业，2024，44(02)：81-91.

[8] 董雪梅，李静，潘拓，等．准噶尔盆地红车断裂带油气成藏条件及勘探潜力[J]．石油学报，2023，44(05)：748-764.

[9] 曹剑，雷德文，李玉文，等．古老碱湖优质烃源岩：准噶尔盆地下二叠统风城组[J]．石油学报，2015(7)：10.

[10] 唐勇，郑孟林，王霞田，等．准噶尔盆地玛湖凹陷风城组烃源岩沉积古环境[J]．天然气地球科学，2022，33(05)：677-692.

[11] 刘得光，周路，李世宏，等．玛湖凹陷风城组烃源岩特征与生烃模式[J]．沉积学报，2020，38(05)：946-955.

[12] 邓高山．准噶尔盆地沙湾凹陷原油地球化学特征与油源分析[J]．吉林大学学报(地球科学版)，2024，54(02)：389-412.

[13] 王俊，何毓新，刘敏，等．准噶尔盆地南缘侏罗系八道湾组富藻类体煤系源岩的发现及其沉积背景[J]．地球化学，2024，53(03)：339-350.

[14] 张仲培，张宇，张明利，等．准噶尔盆地中部凹陷区二叠系—三叠系油气成藏主控因素与勘探方向[J]．石油实验地质，2022，44(04)：559-568.

[15] 王天海，许多年，吴涛，等．准噶尔盆地沙湾凹陷三叠系百口泉组沉积相展布特征及沉积模式[J]．岩性油气藏，2024，36(01)：98-110.

[16] 潘树新，许多年，唐勇，等．准噶尔盆地沙湾凹陷柳树沟河沉积体系的发现及其石油地质意义[J]．岩性油气藏：1-11.

[17] 于兴河．碎屑岩系油气储层沉积学(第二版)[M]．碎屑岩系油气储层沉积学(第二版)，2008.

[18] 刘宝君．沉积岩石学[M]．沉积岩石学，1980.

[19] 胡作维，李云，黄思静，等．颗粒包膜在深埋藏砂岩储层原生孔隙保存中的意义[J]．矿物岩石地球化学通报，2012，31(06)：640-648.

[20] 曲希玉，刘珍，高媛，等．绿泥石包壳对碎屑岩储层物性的影响及其形成环境——以鄂尔多斯盆地大牛地气田上古生界为例[J]．沉积学报，2015，33(04)：786-794.

[21] 孙靖，尤新才，薛晶晶，等．准噶尔盆地异常压力特征及其对深层-超深层致密储层的影响[J]．石油与天然气地质，2023，44(02)：350-365.

[22] 高志勇，崔京钢，樊小容，等．流体异常高压对深层储集层物理性质的作用机理——以准噶尔盆地南缘侏罗系头屯河组为例[J]．石油勘探与开发，2023，50(06)：1221-1232.

[23] 匡立春，支东明，王小军，等．准噶尔盆地上二叠统上乌尔禾组大面积岩性-地层油气藏形成条件及勘探方向[J]．石油学报，2022，43(03)：325-340.

[24] 陈思芮，鲜本忠，纪友亮，等．埋藏过程对深层—超深层碎屑岩成岩作用及优质储层发育的影响——以准噶尔盆地南缘下白垩统清水河组为例[J]．石油勘探与开发，2024，51(02)：323-336.

[25] 徐志强，陈永武，熊明．影响深层碎屑岩次生孔隙发育的因素——冀中坳陷与塔里木盆地实例讨论[J]．沉积学报，1997，15(A12)：1.

[26] 朱国华，王少依，姚根顺．地温场和埋藏史对碎屑岩储层成岩变化和孔隙演化的影响[J]．海相油气地质，1994(1)：41-46.

[27] 于景维，孙波，余海涛，等．车拐斜坡区三叠系百口泉组油气成藏条件研究[J]．西南石油大学学报(自然科学版)，2021，43(03)：37-50.

一种可溶性碳酸盐垢抑制剂及抑盐聚合物压裂液研究

郑　苗　董景锋　翟怀建　任洪达　罗　腾　尹剑宇

（中国石油新疆油田公司工程技术研究院）

摘　要　针对新疆油田玛湖凹陷风城组碱湖沉积储层部分油井压裂后排采阶段面临盐垢堵塞井筒、严重影响试油生产的问题，本文通过 XRD、SEM、EDS 及化学滴定法对井筒堵塞盐垢成分开展分析，确定盐垢主要成分为碳酸氢钠可溶性碱盐；建立静态/动态抑盐率测试方法，开展了不同分子类型盐结晶抑制剂的筛选及复配，优选了抑盐效果最佳的盐结晶抑制剂 F，根据其分子结构特点，与助剂复配协同增效形成高效的复合盐结晶抑制剂 CYYJ-1（0.05%盐结晶抑制剂 F+0.015%阴离子表面活性剂 A），测定静态抑盐率>80%、动态抑盐率>95%。该复合盐结晶抑制剂具有良好的耐温性和长效性。采用复合盐结晶抑制剂 CYYJ-1 与乳液聚合物配套形成了防盐聚合物压裂液，压裂液常规指标满足标准要求，体系静态抑盐率>75%，动态抑盐率>90%，抑盐效果良好。

关键词　盐垢；碳酸氢钠；盐结晶抑制剂；压裂液

Research on a soluble carbonate scale inhibitor and salt-suppressing polymer fracturing fluid

Zheng Miao　Dong Jingfeng　Zhai Huaijian　Ren Hongda　Luo Teng　Yin Jianyu

(Xinjiang Oilfield, Engineering and Technology Research Institute)

Abstract　In order to solve the problem that salt scale clog wellbore and seriously affect oil test production of Fengcheng alkaline Lake sedimentary reservoir after fracturing in Mahu Sag, Xinjiang oilfield, this paper analyzes the composition of salt scale, and determines that sodium bicarbonate soluble alkali salt is the main salt scale by characterization and chemical titration. Static/dynamic salt inhibition rate test method was established, different molecular types of salt crystallization inhibitors were screened and combined, and salt crystallization inhibitor F with the best salt inhibition effect was selected. According to its molecular structure characteristics, The compound salt crystallization inhibitor CYYJ-1 (0.05% salt crystallization inhibitor F+0.015% sodium dodecyl sulfonate) was formed synergically with additives. The static and dynamic salt inhibition rates were measured to be > 80% and > 95%. The composite salt crystallization inhibitor has good temperature resistance and long-term performance. The composite salt crystallization inhibitor CYYJ-1 and emulsion polymer were used to form salt-resistant polymer fracturing fluid. The conventional parameters of fracturing fluid met the standard requirements, and the static salt inhibition rate was > 75% and the dynamic salt inhibition rate was > 90%. The salt inhibition effect of fracturing fluid was good.

Key words　Salt scale; Sodium bicarbonate; Salt crystallization inhibitor; Fracturing fluid

1　引言

结垢问题是影响油田开采的重要因素之一，目前报道的垢样一般为碳酸钙、硫酸钙、硫酸钡等难溶性垢以及可溶的氯化钠盐垢。新疆油田玛湖风城组为碱湖沉积，储层岩性复杂，发育盐岩层，油藏温度高（100~130℃）、地层水矿化度高（>200000mg/L），压裂后多口井出现井筒盐垢堵塞问题，严重影响试油生产，其中 X 井仅返排 3d 压力即降至为 0MPa。经分析，该地区盐垢组成主要为可溶性碱性碳酸盐垢，结垢原因为高矿化度盐水产出过程随着井筒温度降低，导致碱性碳酸盐过饱和结晶析出。针对此类盐垢目前尚未见其他油田报道，如何实现高效抑制盐垢面临较大挑战。目前化学阻垢剂大致分为天然高分子阻垢剂、磷酸盐类盐阻垢剂、聚合物阻垢剂和绿色阻垢剂，但都主要针对中低温油气井难溶性垢，而对于高温深层可溶性碳酸盐垢问题，无明显抑制作用。

因此，本文旨在解决非常规油气井中可溶性碳酸盐井筒结垢问题，分析了盐垢组成，研究了典型无机盐与盐结晶抑制剂分子结构的匹配关系，优选复配了复合盐结晶抑制剂，形成了抑盐聚合物压裂液体系，以期以化学抑盐的方式在一定程度上延缓返排阶段井筒结盐的问题，延长连续生产时间，提高生产效率。

2　实验部分

2.1　材料与仪器

（1）主要实验材料：氯化钠（NaCl）、碳酸氢钠（$NaHCO_3$）、碳酸钠（Na_2CO_3）、阴离子表面活性剂 A、阴离子表面活性剂 B、阴离子表面活性剂 C、阴离子表面活性剂 D、盐结晶抑制剂 A（有机酸盐）、盐结晶抑制剂 B（氰化盐）、盐结晶抑制剂 C（无机磷酸盐）、盐结晶抑制剂 D（聚丙烯酸盐）、盐结晶抑制剂 E（无机磷酸）、盐结晶抑制剂 F（聚合物阻垢剂）、盐结晶抑制剂 G（聚阴离子纤维素）、盐结晶抑制剂 H（聚合物阻垢剂）、GAF-TE1（乳液聚合物稠化剂）、ZGJP-006（助排剂）、ZGNW－013（黏土稳定剂）、DY202（防乳化剂）、过硫酸钠（$Na_2S_2O_8$）。

（2）主要实验仪器：集热式磁力搅拌器（DF-101S，常州市金坛科兴仪器厂）；waring 搅拌器（北京中西远大科技有限公司）；流变仪（Haake RS150，德国 Haake 公司）；旋转黏度计（Rheolab QC，奥地利安东帕有限公司）；电子恒温水浴锅（DZKW-4，北京中兴伟业仪器有限公司）；循环水式真空泵（SHZ-D-Ⅲ，巩义市予华仪器有限责任公司）；真空干燥箱（DZF-6010，巩义市予华仪器有限公司）；马弗炉（SXL 1008，洛阳华熔窑炉有限公司）；电子天平（JA 5002，上海蒲春计量仪器有限公司）；高温高压容器（四川光亚聚合物化工有限公司）；X 射线衍射仪（日本 Rigaku Ultima IV）；正反射全相显微镜（CMM-55E，上海长方光学仪器有限公司）；扫描电子显微镜（HITACHI SU8220）；模拟井筒动态结盐实验装置（实验室自制，如图 1 所示，包括目标盐溶液配制系统和井筒动态结盐夹套系统）。

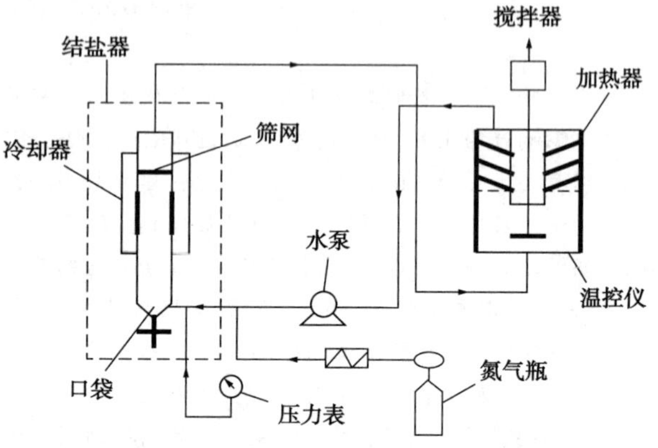

图 1　模拟井筒结盐实验装置示意图

2.2　实验方法

2.2.1　盐垢分析

（1）XRD 测试方法

取一定量的盐垢，经真空干燥箱（0.09MPa、45℃）烘干，研磨后，再通过 X 射线衍射，扫描速度 2°/min，测试其在 5~90°下衍射图谱。

（2）SEM 和 EDS 测试

将盐垢烘干处理后，利用配备 EDS 光谱仪的 SEM 进行元素测定和微观结构。样品在室温下和 15kV 下进行扫描。

（3）离子浓度测定方法

室温下将盐垢溶于水中至饱和，取饱和溶液上清液 1mL 稀释 100 倍配成 100mL 溶液，按照 SY/T 5523—2016《油田水分析方法》中滴定法测定。

2.2.2　静态抑盐率

取 100mL 自来水于广口瓶中，然后在集热式磁力搅拌器中升温至 90℃，加入单独盐或复合盐至溶液饱和搅拌溶解 15min，随后将饱和溶液放于 90℃水浴锅中保温 4h，最后置于 10℃下冷却 20h，使用循环水式真空泵抽滤，将滤纸置于真空干燥箱（0.09MPa、45℃）烘干（单独碳酸钠在 270℃马弗炉中烘干），称量并计算析出盐晶质量为 w_0。将上述饱和盐溶液中加入盐结晶抑制剂，其余步骤不变，得到盐晶质量为 w_1。抑盐率计算公式如下所示：

$$Y_{ss}=\frac{w_0-w_1}{w_0}\times100\%$$

式中，Y_{ss}为静态抑盐率，%；w_0 为未加入盐结晶抑制剂结盐质量，g；w_1 为加入盐结晶抑制剂结盐质量，g。

2.2.3　动态抑盐率

按照实验装置图 1 所示，配制目标盐溶液，在 90℃下加热，搅拌速度：200r/min，完全溶解后，设置泵速 200mL/min，使盐水在套管(管径 10mm，管长 1m)内不断循环，套管用自来水循环冷却。观察筛网(100 目)上的结盐情况每次实验前，对放入的筛网称重，记下筛网的质量 M_0，实验结束后，取出筛网，将筛网放入干燥器中干燥、称重，记录附着盐结晶的筛网质量 M_1；取出附着在管壁上盐晶经抽滤、干燥，称重记录质量 M_2。抑盐率按下式计算：

$$Y_{sd}=\frac{(M_1+M_2)-(M'_1+M'_2)}{M_1-M_0+M_2}\times100\%$$

式中，Y_{sd}为动态抑盐率，%；M_0 为实验前筛网质量，g；M_1 为未加盐结晶抑制剂实验后筛网质量，g；M_2 为未加盐结晶抑制剂实验后管壁上盐晶质量，g；M_1'为加盐结晶抑制剂实验后筛网质量，g；M_2'为加盐结晶抑制剂实验后管壁上盐晶质量，g。

3　实验结果与分析

3.1　盐垢成分分析

MY-2 井的盐垢的表征结果如图 2 所示，由图 2(b)XRD 分析可知，该盐垢的大部分衍射峰与碳酸氢钠和天然碱(Na_2CO_3 · $NaHCO_3$ · $2H_2O$)的衍射峰相匹配，另外个别衍射峰与氯化钠 XRD 图谱相匹配，说明该区盐垢可能含有大量的碳酸氢钠或天然碱，少部分氯化钠；由图 2(d)可知，该盐垢中主要元素为 C、O、Cl、Na，以碳酸氢钠、碳酸钠、氯化钠的复合形式存在。为了明确现场盐垢具体组成占比，根据 2.2.1 中测试方法，测试溶液中各离子浓度，经归一法折算后得到盐垢物质具体配比，实验结果见表 1。从表 1 可以看出，碳酸氢钠占比最大为 69.42%，氯化钠和碳酸钠占比相差不大，均为 15%左右，溶液呈碱性。总的来说，该井盐垢主要以碳酸氢钠为主，含有部分碳酸钠和少量氯化钠。

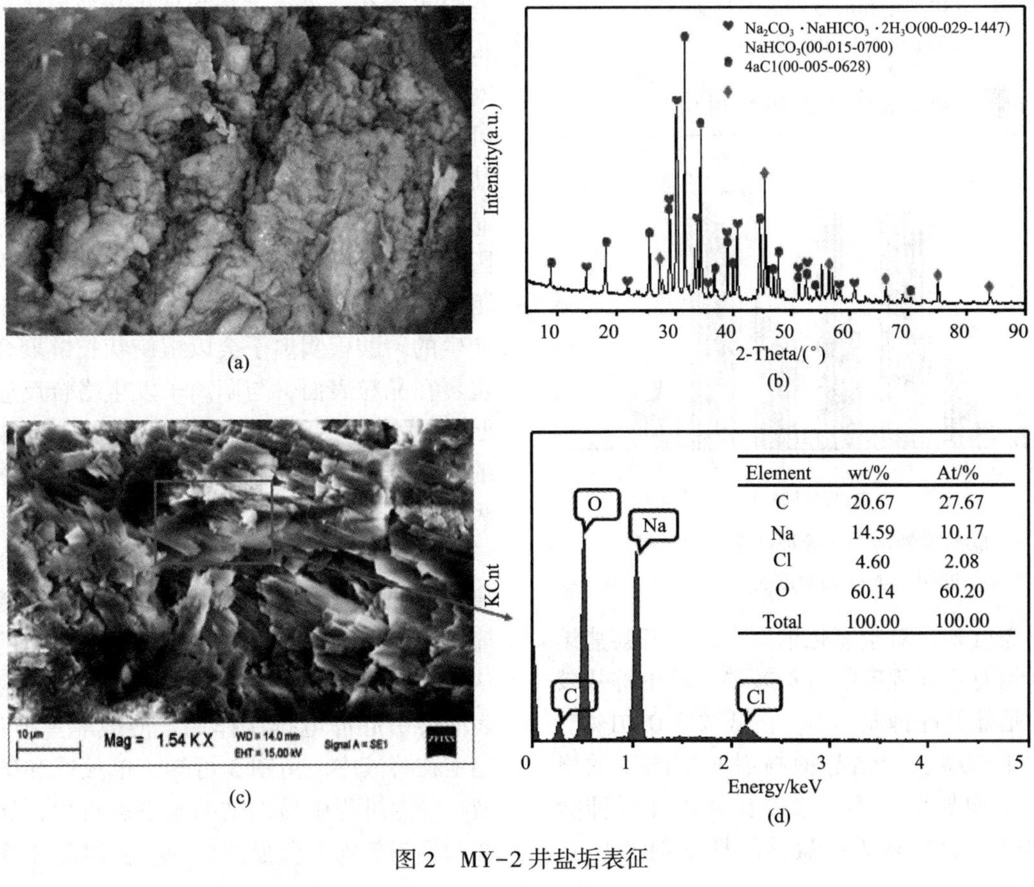

图 2　MY-2 井盐垢表征

表1　盐垢组成占比分析结果

样品类型	垢样溶解后阴离子浓度			折算盐类质量百分含量(归一化)			pH 值
	CO_3^{2-}/(mg/L)	HCO_3^-/(mg/L)	Cl^-/(mg/L)	碳酸钠	碳酸氢钠	氯化钠	
MY-2 井盐垢	1.008×10^4	5.652×10^4	1.0×10^4	15.89%	69.42%	14.69%	8.84

3.2　盐结晶抑制剂优选

3.2.1　单一盐垢盐结晶抑制剂优选

本文结合氯化钠、碳酸氢钠、碳酸钠的溶解规律，选择了一系列不同分子结构的盐结晶抑制剂，按照2.2.2所述方法考察了不同浓度的不同类型的盐结晶抑制剂对氯化钠、碳酸氢钠、碳酸钠三种典型可溶性盐饱和溶液静态抑盐能力，结果如图3~图6所示。

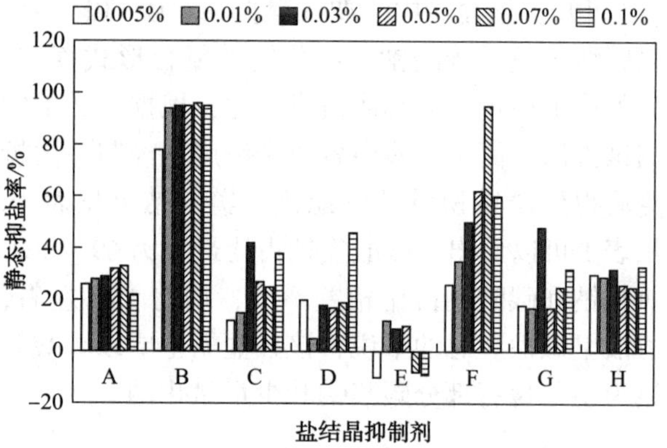

图3　氯化钠饱和溶液抑盐率与盐结晶抑制剂类型和浓度关系

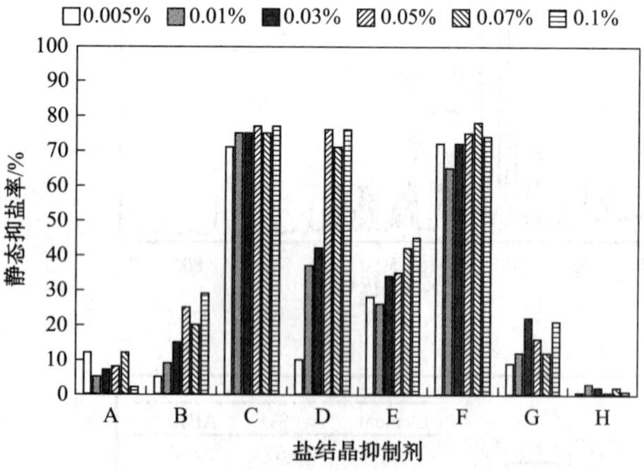

图4　碳酸氢钠饱和溶液抑盐率与盐结晶抑制剂类型和浓度关系

由图3可知，对于氯化钠而言，所考察盐结晶抑制剂均有不同程度的抑盐效果，其中抑盐效果最好的是盐结晶抑制剂B，在低浓度0.01%时抑盐率大于90%；盐结晶抑制剂F随浓度的增加抑盐率先增加后减小，浓度在0.07%时抑盐率大于90%。分析认为：盐结晶抑制剂B中含

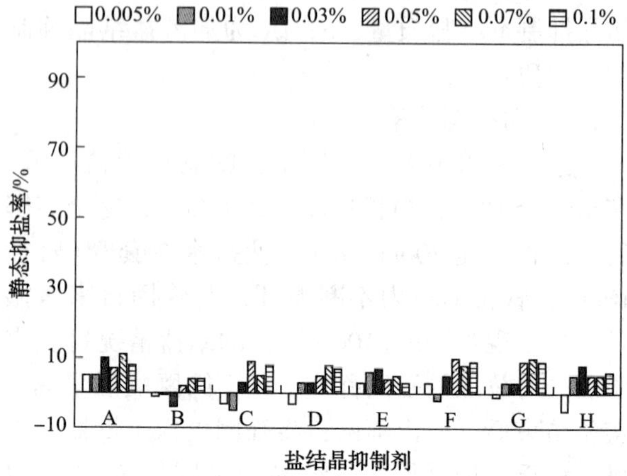

图5　碳酸钠饱和溶液抑盐率与盐结晶抑制剂类型和浓度关系

有亚铁氰根离子，盐结晶抑制剂F中含有大量的羧基，相比氯离子对钠离子具有更强的吸附作用，吸附在垢晶体的活性位点上，阻碍了钠离子向氯离子的迁移，进而影响氯化钠晶核的形成，形成了过饱和溶液。另外，氯化钠晶体的结构也会发生变化，发生不均衡性生长，形成树枝状结构，即发生了“岩盐蠕变”。从图4可以看出，对于碳酸氢钠，各抑制剂效果差异较大，盐结晶抑制剂C、盐结晶抑制剂D和盐结晶抑制剂F抑盐效果较好(抑盐率大于75%)，其中盐结晶抑制剂C和F在低浓度(0.005%)时就能达到高效阻垢，抑盐率大于75%，而其余盐结晶抑制剂阻垢效果较差。主要因为盐结晶抑制剂C电离产生的磷酸根阴离子会以螺旋状长链聚合体形式包裹在晶粒表面，与阳离子发生络合反应，形成厚厚的大分子亲水保护膜；且盐结晶抑制剂C的环状结构可以提供空间位阻效应，建立更厚的吸附层，以隔离水与无机盐的接触，从而阻止离子从溶液中析出。盐结晶抑制剂D和F在水中电离出来的酸性阴离子基团与水中的垢物微晶粒碰撞时，可与垢物表面的阳离子形成可溶性螯合物，从而起到增溶的作用；并且酸性基团吸附在晶体表面会引起静电排斥作用，使微晶呈分散状态，稳定在溶液中。由图5可知，单独饱和碳酸钠溶液在降温过程中易以结晶水形态析出，加入不同类型抑制剂均无明显的效果，析出晶体均以结晶

水形态存在。主要因为纯高浓度碳酸钠溶液，在降温冷却过程中溶液极其不稳定(容易发生瞬间大量结晶的现象)，溶液结晶极易受外因(杂质、外力)的影响，，而此时各类盐晶抑制剂已失效。

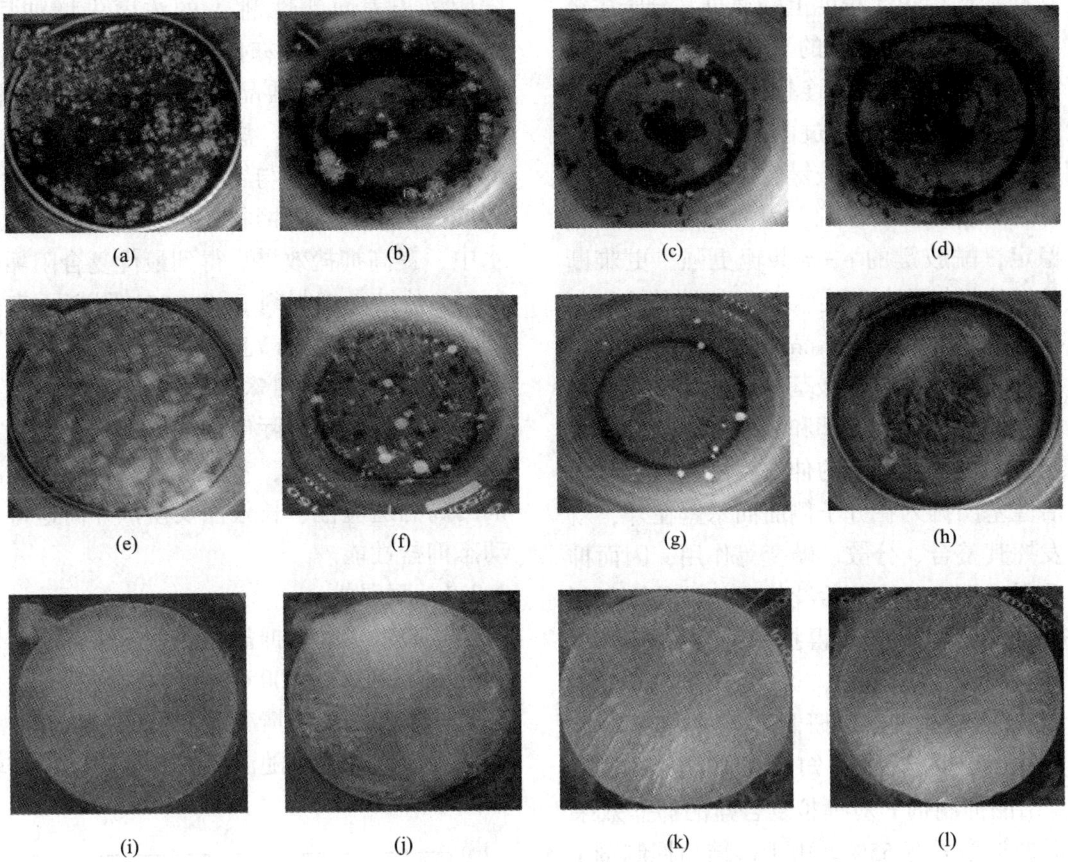

图6　不同盐析出状态

(a)~(d)为氯化钠析出状态：(a)—未加抑制剂，(b)—0.03%G，(c)—0.07%F，(d)—0.05%B；
(e)~(h)为碳酸氢钠析出状态：(e)—未加抑制剂，(f)—0.005%F，(g)—0.05%D，(h)—0.01%C；
(i)~(l)为碳酸钠析出状态：(i)—未加抑制剂，(j)—0.03%A，(k)—0.05%C，(l)—0.05%F

3.2.2　盐结晶抑制剂对复合盐垢的抑制效果

采用MY-2井盐垢组成配比(表1)配制饱和复合盐溶液作为研究对象，主要以碳酸氢钠为主，基于上述各种单独盐与盐结晶抑制剂抑盐效果，选择了抑盐性能相对较好的几种盐结晶抑制剂进一步考察对模拟饱和复合盐水的抑盐效果，由于饱和复合盐水(pH=8.84)呈碱性，但盐结晶抑制剂B在碳酸氢钠溶液中抑盐效果不佳，主要因为盐结晶抑制剂B在碱性条件下会丧失抑盐能力，故选择在碱性条件下效果较好的盐结晶抑制剂C、D、F进行下一步实验，实验结果如图7所示。

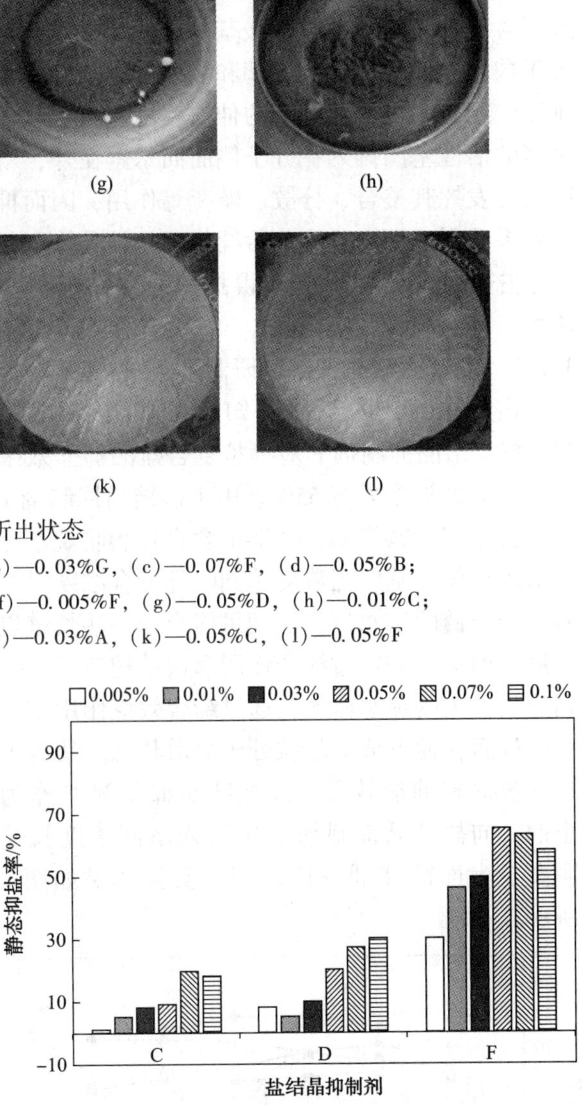

图7　阻垢体系对1#模拟盐水的阻垢效果

由图7可知，盐结晶抑制剂C和盐结晶抑制剂D在实验浓度条件下抑盐效果均较差，抑盐率均低于30%。盐结晶抑制剂F抑盐率随浓度的增加先增加后减小，在0.05%时达到最大，抑盐率为65%，效果相对较好。分析认为：盐结晶抑制剂C在高温水溶液中会水解生成正磷酸盐，当溶液pH较高时，溶液的OH^-离子浓度大，有助于H_3PO_4的进一步分解，也促进了盐结晶抑制剂C向正磷酸盐的转化，这种水解就会使盐结晶抑制剂C丧失有效作用组分，而实验用模拟盐水碱性较强，故导致该盐结晶抑制剂阻垢效果大幅度降低。对于聚合物盐结晶抑制剂来说，其抑盐作用很大程度上是通过其分子主链含有大量侧基功能团实现的。盐结晶抑制剂 D 的侧基官能团是通过酯键连接在主链上且为短链，盐结晶抑制剂 F 是通过酰胺键连接且为长链，相对于酯键来说，酰胺键较难水解、极性更强、不易受环境碱性的影响，因为它本身分子结构已经稳定，酰胺键的 p-π 共轭更强，更难断裂，且长链比短链更加稳定。其次盐结晶抑制剂 D 中含有大量羧基，而盐结晶抑制剂 F 中除羧基外还含有大量磺酸基，磺酸基的极性和电负性均大于羧基，使得分子链内部和分子链之间的相互排斥作用更明显，分子链的伸展程度更大，从而更多的活性基团排列在分子侧面而暴露在外，就能充分发挥其螯合、分散、畸变等作用，因而抑盐效果受影响更小，为此后续将以盐结晶抑制剂 F 为主剂通过复配优化获得抑盐率更高的抑盐体系。

3.2.3　复合盐结晶抑制剂研制

由上述实验结果可知，在实验条件下 0.05%盐结晶抑制剂 F 对模拟复合盐的抑盐效果最好，但抑盐率只有 65%。由于盐结晶抑制剂 F 为缔合型多元共聚物，主链上含有长脂肪烷基链的疏水单体侧基，当浓度达到临界缔合浓度以上时，分子链间疏水侧基之间可能会与一些长链烷基助表面活性剂通过缔合作用形成结构较强、空间位阻更大的疏水微区，通过缔合效应作用增大空间位阻，使形成的晶粒处于分散状态。故为了进一步提高抑盐效果，以盐结晶抑制剂 F 作为主剂，向盐结晶抑制剂 F 中引入不同浓度长链阴离子表面活性剂进行复配，实验结果如图 8 所示。

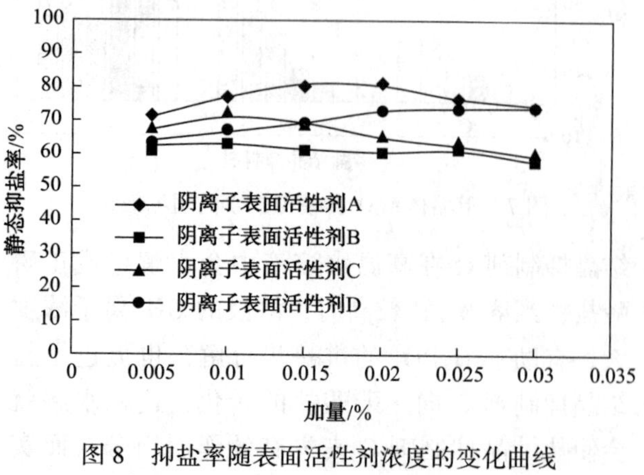

图 8　抑盐率随表面活性剂浓度的变化曲线

由图 8 可知，在盐结晶抑制剂 F 的基础上加入阴离子表面活性剂 A 协同作用最强，抑盐率随阴离子表面活性剂 A 的浓度先增加后减少，加入浓度为 0.015%时抑盐率最高，可达到 80%左右，较单独盐结晶抑制剂 F 抑盐率提高了 24.6%。分析认为：盐结晶抑制剂 F 分子中含有的长碳链的侧基，与含磺酸基团的表面活性剂可形成更紧密的空间网状结构，从而使微晶分散与水中，提高抑盐效果。得到最优复合阻垢体系为 0.05%盐结晶抑制剂 F+0.015%阴离子表面活性剂 A，并命名为 CYYJ-1 型盐结晶抑制剂。

3.3　盐结晶抑制剂综合性能评价

考虑到现场实际应用工况条件，除了上述静态抑盐性能评价外，考察 CYYJ-1 型盐结晶抑制剂的高温适应性、长效性及模拟井筒返排条件下动态抑盐性能。

3.3.1　耐温性

实验采用静态抑盐率测试方法，设置恒温温度分别为 90℃、100℃、110℃、120℃、130℃，在其他条件不变的情况下，测试 CYYJ-1 型盐结晶抑制剂的抑盐率随温度的变化规律，实验结果如图 9 所示。

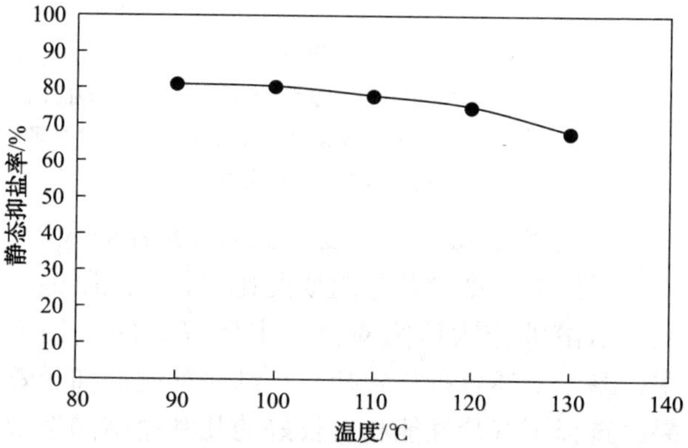

图 9　抑盐率随温度的变化曲线

由图 9 可知，在模拟饱和盐水中加入 CYYJ-1 型盐结晶抑制剂，抑盐率随温度的增加刚开始变化不大，当温度达到 110℃时，抑盐率开始小幅度减小，当温度升高为 130℃时抑盐率仍大于 65%。表明该阻垢体系具有良好的耐温性。

3.3.2　长效性

配制含有 CYYJ-1 盐结晶抑制剂的水溶液，置于 90℃水浴锅中静置不同时间，再按照静态抑盐率测试方法，评价其抑盐效果，如图 10 所示。由图可知，在 90℃下放置半个月的抑盐体系对抑盐率几乎无影响，继续放置抑盐率有小幅度下降，放置一个月抑盐率仍保持70%以上，说明CYYJ-1型盐结晶抑制剂具有较好的长效性。

3.3.3　动态阻垢性能测试

为更加接近现场实际，实验设计了井筒结盐模拟装置，采用筛网法对流动状态下CYYJ-1型盐结晶抑制剂的抑盐效果进行了评价，并与静态下抑盐效果进行了对比，具体实验结果见表2。对静态实验条件下不加抑盐体系和加CYYJ-1型盐结晶抑制剂作用后得到的晶体采用2.2.4方法进行表征，结果如图11所示。

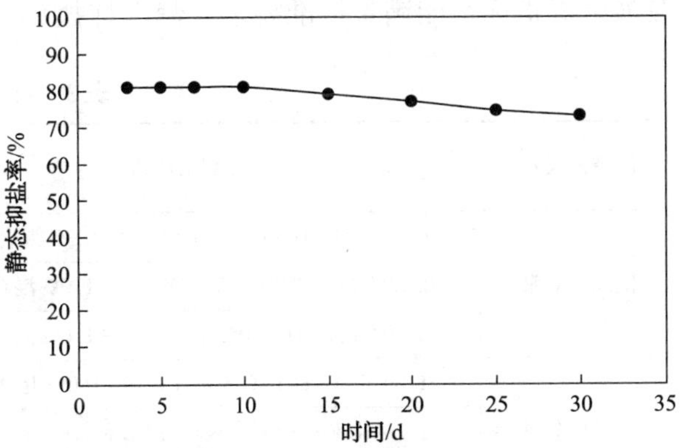

图10　抑盐率随静置时间的变化曲线

表2　动态抑盐测试结果

实验用溶液编号	实验条件	抑盐率/%	井筒堵塞时间/min
Ⅰ	静态测试方法下的抑盐效果	81	—
Ⅱ	动态测试方法下的抑盐效果	96.5	—
Ⅲ	未加盐结晶抑制剂，动态测试方法下的井筒完全堵塞时间	—	6
Ⅳ	加CYYJ-1型盐结晶抑制剂，动态测试方法下井筒完全堵塞时间	—	34

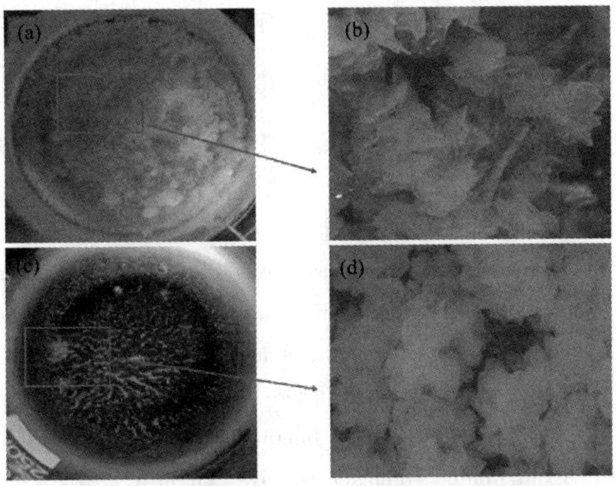

图11　添加盐结晶抑制剂前后晶体图

(a)未加盐结晶抑制剂；(b)未加抑制剂微观结构；(c)加盐结晶抑制剂；(d)加盐结晶抑制剂微观结构

由表2可知，饱和碱盐溶液中加入CYYJ-1型盐结晶抑制剂在静态条件下抑盐率为81%，动态条件下抑盐率达到96.5%，抑盐效果良好；加入CYYJ-1型盐结晶抑制剂后堵塞时间可延长4倍左右。由图11可以看出，未加抑盐体系晶型和加入抑盐体系晶型前后状态明显不同，(b)未添加抑盐体系的晶体呈片状，棱角分明，晶体结构堆积紧密，排列规整，表面光滑平整；(d)加入CYYJ-1型盐结晶抑制剂后的晶体正常生长受到阻碍，晶体表面部分缺失，棱角被破坏，晶胞发生晶格畸变，形貌被破坏，形成层状形态，由于层状的堆积该形态看起来像“纸花”，且结构疏松多孔。在动态条件下，由于流速的存在，微晶受到冲刷的作用，而使部分疏松的晶体带出井筒，从而使井筒被完全堵塞的时间延长，因而具有良好的抑盐效果。

3.4　抑盐聚合物压裂液性能评价

3.4.1　压裂液黏度测试

按配方“0.1%～1.4% GAF－TE1＋0.3% CYYJ-1+1.0%混合液添(0.3%ZGJP-006+0.5% ZGNW-0.13+0.2%DY202)”配制抑盐聚合物压裂液，按照SY/T 7627—2021《水基压裂液技术要求》对压裂液性能进行评价。测定压裂液降阻率和黏度实验结果见表3。从结果看出，低黏压裂液降阻率>70%，高黏压裂液120℃下剪切黏度>50mPa·s，压裂液流变性能良好。

3.4.2　压裂液破胶性能测试

按配方“0.1～1.0% GAF-TE1+0.3% CYYJ-1＋1.0%混合液添(0.3% ZGJP－006＋0.5% ZGNW－0.13＋0.2% DY202)＋0.01－0.03% $Na_2S_2O_8$”配制抑盐聚合物压裂液并置于90℃水浴中至完全水化破胶，按照SY/T 7627—2021《水基压裂液技术要求》对压裂液性能进行评价。测定压裂液破胶液常规性能及静态、动态抑盐率实验结果见表4。抑盐率采用按MY-2井盐垢组成配比配制饱和复合盐溶液作为实验流体，按照2.2中方法进行实验。实验结果显示，压裂液破胶液常规指标均能满足标准要求，静态抑盐率>75%，动态抑盐率>90%，压裂液抑盐效果良好。

表 3　压裂液性能表(1)

压裂液类型	压裂液配方	表观黏度/(mPa·s)	降阻率/%	120℃耐温耐剪切黏度/(mPa·s)
低黏压裂液	0.1%GAF-TE1+0.3%CYYJ-1+1.0%混合液添	11.5	74.0	—
	0.12%GAF-TE1+0.3%CYYJ-1+1.0%混合液添	12.9	74.4	—
	0.15%GAF-TE1+0.3%CYYJ-1+1.0%混合液添	15.6	75.3	—
高黏压裂液	1.0%GAF-TE1+0.3%CYYJ-1+1.0%混合液添	84	—	52
	1.2%GAF-TE1+0.3%CYYJ-1+1.0%混合液添	118	—	75
	1.4%GAF-TE1+0.3%CYYJ-1+1.0%混合液添	135	—	103

表 4　压裂液性能表(2)

压裂液类型	压裂液配方	破胶液性能					
		静态抑盐率/%	动态抑盐率/%	黏度/(mPa·s)	表面张力/(mN/m)	界面张力/(mN/m)	残渣含量/(mg/L)
低黏压裂液	0.1% GAF - TE1 + 0.3% CYYJ - 1 + 1.0%混合液添+0.01%$Na_2S_2O_8$	77.5	92.5	0.78	26.3	1.3	16
高黏压裂液	1.0% GAF - TE1 + 0.3% CYYJ - 1 + 1.0%混合液添+0.03%$Na_2S_2O_8$	75..8	93.6	2.68	26.0	1.5	58

4　结论

(1) 通过对 MY-2 井现场盐垢分析，明确该区块析出盐垢主要为碳酸氢钠，含有部分碳酸钠和少量氯化钠。

(2) 通过静态抑盐率评价方法研究了不同类型盐结晶抑制剂对三种典型可溶盐饱和溶液抑盐能力，结果表明：不同理化性能可溶盐与不同类型盐结晶抑制剂存在匹配关系，对于氯化钠抑盐效果最好的是盐结晶抑制剂 B 和 F，对于碳酸氢钠抑盐效果最好的为盐结晶抑制剂 C、D 和 F，对于碳酸钠所有盐结晶抑制剂均无明显效果。

(3) 针对现场盐垢配比的模拟饱和盐水，单独盐结晶抑制剂效果均不佳的问题，基于低分子多组分缔合共聚物(盐结晶抑制剂 F)的分子结构特点，优选出主剂与助剂复配协同增效形成高效抑盐体系(CYYJ-1 型)，达到了较好的抑盐效果，静态抑盐率>80%，动态抑盐率>95%。

(4) 采用盐结晶抑制剂 CYYJ-1 与乳液聚合物形成防盐聚合物压裂液，其常规指标满足压裂液标准要求，静态抑盐率>75%，动态抑盐率>90%，压裂液抑盐效果良好。

参 考 文 献

[1] 潘爱芳，马润勇，杨彦柳著．油田注水开发防垢现状及新技术研究[M]．北京：石油工业出版社，2009：56-98.

[2] Sopngwi J J S, Gauthreaux A, Kiburz D E. Successful Application of a Differentiated Chelant - Based Hydrofluoric Acid for the Removal of Aluminosilicates, Fines, and Scale in Offshore Reservoirs of the Gulf of Mexico [A] .SPE International Symposium and Exhibition on Formation Damage Control[C], 2014.

[3] K. Harding, D. A. Brikdle, F. Thorne. Chemical descaling of acid dosed desalination plants[J]. Desalination, 1978, Vol. 27(3): 273-282.

[4] 李平原，程萍，卜魁勇，等．含聚污水生化处理系统结垢原因分析及防治[J]．新疆石油天然气，2019，15(04)：93-96.

[5] 付亚荣，王鹏举，曹瑾，等．三元复合驱后油井清防结垢方法及应用[J]．新疆石油天然气，2016，12(01)：78-80.

[6] 刘仁植，张秉坚，毛丽惠．亚铁氰化钾对氯化钠的结晶抑制作用[J]．暨南大学学报：自然科学与医学版，2015，36(6)：448-452.

[7] 舒有顺，曾海鹏，黄红军．六偏磷酸钠对钾长石和赤铁矿的分散作用机理[J]．矿冶工程，2023，43(02)：61-65.

[8] 张青松．基于原油换热设备腐蚀结垢分析及设备改造[J]．新疆石油天然气，2015，11(04)：87-90.

[9] 王文波，陈国力，王雅珍．聚合物类阻垢剂的最新研究进展[J]．应用化工，2018，47(5)：1007-1010.

[10] 凌革，李张洁，李宁博，等．油田开发用绿色阻垢剂的研究进展[J]．油田化学，2022，39(3)：564-570.

[11] LUBELLI B，NIJLAND T G，VAN HEES R P J，et al. Effect of mixed in crystallization inhibitor on resistance of lime-cement mortar against NaCl crystallization [J]. Construction and Building Materials，2010，24(12)：2466-2472.

[12] LUBELLI B，VAN HEES R P J. Effectiveness of crystallization inhibitors in preventing salt damage in building materials [J]. Journal of Cultural Heritage，2007，8(3)：223-234.

[13] JANSEN D，NEUBAUER J，GOETZ-NEUNHOEFFER F. Change in reaction kinetics of a Portland cement caused by a superplasticizer-Calculation of heat flow curves from XRD data[J]. Cement and Concrete Research，2012，42(2)：327-332.

[14] TAN H，ZOU F，LIU M，et al. Effect of the Adsorbing Behavior of Phosphate Retarders on Hydration of Cement Paste[J]. Journal of Materials in Civil Engineering，2017，29(9)：04017088.

[15] YONG-HONG CAI，LI ZHAO，et al. Synthesis of polyaspartic acid-capped 2-aminoethylamino acid as a green water treatment agent and study of its inhibition performance and mechanism for calcium scales [J]. RSC Advances，2022，12(38)：24596-24606.

[16] 余嵘，刘扬，王增科，等．SAS/AMPS/IA 共聚物中官能团对碳酸钙的协同阻垢作用[J]．材料导报，2021，35(2)：2207-2212.

[17] 郑若芝，张国钊．盐重结晶抑制剂 NTA[J]．油田化学，1991(02)：21-25+29.

[18] 刘亚川，龚焕高，张克仁．六偏磷酸钠的作用机理研究[J]．东北工学院学报，1993，14(3)：5.

[19] Stéphanie C. de Morais，Lima D F D，Ferreira T M，et al. Effect of pH on the efficiency of sodium hexametaphosphate as calcium carbonate scale inhibitor at high temperature and high pressure [J]. Desalination，2020，491：114548.

[20] 周海丽．新型高性能润滑油的合成及其性能研究[D]．江南大学，2019.

[21] 肖妙妙，佟斌，赵玮，等．自掺杂基团对聚苯胺自组装膜电化学性能的影响[J]．高分子学报，2007，17(11)：1088-1091.

[22] L X Liu，A J He. Research Progress of Scale Inhibition Mechanism[J]. Advanced Materials Research，2014，955-959：2411-2414.

[23] Y S Zhao，F E Sun，Y M Liu，el at. The new development of research on copolymer scale inhibitor in China[J]. Huaxue Yu Shengwu Gongcheng，2009，24(2)：1-4.

[24] Chen J，Sarma B，Evans J M B，et al. Pharmaceutical crystallization[J]. Crystal Growth & Design，2011，11：887-895.

顺北地区走滑断裂带输导性定量评价方法及研究意义

张 胜 黄 诚 林 波

（中国石油化工股份有限公司西北油田分公司勘探开发研究院）

摘　要　塔里木盆地顺北地区发育大量走向多变、滑移距小、变形宽度小、延伸距离较长的走滑断裂，具有“储藏一体”的特点，断裂活动既形成了储集体，也是油气从烃源岩向上输导的通道。断裂带内的输导条件受到深层断裂活动强度和顺北地区中西部广泛发育的两套膏盐岩地层厚度和变形特征的影响，为了定量评价输导性的主控因素，以资料条件好、钻井成果丰富的 X1J 三维地震工区为研究区，总结了断裂变形幅度、断裂变形宽度、膏盐岩厚度、断裂活动影响膏盐岩变形这 8 个输导条件的影响因素。初步明确了断裂活动强度较大、地层错断明显、膏盐岩逃逸的叠接挤压段为疏导条件最好的位置，断裂活动强度大、地层错断明显、膏盐岩局部加厚的叠接拉分段次之，断裂活动强度较小、地层错断不明显的平移段输导条件最差。在次基础上形成了一种断裂带内输导性定量评价方法——主成分分析方法，该方法是在损失很少信息的前提下把多个指标转化为几个综合指标的多元统计方法。基于 SPSS 软件，实现了顺北地区断裂带内部输导性主成分分析和定量评价，结果显示 X1J 三维工区南段的输导性最强、中段次之、南段最弱，还明确了输导性与断裂活动强度呈正相关关系，与膏盐岩地层厚度及变形特征无明显线性关系。此外，顺北地区油气在经过膏盐岩地层将导致含硫量上升，因此断裂输导性越强、油气充注越强、原油的含硫量将越高。实钻发现输导性和原油含硫量之间具有较好的线性关系，该输导性定量评价方法在顺北地区的主干断裂带具有较好的适用性，可定量评价主干断裂带的油气充注强度的变化规律，进一步反映油气富集规律。

关键词　顺北地区；走滑断裂；输导性；膏盐岩地层；定量评价；主成分分析；气油比

Quantitative evaluation method and research significance of strike-slip fault zone transport in Shunbei area

Zhang Sheng　Huang Cheng　Lin Bo

（Exploration and Production Research Institute，Sinopec Northwest Oil Field Company）

Abstract　A large number of strike-slip faults with variable strike，small slip distance，small deformation width and long extension distance are developed in Shunbei area of Tarim Basin，which has the characteristics of “storage integration”. Fault activity not only forms a reservoir group，but also a channel for oil and gas to be transported upward from the source rock. The transport conditions in the fault zone are affected by the intensity of deep fault activity and the thickness and deformation characteristics of two sets of saltrock formations widely developed in the central and western part of Shunbei region. In order to quantitatively evaluate the main controlling factors of the transport，the X1J 3D seismic area with good data conditions and rich drilling results is taken as the study area. The influence factors of 8 transport conditions on the deformation of salt rock，such as fracture deformation amplitude，fracture deformation width，thickness of salt rock and fracture activity，are summarized. It is initially determined that the overlapped extrusion section with high fault activity，obvious formation dislocation and salt rock escape is the best location for drainage conditions，followed by the overlapped stretch section with high fault activity，obvious formation dislocation and local thickening of salt rock，and the transect section with low fault activity and no obvious formation dislocation has the worst transport conditions. On this basis, a quantitative evaluation method of intrafracture conductivity-principal component analysis method is formed, which is a multivariate statistical method that converts multiple indicators into several comprehensive indicators under the premise of losing little information. Based on SPSS software, the principal component analysis and quantitative evaluation of the internal conductivity of the fault zone in the northern Shun region were realized. The results showed that the conductivity of the southern section of the X1J three-dimensional working zone was the strongest, followed by the middle section, and the southern section was the weakest. It was also determined that the conductivity was positively correlated with the intensity of fault activity, and had no obvious linear relationship with the thickness and deformation characteristics of the salt rock formation. In addition, the sulfur content of oil and gas will increase when it passes through the salt-rock formation in Shunbei area, so the stronger the fault transport, the stronger the oil and gas charging, the higher the sulfur content of crude oil. It is found that there is a good linear relationship between the transport property and the sulfur content of crude oil. The quantitative evaluation method of the transport property has good applicability in the main fault zone of Shunbei area, and can quantitatively evaluate the variation law of the oil and gas charging intensity in the main fault zone, and further reflect the law of oil and gas enrichment.

Key words Shunbei area; Strike-slip fault; transmissibility; Salt-rock formation; Quantitative evaluation; Principal component analysis; Gas-oil ratio

塔里木盆地克拉通板块内部发育大量走向多变、滑移距小、变形宽度小、延伸距离较长的走滑断裂。顺北地区走滑断裂是油气富集成藏的关键因素，自2012年以来，西北石油局针对走滑断裂的勘探评价取得重大成果，研究发现顺北地区走滑断裂“控储、控运、控圈、控藏、控富”五位一体的特点，深大走滑构造破裂作用形成了规模储集体，为油气垂向输导和油气富集提供了输导通道。目前研究认为顺北地区的通源断裂垂向贯通，已整体成藏，具有较好的输导条件。但实钻发现不同条带或者同一条带不同部位的油气充注规模有差别，而顺北地区的断裂输导性与油气充注存在相关性，因此缺少断裂带内输导性定量评价方面的研究来指导油气充注的变化规律研究。前人对走滑断裂的活动特征做了详细的研究，膏盐岩厚度和变形特征对油气的输导性做了定性的评价，但是断裂活动和膏盐岩厚度这两者究竟哪种因素对油气输导能力的影响更大？断裂活动强度与输导性有无函数关系？本文选取顺北8号带中段，展开走滑断裂的活动性和膏盐岩厚度的解析工作，用一种定量分析方法评价了断裂、膏盐岩和输导性之间的关系，进一步查明了输导性和油气藏富集规律的关系。

1　研究区地质背景

顺托果勒低隆起位于塔里木盆地中部，南北两侧为隆起，分别与卡塔克隆起和沙雅隆起相接，东西方向位于满加尔与阿瓦提坳陷之间的低梁部位，呈“马鞍形”(图1)。顺北地区寒武纪—奥陶纪地层发育齐全，自下而上为下寒武统玉尔吐斯组($\in_1y$)、肖尔布拉克组($\in_1x$)、吾松格尔组($\in_1w$)，中寒武统沙依里克组($\in_2s$)、阿瓦塔格组($\in_2a$)，上寒武统下丘里塔格群($\in_3ql$)；下奥陶统蓬莱坝组(O_1p)，中-下奥陶统鹰山组($O_{1-2}y$)，中奥陶统一间房组(O_2yj)，以及上奥陶统恰尔巴克组(O_3q)、良里塔格组(O_3l)和桑塔木组(O_3s)。前人研究认为寒武-奥陶系地层具备良好的生储盖及油气运聚的地质条件：①主力烃源岩为下寒武统玉尔吐斯组斜坡-陆棚相泥页岩。②走滑断裂控制下发生构造破碎形成的裂缝和沿缝发育的孔洞和洞穴型储层。③上奥陶统的泥岩、泥灰岩盖层和走滑断裂破碎带之外致密灰岩为油气藏的保存提供了有利条件。④多期活动的走滑断裂沟通烃源层为油气垂向输导主要通道，是聚集成藏的关键条件。

2　顺北地区断裂带输导性的主控因素

2.1　走滑断裂的变形特征

顺北地区的走滑断裂带具有“平面叠接分段、纵向分层变形、多期叠加改造”的发育特征。表现为碳酸盐岩地层中线性走滑和上覆碎屑岩地层中撕裂型雁列式正断层，林波等人将之细分为6个构造层，对顺北地区油气输导影响较强的为第1、2构造层。第1构造层为中-下寒武统碳酸盐岩，走滑断裂剖面上表现为直立的线性走滑，平面上部分区域为叠接分段特征。该构造层内发育两套膏盐岩地层，分别位于 T_8^4–T_8^3 之间(吾松格尔组)和 T_8^2–T_8^1 之间(阿瓦塔格组)，直接影响了断裂对油气的输导能力。第 2 构造层为上寒武统–中奥陶统刚性碳酸盐岩地层，断裂在寒武–下奥陶统呈陡直状，向中奥陶统转变为花状构造。层内发育白云岩和灰岩，为刚性地层，断裂活动导致地层更易破碎和错断，有利于断裂垂向输导。因此，一般认为中–下寒武统的断裂活动强度和膏盐岩地层厚度控制着断裂的输导能力。

顺北地区走滑断裂在走滑位移过程中存在沿垂向错动的分量，在剖面上表现为地层错断、隆起或下掉。一般地，在叠接段表现为地层错断，断裂输导能力较强，在平移段表现为地层的轻微隆起或下掉，断裂输导能力较弱。

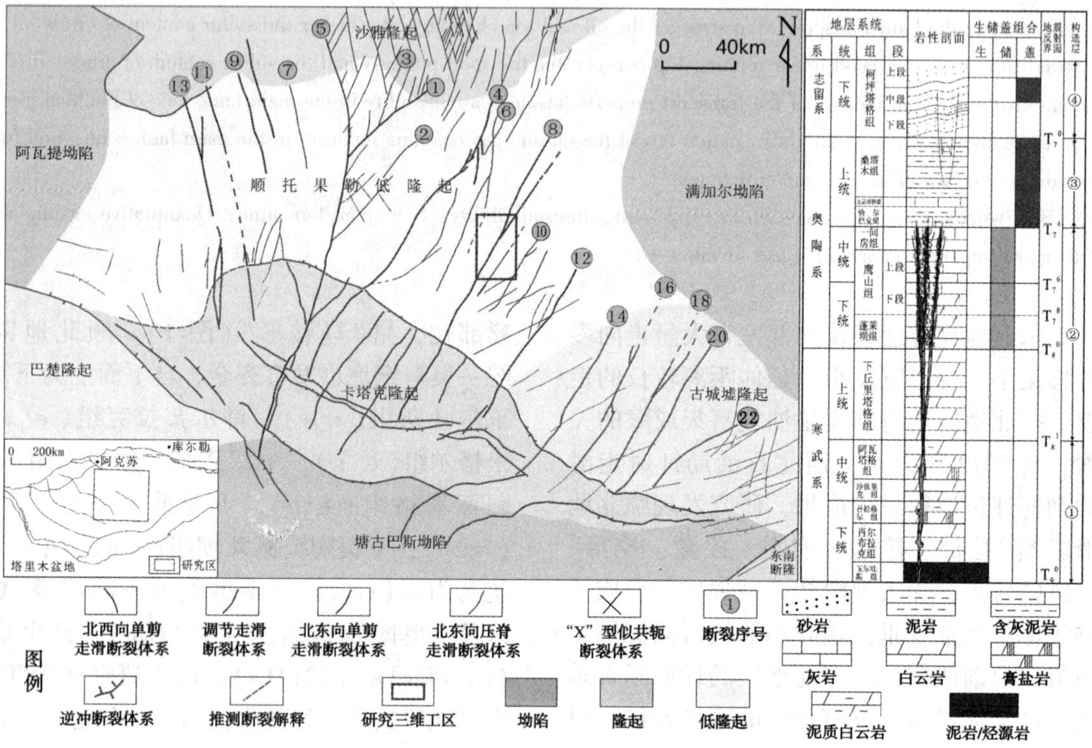

图 1　顺北地区膏盐岩厚度分布图与寒武–奥陶统生储盖组合示意图

2.2　膏盐岩厚度变化对输导性的影响

盆地的沉积演化控制着膏盐岩的分布，前人研究认为盆地内发育一套完整的台地建造旋回，沉积演化与台地的建造过程密切相关，演化过程主要分为 4 个阶段，其中第 2 阶段肖尔布拉克组沉积时期–中寒武世，是塔里木盆地的台地建造期，盆地进入持续海退背景，局限台地和蒸发台地范围显著扩大，在顺北西部–中部地区发育两套厚层的膏盐岩地层(图 1)。在顺南地区主要为开阔台地、台缘和陆棚等开阔沉积环境，膏盐岩地层厚度较小至不发育，主要表现为顺北地区膏盐岩地层厚度为西部厚、东部薄，南部厚、北部薄的特征。本文主要研究膏盐岩厚度较大、对走滑断裂输导能力影响较大的顺北西部和中部区域。

前人研究认为膏盐岩地层的厚度对深层油气沿走滑断裂向上运移产生影响，膏盐岩底层越厚，断裂的输导能力越差。此外，膏盐岩为软弱的塑性地层，在差异应力的作用下，膏盐岩会向着断裂带发生逃逸或者汇聚，形成各式各样的输导形态，从而影响断裂的输导性能。以顺北 4 号断裂带为例，膏盐岩形态可划分为隆升推覆型、挤压微隆型、挤压微隆型。隆升推覆型多发生在强拉张背景下，断裂带内部应力小于两侧，断裂带外侧膏盐岩向内部汇聚；挤压微隆型多发生在断裂活动强度较低部位，不利于输导；挤压微隆型多发生在强挤压背景下，断裂带内部应力大于两侧，断裂带内侧膏盐岩向外部逃逸。一般地，在相同断裂活动强度背景下，逃逸减薄型膏盐具有较好的输导性，其次为隆升推覆型膏盐和挤压微隆型膏盐。因此，初步认为在深层断裂的叠接挤压部位断裂活动强度大、地层错断明显、膏盐岩厚度减薄，是断裂输导能力最强部位。叠接拉分部位断裂活动强度大、地层错断明显、膏盐岩厚度增大，是断裂输导能力中等部位。平移段断裂活动强度较小、地层无明显错断、膏盐岩厚度变化不大，是断裂输导能力较弱部位。

2.3 输导性的影响因素

本文根据前期研究成果和顺北地区地层、断裂发育特征，认为影响走滑断裂输导性的主要因素有(图 2B)：①T_8^1 断裂变形幅度(x_1)；②T_8^1 断裂变形宽度(x_2)；③$T_8^1-T_8^2$ 断裂带内地层厚度(x_3)；④$T_8^1-T_8^2$ 断裂带内外地层厚度比值(x_4)；⑤T_8^3 断裂变形幅度(x_5)；⑥T_8^3 断裂变形宽度(x_6)；⑦$T_8^3-T_8^4$ 断裂带内地层厚度(x_7)；⑧$T_8^3-T_8^4$ 断裂带内外地层厚度比值(x_8)，x_4 和 x_8)为两套膏盐岩在断裂带内部和外部的厚度变化，可反映断裂活动对膏盐岩产生变形的影响。x_1、x_2、x_5、x_6 反映膏盐岩地层断裂活动强度；x_3、x_7 反映断裂带内部膏盐岩地层厚度；x_4、x_8 反映断裂活动导致的膏盐岩地层变形对输导性产生影响。上述参数可以综合表征断裂输导性。笔者将使用主成分分析方法，将多因素影响下的输导性进行定量评价。

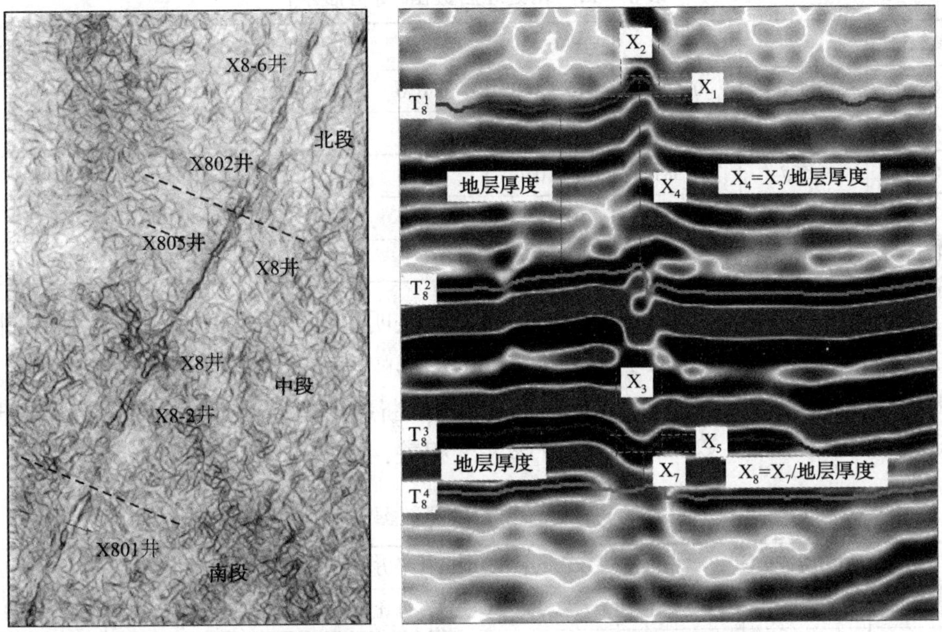

(a)X1J三维工区T74界面AFE相干平面图　　(b)输导性要素示意图

图 2　X1J 三维工区 T74 界面 AFE 相干平面图和输导性要素示意图

3　走滑断裂输导性定量评价方法

3.1 主成分分析原理、方法和步骤

主成分(PCA)分析是利用降维的思想，在损失很少信息的前提下把多个指标转化为几个综合指标的多元统计方法，笔者使用 SPSS 软件完成这一过程。

进行 SPSS 软件主成分分析的数据需满足指标/因子(前文所述的影响因素 x_1、x_2……x_8，即共 8 个因子，P 为总因子数量，$p=8$)数量小于样本数量(每个因子统计的数据)。按以下步骤处理：

第一步：数据归一化处理，可使用 SPSS 软件实现这一计算过程，也可使用公式(1)和(2)完成这一过程，笔者使用公式(1)、(2)完成计算：

$$X_{ij}'=(X_{ij}-X_{i\min})/(X_{i\max}-X_{i\min}) \tag{1}$$

$$X_{ij}'=1-(X_{ij}-X_{i\min})/(X_{i\max}-X_{i\min}) \tag{2}$$

式中，X_{ij}'为归一化处理后的数据，X_{ij}代表第 i 个因子的第 j 个样本，$X_{i\max}$代表第 i 个因子所有样本中的最大值，$X_{i\min}$代表第 i 个因子所有样本中的最小值。

注：公式(1)为因子与输导性呈正相关的计算公式，包含 x_1、x_2、x_5、x_6；公式(2)为因子与输导性呈负相关的计算公式，包含 x_3、x_4、x_7、x_8。

第二步：使用 SPSS 软件进行数据处理：

① 数据分析结果需满足 KMO 检验和 Bartlett 的检验，需 $KMO>0.5$；$P<0.01$。

② 提取数据需要获得大多数信息，即提取 q 个主成分的累计贡献率>85%。

③ 计算个主成分得分和综合得分，见公式

(3)、公式(4)、公式(5):

$$F_{mj}=X_{1j}\times Z_m+X_{2j}\times Z_m+\cdots\cdots+X_{pj}\times Z_m \quad (3)$$

$$Y_m=V_m/\sum_{Vq} \quad (4)$$

$$F_j=F_{1j}\times Y_1+F_{2j}\times Y_2+\cdots\cdots+F_{qj}\times Y_q \quad (5)$$

式中,公式(1)中 F_{mj} 代表第 m 个主成分在第 j 个样本的得分,Z_m 代表第 m 个主成分的旋转后成分矩阵数值,X_{pj} 代表第 p 个因子的第 j 个样本的数值。公式(2)中 Y_m 代表第 m 个主成分的贡献率,V_m 代表第 m 个主成分方差百分比,$\sum_{Vq}$ 代表 q 个主成分的方差百分比累和。公式(3)中 F_j 代表第 j 个样本的综合得分,F_{qj} 代表第 q 个主成分在第 j 个样本的得分,Y_q 代表第 q 个主成分的方差百分比。

3.2 主成分分析结果及数据解释

本文选取顺北 8 号断裂带中段的一块三维地震工区,以 8 线号(200m)为间隔统计数据样本,共统计 8 个因子、70 个样本(表 1),累计 560 个数据(满足分析前提条件)。对原始数据归一化处理后,使用 SPSS 软件进行主成分分析,分析结果通过 KMO 检验(0.553)和 Bartlett 的检验(<0.01)。

表 1　归一化处理后数据(部分展示)

序号	地震线号	x_1	x_2	x_3	x_4	x_5	x_6	x_7	x_8
1	1653	0.476	0.664	0.441	0.656	0.404	0.448	0.540	0.588
2	1669	0.862	0.620	0.065	0.547	0.723	0.448	0.927	0.970
3	1685	0.527	0.381	0.404	0.736	0.362	0.603	0.703	0.735
4	1701	0.392	0.413	0.155	0.559	1.000	1.000	0.751	0.627
…									

结果显示第 1~5 个主成分的方差百分比累和为 89.382%(表 2),认为已经提取了大多数信息,因此选取 5 个主成分。

相关性矩阵(表 3)显示,数值(绝对值)越大表明这种因子之间相关性越强。例如 $T_8{}^1$ 断裂变形幅度和 $T_8{}^1$ 断裂变形宽度相关性较强,$T_8{}^1$-$T_8{}^2$ 断裂带内地层厚度与 $T_8{}^1$ 断裂变形幅度呈负相关,这些都与前期认识相符。

表 2　总方差解释数据表

主成分	初始特征值			提取载荷平方和			旋转载荷平方和		
	总计	方差百分比	累积/%	总计	方差百分比	累积/%	总计	方差百分比	累积/%
1	2.706	33.8	33.825	2.7	33.8	33.8	2.0	25.5	25.5
2	1.871	23.4	57.217	1.9	23.4	57.2	1.5	18.7	44.2
3	1.193	14.9	72.129	1.2	14.9	72.1	1.5	18.4	62.6
4	0.863	10.8	82.913	0.9	10.8	82.9	1.1	14.1	76.7
5	0.518	6.5	89.382	0.5	6.5	89.4	1.0	12.7	89.4
6	0.351	4.4	93.775						
7	0.332	4.1	97.920						
8	0.166	2.1	100.000						

表 3　相关性矩阵数据表

相关性	x_1	x_2	x_3	x_4	x_5	x_6	x_7	x_8
x_1	1.000	0.461	−0.436	−0.269	0.336	0.097	0.054	(0.047)
x_2	0.461	1.000	−0.346	−0.024	0.403	0.344	0.143	(0.128)
x_3	−0.436	−0.346	1.000	0.506	−0.411	−0.433	(0.135)	0.148
x_4	−0.269	−0.024	0.506	1.000	0.141	0.155	0.353	0.057
x_5	0.336	0.403	−0.411	0.141	1.000	0.587	0.405	(0.071)
x_6	0.097	0.344	−0.433	0.155	0.587	1.000	0.338	(0.070)

续表

相关性	x_1	x_2	x_3	x_4	x_5	x_6	x_7	x_8
x_7	0.054	0.143	−0.135	0.353	0.405	0.338	1.000	0.514
x_8	−0.047	−0.128	0.148	0.057	−0.071	−0.070	0.514	1.000

旋转后的成分矩阵(图3)显示，各主成分得分与各因子之间相关性越大，代表主成分越能反映该因子的信息。例如，主成分1可表征 $T_8{}^3$ 断裂的活动强度、主成分2可表征 $T_8{}^1$-$T_8{}^2$ 地层厚度和变形特征、主成分3可表征 $T_8{}^3$-$T_8{}^4$ 地层厚度和变形特征、主成分4和5可表征 $T_8{}^1$ 断裂的活动强度、主成分4可表征 $T_8{}^1$ 断裂的活动强度。即主成分1、4、5可表征断裂活动强度，主成分2、3可表征膏盐岩地层厚度和地层变形对输导性产生影响。

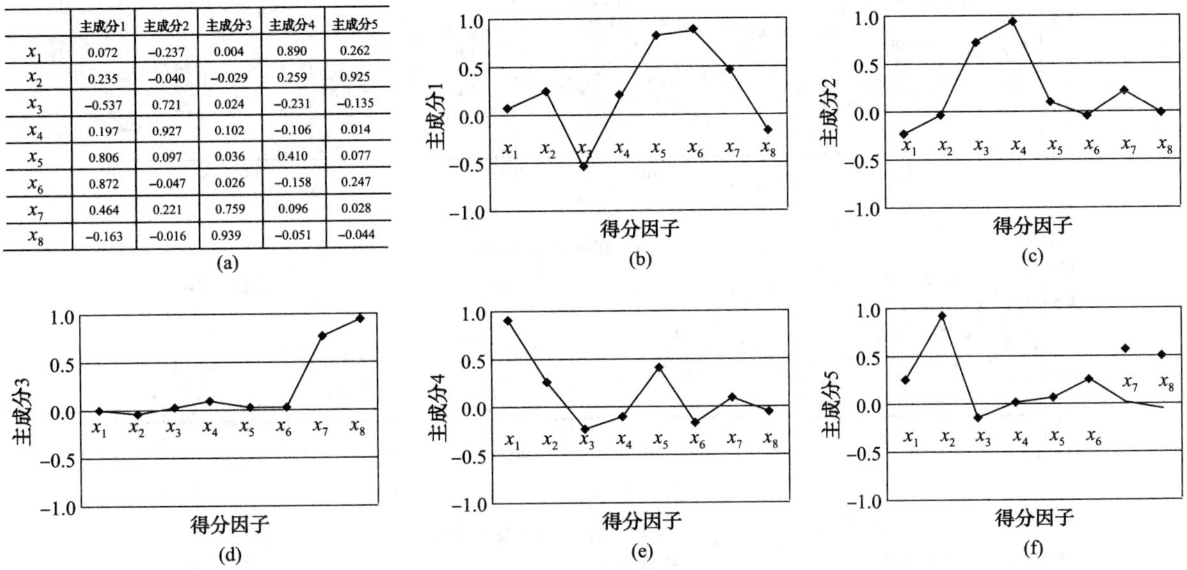

	主成分1	主成分2	主成分3	主成分4	主成分5
x_1	0.072	−0.237	0.004	0.890	0.262
x_2	0.235	−0.040	−0.029	0.259	0.925
x_3	−0.537	0.721	0.024	−0.231	−0.135
x_4	0.197	0.927	0.102	−0.106	0.014
x_5	0.806	0.097	0.036	0.410	0.077
x_6	0.872	−0.047	0.026	−0.158	0.247
x_7	0.464	0.221	0.759	0.096	0.028
x_8	−0.163	−0.016	0.939	−0.051	−0.044

图3　旋转后成分矩阵数据解释结果图

4　输导性评价的应用与结果分析

使用公式(3)、(4)、(5)计算得出70个样本的各主成分得分(图4A)、70个样本的综合得分(图4B)、70个样本的断裂活动强度得分(图4C)、70个样本的膏盐岩厚度和变形特征得分(图4D)。

根据输导性(综合得分)将研究区划分为南、中、北3段(图2A)，南段的 $T_8{}^3$ 断裂活动强度较大、$T_8{}^1$-$T_8{}^2$ 膏盐岩厚度较大、$T_8{}^3$-$T_8{}^4$ 膏盐岩厚度较小、$T_8{}^1$ 断裂的变形幅度中等、$T_8{}^1$ 断裂的变形宽度中等；中段的 $T_8{}^3$ 断裂活动强度中等、$T_8{}^1$-$T_8{}^2$ 膏盐岩厚度较小、$T_8{}^3$-$T_8{}^4$ 膏盐岩厚度中等、$T_8{}^1$ 断裂的变形幅度较大、$T_8{}^1$ 断裂的变形宽度较大；北段的 $T_8{}^3$ 断裂活动强度较小、$T_8{}^1$-$T_8{}^2$ 膏盐岩厚度中等、$T_8{}^3$-$T_8{}^4$ 膏盐岩厚度中等、$T_8{}^1$ 断裂的变形幅度较小、$T_8{}^1$ 断裂的变形宽度较小。

注：原始数据经过归一化处理，原来与输导性呈负相关的因子 x_3、x_4、x_7、x_8 归一化后与输导性呈正相关，即膏盐岩厚度越小或其变形对输导性产生的影响越小，则得分越高。

主成分1、4、5与断裂活动强度相关性更大，可表征断裂活动强度；主成分2、3与膏盐岩厚度及变形特征相关性更大，可表征其对输导性的影响。从输导性定量结果和断裂活动强度结果来看，两者具有较好的一致性(图5A)，说明断裂活动强度对输导性的相关性和影响程度更大，为主要因素。结果显示(图4B和图4C)南段的断裂活动强、输导性强(综合平均得分0.84)，中段的断裂活动中等、输导性中等(综合平均得分0.79)，北段的断裂活动较弱、输导性较差(综合平均得分0.49)。膏盐岩厚度和变形与输导性相关性不明显(图5B)，说明在顺北地区膏盐岩对输导性不是主控因素。结果显示

(图 4D) 南段输导性受膏盐岩影响相对大、中段和北段较小。

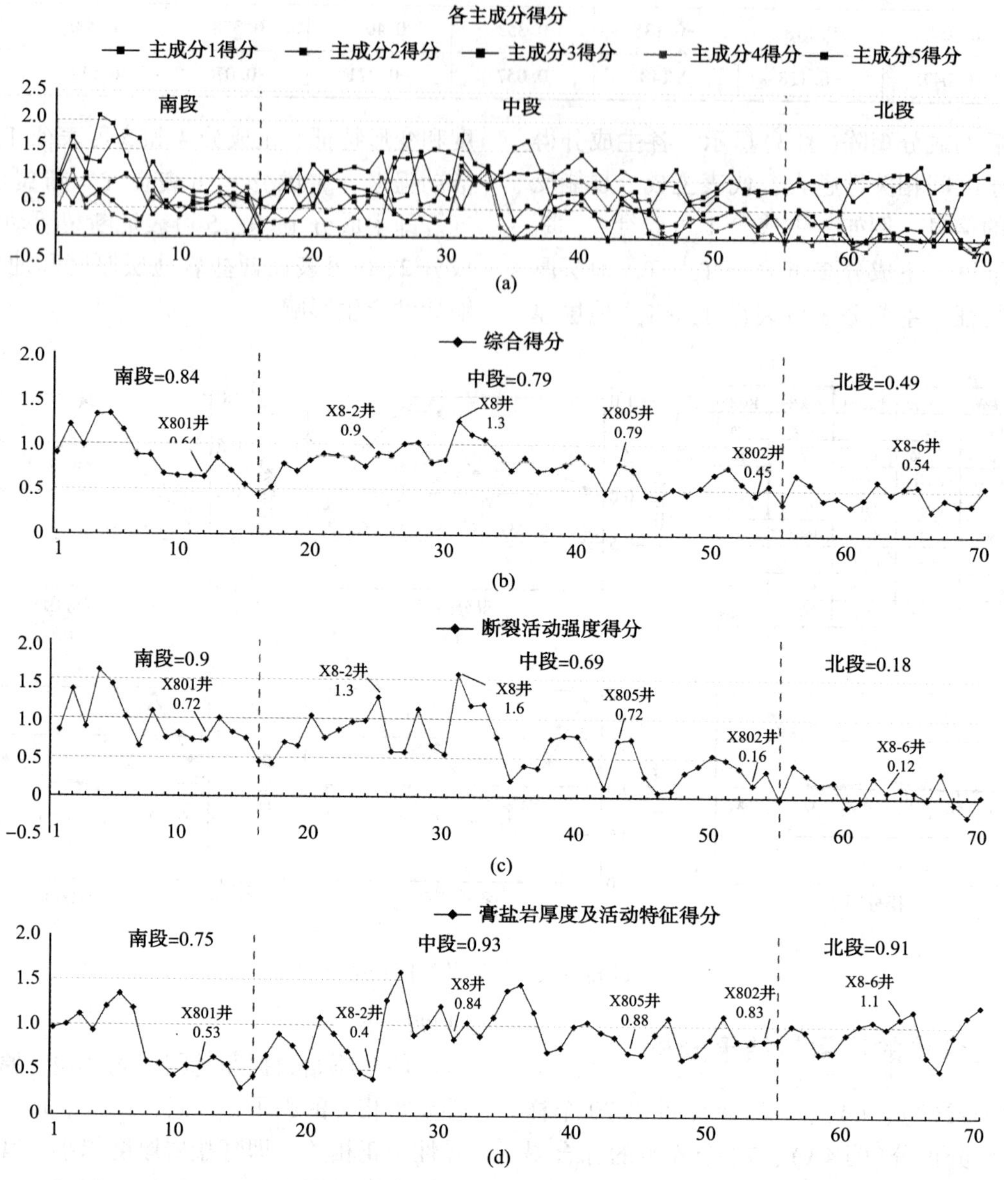

图 4　输导性定量评价图

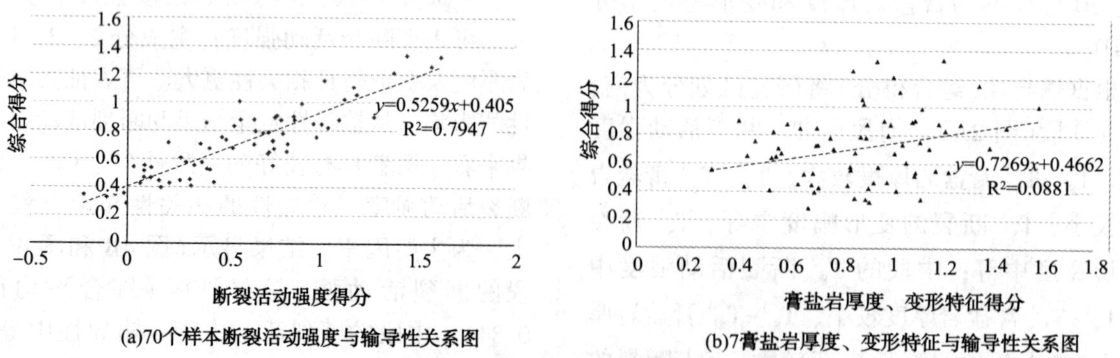

图 5　断裂活动强度、膏盐岩与输导性关系图

顺北地区具有“多期充注、幕式成藏”的特点，断裂带的输导性直接影响油气充注强度。此外，油气在经过膏盐岩地层将导致含硫量上升，因此油气充注越强，原油的含硫量将越高。在研

究区内共有6口实钻井，发现输导性和原油含硫量之间具有较好的线性关系(图6)，即输导性越好的断裂、油气充注越强、含硫量越高。实钻结果显示断裂的输导性在顺北地区的主干断裂带具有较好的适用性，可使用该方法定量评价主干断裂带的油气充注强度的变化规律，进一步反映油气富集规律。

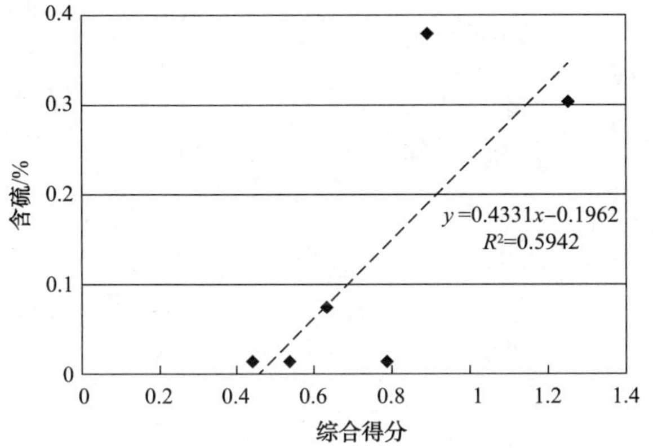

图6　输导性与实钻原油含硫量对比图

6　结论

(1)根据顺北地区断裂活动特征和膏盐岩厚度和变形特征，总结了断裂变形幅度、断裂变形宽度、膏盐岩厚度、断裂活动影响膏盐岩变形这8个输导条件的影响因素，以基于SPSS软件的主成分分析方法，建立了一种用于顺北地区走滑断裂带输导性定量评价的方法。

(2)顺北地区断裂活动强度较大、地层错断明显、膏盐岩逃逸的叠接挤压段为疏导条件最好的位置，断裂活动强度大、地层错断明显、膏盐岩局部加厚的叠接拉分段次之，断裂活动强度较小、地层错断不明显的平移段输导条件最差。以断裂活动强度为主要控制因素，与输导性呈线性正相关。

(3)顺北地区的断裂输导性影响油气充注强度和原油的含硫量，断裂输导性越好、油气充注越足，原油的含硫量越高。以原油含硫量作为输导性定量评价的验证参数，评价结果与实际钻井情况有着良好的匹配关系，表明该方法在顺北地区具有较好的适用性。

参 考 文 献

[1] 林波，张旭，况安鹏，等．塔里木盆地走滑断裂构造变形特征及油气意义——以顺北地区1号和5号断裂为例[J]．石油学报，2021，42(07)：906-923.

[2] 云露．顺北东部北东向走滑断裂体系控储控藏作用与突破意义[J]．中国石油勘探，2021，26(3)：41-52.

[3] 吕海涛，韩俊，张继标，等．塔里木盆地顺北地区超深碳酸盐岩断溶体发育特征与形成机制[J]．石油实验地质，2021，43(01)：14-22.

[4] 李映涛，汝智星，邓尚，等．塔里木盆地顺北特深碳酸盐岩储层天然裂缝实验评价及油气意义[J]．石油实验地质，2023，45(3)，422-433.

[5] 赵锐，赵腾，李慧莉，等．塔里木盆地顺北油气田断控缝洞型储层特征与主控因素[J]．特种油气藏，2019，26(05)：8-13.

[6] 漆立新．塔里木盆地顺北超深断溶体油藏特征与启示[J]．中国石油勘探，2020，25(01)：102-111.

[7] 邓尚，李慧莉，张仲培，等．塔里木盆地顺北及邻区主干走滑断裂带差异活动特征及其与油气富集的关系[J]．石油与天然气地质，2018，39(05)：878-888.

[8] 刘宝增．塔里木盆地顺北地区油气差异聚集主控因素分析——以顺北1号、顺北5号走滑断裂带为例[J]．中国石油勘探，2020，25(3)：83-95.

[9] 漆立新，丁勇．塔里木盆地顺北地区东西部海相油气成藏差异[J]．石油实验地质，2023，45(1)，20-28.

[10] 耿锋．顺北地区顺北4号走滑断裂带深部碳酸盐岩油气成藏特征[D]．中国石油大学(北京)，2023. DOI：10.27643/d.cnki.gsybu.2023.001134.

[11] BIAN Q，DENG S，LIN H X，et al. Strike-slip salt tectonics in the Shuntuoguole Low Uplift，Tarim Basin，and the signifi-cance to petroleum exploration [J]. Marine and Petroleum Geology，2022，139：105600.

[12] 彭威龙，邓尚，张继标，等．深层海相凝析油气藏成因机制与富集主控因素——以塔里木盆地顺北4号断裂带为例[J]．天然气地球科学，2024，35(05)：838-850.

[13] 马庆佑，吕海涛，蒋华山，等．塔里木盆地台盆区构造单元划分方案[J]．海相油气地质，2015，20(01)：1-9.

[14] 曹自成，唐大卿，骆满嵩，等．塔里木盆地顺北地区中新生界断裂构造特征及演化[J]．地质科技通报，2023，42(01)：226-238.

[15] 漆立新．塔里木盆地顺托果勒隆起奥陶系碳酸盐岩超深层油气突破及其意义[J]．中国石油勘探，2016，21(03)：38-51.

[16] 焦方正．塔里木盆地顺北特深碳酸盐岩断溶体油气藏发现意义与前景[J]．石油与天然气地质，2018，39(02)：207-216.

[17] 黄诚．叠合盆地内部小尺度走滑断裂幕式活动特征及期次判别——以塔里木盆地顺北地区为例[J]．石油实验地质，2019，41(03)：379-389.
[18] 高志前，樊太亮，焦志峰，等．塔里木盆地寒武—奥陶系碳酸盐岩台地样式及其沉积响应特征[J]．沉积学报，2006，24(1)：19-27.
[19] 樊太亮，高志前，吴俊．塔里木盆地深层碳酸盐岩建造-改造作用与多类型储层有序性分布[J]．地学前缘，2023，30(04)：1-18.
[20] 张文霖，主成分分析在 SPSS 中的操作应用[J]．市场研究，2005(12)：31-34.
[21] 李小胜，陈珍珍．如何正确应用 SPSS 软件做主成分分析[J]．统计研究，2010，27(08)：105-108.

珠江口盆地(东部)勘探认识创新及重大发现

彭光荣[1,2]　刘　军[1,2]　李洪博[1,2]　刘　培[1,2]　陈兆明[1,2]　肖张波[1,2]

[1. 中海石油(中国)有限公司深圳分公司；2. 中海石油深海开发有限公司]

摘　要　珠江口盆地(东部)是南海北部重要的油气产区之一，2023年以来，油气勘探成果丰硕，在新层系、新类型、新洼陷不断取得勘探突破。一方面，针对珠江口盆地处于南海北部深水区处于陆缘地壳减薄带，具有"下断上拗，先陆后海"的特殊演化特征，首次针对性提出南海北部陆缘发育核杂岩-拆离凹陷概念，通过油气地质理论创新和关键技术攻关，成功攻克长期制约开平凹陷勘探的"成盆机制、生烃潜力、油气富集规律"三大科学难点，推动开平凹陷获得国内首个深水深层亿吨级油田群发现，开辟了珠江口盆地向深水区古近系找油的新战场；另一方面，遵循"规划引领，价值勘探"部署原则，持续围绕富烃洼陷和生产设施周边展开勘探，继续坚持富洼找优、差异勘探古近系，针对浅水区富烃洼陷恩平组"富砂贫盖"背景，首次提出"湖泛控盖、海侵控砂"封盖机制，夯实恩平组新层系规模储量。同时针对文昌组"埋深大、储层物性差"等关键问题，创新提出"风浪变动力"改造形成洲-滩复合体优储类型，突破文昌组相带新类型。在构造圈闭钻探殆尽背景下，拓展远源辫状河三角洲地层岩性圈闭新类型，成功从构造走向地层岩性复合勘探。一系列勘探进展极大拓宽了珠江口盆地(东部)勘探战场。未来，将继续推进勘探认识创新和技术发展，力争获得更大突破。

关键词　珠江口盆地(东部)；开平凹陷；恩平组；文昌组；攻关方向

New understanding in Petroleum Exploration and Significant Discoveries in the Eastern Pearl River Mouth Basin

Peng Guangrong[1,2]　Liu Jun[1,2]　Liu Jun[1,2]　Li Hongbo[1,2]　Liu Pei[1,2]　Chen Zhaoming[1,2]　Xiao Zhangbo[1,2]

[1. Shenzhen Branch of CNOOC (China) Co., Ltd.; 2. CNOOC Deep Sea Development Co., Ltd.]

Abstract　The Eastern Pearl River Mouth Basin is one of the crucial regions for oil and gas production in the northern part of the South China Sea. Since 2023, significant achievements and numerous breakthroughs have been conducted in oil and gas exploration in the domain of new strata, new types, and new depressions. On one hand, the deep-water area of the Pearl River Mouth Basin is situated within a zone of continental crust thinning of the northern South China Sea and it is characterized by a two-section structure with an early rifting followed by a later episode of subsidence, and also with lower continent sediments covered by upper marine sediments. The concept of "core complex-detachment system" was initially proposed in the Kaiping sag located in the northern continental margin of the South China Sea. This discovery has led to successfully overcome three important problematics: the mechanism of basin formation, the potential of hydrocarbon generation, and the rules of hydrocarbon accumulation, which have long been thought to constrain the petroleum exploration of the Kaiping sag. It has also facilitated the discovery of the first deep-water oil cluster with more than 100-ton of hydrocarbon resource in China, opening up a new gate for oil exploration in the paleogene strata of the deep-water area of the Pearl River Mouth Basin. On the other hand, following the strategy of "planning guidance and value exploration", continuous exploration is carried out near the hydrocarbon-enriched depressions and the existing production facilities. The principle of searching the most potential hydrocarbon-enriched depressions and differential exploration of the paleogene is continuously adhered to. The Enping Formation in the hydrocarbon-enriched depressions in shallow-water area is characterized by its strata of abundant sands and deficient caps, while here we propose a new capping mechanism with the maximum lake flooding controlling the cap and the marine transgression dominating the sand deposition. This new mechanism helps to ensure the new reserve of hydrocarbon resource of the Enping Formation as a entirety. Meanwhile, facing the key issue of large burial depth and poor physical properties in reservoir of the Wenchang Formation, a new concept of "delta-beach complex" as better reservoir transformed by a "wind-wave dynamic" is firstly proposed, enriching the understanding of Wenchang Formation facies. Encountering the challenge of exploring almost all the structural traps, the necessity of exploring a new type of lithology trap in the remote braided river delta is evident, which successfully the transition of the exploration from in the structure traps to the lithology traps. A series of exploration advancements have significantly expanded the petroleum exploration of the eastern Pearl River Mouth Basin. In the future, we will persist in promoting exploration innovation and technological development, striving to attain more substantial breakthroughs.

Key words Pearl River Mouth Basin (East); Kaiping sag; Enping Formation; Wenchang Formation; trakling direction

1 前言

珠江口盆地位于南海北部华南大陆南缘，属于叠合型盆地，中生代为主动陆缘岩浆弧和弧前盆地，新生代为被动陆缘的拉张盆地。盆地自上世纪 70 年代至今，已历经 40 余年的勘探开发，中浅层珠江组、韩江组勘探程度越来越高，规模构造圈闭越来越少；同时以中浅层为主力油层的各油田采出程度不断提高，综合含水率普遍超过 95%，亟需新的规模储量接替。在此形势下，深层超深层逐渐成为油气勘探重要的方向之一。

珠江口盆地(东部)勘探集中在浅水区陆丰南、惠西南等富烃洼陷，层系以文昌组为主，受不同凹陷、不同层系源储条件差异影响，寻找新的规模富集区、拓展新层系面临挑战。2019 年以来，珠江口盆地(东部)加大油气勘探开发力度，主攻浅水区富烃洼陷，甩开深水区潜在富烃洼陷，加强地质与地球物理方面认识创新，有效指导了油气勘探实践，在惠州、陆丰、西江、开平等凹陷接连取得重要勘探进展，勘探成效加速上升，不断为深圳分公司"2000 万吨以上稳产十年"打开新的储量接替领域。

2 珠江口盆地(东部)勘探创新及发现

2.1 攻关核杂岩型凹陷理论技术，突破国内首个深水深层亿吨级油田群

开平凹陷位于珠江口盆地珠二坳陷，面积约为 $4200km^2$，水深为 200～500m。由于面临地质条件复杂、油质稠密、水深较大等困难条件，开平凹陷在 2021 年以前并没有取得规模油气发现。要实现大中型油气田勘探突破，必须攻克成盆机制、生烃潜力、油气富集规律三大难题。

传统认为南海深水边缘型凹陷规模较小、生烃潜力有限，长期以来没有获得勘探突破。多家外国公司认为开平凹陷不具备勘探潜力，要实现大中型油气田勘探突破，必须攻克成盆机制、生烃潜力、油气富集规律三大难题。一是南海北部深水区处于陆缘地壳减薄带，开平凹陷受拆离伸展、基底隆升和岩浆活动等因素强烈改造，凹陷结构及成盆机制认识不清；二是相比传统断陷湖盆，开平凹陷受拆离、基底隆升改造作用，盆地原型认识不清，烃源岩发育模式、生烃机理复杂；三是开平凹陷成藏主控因素和富集规律不清，有利成藏区带不明，长期制约着勘探进程。

2022 年-2023 年，加强核杂岩-拆离凹陷理论技术攻关，创新认识带来"三个转变"，从根本上指引了开平勘探"向南走"。一是首次建立核杂岩-拆离凹陷"岩浆强侵、早断晚拆"成盆机制，通过层序精细解释、构造解析、重力异常等分析，明确开平凹陷地质结构具有在核杂岩背景下受低角度拆离断层控制的北断南超特征，在裂陷期经历"断陷—拆离—断坳"3 幕演化阶段；二是建立核杂岩诱发高变地温场与"高热快熟"的生烃模式，基于原型盆地和古气候恢复，明确开平凹陷"早洼晚坡"、"还原富养"背景下中深湖湘优质烃源发育条件，叠加高变地温场特点，主力烃源岩面积与整体资源量提升 2 倍以上；三是建立核杂岩影响下"脊-断-砂"耦合联控油气高效富集机理，明确开平主洼油气运移路径受烃源岩倾向控制，具双向运移特点，优选开平南部斜坡带为有利区带(图 1)，成功发现开平南亿吨级轻质油田，测试获得高产油流，创造国内深水古近系测试记录!

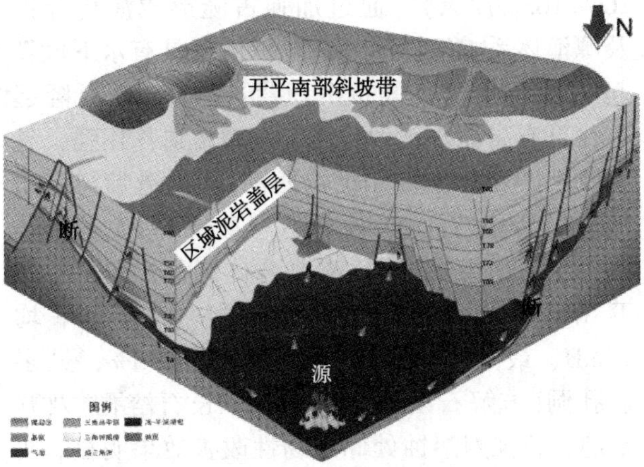

图 1　开平凹陷南带油气成藏模式图

2.2　精细优质储盖组合和成藏研究，恩平组新层系接连获突破

恩平组属于陆相断陷河-湖沉积体系，湖广盆浅，物源体系复杂，以发育辫状河三角洲为主，含砂率高（70%～90%），埋深多小于4000m，具备发育规模优质储层条件，紧邻文昌组优质烃源岩，具有“下生上储、近源成藏”的优势，关键是有利储盖组合展布与富砂地层断圈侧封机理。

2023 年以来，聚焦恩平组已有储量发现、成藏条件好、勘探潜力大的西江、惠州地区等浅水区富烃洼陷开展攻关。基于源-汇及沉积体系精细分析，形成高含砂率背景下恩平组油藏综合评价技术，发现 2 个中型以上油气田，新增探明+控制 I 类储量超 7000 万吨，进一步夯实恩平组规模储量。

番禺 10-A 构造位于已证实富烃洼陷番禺 4 洼，以往认为该洼陷恩平组厚度薄（<200 米），含砂率高（>90%），缺乏盖层，规模成藏难。2023 年以来，加强恩平组富砂背景下盖层发育机理研究，开展基于古地貌恢复的源-汇分析技术，明确番禺 4 洼西南次洼发育规模辫状河三角洲前缘，有利于形成区域湖泛泥岩盖层，具有优质储盖组合发育条件。首次揭示约 35 百万年以来大规模海侵事件，钻井证实晚恩平期海侵背景下发育的薄层致密钙质砂岩（K<0.19mD）可以作为良好的区域盖层，创新提出“区域湖泛泥岩+局部海侵钙质砂岩”联合封盖油气模式（图 2），甩开勘探番禺 10-A 构造探明地质储量超 3000 万吨，三级储量近 5000 万吨，番禺 4 洼自营 23 年以来首获中型发现！

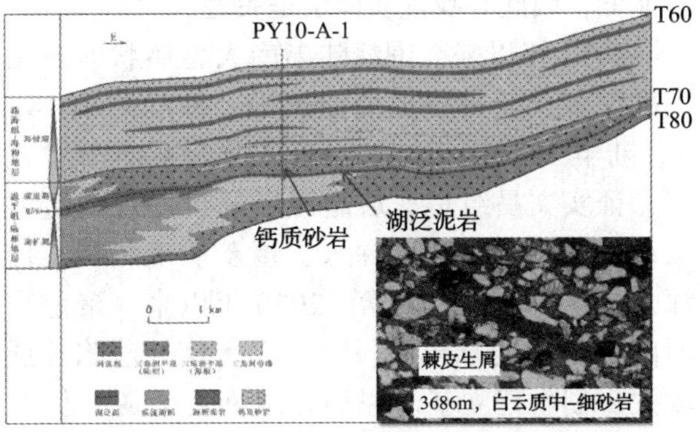

图 2　PY10-A-1 井珠海-恩平组储盖组合发育模式图

惠西南主要由惠州 26 洼大型转换带供源，发育大型扇三角洲-辫状河三角洲复合沉积体系，地层含砂率高，断层侧封不佳，圈闭有效性存在风险。传统观念认为断裂封堵性传统评价方法无法揭示古近系富砂区油气差异成藏机制，通过思路转变，针对受砂、泥含量影响小的成岩胶结封堵与应力封堵等方法展开评价，突破断裂封堵性分析传统方法，结合区域应力、断面正应力、断裂产状等分析，创新性构建基于“成岩封堵、应力封堵、断储渗透压差”三端元的断裂封堵性综合评价方法（图 3），开展半定量封堵评价，明确应力-成岩耦合封堵机制，认为应力增压型、成岩胶结段利于油气保存，推动惠州 27-A、惠州 19-A 等复杂断块勘探进程。

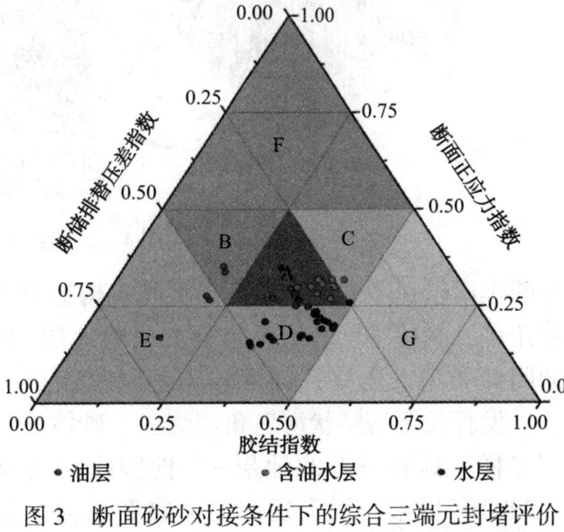

图 3　断面砂砂对接条件下的综合三端元封堵评价

2.3　精细源汇体系分析，文昌组多类型圈闭展现规模潜力

文昌组属于陆相断陷河-湖沉积体系，以发育泥岩为主，局部发育辫状河三角洲、扇三角洲、滩坝等砂体类型，具有自生自储，近源成藏的优势，但埋深普遍较大，且相变快，物性差，

产能低，因此寻找优质储层是关键。

2014 年以来，围绕陆丰南大型辫状河三角洲勘探多次获得规模商业突破，推动陆丰 14-A、陆丰 14-B、陆丰 8-A 等古近系油田群建产，证实文昌组是深层超深层规模发现的重要层系。随着勘探逐渐深入，逐步明确相带、埋深是优质储层主控因素。2023 年以来，聚焦惠西南(优相)与陆丰南(浅埋)两大富烃洼陷开展攻关。创新建立基于原型盆地恢复的源汇体系分析技术，一方面释放惠西南洲-滩复合体相带新类型规模勘探潜力，一方面打开陆丰南地层-岩性圈闭新类型勘探领域，新增探明+控制 I 类地质储量超 7000 万吨，文昌组依然潜力巨大。

惠西南文昌组以发育短源型扇/辫三角洲为主，局部钻遇滩坝砂，物性优、产能高(稳产达 100~103 方/天)。通过加强古隆形成演化分析及源汇体系响应认为，三角洲侧翼具有水下低隆起-开阔窄陡型消能带沉积背景，且水下低隆起往往具有高能水动力环境，湖浪改造作用强，具备滩坝砂发育条件，优选西江 24 构造带与惠州 19 构造带。西江 24-A 构造与惠州 19-A 构造钻探揭示文昌组发育洲-滩复合体沉积，洲、滩交互出现，均可发育优质储层，渗透率平均 71mD、最大 1190mD，5mD 以上 82.5%，见多种孔洞(方解石溶洞、原生孔、长石溶孔)及开启缝，且强烈溶蚀处储层物性改善效果明显。明确强物源背景下，湖浪“变动力”改造形成洲-滩复合体，浪弱为洲，浪强为滩，洲滩交织(图 4)。惠西南洲-滩复合体勘探新增探明+控制 I 类地质储量超 5000 万吨，揭示文昌组洲-滩复合体相带新类型广阔勘探前景。

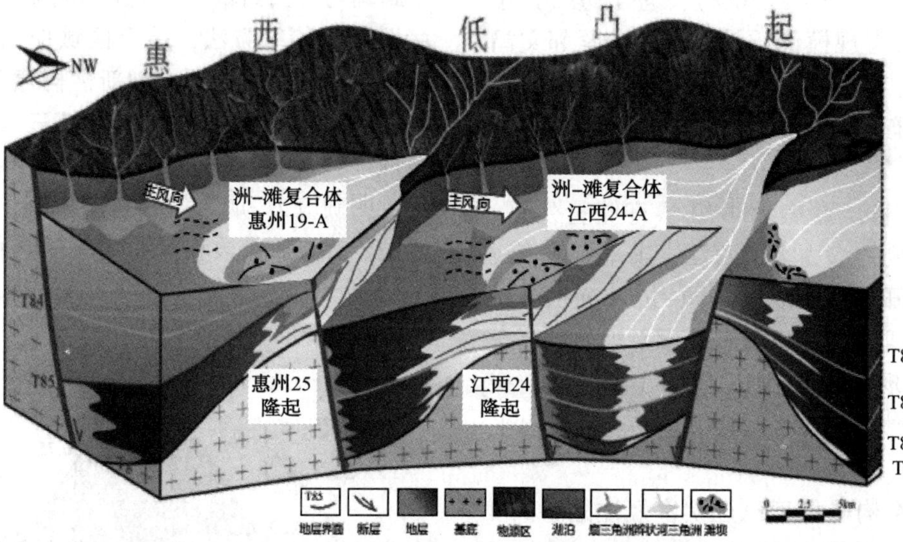

图 4　文昌组洲-滩复合体沉积模式图

陆丰南已探明地质储量近 2 亿吨，构造圈闭钻探殆尽，亟待主动转型，拓展文昌组地层-岩性圈闭新类型。已钻井揭示陆丰南文昌组埋藏浅，以发育长源型辫状河三角洲为主，砂体成因类型多样，具有较好的地层-岩性圈闭发育条件。2023 年以来，聚集远源、优储辫状河三角洲砂体，加强沉积体系及砂体展布精细刻画，优选陆丰 14-C、陆丰 15-A 构造带部署钻探。陆丰 14-C 钻井再次证实文二段岩性圈闭发育，长源辨状河三角洲可识别出四期朵叶体，通过构造-层序与沉积古地貌研究，明确“远源强供，断槽聚砂，湖泛成盖”岩性圈闭发育机制(图 5)。甜点储层受控于沉积微相，主输砂通道内水下分流河道为最有利相带，受朵叶体期次约束下的搬运距离、与主输砂通道位置关系及微古地貌控制。陆丰 15-A 证实文三段低位三角洲侧向尖灭地层圈闭发育，上覆区域湖泛泥岩，下伏文四段主力烃源岩。陆丰南整体新增探明地质储量已超 5000 万吨，揭示文昌组地层-岩性圈闭新类型勘探潜力！

3　珠江口盆地(东部)勘探方向及对策

3.1　下一步勘探方向

近年来珠江口盆地(东部)不断在多个领域

取得新进展，同时，珠江口盆地油气地质资源丰富，以往的发现主要集中在中浅层，近年来，随着深层勘探程度加大，古近系勘探取得重大进展！未来，将继续在一系列创新认识指导下，继续围绕惠州凹陷、陆丰凹陷、恩平凹陷、西江凹陷等已有商业发现的富烃洼陷，坚持大中型油气田勘探理念，围绕有利区带重点评价，整体部署，立体勘探，力争打开更大勘探场面！同时加大恩平凹陷、阳江东凹、白云凹陷等深层未突破地区的古近系勘探力度，加强中生界、页岩油等领域的前瞻性基础研究。

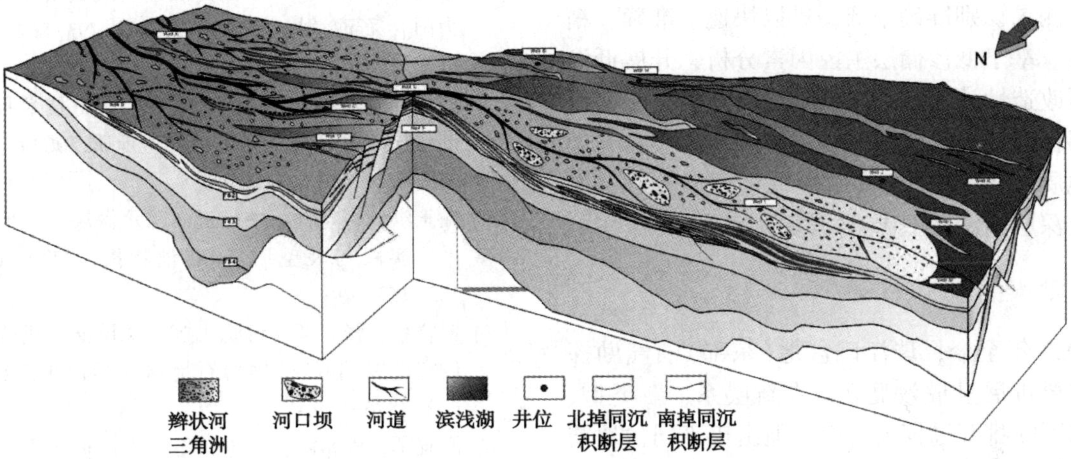

图 5　陆丰 14-C 文二段沉积成藏综合模式图

3.2　面临挑战与对策

目前，中国深层油气勘探面临的主要科学问题包括深层烃源岩发育模式、成烃及热演化机制，深层储集体成因机理与预测，深层油气成藏与富集规律，深层油气赋存状态与分布规律等。对于珠江口盆地(东部)而言，一系列勘探实践也揭示出部分挑战和难题，并发展和形成相应攻关方向与技术对策，主要表现在以下四个方面：

(1) 地震资料品质。深层地震资料品质较差，地层内幕和断裂成像不清，针对性地震采集处理技术有待深化。通过针对性二次三维采集、OBN 处理技术攻关，对不同地质问题的针对性优化处理及综合解释，有望形成采集-处理-解释一体化地球物理技术，有效改善深层地震资料品质。

(2) 有效储层预测。南海东部古近系有利砂体展布及有效储层发育机理、古潜山构造控储机制研究存在挑战，一是古近系原型盆地恢复难、母岩类型差异大、沉积相变快，制约古源汇系统重建及成岩-成储过程恢复；二是古潜山岩浆活动复杂、先存构造识别难度大，中-新生代构造演化控储作用及潜山成储机理不明。通过攻关优质储层精细刻画，逐步形成“源-汇-岩-储”一体化技术，宏微观结合明确深层优质储层分布规律。一是通过母岩类型展布及差异控储研究，明确甜点发育模式；二是通过开展基于原型盆地恢复的源-汇系统差异重建及砂体定量刻画；三是通过加强溶蚀成岩相刻画，明确有利岩相-成岩相展布规律；四是通过结合断裂及构造应力分析，探索裂缝及溶缝型储层类型。同时，由于深部储层类型多样、岩性复杂，地震响应机理不明、多解性强，有效储层、薄盖层、油气识别预测难，通过开展有效储层地震响应机理分析，针对岩石物理技术，基于地质模型的有效储层综合预测技术开展攻关，有望形成地质-地球物理结合的有效储层综合预测技术系列，推动重点靶区有效储层精细预测。

(3) 成藏过程恢复。深层超深层复杂温压条件下多相态、多源、多期成藏过程恢复难，复杂断裂差异控藏机制及成藏主控因素不明，一是不同层系、不同洼陷烃源岩成烃特征差异大，油气资源潜力及对深层成藏贡献有待深入；二是深层超压普遍发育、多期油气充注，成藏动力及过程不清；储层非均质性强，源-断-砂-盖匹配关系复杂。通过进一步攻关油气差异聚集机制及富集区带预测问题，通过开展构造差异控烃及烃源岩识别、生排烃过程潜力及资源规模、成藏动力及油气充注过程、主控因素及差异聚集规律等方面的研究，以期形成深层油气成藏过程综合评价技术，有效指导有利成藏区带优选。

(4) 低渗产能释放。深层储层压裂实施效果不佳、测录有效识别难，一是深层低渗储层普遍发育，但不同地区压裂改造实施效果差异较大，低渗储层产能释放有待深入研究；二是深层储层岩性、矿物组合复杂，储层物性表征、流体评价困难，测录识别准确率低，难以快速、准确、精细评价。基于低渗储层主控因素分析，开展低渗储层可改造性地质综合评价和分级，深入研究低渗储层伤害机理，优选有利层段开展压裂，有望形成地质-工程一体化可压性综合评价技术，有效释放深层超深层低渗产能。

4 结论

2023年至今，珠江口盆地(东部)油气勘探取得重要进展且成效显著，在新层系、新类型、新洼陷不断打开勘探新局面。但由于不同盆地结构构造、沉积充填和成藏条件差异大，仍面临着规模有效储层预测、油气成藏规律、现场测录作业、经济产能释放等方面的难点问题，仍需从地质、地球物理、工程等专业角度继续深入攻关，逐步形成珠江口盆地(东部)创新油气勘探理论、技术体系，助力公司高质量发展，为保障国家能源安全作出更大贡献！

参 考 文 献

[1] 舒誉，施和生，杜家元等．珠一坳陷古近系油气成藏特征及勘探方向[J]．中国海上油气，2014，26(3)：37-42.

[2] 薛兆杰．中国深层油气勘探开发进展与发展方向[J]．中国石油勘探，2020，25(1)：13.

[3] 高阳东，彭光荣，陈兆明等．珠江口盆地开平凹陷深水古近系勘探重大发现及意义[J]．石油学报，2023，44(7)：1029-1040.

[4] 朱光有，张水昌．中国深层油气成藏条件与勘探潜力[J]．石油学报，2009，30(6)：793-802.

[5] 马永生，黎茂稳，蔡勋育等．中国海相深层油气富集机理与勘探开发：研究现状、关键技术瓶颈与基础科学问题[J]．石油与天然气地质，2020，41(4)：655-672，683.

[6] 谢玉洪，袁全社．中国近海深水深层油气地球物理勘探实践与展望[J]．石油物探，2023，62(2)：183-193.

[7] 罗晓容，张立宽，付晓飞等．深层油气成藏动力学研究进展[J]．矿物岩石地球化学通报，2016a. 35(5)：876-889.

[8] 谢晓军，蔡露露，熊连桥等．中国近海深层碎屑岩储层综合预测技术探讨[J]．中国海上油气，2021，33(4)：1-13.

[9] 罗晓容，杨海军，王震亮等．深层-超深层碎屑岩储层非均质性特征与油气成藏模式[J/OL]．地质学报，2022.

[10] 冯佳睿，高志勇，崔京钢，等．深层、超深层碎屑岩储层勘探现状与研究进展[J]．地球科学进展，2016，31(7)：718-736.

南海北部浅水区深层文昌组优储新类型及岩性新领域创新认识与重要发现

肖张波[1,2]　彭光荣[1,2]　李洪博[1,2]　刘　培[1,2]　赵　鹏[1,2]　高　翔[1,2]　黄　鑫[1,2]

［1. 中海石油(中国)有限公司深圳分公司；2. 中海石油深海开发有限公司］

摘　要　从全球油气勘探形势来看，深层已成为油气增储的主要领域，是未来发现大中型油气田的主战场。随着珠江口盆地中浅层勘探程度越来越高，向深层战略转型成为必然。2023 年以来，南海北部浅水区加强深层文昌组新类型、新领域研究与勘探力度，取得了一系列勘探成果。在惠州凹陷实现文昌组优储新类型突破，提出强物源-宽缓隆背景湖浪"变动力"控砂机制，首次揭示洲-滩复合体优储新类型，在惠州凹陷深层整体低渗背景下获得优质储量发现。陆丰凹陷实现了文昌组地层岩性领域勘探突破，基于构造-层序、源-汇体系研究，提出"断槽聚砂、侧翼尖灭"的成圈机制，首次实现高位期长源辫状河三角洲、低位期限制性三角洲、源内重力流砂体等三类沉积体地层岩性规模储量发现。以上认识及发现打开了南海北部浅水区深层文昌组勘探新领域与新类型的勘探前景，为该地区持续增储上产提供了技术支持及储量贡献。

关键词　珠江口盆地；惠州凹陷；陆丰凹陷；文昌组；优质储层；岩性圈闭

Innovative understanding and important discovery of new high qualityreservoir types and new lithology fields of deep Wenchang Formation in shallow water area of northern South China Sea

Xiao Zhangbo[1,2]　Peng Guangrong[1,2]　Li Hongbo[1,2]　Liu Pei[1,2]　Zhao Peng[1,2]　Gao Xiang[1,2]　Huang Xin[1,2]

(1. Shenzhen Branch of CNOOC, China; 2. CNOOC Deepwater Development Ltd.)

Abstract　From the perspective of global oil and gas exploration situation, deep layers have become the main field for increasing oil and gas storage, which were also the main battlefield for discovering large and medium-sized oil and gas fields in the future. Since 2023, research and exploration efforts on new types of reservoirs and new fields in the deep Wenchang Formation in the shallow waters of the northern South China Sea have been strengthened, and a series of exploration achievements have been made. Breakthrough of new reservoir types in the Wenchang Formation has been achieved in the Huizhou Sag. The sand control mechanism of Lake waves drivened "variable power" under the strong source-wide gentle uplift background was proposed. Another breakthrough in the exploration of the lithology of the Wenchang Formation strata has been achieved in the Lufeng Sag. Based on the study of structure-sequence and source to sink system, a lithologic trap formation mechanism of "fault converge and flank pinch out" is proposed. Guided by this mechanism, three types of sedimentary bodies, including high-level braided river delta, low-level restricted delta, and gravity flow sand bodies within source rocks, are large-scale stratigraphic lithological reservoirs, have been discovered for the first time. The above understanding and discoveries have opened up exploration prospects of new areas and types for the deep Wenchang Formation in the shallow waters of the northern South China Sea, providing technical support and reserve contributions for the continuous increase of reserves and production in this region.

Key words　Pearl River Mouth Basin; Huizhou Sag; Lufeng Sag; Wenchang Formation; high quality reservoir; lithologic trap

南海北部浅水区中浅层领域勘探程度日益提高，中浅层构造圈闭钻探殆尽，拓展深层文昌组是惠州凹陷、陆丰凹陷等成熟区挖潜的重要方向。储层物性与圈闭落实是制约文昌组勘探开发的关键。以惠西南油气聚集区为例，文昌组勘探20余年来，仅2个商业发现，且储层整体以低渗为主，亟需结合近年来新钻探井进行该领域沉积体系整体研究，明确优质储层分布，进而推动该领域增储上产。剩余构造圈闭少、条件差是成熟区普遍面临的问题，以富烃洼陷陆丰凹陷陆丰 13 洼为例，古近系相继发现了陆丰 A-1、陆丰 B-1 等多个油田，勘探程度高，剩余构造圈闭勘探潜力小。陆丰 14A 含油构造数口已钻井证实在该地区文二段岩性成藏，但岩性圈闭发育条件、圈闭刻画评价等方面的研究程度仍低。

深层文昌组具有良好的油气勘探前景，地层-岩性是重要增储领域。本文利用惠州凹陷、陆丰凹陷(下简称惠陆地区)钻井、地震、分析化验等资料，井-震结合进行高精度层序地层学研究，分析水动力、古地貌和沉积砂体之间的耦合关系，探索深层优质储发育机制；地震解释与反演属性耦合论证岩性圈闭有效性及储层定量预测。本研究对深层优质储层预测、地层岩性油气藏领域勘探具有重要指导意义和参考价值，推动了南海北部浅水区深层油气勘探。

1　区域地质概况

珠江口盆地位于南海北部大陆架，是在前古近系不同性质基底之上发展起来的一个呈北东-南西走向展布的新生代大陆边缘伸展型盆地，由北向南划分为北部隆起带、北部坳陷带、中央隆起带、南部坳陷带和南部隆起带 5 个一级构造单元(图 1)。其中，北部坳陷带包括两个二级负向单元(珠一坳陷和珠三坳陷)，珠一坳陷位于南海珠江口盆地北部浅水区，水深为 50～150m，面积约 37000km^2，坳陷自西向东分布恩平、西江、惠州、陆丰等凹陷。惠州凹陷位于珠江口盆地珠一坳陷中部，东西毗邻陆丰凹陷和西江凹陷，是该盆地已证实的最富烃凹陷之一。据基底断裂和古近系沉积厚度分布，惠州凹陷可进一步划分为惠州 26 洼、西江 30 洼和西江 24 洼等 11 个洼陷。古近系主要发育近 NEE 和 NWW 走向的两组断裂，控制了洼陷结构和沉积充填特。其中，凹陷边缘具有典型的转换断裂强烈活动特征，发育惠州 27、惠州 26、惠州 25 和西江 30 等多个构造转换带，直接调控砂体分布、堆积。陆丰凹陷位于珠一坳陷东部南北分别被东沙隆起和北部隆起带所围限，中部由陆丰中低凸起和惠陆低凸起分割，分为陆丰南和陆丰北地区。惠州凹陷、陆丰凹陷在中生代褶皱基底之上沉积了从文昌组-万山组的完整地层，始新世时期发生的两幕裂陷作用(珠琼运动Ⅰ幕和Ⅱ幕)，分别对应文昌组和恩平组沉积时期。文昌组发育主要的湖相烃源岩，惠州西南部和陆丰 13 洼缓坡断阶带是油气主要聚集区带。

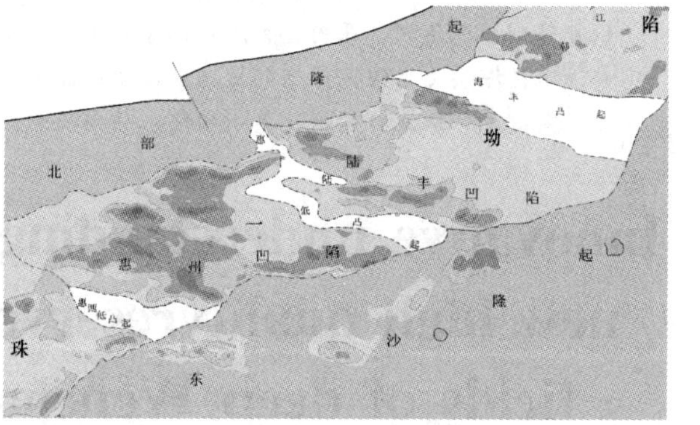

图 1　惠州凹陷、陆丰凹陷位置图

2　深层优质储层新类型及形成机制

惠西地区源-汇研究有良好基础，但现有研究主要关注物源区汇水单元刻画及其汇水能力的表征，但对水动力条件及湖浪改造对优质储层的的控制作用研究较少，因此在前期基础上开展古水动力条件恢复及湖浪改造作用研究，进而明确优质储层形成机制。

2.1　洲-滩复合体新类型储层特征

本次研究基于岩心、壁心、测井、分析化验等资料首次提出惠州凹陷文昌组发育洲-滩复合体这一新的储层类型，HZ6C-2、HZ6B-2d 井揭示了这一储层类型，具有①洲-滩交互发育；②异常高渗超 1 达西；③强烈溶蚀；④裂缝发育；⑤分选较差但泥质少 5 方面特征。

HZ6B-2d 井洲-滩复合体发育在文六段，针对文六段取了 9m 岩心，岩心表现为三角洲前缘典型构造与滩坝沉积构造交互发育的特征(图 2)。上部 2m 为坝主体沉积，中砂岩，块状构造，局部可见浪成沙纹层理，下部 7m 为水下分流河道和河口坝，含砾粗砂-砂砾岩，见冲刷面及正反韵律特征(朱筱敏，2008)。垂深约 3800m，渗透率超 1 达西，平均 71mD。溶蚀作用极强，在岩心肉眼可见大量溶蚀孔洞，直径可达 1cm。裂缝发育，9m 岩心可见 74 条裂缝，开度可达 0.7cm，分选中等-差，但孔隙洁净，泥质含量基本小于 3%。

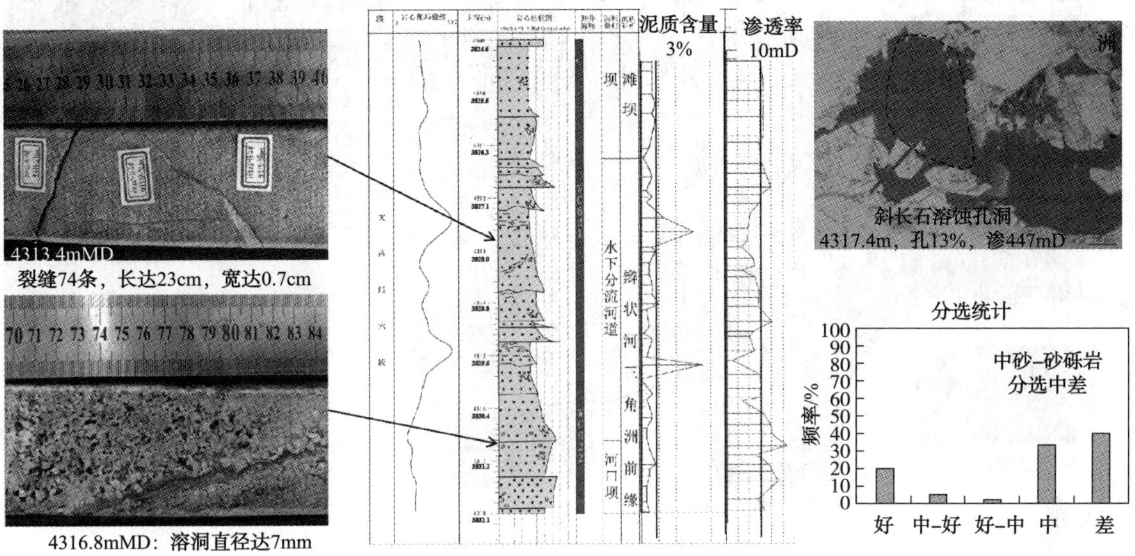

图 2　HZ6B-2d 井洲-滩复合体特征

2.2　洲-滩复合体发育条件

2.2.1　强物源-宽缓隆沉积背景

断裂平面展布形成转换带强物源背景，在惠西成熟区文昌组发育一系列近 EW 或 NEE 走向的雁列展布的边界断裂体系(彭光荣，2023)，在研究区形成了惠州 25、西江 30 转换带(图 3)，两个转换带汇水面积大，且断裂长期活动，形成稳定输砂通道，强物源输入背景。根据惠州 25 转换带 12 口井实钻情况(图 4)，从辫状河三角洲到洲-滩复合体文六段整体富砂，含砂率 60%~86%，粒度较粗，粗砂-砂砾岩为主，反映出强物源输入的背景。基于古地貌恢复，HZ6B-2d 及 HZ6C-2 井区古地貌为受多级次断层切割而成宽缓型古隆起。宽缓古隆背景一方面水动力作用整体较强，有利于湖浪改造，砂体垂向加积，形成厚层砂体，另一方面受湖平面频繁升降影响，古隆起处沉积体遭受剥蚀，发育多期沉积不整合面，利于大气淡水淋滤和后期有机酸流体的运移，造成强溶蚀作用。

2.2.2　“变动力”水体条件

本次研究首次开展惠州凹陷古水动力条件恢复。通过古风向的研究来恢复湖浪方向，通过古风程、古流速的研究来反映湖浪改造强度，进而明确洲-滩复合体形成机制。

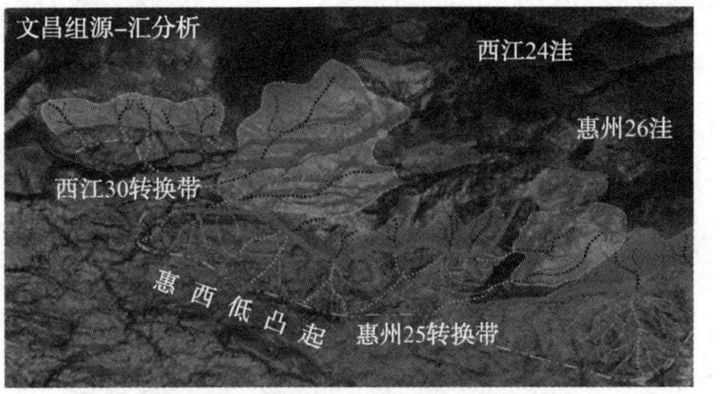

图 3　惠州 19 构造带文昌组源汇纲要图

(1) 古风向恢复：基于成像测井资料对惠州 25 转换带已钻井进行古水流方向的恢复(图 5)。首先利用成像测井资料提取砂岩交错层理和泥岩层理倾角数据，再利用泥岩层理对砂岩交错层理倾向做构造校正，将其恢复为原始沉积倾向，最后绘制玫瑰花图即可判断古水流方向。HZ6B-4 为辫状河三角洲，古水流方向为 NE 向单一流向，反映物源推进的方向，HZ6B-1 为洲-滩复合体，古水流方向为 NE、NW 向共存，NE 向为物源推进方向，NW 向反映古水流方向，对于湖盆而言，古水流方向主要取决于古风向。

(2) 古风程恢复：风程的获取是在获取古风向的基础上，通过在破浪沙坝发育的位置，逆风向以 6°为间隔±45°范围内作放射状射线(图 5)，这些射线在古风向上的投影长度的平均值，可作为风区长度，或风程。结合古湖盆范围的恢复，应用以上方法计算 6C 隆起古风程 15km，惠州 6B 隆起古风程 13km。通常风程越大，湖浪作用越强，结合惠州凹陷古地貌特征决定了迎风岸的 HZ6B、HZ-6C 古隆具有较强水动力条件，利于滩坝发育，且主体呈 NE 向展布。

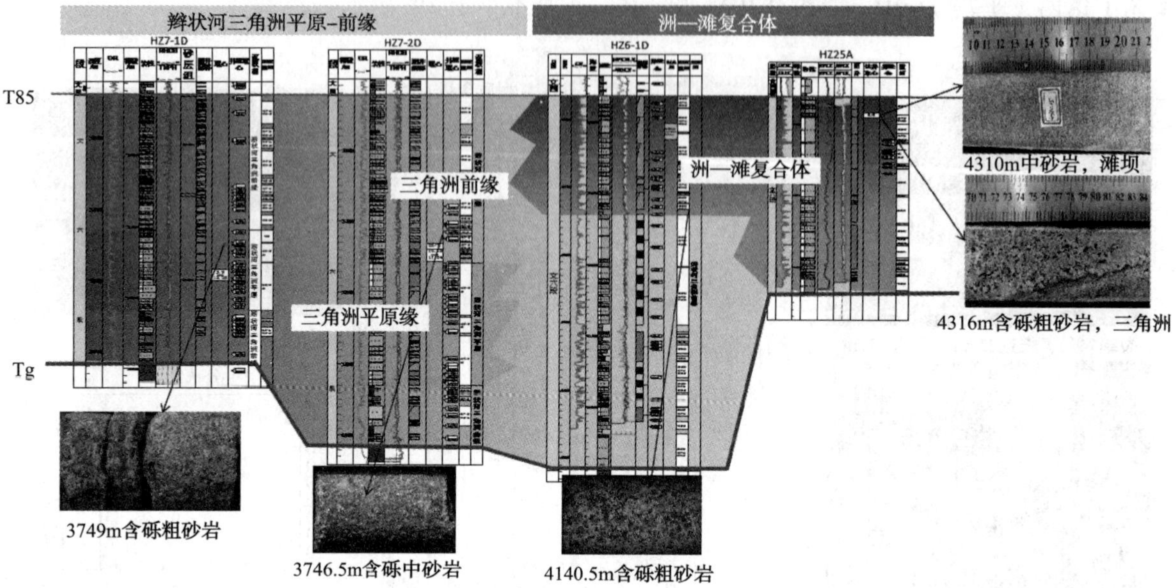

图 4　惠州 25 转换带文昌组连井图

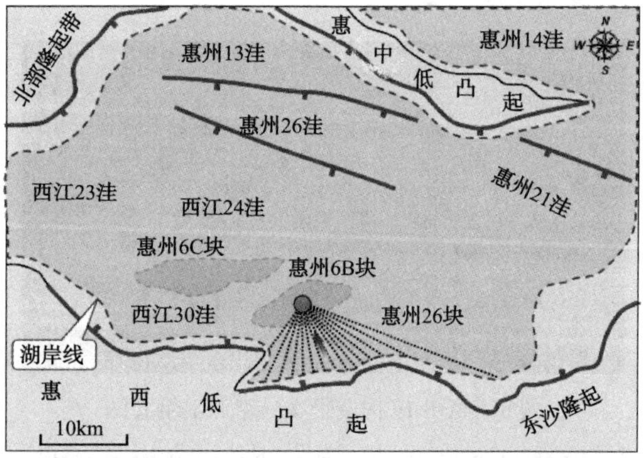

图 5　惠州凹陷文昌组古风向及古风程恢复图

（3）古流速恢复：风作用于水体会产生波浪，许多学者发现通过滨岸带沉积物可以为古波况的恢复提供线索。本次研究基于 BPT 技术对 H6C-2 井洲-滩复合体古流速进行恢复，结果表明在约 40m 的同一砂层内，古流速高频变化，古流速分布在 1.66~5.02m/s 之间，且与洲-滩体系有很好的对应关系，高速为滩、低速为洲，反映该时期具有“变动力”水体条件，且古流速控制了辫状河三角洲和滩坝的的垂向分布(图 6)。

2.3　强物源-宽缓隆背景湖浪“变动力”控砂机制

在以上分析的基础上提出强物源-宽缓隆背景湖浪“变动力”控砂新模式：西江 30、惠州 25 转换带长期稳定供源，提供强物源输入背景，形成厚层砂体、粗粒沉积且大规模展布的辫状河三角洲砂体；在古流速较低时，湖浪改造作用较弱，仍然保持辫状河三角洲水下分流河道、河口坝的特点，当古流速较高时，湖浪改造作用强，将辫状河三角洲砂体改造为滩坝；水动力条件的高频变化在垂向上控制洲、滩频繁交互，大规模展布的三角洲串联起局部分布的滩坝，形成规模展布的洲-滩复合体特征，兼备三角洲规模大的优点以及滩坝物性好的优点(图 7)。

3　深层地层岩性新领域及发育模式

陆丰凹陷深层文昌组储层吗埋深较浅、储层物性相对较好，深层油气勘探面临的关键问题为圈闭落实。随着勘探程度提高，剩余未钻构造圈闭规模小、成藏风险大。经科研攻关在陆丰凹陷落实三类岩性油藏发育区带，就其沉积特征、圈闭发育条件、成藏模式分述如下。

3.1　高位期长源辫状河三角洲岩性油藏

陆丰 14A 构造位于陆丰 13 东洼南部缓坡断阶带，处于有利的油气运聚区带，成藏条件优越。该岩性油藏发育在东部文二段远源大型辫状三角洲体系内部，具“远源优供、断槽聚砂、微相控储”的成藏模式。

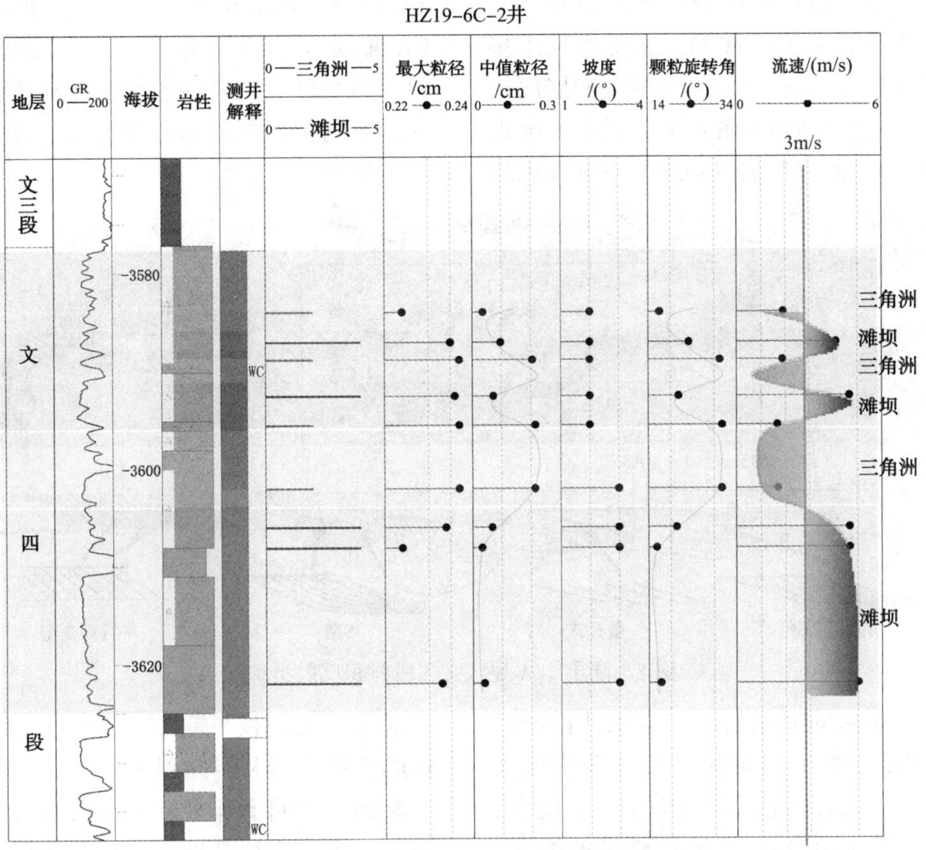

图 6　HZ6C-2 井洲-滩复合体与古流速对应关系图

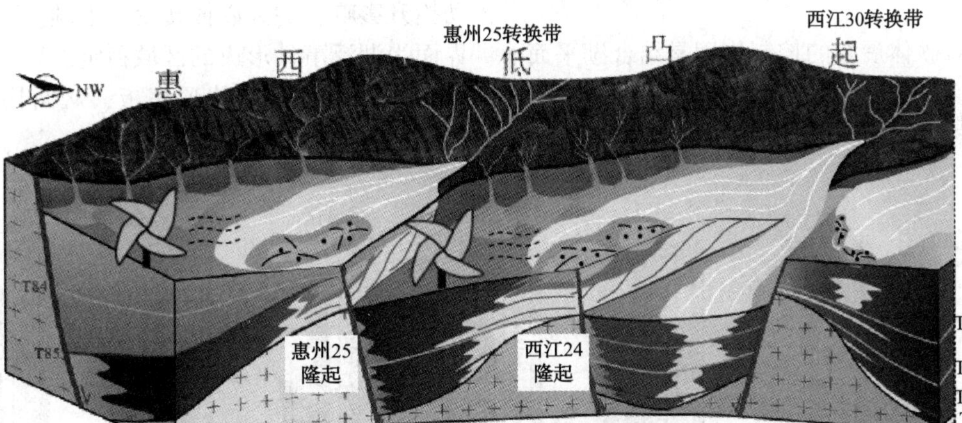

图 7　惠西地区洲-滩复合体沉积模式图

陆丰 13 东洼文二段处于珠琼运动Ⅰ幕晚期，文二段三角洲具有明显的前积反射结构，延伸范围广，并具有向东减薄的特征，属高位体系域。基于井震响应特征及前积结构差异，识别出四个准层序界面、三个准层序组，以准层序组为地层圈闭评价的研究单元(图 8)。准层序界面特征为：①相位连续稳定，界面之上发育上超特征；②岩石物理特征为泥岩；③界面上下滨线迁移轨迹呈明显的上升型，反映湖平面上升事件。四期准层序界面共同向东侧高部位收敛形成顶级层，向西洼陷中心收敛为底积层。

准层序组为内部包含 3~4 反射同相轴的前积结构。前积反射的内部和外部形态将其分为四种，即切线斜交型、叠瓦型、S 型和平行斜交型(图 8)。三角洲内部各沉积微相具有典型的岩性组合与测井相特征。水下分流河道岩性主要以灰色-浅灰色细砂岩、含砾中砂岩和含砾粗砂岩为主，GR 曲线表现为箱型或钟型，通常呈现出多个箱型或多个向上逐渐变细的正旋回沉积层序的叠加，反映多期河道砂体叠置形成，其顶底部则直接与泥岩接触。河口坝岩性以灰色-浅灰色细砂岩、粉砂岩为主，具有典型的反粒序结构，GR 曲线表现为漏斗型，且有发生一定程度齿化；席状砂整体岩性较细，以灰色粉砂岩、泥质粉砂岩为主，单砂体厚度较薄，GR 曲线通常表现为指状。

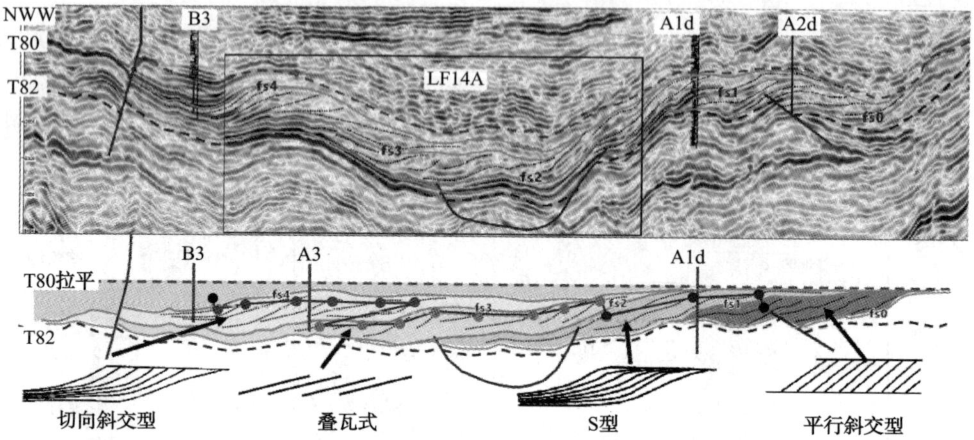

图 8　陆丰 14A 地区文二段前积反射类型

陆丰 13 洼东侧陆丰东低凸起继承性持续隆升提供稳定充足物源，卸载区多幕隆升构成大型轴向坡折带，二者与沉积砂体的时空耦合，多期湖泛面升降作用形成多套有利储盖组合，构成有效的圈闭顶底板，利于形成地层岩性圈闭。

坡折带对砂体展布的控制作用是结合湖平面的升降变化实现的，断陷湖盆演化过程中的幕式构造活动会导致湖平面频繁的升降及坡折的存在造成滨线大规模“幕式”迁移，进而控制入湖砂体的加积类型和空间展布。文二段内部发育多期反旋回，旋回下部多以河口坝为主，上部以分流河道为主，反映基准面总体呈下降趋势(图 9)。向前端砂体厚度减薄直至尖灭，受新近纪构造运动抬升影响，尖灭砂体转变为上倾尖灭。准层序界面为湖泛事件形成的区域稳定泥岩，形成封隔不同准层序前积体的顶底板，从而构成地层圈闭，圈闭规模超 30km^2(图 10)。

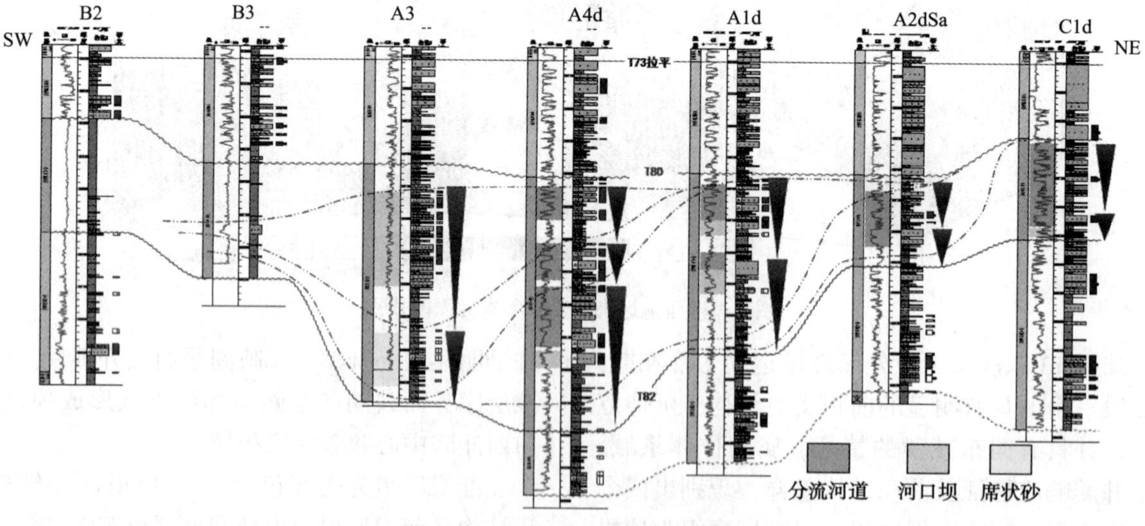

图 9　陆丰 14A 地区等时层序地层格架

3.2　低位期限制性三角洲岩性油藏

陆丰东低凸起文三段低位期的源汇体系具有明显的限制性特征，强裂陷期形成的北东-南西向限制性物源通道控制陆丰 15 洼缓坡带三角洲的入湖位置，从而影响三角洲体系的平面展布(图 11)。文四段强裂陷期发育了主力烃源岩，裂陷间歇期，即文四-文三转换期发生快速的湖退，为三角洲由北向南的推进创造可容空间，低位期三角洲直接覆在文四段主力烃源岩之上。低位期湖平面缓慢上升，三角洲体系随着滨线的迁移向东侧叠覆侧迁，东侧受限于古隆起形成三角洲的沉积边界。文三段沉积期次级裂陷作用形成了区域湖泛事件，滨线大范围后撤，低位期的三角洲被深湖-半深湖区域泥岩所覆盖。

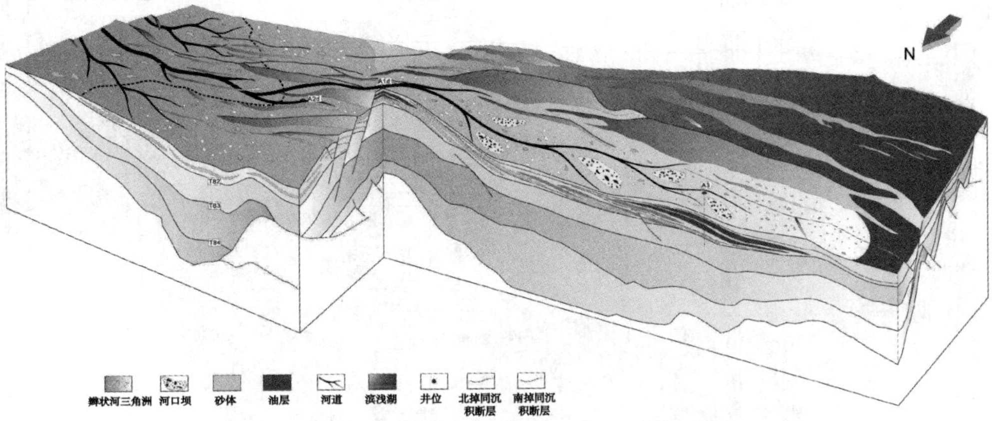

图 10　陆丰 14A 长源辫状河三角洲岩性油藏模式

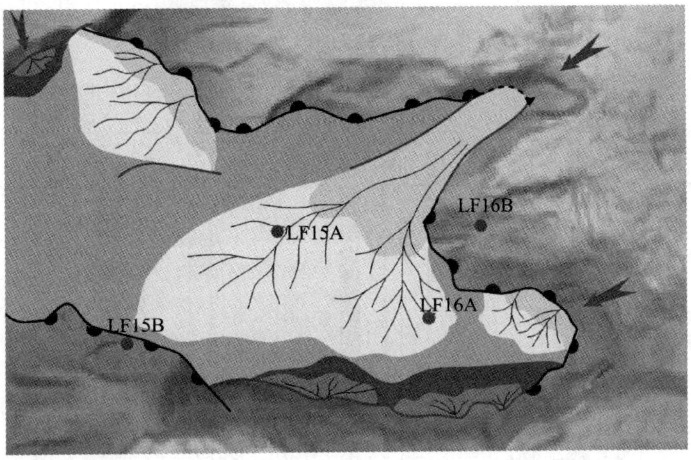

图 11　陆丰 15 洼缓坡带文三段低位域沉积相图

限制性物源通道与缓坡带古地貌联合控制了低位期三角洲的沉积范围，限制性物源通道将三角洲入湖位置固定，三角洲则难以在缓坡带大范围的摆动，形成较多的三角洲侧向尖灭区带。缓坡带东部的古隆起限制了三角洲在缓坡带的发散程度，使其仅能在有限的范围内摆动沉积，并沿古隆起边界形成侧翼尖灭线。文四段强裂陷期形成的主力烃源岩与文三段内部的区域湖泛泥岩构造岩性圈闭的顶、底板，两期泥岩高部位叠覆并包裹低位三角洲形成岩性圈闭(图 12)。

3.3　强裂陷期烃源岩内部重力流砂体岩性油藏

陆丰凹陷文四段为强裂陷期，深湖-半深湖相广泛分布，形成凹陷的主力烃源岩，泥岩厚度 100~200m(图 13)。主力烃源岩内部的重力流砂体普遍形成自生自储型岩性油藏。在深湖-半深湖广泛范围的背景下，三角洲仅分布在洼陷边缘，推进距离短。湖盆内部砂体主要为重力流成因，包含三角洲前缘滑塌、洪水持续供给等方式形成，重力流类型有碎屑流、浊流等。LF16A 等井均有钻遇，砂体厚度 10~20m，平面分布范围面积大，面积 5~10km^2。砂体平面呈孤立状，具坨状、或具有水道的轮廓外形(图 14)。由于包裹在烃源岩内部，油气充注条件良好，砂体普遍含油，具有较大勘探潜力。

4　结论

（1）惠西南地区深层文昌组发育强物源-宽缓隆背景下湖浪“变动力”控砂机制，形成洲-滩体系优质储层，兼具规模、高渗双重优势，物性远超常规储层，是今后文昌组勘探的有利储层类型。

（2）陆丰凹陷文昌组发育大规模岩性油气藏，包括高位期长源辫状河三角洲内部前积体内部岩性油藏、低位期限制性三角洲侧向尖灭岩性油藏、强裂陷期源岩内部重力流砂体岩性油藏。坡折带和基准面升降耦合、限制性古地貌条件是控制岩性油藏形成的关键要素。

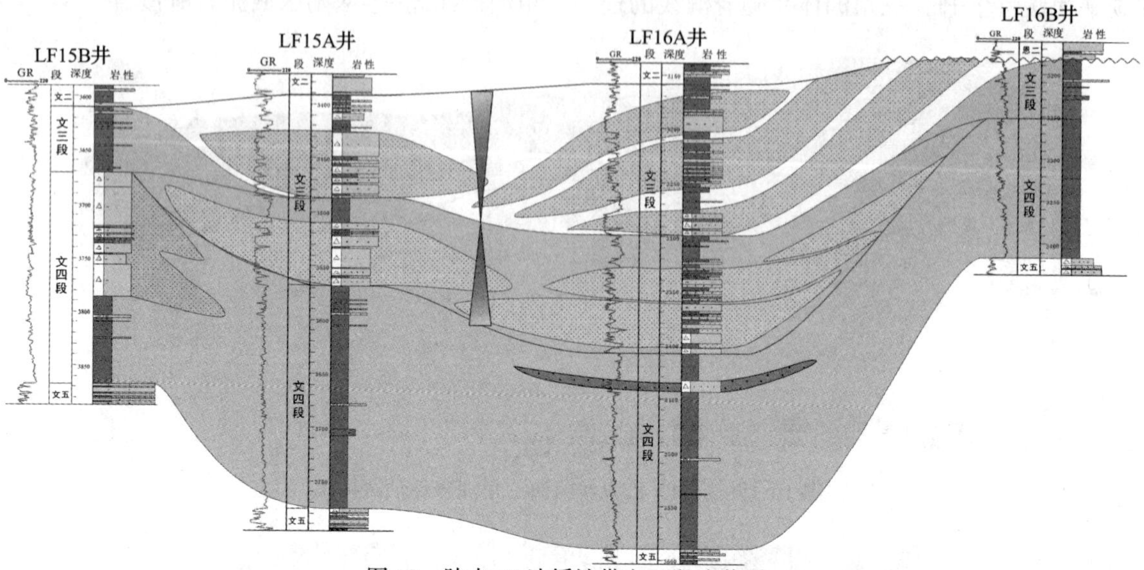

图 12　陆丰 15 洼缓坡带文三段连井图

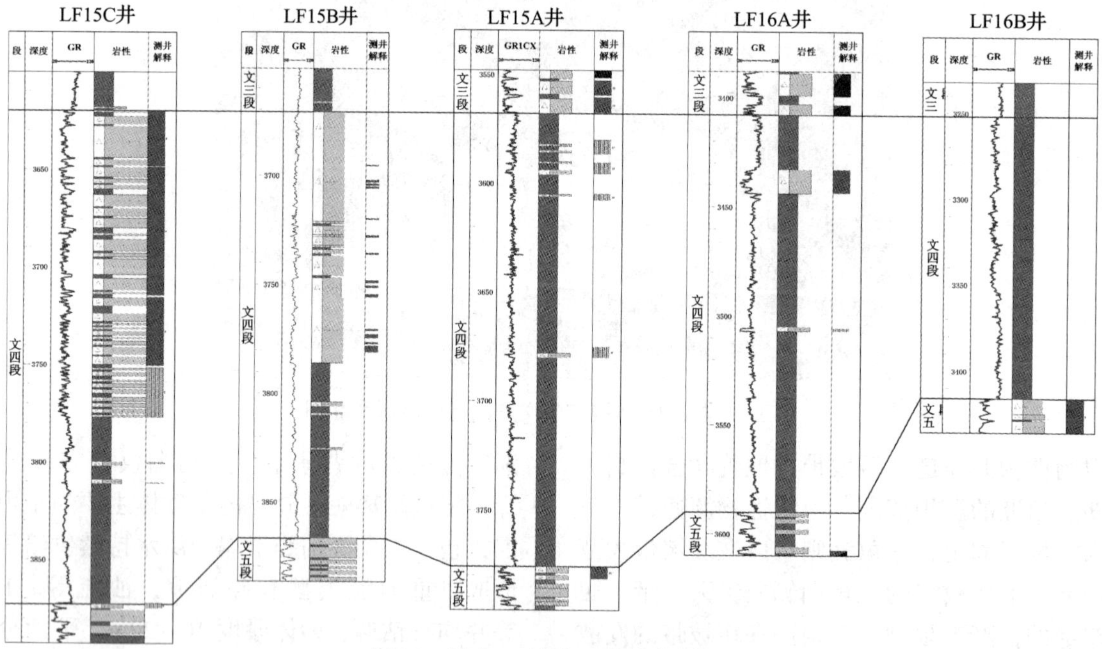

图 13　陆丰 15 洼文四段连井剖面

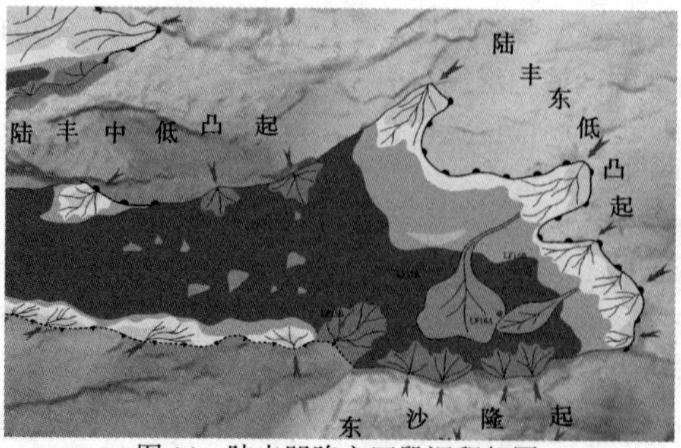

图 14　陆丰凹陷文四段沉积相图

参 考 文 献

[1] 高阳东，刘军，彭光荣，等．珠江口盆地油气勘探新领域及资源潜力[J]．石油学报，2024，45(01)：183-201.

[2] 彭光荣，王绪诚，陈维涛，等．珠江口盆地惠州26洼东南缘古近系恩平组上段断-拗转换期源-汇系统及勘探意义[J]．石油与天然气地质，2023，44(03)：613-625.

[3] 林鹤鸣，刘培，汪旭东，等．珠一坳陷始新世文昌组沉积期构造转换对源-汇体系的控制[J]．大地构造与成矿学，2021，45(01)：188-200.

[4] 王绪诚，杜家元，张琴，等．惠西南地区古近系转换带型源-汇系统研究及其勘探意义[J]．中国海上油气，2020，32(05)：44-53.

[5] 彭光荣，牛胜利，邱欣卫，等．珠江口盆地惠州凹陷构造变换带发育特征及其控油气作用[J]．中国海上油气，2023，35(4)：12-23.

[6] 何雁兵，雷永昌，邱欣卫，等．珠江口盆地陆丰南地区文昌组沉积古环境恢复及烃源岩有机质富集主控因素研究[J]．地学前缘，2024，31(02)：359-376.

[7] 米立军，张向涛，汪旭东，等．陆丰凹陷古近系构造-沉积差异性及其对油气成藏的控制[J]．中国海上油气，2018，30(05)：1-10.

[8] 刘军，蔡哲，庞雄奇，等．珠江口盆地陆丰凹陷古近系多动力-多期次-多要素复合成藏区定量预测与评价[J]．地球科学，2022，47(07)：2481-2493.

[9] 葛家旺，朱筱敏，张向涛，等．珠江口盆地陆丰凹陷文昌组构造-沉积演化模式[J]．中国矿业大学学报，2018，47(02)：308-322.

[10] 张向涛，汪旭东，舒誉，等．珠江口盆地陆丰凹陷大中型油田地质特征及形成条件[J]．中南大学学报(自然科学版)，2017，48(11)：2979-2989.

[11] 王菁，李相博，刘化清，等．陆相盆地滩坝砂体沉积特征及其形成与保存条件——以青海湖现代沉积为例[J]．沉积学报，2019，37(05)：1016-1030.

[12] 杨玉卿，崔维平，王猛．成像测井沉积学研究进展与发展趋势[J]．中国海上油气，2017，29(03)：7-18+140.

[13] 王俊辉．东营凹陷始新统风场—物源—盆地系统沉积动力学研究[D]．中国地质大学(北京)，2016.

[14] 郭文建，郭瑞婧，唐勇，等．准噶尔盆地二叠系上乌尔禾组退覆式扇(辫状河)三角洲前缘-滩坝复合砂砾岩沉积特征及控制因素[J]．古地理学报，2024，26(03)：584-599.

[15] 姜在兴，王俊辉，张元福，等．“风-源-盆”三元耦合油气储集体预测方法及其应用——对非主力物源区储集体的解释与预测[J]．石油学报，2020，41(12)：1465-1476.

[16] 冯雪；高胜利；刘永涛，等．鄂尔多斯盆地陇东地区延长组三角洲前缘前积结构特征[J]．岩性油气藏，2021，33(06)：48-58.

[17] 蒲仁海．前积反射的地质解释[J]．石油地球物理勘探，1994(04)：490-497+534.

[18] 林畅松，潘元林，肖建新，等．“构造坡折带”——断陷盆地层序分析和油气预测的重要概念[J]．地球科学，2000，25(3)：260-266.

近实时定量流体识别与储层评价中录井资料的价值发掘实践与研究思考

雷国文　关利军　熊　亭

［中海石油(中国)有限公司深圳分公司］

摘　要　流体识别和储层评价是油气勘探开发过程中重要的信息采集过程，直接关系到油气储量和产量的评估，尽早且准确获取流体、储层信息对油气勘探开发意义重大。录井资料具有了解地下情况及时、连续性强、成本低、几乎覆盖所有钻井的特点，携有丰富的流体和储层信息，但受制于数据可靠性参差不齐、解释过程影响因素复杂等影响，未能形成有效的定量评价方法。发掘低成本录井资料并使之解释成果定量化，对拓展录井资料在诸如高温、高压、高盐、深地、深水、致密储层和复杂工况等情景下的油气勘探开发意义巨大。本文阐述如何通过对气测录井资料高端采集、全过程标准化处理、分析方法创新，结合大数据及人工智能应用技术中的机器学习、数据挖掘和智能分析，最终形成一套可准确预测流体性质和储层特征参数的数字化解决方案。

关键词　流体识别；气测；深层；复杂油气藏；机器学习

A practice and discussing on realizing value from surface logging data for near real-time fluid identification and formation evaluation

Lei Guowen　Guan Lijun　Xiong Ting

(CNOOC China Limited, Shenzhen Branch)

Abstract　for reserve calculation and production forecasting, is critical data during phases of hydrocarbon exploration and development. It requires an early and accurate identification. The surface logging benefits on its early subsurface information detection, low cost, continued logging, and wide coverage to almost all drilling wells. However, the data uncertainty and multi-factor impacted interpretation make the surface logging evaluation hard to reach a quantitative result even though amounts of valuable information contained. Realizing value from the surface logging data is particularly important in drilling activities of challenging wells, such as high temperature, high pressure, high salinity, deep depth, deep water, and ultra-tight formation. In this article, we discussed how to trap the fluid and formation value from the surface logging data through standardized data acquisition, data control and processing, and interpenetration methodology development. The digital technology and machine learning were introduced as part of the identification solution.

Key words　Fluid identification; Surface logging; Complicated reservoir; Machine learning

油气储层的两大研究对象分别是包含孔隙度、渗透率、饱和度在内的储层岩石和包括流体类型、流体性质在内的储层流体。受成藏演化、地层变化、开采时期差异等因素影响，同一盆地、构造、区块内相同地层在不同井位的储层可能存在差异，表现为层内的纵向变化和平面非均质性。这种差异性关系到对勘探开发的目标评价和工程措施，直接影响对油气资源的发现和油气项目能否经济性开发，同时也影响诸如钻井、完井等工程措施过程中的决策判断。因而，准确获取流体和储层信息在油气勘探开发过程中极为重要。

石油工业逾百年的发展，已经形成了对这两类参数采集不同类型、不同空间尺度、不同时域的技术方法。尤其是随钻测井技术的发展，极大地将钻穿地层后资料采集时间前移，为勘探开发过程中的决策提供了更为宽裕的时间窗口。地层岩心或流体样品的分析结果被普遍认为可以最真实反映储层的物性和流体特征，其难点在于代表性样品数量是否足够、实验过程能否真实复制井下环境、及获得分析时间能否足够及时从而不错过决策窗口。及时且准确的采集到两类信息一直是油气勘探开发技术领域孜孜不倦追求的目标。以流体识别为例，近 10 年快速发展的随钻测压取样技术在流体数据采集精度和时效性上均很大程度上满足了勘探开发技术需求，但与之而来的高昂采集费用又制约了该项技术更大范围的应用。因此，兼具准确、及时、低成本的流体识别和储层参数采集技术方法仍有待发展。

录井技术发端于上世纪 20 年代循环返出泥浆分离气量监测装置的使用，在 30 年代应用紫红外光对岩屑进行荧光滴定后开始逐渐商业化发展，业界普遍认同 1940 年 J. T. Hayward 发表“Continues logging at rotary-drilling wells”一文为录井技术元年。此后，录井技术先后历经了以泥浆录井、岩屑分析为代表的基础地质评价阶段(1930~1960s)，以孔隙压力预测和远端操控为代表的第二阶段(1970~2000s)，和进入 21 世纪后随着 X 衍射技术加入后的高端地质评价阶段，尤其是在页岩气/油开发热潮的带领下高端地面测井这一概念被广泛接受，精密传感器和自动化计算更是大大推进了录井技术的发展，并以此为基础出现了各种新兴的分析方法和解释技术。从其发展历史可以看出，以气测和岩屑为研究对象的录井技术发展是基于各种新分析方法的不断引入和迭代进步。

非常规页岩气和页岩油的开发给气测录井带来了新的发展机遇。其低成本开发的理念和同一区块大量水平井钻探的特点，决定了作业者偏好采用成本低、作业难度低、足够好(more than enough)却未必是最完美的评价技术，同时对储层和流体的关注重点集中到包括岩石脆度(脆性指数)、丰度(有基质含量)等决定工程参数的参数评价，而对储层流体性质等高品质数据没有更高的要求。分析方法叠加高精度装置的进步在开发非常规油气资源的推动下也有了更多适合该类场景的应用技术出现，例如 RevoChem 公司的通过录井岩屑和地面油样分析挥发性有机化合物的地化指纹技术用于井间层间对比、储层评价、非常规油气井压裂段产能劈分和产量追踪；AHS 公司通过对岩屑和泥浆的挥发性成分分析进行油气沉积物定量解释、压裂设计与优化、氦气评估；基于岩屑元素录井技术应用于储层甜点识别和压裂优化等。另一个重要的方向就是录井数据与其他科学的交叉，强调多资料和数据的综合应用，以提高录井资料解释的准确性和创造新的应用场景，例如录井与钻井资料的结合，录井与测井资料结合，录井与人工智能科学结合。非常规油气藏录井资料的成功应用让人们意识到录井数据低成本、及时性好、韧性强的特点在诸如高温、高压、高盐、深地、深水、致密储层和复杂工况等情景下有其优越性，难点是如何在这些新应用场景下提高录井资料解释的准确性，在充分发挥录井资料及时性好的基础上实现对流体分析和储层评价的近实时定量化，提高录井在工程决策中的作用。

中海油深圳分公司是国内中深水油气资源勘探开发的中坚力量，近年来油气勘探逐渐走向深海深层。统计近两年南海东部油气勘探目标层流度分布(图 1)，4000 米是低渗储层分界线，4000 米以下几乎没有流度高于 10mD/cP 储层甜点，仅有 44% 压力测试点能获得流动性参数，平均流度只有 0.86mD/cP，多集中在 0.1~1mD/cP。采用常规井下流体取样方式确定该类储层的地层流体特征极为困难，平均泵抽取样时间 9.35 小时(与之比较，<4000 米储层泵抽点平均泵抽时间约为 5.8 小时)，且多数取样结果为地层流体与泥浆滤液混合样，无法为后期分析提供高品质流体样品。在此背景下，使用低成本的录井资料获取深部储层流体和储层信息成为近年来一项重要的研究手段。过去几年中，我们在高端气测录井的技术使用和方法研究上做了大量的工作，并已取得一些阶段性研究成果。本文介绍在录井技术使用过程中从数据采集、应用实践和未来研究思路上的一些认识和思考。

1　研究方法

录井技术根据采集方式可分为泥浆气测录井

(Mud Gas)和岩屑录井(Cuttings)：气测录井技术依赖于对通过泥浆返回地面进入气体装置检测到的气体信息，通过泥浆气中的总气量、$C_1 \sim C_5$(或更高组分)的气组分判断地层油气信息；岩屑录井通过分析泥浆返回岩屑的矿物成分、岩石、颗粒大小、形状、磨圆、节理等特征确定岩石类型，通过荧光判断油气指标物和流体类型，通过各类分析设备检测包括元素、地球化学等在内的地层信息。由于岩屑和泥浆气量受钻井参数影响大，录井数据往往需要进行钻井参数的校正或比照测井资料校正，以建立统一解释的基础和可比对的深度体系。自上世纪 50 年代开始，油气行业从业者陆续建立了各类图版和“指数”指标，用于评价流体类型和性质的参数，努力朝定量化解释发展。然而实践表明，各方法在不同地层、埋深、油气藏类型中的效果参差不齐，局限性强。除解释评价方法本身，数据质量的好坏是解释效果参差不齐的另一原因。在无法控制采集环境前提下，数据标准化采集和系统性数据质控是提高解释准确率的基础。

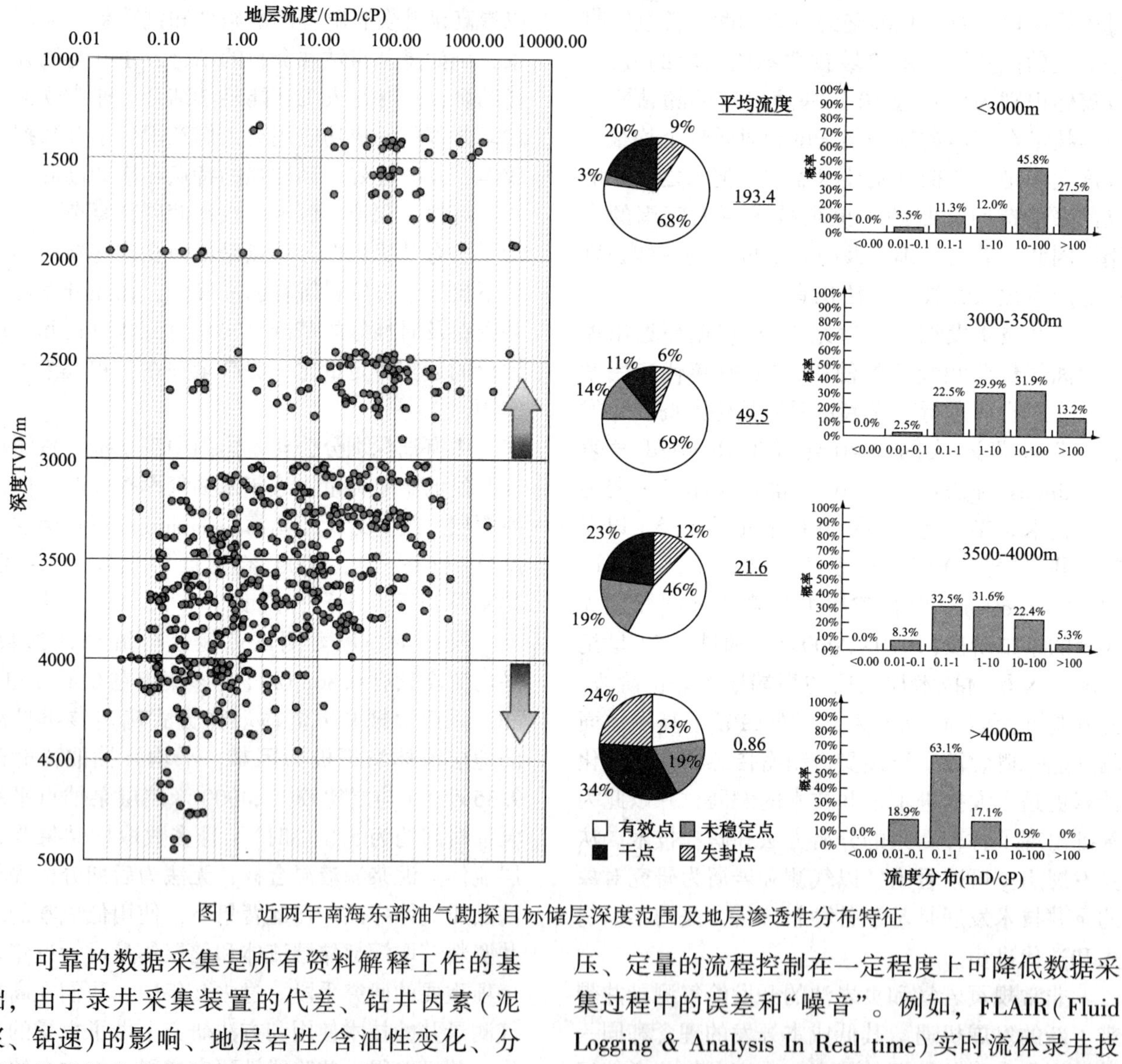

图 1　近两年南海东部油气勘探目标储层深度范围及地层渗透性分布特征

可靠的数据采集是所有资料解释工作的基础，由于录井采集装置的代差、钻井因素(泥浆、钻速)的影响、地层岩性/含油性变化、分析模块的性能指标差异，数据质量的统一性差是录井资料的“天性”。尽管不能完全消除数据质量问题，录井标准化采集仍是降低数据不确定性的重要途径。以气测录井为例，检测除了选用高精度、自动分析装置外，在过程中做到恒温、恒压、定量的流程控制在一定程度上可降低数据采集过程中的误差和“噪音”。例如，FLAIR(Fluid Logging & Analysis In Real time)实时流体录井技术具有定量、恒温脱气、专用气管线、负压传送、双气路、色谱、质谱检测等特点，其检测精度较常规气测录井更高($C_1 \sim C_8$)，数据质量更可靠，在临界流体识别上具有更好的优势。此外，随着分析技术的发展，尤其是分析装置小型化、数字化和智能化，越来越多的分析装置从实验室搬到了油气井现场，录井也从原来单一分析拓展到多元物理、化学分析的综合应用，测量结果也从宏观向微观、矿物向元素、气体向全流体方向发展。采集技术的发展和应用在一定程度上解决了数据质量差和可靠性低的问题，但仍有很长的路要走。减少人为因素影响、使用标准化和自动化装置仍是发展方向，对比气测录井和岩屑录井，气测录井已经整体上实现了对数据的自动化和标准化采集，但是岩屑录井仍依赖于现场地质师的手动取样和肉眼判断，这在一定程度上增加了采集数据的不确定性和误差，间接增加了数据采集的成本、减少了取样数量。相较于测井技术8点/米或10点/米的采样密集度，气测录井普遍仅有1点/米的数据密度(乃至更低)，且多数情况仅在重点层进行岩屑加密采样和分析。

除了做好数据采集，数据质控也是提高录井资料解释准确性的另一重要环节。相比测井资料，以气测为代表的录井数据一大挑战来源于其测量值与钻井参数间的强相关性。因而解释气测数据的第一要务是对数据进行质控和标准化处理。录井资料采集是一种被动监测的结果，过高或过低的钻速和井壁扩径与否都会影响泥浆返回地面的时间，进而影响数据能否真实反映地层信息。一旦数据延时引起的误差超出了校正的容错区间，最好办法是屏蔽此类不可靠的数据，仅处理可靠数据段/点。不同的学者对数据质控提出了不同的规范，如Arief和Yang在其发表的文章中例举了针对气测数据质控的几大原则：1，去除有限深度范围内的大幅波动的数据点；2，去除数据缺失后重新采集数据的第一/若干个数据点；3，去除指标性组分(C_1，C_4，C_5)低于基值的数据点。Ameur-Zaimeche等人通过建立气测有效性指数判断数据是否可用于分析，其方程为：

$$\text{数据有效性指数}=\frac{\text{总气量 }T_g}{C_1+2\times C_2+3\times C_3+4\times(nC_4+iC_4)+5\times(nC_5+iC_5)}$$

有效性指数介于0.8~1.2之间时被认为是可靠的数据，可以用于处理，反之则为不可靠数据。

此外，由于井间存在泥浆体系、泥浆参数和钻井工艺的差异，需要对采集的数据进行标准化处理。这种标准化非但应用于同一井不同深度、井眼段资料，也应用于同一油田、区块、构造不同井之间。归一化处理的方法/公式存在差异性，例如考虑气测采集装置参数的气测组分归一化处理公式为：

$$C'_n=\frac{K_1\times K_2\times ROP\times Q\times C_n}{D^2}$$

式中，K_1、K_2分别是与脱气装置、泥浆体系相关的系数；ROP为钻速；Q为钻井液排量；C_n为实测组分含量；D为井眼尺寸，C_n'为校正后的组分含量。其他归一化处理公式还可能会考虑扩径影响，涉及井径参数。

有别于测井解释中以岩石物理为基础的强机理性模型，录井资料存在的数据不确定性强且受多元因素影响的特点决定了对录井资料的解释无法完全依赖物理模型，数据驱动模型是解释录井资料另一个途径和方法。数据驱动模型的构建需要用到机器学习和数据挖掘的方法，第一步是建立起能与录井数据有关联的参数对象，既录井资料可类比数据库。如Ameur-Zaimeche等人发表论文中使用的岩心实测孔隙度数据，Yang在其发表论文中使用的PVT分析报告中的气油比(GOR)数据。除了数据间的关联性，另一重要的因素在于数据的质量和体量，只有在数量足够多、质量足够高的可比对数据基础上才可能建立有效的数据驱动模型。图2为气测录井数据与PVT实验数据在两深度点的流体组分对比雷达图，其中左图气测录井结果与PVT组分分析匹配度非常高，误差小于3%；而右图气测组分与PVT组分存在较大差异，尤其是高组分含量。基于这种数据差异，在建立数据驱动模型时，需要区分数据误差对预测结果的影响，例如图1中右图尽管高组分差异明显，但C_1~C_5的组分含量仍有较好可对比性，因而预测与高组分相关的流体参数时该类气测数据不适用，但建立与低组分数据流体性质预测模型时，该类气测数据仍有价值。

有了数据和参照数据库后，便可通过人工智能和机器学习的方法对数据进行分析，找到或训练出最佳的预测算法并优化算法参数，从而建立起可用于录井资料解释的数据驱动模型。普遍被用于尝试的机器学习算法或模型包括多层感知神经网络(MLPNN)、极限学习机(ELM)、广义回归神经网络(GRNN)、支持向量回归(SVR)、随机森林回归(RFR)、高斯过程回归(GP)、决策树(DT)等。整体而言，选用何种机器学习算法除了算法本身，与用于训练模型的数据质量、数据体量也存在极大关联，并不存在某种算法的预测效果一定优于其他算法。例如 Ameur - Zaimeche 等人比对了 5 种不同算法用于孔隙度解释，得出极限学习机(ELM)能获得相关度最高的孔隙度解释结果。而 Yang 等人在使用气测数据解释流体气油比时，得到的结论是高斯过程回归算法的预测效果最好。Hassaan 等人对比决策树、随机森林和支持向量回归模型后，得出随机森林算法用于孔隙度、渗透率模型时相关性最好。Anifoworse 等人在其发表的文章中系统的总结了利用气测录井资料进行机器学习时用到的算法，认为机器学习的引入极大地推动了录井解释从定性到定量、从延时分析到实时/近实时分析。

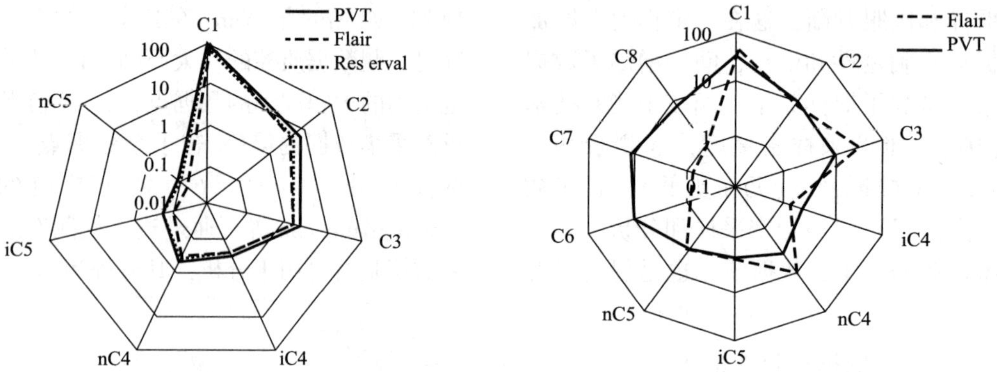

图 2　南海东部某井两深度点气测组分(Flair，Reserval)与流体样品 PVT 组分对比，左图对比 $C_1 \sim C_5$ 组分，右图对比 $C_1 \sim C_8$ 组分

尽管研究对象和预测目的存在差异，但机器学习使用的模型训练步骤却大致相同。首先是对采集的数据进行清洗和质控，去除质量差的数据，然后对数据进行标准化处理，建立统一参照体系。模型训练过程中通常做法是将数据集(库)一分为二，一部分作为训练数据集，一部分作为验证数据集。通过优化评价参数(例如最小化计算值与实测值之间的误差或误差函数)来判断算法的优劣，同时求解模型参数，最后用验证集数据检验刷选模型效果，确定最优化模型。优化后的机器学习模型便可用于对新井或新目的层录井资料的解释和预测。图 3 为录井资料机器学习路径图。

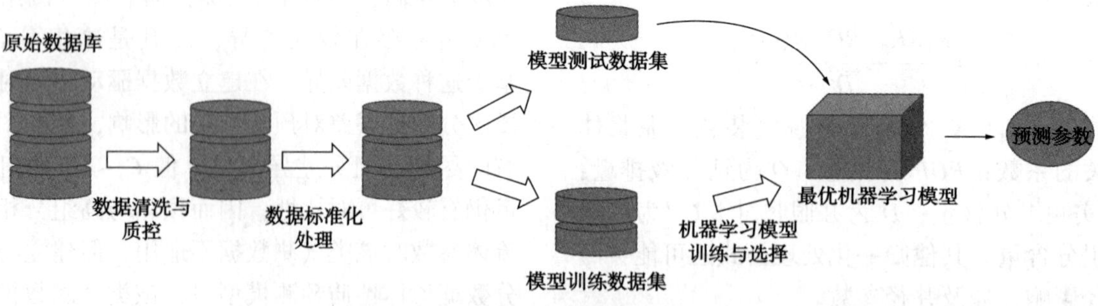

图 3　录井资料机器学习路径图

2　研究成果

截止目前，中海油深圳分公司对录井资料的价值发掘集中在对气测资料的使用，分别在使用气测资料进行流体识别和储层特征参数计算上获得一些阶段性的成果。传统上，对气测资料的处理依赖于包括三角图版、皮克斯勒、比值法等数值处理方法，仅获得对流体或储层的定性判断。我们已完成的研究包含基于气测录井对流体类型进行识别，基于气测录井预测流体参数，基于气测数据计算储层物性(孔隙度、渗透率、饱和度)。

例如，采用经典的3H比值法，建立了通过计算烃湿度比、平衡比可以有效识别出地层流体类型的模型。比对早期气测录井资料后，我们认为新一代气测录井仪器使用后数据采集的精度和后期对数据的质控、归一化处理是提高3H比值法应用效果的重要原因。图4是统计并投影57个数据点的结果，3H比值法可以明显区分区内的气层、凝析气层和油层的流体类型，解释符合率从2017年的71%提高到2023年的95%(图5)。

在流体参数预测方面，通过流体录井气油比指数参数建立的关系模型，建立的气油比解释模型相关系数 R^2 提高到0.87，如图6所示。尽管相关系数仍有提高空间，但已满足工程作业的决策参考，如试井前的工程参数设计。

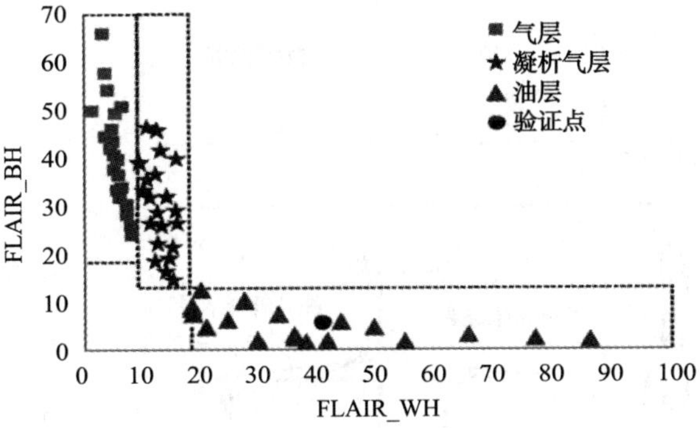

图4　气测3H比值法用于判断流体类型

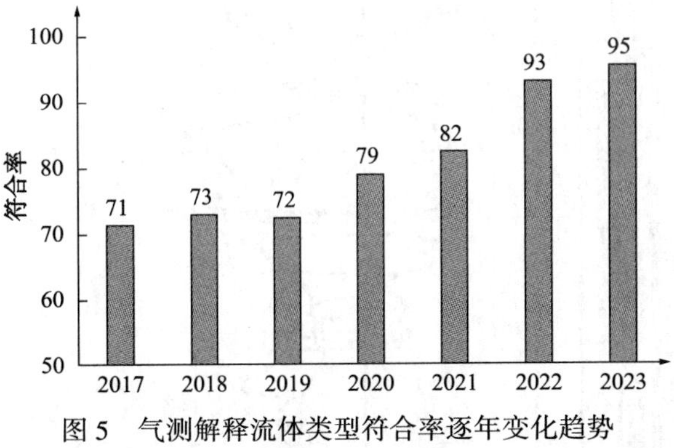

图5　气测解释流体类型符合率逐年变化趋势

尽管皮克斯勒法等图版法可以定性地判断出储层属于产层还是非产层，但人们一直在尝试通过气测资料定量化解释储层物性。早在上世纪60年代，人们在录井过程中意识到在正常压实环境下孔隙度和深度存在对应关系，孔隙压力增加的情况下孔隙度会相应增加。结合录井资料和钻进参数的使用，可以建立气测孔隙度评价和孔隙压力预测的方法。Hurst和他的团队通过数学计算的方法研究，成功将气测数据用于储层物性参数计算。我们以测井解释成果为参照对象，结合钻井、测井和录井的数据，通过数学计算和模型拟合的方法建立了基于气测录井的孔隙度、饱和度和渗透率预测模型。图7为气测录井解释孔隙度、饱和度结果与测井解释孔隙度、饱和度对比图，整体上气测解释结果与测井解释结果趋势符合，且孔隙度解释符合率优于饱和度解释结果。尽管受采集密度小影响，气测录井解释精度低于测井解释精度，但仍可提供较为一致的预测结果。需要说明的是，录井和测井解释含水饱和度存在差异可能是两种解释内涵的可动流体与不可动流体信息存在差异，是否可根据这类差异性提供有更多的储层物性指向特征有待进一步分析。

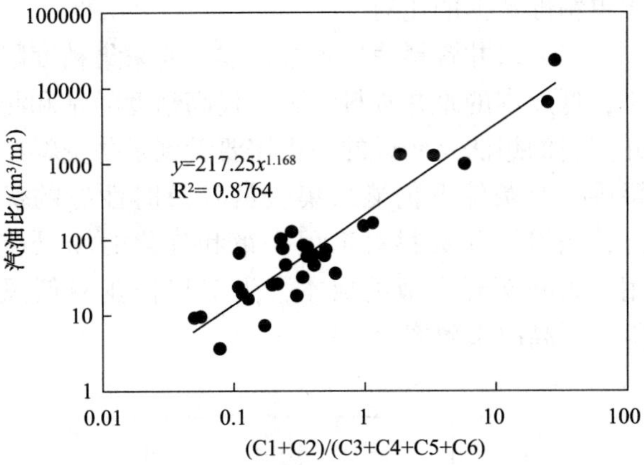

图6　气测录井资料计算流体气油比

3　总结及展望

深层超深层的勘探开发面临资料采集难度大、成本高的挑战，录井数据低成本和地下信息发现及时的特点拓宽了录井资料在深层超深层评价中的挖掘价值。录井资料的价值挖掘不单体现在当随钻和测井等常规方法无法采集资料情况下仍可利用录井资料评价储层和流体，更应看到录井资料“眼睛”的作用，指导和优化钻完井过程中的工程决策，减低作业风险。定量化解释是突破录井资料发挥更大作用限制的必经之路，数据科学和人工智能的技术为录井资料定量化解释和实效性提高开拓了新的思路。同时需要看到，分析技术、分析装备的进步也间接地为录井资料的价值挖掘提供了更多的机遇。潜在发展方向包括：

（1）录井资料与其他学科的交叉分析，包括与钻井资料、测井数据和实验室分析结果的结合，录井解释结果是否能被更大程度的认可有赖于更精准数据的比对。

（2）录井资料使用场景搭建，受采集精度限制，低成本的录井资料尝试取代高精度随钻和测井资料的想法是错误的，更需要看到录井资料在疑难井况条件下仍能采集资料且及时性好的优点，拓展录井资料对工程决策和优化的场景应用，为勘探开发节约成本，为工程作业减低风险，提高决策效率。

（3）大数据、机器学习应用与录井资料解释和价值挖掘方兴未艾，推动录井资料从定性到定量解释和发掘录井数据背后的价值有待进一步研究。

（4）相较与气测录井，岩屑录井的自动化、智能化、集成化程度仍然不高，但岩屑录井对复杂岩性、复杂流体储层研究应用的潜力和价值巨大。

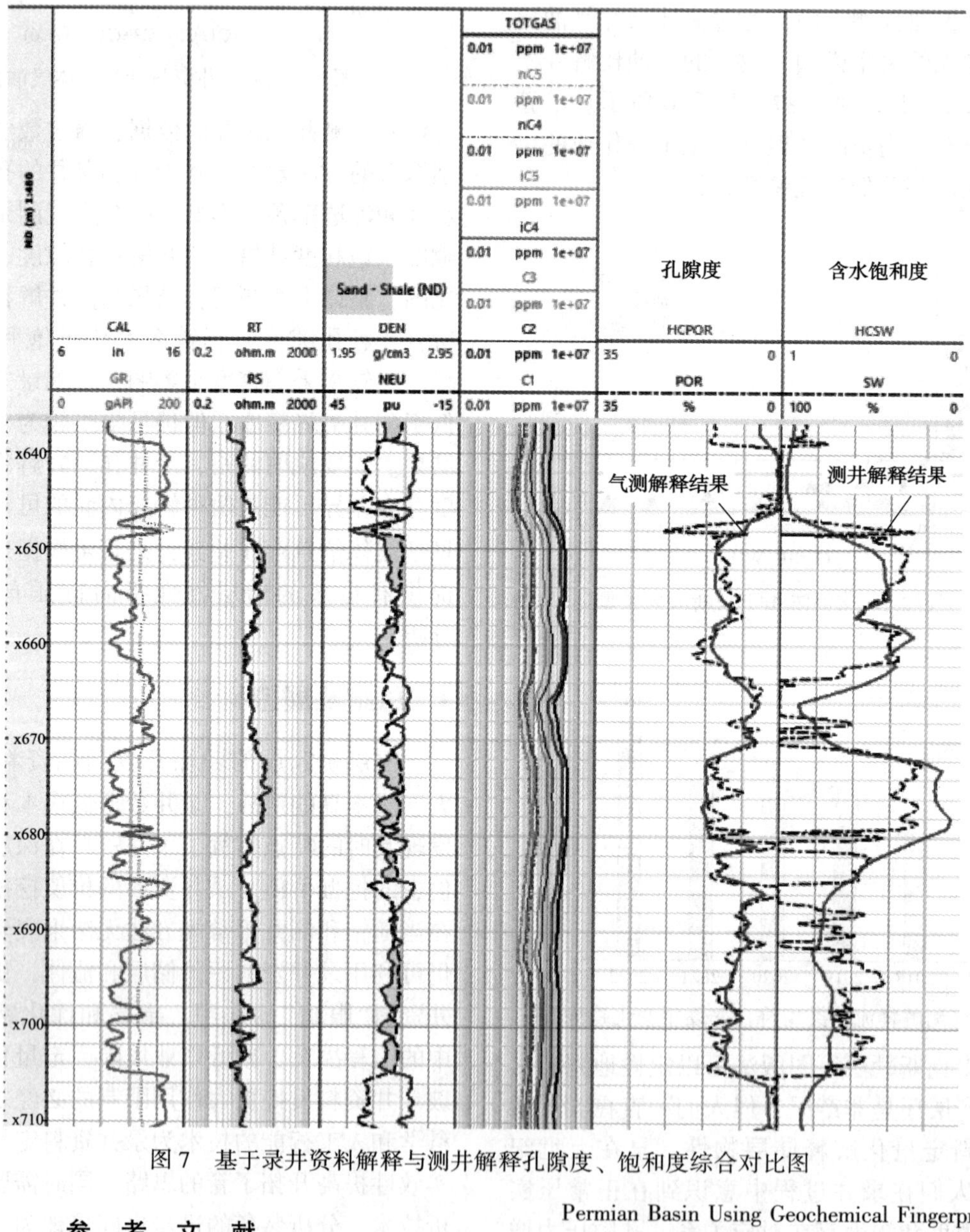

图 7　基于录井资料解释与测井解释孔隙度、饱和度综合对比图

参 考 文 献

[1] Hayward, John T. "Continuous Logging at Rotary-Drilling Wells." Drilling and Production Practice (1940): n. pag.

[2] Bachleda, J., Jin, M., Ge, S., Wu, J., Liu, F (2022). Optimizing Landing, Stacking and Spacing in Permian Basin Using Geochemical Fingerprinting Technology. American Association of Petroleum Geologists Southwest Section Annual Convention, 2-4 May 2022, Midland, TX, USA.

[3] Bachleda, J., Jin, M., Ge, S., Wu, J., Liu, F (2022). Reservoir Evaluation, DRV Analysis, and Inter-well Communication Monitoring using Geochemical

Fingerprinting Technology in Multiple Texas Basins. Houston Geological Society Virtual General Lunch, February 23, 2022.

[4] Liu, F., Wu, J., Jin, M., Hardman, D. L. and Cannon, D. (2020). From reservoir characterization to reservoir monitoring: An integrated workflow to optimize field development using geochemical fingerprinting technology. URTEC 2902, Unconventional Resources Technology Conference, 20-22 July 2020, Virtual.

[5] Smith, Christopher M., and Michael P. Smith. "Stratigraphic Distributions of Volatile Compounds in Samples of the Cretaceous Mowry Shale, Wind River and Bighorn Basins, Determined by Vacuum Extraction and Cryotrap-Mass Spectrometry." Paper presented at the SPE/AAPG/SEG Unconventional Resources Technology Conference, Houston, Texas, USA, July 2021.

[6] C. Smith, P. Gordon, T. Smith and M. Smith. Rock Volatiles Stratigraphy: Optimize Helium, Hydrogen, Geothermal, Oil/Gas Production and CCS Using Cuttings and Core Volatiles. 84th EAGE Annual Conference & Exhibition Workshop Programme, Jun 2023, European Association of Geoscientists & Engineers, Volume 2023, p. 1-5.

[7] Smith, Michael, and Christopher Smith. "Advanced Geochemical Analysis of Volatiles Present in Drill Cuttings to Drive Decisions from Single Well Completions to Acreage/Basin Assessments: Examples from the Permian, STACK, and SCOOP." Paper presented at the SPE/AAPG/SEG Unconventional Resources Technology Conference, Virtual, July 2020.

[8] Thurston, David, and Jeff Taylor. "Logging for Free-The Use of XRF on Cuttings Data in Unconventional Oil and Gas Exploration and Reservoir Characterization." Paper presented at the SPWLA 57th Annual Logging Symposium, Reykjavik, Iceland, June 2016.

[9] Marsala, Alberto F., Loermans, Ton, Shen, Shouwen, Scheibe, Christian, and Rachad Zereik. "Real-time Mineralogy, Lithology, and Chemostratigraphy While Drilling using Portable Energy-Dispersive X-ray Fluorescence." Paper presented at the SPE EUROPEC/EAGE Annual Conference and Exhibition, Vienna, Austria, May 2011.

[10] Rodriguez, Luz, Chiapello, Enrique, Lambert, Laurent, Leduc, Jean Pierre, Mosse, Laurent, and Marcelo Javier Sanchez. "Quantitative and Comparative Evaluation of Mineralogy and TOC Analysis from Cores, Cuttings and Logs in Vaca Muerta Unconventional Shale Play." Paper presented at the SPE/AAPG/SEG Unconventional Resources Technology Conference, San Antonio, Texas, USA, July 2015.

[11] Hafidz Arief, Ibnu, and Tao Yang. "Real Time Reservoir Fluid Log from Advanced Mud Gas Data." Paper presented at the SPE Annual Technical Conference and Exhibition, Virtual, October 2020.

[12] Ouafi Ameur-Zaimeche, Rabah Kechiched, Salim Heddam, David A. Wood, Real-time porosity prediction using gas-while-drilling data and machine learning with reservoir associated gas: Case study for Hassi Messaoud field, Algeria, Marine and Petroleum Geology, Volume 140, 2022, 105631, ISSN 0264-8172.

[13] Yang, Tao, Arief, Ibnu Hafidz, Niemann, Martin, Houbiers, Marianne, Meisingset, Knut Kristian, Martins, Andre, and Laura Froelich. "A Machine Learning Approach to Predict Gas Oil Ratio Based on Advanced Mud Gas Data." Paper presented at the SPE Europec featured at 81st EAGE Conference and Exhibition, London, England, UK, June 2019.

[14] Said Hassaan, Abdulaziz Mohamed, Ahmed Farid Ibrahim, and Salaheldin Elkatatny, Real-Time Prediction of Petrophysical Properties Using Machine Learning Based on Drilling Parameters. ACS Omega 2024 9(15), 17066-17075.

[15] Fatai Anifowose, Mokhles Mezghani, Saleh Badawood, Javed Ismail, Contributions of machine learning to quantitative and real-time mud gas data analysis: A critical review, Applied Computing and Geosciences, Volume 16, 2022, 100095, ISSN 2590-1974.

[16] Alberty, Mark, and Kristi Fink. "The Use of Connection and Total Gases Quantitatively in the Assessment of Shale Pore Pressure." SPE Drill & Compl 29 (2014): 208-214.

[17] Hurst, Andrew, Tischler, Gerold, and Ravi Arkalgud. "Predicting Reservoir Characteristics From Drilling and Hydrocarbon-Gas Data Using Advanced Computational Mathematics." Paper presented at the SPE Offshore Europe Oil and Gas Conference and Exhibition, Aberdeen, UK, September 2009.

珠江口盆地白云深水区限制性源汇体系响应与岩性圈闭勘探潜力

柳保军[1,2] 彭光荣[1,2] 张向涛[1,2] 谢世文[1,2] 颜 晖[1,2] 李志晔[1,2] 向绪洪[1,2] 吴宇翔[1,2] 石 宁[1,2]

[1. 中海石油(中国)有限公司深圳分公司；2. 中海石油深海开发有限公司]

摘 要 勘探实践证实白云深水区珠江组下段发育陆架坡折带控制下的陆架边缘三角洲和深水扇砂岩储层，已发现的构造和构造-岩性复合油气藏沿陆架坡折带差异分布。基于层序地层格架下的陆架-陆坡体系源汇过程研究思路，类比现代海底陆架边缘三角洲-深水扇响应关系，开展珠江组下段 SQ21.0 层序陆架边缘三角洲与深水扇砂体不同区域源汇系统构建，探讨深水扇有利砂岩储层及岩性圈闭群发育条件。研究揭示受控于古珠江三角洲-东沙隆起双物源、陆架坡折带地貌差异和相对海平面变化，珠江组下段 SQ21.0 层序发育强制海退期和低位期大型陆架边缘三角洲及峡谷水道供源的富砂深水扇源汇体系，深水扇砂体具有平面分带、纵向迁移和多期叠合连片特征；海侵期和高位期发育外陆架/碳酸盐岩台地边缘供源的富泥-灰质深水沉积源汇体系，在坡折带下方发育下切侵蚀强烈的泥质/灰质峡谷水道-深水扇体，对前期砂质深水沉积具有明显的侵蚀和切割作用。受控于构造地貌的差异性，西区源汇呈现开放弱限制性体系特征，以陆架边缘三角洲供源为主，不发育早期大型峡谷水道，强制海退陆架边缘三角洲规模大，水道化斜坡扇呈发散状，叠合近南北向大型鼻状构造背景，形成断-坡联控上倾尖灭型岩性圈闭群；东区源汇则呈现强限制汇聚体系特征，大型峡谷水道呈现汇聚特征，近东西向鼻状构造带背景，发育侵蚀水道侧封型和侧向尖灭型深水扇岩性圈闭群。总之，南北向局限分布的深水扇砂体、鼻状构造背景和有利油源断裂的叠合控制了有利岩性圈闭群的分布，成为近期白云凹陷天然气勘探突破领域方向。

关键词 白云凹陷；陆架坡折带；限制性源汇体系；陆架边缘三角洲；深水扇岩性圈闭

Response of Restricted Source Sink System and Exploration Potential of Stratigraphic Traps in Baiyun Deep-water Area of the Pearl River Mouth Basin

Liu Baojun[1,2] Peng Guangrong[1,2] Zhang Xiangtao[1,2] Xie Shiwen[1,2] Yan Hui[1,2] Li Zhiye[1,2] Xiang Xuhong[1,2] Wu Yuxiang[1,2] ShiNing[1,2]

(1. China National Ofshore Oil Corporation China Ltd.;
2. China National Ofshore Oil Corporation Deepwater Development Ltd.)

Abstract Exploration practice has confirmed that the lower Zhujiang Formation in Baiyun deep-water area develops shelf margin delta and deep-water fan sandstone reservoirs under the control of shelf slope break zone, and the discovered structural and structural stratigraphic composite oil and gas reservoirs are distributed differently along the shelf slope break zone. Based on the research idea of the source sink process of the continental shelf slope system under the sequence stratigraphic framework, and by analogy with the response relationship between the modern submarine shelf margin delta and the deep-water fan, the source sink system construction in different regions of the continental shelf margin delta and deep-water fan sandbody of SQ21.0 sequence in the lower section of the Zhujiang Formation was carried out, and the development conditions of favorable sandstone reservoirs and stratigraphic traps in the deep water fan were discussed. The research reveals that controlled by the dual provenance of the ancient the Pearl River Delta and Dongsha Uplift, the geomorphic difference of the continental shelf slope break zone and the relative sea level change, the SQ21.0 sequence in the lower Zhujiang Formation develops the source sink system of sand rich deep-water fans supplied by the large continental shelf marginal delta and canyon channel during the forced regression period and the lowstand period, and the deep-water fan sand bodies have the characteristics of planar zoning, vertical migration and multi-stage overlapping and linking; During the marine invasion and high position periods, a rich mud limestone deep-water sedimentary source sink system was developed on the outer shelf/carbonate platform edge, and a mud limestone canyon channel deep-water fan with strong downward cutting erosion was developed below the slope break zone, which had a significant erosion and cutting effect on the early sandy deep-water sedimentation. Controlled by the differences in tectonic landforms, the source and sink systems in the western region exhibit characteristics of an open and weakly restrictive system, mainly supplied by the continental shelf edge delta, without the development of early large canyon waterways. The scale of the continental shelf edge delta is large due to forced regression, and the slope fan of the water channel is divergent, overlapping with the large nose shaped structural background in a nearly north-south direction, forming a fault slope joint control upward tilting and sharp out stratigraphic trap group; The source and sink areas in the eastern region exhibit strong restricted convergence system characteristics, while large canyon waterways exhibit convergence characteristics. Against the background of a nearly east-west nose shaped structural belt, there are developed deep-water fan stratigraphic trap groups of erosion channel side sealing and lateral pinch out types In summary, the limited distribution of deep-water fan sand bodies, nose shaped structural backgrounds, and favorable oil source faults in the north-south direction have controlled the distribution of favorable stratigraphic trap groups, making it a breakthrough direction for natural gas exploration in the Baiyun Depression in recent times.

Key words　Baiyun Depression; Continental shelf slope break zone; Restrictive source sink system; Continental shelf edge delta; Deep water fan stratigraphic trap

经过四十多年的勘探研究和实践，在白云凹陷的北坡和白云东区发现了两个气区和一个油区，证实白云凹陷为富生烃凹陷，油气资源勘探潜力巨大。目前，商业可开发天然气储量90%集中在中浅层系的珠江组下段，主要为陆架边缘三角洲及其下方的深水扇重力流水道/朵叶体砂岩储层，物性优良，具有下生上储、晚期断裂+底辟+砂体+构造脊复合输导成藏的特征；这些油气发现集中分布在珠江组下段SQ21.0层序陆架坡折带及其下方的继承性鼻状构造带上（图1），以构造和构造-岩性油气藏为主，陆架坡折带东西区油气藏分布特征具有明显的差异性，白云凹陷东区为泥质水道下切形成的深水扇砂岩构造-岩性复合天然气藏，而西区主要为陆架边缘三角洲砂岩构造及构造-岩性油气藏。深入开展陆架边缘三角洲及其下方深水扇源汇过程响应，对明确白云凹陷区深水扇砂岩储层分布、岩性圈闭群发育机制和油气资源勘探潜力具有重要意义。

珠江口盆地白云凹陷位于南海北部大陆边缘深水区，位于地壳强烈减薄带，在裂陷期之后经历了台阶式的持续强烈沉降，发育了渐新世和中新世以来的两大陆架坡折带，沉积环境逐渐由陆相断陷演变为陆坡深水环境，发育了巨厚的珠江深水扇系统；基于有限钻井和三维地震，多年来针对珠江深水扇系统已经建立起中新统珠江组-韩江组的层序地层格架，进行了宏观-中观-微观等三级次“源-渠-汇”体系研究，揭示了古珠江供源的陆架三角洲与深水重力流沉积体系的展布关系，明确了珠江组下段陆架边缘三角洲和陆坡重力流砂岩为深水区的主要勘探目的层层系，指出陆架边缘三角洲及其下方的深水扇具备发育岩性圈闭的条件，并刻画了一些典型的构造-岩性圈闭及油气藏。然而，近几年的勘探实践显示大型陆架边缘三角洲下方不一定会发育规模的富砂深水扇响应，泥质水道下切型岩性圈闭发育机制不明，特别是未能考虑东沙隆起物源的影响，陆坡深水扇响应关系复杂；同时，前期研究单一水道及水道复核体岩性圈闭规模较小，规模岩性圈闭群的发育条件不明，因此，有必要开展古珠江三角洲与东沙隆起双物源供给下陆架边缘三角洲与深水扇响应的过程研究，提高深水扇砂体和岩性圈闭预测的精度，寻找可供勘探的规模岩性圈闭群的分布。

长电缆高精度三维地震、层序地层标准化和全三维地震沉积学等技术方面的综合应用，推动了对被动大陆边缘陆架边缘三角洲及其深水扇源汇过程响应的认识，油气勘探研究的重点为陆架边缘源汇过程控制下的各类砂体构造及构造岩性圈闭的发育及分布。世界范围内的研究揭示富砂的沉积物从浅水到深水主要有两个过程，一是通过河流搬运至陆架边缘先沉积形成陆架边缘三角洲沉积，然后再通过重力流过程向深水陆坡进行搬运；另外一个是沉积物直接通过河流输送至陆架边缘后未进行卸载沉积，直接进入深水陆坡，由异重流搬运至深水区进行沉积。基于上述思想，形成了陆架坡折迁移轨迹与陆架边缘三角洲—海底扇源—汇系统的研究思路，对墨西哥湾等典型被动大陆边缘进行了详细的解剖，发现陆架边缘三角洲下方的响应比较复杂，也有深水扇砂体不甚发育的情况，物源区类型/供给方式、陆架坡折地貌特征及陆架边缘三角洲发育过程等综合控制了源汇响应的复杂性，特别是限制性地貌特征在源汇系统的物源区、物质输送的通道区和沉积区等都便显出明显的控制作用，导致陆架坡折带下方规模深水扇砂体的发育存在较大不确定性。

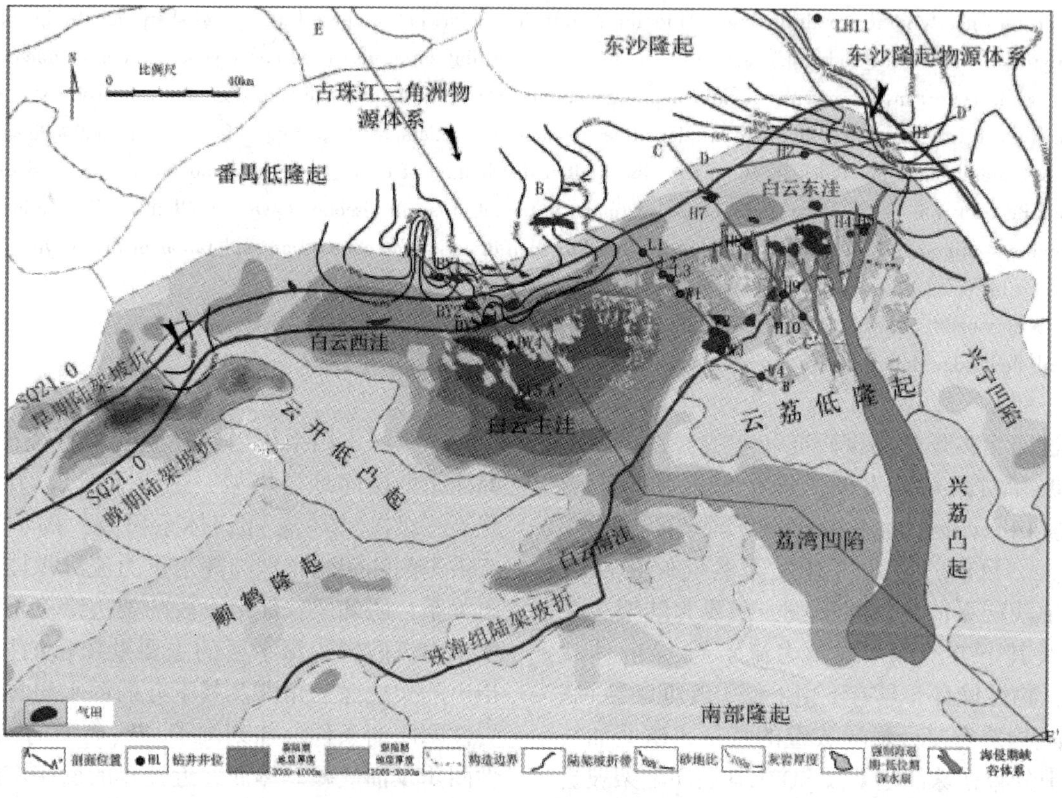

图 1　白云凹陷深水区构造单元、珠江组下段源汇体系响应关系与天然气发现叠合图

本文基于层序地层格架下陆架-陆坡体系源汇过程研究思路，利用连片高精度三维地震和有限钻井，采用四分体系域方法开展珠江组下段 SQ21.0 层序多期陆架边缘三角洲及深水扇砂体识别，类比现代海底地貌控制下的陆架-陆坡源汇关系，建立古珠江三角洲与东沙隆起双物源供给下的陆坡深水扇差异响应特征以及有利砂体岩性圈闭发育模式，探讨白云凹陷深水扇岩性圈闭勘探潜力。

1　区域地质概况

近四十年的勘探实践和研究揭示珠江口盆地深水区白云凹陷为富生烃凹陷，发育中浅层珠江组和深层恩平组-文昌组等上下两套成藏组合；商业性油气发现集中分布在上组合的珠江组下段，T50 之上发育巨厚的海相泥岩与之下的 SQ21.0 层序的陆架边缘三角洲-深水扇优质砂岩储层形成区域黄金储盖组合(图 2)。

前期研究揭示，白云深水区在渐新世以来具有古珠江大河、宽陆架、富砂三角洲发育和继承性沉降造成的台阶式海侵背景，基于有限三维地震和钻井资料，形成了三级层序格架识别基础上的“源-渠-汇”沉积脉络分析方法和思路，编制 SQ21.0 层序界面上下地质体反射结构响应关系图(图 1)；在图中可清晰跨层序界面作为物源的高位三角洲沉积体(“源”)与作为物质输送通道的峡谷水道（“渠”）及其下方的深水扇（汇）的沉积响应脉络关系，由此，可判断深水扇沉积的富泥富砂性。通过该方法认识到珠江组下段SQ21.0层序具有古珠江水系和东沙隆起双物源供给的条件，受到陆架坡折带控制，发育沿坡折带走向分布的低位期陆架边缘三角洲砂体和垂直于陆架坡折带的重力流水道和深水扇朵叶砂体（图3），进一步认识到陆架坡折带、继承性鼻状构造脊和晚期活动同源断裂/底辟带耦合控制了油气藏的差异分布。上述认识指导了前期白云凹陷天然气的勘探，在陆架坡折带两翼的白云北坡和白云东区取得两个千亿方天然气气田群的发现（图1），白云东区已发现气田群主要储层为SQ21.0层序低位期的深水扇朵叶及深水重力流水道砂体，为受晚期灰质水道和泥质水道下切侧封的构造-岩性复合圈闭气藏；白云北坡气田群主要储层为SQ21.0层序的低位期和海侵期陆架边缘三角洲砂岩储层，基本为构造圈闭气藏，同时，在白云西区陆架坡折带下方发现了一些小型的低位斜坡扇构造-岩性复合油气藏。前期基于有限三维地震和少量钻井揭示陆架坡折带控制下的陆架边缘三角洲-深水扇砂体分布差异大，东侧发育大型的复合水道及朵叶体，而西侧虽然正对着规模沉积的陆架边缘三角洲，但规模小；同时，在低位深水扇砂体沉积之后，东区发育明显的晚期下切，下切水道被后期灰质和泥质充填特征明显。总之，前期勘探实践和研究揭示白云凹陷陆架坡折带存在东西区沉积过程响应复杂、岩性砂体分布差异大与岩性勘探潜力不明等问题，特别是陆架边缘三角洲的发育与深水扇体发育规模之间的对应关系一直存在分歧；后续在该层系开展岩性圈闭勘探需要解决两个关键问题，一是单一深水扇或水道砂体规模小，多期砂体叠置的分布规律有待深入揭示；二是晚期灰质-泥质下切谷体系发育机制、分布特征及其控制岩性圈闭群的条件不明。墨西哥湾、西非、南亚等被动大陆边缘型盆地油气勘探实践，也揭示出陆架边缘三角洲与下方的深水扇发育具有复杂的响应关系，特别是陆架-陆坡区的限制性地貌往往控制了优势规模深水扇体和岩性圈闭的发育，利用宏观的层序地层和沉积体系研究较难解决这一问题，需要开展高精度层序框架约束下的源汇体系及沉积过程分析才能有效解决。

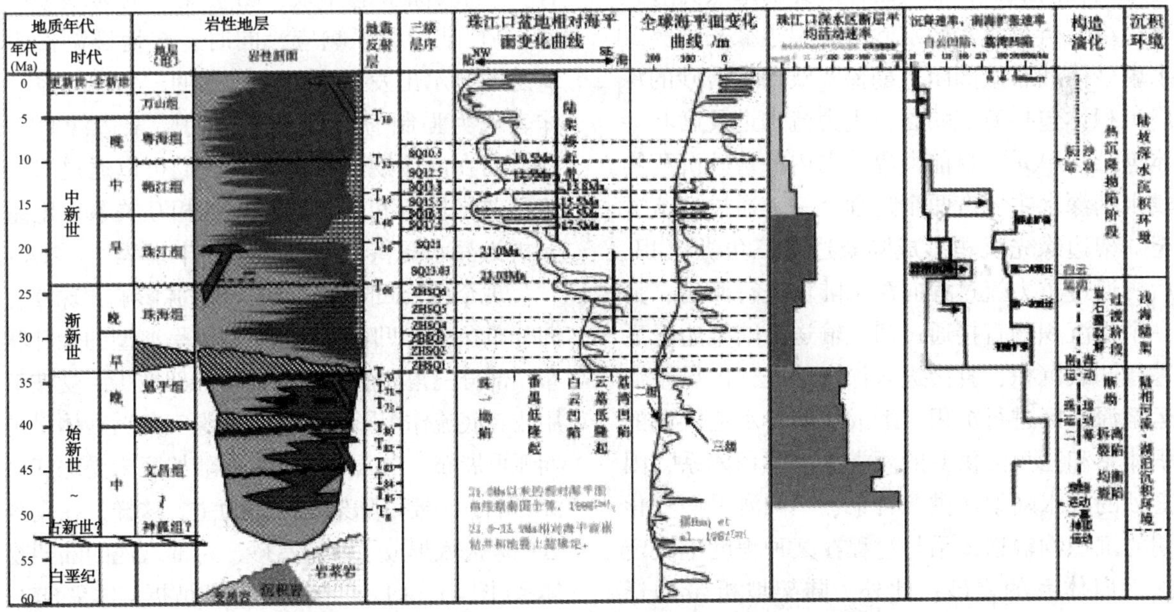

图2　珠江口盆地白云深水区新生代地层充填序列图

本次研究结合大范围的连片高精度三维地震和有限钻井，开展整个白云凹陷系统的三维四分体系域高精度层序地层格架构建、体系域级别源汇和精细沉积结构分析，类比现代海底源汇体系域统与沉积过程，揭示珠江组下段SQ21.0层序受控于陆架坡折带/陆坡地貌特征、相对海平面变化和双物源演化，发育开放弱限制型和汇聚强限制型等两类陆架边缘三角洲-深水扇源汇响应体系，呈现出差异化的储层和岩性圈闭发育条件。

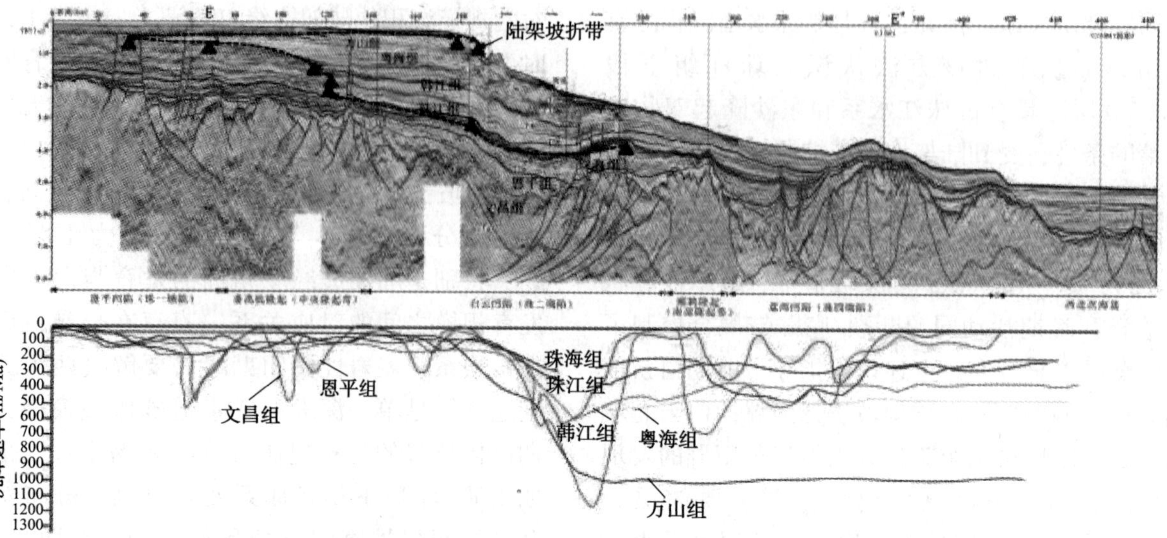

图3　珠江口盆地白云深水区区域层序地层格架剖面与沉降速率对应特征

2　白云凹陷深水沉积源-汇系统演化

2.1　基于现代海底陆架边缘-陆坡源汇响应体系的构建

长电缆高精度三维地震、层序地层标准化和全三维地震沉积学等技术方面的综合应用，推动了对被动大陆边缘陆架边缘三角洲及其深水扇源汇过程响应的认识，油气勘探研究的重点为寻找陆架边缘坡折及深水区富砂的陆架边缘三角洲及深水扇砂体和有效圈闭，勘探实践揭示富砂的深水扇沉积体包括海底峡谷、重力流水道及席状朵叶体等结构单元。目前世界范围内的富砂沉积物从浅水到深水主要有两个过程，一是通过河流搬运至陆架边缘先沉积形成陆架边缘三角洲沉积，然后再通过重力流过程向深水陆坡进行搬运；另外一个是沉积物直接通过河流输送至陆架边缘后未进行卸载沉积，直接进入深水陆坡，由异重流搬运至深水区进行沉积，形成有峡谷水道供源的沉积体系和三角洲供源的两类深水沉积体系，因此富砂的浅水陆架区供源背景、不同海平面变化时期的沉积物输送体系与过程在某种程度上决定了深水扇体系的富砂；此外，陆架坡折带的迁移、陆坡地貌的形态，也决定了深水扇沉积体系的分布模式，在某种程度上讲沉积古地貌背景形成的限制性特征，控制了深水扇体系在陆坡区分布的差异性。现代珠江三角洲陆架边缘体系与深水扇响应的模型为深层珠江组沉积体系结构研究提供了一个高精度的类比模型，从图中可以看出白云凹陷第四纪发育一巨型的陆架边缘三角洲及相关的深水峡谷深水扇响应体系，受控于陆架坡折带、三角洲发育规模和限制性峡谷水道发育特征，发育三类源汇体系：一是弱限制陆架边缘三角洲的滑塌水道斜坡扇体系，另一个是强限制型的陆架边缘三角洲-大型峡谷水道和深水扇体系，第三个是富泥的强限制性外陆架-上陆坡峡谷-下陆坡深水扇体系，图中显示的为现今的海侵-高位期的源汇响应，同时，在地震剖面上可清楚的显示出发育强制性海退的三角洲体系，整体表现为强制海退期、低位期陆架边缘相对富砂，而在海侵期相对富泥，我们可以通过对比三角洲前缘坡折和陆架坡折带的相互关系来定量的分析为深水提供富砂沉积物的丰富程度(图4)。

现今白云凹陷主要受珠江物源影响，珠江三角洲分布在白云凹陷西北部，整体呈典型的朵叶状分布，部分三角洲前缘砂体抵达陆架坡折。受波浪作用或者底流作用影响，陆架边缘三角洲砂体呈现多期弧形展布。白云凹陷东北部陆架区未受珠江三角洲影响，主要以陆架泥沉积为主。这样，在现今白云凹陷海底形成了西部富砂、东部富泥的陆架物源体系(图4)。白云凹陷现今陆架坡折整体呈NEE向展布，局部坡折形态收到地貌条件限制，其中，白云凹陷东部陆架坡折在平面上呈现小幅度的凹形特征，西部陆架坡折呈现大幅度的凸形特征；陆架坡折的形态直接控制了外陆架沉积物向陆坡的搬运量，凹形陆架坡折有利于外陆架沉积物向陆坡搬运过程中汇聚，沉积物相对集中，供给量大；凸形陆架坡折则会导致外陆架沉积物向陆坡搬运过程形成发散，沉积物相对分散。

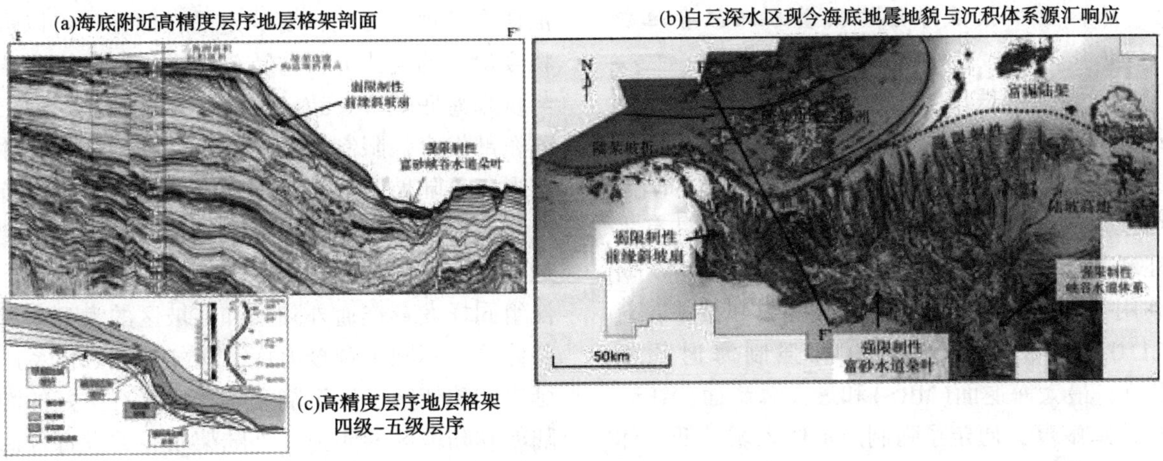

图 4　白云深水区现代海底源汇关系响应特征

外陆架沉积物向陆坡搬运的主要通道是陆坡峡谷和水道，峡谷往往指发育在海底的线性负地貌特征，在深水沉积背景下，峡谷的形成往往是收到了持续的重力流冲刷和侵蚀作用所致，因此，峡谷的发育往往指示着较为充足的沉积物供给量，以及峡谷末端对应的深水扇沉积。水道是深水沉积中的沉积单元，不同于峡谷，水道往往是建设性的沉积作用，侵蚀作用弱。水道同样是重力流搬运过程中形成，也指示了重力流的沉积方向。白云凹陷现今海底陆坡区峡谷和水道体系呈现明显的差异，在白云凹陷东部，发育着 20 条具有明显下切特征的峡谷体系，峡谷的上倾方向延伸至陆架坡折，能够有效沟通外陆架和陆坡，将大量外陆架沉积物进一步搬运至陆坡甚至深海平原。在峡谷内部轴线见到明显的强振幅反射特征，未峡谷中的滞留沉积，同样指示着峡谷是外陆架沉积物向陆坡搬运的有效通道。白云凹陷东部峡谷体系至下陆坡的大型峡谷体系中，整体搬运距离长，沉积物供给量大。白云凹陷西部，未见明显的下切峡谷体系，以水道沉积为主，在平面上未明显的线性强振幅反射特征，水道下方发育明显的具有朵叶状的强振幅深水扇沉积，整体搬运距离短。

陆坡区，局部的地貌结构控制了沉积物的进一步搬运。白云凹陷现今海底，东侧东沙隆起–云荔低凸起和西侧云开低凸起围陷下形成向南收窄的喇叭口地貌背景，来自北部陆架的沉积物在此逐渐汇聚收敛，与白云凹陷东部的峡谷体系连通，将来自白云凹陷东部沉积物进一步向下陆坡和深海平原搬运。白云凹陷西部陆坡区则收到云开低凸起的阻隔，整体陆坡短，限制了重力流的进一步向南搬运。

因此，在现今海底，白云凹陷形成了强限制性和弱限制性两类源汇体系，控制了重力流砂体的发育和分布。白云凹陷东部为强限制性源汇体系，凹形陆架坡折汇聚来自外陆架的沉积物，20 条强下切的峡谷体系输送大量沉积物到陆坡区，喇叭形的陆坡地貌进一步汇聚了重力流沉积物，并进行长距离搬运。白云凹陷西部为弱限制性源汇体系，凸形陆架坡折导致外陆架沉积物发散，小型水道输送沉积物有限，且陆坡区凸起阻隔了沉积物的进一步搬运。陆架边缘三角洲的分布则决定了物源区的岩性，进而控制了重力流沉积岩性。白云凹陷东部外陆架以泥质为主，导致东部重力流局部富泥。陆架边缘三角洲与陆架坡折结合处，外陆架粗颗粒的碎屑沉积物才能够顺利抵达陆坡，导致了中西部重力流相对富砂。

基于上述认识，形成了陆架坡折迁移轨迹、沉积物搬运动力过程与陆架边缘三角洲—海底扇源—汇系统的研究思路，在高精度层序地层框架下，通过对背景源、陆架坡折带分布及类型、峡谷水道和深水扇等进行沉积内幕及其响应关系的微观描述，识别出主要陆架三角洲/陆架边缘三级洲–深水扇体系，结合其空间分布特征、沉积流态、岩相分布等，预测有利的储层分布区域，并判断可能圈闭性。对珠江组陆架边缘–深水扇体系详细的解剖，揭示物源区类型/供给方式、陆架坡折–陆坡区地貌特征及陆架边缘三角洲发育过程等综合控制了源汇响应的复杂性，导致陆架坡折带下方规模深水扇砂体的发育存在明显的差异性。

2.2 珠江组下段层序结构模型与沉积古地貌特征

白云深水区珠江组 SQ21.0 层序发育典型的被动大陆边缘地貌，位于白云凹陷北坡番禺低隆起区的陆架边缘坡折带控制了一套大规模的陆架边缘三角洲-深水扇源汇沉积响应体系，具有古珠江和东沙隆起台地双物源供给的特征。本次研究利用基于连片的三维地震地震资料和钻井，对 SQ21.0 层序的底界 SB21.0 和强制海退顶面（TFS）、最大海退面（MRS）和最大海泛面（MFS）进行追踪解释，厘定了强制海退体系域、低位体系域、海侵体系域和高位体系域。

如图 5 所示，在穿越白云凹陷西部古珠江和东沙隆起碳酸盐岩台地区的纵向地震剖面上，层序界面 SB21.0 区域上沿陆架坡折带表现出明显的差异特征，西区以陆架边缘顶超终止和陆架坡折-陆坡区底超为特征，东区则以下切侵蚀为明显特征，从陆架坡折带到上陆坡区都有明显的下切侵蚀特征；强制海退顶面在临近陆架坡折带的部位以退覆反射终止和下覆斜交前积反射为特征，西区的斜交前积反射最为明显；最大海退面（MRS）在上陆坡部位以顶超终止和下覆前积反射为特征，陆坡区地震剖面上为同向轴波谷为特征，西区在陆架坡折带强制性海退面与最大海退面重合为一个同相轴。MFS19.1 整个区域在地震剖面上为一强地震反射同向轴的波峰，在陆架坡折部位与最大海退面重合，其下覆海侵体系域在陆坡部位为一套弱振幅反射，向陆坡减薄尖灭呈楔形，在陆架上为一套退积反射；东沙隆起区在 MFS19.1 界面之上在陆架区为台地边缘礁沉积，而在陆坡区演变为泥质-灰质沉积充填（图 5C 和图 5D）。对比“古珠江物源”和“东沙台地物源”陆架边缘-陆坡层序结构可看出在强制海退—低位期均为富砂碎屑岩供源，古珠江三角洲和东沙隆起滨岸-三角洲体系为陆坡区的物源，而在海侵期和高位期古珠江三角洲物源向北退缩逐渐演变为富泥，而东沙隆起则演变为碳酸盐岩台地区主要提供碳酸盐岩碎屑物源供给。

基于珠江组 SQ21.0 层序沉积结构特征、地层厚度和坡折带的分布，揭示珠江组下段具有继承性的地貌特征（图 6），发育典型的陆架坡折带，西区具有开放性特征，而东区则表现为汇聚性特征，同时，在东区发育两个局部的古高使得该区成为典型的限制性地貌。白云凹陷珠江组源汇体系与现今海底具有一定的相似性，可以进行将今论古的类比分析。首先，珠江组的地貌条件与现今海底基本一致，属于继承性地貌。白云凹陷东部发育强限制性源汇体系，陆架坡折整体呈凹形，且陆坡区地貌向南逐渐收敛，随不具有现今海底明显的喇叭口地貌，但仍然对重力流的搬运具有较强的汇聚作用。另外，白云凹陷东部珠江组同样发育连通外陆架和陆坡区的大型下切峡谷体系，不同于现今海底，珠江组峡谷体系已经延申到陆架区，属于陆架峡谷，具有更好的沟通陆架和陆坡区的能力。外陆架峡谷的发育普遍认为是陆坡峡谷进一步的溯源侵蚀所形成，这也说明了有来自外陆架充足的沉积物搬运、冲刷和侵蚀。在白云凹陷东部强限制性源汇体系控制下，陆坡区发育了大规模长距离搬运的水道和水道化扇沉积，砂体分布面积大，搬运距离远。白云凹陷西部发育弱限制性源汇体系，陆架坡折整体呈凸型，向南发散，且上陆坡发育局部的凸起（白云 6-1），在上陆坡形成了明显低角度台地，限制了重力流的进一步向南搬运。弱限制源汇体系导致了白云凹陷西部主要以相对小规模、短距离搬运的斜坡扇沉积为主。

2.3 强制海退-低位期富砂源汇体系特征

在强制海退期和低位期，受控于古珠江三角洲和东沙隆起双物源体系、陆架边缘坡折形态、陆坡地貌差异和相对海平面变化，东西区两大陆架边缘-深水扇源渠汇体系，呈现差异分布特征（图 7）：西区源汇体系，由高位三角洲/陆架边缘三角洲（源）、小型水道和斜坡扇组成，该类源汇体系以大规模的陆架边缘三角洲和较小规模水道化斜坡扇为特征；而东区源汇发育下切至陆架区的大型峡谷水道为沉积物输送体系，形成浪控/潮控三角洲、大型峡谷、斜坡扇和盆底扇体系，该体系以改造型的砂体供源、大型峡谷为渠和复合水道朵叶多期叠置为特征，基于地震沉积学分析对这两类源汇体系进行定量研究。

西区源汇体系结构单元特征和平面分布特征，呈现明显的开放性源汇体系特征。陆坡供源体系由高位三角洲和强制海退期陆架边缘三角洲组成，高位三角洲呈现正常海退、地震反射呈现反 S 前积，在工区识别 4 期，依次向南南东方向推进；西部发育 4 个陆架边缘三角洲形成的带状分布在早晚两期陆架坡折带，面积分别为 12.16km^2、23.47km^2、44.61km^2、33.74km^2。作为渠的峡谷体系识别出9条，普遍比较窄，宽度0.32～1.16km^2,，平均0.61km；该体系的汇主要是斜坡重力流水道和朵叶体，南部在洼陷中间受洼中隆的影响，发育一限制性水道；西部重力流水道(含峡谷)及朵体。峡谷宽度分布范围0.21～1.3km，主要分布在0～1km，平均0.55km；对应地，朵体面积1.4～28.57，主要分布在0～20km^2，平均10.3km^2。西部扇体均方根振幅较弱，推测以滑塌作用为主，泥质含量高，储层物性不佳。西部斜坡朵体更加发育，是西部深水扇的主要类型，其面积小，低均方根振幅属性(推测相对富砂)，面积1.69～28.57km^2，主要分布在0～20km^2，平均11.87km^2；相比，西部盆底扇几乎不发育。

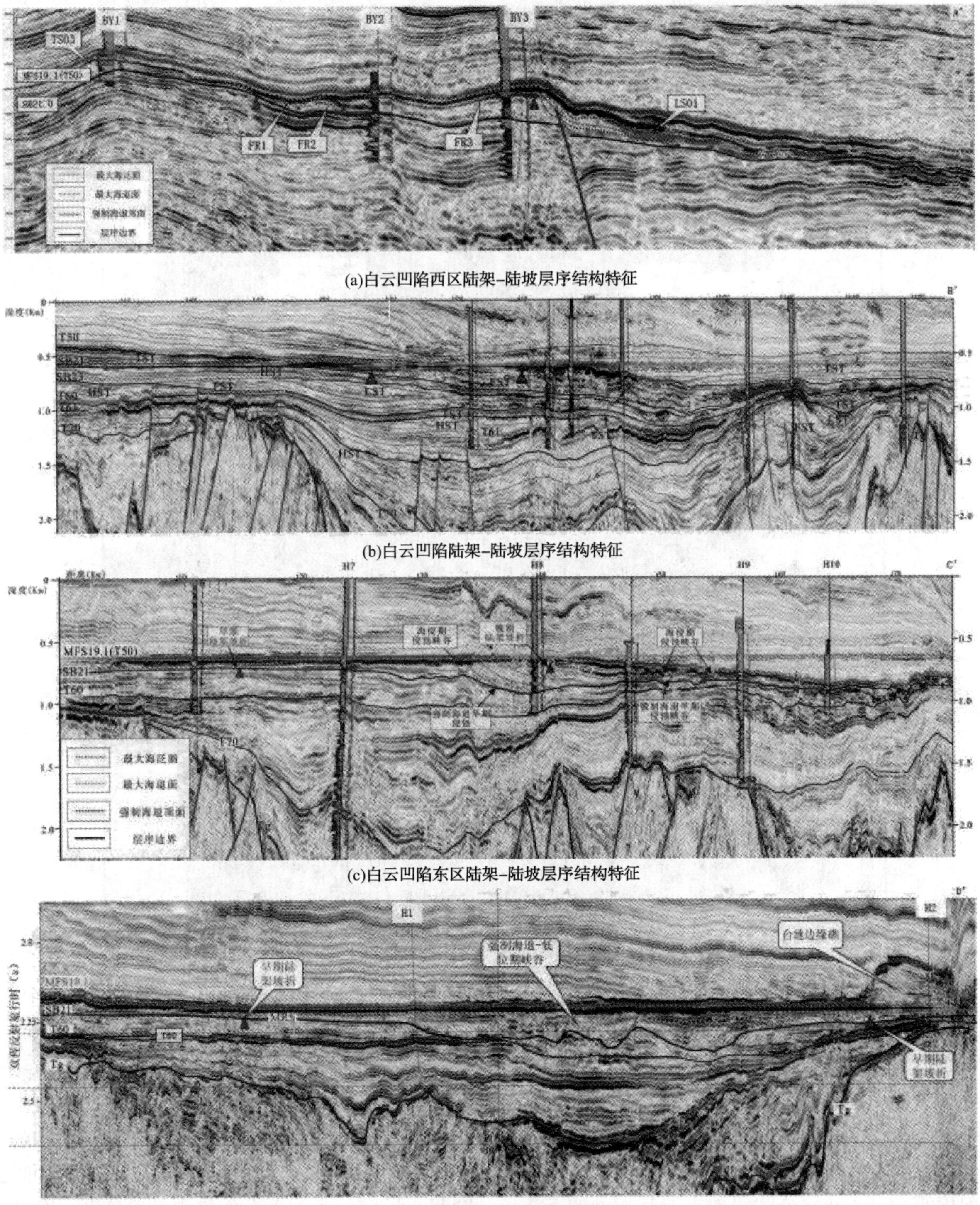

(a)白云凹陷西区陆架-陆坡层序结构特征

(b)白云凹陷陆架-陆坡层序结构特征

(c)白云凹陷东区陆架-陆坡层序结构特征

(d)白云凹陷东区层序结构特征

图5　白云凹陷珠江组下段SQ21.0高精度层序地层格架特征

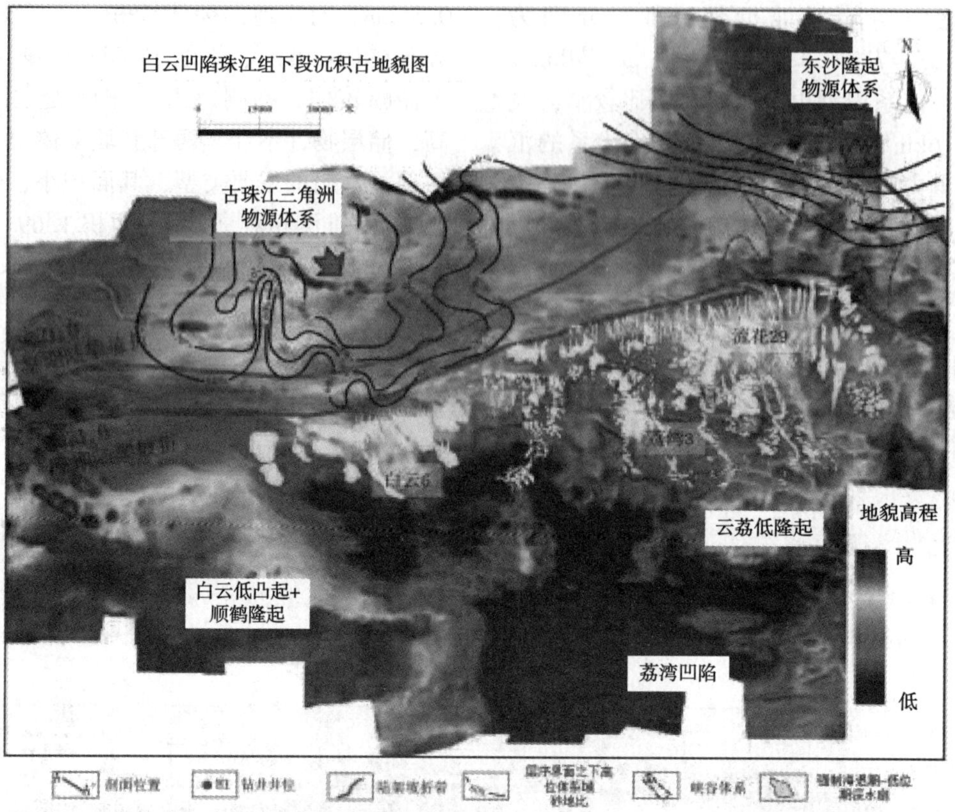

图 6　白云凹陷珠江组下段沉积古地貌与沉积体系响应关系图

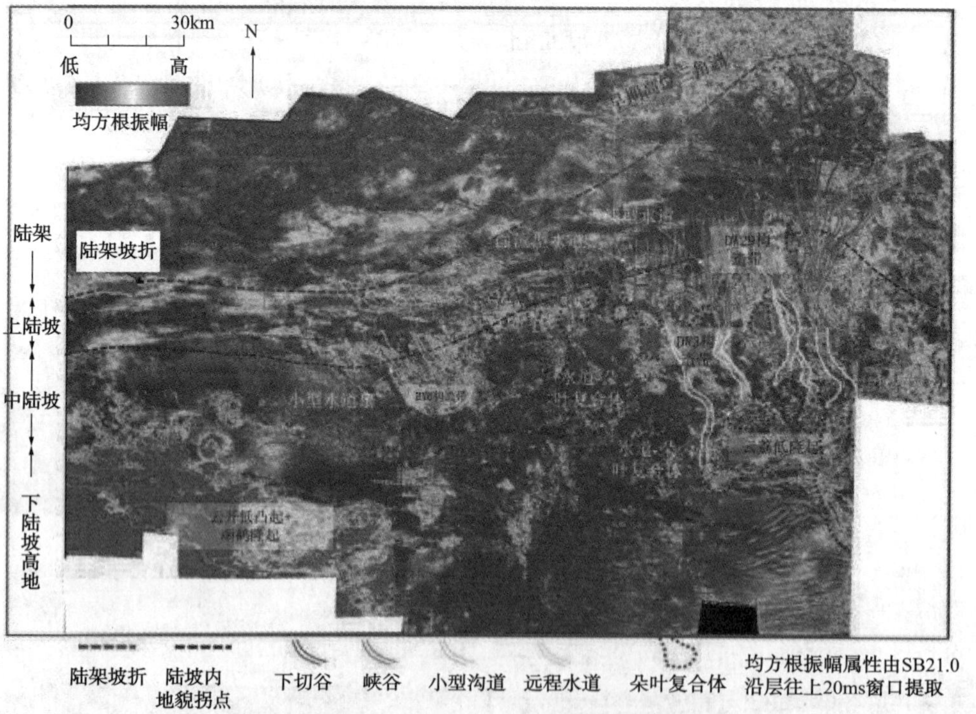

图 7　富砂物源背景下陆架边缘三角洲-深水扇响应关系图

东区源汇体系结构单元特征和分布，呈现明显限制性源汇体系特征。东区的源为陆架坡折带之上的高位及强制海退期的浪控-潮控三角洲/滨岸体系，沉积物的粒度比较细，但结构和成分成熟度都较高；该区作为渠的主要是大型的下切至陆架区内的峡谷，共识别较清晰的 3 个峡谷群，宽度？长度，其可延伸至陆坡区；发育 2 个小型的陆架边缘三角洲，此外为受波浪改造的滨岸体系，分别来自于北侧的古珠江和东侧的隆起隆起，形成北部汇聚性的物源供给体系。东部的渠-汇有两类，一类是大量的冲沟与对应形成的朵体，细密峡谷，独特地大量出现在研究区东部，分布在坡折带向海的陆坡之上，具有细、密、短、直的特点，即所谓的面流，并形成小型朵体，延伸普遍小于7.3km；宽度分布在0.14~0.52km，主要分布在0.1~0.4km（占比78.6%），平均0.31km。大多表现为其两侧天然堤中均方根振幅值；峡谷中央为低值充填；少数为中均方根振幅值充填峡谷。推测为暴露陆架的地表径流侵蚀切割形成。峡谷末梢的扇体面积小，分布在1.07~6.18km²，主要分布在0.5~2.5km²(占84.6%)，平均1.70km²，均方根振幅中值为主，少量为均方根振幅高值。东部另一类源汇体系为大型重力流下切水道及朵体，普遍与陆架下切谷连接或者说由陆架下切谷向海延伸形成；往往穿越了下伏层序高位三角洲，大多为均方根振幅高值充填，延伸远至陆坡平原，较多为富砂(均方根振幅高值)，宽度0.17~2.88km，主要分布在0~1.5km，平均1.15km。对应地，朵体面积4.07~43.56km²，主要分布在0-30km²之间，平均19.19km²，具高均方根振幅，推测是值得勘探的扇体类型。东部盆底扇和斜坡扇均较发育，其中，识别斜坡扇11个，面积分布在7.34~39.14km²，主要分布在10~30km²，平均21.13km²；识别盆底扇19个，面积分布在4.07~44.58km²，主要分布在10~30km²，平均17.56km²。

2.4 海侵期-高位期源汇体系特征

在海侵和高位期，古珠江三角洲和东沙隆起双物源控制下的两大源汇体系依然存在，但对于陆坡区而言物源体系则发生了由富砂向富泥-富灰质的变化。西区源汇体系，由海侵陆架边缘三角洲、富泥陆架和富泥陆坡扇组成，该类源汇体系以大规模的陆架边缘三角洲海侵退积和富泥楔状富泥斜坡扇为特征；而东区源汇发育下切至陆架区的大型峡谷水道为沉积物输送体系，东沙碳酸盐岩台地和富泥陆架供源形成台地边缘礁、大型陆坡峡谷-扇体系，该峡谷体系自东沙碳酸盐岩台地边缘一直延伸至下陆坡，延绵长度超150km；该峡谷水道体系的上陆坡段出现强烈的侵蚀，下覆早期沉积地层被侵蚀搬运至中下陆坡的南部区域。上陆坡峡谷水道形态从"V"型到"U"型峡谷演变，侵蚀下切特征明显，最大规模下切出现在海侵早期，发育多条分支峡谷水道，从东往西可见3个大型下切峡谷(图8)；中陆坡峡谷水道的下切侵蚀特征依然明显，但多条峡谷汇合形成宽缓的峡谷充填，延伸近40km，宽可达10km；海侵期峡谷体系在中陆坡区该可见明显迁移充填特征，往南峡谷体系加积充填特征明显(图8)；下陆坡区峡谷体系发育段出现强烈下切的"V-W"型峡谷，主水道发散为三支，其中东侧一支逐渐演化为大型峡谷水道朵叶复合体充填(图8)。

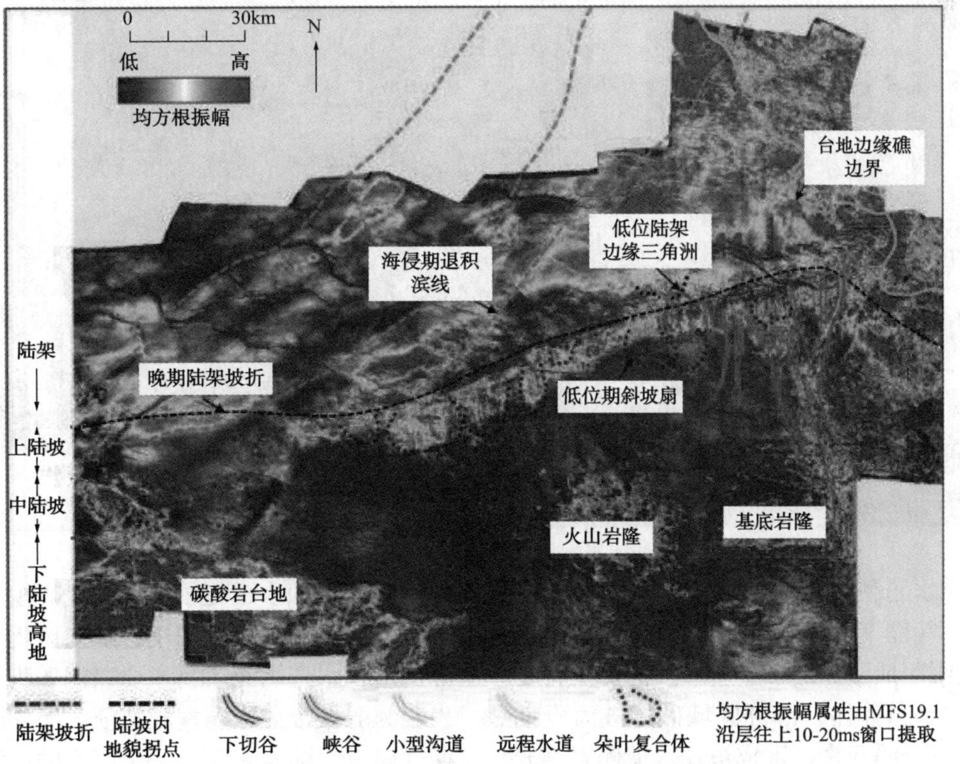

图8　富灰质/泥质物源背景下陆架边缘三角洲-深水扇响应关系图

3　深水源-汇过程差异控制下的深水扇砂体及岩性圈闭形成条件

不同的源汇体系控制了白云凹陷东西区不同类型的岩性圈闭发育，白云凹陷东部在强限制性源汇体系控制下强制性海退和低位期发育大规模、长距离搬运的水道和水道化扇，海侵和高位期发育的泥质和灰质下切水道切割了早期连片分布的砂体，在白云凹陷东部形成了孤立水道型、泥/灰质水道侧封型和扇朵叶型三类岩性圈闭。在白云凹陷西部，主要以强制性海退和低位期发育的相对分散、短距离搬运的斜坡扇沉积为主，形成了斜坡扇上倾尖灭型、侧翼上倾尖灭和岩隆体侧向遮挡型三类岩性圈闭。

3.1　白云东区限制性源-汇过程控制下的砂体及岩性圈闭分布

在高精度层序格架约束下，基于井震结合对比分析，开展了白云东珠江组精细的砂体期次追踪刻画，明确珠江组下段主要发育 FR01、FR02、FR03 和 LS01 等四期砂体，其中珠江组 SQ21.0 强制海退期砂体从早到晚逐渐向南进积，LS01 则呈现出向物源退积的特征(图 5A-C)。而在垂直物源方向上，砂体则呈现出自东向西迁移的特征，且强制海退期砂组主要分布于东侧，低位期的 LS01 砂组则在西侧较为发育。

相对海平面变化、物源、陆坡限制性地貌共同控制了珠江组下段 SQ21.0 层序砂体的差异分布，砂体在具有平面分带、纵向分层、多期砂体叠合连片、向西迁移特征，与鼻状构造带叠合区为岩性圈闭发育有利区。白云凹陷东侧 DW29 鼻状构造带与南北向展布重力流复合水道/孤立水道叠合区为有利的成藏区带，发育孤立水道型、泥/灰质水道侧封型和扇朵叶型等三类岩性圈闭。

孤立水道型岩性圈闭主要发育在白云凹陷东部上陆坡地区，以 DW29 地区和 DW3 井区最为典型(图 9)。上陆坡靠近过路沉积区附近发育多条孤立型砂岩水道，水道砂横向独立，尖灭条件好，垂向小型断裂沟通输导层即可独立形成岩性油气藏。孤立水道发育区与陆架区下切谷具有较好的对应关系，同时在南北方向上古地形并无明显的地形起伏，水道弯曲度低，指示沉积时期水体能量强，早期以过路为主，砂体限制在水道内，以垂向叠置为主，顺物源方向上可见多期叠置进积特征。

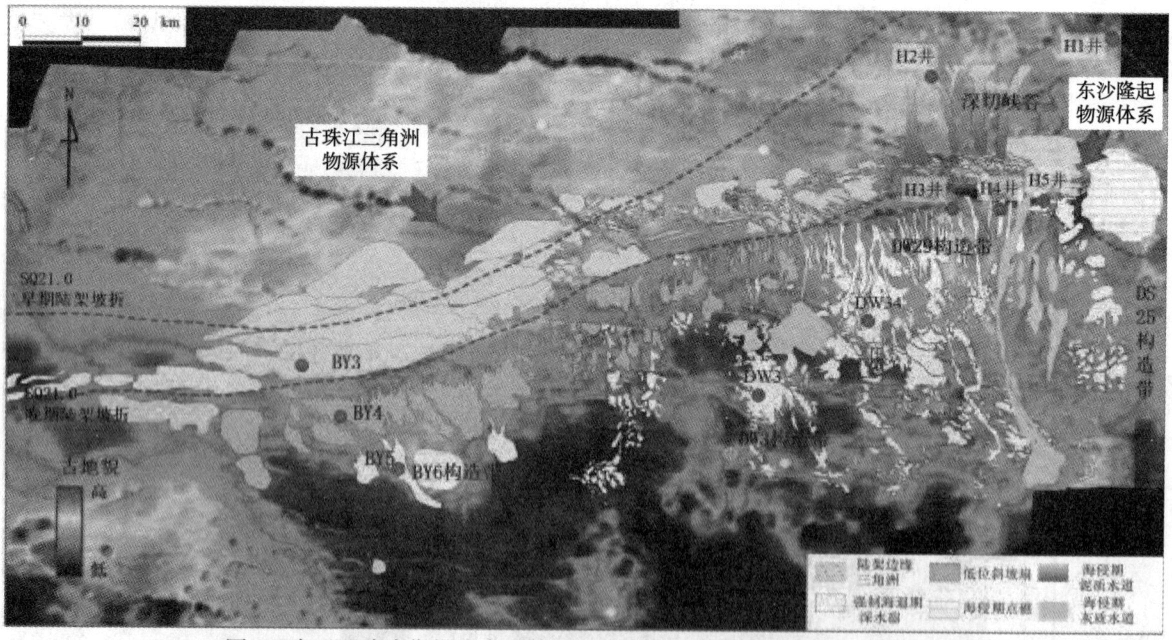

图 9　白云凹陷多期深水扇砂体、后期下切峡谷水道与古地貌叠合图

泥/灰质水道侧封型是白云凹陷东部特有的岩性圈闭类型(图 9)，DW29 和 DW34 均属于这样类型岩性圈闭成藏。DW34 气田区主要发育复合水道/孤立水道砂体，部分区域砂体被海侵期侵蚀水道切割分隔开来，形成被动水道侧封型岩性圈闭。侵蚀水道充填物受海侵规模影响，珠江五段海侵期规模相对较小，陆架区仍具备碎岩物源供给，水道内充填物主要以泥质为主，地震上表现为弱振幅或中弱振幅特征，而珠江四段海侵期规模大，陆架上发育一定厚度的混积岩以及灰

岩沉积，相应地，珠江四段侵蚀水道内充填物可能含钙质，水道内呈现出明显的强波峰特征，同时这种类型水道与珠江五段泥质水道发育并未叠置，泥质水道主要分布于 DW34 至 DW29 气田间，而珠江四段灰/泥质水道则分布于 DW29 气田主体区东侧，受陆架区物源和晚期下切水道控制。因此，泥/灰质水道侧封型岩性圈闭主要受地貌和相对海平面耦合控制。

扇朵叶型三类岩性圈闭主要发育在白云凹陷东部中-下陆坡地区(图 9)，以 DW3 和 DW3 北等气田和含气构造最为典型。强制性海退体系域，随着砂质重力流沿陆坡水道向南进行搬运，在局部地貌低洼区和局部隆起隆起区，重力流流速下降，沉积物开始以朵叶体的形态卸载，形成相对孤立的深水扇沉积。在 DW3 地区，DW3 隆起的存在阻隔了沉积物进一步向南搬运，沉积物遇阻而积，形成白云凹陷东部规模最大的扇朵叶体。DW3 地区北部断裂活动控制了近 EW 向展布的 DW3 地堑区形成，成为重力流沉积的有利卸载区，在此发育扇朵叶型岩性圈闭，钻探证实了此岩性圈闭的有效。

3.2　白云西区开放性源汇过程控制下的有利砂体和岩性圈闭分布

白云凹陷西区主要以低位体系域重力流沉积为主，强制性海退重力流沉积为辅，其中，强制性海退体系域时期，相对海平面下降至最低，陆缘碎屑沉积物抵达外陆架，且沉积动能相对足，部分沉积物沿陆坡进一步向下搬运，形成以重力流水道和扇朵叶沉积，主要分布在 BY6 构造区侧翼(图 10)。低位体系域时期，随着相对海平面的缓慢上升，陆缘碎屑沉积体系向陆后退，相对应的重力流沉积也向上陆坡进行后退，主要发育位于上陆坡的斜坡扇沉积为主，斜坡扇与陆架坡折之间发育明显的沉积物过路带。

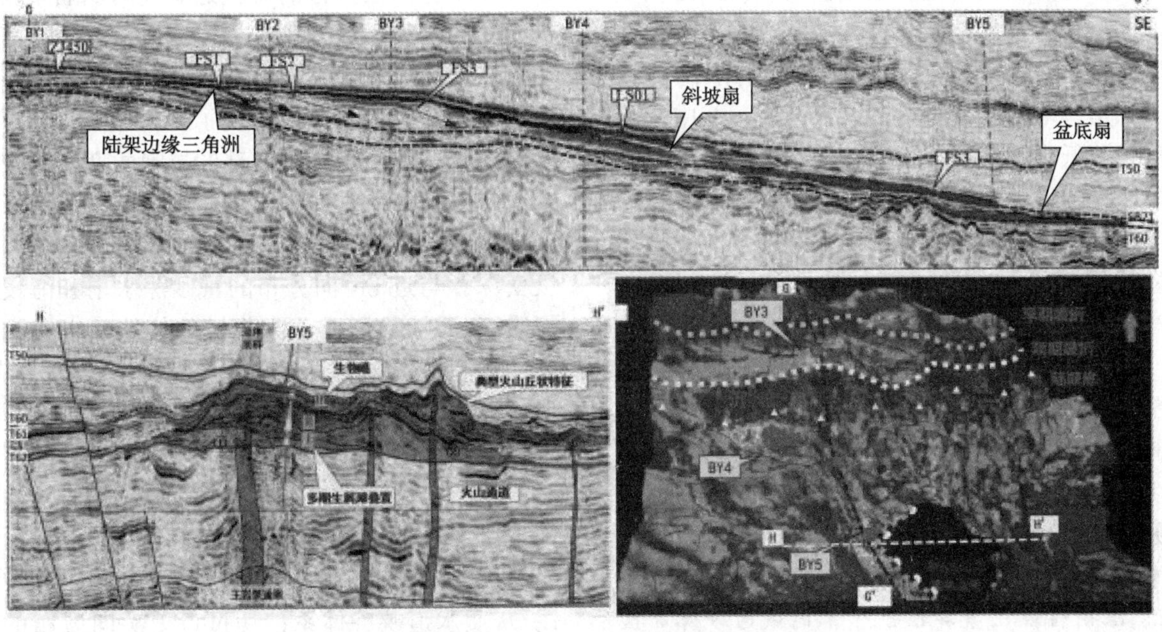

图 10　白云西区砂体分布规律与岩性圈闭发育机制

白云凹陷西部相对分散的以扇朵叶为主的沉积决定了其主要发育斜坡扇上倾尖灭型、侧翼上倾尖灭和岩隆体侧向遮挡型三类岩性圈闭。斜坡扇上倾尖灭型主要发育在白云凹陷西部上陆坡低位体系域，斜坡扇整体沿地貌形成向北上倾尖灭特征，斜坡扇北部的沉积物过路带主要以深海泥岩沉积为主，形成斜坡扇上倾方向的有利封堵。侧翼上倾尖灭和岩隆体侧向遮挡型岩性圈闭主要发育在白云凹陷中下陆坡强制性海退体系域。强制性海退体系域重力流沉积搬运距离相对远，抵达处于中陆坡附近的 BY6 地区。在 BY6 隆起的地貌条件约束下，砂体主要沿隆起两侧进行搬运，并由隆起遮挡，形成侧翼上倾尖灭和岩隆体侧向遮挡型岩性圈闭。

4　深水源汇差异控制下的岩性油气藏成藏特征

4.1　差异沉降控制了白云凹陷限制性地貌和继承性鼻状构造带的分布

区域研究揭示 23.03Ma 的重要地质事件，

导致了珠江口盆地深水区在裂后期经历了台阶式的沉降，珠海组沉降中心在珠四坳陷带的荔湾凹陷，珠江组及以后沉降中心转移至白云凹陷，控制了白云深水区珠海组-珠江组两期陆架坡折带的分布，持续的沉降导致在 23.03Ma 以来陆架坡折带稳定的分布在白云凹陷的北坡。同时，沉降过程中裂陷期的隆凹格局控制了陆坡区微地貌格局的演变，深部凹陷带对应着陆坡区相对地貌的低洼区，而深部隆起区为陆坡相对构造高带，导致陆坡内盆地或者限制性地貌的发育(图 3、图 6 和图 9)。

珠江组下段沉积古地貌与现今沉积地貌在陆架坡折的平面形态、陆坡内微地貌特征等方面具有明显的继承性特征，主要体现在以下几个方面，一是控制强制海退期陆架边缘三角洲发育的两期陆架坡折带正好分布在白云北坡番禺低隆起的南侧向南突出，导致坡折带西区地貌呈现开放性特征，对沉积而言是弱限制性的；而东区侧呈现出 NE 走向到 NW 走向的变化，导致东区呈现汇聚性特征，对沉积而言体现为强的限制性特征。二是，陆坡区南侧的云开低凸起、云中低凸起和云荔低隆起等早期正向构造单元在裂后沉降期演变为陆坡的相对高地貌区，成为限制沉积物搬运和堆积的限制性地貌；白云东陆坡区受云荔低隆起的北段、南段和云中低凸起的控制发育 DW29、DW3 等两个大型的近 EW 走向鼻状构造带，而白云凹陷中心往西侧的 BY6 岩隆与北侧 BY5 构造带形成西区大型的近 SN 向延伸的鼻状构造带，这些大型鼻状构造带都倾末于白云凹陷且继承性发育。由于这些继承性鼻状构造带与连接深部油源的晚期活动断裂、流体底辟带叠合发育，成为油气优势运聚的有利成藏带(图 9 和图 6)。

4.2 限制性源汇差异控制了不同成因砂体的区域连片分布和岩性圈闭群发育

基于上述分析，重要构造沉降事件与相对海平面变化控制了陆架边缘三角洲-深水扇的限制性源汇的差异响应；白云凹陷北部陆架坡折带以及凹陷内部的早晚两期陆架坡折带为深水水道体系的发育创造了有利的物质输送路径和坡度条件；由陆架坡折带、白云东低凸与东沙隆起-云荔低隆起带在白云凹陷东区形成了陆坡区强限制性地貌共同控制了深水峡谷-深水扇体系的空间展布形态和侵蚀特征强弱的差异；同时，东沙隆起和古珠江体系在相对海平面变化期间，物源体系由富砂转变为富泥、富灰质，最终形成了强制海退期富砂陆架边缘三角洲—峡谷—水道扇和海侵期富泥/富灰质的混源型峡谷—水道扇两类性质截然的源汇体系。白云东区受古珠江三角洲—东沙陆隆起台地双物源演化、相对海平面变化、陆架坡折和限制性陆坡地貌的共同控制，在相对海平面下降的强制海退早期发育古珠江三角洲和东沙隆起滨岸体系供源的富砂型峡谷水道-深水扇体系，强侵蚀区出现在陆架坡折带-外陆架和限制性陆坡变化区；而在相对海平面上升的海侵—高位期古珠江三角洲物源退缩、东沙隆起台地生物礁快速生长，发育大规模泥质/碳酸盐岩碎屑供源的峡谷水道体系，强烈下切侵蚀出现在限制性强的陡坡上段—中段区，充填物相对富泥或富灰质。在白云西区则形成强制海退期富砂斜坡扇和晚期泥质或钙质砂岩的垂向组合，斜坡扇砂体沿陆架坡折带下方多期叠置分布，但规模较东区要小；白云西区的特色是早晚两期陆架坡折带之间的陆架边缘三角洲规模分布，部分在海侵期接受侵蚀形成岩性圈闭。

白云东区由北往南出现了 3 个带状的近 EW 向古地貌高地，分别是北部的早晚两期陆架坡折带、中部的 DW29 和 DS25 构造带和南部云荔低隆起区西端，这 3 个构造古地貌高带在陆坡内逐级变深，与近 SN 向分布的富砂深水扇和海侵期泥质/灰质峡谷形成了大规模的构造—岩性圈闭群，控制了白云东区构造-岩性油气藏的分布，形成泥质/灰质水道侧封型构造岩性圈闭、孤立水道型和水道朵叶复合型等三种类型的构造岩性油气藏，实钻证实 DW29 为水道侧封型、DW34 为水道—复合水道型、DW3 为朵叶复合型构造岩性气藏(图 1 和图 9)。由此，近 NS 向分布的泥/灰质水道峡谷体系，切过近 EW 向展布的鼻状构造带和下覆早期深水扇砂体形成大规模的岩性圈闭群，低位期发育的碎屑岩重力流峡谷水道-深水扇砂体呈现于陆架坡折带垂直分布的特征，与东西向分布的继承性隆起基本垂直，同时，受到后期海侵泥质+灰质水道侵蚀加积，形成白云深水区独特的大型峡谷水道岩性圈闭发育群；西区围绕 BY5 和 BY6 大型鼻状构造带，发育上倾尖灭型和火山岩隆限制性的侧向岩性圈闭群，已有 BY5 钻遇岩性气藏，证实这些限制性沉积体可以形成规模的岩性油气藏，为后续白云深水区岩性圈闭勘探的重点突破领域(图 11)。

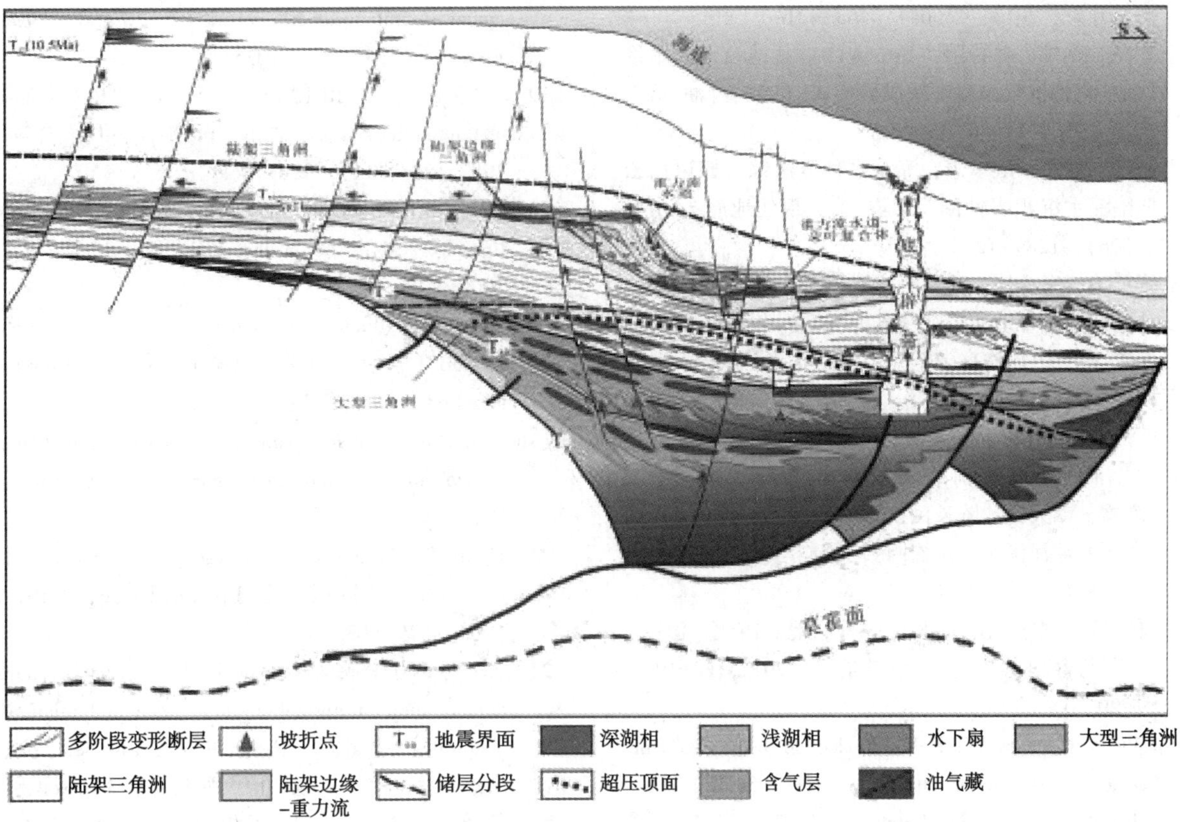

图 11　珠江组下段有利岩性圈闭群成藏模式图

5　结论

类比现今陆架边缘-深水扇源汇体系响应特征，应用高精度层序地层学方法开展珠江组下段 SQ21.0 层序陆架边缘三角洲与深水扇砂体不同区域源汇系统构建，揭示强制海退期-低位期（21.0Ma 左右）发育大型陆架边缘三角洲及峡谷水道供源的富砂深水扇源汇体系，深水扇砂体具有平面分带、纵向迁移和多期叠合连片特征；白云东区峡谷水道供源沉积规模大，白云西区陆架边缘三角洲发育规模大而斜坡扇规模小；

海侵期和高位期发育外陆架/碳酸盐岩台地边缘供源的富泥-灰质深水沉积源汇体系，在坡折带下方发育下切侵蚀强烈的泥质/灰质峡谷水道-深水扇体，对前期砂质深水沉积具有明显的侵蚀和切割作用。

富砂源汇体系发育时，受控于构造地貌的差异性，西区源汇呈现开放弱限制性体系特征，以陆架边缘三角洲供源为主，不发育早期大型峡谷水道，强制海退陆架边缘三角洲规模大，水道化斜坡扇呈发散状，叠合近南北向大型鼻状构造背景，形成断-坡联控上倾尖灭型岩性圈闭群；东区源汇则呈现强限制汇聚体系特征，大型峡谷水道呈现汇聚特征，近东西向鼻状构造带背景，发育侵蚀水道侧封型和侧向尖灭型深水扇岩性圈闭群。

南北向局限分布的深水扇砂体、鼻状构造背景和有利油源断裂的叠合控制了有利岩性圈闭群的分布，成为近期白云凹陷天然气勘探突破领域方向

参　考　文　献

[1] 施和生，柳保军，颜承志，等．珠江口盆地白云-荔湾深水区油气成藏条件与勘探潜力[J]．中国海上油气，2010，22(6)：369-374.

[2] 米立军，柳保军，何敏，等．南海北部陆缘白云深水区油气地质特征与勘探方向[J]．中国海上油气，2016，2802：10-22.

[3] 庞雄．深水沉积层序地层结构与控制因素——南海北部白云深水区重力流沉积层序地层学研究思路[J]．中国海上油气，2012，24(2)：1-8.

[4] 郑荣才，郑哲，高博禹，等．珠江口盆地白云凹陷珠江组海底扇深水重力流沉积特征[J]．岩性油气藏，2013，25(2)：1-8.

[5] 陈亮，庞雄，刘军，等．珠江口盆地白云凹陷深水

重力流优质砂岩储集层特征及识别方法[J]. 石油勘探与开发, 2015, 42(04): 463-471.

[6] 陈亮, 庞雄, 韩晋阳, 等. 珠江口盆地白云深水区构造-岩性油气藏特征及成藏模式[J]. 特种油气藏, 2019, 26(01): 30-36.

[7] 石宁, 刘军, 颜承志, 等. 多种方法综合探讨白云凹陷深水沉积岩性圈闭边界[J]. 现代地质, 2014, 28(06): 1289-1296.

[8] 张忠涛, 秦成岗, 高鹏等. 珠江口盆地白云凹陷北坡陆架坡折带地质特征及其油气勘探潜力[J]. 天然气工业, 2011, 31(05): 39-44.

[9] 柳保军, 庞雄, 颜承志, 等. 珠江口盆地白云深水区渐新世-中新世陆架坡折带演化及油气勘探意义[J]. 石油学报, 2011, 32(2): 234-242.

[10] 庞雄, 彭大钧, 陈长民, 等. 三级"源-渠-汇"耦合研究珠江深水扇系统[J]. 地质学报, 2007(06): 857-864.

[11] 林畅松, 夏庆龙, 施和生, 等. 地貌演化、源-汇过程与盆地分析[J]. 地学前缘, 2015, 22(01): 9-20.

[12] WEIMER P, SLATT R M. Introduction to the petroleum geology of deep water settings[M]. AAPG Studies in Geology 57. *Tulsa*: *AAPG/Datapages*, 2007.

[13] FARRE J A, MECGREGOR B A, RYAN W B, et al. Breaching the shelf break: passage from youthful to mature phase in submarine canyon evolution. In: STANLEY D J, MOORE T G, eds. The shelf break: critical interface on continental margins [M]. *Tulsa*: *Society for Sedimentary Geology*, 1983, 25-39.

[14] HARRIS P T, WHITEWAY T. Global distribution of large submarine canyons: Geomorphic differences between active and passive continental margins[J]. *Mar Geol*, 2011, 285: 69-86.

[15] LAURSEN J, NORMARK W R. Late Quaternary evolution of the San Antonio submarine canyon in the central Chile forearc (~ 33 °S) [J]. *Mar Geol*, 2002, 188: 365-390.

[16] MAYALL M, JONES E, CASEY M. Turbidite channel reservoirs: key elements in facies prediction and effective development [J]. *Mar Pet Geol*, 2006, 23: 821-841.

[17] MAYALL M J, YEILDING C A, OLDROYD J D, et al. Facies in a shelf-edge delta: an example from the Gulf of Mexico, Middle Pliocene, Mississippi Canyon, Block 109[J]. *AAPG Bull*, 1992, 76(4): 435-448.

[18] FISHER W L, GALLOWAY W E, STEEL R J, et al. Deep-water depositional systems supplied by shelf-incising submarine canyons: Recognition and significance in the geologic record [J]. *Earth - Science Reviews*, 2021, 214: 103531.

[19] HAQ B U, HARDENBOL J, VAIL P R. Chronology of fluctuating sea levels since the Triassic[J]. *Science*, 1987, 235: 1156-1167.

[20] CATUNEANU OCTAVIAN. Principles of sequence stratigraphy [M]. *Amsterdam*: *Elsevier Science Ltd.*, 2006, 105-245.

[21] Fisher William L., Galloway William E., Steel Ronald J., et al. Deep - water depositional systems supplied.

by shelf-incising submarine canyons: Recognition and significance in the geologic record [J]. Elsevier B. V., 2021.

[22] Henry W. Posamentier, Venkatarathnam Kolla, 刘化清. 深水浊流沉积综述[J]. 沉积学报, 2019, 37(05): 879-903.

[23] Szczepan J. Porębski, Ronald J. Steel. Shelf - margin deltas: their stratigraphic significance and relation to deepwater sands[J]. Elsevier B. V.; Elsevier, 2003.

[24] 余烨, 张昌民, 朱锐, 等. 强制海退体系域识别特征及其油气意义[J]. 沉积学报, 2019, 37(02): 345-355. DOI: 10. 14027/j. issn. 1000-0550. 2018. 128.

[25] 侯云超, 樊太亮, 王宏语, 等. 墨西哥湾西北部古近纪早期(62~48Ma)源汇体系与沉积格局变迁[J]. 沉积学报, 2020, 38(06): 1272-1283.

[26] 庞雄, 朱明, 柳保军, 等. 南海北部珠江口盆地白云凹陷深水区重力流沉积机理[J]. 石油学报, 2014, 35(04): 646-653.

[27] 余烨, 张昌民, 朱锐, 等. 白云凹陷北坡珠江组下段陆架边缘三角洲特征及其主控因素[J]. 海洋地质与第四纪地质, 2019, 39(03): 28-39. DOI: 10. 16562/j. cnki. 0256-1492. 2018020201.

[28] 林畅松, 施和生, 李浩, 等. 南海北部珠江口盆地陆架边缘斜坡带层序结构和沉积演化及控制作用[J]. 地球科学, 2018, 43(10): 3407-3422.

[29] Allen, P., 2008. From landscapes into geological history. Nature 451(7176), 274-276.

[30] Sømme, T. O., Jackson, C. A. L., 2013. Source-to-sink analysis of ancient sedimentary systems using a subsurface case study from themøre-trøndelag area of southernNorway: part 2-sediment dispersal and forcing mechanisms. Basin Res. 25(5), 512-531.

[31] Sømme, T. O., Helland-Hansen, W., Martinsen, O. J., Thurmond, J. B., 2009. Relationshipsbetween morphological and sedimentological parameters in

source-to-sink systems: a basis for predicting semi-quantitative characteristics in subsurface systems. BasinRes. 21(4), 361-387.

[32] Janok P. Bhattacharya, Peter Copeland, Timothy F. Lawton, John Holbrook. Estimation of source area, river paleo - discharge, paleoslope, and sediment budgets of linked deep-time depositional systems and implications for hydrocarbon potential [J]. Elsevier B. V.; Elsevier BV; Elsevier, 2016.

[33] 龚承林, Ronald J. Steel, 彭旸, 等. 深海碎屑岩层序地层学50年(1970—2020)重要进展[J]. 沉积学报, 2022, 40(02): 292-318. DOI: 10.14027/j. issn. 1000-0550. 2021. 108.

[34] 朱红涛, 徐长贵, 李森, 等. 陆相盆地限制性沉积体系[J]. 沉积学报, 2023, 41(06): 1903-1916.

[35] Fugelli E M G, Olsen T R. Delineating confined slope turbidite systems offshore mid - Norway: The Cretaceous deep-marine lysing formation [J]. AAPG Bulletin, 2007, 91(11): 1577-1601.

[36] Marini M, Milli S, Ravnås R, et al. A comparative study of confined vs. semi-confined turbidite lobes from the Lower Messinian Laga Basin (Central Apennines, Italy): Implications for assessment of reservoir architecture [J]. Marine and Petroleum Geology, 2015, 63: 142-165.

[37] Lomas S A, Joseph P. Confined turbidite systems [M]//Lomas S A, Joseph P. Confined turbidite systems. London, UK: Geologi - cal Society Special Publications, 2004: 1-7.

[38] 朱红涛, 徐长贵, 朱筱敏, 等. 陆相盆地源—汇系统要素耦合研究进展[J]. 地球科学, 2017, 42(11): 1851-1870.

[39] 柳保军, 张向涛, 颜晖, 等. 珠江口盆地白云凹陷碎屑岩—碳酸盐岩混源型深水峡谷体系特征与控制因素[J]. 地球科学进展, 2024, 39(05): 532-548.

[40] 李小平, 施和生, 杜家元, 等. 珠海组—珠江组时期东沙隆起物源提供能力探讨[J]. 沉积学报, 2014, 32(04): 654-662.

[41] 侯明才, 邓敏, 施和生, 等. 珠江口盆地早中新世碳酸盐岩生长发育、消亡的历程与受控因素[J]. 岩石学报, 2017, 33(04): 1257-1271.

[42] 柳保军, 庞雄, 谢世文, 等. 珠江口盆地白云凹陷壳幔拆离断裂活动对深层大型三角洲沉积体系的控制作用[J]. 地球科学, 2022, 47(07): 2354-2373.

[43] 张云帆, 孙珍, 庞雄. 珠江口盆地白云凹陷下地壳伸展与陆架坡折的关系[J]. 中国科学(地球科学), 2014, 44(3): 488-496.

[44] 张翠梅, 赵中贤, 孙珍, 等. 珠江口盆地白云凹陷东沙25凸起构造演化[J]. 吉林大学学报(地球科学版), 2013, 43(01): 57-66.

复频域非平稳地震叠前弹性阻抗反演方法研究

瞿晓阳[1,2]　宗兆云[2]　裴颖杰[1]

[1. 中石化重庆页岩气有限公司；2. 中国石油大学(华东)]

摘　要　实际地震数据受地层吸收衰减和检波器的限制，往往表现出明显的带限特征，给地球物理反演带来很大的不确定性。本研究基于复频域贝叶斯反演理论，在传统稳态褶积模型中补充地层滤波效应，提出了一种基于贝叶斯理论的复频域非平稳反演方法。该方法在保留拉普拉斯变换估算模型参数低频分量的同时，在褶积模型中加入了地层的吸收衰减，实现了对非平稳地震数据可靠反演结果的提取。多个模型试验验证了该反演方法在非平稳地震资料反演估计中的可行性和鲁棒性。此外，反演时通过调整拉普拉斯衰减系数，可以很好地恢复地震数据的低频信息，从而降低反演结果对初始模型的依赖。综合和现场数据实例表明，该方法结合非平稳反褶积恢复深度衰减和复频域挖掘地震数据的低频信息的特点，显著改善强衰减地震数据的反演效果。

关键词　非平稳反褶积；拉普拉斯变换；贝叶斯反演

Analysis of pump inspection in Zhijin CBM wells and study of sand and pulverized coal control technology

Qu Xiaoyang[1,2]　Bao Kai[1]　Pei Yingjie[1]

[1. Sinopec Chongqing Shale Gas Co. LTD; 2. School of Geosciences, China University of Petroleum (East China)]

Abstract　The actual received seismic data are limited by geodetic filters and geophones, which often exhibit band-limited characteristics and bring great uncertainties to the geophysical inversion. On the basis of Bayesian inversion theory in complex frequency domain, a non-stationary seismic complex frequency domain inversion method based on Bayesian theory is proposed, considering the influence of stratum filtering factors in traditional steady-state convolution model. The method achieves the estimation of the low-frequency components of the model parameters based on the Laplace transform, and at the same time, the absorption attenuation of the strata is taken into account in the folded product model to achieve the extraction of reliable inversion results for non-stationary seismic data. Several model tests verify the feasibility and robustness of this inversion method in the inversion estimation of non-stationary seismic data. The stability analysis shows that the method has good anti-noise performance, and the small Q value estimation error has little effect on the inversion results. In addition, the low frequency information of seismic data can be well recovered by adjusting the Laplace attenuation coefficient in inversion, thus reducing the dependence of inversion results on the initial model. Synthetic and field data examples demonstrate that the proposed method combines the characteristics of non-stationary deconvolution to recover deep attenuation and complex frequency domain to mine low frequency information of seismic data.

Key words　Non-stationary deconvolution; Laplace transform; Bayesian inversion

传统的褶积模型假设子波是平滑的，波在传播过程中不会发生变化。然而，非弹性衰减和地层过滤效应指出，实际地层介质中存在严重的衰减和频散。针对地震数据的非平稳特性，地球物理学家的研究主要集中在两个方面，一是通过研究地震波的传播和衰减规律来补偿衰减能量和频散，即反 Q 滤波；二是提取时变/空变子波来解决地震数据的非平稳问题。

尽管地层吸收衰减已得到广泛的研究，但反 Q 滤波中固有的数值不稳定问题依然无法解决，且方法对子波和地震数据均有一定的要求。本世纪初，Margrave 打破了卷积模型的平稳假设，在 Gabor 变换的基础上用弹簧模型拟合了实际地层的衰减，进而补偿波前扩散和地层背景介质中的衰减，奠定了非平稳反褶积的理论基础。此后逐步发展出基于 L1 范数约束的非平稳反褶积、结合反 Q 滤波的非平稳反演方法、NSRI 方法等反演理论，大大提高了非平稳反演理论的适用性。

地震资料的带限特性是反演具有多解性的主要原因。引入品质因子 Q 等地层非平稳参数主要解决了地震高频段的衰减和频散问题。为了克服地震反演中低频信息的不足，传统反演往往依靠测井资料中的低频分量，或依靠时频分析和匹配追踪手段拓宽地震数据的频带。信息论拓频缺少实际的物理意义，难以解释所恢复出的高低频信息的可靠性。因此，部分学者开展了地震反演低频补偿的研究，发展出一套复频域反演的理论方法。该理论根据拉普拉斯波场中的梯度方法，可以恢复地震数据中 5Hz 以下低频分量，进而减小反演结果对初始模型的依赖性。近年来，复频域反演方法被引入贝叶斯反演领域，大大减小了反演结果对初始模型的敏感性，为储层预测提供了更为可靠的理论支撑。

本文研究内容

本世纪以来，叠前地震反演方法逐渐发展为预测储层物性参数、估计孔隙流体性质的重要手段。然而，勘探新区往往存在井资料匮乏、地震数据衰减补偿效果差、常规弹性阻抗反演可靠性低等问题，难以满足油气勘探开发的精细化要求。本研究将非平稳反褶积与复频域反演技术结合起来，提出了复频域非平稳反演方法。该方法在补偿了地震背景介质黏弹吸收的基础上，通过复频域的指数衰减项提高了地震低频权重，挖掘出地震低频信息，旨在获得更可靠的弹性阻抗反演结果。此外，利用贝叶斯理论建立的核函数，将模型参数的先验概率分布与目标函数相结合，提高了反演结果的鲁棒性。最后，将该理论应用于实际工区流体因子反演中，证明了方法的可行性和优越性。

1 技术方法

1.1 非平稳地震正演模拟

非平稳反褶积理论中常用 Kolsky-Futterman Q 模型来表示地下地层的衰减，沿 z 轴传播的平面波可以表示为：

$$u(z,\ \omega,\ t)=e^{i\omega t}e^{-i\omega\tau_t(z)-\frac{\omega\tau_t(z)}{2Q_{eff}(z)}+\frac{i}{\pi}\ln\left(\frac{\omega}{\omega_r}\right)\frac{\omega\tau_t(z)}{Q_{eff}(z)}} \tag{1}$$

式中，v_r 为参考频率 ω_r 对应的相速度，$\tau_t(z)$ 为地震波传播深度 z 的旅行时，$Q_{eff}(z)$ 为地层 Q 滤波效应从顶层到当前层的累积，定义为：

$$\int_0^z \frac{1}{v_r(x)Q(x)}\mathrm{d}x = \frac{\tau_t(z)}{Q_{eff}(z)} \tag{2}$$

假设子波为 $\omega(t)$，传播 $\tau_t(z)$ 时刻后的子波可以表示为 $\psi(t,\ \tau_z)$：

$$\psi(t,\ \tau_z)=\frac{1}{2\pi i}\int_{\sigma-\infty}^{\sigma+\infty}W(\sigma+i\omega)u(z,\ \omega,\ t)e^{\sigma t}e^{-\sigma\tau_t(z)}\mathrm{d}s \tag{3}$$

式中，$W(\sigma+i\omega)$ 为地震子波的 Laplace 变换频谱。

根据叠加原理，检波器接收到的非平稳地震数据 $s(t)$ 的褶积表达式为：

$$s(t)=\int_0^{+\infty}\psi(t,\ \tau_z)r(\tau_z)d\tau_z=\int_0^{+\infty}\left[\frac{1}{2\pi i}\int_{\sigma-\infty}^{\sigma+\infty}W(\sigma+i\omega)e^{i\omega t}e^{-i\omega\tau_t(z)-\frac{\omega\tau_t(z)}{2Q_{eff}(z)}+\frac{i}{\pi}\ln\left(\frac{\omega}{\omega_r}\right)\frac{\omega\tau_t(z)}{Q_{eff}(z)}}e^{\sigma(t-\tau_z)}\mathrm{d}s\right]r(\tau_z)\mathrm{d}\tau_z \tag{4}$$

式中，$r(\tau_z)$ 是子波传播 $\tau_t(z)$ 时刻处对应的反射系数。

定义 $\alpha(\omega,\ \tau_z,\ Q_z)$ 为随频率和时间（深度）变化的指数函数：

$$\alpha(\omega,\ \tau_z,\ Q_z)=e^{-\frac{\omega\tau_t(z)}{2Q_{eff}(z)}}e^{i\frac{1}{\pi}\ln\left(\frac{\omega}{\omega_r}\right)\frac{\omega\tau_t(z)}{Q_{eff}(z)}} \tag{5}$$

式(5)中的第一项表征地层背景介质的粘弹衰减效应，第二项表征粘弹地层中的速度频散和相位旋转效应。因此非平稳地震数据褶积公式变为：

$$s(t)=\frac{1}{2\pi i}\int_{\sigma-\infty}^{\sigma+\infty}W(\sigma+i\omega)\left[\int_0^{+\infty}e^{-(\sigma+i\omega)\tau_t(z)}\alpha(\omega,\ \tau_z,\ Q_z)r(\tau_z)d\tau_z\right]e^{i\omega t}e^{\sigma t}\mathrm{d}s \tag{6}$$

Laplace 变换是一系列不同衰减道集的 Fourier 变换，复频域的地震信号表示为：

$$S(\sigma+i\omega)=\int_0^{+\infty}s(t)e^{-st}\mathrm{d}t=\int_0^{+\infty}s(t)e^{-\sigma t}e^{-i\omega t}\mathrm{d}t \tag{7}$$

式中，$S(\sigma+i\omega)$为地震信号$s(t)$的 Laplace 谱，σ 为衰减系数序列，s 为 Laplace 频率，$s=\sigma+i\omega t$。

将非平稳地震数据的褶积模型变换到 Laplace 域中可得：

$$S(\sigma+i\omega)=W(\sigma+i\omega)\left[\int_0^{+\infty}\alpha(\omega,\ \tau_z,\ Q_z)r(\tau_z)e^{-(\sigma+i\omega)\tau_t(z)}\mathrm{d}\tau_z\right]=W(\sigma+i\omega)\left[\sum_{m=1}^{M}r_m e^{-(\sigma+i\omega)\tau_m}\alpha(\omega,\ \tau_m,\ Q_z)\right] \tag{8}$$

式中，M 为地震的时间采样点数。

考虑实际地震的带限效应和噪音干扰问题，选取频率从 ω_{low} 到 ω_{high} 的地震数据参与反演，ω_{low} 和 ω_{high} 分别为低截角频率和高截角频率，L 为选取的频率个数，则式(8)写成矩阵向量乘积的形式为：

$$\begin{bmatrix}
W(\sigma_1+i\omega_1)\alpha(\omega_1,\ \tau_1,\ Q_1)e^{-(\sigma_1+i\omega_1)\tau_1} & W(\sigma_1+i\omega_1)\alpha(\omega_1,\ \tau_2,\ Q_2)e^{-(\sigma_1+i\omega_1)\tau_2} & \cdots & W(\sigma_1+i\omega_1)\alpha(\omega_1,\ \tau_M,\ Q_M)e^{-(\sigma_1+i\omega_1)\tau_M}\\
W(\sigma_2+i\omega_1)\alpha(\omega_1,\ \tau_1,\ Q_1)e^{-(\sigma_2+i\omega_1)\tau_1} & W(\sigma_2+i\omega_1)\alpha(\omega_1,\ \tau_2,\ Q_2)e^{-(\sigma_2+i\omega_1)\tau_2} & \cdots & W(\sigma_2+i\omega_1)\alpha(\omega_1,\ \tau_M,\ Q_M)e^{-(\sigma_2+i\omega_1)\tau_M}\\
\vdots & \vdots & \ddots & \vdots\\
W(\sigma_K+i\omega_1)\alpha(\omega_1,\ \tau_1,\ Q_1)e^{-(\sigma_K+i\omega_1)\tau_1} & W(\sigma_K+i\omega_1)\alpha(\omega_1,\ \tau_2,\ Q_2)e^{-(\sigma_K+i\omega_1)\tau_2} & \cdots & W(\sigma_K+i\omega_1)\alpha(\omega_1,\ \tau_M,\ Q_M)e^{-(\sigma_K+i\omega_1)\tau_M}\\
W(\sigma_1+i\omega_2)\alpha(\omega_2,\ \tau_1,\ Q_1)e^{-(\sigma_1+i\omega_2)\tau_1} & W(\sigma_1+i\omega_2)\alpha(\omega_2,\ \tau_2,\ Q_2)e^{-(\sigma_1+i\omega_2)\tau_2} & \cdots & W(\sigma_1+i\omega_2)\alpha(\omega_2,\ \tau_M,\ Q_M)e^{-(\sigma_1+i\omega_2)\tau_M}\\
W(\sigma_2+i\omega_2)\alpha(\omega_2,\ \tau_1,\ Q_1)e^{-(\sigma_2+i\omega_2)\tau_1} & W(\sigma_2+i\omega_2)\alpha(\omega_2,\ \tau_2,\ Q_2)e^{-(\sigma_2+i\omega_2)\tau_2} & \cdots & W(\sigma_2+i\omega_2)\alpha(\omega_2,\ \tau_M,\ Q_M)e^{-(\sigma_2+i\omega_2)\tau_M}\\
\vdots & \vdots & \ddots & \vdots\\
W(\sigma_K+i\omega_2)\alpha(\omega_2,\ \tau_1,\ Q_1)e^{-(\sigma_K+i\omega_2)\tau_1} & W(\sigma_K+i\omega_2)\alpha(\omega_2,\ \tau_2,\ Q_2)e^{-(\sigma_K+i\omega_2)\tau_2} & \cdots & W(\sigma_K+i\omega_2)\alpha(\omega_2,\ \tau_M,\ Q_M)e^{-(\sigma_K+i\omega_2)\tau_M}\\
\vdots & \vdots & \ddots & \vdots\\
W(\sigma_1+i\omega_L)\alpha(\omega_L,\ \tau_1,\ Q_1)e^{-(\sigma_1+i\omega_L)\tau_1} & W(\sigma_1+i\omega_L)\alpha(\omega_L,\ \tau_2,\ Q_2)e^{-(\sigma_1+i\omega_L)\tau_2} & \cdots & W(\sigma_1+i\omega_L)\alpha(\omega_L,\ \tau_M,\ Q_M)e^{-(\sigma_1+i\omega_L)\tau_M}\\
W(\sigma_2+i\omega_L)\alpha(\omega_L,\ \tau_1,\ Q_1)e^{-(\sigma_2+i\omega_L)\tau_1} & W(\sigma_2+i\omega_L)\alpha(\omega_L,\ \tau_2,\ Q_2)e^{-(\sigma_2+i\omega_L)\tau_2} & \cdots & W(\sigma_2+i\omega_L)\alpha(\omega_L,\ \tau_M,\ Q_M)e^{-(\sigma_2+i\omega_L)\tau_M}\\
\vdots & \vdots & \ddots & \vdots\\
W(\sigma_K+i\omega_L)\alpha(\omega_L,\ \tau_1,\ Q_1)e^{-(\sigma_K+i\omega_L)\tau_1} & W(\sigma_K+i\omega_L)\alpha(\omega_L,\ \tau_2,\ Q_2)e^{-(\sigma_K+i\omega_L)\tau_2} & \cdots & W(\sigma_K+i\omega_L)\alpha(\omega_L,\ \tau_M,\ Q_M)e^{-(\sigma_K+i\omega_L)\tau_M}
\end{bmatrix}$$

$$\times\begin{bmatrix}r_1\\ r_2\\ \vdots\\ r_M\end{bmatrix}=\begin{bmatrix}S(\sigma_1+\omega_1)\\ S(\sigma_2+\omega_1)\\ \vdots\\ S(\sigma_K+\omega_1)\\ S(\sigma_1+\omega_2)\\ S(\sigma_2+\omega_2)\\ \vdots\\ S(\sigma_K+\omega_2)\\ \vdots\\ S(\sigma_1+\omega_L)\\ S(\sigma_2+\omega_L)\\ \vdots\\ S(\sigma_K+\omega_L)\end{bmatrix} \tag{9}$$

对于某一个特征频率 ω_j 进行分析，有：

$$\begin{bmatrix}S(\sigma_1+\omega_j)\\ S(\sigma_2+\omega_j)\\ \vdots\\ S(\sigma_K+\omega_j)\end{bmatrix}=\begin{bmatrix}W(\sigma_1+i\omega_j) & 0 & \cdots & 0\\ 0 & W(\sigma_2+i\omega_j) & \cdots & 0\\ \vdots & \vdots & \ddots & \vdots\\ 0 & 0 & \cdots & W(\sigma_K+i\omega_j)\end{bmatrix}\times\begin{bmatrix}e^{-\sigma_1\tau_1} & e^{-\sigma_1\tau_2} & \cdots & e^{-\sigma_1\tau_M}\\ e^{-\sigma_2\tau_1} & e^{-\sigma_2\tau_2} & \cdots & e^{-\sigma_2\tau_M}\\ \vdots & \vdots & \ddots & \vdots\\ e^{-\sigma_K\tau_1} & e^{-\sigma_K\tau_2} & \cdots & e^{-\sigma_K\tau_M}\end{bmatrix}$$

$$\times\begin{bmatrix}\alpha(\omega_1,\ \tau_1,\ Q_1)e^{-i\omega_j\tau_1} & 0 & \cdots & 0\\ 0 & \alpha(\omega_1,\ \tau_2,\ Q_2)e^{-i\omega_j\tau_2} & \cdots & 0\\ \vdots & \vdots & \ddots & \vdots\\ 0 & 0 & \cdots & \alpha(\omega_1,\ \tau_M,\ Q_M)e^{-i\omega_j\tau_M}\end{bmatrix} \tag{10}$$

令 W_{ω_j} 为地震子波的 Laplace 谱，C 为 Laplace 变换中的衰减矩阵，E_{ω_j} 为离散傅里叶正演算子，Λ 为地层衰减正演算子：

$$W_{\omega_j}=\begin{bmatrix} W(\sigma_1+i\omega_j) & 0 & \cdots & 0 \\ 0 & W(\sigma_2+i\omega_j) & \cdots & 0 \\ \vdots & \vdots & \ddots & \vdots \\ 0 & 0 & \cdots & W(\sigma_K+i\omega_j) \end{bmatrix}$$

$$C=\begin{bmatrix} e^{-\sigma_1\tau_1} & e^{-\sigma_1\tau_2} & \cdots & e^{-\sigma_1\tau_M} \\ e^{-\sigma_2\tau_1} & e^{-\sigma_2\tau_2} & \cdots & e^{-\sigma_2\tau_M} \\ \vdots & \vdots & \ddots & \vdots \\ e^{-\sigma_K\tau_1} & e^{-\sigma_K\tau_2} & \cdots & e^{-\sigma_K\tau_M} \end{bmatrix} \tag{11}$$

$$E_{\omega_j}=\begin{bmatrix} e^{-i\omega_j\tau_1} & 0 & \cdots & 0 \\ 0 & e^{-i\omega_j\tau_2} & \cdots & 0 \\ \vdots & \vdots & \ddots & \vdots \\ 0 & 0 & \cdots & e^{-i\omega_j\tau_M} \end{bmatrix}$$

$$\Lambda=\begin{bmatrix} \alpha(\omega_1,\ \tau_1,\ Q_1) & 0 & \cdots & 0 \\ 0 & \alpha(\omega_1,\ \tau_2,\ Q_2) & \cdots & 0 \\ \vdots & \vdots & \ddots & \vdots \\ 0 & 0 & \cdots & \alpha(\omega_1,\ \tau_M,\ Q_M) \end{bmatrix}$$

假设频率的个数为 L，则复频域非平稳离散褶积算子为：

$$\begin{bmatrix} S_{\omega_1} \\ S_{\omega_2} \\ \vdots \\ S_{\omega_L} \end{bmatrix}=\begin{bmatrix} W_{\omega_1}\cdot C\cdot\Lambda_{\omega_1} & 0 & 0 & 0 \\ 0 & W_{\omega_2}\cdot C\cdot\Lambda_{\omega_2} & 0 & 0 \\ 0 & 0 & \ddots & 0 \\ 0 & 0 & 0 & W_{\omega_L}\cdot C\cdot\Lambda_{\omega_L} \end{bmatrix}\begin{bmatrix} E_{\omega_1} \\ E_{\omega_2} \\ \vdots \\ E_{\omega_L} \end{bmatrix} \tag{12}$$

1.2 基于贝叶斯理论的复频域非平稳地震反演理论

贝叶斯理论将模型参数的先验信息引入地震反演，有助于提高反演结果的稳定性和抗噪能力。假设 Laplace 域的地震噪声 $S'-W'\alpha L'm$ 符合高斯分布，用似然函数 $p_{Gauss}(S'\mid m)$ 表示实际地震数据的 Laplace 谱与合成地震数据 Laplace 谱的拟合程度：

$$p_{Gauss}(S'\mid m)=\frac{1}{(2\pi\sigma_n^2)^{KL}}e^{-(S'-W'\alpha L'm)^T(S'-W'\alpha L'm)/(2\sigma_n^2)} \tag{13}$$

式中，σ_n^2 为剩余 Laplace 谱 $S'-W'\alpha L'm$ 的方差。

为了抑制噪声、突出强反射，假设模型参数的先验概率分布服从柯西分布：

$$p_{Cauchy}=\frac{1}{(\pi\sigma_m)^n}\prod_{i=1}^{n}\left[1+\frac{m_i^2}{\sigma_m^2}\right]^{-1} \tag{14}$$

式中，σ_m^2 为模型参数在时域域的方差，m_i 为离散反射系数序列。

贝叶斯公式揭示了后验概率密度分布与先验概率分布和似然函数分布的关系：

$$p(m\mid S')=\frac{p_{Cauchy}(m)p_{Gauss}(S'\mid m)}{\int p(m)p(S'\mid m)d(m)}\propto p_{Cauchy}(m)p_{Gauss}(S'\mid m) \tag{15}$$

将先验概率密度(式 14)和后验概率密度(式 15)代入上式，有：

$$p(m\mid S')=\frac{1}{(\pi\sigma_m)^n}e^{-\sum_{i=1}^{n}\ln\left[1+\frac{m_i^2}{\sigma_m^2}\right]}\ \frac{1}{(2\pi\sigma_n^2)^{KL}}e^{-(S'-W'\alpha L'm)^T(S'-W'\alpha L'm)/(2\sigma_n^2)} \tag{16}$$

对式(16)两边取对数后求导，得到的最大后验概率解(MAP)为：

$$m=\left[(W'\alpha L')^T(W'\alpha L')+\frac{4\sigma_n^2}{\sigma_m^2}diag\left(\left[1+\frac{m_i^2}{\sigma_m^2}\right]^{-1}\right)\right]^{-1}[(W'\alpha L')^TS'] \tag{17}$$

令 $Q=diag\left(\left[1+\frac{m_i^2}{\sigma_m^2}\right]^{-1}\right)$ 为正则化对角矩阵。

则目标函数(式 17)写为:

$$m=\left[(W'\alpha L')^T(W'\alpha L')+\frac{4\sigma_n^2}{\sigma_m^2}Q\right]^{-1}[(W'\alpha L')^TS'] \tag{18}$$

在反演中引入 L2 范数表示的线性平滑背景约束:

$$J_{pri}(m)=L_2^2[\zeta-Dm]=\|\zeta-Dm\|^2 \tag{19}$$

式中，D 为正则化积分矩阵；ζ 为相对纵波阻抗约束，$\zeta=\frac{1}{2}\ln\left[\frac{IP_i}{IP_0}\right]$，$IP_0$ 是初始阻抗值。

将背景约束加入式(18)后，复频域非平稳地震反演的目标函数可表示为:

$$m=\left[(W'\alpha L')^T(W'\alpha L')+\frac{4\sigma_n^2}{\sigma_m^2}Q+\varepsilon^2D^TD\right]^{-1}[(W'\alpha L')^TS'+\varepsilon^2D^T\zeta] \tag{19}$$

式中，ε^2 为先验背景约束的约束权重。

以上为基于贝叶斯理论的复频域非平稳反演目标泛函，旨在补偿地下背景介质中的衰减的同时，挖掘出地震信号中的低频信息，提高阻抗反演的可靠性。具体的反演流体如图 1 所示。

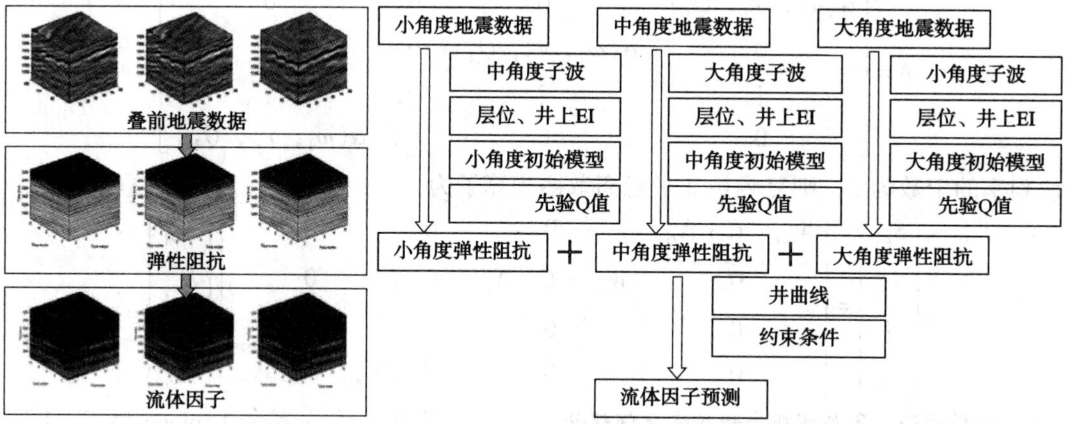

图 1　复频域非平稳反演策略的流体因子叠前反演流程

2　测试分析

为验证复频域非平稳反演策略的有效性，以小角度弹性阻抗为例开展了单道反演测试，如图 2 所示。测试中在合成地震记录(图 2a 绿线)的基础上增加了衰减($Q=250$)，计算出的非平稳地震数据(图 2a 黑线)作为反演输入参数。不考虑衰减下得到图 2b 中的小角度弹性阻抗反演结果；考虑地层滤波效应的复频域非平稳地震反演方法得到图 2c 的小角度弹性阻抗反演结果，其中绿线表示初始模型，黑线为小角度弹性阻抗的真实值，红线为小角度弹性阻抗反演结果。

如图 2 所示，在输入数据(图 2a 黑线)含有明显衰减的情况下，常规 EI 反演方法难以较好地预测出深层弹性阻抗结果，其反演结果(图 2b 红线)与真实值(图 2b 黑线)的误差随深度增加而逐渐增大；复频域非平稳地震反演方法通过给定经验的先验 Q 值，计算出的小角度弹性阻抗(图 2c 红线)在全井段范围都与真实值(图 2c 黑线)吻合较好。综上，两种弹性阻抗反演的单道数据模型测试表明，当目标层段的地震数据具有明显衰减时，反演中需要考虑地层的吸收衰减。考虑衰减的复频域非平稳反褶积方法作为一种非平稳反演算法，可以有效恢复地层吸收的地震信号能量，进而更稳定地反演出深层弹性参数。

大部分的实际地震反演中无法获取准确的地层品质因子 Q 的先验模型，因此，本文研究了品质因子 Q 的先验误差对复频域非平稳反演结果的影响，测试结果如图 3 和图 4 所示。图 3a 为地震数据(绿线为合成地震数据，黑线为品质因子 $Q=150$ 非平稳地震数据)。图 3b 至图 3f 分别为品质因子 $Q=50$，100，150，200，250 时的预测结果，黑线为小角度弹性阻抗真实值，绿线为初始模型，红色为预测结果。从图3和图4中可以看出，当输入品质因子大于真实值时，对深层弹性阻抗的衰减补偿达不到实际衰减值；当输入品质因子小于实际值时，深层弹性阻抗的衰减补偿会补偿过多的能量。此外，当品质因子先验值与真实值的误差在一定范围内(误差小于50)时，复频域非平稳反演得到的小角度弹性阻抗结果依然较好的补偿了深层能量衰减。综上，品质因子 Q 的先验模型对复频域非平稳地震反演存在显著影响，在缺少可靠的品质因子 Q 先验模型时，也可以适用误差较小的经验 Q 值开展复频域非平稳地震反演。

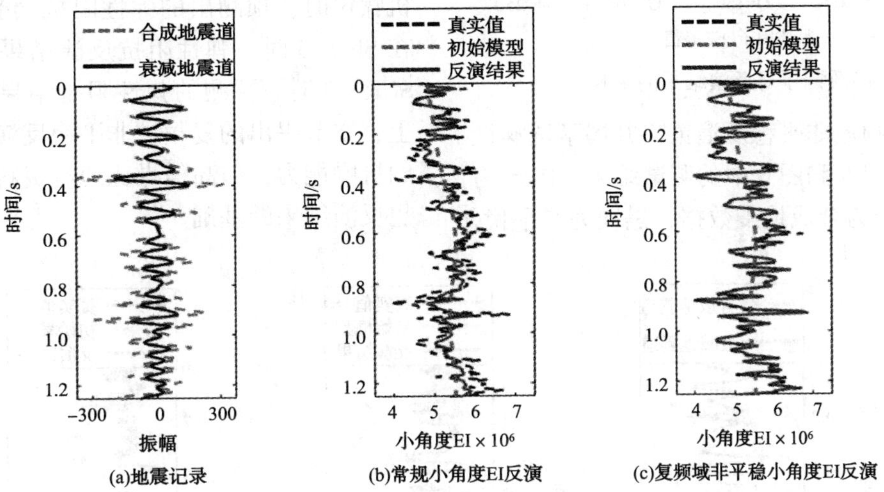

图2 复频域非平稳反演单道测试

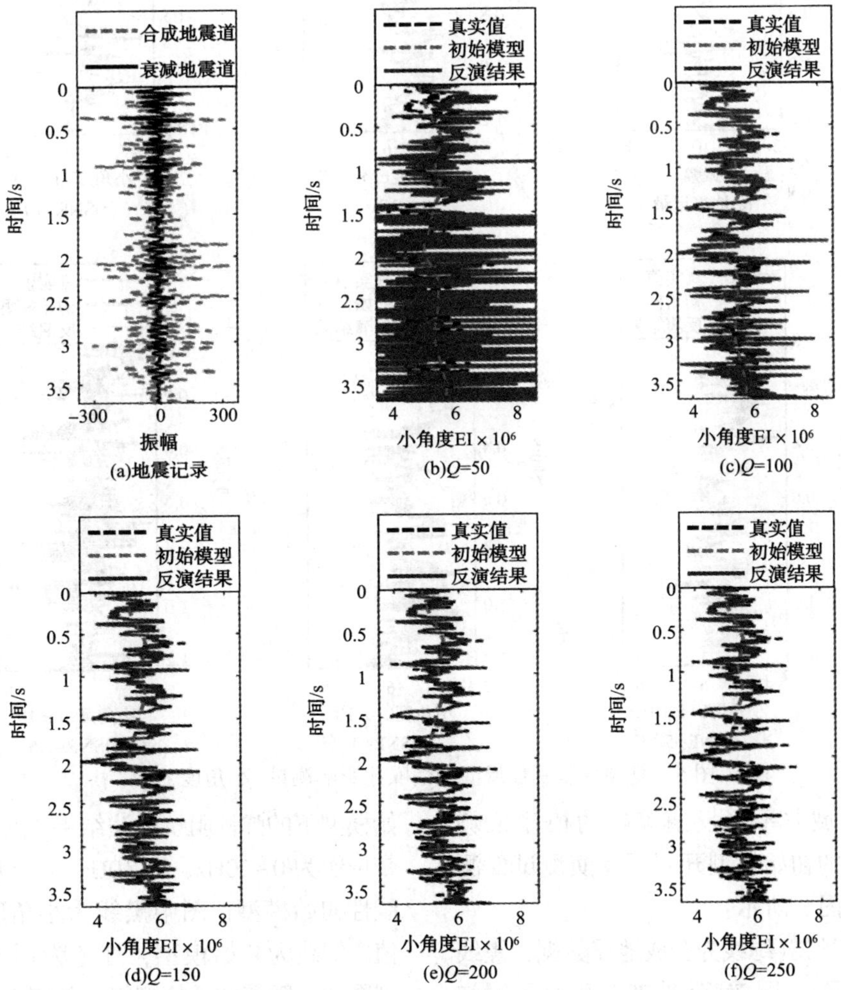

图3 复频域非平稳反演中品质因子参数Q影响测试(小角度EI)

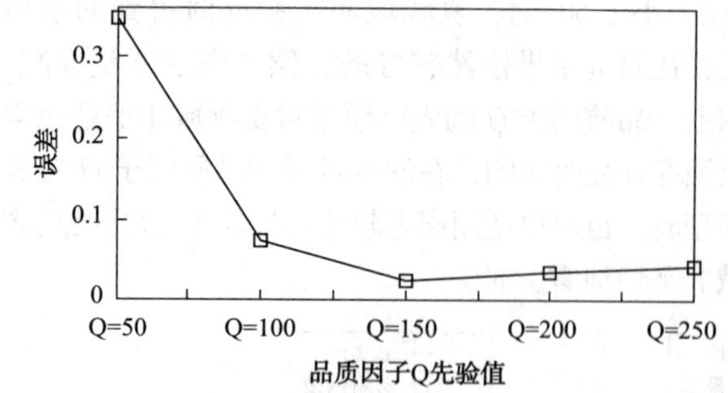

图 4　品质因子对反演结果的影响

下面对复频域非平稳反演策略开展了抗噪性测试，得到了图 5 和图 6 中的测试结果。图 5 为地震数据(绿线为合成地震数据，黑线为非平稳地震数据)。图 5b 至图 5f 分别为信噪比 SNR = ∞，10，5，3，2.5 时预测出的小角度弹性阻抗，黑线为小角度弹性阻抗真实值，绿线为初始模型，红色为预测结果。

从图 5 和图 6 可以看出，复频域非平稳反演方法的抗噪性较好，当输入的地震数据中存在随机噪声时，预测出的弹性阻抗会受到一定影响；在 SNR>5 时，弹性阻抗反演结果较为理想，在 SNR≤3 时，预测的弹性阻抗结果误差较大。综上，本节提出的复频域非平稳反演方法具有较好的抗噪能力，但高信噪比地震资料依然是获得理想反演结果的基础。

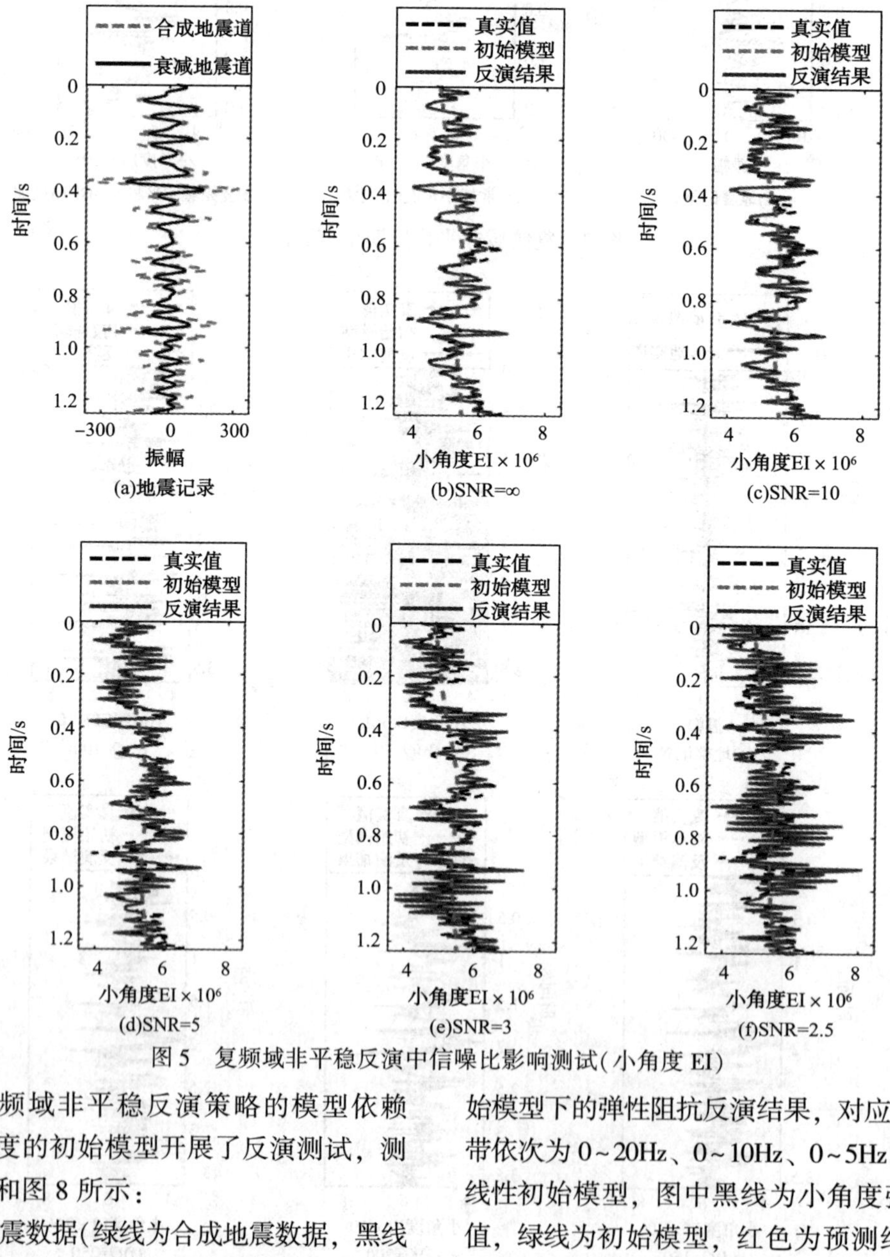

图 5　复频域非平稳反演中信噪比影响测试(小角度 EI)

为研究复频域非平稳反演策略的模型依赖性，用不同精度的初始模型开展了反演测试，测试结果如图 7 和图 8 所示：

图 7a 为地震数据(绿线为合成地震数据，黑线为非平稳地震数据)。图 7b 至图 7f 分别是不同初始模型下的弹性阻抗反演结果，对应的初始模型频带依次为 0~20Hz、0~10Hz、0~5Hz、0~3Hz 以及线性初始模型，图中黑线为小角度弹性阻抗真实值，绿线为初始模型，红色为预测结果。从图 7b 到图 7f，随着初始模型精度的降低，模型约束的误

差逐渐增大，弹性阻抗反演的效果逐渐变差。此外，在图7f中，即使初始模型是一条直线，复频域非平稳反演方法也有效的预测出地震数据中的低频信息，获得了令人满意的弹性阻抗反演结果。图8为反演误差随初始模型频带的变化图，从图中可知，复频域非平稳反演方法吸收了拉普拉斯变换的优点，有效挖掘出地震资料的低频能量，在初始模型频带较窄的情况下也能获得可靠的反演结果，降低了反演结果对初始模型的依赖性。

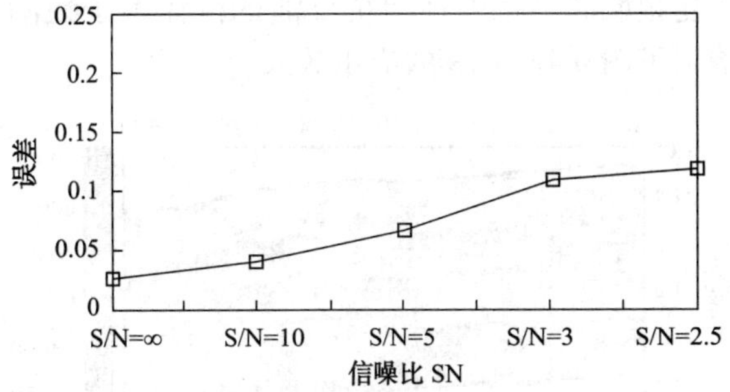

图6　信噪比对反演结果的影响

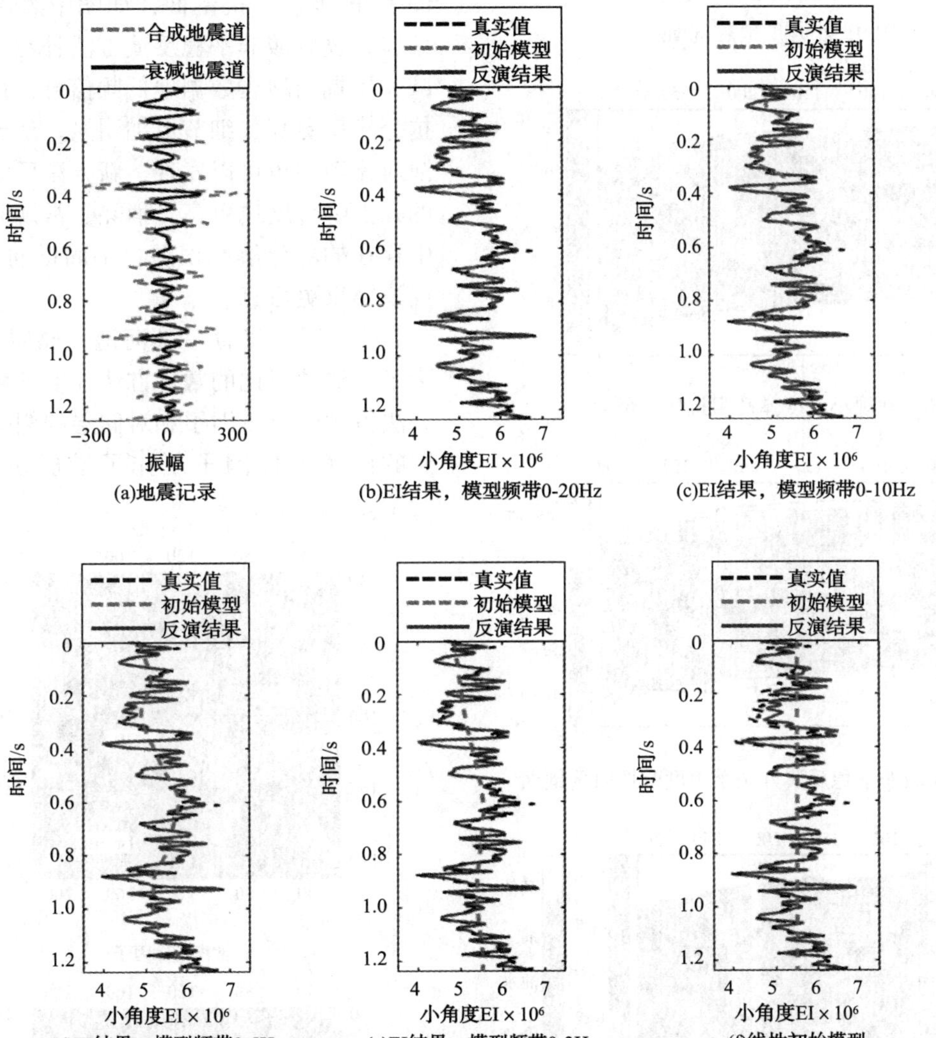

图7　复频域非平稳反演中初始模型频带影响测试

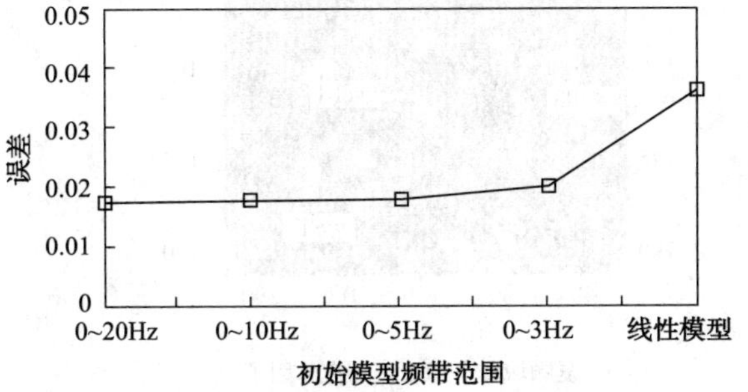

图8　初始模型频带对反演结果的影响

3　应用实例

C工区位于中国渤海湾地区，目的层深度约1500米，岩石基质矿物主要为石英和粘土，岩石空隙由孔隙和裂缝组成，储层孔隙度在15%~30%不等。为了验证复频域非平稳反演方法的实用性，基于常规三参数流体因子目标泛函，在C工区分别开展了流体因子常规弹性阻抗反演和基于复频域非平稳弹性阻抗反演的流体因子预测。得到了图 9 到图 13 的应用效果。

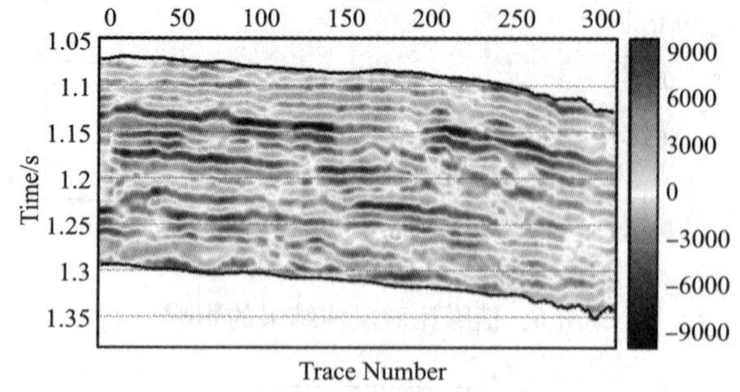

图 9　小角度地震剖面

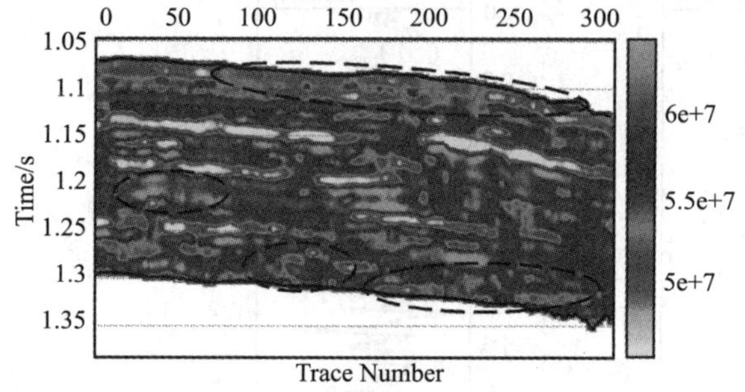

图 10　常规小角度弹性阻抗反演剖面

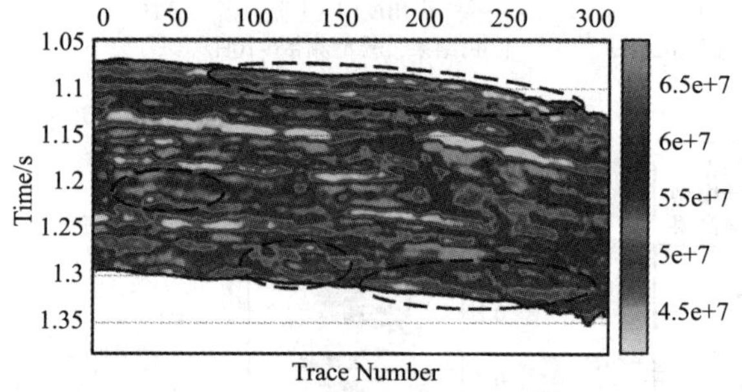

图 11　复频域非平稳反演方法小角度弹性阻抗剖面

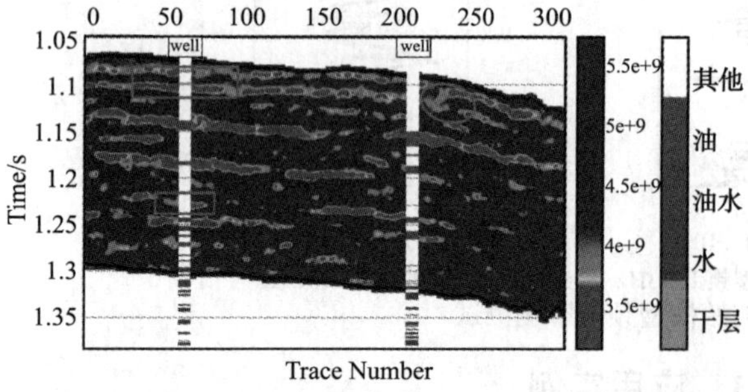

图 12　常规流体因子剖面

如图 9 至图 13 所示，C 工区的地震数据存在一定的衰减，常规流体因子反演方法难以识别中深层波阻抗差异界面，获取的弹性阻抗剖面和流体因子剖面中存在一些同相轴模糊的区域，且时间深度大的层段中反演得到的同相轴较少，带来了一定的解释误差。复频域非平稳反演得到了

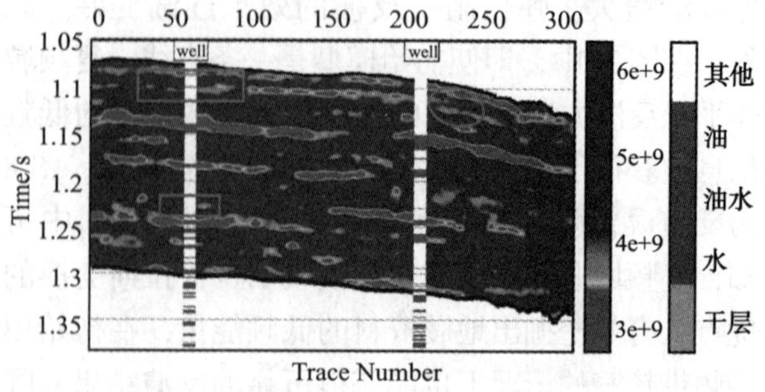

图 13　复频域非平稳流体因子剖面

图 11 的弹性阻抗剖面，如图中黑色圆圈所示的位置，复频域非平稳反演方法补偿了地震深层衰减，挖掘出地震数据地低频信息，得到的弹性阻抗分辨率更高、细节更加明显。从流体因子的反演对比图中也可以发现，新方法反演的流体因子的井上吻合度也更高，消除了常规流体因子反演中存在的部分解释误差，剖面横向连续性更好，反演结果更可靠。

C 工区中发育一条河道，储层沿河道展布。为了更清楚对比的常规方法和复频域非平稳反演方法得到的流体因子和对储层的刻画效果，对得到的两种流体因子制作了沿层切片，如图 14 所示。

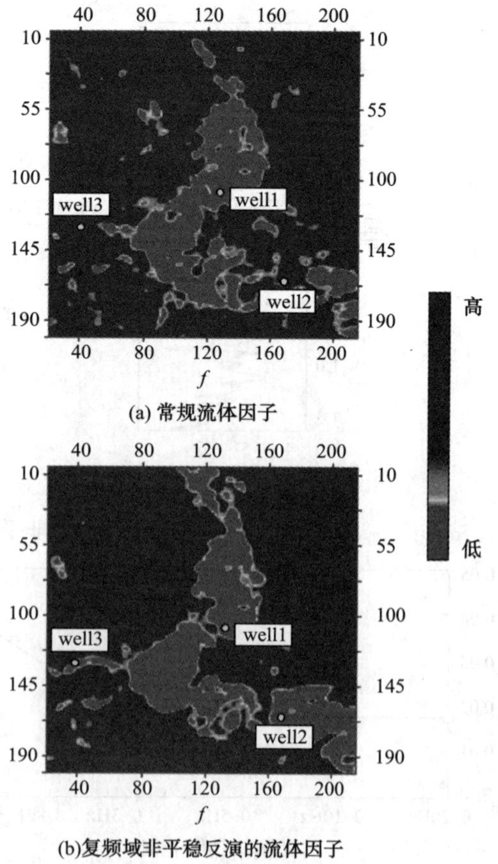

图 14　两种方法流体因子平面刻画对比

从图 14 中可以看出，两种方法得到的流体因子都较好地刻画出 C 工区中河道的走势。用工区中的三口油井做验证，复频域非平稳弹性阻抗反演方法得到的流体因子和井上的油气解释吻合度更高，河道边界更清晰，对河道支流的识别也更加准确，更好地指示了储层发育形态和空间展布范围。两种方法的工区应用效果表明，基于复频域非平稳弹性阻抗反演方法得到的流体因子对油气水的识别能力更强，可以为储层的勘探开发提供更可靠的指导。

4 结论

本研究基于贝叶斯复频域反演理论，通过 Kolsky-Futerman Q 模型在地震褶积模型中考虑了地层吸收衰减的影响，提出了一种基于贝叶斯理论的非平稳地震复频域反演方法。模型测试表明，该方法结合非平稳反褶积恢复深层衰减和复频域反演挖掘地震数据低频信息的特点，具有良好的抗噪声性能，且降低了反演结果对初始模型的依赖。

参 考 文 献

[1] Kjartansson E. Constant-Q wave propagation and attenuation. Journal of Geophysical Research, 1979, 84, no. 9, 4737-4748.

[2] O'Doherty R, Anstey N. Reflections on amplitudes. Geophysical Prospecting, 1971, 19, no. 3, 430-458.

[3] Wang Y. Qanalysis on reflection seismic data. Geophysical Research Letters, 2004, 31: 606-610.

[4] Wang Y. A stable and efficient approach of inverse Q filtering. Geophysics, 2002, 67, no. 2, 657-663.

[5] AhadiA, Riahi M A. Application of Gabor deconvolution to zero-offset VSP data. Geophysics, 2013, 78, no. 2, D85-D91.

[6] Chai X, Wang S, Yuan S, et al. Sparse reflectivity inversion for non - stationary seismic data. Geophysics, 2014. 79, no. 3, V93-V105.

[7] Margrave GF. Theory of non-stationary linear filtering in the Fourier domain with application to time-variant filtering. Geophysics, 1998, 63, no. 1, 244-259.

[8] Margrave G F, Lamoureux M P. Gabor deconvolution of seismic data for source waveform and Q correction. SEGTechnical Program Expanded Abstracts, 2002, 21, no. 1, 2190-2193.

[9] Oliveira F S, Lupinacci A P, A combined time-frequency filtering strategy for Q-factor compensation of poststack seismic data. Geophysics, 2013, 82, no. 1, V1-V6.

[10] Chai X, Wang S, Wei J, et al. Reflectivity inversion for attenuated seismic data: Physical modeling and field data experimentsNSRI: Physical and field data studies. Geophysics, 2015. 81, no. 1, T11-T24.

[11] Hansen T M, Mosegaard K, Pedersen-Tatalovic R, et al. Attribute-guided well-loginterpolation applied to low - frequency impedance estimation. Geophysics, 2008, 73, no. 6, R83-R95.

[12] Gelderblom P, Leguijt J. Geological constraints in model-based seismic inversion. SEG Technical Program Expanded Abstracts, 2010: 2825-2829.

[13] Shin C, Cha Y. Waveform inversion in the Laplacc domain. Geophysics, 2008, 173(3): 922-931.

[14] Shin C, Cha Y. Waveform inversion in the Laplace - Fourier domain. Geophysics, 2009, 177 (3): 1067-1079.

[15] Li K, Yin X, Zong Z. Bayesian seismic multiscale inversion in Laplace - mix domain. SEG Technical Program Expanded Abstracts, 2016: 3592-3596.

[16] Zong Z, Wang Y, Li K, et al. Broadband Seismic Inversion for Low-Frequency Component of the Model Parameter. IEEE Transactions on Geoscience and Remote Sensing. 2018, 56(9): 5177-5184.

[17] Zong Z, Wang Y, Li K, et al. Broadband Seismic Inversion for Low-Frequency Component of the Model Parameter. IEEE Transactions on Geoscience and Remote Sensing, 2018: 1-8.

[18] Bickel S H, Natarajan R R. Plane-wave Q deconvolution[J]. Geophysics, 1985, 50(9): 1426-1439.

[19] 柴新涛. 非稳态地震数据反射系数反演方法研究与应用[D]. 北京: 中国石油大学(北京).

[20] 陆基孟. 地震勘探学原理[M]. 山东东营: 中国石油大学出版社, 1993.

[21] Yin X, Zhang S, Zhang F, et al. Utilizing Russell Approximation - based Elastic Wave Impedance Inversion to Conduct Reservoir Description and Fluid Identification. Oil Geophysical Prospecting, 2010, 45 (3): 373-380.

基于三维格林函数的 OBN 数据多次波压制技术及其在莺歌海盆地的应用

张兴岩[1]　方中于[1]　吴　涛[2]　邓　盾[2]　石孟常[1]　史文英[1]　王新领[1]

[1. 中海油田服务股份有限公司物探事业部物探研究院；2. 中海石油(中国)有限公司海南分公司]

摘　要　莺歌海 OBN 地震资料采集目的之一为底劈模糊区成像，但是受浅部气层的影响，气层的存在会对下伏地层反射能量起到遮挡和吸收衰减作用，地震反射振幅减弱，同时水层及含气地层产生的多次波能量较强，完全掩盖了有效信号的能量，底辟模糊区信噪比极低。彻底压制多次波，恢复底辟模糊区内的弱信号，是底辟模糊区成像的关键步骤。传统拖缆数据一般使用 SRME 等方法实现多次波的预测，SRME 算法需要清晰的海底反射信息与充足的近偏移距信息，然而 OBN 地震资料无法接收海底反射信息，同时接收线间距过大造成近偏移距数据不足，不满足 SRME 应用的基本条件。本文利用 3D-MWD 浅水多次波压制方法通过构建空间水体格林函数方法，模拟出水体的响应，得到了浅水条件下海底有效反射波场，能够精确地模型浅水环境下水体相关多次波。最后利用自适应减方法压制水层多次波。理论模型和实际资料测试结果证明了方法的有效性。

关键词　海底节点；多次波；中深层；成像

Multiple suppression of OBN data and its application in middle and deep imaging

Zhang Xingyan[1]　Fang Zhongyu[1]　Wu Tao[2]　Deng Dun[2]
Shi Mengchang[1]　Shi Wenying[1]　Wang Xinling[1]

(1. Gephysical Rsearch Istitutee n, Geophysical-COSL; 2. Hainan Branch of CNOOC Ltd.)

Abstract　One of the purposes for collecting seismic data from Yinggehai OBN is to image the bottom splitting blurred area. However, due to the influence of shallow gas layers, the presence of gas layers can block and absorb the reflection energy of the underlying strata, weaken the seismic reflection amplitude, and at the same time, the multiple wave energy generated by the water layer and gas bearing strata is strong, completely masking the energy of the effective signal. The signal-to-noise ratio of the bottom splitting blurred area is extremely low. Thoroughly suppressing multiple waves and restoring weak signals within the diapir blurry area is a key step in imaging the diapir blurry area. Traditional streamer data generally uses methods such as SRME to predict multiple waves. The SRME algorithm requires clear seabed reflection information and sufficient near offset information. However, OBN seismic data cannot receive seabed reflection information, and the large spacing between receiving lines results in insufficient near offset data, which does not meet the basic conditions for SRME application. This article uses the 3D-MWD shallow water multiple suppression method to simulate the response of water bodies by constructing the spatial water body Green's function method. The effective reflection wave field of the seabed under shallow water conditions is obtained, which can accurately model water related multiple waves in shallow water environments. Finally, the adaptive reduction method is used to suppress multiple waves in the water layer. The theoretical model and actual data test results have demonstrated the effectiveness of the method.

Key words　Ocean bottom node; Multiples; Middle-deep layer; imaging

1　引言

随着莺歌海盆地浅层油气勘探的日渐成熟和油价的持续走高，处于底辟构造带的中、深层的勘探开发受到越来越多的重视，并且在中央底辟带发现了大规模重力流沉积体系，随着此类高温高压复杂气藏进入开发阶段，对储层预测及含气性识别的精度提出了更高要求。该区域受其特殊地质成因影响，地震信息与常规气藏有着很大的不同，储层含气后砂体顶面为负反射系数，当浅层存在较厚气层时，会对下伏地层的速度及振幅起到极大的影响。随着气层厚度增大，下伏地层平均速度减小，造成下伏地层同相轴下拉。同时，气层的存在会对下伏地层反射能量起到遮挡和吸收衰减作用，地震反射振幅减弱，但是水层及含气地层产生的多次波能量较强，完全掩盖了有效信号的能量。本区高温高压地层埋深较深，在3000米左右，中深层振幅空间上受浅层气与多次波双层影响，底辟模糊区信噪比极低。彻底压制多次波，恢复底辟模糊区内的弱信号，是底辟模糊区成像的关键步骤。

本文针对莺歌海盆地某OBN地震资料，首先使用三维格林函数法模拟出多次波模型，然后使用曲波域扩展滤波技术从原始数据中衰减掉多次波，有效恢复了中、深层底辟模糊区内的弱反射信号，在模型数据和实际数据的应用中得到了较好的效果。

2　基于格林函数的多次波模型预测

射线追踪技术作为成熟且应用广泛的正演模拟方法，在海底较为平坦的情况下，可高效地模拟界面相关的一次反射波波场。对于OBN数据而言，其可便捷、高效的求取描述波场传播的格林函数，进而计算多次波预测因子；然后将模拟地震波场构成的共接收点道集代入到自由界面多次波预测公式中，即可实现基于格林函数三维多次波（或海底多次波）的预测。

为获得一次反射波的传播路径，需要借助基于层状介质模型的射线追踪处理，其关键问题是射线路径求取与旅行时计算，据此合成来自于目标反射界面的一次波波场。

2.1　射线与反射界面交点的求取

可通过多种方法确定射线与界面的交点：①令射线沿给定方向传播定步长，在每次传播中判断是否到达界面；②利用两条直线方程描述射线和界面线元，通过方程联立判断是否相交并求取交点；③采用向量计算的手段计算交点，即将射线和界面线元视作两个向量，根据向量间的关系求取二者的公共点（即交点）。现以第三种方法为例说明射线与反射界面交点的计算过程。

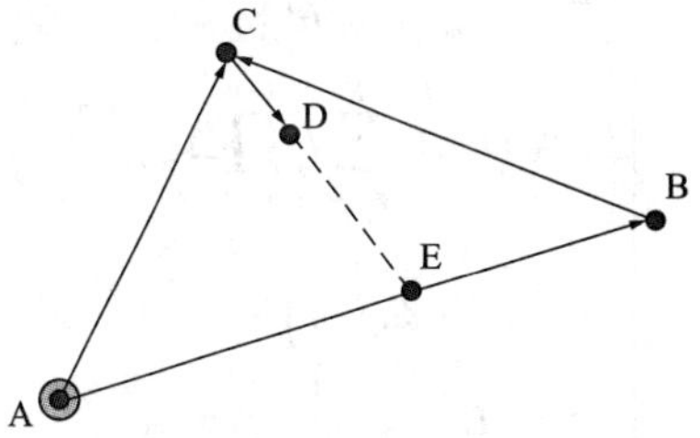

图1　射线与反射界面交点的求取

在图1中，E 为向量$\overrightarrow{CD}$与向量$\overrightarrow{AB}$的交点，由于向量 $\overrightarrow{AE}//\overrightarrow{EB}$，因此有 $(\overrightarrow{AC}+k\,\overrightarrow{CD})//(\overrightarrow{BC}+k\,\overrightarrow{CD})$，其中 k 常数，可根据该平行关系得到以下公式：

$$\begin{cases}(\overrightarrow{AC}+k\,\overrightarrow{CD})\times(\overrightarrow{BC}+k\,\overrightarrow{CD})=0\\ \overrightarrow{CE}=k\,\overrightarrow{CD}\end{cases}\qquad(1)$$

式中，符号“×”表示向量叉乘运算。因此，若已知 A、B、C 和 D 点的坐标，则可通过公式(1)确定 E 点的坐标。

在（图2）中，向量$\overrightarrow{CD}$表示入射射线，向量$\overrightarrow{AB}$为反射界面线元，向量$\overrightarrow{DE}$代表反射射线，其中$|\overrightarrow{CD}|=|\overrightarrow{DE}|$。从图中可看出入射射线与界面的夹角、反射射线与界面夹角互为相反数，因此二者的点积相等，而二者的叉积互为相反数，从而可得到以下公式：

$$\begin{cases}\overrightarrow{CD}\cdot\overrightarrow{AB}=\overrightarrow{DE}\cdot\overrightarrow{AB}\\ \overrightarrow{CD}\times\overrightarrow{AB}=-\overrightarrow{DE}\times\overrightarrow{AB}\end{cases}\qquad(2)$$

式中，“·”表示向量的点积运算，而“×”表示向量叉乘运算。因此，若已知向量$\overrightarrow{AB}$和$\overrightarrow{CD}$，即可根据公式(2)确定唯一的$\overrightarrow{DE}$。

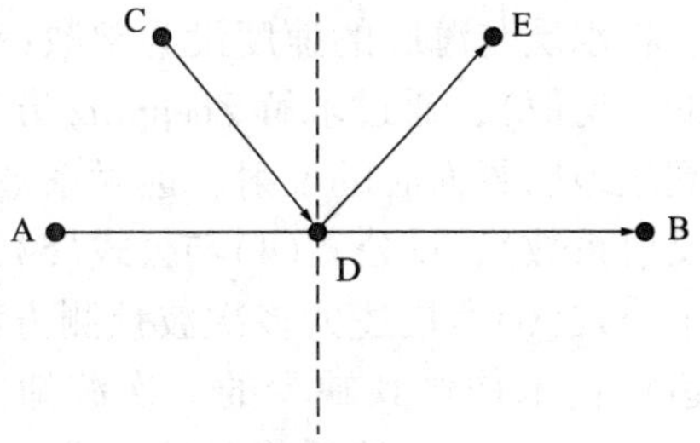

图2　反射射线的求取

2.2 几何扩散参数的求取

地震波在传播过程中，波前曲率会不断变化，能量会随着传播距离的增加而减小，因此需要考虑几何扩散效应对地震波振幅的影响。

通过下述四个公式求得几何扩散参数 L：

$$\begin{cases}\Delta_m = \dfrac{v_{m+1}}{v_m}\dfrac{\cos^2\theta_m}{\cos^2\theta'_m} \\ L_1 = \left(l_1 + \sum\limits_{j=2}^{K} l_j \prod\limits_{m=1}^{j-1}\Delta_m\right)^{1/2} \\ L_2 = \left(\dfrac{1}{v_1}\sum\limits_{j=1}^{K} l_j v_j\right)^{1/2} \\ L = L_1 L_2 \end{cases} \tag{3}$$

式中，l_i 为第 i 段射线的长度，v_i 为波沿第 i 段射线传播的速度，θ_i 为第 i 段射线在界面上的入射角，θ'_i 为第 i 段射线在上的界面上的透射角或反射角，具体变量意义(图 3)。

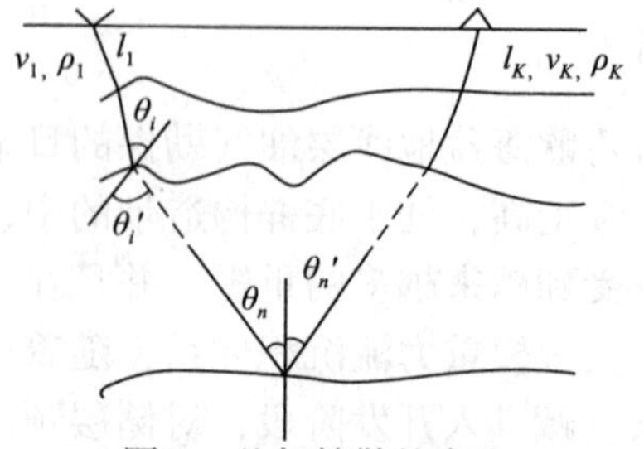

图 3　几何扩散的求取

2.3 基于格林函数的多次波预测

当地震波到达速度界面时，会发生反射和透射，一般而言界面之间的波阻抗差越大，反射越强，透射越弱，为了定量地描述地震波到达界面时的反射、透射情况，引入了反射系数与透射系数。

在平面波入射的假设条件下，反射系数与透射系数可通过解 Zoeppritz 方程来求取，在界面两边均为各向同性完全弹性介质情况下，二者满足以下公式：

$$\begin{cases} c^R = -1+2P1D^{-1}(\alpha_2\beta_2P_2X^2+\beta_1\alpha_2\rho_1\rho_2P_4+q^2p^2P_2P_3P_4) \\ c^T = 2\alpha_1\rho_1P_1D^{-1}(\beta_2P_2X+\beta_1P_4Y) \end{cases} \tag{4}$$

式中的各参量为：

$$\begin{cases} D=\alpha_1\alpha_2\beta_1\beta_2p^2Z^2+\alpha_2\beta_2P_1P_2X^2+\alpha_1\beta_1P_3P_4Y^2+q^2p^2P_1P_2P_3P_4+\rho_1\rho_2(\beta_1\alpha_2P_1P_4+\alpha_1\beta_2P_2P_3), \\ q=2(\rho_2\beta_2^2-\rho_1\beta_1^2), \\ X=\rho_2-qp^2,\ Y=\rho_1+qp^2,\ Z=\rho_2-\rho_1-qp^2, \\ p=\sin\theta_i/V_i,\ P_i=(1-V_i^2p^2)^{1/2}, \\ V_1=V_{p1},\ V_2=V_{s1},\ V_3=V_{p2},\ V_4=V_{s2}\quad (i=1,2,3,4) \end{cases} \tag{5}$$

根据海底采集数据的多次波传播规律，建立海底模型以后，通过射线追踪获得与海底→海面→海底的地震波场，将其作为多次波预测因子，并引入自由界面多次波预测方程进行多次波(或海底多次波)的预测，即：

$$M_0(x_s, y_s, x_r, y_r, f) = \sum_{y_k}\sum_{x_k} X_0(x_r, y_r, x_k, y_k, f)P(x_k, y_k, x_s, y_s, f) \tag{6}$$

为了获得与实际情况较为接近的射线追踪模拟结果，要求：

(1) 基于斯奈尔定律求取射线传播的透射角与反射角(即确定射线传播的传播方向)；

(2) 根据射线传播的距离计算几何扩散系数，见公式(3)；

(3) 将水层与海底的速度设为常数(一般取层速度的平均值)，通过求解 Zoeppritz 方程计算地震波到达地层界面时的反射、透射系数(包括海面的反射系数)，见公式(4)与公式(5)。

对于公式(6)所描述的多次波预测方程，利用射线追踪技术构建其缺少的一次波地震波场 $X0(xr, yr, xk, yk)$，然后将其代入公式(6)中通过空间褶积实现多次波预测，具体的流程见图 4。在射线追踪过程中，炮点的空间坐标为 xk 与 yk，接收点的空间坐标为 xr 与 yr，而 xk 与 yk 表示参与求和运算的坐标，因此地震记录 $X0(xr, yr, xk, yk)$ 是一个共接收点道集。

2.4 基于扩展滤波的曲波域多次波自适应相减

为了减轻同相轴交叉位置的损伤，改善复杂海域多次波匹配衰减效果，摒弃了在时空域进行扩展滤波的思路，引入到曲波域的多次波自适应相减处理中，形成了基于曲波域扩展滤波的多次波匹配衰减方法。该方法能够根据地震同相轴尺度、方向的不同，将相交或重合的同相轴分离开来，能够在保持扩展滤波优势的前提下避免有效波的损伤。

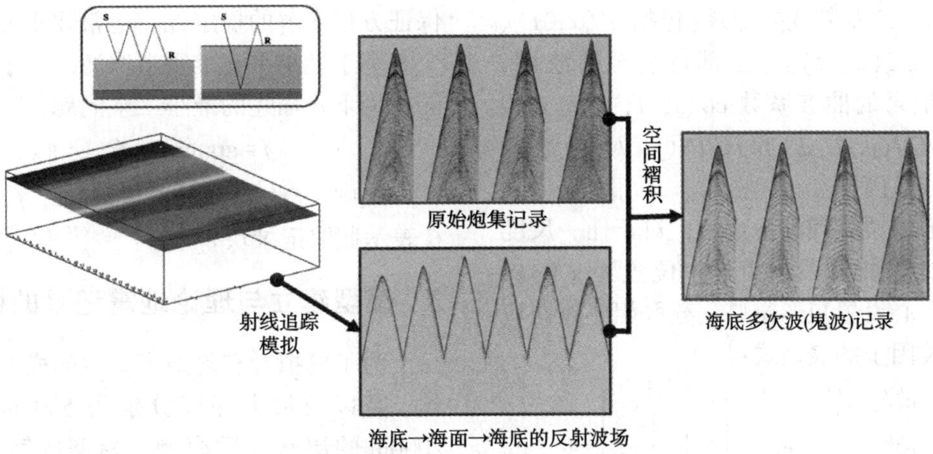

图4　基于格林函数的海底多次波预测流程

对原始地震记录作曲波变换(Candès 与 Donoho, 2010)，可得：

$$c(j,\ l,\ k)=\iint d(x,\ t)\ \overline{\varphi_{j,\ l,\ k}(x,\ t)}\mathrm{d}x\mathrm{d}t \quad (7)$$

式中，$\overline{\varphi_{j,l,k}(x,\ t)}$表示曲波基函数；$c(j,\ l,\ k)$代表曲波系数，$j$、$l$、$k$分别代表曲波的尺度、方向和位置。

将扩展滤波引入入公式(7))中可得：

$$c(j,\ l,\ k)=\iint\{f_1g(x,\ t)+f_2g'(x,\ t)+f_3g^H(x,\ t)+f_4[g^H(x,\ t)]'\}\ \overline{\varphi_{j,\ l,\ k}(x,\ t)}\mathrm{d}x\mathrm{d}t \quad (8)$$

根据积分运算的性质，式(8)右端积分项可展开为：

$$\begin{aligned}c(j,\ l,\ k)=\ & f_1\iint g(x,\ t)\ \overline{\varphi_{j,\ l,\ k}(x,\ t)}\mathrm{d}x\mathrm{d}t\\ &+f_2\iint g'(x,\ t)\ \overline{\varphi_{j,\ l,\ k}(x,\ t)}\mathrm{d}x\mathrm{d}t\\ &+f_3\iint g^H(x,\ t)\ \overline{\varphi_{j,\ l,\ k}(x,\ t)}\mathrm{d}x\mathrm{d}t\\ &+f_4\iint[g^H(x,\ t)]'\ \overline{\varphi_{j,\ l,\ k}(x,\ t)}\mathrm{d}x\mathrm{d}t \quad (9)\end{aligned}$$

令：

$$\begin{aligned}c^G(j,\ l,\ k)&=\iint g(x,\ t)\ \overline{\varphi_{j,\ l,\ k}(x,\ t)}\mathrm{d}x\mathrm{d}t\\ c^{GD}(j,\ l,\ k)&=\iint g'(x,\ t)\ \overline{\varphi_{j,\ l,\ k}(x,\ t)}\mathrm{d}x\mathrm{d}t\\ c^{GH}(j,\ l,\ k)&=\iint g^H(x,\ t)\ \overline{\varphi_{j,\ l,\ k}(x,\ t)}\mathrm{d}x\mathrm{d}t\\ c^{GHD}(j,\ l,\ k)&=\iint[g^H(x,\ t)]'\ \overline{\varphi_{j,\ l,\ k}(x,\ t)}\mathrm{d}x\mathrm{d}t\end{aligned} \quad (10)$$

综合公式(9)和公式(10)可得：

$$c(j,\ l,\ k)=f_1c^G(j,\ l,\ k)+f_2c^{GD}(j,\ l,\ k)+f_3c^{GH}(j,\ l,\ k)+f_4c^{GHD}(j,\ l,\ k) \quad (11)$$

式中，$c(j,\ l,\ k)$表示原始地震记录中多次波信号的曲波系数；$cG(j,\ l,\ k)$、$cGD(j,\ l,\ k)$、$cGH(j,\ l,\ k)$和$cGHD(j,\ l,\ k)$分别为$g(x,\ t)$、$gH(x,\ t)$、$g'(x,\ t)$与$[gH(x,\ t)]'$的曲波系数；$f1$、$f2$、$f3$与$f4$表示将$c(j,\ l,\ k)$展开为$cG(j,\ l,\ k)$、$cGD(j,\ l,\ k)$、$cGH(j,\ l,\ k)$和$cGHD(j,\ l,\ k)$之和各项对应的权重因子。

由公式(11)可知，若预测记录中的多次波信号存在振幅、相位(常相位翻转)及时移的差异，可将原始记录中多次波的曲波系数用前者的曲波系数及其各变换(希尔伯特变换、时间导数与希尔伯特变换结果的时间导数)的曲波系数加权和来表示。换言之，若预测的多次波存在一定误差，则可将预测记录的各变换结果引入到曲波域的多次波匹配衰减中，而式(11)中的各权重因子$f1$、$f2$、$f3$和$f4$即为相应的滤波因子。

为了有效匹配衰减存在预测误差的多次波干扰，综合曲波变换与扩展匹配滤波二者的优势，实现了基于曲波域扩展滤波的多次波匹配衰减。该方法首先利用预测的多次波记录$g(x,\ t)$创建相应的希尔伯特变换记录$gH(x,\ t)$，然后分别计算出二者的时间导数记录$g'(x,\ t)$与$[gH(x,$

$t)]'$。由于多次波自适应相减是在曲波域中进行的，因此需将原始地震记录 $d(x, t)$、预测的多次波记录 $g(x, t)$ 及其变换记录（包括 $g'(x, t)$、$gH(x, t)$ 与 $[gH(x, t)]'$）全部转换至曲波域，从而获得各记录的曲波系数 $cG(j, l, k)$、$cGD(j, l, k)$、$cGH(j, l, k)$ 和 $cGHD(j, l, k)$ 之和各项对应的权重因子。

为了保证滤波过程的稳定性，对于任一尺度 j、方向 l 的二维曲波系数矩阵中位置为 k 的样点，以其为中心设置矩形窗口，截取相应数据块构建求取滤波因子的表达式：

$$\begin{bmatrix} c_1^G & c_1^{GD} & c_1^{GH} & c_1^{GHD} \\ c_2^G & c_2^{GD} & c_2^{GH} & c_2^{GHD} \\ \cdots & \cdots & \cdots & \cdots \\ c_n^G & c_n^{GD} & c_n^{GH} & c_n^{GHD} \end{bmatrix} \begin{bmatrix} f_1 \\ f_2 \\ f_3 \\ f_4 \end{bmatrix} = \begin{bmatrix} c_1 \\ c_2 \\ \cdots \\ c_n \end{bmatrix} \tag{12}$$

式中，$f1$、$f2$、$f3$ 与 $f4$ 为待求取的滤波因子；c_n、c_n^G、c_n^{GD}、c_n^{GH} 和 c_n^{GHD} 分别为所截取记录块中的样点，n 为截取记录块中的样点序号（为保证方程求解的稳定性，通常要求 $n \geq 4$）。

基于最小平方准则求取滤波因子，则公式可转化为下式描述的最小二乘问题：

$$f = \underset{f}{\arg\min} \| C - Gf \|_2 \tag{13}$$

式中，f 为滤波因子向量 $[f1, f2, f3, f4]T$，G 表示截取记录块 c_n^G、c_n^{GD}、c_n^{GH} 和 c_n^{GHD} 所构成。

3　模型建立与理论地震记录的模拟

为了模拟含有复杂多次波的模型数据，建立长、宽以及最大深度分别为 5000m、5000m 与 2000m 的层状介质模型。模型的第 1 层是海水层，海底为水平界面，水深为 100 米。纵波速度模型切片见图 5(a) 与图 5(b)。

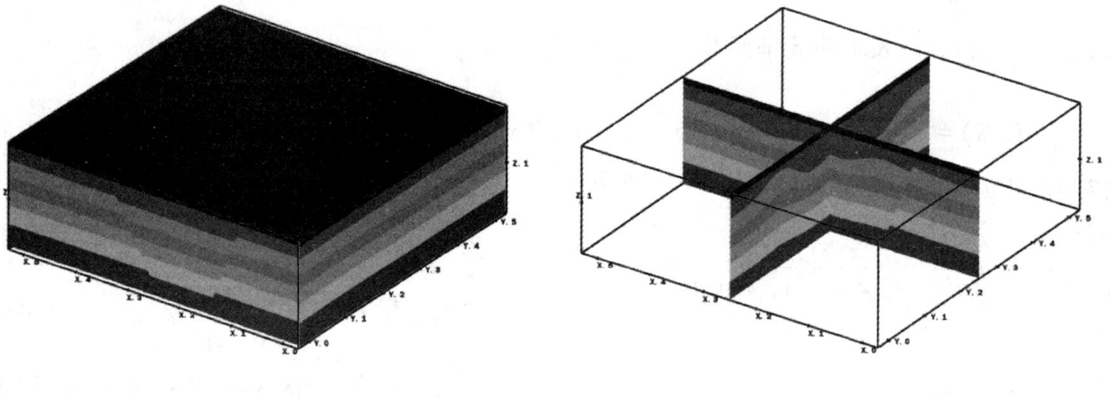

(a)　　(b)

图 5　水深为 100 米的速度模型切片

为了更直观的显示模型结构与速度特征，取过其中心沿 X 方向、Y 方向的纵波速度模型切片（见图 6 与图 7）。该模型包含 7 套匀速地层（速度结构见表 1），在 6 所示沿 X 方向的速度切片中，在穹窿两侧存在断面均垂直于纵测线方向的两个断层。在图 7 所示沿 Y 方向的速度切片中，模型左部发育一穹窿构造，右侧为凹陷构造。

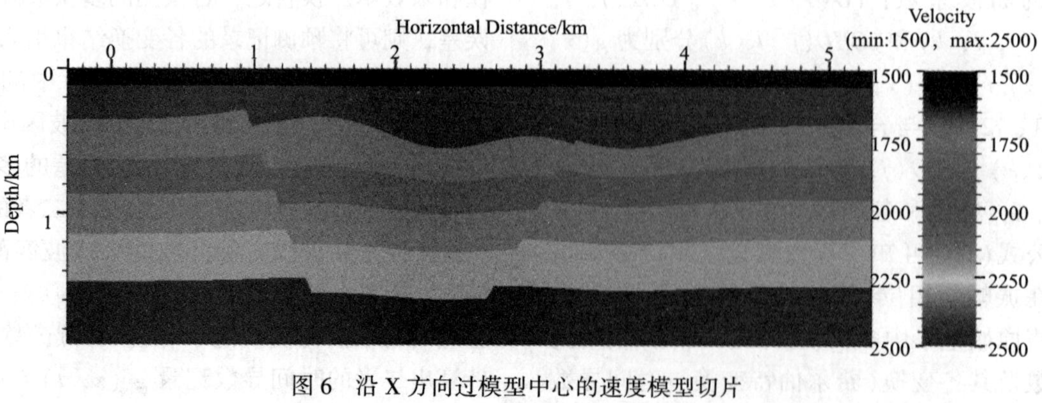

图 6　沿 X 方向过模型中心的速度模型切片

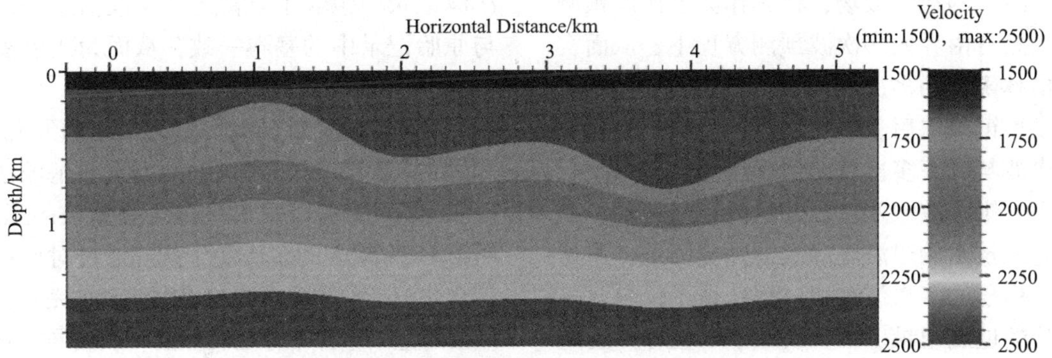

图7　沿Y方向过模型中心的速度模型切片

表1　理论模型各套地层的纵波速度

地层序号	纵波速度值(m/s)	地层序号	纵波速度值(m/s)
1	1500	5	2150
2	1650	6	2300
3	1800	7	2500
4	2000	—	

表2　单Patch数据OBC观测参数

震源：1	电缆数：17	记录长度：4000ms
炮间隔：25m	总道数：17×201	采样率：4ms
炮点深度：0m	道间隔：50m	—
航线数：51	缆深：25/50/100m	
炮数：12051	缆间距：200m	

采用海底电缆采集(Ocean Bottom Cables，简称OBC)模式的观测系统，即将检波器固定于海底，在海面进行地震波的激发。为实现高密度、全方位地震勘探，采用了正交观测系统，即在海底布设17条接收缆后，通过一艘震源船共激发了51条炮线，从而获得了具有“少道多炮”特征的典型海底采集数据。详细观测参数见表2。

震源采用主频为20Hz的雷克子波，令海面为自由界面，基于声波方程的有限差分法模拟一套地震记录。图8为炮集记录，因检波器位于海底，远源地震道中含有振幅较强的折射波干扰。由于模型的水深较浅，模型地震记录中存在的主要为多次波(或短周期海底多次波)。

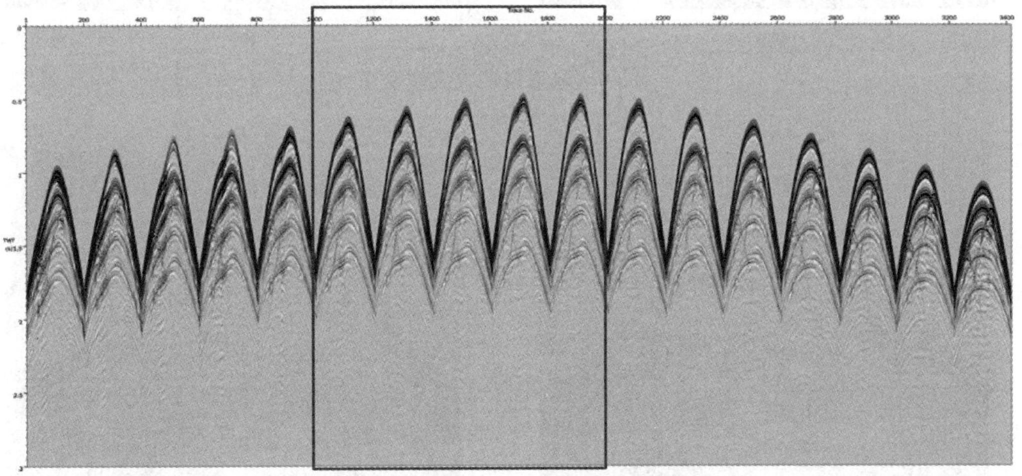

图8　炮点位于观测区域中心位置的炮集记录

根据多次波与多次波的形成机制可知，P分量与Z分量记录存在周期与多次波接近的震源端海底多次波，由于水层中的多次反射产生于震源端，而在检波器端地震波的传播方向是由地下传播至海底(属于上行波范畴)，则在水检和陆检数据中具有相同的极性，从而无法通过二者的合并予以衰减。

为提高数据的信噪比，可在利用双检合并压制检波器端多次波的基础上，进一步衰减数据中的残余多次波与震源端海底多次波。生产中最为有效的技术手段是预测减去法，首先根据检波点的深度建立海底模型，通过射线追踪获得与海底

→海面→海底的地震波场，将其作为多次波预测因子引入到自由界面多次波预测方程中，从而实现基于格林函数的多次波预测。获得较为精确的多次波模型记录之后，即可通过曲波域扩展滤波实现多次波与海底多次波的精确压制。

输入二维小波域双检合并后的炮集记录，利用射线追踪技术构建海底多次波预测因子，通过基于空间褶积的多次波预测过程获得了仅包含多次波成分的地震记录。图 9 展示了双检合并的炮集记录和预测的多次波记录，通过对比可知，多次波记录中包含了丰富的多次波信息，其旅行时与原始记录中的基本一致，从而为残余多次波与海底多次波的压制奠定了基础。

针对双检合并的炮集记录，输入预测的多次波与海底多次波记录，利用曲波域扩展滤波法进行多次波的匹配衰减。图 10 展示了多次波的压制结果，而图 11 为减去的多次波干扰。通过对比可知，双检合并记录中的多次波与多次波已被完全去除，而减去的记录中并不存在明显的一次波同相轴，从而证明了两步法多次波压制过程的有效性。

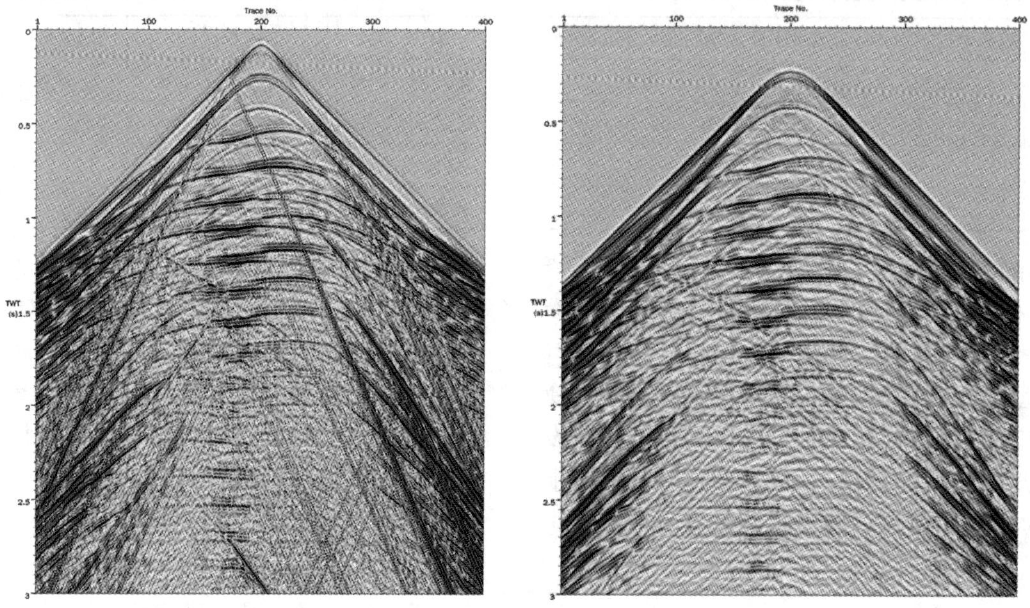

(a)　　(b)

图 9　炮集与多次波模型

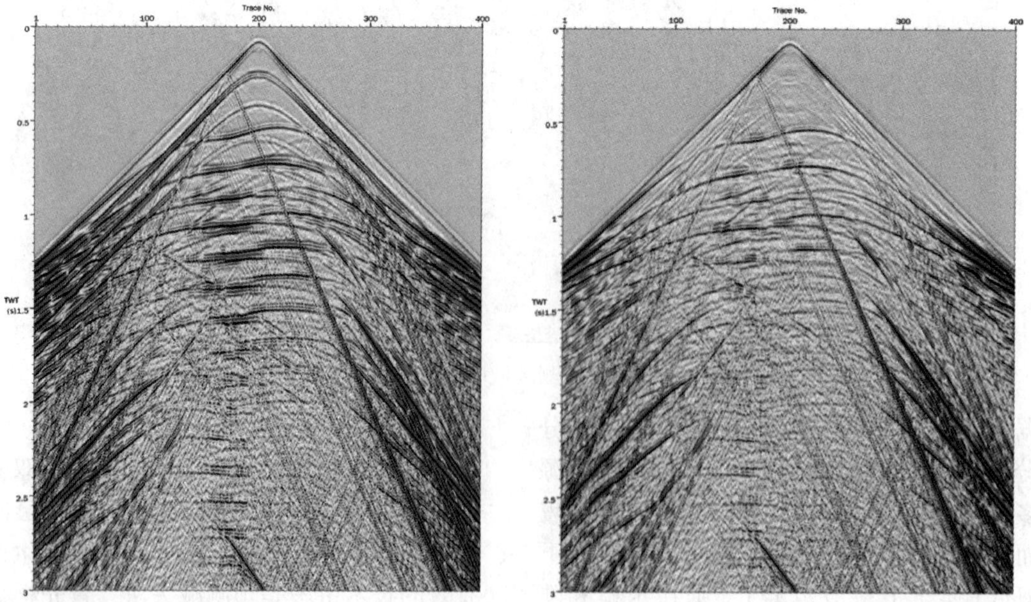

(a)　　(b)

图 10　多次波衰减前后炮集

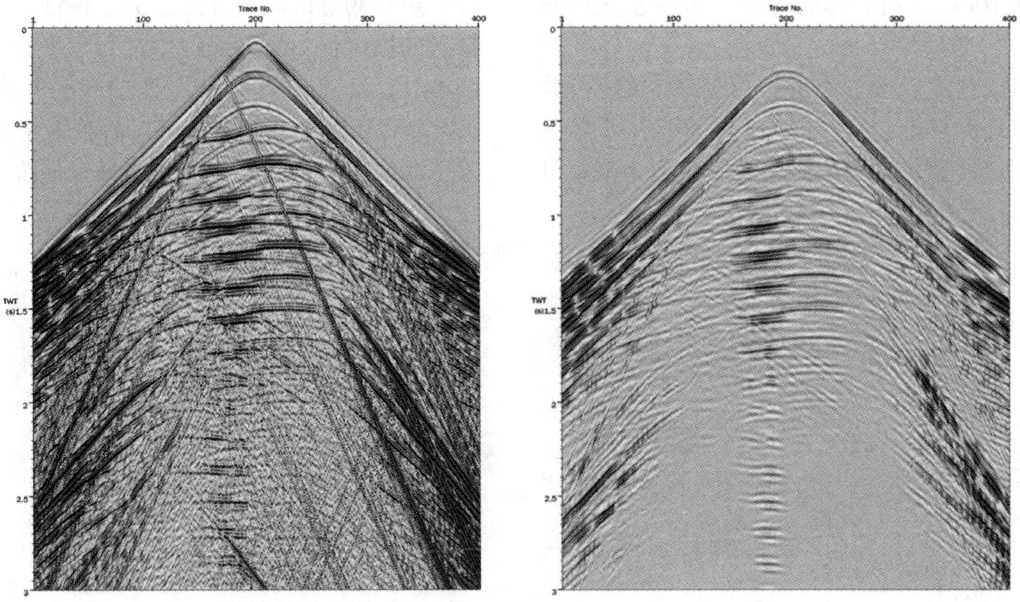

(a)　　(b)

图 11　原始炮集与衰减掉的多次波

根据炮集记录的自相关谱进一步分析多次波的压制效果。创建图 12 与图 13 所示道集的自相关谱，图 12 中原始记录的相关谱中存在明显的一次波与多次波相关能量（箭头指向的位置），而在多次波压制结果的自相关谱中（图 13），该一次波与多次波的相关能量已被完全消除。

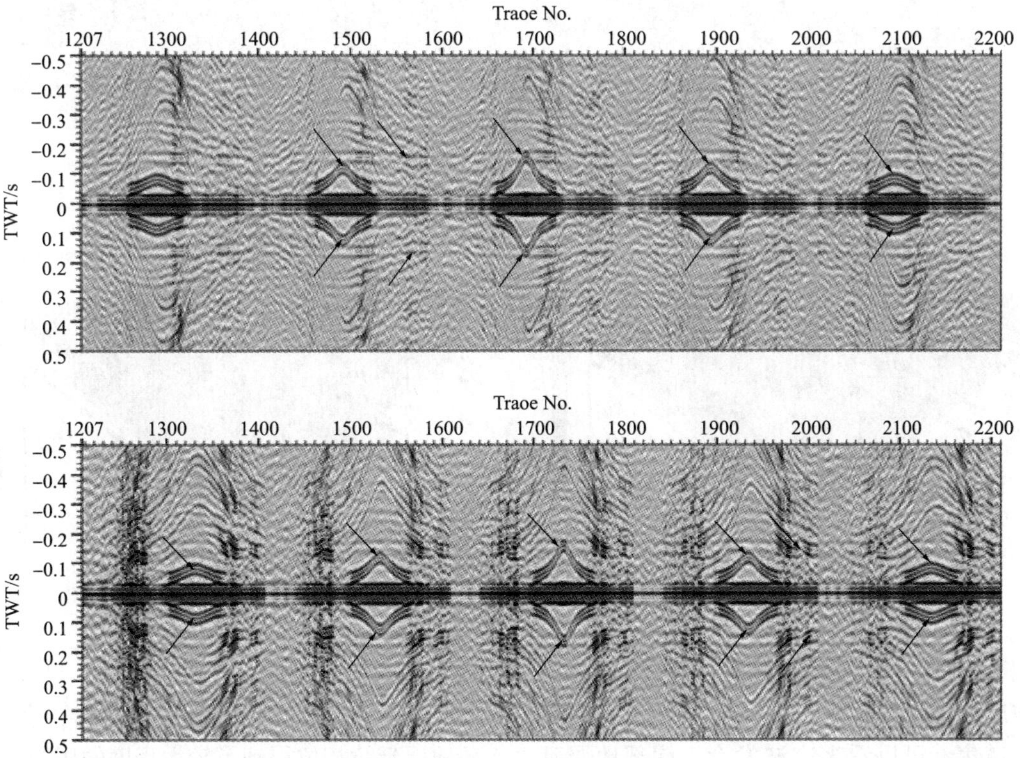

图 12　原始炮集记录自相关谱

4　实际 OBN 数据应用

选用莺歌海某工区 OBN 地震数据，对本文所采用 OBN 水层多次波衰减技术进行验证。本工区炮线与接收线平行，炮线间距 50m，炮点间距 50m，接收线间距 200m，接收点间距 50m，工区水深 100m 左右，海底平坦，水体多次波较为发育。

由于该技术根据较为精确的海底界面模型构建多次波预测算子，所以首先需要准备一个较为精确的海底模型。本工区使用海底模型为采集过程中声呐测量的海底深度，为了保证多次波预测算子的稳定性，对海底深度进行了平滑处理，如图 14 所示，图 14(a)为平滑前海底深度，图 14(b)为平滑后海底深度，可以看到平滑后有效消除了海底模型中的采集脚印与异常值跳动。

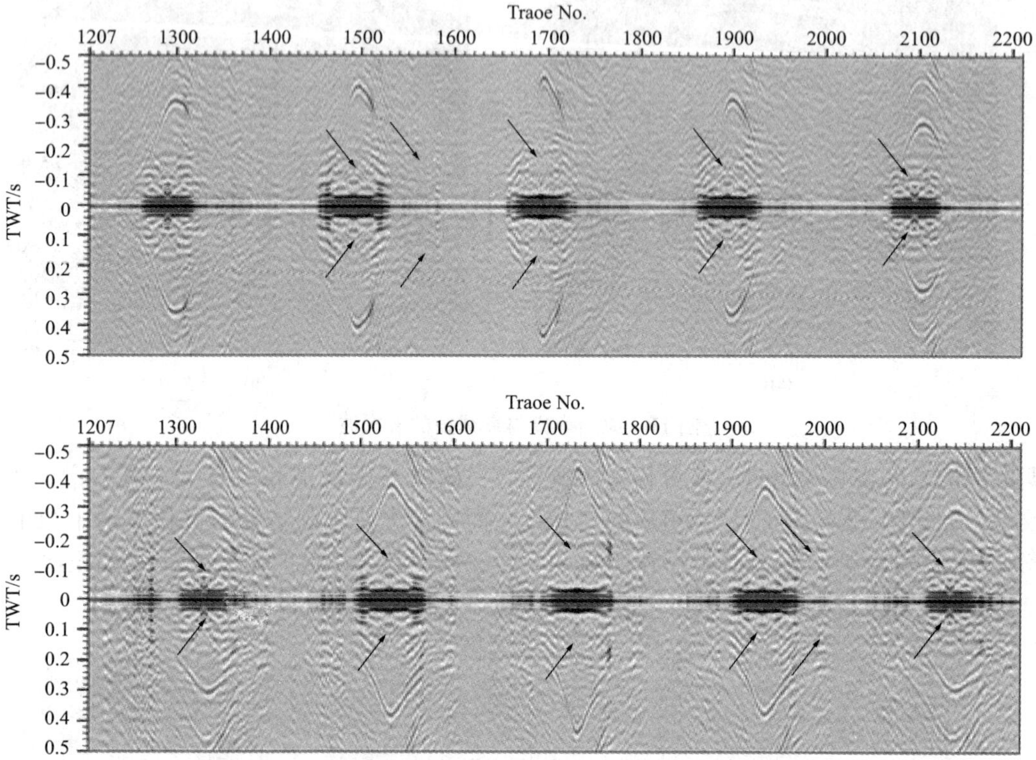

图 13　压制多次波炮集的自相关谱

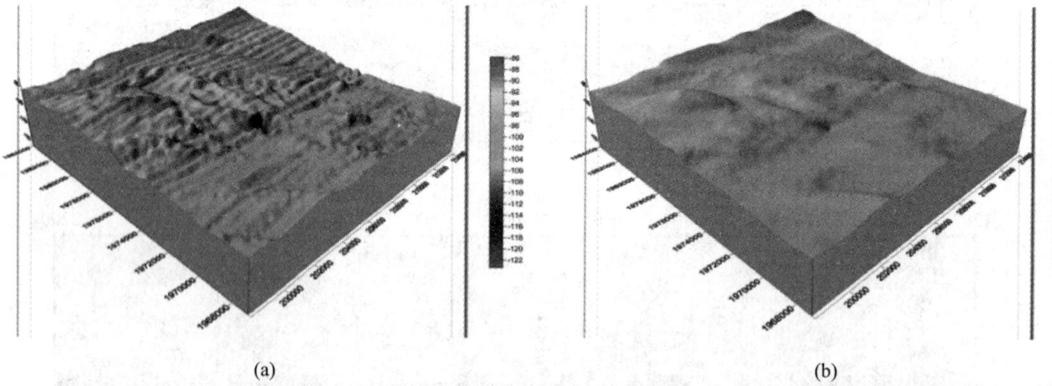

图 14　声呐测量海底深度

如图 15 所示为三维格林函数 OBN 资料多次波压制前后共接收点道集，图 15-a 为次波压制前共接收点道集，可以看多次波发育，深部地层延续相位严重，图 15-b 为三维格林函数预测的多次波模型，预测的多次波信噪比较高，空间上与原始道集中的多次波相位对应关系准确，为下一步的多次波自适应衰减打下了较好的数据基础。图 15-c 多次波压制后共接收点道集，可以看到多次波压制后，波组特征得到明显改善，多次波及深部地层延续相位得到了较大程度的压制。

图 16 为本文所采用三维格林函数 OBN 水层多次波衰减方法与商业软件中的二维波场延拓法水层压制多次波的效果对比。二维波场延拓法水层压制多次波一般使用水深较浅，并且海底较为

平坦的水域，由于是二维预测，近偏移距预测较为准确，随着偏移距的增加预测的多次波与原始数据中多次波的误差越来越大，不适应宽方位的OBN数据。图16(a)为次波压制前叠加剖面，从剖面上可以看到水层多次波发育，整个剖面中均可以看到多次波引起的延续相位，严重影响了层位的解释；图16(b)为二维波场延拓法水层压制多次波后的叠加剖面，与图16(a)对比虽然压制掉了大部分水层多次，但是仍然存在大量的多次波残留。图16(c)为本文所采用三维格林函数OBN水层多次波衰减后的叠加剖面，与图16(b)对比可以看到波组特征得到明显改善，多次波及深部地层延续相位得到了较大程度的压制，水层多次波压制效果较好，并有较高的保真性。

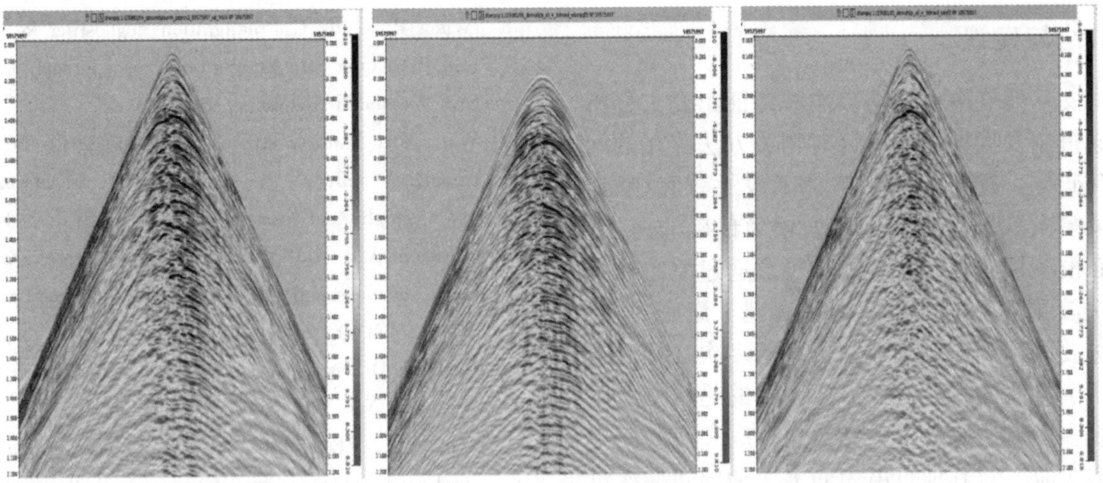

(a)　(b)　(c)

图15　三维格林函数OBN资料多次波压制前后共接收点道集

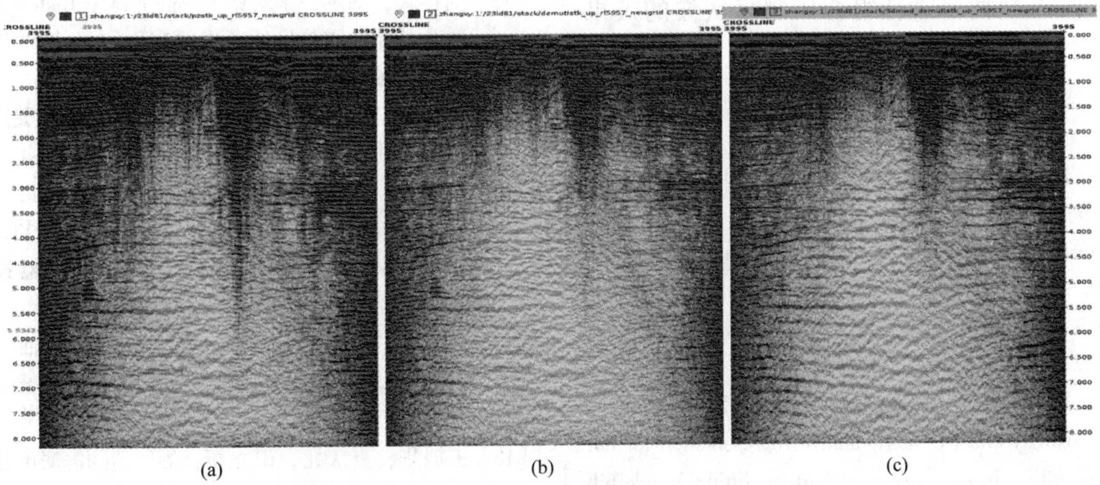

(a)　(b)　(c)

图16　OBN资料不同多次波压制方法剖面对比

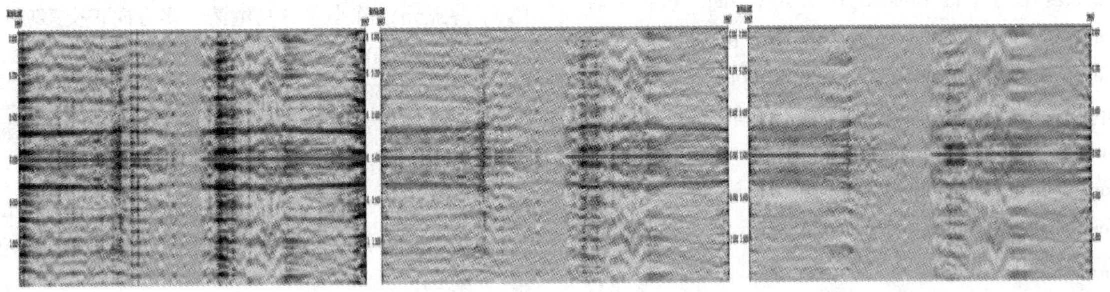

(a)　(b)　(c)

图17　OBN资料不同多次波压制方法剖面互相关对比

图 17 为与图 16 剖面对应的自相关谱，从自相关谱中可以看到，多次波压制前，剖面的相关性较好，这是由于多次波大量发育并且与一次波相似性高造成的；使用二维波场延拓法水层压制多次波后多次波得到了一定的压制，但仍然能看到多次波对自相关谱的影响，本文三维格林函数 OBN 水层多次波衰减后剖面的相关谱明显干净了许多，这是由于多次波压制相对干净的原因。

5 结论与建议

本文从海底电缆水层多次波特征出发，分析其形成机制及周期特点，针对相关方法存在的问题展开研究，提出了基于格林函数的海底/强界面相关多次波预测方法，根据较为精确的海底/强界面模型构建多次波预测算子，通过原始数据与多次波预测算子的空间褶积实现了海底/强界面多次波的预测。靶区地震资料的多次波预测结果证明了方法的有效性；需要说明的是本文所采用浅水多次波压制方法只针对在海底和海面间产生的多次波，对其他自由表面多次和层间多次没有效果，所以本方法不能代替常规的多次波压制方法，本方法是一个非常好的补充，本技术与其他多次波压制技术进行组合压制多次波的效果更佳。

参 考 文 献

[1] Barr F J, Sanders J I. Attenuation of water-column reverberations using pressure and velocity detectors in a water-bottom cable. In: Technical Program Chairperson, eds. SEG Technical Program Expanded Abstracts 1989. Houston: Society of Exploration Geophysicists, 1989. 653-656.

[2] Candes, E. J., & Donoho, D. L. (1999). Curvelet surprisingly effective non adaptive representation for objects with edges, curve and surface fitting. Vanderbilt University Press, Saint-Malo.

[3] Candès E J and Donoho D L. New tight frames of curvelets and optimal representations of objects with piecewise C2 singularities. Communications on Pure and Applied Mathematics, 2010, 57(2): 219-266.

[4] Cristina M C, Sacchi M D. Enhanced resolution Radon domain using the shifted hyperbola equation [J]. SEG Technical Program Expanded Abstracts, 2005: 2277-2280.

[5] Hoffe B H, Lines L R, Cary P W. Applications of OBC recording. The Leading Edge, 2000, 19(3): 382-390.

[6] Lv G H. Application of a new generation of geophone improve seismic acquisition in onshore-offshore transition areas. Journal of Chinese Geophysical Society Applied Geophysics, 2005, 2(4): 235-240.

[7] Ventosa, Sergi, et al. "Unary adaptive subtraction of joint multiple models with complex wavelet frames." SEG Technical Program Expanded Abstracts 2012. Society of Exploration Geophysicists, 2012. 1-5.

[8] Wang P, Peng C. Premigration deghosting for marine towed streamer data using a bootstrap approach[C]. 82th SEG Expanded Abstracts, 2012, 1-5.

[9] Wang Y H. Multiple attenuation: coping with the spatial truncation effect in the Radon transform domain. Geophysical Prospecting, 2003, 51: 75-87.

[10] Weglein A B. Multiple attenuation: An overview of recent advances and the road ahead. The Leading Edge, 1999, 18(1): 40-44.

[11] White E D. Seismic waves: radiation, transmission and attenuation. New York: McGraw-Hill Publishing Co., 1965.

[12] Zhang W, Zhu G. Analysis and application of pressure and vertical components of the ocean bottom cable data. Journal of Earth Sciences and Environment, 2005, 27(1): 72-75.

[13] 刘喜武，刘洪，李幼铭等．高分辨率 Radon 变换方法及其在地震信号处理中的应用[J]．地球物理学进展，2004，19(1)：008-015.

[14] 吕公河．地震勘探检波器原理和特性及有关问题分析．石油物探，2009，48(06)：531-543+1.

[15] 牛滨华，孙春岩，张中杰等．多项式 Radon 变换[J]．地球物理学报，2001，44(2)：263-271.

[16] 王家常，宋智勇，陈蕾．压电检波器技术研究．石油仪器，2007(04)：36-37.

[17] 王学军，全海燕，刘军，等．2017. 海洋油气地震勘探技术新进展．北京：石油工业出版社，66-93.

[18] 王振华，夏庆龙，田立新，等．消除海底电缆双检地震资料中的鸣震干扰．石油地球物理勘探，2008，43(06)：626-635.

[19] 薛亚茹，陈小宏，马继涛．多方向正交多项式变换压制多次波[J]．地球物理学报，2012，55(10)：3450-3458.

[20] 薛维忠．双检采集资料合并处理技术研究．科技视界，2013(04)：160-162.

[21] 郑红波．OBC 资料中的虚反射和鸣震压制方法．2011 年中国地球物理学会第二十七届年会论文集．1.

湖相含碱地层岩性识别新方法及应用
——以准噶尔盆地西部坳陷风城组为例

易俊峰　郭华军　邹志文

（中国石油杭州地质研究院）

摘　要　准噶尔盆地西部坳陷风城组存在碱湖中心-高盐区-低盐区三类咸化环境，油气藏类型多样，近年连获重大突破，但含碱地层产能差异巨大，非均质性强，矿物种类多，利用现有手段无法有效识别含碱地层岩性。通过构建含碱地层岩性指数：结合储层因数和泥质因数综合区分岩性；构建电阻率微差指数：用深电阻率和冲洗带电阻率的差异反映含碱量。利用上述构建的模型，继续分析含碱地层岩性指数与电阻率微差指数的关系，形成了湖相含碱地层岩性识别图版。结果表明，岩性解释符合率在85%以上，满足测井评价的需求，可为湖相含碱地层的测井岩性识别提供借鉴。

关键词　含碱地层；岩性识别；风城组；交会图版

A new method for identifying lithology in lacustrine alkali-bearing strata and its application
——Taking the Fengcheng Formation in the Western Depression of the Junggar Basin as an example

Yi Junfeng　Guo Huajun　Zou Zhiwen

(PetroChina Hangzhou Research Institute of Geolog)

Abstract　There are three types of salty environments in the Fengcheng Formation in the western depression of Junggar Basin. There are diverse types of oil and gas reservoirs, and major breakthroughs have been made in recent years. However, there are huge differences in productivity of alkali-bearing formations, strong heterogeneity, and There are many types of minerals, and the lithology of alkali-bearing formations cannot be effectively identified using existing methods. By constructing the lithology index of alkali-containing formations: combining the reservoir factor and the mud factor to comprehensively distinguish the lithology; constructing the resistivity differential index: using the difference between the deep resistivity and the washed zone resistivity to reflect the alkali content. Using the model constructed above, the relationship between the lithology index and the resistivity differential index of alkali-bearing formations was continued to be analyzed, and a lithology identification chart for lacustrine alkali-bearing formations was formed. The results show that the lithologic interpretation coincidence rate is more than 85%, which meets the needs of logging evaluation and can provide reference for logging lithology identification of lacustrine alkali bearing formations.

Key words　alkali-bearing strata; lithology identification; Fengcheng Formation; cross-plate

碱湖属于高盐度、高矿化度的咸化湖，pH值通常大于9，有的甚至高达11。与常见的淡水湖、氯化物型盐湖、硫酸盐型盐湖及海水不同，碱湖水体中，以钠离子和碳酸根离子（含碳酸氢根）为主，所以又称为苏打湖或碳酸盐型盐湖。准噶尔盆地西部凹陷下二叠统风城组存在碱湖中心-高盐区-低盐区三类咸化环境（图1），湖相富有机质泥岩规模发育，油气藏类型多样，是近期在斜坡区发现的玛湖大油田的主力供油层段，且碱矿发育段产出油层国内尚属首例。2010 年以来，在玛湖凹陷风城组发现多种指示碱性环境及热液作用的矿物，这一沉积特征与美国绿河组碱湖沉积和现代碱湖沉积特征十分相似，因此相继有学者提出玛湖凹陷风城组为碱湖沉积的观点，随着研究的进一步深入，对于含碱地层的固有认识正在被不断突破。

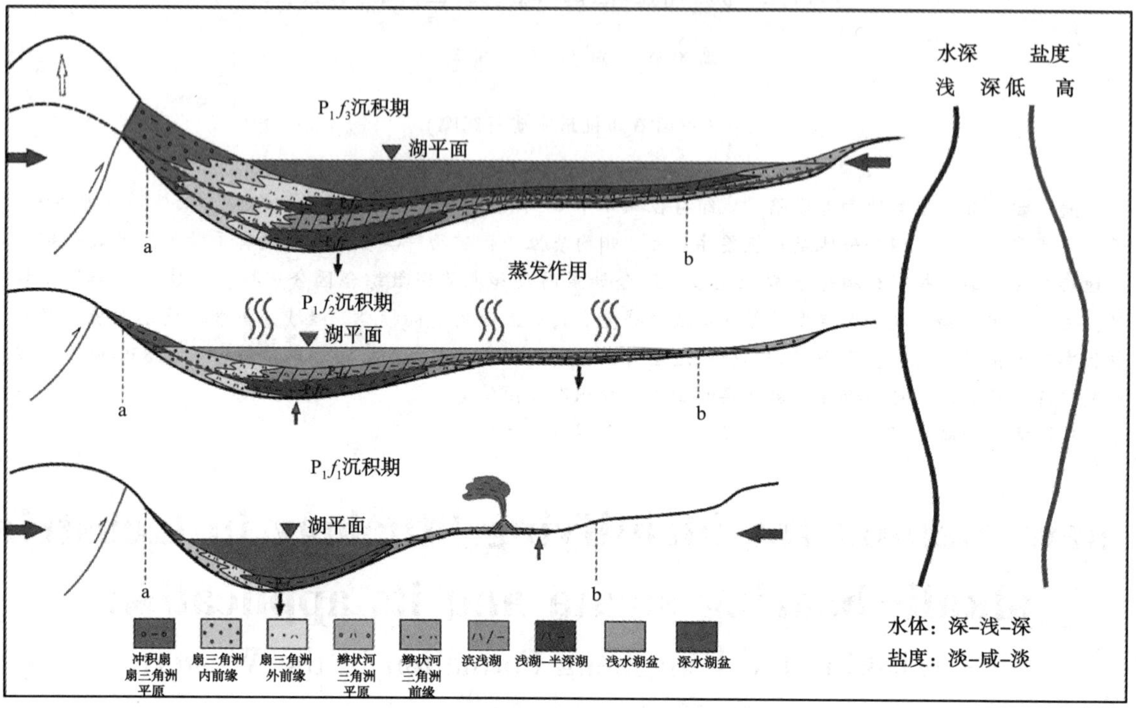

图 1　西部坳陷风城组沉积演化模式图

为提高湖相含碱地层岩性识别精度，本文基于现有的钻测井和岩心资料，应用岩石薄片、扫描电子显微镜等手段，开展含碱地层岩性识别及测井响应特征分析，利用常规测井曲线建立敏感参数模型，最终形成湖相含碱地层岩性识别图版，探讨含碱地层矿物识别难题，为其深化测井解释评价工作提供依据和基础认识。

1　地质概况

玛湖凹陷位于准噶尔盆地西北缘，南与中拐凸起和达巴松凸起相接，东与夏盐凸起、英西凹陷和石英滩凸起毗邻，总面积约 5000km^2。二叠系风城组整体为半深—深湖沉积背景下的陆源碎屑岩与内源混积岩，自上而下分为风三段、风二段和风一段。风一段沉积早期，火山活动频繁，玛湖凹陷东北部以火山碎屑岩-沉火山碎屑岩沉积为主，此后依次发育富有机质泥岩、白云岩及云质岩类；随着湖盆水体盐度不断升高，风二段沉积时期凹陷中部发育大量的天然碱、碳氢钠石、碳酸钠钙石等碱性矿物；风三段沉积时期，湖盆盐度降低，凹陷内以云质岩类沉积为主，风三段顶部发育陆源碎屑岩，越靠近扎伊尔山山麓，碎屑岩含量越高、粒度越大。凹陷内深大断裂附近纵向上发育富硅硼钠石岩类。风城组整体含油性较好，甜点岩性以粉砂岩和泥质白云岩为主。

2　含碱地层特征与模型构建

风城组含碱地层地震上表现为相对弱连续、弱反射特征；测井上表现为不同岩性响应类似，这都给岩性识别带来很大难度。面对如此情况，继续将大段地层简单的划分为岩盐或碱矿层显然无法满足实际生产需要。前人对含碱地层岩石的研究主要以定性识别为主(表 1)，仅能区分碱矿层与不含碱地层，目前尚无有效的定量刻画方法，由于地层含碱对测井曲线影响极大，电成像也出现大段失真(图 2)，实际生产中严重依赖人工经验。丰富的测井解释评价方法与精细的岩心分析手段相结合，为解决含碱地层复杂岩性识别问题带来了曙光。

表 1　不同类型隔夹层测井识别标准

电性标准	碱层	非碱层
密度/(g/cm^3)	<2	>2
井壁中子增大幅度/%	>50	<50
井径增大幅度/%	>9	<9
声波时差增大幅度/%	>9	<9
微电极回返幅度/%	>86	<86

基于上述情况，含碱地层岩性识别方法的研发逻辑与当前认识：在资料整理，调研国内外研究现状与区域地质概况的基础上，优选针对含碱地层的特殊响应并建立敏感参数，通过岩心与分析化验结果刻度交会图板，最终实现含碱地层岩性测井定量识别的目标。

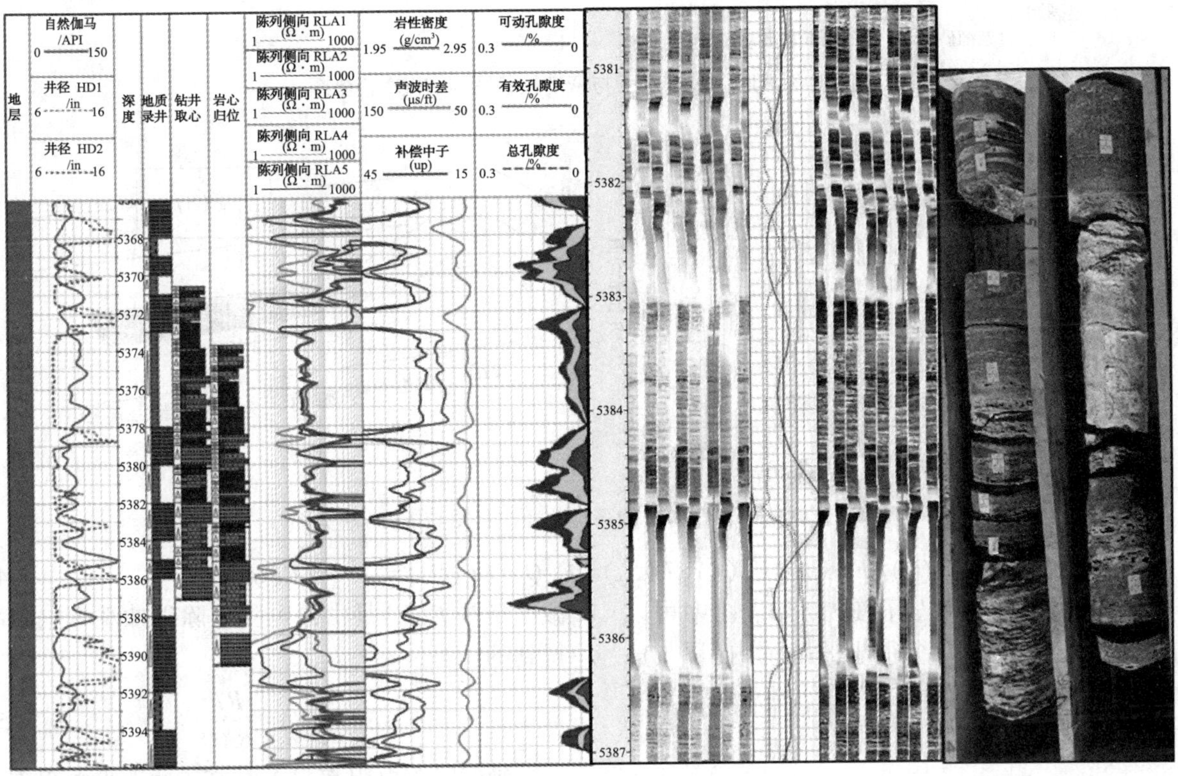

图 2　XY1 井测井曲线、部分井段电成像与岩心

首先是构建含碱地层岩性响应参数：分别有效表征含碱地层储层物性和泥质含量。含碱地层储层因数 F(Q) 等于补偿中子测井值除以密度测井值：

$$F(Q)=\frac{CNL}{DEN} \tag{1}$$

纯碱层补偿中子值 35 以上，密度测井值 2.08(g/cm^3)左右，而云质储层和泥岩层则有着较低中子值和较高的密度，计算 $F(Q)$ 后在趋势图中可以看出云质泥岩、云质粉砂岩、云质细砂岩到碱矿的 $F(Q)$ 逐渐增大(图 3)。

含碱地层泥质因数 $f(S)$ 等于井径除以自然伽马测井值：

$$F(S)=\frac{CALI}{GR} \tag{2}$$

在常规八英寸井眼中，纯碱层井径扩径严重，自然伽马值极低，而泥岩层井径变化不大，自然伽马值极高。计算 $F(S)$ 后在趋势图中可以看出随泥质含量升高，$F(S)$ 逐渐降低，云质储层 $F(S)$ 介于泥岩层和纯碱层之间(图 4)。

其次是构建含碱地层岩性指数 $F(T)$：结合储层因数和泥质因数综合区分岩性：$F(T)$ 是由表征储层物性的 $F(Q)$ 和表征储层泥质含量的 $F(S)$ 相乘得到：

$$F(T)=F(Q)\times F(S) \tag{3}$$

在测井学科的奠基公式之一阿尔奇公式发布八十周年之际，从中得到启发，通过统计归纳了大量含碱地层测井及岩心数据，得到以下发现：选取不同井位、不同深度但同种岩性的含碱地层岩心 485 块，每块岩心对应的测井值不尽相同，但岩性指数 $F(T)$ 基本保持不变，储层因数 $F(Q)$ 和泥质因数 $F(S)$ 之间有近似的反比关系：

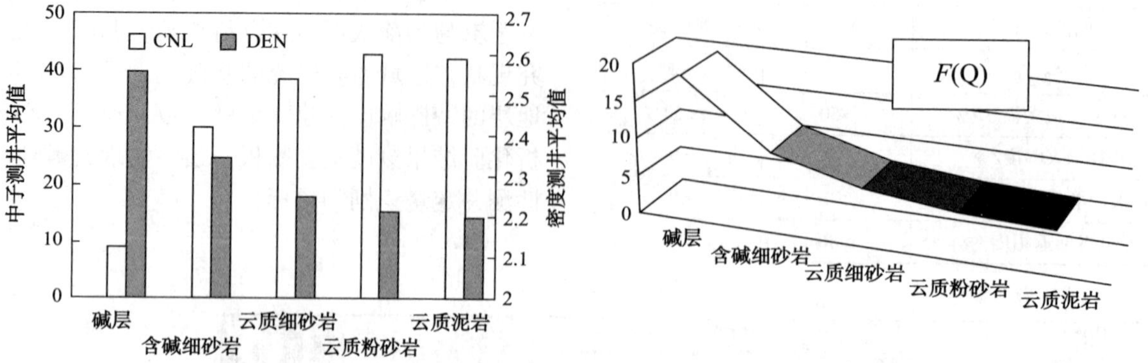

图 3　含碱地层岩石中子与密度柱状图与 $F(Q)$ 趋势图

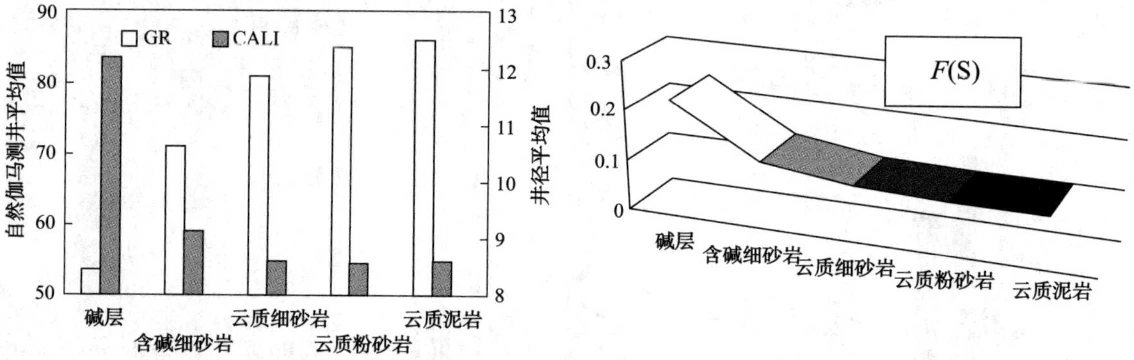

图 4　含碱地层岩石自然伽马与井径柱状图与 $F(S)$ 趋势图

$$F(Q_1)\times F(S_1)=F(Q_2)\times F(S_2)=F(Q_3)\times F(S_3)=\cdots\cdots=F(Q_n) \quad (4)$$

在统计的含碱地层岩石 F(T) 散点图中可以看出 F(T) 被约束在一个很小的范围内(图 5)，这为我们首次解决含碱地层岩性识别难题带来了可能。

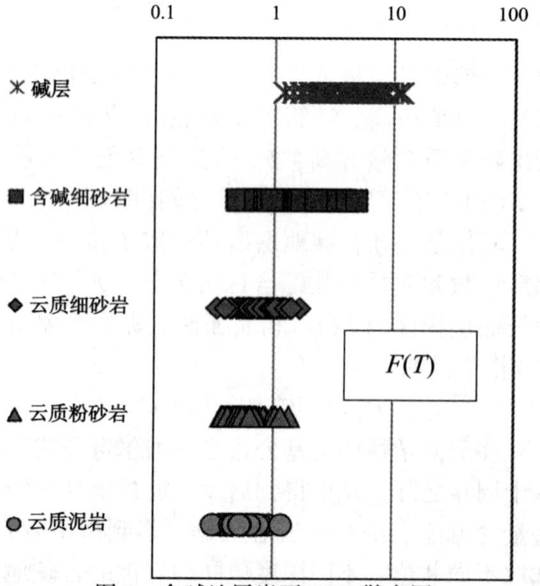

图 5　含碱地层岩石 F(T) 散点图

最后构建了电阻率微差指数 $F(R)$：用深电阻率和冲洗带电阻率的差异反映含碱量，电阻率微差指数 $F(R)$ 是由深电阻率除以冲洗带电阻率得到的：

$$F(R)=\frac{RT}{RXO} \quad (5)$$

纯碱层深电阻率显著升高，冲洗带电阻率低值；泥岩层深电阻率、冲洗带电阻率均为低值。从含碱地层岩石 $F(R)$ 趋势图中可以发现：含碱地层 $F(R)$ 显著升高，含碱量越高 $F(R)$ 越大(图 6)。

3　岩性识别图版

以上述构建的创新模型为抓手，继续分析含碱地层岩性指数与电阻率微差指数的关系，不难发现在双对数坐标中呈明显线性关系(见图 7)：

$$\ln[F(T)]=\ln a+b\times\ln[F(R)] \quad (6)$$

两边取对数后：

$$F(T)=a\times F(R)^b \quad (7)$$

将此关系归纳量化，并最终确定公式中系数的范围。岩性系数 a 变化范围在 0.4~0.6 之间；岩性系数 b 变化范围在 0.2~0.3 之间。含碱地层电阻率微差指数越高，岩性指数就越高，两者正相关。

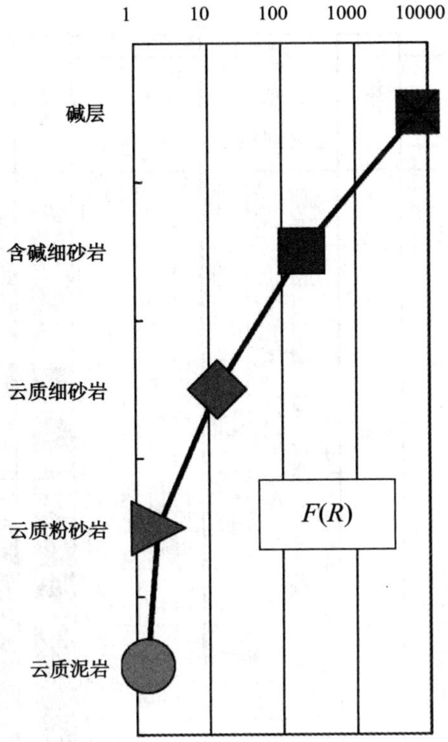

图 6　含碱地层岩石 F(R) 散点图

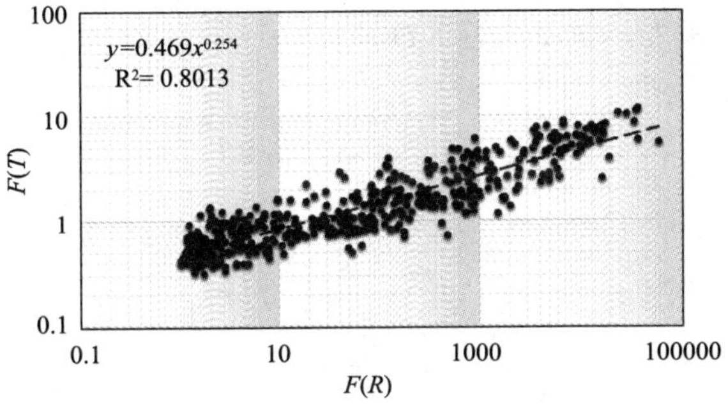

图 7　含碱地层岩性指数与电阻率微差指数关系图

继续将数据点的岩性标注在关系图上，就得到了含碱地层岩性指数与微差指数交会图(图 8)，通过交会图可以达到定量识别岩性的目的。含碱地层岩性指数 $F(T)$ 与电阻率微差指数 $F(R)$ 单独使用均无法有效区分碱层、含碱储层、泥岩层，而两者的交会图，岩性区分能力极大加强。

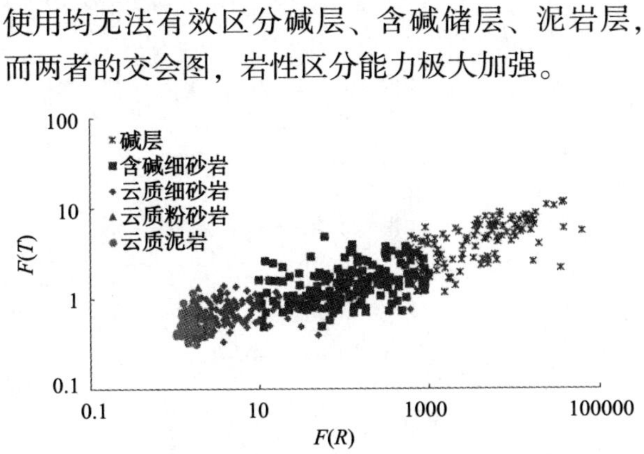

图 8　含碱地层岩性指数与微差指数交会图

通过大量的含碱地层岩心观察和薄片鉴定，对数据进行岩性标定，最终形成了湖相含碱地层岩性识别图版(图 9)，岩心观察和薄片鉴定结论切实可靠的保障了岩性识别图版的精度。

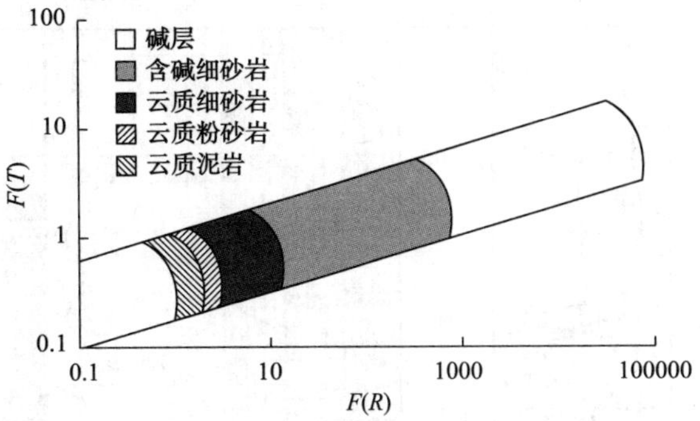

图 9　湖相含碱地层岩性识别图版

4　实例应用

在含碱地层岩性指数与微差指数标准表中可以清晰的看到不同岩性对应不同的量化标准(表 2)，在 AK1 井和 XY1 井风城组含碱地层岩性识别中，对比岩心实际符合率均在 85% 以上，切实达到高精度识别(图 10)。

表 2　含碱地层岩性指数与微差指数标准表

岩性	图例	F(R)	F(T)
碱层		>800	1~10
含碱细砂岩		10~1000	0.6~4
云质细砂岩		2.4~20	0.5~1.4
云质粉砂岩		1.75~2.6	0.4~1.3
云质泥岩		1~2	0.3~1.1

5　结论

准噶尔盆地西部坳陷风城组存在碱湖中心-高盐区-低盐区三类咸化环境，但含碱地层利用现有手段无法有效识别含碱地层岩性。通过构建含碱地层岩性指数和电阻率微差指数，分析含碱地层岩性指数与电阻率微差指数的关系，可以形成湖相含碱地层岩性识别图版，岩性解释符合率在 85%以上，能有效满足测井评价的需求。

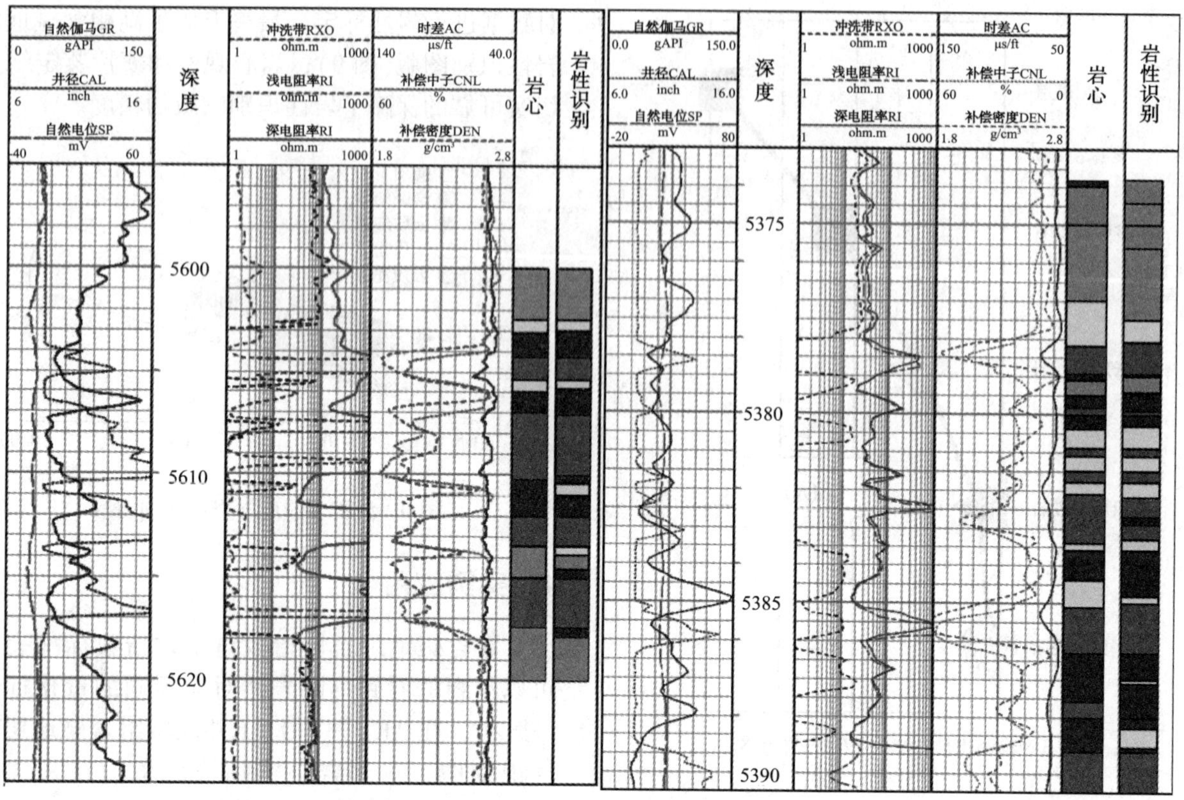

图 10　风城组含碱地层岩性识别对比图(左：AK12，右：XY1 井)

渤海湾盆地保定凹陷东营组浅水河湖交互沉积体系及其对油气勘探意义

李雅雯　陈柯童　李志军　肖　阳　李晓燕　薛　辉　王成云

（中国石油华北油田勘探开发研究院）

摘　要　近年来，在渤海湾盆地保定凹陷东营组钻遇了大面积连片分布砂体，并发现了亿吨级储量，表明周边东营组油藏勘探潜力巨大。结合对保定凹陷古近系东营组时期沉积岩性、沉积构造及古生物标志等解剖，提出陆相断陷盆地浅水背景河湖交互沉积模式，分析了研究区河湖交互单元划分和沉积特征，基于适用的地球物理储层预测技术分析了清苑构造带有利砂体分布区。研究表明：(1)保定凹陷东营组时期整体构造稳定、地形平缓(坡度低)、沉降缓慢，由于河流的不断注入，湖岸线在枯水期和丰水期跨度大，利于形成大面积的河湖交互环境；(2)研究区内东三段发育河湖交互体系，湖平面的周期性变化造成多期砂泥岩频繁互层、叠置连片，河道边滩、分流河道是主要的沉积类型，具有区域分布稳定、分布面积大、砂体连通性好的特点；(3)多类型砂体与区域大型断裂配置发育大面积的岩性-构造圈闭，独特的缓坡背景和晚期反向断裂等石油地质条件使得清苑构造带具有“远源供烃-断砂阶梯输导-浅层圈闭汇聚”为特征的高效成藏模式。为保定凹陷东营组形成大面积构造-岩性油藏、提供优质储集条件具有十分重要的意义。

关键词　保定凹陷；东营组；河湖交互体系；砂体展布特征；油气勘探意义

The Shallow-Water River-Lake Interaction sedimentary system of Dongying Formation in Baoding Sag, Bohai Bay Basin and their significance of oil and gas exploration

Li Yawen　Chen Ketong　Li Zhijun　Xiao Yang　Li Xiaoyan　Xue Hui　Wang Chenyun

(Research Institute of Petroleum Exploration & Development, Huabei Oilfield Company, PetroChina)

Abstract　In recent years, a large area of contiguous sand bodies has been drilled in Dongying Formation in Baoding sag of Bohai Bay Basin, and 100 million tons of reserves have been discovered, indicating that the exploration potential of Dongying Formation in the surrounding area is huge. Based on the analysis of the sedimentary lithology, sedimentary structure and paleontological signs of the paleogene Dongying Formation in Baoding sag, the river-lake interactional sedimentary model of the shallow water background of the continental faulted basin is proposed, and the division of the interactive units and sedimentary characteristics of the study area are analyzed. Based on the applicable geophysical reservoir prediction technology, the favorable sand distribution area of Qingyuan Tectonic Belt is predicted. Researches show that: (1) The overall structure of Dongying Formation in Baoding sag is stable, the topography is gentle (low slope), and the settlement is slow. Due to the continuous injection of rivers, the shoreline has a large span in the dry period and the wet period, which is conducive to the formation of a large area of river-lake interaction environment; (2) The river-lake interactional system is developed in the Member 3 of Dongying Formation of the study area. Periodic changes in lake level result in frequent interbedding and overlapping of sand and mudstone in multiple periods. River-side beach and distributary channel are the main sedimentary types, which have the characteristics of stable regional distribution, large distribution area and good sand body connectivity; (3) The multi-type sand bodies and regional large faults are configured with large-area lithologic structural traps, and the unique gentle slope background and late reverse faults make the Qingyuan Tectonic Belt have an efficient reservoir formation model characterized by "Distant source of hydrocarbon supply-Broken sand step transport-Shallow trap convergence". It is of great significance to form a large area lithologic and structural reservoir and to provide high quality reservoir conditions for Dongying Formation in Baoding sag.

Key words Baoding sag; Dongying Formation; River-lake interactional system; Sand body distribution characteristics; Oil and gas exploration significance

随着陆相湖盆沉积演化研究不断受到重视，浅水河湖交互沉积逐步成为国际上具前瞻性、前沿性的重点研究领域，吸引了众多国内外地质专家关注和研究，建立了大量的、反映构造演化特征的多类型浅水沉积模式，但这些模式均具有各自的适用性，也没有相关学者专门将河湖交互沉积体系作为一个独立的沉积单元开展系统的研究。河湖交互沉积体系是一种复杂、复合的沉积体系，在湖岸线从枯水线—洪水线的频繁迁移、变化过程中，高位成湖，低位成河，频繁河湖交互，会导致河流相、三角洲、湖相沉积类型的单一沉积体系相互转化，其沉积模式、展布特征也呈现不同于传统河流与三角洲沉积体系，亟需进一步研究河湖交互沉积特征、分布规律等科学问题。同时，河湖交互区作为构造-岩性圈闭发育的主要区带，系统落实其发育模式与成因机理有助于提高浅层规模岩性油气藏的预测精度。

近年来，在渤海湾盆地保定凹陷东营组钻遇了大面积连片分布砂体，发现了亿吨级储量规模，在勘探和评价过程中，发现东三段发育多种类型的砂体，横向上连片、纵向上叠置交接，是形成亿吨级油田砂体的主要发育方式。因此，为了查明浅水河湖交互体系对油气勘探的意义，本文以保定凹陷为例，综合地震、岩心、测井、古生物等资料，运用沉积学理论，围绕上述浅水河湖交互沉积的核心科学问题，建立河湖交互典型沉积相序、沉积特征，以期能够为渤海湾盆地以及类似地区的浅层大面积连片油藏勘探提供帮助。

1 区域地质背景

保定凹陷位于渤海湾盆地冀中坳陷中西部，西邻太行山隆起区，北接徐水凹陷，东连高阳低凸起和蠡县斜坡，南抵石家庄凹陷和无极—藁城低凸起，在冀中坳陷西部凹陷带中面积最大，约 $4000km^2$。总体为受太行山东断裂控制形成的西断东超的箕状断陷，基底最大埋深达 7600m。钻井揭示保定凹陷新近系、古近系发育齐全，古近系自上而下依次发育东营组一至三段、沙河街组一至四段、孔店组一至三段。基底地层受早期剥蚀程度差异影响，不同构造部位有所不同，大部分地区以中元古界为主。

研究区位于保定凹陷清苑构造带内，紧邻耿家桥断层，勘探面积 $800km^2$，是油气勘探的有利地区(图 1)。由于东营组末期地层反转西抬东倾，东一段长期遭受风化剥蚀，仅在保北地区部分残留，研究区范围内残余东二段地层与上覆馆陶组呈角度不整合接触，厚度 30~50m，而目的层东三段厚度最大，在 180~260m 之间。

2 河湖交互体系沉积特征

2.1 古地理背景

渤海湾盆地古近系整体构造稳定、地形平缓(坡度低)、沉降缓慢、气候干旱，以往研究认为该区主要发育河流相沉积。但最新大量钻井揭示渤海湾盆地古近系发育古湖泊、浅水三角洲相以及河流相的直接证据。保定凹陷东营组层序地层分析表明湖盆水体呈现浅—中—深的旋回变化特征，与之对应沉积相也呈现出早期曲流河、中期浅水三角洲和晚期湖泊的旋回性变化(图 4)，因此，系统开展馆东营组沉积背景和古地理的厘定对古近系沉积体系演化具有重要的意义。

古气候控制了降雨的频率、降雨量，古物源控制了搬运路径，进一步控制了河流水体的变化范围和大面积砂体的分布范围。东营沉积早期，受气候的影响，降雨量少，来自西南、西部太行山方向的物源不足，河流搬运能力较弱，向研究区提供碎屑物质的能力低，可供沉积的砂体少，砂体规模和分布范围小。到了沉积中晚期降雨频率多，物源充足，为河流的长距离搬运和碎屑物的承载量提供了有力的条件。另外，该时期降雨量频繁波动，导致湖泊范围反复扩大—缩小，河道砂体频繁决口和改道以及河道席状砂化，最终形成河道和席状砂组成的大面积砂体，该时期最有利于大面积砂体的发育。

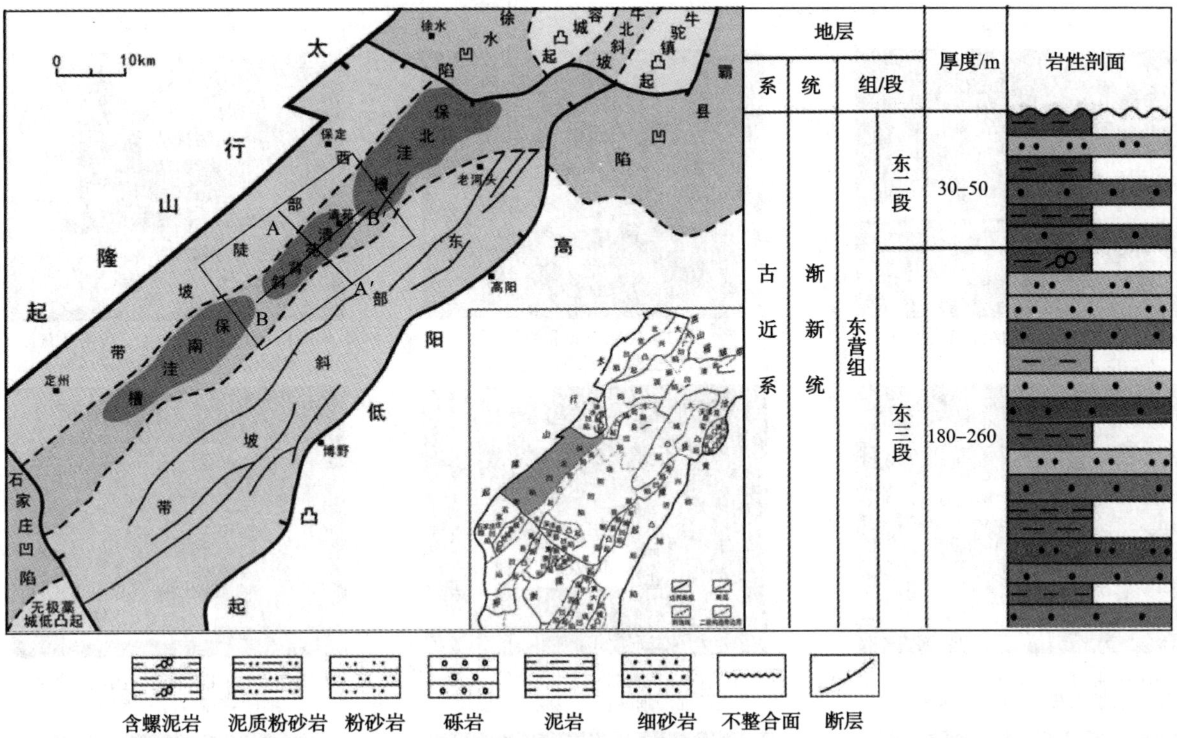

图 1　保定凹陷构造位置与结构纲要图

2.2 岩石学特征

通过分析清苑构造带 70 余口钻井情况，研究区东三段以极细、细粒岩屑长石砂岩为主(图 2)，普遍呈浅灰色，成分以石英为主，平均含量达到 48%，长石次之，胶结物以方解石、黏土矿物为主。垂向上，泥岩颜色变化快，为灰绿色、灰色等还原色与紫红色氧化色相互叠置发育(图 2a、b)。g77X、bq1-144 等井岩心以及壁心资料显示，细砂岩以正粒序为主，底部冲刷面明显(图 2g)，发育小型交错层理、浪成沙纹层理(图 2e、f)，水动力相对较强，泥岩中见丰富的古生物化石，生物扰动现象明显(图 2c、d)，反映出沉积时多以浅水环境为主。整体来看，研究区具有分选中等-好、风化度中等、次棱～次圆状、点-线接触的特征，孔隙主要为粒间溶孔、粒间孔和铸模孔(图 2h、i)。

2.3 粒度特征

选取研究区东三段 148 个样品进行碎屑岩粒度测试发现，该区的粒度概率累计曲线以悬浮和跳跃组成的“两段式”为主，牵引流沉积特征明显，符合河湖交互的沉积特征。高 77-50X 井以跳跃组分为主，细截点为 2.8φ，斜率为 55-60°，反映分选较好、水动力条件相对较强(图 3a)。同时，在 C-M 粒度图中，QR 和 PQ 段发育、OP 和 RS 段不发育的结果对碎屑物质的搬运和沉积条件加以佐证(图 3b)。

2.4 地球物理相应特征

通过对保定凹陷单井的取心井段岩石进行对比分析，总结出研究区沉积微相类型及其对应的自然伽马测井曲线形态等特征，最终得出保定凹陷东营组岩性相(图 4)。测井曲线整体平滑程度较差，多被齿化，反映出“砂泥间互，单砂层薄”的沉积特点，自然伽马曲线偏移基线的程度往往与水动力条件和物源供给量密切相关。中-高幅齿化“箱形”-“钟形”组合反映较强的水动力条件，底部多为突变的特征，沉积物在沉积过程中水动力环境较为动荡，反映河道边滩、分流河道形成时充沛稳定的物源供给条件。泛滥平原则是对应低幅线形曲线，反映了稳定的静水沉积。

同时，研究区河道砂具有较为独特的地震反射特征，整体上具有中强-弱振幅、低频-中高频、连续性中等-好的特点(图 5)。A-A′测线地震同向轴的连续性较好，主要发育“叠瓦状”前积反射地震相，可以识别多期砂体向东北方向顺流加积的特点，一般为河流顺物源的展布特征。B-B′测线地震轴连续性稍差，具有侧向加积的特点，表现为“顶平底凹”的透镜状特征，是河道下切的典型标志。这两种地震内部反射构造类型可为沉积相的展布提供有效佐证。

(a)g77-50X，Ed_3Ⅱ油组，紫红色泥岩

(b)g77-50X，Ed_3Ⅱ油组，紫红色泥岩，夹灰绿色泥条

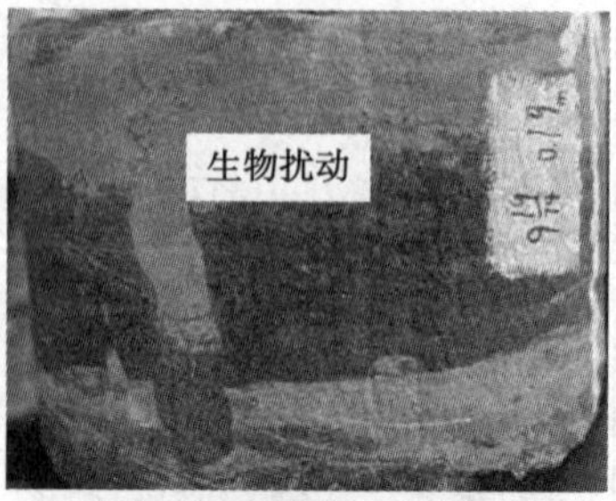

(c)bq1-144，Ed_3Ⅱ油组，浅灰色灰质细砂岩，生物扰动现象明显

(d)bq1-144，Ed_3Ⅱ油组，灰色细砂岩，含螺化石、生物介壳化石

(e)bq1-144，Ed_3Ⅱ油组，灰色油浸细砂岩，浪成沙纹层理

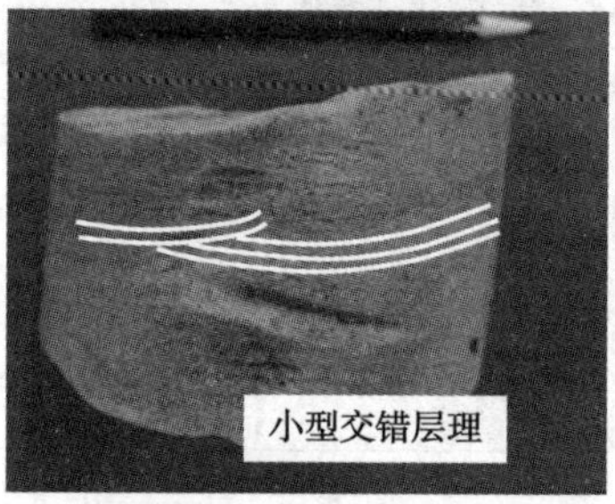

(f)bq1-144，Ed_3油组，浅灰色灰质细砂-粉砂岩，交错层理

(g)bq1-144，Ed_3Ⅱ油组，灰色细砂岩，可见泥砾、裂缝发育，底部见冲刷面

(h)g77-10X，1687.29m，细粒长石岩屑砂岩，粒间溶孔

(i)g77-10X，1694.10m，灰质极细粒岩屑长石砂岩，粒间溶孔、粒内溶孔

图 2　清苑构造带东三段典型岩心-薄片照片

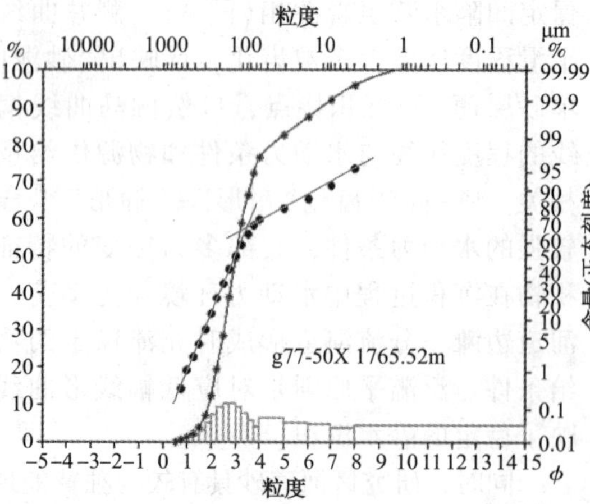

(a)

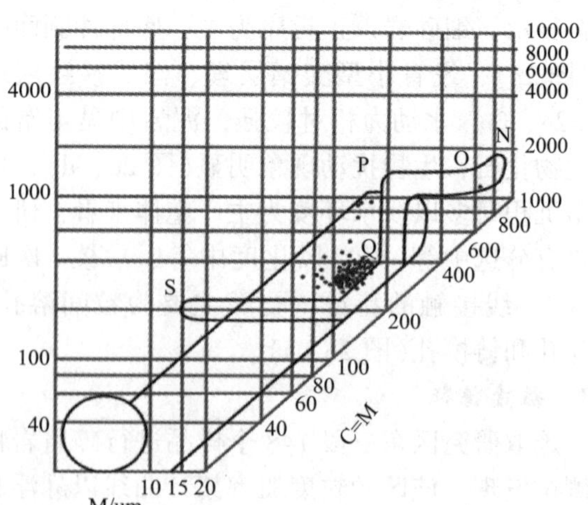

(b)

图 3　粒度概率累计曲线(a)和粒度 C-M 图(b)

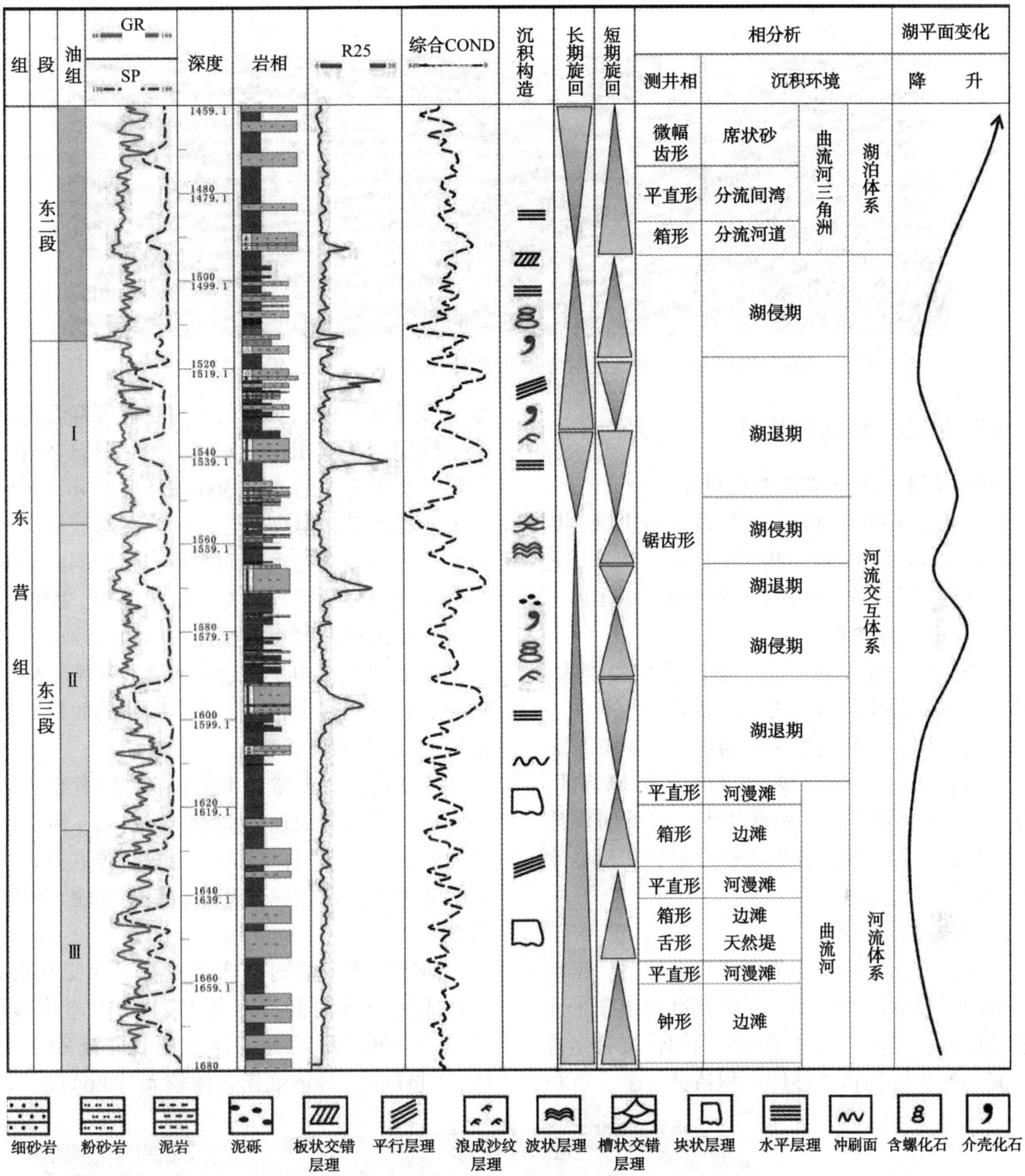

图 4　bq1-144 井单井相

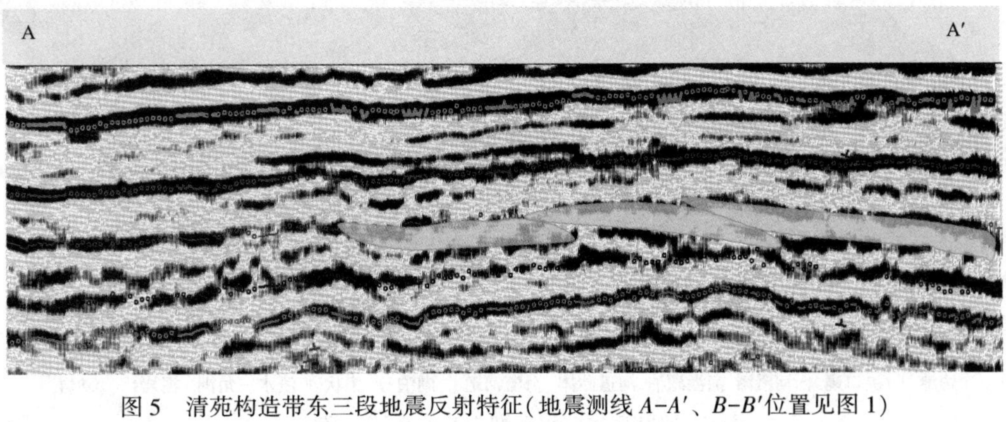

图 5　清苑构造带东三段地震反射特征（地震测线 $A-A'$、$B-B'$ 位置见图 1）

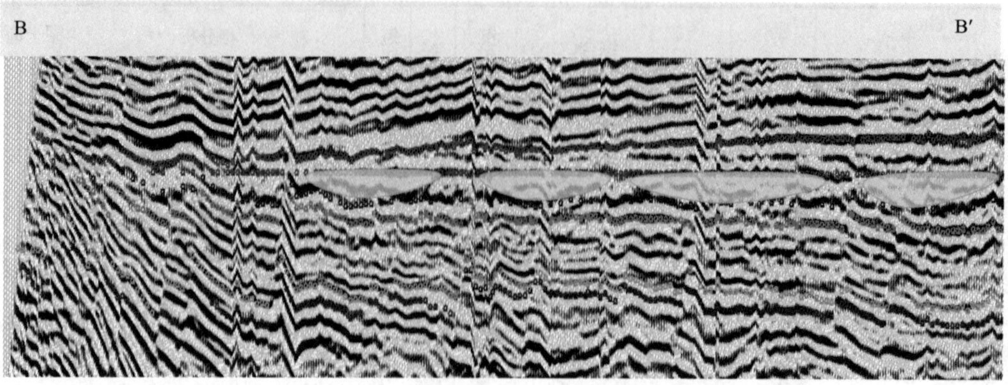

图 5　清苑构造带东三段地震反射特征(地震测线 A–A'、B–B'位置见图 1)(续)

3　河湖交互体系展布特征

3.1　河湖交互沉积模式及单元划分

综合考虑区域古地貌、地形及季节更替等因素，以枯–洪水线为界线，将研究区划为河道主控体系、河湖交互体系及湖泊体系 3 个体系单元。

3.1.1　河道主控体系

受季节性气候变化，湖平面的变化幅度大，河道主控体系位于洪水线之上，主要为相对单一的曲流河沉积，沉积物以细砂岩为主，测井形态多为箱形，垂向上具有富砂贫泥的正韵律特征，发育 3~4 条主要河道，枯水期水位最低时河床大面积出露，存在相当少数的孤立砂体，随着水位上升，发育边滩沉积。

3.1.2　河湖交互体系

向湖盆方向逐渐过渡为河湖交互体系，是河流和湖泊过渡的浅水环境，伴随基准面或湖平面的频繁迁移、摆动，发育了一套周期性交替出现的河流、湖相沉积物。整体沉积特征复杂，沉积颜色多呈现灰色、灰绿色、棕红色等复合色，浪成沙纹层理等沉积构造发育，测井形态多为粗锯齿形。水量充足时表现为湖泊环境，分流河道在水下迁移摆动，呈席状连片特征；水量供应不足时，不能形成稳定连片的水系，且多侧向延伸引起分支和分叉，呈现多支条带状展布，发育主要的河道砂沉积。随着河流体系的频繁改道，形成大量相互交错、相互连通的河道砂和席状砂，导致河道砂之间被席状砂连通，砂体的面积增大。

3.1.3　浅水湖泊体系

浅水湖泊体系常年水位较高，发育稳定的湖相沉积，形成大的连片水体，以灰色、浅灰色块状泥岩为主，无明显粒序，测井曲线主要表现为指状或钟状，靠近泥岩基线，整体反映水体能量较低。

研究区东三段时期广泛发育河湖交互沉积，可形成规模性河湖交互相“枝网式”连片砂体，不同于一砂一藏的分流河道型或分流砂坝型砂体，“枝网式”砂体规模整体较大(图 6)。

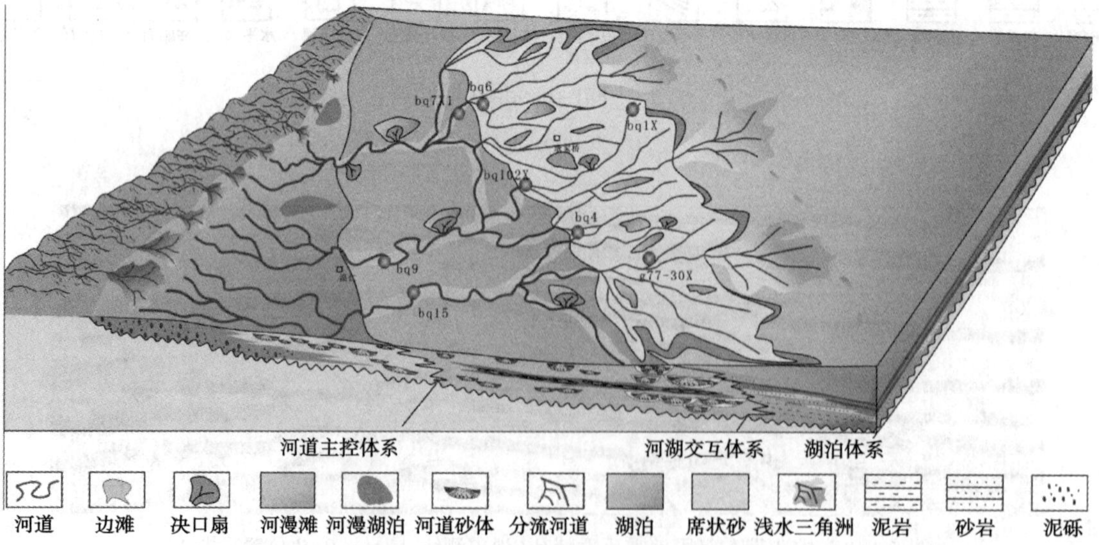

图 6　研究区东营组河湖交互体系沉积模式图

3.2 沉积体系展布特征

通过研究区岩心相、测井相和地震相分析，明确了研究区沉积微相特征。建立垂直物源方向 bq7X1-bq2X-g79X-bq102X-g77-3X 沉积微相连井剖面图(图7)上可以看出河道迁移频繁，大部分发育分流河道，主河道仅发育在 bq7X1 和 g77-3X 井处，分流河道砂体呈条带状展布，整体连通性较好。

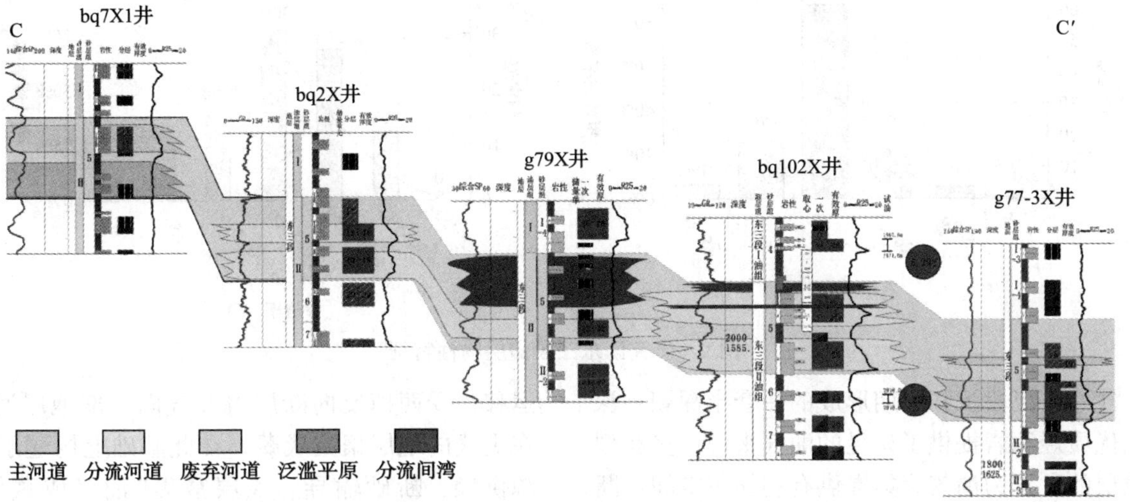

图7 研究区主力层系连井剖面图(剖面位置见图8)

通过钻井、测井及录井的标定，地震属性能够较为准确地描述储层物性、岩性和含油性等特征。井震对比后发现地震均方根振幅(RMS)属性对研究区的砂泥岩的识别度较高，通过对研究区提取 RMS 属性图(图8左)可以看出，红色区域主要分布在研究区的西南部，且大多呈高弯曲度的条带状分布，反映出河道砂的地震反射特征，黄色区域主要为边滩和席状砂的响应，是最有利的微相类型，而蓝色区域则表现为泛滥平原的地震反射特征。综合上述研究成果，根据研究区已钻井情况，划分沉积微相作为约束条件，结合连井相、地震剖面、物源方向和属性预测，对平面沉积微相展布规律进行刻画，最终恢复了东营组沉积微相平面展布格局(图8右)，可以看出，研究区在河湖交互体系中分流河道砂体稳定分布，横向延伸远，同时不同期次的分流河道频繁迁移、摆动，具有明显的分支特征，与单一的曲流河存在明显的不同。

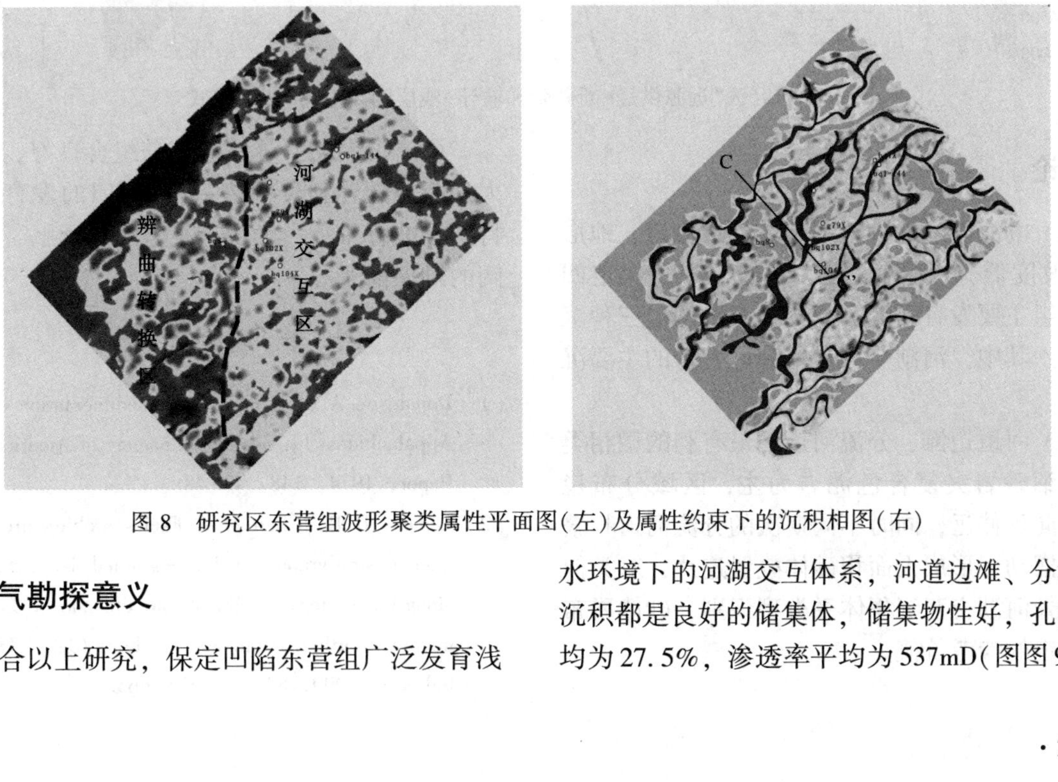

图8 研究区东营组波形聚类属性平面图(左)及属性约束下的沉积相图(右)

4 油气勘探意义

综合以上研究，保定凹陷东营组广泛发育浅水环境下的河湖交互体系，河道边滩、分流河道沉积都是良好的储集体，储集物性好，孔隙度平均为27.5%，渗透率平均为537mD(图图9)，属于中高孔、中高渗储层，同时，区域内稳定分布的泥岩段，可以形成良好的区域盖层。因此，东营组时期湖平面频繁变化，河湖交互体系中的砂泥岩互层可在全区形成多套有利的储盖组合。

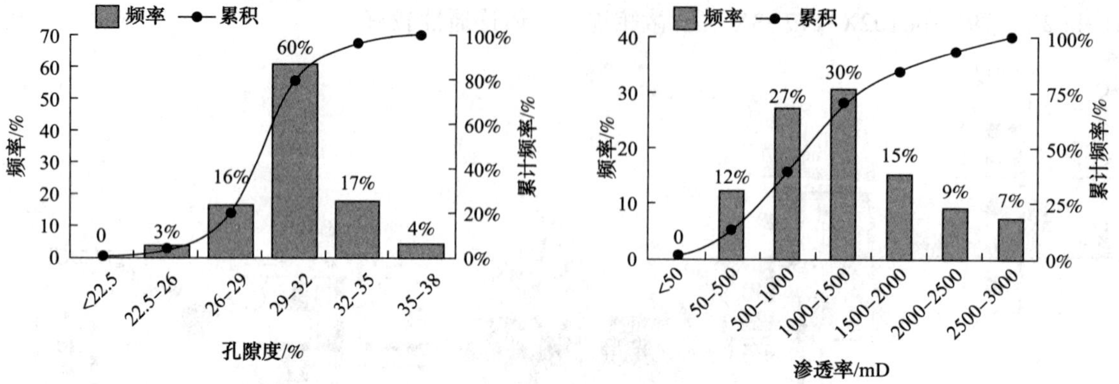

图 9　研究区东三段储层物性特征

沙一下亚段沉积时期形成的一套半深湖—深湖相优质烃源岩提供了充足的油气来源；多类型储集层的发育为油气聚集提供有利储集空间；断裂与砂体共同组成了油气输导体系，为油气运移至储集层提供通道。来自东部蠡县斜坡区和肃宁西洼槽油源向西部构造高部位抬升，油气远距离运移，受西掉反向断层将油气向上部地层调节，在更浅的地层聚集成藏。在此基础上构建了“远源供烃、断砂输导、浅层富集”油气成藏模式（图 10）。保定凹陷东营组河湖交互体系的发现，是勘探理论技术创新的结果，证实渤海湾盆地古近系均具有发育大面积构造岩性圈闭巨大潜力。

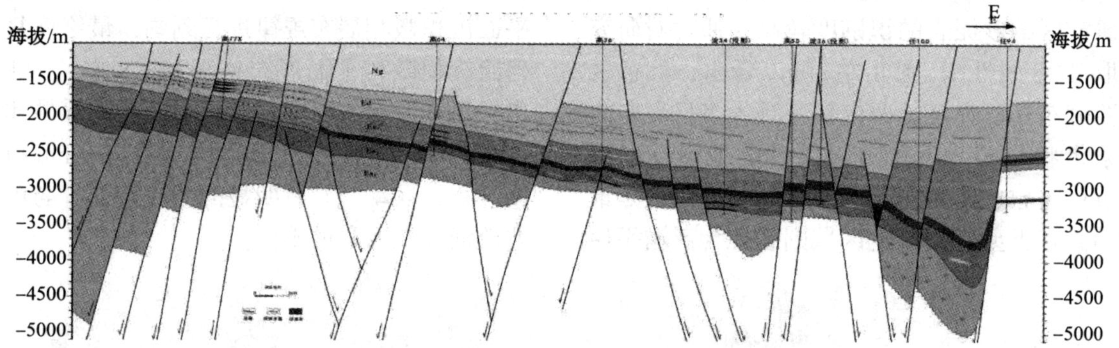

图 10　研究区“远源供烃-断砂阶梯输导-浅层圈闭汇聚”成藏模式

5　结论

（1）渤海湾盆地古近系整体构造稳定、地形平缓（坡度低）、沉降缓慢、气候干旱，保定凹陷东营组主要发育河流、河湖交互和湖泊三种沉积体系。其中，河湖交互是研究区发育的主要沉积体系。

（2）河道边滩、分流河道为最有利的微相类型，以细砂岩夹复合色泥岩为主，区域分布稳定，横向延伸远，同时不同期次的分流河道频繁迁移、摆动，形成大面积砂体叠置连片，对类似浅水背景河湖交互沉积体系类型识别、砂体展布具有一定的参考价值。

（3）河湖交互体系中储盖组合良好，与区域大型断裂配置利于构造-岩性圈闭的发育，在独特的缓坡背景下，油源充足且运移通畅，具有广阔的勘探前景。

参 考 文 献

［1］Donaldson A C. Pennsylvanian sedimentation of central Appalachians［J］. Geological Society of America Special Paper，1974，148：47-48.

［2］Lemons D R，Chan M A. Facies architecture and sequence stratigraphy of fine - grained lacustrine deltas along the eastern margin of late Pleistocene Lake Bonneville，northern Utah and southern Idaho［J］. AAPG bulletin，1999，83(4)：635-665.

[3] 朱伟林，李建平，周心怀，等．渤海新近系浅水三角洲沉积体系与大型油气田勘探[J]．沉积学报，2008，(4)：575-582.

[4] 邹才能，赵文智，张兴阳，等．大型敞流坳陷湖盆浅水三角洲与湖盆中心砂体的形成与分布[J]．地质学报，2008，82(06)：813-825.

[5] 张昌民，尹太举，朱永进，等．浅水三角洲沉积模式[J]．沉积学报，2010，28(5)：933-944.

[6] 张昌民，朱锐，赵康，等．走向多极：碎屑沉积学研究的十对热点问题[J]．东北石油大学学报，2017，41(04)：1-11.

[7] Cahoon D R，White D A，Lynch J C. Sediment infilling and wetland formation dynamics in an active crevasse splay of the Mississippi River delta[J]. Geomorphology，2011，131(3-4)：57-68.

[8] 朱筱敏，刘媛，方庆，等．大型坳陷湖盆浅水三角洲形成条件和沉积模式：以松辽盆地三肇凹陷扶余油层为例[J]．地学前缘，2012，19(01)：89-99.

[9] 朱筱敏，邓秀芹，刘自亮，等．大型坳陷湖盆浅水辫状河三角洲沉积特征及模式：以鄂尔多斯盆地陇东地区延长组为例[J]．地学前缘，2013a，20(02)：19-28.

[10] 朱筱敏，潘荣，赵东娜，等．湖盆浅水三角洲形成发育与实例分析[J]．中国石油大学学报(自然科学版)，2013b，37(05)：7-14.

[11] 朱筱敏，赵东娜，曾洪流，等．松辽盆地齐家地区青山口组浅水三角洲沉积特征及其地震沉积学响应[J]．沉积学报，2013c，31(05)：889-897.

[12] 刘自亮，沈芳，朱筱敏，等．浅水三角洲研究进展与陆相湖盆实例分析[J]．石油与天然气地质，2015，36(04)：596-604.

[13] 张锐峰，何海清，朱庆忠，等．渤海湾盆地保定凹陷东营组油气勘探重要发现与启示[J]．中国石油勘探，2023，28(2)：11-23.

[14] 孙中恒．渤海湾盆地渤东地区浅水河湖交互沉积与有利储集区带预测[D]. 2021. 5.

[15] 于兴河．碎屑岩系油气储层沉积学[M]．北京：石油工业出版社，2002.

[16] 张景军，张宇薇，王畅溪．松辽盆地安达凹陷卧里屯北区块扶余油层沉积微相研究[J]．矿产勘查，2020(10)：2178-2187.

“源-渠-汇”研究方法在乌里雅斯太凹陷南洼槽湖底扇油藏的应用实践

魏秀丽 项 鑫 王宏霞 曹兰柱 元 懿 钱 铮 郑荣华 肖博雅

（中国石油天然气股份有限公司华北油田分公司）

摘 要 源-渠-汇系统研究是当今沉积地质学研究的热点，其重建对理解区域构造、物源供给、搬运通道、研究和预测砂体分布具有重要作用。二连盆地乌里雅斯太凹陷南洼槽腾一段时期发育系列重力流沉积体系湖底扇，是油气勘探的重要层系。为明确砂体及有利储层的分布规律，以钻井、地震、实验分析等资料基础，逐一对腾一段湖底扇沉积体系源、渠、汇各要素进行精细解剖，并建立湖底扇砂体的沉积模式，并指导了勘探实践获得油气新发现。研究表明：乌里雅斯太凹陷南洼槽湖底扇物源来自东部马尼特隆起带凸起区，母岩为二叠系下统凝灰岩、凝灰质砂岩。腾一段时期湖盆扩张，西部边界断层活动加剧，东部坡折断层形成，斜坡区呈倾斜式抬升，坡折下形成了可容纳空间。东部物源区大量粗碎屑物质通过补给水道、古沟道向深湖搬运推进，受控于斜坡带坡折，形成了两排北东走向湖底扇群。湖底扇可划分为内扇、中扇、外扇三个亚相，地震、测井、岩心相具有明显区分。斜坡中带与内带具有相似的构造、沉积背景，湖底扇群均具有良好的成藏条件。通过构建“古沟道控制、断层坡折下多期湖底扇砂体退积”沉积模式，部署勘探获得油气新发现。斜坡中带是下步实现新效益油藏的有利勘探区带。

关键词 湖底扇；“源-渠-汇”；里雅斯太凹陷南洼槽；二连盆地

“Source-Transportation-Sink” research method and application on subeacustrine fan reservoir in southern sub sag of Uliyastai Sag

Wei Xiuli Xiang Xin Wang Hongxia Cao Lanzhu Yuan Yi Qian Zheng Zheng Ronghua Xiao Boya

(PetroChina Huabei Oilfield Company)

Abstract Source-Transportation-sink system is a hot research area in sedimentary geology, and its reconstruction plays an important role in understanding regional structure, source supply, transport channels, research and prediction of sand body distribution. A series of sedimentary system subelacustrine fans were developed during the first period of southern sub sag in Uliyastai Sag, Erlian Basin, which is an important layer for oil and gas exploration. In order to clarify the distribution of sand bodies and favorable reservoirs, we based of drilling, seismic and experimental analysis, dissected the source, transportation and sinks of the sedimentary system of subestrine fan in K1bt1 section one by one, and established the sedimentary model of subestrine fan, which guided exploration practice to obtain new oil and gas discoveries. The results show that the source of the subestrine fan in southern sub sag of Uliyastai Sag is from the eastern Manite uplift area, and the parent rock is tuff and tuffaceous sandstone of lower Permian Systerm. During a period of time, the lake basin expanded, the fault activity intensified on the western boundary, the fracture layer formed on the eastern slope, and the slope area was tilted up, and the accommodative space was formed under the slope bend. A large number of coarse detrital materials in the eastern provenance area were transported to the deep lake through the supply channel and ancient channel, controlled by the slope break of the slope zone, and formed two rows of northeast trend subestrine fan groups. The sublacustrine fan can be divided into three sub-phases: inner fan, middle fan and outer fan. The middle zone and the inner zone of the slope have similar structure and sedimentary background, and the sublacustrine fan group have good reservoir-forming conditions. New oil and gas discoveries were obtained through the deployment and exploration of the sedimentary model of "multi-stage lacustrine fan sand body regression under the control of ancient channel and fault slope break". The middle zone of slope is a favorable exploration zone for realizing new benefit reservoir in the next step.

Key words　subeacustrine fan; Source-Transportation-Sink southern sub sag of Uliyastai Sag; Uria

湖底扇是深湖区所有重力流沉积的总称。二连盆地乌里雅斯太凹陷巴彦花群(J3-K1)腾格尔组湖底扇是我国中、新生代陆相含油气盆地同类型沉积中突出而典型的一例，前人对其沉积特征、形成机制做了丰富的描述与分析。本文采用"源-渠-汇"研究方法从物源地貌、搬运通道及沉积体系分布等方面，对乌里雅斯太凹陷湖底扇的沉积过程进行了分析，建立"源-渠-汇"沉积模式，对深化认识古代深湖相沉积面貌、丰富深湖沉积学研究具有意义。

1　区域地质概况

乌里雅斯太凹陷位于二连盆地马尼特坳陷东北部，是在海西褶皱基底上形成的早白垩世单断箕状凹陷，西断东超箕状结构，总体呈 NNE 向长条状展布，基岩最大埋深 4500m，面积约 3000km^2，分为南、中、北 3 个次级洼槽。区内主要发育下白垩统巴彦花群湖相碎屑岩，自下而上沉积阿尔善组、腾一段、腾二段和赛汉塔拉组地层。湖底扇油藏主要分布在南洼槽东部斜坡带，地层时期为腾一下段(图 1)。

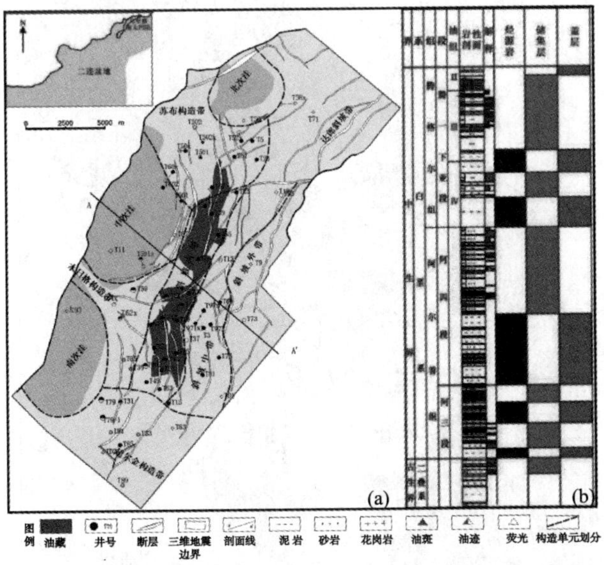

图 1　乌里雅斯太凹陷南洼槽区域构造与地层综合柱状图

2　构造演化特征

乌里雅斯太南洼槽构造比较简单，在斜坡上发育了两个继承性的低幅度鼻状构造(木日格、苏布构造带)，并将南洼槽分割成"三洼夹二低隆"的整体构造格局(图 2-9)。斜坡带又可根据东北向分布的多级破折带分为：斜坡内带、斜坡中带和斜坡外带。

受阿尔善时期木日格、苏布构造隆起形成，在区域左旋拉张应力作用下，斜坡带形成右阶断裂带，断层走向北西弧形断裂、北东走向断裂。根据断裂分级可划分一～四级断裂，一级断层-控洼断层；二级断层-控沉积断层、沟通油源；三级断层-控制局部构造形态、沟通油源；四级断层-控制圈闭。

乌里雅斯太南洼槽经历了四期主要的构造-沉积演化阶段，可分为初期裂陷阶段、快速扩张阶段、晚期收缩阶段和消亡改造阶段。①初期裂陷阶段：晚侏罗世区域性构造活动的基础上，早白垩世进入了新一轮的发育阶段。凹陷边界断层开始活动，基底地形局部发育沉积中心，出现了凹陷的雏形(图 2a)；②快速扩张阶段：西部边界断层又一次开始活动并加剧，从而形成了倾斜式的基底构造背景，为半地堑的发育提供了基础(图 2b-e)；③晚期收缩阶段：以整体升降为主。沉积物供给速率超过沉降速率，使湖盆水体逐渐变浅，湖盆范围缩小，而沉积范围却进一步扩大(图 2f)；④消亡改造阶段：赛汉期之后凹陷抬升，遭受剥蚀，后期被第三、第四系地层所覆盖夷平，结束了该凹陷发生、发展到消亡的演化(图 2g)。阿尔善晚期——腾一段时期为快速扩张期，坡折带的形成为湖底扇的形成提供了充足的可容纳空间。

3　源-渠-汇方法分析湖底扇沉积模式

3.1　源

物源供给是"源-渠-汇"系统发育的根本要素。古地貌对物源供给和沉积体系的分布具有明显的控制作用。凹陷周缘的古凸起和古高地是主要的物源供给区。本文主要根据地质露头、矿物组成、砂岩厚度、古地貌结合，对研究区物源开展定性研究。

乌里雅斯太南洼槽斜坡带砂岩厚度沿北东向

呈朵页分布，东侧砂体和斜坡内带砂体厚度大，最大可达 50m，砂体厚度向洼槽区逐渐减薄(图 2)。根据已钻井腾一下段岩屑含量特征发现，斜坡带砂体岩屑具有高凝灰岩含量特征，凝灰质含量 20~80%，洼槽区砂体呈现高花岗岩岩屑成分、低凝灰质成分，与斜坡带砂体具有明显区分(图 3)。结合地质露头判断，斜坡带物源来自东部二叠系下统凝灰岩、凝灰质砂岩。

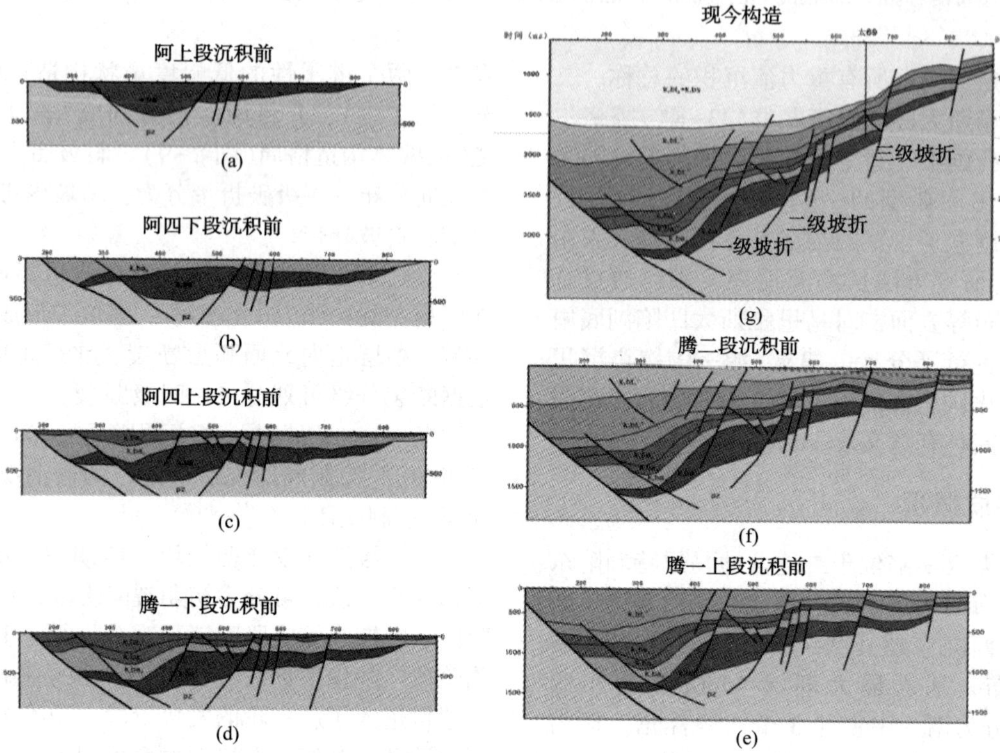

图 2　乌里雅斯太凹陷南洼槽构造演化图

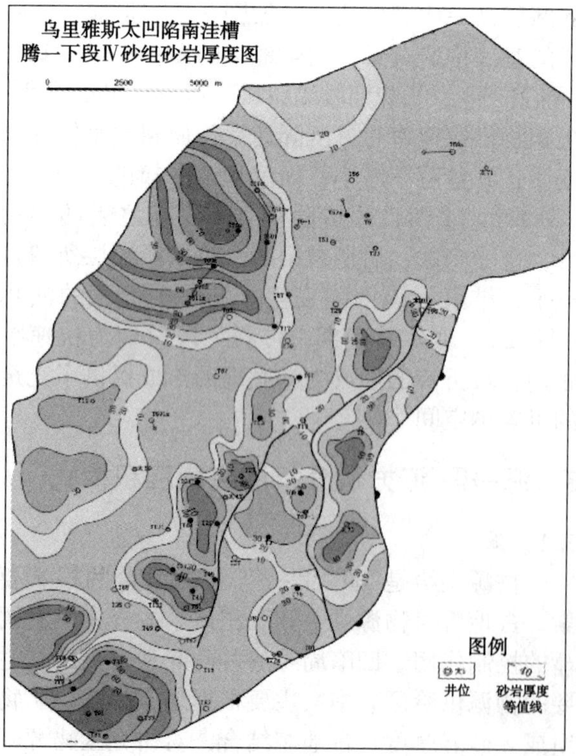

图 3　乌里雅斯太凹陷南洼槽砂体厚度图

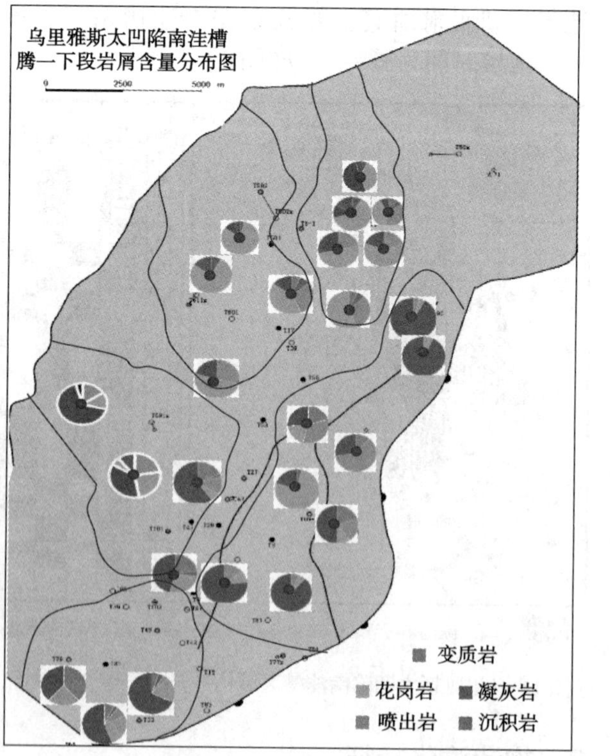

图 4　乌里雅斯太凹陷南洼槽岩屑含量分布图

同时恢复沉积时期地貌亦可发现，东部为古凸起，也印证了湖底扇物源来自东部。东部古凸起区携带物源区充足的沉积物直接入湖快速堆积，为斜坡带扇三角洲及湖底扇发育提供了有利条件。在断陷凹陷地层沉积演化过程中，运载沉积物的各种水系总是从高势区向低势区流动，最终汇聚到凹陷深部或洼槽区。与物源供给方向一致，多呈条带状延伸的低凹地貌—古沟谷，就成为沉积物质的主要运载(搬运)路径或通道，对沉积体系的分布起到了重要的控制作用。

3.2 渠

"渠"指代沉积物的搬运通道与路径。源汇体系研究中，需通过沟谷、坡折带的地震相识别与分析，对"渠"的类型及分布开展研究。

3.2.1　古沟道

控制水系的古沟谷可以表现出多种形式：作为物源输导通道主体的下切谷、河道、水下滑塌(重力流)水道、水下冲蚀河道；构成凹陷内沉积卸载区的大山口、河道与沟谷的出口等，沿凹陷边缘陡带呈局部凹形的缺口。作为搬运通道性质的古沟谷地貌可以出现在物源区、冲积平原区、陡带、缓坡带和洼槽区多个部位，它们共同作用形成了凹陷内复杂的沉积物搬运输导通道。本区斜坡带发育多个古沟道，主要起着搬运沉积物质和作为沉积砂体的卸载区的作用。从图5可以看出，斜坡中-外带发育多个古沟道，地震反射具有明显下切谷特征，地震相呈中-低频、连续-半连续、丘状或透镜状反射特征。已钻井证实古沟道中发育湖底扇沉积，砂岩总厚度22~61m，砂地比7%~48%。

3.2.2　坡折

湖盆内的坡折带既是物源水下供给通道又是可容纳空间分布区，对沉积砂体的分布具有重要的控制作用。

综合二连盆地坡折带发育特征，可以划分出缓坡四种坡折带类型：断裂坡折带、挠曲坡折带、沉积坡折带和侵蚀坡折带。沉积砂体的分布、叠合方式及规模明显受不同类型坡折带的控制(图6)。

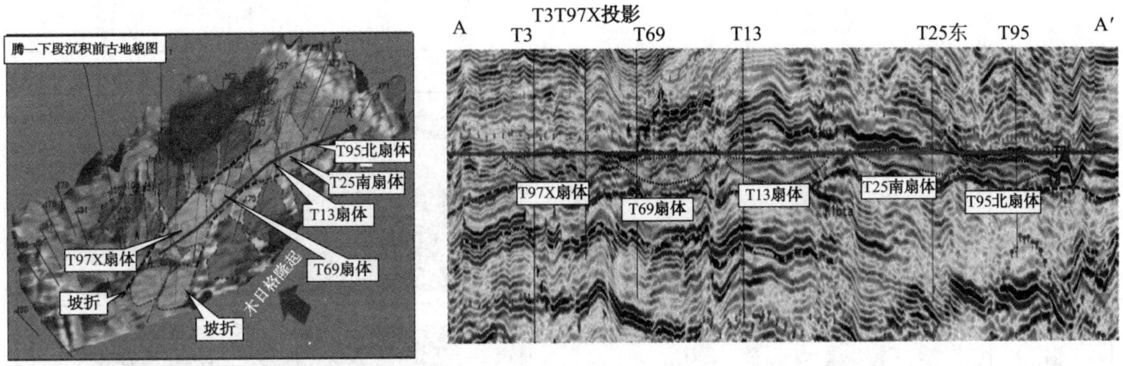

图5　乌里雅斯太凹陷南洼槽腾一下段沉积前古地貌图及斜坡带古沟道图

成因分类	沉积模式	典型实例	成因分类	沉积模式	典型实例
断裂坡折带	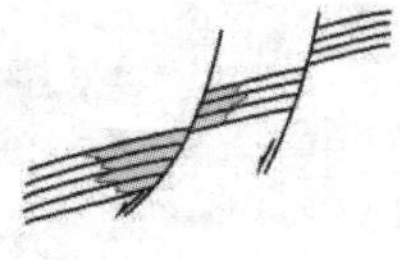	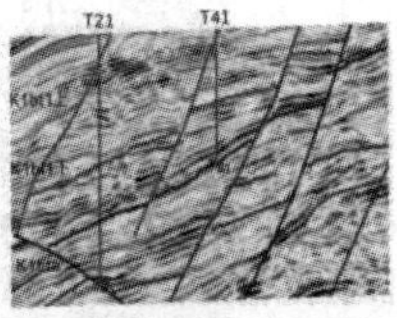	沉积坡折带		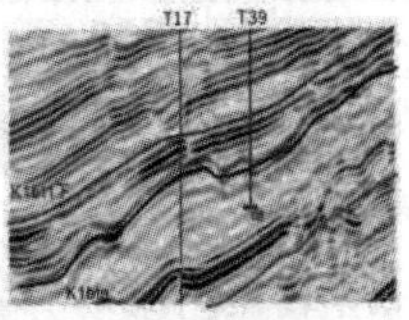
挠曲坡折带		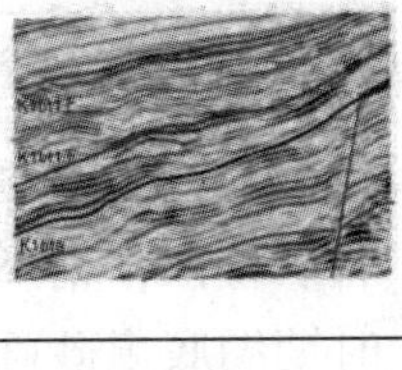	侵蚀坡折带		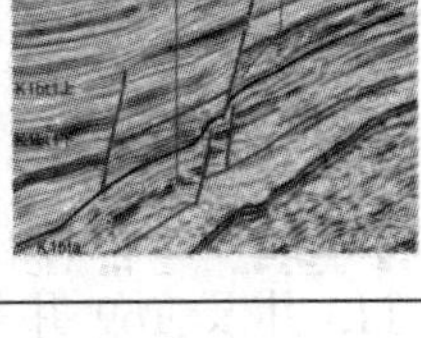

图6　乌里雅斯太凹陷南洼槽斜坡带坡折带类型及控砂模式

乌里雅斯太凹陷湖盆的东部斜坡带，由于受次级断裂和坡折的控制，在所形成的三级阶状构造的不同位置，沉积了多期湖底扇，第三阶坡折处的深湖和半深湖地区沉积湖底扇分布广，湖底扇单个扇体大小控制一般在 2~5km^2；第二阶坡折处半深湖和浅湖地区受古沟道控制发育多个湖底扇，湖底扇单个扇体大小控制一般在 1~2km^2。

3.3 汇

“汇”是碎屑物质经搬运后沉积聚集的场所(可容空间)和沉积物自身特征的综合。研究区在腾一段沉积时期受二级断裂控制，断裂下降盘是凹陷沉降中心所在，可容空间大，碎屑物质顺古沟谷入湖后常就近或短距离搬运后堆积，形成近源沉积。研究区多口井钻遇了东物源湖底扇沉积砂体，利用钻井、测井、地震等资料对湖底扇沉积特征进行了详细描述。

湖底扇平面上由多个扇叶组成的单个扇体。可划分出内扇、中扇和外扇 3 个亚相的多个微相。根据岩心观察单井相和测井相来看，湖底扇相的内扇亚相一般表现为单一的沟道特征，即主沟道。它横向延伸较窄，纵向下切较深，其内的充填物以岩性粗、厚度大为特征。自然电位曲线上常表现为平直状，局部见波状起伏或钟形负异常组合，自然伽马曲线表现为中等幅度箱形特征，电阻率曲线上表现为中高幅度的齿化箱形高阻特征。地震相表现为丘状加厚、半连续反射特征(图 7a)。

中扇亚相主要发育有中扇辫状沟道和沟道间微相。岩性主要表现为厚层砂砾岩、含砾砂岩与深灰色泥岩不等厚互层。靠近内扇的辫状沟道砂砾岩单层厚度较大，一般为 8~15m。自然电位曲线上表现为中等幅度的箱形、钟形负异常，自然伽马曲线上表现为中-低幅度齿化箱形特征，电阻率曲线上表现为中高幅度箱形、钟形高阻特征。地震相表现为丘状加厚、半连续-连续反射特征(图 7b)。

外扇亚相位于湖底扇的最前端，离物源区最远，水动力最弱，主要发育外扇席状浊积砂微相。外扇席状浊积砂主要以含砾砂岩、含砾泥质砂岩与含砾泥岩、泥岩呈不等厚互层为特点，为典型的浊积岩相。地震相表现为层状、连续、强振幅反射特征(图 7c)。

类别	单井相、测井相	地震相
湖底扇内扇	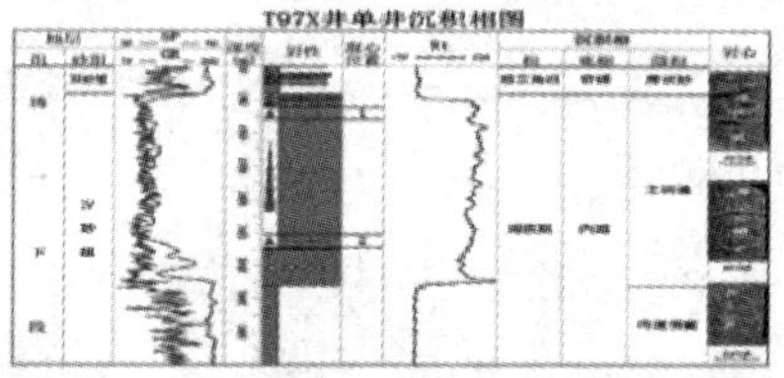	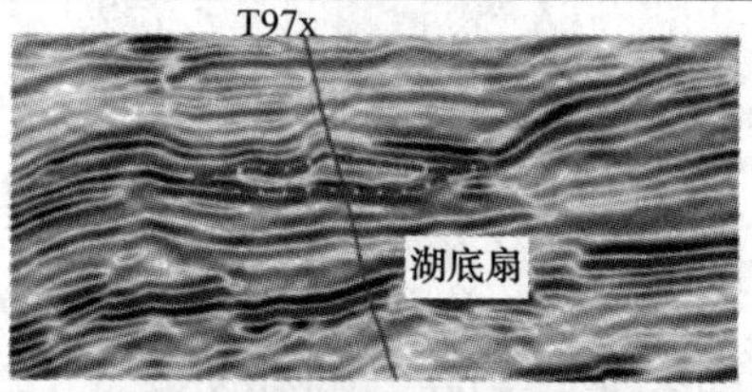
湖底扇中扇	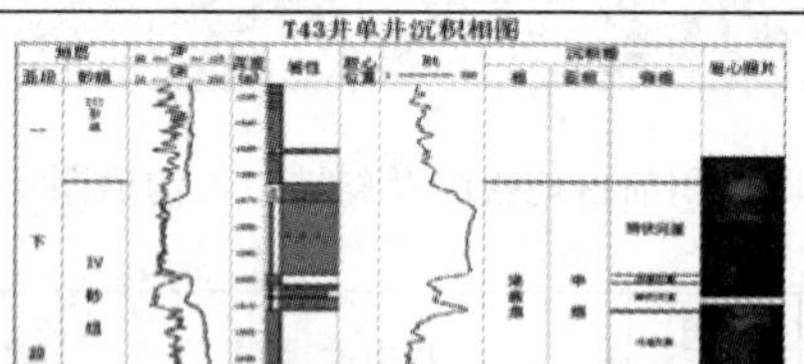	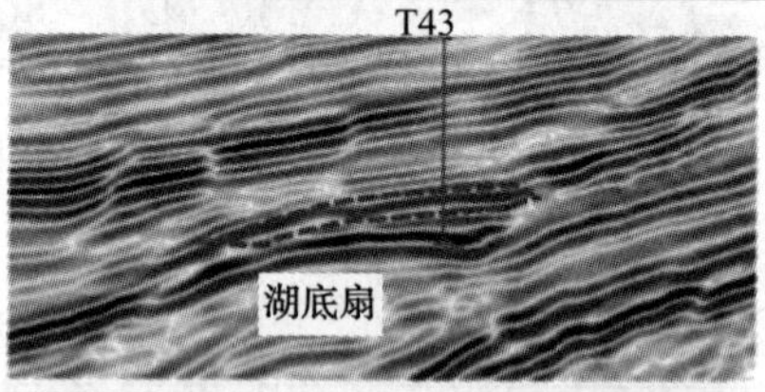
湖底扇外扇	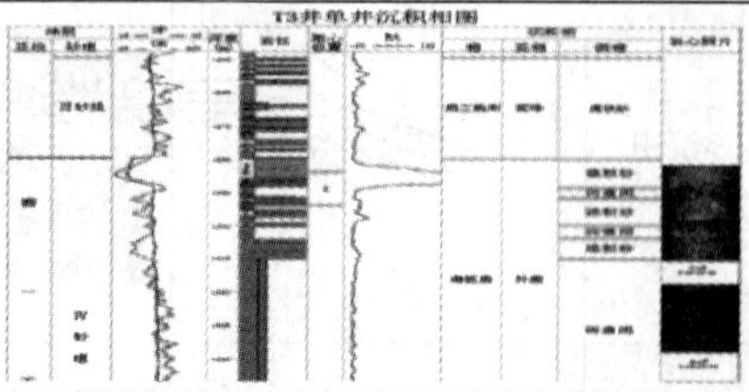	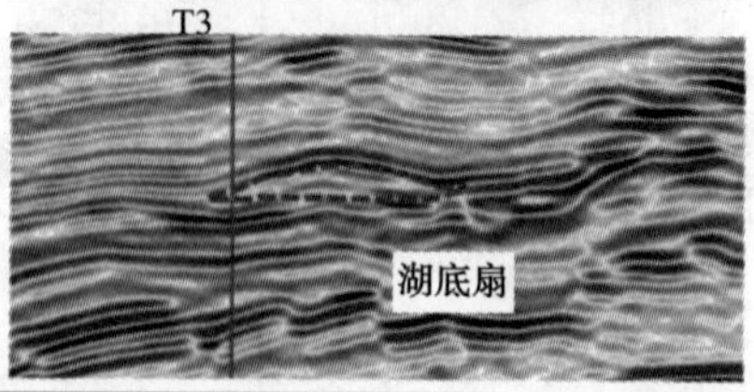

图 7　乌里雅斯太凹陷南洼槽斜坡带湖底扇单井相及地震相特征图

3.4 源-渠-汇沉积模式

通过岩心对比，凹陷东部斜坡区中带钻探的 T3 井、T13 井及 T69 井等在腾一下亚段也有砂砾岩体发育，它们同斜坡区中带湖底扇砂砾岩体(T27、T43、T21、T53 等)具有相同或者相近的岩矿特征，精细井-震标定发现，它们同属于同时期湖底扇砂砾岩体沉积。

根据乌里雅斯太南洼槽斜坡带结构和断裂特

征，结合源-渠-汇分析方法可以明确斜坡带湖底扇的形成机制并建立沉积模式。乌里雅斯凹陷太南洼槽早白垩世为一半地堑，盆地基底发生强烈断裂变形，构成了走向 NE 向的基底断裂系统。东部缓坡边界为三级阶状坡折并受断层控制，凹陷整体窄而长，深度相差悬殊。丰富的物源和盆地断裂形成深度差异大的坡度，为重力流沉积在凹陷内的发育提供了充分的条件。东部马尼特隆起带大量粗碎屑物质通过补给水道、古沟道源源不断向深湖搬运推进，第一排湖底扇群位于湖盆的缓斜坡边缘，堆积于沉积滨线二级坡折附近。第二排湖底扇群在一级坡折带处因可容纳空间增大而卸载堆积形成一系列规模小而厚度大的湖底扇群(图 8)。湖底扇砂体沉积于优质烃源岩内，是发现岩性油藏的有利区带。目前一级坡折带已发现规模湖底扇油藏（T53、T27、T21 等)，湖底扇大小控制一般在 2～5km²。单层 20～50m；单井初期日产 3.4～7.35t，平均单井累产 3080～5747t。二级破折带具有相似的构造、沉积背景，通过勘探实践，也发现了效益湖底扇油藏。

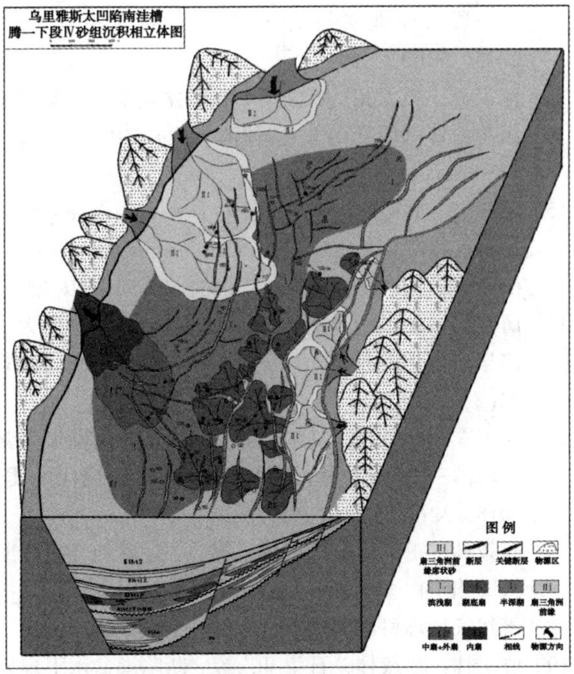

图 8　乌里雅斯太凹陷南洼槽斜坡带湖底扇沉积模式图

4　勘探应用实践

近年来，通过重新评价认识乌里雅太凹陷斜坡中外带湖底扇成藏条件，精细刻画湖底扇砂体，发现 T97X 高效湖底扇油藏。展现了富油凹陷老区低勘探区带良好的勘探潜力。主要做法：

一是沉积相系统研究，构建沉积模式、精细砂体雕刻。

开展断层坡折、古沟道刻画，应用岩相-地震相-测井相综合识别技术，建立湖底扇砂体的响应模式，构建“古沟道控制、断层坡折下多期湖底扇砂体退积”沉积模式。同时结合多种储层预测手段，精细刻画了斜坡中带一系列湖底扇、扇三角洲、岩性体，单层砂体面积合计 25km²。

二是已知油藏分析，明确油藏类型及富集因素。

开展斜坡带已发现油藏分析，明确多期湖底扇体独立成藏特点，湖底扇油藏的分布受岩性界限控制，主沟道有利岩相控制油气富集的特征。

三是油气成藏综合研究，构建油气成藏新模式。

油气成藏研究认为，乌里雅斯太凹陷南洼槽成藏期超压充注，洼槽区-斜坡内带油气充满程度高；斜坡中-外带油气受浮力驱动，在构造高点和优势岩相油气差异聚集。斜坡带构建在多级断层坡折控制下，腾一下段多期湖底扇成藏，形成构造-岩性油藏模式。

落实岩性圈闭 8 个，面积 32km²，预测资源量 2574 万吨。优选 T3 油藏北岩性圈闭，部署钻探 T97X 井获新发现，油层单层最大厚度 85.6m（图 9）。同时扩大成果部署 T971X1 等获成功，夯实了储量规模。

5　结论

（1）乌里雅斯太南洼槽斜坡带湖底扇物源来自东部乌尼特隆起二叠系下统凝灰岩、凝灰质砂岩母岩区，钻井显示高凝灰质为特点。东部古凸起区携带物源区充足的沉积物沿古沟道和坡折带入湖快速堆积，坡折带类型可划分断裂坡折带、挠曲坡折带、沉积坡折带和侵蚀坡折带。湖底扇沉积于第一排、二排坡折处，呈北东向多个沉积朵页体沉积。

（2）湖底扇可划分出内扇、中扇和外扇 3 个亚相的多个微相。内扇和中扇相带岩性粗、厚度大为特征。电性特征呈现钟形、箱形高阻特征。内扇、中扇一般是扇体的主体部位，是形成岩性油藏的有利相带。

（3）斜坡中带湖底扇群与斜坡内带湖底扇群为同一“源-渠-汇”体系下形成的沉积产物，具有相似的构造、沉积条件。刻画了斜坡中带湖底扇群 8 个岩性圈闭，面积 32km^2，同时已证实发现新效益油藏。斜坡中带是下步勘探的有利区带。

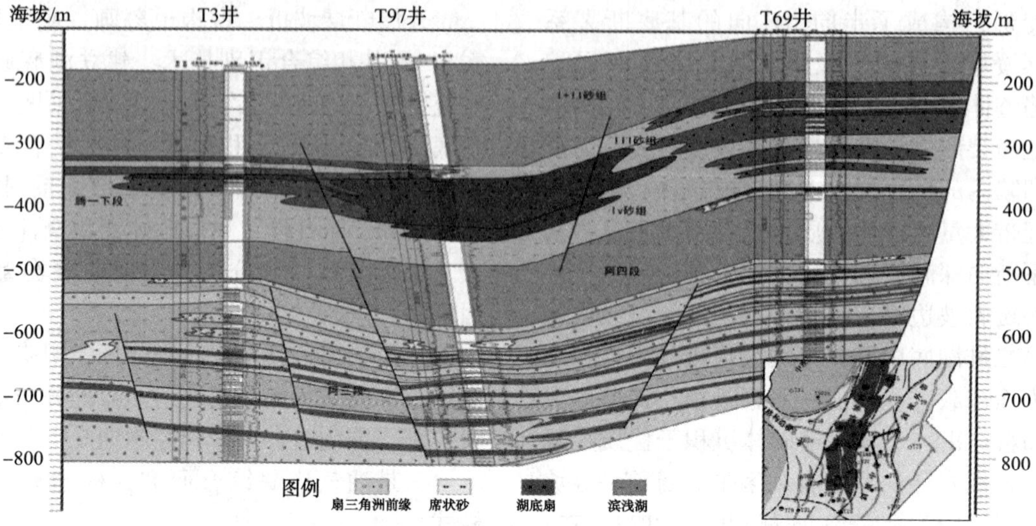

图 9　乌里雅斯太凹陷南洼槽斜坡带 T97X 湖底扇油藏模式图

参 考 文 献

[1] 赵徵林，刘孟慧．湖底扇相模式及其在油气预测中的应[J]．华东石油学院学报，1984，(4)：1-10.

[2] 吴崇筠．湖盆砂体类型[J]．沉积学报，1986，4(4)：1-24.

[3] 刘孟慧，赵徵林．渤海湾地区下第三系湖底扇的沉积特[J]．华东石油学院学报，1981，(3)：1-12.

[4] 许靖华．沉积学讲座讲稿汇编[Z]．成都：地质部成都地质矿产研究所，1980. 120-141.

[5] 杜永林，盛志纬．二连盆地地层发育特征[J]．石油勘探与开发，1984，11(1)：1-5.

[6] 易士威，王元杰，钱铮．二连盆地乌里雅斯太凹陷油气成藏模式及分布特征[J]．石油学报，2006，27(3)：27-31.

[7] 王元杰，钱铮，桂训庭，等．二连盆地乌里雅斯太凹陷南洼槽岩性油藏层序地层特征与勘探[J]．中国石油勘探，2004(3)：40-45.

[8] 邓毅林，曹正林，裴明利，等．小型箕状断陷盆地坡折带与岩性油气藏勘探—以二连盆地乌里雅斯太断陷南洼为例[J]．岩性油气藏，2006，18(1)：38-42.

[9] 邓毅林，王天琦，曹正林，等．二连盆地乌里雅斯太凹陷下白垩统湖底扇沉积特征及成因分析[J]．天然气地球科学，2010，21(5)：786-792.

[10] 杨小陈，乌里雅斯太凹陷南洼槽腾格尔—阿尔善组层序地层学研究[D]．大庆：东北石油大学，2017.

[11] 谢静平．乌里雅斯太凹陷苏布构造带油气成藏特征与勘探方向[J]．特种油气藏，2021，28(6)：45-53.

[12] 丁桔红．湖盆浊积砂体及类型研究[J]．华南地质与矿产，2007，23(3)：6-11.

[13] 张宗檩，操应长，高永进，等．东营凹陷沙三段—沙一段层序地层与油气[J]．石油勘探与开发，2003，30(3)：29-31.

[14] 范雪松，樊太亮，王宏语．松辽盆地梨树断陷营城组源汇体系研究[J]．特种油气藏，2018，25(4)：12-17.

[15] Sinha S，Routh P S，Anno P D，et al. Spectral decomposition ofseismic data with continuous - wavelet transforms[J]. Geophysics，2005，70(5)：19-25.

[16] 蔺连第，朗艳，金蕙，等．二连盆地乌里雅斯太凹陷早白垩世湖底扇[J]．石油勘探与开发，2005，32(3)：27-32.

[17] 何卫军，徐万兴，刘娟，等．乌石凹陷南陡坡带流二段源-汇系统及物性差异性分析[J]．现代地质，2018，32(6)：1161-1171.

[18] 邓毅林，王天琦，曹正林，等．二连盆地乌里雅斯太凹陷下白垩统湖底扇沉积特征及成因分析[J]．天然气地球科学，2021，21(5)：787-791.

[19] 曹正林，邓毅林，石兰亭，等．断陷湖盆水下扇岩性油藏评价方法研究[J]．西南石油大学学报：自然科学版，2008，30(3)：45-49.

[20] 赵澄林，刘孟慧．湖底扇相模式及其在油气预测中的应用[J]．华东石油学院学报：自然科学版，1984，8(4)：323-334.

[21] 易士威，陈亚青．二连盆地坡折带的控相与控藏[J]．岩性油气藏．2010. 22(4)：32-35.

[22] VANWAGONER JV, MITCHUM RM, COMPIONKM, RAH-.

[23] MANIAN V D. Siliciclastic sequence stratigraphy in well logs, cores and outcrops: Concepts for high-resolution correlation of time and facies[J]. AAPG Bulletin, 1990, 7: 22-41.

[24] 庞雄，申俊，袁立忠，等. 南海珠江深水扇系统及其油气勘探前景[J]. 石油学报，2006，27(3)：11-15，21.

[25] 徐长贵，杜晓峰，徐伟，等. 沉积盆地"源—汇"系统研究新进展[J]. 石油与天然气地质，2017，38(1)：1-11.

渤中凹陷西南部渤中 19-2/4 油田亿吨级岩性油田关键成藏条件分析与成藏模式

许　鹏　刘朋波　刘庆顺　汤国民　肖述光

[中海石油(中国)有限公司天津分公司]

摘　要　渤中 19-2/4 油田位于渤中凹陷西南部洼中隆构造带，通过近 25 年持续勘探，在新近系累计探明石油地质储量超亿吨。勘探实践证实，渤中 19-2/4 油田具有含油面积大、测试产能高、油品性质好和储量丰度高的特点，是渤海海域首个大中型河流相岩性油田。渤中 19-2/4 油田关键成藏条件主要有以下 3 方面：①渤中 19-2/4 油田发育深浅层复式构造脊，深层潜山构造脊控制油气汇聚方向和规模，而浅层馆陶组构造脊是区域油气输导层和中转站，直接控制明下段油气富集部位。②脊断配置关系直接控制断层的垂向油气运移效率，切脊核部断裂油气运移能力明显优于切脊翼部断裂。③明下段发育“水系-气候-地貌”控制下切叠型河道砂体，为大型岩性圈闭形成和油气远距离接力运移创造了有利条件。基于关键成藏要素“脊断砂”配置关系分析，渤中 19-2/4 油田新近系具有“双脊继承垂向贯通高效成藏”和“双脊接力横向连片规模成藏”两类成藏模式。渤中 19-2/4 大型岩性油田的发现，证实渤海海域洼中隆起区浅层岩性油气藏的勘探潜力，对类似地区大面积岩性勘探具有重要的借鉴意义。

关键词　渤海海域；新近系；渤中 19-2/4 岩性油田；脊断砂；成藏模式

Analysis of Key Accumulation Conditions and Accumulation Model of the Billion-Ton Lithologic Oilfield in Bozhong 19-2/4 Oilfield in the Southwest of Bozhong Sag

Xu Peng　Liu Pengbo　Liu Qingshun　Tang Guomin　Xiao Shuguang

(CNOOC China Limited, Tianjin Branch)

Abstract　Bozhong 19-2/4 oilfield is located in the Zhonguplift tectonic belt in the southwest of Bozhong Depression. Through continuous exploration for nearly 25 years, the accumulative proved petroleum geological reserves in Neogene system exceed 100 million tons. Exploration practice has proved that Bozhong 19-2/4 oilfield has the characteristics of large oil-bearing area, high test productivity, good oil properties and high reserves abundance. It is the first large and medium-sized fluvial lithologic oilfield in Bohai Sea area. The key accumulation conditions of Bozhong 19-2/4 oilfield mainly include the following three aspects: (1) Bozhong 19-2/4 oilfield develops deep and shallow complex structural ridge, deep buried hill structural ridge controls the direction and scale of oil and gas accumulation, while shallow Guantao Formation structural ridge is a regional oil and gas drainage layer and transfer station, which directly controls the oil and gas enrichment site of lower Ming member. (2) The vertical hydrocarbon migration efficiency is directly controlled by the ridge fault configuration. The hydrocarbon migration capacity of the core fault is obviously better than that of the wing fault. (3) The "drainage, climate and geomorphology" controlled downstream overlapping channel sandbodies in the lower member of the Ming formation created favorable conditions for the formation of large lithologic traps and long-distance hydrocarbon migration. Based on the analysis of the configuration relationship of ridge fault sand, a key reservoir forming factor, the Neogene of Bozhong 19-2/4 oilfield has two types of reservoir forming modes: "double ridge succession vertical through efficient reservoir forming" and "double ridge relay horizontal contiguous scale reservoir forming". The discovery of large lithologic oil field in Bozhong 19-2/4 confirms the exploration potential of shallow lithologic oil and gas reservoirs in middle-depression uplift area of Bohai Sea, which has important reference significance for large-scale lithologic exploration in similar areas.

Key words Bohai Sea; Neogene; Bozhong 19-2/4 lithologic oilfield; Ridge fault sand; Accumulation pattern

自渐新世以来，渤海海域渤中凹陷是渤海湾盆地的沉积沉降中心，沉积了较厚新近系地层，新近系地层厚度最大可达 4000m，同时，郯庐走滑断裂晚期强活动使得深部油气运移到浅层新近系，新近系成为渤海海域最重要勘探开发层系。截至 2021 年年底，渤海海域新近系累计探明石油地质储量近 30 亿吨，占渤海油田总探明储量 58%，成为渤海油田增储上产的"压舱石"和"稳定器"。由于新近系地层不发育有效烃源岩，油气运移条件成为新近系能否成藏关键。前人对渤海湾盆地新近系油气成藏特征和富集规模提出了诸多认识，例如，张善文(2008 年)提出新近系网毯式油气成藏体系，邓运华(2012 年)提出油气运移"中转站"模式，薛永安(2018)提出油气运移汇聚脊理论，这些认识对油气运移过程和富集规律等进行了系统研究，有效指导渤海海域新近系勘探实践。尤其近年来汇聚脊理论提出，在渤海南部海域成功指导发现垦利 6-1、垦利 10-2 和渤中 29-6 等一系列大中型新近系油田。

渤中凹陷西南部自 2003 年在新近系发现渤中 19-4 油田以来，在剩余断块部署钻探了一批探井，均未获规模性储量发现。2019 年以来，通过深化关键成藏要素"脊断砂"研究，明确油气运移路径，在洼中隆起区创新建立"双脊继承垂向贯通高效成藏"和"双脊接力横向连片规模成藏"，在断裂带指导渤中 19-4 油田高效滚动勘探，同时，在远离断裂带斜坡区成功发现了渤中 19-2 油田。渤中 19-2/4 大型岩性油田的发现，证实渤海海域洼中隆起区浅层岩性油气藏的勘探潜力，对类似地区大面积岩性勘探具有重要的借鉴意义。

1 区域基本地质特征

1.1 区域位置

渤中 19-2/4 油田位于渤海中部海域，处于渤中凹陷、沙南凹陷、渤南低凸起及沙垒田凸起接壤处的洼中隆构造带。渤中 19-2/4 油田南北被渤中 25-1 南和渤中 13-1 南油田所夹持，深层为渤中 19-6 太古界潜山构造脊，其中，渤中 19-4 区处于潜山构造脊高部位，渤中 19-2 区处于潜山构造脊相对低部位。渤中凹陷面积约 $9000km^2$，新生界厚度最大超过 10km，是渤海湾盆地面积最大、埋藏最深的富烃凹陷，油气资源基础雄厚，总资源量约 58 亿方。研究区发育有古近系孔店组、沙河街组、东营组，新近系馆陶组、明化镇组和第四系平原组地层，其中沙河街组沙三段、沙河街组一段和东营组三段为主要烃源岩层系(图 1)。

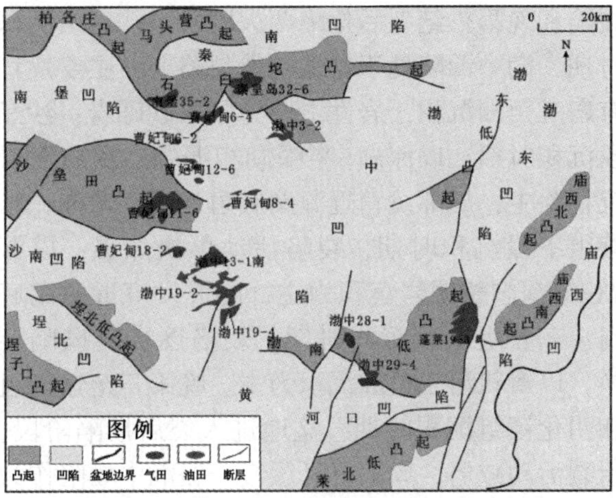

图 1 渤中 19-2/4 油田区域位置图

1.2 区域构造特征

渤中西南部深层发育渤中 19-6 大型潜山构造脊，深层构造脊整体呈现近 SN 走向，构造脊最高部位位于渤中 19-6 南部井区。渤中 19-4 区位于潜山构造脊高部位的上部，而渤中 19-2 区位于潜山构造脊低部位的上部。渤中凹陷西南部新近系发育有一系列近东西向断层，仅南部大型走滑断层 F1 深切潜山构造脊，其余浅层断裂未断至潜山构造脊。渤中 19-4 油田为大型走滑断裂控制花状构造，发育有断鼻和断块圈闭，而渤中 13-1 南受两条大型边界断裂控制，呈"Y 字型"，浅层发育有多个断块圈闭，而渤中 19-2 油田夹持于两个构造之间，浅层断裂不发育，为一单斜构造(图 2)。

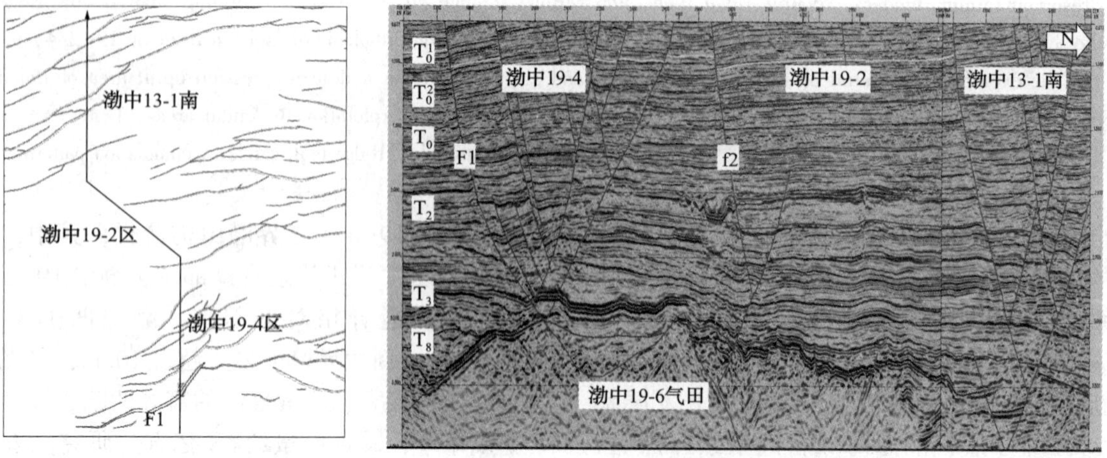

(a)研究区浅层断裂纲要图　　(b)研究区地震剖面特征

图 2　渤中 19-2/4 油田深层构造特征及剖面

1.3　沉积特征

渤中凹陷是渤海湾盆地中一个典型的新生界陆相断陷盆地，构造-沉积演化经历了早第三纪裂陷和晚第三纪裂后拗陷两大阶段。孔店组沉积时期，渤中凹陷处于盆地初始裂陷期，主要发育有扇三角洲沉积，岩性主要为厚层砂砾岩；沙三段沉积时期，以深湖-半深湖相泥岩、灰质泥岩沉积为主，局部发育近源湖底扇、扇三角洲；东营组下段沉积时期，裂陷活动再次加强，以深湖-半深湖相泥岩沉积为主，陡坡发育近源湖底扇；东营组上段沉积时期，裂陷逐步向拗陷转换，以辫状河三角洲沉积为主。晚第三纪馆陶组和明化镇组沉积时期，盆地进入裂后拗陷阶段，断裂活动减弱，坳陷沉降缓慢，但渤中坳陷作为渤海湾盆地晚第三纪沉积沉降中心，局部仍存在面积较大的湖区。具体来看，渤中凹陷西南部馆陶组主要发育辫状河流相沉积，局部发育辫状三角洲沉积；而明化镇组时期以河流相沉积为主，在局部残留浅水湖盆，发育有河湖交互沉积，明下段岩性以河漫滩泥岩和河道细砂岩沉积为主，其中泥岩颜色以紫红色的水上沉积氧化色为主。

研究区主要目的层明下段按照油层对比关系从上到下可划分为 0、Ⅰ、Ⅱ、Ⅲ和Ⅳ共 5 个油层组(图 3)。其中，明下段早期Ⅳ油组沉积时期气候干凉，GR 泥岩基线值偏高，处于低位体系域，可容纳空间较小，物源供给相对充分，河道砂体呈北东向展布，砂体垂向上可见河道叠置特征；Ⅲ油组沉积时期气候湿热，GR 值泥岩基值最低，处于湖扩张体系域，河道砂体呈北西向展布，砂体以孤立河道或决口扇为特征；Ⅱ～0 油组沉积时期气候转为干凉，GR 泥岩基线值由下部高低间逐渐变为上部高值，处于高位体系域，沉积基准面下降，物源供应充足，河流频繁迁移改造，发育叠置片状砂体(图 4)。

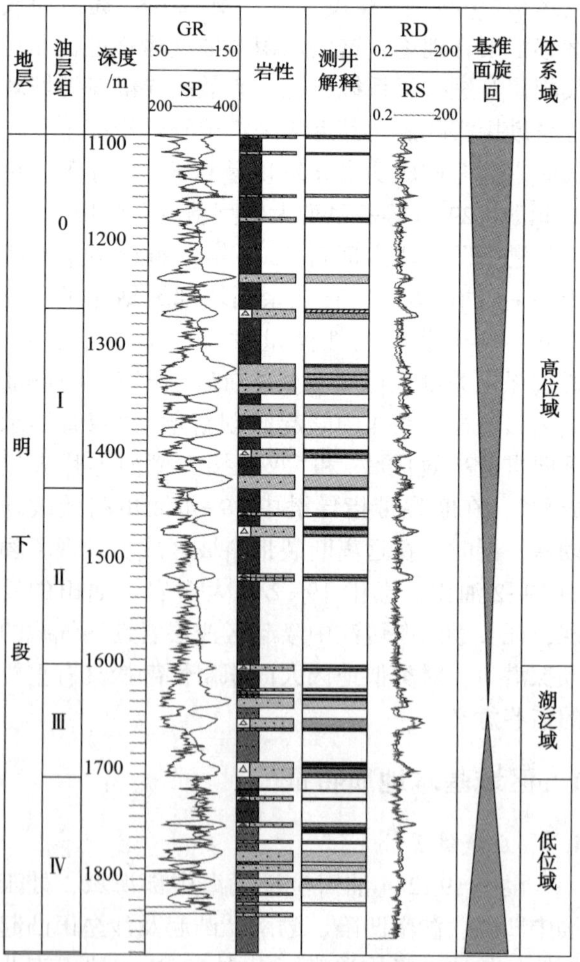

图 3　渤中凹陷西南部明下段典型岩性柱状图

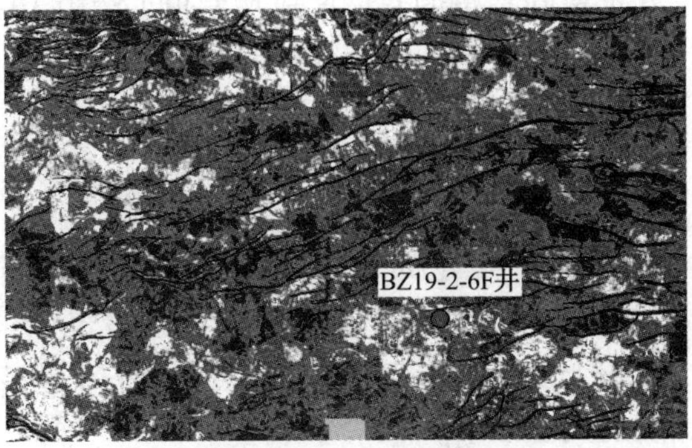

(a)明下段Ⅰ油组砂体属性

(b)明下段Ⅱ油组砂体属性

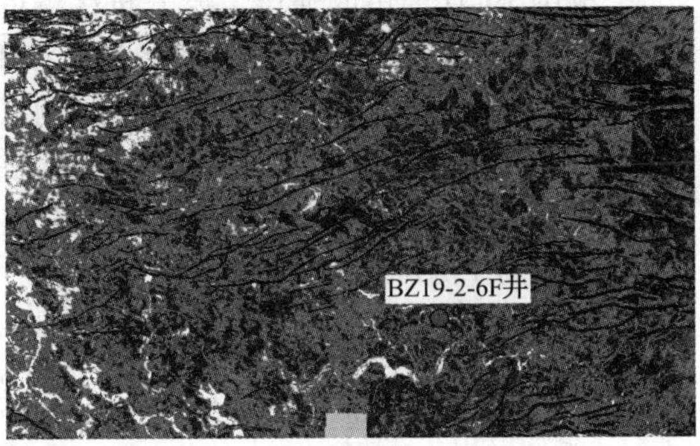

(c)明下段Ⅲ油组砂体属性

(d)明下段Ⅳ油组砂体属性

图 4　渤中凹陷西南部明下段典型地震切片

2　勘探发现历程

研究区第三系自 1997 年以来，历经 25 年勘探，共钻探了近 22 口探井，在明下段发现了渤中 19-2/4 大中型油田，累计探明石油地质储量近亿吨。渤中 19-2/4 油田发现主要经历了东营组构造勘探、明下段构造勘探、明下段滚动勘探开发和明下段大面积岩性勘探 4 个阶段(表 1)。

表 1　渤中 19-2/4 油田勘探历程

勘探阶段	目的层	代表性钻井	钻 探 概 况
1997 年	东营组构造圈闭	BZ19-2-^{A}	仅钻探 BZ19-2-^{A} 井，该井东营组钻遇油层 29.8m，新增探明储量仅 30 万吨，东营组勘探告一段路
2003-2005 年	明下段构造圈闭	BZ19-4N-^{A}	共钻 4 口探井，其中 BZ19-4N-^{A} 明下段和馆陶组钻遇油层 37.2m，发现渤中 19-4 油田，累计探明储量约 3000 万吨
2007-2019 年	明下段滚动勘探	BZ19-2-^{A}	共钻 5 口探井，由于明下段剩余断块构造圈闭“碎陡小”，新增储量规模较小，勘探未获大的突破
2021-2022 年	明下段大面积岩性勘探	BZ19-2-^{D}	共钻探 11 口探井，其中 BZ19-2-^{D} 井明下段钻遇油层 44.8m，测试日产油 186 方、日产气 31274 方，发现了渤中 19-2 油田

第 1 阶段，1997 年，德士古公司以东营组构造圈闭为主要目的层部署钻探 BZ19-2-A 井，在东营组钻遇油层 29.8m，新增探明石油地质储量仅 30 万吨，由于该井在馆陶组和明下段处于构造圈闭之外，录井在明下段及馆陶组均无显示。BZ19-2-A 井东营组新增储量规模相对较小，该区勘探工作告一段落。

第 2 阶段，2003—2005 年，中海油天津分公司利用三维地震资料发现并落实了渤中 19-4 一系列断块构造圈闭，以明下段和馆陶组构造圈闭为主要目的层部署钻探了 4 口探井。其中 BZ19-4N-A 共钻遇油层 37.2m，在明下段进行 DST 测试，获得了日产油 45.1 方的工业油流，发现了渤中 19-4 油田。渤中 19-4 油田探明石油地质储量约 3000 万吨，该油田发现证实渤中凹陷西南部浅层具有较大勘探潜力。

第 3 阶段，2011—2019 年，为了扩大渤中 19-2/4 构造区储量规模，在新近系剩余断块构造圈闭开展滚动勘探，5 口探井在新近系钻遇 11.3m~24.5m 厚度不等的油层。由于剩余断块圈闭面积小，构造陡，发现的储量总体表现为含油面积小，储量规模小，没有大的勘探突破。钻探结果证实，在立足构造为主控因素的勘探思路下钻探结果不理想。亟需调整该区的勘探评价思路，在成熟区继续寻找大中型油田。

第 4 阶段，2021—2022 年，中海油天津分公司转变勘探思路，开展洼中隆型汇聚脊控制下岩性勘探研究，以明下段大面积岩性圈闭为主要目的层，在渤中 19-2 构造斜坡带部署钻探了 11 口探井。其中 BZ19-2-D 井明下段钻遇油层 44.8m，测试日产油 186 方、日产气 31274 方，在远离断裂带的斜坡区成功发现了渤中 19-2 油田，新增探明石油地质储量约 6000 万吨，展现该区明下段大面积岩性勘探潜力。

3　油藏基本特征

渤中 19-2/4 油田具有油藏埋藏深度较浅、油品性质好、测试产能高、含油层段集中、含油面积大及储量丰度较高等特点，是一个整装、优质的大型油田。

3.1　油藏埋深与物性特征

渤中 19-2 油田的油层主要分布在新近系明下段，明下段按照油层对比关系从上到下可划分为 0、Ⅰ、Ⅱ、Ⅲ和Ⅳ共 5 个油层组，油藏主要分布于明化镇组下段Ⅲ油组，Ⅰ、Ⅱ、Ⅳ油组次之，Ⅲ油组探明储量占总探明储量 78%。油藏埋深范围为 1235.0m~1861.0m(图 5)。

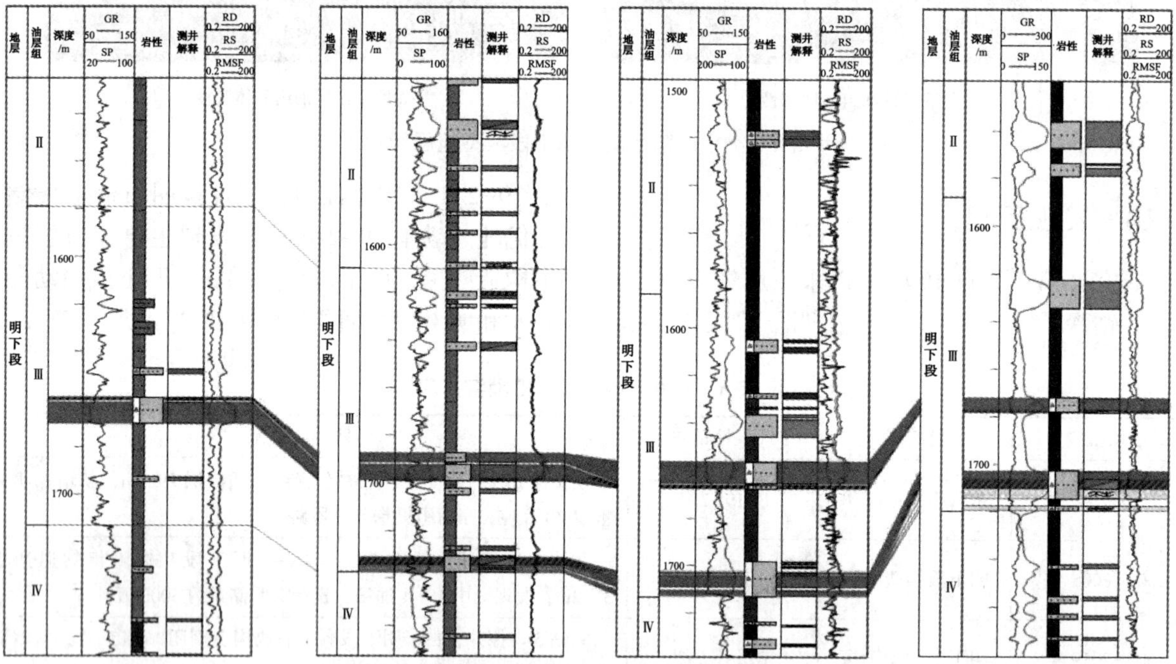

图 5　渤中 19-2 油田主要油层钻井对比图

明下段储层岩性主要为中、细粒岩屑长石砂岩、长石岩屑砂岩，矿物成分主要为石英、长石、岩屑，岩石成分成熟度较低，石英含量 24.0% ~ 46.0%，平均 35.1%；长石含量 25.0%~51.0%，平均 40.3%；岩屑含量 9.0%~42.0%，平均 24.6%，岩屑成分以岩浆岩和变质岩岩块为主，另有少量沉积岩岩块。碎屑颗粒分选中等~好，磨圆度次棱~次圆状。储层孔隙度 25.0%~37.9%，中值 31.3%，平均值 30.3%；渗透率 62.1mD~2328.1mD，中值 1037.9mD，平均值 1031.6mD，具有特高孔、特高渗的储层物性特征。铸体薄片和扫描电镜显示，孔隙类型主要为原生粒间孔，少量溶蚀粒间孔，岩石孔隙发育，分布均匀，连通性好，粒间充填物为丝片状伊蒙混层。颗粒间以点接触为主，长石风化中等(图 6)。

3.2　油藏特征

渤中 19-2 油田明下段整体表现为受大型河道砂体控制的岩性油藏，单砂体含油面积大，含油丰度高。以Ⅲ油组主力砂体为例，Ⅲ

油组 2 号砂体探井钻遇油层厚度 4.4～10.8m，含油面积 22.4km²，油柱高度 72m，为典型的河道型岩性油藏；Ⅲ油组 3 号砂体探井钻遇油层厚度 2.1～8.0m，含油面积 17.3km²，油柱高度 66m，为多期河道相互叠置形成的岩性油藏(图 7)。

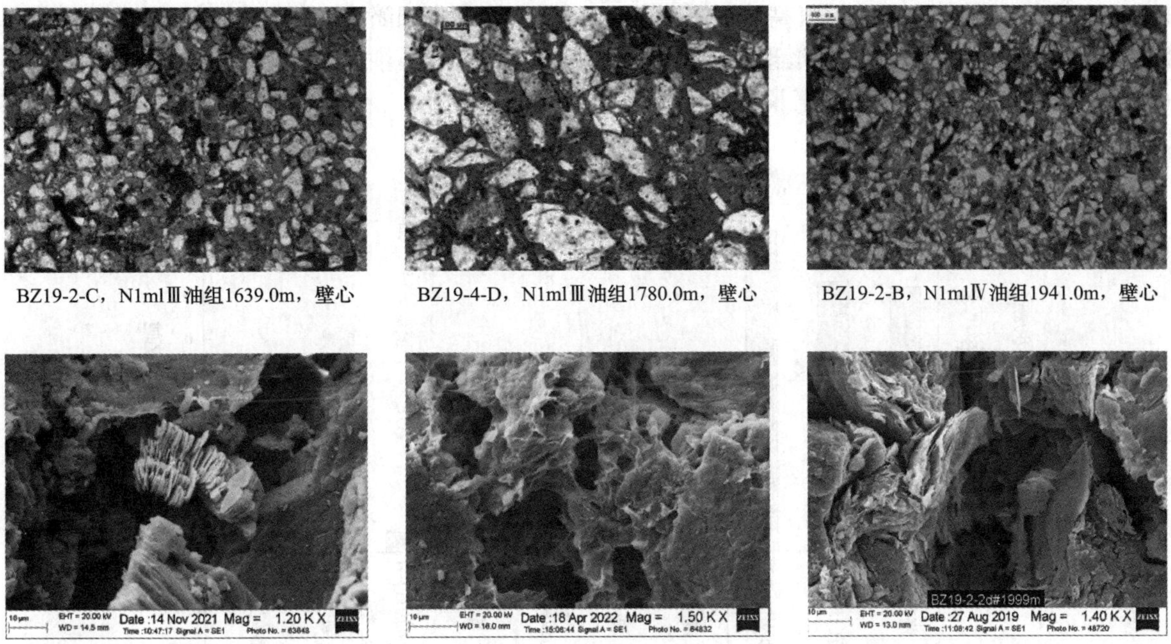

BZ19-2-C，N1mlⅢ油组1639.0m，壁心　BZ19-4-D，N1mlⅢ油组1780.0m，壁心　BZ19-2-B，N1mlⅣ油组1941.0m，壁心

BZ19-2-B，N1mlⅡ油组1458.0m，壁心　BZ19-2-D，N1mlⅢ油组1866.4m，岩心　BZ19-2-B，N1mlⅣ油组1999.0m，壁心

图 6　渤中 19-2 油田明下段储集层微观特征

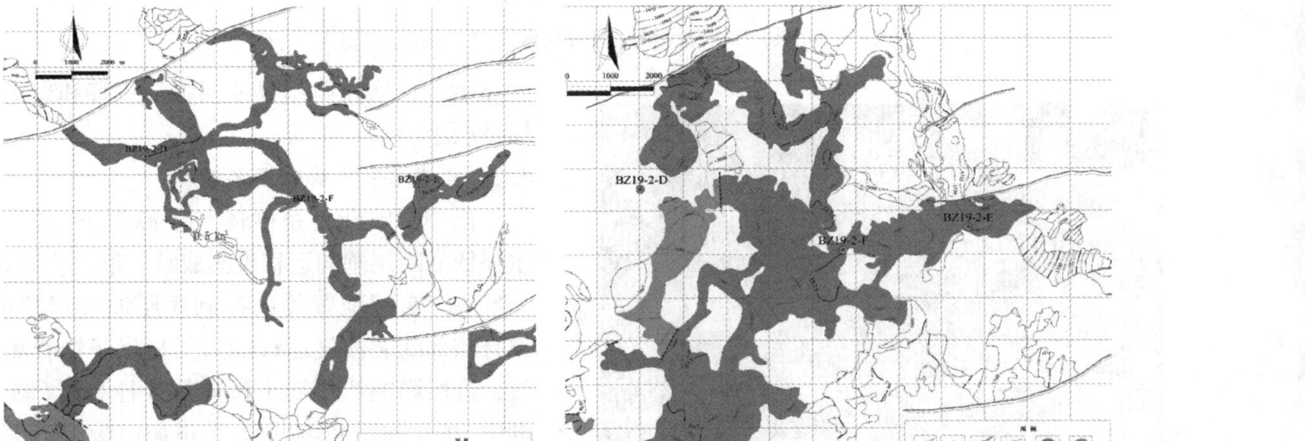

(a)Ⅲ油组2号砂体含油面积图　(b)Ⅲ油组3号砂体含油面积图

图 7　渤中 19-2 油田Ⅲ油组主力砂体含油面积图

3.3　油品性质与测试产能情况

渤中 19-2 油田原油物性较好，为中～重质原油，具有凝固点低、含蜡量低、黏度中等、胶质沥青质含量中等的特点。地面原油密度为 0.897t/m³～0.952t/m³(20℃)，含硫量为 0.11%～0.24%，含蜡量为 3.43%～9.66%，胶质为 10.37%～17.01%，沥青质为 2.07%～5.12%，凝固点为-28℃～-3℃。由于油藏原油物性较好，单井测试产能高，BZ19-2-6d 井测试日产油 186m³，日产气 31274m³。

4　渤中 19-2/4 大型岩性油藏形成条件

结合已钻井分析，通过对油气运移路径和成藏过程进行研究，确定深浅层复式汇聚脊控制明下段岩性圈闭规模成藏，主要包含三大主要成藏要素，分别为深层浅复式汇聚脊，脊断有效配置关系和大型切叠型岩性圈闭。

4.1 深浅层复式汇聚脊

深浅层复式汇聚脊是新近系油气规模成藏的基础，渤中 19-2/4 油田深层发育有渤中 19-6 大型潜山汇聚脊，浅层发育有馆陶组汇聚脊。其中，潜山汇聚脊是深层烃源岩生成油气高效汇聚方向，潜山汇聚脊大小也直接控制油气汇聚规模。王德英(2021 年)创建了潜山风化壳汇聚脊聚油指数 Ia，该指数可以有效表征潜山汇聚脊汇聚能力，汇聚脊顶面圈闭面积是聚油指数的核心，汇聚脊顶面圈闭面积越大，聚油指数越高，可汇聚油气的量越大，浅层发现储量越大(图 8)。渤中 19-6 潜山汇聚脊圈闭面积近 200km^2，是目前洼陷带最大的汇聚脊，油气汇聚脊能力强，有利于浅层规模成藏(图 9)。

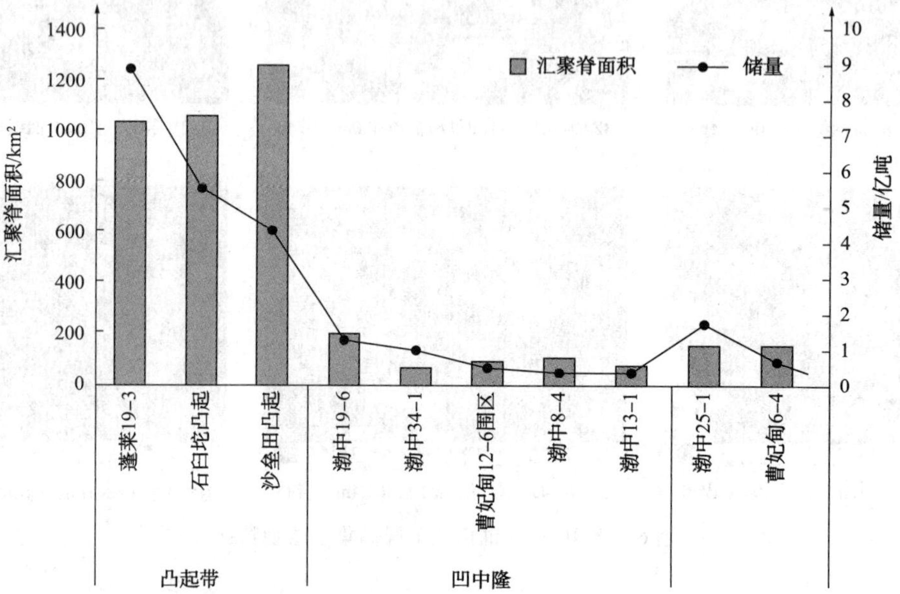

图 8　渤海海域汇聚脊与浅层储量规模关系图

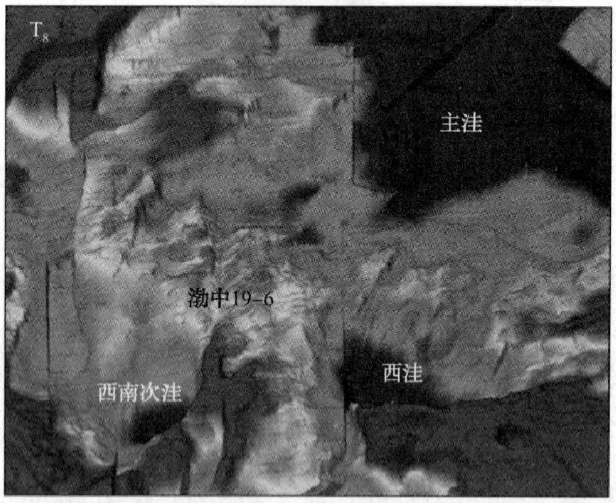

图 9　渤中凹陷渤中 19-6 潜山汇聚脊特征

而研究区浅层发育有渤中 19-4 馆陶组汇聚脊，它是油气运移的“中转站”，直接控制明下段油气富集部位。馆陶组具有储层厚度大、平面分布稳定和连通性好的特点，它是油气沿断裂垂向运移，在浅层优先充注和运移层位。勘探实践也证实，该区已钻井在馆陶组圈闭高部位均钻遇油层，在馆陶组构造圈闭低部位也大多见有良好油气显示，证实馆陶组是浅层油气运移和聚集重要层系(图 10)。

4.2 汇聚脊-断层配置关系

渤中凹陷新近系砂体与烃源岩不直接接触，主要依靠断层垂向运移聚集成藏。勘探实践证实，“脊-断”空间配置关系控制浅层油气运移能力，切脊核部断裂油气运移能力明显优于切脊翼部断裂，进而影响浅层明下段砂体烃柱高度(图 11)。渤中 19-4 油田北侧断裂 f2 正切馆陶组汇聚脊核部，油气可高效向上调整运移明下段，并在 f2 断裂南侧和北侧分别形成渤中 19-4 和渤中 19-2 油田，渤中 19-4 油田北块和渤中 19-2 油田油柱高度普遍较大，介于 18~66m，平均为 32m。而渤中 19-4 油田南块和中块断裂正切馆陶组脊翼部，断裂垂向运移能力相对较差，浅层明下段油柱高度相对较小，介于 6~49m，平均为 14m。

断层垂向运移能力除受脊断配置关系控制外，还受到区域盖层厚度、成藏期断层活动强度控制。渤中凹陷东营组底部沉积环境为滨、浅湖-半深湖相，发育厚度较大的富泥沉积，平均厚度约400m，在整体晚期成藏的背景下，断层断距越大，断接厚度越小，油气垂向运移能力越强。渤中凹陷西南部主走滑断裂F1深切潜山汇聚脊，其深层古近系东营组断距达420m，浅层明下段断距也达140m，东营组断接厚度仅-20m。根据环渤中地区东南部深、浅层区域盖层断接厚度与成藏层位统计关系，该断距可有效支持油气突破东营组泥岩盖层向浅层新近系运移。

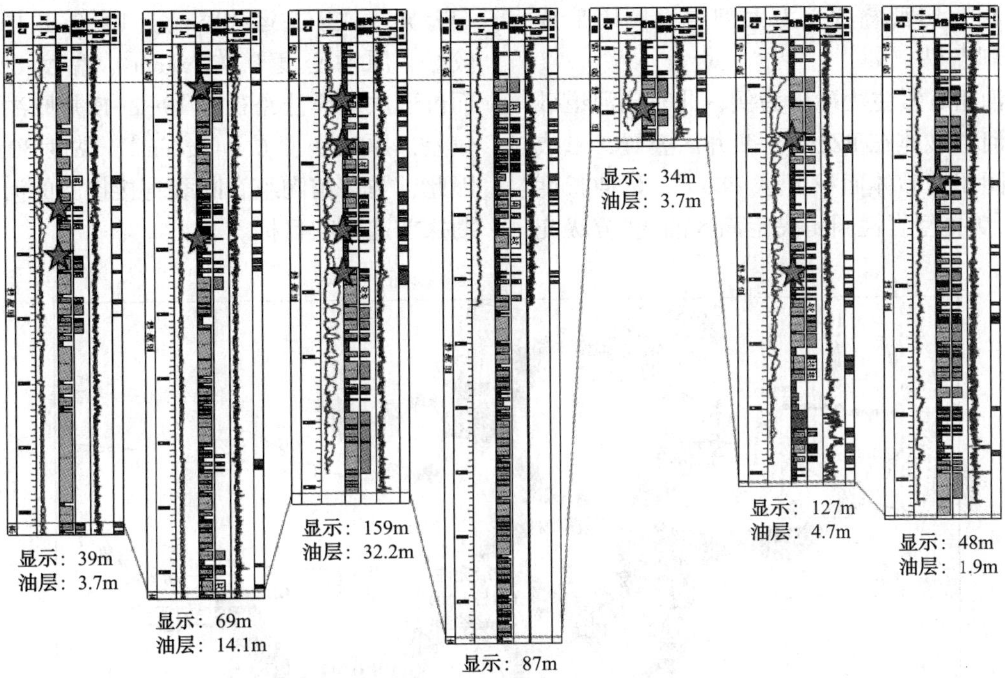

图10 渤中凹陷西南部馆陶组横向输导体系

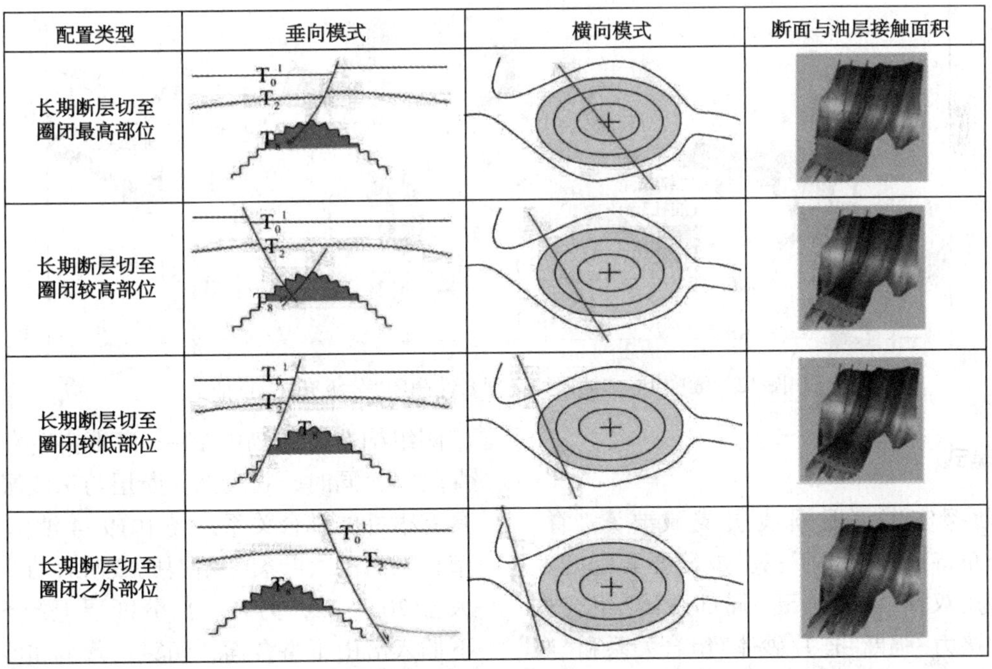

图11 脊断空间配置关系与油气运移能力

4.3 切叠型岩性圈闭

渤中凹陷西南部受古水系、古气候和古地貌控制，明下段发育多期河流相沉积，不同期次河流相砂体相互切割叠置，为大型岩性圈闭形成创造了有利条件。区域沉积研究表明，渤中19-2构造区域发育有西北方向海河古水系和西南方向漳卫-新河古水系，两大古水系为浅层大规模砂体提供了物质基础；明下段沉积早期，受季风气候影响，气候由干凉转为湿热，降水增多，河流体系发育，单期河道相对稳定且规模大，发育稳定型河流相沉积；渤中19-2构造整体为河流平原沉积环境，局部发育有小型积水低洼沉积，有利于不同方向曲流河河道砂体相互切割叠置，为大型岩性圈闭形成创造了有利条件。

以Ⅲ油组2号主力砂体为例，北东向河道砂体与北西河道砂体在BZ19-2-F井区叠置，形成大型岩性圈闭，砂体面积可达79km²，延伸长度达25km。切叠型岩性圈闭决定该区油气“分级充注”特征，与切脊断层直接接触的北西向河道优先充注，油气充注强度大，其油柱高度可达61m，而与北西向河道叠置的北东向道次级充注，油气充注强度相对较小，其油柱高度仅15m（图12）；另外，分级充注导致原油物性具有一定差异，位于主运移路径上19-2-F井原油物性较好，原油密度0.924g/cm³、黏度63mPa·s；而位于次级充注路径上19-2-E井原油物性相对较差，原油密度0.949g/cm³、黏度301mPa·s。因此，与切馆陶组脊断裂直接接触的河道砂体是勘探首选有利目标。

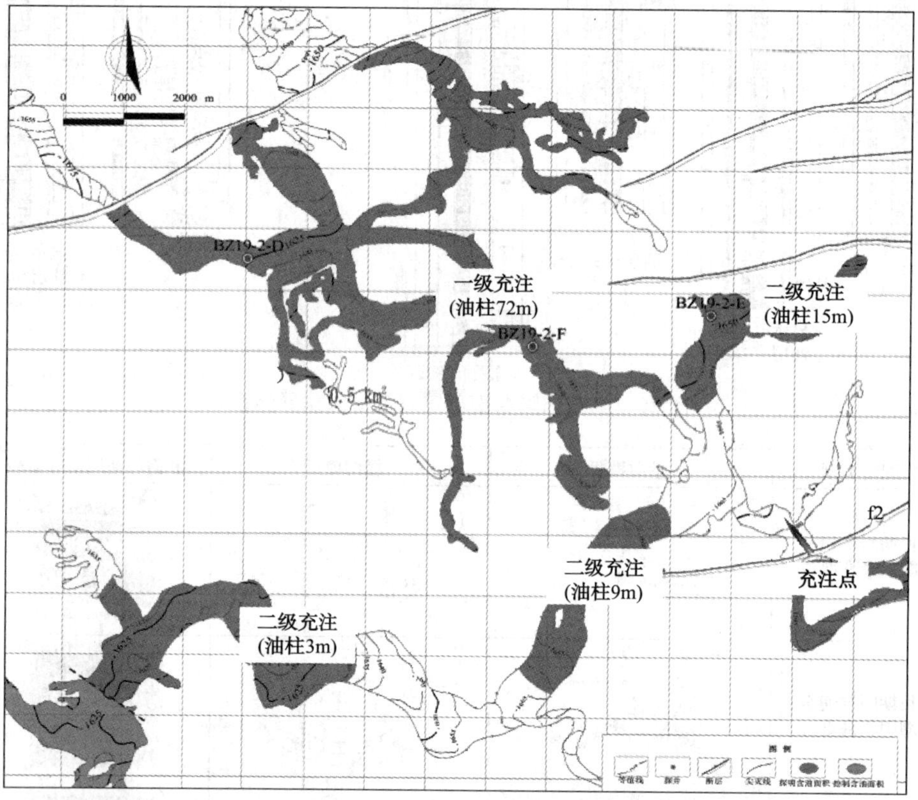

图12　渤中19-2油田切叠型岩性圈闭“分级充注”特征

5　成藏模式

结合勘探实践，根据浅层成藏要素“脊、断、砂”分布特征，建立了三类成藏要素配置关系，分别为“双脊继承-强断-局部砂体”组合关系、“双脊接力-强断-连片砂体”组合关系和“双脊继承-弱断-局部砂体”组合关系，前两种配置关系有利浅层油气成藏，而第三种配置关系不利于浅层油气成藏。

渤中19-4区成藏要素组合表现为“双脊继承-强断-局部砂体组合关系”。渤中19-4油田馆陶组构造脊与渤中19-6潜山构造脊深浅叠合性较好，同时，新近系大断层与深浅层构造脊也具有很好的耦合关系。渤中19-4油田发育Y字型长期活动大断裂，断裂成藏期活动性大，普遍大于20m/Ma，另外，部分断层上断至明上段，下插入潜山不整合面，切穿东营组和沙河街组泥岩盖层，大断裂为深层汇聚脊油气向浅层运移创造了条件。由于断裂体系发育，渤中19-4油田花心构造带断砂耦合好，砂体成藏概率高；同时，由于砂体被断裂分割，单个砂体面积相对较小，井控规模相对较小。渤中19-4油田表现为双脊继承垂向贯通高效成藏模式，成藏特征表现为“油气富集层系多、成藏概率高、井控规模小”特点(图13)。由于该模式浅层成藏概率高，往往成为勘探优先布井目标。

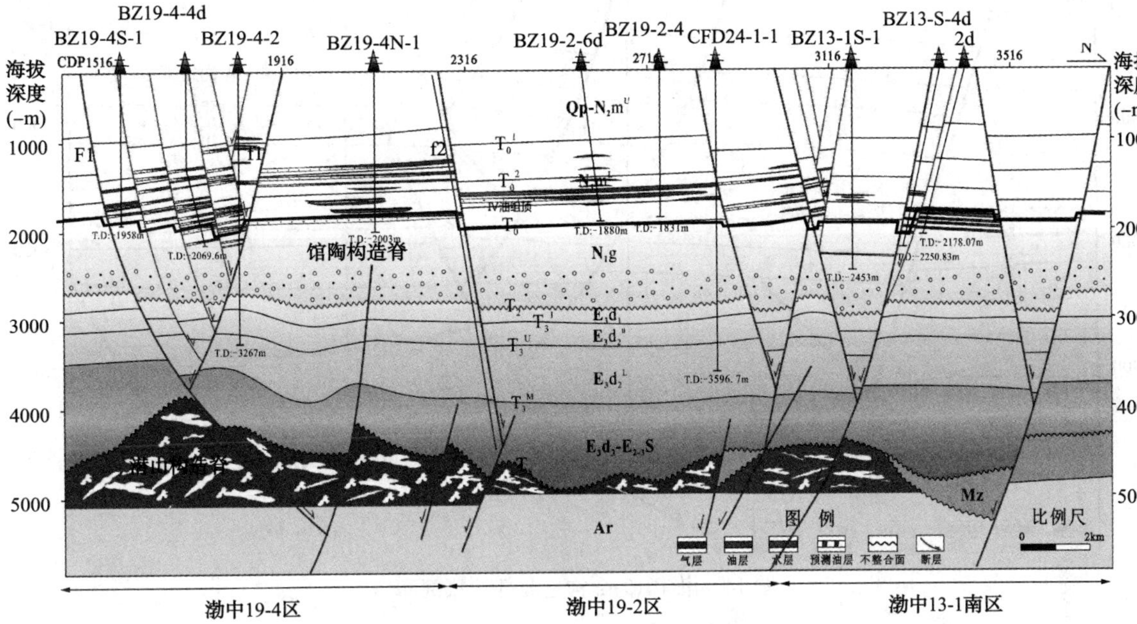

图13 渤中19-2/4油田油气成藏模式

渤中19-2区成藏要素组合表现为“双脊接力-强断-连片砂体”组合关系。渤中19-2油田深层为潜山构造脊较低部位，浅层紧邻馆陶组构造脊，深浅构造脊叠合性差。渤中凹陷沙河街组和东营组烃源岩生成油气首先沿潜山不整合面横向运移，向潜山高部位进行汇聚，然后通过深切潜山脊断裂垂向运移至浅层明下段和馆陶组，其中，充注到馆陶组油气再沿厚层砂体横向运移至构造高部位，渤中19-4油田北块馆陶组作为区域性构造高点，是馆陶组油气横向运移有利指向和汇聚部位；渤中19-4油田北侧断裂正切馆陶组构造脊核部，油气再次向上调整运移，并在明下段砂体充注成藏，在该断裂北侧形成渤中19-2大型河流相油藏。由于渤中19-2油田断裂密度低，砂体可连片展布，油气可远距离规模成藏。渤中19-2油田表现为“双脊接力横向连片规模成藏”，成藏特征表现为“油气富集层系少、井控规模大”特点(图13)。由于该模式井控规模大，是勘探重点发现储量的目标。

渤中19-2/4油田北部断裂带还发育有“双脊继承-弱断-局部砂体”组合关系，如BZ19-2-A井区，该区潜山构造脊和馆陶组构造脊继承发育，断裂体系和浅层砂体均发育。但该区切潜山脊断裂晚期不活动，与切潜山脊断裂搭接的次级断裂晚期活动，但该断裂不直接切潜山脊。由于渤中凹陷明下段为晚期成藏，成藏时间约3Ma，切潜山脊断裂晚期不活动，潜山脊汇聚油气难以通过主断裂向次级断裂进行运移，这是该区浅层未见油气显示的主要原因(图14)。

6 结论

(1) 渤中19-2/4油田是渤海海域典型的新近系河流相岩性油田，具有含油面积大、测试产能高、油品性质好和储量丰度高的特点，通过多年勘探开发，累计探明石油地质储量达亿吨级。

(2) 渤中19-2/4油田发育深浅层复式构造脊，深层潜山构造脊控制油气汇聚方向和规模，浅层馆陶组构造脊是区域油气输导层和中转站，控制明下段油气富集部位；脊断配置关系控制断层的垂向油气运移量，切脊核部断裂油气运移能力明显优于切脊翼部断裂；明下段多期河道砂体相互切割叠置，为大型岩性圈闭形成和油气远距离接力运移创造了有利条件。

(3) 通过研究“脊断砂”成藏要素配置关系，在渤中凹陷洼中隆起区建立“双脊继承垂向贯通高效成藏”和“双脊接力横向连片规模成藏”成藏模式，成功指导渤中19-2/4油田评价，证实渤海海域洼中隆起区浅层岩性油气藏的勘探潜力，对类似地区大面积岩性勘探具有重要的借鉴意义。

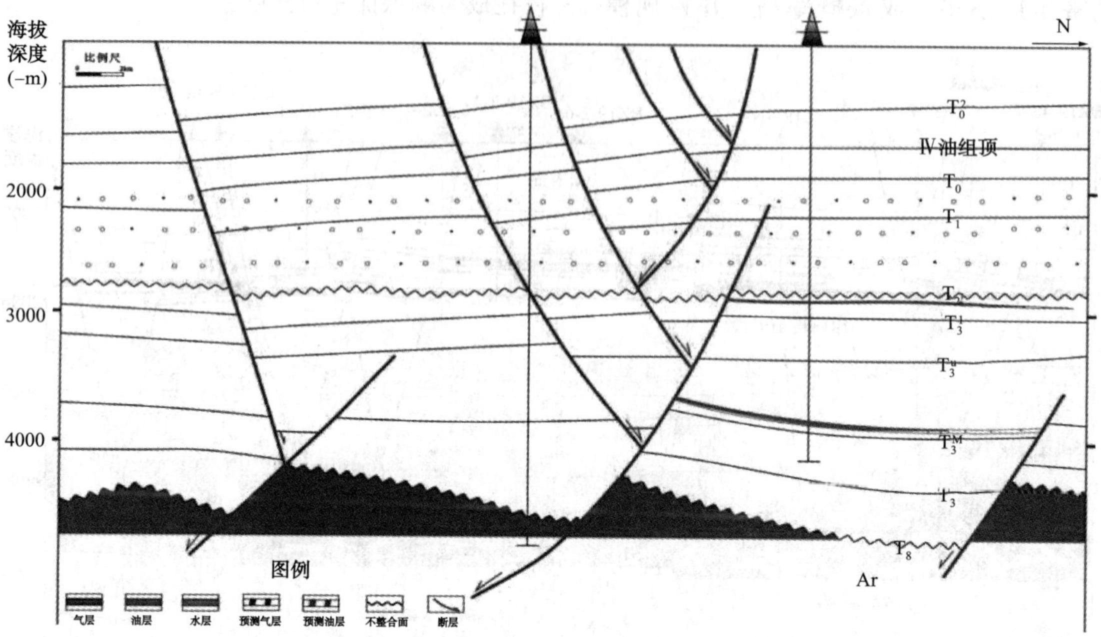

图14　渤中19-2构造北部油藏剖面

参 考 文 献

[1] 谢玉洪，张功成，沈朴，等．渤海湾盆地渤中凹陷大气田形成条件与勘探方向[J]．石油学报，2018，39(11)：1199-1210.

[2] 张善文，王永诗，彭传圣，等．网毯式油气成藏体系在勘探中的应用[J]．石油学报，2008，29(6)：791-796.

[3] 邓运华．裂谷盆地油气运移“中转站”模式的实践效果——以渤海油区第三系为例[J]．石油学报，2012，32(1)：18-24.

[4] 薛永安．渤海海域油气运移“汇聚脊”模式及其对新近系油气成藏的控制[J]．石油学报，2018，39(9)：963-970.

[5] 徐长贵，杨海风，王德英，等．渤海海域莱北低凸起新近系大面积高丰度岩性油藏形成条件[J]．石油勘探与开发，2021，48(1)：12-25.

[6] 薛永安，杨海风，王航，等．渤海莱州湾凹陷深洼带垦利10-2新近系大型油田发现与意义[J]．中国海上油气，2022，34(1)：17-26.

[7] 周心怀，王德英，于海波，等．环渤中地区浅层大规模岩性油藏的成藏主控因素与成藏模式[J]．石油勘探与开发，2022，49(4)：660-669.

[8] 钟锴，朱伟林，薛永安，等．渤海海域盆地石油地质条件与大中型油气田分布特征[J]．石油与天然气地质，2019，40(1)：92-100.

[9] 郝鹏，臧春燕，王波，等．渤中凹陷西次洼烃源岩地球化学特征及油源对比[J]．断块油气田，2019，26(6)：681-686.

[10] 耿名扬，陈少平，刘丽芳，等．渤中凹陷古近系优质烃源岩沉积古环境与发育模式[J]．东北石油大学学报，2021，45(3)：10-21.

[11] 徐长贵，于海波，王军，等．渤海海域渤中19-6大型凝析气田形成条件与成藏特征[J]．石油勘探与开发，2019，46(1)：25-38.

[12] 薛永安，王奇，牛成民，等．渤海海域渤中凹陷渤中19-6深层潜山凝析气藏的充注成藏过程[J]．石油与天然气地质，2020，41(5)：891-902.

[13] 吴磊，徐怀民，季汉成，渤海湾盆地渤中凹陷古近系沉积体系演化及物源分析[J]．海洋地质与第四纪地质，2006，26(1)：81-88.

[14] 王冠民，付尧，张健，等．渤中凹陷古近纪控盆断裂的活动速率与沉积响应[J]．海洋地质与第四纪地质，2016，36(4)：85-92.

[15] 赖维成，程建春，周心怀，等．湖盆萎缩期准平原沉积层序划分与砂体特征研究[J]．中国海上油气，2009，21(3)：157-161.

[16] 王德英，张宏国，官大勇，等．环渤中地区新近系控藏模式与高丰度油藏勘探实践[J]．石油学报，2021，42(3)：273-282.

[17] 徐长贵，杜晓峰，庞小军，等．渤海南部明化镇组下段源-汇体系及其对大面积岩性油气藏的控制作用[J]．地质力学学报，2022，28(5)：728-742.

[18] 王利良，牛成民，杨海风，等．渤海湾盆地莱北低凸起明化镇组下段河道类型演化及其油气地质意义[J]．石油学报，2022，43(3)：364-375.

源外凸起区中位潜山关键成藏条件与优质油藏发现

胡志伟　赵　昭　程　鑫　赵　婧　薛　冰

[中海石油(中国)有限公司天津分公司]

摘　要　针对渤海地区凸起区中位潜山源外成藏运移条件高、凸起区构造活动稳定成储难度大、缺乏稳定厚层超压盖层烃柱高度低等风险，开展渤中28-1油田区太古界潜山成藏条件主控因素研究，提出了关键构造运动约束下的太古界成藏潜力新认识：(1)明确了“印支隆升为翼-早燕左旋分块-晚燕反转成山”的“走滑-反转控圈机制”，确立了内幕断裂解释模式，指导落实了渤中28-1太古界潜山圈闭群。(2)提出弱挤压区太古界潜山“转折翼部成缝-优势应力改造”构造裂缝成储机制，明确了优质裂缝型储层发育区。(3)建立“常压盖层-侧向超压供烃”潜山成藏新模式”，解决了凸起区中位潜山高丰度成藏的关键问题。建立一套基于边缘检测算法的边缘增强属性和绕射波成像技术提高断裂成像技术方法，实现了潜山内幕断裂有效刻画，在上述地质认识和技术方法的指导下，实现了渤中28-1油田区太古界潜山勘探新突破，获得了规模性优质油藏发现，对油田开发形成了良好的经济效益。

关键词　源外成藏；优势应力成储；侧向超压供烃；太古界潜山；成藏条件

Key Reservoir-forming Conditions and Discovery of High-quality Reservoirs in the Middle Buried Hill Exterior to the Hydrocarbon Source

Hu Zhiwei　Zhao Zhao　Cheng Xin　Zhao Jing　Xue Bing

(CNOOC China Limited, Tianjin Branch)

Abstract　In light of the high migration requirements for reservoir formation exterior to the source of the middle buried hill in the uplifts of the Bohai Sea, the difficulty of reservoir formation due to stable tectonics in the uplift area, the risk of low hydrocarbon column height caused by lack of stable and thick cap rock, the main controlling factors of the Archean buried hill reservoir formation conditions in the Bozhong 28-1 oilfield area are investigated, and a new understanding of the Archean reservoir formation potential under the constraints of key tectonic movements is proposed: (1) The “strike-slip reversal controlled trap mechanism” of “Indosinian uplifting-early Yanshan anticlockwise block cutting-late Yanshan reversal mountain formation” is clarified, and an internal fault interpretation model is established to depict the Archean buried hill traps of the Bozhong 28-1. (2) The mechanism of fracture formation and reservoir formation in the weak compression zone of the Archean buried hill is proposed, which includes the formation of fractures in the turning wing and the transformation of dominant stress. This clarifies the development area of high-quality fracture-type reservoirs. (3) A new model of hydrocarbon accumulation in buried-hill is established, which resolves the key issue of high-abundance accumulation in the middle buried-hill in the uplift area. A set of edge enhancement attributes based on edge detection algorithms and diffraction wave imaging technology has been established to improve the fault imaging technology, and effectively interpreting the internal faults of the buried hill. Under the guidance of the above geological understanding and technical methods, a new breakthrough has been achieved in the exploration of the Archean buried hill in the Bozhong 28-1 oilfield area, and a large-scale high-quality oil reservoir has been discovered, bringing about favorable economic benefits for oilfield development.

Key wordst　accumulation exterior to the source, reservoir formation under dominant stress, lateral over-pressure hydrocarbon supply, Archean buried hill, reservoir forming conditions

渤海湾盆地是中国东部重要含油气盆地，具有多层系复式成藏的特征。渤海海域作为渤海湾盆地的海域部分，潜山一直是油气勘探的重要领域，历经近半个世纪的勘探先后发现了曹妃甸1-6、渤中28-1、渤中26-2、锦州20-2、锦州25-1南、蓬莱9-1等多个潜山油气田。相比周边陆上油田而言，渤海油田潜山勘探程度相对较低。近年来，随着勘探程度的日益提高，渤海油田加大了对潜山领域的研究和勘探工作量的投入。特别是近年来渤中19-6千亿方大气田的发现，让人认识到构造运动事件对渤海海域潜山形成演化及其油气成藏的重要控制作用。一方面认识到厚层超压盖层是潜山高烃柱高度的有效保证；另一方面多期构造运动强改造作用下内幕裂缝型储层发育程度是潜山规模性成藏的重要保证。

前人对渤海湾盆地潜山开展过大量研究工作，探讨了华北克拉通破坏背景下前新生代潜山的基本地质构造特征，分析了不同结构和岩性组合条件下潜山的成因类型及储层发育特征，提出了潜山内幕地层的地震识别与划分方法，总结了不同类型潜山油气成藏模式及富集规律。但针对凸起弱挤压区而言，普遍认为裂缝性储层欠发育难以形成规模性有效储层；凸起区东营组盖层相较洼陷区厚度整体偏薄而难以封盖高烃柱油气藏。本文以渤海大连片三维地震资料为基础，以构造事件演化为主线，结合钻井、岩心、测井等资料，论述自古生代以来渤海海域所经历的主要构造运动事件，阐述各期构造运动在渤海海域的具体地质表现，确立凸起区带弱挤压区构造裂缝发育特征和薄泥岩盖层封盖能力，并进一步探讨其油气成藏意义，以期为渤海海域凸起区薄层泥岩封盖区潜山勘探提供理论支撑。

1 地质概况

渤中28-1油田位于渤海湾盆地南部渤南低凸起的中段西侧上，北邻渤中凹陷，南侧发育近东西向边界大断层为界与黄可口凹陷相接，东西两侧被郯庐断裂带西支2条走滑断层所分割。渤中28-1油田属于古潜山油田，位于呈东西向展布的渤南潜山带中部，地层结构呈北西走向、北东倾末的单斜潜山。

研究区钻井揭示自上而下钻遇的地层为新生界第四系，新近系明化镇组和馆陶组，古近系东营组和沙河街组，下古生界奥陶系上马家沟组、下马家沟组、亮甲山组、冶里组和寒武系凤山组、长山组、崮山组、张夏组、徐庄组、毛庄组、馒头组及府君山组，及太古界地层。

太古界潜山发育变质岩，经历多期脉体的侵入，局部夹有辉绿岩侵入体，易发生混合变质作用，形成混合花岗岩；下古生界以浅海台地沉积为沉积背景，主要发育局限台地、开阔台地，岩性以白云岩和石灰岩为主。沙一段主要发育滩坝相和半深湖相，滩坝相以中-细粒长石砂岩为主；沙三段局部发育冲积扇相，以砂砾岩为主。东营组为湖泊相机辫状河三角洲沉积，馆陶组为辫状河沉积，明化镇组为曲流河沉积(图1)。

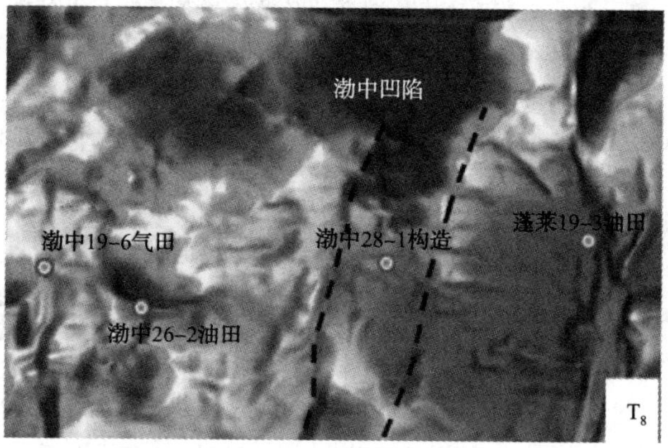

图1　渤中28-1油田区域位置图

2 构造演化与储层发育特征

2.1 渤中28-1潜山构造演化特征

(1) 区域演化特征

渤海湾盆地是在华北克拉通东部地块之上发育的中新生代盆地。太古代-古元古代，渤海湾盆地形成巨厚的变质岩结晶基底；中-新元古代，盆地进入大陆裂谷盆地发育期，在阜平等多期构造运动作用下，最终形成前寒武纪褶皱基底。早古生代-三叠纪中期，华北板块经历稳定的沉降、抬升、再沉降的过程，沉积寒武纪及中、下奥陶统的碳酸盐岩，中、上石炭统及中三叠统的海陆交互相灰岩、陆相碎屑岩，缺失上奥陶统-下石炭统的全部地层。

三叠纪晚期，板块运动开始活跃，华北板块与扬子板块自东向西呈剪刀式闭合，渤海地区南北向挤压作用强烈，广泛隆起，形成一系列近东西向的逆冲断层和褶皱，渤海大部分地区古生界遭受剥蚀。早、中侏罗世-晚白垩世，在燕山多期运动作用下，华北板块东部地区由挤压过渡到强烈断陷，并伴有强烈的岩浆活动。中生代晚期，渤海地区再一次整体隆升并遭受剥蚀。新生代以来，在地幔热隆起和板块边界活动引起的多动力作用影响下，渤海地区经历伸展与走滑复合叠加的改造过程。

（2）成因机制

结合渤海湾盆地区域演化特征与渤海地区两期关键的构造运动表现形式，根据现有资料，探讨渤中 28-1 潜山构造演化及成因机制（图 1）。

早古生代-三叠纪中期，渤中 28-1 潜山所在的渤海海域为稳定克拉通发育期，以垂直抬升、沉积为主，沉积了下古生界的碳酸盐岩及上古生界的海陆过渡相灰岩、陆源碎屑岩。

三叠纪中晚期，印支运动的作用下，华北板块与扬子板块自东向西呈剪刀式闭合，渤海海域南北向挤压作用强烈，广泛隆起，形成一系列近东西向的逆冲断层和褶皱、隆起，其中，渤中 28-1 潜山与渤中 19-6、渤中 21-2 恰好处于同一个北西走向的挤压逆冲带上，但渤中 19-6、渤中 21-2 处于挤压褶皱核部，而渤中 28-1 位于褶皱翼部。印支晚期，挤压抬升形成的隆起区遭受风化剥蚀，整条构造带的古生界地层被剥蚀殆尽，太古界基底出露地表。

燕山运动早期，在太平洋板块北西向俯冲作用下，区域应力场由南北向转变为北西向挤压，研究区叠加隆升；此外，渤中 28-1 构造处在郯庐走滑断裂带内，在压扭作用下，该构造带发生左行剪切，渤中 28-1 块体相对于其西侧的渤中 19-6、渤中 21-2 构造带向北运动，其走滑强度明显强于渤中 19-6 构造带。

燕山运动中期：太平洋板块北北西向持续俯冲，渤海湾盆地受到地幔热隆起影响，导致地壳减薄，从而进入大规模陆内裂陷期，围区前期形成的近东西向逆冲断裂强烈的伸展裂陷反转，控制着中生界火山岩的沉积展布。燕山运动晚期，太平洋板块北西西向华北板块强烈俯冲，构造带再次遭受挤压，发生整体隆升剥蚀，且渤中 28-1 构造太古界出露区面积不断扩大，北东东向分块形成。

喜山运动期以来，在地幔上隆引起的地壳引张和区域挤压引起的深大断裂剪切作用下，渤中 28-1 潜山地区经历了伸展和走滑复合改造。新生代时期，在张扭作用下，渤中 28-1 构造三面环洼的构造格局形成。

2.2 太古界潜山储层发育特征

潜山储层发育受褶皱作用和断裂活动影响，褶皱作用控制裂缝储层的发育，分别在核部和翼部形成张性裂缝与剪切裂缝。尽管研究区处于印支弱挤压区——褶皱翼部，但渤中 28-1 太古界潜山受到“双向走滑--优势应力”联合控储机制，使得渤中 28-1 构造区太古界潜山发育了优质的内幕裂缝型储层。

（1）印支期“造缝”：尽管渤中 28-1 潜山与渤中 19-6、渤中 21-2 恰好处于同一个北西走向的逆冲背斜带上，但渤中 19-6、渤中 21-2 处于挤压褶皱核部，属于强挤压区，形成了大量的构造裂缝，而渤中 28-1 位于褶皱翼部，挤压强度明显弱于核部，构造裂缝密度相对较小（图 2）。应力数值模拟结果也显示，褶皱轴部和转折端等构造曲率较大的部位裂缝最为发育，而褶皱翼部的裂缝发育程度相对较差（图 3）。

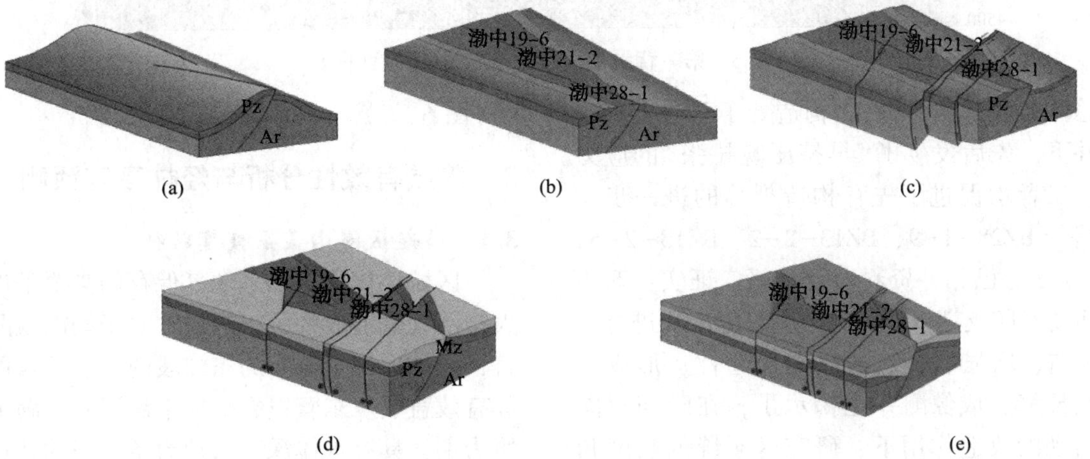

图 2　渤中 19-28 潜山带构造演化模式图

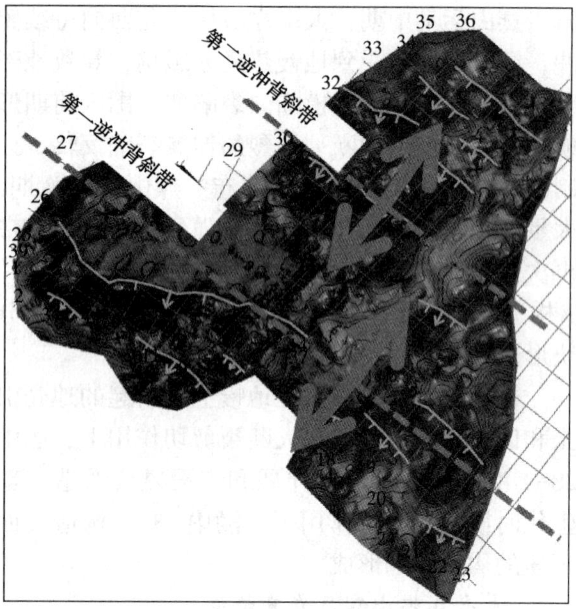

图 3　渤海地区逆冲背斜带展布图

（2）燕山期“裂缝活化”：北北东向断裂对渤中 19-28 背斜带进行了左旋压扭改造，太古界内幕发生了走滑逆冲，不同的是，渤中 28-1 构造夹持于“双向”走滑断裂之间，发生左行剪切，向北相对运动，而渤中 19-6 却远离走滑断裂，其走滑活化强度明显弱于渤中 28-1，隆起带分段差异演化(图 4)。

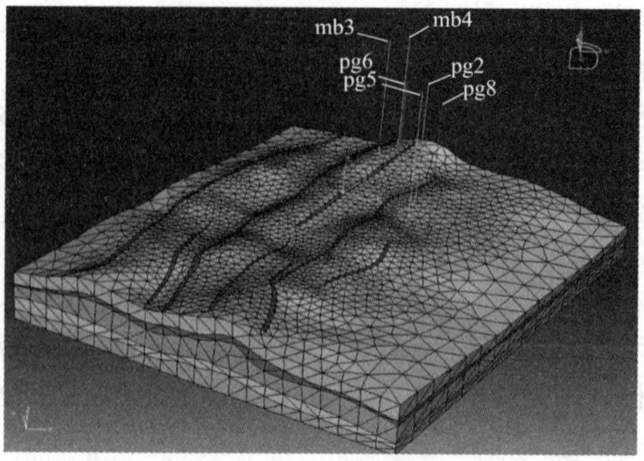

图 4　应力数值模拟模型图

（3）优势应力改造：强烈的中生代左旋右阶走滑活动形成了叠覆区活跃的挤压应力场，并且主应力方向与北西西走向的构造裂缝几乎呈 90°相交，形成了优势应力方向，明显增大了褶皱翼部的构造裂缝开度(图 5)。应力数值模拟证实：左旋走滑活动下，走滑应力带成缝范围约 3km，叠覆区剪切应力范围值达到 40～60MPa，也证实了左旋优势应力改造促进了构造裂缝的贯通网格化。之后，基于断层与裂缝匹配的应力场数值模拟表明，新生代的右旋右阶走滑活动，可以形成 NW-SE 向的拉张应力场，该应力场可以进一步造成先存裂缝的持续活化开启。

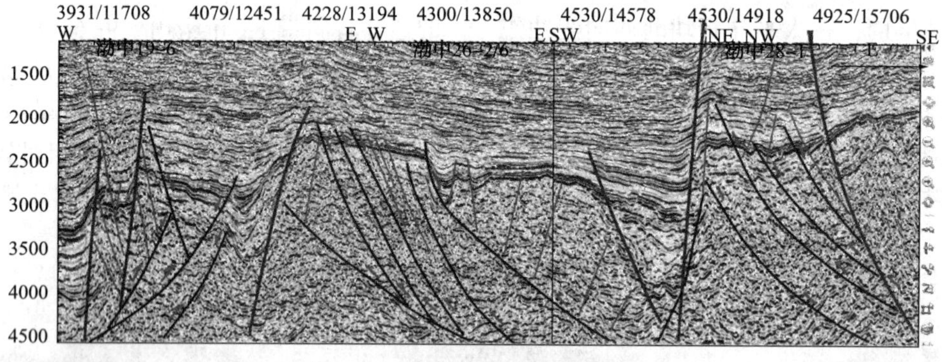

图 5　第一背斜带构造地震剖面(近东西向)

总体而言，渤中 28-1 构造处于双向走滑改造条件下，先后发生了“早挤压晚拉张”的应力性质，二者均促进了先存构造裂缝的进一步发育。基于 BZ28-1-9、BZ13-2-2、BZ13-2-5、BZ29-4-5 等已钻井资料对比分析，证实：双向走滑活动对印支期 NWW 向构造裂缝产状进行了活化改造，增强了裂缝的纵向连通性，形成了大量高导缝；成像测井也揭示了，在晚期双向走滑活动的改造作用下，研究区裂缝的长度和开度明显增强了，太古界储层物性也明显改善了(图 6、7)。

3　盖层有效性分析与烃柱高度预测

3.1　凸起区潜山盖层发育特征

区域性优质盖层是油气保存的必要条件，是大型油气藏形成的关键因素。对于渤南低凸起而言，区域上稳定分布的东二段的厚层泥岩可作为其有效盖层。东营组裂陷期半深湖—深湖沉积环境为主，具有水体深、水动力条件弱的特点，是高质量区域盖层形成的有利环境，沉积的泥岩具有质纯、分布面积广、厚度大的特征。已钻井表明，渤南低凸起西段至中段西侧东二段泥岩盖层厚度在69~476m之间，整体呈现西薄东厚的特征；其中渤中28-1油田主体区泥岩盖层厚度在270m左右。盖层压力方面，渤南低凸起东营组地层压力系数在1.0~1.04之间，为常压盖层。盖层泥岩有机质含量在0.32%~0.83%之间，平均为0.58%，为非烃源岩-较差烃源岩，基本不具备生烃能力(图8、9)。

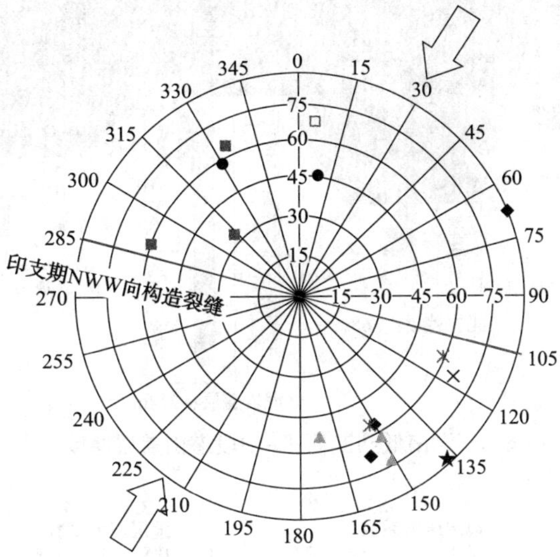

图6　叠覆区挤压应力场

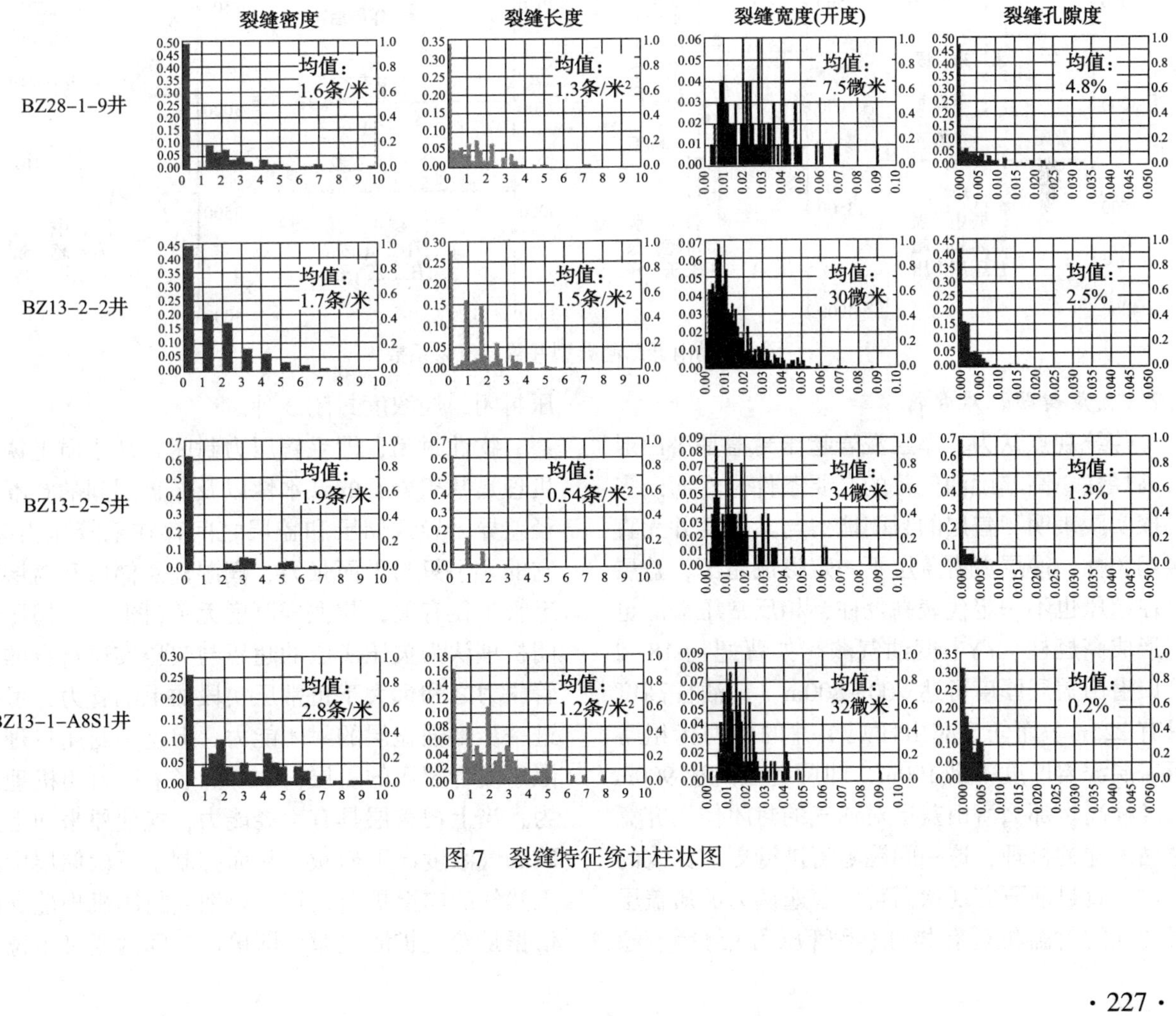

图7　裂缝特征统计柱状图

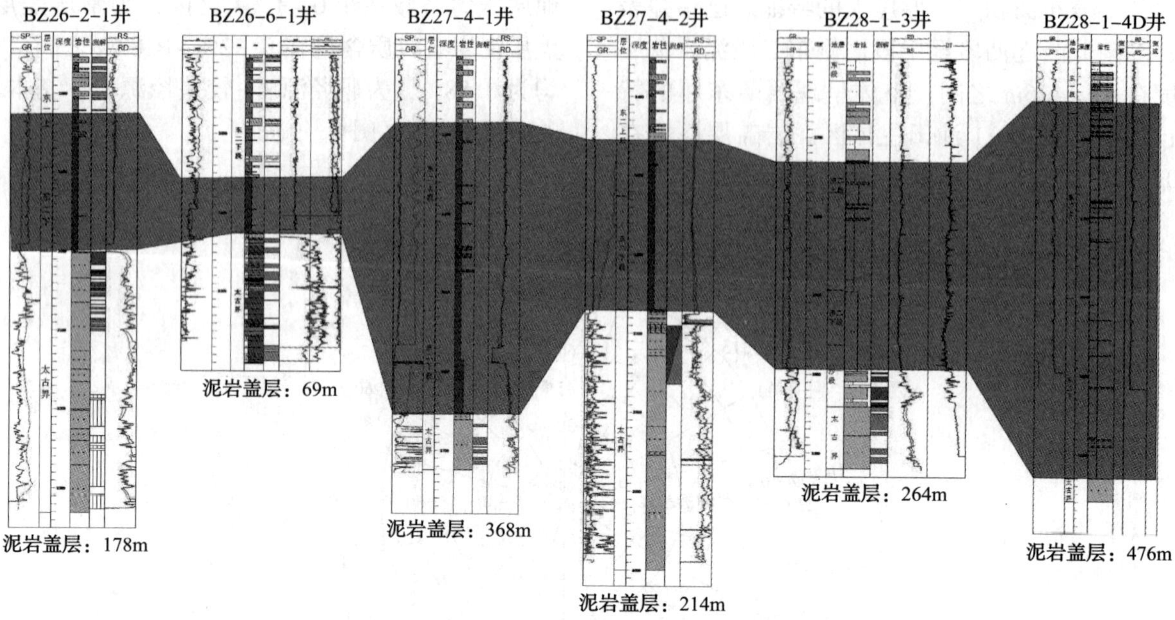

图 8　渤南低凸起西段-中段潜山盖层厚度图

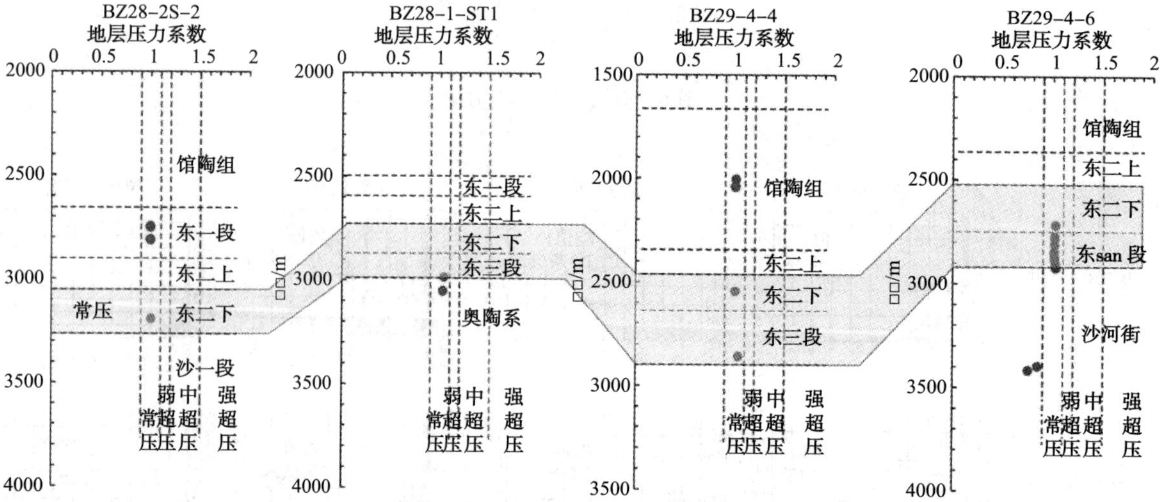

图 9　渤南低凸起典型井盖层压力系数

3.2　盖层封闭机理分析

传统观点认为，厚层泥岩超压封盖是潜山形成高烃柱、高丰度油气藏的必要条件。然而众多勘探实践表明，盖层的封闭能力与其厚度并无直接相关性。厚层泥岩盖层不一定形成超压，盖层存在超压也不一定代表高烃柱，相反常压盖层也能形成高烃柱、高丰度油气藏。如曹妃甸 18-2 油田潜山盖层厚度可达 700~800m，其油柱高度只有 225m。而任丘潜山任观 1 井的沙河街组常压盖层泥岩厚度不足 100m，却可封盖高达 900m 的烃柱高。那么潜山盖层对油气的封闭作用究竟遵循怎样的机理，这一问题亟需进行更加深入的探讨。就目前研究现状而言，普遍认为泥质盖层对油气的封盖机理有物性(毛管压力)封闭、超压封闭、烃浓度封闭 3 种。

物性封闭，即毛管压力封闭，从本质上说该机理是基于岩石的亲水性以及储盖层间的孔喉半径差异，导致储层和盖层之间存在毛管压力差，它的大小只与界面张力、润湿性及储层和盖层的毛管半径有关，与泥岩厚度无关(图 a)。超压封闭机理认为欠压实层的超压与欠压实层自身的毛管压力之和远大于正常压实段的毛细管力，可以进一步增强盖层的封闭能力，但这一封闭机理只限于发育超压的盖层(图 b)。烃浓度封闭机理认为，当上覆盖层具有生烃能力，能使原来向上递减的气浓度向下递减，从而抑制了下伏储层中的天然气的向上扩散运移。烃浓度封闭机理建立的依据是费克扩散定律，即单位时间内通过单位面积的扩散量与浓度梯度成正比(付广等，1995，2003)。但烃浓度封闭机理的限定条件是盖层为烃源岩，因此不是所有盖层都适用(图 c)。近年来，部分学者研究认为虽然排替压力与盖层厚度无关，但不能认为盖层的封闭能力也与厚度无关；烃类突破一定厚度的盖层，还要克服管壁的吸附阻力，因此盖层物性封闭能力等于盖层对孔隙水的吸附阻力与盖层底部岩石排替压力之和(图 d)。但是该理论存在的问题是，其计算过程中以整个盖层厚度的吸附阻力去封闭，未考虑油藏烃类逸散的损失(图 d)。因此在考虑盖层吸附阻力时，应该限定吸附阻力层的厚度，如果以整个盖层厚度去评估其封盖能力，实质上油藏已发生一定的破坏(图 10)。

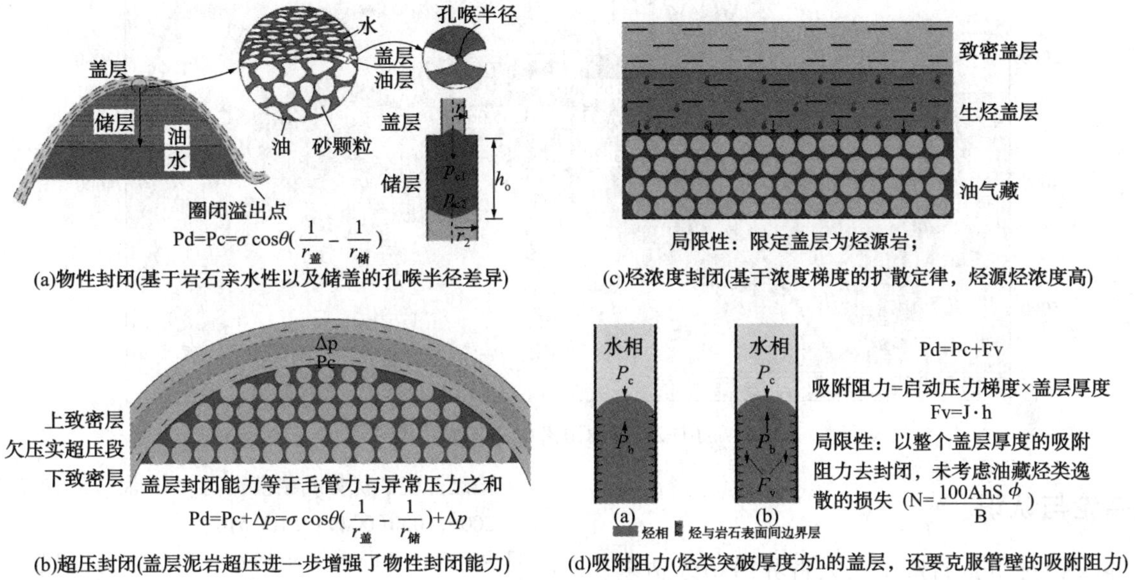

图 10　泥质盖层封闭机理类型

由前述研究区盖层特征可知，渤中 28-1 油田区东营组泥岩为常压盖层，且不是生烃盖层，因此该区盖层的封闭机理可排除超压封闭和烃浓度封闭的影响，应以物性封闭为主，且其封闭能力应是盖层底部毛细管压力与限定逸散厚度的吸附阻力共同作用的结果。

3.3　盖层封闭能力评价

由前述盖层封闭机理可知，研究区东营组泥岩盖层的封闭能力是由其底部与储层间的毛细管压力差以及限定厚度的吸附阻力决定的。因此毛管压力差以及吸附阻力的求取是盖层封闭能力评价的关键。其中，毛管压力差取决于油水界面张力、油水界面接触角及储层和盖层的毛管半径，即

$$P_c=\sigma\cos\theta(1/r_{盖}-1/r_{储}) \tag{1}$$

式中，P_c 为毛管压力差；σ 为油水界面张力，mN/m；θ 为油水界面接触角，°；$r_{盖}$ 为盖层喉半径，μm；$r_{储}$为储层厚道半径，μm。

盖层吸附阻力取决于盖层的启动压力梯度和逸散厚度，而启动压力梯度又取决于盖层渗透率和原油粘度，即

$$P_s=JH_c=0.0003(K/\mu)^{-0.5895}H_c \tag{2}$$

式中，P_s 为吸附阻力；J 为启动压力梯度，MPa/m；K 为盖层渗透率，$\times10^{-3}\mu m^2$；μ 为原油黏度，mPa·s；H_c 为限定逸散厚度，m。

由此盖层的封闭阻力可以表示为

$$P_d=P_c+P_s=\sigma\cos\theta(1/r_{盖}-1/r_{储})+0.0003(K/\mu)^{-0.5895}H_c \tag{3}$$

而一般条件下，油气突破盖层发生逸散的动力主要来自于油水密度差所产生的浮力，即

$$F_{浮}=(\rho_w-\rho_o)hg \tag{4}$$

式中，$F_{浮}$为浮力；ρ_w 为地下水密度，g/cm³；ρ_o 为地下油密度，g/cm³；h 为烃柱高度，m。

进而，由盖层物性封闭决定的油藏烃柱高可以表示为

$$h=(P_d+P_c)/(\rho_w-\rho_o)g=(\sigma\cos\theta(1/r_{盖}-1/r_{储})+0.0003(K/\mu)^{-0.5895}H_c)/(\rho_w-\rho_o)g \tag{5}$$

由此，只要知道油田区各项流体参数以及储层和盖层的孔喉结构特征，便可对其封闭的油柱高度进行预测。油田流体实测数据可知，该油田区地下原油密度 ρ_o 为 0.62g/cm³；地下原油粘度为 0.25MPa·s，地下水密度 ρ_w 为 1g/cm³。同

时，前人实验测试表明相同埋深和原油物性条件下 σ-35mN/m(经验值)，油水界面接触角 θ 约为 40°。另外相同埋深条件下，泥质盖层的孔喉半径约为 0.015μm，渗透率约为 0.001×10^{-3} μm^2；同时将逸散厚度为 0.5m，由于潜山储层孔喉半径远高于盖层，其计算时该项可忽略不计，将上述参数带入公式 5 可得到预测烃柱高度为 572m。勘探实践证实，渤中 28-1-9 井太古界潜山油气藏高度达 550m，与预测模型具有良好的匹配性(图 11)。

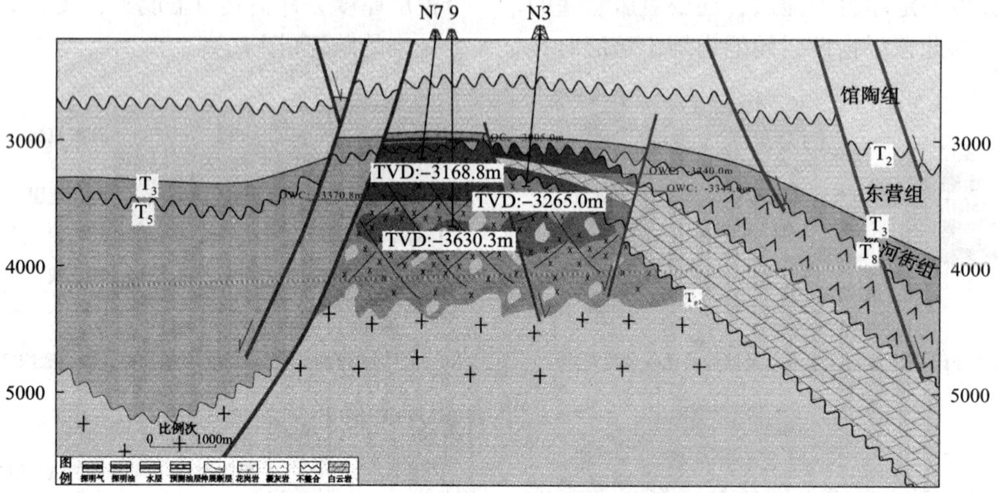

图 11　渤中 28-1 油田潜山油气成藏模式图

4　结论与认识

本文针对印支弱挤压区太古界潜山改造弱、构造裂缝不发育、规模性裂缝型储层不发育和凸起区中位潜山盖层条件复杂难以形成高烃柱油气藏的两大关键瓶颈进行系统研究，取得以下认识：(1)印支翼部弱挤压区剪裂缝发育，燕山早期强烈左旋活动对印支期近 EW 向构造裂缝改造，利于构造裂缝纵向连通，促进了大量高角度构造裂缝形成。(2)早期左旋晚期右旋双向走滑活动形成的叠覆型拉张应力场利于构造裂缝长期保持开启，有效增强了裂缝的长度和开度从而增加太古界潜山裂缝孔隙度，极大改善裂缝型储层物性，明确了该区太古界裂缝型储层发育。(3)建立了基于物性封闭、超压封闭和吸附阻力封闭的盖层封闭能力定量评价方法，明确了烃源岩超压充注条件下源储压差控制凸起区中位潜山烃柱高度，实现基于盖层封闭机理的钻前烃柱高度预测，为渤中 28-1 油田太古界潜山勘探突破提供了理论指导。

参　考　文　献

[1] 徐长贵，周心怀，邓津辉，等．辽西凹陷锦州 25-1 大型轻质油田发现的地质意义[J]．中国海上油气，2010，22(01)：7-11.

[2] 彭文绪，孙和风，张如才，等．渤海海域黄河口凹陷近源晚期优势成藏模式[J]．石油与天然气地质，2009，030(004)：510-518.

[3] 周心怀，胡志伟，韦阿娟，等．渤海海域蓬莱 9-1 大型复合油田潜山发育演化及其控藏作用[J]．大地构造与成矿学，2015(4)：680-690.

[4] 胡志伟，徐长贵，杨波，等．渤海海域蓬莱 9-1 油田花岗岩潜山储层成因机制及石油地质意义[J]．石油学报，2017，38(3)：274-285.

[5] 薛永安，李慧勇．渤海海域深层太古界变质岩潜山大型凝析气田的发现及其地质意义[J]．中国海上油气，2018，30(3)：1-9.

[6] 徐长贵，于海波，王军，等．渤海海域渤中 19-6 大型凝析气田形成条件与成藏特征[J]．石油勘探与开发，2019，46(1)：25-38.

[7] 施和生，王清斌，王军，等．渤中凹陷深层渤中 19-6 构造大型凝析气田的发现及勘探意义[J]．中国石油勘探，2019，24(01)：40-49.

[8] 张长厚．华北克拉通破坏动力学过程研究中的几个构造问题[J]．地学前缘，2009，16(4)：203-214.

[9] 李三忠，索艳惠，戴黎明，等．渤海湾盆地形成与华北克拉通破坏[J]．地学前缘，2010(04)：66-91.

[10] 杨明慧．渤海湾盆地潜山多样性及其成藏要素比较分析[J]．石油与天然气地质，2008.

[11] 周立宏，李三忠，刘建忠．渤海湾盆地区前第三系构造演化与潜山油气成藏模式[M]．北京：中国科学技术出版社，2003. 131-181.

[12] 王德英，王清斌，刘晓健，等．渤海湾盆地海域片

麻岩潜山风化壳型储层特征及发育模式[J]. 岩石学报，2019，35(04)：215-227.

[13] 徐长贵，侯明才，王粤川，等. 渤海海域前古近系深层潜山类型及其成因[J]. 天然气工业，2019，39(1)：21-32.

[14] 肖述光，吕丁友，侯明才，等. 渤海海域西南部中生代构造演化过程与潜山形成机制[J]. 天然气工业，2019，39(5)：34-44.

[15] 童凯军，赵春明，吕坐彬，等. 渤海变质岩潜山油藏储集层综合评价与裂缝表征[J]. 石油勘探与开发，2012，39(1)：56-63.

[16] 贺电波，杜晓峰，李才，等. 渤中 21-2 潜山内幕地层的地震识别与划分[J]. 石油物探，2011，50(01)：45-50.

[17] 秦凤启，王亚，王孟华，等. 叠前叠后地震多属性反演在牛东潜山油气检测中的应用[J]. 中国石油勘探，2014，19(2)：39-45.

[18] 胡见义，童晓光，徐树宝. 渤海湾盆地古潜山油藏的区域分布规律[J]. 石油勘探与开发，1981(05)：4-12.

[19] 周心怀，项华，于水，等. 渤海锦州南变质岩潜山油藏储集层特征与发育控制因素[J]. 石油勘探与开发，2005，32(06)：17-20.

[20] 李丕龙，张善文，王永诗，等. 断陷盆地多样性潜山成因及成藏研究——以济阳坳陷为例[J]. 石油学报，2004，25(3)：28-31.

[21] 于海波，王德英，牛成民，等. 渤海海域渤南低凸起碳酸盐岩潜山储层特征及形成机制[J]. 石油实验地质，2015，37(02)：150-156.

[22] 王昕，周心怀，徐国胜，等. 渤海海域蓬莱 9-1 花岗岩潜山大型油气田储层发育特征与主控因素[J]. 石油与天然气地质，2015，36(2)：262-270.

斜坡背景下馆陶组输导层中转作用研究与明化镇组下段勘探实践
——以渤海湾盆地石臼坨凸起东段为例

张宏国[1] 王玉秀[1] 付 鑫[1] 张 震[1] 张靖泽[1] 远光辉[2]

[1. 中海石油(中国)有限公司天津分公司；2. 中国石油大学(华东)地球科学与技术学院]

摘 要 渤海湾盆地石臼坨凸起以新近系明化镇组成藏为主，凸起高部位背斜区勘探成效好，而凸起低部位斜坡区勘探程度低、成效差。在前期研究基础上结合丰富地震、钻井、地球化学资料，对石臼坨凸起东段油气运移路径开展精细分析，明确凸起斜坡区油气运移模式与高丰度油藏分布规律。研究表明，凸起边界断层两侧的馆陶组浮力差控制优势分流方向；凸起区馆陶组输导层整体浮力远大于陡坡带，为优势分流方向。馆陶组输导层坡度控制斜坡区原油驻留；馆陶组输导层非均质性明显，不同物性的砂岩之间形成微观层面“岩性圈闭”，当坡度小于 1°时馆陶组输导层可形成规模性原油驻留。在馆陶组输导层坡度小于 1°的前提下，在切至馆陶组输导层断层晚期活动下，斜坡区可产生规模性垂向运移。上述认识突破了顺向斜坡区油气“过而不留”的传统认识，在石臼坨凸起东段低部位斜坡区成功发现明下段亿吨级油田，为渤海湾盆地勘探成熟区持续挖潜提供借鉴。

关键词 顺向斜坡区；浅层油藏；馆陶组；原油驻留；石臼坨凸起；渤海湾盆地

Study on the migration controlling effect of Guantao formation passages under slope background and explorationpractices in Minghuazhen formation, taking the eastern part of Shijiutuo uplift , Bohai Bay Basin for an example

Zhang Hongguo[1] Wang Yuxiu[1] Fu Xin[1] Zhang Zhen[1] Zhang Jingze[1] Yuan Guanghui[2]

[1. CNOOC China Limited, Tianjin Branch; 2. School of Geosciences in China University of Petroleum(East China)]

Abstract The Neogene Minghuazhen reservoir is the main reservoir in Shijiutou uplift, Bohai Bay Basin. The exploration effect is good in the anticline area of the high part of the uplift, but the exploration degree is low and the exploration effect is poor in the slope area of the low part of the uplift. Based on the previous research and combined with the rich seismic, drilling and geochemical data, the hydrocarbon migration path of the eastern part of the Shijiutuo uplift is analyzed in detail, and the distribution law of high-abundance reservoirs in the slope area of the low part of the uplift is clarified. The study shows that the difference of the buoyancy of the Guantao Formation on both sides of the boundary fault controls the dominant flow direction; the slope of the Guantao Formation in the uplift is small, but the fault distance is large, and the overall buoyancy is much greater than that of the steep slope. The slope of the Guantao Formation controls the retention of crude oil in the slope area. The heterogeneity of the Guantao Formation is obvious, and the micro-level “lithologic trap” is formed between sandstones with different physical properties. Under the premise that the inclination of the Guantao Formation conductive layer is less than 1°, and after cutting through the Guantao Formation conductive layer fault with late activity, the slope area can generate scaled vertical migration. The above understanding breaks through the traditional understanding of "passing through but not leaving" in the consequent slope area of the uplift, and successfully evaluates the 100-million-ton oilfield in the slope area of the lower part of the eastern segment of Shijiutuo uplift, providing a reference for continuous tapping potential in the mature exploration area of the Bohai Bay Basin.

Key wordst Forward faulted slope zone; shallow reservoir; Guantao formation; retention of crude oil; Shijiutuo uplift; Bohai Bay Basin

受新构造运动控制，新近系是渤海湾盆地渤中凹陷地区主力含油层系之一，形成了特色的渤海晚期成藏理论体系。勘探实践表明，凸起区新近系勘探成效良好，先后发现秦皇岛32-6、曹妃甸11-1、蓬莱19-3等超亿吨级大油田，洼陷区的古隆起带也有渤中19-4、曹妃甸12-6等多个大中型油田的发现。斜坡带虽处于油气由凹陷区向凸起区运移的必经之路上，但浅层勘探效果不佳，仅在垦东凸起反向断裂斜坡带发现垦利9-5/6油田，而顺向斜坡带尚未获得规模性油气发现。前期学者研究表明，渤海湾盆地济阳坳陷、冀中坳陷、辽河坳陷等斜坡带以古近系成藏为主(李晓光等，2007；赵贤正等，2017；刘峻桥等，2018)，多为源内、近源成藏模式，例如孤北顺向断坡，烃源岩层系为沙三下亚段，主要含油层系为沙三中、上亚段；鼻状构造带与烃源岩配置、运移断层断面形态以及输导层顶面构造脊是控制斜坡带油气运移的关键因素。对于远离沙河街组烃源岩的明化镇组而言，新构造运动形成的运移断层成藏期活动性普遍较强，那么油气输导层中油气汇聚是斜坡背景下油气富集成藏的关键。渤海海域油气运聚研究表明，输导层顶面构造圈闭的发育程度控制了原油驻留规模，而输导层构造圈闭多由反向断裂或者晚期火山墙侧向遮挡形成。顺向斜坡带输导层易于“砂砂对接”，不利于构造圈闭的形成，油气往往“过而不留”，无法形成有效汇聚，从而对应的明化镇组砂体成藏可能性较小。本文以石臼坨凸起东段为靶区，从油气运移路径和机理出发，探索凸起区油气横向汇聚和垂向运移的评价新方法，为渤中坳陷地区浅层持续增储上产提供指导。

1　研究区地质概况

石臼坨凸起位于渤海湾盆地渤中坳陷，处于渤海海域中西部，是渤海油田最早开展油气勘探的区带之一。凸起为近东西走向，南北两侧被秦南凹陷、渤中凹陷所夹持(图1a)，为油气运聚的最终指向区。凸起整体为“西高东低”，在西段高部位背斜区发现了南堡35-2油田，在东段高部位发现了秦皇岛32-6、秦皇岛33-1/33-1南等油田，主要含油层系为明化镇组下段(简称明下段)(图1b)，累计探明石油地质储量约3.0×10^8t，主要油气来源为南侧的渤中凹陷沙河街组烃源岩。凸起东段低部位整体为斜坡背景，发育南掉的顺向断裂(图2)。近十年来凸起斜坡区浅层经历几轮探索，QHD34-F-1井、QHD33-D-2井等相继失利，整体勘探程度低、成效差。秦皇岛32-6、秦皇岛33-1南等油田勘探实践表明，从高部位背斜区到低部位斜坡区，明下段油藏有富集到贫化的趋势(图2)，低部位为斜坡背景，油气汇聚的构造背景差，不利于形成高丰度油藏。

石臼坨凸起从深至浅发育前古近系潜山、古近系东营组、新近系馆陶组和明化镇组以及第四系的平原组地层(图1b)。其中，潜山主要为中生界、古生界潜山，储层欠发育；古近系主要为东营组二段地层，发育厚层砂岩夹薄层泥岩的辫状河三角洲沉积；新近系馆陶组为辫状河三角洲沉积，表现为大套厚层含砾砂岩，砂岩含量约87~95%，为凸起之上主要油气输导层；明下段为厚层泥岩夹薄层砂岩的极浅水三角洲沉积，砂岩含量20~35%，储盖组合优越，为凸起之上主要的含油层系。

2　油气优势分流方向研究

油源对比表明，凸起南侧渤中凹陷沙河街组是明下段主要的供烃层系，因此，凸起之上的明下段为典型的源外成藏层系，油气的运聚条件成为成藏的关键。馆陶组大套含砾砂岩是控制了油气由凹上凸的关键层段，馆陶组输导层油气中转作用是凸起斜坡区明下段油气富集的提前。

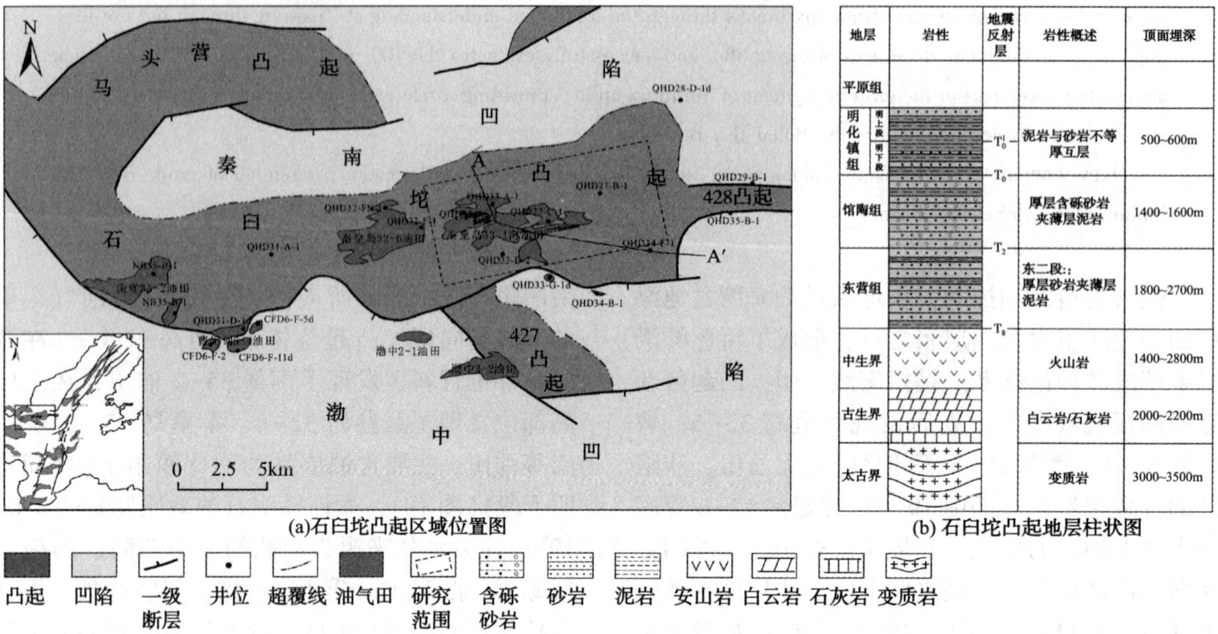

图 1　石臼坨凸起地质概图(据文献 7 改)

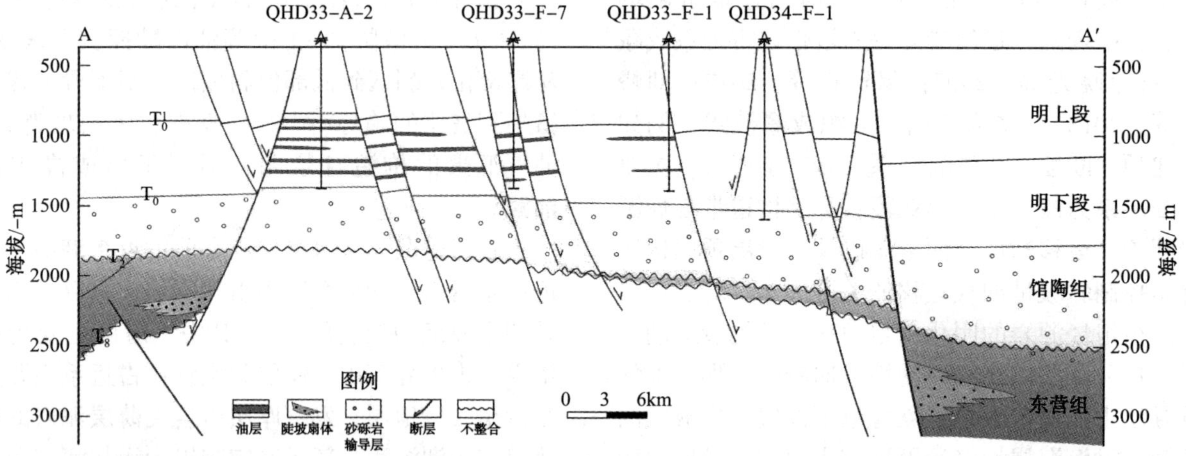

图 2　石臼坨凸起东段油藏剖面(方向见图 1a)

2.1　馆陶组为横向输导层系

渤中凹陷生成的油气沿凸起南侧陡坡带石南 1 号断裂向石臼坨凸起运移。研究区馆陶组为辫状河三角洲沉积，秦皇岛 32-6 油田钻井揭示馆陶组平均孔隙度 29.0%，平均渗透率 3701mD，为高孔、高渗储层，同时馆陶组中生部、明下段底部发育富泥段，为油气长距离横向运移提供有利盖层。根据断层开启系数研究，馆陶组为油气由沿边界断层垂向运移转为横向输导的转换层系。钻井油气显示方面，凸起之上馆陶组油气显示活跃，陡坡带(QHD34-B-1 井)、凸起斜坡区(QHD33-D-2 井)临近石南 1 号断层探井的明下段均无油气显示，证实了馆陶组是石臼坨凸起之上主要的油气横向输导层系。因此，石南 1 号大断裂与凸起区馆陶组厚层含砾砂岩配置，完成了油气从凹陷向凸起的运移。以秦皇岛 34/35 构造区为例，凸起区整体为单斜构造背景，高部位发育秦皇岛 32-6 披覆背斜构造，陡坡带普遍发育逆牵引背斜构造(图 3)。因此，当油气沿石南 1 号断裂运至馆陶组后，向上升盘的凸起区、下降盘的陡坡带运移路径均是通畅的。在凸起东段高部位已探明原油地质储量约 3.0×10^8t 的背景下，油气优势分流方向成为凸起低部位斜坡区能否开展规模性勘探的关键。

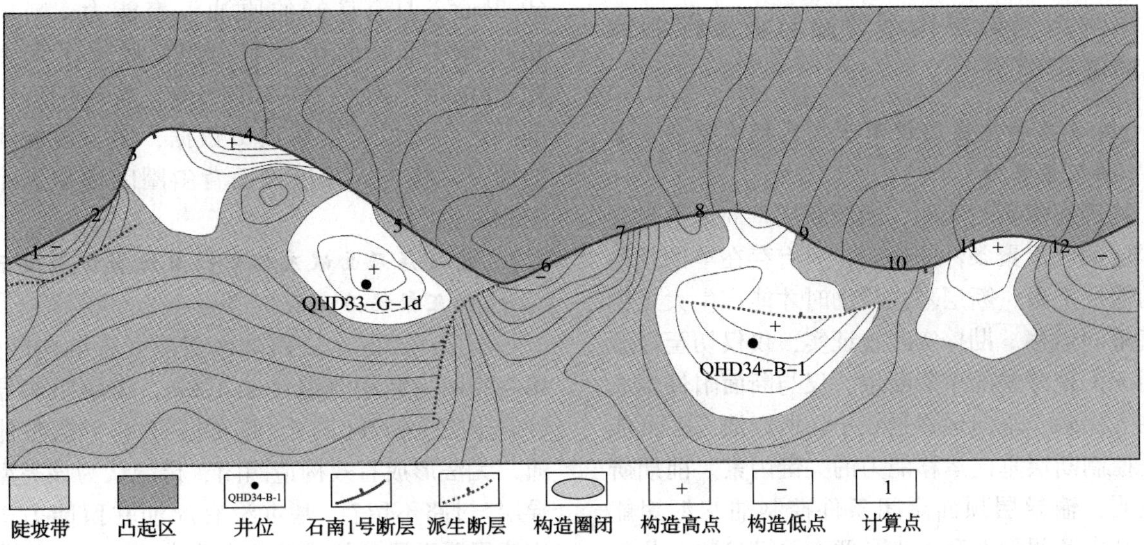

图 3　石南陡坡带秦皇岛 33/34 区馆陶组顶面形态

2.2　凸起区馆陶组优势分流层系

馆陶组输导层坡度和高差共同控制边界断层两侧馆陶组浮力差，决定了油气优势分流方向。陡坡带馆陶组坡度较大，但是地势较低，整体而言油气浮力较小；凸起区馆陶组坡度较小，但是边界断层较大的断距形成了较高的地势，整体油气浮力比陡坡带下降盘大。从计算结果看，馆陶组由于坡度差异造成陡坡带浮力比凸起区大 $6.2 \sim 18.6 \times 10^3$ Pa；馆陶组断距普遍大于 400m，由于高差造成凸起区浮力比陡坡带大 $200.2 \sim 393.3 \times 10^3$ Pa（图 4），因此油气沿石南一号断层运至馆陶组后，凸起区为优势分流方向，从而保证了凸起区充足的油气供应。从勘探实践看，紧邻边界大断层两侧馆陶组油柱高度、圈闭充满度差异明显。其中，上升盘南堡 35－B、秦皇岛 31－D 馆陶组油柱高度 27～35.2m，圈闭充满度为 100%；下降盘陡坡带馆陶组普遍发育逆牵引背斜圈闭，油柱高度仅 9～20m，圈闭充满度 18～65%（图 5），原油充注量明显不足。这也证实凸起区为油气的优势分流方向。

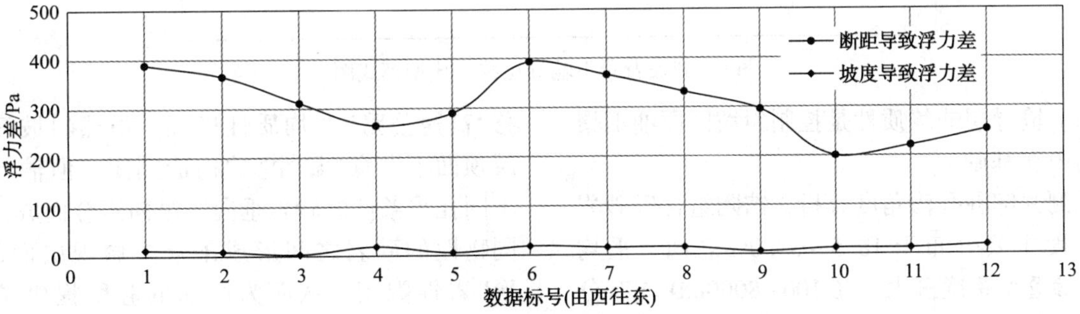

图 4　断距与坡度造成陡坡带与凸起区馆陶组浮力差的对比

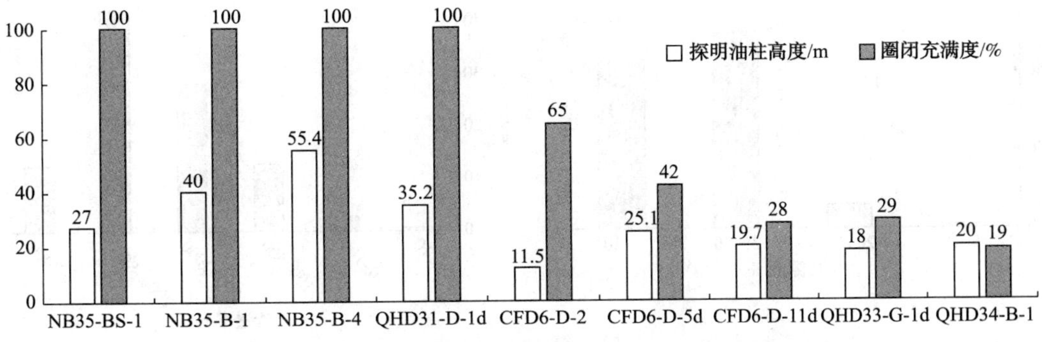

图 5　石南 1 号断层两侧馆陶组油柱高度、圈闭充满度直方图

3　馆陶组输导层构造背景与坡度控制原油驻留能力

3.1　输导层构造圈闭控制凸起高部位背斜区原油汇聚能力

物理模拟实验表明，通源断层垂向运移量受到深层油气汇聚条件的控制，只有存在早期规模性的深层汇聚，断层幕式活动时才能产生大规模油气垂向运移。勘探实践也证实，仅仅切至烃源岩而无汇聚背景的单条断层，仅与断面附件生成的油气接触，垂向运移量较小，所以油气汇聚能力是控制断层垂向运移能力的关键因素。前期研究表明，输导层顶面圈闭条件控制油气汇聚能力，其中圈闭形态和大小是两大关键参数。凸起高部位是油气运聚的最终归宿，馆陶组输导层顶面均为宽缓的背斜圈闭，且圈闭面积介于 50.8~69.3km^2，具有良好的原油汇聚能力，断层在相同条件下垂向运移能力强，形成了秦皇岛 32-6 油田、南堡 35-2 油田等。统计渤海中南部凸起高部位新近系油田数据，明下段探明原油储量规模与输导层顶面背斜圈闭面积大小呈正相关性。

3.2　输导层顶面坡度控制凸起低部位斜坡区原油汇聚能力

石臼坨凸起东段斜坡区普遍发育顺向断层，馆陶组断层断距普遍小于 100m，馆陶组输导层砂岩未完全错开(图 2、图 6)，含砾砂岩整体联通，无法形成有效构造圈闭，传统认为该类型输导层“过路不留”，基本没有原油驻留能力，对应浅层明下段砂体成藏几率非常小；高部位背斜区是油气输导的最终汇聚区，对应浅层砂体油气富集程度较高(图 6)。

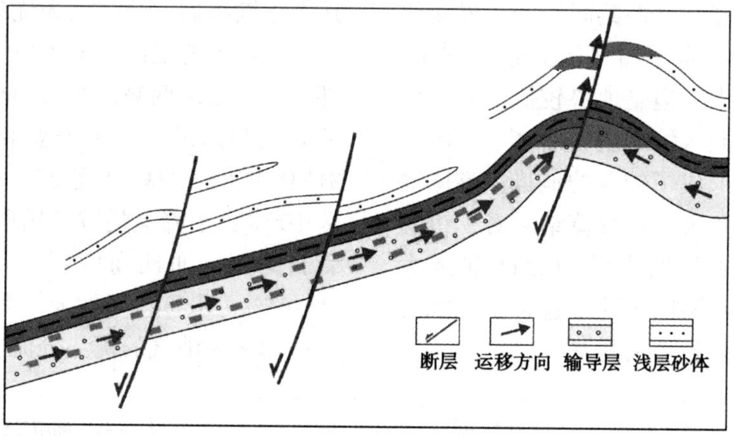

图 6　斜坡背景下输导层控运典型模式图

(1) 输导层非均质性是控制斜坡区原油汇聚能力的内在基础

从测井解释孔渗角度分析，馆陶组含砾砂岩的孔隙度主要分布于 18.5~37.0%之间，平均 29%；渗透率跨度极大，在 100~8000mD 均有分布，平均 3700mD(图 7)。因此，宏观的油气运移“高速公路”非均质性极强。虽然斜坡区输导层顶面不发育“显性”的构造圈闭，但输导层由不同孔渗条件的砂岩垂向、纵向组合而成，而不同物性的砂岩之间形成了众多微观层面的“隐形”岩性圈闭，从而为原油的驻留提供了圈闭条件。

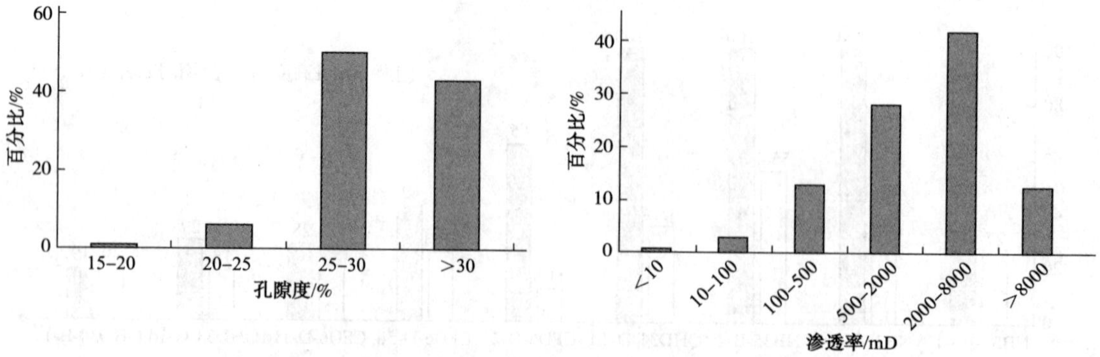

图 7　秦皇岛 32-6 油田馆陶组物性参数频率直方图

从单砂体角度而言，以 QHD27-B-1 井馆陶组 1573-1585m 砂体为例，12m 砂岩中 SP 曲线数值较为平稳，介于 87-97，存在一条基线，整体解释为一个单砂体；GR 值 57-78，沿基线左右频繁摆动（图 8），表明垂向上砂岩中泥岩含量存在变化。将该单砂体平均化为 4 等份，分别提取最小振幅属性。在同一色标的基础上，单砂体上部到下部属性异常值、范围发生明显变化，井点处属性异常的范围和数值也十分明显，这表明单砂体在岩性存在变化，也就是孔渗条件存在变化，表明单砂体也存在明显的非均质性。

从更小尺度的岩心观察，以 CFD6-A-3d 井 1565.5-1574.1m 岩心为例，常规测井中 GR 曲线测井数值较为平稳（蓝实线），但是针对岩心定位的高精度 GR 值出现明显波动（黑实线，图 9），出现若个明显高峰值，因此 8.6m 岩心中泥岩含量的垂向非均质性明显。从沉积层序方面分析，岩心发育多个沉积冲刷面，为细砂岩、中砂岩、粗砂岩、含砾砂岩等多种岩性的组合，泥质条带普遍发育，而且发育斜层理、交错层理、波状层理等多种沉积构造，表现出多期沉积与侵蚀的特征。垂向上泥岩含量和砂岩类型的变化，证实在岩心尺度上砂岩物性在垂向上存在显著变化，从而形成较强的输导层非均质性。

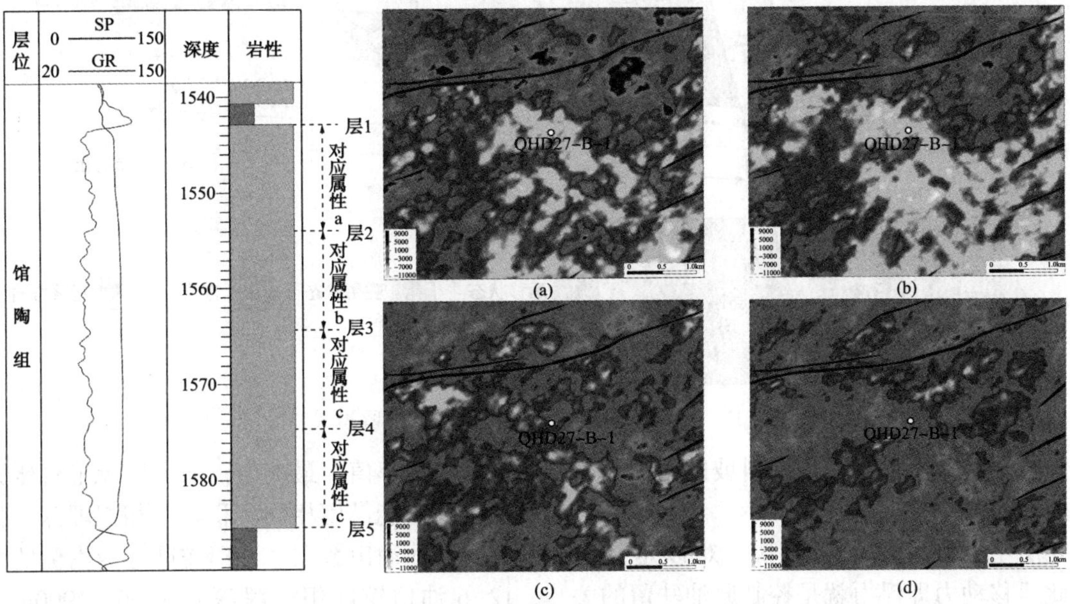

图 8　QHD27-B-1 井馆陶组单砂体最小振幅属性

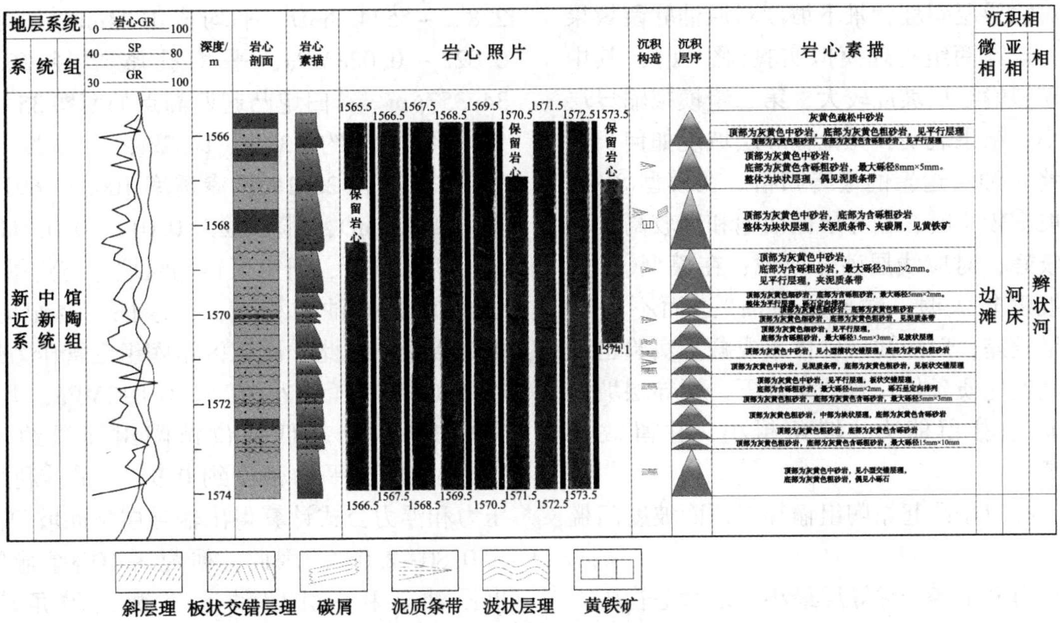

图 9　CFD6-A-3d 井馆陶组岩心描述综合柱状图

（2）输导层运移动力和阻力的耦合是控制斜坡区原油汇聚能力的内在机制

输导层的原油驻留控制了浅层的差异富集。原油驻留是输导层中油气运移动力和阻力相互作用的结果，浮力是油气在浅层输导层中运移的主要动力，而输导层的毛管压力是主要阻力。当原油浮力小于毛管压力时，原油处于驻留状态（图10）。当输导层坡度较小时，沿输导层上倾方向的浮力分量减小，要克服毛管压力需形成更长的运移路径，从而形成较高的烃柱高度，因此输导层的低坡度有利于油气在输导通道中的驻留。模拟实验表明，在驻留油柱高度一定的条件下，原油驻留长度与输导层坡度呈反比，原油运移速率与输导层坡度呈正比。

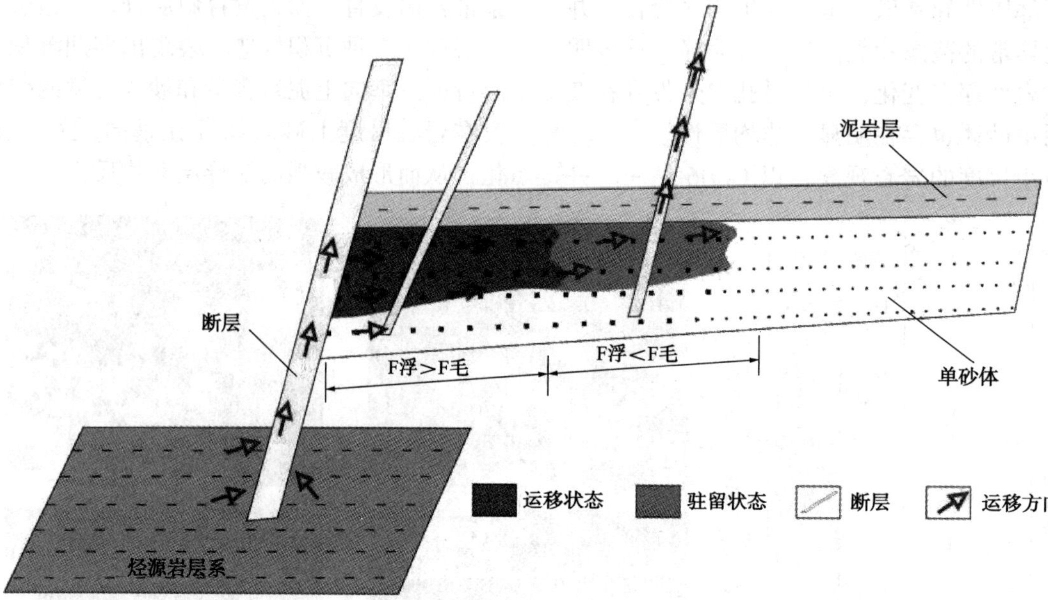

图 10　斜坡背景馆陶组输导层油气驻留模式

（3）输导层顶面坡度是控制斜坡区原油汇聚能力的外在表现

输导层毛管压力横向变化快、难以定量预测，因此运移动力即浮力就是控制原油驻留的关键因素，而在其中输导层坡角是最为关键的参数。针对输导层斜坡背景下坡度对原油驻留效果的影响，设计两组物理模拟实验（图11），其中第一组模拟输导层坡度较大，第二组模拟输导层坡度较小。结果表明，无论输导层坡度如何，高部位始终是油气运聚的最终归宿。在模型②中，输导层坡度较小时，输导层原油饱和度较高，驻留效果较好，对应浅层砂体成藏；在模型①中，输导层坡度较大时，输导层原油“过而不留”，驻留效果较差，对应浅层砂体不成藏。实验也证实，在其他地质条件一致的条件下，输导层坡角控制了原油驻留能力，坡角越小，驻留效果越好。

（4）石臼坨凸起馆陶组输导层顶面坡度门槛值估算

当浮力分量等于输导层最小、最大毛管压力时，计算出的输导层顶面坡度为运移-驻留动态平衡的最小值、最大值。研究区无毛管压力测试数据，只能借用相同沉积相、相似埋深、相似孔渗的其他油田数据。石臼坨凸起西南侧的曹妃甸12-6油田馆陶组，埋深约1500~1900m，油层段孔隙度22.6~32.0%，平均值27.2%；渗透率228.2~5544.3mD，平均值1874mD，排驱压力0.022~0.028MPa，平均孔喉半径26.339~34.357μm。石臼坨凸起西高点的南堡35-2油田馆陶组埋深约1380~1432m，孔隙度26.9~31.4%，平均28.1%；渗透率100.4~697.0mD，平均287.2mD，排驱压力0.012~0.031MPa（表1）。综合分析，研究区馆陶组埋深与南堡35-2、曹妃甸12-6油田相当，孔渗性与曹妃甸12-6更为接近。因此，研究区馆陶组毛管压力最大值取0.031MP，最小值取0.012MPa，均值约0.023MPa。凸起低部位馆陶组埋深约1500~2000m，原油平均密度约0.957t/m^3，利用毛管压力和浮力公式计算得出输导层顶面坡角门槛值为0.80~2.07°。因此，研究区馆陶组输导层产生原油运移-驻留动态平衡的坡角应介于0.80~2.07°。

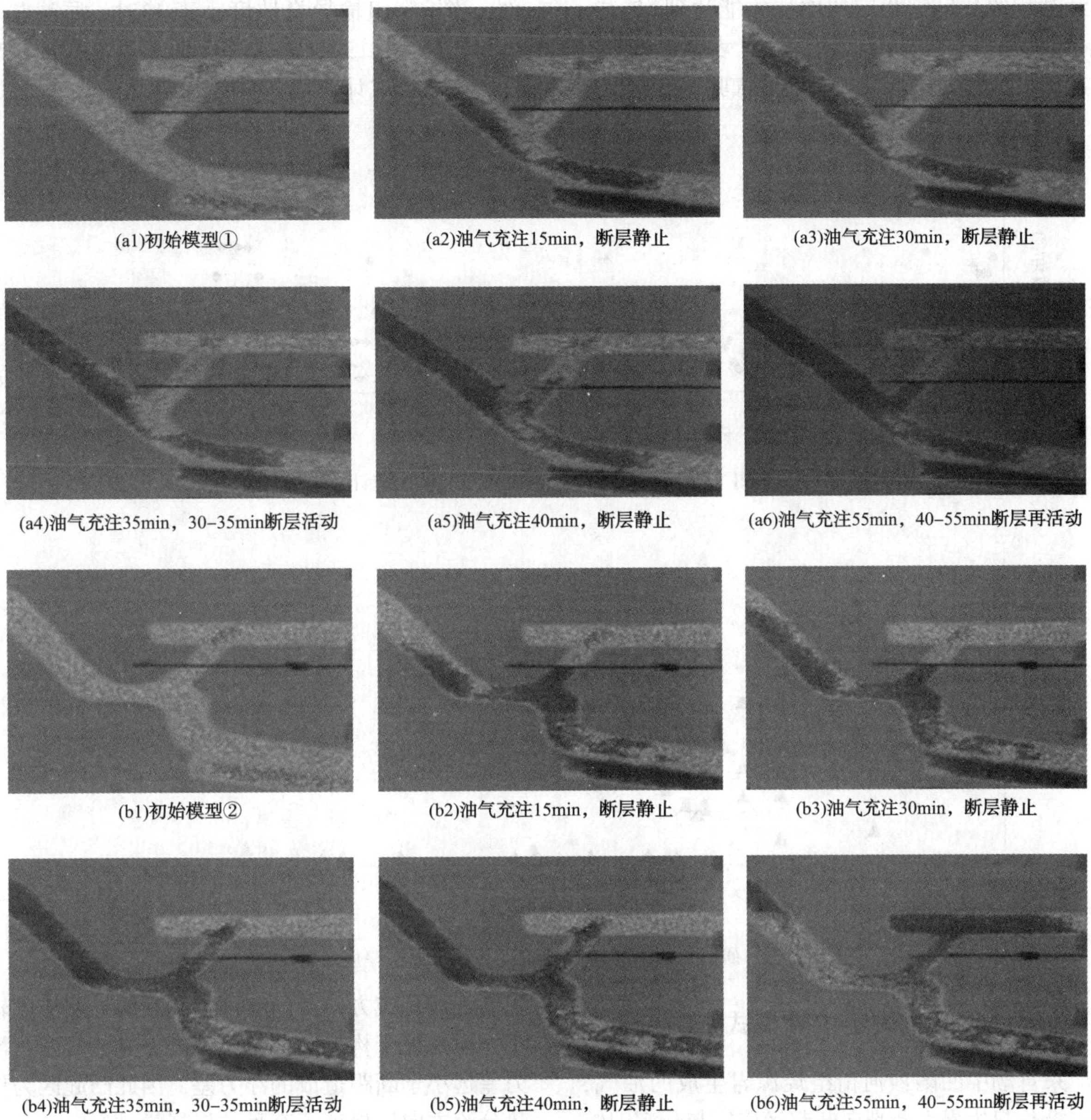

(a1)初始模型①　(a2)油气充注15min，断层静止　(a3)油气充注30min，断层静止

(a4)油气充注35min，30–35min断层活动　(a5)油气充注40min，断层静止　(a6)油气充注55min，40–55min断层再活动

(b1)初始模型②　(b2)油气充注15min，断层静止　(b3)油气充注30min，断层静止

(b4)油气充注35min，30–35min断层活动　(b5)油气充注40min，断层静止　(b6)油气充注55min，40–55min断层再活动

图 11　斜坡背景下不同坡度输导层原油驻留效果物理模拟实验

表 1　南堡 35–2 油田馆陶组毛管压力统计

油田	样品号	深度/m	孔隙度	渗透率/$10^3\mu m^2$	排驱压力/MPa	最大孔喉半径/μm	汞饱和度50%时压力MPa	汞饱和度 50%时孔喉半径/μm	孔喉半径平均值/μm	均质系数	变异系数	最大汞饱和度/%	退汞效率/%
南堡35–2	3–018V	1390. 38	32. 3	423. 2	0. 0315	23. 357	0. 2985	2. 464	5. 226	0. 229	1. 111	92. 17	61. 26
	3–012	1389. 25	36. 7	1012. 7	0. 0217	33. 894	0. 24	3. 065	8. 163	0. 25	1. 066	86. 44	59. 09
	3–007	1388. 1	32. 3	1219. 1	0. 0123	59. 603	0. 2424	3. 035	9. 284	0. 155	1. 208	90. 48	56. 4

石臼坨凸起东段斜坡区原油均为稠油，原油密度、黏度较大，因此相同烃柱高度下原油的浮力较小。本次将石臼坨凸起东段分为 180 个单元计算输导层顶面坡角，介于 0. 29～4. 29°。凸起整体输导层坡度较小，大部分小于 1. 5°；边界断层附近坡角普遍大于 2°(图 12)。研究区馆陶组输导层坡度介于 0. 29～0. 96°，平均 0. 70°，输导层上倾方向的动力只有不到 2%的浮力分量。因此，在相同输导层毛管压力条件下，在低坡度的控制下，克服毛管压力的浮力分量骤减，那么

连续油相的长度需相应的增加才能达到"输导-驻留"的油柱高度的门槛值。统计表明，坡度是凸起斜坡区输导层形成规模性油气驻留的先决条件，当馆陶组输导脊坡度小于 1°时，原油驻留效果较好(图 13)，对应井区明下段勘探成效较好，介于公式计算值 0.80~2.07°之间。

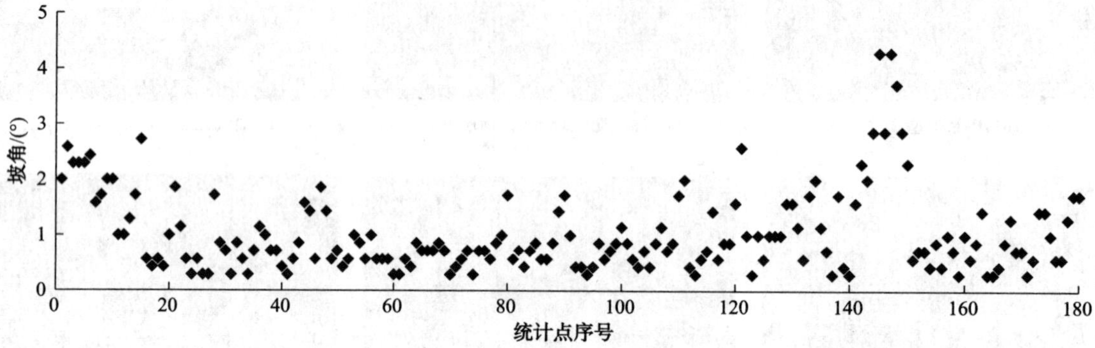

图 12　研究区馆陶组顶面输导层坡度统计

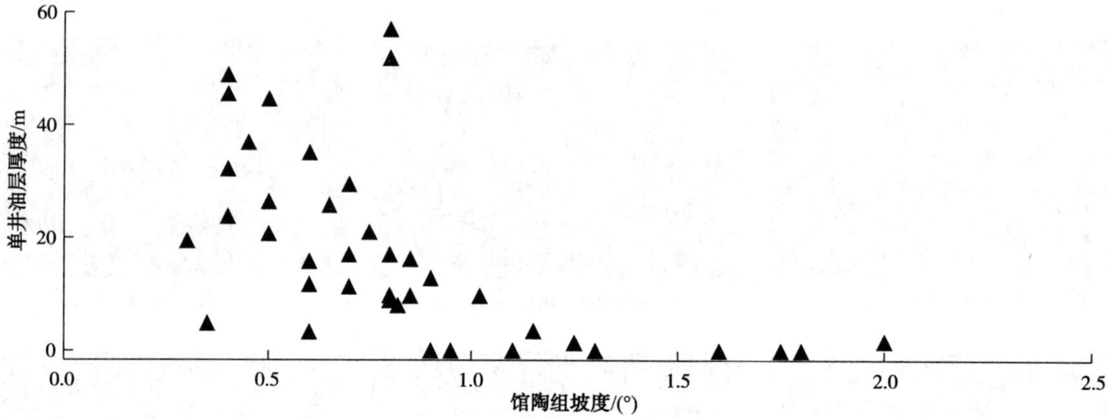

图 13　研究区馆陶组输导层坡度与井区油层厚度统计

4　凸起斜坡区馆陶组中转模式

来自渤中凹陷沙河街组烃源岩生成的油气，首先沿凸起边界大断裂向凸起运移，与凸起上馆陶组含砾砂岩输导层配置，完成油气由凹陷区向凸起区运移；油气运至凸起低部位斜坡区时，宽缓的馆陶组输导脊在储层非均质性影响下形成规模性原油驻留，与切至馆陶组输导层的断裂体系配置，使油气由馆陶组输导层中转至明下段砂体，在斜坡区大规模聚集成藏(图 14)。在上述模式的指导下，在凸起背斜区秦皇岛 32-6 油田、秦皇岛 33-1 油田的低部位成功发现明下段规模性油藏，打破了斜坡区浅层"过而不留、留而不富"的传统认识。

5　结论

(1) 凸起边界断层两侧馆陶组输导层浮力差控制优势分流方向。凸起区馆陶组输导层坡度较小，但是处于构造高部位，坡度差异造成两盘浮力差远小于断距造成的浮力差，因此凸起区为优势分流方向，保证了充足的汇烃量。

(2) 输导层圈闭控制凸起高部位背斜区油气二次汇聚。凸起背斜区馆陶组输导层圈闭控制原油驻留能力和程度，构造圈闭面积越大、形态越好，原油二次汇聚能力越强；在断层的沟通下，馆陶组输导层中转能力越强，从而在背斜区明下段勘探率先取得突破。

(3) 输导层坡度控制斜坡区油气驻留。输导层非均质性普遍存在，在浮力和毛管压力的动态平衡下产生越多的原油驻留。当斜坡区馆陶组输导层坡度小于 1°时，浮力不足以克服毛管压力，可产生规模性原油驻留。在断层的配置下，凸起斜坡区明下段发现亿吨级油田。

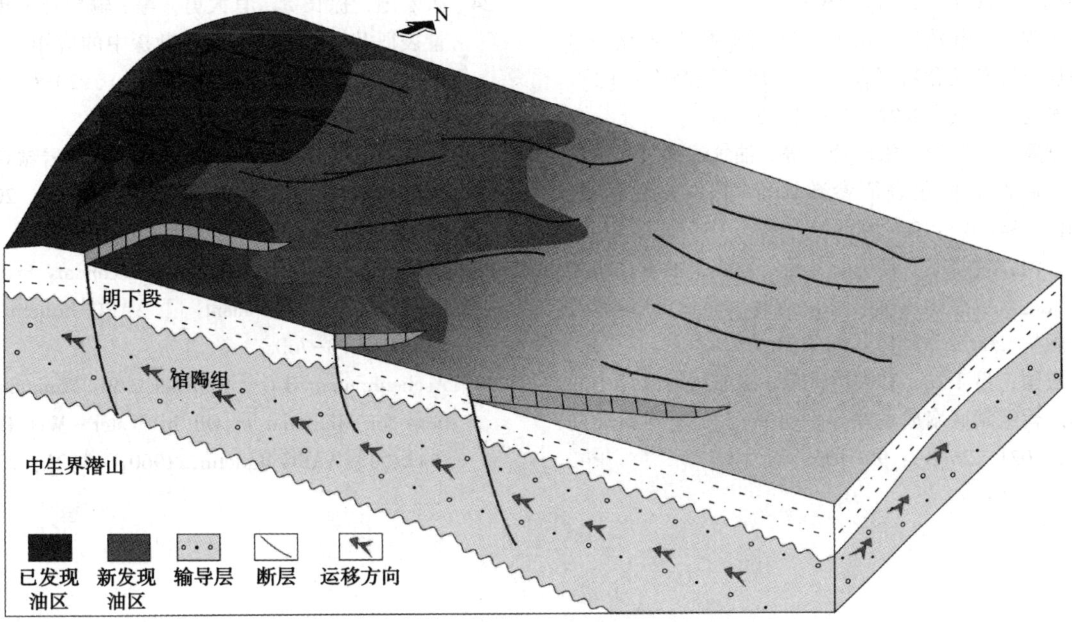

图 14　石臼坨凸东段油气成藏模式

参 考 文 献

[1] 龚再升，王国纯．渤海新构造运动控制晚期油气成藏[J]．石油学报，2001，22(2)：1-7.

[2] 薛永安，杨海风，王航，等．渤海莱州湾凹陷深洼带垦利 10-2 新近系大型油田发现与意义[J]．中国海上油气，2022，34(1)：17-26.

[3] 蒋有录，刘培，宋国奇，等．渤海湾盆地新生代晚期断层活动与新近系油气富集关系[J]．石油与天然气地质，2015，36(4)：525-533.

[4] 薛永安．渤海海域油气运移"汇聚脊"模式及其对新近系油气成藏的控制[J]．石油学报，2018，39(9)：963-970.

[5] 于喜通，官大勇，王志萍，等．渤中西洼新近系"隆-断"联合控藏作用定量评价[J]．海洋地质前沿，2020，36(11)：18-26.

[6] 李慧勇，周心怀，王粤川，等．石臼坨凸起中段东斜坡明化镇组"脊、圈、砂"控藏作用[J]．东北石油大学学报，2013，37(6)：75-81.

[7] 吕丁友，张宏国，麻旭刚，等．渤海东部凸起区与斜坡区油气勘探实践与认识[J]．地质科技情报，2018，37(5)：84-89.

[8] 杨帆，于兴河，李胜利，等．蠡县斜坡中南部油气分布与成藏模式研究[J]．西南石油大学学报(自然科学版)，2010，32(5)：41-46.

[9] 冷济高，庞雄奇，李晓光，等．辽河断陷西部凹陷油气成藏主控因素[J]．古地理学报，2008，10(5)：473-480.

[10] 杨晓敏，罗群，黄捍东，等．顺向断坡油气藏分布特征及成藏主控因素-以孤北斜坡为例[J]．油气地质与采收率，2008，15(1)：10-13.

[11] 蒋有录，刘景东，李晓燕，等．根据构造脊和地球化学指标研究油气运移路径—以东濮凹陷濮卫地区为例[J]．地球科学-中国地质大学学报，2011，36(3)：521-529.

[12] 赵贤正，金凤鸣，李玉帮，等．断陷盆地斜坡带类型与油气运聚成藏机制[J]．石油勘探与开发，2016，43(6)：841-849.

[13] 邓运华．裂谷盆地油气运移"中转站"模式的实践效果—以渤海油区第三系为例[J]．石油学报，2012，33(1)：18-24.

[14] 张宏国，杨海风，宿雯，等．源外层系油气运聚关键环节研究与评价方法—以渤海湾盆地渤中凹陷明化镇组下段为例[J]．石油与天然气地质，2024，45(1)：281-292.

[15] 杨海风，徐长贵，牛成民，等．渤海湾盆地黄河口凹陷 BZ34-9 油田新生界"断裂-岩浆"联合控藏作用[J]．石油与天然气地质，2018，39(5)：1056-1064.

[16] 牛成民，杜晓峰，邹华耀，等．渤海海域石臼坨凸起油气输导体系与运聚模式[J]．中国海上油气，2016，28(3)：44-49.

[17] 周家雄，徐春强，杨海风，等．渤海湾盆地石臼坨凸起秦皇岛 27-3 大型油田发现与地质新认识[J]．中国海上油气，2024，36(1)：14-25.

[18] 杨永才，李友川．渤海湾盆地渤中凹陷烃源岩地球化学与分布特征[J]．矿物岩石，2012，32(4)：65-72.

[19] 周心怀，王德英，张新涛．渤海海域石臼坨凸起两个亿吨级隐蔽油气藏勘探实践与启示[J]．中国石

油勘探，2016，21(4)：30-37.

[20] 王国强，张新涛，吕振宇，等. 渤中凹陷石南一号断层分段和演化特征及其油气成藏控制作用[J]. 中国海上油气，2022，34(3)：38-48.

[21] 张立宽，罗晓容，宋国奇，等. 油气运移过程中断层开启性的量化表征参数评价[J]. 石油学报，2013，34(01)：92-100.

[22] 孙永河，付晓飞，吕延防，等. 地震泵抽吸作用与油气运聚成藏物理模拟[J]. 吉林大学学报(地球科学版)，2007，37(1)：98-104.

[23] 张宏国，吕丁友，官大勇，等. 辽东湾地区辽中凹陷东营组湖底扇成藏差异性研究[J]. 中国石油勘探，2021，26(3)：95-106.

[24] 张宏国，徐长贵，官大勇，等. 输导脊中转能力定量表征及在渤海东部油气勘探中的应用[J]. 中国石油大学学报(自然科学版)，2018，42(3)：41-49.

[25] 罗晓容，张立强，张立宽，等. 碎屑岩输导层非均质性与油气运聚成藏[J]. 石油学报，2020，41(3)：253-272.

[26] Schowalter T T. Mechanics of secondary hydrocarbon migration and entrapment[J]. AAPG Bulletin，1979，63(5)：723-760.

[27] Aschenbrenner B C，Achauer C W. Minimum Conditions for Migration of Oil in Water-Wet Carbonate Rocks[J]. AAPG Bulletin，1960，44(2)：235-243.

转换波岩相识别技术在ZT凹陷须家河组四段砂岩刻画中的应用

赵　尧[1,2]　张宇生[3]　王　静[1,2]　谢万学[1,2]　陈　立[1,2]

（1. 中国石油集团东方地球物理公司物探技术研究中心；2. 油气勘探计算机软件国家工程研究中心；
3. 中国石油西南油气田公司油气资源处）

摘　要　ZT地区须家河组四段以浅灰色厚-巨厚层状砂岩沉积为主，是目前致密气增储上产的主力产层。根据已钻井显示，须四中部部分井发育大段泥岩，而当泥岩发育时，纵波速度降低，与下覆致密砂岩在纵波地震剖面上呈明显的波峰“亮点”反射；当储层砂岩发育时，储层纵波速度降低，与围岩仍形成波峰“亮点”反射，因此导致储层砂岩与泥岩具有相同的强“亮点”地震反射，前期单一纵波较难准确区分低速砂岩和泥岩，依据优质储层砂岩地震强波峰反射模式，造成部分井钻井失利，因此开展地震岩相研究并预测砂岩有利区分布具有重要意义。本次利用转换波地震资料为基础，开展须四段地震岩相研究，以模型正演为指导，建立不同岩相体多波地震响应特征，得出转换波更有利区分砂岩、泥岩岩性体。同时对研究区测井资料、地球物理响应特征进行研究，利用转换波岩相识别优势，通过泥岩与砂岩在转换波地震剖面上不同的响应特征，基于转换波属性分析来判别须四内部真假“亮点”，识别有利砂体分布。岩相预测结果表明，利用转换波资料刻画的地震岩相平面分布规律性强，“东西两分”特征明显，西北部主要发育砂岩夹厚层泥岩，东南部发育砂岩夹薄层泥岩，转换波岩相识别结果与研究区单井砂、泥解释成果吻合程度高，能够反映须四段砂岩、泥岩平面分布规律，后续新钻井进一步证实转换波岩相预测成果的可靠性，为该区致密气藏下步勘探部署指明了方向。

关键词　须家河组；转换波；岩相识别；真假亮点；模型正演

Application of converted wave lithofacies identification technology in sandstone characterization of the fourth member of Xujiahe Formation in ZT Depression

Zhao Yao[1,2]　Zhang Yusheng[3]　Wang Jing[1,2]　Xie Wanxue[1,2]　Chen Li[1,2]

(1. Bureau of Geophysical Prospecting INC. China National Petroleum Corporation;
2. National Engineering Research Center for Oil and Gas Exploration Computer Software;
3. Southwest Oil and Gas Field Company. China National Petroleum Corporation)

Abstract　The fourth member of Xujiahe Formation in ZT area is dominated by light gray thick-thick bedded sandstone deposits, which are the main producing reservoirs of tight gas. According to the drilled wells, large sections of mudstone are developed in some wells in the middle of Xujiahe Formation, but when mudstone is developed, the P-wave velocity decreases, which shows obvious peak “bright spot” reflection with the underlying tight sandstone on the P-wave seismic profile. When reservoir sandstone develops, the velocity of reservoir P-wave decreases, and it still forms a “bright spot” reflection with the surrounding rock, which leads to the same strong “bright spot” seismic reflection between reservoir sandstone and mudstone. It is difficult to accurately distinguish low-speed sandstone from mudstone by single P-wave in the early stage. According to the strong peak reflection mode of high-quality reservoir sandstone, some wells fail to drill. Therefore, it is of great significance to carry out seismic lithofacies research and predict the distribution of favorable sandstone areas. Based on the converted wave seismic data, the study of seismic lithofacies in the fourth section of the Hu section is carried out. Guided by the forward model, the multi-wave seismic response characteristics of different lithofacies bodies are established, and it is concluded that the converted wave is more advantageous to distinguish sandstone and mudstone lithology bodies. At the same time, the logging data and geophysical response characteristics in the study area are studied. Based on the different response characteristics of mudstone and sandstone in converted-wave seismic profile, the true and false "bright spots" in Xu 4 are identified and the favorable sand body distribution is identified based on the analysis of converted-wave attributes. The results of lithofacies prediction show that the planar distribution of seismic lithofacies characterized by convert wave data has strong regularity, and the characteristics of "east-west division" are obvious. The northwest mainly develops sandstone with thick layer mudstone, and the southeast sandstone with thin layer mudstone. The recognition results of convert wave lithofacies are in good agreement with the interpretation results of single well sand and mud in the study area, which can reflect the planar distribution of sandstone and mudstone in the fourth member of Xujiahe Formation. Subsequent new drilling further confirmed the reliability of the converted wave lithofacies prediction results, indicating the direction for further exploration and deployment of tight gas reservoirs in this area.

Key wordst Xujiahe Formation; converted waves; lithofacies identification; true and false bright spots; model forward modeling

须家河组是四川盆地晚三叠世沉积在中三叠统雷口坡组之上的一套含煤砂泥岩层系，厚度约200~4000m，自西向东减薄，全盆地广泛分布。ZT凹陷地区须家河组埋深一般大于3000m，厚度在1000~1400m之间，以三角洲沉积体系为主。该区钻探工作始于20世纪70年代，须家河组四段是上三叠统显示程度较好的层段，也是获气最多的层段，共有测试井24口，获工业气井15口，获气井成功率62.5%。从目前开采情况看，须家河组四段累产气量优于须家河组二段、三段，是目前四川盆地浅层致密气效益化勘探开发的重要领域之一。

ZT地区须家河组四段以浅灰色厚-巨厚层状砂岩沉积为主，中部夹大段泥岩，当优质储层砂岩发育时，储层砂岩纵波速度与内部泥岩纵波速度接近，导致储层砂岩与泥岩具有相同的强“亮点”地震反射。随着开发深入，多口井钻井证实利用纵波地震强振幅识别的优质砂岩模式存在砂体钻遇不准，砂体分布规律识别不清等问题。而在致密砂岩气藏勘探开发中，砂体预测是基础和关键，砂体分布规律识别是当前钻井高效开发的前提。因此开展地震岩相研究具有积极意义。

陆地多波勘探技术是一项综合利用纵波和转换横波开展油气勘探的重要技术，该技术前后经历了四十多年的发展和应用。在岩性与储层识别等方面具有一定的优势，是提高致密、低渗透等复杂油气藏勘探开发精度的有效手段之一。

本文以该区多分量地震资料为基础，以模型正演为指导，研究不同岩相体测井响应、地震响应特征，厘清各岩相体纵波、转换波响应特征差异，得出转换波更有利于岩相识别，因此基于泥岩与砂岩在转换波地震剖面上的差异响应，利用转换波属性判别须四内部真假“亮点”，划分有利地震岩相，从而识别砂体横向分布，指导下步井位部署。

1 须四段区域研究背景

ZT凹陷地区位于四川盆地西北，地理上位于绵阳、广元市境内；区域构造上位于四川盆地川西北古中坳陷低缓构造区，北西邻龙门山逆掩推覆构造带，北靠米仓山山前断褶构造带，东接川中隆起。从上古生代—中生代该区长期处于下沉地带，三叠纪印支运动仅见微弱影响，致使地层遭受剥蚀程度不大，保存地层较全。局部圈闭构造闭合度小，地层平缓，断裂不发育。

ZT凹陷须四段位于三角洲前缘沉积，整体发育厚层砂岩，中部夹泥岩，砂体厚度大，砂地比高，主要表现为“砂包泥”的特征。

2 转换波岩相刻画

纵波资料反映了岩石骨架和流体特性，而横波是偏振波，只能通过岩石基质的骨架传播，因而流体的存在对横波的传播速度几乎不产生影响。因此依据纵波和横波不同的运动学和动力学特征，可以有效识别地层岩性及含气性。

2.1 测井响应特征研究

ZT凹陷须四段岩性主要为砂岩和泥岩，具有“砂包泥”的空间配置关系。在岩心标定的基础上结合测井曲线比较砂岩、泥岩差异。须四段泥岩样点的泥质含量值多大于30%。通常以泥质含量曲线为基础，泥质含量值30%为门槛，划分须四段砂泥岩，同时以孔隙度4%为门槛划分致密砂岩与优质储层砂岩。

根据已知井测井响应特征，致密砂岩表现为高纵波速度、高横波速度、低孔隙度、低纵横比速度比的特征；优质砂岩表现为低纵波速度、较高横波速度、高孔隙度、低纵横比速度比特征；泥岩表现为低纵波速度、低横波速度、低孔隙度、高纵横比速度比特征(图1)。优质砂岩与泥岩均表现为低纵波速度。

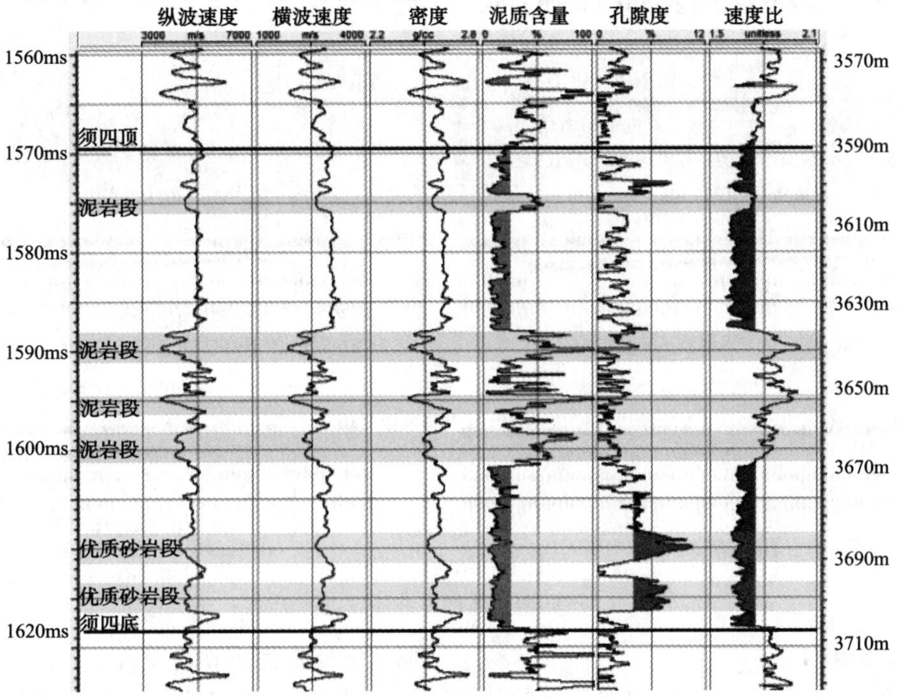

图1 ZTA井测井响应特征

为了更好分析泥岩与优质砂岩纵波、横波速度差异，优选须四内部泥岩段与优质砂岩段进行岩石物理交会分析，从交会图上获得，优质砂岩与泥岩纵波速度重叠范围4300~4650m/s，纵波阻抗重叠范围10750~11900g/cc×m/s；优质砂岩与泥岩纵波速度和阻抗重叠明显，而横波速度和横波阻抗两者具有明显差异，砂岩横波速度大于2500m/s，横波阻抗大于6500g/cc×m/s，因此横波更能区分砂岩、泥岩，更好指示岩性界面(图2)。

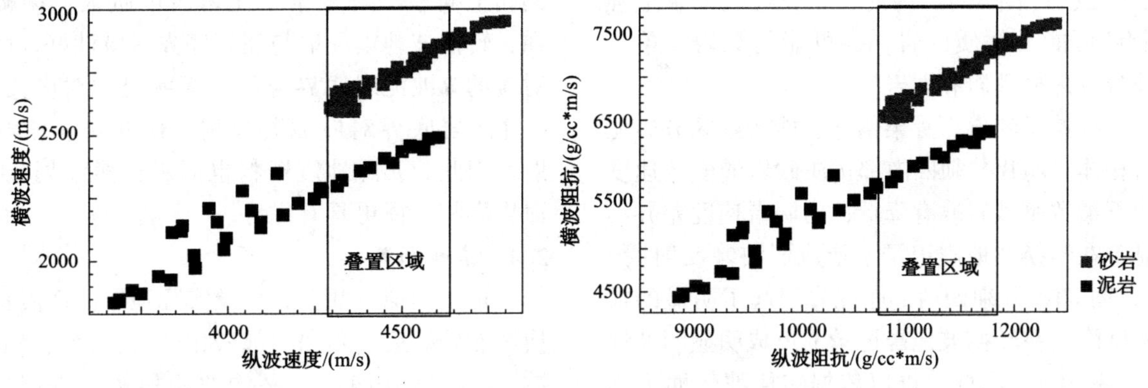

图2 砂岩、泥岩岩石物理交会结果

2.2　多波正演特征研究

为了明确须四段砂岩、泥岩不同岩相体的地震响应特征，根据已知井实测数据(表 1)，建立与实际地层结构吻合的正演模型(图 3)。根据正演记录，在纵波正演记录上，优质砂岩与泥岩底界均呈强波峰反射(图 3a 和 b)，单一纵波较难区分须四内部真假“亮点”；而对应的转换波正演记录上，优质砂岩底界呈弱波峰反射(图 3a′)，泥岩底界呈强波峰反射(图 3b′)，两者反射振幅存在明显差异，因此转换波对岩性更为敏感，可以利用转换波区分须四内部真假“亮点”，划分岩相相带，识别优质砂岩发育区。

表 1　不同岩相体弹性参数统计表

岩性	密度/(g/cm^3)	纵波速度/(m/s)	横波速度/(m/s)
泥岩	2. 62	4400	2400
储层砂岩	2. 5	4400	2600
致密砂岩	2. 56	5000	2850

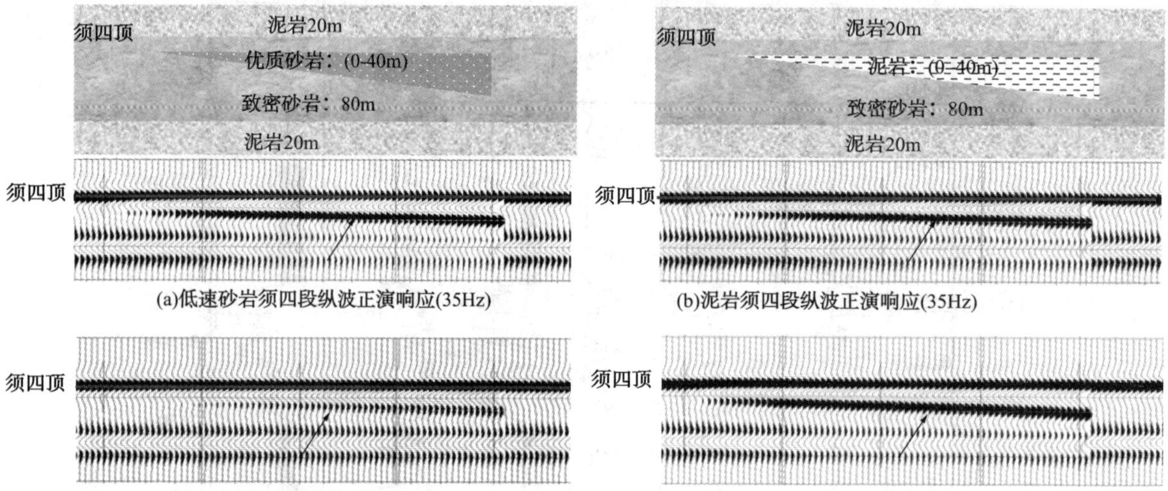

(a)低速砂岩须四段纵波正演响应(35Hz)　(b)泥岩须四段纵波正演响应(35Hz)

(a′)低速砂岩须四段转换波正演响应(25Hz)　(b′)泥岩须四段纵波正演响应(25Hz)

图 3　不同岩相体的多波地震正演记录

2.3　多波地震岩相研究

ZTB 井须四内部发育了一套 24. 8m 厚的优质砂岩，其下覆围岩为致密砂岩，优质砂岩具有较低的纵波速度和密度，因此与下覆致密砂岩在纵波地震记录上形成强“亮点”反射(图 4a)。ZTA 井须四内部发育一套 26. 7m 厚的泥岩，下覆围岩为致密砂岩，泥岩具有较低的纵波速度和密度，与下覆砂岩在纵波地震记录上同样形成强“亮点”反射(图 4b)。因此，纵波地震记录上强“亮点”可能是优质砂岩，也可能是泥岩，单一纵波难以区分砂岩和泥岩。

转换波反映岩石骨架信息，能较好区分砂泥岩岩相体。ZTB 井须四内部优质砂岩的横波速度相较下覆致密砂岩略有降低，但两者速度差异不明显，在转换波地震记录上形成弱波峰反射(图 5a)；而 ZTA 井须四内部厚泥岩引起了明显的横波速度降，在转换波地震记录上形成明显的波峰反射(图 5b)，因此，可以依据转换波剖面上须四内部地震反射强弱来表针不同的岩性组合结构。转换波强波峰反射反映内部厚层泥岩发育，弱反射反映优质砂岩发育。

已知井研究表明，不同的地质岩相体引起不同的纵、横波速度变化，从而导致不同的地震响应。在沿须四顶拉平的连井剖面中(剖面插入曲线为伽玛曲线，高伽玛为泥岩，箱形为砂岩)，C 井须四中部发育一套厚度 16. 4m 泥岩，D 井中部发育一套 17. 6m 泥岩，E 井中部发育 3. 7m 泥岩。通过井震精细标定，泥岩底界在转换波地震剖面上对应波峰反射，泥岩厚度越大，振幅越强，转换波地震反射与泥岩底界对应性好。而相对应的纵波泥岩底界与剖面无明显的对应关系。C 井泥岩底界对应波谷反射，D 井对应波峰反射。因此，实际地震资料也揭示转换波划分砂、泥岩岩相特征更具有优势。

2.4　岩性刻画

正演模拟、井上分析及实际地震剖面展示转换波能较好反映须四内部岩相分布，分别提取纵波、转换波须四内部平均波峰振幅属性(图 7、图 8)。两者展示砂泥岩分布形态相似，整体呈现“东西两分”特征，均表现出西北部发育泥岩夹层(蓝色区域)，东南部发育较纯砂岩(橙红色区域)。但两者岩相刻画结果局部存在差异，例如已钻井B井，纵波显示B井落入蓝色区域，指示泥岩发育，转换波岩相刻画结果B井为橙红色区域，表明该井发育砂岩。根据井上实际测井解释结果，B井须四段砂地比为0.9%，表明该井主要发育砂岩，转换波预测的岩相分布结果与实际钻井更为吻合。

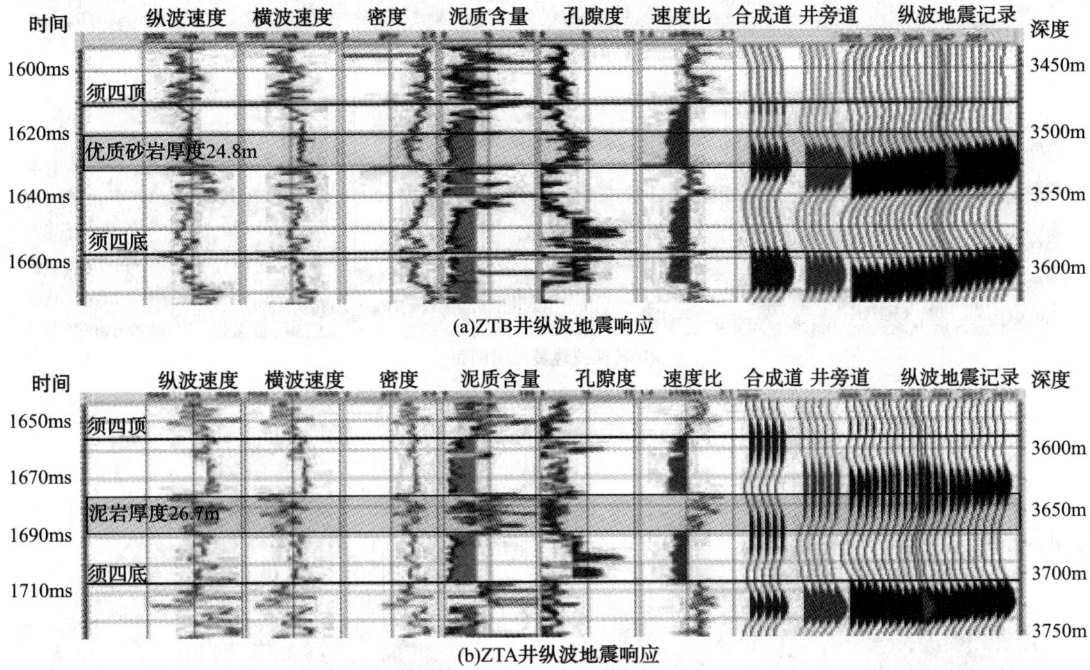

(a)ZTB井纵波地震响应

(b)ZTA井纵波地震响应

图4　纵波地震响应特征

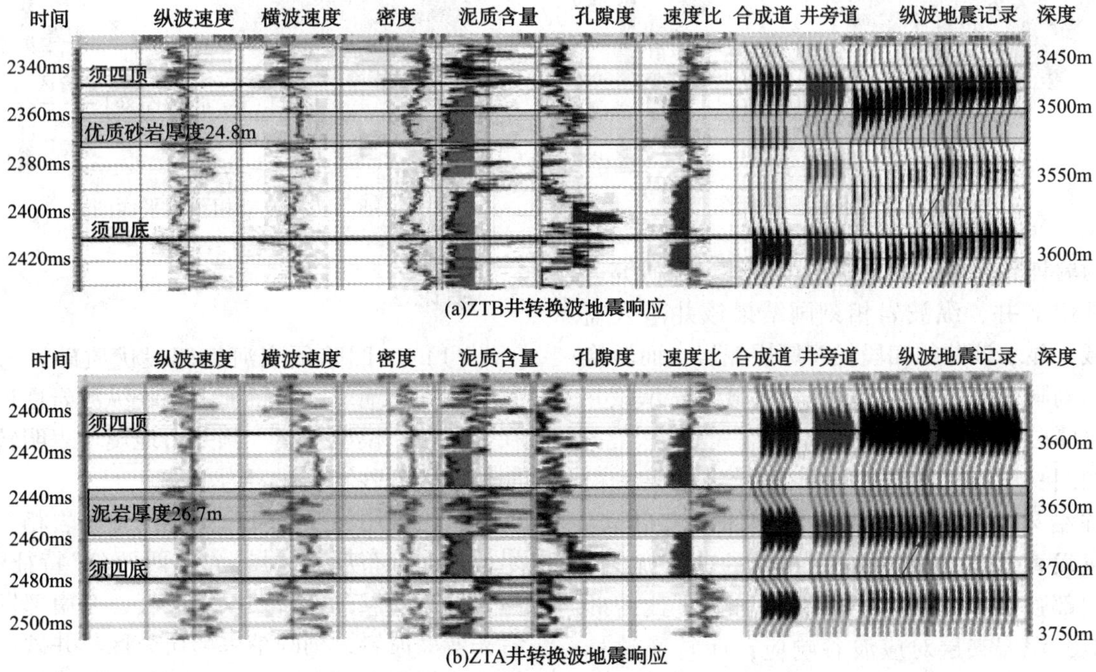

(a)ZTB井转换波地震响应

(b)ZTA井转换波地震响应

图5　转换波地震响应特征

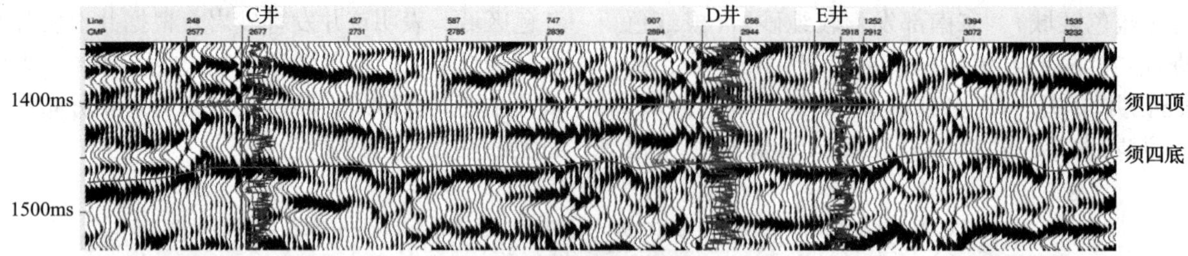

(a)纵波地震反射剖面

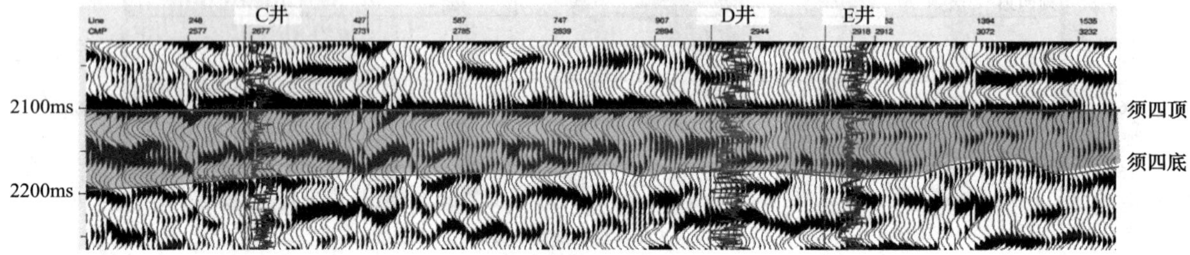

(b)转换波地震反射剖面

图 6　多波地震反射剖面

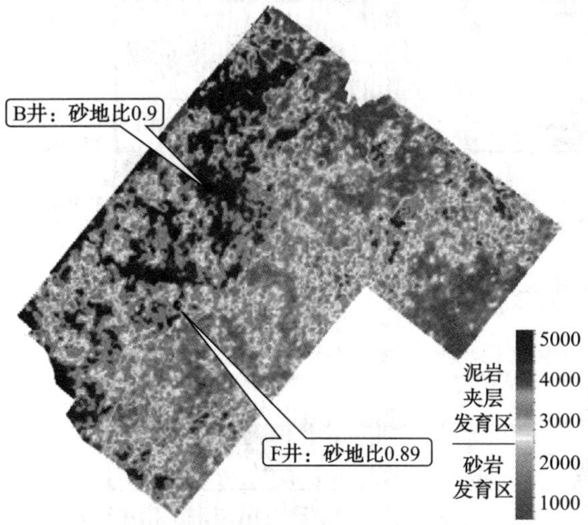

图 7　纵波岩相预测平面图

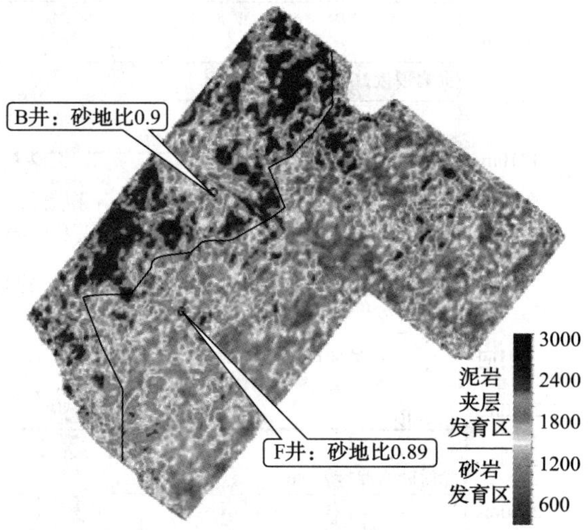

图 8　转换波岩相预测平面图

为验证转换波岩相识别的可靠性，在研究区部署井位 F 井，纵波岩相刻画结果该井落入蓝色区域，显示该井须四段发育厚层泥岩；而转换波岩相刻画结果该井落入橘红色区域，显示该井不发育厚层泥岩。

如图 9 所示为该新钻井井震标定结果，根据钻井结果显示，该井须四段整体发育砂岩，中部仅发育 2 套累计厚度为 6 米的薄互泥岩，纵波内部强波峰反射为上部储层与下覆致密砂岩响应，泥岩夹层对应波谷响应；而转换波标定结果显示，6m 厚的泥岩底界正对弱波峰反射，转换波反射对应真实岩性界面，新钻井进一步证实转换波岩相刻画结果与实际地层岩相更为吻合。

3　结论

（1）ZT 凹陷须家河组四段优质砂岩与泥岩具有相同的地震反射特征，单一纵波岩性识别存在多解性，模型正演、测井、地震均表明转换波能较好区分砂岩、泥岩岩相体。

（2）利用转换波资料刻画的地震岩相分布结果，平面分布规律性强，“东西两分”特征明显，西北部主要发育砂岩夹厚层泥岩，东南部发育砂岩夹薄层泥岩，刻画结果与研究区单井砂、泥岩解释成果吻合程度高，能够反映须四段砂岩、泥岩平面分布规律。

（3）新钻井证实转换波岩相刻画成果与实钻井更吻合，转换波更好地反映了泥岩和砂岩分布，为下步勘探部署提供指导。

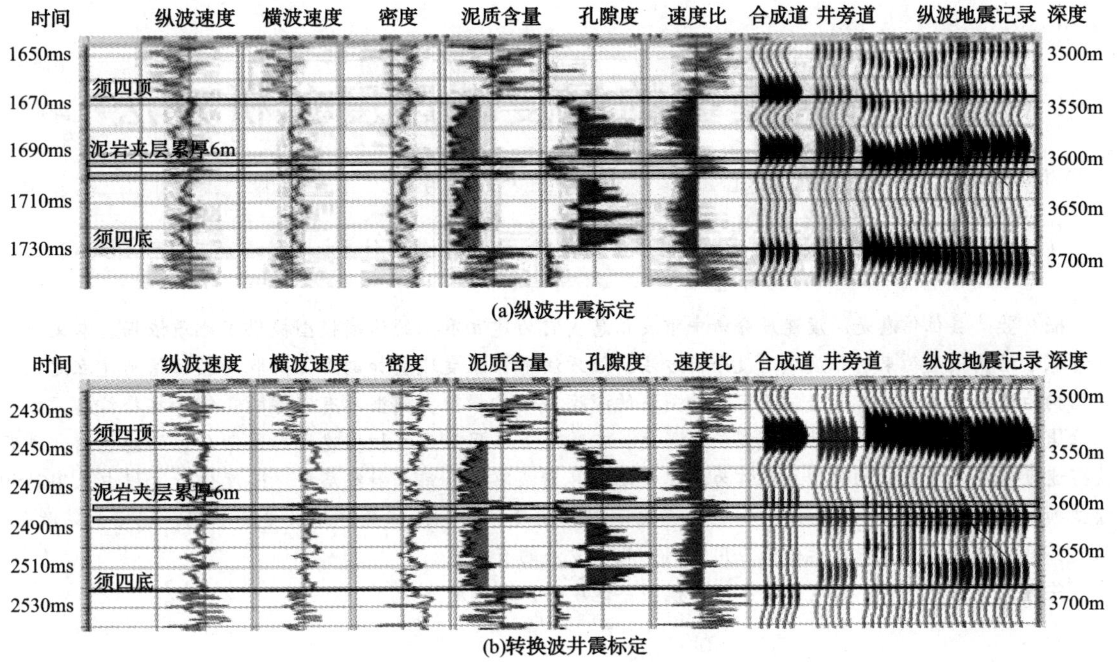

图 9　后验井多波井震标定

参 考 文 献

[1] 雷越，黄嵌，王旭丽，等．川西北地区须家河组二段致密砂岩储层特征及其主控因素[J]．特种油气藏，2023，30(5)：50-57.

[2] 袁成，李景叶，陈小宏．地震岩相识别概率表针方法[J]．地球物理学报，2016，59(1)：288-298.

[3] 孙红杰．川中地区上三叠统须家河组二、四段储层特征研究[D]．成都理工大学硕士学位论文，2007.

[4] 王旭丽，曾琪，李荣容，等．梓潼凹陷须四段致密砂砾岩储层高产控制因素分析[J]．天然气技术与经济，2018，12(3)：19-23.

[5] 苗凤彬，曾联波，祖克威，等．四川盆地梓潼地区须家河组储集层裂缝特征及控制因素[J]．地质力学学报，2016，22(1)：76-84.

[6] 谢继容，李国辉，罗凤姿．四川盆地上三叠统须家河组储集特征[J]．成都理工大学学报，自然科学版，2009，36(1)：13-18。

[7] 张虹，李曙光，徐天吉，等．川西深层致密气藏多波地震预测技术及应用[J]．地质勘探，2019，39(1)：91-95.

[8] 臧殿光，张延庆，王刚，等．四川盆地须三段低孔渗储层稳产主控因素及其地震响应特征[J]．石油地球物理勘探，2018，53(1)：256-263.

[9] 黄莉莎，闫建平，刘明洁，等．深层致密砂岩气储层成岩相测井识别及应用[J]．中国矿业大学学报，2012，51(1)：107-123.

[10] 周益来．致密碎屑岩岩相分类及物性参数预测[D]．中国石油大学硕士学位论文，2021.

[11] 周林，刘皓天，周坤，等．致密砂岩储层“甜点”识别及评价方法[J]．地质科技通报，2020，39(4)：165-173.

基于结构模型的深度域速度分析方法

程　丹[1,2]　王　磊[1,2]　朱金平[1,2]　赵玲芝[1,2]　宣瑞卿[1,2]

（1. 中国石油集团东方地球物理勘探有限责任公司；2. 油气勘探计算机软件国家工程研究中心）

摘　要　层位信息是深度速度分析中重要信息，它为建立准确的速度模型提供了地质依据。本文介绍一种基于结构模型约束的深度域速度分析方法，该方法根据深度域叠加剖面上拾取的层位信息建立起以立柱结构为速度介质，并具有垂向正交拓扑关系的深度域结构模型，模型具有完备的几何和拓扑信息，方便记录速度和射线追踪。根据结构模型层位深度，在道集上采用双曲线扫描建立起每个层位的能量谱，进而获得速度残差。采用结构模型立柱作为速度介质计算射线路径，完成射线层析。速度分析过程中采用结构模型加以引导、约束，能够有效控制速度变化范围和速度界面，保证最终结果更加准确、稳定、易收敛，且更具有地质意义。文中最后给出应用实例，展示方法的有效性。

关键词　速度建模；速度分析；结构模型；速度谱；层析反演

Velocity Analysis Method in Depth Domain Based on Structural Model

Cheng Dan[1,2]　Wang Lei[1,2]　Zhu Jinping[1,2]　Zhao Lingzhi[1,2]　Xuan Ruiqing[1,2]

(1. BGPInc., China National Petroleum Corporation; 2. National Engineering Research Center of Oil&Gas Exploration Computer Software)

Abstract　Stratigraphic information is crucial in deep velocity analysis, providing geological basis for establishing an accurate velocity model. This paper introduces a deep domain velocity analysis method constrained by a structural model. The method uses the stratigraphic information picked from the deep domain stacked section to establish a deep domain structural model with column as velocity media and vertical orthogonal topological relationships. The model has complete geometric and topological information, facilitating the recording of velocity and ray tracing. Based on the depth of the strata in the structural model, hyperbolic scanning is applied on the CIP gather to establish the energy spectrum for each stratum, thereby obtaining the velocity residuals. Ray paths are calculated using the structural model column as velocity media to complete ray tomography. The velocity analysis process is guided and constrained by the structural model, effectively controlling the range of velocity variations and velocity interfaces, ensuring that the final results are more accurate, stable, and easily convergent, and more geologically meaningful. The paper concludes with an application example to demonstrate the effectiveness of the method.

Key wordst　Velocity Modeling; Velocity Analysis; Structural Model; Velocity Spectrum; Tomographic Inversion

速度分析在叠前深度偏移技术中起着重要作用。深度域速度分析主要有两种方法，一种是基于网格速度的速度分析，另一种是基于结构模型的速度分析，两种方法各具优势。在资料信噪比较高的工区，尤其是能较准确解释层位信息时，基于结构模型的速度分析方法要比基于网格速度分析方法的速度模型精度更高、算法稳定、易收敛，并更具有地质意义。地质知识在基于结构模型速度分析中起着关键作用，它可以帮助解释速度变化，并指导速度模型的构建。本文提出一种基于结构模型的深度域速度分析方法，在整个速度分析过程中采用结构模型加以引导、约束，保证最终结果沿层稳定，更加准确。结构模型作为速度块划分和速度表示方法，在速度模型的建立和更新过程中起着重要的作用。文章中分别提出以准三棱柱体为介质及采用限定剖分的方法生成结构模型，但有建模效率低、不易维护等问题。因此以上方法并不十分适用于深度域速度分析。深度域速度分析需要的结构模型应具有快速建模、有效记录速度及快速更新速度等优势。本文主要针对深度域速度分析的需求，采用基于空间连通性的正交拓扑结构建模方法建立结构模型。基于空间连通性建模方法采用空间连通性原理，将满足同一速度的地质块划分为一个层位，并采用立柱作为介质记录速度，立柱间采用多指针的方式记录层内、层间的拓扑关系。本文基于这种正交拓扑结构模型，建立一套深度域速度分析方法，主要包括基于结构模型层位建立能量谱并拾取残差和基于立柱结构做射线层析。在建立工区的结构模型后，基于结构模型层位深度在道集上采用双曲线扫描的方式建立起每个层位的能量谱，拾取能量团进而获得速度残差。基于层位深度建立能量谱可以较准确地定位到残差位置，以免拾取到不合理残差，影响反演结果。并且在层位约束下，方便考虑到横向速度相关性，以便做适当的人工干预。关于射线层析的原理方法多篇文章中均有介绍，本文同样采用射线层析原理基于拾取的残差做射线层析，在射线反演过程中，采用结构模型立柱作为速度介质和变量，在立柱中计算射线路径，列方程和更新速度变量。结构模型在整个速度分析过程中都起着引导、约束的重要作用，速度分析结果更具有地质意义，并具有较好的稳定性和收敛性。

1　结构模型

基于空间连通性结构建模方法的输入数据是用户拾取的层位，在层位信息的基础上采用拓扑学中空间连通的概念将空间划分为不同的速度块，并采用点-线-面和多指针的数据结构来记录结构模型的拓扑关系。

该方法将拾取到的层位及工区边界定义为一个拓扑空间，在层位间建立多个立柱作为拓扑空间中的介质，立柱是根据用户拾取的层位信息建立的空间介质，它具有以下特征：

（1）具有两个顶点，分别为上顶点和下顶点，上顶点和下顶点取自两个相邻的层位，顶点上可以记录速度、梯度、各向异性参数等属性；

（2）分布于规律的栅格空间，栅格由工区线道号构成，立柱只存在于栅格节点处；

（3）具有柱体，柱体是空间的，即具有一定的体积，柱体内的属性相同。

图1为立柱示意图，其中A、B为上下顶点，分别来自层位H1和H2，阴影部分为柱体，柱体内速度（梯度）具有简单的表示方式。如果任意两个立柱之间存在一条路径，称这两个立柱是连通的，将所有连通立柱定义为一个速度块，这样便完成了立柱对工区的空间划分。对于隶属同一速度块的立柱，进一步定义出点、线、面并构建它们的拓扑关系。同一速度块的立柱集、点-线-面集以及拓扑关系共同定义了一个工区的结构模型。

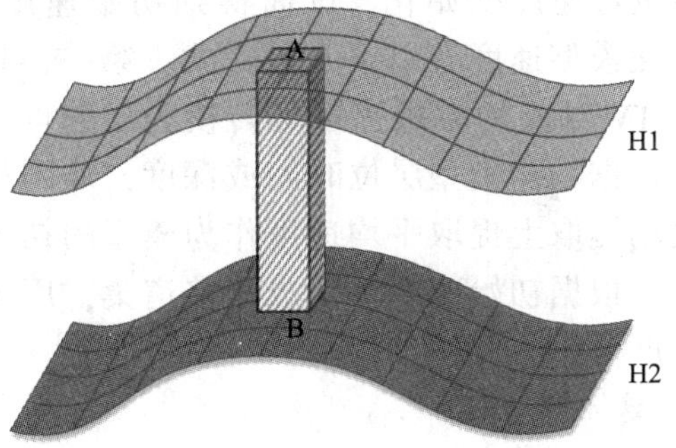

图1　立柱示意图

在工区范围内建立完立柱之后，根据连通性原理将所有立柱划分为不同的块体，满足连通性的所有立柱作为一个速度块，所有块体构成了工区的结构模型。有了速度块，便可以根据线道号建立起每个速度块的点-线-面结构。点和线上均采用多指针来记录拓扑关系，因此在任意位置均可访问周围立柱，以便射线追踪。图2(a)为点的多指针示意图，(b)为线与段的关系示意图。

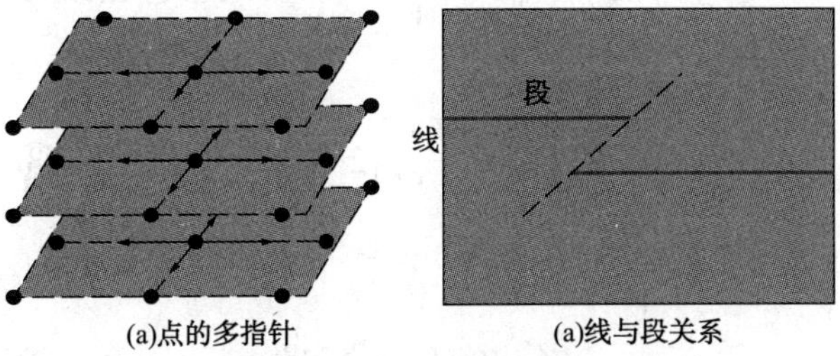

图2　拓扑关系示意图

2　基于结构模型的速度分析方法

基于结构模型的速度分析方法，总结为三个步骤：第一，创建结构模型，并建立立柱及层位垂直正交拓扑关系；第二，基于结构模型层位深度，采用双曲线对偏移道集做扫描，建立起每层的速度能量谱，并求取速度残差；第三，以结构模型层位作为分界面，以立柱为速度介质，采用射线层析原理，反演出更新速度。

2.1 建立结构模型

在深度剖面上沿同相轴位置拾取层位，由于能量谱是根据层位深度对偏移道集做双曲扫描生成，因此，层位拾取越准扫描结果越准确，也能够反演出更加准确的速度。结构建模主要任务是以立柱为介质，将层位和工区边界构建拓扑空间划分为不同速度块。为后继建立能量谱和射线层析提供基础。建立起工区的结构模型后，需要对模型进行速度初始化，进而得到初始速度场。初始化模型速度有以下几种方式：第一，将时间域 TV 对或均方根速度场转换为层速度；第二，根据结构模型层位时间或深度，从网格层速度场提取上提取平均速度作为模型的初始层速度。根据初始速度场生成偏移道集，用于后继速度分析。

2.2 建立能量谱

建立结构模型层位后，根据层位深度及偏移道集建立起每层的速度谱。由层位拾取和结构模型建立方法可知，层位上每一点对应偏移道集上的一个同相轴。假设位上一点 A 反射深度为Z_0，均方根速度为 V，校正后的速度为 V'，偏移距 h 上同相轴深度为Z_h，则Z_h与Z_0具有以下关系：

$$Z_0^2=V^2\cdot t_0^2 \quad ①$$

$$Z_h^2=V^2\cdot t_h^2-h^2 \quad ②$$

其中$t_0=\dfrac{Z'}{V'}$，$t_h=\dfrac{\sqrt{h^2+Z'^2}}{V'}$。公式①②相减可得如下公式：

$$Z_h^2=Z_0^2+\left[\left(\frac{V}{V'}\right)2-1\right]h^2 \quad ③$$

令 $\alpha=\dfrac{V}{V'}$，则有：

$$Z_h^2=Z_0^2+[\alpha^2-1]h^2 \quad ④$$

公式④为偏移距道集的双曲线公式，当 α 取一定范围值，则可形成一组双曲线，利用这组双曲线对偏移道集进行相似度计算，得到整个层位的能量谱，用于速度拾取和速度反演。

为了兼容层位深度误差，计算相似度时，在给定窗口范围内并按照距离层位深度加权求取，假设共有窗口个数为 w，道集偏移距个数为 h，第 i 个窗口的权值为 p_i，u_{ij}为第 i 个窗口第 j 个偏移距振幅值，n 为能量点数，则曲线取 α 相似度 $S(\alpha)$的计算公式为：

$$S(\alpha)=\frac{\sum_{i=1}^{w}\left\{\left(\sum_{j=1}^{h}u_{ij}\right)2\cdot p_i\right\}}{\sum_{i=1}^{w}\left(\sum_{j=1}^{h}u2_{ij}\right)\cdot\sum_{i=1}^{w}(p_i)\cdot n}$$

该方法同样可以处理角道集，设角道集的角度值为 θ，带入公式④，则可以推导出角道集的双曲线扫描公式：

$$Z_h^2=Z_0^2+[(\alpha)^2-1](Z_0\cdot\tan\theta)^2$$

有了能量谱，便可以通过手动或自动方式获取强能量团，从而获得不同偏移距道集的深度差，即走时差，可用于后继速度反演。

2.3 反演速度

反演速度有两种方法，一种基于结构模型层位利用 Dix 公式反演层速度。第二种是基于结构模型的层析反演。这里主要介绍基于结构模型的层析反演。层析反演的理论基础是 Radon 变换，即走时残差，可以表示为慢度残差沿着射线路径的线性积分：

$$L\cdot\Delta s=\Delta t$$

本文层析反演方法采用的是基于结构模型建立的旅行时射线法层析，结构模型即采用具有垂向正交拓扑的结构模型。结构模型的表达方式是将介质划分为层状，相邻层之间有显式的边界存在，在层内每个线道号位置采用图 1 所示立柱定义。在每个立柱内记录该位置的速度，以及立柱的邻接关系等信息，便于射线追踪。在实际应用中，如果已知射线穿入某个立柱时入射点的坐标和方向，以及该立柱具有的速度值，那么就可以计算出射线路径轨迹的解析表达式。有了射线路径的解析表达式，便可以根据立柱的几何形状来求取射线与立柱的出射点，这样射线经过该立柱时从入射点开始在立柱内部的路径轨迹以及最终出射点便可以计算出来，并且射线在该立柱内部的旅行时也可以相应地计算出来。射线在层位和立柱之间的界面上应用斯涅耳定律计算射线的方向。计算射线在所有经过的立柱中的路径轨迹，并将这些路径轨迹连接起来，便得到了射线在介质内的最终路径轨迹。

如图 3 所示，灰色的立柱（Column）将每个层进行剖分，红色线段代表射线，箭头代表射线的方向。设每个立柱的速度为 v_i，射线在第 i 个立柱中的射线路径长度为 l_i，如果定义慢度 $s=1/v$，那么射线旅行时 $t=\sum l_i * s_i$。使用结构模型进行射线追踪，射线段以立柱为单位，将所有的红色射线段连接起来就构成了射线的追踪轨迹。

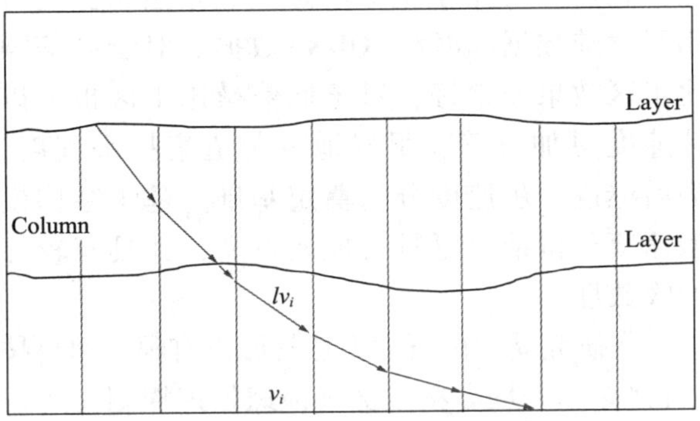

图 3　基于结构模型的射线路径

$t_h=L \cdot S$，其中向量 $L=(l_1, l_2, \cdots, l_i)$，向量 $S=(s_1, s_2, \cdots, s_i)$，将 h 偏移距走时差与 0 偏移距走时差相减之后，并抛弃高次项，可得层析公式为：

$$(L(h)-L(0)) \cdot \Delta S=\Delta t \qquad ⑤$$

在结构模型和初始速度的基础上，获取速度残差和射线追踪结果，再根据公式⑤建立方程并求解，生成新的速度场，如果仍有道集残差则进入新一轮迭代，直至道集拉平。

3　实例

下面是某三维工区采用基于结构模型深度域速度分析方法的应用实例。图 4 为该工区正交拓扑结构模型。图 5 为基于结构模型层位建立的能量谱，(a) 为速度分析前，(b) 为速度分析后，可以看出分析前速度谱能量集中在零线上，速度偏大，速度分析后能量基本集中在零线附近。图 6(a) 为速度分析前道集，道集下垂，速度偏大（红框部分），(b) 为速度分析后道集，道集基本拉平，这与图 5 中的能量谱反映情况一致。图 7 (a)(b) 分别为速度分析前后的剖面，可以看出分析后剖面轴要比分析前更加清晰、连续。

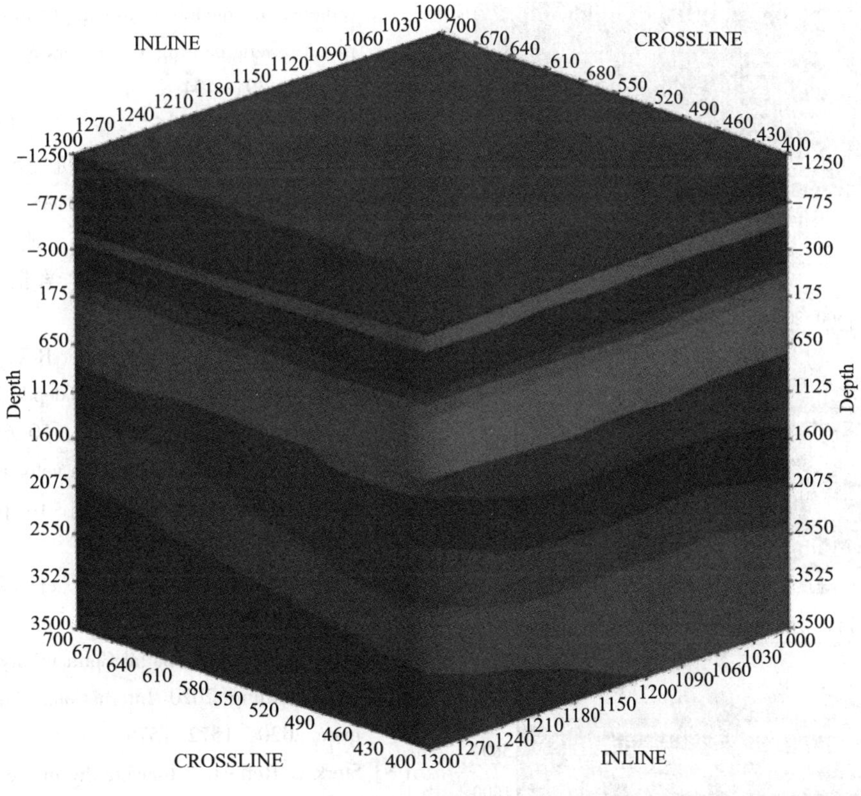

图 4　结构模型

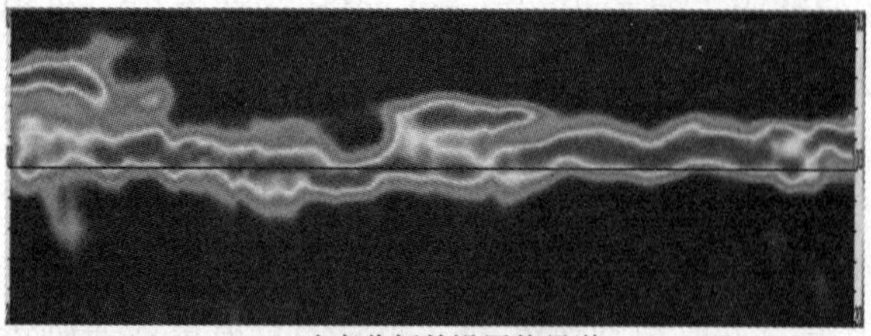

(a)速度分析前沿层能量谱

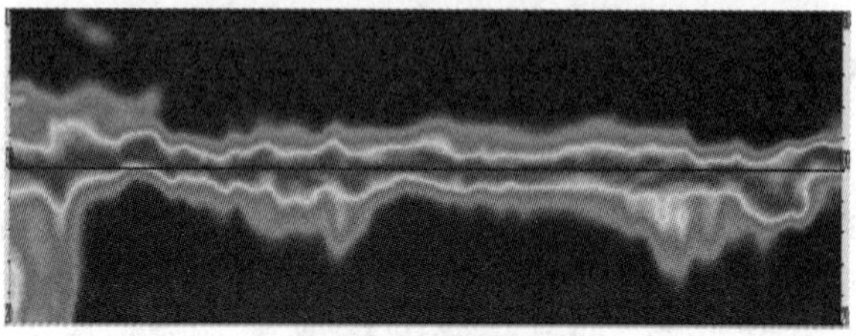

(b)速度分析后沿层能量谱

图 5　沿层能量谱

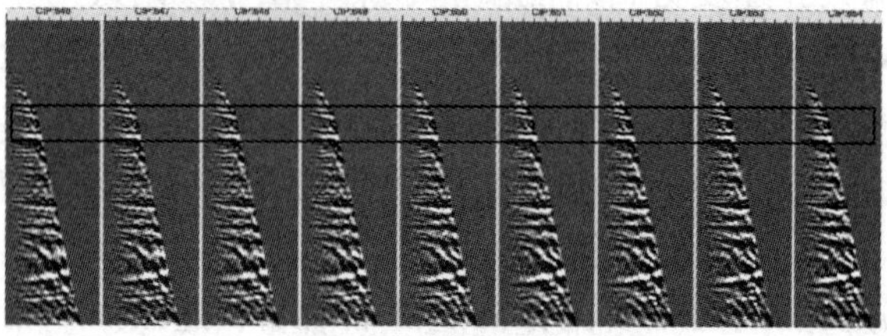

(a)速度分析前道集

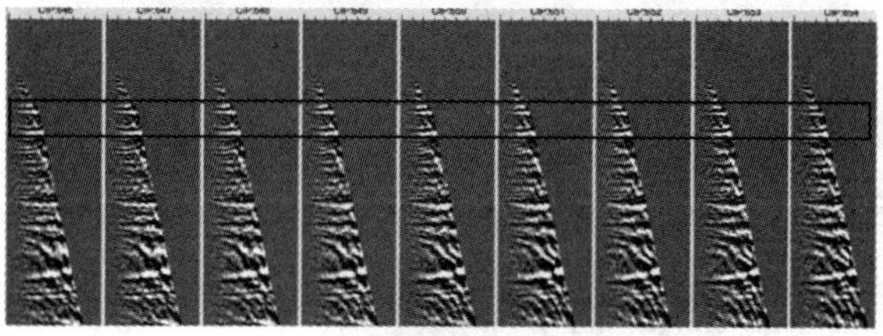

(b)速度分析后道集

图 6　道集

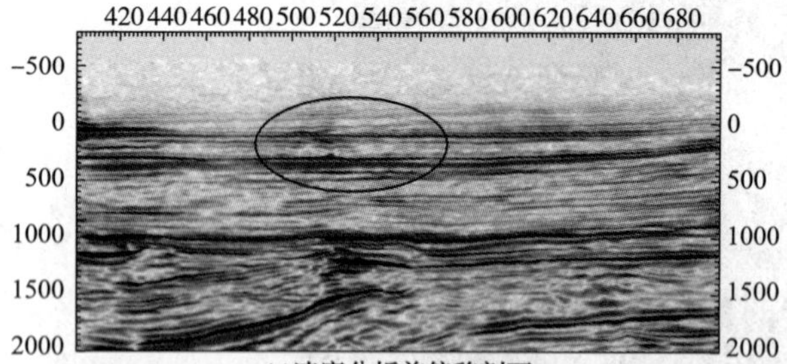

(a)速度分析前偏移剖面

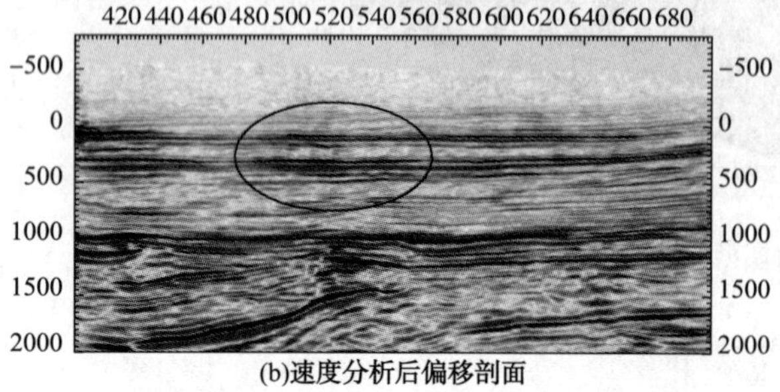

(b)速度分析后偏移剖面

图 7　剖面

4　结论

基于结构模型的深度域速度分析方法，根据深度域叠加剖面建立具有正交拓扑信息的结构模型，并基于结构模型创建能量谱、计算残差和完成射线层析反演。结构模型在整个速度分析过程中都起着引导、约束的重要作用。该方法应用范围较广，可用于偏移距道集、角道集，也可用于大陆数据和海洋(OBN)数据。对于高信噪比工区效果非常好，对于低信噪比工区也可以使速度更加准确，很好地改善道集拉平程度，为后继进一步速度分析奠定基础。基于结构模型速度分析结果更具有地质意义，并具有较好的收敛性。

本研究受中国石油天然气股份有限公司科技项目“多物理场高精度油气地球物理探测技术与装备”(编号 2023ZZ05)之课题“多波场地震成像与弹性参数同步反演理论与技术”资助。

参 考 文 献

[1] Jianya Gong, Penggen Cheng, Yandong Wang. Three-dimensional modeling and application in geological exploration engineering. Computers & Geosciences, 2004, 30(4): 391-404.

[2] 杨洋，潘懋，吴耕宇，等．三维地质结构模型中闭合地质块体的构建．计算机辅助设计与图形学学报，2015，27(10)：1929-1935.

[3] 朱大培，牛文杰，杨钦，等．地质构造的三维可视化．北京航空航天大学学报，2001，27(4)：448-451.

[4] Bishop T N, Bube K P, Cutler R T, et al. Tomographic determination of velocity and depth in laterally varying media[J]. Geophysics, 1985, 50(6): 903-923.

[5] Liu Z, Bleistein N. Migration velocity analysis: the ory and an iterative algorithm[J]. Geophysics, 1995, 60(1): 142-153.

[6] 杨鎏．点集拓扑学．地质出版社．2017.

[7] Cheng Dan, Liang Jiandong etc. Structural Modeling Method Based on Spatial Connectivity. Conference SPG/SEG Nanjing 2020 International Geophysical Conference. 2020, 1572-1575.

[8] Stork C. Reflection tomography in the pots-migrated domain[J]. Geophysics, 1992, 57(5): 680-692.

RMS 分析方法在 OBN 采集质量控制中的应用

刘 浩 曹明强 刘 昭 余耀平 雷润晨 刘亚奇

（中国石油集团东方地球物理勘探有限责任公司海洋物探分公司）

摘 要 随着海底节点(Ocean Bottom Node，简称“OBN”)采集技术在油气勘探行业中的不断发展，海上多源高效采集的作业方法日益受到石油公司和地球物理服务公司的青睐，并在实际应用中逐步普及。OBN 技术以其独特的优势，在复杂海底地形和深海环境中展现出了巨大的潜力。然而，随着高效采集模式下地震数据量的急剧增加，OBN 技术的“盲采”特点也给数据质量控制带来了新的挑战。为了确保地震数据采集的效果，对节点采集质量控制工作效率的要求变得越来越高。在此背景下，本文介绍了几种用于地震采集数据 RMS(均方根)分析的方法。这些方法通过属性显示的方式，对数据进行直观便捷的分析和评价，能够有效提升 OBN 采集状态的检查效率。具体来说，这些方法可以应用于以下几个方面：快速检查 OBN 采集状态、异常工作道的筛查及原因分析、节点水平方位角质控、节点时钟漂移质控、节点海底偏移情况检查、二次定位工作等。通过上述方法，可以有效保障高效采集作业中质量控制工作的效率，确保 OBN 技术在实际应用中的数据质量。这些方法不仅提高了工作效率，还增强了数据的可靠性和准确性，为油气勘探提供了坚实的数据基础。总之，RMS 分析方法在 OBN 采集技术中的应用，极大地提升了地震数据的采集和处理质量，为行业的发展提供了有力支持。

关键词 海底节点；高效采集；质量控制；均方根值

Application of RMS analysis method in OBN seismic acquisition quality control

Liu Hao Cao Mingqiang Liu Zhao Yu Yaoping Lei Runchen Liu Yaqi

(BGP Offshore, BGP, CNPC)

Abstract As Ocean Bottom Node (OBN) acquisition technology continues to develop in the oil and gas exploration industry, offshore multi-source efficient acquisition methods are increasingly favored by oil companies and geophysical service companies, and are gradually being widely applied in practical scenarios. With its unique advantages, OBN technology has shown great potential in complex seabed topographies and deep-sea environments. However, with the rapid increase in seismic data volume under efficient acquisition models, the “blind acquisition” characteristic of OBN technology poses new challenges to data quality control. To ensure the effectiveness of seismic data acquisition, the efficiency requirements for node acquisition quality control are becoming increasingly high. In this context, this paper introduces several methods for RMS (Root Mean Square) analysis of seismic acquisition data. These methods provide intuitive and convenient analysis and evaluation of the data through attribute displays, effectively enhancing the efficiency of checking OBN acquisition status. Specifically, these methods can be applied in the following aspects: rapid checking of OBN acquisition status, screening and analyzing causes of anomalous seismic trace, quality control of node horizontal orientation, quality control of node clock drift, checking for node seabed offset, secondary positioning, etc.

Through these methods, the efficiency of quality control in efficient acquisition operations can be effectively guaranteed, ensuring the data quality of OBN technology in practical applications. These methods not only improve work efficiency but also enhance data reliability and accuracy, providing a solid data foundation for oil and gas exploration. In summary, the application of RMS analysis methods in OBN acquisition technology greatly improves the acquisition and processing quality of seismic data, providing strong support for the development of the industry.

Key wordst OBN; HEBS; Quality Control; RMS

1　引言

均方根值(RMS)分析技术是地震资料采集过程中主要的质量控制方法之一，其主要功能就是评估信号的能量水平，即取地震资料某一时窗内采样点的 RMS 值反映该时窗内采样点的能量水平。在以往拖缆和 OBC 地震采集作业中，RMS 分析技术均被作为典型的质量控制方法进行广泛应用，通过对地震资料不同时窗的 RMS 噪声分析，来对检波器的工作状态、灵敏度、异常干扰情况进行直观准确的分析评价，并取得了良好的应用效果。本文基于 RMS 分析技术基本原理，提出了几种针对不同地震资料类型以及不同 RMS 值计算和属性显示方式的 RMS 分析方法，以期对 OBN 采集状态、节点水平方位角、节点时钟漂移、节点海底偏移情况等质控方面进行直观便捷的分析评价，从而有效保障高效采集作业中质量控制工作的效率。

2　RMS 分析技术原理和方法

在地震采集质量控制工作中，对于资料振幅的计算，通常采用均方根振幅算法，计算公式如下：

$$RMS = \left[\sqrt{\frac{1}{n} \sum_{i=1}^{n} (T_i * T_i)} \right] / scale \qquad (1)$$

其中，$I=1, 2, 3, \cdots n$；T_i 为第 i 道地震道的振幅值；*scale* 为比例因子。

RMS 值的计算，可以对指定范围内的地震道求值，也可以对单个地震道上多个样点对应振幅值求值。计算得到的相应数值，可以通过图形化属性，对资料品质进行直观、量化的评价工作。在实际应用过程中，可以根据需要进行分析评价的不同质控方面，按照需求进行相应 RMS 值的求取，并通过合理的方式进行属性显示。

3　RMS 分析方法的应用

基于 RMS 分析技术原理和方法，在 OBN 地震资料采集质量控制工作中，就可以针对相应的质量控制目的，对相应的地震数据类型展开 RMS 分析和显示，以实现直观、高效的质量控制效果。比如，OBN 各分量采集状态的快速检查、异常工作道的筛查及原因分析、节点水平方位角质控、节点时钟漂移质控、节点海底偏移情况检查以及二次定位工作等等。

3.1　基于道集的单道 RMS 分析方法

在 OBN 资料采集质量控制工作中，质量控制的重心已经逐步的从以往的基于共炮集数据的质量控制方法向基于共道集的质量控制方法转变。在 OBN 共道集地震资料中，每一个地震道对应为该节点所记录的每一炮的信息，我们对 OBN 角度旋转后的四个分量共道集上的每一道求取 RMS 值，然后对指定偏移距范围的数据分别进行属性显示，如图 1 所示所得到的四个分量的正常 RMS 属性图，从左到右分别为水检分量(P 分量)、陆检 X 分量、陆检 Y 分量和陆检 Z 分量，图中心点为节点位置，每一个分辨率代表一炮的 RMS 值，呈现出随偏移距增大 RMS 值变小的规律；旋转后的陆检 X、Y 分量分别在 Inline(上下)、Crossline(左右)方向上 RMS 值较大。由此，便可以直观的对该节点在采集过程中的总体工作状态、整体 RMS 水平进行检查，从而对异常节点进行质控和原因分析，包括振幅异常、节点水平方位角异常、节点点位坐标异常等。

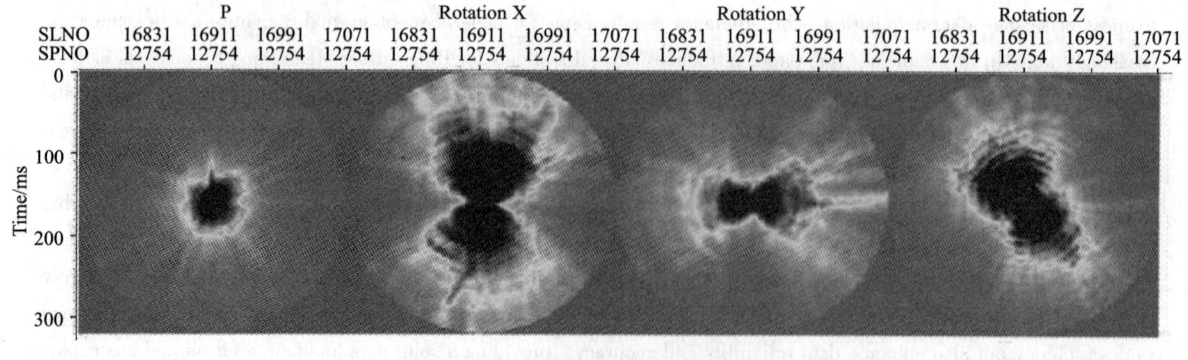

图 1　基于道集的单道 RMS 属性图

图中横轴：炮线号，纵轴：炮点号，颜色越深表示 RMS 值越大

3.1.1　异常振幅检查

如图2、图3和图4所示RMS属性图质控中常见的几种异常振幅现象。图2表现为节点P分量RMS能量过大，结合图2(下)地震资料显示可以分析为典型的直流漂移现象，具有频率低、能量强的特点。图3表现为Y分量能量弱，结合图3(下)地震资料显示也可以发现明显的能量弱现象，分析可能是由于节点Y分量检波器故障导致灵敏度不足，或者检波器耦合问题，在实际生产中，可以结合该节点重复使用后采集资料的分析情况进行不正常节点的剔除。图4表现为RMS能量分布不规律，结合图4(下)地震资料分析，可以判断为节点AFE(Analog Front End)故障，导致采集数据传输错误。

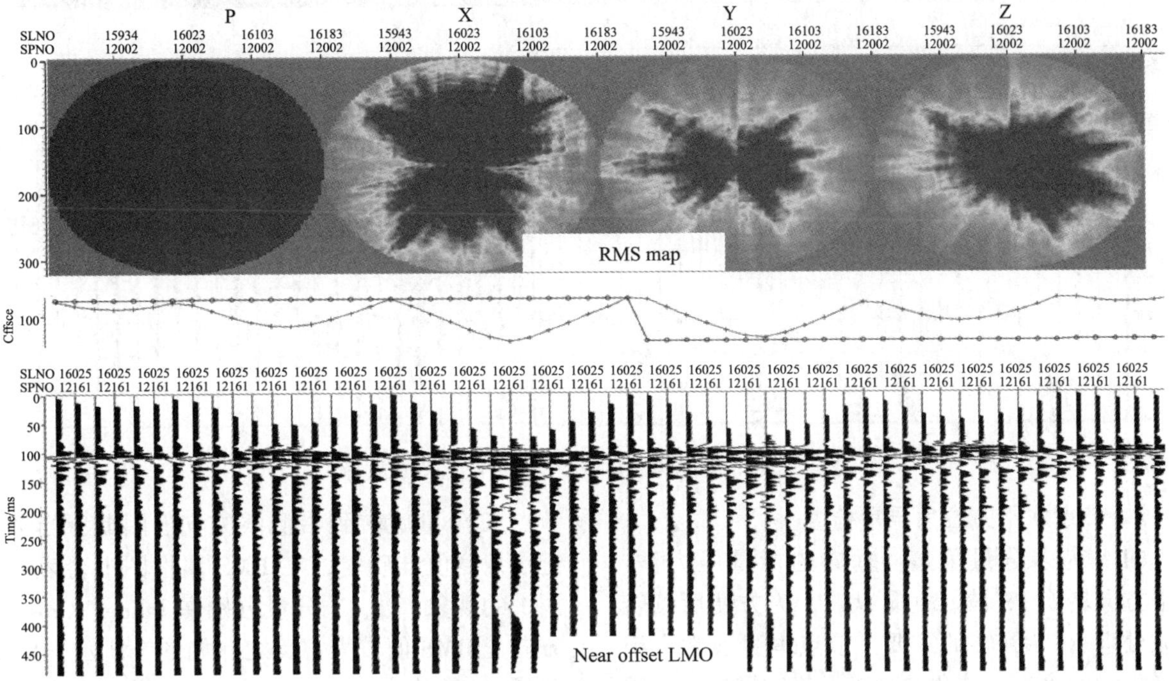

图2　RMS 属性图异常振幅检查-P 分量能量过大

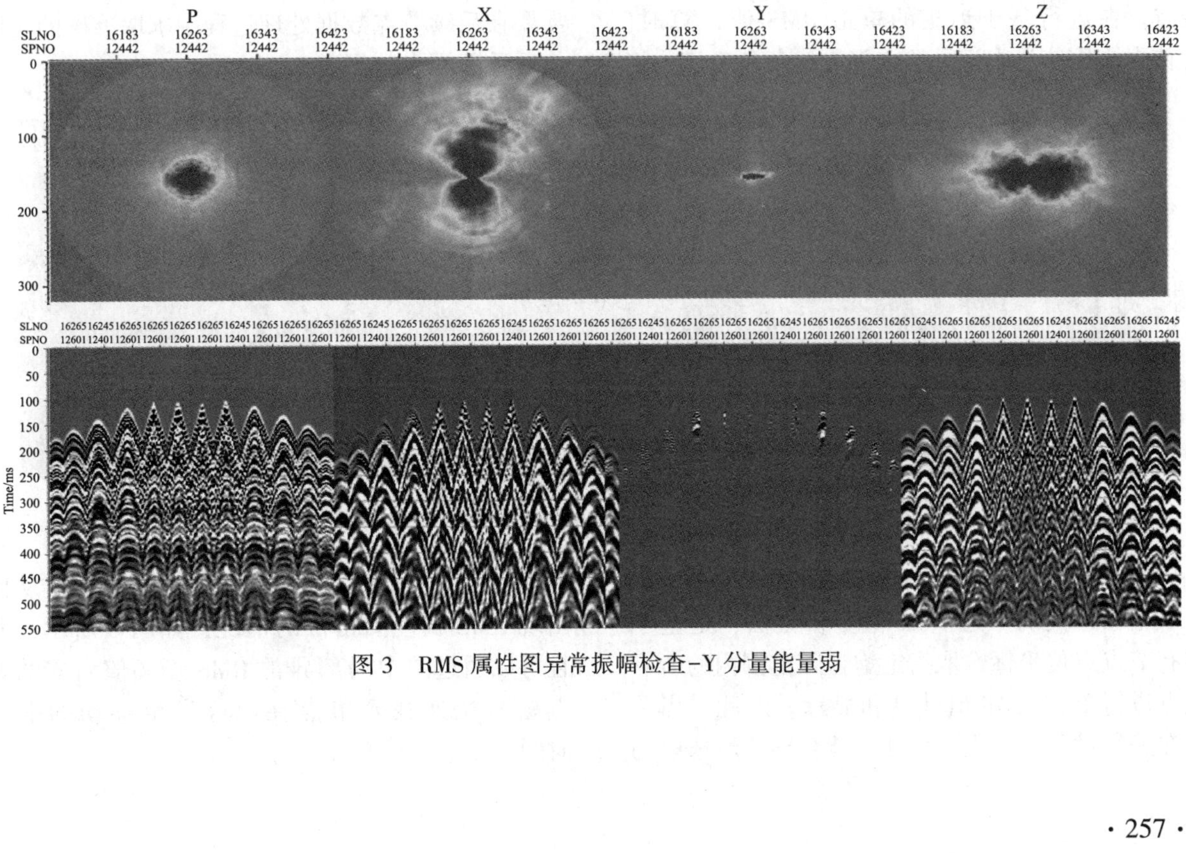

图3　RMS 属性图异常振幅检查-Y 分量能量弱

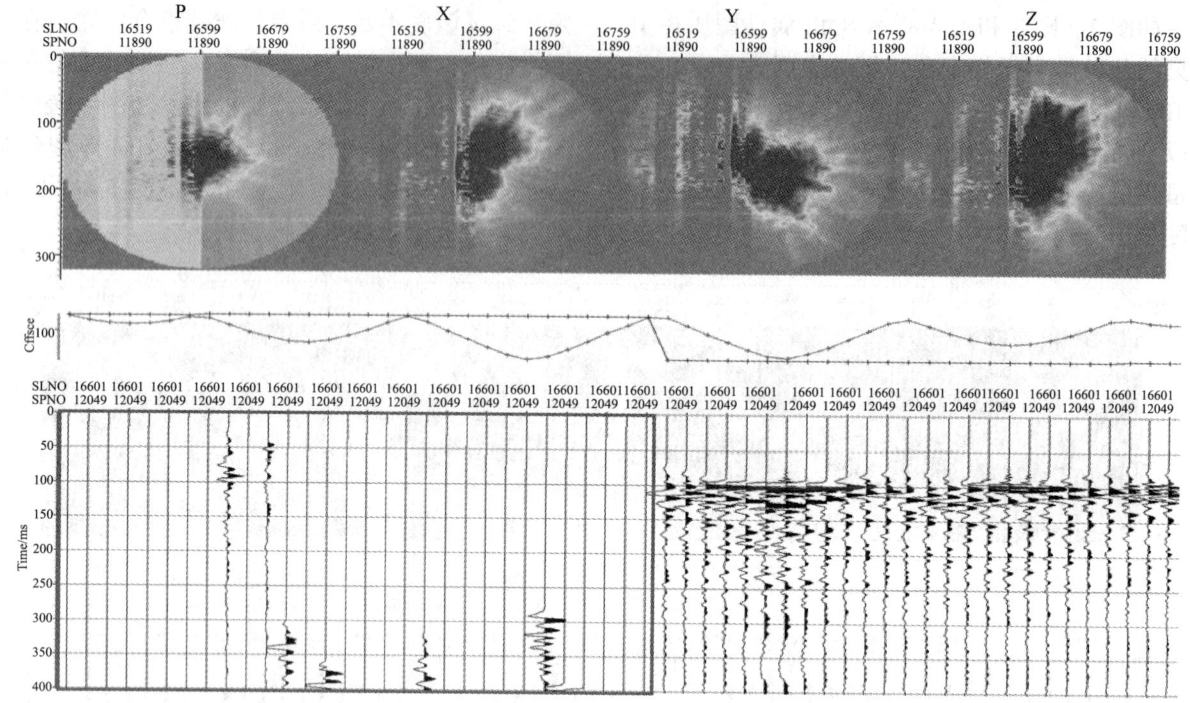

图 4　RMS 属性图异常振幅检查-节点 AFE 故障

3.1.2　节点水平方位角异常检查

OBN 为多分量采集：垂向的标量压力波、水平方向转换 PS 波、垂向纵波，为方便后续转换波处理 R-T 旋转的需要，节点本身通常会记录采集时的水平方位角并写入采集数据道头，因此水平方位角也是 OBN 采集质控的一项关键质控点。在进行基于道集的单道 RMS 值计算时，会首先应用节点中记录的水平方位角角度值，将节点 X 分量旋转到沿测线方向。因此，当节点记录角度值准确时，在 RMS 属性图上会表现出图 1 的现象，X、Y 分量分别在 Inline、Crossline 方向上 RMS 值较大；反之，如图 5 所示，X、Y 分量 RMS 值分布与 Inline、Crossline 方向有夹角，则可判定节点记录水平方位角记录不准确，需要在后续节点数据处理过程中求取准确的角度值后重新写入数据道头。

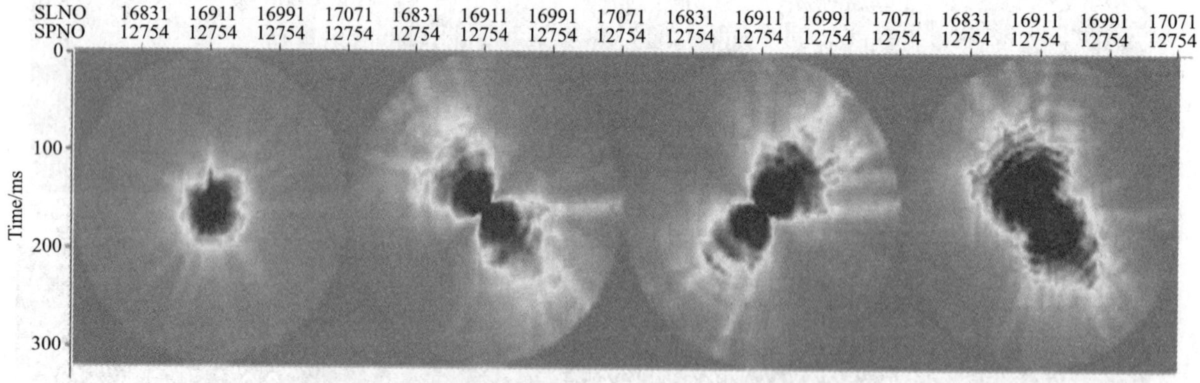

图 5　RMS 属性图水平方位角检查-记录角度错误

3.1.3　节点点位坐标异常检查

基于道集的单道 RMS 值分析方法，是基于现有节点点位坐标选取指定炮检距范围内的所有炮点进行单道 RMS 值计算和显示。因此，当节点在采集过程中发生了移动，就会导致所选取的部分炮点无法准确对应现有节点点位坐标，从而出现 RMS 属性图错位的情况，如图 6 所示，并且可以通过图中局部异常 RMS 振幅值对应的炮点桩号快速找到节点在海底发生移动的准确时间。

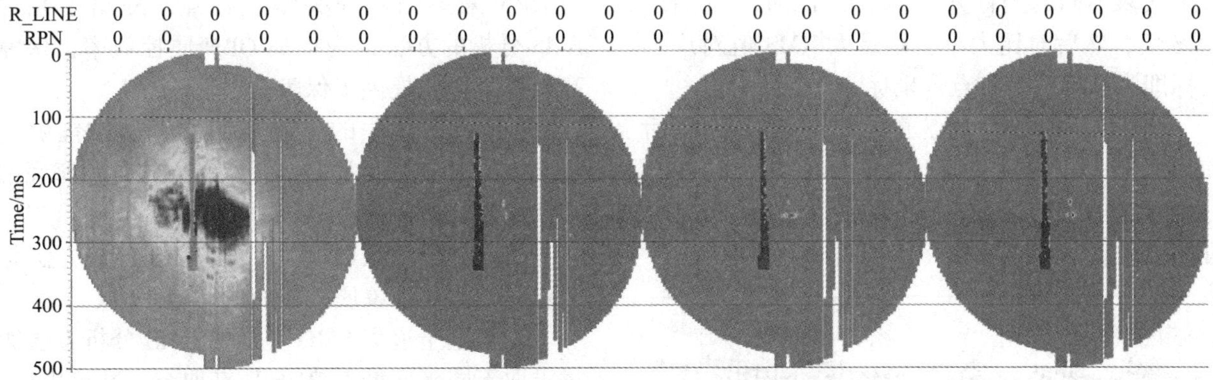

图 6　RMS 属性图节点点位坐标异常检查

3.2　基于道集时间切片的 RMS 分析方法

基于道集的时间切片 RMS 分析是将切分后的节点共道集数据在指定的时间点进行各地震道的 RMS 值计算，然后进行属性显示分析的方法。对于同一地区同一节点类型采集的共道集数据，其在同一时间切片上的 RMS 值属性显示应当具有很好的相似性，如图 7 所示。

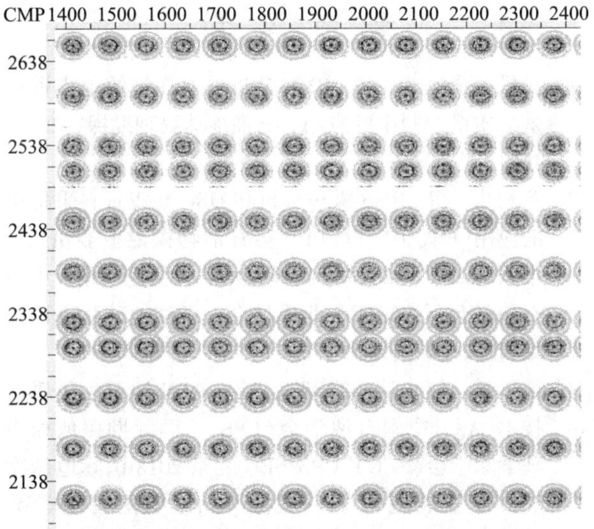

图 7　基于道集时间切片的 RMS 属性图

节点通过内置纪律时钟来记录节点采集时刻的 GPS 时间，在节点的实际应用过程中，发现存在部分节点由于内置纪律时钟工作状态不稳定，而导致节点记录的 GPS 时间与标准 GPS 时间不一致的现象，一般称之为节点时钟漂移现象。由于节点数据切分工作，是根据 SIT 文件中每个炮点激发时刻所记录的标准 GPS 时间截取节点记录原始连续道集中对应的时刻来实现的，因此当节点出现时钟漂移现象时，则会出现切分后的数据或者部分数据初至时间异常的问题。而基于道集的时间切片 RMS 分析方法，可以直观有效的对这一问题进行质控检查，如图 8 所示，图中道集 b 为节点时钟漂移问题，通过其对应 100ms、300ms、500ms 时间切片 RMS 属性图可直观的发现异常情况。

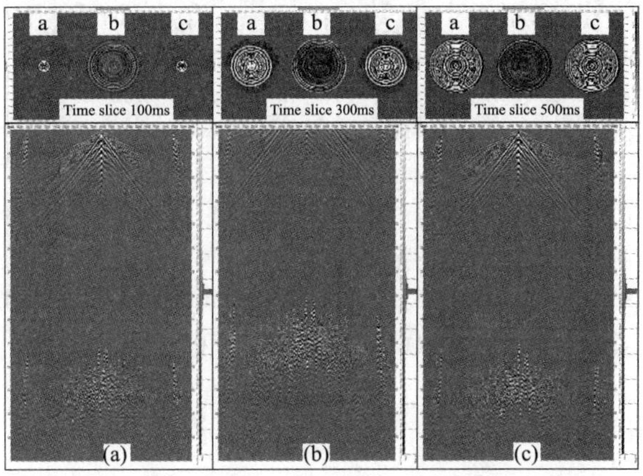

图 8　时间切片 RMS 分析方法节点时钟漂移质控

3.3　基于道集 LMO 叠加的 RMS 分析方法

线性动校正(LMO)处理是用于炮、检点点位偏移质控的关键手段之一，线性动校正初至拉平也一直是初至波二次定位方法研究的理论依据。基于道集 LMO 叠加的 RMS 分析方法是将节点共道集上限定偏移距范围内的地震道进行线性动校正处理，然后将每一道进行叠加之后求取 RMS 值。理论上来说，当速度准确、点位坐标准确时，所求得的 RMS 值最大。在实际生产中，我们一般可以通过声速测量的方法获取作业区内的准确声速，并且已知准确的炮点坐标。因此，基于以上理论，我们就可以使用道集 LMO 叠加的 RMS 分析方法，在已知点位坐标错误的节点的一定范围内，以指定角度增量和距离增量的方式来获取不同的坐标并分别求取 LMO 叠加后的 RMS 值，然后对比大小，则最大 RMS 值对应的坐标即为准确的节点点位坐标。

图 9 所示分别为节点道集限定偏移距范围后使用原坐标（上图）和基于道集 LMO 叠加的 RMS 分析方法求取的坐标（下图）进行线性动校正处理的结果。

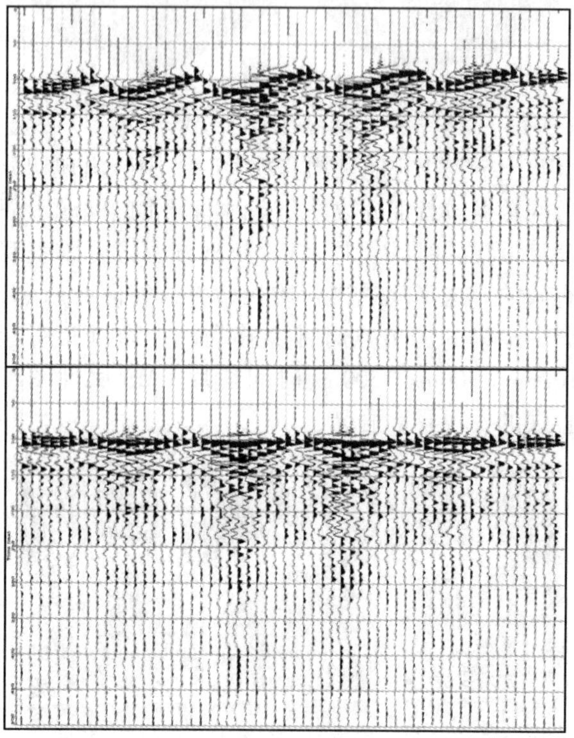

图 9　基于道集 LMO 叠加的 RMS 分析方法二次定位

4　结论

随着 OBN 高效采集技术越来越广泛的应用，其配套的质量控制技术研究日益重要，优质高效的质量控制工作，是保障高效采集效果的基础。RMS 分析方法在以往常规拖缆、OBC 采集作业质量控制工作中取得了良好的应用效果。本文针对 OBN 采集的几项关键质控点，提出了几种 RMS 分析的方法，为提高 OBN 质控效率，保障高效采集作业提供了保障。

（1）基于道集的单道 RMS 分析方法能够直观有效的对节点异常振幅、水平方位角和海底偏移情况进行质控检查。

（2）基于道集时间切片的 RMS 分析方法是节点时钟漂移现象质控检查的有效手段。

（3）基于道集 LMO 叠加的 RMS 分析方法通过求取不同坐标最大 RMS 值获取节点准确坐标，避免了常规初至波二次定位拾取初至的工作，提高了工作效率。

总之，OBN 高效采集质量控制点繁多，现场质量控制压力大，RMS 分析方法的研究和应用对于 OBN 高效采集作业质量控制工作具有重要的意义。在后续的 OBN 地震采集质量控制技术研究工作中需要对其他的质控点展开更深入的研究，进一步提高现场质量控制效率。

参　考　文　献

[1] 昌松、全海燕，等 . RMS 分析技术在拖缆地震资料采集质量控制中的应用 . 石油地球物理勘探，2011，45（增刊 1）：

[2] 童利清，等 . RMS 噪声分析在 OBC 地震资料采集中的应用［C］. 中国石油学会石油物探专业委员会 . 中国石油学会 2013 年物探技术研讨会论文集 . 中国石油学会石油物探专业委员会：石油地球物理勘探编辑部，2013：510-513.

[3] 侯昆鹏，何永清，徐朝红，等 . OBN 地震采集质控技术［A］. 中国石油学会（CPS）、国际勘探地球物理学家学会（SEG）. CPS/SEG 北京 2018 国际地球物理会议暨展览电子论文集［C］. 中国石油学会（CPS）、国际勘探地球物理学家学会（SEG）：石油地球物理勘探编辑部，2018：4.

缓坡带弱反射砂砾岩储层预测方法研究
——以三合村油田沙三下段为例

张　彤　刘良刚　万希文

（中国石化胜利油田分公司物探研究院）

摘　要　砂砾岩体是济阳坳陷主要的油藏类型之一，分为陡坡带砂砾岩和缓坡带砂砾岩两种类型。针对陡坡扇体的砂砾岩体研究已经较完善，而对于凹陷缓坡带砂砾岩体的储层认识及预测方法研究相对薄弱。缓坡带砂砾岩受古地形沉积环境影响，整体厚度薄、推进距离远，分布范围广，油气储量丰富，具有广阔的勘探开发前景。三合村洼陷广泛发育缓坡带砂砾岩体，此储层泥岩隔层不发育、非均质性强，且受顶部泥岩强屏蔽的影响，其地震响应特征不明显，砂砾岩体有效储层预测难度较大。为解决这一问题，有针对性的应用地震资料预处理技术，从叠前道集优化入手，改善了道集质量，削弱强屏蔽、增强弱差异；分析叠前道集差异，优选角道集资料重新分角度叠加，突出储层信息；在道集资料处理基础上，应用谐波拓频的方法，提高地震分辨率，增强了砂砾岩体期次划分能力；以上解释性处理为该类储层预测提供可靠的基础资料。地震模型正演及统计分析表明，储层沉积微相、岩性组合的变化是引起地震波形变化的重要原因，分析不同岩性组合的地震反射特征，不同亚相之间存在明显的界限，应用波形相控属性开展了沉积相带预测；建立岩石物理建模，结合邻区实测的横波曲线，预测研究区横波曲线，进而得到弹性参数，针对不同岩性组合、储层厚度以及叠置关系的弱反射优质储层开展叠前三参数反演，实现对弱反射砂砾岩储层展布的逐级精细预测。

关键词　三合村洼陷；砂砾岩体；资料预处理；叠前反演

Research on prediction method of weak reflection sandstone reservoir in gentle slope zone
——Takingthe reservoir of Es3x in Sanhecun as an Example

Zhang Tong　Liu Lianggang　Wan Xiwen

（Geophysical Research Institute of Shengli Oilfield Branch of Sinopec）

Abstract　Glutenite body is one of the main types of oil reservoirs in the Jiyang Depression, divided into two types: steep slope sandstone and gentle slope sandstone. The research on the glutenite body of steep slope fans has been relatively complete, while the understanding and prediction methods of glutenite reservoil in the gentle slope zone of depressions are relatively weak. The sandstone and gravel in the gentle slope zone are influenced by the ancient topography and sedimentary environment, with a thin overall thickness, long pushing distance, wide distribution range, abundant oil and gas reserves, and broad exploration and development prospects. The Sanhecun Depression is widely developed with gentle slope zone of glutenite body. The mudstone layers in this reservoir are not well developed and have strong heterogeneity. Moreover, due to the strong shielding effect of the top mudstone, its seismic response characteristics are not obvious, making it difficult to predict the effective reservoir of glutenite body. To address this issue, targeted seismic data preprocessing techniques have been applied, starting with pre stack gather optimization to improve gather quality, weaken strong shielding, and enhance weak differences; Analyze the differences in pre stack gathers, select corner gather data for re angle stacking, and highlight reservoir information; On the basis of data processing in the dataset, the method of harmonic frequency extension is applied to improve seismic resolution and enhance the ability of glutenite body phase division; The above explanatory processing provides reliable basic data for predicting this type of reservoir. The forward modeling and statistical analysis of seismic models indicate that changes in sedimentary microfacies and lithological combinations of reservoirs are important causes of changes in seismic waveforms. By analyzing the seismic reflection characteristics of different lithological combinations, there are clear boundaries between different subfacies. The application of waveform facies control attributes has been used to predict sedimentary facies zones; Establish a rock physics model, combine the measured shear wave curves in neighboring areas, predict the shear wave curves in the study area, and obtain elastic parameters. Conduct pre stack three parameter inversion for weak reflection high-quality reservoirs with different lithological combinations, reservoir thicknesses, and stacking relationships, and achieve step-by-step fine prediction of the distribution of weak reflection glutenite reservoil.

Key wordst Sanhecun Depression; Glutenite body; Data preprocessing; Prestack Inversion

砂砾岩体是济阳坳陷主要的油藏类型之一，分为陡坡带砂砾岩和缓坡带砂砾岩两种类型。目前，针对陡坡扇体的砂砾岩体已经形成了一套基于地震资料的砂砾岩体期次划分方法以及砂砾岩体储层精细描述技术，并在东营凹陷的油气勘探中取得了重大的突破，而对于凹陷缓坡带砂砾岩体的储层认识及预测方法研究相对薄弱。缓坡带砂砾岩受古地形沉积环境影响，整体厚度薄、推进距离远，分布范围广，油气储量丰富，具有广阔的勘探开发前景。

1　工区概况

三合村油田位于陈家庄凸起东段，立体含油，沙三下时期沿缓坡带发育多期扇体，受古地形影响，岩性多为厚层砂砾岩体夹薄层细砂岩和含砾细砂岩，物源强度控制每期扇体的发育范围，从扇根至扇端均为由粗变细的相带变化。砂砾岩体储层具有低孔、低渗、非均质性强的特点，纵向上多期(砾岩-细砂岩)砂体叠置，横向上各期次砂体逐层退积超覆；多期叠合的砂砾岩顶面与上覆泥岩形成的强反射界面又屏蔽了本来就较为微弱的砂体的地震响应特征，在地震上表现为一个穿时强轴，内幕砂砾岩体和薄层细砂岩整体为弱反射或者空白反射，地震构型体现难。优质储层弱反射，地震描述难度大，已经成为影响生产和研究工作进展的主要瓶颈。需要对此类储层的预测方法研究进行系统研究，探究地震响应机理、深度挖掘利用现有地震信息，形成相适应的储层预测技术。

2　地震资料预处理

2.1　叠前道集优化

不同期次采集地震道集资料偏移距、信噪比和振幅特征等都有较大差异，道集质控工作是叠前反演的重要基础工作。在前期质控处理解释一体化基础上，开展叠前道集优化处理。优化处理有效改善道集质量，保护了大偏移距信息，道集横向信息更丰富、能量更均衡，如图 1 所示。

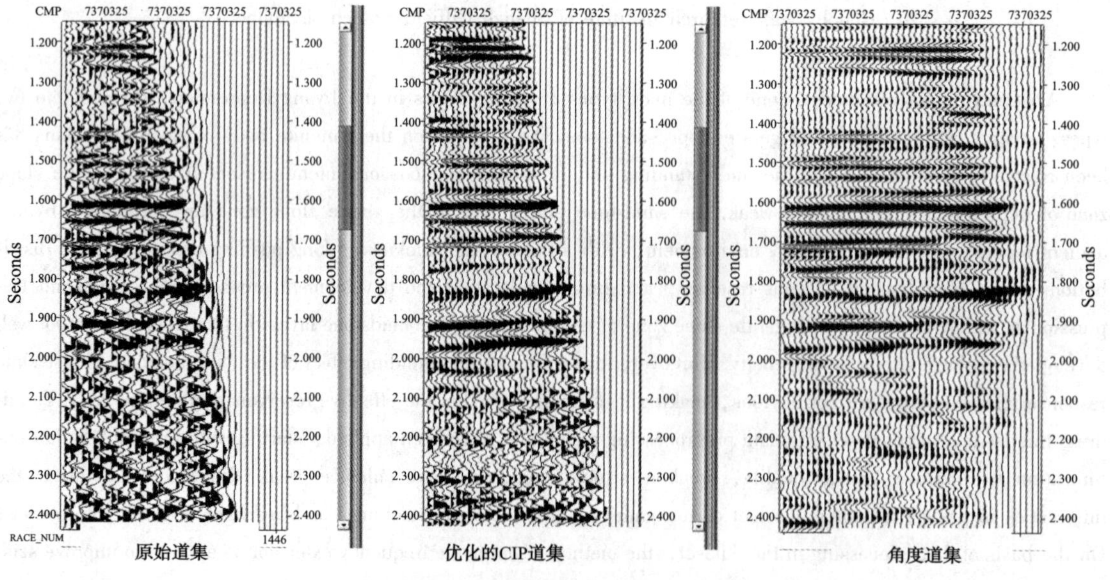

图 1　叠前道集优化对比

L322 井旁道叠前角道集剖面分析，可以看到小角度道集可有效分辨隔层较小的两套储层，随角度增大，由近角度的两个相位逐渐变为远角度的一个相位。可见小角度道集中富含更多的储层信息，如图 2 所示。

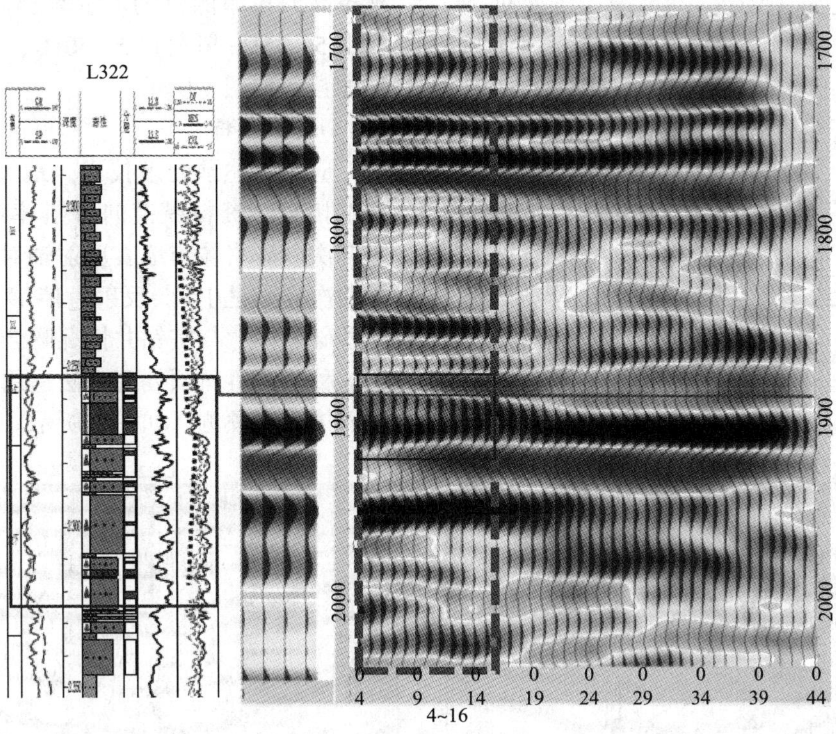

图 2　叠前道集差异性分析

真对叠前道集分角度叠加：全角度(0~47)、小角度(4~16)、中角度(16~32)、大角度(32~47)，对比发现，4~16 度是识别该类目标体的最优角度范围，如图 3 所示。

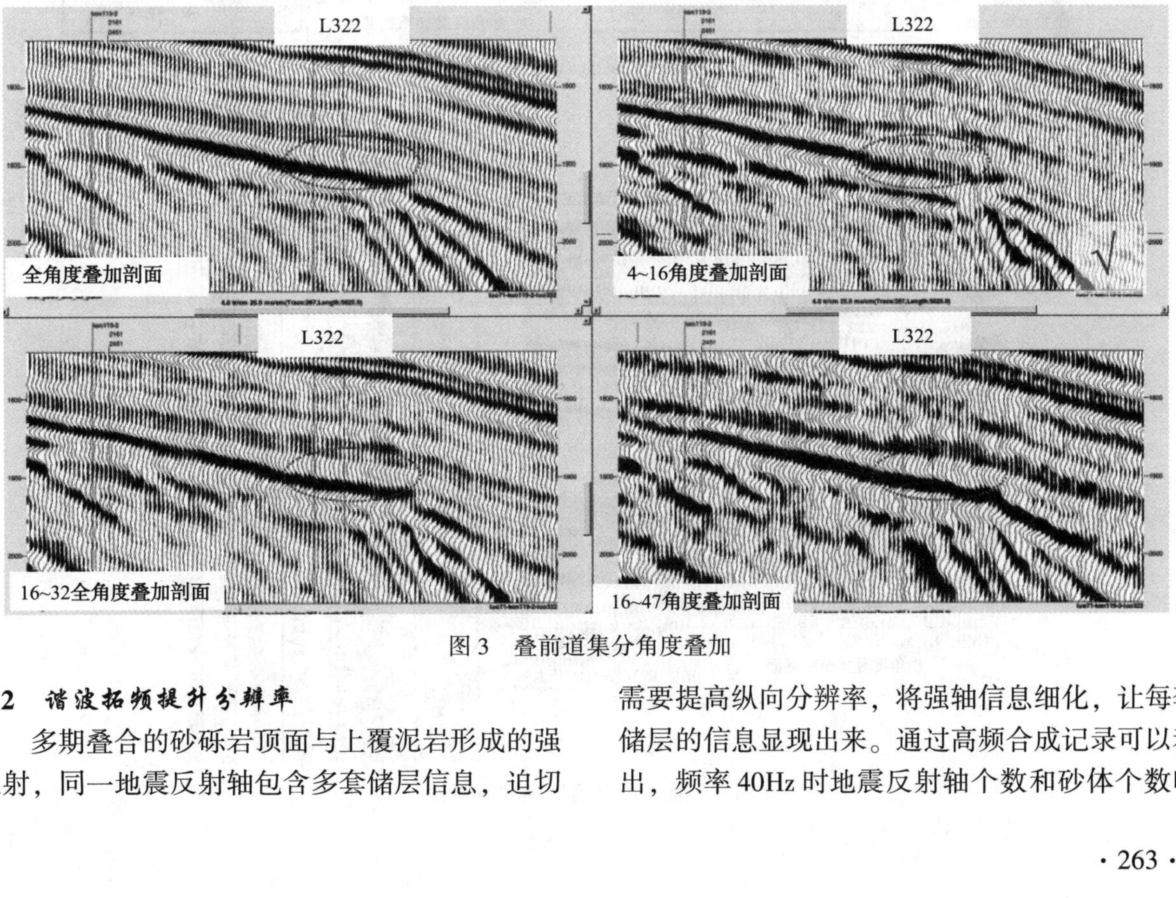

图 3　叠前道集分角度叠加

2.2　谐波拓频提升分辨率

多期叠合的砂砾岩顶面与上覆泥岩形成的强反射，同一地震反射轴包含多套储层信息，迫切需要提高纵向分辨率，将强轴信息细化，让每套储层的信息显现出来。通过高频合成记录可以看出，频率 40Hz 时地震反射轴个数和砂体个数吻合率高，如图 4 所示。

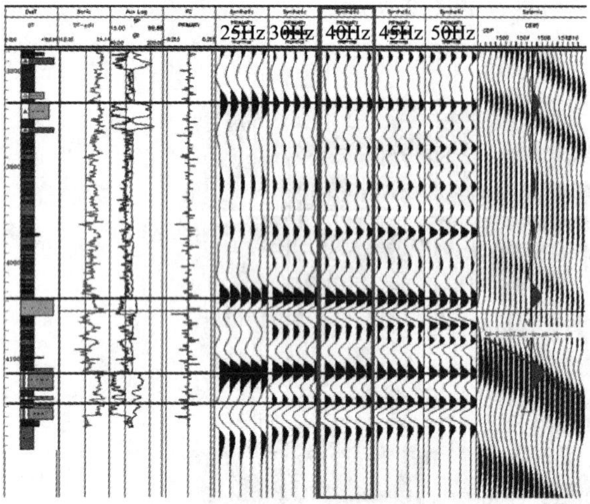

图 4　高频合成记录剖面

在叠前优化处理基础上，利用连续小波变换分解地震道，分别在高频段和低频段利用不同主轴频率的子波进行信号重建，同时进行外推，实现提高分辨率的目的。主频提高了 10Hz，频带宽由 5～35Hz 拓宽到 5～50Hz，薄的隔层信号得到加强，如图 5 所示。

2.3　效果分析

应用上述预处理技术，地震资料主频提高，频带拓宽，资料纵横向分辨率明显提升。L322 多期次砂砾岩体与地震反射轴对应较好；剖面上各期次界面呈中-弱反射，能够有效识别追踪多期砂砾岩体，与实钻井情况吻合。因此，可以认为这种地震资料预处理方法适用于这类弱反射砂砾岩体储层预测，如图 6 所示。

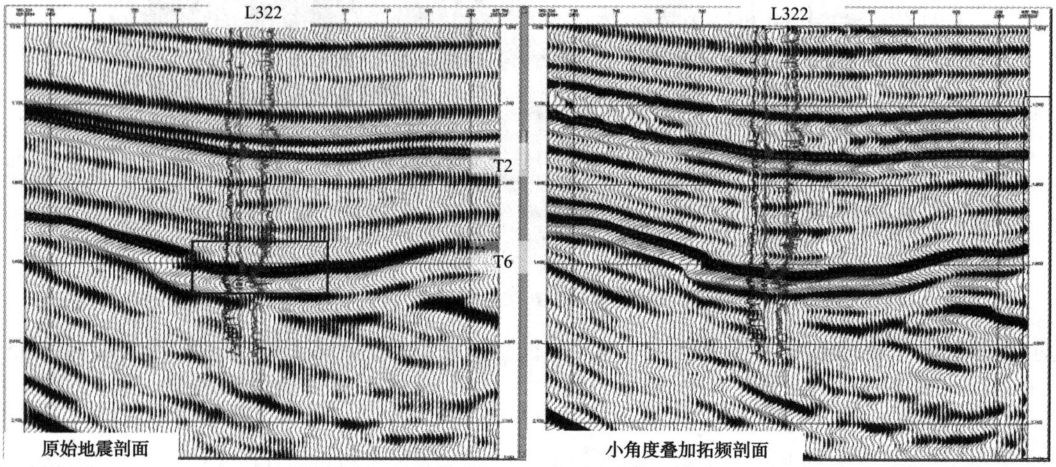

图 5　谐波拓频前后地震剖面对比

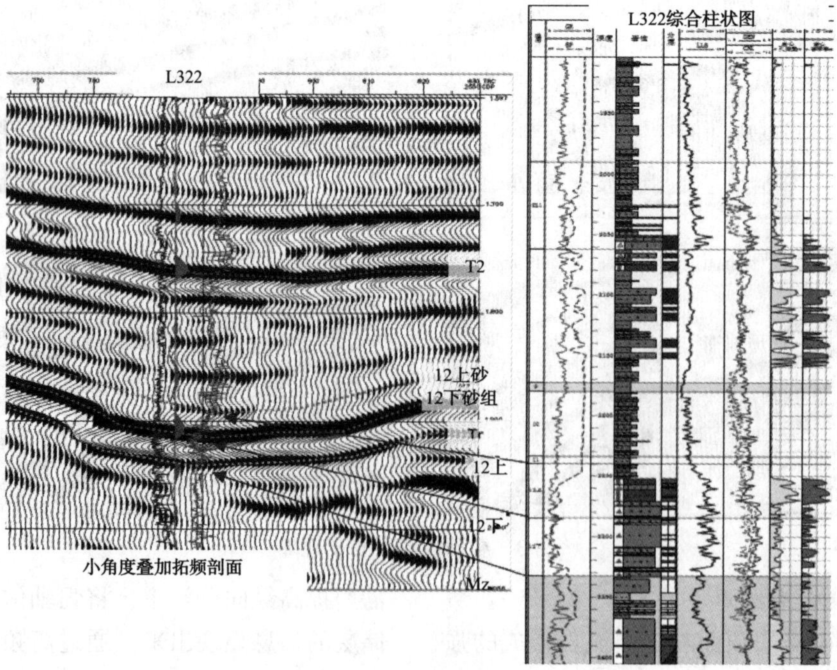

图 6　地震资料预处理井震对比

3 基于地震波形驱动的沉积相带预测

3.1 岩石物理分析

地震模型正演及统计分析表明，储层沉积微相、岩性组合的变化是引起地震反射波形变化的重要原因之一，为利用地震波形变化信息预测沉积相带、刻画相带内地层的非均质性提供理论依据。

沙三段发育扇三角洲—滨浅湖沉积体系。平面上，扇体岩性从粗相带砾岩变为细相带含砾砂岩、细砂岩，扇体前端与湖相泥岩、泥页岩接触；纵向上，多期次扇体叠置，呈正旋回的特征。结合单井标定分析不同岩性组合的波形特征，亚相之间存在明显的界限，因此用波形可以预测出沉积亚相的分布范围。

研究区沿主物源方向的连井地震剖面(图6)，扇三角洲平原主要发育厚层砂砾岩，地震上为空白反射；kx125 钻遇的储层为砾岩夹细砂岩，为三角洲前缘亚相，地震上为中-强反射特征；k119-8 钻遇了前三角洲泥，储层不发育，地震上为中弱反射特征；k104 钻遇了湖相的灰质泥岩，地震上为强反射特征。从波形属性的变化来看，亚相之间存在明显的界限，如图 7、图所示。

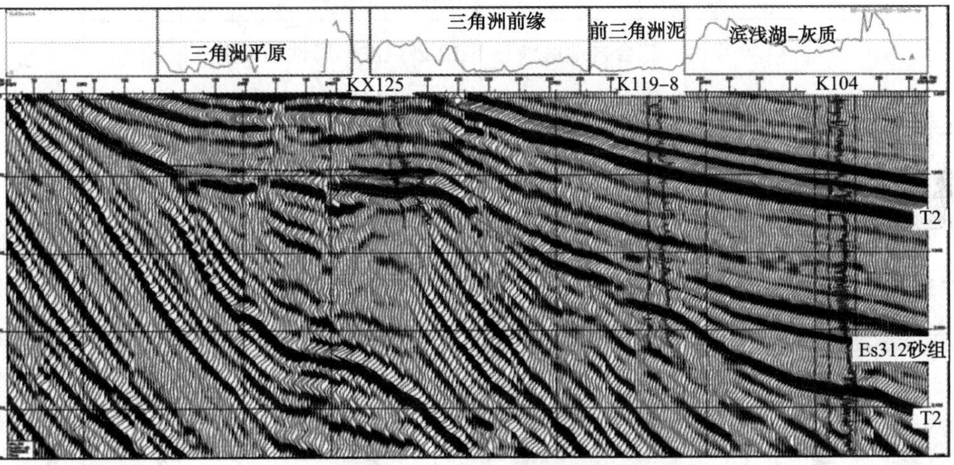

图 7　过 kx125-k119-8-k104 连井地震剖面

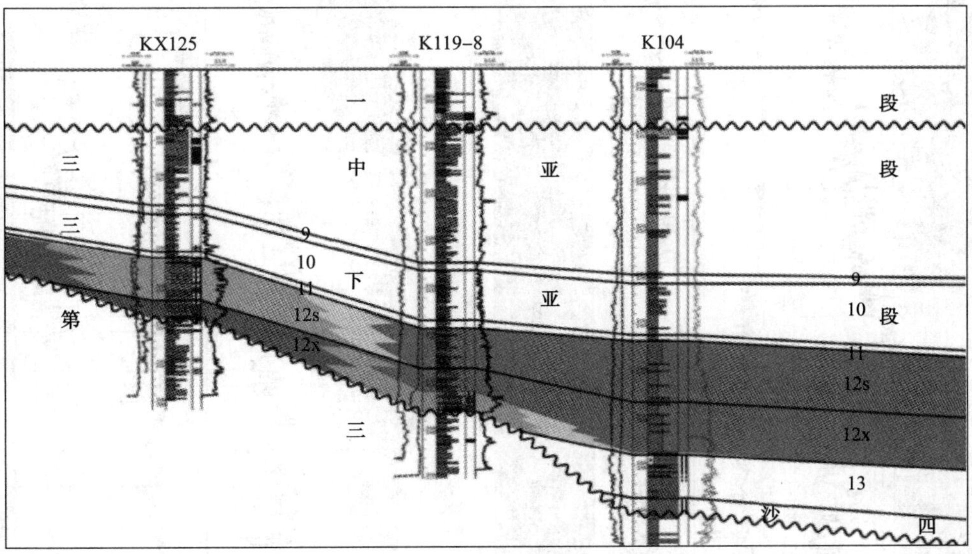

图 8　过 kx125-k119-8-k104 连井相

波形属性预测平面图上，扇体沿三条古冲沟发育，扇体形态清晰，具有中间厚、两边薄，扇中厚、扇端薄的特点；沿物源方向的亚相变化界限清晰，依次分布的是扇三角洲平原、扇三角洲前缘、湖相沉积。地震波形属性能够较好的划分沉积相带，为后续的精细预测打下基础，如图 9 所示。

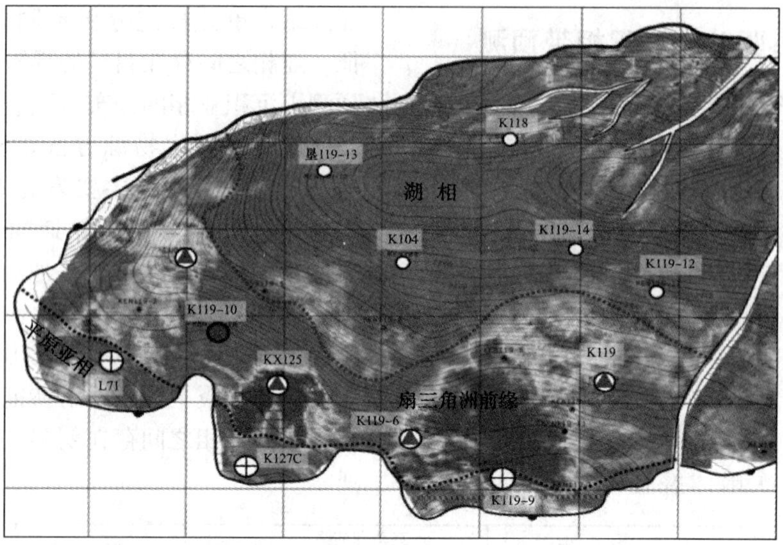

图 9　三合村地区沙三下 12 砂组波形属性预测图

4　叠前三参数反演

4.1　横波速度估算

以邻区横波实测井为参考井，依据实测横波优化参数，建立岩石物理模型完成工区内 20 口井横波速度估算，井点位置基本覆盖整个工区，能够满足叠前储层预测的需要。从预测结果看，估算的纵波速度与实测的纵波速度较吻合，推断估算的横波速度也较为可靠，如图 10 所示。

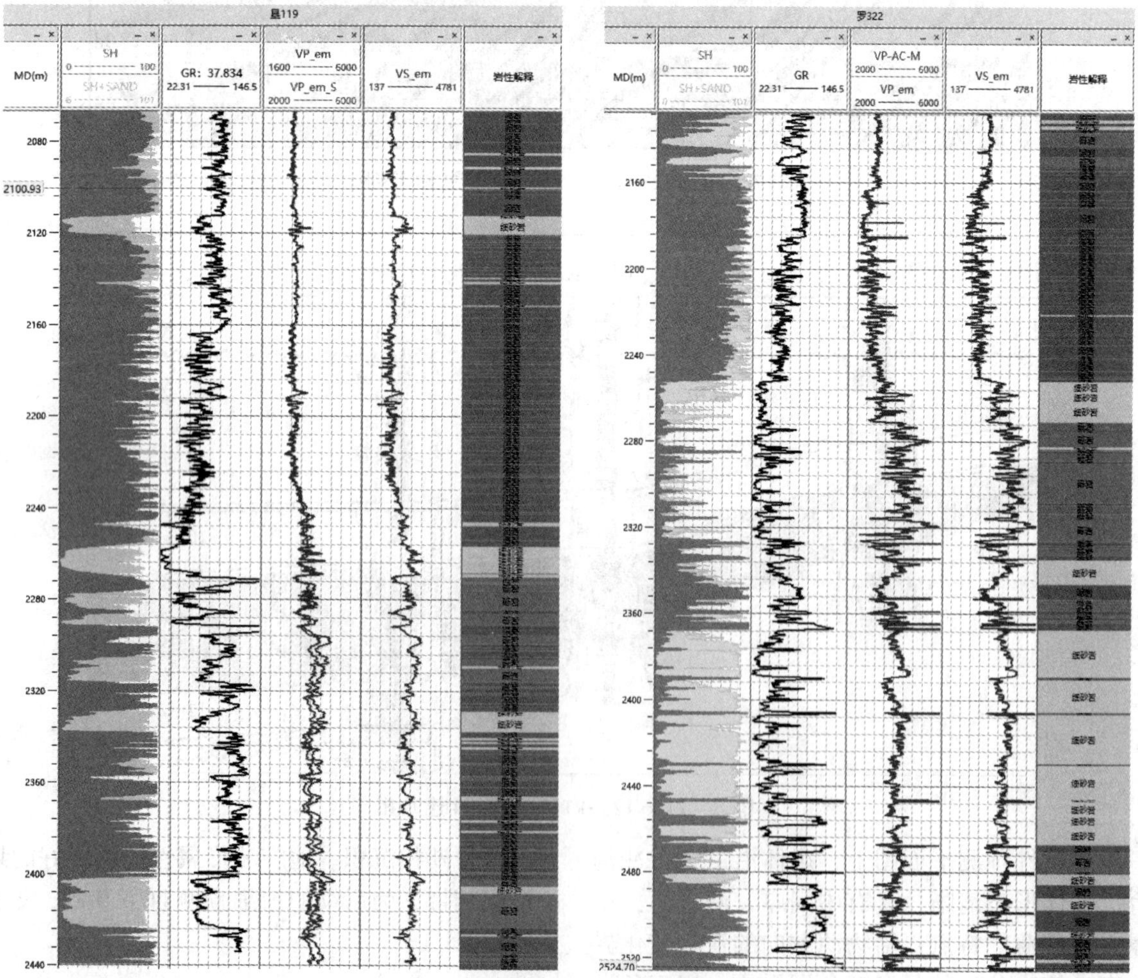

图 10　横波速度估算(以 k119、L322 为例)

4.2 敏感参数分析

应用 V_p、V_s、ρ 三个基本弹性参数计算出纵横波速度比（V_p/V_s）、拉梅系数（λ）、剪切模量（M_u）、泊松比等多个弹性参数，开展岩性敏感性分析，从单井来看，砂砾体储层具有高横波速度、低纵横波速度比、低泊松比的特征；从交汇图看，纵横波速度比识别岩性效果好，为储层识别提供依据，如图 11、12 所示。

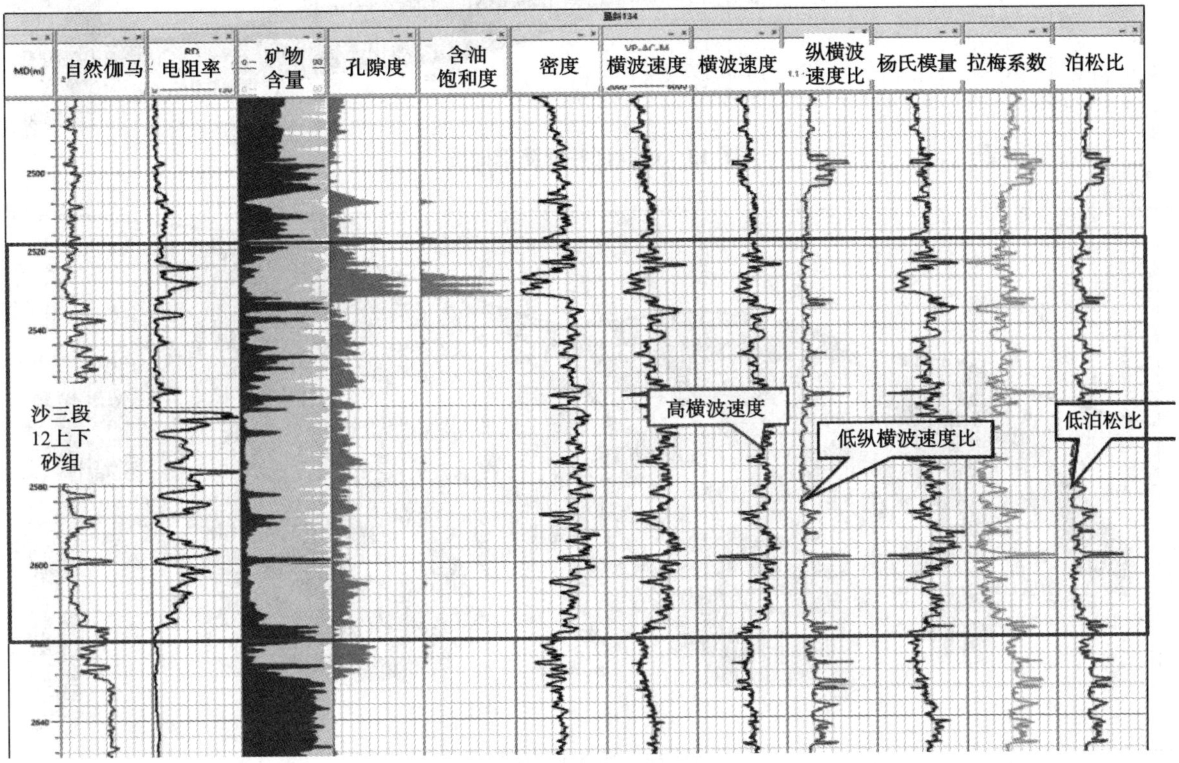

图 11　kX134 井弹性参数计算

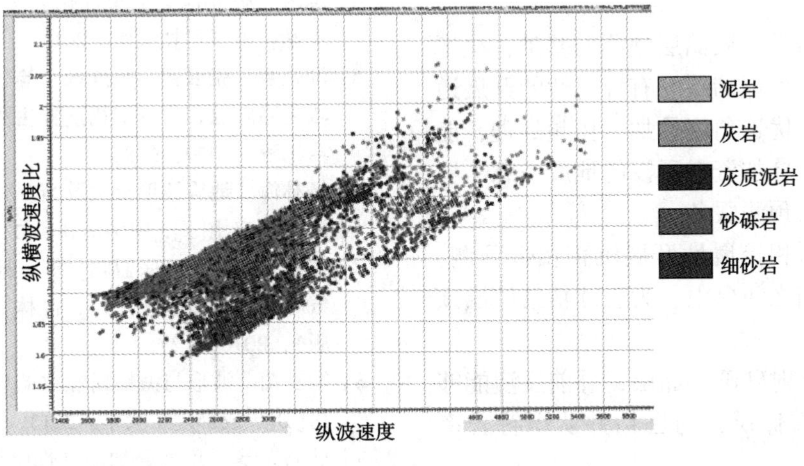

图 12　不同岩性弹性参数交汇图

4.3 效果分析

叠前反演提高储层描述精度，岩性变化点清晰、叠置关系清楚。保留了 kX133、井作为后验井没有参与运算，kX133 在 12 下砂组实钻未钻遇储层，12 下储层在 kX133 之前尖灭，与反演结果一致，如图 13 所示。

储层平面展布边界清楚，与区域沉积规律认识一致。预测砂体分布与实钻井基本吻合，统计吻合率 88%。kX133、kX134 已完钻，钻遇细砂岩储层，如图 14 所示。

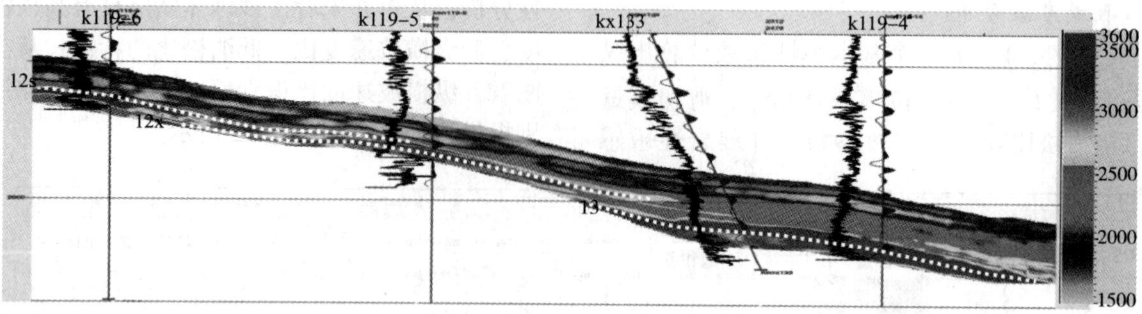

图 13　过验证井反演剖面图

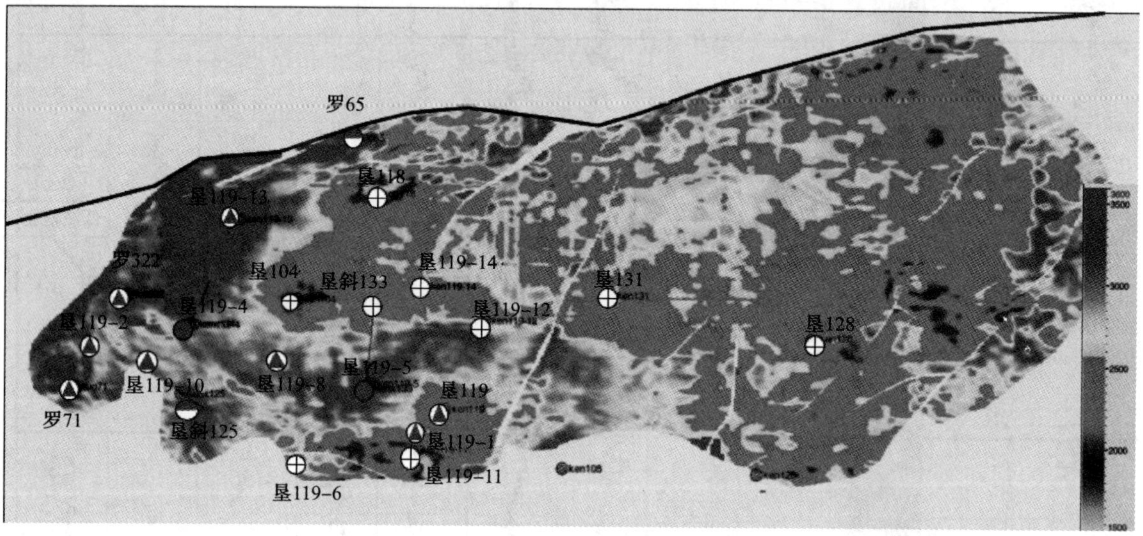

图 14　反演平面图

5　结论

（1）地震资料是开展储层预测的基础，决定了预测效果。基于目标储层，有针对性的开展道集资料优化处理、优选角度叠加、拓频处理，能够保留或显现出全叠加资料湮没的地震信息，更好地为弱反射储层预测服务。

（2）基于波形相控属性开展沉积相带预测，能够准确识别亚相之间界限，为后续精细储层预测打下基础。

（3）针对弱反射砂砾岩储层，叠前反演能够获更准确识别有效储层，与已钻井认识符合率更高。

参 考 文 献

[1] 干大勇，高宪伟，朱丹，等．提高浅层地震成像品质的处理技术——以川中地区沙溪庙组为例[J]．石油地球物理勘探，2020，(S1).

[2] 王茜．岩性圈闭识别中高分辨率资料的处理和应用[J]．江汉石油职工大学学报，2020，(2).

[3] 荆雅莉．叠前道集优化处理在浅层气预测中的应用[J]．断块油气田，2015，(6).

[4] 陈琳．叠前地震道集优化方法研究[D]．电子科技大学：电子科技大学，2016.

[5] 沈正春，张云银，魏红梅，等．东营凹陷沙三中亚段超隐蔽浊积岩储层描述方法及应用[J]．科学技术与工程，2020，(18).

[6] 杨林海．地震波形分类及“包络解释”技术在储层预测中的应用[J]．中国高新科技，2020，(5).

[7] 邹新宁，孙卫，张盟勃，等．地震属性分析在岩性气藏描述中的应用[J]．吉林大学学报(地球科学版)，2016，(2).

[8] 闫安菊．波形与振幅属性在储层预测中的敏感性探讨[D]．成都理工大学，2013.

[9] 杜品．基于角度叠加的弹性阻抗反演研究[D]．成都理工大学，2012.

[10] 林利明，郑颖，史浩，等．基于相控地质统计学叠前反演的致密砂岩薄储层含气性预测——以鄂尔多斯盆地临兴中区为例[J]．天然气工业，2023，(2).

[11] 李晚冬．基于叠前同时反演的储层预测研究[D]．中国地质大学(北京)，2020.

多期构造裂缝发育充填特征及其主控因素
——以济阳坳陷平南潜山为例

李继岩

（中国石化胜利油田分公司勘探开发研究院）

摘　要　构造裂缝是下古生界碳酸盐岩储层中最重要的储集空间类型之一。本文以济阳坳陷平南下古生界潜山为研究对象，利用岩心观察统计、元素地球化学、矿物学、岩心常规分析等多种技术方法，分析了构造裂缝发育特征，搞清了构造裂缝发育期次与充填特征，明确了构造裂缝发育主控因素。研究结果表明：受不同时期、不同性质、不同方向构造应力场控制，研究区下古生界碳酸盐岩中发育形成期次、走向、充填程度、充填时期等具有明显差异的3组构造裂缝，分别为印支期南北向挤压形成的近东西向早期全充填构造裂缝、燕山期北北东-南南西向拉张形成的北西-南东向晚期部分全充填构造裂缝、喜山期北北西-南南东向拉张形成的北东东-南西西向晚期部分全充填的构造裂缝。构造裂缝发育程度主要受控于碳酸盐岩岩性、层厚2个内因与距断层距离1个外因等3个因素。不同岩性中构造裂缝发育次序为：细-中晶白云岩(15.6条/m)>泥-微晶白云岩(12.3条/m)、灰质白云岩(12.1条/m)>豹皮灰岩(10.1条/m)>块状灰岩(7.2条/m)>泥灰岩(4.1条/m)。构造裂缝切割深度、延伸长度与岩石层厚具有很大的关系，碳酸盐岩单层厚度越薄，构造裂缝越发育，薄层与厚层互层结构中，薄层碳酸盐岩中构造裂缝最为发育，碳酸盐岩岩石中构造裂缝切割深度大部分在2-6m，延伸长度小于20m。离断层距离越近，构造裂缝越发育，离断层400m范围内，构造裂缝的分布与断层关系密切，远离处主要与区域构造应力场有关。

关键词　济阳坳陷；平南潜山；下古生界碳酸盐岩；构造裂缝；发育期次与充填特征；主控因素

Filling Characteristics and Main Controlling Factors for the Development of Multi-Phase Structural Fractures: A case of the Pingnan buried hill from Jiyang Depression

Li Jiyan

(Research Institute of Petroleum Exploration and Development, Shengli Oilfield Company, SINOPEC)

Abstract　Structural fractures is one of the most important reservoir space types in carbonate reservoirs of the lower Paleozoic. In this paper, the development characteristics of structural fractures are analyzed, based on core observation, elements geochemistry, mineralogical characteristics, physical property of cores, etc. Based on those data, the development period and filling characteristics of structural fractures are clarified, and the main controlling factors of the development of structural fractures are defined. The results show that there are three groups of tectonic fractures in the Lower Paleozoic carbonate rocks in the study area controlled by the tectonic stress field in different periods and directions, properties, which have obvious differences in development and formation stages, fault strike, filling degree, and filling period. They are: early full filling structural fractures in the east-west direction formed by compression in the nearly north-south direction of the Indosinian epoch, the NW-SE direction late full filling structural fractures formed by north NNE-SSW direction tension in the Yanshanian period, and the NE-SW direction late partial full filling structural fracture formed by NW-SE direction tension in the Himalayan period. The development degree of structural fracture is mainly controlled by three factors: 2 internal causes of lithology and thickness of carbonate rocks and 1 external cause: distance from fault. The development sequence of structural fractures in different rock types is as follows: fine-to-medium grain dolomite (15.6 fractures/m) > muddy-micrite dolomite (12.3 fractures/m), gray dolomite (12.1 fractures/m) > leopard skin limestone (10.1 fractures/m) > massive limestone (7.2 fractures/m) > muddy limestone (4.1 fractures/m). The depth, length, and extension of structural fractures are closely related to the thickness of rock layers. The more thin the single layer of carbonate rock is, the more developed the structural fractures will be. In the alternating thick and thin layer structure, the thin layer of carbonate rock has the most developed structural fractures. In most cases, the cutting depth of structural fractures in carbonate rock is between 2-6m, and the extension length is less than 20m. The closer a fracture is to a fault, the more developed it will be. Within 400m of a fault, the distribution of structural fractures is closely related to the fault, while far away, it is mainly related to the regional tectonic stress field.

Key wordst Jiyang Depression; Pingnan buried hill; Lower Paleozoic carbonate rock; structural fracture; development period and filling characteristics; main controlling factors

下古生界碳酸盐岩古潜山作为渤海湾盆地早期勘探重要的油气藏类型之一，已发现了多个高产的“潜山头”，即以风化壳为主的潜山，如冀中坳陷的任丘潜山，黄骅坳陷的千米桥潜山、济阳坳陷的广饶潜山、桩西潜山、孤岛潜山等。近几年华北油田在冀中坳陷先后发现了长3、宁古8、牛东1等10多个日产油200吨以上的高产、高效隐蔽性深潜山及潜山内幕油气藏，极大地推动了潜山由风化壳向内幕的勘探进程。胜利油田勘探工作者在济阳坳陷下古生界潜山勘探沉寂了十余年之后，近年来接连发现埕北313、埕北古16等多个日产油气100吨以上的高产、高效的低位潜山油气藏，该类潜山储层的储集空间类型以构造裂缝和岩溶孔洞为主。前人大量研究表明下古生界碳酸盐岩经历了多期复杂构造运动改造和长期流体改造作用，产生了大量构造裂缝、溶蚀孔洞缝，具有储集空间类型多、结构复杂、分布极不均匀等特点，其中构造裂缝是下古生界碳酸盐岩储层重要的储集空间类型之一，在油气成藏期未充填构造裂缝本身可以成为有效储集空间，且构造裂缝可成为后期酸性流体溶蚀碳酸盐岩的主要运移通道，溶蚀孔洞往往沿构造裂缝发育。近几年前人对碳酸盐岩潜山储层的研究，区域上主要集中在中国中西部塔里木盆地、四川盆地，研究内容上主要利用多种地球物理技术对缝洞体进行预测，形成了大量非常实用的缝洞分布预测的地球物理技术，但对缝洞体分布地质规律研究涉及较少，导致对油气成藏具有重要控制作用的有效构造裂缝分布规律认识不清。为深入分析下古生界碳酸盐岩储层中多期构造裂缝发育充填特征及其主控因素，本文以济阳坳陷平南潜山为研究对象，利用岩心观察统计、镜下薄片观察、元素地球化学等技术手段，分析构造裂缝发育特征，搞清构造裂缝发育期次与充填特征，明确构造裂缝发育主控因素，从而为济阳坳陷乃至渤海湾盆地下古生界碳酸盐岩储层构造裂缝的预测奠定基础。

1 区域地质概况与岩浆侵入时期分析

平南潜山位于济阳坳陷东营凹陷西部平南断层的上升盘，紧邻博兴洼陷(图1)。地层发育特征方面，平南潜山下古生界不同组段岩性组合特征差异明显，寒武系馒头组以含膏泥-微晶白云岩及紫红色页岩互层为主，夹大套闪长玢岩；寒武系毛庄组与徐庄组发育灰岩与页岩互层，夹部分泥-微晶白云岩与侵入岩；寒武系张夏组发育鲕粒灰岩与块状灰岩；寒武系崮山组与长山组以泥灰岩与瘤状灰岩为主；寒武系凤山组发育一套中厚层细—中晶白云岩与灰岩；奥陶系冶里-亮甲山组发育厚层的细-中晶白云岩；奥陶系马家沟组以豹皮灰岩、块状灰岩、细-中晶白云岩互层为主；奥陶系八陡组发育块状灰岩与泥质白云岩互层(图1)。区域构造背景方面，研究区下古生界碳酸盐岩潜山经历了印支期南北向挤压、燕山期北北东-南南西的拉张、喜山期北北西-南南东向拉张等3期不同性质、不同方向构造运动叠加改造，形成了多期次、多方向、多性质复杂、立体的构造裂缝网络。

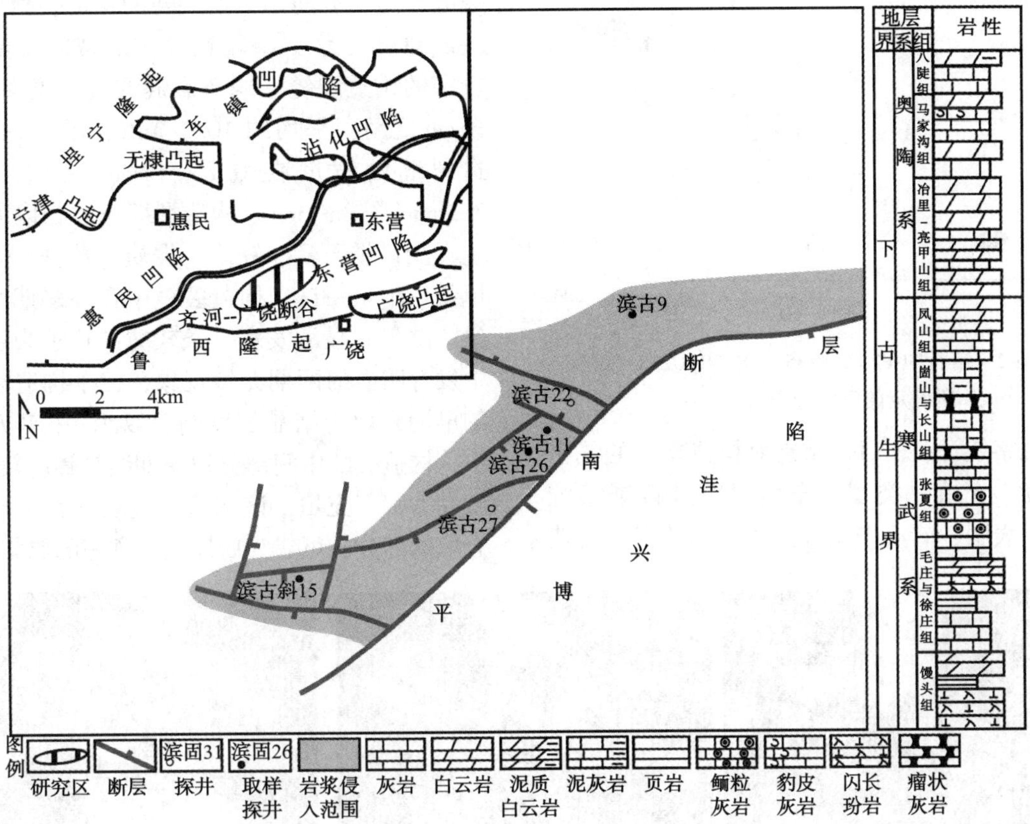

图 1　研究区构造位置与地层分布图

受控于多期复杂构造运动的控制，研究区岩浆活动非常强烈，岩浆侵入过程中会携带大量的成矿物质发生沉淀，从而充填下古生界碳酸盐岩中的构造裂缝。因此，为了研究构造裂缝充填时期，对研究区岩浆侵入时期进行了分析。岩浆侵入受断裂控制明显，早期北西向断层、晚期切穿基底平南断层两侧是侵入岩主要分布区，且形成了与岩浆活动相关的非常典型无机成因 CO_2 气藏，为了系统研究岩浆侵入时期，选用岩浆锆石 U-Pb 测年方法，该方法是目前应用在大地构造定年中非常普遍的一种测年方法，在含油气盆地地层定年中应用较少。本次研究选取滨古斜 15、滨古 26、滨古 9 等井中的 6 块闪长玢岩样品进行锆石 U-Pb 测年分析，样品处理机测试在南京大学内生金属矿床成矿机制国家重点实验室完成。首先使用常规的重液浮选和电磁分离方法挑选锆石，然后将其镶嵌在环氧树脂中并抛光，进行锆石阴极发光(CL)、反射光、投射光照相机 LA-CIP-MS 同位素分析。测试使用与 New Wave 213nm 激光取样系统连接起来的 Agilent 7500 a ICP-MS 完成。分析过程中，激光束斑直径采用 20~30μm，频率 5Hz。样品经剥蚀后，由 He 气作为载气，再和 Ar 气混合后进入 ICP-MS 进行分析，U-Pb 分馏据澳大利亚锆石标样 GEMOC GJ-1(207Pb/206 Pb age of(608±1.5)Ma)来校正，锆石标样 Mud Tank(Inercept age of (730±8) Ma)为内标，控制分析精度。每个测试流程的开头和结尾分别测试 2 个 GJ 标样，另外测试 1 个 MT 标样和 10 个待测样品点。本次对挑选出的 59 颗锆石进行测试分析，P207/U235 和 P208/U238 所确定的年龄显示 2 个聚集分布区域(图 2)，第一组共 30 个测点，P207/U235 和 P208/U238 各自确定的年龄分别在 167.9~187.3Ma 和 169.1~183.9Ma，为早中侏罗纪沉积时期，第二组共 29 个测点，P207/U235 和 P208/U238 各自确定的年龄分别在 26.5~32.1Ma 和 25.6~32.6Ma，为东营组沉积时期。因此，锆石测年结果表明，研究区漫长地质历史时期发生了 2 期岩浆侵入，第一期对应早中侏罗纪沉积时期，第二期对应东营组沉积时期。

2　构造裂缝基本特征

2.1　构造裂缝基本特征的岩心和镜下观察

通过对研究区多口井下古生界岩心和镜下薄

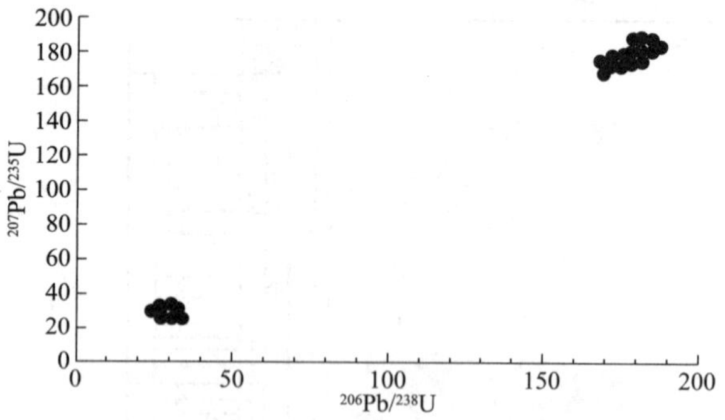

图 2　锆石中 P207/U235 和 P208/U238 所确定的年龄分布特征

片进行观察统计(图 3)，重点对构造裂缝的线密度、宽度、充填物类型、充填期次进行观察统计，结果表明：岩心中发育互相切割的多期构造裂缝，图 3-b 所示 2 期共轭的构造裂缝发育，图 3-e、3-f 显示一条较宽的构造裂缝切割了前期较窄的构造裂缝。构造裂缝的线密度在 3.2～20 条/m 之间，平均约 10.2 条/m(图 3a-3c)。构造裂缝的宽度在 0.2～12mm 之间，平均约 2.3mm(图 3a-3c)。构造裂缝充填物以方解石为主，少量硬石膏、铁质、泥质、黄铁矿等其他充填物(图 3d-3f)。构造裂缝中存在多期充填的现象，图 3-d 显示发育一条较宽的构造裂缝，裂缝中发育明显的两期充填现象，位于构造裂缝边缘的早期充填物结晶程度高，以细-中晶方解石为主，构造裂缝中间部分被晚期结晶程度较低的泥-微晶方解石充填，该构造裂缝还存在一部分未被充填的部分，可成为后期油气良好的储集空间。

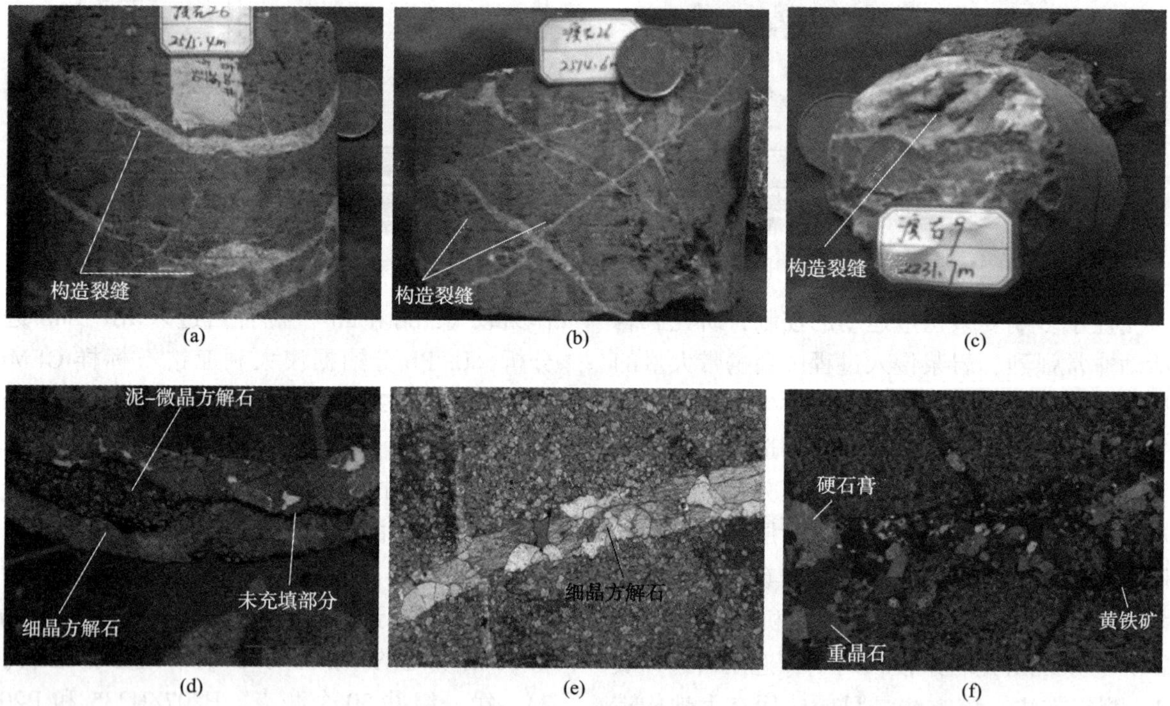

图 3　岩心观察构造裂缝特征

(a)滨古 26，2515.4m，马家沟组灰岩中被完全充填的低角度构造裂缝，充填物为方解石；(b)滨古 26，2514.6m，马家沟组灰岩中被完全充填的共轭高角度构造裂缝，充填物为方解石；(c)滨古 9，2231.7m，马家沟组灰岩中半充填的构造裂缝，充填物为泥质和方解石；(d)滨古 11，2429.3m，马家沟组灰岩中构造裂缝大部分被充填，两期充填现象明显，单偏光下；(e)滨古 11，2450.3m，马家沟组灰岩构造裂缝充填，单偏光下；(f)滨古 11，2303.2m，八陡组灰岩构造裂缝充填物为硬石膏、重晶石、黄铁矿等，正交光下

2.2　构造裂缝产状分析

本次利用成像测井资料、岩层产状法、古地磁等 3 种方法相结合，确定了研究区构造裂缝的产状。首先是利用滨古 26、滨古 22 两口井的声成像测井资料进行了统计，结果表明：构造裂缝的倾角在 5°～81°，其中倾角 0°～10°(低角度缝)的占总数量 7.14%，倾角 10°～40°(低角度缝)的占总数量 11.8%，倾角 40°～70°(高角度缝)的占总数量 58.69%，倾角 70°～90°(直立缝)的占总数量 22.37%；走向主要为北东东-南西西、北西-南东，另外近东西向。另外，通过对研究区滨古 26、滨古 11、滨古 22、滨古斜 15 等 6 口探井的岩心观察，利用沿层产状法对构造裂缝进行了定向，主要是将岩心上层面产状与构造图上

地层产状对比，可以实现岩心定向，根据岩心层面与裂缝关系，确定出裂缝走向、倾向、倾角等产状，并对5块岩心样品进行了古地磁岩心裂缝定向实验(表1)，对岩心定向结果进行了校正。结果发现：平南潜山下古生界碳酸盐岩中主要发育北西-南东、北东东-南西西走向的2组构造裂缝，另外少量近东西走向的构造裂缝，前2种构造裂缝以高角度缝为主，直立缝次之，少量低角度和水平缝，近东西构造裂缝以低角度为主(图3)。

表1　平南潜山岩石样品古地磁分析结果

取样井	深度/m	退磁场 H(Oe)	偏角/(°)	倾角/(°)	标志线方位/(°)
滨古26	2514.6	25-50	231.4	49.6	128.6
滨古26	2514.6	75-100	32.9	39.2	327.1
滨古9	2231.7	0-25	310.7	-53.3	49.3
滨古11	2429.6	25-50	179.9	-60.5	180.1
滨古斜15	2304.7	75-100	115.0	-32.8	245.0

3　构造裂缝发育期次和充填时期确定

平南潜山下古生界经历了多期不同性质、不同方向应力场的叠加改造，形成了多期、不同方向的构造裂缝，本文结合对不同时期应力场方向和大小的数值模拟，确定构造裂缝形成时期，并选择对不同方向构造裂缝内充填物进行C、O同位素测定及包裹体测温，确定构造裂缝充填时期，从而明确了平南潜山下古生界发育三期不同类型的构造裂缝：(1)印支期形成的近东西向全充填低角度构造裂缝；(2)燕山期形成的北西-南东向部分全充填高角度构造裂缝；(3)喜山期形成的北东东-南西西向部分全充填高角度构造裂缝。

3.1　印支期形成的近东西向全充填低角度构造裂缝

受控于印支期近南北向区域挤压应力场，平南潜山下古生界碳酸盐岩中发育一组近东西向的构造裂缝，该类构造裂缝中充填物以方解石为主，见少量石英、石膏、铁质和泥质，另外岩心观察结果显示宽度大于1cm的构造裂缝均被完全充填(图3a)。通过对构造裂缝中充填物进行C、O同位素分析及流体包裹体测温，结果发现(图4)：方解石样品的$\delta^{13}C$和$\delta^{18}O$分别落在了2个不同区间，大部分构造裂缝方解石充填物中$\delta^{13}C$值-2.78‰～-3.96‰，平均-3.25‰，$\delta^{18}O$值在-20.52‰～-16.23‰，平均大约-18.265‰，研究区下古生界围岩的$\delta^{13}C$平均值-0.85‰，$\delta^{18}O$平均值在-8.7‰，对比前人发表的邻区围岩中碳、氧同位素数据值，该类构造裂缝中方解石充填物碳、氧同位素值落在了D区和靠近D区的范围中，属于中-高温岩浆热液淀积方解石的区域，即沿断层和裂缝输导上来的热液在潜山储层中随着温度、压力、流速等不断下降，达到方解石过饱和状态后在裂缝中沉淀下来，形成脉状方解石。同时该类构造裂缝充填物的方解石中大部分流体包裹体测温达到了175℃。该类构造裂缝形成时期早(三叠纪沉积末期)，其形成后研究区发生第一期大规模岩浆侵入(早中侏罗纪沉积时期)，所以推测充填作用主要与研究区第一期岩浆活动有关。另外还有少量构造裂缝方解石充填物中的C、O同位素落在B区，$\delta^{13}C$值-0.85‰～-1.56‰，平均-1.02‰，$\delta^{18}O$值在-8.25‰～-9.86‰，平均大约-9.23‰，分析充填作用与地下水溶蚀碳酸盐岩本身沉淀有关。从以上分析可以看出，该类构造裂缝充填时期早，且在漫长的地质历史时期充填程度非常高，对后期油气成藏的贡献较低。

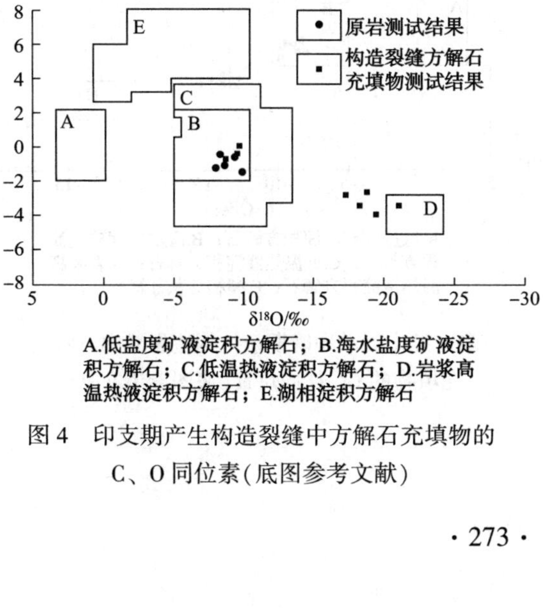

A.低盐度矿液淀积方解石；B.海水盐度矿液淀积方解石；C.低温热液淀积方解石；D.岩浆高温热液淀积方解石；E.湖相淀积方解石

图4　印支期产生构造裂缝中方解石充填物的C、O同位素(底图参考文献)

3.2 燕山期形成的北西-南东向部分全充填高角度缝

受控于燕山期北北东-南南西区域拉张应力场，平南潜山下古生界碳酸盐岩中发育一组北西-南东向的构造裂缝，岩心和镜下薄片观察表明该类构造裂缝部分被完全充填，充填物以方解石为主(图 3d)，少量石英、石膏、铁质和泥质(图 3e、f)，且充填具有明显的分期特征，第一期充填物为泥-微晶方解石，第二期充填物为细晶方解石(图 3d)。通过对构造裂缝中充填物进行 C、O 同位素分析及流体包裹体测温，结果发现(图 5)：方解石样品的 $\delta^{13}C$ 和 $\delta^{18}O$ 分别落在了 2 个不同区间，大部分构造裂缝充填物方解石的碳氧同位素部分落在了 C 区和靠近 C 区的区域内，方解石充填物中 $\delta^{13}C$ 值 -2.02‰～-3.85‰，平均 -3.10‰，$\delta^{18}O$ 值在 -12.16‰～-15.2‰，平均大约 -14.25‰，对比前人发表的邻区围岩中碳、氧同位素数据值(图 5)，分析为与低温热液淀积方解石有关，另外流体包裹体测温达到了 165℃，与研究区第二期(馆陶组沉积时期)岩浆侵入所携带的矿物质沉淀有关，形成了大量与热液相关的细晶方解石。另外还有少量构造裂缝方解石充填物中的 C、O 同位素落在 B 区，$\delta^{13}C$ 值 -0.25‰～-1.76‰，平均 -0.95‰，$\delta^{18}O$ 值在 -7.65‰～-9.86‰，平均大约 -8.52‰，分析该区域内为海水盐度矿液淀积方解石，是燕山期-喜山期漫长的地质历史时期，地下水或有机酸溶蚀碳酸盐岩沉淀有关，形成了大量泥-微晶方解石。

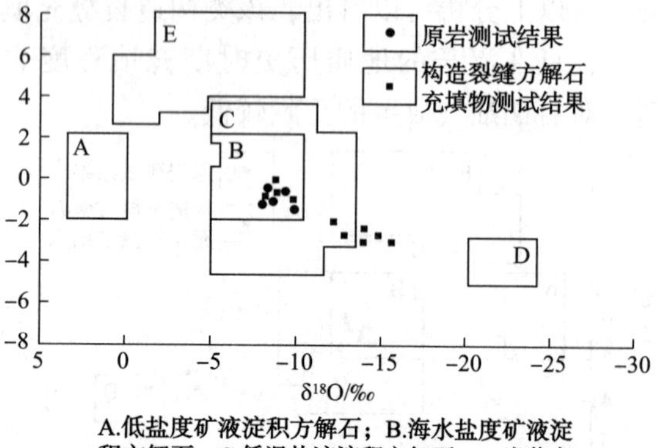

图 5　燕山运动中晚期产生构造裂缝中方解石充填物的 C、O 同位素(底图参考文献)

3.3 喜山期形成的北东东-南西西向部分全充填高角度缝

受控于喜山期北北西-南南东向区域拉张应力场，平南潜山下古生界碳酸盐岩中发育一组北东东-南西西向的构造裂缝。该类构造裂缝部分被充填，充填物以方解石为主，少量石英、石膏、铁质和泥质。通过对构造裂缝中充填物进行 C、O 同位素分析及流体包裹体测温，结果发现(图 6)：方解石样品的 $\delta^{13}C$ 和 $\delta^{18}O$ 分别落在了 2 个不同区间，大部分构造裂缝充填物方解石的碳氧同位素部分落在了 C 区和靠近 C 区的区域内，方解石充填物中 $\delta^{13}C$ 值 -1.86‰～-3.42‰，平均 -2.45‰，$\delta^{18}O$ 值在 -11.78‰～-15‰，平均大约 -13.75‰，对比前人发表邻区围岩中碳、氧同位素数据值(图 6)，分析为与低温热液淀积方解石有关，与研究区第二期(馆陶组沉积时期)岩浆侵入所携带的矿物质沉淀有关。另外还有少量构造裂缝方解石充填物中的 C、O 同位素落在 B 区，$\delta^{13}C$ 值 -1.35‰～-1.37‰，平均 -0.16‰，$\delta^{18}O$ 值在 -8.9‰～-9.7‰，平均大约 -9.25‰，分析该区域内为海水盐度矿液淀积方解石，为地下水或有机酸溶蚀碳酸盐岩沉淀有关，形成大量泥-微晶方解石。

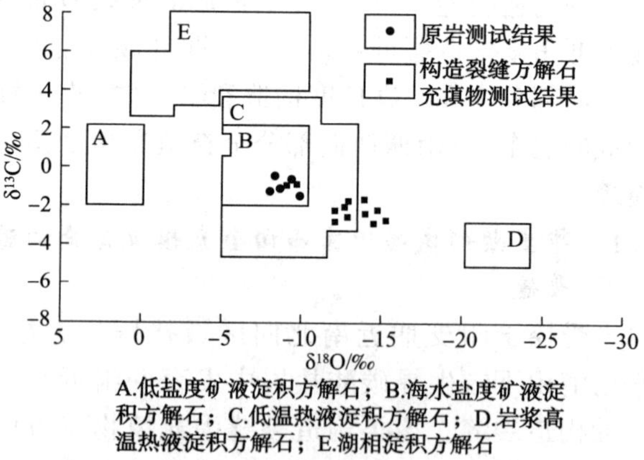

图 6　喜山期产生构造裂缝中方解石充填物的 C、O 同位素(底图参考文献)

综上所述，印支期形成近东西向全充填低角度构造裂缝，由于其充填时期早，充填程度高，对油气成藏没有任何意义，为无效裂缝；燕山期形成的北西-南东向及喜山期形成的北东东-南西西向构造裂缝，保留了部分未被充填的构造裂缝，可成为有利的油气储集空间，为有效的构造裂缝。

4 构造裂缝发育的主控因素分析

4.1 岩石类型对构造裂缝发育的控制作用

通过对平南潜山取不同类型碳酸盐岩岩石样品做静力学测试(表2)，不同岩石的强度变化较大，其中白云岩抗压强度最低，灰岩的抗压强度最高，灰质白云岩位于中间，从抗张强度的测定值来看，三种岩类的抗张强度均比抗压强度小10倍以上，所以张应力环境易破裂，碳酸盐岩中裂缝发育由弱到强的岩性顺序依次为灰质白云岩(岩性不纯的白云岩或灰岩)、灰岩、白云岩。另外，通过岩心观察研究区下古生界不同类型岩石中构造裂缝线密度，结果发现构造裂缝发育次序为：细-中晶白云岩(15.6条/m)>泥-微晶白云岩(12.3条/m)、灰质白云岩(12.1条/m)>豹皮灰岩(10.1条/m)>块状灰岩(7.2条/m)>泥灰岩(4.1条/m)。实际岩心观察结果与理论研究成果吻合。

表2 平南潜山岩石样品静力学参数测定结果表

岩石类型	风干密度/(g/cm³)	抗压强度/MPa	弹性模量/10³MPa	泊松比	抗张强度/MPa
灰岩	2.58	92.8	45.1	0.22	8.3
灰质白云岩	2.7	61.5	45.8	0.18	5.4
白云岩	2.67	48.9	16.2	0.12	5.1

注：表中数据同一岩性为多个数据点的平均值

4.2 岩石层厚对构造裂缝发育的控制作用

在工程实践中，人们发现工程岩体失稳破坏有相当一部分是沿着松软结构面破坏，因此，结构面的存在不仅影响岩体变形与强度性质，而且还控制着岩体变形与破坏机理，整体状岩体结构强度最大，其次为层间结合较好的中厚层状结构，层间结合不良的薄层、中厚层互层结构强度最低。本次研究通过对山东淄博博山下古生界碳酸盐岩中构造裂缝发育情况进行野外观察，结果发现构造裂缝切割深度、延伸长度与岩石层厚具有很大的关系，碳酸盐岩单层厚度越薄，构造裂缝越发育，薄层与厚层互层结构中，薄层碳酸盐岩中构造裂缝最为发育，碳酸盐岩岩石中构造裂缝切割深度大部分在2~6m，延伸长度小于20m(图7)。在野外地质观察的基础上，利用岩心观察结果统计了岩石层厚与构造裂缝线密度之间的关系(图8)，两者呈明显的正相关，随着层厚增大，构造裂缝线密度逐渐减小。另外，通过对平南潜山20余口井进行储层测井解释结果统计发现，大部分Ⅰ、Ⅱ类层优质储层主要分布在厚层碳酸盐岩所夹的薄层碳酸盐岩中，且通过对研究区下古生界碳酸盐岩内幕油藏进行解剖发现，内幕油藏主要呈薄层状分布(图9)。

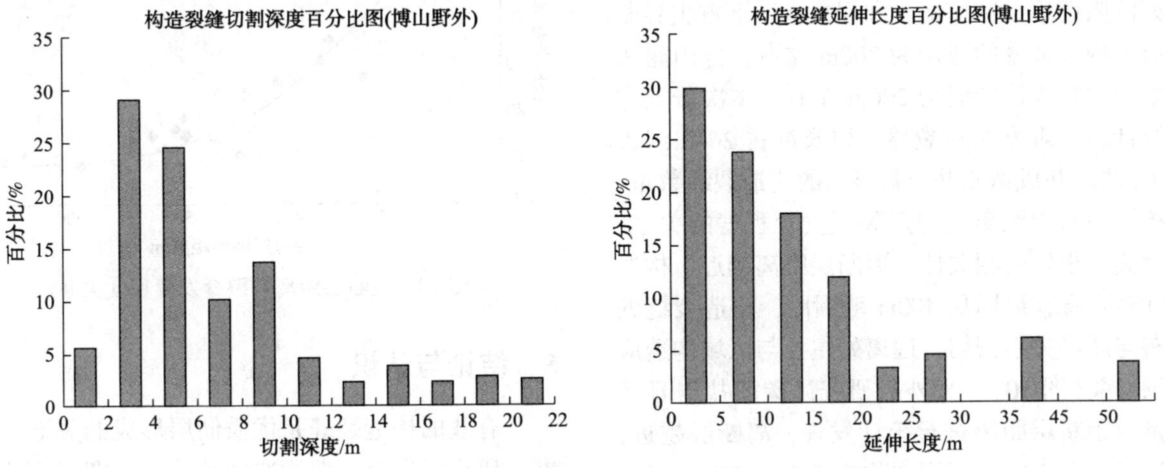

图7 博山野外构造裂缝切割深度与延伸长度百分比图

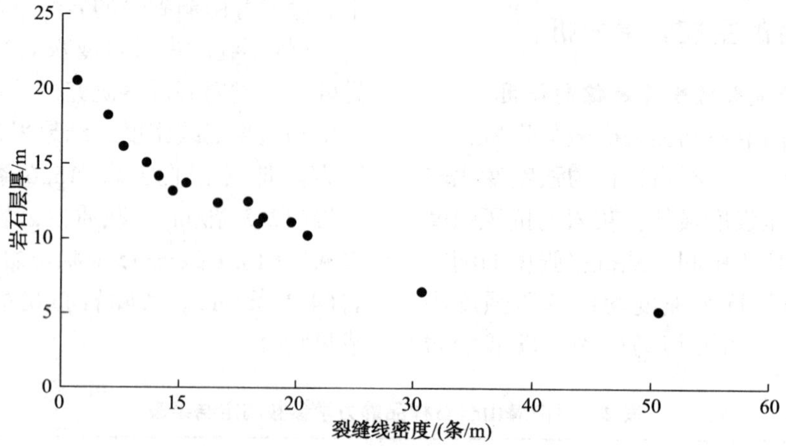

图 8　岩心观察统计的岩石层厚与裂缝线密度关系图

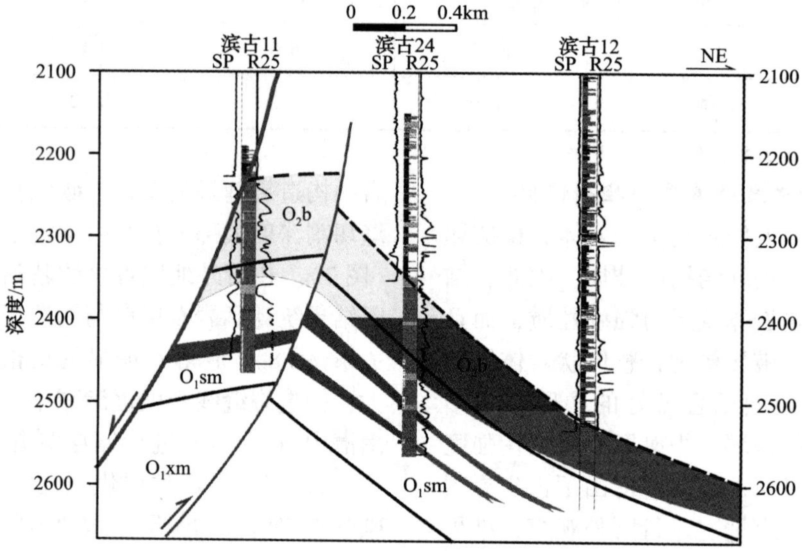

图 9　平南地区潜山内幕层状油层分布图

4.3　断层发育对构造裂缝发育的控制作用

断层与构造裂缝的发育具有密切关系。前人研究济阳坳陷义和庄地区和埕岛地区下古生界断层影响构造裂缝的范围为 300m 左右，博山露头区断层影响构造裂缝为 200m 左右。本次研究主要统计岩心观察构造裂缝、以及滨古 26 和滨古斜 15 两口井成像测井资料显示的构造裂缝数量，分析了距断层距离与构造裂缝发育程度的关系，两者具有很好的相关性，离断层距离越近，构造裂缝越发育，离断层 400m 范围内，构造裂缝的分布与断层关系密切，远离处主要与区域构造应力场有关(图 10)。另外对研究区碳酸盐岩日产液量与距断层距离进行统计发现，离断层越近，产液量越高，影响范围大约在 500m 之内。以上分析充分说明了断层发育区是构造裂缝相对发育的区域。

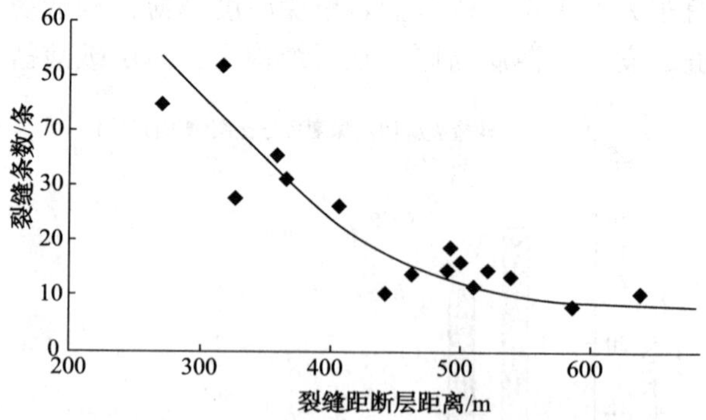

图 10　距断层距离与裂缝发育程度关系

5　结论与认识

有效的构造裂缝是优质储层形成的关键性因素，研究区发育三期构造裂缝：印支期形成的近东西向全充填低角度缝，燕山期形成的北西-南东向部分全充填高角度缝，喜山期形成的北东东-南西西向部分全充填高角度缝。第一种构造裂缝充填与第一期岩浆活动有关，充填程度高，对油气成储和成藏意义不大；后两种构造裂缝大规模充填时期与第二期热液流体活动有关，充填时期相对较晚，且保留了部分未充填的部分，对晚期有机酸及油气的运移起到重要的沟通作用。

参考文献

[1] 李丕龙，张善文，王永诗，等．多样性潜山成因、成藏与勘探—以济阳坳陷为例[M]．石油工业出版社，2003：1-35.

[2] 赵贤正，王权，金凤鸣，等．冀中坳陷隐蔽型潜山油气藏主控因素与勘探实践[J]．石油学报，2012，33(增刊一)：71-79.

[3] 赵贤正，金凤鸣，崔周旗，等．冀中坳陷隐蔽型潜山油藏类型与成藏模拟[J]．石油勘探与开发，2012，39(2)：137-143.

[4] 蒋有录，叶涛，张善文，等. 渤海湾盆地潜山油气富集特征与主控因素[J]. 中国石油大学学报：自然科学版，2015，39(3)：20-29.

[5] 董月霞，赵宗举，曹中宏，等．南堡凹陷奥陶系碳酸盐岩岩溶残丘圈闭勘探潜力及意义[J]．石油学报，2015，36(6)：653-663.

[6] 赵凯，蒋有录，刘华，等．济阳坳陷孤岛与埕岛潜山油气差异富集原因分析[J]．地质力学学报，2018，24(2)：220-228.

[7] 王永诗，李继岩，商琳，等．济阳坳陷平方王油田碳酸盐岩潜山内幕储层特征及其主控因素[J]．中国石油大学学报(自然科学版)，2017，41(4)：1-7.

[8] 邓世彪，关平，庞磊，等．塔里木盆地柯坪地区肖尔布拉克组优质微生物碳酸盐岩储层成因[J]．沉积学报，2018，36(6)：1218-1231.

[9] 姚清洲，孟祥霞，张虎权，等. 地震趋势异常识别技术及其在碳酸盐岩缝洞型储层预测中的应用—以塔里木盆地英买 2 井区为例[J]．石油学报，2013，34(1)：101-106.

[10] 卫平生，潘建国，张虎权，等．石油地震储层研究及应用—以塔里木盆地塔中地区碳酸盐岩为例[J]．石油学报，2013，34(3)：496-501.

[11] 高金栋，周立发，冯乔，等．储层构造裂缝识别及预测研究进展[J]．地质科技情报，2018，37(4)：158-166.

[12] Casini G，Hunt D W，Monsen E，et al. Fracture characterization and modeling from virtual out crops [J]. AAPG Bulletin，2016，100(1)：41-61.

[13] 李理，钟大赉．渤海湾盆地济阳坳陷碎屑锆石裂变径迹年龄记录的构造抬升事件[J]．岩石学报，2018，34(2)：483-494.

[14] 束宁凯，汪新文，王金铸，等．义和庄地区潜山内幕构造演化特征及其控藏作用[J]．油气地质与采收率，2017，24(3)：25-29.

[15] 李继岩，王永诗，刘传虎，等．热液流体活动及其对碳酸盐岩储集层改造定量评价—以渤海湾盆地东营凹陷西部下古生界为例[J]．石油勘探与开发，2016，43(3)：359-366.

[16] Qiu Nansheng，Jiang Guang，Mei Qinghua，et al. The Paleozoic tectonothermal evolution of the Bachu Uplift of the Tarim Basin，NW China：Constraints from(U-Th)/He ages，apatite fission track and vitrinite reflectance data[J]. Journal of Asian Earth Sciences，2011，41：551-563.

[17] Jackson S E，Pearson N J，Griffin W L. The implication of laser ablation microprobe - inductively coupled plasma-mass spectrometry (LAM-ICP- MS) to in situ U-Pb zircon geochronology [J]. Chemical Geology，2004，211：47-69.

[18] 郭佩，刘池洋，王建强，等．碎屑锆石年代学在沉积物源研究中的应用及存在问题[J]．沉积学报，2017，35(1)：47-56.

[19] 杨华，邓秀芹．构造事件对鄂尔多斯盆地延长组深水砂岩沉积的影响[J]．石油勘探与开发，2013，40(5)：513-520.

[20] 许立权，刘翠，邓晋福，等．内蒙古额仁陶勒盖银矿区火成岩岩石地球化学特征及锆石 SHRIMP U-Pb 同位素定年[J]．岩石学报，2014，30(11)：3204-3212.

[21] 王大锐，张映红．渤海湾油气区火成岩外变质带储集层中碳酸盐胶结物成因研究及意义[J]．石油勘探与开发，2001，28(2)：40-42.

[22] 黄思静．碳酸盐岩的成岩作用[M]．北京：地质出版社，2010.

[23] 金强，毛晶晶，杜玉山，等．渤海湾盆地富台油田碳酸盐岩潜山裂缝充填机制[J]．石油勘探与开发，2015，42(4)：454-462.

[24] 张云峰，王清晨．济阳坳陷奥陶系碳酸盐岩及缝洞充填方解石 C、O 同位素特征及其意义[J]．地质科学，2007，42(3)：570-578.

[25] 赵文韬，侯贵廷，张居增，等．层厚与岩性控制裂缝发育的力学机理研究—以鄂尔多斯盆地延长组为例[J]．北京大学学报(自然科学版)，2015，51(6)：1047-1058.

[26] 孟庆峰，侯贵廷，潘文庆，等．岩层厚度对碳酸盐岩构造裂缝面密度和分形分布的影响[J]．高校地质学报，2011，17(3)：462-468.

油藏构造智能解释方法研究与应用

王树华 张 悦

（中国石化胜利油田分公司勘探开发研究院）

摘 要 本文提出了一种基于大数据和人工智能技术的油藏构造解释方法，旨在提高地质构造建模工作效率。通过设计多任务学习的深度神经网络模型，建立了基于聚焦区域的标签权重计算方法、专家解释样本增强方法，研发了基于约束区域生长算法的断层自动组合技术，创新了断层层位耦合的构造智能解释技术。结合改进的损失函数和少量层位约束信息，实现了对三维地震数据中断层和层位的精确识别与自动建模。在辛 50 工区的应用测试中，智能预测的断层识别结果与传统方法相比，断层识别精度和效率大幅提高，表现出更高的连续性和可靠性。研究结果表明，该方法在断层识别精度、抗噪声干扰能力和运算效率上均有显著优势，并在实际油藏勘探开发中展现出广阔的应用前景。

关键词 大数据与人工智能；地震资料处理；断层识别；地质构造建模

Research and Application ofAI Method for Structure Interpretation

Wang Shuhua Zhang Yue

（Exploration and Development Research Institute of Shengli Oilfield Company，SINOPEC）

Abstract This article introduces an advanced structure interpretation method leveraging big data and AI intelligence technologies to enhance the efficiency of geological structure modeling. The study presents a deep neural network model designed for multi-task learning，a label weight calculation method focused on critical regions，and a sample enhancement technique for expert interpretations. A novel fault automatic combination technology based on a constrained region growth algorithm was also developed，alongside an innovative structural intelligent interpretation technology for fault-layer coupling. By integrating an improved loss function with minimal layer constraint information，the method achieves precise identification and automatic modeling of fault layers and stratigraphic layers in 3D seismic data. Application testing in the Xin 50 work area demonstrated that the intelligent fault identification method significantly outperforms traditional methods in accuracy and efficiency，showing superior continuity and reliability. The research results highlight this method's substantial advantages in fault identification accuracy，noise resistance，and computational efficiency，indicating broad application prospects in practical reservoir exploration and development.

Key wordst big data and AI intelligence；Seismic data processing；Fault identification；Geological structure modeling

1 研究背景及区域概况

胜利油田作为东部老油田的典型代表之一，面临勘探开发难度大、成本高的的挑战。传统开发技术受限，地质建模的自动化和智能化已成为必然趋势。地震成像资料中断层的解释不仅是油气勘探和开发中的关键步骤，也是构造以及地球动力学分析的重要依据。在油气勘探开发方面，断层由于对油气的运移和聚集作用而受到国内外广泛关注。地震资料中断层的精细解释将对油气储层预测以及国内的油气勘探开发起到至关重要的作用。

断层自动解释方法已经在国内外得到广泛的研究。然而，国内外大多数的相关研究仅仅限于第一部分，即通过计算各种地震属性包括相干、方差、曲率和断层似然性等来检测地震数据中断层的位置。并且所有这些属性都是通过计算地震同相轴的连续性或者不连续性来检测断层。由于噪音和地震采集误差等非地质因素也会产生地震同相轴的不连续性，导致以上地震属性计算方法对这些非地质因素非常敏感，在检测断层的同时也会凸出一些与断层并不相关的信息。因此，基于这些地震属性，进一步的断层解释往往依然需要大量的后期处理和人工干预。一些学者提出蚂蚁追踪和最优面投票等后期处理方法来进一步加强地震属性中断层的特征并压制噪音。

随着三维地震勘探技术在油气勘探和科学研究中的广泛应用，采集的三维地震数据体越来越多、单个数据体越来越大，要充分解释数据体中的断层得到高分辨率的精细解释结果，人工解释已经无法满足要求，断层解释走向自动化和智能化是必然趋势。为进一步提升断层解释效率及精度，本次研究在样本构建、断点智能预测、断面自动组合等方面形成了三项创新技术。

辛 50 断块区位于山东省东营市东营区，构造上处于济阳坳陷东营凹陷中央隆起带中段，在东营穹隆构造和辛镇背斜构造之间的构造过渡带的西南部。辛 50 工区油藏发育受控于东营凹陷中央隆起带背斜构造，断层是控藏主要因素，因此将本次研究的油藏构造智能解释方法技术应用于辛 50 工区，开展该区构造精细刻画。

2 断点样本构建

在样本构建方面，首先对辛 50 块多个复杂断块工区进行实际资料分析，获得大量实际地震资料对应的构建专家断层解释数据；其次，建立了基于聚焦区域的标签权重计算方法，自动确定已解释区域，重点分析区域内部的断层标签与地震数据的对应关系，提升专家样本可用性和质量，再次形成了专家解释样本增强方法，通过三维扩充、断面扭曲、方位角旋转等方法，将已有 95 组二维专家解释剖面数据进行增强处理，获得 500 余组三维专家解释样本数据；同时，建立了基于正演模拟的三维断层样本自动生成方法，在统计分析胜利断块关键参数取值范围的基础上，通过设置不同的地层参数、断层参数、地震参数，模拟得到不同构造样式及其对应的地震数据，可自动批量生成断层正演样本库；最终，构建符合胜利地质特征的三维断层专家及正演模拟样本数据 2500 余组，样本质量及规模得到有效提升，为提高断点预测结果的连续性和可靠性打下坚实基础。

2.1 基于聚焦区域的标签权重计算方法

断层识别深度神经网络正向传播过程可表达为：

$$\begin{cases} f(WS) \Rightarrow \tilde{F} \\ S = \{S_{\mathrm{r}},\ S_{\mathrm{f}}\} \\ \tilde{F} = \{\tilde{F}_{\mathrm{r}},\ \tilde{F}_{\mathrm{f}}\} \end{cases} \tag{1}$$

为保证地震数据经过神经网络得到的断层识别输出结果与断层样本标签最为匹配，期望得到的深度神经网络权重参数 W 应满足预测结果和已知标签之间的目标函数最小，其表达式为：

$$\begin{cases} J = \underset{W}{\operatorname{argmin}} L(F,\ \tilde{F}) \\ F = \{F_{\mathrm{r}},\ F_{\mathrm{f}}\} \end{cases} \tag{2}$$

假设在断层的采样点位置标记为 1 类，在非断层的采样点位置标记为 0 类，则在三维地震数据体中识别断层的问题可类比为二分类的语义分割问题。常用的语义分割损失函数包括交叉熵损失(Cross-Entropy)、焦点损失函数(Focal Loss)、骰子损失函数(Dice Loss)等。由于断层在三维空间中的数量远远少于非断层的数量，样本类别存在不平衡的问题，因此选用了基于 Dice Loss 改进后的 Log Cosh Dice Loss 损失函数，其表达式为：

$$\begin{cases} \hat{L} = 1 - \dfrac{2\tilde{F}F + 1}{F + \tilde{F} + 1} \\ L' = \log\left(\dfrac{\mathrm{e}^{\hat{L}} + \mathrm{e}^{-\hat{L}}}{2}\right) \end{cases} \tag{3}$$

受勘探认识程度和工作量等客观因素的影响，往往只对三维地震工区的重点区域进行精细的断层解释，未解释区域中缺少断层专家解释结果，且样本标签存在不完备性问题。为此，常规损失函数已不适用于此类断层样本标签，而应着重关注已解释断层附近的位置区域，即断层专家解释聚焦区域，以增强断层自动识别网络模型的可靠性。

2.2 专家解释样本增强方法

实际资料的地震解释结果多为二维数据，为将其与三维正演样本数据进行有机融合，需要对其进行维度扩充处理，并在此基础上，利用三维断面扭曲、三维空间旋转等方法对样本数据进行增强处理，以提供更丰富的断层专家解释样本数据，从而进一步增加三维断层识别网络模型的泛化能力。具体步骤如下：

第 1 步：二维断点专家解释结果的空间插值。在三维直角坐标系（X，Y，T）下，设二维实际地震剖面 $S_{r0} \in \mathbb{R}^{N_t \times N_x} S_{r0} \in \mathbb{R}^{N_t \times N_x}$，其 X 和 T 方向的原始位置向量分别为 $x0$ 和 $t0$，对专家解释的断点进行分段插值得到连续的断层，如图 1a 红色线所示。红色断层线附近的采样点位置赋值为 1，表示为已解释断层；其他采样点位置赋值为 0，表示非断层，其中也包含未解释区域的断层，则可得到与实际地震剖面相对应的二维断层专家解释样本标签 Fr0 Fr0。

第 2 步：二维样本数据维度扩充。将二维实际地震剖面 Sr0 Sr0 和二维断层专家解释样本标签 Fr0 Fr0 沿着垂直于二维剖面 Y 方向进行复制扩充（图 1b），得到维度扩充后的三维实际地震数据体 Sr1 Sr1 和三维断层专家解释样本标签数据体 Fr1 Fr1 尺寸变为 $N_t \times N_x \times N_y$，其 X，Y 和 T 方向的原始位置向量分别为 $x0$，$y0$ 和 $t0$。

第 3 步：三维断面扭曲。为进一步丰富断层样本数据的样式，将维度扩充后得到的三维实际地震数据体 Sr1 Sr1 和三维断层专家解释样本标签数据体 Fr1 Fr1 沿着 X 方向进行任意扭曲。采用多个正弦信号叠加的形式模拟扭曲的断面形态（图 1c），其表达式为：

$$x_1 = \sum_{k=1}^{K} a_k \sin(w_k y_0 + \psi_k) \tag{7}$$

按照三维断面扭曲后的位置向量 $x1$，$y0$ 和 $t0$ 对三维实际地震样本数据体 Sr1 Sr1 和三维断层专家解释样本标签数据体 Fr1 Fr1 进行插值，获得断面扭曲后的三维实际地震数据体 Sr2 Sr2 和三维断层专家解释样本标签数据体 Fr2 Fr2。

第 4 步：三维空间旋转。对断面扭曲后的三维实际地震数据体 Sr2 Sr2 和三维断层专家解释样本标签数据体 Fr2 Fr2 沿着不同方位角进行旋转（图 1d），其表达式为：

$$\begin{bmatrix} x_2 \\ y_1 \end{bmatrix} = \exp\left(\theta \begin{bmatrix} 0 & -1 \\ 1 & 0 \end{bmatrix}\right) \begin{bmatrix} x_1 \\ y_0 \end{bmatrix} \tag{8}$$

按照三维空间旋转后的位置向量 $x2$，$y1$ 和 $t0$ 对三维实际地震样本数据体 Sr2 Sr2 和三维断层专家解释样本标签数据体 Fr2 Fr2 进行插值，获得空间旋转后的三维实际地震数据体 Sr3 Sr3 和三维断层专家解释样本标签数据体 Fr3 Fr3。

重复第 3 和 4 步，随机设置不同的扭曲和方位旋转参数，可获得大量不同弯曲形态和旋转角度的三维实际地震数据体和三维断层专家解释样本标签数据体的增强处理结果，增加实际资料断层专家解释样本数据的多样性，如图 1 所示。

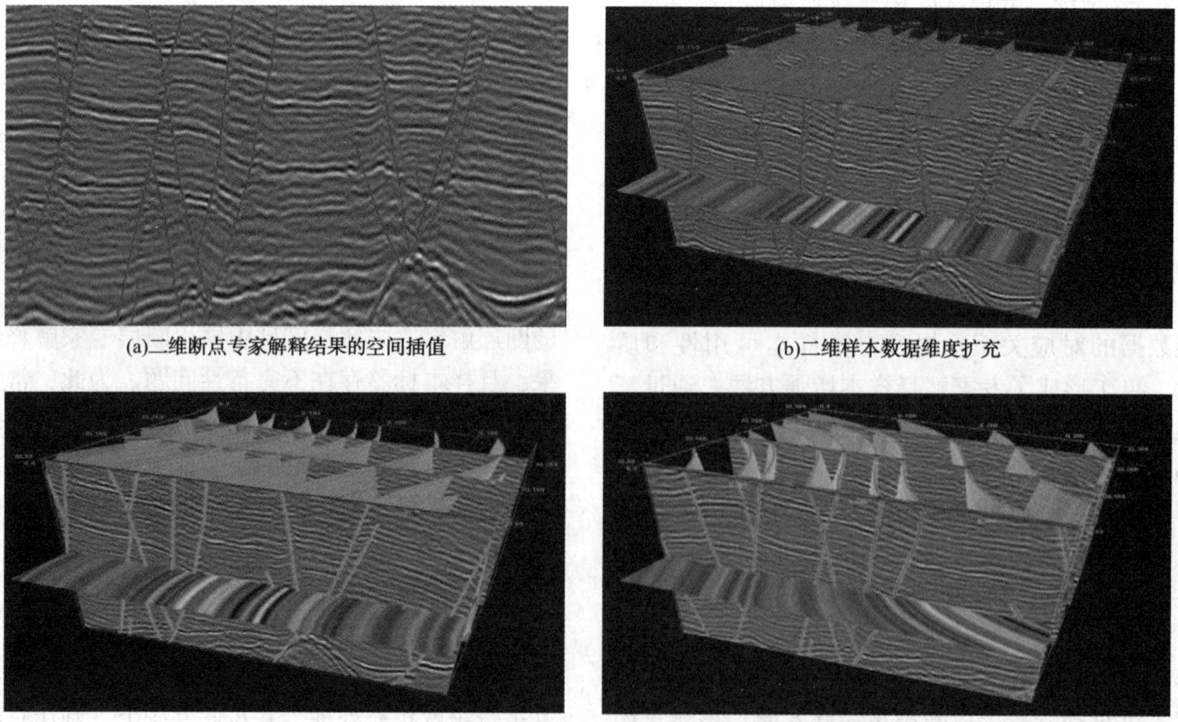

(a)二维断点专家解释结果的空间插值　(b)二维样本数据维度扩充

(c)三维断面扭曲　(d)三维空间旋转结果(沿45°方位角)

图 1　断层专家解释样本数据增强图

2.3 正演模拟验证三维断层样本

三维断层正演模型来验证本文方法的可靠性。构建了200对尺寸为256×512×256（$nx \times ny \times nt$）的三维断层模型及地震数据作为模型实验样本集。将该样本集分为3份，其中40%作为待解释的三维地震数据，40%作为三维断层正演样本数据，另外20%作为验证集。对于待解释的三维地震数据，进行随机剖面断层解释，断层解释数量为所有断层数量的75%。利用所提的样本数据增强处理方法得到断层专家解释样本数据集合，与其他三维断层正演样本数据进行联合，作为最终使用的训练集。

图2a为验证集中的任意二维地震剖面数据，图2b为其对应的断层专家解释样本标签数据。对比常规损失函数的断层自动识别结果（图2c）和损失函数改进后的断层自动识别结果（图2d）可以看出，由于训练集断层样本标签的不完备性，常规损失函数无法准确评估地震响应特征是否对应断层，反向传播时影响了权重参数求解的可靠性，导致部分断层没有得到有效识别。而利用改进后的损失函数，在已解释断层的聚焦区域内进行地震反射特征与断层相关关系分析，网络训练的目标更加明确，断层自动识别与真实标签的吻合度显著提高，验证集的模型测试正确率为96%左右，如图2所示。

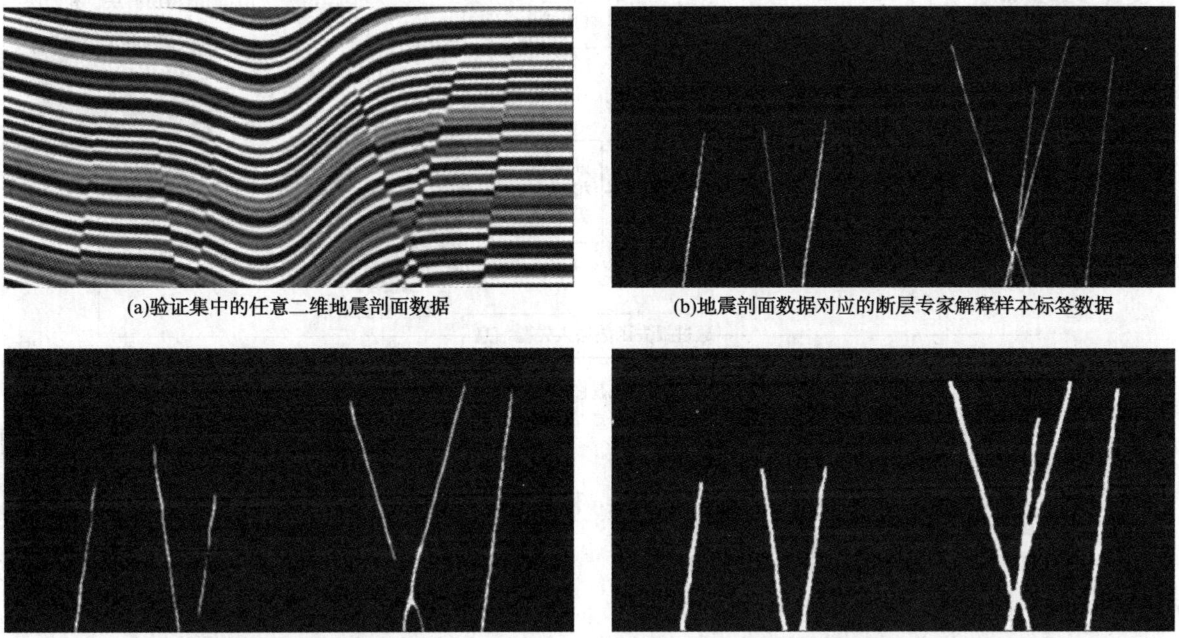

(a)验证集中的任意二维地震剖面数据　(b)地震剖面数据对应的断层专家解释样本标签数据

(c)常规损失函数的断层自动识别结果　(d)损失函数改进后的断层自动识别结果

图2　损失函数改进前后的断层自动识别结果对比

3　油藏智能构造建模方法研究

3.1 断裂系统自动组合方法

基于传统方法和大数据方法的断层预测技术，只能识别出断点，形成相应的三维数据体，能够清晰地反映断点的空间展布，但是无法对断点进行智能组合并按照断层面划分，也无法拟合断层曲面的空间形态。本研究在python环境下采用点云（PCL）等技术研发一套断层智能组合与断裂系统重构的技术模块，旨在通过构造地质理论分析三维空间断裂散点数据特征，开展断层面智能提取、分析方法技术研究，并在实际工区进行测试。其技术优势主要体现在：（1）在构造地质理论指导下，基于传统或者智能预测断裂系统数据体，由专业解释人员通过人机交互明确目标断层确切位置，断层划分精确；（2）基于python框架能够高效地将各种算法融合，在凹包算法、射线法和区域生长等算法相互辅助下，研发形成一种约束区域生长算法，实现高效可靠的单一断层提取模块，为地质建模、储层反演，以及油气数值模拟提供断层面的精细解释信息。该方法显著提高了空间断层解释效率，节省了时间和人力，在断层识别精度方面相比现有商业软件都更加准确。

3.2 断点、层位联合的构造智能解释方法

在三维地震数据处理过程中，除空间分辨率

外，对计算成本的控制也是必不可少的考虑因素。传统的基于深度学习的方法往往采用多级级联的卷积神经网络（CNNS）来实现其良好的非线性关系表达能力，但是在处理高维地震数据时，往往会引入大量的模型参数，导致计算量的爆炸式增长。因此，准确、高效地捕捉复杂的三维结构特征是当前现有方法无法回避的新挑战。为了解决这些问题，提出了一种能自动学习如何在具有复杂结构模式的三维地震图像中准确估计 RGT 体和断层的网络。

在地质构造过于复杂以及地震资料信噪比过低等不利于通过地震数据识别 RGT 体以及断层的情况下，设计了一种通过引入少量层位先验信息作为约束，将此部分信息融入到损失函数中，解码器部分分别将地震数据与部分地震层位作为输入。与上部分编码器相同，在编码器部分进行多任务学习网络功能的实现，网络的输出分别为 RGT 体和断层预测结果，并通过对 RGT 体进行等值面提取最终得到地震数据中所有的层位和断层，如图 3 所示。

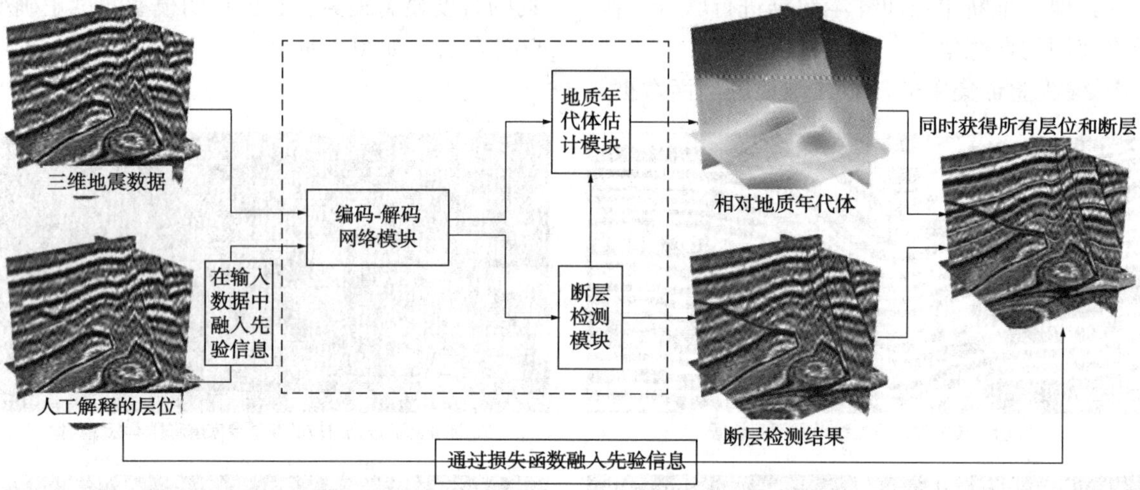

图 3　提出的深度神经网络通过输入三维地震图像以及少量层位回归对应的 RGT 体和断层

4　应用情况及前景分析

4.1　辛 50 工区断点智能预测测试结果分析

将本项目研发的构造智能预测技术应用于辛 50 工区，精细刻画该区断裂系统和层位的空间展布形态。图 4 是辛 50 工区断层和层位联合预测剖面图，从图中可以看出，断裂系统与层位识别结果耦合关系较好，断层刻画连续性较好，断层刻画结果与地震剖面吻合度较高。断层智能预测结果与 C3、方差、最大曲率、本征值相干等传统方法相比，断层智能预测结果的断点清晰连续、可靠性高。从运算效率来看，构造智能预测结果相比本征值相干提升 10 倍以上，如图 4 所示。

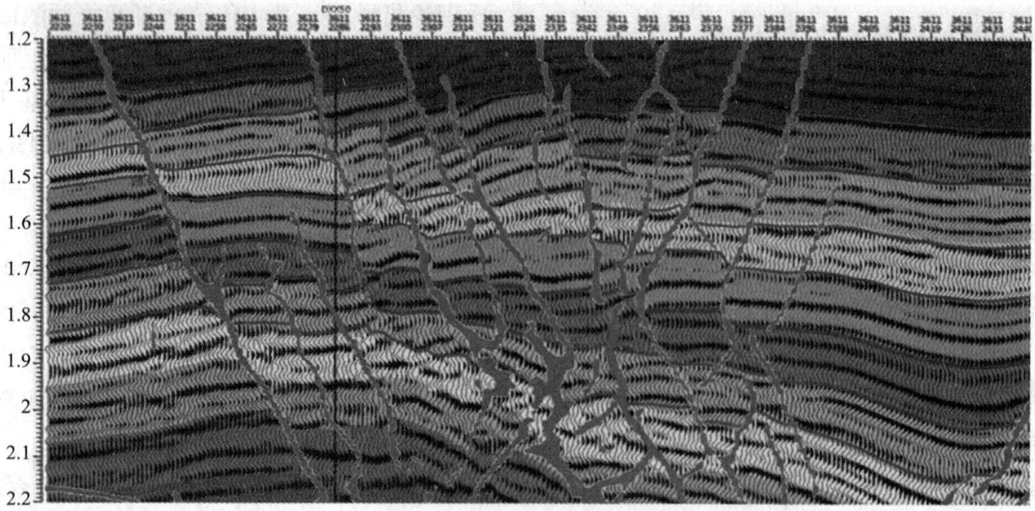

图 4　辛 50 工区断层和层位智能解释结果

为了更好地说明方法的有效性，将基于卷积神经网络的断层检测方法与多种传统的断层属性方法进行了系统的对比。基于深度学习的断层检测结果在准确性、断层连续性、抗噪声干扰和分辨率上均远远超过利用 petrel 软件的相干、平面性、方差、蚂蚁体等常用断层属性方法。更加重要的是，在深度学习网络模型训练好以后，网络模型的断层计算/预测效率是平面性、方差和蚂蚁体的 10 倍以上，是相干的 100 倍以上，证实了三维断层自动检测技术的研究潜力及应用前景。

4.2 辛 50 工区断层智能组合与提取

首先进行参数优选。明确断层智能预测数据体上断点的值域范围，设置生长值 、断层重合度阈值和凹包外扩范围等参数组合。分析断层智能提取结果，获得最优组合：生长值为 0.52、断层重合度阈值为 0.4、凹包外扩范围是 10%。在断点数据体上，针对目标断层，分别采用约束区域生长算法，展开目标断层智能追踪，获得目标断层的空间展布形态。

针对辛 50 工区边界断层以及内部小断层，在智能预测数据体辅助下，应用本文方法开展断层智能提取，准确而快速地识别出北边界、西边界和南边界断层以及两条内部小断层，如图 5 所示，在断层精细刻画的基础上，协助地质人员快速而高效地完成储层及油藏地质建模，对勘探井位部署和开发方案设计提供了强有力的技术支撑，大幅提高了地质建模的工作效率。

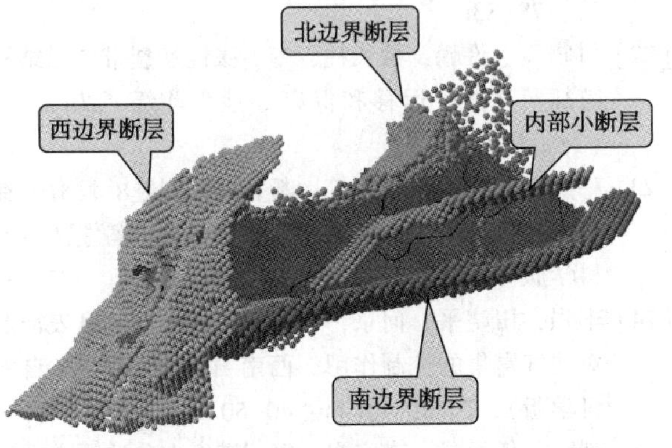

图 5　辛 50 地区智能提取断层立体显示图

4.3 前景分析

断层智能预测技术在胜利东西部探区的 10 多个地区进行了推广应用，应用三维地震面积达 2000 多平方公里，协助部署井位 5 口。项目形成的岩性预测功能，在东西部 3 个地区进行了应用，应用面积达到 1000 多平方公里，协助部署井位 8 口。有效提高了效率和精度，也验证了智能预测模型强大的泛化能力。另外，断层智能识别技术，还可在胜利油田 100 多个复杂断块油藏单元推广应用，覆盖地质储量 8 亿吨；储层智能预测技术在埕岛东部、东营北带、西部准中等多个地区具有推广应用。目前形成的技术基于胜利东部中高渗油藏，下步可在致密砂岩、特殊岩性以及页岩油等类型油藏持续发展完善技术系列，支持中石化更多油田开发应用。

5 结论

本研究通过引入大数据和人工智能技术，提出了一种创新型油藏构造解释方法。通过设计并应用基于深度学习的断层识别与建模技术，我们在辛 50 工区进行了实际测试，取得了显著效果。具体结论如下：

（1）断层识别精度高：利用改进后的损失函数和深度学习模型，断层识别的精度大幅提高，断层计算效率提升 10 倍以上，与传统方法相比，断层识别结果更加连续、可靠，且与专家解释结果高度一致，断距 5m 以上的断层识别精度达 85%以上。

（2）运算效率显著提升：深度学习模型的断层计算效率相比传统方法提高了 10 倍以上，显示出其在大规模三维地震数据处理中强大的潜力和优势。

（3）人机交互优化：通过人机交互方式设置目标断层种子点，并结合区域生长算法，实现了对目标断层的智能追踪与空间精确刻画，显著提高了地质建模的工作效率。

（4）实际应用效果显著：在辛 50 工区的应用中，智能预测的断层与层位识别结果与地震剖面吻合度高，验证了方法的有效性和可行性，对油藏开发与管理提供了有力支持。

本研究提出的方法不仅在断层识别精度和效率上取得了突破，还在实际应用中展示了其广阔的前景和巨大的潜力。

参 考 文 献

[1] Al-Dossary, S., and K. J. Marfurt, 2006, 3D volumetric multispectral estimates of reflector curvature and rotation: Geophysics, 71, no. 5, P41-P51.

[2] Alliez, P., D. Cohen-Steiner, Y. Tong, and M. Desbrun, 2007, Voronoi-based variational reconstruction

of unoriented point sets：Symposium on Geometry processing，39–48.

[3] Chollet，F.，et al.，2015.

[4] Badrinarayanan，V.，A. Kendall，and R. Cipolla，2017，Segnet：A deep convolutional encoder–decoder architecture for image segmentation：IEEE Transactions on Pattern Analysis and Machine Intelligence，39，2481–2495.

[5] Barnett，J. A.，J. Mortimer，J. H. Rippon，J. J. Walsh，and J. Watterson，1987，Displacement geometry in the volume containing a single normal fault：AAPG Bulletin，71，925–937.

[6] Baudon，C.，and J. Cartwright，2008，The kinematics of reactivation of normal faults using high resolution throw mapping：Journal of Structural Geology，30，1072–1084.

[7] Bergen，K. J.，P. A. Johnson，M. V. de Hoop，and G. C. Beroza，2019，Machine learning for data–driven discovery in solid earth geoscience：Science，363.

[8] Cardozo，N.，P. Røe，H. Soleng，N. Fredman，J. Tveranger，and S. Schueller，2008，A methodology for efficiently populating faulted corner point grids with strain：Petroleum Geoscience，14，205–216.

[9] Caumon，G.，P. Collon–Drouaillet，C. Le Carlier de Veslud，S. Viseur，and J. Sausse，2009，Surface–based 3D modeling of geological structures：Mathematical Geosciences，41，927945.

[10] Chen，L. C.，G. Papandreou，I. Kokkinos，K. Murphy，and A. L. Yuille，2014，Semantic image segmentation with deep convolutional nets and fully connected crfs：arXiv preprint arXiv：1412. 7062.

[11] Chen，L. –C.，G. Papandreou，I. Kokkinos，K. Murphy，and A. L. Yuille，2017，Deeplab：Semantic image segmentation with deep convolutional nets，atrous convolution，and fully connected crfs：IEEE transactions on pattern analysis and machine intelligence，40，834–848.

[12] Cherpeau，N.，G. Caumon，and B. L'evy，2010，Stochastic simulations of fault networks in 3D structural modeling：Comptes Rendus Geoscience，342，687–694.

[13] Ciregan，D.，U. Meier，and J. Schmidhuber，2012，Multi–column deep neural networks for image classification：2012 IEEE conference on computer vision and pattern recognition，IEEE，3642–3649.

[14] Cohen，I.，N. Coult，and A. A. Vassiliou，2006，Detection and extraction of fault surfaces in 3D seismic data：Geophysics，71，no. 4，P21–P27.

[15] Di，H.，and D. Gao，2016，Efficient volumetric extraction of most positive/ negative curvature and flexure for fracture characterization from 3D seismic data：Geophysical Prospecting，64，1454–1468.

[16] Di，H.，Z. Li，H. Maniar，and A. Abubakar，2020，Seismic stratigraphy interpretation by deep convolutional neural networks：A semisupervised workflflow：Geophysics，85，no. 4，WA77–WA86.

[17] Duffffy，O. B.，R. E. Bell，C. A. –L. Jackson，R. L. Gawthorpe，and P. S. Whipp，2015，Fault growth and interactions in a multiphase rift fault network：Horda platform，norwegian north sea：Journal of Structural Geology，80，99–119.

[18] Ellevset，S. O.，R. Knipe，T. S. Olsen，Q. Fisher，and G. Jones，1998，Fault controlled communication in thc slcipncr vcst field，norwegian continental shelf；detailed，quantitative input for reservoir simulation and well planning：Geological Society，London，Special Publications，147，283–297.

[19] Figueiredo，A.，F. B. Silva，P. Silva，L. de O. Martins，R. L. Milidi'u，and M. Gattass，2015，A clustering–based approach to map 3D seismic horizons：14th International Congress of the Brazilian Geophysical Society &amp；EXPOGEF，Rio de Janeiro，Brazil，3–6 August 2015，1166–1170.

[20] Figueiredo，A. M.，M. Gattass，and F. Szenberg，2007，Seismic horizon mapping across faults with growing neural gas：10th International Congress of the Brazilian Geophysical Society &amp；EXPOGEF 2007，Rio de Janeiro，Brazil，19–23 November 2007，14761481.

[21] 付广，杨勉，吕延防，等. 断层古侧向封闭性定量评价 方法及其应用. 石油学报，2013，34(增刊1)：78–83.

[22] 付晓飞，许鹏，魏长柱，等. 张性断裂带内部结构特征及与油气运移和保存. 地学前缘，2012，19(2)：1–13.

[23] 韩杰，江杰，张敏，等. 断裂及其裂缝8 发育带在5 3 2 塔中油气勘探中的意义. 西南石油大学学报(自然科学版)，2015，37(2)：11–20.

[24] 李强，田晓平，何京，等. 断层封闭性定量表征及对油气富集的控制作用. 西南石油大学学报(自然科学版)，2018，40(4)：40–50.

[25] 刘军，任丽丹，李宗杰，等. 塔里木盆地顺南地区深层碳酸盐岩断裂和裂缝地震识别与评价. 石油与天然气地质，2017，38(4)：703–710.

[26] 杨子川，刘军，陈黎，等. 顺南地区奥陶系碳酸盐岩储层地震识别与评价. 石油物探，2017，56(2)：280–287

[27] 苑书金. 地震相干体的研究综述. 勘探地球物理进展，2007，30(1)：7–16.

胜利探区埕岛地区前古近系断层发育特征及其油气地质意义

信延芳[1,2]　王永诗[3]　王学军[2]　郭玉新[2]　景安语[2]　张明华[2]　罗　阳[4]　马　帅[1,2]

（1. 中国石化胜利石油管理局有限公司博士后科研工作站；2. 中国石化胜利油田分公司勘探开发研究院；3. 中国石化胜利油田分公司；4. 中国石化胜利油田分公司发展规划部）

摘　要　在三维地震资料精细解释和钻井资料的基础上，通过精细几何构造解析、平衡剖面技术和断层活动速率等方法，对埕岛地区前古近系断层发育特征进行了研究，并分析其对储层、油气运移、圈闭和油气成藏等的控制作用。研究结果显示，埕岛地区主要发育埕北断层、埕北20断层和埕北30断层，这些断层将埕岛潜山分割为西排山、中排山和东排山三部分。埕北断层和埕北20断层于印支期开始活动，两者走向和活动性的差异，除了受限于断层的规模，还源于大的太古界刚性基底块体的支撑和郯庐断裂带强烈左旋的局部应力场的联合控制作用。埕北断层和埕北20断层在燕山期的构造反转应力场转换中，促进了断层附近地层中裂缝的发育，促进了风化壳的形成或增加了风化壳的储层厚度，有利于发育裂缝型储层和优质风化壳储层；埕北断层和埕北30断层持续活动时间长，可以较好的改善储层，古生界和中生界裂缝发育，有利于油气输导和富集，古生界和中生界均可成藏；埕北20断层在中生界末期停止了活动，且其中生界的裂缝发育程度较低，这一特点有效地避免了成藏期油气因断层活动而发生的纵向散失或向上部潜山层系的运移，从而为古生界的油气成藏提供了有利条件，但不利于中生界的油气成藏。

关键词　埕岛地区；埕北断层；构造演化；潜山油气藏

Characteristics of faults in the Pre-Paleogene system in the Chengdao area of the Shengli exploration region and their geological significance for hydrocarbons

Xin Yanfang[1,2]　Wang Yongshi[3]　Wang Xuejun[2]　Guo Yuxin[2]
Jing Anyu[2]　Zhang Minghua[2]　Luo Yang[4]　Ma Shuai[1,2]

(1. Postdoctoral Work Station, Shengli Petroleum Administrative Bureau Co., Ltd., SINOPEC;
2. Exploration and Development Research Institute, Shengli Oilfield Company, SINOPEC;
3. Shengli Oilfield Company, SINOPEC; 4. Department of developing and Planning in Shengli Oil Field, SINOPEC,)

Abstract Based on the detailed interpretation of three-dimensional seismic data and drilling information, the characteristics of faults in the pre-Paleogene system in the Chengdao area were studied using methods such as detailed geometric structural analysis, balanced section technique, and fault activity rate analysis. The controlling effects of these faults on reservoirs, hydrocarbon migration, traps, and hydrocarbon accumulation were also analyzed. The research results indicate that the Chengdao area mainly develops the Chengbei Fault, Chengbei 20 Fault, and Chengbei 30 Fault, which divide the Chengdao buried hill into three parts: the West Buried Hill, the Middle Buried Hill, and the East Buried Hill. The Chengbei Fault and Chengbei 20 Fault began to be active during the Indosinian period. The differences in their orientations and activities are not only limited by the scale of the faults but also originate from the combined control of the support of large rigid basement blocks of the Archaean and the intense sinistral local stress field of the Tan-Lu Fault Zone. During the tectonic inversion stress field transformation in the Yanshanian period, the Chengbei Fault and Chengbei 20 Fault promoted the development of fractures in the strata near the faults, facilitated the formation of weathered crusts or increased the thickness of weathered crust reservoirs, which is beneficial for the development of fracture-type reservoirs and high-quality weathered crust reservoirs. The Chengbei Fault and Chengbei 30 Fault have a long duration of continuous activity, which can better improve the reservoirs. The Paleozoic and Mesozoic fractures are developed, which is conducive to hydrocarbon migration and accumulation, and both the Paleozoic and Mesozoic can form hydrocarbon accumulations. The Chengbei 20 Fault ceased its activity at the end of the Mesozoic, and the degree of fracture development in the Mesozoic is relatively low. This characteristic effectively avoids the vertical dissipation or upward migration of hydrocarbons due to fault activity during the hydrocarbon accumulation period, thus providing favorable conditions for hydrocarbon accumulation in the Paleozoic but is unfavorable for hydrocarbon accumulation in the Mesozoic.

Key wordst　Chengdao area; Chengbei Fault; Tectonic evolution; Buried hill hydrocarbon reservoir

陆相断陷盆地勘探中，多期叠合盆地潜山领域一直是油气勘探的重点和难点，因此对复杂潜山区域断裂发育的研究一直是热点。胜利探区埕岛地区位于渤海湾盆地济阳坳陷和渤中坳陷交界处，临近郯庐断裂带，发育多期潜山披覆构造，断层的发育特征和发育机制非常复杂，且不同的区块之间具有明显的差异性。对此，一直缺乏系统性的研究，严重制约着油气勘探的进程。为此，本文在大量的三维地震资料精细解释和钻井、测井资料的基础上，重点分析研究区的断层发育特征，并结合前人区域性的研究成果，探讨其动力学演化机制，进一步分析断层发育演化对储层发育、油气运移、圈闭和油气藏的控制意义，以期为下步油气勘探提供依据。

1　区域地质概况

胜利探区埕岛地区位于渤海湾盆地济阳坳陷与渤中坳陷的交汇处，北部为沙南凹陷和渤中凹陷，东南部与黄河口凹陷毗邻，南部与桩西潜山相连，是一个四周被生油凹陷环绕的大型潜山披覆构造(图 1)。研究区主干断层主要包括北西向埕北断层、北北西向埕北 20 断层、北北东向埕北 30 断层(包括埕北 30 北断层和埕北 30 南断层)，其平面上整体呈向北撒开向南收拢的帚状(图 1)，剖面上构造特征具有一定的差异性。三条主干断层控制着研究区西排山、中排山和东排山潜山构造带的发育(图 2，测线位置见图 1)。受印支、燕山和喜山运动等多期构造活动的影响，三个潜山构造带不仅断裂特征有较大的差异，地层特征差异也很明显。

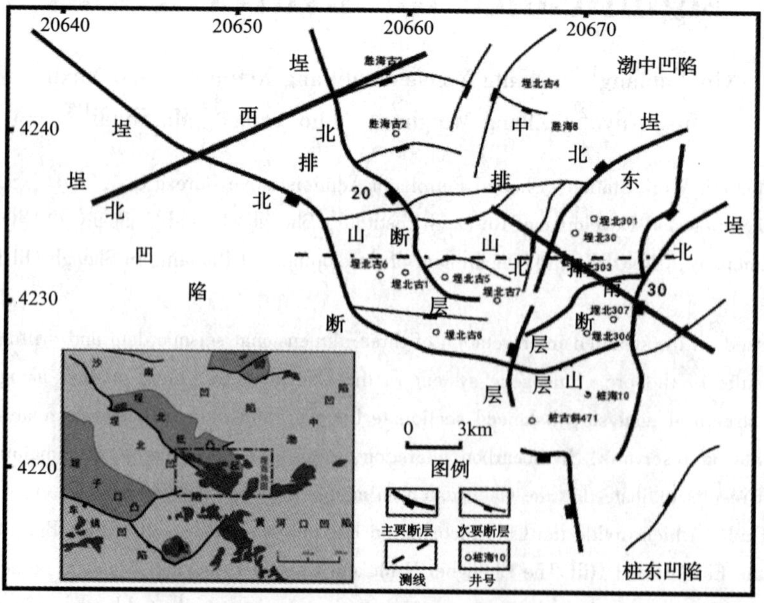

图 1　埕岛地区位置及中生界构造纲要图

结合华北地区的构造演化及主要地层特征，济阳坳陷由下至上可划分为五个构造层(表1)：基底构造层、下部构造层、中部构造层、上部构造层和顶部构造层。其中，基底构造层为太古界泰山群，结晶基底发育，主要为泰山群二长花岗岩，与上覆地层呈不整合接触。下部构造层主要包括下古生代寒武系和奥陶系，加里东运动早期济阳坳陷整体沉降主要沉积碳酸盐岩，加里东运动晚期济阳坳陷整体抬升剥蚀，剥蚀上奥陶统和志留系，使中奥陶统顶部与石炭系之间形成一个平行不整合界面。中部构造层主要包括中生代侏罗纪和白垩纪地层，印支期济阳坳陷整体抬升，剥蚀三叠系，与上覆新生代地层呈角度不整合接触。上构造层主要为古近系，顶部构造层主要为新近系和第四系。

表1　埕岛地区构造演化及沉积建造表

代	纪	世	组	段	年龄(Ma)	地震反射层	构造层	沉积体系	构造运动
新生代Kz	第四纪Q	全新世 更新世	平原组Qp		2.6		顶部构造层		喜山运动
	新近纪N	上新世	明化镇组Nm	明上段	5.3				
				明下段	12.0	T_0			
		中新世	馆陶组Ng	馆上段		T_1^1			
				馆下段	23.3	T_1			
	古近纪E	渐新世	东营组Ed	东一段			上部构造层	滨浅湖–滩坝体系	
				东二段					
				东三段	32.6	T_2			
			沙河街组Es	沙一段					
				沙二段		T_3			
		始新世		沙三段	42.0	T_6			
				沙四段	50.5	T_7			
			孔店组Ek	孔一段					
				孔二段					
		古新世		孔三段	66.0	T_r			
中生代Mz	白垩纪K	K_2	王氏组				中部构造层		燕山运动
		K_1	青山组		145.0				
	侏罗纪J	J_3	蒙阴组		163.5				
		J_2	三台组						
		J_1	坊子组		201.3	T_g			印支运动
上古生代Pz_2	二叠纪P	P_2	石千峰组				下部构造层	河流体系	海西运动
			上石盒子组						
		P_1	下石盒子组					三角洲体系	
			山西组		298.9				
	石炭纪C	C_2	太原组					障壁–潮坪体系	加里东运动
		C_1	本溪组		358.9	T_g^1		台地–泻湖体系	
下古生代Pz_1	奥陶纪O	O_2	八陡组					局限台地与开阔台地相间	
			马家沟组		470.0				
		O_1	冶里–亮甲山组		485.0				吕梁运动
	寒武纪∈	$\in_3$	长山组					开阔台地	
			长山组						
			崮山组						
		$\in_2$	张夏组						
			徐庄组					局限台地–潮坪体系	
		$\in_1$	毛庄组			T_g^2			
			馒头组		541.0				
太古宙Ar			泰山群				底部构造层		

2　断层和地层特征

埕北断层位于埕北低凸起与埕北凹陷之间，下降盘为埕北凹陷，上升盘为埕岛潜山西排山，整体上呈北西走向，西南倾向，断面呈上陡下缓的铲状，切穿古生界基底，新生代持续活动，与次级断层呈“Y”字形构造样式(图 2a)。埕北断层上、下盘古生界顶界面(Tg)断距为 3.5km 以上，中生界顶界面(Tr)断距为 2km 以上(图 2a)。在平面上，断层整体约为北偏西 55°走向，在与埕北 20 断层相交后，走向变为北偏西 70°走向(图 3)。从断裂纲要图(图 3)可以看出，下降盘的各反射层均不发育分支断层，而在上升盘的西排山，仅上古生界顶界面(Tg)发育多条近东西和近南北走向的分支断裂，这些分支断裂将西排山分割成若干断块，使西排山呈“豆腐块”状。埕北断层下降盘古生界存在“薄底”现象，石炭系和二叠系靠近断层部分的地层被剥蚀，呈“楔状”展布(图 2)。中生代下、中侏罗纪地层自西向东超覆，而上侏罗纪和白垩纪地层则自东向西超覆。这说明，埕北断层自晚三叠世到早中侏罗纪为逆冲断层，从而造成上升盘古生界的剥蚀削截；其在中生代经历了构造负反转的过程，使得现今半地堑中、古生界由缓坡向凹陷中心逐渐减薄，下、中侏罗统由西向东超覆，在晚侏罗世-早白垩世，埕北断层发生构造反转，由逆断层转正断层，中生代沉积持续充填，形成反向叠加的“楔”状体。

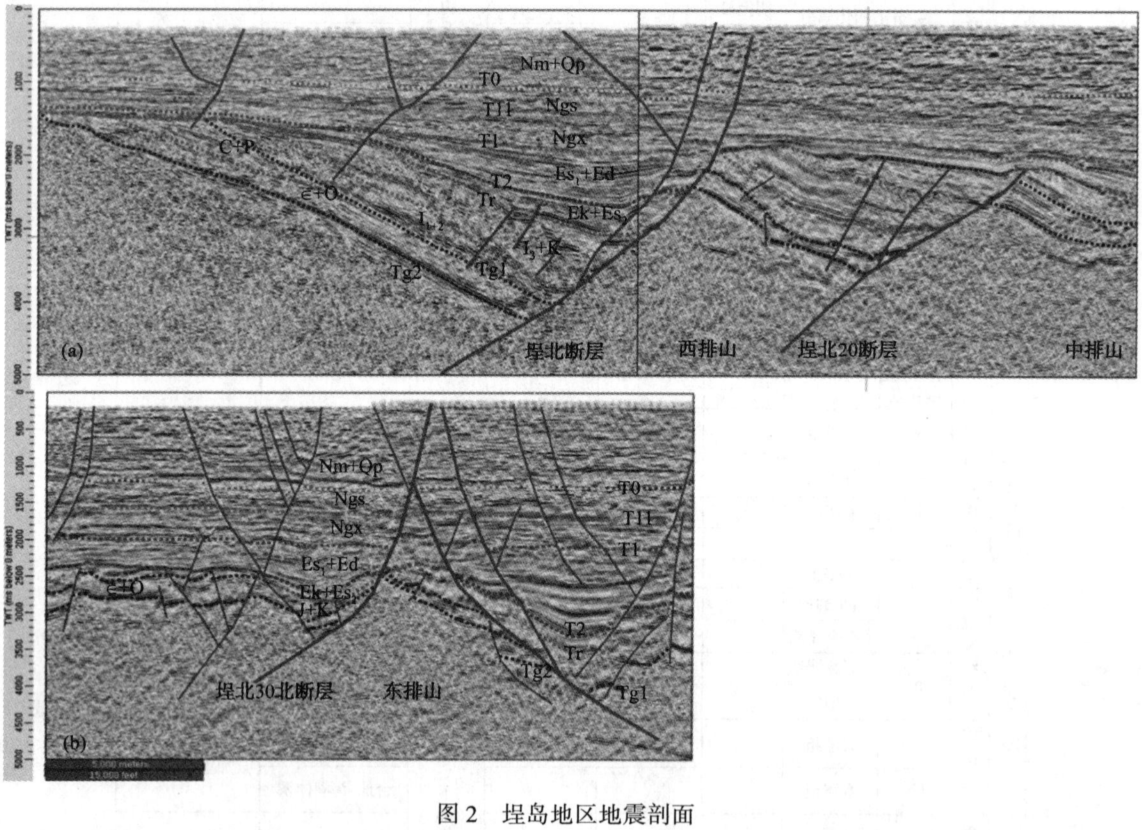

图 2　埕岛地区地震剖面

埕北 20 断层分割埕岛潜山构造带的西排山和中排山，与埕北断层呈约 35°V 字形相交(图 1)，北北西走向，西南倾向。断面呈坡坪式且具有南部断面窄北部断面宽的特征，与次级断层呈”Y”字形组合，切穿古生界基底，但未切穿新生代，中生代末期停止活动。$Tg2$ 界面上下盘断距达 2km(图 2a)，自北向南断距逐渐减小，有逐渐消亡的趋势。其下降盘寒武-奥陶系表现为“薄底”特征，石炭系、二叠系和三叠系完全缺失，下-中侏罗统地层自西向东超覆，上侏罗统地层和白垩系自东向西超覆，地层特征整体上与埕北断层相似。在晚侏罗世-早白垩世，埕北 20 断层发生构造反转，由逆断层转为正断层，并持续活动至中生代末期。

埕北 30 北断层位于埕岛潜山构造带中排山的东侧，与埕北 30 南断层一起分割了埕岛潜山构造带的中排山和东排山，北北东走向，北西倾向，次级断裂发育，与主断层呈多级“Y”字形构造样式，切穿古生界和新生界基底，其断距自西南向东北逐渐增大。燕山中期，即早白垩世早期和早白垩世晚期，郯庐断裂带发生两期左旋走滑，在研究区派生出北东-南西向走滑应力场，形成北北东向埕北30断层和一些北北东向的走滑性质断层。埕北30断层在新生界持续活动，与埕北断层和埕北20断层相比，下降盘各层系沉积厚度较薄，断距也较小。

除上述主干断层外，埕岛地区还发育一系列近南北走向和近东西走向的次级断层，其发育规模比较小，相互交错呈棋盘状。一些近东西向次级断层，与主断层(如埕北20断层)在平面上呈梳状组合，受主断层控制的派生断层；一些次级断层发育在主断层之间，可能起着应力调节作用。

3　断层构造演化及其差异性分析

3.1　断层构造演化

本文选取过埕北断层和埕北20断层地震剖面，通过时深转换、剥蚀量恢复和平衡剖面回剥技术，恢复了埕岛地区西排山和中排山原型盆地构造演化(图3)，进而分析埕岛地区北西向和北北西向断层构造发育演化特征。

平衡剖面反演结果表明，埕岛地区所受挤压或伸展应力具有明显的阶段性。在寒武纪至中三叠世(图3)，埕岛地区主要经历区域性垂直升降运动，形成厚的水平沉积层，沉积了寒武系-奥陶世、石炭-二叠世和下-中三叠世地层。至晚三叠世印支运动时期，该阶段受到NE-SW区域挤压应力，埕北断层和埕北20断层以逆断层形式开始活动，形成逆冲推覆构造，并遭受区域性抬升，石炭-二叠纪地层遭受一定的剥蚀，而三叠系全部被剥蚀掉。至早-中侏罗世，印支运动时期，NE-SW的区域挤压应力减小，埕北断层和埕北20断层以逆断层形式持续活动，同时发生均夷剥蚀，早-中侏罗世披覆沉积。至晚侏罗世-早白垩世，该阶段受NE-SW向拉张作用，燕山运动开始，盆地进入断陷沉积阶段，埕北断层和埕北20断层发生构造负反转，充填式沉积晚侏罗统和早白垩统，开始表现为正断层性质，同时断层下降盘开始产生次级正断层，上升盘翘倾成山。至晚白垩世，该阶段受挤压应力作用但挤压应力较弱，晚白垩统遭受抬升部分剥蚀。至新生代古近纪该阶段受拉张作用，埕北断层继续

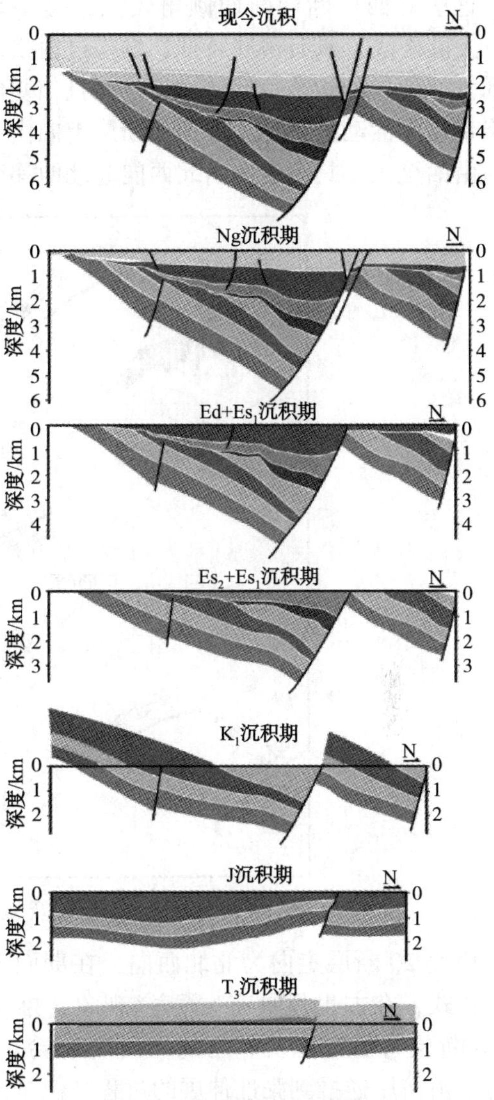

图3　埕岛地区平衡剖面图

以正断层形式活动，埕北20断层停止活动，古近系与中生界呈角度不整合接触，北西向断开掀斜成山，东营组充填式沉积。至新近纪，区域持续性受拉张作用，埕北断层以正断层形式持续活动。

3.2　断层演化差异性分析

断层的形成和演化具有区域性和时代性的特点。因此，可以结合渤中坳陷和济阳坳陷等区域性断裂的相关特征，分析胜利探区埕岛地区断裂的构造演化过程的差异性。

渤中坳陷和济阳坳陷北西向断层(图4)，如沙南断层、沙东断层、埕南断层和孤西断层等，和埕北断层一样，规模较大，走向延申超过50km，倾向西南，整体上近于平行分布。北西向断层走向基本在北偏西30°~60°之间，而埕北20断层走向约北偏西10°(图4)。另外，在剖面

上，这些北西向断层断面倾角较大，且多呈铲状，上陡下缓，具有薄底特征，发生过由挤压逆推到张性伸展的构造负反转过程。并且，受郯庐断裂带走滑活动的影响，北西向断层走向由南至北、由西至东，具有走向由北西向北北西递变的趋势。因此，从区域特征上推测埕北断层与邻区的北西向中生代断层发育演化过程是可以对比的，均受控于扬子板块与华北板块的剪刀式挤压拼接、太平洋板块向欧亚板块的俯冲，以及郯庐断裂带的走滑构造活动三大构造体系域的影响。

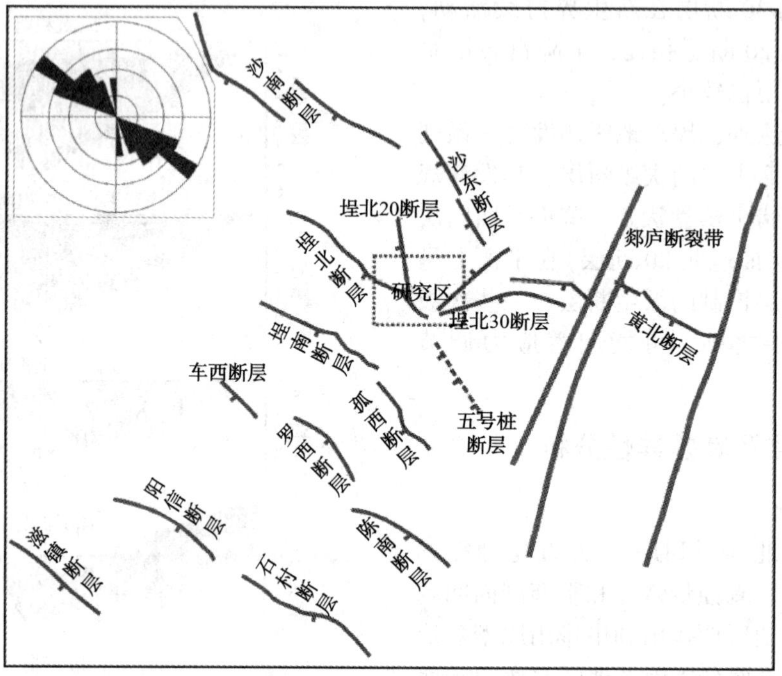

图 4　埕岛地区主干断层及邻区 NW 向主干断层示意图及其走向玫瑰花图

埕北 20 断层走向为北北西向，在剖面上表现为铲式，在古生界具有“薄底”现象，推测埕北 20 断层与研究区及邻区的北西向断层一样，经历了由挤压逆推到张性伸展的过程。但是不同的是，埕北 20 断层，整体规模较小，延伸距离约 20km，在平面上由北向南有逐渐消失的趋势，在南部与埕北断层 V 字形相交(图 3)，比其他北西向断层偏南北向。此外，规模较大的 NW 向断层，受到后期的南北向拉张应力作用，易发生断陷活动，并持续至新生代，从而控制了新生代的构造格局，例如埕北断层和埕北凹陷。相比之下，早期形成的规模较小的逆冲断层，如埕北 20 断层，虽然在燕山期经历了负反转活动，但由于其断裂规模有限，会随着应力场的改变而停止活动，最终终止于中生界潜山顶界面。埕北 20 断层与其他北西向断层在走向和规模上的差异，推测是由于早期逆冲断裂发育的规模及其与大型刚性基岩块体的接触关系所控制。像埕北断层、沙南断层这样的 NW 向断层，其下降盘为较厚的太古界刚性基底块体，可以受到大型刚性基底块体的强支撑作用，受到郯庐断裂带走滑应力场的牵引作用影响较小，因此其走向具有延伸性好、继承性强的特点。而埕北 20 断层规模较小，处于埕北低凸起之上，没有大的刚性基岩块体的支撑，受燕山末期郯庐断裂带强烈的左旋走滑活动局部应力场的牵引，走滑方向发生改变而与埕北断层相交。

埕北 30 断层的构造演化与埕北断层和埕北 20 断层有着较大的差异。首先是，埕北 30 断层是受晚侏罗-早白垩世郯庐断裂带强烈左旋活动影响形成并开始活动的走滑断层，为北北东走向，与济阳坳陷北西向构造带的长堤断层、埕东断层、孤东断层和垦东断层相似，晚白垩世断层有一定的压扭性质，新生代表现出伸展性质，开始控制沉积。

综上所述，埕岛地区前古近系断层的发育演化特征与济阳坳陷其他断层整体上相似，但是受控于临近郯庐断裂带，走滑作用更强，因此在断层的平面与剖面展布特征上又具有差异性。

4　断层发育对潜山成藏的油气地质意义

埕北断层、埕北 20 断层和埕北 30 断层控制着胜利探区埕岛地区潜山的宏观构造格局。本文通过对上述三条断层的几何学特征、运动学特征和盆地构造演化分析，从储层的展布、圈闭的形成和油气运移富集等三个方面，分析断层在中生代发育演化的差异性对潜山成藏的油气地质意义。

首先，研究区在印支期挤压应力下形成逆冲断层埕北断层和埕北 20 断层，其构造高点遭受剥蚀，上盘地层的较低部位接受早侏罗世的沉积覆盖；在燕山早期，构造应力作用的方向及其性质发生了转变。这一时期，区域上主要表现为 SW-NE 向的拉张伸展作用，这种作用导致了两条原本为逆断层的构造发生了由逆到正的构造反转。伴随着断层的持续活动，其上盘地层的高部位经历了长期的风化剥蚀，而相对较低的部位则逐渐沉积了中上侏罗-白垩系的覆盖物。在区域应力场转换过程中，古生界储存的应力得以释放而产生复杂的断裂及褶皱，促进断层附近地层中裂缝的发育，有利于发育裂缝型储层，如埕北古斜 23 井，距离埕北断层越近，太古界储层裂缝密度越高，埕北断层对埕北古斜 23 井太古界裂缝发育的控制范围至少 270m；另外，构造反转剥蚀和沉积过程中，前新生界地层经历了风化淋滤作用，促进了风化壳的形成或增加了风化壳的储层厚度，有利于发育优质风化壳储层。

其次，断层构造演化的不同，会造成沉积地层不同程度的变形和剥蚀，进而导致残留地层岩性的差异，影响储层的发育和断层的封堵、输导性。埕岛潜山的油气来源主要是来自于埕北凹陷、渤中凹陷和黄河口凹陷的烃源岩，受控于断裂发育演化的差异性，西排山、中排山和东排山的源储配置、输导方式具有一定的差异性(图 5)。西排山的油气主要源自埕北凹陷的沙三段下亚段烃源岩，其中，埕北断层作为纵向的油源输导断层，而潜山顶部的不整合面则起到横向输导油气的作用，这些因素共同促成了下古生界的断鼻和断块油气藏的形成，例如胜海古 1 块和埕北 244 块的下古生界油气藏。相比之下，中排山的油气则主要来源于渤中凹陷的沙三段和沙一段烃源岩。在这里，埕北 20 断层以及中排山上发育的 NNE 向断层共同构成了油源断层，它们沿着断层的走向输导油气。而近 EW 向的拉张断层则起到了遮挡的作用，这种地质条件有利于反向断块残丘型油藏和地层不整合油藏的形成，例如埕北古 5 井和埕北古 7 井在太古界发育了反向断块残丘油气藏，而胜海古 3 井和胜海 8 井则在上古生界发育了地层不整合油藏。东排山的油气主要来源于黄河口凹陷沙三段下亚段烃源岩，沿着靠近生烃凹陷较近的埕北 30 南断层纵向运移和多套不整合面横向运移，最终在相关圈闭多层系成藏。埕北断层和埕北 30 断层持续活动时间长，古生界和中生界裂缝发育，可以较好的改善储层，有利于油气输导和富集，古生界和中生界均可成藏。而埕北 20 断层在中生界末期停止了活动，且其中生界的裂缝发育程度较低，这一特点有效地避免了成藏期油气因断层活动而发生的纵向散失或向上部潜山层系的运移，从而为古生界的油气成藏提供了有利条件，但不利于中生界的油气成藏。

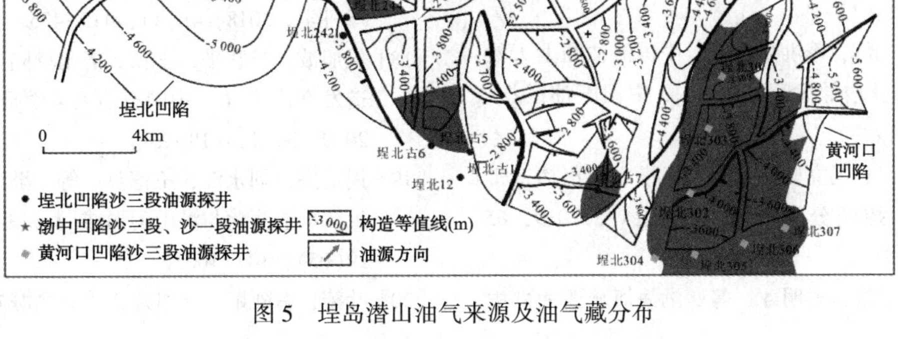

图 5　埕岛潜山油气来源及油气藏分布

5 结论

（1）胜利探区埕岛地区前古近系发育的断层主要包括北西向的埕北断层、北北西向的埕北20断层和北东向的埕北30断层。埕北断层和埕北20断层在印支期挤压应力场下初始发育为逆冲断层，在燕山晚期发生负反转，以正断层的形式持续活动，并受郯庐断裂带的影响，具有走滑性质，其中埕北20断层于中生代末期停止活动。埕北30断层受郯庐断裂带左旋应力场派生开始发育。

（2）埕北断层和埕北20断层于走向和活动性的差异，推测除了受限于断层的规模，还源于大的太古界刚性基底块体的支撑和郯庐断裂带强烈左旋的局部应力场的联合控制作用。

（3）断层的活动性差异是埕岛地区潜山油气藏差异富集的主要控制因素。燕山期应力转换过程中，促进了埕北断层和埕北20断层附近地层中裂缝的发育和风化壳的形成，增加了风化壳的储层厚度，有利于发育裂缝型储层和优质风化壳储层；埕北断层和埕北30断层持续活动时间长，古生界和中生界裂缝发育，可以较好的改善储层，有利于油气输导和富集，使得古生界和中生界均可成藏；埕北20断层在中生界末期停止了活动，且其中生界的裂缝发育程度较低，这一特点有效地避免了成藏期油气因断层活动而发生的纵向散失或向上部潜山层系的运移，从而为古生界的油气成藏提供了有利条件，但不利于中生界的油气成藏。

参 考 文 献

[1] 王永诗．济阳坳陷不同领域油气勘探思路与方向[J]．油气地质与采收率，2021，28(5)：1-12.

[2] 马立驰，王永诗，景安语．渤海湾盆地济阳坳陷隐蔽潜山油藏新发现及其意义[J]．石油实验地质，2020，42(1)：13-18.

[3] 徐长贵，朱光辉，季洪泉，等．中国海油陆上天然气勘探进展及增储发展战略[J]．中国石油勘探，2024，29(1)：32.

[4] 辛也，刘惠民，马立驰，等．埕岛潜山披覆构造带新近系断裂控藏分析[J]．地质论评，2019，65(S1)：183-184.

[5] 肖述光，吕丁友，侯明才，等．渤海海域西南部中生代构造演化过程与潜山形成机制[J]．Natural Gas Industry，2019，39(5).

[6] 李伟，吴智平，张明华，等．埕岛地区中生代和新生代断层发育特征及其对沉积的控制作用[J]．中国石油大学学报（自然科学版），2006，(01)：1-6+11.

[7] 石晓光．济阳坳陷埕岛地区潜山断裂的特征及封闭性研究[J]．复杂油气藏，2021，14(03)：1-7.

[8] 叶涛，牛成民，王德英，等．渤海西南海域中生代构造演化、动力学机制及其对华北克拉通破坏的启示[J]．地学前缘，2022，29(05)：133-146.

[9] 郭甜甜．埕岛-桩海地区潜山发育特征及演化过程[D]．中国石油大学(华东)，2020.

[10] 罗霞．埕岛地区古生界构造和地层多样性及形成机制[J]．西南石油大学学报（自然科学版），2019，41(02)：1-9.

[11] 刘岩．济阳坳陷走滑构造特征及油气分布规律研究[D]．中国石油大学(华东)，2016.

[12] 张晓庆，任健，刘一鸣，等．渤海湾盆地埕北断层新生代分段特征及其对凹陷演化的控制[J]．地球科学，2019，44(12)：4264-4274.

[13] 刘一鸣，吴智平，刘丽芳，等．埕北凹陷及邻区新生代断裂体系与构造格局[J]．大地构造与成矿学，2019，43(06)：1133-1143.

[14] Zhu G，Liu G S，Niu M L，et al. Syn-collisional transform faulting of the Tan-Lu fault zone，East China[J]. International Journal of Earth Sciences，2009，98：135-155.

[15] Zhu G，Hu W，Song L，et al. Quaternary activity along the Tan-Lu fault zone in the Bohai Bay，East China：Evidence from seismic profiles[J]. Journal of Asian Earth Sciences，2015，114：5-17.

[16] Huang L，Liu C，Kusky T M. Cenozoic evolution of the Tan-Lu Fault Zone（East China）—constraints from seismic data[J]. Gondwana Research，2015，28(3)：1079-1095.

[17] 朱光，刘程，顾承串，等．郯庐断裂带晚中生代演化对西太平洋俯冲历史的指示[J]．中国科学：地球科学，2018，48(4)：415-435.

[18] 侯旭波，吴智平，李伟．济阳坳陷中生代负反转构造发育特征[J]．中国石油大学学报：自然科学版，2010，34(1)：18-23.

[19] 周琦杰，刘永江，王德英，等．渤海湾中部中、新生代构造演化与潜山的形成[J]．地学前缘，2022，29(05)：147-160.

[20] 叶涛，韦阿娟，鲁凤婷，等．渤海海域西南部前新

生代反转构造特征及成因机制[J]. 地质学报，2019，93(02)：317-328.

[21] Zhang Y，Dong S，Shi W. Cretaceous deformation history of the middle Tan-Lu fault zone in Shandong Province，eastern China[J]. Tectonophysics，2003，363(3-4)：243-258.

[22] 林会喜，熊伟，王勇，等. 济阳坳陷埕岛潜山油气成藏特征[J]. 油气地质与采收率，2021，28(01)：1-9.

[23] 吴笑荷. 潜山复杂断裂描述技术——以渤海湾盆地济阳坳陷桩海地区为例[J]. 石油实验地质，2018，40(03)：439-447.

多属性融合半定量预测技术在四川盆地蓬莱气区灯影组四段优质储层预测中的应用

许　翔[1]　张　旋[1]　陈　康[1]　黎枫佶[2]　杨　飞[2]　邹定永[1]　代瑞雪[1]　马　乾[1]　李珂芮[1]

（1. 中国石油西南油气田公司勘探开发研究院；2. 中国石油东方地球物理公司西南物探研究院）

摘　要　近年来，四川盆地震旦系灯影组四段勘探重点逐步转向川中古隆起北斜坡蓬莱气区，蓬莱气区 PS8 井震旦系灯影组四段测试获气 41.6 万方/天，实现了北斜坡地区灯影组四段新突破。随着蓬莱气区灯影组四段勘探的推动，钻井持续增加，大部分已钻井都钻遇了厚套丘滩体，但测试产量与丘滩体厚度或孔隙度大于 2%储层厚度相关性较低。本文通过研究认识，蓬莱气区灯影组四段天然气产量主要与优质储层发育有关，结合高磨地区及蓬莱气区已钻井重新确立了蓬莱气区灯影组四段优质储层的定义，孔隙度大于 3%，声波时差大于 47us/ft，渗透率大于 0.1mD 为优质储层。通过模型正演分析、典型井实际地震剖面井震标定总结出蓬莱气区灯影组四段顶部优质储层地球物理响应特征，主要为寒武系底界波峰同相轴形成复波反射、波峰宽度变宽、波峰振幅减弱三大特点。在平面上，以 PS8 井区为主要研究区，利用三种不同地震属性方法刻画优质储层分布范围，但通过单一属性刻画优质储层平面分布有一定局限性，不能准确的表征优质储层平面分布范围，故思考对三种地震属性进行多属性融合。首先三种地震属性设置门槛值进行数据归一化，其次根据地质认识设置每种地震属性权重系数进行多属性融合，从而更加客观和准确的落实了区域内优质储层有利区。

关键词　蓬莱气区；灯影组四段；优质储层；多属性融合半定量预测

Application of a multi-attribute fusion semi-quantitative prediction technique in the Penglai gas area of the Sichuan Basin for high-quality reservoir prediction in the fourth member of the Dengying Formation

Xu Xiang[1]　Zhang Xuan[1]　Chen Kang[1]　Li Fengji[2]　Yang Fei[2]
Zou Dingyong[1]　Dai Ruixue[1]　Ma Qian[1]　Li Kerui[1]

（1. Exploration and Development Research Institute, PetroChina Southwest Oil Gasfield Company;
2. Southwest Geophysical Research Institute of BGP CNPC）

Abstract　In recent years, the exploration focus of the upper section of the Dengying Formation in the Sichuan Basin has gradually shifted to the Penglai gas field in the northern slope of the Central Sichuan Uplift. The PS8 well in the Penglai gas field tested a gas flow rate of 416, 000 cubic meters per day, achieving a new breakthrough in the upper section of the Dengying Formation in the northern slope area. With the promotion of the exploration of the fourth member of Dengying Formation in Penglai gas area, the drilling continues to increase, and most of the drilled Wells have encountered thick sets of dune bodies, but the test production has little correlation with the thickness of dune bodies or reservoir thickness with porosity greater than 2%. Based on the research, the natural gas production of the fourth member of Dengying Formation in Penglai gas area is mainly related to the development of high-quality reservoirs. The definition of high-quality reservoirs in the fourth member of Dengying Formation in the Penglai gas area has been re-established by combining the drilling in the high-mo area and the Penglai gas area. The porosity is greater than 3%, the P-sonic is greater than 47us/ft, and the permeability is greater than 0. 1mD. Through forward model analysis and well seismic calibration, the geophysical response characteristics of the top high-quality reservoirs of Dengying Formation in Penglai gas area are summarized, which are mainly complex wave reflection formed by in-phase axis of the bottom boundary wave, widening of wave width and weakening of wave amplitude. On the plane, PS8 well area is the main research area, and three different seismic attribute methods are used to characterize the distribution range of high-quality reservoirs. However, there are some limitations in characterizing the plane distribution of high-quality reservoir through a single attribute, which can not accurately characterize the plane distribution range of high-quality reservoir. Therefore, multi-attribute fusion of three seismic attributes is considered. Firstly, the threshold values of the three seismic attributes are set for data normalization, and secondly, the weight coefficients of each seismic attribute are set according to the geological understanding for multi-attribute fusion, so as to more objectively and accurately implement the favorable areas of high-quality reservoir in the region.

Key wordst Penglai gas area; The fourth member of the Dengying Formation; High-quality reservoir; Multi-attribute fusion semi-quantitative prediction

近十年四川盆地高磨地区寒武系及震旦系的油气勘探取得突破性进展后，四川盆地下古生界及震旦系的勘探重点逐步向北倾斜，蓬莱地区在构造背景上属于川中古隆起的北斜坡构造区，在沉积背景上位于震旦纪“绵阳-安岳”裂陷北段。该区域面积较大，约 12000km^2，构造不发育，但灯影组地层沉积厚度较大。在研究早期便有了“南侵蚀、北沉积”的初步结论，前期地质研究认为灯影组属于相控型岩性油气藏，丘滩体发育相带即为岩性圈闭，丘滩相对气藏起着控制作用。而前期的地震工作的重点在相带刻画上，主要是利用地震相，即整个灯四段的地震同相轴反射特征和地层厚度对相带进行刻画。随着蓬莱地区的不断钻探发现，大部分井确实钻遇了较厚的丘滩体灯影组地层，说明了地震相刻画的沉积相较为可靠，但已钻井测试产量不高，这也让人思考影响本区灯影组四段产量的因素是什么。本文通过研究认为，灯影组四段顶部优质储层对产量影响较大，岩溶作用对储层的改造起了非常大的作用，但顶部的优质储层较薄，横向变化快，精确预测优质储层的分布成为地震预测新的难题。本文采用多属性融合半定量预测技术预测优质储层平面展布，减小了单一属性预测偏差大的因素，能够更加客观的预测优质储层发育有利区，为该区后续拓展勘探提供方向。

1 区域地质背景

研究区在构造上位于川中古隆起中斜平缓带西北部和川北低缓带南部，西侧为绵阳-长宁拉张槽。川中地区是扬子板块上一古老“陆核”，至澄江运动后上扬子台地形成了稳定的褶皱基底，威远~龙女寺~广安为北东南西向展布的块状基底隆起带，即川中地块隆起。区内震旦纪~志留纪沉积了巨厚的浅海台地相碳酸盐岩，地史中加里东期前曾发生过几次大的构造事件，虽然震旦系~奥陶系的不同层段均受过剥蚀，但这几次重大构造事件均以升降运动为主，对基底隆起格局无大的改变，其古地理环境一直处于由西向东南倾伏的区域性斜坡。在四川盆地多期构造运动演化的过程中，对灯影组产生重要影响的主要为印支运动之前的差异升降运动，尤其早期桐湾运动一幕和二幕对灯影组的沉积、断裂系统的规模发育、岩溶储层的形成和天然气聚集成藏均具有重要作用。震旦纪-早寒武世上扬子区总体处于拉张背景，发育多幕构造运动，控制震旦系-寒武系构造-沉积的总体格局。沉积和岩溶作用共同控制了灯影组现今的“槽台”格局，北部保留了更多的沉积记录，发育沉积型台缘，川中-川南地区以侵蚀改造为主，发育侵蚀台缘和残丘（图 1）。

基于钻井和地震资料，利用灯四段残余厚度法，对川中-北斜坡地区灯四段台缘带进行刻画，灯四段台缘带宽度从南到北，由窄变宽，高石梯-磨溪地区灯四段台缘带宽度约为 12~18km，北斜坡地区灯四段台缘带宽度约为 15~60km，台缘带面积更大。灯四段岩性主要为藻凝块云岩、藻叠层、藻纹层云岩、砂屑云岩、泥-粉晶云岩、硅质云岩、灰岩，储集岩主要以藻丘滩符合体的藻凝块云岩、藻砂屑云岩、藻叠层云岩为主，受丘滩相和岩溶作用控制。

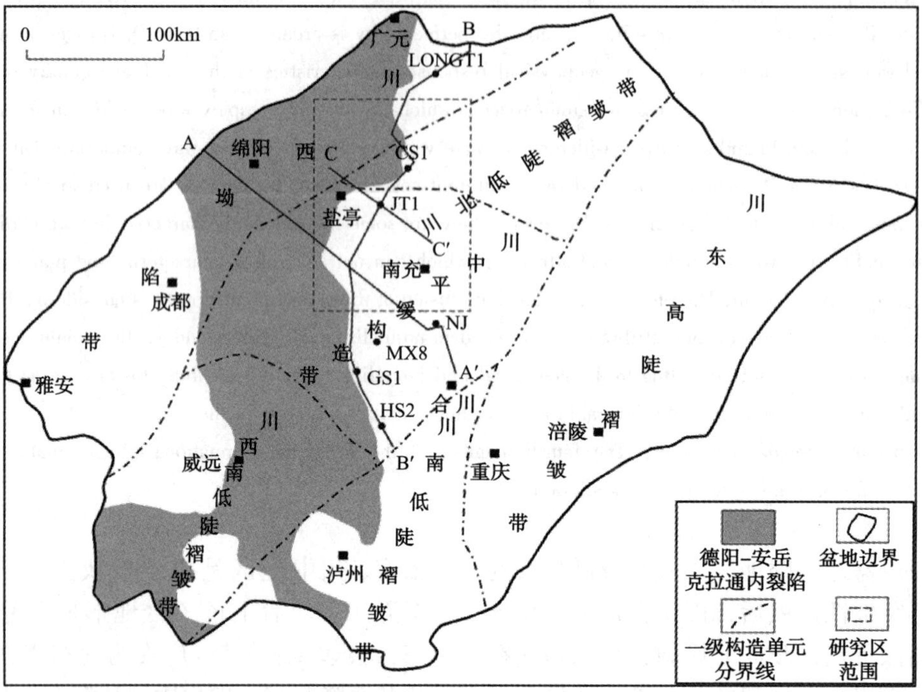

图 1　四川盆地区带划分及研究区位置图

2　优质储层地球物理响应特征

2.1　优质储层地质、测井特征

蓬莱气区以南的高磨安岳气田灯影组的开发进入成熟阶段，通过高磨地区安岳气田的生产的认识，认为在灯影组四段孔隙度大于 3%的储层对油气产出的贡献较大。若以孔隙度 2%为门槛值，蓬莱气区灯四段储层平均厚度 52.8m，明显大于高磨地区储层 44m 的平均厚度(图 2)，而在蓬莱气区灯四段井位的平均测试产量仅为 10.57 万方/天，又远低于高磨地区灯四段井位 57.1 万方/天的平均测试产量(表 1)。这两者的矛盾表明 2%孔隙度的门槛值不适合灯四段储层对于油气成藏控制的研究。

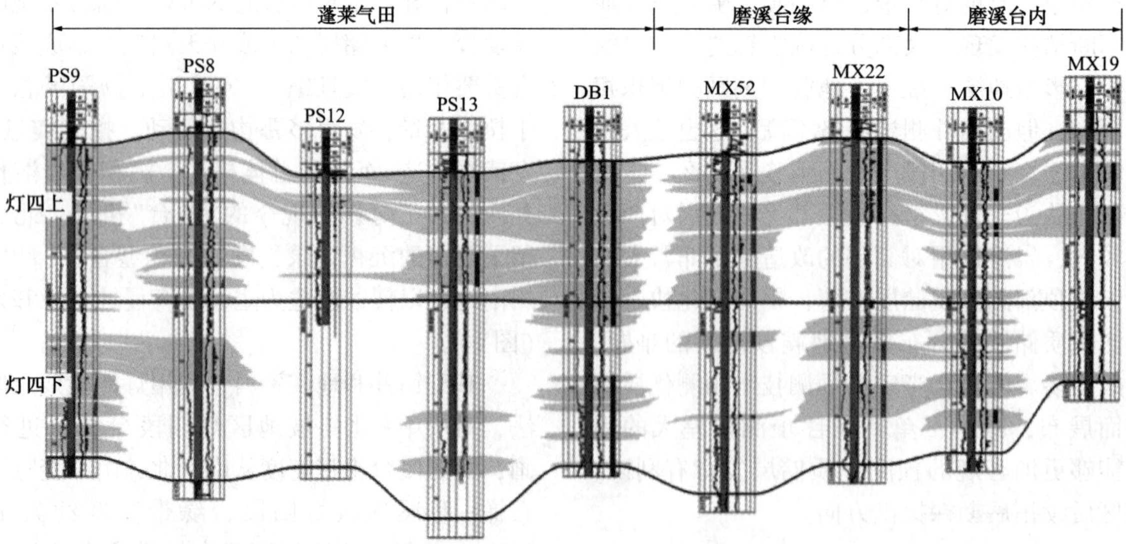

图 2　川中蓬莱气区-高磨地区灯四段丘滩体储层连井剖面

表 1　川中灯四段储层厚度-测试产量表

区域	井位	储层厚度/m	测试产量/(万方/天)
蓬莱气区	PS9	77.5	15
	PS8	72.8	41
	PS12	20.3	15
	PS13	59.5	10
	DB1	100	28
高磨地区	MX52	100	5
	MX22	60	60
	MX10	36.7	0.19
	MX19	54.9	100

分析对比蓬莱气区和高磨地区钻遇灯四段典型井的孔隙度和油气测试结果可知，裂缝-溶洞发育的储层，其孔隙度通常大于 3%，而油气测试结果往往产量较高。蓬莱气区取芯-测井标定表明，孔隙度 2%~3%主要对应孔隙型储层，孔隙度大于 3%主要对应孔洞型储层。如蓬莱气区的蓬深 8 井，其灯四上亚段试油为 41.6 万方/天，该段岩芯主要表现为溶洞发育(图 3)，孔隙度在 3.2%-4.9%区间，在电成像测井上表现为蜂窝状暗斑(图 4)。

综上所述可以将灯四段储层归纳总结为孔洞型和孔隙型两类(表 2)。孔洞型储层溶洞发育，且各个溶洞之间有裂缝沟通，孔隙度大于 3%，渗透率大于 0.1mD。其测井响应特征表现为声波时差大于 47us/m(图 5)，电阻率小于 800 欧姆，伽玛值小于 80API，该类储层又称作优质储层。孔隙型储层溶洞不发育，储集空间为孤立的孔隙喉道，孔隙度在 2%~3%，渗透率小于 0.1mD。其测井响应特征表现为声波时差小于 47us/m，电阻率大于 4000 欧姆，伽玛值小于 80API。

①7058.57-7058.67m 藻凝块白云岩，渗透率0.29mD，孔隙度4.90%

②7059.93-7060.02m 藻凝块白云岩，孔隙度3.23%

③7060.02-7060.24m 藻凝块白云岩，孔隙度4.40%

④7061.08-7061.19m 藻凝块白云岩，渗透率0.31mD，孔隙度3.58%

图 3　PS8 井岩芯图片

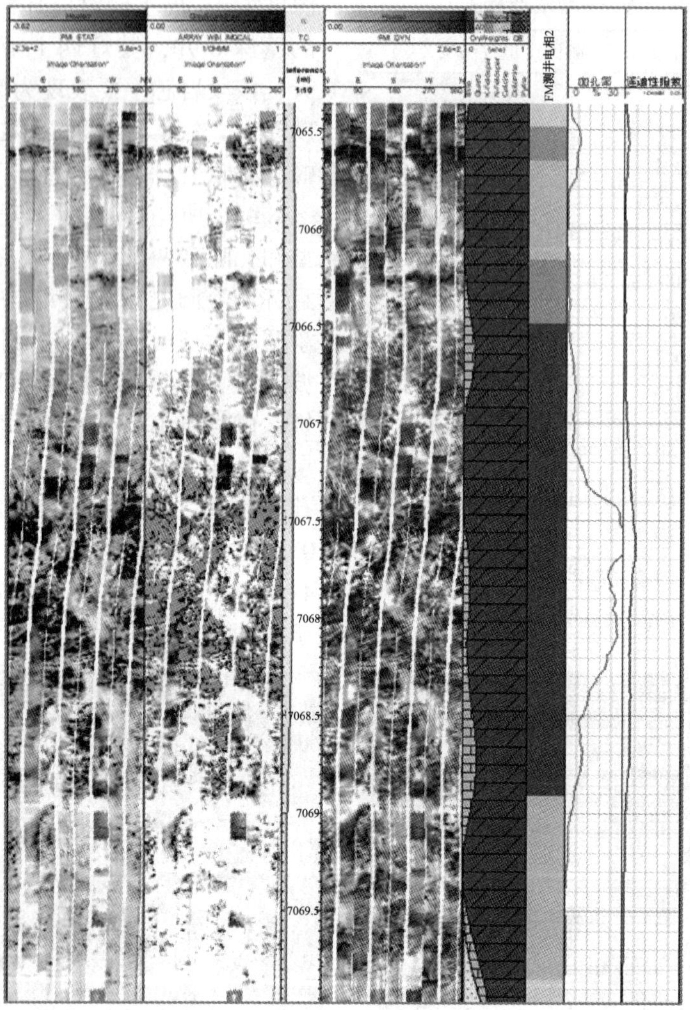

图 4 PS8 井电成像测井柱状图

表 2 川中灯四段储层类型划分表

储层类型	缝洞组合模式	岩心/成像测井	孔隙度/%	渗透率/mD	电性特征
孔洞型	 缝洞发育	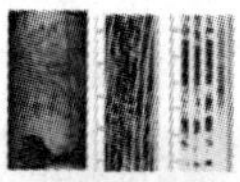	>3%	>0.1mD	RT 小于 800Ω · m 或 AC 大于 47μs/m，且 GR 小于 80APi，硅质含量小于 15%，面洞率大于 5%
孔隙型	 孔隙喉道		2%~3%	<0.1mD	RT 小于 40000Ω · m 且 AC 大于 47μs/m，GR 小于 80APi，硅质含量小于 15%

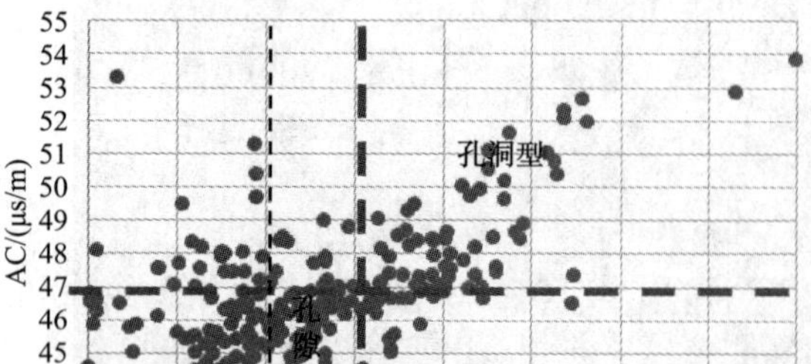

图 5 蓬莱气区已钻井孔隙度与声波时差交汇图

按照优质储层的定义进行连井对比分析可发现两个特点。第一，单个储层厚度较薄，厚度 0.7m~3.6m 之间。第二，优质储层横向变化较快，蓬莱气区优质储层累计厚度在 2m~24m 之间，高磨地区台缘带优质储层厚度在 35~65m，高磨地区台内优质储层厚 2~20.1m(图 6)。

2.2 优质储层地球物理特征

由于灯影组气藏的特殊成藏模式，即“上生下储”和侧向运移两种方式，灯影组四段顶部优质储层能形成较具有一定规模的岩性气藏。蓬莱气区大部分已钻井的油气测试情况也证实了这一点，灯四段顶部储层普遍含气，而灯四段中下部储层常见水层，且气水关系复杂。因此本文重点研究灯四段顶部优质储层的地球物理响应特征，对指导油气勘探更有意义。

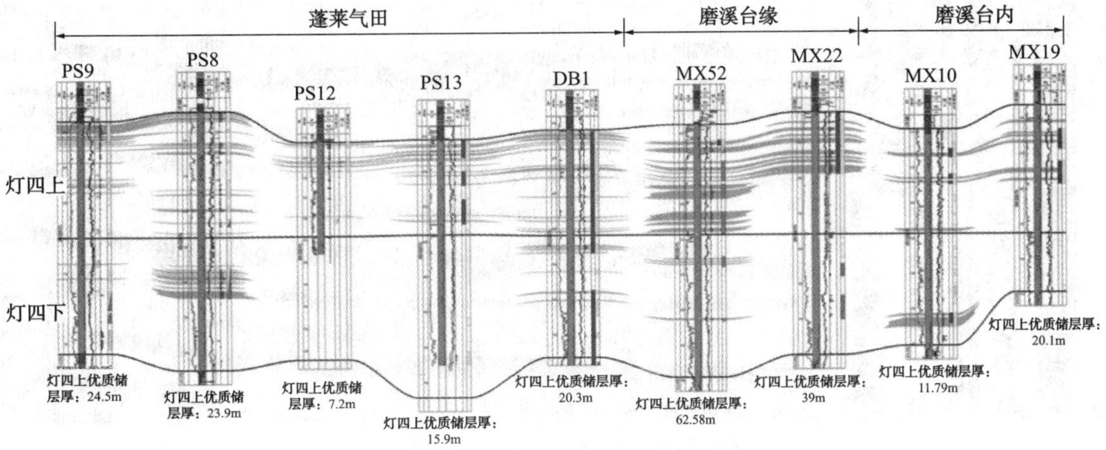

图 6　川中蓬莱气区-高磨地区灯四段优质储层连井剖面

利用模型正演进行半定量的分析（图 7），灯四顶部优质储层厚度增厚到 8m 时，正演结果显示顶部对应地震同相轴振幅开始出现明显减弱的现象，在顶部优质储层厚度达到 16m 时，同相轴变宽，当优质储层厚度达到 24m 时，开始出现复波，而此时同相轴宽度由初始的 20ms 变成了 40ms，波峰能量由 4200 变成了 2000。鉴于高磨地区的高产井其井旁地震道响应特征中大多都出现了复波现象，MX129H（如图 8）寒底波峰振幅减弱形成复波，灯四段测井解释孔隙度大于 3 优质储层厚度 289.1m，测试产气 140 万方/天。MX019-H2（如图 9）寒底波峰振幅减弱形成复波，灯四段测井解释孔隙度大于 3 优质储层 168.4m，测试产气 91 万方/天。所以可以初步反推 24m 累积厚度的优质储层是获得高产的最低门槛。因此可以利用寒底振幅能量、波峰宽度以及是否出现复波来定性预测灯四顶部优质储层发育程度。

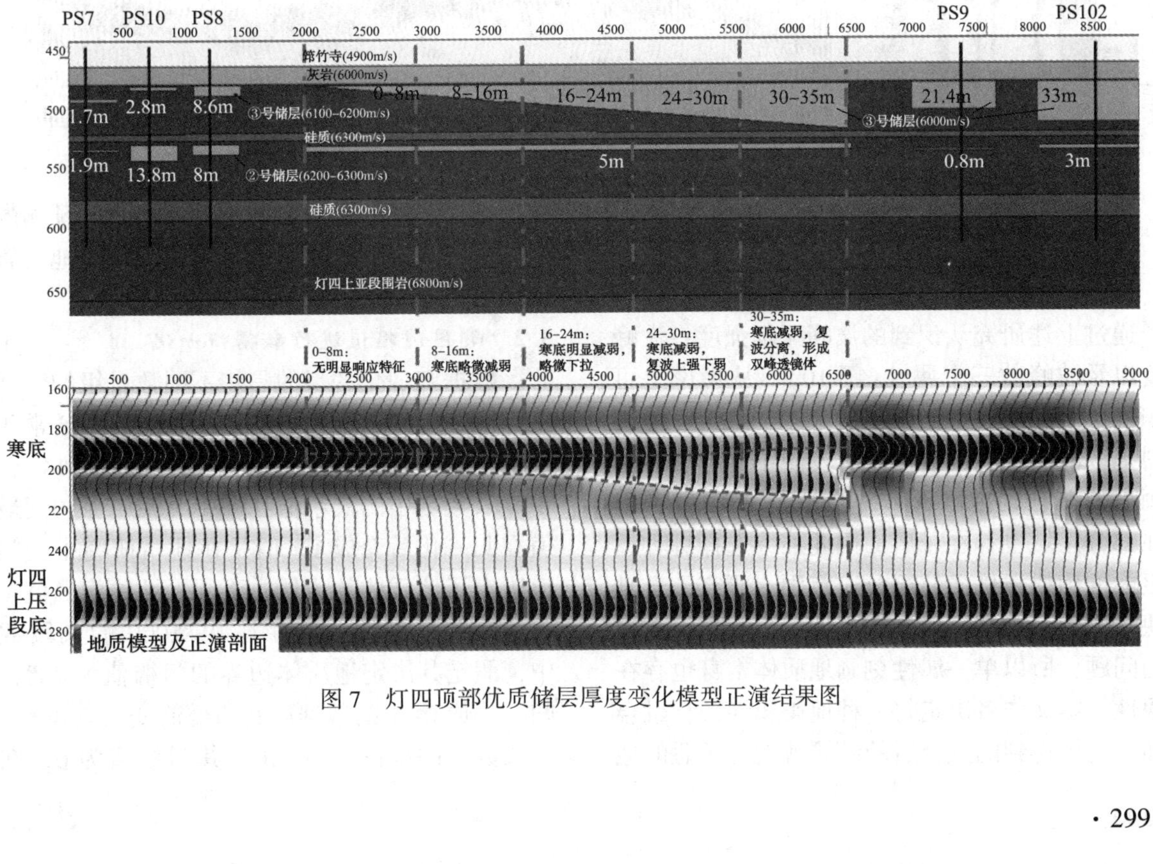

图 7　灯四顶部优质储层厚度变化模型正演结果图

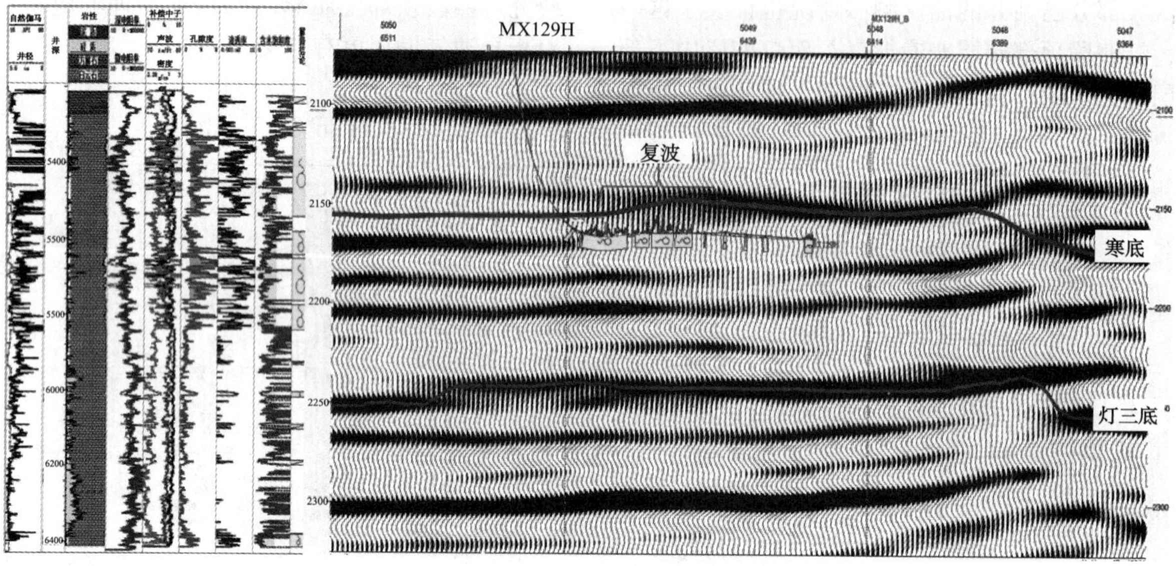

图 8　MX129H 井测井解释及地震剖面

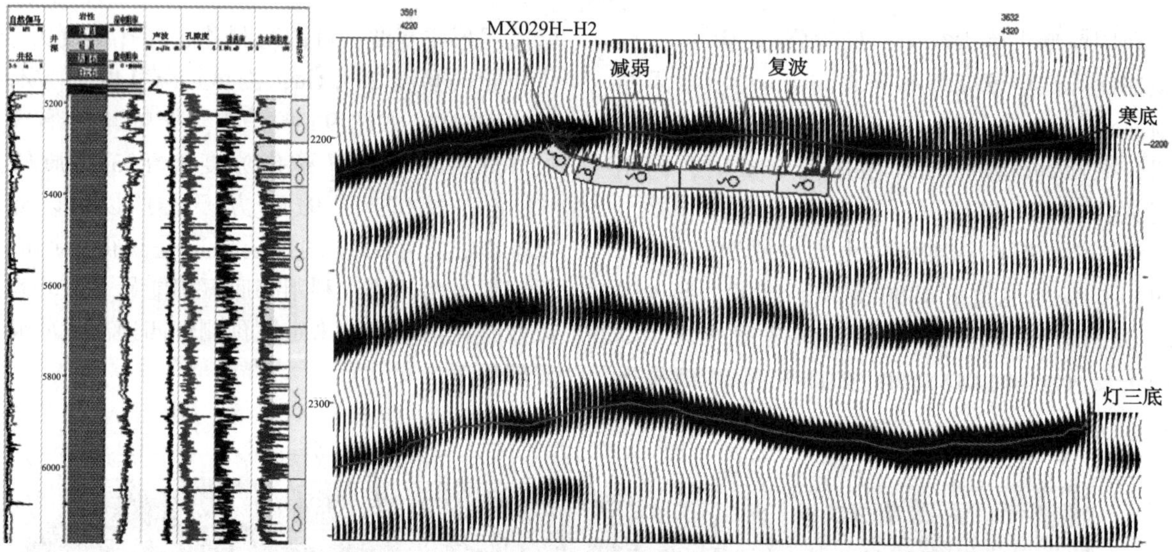

图 9　MX019-H2 井测井解释及地震剖面

3　多属性融合预测优质储层分布规律

3.1　单一属性对优质储层平面的预测

通过上述研究认识到的波峰振幅强度、波峰宽度以及波峰数三个属性(图 10)，从理论上可以识别优质储层在平面分布的范围。从实际地震资料提取的三种属性平面图可发现不同地震属性刻画出的有利区范围大体一致(图 11～13)，但是在部分区域也存在矛盾，因此最终选择哪种属性更能准确描述优质储层分布范围，研究人员难以抉择。由于地震资料在超深地层中存在保真保幅的问题，所以单一属性刻画地质体本身也存在局限性，本文作者决定将三种地震属性进行融合相加，这样得到的融合后的结果就能将矛盾的地方相抵消，同时针对不同地震属性共同预测的有利区进行突出，这样可以最大限度较小地震属性预测的误差。

3.2　利用门槛值进行数据归一化

数据归一化的目的是将不同数量级的数据统一到同一级别，便于进行比较和运算。通常我们会把一段数据归一化到 0～1 的区间(图 14)，其中该段数据中的最小值在归一化后变成 0，最大值在归一化后变成 1。但是在地质研究中，门槛值决定了地质体的边界，不同属性的门槛值在归一化后并不固定，例如在 0～1000 的一段数据中，假定其决定地质体边界的门槛值为 400，在归一化成 0～1 的数据后其门槛值变为 0.4。而另一段数据的范围为 0～10，其门槛值为 6，在归一化成 0~1 的数据后其门槛值变为 0.6。这样两个数据在相互运算时，由于门槛值没有对齐，导致数据融合后的结果没法用明确的门槛值划分地质体的边界。

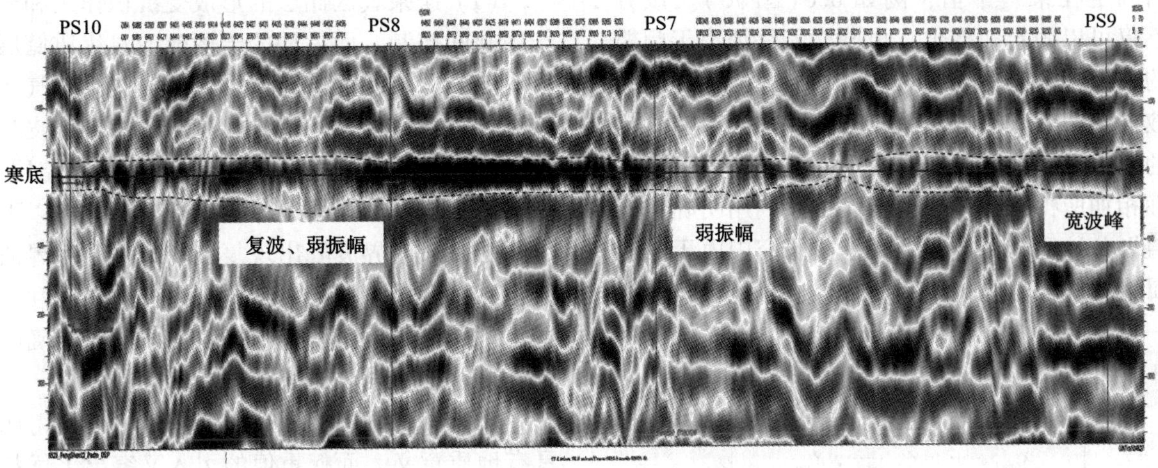

图 10 PS10-PS8-PS7-PS9 地震连井剖面

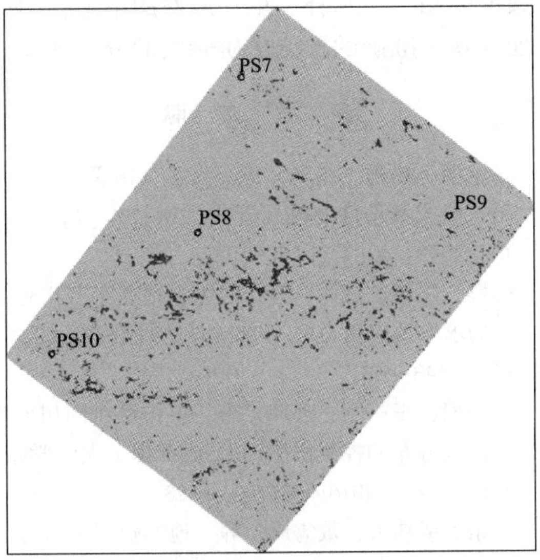

图 11 PS8 井区寒武系底界复波分布平面图

图 12 PS8 井区寒武系底界波峰宽度平面图

图 13 PS8 井区寒底系底界最大波峰振幅属性平面图

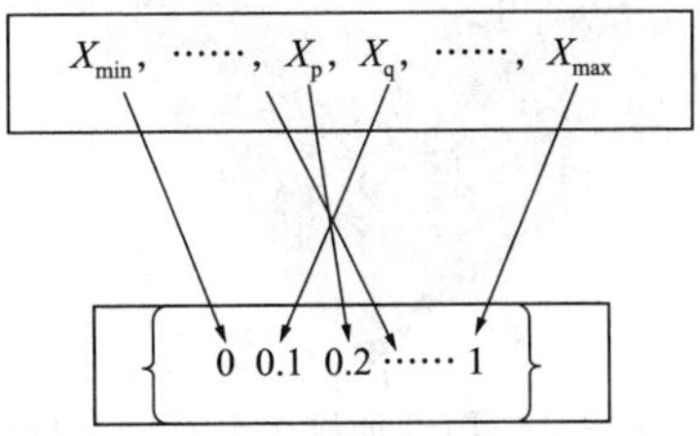

图 14 常规数据归一化原理

本文作者在常规的数据归一化的方法上进行了方法优化，可以使得不同属性的门槛值在归一化后固定在某一个值，例如 0.6(图 15)。该方法不仅可以固定门槛值，也同样能保证小于门槛值的数据在归一化后依然小于 0.6，大于门槛值的数据在归一化后依然大于 0.6。保留了原始数据的趋势和数值的分布区间。满足了归一化后的属性相加所得到的结果，依然可以利用明确的门槛值划分地质体的边界。在本次研究中由于波峰数属性数据样本数仅 1 和 2 两个，因此在该属性归一化时直接将波峰数 1 归一化为 0，将波峰数 2 归一化为 1。

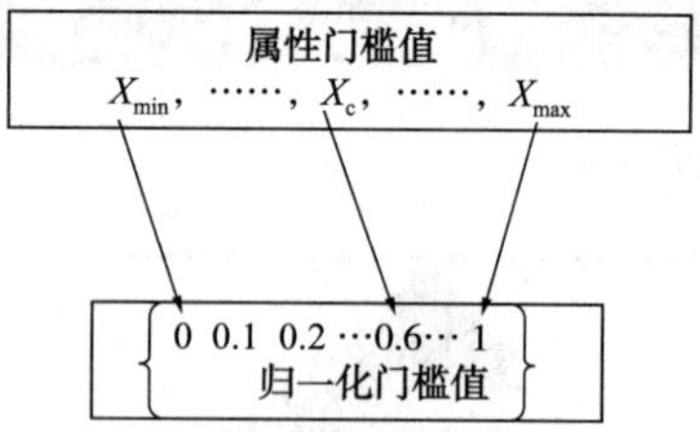

图 15 固定门槛值数据归一化原理

3.3 利用权重系数进行多属性融合

将三个属性归一化后需要分配不同的权重系数进行相加，由于高磨的大部分高产井其井旁地震响应特征均出现了复波的现象，因此本文作者将复波分布范围的权重系数相对提升至 0.4，振幅能量和波峰宽度两个属性的权重系数均设为 0.3。加权融合后呈现出近东西向展布的优质储层岩性圈闭条带，其累计面积约 150km^2(图 16)。

图 16 三属性加权融合灯四段顶部优质储层预测平面图

4 总结

（1）蓬莱气区储层的形成受沉积作用和岩溶作用共同控制，而后期的岩溶改造对优质储层的形成更为重要。优质储层发育情况对天然气产量影响较大，定义平均孔隙度大于 3%，声波时差大于 47us/ft，渗透率大于 0.1mD 为优质储层。

（2）优质储层的地球物理响应特征有以下三点：寒武系底界波峰出现复波，寒武系底界波峰变宽，寒武系底界振幅减弱。通过单一属性刻画优质储层平面分布有一定局限性，不能准确的表征优质储层平面分布范围。

（3）利用门槛值进行属性的归一化使得属性具有地质意义，而权重值的引入又突出了优势属性的重要性。通过多属性融合加权既利用了客观的数据驱动，又弥补了单一属性的不足，因此能更加客观和准确的预测优质储层的分布规律。

参 考 文 献

[1] 杨跃明，杨雨，杨光，等．安岳气田震旦系、寒武系气藏成藏条件及勘探开发关键技术[J]．石油学报，2019，40(4)：493-508.

[2] 韩嵩，陈康，汤聪，等．四川盆地蓬莱气区近地表 Q 场求取及应用[J]．石油地球物理勘探，2024，59(3)：443-453.

[3] 刘树根，王一刚，孙玮，等．拉张槽对四川盆地海相油气分布的控制作用[J]．成都理工大学学报(自然科学版)，2016，43(1)：1-23.

[4] 陈康，彭浩天，戴隽成，等．地震资料有效频宽与分辨率的关系[J]．天然气勘探与开发，2022，45(4)：33-39.

[5] 武赛军，魏国齐，杨威，等．四川盆地桐湾运动及其油气地质意义[J]．天然气地球科学，2016，27(1)：60-70.

[6] Chen Kang，Han Song，Ran Qi. Steeply dipping structural target-oriented viscoacoustic least-squares reverse time migration and its application[J]. APPLIED GEOPHYSICS，2022，Vol. 19，No. 4，528-536.

[7] 罗冰，周刚，罗文军，等．川中古隆起下古生界-震旦系勘探发现与天然气富集规律[J]．中国石油勘探，2015，20(2)：18-29.

[8] 陈康，吴仕虎，冉崎，等．井震精细标定影响因素分析及对策—以川中高磨地区震旦系灯影组为例[J]．天然气勘探与开发，2021，44(4)，23-35.

[9] 周进高，张建勇，邓红婴，等．四川盆地震旦系灯影组岩相古地理与沉积模式[J]．天然气工业，

2017，37(1)：24-31.

[10] 杨雨，黄先平，张健，等．四川盆地寒武系沉积前震旦系顶界岩溶地貌特征及其地质意义[J]．天然气工业，2014，34(3)：38-43.

[11] 文龙，杨跃明，游传强，等．川中-川西地区灯影组沉积层序特征及其对天然气成藏的控制作用[J]．天然气工业，2016，36(7)：8-17.

[12] 王文之，文龙，姚军，等．四川盆地震旦系灯影组层序划分及多期台缘带的发现[J]．天然气勘探与开发，2019，42(4)：46-54.

[13] 张玺华，彭瀚霖，田兴旺，等．川中地区震旦系灯影组丘滩相储层差异性对勘探模式的影响[J]．天然气勘探与开发，2019，42(2)：13-21.

[14] 苏建龙，蒲勇，缪志伟，等．元坝地区灯影组四段丘滩体相控储层预测[J]．石油物探，2020，59(4)：607-615.

[15] 崔泽飞．基于三维地震资料的四川某区灯影组碳酸盐岩储层[D]．成都理工大学，2019.

[16] 林煜，李春梅，顾雯，等．深层碳酸盐岩小尺度缝洞储集体地震精细刻画-以四川盆地安岳气田震旦系灯四段为例[J]．天然气地球科学，2020，31(12)：1792-1801.

[17] 魏国齐，杨威，谢武仁，等．四川盆地震旦系-寒武系天然气成藏模式与勘探领域[J]．石油学报，2018，39(12)：1317-1327.

[18] 郭雯，刘永涛，赵俊峰，等．层拉平技术在地震解释中的深化应用[J]．石油地球物理勘探，2020，55(5)：1110-1120.

[19] 郗诚，和源，吕龑，等．川东地区下寒武统龙王庙储层地震响应特征[J]．天然气工业，2020，40(9)：39-46.

[20] 王小垚，曾联波，魏荷花，等．碳酸盐岩储层缝洞储集体研究进展[J]．地球科学进展，2018，33(8)：818-832.

北部湾盆地乌石凹陷西次洼油气地质条件与勘探前景

胡德胜　满　晓　李文龙　高铭恒　余　敏

[中海石油(中国)有限公司湛江分公司]

摘　要　南海北部湾盆地乌石凹陷西次洼为小型边缘洼陷，因生烃潜力不确定性高，多年来勘探进展缓慢。综合应用三维地震资料和2024年最新的钻井资料对乌石凹陷西次洼洼陷结构、沉积充填、烃源岩特征及勘探潜力进行系统研究。结果表明：①边界断层六号断层分为NNE、NE、NWW、NW、近W-E共5段，不同段活动特征差异明显，地质历史时期整体表现为自西向东迁移的特征，流二段沉积期，NE段和NWW段活动性最强，涠二段沉积期，近W-E段活动性最强；②流二段烃源岩主要发育在NE段和NWW段下降盘，最大沉积厚度1200m，厚度超400m的区域约127.6km^2，TOC平均2.1%，以Ⅱ1型干酪根为主，为好-优质烃源岩，并已进入大规模生排烃阶段，西次洼资源潜力达到1.1亿吨；③西次洼至少发育四套储盖组合，分别为角一段浅海相泥岩和角二段临滨相砂岩组合、下洋组顶海相泥岩和前滨相砂岩组合、涠三段浅湖相泥岩和扇三角洲砂岩组合、流一段浅湖相泥岩和扇三角洲砂岩组合，多个层系发育断块、地层超覆等类型圈闭，具有断裂垂向沟源、大型构造脊优势汇聚、近洼带优先成藏的优越条件，勘探前景广阔。

关键词　北部湾盆地；乌石凹陷西次洼；边缘凹陷；成藏模式；烃源岩

Oil and gas geological conditions and exploration prospects in the west sag of Wushi Depression, Beibuwan Basin

Hu Desheng　Man Xiao　Li Wenlong　Gao Mingheng　Yu Min

(Zhanjiang Branch of CNOOC Ltd)

Abstract　The west sag of Wushi Depression in the Beibuwan Basin of the South China Sea is a small marginal depression, due to the high uncertainty of hydrocarbon generation potential, exploration progress has been slow for many years. A systematic study was conducted on the structure, sedimentary filling, hydrocarbon source rock characteristics, and exploration potential of the west sag of Wushi Depression using comprehensive application of 3D seismic data and the latest drilling data in 2024. The results show that: ①The boundary fault No. 6 is divided into 5 sections: NNE, NE, NWW, NW, and near W-E. The activity characteristics of different sections are significantly different, and the overall geological history period shows a characteristic of migration from west to east, During the sedimentation period ofmember 2 of Liushagang formation, the activity of the NE and NWW sections is the strongest, and during the sedimentation period of member 2 of Weizhou formation, the activity of the near W-E section is the strongest. ②The hydrocarbon source rocks in the member 2 of Liushagang formation are mainly developed in the descending plate of the NE and NWW sections, with a maximum sedimentary thickness of 1200m, the area with a thickness of over 400m is about 127.6km^2, with an average TOC of 2.1%, the main kerogen type is II1, which is a good to high-quality source rock and has entered the stage of large-scale hydrocarbon generation and expulsion. The resource potential of the west sag reaches 110 million tons. ③There are at least four sets of reservoir cap rock combinations developed in the west sag, including the shallow sea mudstone and the adjacent shore sandstone of the Jiaowei Formation, the sea mudstone and the front shore sandstone of the Xiayang Formation, the shallow lake mudstone and fan delta sandstone of member 2 of Weizhou formation, and the shallow lake mudstone and the fan delta sandstone of member 1 of Liushagang formation. Multiple layers have developed types of traps such as fault blocks and stratigraphic overlaps, with superior conditions for vertical fault channels, large structural ridges, and preferential accumulation of reservoirs near the basin, the exploration prospects are broad.

Key wordst　Beibuwan Basin; West sag of Wushi Depression; Edge depression; Accumulation mode; Source rock

边缘凹陷是指位于盆地中央拗陷带边缘位置的小型凹陷，由于面积小、埋深浅、晚期地质作用改造(相对隆升或者岩浆活动)，往往被认为生烃潜力小、勘探价值不高，因此在盆地勘探的早中期阶段不被重视，勘探投入工作量少、油气发现规模不大。而随着盆地内主体凹陷的勘探程度逐渐提高，发现新的大中型油田的难度越来越大，勘探工作者越来越重视探索边缘凹陷的勘探潜力，近年来相继在渤海湾盆地、珠江口盆地的边缘洼陷获得油田发现。烃源条件是边缘凹陷勘探研究的关键问题，已发表的研究成果也较多，基于不同凹陷的结构建立了多类型的烃源岩发育模式，但总体而言，高沉降速率、低沉积物供给、高古生产力、有利的氧化-还原条件是边缘凹陷发育有利烃源岩的关键因素。

北部湾盆地是南海北部陆缘发育的新生代陆相断陷盆地，共有大小不一 15 个凹陷，其中仅涠西南、乌石两个凹陷被证实为富油凹陷，始新统流沙港组二段均发育以页岩、油页岩为主的厚层烃源岩，其他凹陷仅有零星的油气发现，生烃潜力未被充分证实。乌石凹陷分为东次洼、西次洼两个次级洼陷，油气发现集中于东次洼，目前已探明储量近 1 亿吨，西次洼面积仅有 $200km^2$，生烃规模存在极大的不确定性，直到 2024 年才钻探了第 1 口探井—WX-1 井，这口井钻遇了良好的油气显示，尤其是在始新统流沙港组二段顶部(未钻穿)揭示了近 200m 的页岩，证实西次洼是一个具备生烃条件的边缘洼陷。本文以覆盖西次洼的三维地震资料和 WX-1 井钻探成果为基础，从西次洼的构造演化出发，分析了其烃源岩发育的条件及分布特征，并对西次洼的基础石油地质条件进行的系统研究，指明下步的油气田勘探方向，希望能对国内类似的小型边缘洼陷的勘探起到指导作用。

1　区域地质概况

北部湾盆地位于南海北部陆缘，平面上分为北部拗陷带、中央隆起带、南部拗陷带 3 个一级构造单元，其中乌石凹陷位于南部拗陷带，北部为企西隆起，南部为流沙凸起，西部为海中凹陷，东部为雷州半岛，凹陷面积 $2680km^2$(图 1)。乌石凹陷新生代演化经历的裂陷、拗陷两个阶段，古近纪裂陷期为湖相环境，先后沉积了长流组(T100-T90)、流沙港组(T90-T80)、涠洲组(T80-T60)地层，其中长流组为冲积平原相地层，岩性组合为褐红色泥岩与褐红色砂砾岩的互层；流沙港组分为流三段(T90-T86)、流二段(T86-T83)、流一段(T83-T80)，均为乌石凹陷主力含油层系，流三段地层“下粗上细”，为褐灰色泥岩与灰色砂岩的互层，流二段地层为“细-粗-细”组合，底部发育一套中深湖相的褐黑色油页岩，中部为湖退期发育的三角洲、扇三角洲、湖底扇沉积体，顶部发育一套中深湖相褐灰色油页岩、页岩，流一段地层“下粗上细”，为灰色泥岩与灰色砂岩的互层；涠洲组整体为滨-浅湖环境，地层为杂色泥岩与灰色砂岩的不等厚互层。新近纪拗陷期转变为海相环境，先后沉积了下洋组、角尾组、灯楼角组、望楼港组以及第四系地层。

乌石凹陷分为东、西两个次洼，其中东次洼受七号断裂控制，呈“南断北超”的箕状断陷特征，西次洼受六号断裂控制，整体呈“北断南超”的箕状断陷特征，在长流组-流二段沉积早期，东、西次洼相互独立，沉积、沉降中心均位于边界断裂下降盘，到流二段沉积期末，由于湖平面快速上升，东、西次洼连成一体，且随着六号、七号断裂的活动性分别自西向东、自东向西增强，在涠洲组沉积期形成统一的沉积、沉降中心，也就是目前东、西次洼中间的位置。

2　西次洼断裂特征与洼陷结构

2.1　断裂特征

六号断裂为西次洼的边界断裂，剖面形态以铲式为主，平面上呈“牛轭”状展布，根据走向不同，将六号断裂分为 NNE、NE、NWW、NW、近 W-E 共 5 段（图 2）。NNE 段断层倾向 E，断层长度为 9km 左右，倾角 45～50°；NE 段断层倾向为 SE，断层长度为 8km 左右，倾角 40～50°，NE 与 NNE 段未连接形成统一断层，两段之间形成一个转换带；NWW 段断层倾向 S，断层长度 10.1km 左右，倾角 50～60°；NW 段倾向 SW，断层长度为 7km 左右，倾角 45～50°；近 W-E 段断层倾向 S，断层长度 18.7km 左右，倾角 50～55°。

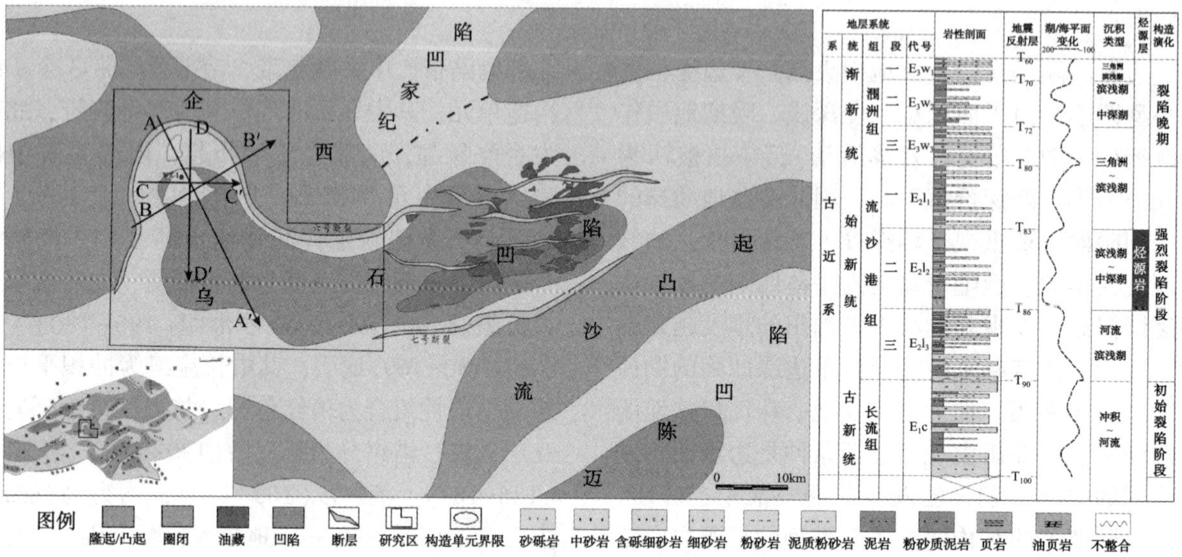

图 1　研究区位置及古近系地层综合柱状图

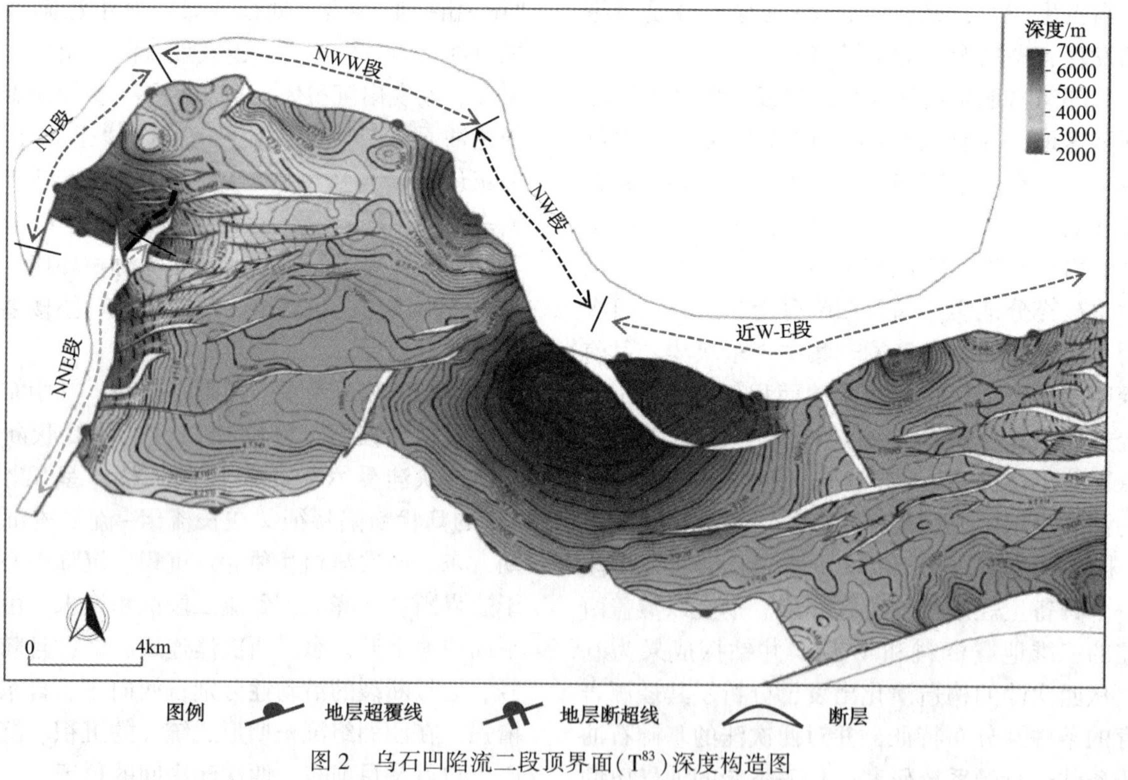

图 2　乌石凹陷流二段顶界面（T^{83}）深度构造图

地质历史时期，六号断层的活动性在不同段差异性较为明显（图 3）。流二段沉积期，以 NE 段、NWW 段活动性最强，最大活动速率可以达到 150m/Ma，其下降盘沉积了厚层的流二段地层，地层厚度向南呈楔状减薄，洼陷结构呈“北断南超”的半地堑，其他区段断层活动性较弱。在流一段沉积期，各段活动性差异不大，大致在 80-100m/Ma 左右，NE、NWW、NW、W-E 段在该时期开始连接为一条断裂；涠洲组三段沉积期，六号断裂各段的活动性均有所增强，活动最强的为 NE、NWW、NW 段，最大活动速率可以达到 220m/Ma；涠洲组二段活动时期，为六号断裂活动性最强的时期，其 W-E 段可以达到 500m/Ma，洼中均沉积了厚层的地层(图5)；涠洲组一段活动时期，活动性整体开始减弱，活动性最强的 W-E 段约 350m/Ma。可见六号断裂活动性呈现为自西向东迁移的特征，早期 NE、NWW 段活动性最强，晚期近 W-E 段活动性最强，而相应的乌石东次洼边界断裂-七号断裂活动性则表现为自东向西迁移的特征，乌石凹陷边界断裂活动向整体呈现为自两端向洼中迁移的特征。

洼中的次级断裂多呈近 EW 向展布，主要形成于涠洲组沉积期。断层多为高角度正断层，未断穿 T60 界面，部分洼中次级断裂可断至基底，切穿早期沉积地层，对早期地层有明显的改造作用。

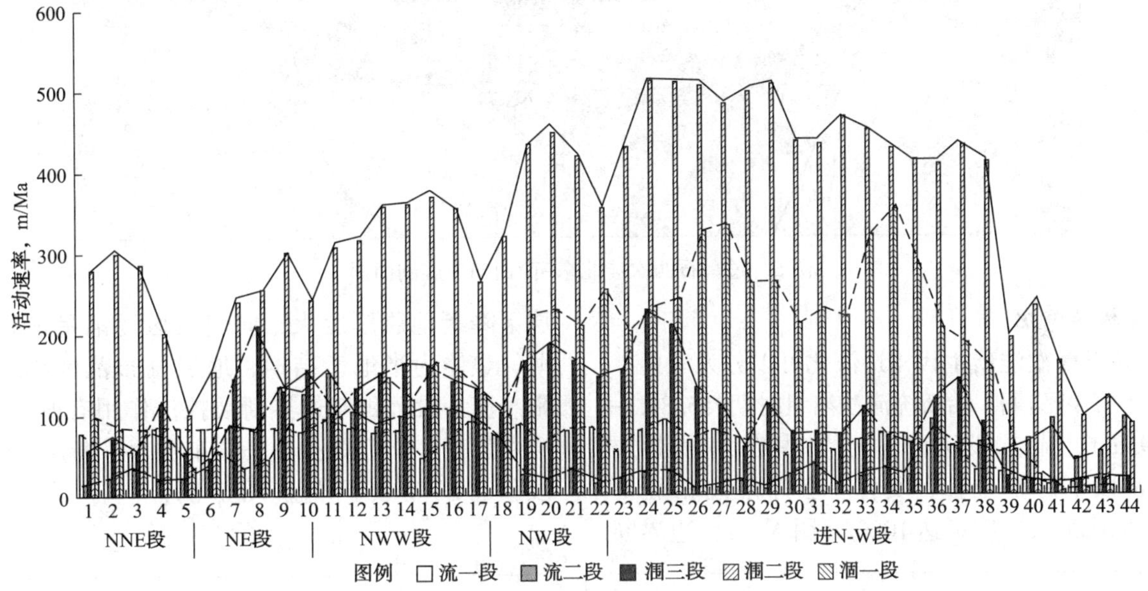

图3　乌石凹陷六号断层活动速率图

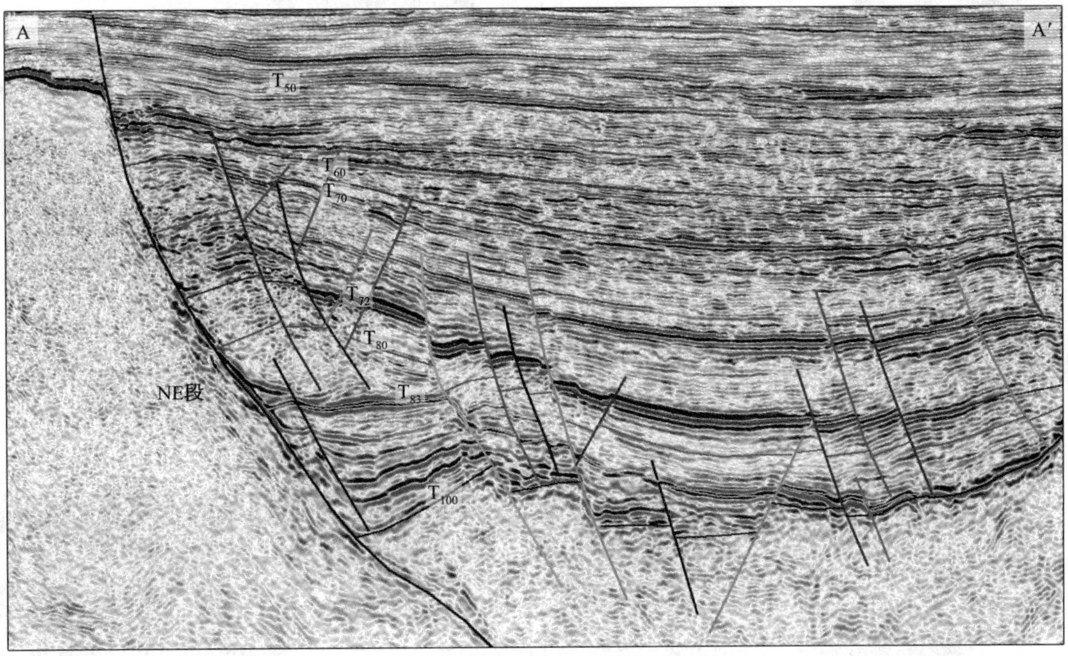

图4　过乌石西次洼北西-南东向地震剖面

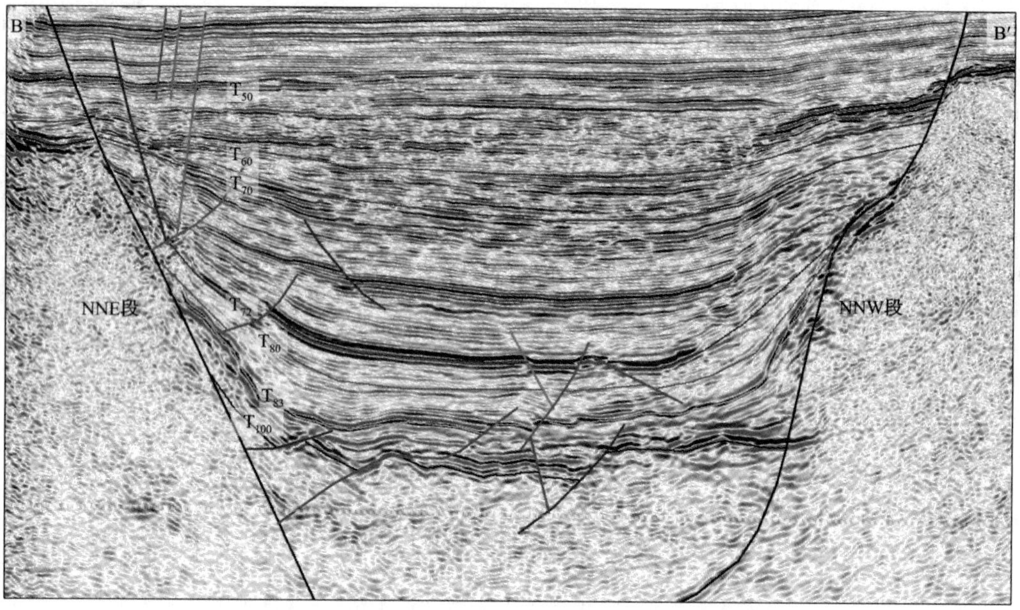

图 5　过乌石西次洼北东-南西向地震剖面图

2.2　构造演化

乌石西次洼新生代构造演化可以分为三期。

（1）断陷期：始新统流沙港组时期(55.8Ma-33.9Ma)，流二段沉降中心集中在六号断层NWW段下降盘位置，发育一套厚层湖相烃源岩，地层最大厚度可达1000m(图6-a)，边界断层下降盘地层厚度大，向斜坡区逐渐呈楔状减薄，整体为半地堑结构，地层分布范围相对局限。流一段沉积期边界断裂控洼作用有所减弱，洼中发育多个沉降中心，分布在六号断层NWW段和近E-W段下降盘(图6-b)。

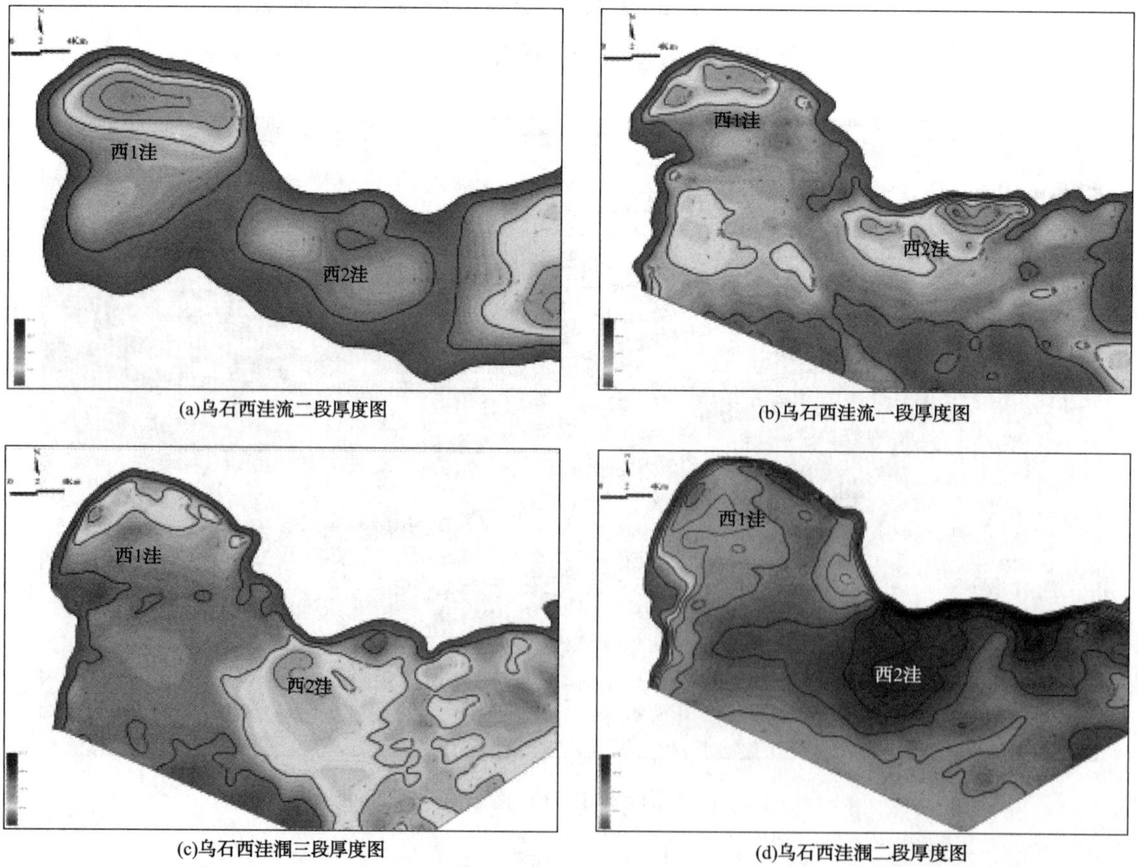

图 6　乌石西次洼不同时期地层厚度图

（2）断拗转换期：涠洲组沉积期（33.9Ma-23Ma），盆地沉积中心远离边界断裂，向盆地内部迁移。地震剖面上，地层呈中间厚、两端薄的“碟形”，说明该时期盆地沉降受边界断层活动影响小。该时期湖盆范围变大，沉降中心分布逐渐由流沙港组沉积期的NE、NWW段下降盘迁移至近E-W段下降盘（图6-c、图6-d）。

（3）拗陷期：从新近纪-第四纪（23.0Ma至今），构造活动减弱，边界断裂活动弱，洼中基本不发育断层，以热沉降为主。T60为分界面，其上依次沉积新近系下洋组、角尾组、灯楼角组和望楼港组。该时期地层在剖面上的形态呈现为中间厚、向两侧变薄的碟形。

2.3 沉积充填

流沙港组沉积时期整体经历水进—水退过程，控制了流三段整体富砂、流二段富泥、流一段砂泥互层的岩性组合特征。

流三段沉积时期乌石西次洼水体较浅，六号断层活动性较弱，整体为滨湖相沉积，WX-1井未钻揭流三段地层，根据区域沉积特征及地震相判断，乌石西次洼北部及西部发育扇三角洲沉积。流二段沉积时期六号断层NE、NWW段活动性最强，控制了中深湖相地层的沉积范围，是乌石西次洼最重要的烃源岩层（图7a）。WX-1井揭示了流二段上部160m油页岩，褐色油页岩为主，质纯，较脆，GR曲线呈齿化线形。流一段沉积时期，西次洼以滨浅湖相沉积为主，靠近六号断层下降盘发育多个扇三角洲沉积，WX-1井揭示流一段扇三角洲前缘沉积微相以水下分流河道、河口坝及席状砂，岩性以含砾中粗砂岩、细、粉砂岩与泥岩不等厚互层为主，GR曲线呈齿化钟形、指形，上部粒度偏细，下部偏粗；砂体最大单层厚度24m，平均厚度3.9m，含砂率36.3%，流一段油气显示丰富，证实为主力储层发育段。

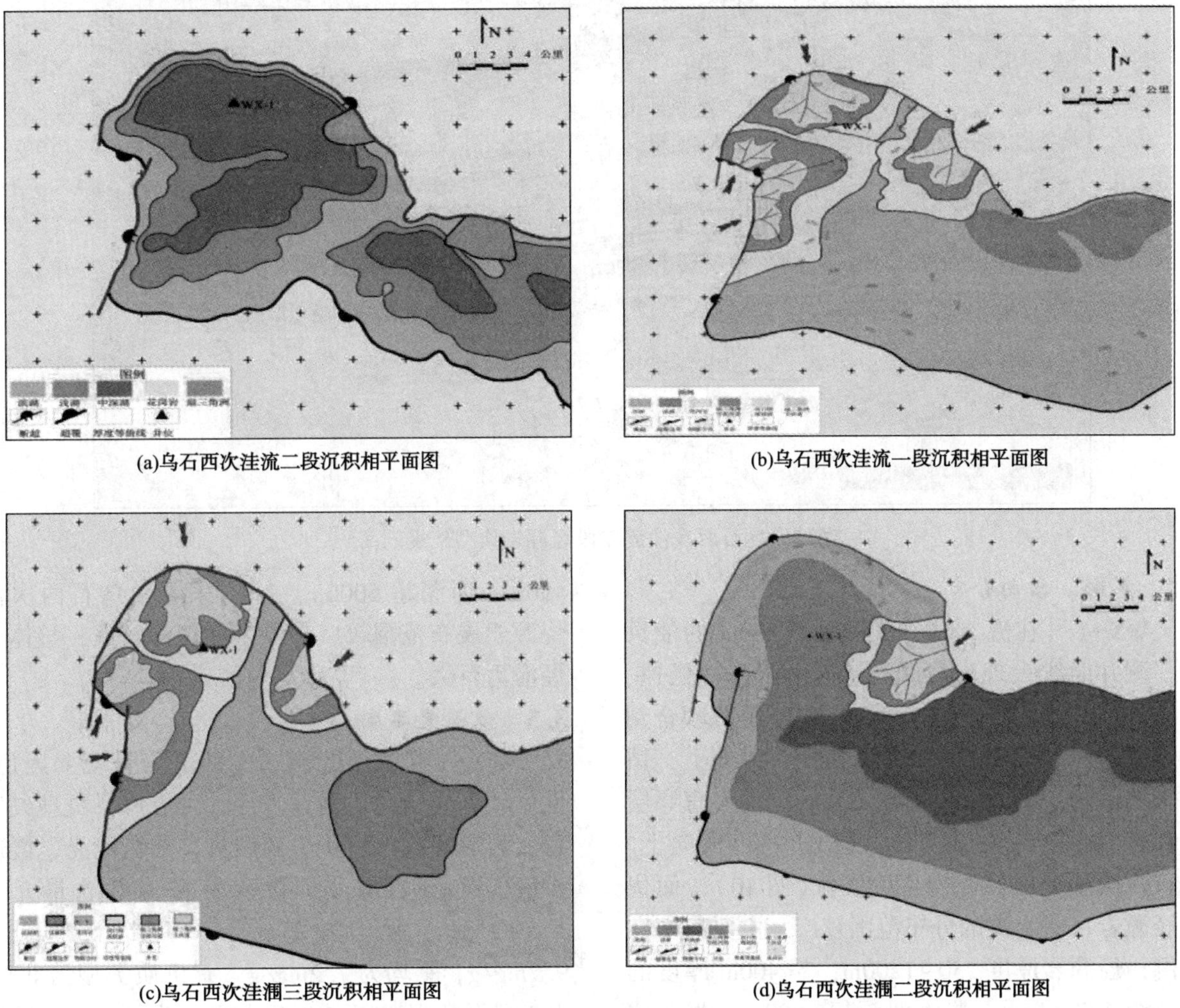

(a)乌石西次洼流二段沉积相平面图　　(b)乌石西次洼流一段沉积相平面图

(c)乌石西次洼涠三段沉积相平面图　　(d)乌石西次洼涠二段沉积相平面图

图7　乌石西次洼古近系沉积相平面分布图

涠洲组沉积时期，经历了湖平面由浅到深的变化过程，地层厚度整体较大。涠三段沉积时期普遍发育滨浅湖沉积，在六号断层下降盘发育多扇三角洲沉积，WX-1 井区涠三段扇三角洲前缘沉积微相以水下分流河道、河口坝及席状砂为主，岩性以细、粉砂岩与泥岩薄互层为主，砂体最大单层厚度 28m，平均厚度 3.7m，含砂率 38.7%，孔隙度最大 12.78%，平均 4.8%，砂岩 GR 曲线呈齿化钟形、箱形及指形，储盖组合配置良好，是乌石西次洼重要的勘探层系。涠二段沉积时期以浅湖—滨湖相沉积为主，钻井揭示厚度近 1000m，且以泥岩为主，具有良好的盖层条件，尤其是底部 240 米厚的滨湖相泥岩，颜色以深灰色、棕色泥岩为主，见少量薄层灰色粉砂岩，可以作为重要的烃源岩或者区域盖层，涠二段上部以厚层棕色泥岩夹灰色泥质粉砂岩为主。涠一段沉积时期以浅湖相沉积为主，顶部地层大范围遭受剥蚀，钻井揭示涠一段岩性以浅灰色含砾中砂岩、中砂岩和棕色泥岩互层。

3　烃源岩特征

3.1　地震相

流沙港组二段烃源岩为北部湾盆地主力烃源岩，西次洼也发育这套地层。地震剖面上可以看到，流二段顶部与上覆流一段地层形成强阻抗界面，呈连续、强反射的负相位地震特征，流二段内幕整体表现为低-中频、中等连续、中-弱振幅的地震反射特征，局部见低频连续、强振幅的地震响应特征(图 8)，与乌石东流二段洼烃源岩中频、差连续、中等振幅地震反射特征较为相似。

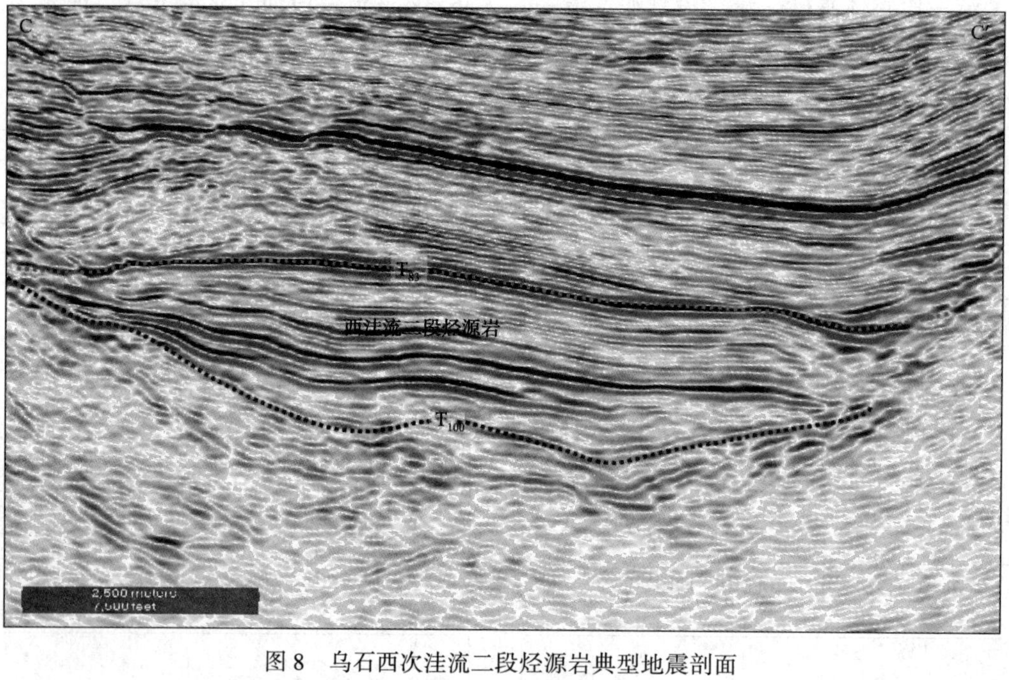

图 8　乌石西次洼流二段烃源岩典型地震剖面

3.2　垂向、横向分布

WX-1 井在流二段顶部钻遇了 160m 的油页岩，测井曲线表现为高伽马、低电阻率、低速、低密特征，基于纵横波速度比与纵波阻抗联合刻画烃源岩纵、横向展布，结果表明：纵向上，钻井未揭示的下部地层与上部一致，同样发育厚层烃源岩，厚度约为 50～1200m(图 9)；横向上，乌石西次洼全区烃源岩普遍发育(图 10)，而优质烃源岩在西 1 洼的分布范围较广，主要集中在东侧，烃源岩厚度 250～1200m，超 400m 厚度的区域约 127.6km²，整体埋深超 3800m，西 2 洼的西侧和东侧局部分布，厚度稍薄，约为 250～450m，埋深超 5000m。综合来看，乌石西次洼烃源岩展布范围较广，厚度和埋深较大，整体生烃潜力巨大。

3.3　烃源岩品质

WX-1 井钻揭的流二段油页岩呈现褐黑色，性中硬，质较纯，稍具脆性，可点燃，页理欠发育，岩屑块状，片状。滴照具乳白色荧光，慢速扩散，壁心/岩屑分析化验表明 TOC 含量介于 1.5～2.8%，平均为 2.1%，S1+S2 介于 4.8～9.7mg/g，平均为 7.2mg/g，有机质类型为Ⅱ1～Ⅱ2 型干酪根，以Ⅱ1 型为主，为好-优质烃源岩(图 11)。

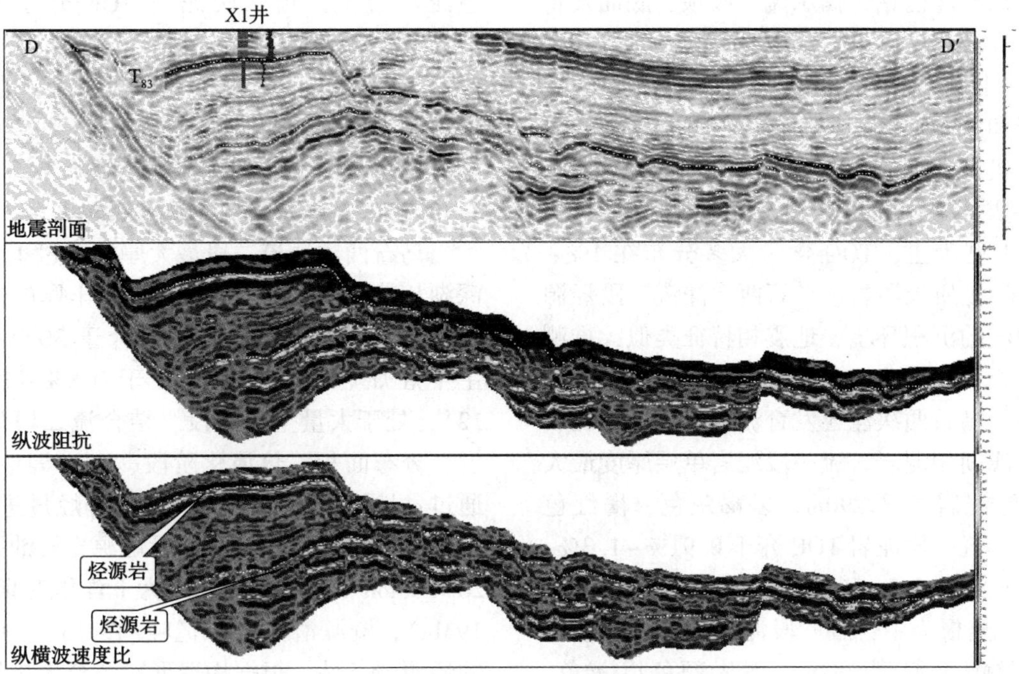

图 9　过西次洼烃源岩目标区任意线反演剖面

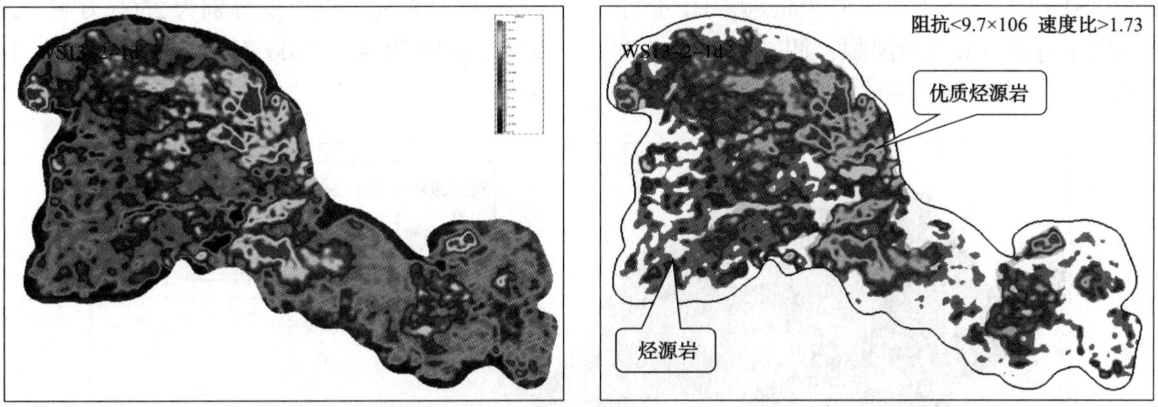

(a)乌石凹陷西次洼流二段最大纵横波速度比属性平面图　(b)乌石凹陷西次洼流二段烃源岩雕刻属性图

图 10　乌石西次洼烃源岩地震属性图

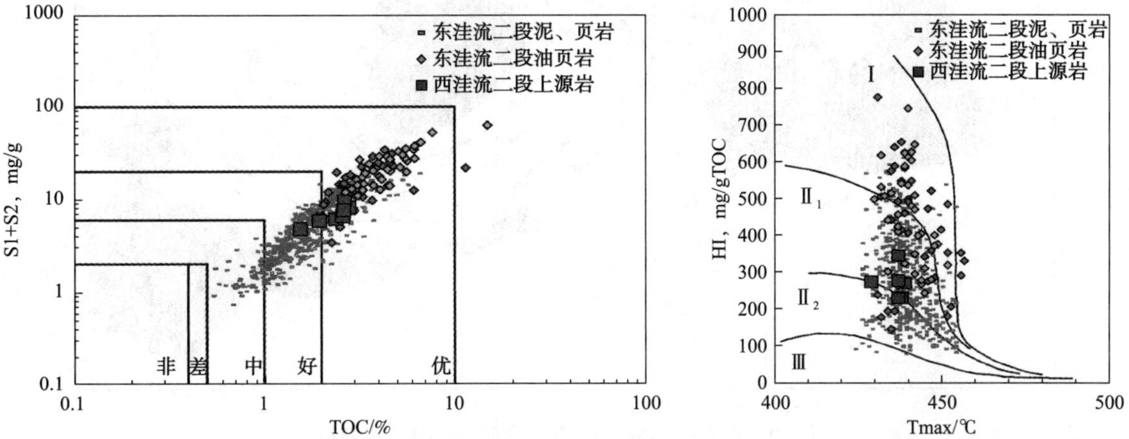

(a)乌石凹陷流二段烃源岩生烃潜力评价图　(b)乌石凹陷流二段烃源岩有机质类型

图 11　乌石凹陷流二段烃源岩综合评价图

乌石东次洼已钻井揭示流二段顶、底面发育两套优质烃源岩，流二段顶部页岩/油页岩有机质类型Ⅰ-Ⅱ1 型。乌石东次洼流二段烃源岩分为油页岩和泥/页岩，其中油页岩是最主要的烃源岩，有机质类型Ⅰ-Ⅱ1 型，TOC 含量多大于3%，为优质烃源岩。东次洼流二段泥/页岩有机质类型Ⅱ1 型为主，TOC 含量大多分布在 1%~5%，为好-优质烃源岩。乌石西次洼流二段烃源岩与东次洼的沉积环境、地震相特征类似，推测整体品质相似。

此外，乌石西次洼还发育流一段浅湖相泥岩及涠洲组浅湖相泥岩。流一段泥岩单层厚度最大40m，累计泥岩厚度 290m，以褐灰色、褐红色泥岩为主，流一段泥岩 TOC 介于 0.91%~1.3%，S1+S2 介于 3.1~7.5mg/g，HI 介于 265~543mg/g，以Ⅱ1 型干酪根为主；涠三段泥岩单层厚度最大19m，累计泥岩厚度 282m，泥岩颜色以灰色、棕色为主；涠三段泥岩 TOC 介于 0.64%~1.21%，S1+S2 介于 2.2~5.99mg/g，HI 介于285~459mg/g，Ⅱ1 型干酪根；涠二段泥岩厚度最大 63m，累计厚度 774m，以棕色泥岩、深灰色泥岩为主，涠二段泥岩 TOC 介于 0.88%~1.52%，S1+S2 介于 3.4~6.8mg/g，HI 介于270~412mg/g，Ⅱ1 型干酪根。流一段、涠三段、涠二段埋深普遍大于 2500m，已达到生烃门限，是乌石西次洼重要的潜在烃源岩。

3.4 烃源岩热演化及生排烃模拟

乌石西次洼流二段最大厚度超过 1200m，中深湖相范围面积 89.6km^2，具备丰厚的烃源岩物质基础。流二段烃源岩埋深介于 3000~7000m，主生烃灶烃源岩成熟度位于 0.8%~2.4%(图 12)，处于大量生烃阶段。结合流二段烃源岩厚度、分布面积、热演化阶段、TOC 等地化指标，通过盆地模拟对乌石西次洼生排烃量进行计算，结果显示乌石西次洼流二段烃源岩排油强度超过 20×106ton/km^2。排油高峰为下洋组时期(23Ma-19Ma)，资源潜力 1.1 亿吨(图 13)，具备良好的烃源岩条件。根据构造形态结合生排烃模拟乌石西次洼可划分为六个供烃单元(图 14)，其中①-⑥供烃单元，供烃量分别为 2500 万吨、2200 万吨、1600 万吨、1200 万吨、2000 万吨、1400 万吨。

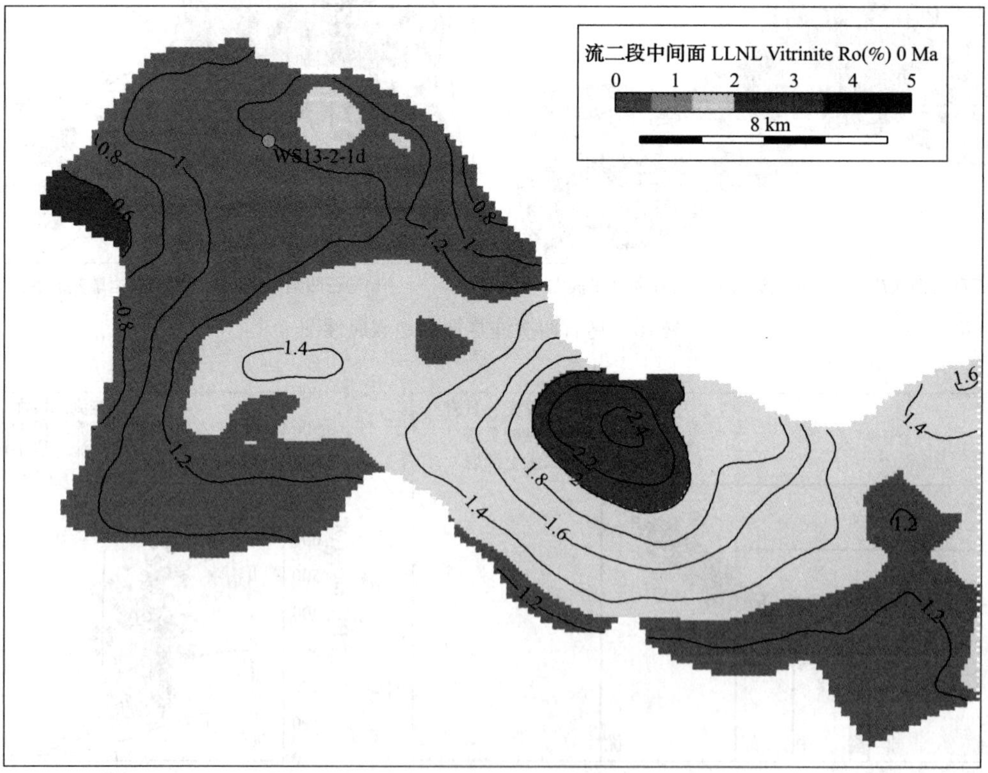

图 12　乌石凹陷西次洼流二段现今(0Ma)成熟度

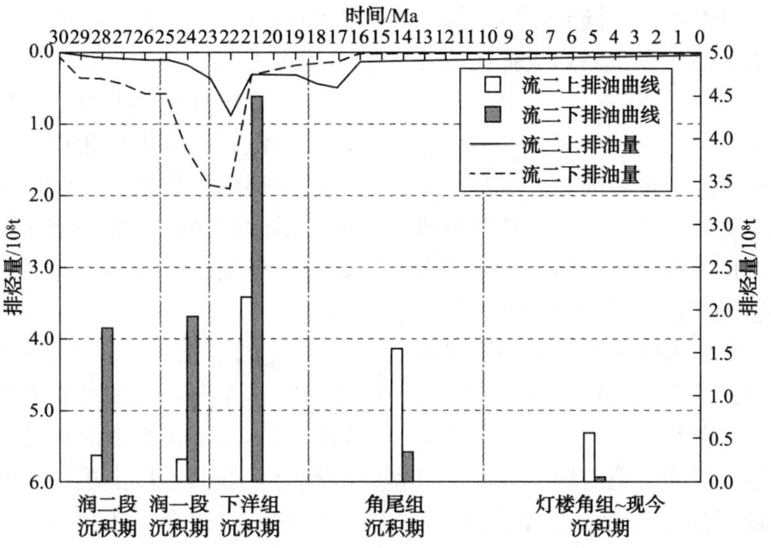

图 13　乌石凹陷西次洼流二段烃源岩排油史

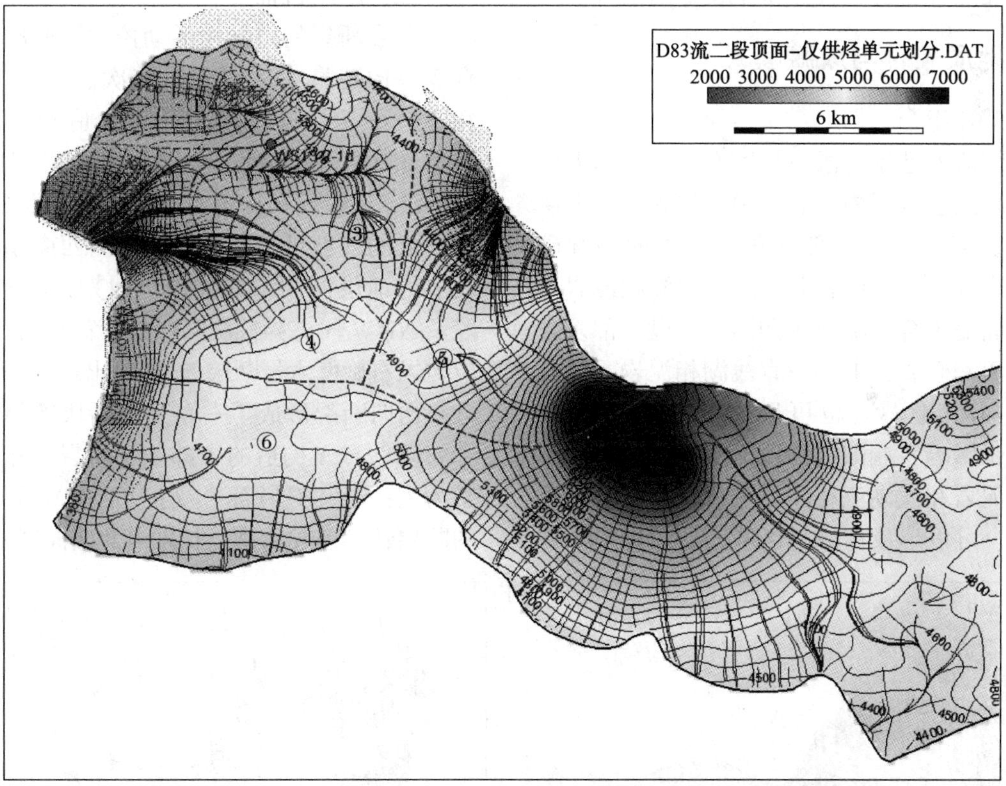

图 14　乌石凹陷西次洼流二段顶面(T83)现今(0Ma)油气运移流线图

3.5　有利烃源岩发育机制

（1）边界断裂活动性强

流二段沉积期为强裂陷期，乌石西次洼内部的沉降速率大于沉积速率，湖水不断加深，湖面逐渐扩大，从而沉积了一套半深水-深水湖相的褐黑色油页岩。普遍来说，处于该发育阶段的洼陷形态在剖面上呈箕状，地层厚度自靠近断层一侧至远离断层一侧逐渐减薄，该时期沉积中心与沉降中心一致，且通常位于陡坡带，地层沉积厚度大，颜色较深，有机质含量普遍较高，干酪根类型好，可发育有利的烃源岩。

六号断裂控制了流二段烃源岩的沉积，该时期 NE 段和 NWW 段活动性最强，活动速率大于 100m/Ma，为烃源岩的发育提供了充足空间，下盘沉积了巨厚的流二段烃源岩层，最大厚度可达 1300m。中深湖相分布范围约 89.6km^2，现今埋深大，顶面最深 4750m。较强的断层活动速率可使湖盆面积得以扩张，能为湖水带来大量的营养物质，显著提高古湖泊生产力，同时水体加深有利于形成稳定的水体分层，在水底形成强还原环境，促进有机质保存。

（2）陆源碎屑输入少

湖相烃源岩发育受控于多种因素，宏观上以构造和气候为主，微观上进一步受控于陆源有机质输入、古生产力和有机质保存等因素。流二段沉积时期，乌石凹陷气候以亚热带半湿润-半干旱气候为主，企西隆起作为区域上主要物源供应区，由于六号断裂 NE 段和 NWW 段活动性强，形成陡坡带，陆源碎屑向西次洼注入少，主要向西侧的海中和北侧的涠西南凹陷斜坡区输送，且该时期西次洼湖底地形高低错落，分割性较强，边界断层坡度较陡，陆源碎屑难以推进至洼中区域，为湖湘烃源岩的发育提供了良好的条件。

4　油气地质条件与成藏模式

（1）储盖组合

始新统流沙港组一段下层序发育扇三角洲砂岩，岩性以灰色含砾中砂岩、中砂岩为主，上层序以湖相泥岩为主，局部夹灰色三角洲相细砂岩，下层序扇三角洲砂岩和上层序浅湖相泥岩形成有效的储盖组合；渐新统涠洲组三段下部发育厚层扇三角洲砂岩，上部发育浅湖相泥岩，局部发育滩坝砂/席状砂，也可形成良好储盖组合。受湖盆扩张影响，涠洲组二段下部发育厚层的半深湖亚相泥岩和浅湖亚相泥岩沉积，单层泥岩厚度近 40m，可以形成良好的区域盖层。WX-1 井的油气发现位于流一段和涠三段砂岩集中段，证实了古近系这两套储盖组合的有效性。

新近纪存在多期海平面变化，发育多套浅海相泥岩沉积，其中，角尾组一段上部发育一套区域性厚层海相泥岩，下洋组顶部发育一套浅海相泥岩。北部湾盆地涠西南凹陷、乌石凹陷东次洼钻井已证实，新近系海相泥岩均具有很好的封盖能力。

综上所述，乌石西次洼至少发育 4 套主要储盖组合：①角一段浅海相泥岩和角二段临滨相砂岩组合；②下洋组顶海相泥岩和下洋组前滨相砂岩组合；③涠三段上层序浅湖相泥岩和下层序扇三角洲砂岩组合；④流一段上层序浅湖相泥岩和下层序扇三角洲砂岩组合。

（2）圈闭特征

六号断裂的差异性活动控制了西次洼主要发育 3 条构造脊，从西到东依次为：乌石 B 构造脊、乌石 A 构造脊和乌石 C 构造脊，以及 4 种类型圈闭：断背斜、半背斜、地层圈闭、断块（图 15）。乌石 B 构造脊位于 NNE 段及 NE 段转换形成的斜坡带处，主要发育向西南超覆在基底之上的地层圈闭；在渐新世时期，六号断层 NE 段及 NWW 段差异性沉降形成断背斜乌石 A 北块，应力场右旋使六号断层 NNE 段出现走滑特征，与近东西向断裂形成了一系列的断块圈闭群，其中主要以乌石 A 构造的中部花状断裂带和南部断阶带为主；半背斜乌石 C 受控于 NWW 段与 NW 段的断层转换差异活动，长轴沿北西向展布。

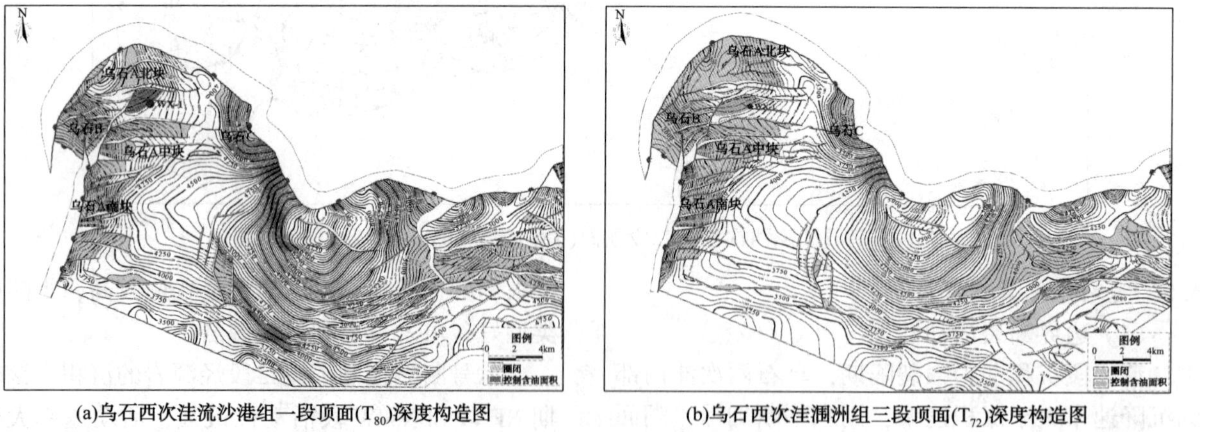

(a)乌石西次洼流沙港组一段顶面(T_{80})深度构造图　　(b)乌石西次洼涠洲组三段顶面(T_{72})深度构造图

图 15　乌石西次洼圈闭分布图

（3）成藏模式及有利目标

乌石西次洼以流二段湖相油页岩、泥岩为主要烃源岩，以古近系流沙港组和涠洲组以及新近系角尾组碎屑岩为储层，以各层段储层邻近的致密层及上覆泥/页岩为盖层，形成多套成藏组合。洼中 E-W 断裂垂向沟源，西侧大型构造脊优势汇聚，近洼带优先成藏，砂体、不整合面侧向输导，斜坡区、凸起之上均可成藏（图 16）。洼中

WX-1 涠三段和流一段均发现油层，证实成藏条件好。乌石 A 构造北块靠近物源区，砂岩更为发育，且埋深比 WX-1 井浅 200~300m，推测储层物性更好，乌石 A 构造北块成藏条件优越。乌石 B 构造为地层超覆圈闭，处于油气向凸起之上运移的必经之路，油气运移条件良好，具有一定的勘探潜力。乌石 C 构造处于东构造脊，具有油气运聚背景，圈闭为断块圈闭，埋深较浅，同样具有勘探潜力。乌石西次洼发育断块、断背斜、地层超覆等多种类型的圈闭，成藏条件优越，值得继续评价。

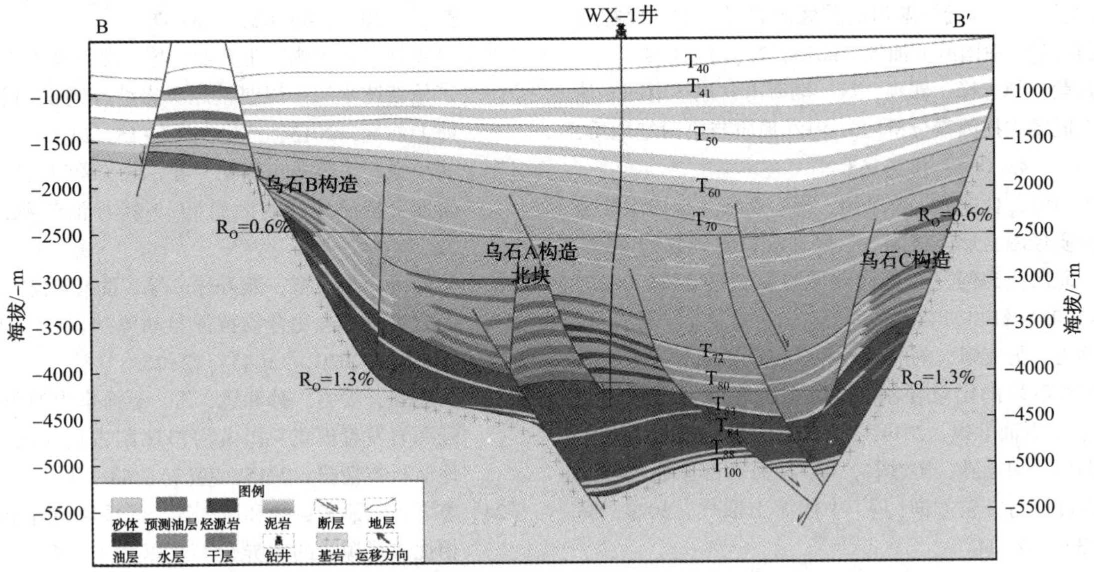

图 16　乌石西次洼成藏模式图(侧线位置见图 1)

5　结论

(1) 六号断裂为乌石凹陷西次洼边界断裂，平面上分为 NNE、NE、NWW、NW、近 W-E 共 5 段，不同段差异活动明显，流二段沉积期，NE、NWW 段活动明显，涠二段沉积期，各段活动性均较强，以近 W-E 段活动性最为显著，边界断裂活动向整体呈现为自两端向洼中迁移的特征。

(2) 流沙港组二段烃源岩最大沉积厚度位于 NE、NWW 段下降盘，钻井揭示为厚层的油页岩，有机质类型以Ⅱ1 型为主，烃源岩品质好，盆地模拟资源潜力 1.1 亿吨，具备良好的烃源岩条件，此外，涠洲组泥岩也是潜在的烃源岩层系。边界断裂活动性强、陆源碎屑注入少是西次洼发育优质烃源岩的有利条件。

(3) 乌石西次洼至少发育四套储盖组合：①角一段浅海相泥岩和角二段临滨相砂岩组合；②下洋组顶海相泥岩和下洋组前滨相砂岩组合；③涠三段上层序浅湖相泥岩和下层序扇三角洲砂岩组合；④流一段上层序浅湖相泥岩和下层序扇三角洲砂岩组合。

(4) 乌石凹陷西次洼发育地层、断块、半背斜等多类型圈闭，洼中 E-W 断裂垂向沟源，东、西两侧大型构造脊优势汇聚，近洼带优先成藏，砂体、不整合面侧向输导和断裂垂向输导，斜坡区、凸起之上均可成藏。

参 考 文 献

[1] 彭光荣，朱定伟，吴静，等．珠江口盆地阳江凹陷油气重大发现与成藏启示[J]．大地构造与成矿学，2021，45(1)．179-187.

[2] 赵鹏，彭光荣，吴静，等．珠一坳陷小型洼陷文昌组烃源岩发育模式与主控因素[J]．沉积学报，2022，40(04)：1109-1121.

[3] 何金海，彭光荣，吴静，等．珠江口盆地边缘洼陷油气勘探潜力——以西江 36 洼为例[J]．海洋地质与第四纪地质，2022，42(04)：146-158.

[4] 蔡少武，吕丁友，贺电波，等．渤海湾盆地秦南凹陷构造迁移特征及其对油气聚集的影响[J]．石油学报，2019，40(S2)：67-78.

[5] 杨海风，王德英，高雁飞，等．渤海湾盆地盆缘洼陷新近系天然气成因与油气差异富集机理——以黄河口凹陷东洼为例[J]．石油学报，2019，40(05)：509-518.

[6] 赵贤正，柳广弟，金凤鸣，等．小型断陷湖盆有效

烃源岩分布特征与分布模式——以二连盆地下白垩统为例[J]. 石油学报，2015，36(06)：641-652.
[7] 梁浩然 . 渤海南部边缘凹陷古近系烃源岩地球化学特征及资源潜力评价[D]. 成都理工大学，2020.
[8] 许婷，侯读杰，赵子斌，等 . 渤海湾盆地黄河口东洼优质烃源岩发育控制因素[J/OL]. 东北石油大学学报，2017，41(01)：11-20.
[9] 李友川 . 中国近海湖相优质烃源岩形成的主要控制因素[J]. 中国海上油气，2015，27(3)：1-9.
[10] 张莹，刘志峰，郭刚，等 . 渤海湾盆地秦南凹陷油气成藏主控因素分析[J]. 海洋地质与第四纪地质，2023，43(06)：157-168.
[11] 贾培蒙，杜家元，陈维涛，等 . 断陷盆地边缘洼陷优质烃源岩形成机制——以珠江口盆地惠州 26 洼东北次洼为例[J]. 海洋地质与第四纪地质，2022，42(03)：140-148.
[12] 姜雪，吴克强，刘丽芳，等 . 构造活动对富生油凹陷烃源岩的定量控制——以中国近海古近系为例[J]. 石油学报，2014，35(03)：455-461.
[13] 邓勇，胡德胜，游君君，等. 南海西部原油领域勘探进展与突破方向[J]. 中国海上油气，2024，36(3)：12-24.
[14] 徐长贵，赖维成，张新涛，等. 中国海油油气勘探新进展与未来勘探思考[J]. 中国海上油气，2023，35(2)：1-12.
[15] 任艳，孙乐，房茂军，等 . 北部湾盆地乌石凹陷始新统层序地层分析[J]. 东北石油大学学报，2022，46(06)：26-39.
[16] 龚志伟 . 北部湾盆地典型凹陷断陷期沉积差异及对烃源岩的影响[D]. 中国地质大学(北京)，2020.
[17] 张丽丽，舒誉，蔡国富，等 . 珠江口盆地东部始新世：渐新世沉积环境演变及对烃源条件的影响[J]. 石油学报，2019，40(增刊 1)：153-165.
[18] 张功成，梁建设，徐建永，等 . 中国近海潜在富烃凹陷评价方法与烃源岩识别[J]. 中国海上油气，2013，25(1)：13-19.
[19] 马新涛，丁修建，阿布力米提·依明，等 . 陆相湖盆海侵事件对烃源岩发育影响机制[J]. 海洋地质前沿，2023，39(02)：28-37.
[20] 吴克强，刘志峰，王升兰，等 . 珠一坳陷北部洼陷带始新统半深—深湖相烃源岩综合判识[J]. 中国海上油气，2015，27(3)：10-15，24.
[21] 胡小强，王晓龙，龚屹，等 . 珠一坳陷文昌组烃源岩发育特征及控制因素[J]. 特种油气藏，2015，22(5)：42-45.
[22] 张向涛，朱俊章，熊万林，等 . 番禺 4 洼文昌组烃源岩生物标志化合物特征与油源判识[J]. 中国海上油气，2020，32(4)：12-23.
[23] 吴克强，姜雪，孙和风，等 . 近海富生油凹陷湖相烃源岩发育模式：以黄河口凹陷古近系为例[J]. 地质科技情报，2015，34(2)：63-70.
[24] 姜雪，刘丽芳，孙和风，等 . 气候与构造控制下湖相优质烃源岩的差异分布：以渤中凹陷为例[J]. 石油学报，2019，40(2)：165-175.
[25] 施和生 . 油气勘探“源—汇—聚”评价体系及其应用：以珠江口盆地珠一坳陷为例[J]. 中国海上油气，2015，27(5)：1-12.
[26] 朱明，张向涛，黄玉平，等 . 珠江口盆地烃源岩特征及资源潜力[J]. 石油学报，2019，40(增刊 1)：53-68.
[27] 薛罗 . 恩平凹陷古近系烃源岩元素地球化学综合评价[D]. 武汉：中国地质大学，2013.

导航金字塔和扩散滤波结合的地质特征增强方法研究

吴艺婷[1]　黄旭日[1,2,3]　唐书航[1,2,3]　林同奎[4]　杨　剑[1]　杨　圣[1]

（1. 西南石油大学地球科学与技术学院；2. 油气藏地质及开发工程国家重点实验室；
3. 西南石油大学石油和化工行业山前带油气地球物理探测技术重点实验室；4. 中国石化勘探分公司）

摘　要　扩散滤波方法是一种通过构造结构张量来识别并且增强地震数据中地质构造的有效方法。其基本思路为，在进行扩散时，遵循断层处扩散，非断层处不扩散的原则。通过对非断层处进行平滑，达到突出断层信息的效果。但由于地下地质情况的复杂性，在使用扩散滤波对地震资料进行处理时，会面临解释性差，不同尺度的地质信息无法分开处理等的问题。导航金字塔技术是一种多尺度多方向的分解技术，其具有的平移不变性和方向可控性，有利于对复杂的地下不连续性特征的精确识别，并可以根据地质特征设计不同尺度的组合和方向滤波，进一步挖掘地震属性中隐蔽的不连续性特征。本文提出在导航金字塔处理的基础上，对数据进行扩散滤波处理，以实现扩散滤波对不同尺度地质结构更有效的识别。本文选取了某工区具有不同尺度的裂缝发育的地震资料进行计算，验证该方法对不同尺度裂缝的识别效果。首先对某工区地震数据进行导航金字塔处理，得到一系列不同尺度的地震数据结果。再对得到的不同尺度地震数据结果，根据其地质特征进行组合重构，得到反映不同尺度地质特征的图像。对不同尺度地质特征的图像进行扩散滤波处理，最后提取扩散滤波处理检测到的裂缝信息。通过对比发现，导航金字塔方法和扩散滤波方法的结合，可以便捷地实现不同尺度地质结构的识别，便于后期地质解释工作的开展进行。

关键词　导航金字塔；扩散滤波；地质特征识别

Study on Geological Feature Enhancement Method Combining Navigation Pyramid and Diffusion Filtering

Wu Yiting[1]　Huang Xuri[1,2,3]　Tang Shuhang[1,2,3]　Lin Tongkui[4]　Yang Jian[1]　Yang Sheng[1]

(1. School of Geoscience and Technology, Southwest Petroleum University;
2. State Key Laboratory of Oil and Gas Reservoir Geology and Exploitation;
3. Key Laboratory of Oil and Gas Geophysical Exploration Technology for Foreland Basin, Petroleum and Chemical Industry, Southwest Petroleum University; 4. Sinopec Exploration Company)

Abstract　The diffusion filtering method is an effective technique for identifying and enhancing geological structures in seismic data by constructing a structure tensor. The basic idea is to follow the principle of diffusing at fault locations while avoiding diffusion at non-fault locations. This approach smooths non-fault areas to highlight fault information. However, due to the complexity of subsurface geological conditions, using diffusion filtering to process seismic data faces challenges such as poor interpretability and the inability to separate geological information at different scales.

The navigation pyramid technique is a multi-scale, multi-directional decomposition method with translation invariance and direction controllability, which is beneficial for the precise identification of complex subsurface discontinuities. It allows for the design of combinations of different scales and directional filtering based on geological features, further uncovering hidden discontinuities in seismic attributes. This paper proposes a method that applies diffusion filtering to data processed by the navigation pyramid to achieve more effective identification of geological structures at different scales. Seismic data from a work area with fractures of various scales were selected to validate the effectiveness of this method in identifying fractures of different scales. First, the seismic data from a work area were processed using the navigation pyramid technique, resulting in a series of seismic data at different scales. These seismic data results were then recombined based on their geological features to obtain images reflecting geological features at different scales. Diffusion filtering was applied to these images of geological features at different scales, and the fracture information detected by the diffusion filtering was extracted. By comparison, it was found that the combination of the navigation pyramid method and the diffusion filtering method can conveniently identify geological structures at different scales, facilitating subsequent geological interpretation work.

Key wordst RAM blowout preventer; rubber seal; finite element analysis; structure improvement

导航金字塔技术是一种图像处理方法，是利用图像金字塔方法和方向可控滤波器将图像划分成一系列具有不同大小、不同方向特征的图像后，再进一步分析处理，最后对计算结果进行合成得到输出图像的方法。扩散方程描述的是热量在传播过程的规律，随着进一步发展被应用于数据的滤波处理，发展出了各向异性扩散滤波方法，能够在保留边缘细节，增强地质结构特征的同时，减少噪声，克服传统滤波模型的缺陷。

本文提出了一种结合导航金字塔方法和扩散滤波方法的地质特征增强方法，实现控制扩散滤波对地震资料中不同尺度地质特征的识别。

1　方法原理

1.1　导航金字塔

导航金字塔地震数据处理过程主要包括金字塔结构的创建(图像分解)和分解后的图像重构(图1)，是一种以多分辨率来解释图像多尺度结构的图像分解技术，将信息分解为一系列自下而上的，在尺度上逐渐变化的图像。

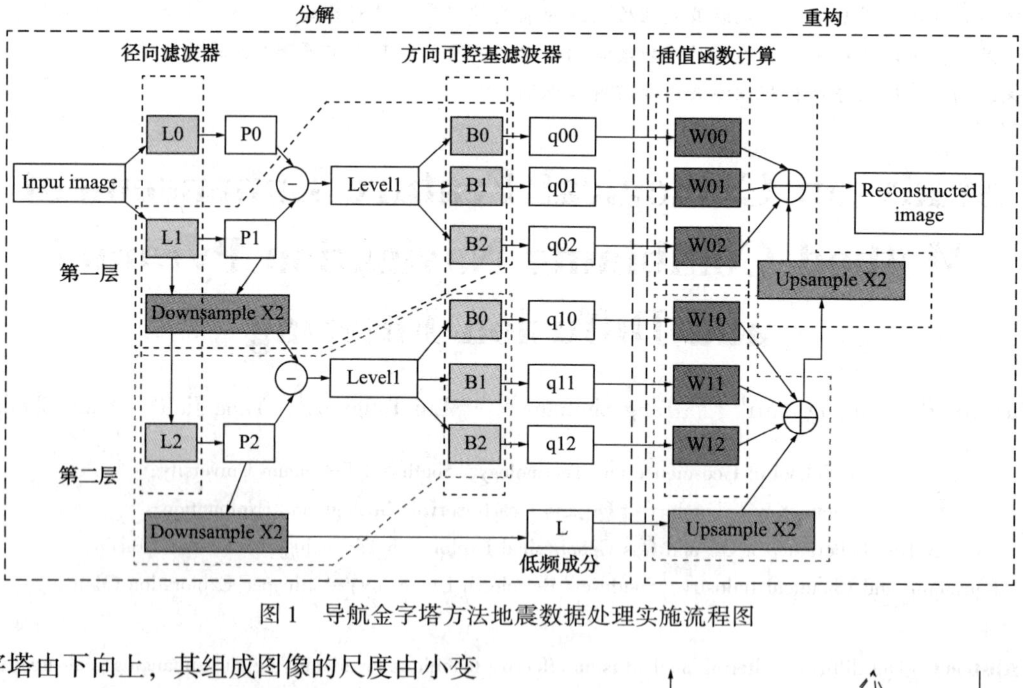

图1　导航金字塔方法地震数据处理实施流程图

金字塔由下向上，其组成图像的尺度由小变大，小尺度可以反映出图像的细节信息，大尺度则能较好地反映图像的宏观信息(图2)。金字塔分解是在频率域中实现，通过在频率域递归调用低通径向滤波器来实现金字塔结构，然后在金字塔每层通过方向可控滤波器得到不同基方向的带通滤波图像。因此，图像能够被分解成不同尺度下的子带信息，且每一层又可被分解到不同方向得到含有方向信息的子带图像。

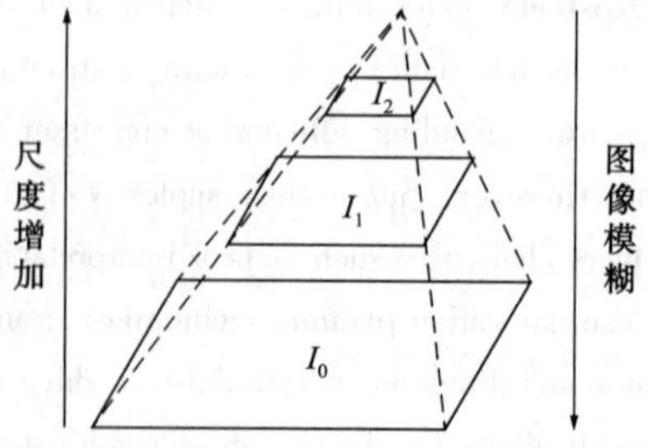

图2　图像金字塔概念结构示意图

方向可控滤波器是由一组基滤波器组合而成，具有方向旋转性。方向可控滤波器的滤波核具有可控性，其处理后的结果具有低计算量和高精度的特点。在地震资料中，方向可控滤波器通过利用同相轴的方向进行滤波。可控滤波器的函数表达式如下：

$$f^{\theta}(x,\ y)=\sum_{j=1}^{N}k_j(\theta)f^{\theta_j}(x,\ y) \tag{1}$$

式中，$f^{\theta}(x,\ y)$是可控滤波器在θ方向上的函数，它可以由θ方向的插值函数$k_j(\theta)$和θ方向的基函数，$f^{\theta_j}(x,\ y)$线性组合得到，j为分解的层数，N为基函数与插值函数的对数。

为了解决$f^{\theta_j}(x,\ y)$和$k_j(\theta)$函数如何选取以及滤波器数量等问题，将直角坐标系转换为极坐标系，其中$r=\sqrt{x^2+y^2}$，$\phi=\arg(x,\ y)$。则$f^{\theta}(x,\ y)$在极坐标下表达式如下：

$$f^{\theta}(r,\ \phi)=\sum_{N=-M}^{N}k_n(\theta)\ g_i(r,\ \phi) \tag{2}$$

式中，$g_i(r,\ \phi)$为$f^{\theta}(r,\ \phi)$的基函数。

图3为方向可控滤波器的结构和处理过程。首先对输入图像与一组基方向滤波器（三个不同方向）进行卷积运算，然后通过赋予方向滤波图像对应的插值函数的权值系数进行多尺度分析，构建图像金字塔。

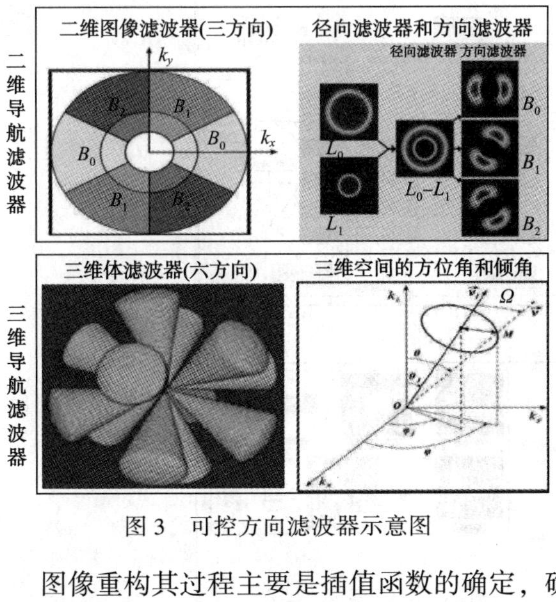

图3　可控方向滤波器示意图

图像重构其过程主要是插值函数的确定，确定插值函数后，将带通滤波图像与其对应的插值函数做乘法运算后相加即得到滤波后图像，主要涉及到空间变化方向估计和维度属性分析。因此，将各个单元信息通过加权求和分层叠加等一系列工作突出感兴趣的特征，合成的输出图像即图像的重构。

重构步骤如图4所示，首先将权重系数和非线性控制函数应用于方向滤波图像，即将尺度Level 1的方向滤波图像q10，q11，q12与其对应的S1函数、权重系数w10，w11，w12做乘法运算，经过求和得到的输出图像与前一层Level 2经过上采样处理后的结果相加，输出即为特征重构图像。

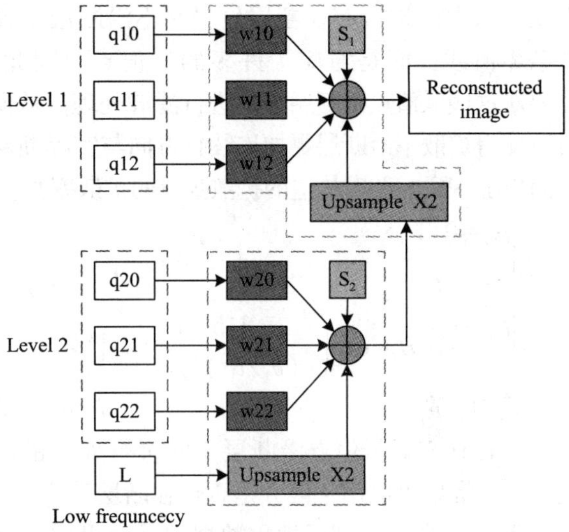

图4　方向可控金字塔重构步骤

1.2　扩散滤波方法

扩散滤波方法的算法核心主要有三个部分：方向估计、边缘检测、边缘保护的导向平滑。该方法的主要创新点在于充分挖掘了扩散方程对高角度断裂系统处理的中间过程，从扩散中间过程中得到的扩散率数据中挖掘提取断层信息。基本思路为通过构建结构张量来描述地震数据的各向异性，在进行扩散时，遵循断层处扩散，非断层处不扩散的原则，对非断层处进行平滑，达到突出断层信息的效果。其扩散方程如下。

$$\frac{\partial U(x)}{\partial t}=div(D\nabla U(x)) \tag{3}$$

其中，$U(x)$为原地震数据，D为扩散张量，

$$D=\mu_u v_1 v_1^{\mathrm{T}}+\mu_v v_2 v_2^{\mathrm{T}}+\mu_w v_3 v_3^{\mathrm{T}} \tag{4}$$

其中，v_1、v_2、v_3为结构张量T的特征向量，结构张量T的构造方法如下：

$$T=gg^{\mathrm{T}} \tag{5}$$

其中，g为原地震数据的梯度。并构造扩散张量的特征值为：

$$\mu_u=\alpha \tag{6}$$

$$\mu_v=\begin{cases}1 & d^2(x)=0\\ 1-\exp(-3.315/(d^2(x)/\alpha^2)^4) & d^2(x)>0\end{cases} \tag{7}$$

其中，α 是用于检测不连续性特征的阈值，通过方向导数 $d(x)$ 与阈值 α 的大小关系区分断层与噪声，当 $d(x)$ 大于 α 时，认为该处是不连续性特征并进行特征保留，否则为噪声并进行压制。方向导数 $d(x)=v^{\mathrm{T}}\nabla U+w^{\mathrm{T}}\nabla U$。

根据其计算原理，在实际计算过程中发现，在断层位置应该停止滤波，即扩散率应该为零。但实际求得的扩散率在断层位置并不沿断层呈现一条零值线，而是对应了许多的低值点。因此，需要对这些低值点沿断层方向进行滤波处理。从而可以使得扩散率沿断层更加连续且方向与实际断层方向更加一致。此时构造的扩散张量的扩散率为：

$$\begin{cases}\mu_u=0\\ \mu_v=\begin{cases}1 & |d|^2=0\\ 1-H*\exp\left(-\dfrac{3.315}{(d^2/\alpha^2)^4}\right) & |d|^2>0\end{cases}\end{cases} \tag{8}$$

式中，μ_u、μ_v、μ_w 表示 u、v、w 方向的扩散率，H 代表对低值点沿断层方向进行处理的滤波，α 为常量可以用于区分是否存在断层等边界。

该方法在使处理后地震数据的噪声得到很好压制的同时增强地震同相轴和断层信息，且提取得到的断层信息与原数据断层信息一致性较高。

2 导航金字塔和扩散滤波结合的地质特征增强方法

导航金字塔处理的目的是对地震数据进行塔多尺度分解与重构的，从而实现在不同方向(倾角、方位角)、不同尺度上进行最优方向增强，优选对断层特征识别敏感的子带重构数据体，突出断裂带几何学样式、断层连接方式以及断裂沿走向的变化特征，得到不同尺度的地震数据信息，有效帮助提高识别精度，为断裂系统空间展布刻画奠定基础。

扩散滤波方法的目的，是在提高地震数据信噪比的同时，突出地质结构信息。但由于地下地质条件复杂，直接对原始地震数据进行分析识别不同尺度的地质结构难度较大，且效果杂乱不易解释。因此使用导航金字塔技术先对地震数据进行分频处理，得到不同尺度的地震数据信息，再优选对断层特征识别敏感的子带重构数据体，使用扩散滤波方法对得到的不同尺度的地震数据信息进行计算，最终得到不同尺度的地质结构信息增强结果。

其技术流程如下图 5 所示：

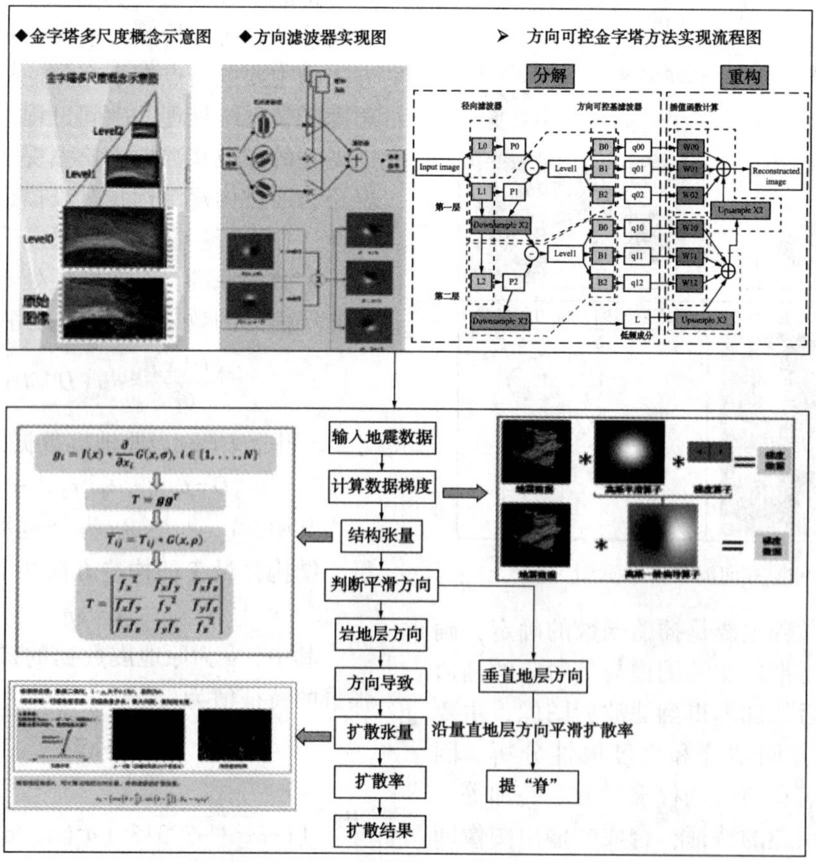

图 5 导航金字塔和扩散滤波结合的地质特征增强方法技术流程图

3　方法验证

为了验证该方法的有效性，选取某工区实际地震数据进行计算分析，数据体如图6所示。该数据体的特点是具有不同尺度的裂缝发育。

首先使用导航金字塔技术对该数据体进行分频处理，得到不同尺度的数据信息。计算结果如图7所示。

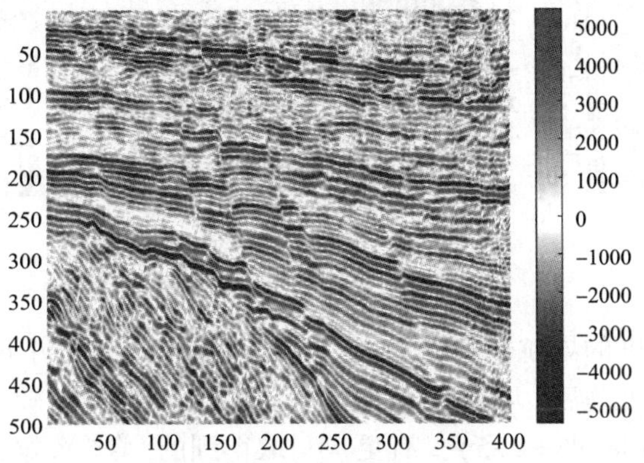

图6　某工区实际地震数据

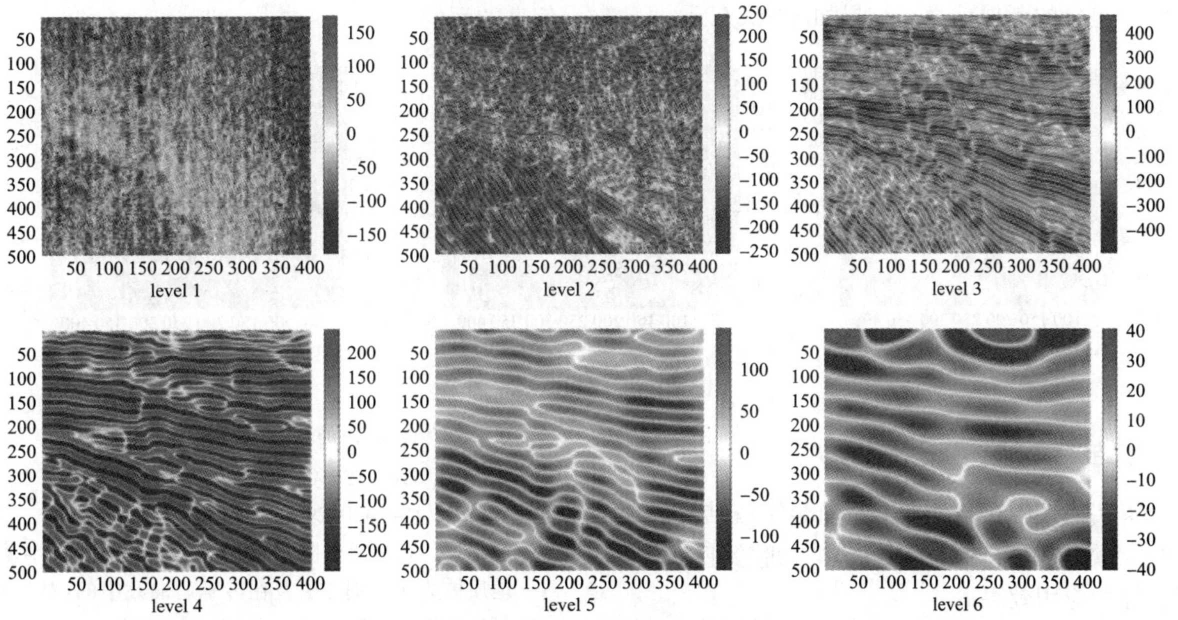

图7　导航金字塔计算结果图

可以看出，level1-level3主要反应图像细节信息，level4-level6主要反映图像宏观信息。根据不同的需要，可以对不同尺度的计算结果进行组合，以凸显不同尺度的结构信息，本文选取level1、level2、level3和level3、level4、level5分别进行组合，得到中尺度和大尺度计算结果，如图8所示。

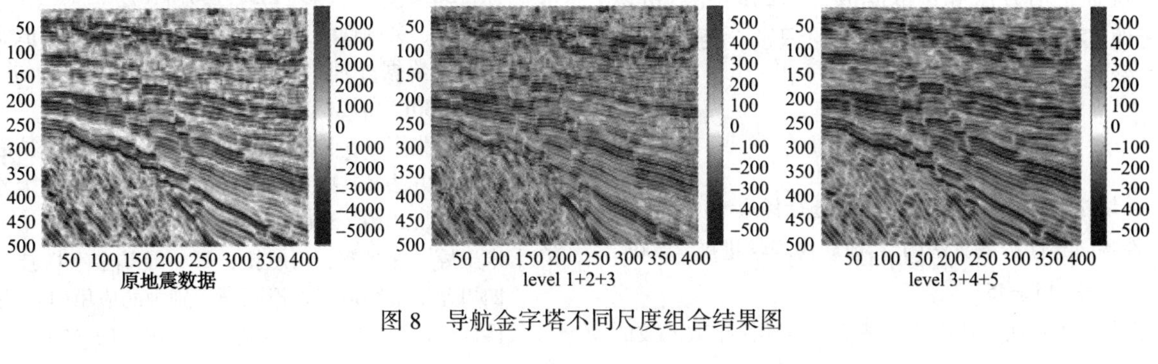

图8　导航金字塔不同尺度组合结果图

图 8 中，level1+2+3 反应中尺度数据信息，level3+4+5 反应大尺度数据信息。对两个不同尺度的数据使用扩散滤波方法进行计算，得到的结果如图 9 所示。

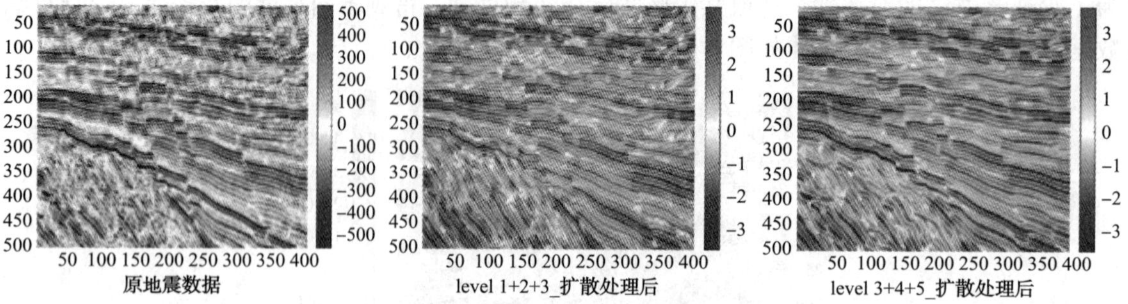

图 9　扩散滤波处理结果图

可以看到，两种不同尺度的导航金字塔数据结果，在经过扩散滤波方法处理后，小尺度数据(level1+2+3)较中尺度数据(level3+4+5)，有更多的断层细节信息。再在此数据基础上，提取数据中所包含的断层信息，结果如图 10 所示。

如上图 10，小尺度数据(level1+2+3)提取得到的“脊”数据，较中尺度数据(level3+4+5)提取得到的“脊”数据，包含更多的小尺度裂缝信息。说明该方法可以达到有效筛选不同尺度裂缝信息的目的。

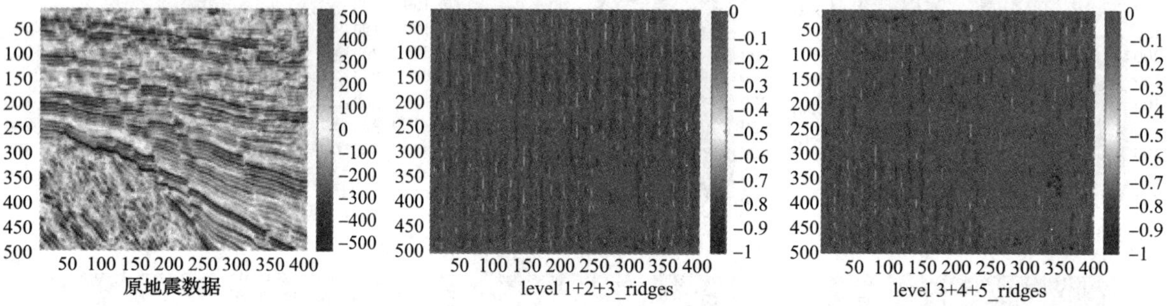

图 10　断层提取结果图

4　总结

本文描述的扩散滤波和导航金字塔结合的地质特征增强方法，通过实际资料处理验证，取得了良好的应用效果。

使用导航金字塔方法对数据进行处理，可以在提高数据信噪比的同时，有效提取原地震数据中不同尺度的地质构造信息。在导航金字塔方法基础上，再对得到的不同尺度数据信息进行扩散滤波处理，可以得到不同尺度的地质构造信息。即导航金字塔方法和扩散滤波方法的结合，可以便捷地实现不同尺度地质结构的识别，便于后期地质解释工作的开展进行。

参考文献

[1] 王绪松，杨长春．对地震图像进行保边滤波的非线性各向异性扩散算法[J]．地球物理学进展，2006，21(2)：452-457.

[2] 严哲，顾汉明，蔡成国．基于各向异性扩散滤波的地震图像增强处理[J]．石油地球物理勘探，2013，48(3)：390-394506+327-328．石油物探，2021，60(3)：414-420429.

[3] 赵衍彬，黄旭日，陈永红，等．方向可控金字塔的地质体边界识别方法及在砂砾岩油藏中的应用[J]．石油物探，2021，60(3)：414-420429.

[4] 林同奎，黄旭日，熊威，等．扩散滤波与相干属性在断层检测中的应用[J]．中国石油和化工标准与质量，2023，第 43 卷(3)：58-59，62.

[5] 王静，张军华，冯德永，等．利用不连续性的各向异性扩散滤波方法识别断层[J]．石油地球物理勘探，2020(6)：1349-13571166-1167.

[6] 杨千里，吴国忱，赵小龙．三维各向异性扩散滤波在地震数据处理中的应用[J]．地球物理学进展，2015，30(5)：2287-2292.

[7] 李军，张军华，刘杨，等．图像熵各向异性扩散保边滤波方法及在断层识别中的应用[J]．石油地球物理勘探，2019，54(2)：365-370I0008.

[8] 宋玉婷，邬光辉，田威振，等．导航金字塔技术在四川盆地高磨地区走滑断裂识别中的应用[J]．化工设计通讯，2022，第 48 卷(1)：19-20，174.

老油田低勘探区油气重要发现与启示
——以渤海湾盆地东濮凹陷西南洼为例

徐田武　高永涛

（中国石化中原油田分公司勘探开发研究院）

摘　要　西南洼是东濮凹陷中的一个次级洼陷，油气勘探程度低，之前认为该区烃源岩不发育，勘探潜力低。近年来的钻探的一些探井，方2、方3、何301等井陆续获得了工业油气流，表明该区仍存在较大勘探潜力。本文从油气源对比分析入手，采用饱和烃色质谱及天然气碳同位素等分析测试手段，发现该区存在3种成因类型的原油和二种成因的天然气；三种成因的原油分别为低伽玛蜡烷指数的淡水环境原油、中伽玛蜡烷指数的咸水环境原油及高伽玛蜡烷指数的超咸水环境原油；二种成因的天然气分别为来自上古生界的煤型气和来自古近系湖相泥岩和上古生界煤系源岩形成的混合气。油源对比表明，中伽玛蜡烷指数的原油主要来自沙三上层系的咸化源岩；低伽玛蜡烷指数的原油主要来自沙三中层系的淡水源岩；高伽玛蜡烷指数的原油主要来自沙三下-沙四上层系的超咸化源岩。在油源对比的基础上，对包裹体资料分析表明西南洼陷存在两期成藏，早期主要为上古生界的煤成气成藏，主要为馆陶沉积时期；晚期为古近系的油气成藏，距今1-3Ma。通过典型油气藏的解剖，西南洼油气成藏具有"多源供烃、背景控藏、断砂控富"的特征，存在3种（"多级断阶"、y型和反y型）油气成藏模式，纵向的大断裂高效输导对西南洼的油气成藏起到重要的作用，围绕大断裂周边形成的各类圈闭将是西南洼未来的油气勘探重点领域。

关键词　西南洼；东濮凹陷；伽玛蜡烷指数；煤成气；大断裂

Important Oil&gas discoveries and inspirations in low exploration areas of old oilfield-Take the southwest subsag of Dongpu sag in Bohaiwan Basin as an example

Xu Tianwu　Gao Yongtao

（Sinopec Zhongyuan Oilfield Co., Ltd）

Abstract　The Southwest Depression is a secondary depression in the Dongpu Depression, with a low degree of oil and gas exploration. Previously, it was believed that the source rocks in this area were undeveloped and had low exploration potential. In recent years, some exploratory wells drilled, such as Fang 2, Fang 3, and He 301, have successively obtained industrial oil and gas flow, indicating that there is still significant exploration potential in the area. This article starts with the comparative analysis of oil and gas sources, and uses analysis and testing methods such as saturated hydrocarbon mass spectrometry and natural gas carbon isotopes to discover the existence of three types of crude oil and two types of natural gas in the area; The three types of crude oil are freshwater environment crude oil with low gamma wax index, saline water environment crude oil with medium gamma wax index, and ultra saline water environment crude oil with high gamma wax index; The two types of natural gas are coal type gas from the Upper Paleozoic and mixed gas from the Paleogene lacustrine mudstone and the Upper Paleozoic coal source rock. The comparison of oil sources indicates that the crude oil with medium gamma waxane index mainly comes from the saline source rocks of the Upper Shasan Formation; The crude oil with low gamma paraffin index mainly comes from freshwater source rocks in the middle layer of Sha 3; The crude oil with high gamma paraffin index mainly comes from the super saline source rocks of the Lower Sha-3 to Upper Sha-4 series. On the basis of oil source correlation, the analysis of inclusion data shows that there are two stages of reservoir formation in the Southwest Depression. In the early stage, it was mainly the coal-formed gas reservoir of the Upper Paleozoic, mainly during the Guantao sedimentary period; The late stage was the formation of oil and gas reservoirs in the Paleogene, which occurred 7-1 Ma ago. Through the dissection of typical oil and gas reservoirs, the formation of oil and gas reservoirs in the Southwest Depression has the characteristics of "multi source hydrocarbon supply, background control, and fault sand control enrichment". There are three types of oil and gas accumulation modes ("multi-level fault stage", y type, and anti y type). The efficient transportation of vertical large faults plays an important role in the formation of oil and gas reservoirs in the Southwest Depression. Various traps formed around the large faults will be the key areas for future oil and gas exploration in the Southwest Depression.

Key wordst　Southwest Depression; Dongpu Depression; Gamma Paraffin Index; Coal - derived Gas; Major Fault

东濮凹陷位于渤海湾盆地西南部，是一个多沉积韵律的新生代断陷湖盆，其中东部为鲁西隆起，西部为内黄隆起，南部为开封坳陷，北部为临清凹陷，沉积面积约为 $5300km^2$[1]。东濮凹陷是一个既富油又富气的凹陷。经过四十余年的勘探开发，现已探明石油 58573.07×10^4t，天然气 $1389.51\times10^8m^3$，东濮凹陷内的油气分布具有较强的非均质性，其中近92%的原油探明储量集中分布在北部2000平方千米的地区内(图1)，而将近3000平方千米的广大南部地区的油气分布比较"贫瘠"，仅占原油探明储量的8%。北部每平方千米的原油探明储量丰度约为23万吨/km^2，而南部每平方千米的原油探明储量丰度仅为1.5万吨/km^2，探明储量丰度两者相比，北部地区是南部地区的15.3倍。依据十三五资源评价的结果，东濮凹陷北部地区剩余油气资源潜力大，其将仍是勘探的重点领域，但是将近3000平方千米的南部地区是否仍还值得大规模的勘探，一直成为勘探家们关注的热点问题。

本文通过近年来陆续获得工业油气流的探井分析，认为西南洼地区存在多套烃源岩，改变了之前西南洼地区源岩发育层系单一、"皮厚肉薄"的传统认识。源岩认识的突破重新燃起了人们对西南洼的勘探希望，认为西南洼陷仍具有较大勘探潜力。2022年部署的何301井，3mm油嘴自喷，日产油 $37.76m^3$、日产气 $3439m^3$，上报预测储量 1358×10^4t。由此给我们带来的启示是在一个成熟探区内相对低勘探区，不要放弃持续研究并探索，重新对成藏要素的再评价、再认识，将会带来意想不到的勘探效果。

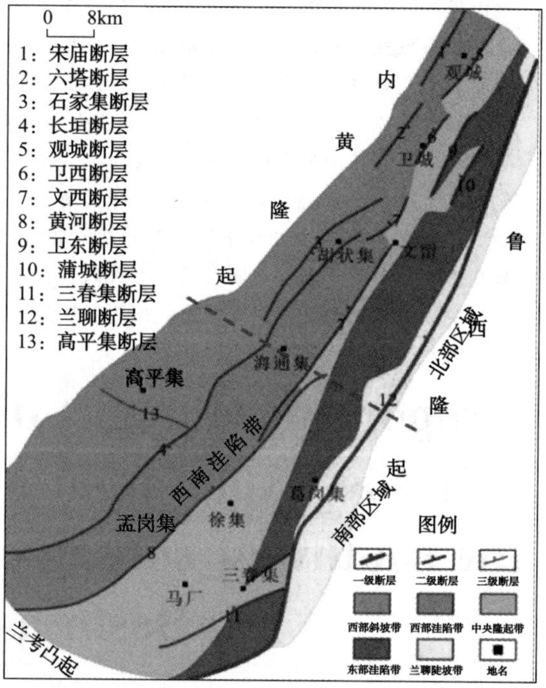

图1　西南洼区域分布位置图

1　区域基本地质情况

西南洼地区位于东濮凹陷的西南部，其西部为西部斜坡带，东部为中央隆起带，北与海通集洼陷相邻，南依兰考凸起，沉积面积约为 $800km^2$(图1)。在东倾的长垣断层和西倾的黄河断层夹持下，研究区为一个双断型洼陷。自上而下发育地层为第四系(平原组)、新近系(明化镇组和馆陶组)、古近系(东营组、沙河街组等)、中生界及上古生界等地层。长垣断层和黄河断层对研究区的构造展布和沉积演化具有重要影响，东倾的长垣断层是西部斜坡带与西南洼的分界断层，西倾的黄河断层是西南洼与中央隆起带的分界线。该地区的油气勘探始于 1976 年，共钻井 52 口，工业油气流井 19 口，已发现赵庄、南湖、方里集油气田，累计探明石油储量 81.28 万吨、天然气 5.79 亿方、控制石油储量 125 万吨，预测储量 1358.01×10^4t。

2 油气源对比

伽玛蜡烷指数（伽玛蜡烷/C30 霍烷）是一种典型的生物标志化合物，其可以判识不同类型的沉积环境及水体咸度，通过该典型生物标志化合物分析，发现西南洼地区存在多类型的烃源岩。

2.1 咸水环境中的油源对比

西南洼存在一种类型的原油，其伽玛蜡烷指数介于 0.5-1.0 之间，在西南洼的不同构造带均发现了此类原油，例如方里集构造中的方 2 井，沙三中原油（3951.8～3965.6m）的伽玛蜡烷指数为 0.52，南何家构造中的何 301 井，沙二下原油（3794.8～3822.9m）的伽玛蜡烷指数为 0.80，赵庄油田的赵 4-3 井，沙二下原油（3002.3～3125.9）的伽玛蜡烷指数为 0.53，上述三口井的原油伽玛蜡烷指数与北部沉积咸化湖盆中的烃源岩伽玛蜡烷指数具有相似性（表 1），表 1 统计了东濮凹陷北部咸化湖盆中烃源岩的伽玛蜡烷指数，统计分析表明北部高丰度烃源岩的伽玛蜡烷指数介于 0.5-1.0 之间，与西南洼不同构造带的原油具有较强的亲缘性，由此可以推测西南洼地区存在一种咸化环境中的烃源岩。

表 1　东濮凹陷北部咸化环境源岩伽玛蜡烷/C30 霍烷分布表

沉积环境	地区	洼陷	井号	层位	深度	岩性	TOC	G/C30
咸水	北部无盐区	濮城	濮 6-65	沙四上 2	3563.65	灰色泥岩	0.8213	0.229279
咸水	北部含盐区	文东	文 203-35	沙三中 4	3297.73	灰色泥岩	0.5448	0.55906
咸水	北部含盐区	卫城	卫 18-5	沙三中 9	2705.42	深灰色页岩	1.6	0.562923
咸水	北部含盐区	文西	文 15-14	沙三上 5	2376.5	深灰色页岩	2.58	0.623037
咸水	北部含盐区	柳屯	胡 96	沙三中 3	3888.01	黑灰色页岩	2.4	0.681853
咸水	北部含盐区	前梨园	前参 2 井	沙三下 5	4276.59	深灰色页岩	2.257	0.729494
咸水	北部含盐区	文西	文 248	沙三下 6	3382.7	深灰色页岩	1.97	0.759804
咸水	北部含盐区	文东	文 203-35	沙三中 4	3294.15	深灰色页岩	4.2	0.788776
咸水	北部无盐区	濮城	濮 115	沙三上 7	3131.5	深灰色页岩	1.99	0.791885
咸水	北部含盐区	濮城	濮 6-33	沙三中 7	3433.8	灰色泥岩	1.219	0.807092
咸水	北部含盐区	文西	文古 1	少—下	1967.6	灰色泥岩	0.8	0.844474
咸水	北部含盐区	卫城	卫 18-5	沙三中 8	2651.15	深灰色页岩	2.09	0.867829
咸水	北部含盐区	文西	文古 1	沙—下	2020.5	色白云质泥	0.88	0.877473
咸水	北部含盐区	卫城	卫 20	沙三中 3	2388	深灰色页岩	2.41	0.912861
咸水	北部无盐区	文东	文 203-35	沙三中 6	3387.38	深灰色页岩	1.09	0.956023
咸水	北部含盐区	濮城	濮 6-65	沙三上 8	3053.55	黑色页岩	1.081	0.96129

地测测试分析表明，该类原油还具有明显的三环萜烷含量中等的特征，三口井的 C20-21-23 三环萜/17α-C30 藿烷比值分别为 0.8、1.5、0.5，介于 0.5-1.5 之间，C20-21-23 三环萜为厂字型或上升型且 C23 三环萜烷含量低于 C30 霍烷的特征（图 2）。方 2、何 301 及赵 4-3 井的原油 ααα20RC27-C28-C29 规则甾烷为"L"型（图 3-a），指示原油的生烃母质以藻类为主，三口井的 C29ααα20S/（20S+20R）为分别为 0.57、0.51、0.32，表明方 2、何 301 井的原油处于成熟阶段，赵 4-3 井的原油处于低熟阶段。通过烃源岩的分析，发现西南洼咸化环境中的该类原油（图 3-a），与沙三上烃源岩的色质谱图具有较强的相似性，例如赵 4-3 井沙三上 3530-3538m 处的烃源岩质谱图形态（图 3-b）和特征生物标志化合物均与上述原油具有较强的相似性，推测西南洼中该类原油主要来自沙三上咸水环境中的源岩。

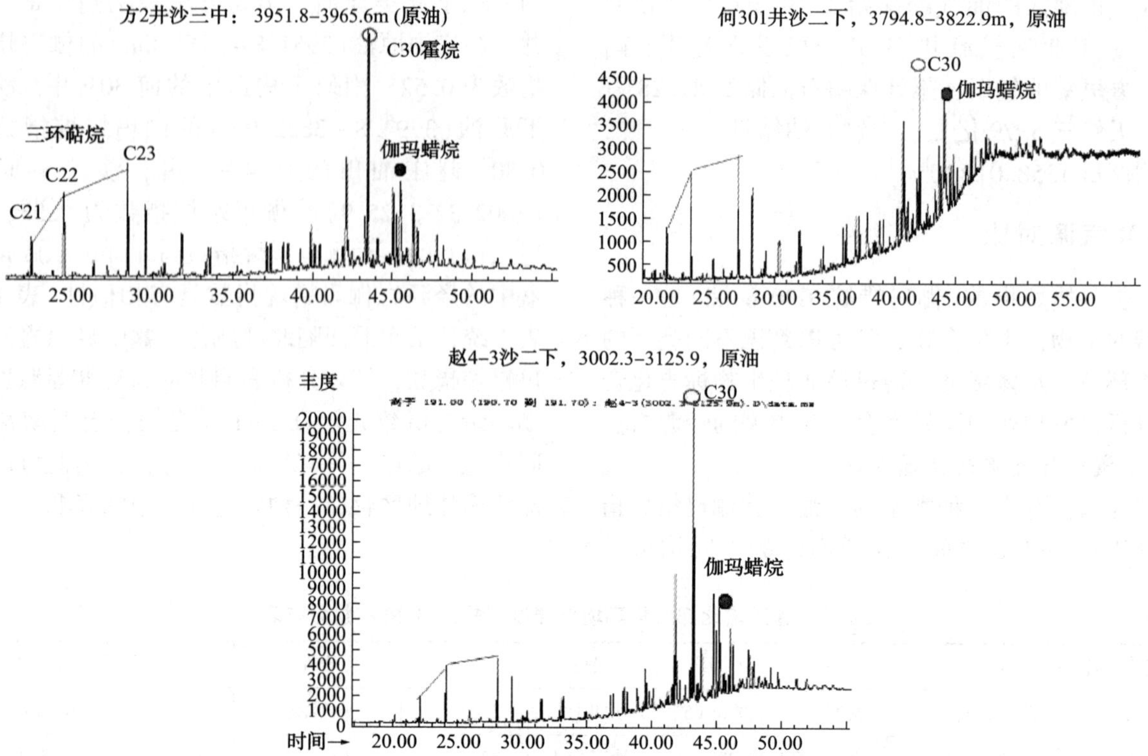

图 2　东濮凹陷西南洼咸化环境原油色质谱图

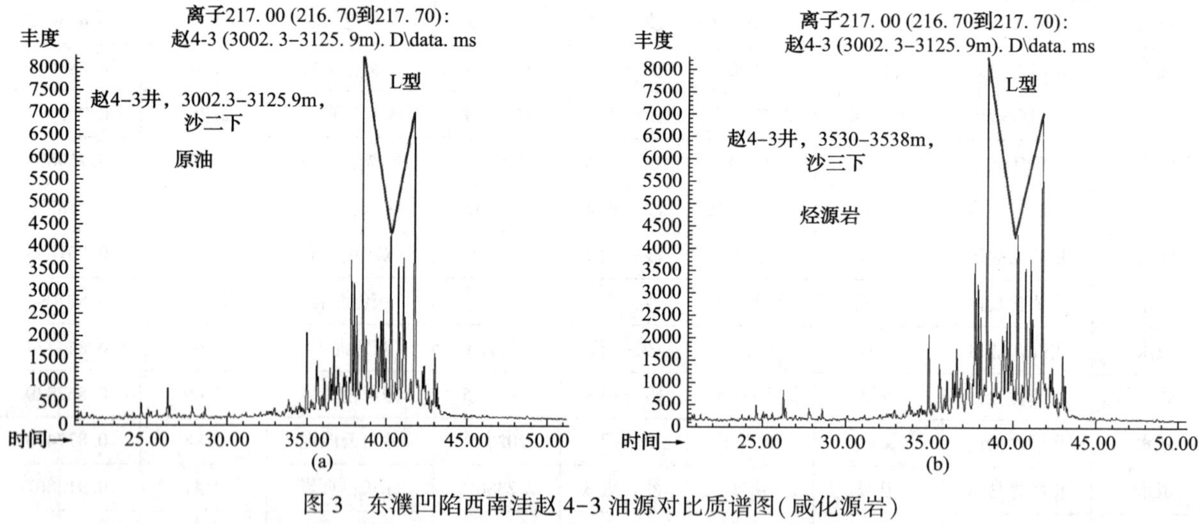

图 3　东濮凹陷西南洼赵 4–3 油源对比质谱图(咸化源岩)

2.2　淡水环境中的油源对比

西南洼另外一种类型的原油，其伽玛蜡烷指数极低，介于 0.1~0.5 之间，在西南洼的濮深 8 井发现了此类原油(图 4)，濮深 8 井沙三中原油(4448.39~4647.93m)测试分析，其伽玛蜡烷指数为 0.18，原油伽玛蜡烷指数与南部沉积淡水湖盆中的烃源岩伽玛蜡烷指数具有相似性(表 2)。表 2 统计了东濮凹陷南部淡水湖盆中烃源岩的伽玛蜡烷指数，统计分析表明南部烃源岩的伽玛蜡烷指数介于 0.1~0.5 之间，与濮深 8 井沙三中的原油具有较强的亲缘性，由此可以推测西南洼地区还存在一种淡水湖盆的烃源岩。该类原油与前面咸水环境中的原油具有明显的差异性，咸水环境中的三环萜烷含量低，而淡水环境中的原油三环萜烷含量高(图 4 中的 A 部分)，三环萜烷/五环三萜烷(即图 4 中的 A/B)为 1.77，具有明显的三环萜烷优势的特征，其原油的 C29ααα20S/(20S+20R)为 0.51，表明原油为成熟原油，濮深 8 井的 4700~4824.5m 处的烃源岩 C29ααα20S/(20S+20R)也为 0.51(图 5–a)，成熟度一致。通过对濮深 8 井的烃源岩分析，发现沙三中部分层段的烃源岩(图 5–b)与原油(图

4)具有较强的亲缘性(图5)，推测西南洼中淡水环境中的原油主要来自本地的沙三中层系。

表2　东濮凹陷南部淡水环境源岩伽玛蜡烷/C30霍烷分布表

沉积环境	地区	洼陷	井号	层位	深度	岩性	TOC	G/C30
淡水	南部淡水区	葛岗集南	马11-7	沙三中4	2755.77	灰色泥岩	0.5277	0.181506
淡水	南部淡水区	葛岗集北	桥80	沙三下4	3716.57	灰色泥岩	0.5415	0.365576
淡水	南部淡水区	葛岗集南	徐14-14	沙三中9	2974.97	灰色泥岩	0.5609	0.189044
淡水	南部淡水区	西南洼	濮深6	沙三中8	4649.2	页岩	0.67	0.279598
淡水	南部淡水区	葛岗集南	徐14-14	沙三中9	3013.38	灰色泥岩	0.7348	0.150744
淡水	南部淡水区	葛岗集北	新14	沙三下3	4237.7	灰色膏质泥	0.75	0.706495
淡水	南部淡水区	葛岗集南	春9	沙三上	2500.8	灰色泥岩	0.9042	0.240648

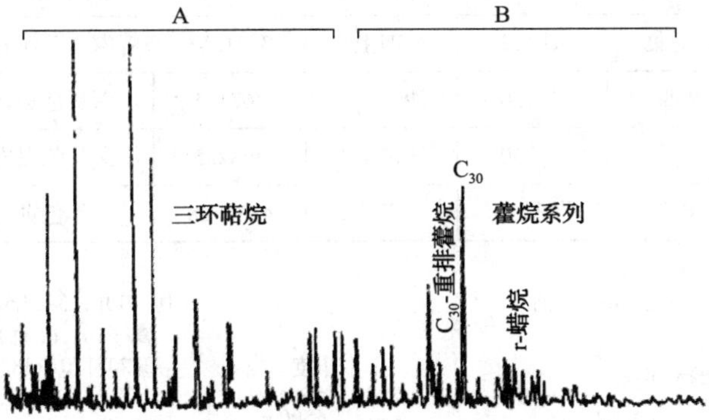

图4　东濮凹陷西南洼淡化环境原油(濮深8井)色质谱图

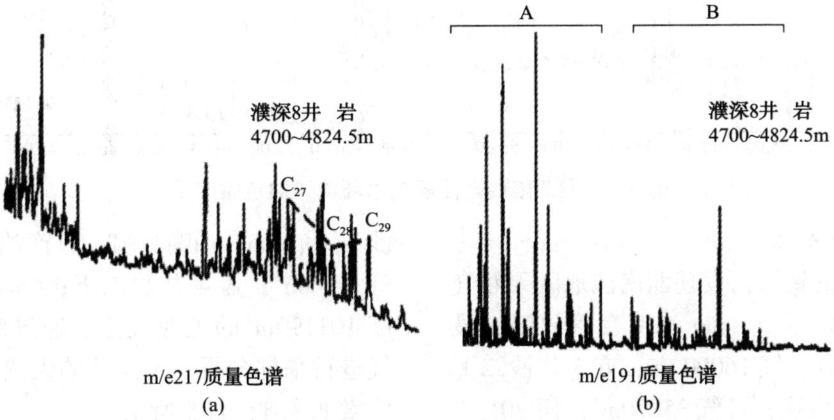

图5　东濮凹陷西南洼淡化环境烃源岩(濮深8井)色质谱图

2.3　超咸水环境中的油源对比

西南洼还存在另外一种类型的原油，其伽玛蜡烷指数大于1，在西南洼的何3井、何301井发现了此类原油(图6)，何3井沙二下原油(3679.8~3872.5m)其伽玛蜡烷指数为2.59，何301井，沙二下(3824.5m)原油的伽玛蜡烷指数为3.34。如此高的伽玛蜡烷指数在东濮凹陷比较少见。通过对东濮凹陷不同地区的烃源岩色质谱大数据的分析，发现沙三下和沙四上的部分高丰度烃源岩和上述两井的原油具有一定的相似性(表3)，沙三中和沙三上几乎没有如此高的伽玛蜡烷指数的源岩发育。沙三下和沙四上部分源岩具有此类特征，通过对东濮凹陷盐岩纵向分布特征来看，主要为东濮凹陷区域文23盐(沙三下-沙四上)发育层段，推测该类原油与文23盐的分布具有一定的关系。该类原油具有明显的三环萜烷及伽玛蜡烷指数高的“双高”特征(图6)。由于西南洼地区沙三下-沙四上地层埋藏深度大，最深处可达7000~8000m，现无探井钻探到洼陷深部烃源岩，故无法测试到该区沙三下-沙四上烃源岩样品。通过类比，推测该类原油主要来自文23盐发育层系(沙三下-沙四上)。

表3　东濮凹陷超咸水环境源岩伽玛蜡烷/C30霍烷分布表

沉积环境	地区	洼陷	井号	层位	深度	岩性	TOC	G/C30
咸水	北部含盐区	文西	文201	沙三下2	3684.8	深灰色泥岩	2.63	2.173968
咸水	北部含盐区	文西	文201	沙三下2	3684.8	深灰色页岩	2.63	2.313391
咸水	北部无盐区	海通集	胡83	沙三上10	3828	深灰色页岩	1.08	2.334913
咸水	北部含盐区	濮卫次洼	卫79-8	沙四上4	3467.5	深灰色页岩	1.45	2.359139
咸水	北部含盐区	濮卫次洼	卫79-8	沙四上4	3467.96	深灰色页岩	1.3	2.551837
咸水	北部含盐区	濮卫次洼	卫79-8	沙四上2	3358.3	深灰色页岩	0.81	2.574447
咸水	北部无盐区	濮城	濮6-65	沙四上2	3562.5	灰色泥岩	1.608	2.811139
咸水	北部含盐区	文西	文250	沙三下3	3675.5	深灰色泥岩	1.32	2.975768
咸水	北部含盐区	海通集	胡122	沙四上3	3721.43	深灰色泥岩	1.198	3.102735
咸水	北部含盐区	文西	文250	沙三下3	3674.5	深灰色页岩	1.01	3.147235
咸水	北部含盐区	文西	文250	沙古下3	3682.5	深灰色泥岩	1.21	3.450491
咸水	北部无盐区	濮城	濮深20	沙三下2	4555.28	灰黑色页岩	1.29	4.369138

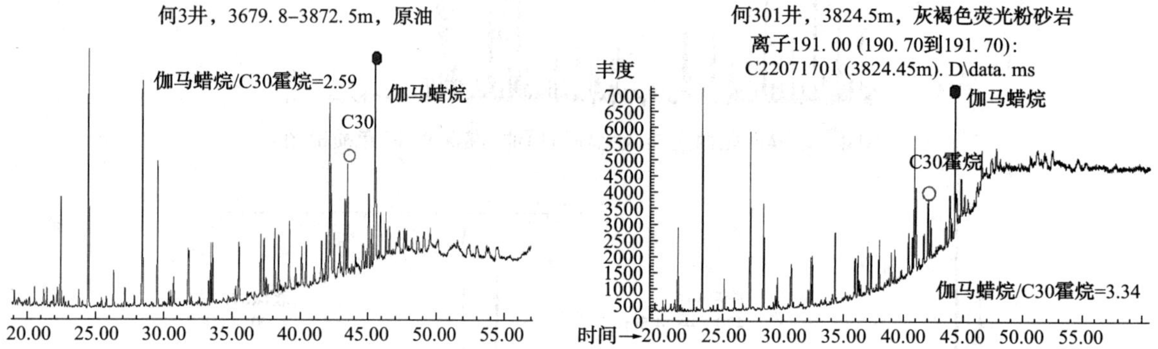

图6　东濮凹陷西南洼超咸水环境原油色质谱图

2.4　天然气来源对比

通过近年来的钻探，发现西南洼地区天然气富集，方2井沙三上，8mm油嘴套管放喷，最高日产油179.5方、气16000方；方3井沙二下测试，3mm油嘴放喷，日气35890m^3；何301井沙二下，3mm油嘴自喷，日产油37.76m^3、日产气3439m^3；孟4井沙二下；6mm油嘴求产获日产101199m^{3}的工业气流。通过对上述井的天然气进行采样分析，不同井的天然气组分及其碳同位素如表4、表5所示。

表4　东濮凹陷西南洼天然气组分特征表

井位	深度/m	层位	CO_2	N_2	CH_4	C_2H_6	C_3H_8	烃类	非烃	$C_1/(C_1-C_5)$
方2	3951.8~3965.6	Es_2下	4.69	3.24	85.94	3.41	1.46	92.07	7.93	0.93
方3	3597.5~3676.8	Es_2下	2.45	4.11	90.58	2.21	0.32	93.43	6.57	0.97
何3	3678.9~4052.9	Es_2下	2.58	1.79	93.20	1.82	0.33	95.39	4.37	0.98
何301	3794.8~3822.9	Es_2下	1.08	/	89.27	5.90	1.61	98.92	1.08	0.90
孟4	3525.0~3607.5	Es_2下	1.22	0.95	93.67	3.48	0.56	97.83	2.17	0.96
赵4-1	2865.4~3291.9	Es_2下	2.23	3.91	58.16	13.30	10.82	93.86	6.14	0.62
赵4-3	3002.3~3125.9	Es_2下	1.96	2.03	43.01	18.88	18.12	96.01	3.99	0.45
赵5	3912.5~3990.0	Es_3上	3.94	2.73	71.59	9.83	5.46	93.33	6.67	0.77

表 5　东濮凹陷西南洼天然气碳同位素特征表

井位	深度/m	层位	甲烷 $\delta^{13}C_{PDB}$/‰	乙烷 $\delta^{13}C_{PDB}$/‰	丙烷 $\delta^{13}C_{PDB}$/‰	正丁烷 $\delta^{13}C_{PDB}$/‰	天然气成因
方 2	3951.8~3965.6	Es_2下	-30.30	-23.70	-24.00	-25.10	煤型气
方 3	3597.5~3676.8	Es_2下	-33.50	-20.50	-17.20		煤型气为主
何 3	3678.9~4052.9	Es_2下	-34.00	-11.20	-16.80	-19.10	煤型气为主
何 301	3794.8~3822.90	Es_2下	-37.80	-22.5	-18.5	-20.8	混合气
赵 4-1	2865.4~3291.9	Es_2下	-38.30	-24.50	-22.80	-23.00	油型气为主
赵 4-3	3002.3~3125.9	Es_2下	-37.80	-24.60	-23.20	-23.30	油型气为主
赵 5	3912.5~3990.0	Es_3上	-39.90	-25.00	-22.70	-22.40	油型气为主

通过天然气组分的分析，发现西南洼天然气组分存在差异，位于西南洼陷的方里集构造(方2、方3)、孟居构造(孟4井)和南何家构造(何3、何301)的天然气具有干燥系数大，$C_1/(C_1-C_5)$均大于或等于0.9，CH_4含量高，C_2H_6、C_3H_8等含量偏低的特征(表4)；而赵庄构造(赵4-1、赵4-3、赵5)的天然气具有干燥系数小，$C_1/(C_1-C_5)$介于0.45-0.80之间，CH_4含量低，C_2H_6、C_3H_8等含量偏高的特征(表4)。

根据天然气不同组分的碳同位素分析，也发现了西南洼存在多种成因的天然气，一种为天然气甲烷、乙烷碳同位素均偏重，天然气甲烷碳同位素介于-34.0~-30.3‰，平均值为-32.6‰、乙烷同位素介于-23.7~-11.2‰，平均值为-18.5‰，该类气体主要分布在方里集构造的方2、方3井区和南何家构造的何3井区；另外一种天然气甲烷、乙烷碳同位素相对偏轻的特征，天然气甲烷碳同位素介于-37.8~-39.9‰，平均值为-38.7‰、乙烷同位素介于-24.5~-25‰，平均值为-24.7‰，主要分布在赵庄构造的赵4-1、赵4-3、赵5井区；还有一种天然气甲乙烷碳同位素介于上述两者之家，具有混合气的特征，天然气甲烷碳同位素相对偏轻，更偏向赵庄油田天然气甲烷碳同位素特征，乙烷碳同位素介于上述两者之间。

依据戴金星1992发表的论文中的天然气成因判识图版，对西南洼地区的天然气组合和碳同位素进行投点，结合天然气组分和碳同位素特征，判断出西南洼地区存在两种类型的天然气，一种为煤成气，主要为方2井，另外一种为混合气，主要分布在方里集、南何家及赵庄构造(图7)。另外通过对方2、方3井的稀有气体同位素的分析，发现该井的$^{40}Ar/^{36}Ar$分别为2264，2345，属于煤成气的范畴。氩同位素$N(^{40}Ar/N(^{36}Ar)$值主要受控于源岩年代积累效应和源岩K质量分数的影响。东濮凹陷天然气成因$N(^{40}Ar/N(^{36}Ar)$值标准为：煤成气为958~1754(平均为1313)；油型气为343~628(平均为471)；混合气为683~890(平均为777)。

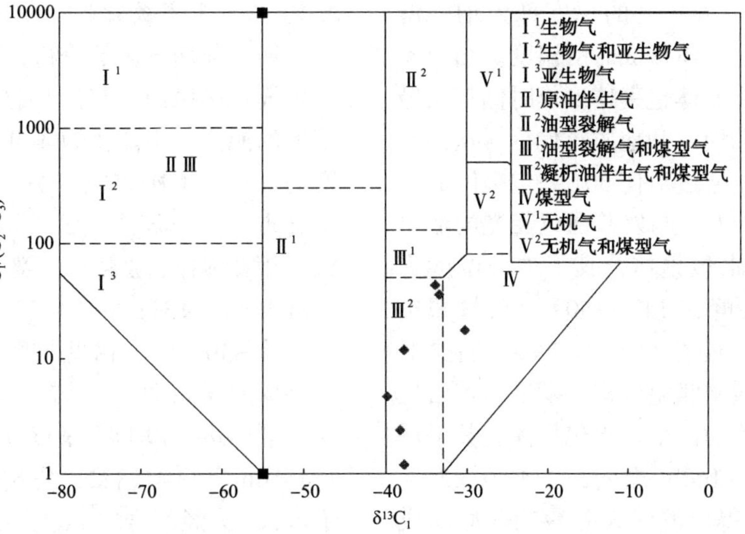

图 7　东濮凹陷西南洼不同成因天然气成因判识(图版据戴金星，1992)

综上各类测试分析所示，西南洼存在两大类三小类天然气，一种为煤成气，主要分布在方里集构造，该类天然气以方 2 井为代表；另外一种天然气为混合天然气，以南何家构造的何 301 井为代表，在混合气中，赵庄油田的天然气更偏向油型气，其他地区的混合气更偏向煤成气。

3　西南洼陷油气成藏期次

目前，确定油气成藏时期的方法主要有构造演化史法、油气藏饱和压力法、烃源岩演化史法、储集层成岩作用法、油藏地球化学法和储集层有机岩石学法等。本文主要采用流体包裹体均一温度法对东濮凹陷西南洼油气成藏进行研究。流体包裹体根据镜下特征和成分分析结果，可以分为烃类包裹体和盐水包裹体。

3.1　烃类包裹体

烃类包裹体的荧光颜色由火红色→橙色→黄色→绿色→蓝白色变化，反映出有机质从低成熟向高成熟演化。通过对西南洼陷不同井的烃类包裹体的分析，发现其荧光颜色主要以蓝白色为主，例如何 301 井目的层系及濮深 8 井均具有此类现象，这表明该区的油气充注主要以成熟原油充注为主，(图 8)。

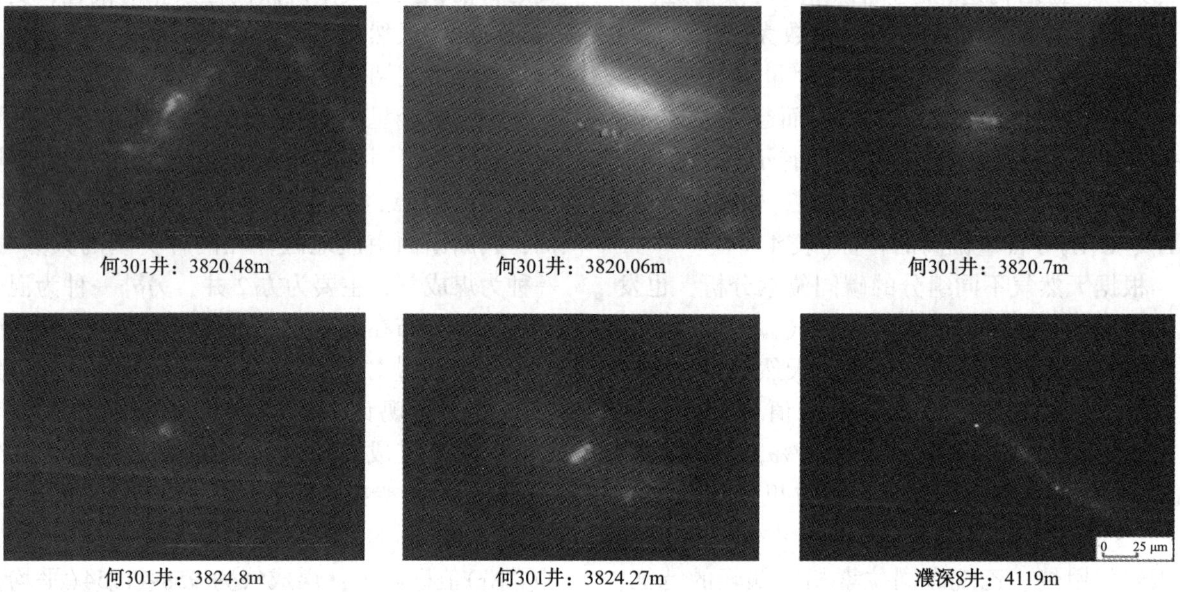

图 8　东濮凹陷西南洼烃类包裹体荧光特征图

3.2　盐水包裹体

在实验室将包裹体置于冷热台上加热至气相消失，再恢复成均一液相时的温度称为均一温度，该温度代表了包裹体形成时的温度。结合储层的埋藏史，可确定流体包裹体形成时储集层经受的温度以及相应的埋深和地质年代等，从而判断油气充注的时间。通过对何 301 井包裹体的显微测温分析(图 9)，发现与发蓝白色荧光的油包裹体伴生的同期盐水包裹体，其平均一温度为 120~160℃之间，主峰在 140~150℃，经埋藏史图投点，其充注时间距今约为 2~7Ma。通过对濮深 8 井包裹体的显微测温分析，发现与蓝白色荧光油包裹体相伴生的同期盐水包裹体，其平均一温度为也在 120~160℃之间，主峰在 130~140℃，结合埋藏史得出濮深 8 井沙三段原油成藏时间为明化镇组晚期—平原组中期(距今 1~3Ma)，综上所述，该地区的原油充注时间晚，具有晚期成藏的特征。

3.3　天然气成藏时间

通过前面气源的分析，发现方 2 井位于典型的煤成气区域内，其他井的天然气均存在一定程度上的混合，不能作为典型样本进行天然气成熟度的计算。本次研究以方 2 井甲烷碳同位素为基准点，进行煤成气成藏时间的厘定。依据煤成气甲烷碳同位素与成熟度 Ro 之间的关系，$\delta13C1 \approx 14.13LgRo-34.39$，方 2 井的甲烷碳同位素为-30.3‰，由此推算出煤成气来自 Ro≈1.95%的煤系源岩，结合方 2 井的埋藏史图及西南洼 Ro 与埋藏深度关系图等资料($y=1.4556\ln(x)+4.2822$，公式中 y 为深度，单位为千米，x 为烃源岩的 Ro 值)，推算 Ro=1.95%的煤系源岩距今埋藏深度应为 5250m。结合该地区的沉积埋藏特征进行推测，地质历史上 C-P 煤系源岩 Ro=1.95%，主要为 Ng 组沉积末期。东营组沉积时期，该区 C-P 的煤系源岩埋藏深度在 3500~4800m 之间，Ro 值推测应在 0.58%~1.43%之间，可见与现今的方 2 井煤成气成熟度不吻合，应该不是主要天然气成藏期；在 Ng 沉积时期成藏，其埋藏深度 3400~5600m 深度范围内，其 Ro 值应在 0.54%~2.47%之间，现今方 2 井的天然气成熟度 Rc 值介于上述两者之间，由此亦可推测该地区煤成气的成藏时间应该在 Ng 组沉积末期，也相对具有晚期成藏的特征。

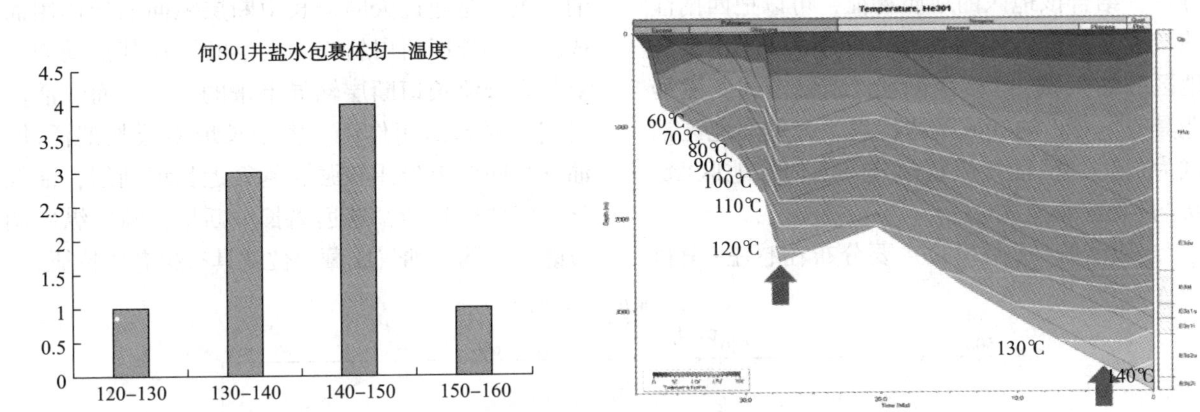

图 9　何 301 井与烃类相伴生的盐水包裹体均一温度及埋藏史图

4　油气主控因素

通过对西南洼典型油气藏的油气源对比及成藏时期的厘定，结合其区域地质发育特征，建立了西南洼油气成藏具有“多源供烃、背景控藏、断砂控富”的油气成藏特征。

4.1　多源供烃

通过前面的油气源对比，可见西南洼地区油气来源多样，既有沙三上的咸水环境中的源岩，也有沙三中的淡水源岩，还有超咸水沙三下-沙四上环境的源岩，气源来源也比较复杂，既有典型的煤成气，譬如方 2 井，也有油型气和煤成气混合作用形成的混合气(何 301 等井)。可见该区的油气来源并非之前认为的单一源岩供烃，而是具有多类型源岩供烃的特征。

4.2　背景控藏

油气成藏期分析表明，西南洼地区原油和天然气主要具有晚期成藏的特征。通过该区的构造演化分析，发现西南洼圈闭定型时期相对较早，具有圈闭的形成时期早于油气的成藏期，由此导致一些具有构造背景的圈闭易在断层的活动中首先捕获油气。统计分析也表明，西南洼地区具有一定构造背景的圈闭比较容易成藏。例如赵庄油气田，发育 3 个构造圈闭，自南向北依次发育赵 1、赵 4-3、赵 4 三个区块，其中赵 4-3 圈闭位于三个圈闭的最高的部位，其油气产量亦最高，累产原油为 1.88 万吨；而赵 1 及赵 4 断块区，圈闭位置相对较低，原油累产也相对低，分别累产为 5836、1894 吨；位于构造更低部位的低断块部位含油气性较差甚至不成藏，例如位于低断块部位的桑 2 井就未获得工业性油气流。

4.3　断砂控富

在构造背景控藏的宏观背景下，断层的发育特征和组合样式，以及砂体的储层特征及厚度对西南洼地区得油气富集起到决定性作用。目前西南洼油气的主要目的层系是沙二段，而主要源岩层系位于其下覆的沙三段和上古生界煤系源岩。纵向上如无大断层的输导难以成藏，可见断裂的纵向输导对该区的油气成藏起到至关重要的作用。油气藏主要分布在一些长期活动的二级断裂及其相关的伴生圈闭中。例如长垣断层、黄河断层等，断层长期活动，对油气的纵向输导起到重要的作用，与二级大断层相伴生的次级断层对大断裂输导上来的油气起到分流作用，也是比较容易成藏的。以孟居地区为例，孟居地区油气主要分布在与黄河断层同向的切穿沙三段烃源岩的断层附近，如孟 4 井和孟 6 井。远离该断层的井位未见工业性油流，如孟 3 井、孟 5 井和孟 1 井。

依靠大断层输导上来的油气，在沙二段相对储层发育好的砂体中富集成藏。例如方 3、何 301、孟 4 井都证实了在沙二段储层中，储层相对厚度大、物性好的砂体油气更加富集。例如孟

4 井的油气分布主要分布在沙二下亚段上部较好的的储层物性中，而物性较差的沙二下亚段下部砂体，油气显示就相对较差。

5　油气成藏模式

通过前面的油气源对比以及成藏主控等因素的分析，结合该地区的地质特征，可以把西南洼的油气成藏划分为 4 种类型，分别为赵庄-桑村集地区的油气藏为“多级断阶“成藏模式，孟居构造具有“y 型”油气成藏的特点、方里集地区油气藏为“反 y 型”油气成藏模式、南何家地区“负花状”背景控藏模式。

“多级断阶“成藏模式主要分布在赵庄-桑村集地区(图 10)，该地区的工业油气流井主要分布主要沿着长垣断层走向分布，而远离长垣断层的钻井未获得工业性油气流，如赵 3 井和桑 2 井。该模式种的原油主要来自沙三上偏底部的烃源岩，天然气主要来自古近系湖相暗色泥岩所生成的油型气，混有一定成分的 C-P 煤系源岩的煤成气。油气主要是通过大断裂长垣断层纵向输导作用而成藏，与长垣断层斜交的次生断层在其活动期主要起到分流长垣断层输导上来的油气，而非活动时期主要起封闭作用。由于长垣断层长期活动，油气纵向调节作用较强，越靠近长垣断层，油气分布层位就越新，越远离长垣断层，断层纵向调节能力偏弱，油气成藏层位就具有越老的特征。

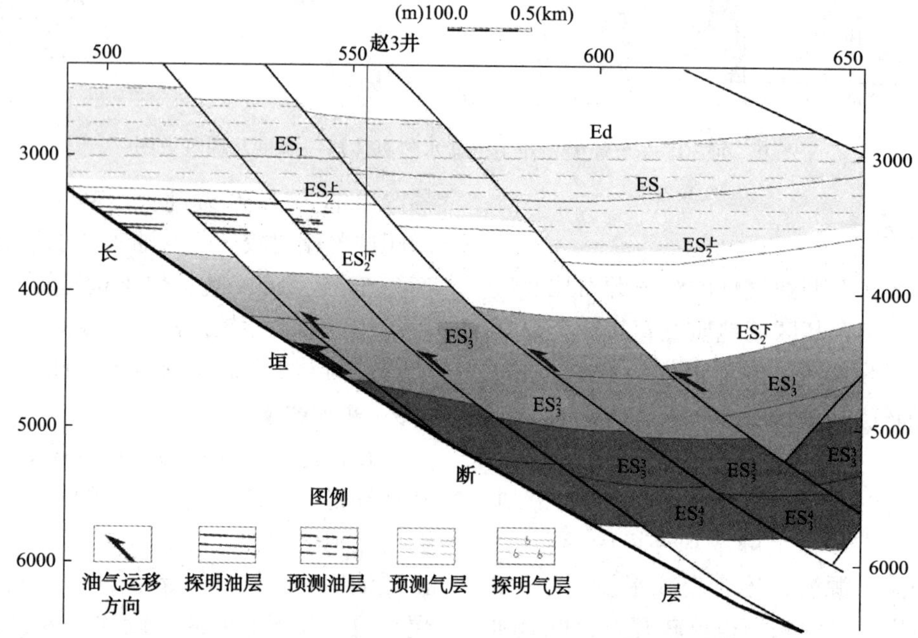

图 10　东濮凹陷系南洼赵庄地区油气成藏模式

孟居构造具有“y 型”油气成藏的特点(图 11)，孟 4 井在沙二下亚段开采到工业性气流，在沙三段仅收集到少量的气体。其中，沙二下亚段天然气的甲烷含量为 93.68%，非烃含量为 2.5%，为干气，具有煤成气的特征；沙三段天然气甲烷含量为 84.50%，非烃含量为 6.41%，为湿气，偏油型气的特征。在孟居地区油气成藏的过程中，NE 向西倾基底断层主要起输导作用，输导上来的 C-P 煤系源岩所产生的煤成气和古近系湖相泥岩所产生的原油，NE 向东倾断层和 NWW 向次生断层主要起封闭作用，主要为古近系湖相泥岩所产生的油气。

方里集地区油气藏为“反 y 型”油气成藏模式(图 12)，切穿基底的长垣断层是油气输导的主要通道，NE 向西倾断层主要起封闭作用，方里集地区已有的油气显示，该区在沙二下亚段以气藏为主，气源判识表明其主要为 C-P 的煤系源岩所产生的煤成气；远离长垣断层的地区，煤成气沿着长垣断层的伴生断层具有输导分流作用，与沙三段湖相泥岩所生的油型气相混合，形成混合气藏或者油藏。

南何家地区“负花状”背景控藏模式，深切基底的长垣、黄河断层具有分期分段活动、右旋拉张走滑的特征，控制形成洼中隆构造；沿长垣、黄河断层输导 C-P 煤系源岩所产生的煤成气和古近系湖相泥岩所产生的原油，背斜构造背景控制了油气藏的分布，形成混合油气藏(图 13)。

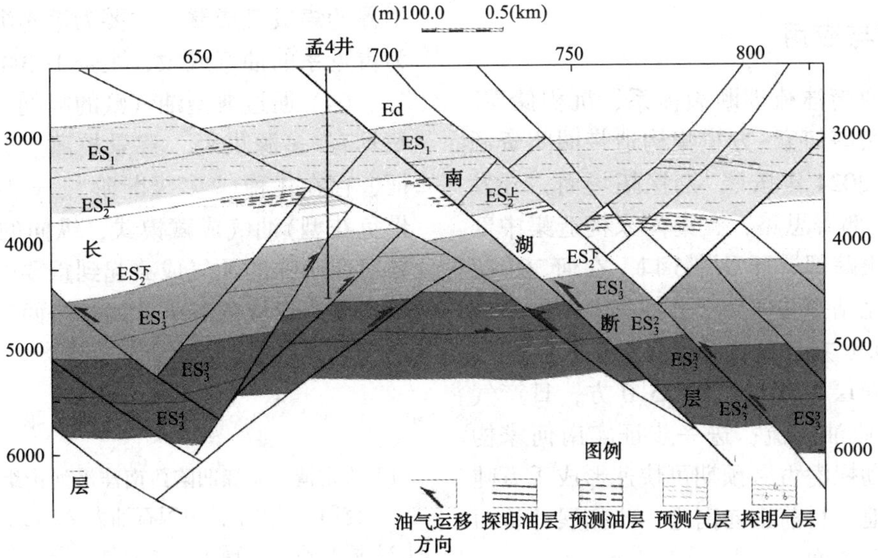

图 11　东濮凹陷西南洼孟居地区油气成藏模式图

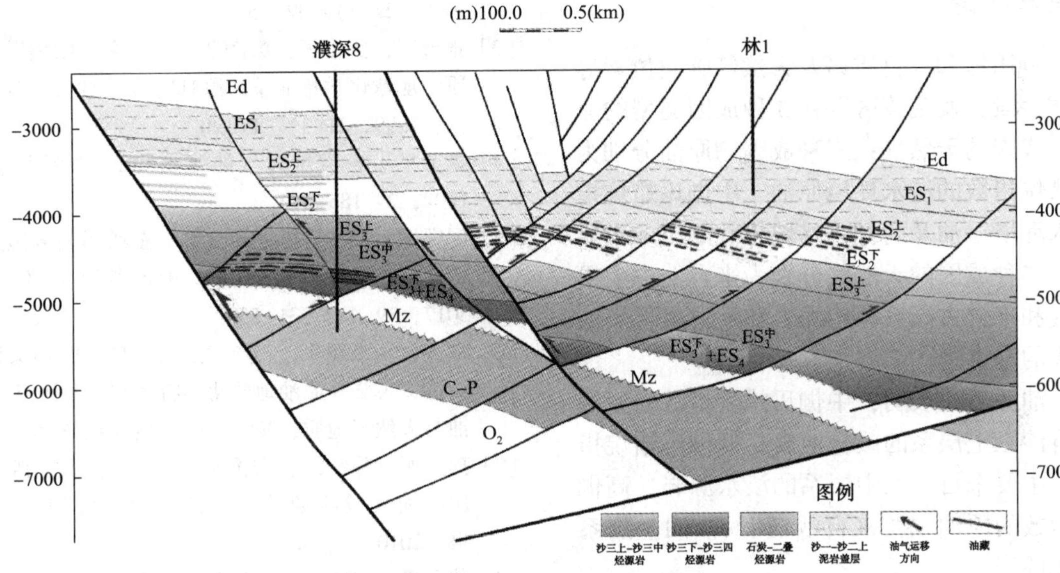

图 12　东濮凹陷西南洼方里集地区油气成藏模式图

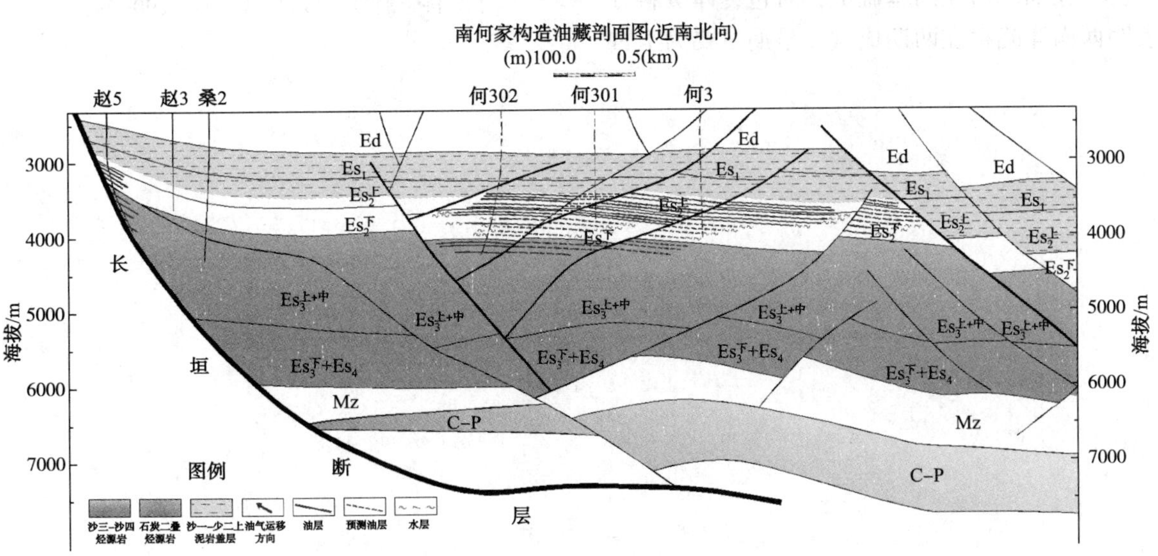

图 13　东濮凹陷西南洼南何家地区油气成藏模式图

6 勘探成效与应用

通依重新西南洼梳理断裂体系、沉积储层、成藏特征，落实南何家-方里集构造带圈闭资源量 2680 万吨。2024 年按照“勘探拓场面，开发快建产”一体化部署思路，在南何家构造集中部署探井 4 口，跟踪部署开发井 5 口。在何 301 突破的基础上，完钻探井何 302 井沙三上新层系试油获日产油 10.1 方，日产气 1461 方工业油气流，沙二段主探层系获日产油 25.0 方，日产气 6660 方高产工业油气流；进一步证实南何家构造多层系立体勘探潜力，预期可快速形成千万吨级增储建产阵地，目前正向南进一步拓展评价西南洼陷带含油气场面。

6 认识与结论

（1）采用饱和烃色质谱及天然气碳同位素等分析测试手段，发现该区存在 3 种成因类型的原油和二种成因的天然气；三种成因的原油分别为低伽玛蜡烷指数的淡水环境原油、中伽玛蜡烷指数的咸水环境原油及高伽玛蜡烷指数的超咸水环境原油；二种成因的天然气分别为来自上古生界的煤型气和来自古近系湖相泥岩和上古生界煤系源岩形成的混合气。

（2）油源对比表明，中伽玛蜡烷指数的原油主要来自沙三上层系的咸化源岩；低伽玛蜡烷指数的原油主要来自沙三中层系的淡水源岩；高伽玛蜡烷指数的原油主要来自沙三下-沙四上层系的超咸化源岩。

（3）在油源对比的基础上，对包裹体资料分析表明西南洼陷存在两期成藏，早期主要为上古生界的煤成气成藏，主要为馆陶沉积时期；晚期为古近系的油气成藏，距今 1-3Ma。

（4）通过典型油气藏的解剖，西南洼油气成藏具有“多源供烃、背景控藏、断砂控富”的特征，存在 4 种(“多级断阶“、y 型、反 y 型、背景负花型)油气成藏模式，纵向的大断裂高效输导对西南洼的油气成藏起到重要的作用，围绕大断裂周边形成的各类圈闭将是西南洼未来的油气勘探重点领域。

参 考 文 献

[1] 边雷博．东濮凹陷西南洼沙河街组油气成藏特征研究[D]．北京：中国石油大学(北京)，2018.
[2] 武晓玲，卢福长，张云献，等．东濮凹陷濮深 8 井油气源烃源岩地球化学特征[J]．石油勘探与开发，2000，27(5)：32-35.
[3] 张云献，罗小平，彭渤莹，等．东濮凹陷濮深 8 井原油地球化学特征及油源对比[J]．西安工程学院学报，1999，21(3)：17-20.
[4] 戴金星．各类烷烃气的鉴别[J]．中国科学(B)，1992，2：185-193.
[5] 国殿斌，万涛，李继东，等．东濮凹陷方里集构造带油气来源及成藏期[J]．地球科学与 环境学报，2017，39(4)：531-538.
[6] 常俊合，李新军，吕红玉，等. 东濮凹陷文留潜山构造文古 2 井原油地球化学特征和油源研究[J]．石油与天然气地质，2004，25(1)：44-48
[7] 孙秀丽，陈红汉，宋国奇，等. 东营凹陷胜坨地区深层油气成藏期及其主控因素分析[J]．石油学报，2010，
[8] 戴金星，戚厚发．我国煤成烃气的 δ13C1-Ro 关系[J]．科学通报，1989，34(9)：690-692.

西湖凹陷渐新统花港组
浅水三角洲河道岩性圈闭描述方法与应用

焦社宝　许怀智　蔡　坤　常吟善　张　岩

［中海石油(中国)有限公司上海分公司］

摘　要　东海陆架盆地西湖凹陷花港组整体处于浅水三角洲沉积背景，勘探主要目的层埋深大、砂泥岩阻抗相近、河道期次及叠置关系复杂，致使河道岩性圈闭描述难度大；同时，在背斜高部位已钻井普遍见水的情况下，背斜翼部是否具有潜力等问题制约勘探研究进展。针对存在的问题，本文对 Zoeppritz 方程 Shuey 近似式梯度项的详细解剖，并结合实际地震道集特征和地震正演分析等，明确了 AVO 梯度属性是对研究区储层最为敏感和稳定的地震属性。采用 AVO 梯度属性进行河道精细刻画，其中在 H5b 层识别出共 4 条分流河道，河道 1 和河道 4 呈 NW-SE 走向，平均宽度分别为 0.7km 和 0.8km，宽厚比分别为 29 和 28，弯曲度分别为 1.04 和 1.06；河道 2 和河道 3 为 NE-SW 走向，平均宽度分别为 0.85km 和 3.1km，宽厚比分别为 26 和 70，弯曲度分别为 1.40 和 1.09。并通过高分辨率层序地层学和相对等时面层拉平等方法对河道期次进行识别，从早到晚依次为河道 1、河道 2、河道 3、河道 4。最后，通过不同河道地震响应特征和可能的含气平点等多信息交叉验证分析，判断其连通性，落实河道岩性圈闭有效性，认为 H5b 层的河道 2 与河道 4 在构造高部位不连通，河道 2 与河道 3 互不连通，河道 3 和河道 4 具备独立成藏的条件，基于此认识推动在 A 构造上的河道 4 和 B 构造上的河道 3 各钻探 1 口探井，并获得较好的勘探成效，证实了该研究技术方法的实用性与可靠性。

关键词　河道岩性圈闭；浅水三角洲；AVO 梯度；地震正演；西湖凹陷

Descriptive Methods and Applications for Channel Lithologic Traps of Shallow Water Delta in Oligocene Huagang Formation in Xihu sag

Jiao Shebao　Xu Huaizhi　Cai kun　Chang Yinshan　Zhang Yan

(CNOOC China Limited, Shanghai Branch)

Abstract　The Huagang Formation in the H area of Xihu Sag, East China Sea shelf Basin is a shallow-water delta depositional background. It is difficult to describe the channel and evaluate the lithologic trap because of the large buried depth of the main exploration target layer, the similar impedance of sand and mudstone, complex relationship between channel stages and overlaying. At the same time, the progress of exploration research is restricted by the question whether the anticlinal wings have exploration potential when water was found in the high parts of the anticlinal well. To solve the existing problems, this paper firstly makes clear that AVO gradient is the most sensitive and stable seismic attribute for the target reservoir in the study area through the detailed dissection of the Shuey approximate gradient term of Zoeppritz equation, combined with the actual seismic trace set characteristics and seismic forward analysis, and optimizes the gradient attribute for reservoir prediction. Then, based on the gradient attribute, the channel boundary is finely delineated, a total of four distributary channels are identified in H5b layer. Channel 1 and channel 4 are NW-SE trending, with average widths of 0. 7km and 0. 8km, width-to-thickness ratios of 29 and 28, and curvature of 1. 04 and 1. 06, respectively. Channel 2 and channel 3 are NE-SW trending, with average widths of 0. 85km and 3. 1km, width-to-thickness ratios of 26 and 70, and curvature of 1. 40 and 1. 09, respectively.

The channel stages are divided into channel 1, channel 2, channel 3 and channel 4 from early to late by high-resolution sequence stratigraphy and relative isochronous surface flattening method. Finally, through cross-validation analysis of seismic response characteristics of different channels and possible gas bearing flat points and other multi-information, the connectivity of the channel is judged and the validity of the channel lithology trap is implemented. It is considered that channel 2 and Channel 4 of H5b layer are not connected at the high structural position, channel 2 and channel 3 are not connected, and channel 3 and channel 4 have the conditions for independent reservoir formation. Based on this understanding, exploration well was drilled in both the channel 4 of structure A and the channel 3 of structure B, both obtained good exploration results, which proved the practicability and reliability of the research technique and method.

Key wordst　Channel lithologic trap; Shallow water delta; AVO gradient; Forward seismic modeling; Xihu sag

随着油气勘探开发的不断深入，东海构造圈闭已钻探殆尽，岩性勘探是目前的主要勘探方向之一。西湖凹陷花港组主要为河湖交互沉积体系（张国华等，2018；刘金水等，2019；杨征等，2024），在中央带北部主要为河流相沉积，砂体厚度大，砂地比高，不利于岩性圈闭的发育。而到中南部研究区，花港组整体以浅水三角洲沉积为主，砂体横向变化快，砂地比适中，有利于开展岩性勘探。目前岩性圈闭评价的难点在于①目的层埋深大，处于砂泥岩阻抗叠置区，且河道期次及叠置关系复杂，前人常用的叠后地震和 Vp/Vs 反演难以满足河道精细研究的需求，如何选择合理的储层预测和河道刻画方法；②三角洲平原背景下不同的分支河道在平面上走向多变，呈现出相交和平行、亚平性的地震地貌特征，在剖面上，同一层不同分支河道间常常呈现出切叠、并置的特征，导致河道期次和连通性分析存在困难，制约背斜翼部的岩性勘探，尤其在背斜高部位已钻井油气层普遍见水的情况下。

目前，常用的储层预测方法主要分为叠后和叠前两大类（刘力辉等，2013）。叠后包括常规地震和叠后反演，常规地震在中浅层砂岩阻抗相对于泥岩为低值时，应用效果较好，但也容易受煤层等特殊岩性干扰；叠后反演相对于叠后地震属性值和岩性对应关系更好，部分削弱了子波调谐的影响，但容易受模型的影响，且不适用于砂泥岩阻抗相近的情形。叠前包括叠前反演和叠前地震属性。叠前地震属性主要是指 AVO 梯度，EEI（Whitcombe et al.，2002）等；叠前反演方法相对较多，其中叠前 Vp/Vs 同步反演在东海储层预测中取得的了较好的应用效果（姜勇等，2016，2020），尤其是在砂体期次及叠置关系不太复杂的地区，但在研究区，由于受低频模型影响，刻画的河道形态、期次等不清楚。在三角洲平原分流河道岩性目标评价方面，前人研究主要集中在研究区的 C 构造，主要通过地震沉积学（陈波等，2019；娄敏等，2023；董鑫旭等，2024）对河道砂体进行沉积解释，并开展了心滩、点坝级别的构型分析（何贤科等，2023；杨征等，2024），对河道期次和连通性研究较少。

本文针对复杂河道型储层预测和河道边界精细刻画、期次和连通性识别等问题，首先通过对 Zoeppritz 方程的 Shuey 近似展开分析、认为 AVO 梯度属性和泊松比具有较好的相关性，可以用来进行储层预测，并结合岩石物理分析、实际道集分析、流体替换和地震正演等技术，明确了梯度属性是对研究区目的层储层响应最为稳定和敏感的地震属性，建立了适用于海上少井区的以梯度属性为主的岩性预测方法。然后以梯度属性为基础，以 Vp/Vs 反演为参考，解释和刻画出了研究区目的层的所有分流河道。最后地震-地质相结合，多信息交叉验证，在沉积模式的指导下，对比不同河道的地震响应特征差异，波形变化、河道底部到相对等时面的高程差等，并结合地震正演等技术识别出了多期次的分流河道，分析其连通性，指出了背斜翼部有发育独立河道的可能，支撑了 A 构造和 B 构造勘探获得突破。

1　地质背景

东海盆地构造上位于欧亚板块东南活动大陆边缘，以新生代沉积为主、中生代沉积为辅的大型叠合含油气盆地。盆地东、西两缘被琉球和浙闽隆起区正向构造单元所围限，自西至东由台北坳陷、舟山隆起、浙东坳陷、钓鱼岛隆褶带和冲绳坳陷构成（刘金水等，2020；许怀智等，2022；余浪等，2023）。西湖凹陷位于东海盆地浙东坳陷的东北部，是一个二级负向构造单元，整体呈 NEE 向展布，东濒钓鱼岛隆褶带，西临长江凹陷和虎皮礁-海礁-渔山凸起，北至福江凹陷，南连钓北凹陷，东西宽约为 74~142km，南北长约为 475km，轮廓面积约 5.4×10^4 km^2（图 1）。该凹陷地层发育齐全、厚度大，据地震资料最大沉积厚度约达 15000~18000m。根据凹陷地质结构与地层沉积充填，由西至东南依次可划分西部斜坡带、西次凹、中央反转构造带、东次凹和东部断阶带 5 个构造单元（张迎朝等，2023）。截止目前，钻井自上而下揭示第四系东海群（$Q_p dh$），新近系上新统三潭组（N_2s）、中新统柳浪组（N_1ll）、中新统玉泉组（N_1y）和中新统龙井组（N_1l），古近系渐新统花港组（E_3h）、始新统平湖组（E_2p）和宝石组（E_2b）（图 1c）。始新统及以下地层呈现为伸展断陷控制的裂陷结构，由地堑和半地堑构成；渐新统至中新统玉泉组为坳陷结构，中新世末经历龙井运动，发生挤压反转，形成规模宏大的中央反转构造带；中新统柳浪组至第四系东海群表现为近似等厚平行区域沉降结构。西湖凹陷为典型的中、新代叠合凹陷，经历了晚白垩世至早始新世断陷期、中-晚始新

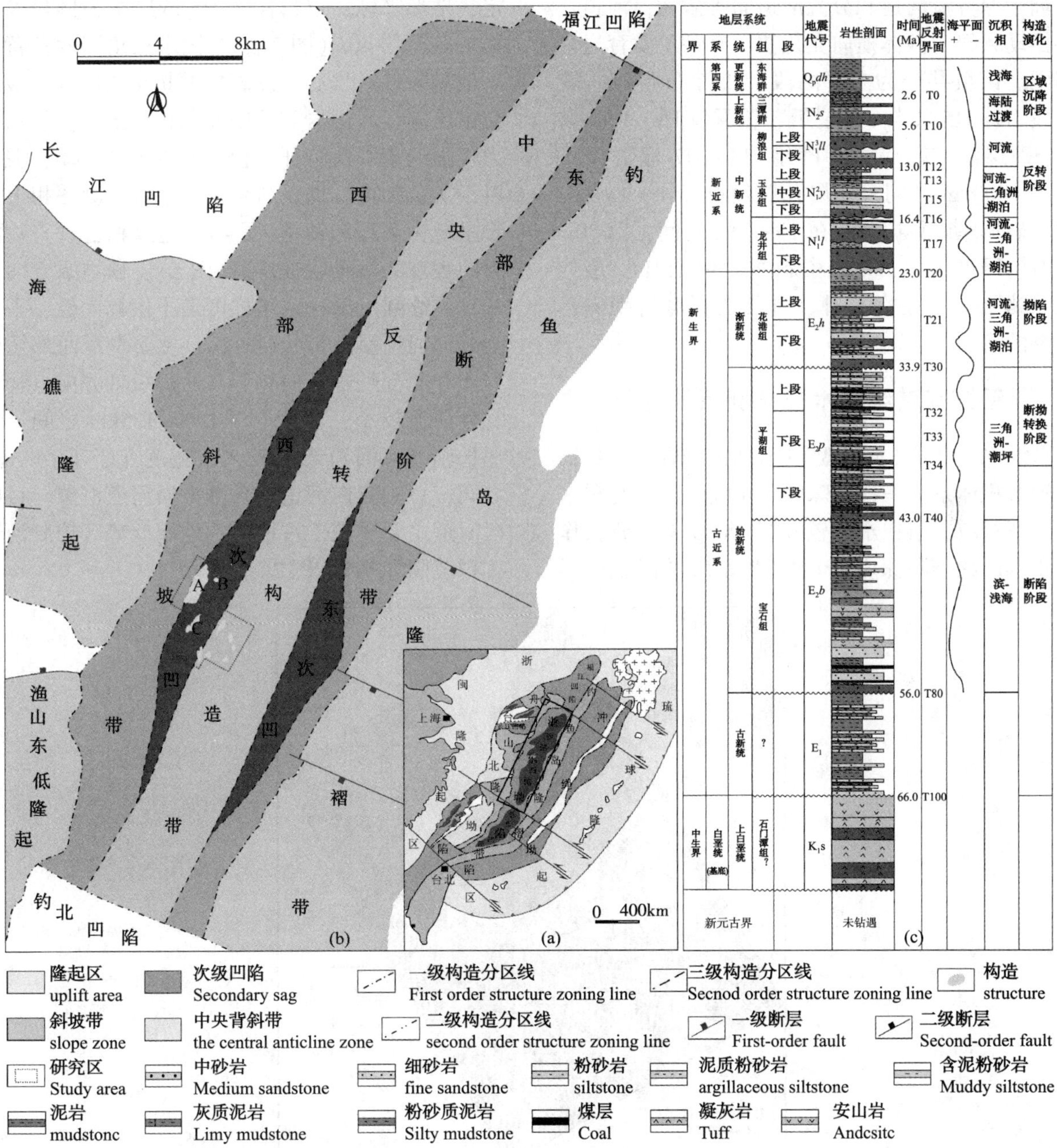

图 1　(a)东海盆地构造纲要图(据许怀智等，2022)，(b)东海盆地西湖凹陷构造区划图和(c)地层柱状图

世断-拗转换期、渐新世—中新世拗陷-反转期、上新世至今的区域沉降期 4 个构造演化阶段(王超等，2020；邹玮等，2021；许怀智等，2022)。研究区位于凹陷中南部(图 1)，整体表现为低幅反转背特征，发育 A、B、C 等多个背斜构造。在拗陷演化阶段早期，花港组沉积时构造活动弱，断层活动断至花港组下段停止活动，整体古地貌平缓，古水深较浅，湖盆中心平均古水深介于 3.2~7.2m 之间(徐东浩等，2024)。花港组表现为浅水三角洲沉积特征(何贤科等，2023；徐东浩等，2024；杨征等，2024)，主要发育三角洲平原分流河道和分流河道间等微相，河道迁移摆动频繁，砂体横向变化快，有利于发育岩性圈闭。该组共分为上下两段、12 个砂层组：花上段 H1~H5 共 5 个砂层组，花下段 H6~H12 共 7 个砂层组。勘探主要砂组 H3~H7 埋深介于 3000~4000m 之间，储层孔隙度介于 8~15%之间，砂体厚度集中分布在 15~40m 之间，以 30m 左右的厚度为主，地震资料主频约 25Hz，最佳能分辨 28m 左右的砂体，地震资料分辨率满足研究的需求。

2　渐新统花港组浅水三角洲沉积特征

浅水三角洲(河控型浅水湖泊三角洲)是三角洲沉积体系的一种特殊的三角洲类型，与深水三角洲对应，指在水体较浅(一般以 1/2 波长作为浅水区的下限深度)、地形较平缓的沉积区形成的以分流河道砂体及分流砂坝砂体为主的三角洲类型，是一种纵向高建设性三角洲(吴胜和等，2019；朱筱敏等，2023)。与正常三角洲一样，浅水三角洲也可被划分为三角洲平原，三角洲前缘，前三角洲三个亚相，但由于坡度较缓、水体较浅，枯水—洪水期影响面积大，常常表现出“大平原、小前缘”和“小平原、大前缘的特征”，分流河道为浅水三角洲的骨架砂体，河口坝容易遭受改造、发育程度差。

研究区花港组主要发育浅水三角洲分流河道，该组沉积时期，盆地处于拗陷阶段，构造稳定，地形平缓，以目标区 H5 砂层组为例最大古地形高差约 40m(图 2)，为浅水三角洲发育营造了地貌条件。岩心上砂岩见槽状交错层理、板状交错层理、底砾岩和冲刷面沉积构造，反映水动力较强的牵引流特征；粉砂岩见生物扰动；泥岩以浅灰色为主，偶见氧化色(图 3)。测井相上主要呈现为箱型和钟型(图 4)。地震相上垂直物源方向表现为短轴状强反射(图 5)，顺物源方向为低频连续强反射；基于梯度最小振幅属性，平面上分流河道呈条带状(图 2)；主要发育西部短轴方向和北部长轴方向物源，西部短轴方向点物源发育河道较小，宽度介于 0.5~1.5km 之间，北部长轴方向河道规模较大，宽度介于 1~4.5km 之间，短轴方向河道向长轴方向河道汇聚。目标区河道主要受控于古地形，地貌低势区控制河道沉积范围和规模(图 2)。

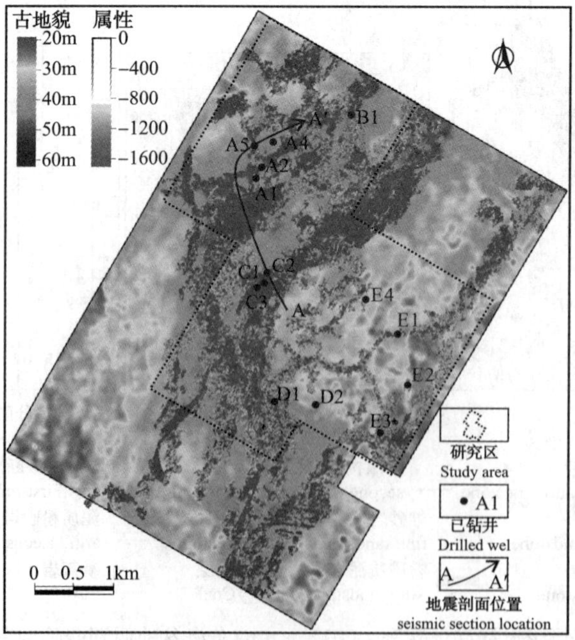

图 2　H5 层古地貌图和梯度最小振幅属性叠合图

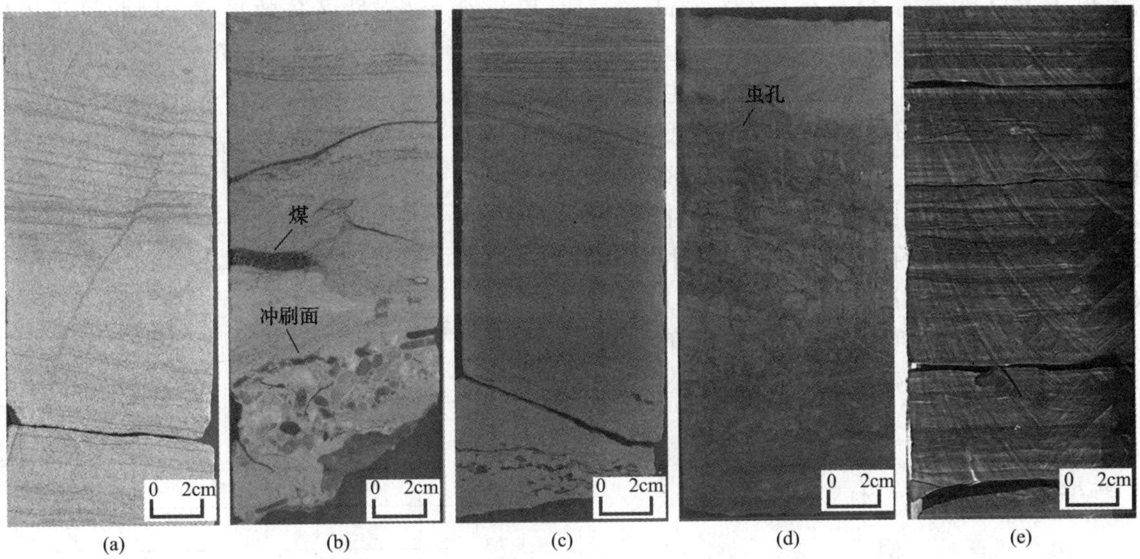

图 3　研究区岩心岩性与沉积构造

(a)A2 井 H7，细砂岩，板状交错层理；(b)C2 井 H5，底砾岩，冲刷面；(c)C2 井 H5，细砂岩，板状交错层理；(d)C2 井 H5，粉砂岩，生物扰动，虫孔发育；(e)A5 井 H5，粉砂质泥岩，水平层理

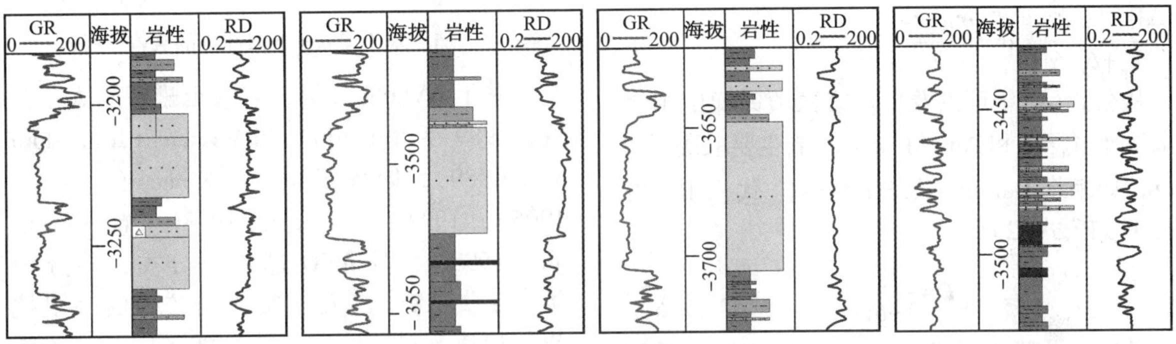

图 4　研究区目的层测井相

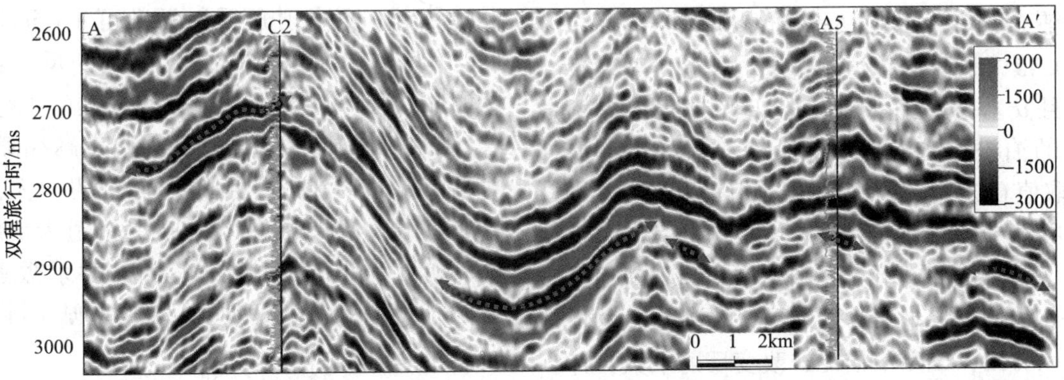

图 5　垂直 H5 层河道方向 AVO 梯度剖面(剖面位置见图 5)

3　浅水三角洲河道岩性圈闭描述方法与应用

本文针对海上少井区浅水三角洲沉积环境、中深层砂泥岩阻抗呈叠置特征的储层，形成了以 AVO 梯度属性为主，结合 Vp/Vs 进行定量分析的储层预测方法；针对河道岩性圈闭有效性评价，形成了地震-地质相结合、多信息交叉验证的河道期次和连通性分析方法。

3.1　AVO 梯度储层预测理论

AVO(或 AVA)技术是指地震波反射振幅随偏移距(或入射角)的变化，其理论基础是 Zoeppritz 方程(Zoeppritz，1919)。1982 年 Ostrander

首次提出了含气砂岩的 AVO 效应(Ostrander et al., 1982; Ostrander, 1984), 指出界面上下介质的泊松比是影响不同角度反射系数的主要因素, 且上下介质泊松比的负差异越大, 梯度的变化量也越大。1985 年, Shuey(Shuey, 1985)对 Zoeppritz 方程进行了简化, 指出反射系数在近角度主要取决于公式中的第一项, 即垂直入射反射系数 R_0; 中角度主要取决于第二项, 即梯度项; 远角度主要取决于第三项; 并指出在入射角小于 30°时, 可以忽略第三项。Shuey 的简化公式如(1)所示:

$$Rpp(\theta)=R_0+\left(A_0\times R_0+\frac{\Delta\sigma}{(1-\sigma)^2}\right)\times \sin^2\theta+\frac{\Delta V_p}{2V_p}(\tan^2\theta-\sin^2\theta) \qquad (1)$$

其中, $A_0=B-2(1+B)\dfrac{1-2\sigma}{1-\sigma}$, $B=\dfrac{\Delta V_p/V_p}{\Delta V_p/V_p+\Delta\rho/\rho}$, $\sigma=\dfrac{\sigma_1+\sigma_2}{2}$。

从公式(1)中可以看出: 第二项即梯度项主要取决于 $A_0\times R_0$ 和 $\Delta\sigma/(1-\sigma)^2$。$A_0$主要取决于 B 和 σ, 如果将 Gardner 公式 $\rho=a\times V_p^b$ 代入 B, 可求得 B 如公式(2)所示

$$B=\frac{1}{1+b} \qquad (2)$$

其中 b 主要与岩性相关, 在研究区, 采用 Gardner 公式分岩性拟合密度 ρ 和纵波速度 V_p, 泥岩 b 值介于 0.05~0.15 之间, 砂岩 b 值介于 0.35~0.45 之间, 在该值域范围内, A_0主要取决于 σ, 且 σ 和 A_0呈正相关, 因此可通过改变上下介质的泊松比和反射系数, 分析对梯度的影响。b 取值 0.25, 泥岩泊松比 σ_1取值 0.4, 改变砂岩泊松比 σ_2和反射系数 R_0, 采用公式(1)进行分析, 结果如图 6 所示。图中实线为砂岩泊松比为 0.2 的情形, 虚线为砂岩泊松比为 0.1 的情形, 可以看出: 固定泊松比, 改变反射系数, 计算的梯度值(反射系数随入射角的变化率)为负值; 当反射系数固定不变时, 砂岩的泊松比相对于泥岩变化越大, 计算反射系数的变化量也越大, 梯度值越小, 对应的负梯度的波谷反射也越强。

综合上述分析可以得出: 泊松比和梯度具有很好的正相关性, 低泊松比对应负梯度, 而 Vp/Vs 和泊松比也具有很好的正相关性, 且泊松比和 V_p/V_s 对岩性区分效果好, 因此可采用梯度属性进行储层预测, 且负梯度对应砂岩顶面反射。

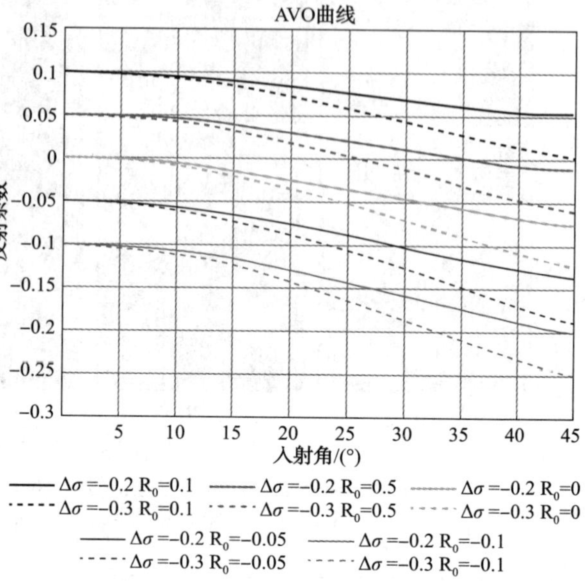

图 6　基于 shuey 近似计算的 AVO 曲线

关于 AVO 的分类, 前人也进行了大量的研究, 1989 年 Rutherford 和 Williams(Rutherford et al., 1989), 1995 年 Ross 和 Kinman(Ross et al., 1995), 1997 年 Castagna 和 Swan(Castagna et al., 1998)等对 AVO 进行了分类, 共分为四类: Ⅰ类 AVO 代表压实作用较强的高阻抗砂岩, 近道反射系数为正, 且随入射角的增大而减小; Ⅱ类代表压实程度中等的和泥岩阻抗相近的砂岩, 零入射角反射系数可正(Ⅱ类 a)可负(Ⅱ类 b), 随着入射角的增大, 反射系数出现极性反转(Ⅱ类 a)或负反射系数(−1×反射系数)逐渐增大(Ⅱ类 b); Ⅲ类代表高孔隙砂岩, 砂岩反射系数为负, 且随入射角的增大, 负反射系数增大; Ⅳ类 AVO 表现为近道为负反射系数, 随着入射角的增大, 负反射系数逐渐减小, 因此明确了 AVO 类型及形成不同类型 AVO 的地质条件。

通过分析研究区所有已钻井的标定情况和井旁道集特征, 统计砂泥岩阻抗关系和 AVO 类型, 结果如表 1 所示, 可以看出: 目的层在 H4 及以上, 砂岩相对于泥岩为主要表现为低阻抗, Ⅱ类 b 型 AVO 为主, 对应负梯度; H5 及以下, 砂岩相对于泥岩主要表现为为高阻抗, Ⅱ类 a 型 AVO 为主, 对应负梯度, 说明研究区具备采用梯度属性进行储层预测的基础。

表 1　研究区已钻井砂岩地震反射特征统计表

砂层组		H3				H4				H5				H6			
构造	井名	厚度/m	阻抗	AVO类型	负相位初始角	厚度/m	阻抗	AVO类型	负相位初始角	厚度/m	阻抗	AVO类型	负相位初始角	厚度/m	阻抗	AVO类型	负相位初始角
D构造	D1	56	低	Ⅱ_b	0					66	高	Ⅱ_a	11	34	高	Ⅱ_a	12
	D2	54	低	Ⅱ_b	0												
E构造	E1	24	低	Ⅱ_b	0												
	E4	103	低	Ⅱ_b	0					12	高	Ⅱ_a	23				
C构造	C1	21	低	Ⅱ_b	0	23	低	Ⅱ_b	0	38	高	Ⅱ_a	20	28	高	Ⅱ_a	20
	C2	28	低	Ⅱ_b	0	26	低	Ⅱ_b	0	40	高	Ⅱ_a	15				
	C3	57	低	Ⅱ_b	0	23	低	Ⅱ_b	0	44	高	Ⅱ_a	22				
A构造	A1	20	低	Ⅱ_b	0	49	低	Ⅱ_b	0								
	A4	23	低	Ⅱ_b	0	53	低	Ⅱ_b	0								
	A5	89	低	Ⅱ_b	0	58	低	Ⅱ_b	0	27	低	Ⅱ_b	0				
	A2	24	低	Ⅱ_b	0	62	低	Ⅱ_b	0	31	高	Ⅱ_a	21				
B构造	B1	24	低	Ⅱ_b	0	28	高	Ⅱ_a	18	44	高	Ⅱ_a	21				

3.2　地震正演定量分析

在理论分析的基础上，以已钻井岩石物理规律分析和参数统计为依据，通过地震正演进一步分析梯度属性适用性，并和 Vp/Vs 及其他常用地震属性进行对比，分析梯度属性的可靠性。

地震响应受砂体物性、含油气性、厚度等多种因素影响，首先在厚度（35m）和含气饱和度（含气饱和度 50%）固定的情况下，通过变孔隙度分析不同地震属性的响应特征。正演结果如图 7 所示，孔隙度从最左边的 4%逐渐增大到最右边的 20%，对于孔隙度大于 12%的砂体（图 7 中的低阻抗区），砂岩相对于泥岩表现为低阻抗，正演地震（全叠加）上砂顶反射对应波谷，且振幅强度随着孔隙度的增大而增大，因此，在无特殊岩性干扰的情况下，只用常规地震就可以较好地识别砂岩和泥岩。对于孔隙度介于 8%～12%的砂体（图 7 中的叠置区），砂泥岩阻抗相近，正演地震上砂顶反射对应弱振幅，且相位有正有负，采用常规地震难以进行储层预测。对于孔隙度小于 8%的砂体（图 7 中的高阻抗区），砂岩相对于泥岩表现为高阻抗，正演地震上砂顶反射对应波峰，且反射振幅随着孔隙度的增大而减小，但砂体厚度小于调谐厚度时，反射振幅随着砂体厚度的增大而增大，含气又会导致振幅减小，砂体厚度对反射振幅的作用和物性、含气性相反，三者相互耦合会增加常规地震预测高阻抗储层的不确定性。但从正演角道集（图中正演道集入射角范围为 0～45°）上可以看出：随着孔隙度的增大，AVO 类型逐渐从高阻砂体的Ⅰ类 AVO 逐渐过渡到砂泥岩阻抗叠置区的Ⅱ类 a 型 AVO，再过渡到低阻抗区的Ⅱ类 b 型和Ⅲ类 AVO，基于道集计算的梯度均为负值，对应低 Vp/Vs，也就是说在正演的物性范围内，无论物性如何变化，砂岩相对于泥岩均表现为负梯度、低 Vp/Vs 值。此外，东海常用远道叠加地震对阻抗叠置区的砂泥岩也具有较好的区分效果，但远道受振幅衰减的影响，分辨率降低，不利于河道叠置连通关系分析和薄砂体刻画，因此，在地震资料保幅性较好的情况下，优先采用梯度和 Vp/Vs 反演进行储层预测。

其次，通过固定厚度和储层物性，分析含气饱和度变化和不同地震属性的关系。以 30m 厚、孔隙度为 10%的砂体为例，正演结果如图 8 所示，含气饱和度（SG）从最左边的 100%减小到最右边的 0，可以看出无论含气饱和度如何变化，对于砂泥岩阻抗叠置区的砂岩相对于泥岩仍然表现为Ⅱ类 AVO、负梯度、低 Vp/Vs 的特征，但含气饱和度对常规地震的影响比较大，在该物性的砂体含气时，表现为波谷，但在含水时表现为波峰（图 8 中黑色箭头所指的位置），也进一步表明梯度属性和 Vp/Vs 反演对于砂体预测的稳定性均好于其他地震属性和方法。

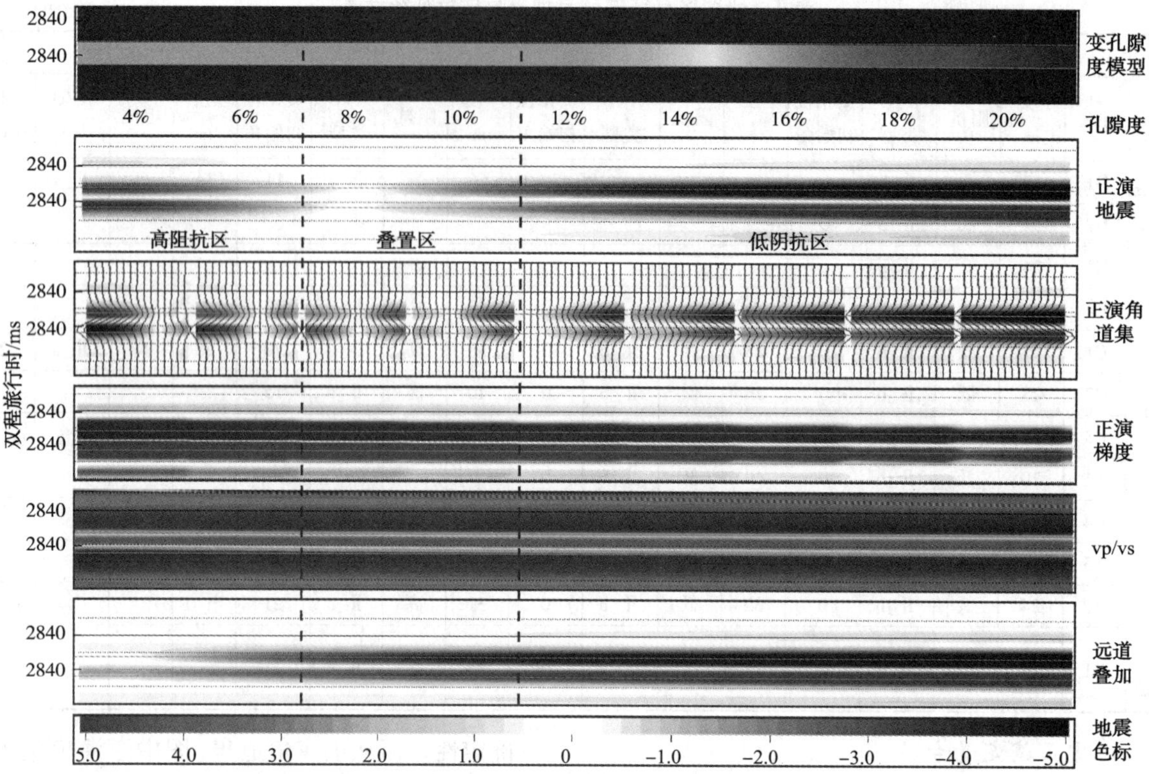

图 7　变孔隙度地震正演(梯度和 Vp/Vs 色标见图 8、9)

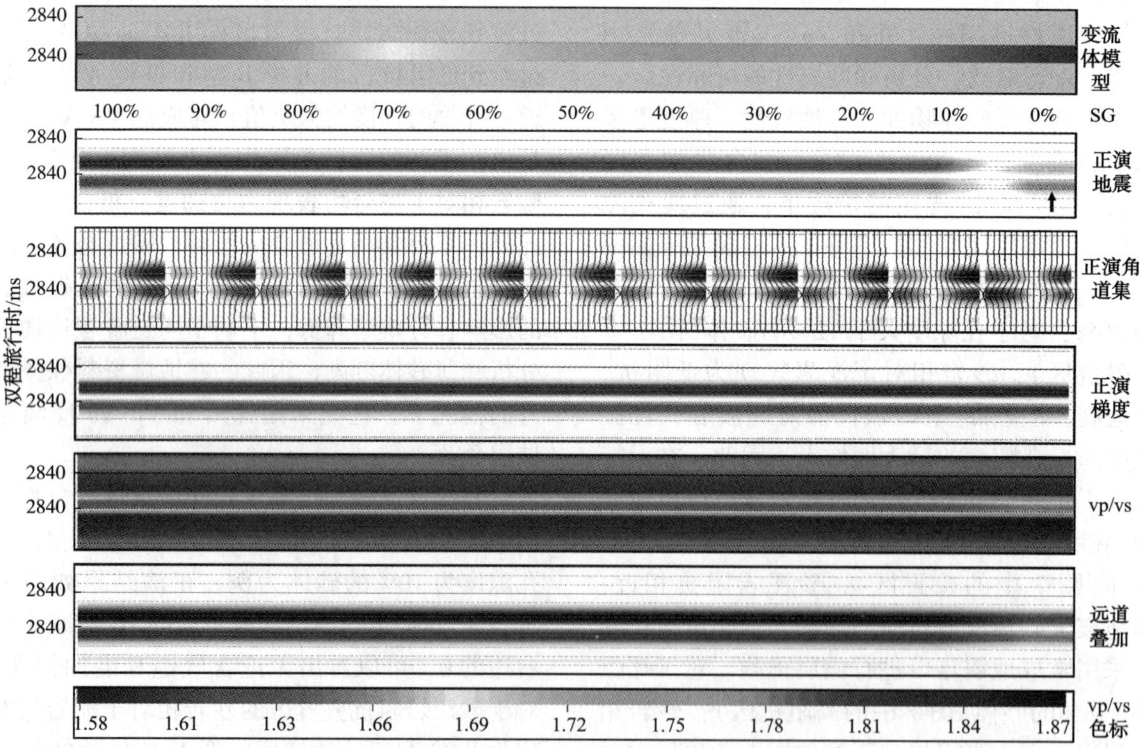

图 8　变含气饱和度地震正演地震和梯度色标见图 7、图 9)

最后，通过建立楔形模型，分析砂体厚度和梯度属性的关系。正演结果如图 9 所示，砂岩厚度从最左边的 0m 逐渐变化到最右边的 60m，在砂岩阻抗略高于泥岩的情况下，无论砂体厚度如何变化，AVO 响应均表现为类 a 的特征，砂顶表现为负梯度，但梯度的振幅强度和砂体厚度相关，在调谐厚度处(振幅强度图上黑色箭头所示的位置)梯度振幅强度最强，小于调谐厚度时，梯度振幅强度随着砂体厚度的增大而增大，大于调谐厚度时，振幅强度逐渐减小到某一个固定的值，说明采用梯度属性进行砂体预测时厚度对预测的结果影响不大，且梯度属性的强弱可反映砂体厚度的大小。

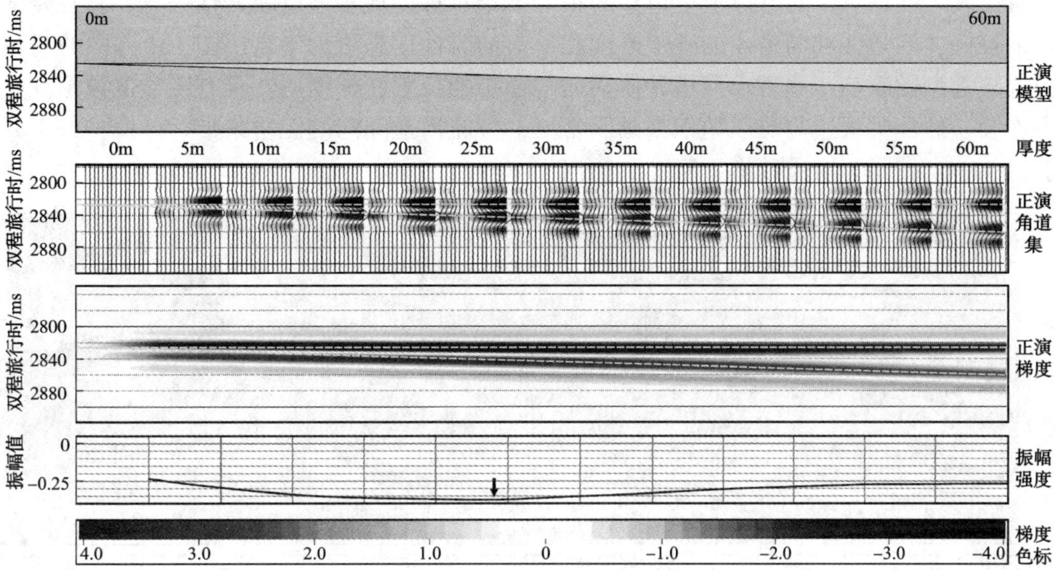

图 9　楔形模型地震正演

3.3　河道精细刻画

从储层预测理论基础和地震正演分析结果来看，虽然 Vp/Vs 和梯度均对本研究区砂泥岩识别效果较好，但是 Vp/Vs 反演容易受低频模型的影响，不利于复杂砂体边界精细刻画，因此本文河道砂体刻画以梯度资料为主，Vp/Vs 反演仅作为参考。应用梯度资料在研究区 A 构造和 B 构造 H5b 层共刻画出 4 条分支河道。其中，河道 1 和河道 4 呈 NW-E 走向，平均宽度分别为 0.7km 和 0.8km，宽厚比分别为 29 和 28，弯曲度分别为 1.04 和 1.06；河道 2 和河道 3 为 NE-SW 走向，平均宽度分别为 0.85km 和 3.1km，宽厚比分别为 26 和 70，弯曲度分别为 1.40 和 1.09。同时，与以常规地震为基础刻画的河道对比(图 10b)，显然基于梯度刻画的河道形态、边界更清晰，尤其是经过 B 构造的河道 3，由于 B 构造埋深相对于 A 构造更大，导致 B 构造从 H4 开始(表 1)砂岩相对于泥岩就表现为高阻抗，导致采用常规地震预测 H5 层储层失效。

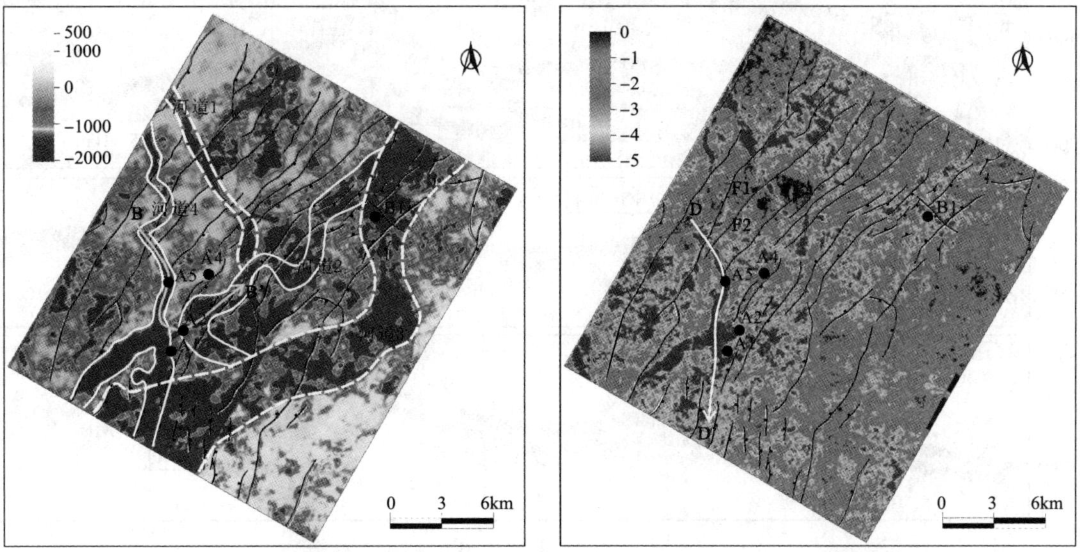

(a)AVP梯度　　(b)常规地震

图 10　A 构造和 B 构造 H5 层最小振幅属性

此外，也对比了不同方法在河道刻画局部细节上的差异，本文重点分析河道 4 和河道 2 的边界刻画问题。首先是 Vp/Vs 反演(图 11a)，由于 Vp/Vs 反演代表岩性信息，对砂体上下边界的视觉分辨效果较好，河道 2 和河道 4 的砂体厚度相当，但受低频模型的影响，呈现出河道砂体横向展布较为连续，砂体尖灭边界难以精细刻画。常规地震上(图 11b)，同为河道砂体，河道 2 和河道 4 振幅强度差异较大，容易对岩性识别造成干扰。但从梯度剖面上(图 11c)，可以看出河道 4 和河道 2 均表现为负梯度，梯度振幅强度相当，指示梯度更多地反映岩性信息，且在横向上代表的岩性信息更为丰富，图 10(c)中的粉色箭头所指的位置，梯度属性具有明显的波形变化，代表分流河道间湾的泥质条带。

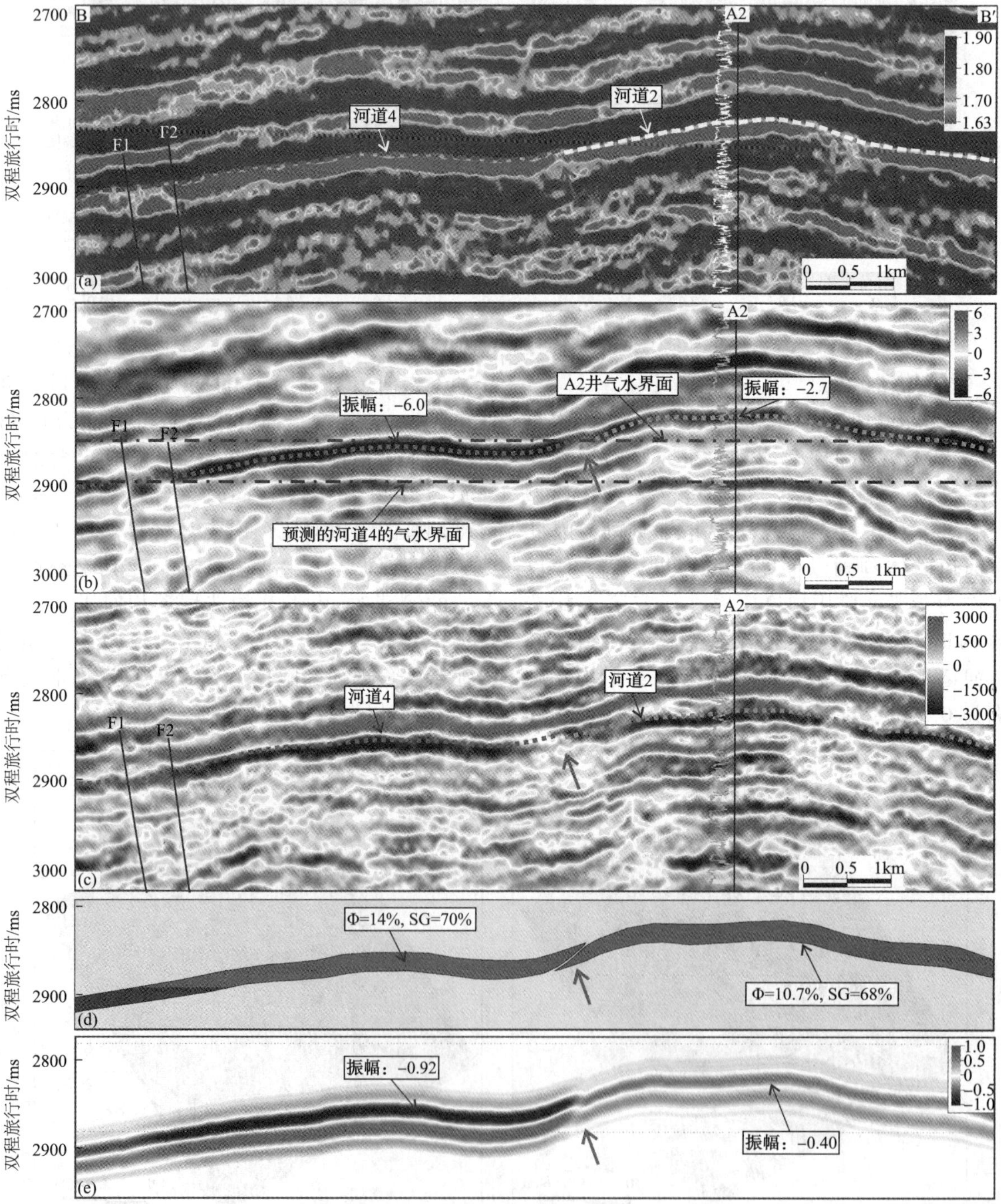

图 11　过 A 构造 H5 层河道 2 和河道 4

(a)Vp/Vs 反演剖面；(b)常规地震剖面；(c)梯度剖面；(d)正演模型和(e)正演地震(剖面位置见图 10a)

3.4 河道期次与连通性

在背斜构造高部位已钻井普遍见水的情况下，构造翼部河道岩性圈闭有效性关键在于河道砂体发育期次与连通性。比如 A 构造，仍然以图 10(a)中的 H5 层河道为例，图中的 4 条分流河道中，背斜高部位已钻井 A2 井于河道 2 钻遇 21m(砂厚约 31m)厚的气层，在 A2 井已见水的情况下，背斜低部位的河道 4 是否有勘探潜力？针对该问题，首先从沉积环境上分析，该构造和 C 构造同属三角洲平原沉积环境，C 构造开发已经证实具有一砂一藏的特征。然后从物源方向上分析，河道 4 物源来自 NW 方向，区别于河道 2 的 SE 向物源。再根据高分辨率层序地层认识，H4 底部在中期基准面上升半旋回晚期(徐东浩等，2024)，发育一套相对等时的泥岩沉积，解释出该泥岩顶面，通过层拉平梯度剖面和地层切片分析，认为河道 4 晚于河道 2(图 12，剖面位置见图 12c)。最终通过相对等时面拉平、地层切片和波形叠置关系等多信息综合分析，落实所有河道的期次关系，为不同河道之间的连通性分析提供依据。

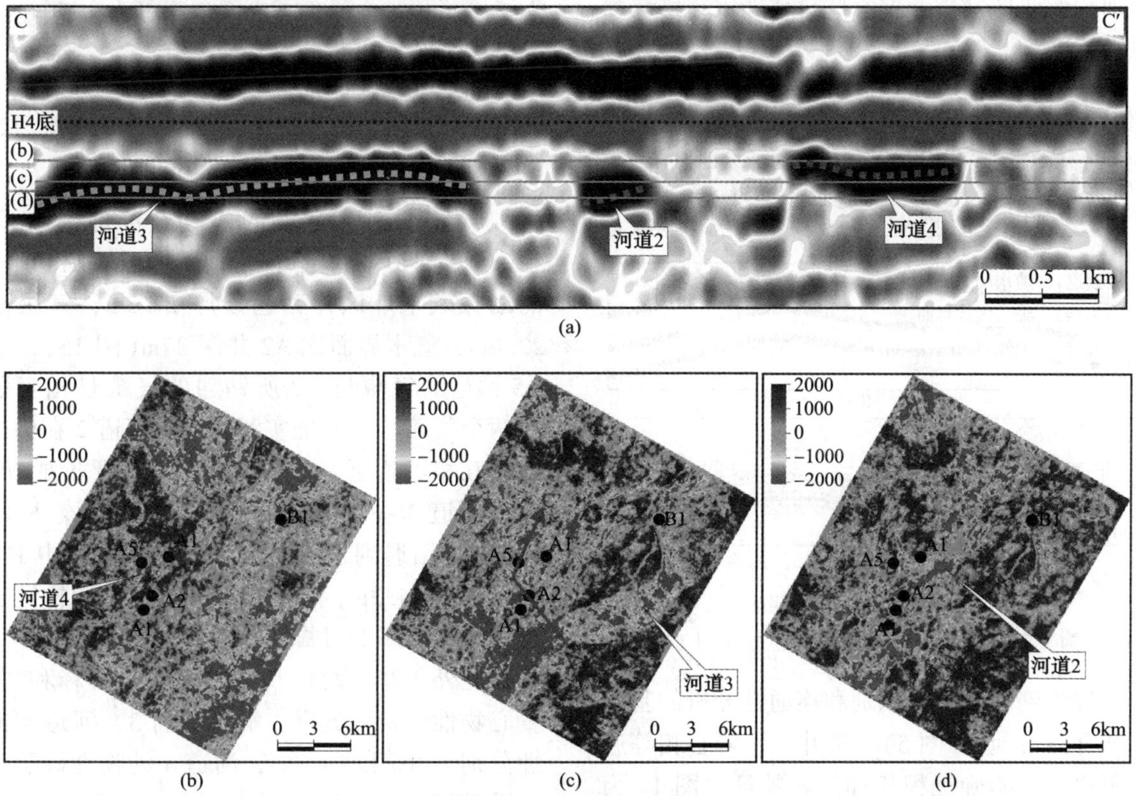

图 12 (a)A 构造层拉平梯度剖面和(b)、(c)、(d)地层切片

不同期次河道在相交部位可能连通，在期次划分的基础上需要进行连通性分析。通过不同河道的地震响应特征分析、波形变化分析、可能的含气平点、建立不同叠置程度河道的地质模型正演分析等，认为河道 4 和河道 2 叠置，但不连通。比如针对不同河道的地震响应特征，从图 11(b)上可以看出河道 4 的振幅强度明显强于河道 2，读取河道 4 和河道 2 的振幅值，分别为-6.0 和-2.7，二者具有 2.2 倍的强度关系。首先从图 11(a)反演剖面和图 11(c)梯度剖面上可以得出，两条河道的厚度相当，排除厚度对振幅强度的影响；其次从前文的分析可知，常规地震对储层物性(图 7)和含油气性(图 8)反映较为敏感；因此，可通过变孔隙度和变物性分析两条河道地震响应差异的原因。河道 2 的孔隙度和含气饱和度取 A2 井测井解释值，孔隙度取值 Φ=10.7%，含气饱和度取值 SG=68%；对于河道 4 建立一系列不同孔隙度和含气饱和度的地质模型，通过地震正演分析认为在孔隙度为 Φ=14%，含气饱和度为 SG=70%的情况下和常规地震最为吻合(图 11d 和图 11e)，河道 4 的强振幅主要由物性所致，且图 11e 中正演地震上粉色箭头所指的波形变化的位置为河道叠置的位置。再比如针对可能的含气平点，从顺河道 4 的地震剖

面上(图 13a，剖面位置见图 12b)可以看出，河道 4 可能具有统一的气水界面，推测的气水界面(图 13a 中的水平虚线)附近的振幅强度有明显的变化，界面之上的振幅强度明显强于界面之下的振幅强度，在岩石物理规律认识的基础上，通过建立不同地质模型(图 13b)正演分析(图 13c)认为只有统一的气水界面时才能较为合理的解释这种振幅的变化。综合两条河道的物性差异和河道 4 可能的气水界面与河道 2 不一致，认为河道 4 和河道 2 不连通。通过对所有可能叠置连通的河道进行相关分析，最终完成整个研究区河道期次识别和连通性分析，为岩性目标评价和勘探部署提供依据。

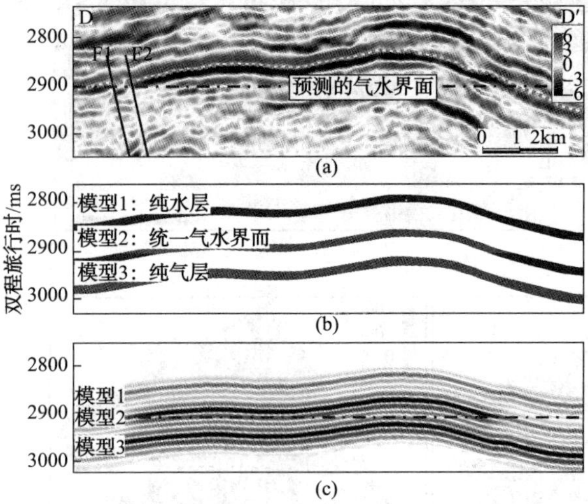

图 13　(a)过河道 4 地震剖面，(b)正演模型和(c)正演地震(剖面位置见图 12b)

在河道刻画、期次识别和连通性分析的基础上，结合微古地貌(图 5)、单井相、岩心相等进行沉积解释，明确沉积相和沉积特征。图 14 为 H5 层的沉积相图，共解释出了 4 条三角洲平原分流河道，在河道弯曲度较大的部位发育边滩沉积。四条河道从早到晚依次是河道 1、河道 2、河道 3、河道 4，整体认为四条河道相互连通的概率较小，且除河道 2 外其他河道均无已钻井，构造叠合河道进行成圈条件分析，断砂耦合程度结合断层级别分析成藏条件，认为河道 1、河道 3、河道 4 均具有较大的勘探潜力。

3.5　钻探实践

通过本文技术方法，在研究区背斜构造的翼部搜索和评价了多个有利目标，展现出了背斜构造翼部巨大的油气勘探潜力。2023 年，首先选择了地震资料品质最好(有高密度宽方位二次三

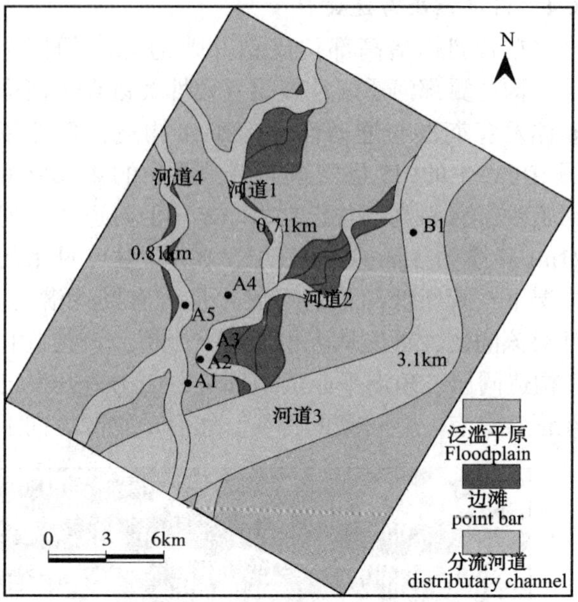

图 14　A 构造 H5 层沉积相图

维)、岩性圈闭最落实的 A 构造进行探井部署，在 H5 层河道 4 部署了 A5 井，实钻取得了较好的勘探效果。该井钻遇砂厚 27.3m，气层厚度 22.6m，气水界面比 A2 井深 37m(图 15)，表明 A5 钻遇的气藏与 A2 所钻遇的气藏是相互独立的两个气藏，由此证实河道 4 与河道 2 在构造高部位互相不连通。A 构造的 A5 井评价成功后，针对河道 3 在 B 构造钻探了 B1 井，该井在 H4 和 H5 均钻遇到了气层，且未见水，其中 H5 层砂体厚度 44.3m，气层厚度 43.4m，同样证实河道 3 岩性圈闭的可靠性、有效性。

此外，基于两口新钻井的测井解释和岩心、壁心物性分析等数据，解释出河 3、河道 4 的物性分别为 8%和 13.7%，河道 4 的物性好于河道 2(孔隙度 10.7%)，河道 2 好于河道 3，常规地震振幅强度和物性具有较好的相关性，证实了钻井之前对于储层物性的认识(图 7、图 10b，图 11d、e)。目前针对河道 1 和河道 3 进行了井位部署，预期也会取得较好的勘探效果。研究成果可推广到整个研究区和其它具有类似地质条件的背斜翼部的岩性勘探中。

4　结论

(1) 本文通过对 Zoeppritz 方程的 Shuey 近似式详细解剖、并结合地震响应特征解析和地震正演分析等，明确了不同地震属性的适用条件，指出常规地震对储层物性和含油气性响应较为敏感，Vp/Vs 反演容易受低频模型影响，相比而

言，采用梯度属性进行储层预测和河道边界精细刻画，在砂泥岩阻抗叠置区、河道期次叠置关系复杂等条件下具有更好的适用性、稳定性，且刻画的河道形态更清晰。

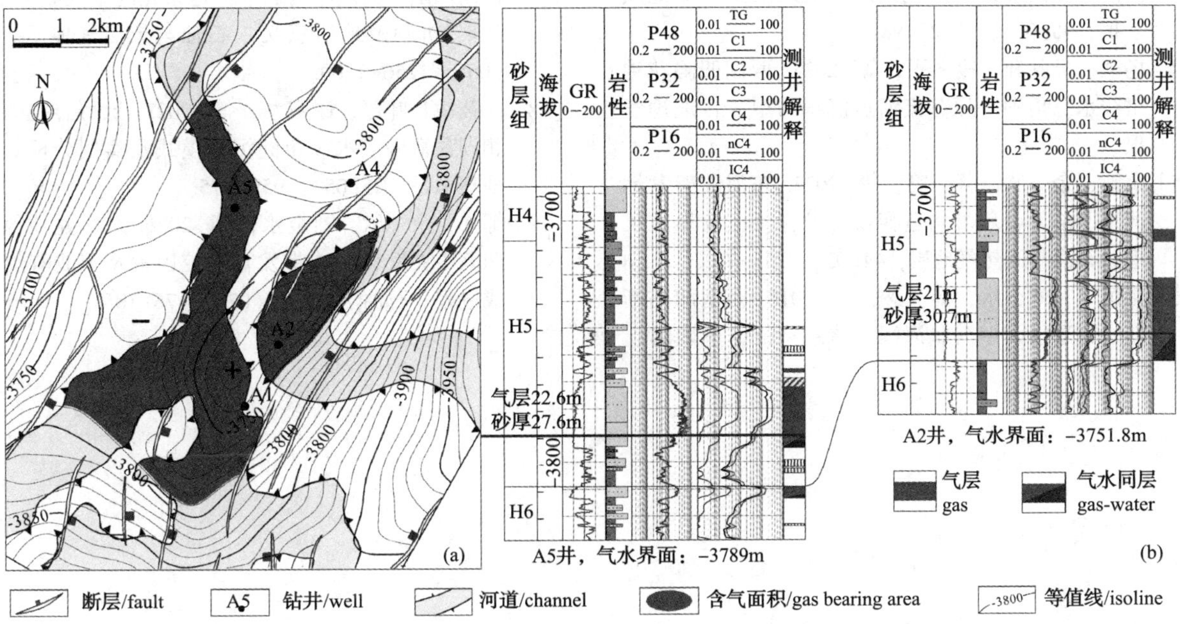

图 15 (a) A 构造含气面积图和 (b) 连井气层对比图

（2）河道期次研究的关键在于选取合适的地震资料和相对等时面的可靠程度；当砂泥岩阻抗相近时，常规地震上砂体顶面反射相位不稳定，容易对期次分析造成干扰；本文以梯度资料为基础，以高分辨率层序地层学认识为指导，通过地震沉积学和层拉平等技术，对河道期次进行了精细研究，可靠性更高，以此为基础，通过不同河道地震响应特征和可能的含气平点等多信息交叉验证分析，对河道连通性进行了详细解剖，对背斜翼部河道岩性圈闭有效性做出评价。

（3）采用相关技术方法落实了 A 构造的河道 4 和 B 构造的河道 3 等岩性圈闭，支撑了两口探井上钻并获得较好的勘探成效，证实了研究方法的可行性，相关技术方法可为类似地区岩性勘探提供借鉴。

参 考 文 献

[1] 陈波，段冬平，刘英辉，等 . 2019. 西湖凹陷中深层河流相砂体地震沉积学解释与沉积演化分析 . 中国海上油气，31(03)：117-126.

[2] 董鑫旭，周兴海，李昆，等 . 2024. 海上稀疏井区高精度地层格架约束下的地震沉积学刻画——以东海盆地西湖凹陷中央背斜带 x 区块古近系花港组为例 . 石油与天然气地质，45(01)：293-308.

[3] 何贤科，娄敏，蔡华，等 . 2023. 西湖凹陷 c 油田花港组浅水三角洲储集层构型 . 新疆石油地质，44(05)：517-527.

[4] 姜勇，李宁，涂齐催 . 2016. 基于叠前同步反演的储层参数预测技术研究及应用 . 油气藏评价与开发，6(01)：9-13.

[5] 姜勇，秦德文，俞伟哲 . 2020. 东海某凹陷大型砂体优势储层预测技术研究与应用 . 石油物探，59(06)：949-960.

[6] 刘金水，陆永潮，秦兰芝 . 2019. 源—汇系统分析方法在大型储集体研究中的应用——以西湖凹陷中央反转带花港组为例 . 石油实验地质，41(03)：303-310.

[7] 刘金水，许怀智，蒋一鸣，等 . 2020. 东海盆地中、新生代盆架结构与构造演化 . 地质学报，94(03)：675-691.

[8] 刘力辉，李建海，杨晓，等 . 2013. 叠前 avo 属性的地震岩性学探索与实践研究 . 石油物探，52(03)：247-252.

[9] 娄敏，蔡华，何贤科，等 . 2023. 地震沉积学在东海陆架盆地西湖凹陷河流-三角洲相储集层刻画中的应用 . 石油勘探与开发，50(01)：125-138.

[10] 王超，唐贤君，蒋一鸣，等 . 2020. 西湖凹陷天台斜坡带北部构造变换带特征及油气地质意义 . 海洋地质与第四纪地质，40(06)：93-105.

[11] 吴胜和，徐振华，刘钊 . 2019. 河控浅水三角洲沉积构型 . 古地理学报，21(02)：202-215.

[12] 徐东浩，秦兰芝，李帅，等 . 2024. 西湖凹陷中南部花港组浅水三角洲辫流型-曲流型分流河道沉积特征 . 长江大学学报（自然科学版），21(03)：

26-35.

[13] 许怀智，张迎朝，蒋一鸣，等 . 2022. 东海盆地长江凹陷美人峰组的时代归属及其地质意义 . 地质学报，96(06)：1972-1984.

[14] 杨征，吴胜和，段冬平，等 . 2024. 西湖凹陷花港组浅水三角洲平原分流河道沉积构型 . 古地理学报 .

[15] 余浪，余一欣，蒋一鸣，等 . 2023. 东海陆架盆地西湖凹陷天台斜坡构造变换带发育特征及形成机理 . 石油与天然气地质，44(03)：753-763.

[16] 张国华，刘金水，秦兰芝，等 . 2018. 西湖凹陷渐新统花港组大型辫状河沉积体系特征 . 中国海上油气，30(03)：10-18.

[17] 张迎朝，邹玮，陈忠云，等 . 2023. 东海陆架盆地西湖凹陷中央反转构造带古近系花港组气藏“先汇后聚”机制及地质意义 . 石油与天然气地质，44(05)：1256-1269.

[18] 朱筱敏，叶蕾，谢爽慧，等 . 2023. 低可容空间陆相湖盆富砂浅水三角洲沉积模式及实例分析 . 古地理学报，25(05)：959-975.

[19] 邹玮，余一欣，刘金水，等 . 2021. 东海盆地西湖凹陷中央反转构造带发育主控因素及宁波背斜形成过程 . 石油学报，42(02)：176-185.

西湖凹陷浅水三角洲发育特征与岩性圈闭勘探研究关键技术
——以花港组上段为例

陈春峰　冯桢鸣　俞伟哲　徐东浩　张伯成　王　军　万延周

[中海石油(中国)有限公司上海分公司]

摘　要　东海盆地西湖凹陷花港组上段发育了浅水三角洲沉积，其主要特点：(1)纵向上沉积微相呈交互式快速演变、横向上沉积微相跳跃式发育。(2)浅水三角洲环境下形成的砂体横向迁移速度快，砂体平面展布受控于古岸线的变化。(3)研究区中部在丰水期古岸线与枯水期古岸线之间形成了大面积的三角洲平原相与三角洲前缘相交互区，发育了大量的河道砂体与前缘朵叶状砂体。这些砂体提升了西湖凹陷中部的油气勘探潜力。本文针对西湖凹陷浅水三角洲沉积物中砂层厚度小、砂体横向变化快、沉积微相横向跳跃式发育的特点，优选地震资料梯度属性等技术手段，建立了进行砂体识别及沉积相带划分的“四步法研究流程”：“单井定相—分区描砂—拼图划线—分区划带”。

关键词　西湖凹陷；花港组；浅水三角洲；沉积特征；四步法研究流程

Characteristics of shallow river delta of Huagang Formation in Xihu Sag of the East China Sea Basin and key techniques in litho-trap research

Chen Chunfeng　Feng Zhenming　Yu Weizhe　Xu Donghao
Zhang Bocheng　Wang Jun　Wan Yanzhou

(Shanghai Branch of CNOOC China Ltd.)

Abstract　The upper section of the Huagang Formation in the Xihu Sag of the East China Sea Basin has developed shallow water delta sediments, which are mainly characterized by: (1) interactive and rapid evolution of sedimentary microfacies vertically, and jumping development of sedimentary microfacies horizontally. (2) The fast lateral migration of sand bodies caused thin sand bodies dominated in shallow water delta environment, and the distribution of sand bodies is controlled by changes in paleo-shorelines. (3) A large area of delta plain intersecting with the delta front is formed between the ancient shoreline during the flood season and the ancient shoreline during the dry season in the central part of the research area. A large number of channel sand bodies and front leaf shaped sand bodies are developed. These sand bodies enhance the oil and gas exploration potential in the central part of the Xihu Sag. In view of the characteristics of small sand layer thickness, fast lateral change of sand body, and lateral jumping development of sedimentary microfacies in the shallow water delta sediments, this paper optimized the gradient attribute inversion of seismic data and other technical means, established a new “four steps method” for sand body identification and sedimentary facies zoning in this area: single well facies determination-sand tracing-map making up and shore line determination-zoning of sedimentary facies belts.

Key wordst　Xihu Sag; Huagang Formation; Shallow River Delta; Sedimentary Characteristics; Four Steps Method

东海盆地是中国近海主要的含油气盆地之一，西湖凹陷是该盆地中其中最大的凹陷(图1)，目前该凹陷的勘探已进入岩性复合圈闭勘探阶段，凹陷中部是最主要的岩性复合圈闭勘探区。由于该区主要目的层花港组埋深较大、河流-湖泊相砂体横向变化快导致砂体识别困难，因此，在该凹陷的中央区域准确划分沉积相带、落实规模性砂体成为该区勘探急需解决的勘探难题。

1　研究区概况

西湖凹陷的面积约为 4.3 万平方千米(图1)。该凹陷南部为钓北凹陷，北部为福江凹陷，海礁隆起和钓鱼岛隆褶带分列东西两侧，本次研究区域位于西湖凹陷的中部(图1)。该凹陷内部自西向东发育三个二级构造带，分别为西部斜坡带、中部洼陷带和东部断阶带。

前新生界的变质岩、火成岩及部分中生代沉积岩组成了的西湖凹陷的基底，西湖凹陷在新生代经历了断陷-拗陷-区域沉降三个阶段的演化，发育了古近系、新近系，古近系包括宝石组、平湖组和花港组。本次研究的 H5、H4 砂组属于花港组上段的 SQ3 层序(图2)，H5 为低位-水进期沉积，H4 为高位期沉积。

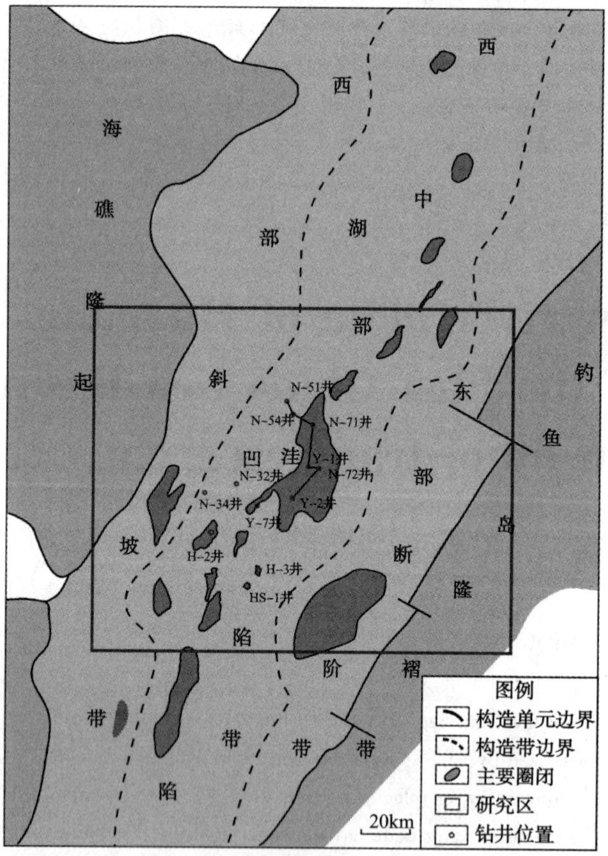

图1　研究区位置图

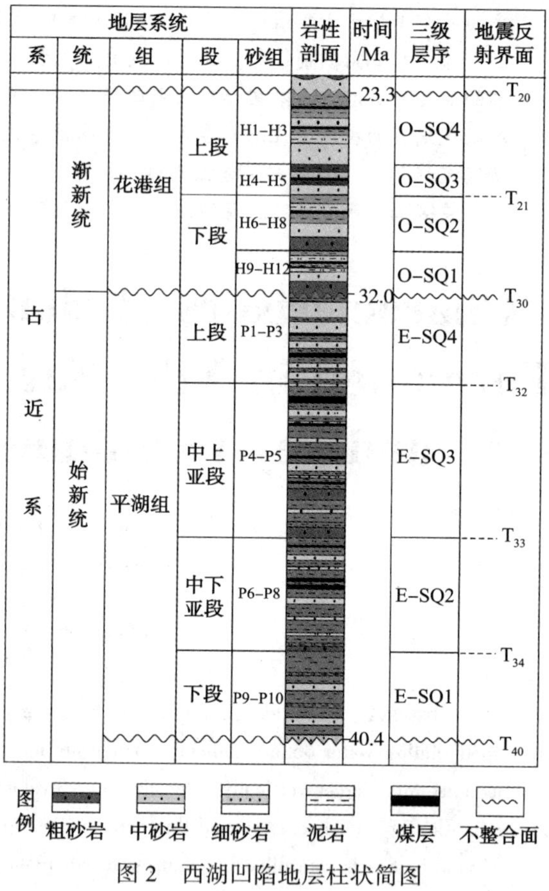

图2　西湖凹陷地层柱状简图

前人对西湖凹陷花港组的沉积相、沉积体系、物源等方面做过较多的研究，认为西湖凹陷的边缘主要发育辫状河或曲流河沉积，在凹陷中部的研究区内主要发育辫状河三角洲、曲流河三角洲及湖泊沉积，认为在中部洼陷带的中段主要发育泥岩等细粒沉积。而蔡佳认为花港组下段发育大型浅水三角洲，凹陷中部有可能发育大规模的砂体。

另一方面，在砂体的识别技术手段方面，早期主要是利用砂泥岩的纵波阻抗与横波阻抗差进行岩性反演、预测砂体，但运用该方法在识别深层砂体横向展布时效果不佳。

本文认为西湖花港组上段 H5-H4 砂组发育浅水三角洲，总结了本区浅水三角洲的主要特征，结合近年来在在深层砂体识别及河道砂体的平面展布研究方面取得的进展，提出凹陷中部花港组上段大量发育水道砂体的认识并识别了一批砂体，该研究成果提升了凹陷中部的勘探潜力并得到钻井的证实。

2　西湖凹陷花港组上段浅水三角洲主要特征

西湖凹陷花港组上段发育浅水三角洲，下面以H5砂组及H4砂组为例，从沉积相及砂体平面展布方面进行论述。

2.1　沉积相发育特征

2.1.1　纵向上沉积微相呈交互式快速演变

本区浅水三角洲在单井沉积相方面的特征是纵向上沉积微相呈交互式快速演变。以H-2井为例(位置见图1)，在该井H5砂组岩芯中可见到2段三角洲前缘河口坝微相砂岩与5段分流河道微相、1段河漫沼泽微相砂岩呈互层式发育(图3中右图)。在该段岩芯中，河口坝微相砂岩中可见典型的反韵律，而分流水道微相砂岩呈典型的正韵律，其底部发育含砾中粗砂岩，交错层理发育，中部砂岩中多见平行层理及板状交错层理，顶部为灰黑色泥质粉砂岩、泥岩。

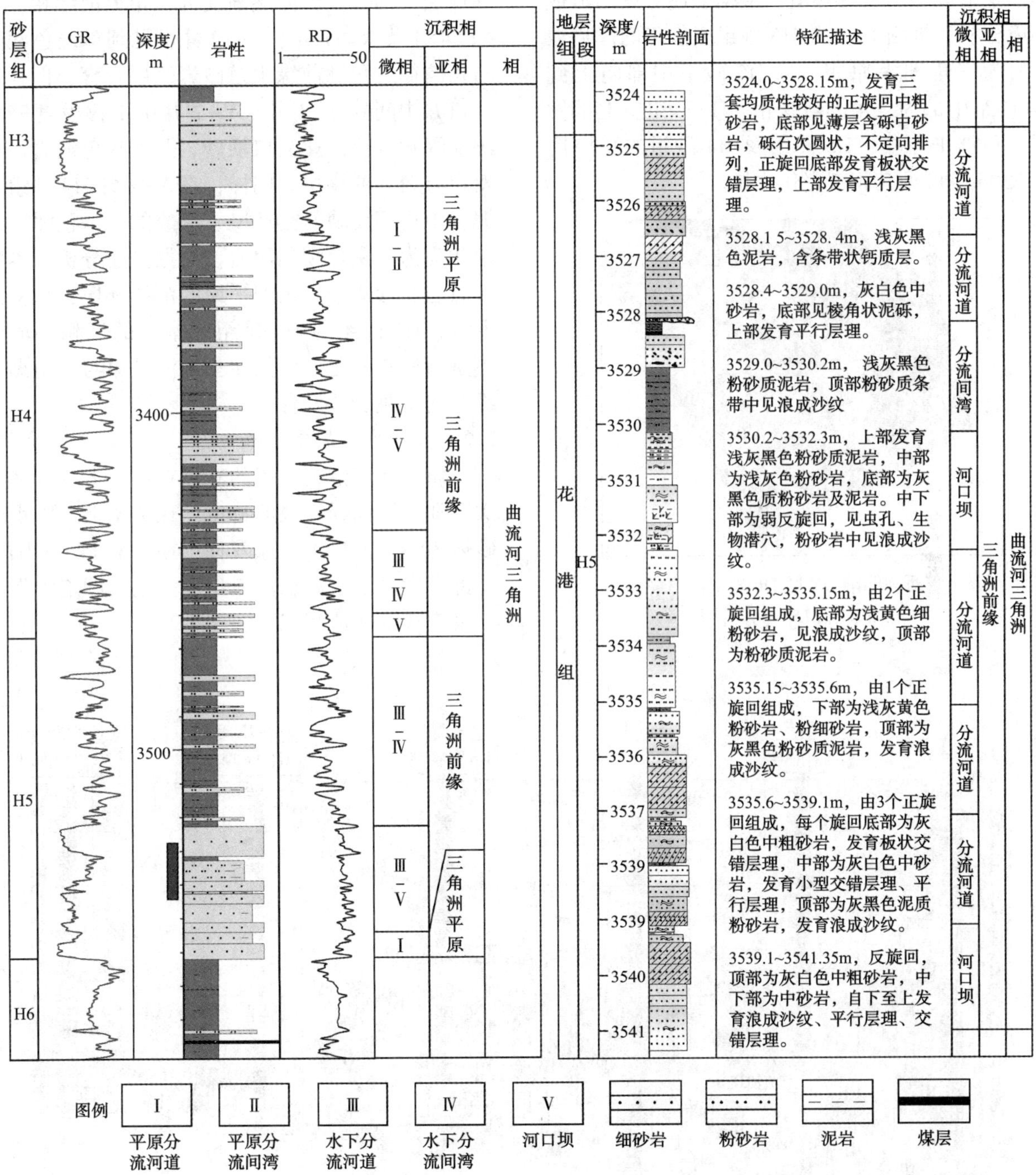

图3　H-2井沉积相分析图

(右图为岩心沉积分析图，左图为H5-H4砂组沉积相图；右图深度为3524. 0-3541. 35m，对应左图井深3527. 0-3544. 35m)

该井整个 H5 砂组及 H4 砂组的地层中也可见到三角洲前缘相与三角洲平原相呈快速演变特征(图 3 中左图)，该井中 H5 砂组底部的巨厚层正韵律粗粒砂岩与 H6 砂组的煤层段为连续沉积，H6 砂组的煤层形成于三角洲平原的河漫沼泽环境，西湖凹陷 QY 区的 Q-1 井、Q-2 井等井中 H6 砂组发育煤层及薄砂层，从(图 4)可以看到，在这些井的附近发育多条河道，而在这些河道的附近则发育了多个河漫沼泽，这些河漫沼泽正是形成煤的良好环境。根据上述对煤的形成环境分析，推断 H-2 井 H5 砂组底部正韵律粗粒砂岩为三角洲平原相，从 H5 砂组中部向上到 H4 砂组中部为三角洲前缘相，H4 砂组中上部发育三角洲平原相，H5 砂组及 H4 砂组的总厚度为 230m，可见其相带变化之快。

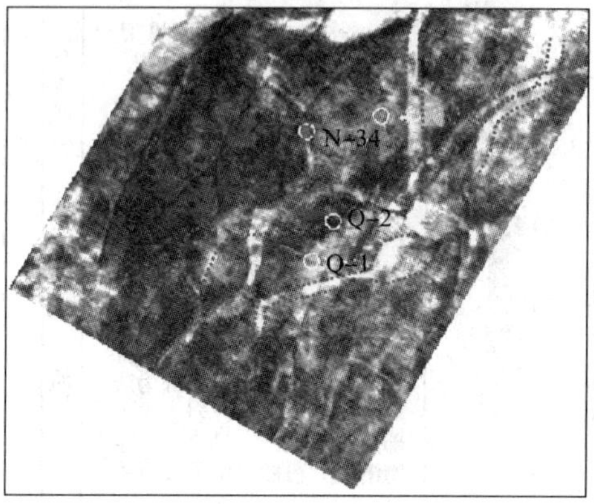

图 4 西湖凹陷 QY 区 H6 砂组河道砂体展布及沉积环境分析图

2.1.2 横向上沉积相微相跳跃式发育

研究区 H5 砂组及 H4 砂组地层的沉积环境在三角洲平原相、三角洲前缘相及浅湖相之间变化。但这种变化并不是像常规相带发育模式下的渐变式发育，而是三角洲平原相与三角洲前缘相在横向上呈间互式发育。

以 H5 砂组为例，在连井剖面 AB 中(图 5，剖面位置见图 9)，H5 砂组在 N-51 井中为三角洲平原相，发育厚层正韵律砂岩、砾岩、砂砾岩和煤层，向东南方向逐渐变为三角洲前缘相，在 N-54 井及 N-71 井、N-72 井可见到深灰色泥岩与正韵律三角洲前缘水道砂岩互层发育，但在这几口井中间的 Y-1 井、Y-2 井中不仅发育三角洲前缘相的反韵律河口坝砂岩及深灰色泥岩，也发育有较多的煤层。同样，在 Y-2 井 H4 砂组的泥岩中见到反映暴露环境下形成的灰绿色泥岩迅速相变为深灰色湖相泥岩。根据前述分析，本区的煤主要形成于三角洲平原的沼泽环境，从横向上看，H5 砂组与 H4 砂组在本区的沉积环境并不是渐进式变化，而是在三角洲平原与三角洲前缘之间呈跳跃式发育。

2.2 砂体平面展布特征

研究区花港组上段的砂体在形态上具有多期次迭加、横向迁移快的特点；在类型上，以水道砂体为主，河口坝少量发育；在平面上，凹陷中北部以发育浅水辫状河三角洲为主，凹陷中南部以发育浅水曲流河三角洲为主。

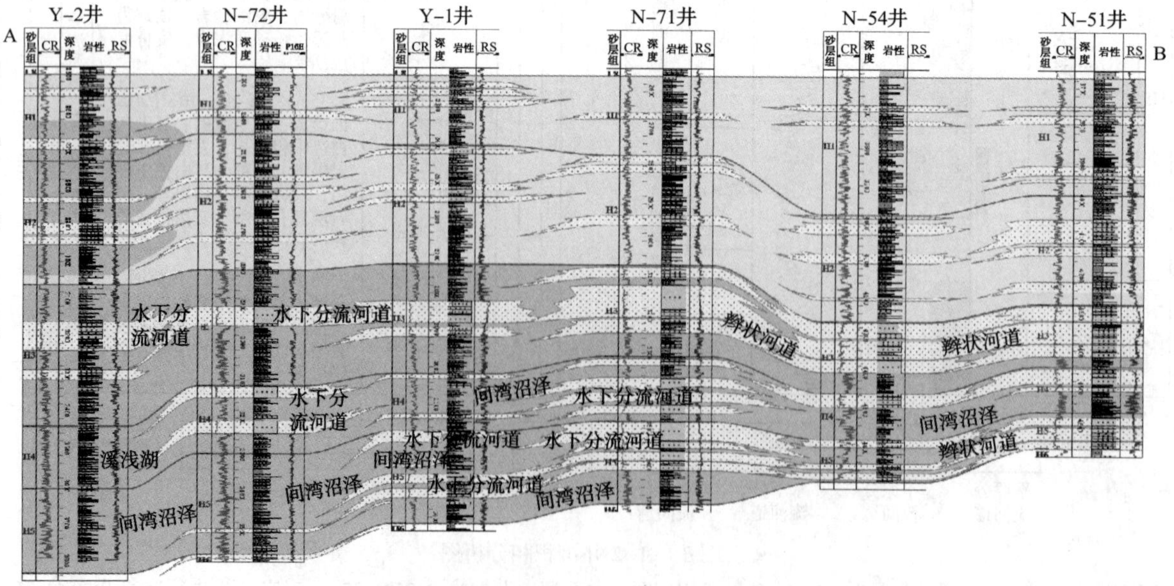

图 5 研究区沉积相连井对比剖面图

2.2.1　砂体横向迁移速度快

花港组上段的砂体形成于浅水三角洲环境，受岸线大幅度进退的影响，河道及三角洲前缘朵叶体横向上迁移速度快，且呈现多期次迭加的特点。以 QY 区的 H5 砂组底部沉积为例，在沿层多属性融合平面图上(图 6)，该区西南部发育 3 个水道砂体(图 6 左图)，而对 H5 层顶部泥岩层拉平后显示(图 6 右图)，这 3 个河道分为 3 期形成。

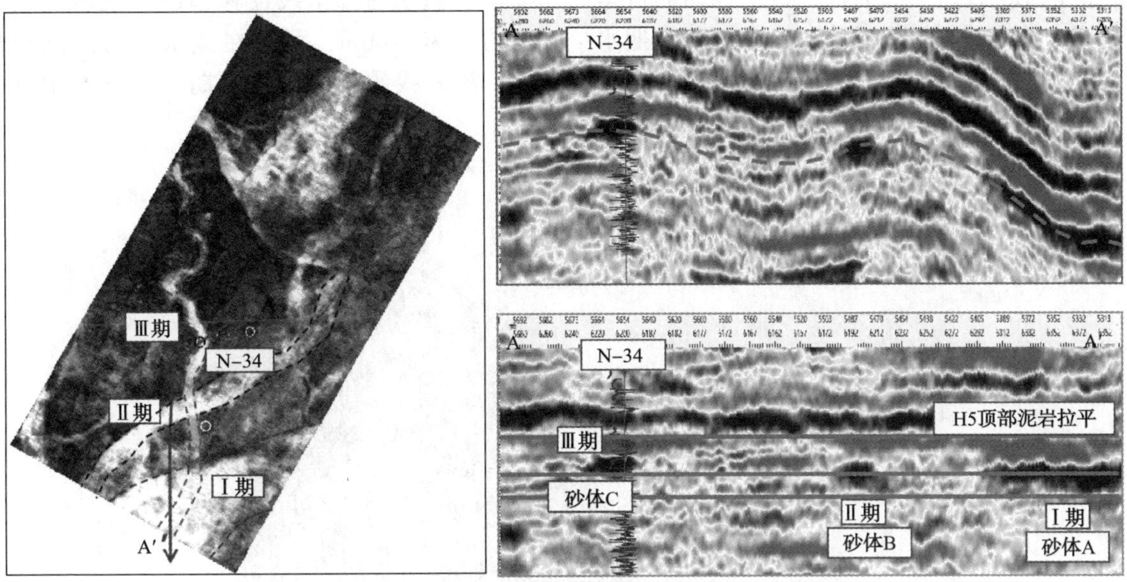

图 6　QY 区水道分布图(左图)及过水道地震剖面(右图)

处于最右边的砂体 A 形成时间较早，为Ⅰ期形成的三角洲朵叶体，其水位相对较高。砂体 B 为Ⅱ期形成的水道，砂体 C 为Ⅲ期形成的水道，上述 3 期水道的沉积期水位逐渐降低，水道向凹陷中心部位逐渐迁移。从沉积厚度上看，砂体 C 钻遇厚度为 23m，这 3 期水道地层总厚度约为 40m，而在平面展布上，这 3 个砂体展布方向及形态相差较大，基本上不存在继承性，由此可见研究区的水道在短时间内横向迁移较大。

在成因类型上，研究区以水道砂体为主，河口坝少量发育。如在研究区的中西部 QY 区，发育大量的条带状水道砂体及三角洲前缘朵叶体(图 7)。根据井资料揭示，三角洲前缘朵叶体也主要由较细的分流河道砂组成，如 N-34 井(图 7 及图 6 右图)及 H-2 井(图 1 及图 3 右图)揭示 H5 砂组朵叶体主要由正韵律分流河道砂及少量的反韵律河口坝砂体组成。

图 7　QY 区 H5 砂组下部砂体平面分布图

2.2.2　砂体平面展布受控于古岸线的变化

凹陷中北部以发育浅水辫状河三角洲为主(图 7)，在三角洲平原主要发育顺直的辫状河道砂体，在三角洲前缘主要发育前缘朵叶体，前缘朵叶体主要由分流水道砂体及少量河口坝砂体组成，在 N51、N54 等井中的 H5 砂组可见辫状河道中形成的正韵律砂砾岩、含砾中粗砂岩等非常发育(图 5)。凹陷中南部以发育浅水曲流河三角洲为主，在平面上，三角洲平原发育曲流河砂体呈弯曲的条带状(图 8)，在 N-34 井周缘也发育曲流河浅水三角洲(图 7)，在 H-2 井中钻遇的三角洲前缘分流水道砂体及河口坝砂体均为细砂岩(图 3)，粒度较为均一，砂岩附近常发育深灰色泥岩，为典型的曲流河沉积。

研究区砂体在平面上的展布上受控于古岸线的变化。以 H5 砂组下部为例，其沉积期的古岸线发生了 2 次较大的迁移(图 8)，在沉积早期水位较高，湖岸线靠近西部斜坡，后期水位逐渐降低，古岸线向凹陷中心部位逐渐迁移(图 6)。L1 线为最早期的古岸线(图 8)，沿该线发育了多个三角洲前缘朵叶体；L2 线及 L3 线分别为后期两次水位降低时发育的古岸线(图 8)，沿这 3 条古岸线分别发育了 3 期环状分布的三角洲前缘朵叶体。值得注意的是，该图中所示的只是 H5 砂组下部沉积期的古岸线迁移情况，该沉积层的厚度约为 30~40m，可见在浅水三角洲沉积环境下，湖岩线的迁移具有周期短、进退幅度大的特点。

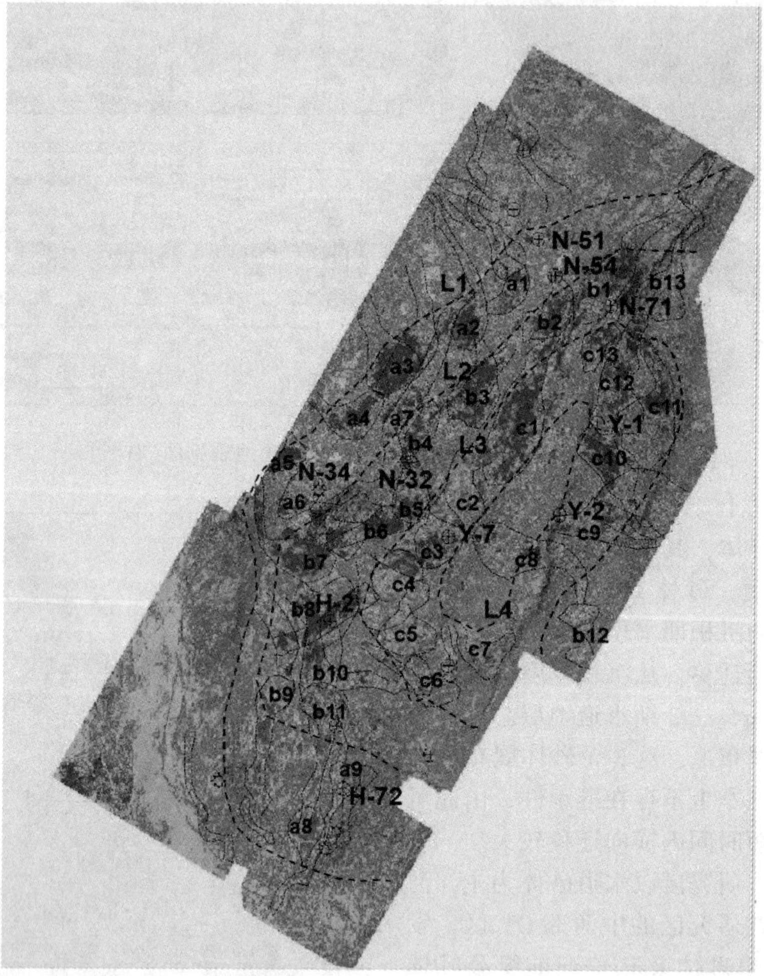

图 8　花港组上段 H5 砂组下部砂体展布及岸线迁移图

2.3　平面沉积相带展布特征

以 H5 砂组下部沉积层为例，根据研究区不同区域所发育的浅水三角洲砂体类型可将研究区的沉积相带分为 3 个区(图 9)：自水位最高时形成的古岸线 L1 线向斜坡方向，主要发育三角洲平原相的辫状河道砂体或曲流河砂体，该区为三角洲平原相主导区；在最高水位线 L1 线和最低水位期朵叶体外缘 L4 线之间为三角洲平原相砂体与三角洲前缘相砂体交互发育区，即在水位较高时，该区主要发育三角洲前缘相，形成三角洲前缘朵叶体，当水位降低时，该区发育三角洲平原水道及部分三角洲前缘朵叶体；L4 线为水位最低时三角洲前缘朵叶体向湖方向的边缘线，在该线向凹陷中心方向，为湖相主导区，主要发育湖相滩坝砂体及少量的三角洲前缘朵叶体。

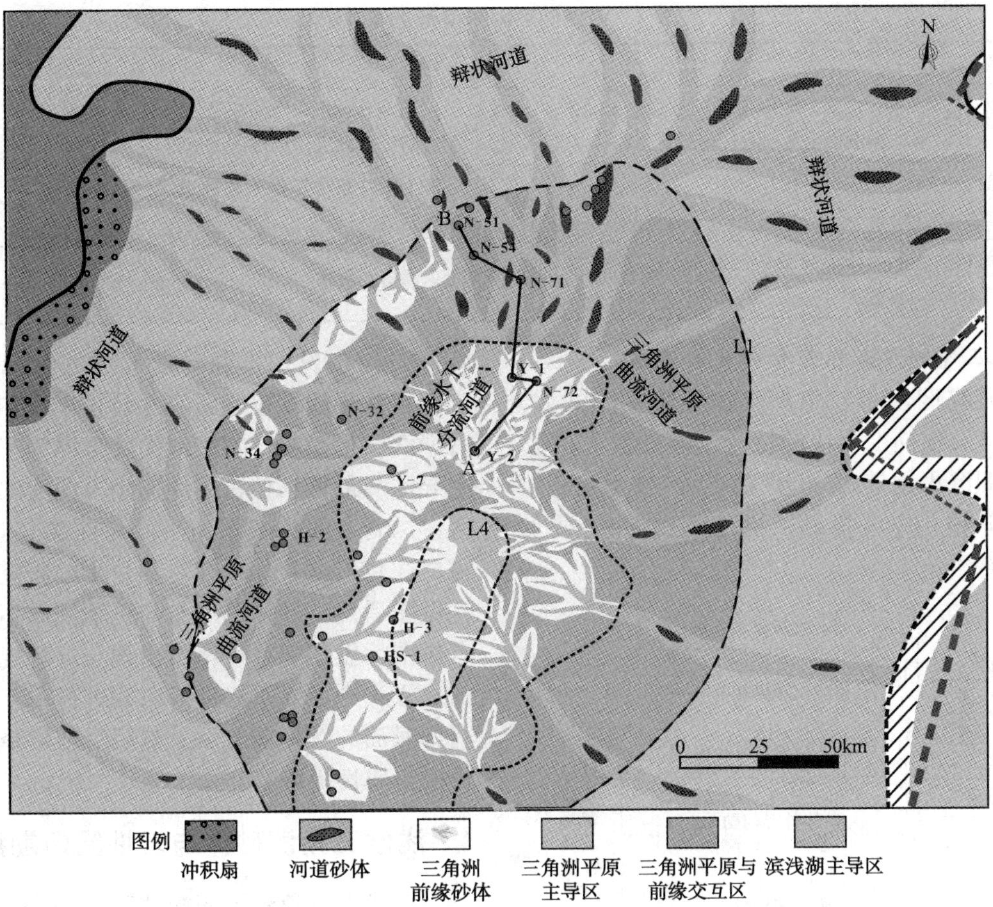

图 9　西湖凹陷中部 H4-H5 砂组砂体展布及其沉积相带分布图

3　浅水三角洲砂体识别及沉积相带分析关键技术

对本区花港组上段进行岩性圈闭研究中存在两大技术难题，一是砂体不易识别，二是沉积相带划分技术难度大。针对上述技术难题，本文创新提出了针对浅水三角洲砂体识别及相带划分的新方法。

3.1　针对浅水三角洲薄层砂体的储层识别技术

研究区内浅水三角洲砂体有三个显著的特点造成了本区砂体识别困难，一是浅水三角洲的砂体横向迁移快，导致在西湖凹陷大部分区域单砂体厚度小，薄层砂岩发育；而本区花上段主要目的层 H5 砂组、H4 砂组的埋深基本上都在 3500m 以深，地震资料垂向分辨率有限，因而造成砂体识别困难，因此，早期仅能在 3500m 以浅局部地区运用地震振幅属性寻找砂体（表 1）。二是研究区地层在 3500m 以深砂岩与泥岩的纵波阻抗差异减小，导致纵横波阻抗反演法在研究区深层的砂体识别效果不佳，尤其是该方法在预测砂体横向展布方面有较大不足。三是研究区花港组地层中缺乏横向稳定发育的厚层泥岩或厚层砂岩，在地震解释时没有标志层作辅助以对砂体边界进行精确的追踪解释，导致只能在小范围内进行砂体顶底面追踪解释，如果解释范围扩大则往往会导致解释的砂体边界穿时，不反映同一沉积期的砂体边界，沿穿时面提取的属性无法反映砂体真实的形态与沉积环境。

针对砂体薄、目的层砂岩与泥岩的纵横波阻抗差异减小的特点，姜勇、胡伟、俞伟哲等人在前人研究基础上，进行多次试验开发出“梯度属性大面积砂体识别技术”。该技术的主要特色有两点：第一是针对不同的区的地质条件优选方法进行地震资料提取属性体，在研究区内，以中远道梯度属性在大部分地区能较好地区分砂泥岩；第二点是针对研究区砂体横向变化快、缺少标准层的特点，在砂体单井标定的基础上，尽量在一个小的研究区内解释一个相对稳定面，沿该面进行砂体顶面或底面追踪，要求尽可能追踪等时面，如果需要大范围研究砂体分布，则只能采取拼图的方式。

表 1　西湖凹陷砂体预测主要方法

方法名称	优点	缺点	应用区域
地震振幅属性	直观，提取简便；与合成纪录对比；地震剖面上易于对砂体进行追踪与对比	仅适于 3500m 以浅的厚层砂岩，要求砂泥岩阻抗差异大，局部区域适用	HY 区中浅层
地震纵横波阻抗比	可对砂体进行量化表征	海上少井条件下低频建模造成砂体横向边界不清	多个区中深层
中远道振幅梯度属性+梯度剖面	计算简便，同时能保留砂体横向边界信息	不能量化表征	多个区域中深层

3.2　浅水三角洲沉积相带分析技术流程

针对研究区浅水三角洲沉积相带交互式发育、砂体薄、横向变化快的特点，本文建立了对浅水三角洲沉积相带划分的“四步法”技术流程，即“单井定相—分区描砂—拼图划线—分区划带”(图 10)。

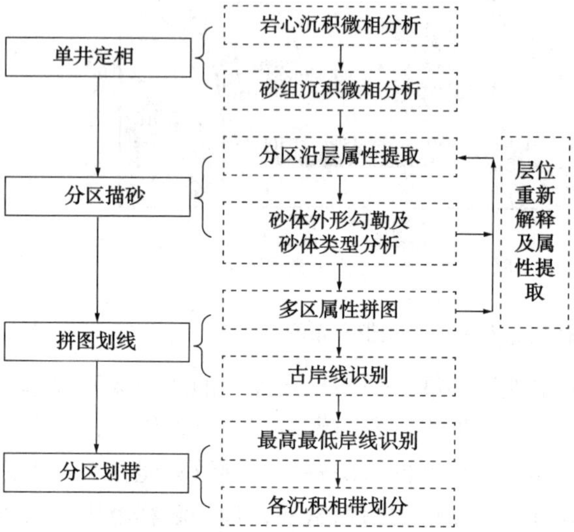

图 10　研究区浅水三角洲沉积相带及砂体展布分析“四步法”流程图

该方法的第一步是先进行单井进行沉积相带的研究及划分，尽可能优选有岩心资料的单井进行沉积微相初步划分，重点是寻找岩心及钻井中的三角洲平原相与三角洲前缘相相标志并对二者加以识别；第二步是分区砂体识别，由于砂体变化快、缺乏解释标志层，大范围解释容易窜层，先将研究区分为数个小区进行沿层解释、提取属性资料，然后逐一在某研究区内砂体属性平面图上对砂体的外轮廓进行勾勒，识别砂体的成因类型，在本区，强振幅-细长的条带状砂体多为河道砂体，而强振幅-朵叶状多为三角洲前缘朵叶体，弱振幅-团块状多为受波浪改造后的三角洲前缘朵叶体或滨浅湖滩坝砂体；第三步，将各个小研究区的砂体识别结果进行整个研究区内拼图，在拼合的图上根据河道砂体和三角洲前缘朵叶体的分布识别不同时期形成的古岸线；第四步，在古岸线中确定最高水位古岸线和最低水位古岸线，最高水位古岸线向陆方向为三角洲平原主导区，最低水位古岸线向湖方向为滨浅相主导区，二者之间为三角洲平原与前缘交互沉积区。需要注意的是，如果在对某一小的研究区提取属性做图后发现砂体的展布与沉积规律不相符，或者拼图后发现解释砂体时出现与沉积规律相矛盾的地方，则需要对局部等时面进行重新解释，提高等时面的解释精度后，然后沿新解释的等时面再进行属性提取、作图。

4　浅水三角洲砂体与岩性圈闭勘探

在浅水三角洲沉积模式下，一个三角洲-湖盆沉积区的中心区域并非传统的湖相发育区，在枯水期仍然发育三角洲平原相与前缘相，因而大量发育河道砂体及三角洲前缘朵叶体，大庆长垣的水下分流河道砂体在凹陷中间位置，砂体延伸规模达 40km 左右，而对现代鄱阳湖赣江三角洲的研究表明，该区枯水线与洪水线之间三角洲平原砂体规模达 10~20km。

研究区花港组上段 H4-H5 砂组发育浅水三角洲，本文在西湖凹陷中部利用三维资料研究发现了一批河道砂体或三角洲朵叶砂体，如在 H-2 井向凹陷中心的砂体 a8、a9、b5、b6、b7、b8、b9、b10、b11、c1-c8 等砂体(图 8)，这些河道砂体与凹陷中部的大型构造脊相迭合，从而形成了一批具有较大规模油气勘探潜力的构造+岩性圈闭，这些圈闭的发现直接提升了凹陷中部的油气勘探前景。近期的探井钻遇这些砂体，如 QY 区的 Y-7 井钻遇砂体 c3(图 8)，在 H5 砂组发现厚 36m 的河道相细砂岩；H-72 井钻遇砂体 a9(图 8)，发现河道相砂岩厚约 20m，上述发现证实本文关于砂体识别及沉积相研究的技术、流程完全适用于具有相似浅水三角洲沉积背景的其它探区。

5 结论

（1）花港组上段 H5 砂组及 H4 砂组沉积时期，研究区西湖凹陷中南部发育了浅水曲流河三角洲，中北部发育了浅水辫状河三角洲。本区浅水三角洲的主要特点：一是纵向上沉积微相呈交互式快速演变、横向上沉积相微相跳跃式发育。二是浅水三角洲环境下形成的砂体横向迁移速度快，砂体平面展布受控于古岸线的变化。

（2）在 H5 砂组及 H4 砂组沉积期，研究区中部的丰水期古岸线与枯水期古岸线之间形成了大面积的三角洲平原相与三角洲前缘相交互区，发育了大量的三角洲平原相河道砂体、三角洲前缘相水道砂体、前缘朵叶状砂体，这些砂体被钻井所证实，提升了西湖凹陷中部的油气勘探潜力。

（3）针对本区浅水三角洲特有的地质条件，即砂层厚度小、砂体横向变化快、沉积微相横向跳跃式发育的特征，优选中远道地震资料梯度属性等技术手段，建立了本区进行砂体识别及沉积相带划分新的“四步法”技术流程：“单井定相—分区描砂—拼图划线—分区划带”。

参考文献

[1] 周心怀，徐国盛，崔恒远，等．东海西湖凹陷中央反转构造带古近系花港组致密砂岩储集层裂缝发育特征与油气成藏关系[J]．石油勘探与开发，2020，47(3)：462-475.

[2] 周心怀，蒋一鸣，唐贤君．西湖凹陷成盆背景、原型盆地演化及勘探启示[J]．中国海上油气，2019，31(3)：1-10.

[3] 邹玮，余一欣，刘金水，等．东海盆地西湖凹陷中央反转构造带发育主控因素及宁波背斜形成过程[J]．石油学报，2021，42(02)：176-185.

[4] 张绍亮，张建培，唐贤君，等．东海西湖凹陷断裂系统几何学特征及其成因机制[J]．海洋地质与第四纪地质，2014，34(1)：87-94.

[5] 杨彩虹，高兆红，蒋一鸣，等．西湖凹陷平湖斜坡带始新统平湖组碎屑沉积体系再认识[J]．石油天然气学报，2013，35(9)：11-14.

[6] 高伟中，孙鹏，赵洪，等．西湖凹陷花港组深部储层特征及控制因素[J]．成都理工大学学报(自然科学版)，2016，43(4)：396-404.

[7] ZHANG Xianguo，LIN Chengyan，ZAHID M A，et al. Paleosalinity and water body type of Eocene Pinghu Formation，Xihu Depression，East China Sea Basin [J]. Journal of Petroleum Science and Engineering，2017，158：469-478.

[8] 王鹏，梁建设，赵志刚，等．钓鱼岛隆褶带演化特征及其对东海盆地油气勘探的意义[J]．石油地质与工程，2012，26(6)：10-14.

[9] 苏奥，贺聪，陈红汉，等．构造反转对西湖凹陷中部油气成藏的控制作用[J]．特种油气藏，2016，23(3)：75-78.

[10] 李宁，覃军，江瀚，等．西湖凹陷 T 气田油气分布特征与主控因素[J]．断块油气田，2017，24(3)：329-332.

[11] 王丽顺，陈琳琳．东海西湖凹陷下第三系层序地层学分析[J]．海洋地质与第四纪地质，1994，14(3)：33-42.

[12] 王果寿，周卓明，肖朝辉，等．西湖凹陷春晓区带下第三系平湖组、花港组沉积特征[J]．石油与天然气地质，2002，23(3)：257-261.

[13] 刘金水，曹冰，徐志星，等．西湖凹陷某构造花港组沉积相及致密砂岩储层特征[J]．成都理工大学学报(自然科学版)，2012，39(2)：130-136.

[14] 朱毅秀，黄导武，王欢等．东海西湖凹陷 A 气田渐新统花港组三段厚层砂岩沉积环境[J]．石油与天然气地质，2019，40(6)：1226-1235.

[15] 蔡佳，祁鹏，宋双．东海盆地西湖凹陷花港组下段沉积相分析[J]．海洋地质与第四纪地质，2017，37(2)：56-65.

[16] 彭迎迎，周倩羽．西湖凹陷南部古近纪花港组沉积环境及聚煤规律研究[J]．煤炭技术，2022，41(6)：67-70.

[17] 刘庆文，李键，秦德文．AVO 梯度谱蓝化在中深层薄砂岩刻画中的应用[J]．物探与化探，2023，47(2)：438-446.

[18] 刘庆文，孙永壮，李琴．同步压缩小波变换分频谱蓝化在薄层识别中的应用[J]．石油物探，2023，62(3)：529-537.

[19] 陈文雄．渤海西南部新近系超薄储层定量预测技术研究与应用[J]．地球物理学进展，2019，34(2)：694-701.

[20] 姜勇，李键，俞伟哲，等．复杂水动力环境下的相控迭代反演技术[J]．海洋地质前沿，2019，35(10)：69-77.

[21] 胡伟，俞伟哲，张岩，等．AVO 梯度属性 90°相移技术及在东海盆地含煤地层储层预测中的应用[J]．上海国土资源，2022，43(1)：75-79.

[22] 朱筱敏，潘荣，赵东娜，等．湖盆浅水三角洲形成发育与实例分析[J]．中国石油大学学报(自然科学版)，2013，37(05)：7-14.

[23] 金振奎，李燕，高白水，等．现代缓坡三角洲沉积模式-以鄱阳湖赣江三角洲为例[J]．沉积学报，2014，32(4)：710-723.

第二篇　油气勘探钻录测完井、压裂技术篇

Chapter Ⅱ　Drilling, logging, completion and fracturing technologies for oil and gas exploration

勘探工程技术的进步极大地推动了石油、天然气等矿产资源的发现与开采效率。近年来，中国油气勘探正逐步转入深水和深层、超深层阶段，面对超高温、超高压、多压力体系等因素带来的挑战，油气勘探工程技术领域在超深层钻井提速提效、完井提质、复杂条件下油气和岩性辨识、测井仪器高温高压耐受性、试油压裂提质提产工艺及自动化与智能化等方面均获得了长足进步。本篇全面、系统地介绍了油气勘探领域工程技术攻关获得的认识及成果，可为国内外各区域高质量开展油气勘探工作提供宝贵经验和成功模板。

Advances in exploration engineering technology have greatly contributed to the discovery and exploitation efficiency of mineral resources such as oil and gas. In recent years, the focus of China's oil and gas exploration hasgradually shifted to deep water, deep and ultra - deepreservoirs. Facing the challenges of ultra - high temperature, ultra - high pressure and multi-pressure system, great progress has been made in oil and gas exploration engineering technologies in ultra-deep drilling speed and efficiency enhancement, completion quality improvement, oil, gas and lithology identification under complex conditions, high-temperature and high-pressure resistanceof logging instruments, oil testing and fracturing techniques for quality enhancement and production improvement, as well as automation and intelligence. This chaptercomprehensively and systematically introduces the knowledgeand achievements gained from engineering and technology research in the field of oil and gas exploration, which can provide valuable experience and serve as success examplesfor high-quality oil and gas exploration in various regions in China and abroad.

深地塔科 1 井安全高效钻井关键技术

冯少波[1,2,3,4]　李　宁[1,2,3,4]　张　志[1,2,3,4]　吕晓刚[1,2,3,4]　文　亮[1,2,3,4]　周　宝[1,2,3,4]

（1. 中国石油塔里木油田分公司；2. 中国石油天然气集团有限公司超深层复杂油气藏勘探开发技术研发中心；3. 新疆维吾尔自治区超深层复杂油气藏勘探开发工程研究中心；4. 新疆超深油气重点实验室）

摘　要　基于油气发现和科学探索双重目的，中国石油在塔里木盆地部署了我国首口万米科探井-深地塔科 1 井。该井设计井深 11100m，预测井底温度 213℃，预测地层压力 133MPa，钻井作业面临超深、超高温、超高压、高含硫“三超一高”的极端恶劣井况。该井于 2023 年 5 月 30 日开钻，2024 年 3 月 4 日历时 279 天突破 10000m。深地工程实施过程中，特深层安全高效钻井关键技术取得了进步，主要包括特深复杂地层井身结构设计、基于地质工程一体化的随钻优化、特深井钻工具安全管控、超长裸眼超重载荷下套管及固井、抗 220℃聚合物钻井液等。同时，实钻过程中产生了新的问题和需求，亟需开展特深层钻柱动力学理论研究、成熟可靠的耐高温工具仪器研发，加快推进钻完井工程技术向数智化转型，为保障深层、超深层油气高效勘探开发和加快技术升级转型提供工程技术支撑。

关键词　深地塔科 1 井；井身结构；超深；超重载荷；钻具安全；耐高温

Key Technologies for Safe and Efficient Drilling of Well Take-1

Feng Shaobo[1,2,3,4]　Li Ning[1,2,3,4]　Zhang Zhi[1,2,3,4]
Lyu Xiaogang[1,2,3,4]　Wen Liang[1,2,3,4]　Zhou Bao[1,2,3,4]

(1. PetroChina Tarim Oilfield Company; 2. R&D Center for Ultra Deep Complex Reservior Exploration and Development, CNPC; 3. Engineering Research Center for Ultra-deep Complex Reservoir Exploration and Development, Xinjiang Uygur Autonomous Region; 4. Xinjiang Key Laboratory of Ultra-deep Oil and Gas)

Abstract　Based on the dual purpose of oil and gas discovery and scientific exploration, PetroChina has deployed the first 10000-meter exploration well-Deep Take-1 in Tarim Basin. The designed well depth of this well is 11 100 m, the predicted bottom hole temperature is 213℃, the predicted formation pressure is 133 MPa, and the drilling operation is faced with extremely severe well conditions of ultra-deep, ultra-high temperature, ultra-high pressure and high sulfur “three ultra-high and one high”. The well was spud on 30 May 2023 and broke 10000 m on 279 calendar days on 4 March 2024. During the implementation of deep engineering, the key technologies of ultra-deep safe and efficient drilling have made progress, including the structural design of ultra-deep complex formation wellbore, the optimization while drilling based on the integration of geological engineering, the safety control of ultra-deep well drilling tools, the casing and cementing of ultra-long open hole under heavy load, anti-220℃ polymer drilling fluid, etc. At the same time, there are new problems and demands in the actual drilling process. It is urgent to carry out theoretical research on ultra-deep drill string dynamics, mature and reliable research and development of high-temperature resistant tools and instruments, accelerate the transformation of drilling and completion engineering technology to digital intelligence, and provide engineering technical support for ensuring the efficient exploration and development of deep and ultra-deep oil and gas and accelerating the technical upgrading and transformation.

Key wordst　Well Take-1; Well bore structure; Super depth; Extra heavy load; Safety of drilling tools; High temperature resistance

我国深部油气资源总量达 671×10^8t 油当量，占全国油气资源总量的 34%，目前 83%的深地油气资源尚未开发，近 10 年新增探明储量中，深层超深层油气资源占 50%以上，其高效开发对保障国家能源安全意义重大。为持续推进深层超深层油气资源高效勘探开发力度，中国石油启动了万米深地科探工程，加大深地科技创新力度，突破超深层油气理论和关键技术，提升油气勘探开发水平和能力。

目前，全球陆上完钻垂深超过万米的深井仅有 1 口，为前苏联 1989 年钻探的 SG-3 井，完钻井深 12262m，是目前垂深最深的井。2009 年，美国墨西哥湾深水盆地 Tiber 井钻至井深 10685m(含水深 1259m)，成为全球第二口超万米深井。2022 年 10 月，阿联酋在 UpperZakum 油田人工岛 UZ-688 井创造了世界最深井新纪录，该水平井完钻斜深达 1.524 万米。我国第一口井深超过 7000m 的超深井是关基井，完钻井深 7175m。2019 年，塔里木油田完钻的轮探 1 井，垂直深度达 8882m，首次超越珠穆朗玛峰。2022 年，中国石化塔深 5 井完钻井深 9017m，垂深首次超过 9000m。深地塔科 1 井是中国石油在塔里木盆地实施的重大“深地工程”，位于新疆塔克拉玛干沙漠腹地，设计井深 11100m，计划钻穿寒武系地层，钻揭震旦系奇格布拉克组，预测井底温度 212.8℃、地层压力 136MPa，完钻后将是世界第二口陆上万米超深科探井，使我国成为继美国、俄罗斯之后第三个掌握万米深地钻井技术的国家。通过实施万米深地科探工程，能够突破万米深井钻完井关键核心技术难题，带动我国超深层油气勘探开发突破，提升工程技术支撑能力和核心竞争力。同时，探索轮南-古城超深层万亿方大气区，开辟万米深地战略接替领域，轮南-富满段寒武系-奥陶系天然气资源量 3.02 万亿立方米、石油 10.78 亿吨，是超万亿方和十亿吨级油气富集的重大战略接替领域。

基于上述背景，笔者以实现万米科探工程为目标，针对深地塔科 1 井钻井中面临的钻井作业面临超深、超高温、超高压、高含硫“三超一高”的极端恶劣井况，分析了钻井设计难点，总结回顾了万米钻探过程中的安全高效钻井关键技术进展，可为今后的特深层钻井提供借鉴。

1　万米超深井钻井难点

钻揭的地层复杂，井身结构设计困难。深地塔科 1 井钻揭 13 套地层，区域存在火成岩、盐膏层、含燧石白云岩等复杂岩性地层，奥陶系发育断裂及储层等特殊复杂地层。同时，万米以深寒武系地层预测可参考的地震与测井等资料数据少、品质差，现有技术精准预测地层压力困难、不确定性强。

超深复杂硬质地层造成高效破岩与综合提速困难。深地塔科 1 井深部岩石具有强度大、非均质性强、研磨性强的难点。邻井轮探 1 蓬莱坝组-下丘里塔格组钻头冲击损伤、磨损严重，钻头平均进尺短 120~147m，平均机速低 1.2~1.7m。

管柱重量超长、超重，钻具安全保障及套管柱安全下入困难。长度 10000m、重量超 340t 的钻具在井底运动状态复杂，振动强烈，钻具安全保障面临更加复杂的工况环境和受力状态；超深超重套管浮重超过 600t，载荷超过了 9000m 钻机的安全载荷(540t)，面临安全下入难题。

高温高压条件下，井筒工作液性能难以保障。预测深地塔科 1 井井底温度最高达 213℃，要求钻井液具备耐高温、高密度、耐高盐且长时间性能稳定。

2　钻井关键技术进展

2.2　特深复杂地层井身结构设计技术

复杂地层需要多层次井身结构，而常规的多层次井身结构面临上部井眼尺寸大带来的系列问题。根据尺寸效应，井眼尺寸越大，钻遇裂缝、微裂隙等岩石缺陷的概率越大，井壁失稳、漏失的风险越高；同时，大尺寸井眼面临机速慢、周期长，单个裸眼段长时间作业增加井漏、垮塌等风险；使用的大尺寸套管强度难以提升，也面临下入困难等问题。为解决深地塔科 1 井井身结构层次多、井眼尺寸大造成的难题，在井身结构设计前开展了地质工程一体化研究。通过对地震、测井、邻井实钻等资料等分析研究，定量预测特殊岩性的厚度、空间位置，实施了全层系地层岩性、厚度、温度、压力与流体预测。根据研究结果优选井位，尽量避开区域复杂地层，使用尽可能少的井身结构层次完成万米钻探目标。

以二叠系为例进行研究。区域二叠系火山岩段裂缝发育，邻井在钻穿二叠系地层后都下套管封固上部易漏失、垮塌地层。通过对比地震资料和邻井实钻过程，根据岩相特征和漏失统计分析结果，空白相英安岩漏失量大，杂乱相凝灰岩局部漏失，平行相玄武岩漏失风险小，（图 1）。该井地震相为平行相，预测二叠系地层（4120～4480m）火成岩段上部为凝灰岩，下部为凝灰岩与英安岩互层，下碎屑岩段以灰岩与泥岩互层为主(图 2)。依据地震特征和邻井实钻情况，预测漏失压力大于 1.32g/cm³。

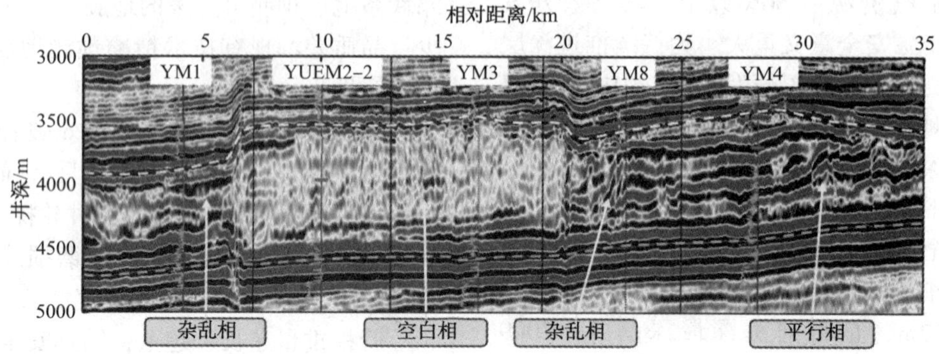

图 1　二叠系典型火成岩地震剖面

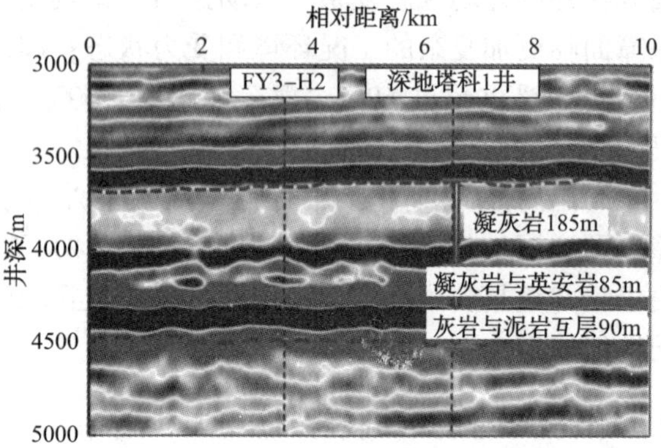

图 2　二叠系火成岩段邻井实钻情况与深地塔科 1 井预测结果

地质工程一体化研究中对二叠系火成岩、石炭系盐膏岩等特殊岩性、奥陶系上部水层等特殊流体、鹰山组串珠特殊温压场、奥陶系断裂、侵入体等特殊构造进行了精细刻画和分析。确定了必封点和风险点。在清楚认识地层的前提下，设计了五开五完井身结构，在每个必封点和风险点上部下套管，每层套管尽量深下，使用有限的开次实现钻探目标，同时三开、四开套管应尽可能深地揭开地层，为深部地层不可预测的风险预留空间。该井身结构与六开井身结构相比(图 3)，避免了大尺寸井眼井壁稳定性差、钻进时效底、大尺寸套管下入困难等难题。

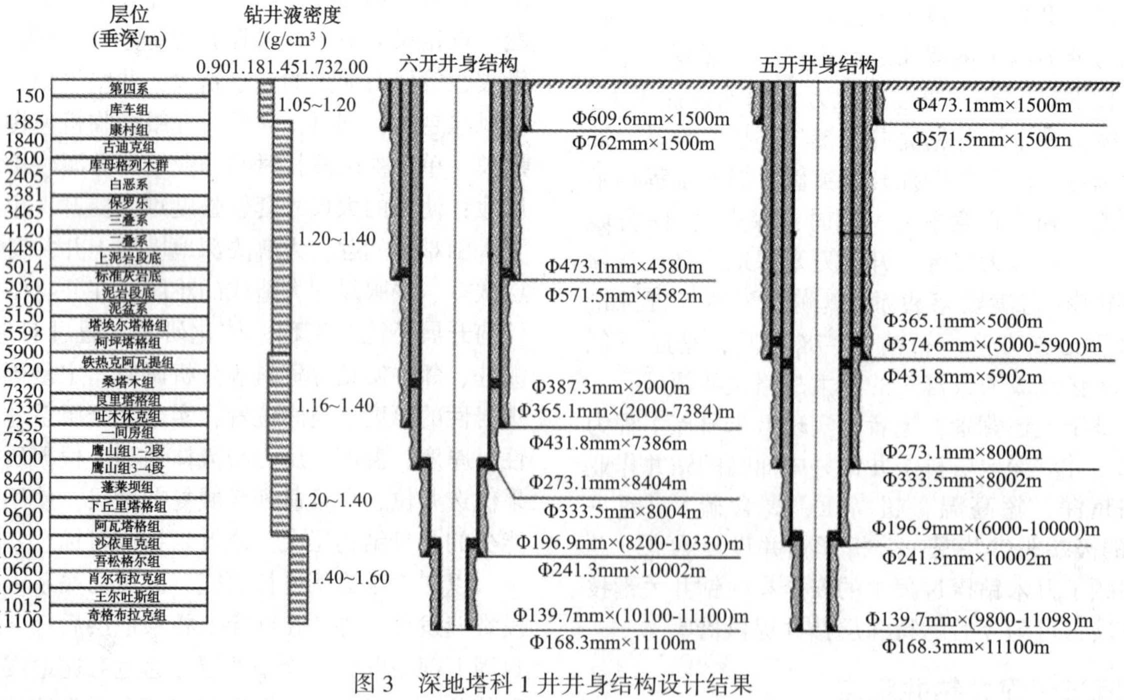

图 3　深地塔科 1 井井身结构设计结果

2.1　基于地质工程一体化的随钻优化技术

随钻过程中具象化地质特征，建立"地震-露头-薄片"三位一体构建待钻地层模型，（图4）。指导井参数、钻具组合等优化，保障优质高效钻进。将实验室设置在井场，及时对岩屑、掉块开展岩石力学、电镜扫描、矿物组分分析、元素分析等试验，实时获取岩石特性，明晰岩性组合特征，综合分析工程异常井段的岩屑、掉块，对比地震、露头等岩石特征，预测下部地层风险，制定精准应对措施，以降低故障复杂风险。

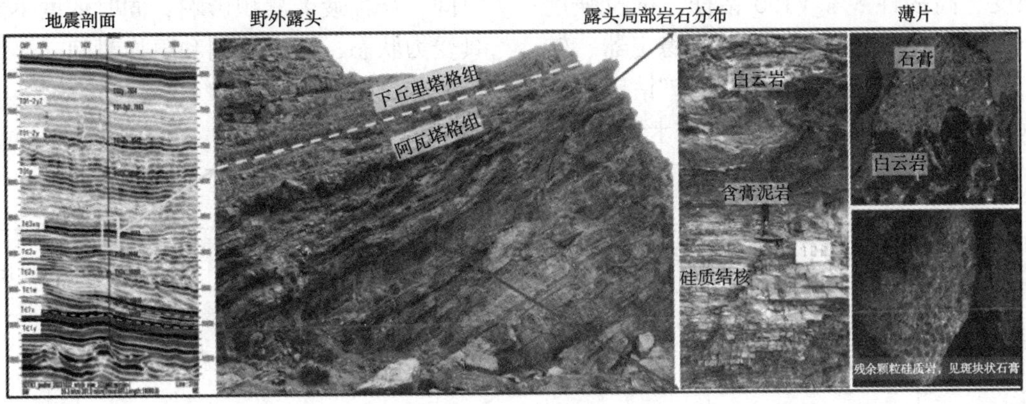

图4　具象化地质特征

随钻过程汇总建立硬质、难钻地层可钻性评价方法，通过地震数据修正邻井测井数据，量化岩石单轴抗压强度、研磨指数、冲击指数、含燧石白云岩的可钻性，（图5）。通过对比井下、露头岩石力学实验结果，对模型进行修正，结合控斜和抗震动需求，强化钻头侧向切削能力和抗侧向震动能力，个性化设计和定制PDC钻头。依据模型预测，奥陶系蓬莱坝至寒武系下丘里塔克组地层（埋深8391~9593m、段长1202m）富含硅质燧石结核，岩石强度高、研磨性强，邻井单只钻头进尺短、机械钻速低，严重影响深部井段的钻井速度。基于模型分析认识，从钻头齿型、布齿、结构等方面进行了优化，设计了具有强稳定性、高抗侧向冲击的非平面切削齿PDC钻头，成功经受住了侧向冲击高达625g、扭矩波动达15kN·m的极端工况考验，钻头在井下无主动防斜工具的情况下，通过底部钻具组合和钻井参数优化，机械钻速较邻井同层段提高47%，井斜控制在3°以内。

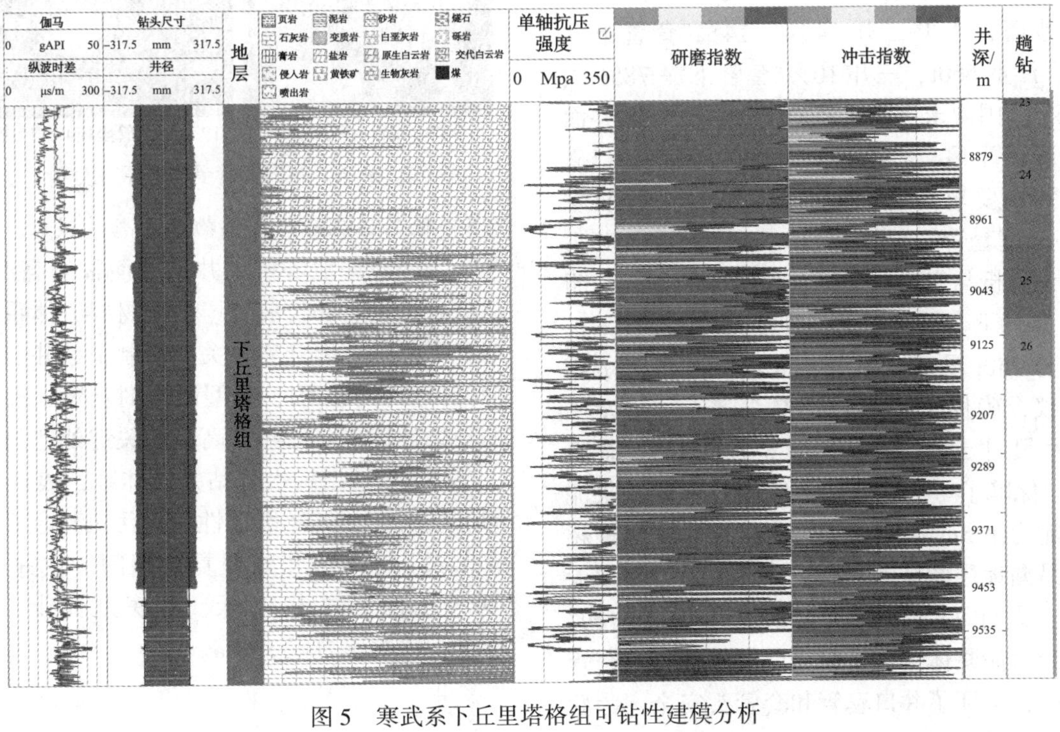

图5　寒武系下丘里塔格组可钻性建模分析

2.3　特深井钻工具安全管控技术

前苏联科拉-3井，完钻井深12262m，发生27次断钻具故障，表明系统升级钻工具性能是确保万米特深井安全钻探的必要条件。为应对特深层钻具安全更高的要求，对钻具进行了升级。采用高强度、高韧性5⅞″V150钻杆，抗拉强度提升至492t(表1)；定制高性能钻具稳定器、转换接头，冲击功由80J提升至100J；7″钻铤螺纹优化为双台肩，抗扭提升40%；改进卡瓦牙板，咬痕深度由0.23mm下降至0.12mm，钻具本质安全得到有效提升。同时，对钻具进行精细管理，配备自动化铁钻工装备，实现螺纹上卸扣数智化(上扣扭矩和圈数见表2)，确保螺纹连接完整性；建立单根钻工具使用信息清单，记录旋转时间，严控疲劳累积影响；同时依据不同位置钻具受力状态，制定检测和更换时间，严防薄弱环节疲劳失效。

表1　使用钻杆性能

外径		壁厚/	内径/	钢级/	抗拉强度/	抗扭强度/	抗内压/	抗挤毁/	接头类型
英寸	mm	mm	mm	psi	kN	kN·m	MPa	MPa	
4	101.6	9.65	82.3	150000	2883	70.0	171.9	177.8	DS39
5	127.0	9.65	107.7	135000	3311	104.3	123.8	119.0	NC52
5⅞	149.2	10.92	127.4	150000	4906	182.5	132.5	125.5	5½″FHDS
5⅞	149.2	9.65	129.9	150000	4375	165.5	117.1	96.6	5½″FHDS
6⅝	168.3	19.05	130.2	150000	9238	358.5	204.9	97.3	6⅝″FH

表2　钻具上扣扭矩和上卸扣圈数控制标准

钻具类型	螺纹类型	上扣扭矩	卸扣圈数
5⅞″钻杆	5½FHDS	58kN·m	6.1
5″钻杆	NC52	40kN·m	4.2
5″加重钻杆	NC52	40kN·m	4.2
7″钻铤	NC50	42kN·m	5.2
7¾″钻铤	NC56	65kN.m	3.8

2.4　超长裸眼超重载荷下套管及固井技术

深地塔科1井二开14⅜″+14¾″套管下深5853m、浮重660t，三开10¾″套管下深7856m、浮重665t，国内未有施工经验。二、三开固井面临的超重套管下入、超长裸眼固井易漏、井口坐挂吨位控制要求高的三大难题。二开固井研发14⅜″高强度套管，钢级由110升级为140，并采用有限元分析与室内拉伸试验相结合的方式，明确750t条件下套管接箍无塑性变形风险(图6)。同时配套750t吊环、吊卡、卡盘、上扣扭矩圈数记录仪，确保了超重套管安全下入；研发了14⅜″大尺寸封隔式分级箍，正向封隔能力35MPa，保障了一级固井后二级固井不漏，水泥车泵入能力由5m³/min提升至8m³/min，实现超长裸眼易漏地层的全井封固，固井质量合格率大于80%；设计了三凝三密度水泥浆浆柱结构，精准控制水泥浆体稠化、起强度时间和超重套管坐挂吨位，保证了井口套管和套管头安全，为后续作业创造了良好条件。

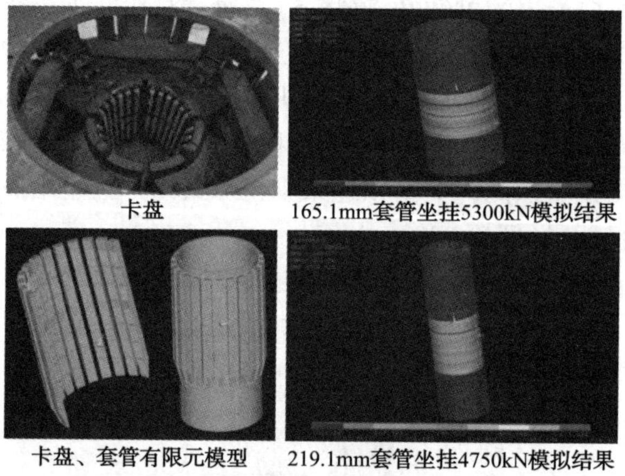

卡盘　　165.1mm套管坐挂5300kN模拟结果

卡盘、套管有限元模型　　219.1mm套管坐挂4750kN模拟结果

图6　井口套管受力有限元分析

2.5　抗高温220℃聚合物水基钻井液

为应对深地塔科1井钻井面临的高温挑战，从核心机理、评价装置、关键材料、体系配方及配套工艺等方面开展攻关，研制了钻井液降滤失剂梳型聚合物CPJ、流型调节剂、极压抗磨润滑剂等5种抗220~240℃高温的关键处理剂，构建了抗220℃高温的水基钻井液体系，表现出优良的抗高温性、沉降稳定性、抗污染性能(老化试验见表3])。四开处理复杂期间，在井底温度192℃条件下静止12天，井底无沉砂，6.6L/s排量下顶通压力仅3MPa。

表 3　抗高温聚合物水基钻井液老化性能评价

温度	条件	AV/mPa·s	PV/mPa·s	YP/Pa	初/终切/Pa
170℃	老化前	33	23	10	4/10
	老化 3 天	35	25	10	4.5/13
180℃	老化前	18.5	14	4.5	2/5
	老化 3 天	20	13	7	3.5/7
200℃	老化前	37	26	11	3.5/5
	老化 3 天	39.5	24	15.5	5/6
	老化 11 天	42.5	32	10.5	4/6

3　面临的工程技术挑战及发展展望

3.1　深度开展特深层钻柱动力学研究

随着井深突破 9000m，特深井钻柱的超柔和非线性特征更加突出，钻柱涡动和粘滑更易发生，钻工具损伤和接头微观裂纹频繁出现，地面扭矩大范围波动频发，大幅增加了钻具失效风险。目前，国内外在特深井钻柱动力学特性模拟和动态安全性理论研究方面均处于起步阶段。亟需深度开展特深井超柔多挠度钻柱动力学理论研究，指导钻具组合和钻井参数优化以减少井下有害振动；开展高应力条件下钻具疲劳失效机理研究，定量评价钻具疲劳与使用时间、井下工况的关系，支撑确定钻具科学合理的使用，指导特深井安全钻井。

3.2　加快推进耐高温工具、仪器的研发

目前，国内抗高温井垂钻、井下动力钻具、MWD、随钻震击器等工具仪器不满足特深层钻进需求。井深超 9000m、循环温度超过 165℃后，无性能可的靠垂钻工具使用，需加快耐高温 200℃垂直钻井系统研发和试验，解决高温井段防斜问题，同时，开展耐温超 200℃ MWD 研发和试验，为超深层井斜监测提供工具；亟需研制抗高温 200~220℃长寿命橡胶螺杆或金属螺杆，为万米深层提速提供保障，为超高温定向井储备技术；开展高性能随钻震击器研发和试验，为特深层复杂处置提供关键技术手段。

3.3　加快推进钻完井数智化发展

深地塔科 1 井所使用的 12000m 自动化钻机大幅降低了劳动强度，提升了设备安全性，确保了钻井过程安全高效，数字化、智能化钻完井装备能够保障油气勘探开发需求。下步，需系统开展钻前、随钻、钻后的地质工程一体化理论、方法研究，建立大数据、云计算、人工智能等信息技术与传统钻完井工程技术深度融合新模式，提高复杂地层预测、风险识别管控、钻井提速等能力和效率。

4　结论

2024 年 3 月 4 日，深地塔科 1 井钻进至 10000m，证明了中国石油钻探技术和钻探装备具备万米钻探能力。同时，通过钻探实践，发现了特深层钻柱动力学理论、抗高温高压工具仪器、数智化发展亟需攻关，为推进深层、超深层油气勘探开发和加快技术升级转型提供有力的支撑。

参　考　文　献

[1] 苏义脑，路保平，刘岩生，等．中国陆上深井超深井钻完井技术现状及攻关建议[J]．石油钻采工艺，2020，42(05)：527-542.

[2] 王志刚，王稳石，张立烨，等．万米科学超深井钻完井现状与展望[J]．科技导报，2022，40(13)：27-35.

[3] 李剑，佘源琦，高阳，等．中国陆上深层—超深层天然气勘探领域及潜力[J]．中国石油勘探，2019，24(04)：403-417.

[3] 赵金海，张洪宁，王恒，等．中国石化超深层钻完井关键技术挑战及展望[J]．钻采工艺，2024，47(02)：28-34.

[4] 莫杰．科拉超深钻的重大成果[J]．地质与勘探，1987(05)：29-30.

[5] Major Achievements of Mojie Kola Ultra Deep Drilling [J]. Geology and Exploration，1987 (05)：29-30.

[6] 杨明清，杨一鹏，卞玮，等．俄罗斯超深井钻井进展及技术进步[J]．石油钻采工艺，2021，43(1)：15-20.

[7] Naranjo J C，Ekstrand E J，Etgen J，et al. Survey design and implementation of a multiple wide-azimuth towed streamer seismic acquisition strategy at the Tiber Discovery；deep water Gulf of Mexico，USA[J]. 2011.

[8] Galvan，Irma & Mallanao，Genesis & McClelland，Garry & Rowland，Ray & Novak，Daniel.（2023）. Pushing Coiled Tubing Design and Manufacturing Boundaries to Service 50，000-ft Mega-Reach Wells in Abu Dhabi. 10. 2118/212892-MS.

[9] 苏义脑，路保平，刘岩生，等．中国陆上深井超深井钻完井技术现状及攻关建议[J]．石油钻采工艺，2020(005)：042.

[10] 杨沛，刘洪涛，李宁，等．塔里木油田超深井钻井

设计及优化技术——以亚洲最深井轮探 1 井为例[J]. 中国石油勘探，2021，26(3)：10.

[11] 王建云，韩涛，赵宽心，等. 塔深 5 井超深层钻井关键技术[J]. 石油钻探技术，2022，50(5)：27-33.

[12] 贾承造. 含油气盆地深层—超深层油气勘探开发的科学技术问题[J]. 中国石油大学学报(自然科学版)，2023，47(05)：1-12.

[13] 宋周成，翟文宝，邓昌松等. 富满油田超深井井身结构优化技术与应用[J]. 钻采工艺，2022，45(06)：36-41.

[14] 王团，李奎周，赵海波，等. 泥页岩油井震结合孔隙压力预测方法研究及应用[C]//中国石油学会(CPS)，国际勘探地球物理学家学会(SEG). CPS/SEG 北京 2018 国际地球物理会议暨展览电子论文集. 北京：《中国学术期刊(光盘版)》电子杂志社，2018：1325-1328.

[15] 张雁，屈沅治，张志磊等. 超高温水基钻井液技术研究现状及发展方向[J]. 油田化学，2022，39(03)：540-547.

[16] 王中华. 国内钻井液技术进展评述[J]. 石油钻探技术，2019，47(3)：95-102.

[17] 刘素君，唐克松，雷俨卜. 应对复杂推覆体七开非常规井身结构开发与应用：以红星 1 井为例[C]//第 33 届全国天然气学术年会(2023)论文集(04 钻采工程). 北京：中国石油学会天然气专业委员会，2023：551-560.

[18] 汪海阁，葛云华，石林. 深井超深井钻完井技术现状、挑战和“十三五”发展方向[J]. 天然气工业，2017，37(04)：1-8.

[19] 王春生，冯少波，张志，等. 深地塔科 1 井钻井设计关键技术[J]. 石油钻探技术，2024，52(02)：78-86.

[20] 张银涛，刘正文，袁敬一，等. 主成分分析在塔里木盆地哈拉哈塘二叠系火成岩岩性识别中的应用[J]. 能源技术与管理，2020，45(03)：174-176.

油气开发生产数据质控技术及应用

白秋燕[1]　张曙振[1,2,3]　胡金涛[1,2,3]　张雅娟[1]

（1. 中国石油天然气股份有限公司塔里木油田公司勘探开发研究院；2. 中国石油天然气集团有限公司超深层复杂油气藏勘探开发技术研发中心；3. 新疆维吾尔自治区超深层复杂油气藏勘探开发工程研究中心；）

摘　要　油气开发数据是油田开发的生命线，是油气田企业的重要核心资产，数据质量是油气田高效开发的重要保障。“十三五”以来，随着油气业务的发展和信息技术的进步，科研管理人员对开发数据的需求愈加突出，但基于传统模式而形成的数据质量“痛点”问题则更加显现。经过学习借鉴和集成创新，明确了“13345”质控思路，通过实施“四步走”举措，建立了基于信息化技术的数据管控体系，全面提升了生产数据及时率、完整率、准确率，为油气田企业高质量发展提供了重要支持。

关键词　开发数据；质量控制；信息化；质控技术；应用研究

Oil and Gas Development and Production Data Quality Control Technology and Application

Bai Qiuyan[1]　Zhang Shuzhen[1,2,3]　Hu Jintao[1,2,3]　Zhang Yajuan[1]

（1. Research Institute of Exploration and Development，Tarim Oilfield Company；2. R&D Center for Ultra-Deep Complex Reservoir Exploration and Development，CNPC；3. Engineering Research Center for Ultra-deep Complex Reservoir Exploration and Development，Xinjiang Uygur Autonomous Region）

Abstract　Oil and gas development data is the lifeline of oil and gas field development and an important core asset of oil and gas field enterprises. Data quality is an important guarantee of efficient oil and gas field development. Since the 13th Five-Year plan，with the development of oil and gas business and the progress of information technology，the demand of scientific research managers to develop data has become more prominent，，but the “pain points” problem of data quality based on the traditional model has become more obvious. Through learning and integrated innovation，the quality control ideas of “13345” has been clarified. Through the implementation of the “four steps” measures，the data control system based on information technology has been established，comprehensively improving the timeliness，completeness and accuracy of production data，providing important support for the high-quality development of oil and gas field enterprises.

Key wordst　development data；quality control；information technology；quality control technology；application research

塔里木油田是我国陆上第三大油气田，2023年生产油气3353万吨，正处在大发展关键时期。生产数据是油气高质量开发的重要基础，它的准确性和有效性对生产管理工作极端重要。随着油气田开发管理向精细化推进，科研和管理人员对生产数据需求及质量要求越来越高。但数据管理制度不全、入库数据海量、处理信息繁杂、采集点多面广、关联访问众多等数据质控管理难点愈加突出。针对这些问题，塔里木油田遵循“数字化转型、智能化发展”战略，强化开发生产数据质控顶层设计并有效实施，建立了基于信息化技术的数据管控体系，实现数据质量全面受控。该质控体系在塔里木油田内部已推广应用7年，在开发生产数据质控领域，包括集团公司A2、A5、A6、A11等系统，以及油田井下作业、试井、测井、实验检测等领域广泛应用，为油气田企业高质量发展提供了重要支持。

1　明确数据全面质控思路，系统提升基础数据质量

数据质控是难点、是关键。2018 年初我们着手开展数据质控工作，编制 5 年工作规划，制定“13345”思路，并按规划有序开展数据质控工作。

1.1　编制 4 年工作规划

油气开发数据是油田开发的生命线，是油气田企业的重要核心资产，数据质量是油气田高效开发的重要保障。2018 年，油田成立数据质控技术领导小组，确定项目组织机构和工作职责，建立项目协调机制，形成周报、月报和周例会制度，为项目实施工作提供组织保障，并编制了数据质控 5 年规划(见图 1)。

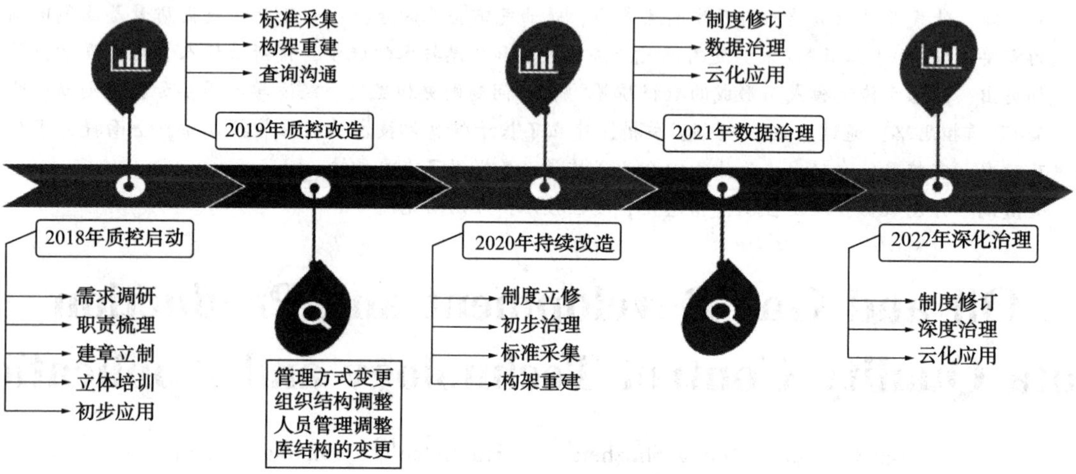

图 1　数据质控 5 年规划

1.2　制定“13345”工作思路

随着油田业务和信息技术发展，数据质控管理制度不全、入库数据海量、处理信息繁杂、采集点多面广、关联访问众多等问题愈加显现。通过深入国内有关油气田企业和油田内部各生产单元调研，按照“数字化转型、智能化发展”要求，制定了“13345”质控思路：即以提高开发数据质量为 1 个目标，建立油田–开发部–作业区 3 级管理体系，以开发数据的 3 率为切入点，以数据质量公报等 4 类报表为载体，抓住标准采集等 5 个关键点，系统提升基础数据质量。具体如下：

1 个目标，指数据质量。质量是产品的生命，有形产品大家都有共识，对于无形的数据，质量同样是生命。油田数字化建设的核心在于数据的共享、集成和应用，数据质量直接影响数字化、智能化油田建设的成败。

3 级管理，指油田开发处、油气开发部、作业区 3 级。采油气作业区是数据的产生源头，也是数据最基础的管理单元，负责数据的采集、输送、初审；各油气开发部负责对属地内场站、油气田、单井数据进行汇总、审核；油田开发处为数据归口管理部门，负责对数据质量终审后进行发布和共享。

3 率，指及时率、完整率、准确率。及时率即数据按时上报，生产日数据为当日 15：30；生产测井施工完毕后 24 小时内提交原始数据、48 小时内提交初步解释成果、72 小时内提交最终解释；试井在施工完成后 48 小时内上传原始数据、10 个工作日上传解释成果。完整率即按照行标、企标的要求报送各类数据及资料，生产数据录入系统要求所有字段，生产测井和试井按资料验收标准提报；准确率采取普查和抽查方式，排查相互矛盾、计算错误及生产实际及趋势明显不符的数据，按井次计算。

4 类报表，指日报(次报)、月报、年报、质量公报。目前油气水井生产数据中油田综合日报 14 类(张)、45 个站库的 4 类 24 张表、油气藏月年报 50 类(张)，测井测试数据根据监测开展情况主要为次报，按照行标、企标的要求报送，质控的重点主要针对日报(次报)、月报、年报展开，质量公报为质控成果载体，进行质量考核和分析，发布并督促整改。

5 个关键节点，指标准采集、架构改造、立体培训、数据治理、云化应用。标准采集即根据

行标和企标规范采集端，采用标准化采集。目前标准化采集平台正在使用推广，与A2进行数据对接，实现原始数据的自动采集，规避人工录入的误差；架构改造，从开发初期1个事业部2级构架，调整为油田—开发部—作业区3级构架，填补了中间层级在线质控空白，实现数据质量全面管控；立体培训，通过现场和线上多种形式，对数据管理要求和质控规则开展全方位的培训，全面提升数据质控意识；数据治理，通过制度、标准规范及质控要求，严把数据入口关控制增量，同时对存量数据一致性、闭合性开展核查和治理，对缺失数据进行补录；云化应用，利用梦想云平台，开展数据的深化应用，建立数据反馈、校核机制，进一步提升数据质量。

2　完成数据质控顶层设计，成为油田数据管理典范

通过制订需求调研、建章立制、职责梳理、强化执行"四步走"顶层设计，制定标准明确各部门职责，落实"齐全、及时、准确、规范"的要求，使原始数据录入、审核等职责、标准有据可依、有章可循，从源头上控制数据质量。优化生产数据质量控制流程、研究质量控制方法、手段，推进生产数据质量控制技术广泛应用(图2)。

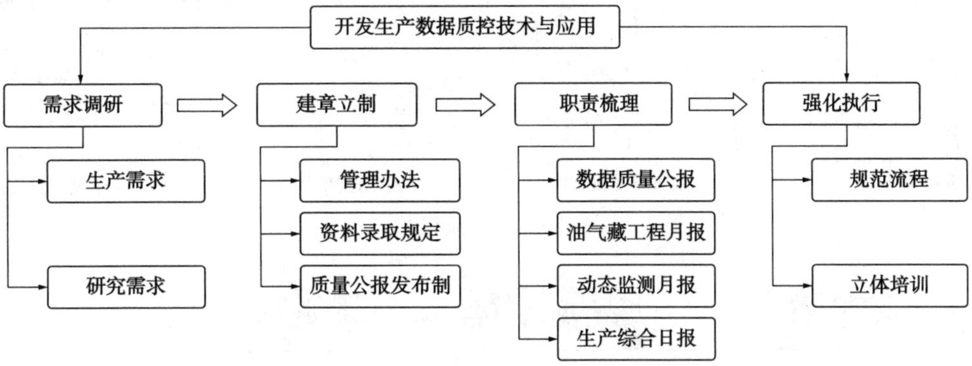

图2　"四步走"顶层设计

2.1　需求调研

数据管理人员分批次内外调研21个油气田、处室、站队(外部西南、长庆、新疆老油气田3个；油田内部18个单位：油田机关4个，二级单位8个，基层站队6个)，梳理内部需求4大类96条，借鉴数据管理经验，编写调研报告，根据油田实际提出数据质控管理建设性意见和建议。

2.2　建章立制

首次发布《塔里木油田公司油气水井生产数据管理系统(A2)管理办法》，编写油田公司《油气藏开发管理数据规范》Q/SY 10001—2016解读，在塔里木中油e学发布《油田开发数据报表填报说明与规范》课程等，从此有法可依、有章可循，并牵头召开协调会及时宣贯管理办法，为质控保驾护航。

2.3　职责梳理

优化编制油气藏工程数据月报编制及上报的工作流程、油气开发综合日报编制工作流程、动态监测月报编制工作流程、开发数据质量公报编制工作流程等4大类报表编制工作流程，强化质控(审核)节点(图3)。

2.4　强化执行

任务下发后，从数据治理、数据审核到数据入库，层层把关，通过执行指令无障碍，全程质控无死角，编制自动质控扫描程序，提高入湖数据质量(见图4)。

3　形成数据质控培训体系，夯实油田数据人才基础

为强化内部培训，提升培训质量，丰富培训课程资源，建立标准化、规范化、体系化视频课程体系，针对"基层资料员、开发数据室报表编制人员、两院及生产管理部门人员"等三级用户，组建了数据质控专家团队授课梯队，研发了油气田开发数据质控管理技术与实践相结合的精品培训课程(表1)，进行《油气藏工程月报填报说明》、《油藏开发资料录取及应用》、《开发基础数据质量公报宣贯》等课程培训，创新立体培训模式，形成了网络-实体、课堂-现场、定期-

机动、系统-针对、集中-VIP、基地-前线、走出去-请进来相结合的“立体培训 7 结合”培训模式，贯彻 PDCA 培训理念(图 5)，持续强化循环改进、巩固超越。目前成功实施 5 轮 14 次 200 余人次培训，同时，针对系统升级的关键环节及时聘请专家对开发数据室技术人员培训指导，提高数据管理人员整体素质，保证各项标准和流程不折不扣得到贯彻。

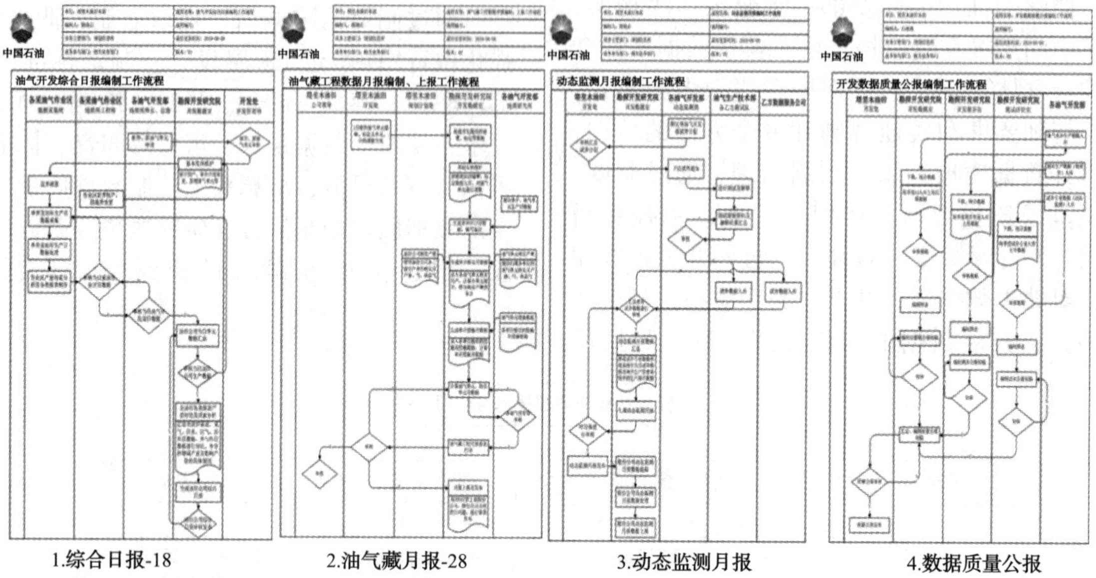

图 3　工作流程图

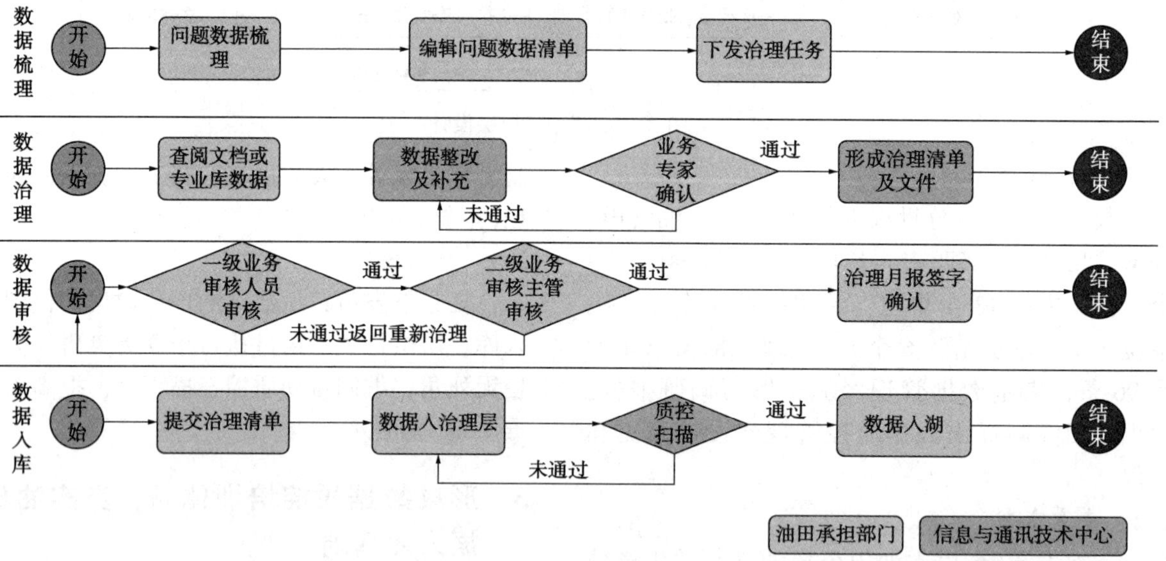

图 4　数据质控流程图

表 1　数据质控培训精品课程及培训团队(人事处发布)

1	A2 数据管理制度宣贯	开发处副科长
2	开发基础数据质量公报宣贯	质控岗二级工程师
3	油气藏工程月报填报说明	研究院一级工程师
4	采油气日报填报说明	研究院一级工程师
5	油藏开发资料录取及应用	生产单位一级工程师
6	气藏开发资料录取及应用	生产单位一级工程师

续表

7	A2 数据应用-油藏工具软件箱	油藏工程二级工程师
8	油气综合日报编制	日报岗三级工程师
9	油气藏工程月报填报编制	月报岗二级工程师
10	油气开发生产数据需求情况反馈	数据室副主任
11	开发数据报表编制中常见问题与处理方法	运维技术人员
12	互动交流、集中答疑	研究院一级工程师

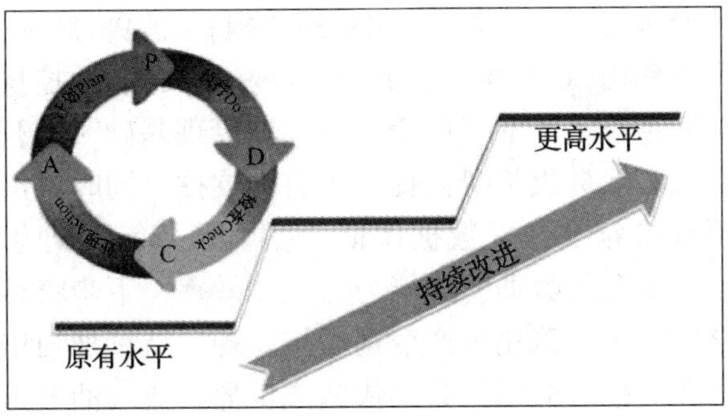

图 5　数据质控 PDCA 培训提升图

4　创建数据质控体系，促进数据资产"五性"稳步提升

建立以"数据质控规则、数据质控方案、数据质控工具、数据质控反馈机制"为核心的技术体系，以"数据标准和质控规则、实施方案和计划、评估与考核"为核心的组织体系，以"考核体系、评估体系、治理方法"为主的管理体系，依托信息化手段，保障数据资产的"完整性、及时性、准确性、标准性、唯一性"，建立了油气田生产数据质量控制体系，为塔里木油气田开发提供高质量的数据支持，（图 6）。

5　建立数据湖三级技术架构，实现共享数据生态

遵循总部"连环湖"战略，初步实现源头数据一次采集、数据质量多级管控、数据资产集中存储、数据服务统一发布、高效共享的数据生态。整合优化了数据模型：明确数据源头、规范数据采集、减少数据重复、交叉录入。完善了数据质控体系：提升数据"五性"、保障数据权威性、促进数据资产的可持续良性发展。搭建了数据服务中台：统一数据服务、实现数据一次采集、全局安全、高效共享，为上层应用提供数据支撑，（图 7）。

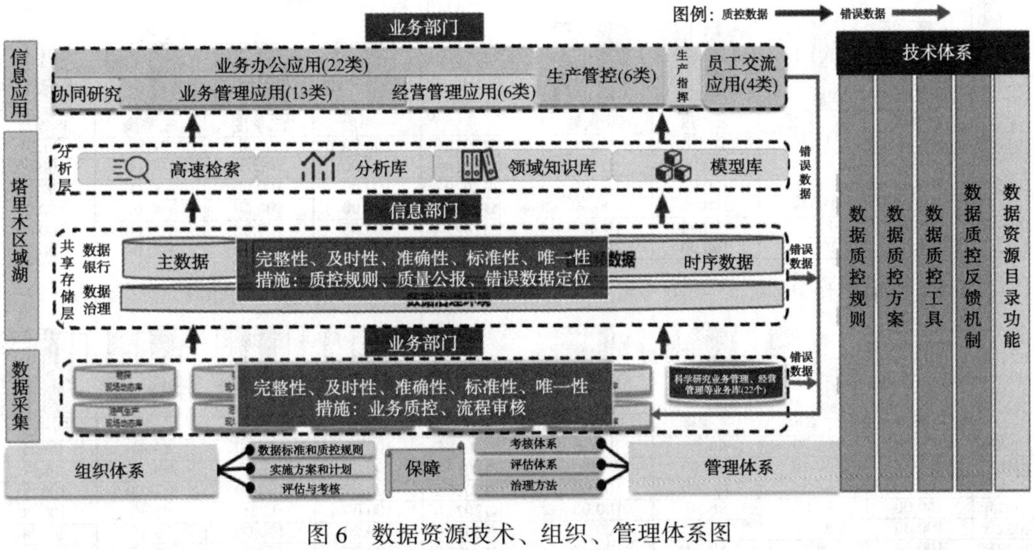

图 6　数据资源技术、组织、管理体系图

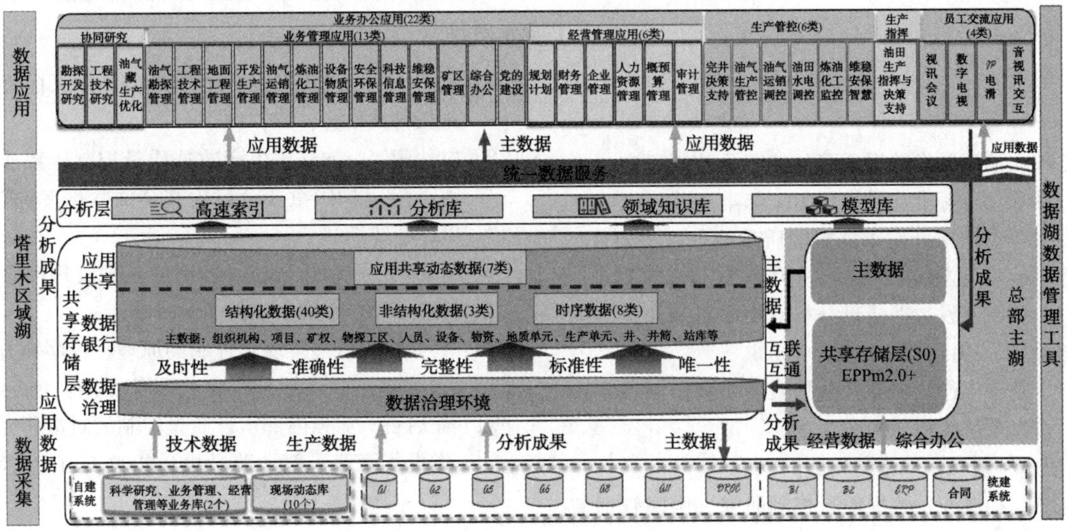

图 7　数据湖三级技术架构

6　结束语

油气开发生产数据质控技术已在塔里木油田应用 7 年，开发生产数据质量明显好转，油气水井生产数据、生产测井数据、开发试井数据“三率”呈向好趋势，其中，油气水井生产数据及时率由 91. 35%提高到 100%，准确率由 99. 29%提高到 100%；测井生产数据及时率由 13. 33%提高到 100%，完整率由 91. 59%提高到 100%；试井专业数据及时率由 48. 39%提高到 98. 39%，完整率由 80. 65%提高到 98. 39%(图 8)。质控技术体系夯实了油气田全生命周期管理基础，为开发核心业务决策研究提供了有力支撑。同时，该项目培养了开发数据团队，拓宽了规范管理思路，提升了数据管理能力与工作效率。下步将结合实际全面深化生产数据质控管理，持续加强培训和云推广应用，为加快建成世界一流大油气田提供高质量数据保障。

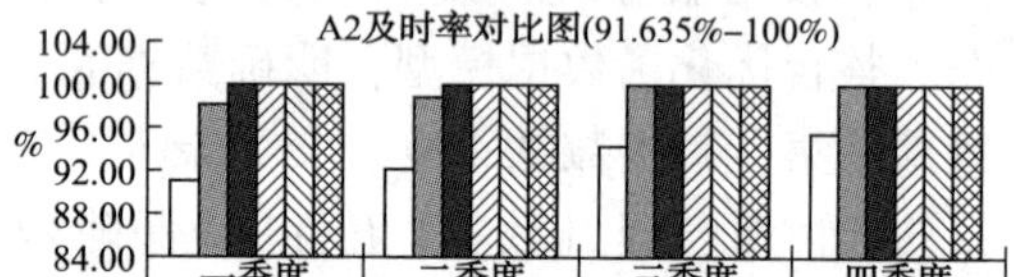

	一季度	二季度	三季度	四季度
□2018年	91.35	92.20	94.46	95.65
▨2018年	98.39	99.10	99.80	99.91
■2020年	99.96	99.89	100.00	100.00
▨2021年	100.00	100.00	100.00	100.00
▧2022年	100.00	100.00	100.00	100.00
⊠2023年	100.00	100.00	100.00	100.00

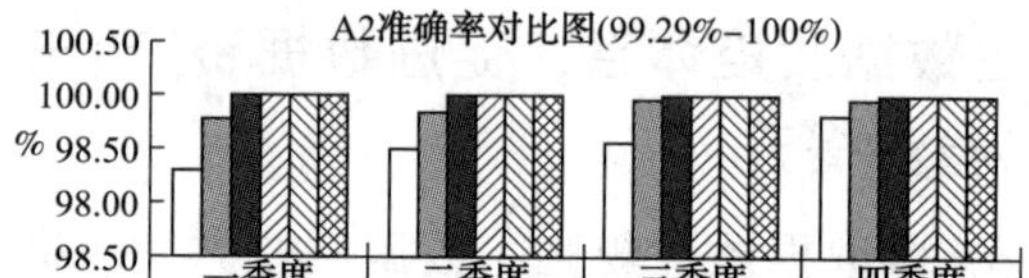

	一季度	二季度	三季度	四季度
□2018年	99.29	99.50	99.57	99.82
▨2018年	99.79	99.85	99.97	99.97
■2020年	99.98	99.98	99.99	100.00
▨2021年	100.00	100.00	100.00	100.00
▧2022年	99.99	100.00	100.00	100.00
⊠2023年	99.99	100.00	100.00	100.00

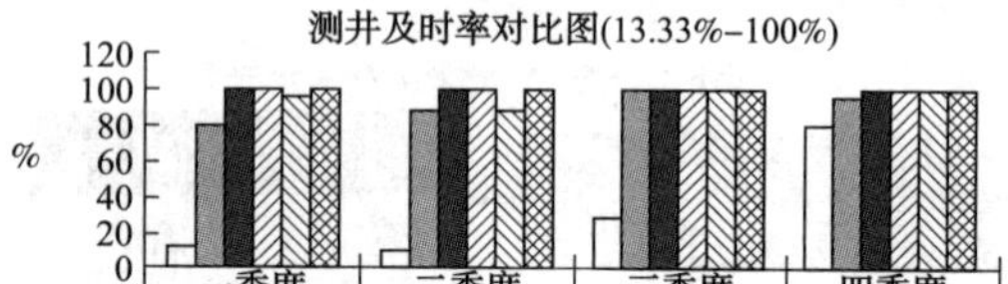

	一季度	二季度	三季度	四季度
□2018年	13.33	11.76	29.91	81.08
▨2018年	81.82	99.85	100.00	97.01
■2020年	100.00	100.00	100.00	100.00
▨2021年	100.00	100.00	100.00	100.00
▧2022年	97.06	88.41	100.00	100.00
⊠2023年	100.00	100.00	100.00	100.00

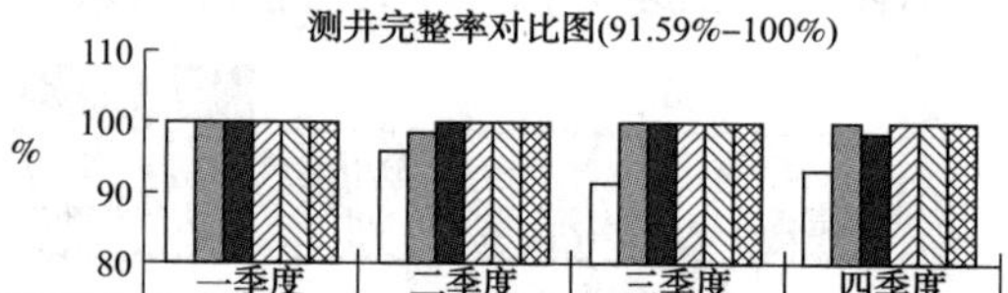

	一季度	二季度	三季度	四季度
□2018年	100.00	96.08	91.59	93.24
▨2018年	100.00	98.63	100.00	100.00
■2020年	100.00	100.00	100.00	98.41
▨2021年	100.00	100.00	100.00	100.00
▧2022年	100.00	100.00	100.00	100.00
⊠2023年	100.00	100.00	100.00	100.00

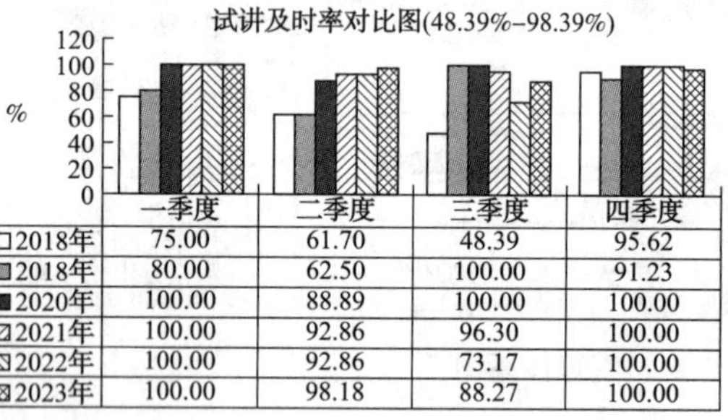

	一季度	二季度	三季度	四季度
□2018年	75.00	61.70	48.39	95.62
▨2018年	80.00	62.50	100.00	91.23
■2020年	100.00	88.89	100.00	100.00
▨2021年	100.00	92.86	96.30	100.00
▧2022年	100.00	92.86	73.17	100.00
⊠2023年	100.00	98.18	88.27	100.00

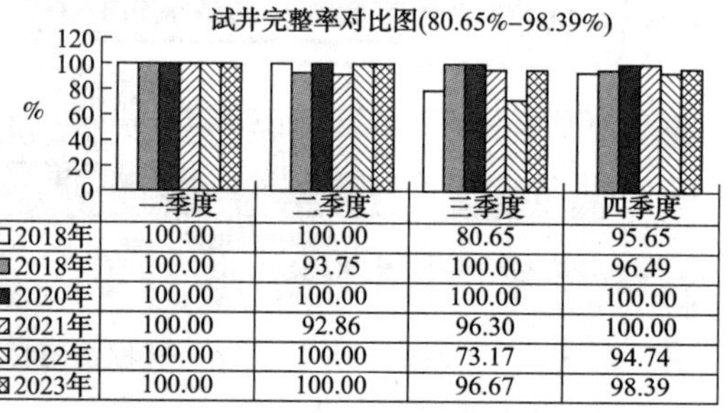

	一季度	二季度	三季度	四季度
□2018年	100.00	100.00	80.65	95.65
▨2018年	100.00	93.75	100.00	96.49
■2020年	100.00	100.00	100.00	100.00
▨2021年	100.00	92.86	96.30	100.00
▧2022年	100.00	100.00	73.17	94.74
⊠2023年	100.00	100.00	96.67	98.39

图 8　质控效果对比图

参　考　文　献

[1] 许立伟 . 油田开发数据质量的流程化控制研究 . 中国石油和化工标准与质量，2014 年第 06 期：239.

[2] 李春生等 . 勘探开发数据智能质量检查方法研究 . 计算机技术与发展，2022 年 8 月第 32 卷第 8 期 .

[3] 赵峰 . 油田开发数据质量分析 . 中国石油和化工标准与质量，2012 年第 15 期：190.

[4] 石晋 . 基于工作流的测井数据入库质量控制技术研究 . 信息系统工程，2016. 1. 20.

[5]《塔里木智能油田探索与实践》初稿 .

[6] 张晓燕 . 勘探开发数据质量控制研究 . 中国管理信息化，2015 年 10 月第 18 卷第 19 期：77-78.

[7] 张鼎 . 小议油田开发数据质量控制体系的设计 . 黑龙江科技信息：73，174.

[8] 白秋燕等 . 油气田生产数据质量控制体系建设及应用研究 .《中国重要会议论文全文数据库》贰零贰壹年肆卷肆期 .

[9] 赵维判 . 浅谈过程质量控制的几种管理因素 . 科技信息 . 2010 年第 19 期：804-805.

[10] 杨光 . 科研过程质量控制的原理、程序和方法 . 科研管理，2000 年 5 月第 21 卷第 3 期：106-112.

[11] 徐启哲 . 加强内部审计质量控制的对策研究 . 山东省青年管理干部学院学报，2009 年 11 月第 6 期：117-119.

泌阳凹陷页岩油水平井压裂技术与应用

冯兴武　王树森　余小燕　李梦楠　朱泽玉　王　曼

（中石化河南油田分公司石油工程技术研究院）

摘　要　泌阳凹陷东南深凹区页岩油储层具有较大的开采潜力，2022 年中石化河南油田在该区域部署了一口水平井——Y1HF 井。该井钻探目的评价页岩层含油气性，力争实现泌阳凹陷页岩油商业化开采突破。技术人员借鉴河南油田页岩油压裂历史经验以及目前页岩油压裂技术，针对 Y1HF 井的地质特点，提出了优化分段分簇参数、前置 CO_2 补能降粘、压裂参数优化、压裂参数评估及调整。Y1HF 井压后累计产油 3580.8m^3，产气 21459m^3，取得了较好的生产效果。

关键词　泌阳凹陷；页岩油；分段分簇；参数优化；微地震监测

Fracturing technology of shale oil horizontal well and its application in Biyang Depression

Feng Xingwu　Wang Shusen　Yu Xiaoyan　Li Mengnan　Zhu Zeyu　Wang Man

(Research Institute of Petroleum Engineering Technology, Henan Oilfield Company, SINOPEC)

Abstract　In view of the characteristics of continental shale oil reservoirs and difficulties in fracturing reconstruction in Biyang Depression, through the analysis of reservoir characteristics and difficulties, horizontal well staging and clustering, temporary plugging and turning, perforating fracturing, imbibition and energy storage and other process optimization studies, The fracturing technology of shale oil horizontal Wells has been formed, which includes "close cutting in stages and clusters, large-scale injection of liquid energy storage, strengthening imbibition of oil and water displacement, creating complex fractures to boost production, and imposing sand to promote fracture diversion". After the fracturing of 33 stages and 169 clusters in Yangye 1HF well, the daily oil production has stabilized at about 10 t and has been produced for 465 days, with a cumulative oil production of 3580. 8 t and gas production of 21459m3, achieving good production results, which has certain reference and guiding significance for the exploration and development of continental atmospheric pressure shale oil.

Key wordst　Biyang Depression; Shale oil; Segment clustering; Parameter optimization; Imbibition energy storage; Field application

1　前言

泌阳凹陷是南襄盆地的一个次级构造单元，由深至浅为大仓房-玉皇顶组、核桃园组、廖庄组、上寺组沉积层。核桃园组自深至浅分为核三段、核二段、核一段。其中核三Ⅲ油组的岩性成分以有机质泥页岩为主，夹少量泥质白云岩、细砂岩、粉砂岩、泥质粉砂岩。泥页岩赋存的生物化石种类多，有机质类型复杂多样、数量丰富，总有机碳含量较高。因此，核三Ⅲ油组不仅是产生油气的主力烃源岩，也是有利于赋存油气的岩层，具有一定的开采潜力。

历史上，河南油田开展了非常规致密页岩油压裂技术探索。但初期缺乏页岩油压裂技术的基础研究，压裂设计照搬国外经验，效果并不理想。BY1HF、BY2HF 井两口页岩油井采用簇式射孔+瓜胶滑溜水压裂液组合+小粒径支撑剂组合+大排量施工+易钻桥塞压裂工艺，两口井实际累计产量低于 3000t，压后产量低，距离商业化开采目标仍有较大差距。分析原因是泌阳凹陷页岩油属于陆相中—低成熟度的页岩油，与国外海相环境下高成熟度的页岩油相存在本质的不同，国外压裂技术与泌阳凹陷地质情况不相适应。

近年来致密页岩油开采工艺出现了新的技术突破。其中 FYP1 井采用"少簇"促缝高+大液量促体积+前置 CO_2 增能工艺，压后峰值日产油 171.4 吨，日产气 1.4 万方，累产油 1.55 万吨，累产气 125.75 万方；溱潼凹陷 ZY1 井采用规模注液+渗吸置换+增能保压+限流射孔、密集布缝+大砂量、多级支撑工艺，压后初期日产油 63.7 吨，正常生产 282 天，累产油 1.36 万吨。

本文以泌阳凹陷 Y1HF 井页岩油储层为研究对象，提出了优化分段分簇参数、前置 CO_2 补能降粘、压裂参数优化、压裂参数评估及调整为一体的页岩油压裂技术。

2　Y1HF 储层概况

2.1　钻井概况

Y1HF 井水平段开始侧钻于 2403m 至 5100m 完钻，水平段整体长 2060.32m。水平井轨迹整体下倾，从 A 靶到 B 靶依序经过层位为 H 三段Ⅲ2 号②小层(3039.68～3531m，长 491.82m)、H 三段Ⅲ2 号③小层(3531～4535m，长 1004m)、H 三段Ⅲ2 号②小层(4535～5100m，长 565m)。A 靶点垂深为 2820.21m，B 靶点垂深为 3182.70m，垂深差达 362.49m。如图 1 所示，A、B 靶垂距落差大，B 靶段压裂段排液受重力影响难以排出。

2.2　储层概况

2.2.1　储层展布概况

Y1HF 井目的层录井岩性为灰褐色页岩、灰黑色页岩层，有机质丰度较高，气测全烃高(0.8～5.3%)，平均含油饱和度高(48.4%～52.8%)，平均孔隙度高(6.9%)。如表 1 所示，邻井同层物性统计情况可知，目的层砂体在平面上展布范围大。但结合邻井砂体厚度可知，整体砂体沉积不均匀，呈西薄，东厚的规律。常规分段分簇压裂工艺不能充分改造储层，需要根据储层沉积厚度特征优化分段分簇参数。

表 1　Y1HF 井对应邻井物性统计表

井号	与 Y1HF 关系		对应 Y1HF 深度/m	泥页岩厚度/m	全烃值/%	录井岩性
	方位	距离/m				
B270 井	东侧	329	2958.00～3050.00	90	0.24%～1.76%	灰黑色泥页岩
B100 井	东侧	101	3108.00～3216.00	102	0.01%～4.38%	黑色泥岩、深灰色白云质泥岩、褐色油浸泥岩、深灰色页岩
B101 井	东侧	187	2872.00～2950.00	78	0.018%～2.4%	深灰色泥页岩、深灰色白云质泥岩
B112 井	西侧	228	2829.00～2905.00	65		深灰色白云质泥岩、灰褐色油页岩、灰色泥质白云岩

2.2.2　储隔层岩石力学特征

(1) 储层岩石力学特征

根据岩心地应力测试结果可知：储层水平最大主应力 67.41～69.8MPa，水平最小主应力 57.93～58.94MPa。水平应力差 8.91～9.64MPa，平均 9.4MPa；应力差异系数 0.16(注：水平应力差异系数=1-水平最小主应力/水平最大主应力)。水平应力差异系数越大，则越容易形成复杂缝，反之容易形成单一裂缝。因此，Y1HF 不易形成复杂裂缝，需考虑配套在页岩能制备复杂裂缝相关工艺。

(2) 纵向隔层应力特征

如图 1 所示，通过地应力剖面图可知，目的层纵向应力剖面变化较大(55～65MPa)，同时纹层微裂缝发育。当裂缝开始从 2-③小层起裂时，受到 2-②小层中部厚度约为 3m(2800～2803m)的高应力层遮挡，显著的限制了裂缝高度扩展，不利于改造 2-①小层。

2.2.3　储层物性概况

(1) 岩石成分分析

Y1 井页岩储层主要矿物成分为粘土、石英、钾长石、斜长石、方解石、白云石及少量黄铁矿。根据录井资料分析元素构成，整体分析 H3 Ⅲ2 层的粘土当中，主要以伊蒙混层为主(52～

65%），其中H3Ⅲ2-②小层为高钙低镁、低粘土含量（28～29%），H3Ⅲ2-③小层为高镁低钙、高粘土含量（34%）。因此粘土含量高，存在一定水敏伤害，需要考虑压裂液对储层的伤害。

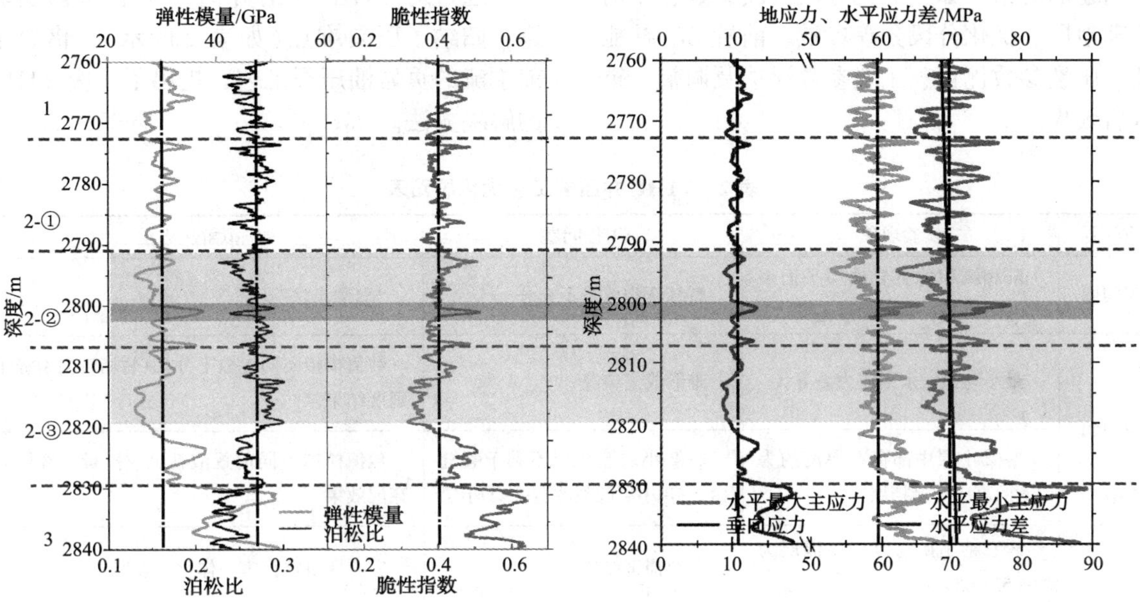

图1　Y1井H_3Ⅲ2段地应力剖面图

（2）储层孔吼结构

Y1井储层岩心开展核磁测试，如图2所示，孔隙分布以0.1ms<T2≤1ms、1ms<T2≤10ms两类为主，少部分分布在T2≤0.1ms及100ms<T2≤1000ms范围内，极少部分孔隙分布在T2>1000ms范围内。结果表明储层孔隙为孔径较小，以介孔为主。基质型页岩孔吼半径小，油气流动难度大，降低原油产量，需考虑配套相关工艺，促使微孔隙环境下的油气启动运移工艺。

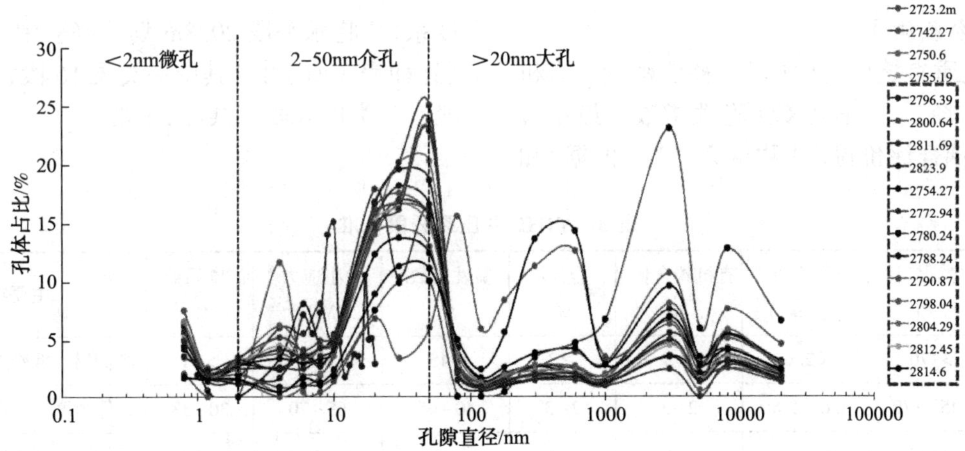

图2　Y1HF岩心孔径分布示意图

（3）储层压力系数

参考邻井BY2HF压力系数统计，目的层压力系数在1.05～1.15。分析在常压下，本井储层以介孔为主的孔径类型，该类型环境下油气由于缺乏地层压力驱动，流动能力弱，不利于油气从岩石孔隙内流动至人工裂缝中。需考虑配套人工培育能量助力油气流动。

（4）储层流体性质

参考邻井BY2HF原油密度0.8606～0.8639g/cm^3，黏度28.26～32.62MPa·s，含蜡量35.66%，含胶质、沥青质16.98%。随着油气从地层到井筒过程中，温度下降、压力降低，原油内析蜡、原油脱气后黏度变高，原油整体流动性降低的问题。

通过井筒状况和室内实验结果，分析了影响 Y1HF 井压裂效果的问题。因此，从工艺上考虑解决问题的对策，如：优化分段分簇参数、压前预处理地层、优化分段分簇参数、前置 CO_2 补能降粘、压裂参数优化、压裂参数评估及调整，提高压后效果。

3　致密页岩油压裂工艺优化

通过对 Y1HF 井的井筒结构和室内实验结果，归纳了压裂难点(如表 2 所示)，借鉴了目前主流的页岩油压裂工艺，提出了适应 Y1HF 井的解决方法。

表 2　Y1HF 井压裂工艺优化思路表

地质问题	实验现象	工程问题	拟解决方法
宏观问题	陆相沉积的页岩油层平面展布非均质强，储层物性差异大	裂缝压裂改造不充分	“双甜点法”分段
中观问题	最小与最大水平应力差异大	难形成复杂缝	数值模拟不同参数下分簇+暂堵转向裂缝平面延展结果
	2-②小层中部存在厚度约为 3m 的高应力遮挡层	2-②小层遮挡层不利于裂缝由 2-③小层起裂改造 2-①小层	数值模拟不同前置液粘度、排量、液量参数穿层效果
微观问题	岩石粘土矿物以伊蒙混层为主(52~65%)	水敏损害渗透率	实验评价低伤害一体化压裂液
	核磁测试岩石孔吼半径小	油气启动流动难度大	实验油水置换渗吸剂
	压力系数常压	地层压力衰竭不利于油气运移流动	数值模拟注液蓄能
	原油蜡量多、原油内含气	脱气、析蜡后的原油粘度增加，不利于原油流动	液态 CO_2 气化保压、降低析蜡点
工程问题		水平段 AB 靶点落差大，液体返排难	液态 CO_2 气化助排

3.1　储层分段优选

基于地质参数(自然伽玛、补偿密度、有机碳含量、全烃)、工程参数(脆性指数、最小应力)，开展耦合评价得出“甜度系数”。根据“甜度系数”将水平段 2038m 划分好、中、差三类储层(如表 3 所示)，其中一类层 16 段，二类层 13 段，三类层 4 段，共计 33 段。

表 3　Y1HF 井压裂分段标准

分类	自然伽玛/API	补偿密度/(g/cm^3)	有机碳含量/%	全烃/%	脆性指数/%	最小应力/MPa	甜度系数/%	主要特征
一类(好)	>170	<2.6	≥3	≥3	>45	≤65	>38	高伽玛、低密度气测显示好
二类(中)	145~170	2.6~2.65	2~3	2~3	40~45	65~70	30~38	低密度、气层显示一般
三类(差)	<145	>2.65	<2	<2	<40	>70	<30	低伽玛、高密度气测显示弱

3.2　CO_2 压前补能降黏

液态 CO_2 具有补充地层能量同时改善原油流动性、提高裂缝复杂性、增孔增渗以及降低破裂压力等方面的特点，有利于解决水平段的 A、B 靶点之间垂深大(362.49m)，低位的 B 靶点压裂液不利于返排的问题。原油从地层到井筒过程中存在脱气降温现象导致原油流动性大的问题。如图 3、图 4 所示，根据数值模拟，液态 CO_2 用量高于每段 100t~150t 时，起到提高增能波及范围的作用，从而增加累产油量。同时，整体来看增幅随 CO_2 用量上升变化较小。

3.3　压裂参数优化

(1) 压裂施工规模优化

首先开展了单簇条件下泵注不同液量及砂量

数值模拟（图 5），优化单簇压裂规模 400～500m³，加砂量 25～35m³。其次开展了实际单段射孔簇数 4～6 簇条件下的数值模拟（图 6），优选单段压裂液规模 2400～3000m³，支撑剂 150～180m³。

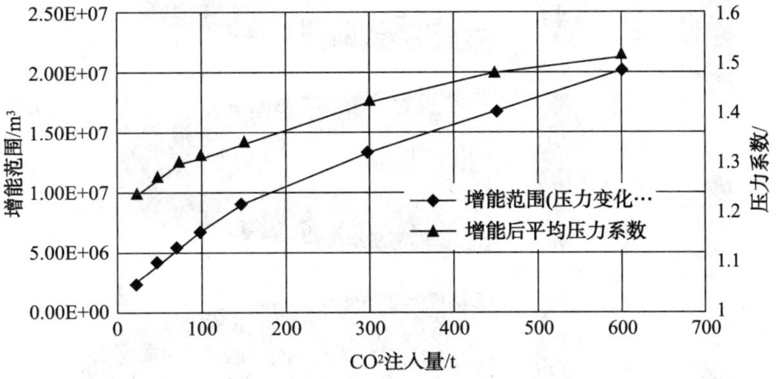

图 3　前置 CO_2 量对增能范围及压力系数的影响

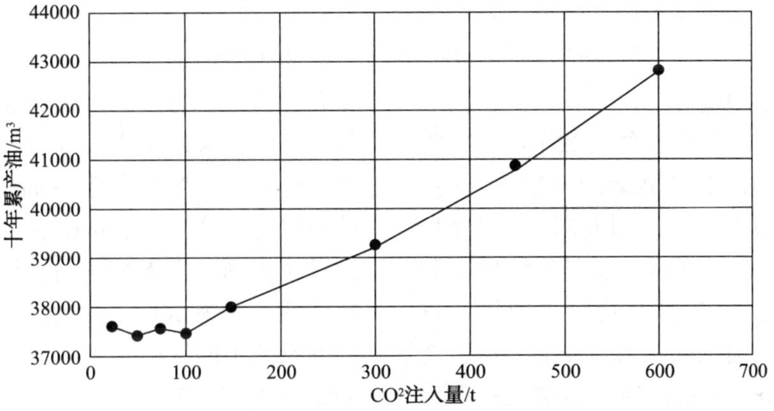

图 4　前置 CO_2 量对十年累产油量的影响

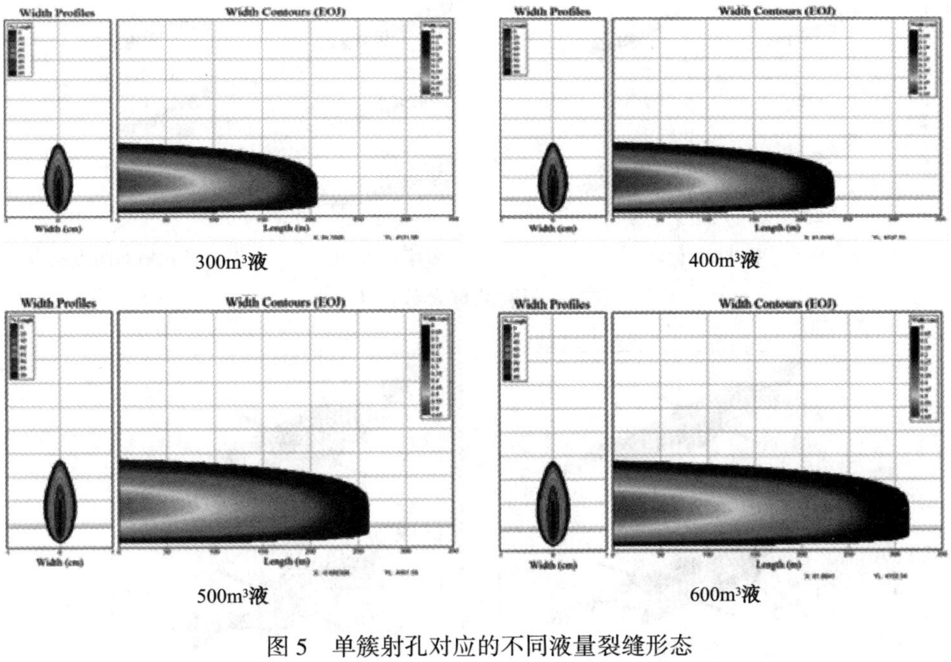

图 5　单簇射孔对应的不同液量裂缝形态

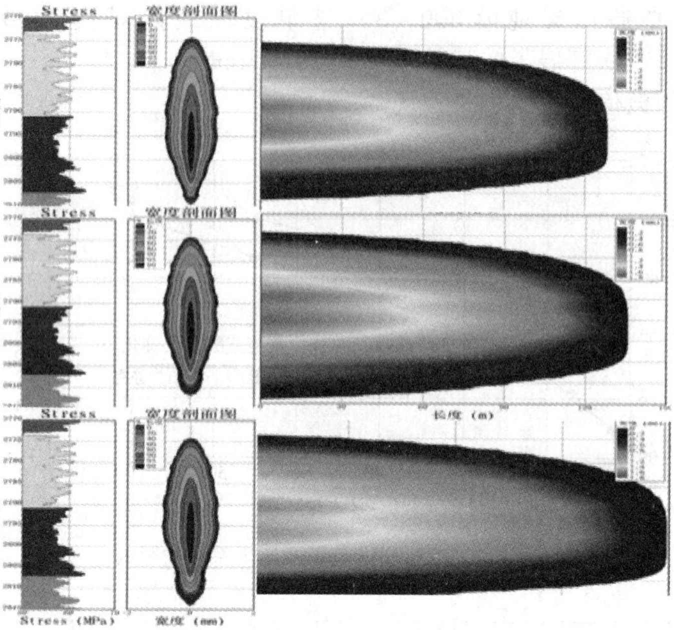

图 6　多簇射孔对应的不同液量裂缝形态

（2）暂堵转向参数优化

由于储层物性差异和射孔段簇数不同，多簇射孔段同时进液时会产生多裂缝竞争起裂及扩展现象，不利于均匀改造储层。因此考虑“双暂堵工艺”即投加暂堵剂和暂堵球，改变裂缝内部和外部的流体压力场，使各簇射孔段之间均匀进液，实现裂缝横向均匀延伸，改善压裂段内改造一致性。如图 7、图 8 所示，通过数值模拟，优化“暂堵剂-暂堵球-暂堵剂”方式暂堵，可以使得各射孔簇能够均匀进液，裂缝均匀延伸。具体优化结果：采用 1 次投球，投球总数量占总孔眼数 50~70%，采用直径 18mm 低密度暂堵球；投球时机为总液量的 30~60%。模拟了不同暂堵剂用量及投剂时机下的缝内净压力提升情况，推荐暂堵剂用量为 300（投 2 次），第一次投剂时机为总液量的 10%~15%，第二次投剂时机为总液量 50%~60%左右。

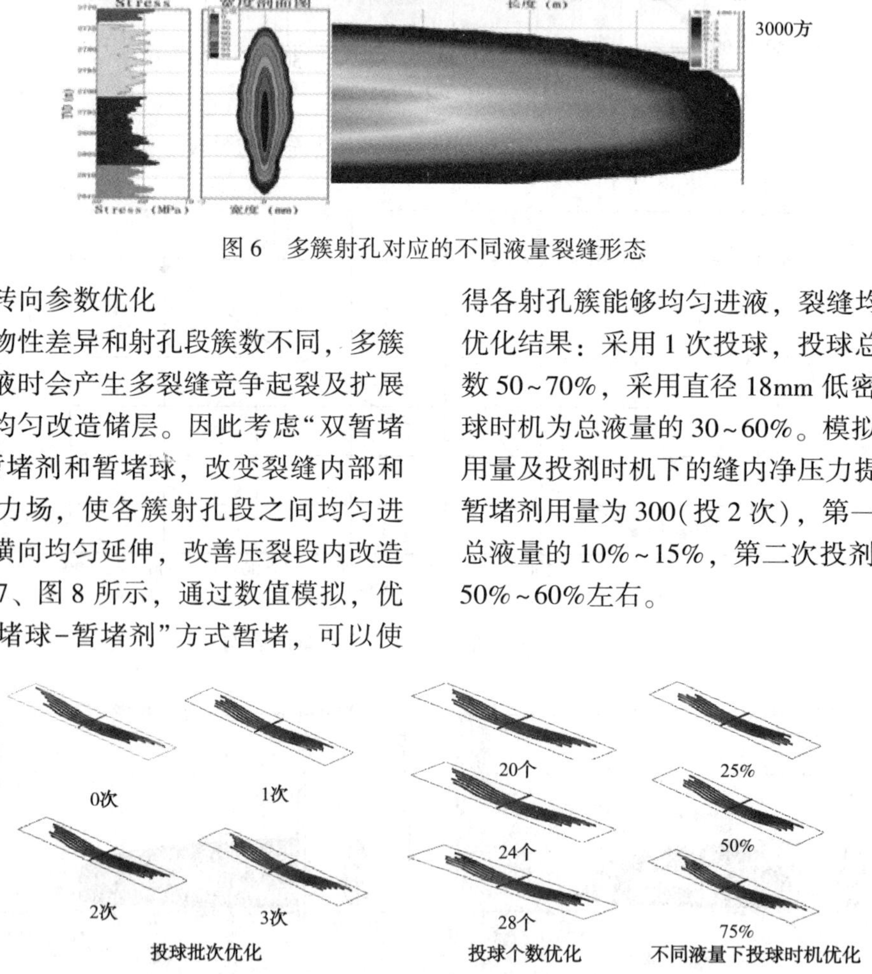

图 7　投暂堵球参数优化

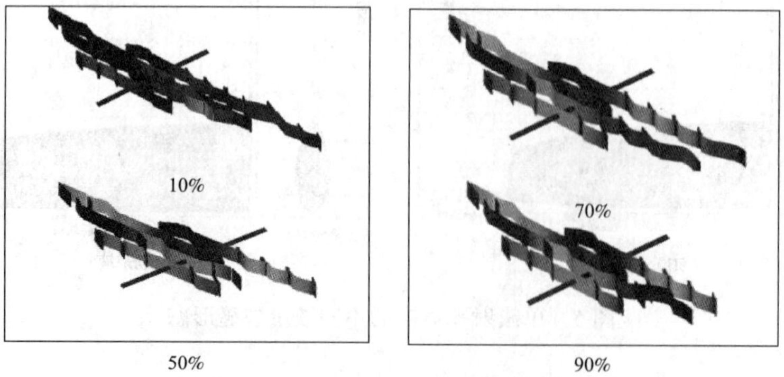

图 8　投暂堵剂参数优化图

(3) 纵向多纹层裂缝穿层工艺优化

采用内聚力(CZM)方法模拟研究层状岩石水力裂缝穿层行为，模拟 2 号层段裂缝扩展形态。模拟结果：裂缝由 2-②层起裂，穿过 2-①和 2-②层之间的隔层，在 1-②小层停止，整体缝高可达到 30~40m；但是 2-②和 2-③小层的之间存在应力遮挡，裂缝向下穿层较困难，需优化前置液参数促使液体向下部 2-③小层延伸。如图 9、10、11 所示，根据模拟结果，前置胶液排量 $10m^3/min$，黏度 160-200MPa · s，前置胶液用量 $200\sim300m^3$，起到较好的液体向下穿层效果。

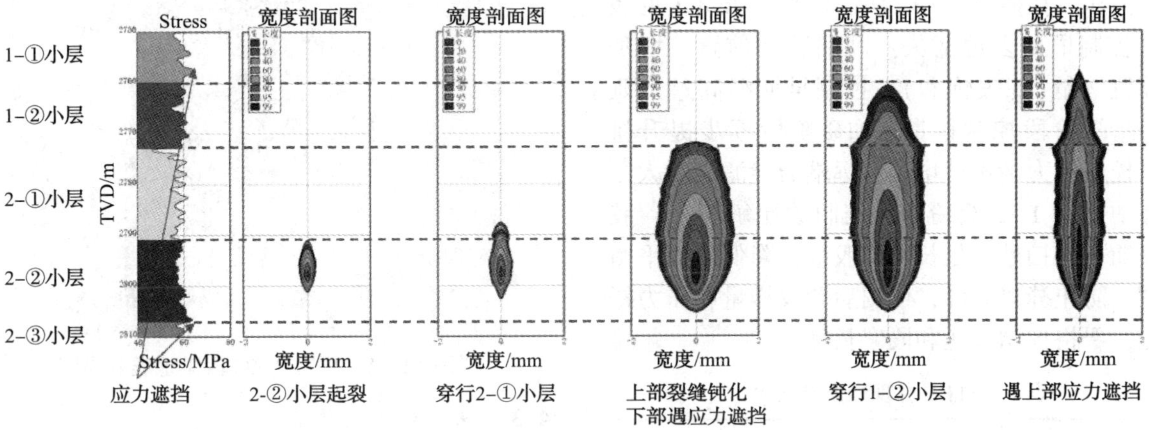

图 9 裂缝扩展模拟结果

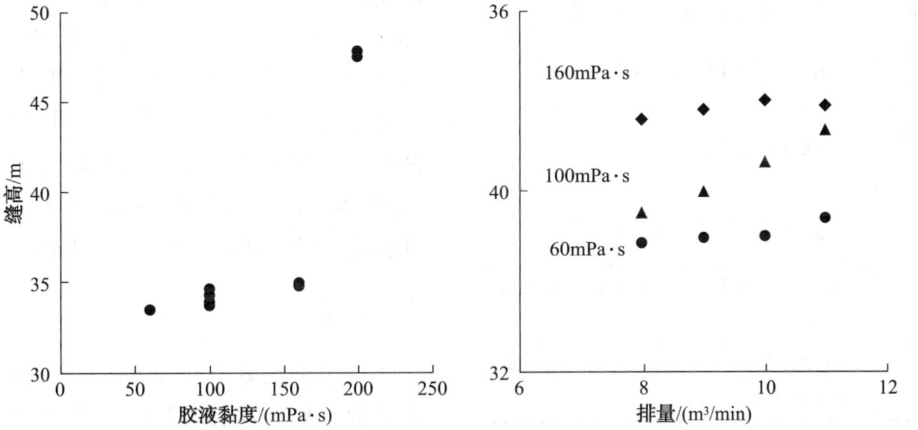

图 10 不同胶液黏度/排量模拟结果

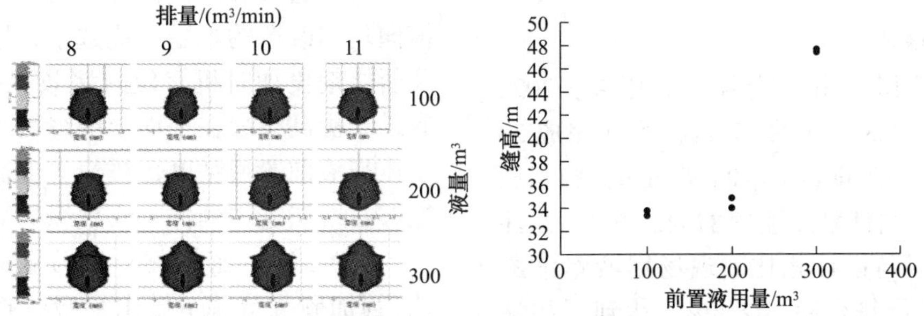

图 11 不同胶液用量模拟结果

(4) 大规模注液蓄能

本井地层压力为常压 1.05，且无注水井对应，随着开采时间延长，地层压力的衰竭，需补充地层能量，向地层注入一定量的蓄能液，通过蓄能液在地层的渗吸、扩散，实现压力传导，为地层流体提供驱替压力，增大孔隙压力，实现大液量以水换油。设计泵注以低粘一体化压裂液与渗吸液复配的蓄能液作为前置液补充地层能量。通过数模结果，优化用液强度 $50\sim55m^3/m$。以段长 45~70m 计算，单段用液量 $2300\sim3500m^3$。

3.4 压裂参数现场评估及调整

针对陆相页岩非均质性强，储层横向变化快，压力波动大，施工风险高的问题。将地质工程一体化由静态转变到动态，利用压裂曲线及数据对储层地质参数进行定量的实时分析，开展了压裂井的实时动态评估，形成了“控滤失、控高、控压、控砂堆与防砂堵”的调参技术(见表4)。控制早期多缝滤失：高黏胶液前置、增加总前置液量(滤失饱和)；控制早期缝高过度延伸：造缝阶段控制排量、加砂阶段逐步提升排量；控制压力渐进性增长：远端裂缝滤失增大则考虑中途转 1-2 级粉陶；控制砂比敏感点：胶液提前介入扫砂，延长隔离胶液，降低砂堤平衡高度，防止缝口脱砂，依据后置胶排量和压力提砂比，严格控制砂比和段塞长度。

表4　Y1HF 井现场调参技术

地层特征	相应措施
两向水平应力差大于设计预期	适当提供压裂液黏度，中途降排量交替注酸、多次停泵减少应力差异
两向水平应力差小于于设计预期	增加低黏液体用量及占比
天然裂缝比预期不发育	多次缝内复合暂堵
天然裂缝比预期发育	多液性黏滞指进，提高注入排量
滤失系数比预期大	适度增加前置液量，同时加入粉陶降率滤失
滤失系数比预期小	适度较少 10-20% 前置液量，增加起步砂液比

4 矿场实践

4.1 压裂施工概况

Y1HF 井采用套管桥塞分段方式压裂，2022 年 12 月 25 日-2023 年 1 月 12 日，累计完成 33 段 169 簇施工。施工排量 18~24m^3/min，施工压力 60~104MPa，共计泵注液量 87642.9m^3，泵注砂量 8578.2m^3。与设计相比，现场用液量缩减 13%，现场加砂量符合率 142.8%。达到了控液多砂，提高裂缝导流能力的目标。

4.2 微地震解释成果

通过对 Y1HF 井开展微地震监测。如图 12 所示，解释全井段改造体积(SRV)为 5000.0×10^4m^3，每段改造体积为 90~195×10^4m^3，平均为 151.5×10^4m^3，实现了全井段体积改造。

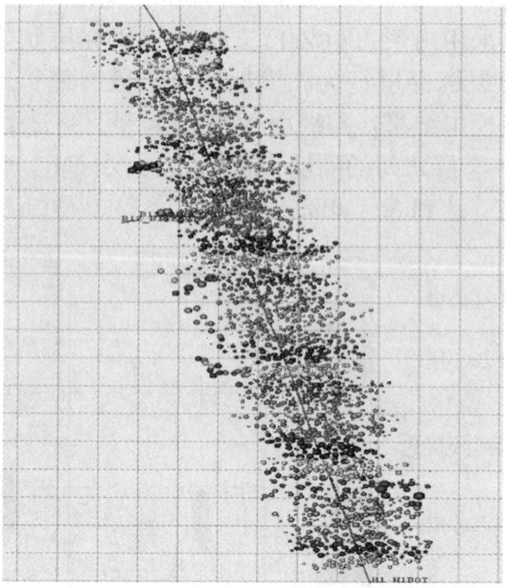

图 12　Y1HF 井 1-33 段微地震效果图

4.3 施工效果及效益

截止 2024 年 2 月 23 日，Y1HF 井压后日产液量 17.9m^3/d，产油量 7.5m^3/d，产水量 10.4m^3/d。累计产液 22708.02m^3，累计产油 3580.8m^3，水 19768.53m^3，累计产气 21459m^3，返排率 24.8%。与同区块邻井 BY1HF、BY2HF 井对比，Y1HF 井单段成本降低 121 万元，降低比例 38.5%。单方液体施工费用降低 2814 元，降低比例 79.4%，取得了良好的经济效益。

5 结论

（1）通过建立地质模型，加强地质工程一体化研究，针对具体 Y1HF 井的地质特征开展数值模拟研究。

（2）通过数值模拟优化解决了页岩纵向以及横向均匀改造的难题。优选了暂堵球粒径、数量及暂堵剂投加时机，使封堵效率得到较大提升，有助于提高裂缝在平面上的缝网复杂程度。优化了压裂液前置液粘度、排量等参数，使得前置液能够在纹层缝内延伸，实现纵向穿层的目的。

（3）采用“密切割分段分簇+复杂缝造缝工艺+强加砂促导流+强化渗吸提产”主体工艺思路，差异化改造储层。通过微地震监测佐证裂缝复杂度大，实现了“强加砂、复杂缝”的目的。

参考文献

[1] 李志明，金芸芸，李楚雄，等．南襄盆地泌阳凹陷渐新统核桃园组三Ⅲ亚段页岩油富集模式——以中

部深凹带 YYY1 井取心段为例[J]. 石油实验地质，2023，45(5)：955-956.

[2] 陈祥，丁连民，刘洪涛，等．南襄盆地泌阳凹陷陆相页岩储层压裂技术研究与应用[J]. 石油地质与工程，2011，25(3)：94-95.

[3] 蒋廷学，卞晓冰．页岩气储层评价新技术--甜度评价方法[J]. 石油钻探技术，2016，44(3)：3-4.

[4] 赵林，蒋尔梁，王树森，等．二氧化碳注入对低渗透储层矿物及孔隙结构的影响[J]. 油田化学，2021，38(4)：600-601.

[5] 周朗，林然，周小金，等．页岩气水平井段内多簇缝口暂堵转向压裂数值模拟[J]. 钻采工艺，2023，46(4)：86-87.

[6] 王燚钊，侯冰，王栋，等．页岩油多储集层穿层压裂缝高扩展特征[J]. 石油勘探与开发，2021，48(2)：406-408.

[7] 方立勤，王进涛，袁玉峰，等．A 断块致密砂岩油藏蓄能体积压裂应用实践[J]. 石油化工应用，2023，42(5)：17-18.

[8] 蒋廷学，肖博，沈子齐，等．陆相页岩油气水平井穿层体积压裂技术研究与现场试验[J]. 石油钻探技术，2023，51(2)：5-6.

[9] 陶飞宇．页岩油复杂裂缝形态段塞处理技术研究[J]. 中外能源，2024，29(5)：55-56.

[10] 杨永华，宋燕高，王兴文，等．威荣页岩气田压裂实践与认识[J]. 石油实验地质，2023，45(6)：1146-1147.

高温高压气井闸板防喷器失效机理分析及缓解措施

李 文 张一军 李佳琦 朱 婉 黄 尧

[中国石油新疆油田公司采油工艺研究院(监理公司)]

摘 要 针对国内某超深气井防喷器在使用过程中发生的断裂失效，通过试验测定了防喷器闸板材料的力学性能，并将试验结果与闸板防喷器有限元模型结合，对失效闸板防喷器在不同工况下的应力分布进行了定量分析，给出了闸板防喷器最大应力随圆角半径和井筒压力变化的安全窗口，为闸板防喷器的结构优化设计及现场应用提供详细的理论依据和参考。

关键词 闸板防喷器；橡胶密封；有限元分析；结构改进

Failure mechanism analysis of ram BOP in HTHP gas well and mitigation measures

Li Wen Zhang Yijun Li Jiaqi Zhu Wan Huang Yao

[Oil Production Technology Research Institute，Xinjiang Oilfield Company，Petrochina (supervision company)]

Abstract In view of the fracture failure of the blowout preventer (Bop) in an ultra-deep gas well in China, the mechanical properties of the material of the BOP RAM were tested by experiments, and the test results were combined with the finite element model of the ram bop, the stress distribution of the failed RAM blowout preventer under different operating conditions is Quantitative analysis, and the safety window for the maximum stress of RAM blowout preventer varying with fillet radius and wellbore pressure is given, it provides detailed theoretical basis and reference for the structural optimization design and field application of RAM blowout preventer.

Key wordst RAM blowout preventer; rubber seal; finite element analysis; structure improvement

随着勘探开发不断向高温高压超深层迈进，地层压力、温度不断升高，对井控装备的要求也越来越严格，而闸板防喷器是油田勘探开发过程中的关键井控装置，在恶劣的生产环境中，具有非线性结构的闸板防喷器容易产生应力集中而发生断裂失效。闸板防喷器的失效可能导致井涌、井喷甚至井眼报废。因此，必须保证闸板防喷器在高温高压环境下完整性及可靠性。

国内某超深气井闸板防喷器在安全服役 10 个月后发生断裂失效，失效闸板防喷器如图 1 所示。根据现场记录井口压力为 110MPa 时闸板发生断裂。通过扫描电镜(SME)进行分析发现断口表面存在明显的凹陷、具有鲜明的脆性断裂特征且没有发现明显的腐蚀产物，结合现场资料初步分析，可以确定防喷器闸板是由于应力集中导致的塑性破坏。

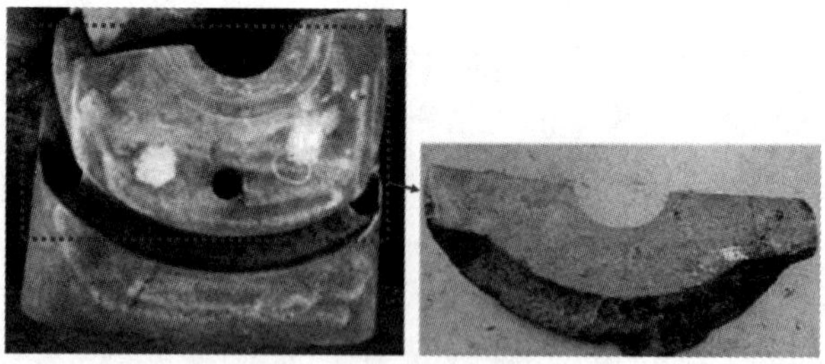

图 1 闸板防喷器断裂失效

1 实验

1.1 材料及样本制备

通过开展一系列力学性能实验，进一步研究防喷器闸板及橡胶材料的强度在长期服役条件下的减弱程度进行。制备三种不同类型的试样如图 3 所示，用 800 粒度的 SiC 纸研磨，然后用 50 纳米直径的 SiO_2 颗粒悬浮液进行机械抛光，最后用无水乙醇清洗。

通过拉伸试验、冲击试验、疲劳试验和电化学测试对试样进行了测试，并将实验结果导入到有限元模型中进行数值模拟。

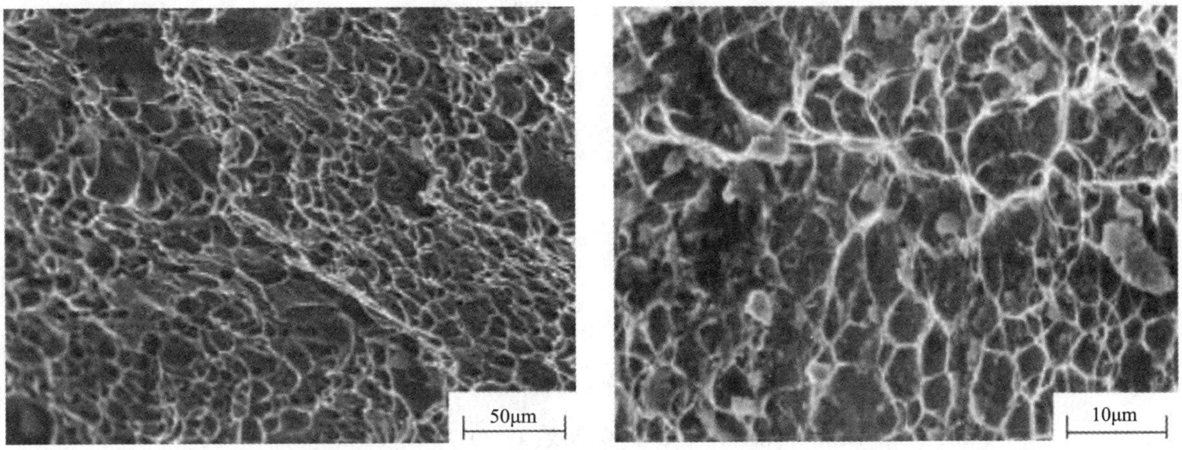

图 2　防喷器闸板断口的 SEM 图像

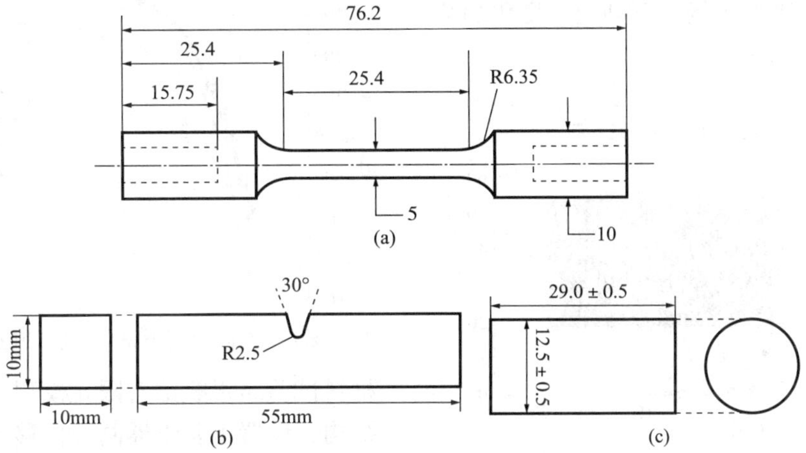

图 3　试样形式及尺寸

1.2　拉伸实验

为了研究防喷器闸板橡胶密封件的静态力学性能，参考 GB/T 228—2002《金属材料室温拉伸试验方法》，采用 MTS-180 拉伸机进行了拉伸应力-应变试验。同时，为了考虑温度对材料强度的影响，试验分别在 25±1℃ 和 60±1℃ 下进行。

1.3　冲击测试

为了测定防喷器闸板的冲击韧性，参照 GB/T 229—2007《金属材料夏比摆锤冲击试验方法》，采用冲击速度为 5.4m/s 的冲击能量测定仪，对试样进行了冲击韧性测定分析。

2　实验结果

2.1　防喷器闸板材料的力学性能

如图 4 所示，为防喷器闸板材料在不同温度（20℃ 和 60℃）下的应力-应变曲线。可以发现防喷器闸板材料在 20℃ 时的屈服强度、拉伸强度和弹性模量均大于 60℃ 时的屈服强度、拉伸强度和弹性模量。而 20℃ 时断裂伸长率小于 60℃ 时的断裂伸长率。从表 1 可以看出，在不同温度（20℃ 和 60℃）下，防喷器闸板材料的力学性能有轻微的变化。

表 1　防喷器闸板材料拉伸试验结果

性能	20℃	60℃
屈服强度/MPa	712.57±7.15	704±9.12
康卡强度/MPa	912.54±7.84	906±3.18
杨氏模量/GPa	208±0.001	206±0.001
伸长率/%	20.74±2.02	20.77±1.08

从材料力学的角度来看，温度的升高可能导致原子的剧烈运动，而相应的宏观表现形式是材

料变得更容易产生塑性变形，从而导致材料强度的降低。而防喷器的使用温度均在 70℃以内。因此，温度对强度的影响很小，并不是导致防喷器闸板材料失效的主要因素。

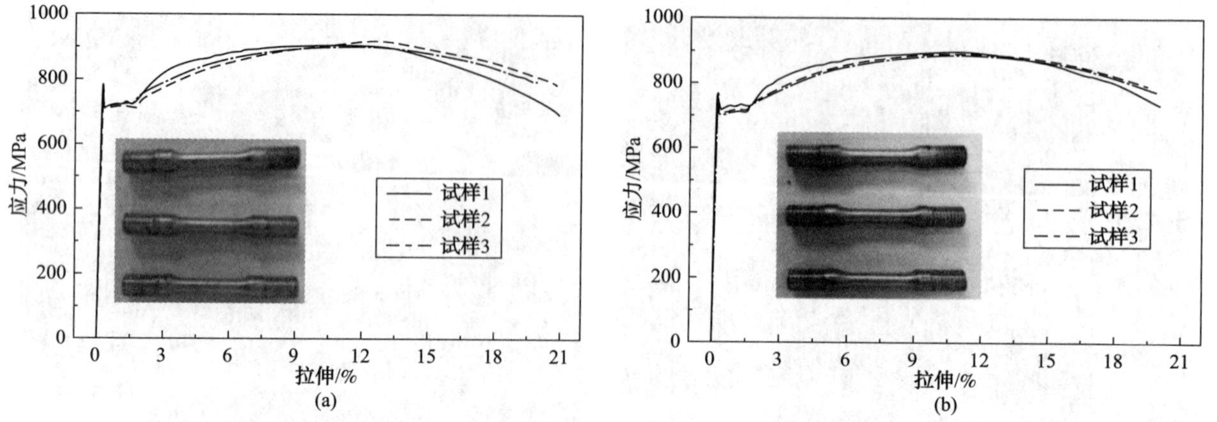

图 4　材料拉伸应力-应变曲线(a：20℃，b：60℃)

如图 5 图所示，为防喷器闸板材料的应力/冲击功-位移曲线。根据冲击试验结果可以看出，防喷器闸板材料在现场一系列温度变化的情况下仍然具有可靠的韧性。

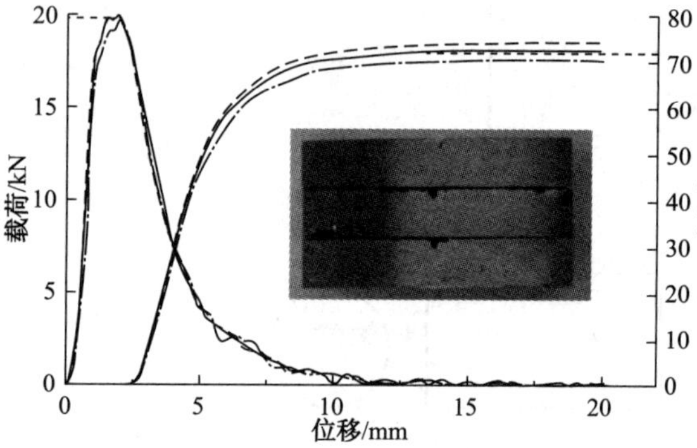

图 5　试样示波冲击曲线

通过拉伸和冲击试验，可以确定防喷器闸板在使服役的环境中机械强度和韧性没有明显减弱。

2.2　闸板防喷器密封橡胶的力学性能

如图 6 所示，为不同温度(20℃和 60℃)下闸板防喷器密封橡胶的应力-应变曲线。结果表明，随着温度的升高，密封橡胶的力学性能呈现出明显的软化现象。

3　温度与力学耦合有限元分析

3.1　有限元模型

为了进一步分析防喷器闸板的破坏机理，确定防喷器闸板应力分布情况，建立了一个全尺寸的三维有限元模型来计算应力分布，如图 7 所示，有限元模型长 586mm，宽 390mm。模型材料与现场实际使用闸板防喷器材料一致，将前述

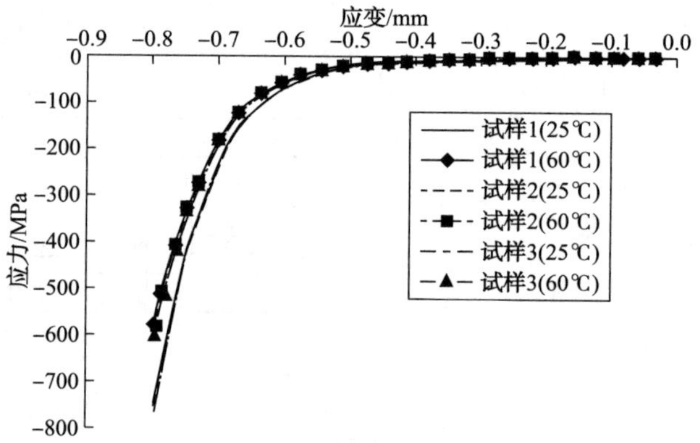

图 6　不同温度下密封橡胶的应力-应变曲线线

材料试验结果赋给有限元模型。根据井口的内部结构，设置了防喷器闸板位移约束，模拟失效条件为：活塞杆推力 931kN，井口压力 110MPa，初始温度 16℃。

3.2　有限元分析结果

在上述条件下得到闸板防喷器温度分布的轮廓如图 8 所示。可以观察到，封闭闸板的上部温度仅为 23.1℃，而下部温度为 61.2℃。整个闸板防喷器的温度范围介于 23.1℃至 61.2℃之间。由此可以判断在使用过程中闸板内存在不同程度的温差，可能会产生一定的热应力。

闸板防喷器的应力分布的轮廓如图 9 所示。结果表明，闸板结构大部分区域的 Mises 应力小于 100MPa，但在两个闸板的表面有较高的应力集中，危险区域(路径 A-B 和路径 C-D)位于闸板的直角连接处。沿着这两条路径，应力水平超过 800MPa，远大于材料的屈服强度。同时，最大应力发生在两个两个闸板之间组合面之间，达到 944MPa(E 点)，容易在此处形成瞬间撕裂。

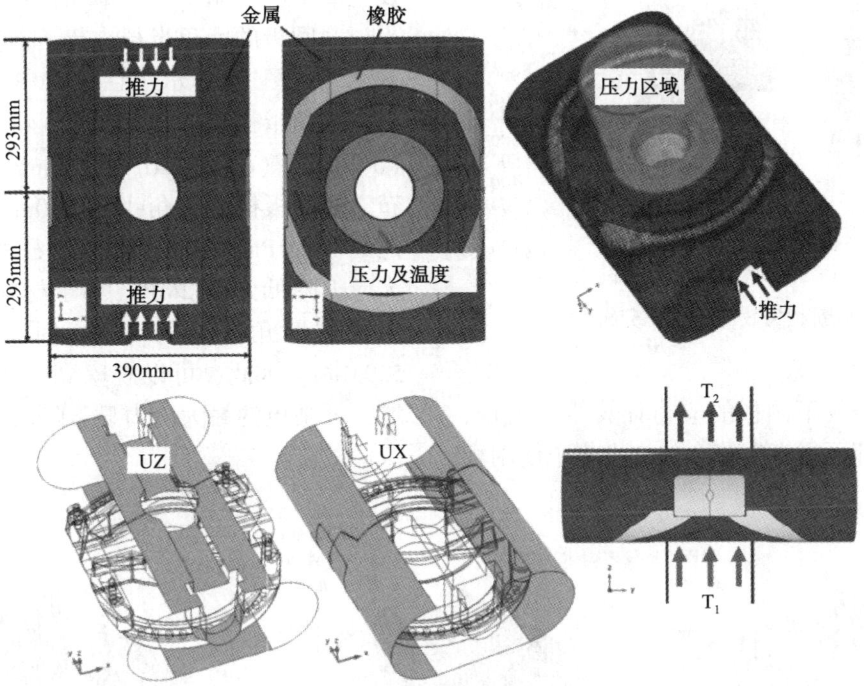

图 7　闸板防喷器有限元模型

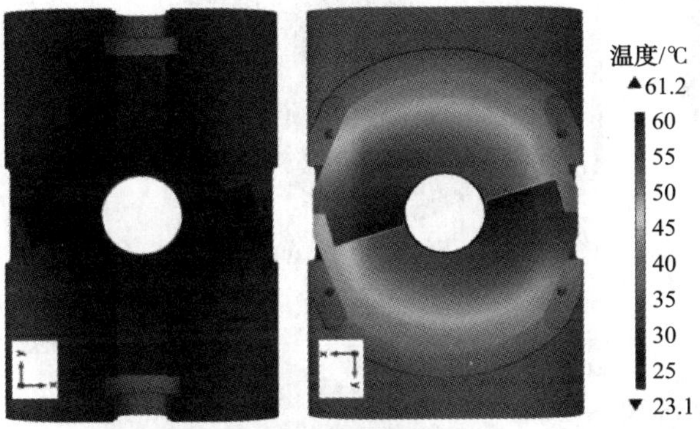

图 8　闸板防喷器温度分布

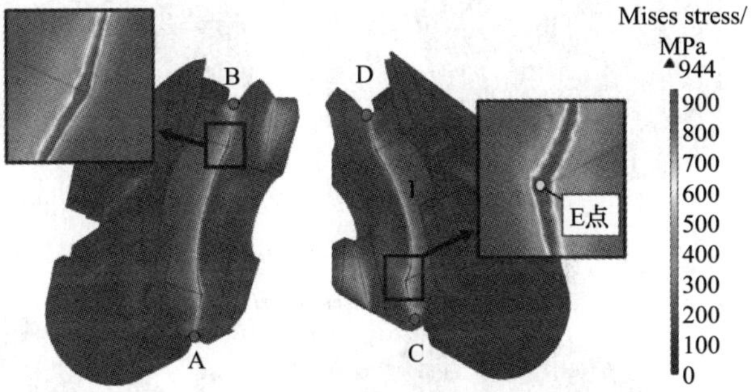

图 9　闸板防喷器应力分布

如图 10 所示。沿路径 A-B 出现两个应力峰，沿路径 C-D 出现三个应力峰，显然应力峰值在一定区域附近超过了屈服强度。可以发现最大应力(944MPa)发生在沿路径 C-D 的圆弧和直线的交叉处。可以推断，交点是初始裂纹的位置。

从应力分析的角度来看，E 点的应力最高(达到 944MPa)，超过了材料的抗拉强度。然而，从图 2 所示拉长的韧窝表明，在断裂过程中，E 点存在强烈的剪切和拉伸效应，如同 11 所示，F 点的应力也超过了材料的抗拉强度，这意味着 F 点也可能是一个初始裂纹位置。其裂纹扩展顺序如下：在关闭闸板防喷器的过程中，由于高应力在 E 点产生初始裂纹后从 E 点快速扩展到 F 点，导致沿 E-F 路径形成大裂纹。由于 E-F

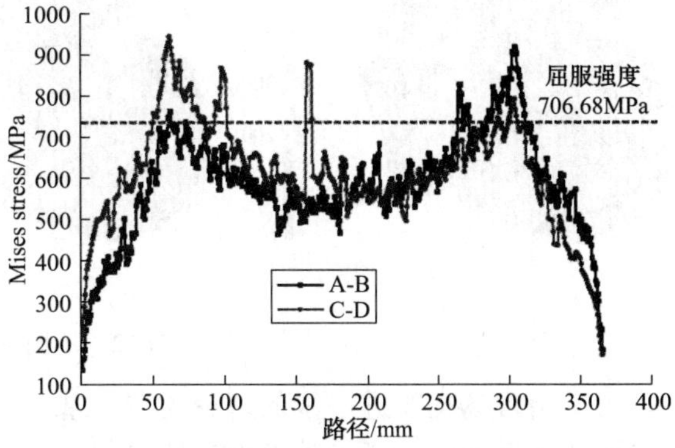

图 10　两条路径上应力变化

裂纹尺寸超过材料的临界裂纹尺寸，E-F 裂纹迅速扩展到闸板内部，闸板瞬间被撕裂。扫描电镜观察到的明显韧窝与断口分析结果吻合较好。

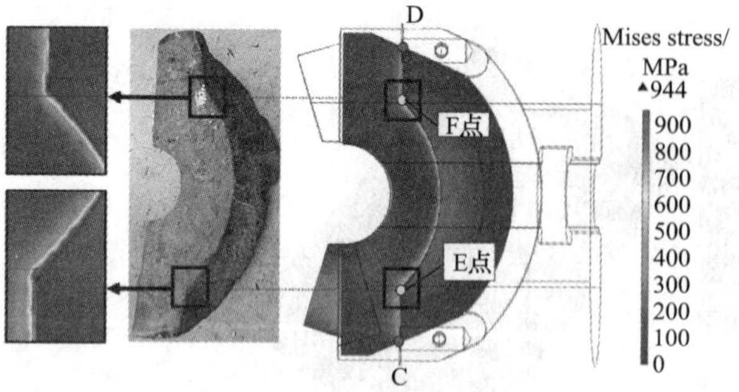

图11　闸板断裂失效与有限元分析对比

3.3　缓解措施

根据服役条件下闸板的应力计算结果发现，变形结构的根部可能产生较大的应力集中使闸板发生断裂。因此，为了降低闸板的应力集中水平，对闸板的圆角半径进行了调整，以适应严苛的工况。图12显示了在110MPa和61℃条件下不同圆角半径((a)0mm；(b)4mm；(c)7.5mm；(d)9mm；(e)12mm；(f)15mm)闸板的应力分布。当闸板根部圆角半径为0mm时，最大应力达到944MPa，但随着圆角半径增加到9mm，最大应力降低到662MPa(小于材料的屈服强度)，当根部圆角半径为15mm时，最大应力仅为529MPa。因此，可以观察到，随着圆角半径的增大，闸板的最大应力显著降低。

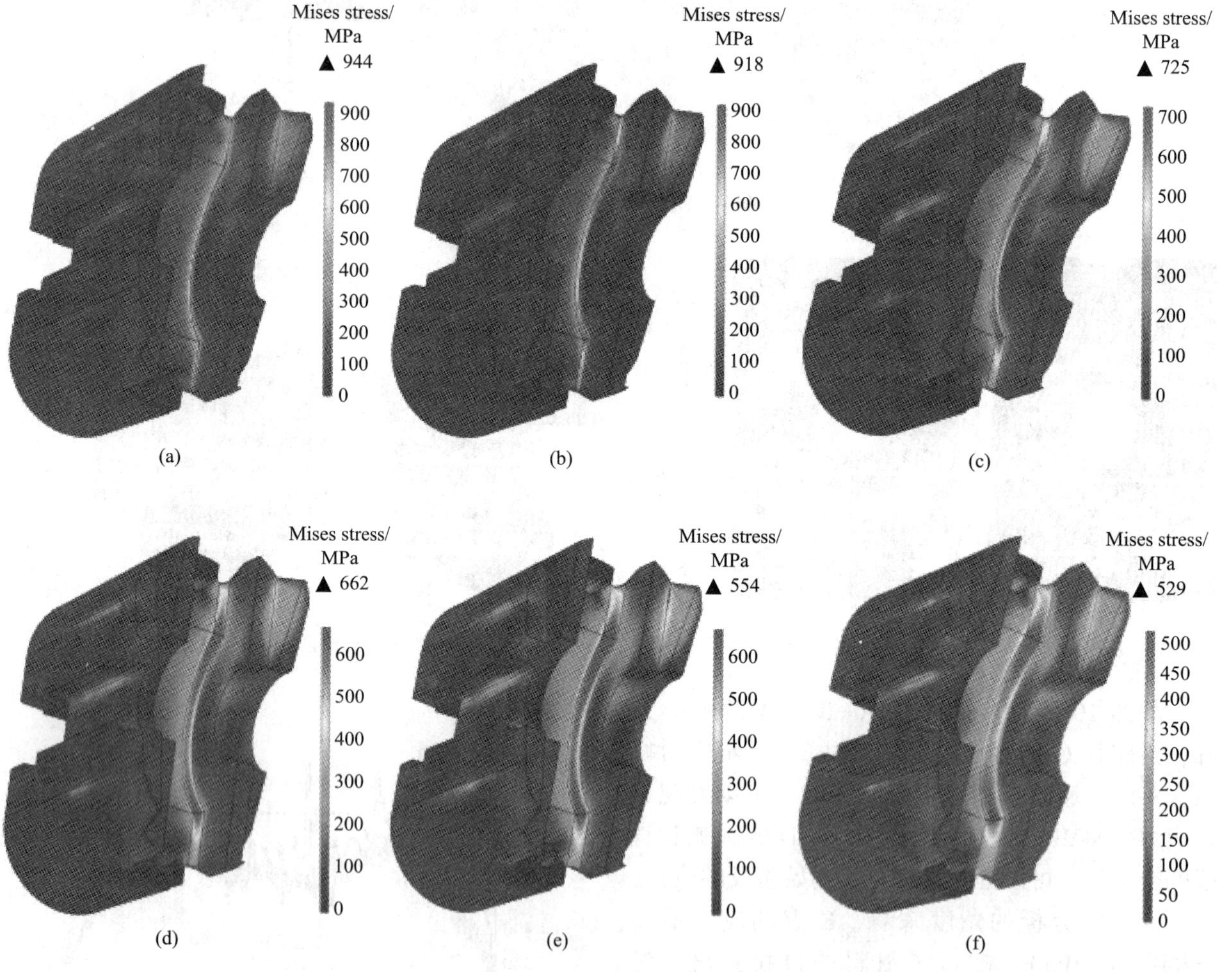

图12　不同圆角半径下的应力分布

为了给现场提供进一步的理论支持，基于本文采用的计算方法，通过数百次计算得到了闸板防喷器最大应力随圆角半径和井筒压力的安全图版。如图13所示，根据圆角半径和井筒压力得到两个边界，包括屈服强度线和拉伸强度线。当井口压力小于60MPa时，圆角半径较大；但当井口压力为120MPa时，圆角半径必须大于9mm，以确保作业安全。根据实际井筒压力，可以调整圆角半径，以适应恶劣的条件。同时，如果井筒压力发生变化，在关井过程中也可以定量评价闸板的安全系数。

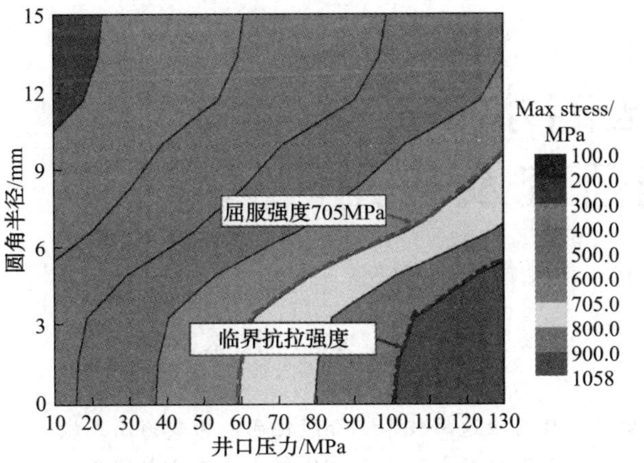

图 13　考虑闸板防喷器最大应力随圆角半径和井筒压力变化的安全窗口

4　结论

闸板防喷器失效原因是由于在服役条件下，闸板根部两侧均出现高应力，应力最大达 944MPa。在闸板防喷器关闭过程中，高压和高温造成初始裂纹后，裂纹尖端从 E 点快速扩展到 F 点，导致沿 E-F 路径形成大裂纹。由于 E-F 路径上裂纹尺寸超过材料的临界裂纹尺寸，裂纹迅速扩展到闸板内部，导致瞬间撕裂。

根据有限元分析得到，闸板防喷器最大应力随根部圆角半径的增大而减小。提供了考虑闸板防喷器最大应力随圆角半径和井筒压力变化的安全窗口。根据屈服强度线和拉伸强度线，可以调整圆角半径，以适应严苛的生产条件。此外，如果井筒压力发生变化，在关井过程中也可以定量评价闸板的安全系数。

可以采取以下措施来改善防喷器的使用安全：防喷器材料的合理选择：当井内含有二氧化碳及硫化氢等腐蚀性气体时，应选用适用于腐蚀性环境的防喷器材料，以防止金属表面腐蚀而开裂，从而导致强度不足和断裂；正确选择防喷橡胶材料：橡胶材料硬度选择不当也会导致密封失效；制定严格的检查程序：在使用防喷器前，必须彻底检查防喷器的闸板、外壳和密封件。

参　考　文　献

[1] 刘勇，何贤英，于凯，等．准噶尔盆地阜东斜坡带侏罗系河道砂岩油藏识别[J]．新疆石油天然气，2019，15(2)：18-23.

[2] 油气田地面工艺流程设备安全管理的技术分析[J]．新疆石油天然气，2020，16(1)：96-100.

[3] 杨应强，冯钿芳，刘进博，等．呼探 1 井井口液压安全控制系统设计与应用[J]．新疆石油天然气，2021，17(2)：97-100.

[4] 何霞，王云海，王国荣，等．闸板防喷器故障树分析町[J]．钻采工艺，2010，33(6)：90-92.

[5] 王道宝．闸板防喷器可靠性研究[D]．青岛：中国石油大学(华东)，2010：4-5.

[6] 陈惠琴，唐波，何为．闸板防喷器密封失效原因及对策分析町[J]．天然气工业，2006，26(11)：80-82.

[7] 陈绍伟，万夫，刘炯，等．闸板防喷器技术进展研究[J]．重庆科技学院学报(自然科学版)，2008，10(4)：49-51.

[8] 王志远，赵胜英，赵利，等．防喷器领域的最新进展门[J]．石油机械，2005，33(3)：71-72.

[9] GB/T 228—2002，金属材料室温拉伸试验方法．

[10] 刘爱民，魏元春．示波冲击试验技术的研究[J]．南京理工大学学报，1989(3)：53-57.

[11] 黄少文，周平，霍孝新．回火热处理对 X100 管线钢组织和冲击断裂行为的影响[J]．材料热处理学报，2013，34(增刊 1)：122-128.

[12] 肖亚航，王娟平．结构钢内部裂纹热处理愈合机制[J]．机械工程材料，2008，32(9)：13-16.

[13] 张丽．热处理缺陷裂纹产生原因的分析[J]．装备制造技术，2006(4)：25-26.

[14] 孙盛玉．热处理裂纹若干问题的初步探讨[J]．金属热处理，2009，34(10)：109-114.

[15] 陈再良，吕东显，曹明宇，等．金属热处理残余应力与开裂失效关系的探讨[J]．金属热处理，2007，32(增刊 1)：40-44.

[16] 刘进益．热处理裂纹分析—典型淬火裂纹[J]．东方电机，2009(1)：44-51.

基于数据增强方法的水平井多簇压裂产能预测研究及应用

刘轩宇[1] 郭向磊[2] 房 超[2] 李健伟[2] 苑秀发[2]

（1. 中国石油集团长城钻探工程有限公司；2. 中国石油集团长城钻探工程有限公司压裂公司）

摘 要 人工智能作为引领新一轮科技革命和产业变革的战略性通用技术，智能化已成为我国油气能源领域技术创新的主攻方向之一。通过人工智能技术与油气业务深度融合，利用智能算法从石油勘探开发海量数据中挖掘规律，实现了全流程智能调控和智能优化，逐步成为油气人工智能创新发展范式。

但致密气水平井多簇压裂工艺的数据特征数量多，获取成本高、采集难度大，导致收集不到充足的样本量，同时采集得到的数据虽然体量较大，但是多为重复的稳态波动数据，这就导致了样本结构松散、样本间信息间隔大，无法从上述样本数据中提取出较多的可用信息用以建立预测能力强、鲁棒性好的预测模型，使出现"数据泛滥、知识贫瘠"现象，也被称为小样本问题。

本文对来源于鄂尔多斯盆地某区块的水平井多簇压裂工艺的实际数据进行数据增强，形成了KNN-MTD数据增强方法，为解决水平井多簇压裂数据的"小样本问题"提供了解决方法，克服了水平井多簇压裂工艺的实际数据不充足、特征稀疏问题，探究了合成样本的不同生成数量与真实样本的相似性。结果表明适当选择合成样本生成的数量和超参数 k 的取值可提高合成样本与真实样本之间的相似性，提高水平井多簇压裂产能学习模型的精度，在超参数 k 为9，生成200组合成样本时的数据集与原始数据集的相似性较高。对于指导合成样本过程的优化和实际应用具有重要意义，并进一步推动合成样本在智慧油田中的有效性，这将有助于改善压裂产能预测模型性能，提高预测准确度。

关键词 致密砂岩气藏；人工智能；数据增强

Research and Application of Horizontal Well Multi-Cluster Fracturing Productivity Prediction Based on Data Enhancement Method

Liu Xuanyu[1] Guo Xianglei[2] Fang Chao[2] Li Jianwei[2] Yuan Xiufa[2]

(1. CNPC. GWDC; 2. CNPC. GWDC. Fracturing Company, Panjin, Liaoning)

Abstract Artificial intelligence, as a strategic general-purpose technology leading a new round of technological revolution and industrial transformation, has become one of the main directions for technological innovation in the petroleum exploration and development in China. By deeply integrating artificial intelligence technology with oil and gas operations, utilizing intelligent algorithms to mine patterns from massive data in oil exploration and development, full-process intelligent control and optimization have been realized, gradually becoming a paradigm of innovative development in oil and gas artificial intelligence.

However, the data characteristics of multi-cluster fracturing technology in tight gas horizontal wells are numerous, the acquisition cost is high, and the collection difficulty is great, resulting in insufficient sample size. At the same time, although the collected data volume is large, it mostly consists of repetitive steady-state fluctuation data, leading to loose sample structure and large information gaps between samples. This makes it difficult to extract much useful information from these sample data to establish predictive models with strong prediction capabilities and good robustness, leading to the phenomenon of "data flooding, knowledge scarcity," also known as the small sample problem.

This paper enhances actual data from the multi-cluster fracturing process of horizontal wells in the Ordos Basin, forming the KNN-MTD data augmentation method. This provides a solution to the "small sample problem" in multi-cluster fracturing data of horizontal wells, overcoming the issues of insufficient actual data and sparse features in the multi-cluster fracturing process of horizontal wells. It explores the similarity between different numbers of generated synthetic samples and real samples. The results show that appropriately choosing the number of synthetic samples generated and the value of hyperparameter k can improve the similarity between synthetic samples and real samples, thereby enhancing the accuracy of productivity learning models for multi-cluster fracturing in horizontal wells. When the hyperparameter k is 9 and 200 synthetic sample combinations are generated, the similarity between the dataset and the original dataset is higher. This has significant implications for optimizing the synthetic sample process and practical applications, further promoting the effectiveness of synthetic samples in smart oilfields, which will help improve the performance of fracturing productivity prediction models and increase prediction accuracy.

Key wordst tight sandstone gas reservoirs; artificial intelligence; data enhancement

1 前言

在工业生产时，大部分数据经常重复测量且相差不大，导致数据分布范围广泛且差异明显。因此，这些测量数据并不能提供足够有价值的信息来构建性能更优的算法模型。这种情况常常被描述为小样本分析中的"数据泛滥、知识贫瘠"问题。随着智慧油田的发展和数字化时代的到来，基于数据驱动的压裂产能预测模型同样面对小样本问题，预测模型的精度受限于样本的质量和数量，数据集中样本的充足性和分布均匀性成为影响模型精度的关键要素。

为了在小样本数据中构建更精确的模型，研究人员采用了多种理论和前沿方法，并取得了一定的突破。其中，提出了几种解决思路，包括基于灰色理论、机器自主学习和虚拟样本生成(Virtual sample generation, VSG)等方法。这些方法对解决小样本问题具有重要的意义，如图1所示。

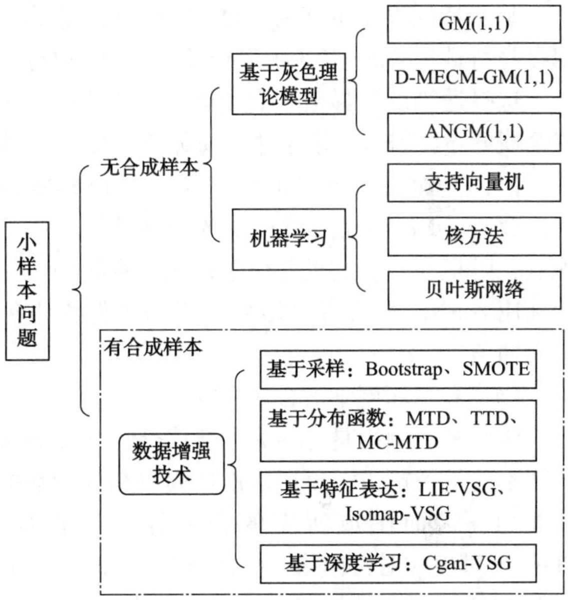

图1　小样本问题解决方法

VSG是一种提高模型在小样本数据上的自主训练和推广能力的有效办法，通过结合数据分布特征和概率统计知识，利用收集到的样本数据，扩展初始小样本集，提高预测模型的准确度。该技术最早由国外学者Poggio和Vetter提出，并引起了不同学术领域研究团队的关注，为小样本数据分析研究开辟了新的路径。研究人员通过遗传算法、增加神经网络的维度层次、合理进行数据插值等方法，对小样本信息进行相似挖掘。

目前，VSG技术正迎来广阔的发展空间，涌现出许多前所未有的方法。根据这些方法遵循的机制原理，可以将VSG技术大致分为四类进行探讨：

(1) 基于样本采样合成样本

基于样本取样的生成算法通过多次采样以增加样本体量，其中两种典型的技术是Bootstrap法和联合最小二乘法。Bootstrap法通过重复采样生成多个独立的合成样本，然而这些新样本并未提供额外的新信息，仅仅是数量的增加，并未为小样本分析提供更多信息。联合最小二乘法将原始数据与特定数量(k)的最近样本连接，并在响应过程中构建所需的新样本。

(2) 基于样本空间的分布函数合成样本

Chong利用定义了样本信息之间的传播模糊判据，在构建的合成样本中保持了正态分布特性；Zhang等将传播理论应用于传统神经网络的层级拓展中，利用深度神经网络(DNN)技术构建了一个符合正态空间中心对称原理的合成样本；考虑到数据的倾向性，Li 等进一步提出了总体呈现扩散趋势的样本构建技术（MTD），该技术根据总体数据的发展趋势判定数据的隶属关系，并通过改变趋势扩散函数的结构提出了树形趋势扩散技术（TTD）；Zhu 等在 MTD 技术中添加了分布形态服从均匀性和三角形态的隶属度方程，扩展了多元分布的 MTD 技术，解决了多种分布形式的样本数据难以用单一的隶属度函数来模拟的问题；Yu 等采用蒙特卡洛抽样方式扩展样本域，生成所需的合成样本，并取得了良好的效果。

（3）基于特征表达合成样本

基于特征表示的 VSG 方法旨在充分挖掘数据自身特性。Wang 等利用奇异值分解（SVD）方法，选择适当的奇异值来突出新图像的特征，生成合成样本。Zhang 等通过在局部数据中进行线性插值，并保持相同的间距来构建合成样本模型。此外，He 等提出小样本数据服从 t 分布的观点，随机在数据的近邻位置插入一定间距，然后利用 t-SNE 算法将原始数据压缩到低维空间进行插值。

（4）基于深度学习合成样本

深度神经网络具有强大的非线性特性和对未知样本的学习能力，可用于准确提取和分析数据的能力，进而生成所需的合成样本数据库。Chen 等对生成对抗网络（cGAN）进行了改进，并结合 CVT 采样方法构建合成样本信息库。cGAN 内部包含数据自动生成器和样本输出鉴别装置，可评估样本数据的质量。另一方面，Zhu 等利用逆向 cGAN 网络生成样本数据，并应用 LOF 稀疏检测方法对样本空间进行搜索，成功构建出表现良好的合成样本（表 1）。

表 1　数据增强方法在其他行业应用统计表

作者	方法	研究对象
刘德平	空间投影插值合成样本方法	精对苯二甲酸数据集
关雅琳	基于全因子设计的合成样本/极限学习机的合成样本	甘草苷与绿原酸的提取工艺
侯坤睿	基于 cGAN 的合成样本	HDPE 级联反应工艺过程/精对苯二甲酸工艺过程
华强	基于 t-SNE 的合成样本	精对苯二甲酸工艺过程/乙烯工业
贺许龙	基于 t-SNE 的合成样本	重整原料油的芳烃收率
徐磊	虚拟映射模型	油气管道运行电耗
杨雪	虚拟映射模型	窄带隙双钙钛矿氧化物预测

本文为了解决水平井多簇压裂产能预测中样本匮乏的问题，以苏里格区块致密气 40 口，包括含储层物性、岩石力学、地质力学、压裂工艺、试气数据等特征的水平井为样本，采用虚拟样本生成技术可以扩充数据，进一步提升水平井多簇压裂产能预测模型的泛化性能，采用 KNN 对高维数据进行非监督学习，以明确数据的可视化分布情况，并在信息稀疏区域内使用中点插值、多点插值或者随机插值的方法生成有效的合成样本，再制定筛选机制，选择合理的合成样本用于扩充工业过程建模的训练数据集，其中利用了三角隶属函数计算样本特征的非对称可扩展区域，并剔除不在可扩展范围内的不合理合成样本。本文最后利用上述生成的合成样本库，验证了 KNN-MTD 方法的合理性和有效性。本文对于指导合成样本过程的优化和实际应用具有重要意义，并进一步推动合成样本在智慧油田中的有效性，这将有助于改善压裂产能预测模型性能，提高预测准确度。

2　基于 KNN-MTD 合成样本模型

2.1　数据集定义

考虑一个具有 n 行和 m 列的小型数据集，数据集的行由 $\{x_i \mid i=1, 2, \cdots, n\}$ 表示，数据集的列由 $\{x_i \mid j=1, 2, \cdots, m\}$ 表示，输入属性直到 $m-1$，而目标属性是 m，这些值由 $X=\{x_i \mid i=1, 2, \cdots, n; j=1, 2, \cdots, m\}$ 表示，min 和 max 表示样本的最小值和最大值，表 2 给出了数据集表示。

2.2　识别邻居

考虑由 j 个特征的实例 i，对于第 i 个实例的每个 j 特征，使用 KNN 算法迭代的识别最近邻，直到所有特征的用尽。第 i 个实例和第 j 个特征和第 k 个邻居（即子样本）是大趋势扩散的输入样本。人工样本独立生成，并在第 i 个实例的特征耗尽后按列级联。数据集的每个数据点 $x(i, j)$ 通过使用 MTD 的三角隶属函数进行扩散。

表 2　数据集示意表

样本序号	输入					输出
	1	…	j	…	$m-1$	m
1	$x_{1,1}$	…	$x_{1,j}$	…	$x_{1,m-1}$	$x_{1,m}$
⋮	⋮		⋮		⋮	⋮
i	$x_{i,1}$	…	$x_{i,j}$	…	$x_{i,m-1}$	$x_{i,m}$
⋮	⋮		⋮		⋮	⋮
n	$x_{n,1}$	…	$x_{n,j}$	…	$x_{n,m-1}$	$x_{n,m}$

直观上，生成的样本将与原始的第 i 个实例相似。最后，选择与原始第 i 个实例更接近的 k 个生成的人工样本作为最终的人工样本。对于回归任务，k 的条件是 $K \le n$。当 $k=n$ 时，所提出的方法与 D. C. Li 等人提出的 MTD 类似。如图 2 所示了该方法的图形表示。

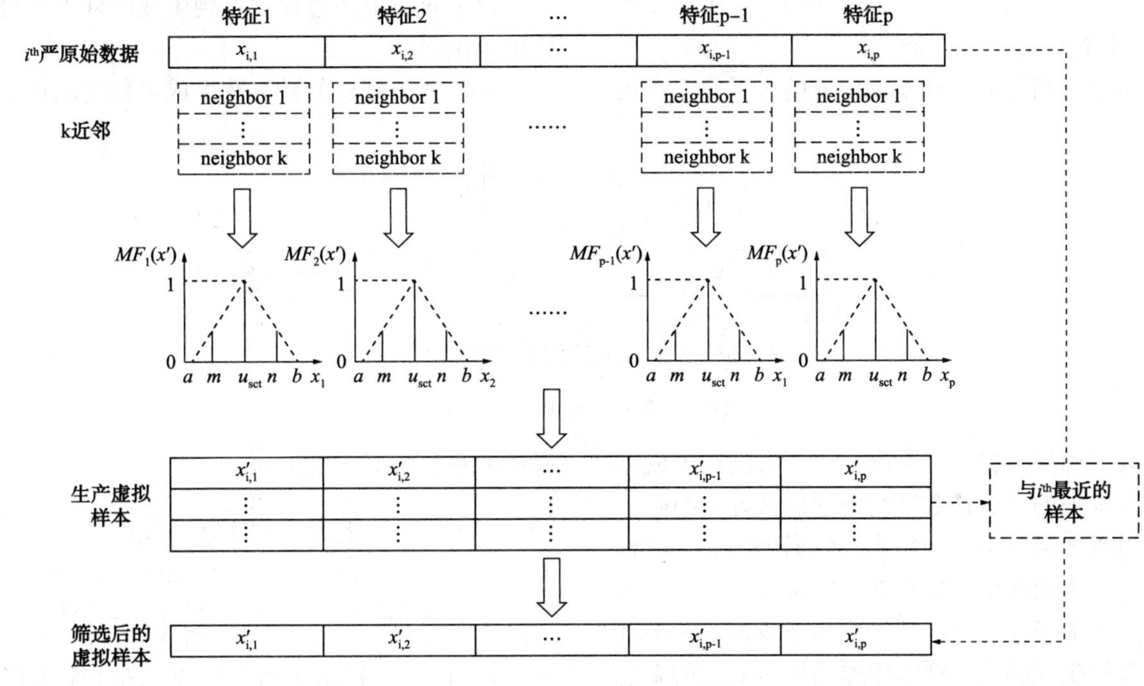

图 2　KNN-MTD 算法流程图

2.3　大趋势扩散

本研究采用与上文类似的 MTD 方法。由于数据集的每个数据点 $x(i, j)$ 的参数发生变化，因此修改 MTD 以往复样本表示。在识别数据点 $x(i, j)$ 的 k 个邻居后，使用这些邻居获得子样本本域估计。扩散系数设置如下：

$$h_{\mathrm{set}}^{(i,j)}=\hat{s}_{i,j}^{2}/k$$

下标 (i, j) 表示实例 i 和特征 j 的 MTD 参数值，第 (i, j) 个实例的子样本大小为 k。扩散样本集的范围估计如下：

$$a_{(i,j)}=u_{\mathrm{set}}^{(i,j)}-\mathrm{Skew}_{L}^{(i,j)}\times\sqrt{-2\times\hat{s}_{x}^{2}/N_{L}^{(i,j)}\times\ln(10^{-20})}$$

$$b_{(i,j)}=u_{\mathrm{set}}^{(i,j)}+\mathrm{Skew}_{U}^{(i,j)}\times\sqrt{-2\times\hat{s}_{x}^{2}/N_{U}^{(i,j)}\times\ln(10^{-20})}$$

$$u_{\mathrm{set}}^{(i,j)}=(\min{}_{(i,j)}+\max{}_{(i,j)})/2$$

$$\mathrm{Skew}_{L}^{(i,j)}=N_{L}^{(i,j)}/(N_{L}^{(i,j)}+N_{U}^{(i,j)})$$

$$\mathrm{Skew}_{U}^{(i,j)}=N_{U}^{(i,j)}/(N_{L}^{(i,j)}+N_{U}^{(i,j)})$$

$$1<N_{L}^{(i,j)}<\infty,\ 1<N_{U}^{(i,j)}<\infty$$

式中，$N_L^{(i,j)}$ 为样本集中小于 $u_{\mathrm{set}}^{(i,j)}$ 的据点个数；$N_U^{(i,j)}$ 为样本集中大于 $u_{\mathrm{set}}^{(i,j)}$ 的据点个数。

在 $\hat{s}_{i,j}^2=0$ 的情况下，$a_{(i,j)}$ 和 $b_{(i,j)}$ 由下式给出：

$$a_{(i,j)}=\min{}_{(i,j)}/5$$

$$b_{(i,j)}=\max{}_{(i,j)}\times 5$$

其中 $\min_{(i,j)}$ 和 $\max_{(i,j)}$ 是第 (i, j) 个实例的相邻子样本的最小值和最大值。计算 (a, b) 无法完全覆盖原始数据集的实际子样本范围，因此使用式(8)、式(9)以及隶属度方程(10)计算子样本的下限和上限。下限(LB)和上限(UB)范围变为：

$$LB_{(i,j)}=\begin{cases}a_{(i,j)} & if\ a_{(i,j)}\leqslant \min_{(i,j)}\\ \min_{(i,j)} & if\ a_{(i,j)}>\min_{(i,j)}\end{cases}$$

$$UB_{(i,j)}=\begin{cases}b_{(i,j)} & if\ b_{(i,j)}\geqslant \max_{(i,j)}\\ \max_{(i,j)} & if\ b<\max_{(i,j)}\end{cases}$$

隶属函数(MF)计算如下：

$$MF(x'_{(i,j)})=\begin{cases}\dfrac{x'_{(i,j)}-LB_{(i,j)}}{u_{\text{sit}}^{(i,j)}-LB_{(i,j)}} & if\ x'_{(i,j)}\leqslant u_{\text{sei}}^{(i,j)}\\ \dfrac{UB_{(i,j)}-x'_{(i,j)}}{UB_{(i,j)}-u_{\text{set}}^{(i,j)}} & if\ x'_{(i,j)}>u_{sei}^{(i,j)}\\ 0 & if\ x'_{(i,j)}<LB_{(i,j)}\\ & or\ x'_{(i,j)}>UB_{(i,j)}\end{cases}$$

2.4 生成样本

对于回归任务，即本文研究的水平井多簇压裂产能预测问题，样本按照上文中的描述进行扩散(图 3)。

合成样本是从式(8)、式(9)的估计域范围内使用式(10)生成的。类似于 D. C. Li 等人中提到的程序。使用 PAM 生成样本的步骤如下：

(1) 样本 x' 在根据式(8)、式(9)形成的[LB, UB]生成。

(2)对应于 x' 的 MF 值使用式(10)计算。

(3) 在[0, 1]之间生成一个均匀分布的随机值(r_s)。

(4) 如果 $MF(x')>r_s$，则合成样本被保留；否则被丢弃。

(5) 重复上述过程，直到生成的样本在可接受的范围内。

(6) 根据需要的样本数生成可接受的样本。

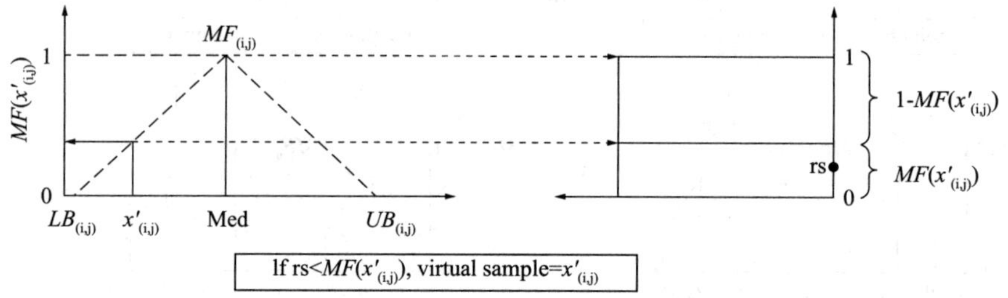

图 3　合成样本生成示意图

为了确保数据的保真度，离散实例在生成可接受范围内的值后被数字化到它们最近的中心。

虽然合成样本是使用实际数据生成的，但合成样本并不能保证原始行实例的接近度。因此本文在选择最终样本之前需进行如下步骤，即第五步：选择生成的人工样本中原始样本 $x_{(i,j)}$ 的 k 个最近邻作为最终接受的人工样本 x'。此步骤确保不仅保留了数据集的分布，同时解决了信息差距问题。这种两步最近邻选择确保在 $x_{(i,j)}$ 的区域周围生成人工样本。

3　模型评价方案

3.1　相似性评价

原始数据集和生成数据集的相似性使用成对相关差(PCD)进行测量。PCD 是根据实际数据和合成数据之间的 Frobenius 范数衡量相关矩阵的差异。

$$PCD=\|\text{corr}(X_{\text{R}})-\text{corr}(X_{\text{S}})\|_F$$

式中，X_{R} 为真实数据矩阵；X_{S} 为虚拟数据矩阵；corr 为X_{R} 和X_{S} 的相关矩阵；

其中相关矩阵由 Pearson 相关性计算，皮尔逊相关系数由下式给出：

$$r=\frac{\sum_{i=1}^{n}(x_i-\bar{x})(y_i-\bar{y})}{\sqrt{\sum_{i=1}^{n}(x_i-\bar{x})^2}\sqrt{\sum_{i=1}^{n}(y_i-\bar{y})^2}}$$

式中，$\bar{x}$ 为样本中特征的平均值；$\bar{y}$ 为样本中特征的平均值。

PCD 是在数据集级别测量的。较小的 PCD 值意味着生成的数据与原始数据集之间的相似性更好。当 PCD 接近于 0 时，人工数据与原始数据集相似。

本文使用两种不同的基于距离的度量来评价人工数据真实度。基于距离的性能度量直观且易于解释人工数据。人工数据的邻近距离 D_{cr} 及最邻近距离比 D_{nn} 是本文使用的两种基于距离的性能度量。

$$D_{cr}(s_i,\ r_j)=\sum_{j=1}^{N}\|r_j-1NN(s_i,\ r_{j\in n})\|$$

式中，N 为是合成数据的大小；n 为是真实数据的大小；s_i 为人工数据的第 i 个实例；$r_{j\in n}$ 为真实数据；$1NN(\cdot)$ 为人工数据第一个的真实数据邻居。

当 D_{cr} 的值接近 0 时，人工数据的真实性高。在这种情况下，人工数据可作为真实数据的补充样本。

D_{nm} 是衡量人工数据与真实数据的第一和第二最近邻之间的欧几里德距离之比的指标。D_{nm} 定义为：

$$NNDR(s_i,\ r_j)=\sum_{j=1}^{N}\frac{\|r_j-1NN(s_i,\ r_{j\in n})\|}{\|r_j-2NN(s_i,\ r_{j\in n})\|}$$

式中，2NN(·)为人工数据第二个的真实数据邻居。通常，D_{nn} 的值在[0，1]范围内。当该值越接近 1 时，人工数据的真实性越高。

3.2 精度提升评价

为进一步评价经人工数据补充后的样本数据统计分布，本文采用随机森林算法，借助 10 折交叉验证方法分析人工数据数量及 k 值选择对模型精度提升的效果。

通过 *EIR_RMSE* 与 *EIR_MAPE* 两种评价方法，定量地评价了合成样本集合大小对建模精确度的提升效果。式(17)和式(18)分别表示 *EIR_RMSE* 和 *EIR_MAPE* 的计算公式，$RMSE_{\text{before}}$ 和 $MAPE_{\text{before}}$ 用来代表 PLSR-MAFELM 在初始训练数据集中的 RMSE 和 MAPE，$RMSE_{\text{after}}$ 和 $MAPE_{after}$PLSR-MAFELM 的扩展训练数据集的建模误差。

$$MAPE=\frac{1}{N_{te}}\sum_{n=1}^{N_{te}}\left|\frac{y_i-\hat{y}_i}{y_i}\right|\times 100\%$$

式中，N_{te} 为测试样本数量；y_i 为测试样本实际输出值；$\hat{y}_i$ 为测试样本预测输出值。

$$RMSE=\sqrt{\frac{1}{N_{te}}\sum N_{tet=1}(y_i-\hat{y}_i)^2}$$

$$EIR\_RMSE=\left|\frac{RMSE_{\text{before}}-RMSE_{\text{after}}}{RMSE_{\text{before}}}\right|\times 100\%$$

$$EIR\_MAPE=\left|\frac{MAPE_{\text{before}}-MAPE_{\text{after}}}{MAPE_{\text{before}}}\right|\times 100\%$$

4 水平井多簇压裂数据库合成样本研究

本节利用的致密砂岩气藏水平井多簇压裂数据库在基于 KNN-MTD 合成样本模型中开展超参数 k 值、合成样本生成数量分别对合成样本相似性、模型精度提升效果研究。根据水平井多簇压裂数据库特征数量、样本数量，k 值选择范围为[5，14]中的整数，合成样本数量为 50、100、150、200、250、300。

4.1 合成样本相似性研究

综合评估生成的合成样本与真实样本之间的相似性，可以更好地了解生成样本的质量和准确性。本文利用成对相关差 *PCD*、邻近距离 D_{cr} 以及最邻近距离比 D_{nn} 三个评价指标对生成虚拟压裂样本数据与真实压裂样本数据的相似性进行研究。

高特征相关性的生成样本更有可能反映真实样本的特征分布。计算不同超参数 k 值与不同数量生成样本和真实样本中每对样本之间的特征相关性差异，如图 4 所示。

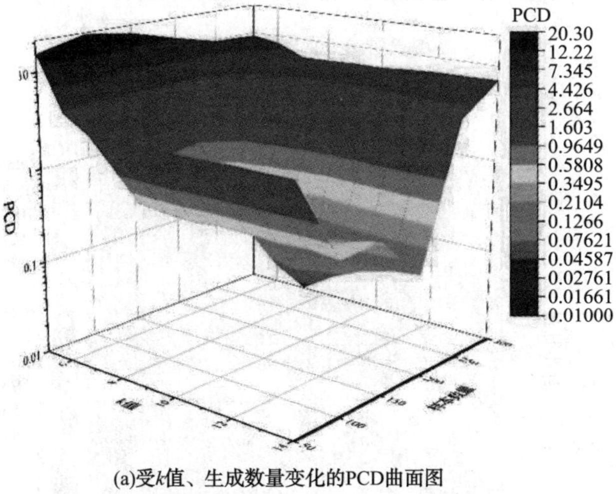

(a)受k值、生成数量变化的PCD曲面图

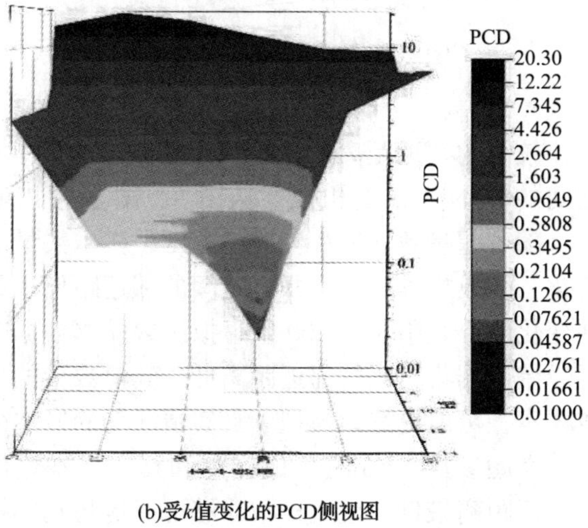

(b)受k值变化的PCD侧视图

图 4　合成样本 PCD 曲面图

适当选择合成样本的数量和超参数 k 的取值，可以提高生成样本与真实样本之间的特征相似性，从图 5、图 6 可以观察到，在不同的超参数 k 值和生成虚拟压裂样本数量的情况下，生成

样本与真实样本之间的特征相关性存在变化。其中生成了 200 组虚拟压裂样本数据与原始数据集之间的相似性高于其他生成样本数量的情况，且当超参数 k 的取值为 10 时生成样本与真实样本之间的特征相关性更加相似，可能有利于保留原始样本的特征相关性。

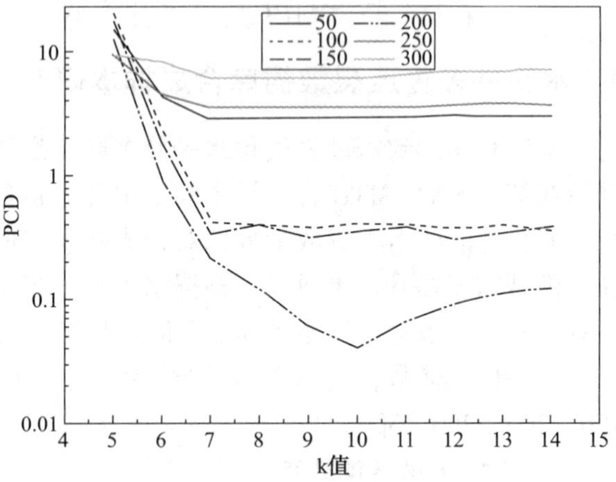

图 5　受 k 值、生成数量变化的 PCD 折线图

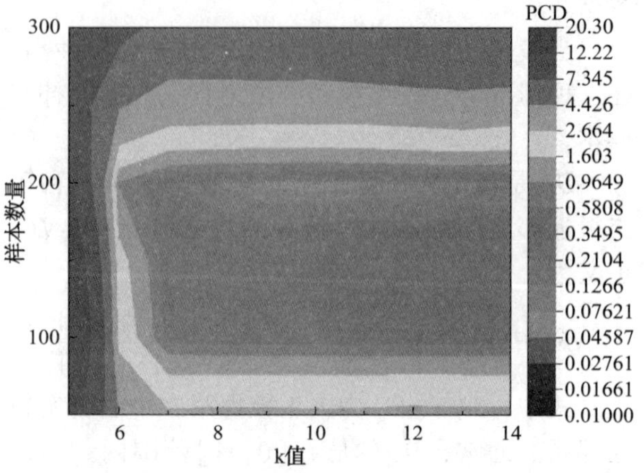

图 6　受 k 值、生成数量变化的 PCD 云图

使用邻近距离 D_{cr} 作为数据相似性另一个评价指标，邻近距离测量合成样本和真实样本之间的样本间距离。计算不同超参数 k 值与不同数量生成样本与真实样本集中最近邻样本之间的距离，并计算生成样本和真实样本集之间的平均邻近距离，结果如图 7 所示：

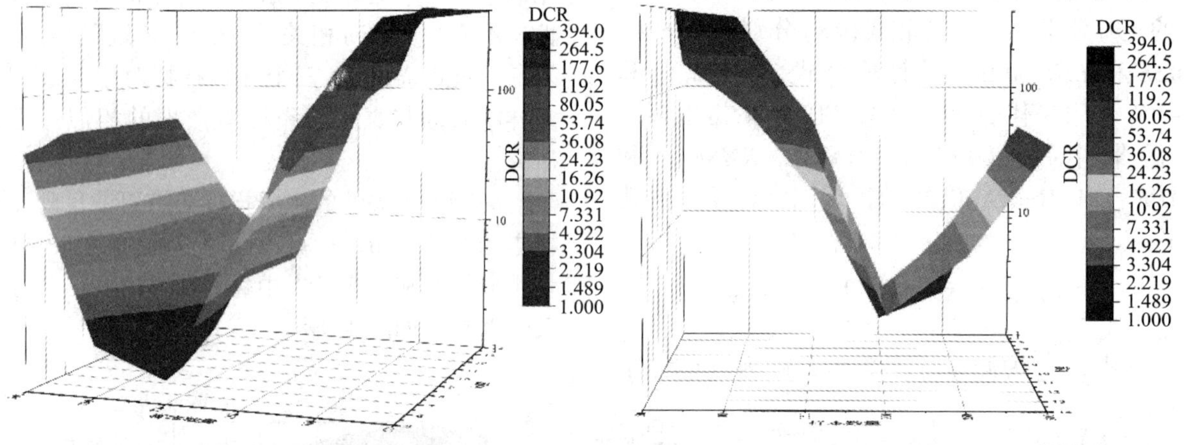

(a)受k值、生成数量变化的DCR曲面图　　(b)受k值变化的DCR侧视图

图 7　合成样本 DCR 曲面图

较小的邻近距离意味着生成样本与真实样本之间的样本分布更相似，从图 8、图 9 可以看出，随着超参数 k 值和生成虚拟压裂样本数量的变化，生成样本和真实样本之间的邻近距离也是在变化的。其中生成 200 组虚拟压裂样本数据时与原始数据集之间的邻近距离低于其他数量的生成样本，可能更好地模拟了真实情况下的样本分布；在超参数 $k=5$ 时生成样本和真实样本之间的邻近距离最近，生成样本能够更好地与真实样本在样本间距离上相符，此时生成的压裂虚拟数据真实性较高。

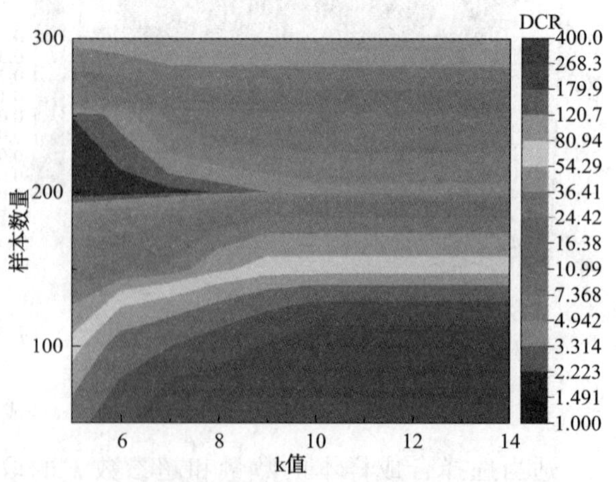

图 8　受 k 值、生成数量变化的 DCR 折线图

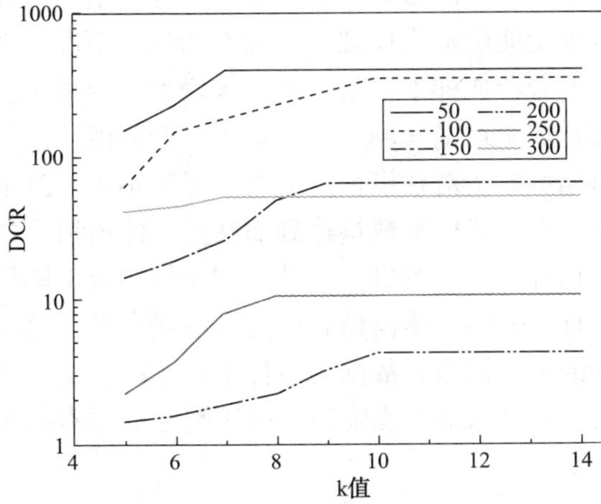

图 9　受 k 值、生成数量变化的 DCR 云图

使用最邻近距离比作为合成样本相似性的第三个评价指标。这个指标测量生成样本的最近邻距离与真实样本的最近邻距离之间的比值。通过计算不同超参数 k 值与不同数量生成样本集中每个样本的最近邻距离，并计算其与真实样本集中每个样本的最近邻距离之间的平均比值，接近于 1 的最邻近距离比表示生成样本和真实样本之间的最近邻距离相似，具体结果如图 10 所示：

根据图 11、图 12 的结果显示，超参数 k 值和生成虚拟压裂样本数量的变化同样对生成样本和真实样本之间的最邻近距离比产生了影响。从图中可以看出，当生成了 200 组虚拟压裂样本数据时，与原始数据集之间的最邻近距离比总体上高于其他生成样本数量的情况。且当超参数 k 的取值在 10 到 14 之间时，生成样本和真实样本之间的最邻近距离比接近于 1，这表明在这些特定的超参数取值下，生成的压裂虚拟数据与真实样本在最近邻距离上的一致性较高，意味着生成的压裂虚拟数据具有较高的真实性。

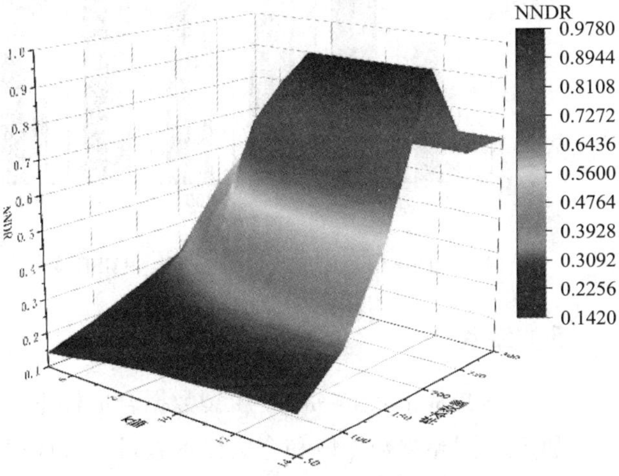

(a)受k值、生成数量变化的NNDR曲面图

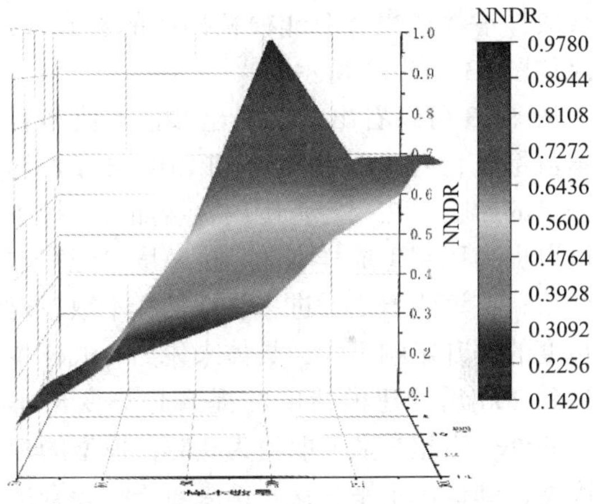

(b)受k值变化的NNDR侧视图

图 10　合成样本 NNDR 曲面图

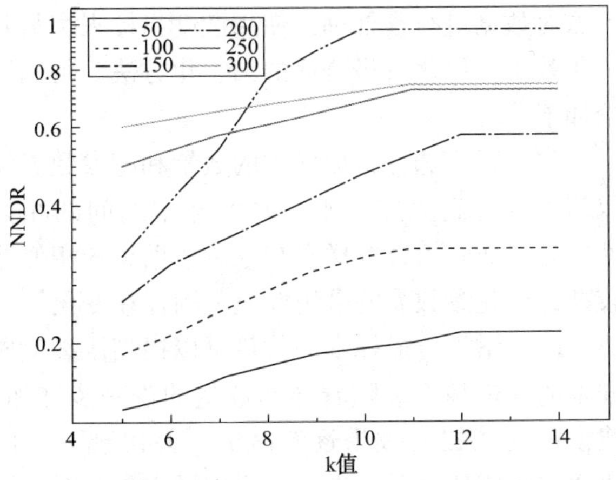

图 11　受 k 值、生成数量变化的 NNDR 折线图

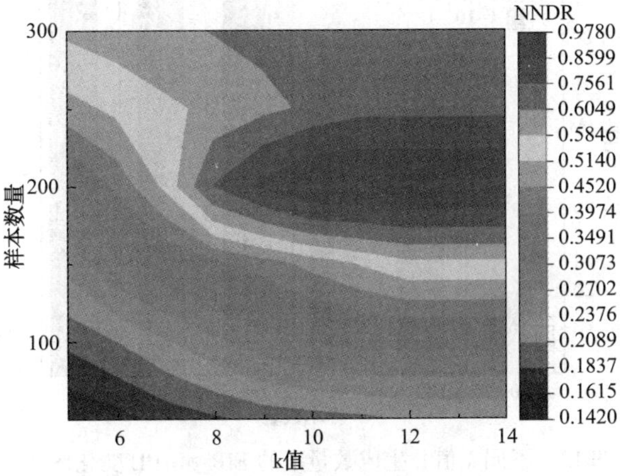

图 12　受 k 值、生成数量变化的 NNDR 云图

通过 PCD、邻近距离和最邻近距离比三个评价指标来量化评估不同超参数 k 值和生成样本数量下生成样本与真实样本之间的相似性、特征相关性和样本间距离，这些指标对于评估生成样本的质量和准确性提供了一定的参考价值。研究结果显示，在不同生成的合成样本数量中，生成 200 组合成样本与原始数据集之间的相似性高于其他生成样本数量的情况。然而在超参数 k 的取值方面，并没有单一的最优取值，而是存在一定的范围变化。为了得出更准确的结论，需要进一步的深入分析以确定最佳的合成样本数量和超参数取值。

4.2 合成样本对模型精度提升效果研究

为了提高压裂生成样本的可信度，并推动合成样本在实际应用中的有效性，需要对模型的性能进行评估。因此使用了 EIR_RMSE 和 EIR_MAPE 两个指标来定量评估不同超参数 k 值和不同合成样本数量集合对建模精确度的提升效果，结果如图 13、图 14 所示。

从图 13 可以看出，不同超参数 k 值和合成样本数量集合对 EIR_RMSE 和 EIR_MAPE 均产生一定的影响。在一定范围内，增加合成样本数量可以提高压裂生成样本的建模精度，但存在一个阈值，在该阈值之后进一步增加样本数量对建模精度的提升影响不大，具体来说当合成样本数量达到 200 后，建模精度的提升趋势变得不明显。此外，当超参数 k 取值为 9 时，模型的建模精确度达到最优水平，这一结果对于指导合成样本生成过程的优化和有效应用具有重要意义。

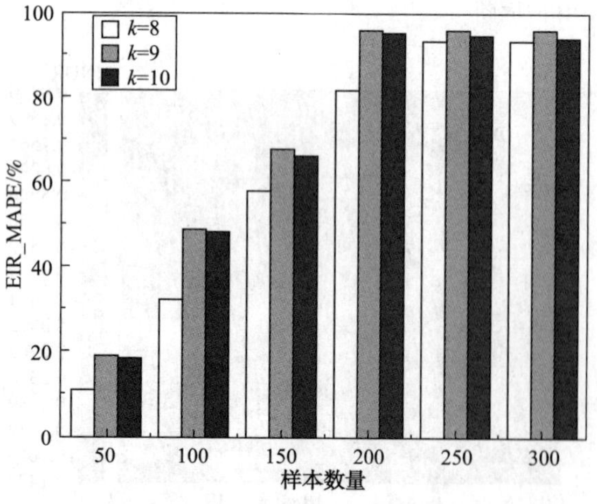

图 13　不同 k 值、生成数量下的 EIR_MAPE 变化图

根据图 14 的结果显示，不同超参数 k 值和合成样本数量集合对 EIR_RMSE 和 EIR_MAPE 均产生了一定的影响。在一定范围内，增加合成样本数量能够提高压裂生成样本的建模精度。然而，随着合成样本数量的进一步增加，建模精度的提升效果逐渐减弱，并出现了一个阈值，此后增加样本数量对建模精度的改善影响不大。具体来说，当合成样本数量达到 200 后，建模精度的提升趋势变得不明显。此外，到当超参数 k 取值为 9 时，模型的建模精确度达到最优水平。意味着在给定的模型和数据集条件下，选择合适的超参数 k 值可以最大程度地提高压裂生成样本的建模精度。

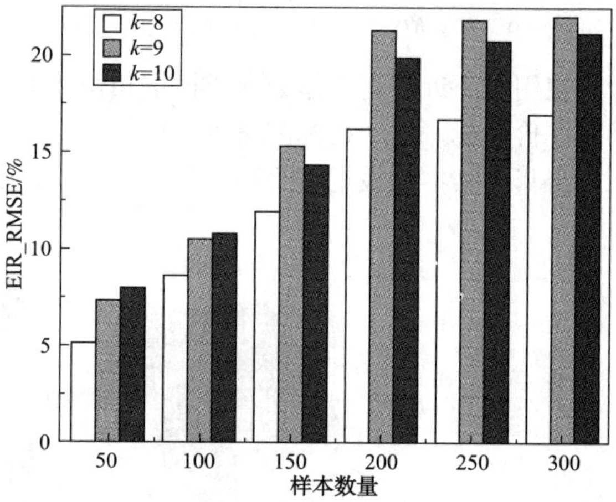

图 14　不同 k 值、生成数量下的 EIR_RMSE 变化图

5　结论

本文基于 KNN-MTD 压裂数据合成样本模型研究不同超参数 k 值和合成样本数量对合成样本相似性和模型精度提升效果的影响，以评估生成样本的质量和准确性，并确定最佳的合成样本数量和超参数取值。同时，采用了五种归一化处理方法对数据进行预处理，使用散度指标来衡量归一化效果，以优选最合适的归一化方法。得到结论如下：

（1）适当选择合成样本的数量和超参数 k 的取值可以提高生成样本与真实样本之间的相似性。生成 200 组合成样本与原始数据集的相似性较高，而超参数 k 的最优取值范围存在变化。

（2）增加合成样本的数量可以提高压裂生成样本的建模精度。随着样本数量的进一步增加，建模精度的提升效果逐渐减弱，并出现一个阈值。在该阈值之后，进一步增加样本数量对建模精度的改善影响不大。因此，建议优先考虑生成 200 组样本，并结合超参数 k 值为 9，以获得更高的建模精度。

参考文献

[1] BERGEN K J, JOHNSON P A, de HOOP M V, et al. Machine learning for data-driven discovery in solid Earth geoscience[J]. Science, 2019, 363(6433): u323.

[2] YU S, MA J. Deep learning for geophysics: Current and future trends[J]. Reviews of Geophysics, 2021, 59(3): e2021R-e2742R.

[3] JIA Y, MA J. What can machine learning do for seismic data processing? An interpolation application[J]. Geophysics, 2017, 82(3): V163-V177.

[4] 肖立志．测井资料最优化解释方法的理论问题[J]. 1988Issue (2), 1988, 27(2): 81.

[5] CHANG C, LI D, HUANG Y, et al. A novel gray forecasting model based on the box plot for small manufacturing data sets[J]. Applied mathematics and computation, 2015, 265: 400-408.

[6] ZHU Q, ZHU M, XU Y, et al. An Improved Virtual Sample Generation Method Based on Quadrat Density Method and Quantile Regression for Small Sample Size Problem: 2021 IEEE 10th Data Driven Control and Learning Systems Conference (DDCLS) [C]: IEEE, 2021.

[7] POGGIO T, VETTER T. Recognition and structure from one 2D model view: Observations on prototypes, object classes and symmetries[R]. Massachusetts Inst of Tech Cambridge Artificial Intelligence Lab, 1992.

[8] ZHU Q, GONG H, XU Y, et al. A bootstrap based virtual sample generation method for improving the accuracy of modeling complex chemical processes using small datasets: 2017 6th Data Driven Control and Learning Systems (DDCLS)[C]: IEEE, 2017.

[9] MALDONADO S, LÓPEZ J, VAIRETTI C. An alternative SMOTE oversampling strategy for high-dimensional datasets [J]. Applied Soft Computing, 2019, 76: 380-389.

[10] CHONGFU H. Principle of information diffusion[J]. Fuzzy sets and Systems, 1997, 91(1): 69-90.

[11] ZHANG H, PAL N R, SHENG Y, et al. Distributed adaptive tracking synchronization for coupled reaction-diffusion neural network [J]. IEEE Transactions on Neural Networks and Learning Systems, 2018, 30 (5): 1462-1475.

[12] LI D, WU C, TSAI T, et al. Using mega-trend-diffusion and artificial samples in small data set learning for early flexible manufacturing system scheduling knowledge [J]. Computers & Operations Research, 2007, 34(4): 966-982.

[13] LI D, CHEN C, CHANG C, et al. A tree-based-trend-diffusion prediction procedure for small sample sets in the early stages of manufacturing systems [J]. Expert Systems with Applications, 2012, 39 (1): 1575-1581.

[14] 朱宝，陈忠圣，余乐安．一种新颖的小样本整体趋势扩散技术[J]．化工学报，2016，67(03)：820-826.

[15] YU X, HE Y, XU Y, et al. A Mega-Trend-Diffusion and Monte Carlo based virtual sample generation method for small sample size problem: Journal of Physics: Conference Series[C]: IOP Publishing, 2019.

[16] WANG C, ZHANG J, CHANG G, et al. Singular value decomposition projection for solving the small sample size problem in face recognition[J]. Journal of Visual Communication and Image Representation, 2015, 26: 265-274.

[17] ZHU Q, ZHANG X, HE Y. Novel virtual sample generation based on locally linear embedding for optimizing the small sample problem: case of soft sensor applications [J]. Industrial & Engineering Chemistry Research, 2020, 59(40): 17977-17986.

[18] ZHANG X, XU Y, HE Y, et al. Novel manifold learning based virtual sample generation for optimizing soft sensor with small data [J]. ISA transactions, 2021, 109: 229-241.

[19] HE Y, HUA Q, ZHU Q, et al. Enhanced virtual sample generation based on manifold features: Applications to developing soft sensor using small data [J]. ISA transactions, 2022, 126: 398-406.

[20] CHEN Z, HOU K, ZHU M, et al. A virtual sample generation approach based on a modified conditional GAN and centroidal Voronoi tessellation sampling to cope with small sample size problems: Application to soft sensing for chemical process [J]. Applied Soft Computing, 2021, 101: 107070.

[21] ZHU Q, HOU K, CHEN Z, et al. Novel virtual sample generation using conditional GAN for developing soft sensor with small data[J]. Engineering Applications of Artificial Intelligence, 2021, 106: 104497.

[22] 刘德平．基于空间插值的虚拟样本生成技术应用研究[D]．北京化工大学，2022.

[23] 关雅琳．虚拟样本生成筛选及其在植物药材工艺参数优化中的应用[D]．北京化工大学，2022.

[24] 侯坤睿．基于 CGAN 的虚拟样本生成技术应用研究[D]．北京化工大学，2022.

[25] 华强．基于 t-SNE 的虚拟样本生成技术研究及建

模应用[D]. 北京化工大学，2022.

[26] 贺许龙，张蕾，周涵等. 虚拟样本生成方法及其在重整数据建模中的应用[J]. 石油炼制与化工，2021，52(06)：92-95.

[27] 徐磊. 基于机器学习的原油管道运行能耗与开机方案研究[D]. 中国石油大学(北京)，2021.

[28] 杨雪. 基于机器学习的双钙钛矿氧化物的形成与带隙研究[D]. 上海大学，2021.

[29] LI D，LIN W，CHEN C，et al. Rebuilding sample distributions for small dataset learning [J]. Decision Support Systems，2018，105：66-76.

[30] LI D，LIN W，LIN L，et al. The attribute-trend-similarity method to improve learning performance for small datasets [J]. International Journal of Production Research，2017，55(7)：1898-1913.

[31] PARK N，MOHAMMADI M，GORDE K，et al. Data synthesis based on generative adversarial networks [J]. arXiv preprint arXiv：1806.03384，2018.

[32] ZHAO Z，KUNAR A，BIRKE R，et al. Ctab-gan：Effective table data synthesizing：Asian Conference on Machine Learning[C]：PMLR，2021.

[33] LOWE D G. Distinctive image features from scale-invariant keypoints[J]. International journal of computer vision，2004，60：91-110.

定向井裸眼段电缆打捞矛研制及改造适用性分析

李新志　张林强　杨　程

（中联煤层气有限责任公司）

摘　要　渤海某区块馆陶组砂岩主要为水下分流河道沉积，中部细粒段砂岩百分含量较高，钻进期间很容易产生掉块，同时会产生局部井眼扩大问题，很容易导致钻井复杂问题，在该区块所钻的一口井电缆测井期间发生卡钻，穿心打捞失败最终导致电缆及电测设备掉落至该井裸眼段，现场根据落鱼情况，使用自制电缆打捞矛和磨鞋等打捞工具历时740小时，经过4次电缆打捞矛的改造并实施打捞，最终成功捞获电缆以及电缆马龙头等测井设备，为后续的套铣打捞奠定了良好的基础，最终打捞顺利完成，落鱼全部出井。最后针对此次测井事故的处理提出了几点认识。

关键词　定向井；裸眼；电缆；落物事故；电缆打捞矛

Development and modification of wireline spear in open hole section of directional well

Li xinzhi　Zhang linqiang　Yang cheng

（China United Coalbed Methane Corporation Ltd. CNOOC）

Abstract　The sandstone of Guan tao Formation in a block of Bohai Sea is mainly deposited by underwater distributary channel, and the percentage of sandstone in the middle fine-grained section is high. During drilling, it is easy to produce block drop, and at the same time, it will produce the problem of local hole expansion, which is easy to lead to complex drilling problems. Wear heart salvage failure eventually led to the cable and electrical measuring equipment open hole section, dropped into the well site according to the situation of falling fish, using self-made fishing tools such as cable spear and grinding shoes for 740 hours, after four cables spear, finally successfully retrieved cable and cable Malone top logging equipment, for the subsequent set of milling fishing laid a good foundation, ultimately salvage is completed, All the fish fall out of the well. In the end, some understandings are put forward to deal with the logging accident.

Key wordst　Directional well ; open hole ; wireline ; Fall accident; wireline spear

渤海某区块最早钻探的一口井，在明下段和馆陶组出现了严重的垮塌现象。该区块馆陶组砂岩底部底冲刷构造发育，河道滞留沉积中的泥砾常见，馆陶组砂岩主要为水下分流河道沉积，垂向上整体呈“粗-细-粗”的粒序结构。馆陶组中部细粒段砂岩百分含量较高，钻进期间很容易产生掉块，以及产生局部井眼扩大问题，虽然通过优化井身结构和调整钻井液施工方案，后期的钻井取得了一定的成果，达到了预期的勘探目的。但整体上该区块地应力条件复杂，井壁很容易失稳。在该区块所钻一口井电缆测井期间仪器遇卡，事故经过如下：该井三开 8½″井眼钻至完钻井深，起钻，进行电缆测井作业，测井仪器下放至井底，仪器突然无信号，立即上提仪器串，遇卡，逐步上提至最大安全张力，未能解卡。多次活动电缆上提至最大拉力仍未能解卡，维持电缆张力尝试解卡，无效，进行穿心打捞。2次穿心打捞作业失败，导致电缆落井，经过4次改造电缆打捞矛，成功捞出井内电缆，为后续套铣打捞奠定了良好的基础，最终打捞顺利完成，落鱼全部出井。

1　现场作业存在的技术难题

经过全面分析认为，该井电缆及测井设备打捞有以下难点：

（1）该井完钻井深近 4000m，裸眼段长达 879m，最大井斜 31.3°/3587.15m，且钻井施工中多次扭方位导致井眼轨迹复杂，均不利于打捞方案的实施。

（2）井下落鱼为 55.01m 电缆和 36.42m 大满贯测井仪器，且都在裸眼段内；定向井中打捞电缆落井国内很少案例借鉴。

（3）电缆在井内情况不清楚；电缆在斜井段很可能贴在下井壁，处理事故中极易缠在钻具上引起卡钻。

（4）井壁经长时间浸泡，井眼稳定问题突出。

（5）电缆头在井下的位置不易准确确定，如工具下不到位就会出现捞空，影响打捞速度；如工具下过电缆头太多，又可能造成卡钻或其它事故及复杂情况。

（6）没有标准的捞电缆工具，多数是技术人员根据经验设计，影响了打捞效果。

（7）打捞电缆时，为了让电缆缠绕在工具上，需要转动工具，而转动工具的圈数、速度也是凭现场技术人员的经验，没有标准参考，如转动太多，可能缠绕成电缆疙瘩，造成起钻困难或卡钻事故。

2　现场制作技术及应用

由于此次电缆落井在定向井裸眼段，且该井裸眼段比较长，井内电缆较多，井斜较大，井况复杂，使用国内现行通用的电缆打捞矛不能满足此次打捞电缆的需要，因为打捞期间很容易出现井塌等复杂情况，同时需要在打捞作业前进行循环通井确保井眼清洁，因此现场准备制造针对定向井裸眼井段的电缆打捞矛，同时为保证强度，打捞矛采用 3-1/2″加重钻杆改制。

由于斜井段打捞电缆很容易越过打捞矛，因而要求上接头直径与钻铤直径相同，不设挡绳帽。这样，电缆即使缠在钻铤上，也可以起钻而不致于造成卡钻。外捞绳器本体的锥部焊有 20mm 捞钩 6 个。捞钩与本体轴线呈正旋方向倾斜，从上到下各个方向均匀分布。捞钩展开时最大外径不超过外径 159mm，以防起钻阻挂技术套管鞋。

打捞期间注意事项：

- 打捞期间在转动打捞工具的同时点放钻具，利于更多的电缆缠绕在打捞工具上。
- 打捞作业期间，做好防护措施，防止井下落物，防止人员伤害。
- 打捞及起钻时悬重如有变化，禁止下放钻具。
- 起钻至套管鞋处注意悬重变化，避免刮碰电缆。
- 电缆拉断后，要下落一段距离，一般不会少于 50m，因此在估算深度以下 50m 左右开始打捞。
- 转动 2-3 圈后上提，如无过提显示，继续上提尝试。
- 如未带挡绳器，下入深度不超过 100m；带挡绳器，最多不许超过 200m，即使无显示，必须起钻查看。
- 由于电缆很轻，悬重变化不明显，如缠绕电缆过多，电缆已盘结成堆，就有卡钻的危险。
- 由于电缆可能粘附于井壁，可以把外捞矛下钻至仪器顶部，打捞电缆的下端，把仪器和电缆提到井口。
- 控制起钻速度，防止电缆脱落或卡钻。

2.1　第 1 趟电缆打捞矛打捞作业

（1）现场外捞矛制作方案：井下电缆断落时回缩，在井内的状态复杂，可能存在多处损伤。因此考虑用 3½″加重钻杆作为本体制作外捞矛，打捞电缆(图 1)。

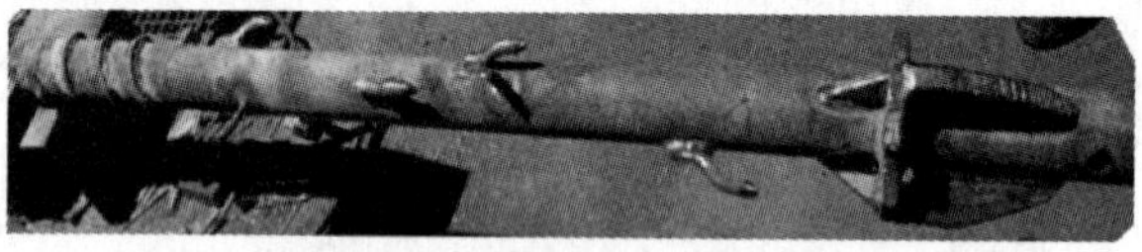

图 1　制作的电缆打捞矛

（2）打捞组合：外捞矛+变扣+钻杆。

（3）打捞参数描述：慢速下放至 3522.98m，遇阻 2t；旋转 2～3/4 圈，转速 5r/min，扭矩由 1.05kN·m 陡然增大至 1.21kN·m，停转。缓慢上提打捞钻具 3.7m，过提 4t，继续上提，悬重减少 2t 后保持不变，起钻。

（4）打捞结果：出井电缆呈螺旋蜷曲状，顶端有切割和拉断痕迹，底端有拉断迹象，局部有断丝现象；出井电缆长 26.66m。

（5）优缺点分析：由于现场制作的钩子强度较小，打捞作业过程中有蹩断风险。此次打捞顺利，出井电缆程卷曲状，由此判断该部分电缆处于极限拉伸状态，断裂后导致电缆打扭严重，由于马龙头和电缆还在井内，继续改造打捞矛，进行打捞作业。

2.2　第2趟电缆打捞矛打捞作业

（1）现场外捞矛改进制作方案：增加两个壁钩，去掉外捞矛2根钢丝毛刷（出井后钢丝刷变形，起不到预期效果）。

（2）打捞组合：外捞矛+变扣+钻杆。

（3）打捞参数描述：下钻至3500m，循环，慢速下钻至3540.61m，遇阻2t，下放至3541.02m，遇阻4t；旋转3圈，转速5r/min，扭矩陡然增大，停转。下放至3541.04m，旋转1-3/4圈，转速5r/min，扭矩增大，停转。缓慢上提钻具，无过提显示，继续缓慢上提钻具，悬重增加2t后稳定不变，起钻。

（4）打捞结果：未捞获电缆，在外捞矛扶正盘上发现泥岩掉块及碎屑。

（5）优缺点分析：该趟作业未获电缆，原因：

打捞矛钩子太多，造成电缆不容易进入钩子内部。

钩子较细，即使勾住电缆，在上提过程中也会脱落。

井眼有部分掉块，可能有部分掉块导致蹩扭矩，而不确定电缆是否被捞住。

2.3　第3趟电缆打捞矛打捞作业

（1）现场外捞矛制作方案：封堵压板旁水眼；切割部分压板改成支撑筋模式；底端4个水眼（直径分别为12mm、15mm、17mm、19mm）。增加冲洗能力，防止扶正盘处堵塞岩屑和掉块。

（2）打捞组合：外捞矛+变扣+钻杆+浮阀+钻杆

（3）打捞参数描述：下钻至井底，转3圈，转速5r/min，扭矩最大2.71kN·m，继续转动1.5圈后稳定在1.30kN·m，累计旋转7.5圈；再转3圈，转速5r/min，扭矩由3.61kN·m减小至1.87kN·m；缓慢上提钻具，悬重增加2t并稳定不变，起钻。

（4）打捞结果：出井电缆两端呈卷曲状，端口有拉断和扭断痕迹，且局部有断丝，中间11m电缆较完好，本次出井电缆23.18m，累积打捞电缆49.84m。壁钩向内变形，最上部壁钩折断。经过3趟外捞，井内只有少量电缆和鱼雷（一种测井设备）。

（5）优缺点分析：打捞矛的钩子有断裂落井和弯曲情况，原因是存在扭矩过大现象，综合判断该次打捞过程顺利，归结于使用较大扭矩，上下活动幅度大，促使电缆充分被缠绕在打捞矛上。

2.4　第4趟电缆打捞矛打捞作业

（1）现场外捞矛制作方案：在原来钩子两边并列焊接钢筋并打磨光滑，增加强度，

（2）打捞组合：外捞矛+变扣+浮阀+加重钻杆+震击器+钻杆。

（3）打捞参数描述：下钻至3568m（电缆深度3573.29m），循环至振动筛返出干净，准备打捞，参数：转速6r/min，排量1500L/min，在井深3577.02～3570m井段缓慢倒划眼3遍；停泵、停转，下钻至3576m；转速6r/min，上提钻具至3570m，悬重131t，扭矩1kN·m均稳定不变，起钻。

（4）打捞结果：鱼雷断裂成两截，通过内部电缆呈打扭状缠绕在捞矛上；鱼雷断裂处呈扭断状，表面磨损严重，内部电缆打扭、断丝现象严重。鱼雷出井，清除了打捞障碍。

（5）优缺点分析：本次打捞扭矩过大，导致鱼雷断裂成两截，因此使用打捞矛打捞电缆原则上尽量少转动，确保扭矩不能过大，防止电缆被扭断。应该使用该打捞矛尽量多冲洗井眼内岩屑，确保井底鱼头处循环干净。

3　结论及建议

（1）通过对打捞矛关键部件的材料和热处理工艺的优选，提高了工具的可靠性和使用寿命。

（2）打捞钻具的下部钻具外径必须统一，不能有台阶，否则将卡死钻具。

（3）处理电缆事故，不能轻易弄断电缆，穿心打捞过程中应时刻保持井内电缆处于绷紧状态，具体电缆张力应视情况定。

（4）从打捞成果来判断，裸眼段中打捞电缆，外捞矛更合适。

（5）钻井作业过程中应加强地质风险识别：进一步深入研究和分析邻井井壁失稳的机理，摸清明下段和馆陶组地层垮塌的原因和周期。

（6）优化测井仪器结构及组合：

优化测井仪器组合，减小仪器在井眼内的下

放和上提阻力，降低遇卡风险。

该井在打捞过程，发现测井仪器串中的偏心器不利于打捞作业，应优化偏心器设计。

（7）优化定向探井测井资料录取

对于井斜较大的定向探井，8½″井眼电缆测井遇卡风险较高，建议采用随钻测井，从而规避电测阻卡风险。

对于地质条件复杂、工程难度大的勘探区块，特别是参考资料较少的预探井，应与勘探部门保持沟通，建议采用直井勘探，从而降低电缆测井作业风险。

参 考 文 献

[1] 薄和秋．电缆测井事故的预防及处理[J]．石油钻探技术，2002，30(2)：10-12.

[2] 吴春国，任中启，刘爱军，等．钻井测井电缆打捞技术．石油钻探技术，2003，31(3)：55-56.

[3] 刘汝山，王宝新，于振光．等．胜利油田水平井钻井技术[J]。石油钻探技术，1999. 27(5)：27-29.

[4] 陈惟国，王和琴，赵炜。国外井下打捞工具的现状及发展趋势[J]．石油机械，2000. 28(7)：61-64.

[5] 何启贤，刘畅，孙冬梅，光杆落物打捞器的研制及应用[J]．石油钻探技术，2003. 31(2)：45-46.

咸化湖盆湖相滩坝精细刻画及控藏作用
——以柴达木盆地西南切克里克地区为例

冯小哲 施 奇 王 牧 李海鹏 王文卓 王春平

(中国石油青海油田公司勘探开发研究院)

摘 要 咸化湖相滩坝砂是柴西地区新近系上干柴沟组重要的储集体，具有巨大的勘探潜力。本文基于岩心精细描述、测录井资料及铸体薄片、粒度等多种分析化验手段，对柴西南切克里克地区开展了沉积微相发育特征、单砂体展布规律等研究。并基于试油、试采资料，探究影响该区油气成藏的主要因素，建立该区油气成藏模式。研究表明，研究区上干柴沟组主要发育滨浅湖亚相滩坝砂，细分为坝中、坝缘、滩、湖泥四种微相。本文以微相为单元开展单砂体精细解剖，基于岩心测井相标定结果，建立单一坝相变、测井相差异、相对高程差等三种单一坝识别标准，研究表明切克里克地区Ⅳ-1、Ⅳ-2小层纵向上为多期沉积的单一坝叠加而成，平面上，Ⅳ-1小层发育以QT2、Z2、Q37等井区为代表的多个孤立坝体，Ⅳ-2小层则发育叠合连片的复合坝。油藏精细解剖分析结果表明该区油气成藏受砂体规模、构造位置、源储配置、疏导条件等因素控制，最终建立该区两种油气成藏模式：a)凹陷部位“一砂一藏”岩性油藏成藏模式，b)斜坡部位构造-岩性复合油藏成藏模式。研究成果对类似咸化湖盆滩坝砂岩领域岩性有气藏的勘探具有重要意义。

关键词 滩坝砂岩；单砂体解剖；控藏因素；成藏模式；上干柴沟组；切克里克地区；柴达木盆地

Study on sand body of the beach-bar in saline lake basin and Its Implications for hydrocarbon accumulation research: A case study from the Qiekelik area in southwesternQaidam Basin

Feng Xiaozhe Shi Qi Wang Mu Li Haipeng Wang Wenzhuo Wang Chunping

(Exploration and Development Research Institute, Qinghai Oilfield Company)

Abstract The beach bar sand in the saline lacustrine basin is an important reservoir of the Neogene upper Ganchaigou Formation in the western Qaidam Basin, with excellent exploration potential. Based on fine core description, logging data, and various analytical methods such as casting thin sections and particle size analysis, this paper studied the development characteristics of sedimentary microfacies and the distribution of single sand bodies in the Qiekelik of the southwestern Qaidam Basin. According to the results of the oil and production tests, this paper explored the main factors controlling oil and gas accumulation and established the oil and gas accumulation model in this area. The research showed that the upper Ganchaigou Formation in the study area mainly developed the beach-bar sand subfaces of the shore-shallow lake, which can be subdivided into four microfacies: the dam, the dam edge, the beach, and the lake mud. Fine anatomy of a single sand body is carried out with the microphase as the unit. Based on the calibration results of the core-logging facies, three kinds of single dam identification standards, such as single dam phase change, logging phase difference, and relative elevation difference, were established. The study revealed that in the Qiekelik area, the IV-1 and IV-2 sublayers were characterized by vertically stacked multi-stage single dams. On the plane, the IV-1 sublayer developed multiple isolated dams represented by the well areas, such as QT

2, Z 2, and Q37, and the IV-2 sublayer developed a composite dam. Fine reservoir anatomy indicated that sand body size, structural location, source-reservoir configuration, and dredging conditions controlled this area's oil and gas accumulation. Finally, two oil and gas accumulation models in this area were established: a) the "one sand and one reservoir" lithologic reservoir accumulation model in the depression and b) the structural-lithologic composite reservoir accumulation model in the slope. This study is significant for exploring and developing lithologic reservoirs in the beach-bar sandstone of similar saline lacustrine basins at home and abroad.

Key wordst beach-bar sandstoner; single sand body analysis; reservoir controlling factors; accumulation model; Upper Gancaigou formation; Qiekelik area; Qaidam Basin

滩坝砂体具有具油源近、储集性能好、生储盖组合配套完善、有利于油气富集的有利地质条件，是重要的碎屑岩储集体之一。随着渤海湾盆地、松辽盆地、四川盆地等发现了以滩坝为储集层的油气田并取得了良好的勘探开发效果，使得研究程度相对较低的湖相滩坝砂岩储集体也逐渐得到了重视。对于滩坝砂体很多学者在沉积环境、成因、沉积特征、沉积模式等方面进行了大量深入的研究，并取得了丰富的研究成果，但缺乏对滩坝单砂体空间展布规律的认识，而单砂体纵向叠置关系、横向连续性是油气成藏的重要因素之一。随着油田评价开发的不断深入，砂体的精细解剖成为了油藏精细化研究的新手段。前人针对河流点坝、三角洲河口坝、三角洲水下分流河道等的精细研究已形成了较好的理论体系和技术方法，湖泊滩坝砂体的精细解剖手段研究尚处于探索阶段，有学者利用野外露头、地球物理资料进行滩坝砂体内部构型研究，本文充分借鉴前人研究思路，探索本区湖相滩坝储集体单一坝研究的技术方法。

前人的研究证实，柴达木盆地为典型的咸化湖盆，相对淡水湖盆，咸化水体密度更大，砂质碎屑受浮力顶托作用增强，向湖盆搬运距离更远，凹陷区仍发有砂体。柴西地区新近系上干柴沟组(N_1)以及下油砂山组(N_{21})沉积时期大面积发育滨浅湖滩坝砂体，经过多年的勘探已在扎哈泉、乌南、尕斯等地区滩坝储集体中获得规模储量，近年在凹陷部位的切克里克地区上干柴沟组滩坝储集体中也取得了重大突破。然而，随着勘探、评价、开发进程的不断推进，油藏平面非均质性强、控藏因素落实等问题日益突出，初步分析，主要是滩坝砂体展布规律及与油藏的关系认识不清，因此，本文以切克里克地区滩坝砂体为研究对象，以滩坝沉积微相为精细刻画单元，开展滩坝砂精细解剖研究，并结合单砂体展布与油藏的关系做进一步分析，以期支撑油田内滩坝砂岩领域岩性有气藏的勘探、以及评价开发部署。

1 研究区概况

切克里克位于柴达木盆地西部南区祁漫塔格山前缘，西为铁木里克突起，北边、东边以XⅢ断层为界与扎哈泉、乌南斜坡相接，西边、南边分别以Ⅷ号断层、昆北断层为界界，与跃进斜坡、昆北断阶带相邻(图1a)。切克里克整体为一凹陷构造，东西长60km，南北宽5-11km，面积约450km^2。区内纵向上发育包括基岩、古-新近系地层8套，下干柴沟组上段(E_{32})到上干柴沟组(N_1)底为区域烃源岩发育段，上干柴沟组(N_1)、下油砂山组(N_{21})为主要含油气地层(图1b)。其中上干柴沟组(N_1)地层埋藏深度3000-5000m，按照地层旋回特征自下而上划分为(Ⅵ ⅤⅣⅢⅡⅠ)6个砂岩组，进一步划分为53个小层，总体上呈反旋回，本次研究的目的层为上干柴沟组(N_1)Ⅳ砂组。

2 区域沉积背景及沉积特征

2.1 区域沉积背景

研究表明该区存在铁木里克和东柴山两个沉积物源，随着湖盆向东北方向的迁移，铁木里克物源逐渐推进形成本区重要的物源体系，而东柴山物源逐渐萎缩，对研究区物源供给较少。柴西南扎哈泉地区N_1沉积时期古地貌图显示，扎哈泉-切克里克地区为西高东低的古地貌特征，整体为一宽缓的斜坡区，受微地貌的影响，发育多个低隆，扎哈泉-切克里克地区N_1碎屑物质的供给主要来自于西部铁木里克。受古地貌、同沉积逆断层(阿拉尔断层)及基准面旋回变化的控制，区域上N_1整体表现为一个湖平面下降的三级层序，沿着铁木里克物源方向自西向东发育三角洲前缘-滨浅湖滩坝-半深湖沉积体系，切克里克地区主要为滨浅湖滩坝沉积(图2)。

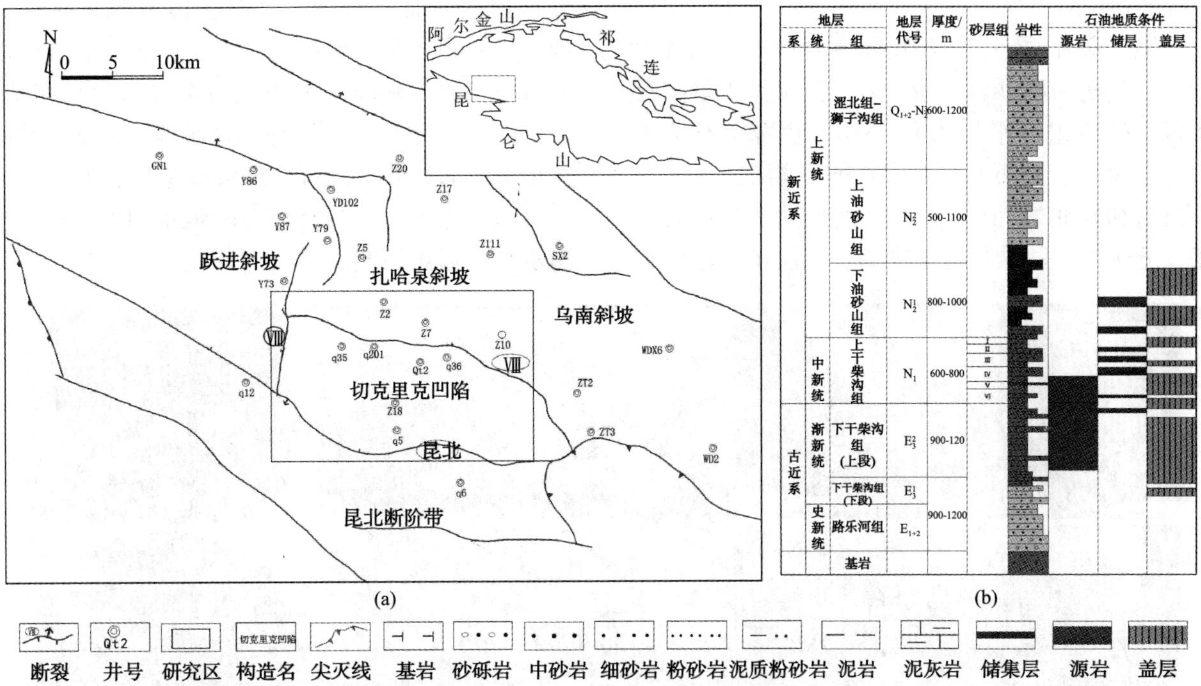

图1　切克里克地区位置图(a)及地层综合柱状图(b)

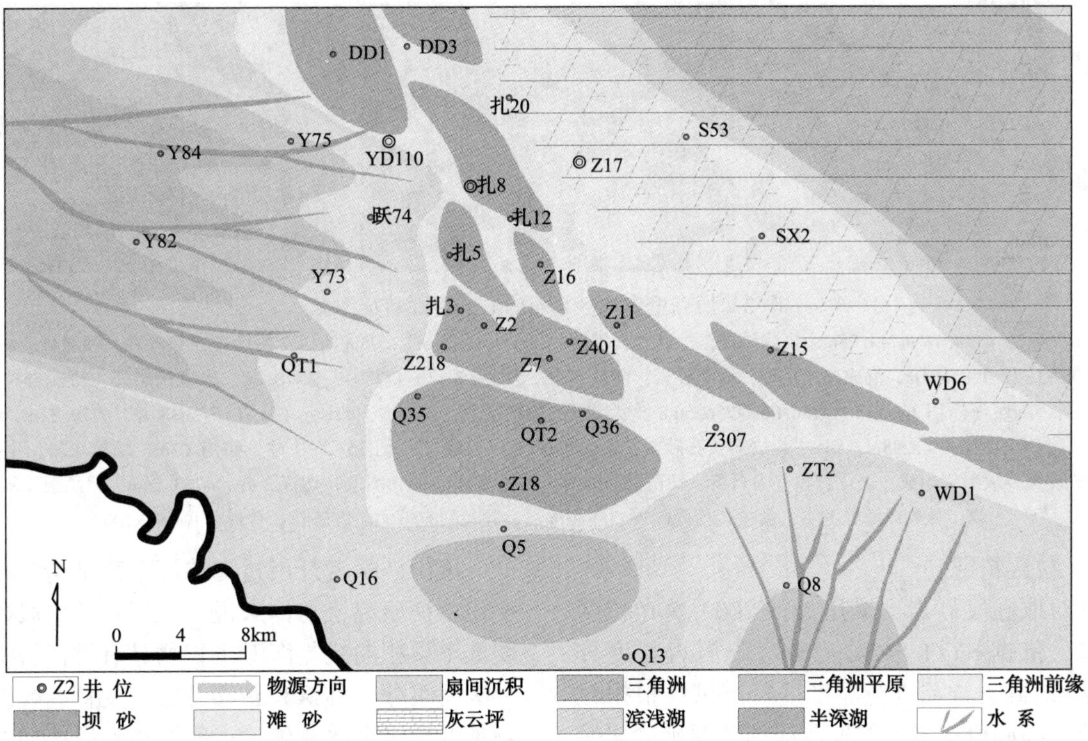

图2　柴西南跃进-扎哈泉-切克里克-乌南地区 N_1 沉积微相平面图

2.2　滩坝沉积特征

2.2.1　岩石沉积构造与岩矿特征

根据区内5口井81m取心资料揭示，区内岩性表现为灰色中细砂岩、粉砂岩与灰色、棕灰色泥岩互层，砂地比约0.25～0.4左右，粒度偏细，未见到砾石质沉积，见波状、透镜状、脉状、低角度交错层理、浪成砂纹交错层理、植物碳屑等(图4b)，未见冲刷-充填构造，单层砂岩厚度多在0.5～3m，主要表现反粒序、复合粒序。低角度交错层理、浪成交错层理代表多向水流的共同作用；植物碳屑、浪成波痕、脉状层理等也指示该区浅水环境下波浪、沿岸湖流等的冲刷改造(图 3)。

镜下薄片进一步分析揭示，岩性以中细砂岩为主，其次为粗砂岩、粉砂岩，并可见少量碳酸盐岩。砂质组分平均占到 78%。砂岩中石英平均含量 30%，长石平均含量 36%，岩屑(主要为火成岩和变质岩)19%，成分成熟度中等；磨圆度、分选性好，结构成熟度高，反应了波浪对物源有较好的改造作用。同时，镜下薄片观察发现，岩心中少量碳酸盐岩主要为颗粒灰岩或者泥晶颗粒灰岩，颗粒主要由表皮鲕及放射鲕组成，表皮鲕核心为石英、长石、岩屑等，局部颗粒间充填泥晶方解石(图 3)。颗粒碳酸盐岩的沉积反应沉积水体干净、具有相对较强水动力，进一步揭示其为远离河流的滨浅湖环境。

图 3　切克里克地区岩石岩心、薄片特征图版

(a)切探 2，4744. 78-4744. 98m，块状层理，中砂岩，坝砂；(b)扎 18 井 4822. 95m 浪成交错层理，细砂岩，坝缘砂；(c)切 35-3-7，4785. 91m，浪成交错层理，粉细砂岩，滩砂；(d)切 35-3-7，4778. 47-4778. 74，透镜状层理，粉砂岩泥岩互层，滩砂；(e)切 35-3-7，4786. 06-4786. 36m 波状层理、脉状层理，粉砂岩，滩砂；(f)切 35-3-7 井，4779. 34m，碳屑；(g)切探 2，4745. 98m，细-中粒岩屑长石砂岩，铸体薄片(-)x100；(h)切 35-3-7 井，4779. 67m，颗粒灰岩，主要由表皮鲕及放射鲕组成，表皮鲕核心为石英、长石、岩屑等，铸体薄片(-)x100；(i)切探 2 井，4743. 54m，泥晶颗粒灰岩，颗粒以鲕粒为主，鲕核包括内碎屑、陆源碎屑，颗粒间充填泥晶方解石，普通薄片(+)x100

2. 2. 2　粒度特征

针对取心段砂岩，采用 MS-2000 激光粒度分析仪，依据 SY/T 5434—2009《碎屑岩粒度分析方法》对砂岩样品进行粒度进行测试；根据粒度组分，编制概率累积粒度曲线图，明确砂岩发育两类粒度概率累积曲线特征。一种是以跳跃组分、悬浮组分为主，滚动组分不发育，其中跳跃组分发育两个次总体，次总体斜率由大变小，反应分选中等，整体表现为三段式(图 4a)。另一种也是是以跳跃组分、悬浮组分为主，滚动组分不发育，但跳跃组分斜率较大，反映水动力条件较强，分选性较好，整体表现为两段式(图 4b)。

国内外学者开展过海滩沉积物结构、粒度等变化特征研究，总体来说，工区目的层段砂岩粒度概率累积曲线与海滩沉积物具有类似特征，缺少滚动组分，跳跃和悬浮总体较发育，跳跃总体可见发育多个次总体，说明沉积物受多向水动力作用，是波浪(向岸流、离岸流)和沿岸湖流综合作用的结果，反映砂体在滨浅湖区受多向水流作用。

2. 2. 3　沉积微相类型及特征

根据研究区滩坝砂体的发育位置以及沉积、平面展布特征，将滩坝砂体细分为坝中、坝缘、滩、浅湖泥四种微相类型。

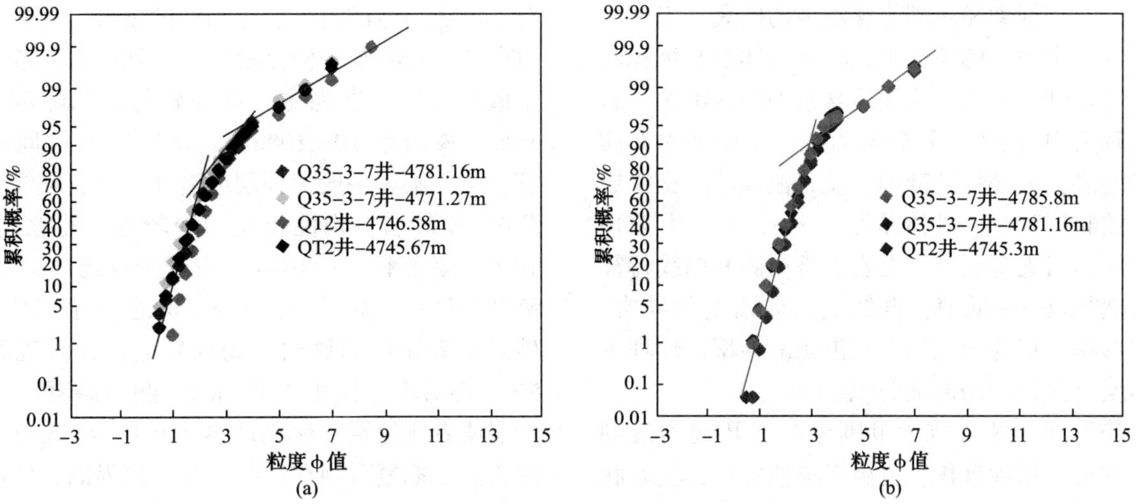

图 4　切克里克地区砂岩概率累积粒度曲线图

(1) 坝中微相：位于坝的主体部位，往往受波浪和沿岸湖流等多向水流反复

冲刷，沉积水动力强；沉积物粒度相对较粗，岩性以中-细砂岩为主，少量粗砂岩，岩石分选磨圆好，结构、成分成熟度均较高，岩心上可见低角度交错层理、冲洗交错层理。砂体厚度约2-8m，垂向上表现为交错千层饼状，或者厚层块状特征。常规测井曲线特征为自然伽马低值，自然电位大幅度负异常，且异常幅度一般较大，呈典型的箱型、或者漏斗型，整体反应物源供给充足、具有较强水动力沉积环境的产物(表 1)。

表 1　切克里克地区上干柴沟组滩坝砂体沉积微相特征

沉积相			岩石类型	颜色	沉积构造	结构特征	砂体厚度/m	测井曲线特征	电性-岩性剖面 50 GR/API 150
相	亚相	微相							
湖泊相	滨浅湖亚相	坝中	中砂岩、细砂岩	灰色、褐灰色	块状层理、交错层理、粒序层理等	分选和磨圆好	2-8	典型的箱形、漏斗型，偶见钟形。反韵律，偶见正韵律特征曲线光滑度好。GR：0-50API，低值；AC：中-高值；RT：中-低值	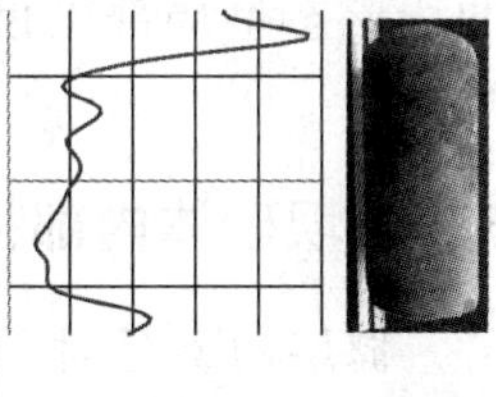
		坝缘	细砂岩、粉砂岩	灰色、褐灰色、深灰色	波状层理、透镜状层理、小型交错层理、变形构造、生物扰动构造	砂岩类分选和磨圆较好	1-4	齿状、较高频低幅箱形、漏斗形。GR：50-80API，中低值；AC：中-高值	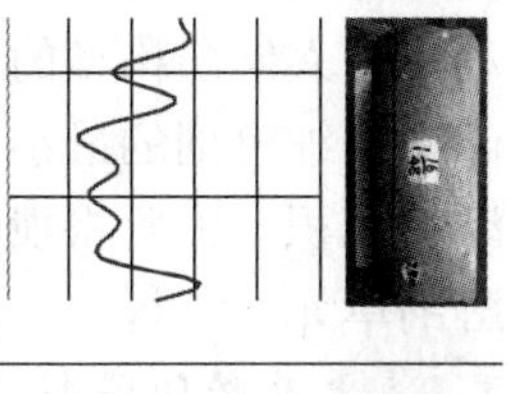
		滩	粉砂岩、少量细砂岩	灰色、褐灰色、深灰色	波状层理、透镜状层理、小型交错层理	分选和磨圆较好	多小于2m	微齿形、齿形或指形。GR：70－100API，中低值；AC：中值	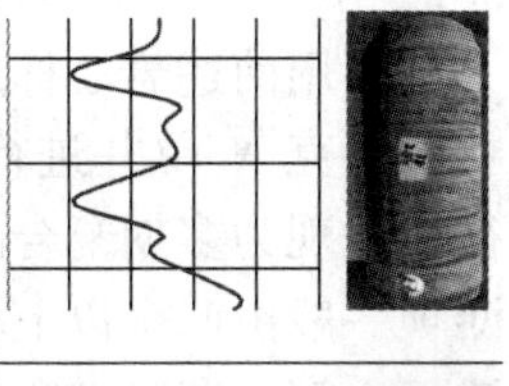
		浅湖泥	泥岩、多含灰质	灰色、深灰色	块状层理、波状层理、生物扰动构造	泥质结构		微齿形。GR：80－150API，高值；DEN：<2.5（g/cm^3），中－低值	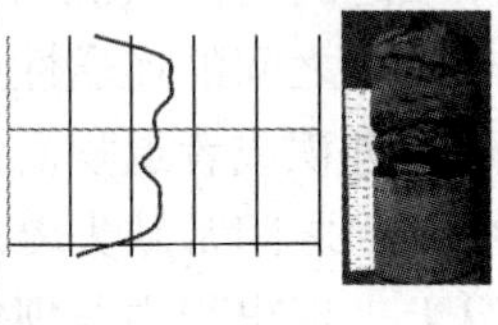

（2）坝缘微相：即完整坝体的侧翼，当坝中沉积到一定规模的情况下，在坝主体发育沉积粒度相对较细、具有一定泥质含量的外缘沉积。岩性表现为中-细砂、粉砂岩为主，相比坝中泥质含量增多，局部粒度变细，发育浪成波纹交错层理、波状层理等。砂体厚度 1-4m，垂向上表现为厚层砂岩夹薄层砂质泥岩。常规测井曲线特征为自然伽马中-低值，自然电位低幅度负异常，曲线形态表现为齿化箱形、齿化漏斗型，较坝中整体反物源供给局部减弱(表 1)。

（3）滩微相：滩大范围分布于开阔滨浅湖区，常围绕坝砂沉积，也可以单独发育，呈席状分布。岩性以粉砂岩、泥质粉砂岩为主，脉状层理、波纹层理、生物扰动构造等较为发育。垂向上表现为粉砂岩与泥岩高品间互，砂层厚度较薄，多小于 2m。常规测井特征为自然伽马中值，自然电位负异常特征不明显，曲线形态为舌状、指状或者齿状(表 1)，整体反应物源供给不充分，沉积水动弱。

（4）浅湖泥：浅湖泥为坝与坝之间，或者坝与滩之间、滩与滩之间的过渡沉积，以泥质沉积物为主，岩心可见水平层理、透镜状层理，纵向上表现为厚层泥岩夹薄层泥质粉砂岩。常规测井曲线特征自然伽为马高值，自然电位无负异常，曲线形态呈局部微齿化(表 1)，反应低能沉积环境。

3 滩坝砂体内部精细解剖

储层构型是对不同级次单砂体的形态、规模、方向及其叠置关系的研究，砂体精细解剖即利用前人储层构型的思路，本文把沉积微相作为砂体精细解剖的最小单元，研究区主要为滨浅湖滩坝沉积，因此将坝中、坝缘、滩三类砂体作为解剖单元。

3.1 单井精细解剖

利用前述岩心标定的沉积微相测井相特征对切克里克 N_1单井进行解剖，纵向上，厚层砂体往往表现为多期复合滩坝的垂向加积，一期复合滩坝一般由两个以上单一坝或者滩体组成，单一滩坝之间为高频沉积旋回沉积界面，影响控制影响砂体之间的连通性。由于水体的震荡性，滩坝随着进积或者退积而发生迁移，可造成单一坝与单一坝之间常缺失滩或者浅湖泥等解剖单元，在纵上表现出坝中与坝中的复合、坝中与坝缘的复合、坝缘与滩的复合、滩与滩的复合等叠置关系（图 5）。岩心及分析化验揭示，坝中为灰色块状中砂岩、细砂岩为主，物性较好，孔隙度 10-16%，渗透率 10-100mD，原生残余粒间孔发育，测井解释一般为油层或者油水层；坝缘为灰色细-粉砂岩，物性相比坝中较差，孔隙度 5-10%，渗透率 0.1-10md，发育少量残余粒间孔，测井解释一般为干层，少量油水层；滩一般为粉砂岩或者泥质粉砂岩，物性较差，孔隙度往往 5%，渗透率往往小于 0.1md，测井解释一遍为干层或者非储层；浅湖泥多为灰色-棕灰色砂质泥岩。多期复合坝存在明显隔夹层界面，即局部测井曲线回返，自然伽马相对增大或者电阻率曲线相对增大，物性明显降低。

3.2 单一坝的判定

滩坝砂精细解剖研究的思路就是在广泛的复合坝砂体中识别单一坝，然后逐一解剖每个单一坝砂体的内部结构及井间或平面上的展布情况。本文即利用钻井资料，以Ⅳ-1、Ⅳ-2 两个等时单元为研究对象，识别单一坝体，并刻画其纵向上的叠置和平面上的展布特征。并在区内疏井网井控条件下，从沉积微相的变化、曲线形态的变化、等时地层框架下相邻坝体的高程变化等方面总结了以下 3 种单一坝的识别标准。

（1）坝间钻遇相变。滩坝是沉积物受波浪改造再沉积形成，坝中是水动力最强的破浪-碎浪带形成的厚度最大粒度最粗的沉积产物，位于滩坝沉积的中心部位，形成局部凸起。坝中凸起对波浪起到一定的阻挡作用，造成在坝与坝之间形成相对低能环境，沉积细粒质砂、泥沉积物，即远离坝中依次呈环带状沉积的坝缘、滩及浅湖泥。因此邻近的坝中微相之间钻遇坝缘、滩或者湖泥，可作为判定二者为不同坝体的依据之一；如图 6a 剖面，Ⅳ-1 沉积期切探 2 井区坝体与扎 3 井区坝之间钻探的扎 2、扎 204 井发育坝缘和滩，说明坝中①、②分别属于不同的坝体。

（2）相同微相的不同曲线形态：在单一坝坝中沉积时，其处于相似的沉积水动力条件，沉积产物在旋回特征上具有一定相似性，形成的坝体在测井曲线形态上也具有相似性。如果邻井坝与坝的测井曲线形态变化较大，反应对应水动力条件或者沉积旋回发生变化，可判断属于不同单一坝，如图 6a 剖面中，③号坝体测井曲线表现为明显的正旋回，①和④坝体表现为反旋回且曲线形态特征均不同，揭示①③④分属不同的单一坝。同样坝的夹层、沉积韵律旋回等的差异不同也会反应在测井曲线特征上，也可以作为识别不同坝体的辅助证据。

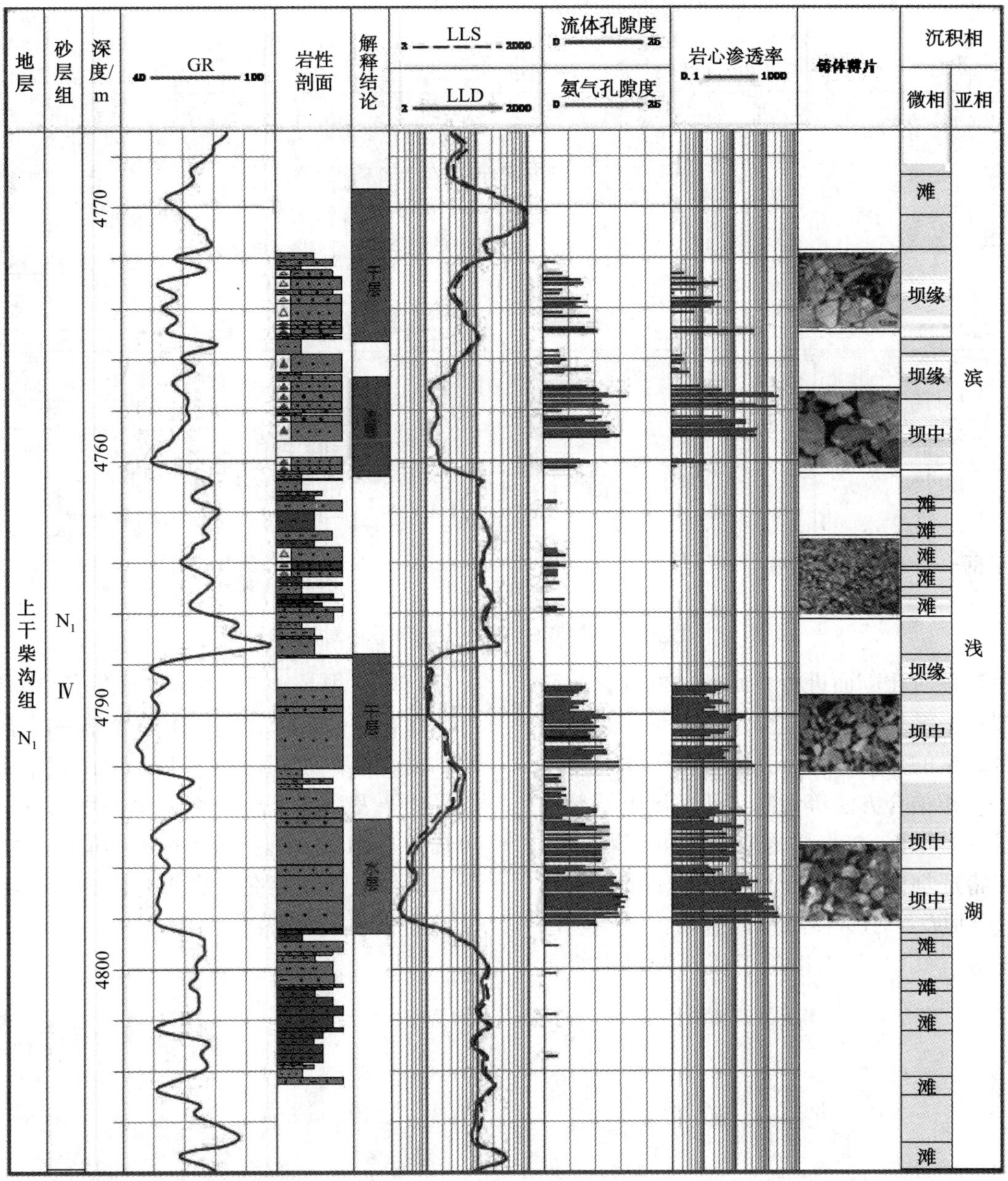

图 5　Q3-7 井 N_1-Ⅳ砂组沉积微相综合柱状图

（3）等时单元内不同高程差。在小层对比的等时地层单元内，层顶底面为等时界面，不同水动力条件下沉积地层存在“填平补齐”作用的影响。等时地层单元内，坝体存在明显的高程差，反应两者存在高频的沉积时间差异，即代表属于不同的单一坝，图 6b 剖面⑤③。

3.3　滩坝砂体展布

区内 N_1Ⅳ砂组发育多套厚层优质滩坝砂体，其中在Ⅳ-1 小层砂体厚度 3-8m 砂岩孔隙度 6-15%，Ⅳ-2 小层砂体厚度更大厚度 5-10m，砂岩孔隙度 8-16%。利用前述单一坝识别方法，针对Ⅳ-1、Ⅳ-2 通过编制精细砂体剖面对该时期内沉积砂体纵横向展布特征进行解剖。

以北西南东向、近南北向剖面为例。Ⅳ-1 小层纵向上存在一期主要的物源供给，形成厚度 3-5m 的单砂体，北西南东向揭示不同的位置形成不同的单一坝，其中切探 2 井区坝中主要在切探 2 井，扎 3 井区坝中在扎 3 井区（图 6a）；近南北向剖面揭示该时期沉积坝体存在局部退积侧向迁移的特点，切探 2 井、切 37 井、扎 18 井属于不同的坝体(图 6b)，总体上单砂体横向连续性差，一般可延伸 2-3 个开发井距；Ⅳ-2 小层纵向上存在两期主要的物源供给，形成厚度 3-5m 的多期单砂体，纵向上砂体加积特征明显，横向上单砂体横向连续性好，可延伸 2-3 个评价井位。

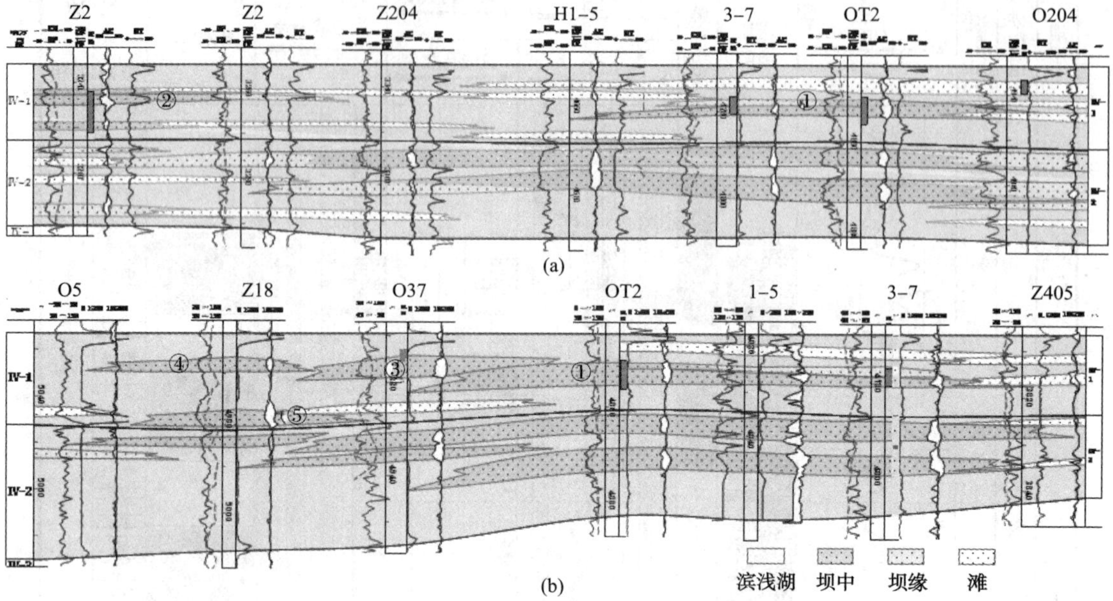

图 6　切克里克地区Ⅳ-1+2 小层精细砂体对比剖面

利用连井对比剖面进行井间砂体的变化及微相界线拟定，结合地震属性储层甜点预测技术及砂岩百分含量的变化等综合预测砂体分布，采用点、线、面相结合方法等编制了研究区上干柴沟组(N_1)Ⅳ-1 和Ⅳ-2 小层地层单元的沉积微相相图，以表征坝砂体的平面分布特征。结果揭示Ⅳ-2 小层到Ⅳ-1 小层物源整体退积，早期物源供给更充分。其中Ⅳ-2 小层平面上发育多个单一坝，单一坝长轴 5-10km，短轴长 2-4km，单一坝面积 5-28km^2，整体上多个单一坝呈复合连片，复合坝体面积可达 55km^2(图 7a)；Ⅳ-1 小层平面上发育多个单一坝，单一坝长轴 3-5km，短轴长 1-2km，单一坝面积 4-10km^2，整体上多个单一坝呈孤立存在，局部复合叠置，复合坝体面积约 20km^2(图 7b)。

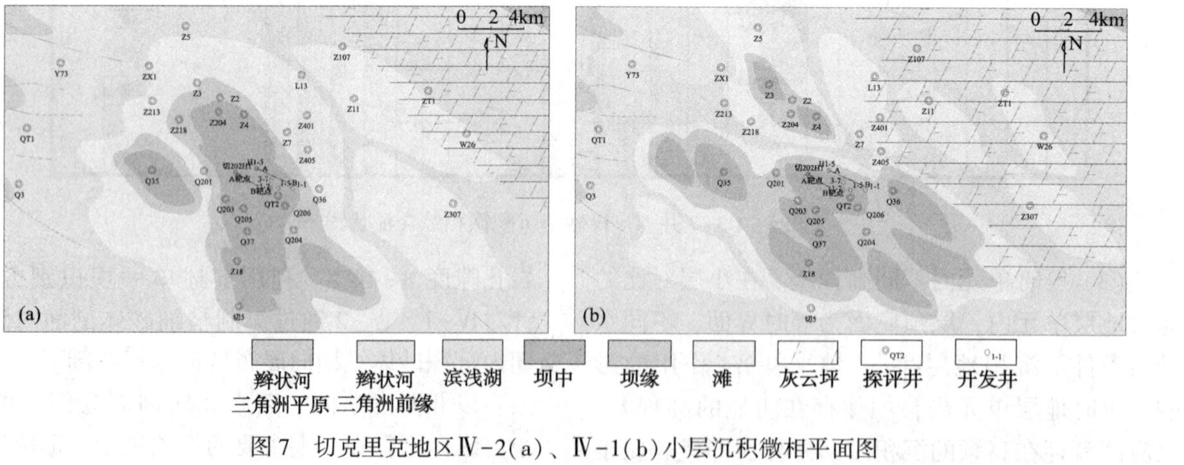

图 7　切克里克地区Ⅳ-2(a)、Ⅳ-1(b)小层沉积微相平面图

4　滩坝砂展布控藏模式

柴西地区干柴沟组下段以及上干柴沟组Ⅳ Ⅵ油组发育大量暗色泥岩，是一套区域性半咸水-咸水环境湖相烃源岩，可作为研究区的烃源岩层段，是切克里克地区 N_1Ⅳ油组主要油气来源，狮子沟组(N_{23})关键成藏期形成的的断裂可作为油源断裂。通过对区内现有油藏解剖的基础上，进一结合砂体展布、构造位置等资料分析认为该区油气成藏受砂体规模、构造位置、源储配置、

疏导条件等因素控制。并依据不同的发育位置，构建构造-凹陷，近源-源内成藏模式，揭示区发育凹陷部位一砂一藏的岩性油藏以及斜坡部位的构造、岩性共同控制的构造-岩性复合油藏。

（1）凹陷部位“一砂一藏”岩性油藏成藏模式

该类油藏主要分布在切克里克凹陷区，如切探2井区 N_1 Ⅳ-1小层(图8)。如前所述Ⅳ-1小层沉积时期，凹陷区发育多个小规模单一坝体，以切探2井区、切37井区为代表，试油试采资料揭示，切探2井区单井日产可达近60方、切37井区日产油30方，坝主体均能获得较生产效果(图8)。切201井砂体1.9米，厚度减薄，岩心实测孔隙度4-8%，较切探2主体砂体厚度4-6m，市场孔隙度8-15%明显砂体减薄、物性变差，分析处于坝缘，该井试油效果差，日产油小于1方，优势沉积微相坝中控制了油气平面分布。综合分析认为，油源断裂沟通深部油源，进入 N_1 优势坝体进行成藏，或者 N_1 Ⅳ油组自身油源就近与优势坝体源储配置，形成凹陷区一砂一藏岩性油藏(图9)。该类油藏主要受优势坝体分布范围、源储配置和油源断层疏导条件控制。

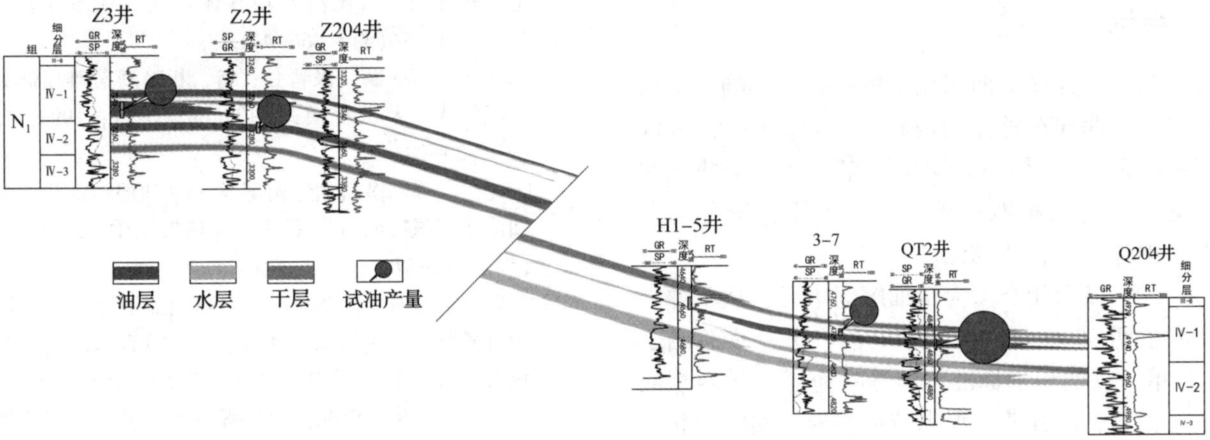

图8　切克里克地区过Z3-QT2-Q204井 N_1 Ⅳ砂组油藏剖面

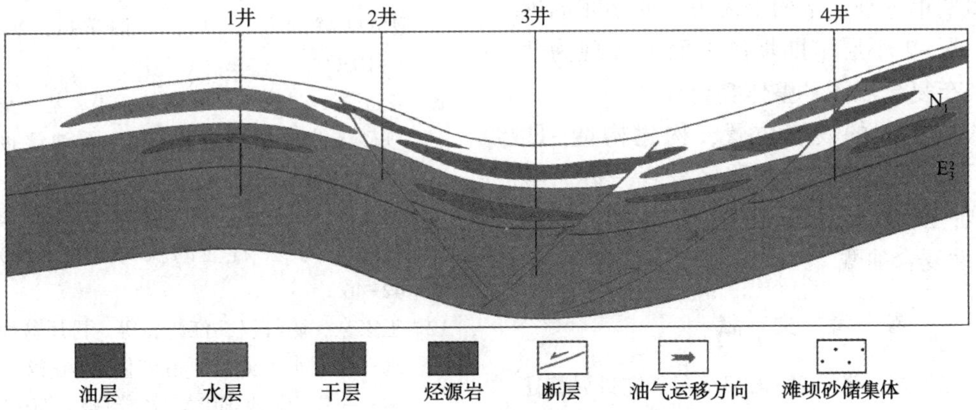

图9　凹陷区滩坝砂成藏模式图

（2）斜坡部位岩性-构造复合油藏成藏模式

该类油藏主要分布在切克里克斜坡区，如扎2井区 N_1 Ⅳ-1+2小层(图8)。如前所述，切克里克Ⅳ-2发育区域复合连片大面积坝砂，扎3-切探2井区砂体呈叠合连片，砂体厚度大，可达5-10m，物性好，孔隙度10-16%，为优质滩坝砂岩储集体。测井解释、试油试采资料揭示，凹陷区的切探2井区在该小层整体解释为水层，构造高部位扎2井区多口井试油或工业油流，日产油大于10方(图8)。综合分析认为，砂体规模大时，凹陷部位油气沿着渗透性复合砂体、断裂运移，在构造相对高部位聚集成藏，受充注的影响构造相对低部位存在边水，形成受构造-岩性复合油藏(图10)。

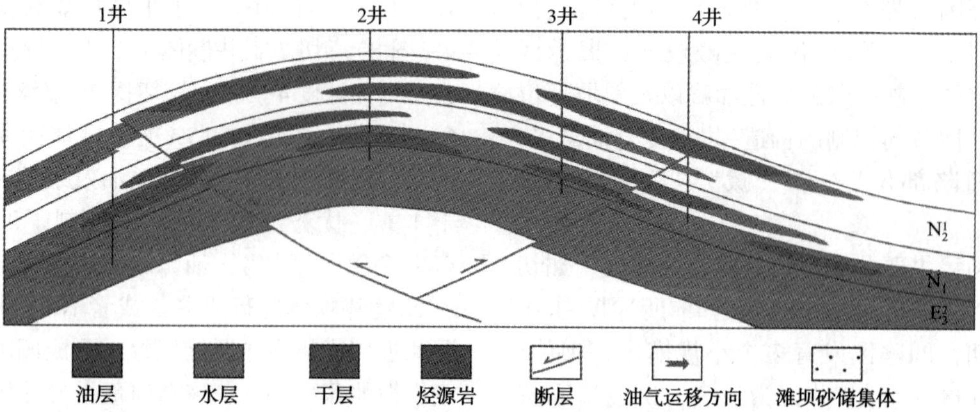

图 10　斜坡区滩坝砂成藏模式图

5　结论

（1）研究区受西部铁木里克物源影响，沿物源方向自西向东整体为辫状河三角洲前缘-滨浅湖-半深湖沉积体系。切克里克地区上干柴沟组广泛发育滨浅湖滩坝砂岩，沉积微相细分为坝中、坝缘、滩，浅湖泥。

（2）以微相类型为精细解剖单元，从单井上解剖了切 35-3-7 井系统取心段，进一步总结了 3 种单一坝的识别标准，即等时地层单元内坝间钻遇相变、测井曲线形态特征差异、相邻坝相对高程差异。

（3）利用单一坝识别标准针对研究区Ⅳ-1小层识别多期单一坝，平面上表现为西南东向展孤立展布；Ⅳ-2 小层多期坝体平面上表现为北西南东向展布复合坝体，整体叠合连片。

（4）依据不同的发育位置，构建构造-凹陷，近源-源内成藏模式，凹陷区发育一砂一藏的岩性油藏；斜坡部位发育构造、岩性共同控制的构造-岩性复合油藏。

参 考 文 献

[1] 姜在兴，王军辉，张元福. 滩坝沉积研究进展综述[J]. 古地理学报，2015，17(4)：427-440.

[2] 商晓飞，侯加根，程远忠，等. 厚层湖泊滩坝砂体成因机制探讨及地质意义：以黄骅坳陷板桥凹陷沙河街组二段为例[J]. 地质学报，2014，88(9)：1705-1718.

[3] 潘树新，王建功，刘彩燕，等. 坳陷湖盆沿岸坝沉积特征、分布规律及成藏机制：以松辽盆地南部青山口组为例[J]. 吉林大学学报(地球科学版)，2012，42(增刊2)：70-78.

[4] 肖玲，田景春，黄成刚. 四川盆地威东—安岳地区上三叠统须二段湖泊滩坝砂体特征. 地质找矿论丛，2011，26(4)：466-471.

[5] 朱筱敏，信荃麟，张晋仁，等. 断陷湖盆滩坝储集体沉积特征及沉积模式[J]. 沉积学报，1994，12(2)：20-28.

[6] 王建民. 鄂尔多斯盆地南部延 7+8 油层组滨浅湖滩坝体系沉积特征[J]. 石油与天然气地质，2013，34(5)：672-678.

[7] 王菁，李相博，刘化清，等. 陆相盆地滩坝砂体沉积特征及其形成与保存条件———以青海湖现代沉积为例[J]. 沉积学报，2019，37(5)：1016-1030.

[8] 袁坤，金振奎，彭飚，等. 青海湖东南岸现代滩坝沉积模式与识别标志[J]. 现代地质，2020，34(2)：309-320.

[9] 岳大力，吴胜和，刘建民. 曲流河点坝地下储层构型精细解剖方法[J]. 石油学报，2007，28(4)：99-103.

[10] 李宇鹏，吴胜和，耿丽慧，等. 基于空间矢量的点坝砂体储层构型建模[J]. 石油学报，2013，34(1)：133-139.

[11] 何文祥，吴胜和，唐义疆，等. 河口坝砂体构型精细解剖[J]. 石油勘探与开发，2005，32(5)：42-46.

[12] 王家豪，陈红汉，江涛，等. 松辽盆地新立地区浅水三角洲水下分流河道砂体结构解剖[J]. 地球科学——中国地质大学学报，2012，37(3)：556-564.

[13] 商晓飞，侯加根，刘钰铭，等. 黄骅坳陷板桥地区湖相滩坝砂体内部隔夹层成因机制与分布样式[J]. 古地理学报，2014，16(5)：581 596. doi：10. 7605/gdlxb. 2014. 05. 047

[14] 吴小斌，侯加根，王大兴，等. 黄骅坳陷港中油田滩坝砂单一坝精细解剖[J]. 矿物岩石学，2014，34(3)：89-97.

[15] 商晓飞，侯加根，孙福亭，等. 砂质滩坝储集层内部结构特征及构型模式——以黄骅坳陷板桥油田

古近系沙河街组为例[J]. 石油学报，2014，35(6)：1160-1171.
[16] 刘占国，朱超，李森明，等. 柴达木盆地西部地区致密油地质特征及勘探领域[J]. 石油勘探与开发，2017，44(2)：196-204.
[17] 施辉，刘震，连良达，等. 高原咸化湖盆岩性油气藏富集规律：以柴达木盆地西南区为例[J]. 天然气地球科学，2013，24(4)：701-711.
[18] 王艳清，宫清顺，夏志远，等. 柴达木盆地西部地区渐新世沉积物源分析[J]. 中国地质，2012，39(2)：426-435.
[19] 吴颜雄，薛建勤，施奇，等. 柴西南区岩性油气藏地质特征及控制因素[J]. 石油实验地质，2024，46(1)：22-31.
[20] 夏晓敏，吴颜雄，张审琴，等. 湖相滩坝砂体构型及对致密油甜点开发的意义：以柴达木盆地扎哈泉地区扎2井区为例[J]. 天然气地球科学，2019，30(8)：1158-1167.
[21] Bujan N , Cox R , Masselink G . From fine sand to boulders: examining the relationship between beach-face slope and sediment size [J]. Marine Geology, 2019: 106016.
[22] Kulkarni S J , Deshbhandari P G , Jayappa K S. Seasonal Variation in Textural Characteristics and Sedimentary Environments ofBeach Sediments, Karnataka Coast, India [J]. Aquatic Procedia, 2015, 4: 117-124.
[23] Coco G, Murray A B. Patterns in the sand: From forcing templates to self-organization[J]. eomorphology, 2007, 91(3/4): 271-290.
[24] Nutz A, Schuster M, Ghienne J F, et al. Wind-driven bot-tom currents and related sedimentary bodies in Lake Saint-Jean(Québec, Canada)[J]. GSA Bulletin, 2015, 127(9/10): 1194-1208.

苏里格智能化排水采气示范区规划研究及应用评价

王亦鑫　潘占昆　刘嘉莹　余梦琪　马嘉昕　刘博伦

（中国石油长庆油田分公司第四采气厂）

摘　要　苏里格气田西区储层地层水发育，气井生产后期普遍产液。随着生产时间延长，气井积液状况加剧，目前积液井占比53%，管理难度较大。针对生产现状，建设智能化排采示范区，通过升级神经网络智能柱塞、云边计算智能间开、智能泡排精准加注和同步回转智能启停四项智能工艺，开发气井积液智能诊断、智能措施优选、措施井错峰开关和故障智能判识四项智能模块，形成一套智能化管理体系。实现该区块气井智能措施全覆盖，建成苏西智能化排水采气示范区。

关键词　苏里格气田；智能化；排水采气；工艺措施

Research on theApplication of Intelligent drainage gas production demonstration zone of Sulige Gas Filed

Wang Yixin　Pan Zhankun　Liu Jiaying　Yu Mengqi　Ma Jiaxin　Liu Bolun

（Company Gas Production Plant No. 4，Petro China Changqing Oilfield Company）

Abstract　The western area of Sulige Gas Field in the Ordos Basin is characterized by complex gas-water distribution. With the increase of production time，more and more low-yield and low-efficiency wells have occurred. Gas well management and data analysis & application become more difficult. In view of zhe current production status，an intelligent drainage gas production demonstration zone is constructed By upgrading the four intelligent process of neural network intelligent plunger，cloud edge computing intelligent opening ，intelligent foam drainage precise filling and synchronous rotary intelligent process of switching wells. At the same time，four intelligent modules are developed，including intelligent diagnosis of gas well effusion，intelligent measure optimization，intelligent process of switching measure wells and intelligent fault identification. An intelligent management system has been formed. The intelligent measures of gas wells in the study area are fully covered，and the intelligent drainage gas recovery demonstration area has been built.

Key wordst　Sulige Gas Filed；Intellectualization；Drainage gas production；Process measure

苏里格气田是典型的致密砂岩气田，储层非均质性强，具有低压、低渗、低丰度的特点，气田主要划分为东区、中区、西 3 个部分。其中，中区、东区均已实现规模效益开发并逐步进入井网加密部署提高采收率阶段，西区是气田未来稳产的重要后备储量接替区。但苏里格西区储层气水关系复杂，随着开发时间延长，气井积液现象普遍存在，低产低效井数持续增加，管理难度逐年增大。因此开发一种可规模化应用的智能化排水采气管理体系显得尤为重要。通过升级神经网络智能柱塞、云边计算智能间开、智能泡排精准加注和同步回转智能启停四项智能工艺，开发气井积液智能诊断、智能措施优选、措施井错峰开关和故障智能判识四项智能模块，形成一套智能化排水采气管理体系，建成了苏西智能化排水采气示范区。

1　全面优化数据传输，筑牢数智转型基础

气井智能化排水采气管理体系建设以“解放人工、提高效率”为目标，通过全面开展数字气井升级、柱塞融合改造、数采程序优化、通信信

道整合，形成前端远程监测、中端自动控制、后端智能分析的气井智能化、精细化管理模式，夯实智能化排水采气示范区建设基础。

1.1 数字气井升级

改善井场数据采集系统。优化系统多设备集成、不断叠加的建设模式，全面应用4G-APN通讯技术，目前覆盖率达到100%，数据采集、传输等各环节运行效能大幅提升。数字气井升级改善了气井数据通讯时效，提高了井场设备集成程度，降低了井场设备能耗负载和井场设备故障频率。

（1）气井数据通讯时效提升

气井数据通讯支持4G、LTE230等多种传输方式，最大传输速率达到100Mbps，较升级前数传电台传输速度提升5000倍以上。

（2）井场设备能耗负载降低

井场设备能耗负载降低，配套电源管理模块，蓄电池寿命提升50%以上。充放电次数由改造前的500次提升至800次以上。

（3）井场设备集成程度

井场设备稳定性可靠性较数传电台设备提升至90%以上。系统高度集成，做到微型化，适用于苏里格气田生产条件。

（4）井场设备故障频率降低

井场设备建设周期缩短50%以上，可实现各类新工艺设备集中接入，故障率降低至3%以内，维护工作量减低60%以上。

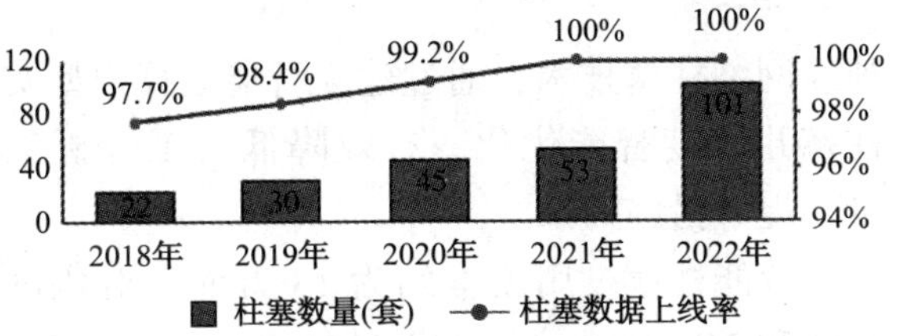

图1　柱塞井上线率对比图

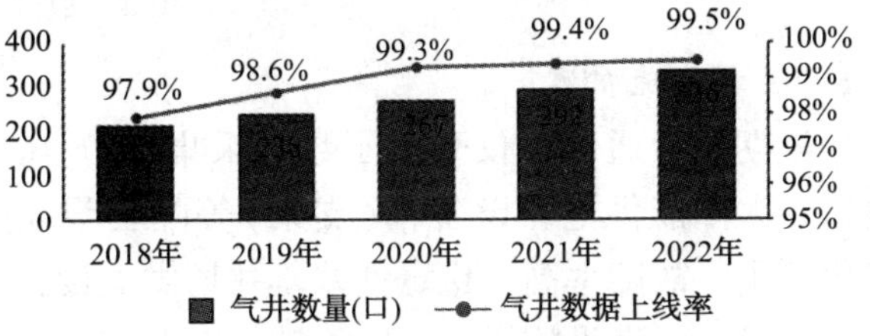

图2　气井数据上线率对比图

1.2 柱塞融合改造

对传统柱塞进行融合改造，精简井口设备，统一井场数据采集协议、数据应用标准和数据传输方式，并整合控制平台，实现云平台上线率100%。目前已完成传统柱塞融合改造30井次。柱塞投用成本由融合改造前的16万元下降至12万元，整体降低约25%，后期维护工作量降低40%。柱塞与集输数据统一通过APN专线进入云服务器，再进入网络实现控制。

（1）井场数据采集协议统一化

对4种柱塞控制器不同长度、不通类型、不同地址的数据进行统一化。

（2）井场数据应用标准统一化

明确电磁阀控制、油套压监测等8项柱塞工艺监测内容，统一井场数据应用标准。

（3）井场数据传输方式统一化

将到达传感器等信号通过柱塞控制器接入井场数据采集系统，实现井场数据统一传输。

（4）柱塞后端应用平台统一化

整合三个柱塞控制操作平台，实现柱塞气举统一监控、集中管理。

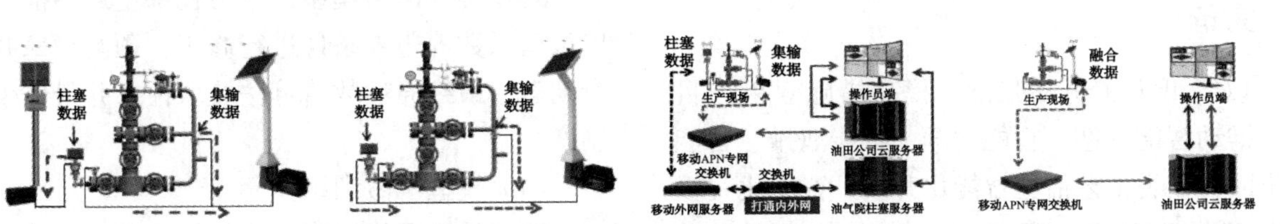

(a)改造前井口数据传输示意图 (b)改造后井口数据传输示意图 (c)改造前柱塞井数据传输示意图 (d)改造后柱塞井数据传输示意图

图3　柱塞融合改造前后数据传输对比图

1.3 数采程序优化

通过井场数据采集程序优化，将2类井场普通压力变送器通讯协议与井场RTU柱塞油压传感器采集程序集成，单个设备平均维护成本由0.42万元下降至0.12万元，设备维护成本下降75%，进一步降低柱塞气举设备维护成本，提高投入产出比。

（1）通讯程序集成程度提升

将4种柱塞控制器不同长度、不通类型、不同地址的数据，编写RTU程序，实现采集协议统一。

（2）油压传感器稳定性提升

根据油田公司柱塞气举工艺监测要求，明确电磁阀控制、油套压监测等 8 项柱塞工艺监测内容。

（3）柱塞设备维护成本提升

将到达传感器等信号通过柱塞控制器接入井场数据采集系统，实现井场数据统一传输。

（4）实现柱塞油压现场可见提升

整合三个柱塞控制操作平台，实现柱塞气举统一监控、集中管理。

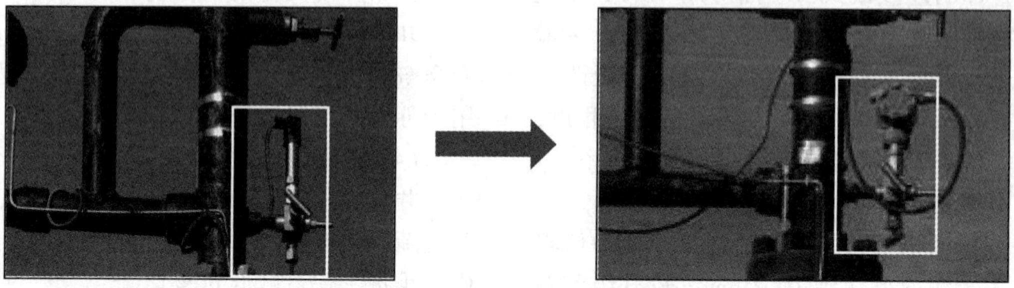

图 4　数采设备优化示意图

1.4　供电系统扩容

早期电台通信井仅开展了数据采集部分 4G 改造，太阳能供电、设备箱(支架)等配套设备老化严重，故障率高、稳定性差。井场供电设备功率不足且配套设施损坏严重。针对以上存在问题，采取措施如下：(1)井场供电循环优化；(2)电池续航能力扩充；(3)配套更换 8 路 RS485 隔离器，有效降低仪器设备信号干扰，减少设备通讯干扰；(4)完善井场防雷接地。

针对苏 54 区块早期投产气井系统配套设施老旧、供电能力不足导致的系统及智能工艺措施运行不稳定等问题，开展 68 座井场供电设备及标准化升级改造工作，保障气井数字化系统运行稳定性，彻底解决系统配套设施老旧、供电能力不足导致的系统及智能控制装置运行不稳定的问题。

2　工艺措施智能升级，措施管理更趋完备

以降低人工劳动强度、提高措施效果为目标，推动智能柱塞、智能间开、智能泡排、智能同步回转 4 类工艺措施智能化升级。智能化升级后人工劳动强度下降 65%，措施有效率提升 3%，工艺措施由人工干预、现场作业向智能决策、远程控制转变。

2.1　神经网络智能柱塞

柱塞气举是目前苏里格气田应用最广泛的排水采气措施，为解决柱塞井逐年增加造成的人工分析强度大等问题，2020 年依托苏西气井数字化全面升级基础，率先开展智能柱塞研究，引入神经网络柱塞技术，通过建立智能运算模型实现柱塞井制度智能优化，有效降低人工分析工作量、提升措施效果。

智能柱塞投用成本约为 13 万元，对比进口柱塞和 MI 柱塞，节省成本 32 万元和 16 万元。且智能柱塞可以实现生产制度智能优化调参，大幅度降低了人工劳动成本。

2.1.1　神经网络智能柱塞实施思路

神经网络算法可模拟人脑思考，以每一个神经元作为一种参数计算法则，通过不同参数运算获得参数间隐藏规律。以气井动态数据作为学习训练集，建立气井动态生产模型，以最高产气量为目标，对应的生产制度进行预测。结合柱塞载荷系数等条件，对生产制度进行修正优化，得到柱塞科学高效的生产制度。

2.1.2　神经网络智能柱塞逻辑流程

建立神经网络模型，学习柱塞生产特征，并以载荷系数等边界条件进行修正，预测柱塞井生产动态，最终通过数值算法获取柱塞井最佳生产制度。

（1）模型学习训练

建立神经网络模型，收集气井流入、流出数据作为训练集，根据模型预测值与实际值的误差不断修正参数，直至收敛，即模型准确率达到一定阈值后，学习完成。

（2）生产动态预测

通过对模型进行迭代性学习训练，最终可得到该井的气井生产动态模型，通过这一模型，可对气井生产动态进行预测。

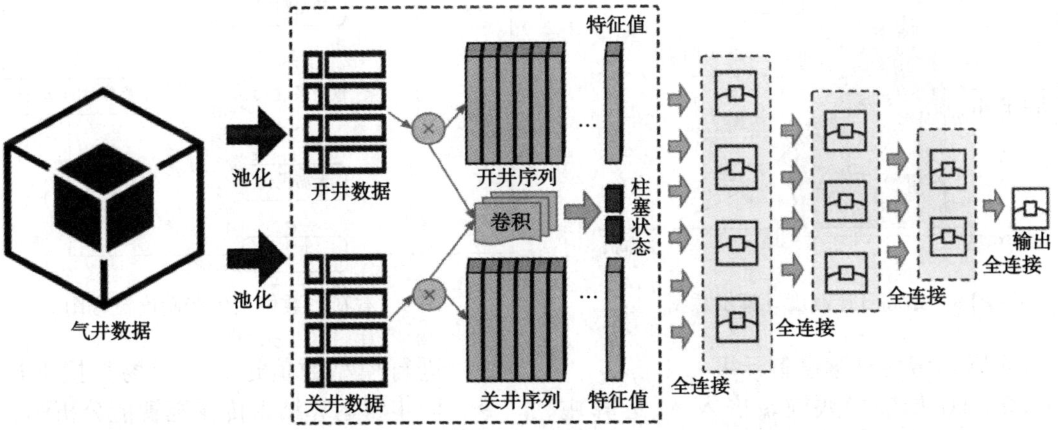

图 5　神经网络算法原理图

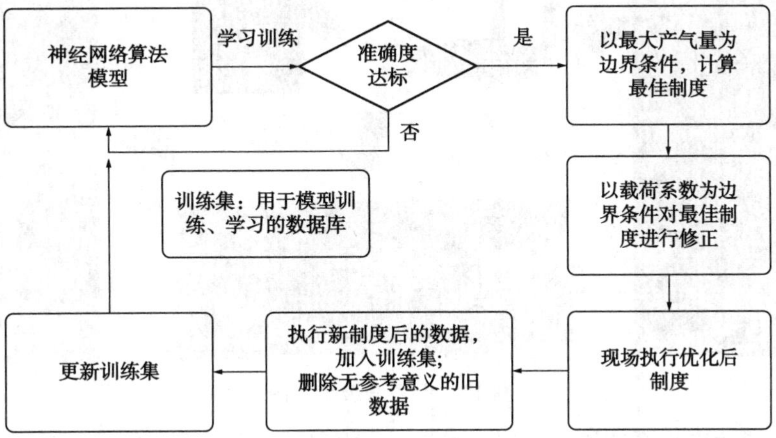

图 6　神经网络计算流程图

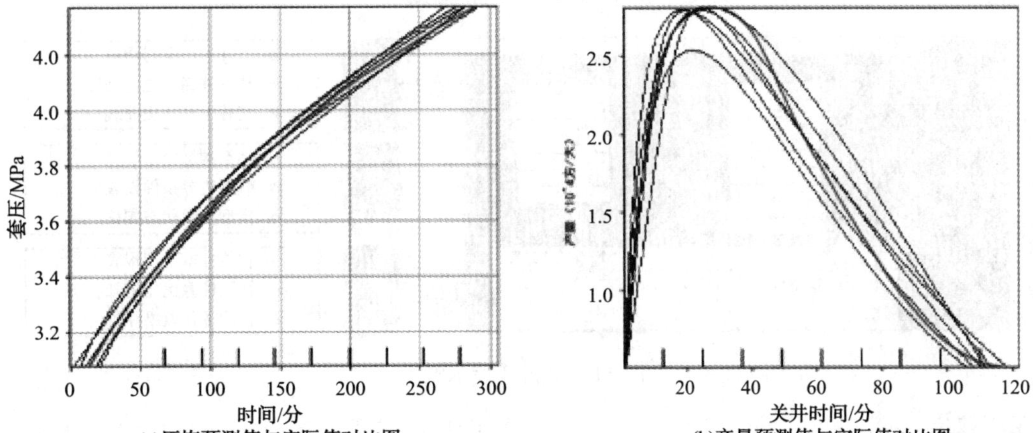

(a)压恢预测值与实际值对比图　(b)产量预测值与实际值对比图

图 7　生产指标预测值与实际值对比图

（3）最高日产制度

根据模型模拟的关井压力恢复曲线与开井产量曲线预测开井时间利用数值算法，设定边界条件与步长，可以计算出最高日产下对应的柱塞运行制度。

（4）载荷系数修正

在神经网络制度找出的最高日产下生产制度基础上，引入柱塞载荷系数。以载荷系数 0.5 为优化标准，以延长关井时间 5%为优化梯度，对初始制度进一步修正。

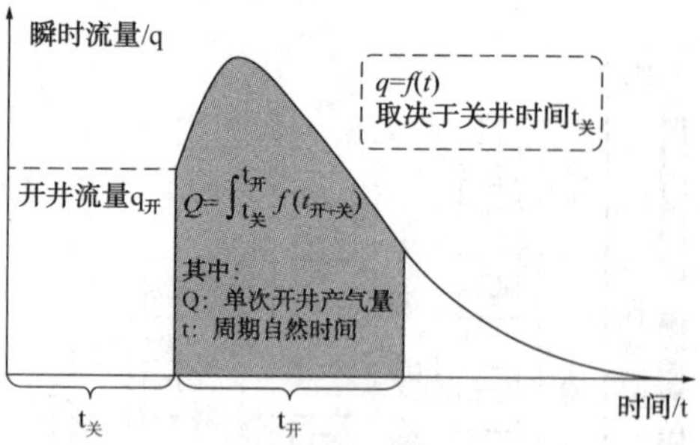

图 8　最高日产制度计算示意图

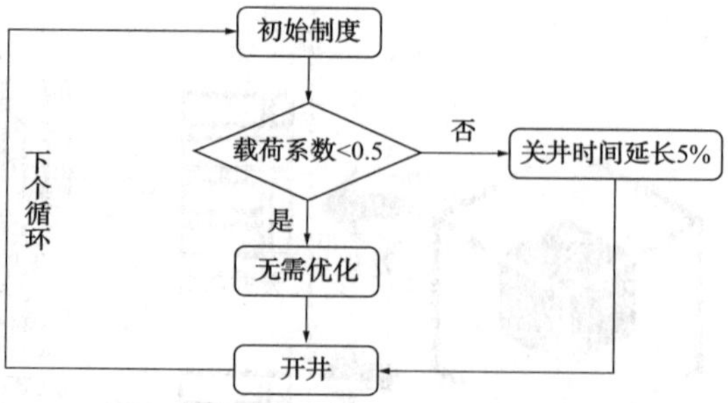

图 9　载荷系数修正生产制度流程图

2.1.3　神经网络智能柱塞设备升级

在井场 DTU 传输模块前端嵌入 AI 运算主机，搭载神经网络柱塞模型，通过采集气井生产数据进行模型数值运算，现场直接下达开关指令，同步将运算结果传输至智能分析平台，实现智能模型与前端硬件配套融合。

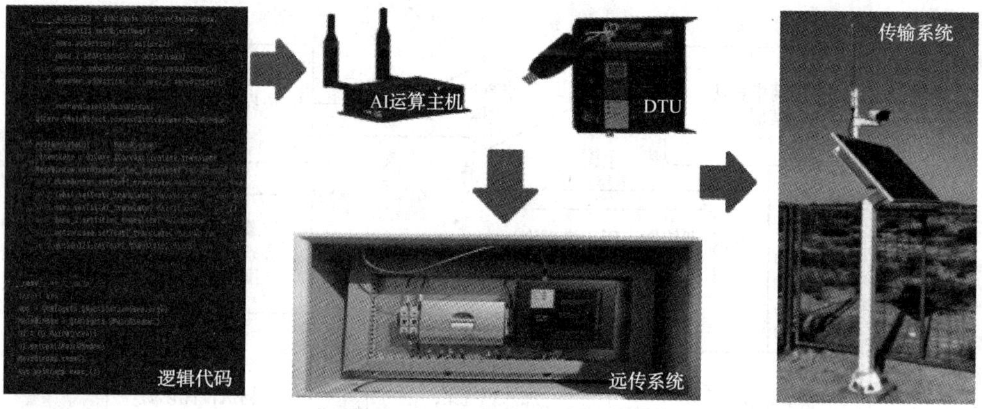

图 10　设备升级示意图

2.1.4　神经网络智能柱塞平台建设

集成前端模型运算数据、建成神经网络智能柱塞控制平台，实时掌握柱塞井生产信息、边缘计算模型信息、智能优化历史记录等关键数据，便于技术人员高效管理、统一分析、快速纠错。

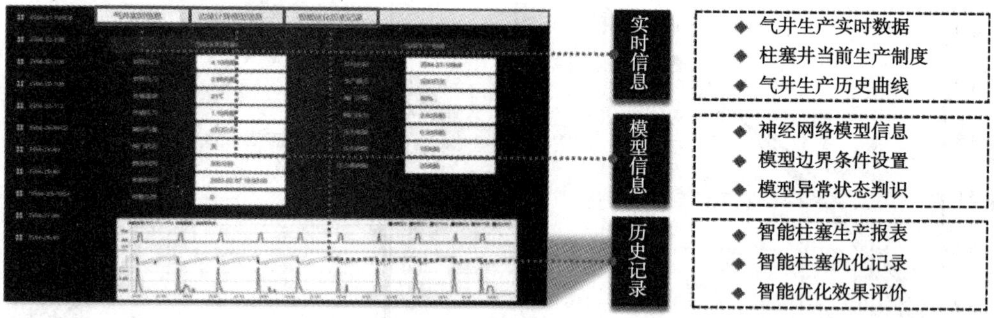

图 11　平台建设示意图

2.1.5　应用效果

目前苏西智能排采示范区已投运 99 口神经网络柱塞，覆盖率达到 100%，井均日增产 300 方，涨幅 23%，人工调参工作量下降 90%。

2.1.6　工艺评价

神经网络柱塞适用范围大，配套 4G 传输常规或特殊井柱塞均可升级改造，单口改造成本 2.42 万，按每日增产 0.03 万方、一年生产 300 天测算，可获得效益 8.55 万元，一年内投入产出比 1∶3.5。

2.2　云边计算智能间开

2.2.1　实施思路

以气井临界携液流量、压力恢复拐点等参数作为判识条件，模拟人工开关井决策，完成算法架构与云计算模型搭建，实现自动间歇井智能调参，降低人工管理强度，提升远程间开气井精细化管理水平。

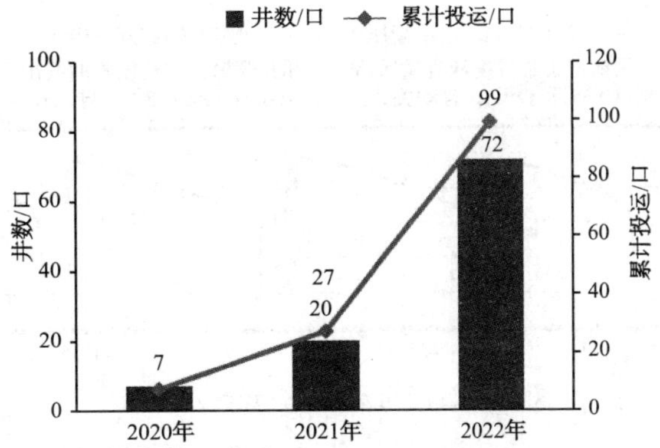

图 12　神经网络智能柱塞历年投运图

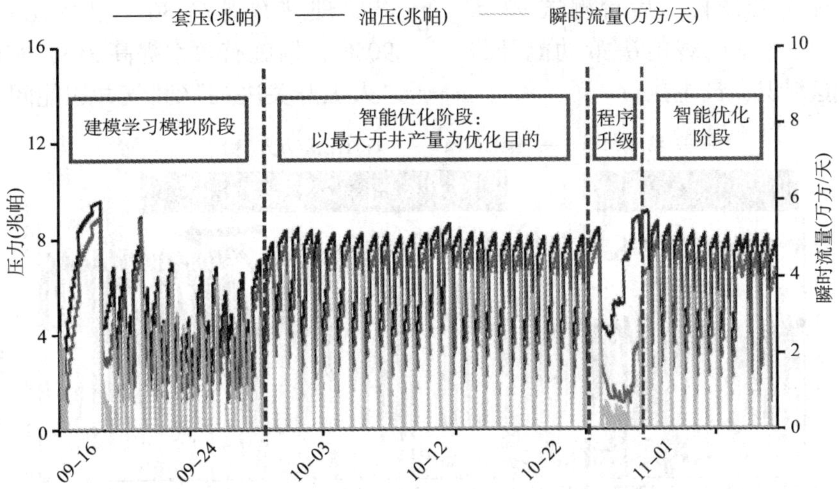

图 13　典型井生产曲线

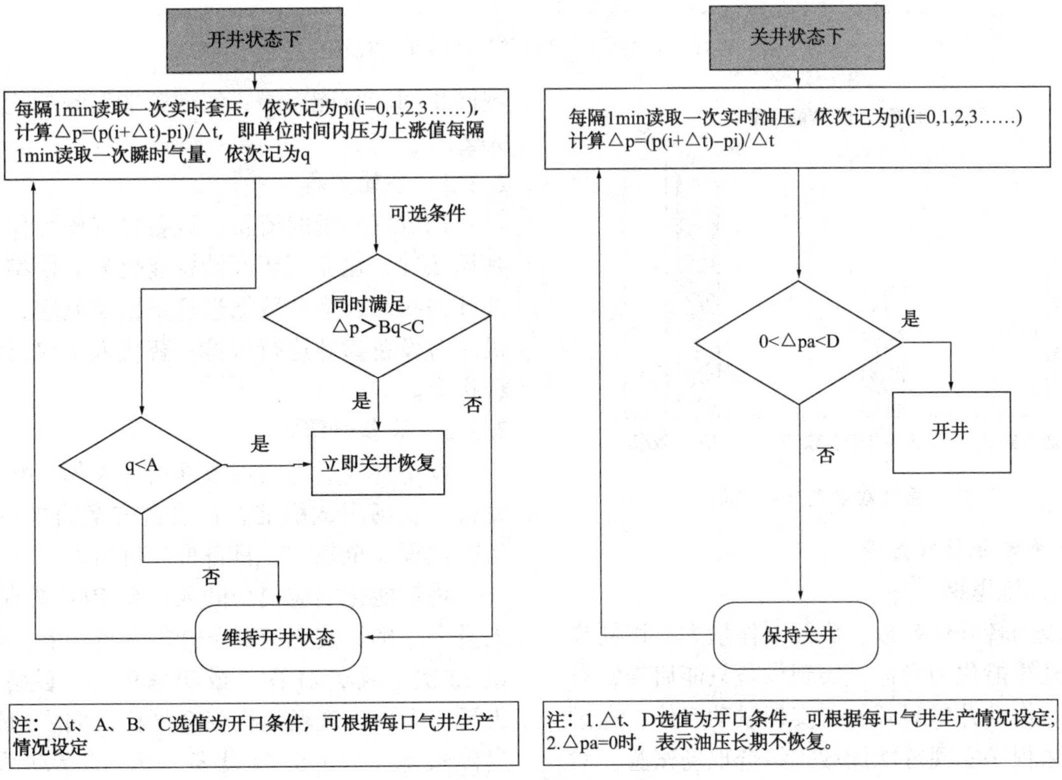

图 14　智能间开运行流程图

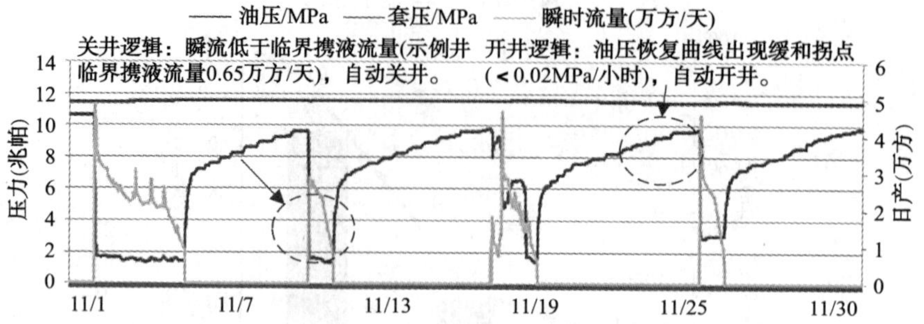

图 15　智能间开开关井逻辑示意图

2.2.2　升级开发

通过将智能间开逻辑模型嵌入云平台预留开发模块，升级前端配套硬件，后台测试 92 天，优化升级 12 次，最终完成智能决策功能开发，实现气井开关智能判识、自主执行。

2.2.3　应用效果

目前已在示范区 72 口远程间开井应用，人均管理井数升高 36 口，人工调参工作量降低 90% ，措施有效率提高 3%，实现远程间开井由“人工开关决策”到“气井智能间开”转变。

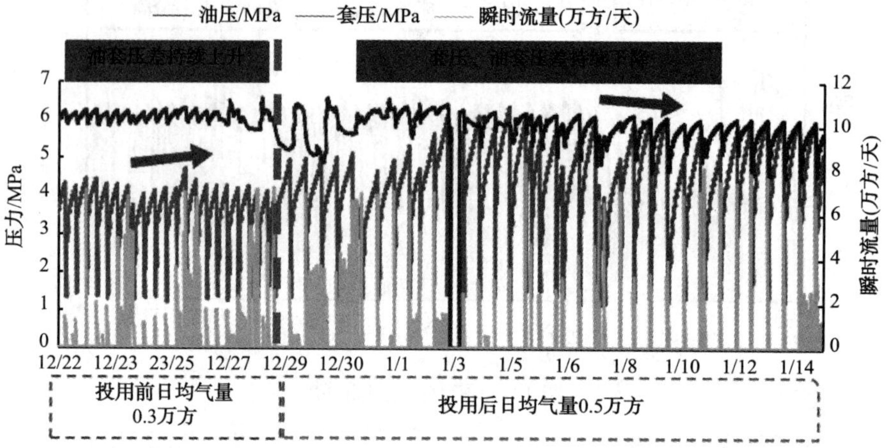

图 16　智能间开典型井生产效果对比图

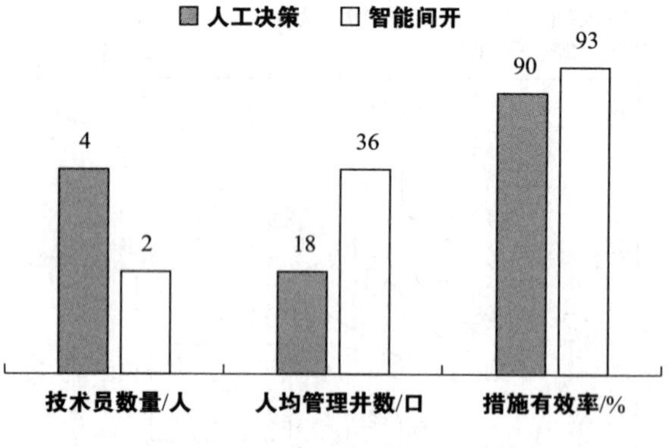

图 17　管理效果提升对比图

2.3　同步回转智能启停

2.3.1　实施思路

同步回转井位分散、启停工作量大。以同步回转管理智能化为目标，实现设备只能启停，自动调频。借助井口间开设备实现联动启停，通过开发调频程序实现智能加载。结合现场试验，对异常设备进行修复，及时优化开发思路。最终实现同步回转智能启停，实现智能调频功能执行率 90%以上。

2.3.2　逻辑流程

选取气井瞬时流量、设备进气压力作为逻辑判识条件，建立同步回转智能化响应模型，对气井开关状态、生产数据进行识别及响应，正常启机后对设备参数进行自检，替代人工执行调频加载指令。

2.3.3　设备升级

设备升级后可实现数据精准采集、井场硬件完备、现场测试稳定。且改造方案简单可操作，运行过程安全稳定，具备推广价值。

将智能化响应模型嵌入设备 PLC 控制系统，人员旁站确保安全情况下开展现场试验。累计测试 22 次，成功 21 次，成功率 95%，设备连续 3 天无人干预，现场运行安全平稳。同步回转智能启停安装应用 5 台设备，人工劳动强度降低 30%。

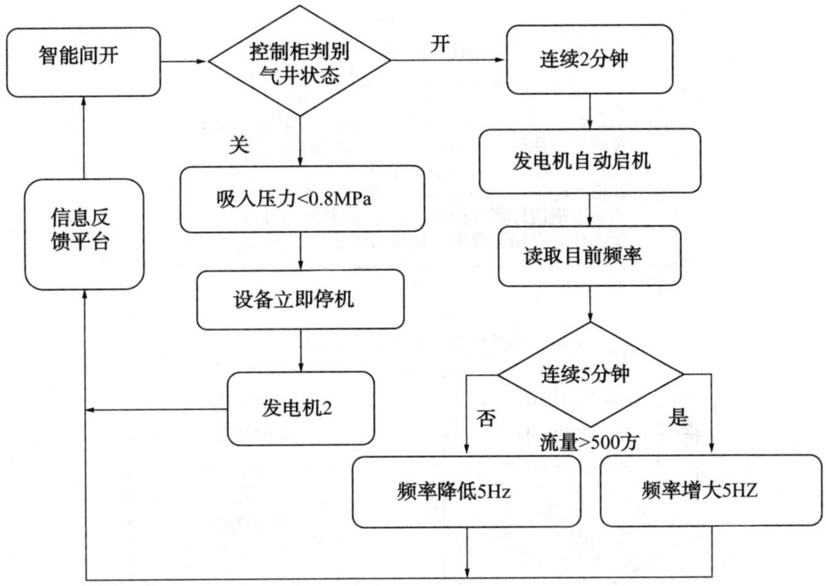

图 18　同步回转启停流程图

2.4　智能泡排精准加注

2.4.1　实施思路

依托自动注剂装置，搭载智能泡排加注模型，形成智能药剂加注系统，通过实时采集生产数据，判识措施效果，优化加注制度，实现泡排加注智能化升级。

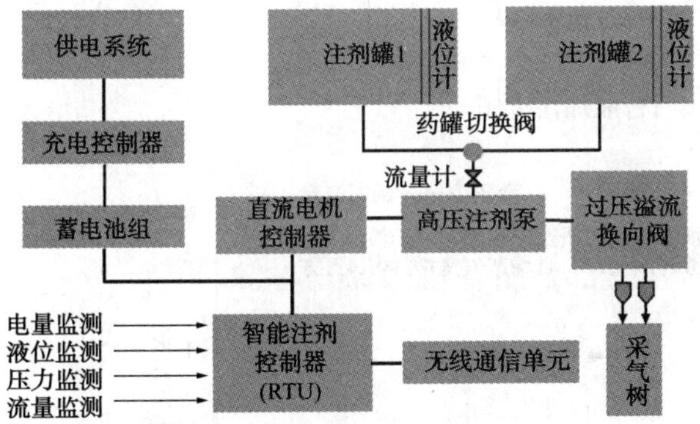

图 19　气井智能泡排加注装置系统结构图

2.4.2　实施思路

模拟人工泡排加注逻辑，建立泡排加注模型，通过数值模拟对加注制度进行修正，形成智能泡排加注系统，替代传统人工分析，提升措施效果及措施介入及时性。

2.4.3　应用效果

目前已在示范区应用 5 台智能注剂设备，井均日增产较人工加注上涨 0.13 万方，措施有效率超 93%，泡沫排水采气措施实现人工分析、车载泵注向智能决策、远程控制转变。

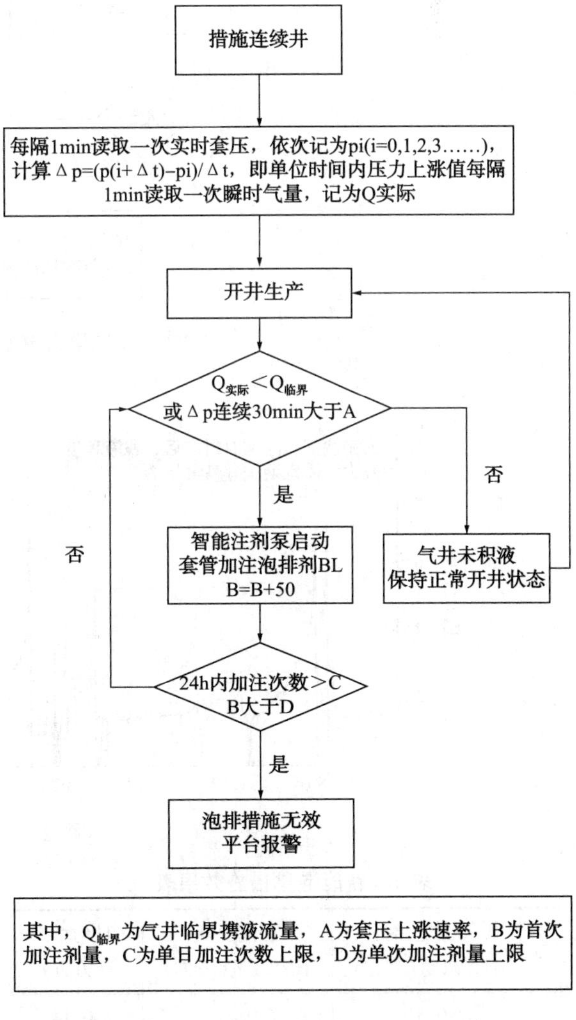

图 20　措施连续井按需自主加注流程图

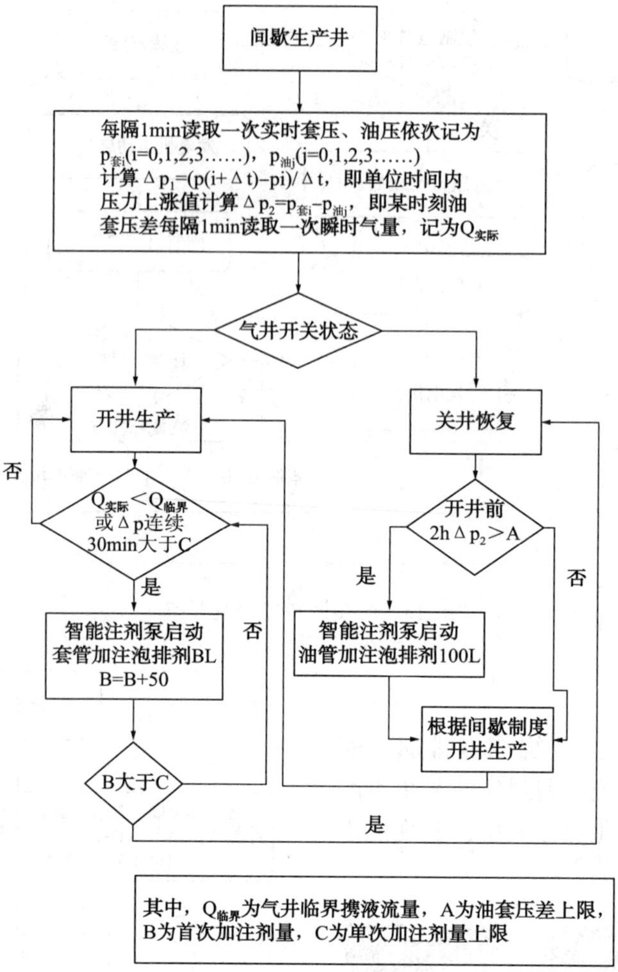

图 21　间歇井联动井口阀门智能加注流图

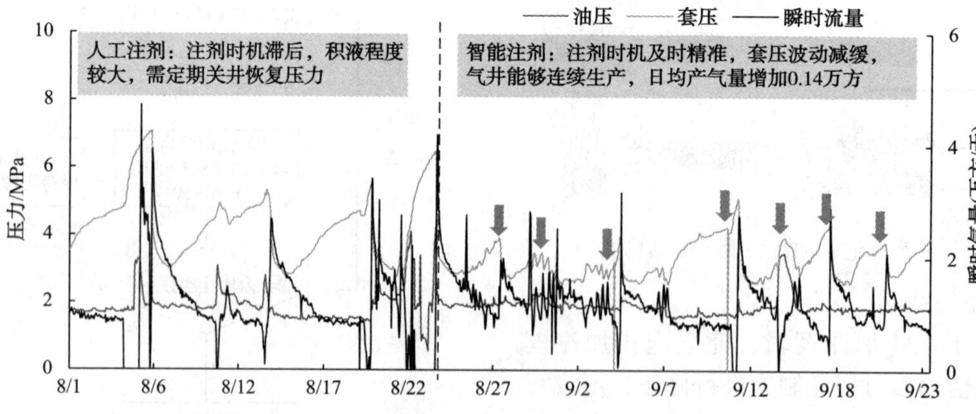

图 22　A 井生产曲线

表 1　智能泡排措施效果表

井号	人工注剂日产气量（万方）	智能注剂日产气量（万方）	日均增产（万方）
A	0.51	0.65	0.14
B	0.37	0.46	0.09
C	0.64	0.81	0.17
D	0.44	0.59	0.15
E	0.39	0.49	0.10
平均	0.47	0.60	0.13

3　智能模块自主研发，气井分析质效双提

按照气井措施介入及运行优化需求，依托数字化生产指挥系统，自主研发积液智能诊断、措施智能优选、气井错峰开井、故障智能排查四项智能技术，构建数据智能分析管理模式，气井数据分析效率提升60%，人工分析强度降低70%。

3.1　气井积液智能诊断

通过积液井数据库，以气井数据为基础研发气井积液智能诊断功能，并建立积液井数据库，构建了积液智能判识、措施介入提醒、积液情况跟踪的积液井智能管理体系，积液井判识准确率、处置时率、处置效果实现三提升。

应用以来，智能诊断示范区积液井171口，较人工诊断准确率提高32%，措施介入、措施优化时间缩短60%，人工劳动强度整体降低75%，气井精细化管理水平有效提升。

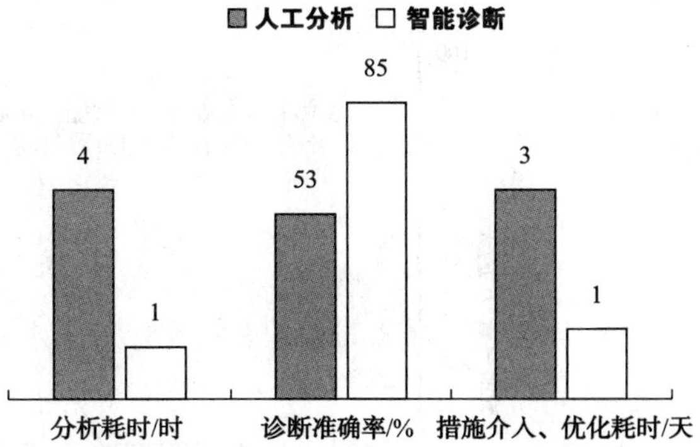

图23　积液跟踪诊断效果对比图

3.2　措施智能优选模块

根据积液智能诊断结果，结合气井生产情况、井筒条件等因素，智能决策措施种类、初始制度，实现措施及时、精准、有效介入，为后续排水采气工作奠定坚实基础。

综合评估示范区336口气井生产情况，优选42口加注泡排，油套压差平均下降0.48兆帕，30口开展柱塞气举，井均日增产0.12万方，5口开展同步回转，井均日增产0.36万方，措施选井耗时下降70%，措施有效率上升0.8%。

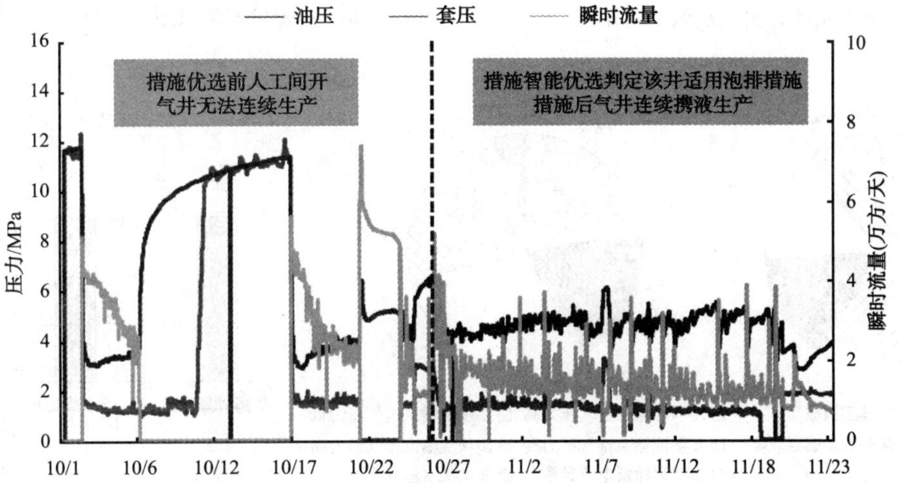

图24　X井生产效果对比图

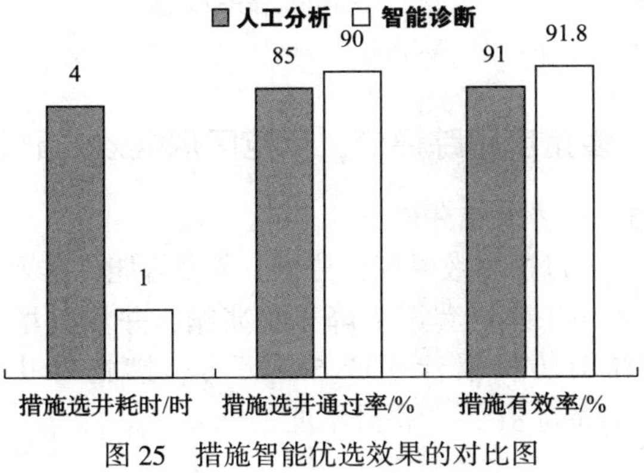

图25　措施智能优选效果的对比图

3.3　措施井错峰开关功能

为降低气井同开同关产量波动对集输系统的影响，开发智能错峰开关井功能，对达到开关井条件的措施井开井时机进行智能微调，同时整合产量预测、产量报警等功能，实现生产管理智能化升级。

实施措施井智能错峰开关后，气井措施效果保持不变，集气站气量波动趋于稳定，因气量、出液波动导致压缩机停机频次降低70%，生产运行安全平稳。

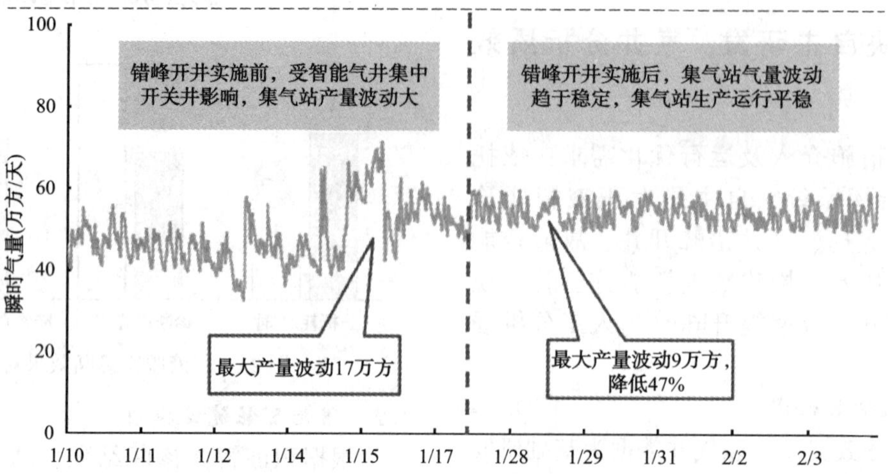

图26　集气站运行曲线图

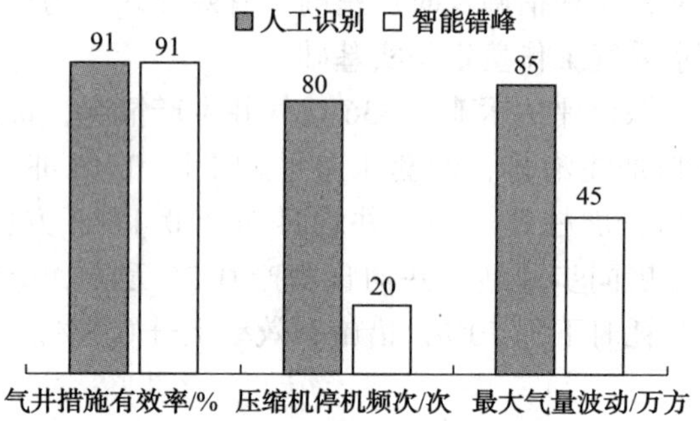

图27　智能错峰开关模块效果对比图

3.4　故障智能判识

故障智能判识系统运用大数据技术，对柱塞井运行状态进行智能诊断，迅速判别气井生产工况，识别5大类故障，输出10种处置方式，识别准确率达90%。

故障智能判识系统应用以来，日常分析耗时减少1.5小时，故障处置时效降低2小时，设备完好率长期保持95%，大幅降低人工分析管理工作量，减少无效上井维护次数。

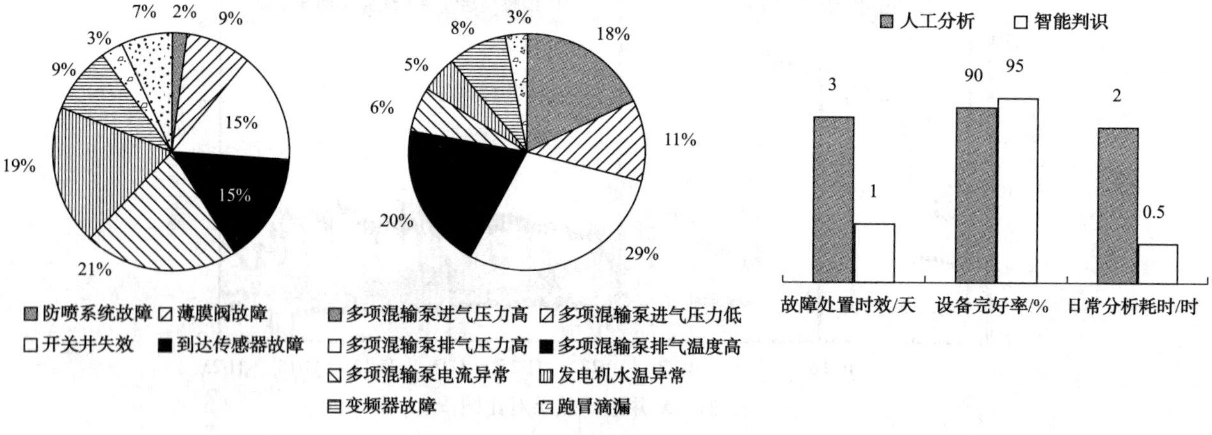

(a)柱塞井运行故障识别对比图　　(b)同步回转井故障识别对比图　　(c)智能故障判识应用效果

图28　故障智能效果分析对比图

4　优化排水采气工作流程，健全完善日常管理机制

通过开展积液井判识、措施井优选、措施效果跟踪、气井错峰开关等7项措施智能化升级，人工劳动强度大幅下降，排水采气技术管理模式由人工向智能转变。

5　多角度跟踪评价，示范区规模效益显著

5.1　增产效果评价

通过措施效果评价分析，苏西智能化排采示范区气井井均套压下降1.4兆帕，井均日增产0.07万方，累计增产540万方，措施后井均EUR提高81万，提升幅度3.8%。

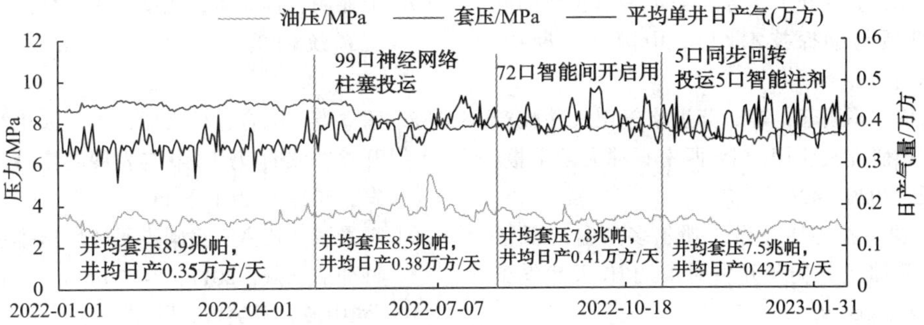

图 29　苏西智能化排采示范区气井生产曲线

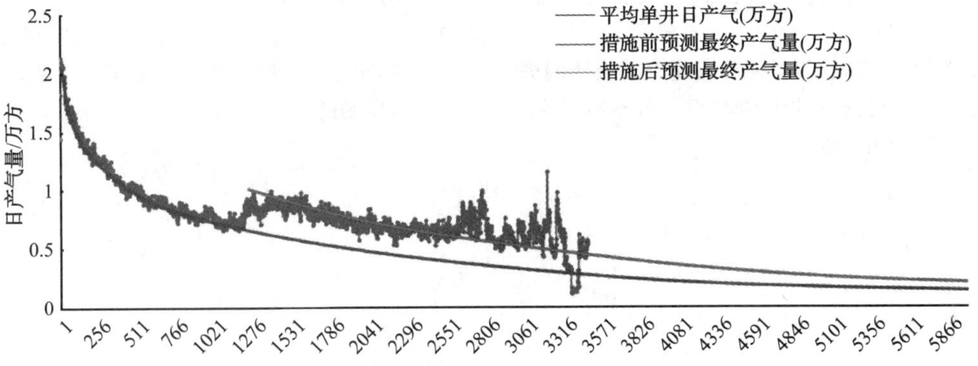

图 30　智能化措施应用前后生产情况对比

5.2　经济效益评价

通过开展 3 类 12 项智能化升级，示范区增产 540 万方，创效 513 万元，人均管理井数增长 59%，人工作业量降低 22%，控降人力物力成本 32 万元，平均投入产出比 1：4。

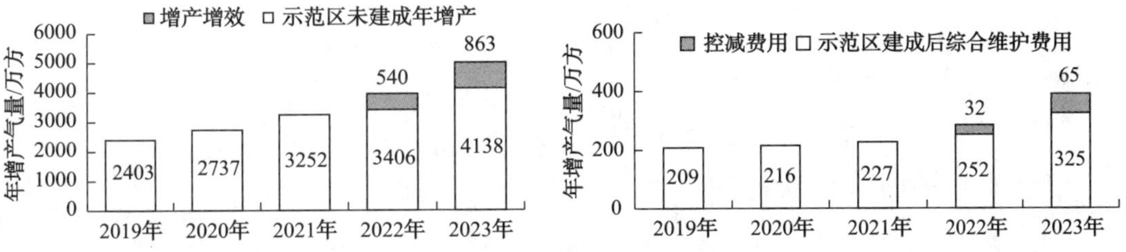

图 31　增产增效与费用控减情况对比

5.3　管理模式革新

智能化排采示范区的高效建成，推动气井管理方式变革，充分释放基层技术生产活力，用工总人数减少 60%，为智能化排水采气生产建设提供先导经验。

6　结论

（1）积极推进气井数字化改造。实现 4G-APN 通讯技术覆盖率达到 100%，维护工作量减少 60%。完成传统柱塞融合改造 30 口，安装成本降低 25%。普通压力变送器替代油压传感器，单井维护成本降低 75%。完成 68 座井场供电设备及标准化升级改造，设备稳定性提高 40%。

（2）深化工艺智能技术整合。现场应用 99 口神经网络智能柱塞，井均日增产 300 方，涨幅 23%。现场应用 72 口智能间开，人工调参工作量降低 90%。同步回转智能启停安装应用 5 台设备，人工劳动强度降低 30%。智能泡排现安装应用 5 台设备，井均日增产较人工上涨 0.13 万方。

（3）加速智能成果转化，开发智能功能模块，构建智能化智能化管理体系，建成苏西智能化排水采气示范区。

参　考　文　献

[1] 何东博，贾爱林，冀光，等．苏里格大型致密砂岩气田开发井型井网技术[J]．石油勘探与开发，2013，40(001)：79-89.

[2] 付金华，董国栋，周新平，等．鄂尔多斯盆地油气地质研究进展与勘探技术[J]．中国石油勘探，2021，26(3)：22.

[3] 李鹏，范倩倩，霍明会，等．苏里格气田气井配产与递减率关系研究及应用[J]．西南石油大学学报：自然科学版，2020，42(1)：7.

[4] 程立华，郭智，孟德伟，等．鄂尔多斯盆地低渗透—致密气藏储量分类及开发对策[J]．天然气工业，2020，40(3)：9.

[5] 王继平，张城玮，李建阳，等．苏里格气田致密砂岩气藏开发认识与稳产建议[J]．天然气工业，2021，41(2)：11.

[6] 师浩文，刘捷，罗威，等．棒状柱塞气举液体漏失模型研究[J]．西安石油大学学报：自然科学版，2022，37(1)：101-106.

[7] 卫亚明，杨旭东，姚坚，等．柱塞气举井口简易装置系统研究及试验[J]．钻采工艺，2019，42(3)：4.

[8] 匡立春，刘合，任义丽，等．人工智能在石油勘探开发领域的应用现状与发展趋势[J]．石油勘探与开发，2021，48(1)：11.

[9] 丁景辰．致密气藏同步回转增压排水采气工艺[J]．特种油气藏，2017，24(3)：5.

[10] 翟中波，舒笑悦，陈刚，等．丛式气井智能化泡沫排水采气工艺在延北项目的应用[J]．天然气技术与经济，2021.

[11] 林生茂，陈家晓，杨智，等．长宁页岩气自动化泡排加注工艺技术研究与应用[J]．钻采工艺，2020，43(S01)：5.

气田远程智能控制注醇泵的应用与评价

王镜淇 郭永强 蒋成银 张 华 袁 超

（中国石油长庆油田分公司第三采气厂）

摘 要 本文档详细介绍了对第X采气厂注醇泵进行自动化改造的过程，以实现远程启停、远程截断、压力回传等功能，以及通过这些更新改善的效果评价。此外，还对注醇泵进行了远程调参及智能连锁实验，通过安装流量行程控制器和JCK-IV型防爆冲程控制器来测试并比较两种改造方式。最终，通过实验评价了两种控制器在远程控制系统中的性能，包括远程启停、流量调节的响应速度、准确性以及操作中的优缺点。该项目的实施显著提高了工作效率，降低了安全风险，大大节约了甲醇的消耗量。

关键词 甲醇计量；注醇泵；远程控制；智能控制；流量调节

Application and Evaluation of Remote Intelligent Control Methanol Injection Pumps in Gas Fields

Wang Jingqi Guo Yongqiang Jiang Chengyin Zhang Hua Yuan Chao

（Third Gas Production Plant，Changqing Oilfield Company）

Abstract This document details the process of automating the methanol injection pumps at Gas Production Plant X to achieve remote start-stop，remote cut-off，pressure feedback，and evaluate the effectiveness of these updates. Additionally，remote parameter tuning and intelligent interlock experiments were conducted on the methanol injection pumps. Two modification methods were tested and compared by installing a flow stroke controller and a JCK-IV explosion-proof stroke controller. Finally，the performance of the two controllers in the remote control system was evaluated through experiments，including remote start-stop，response speed of flow regulation，accuracy，and operational advantages and disadvantages. The implementation of this project significantly improved work efficiency，reduced safety risks，and greatly saved methanol consumption.

Key wordst Methanol metering；Methanol injection pump；Remote control；Intelligent control；Flow regulation

1 概述

甲醇具有凝固点低，可与水完全互溶的特性，甲醇与天然气混合后，可以抑制天然气中水合物的形成，同时甲醇溶于水中，降低了溶液的结冰温度，是一种常用的水合物抑制剂，苏里格气田采用中低压集气、集中注醇的工艺，预防采气管线内水合物的形成，井采气管线注醇不足时，水合物造成采气管线堵塞，注醇量过大导致甲醇浪费，同时增加采出水地层水的含醇量、甲醇回收工艺的运行负荷、出车巡检频次及带来的安全风险，加大了员工劳动强度。

天然气采集及湿气输送过程中，因天然气中含有水气，当管线温度低于水露点时，就会析出水，水在管线低洼处聚集，降低了管线的输送能力，当温度低于水的凝固点，水结冰造成管线堵塞，威胁到管线的安全运行。因此，在天然气采集及输送过程中，常采用对输送天然气过滤分离、干燥除湿、添加水合物抑制剂，给管线加热等方法减少天然气中水的析出。

随着气田规模开发，甲醇的消耗量也与日俱增，水合物抑制成本不断扩大，到2023年底，采气X厂累计建产94.2亿$^8m^3$，累计消耗甲醇14827吨，面对气田高质量发展及精益管理要求，亟需实现注醇量的准确计量及注醇泵远程启停调参和状态监测、智能联锁。

2　注醇泵运行现状

目前采气 X 厂各处理厂、集气站、计量交接站共有注醇泵 66 台，注醇泵进出口阀门均为手动阀门。集气站及计量交接站无人值守，当需要注醇时，作业区员工驱车前往站场，手动打开泵出口阀们，员工根据经验，手动调节行程调节机构，手动启动注醇泵，每次注醇量的多少通过安装在注醇泵前的水表粗略计算，甲醇的消耗量通过甲醇罐液位计计量，泵出口压力通过就地安装的压力表显示，数据无法上传 SCADA 系统。

图 1　注醇泵手动调行程现场图

注醇系统在运行过程中存在以下问题：

（1）注醇泵无法远程启停及状态监测

由于各集气站实行无人值守，出现异常停泵，或者当生产条件发生变化时，无法及时启停设备，需依靠人力赶赴现场调整，时效性低，且冬季员工每 2 天巡站一次，巡检工作量大，劳动强度大，安全风险大。同时注醇泵设备运行状态、泵后压力等信息无法实时上传作业区 SCADA 系统。

（2）注醇量无法准确计量

集气站、计量交接站在注醇泵前安装有水表计量每次注醇量，水表就地显示，且计量数据无法上传 SCADA 系统，且大多数水表都损坏；处理厂在注醇泵前装有水表，泵后安装有涡轮流量计计量注醇量，但由于泵振动大，涡轮流量计计量数据跳动大，计量不准。

（3）注醇泵行程无法远程调参及智能联锁

各作业区计量站及集气站远离生产保障点，采取无人值守或合作单位代管，作业区人员定期对注醇设备进行巡护。当注醇量偏低影响气井生产或注醇量偏高造成生产成本增高等需要调节注醇量时，需依靠人力赶赴现场调整行程调节机构行程开关，冬季管线注醇频繁，因雨雪天气影响调节难度加大。工作人员需驱车前往计量站点进行排量调节，员工劳动强度及出车风险增大。同时注醇泵行程开度等信息无法上传作业区 SCADA 系统。

3　注醇泵改造及效果评价

针对注醇系统运行过程中存在的问题，包括注醇量的计量不准确、注醇泵无法远程启停及监测、以及注醇泵行程无法远程调参及智能联锁，我们提出了一系列改造措施和开展相关实验，并对其效果进行了跟踪评价。

3.1　甲醇流量计选型实验

首先，针对注醇量无法准确计量的问题，我们采用了高精度的流量计替代传统水表，并通过高性能的通讯设备，将计量数据实时上传至 SCADA 系统。这一措施不仅提高了注醇量的计量准确度，而且通过数据的实时监控，工作人员可以随时掌握注醇过程的动态，及时调整注醇策略，确保注醇效率和效果的最优化。

3.1.1　流量计选型

甲醇计量经前期充分调研后，选取“上海一诺”和“东风机电”的质量流量计参与现场实验。实验地点分别选择在苏里格第 X 天然气处理厂装置进口注醇区和苏 XX-1 集气站干线甲醇注醇区，下图为安装流量计后示意图。

图 2　质量流量计安装后现场图

3.1.2　实验方案

针对东风机电和上海一诺两家科里奥利质量流量计进行的现场试验方案设计如下，旨在通过串联两家流量计进行试验，以甲醇储罐液位变化量（体积流量）为标准，进行瞬时流量和累计流量值的进度对比，并计算出误差率。

1. 试验目的：

（1）验证和比较东风机电和上海一诺科里奥利质量流量计的性能和准确度。

（2）通过甲醇储罐的液位变化量作为参照标准，评估两家流量计的测量准确性。

2. 试验步骤：

（1）试验准备：首先，确保甲醇储罐充满液体，且储罐的初始液位已被准确测量和记录。其次，将东风机电和上海一诺的科里奥利质量流量计按照串联的方式安装，确保甲醇从东风机电流量计流向上海一诺流量计。再次，安装适当的传感器和测量仪器以监测储罐的液位变化，确保数据采集的准确性和实时性。

（2）试验进行：首先，开启流量，让甲醇从储罐通过两台流量计流出，同时开始记录储罐的液位变化和两台流量计的瞬时流量及累计流量值。其次，在预定的时间内或直到达到特定的流量值，监控并记录所有必要的数据。

（3）数据收集与分析：首先，结合储罐的体积和液位变化量计算实际通过的体积流量。其次，记录和比较两家流量计显示的瞬时流量和累计流量值，与实际通过的体积流量进行对比。

测量误差率：误差率(%)＝[（流量计测量值-实际流量值实际流量值）/实际流量值]×100%

3.1.3　实验效果评价

将原来苏 XX-1 站甲醇罐液位计从 1.5 更换为精度更高 0.5 的液位计，并以此为计量参照标准值，对质量流量计（东风机电）和涡轮流量计（上海一诺）进行计量效果分析。发现涡轮流量计（上海一诺）更接近罐存消耗量值，考虑到质量流量计本身对泵振动有影响，试验结果符合预期。

同时使用数学算法程序软件进行核算，进行数据清洗后，发现软件算法和两台流量计计量值较为接近。

时间（每6小时）	累计流量	一诺流量差	误差率（%）	累计流量	东风流量差	误差率（%）	液位值（cm）	罐存耗量	误差率（%）	高液位（方）	低液位（方）	软件计算
11/22/16:00	1.47	0.23	48.39%	8.78	0.19	22.58%	116.63	0.2381	53.61%	7.727	7.572	0.155
11/22/22:00	1.70	0.23	-25.08%	8.97	0.19	-38.11%	110.99	0.4838	57.59%	7.572	7.265	0.307
11/23/4:00	1.93	0.23	-11.54%	9.16	0.19	-26.92%	106.46	0.4095	57.50%	7.265	7.005	0.26
11/23/10:00	2.16	0.23	4.55%	9.35	0.19	-13.64%	102.78	0.2478	12.64%	7.005	6.785	0.22
11/23/16:00	2.39	0.23	164.37%	9.54	0.22	152.87%	101.34	0.1659	90.69%	6.785	6.698	0.087
11/23/22:00	2.62	0.23	-33.33%	9.76	0.21	-39.13%	95.813	0.417	20.87%	6.698	6.353	0.345
11/24/4:00	2.85	0.22	-5.98%	9.97	0.23	-1.71%	92.175	0.3351	43.21%	6.353	6.119	0.234
平均误差	一诺：0.50%			东风：11.69%			罐存值：42.86%			--		
最大误差（东风机电）：42.14%；最小误差（上海一诺）：41.86%												

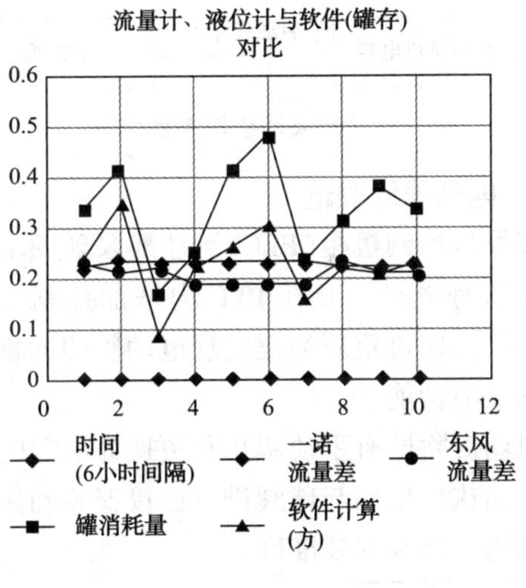

图 3　流量计精度比对图

效果评价：

（1）从准确性和可靠性考虑，双转子流量计（一诺）平均误差率最低在-0.50%，西安精准平均误差率最高在 8.53%。

（2）从经济性考虑，东风机电价格最贵每台 12000 元，双转子流量计价格最便宜每台 5000 元。

（3）从适用性综合考虑（注醇泵振动环境），推荐使用双转子流量计（一诺）。

3.2　注醇泵远程启停改造

对第×采气厂所属作业区 30 个集气站，共计 44 台注醇泵进行自动化改造，实现远程启停、远程截断、压力回传等功能。

3.2.1　注醇泵远程启停及停机报警

布设从控制机柜（PLC）到注醇泵启动控制抽屉的电缆线，并增加控制、状态反馈器件及点位，通过重新编程实现注醇泵的远程启停和停机报警功能。

注醇泵远程控制。当遇到停外电和内外电转换等特殊情况，所有启动的注醇泵停止工作时，或者需要更换启动注醇泵时，即可在触摸屏或调度监控电脑上通过 Control wave 程序进行远程启停操作，通过程序发出的脉冲信号使卡件中 DO

常开触点闭合，进而与抽屉柜供电干触点串接的24V交流继电器闭合，抽屉柜内供电空开闭合，供电线路联通，抽屉柜向注醇泵输出380V三相交流电，注醇泵启动成功。同时，因程序启动软点可以保持启动状态，从而作为反馈点，反映注醇泵的启动状态；反之，停止注醇泵的工作原理是一样的。Control wave 卡件中 DI 点连接状态反馈器件，通过信号采集监测注醇泵的启动状态，实现停机报警。

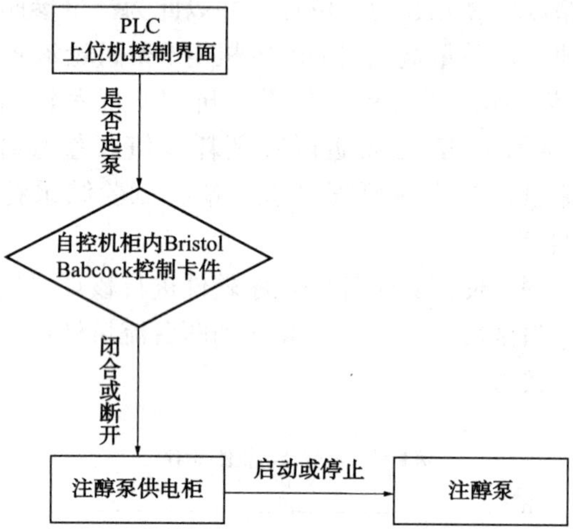

图4　注醇泵远程控制系统图

3.2.2　电动球阀改造

布设从控制机柜(PLC)到注醇泵现场动力电缆线和信号电缆，并在 PLC 内增加控制、状态反馈点位，通过重新编程实现电动阀的远程开关和状态反馈功能。

现场拆除原有手动截止阀更换为配套的球阀并将电动执行机构与球阀进行连接安装确保电动执行机构与球阀安装准确。

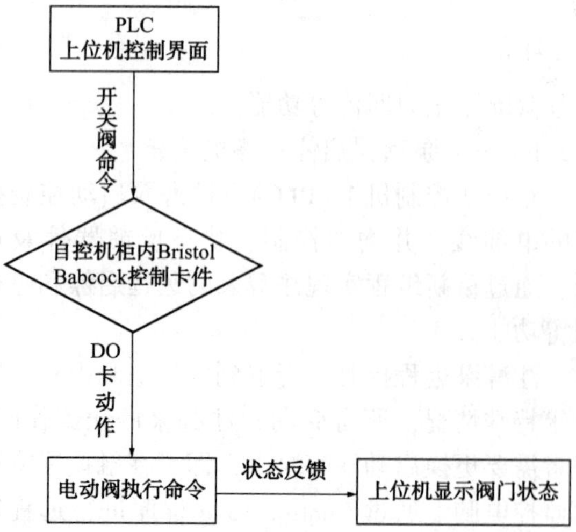

图5　电动球阀远程控制系统图

图6　现场电动阀门安装图

3.2.3　压力表改造

将注醇泵上压力表更换为压力变送器，布设从控制机柜(PLC)到注醇泵现场信号电缆，通过4-20ma 模拟量将信号从现场压变传输至机柜内，上位机读取 PLC 数据。

3.2.4　效果评价

当遇到停外电和内外电转换等特殊情、所有启动的注

醇泵停止工作时，或者需要更换启动注醇泵时，即可及时在作业区 SACDA 系统操作界面远程启停注醇泵，自动关闭出口阀门，泵压、泵状态、阀门开关状态均传输至作业区 SCADA 系统，巡检工作量可由每周1轮次优化为每月1轮次，降低车辆使用，减少碳排放量，同时提高了工作效率，降低了安全风险。

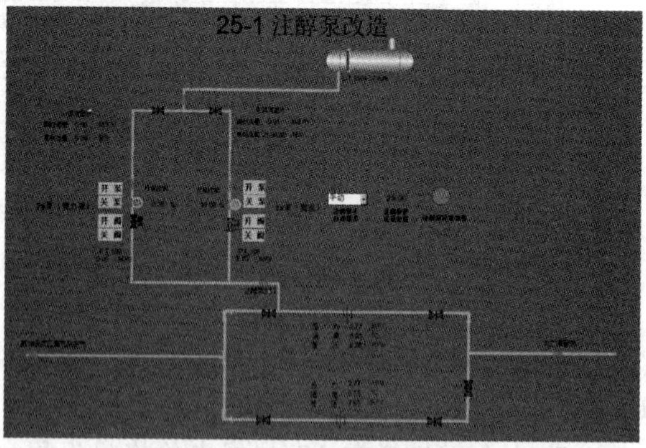

图7　SCADA 系统操作界面图

3.3　注醇泵远程调参及智能连锁实验

为解决注醇泵远程调参问题，结合探井作业区特点，选取中苏 XX-1 计量交接站进行改造试验。该站远离生产区域中心，输气量大，气井冬季注醇量调节频繁。

3.3.1　实验目的

通过加装冲程控制器，交流伺服电机搭载传动系统，带动现有计量泵调节端螺母传动，使调节螺杆作上下升降运动，从而调节计量泵行程，实现注醇流量远程调节，也可与泵进口流量、压力联动实现注醇量自动调节，并将注醇泵设备运行状态、泵后压力、流量、泵行程开度等信息上传作业区 SCADA 系统，实现注醇量信息实时监控，数据共享。

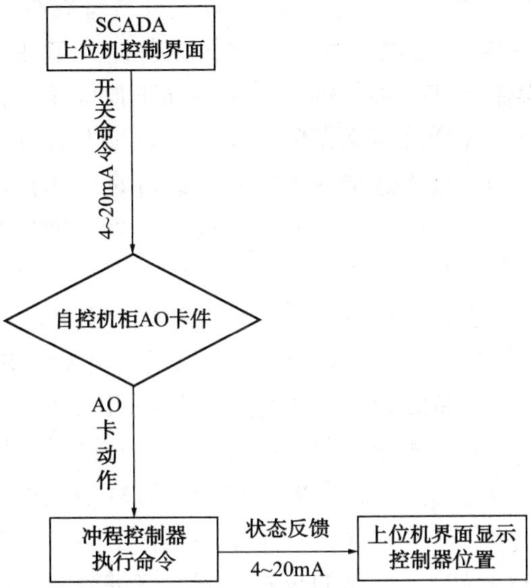

图 8

3.3.2　实验方案

选取集气站内的 2 台注醇泵进行两种方式改造，其中 1 台泵采用陕西腾诚的流量行程控制器+继电器，另外 1 台泵采用浙江爱力谱科技股份有限公司的 JCK-IV 型防爆冲程控制器，两台同时进行试验，并在试验过程中可以分别比对出两套方案实际在运行中存在的优缺点。

（1）流量行程控制器

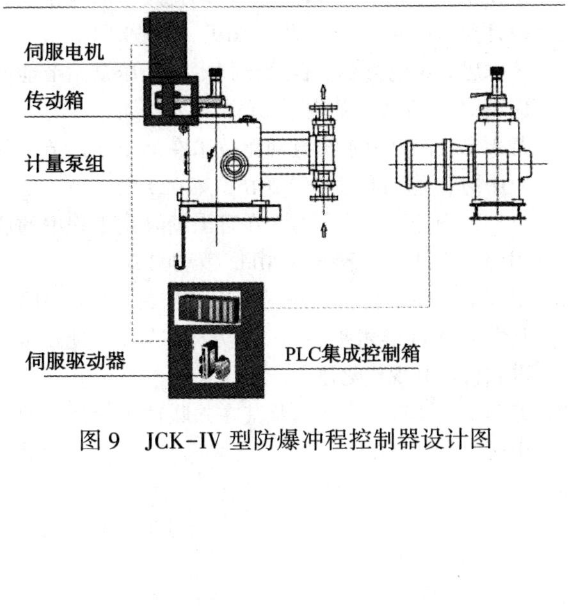

图 9　JCK-IV 型防爆冲程控制器设计图

（2）JCK-IV 型防爆冲程控制器

计量泵传统的工作方式通过人工手动调节泵的微调螺杆，进而改变柱塞(或隔膜)的有效行程，从而达到对输出液体的定量计量和检测的目的。流量行程控制器和 JCK-IV 型计量泵防爆冲程控制器(简称冲程控制器)将手动调节微调螺杆的人工控制方式变成自动控制，也可与流量联锁实现流量自动控制。

技术指标：输入电压范围：交流 100~240V，50Hz/60Hz；输入信号：4~20mA 信号；调节速度：15s/转；位置反馈 4~20mA；防爆等级：Ex dⅡC T6。

图 10　JCK-IV 型防爆冲程控制器

采用全机械式过力矩调试结构，力矩保护稳定可靠。独特的多速控制机制，可使冲程控制器在工作过程中避免惯性冲击。当计量泵调节丝杆卡死或人为设置错误，导致扭矩超过设定扭矩时，扭矩离合器与电机轴机械自动脱离，步进电机空运行一定角度，与绝对编码器的位置作比较，系统停机输出报警信息。

JCK-IV 型防爆冲程控制器操作模式分为现场 LOCAL、远方 REMOTE、停止 STOP 模式。由方式选择旋钮进行设定。冲程控制器的电气罩上配有两个旋钮，一个是电机操作旋钮，一个是设置操作旋钮。现场 LOCAL 模式下可以由操作旋钮或者红外遥控器对冲程进行调整。远方 REMOTE 模式下可以由 4-20mA 输入电流或通信控制对冲程进行调整，由远程选择(1-08)设定。停止 STOP 模式下，冲程停止不进行调整。

3.3.3　连锁控制逻辑

（1）故障判断逻辑：

泵出口流量计每小时整点累计流量值为零或者小于设定值时，判断注醇泵不上量，此时行程器开度每小时增加 10% 的开度，初始值开度为 20%。

（2）自动调节逻辑：

当现场泵出口阀门打开，泵启动，泵出口压力正常，判断差压否付满足设定值，如果不满足，加大行程开度，15 分钟之后继续判断，如果满足判断流量计流量是否满足设定值，如果不满足，加大行程开度，一小时之后再次判断，如果满足，重新执行逻辑。

注醇泵累积流量与行程的对比数据

序号	测试日期	测试时间	差压（KPa）	气量瞬时流量($10^4m^3/d$)	气量累积流量(10^4m3/d)	累积变化((10^4m3/d))	行程开度(%)	注醇累积流量（m^3/h）	备注
1	2024/3/11	21:30:00	10	93.82	46.78	0.98	20	25.51	
2	2024/3/11	21:45:00		92.9	47.76	0.97	20	25.52	
3	2024/3/11	22:00:00		92.73	48.73	0.97	20	25.52	
4	2024/3/11	22:15:00		92.29	49.7	0.97	20	25.52	
5	2024/3/11	22:30:00		92.81	50.67	0.97	20	25.53	
6	2024/3/11	22:45:00		92.67	51.64	0.95	20	25.53	
7	2024/3/11	23:00:00		91.62	52.59	0.95	20	25.53	
8	2024/3/11	23:15:00		89.6	53.54	0.95	20	25.54	
9	2024/3/11	23:30:00		91.21	54.49	0.95	20	25.54	
10	2024/3/11	23:45:00		90.77	55.44		20	25.55	

图 11　注醇泵累计流量与行程对比数据

3.3.4　实验效果评价

试验过程中，我们通过远程控制系统对注醇泵的启停、流量调节等关键操作进行了精确控制，并监测了注醇泵在不同工作条件下的性能表现。

（1）陕西腾诚的流量行程控制器能实现注醇泵的远程调节系统远程启停和冲程远程调节。缺点是由于在室外安装，无保护外壳，操作过程中经常出现卡阻。

（2）JCK-Ⅳ 型防爆冲程控制器响应迅速，能够准确实现对泵的远程控制，包括流量的精确调节、启停控制等功能。在各种模拟的运行条件下，注醇泵均能稳定工作，满足天然气输送系统的需求。缺点是配件较多，需要重新布线较多：冷却风机、腔压监控变送器、行程调节器。

4　结论及认识

通过对第 X 采气厂作业区内集气站注醇泵的自动化改造项目的实施与分析，我们可以得出以下结论及认识：

（1）自动化优化提升效率：自动化改造实现了注醇泵的远程启停、远程截断和压力回传功能，减少了现场操作人员的介入，从而大幅度提高了操作效率。同时，通过减少巡检频率，有效降低了人力资源和交通工具的使用，进一步减少了碳排放。

（2）安全与经济的收益：通过自动化技术的应用，项目在提高工作效率的同时，也显著降低了操作过程中的安全风险。减少了因人为操作不当引发的事故概率，保障了作业人员的安全。此外，减少的巡检频率和车辆使用，降低了人工的劳动强度和节省了人力，车辆使用费用。最重要的采用自动连锁靠天然气管线差压等因素自动调节注醇量，大大降低了现场甲醇的消耗量。

（3）技术创新的重要性：项目通过引入远程控制技术和自动化设备，如流量行程控制器和 JCK-Ⅳ 型防爆冲程控制器，显著提高了注醇泵的操作效率和可靠性。这一创新不仅优化了作业流程，还增强了系统的安全性和环境友好性。

（4）技术选型的重要性：通过对比两种不同的控制器，在实际应用中的性能表现，项目突显了技术选型在实施自动化改造项目中的关键作用。选用合适的技术和设备对于确保项目目标的实现、提高系统性能以及降低长期运营成本至关重要。

（5）持续改进与优化：虽然项目取得了显著成效，但在实施过程中也发现了一些设备的局限性，如室外安装设备的保护问题和复杂配件的维护问题。这提示我们在未来的工作中需要不断探索更加高效、可靠的技术方案，并进行持续的改进和优化。

总体而言，第 X 采气厂注醇泵自动化改造项目的成功实施，不仅提高了作业效率和安全性，还对降本增效作出了积极贡献，为类似的能源行业自动化改造项目提供了有价值的参考和经验。

参 考 文 献

[1] 蔡明富．微机综合自动化技术在泵站中的应用[J]．中国高新技术企业，2010，第 006 期．

[2] 伍新星．探究泵站机电设备自动化技术的应用及其设计要求[J]．通讯世界，2019，第 009 期．

[3] 荣永忠．论电力系统自动化技术在加压泵站节能的应用[J]．科技与企业，2015，第 022 期．

[4] 荣永忠．论电力系统自动化技术在加压泵站节能的应用[J]．科技与企业，2015，第 023 期．

[5] 王笑，杨涛．自动化技术在青山湖泵站工程中的应用[J]．江西水利科技，2011，第 003 期．

[6] 李国谊．泵站自动化技术应用的探讨[C]．中国水利学会 2011 学术年会——大力推广节水节能技术促进农村水利现代化建设，2011.

[7] 苏渊．设计自动化技术及其在并联钻床设计中的应用研究[A]. 2017.

多功能压裂液在鄂尔多斯盆地页岩油压裂中的应用

周志平[1,2]　吴江平[1,2]　薛小佳平[1,2]　齐银平[1,2]

（1. 中国石油长庆油田分公司；2. 低渗透油气田勘探开发国家工程室验室）

摘　要　过去数十年来，滑溜水广泛应用于非常规油气藏的开采中并对全球能源消耗和战略格局产生了重大影响。从长远战略效益看，把多功能助剂和减阻剂整合到一起使用对现场施工操作的简化和整体成本的降低具有重大意义。长庆油田成功研发并规模在中石油长庆油田区块完成水平井的多级压裂。长庆油田地处我国黄土高原环境区域，面临着超低渗透性，排驱困难，自然产能低，运输物流难和水资源匮乏等挑战。新开发的滑溜水体系现场施工中水合速度快，减阻效率可迅速达到70%左右。更重要的是，超过90%的采出返排水可以循环再利用来连续配置滑溜水，同时在整个压裂过程中不会影响减阻的性能。该体系的特点显著缓解了现场施工带来的供水挑战。相比常规产品综合生产成本更低，经济效益可行性好。此外，它可在广泛的盐水矿化度下有效工作，对地层损害和环境的影响小。最后，该减阻剂和多类不同的功能助剂相容性良好，所配制的压裂液实现兼有防膨、阻垢、防乳化及驱油等功能。本文将详细阐明关于滑溜水合成、性能和现场实施结果。

关键词　页岩油藏；压裂增产；压裂液

Multifunctional Fracturing Fluid Using in Shale Formation of Ordos Basin Hydraulic Fracturing

Zhou Zhiping[1,2]　Wu Jiang[1,2]　Xue Xiaojia[1,2]　Qi Yin[1,2]

(1. PetroChina Changqing Oilfield Company; 2. National Engineering Laboratory for exploration and development of low permeability oil and gas field)

Abstract　During the past decades, slick water has been widely employed in unconventional oil and gas reservoir exploitation, and it has brought about significant impacts on global energy consumption and strategic landscape. This work discloses a novel and green approach to produce a new generation of fracturing fluid successfully field-wide applied in multi-stage fracturing jobs of horizontal well in Ordos Basin area, this production zone is confronting with several operational challenges liking ultralow permeability formation layer, low production energy, transportation logistics and limited water resources, etc. The newly developed slick water system demonstrated a friction reduction of efficiency of close up to 70% with instantaneous hydration speed. More importantly, over 90% of produced water could be recycled and re-used to make the slick water consecutively without comprising the friction reduction performance during the entire fracking process. This kind of benefit prominently mitigated the water supply challenges imposed on site operation. Meanwhile, this new FR system is economically viable owning to its lower manufacturing and raw material cost than conventional water-in-oil FR emulsion. In addition, it is effectively workable in a wide range of brine waters with low formation damage and reduced environmental footprint impact. Last but not least, various functional additives, such as clay stabilizer, scale inhibitor and flow back surfactant, have been incorporated into this aqueous based friction reducer and the formulated fracturing liquid demonstrated pretty good compatibility and served all required functions derived from these additives. Detailed study about slick water performance and field implementation will be elaborately illustrated in this paper.

Key wordst　tight oil reservoirs; hydraulic fracturing; recycled fracturing fluid

在全球进入了难动用储量开发时代的背景下，我国主力油田均面临着低渗透、超低渗透开发难题，同时，也迫切地需要在非常规储量上寻求突破。压裂改造技术的研发与应用，正成为破解当前难题及今后发展的关键，也成为中国压裂技术发展的未来。

现场开发实践表明，传统的以形成多条单一裂缝为主要目的的常规压裂工艺增产幅度有限。由于致密储层的特点与页岩气类似，参照页岩气改造在地层中形成复杂缝网的作业思路，按照“纵向充分动用、横向充分改造、降低储层伤害”的技术思路，开展了大排量、大液量、大砂量的混合水压裂试验，增大了储层改造体积，初期单井产量得到了较大提高。已形成的工艺和液体技术为：工艺上低粘携砂，大排量、低砂比、大规模为主要施工方式，液体上采用“低粘+交联混合”压裂液技术。国内外页岩储层压裂用的携砂液主要分为3种类型：植物胶交联携砂液体系、线性胶携砂液体系、滑溜水携砂液体系，这些携砂液体系在某种程度上提高了储层的产量，但大量的现场试验和应用也充分暴露了现有各种携砂液的缺点。植物胶交联携砂液体系携砂能力强，液体滤失小，容易造缝；但成本高，施工摩阻较高。线性胶携砂液体系携砂能力较强，液体滤失较小，摩阻较低，同时也存在成本较高、残渣较高等不足。滑溜水携砂液体系配制简便，成本低，无残渣，返排快；但滤失大，携砂能力差。

对于像长庆油田这样渗透率极低的储层而言，其伤害仍然不可忽视。近年来，国内外许多学者对于压裂破胶液对致密油储层渗吸作用开展了大量的研究工作，取得了不小的进展。李鸣通过对长庆油田长7储层三个区块的致密砂岩储层研究，基于同一岩心重复洗油饱和的实验方法分析了长7致密砂岩岩心自发渗吸的影响因素，发现：渗透率越高，渗吸原油置换率越大，粘度越大，渗吸速度越慢，渗吸原油置换率越低；岩心在搞矿化度盐水渗吸时，岩心内外盐浓度差越大，置换率越高。在一定范围内，存在一个界面张力，使得岩心的渗吸置换率最高。不管对那个储层，界面张力均为主控因素。郭刚等人在统计长庆油田某区块存地液量与油井一年累积产量的关系发现，存地液量越大，一年累积产量越高，与常规的返排率越高产量越高概念恰恰相反，可能与存地液的自发渗吸替油有关。研究影响压裂液油水置换的关键影响因素后结果表明：对渗吸速度的影响顺序为：界面张力>渗透率>原油粘度>矿化度，并不是界面张力越低，采收率越高，而是存在某一最佳界面张力，使地层中被绕流油的数量减少，渗吸采收率达到最高。

为此，吕乃欣等人研制了一种驱油型清洁压裂液，该体系的稠化剂为含近肽链结构的粘弹性表面活性剂。遇油即破胶，其破胶液具有超低的界面张力和良好的驱油效率，室内试验表明：较水驱基础上平均提高采收率10.67%。在长庆陇东油田现场试验取得良好的改造效果。李婷针对玉门油田储层物性和岩性特征，开发具有渗吸驱油效果的压裂液体系，该体系以两性表面活性剂甜菜碱为压裂液稠化剂，在碱性条件下，该压裂液具有较低的界面张力和良好的渗吸驱油效果。于欣针对清洁压裂液返排液回收利用率低、处理困难的问题，结合致密油藏渗吸采油机理，以处理后的现场清洁压裂液返排液为渗吸液，开展了清洁压裂液返排液对致密油藏自发渗吸驱油效果的影响研究。结果表明：毛细管力作为渗吸驱油的动力占主导地位，为达到最大渗吸采油率，需综合考虑渗吸液浓度、降低黏附功、提高洗油效率，还需兼顾界面张力和润湿性对毛细管力的影响。刘晨在评价破胶液基本性能的基础上，对清洁压裂液破胶液体系降低界面张力、乳化能力、改变岩石润湿及提高采收率等性能进行了评价，室内岩心模拟驱油实验表明：该体系可提高采收率10.04%。吴新民通过对一种Gemini型阳离子表面活性剂为稠化剂的耐高温清洁压裂液模拟返排液的研究，发现该清洁压裂液经过高温剪切以后，其破胶液仍然具有较高的表面活性。其降压增注效果明显，可提高采收率10.69~12.50%。

从以上分析可以看到，采用“体积压裂”开发的致密油储藏，对压裂液的要求除了传统的低伤害和低成本外，也要求压裂液具有一定的渗吸置换驱油性能，以最大限度提高单井产量。同时，为了简化现场施工流程，希望尽可能的减少添加剂的种类，以提高作业效率。

相对于天然聚合物组成不稳定，含有水不溶物或固相、破胶后残渣含量高等缺点，合成聚合物具有性能稳定、产品质量易于控制、破胶几乎无残渣，而且可以通过配方、生产工艺的调节满足不同地层的需要，近年来得到广泛的应用。其中，疏水缔合型聚合物由于具有无需交联剂、耐剪切性能良好等优点，在压裂液的应用得到越来越多的应用。结合致密油储层的特点以及本项目的技术要求，本文使用疏水型缔合物作为驱油型压裂液的减阻剂和稠化剂。

在众多的缔合聚合物中，反相乳液型丙烯酰胺减阻聚合体系是今年来用量较大的一套聚合物体系，然而由于其油包水的乳液结构，使得其他添加剂，如黏土稳定剂、助排剂以及本文中将涉及的阻垢剂、驱油剂等水溶性添加剂无法在浓缩液中添加，导致大量的油相使用，同时仍需多种添加剂配合。现场应用较为不便，同时带来一定的环保隐患。

为此本研究采用水相乳液合成法进行体系加工，致密油驱油型压裂液的技术要求，首先筛选出性能合格的水基添加剂；而后在高盐度连续水相中加入各种添加剂，同时使的聚合单体制备多功能压裂液。最后在高分子中引入缔合基团，在不使用交联剂的情况下，实现良好的携砂性能。最实现压裂液体系的驱油、减阻、阻垢等性能的单一添加剂一体化压裂液。

1　多功能缔合物的合成与评价

本研究采用水相乳液合成法进行体系加工，致密油驱油型压裂液的技术要求，首先筛选出性能合格的水基添加剂；而后在高盐度连续水相中加入各种添加剂，同时使的聚合单体制备多功能压裂液。最后在高分子中引入缔合基团，在不使用交联剂的情况下，实现良好的携砂性能。最实现压裂液体系的驱油、减阻、阻垢等性能的单一添加剂一体化压裂液。

1.1　多功能主剂的合成

1.1.1　减阻稠化剂原料

选用丙烯酰胺、2-丙烯酰胺基-2-甲基丙磺酸、自制疏水单体 A1，三种单体，其中丙烯酰胺单体，能够获得较大的分子量，并且具有良好的主链稳定性和侧链稳定性。2-丙烯酰胺基-2-甲基丙磺酸单体可以增加聚合物的抗盐性能和耐高温性能，疏水单体 A1，有望大幅度提高聚合物的流变性能。稳定剂选用聚 2-丙烯酰胺基-2-甲基丙磺酸钠，分散体系采用硫酸铵/硫酸钠无机盐溶液组合，引发体系采用偶氮类引发剂。

1.1.2　其他添加剂剂原料

针对致密储层压裂液研制了一种新型液体粘土稳定剂 Clayplex 650。其分子链上分布阳离子基团，又含有小分子阳离子化合物，2 二者协同作用达到稳定粘土的效果。研制的渗吸剂 Plexsurf 580ME 和传统的助排剂相比，不仅可以极大的降低液体的表界面张力，而且压后破胶液在储层裂缝壁面和孔隙基质内具有驱油置换的作用，可将油层内的油气置换出来。选用含膦类聚合物阻垢剂 Greenhib 679，其优点是具有较好的阻垢和缓蚀效果，而且耐高温和耐盐。

1.1.3　合成方法

目前常用的减阻剂为反相乳液型减阻剂，但是由于本身含有大量的乳化剂，不但成本较高，需要转相溶解后才能起效。而水包水型减阻剂由于外相为水相，可以显著提高其溶解速度，更适合于滑溜水压裂的施工要求。由于没有使用乳化剂，因此，成本更低，更环保。

所谓“水包水”乳液聚合是指一种（或几种）水溶性单体在一种水溶性聚合物的溶液中进行聚合反应，生成另一种水溶性聚合物。在一定条件下，这两种水溶性聚合物的溶液互不混溶，其中一种聚合物及其所携带的水化水作为连续相包裹着作为分散相的另一种聚合物及其水化水，由于连续相和分散相都是水相且两相不互溶，因此所得到的乳液称之为“水包水”聚合物乳液。20 世纪七十年代国外开始进行水包水乳液的研究，1983 年，Hosoda 等以聚乙二醇. 硫酸铵水溶液为分散介质，首次合成出稳定的水包水 PAM 乳液。20 世纪九十年代国内开始对水包水乳液进行研究，主要方向为阳离子水包水的合成及应用，而对阴离子水包水乳液的研究较少。

将一定 HLB 值的 Span80 与 Tween60、白油加入到三口烧瓶中，形成分散介质，其中乳化剂占油相的 20%。将不同质量比的三种单体溶于 5% 的 NaCl 水溶液中，形成分散相，并慢慢滴入分散介质中搅拌均匀，即得到透明、稳定的微乳液体系。在高转速条件下充分乳化 30min，再加入引发剂反应 2.5h，即得到第一步乳胶状的乳液，进一步的将其他功能性添加剂溶于硫酸铵/硫酸钠无机盐溶液分散体系中，加入稳定剂，而后高速搅拌下加入之前生成的乳液体系，最终形成全新的分散相。

1.1.4　合成条件优化

由于分散剂的主要作用是来稳定聚合物的，因此寻找高性价比的分散剂十分重要。一般认为在分散聚合体系中分散剂浓度越高，形成的核越小；比表面积越大，吸附单体到粒子内进行聚合的概率也就越大，所得到的聚合产物分子量越高，粒径越小。由于常用的分散剂价格昂贵，且用于分散聚合时的单体浓度较低。此外，稳定剂的分子量和有效浓度对最后生成的减阻剂乳液的稳定性、溶解速度、单体转化率和相对分子质量等有影响。因此本项目自制聚 2-丙烯酰胺基-2-甲基丙磺酸钠作为整个反应体系的稳定剂，并对稳定剂的有效含量以及分子量进行优化。结果如下：

表 1　稳定剂优化结果

有效含量	10%	15%	20%	25%
稳定剂粘度	300cP	4000cP	50000cP	150000cP

稳定剂粘度过低时，无法在体系中发挥稳定作用，导致体系反应不稳定，易出现结胶现象；稳定剂粘度过高时，在工艺生产放大过程中难以操作实现。根据实验结果，优选稳定剂的有效含量为 15%。确定体系稳定剂的生产配方及过程如下：

实验以高浓度的盐水溶液作为分散介质进行丙烯酰胺的分散聚合反应，考察了无机盐用量对分散体系的影响，通过对盐水浓度的高低进行优化实验得出最优结果。其结果如表 2 所示.

表 2　盐水浓度优化结果

浓度/%	15	15.5	16	16.5	17	17.5	18
结果	成胶	成胶	乳液	乳液	乳液	乳液	分离

从上表可以看出，无机盐用量对水分散体系的表观性状影响显著。当盐水浓度较低时，无法有效形成分散体系将单体隔离为相互独立的聚合空间，盐析效应较差，不能得到稳定的分散体系。着反应的进行低聚物持续聚合为高聚物，最终形成胶体。当盐水浓度较高时，盐析效应明显，单体形成聚合物粒子的稳定性下降，易于形成胶液分离两相。根据实验结果，优选分散体系的盐水浓度为 16.5%。

2　多功能压裂液体系综合性能评价

通过国内外调研以及前期试验分析得知致密油藏储层改造用压裂液体系必须具有粘度低、破胶彻底、返排容易，防膨性能好、摩阻低等特点，基于以上考虑，对于体系的工艺性能开展了评价测试。

2.1　临界缔合浓度

疏水缔合聚合物溶液的粘度与聚合物浓度之间的关系如图 3 所示。由图 1 可知，当聚合物浓度低于 0.15%时，溶液中的聚合物大分子比较少，聚合物分子的活动空间较大，以单个分子形式存在，疏水基团通过疏水作用形成的分子内缔合微区比较少，溶液粘度随着浓度的增加而变得缓慢。在聚合物浓度大于 0.15%后，聚合物溶液的粘度随着浓度的增加明显增大，可以认为 0.15%为疏水缔合物的临界缔合浓度，此时分子缔合的几率增大，大分子之间形成大量疏水微区，大分子链伸展，流体力学体积增加，聚合物的粘度急剧增加。在聚合物浓度为 0.6%时，粘度达到 523mPa·s.

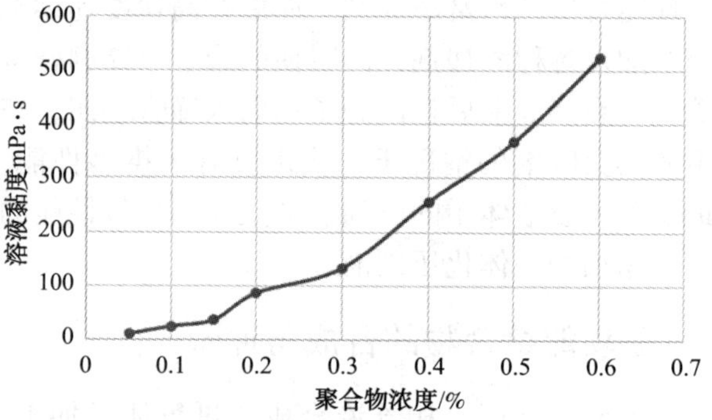

图 1　聚合物浓度与粘度关系

2.2　耐盐性能

按照《SY/T 5107》中的标准盐水配方，配制矿化度为 2000、4000、5000、10000、15000ppm 的，测试乳液加量为 0.5%的溶液基液的粘度。结果如图所示：

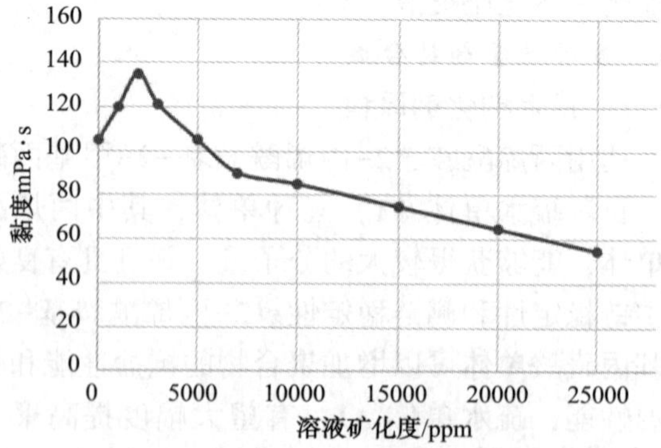

图 2　矿化度对基液粘度的影响

由图可知：压裂液中矿化度对基液粘度影响较大。当矿化度小于 2000ppm 时，随着矿化度的增加，压裂液的基液粘度增加；当矿化度大于

2000ppm 时，随着矿化度的继续增加，压裂液的基液粘度减小。这是因为疏水缔合聚合物分子结构中带有部分长链烷烃，其在盐水中溶解度比在纯水中的溶解度小，加入一定量的盐后疏水缔合聚合物分子间的缔合作用大于分子内的缔合作用，导致聚合物分子中的长链烷烃会聚集或缠结在一起，起到增稠作用；但是矿化度过高，分子内的缔合效应大于分子间的缔合效应，因而粘度呈现下降趋势。当矿化度达到 20000ppm 时，粘度为 65mPa·s，粘度损失率为 38%。

使用 AMF 测试了分子在矿化度下和清水中的分子形态，在水溶液中，因—SO_3 离子间的静电斥力而伸展的分子链在强烈的分子间缔合作用下形成了物理交联网络结构，使得聚合物具有高的溶液黏度。然而由于盐对分子链的屏蔽作用，削弱了聚合物分子间静电斥力，从而使聚合物在盐溶液中的黏度下降。

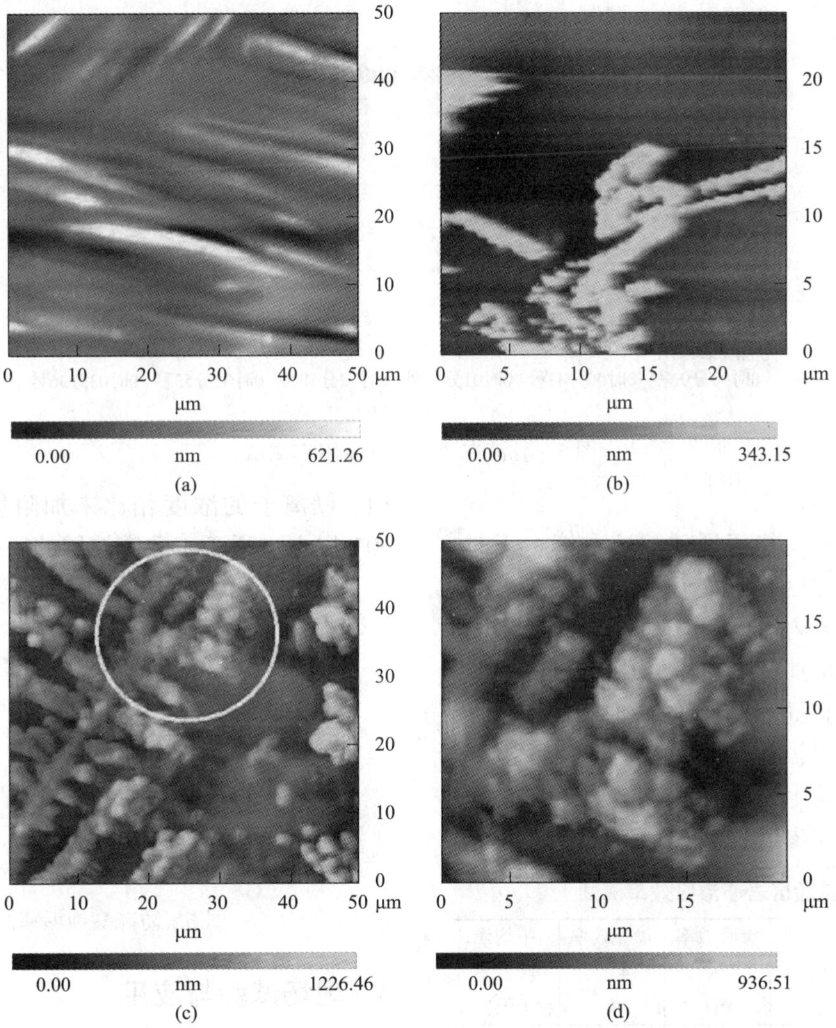

图 3　淡水及盐水中聚合物薄膜的 AMF 照片

2.3　携砂性能

压裂液是一种具有黏弹特性的流体，利用支撑剂沉降考察在实验温度和静态条件下支撑剂的沉降速率。结果表明，对于粒径在 0.4～0.8mm 的石英砂沉降速度为 0.0048cm/s，粒径为 0.45～0.90mm 的陶粒沉降速度为 0.0040cm/s。

取 100ml 乳液加量为 1%的配方压裂液，边搅拌边加入 100mL 石英砂(砂比 20%)，待砂子

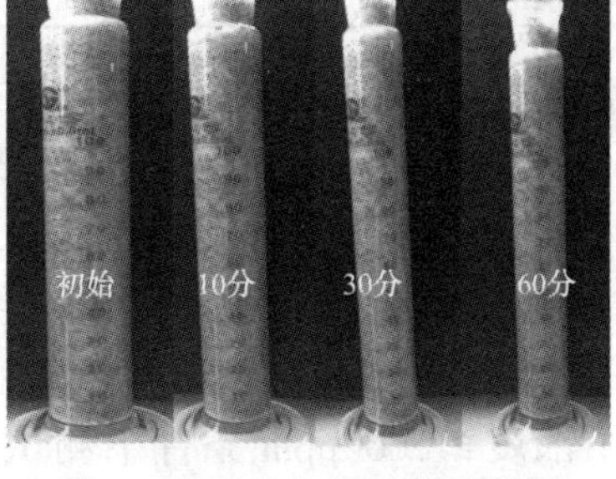

图 4　室温静态悬砂实验结果

均匀后，倒入 100ml 量筒中静置观察，实验表明 1 小时后，砂子几乎无沉降。说明其具有较好的携砂性能。

2.4 减阻性能

根据表面活性剂和线性高分子聚合物湍流减阻特性及机理的研究，聚合物具备的长分子链及其水溶液的可逆网络结构为其同时具备高效减阻和自修复能力提供了可能性。因此聚合物的应用可扩展为高效减阻剂，并且应用到体积改造的减阻水压裂液中。

采用滑溜水摩阻测试仪(实验室自制)对乳液进行减阻性能测试，并与清水进行对比。分别向清水和盐水中加入一定浓度的乳液，记录流体通过管路后的摩阻压降，计算减阻率。

由图 5 可知，乳液在加量 100、200、300ppm 时，其溶液均有较好的减阻效果，最大时接近 70%，且加量在 100ppm 后对减阻效果无明显的影响。

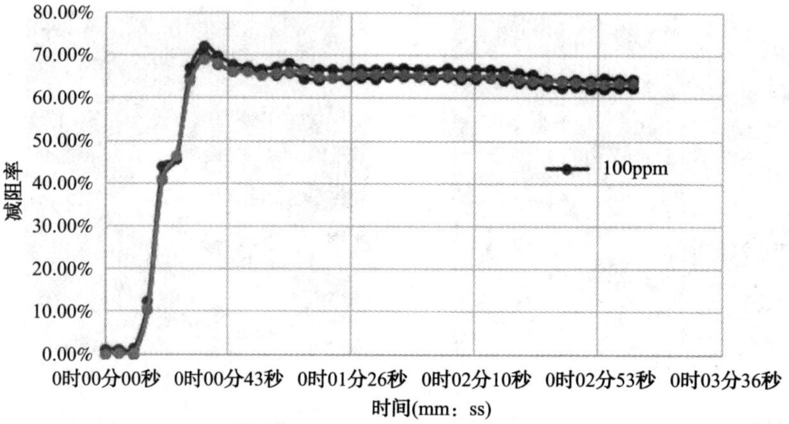

图 5　乳液在清水中的减阻率测试

2.5 渗吸驱油性能

结果表明，多功能压裂破胶液在第 1 天时，渗吸效率较低，而后渗吸效率逐渐增加，变化明显，最终，在 7 天内均达到渗吸平衡，渗吸效率均表现出先缓慢增加，再加速上升，最后达到平衡的趋势；其中渗透性最差的岩心 X28 达到渗吸平衡的时间最短，且渗吸效率最低，而孔渗较好的岩心在渗吸发生 3 天后，仍能不断的缓慢发生渗吸，逐渐提高渗吸效率。

表 3　试验区岩心渗吸效率测试

岩心号	气测渗透率/mD	渗吸效率(3 天)/%	渗吸效率(7 天)/%	渗吸效率(14 天)/%	平均渗吸效率(14 天)/%
N72	0.120	21.5	41.3	41.3	30.5
X29	0.073	15.3	35.1	35.1	
X28	0.044	11.5	15.0	15.0	

2.6 阻垢性能

与传统压裂工艺不同，致密储层压裂液注入液量大，而且存地液滞留时间长。因此，加入的阻垢剂技术要求和注水用阻垢剂类似。综合阻垢剂性能评价结果，，在高温高矿化度盐水溶液中(钙镁离子浓度≥5000ppm 条件下测试)，加入阻垢剂 20ppm 后，在 70℃，24 小时残留的钙、钡、镁离子的浓度相比未加阻垢剂的水质降低 90%以上；适于于致密储层的压裂改造。

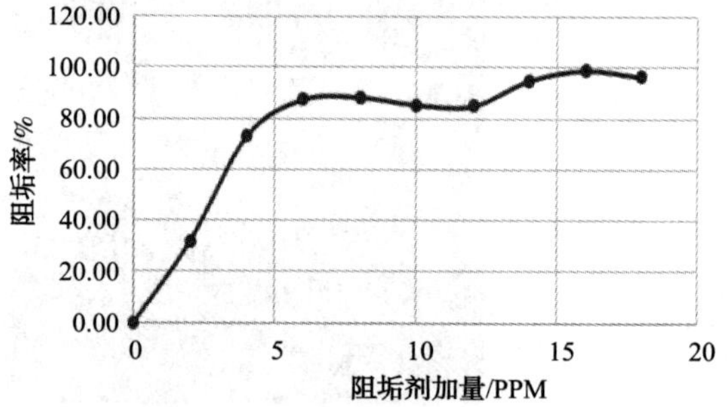

图 6　防硫酸钡垢率曲线

3　现场试验与应用

多功能压裂液完成水平井现场试验，试验井闷井 70 天后放喷，返排 1.13%即见油，单井试油产量达 111.35t，现场测试结果显示体系的减阻、混配、携砂等关键施工性能指标，均超过了设计预期。试油产量远超同层为邻井直井。

表 4　试验井改造参数

水平段长/m	钻遇率/%	段数(段)	簇数(簇)	砂量/m^3	液量/m^3
1500	75.1	24	97	2712.1	28757.1

4 结论

（1）通过水相乳液聚合工艺，克服了反相乳液稳定性与无机水剂添加剂的混溶矛盾，成功在一种乳液中实现了聚合物减阻、高效表活剂驱油、有机螯合阳离子足够多功能一体化的压裂液体系。

（2）新研发的多功能压裂液体系室内评价具有较好的体积压裂工艺适配性能。

（3）现场试验表明，多功能压裂液有优越的减阻性，能够连续混配，并且压裂液返排能够回收利用，存地液具有一定驱油、阻垢能力，为致密油、页岩油气藏开发提供了新的技术选择。

参 考 文 献

[1] 王永辉，卢拥军，李永平，等．非常规储层压裂改造技术进展及应用[J]，石油学报，2012，8 月增刊 1，33；149-158.

[2] 郭刚，薛小佳，李楷，等．压裂液存留液对致密油储层渗吸替油效果的影响[J]，钻井液与完井液，2016，11 月，33，121-126.

[3] Prateek Kathel，Kishore K. Mohanty，EOR in Tight Oil Reservoirs through Wettability Alteration，[R] SPE 166281，2013.

[4] 蒋官澄，许伟星，李颖颖，等．国外减阻水压裂液技术及其研究进展[J]，特种油气藏，2013，2 月，20；1-6.

[5] 甘亮，张晨，牛玉莲，等．乳状液稳定性影响因素及检测方法综述[J]，日用化学品科学，2014 年 3 月 37，22-26.

[6] 张亚东，苏雪霞，孙举，等．国内压裂用减阻剂的研究及应用进展[J]，精细石油化工进展，2016 年 7 月 17，8-11.

[7] 余维初，吴军，韩宝航，页岩气开发用绿色清洁纳米复合减阻剂合成与应用[J]，长江大学学报(自科版)，2015，12(8)：78-82.

鄂尔多斯盆地太原组致密灰岩储层复合缝网体积压裂技术及应用

杨尚儒　周长静　马占国　肖元相　古永红

（中国石油长庆油田分公司油气工艺研究院）

摘　要　鄂尔多斯盆地太原组灰岩储层分布稳定、含气性好且资源潜力巨大。针对灰岩储层天然裂缝发育、脆性程度高、两向应力差小、酸压改造低产等难题，创新形成致密灰岩储层酸压/加砂双元复合缝网体积压裂技术。太原组灰岩储层以生屑粉晶灰岩和藻粘结灰岩为主，储集空间主要为溶孔、晶间孔以及微裂缝，储层孔隙度 0.5~4.0%，渗透率 0.01~1.0mD。立足太原组灰岩发育孔隙及微裂缝等立体储集空间，研发了低分子缓速低摩阻酸液体系，优选了变粘滑溜水，通过酸液和压裂液多级交替注入模式，形成多尺度复杂裂缝系统。采用多粒径陶粒组合分别支撑微裂缝、分支裂缝和主裂缝，大幅提升裂缝复杂程度及改造体积。现场试验 3 口灰岩水平井，平均单井产量 $85.88\times10^4m^3/d$，较酸压直井产量提高 20 倍以上，增产效果显著。该技术已成为致密灰岩储层改造的主体技术，为灰岩气藏效益开发提供技术保障。

关键词　鄂尔多斯盆地；太原组；致密灰岩；水平井；酸压加砂压裂

Acid-sand fracturing technology and its application of tight limestone in the Taiyuan Formation, Ordos Basin

Yang Shangru　Zhou Changjing　Ma Zhanguo　Xiao Yuanxiang　Gu Yonghong

(Oil and Gas Technology Research Institute, PetroChina Changqing Oilfield Company)

Abstract　The Taiyuan Formation limestone reservoir in Ordos Basin has stable distribution, good gas bearing and great resource potential. In order to solve the problems such as natural fracture development, high brittleness, small stress difference and low production of acid fracturing, the acid and sand fracturing dual-elemental fracturing technology of tight limestone reservoir is developed. The limestone reservoirs of Taiyuan Formation are mainly composed of bioclastic silty limestone and algal limestone with dissolved pores, inter-crystalline pores and micro-fractures. The porosity of the reservoirs is 0.5%~4.0%, and the permeability is 0.01mD~1.0mD. Based on the three-dimensional reservoir space such as pores and micro-fractures in the Taiyuan Formation limestone, a low molecular, slow rate and low friction acid system was developed, and variable stick-slip water was selected. A multi-scale complex fracture system was formed through the multi-stage alternating injection mode of acid and fracturing fluid. The combination of multi-particle size ceramics is used to support micro-cracks, branch cracks and main cracks, which greatly improves the complexity and reconstruction volume of cracks. The average output of three limestone horizontal Wells was $85.88\times10^4m^3/d$, which was more than 20 times higher than that of acid fracturing vertical Wells. The technology has become the main technology of tight limestone reservoir fracturing and provides technical support for the beneficial development of limestone gas reservoir.

Key wordst　Ordos Basin; Taiyuan Formation; Tight limestone; Horizontal well; Acid-sand fracturing

太原组灰岩主要分布于鄂尔多斯盆地东部，具有含气面积广、储层物性较好、成藏条件优越的特征。盆地东部太原组灰岩是天然气增储上产的重要接替领域，具有巨大的资源潜力。前期直井主体采用基质酸化、适度规模酸压工艺，但增产效果不明显。酸压成功与否取决于酸压后有效酸蚀缝长和酸蚀裂缝导流能力大小。灰岩储层酸压主要存在天然裂缝发育、施工摩阻高、酸岩反应速度快等难点，形成了以酸液体系为基础和以技术方法为基础的两大类酸压工艺。Duan 等通过真三轴水力压裂力学实验研究了浅滩碳酸盐岩储层水力压裂的裂缝形态。前人研究表明，在灰岩加砂压裂存在近井筒的高摩阻问题、多裂缝、较低的缝宽等难题，由于灰岩储层整体杨氏模量过高，产生的缝宽较小，加砂困难。灰岩储层酸压改造具有更好地沟通不连通的孔隙和天然裂缝、施工成功率高的优势，加砂压裂形成的支撑裂缝相较于酸压改造具有更持久有效的导流能力。

本文提出的致密灰岩储层酸压加砂复合缝网体积压裂工艺，通过形成复杂的酸蚀-支撑复合裂缝系统，可以有效提高裂缝的导流能力，大幅提升裂缝复杂程度及改造体积，增产效果显著。

1　太原组灰岩储层特征

1.1　地质特征

太原组灰岩形成于陆表海潮坪环境，纵向发育 4 套灰岩储层，自下向上为庙沟段、毛儿沟段、斜道段、东大窑段等，累计厚度 5-30 米。太原组灰岩发育生屑滩、生物丘有利沉积相带，储层岩性以生屑粉晶灰岩和藻粘结灰岩为主，储集空间主要为溶孔、晶间孔以及裂缝，储集性能较好。灰岩储层矿物成分以方解石为主，含少量白云石，粘土含量较低(<5%)，粘土类型以高岭石、伊利石为主。太原组灰岩发育基质孔，具有较好的储集性能。灰岩储集空间类型主要为溶蚀孔洞(溶孔、晶间溶孔)、生物体腔孔、晶间孔，其次为粒间孔和微裂缝(图 1)。溶蚀孔洞包括毫米级的溶孔和溶洞 2 种，平均面孔率 0.71%。裂缝类型以构造缝和成岩缝为主。裂缝密度为 2-15 条/米，平均 8 条/米。裂缝宽度大部分小于 0.5 毫米，占 59.3%。裂缝以完全充填方解石或泥质为主，占 74.9%，半充填的占 25.1%。太原组灰岩储层孔隙度 0.5~4.0%，平均 2.6%，渗透率 0.01~1.0mD，平均 0.21mD，大于 0.1mD 的占 31.4%。

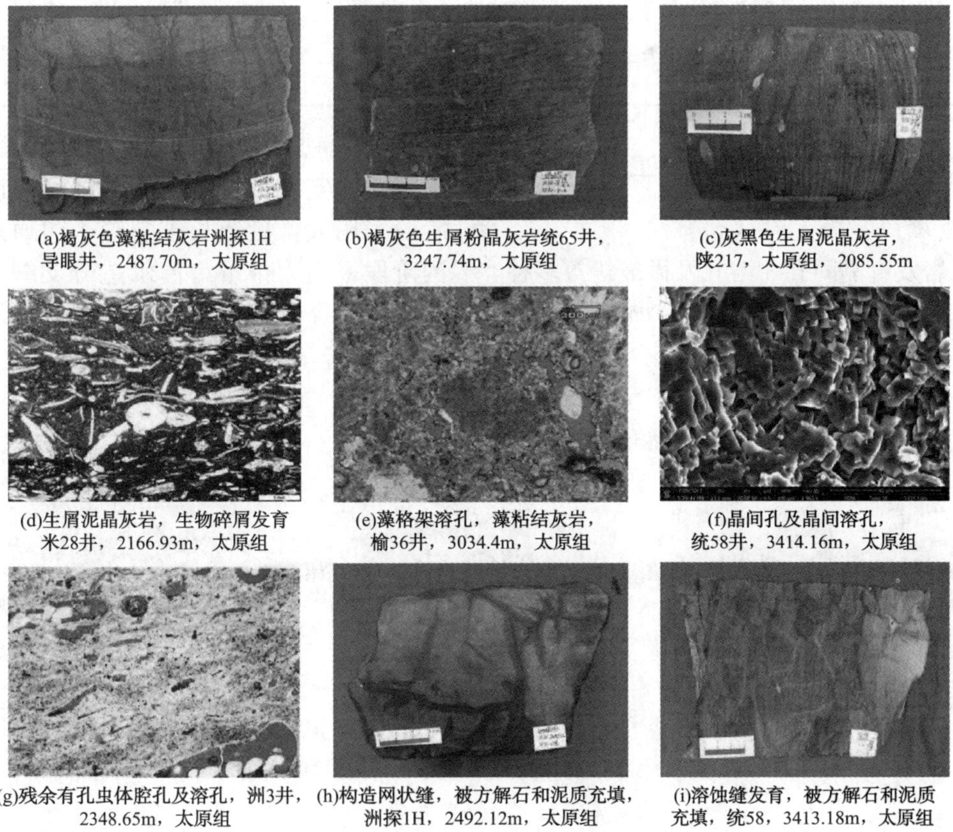

(a)褐灰色藻粘结灰岩洲探1H导眼井，2487.70m，太原组
(b)褐灰色生屑粉晶灰岩统65井，3247.74m，太原组
(c)灰黑色生屑泥晶灰岩，陕217，太原组，2085.55m
(d)生屑泥晶灰岩，生物碎屑发育米28井，2166.93m，太原组
(e)藻格架溶孔，藻粘结灰岩，榆36井，3034.4m，太原组
(f)晶间孔及晶间溶孔，统58井，3414.16m，太原组
(g)残余有孔虫体腔孔及溶孔，洲3井，2348.65m，太原组
(h)构造网状缝，被方解石和泥质充填，洲探1H，2492.12m，太原组
(i)溶蚀缝发育，被方解石和泥质充填，统58，3413.18m，太原组

图 1　太原组灰岩储岩岩心与储集空间类型

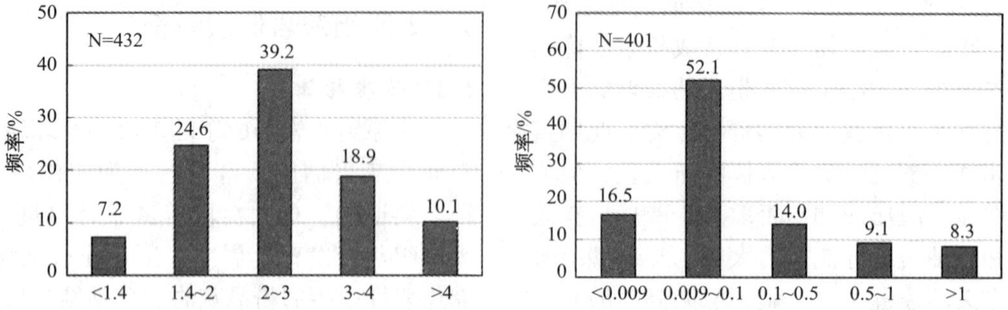

图2　太原组灰岩储岩孔隙度与渗透率分布直方图

1.2　工程特征

岩石力学三轴压缩实验测试太原组杨氏模量33.2-52.5GPa，平均40.3GPa，灰岩杨氏模量略高，泊松比0.18-0.25，平均0.22。太原组灰岩最大水平主应力54.15-58.46MPa，最小水平主应力49.67-53.28MPa，水平主应力差4.48-5.18MPa，水平两向应力比1.1，体积压裂能够形成一定缝网系统。太原组灰岩脆性指数为61.2%、水平两向应力差为4.5-5.2MPa。通过岩石力学、地应力、脆性指数、裂缝分析等室内实验和机理研究，从压裂地质特征分析来看，太原组灰岩具有“高脆性、水平两向应力差小，微裂缝发育”特征，具备形成体积压裂复杂缝网条件。

表1　太原组灰岩岩石力学参数测试数据表

地区	层位	岩性	围压/MPa	抗压强度/MPa	杨氏模量/GPa	泊松比
盆地东部	太原组	灰岩	25	293.34	41.36	0.18
			25	295.19	52.45	0.25
			25	288.78	38.88	0.20
靖边地区	太原组	灰岩	35	232.69	35.16	0.21
			35	297.24	44.22	0.24
	太原组	灰岩	35	265.54	34.25	0.22
			35	270.18	35.43	0.23

2　酸压加砂复合缝网体积压裂工艺特征

2.1　技术原理

针对灰岩发育晶间孔、溶孔及微裂缝等多种储集空间，2023年以来坚持酸压-加砂双元复合缝网体积压裂工艺，采用“多段少簇差异布缝、酸蚀+加砂高导流复杂缝网”的储层改造技术思路，实现灰岩储层充分缝网化改造。造缝阶段采用大排量造长主裂缝，沟通远井端；成网阶段采用大排量滑溜水造分支缝，酸蚀扩大体积；支撑阶段采用变粘滑溜水多尺度支撑实现高导流。

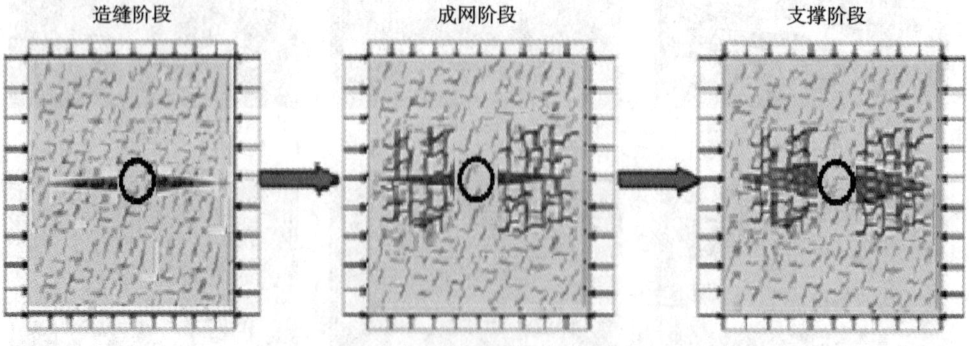

图3　酸压加砂复合缝网体积压裂技术模式图

2.2 工作液体系与支撑剂

2.2.1 低粘缓速深穿透单相酸体系

酸液采用低粘缓速深穿透单相酸体系，具有穿透性强、缓速性能好等优点。低粘低分子单相酸体系具有穿透性强特征，低粘低分子酸更易渗透浸入岩石微小孔喉，促进酸蚀蚓孔对天然裂缝的溶蚀沟通，提高天然裂缝的连通性实现储层横向改造深度和复杂缝体高导流能力。单相酸体系缓速性能好，相比稠化酸，单相酸通过分子吸附聚集在岩石表面形成疏水膜，酸岩反应速率下降2倍，且单相酸相态单一，配制简便，满足在线施工要求。

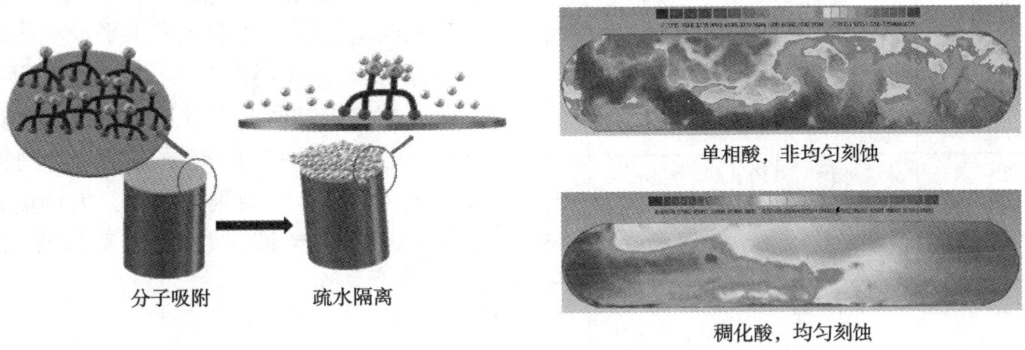

图4　低粘缓速单相酸体系

2.2.2 VSW可变粘滑溜水体系

VSW可变粘滑溜水体系伤害小、粘度低、减阻效果好，可有效开启微裂缝，增大缝网改造体积。VSW与小粒径支撑剂匹配性能好，0.35~0.4%VSW能满足支撑剂在30min中保持全悬浮。滑溜水粘度6-9mPa·s，低粘液30-45mPa·s。

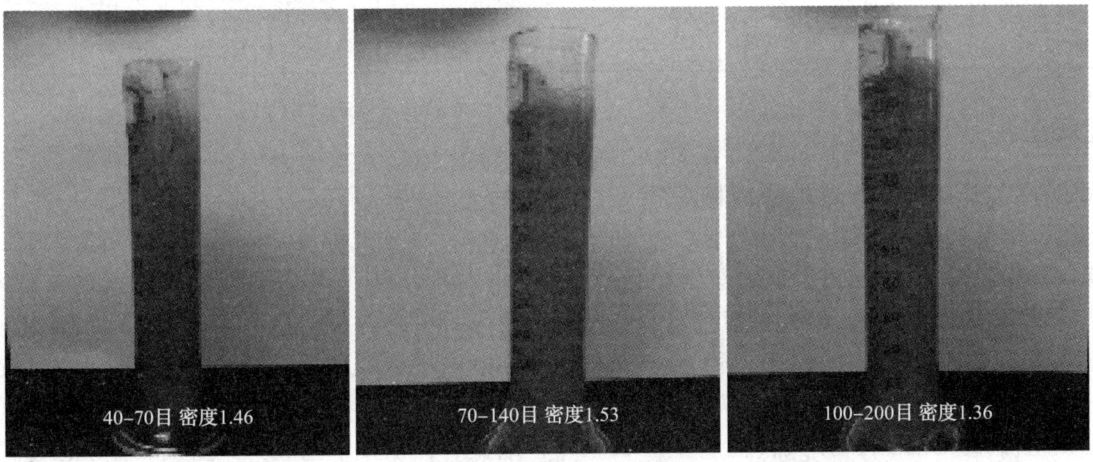

图5　VSW变粘滑溜水静态携砂

2.2.3 支撑剂优选

针对太原组灰岩储层杨氏模量高、缝宽较小、微裂缝发育特征，以有效支撑微裂缝、分支裂缝和主裂缝等多尺度复杂裂缝系统为目标，支撑微裂缝选用100-200目支撑剂，支撑分支缝选用70-140目支撑剂，支撑主裂缝选用40-70目支撑剂，优选了支撑剂粒径(比例2∶3∶1)和分阶段加砂浓度，实现全缝网有效支撑。

表2　支撑剂性能及设计用量表

支撑剂名称	粒径/mm	破碎率(≤9%)	比例
(100-200目)陶粒	0.150-0.075	12.5K/86MPa	1
(70-140目)陶粒	0.212-0.106	10K/69MPa	3
(40-70目)陶粒	0.425-0.212	10K/69MPa	2

2.3 工艺及参数优化

2.3.1 射孔工艺

固井完井水平井分段多簇压裂工艺第一段采用连续油管传输射孔技术，第二级以后采用泵送电缆射孔桥塞联作方式，布孔方式依据井眼轨迹优化，主体采用螺旋射孔和定向射孔两种，诱导裂缝在灰岩储层中扩展延伸。

表3 射孔工艺参数表

工艺参数＼适用范围	DMS可溶球座/可溶桥塞分压	
	Φ139.7mm	Φ114.3mm
射孔枪	Φ89枪	Φ73枪
射孔弹	穿深≥700mm	
相位角	60°	
布孔方式	螺旋布孔	
孔密	16孔/米	
射孔方式	电缆传输射孔	
射孔液	粘土稳定剂(或KCl)+清水	

注：射孔井段注意避开套管接箍。

2.3.2 段簇及规模优化

灰岩水平井采用酸压-加砂双元复合缝网体积压裂技术模式，同时结合储层特征开展差异化设计，优化施工规模。结合灰岩水平井随钻GR、含气性等参数特征，采用差异化设计，坚持分段多簇大规模双元复合缝网体积压裂技术，采用酸液+压裂液多级交替注入方式，优化施工工艺及改造规模，实现灰岩水平段整体动用，增大泄流面积。采用多段少簇差异化精准布缝，Ⅰ、Ⅱ类储层加密布缝、适度布缝，Ⅲ类储层精准造长缝。酸蚀+加砂高导流复杂缝网，低粘液激活天然裂缝，酸液刻蚀裂缝，大排量多尺度加砂压裂，以实现储层缝网化整体充分改造为目标。

表4 太原组灰岩储层水平井酸压-加砂双元复合缝网体积压裂改造参数

类型	灰岩储层分类指标		差异化设计精准布缝	压裂改造施工参数						支撑剂
	气测/%	GR(API)		段长/m	单段簇数	排量/(m^3/min)	单段酸量/m^3	单段砂量/m^3	砂比/%	
Ⅰ类	>6	<25	均匀布缝	60-80	4-5	10-14	30-80	60-100	12-16	100-200目+70/140目+40/70目
Ⅱ类	2-6	25-50	适度加密	80-100	3-4	8-12	50-80	60-80	12-14	
Ⅲ类	<2	>50	精准造长缝	100-120	2-3	8-10	80-100	50-80	10-14	

3 现场应用效果

2021—2022年围绕灰岩生屑滩储层实施的Y1试气获54.9万方/天高产工业气流，实现了灰岩储层的单井突破。2023年采用酸压/加砂双元复合缝网体积压裂技术，实施两口灰岩水平井Y3和Y4井，先后获62.97万方/天和108.79万方/天高产，实现灰岩单井产量百万方突破，平均试气无阻流量85.88万方/天，初期生产日产气达到3-6万方/天。

Y4井太原组灰岩水平段长1616m，钻遇气层1517m（钻遇率93.9%），气测峰值28.5%，平均3.3%。斜道段灰岩储层厚7.0m，气层厚3.9m，平均孔隙度3.4%，平均渗透率0.21mD。采用可溶球座分段复合缝网体积压裂工艺，压裂22段86簇，排量8-14方/分，加酸2015方，加砂量1790方。通过大排量酸液/低粘液交替注入和多粒径支撑高导流酸蚀-支撑裂缝，增产效果显著，该技术已成为致密灰岩储层改造的主体技术，为灰岩气藏效益开发提供技术保障。

表5 太原组灰岩水平井加砂压裂改造参数与试气效果

井号	压裂段数	压裂簇数	排量/(m^3/min)	砂量/m^3	酸量/m^3	总液量/m^3	液氮/CO_2/m^3	日产气(10^4m^3)	日产水/m^3	无阻流量(10^4m^3/d)
Y1	14	61	8-12	780	660稠	16812	607	9.23	111	54.86
Y3	10	36	8-10	717	1295单	10202	670(CO_2)	13.46	30	62.97
Y4	22	86	8-14	1790	2015单	25191	155.3	27.36	6	108.79

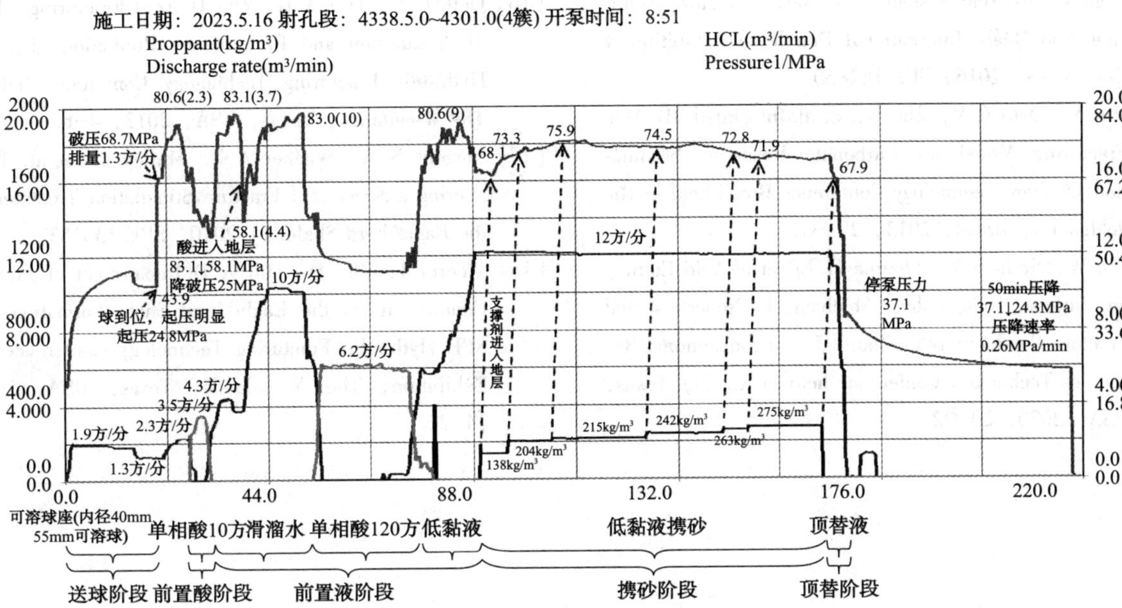

图 6　Y4 井太原组灰岩第 8 段复合缝网体积压裂施工曲线

4　结论

（1）太原组灰岩储层岩性以生屑粉晶灰岩和藻粘结灰岩为主，储集空间主要为溶孔、晶间孔以及裂缝，平均裂缝密度 8 条/米。灰岩储层孔隙度 0.5~4.0%，渗透率 0.01~1.0mD。太原组灰岩具有“高脆性、水平两向应力差小，微裂缝发育”特征，具备形成体积压裂复杂缝网条件。

（2）针对灰岩发育晶间孔、溶孔及微裂缝等多种储集空间，研发低分子缓速酸液体系、优选变粘滑溜水及多尺度小粒径支撑剂、创新压裂模式，攻关形成“酸压-加砂双元复合、先成缝后成网、气体增能大规模压裂”为核心的致密灰岩缝网加砂压裂技术，大幅提升裂缝复杂程度及改造体积。

（3）现场试验 3 口井，单段砂量突破 100 方，平均单井产量 $85.88\times10^4m^3/d$，较酸压直井提高 20 倍以上，增产效果显著。该技术已成为长庆太原组灰岩水平井储层改造的主体技术，为该类气藏的勘探突破及有效开发提供了有力的技术保障。

参　考　文　献

[1] 李兴旺．塔里木盆地顺北地区奥陶系碳酸盐岩储层特征研究[D]．成都理工大学，2020.

[2] 孙玉平，陆家亮，刘海，等．国内外大型碳酸盐岩气藏主要开发评价指标[J]．天然气勘探与开发，2017，40(4)：59-64.

[3] 王大鹏，白国平，徐艳，等．全球古生界海相碳酸盐岩大油气田特征及油气分布[J]．古地理学报，2016，18(1)：82-83.

[4] 张倩，李年银，李长燕，等．中国海相碳酸盐岩储层酸化压裂改造技术现状及发展趋势[J]．特种油气藏，2020，27(2)：1-7.

[5] 孙大权．南堡奥陶系碳酸盐岩储层酸化改造技术研究[D]．西南石油大学，2017.

[6] M. J. 埃克诺米德斯，K. G. 诺尔蒂等著．油藏增产措施(第三版)．石油工业出版社，2002.

[7] 李年银．塔里木轮南潜山裂缝性油气藏高温深井酸压效果评价[D]．西南石油大学硕士论文，2006.

[8] 李小刚，雷腾蛟，杨兆中，等．酸压工艺进展及展望[J]．油气井测试，2014，23(5)：43-47.

[9] Duan Wei，Zhiqian Gao，Tailiang Fan，et al. Experimental hydraulic fracture propagation on naturally tight intra-platform shoal carbonate[J]. Journal of Petroleum Science and Engineering，2017，157：980-989.

[10] Oliveira H A，Li W，Maxey J E. Invert Emulsion Acid for Simultaneous Acid and Proppant Fracturing[J]. Offshore Technology Conference，2013，SPE 24332.

[11] Ding Y，Li Y，Xu Y，et al. Propped fracturing with a novel surface cross-linked acid in high temperature deep carbonate formation[J]. North Africa Technical Conference and Exhibition，2010，SPE 127312.

[12] Mingguang Che，Yonghui Wang，Jianxin Peng，et al. Propped Fracturing in Deep Naturally-Fractured Tight Carbonate Reservoirs[J]. SPE Russian Petroleum Technology Conference，2018，15-17.

[13] Karadkar P，Suzart W，Sabhapondit A，et al. Novel

High Viscus Acid System for Proppant Fracture Acidizing. Abu Dhabi International Petroleum Exhibition & Conference, 2016, SPE 182860

[14] Wu X, Oeth C V, Zhu D, et al. Integrated 3D Acid Fracturing Model for Carbonate Reservoir Stimulation. Offshore Technology Conference Brasil held in Rio de Janeiro, Brazil, 2013, 29-31.

[15] Wu W, Szabian M, Sharma M. Effect of Acid Etching on Surface Topography, Mechanical Properties and Fracture Conductivity in Shale [J]. Unconventional Resources Technology Conference held in Austin, Texas, USA, 2020, 20-22.

[16] Oeth C V, Hill A D, Zhu D. Acid Fracturing: Fully 3D Simulation and Performance Prediction [J]. SPE Hydraulic Fracturing Technology Conference held in The Woodlands, Texas, USA, 2013, 4-6.

[17] Stegent N A, Wagner A L, Mullen J, et al. Engineering a Successful Fracture Stimulation Treatment in the Eagle Ford Shale[J]. 2010, SPE 136183.

[18] Guerra J, Zhu D, Hill A D. Impairment of Fracture Conductivity in the Eagle Ford Shale Formation [J]. SPE Hydraulic Fracturing Technology Conference and Exhibition, The Woodlands, Texas, USA, 2017, 24-26.

鄂尔多斯盆地纹层型页岩油立体压裂技术研究与试验

马　欢　刘汉斌　问晓勇　王成旺　李志文　张　宇

(中国石油长庆油田分公司油气工艺研究院)

摘　要　鄂尔多斯盆地纹层型页岩油纵向叠置发育毫米到厘米级具有纹层结构的粉细砂岩和泥页岩，这种纵向多岩性复合的储层特征导致压裂改造时裂缝起裂难、穿层难。为此，本文采用 30cm×30cm×30cm 物模试件进行水力压裂物模实验，定性认识纹层型页岩油裂缝扩展形态；利用 PETREL 软件开展数值模拟研究，分析层间应力差、压裂液粘度、泵注排量与裂缝高度之间的关系，指导纵向穿层压裂设计。物模结果显示，多岩性复合储集体裂缝扩展呈现平面错动、纵向穿层的特征；数模结果表明，针对多岩性层间高应力差，提高压裂液粘度至 230mPa・s 以上、优化单簇排量 4~5m^3/min 可以促进水力裂缝突破界面发生穿层扩展行为。因此，本文在注重宏观压裂纵向穿层的基础上，优化采用组合粒径支撑剂、纳米变粘滑溜水压裂液体系，形成了以"纵向立体穿层、缝网高效铺置、纳米渗吸驱油"为核心的立体压裂改造技术，指导 M＊＊＊井、X＊＊＊＊＊井试油分获 84. 7t/d、65. 6t/d 高产油流，为纹层型页岩油规模勘探开发奠定了坚实的技术基础。

关键词　纹层型页岩油；立体压裂技术；穿层压裂

Research and Experiment on Tridimensional Fracturing Technology of Laminated Shale Oil in Ordos Basin

Ma Huan　Liu Hanbin　Wen Xiaoyong　Wang Chengwang　Li Zhiwen　Zhang Yu

(Oil and Gas Technology Research Institute of petrochina Changqing Oilfield Company)

Abstract　The laminated shale oil in Ordos Basin is formed by vertical millimeter to centimeter－level superposed fine siltstone, mudstone and shale with laminated texture, while this vertical polylithological composite characteristic makes it difficult for fractures to initiate and propagate during hydraulic fracturing. Therefore, this paper qualitatively acquaints the fracture propagation shape of laminated shale oil with 30cm×30cm×30cm physical model conducted the hydraulic fracturing physical simulation experiments. Meanwhile, the numerical simulation software of PETREL is used to analyze the relationship between stress difference between layers, fracturing fluid viscosity, pumping rate and fracture height, guiding the design of vertical cross-layer fracturing. The results of physical simulation experiments show that the fracture in vertical polylithological composite reservoir propagates in the pattern of horizontal dislocating and vertical crossing layer. The results of numerical simulation experiments show that increasing the fracturing fluid viscosity to 230mPa・s, optimizing the single cluster pumping rate of 4~5m^3/min can promote the hydraulic fracture to break through the lithologic interface and generate the behavior of cross-layer propagation. Therefore, on the basis of vertical cross-layer fracturing at the macro level, this paper optimizes proppant of combined diameters, nano-variable viscosity slickwater, and then forms a tridimensional fracturing technology with the core of vertical cross-layer fracturing, efficient fracture network filling and nanoporous oil imbibing and displacing. All of these results guided M＊＊＊ and X＊＊＊＊＊ to obtain high-yield oil flow of 84. 7t/d and 65. 6t/d, which laid a solid technical foundation for large-scale exploration and development of laminated shale oil.

Key wordst laminated shale oil; tridimensional fracturing technology; vertical cross-layer fracturing

水平井体积压裂技术是北美实现页岩油等非常规资源提产的核心技术，长庆油田借鉴国外体积改造成功经验，立足自身页岩油特点开展油藏探索与现场试验，初步形成了适合盆地特征的页岩油水平井体积压裂主体技术。但随着勘探开发持续进行，地质特征认识不断深化，不同类型储层差异明显，为进一步提高单井产量，亟须优化与提升体积压裂技术与储层类型的匹配性。

延长组长7段为鄂尔多斯盆地页岩油的主力开发层段，主要发育夹层型、纹层型、纯页岩型3种类型页岩油。其中，纹层型页岩油以长7_3段为主，为毫米到厘米级具有纹层结构的粉细砂岩和泥页岩复合体，具有储层厚度薄、多岩性复合、两向应力差大、脆性指数低、天然裂缝密度高等特征。由于前期对该类储层认识不清晰，对裂缝形态描述不精细，借鉴以往压裂改造经验未能实现对储层的有效控制。近年来，长庆油田立足储层变化加强工程地质一体化研究，有效刻画出纹层型页岩油错动+穿层的"互"字型裂缝形态扩展模式，并攻关形成纹层型页岩油纵向"立体"压裂改造技术模式，试验后单井产量取得大幅提升，为纹层型页岩油亿吨级储量提交和规模勘探开发奠定了坚实的技术基础。

1 盆地页岩油基本概况

中国陆相页岩油分为夹层型、混积型、页岩型三大类，鄂尔多斯盆地长7段主要发育夹层型和页岩型。其中，长7_1、长7_2段主要发育夹层型页岩油，为富有机质泥页岩夹多期块状细砂岩组合，长庆油田以该类储层为勘探开发的主要目标，发现了我国首个10亿吨级页岩油大油田——庆城油田，并成功攻关"多簇细切割"压裂改造技术，实现该类油藏规模化开发。长7_3段主要发育纹层型页岩油，属于页岩型页岩油中的一类，为毫米到厘米级具有纹层结构的粉细砂岩和泥页岩复合体，该层发育稳定、储集体厚度大、含油饱和度高(平均80%)、成熟度高(Ro>0.8%)，勘探面积约2.6万平方公里，估算远景资源量60亿吨，是长庆油田页岩油风险勘探的主要目标和高效增储的重要接替领域。

长7_3段井下岩心92组岩石力学参数基础测试结果显示，该类储层纵向力学参数差异大、层理及裂缝发育，其中，抗拉强度表现为页岩<泥岩<砂岩，泥页岩低于砂岩2~4MPa；储层水平两向应力差主要为4~12MPa，层间应力差主要为4~8MPa；脆性指数泥页岩比砂岩低5~10%；破裂压力表现为页岩<砂岩<泥岩，差异12~16%；微裂缝分布程度比砂岩和泥岩高7倍。对比夹层型页岩油，具有储层厚度薄、多岩性复合、两向应力差大、脆性指数低、天然裂缝密度高的特征。

2 纹层型页岩油水力裂缝认识

纹层型页岩油为岩性高频变化的砂-泥-页复合体，明确复合层效应对水力裂缝扩展规律的影响是制定储层改造提产技术对策的关键。本文以长7_3岩性分布为参考依据设计不同岩性组合物模试件，通过开展水力压裂模拟实验认识裂缝扩展形态特征。其中，试件中砂岩和页岩选取天然露头，泥岩采用特定配比(石英砂：水泥=2：1)的混凝土，先将砂岩、页岩、泥岩分别加工成尺寸为30cm×30cm×9cm的长方体块，再使用30cm×30cm×30cm的模具将三种岩性长方体块按照不同组合顺序粘接成物模试件。考虑相同应力条件下不同岩性储层的形变特征及力学特性不同，根据长7_3多岩性剖面设计6种岩性组合方案，分别对应不同射孔位置和穿层岩性，如图1所示。

实验参数根据鄂尔多斯盆地长7_3地应力分布和现场施工参数进行设计，其中，加载的三向应力分别为垂向地应力σ_V25MPa、水平最大地应力σ_H20MPa、水平最小地应力σ_h12MPa；压裂液粘度取交联后高粘230mPa·s；泵注排量取5mL/min(对应现场施工排量5m^3/min，根据相似准则计算室内实验排量为5mL/min)。实验方案如表1所示。模拟压裂时在压裂液中添加红色示踪剂，以便剖切试件后识别水力压裂裂缝延伸轨迹，同时采用CT扫描法对裂缝面进行三维重构，更加清晰展现裂缝扩展形态特征，不同岩性组合试件中裂缝扩展形态如图2所示。

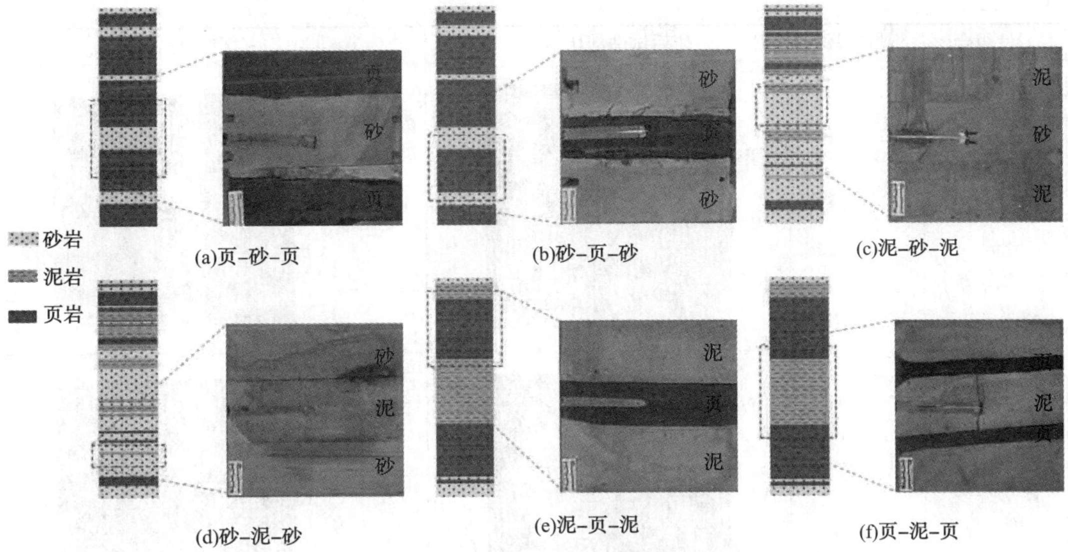

图 1　水力压裂物模试件类型设计方案

表 1　水力压裂物模实验方案

编号	岩性组合	射孔层位	三向地应力/MPa	粘度/mPa·s	排量/(mL/min)
1#	页-砂-页	砂	12/20/25	230	5
2#	砂-页-砂	页			
3#	泥-砂-泥	砂			
4#	砂-泥-砂	泥			
5#	泥-页-泥	页			
6#	页-泥-页	泥			

图 2 展示了 6 组物模实验裂缝扩展形态，其中压后试件 3#和 4#的水力裂缝明显产生穿层扩展行为，压后试件 1#、2#、5#、6#经水力压裂后发生层间错动现象，裂缝扩展整体呈现出“平面错动、纵向穿层”的特征。此外，裂缝从砂岩、泥岩起裂时形态较为单一，如压后试件 1#、3#、4#、6#所示；裂缝从页岩起裂时形态较为复杂，如压后试件 2#、5#所示，这主要是由于页岩中层理和微裂缝比较发育，水力裂缝在起裂过程中容易沿着层理和微裂缝起裂。

编号	岩性组合	射孔层位	压后试件剖切结果	CT 扫描结果
1#	页-砂-页	砂		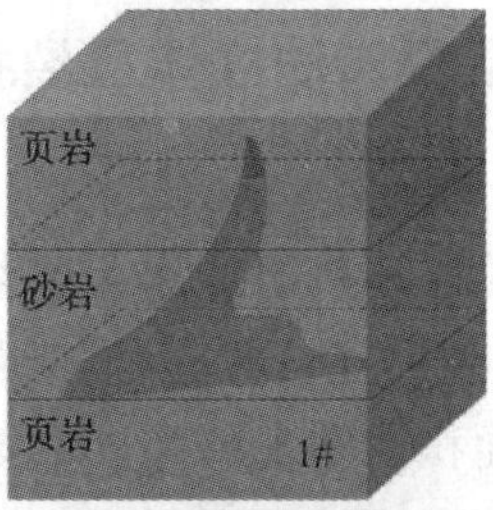
2#	砂-页-砂	页	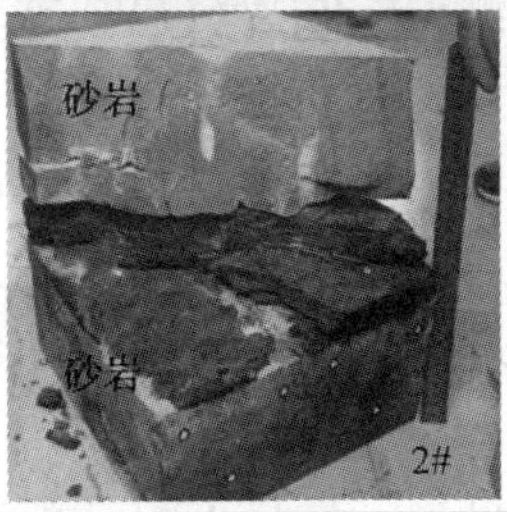	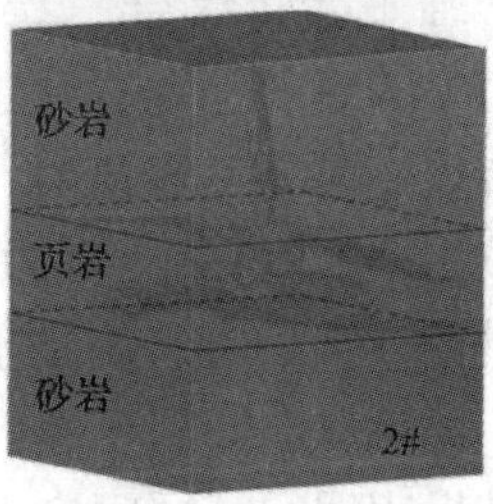

续表

编号	岩性组合	射孔层位	压后试件剖切结果	CT 扫描结果
3#	泥-砂-泥	砂		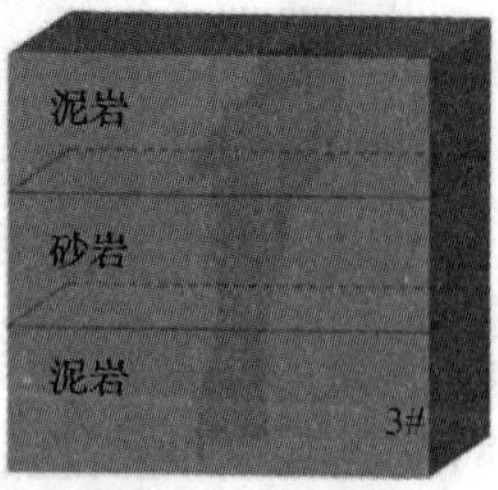
4#	砂-泥-砂	泥		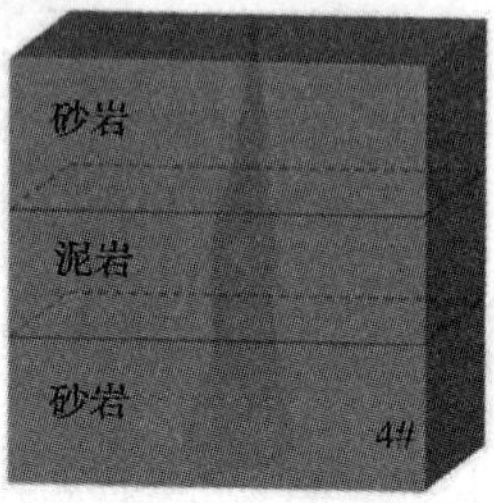
5#	泥-页-泥	页		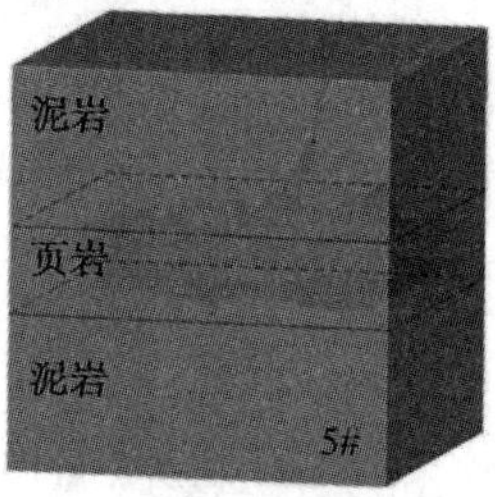
6#	页-泥-页	泥		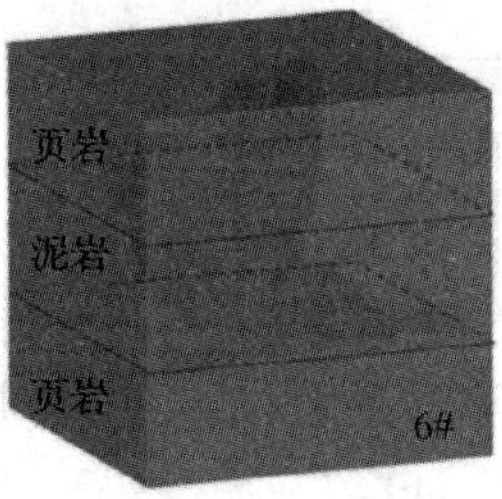

图 2 水力裂缝扩展形态图

3 纹层型页岩油立体压裂技术

3.1 纵向穿层压裂设计

基于纹层型页岩油水力裂缝“平面错动、纵向穿层”扩展模式，考虑构建纵向穿层裂缝增加裂缝波及面积，实现单井产量提升。为此，引入PETREL 三维平台，综合三维地震、地质、测井、岩石力学等资料，针对性建立纹层型页岩油地质、地应力、裂缝扩展模型，通过考虑层间界面胶结强度、不同岩性地应力、孔隙度、渗透率、弹性模量、泊松比、薄层厚度等因素，实现地质工程一体化纵向穿层压裂优化设计。

研究结果表明，高层间应力差会急剧增加纵向穿层难度，如图 3 所示，随着层间应力差的增大，裂缝高度显著降低。为满足高应力差条件下纵向穿层高净压力需求，可通过提高压裂液粘度促进水力裂缝突破界面发生穿层扩展行为，如图 4所示，当层间应力差为最大值 8MPa 时，提高压裂液粘度至 230mPa · s，裂缝高度达到穿层临界缝高，实现了纵向穿层。此外，实现裂缝穿层扩展存在最优单簇泵注排量，如图 5 所示，当单簇排量达 $8m^3/min$ 以上，裂缝高度反而降低，这是由于缝内压力升高导致压裂液摩阻增大，从而大量消耗压裂液用于造缝的能量，这在一定程度上不利于水力裂缝垂向穿层造缝高，因此单簇选择低泵注排量($4-5m^3/min$)反而更容易实现裂缝穿层。综上，针对长 7_3 多岩性层间应力差 4~8MPa 储层特征，提出前置液高粘造穿层主缝、携砂液低粘造复杂缝的变序压裂技术思路，同时集成提高单簇排量至 4-5m^3/min，设计射孔簇孔眼数量为 9 的限流压裂技术，实现纹层型页岩油纵向穿层压裂改造。

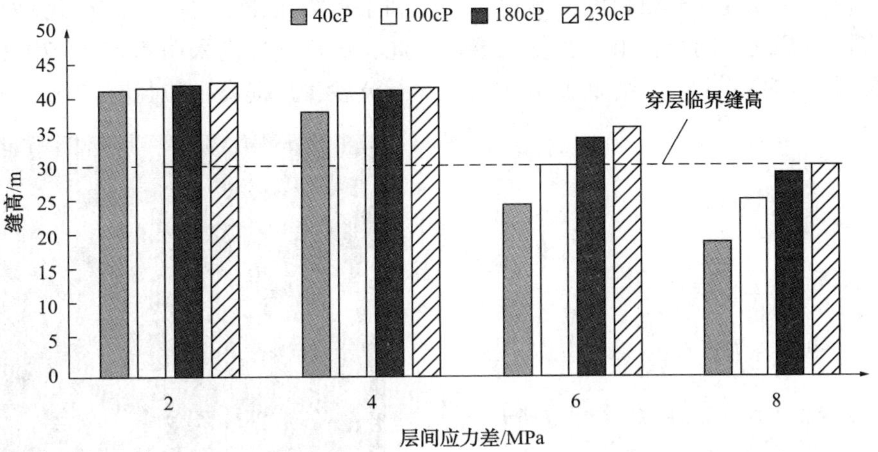

图 3　不同层间应力差下裂缝高度分布

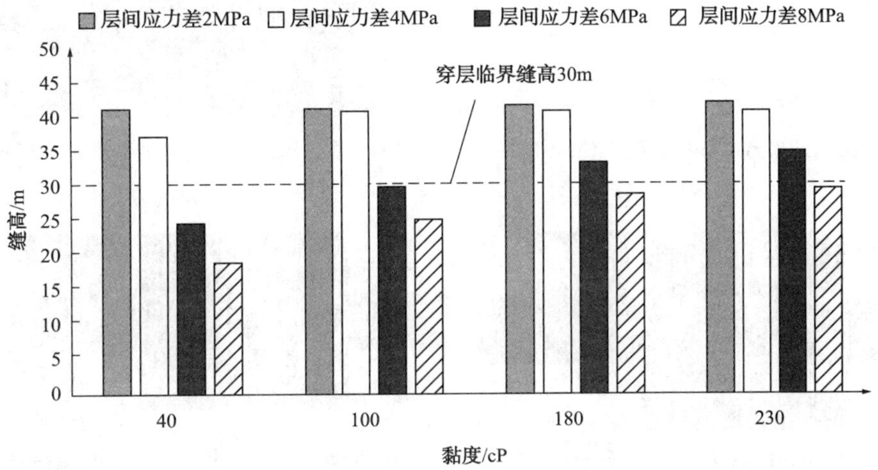

图 4　裂缝高度随压裂液粘度变化

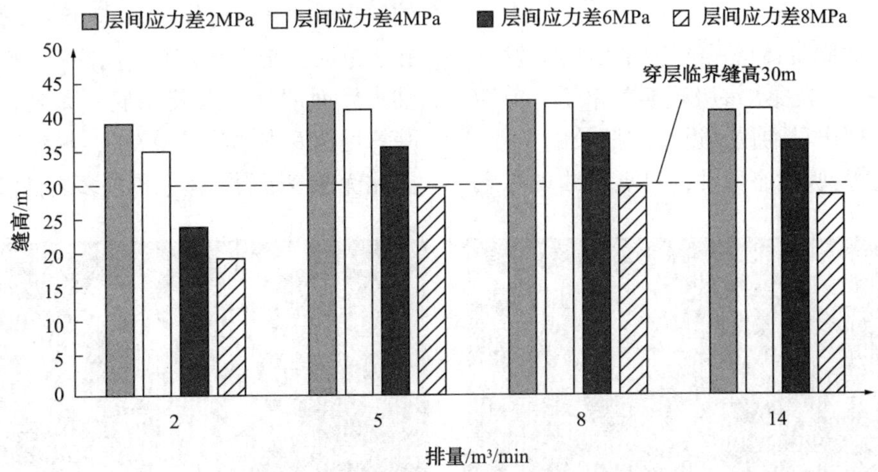

图 5　裂缝高度随注液排量变化

3.2　高效铺置优化设计

纹层型页岩油现场施工情况显示，该类井破裂压力、施工压力明显偏高，且缝内摩阻大、加砂困难，出现明显的“过液不过砂”现象，如图 6

所示。这是因为该类储层砂泥页互层发育，水力裂缝易沿着层理、微裂缝起裂，裂缝迂曲度高、裂缝窄，导致支撑剂纵向有效运移充填难度大，如图 7 所示。为提高多级裂缝充填程度，实现多尺度缝网有效支撑，开展不同粒径组合在复杂缝网条件下的铺置对比实验(图 8)，结果表明，大粒径与小粒径组合支撑剂横向运移距离更远、形成砂堤更高，既能实现裂缝远端铺置、又能增加裂缝纵向充填程度；增加小粒径支撑剂比例，有利于提高主缝远端充填与窄缝处支撑效率。因此，优化支撑剂采用 40/70、70/140 目组合粒径石英砂，且提高小粒径支撑剂占比至 80%。

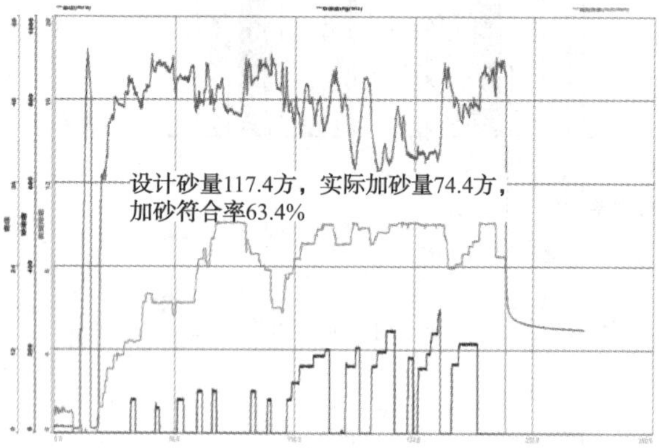

图 6　纹层型页岩油井压裂施工曲线图

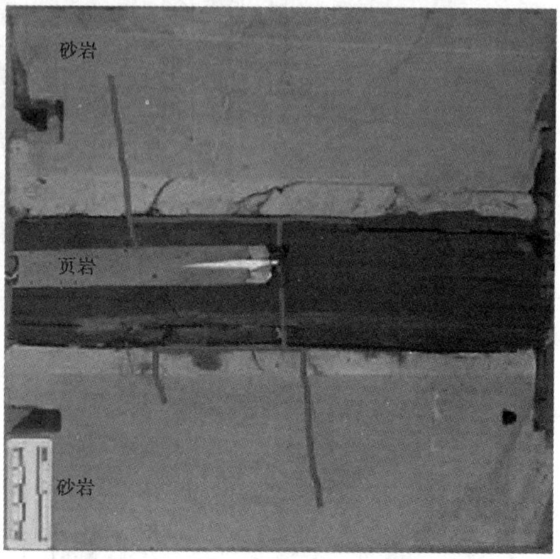

图 7　纹层型页岩油裂缝纵向延伸示意图

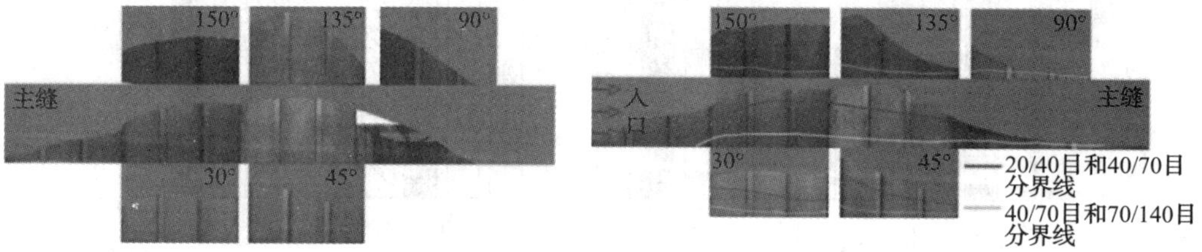

(a)40/70目单独注入

(b)70/140：40/70：20/40=1：1：1先小后大注入

图 8　组合粒径支撑剂在复杂裂缝中铺置结果

3.3　纳米渗吸驱油设计

纹层型页岩油储集体厘-毫-纳米多尺度发育(图 9)，纳米级孔隙中油水渗吸置换效率低，前期试验井试油均表现出见油慢、返排周期长的特征。为充分动用游离态-吸附态原油，对页岩油现有主体压裂液体系进行优选，其中纳米变粘滑溜水体系在示范区已全面推广应用水平井 70 余口，返排液油水界面清晰、破胶彻底、无乳化现象(图 10)，平均见油返排率降低 0.9%，见油时间缩短 11.5d，因此优选该压裂液体系提高多岩性渗吸效率。

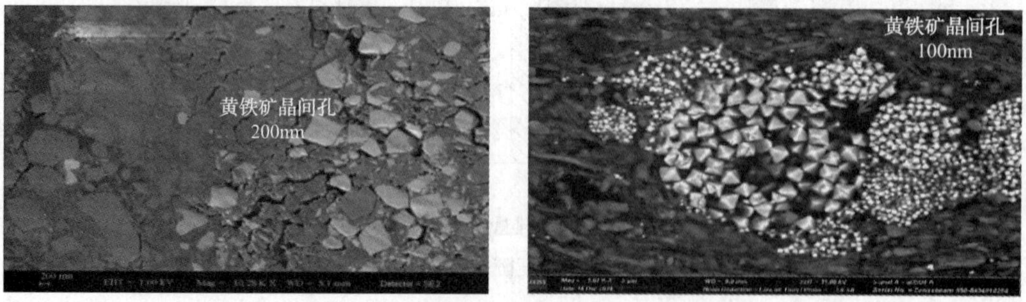

(a)纳米孔隙形态

图 9　页岩微孔隙、微缝形态

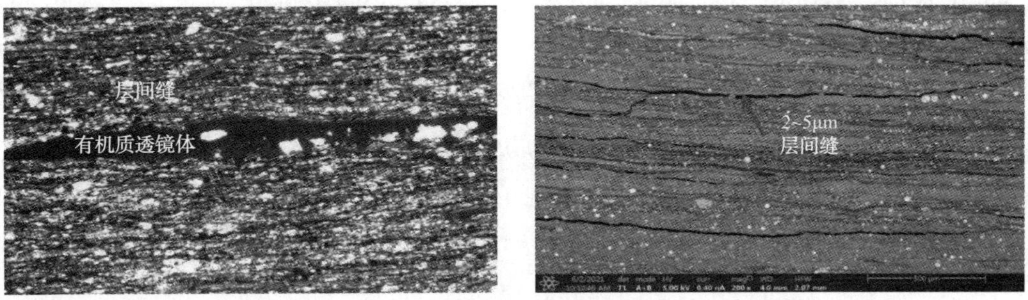

(b)微米裂缝形态

图 9　页岩微孔隙、微缝形态(续图)

(a)EM30S　　(b)纳米变粘滑溜水

图 10　不同压裂液体系破胶结果

4　现场应用效果

2023—2024 年，长庆油田针对纹层型页岩油源储互层高频叠置特征持续攻关与实践立体压裂技术，宏观上注重纵向穿层压裂提高裂缝高度、组合粒径支撑提高缝网导流能力，微观上立足厘-毫-纳米多尺度储集体、发挥压裂液纳米渗吸驱油能效、动用游离态-吸附态原油，与前期试验井相比，裂缝复杂程度由 75 增加到 89、缝高由 18 提高到 26m、驱油效率达 37%，立体压裂技术核心得到定型。其中，M＊＊＊井水平段长 2000m、钻遇率 62.8%，压裂 27 段 87 簇，试油日产油 84.7t、日产水 185m^3；X*****井水平段长 1300m、钻遇率 65.1%，钻遇粉砂、钙砂、页理、纹层四种岩性，砂岩、纹层为主要贡献段，压裂 18 段 55 簇，试油日产油 65.6t、日产水 82m^3。纹层型页岩油立体压裂技术的迭代升级打开了长庆油田 3400 平方米含油面积、5~7 亿吨规模储量的勘探新局面。

5　结论

（1）针对纹层型页岩油储层，水力压裂物模实验结果表明，人工裂缝在扩展过程中呈现平面错动+纵向穿层的特征。

（2）地质工程一体化研究通过联合多专业协同优化压裂方案，针对高层间应力差 8MPa，提高压裂液粘度至 230mPa·s，且优选单簇排量 4-5m^3/min，更容易实现纹层型页岩油纵向穿层压裂改造。

（3）立体压裂改造技术以“纵向立体穿层、缝网高效铺置、纳米渗吸驱油”为核心，优化采用逆序压裂、组合粒径支撑剂、纳米变粘滑溜水压裂液体系，指导 M＊＊＊井、X＊＊＊＊＊井试油分获 84.7t/d、65.6t/d 高产油流。

参 考 文 献

[1] AlTammar, M. J., Agrawal, S., Sharma, M. M., 2019. Effect of geological layer properties on hydraulic-fracture initiation and propagation: an experimental

study. SPE J. 24 (2), 757-794.

[2] Fisher, M. K., Warpinski, N. R., 2012. Hydraulic-fracture-height growth: real data. SPE Prod. Oper. 27 (1), 8-19.

[3] Cipolla, C. L., Warpinski, N. R., Mayerhofer, M. J., 2008. Hydraulic fracture complexity: diagnosis, remediation, and exploitation. SPE Asia Pacifific Oil Gas Conf. Exhib.

[4] de Pater, C. J., Cleary, M. P., Quinn, T. S., et al., 1994. Experimental verifification of dimensional analysis for hydraulic fracturing. SPE Prod. Facil. 9 (4), 230-238.

[5] Casas, L. A., Miskimins, J. L., Black, A. D., et al., 2006. Laboratory hydraulic fracturing test on a rock with artifificial discontinuities. SPE Annu. Tech. Conf. Exhib.

[6] Barree, R. D., Fisher, M. K., Woodroof, R. A., 2002. A practical guide to hydraulic fracture diagnostic technologies. SPE Annu. Tech. Conf. Exhib.

[7] Beugelsdijk, L. J. L., de Pater, C. J., Sato, K., 2000. Experimental hydraulic fracture propagation in a multi-fractured medium. SPE Asia Pacif. Conf. Integr. Modell. Asset Manag.

[8] El Rabaa, W., 1987. Hydraulic fracture propagation in the presence of stress variation. In: SPE Annual Technical Conference and Exhibition.

[9] Fan, T., Zhang, G., 2014. Inflfluence of injection rate and fracturing flfluid viscosity on hydraulic fracture geometry in coal. J. Chin. Univ. Petrol. (Nat. Sci. Ed.) 38 (4), 117-123.

[10] Feng, Z., Ma, F., Chen, B., et al., 2020. Geology-engineering integration solution for tight oil exploration of Chang-7 Member, Ordos Basin - focusing on scientifific well spacing and effificient drilling. Chin Petrol. Explor. 25 (2), 155-168.

[11] Fu, J., Niu, X., Dan, W., et al., 2019. The geological characteristics and the progress on exploration and development of shale oil in Chang7 Member of Mesozoic Yanchang Formation, Ordos Basin. Chin Petrol. Explor. 24 (5), 601-614.

[12] Anderson, G. D., 1981. Effects of friction on hydraulic fracture growth near unbonded interfaces in rocks. SPE J. 21 (1), 21-29.

井下压力监测压窜判识方法研究及应用

徐荣利[1,2]　齐　银[1,2]　张彦军[1,2]　陈文斌[1,2]　王广涛[1,2]　武安安[1,2]

（1. 中国石油长庆油田分公司油气工艺研究院；2. 低渗透油气田勘探开发国家工程实验室）

摘　要　井下压力监测是一种实施简单、费用较低的裂缝监测技术，根据下入压力计位置不同将监测方法分为井间压力监测和段间压力监测，主要通过监测井底压力变化评价段间窜通与井间窜通现象，进而指导压裂方案优化，其技术关键在于压力温度曲线特征解释工作。本文分别从井间压力监测、段间压力监测两方面开展分析，规范了两种监测方法的曲线解释标准，结合多方法验证了解释标准合理性，明确了不同压窜程度对裂缝延伸影响，分析了压窜影响因素及改进措施，并举例说明了井下压力监测的应用方法，本文提出的井下压力监测技术以及曲线特征判识方法已规模应用至多个区块。

关键词　井下压力监测；压力响应特征；压窜；段间距优化；压裂参数优化

Research and Application of Downhole Pressure Monitoring for Frac hitsIdentification

Xu Rongli[1,2]　Qi Yin[1,2]　Zhang Yanjun[1,2]　Chen Wenbin[1,2]　Wang Guangtao[1,2]　Wu Anan[1,2]

(1. Oil and gas technology institute , petroChina oilfield company;
2. National engineering laboratory of low-permeability oil & gas exploration and development)

Abstract　Downhole pressure monitoring is a simple and low-cost fracture monitoring technique. Depending on the placement of the pressure gauges, the monitoring methods are divided into interwell pressure monitoring and intersegment pressure monitoring. It primarily evaluates the phenomena of intersegment communication and interwell communication by monitoring bottomhole pressure changes, which in turn guides the optimization of fracturing plans. The key to this technology lies in the interpretation of pressure-temperature curve characteristics. This paper conducts analyses from two aspects: self-well pressure monitoring and adjacent well pressure monitoring, standardizing the criteria for curve interpretation for both monitoring methods. By combining multiple verification methods, the rationality of the interpretation standards is confirmed, and the impact of different degrees of pressure breakthrough on fracture propagation is clarified. Additionally, the paper analyzes the factors influencing pressure breakthrough and proposes improvement measures. It also provides examples illustrating the application method of downhole pressure monitoring. The downhole pressure monitoring technology and the curve characteristic identification methods proposed in this paper have been applied on a large scale in multiple blocks.

Key wordst　Downhole Pressure Monitoring; Pressure Response Characteristics; Pressure Breakthrough; Segment Spacing Optimization; Fracturing Parameter Optimization

引言

随着储层特征日趋复杂化，对压裂效果精细评价的需求不断增加，近年来长庆油田不断加大裂缝监测技术的应用比例，指导压裂方案优化。每种裂缝监测技术各有所长，微地震、示踪剂测试等监测技术是目前评价裂缝主要手段，近年光纤、井下电视等可视化、定量化裂缝评价技术正逐渐兴起。以上压裂监测技术在裂缝形态识别、压裂参数优化方面作用突出，但受限于费用昂贵和施工操作复杂，仍难易规模化化应用。为了降低成本、提高裂缝监测准确度，本文提出应用井下压力监测技术评价井间窜通与段间沟通，进而指导段间距、压裂参数优化，本技术实施简单、费用较低，具有良好推广前景。

井下压力监测分为本井压力监测与邻井压力监测，本井压力监测用于评价段间窜通现象，邻井压力监测用于评价井间压窜现象，共同形成井下压力监测技术。井下压力监测的技术关键在于压力温度特征曲线解释工作。前期认为井下压力温度发生响应即发生裂缝窜通，认为窜通容易造成本段改造效果较差，相邻段形成超级裂缝，对压裂改造造成负面影响，未结合其他裂缝测试方法开展综合分析，导致压力解释存在两方面问题，一是未形成压力响应特征标准解释模版。二是窜通与老缝延伸的对应关系不明确。针对以上问题，本文分别从本井压力监测、邻井压力监测两方面开展分析，本井压力监测方面，根据大量监测数据对压力响应特征分类，结合其他测试明确裂缝过度延伸的升压界限，作为严重压窜判别标准，并将该方法在各区块推广应用，最后分析压窜影响因素以及改进措施。邻井压力监测方面，根据压力响应特征分类，结合数值模拟、裂缝测试验证分类标准。

1　井下压力监测基本原理

井下压力监测主要通过在本井或邻井下入井下压力计，监测压裂过程井下压力、温度变化，分析裂缝延伸特征。井下压力监测一般采用高精度存储式压力计，监测时间间隔为 1s，压力精度可达到 0.01MPa。根据不同监测目的，将井下压力监测分为本井压力监测和邻井压力监测。

1.1　本井压力监测

适用于连续油管拖动压裂等带底封的压裂工艺，压力计一般安装在封隔器下方，监测封隔器以下套管内压力和温度，判断压裂段是否与相邻压裂段发生段间沟通。若压裂液通过水泥环窜漏或远井段间窜通，则压力会升高。

本井压力监测实施的目的在于提出一种费用较低、且能够推广应用的方法，该方法需要联合井下微地震等等能表征裂缝形态的测试手段共同解释。在区块内 1 口井同时开展微地震与井下压力监测，结合微地震监测裂缝形态(是否发生段间窜通)，明确该区块严重压窜的升压下限。区块其他井仅需通过井下压力监测即可准确判断是否发生段间窜通。

1.2　邻井压力监测

在邻井已射孔层段不同深度下入多个压力计，监测压裂井在压裂过程邻井压力、温度变化，判断压裂井是否与监测井是否发生井间压窜。根据压力温度变化还能大致确定裂缝延伸高度、裂缝延伸轨迹、裂缝到达至监测井时间、裂缝闭合时间等。

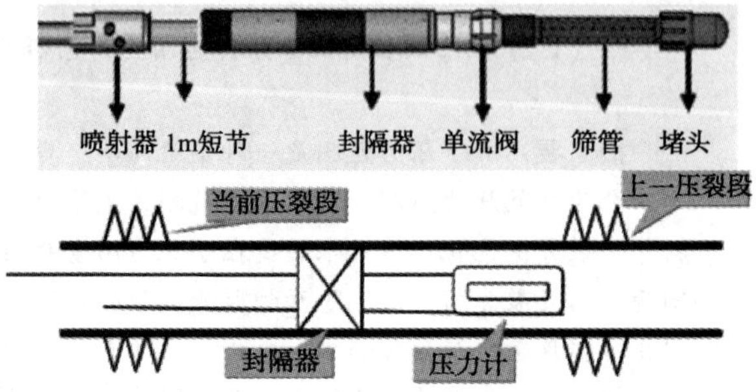

图 1 本井压力监测工具串示意图

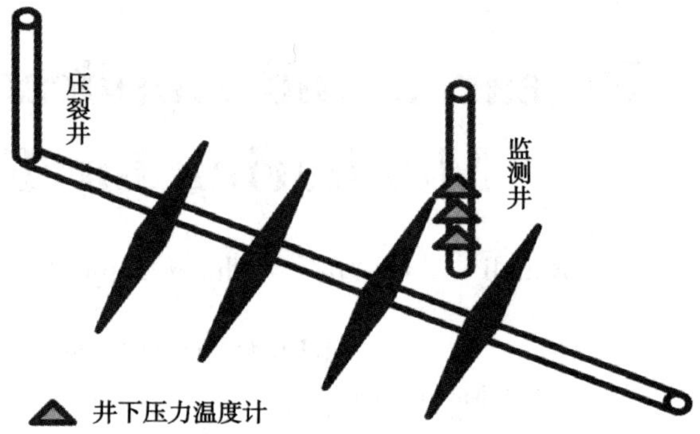

图 2　邻井压力监测示意图

2　本井压力监测

2.1　井下压力监测曲线特征

本井压力监测目前已现场应用 33 口井 1395 段，通过总结大量井下压力计数据，将监测曲线按照压力响应特征分为 4 大类，分别未压窜压力响应特征、固井质量导致轻微窜漏特征、段间距导致轻微窜通特征、段间距导致严重窜通特征。

（1）未压窜压力响应特征：主要表现为压裂过程压力、温度均无响应，压后封隔器解封，温度突降的现象，

（2）固井质量差导致轻微窜漏特征：主要表现为压力小幅突升、同时温度突降，升压幅度较小。

（3）段间距导致轻微窜通特征：监测曲线与压裂曲线特征相似，压力突升、温度陡降，升压幅度较低。

（4）段间距导致严重窜通特征：监测曲线与与压裂曲线特征相似，压力突升、温度陡降，升压幅度较高。

段间距过小导致段间发生轻微窜通与发生严重窜通压力监测曲线特征相似，升压值存在差异。区分两种曲线的方法为井下压力监测辅助能表征裂缝形态的裂缝监测手段，以裂缝发生偏转时的升压值为界限，区分严重窜通与轻微窜通。

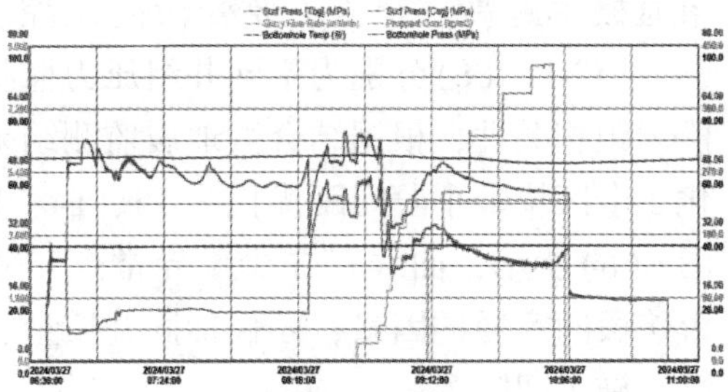

(a)正常情况压力响应

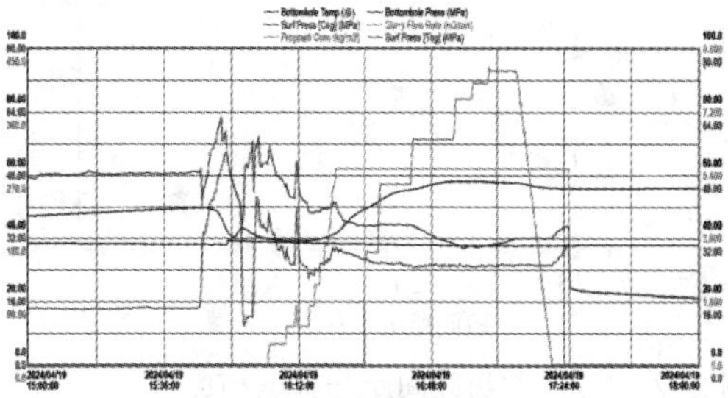

(b)轻微窜漏压力响应

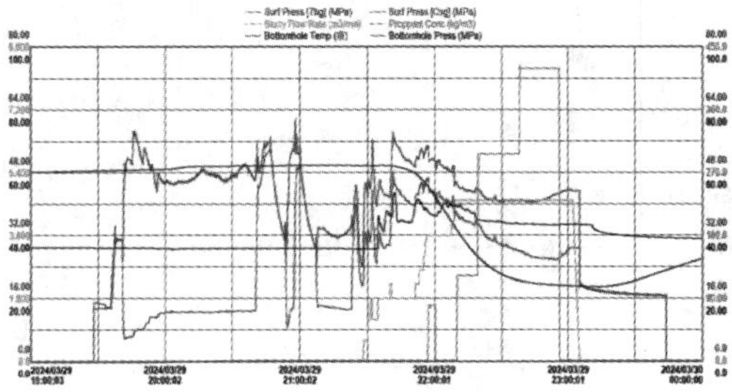

(c)段间轻微窜通压力响应

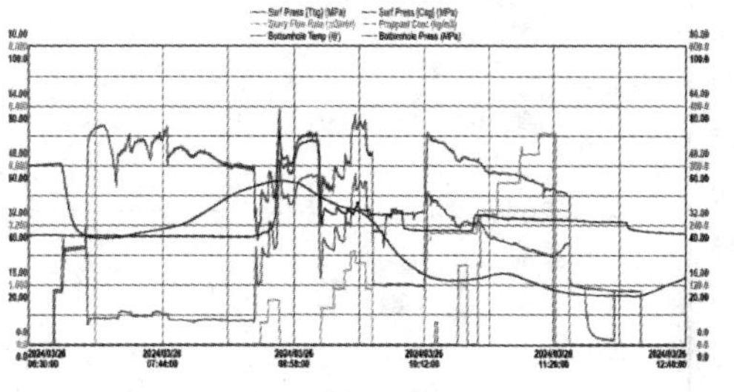

(d)段间轻微窜通压力响应

图 3　本井压力监测压力响应特征分类

2.2　压窜程度综合分析

多监测方法协同评价压裂改造效果是目前压裂监测发展的趋势，本节通过结合微地震等能表征裂缝形态的测试手段，分析不同压力升压对裂缝形态影响。

以 Y553 井组为例，H1 井共压裂 15 段，段间距较小，分布在 14~25m，该井配套了井下微地震、广域电磁、井下压力监测 3 种监测手段，其中井下微地震和广域电磁互相印证裂缝扩展形态，井下微地震/广域电磁辅助井下压力监测研究窜通段发生裂缝形态变化的升压下限，从而优化段间距。H6 井共压裂 14 段，部分段固井质量较差，通过配套井下压力监测研究裂缝通过水泥环窜漏的压力响应特征。

根据监测结果分析，H1 井共压裂 15 段，段间距较小，分布在 14~25m，共 9 段产生压力响应，除第 3 段外，其他段平均升压 12.4MPa(最高 19.5MPa)，微地震未出现裂缝向其他段延伸现象表明压力升压<20MPa 为段间轻微窜通，对裂缝形态影响不大。分析原因为连油带压作业使得相邻段处于高应力状态，受应力阴影影响，不容易与相邻段发生严重窜通，分析压力响应为压裂段与相邻段低应力区分支缝轻微窜通，对裂缝形态影响不大，符合缝控压裂技术需求。H1 井第 3 段井下压力计升压 35.6MPa(图 4)，同时微地震监测观测到部分事件点沿第 2 段裂缝延伸，表明该段发生了严重窜通，下一步将结合示踪剂结果评价压窜段与未压窜段产出贡献。

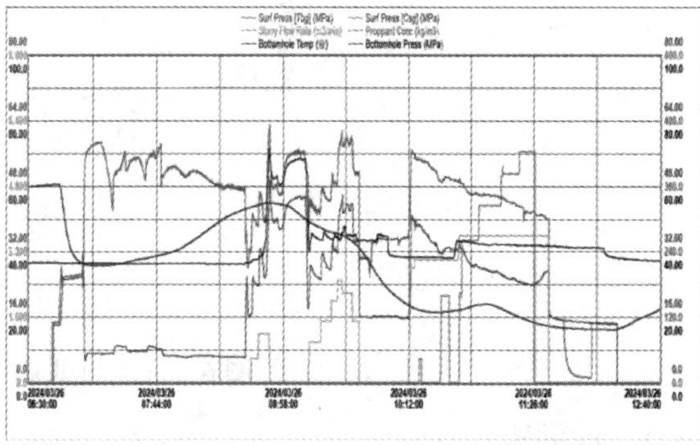

图 2-1　Y553H1 井第 3 段压力监测曲线

H4 井部分改造段位置固井质量较差，共压裂 14 段，6 段产生压力响应，压裂第 2 段压力升高 27MPa，分析存在严重压窜现象。其余 5 段平均升压 2.7MPa，同时伴随温度陡降，分析存在轻微窜漏。

图 5 所示为 Y553 井组段间距与升压相关性分析结果，图中显示当段间距大于 15m 时，压力升压小于 20MPa，不会发生严重压窜现象，此结果可作为该区块段间距优化的依据。

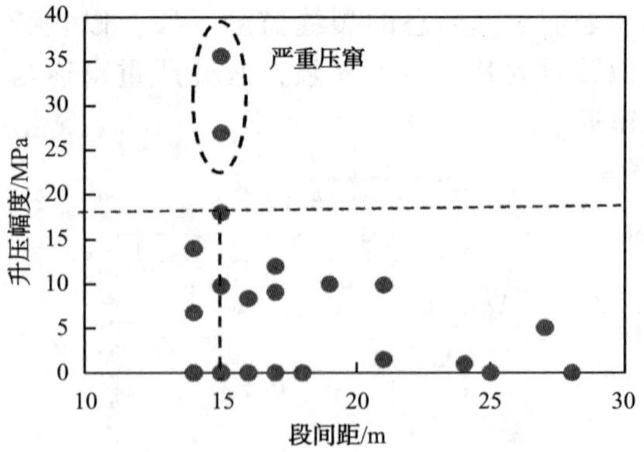

图 2-2　Y553 井组段间距与升压相关性

2.3　压窜影响因素分析

上节研究成果表明，是否发生严重窜通主要根据井下压力计升压判断，升压越高，发生严重窜通概率越高。升压主要受段间距控制，图 6（a）、（b）、（c）分别为不同井组压力监测数据与段间距相关性，根据结合微地震监测结果，可优化 3 个区块最小段间距优化为 15、14、16m。如图 6（b）所示，曲线存在少量异常点，分析发现影响段间窜通的因素，还包括固井质量、天然裂缝、施工间隔等。

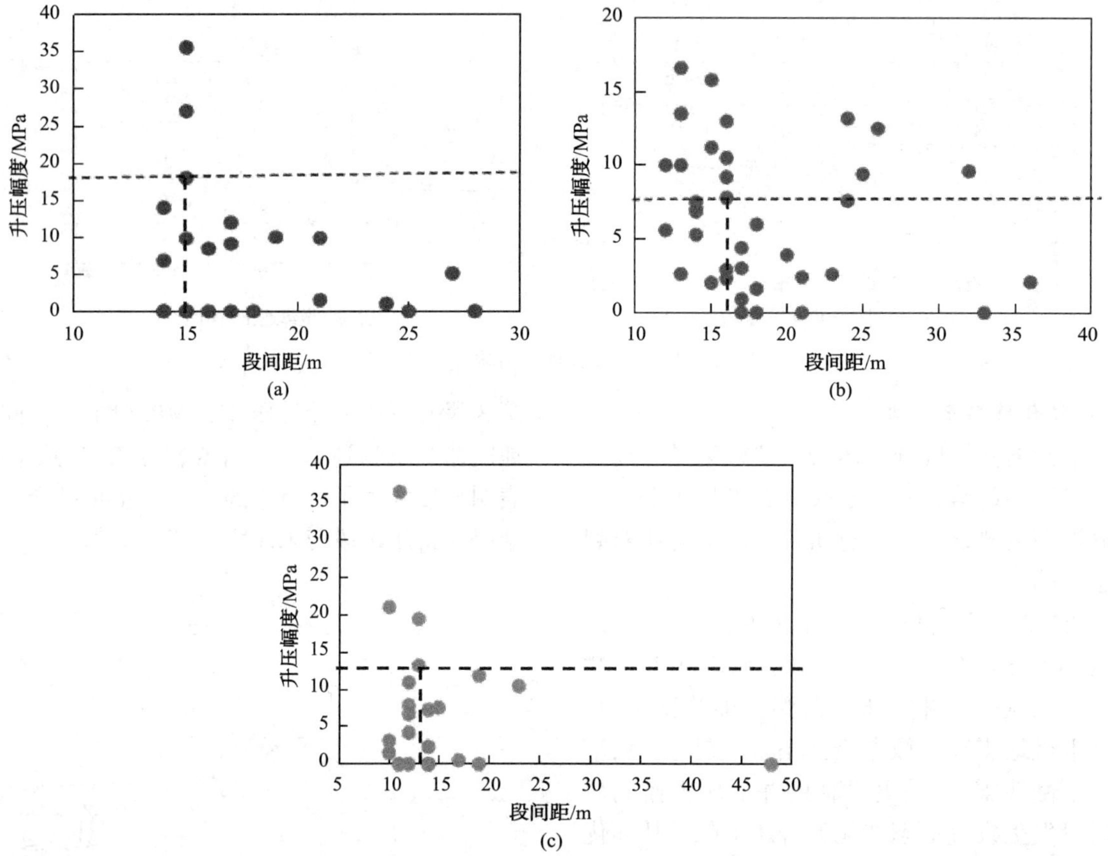

图 6　三区块试验井段间距与升压幅度相关性

2.3.1　段间距

段间距是影响压窜最主要的因素，段间距越小，压力计升压越高，发生压窜的概率越高，研究发现，发生段间窜通主要前置液阶段，压窜液量 18~79m^3。另外，发现升压幅度与窜通液量、窜通排量相关性较好，压力计升压幅度越大，发生压窜所需液量越小，排量越小，表示压窜时间约靠前，如图 7 所示。

2.3.2　固井质量

固井质量较差，压裂过程容易发生管外窜通。因此对于固井质量较差的位置应适当避让不进行射孔或降低改造规模，降低发生压窜的概率。Z101 井组 3 段固井质量较差导致裂缝窜通，固井质量如图图 2-5 所示，射孔位置声幅较高，接近 20mV。

2.3.3　天然裂缝发育

当储层存在天然裂缝时，压裂裂缝可能沟通天然裂缝发生转向，与相邻段发生沟通。因此，方案设计应注重裂缝/断层识别，对可能存在裂缝/断层的位置适当避让或降低改造规模，避免与天然裂缝发生沟通。

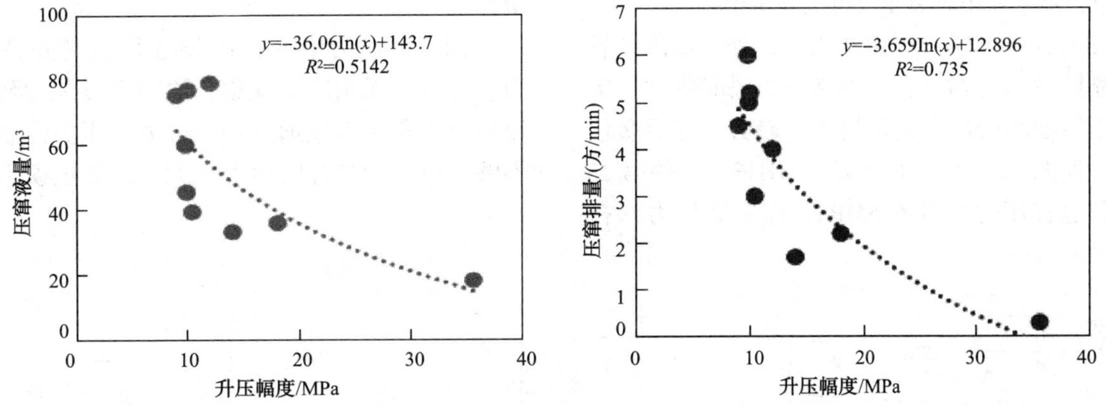

图 7 Y553 井组升压幅度与压窜液量、排量相关性图

2.3.4 施工间隔

压裂裂缝存在一定带宽，连油带压作业相邻段保持高应力状态，能抑制裂缝向高应力区域延伸，降低压窜概率，若施工间隔较长，相邻段强应力干扰消失，会增加压窜概率，因此，为了保证压裂效果，应尽量保证连续施工。图 8 中显示 Z101H4 井第 3 段段间距为 24m，压裂期间第 2 段与第 3 段施工间隔为 2 天，强应力干扰消失导致压力升高。

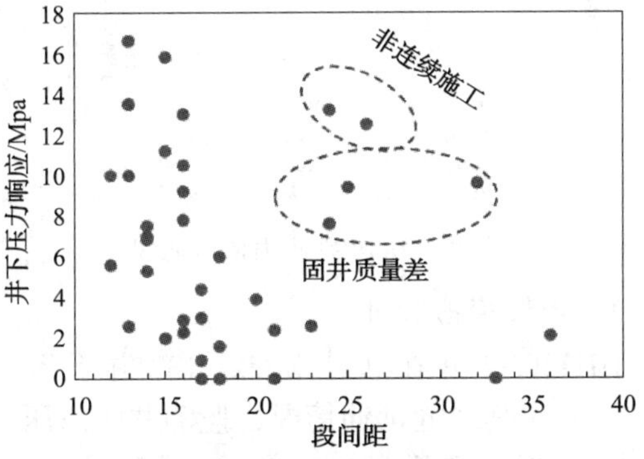

图 8 段间距与升压异常点分布

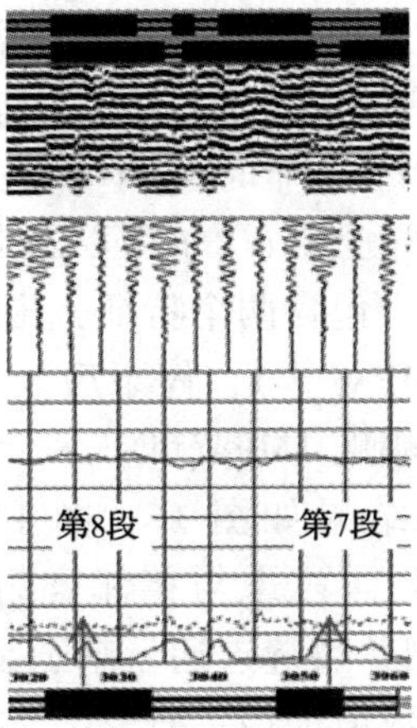

图 9 异常点固井质量

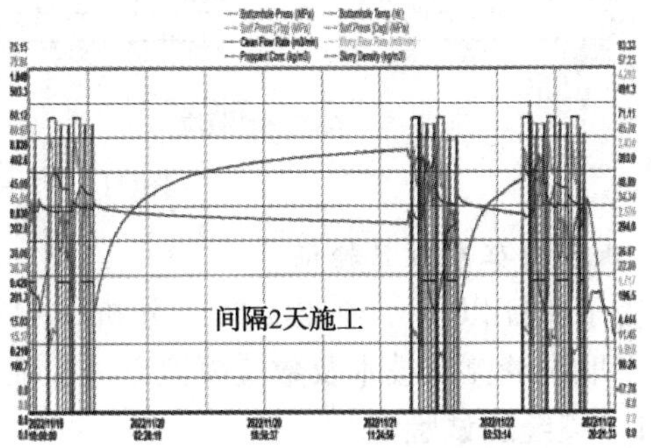

图 10 异常点施工间隔

3 邻井压力监测

3.1 井下压力监测曲线特征

为了明确压裂参数与井距的适配性，在邻井井底下入井下压力计，判断裂缝是否与监测井存在井间窜通现象。邻井压力监测不同与本井压力监测，压力监测曲线特征更加复杂，仅凭压力变化大小不足以判断是否发生压窜，需要分析压力变化的特征。本文总结了近年来已经实施的 8 口井的压力监测曲线，根据响应特征将监测曲线分为 4 类，分别为孔弹性效应、压力扩散、裂缝窜通以及无压力响应。

（1）孔弹性效应：也称为应力阴影效应。地层受周边岩石发生破裂挤压作用引起压力变化，表现为压裂井压裂过程中监测井发生微弱即时压力响应。如图 11(a)所示，HH130-2 井第 22 段压裂过程压力缓慢上升，压裂结束后缓慢下降恢复初始压力水平。

（2）压力扩散响应：压裂液在造缝的同时，也会向裂缝两侧扩散，曲线主要表现为压力持续平稳增加的特征，由于地层渗透率较低，一般压力上升会从压裂阶段延续至停泵数小时，如图 11(b)前半段所示，HH130-2 井第 24 段压裂过程压力产生微弱响应，停泵8小时后压力再次0.3MPa。

（3）直接窜通：压裂井压裂过程中监测井发生明显即时压力响应，并伴随压力瞬时突增、突降，压后数小时压力仍保持上升趋势，随后缓慢下降。如图1(b)后半段所示，HH130-2井第25段压裂过程压力突升6.5MPa，停泵后压力保持缓慢上升。

（4）无压力响应：压裂过程监测井井下压力、温度均无响应的现象，原因一般是监测井与压裂改造段距离过远，导致应力、压力传播距离不够，也可能是井间距离太大、压裂规模不合理造成。

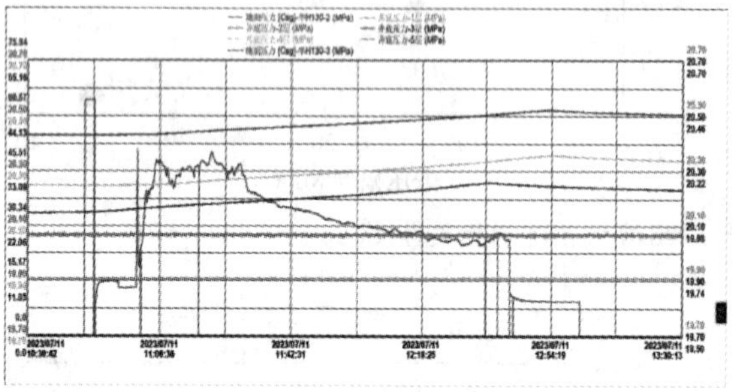
(a)孔弹性效应

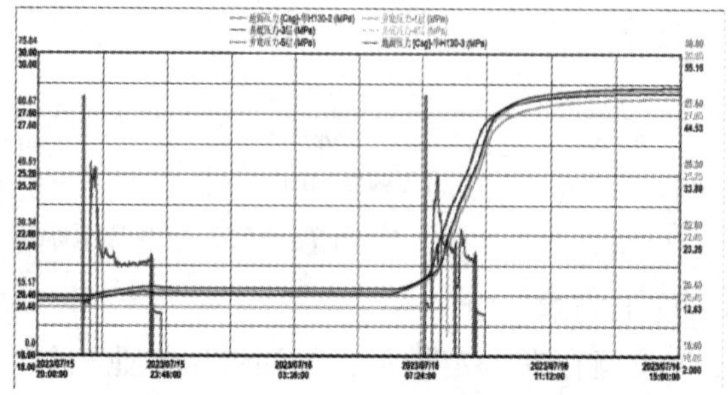
(b)压力扩散、直接窜通

图11　邻井压力监测压力响应特征分类

3.2　曲线特征多方法验证

为了验证以上4种监测曲线分析结果合理性，采取裂缝测试技术及数值模拟方法验证。

3.2.1　裂缝测试验证

Y419H1井压裂配套了井下微地震、邻井压力监测技术，压力监测选取相距50m的直井Y419井作为监测井，在监测井下入4支压力计，分别位于长6_2上、中部、长6_3上、下部，监测压裂缝长、缝高延伸范围。

井下微地震结果表明，Y419H1井微地震事件点靠近但未接触Y419井。井下压力计第21段停泵11小时后长6_2层压力上涨0.5-1.5MPa，长6_3顶部压力保持不变，表明H1井第21段未与监测井裂缝直接沟通，延伸至该裂缝附近，压力响应为压力扩散响应。两种监测技术解释结果相同，验证了特征曲线解释结果的正确性。

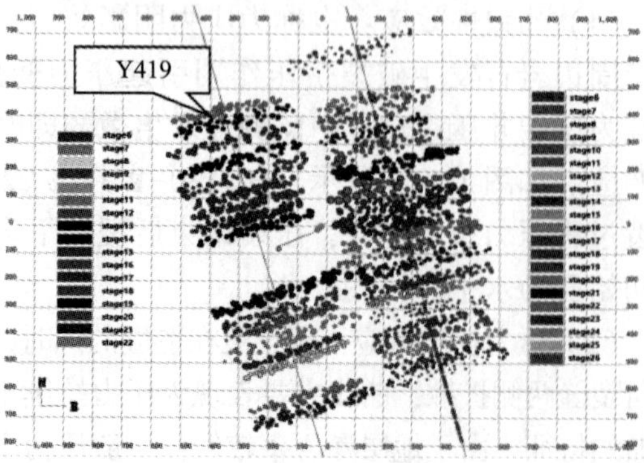

图12　Y419H1井微地震监测结果

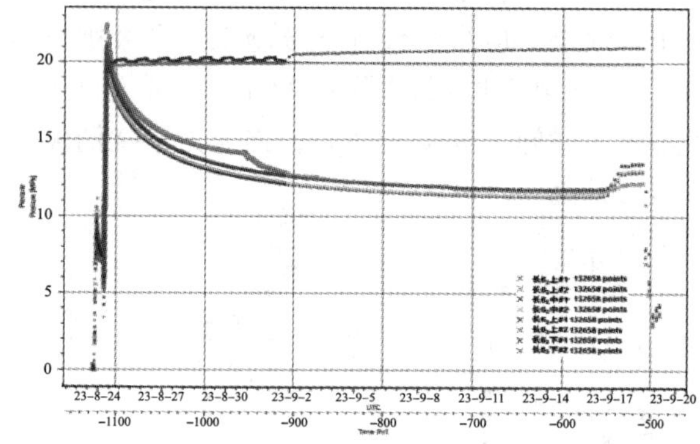

图13　Y419井压力监测曲线

3.2.2　数值模拟验证

HH130-2井在邻井X252-132井下入多个压力计监测其裂缝延伸情况，监测井距离压裂井280m，正对压裂井第24、25段，压力计下入层位分别为长6_3底、长$7_1^{\ 1}$、长$7_2^{\ 1}$、长$7_1^{\ 2}$、长$7_2^{\ 2}$层。监测结果如图15所示，从监测结果看，第24段压力响应分析为压力扩散，包含两个特征，压裂过程压力产生即时微弱响应(①)，停泵8小时后压力缓慢上升(②)，第25段压力响应为裂缝直接沟通，包含两个特征，压裂前置液阶段压力突升6.5MPa(③)，停泵后8小时压力持续上升累计升压幅度1MPa(④)。

裂缝模拟结果如图16、图17所示，显示HH130-3井第24段未与相邻监测井发生窜通，第25段与监测井裂缝连通。基于裂缝模拟结果，开展压力扩散数值模拟，研究第24段、第25段压裂后两种压力特征曲线表示的裂缝连通状态。以第25段为例，采用实际压裂及裂缝参数

(表1)，为了提高运算效率，简化裂缝形态，如图18所示，模拟能量扩散、直接窜通两种情况下压裂和压后关井8小时过程中压力变化特征。

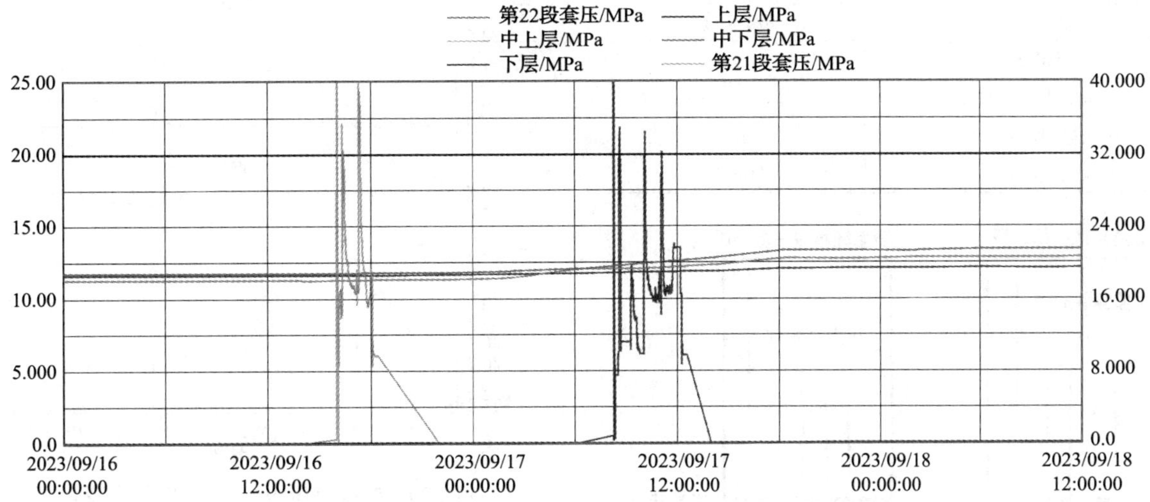

图14　Y419H1井第21、22段压力压裂曲线叠加监测曲线

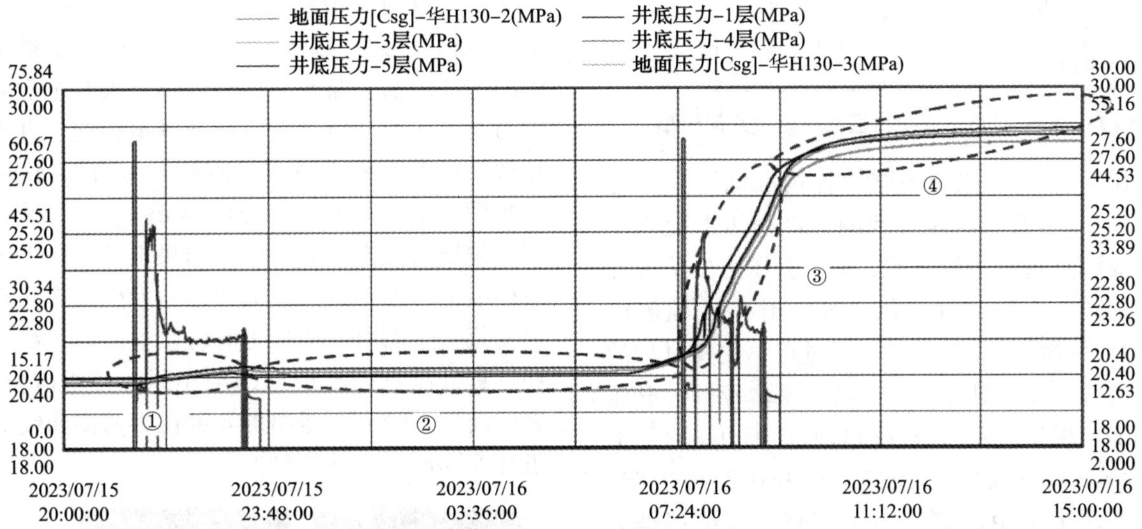

图15　HH130-2井第24、25段监测井压力变化

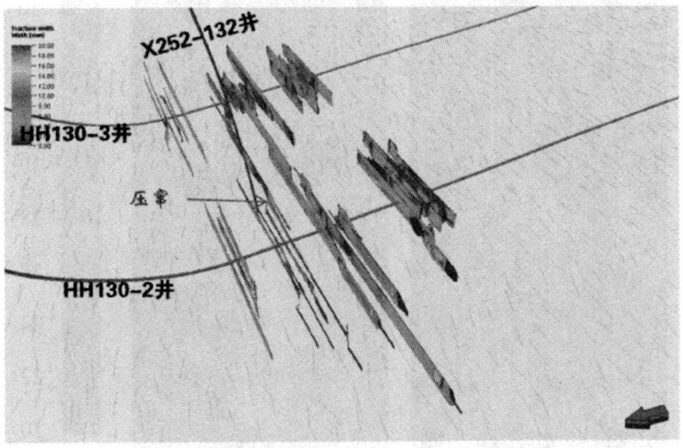

图16　HH130-2井压裂模拟三维图

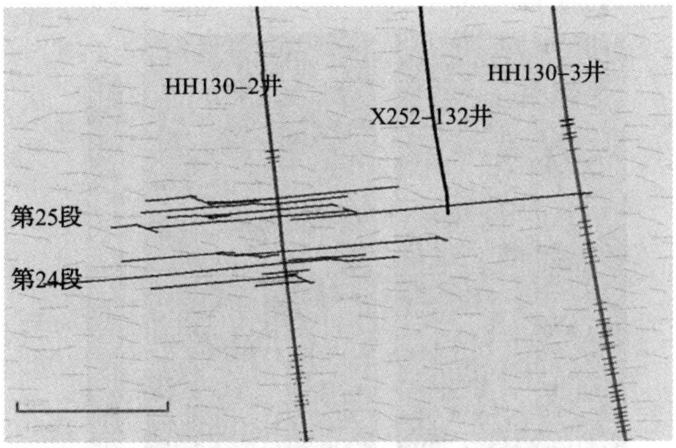

图17　HH130-井压裂模拟俯视图

表 1　压力扩散数值模拟基础参数表

基础参数名称	数据
裂缝半长/m	150
簇间距/m	8/10/11
与老缝距离/m	12/0
地层压力/MPa	16
注入排量/(m^3/min)	12
入地液量/(m^3/min)	806.6

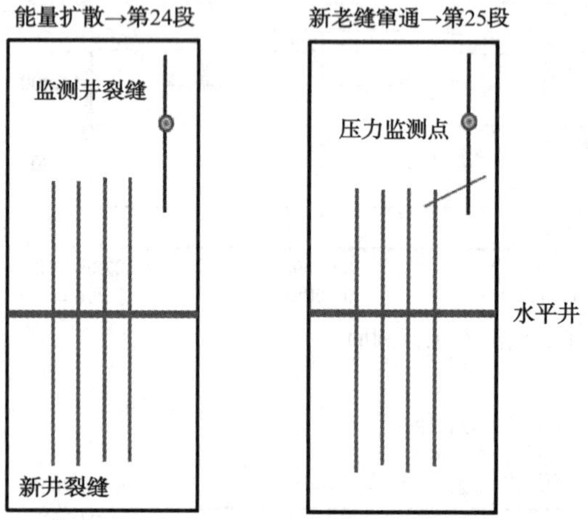

图 18　能量扩散、直接窜通数值模拟几何模型

图 19 所示为裂缝直接窜通情况储层压力分布，图 20 为监测点压裂和闷井过程压力变化曲线，监测点选取为远井端，该位置压力变化可近似为邻井井下压力计变化，对比图 3-5 监测曲线中的③④阶段，监测点压裂过程、关井过程的压力与井下压力计压力响应特征基本相同，升压值相似。模拟显示压裂过程监测井压力呈直线上升，持续升压 6.7MPa，停泵后升压幅度下降，持续升压 1.8MPa，压力计升压特征与模拟结果相同，升压值分别为 6.5MPa 和 1.5MPa，升压值误差为 11.5%。

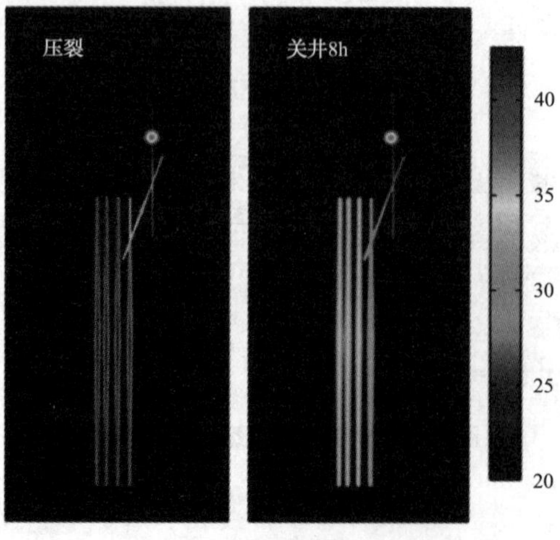

图 19　裂缝直接窜通情况储层压力分布

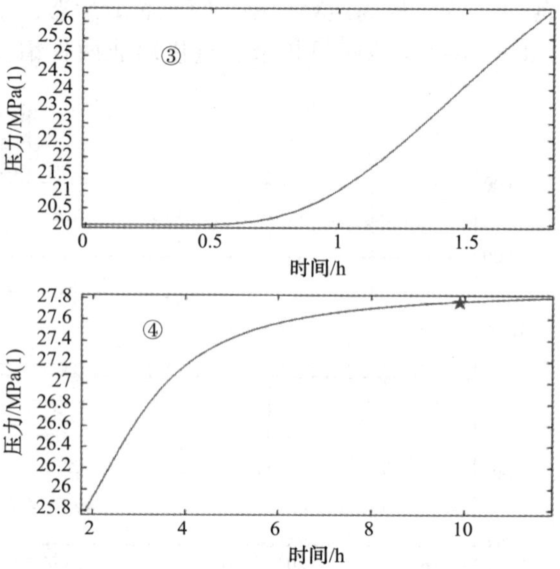

图 20　监测点压裂、闷井 8h 压力变化

图 21 所示为裂缝未窜通能量扩散波及至监测井情况数值模拟结果，图 22 为监测点压裂和闷井过程压力变化曲线，对比图 3-5 监测曲线中的①②阶段，监测点压裂过程、关井过程的压力与井下压力计压力响应特征基本相同，升压值相似。模拟显示压裂过程监测井压力保持不变，停泵后 8 小时压力共上升 0.14MPa，压力计在压裂过程压力缓慢上升与模拟结果不符，原因为数值模型未考虑压裂过程周边岩石发生破裂导致应力变化，进而引起的压力有轻微上升的过程，闷井过程升压特征与模拟结果相同，升压值相似。表明前期总结分析得出的 4 种压力监测曲线能够表征实际压裂事件类型。

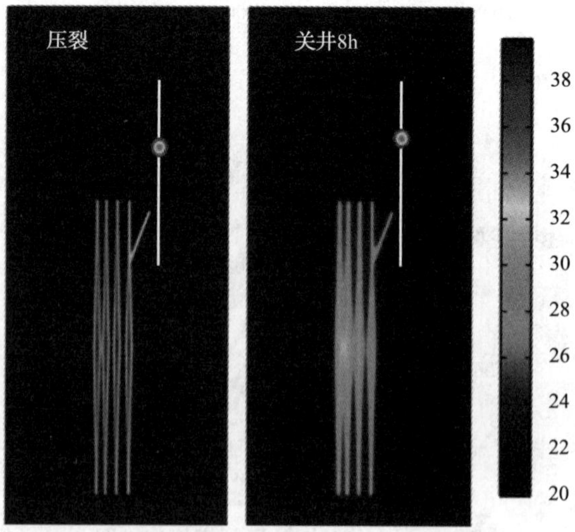

图 21　能量扩散情况储层压力分布

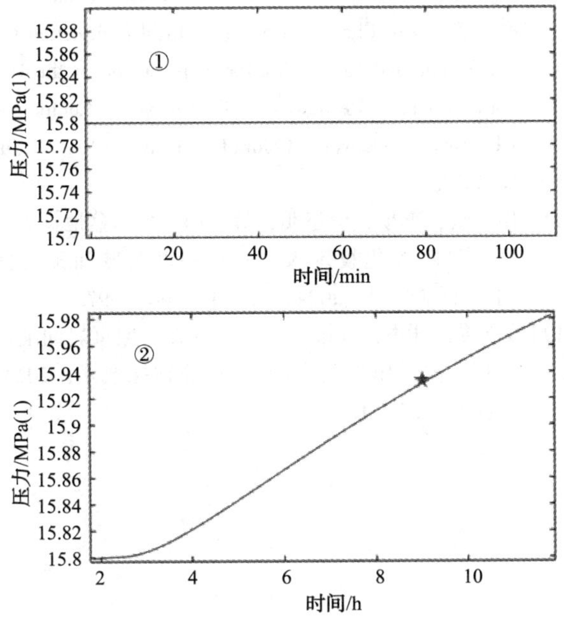

图 22　监测点压裂、闷井 8h 压力变化

3.3　应用示例分析

3.2.1　试验井基本概况

HH151 平台目的层为长 7_1 层，储层砂体厚度大，总厚度 15m，隔夹层发育但普遍厚度较小，为提高储层纵向动用，在平台开展 16～20m³/min 大排量压裂试验，同时配套邻井压力监测评价裂缝纵向沟通情况。

3.2.2　压力监测情况

选取周边邻井 L426-65 井作为监测井，该井正对压裂井第 16 段，井距仅 25m，在监测井下入 4 支压力计，下入层位（深度）分别为长 6_3（2214m）、长 7_1^1（2254m）、长 7_2^1（2266m）、长 7_2^2（2276m），其中长 7_1和长 7_2层于 2012 年 3 月射孔并压裂，其余各层于压裂前射孔。

3.2.3　监测结果分析

测试结果显示 HH151-2 井压裂第 16 段时，L426-65 压力响应明显，同层长 7_1最先产生响应，瞬时升压 13.5MPa，15min 后长 7_2^1 升压 10.6MPa，长 6_3与长 7_2^2 压力基本平稳。表明裂缝主要在长 7_1 与长 7_2^1 层内扩展，采用 16～20m³/min 大排量压裂至少可实现 12m 砂体+4m 夹层可有效穿层一次动用，长 7_1与长 6_3之间存在 30m 泥岩隔层遮挡稳定。

4　结论

（1）本文通过分析大量压力监测数据响应特征，明确了各种压裂事件类型对应压力监测曲线特征，为识别裂缝窜通，优化压裂参数提供理论依据。

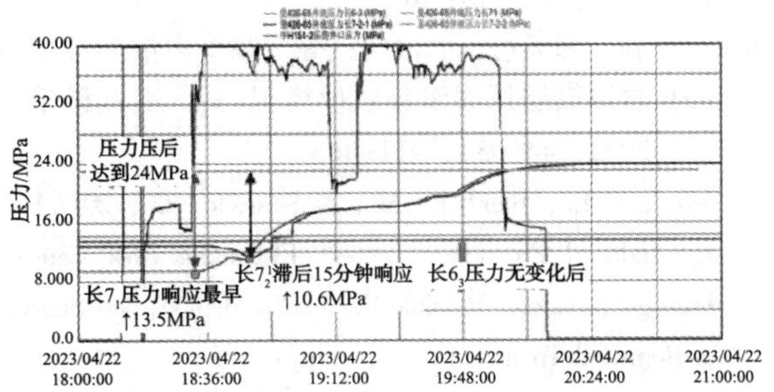

图 3-13HH151-2 井压力监测曲线

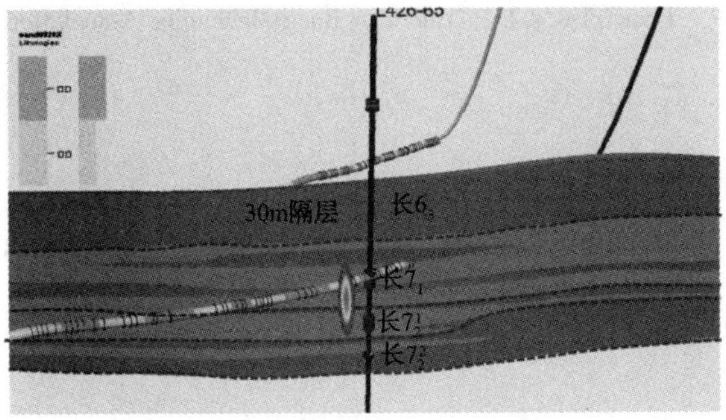

图 3-14　HH151-2 井三维地质模型

（2）对于段间压力监测，根据压力响应特征将大量监测数据分为未压窜、固井质量差导致的轻微窜漏、段间距太小导致的轻微窜通、段间距太小导致的严重窜通四大类，结合微地震监测明确了裂缝严重窜通的负面影响，并给出了严重裂缝窜通的升压下限，作为段间距优化的依据。

（3）对于井间压力监测，根据压力响应特征将大量监测数据分为孔弹性效应、压力扩散响应、直接窜通、无压力响应四大类，结合数值模拟、裂缝测试验证分类标准，并开展实例应用分析，为提高裂缝认识建立基础。

参 考 文 献

[1] 李国欣，朱如凯．中国石油非常规油气发展现状、挑战与关注问题[J]. 中国石油勘探，2020，25(2)：1-13.

[2] 雷群，翁定为，熊生春，等．中国石油页岩油储集层改造技术进展及发展方向[J]. 石油勘探与开发，2021，48(05)：1035-1042.

[3] 翁定为，雷群，管保山，等．中美页岩油气储层改造技术进展及发展方向[J]. 石油学报，2023，44(12)：2297-2307.

[4] 雷群，翁定为，才博，等．中国石油勘探压裂技术进展、关键问题及对策[J]. 中国石油勘探，2023，28(05)：15-27.

[5] 隋微波，温长云，孙文常，等．水力压裂分布式光纤传感联合监测技术研究进展[J]．天然气工业，2023，43(02)：87-103.

[6] 徐荣利，郭天魁，曲占庆，等．基于离散裂缝模型的页岩油储层压裂渗吸数值模拟[J]．工程科学学报，2022，44(03)：451-463..

[7] King, G. E., Rainbolt, M. F. & Swanson, C., 2017. Frac Hit Induced Production Losses: Evaluating Root Causes, Damage Location, Possible Prevention Methods and Success of Remedial Treatments. s. l., s. n.

[8] Kampfer, G. & Dawson, M., 2016. A Novel Approach to Mapping Hydraulic Fractures Using Poromechanic Principles. s. l., American Rock Mechanics Association.

[9] Mayorga, J. and Coenen, E. W. C. 2019. Standardizing Offset Pressure Characterization for Infill Completion in.

[10] Unconventional Reservoirs. Paper presented at the Unconventional Resources Technology Conference (URTeC), Denver, Colorado, USA, 22 - 24 July. 2019.

[11] 何永宏，李桢，樊建明，等．鄂尔多斯盆地页岩油开发井网优化技术及实践——以庆城油田为例[J]．石油学报，2024，45(04)：683-697.

[12] 慕立俊，拜杰，齐银，等．庆城夹层型页岩油地质工程一体化压裂技术[J]．石油钻探技术，2023，51(05)：33-41.

离柳矿区沙曲南加密井生产工艺研究

张俊虎 马晨铭

（吕梁蓝焰煤层气有限责任公司）

摘 要 本论文旨在深入研究沙曲南区块8#、9#煤层的煤层气开发，通过对加密井生产工艺的探讨，提高煤层气的采收率。详细分析了地质特征、储层特性，并对现有生产工艺进行评估，提出了针对性的加密井优化方案，为离柳矿区的高效开发提供技术支持。

关键词 离柳矿区；加密井；煤层气；生产工艺

Study on the production Technology of Shaqu South Infill Wells in Liliu Mining Area

Zhang Junhu Ma Chenming

(Lvliang Blue Flame Coal Bed Methane Co. , Ltd.)

Abstract This thesis aims to conduct an in-depth study on the development of coalbed methane in the 8# and 9# coal seams of the Shaqunan block. Through the discussion of the production technology of infill wells, the recovery rate of coalbed methane is improved. The geological characteristics and reservoir properties are analyzed in detail, and the existing production technologies are evaluated. A targeted optimization plan for infill wells is proposed to provide technical support for the efficient development of the Liliu Mine.

Key wordst Liliu Mine; Infill Wells; Coalbed Methane; Production Technology

随着能源需求的不断增长和对清洁能源的重视，煤层气作为一种潜力巨大的非常规天然气资源，其开发利用受到越来越多的关注。离柳矿区拥有丰富的煤层气储量，特别是8#、9#煤层，但在前期开发过程中，采收率有待提高。因此，开展加密井生产工艺研究具有重要的现实意义。

1 沙曲南区块地质与储层特征

1.1 地质概况

沙曲南区块位于河东煤田中段、离柳矿区西南部，行政区划属于山西省吕梁市柳林县管辖，东距柳林县5km、离石市34km，距省会太原市221km，西距陕西省吴堡县20km。如图1所示，由于受印度板块及太平洋板块的推挤作用，造成本区东西向构造应力不均衡，产生了以离石-柳林聚财塔东西方向为转折、弧顶向西突出的弧状褶皱，即离石鼻状构造。中部王家会背斜将本区分隔成离石-中阳向斜煤盆地和三交-柳林单斜煤产地；东北部鼻状构造与离石煤盆地相接部位，发育有一系列近南北或北北东走向的断裂、褶皱构造。在鼻轴部位，由于张力作用的结果产生了一个东西向的张裂带，即聚财塔断层组成的地堑构造。

南北方向上，以离石-柳林东西向构造带为界，北部构造变形微弱，构造形迹表现为宽缓的褶皱；南部构造变形强烈，边缘断层面向西或西北倾斜，上盘向东或东南逆冲，伴随较为强烈的褶皱。中部离石-柳林东西向构造带是一个向西倾伏的鼻状构造，次级构造亦以东西向延伸为主。

东西向上，由盆缘向盆内过渡，构造发育程度也明显不同，盆缘以断裂及派生挠褶为主，中部以宽缓的褶皱发育为特征，西部构造减少，为比较平缓的单斜构造。

井田位于离石-柳林东西向构造带，岩层总体走向呈南北向，向西缓倾斜。

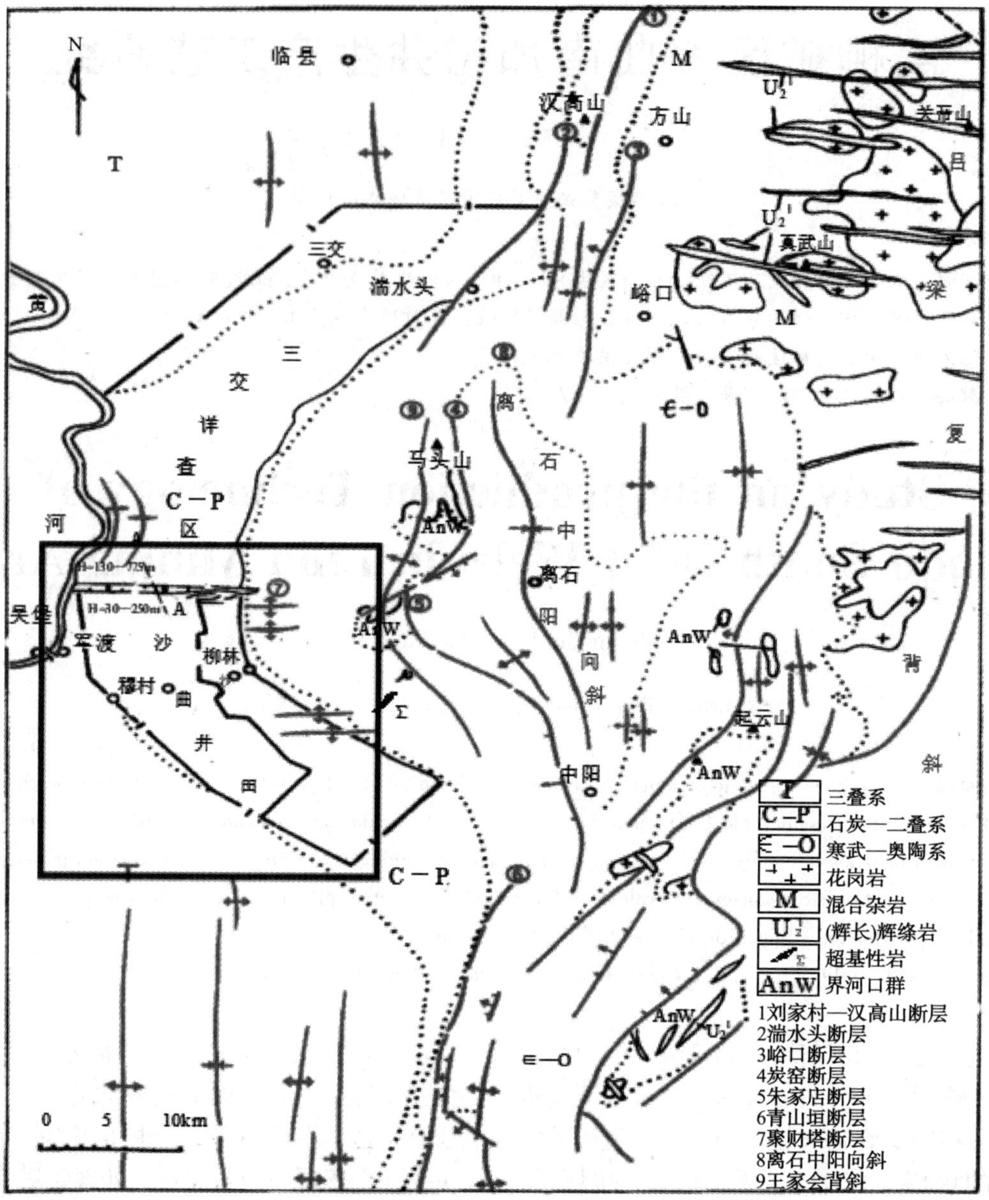

图 1　区域地质简图

1.2　储层特性

煤质等参数对煤层气的赋存和产出具有重要影响。通过岩芯分析、测井等手段，获取了煤层的渗透率、含气量等储层参数。

区域内地层层序自下而上为奥陶系中统上马家沟组(O2s)、峰峰组(O2f)；石炭系中统本溪组(C2b)、上统太原组(C3t)；二叠系下统太原组(P1s)、下石盒子组(P1x)，上统上石盒子组(P2s)、石千峰组(P2sh)；三叠系下统刘家沟组(T1l)；新生界第三系、第四系。煤矿内地表只出露下石盒子组及以上地层，其余出露于煤矿以东。

1.2.1　区域内主要可采煤层的厚度、埋深及顶底板岩性，如表 1 所示

8(8+9)号煤层位于太原组下部，上距 4 号煤层 50.47～69.27m，平均间距 58.55m。煤层厚度 4.13～5.89m，平均厚度 4.69m，结构简单～较简单，含 0～2 层夹矸。4 个见煤点均可采，为稳定的全区可采的厚煤层。8(8+9)号煤层厚度整体呈现东部薄，西部厚的变化趋势。顶板岩性主要为石灰岩(L1)，偶见泥灰岩；底板为泥岩、砂质泥岩。

表 1　可采煤层特征参数

含煤地层	煤层	煤层厚度/m	层间距/m	平均埋深/m	顶底板岩性描述
山西组	2	0.25~2.20 0.89	1.01~23.92 10.34	600~620	顶板：砂质泥岩、泥岩； 底板：砂质泥岩、粉砂岩。
	3	0.40~1.50 1.05	0~16.99 6.16	620~626	顶板：粉砂岩、砂质泥岩； 底板：砂质泥岩、粉砂岩。
	4	0.84~6.05 2.98	1.80~9.74 5.56	626~635	顶板：中~细砂岩、砂质泥岩、泥岩； 底板：砂质泥岩和粗碎屑岩。
	5	0.10~5.04 2.73	11.56~31.82 16.88	635~650	顶板：泥岩及少量中~细砂岩； 底板：粉砂岩、泥岩。
太原组	6	0.10~1.66 0.81	17.39~37.58 27.73	650~680	顶板：石灰岩； 底板：泥岩或粉砂岩。
	8	0.79~9.33 3.91	0~12.48 1.32	680~700	顶板：石灰岩；底板：泥岩、炭质泥岩、砂质泥岩，少量为中~细砂岩。
	9	0.18~3.12 1.30	0~22.50 9.43	700~720	顶板：泥岩、炭质泥岩、粉砂岩； 底板：泥岩、砂质泥岩。
	10	0.18~5.38 1.66			顶板：中~细砂岩、砂质泥岩； 底板：炭质泥岩、铝质泥岩。

1.2.2　煤储层含气量分布

3+4 号煤层含气量介于 4.75~17.82m³/t，含气量平均值为 10.57m³/t；8(8+9)号煤层含气量介于 7.32~16m³/t，含气量平均值为 11.75m³/t。在平面上，3+4、8(8+9)号煤整体上从东部到西部含气量逐渐增加；垂向上，一般下部煤层煤层气含气量高于上部煤层；同一煤层，深部的煤层气含量高于浅部，符合煤层气的一般分布规律。本次沙曲南主要目的煤层为 8、9 号煤层，8、9 号煤层间距比较小，因此统一考虑，3、4 号煤层作为后备资源，含气性特征见表 2、图 2、图 3。

表 2　目标煤层含气性一览表

煤层编号	含气量/(m³/t)(空气干燥基)	气体组分/%			
		N_2	CO_2	CH_4	C^{2+}
3+4	4.75~17.82 10.57	1.01~20.15 6.91	0.39~2.13 0.78	77.72~98.60 92.21	未检出
8(8+9)	7.32~16 11.75	0.25~5.39 1.41	0.53~2.31 1.08	93.72~98.88 97.52	未检出

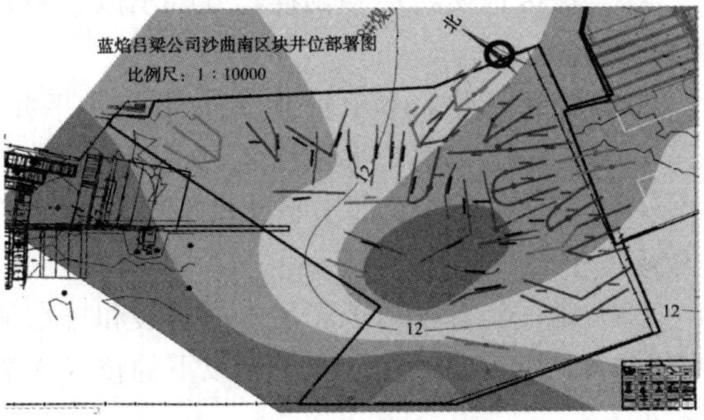

图 2　沙曲南区块 8 号煤层含气量等值线图

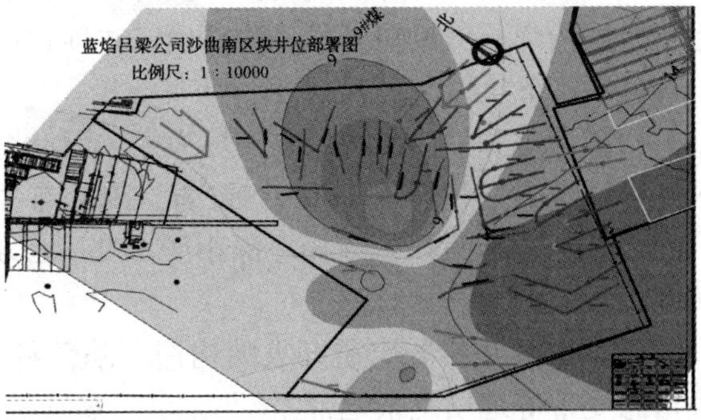

图 3　沙曲南区块 9 号煤层含气量等值线图

1.2.3 煤层渗透率

根据柳林区主要煤层的煤储层渗透率参数测试结果，该区渗透率在 0.29～1.13mD 之间，整体相对较低(表 3)。由表可以看出，高渗透率煤储集层的表皮系数均为正高值，而低渗透率煤储集层的表皮系数均为负值。表皮系数虽不代表煤储集层的自然属性，但在一定程度上反映钻井、完井过程中井筒附近煤层性质的变化。正的表皮系数说明井筒附近煤层性质变化导致流体渗流阻力增大，负值则相反。

表 3　柳林煤层气井煤储层试井渗透率

煤层气井	煤层号	渗透率/mD	表皮系数
煤柳 1	4	1.98	1.50
煤柳 2	4	0.01	-0.50
	8	8.86	5.00
煤柳 3	4	0.12	-0.60
	8	0.29	0.50
煤柳 5	8	1.135	1.85

2 加密井布置原则与方法

2.1 布置原则

沙曲南井田区块煤层发育、煤层埋深较浅、气含量高、煤层气富集。区块内多耕地，本区适合采用 L 型水平井进行开发。根据沙曲南区块煤层气开发现状，确定本项目开发目标煤层为 8、9 号煤层。本项目开发区域面积为 17m²。根据计算，本区域太原组 8、9 号煤的地质储量为 11169×10^4t，煤层气地质储量为 $13.43\times10^8m^3$，可采储量为 $6.71\times10^8m^3$。

本项目计划施工煤层气水平井 56 口，计划动用地质储量约 13.43×10^8，平均单井控制储量 $0.26\times10^8m^3$。

2.2 方法选择

根据沙曲南区块煤层气勘探开发的目的，及近年来国内煤层气勘探开发经验，确定本项目中 L 型水平井布井原则如下：

(1) 考虑到沙曲南煤质以焦煤为主，因此全区吨煤瓦斯含气量普遍都大于 $9m^3/t$，因此布井只需要考虑埋深问题，选择埋深小于 900m 地方布井；

(2) 水平井部署应避开大的构造、陷落柱、倾角急变带等地质复杂地带；

(3) 坚决避开自然保护区、水库附近等地方；

(4) L 型水平井布置兼顾最大水平井主应力方向，有利于穿越更多的天然裂隙，水平井水平段方位 135 度或 315 度左右，并坚持水平井井眼不下倾原则，并充分利用现有井场。

本项目共布置 56 口 L 型水平井。根据以上布井原则，2020 年开发水平井 15 口，位于沙曲南区块中北部。2021 年开发水平井 26 口，位于沙曲南区块中东部。2022 年开发水平井 15 口，由于全部为加密井，平均分布在沙曲南区块井中南部、西部和东部。井位布置如图 4(图中黑色线表示 2020 年水平井、紫色线表示 2021 年水平井、绿色线表示 2022 年水平井)。

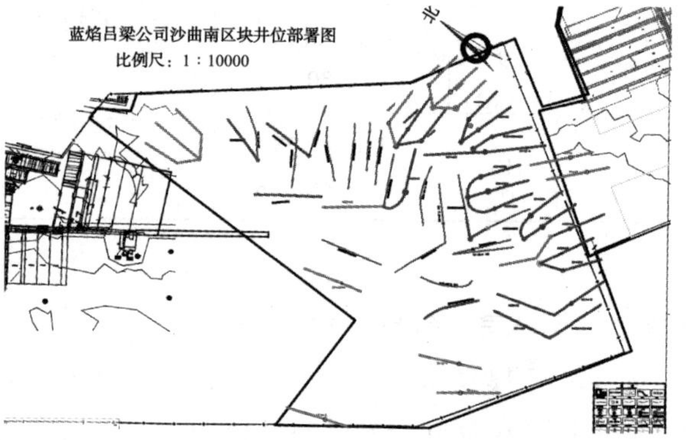

图 4　加密水平井井位分布图

3 加密井生产工艺

3.1 钻井技术

由于该区煤层埋深浅，构造简单，地质条件不太复杂，对钻井设备的选择应力求经济实用、快速高效为原则。对于本项目 L 型水平井，设备配套齐全的 JC40 或同等施工能力及以上的钻机即可满足该区钻井要求。

3.2 完井方式

综合该区地质特性和钻探经验提出以下完井基本原则：

(1) 完钻层位：本项目共设计 56 口水平井，完钻层位均为下二叠统太原组 8、9 号煤层。

(2) 完钻井深：L 型水平井水平段要求在 8、9 号煤层中总进尺大于 650m。

(3) 完井套管：为了满足水力压裂和排水采气的需求，完井生产套管应满足以下的技术规范(表 4)。

表 4　生产套管设计表

套管层序	规格			钢级	抗外挤强度/MPa	抗内压强度/MPa	抗拉强度/KN
	直径/mm	壁厚/mm	内径/mm				
表层套管	273	8.89	255.3	J55	10.894	21.581	1868.3
二开套管	193.7	8.33	177	J55	19.926	28.544	1401.2
三开套管	139.7	7.72	124.3	N80	43.299	43.365	1548

(4) 完井固井：L 型水平井的表层套管、技术套管选油井水泥浆进行固井作业；L 型水平井技术套管外水泥返至地面。

(5) 固井质量检查：L 型水平井二开固井候凝 48h 后测固井质量，水泥返高、胶结质量需达到良好以上；清水试压 15MPa，30 分钟压降小于 0.5MPa 合格。

(6) 完井射孔：L 型水平井采用连续油管喷砂射孔方式。

3.3 压裂增产措施

沙曲南井田的 8、9 号煤层顶底板都具有良好的封闭性，煤层的裂隙普遍比较发育，煤层含气量中等，煤层含水中等，煤层的原始渗透率中等，属于典型的低压、中渗、低-中含气量型煤层气田。这类气田靠常规的钻井完井技术不能获得工业性气流，必须利用 L 型水平井和水力压裂技术才能改善煤层周围渗透率，使煤层的裂隙与井眼有效连通，给排水采气奠定一个好的基础，使煤层气井获得比较高的产能。

在开发过程中，为拓宽技术渠道，SQN-193-L2 实施了密切割连续油管压裂工艺。

该平台有两口水平井，分别为 SQN-193-L1、SQN-193-L2。SQN-193-L1 采用泵送桥塞+光套管压裂工艺，形成对照组。

4 产气效果

4.1 加密井开发前生产情况

2020 年加密生产前，沙曲南区块共有直井、定向井 188 口(表 5)，其中沙曲煤矿 144 口，贺西煤矿 44 口。总体日产气 9 万余方，单井平均日产气量 460 方。

表 5　2020 年沙区南沙曲南区块开发部署情况统计表

序号	所属	类型	井数	备注
1	沙曲矿	垂直井	144	
2	贺西矿	垂直、从式井	44	
合计	188			

4.2 加密井开发后生产情况

2024 年加密井陆续投产后，沙曲南区块共有直井、水平井 235 口(表 6)，其中沙曲煤矿 144 口，贺西煤矿 44 口。总体日产气 16 万余方，单井平均日产气量 686 方，单井平均产量上涨 150%。

表 6　2024 年沙区南沙曲南区块开发部署情况统计表

序号	所属	类型	井数	备注
1	沙曲矿	垂直、水平井	194	
2	贺西矿	垂直、水平井	41	
合计	235			

4.3 密切割试验井效果对比(表 7)

表 7　密切割试验井压裂及产气量对比

>15(m^3/t)	段数	加砂量	近期平均日产气量	单段加砂量	水平段长度	单段长度
SQN-193-L2	20	820	3760	41.00	653.00	32.65
SQN-193-L1	12	486.38	2804	40.53	644.36	53.70

SQN-193-L1 作为该实验井的对照组，具备和 SQN-192-L2 同处于 9#煤层，同处于吨煤含量大于 15 方的含气区域，以及地理位置相邻，两口井同一天投运等特点。两口井出现产气的时间较为接近，都是 2023 年 1 月-2 月这段时间，但是前期排水降压过程里实验井的产水量可以达到 25 方，明显高于对照组的日产水 15 方；稳产后气量也有所差异，实验井日均产气 3700 方，对照组日产气 2800 方。目前对照组套压 1.20MPa，流压 1.26MPa，两项数据略高于实验组，处于稳产阶段(图 5、图 6)。

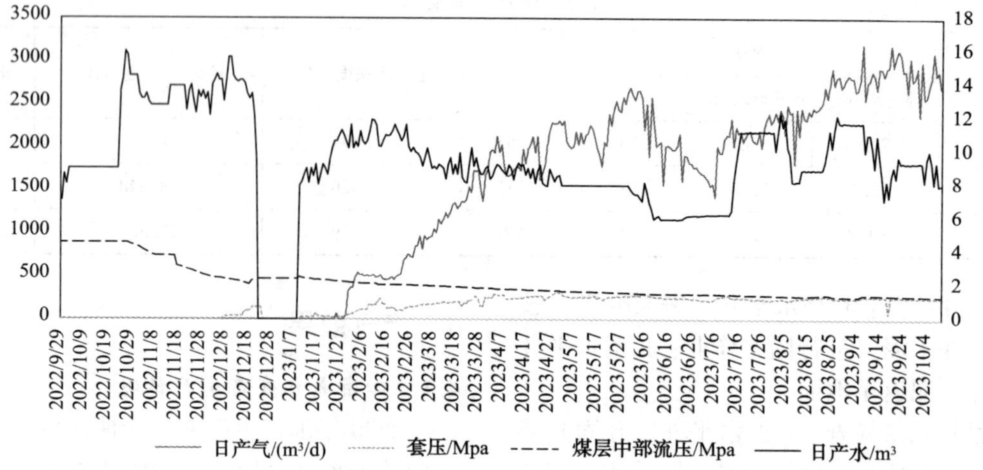

图 5　SQN-193-L1 生产情况图

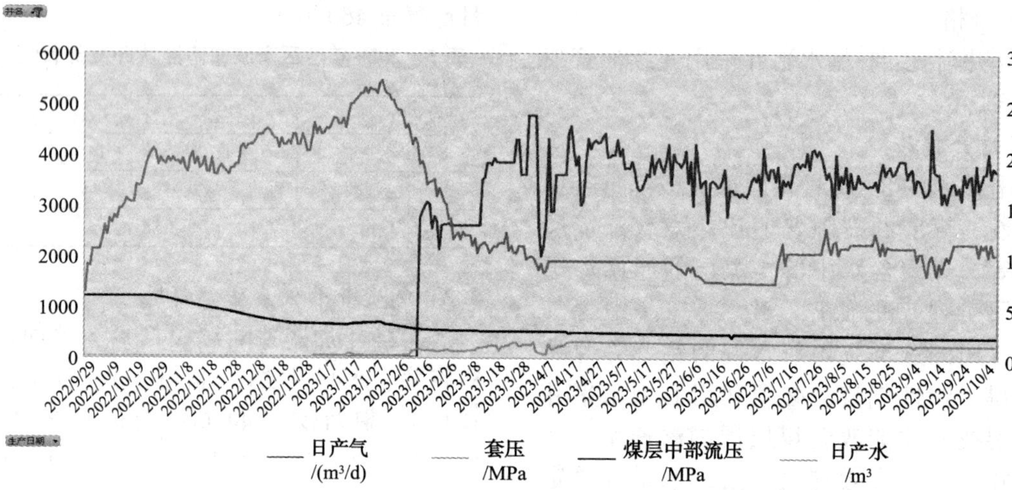

图 6　SQN-193-L2 生产情况图

5　结论与展望

5.1　结论

通过对沙曲南加密井生产工艺的研究，详细分析了离柳矿的地质与储层特征，为生产工艺研究提供了基础。评估了现有生产工艺，明确了其优缺点；并试验了密切割压裂工艺。

提出了加密井的布置原则和方法，并对生产工艺进行了优化。

整体上，通过采用井间加密的方法，成功地达到了提产增产的预期目的。产气量相较于三年前大幅增长了 150%。然而，由于在执行过程中所采用的生产工艺相对较为落后，并且排采方面的经验存在不足，致使部分井的产气量未能达到预期水平。

5.2　展望

虽然本研究取得了一定的成果，但在未来的工作中，还需进一步开展以下研究：

（1）持续优化加密井生产工艺，提高技术适应性和经济性。

（2）加强对煤层气产出机理的研究，为开发方案的制定提供更有力的理论支持。

（3）探索新的增产技术和方法，进一步提高煤层气采收率。

全干混遇水不分散水泥浆体系研究与应用

李岩阁　孙富全　侯　薇　路彦利

（中国石油集团海洋工程有限公司）

摘　要　针对高含水地层固井时水泥浆候凝过程中极易受地层水冲刷稀释使界面胶结质量下降的问题，同时为了满足部分油田工厂化固井作业的需求，研制了粉体抗分散剂 BCY-100S。红外测试表明合成了目标聚合物；热失重测试表明该聚合物耐温达 350℃；分子量测试表明该聚合物具有较高的分子量和较多的支化结构，能通过桥接作用达到优异的抗分散效果。通过水泥浆抗分散性能、Zeta 电位和絮凝体性能测试表明，抗分散剂的三维网络结构在水泥浆体中能保持其网状结构而不收缩，因此，与常规水泥浆相比，采用抗分散剂的全干混遇水不分散水泥浆的抗分散性能明显提高，可有效避免固井后地层流体对水泥浆的"溶解迁移"和"质量互换"。通过水泥石水陆强度比、渗透率、压汞法和扫描电镜分析表明，全干混遇水不分散水泥具有更高的水下成型能力、更小的渗透率和更致密的微观结构。该体系已在长庆油田固 X 井得到应用，第一界面和第二界面合格率均达到 100%，第一界面优质率 96.48%，第二界面优质率 50.38%，相比于邻井优质率提高 15%以上。

关键词　全干混；粉体抗分散剂；遇水不分散水泥浆；机理

Study and application of non-dispersible cement slurry system with all-dry mixing water

Li Yange　Sun Fuquan　Hou Wei　Lu Yanli

[CNPC Offshore Engineering Co. , Ltd(CPOE)]

Abstract　Aiming at the issue that cement slurry is highly susceptible to dilution and erosion by formation water during the setting process of cementing in high water-cut formations, and to meet the needs of some oil fields for factory-style cementing operations, a powdery dispersant BCY-100S has been developed. Fourier Transform infrared spectroscopy (FT-IR) indicates the synthesis of the targeted polymer; Thermogravimetric Analysis (TGA) shows that the polymer can withstand temperatures up to 350℃; Gel Permeation Chromatography (GPC) indicates that the polymer has a high molecular weight and a significant branching structure, which can achieve excellent dispersion resistance through bridging action. Tests on the anti-dispersion performance of cement slurry, Zeta potential, and flocculation performance demonstrate that the three-dimensional network structure of the dispersant can maintain its web-like structure without contraction in the cement slurry body. Therefore, compared with conventional cement slurry, the anti-dispersion performance of the fully dry mixedanti-water cement slurry using the dispersant is significantly improved, effectively avoiding the "dissolution migration" and "quality exchange" of formation fluids to the cement slurry after cementing. Analysis through the water-land strength ratio of cement stone, permeability, mercury intrusion method, and scanning electron microscope (SEM) indicates that the fully dry mixed anti-water cement has higher underwater molding ability, lower permeability, and a denser microstructure. This technology has been applied in the cementing of GU X in the Changqing Oilfield, with the qualification rate of the first and second interfaces reaching 100%, the first interface quality rate at 96.48%, and the second interface quality rate at 50.38%, which is an improvement of more than 15% in the quality rate compared to adjacent wells.

Key wordst　fully dry mixed anti-water cement slurry; powdery dispersant; mechanism

目前，国内多数油田都进入开发中后期，为提高采收率大多采用注水开发的方式，因此许多老油田已进入高含水或特高含水期。固井过程中，地层水侵入水泥浆后会直接影响水泥浆的凝固过程，使得水泥环与地层之间形成窜流通道，破坏固井界面胶结质量，影响油气井后期开采的正常生产和运行。同时，长期注水开采导致的地层压力系统紊乱，加剧了地层水对水泥浆的稀释、溶解迁移和质量互换，引发水窜问题，导致固井质量降低甚至固井作业失败，影响老油田开发效益。

针对固井过程中水侵、水窜难题，前人在水泥浆体系方面进行了针对性研究：①凝固前防止地层水对水泥浆的侵蚀，一般选用可在水泥浆内部形成空间网络结构，且可改善水泥浆表面张力的物质，增强外界水的侵入阻力，减少外界水对水泥浆的侵蚀，常见的有触变水泥浆体系。②候凝过程中，为避免水泥浆环空压力下降导致的水窜现象，可以选择能缩短水泥浆静胶凝过渡时间的直角稠化水泥浆体系，或者采用早强水泥浆体系，以减少外界水对体系的侵蚀时间。③凝固后，在防止窜流通道形成方面的研究集中在防止水泥石体积收缩和改善水泥石渗透率两个方面，常用的水泥浆体系包括低滤失膨胀水泥浆、胶乳水泥浆以及锁水防窜水泥浆体系。虽然上述多种水泥浆体系一定程度上解决了水窜问题，但针对水侵带来的“溶解迁移”和“质量互换”影响暂无有效解决办法，这是水泥浆凝固过程中微观结构由“分散颗粒结构”发展为“凝胶网架结构”过程中孔隙连通性增大所导致的必然现象。基于水泥“溶解-成核-沉淀”水化理论，外界水对水泥浆“溶解迁移”的过程会破坏水泥浆的水化进程和设计性能，从而降低水泥环的层间封隔能力，影响固井质量。

为此，本文以2-丙烯酰胺-2-甲基丙磺酸、N，N-二甲基丙烯酰胺和疏水单体等为原材料采用自由基溶液聚合合成了新型的粉体抗分散剂 BCY-100S。性能评价表明：与常规水泥浆相比，采用抗分散剂的全干混遇水不分散水泥浆的抗分散性能明显提高，有效避免了固井后地层流体对水泥浆的“溶解迁移”和“质量互换”。

1　原材料

本实验用到的材料有：G 级油井水泥（嘉华特种水泥股份有限公司）；粉体抗分散剂 BCY-100S 和油井水泥用减阻剂磺酸盐 BCD-200S（天津中油渤星工程科技有限公司）。

其中，嘉华 G 级油井水泥密度 3.14g/cm^3，D50 粒径 20μm。其氧化物组成通过能量色散 X 射线光谱（EDX）测定：检测器是 ApolloX-SDD，活时间为30s，电子束的加速电压为20kV，结果如表 1 所示。

表 1　嘉华 G 级油井水泥的氧化物成分

氧化物名称	Al_2O_3	Fe_2O_3	CaO	MgO	SO_3	K_2O	SiO_2	Na_2O	P_2O_5
含量/%	5.12	3.49	62.31	1.93	2.85	1.27	22.84	0.12	0.07

2　抗分散剂材料表征

2.1　红外测试

采用 NicoletiS10 透射红外光谱对粉体抗分散剂在 4000cm^{-1}-400cm^{-1} 扫描范围内（分辨率为 1cm^{-1}，扫描 16 次）进行傅立叶变换红外光谱（FT-IR）表征。从（图 1）粉体抗分散剂的红外光谱图中可以看出，产物的吸收峰主要在 3430cm^{-1}、2930cm^{-1}、1650cm^{-1}、1330cm^{-1}、1190cm^{-1}、550cm^{-1}。其中，3430cm^{-1}是 NH 伸缩振动峰，1650cm^{-1} 为 C = O 伸缩振动峰，2930cm^{-1}为 CH_2 弯曲振动峰，1330cm^{-1}为酰胺基（$-CONH_2$）上的 C-N 伸缩振动峰，1190cm^{-1}、1040cm^{-1}和 550cm^{-1}是磺酸基（$-SO_3H$）伸缩振动峰，结果表明所有单体均参与反应。

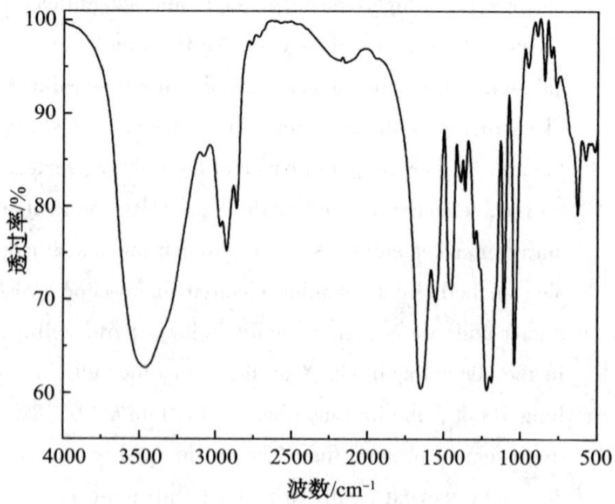

图 1　粉体抗分散剂的红外光谱

2.2 热失重测试

采用 HITACHI STA200 同步热分析仪在 N_2 气氛下，对粉体抗分散剂进行分子本身的热稳定测试，测试温度区间为 30~800℃，测试升温速率为 20℃/min。从（图 2）可以看出，在 30~800℃内样品出现 3 个失重区域。第 1 个区域在 80~120℃，少量的质量损失可能是本体水的挥发或残留小分子单体的分解所致。第 2 个区域介于 300~350℃之间，质量减少主要是亚酰胺化过程中分解产生的 NH_3、H_2O 及少量 CO_2 的挥发。第 3 个区域在 400~800℃，当温度大于 300℃时，亚氨基会降解为腈和易挥发物质，使得质量进一步损失。热失重测试结果表明粉体抗分散剂具有良好的耐热性，本体热分解温度超过 350℃。

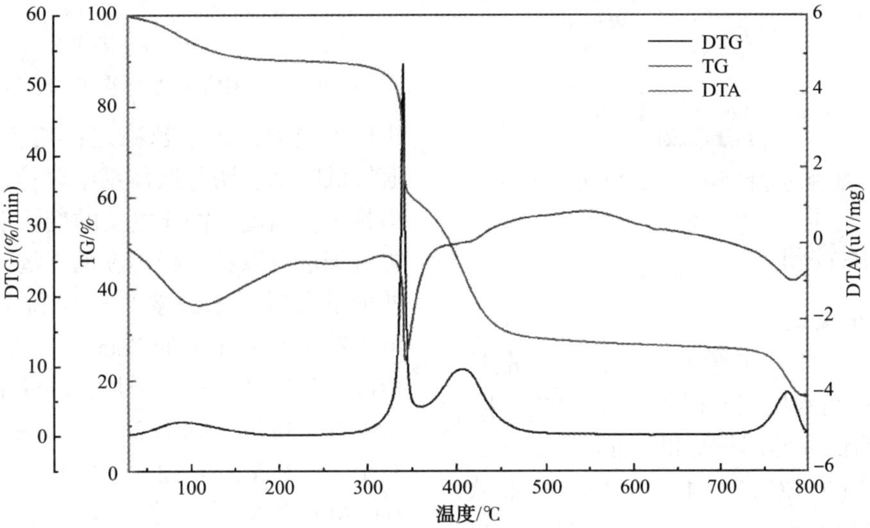

图 2　粉体抗分散剂的热失重曲线

2.3 分子量测试

采用 Wyatt 多角度激光光散射凝胶色谱联用系统（Wyatt GPC/SEC-MALS）以 0.2mol/L 氯化钠溶液（NaCl）为洗脱液进行凝胶渗透色谱测试（GPC）。从（图 3）中粉体抗分散剂的凝胶渗透色谱曲线可以看出，粉体抗分散剂的分子量主要分布在 4.0×10^5g/mol~4.0×10^6g/mol 范围内，通过计算该聚合物的重均分子量为 1.61×10^6 g/mol，数均分子量为 1.06×10^6 g/mol，粘均分子量为 1.83×10^6g/mol，分子量分布宽度指数 $D=M_w/M_n$ 为 1.51。（图 4）粉体抗分散剂均方根半径与摩尔质量关系图中可以看到均方根半径对摩尔质量的构象图斜率为 0.34±0.00，表明材料是具有多支化结构的聚合物。较高的分子量和较多的支化结构保证了抗分散剂具有足够的聚合物链包裹水泥颗粒，并能通过桥接作用达到优异的抗分散效果。

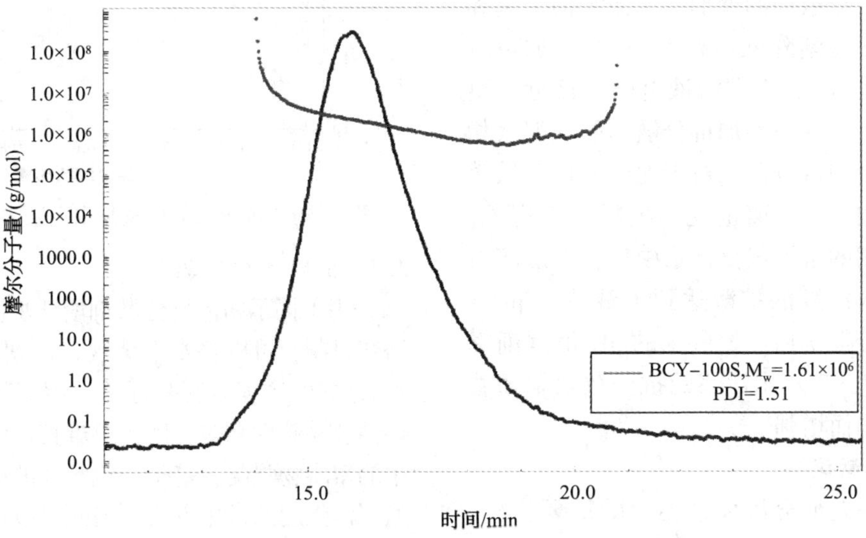

图 3　粉体抗分散剂凝胶渗透色谱图

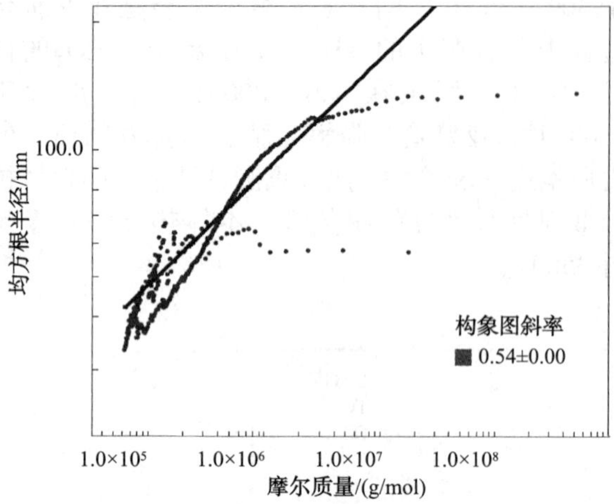

图4　粉体抗分散剂均方根半径与摩尔质量关系图

3　水泥浆性能评价

3.1　抗分散性能测试

对于所有的遇水不分散水泥浆，抗分散性(即抗冲刷能力)是水层固井时重点考虑的因素。抗分散性能的测试参照团体标准《油井水泥浆抗水侵试验方法》(T/CCAS 034—2023)，按照式(1)计算水泥浆损失率：

$$M_r=(\rho-1)\times 300/M_0\times 100\% \tag{1}$$

式中，M_r是水泥浆损失率，ρ是密度，M_0是倒入的水泥浆质量。同时测定吸取的上层溶液的pH和电导率。固定其他条件不变，此时水泥浆配方为：嘉华G级水泥+44%水+抗分散剂+0.2%BCD-200S，不同粉体抗分散剂加量下的水泥浆损失率、pH和电导率见(图5)。从图5中可以看出，在0.01%至0.06%的低加量范围内，水泥浆损失率和上层溶液电导率出现了急剧下降，此后随着抗分散剂的增加，水泥浆损失率和上层溶液电导率逐渐降低，到1%左右的加量时水泥浆损失率接近0，上层溶液电导率接近去离子水的电导率。这些与不加抗分散剂的水泥浆相比降低明显，说明抗分散剂对水泥浆的抗分散效果影响显著。对于pH值也观察到同样的现象，当未加抗分散剂的水泥浆倒入水中后，上层溶液的pH值因为水泥浆的扩散达到了碱性的pH=13，当加入抗分散剂后，上层水的pH值逐渐降低，直至接近7，表示水泥浆的抗分散效果随着抗分散剂的增加而增强。

3.2　Zeta电位测试

Zeta电位是表征分散体系稳定的重要指标，Zeta电位绝对值越高，表示分散体系中颗粒间的

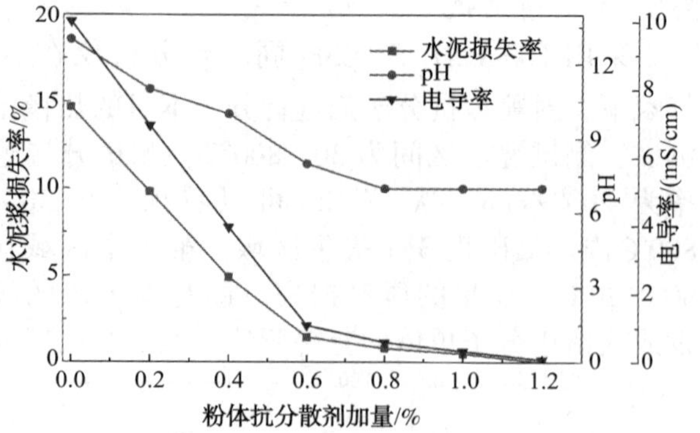

图5　抗分散剂掺量与水泥损失率、pH和电导率关系图

排斥力越大，体系越稳定；相反Zeta电位绝对值较低时则表明分散体系中颗粒越趋向于絮凝聚集状态，因此，Zeta电位的变化能够反应出聚合物对于水泥颗粒絮凝程度的强弱。(图6)为不同外加剂掺量与水泥浆Zeta电位关系图，从图中可以看出水泥净浆的Zeta电位为-9.6mV。随着粉体抗分散剂掺量的增加，Zeta电位绝对值在不断降低，掺量达到1.2%时，Zeta电位绝对值降低至4.22mV，继续加大粉体抗分散剂掺量，Zeta电位绝对值始终在4.2mV~4.8mV之间波动。表明粉体抗分散剂的加入有效降低了水泥浆颗粒Zeta电位绝对值，使颗粒间达到了较为稳定的絮凝状态，这种状态既有利于提高水泥浆抗水侵性能，又不会因为过度聚集而产生絮凝。

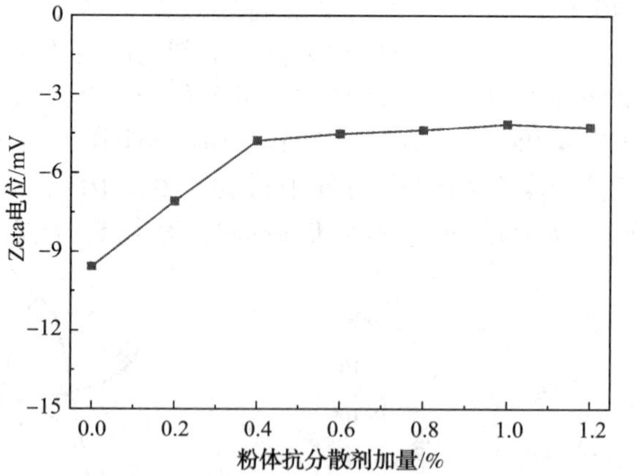

图6　粉体抗分散剂掺量与水泥浆Zeta电位关系图

3.3　絮凝体性能测试

为了揭示粉体抗分散剂增强水泥浆抗分散性的潜在机制，可以将水泥浆视为由絮凝体(或聚集颗粒)组成的浓缩絮凝悬浮液。由于絮凝物固有的复杂性、易碎性和多变性，很难直接测量水泥浆体系中的絮凝物强度，基于经验验证的剪切模型是确定絮凝体强度的常用方法，因此可以使用特定剪切速率下的稳态絮凝体尺寸作为絮凝体强度的指标，从

而通过光散射法即可测量絮团的性质。本实验采用珠海欧美克仪器有限公司的 Topsizer 激光粒度分析仪测量不同剪切速率下样品的粒径分布。所有测量均在 20℃下进行，为避免受絮凝系统异常值的影响，将絮凝体粒径分布的 90%当量体积直径(D90)和 50%当量体积直径(D50)分别作为最大絮凝体粒径 d_{max}和平均絮凝体粒径 d_{av}。

测试含有粉体抗分散剂的全干混遇水不分散水泥浆与不含粉体抗分散剂的常规水泥浆在 500、1000、1500、2000、2500、3000 和 3500rpm 剪切速率下的粒径分布，全干混遇水不分散水泥浆配方为：嘉华 G 级水泥+44%水+0.45%BCY-100S+0.2%BCD-200S，常规水泥浆配方为：嘉华 G 级水泥+44%水+0.2%BCD-200S，测试结果如图 7 和图 8 所示。从图中可以看出，随着剪切速率的增大，水泥浆平均粒径 d_{av}和最大粒径 d_{max}均随之降低，但遇水不分散水泥浆在所有剪切速率下均表现出高于常规水泥浆的絮凝强度，进一步证实了粉体抗分散剂对提高水泥浆抗水侵性能的良好效果。

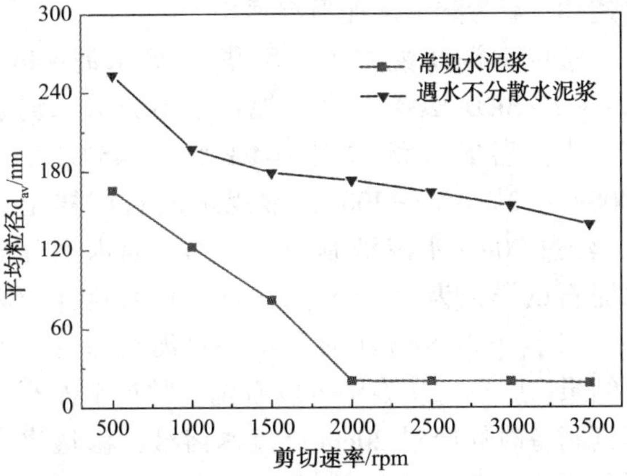

图 7　剪切速率与水泥浆平均粒径关系图

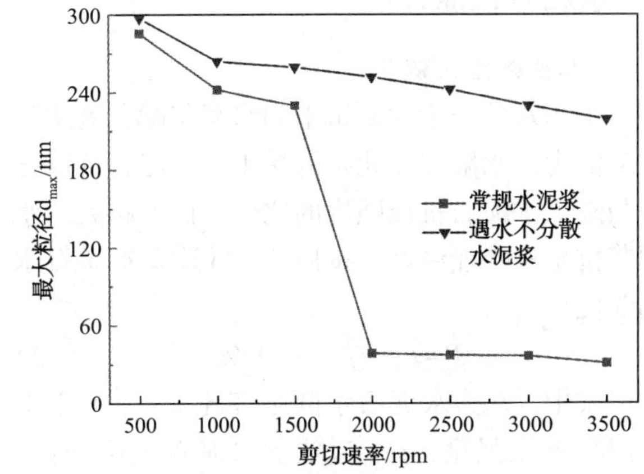

图 8　剪切速率与水泥浆最大粒径关系图

3.4　机理研究

基于抗分散剂材料表征与水泥浆性能评价，并参考目前水下不分散混凝土机理的研究，提出粉体抗分散剂增强水泥浆体抗分散性的机理：当粉体抗分散剂材料与水泥颗粒接触时，其骨架上的锚定基团，如羧基(-COO-)和磺酸基(-SO_3-)等首先吸附在水泥颗粒表面；其次，依托于较高的分子量和较多的支化结构，分子链之间通过“桥接—架桥”作用相互缠连形成了三维网络结构；最后，这种刚性结构在水泥浆体中能有效保持其网状结构而不收缩，从而表现出较高的最大絮凝体粒径 d_{max}和平均絮凝体粒径 d_{av}，且在高剪切速率下的絮凝体强度保持率更高。相对而言，不含抗分散剂的常规水泥浆受到外界水的冲刷时会通过“溶解迁移”和“质量互换”的方式被稀释，影响水泥浆设计性能，甚至会导致水泥颗粒沉降，无法保证有效封隔(图 9)。

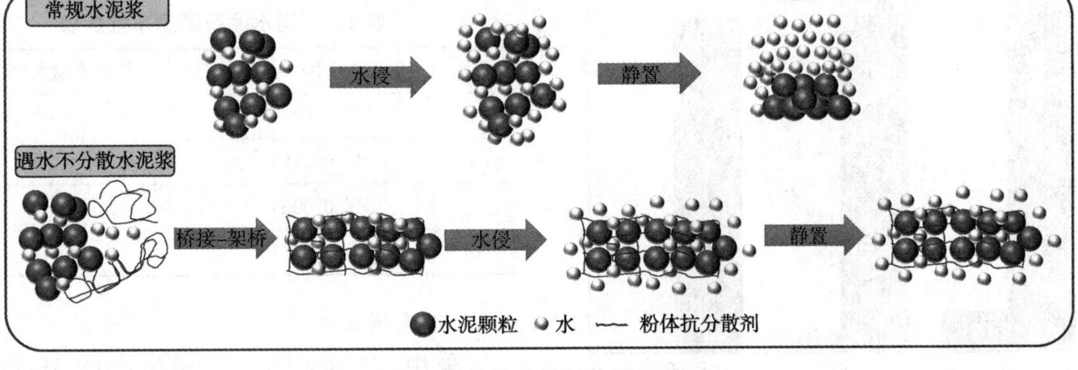

图 9　粉体抗分散剂作用机理图

4　水泥石性能评价

4.1　水陆强度比测试

采用水陆强度比测试不同水泥浆配方的水下成型能力，水陆强度比指的是水下水泥石抗压强度与陆上水泥石抗压强度的比值，比值越大，水泥浆抗水侵性能越好，按照式(2)计算水泥石水陆强度比：

$$P=f_{cu,w}/f_{cu,0}\times 100\% \tag{2}$$

式中，P 为水泥石水陆强度比，$f_{cu,w}$ 为水下水泥石抗压强度，$f_{cu,0}$ 为陆上水泥石抗压强度。陆上水泥石养护采用《油井水泥试验方法》(GB/T 19139—2012)；水下水泥石养护与强度测试为：强度模具放入水面高度 20cm 的容器中，将水泥浆从水面上方倒入，待模具内盛满水泥浆后取出，后续操作与陆上水泥石相同，在强度养护箱中养护后使用抗压强度试验机测定抗压强度。全干混遇水不分散水泥浆配方为：嘉华 G 级水泥+44%水+0. 45%BCY-100S+0. 2%BCD-200S，常规水泥浆配方为：嘉华 G 级水泥+44%水+0. 2%BCD-200S，强度养护条件为 60℃×48 小时。如图 10 和图 11 所示，常规水泥浆由于受到水的冲刷，固相颗粒从水泥浆中离析悬浮在水中，以至于常规水泥浆水下成型的水泥石与空气中成型水泥石相比仅剩 50%，水泥石试样未成型，水/陆强度低于 10%。由此可见，不含抗分散剂的水泥浆在井下封固水层时，容易发生水侵、水窜，将严重影响水泥环的胶结质量和强度。而遇水不分散水泥浆水下成型水泥石与空气成型水泥石体积基本相同，水陆强度比为 70%~80%，抗水侵效果明显。

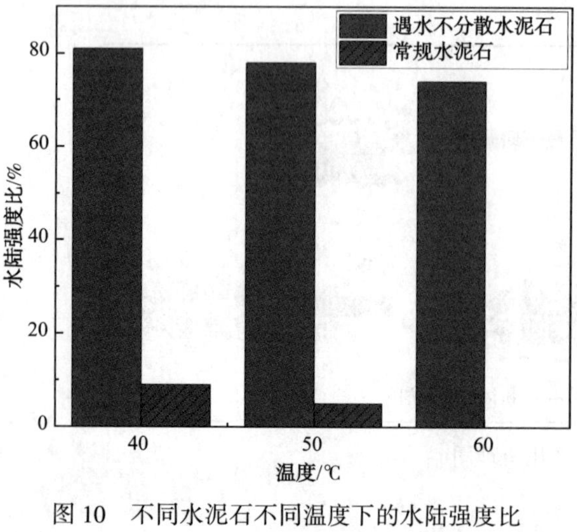

图 10　不同水泥石不同温度下的水陆强度比

图 11　遇水不分散水泥石(A)和常规水泥石(B)水下成型模具

4.2　渗透率测试

水泥基材料的孔隙结构与其力学性能、耐久性等性能息息相关。因此采用江苏华安科研仪器有限公司的 SHCE-2019 型自愈合水泥评价测试装置测试不同水泥石块试样的渗透率，测试温度为室温，围压为 5MPa，气体压力 3MPa。并以水下水泥石渗透率与陆上水泥石渗透率之比作为渗透率增大率，按照式(3)计算水泥石渗透率增大率：

$$Y=k_w/k_0\times 100\% \tag{3}$$

式中，Y 为渗透率增大率，k_w 为水下水泥石渗透率，k_0 为陆上水泥石渗透率。

常规水泥浆配方为：嘉华 G 级水泥+44%水+0. 2%BCD-200S，全干混遇水不分散水泥浆配方为：嘉华 G 级水泥+44%水+0. 45%BCY-100S+ 0. 2%BCD-200S，常规水泥石试样记为 A，经过 20cm 水溶液制样记为 B，遇水不分散水泥石试样记为 C，经过 20cm 水溶液制样记为 D，下同。60℃×48 小时下不同水泥石渗透率实验结果(表 2)。从表中可以看到，常规水泥石在模具制备时候经过 20cm 高度水溶液，渗透率即明显增大，渗透率增大高达 385. 29%，而遇水不分散水泥石经过水溶液依旧能保持自身的结构完整性，渗透率增大率较低，为 138. 10%。

表 2　不同水泥石渗透率性能表

样品	平均渗透率($\times 10^{-3}\mu m^2$)	渗透率增大率(%)
A	0. 0068	385. 29%
B	0. 0262	
C	0. 0063	138. 10%
D	0. 0087	

4.3　压汞测试

采用 Micromeritics 公司生产的 MicroActive AutoPore V 9620 Version 压汞仪进行压汞测试，接触角为 130°，可表征 3nm 以上的孔隙结构。

对60℃×48小时下不同水泥石进行压汞测试，常规水泥浆配方为：嘉华G级水泥+44%水+0.2%BCD-200S，全干混遇水不分散水泥浆配方为：嘉华G级水泥+44%水+0.45%BCY-100S+0.2%BCD-200S，常规水泥石样品记为A，经过20cm水溶液制样记为B，遇水不分散水泥石样品记为C，经过20cm水溶液制样记为D，实验结果(表3)和(图12)。从表3中可以看出，孔隙率、最可几孔径和比孔容从小到大依次是：A<C<D<B，平均孔径和中值孔径从小到大依次是：A<D<C<B，在所有的水泥石样品中，样品B表现出最大的孔隙率和孔径(平均孔径、中值孔径和最可几孔径)。将常规水泥石与水下成型水泥石孔隙结构相对比，样品B呈现出远高于A的孔隙率和孔径，而样品D与C相比无论是孔隙率还是孔径、比孔容都较为接近。从(图12)可以看出，样品B最可几孔径最大，且存在10μm~100μm孔径，远高于其余3个样品。这些结果与渗透率测试结果相符合，进一步说明遇水不分散水泥石经过水溶液依旧能保持自身的结构完整性。

表3　不同水泥石孔隙结构表

样品	孔隙率/%	体积密度/(g/mL)	平均孔径/nm	中值孔径/nm	最可几孔径/nm	比孔容/(mL/g)
A	30.90	1.558	24.22	32.79	32.41	0.1983
B	33.89	1.384	35.19	50.42	50.36	0.2448
C	31.12	1.412	28.50	38.04	40.28	0.2204
D	31.90	1.412	27.25	35.88	40.29	0.2260

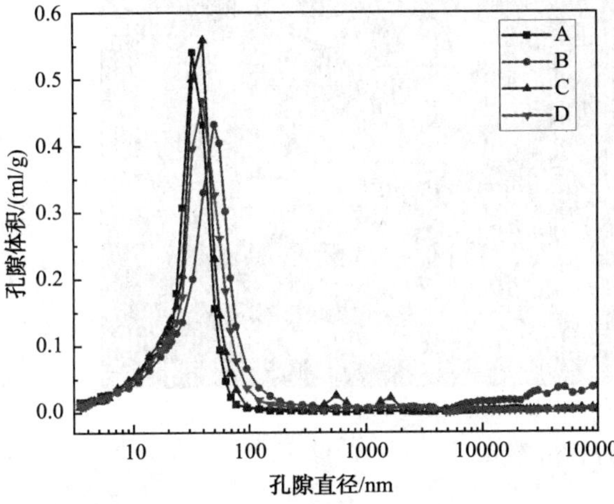

图12　不同水泥石对数微分体积和孔径关系图

4.4　扫描电镜测试

扫描电镜(SEM)可直接利用样品表面材料的物质性能进行微观成像，能直观的看到放大下的水泥石表面形貌，通过观察水泥石的微区结构，有助于增强对粉体抗分散剂作用机理的认识。因此，采用FEI QUANTA FEG250热场发射扫描电镜对60℃养护24h的不同水泥石进行了扫描电镜分析，常规水泥浆配方为：嘉华G级水泥+44%水+0.2%BCD-200S，全干混遇水不分散水泥浆配方为：嘉华G级水泥+44%水+0.45%BCY-100S+0.2%BCD-200S，常规水泥石样品记为A，经过20cm水溶液制样记为B，遇水不分散水泥石样品记为C，经过20cm水溶液制样记为D，扫描电镜结果如图13中所示。从扫描电镜图中可以看出，常规水泥石断面存在一定的孔隙；加入遇水不分散外加剂的水泥石结构显示出明显的不同，水泥颗粒由于遇水不分散外加剂高分子链的缠连而连接的更为紧密，表现在微观结构上就是图13-D的水泥断面与图13-C相近，比图13-B的更加密实。同时，经过水溶液制备的样品孔洞更大更多，但相比之下，遇水不分散水泥石试样比常规水泥石试样孔洞增加的相对较少，表现出更好的抗分散效果，与前述水陆强度比、渗透率及压汞测试规律一致。

5　应用

5.1　基本情况

固X井，位于甘肃省宁县南义乡焦台村鄂尔多斯盆地伊陕斜坡，完钻井深1907m，进行Φ139.7mm生产套管固井，采用双级固井完井方式。一级固井封固井段800m~1907m，领浆采用复合低密度水泥浆($4m^3$)和遇水不分散水泥浆($15m^3$)，尾浆使用早强降失水水泥浆体系($16m^3$)；二级固井封固井段0~700m，领浆采用复合低密度水泥($5m^3$)和粉煤灰水泥浆体系($15m^3$)。

5.2　试验情况

遇水不分散水泥浆封固井段900~1300m内有水层14个，油层3个，油水同层2个，干层9

个，油水层隔层最薄处仅 2m，水层多且活跃、层间压差大问题严重，容易发生层间窜，固井要求高。现场用遇水不分散水泥浆配方为：尧柏 G 级水泥+粉煤灰+4%微硅+3%BCY-100S+1%硅酸钠，共注尾浆 $15m^3$，综合性能(表 4)。

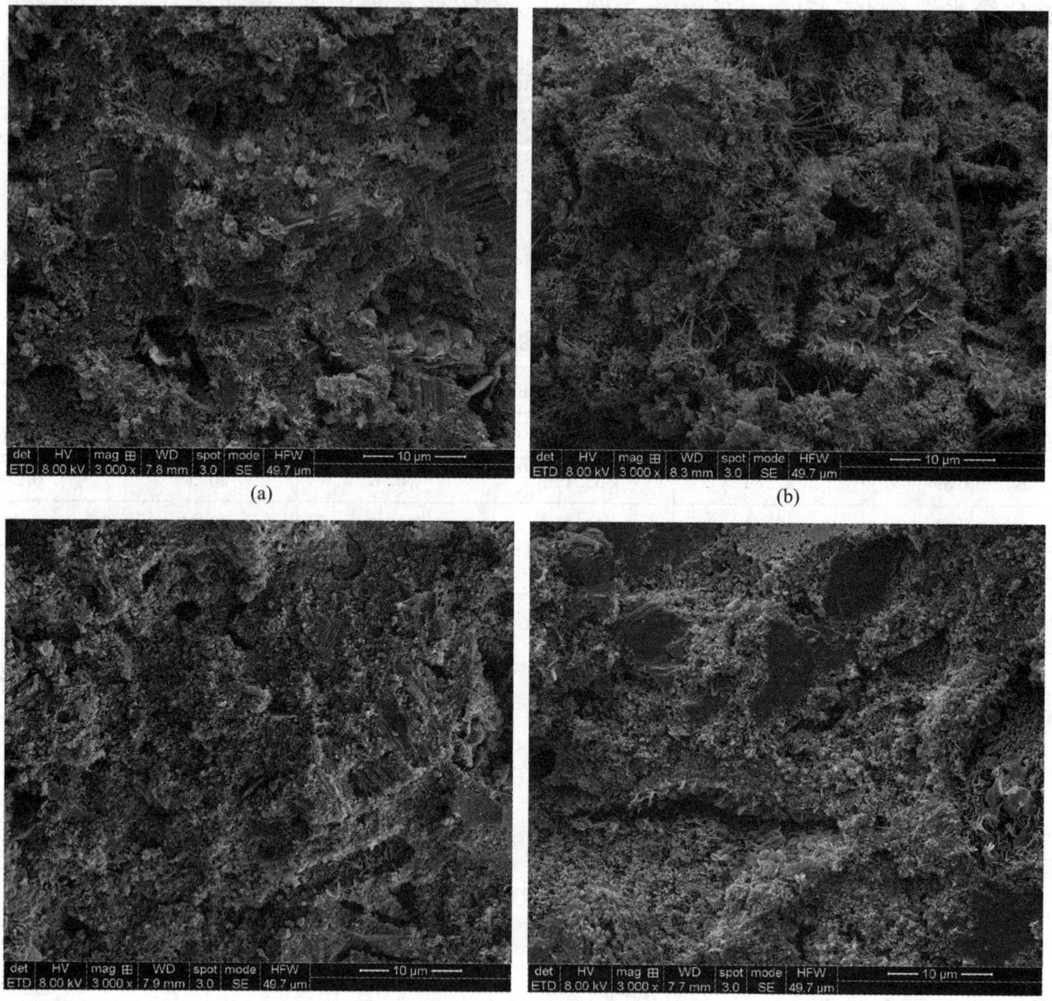

图 13　不同水泥石断面扫描电镜图

表 4　遇水不分散水泥浆现场配方试验数据

试验温度/℃	密度/(g/cm^3)	下灰时间/s	水泥浆损失率/%	初始稠度/Bc	稠化时间/min	抗压强度/MPa	
						24H	48H
60	1.56	25	0.81	16	267	12.3	15.0

5.3　固井结果

从表 5 的固井质量结果可以看出，采用该水下不分散防水窜水泥浆固井后，固 X 井第一界面和第二界面合格率均达到 100%，第一界面优质率 96.48%，第二界面优质率 50.38%。与此同时，固井工艺相同但使用常规水泥浆固井的邻井武 X 井第二界面优质率不到 20%，第二界面优质率提升 30%以上。

表 5　固井质量统计表

井号	第一界面		第二界面	
	合格率	优质率	合格率	优质率
固 X 井	100.00%	96.48%	100.00%	50.38%
武 X 井	98.82%	93.33%	98.74%	19.49%

6 结论

（1）研制了粉体抗分散剂 BCY-100S。与常规水泥浆相比，采用 BCY-100S 的全干混遇水不分散水泥浆的抗分散性能明显提高，表现为水泥浆损失率为 1% 以下，pH 值 = 7，电导率 ≤ 0.01cs/cm，水陆强度比 ≥75%，有效避免了固井后地层流体对水泥浆的"溶解迁移"和"质量互换"。

（2）提出粉体抗分散剂增强水泥浆体抗分散性的机理：抗分散剂材料在水泥浆中能形成了三维网络结构，这种刚性结构在水泥浆体中能有效保持其网状结构而不收缩，表现出远高于常规水泥浆的抗分散性能和水下成型能力，在水侵下依旧能保持较好的水泥石本体完整性。

（3）遇水不分散水泥浆作为提高含水地层固井质量的有效工具，已在油田现场得到验证，与未使用本技术的邻井相比，固井质量得到明显提高，保证了含水层的有效封隔。

参 考 文 献

[1] 束青林，张本华，毛卫荣等．孤岛油田特高含水期提高采收率技术措施及效果[J]．油气地质与采收率，2009，16(05)：52-55+114.

[2] Shangguan Y，Zhang Y，Xiong W. The effect of physical property change on the water flooding development in Changqing Oilfield Jurassic low permeability reservoir [J]. Petroleum，(2015).

[3] Jing W，Jungang L，Zhaoguo L I， et al. Synchronous injection-production energy replenishment for a horizontal well in an ultra-low permeability sandstone reservoir：A case study of Changqing oilfield in Ordos Basin，NW China [J]. Petroleum Exploration and Development，2020，47(04)：146-154.

[4] Yuan S，Wang Q. New progress and prospect of oilfields development technologies in China[J]. Petroleum Exploration and Development，2018，45(4)：657-668.

[5] Al - Khayyat B，Al - Mudhaf M，Saffar A H，et al. Improving Zonal Isolation and Cutting the Water Production with the Help of an Engineered Self-Healing Cementing System：A Case Study Review of the First Implementation of its Kind in Kuwait[C]//SPE EOR Conference at Oil and Gas West Asia. SPE，2022.

[6] 卢海川，高继超，赵岳等．固井防水窜研究现状评析[J]．精细石油化工进展，2017，18(02)：35-39.

[7] 刘开强，于骏杰，王海平等．地层渗流水对凝固过程固井水泥浆的侵扰机理[J/OL]．材料导报，1-14[2024-03-24].

[8] Lu H，Tian Z，Zhang M，et al. Study on testing methods for water resistance of underwater cement paste [J]. Materials and Structures，2021，54(5)：1-12.

[9] Jarvis P，Jefferson B，Gregory J ， et al. A review of floc strength and breakage[J]. Water Research，2005，39 (14).

[10] Han D，Ferron R D. Influence of high mixing intensity on rheology，hydration，and microstructure of fresh state cement paste[J]. Cement and Concrete Research，2016，84：95-106.

[11] Yim H J，Kim J H，Shah S P. Cement particle flocculation and breakage monitoring under Couette flow [J]. Cement and concrete research，2013，53：36-43.

[12] Sun Z，Li Y，Ming X，et al. Enhancing anti-washout behavior of cement paste by polyacrylamide gelation：from floc properties to mechanism[J]. Cement & concrete composites，2023.

[13] Yahia A，Khayat K H. Experiment design to evaluate interaction of high - range water - reducer and antiwashout admixture in high - performance cement grout[J]. Cement & Concrete Research，2001，31 (5)：749-757.

[14] Jiang Z L，Pan Y J，Lu J F. Pore structure characterization of cement paste by different experimental methods and its influence on permeability evaluation [J]. Cement and Concrete Research，2022：159.

脉冲中子饱和度测井仪 SMRT 及潜山评价应用

王　振　梁国武　王　涛　吕黎明　张守林　石　耀　马晓静

（中海油田服务股份有限公司）

摘　要　脉冲中子饱和度测井仪 SMRT 是由中海油田服务股份有限公司自主研发的一种小直径、可过油管进行套后油/气饱和度、地层孔隙度评价及中子寿命测量的一款高端生产测井仪器；高温 SMRT 仪器配备保温瓶设计，最高耐温 205℃，耐压 100MPa，可实现在高温井中的有效作业；是国内实现商业化应用的该类仪器中直径最小的一款，整体技术指标达到国际先进水平。该仪器采用高速闪烁晶体及三探头设计，实现了全部技术的国产化，支持中子寿命、炭氧比测井模式；提供基于数据库的炭氧比剩余油饱和度解释方法及基于快中子弹性散射截面的气饱和度解释方法。相关应用案例证明了相关方法的有效性及并取得良好应用效果，尤其在潜山中的应用揭示了该类测井方法的独特优势。

关键词　脉冲中子；测井；饱和度；碳氧比；潜山

A new pulsed neutron tool(SMRT) and its application in buried hill evaluation

Wang Zhen　Liang Guowu　Wang Tao　Liu Liming　Zhang Shoulin　Shi Yao　Ma Xiaojing

(China Oilfield Services Ltd)

Abstract　SMRT(Saturation Measurement for Reservoir Treatment) which is a kind of slim through-tubing logging tool, is developed by COSL. It can be used to measure gas/oil saturation, porosity and lifetime of thermal neutrons . The high-temperature version of SMRT(SMRT-HT) is equipped with thermal flask. The highest temperature resistance is 205℃ and pressure resistance is 100MPa. SMRT - HT can be effectively operated in high temperature wells. It's the first commercialized slim tool in China and has three high-speed scintillation crystals, and realized the localization of all technologies. Both C/O and PNC logging modes are supported. Depending on the database-based oil/water saturation evaluation technique and the FNXS gas saturation evaluation technique, SMRT has very good performance in complex wells. Its recent application in buried hills reveals great potentials of pulsed neutron technology.

Key wordst　Pulsed Neutron; Logging; Saturation; C/O; buried hill

1　引言

随着油田开发进入中后期，过油管/套管等生产管柱进行储层评价成为油田挖潜增产及优化生产措施的重要依据。其中，基于脉冲中子的储层评价测井技术，由于其能够穿越生产管柱对地层孔隙度、饱和度、元素含量等进行测量，成为过生产管柱储层评价的重要技术手段。1964 年 3 月，美国科学家 Youmans 等人介绍了一种基于中子寿命的脉冲中子测井仪，标志着脉冲中子技术首次在测井领域应用。随后，经过几十年的发展，贝克休斯公司、斯伦贝谢公司、哈里伯顿公司及威德福公司在 20 世纪 80、90 年代陆续分别推出自己的适用于生产井的相关技术产品（RPM、RSTPro、RMP 及 Raptor），但相关产品成熟于 21 世纪初，并且得到广泛应用。相比国外，国内相关技术发展较为缓慢，仅大庆油田具有相关大直径(仪器外径 89mm)商业化应用仪器 PNST。受限于特殊的生产管柱，相关技术在海上应用需具有小直径的特点(仪器外径通常要求小于 44mm)。中国海油相关作业需求主要通过引进贝克休斯公司 RPM 仪器进行实现，然而设备成本较高导致作业成本较高，仪器数量有限导致规模受限，降低了该技术油田生产中的价值。

脉冲中子饱和度测井仪 SMRT 由中海油田服务股份有限公司自主研发完成，填补了中国海油在该项技术领域的空白。仪器实现了全部技术的国产化，采用业界最为先进的溴化澜高速闪烁晶体，高温 SMRT(SMRT-HT)仪器具备保温瓶设计，最高耐温 205℃，耐压 100MPa，可解决高温井获取资料难的问题。已经在陆地及海上高温井中成功完成多口井作业，在剩余油饱和度评价方面及致密砂岩气饱和度、潜山、碳酸盐岩气评价方面获得了良好的应用效果。

2 仪器描述

2.1 仪器结构及工作过程

SMRT 整体采用三探头(按照离中子源远近分别称之为近源距探头(Near Space)、远源距探头(Far Space)和长源距探头(Long Space))设计，三探头均采用高速闪烁晶体，近源距与中子管之间使用重金属屏蔽体。物理上，将仪器分为三大部分：采集控制短节(EA，Electronic Assembly)、探头短节(DA，Detector Assembly)及中子发生器短节(NGA，Neutron Generator Assembly)。如图 1 所示：

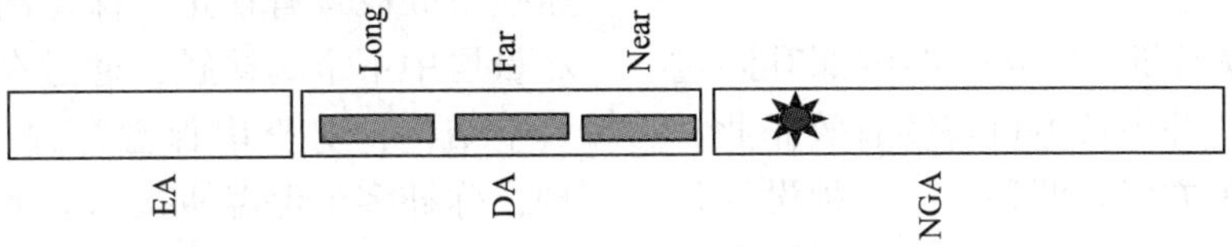

图 1　SMRT 仪器结构

各短节功能如下：

EA：负责与测井采集系统进行通讯、提供中子发生器控制功能及 γ 脉冲信号采集功能。

DA：放置三个高速闪烁晶体及相关高压电源、光电倍增管(PMT)、信号防大及线路驱动单元。

NGA：负责周期性发射快中子。

2.2 高速采集电路

由于 SMRT 采用了 LaBr3 高速闪烁晶体，而此类晶体通常具有较短的衰减常数(通常小于 50ns)，如表 1 所示。传统的峰值保持及 AD 采样方法由于死时间较长，所以不能有效发挥高速闪烁晶体作用。

表 1　几种探测器材料性能比较

主要指标	NaI	GSO	BGO	$LaCl_3$	$LaBr_3$	YAP
密度 /(g · cm^{-3})	3.67	6.7	7.13	3.79	5.08	5.37
衰减常数/ns	230	50	300	28	16	25
光输出量 /%)	100	18	12	120	165	40
有效原子数	50	74	59	50	47	26
能量分辨(511keV,%)	7	12	16	5.6	2.9	10.4
温漂系数(%/℃)	-0.3	-0.3	-1.5	X	-0.05	X

SMRT 仪器采用一种多阈值采样(Multi-channel Voltage Thresholds，MVT)数字化方法进行单个 γ 脉冲信号的采集，死时间能够做到 100ns 以内。具体原理如图 2 所示：

MVT 数字化采样固定多个阈值电压，只对闪烁脉冲穿过阈值电压的时间进行数字化采样，从而能在快速的上升沿阶段获取多个采样点。该技术以“全数字”和“精确采样”为两个本质特点：传统 ADC 的采样必须加入模拟预处理电路改变信号以间接获取脉冲信息；而 MVT 方法通过固定电压“守株待兔”式的采样，无需对脉冲进行“拉宽放慢”即实现了全数字信号处理的同时实现了信号的源头精确数字化，达到高精度信号还原。由于 SMRT 采用高速闪烁晶体，并采用死时间极短的 MVT 高速采集方法(小于 100ns)，相关能谱具有较高的能量分辨率及灵敏度。

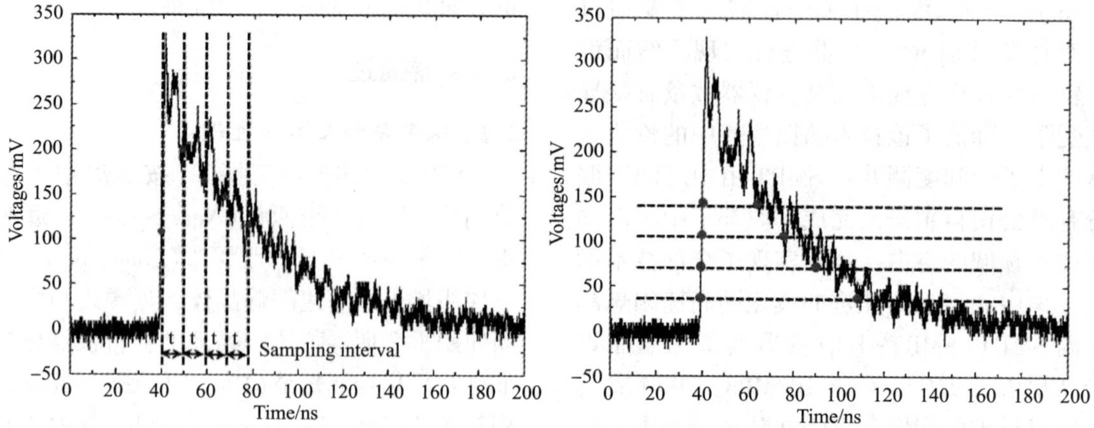

图 2　ADC 采样(左)与 MVT 采样(右)对比示意图

2.3　保温瓶设计

SMRT 可连接保温瓶，阻止仪器内部升温过快，保证在高温高压井中仪器可持续有效作业。

目前保温瓶实施方案有两种。第一种设计是通过一体式承压保温瓶承受外界压力，保温瓶的真空夹层实现 SMRT EA/MA 的温度可控，设置隔热体阻止外界温度穿入，设置吸热体可以吸收保温瓶内部仪器工作的温度，从而实现高温工作。第二种设计是采用在仪器串外套入至少 5 个保温瓶，将整个仪器串全部包住，仪器串在保温瓶接口处设置有扶正，保持内部仪器与外界仪器尽量居中不金属接触，通过在保温瓶上堵设置抽真空结构，对整串保温瓶结构内部进行真空处理，弥补多个保温瓶接口处的热交，内部仪器串入吸热体短节，吸收保温瓶内部热量，通过一体式承压保温瓶承受外界压力，保温瓶的真空夹层实现延缓外界环境的高温向保温瓶内部热传递从而延长 SMRT 仪器串在高温环境下的工作时长，完成部分高温环境作业。具体指标如表 2 所示。

表 2　保温瓶性能指标

	耐压/MPa	耐温/℃	连续工作时长/h	内部温度/℃	整体外径/mm
设计 1	100	205	8	175	65
设计 2	100	205	3	150	92

2.4　仪器指标及参数

SMRT 仪器可以实现识别油气水层，确定含油气饱和度，计算地层孔隙度等功能。具体指标参数如表 3 所示。与市面上同类仪器相比，SMRT 可满足生产测井所需的全部功能，并且测速较快，测量精度较高，连接保温瓶后耐温性能可以超过其他仪器。具体如表 4 所示。

表 3　仪器参数指标

功能参数	油饱和度	气饱和度	孔隙度
适用范围	15~40pu	5~40pu	0~40pu
探测深度	15~30cm	30cm	30cm
测速	Sigma：6m/min CO：0.6m/min	1.2m/min	6m/min
纵向分辨率	0.61m	0.8m	0.61m
精度	5%	5%	5%

表 4　同类仪器性能对比

仪器名称	RSTPro	RMT3D	RPM	SMRT
公司	斯伦贝谢	哈里伯顿	贝克休斯	COSL
设计模式	C/O+PNC+氧活化	C/O+PNC+氧活化	C/O+PNC+氧活化	C/O+PNC+氧活化
岩性分析	√	√	√	√
油饱和度精度	5%	10%	5%	5%
分层能力	0.6m	0.8m	0.6m	0.6m
识别气层	√	√	×	√

续表

仪器名称	RSTPro	RMT3D	RPM	SMRT
产层出水分析	√	√	√	√
测速(m/min)	C/O：1.8 PNC：6	C/O：1.0 PNC：4.75	C/O：0.6 PNC：6	C/O：0.6 FNXS：1.2 PNC：6.0
与 PLT 组合性	√	√	×	√
耐温℃	150	163	177	165
耐压 MPa	103.4	103.4	138	103.4
外径 mm	54	54	43	43

3　饱和度解释评价方法

3.1　基于数据库的油饱和度解释评价方法

可控中子源以一定的脉冲宽度，周期性向地层发射中子束，在不同的时间范围内，中子与地层的相互作用不同。中子(14Mev)首先与地层元素发生非弹性散射，后运动速度降低，此时主要发生弹性散射，后又一次被减速，变成超热中子和热中子，热中子会与地层元素发生俘获反应。利用这些不同的反应阶段来解决不同的地质问题。

碳氧比(C/O)能谱测井基于快中子非弹散射理论：脉冲中子源发射的高能快中子进入地层时与地层元素发生非弹性散射，释放出非弹性散射伽马射线。不同元素产生的伽马射线能量存在差异，通过选取石油中的 C 元素与水中的 O 元素分别作为油和水的指示元素，利用两者计数比 C/O 反应地层的流体性质。与中子寿命测井相比，该方法受地层水矿化度影响小。

常规 C/O 能谱测井评价地层含油饱和度通常利用经验公式法，即利用 C/O 与俘获能谱计算得到的 Si/Ca 比形成交会图，从交会图中读取水线的斜率与截距后，代入经验公式计算得到地层含油饱和度。该方法严重依赖现场人员的实测资料解释经验，并且处理时需要通过标准水层进行标定，解释流程复杂且解释精度较低。

为此，SMRT 采用一种基于数据库的 C/O 饱和度解释方法。依靠蒙特卡罗数值模拟方法对仪器进行建模，建立不同管柱、井眼、地层条件下的油水线图版数据库，然后进行相关测量规律的查找及测量数据的解释。SMRT 仪器依托中海油田服务股份有限公司刻度井群及大庆石油测试公司刻度井群进行了大量的标定试验，累计标定井次超过 100 井次，模拟和实测能谱符合率平均达到 94%以上。如图 3 所示给出模拟谱与实测谱的对比分析效果：

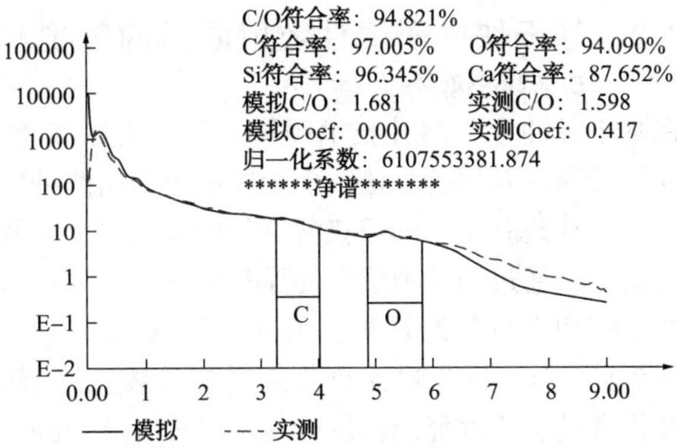

图 3　近探头模拟非弹谱与实测非弹谱对比分析效果

基于准确的 SMRT 仪器模拟模型计算的碳氧比曲线(简称 C/O 曲线)油水线图版将更加符合仪器相应。如图 4 所示，图中散点为 C/O 曲线实测点，相应颜色代表含裸眼水饱和度，裸眼含水饱和度越大，颜色越接近蓝色，蓝色的实线为 RET 模拟模拟出的 C/O 纯含水线，红色为纯含油线。从图中可以看出，大部分水点(蓝色)都落到水线附近，有孔隙的地方大部分点在油水线之间，证明了仪器模型的准确性。

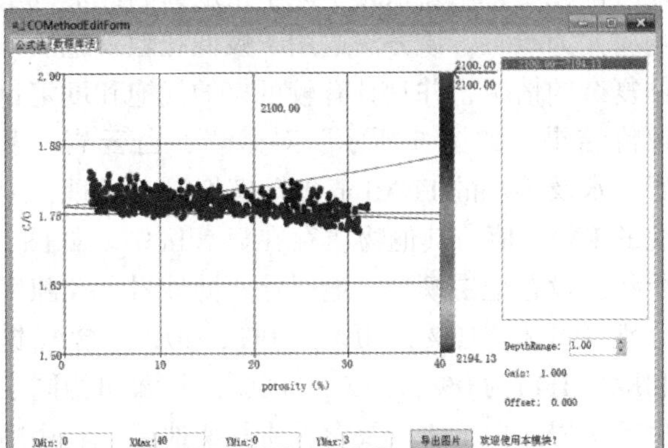

图 4　RET 解释图版与实测点对应关系

在正式作业之前，需预先收集管柱信息、井

眼信息及地层信息，包括油套管尺寸、井眼大小、井眼液性质、地层岩性剖面、地层矿化度、孔隙度等信息。解释工程师根据这些信息，基于蒙特卡罗数值模拟，可以计算出整个井段的 C/O 曲线油水包络线(孔隙中纯含水或者纯含油时的理论 CO 比曲线)，实测完成后对实测 C/O 曲线进行简单校正，保证在非储层 C/O 实测线与包络线的水线重合，在含油位置按照实测 C/O 曲线在油水线之间的比例大小(公式 1)进行含油饱和度的计算。

$$S_{iw}(COMDb\_C_i-CODb\_W_i)/(CODb\_O_i-CODb\_W_i) \quad (1)$$

其中 i 代表某一深度点。

3.2 基于快中子弹性散射截面的气饱和度解释评价方法

在基于脉冲中子测井技术领域，关于天然气/注入气的测量及评价方法，现阶段主要采用两种方式：一种是基于气的俘获截面与地层及水存在较大差异，通过测量地层中的俘获截面值，并结合体积模型进行气层评价；另外一种基于 2-3 个探头计数比(总非弹计数比或俘获计数比)，结合仿真模型或解释图板进行气层评价。第一种评价方式受矿化度及俘获截面较大的地层矿物影响较大，由于地层水矿化度或地层矿物在多数情况下是未知的、且变化的，因此难以准确评价气层饱和度；第二种方法由于需要结合仿真模型或校正图板，因此每口井解释准确度依赖于对井况及地层条件的准确程度。

SMRT 采用基于 14Mev 快中子弹性散射截面(FNXS，如公式 2 所示，其含义为 n 种物质的 14Mev 快中子弹性散射截面的总和)的方法进行气层测量及评价，该方法几乎不依赖于孔隙度及地层矿化度，主要依赖于原子密度，因此对气层响应尤为敏感。该方法适用于极低孔隙及地质条件复杂的情况，并且具有较可靠的气饱和度定量评价结果。如图 5 所示，对砂岩、白云岩、灰岩、水及甲烷的 FNXS 值进行模拟研究发现，甲烷的 FNXS 值与其他物质存在显著区别。如图 6 所示，设置地层模型，地层骨架为砂岩，孔隙度分别为 1%，10%，20%，30%，40%，含气饱和度(CH4)为 0%，50%，100%，并添加相同条件下灰岩、白云岩以及含泥质骨架地层，利用净非弹伽马计数取对数(GRAT)来表征 FNXS，在地层泥质含量较高或岩性变化较大时，FNXS 的响应关系相对 GRAT 有着近乎平行的变化关系，该特点有效降低了基于 FNXS 的解释难度。

$$FNXS = \sum_{k=1}^{n} {}^{14Mev}_{elastic} \quad (2)$$

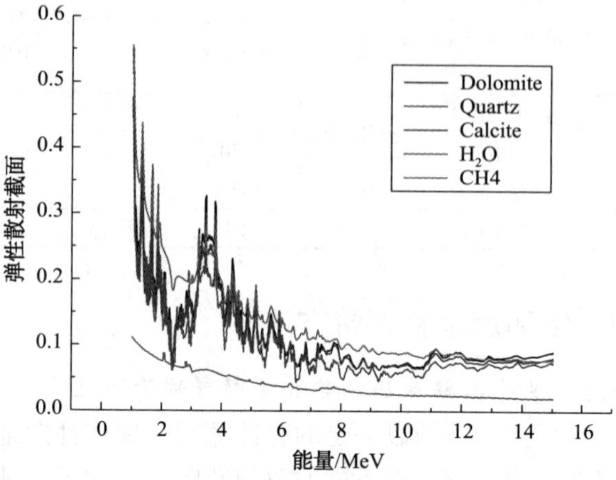

图 5　各典型物质弹性散射界面大小

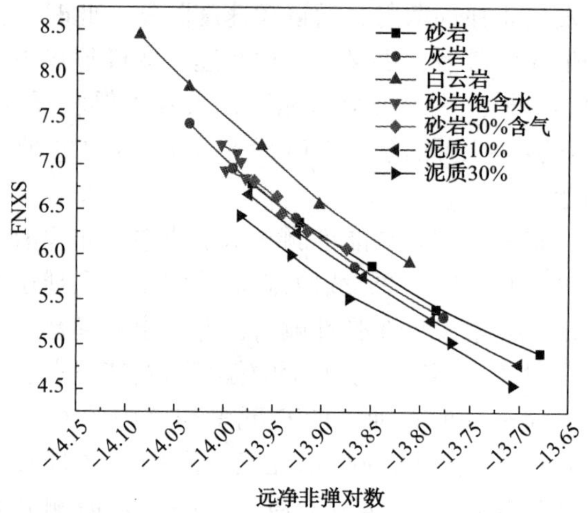

图 6　多岩性骨架地层 GRAT 和 FNXS 响应关系

通过测量 GRAT 最终计算快中子散射界面 FNXS，再对计算的 FNXS 利用体积模型(3、4)可以最终进行气饱和度定量计算(3)。

$$FNXS_i = FNXS_m(1-\phi-V_{sh})+FNXS_{sh}V_{sh}+FNXS_g\phi S_g+FNXS_w\phi(1-S_g) \quad (3)$$

其中：$FNXS_i$ 为某一深度点通过 GRAT 计算出的 FNXS；$FNXS_m$ 为地层骨架的 FNXS 值；$FNXS_{sh}$ 为泥质的 FNXS 值；$FNXS_g$ 为所测气体的 FNXS 值；$FNXS_w$ 为水的 FNXS 值；φ 为孔隙度；V_{sh} 为泥质所占体积；S_g 为含气饱和度。

将 S_g 分别设置为 0 或者 100%，代入公式 3，则可以得到纯含气及纯含水的 FNXS 值，假设为 $FNXS_{iwater}$、$FNXS_{igas}$，则最终该深度的含气饱和度为：

$$S_{ig}=(FNXS_i-FNXS_{iwater})/(FNXS_{igas}-FNXS_{iwater}) \quad (4)$$

3.3 基于弹性散射截面及俘获截面的气定性识别方法

对非常规油气藏的评价以渤中潜山区块为例，由于埋藏深、岩性复杂多种岩性无规律分布，低孔低渗油藏，有效孔隙度在 10% 以下，储层流体识别难度大，常规测井资料识别储层非常困难，且资料评价效果差。而 SMRT 资料开辟新思路，能够准确地定性识别潜山储层流体性质，指导对潜山油气藏的进一步研究。

流体定性识别思路如图 7 所示：第一步，利用长短源距计数曲线交会来确定储层位置；第二步，利用 sigma 曲线交会确定含液性，交会明显则储层含液量大，交会不明显则储层含液量低或者不含液；第三步，GRAT 曲线交会确定储层含气性，交会明显则储层含气量大，交会不明显则储层含气量低或者不含气；第四步，结合 GRAT 与 sigma 确定储层流体性质。

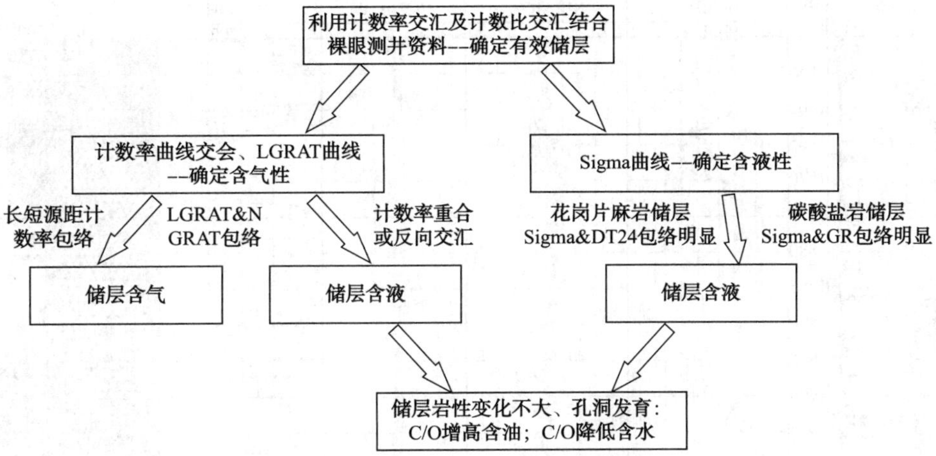

图 7　潜山流体定性识别技术路线

4 应用实例

4.1 油饱和度解释应用

海上 WZ 区块某油井最高温度可达 154℃，双层管柱结构，经长时间生产目前产能较低，该井距离上次产出剖面测试时间较久，产出情况发生变化，各层水淹程度不明，需进行 SMRT 仪器饱和度生产测试，落实各小层水淹程度，为下步措施提供依据。

如图 8 所示，第 4 道中 CODb_W 和 CODb_O 分别为作业前基于数据库法计算的 C/O 曲线油水包络线，COMDb_C 是 SMRT 仪器实际测量的 C/O 曲线校正后生成曲线。基于裸眼井资料，在 RE16.10 和 RE16.20 两个储层段的下部均为水层，而此时 CODb_W 曲线和 COMDb_C 曲线几乎重合，而且在非储层位置(1895-1910m)，三条线几乎重合，我们的测量曲线证实了水层和非储层，进一步证明了模拟结果的可靠性。在上部油层，COMDb_C 在 CODB_W 和 CODb_O 两线之间，经过公式 1 计算含水饱和度结果为第 5 道结果：SWCO-RET 为 SMRT 计算的含水饱和度，SW_OH 为裸眼解释的含水饱和度。最终认为 RE16.10 和 RE16.20 两个储层的上部均有轻度动用，该结果亦与 SMRT 测的伽马曲线(GR-RET)与原始 GR 曲线对比相符(伽马在生产过程中升高可能是由矿化度较高或含辐射矿物的水淹造成)。

4.2 气饱和度解释应用

基于 FNXS 的气饱和度值准确计算方法，SMRT 仪器在山西致密砂岩气中取得了较好的应用效果。

如图 9 所示为 SMRT 在山西某井上部水层测量效果，通过 FNXS 包络道可以看出，此时非储层 FNXS 的水(FNXS_W)、气线(FNXS_G)及实测 FNXS 曲线几乎重合，而在水层，FNXS_W 和 FNXS_G 分开，实测线 FNXS 和 FNXS_W 重合，说明该孔隙中几乎都是水。如图 10 所示可以看出，实测曲线 FNXS 在 2175m 处储层位置在 FNXS_W 和 FNXS_G 之间，说明存在一定的含气量，通过公式 4 计算结果为 FNXS_SW(含水饱和度)，与裸眼资料解释结果 SW 相比，SMRT 认为该气层饱和度平均在 40%左右，而裸眼解释资料认为该位置含气饱和度在 60%左右，后续射孔后未出气，压裂后出气，相较而言，SMRT 测量结果更加符合认识。

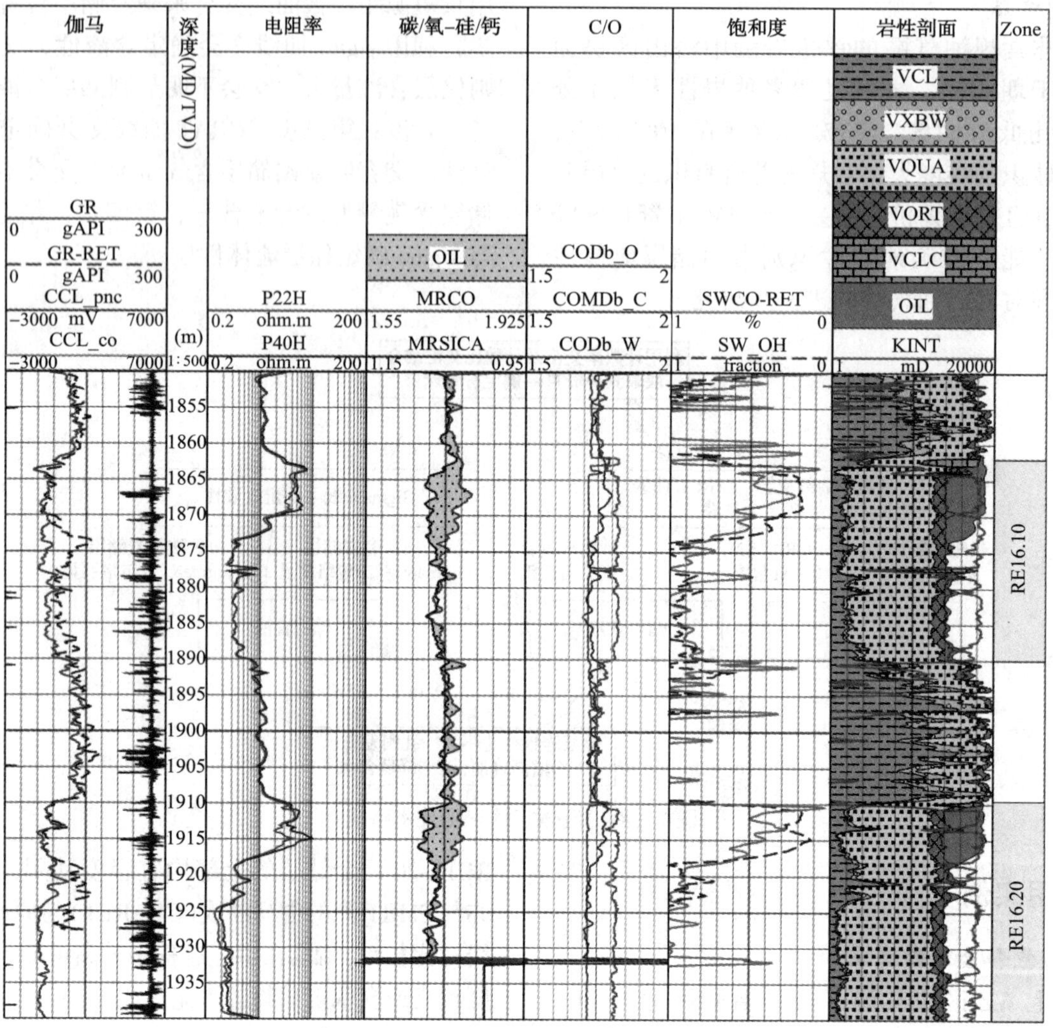

图 8　WZ 某井数据库法解释成果图

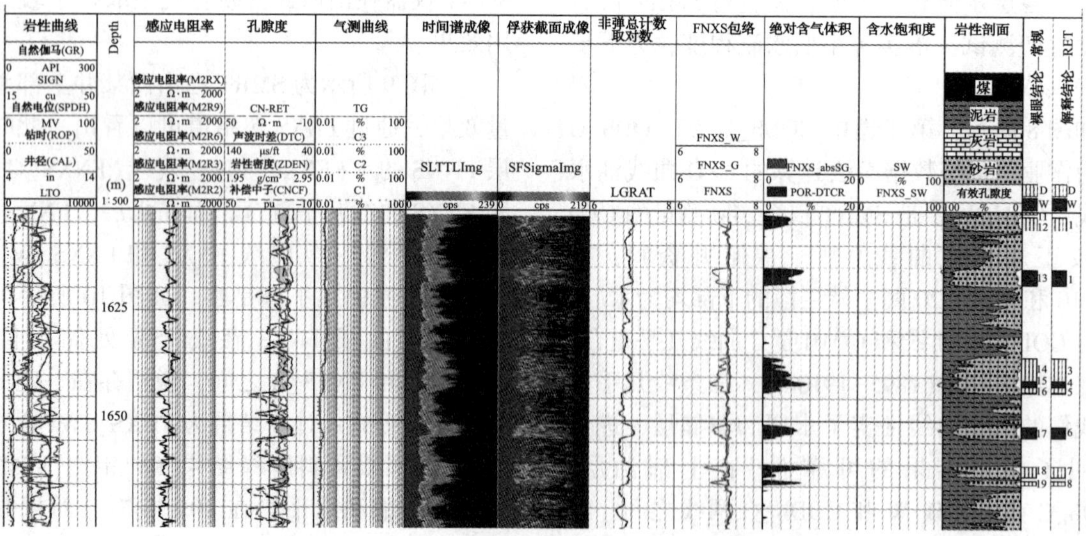

图 9　RET 在山西某致密砂岩井上部水层测量成果图

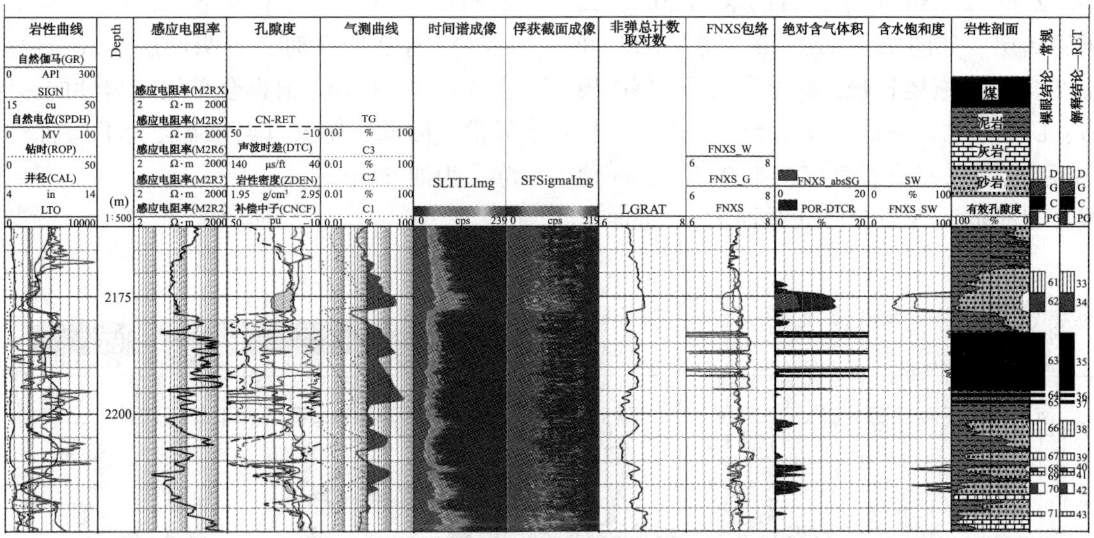

图 10　RET 在山西某致密砂岩井下部储层测量成果图

4.3　潜山含气性识别应用

渤中潜山区块岩性复杂多种岩性无规律分布，低孔低渗，有效孔隙度在 10% 以下，储层流体识别难度大，并且高温高压，最高作业环境温度可至 170℃。因此进行 SMRT 仪器连接保温瓶作业(同类仪器无法满足高温作业需求)，解决了高温井中作业难的问题，测井资料效果好，能够准确地评价潜山储层流体性质。

BZ-1 井 6in 井眼，目的层 4690m，中生界地层，岩性复杂凝灰岩、安山岩、蚀变流纹岩、火山角砾岩等无规律分布。目的层环境温度高，SMRT 带保温瓶成功作业。测井成果如图 11 所示，其中第 6 道 sigma 时间谱成像拖尾现象不突出，含气表现不明显；第 7 道 PNC 模式下 N、L 探头总计数曲线无明显包络，表示地层含气性差；第 9 道 FNXS 模式下 NGRAT 及 LGRAT 没有交会，表明储层不含气。综上，认为该井无气产出。

经测试后，结果无气产出，与 SMRT 结论认识一致。

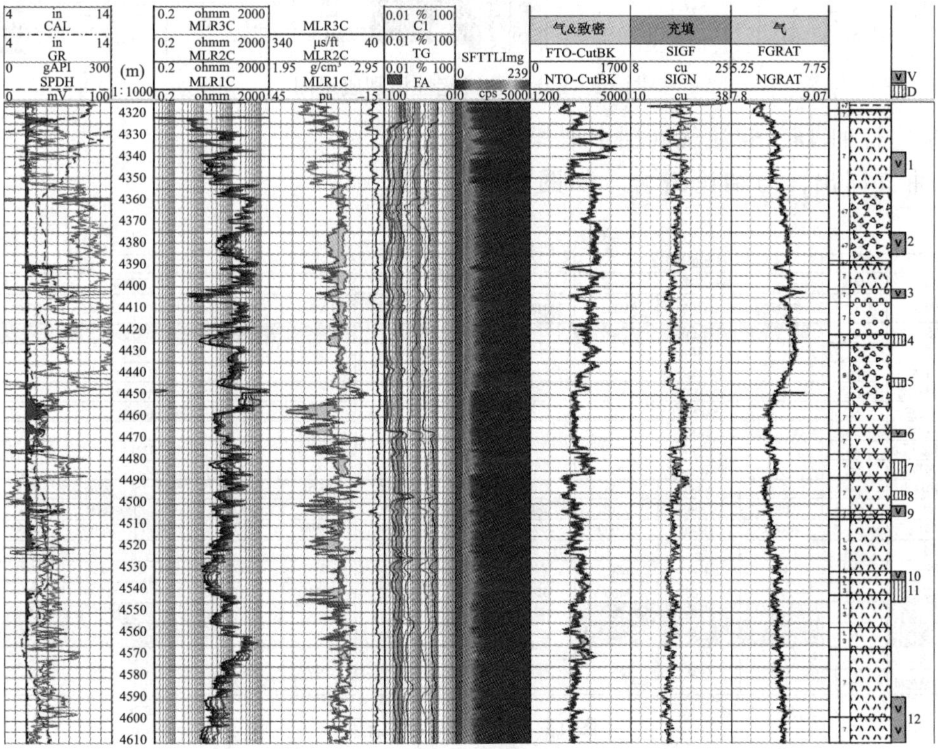

图 11　BZ-1 井气定性识别成果图

BZ-2 井 12.25in 井眼，目的层 3820m，致密砂砾岩储层。如图 12 所示，第 7 道显示时间谱成像在含气时拖尾较长；第 8 道显示 PNC 模式下 N、L 探头总计数曲线正向包络(黄色充填区域)表示地层致密或者含气；第 9 道 sigma 值在储层含气时低，含油时俘获截面大，sigma 值增高；第 10 道 FNXS 模式下当 NGRAT 及 LGRAT 存在交会时，表明储层含气，包络越大含气越多。GRAT 值也会受致密岩性的影响出现异常。因此，定义 1#、2#层为干层含气。4#、6#层为油气同层。

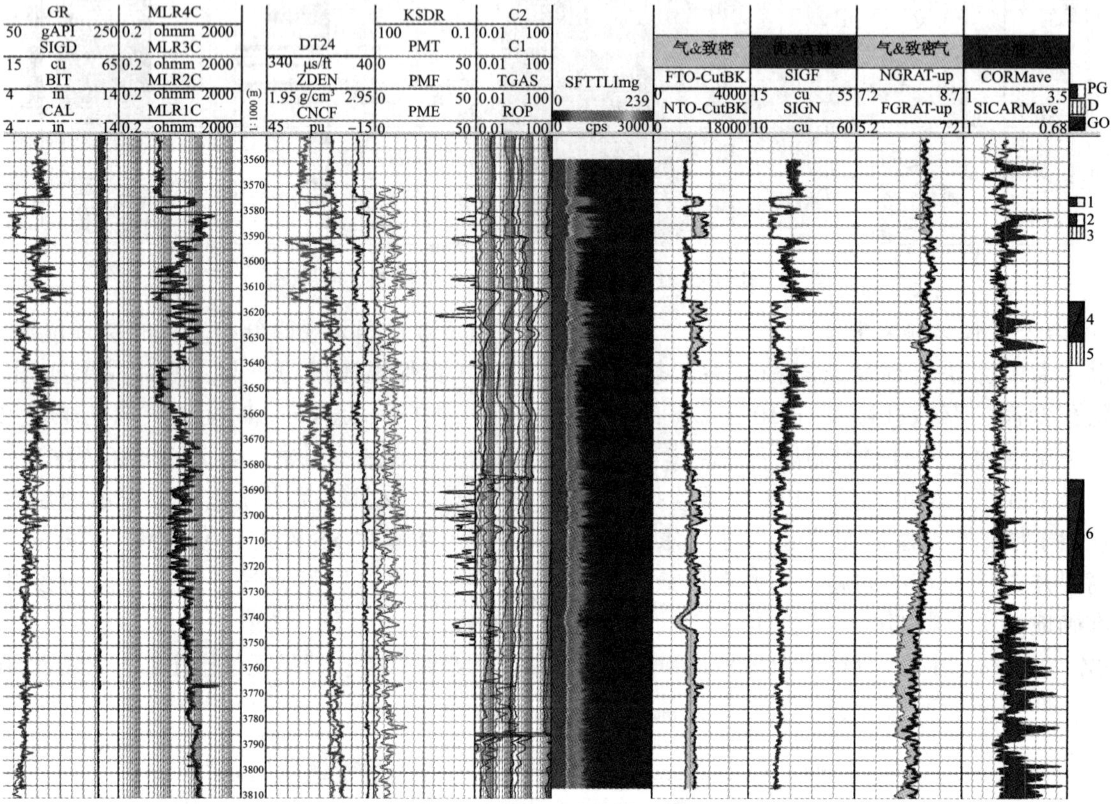

图 12　BZ-2 井气定性识别成果图

在 SMRT 定性的 4#、6#油气同层中取样三个点，结果油气同出，与结论符合。如图 13 所示。

井号	BZ26-5-4	仪器型号			RCI								
名称	单位	第一取样点			第二取样点			第三取样点					
样品编号		TANK1	TANK2	PVT1	TANK3	PVT2	PVT3	PVT4	PVT5	TANK4*	TANK5*	PVT6*	TANK6
取样深度	m	3628.00			3714.50			3692.00					
探针类型		XL			XL			XL					
测前钻井液柱压力	psi	7045.22			4212.56			7168.24					
测后钻井液柱压力	psi	7043.05			7211.10			7168.99					
泵抽前地层恢复压力	psi	5822.47			5740			5670.91					
测压流度	mD/cP	29.97			1.19			3.7					
取样后地层恢复压力	psi	5630.71			/			5321.9					
取样压力范围	psi	5362–5450			2980–3456			2900–3260					
关样筒时(泵)压力	psi	9800	9900	9600	9100	9180	9100	9300	9300	9300	9300	9300	9300
泵抽时间	min	100	140	210	240	360	570	250	340	420	520	560	600
泵抽流体体积	cm^3	64000	88000	120000	26000	40000	66000	63500	88000	109000	124000	128000	130000
灌样时间	min	2	2	2	7	6	6	4	4	36	36	36	5
样筒容积	cm^3	840	840	650	840	650	650	650	650	840	840	640	840
样筒地面压力	psi	1000	1100	3400	100	2600	2600	320	2900	2000	1500	3000	1000
样品体积 气	cm^3	40	40	50						90	40	50	60
样品体积 油	cm^3	700	800	550					10	750	800	600	600
样品体积 水 / 钻井液滤液	cm^3 / cm^3	100	少量	50	840	650	650	650	640				180

图 13　BZ 某井取样结果

5 总结及展望

SMRT 仪器采用了高速闪烁晶体及 MVT 高速采集技术，通过大量的标定实验，获得了良好的仪器性能及可靠的仪器数值模拟模型。通过基于数据库法的剩余油饱和度评价解释方法及基于快中子弹性散射截面的气饱和度解释方法，有效解决了油气水饱和度评价难题。创新性含气评价思路，解决了潜山高温高压井测井困难及储层流体识别困难的问题。

随着 SMRT 仪器的批量生产及规模化应用，该技术将对中国海油油气田高效开发生产提供重要支持，此外，SMRT 具备与常规生产测井 PLT 及水平井阵列测井仪 MAPS 的组合作业能力，能一次下井有效刻画生产管柱内外及地层产出剖面，此特点即将在提高作业时效、找堵水、落实低产低效井生产潜力等方面发挥重要作用。

参 考 文 献

[1] YOUMANS A H, HOPKINSON E C, BERGAN R A, et al. Neutron Lifetime, a New Nuclear Log[J]. Journal of Petroleum Technology, 1964, 16(3): 319-328.

[2] 王振，周清. 套管井脉冲中子测井仪发展综述[J]. 测井技术，2020，44(5)：432-437

[3] 郑华，董建华，刘宪伟. PNST 脉冲中子全谱测井仪[J]. 测井技术，2011，35(1)：83-88.

[4] GILAHRIST W A, PRATI E, PEMPER R, et al. Introduction of a New Through-Tubing Multi function Pulsed Neutron Instrument [C]// SPE-56803, SPE Annual Technical Conference and Exhibition, 3-6 October, Houston, Texas, 1999.

[5] SIMPSON G A, JACOBSON L A, ESCOBAR R. A New Small-Diameter, High-Performance Reservoir Monitoring Tool [C]// SPE-53736-MS, Latin American and Caribbean Petroleum Engineering Conference, 21-23 April, Caracas, Venezuela, 1998.

[6] ROSE D, ZHOU T, BEEKMAN S, et al. An Innovative Slim Pulsed Neutron Logging Tool[C]// SPWLA-2015-XXXX, SPWLA 56th Annual Logging Symposium. 18-22 July, Long Beach, California, USA, 2015.

[7] 徐保庆，伍泰荣，田树全. 自然伽马测井在油田开发中的应用[J]. 断块油气田，2002，9(5)：86-88.

套后阵列密度测井仪响应探究及应用

山 维 周 悦 李 敏 曲文博 金 亚

(中海油田服务股份有限公司)

摘 要 随着海上作业安全要求提升、井控风险挑战不断加剧以及油藏评价资料的迫切需求，套后测井技术成为行业发展的新趋势。通过研发套后阵列密度测井仪，基于蒙特卡罗模拟构建仪器模型并结合刻度数据验证仿真结果的有效性，探究不同环境变量下各探测器伽马测量响应并形成多探头联合密度反演技术消除套管及水泥影响。经海上井资料对比分析，该仪器获取的密度数据可靠性良好，能够满足储层物性评价需求，具备良好的应用前景。

关键词 密度测井；套后测量；油藏评价

Response analysis and application ofMultipole Array Density Logging Tool

Shan wei Zhou Yue Li min Qu Wengbo Jin ya

(China Oilfield Services Limited)

Abstract With the increasing safety requirements for offshore operations, serious challenges of well risk and the urgent need for reservoir evaluation, logging technology in cased hole has become a new trend in industry development. By developing a new device of multipole array density logging tool, an instrument model was constructed based on Monte Carlo method and effectiveness of simulation results with calibration data was verified, we also explored the gamma measurement response of each detector under different environment, in addition to that, a multi probe joint density inversion technology to eliminate the influence of casing pipe and cement was formed. Through analysis of offshore well data, density data obtained by this instrument is reliable and can meet the requirements of reservoir evaluation, which has a good application prospect.

Key wordst density logging; application in cased hole; reservoir evaluation

1 引言

开发井作业难度逐年增大，井斜井深加剧、复杂井况频发，裸眼放射性测井无法有效控制作业风险。很多开发井处在构造边缘，邻井少，缺少测井资料无法满足油藏开发需求，随钻伽马电阻率无法满足部分油藏评价需求，部分井区地层横向变化快，井间可对比性较差，为精细评价及开发方案落实带来较大困难。而国外油服公司斯伦贝谢拥有成熟的套后测量技术，涵盖套后中子、密度、声波、电阻率、元素、地层测试等，并且进行了商业化作业。

国内套后密度测量技术目前还处于起步阶段，其中面临的巨大挑战之一是和裸眼井相比，套管井环境下测量地层密度需要面对套管和水泥的影响。由于套管通常采用金属材料制作，其密度大幅高于地层密度，对源释放的伽马粒子衰减作用明显；同时，水泥胶结质量良好程度会造成水泥密度与厚度的变化，这会对探测器伽马信息采集产生明显干扰，造成地层密度测量的不准确。

基于中海油服套后阵列密度测井仪，本文就套后密度测量问题进行研究。通过蒙特卡罗模拟构建仪器模型，联合刻度数据验证了仿真结果的有效性；分析不同套后情况下的伽马探测响应，进一步认识套管、水泥对地层密度测量带来的影响，形成套后密度测量及评价技术。经现场测量验证，套后阵列密度测井仪能够有效满足储层评价需求，密度资料可靠性良好。

2　套后密度测量技术

2.1　套后密度测井仪

传统的密度测量方式存在垂直分辨率差、受套管水泥等环境影响，参数确定精度较低，为了改善该问题，在双探测器补偿密度测井仪器基础上增加不同源距探测器数量，改进设计一款四探头阵列密度测井仪 Multipole Array Density Logging Tool（MADT）。该套后密度测井仪器示意图如图 1 所示，放射源采用强度 2 Ci 的 Cs^{137}源，释放 0.662MeV 能量的伽马射线；探测器晶体材料对应 NaI 晶体，其中反散射探测器 BSP 晶体尺寸对应 ϕ19mm×28.6mm；近伽马探测器 SSP 晶体尺寸对应 ϕ19mm×28.6mm；中伽马探测器 MSP 晶体尺寸对应 ϕ38mm×58mm 以及远伽马探测器 LSP 晶体尺寸对应 ϕ38mm×58mm。套管井环境下，各探测器分别探测不同径向深度范围内的套管、水泥及地层信息。

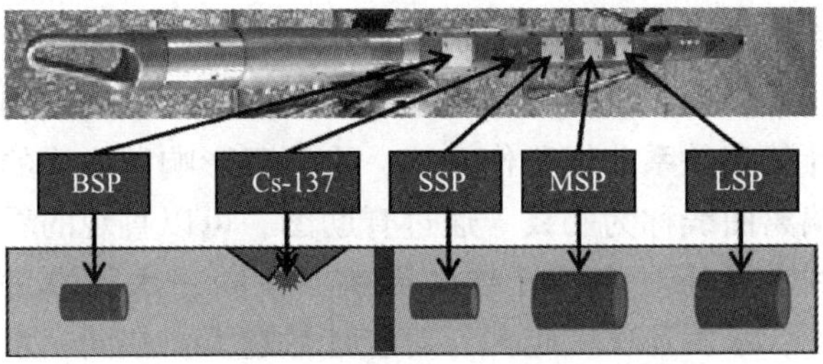

图 1　套后阵列密度测井仪示意图

2.2　套后密度技术可行性验证

为了验证套后阵列密度测井仪关于地层密度测量问题的可行性，分别制作套管、水泥环组件以建立套后作业场景（图 2）。此时选取 10mm 厚套管与 32mm 厚水泥环组件，在中海油服刻度井中开展仪器测量实验，由（图 3）可见，在不同地层密度条件下，2 号探头 SSP 能谱响应差别不大，分析认为 SSP 源距最小，探测的信息基本对应套管及水泥环，地层灵敏度低；1、3、4 号探头能谱响应能够较明显区分，分析认为三个探头源距设置更大，其伽马能谱响应能够反应较多的地层信息，尤其 3、4 号探头即 MSP 与 LSP，对地层灵敏度较高。

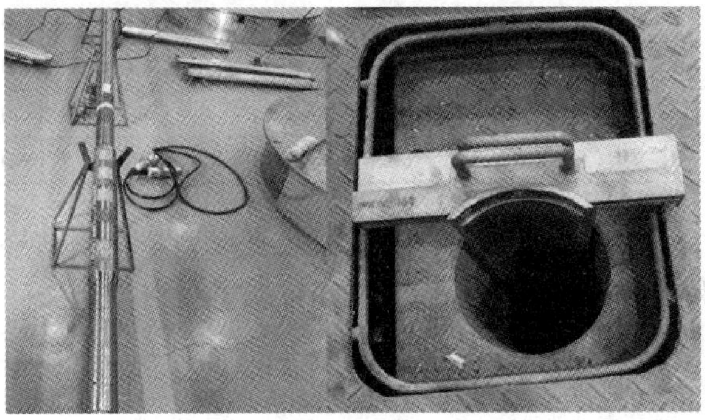

图 2　刻度井可行性验证

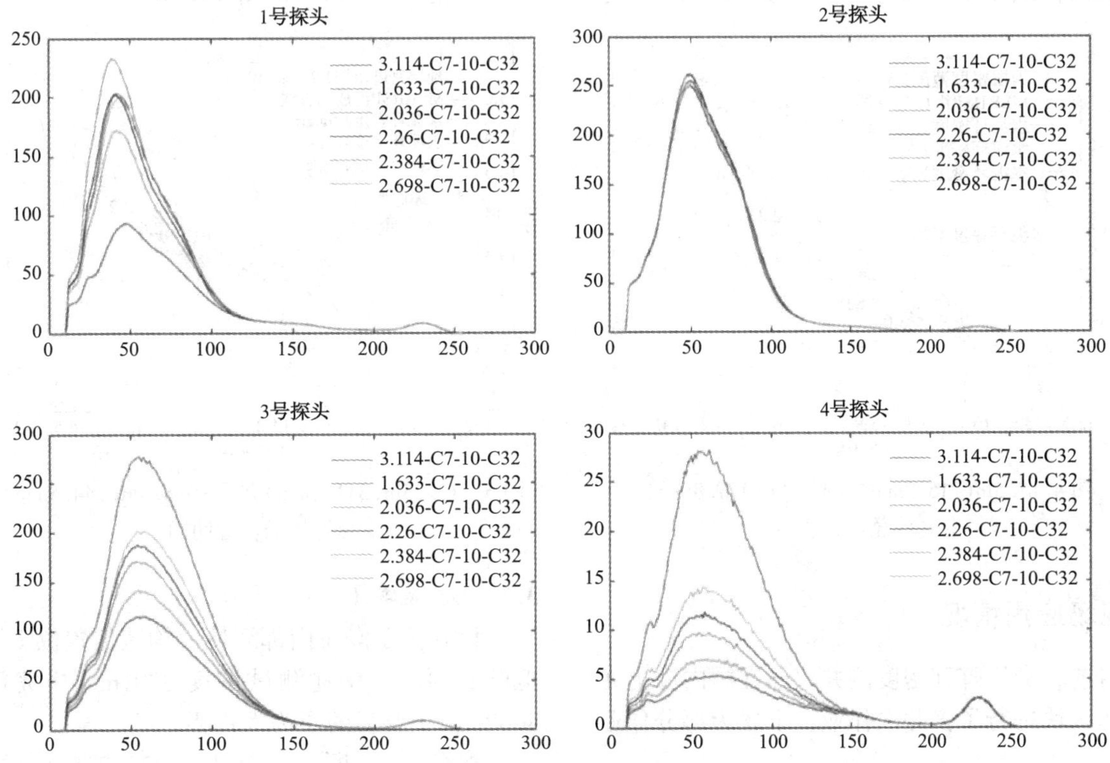

图 3　不同源距处四探头测量响应

2.3 套后密度响应蒙特卡洛建模

目前，在核测井领域的模拟方法主要是扩散理论方法和蒙特卡罗方法。蒙特卡罗方法是一种基于统计概率的数值计算方法，它的基本过程是在对提出的问题建立对应的随机抽样模型之后进行大量重复实验，最后获得问题的解。国内对蒙特卡罗方法的研究应用比国外稍晚，在算法优化与创新的工作还处于起步阶段。

在 MPI(消息传递编程模型)和 OpenMp(基于共享内存并行系统的多线程模型)的支持下使得各种繁杂模拟任务通过大规模并行运算方式实现。因此，基于伽马密度工具，开展跨节点多线程并行计算的研究，挖掘多核情况下模型运行时的加速比和并行效率，优化内存资源，共享仿真数据，实现输入粒子的自动分配，输出文件的自动合并等具有重要价值。

运用平行几何体权窗优化设计等先进蒙特卡洛计算方法与 MPI 并行计算平台完成了套后阵列密度仪测量响应的建模及验证，选取 V1～V13，Y1，Y2 共 15 口裸眼井中实测能谱与仿真能谱进行对比，仪器响应关系如表 1 所示：

表 1　实测与仿真对比

井号_套管_水泥环	BSP	误差	SSP	误差	MSP	误差	LSP	误差	误差
v13_C7_10_C20	35080	0.53%	157928	0.25%	39394	0.50%	760	3.63%	3.71%
v12_C7_10_C20	36212	0.53%	161240	0.25%	42588	0.48%	952	3.24%	3.33%
v7_C7_10_C20	11139	0.95%	40705	0.50%	20295	0.70%	896	3.34%	3.58%
v9_C7_10_C20	10791	0.96%	41787	0.49%	16688	0.77%	470	4.61%	4.80%
v9_C8_10	16028	0.79%	71897	0.37%	24669	0.64%	927	3.28%	3.46%

通过数值分析，证明了仿真模型与实测结果保持了高度的一致性，从而证明了蒙卡模型的正确性。

2.4 套后密度响应关系及校正图版

本文将套后的水泥环影响视为传统脊肋图中泥饼的影响，传统脊肋图是根据补偿密度测井的长短源距的计数率关系得到的，在四探头密度工具中，我们绘制了两幅脊肋图，分别是满水泥厚度是 19.05mm 的与满水泥厚度是 33.35mm 的。其中，在无水泥环情况下得到的 MSP 与 SSP 的计数率关系曲线称作脊线，水泥环影响所形成的偏离曲线称为肋线。通过脊肋图，可以直观的看到水泥环对工具计数的影响，在同一水泥厚度下，水泥环密度越大，对应计数越大；在同一水泥密度下，随着水泥环厚度增加，对应计数越大时密度增加。如图 4、图 5 所示：

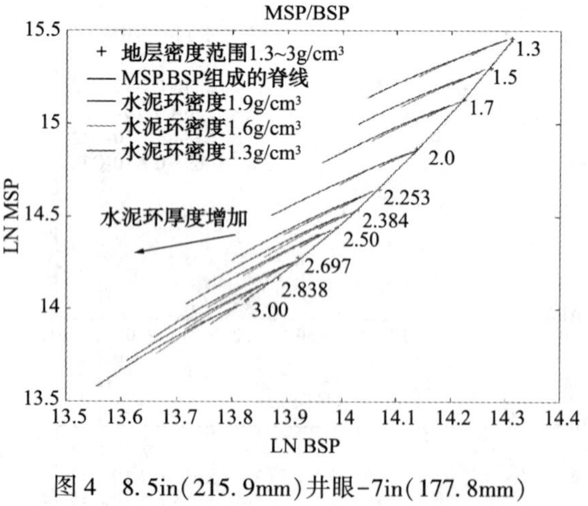

图 4　8.5in(215.9mm)井眼-7in(177.8mm)套管外径：脊肋图

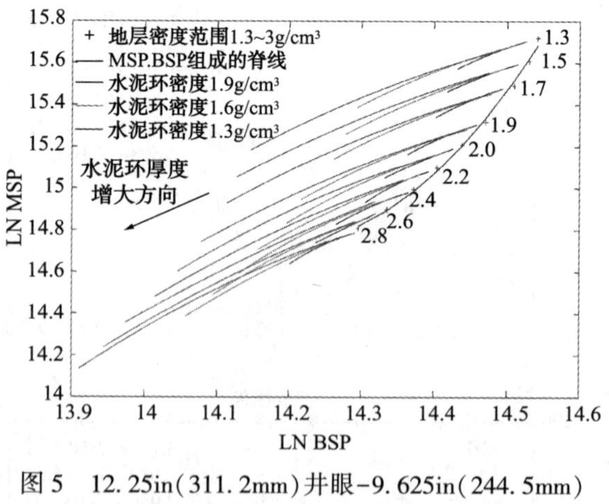

图 5　12.25in(311.2mm)井眼-9.625in(244.5mm)套管外径：脊肋图

3 现场应用情况

目前，套后阵列密度测井仪已在国内海上尤其渤海区块进行了多井次作业，下述为部分作业案例。

3.1 BZ 某井 1

该井位于渤海南部海域，构造位置位于渤南低凸起西段，中途测试深度 3791m，中完深度 4062m，主要目的层为太古界。

如图 6、7 所示，对比 3737～3756m 油层，

套后中子密度曲线交会情况良好，套后密度与裸眼密度测量整体数值分布区间接近，主峰位置基本一致。密度均值、中值等特征值差异较小，中值绝对误差 0.006g/cc，均值绝对误差 0.005g/cc，数据吻合度较好。

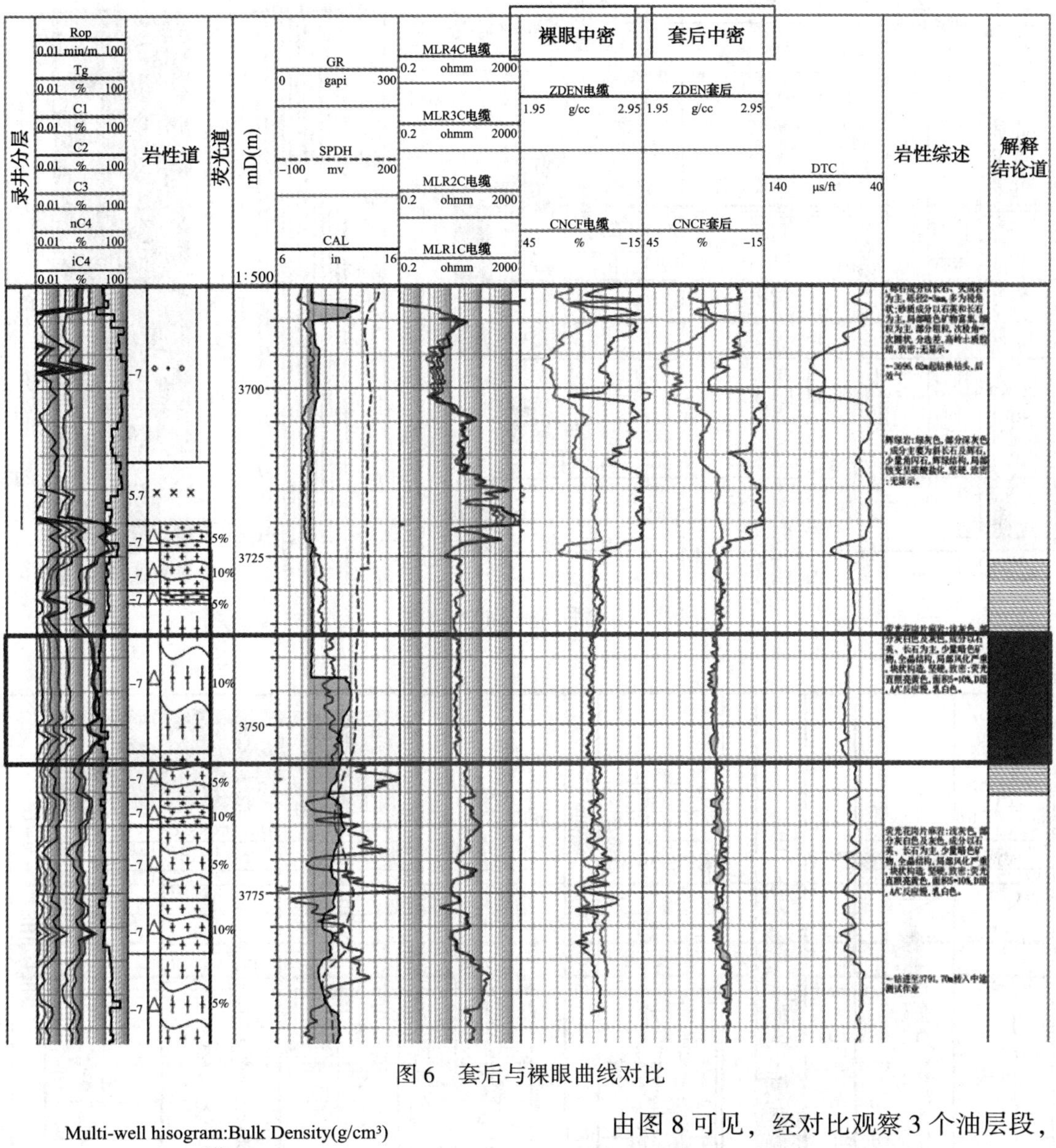

图 6　套后与裸眼曲线对比

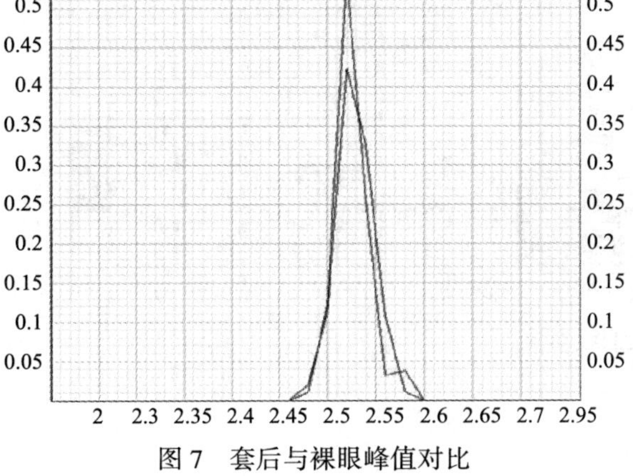

图 7　套后与裸眼峰值对比

由图 8 可见，经对比观察 3 个油层段，电阻率绝对值降低且分异，声波时差增大，成像上可见明显有效缝、半充填缝及一定破碎特征、对应的层段套后密度降低，套后密度响应与其余资料对应性良好。密度中值绝对值 2.489g/cc，均值绝对值 2.493g/cc。

3.2　BZ 某井 2

井眼尺寸 12.25in，目的层：明化镇组（图 9～11）。

对比 1635 米油层，套后密度与裸眼密度测量整体数值分布区间接近，主峰稍有偏差。密度均值、中值等特征值差异较小，中值绝对误差 0.02g/cc，均值绝对误差 0.02g/cc，数据吻合度较好。

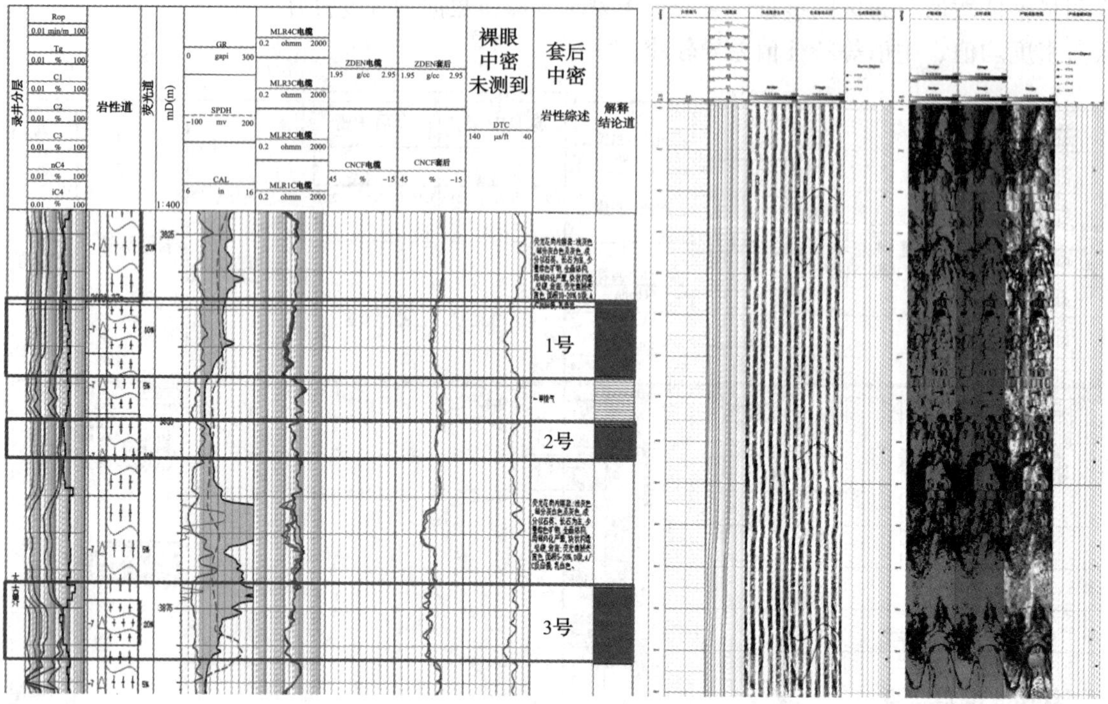

图 8　套后与裸眼曲线对比

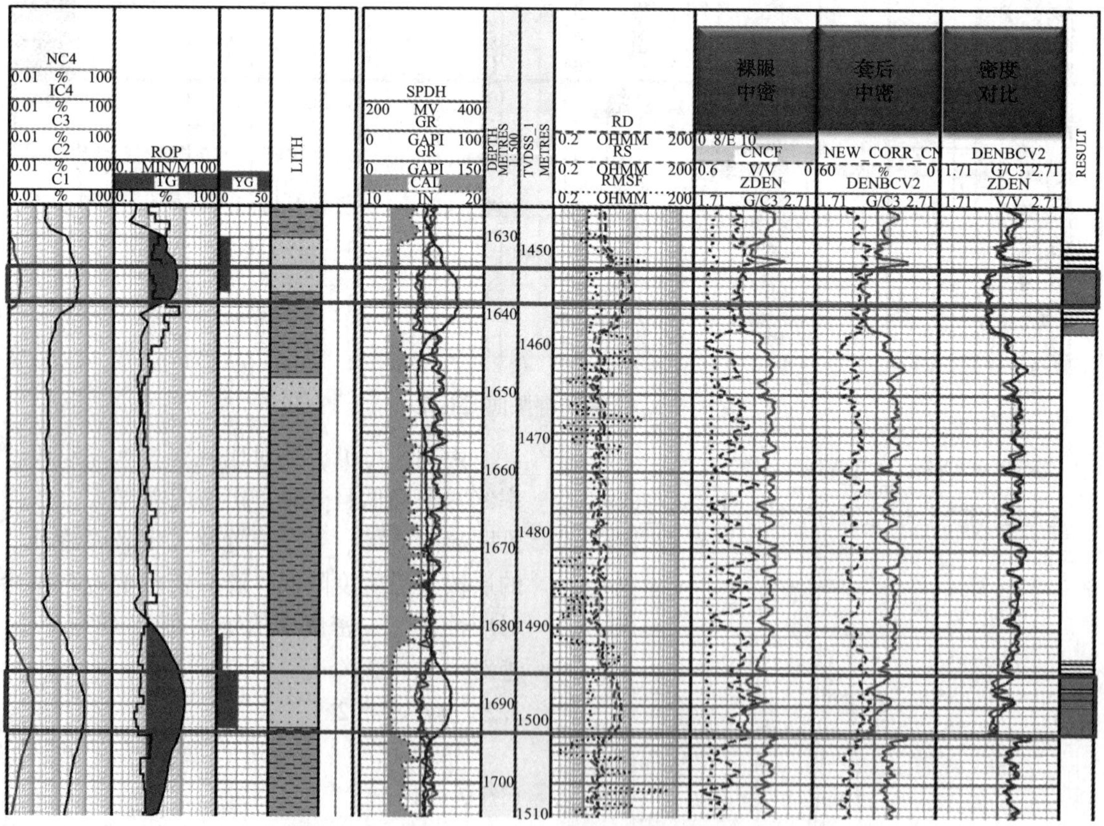

图 9　套后与裸眼曲线对比

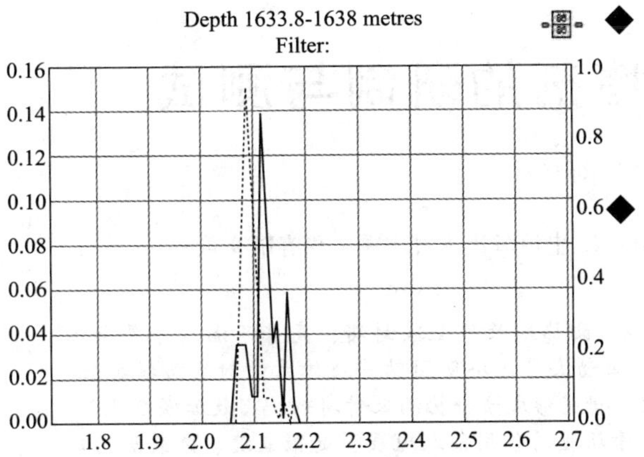

图 10 套后与裸眼峰值对比

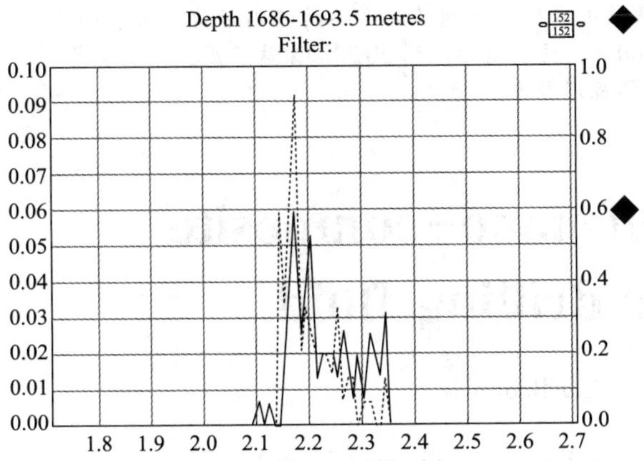

图 11 套后与裸眼峰值对比

对比 1690 米油层，套后密度与裸眼密度测量整体数值分布区间接近，主峰基本一致。密度均值、中值等特征值差异较小，中值绝度误差 0. 03g/cc，均值绝对误差 0. 03g/cc，数据吻合度较好。

3.3 现场应用总结

通过对两口井套后密度测量资料对比分析(关键储层曲线质量以及按照固井质量好坏、井眼扩径大小等)，认为数据整体吻合度高，套后阵列密度测井仪获取的数据能够有效满足储层物性评价需求。

4 结论

套后阵列密度测井仪采用四探头设计，通过刻度实验评估，验证了该工具在地层密度测量问题上的可行性；基于数值模型分析了其关于不同环境变量的响应关系，经现场作业，获取的测量值与裸眼密度一致性良好，可满足储层物性评价需求，为后续复杂井况测井作业提供了新的技术支撑。

参 考 文 献

[1] ShiTao, Li Hui, Ding Qianxue. Global variance reduction method based on multi-group Monte Carlo adjoint calculation [J]. Annals of Nuclear Energy, 2021, 151(3): 107948.

[2] 成昱廷，周琦，张寅．蒙特卡罗共轭输运法计算反应堆压力容器快中子注量率[J]. 原子能科学技术，2018，52(04)：672-676.

[3] Qingquan Pan, Junjie Rao, Shanfang Huang. Improved adaptive variance reduction algorithm based on RMC code for deep penetration problems[J]. Annals of Nuclear Energy, 2020, 137: 107113.

[4] 史涛，马纪敏，邱有恒．基于蒙特卡罗正算输运的全局减方差方法[J]. 强激光与粒子束，2018，30(01)：159-164.

[5] MartinoLuca, Elvira Víctor. Compressed Monte Carlo with application in particle filtering [J]. Information Sciences, 2021, 553: 331-3352.

[6] 左应红，牛胜利，商鹏．权窗减方差方法在 γ 射线长距离输运模拟中的应用[J]. 现代应用物理，2020，11(01)：37-42.

[7] HuWang, Wensheng Wu, Ruigang Wang. Neutron transport correction and density calculation in the neutron-gamma density logging[J]. Applied Radiation and Isotopes, 2019, 150: 110-119.

[8] U. Perişanoğlu, E. Kavaz, H. O. Tekin, S. R. Comparison of gamma and neutron shielding competences of Fe-Cu- and brass-added Portland cement pastes: an experimental and Monte Carlo study [J]. Applied Physics A: Materials Science & Processing, 2020, 126(6): 470.

[9] Giles, M. B., Debrabant, K., & Rossler, A. (2019). Analysis of multilevel montecarlo path simulation using the milstein discretisation. Papers, 56(3): 607-617.

[10] C, BLAS, OpenMP, MPI, LAPACK. Introduction to Parallel Computing[J], (2015).

[11] Haoqiangjin, Jespersen D, Mehrotra P, et al. High-performance computing using MPI and OpenMP on multi-core parallel systems [J]. Parallel Computing, 2011, 37(9): 562-575(2011).

钻井液用纳米复合封堵剂的研制与测试

于庆河[1] 刘 涛[2] 刘宝林[1]

（1. 中国石油集团海洋工程有限公司钻井分公司；2. 中国石油集团海洋工程有限公司）

摘 要 中国石油海洋工程公司承钻的深井逐年增多，面临超长作业段封堵、高井下温度等复杂工况，对钻井液封堵技术提出了更高要求。为有效提升中石油渤海等区块现用钻井液体系的封堵防塌特性。通过聚合物分子结构设计、构效关系研究、聚合工艺优化，研究形成聚合物纳米封堵剂，有效加强微孔隙、微裂缝的封堵，同时提高内部抑制性，减少钻井液滤液由于压差的作用侵入地层引起微裂缝、微裂隙的延伸，减少井壁失稳、起下钻遇阻等复杂事故发生率，针对传统封堵材料出现的问题，无机纳米复合材料可以通过选择不同纳米材料，不同合成方法，制备出形貌与功能多样的微球粒子。复合材料在机械形变、抗温与抗盐等方面的突出表现，可丰富完善海洋公司海水基钻井液技术系列。该产品的室内评价结果表明，是一种性能优良的抗高温封堵材料，单剂抗温能力达到 200℃，抗盐能力达到 20%NaCl 盐浓度，性能优于现有产品 LPF；并且有机盐钻井液配伍性良好，具有很好的应用潜力。

关键词 封堵防塌；抗温；抗盐；聚合物纳米封堵

Preparation and test of nano-composite plugging agent for drilling fluid

Yu Qinghe[1] Liu Tao[2] Liu Baolin[1]

(1. Drilling Engineering Division of CNPC Offshore Engineering Company Limited;
2. CNPC Offshore Engineering Company Limited)

Abstract The number of deep Wells drilled by petrochina Offshore Engineering Company is increasing year by year. Faced with complex working conditions such as ultra-long working section plugging and high downhole temperature, higher requirements are put forward for drilling fluid technology. In order to effectively improve the sealing and anti- collapse characteristics of the drilling fluid system currently used in Bohai and other blocks of petrochina. Through polymer molecular structure design, structural-activity relationship study and polymerization process optimization, polymer nano plugging agent is formed to effectively strengthen the plugging of micro-pores and micro-cracks, improve internal inhibition, reduce the extension of micro-cracks and micro-cracks caused by the intrusion of drilling fluid filtrate into the formation due to pressure difference, and reduce the incidence of complex accidents such as wellbore instability and resistance in tripping. In view of the problems of traditional sealing materials, inorganic nanocomposites can be prepared by selecting different nanomaterials and different synthesis methods to produce microspheres with various morphologies and functions. The outstanding performance of composite materials in mechanical deformation, temperature resistance and salt resistance can enrich and improve the Marine water based drilling fluid technology series of Ocean Company. The indoor evaluation results of this product show that it is a kind of high temperature sealing material with excellent performance, the temperature resistance of a single dose reaches 200℃, the salt resistance reaches 20% NaCl salt concentration, and the performance is better than the existing product LPF. And the organic salt drilling fluid has good compatibility and good application potential.

Key wordst plugging and preventing collapse; Temperature resistance; Salt resistance; Polymer nano plugging

1 前言

纳米封堵剂作用机理是纳米颗粒吸附在裂缝面或者孔喉处，改变了岩石表面润湿性，进而延缓了钻井液侵入，当大量的纳米颗粒聚集在裂缝面时会起到架桥封堵作用，结合常规钻井液封堵剂可封堵一定尺寸泥页岩微裂缝，达到稳定井壁的目的。国内主流主要有三种类型的纳米封堵剂。有机纳米粒子在一定温度和压力下，具有可压缩变形性，能够对井壁的微孔隙形成致密封堵，适用于蒙脱石含量较高的地层，特别是在易造浆水化膨胀、稳定性差的地层。结合刚性填充和柔性封堵理论，吸引了学者开展有机/无机聚合物封堵材料的研究。尤其无机纳米复合微球可以通过选择不同纳米材料，不同合成方法，制备出形貌与功能多样的微球粒子，并调整其力学、光学、催化等特性，从而弥补了纯共聚物材料的不足。无机纳米封堵剂当前钻井液用无机纳米材料主要以纳米氧化物为主(包括纳米二氧化硅、纳米碳酸钙、纳米氧化铁材料)。有机/无机纳米封堵剂是由一种无机刚性材料和一种或几种有机可变形纳米材料复合而成，其中无机刚性材料具有很好的高温稳定性，能够架桥封堵页岩纳米级孔隙，而有机可变形纳米材料可在高温和压差作用下发生任意变形，填充刚性架桥纳米颗粒形成的孔隙，最终能够在岩石表面形成一种膜效率达58.2%左右的半透膜，阻止滤液的侵入，在众多纳米材料中，二维纳米材料因其独特的片层结构属性，往往具有极大的长纵比，使其在机械性能、抗温、阻隔、吸附性能上具有其他纳米材料难以匹及的优点。

2　实验部分

2.1　主要材料和仪器

主要材料：十六烷基三甲基溴化铵(CTAB)、丙烯酰胺(AM)单体，丙烯酸(AA)单体，2-丙烯酰胺-2-甲基丙磺酸(AMPS)单体等，购自天津光复精细化工研究所；无机材、评价土均购自北京探矿所，PAC-LV、白沥青、固体聚合醇、BDV-100S、DSP等均取自现场。

主要仪器：数显恒温水浴锅，精密数显电动搅拌器EDF-550，YC-015型实验室喷雾干燥机，XGRL-4A型高温滚子加热炉，ZNN型六速旋转粘度计，SD4型常温四联滤失仪和170-00-4-230型高温高压失水仪。

2.2　产品合成步骤

2.2.1　合成机理

图1反相悬浮法制备聚合物微球参照方法，首先制备有机插层改性无机相MMt，称取MMt分散在100mL去离子水中，于50℃充分溶胀。量取适量CTAB去离子水中溶解，待完全溶解后加入于O-MMt水溶液中，N_2除氧，反应6h，得到CTAB-MMt产物，将其离心、沉淀，不断用去离子水清洗终产品(O-MMt)经烘干、研磨、过筛，留后备用。

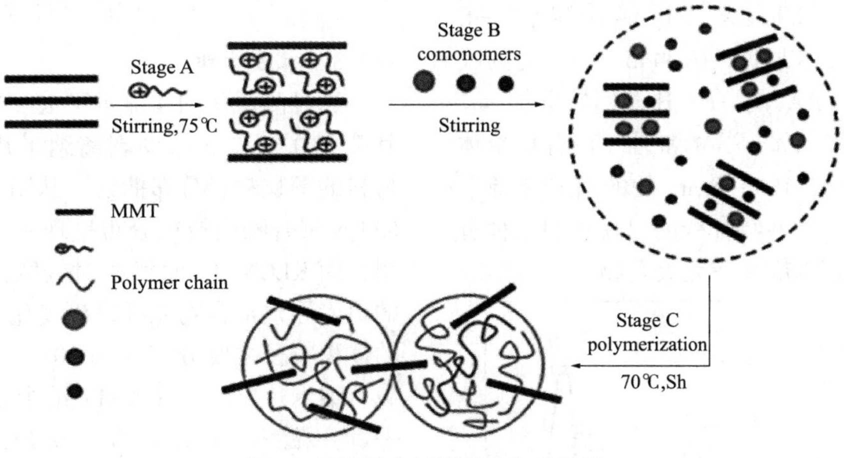

图1　纳米复合封堵剂的合成机理

将AM、AMPS、抗盐单体进行预处理，溶于水调节pH值，加入引发剂，将水相转移至油相中，调节到指定温度时，得到乳液状产物。产物经破乳、烘干和研磨，得到粉末产品纳米封堵材料，暂时命名为KLCN-T1。

在水相体系配置过程中，待称取适量丙烯酰胺(AM)单体，丙烯酸(AA)单体，2-丙烯酰胺-2-甲基丙磺酸(AMPS)单体进行预处理，形成反应溶液体系后加入一定比例的改性中间体(O-MMt)，搅拌一定时间待完全分散溶解，留以备用，将所述的水相反应体系，缓慢加入油相体系中，开启冷凝水搅拌器，调整转数，N_2除氧

20min，升温至 65℃，加入引发剂（KPS），再反应 4h 得到产物体系。之后，在产物体系加入丙酮和乙醇，经过破乳沉淀及抽滤与干燥过程，制得所需纳米复合微球。

2.3 产品表征

数显恒温水浴锅、精密数显电动搅拌器、X 射线衍射仪（BrukerD8-Advance，德国）、X 射线衍射仪（BrukerD8-Advance，德国）、透射电镜（TEM）和 X 射线能谱（TEM-EDS）、动态光散射分析仪（DLS，Mastersizer2000，英国），红外分析（FTIR）、傅立叶变换红外光谱仪 FT-IR（（Maganar560E，德国））、综合热分析仪（STA409PC，德国）来表征产品的分子结构。

2.4 产品性能评价

参考行业标准钻井液 SY/T 5094—2008 和国家标准钻井液现场测试第一部分：水基钻井液 GB/T 16783.1—2006 部分操作，主要步骤为：在基浆中，按照要求依次加入药品，充分高速搅拌 20min。将配置好的试验浆装入老化罐中，放入滚子炉在设定温度下恒温滚动 16h，取出冷却至室温，测试试验浆的流变性能、API 滤失量和特定温度下的高温高压滤失量。

2.5 纳米复合封堵材料结构表征

2.5.1 红外测试

通过检测从图 2 可得出位于 1715.7cm^{-1} 和 1680.1cm^{-1} 的强吸收带是来自于 AA 中羧基的-C=O 的对称和反对称振动。在 3445.1cm^{-1} 处的吸收峰呈现的是 AA 的 O-H 键拉伸振动。1457.2cm^{-1} 处的峰归属于 AM 和另一种有机单体中 CN 的拉伸振动，1053.2cm^{-1} 处的信号是源于磺酸基的特征峰。这些特征峰的出现表明三种有机单体成功聚合成 KLCN 三元聚合物。

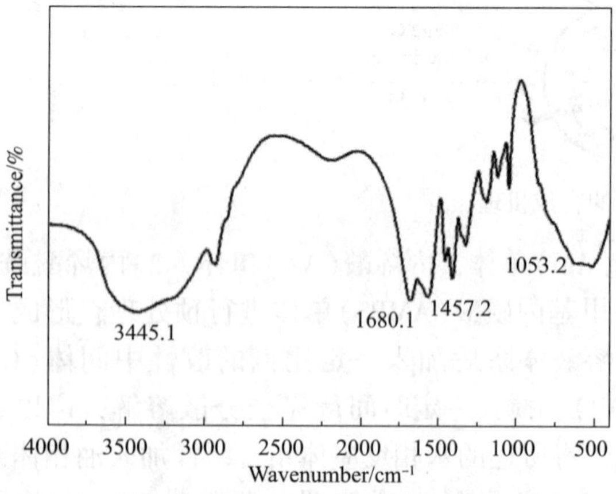

图 2　纯聚合物 KLCN 红外谱

2.5.2 XRD 射线衍射图

通过检测从图 3 显示了 KLCN 及 KLCN-T1 纳米复合材料的 X 射线衍射图。在图 3.9（a）中，KLCN 的 XRD 曲线在 1°~10°的范围内没有出现衍射峰。由图（b-d）可看出，在 KLCN-T1 纳米复合材料的 XRD 谱图中，没有峰出现，包括与剥离纳米片层片层相关的特征峰。这现象是由于聚合物分子链嵌入到蒙脱土片层中，破坏了层间结构，使蒙脱土层被剥离，由于层间距过大，以至于没有在 XRD 谱图中观察到。然而，XRD 特征峰的消失不一定是源于蒙脱土层的剥离，有可能是聚合物分子链掩饰了蒙脱土的片层间距。所以，需要通过透射电镜（TEM）直接观察三元聚合物基质中 O-MMt 片层结构。

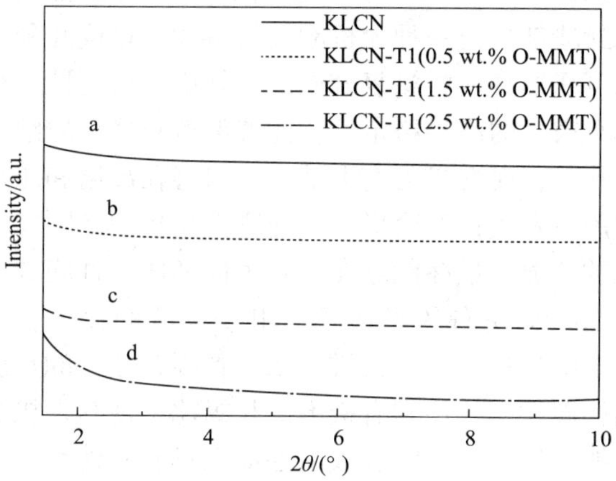

图 3　XRD 射线衍射

2.5.3 粒度分析

通过测试从图 4 显示了 KLCN 三元聚合物及其载有 0.5-2.5wt.%剥离纳米片层的纳米复合材料的颗粒粒径分布曲线。从图中可以看出，纯 KLCN 聚合物的粒径分布呈现一个狭窄的单峰模型，而 KLCN-T1 曲线相对较宽，表明纳米片层的引入导致聚合物粒径发生变化。这些微球颗粒的体积粒径主要分布在约 20~60μm 的范围。负载有纳米片层的 KLCN-T1 纳米复合材料的体积平均粒径分别为 39.26μm，37.67μm，35.73μm，31.71μm，30.89μm，33.20μm。这表明加入 O-MMt 后，粒径出现明显的下降。其原因如下：从 SEM 电镜观察可知，剥离的纳米片层降低了聚合物颗粒的粘度，并提高微球表面的粗糙度，从而降低了微球之间的附着力，这使得微球的团聚现象减少，分散性提高，微球的粒径减小。

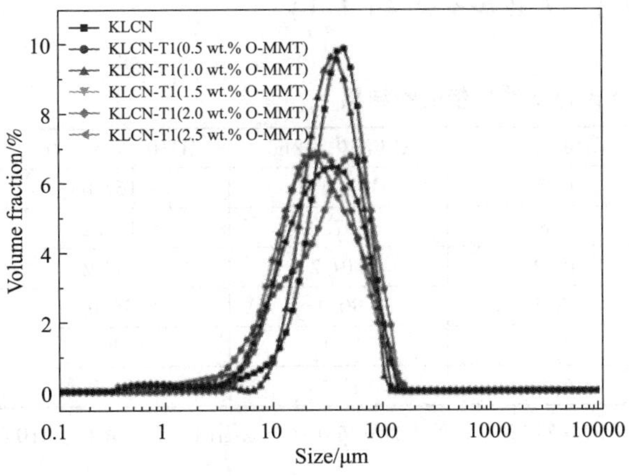

图 4　粒度分析

2.5.4　扫描电镜 SEM

通过测试从图 KLCN 及 KLCN-T1 的微观形貌均呈现出完整的微球形貌。在图 5(a-c)中，KLCN-T1/0.5wt.%O-MMt 纳米复合材料的具有比纯 KLCN 更光滑和均匀的表面形貌，这是由于剥离片层在聚合过程中发挥了成核作用，形成了反应中心，促进了微球表格形貌的形成。然而，当蒙脱土含量达到 2.0wt.%时，KLCN-T1 因微球破裂严重，使其形貌较粗糙且不规则，这是由于过量的剥离片层，导致聚合物分子链不能充分包覆，而难以形成完整的微球形貌。这些结果表明，适量的剥离片层可有效改善聚合物颗粒的球形度和表明光滑度。具有良好球形度的微球颗粒能在油藏微通道中具有良好的滚动行为。

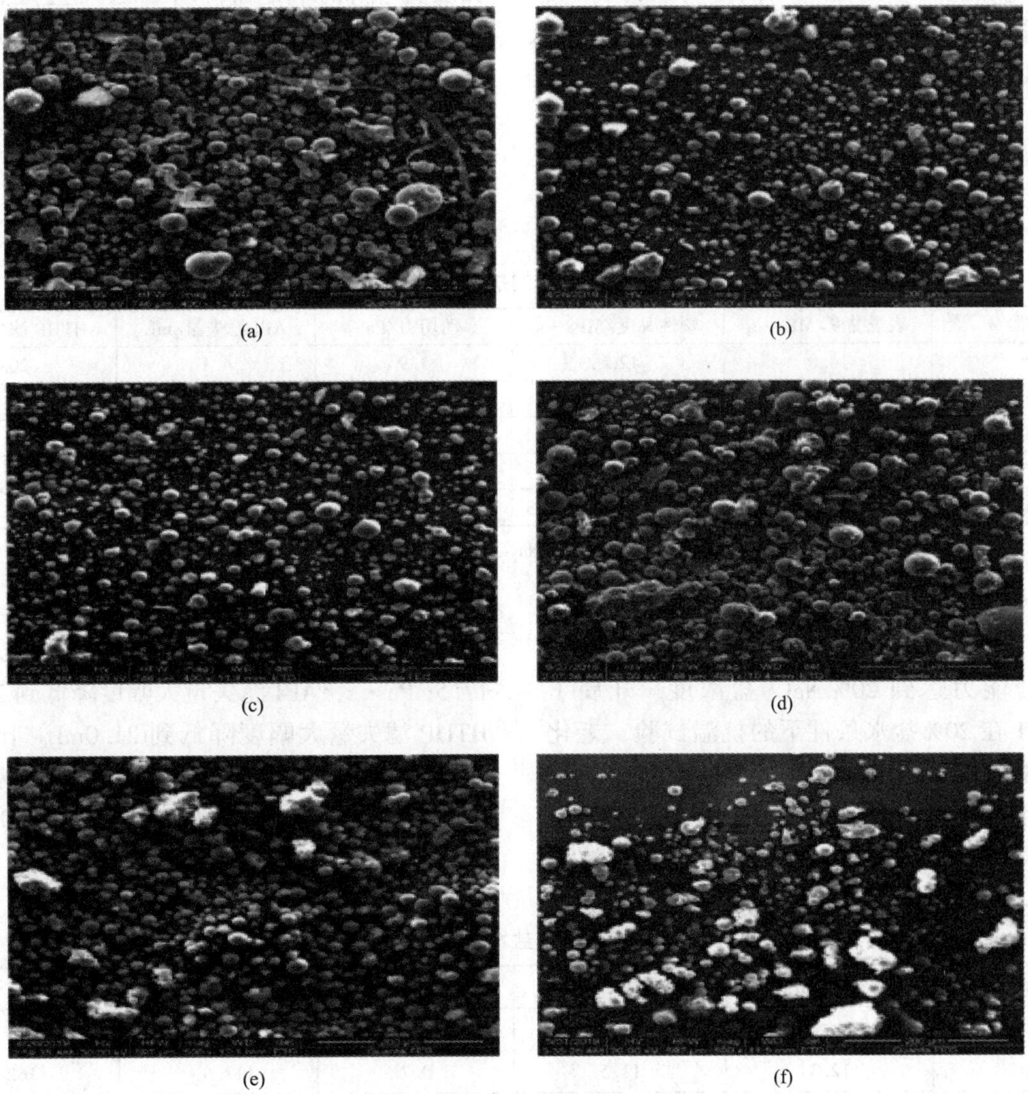

(a)　(b)　(c)　(d)　(e)　(f)

图 5　扫描电镜 SEM

3　产品配伍性评价

3.1　产品加量试验(表1)

表1　KLCN-T1在20%weigh2水条件下的加量试验结果

产品加量/%	表观黏度/MPa・s	塑性黏度/MPa・s	动切力/Pa	API滤失量/mL	HTHP滤失量/mL
0	12.3	11.5	0.7	117.6*	162.0
1	18.0	13.0	4.8	107.0	187.2
3	43.5	23.5	19.2	119.2	187.2
4	34.0	21.0	12.5	90.4	75.0
5	17.5	14.0	3.4	30.0	21.0
6	23.5	16.5	6.7	11.2	21.2

注：试验浆为基浆+5%SMC+KLCN-T1产品+20%Weigh2+2.5%Na2CO3。KLCN-T1产品加量在0~6%范围内。老化条件：180℃老化16h。标"*"的数据为根据漏穿时的数据估算得到。

KLCN-T1产品在20%weigh2盐水条件下的加量试验主要参照行业标准钻井液用纳米封堵材料SY/T5094-2008操作，老化后的试验数据列于表2中。随着产品加量的增大，API滤失量和HTHP滤失量均逐渐减小。本配方产品加量在5%时，HTHP滤失量较为稳定，可最低降低到21.0mL，较为直观的曲线图见图4。由此，可以确定产品加量在5%左右较为合适。

3.2　KLCN-T1产品抗无机盐性能评价

为了测试产品在不同NaCl盐浓度下的滤失性能，选取0~20%的NaCl盐浓度范围进行了产品抗盐试验，老化后的试验数据见表3。从表中数据可以看出，随着盐浓度的增加，试验浆表观黏度先降低后增加；API滤失量逐渐增大；HTHP滤失量先小幅增大后稳定在21.0mL左右。当盐浓度为20%，超过了KLCN-T1本身的抗盐能力时，HTHP滤失量又大幅度增加，较为直观的曲线图见图5。这表明，KLCN-T1产品的抗盐能力达到20%NaCl盐浓度。

表2　KLCN-T1的抗盐能力试验结果

盐加量/%	表观黏度/MPa・s	塑性黏度/MPa・s	动切力/Pa	API滤失量/mL	HTHP滤失量/mL
0	14.0	12.0	1.9	4.1	20.2
5	10.5	11.0	0.5	6.0	30.0
10	10.5	9.5	1.0	12.5	20.6
15	17.5	14.0	3.4	30.0	21.0
20	43.5	26.0	16.8	35.0	30.0

注：试验浆为基浆+5%SMC+5%KLCN-T1产品+NaCl+2.5%Na_2CO_3。NaCl加量在0~20%范围内。老化条件：200℃老化16h。

3.3　20%盐水条件下的抗温试验

为了验证KLCN-T1的抗温能力达到200℃而且抗盐能力达到20% NaCl盐浓度，开展了KLCN-T1在20%盐水条件下的抗温试验，老化后的试验数据见表4。从数据可以看出，经过200℃老化16h后，添加SMC的试验浆相对于基浆，其表观黏度增大到12.3mPa・s，API滤失量降低到117.6mL，HTHP滤失量降低到162.0mL。而添加SMC和KLCN-T1后，在二者的共同作用下KLCN-T1试验浆表观黏度增大到17.5mPa・s，API滤失量大幅度降低到30.0mL，HTHP滤失量大幅度降低到21.0mL。比较SMC和KLCN-T1数据，KLCN-T1提升了体系的抗盐能力，能够满足在20%NaCl盐浓度下200℃抗温能力的要求。

表3　KLCN-T1在20%盐水条件下的抗温试验结果

样品	表观黏度/MPa・s	塑性黏度/MPa・s	动切力/Pa	API滤失量/mL	HTHP滤失量/mL
基浆	4.8	2.5	2.2	193.0	192*
SMC	12.3	11.5	0.7	117.6*	162.0
KLCN-T1	17.5	14.0	3.4	30.0	21.0

注：基浆为3%夏子街土+4%评价土+0.16%Na_2CO_3。试验浆为：SMC为基浆+5%SMC；KLCN-T1为基浆+5%SMC+5%KLCN-T1产品；三个浆均补加20%NaCl+2.5%Na_2CO_3。老化条件：200℃老化16h。

综合性能评价结果，KLCN-T1产品在5%的加量下，抗温能力可以达到200℃，抗盐能力达到20%NaCl盐浓度。

3.4 产品对标分析

表4 KLCN-T1产品的对标分析试验结果

样品	表观黏度/MPa·s	塑性黏度/MPa·s	动切力/Pa	API滤失量/mL	HTHP滤失量/mL
基浆	4.8	2.5	2.2	193.0	192*
SMC	12.3	11.5	0.7	117.6*	162.0
封堵剂1-厂1	88.5	32.0	54.2	66.2	90.6
封堵剂2-厂2	44.5	26.5	17.3	47.8	54.0
封堵剂3-厂3	115.0	40.0	72.0	66.2	74.6
封堵剂4-厂4	67.0	31.0	34.6	51.7	41.6
KLCN-T1	17.5	14.0	3.4	30.0	20.0

注：基浆为3%夏子街土+4%评价土+0.16%Na2CO3。试验浆为：基浆+5%SMC；封堵剂-厂1~4分别为基浆+5%SMC+5%封堵剂-厂1~4产品；KLCN-T1为基浆+5%SMC+5%KLCN-T1产品；7个试验浆均补加：20%NaCl+2.5%Na2CO3。老化条件：200℃老化16h。标"*"的数据为根据漏穿时的数据估算得到。

为进一步突出KLCN-T1产品的性能优越性，选用了国内四家比较有代表性的封堵类型产品进行20% NaCl盐水条件下的对标分析，在200℃老化后的性能评价数据见表5。从数据可以看出，添加现有封堵剂厂1~4产品后，其表观黏度变化较大，增大到44.5~115.0MPa·s，API滤失量降低到47.8~66.2mL，HTHP滤失量降低到41.6~91.6mL。添加KLCN-T1后，其表观黏度为17.5MPa·s，API滤失量降低到30.0mL，HTHP滤失量降低到20.0mL，较为直观的柱状图见图6。通过四组数据的对比，可以发现：1、在经过200℃老化后的流变性能和滤失性能较差，不能满足高温深井的条件。2、KLCN-T1的抗温能力可以达到200℃，在经过200℃老化后的流变性能和滤失性能均保持的很好，显示了较好的抗温抗盐性能。

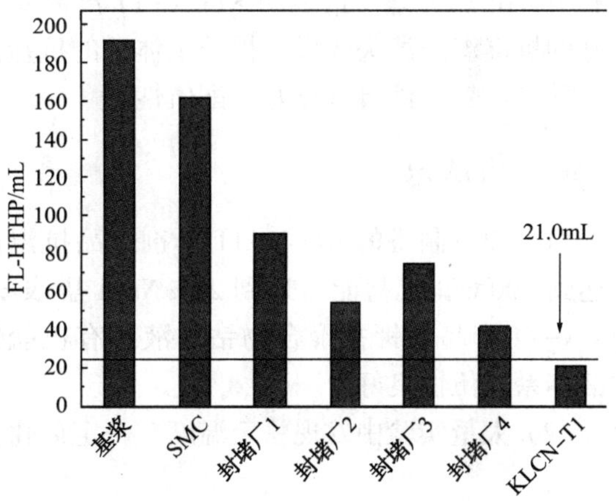

图6 KLCN-T1产品的对标分析试验结果

3.5 配伍性试验

表5 KLCN-T1在钻井液体系的180℃配伍性试验结果

样品		表观黏度/MPa·s	塑性黏度/MPa·s	动切力/Pa	API滤失量/mL	HTHP滤失量/mL
基浆	淡水老前	36.0	23.0	12.5	3.3	—
	淡水老后	45.5	33.0	12.0	3.6	14.0
	加盐老后	43.0	32.0	10.6	3.6	18.4
封堵剂SMP	淡水老前	42.5	30.0	12.0	2.1	—
	淡水老后	49.3	36.5	12.2	2.6	12.0
	加盐老后	46.5	34.0	12.0	2.2	11.6
KLCN-T1	淡水老前	41.0	28.0	12.5	2.8	--
	淡水老后	50.0	36.5	13.0	3.6	12.0
	加盐老后	45.8	35.5	9.8	2.6	12.0

注：基浆为4%膨润土+0.2%NaOH+0.2%Na_2CO_3+5%KCL+1.5%白沥青+1.5%固体聚合醇+0.3%PAC-LV+5%SPNH+0.3%页岩稳定剂+0.2%XC+0.5%DSP+加重剂。SMP为基浆+3%SMP。KLCN-T1为基浆+3%KLCN-T1。老化条件：180℃老化16h，测试条件：180℃/3.5Mpa。

KLCN-T1 目前在海洋钻井的主要应用在抗高温钻井液体系包括氯化钾聚合物钻井液体系或有机盐钻井液体系。KLCN-T1 的配伍性试验主要采用这两种钻井液体系，试验测试时间点为三个：淡水老化前测试，淡水高温老化 16h 后测试和老化后的试验浆补加 20%Weigh2 继续高温老化 16h 后测试。

KLCN-T1 在钻井液体系中的 180℃配伍性试验数据见表 5。从表中数据可以看出，无论是淡水老化前、淡水老化后和加盐老化后，试验浆和 KLCN-T1 试验浆的塑性粘度和动切力变化是相似的，API 滤失量和 HTHP 滤失量等滤失性能变化是相近的。相对于基浆，加入该材料后可有效降低 API 滤失量和 HTHP 滤失量，特别是加入 20%Weigh2 后仍能有效保持稳定的 API 滤失量和 HTHP 滤失量。这表明 KLCN-T1 产品具有良好的抗高温降滤失效果，提升了体系的抗盐能力，并且和钻井液具有良好的配伍性。

4 结论与认识

（1）通过制备的 KLCN-T1 单剂产品抗温能力达到 200℃，抗盐能力达到 20%NaCl 盐浓度。KLCN-T1 产品和钾盐聚合物钻井液或有机盐钻井液体系配伍性良好。

（2）大量实验中发现一定温度，一定矿化度条件下纯共聚物材料封堵能力下降，对温度和矿化度较为敏感，而 KLCN-T1 材料较纯共聚物微球具有更好的耐温耐盐性，封堵率下降不显著，这说明本材料对高盐高温地层有较好的适应性。

（3）二维片层对复合微球耐温、耐盐、耐剪切和弹性模量的提高具有共性，并表现出综合黏弹性的提高和对流变行为的良好改善。上述这些特性都为二维片层复合材料在高温、高压以及高盐条件下对微裂缝进行有效封堵提供一定理论支撑，并且为泥岩地层钻进提供了备选材料。

参 考 文 献

[1] 邱正松，王伟吉，董兵强，等．微纳米封堵技术研究及应用[J]．钻井液与完井液，2015，32(2)：6-10.

[2] 白小东，蒲晓林．有机/无机复合纳米水基钻井液体系研究[J]．石油钻探技术，2010，38(2)：47-50.

[3] DHAJEKAR R M，JOGI B F，NIRANTAR S R. Preparation and Characterization of PAEK based Polymer Nanocomposites in the Presence of MMT Clay as Nanofiller to Study Tensile and Impact Properties[J]. Materials today：proceedings，2018：5(2)：6848-6854.

[4] 贺明敏，蒲晓琳，苏俊霖，等．钻井液用纳米复合乳液成膜剂 NCJ-1 的合成与评价[J]．石油与天然气化工，2012，41(2)：187-190.

液控智能注采完井技术研究与应用

赵广渊 李越 杨树坤 蔡洪猛 廖朝辉 时营磊

(中海油田服务股份有限公司)

摘 要 针对常规液控分层注水工具在渤海油田应用中暴露出的测调效率低、占用平台有限空间，不满足大斜度井等问题，通过研究利用管线增压顺序激活控制层位的方法研制了数字解码器，通过优化水嘴尺寸、换档结构，研制了小尺寸多级流量控制阀，通过配套新的分层调配解释方法，在不增加井下测试装置的情况下实现分层调配和井下分注参数解释，成功解决了分注层数受限、调节级数少和无法实现分层流量监测的问题。优化后的液控智能分注技术在海上油田应用90井次，系统运行稳定可靠，调配解释精度高于90%，应用效果良好。基于该技术耐高温、满足大排量注采等特点，进一步开展了智能分采、分层注气等方面的研究及先导性应用，拓展了技术适应性。

关键词 液控智能注采；智能完井；井下多级流量控制阀；分层调配；分层采油；分层注气

Research and Application of Hydraulic Control Intelligent Injection and Production Completion Technology

Zhao Guangyuan Li Yue Yang Shukun Cai Hongmeng Liao Zhaohui Shi Yinglei

(China Oilfield Services Limited)

Abstract response to the low measurement and adjustment efficiency, limited platform space occupation, and inability to meet the requirements of high inclination wells exposed by conventional hydraulic control layered water injection tools in Bohai Oilfield, a digital decoder was developed by studying the method of activating control layers using pipeline boosting sequence. By optimizing water nozzle size and gear shifting structure, a small-sized multi-stage flow control valve was developed. A new layered allocation interpretation method was matched. The implementation of layered allocation and interpretation of downhole injection parameters without adding downhole testing equipment has successfully solved the problems of limited injection layers, limited adjustment stage, and inability to achieve layered flow monitoring. The optimized hydraulic control intelligent injection technology has been applied 90 wells in offshore oilfield, with stable and reliable system operation, and an accuracy of over 90% in allocation and interpretation. The application effect is good. Based on the characteristics of high temperature resistance and meeting the requirements of large flow rate injection and production, further research and pioneering applications have been carried out in intelligent layered production and layered gas injection, expanding the adaptability of the technology.

Key wordst hydraulic control intelligent injection and production; intelligent well completion; downhole multi-stage flow control valve; layered allocation; layered production; layered gas injection

渤海油田已进入全面注水开发阶段，注水效果的好坏在一定程度上关系到渤海油田的持续稳产。基于常规投捞式分层注水工艺测调效率低、占用平台有限空间，不满足大斜度井应用等问题，近些年渤海油田开始了智能分层注水工艺的矿场试验。液控智能注水技术作为智能注水工艺的一种，其控制方式采用纯液压方式，井下工具无任何电子元器件，长期使用可靠性能高。该技术于2016年开始在渤海油田开展应用，取得良好应用效果，但随着作业者对分层注水工艺要求的不断提高，以及工艺自身存在的一些问题：(1)液控智能滑套调节级数少，最多只能实现3级调节，导致分层调配精度低，调配合格率低；(2)多层注水井液控管线使用数量较多，现场施工难度加大；(3)海上油田小井眼注水井逐年增多，现有注水工具尺寸不满足下入要求，导致该技术无法大规模推广；(4)不具备地面监测井下油藏数据的功能，无法直观判断各层注水情况，不满足油藏精细注水要求。

基于以上问题，本文在常规液控智能注水技术基础上，从注水工具整体结构、水嘴设计、控制方式、分层调配解释方法等方面进行了工艺优化研究，提高液控智能分注技术的应用效果，并基于该技术可靠性高、耐高温等特点，开展了智能分采、分层注气、分段注蒸汽等方面的研究及先导性应用，进一步拓展了技术适应性。

1 工艺概述

1.1 工艺原理

液控智能分注系统主要由地面控制系统、可穿越线缆封隔系统、多级流量控制装置(液控智能配水器)组成(图1)。地面控制器通过液压管线控制井下各层位多级流量控制阀的开度，实现地面对井下各层注水量的调控。

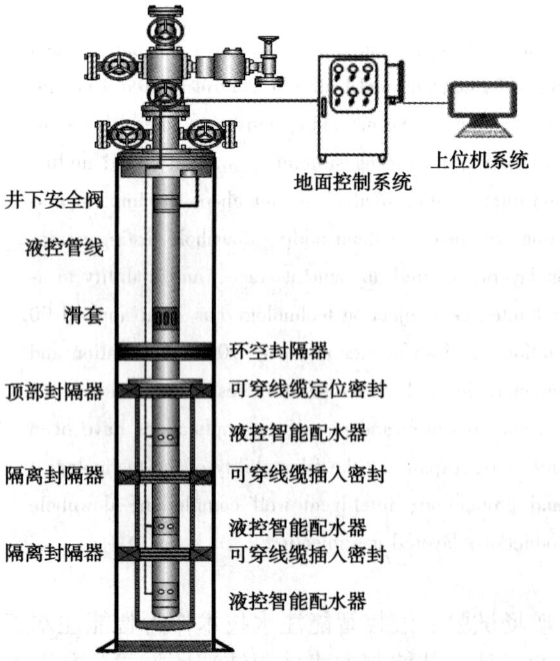

图1 液控智能分注工艺原理图

1.2 工艺特点

液控智能注水技术可在地面实现多级流量控制阀在线液压控制。系统采用液力控制方式，推力大，能适应井下复杂工况，通过万向截止轮机构节点控制，实现井下注水流量调节。主要特点：

(1) 分层调配无需钢丝/电缆作业，测调效率高，不占用平台作业空间和时间。

(2) 不受井斜及井眼尺寸限制，满足大斜度井、水平井、小井眼井(3.25in)应用要求。

(3) 纯液压控制，无电子元器件，可靠性高。

(4) 井口可实现手动、自动一体控制，操作系统操作快捷、方便，一台地面控制柜控制多口井，可实现电脑远程控制。

2 工具优化

2.1 "3-2"控制方式设计

常规液控智能注水工艺采用"N+1"控制模式，即利用N+1条液控管线控制井下N层配注。该控制方式操作简单、可靠，一般适用于分层数较少(≤4层)的井。而对于多层(≥4层)注水井，此控制方式所需液控管线数量较多，施工难度及安全风险加大，工艺适用性变差。为此，研制了数字解码器，开发出"3-2"控制方式，以减少液控管线使用数量，增强工艺适用性。

2.1.1 控制原理

"3-2"控制方式是每个多级流量控制阀串联一个解码器，通过地面液控管线打压顺序的变化(不同排列组合)控制选择不同层位的解码器，从而控制该层位流量阀水嘴的开关，通过此方式可实现3条控制管线控制井下6层。

具体控制流程如图2所示，1#控制线与解码器的关闭口连接；2#控制线与解码器的打压口和解码器进入流量阀关闭口连接；3#控制线与解码器保压口和解码器进入流量阀开启口连接。通过地面控制柜给出开启解码器指令时，3#控制线先保压，2#控制线再打压，此时解码器开启；3#控制线打压，流量阀开启；2#控制线打压，流量阀关闭；1#控制线打压，解码器关闭。

2.1.2 解码器

解码器是实现井下层位选择的液压解码装置(图3)，主要由一个常开二位二通阀和一个常闭二位二通阀组成，通过与井下多级流量控制阀配合，实现分层控制。根据渤海油田注水井具体需求，配套了适用于防砂内通径为4.75"、3.25"

的解码器，工具技术参数如表 1 所示。

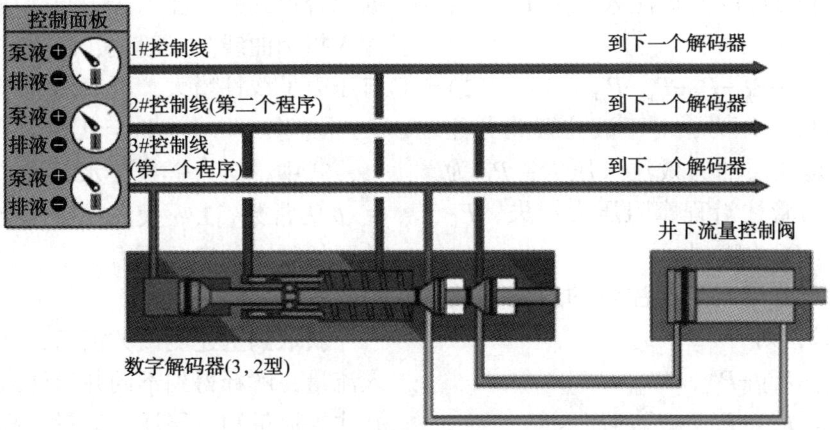

图 2 “3-2”控制原理示意图

图 3 解码器

表 1 解码器技术参数

性能指标	参数	
适用密封筒内径/in	4.75	3.25
最大外径/in	4.61	3.15
最小内径/in	1.97	1.18
本体材质	42CrMo	42CrMo

2.2 多级流量控制阀结构改进

针对原有液控智能滑套水嘴调节级数少，不满足小井眼应用要求等问题，研制了适用于 3.25in 小井眼的井下多级流量控制阀；优化水嘴结构，将不同尺寸流量控制阀调节级数分别增大到 11 级和 9 级(图 4)。工具技术参数如表 2 所示。

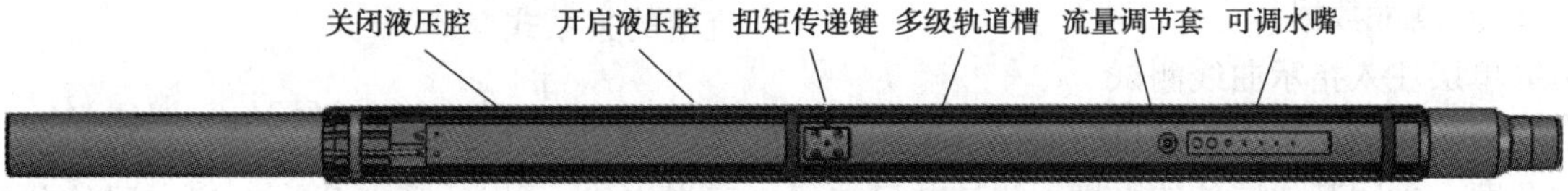

图 4 井下多级流量控制阀

表 2 井下多级流量阀技术参数

性能指标	参数		
适用密封筒内径/in	4.75	4/3.88	3.25
最大外径/in	4.65	3.74	3.15
最小内径/in	2.32	1.46	0.87
本体材质	42CrMo	42CrMo	42CrMo
密封材质	金属对金属	金属对金属	金属对金属
最大排量/m^3/d	1200	1100	900
可调节级数	11	9	7
工作压力/psi	5000	5000	5000
密封件耐温等级,℃	≤200	≤200	≤200

3 分层调配及解释方法研究

3.1 分层调配

分层注水的根本目的是实现各注水层位满足分层配注量要求。液控智能分注工艺可利用地面控制系统实现井下水嘴开度的实时调节和开关，但无法监测井下各层的注入流量。因此，该工艺调配的关键在于，一是将水嘴调节至满足分层配注量的目的开度，二是利用地面测试数据计算井下各注水层位的分水量。

利用地面控制系统将测试层配水器水嘴调至

任意开度 d，其他层位水嘴关闭，测得单层注入时各层配注量 q_p 下对应的井口注入压力 P_{tb}，各层的有效注入压力为

$$P_{che}=P_{tb}+P_{hy}-P_{fr}-P_{lo}-P_{ch} \quad (1)$$

式中，P_{che} 为嘴后压力，对于液控智能分注工艺，嘴后压力是地层的有效注入压力；P_{hy} 为静液柱压力，P_{fr} 为管柱沿程摩阻压力损失，P_{lo} 为局部压力损失，P_{ch} 为嘴损。

将各层水嘴调节至满足配注量的目的开度 d' 后，全井注水时，则

$$\begin{aligned}P_{tb}&=P_{che1}-P_{hy1}+P'_{fr1}+P'_{lo1}+P'_{ch1}\\&=P_{che2}-P_{hy2}+P'_{fr2}+P'_{lo2}+P'_{ch2}\\&=\cdots=P_{chei}-P_{hyi}+P'_{fri}+P'_{loi}+P'_{chi}\end{aligned} \quad (2)$$

根据矿场实践，各注水层位纵向跨度较小(小于 300 m)时，各注水层的沿程摩阻压力损失和局部压力损失接近，式(2)简化为

$$\begin{aligned}P_{tb}-P_{che1}-P_{hy1}+P'_{ch1}&=P_{che2}-P_{hy2}+P'_{ch2}=\cdots\\&=P_{chei}-P_{hyi}+P'_{chi}\end{aligned} \quad (3)$$

在同一时间，同一层位在不同水嘴开度下的有效注入压力相同。将式(1)代入式(3)，注入压力高的层位选择较大的水嘴开度，根据式(3)计算得到各层位配注量下对应的目的水嘴开度。

3.2 解释方法

由于液控智能配水器为机械结构，不具备监测井下各层位注入流量的功能，因此，调配后各层实际注入流量需要根据地面测试数据计算。本文提出一种根据单层注入指示曲线和全井注入指示曲线计算各层实际注入量的方法。

3.2.1 注入测试数据

(1) 单层注入指示曲线测试

利用地面控制系统将测试目的层位水嘴调节至目的开度，关闭其他层位的水嘴，测试井口注入压力随注入流量的变化数据；然后，打开另外一个测试层位的水嘴，关闭其他层位，测试该层的井口注入压力随注入流量变化数据；依此类推，得到所有注水层位的井口压力随注入流量的变化关系

$$P_{tbi}=f(q_i) \quad (4)$$

根据式(1)，将井口压力折算至嘴后压力，得到有效注入压力与流量变化关系

$$P_{chei}=f_i(q_i) \quad (5)$$

(2) 全井注入指示曲线测试

将所有层位配水器的水嘴开度调节至目的开度，恢复全井注水。然后，调节井口注入流量，测试不同注入流量下井口压力变化，根据测试数据拟合得到井口注入压力与流量的关系，即全井注入指示曲线。一般地，随着注入流量增加，井口压力呈线性增大，可表示为

$$P_{tb}=aQ_t+b \quad (6)$$

式中，Q_t 为全井注水时井口总流量，m^3/d；a、b 为常数，$1/a$ 代表视吸水指数，b 代表注水井开始吸水的启动压力。

3.2.2 解释方法

获取到上述测试数据后，计算各层的分层注入流量，解释得到不同井口注入压力下对应的全井注入流量和各层注入流量，指导注水井工作制度选择。

根据井口压力 P_{tb}、全井流量 Q_t 得到第 1 注水层的嘴前压力 P_{chf1}。

全井注水时，对于各注水层位，分层注水量 Q_i 满足以下关系

$$Q_i=I_i\cdot\Delta P_i=\left(\frac{dP_{chei}}{dQ_i}\right)^{-1}\cdot(P_{chei}-P_{ri}) \quad (7)$$

式中，I_i 为第 i 层吸水指数，$m^3/(d\cdot MPa)$；ΔP_i 为第 i 层注水压差，MPa；P_{ri} 代表第 i 层地层静压，MPa。

对于式(5)，一般地，有效注入压力与流量符合线性关系

$$P_{chei}=cq_i+e \quad (8)$$

式中，c、e 为常数，$1/c$ 代表第 i 层单层吸水指数，e 代表第 i 层地层静压。

将式(8)代入式(7)，得到第 1 注水层注入流量的关系式

$$Q_1=\frac{1}{c}[P_{chf1}-(0.3652Kd^{-1.889}Q_1)^2-e] \quad (9)$$

式(9)可以计算得到第 1 注水层的分层注入量 Q_1。

再根据第 1 注水层嘴前压力 P_{chf1}、第 1 层以下层位的总流量(Q_t-Q_1)和式(1)得到第 2 注水层嘴前压力 P_{chf2}。

重复式(7)~(9)的计算，可求得第 2 注水层的分层注入量 Q_2。

以此类推，计算得到所有层位的分层注入量。根据式(6)得到不同井口注入压力下对应的全井注入流量，然后计算出各层的分层注入量。

3.2.3 解释软件

为了便于计算，根据计算方法，编制了调配

设计及分层注水量计算软件，软件包括基础数据输入、测试数据输入和计算分析三个模块。软件输入的基础数据包括注水井井身结构数据、注入水流体数据、注水管柱组合和结构、水嘴参数和嘴损曲线，测试数据包括各层配注量对应的井口注入压力、单层注入指示曲线和全井注入指示曲线，通过计算可输出满足配注要求的各层水嘴目的开度、不同井口注入压力下对应的全井和分层注水量，根据分层配注量要求，给出最能满足配注要求的井口注入压力。

4　液控智能分采技术研究

海上油田已进入开发中后期，层间矛盾凸显，含水上升及产量递减加快。精细分层开采可有效降低层间干扰，显著提高油田开发效果。目前海上油田主要以机械滑套式分采工艺为主，调层作业占用井口、效率低，不满足大斜度井应用，技术适应性差。

基于液控智能分注技术的应用经验，以及该技术耐高温、满足大排量注采的特点，开展了液控智能分采技术研究。

（1）针对采用简易筛管分层防砂完井的定向井，采用Y型分采管柱，在中心生产管柱上应用插入密封配合使用，应用液控智能配产器，地面调控分层产液量，达到控水稳油目的，设计方案如(图5)所示。

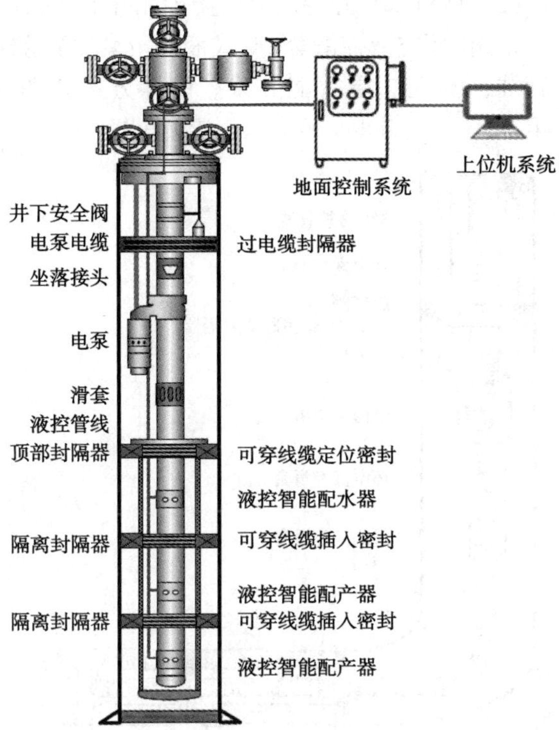

图5　定向井液控智能分采管柱设计方案

（2）针对裸眼简易防砂或砾石充填防砂完井的高含水生产井，在水平井段挤注化学封隔药剂（ACP）或裸眼分段防砂，实现管外的分层；在中心生产管柱上应用封隔器配合使用，实现管内的有效封隔，同时应用液控智能配产器，集成固体示踪剂，地面调控分层产液量，示踪剂取样监测分段产量及含水，达到控水稳油目的，设计方案如(图6)。

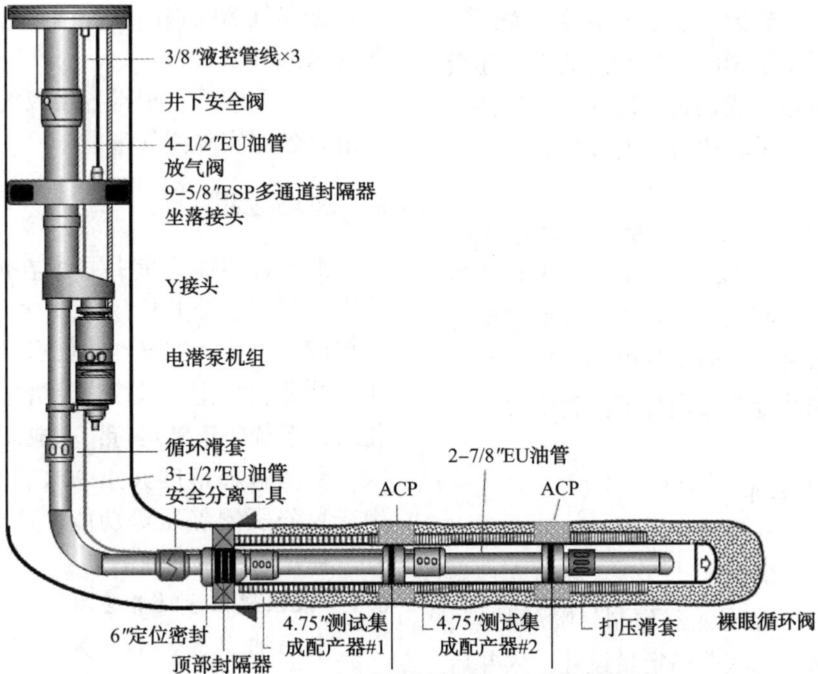

图6　水平井液控智能分采管柱设计方案

（3）针对水平井裸眼分段防砂完井的新投产井，采用“环空液控滑套+罩式液控滑套”智能分采管柱，实现 2 层智能分采。设计方案如图 7 所示。

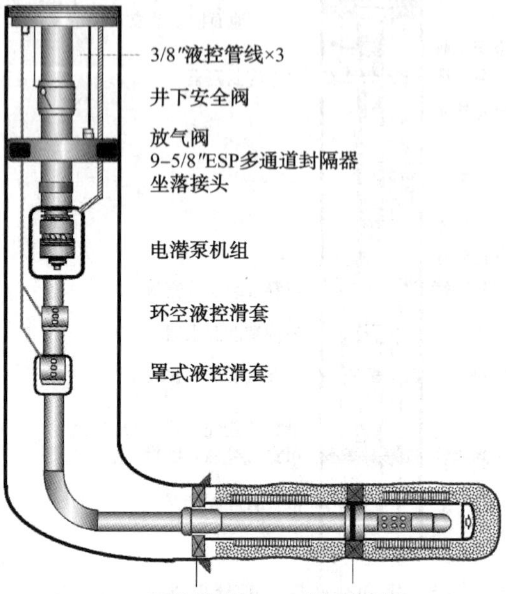

图 7　水平井裸眼分段防砂完井液控智能分采管柱设计方案

5　液控智能分层注气技术研究

采用注气开发方式可大幅度提高油藏采收率，尤其是对于低渗透油藏开发效果更为显著。国内海上部分油田开展了注气开发先导试验，但是对于层间物性差异较大的多层系油藏，笼统注气开发气窜突破后不但影响注气开发效果，还会对电潜泵等生产设施造成伤害。因此，分层注气精细开发对提高油田采收率有重要作用。

5.1　管柱设计

目前海上目标低渗注气开发油田储层温度 140~180℃，基于液控智能分层注采技术井下不含电子元器件且耐高温的技术特点，开展了液控智能分层注气技术研究。海上低渗油田注气井一般采用套管射孔完井方式，设计液控智能分层注气管柱如图 8 所示。

5.2　精确定量注气技术

液控智能分层注气技术只具备气嘴开度调节功能，需开发配套精确定量注气技术方可实现精细分注。基于液控智能配注器预制气嘴的特点，在入井前对气嘴根据配注范围定量设计，入井后根据各层吸气能力精确调配，再根据注气井筒温

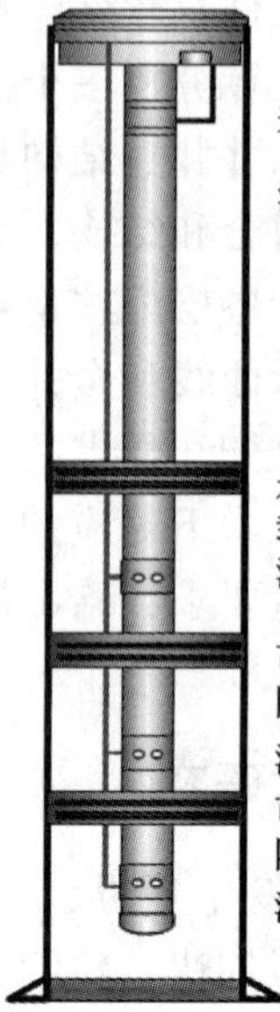

图 8　海上油田液控智能分层注气井管柱示意图

压计算分层注气量，实现精确解释，达到利用理论方法指导分层注气精确计量的目的。具体步骤如下：

（1）液控智能配注器入井前，根据各注气层的配注量范围和吸气能力数据匹配配注器多级可调的气嘴尺寸；

（2）按照步骤(1)设计方案加工定制气嘴；

（3）液控智能配注器与液压管线、层间封隔器、井口穿越密封连接、组装、入井，并接通地面液压控制器；

（4）分层注气过程中，根据各层吸气能力测试数据和气嘴嘴损图版，调节配注器至满足配注量要求的气嘴尺寸；

（5）调节后，根据各层吸气能力测试数据计算解释各层实际注气量。

6　现场应用

液控智能注采完井技术在海上油田应用 90 井次，其中采油井应用 7 井次。系统运行稳定，水嘴调节灵活，工具性能可靠；分注井满足海上注水井分层酸化、示踪剂等措施需求，经多次酸化后，系统仍正常运行；完成调配作业 280 余井次，测调解释精度大于 90%；分采井实现分段生产、分段测静压等功能，达到控制含水率上升、稳定产油量的目的。

6.1　液控智能分注井应用

渤海油田 XX-1 井为了提高测调效率，于 2019 年 3 月下入液控智能分注管柱，地面控制

系统通过液压控制井下配水器水嘴的开度。该井分2层注水，第1注水层水嘴当量直径6.08~9.05mm，第2注水层水嘴当量直径7.55~10.64mm，2套配水器水嘴均分别设计10个开度等级。2019年6月，第1注水层配注量120m³/d，第2注水层配注量150m³/d，根据配注量下对应的井口注入压力测试结果，第1注水层水嘴开度调节至7.95mm，第2注水层水嘴开度调节至10.64mm。

在水嘴目的开度下进行了单层注入指示曲线和全井注入指示曲线测试，利用前述计算方法计算出不同注入压力下对应的全井注入量和分层注入量。根据渤海油田85%的调配精度要求，从分层注入量计算结果可以得到最能满足配注要求的井口注入压力为12MPa。测调后，为了验证调配精度，该井实施了氧活化吸水剖面测试，计算结果和测试结果对比如表3。从表3结果对比发现，计算结果与实测结果之间存在差异，但满足工程精度要求。因此，该计算方法可以满足现场分层调配作业需求，在实际应用中有较好的效果。

表3 分层注水量计算与测试结果对比

全井		第1注水层		第2注水层	
井口压力/MPa	注入量/(m³/d)	计算注入量/(m³/d)	实测注入量/(m³/d)	计算注入量/(m³/d)	实测注入量/(m³/d)
13.0	372.8	155.0	155	217.8	216
12.5	330.7	135.0	136	195.7	196
12.0	288.7	115.0	113	173.7	175
11.5	246.7	95.0	95	151.7	150
11.0	204.7	75.0	74	129.7	130
10.5	162.7	55.0	55	107.7	105
10.0	120.7	35.0	35	85.7	85

6.2 液控智能分采井应用

渤海油田XX-2井为水平井裸眼砾石充填完井方式，随着提频生产，含水率逐步上升，油田生产水处理设施长期满负荷运转，需要开展水平段分段控水措施，降低油井含水的同时，提高该井产能贡献水平。

根据该井水平段动用情况，以干层及差油层为界，将水平段分为三段，采用液控智能分采技术，初期关闭趾端水淹段，打开第一、二段生产，后期根据生产情况再进行开关调整。2023年5月下入液控智能分采管柱，措施后日产液从868m³/d下降至716m³/d，日产油从26m³/d上升至28m³/d，含水率从97.1%下降至96.1%，生产压差从1.13MPa上升至3.24MPa，含水率最低下降3.8个百分点，起到了较好的控水增油效果，也缓解了平台水处理设备压力。

5 结论

（1）优化常规井下流量阀水嘴结构、布局，将不同尺寸流量控制阀调节级数分别增大到11级和9级，提高了测调效率和精度；研制了数字解码器，利用“3-2”控制模式，实现3条液控管线控制6层注水，减少液控管线使用数量；研制小尺寸井下多级流量控制阀，满足海上3.25in小井眼应用要求。

（2）针对液控智能分注工艺无法监测井下各层流量的特点，提出了利用单层注入指示曲线和全井注入指示曲线测试数据计算分层注水量的计算方法，并编制了软件，解释精度高于90%。

（3）液控智能注采完井技术在海上油田应用90井次，其中采油井应用7井次，累计调配作业280余井次。系统运行稳定，水嘴调节灵活，工具性能可靠。由于该技术耐高温、满足大排量注采的特点，在智能分采、分层注气等领域具有广阔应用前景。

参考文献

[1] 李汉周，彭太祥，郭振杰，等．连续薄夹层油藏细分注水技术研究与应用[J]．特种油气藏，2019，26(2)：168-173.

[2] 刘合，郑立臣，俞佳庆，等．分层注水井下监测与数据传输技术的发展及展望[J]．石油勘探与开发，2023，50(1)：1-9.

[3] 张旭，韩新德，林春庆，等．有缆智能分注技术在华北油田的应用[J]．石油机械，2019，47(03)：87-92.

[4] 阎洪涛，徐文江，姜维东，等．海上油田注水水质改善技术研究与应用[J]．工业水处理，2020，40(12)：114-118.

[5] 豆志远，王昆剑，李进，等．渤海油田水平分支井钻完井关键技术[J]．特种油气藏，2020，27(2)：157-163.

[6] 郭宏峰，杨树坤，段凯滨，等．渤海油田可反洗测调一体分层注水工艺[J]．石油钻探技术，2020，48(3)：101-105.

[7] 赵广渊，王天慧，杨树坤，等．渤海油田液压控制智能分注优化关键技术[J]．石油钻探技术，2022，50(1)：1-6.

[8] 赵广渊，季公明，杨树坤，等．液控智能分注工艺调配及分层注水量计算方法[J]．断块油气田，2021，28(2)：258-261.

[9] 王东，王良杰，张凤辉，等．渤海油田分层注水技术研究现状及发展方向[J]．中国海上油气，2022，34(2)：125-137.

[10] 杨玲智，刘延青，胡改星，等．长庆油田同心验封测调一体化分层注水技术[J]．石油钻探技术，2020，48(2)：113-117.

窄密度窗口固井技术在塔里木东秋7井高压气层的应用

赵凌霄　邹　双　杨　雷　王　彪　王健栋　夏元博

（中国石油集团海洋工程有限公司）

摘　要　东秋7井是部署在塔里木盆地库车坳陷秋里塔格构造带上的一口预探井，五开采用215.9mm钻头和2.17g/cm³钻井液钻至6130m中完，钻进期间发生多次漏失且裸眼段有多套油气显示，压稳防漏矛盾突出，安全密度窗口仅0.06g/cm³，固井极易出现恶性漏失及由漏转喷等复杂。通过采用精细控压固井技术强化井筒压力控制，使用韧性自愈合水泥浆保障井筒长期完整性，配套带顶封尾管悬挂器辅助密封等技术措施，顺利完成东秋7井固井施工，经CBL/VDL测井解释固井质量合格率94.3%，六开降密度后钻进及完井正常，未见环空带压等异常情况。该技术解决了窄密度窗口高压气井溢漏同存的难题，并可保障封固井段的初次固井质量和长期密封完整性，可为窄窗口高压气井复杂井固井提供参考。

关键词　高压气井；窄安全密度窗口；精细控压固井；韧性自愈合水泥；带顶封尾管悬挂器

Application of Narrow Density Window Cementing Technology in High PressureGas Reservoir in Well Dongqiu 7

Zhao Lingxiao　Zou Shuang　Yang Lei　Wang Biao　Wang Jiandong　Xia Yuanbo

[CNPC Offshore Engineering Co., Ltd(CPOE)]

Abstract　Well dongqiu 7 is an exploration well drilled in Qiulitage structural belt, Kuche Depression, Tarim Basin. The fifth interval of the well which was drilled to 6130m with 215.9mm drill bit and 2.17g/cm³ drilling fluid. Multiple losses occurred during drilling and several sets oil and gas layers were discovered in the open hole. Narrow safe drilling window (only 0.06 g/cm³) were very likely to result in downhole troubles such as malignant leakage and transition from leakage to gusher. To avoid and to ensure the success of the cementing job, the narrow density window cementing technology was used during the cementing job by using pressure control cementing technology, using an malleable &autonomous healing cement slurry and using a liner hanger with top packer. The qualified rate of cementing quality through CBL/VDL logs proved is 94.3%, low density drilling fluid can be safely used in the next interval because of the successful cementing job of the fifth interval. Technologies used in the cementing operation have provided experiences for cementing wells in high pressure gas reservoir, it can ensure the initial cementing quality and long-term sealing integrity of the sealing section.

Key wordst　High-pressure gas well; Narrow safety density window; Pressure control cementing technology; Malleable &autonomous healing cement slurry; Liner hanger with top packer

塔里木库车坳陷是位于塔里木盆地北部的二级构造单元，是塔里木油田三大油气勘探开发阵地之一，总体勘探面积约为46000km²，近年来在大北—克深区带白垩系巴什基奇克组持续取得重大突破，已形成万亿方大气区。但位于库车坳陷中部的秋里塔格构造带一直未能获得重要进展，为加快中秋-东秋段预探，扩大秋里塔格构造带勘探成果，部署了东秋7井。

东秋 7 井采用六开六完井身结构，四开管鞋 4510m，五开使用 215.9mm 钻头和 2.17g/cm³ 聚磺钻井液钻至 6130m 中完，使用 177.8mm 尾管封固。钻进期间在 4829~5377m 发生 7 次漏失及 1 次溢流，裸眼段钻遇 36 套油气层，最大上窜速度 46.2m/s，最大上窜高度 2727.5m。五开多次堵漏后承压能力未本质提升。通过实钻数据及承压堵漏计算，东秋 7 井在动态当量密度小于 2.17 g/cm³ 时出口有溢流，动态当量密度大于 2.23g/cm³ 时发生漏失，安全窗口只有 0.06g/cm³。固井施工难度大、风险高，质量难以保证。

通过采用分段控速下套管、精细控压固井等技术，确保了固井全过程不溢不漏，保障了施工安全；通过优化浆体流变、扶正器加量等措施，保障了顶替效率和初次固井质量；通过采用大温差韧性自愈合水泥浆、带顶封的尾管悬挂器等技术，为水泥环的长期密封完整性提供了三重保障。该井最终固井施工顺利，固井质量合格率 94.3%，六开降密度后钻进及完井正常，未见喇叭口气窜及环空带压等异常，为安全生产创造良好的井眼条件。

1　固井技术难点

东秋 7 井五开属于超深井尾管固井，安全密度窗口窄，发育多套活跃油气层，存在较高的漏失及溢流风险，同时漏溢同存及长封固段制约了顶替效率的提高，主要技术难点有：

（1）密度窗口窄，溢漏同存，固井压稳防窜及防漏难度大，顶替效率难以保障。①裸眼段存在多层气层显示，压稳及封固难度大。②钻进期间存在多个漏层，封固段长约 2000m，下套管及固井期间漏失风险高，漏失期间，存在由漏转溢、由漏转喷的井控风险。③安全密度窗口仅 0.06 g/cm³，固井注替排量受限，顶替效率难以保障。

（2）气窜风险高，环空易形成气窜通道和微间隙，井筒长期密封完整性难以保障。①顶部温度约 94℃，井底静止温度 153℃，温差大且跨越 100℃温区，喇叭口水泥易超缓凝，加之顶部第一个气层距上层管鞋仅 89m，易造成喇叭口处气窜。②后期降密度钻进及完井期间温压变化大，环空易形成微间隙，导致气窜和环空带压。

2　固井技术措施

2.1　精细控压固井技术

该井在动态当量密度小于 2.17 g/cm³ 时出口有溢流（6120m 为典型代表），动态当量密度大于 2.23g/cm³ 时发生漏失（4829m 为典型代表），经多次堵漏后承压能力未本质提升，安全窗口只有 0.06g/cm³。该井漏喷风险并存，常规固井在当前密度窗口施工中很难达到所需注替参数，为保障固井施工安全和固井质量，决定采用精细控压固井技术，可实现扩大密度窗口（图 1），提高顶替排量，确保顶替效率，保障固井质量，同时全程动态压力平衡控制，降低了漏喷风险。以实际井身结构及高温养护后的大样浆体流变性能（表 1）进行计算，确定固井前钻井液需降密度值及固井全过程需控压值。

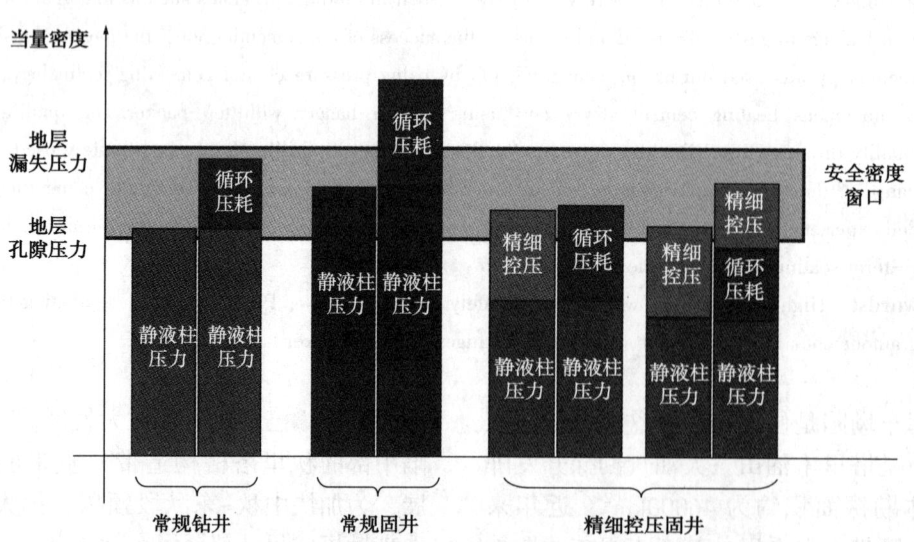

图 1　常规钻井/固井和精细控压固井密度窗口使用示意图

表1　浆体流变性能表

温度(℃)	浆体名称	Φ_{600}	Φ_{300}	Φ_{200}	Φ_{100}	Φ_6	Φ_3	n	K(Pa·s^n)
93	钻井液	60	33	22	14	3	2	0.91	0.05
130↓93	隔离液	62	36	24	15	5	4	0.92	0.05
	领浆	> 300	235	163	85	8	5	0.93	0.36
123↓93	尾浆	> 300	253	175	93	9	6	0.93	0.40

(1) 固井前钻井液降密度值计算

采用CemMaster和CemCADE两套模拟软件同时计算降低密度过程井底动态当量密度，以压稳不漏为原则，确定固钻井液密度最大值，计算结果(图2)。由图2可知，固井前钻井液降至2.12g/cm³时，通过不断调整替浆排量，可控制溢流点的动态当量密度始终大于2.17g/cm³，可保证压稳地层，无需控压，停泵时仅需控压2~5MPa，控压值不高，安全且便于操作，且两套软件的模拟结果基本一致，计算结果可靠性高。同时按照钻井液密度2.12g/cm³计算，可保障环空返速达到1m/s，壁面剪应力33Pa可保障界面良好胶结，且固井全过程不溢不漏，故最终确定固井前钻井液密度调整至2.12g/cm³。

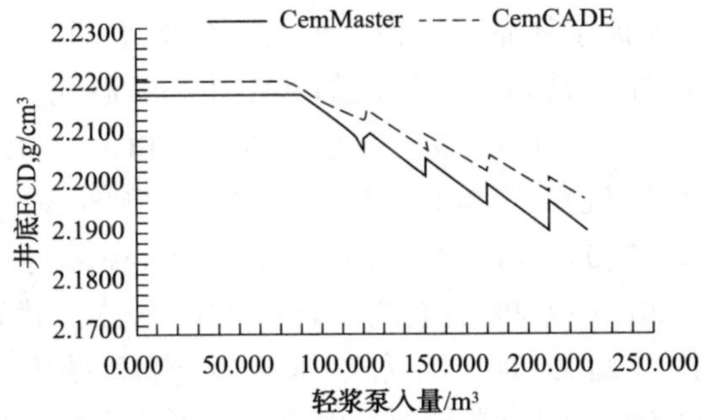

图2　降密度期间井底ECD模拟

(2) 固井全过程控压值计算

采用CemCADE对固井全过程参数进行计算，选取漏失点4829m及溢流点6120m进行重点监控，模拟计算结果(图3)。由图3可知，当钻井液密度降至2.12g/cm³，通过逐步提排量顶替，可保障固井顶替过程中6120m的动态当量密度大于2.17 g/cm³，确保压稳气层；同时4829m的动态当量密度小于2.23g/cm³，不会发生漏失，故整个顶替过程中开泵期间漏溢点的动态当量密度均在安全密度窗口以内，无需控压。在停泵进行其他作业等过程中需控压4~5MPa，可保障全程不漏不溢。

(3) 提高顶替效率技术。①固井前钻井液密度降低至2.12g/cm³后降粘降切，尽可能降低环空摩阻，固井前钻井液塑性粘度30Pa·s，屈服值6Pa。②强化管串居中度设计，全井段1根套管1只整体式弹性扶正器，根据模拟结果显示居中度普遍大于60%(图4)。③增加隔离液用量至40m³，充分稀释钻井液，增强钻井液和水泥浆隔离减少混窜，提高顶替效率。④使用精细控压固井技术，降低静液柱压力从而有效释放排量，大排量顶替可提高顶替效率及界面胶结质量(图5)(左图为常规固井顶替效率，右图为精细控压固井顶替效率)，常规固井在保障不漏的情况下，注替期间环空返速仅0.2-0.5m/s，顶替效率82%，尾浆窜至喇叭口，无法保障施工安全和固井质量，控压固井注替期间，环空返速可提高至1m/s，顶替效率98%，尾浆未窜至喇叭口，可在安全施工的前提下实现封固目的。

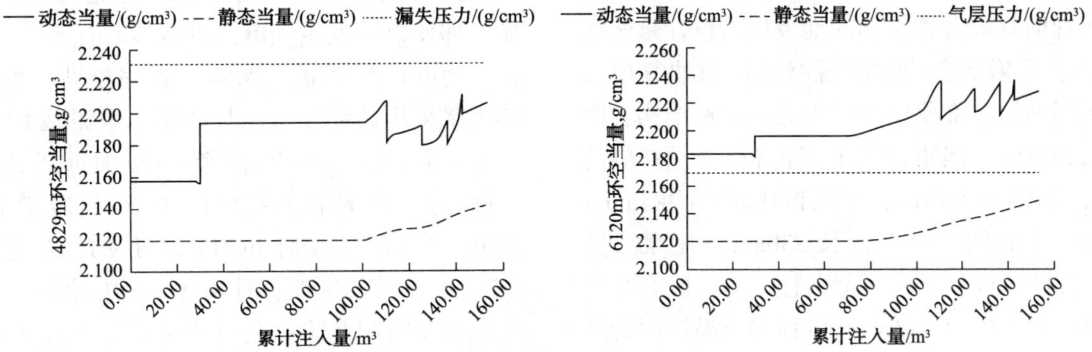

图3　固井期间漏溢点ECD模拟

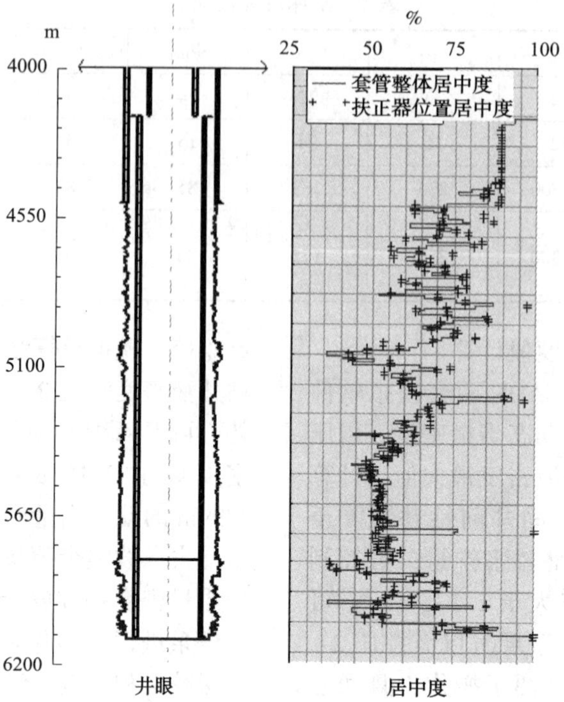

图4　居中度模拟

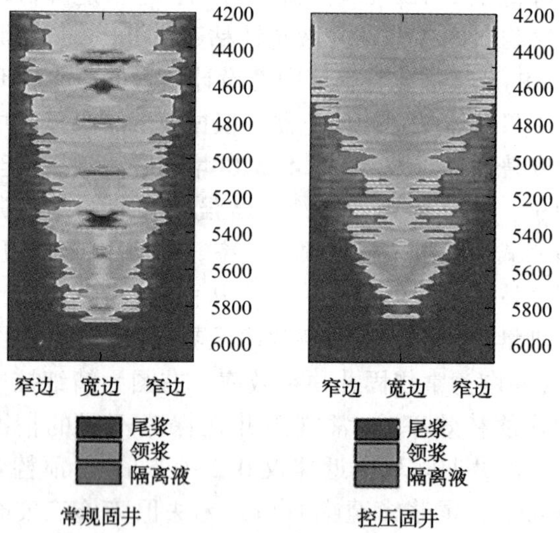

图5　顶替效率模拟

2.2　防气窜及长期密封完整性技术

（1）固井工艺技术。①根据井况，考虑起钻及下套管期间起套管引起的抽汲压力设计重浆帽1.6MPa，保障下套管期间既有效压稳油气层又不会压漏地层。②使用双凝水泥浆浆柱结构，两凝界面5000m，尾浆封固下部比较活跃的气层，领浆封固4210~5000m，领浆稠化时间（385min）较尾浆稠化时间（155min）长230min，尾浆失重期间，保障领浆提供有效静液柱压力，配合井口回压可压稳油气层。③使用带顶部封隔器尾管悬挂器，环空提前憋压5MPa后再坐封封隔器，保障起钻、排混浆及候凝期间压稳油气层。④全程控制动态当量密度大于2.17g/cm^3，确保固井过程压稳无气窜。

（2）水泥浆技术。①领浆采用大温差韧性自愈合水泥浆体系，水泥浆配方：G级水泥+45%硅粉+8%微锰+40%加重剂GM-1+5%遇气自愈合剂BCY-201S+1%油井水泥增韧剂BCE-311S+2.5%防气窜剂BCG-201L+2.7%缓凝剂BCR-320L+2.0%减阻剂BCD-211L+1.0%悬浮剂BCJ-300S+0.2%消泡剂BCX-100L+淡水。优选大温差缓凝剂，保障顶部48h抗压强度达17.3MPa，配合带顶封的尾管悬挂器，保障喇叭口处有效封固，防止气窜的发生。优选增韧剂和遇气自愈合剂，确保形成的水泥石有良好的力学性能（表3），可有效保障水泥环在温压交变载荷下的密封完整性；同时具有良好遇气自愈合性能，即使万一发生气窜，也能形成有效的二次防护，阻断窜流通道，保障密封完整性，见表3。②尾浆采用高强度水泥浆体系，水泥浆配方：G级水泥+45%硅粉+5%微锰+30%加重剂GM-1+2.8%防气窜剂BCG-201L+1.7%缓凝剂BCR-320L+2.2%减阻剂BCD-211L+1.1%悬浮剂BCJ-300S+0.2%消泡剂BCX-100L+淡水。通过缩短稠化时间及静胶凝过渡时间等方式实现“以快治气”，尾浆静胶凝过渡时间12min，起强度时间246min。

表2　东秋7井领浆力学性能

养护条件	编号	实验类型	围压/MPa	抗拉强度/MPa	抗压强度/MPa	弹性模量/GPa
100℃养护72h	1	单轴力学性能测试	0	—	20.6	3.95
	2	三轴力学性能测试	4.5	—	23.2	2.68
	3	三轴力学性能测试	9.0	—	21.9	2.09
	4	单轴抗拉强度测试	—	1.99	—	—

3　现场施工及质量评价

3.1　现场施工情况

（1）下套管

计算下套管期间激动压力变化，以保持漏层井段ECD小于2.23g/cm³为原则，根据套管及送入钻具在套管内和裸眼段的激动压力计算，分段设计下套管速度见表3，确保易漏层压力在安全密度窗口内。

表3　下套管速度控制

井段/m	速度	备注
0~1000	≥70s/根	下尾管
1000~1920	≥110s/根	下尾管
1920~4510	≥155s/柱	上层套管内送钻
4510~6120	≥145s/柱	裸眼段送钻

（2）降密度

根据前期软件模拟及计算，施工过程中套管安全到位不漏不溢，大排量16L/s循环无异常后，直接泵入2.12g/cm³低密度钻井液的方式降密度，降密度期间优先提排量补偿损失静液柱当量，按照前期模拟结果，开泵期间井口未控压，停泵控压2-5MPa。

（3）控压固井

本井采用自动化精细控压设备，可实时监测注替水泥浆参数，在线计算分析漏溢点动态当量密度，以设定动态当量密度2.17cm³-2.23g/cm³为基准，实时计算最佳控压值并自动控制回压，响应时间<10s，精度0.1MPa，保障了固井施工全过程井筒压力稳定及安全。使用2.15g/cm³隔离液50m³+2.18g/cm³领浆24m³+2.18g/cm³尾浆30m³+2.15g/cm³隔离液5m³+2.12g/cm³钻井液21m³+2.15g/cm³中心管保护液15m³（套管内4.6m³，钻杆内10.4m³）+2.27g/cm³重浆27.7m³的浆柱结构，注替期间前期排量16-19L/s，水泥浆出管鞋12m³后开始漏失，逐步降至13L/s，到量碰压9.5↑13MPa，期间漏失水泥浆9m³，理论上塞220m。注替期间开泵未控压，中途倒、停泵控压4-5MPa，环空提前憋压5Mpa后坐封封隔器，进行排混浆、起钻及候凝，固井施工流程表（表4）：

表4　东秋7井固井施工流程表

施工流程	密度/(g/cm³)	注入量/(m³)	排量/(L/s)	立压/MPa	控压值/MPa
管线试压	2.15	—	—	30	控压5
注前置液	2.15	45	17~18	14~16	停泵控压5
注领浆	2.18	30	17~19	13~17	停泵控压5
注尾浆	2.18	30	17~19	13~16	停泵控压5
投塞	—	—	—	—	控压5
替后置液	2.15	5	16~17	13~17	停泵控压5
钻井液	2.12	21	18	18~21	停泵控压5
替保护液	2.15	15	16~17	13~17	停泵控压5
替重浆、碰压	2.27	27.7	13~18	9~16	停泵控压5

3.2 固井质量评价

候凝结束后泄压开井，循环一周无后效，下钻探至 4183.16m 遇阻，实探喇叭口 4183.26m，喇叭口试压 21.9MPa 合格，喇叭口未窜气，套管试压 20MPa 合格，经 CBL/VDL 测井解释全井段固井质量合格率 94.3%，优质率 50.2%，见表 5，降密度至 2.05g/cm^{3}进行六开钻进，后降低至 1.96g/cm^{3}完井，期间均未见异常(表 5)。

表 5　东秋 7 井固井质量评价表

类型	总长度/m	固井优长度/m	固井中长度/m	固井差长度/m	固井优秀率/%	固井合格率/%
一界面统计	1937.9	996.9	895.2	45.8	51.4	97.6
二界面统计	1937.9	1187.8	641.1	109.0	61.3	94.4
综合固井统计	1938.0	973.2	854.1	110.7	50.2	94.3

4 结论及建议

以精细控压固井技术为核心，配套韧性自愈合防窜水泥浆及顶封尾管悬挂器的技术措施形成的窄密度窗口高压气井固井技术，可以有效解决高压气井漏溢同存导致固井安全施工风险高及固井质量难以保障的问题，并保障超深井井筒的长期密封完整性，为安全生产创造良好的井眼条件。

(1) 东秋 7 井采用精细控压固井技术及配套固井工艺措施，实现了在窄安全密度窗口条件下大排量顶替，保障了施工安全和固井质量。

(2) 采用韧性自愈合防窜水泥浆及带顶封的尾管悬挂器，在后期降低钻井液密度钻进和降低密度完井期间，未出现喇叭口气窜和环空带压的现象，保障了井筒密封完整性。

参 考 文 献

[1] 王招明．塔里木盆地库车坳陷克拉苏盐下深层气田形成机制与富集规律[J]．天然气地球科学，2014，25(02)：153-166.

[2] 李德江，易士威，冉启贵，等．塔里木盆地库车坳陷东秋里塔格构造样式及勘探前景[J]．天然气地球科学，2016，27(04)：584-589.

[3] 杨敏，赵一民，闫磊，等．塔里木盆地东秋里塔格构造带构造特征及其油气地质意义[J]．天然气地球科学，2018，29(06)：826-833.

[4] 张荣虎，杨海军，魏红兴，等．塔里木盆地库车坳陷北部构造带中东段中下侏罗统砂体特征及油气勘探意义[J]．天然气地球科学，2019，30(09)：1243-1252.

[5] 刘洋，陈敏，吴朗，等．四川盆地窄密度窗口超深井控压固井工艺[J]．钻井液与完井液，2020，37(02)：214-220.

[6] 陈永衡，冯少波，邓强，等．大北 X 井盐膏层尾管精细控压固井技术[J]．钻井液与完井液，2020，37(04)：521-525.

[7] 王小文，张维滨，郑会锴，等．控压固井技术简介[J]．西部探矿工程 2019(1)：37-40.

[8] 马勇，郑有成，徐冰青，等．精细控压压力平衡法固井技术的应用实践[J]．天然气工业，2017，37(08)：61-65.

[9] 郭建华，郑有成，李维，等．窄压力窗口井段精细控压压力平衡法固井设计方法与应用[J]．天然气工业，2019，39(11)：86-91.

[10] 杨雄文，周英操，方世良，等．国内窄窗口钻井技术应用对策分析与实践[J]．石油矿场机械，2010，39(08)：7-11.

[11] 彭明佳，周英操，郭庆丰，等．窄密度窗口精细控压钻井重浆帽优化技术[J]．石油钻探技术，2015，43(06)：24-28.

[12] 石蕊，徐壁华，蔡翔宇，等．精细控压固井中的控压降密度方法[J]．钻采工艺，2019，42(05)：35-39.

[13] 刘爱萍，邓金根．委内瑞拉 Caracoles 油田固井技术[J]．天然气工业，2005，25(09)：67-69.

[14] 王纯全，徐峰．YK5H 井壁面剪应力理论固井实践[J]．钻采工艺，2007，30(06)：125-126.

[15] 孙晓杰，余纲，瞿志浩，等．自愈合水泥在塔里木油田碎屑岩固井中的应用[J]．油气勘探与开发，2017，35(04)：63-67.

[16] 杨炳祥，刘浩亚，魏浩光，等．自愈合水泥浆体系在四川地区的应用[J]．钻井液与完井液，2022，39(01)：65-70.

基于 DAS 数据吸水剖面的不确定性分析

张兰兰　张　峰　蒋　宇

（中海油田服务股份有限公司）

摘　要　分布式声波传感（Distributed Acoustic Sensing，DAS）技术是一种已广泛应用于油气行业的先进监测手段。在注水井吸水剖面流量分布的定量评估中，DAS 技术展示了其高效且精确的能力。本文研究了 DAS 技术结合分频能量（Frequency Band Energy，FBE）数据提取方法，对注水井吸水剖面的流量分布进行定量计算。通过不确定性分析，确定了影响计算准确性的关键因素，包括 FBE 数据提取及吸水层深度位置确定。结果表明，为了获得精确的吸水层流体体积，计算过程中需要使用对流体注入最敏感的频带能量的 FBE 数据集，并准确确定每个吸水层的深度位置。结合这些改进的方法，可以实时、准确地掌握各地层的注入情况，从而优化注水策略，提高油田生产效率。

关键词　光纤吸水剖面测试；DAS FBE 分析；DAS 定量计算

Uncertainty analysis of water injection based on DAS data

Zhang Lanlan　Zhang Feng　Jiang Yu

（China Oilfield Services Limited）

Abstract　As an advanced monitoring way，DAS（Distributed Acoustic Sensing）had been applied to oil-gas exploration widely. In the quantitative evaluation of flow distribution in injection well suction profile，DAS technology demonstrates its efficient and precise capabilities. DAS combined with Frequency Band Energy（FBE）is studied in this paper，which can calculate flow distribution of water injection well suction profile quantitatively. The paper determines key factors affecting the accuracy of the calculation by uncertainty analysis，including FBE data extraction and location determination of water absorption layer depth. The results show that it needs using FBE data set for the frequency band energy most sensitive to fluid injection during calculating and determines depth position of each absorbent layer，for obtaining precise fluid volume of the suction layer. It can grasp the injection situation of different layers immediately and accurately combining these improved methods，thus the strategy of water injection can be optimized and the production efficiency of oilfield can be improved.

Key wordst　water injection test using fiber-optic；analysis of DAS FBE；quantitative calculation of DAS

近年来，分布式光纤传感技术（Distributed Fiber Optic Sensing，DFOS）作为一种高效且精确的监测手段在油气行业中得到了广泛应用。其中一种应用是定量评估注水井吸水剖面的流量分布，通过高分辨率的温度及声波信号数据，提供详细的流体动态信息，从而优化注水效果并提高油田生产效率。

目前，国内关于注水井吸水剖面的光纤监测研究，大多集中于分布式光纤温度传感器（Distributed Temperature Sensing，DTS）技术。研究表明，DTS 技术通过建立井下温度场模型和温度反演模型，能够提供高分辨率的温度数据，从而推断注水后的油水分布情况并评估注水效果。然而，DTS 技术依赖温度变化来推断流体流动，这在高温高压环境下可能存在局限性；此外，在水平井中，由于地层深度变化不大，井筒周围的温度变化也不明显，进一步限制了 DTS 技术的应用范围。

为克服这些局限，分布式光纤声波传感(Distributed Acoustic Sensing，DAS)技术，由于其高分辨率、实时监测和多样性检测能力，得到了越来越多的关注和应用。通过 DAS 技术，可以定量评估注水井吸水剖面的流量分布等情况。李明等的研究结合了 DTS 和 DAS 技术，通过监测注水过程中的井温变化和振动情况，定性分析了各层注入量的大小，并通过振动能量分析定位各配水器的准确位置，结果显示：DTS 和 DAS 联合监测可以快速估算各地层的注入量，使油田方实时且准确地掌握注入剖面情况。

为验证 DAS 技术在油气井流量监测中的有效性，研究人员进行了多项室内及现场试验。例如，Thiruvenkatanathan 等通过物模试验，设计了 DAS 检测井筒出砂点位的方法，研究了 DAS 技术在流动回路中的应用，确定了不同作业的 DAS 响应频带。Molenaar 等展示了 DAS 技术在井下实时监测中的应用，尽管主要针对水力压裂，但其技术背景和数据处理方法同样适用于注水剖面的分析。Panhuis 等详细研究了 FBE 数据提取在 DAS 应用中的重要性，通过将采集的 DAS 数据按频率分段处理，提取各频段的能量信息，从而识别不同类型的流动特征和动态事件。研究结果表明：分频能量(FBE)数据提取和吸水层深度位置的确定是影响 DAS 测量结果的关键因素。

本研究旨在利用 DAS 数据对石油注水井吸水剖面的流量分布进行定量解释，并通过不确定性分析评估解释结果的可靠性。

1　DAS 数据集

本研究的原始 DAS 数据来自 A 注水井的吸水剖面监测。在低渗透砂岩储层中，进行了多个注水层段的作业。用于精确监测和分析吸水剖面的流量分布。用于记录 DAS 数据的光缆被永久地部署在套管外，以确保能够实时收集高质量的 DAS 数据。DAS 询问器记录了 5 公里长光纤的声学信号，空间采样间隔为 1 米，采样频率为 10 kHz。在数据处理过程中，通过深度校正和时间校正，确保了数据的高精度和高可靠性。低频段(<1Hz)主要反映液体运移和流体界面的变化，中频段(1~10Hz)和高频段(10~50Hz)则对流体流动的细微变化更加敏感。因此，本研究主要采用了 1~10Hz 和 10~50Hz 频带的数据进行详细分析。

由于注水过程中流体高速经过配水器，DAS 光缆记录了整个光纤长度上的高振幅声信号，这使得在原始 DAS 瀑布图上难以识别具体的注入深度层段。为了从 DAS 测量的声学信号中解释流体的分布，通常需要将原始声学测量数据转换为能量属性分布，即分频能量(FBE)，并应用于所有必要的深度位置和时间段 。

Kavousi 等将分频能量(FBE)定义为在固定时间内每个 DAS 通道位置的原始测量值的积分。这种类型的 FBE 本质上包含了全频带能量，由于注入流量高造成的混沌特征，有时不能突出注入层段的能量。为了克服这一问题，我们将 FBE 定义为在固定时间段内每个 DAS 通道位置的功率谱密度总和。具体步骤是，首先将 DAS 数据的原始声波信号转换为功率谱密度，然后提取特定频率范围(如 50~200 Hz)内的功率谱，最后将这些功率谱相加以获得最终的 FBE 值。对于每个通道，可以使用带有重叠的滑动时间窗口，在固定时间段内迭代进行信号处理。这种新的 FBE 方法的优点在于，它能够提取对流体注入活动最敏感的频带，突出注入射孔簇的高能量层段，同时抑制非注入层段的能量 。

本研究将原始 DAS 数据转换为 5 个不同的 FBE 数据集，每个数据集都可以作为定量解释进液量和进砂量的最佳候选输入数据集 。

2　不确定性分析

2.1　分频能量(FBE)数据提取的不确定性

原始的 DAS 数据通常包含更宽的频率范围的声学信号。如果原始 DAS 数据以 10 kHz 的采样频率记录，那么声信号的频率范围为 0 到 5 kHz。宽频带声信号包含各种振动，难以突出注入层段的射孔簇深度位置周围注入活动引起的高强度振动。因此，FBE 数据集应该从原始 DAS 数据中提取，并用于解释流体的体积。

图 1 显示了原始 DAS 数据和从不同频带提取的 5 个 FBE 数据集的二维瀑布图。这些数据集的深度覆盖范围比注入层段的顶部和底部深度位置更大一些。从原始 DAS 瀑布图上看，注入或非注入深度位置没有高能亮点或区域，因此原始 DAS 数据不能用于解释流体的体积。FBE 数据集的所有瀑布图，包括图 1(b)的 FBE [0~1Hz]，图 1(c)的 FBE [0~3Hz]，图 1(d)的

FBE［1~10Hz］，图1(e)的FBE［10~50Hz］和图1(f)的FBE［50~200Hz］，在注入层段的深度位置内均分布有相对高的能量区域。特别是图1(d)上的FBE［1~10Hz］和图1(f)上的FBE［50~200Hz］的瀑布图显示了清晰的高能区域，每个区域都描绘了注入层段的深度位置。FBE数据集的这一特性在选择哪个FBE数据集作为解释流体体积的输入数据集时带来了不确定性。在实际应用中，选择最佳FBE数据集的标准是对不同频带的FBE数据进行振幅比较，以同时覆盖注入层段和非注入层段。

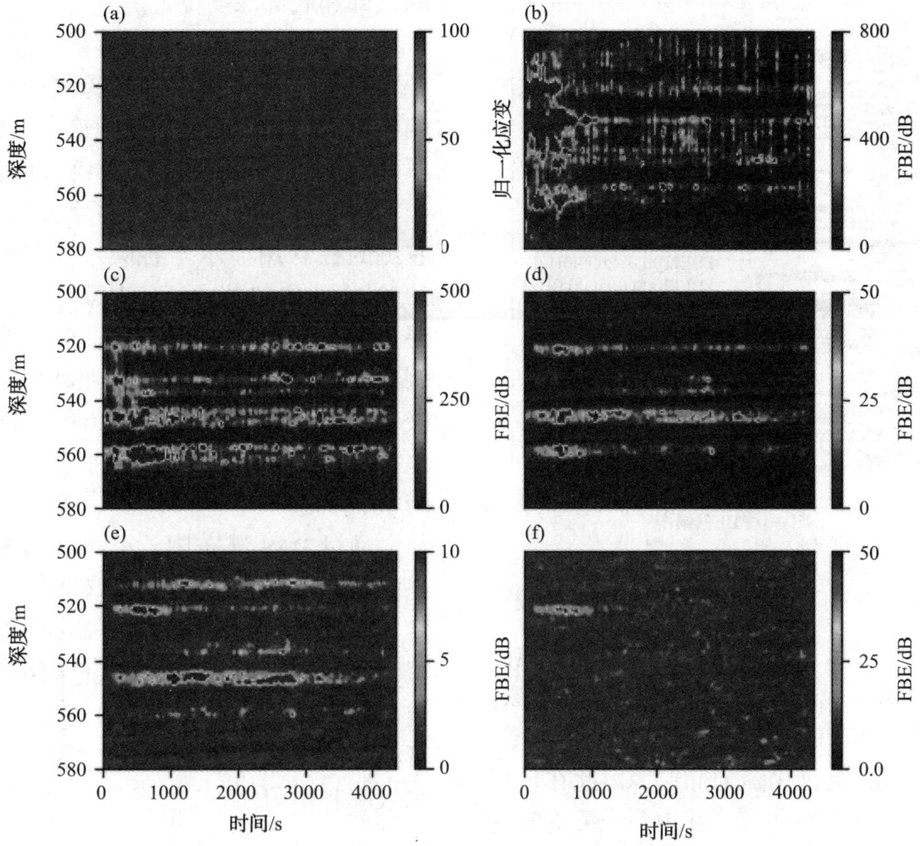

图1　原始DAS数据和5种不同频带的FBE数据的瀑布图

(a)原始DAS数据　(b) FBE［0~3Hz］　(c) FBE［3~50Hz］

(d) FBE［50~200Hz］　(e) FBE［200~2000Hz］　(f) FBE［2000~5000Hz］

图2展示了覆盖注入层段和非注入层段的5个不同频带FBE数据的归一化振幅曲线。最佳的FBE数据特征应为：在非注入层段内振幅最低，在注入层段内振幅最高。这一特征表明该频带对流体注入活动最为敏感。FBE［200~2000Hz］和FBE［2000~5000Hz］数据集在非注入层段范围内具有较高的振幅，而在注入层段内振幅较低，因此不能用于解释流体体积，否则结果将是不正确的。FBE［0~3Hz］、FBE［3~50Hz］和FBE［50~200Hz］数据集在注入层段内具有较高的振幅，而在非注入层段内具有较低的振幅，因此可以作为流体体积定量计算的候选输入数据集。然而，FBE［0~3Hz］数据集包含了受温度变化影响的能量响应，通常不能用于定量计算。FBE［50~200Hz］数据集在注入层段内的振幅高于FBE［3~50Hz］，因此是定量计算流体体积的最佳候选FBE数据集。

2.2　吸水层深度位置的不确定性

分析吸水剖面流体体积需要确定各吸水层的适当深度位置，由于井筒中没有安装物理仪器来提供每个吸水层准确的顶部和底部深度，因此需要通过计算来确定每个吸水层的虚拟边界，其中一种可行的方法是基于DAS FBE数据的总能量曲线的局部最小值来确定每个吸水层的深度位置。

图3展示了DAS FBE数据的归一化总能量曲线，该曲线是通过沿时间轴求和每个通道的FBE值得到的。该曲线的几个局部最小值被用

作分隔不同吸水层的深度位置边界，这些边界在图中以白色水平虚线绘出，定义了所有吸水层的高强度响应的深度范围。如图所示，从上至下，我们将吸水层分为1~5层，深度范围中的通道数量各不相同，其中吸水层1的通道数量最多。

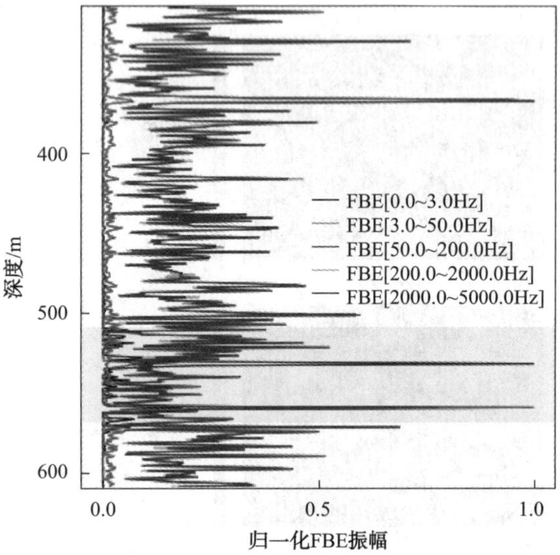

图2　覆盖注入层段(黄色阴影)和非注入层段的5种不同频带的FBE数据的振幅比较

在分析注水井吸水剖面的监测数据时，我们需要注意相邻两个吸水层之间存在的通道间隙。这些间隙中的通道FBE响应较低甚至接近于零，被认为没有流体从井筒中流向储层，因此在计算流体体积时应排除这些通道。其中一个关键问题是如何确定需要排除哪些通道，这取决于归一化求和FBE数据总能量曲线的分布。在本例中，我们使用0.03作为阈值(图中的黑色垂直虚线)来确定最低的FBE响应，低于这个阈值的通道应被排除。局部极小值，即阈值线与归一化求和FBE值总能量曲线的交点，形成了每个吸水层的顶部和底部深度位置。

为了得到准确的流体体积，首先要按照上述原理和程序确定吸水层的深度位置，排除FBE响应接近于零的通道，否则输入数据集中会出现不确定性。在(图3)中，黄色箭头表示配水器的位置，而白色虚线则定义了各个吸水层的边界。左侧的柱状图显示了各吸水层的吸水比例，从1050米到1450米不等，从上至下，我们将吸水层分为1~5层，具体来看：吸水层1的吸水比例为24.43%，吸水层2的吸水比例为18.98%，吸水层3的吸水比例为18.04%，吸水层4的吸水比例为19.16%，而吸水层5的吸水比例为19.39%。

通过DAS瀑布图，可以看出不同吸水层的高能量区域，这些区域表示较强的流体流动，通常与配水器的位置相对应。高能量区域的红色和橙色表示较强的流动，而蓝色和绿色区域则表示流动较少或几乎没有流动。通过分析这些数据，可以进一步优化配水器的位置和数量，以提高注水效率和均匀性。

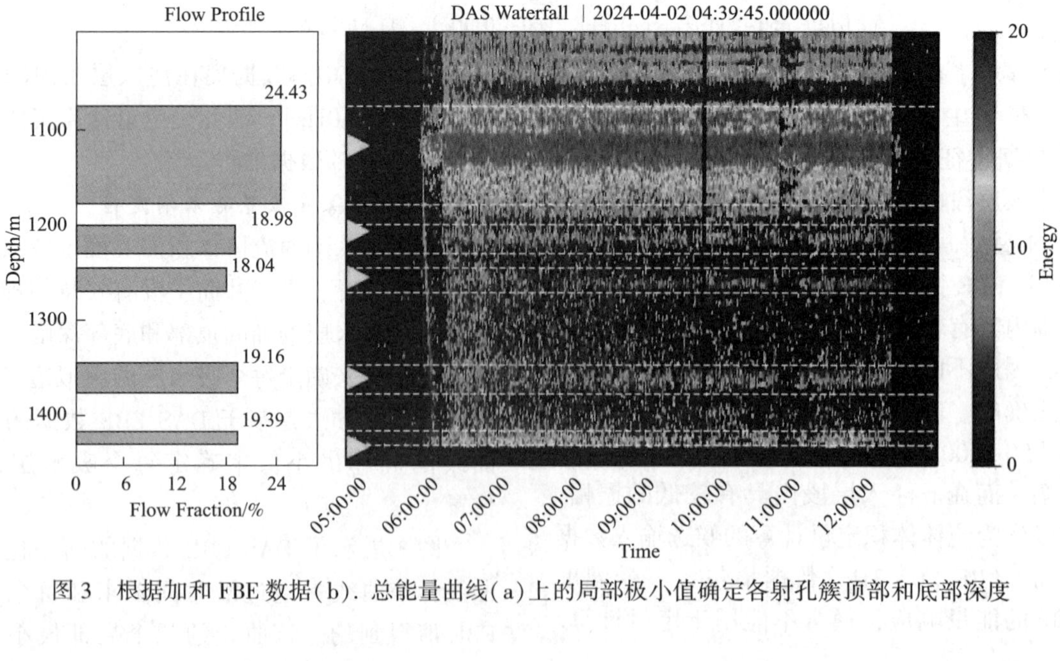

图3　根据加和FBE数据(b). 总能量曲线(a)上的局部极小值确定各射孔簇顶部和底部深度

3 结论

本文展示了基于分布式声学传感(DAS)技术，通过提取不同频段的分频能量(FBE)数据，对石油注水井吸水剖面的流量分布进行定量计算的方法，并将其应用于现场数据中。通过不确定性分析，证明DAS技术在注水井吸水剖面的监测和流量分布定量分析中具有很高的应用价值。研究表明，为了获得正确且准确的各吸水层流体体积，计算过程中需要包含对流体注入最敏感的频带能量的FBE数据集，确定每个吸水层的准确深度位置及流量分配，用以实时、准确地掌握各地层的注入情况，优化注水策略，提高油田生产效率。

参考文献

[1] Paleja, R. K., et al. (2015). Distributed Acoustic Sensing: Overview of Technical Principles and Current Applications. SPE Journal, 20(4), 913-922.

[2] Na Ziyi. Research on interpretation method of water injection profile based on distributed optical fiber temperature sensor. Master Thesis, Yangtze University, 2023.

[3] 高雁．基于机器学习和DTS监测的注水井吸水剖面反演方法研究．硕士论文，中国石油大学(北京)，2022.

[4] 张予生．布式光纤温度吸水剖面测井技术在吐哈油田的应用．科技和产业，2023.

[5] 苟量．光纤传感推动油藏地球物理技术智能创新发展．石油科技论坛，2021.

[6] Molenaar, M. M., et al. (2011). Distributed Acoustic Sensing for Hydraulic Fracturing Monitoring. SPE Journal, 16(5), 963-972.

[7] Ugueto, G. A., et al. (2014). Applications of Distributed Acoustic Sensing in Hydraulic Fracturing. SPE Journal, 19(2), 297-304.

[8] Pakhotina, I., Sakaida, S., Zhu, D., & Hill, A. D. (2020). Diagnosing multistage fracture treatments with distributed fiber-optic sensors. SPE Production & Operations 35(04), 0852-0864.

[9] 李明．分布式光纤传感器在油田水井注入剖面监测中的应用．科技和产业，2020.

[10] Thiruvenkatanathan, P., Langnes, T., Beaumont, P., White, D., & Webster, M. (2016). Downhole sand ingress detection using fibre-optic distributed acoustic sensors.

[11] Molenaar, M.M., Fidan, E., & Hill, D.J. (2012). Real-time downhole monitoring of hydraulic fracturing treatments using fibre optic distributed temperature and acoustic sensing.

[12] Panhuis, P., den Boer, H., van der Horst, J., Paleja, R., Randell, D., Joinson, D., McIvor, P., Green, K., & Bartlett, R. (2014). Flow Monitoring and Production Profiling Using DAS. SPE Annual Technical Conference and Exhibition, Amsterdam, The Netherlands, October 27-29.

[13] Kavousi, P., Carr, T., Wilson, T., Amini, S., Wilson, C., Thomas, M., … & Hewitt, J. (2017). Correlating distributed acoustic sensing (DAS) to natural fracture intensity for the Marcellus Shale. In SEG Technical Program Expanded Abstracts 2017 (pp. 5386-5390). Society of Exploration Geophysicists.

高温高压 EFDT 地层测试的关键技术与装备

余　强　褚晓东　周明高　左有祥　周艳敏　孔　笋　沈　阳　聂义莹　黄　琳

（中海油田服务股份有限公司）

摘　要　随着勘探开发的深入，深水深层、高温高压、低孔低渗等复杂油气藏越来越多。开发高温高压测压取样装备和技术刻不容缓。本文首先描述了新研发的具有自主知识产权的高温高压 EFDT 地层测试的关键技术与装备，尤其是 EFDT-E 和 EFDT-Flame，其最高温度指标分别为 175℃和 205℃，最高压力指标均为 140MPa。其次，分别给出了测压、取样过程的数值模拟方法，以及改进的光谱组成和智能流体类型识别方法。然后，详细分析和讨论了将这些方法应用于实际案例。在测压和取样过程的数值模拟用于测前作业计划制定的应用中，模拟结果提供了最佳作业方案。在实时取样案例中，EFDT-Flame 用于温度高达 176℃的低渗凝析气井，连续作业达 20 多小时，在五个取样点均取得有效凝析气样品。改进的光谱测量给出了 CO_2、C_1、C_2、C_3、C_4、C_5和 C_{6+}的组成、气油比和油水相分率。光谱测量受固体微粒附着光窗而产生的光散射影响，改进的智能流体类型识别准确地预测了光散射和凝析气。但是荧光测量不受固体微粒和乳化造成的光散射影响，可有效地用于油基钻井液滤液污染的实时监测。这些技术属于国内首创，为高温高压井下流体实时测压和取样提供可靠参数，优化作业过程，节约钻井平台时间，降低测压取样成本和风险。

关键词　高温高压；地层测试；测压取样；数值模拟；井下荧光；井下光谱

Key Technologies and Equipment for High Temperature and High Pressure EFDT Formation Testing

Yu Qiang　Chu Xiaodong　Zhou Minggao　Zuo Youxiang　Zhou Yanmin
Kong Sun　Shen Yang　Nie Yiying　Huang Lin

(China Oilfield Services Limited)

Abstract　With in-depth exploration and development of oil and gas, more and more complex oil and gas reservoirs are encountered such as deep water and deep land, high temperature and high pressure (HTHP), low porosity and low permeability. Therefore, developing HTHP pressure testing and fluid sampling equipment and technology is urgent. In this paper, the newly developed key technologies and equipment for HTHP EFDT formation testing are first described with independent intellectual property rights, especially EFDT-E and EFDT-Flame, with temperature up to 175 ℃ and 205 ℃, respectively, and pressure up to 140 MPa. Numerical simulation methods are then presented for pressure testing and fluid sampling processes, as well as methods of improved spectral composition and intelligent fluid type identification are also described. Next, detailed analysis and discussion are conducted on the application of these methods in actual cases. In the case of pressure testing and fluid sampling, the numerical simulation of these processes is used to determine pre-job planning, thus providing a best job plan. In the case of real-time sampling, EFDT-Flame is used for a low permeability condensate gas well with temperatures up to 176 ℃, operating continuously for over 20 hours, and obtaining effective condensate gas samples at five sampling stations. The improved optical measurement provides the composition, gas oil ratio, and oil-water phase fraction of CO_2, C_1, C_2, C_3, C_4, C_5, and C_{6+}. Optical measurement is affected by fine solid particles stuck to the light window, resulting in light scattering. The improved intelligent fluid type recognition accurately predicts fluid types of light scattering and condensate gas. However, fluorescence measurement is not affected by light scattering caused by fine solid particles and emulsification, and can be effectively used for real-time monitoring of oil-based drilling mud filtrate contamination. These technologies are pioneering in China, providing reliable parameters for real-time pressure testing and fluid sampling at HTHP conditions, optimizing pre-job planning, saving rig time, and reducing costs and risks of pressure testing and fluid sampling.

Key wordst high-temperature and high-pressure; formation test; pressure testing and fluid sampling; numerical simulation; downhole fluorescence spectrometer; downhole optical spectrometer

1 前言

随着油气藏勘探开发不断进入海洋深水深层、陆地超深层，地层测试技术和装备也需要满足高温高压、低孔低渗等复杂油气藏的勘探开发需求，挑战性极强。国外油田服务公司，针对这种复杂油气藏的地层测试，相继商业化了不同的新型装备和技术，例如斯伦贝谢公司的 Ora、MDT-Forte。它们在国内主导了这种复杂油气藏的地层测试技术和市场。尽管中海油田服务股份有限公司的国产 EFDT(Enhanced Formation Dynamics Tester)电缆地层测试器可以满足常规油气藏的测压取样需求，但对于高温高压、低孔低渗等复杂油气藏的测压取样尚存不足之处。因此，开发具有自主知识产权的高温高压、低孔低渗等复杂油气藏测压取样装备和技术刻不容缓。

EFDT 是 2008 年开始推广应用的。它由各种功能模块组成，根据不同的作业需求，可进行灵活配置组合。常规 EFDT 的温度和压力指标分别为 150℃和 140MPa。在第一代 EFDT 的基础上，中海油服不断借鉴国外最新技术，针对当前油气勘探开发瓶颈问题，研发地层测压取样新技术和装备、形成自主知识产权的新一代高精度、高适用性和高时效性的地层测试技术与装备，解决高温高压、低孔低渗地层测压与高纯度取样、实时定量智能流体识别和分析难题。中海油服在 2021 年推出了第二代 EFDT 地层测试器：EDFT-E，其温度和压力指标分别为 175℃和 140MPa。在 2023 年，又推出了第三代 EFDT 地层测试器：EDFT-Flame，其温度和压力指标分别为 205℃和 140MPa。

本文首先对新研发的具有自主知识产权的 EFDT-Flame 的关键技术和装备(硬件)进行简单介绍(综述)。其次，分别给出测压、取样过程的数值模拟方法，以及改进的光谱组成和智能流体类型识别方法(软件)。然后，详细分析和讨论将这些方法用于实际案例的情况。

2 高温高压地层测试器的主要关键装备技术

2.1 EFDT 系列化装备技术

如前所述，EFDT 已经形成了系列化产品，如图 1 所示。EFDT-A 到 EFDT-D 系列的温度指标均为 150℃，EFDT-E 温度为 175℃(36h)，EFDT-Flame 为 205℃(25h)，压力指标均为 140MPa。根据不同的作业需求，各种功能模块可进行灵活配置组合。可满足高温高压、低孔低渗、稠油出沙、裂缝和溶洞等多种复杂情况下作业需求，并且提供定制化服务，方便用户灵活定制产品。

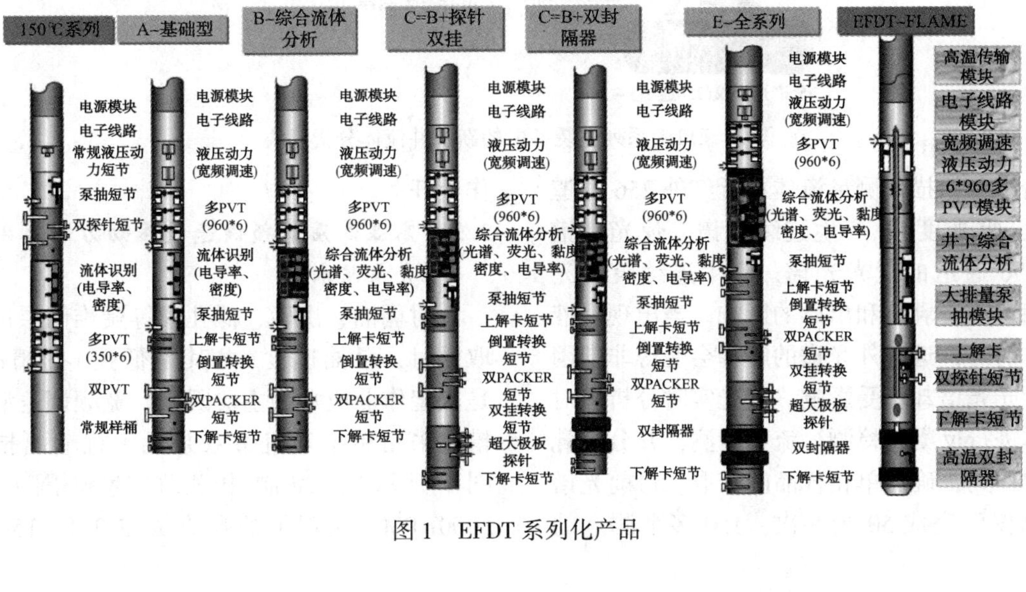

图 1 EFDT 系列化产品

2.2 高温电路控制技术

针对深层深水、高温高压等储层，开发适用于高温(175℃~205℃)的电源和电路控制技术及其重要。高温电源作为地层测试器的独立模块，为井下测控系统提供所有的低压直流电源。主要技术包括：(1)合理设计电路，确保长时间超高温环境下稳定工作；(2)通过优选超高温器件、井下制冷、特种井下绝热、电液集成、特种材料研制、液压集成等技术手段，提高仪器的耐高温能力；(3)大幅度缩短仪器长度，提高其稳定性与可靠性。

高温控制电路系统在结构上采用“一主多从”总线式、模块化结构，即主控电路负责仪器与地面系统之间的数据交换，并通过多条内部总线采集从节点数据，向从节点发送指令。从节点测控电路分布在仪器的每一个功能模块中，完成本功能模块各种传感器的数据采集和受控部件控制指令下发。其余采集和控制电路分别位于各功能模块内，直接完成各传感器数据读取和电磁阀控制，并以“应答”的方式通过多个内部总线实现与主控电路的数据交换。

2.3 系列化探针和封隔器技术

EFDT拥有多款不同类型坐封探针，如图2所示，坐封吸口面积多样化，满足不同渗透率、不同地质条件下地层测试作业；EFDT-E和EFDT-Flame系列支持探针双挂，一次下井可同时挂接多达4种不同类型探针。

双封隔器之间的距离可为1.1m~2.0m，可在其上方加入观察探针，进行垂向间隔测试(VIT)。双封隔地层测试器结合大流量泵抽模块，可进行深度mini-DST和微压裂测试，并预测单井产能和提供水力压裂的设计参数。国内外多口井应用表明：EFDT双封隔器测压取样技术已具备解决海上潜山储层流体取样难题的能力。

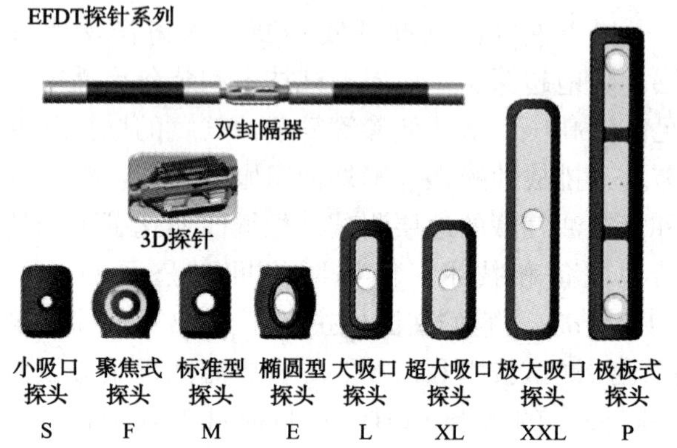

图2　EFDT系列化探针和封隔器

2.4 新型井下流体分析技术

EFDT系列化地层测试器的流体分析模块是具有自主知识产权的新型井下近红外光谱组分扫描仪、荧光光谱仪、气体测量仪、密度、黏度、电导率、温度和压力传感器组成，如图3所示。它是井下流体组分组成分析技术的一个重大突破。其基本原理由传感器硬件测量和模型算法软件处理两部分组成。

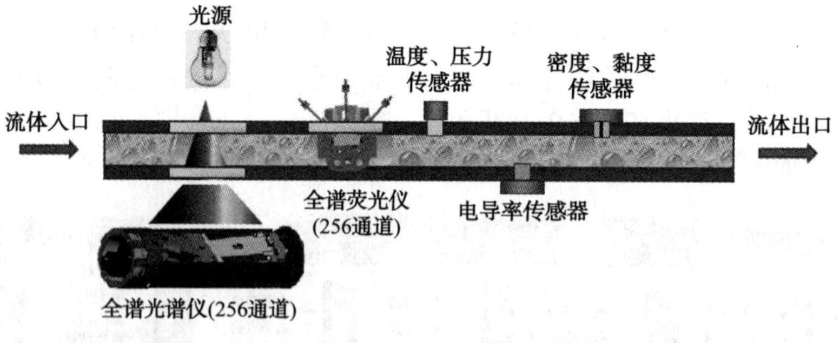

图3　EFDT系列化装备中的新型井流体分析模块

光谱组分扫描仪测量流体在近红外256通道的光密度(吸光度)，产生连续光谱。荧光光谱仪测量256通道的荧光光谱，产生连续荧光光谱，其测量不受乳化和出砂的影响。当出现乳液造成光散射时，近红外光谱的解释会变得非常困难，但荧光光谱却不受影响。荧光实时分析可对井下流体进行反凝析检测，流相检测，并分辨乳液中油的种类，确保单相样品的获取。目前光谱组分扫描仪已完成50余井次，150多个测点的作业任务。

2.5 高温高压宽频调速液压动力和大排量等压差泵技术

对稠油、出砂、低孔渗等疑难储层进行测压取样时，泵抽速度(尤其是低速)的精准控制，是决定作业成败的主要因素。宽频调速液压动力模块采用单电动机带双泵无干扰输出技术，如图4所示)，控制电机调速范围在50至3000RPM，实现了抽吸流量在0.1~15cm^3/s精确可调，达到控制泵抽抽吸流量的目的。目前已在塘沽完成了作业全覆盖，2023 年累计作业 31 井次，深圳已完成 3 井次应用。

图 4　宽频调速液压动力模块

相较于常规 EFDT 泵抽，大排量等压差泵技术的双向抽吸泵抽压差相同，可降低操作强度；泵抽缸行程的增加，可减少换向所需时间，提高泵抽效率；压差的稳定控制，可提高坐封稳定性及泵抽稳定性、避免出沙；插装式结构的设计，可实现现场快速维护保养及更换。2021 年 11 月，新研发的等压差长行程精密泵抽模块首次作业成功。截至 2023 年 11 月，等压差泵已完成规模化应用，累计完成 48 井次作业任务。

2.6　异向推靠解卡技术

地层测试器在泥浆比重大、测井深度较深、泥饼比较厚且定点作业时间长的情况下，极容易发生泥浆吸附卡。如果采用穿心打捞方法解卡，成本高而且耗时长。

中海油服自主研制了异向解卡工具(如图 5 所示)，该解卡装置在仪器吸附卡时由液压系统驱动解卡臂，从地层测试器推靠坐封垂直方向进行推靠解卡。异向推靠解卡装置的成功研制及应用，增强了地层测试器测井安全性，降低了测井时遇卡风险，完美解决了仪器吸附卡难题，使 EFDT 井下作业遇卡打捞风险趋近于零。渤海所有井次作业均携带解卡短节，2020 年-2022 年，3 年作业 110 井次，地层测试仅一次打捞。

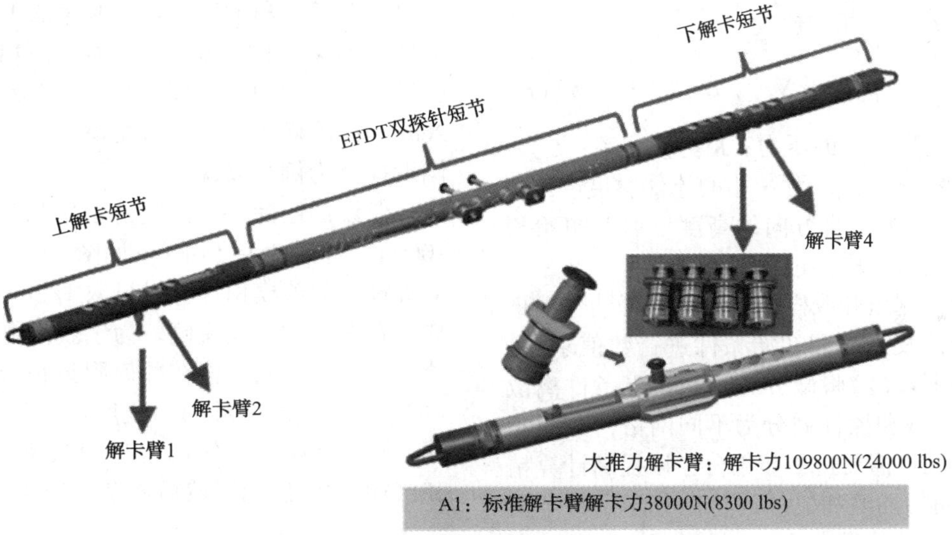

图 5　异向推靠解卡模块

3　高温高压地层测试器的新关键解释方法与技术

3.1　测压过程的数值模拟方法与技术

压力预测试是 EFDT 取样作业前必须进行的作业项目。其目的是确定测点深度的流度和地层压力。本文以圆形探针作为范例加以说明，其他探针可以如法炮制。在圆柱坐标系(r，θ，z)下，具有均匀各向异性的三维多孔介质中，单相可轻微压缩流体的压力扩散方程为：

$$m_h \frac{1}{r}\frac{\partial}{\partial r}\left(r\frac{\partial \Delta p}{\partial r}\right)+m_h\frac{1}{r^2}\frac{\partial^2 \Delta p}{\partial \theta^2}+m_v\frac{1}{r^2}\frac{\partial^2 \Delta p}{\partial z^2}=\varphi\frac{\partial \Delta p}{\partial t} \quad (1)$$

式中：m_h 和 m_v 为纵向和垂向流度，Δp 为压力变化，t 为时间。$\varphi=\phi c_t$，和 c_t 分别为孔隙度和总压缩系数。初始和边界条件为：

$$\Delta p(r,\ \theta,\ z,\ t=0)=0 \quad (2)$$

$$\Delta p(r,\ \theta,\ z,\ t)=0,\ 当\sqrt{r^2+z^2}\to\infty \quad (3)$$

$$\Delta p(r_w,\ \theta,\ z,\ t)=\Delta p_w,\ 当|\theta|<r_p/r_w 和 |z|<r_p,\ 圆形探针以内 \quad (4)$$

$$m_h\frac{\partial}{\partial r}\Delta p(r_w,\ \theta,\ z,\ t)=0,\ 当|\theta|\geq r_p/r_w 和 |z|\geq r_p,\ 圆形探针 \quad (5)$$

$$m_h\, r_w\int_0^{r_p}\int_0^{2\pi}\frac{\partial}{\partial r}\Delta p(r_w,\ \theta,\ z,\ t)\,d\theta dz=-q,\ 圆形探针 \quad (6)$$

r_p和r_w为探针和井筒半径，q为泵抽流量。上述方程的数值求解与取样过程相似，故在下节描述。

3.2 取样过程的数值模拟方法与技术

多相多组分体系，总体和每个组分 i 在 α 相中的质量守恒(连续性)方程为：

$$\frac{\partial}{\partial t}\left(\sum_{\alpha} \rho_{\alpha}\right) + \nabla \cdot \left(\sum_{\alpha} \rho_{\alpha} u_{\alpha}\right) = \left(\sum_{\alpha} q_{\alpha}\right),\ \alpha = 1,\ \cdots,\ n_p;\ i = 1,\ \cdots,\ n_c \tag{7}$$

$$\frac{\partial}{\partial t}\left(\sum_{\alpha} C_{i\alpha} \rho_{\alpha} S_{\alpha}\right) + \nabla \cdot \left(\sum_{\alpha} C_{i\alpha} \rho_{\alpha} u_{\alpha}\right) = \left(\sum_{\alpha} C_{i\alpha} q_{\alpha}\right),\ \alpha = 1,\ \cdots,\ n_p;\ i = 1,\ \cdots,\ n_c \tag{8}$$

式中，S_α为 α 相的饱和度；$C_{i\alpha}$是组分 i 在 α 相中的质量分率；ρ_α为 α 相的密度；q_α为 α 相的源汇流率；$\boldsymbol{u}_\alpha$为 α 相的速度：

$$\boldsymbol{u}_{\alpha} = -\boldsymbol{K}\frac{k_{r\alpha}}{\mu_{\alpha}}(\nabla p_{\alpha} - \rho_{\alpha} g \nabla z),\ \alpha = 1,\ \cdots,\ n_p \tag{8}$$

式中，p_α为 α 相的压力；$\boldsymbol{K}$为渗透率；$k_{r\alpha}$为 α 相的相对渗透率；μ_α为 α 相的流体黏度、g为重力加速度，z为垂直方向的高度。加上初始和边界条件就构成了取样过程的微分方程。

对于前述测压和取样微分方程，可结合油藏和流体的特性及边界和初始条件进行数值求解。求解过程如下：(1)将微分方程和边界条件离散化；(2)将油藏和探针划分为不同网格，井筒和探针附近的网格需要进一步细分，以提高计算精度；(3)将初始油藏和流体的特性分配到每个网格；(4)规定对油藏如何生产(恒流量或恒压差)；(5)从时间为 0 开始，对所有网格求解相关方程，直至收敛；(6)增加时间步长，对所有网格求解相关方程；(7)这样循环一直到达规定的生产时间为止。

3.3 改进的光谱组分和智能流体类型识别方法与技术

在原有组成的算法和原有智能流体类型识别的基础上，增加了新的光谱数据，并进行了新的机器学习模型训练。使原有模型的精度得以显著提高。

4 应用实例的结果与讨论

下面将上述尚未发表的主要关键技术应用到实际案例中，并加以详细描述和讨论。

4.1 测压和取样过程数值模拟的应用

测压和取样过程数值模拟可以用于测压和取样过程的测前计划制定和测后的压力和取样数据解释，并反演出油藏参数。基于海上某井测压和取样点的储藏和流体参数，对测压和取样过程进行数值模拟和测前计划的制定。泵抽流量假设为 $2cm^3/s$，储藏初始压力为 3.48MPa。数值模拟以圆形探针为例加以说明。

假设储层为上下封闭的扁圆形储层(半径为 1000m，厚度为 9.14m)，如图 6(a)所示。由于对称性，数值模拟计算时只取 1/2(半圆)。探针放置在储层的中间左侧。为了获得更加准确的数值解结果，径向网格在井筒附近很致密，如图 6(b)和(e)井筒附近的白线所示，然后逐渐变稀疏；垂向网格在探针附也近很致密，如图 6(c)和(f)的白线所示，然后逐渐变稀疏。

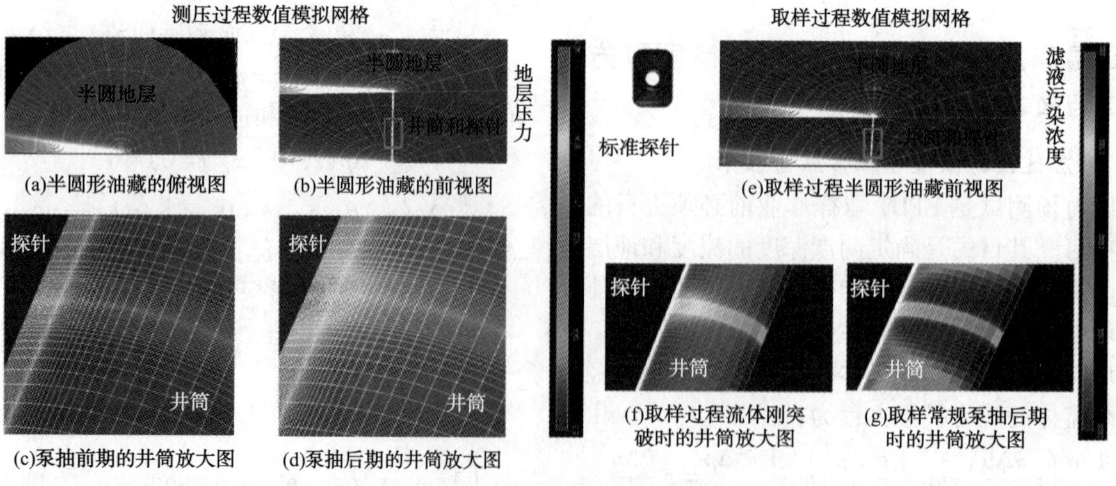

图 6　油藏模拟中圆形探针的网格图及井筒附近泵抽前、后期压力和取样变化放大示意图。
白色为网格线，红色部分为初始压力或纯滤液，蓝色为最低压力或纯流体，其它颜色代表压力或污染度变化

在制定测前测压计划时，可选择不同探针进行比较，优化得出最佳探针、抽吸流量、压差和时间等。数值模拟计算的八种探针的压差及其导数如图 7 所示。八种探针的压差由小到大的顺序为：双封隔器<3D 探针<大极板探针<极大吸口探针<超大吸口探针<大吸口探针<椭圆探针<标准探针。达到稳态流的时间由小到大的顺序为：3D 探针<大极板探针<极大吸口探针<超大吸口探针<大吸口探针<椭圆探针<标准探针，由于双封隔器的管储非常大，所以其达到稳态流的时间最长。

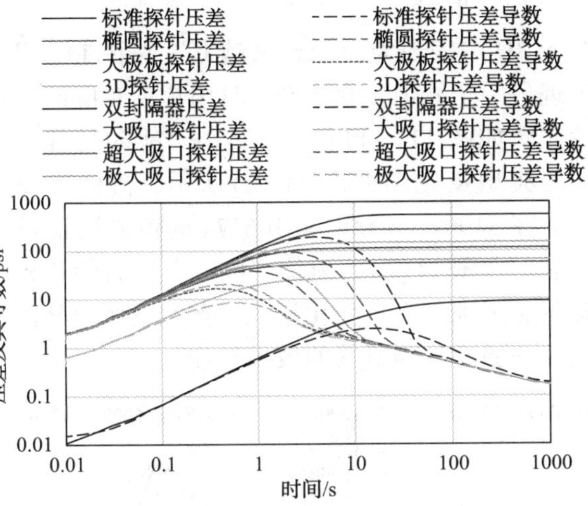

图 7　八种探针的压差及其导数比较

同样的过程可用于制定测前取样计划。八种探针取样滤液污染度随时间的变化结果如图 8 所示。八种探针达到 10% 污染度时的时间由小到大的顺序为：双封隔器<3D 探针<大极板探针<极大吸口探针<超大吸口探针<大吸口探针<椭圆探针<标准探针。

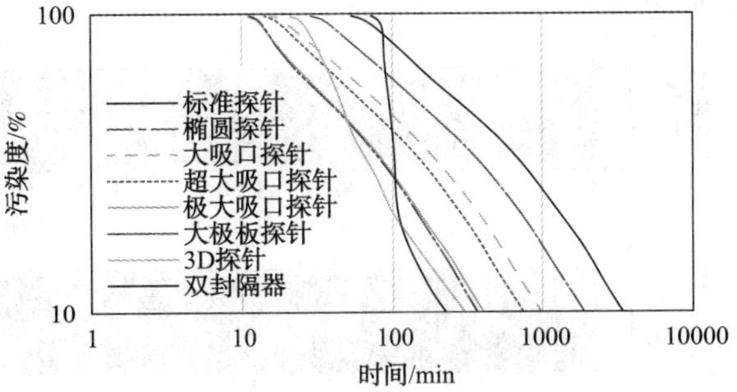

图 8　八种探针取样时滤液污染度随时间的变化比较

当然，在制定作业计划时还要考虑各种不同因素的影响，如疏松、出砂、裂缝、溶洞、探针坐封和耐压差性能，用户期望的抽吸时间和污染度等。综合所有因素，最终采用大吸口探针测压和取样。作业取得了圆满成功。由于篇幅有限，测后测压和取样数据解释的相关内容就不在此赘述。

4.3　高温高压 EFDT-Flame 的应用实例

最近，EFDT-Flame 用于温度高达 176℃、钻井液为油基的凝析气井。测压和取样作业连续达 20 多小时，在五个取样点均取得有效凝析气样品。尤其是近红外光谱仪和荧光仪的使用，有效地测量了凝析气的组分和区分了滤液和凝析气。本文以其中一个取样点加以讨论。

基于光谱测量的改进组成和改进智能流体类型识别结果如图 9 所示。当智能流体识别为泥浆时，无法得到流体组成，其他情况下，得出较好的连续组组成，其中含有大量的 C_1 和 C_{6+}，以及 CO_2 和 C_2-C_5。气油比为 1813m^3/m^3，气相分率为 100%。

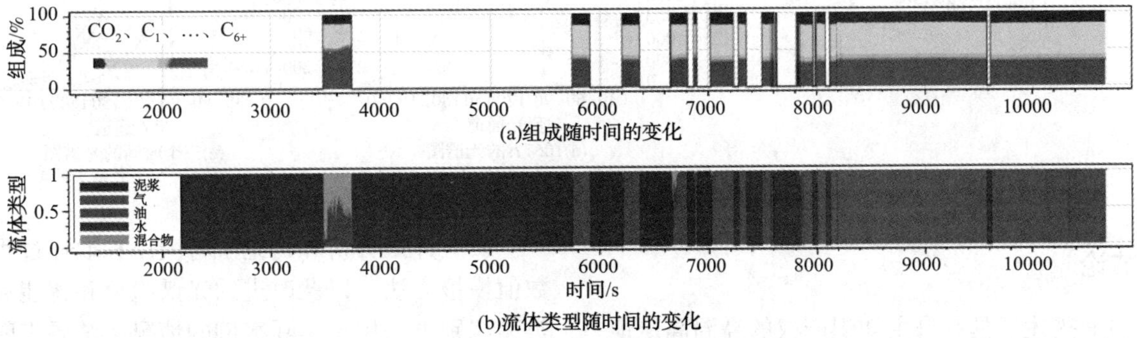

图 9　基于光谱测量的改进组成和改进智能流体类型的识别结果

图 10 比较了 256 通道光谱和 256 通道荧光测量的分布谱图随时间的变化结果。由于固体微粒有时附着在近红外光谱光窗上，如图 10(a) 绿色所示，产生光散射，故智能流体类型识别为泥浆，无法得到组成。但是荧光测量不受固体微粒和乳化造成的光散射影响，如图 10(b) 所示。在荧光测量中，流体突破后，早期荧光为滤液的荧光，后期为受到滤液污染的凝析气荧光。因此，荧光可有效地用于油基钻井液滤液污染的实时监测。当荧光谱图不再随时间变化时，可认为是纯

地层流体。

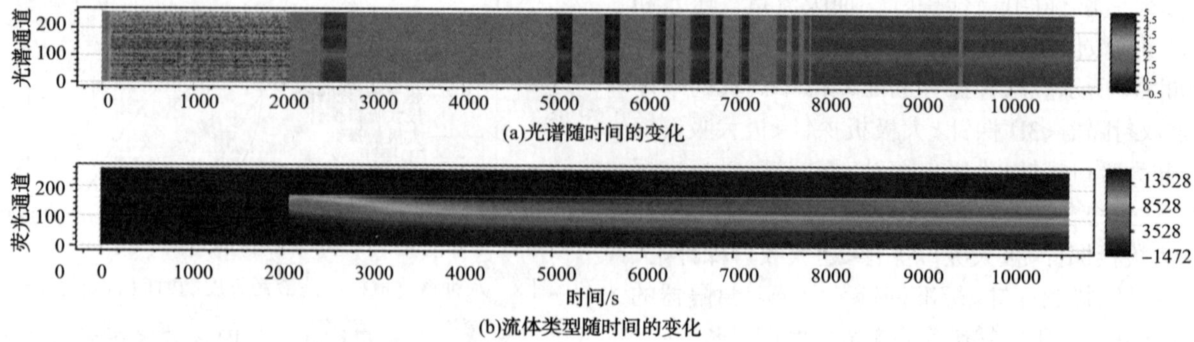

图 10　光谱和荧光测量的结果图

为了更清楚直观地说明荧光光谱测量的变化过程，图 11 给出了荧光 3D 图和三个时间点的荧光图比较。由荧光 3D 图可以看出：泵抽开始到流体突破之前（0～3196s），荧光测量为钻井液，荧光 3D 图表现为深蓝色；流体突破之后（3196s），主要为钻井液滤液，荧光 3D 图表现为陡峭山峰，对应的荧光谱图如图 11（b）所示；然后，荧光不受固体微粒影响，直至测量结束，荧光 3D 图表现为山峰越来越宽，并在 143 通道出现另一个峰值。在 6000s 时切片，对应的典型荧光图如图 11（c）所示，在 10677s 时切片，对应的典型荧光图如图 11（d）所示，流体为凝析气。在 3196s、6000s 和 10677s 的荧光图比较结果显示在图 11（e）。流体突破时和最后的荧光图有明显区别，而且变化很大。在此案例中利用荧光区分滤液和凝析气的效果甚佳。

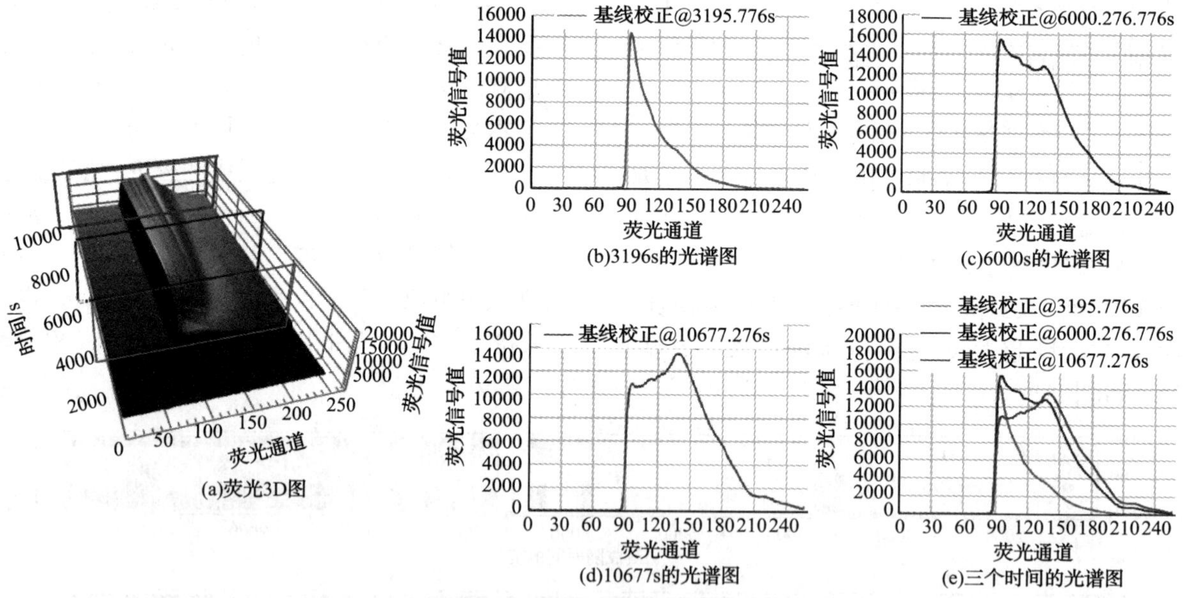

图 11　荧光光谱 3D 图和三个时间点的荧光光谱图比较

5　结论

（1）描述了具有自主知识产权的高温高压地层测试器 EFDT 的主要关键技术和装备，尤其是 EFDT-E 和 EFDT-Flame，最高温度指标分别为 175℃和 205℃，最高压力指标均为 140MPa。

（2）给出了探针测压和取样过程的数值模拟方法，以及改进的光谱组分和智能流体类型识别方法。

（3）详细分析和讨论了将测压和取样过程的数值模拟方法，以及改进的光谱组分和智能流体类型识别方法用于实际案例的情况。结果表明：

（a）测压和取样过程数值模拟用于测前作业计划制定，获得良好效果。

（b）EFDT-Flame 用于温度高达 176℃的凝析气井，连续作业达 20 多小时，在五个取样点均取得有效凝析气样品。改进的光谱测量给出了 CO_2、C_1、C_2、C_3、C_4、C_5 和 C_{6+} 的组成、气油比和油水相分率；光谱测量受固体微粒附着光窗产生的光散射影响，改进的智能流体类型识别准确地预测光散射；但是荧光测量不受固体微粒和乳化造成的光散射影响，可有效地用于油基钻井液滤液污染的实时监测。

(4) 这些技术属于国内首创，为高温高压井下流体实时测压和取样提供可靠参数，节约钻井平台时间，降低取样成本和风险。

参考文献

[1] 周明高，刘书民，冯永仁，等．钻井中途油气层测试仪(FCT)研究进展及其应用[J]．测井技术，2008，32(1)：72-75.

[2] 冯永仁，左有祥，王健，等．地层测试技术及其应用的进展与挑战[J]．测井技术，2019，43(3)：217-227.

[3] 周明高，左有祥，薛永增．新型 3D 推靠自适应坐封取样系统的研发与应用[J]．地球物理学进展，2022，37(2)，待定．

[4] 秦小飞，冯永仁．地层测试器双封隔器坐封性能研究[J]．液压气动与密封，2012.(12)：12-17.

[5] 左有祥，冯永仁，鲁法伟，等．新型井下流体光谱组成分析技术[J]．测井技术，2021.45(2)：128-133.

[6] 秦小飞，冯永仁，张国强，等．电缆式地层测试器异向推靠解卡装置的研制[J]．测井技术，2016，40(3)：328-330.

[7] KUCHUK FJ, ONUR M, HOLLAENDER F. Pressure Transient Formation Well Testing[M]. Elsevier, Amsterdam, 2010.

[8] KUCHUK FJ, RAMAKRISHNAN TS, ONUR M. Wireline Formation Testing: Hardware, Pressure Transient Testing, Interpretation and Sampling[M]. Society of Petroleum Engineers, Richardson, TX, 2021.

[9] KRISTENSENM, CHUGUNOV N, GISOLF A. et al. Real-time Formation Evaluation and Contamination Prediction Through Inversion of Downhole Fluid - Sampling Measurements[J]. SPE Reservoir Evaluation & Engineering, 2018: 1-17.

[10] 孔笋，沈阳，余强等．井下光谱数据驱动的实时智能流体识别方法[C]. 2023 油气田勘探与开发国际会议，武汉，9 月 20-22 日，2023.

连续油管缝网压裂技术在大庆油田外围直井中的应用

贾岩学　燕　旭　侯景龙　高　原　尹从萍

（大庆油田有限责任公司）

摘　要　近年来，随着大庆油田开发的不断深入，油田外围致密油储层采用缝网压裂工艺，得到了有效开发动用，但常规坐压管柱存在施工时效低、排液周期长等问题。为满足油田日益增长的高效环保压裂需求，通过连续油管施工参数优化、工艺流程控制、管柱结构优化，最终现场试验形成了直井连续油管缝网压裂工艺配套技术。现场实施 216 口井 1169 段，平均单井压裂 5.4 段，最高单井加液 22461m^3、加砂 1026m^3，排量 8~12m^3/min，压后无需降压，管柱全部正常起出，平均单井作业周期 6.9 天，较油管坐压多层管柱减少 74.2%；计产 145 口井，平均单井初期自喷日产油 2.1 吨，阶段累计产油达 7.63 万吨；在大庆油田外围的 A 区块及 B 区块直井施工井的应用中，相比常规坐压工艺，初期日产油与目前日产油均提高 0.7 吨。经过两年的推广，目前已经完善并形成了直井连续油管缝网压裂工艺，通过创新研制缝网拖动 Y211 封隔器、八孔螺旋喷枪、肋条式定位器等工具，优化了直井连续油管缝网压裂工艺管柱结构，实现了该工艺的压裂工具自主化；通过模拟连续油管压裂裂缝剖面形态并建立选井选层标准，完善了工艺设计方法并建立了连续油管缝网压裂工艺设计和现场控制方法；通过整合地面射孔压裂流程、配套井口装置，完善了射孔、压裂自动一体化地面控制，保证了该技术在施工过程中全程带压安全环保高效。

关键词　连续油管；管柱结构；工艺流程；施工参数；现场试验

Application of Coiled Tubing Fracture Network Fracturing Technology of Vertical Well in Daqing Oilfield

Jia Yanxue　Yan Xu　Hou Jinglong　Gao Yuan　Yin Congping

(Daqing Oilfield Limited Company)

Abstract　In recent years, with the continuous progress of geological development in Daqing Oilfield, fracture network fracturing technology is used for tight oil reservoirs in the periphery of oil fields, obtained effective development and utilization, however, conventional fracturing string has problems such as low construction efficiency and long drainage cycle. In order to meet the growing demand for efficient and environmentally friendly fracturing in oil fields, by optimizing construction parameters of coiled tubing, controlling technological process and optimizing string structure, finally, the coiled tubing fracture network fracturing technology in vertical well is formed. Using this technique, 1169 sections of 216 wells have been worked, the average single well is fractured 5.4 sections, injected the maximum fluid volume is 22461m3, and the maximum sand volume is1026m3, the construction displacement is 8–12m3/min. This technology does not require depressurization after fracturing, all strings are lifted up normally, the average working cycle for each well is 6.9 days, 74.2% reduction compared to conventional string. The cumulative production of 145 wells reached 76, 300t, the average daily oil production by self-injection in the initial stage of a single well is 2.1t. Application of vertical well construction in Block A and Block B around Daqing Oilfield, compared to conventional string techniques, the initial daily oil production and current daily oil production have both increased 0.7t. After two years of promotion, the coiled tubing fracture network fracturing technology in vertical well has been perfected and formed. By innovatively developing and manufacturing Y211 packer, eight-hole spiral spray gun, RIB type locator and other tools, the string structure is optimized, the self-determination of fracturing tool is realized. By simulating the fracture profile of coiled tubing and establishing the standard of well and layer selection, the process design method is improved, and the process design and on-site control method are established. By simultaneously integrating the ground perforation and fracturing process, supporting wellhead equipment, automatic integrated ground control for perforation and fracturing is improved. This technology ensures the safety, environmental protection and high efficiency during the whole process.

Key wordst coiled tubing; string structure; technological process; construction parameters; field experiment

直井缝网压裂是大庆油田外围扶杨油层致密油储层难动用储量开发的有效增产技术，但在以往的施工模式中，常规油管坐压多层工艺存在排量及施工规模受限、易卡管柱、排液周期长、环保风险大等难题。因此，亟需应用一种可以满足油田外围压裂施工技术以满足储层改造需求。连续油管缝网压裂技术可以利用连续油管优势，实现在缝网压裂工艺下一趟管柱拖动压裂 8~10 段，且满足大排量、安全环保快速施工需求。

但在缝网压裂长施工时间及高施工压力状态下，连续油管缝网压裂工艺存在以下几个难点：一是 Y211 底封工具容易变形，封隔器胶筒经过 2~3 段施工后损坏严重，无法继续施工；二是地面流程射孔返出液仍需外排，无法满足环保需求的同时增加了施工成本，且井口存在多处变径，易卡管柱；三是外围直井扶杨油层致密储层中，单层有效厚度在 0.3~2.0m 之间，连续油管射孔精度也需要完善。综合分析工具工艺及外围地质情况，开展连续油管缝网压裂工艺技术研究与应用，利用连续油管带压、高效的优势，实现了高施工压力下大排量、大规模、长时间且单趟管柱拖动压裂多段，提高改造效果的同时提升施工时效。

1　管柱结构优化

1.1　管柱结构

设计了直井连续油管缝网压裂工艺管柱（图 1），通过对工具“材质提升”、“结构改进”、“尺寸优化”、“工艺匹配”四个方面改进，工具性能大幅提升，满足缝网压裂改造需求。管柱结构自上而下为刚性扶正器、八孔螺旋喷枪、一体式单流阀+平衡阀、缝网拖动 Y211 封隔器、弹性扶正器、肋条式定位器、导向头。实现了一趟管柱快速拖动多段大规模的连续带压施工。

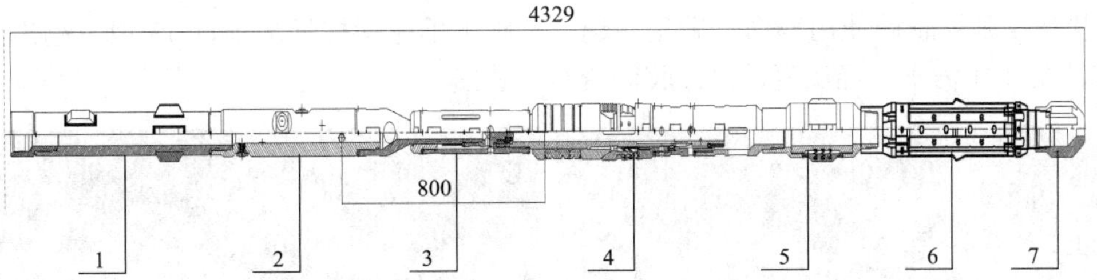

图 1　直井连续油管缝网压裂工艺管柱结构示意图

1—刚性扶正器；2—八孔螺旋喷枪；3—一体式单流阀+平衡阀；4—缝网拖动 Y211 封隔器；5—弹性扶正器；6—肋条式定位器；7—导向头

1.2　工作原理

通过肋条式定位器实现校深与定位，上提下放，坐封 Y211 封隔器，平衡阀内密封环插入密封孔，封闭封隔器中心管，再通过八孔螺旋喷枪进行喷砂射孔，然后环空加砂压裂。上提解封，定位下一压裂层段，重复以上步骤，进行拖动压裂施工。

1.3　主要工具

1.3.1　缝网拖动 Y211 封隔器

缝网拖动 Y211 封隔器示意图如图 2 所示，坐封后卡瓦锚定于套管壁，不需要油管打压保持封隔器坐封，因此不受环空压力波动影响；当上一层压裂完毕后，只需上提管柱，封隔器就会解封，能够克服扩张式底封管柱的缺点，保障施工顺利完成，缝网拖动 Y211 封隔器参数表见表 1。

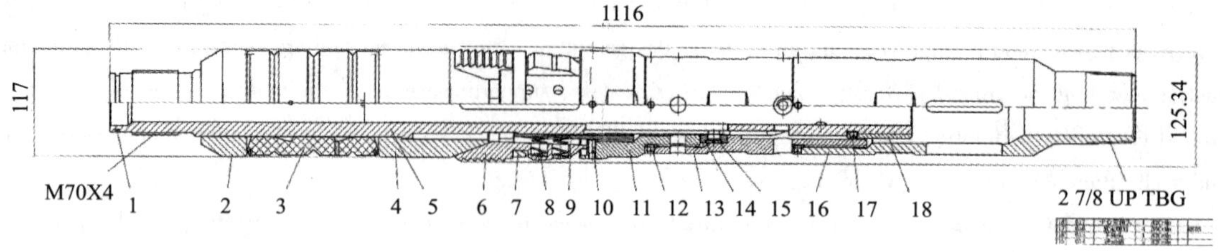

图 2　缝网拖动 Y211 封隔器示意图

表 1　缝网拖动 Y211 封隔器参数表

外径（mm）	长度（mm）	工作压力（MPa）	工作温度（℃）	备注
Φ117	1116	90	150	优化钢体材质和胶筒材质

（1）通过提升封隔器材质，提高其耐高压、抗冲蚀性能

一是通过有限元仿真模拟，中心管、卡瓦座材质由 40CrMnMo 提升 35CrMoVA，材质屈服强度由 785MPa 提升至 930MPa，提高工具可靠性，在压力 70MPa 时，滑动槽单侧形变量 0. 170mm 降至 0. 102mm(图 3)，确保 Y211 封隔器换轨正常，单段最高施工压力 47～55MPa、时间 4. 8h，换轨成功率 100%。

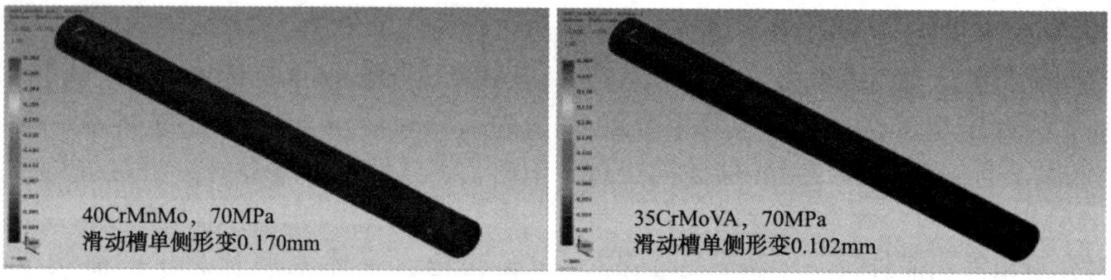

图 3　不同材质滑动槽单侧形变对比图

二是通过模拟试验，优选胶筒材质，胶筒材质由丁腈（NBR）提升为复合氢化丁腈（HNBR），承压由 70MPa 提升至 90MPa，使胶筒处在指标 2/3 低工作状态，延长胶筒使用寿命，满足一趟管柱拖动多段的施工需求，经反复试验，胶筒达到承压 90MPa、耐温 150℃的指标，不同材质胶筒内部应力变化对比图如图 4、胶筒在 90MPa，150℃条件下模拟试验结果图如图 5 所示。现场施工单趟管柱最多拖动 13 段，起出胶筒基本无破损。

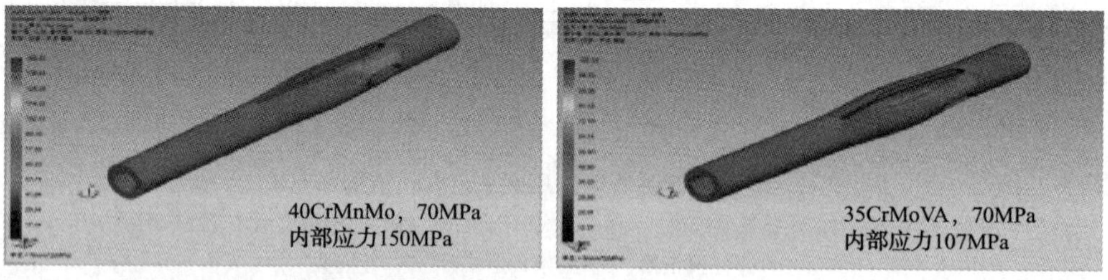

图 4　不同材质胶筒内部应力变化对比图

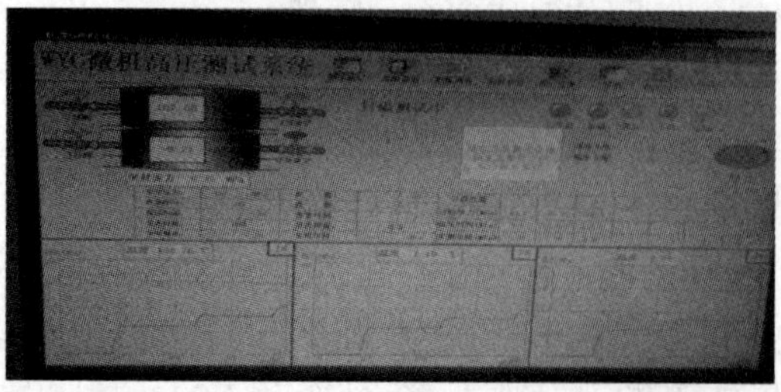

图 5　胶筒在 90MPa，150℃条件下模拟试验结果图

（2）通过结构性改进，确保换向机构灵活可靠

一是取消原有封隔器摩擦片台阶结构，将摩擦片入井倒角改进小于本体 114mm，二是在封隔器中心管轨道槽底部及周围增加倒角，再将封隔器轨道由分体式变为一体式，调整轨道槽尖角位置，相互间错开 5mm，并在端部和卡瓦挂下

端分别增加 5×45°倒角及 3×45°倒角，三是取消扶正套台阶结构，加大配合公差(图 6)。

(a)改进前扶正套台阶结构　　(b)改进后取消扶正套台阶

图 6　扶正套对比图

1.3.2　八孔螺旋喷枪

为匹配连续油管缝网压裂工艺，通过现场试验及数据采集，建立不同喷咀尺寸与射流速度、射孔压力预测曲线(图 7)。优选 8 孔×4.75mm 喷咀，在射流速度≥200m/s、射孔压力≤65MPa 下，以大孔径、高射速为标准。

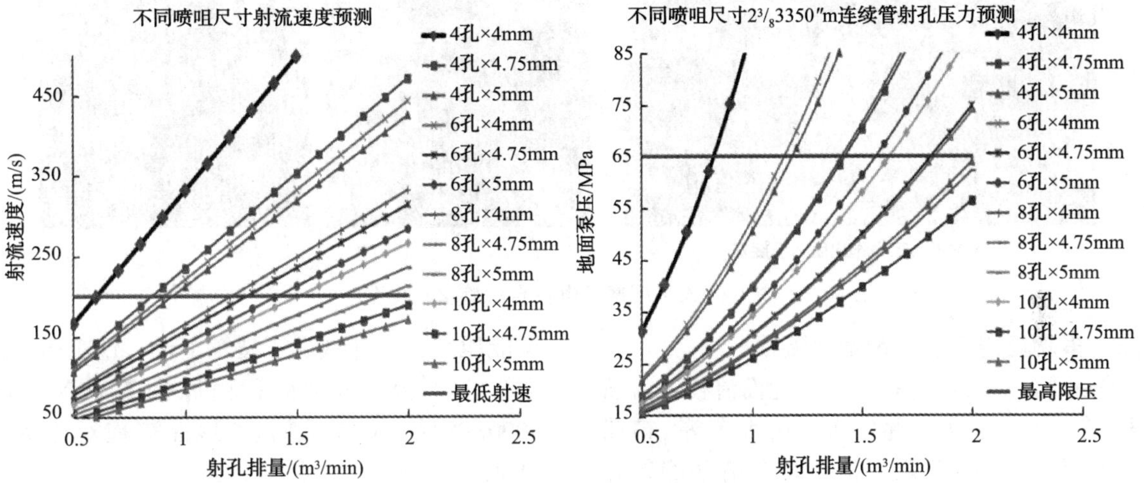

(a)不同喷咀尺寸射流速度预测曲线　　(b)不同喷咀尺寸射孔压力预测曲线

图 7　不同喷咀尺寸与射流速度、射孔压力预测曲线图

8 孔螺旋喷枪实物图如图 8 所示，相位角 90°、平面间距 0.2m。采用 7%砂比射孔，5-10min 射穿套管及水泥环。地面孔深 0.8m 以上，环境压力升高，孔深变小。降低孔眼摩阻提高施工排量的同时增加孔眼的出液面积。8 孔螺旋喷枪参数表见表 2。

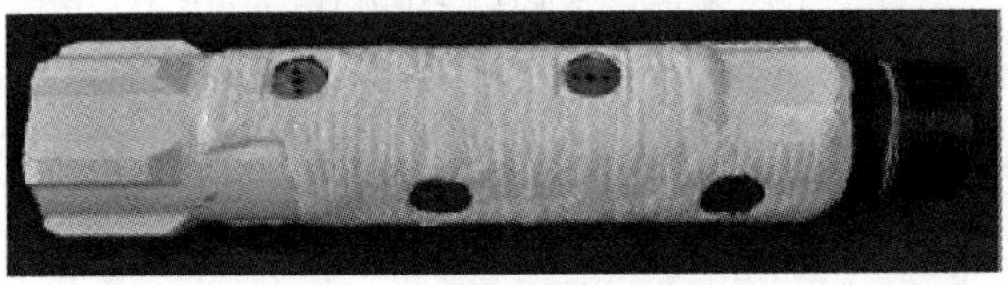

图 8　8 孔螺旋喷枪实物图

表 2　8 孔螺旋喷枪参数表

外径(mm)	内径(mm)	工作压力(MPa)	工作温度(℃)	喷咀布局
Φ100	Φ50	70	120	8×4.75mm 螺旋布孔

1.3.3　肋条式定位器

肋条式定位器示意图如图 9 所示。使用寿命大于 120h，针对 121mm 和 124mm 套管，形成两种尺寸定位器。同时为提高定位器的准确性和使用寿命，做了如下三种改进，最终在 121mm 和 124mm 套管内施工全程都能连续拉到接箍，一是调整弹簧钢定位卡块结构尺寸，宽度由 30mm 缩小至 15mm，提高拉接箍准确性；二是弹簧钢全部淬火处理，提高抗形变能力，在定位卡块激光熔覆耐磨涂层，增加使用寿命；三是改变弹簧钢的整体外径，由 128mm 调整至 132mm，增加摩擦力。肋条式定位器参数表见表 3。

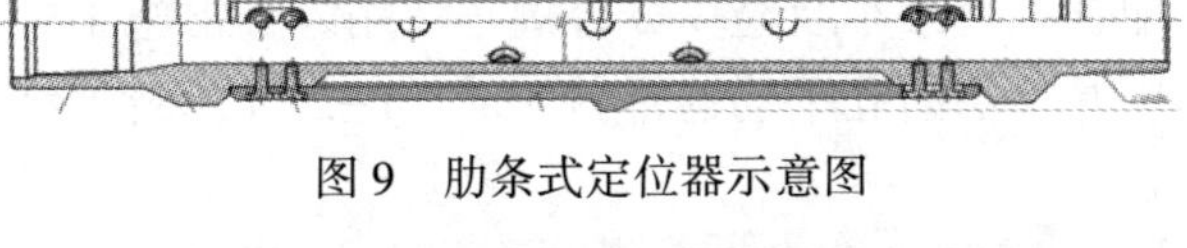

图 9　肋条式定位器示意图

表 3　肋条式定位器参数表

外径(mm)	长度(mm)	工作压力(MPa)	工作温度(℃)	结构
Φ131 和 Φ133	660	70	120	实现两种套管定位

2　工艺优化

2.1　一体化地面流程配套

通过优化整合，将地面流程和井口各单元“化繁为简”，实现了射孔、压裂全流程自动一体化控制，减少设备单元、占地面积，实现零外排、安全环保施工。

2.1.1　电控自动旋塞阀

在射孔、压裂流程切换时由远程操作自动控制，实现地面无人操作，确保施工安全；同时不停泵倒流程，平衡封隔器上下压差，避免高回压井单向卡瓦解封窜位，异常解封率降到 1% 以下。人工旋塞及电控自动旋塞对比图如图 10 所示。

(a)常规人工操作地面高压旋塞　　(b)电控自动旋塞阀

图 10　人工旋塞及电控自动旋塞对比图

2.1.2　多功能射孔、压裂地面流程

重新设计多功能射孔、压裂地面流程，将双套压裂车组(压裂车、混砂车、仪表车等)精简为单套，如图 2-2 所示，使一套车组既能射孔又能压裂，单井减少压裂车 1 台、仪表车 1 台及混砂车 1 台，占地面积由原来的 8000m^3 降至 6000m^3，缩小 25%。施工地面流程对比图如图 11 所示。

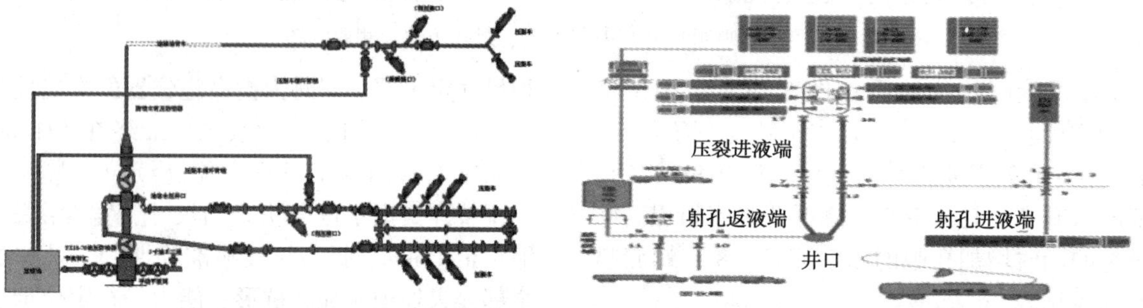

(a)双套车组施工地面流程　　(b)单套车组多功能施工地面流程

图 11　施工地面流程对比图

2.1.3　自动搅拌式回收池装置

旧式沉砂池只具备单一积液功能，工作时需配合一台泵车及至少 2 台罐车使用。日常施工中单井单层射孔平均返排砂 1m^3，1-2 口井施工结束后仍需要人工清砂，自动搅拌式回收池装置可满足池内液体携砂统一排出，取消泵车、罐车生产保障且无需现场工作人员人工清砂。自动搅拌式回收池装置图如图 12 所示。

(a)自动搅拌式回收池装置三维图　　(b)自动搅拌式回收池装置实物图

图 12　自动搅拌式回收池装置图

该装置整体划分为储液区和控制区；改造沉砂池内外部结构，加装保温、顶部舱门，防止冬季冻堵；加装化工泵、搅拌器；加装温控装置、液控装置及集成电路控制装置；加装室内照明、气体检测仪及电热板等辅助装置；预留泵车接口，以备当井场受限或变压器无法使用时使用；添加侧部舱门，清砂时方便人员进入。该回收池自带自动搅拌和泵注功能，射孔返出液经过搅拌直接回注到混砂车、压裂车入井，实现液体重复再利用，单井减少1台泵车和4台接液罐车，节约施工成本，射孔液重复利用率达到100%。

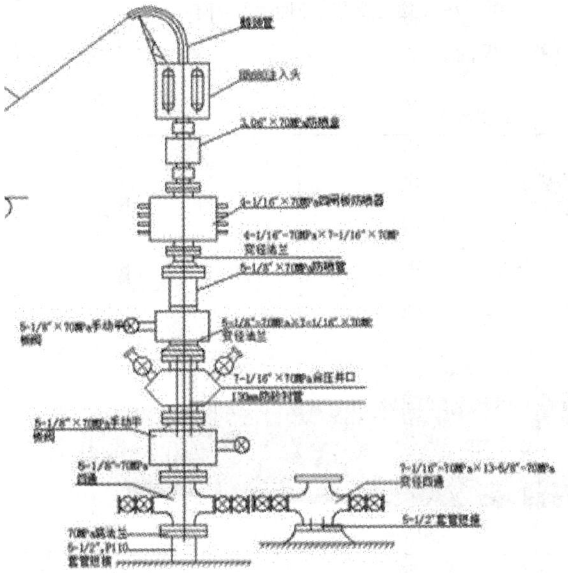

图13 井口示意图

2.1.4 优化配套井口装置

以往井口存在多处变径，导致工具易卡阻（掉卡瓦牙、磨损胶筒），设计专用全通径130mm转换法兰、井口四通、变径法兰等，工具均顺利通过井口，成功率100%，压裂工具卡阻率由25%降为0。井口示意图见图13，优化配套井口装置参数表见表4。

3 工艺设计和现场控制

3.1 建立选井选层标准，完善工艺设计方法

结合储层特征及分类标准，根据工艺特点、工具串长度（上喷咀到胶筒距离1.4m），建立了选井选井、选层标准。

选井标准：

（1）射孔情况：压裂层及以上均未射

（2）套管钢级：全井N80以上

表2-1 优化配套井口装置参数表

序号	井口装置	参数	内通径(mm)
1	防喷器	5-1/8″×70MPa	Φ130
2	平板阀	5-1/8″×70MPa	Φ130
3	压裂注入头	5-1/8″ * 7-1/16″×70MPa	Φ180
	内衬管	φ146mm×φ130mm	Φ130
4	变径法兰	7-1/16″ * 5-1/8″×70MPa	Φ180->Φ130
5	防喷管	5-1/8″×70MPa	Φ130
6	四通	5-1/8″×70MPa	Φ130
7	平板阀	5-1/8″×70MPa	Φ130
8	转换法兰	5-1/8″ * 7-1/16″×70MPa	Φ130
9	底法兰	5-1/8″×70MPa	Φ130
10	套管头	5-1/2″×Φ124mm	Φ124

（3）套管扣型：长圆LTC

（4）改造规模：砂量、液量不受限

选层标准：

（1）分层标准：储隔层应力差>1.5MPa、GR差>40API

（2）分层能力：隔层厚度>1.4m

（3）改造层数：不限，更适合多层

（4）储层厚度：>0.2m

采用M-shale软件对裂缝形态进行模拟，确定了连续油管工艺单层单压、大排量施工设计方法。

一是输入层段基础数据、岩石特性、支撑剂标准及热传导性能等参数后（图14），分别模拟了合压三层和连续油管逐层压裂三层的裂缝剖面形态，可得出连续油管单层单压实现对小层规模的精准控制，有效支撑体积提高25.3%。

坐压管柱（油管压裂）3层合压：3个小层改造不均匀，缝长、缝宽差别大，缝长范围在90~270m，缝宽0.3~0.6cm（图15）。

连续油管（套管环空压裂）3层分压：能够均匀改造各小层，缝长范围200~220m，缝宽0.45cm左右（图16）。

二是对坐压管柱和连续油管两种工艺不同排量下形成的裂缝网格进行模拟，可以得出，连续油管大排量施工形成复杂缝网，波及体积提高1倍。

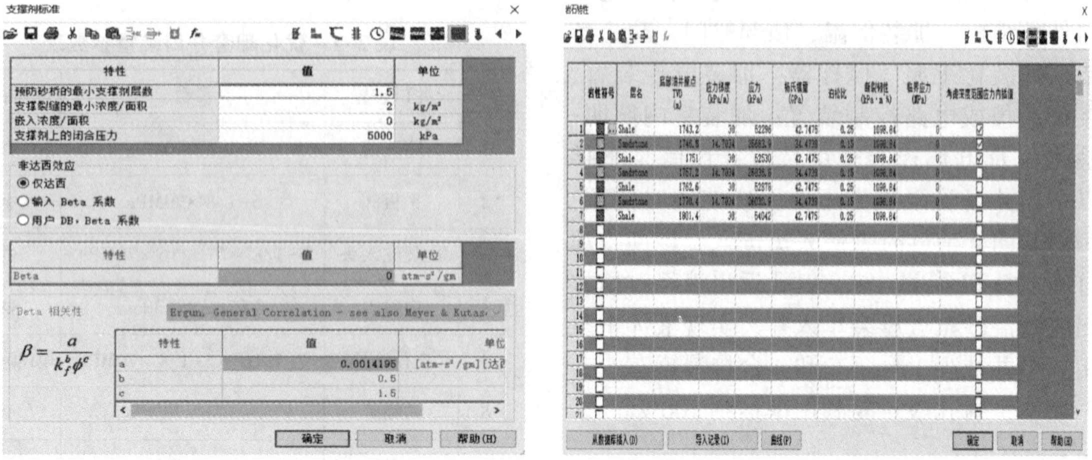

(a)支撑剂标准填写界面　　(b)压裂层段岩石特性输入界面

图 14　M-shale 软件模拟界面

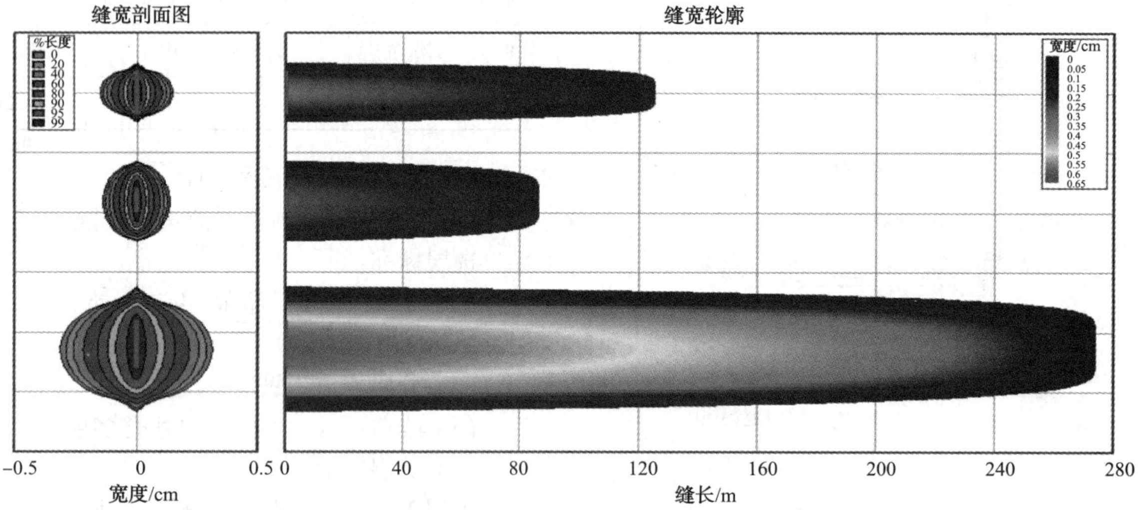

图 15　坐压 3 层合压裂缝剖面图

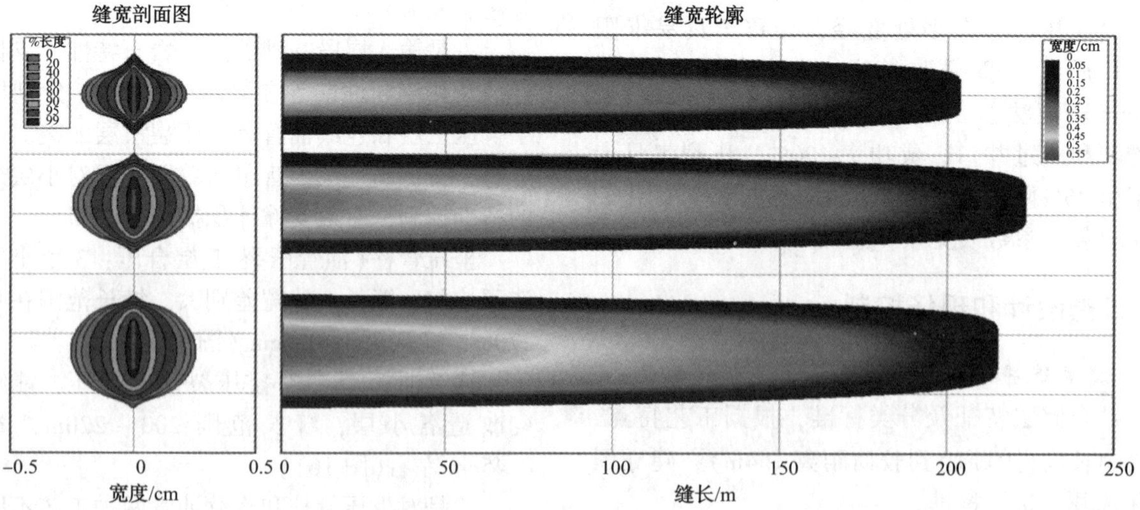

图 16　连续油管 3 层分压裂缝剖面图

坐压管柱(油管压裂)$6m^3/min$ 排量：形成裂缝为单一裂缝体系，缝长较长(300m)，但裂缝波及宽度小，仅为 20m(图 17)。

连续油管(套管环空压裂)12m³/min 排量：形成裂缝为复杂缝网体系，缝长 200m，波及宽度达 60m，波及体积是小排量施工形成缝网的 2.0 倍(图 18)。

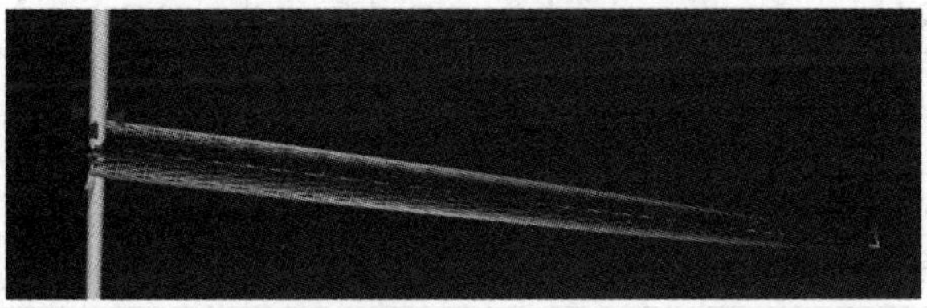

图 17　坐压油管压裂 6m³/min 排量下裂缝形态模拟图

图 17　连续油管 12m³/min 排量下裂缝形态模拟图

以 C 井为例：该井 13 个小层，全部细分单独改造，全井用液 22461m³、加砂 1026m³，一趟管柱 4 天完成全井施工，压后初期日产油 7.67 吨，是同类型井的 1.9 倍，阶段累计产油 2065 吨，投入产出比达 1：2.08(50 美元)。C 井测井成果及分层图如图 19 所示，压后生产动态曲线图如图 20 所示，C 井基础数据表见表 3。

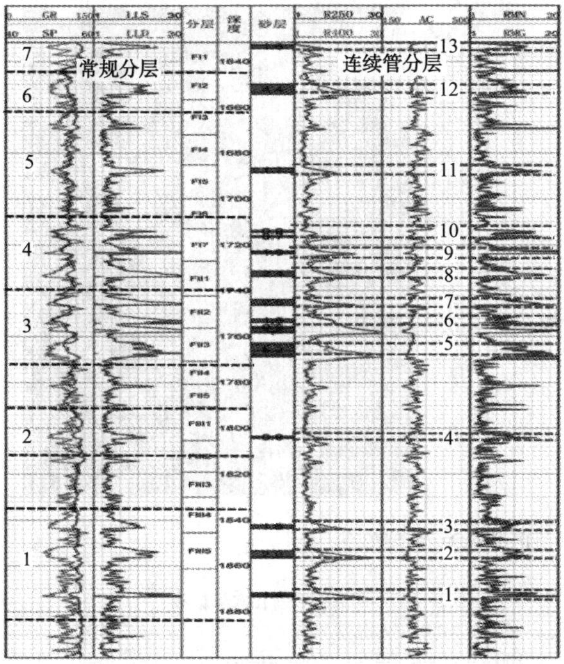

图 19　C 井测井成果及分层图

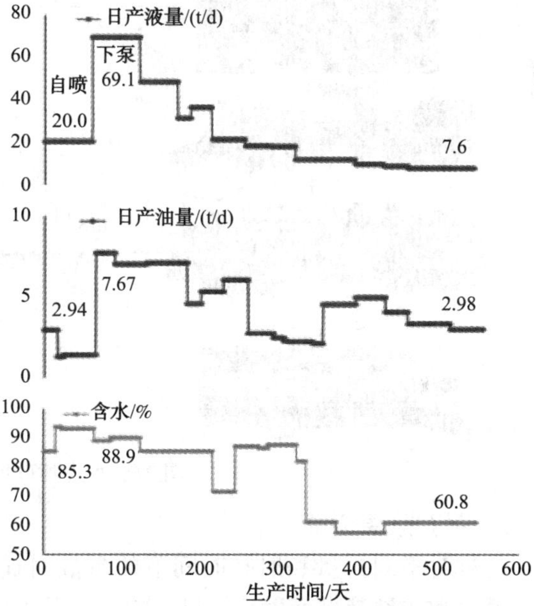

图 20　C 井压后生产动态曲线图

表 5　C 井基础数据表

压裂顺序	层位层号	解释井段(m)		厚度(m)		解释结果	施工参数	
		自	至	砂岩	有效		砂量(m³)	液量(m³)
1	YI2	1873.6	1871.6	1.7	1.4	I类	36	1036
2	FⅢ5	1856.4	1851.4	3.3	2.9	I类	100	2240
3	FⅢ4	1843.6	1839.6	1.6	1.6	I类	80	1762
4	FⅢ1	1804.6	1801.4	1.0	0.9	I类	64	1295
5	FII32	1770.4	1762.6	6.0	5.2	I类	156	3261
6	FII31-22	1757.2	1751.0	4.4	4.2	I类	103	2203
7	FII21	1746.8	1743.2	2.6	2.6	I类	72	1647
8	FII1	1734.2	1730.4	2.4	2.4	I类	75	1723
9	FI73	1724.0	1721.0	1.4	1.0	I类	64	1261
10	FI71-72	1717.8	1713.4	1.6	1.6	I类	88	1828

续表

压裂顺序	层位层号	解释井段(m)		厚度(m)		解释结果	施工参数	
		自	至	砂岩	有效		砂量(m^3)	液量(m^3)
11	FI5	1688.6	1686.4	2.1	1.7	I类	40	936
12	FI2	1654.4	1649.0	4.5	4.4	I类	108	2344
13	FI1	1634.6	1632.4	1.7	1.6	I类	40	925
合计				34.3	31.5		1026	22461

3.2 完善现场工艺控制，实现小层精准改造

3.2.1 射孔工艺控制

以往水平井射孔后需长时间反复试挤，通过开展地面水力射孔试验，实测参数变化结果，确定合理射孔参数。水力喷砂射孔地面试验流程及装置图如图 21 所示。通过地面试验装置，得出胍胶压裂液和缔合压裂液体系下，射孔参数影响规律，确定射孔施工参数的设计范围，确保有效的射穿套管和水泥环。

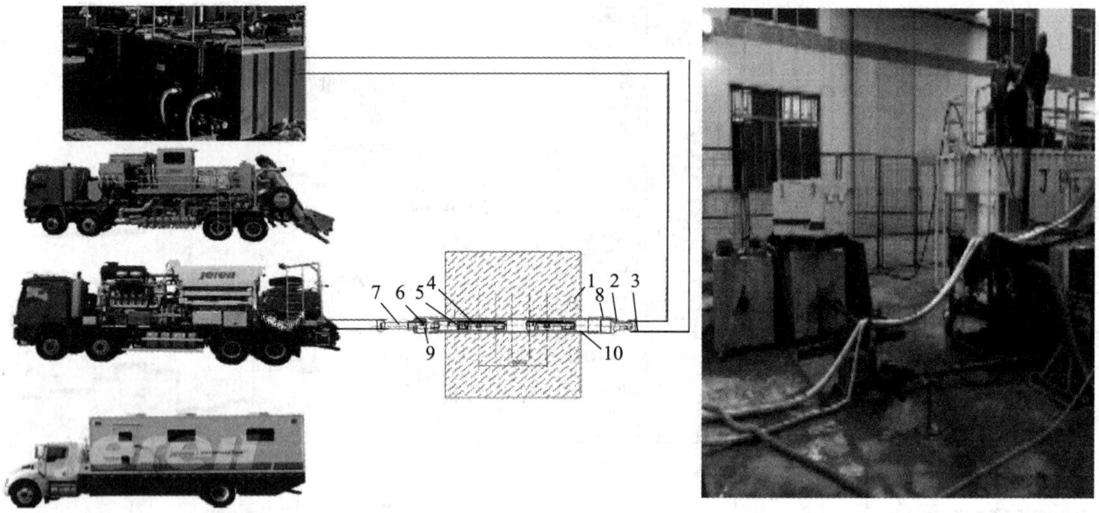

图 21　水力喷砂射孔地面试验流程及装置图

3.2.2 射孔效果测试

通过对不同排量和射孔时间下的参数对比、不同磨料和压裂液黏度射孔效果影响，以及不同射速对射孔效果影响综合分析，并做了胍胶压裂液与缔合压裂液在不同射速下射孔后水泥环内孔眼尺寸对比；综合分析得出黏度为 21MPa · s 的液体，射孔砂为石英砂，排量增大时，对水泥扩眼效果不明显，水泥射孔深度明显深；并优选低黏缔合液、7%石英砂、射速>200m/s、时间>10min 进行水力喷砂射孔(图 22、23)。

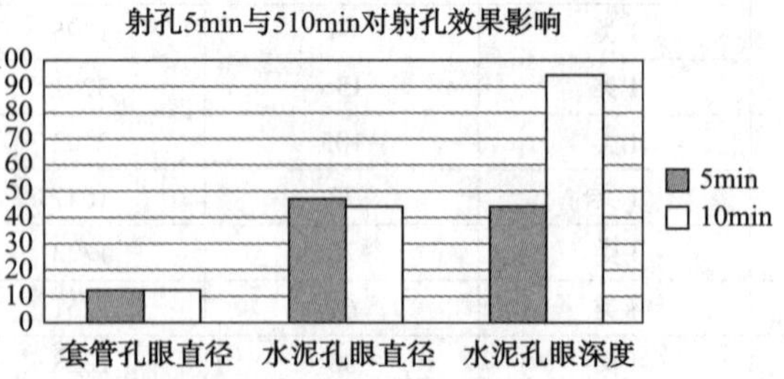

图 22　不同射速对射孔效果影响图

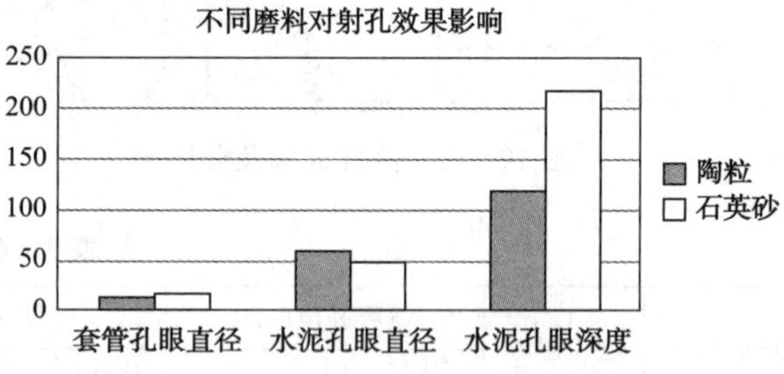

图 23　不同磨料对射孔效果影响图

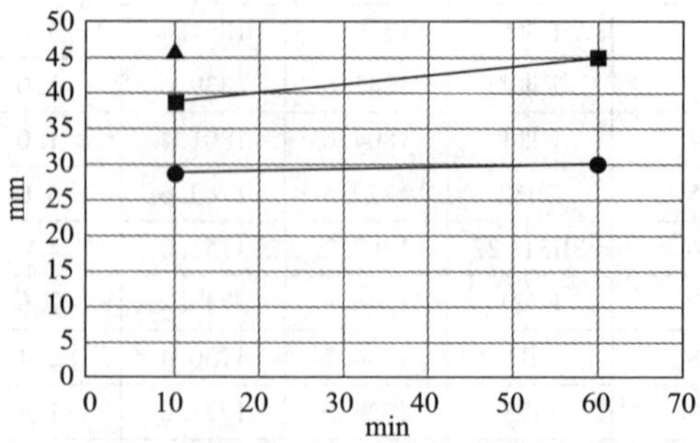

图 24　不同排量和射孔时间下水泥孔眼大小对比图

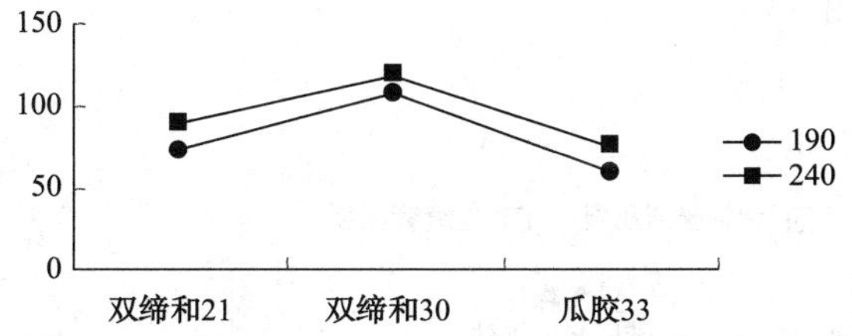

图 25　不同射速下射孔后水泥环内孔眼穿深对比图

3.2.3　现场工艺优化完善

3.2.3.1　射孔压裂一体化工艺优化

结合外围直井不同储层类型及现场实际，通过“延长时间、提高射速、改变试挤方式”三项现场控制，有效提高射孔成功率，单层段压开成功率由 98.5%提高到 100%(图 26、图 27)。

(1)延长射孔时间：Ⅰ类油层 20min、Ⅱ类油层 28min，保证一次射孔成功率；

(2)提高射流速度：Ⅰ类油层 200m/s、Ⅱ类油层 220m/s，增加喷射距离，突破水泥环及近井污染带，降低施工压力。

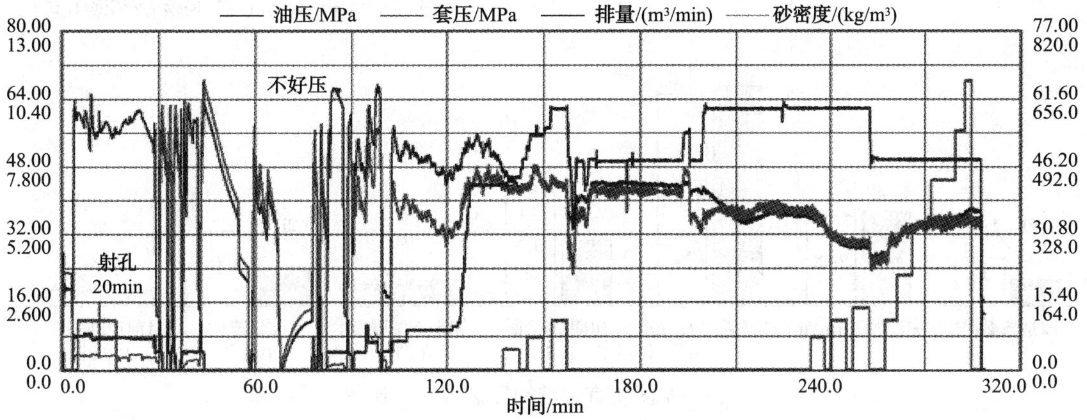

图 26　D 井Ⅱ类、有效 0.3m 曲线

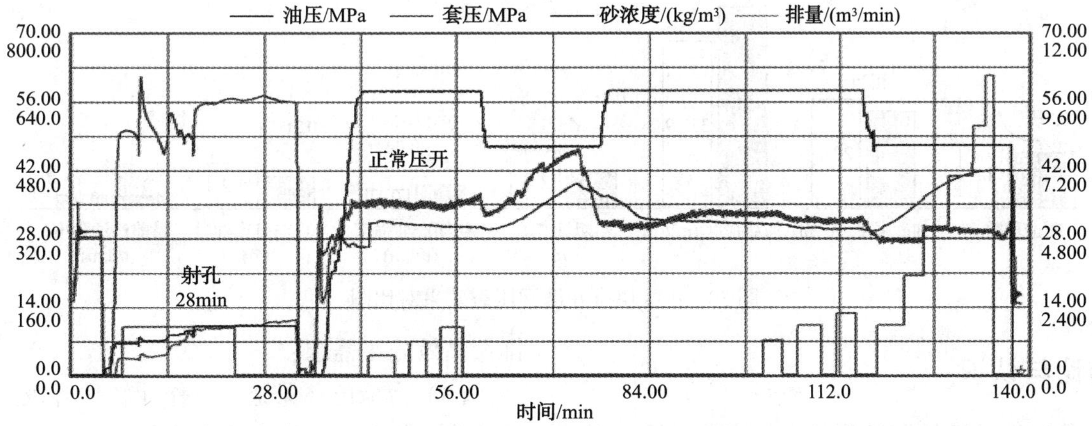

图 27　E 井Ⅱ类、有效 0.7m 曲线

4　现场压裂试验

现场实施 216 口井 1169 段，平均单井压裂 5.4 段，最高单井加液 22461m^3、加砂 1026m^3，排量 8~12m^3/min。压后无需降压，管柱全部正常起出，平均单井作业周期 6.9 天，较油管坐压多层管柱减少 74.2%(图 28)。

计产 145 口井，平均单井初期自喷日产油 2.1 吨，阶段累计产油达 7.63 万吨，与同区块油管坐压多层管柱压裂对比：

A 区块：与坐压压裂相比，在加砂、加液强度相当的情况下，初期日产油提高 0.6 吨，目前日产油提高 1.2 吨、产油强度持平(图 29)。

B 区块：与坐压压裂相比，在加砂相当、加液强度降低 18.3%的情况下，初期日产油提高 0.8 吨，目前日产油提高 0.2 吨、产油强度持平（图 30）。

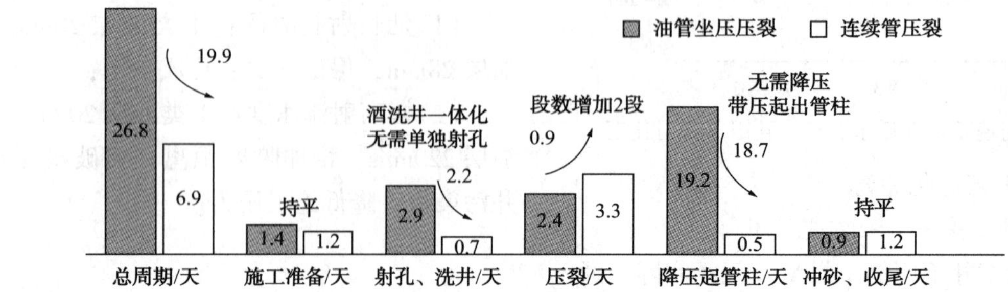

图 28　直井缝网压裂施工周期对比图

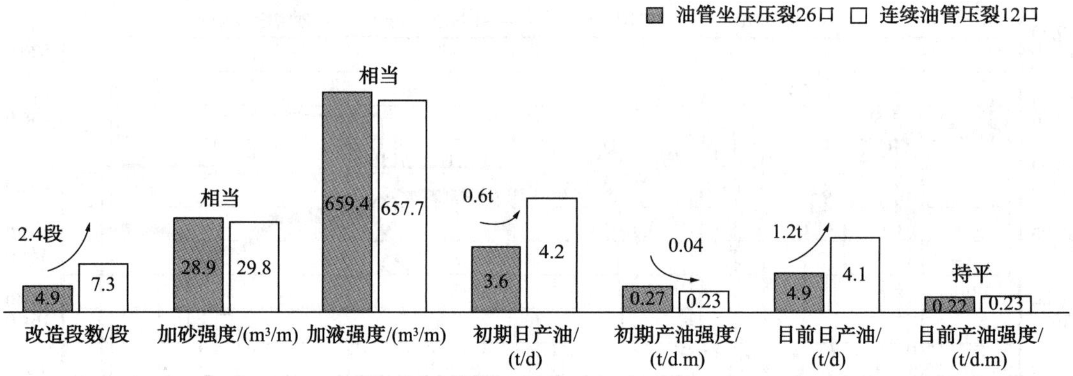

图 29　A 区块直井缝网压裂效果对比图

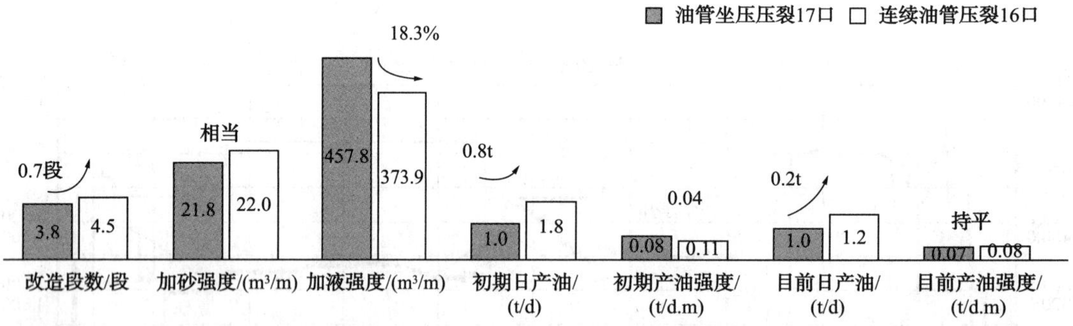

图 30　B 区块直井缝网压裂效果对比图

5　结论与认识

直井连续油管缝网压裂技术的完善应用，对低油价下大庆油田外围致密油规模、高效开发起到了关键作用，且具有以下优势：

（1）一趟管柱可完成多段压裂，压后直接带压起出管柱，单井作业时效提高 74.2%，同时解决常规工艺加砂量、段数、排量受限等难题；

（2）该工艺利用环空摩阻低的优势，压裂排量高达 $12m^3/min$，可形成复杂缝网，实现改造效果的提升，满足了大庆油田外围日益增长的大排量高效施工需求；

（3）为绿色环保施工、作业转型升级、深化提速降本等新挑战提供有力支撑。

连续油管缝网压裂技术在施工中节省了等停、起下管柱及压后放喷等费用，可提高施工效率及增油效果，是大庆油田外围扶杨油层致密油储层难动用储量开发的有效增产技术，在油田高效开发中具有广阔的应用前景。

参　考　文　献

[1] 直井连续油管无限极精控压裂工艺[P]. CN20171115

4631.9，2017.

[2] 一种常压页岩气藏高频变排量体积压裂方法[P].CN201711057415，2017.

[3] 一种气井直井用连续油管压裂与完井一体化工艺方法[P].CN201410634692.5，2014.

[4] 一种连续油管多段压裂工具管柱及施工方法[P].CN201410449746.0，2014.

[5] 连续油管开关套管滑套压裂工艺研究与应用[J].采油工程，2019，1.

[6] 页岩气储层变排量压裂的造缝机制[J].岩土工程学报，2014，11.

[7] 直井用连续油管多簇射孔与填砂联作压裂方法[P].CN201811238698.5，2018.

[8] 连续油管保护装置及使用该保护装置的多簇分段压裂工具[P].CN201520901110.5，2015.

[9] 连续油管无级限压裂工具[P].CN201520312627.0，2015.

[10] 连续油管环空压裂在深部火成岩储集层的应用—以克拉玛依油田克81井区玛湖5井为例[P].岩土工程学报，2016，3.

EFDT 地层测试取样的代理模型及应用

周艳敏　余　强　褚晓冬　周明高　孔　笋　左有祥

（中海油田服务股份有限公司）

摘　要　本文首先给出了地层测试器探针取样过程的三维数值模拟方程。其次，针对 COSL 标准探针，在广泛的储藏和流体性质（输入参数）范围内，随机对输入参数进行取样，并产生大量井下流体取样过程的油藏数值模拟案例。再次，使用油藏数值模拟器，对所产生的案例分别进行数值模拟，对数值模拟的结果进行处理，并产生大量标准探针井下流体取样过程的数据。然后，将所产生的大量数据作为输入，使用机器学习方法训练、检验和测试机器学习模型，选择最佳机器学习模型作为代理模型。进一步，使用代理模型，在改变主要储藏和流体性质的情况下，对标准探针取样过程进行预测，分析储藏和流体性质对取样过程的影响。最后，将代理模型应用于实际取样案例，对实际泵抽取样过程的数据进行反演，得到泵抽流体污染度随时间的变化，取得良好效果。该方法打破了国外油服公司的技术垄断，可用于测前预测和测后解释，提高作业效率，降低作业风险。

关键词　地层测试；井下取样；机器学习；神经网络；滤液污染；取样预测

New Data Driven Technology for EFDT Sampling

Zhou Yanmin　Yu Qiang　Chu Xiaodong　Zhou Minggao　Kong Sun　Zuo Youxiang

(China Oilfield Services Limited)

Abstract　In this paper, three-dimensional numerical simulation equations are first presented for the sampling process of the formation tester with probes. For COSL standard probes, random sampling of input parameters is then conducted within a wide range of formation and fluid properties, and a large number of reservoir numerical simulation cases of downhole fluid sampling are generated. Next, numerical simulations are performed for the generated cases using a reservoir numerical simulator, the results of the numerical simulations are preprocessed, and a large amount of data are generated for downhole fluid sampling of COSL standard probes. After that, the generated large number of data are used as input to train, validate, and test machine learning models using machine learning methods, and the best machine learning model is utilized as the proxy model. By changing formation and fluid properties, the sampling processes are further predicted for standard probes thus analyzing the impact of reservoir and fluid properties on downhole fluid sampling. Finally, the proxy model is applied to an actual sampling case, the sampling data was inverted to obtain mud filtrate contamination, thus achieving good results. This technology breaks the technological monopoly of foreign oil service companies and can be used for pre-job prediction and post-job interpretation, thus improving operational efficiency and reducing operational risks.

Key wordst　Formation test; Downhole sampling; Machine learning; Neural networks; Filtrate contamination; Sampling prediction

随着油气勘探开发进入深地深海、低孔低渗等复杂储藏，井下流体取样也变得越来越困难。为了应对这些情况，在硬件方面，电缆和随钻地层测试器需要耐高温高压，泵抽和探针模块需要更广范围地适应各种不同储藏。在软件方面，为了提高作业成功率，使用油藏数值模拟器对地层取样过程进行测前预测和测后解释几乎成为行业的标配。当使用油藏数值模拟器对取样过程进行测前预测时，通常所需计算时间很长，不能满足工程应用和作业需求。例如：使用配备英特尔 i7 八代 CPU 个人电脑工作站，计算简单的一个案例需要几分钟，计算复杂的一个案例需要几十小时。严重影响了测前预测和前后解释的效率。因此，需要采用新方法来解决所遇到的问题。

另一方面，由于钻井时泥浆柱的压力大于地层压力，钻井液滤液会通过泥饼渗透到地层，对原状地层流体造成污染。尤其当钻井液滤液与原状地层流体互溶时，会形成单相混合物。因此，取样时需要有足够长的泵抽流体时间来清洁泵抽流体。同时，需要建立实时计算泵抽流体污染度的方法，以便知道何时取样才能达到所规定的污染度要求。文献中提出了各种计算泵抽流体污染度的方法，但是各有优缺点。因此，需要采用新方法来计算泵抽流体污染度。

随着大数据和机器学习技术的日益成熟和在各行各业中的广泛应用，前述的问题可以得到有效解决。因此本文的目的和工作如下：(1)针对COSL标准探针，在广泛储藏和流体性质输入参数范围内，随机对输入参数进行取样，并产生大量井下流体取样过程的油藏数值模拟案例。(2)使用油藏数值模拟器对所产生的案例分别进行数值模拟。(3)对数值模拟的结果进行预处理，并产生大量标准探针井下流体取样过程的数据。(4)将所产生的大量数据作为输入，使用机器学习方法训练、检验和测试机器学习模型。(5)选择最佳机器学习模型作为代理模型，用于测前预测和测后解释。(6)应用于实际取样案例，取得良好效果。

1 三维数值模拟数据驱动的井下取样模型

1.1 三维数值模拟方程及其求解简述

对于多相多组分体系，组分 i 在α相中的质量守恒(连续性)方程为：

$$\frac{\partial}{\partial t}(\phi \sum_{\alpha} C_{i\alpha}\rho_{\alpha}S_{\alpha}) + \nabla\cdot(\sum_{\alpha} C_{i\alpha}\rho_{\alpha}\boldsymbol{u}_{\alpha}) = (\sum_{\alpha} C_{i\alpha}q_{\alpha}),\ \alpha=1,\ \cdots,\ n_p;\ i=1,\ \cdots,\ n_c \quad (1)$$

式中，ϕ 为孔隙度；S_α为 α 相的饱和度；t 为时间；$C_{i\alpha}$是组分 i 在 α 相中的质量分率；ρ_α为 α 相的密度；q_α为 α 相的源汇流率；$\boldsymbol{u}_\alpha$为α相的速度：

$$\boldsymbol{u}_{\alpha}=-K\frac{k_{r\alpha}}{\mu_{\alpha}}(\nabla p_{\alpha}-\rho_{\alpha}g\nabla Z),\ \alpha=1,\ \cdots,\ n_p \quad (2)$$

式中，p_α为 α 相的压力；$\boldsymbol{K}$ 为渗透率；$k_{r\alpha}$为 α 相的相对渗透率；μ_α为α相的流体黏度、g 为重力加速度，Z 为垂直方向的高度。

对于上述微分方程可结合油藏和流体的特性及边界和初始条件进行数值求解。即(1)将微分方程和边界条件离散化；(2)将油藏和探针划分为不同网格，探针附近的网格需要进一步细分；(3)将初始油藏和流体的特性分配到每个网格；(4)规定对油藏如何生产(滤液侵入和泵抽清洁过程)；(5)从时间为 0 开始，对每个网格求解相关方程；(6)增加时间步长，对每个网格求解相关方程；(7)这样循环直至满足规定收敛条件为止。

1.2 COSL 标准探针取样过程的三维数值模拟和大数据产生

由于钻井时井筒压力大于油藏压力，在滤饼的形成过程中，钻井液滤液会不断地侵入油藏，对油藏流体造成污染；流体取样时，需要泵抽清洁滤液污染(或滤液污染达到某一规定值)，方可取样。钻井液滤液的侵入过程和泵抽清洁过程可以用前述的黑油模型进行模拟。但是，数值模拟所需时间很长，有时需要几小时、几十小时，不能满足生产实际作业需求。因此，需要使用机器学习方法产生代理模型。

为了进行地层测试过程中滤液侵入和泵抽清洁过程的模拟，需要考虑很多因素和输入各种参数，以及它们的变化范围。因此，各种参数的变化范围需要覆盖绝大多数情况。主要输入参数包括井径、滤液侵入深度、各向异性、油藏厚度、流体与滤液黏度比、探针在油藏的相对位置、孔隙度、渗透率、管储体积、泵抽流量、泵抽压差、流体密度等。为了产生足够的数据量和涵盖广泛的输入参数范围，本文随机生成了 6000 个数值模拟案例。主要参数的变化如图 1 所示。基于这 6000 个案例，使用三维数值模拟软件对COSL 标准探针取样清洁过程进行模拟计算。对每个案例分别产生四种输出模型：200 个污染率与泵抽时间、200 个污染率与泵抽体积、200 个污染率与泵抽压力和 200 个污染率与泵抽流量数据点，即 800 个数据点。6000 个案例共计4800000 数据点可作为机器学习训练代理模型的输入。

图 2(a)给出了 6000 个案例中之一的圆形地层(由于对称性只模拟一半)和井筒网格，使用的是柱形坐标。探针开口在左侧，探针和井筒附近的网格很密集，显示出大量致密的白线。图 2

(b)和(c)显示了泵抽前期(刚突破)和后期的井筒放大图(探针开口在左侧)。该案例中的滤液侵入厚度只有10cm。泵抽前，井筒均为滤液(红色)，10cm之外均为原状地层流体(蓝色)。由于该案例假设 $k_v=10md$ 和 $k_h=100md$，黏度 = 1cp，因此泵抽突破时间较快。

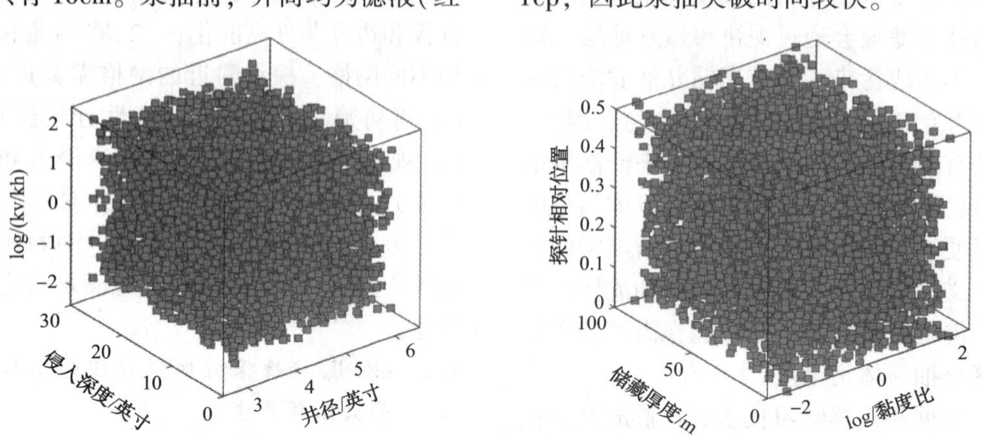

图1 随机产生的6000个数值模拟案例的主要输入参数分布

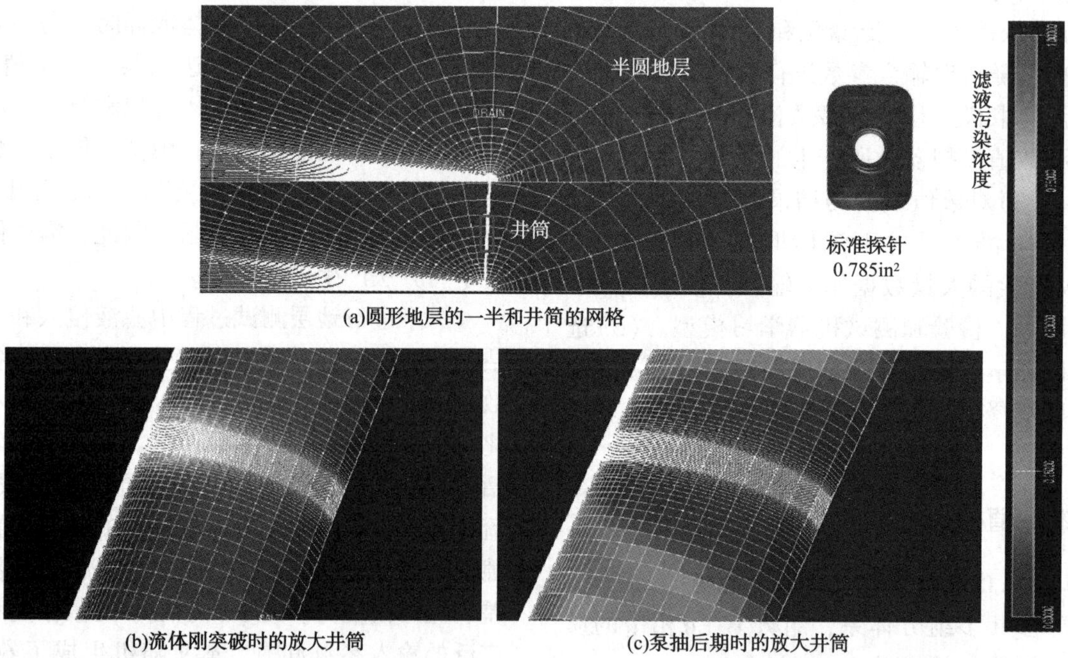

图2 6000个案例中之一的圆形地层和井筒网格以及泵抽前期和后期的井筒放大图

如图3所示上述案例的污染度与泵抽时间的关系。与文献描述的一样，在污染度较高时，滤液污染度与时间的(-5/12)幂($t^{-5/12}$)成正比，而在污染度较小时滤液污染度与时间的(-2/3)幂($t^{-2/3}$)成正比。因此可用幂函数回归泵抽数据，然后外推到时间无穷大，获得原状流体的性质。

1.3 COSL标准探针取样过程的代理模型

上节对标准探针取样过程进行模拟计算，产生了大量的数据。这些数据可作为代理模型的输入。代理模型选择为KNN、支持向量机(SVM)、人工神经网络(ANN)。本文分别对污染度与泵抽体积、泵抽时间、泵抽压力和泵抽流量四种模型进行训练。即：

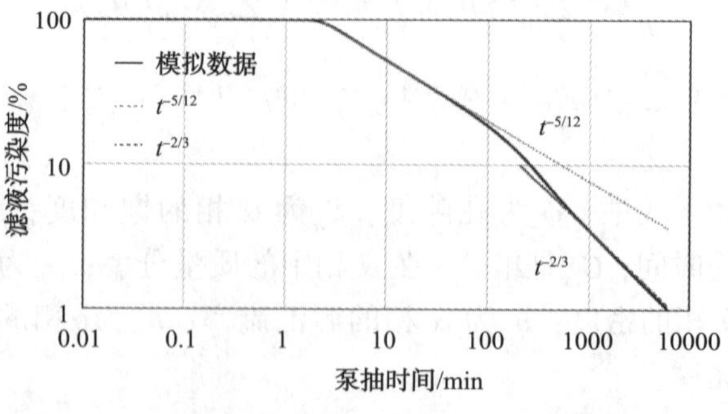

图3 6000个案例中之一的污染度与泵抽时间的关系

$$T=f_1(C,\ x),\ T_i=ln\left(\frac{t_i\Delta p_i}{\phi}\right) \quad (3)$$

$$V=f_2(C,\ x),\ V_i=ln\left(\frac{v_i}{\phi}\right) \tag{4}$$

$$Q=f_3(C,\ x),\ Q_i=ln\left(\frac{q_i}{\lambda\Delta p_i}\right) \tag{5}$$

$$P=f_4(C,\ x),\ P_i=ln\left(\frac{\lambda\Delta p_i}{q_i}\right) \tag{6}$$

式中：x 为前述的主要输入参数，例如：井径、滤液侵入深度、各向异性、油藏厚度、流体与滤液黏度比、探针在油藏的相对位置等。$\lambda=k/\mu$ 为流度。c_i、t_i、v_i、p_i、q_i分别为第 i 点时的污染度、泵抽时间、体积、压力和流量。

对于任一未知取样测点，有了输入参数 x 和滤液污染度，就可以使用上述代理模型预测泵抽时间、体积、流量和压差与滤液污染度的关系，即正演模型。

1.4 标准探针代理模型的机器学习训练结果

本文使用 KNN、SVM 与 ANN 模型进行了大量模型训练。ANN 的结果最好。因此下面着重介绍 ANN 代理模型。ANN 的关系如图 4 所示。输入变量为 7 个，除了前述的 6 个变量之外，再加上滤液污染率。隐藏层使用 80 个神经网络。输出层使用 1 个神经网络。输出变量为 1 个(T_i 或V_i)。

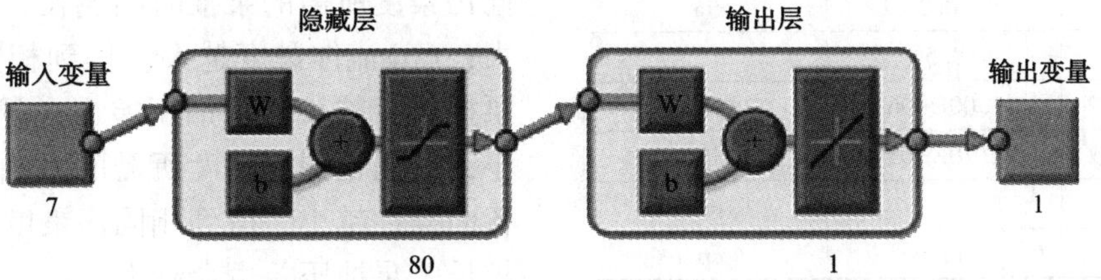

图 4　ANN 的关系图

70% 的数据点用于模型训练(Training)，15%的数据点用于验证(Validation)、15%的数据点用于检验(Testing)。在V_i的模型训练中，训练平均标准误差(MSE)= 1.97×10^{-3}、验证 $MSE=2.00\times10^{-3}$、检验 $MSE=2.02\times10^{-3}$，相关系数 $R>0.9988$。在T_i的模型训练中，训练 $MSE=2.14\times10^{-3}$、验证 $MSE=2.13\times10^{-3}$、检验 $MSE=2.16\times10^{-3}$，相关系数 $R>0.9984$。V_i和T_i模型的结果显示如图 5 所示。泵抽体积的平均误差 = 2.99%，98.67%数据点的误差≤±15%。泵抽时间的平均误差 = 3.04%，98.61%数据点的误差≤±15%，结果令人满意。

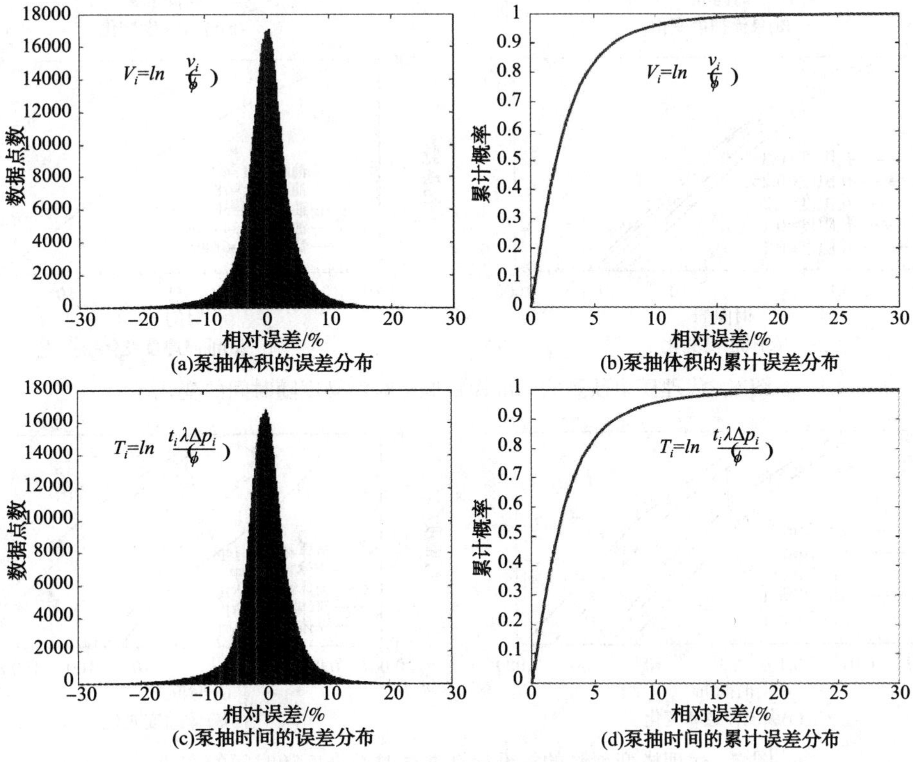

图 5　标准探针代理模型的机器学习误差分布

2 COSL 标准探针地层取样过程随各种参数的变化

为了使用代理模型对 COSL 标准探针取样过程进行模拟计算，基本油藏和流体性质参数列在(表 1)中。

表 1 基本的油藏和流体输入参数

基本参数	数值	单位
孔隙度	0.1	
纵向渗透率 k_h	100	md
垂向渗透率 k_v	100	md
油藏厚度	15.2	m
井径	21.6	cm
侵入深度	10.2	cm
探针相对位置	0.5	
岩石压缩系数	1.00E-06	1/psi
流体和滤液压缩系数	1.70E-05	1/psi
流体黏度	1	cp
滤液黏度	1	cp

基于基本油藏和流体性质参数，选择 8 种主要参数，分别在一定范围内变化，然后使用代理模型对 COSL 标准探针取样过程进行模拟计算。污染率与泵抽时间的结果给于图 6 和图 7 中。由图 6 可以看出：(a)泵抽流量越大，得到相同污染度所需的泵抽时间越少，但是泵抽压差也会越大；(b)滤液侵入深度越小，得到相同污染度所需的泵抽时间越少；(c)孔隙度越小，得到相同污染度所需的泵抽时间越少；(d)油藏厚度的变化对得到相同污染度所需的泵抽时间影响很小。

如图 7 所示：(a)纵向渗透率越小，得到相同污染度所需的泵抽时间越长，泵抽压差也会越大；(b)流体黏度越大，得到相同污染度所需的泵抽时间越长，泵抽压差也会越大；(c)井径越小，得到相同污染度所需的泵抽时间越少；(d)各向异性越小，得到相同污染度所需的泵抽时间越长，泵抽压差也会越大。

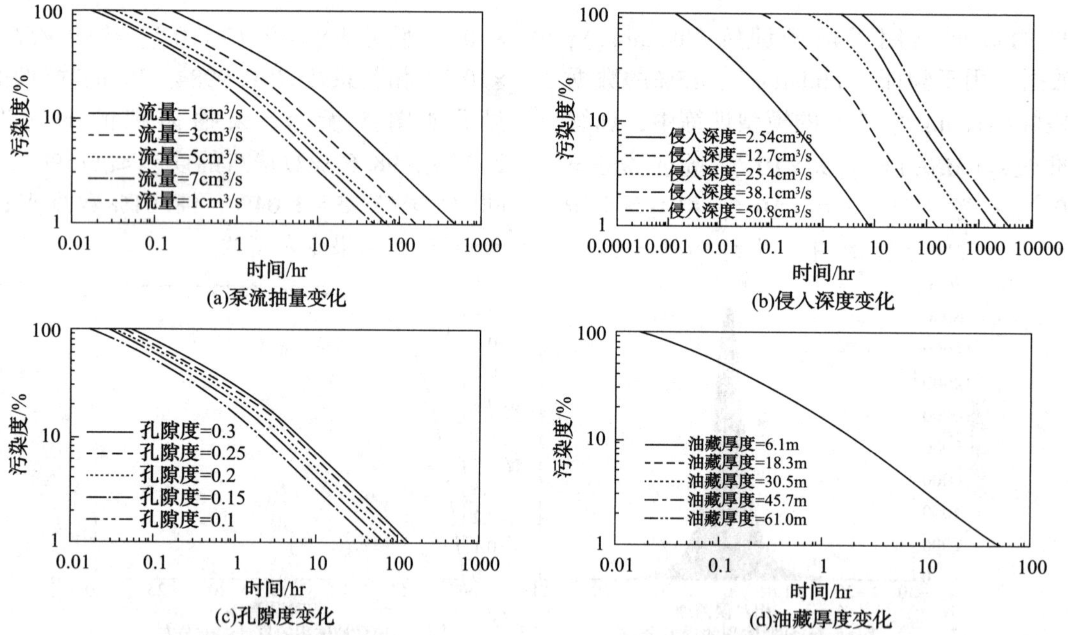

图 6 代理模型预测的标准探针取样时污染度随时间的变化

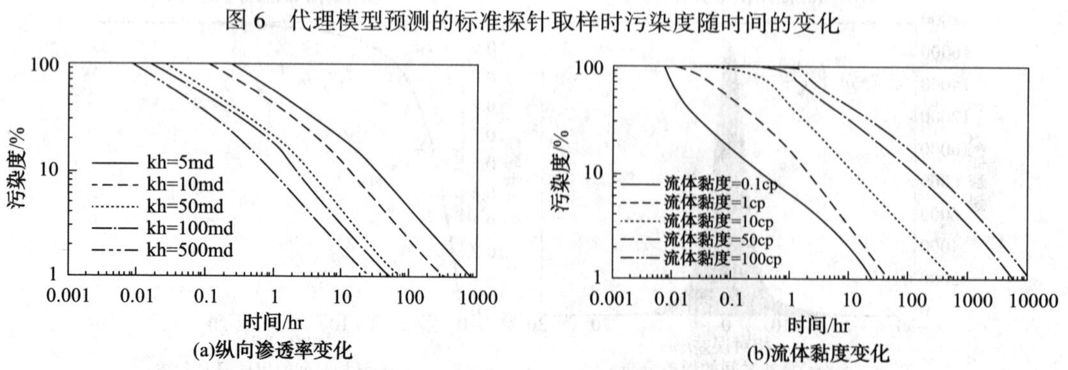

图 7 代理模型预测的标准探针取样时污染度随时间的变化

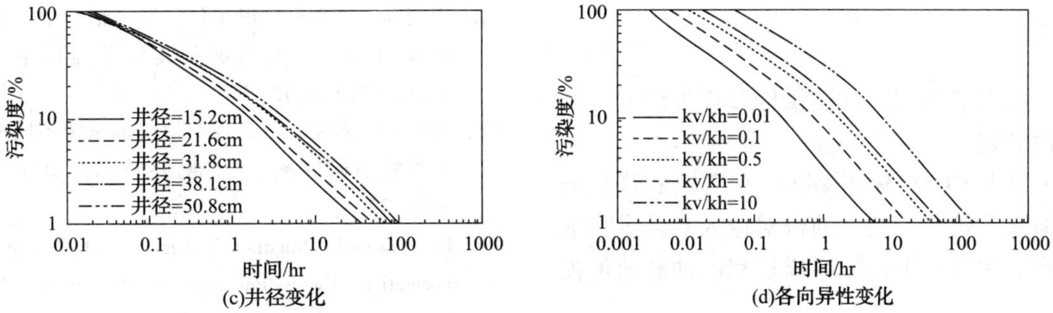

图 7　代理模型预测的标准探针取样时污染度随时间的变化(续图)

3　现场应用实例

EFDT 地层测试器用于海上某井，在油基钻井液条件下使用 COSL 标准探针取油样。常规测井曲线如图 8 所示。

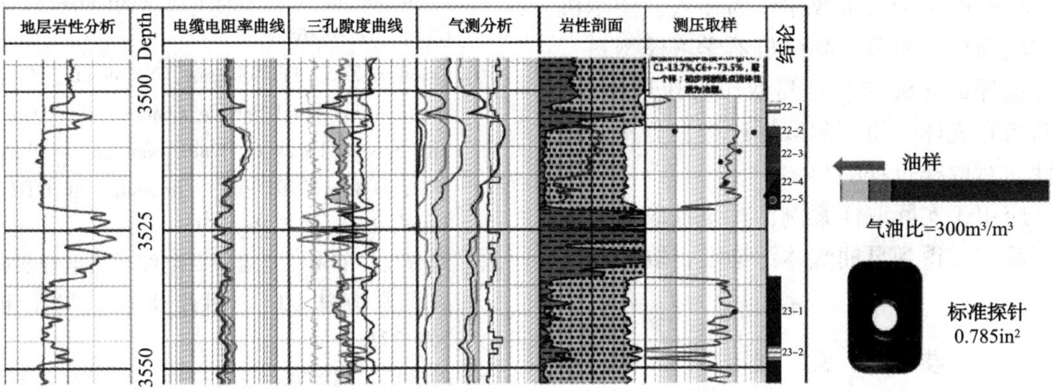

图 8　标准探针用于在油基钻井液条件下取油样时的常规测井曲线

储层厚度约 14m，渗透率为 124.8md，压力为 33.4MPa，温度为 105.2℃。在此条件下，白油的密度假设为 0.85g/cm³。标准探针的位置为 0.5。泵抽流量采用平均值 3.3cm³/s。根据油的突破时间和泵抽流量可计算得到滤液侵入深度为 17.8cm。原状流体的密度作为可调参数，对 EFDT 的密度数据进行回归。密度的混合规则为：

$$\rho = C\rho_{滤液} + (1-C)\rho_{油} \tag{7}$$

式中 C 为污染度，由代理模型计算得到。滤液密度已知，原状地层油密度由密度数据的历史拟合得到。最终得到的原状地层油密度为 0.622g/cm³。拟合的密度结果如图 9 所示。可以看出代理模型计算密度与 EFDT 测量密度吻合很好。

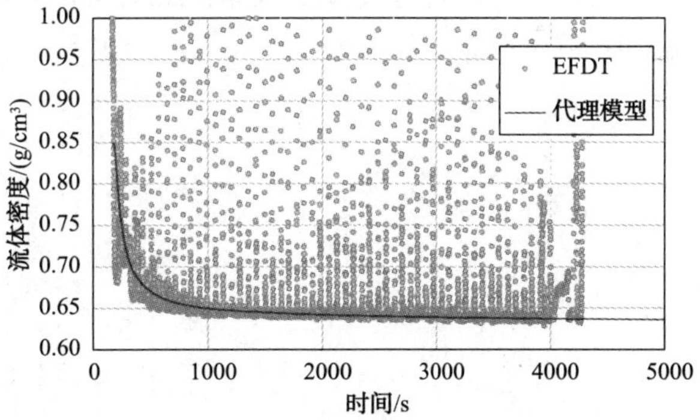

图 9　代理模型拟合的密度和 EFD 测量的密度比较

同时，得到的滤液污染度随时间的变化结果显示在图 10 中。在此实例中，流体突破后，滤液污染度迅速下降，2000s 就达到约 10%。然后缓慢下降。在 4000s 时的污染度为 6.7%。达到 5%的污染度，需要 8300s，达到 4%的污染度，需要 14480s。因此可以对实时取样选择最佳取样点。

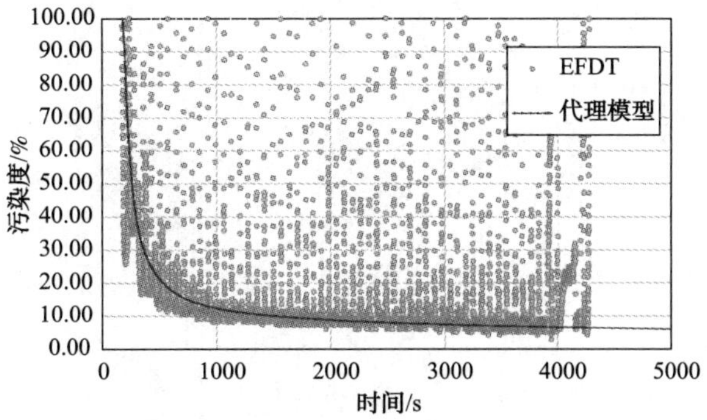

图 10　代理模型污染度的计算结果

4 结论

（1）给出了地层测试器探针取样过程的三维数值模拟方程；

（2）针对 COSL 标准探针，在广泛储藏和流体性质输入参数范围内，随机对输入参数进行取样，并产生大量井下流体取样过程的油藏数值模拟案例；

（3）使用油藏数值模拟器对所产生的案例分别进行数值模拟，对数值模拟的结果进行预处理，并产生大量标准探针井下流体取样过程的数据；

（4）将所产生的大量数据作为输入，使用机器学习方法训练、检验和测试机器学习模型；

（5）选择最佳机器学习模型作为代理模型，并改变储藏和流体性质预测取样过程，分析储藏和流体性质对取样过程的影响；

（6）应用于实际取样案例，对泵抽取样过程数据进行反演，得到泵抽流体污染度，取得良好效果。

参 考 文 献

[1] 冯永仁，左有祥，王健，等．地层测试技术及其应用的进展与挑战[J]．测井技术，2019，43(3)：217-227.

[2] 周明高，刘书民，冯永仁，等．钻井中途油气层测试仪（FCT）研究进展及其应用[J]．测井技术，2008，32(1)：72-75.

[3] 钟恒森，邸元，张凯强．地层测试中不同探针污染驱替效率研究测[J]．测井技术，2015，39(5)：567-572.

[4] KristensenM. Chugunov N. Gisolf A. et al.，Real-Time Formation Evaluation and Contamination Prediction Through Inversion of Downhole Fluid-Sampling Measurements[J]. SPE Reservoir Evaluation & Engineering，2018：1-17.

[5] Zuo JY. Gisolf A. Dumont，H. et al. A Breakthrough in Accurate Downhole Fluid Sample Contamination Prediction in Real Time[J] Petrophysics，2015，56(3)：251 - 265.

[6] Gisolf A. Zuo，JY. Achourov，VV. et al.，Accurate New Solutions for Fluid Sample Contamination Quantification，with Special Focus on Water Sampling in Water-Based Mud，OTC - 27291 - MS，presented at OTC Houston，Texas，USA，2-5 May 2016.

[7] 刘海波，范川、王孟等．电缆地层取样实时流体性质识别方法[J]．测井技术，2020，44(4)：367-371.

[8] 冯永仁，刘海波，左有祥等．利用电导率实时预测地层水滤液污染度[J]．测井技术，2022，46(5)：511-516.

万米超深井测井工艺技术进展与成效

张海军　张炳军　杨新宏　马江湖　郭　帅　杨青建　刘　昆

（中国石油集团测井有限公司）

摘　要　针对万米超深井电缆测井面临的高温、高压、超深、高张力等难题，采用理论设计与试验测试相结合的方法，开展万米超深井测井工艺技术攻关，形成了15000m高张力动力橇、145kN超高强度电缆、300kN高载荷工器具以及260℃/210MPa井下防卡解卡工具等测井核心装备及工艺技术。通过深地TKX井及深地CKX井两口万米井的现场试验及分析评价，表明该技术有较高的可靠性及适用性，对超深井电缆测井工艺技术发展有指导意义。

关键词　万米超深井；电缆测井；动力系统；工艺工器具；工艺技术

Progress and effectiveness of logging technology for 10000 m ultra deep well

Zhang Haijun　Zhang Bingjun　Yang Xinhong　Ma Jianghu　Guo Shuai　Yang Qingjian　Liu Kun

(China National Logging Corporation)

Abstract　In response to the challenges of high temperature, high pressure, ultra depth, and high tension faced by the 10000 meter ultra deep well cable logging, a combination of theoretical design and experimental testing was adopted to carry out technological breakthroughs in the 10000 meter ultra deep well logging process. The core logging equipment and technology, including a 15000m high tension power sled, a 145kN ultra high strength cable, a 300kN high load tool, and a 260 ℃/210MPa downhole anti jamming and unblocking tool, were formed. Through on-site testing and analysis evaluation of two 10000 meter wells, Deep TKX and Deep CKX, it is shown that this technology has high reliability and applicability, which has guiding significance for the development of ultra deep well cable logging technology.

Key wordst　10000 m ultra deep well; cable logging; dynamic system; process tools and instruments; process technology

我国资源条件好的油气盆地在经历半个多世纪的开发后，大部分区域勘探程度已进入中高阶段，例如松辽盆地、渤海湾陆上、鄂尔多斯盆地，资源探明率分别达到70%、53%和50%，这意味着，在中浅层发现大型资源富集油气田的机会越来越渺茫，中国陆上常规天然气资源量为41.00×10^{12}m^3，其中深层约占30.1%，超深层约占40.2%。因此，超深层钻井就是为探索油气资源战略接替领域迈出的重要一步，在更深、更古老层系寻找资源战略接替区，便成为保障国家能源安全的必然选择。但随着钻井深度不断加深，贯穿层系增多、温压条件更苛刻、地层岩性愈发复杂，同时也给测井施工带来更严峻的挑战。油田公司在钻的深地CKX井及深地TKX井深分别为10520m和11100m，井底最高温度压力达到224℃/174MPa，测井存在如下技术难点：

（1）万米超深井已超出当前绞车最大作业深度、超出成熟电缆测井动力系统的作业极限，测井作业对电缆的高张力、大容量提出了新要求、新挑战，常规电缆已经无法满足测井施工需求，需大容量滚筒及高强度电缆设备。根据以往经验估算施工电缆长度应在13000m左右，电缆拉断力需大于140kN，最大安全使用拉力不小于90kN，因此需研发制造高强度动力系统。

（2）随着电缆载荷的增加，测井地面承重工具载荷也需进一步提升，按照井口承重能力大于电缆破断力 2 倍的要求，地面承重工具额定载荷应大于 28t，目前常用工具载荷为 18t，因此需开展高载荷承重工具研制。

（3）万米超深井施工时，由于下入井内电缆过长，电缆自重及与井壁摩阻较大导致地面电缆所受张力急剧增加，普通机械弱点无法满足弱点设计要求，且电缆无法提供充足的仪器解卡力，因此需进行 224℃/174MPa 以上高温高压可释放马笼头及震击器的研发。

围绕以上保障难点，张炳军等对测井工艺技术的特点和应用条件进行分析，提出测井工艺技术发展对策。陈曾宝针对 8000m 以上的超深井测井一次成功率不高问题进行分析研究，提出了提高超深井测井一次成功率的方法并实际应用。罗荣发表了超深井测井遇阻遇卡原因分析及解决对策，对塔河油田奥陶系油藏超深井测井存在的吸附卡、掉块卡、键槽卡 3 种遇卡情况进行了深度分析，并针对性的提出改进措施。乔文玮等针对深地深海油气勘探用测井电缆，研发深地深海测井电缆铠装钢丝，大大提高了钢丝抗拉强度。杨兴琴等发表了海上深水超深井电缆传输系统，对斯伦贝谢公司开发的海上深水超深井集成化电缆测井传输系统进行了详细论述，研究其高强度力矩平衡复合电缆 TuffLINE、测井拖撬 OSU-N、电动控制的电缆弱点释放装置 SureLOC 之间配合关系以及应用效果。郭帅等针对深地 TKX 井电缆遇阻遇卡问题，进行井下、滑轮、滚筒等位置处电缆的受力分享，研究拉力棒、滚筒直径、上提速度对万米测井电缆强度的影响。本文结合万米超深井对电缆测井工艺的具体要求，开展超高强度电缆、高载荷动力系统、高载荷承重工具、超高温高压防卡解卡工具及工艺方法研究设计。

1　万米超深井电缆测井技术进展

1.1　研制超高强度万米电缆

电缆是测井施工的“生命线”，主要作用为连接地面测井设备与井下仪器，实现仪器通讯畅通和测井数据高速上传，同时也负责将测井仪器在井筒内部匀速的下放和起出。12.5mm 超高强度电缆通过研发新型钢丝技术，钢丝强度从 2160MPa 提高至 2600MPa，电缆拉断力从 110kN 提升至 145kN 以上，耐温性能达到 260℃。电缆外层使用双合金镀层钢丝，使电缆强度、耐磨、抗碱性腐蚀性能大大提高，有效安全工作拉力范围从拉断力 50%提升至 60%。

电缆缆芯选用双金属材料铜导体缆芯，通过加大导体截面积，增加绝缘层厚度，进一步降低电缆容抗阻抗，提高电气性能。制造工艺方面，创新缆芯包覆工艺和双层钢丝“S-Z”铠装工艺，解决双层钢丝反弹松散技术难题，使得电缆抗挤压性能从 55kN 提升至 90kN，钢丝预变形率达到 92%，提升电缆的平衡性能。电缆具体结构如图 1 所示。

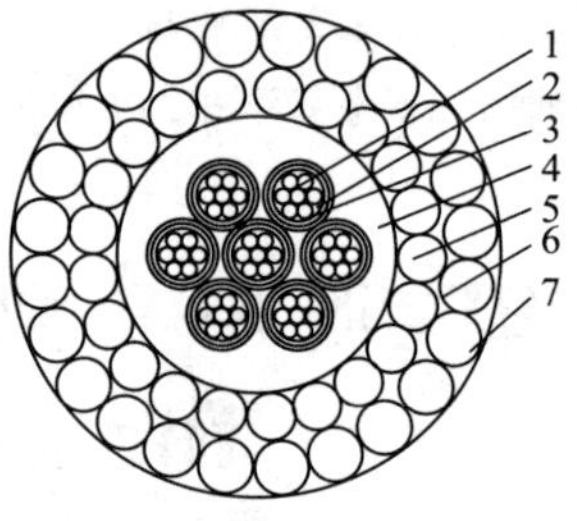

1—阻水密封导体；2—内绝缘；3—外绝缘；4—耐压支架；
5—内铠超高强度双合金镀层钢丝；
6—外铠超高强度双合金镀层钢丝；
7—密封防腐粘附

图 1　超高强度万米电缆结构

1.2　研发高载荷动力系统

国内测井设备目前最大作业深度达到 9000 多米，现有车载测井动力系统是以 10500m 电缆容量进行设计，不适用超万米深井施工。针对万米超深井测井需求，创新研发高载荷动力系统，攻克了高强度防磁滚筒及动力绞盘与主绞车联合控制技术，实现国内首次成功研制液压传动动力绞盘。本系统采用高张力动力拖撬加恒张力动力绞盘模式，有效保护滚筒及底层电缆不受高应力损伤。其中拖撬采用高强度防磁滚筒设计及制造技术，冶炼和锻造更高强度的防磁钢材料，设计新的滚筒结构，实现绞车提升载荷从 85kN 提升至 156kN，滚筒容量从 10500m 提升至 15000m。另外新型滚筒能承载更大电缆拉力和更多电缆缠绕，解决电缆滚筒变形和开裂问题，还可利用防磁钢不会被通电电缆磁化的特性，避免作业时干扰电缆信号传输。

恒张力动力绞盘采用辅助超深井电缆张力释放技术，利用电缆与绞盘绳槽产生的静摩擦力实现 110kN 的最大辅助提升载荷，使缠绕在滚筒上的电缆张力变小，从而防止电缆被过度挤压损坏。此外，高强度动力系统采用主绞车与动力绞盘协同计算机控制技术，通过计算机控制调节绞盘速度和张力，保持动力绞盘与主绞车同步协同作业。图2和图3分别为电缆滚筒和绞盘滚轮应力布局云图，图2中滚筒绿色箭头为固定端，粉色箭头为侧壁受力指示，红色箭头为筒身受力指示，滚筒最大应力点出现在侧壁与筒身交汇处，最大应力为282MPa，滚筒材料屈服强度为520MPa；图3中动力绞盘绿色箭头为固定端，红色箭头为滚轮绳槽受力指示，最大应力点出现在轮毂与筒身交汇处，最大应力为29.9MPa，绞盘材料屈服强度为100MPa，两者均符合使用要求。

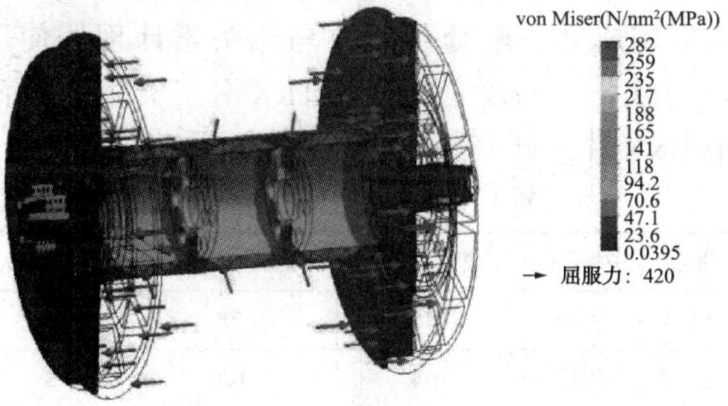

图2　滚筒应力布局云图

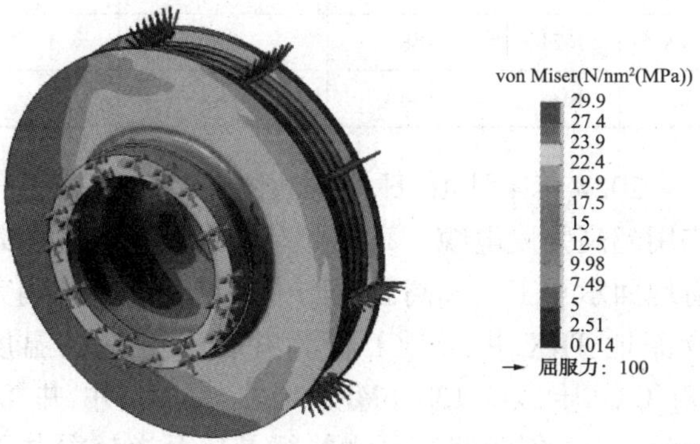

图3　动力绞盘滚轮应力布局云图

1.3　研制高载荷承重工具

井口工具作为测井地面辅助工具，主要作用为依靠井架承载井下仪器及电缆的重量，为测井电缆建立运行通道，实现井下仪器自由起下，承重设备的载荷强度直接关系到测井作业的施工安全。根据万米超深井测井施工要求，攻克了金属材料屈服强度衰减、橡胶密封件变形失效等技术难题，完成了张力计、滑轮、链条、T型棒等12种井口工器具结构设计仿真、高强度高韧性材料优选，额定载荷从180kN提升至300kN，全面满足万米超深井高张力作业需求。图4和图5分别为T型棒受力仿真分析以及滑轮设计图。

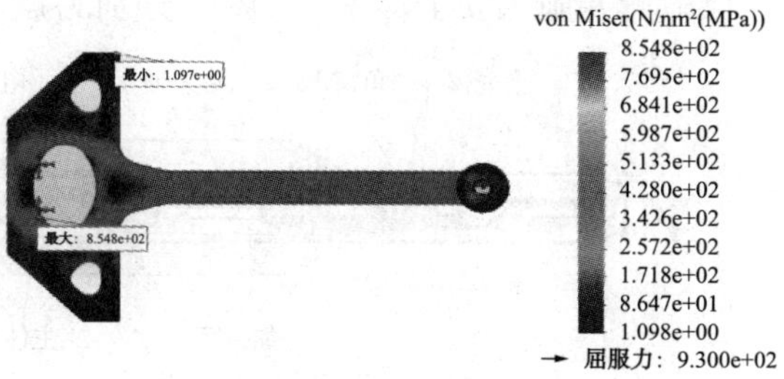

图4　承重工器具T型棒有限元分析

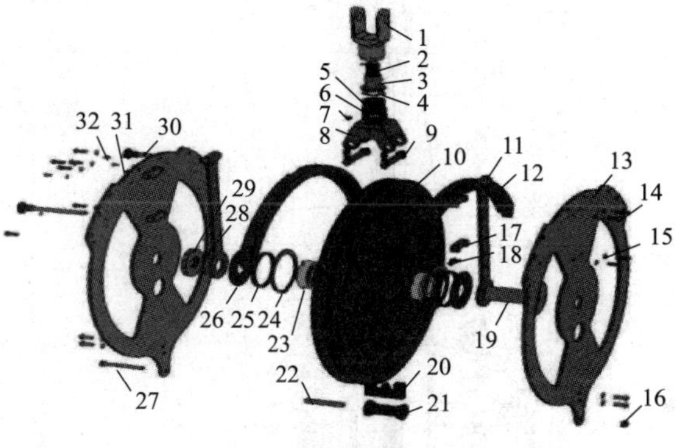

图5　滑轮结构设计

1.4　研发高温高压井下工具

1.4.1　超高温高压可释放马笼头

为了解决万米超深井高温高压条件下，常规测井马笼头温压指标不满足要求以及机械拉力棒无法满足电缆释放等难题，研发超高温高压可释放马笼头。其耐温耐压性能从175℃/140MPa提升至260℃/210MPa，具体结构如图6所示，马笼头内部创新配置平衡筒组件，通过平衡活塞调节仪器内部与外界的压力，从而适应最高210MPa的超深井地层高压；下接头组件中的保温瓶部件确保仪器的电路部分可在超高温环境中安全可靠工作，从而适应最高260℃的超深井井底高温；同时马笼头利用电控释放装置来代替传统的机械拉力棒释放装置，在需要时通过电缆传输信号将井下仪器与测井电缆分离，相比传统机械弱点能够实现地面人工控制释放，保护电缆的同时降低复杂处置难度。

1.4.2　超高温高压震击器

超深井地应力、钻井液粘度高、井筒砂桥等因素导致电缆测井仪器遇卡率增高，且由于井深原因，电缆无法给仪器提供足够的解卡张力，为了提高仪器串防卡解卡能力，研制超高温高压电缆震击器。当仪器遇卡时，通过上拉电缆使震击器蓄存大量弹性势能，至激发点时解锁，弹性势能释放，震击锤向上产生震击，使遇卡仪器成功解卡，在一定程度上可以防止仪器卡死或电缆粘卡，保障测井施工安全。图 7、图 8 分别为震击器的工作示意图及工作原理。

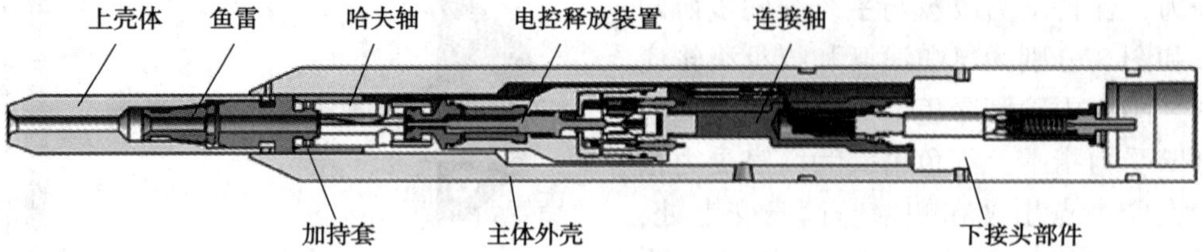

图 6　可释放马笼头结构示意图

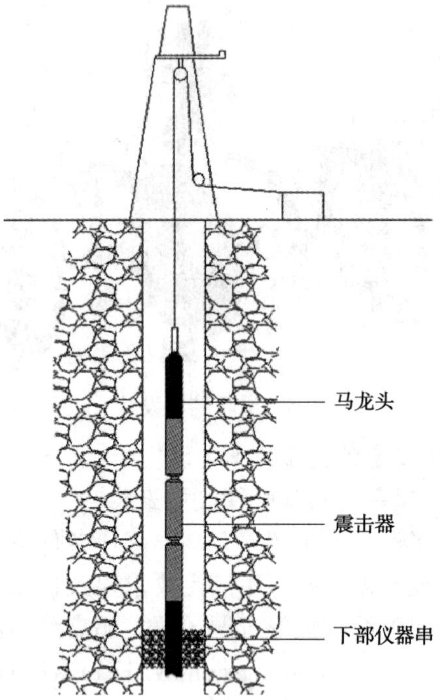

图 7　震击器工作示意图

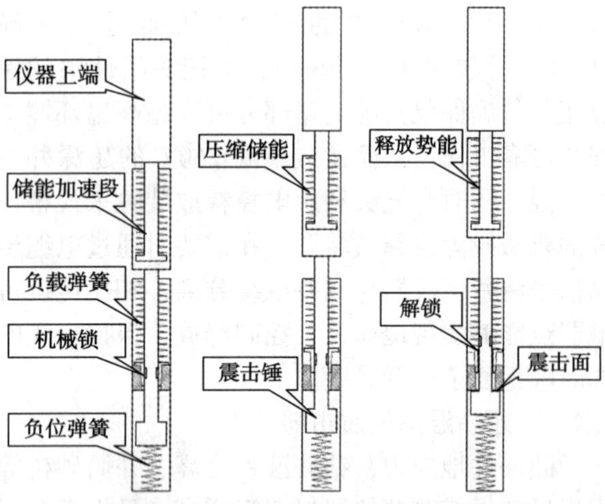

图 8　震击器工作原理

2　现场试验及成效

万米超深井各项技术装备目前分别在塔里木和西南油气田开展试验应用，其中超高强度电缆在塔里木油田克深、富满区块已安全运行 1500km，应用效果良好。高载荷动力拖撬在塔里木油田配套超高强度电缆累计下井 148 趟次，安全运行超 1200h，性能稳定，统计数据见表 1。12 种高载荷工具在塔里木油田、西南油气田现场应用成熟，配套可释放马笼头累计现场使用 45 井次，并高效完成深地 TKX 井三开完井及深地 CKX 井三开完井、四开即时测井施工任务。

表 1　动力拖撬应用统计表

井号	井深(m)	井底温度(℃)	井底压力(MPa)	下井趟次
XX 1	6800	148	78	131
XX 2	8052	164	106	3
XX 3	8410	160	114	10
XX 4	7600	175	154	2
XX 5	9621	188	138	1
XX 6	9038	184	144	1

2024 年 4 月 16 日，中油测井塔里木分公司应用超高强度电缆、高载荷动力系统、配套高载荷地面承重工具和高温压防卡解卡工具，顺利完成深地 TKX 井四开工程测井任务，井底温度 188℃，压力 138.6MPa，最大测井井深 9621.8m，创亚洲最深测井纪录！万米超深井测井工艺技术及设备性能得到检验，形成了超万米测井工艺技术体系(图 9)，为后期万米科探井测井作业提供了工艺保障。

3　结论

(1) 万米超深井复杂的地质条件及井下工程环境已远远超过常规测井工艺工具适用范围，本文系统分析了万米深井对测井工艺的具体要求和技术难点，通过自主研发 15000m 高张力动力系统、12.5mm 超强度承荷测井电缆、300kN 额定载荷高强度井口工具以及 260℃/210MPa 高温高压井下防卡解卡工具，形成了 100%国产化的万米超深井测井工艺技术。

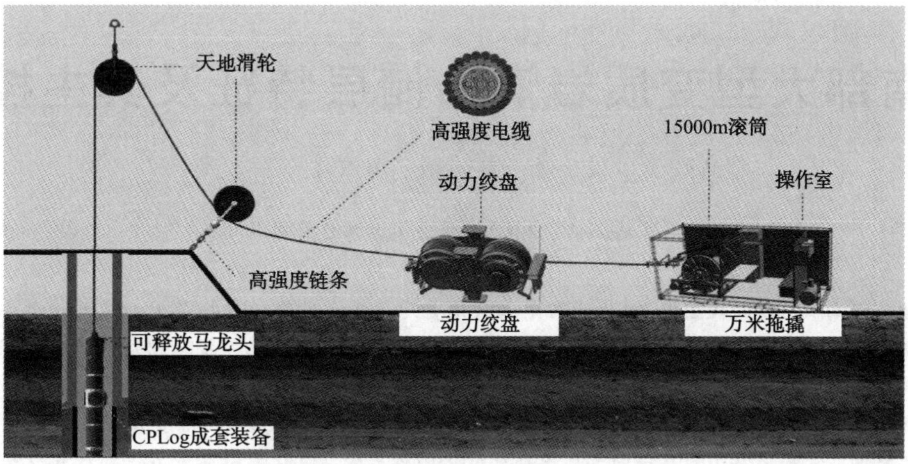

图9　万米井测井工艺示意图

（2）现场试验表明，万米超深井整套测井工艺设备及工艺技术性能优异，各项指标均优于行业标准要求，并且在两口万米科探井成功应用，创造多项国内外测井纪录，具备了13000m超深井测井作业能力。

（3）通过万米超深井测井工艺技术应用，极大的提高了电缆测井工艺适用范围，降低超深井测井施工难度，防控施工风险，使得超深井电缆测井施工工艺不断完善，因此具有较高的推广应用价值。

参考文献

[1] 余果林，高屾，任柯霓．中国深度大国“气”度[N]．中国石油报，2023-07-24(001)．

[2] 李剑，余源琦，高阳，等．中国陆上深层-超深层天然气勘探领域及潜力[J]．中国石油勘探，2019，24(4)：403-417.

[3] 孙金声，王伟，王庆，等．万米超深层油气钻完井关键技术面临挑战与发展展望[J]．钻采工艺，2024，47(02)：1-9.

[4] 王志刚，王稳石，张立烨，等．万米科学超深井钻完井现状与展望[J]．科技导报，2022，40(13)：27-35.

[5] 王晓强，沙玉琢，张广庆．一种测井马笼头电气释放装置的释放控制电路[P]．中国，实用新型专利，CN201921584276.3.2020.05.22.

[6] 张炳军，宋宇，马正江，等．测井工艺技术的发展与探析[J]．测井技术，2022，46(6)：651-655.

[7] 陈增宝．超深井测井成功率的研究及应用[J]．化工管理，2020，(23)：195-196.

[8] 罗荣．超深井测井遇阻遇卡原因分析及解决对策[J]．测井技术，2012，36(05)：543-546.

[9] 乔文玮，武阿林，杨恒勇，等．深地深海油气勘探用测井电缆铠装钢丝的研发[J]．电线电缆，2022，(01)：16-18.

[10] 杨兴琴，李总南．海上深水超深井电缆传输系统[J]．测井技术，2015，39(03)：367.

[11] 郭帅，魏荣江，张强，等．深地万米井测井电缆强度分析[J]．测井技术，2024，48(01)：59-66.

[12] 董凯，陈文全，汤胜利，等．测井绞车设备技术现状与发展趋势[J]．石油机械，2008，(10)：84-87.

[13] 王来智，南建武，张涛，等．7000 m测井绞车滚筒强度及电磁场分析[J]．机械工师，2021，(08)：126-129.

[14] 罗学东．可释放马笼头的研制[J]．石油仪器，2009，23(04)：20-21+24+100.

[15] 龚光勇，孙志忠，薛建民，等．测井液压震击器的研制与应用[J]．测井技术，2021，45(06)：568-572.

渤海南部大型变质岩潜山储层特征及其主控因素

高雁飞　梁　晓　赵　昭　石文龙　宿　雯

[中海石油(中国)有限公司天津分公司]

摘　要　渤南低凸起西段渤中 26-6 油田是渤海湾盆地近年来发现的规模最大的变质岩潜山油田，探明储量超亿吨，具有含油面积大、油品性质好、储量丰度高的特点，但钻井揭示储层非均质性强，优质储层展布规律不明确。基于钻井、测井、岩矿及三维地震资料，分析了变质岩潜山储层发育特征，明确了优质储层形成的主控因素，指明了其在时空上的展布规律。结果表明：裂缝-孔隙型储层是太古宇潜山最为主要的储集空间，变质岩潜山储层垂向上可识别出风化砂砾岩带、风化裂缝带和基岩带，风化裂缝带厚度大、物性好，是最为主要的储层发育段；平面上，风化-裂缝型储层呈现出东西向“西薄东厚”，南北向“两侧薄中间厚”的特点。差异构造活动及强风化改造控制了优质储层的形成：①印支、燕山、喜山期构造运动形成的裂缝为储层的发育提供基础，印支期构造运动对研究区潜山储层裂缝起关键性作用，燕山期构造运动局部改造，喜山期南北向伸展活化早期裂缝，早期应力挤压集中区优质储层发育基础更为有利；②以先存裂缝为基础，长时期大气淡水沿缝溶蚀，形成了分布范围广、厚度大的潜山优质储层，古地貌控制了大气淡水溶蚀强度。因此，渤南低凸起西段变质岩潜山优质储层垂向上主要分布于大气淡水能够波及的 400m 以内，平面上主要分布于“强构造-强风化”叠加区，向构造弱活动区及古地貌低部位储层不断变差。

关键词　渤海南部；变质岩潜山；优质储层；储层特征；主控因素；展布规律

Characteristics and Main Control Factors of Large Metamorphic Buried Hill Reservoirs in the Southern Bohai Sea

Gao Yanfei　Liang Xiao　Zhao Zhao　Shi Wenlong　Su Wen

(CNOOC China Limited, Tianjin Branch)

Abstract　The Bozhong 26-6 oilfield in the western section of the Bonan low uplift is the largest metamorphic rock buried hill oilfield discovered in the Bohai Bay Basin in recent years, with proven reserves exceeding 100 million tons. It has the characteristics of large oil bearing area, good oil properties, and high reserve abundance. However, drilling reveals strong reservoir heterogeneity, and the distribution pattern of high - quality reservoirs is not clear. Based on drilling, logging, rock and mineral data, and three - dimensional seismic data, the development characteristics of metamorphic rock buried hill reservoirs were analyzed, and the main controlling factors for the formation of high - quality reservoirs were identified, indicating their spatial and temporal distribution patterns. The results show that the fracture pore type reservoir is the most important reservoir space in the Archaean buried hill, and the metamorphic rock buried hill reservoir can vertically identify weathered gravel rock zone, weathered fracture zone, and bedrock zone. The weathered fracture zone has a large thickness and good physical properties, making it the most important reservoir development section; On the plane, the weathered fractured reservoir exhibits the characteristics of "thin in the west and thick in the east" in an east-west direction, and "thin on both sides and thick in the middle" in a north-south direction. Differential tectonic activity and strong weathering transformation have controlled the formation of high-quality reservoirs: ① The fractures formed by the Indosinian, Yanshan, and Himalayan tectonic movements provide the foundation for reservoir development, and the Indosinian tectonic movements play a crucial role in the study of buried hill reservoir fractures. The Yanshan tectonic movements have undergone partial transformation, and the early fractures have been activated by north - south extension during the Himalayan period. The development of high-quality reservoirs in areas with early stress compression concentration is more favorable; ② Based on the pre existing cracks, atmospheric fresh water has been eroded along the cracks for a long time, forming high-quality buried hill reservoirs with a wide distribution range and large thickness. The ancient landform controls the intensity of atmospheric fresh water dissolution. Therefore, the high-quality reservoirs of the metamorphic rock buried hill in the western section of the Bonan low uplift are mainly distributed vertically within 400m of the atmospheric fresh water, horizontally mainly in the " strong structure strong weathering" superposition area, and continuously deteriorate towards the weak activity area of the structure and the low part of the ancient landform.

Key wordst metamorphic rock buried hills in the southern Bohai Sea, high-quality reservoirs, reservoir characteristics, main control factors, distribution patterns

自上世纪 70 年代任丘古潜山高产油田发现以来，潜山一直是渤海湾盆地重要的勘探层系。渤海海域发现了渤中 28-1 古生界油气藏、锦州 25-1 南太古界潜山油藏、蓬莱 9-1 中生界油田，展现了渤海海域潜山良好的勘探前景。进入新世纪以来，渤海油田通过对渤海西南部构造精细解与释构造演化再落实，落实了渤中 19-6 太古界大型潜山圈闭群，成功发现了渤海湾盆地首个太古界千亿方大型凝析气田。区域分析认为，渤南低凸起太古界潜山与渤中 19-6 潜山带同为太古界印支期逆冲带，理应具有相似的成藏条件，而渤南低凸起太古界潜山经历了近 40 年的勘探，仅在渤中 26-2 潜山发现了小型凝析气藏，已有钻井揭示太古界潜山储层横向变化快，非均质性强是该区未获突破的重要制约因素之一，理清优质储层展布规律是该区获得突破的关键。

前人对渤海湾盆地太古界变质岩潜山储层研究主要揭示为潜山风化壳型和潜山裂缝型两种类型，潜山风化壳型储层以风化淋滤所形成的孔隙型储层为主，影响储层发育的根本因素主要为变质岩岩性。潜山裂缝型储层为受构造挤压、岩浆、热液等因素影响形成，储集空间类型以裂缝为主，整体孔隙度一般低于 3%。渤中 26-6 油田变质岩潜山顶部构造裂缝十分发育，且沿裂缝见明显的溶蚀现象，沿潜山顶面形成了厚套储层，但对该区优质储层的主控因素及展布规律目前认识较少，严重制约了深层变质岩潜山油气的拓展勘探。由于该区域经历了多期次的构造运动，造成有效储层的形成及分布规律相对复杂。在此背景下，现有的潜山控储理论不足以支撑该区下一步精细勘探。因此，有必要进一步厘清变质岩潜山优质储层发育机制。

本次研究以研究区全覆盖的三维地震资料为基础，结合钻井、测井及岩矿资料，分析了渤海南部变质岩潜山储层发育特征，明确了优质储层形成的主控因素，指明了其在时空上的展布规律。该研究成果对渤南低凸起变质岩潜山评价具有一定的指导作用，同时也对同类型变质岩潜山储层的研究具有借鉴意义。

1 区域地质概况

渤南低凸起西段位于渤海海域南部，北部紧邻渤中凹陷，西北临近沙南凹陷，南面与黄河口凹陷西洼相连，渤南低凸起西段被三个富生烃凹(洼)陷包围，成藏条件十分优越。渤南低凸起西段花岗岩潜山出露太古代基底，钻井揭示的地层自上而下分别为平原组、明化镇组、馆陶组、东营组、沙河街组、太古界潜山，其中主要目的层位于太古界潜山。潜山北部地层依次出露古生界、中生界地层，分别形成双层、三层结构潜山。潜山南部向黄河口凹陷方向，地层仅出露中生界，缺失古生界，形成双层潜山结构(图 1)。

渤中 26-6 油田的含油层系为太古宇潜山。油田所在构造与渤中 19-6 潜山、渤中 28-1 潜山同为印支期近 SN 向挤压作用形成的 EW 向古隆起。古隆起上发育两组断裂体系，分别为 NWW 向的挤压-拉张断裂体系和 NEE 向的挤压-走滑断裂体系。NWW 向的断裂体系控制着古隆起 EW 展布的构造雏形，NEE 向的断裂体系斜向切割先存古隆起，将其自西向东划分为不同断块，并在先期挤压和后期沉降活动的差异控制下，各断块自西向东呈现由高到低的构造形态。其中，西断块为古潜山的最高点，太古宇潜山的出露范围较小，在渤中 26-2 潜山发现小型凝析气藏；东断块形态宽缓，太古宇出露范围大，与东营组富泥超压地层组成良好储-盖组合，在渤中 26-6 潜山发现太古宇油田。

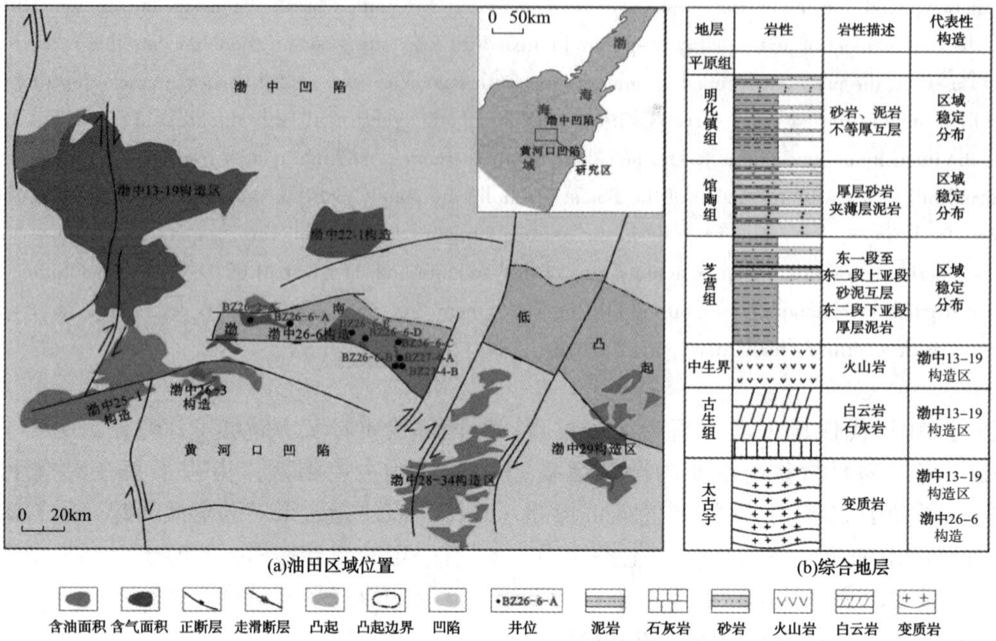

图 1　渤中 26-6 油田区域位置和综合地层特征

2　储层特征

渤中 26-6 油田太古界潜山储层主要由变质岩、部分岩浆岩侵入体及顶部砂砾岩组成，形成了以孔隙为主，孔、缝并存的双孔介质储层。

2.1　岩石学特征及储集空间特征

基于岩心、薄片特征，渤中 26-6 油田中太古界潜山主要发育片麻岩和变质花岗岩，局部受混合岩化和碎裂化的作用，发育碎裂岩和混合岩化花岗岩，同时发育少量的辉绿岩侵入体。变质岩主要造岩矿物为浅色系石英、斜长石、钾长石。石英百分含量为 8.6%～66.9%，平均为 28.5%。长石百分含量为 5.7%～86.1%，平均为 57.9%。暗色矿物含量主要分布在 1.7%～36.9%，平均为 13.8%，含量较低，主要为黑云母、白云母、角闪石，少量的菱铁矿、黄铁矿、铁白云石等。

由于受到多期构造运动以及长期风化作用的控制，潜山储集空间以孔隙为主、裂缝为辅，具有双重介质特征(图 2)。岩心与岩石薄片均揭示裂缝具有不同发育期次且相互切割的特征，为多期造缝的构造背景。风化带中黏土矿物含量较高，薄片下岩石破碎，可见微裂缝与溶蚀微孔。距离风化壳 200m 以内大部分样品中可见溶蚀孔，溶蚀孔主要分布在长石中，偶见黑云母溶蚀。溶蚀孔多沿构造裂缝分布，表明流体主要沿先期构造裂缝运移，并对长石等易溶矿物进行溶蚀，成像测井上，可明显见到溶蚀作用主要沿着构造裂缝发育。荧光薄片中，无论是在构造裂缝中还是在溶蚀孔隙中均可见荧光显示及沥青充填，这证实裂缝与溶蚀孔构成的缝孔(洞)系统是主要的储油空间。

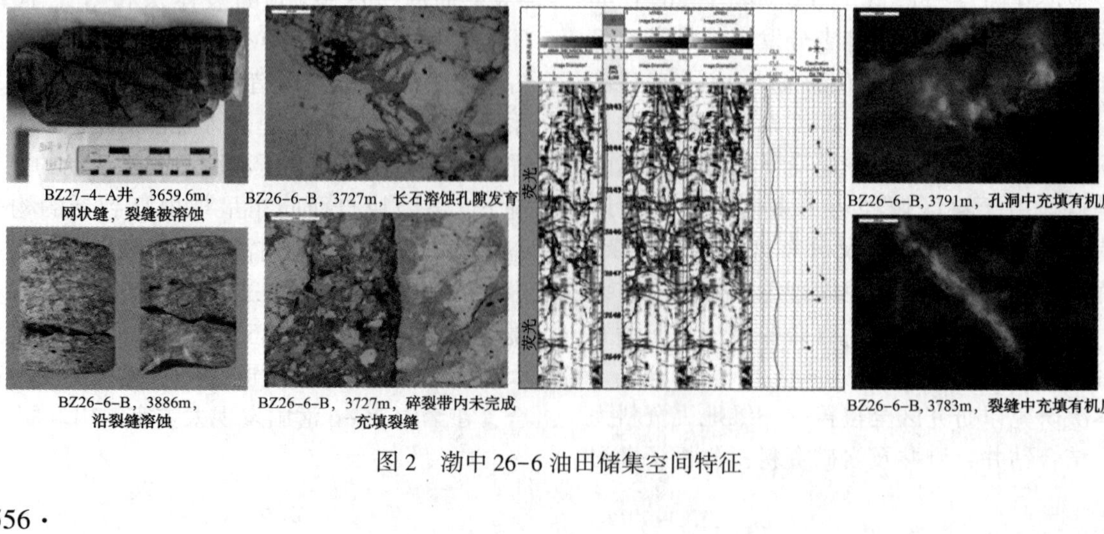

图 2　渤中 26-6 油田储集空间特征

2.2 垂向展布特征

渤中26-6油田太古界潜山储层垂向上具有明显的三元结构特征，根据岩性、储集空间类型以及物性差异等，自上而下划分为强风化溶蚀带、风化裂缝带以及基岩带。其中风化裂缝带厚度大、横向分布稳定是本油田最主要的储层发育带。

风化砂砾岩带位于潜山顶部，为一套风化砂砾岩，厚度介于31～101m之间，主要分布在构造的平台区以及相对低部位。风化砂砾岩砾石成份为变质花岗岩，磨圆较差，呈棱角～次棱角状，局部砾石中见裂缝，储集空间以砾间孔以及砾内溶蚀孔为主。实测孔隙度介于7%～10%，物性最好。该带由于强烈的风化崩解作用，裂缝密度较低，集中在0.4～0.8条/m。

风化裂缝带分布在距潜山顶面120～310m之间，分布最为稳定。岩性为风化的变质花岗岩，岩心上见明显的风化褪色现象以及大量的高岭土。该带裂缝密度最大，分布在0.8-1.1条/m。储集空间多为裂缝-孔隙和孔隙-裂缝型，镜下可见沿裂缝的溶蚀孔隙广泛发育，储层净毛比37.1～72.6%，平均高达54.6%；物性较好，孔隙度4.6～7.2%。

基岩带为新鲜的变质花岗岩。该带储层整体不发育，仅见局部构造裂缝，裂缝密度较低，一般低于1条/m。该带裂缝多被充填，少见溶蚀现象，荧光显示较弱，储层仅零星发育(图3)。

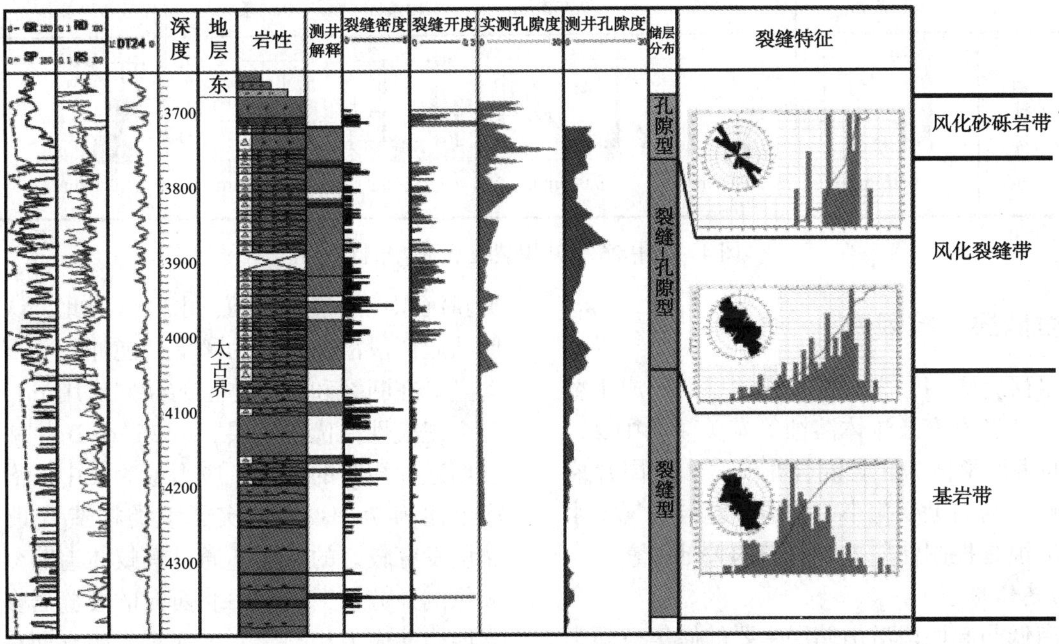

图3　渤中26-6油田储层垂向展布特征

2.3 平面展布特征

渤中26-6油田太古界潜山储层平面上呈现出主体区“西薄东厚”，南北向“主体区厚、南部断阶带、北部斜坡带薄”的特点。钻井揭示，主体区风化裂缝带厚度和净毛比自西向东逐渐降低，油田西侧的BZ26-6-D/E/F井风化裂缝带厚度均在为220m左右，位于东侧的BZ26-6-B/C井风化裂缝带厚度均达到约430m，净毛比由最西部F井的44%逐渐增大为B井的72%。在南北方向上，南部断接带和北部斜坡带太古界储层均零星发育，中间主体区风化壳厚度220m～430m，油层厚度99.1m～318.7m，净毛比44%～72%。主体区风化裂缝带溶蚀作用明显，溶蚀作用明显，在断裂带H溶蚀作用不发育，裂缝多被方解石充填，北部斜坡带J井成像测井揭示有效裂缝不发育。

成像测井能够反映研究区裂缝型储层发育特征，研究区主体区裂缝发育程度整体呈现东部密集，西部稀疏，中间密集、两侧稀疏的特点。东部钻探的B/E井有效裂缝密度0.63～1.13条/m，裂缝开度0.06～1.15mm，西部钻井有效裂缝密度0.28条/m，裂缝开度为0.025～0.056mm；位于最中部的E井有效裂缝密度达到1.13条/m，裂缝开度达到1.15mm，为裂缝型储层最为发育区。从南北方向上来看，南部断阶带H井区总裂缝密度达到0.29条/m，但裂缝有效性较差，有效缝密度仅为 0.14 条/m，裂缝开度仅为 0.025mm；北部斜坡区整体裂缝不发育，裂缝密度为 0.38 条/m，裂缝开度仅为 0.08mm。整体而言，裂缝的发育程度与风化-裂缝带的发育程度具有一致性(图 4)。

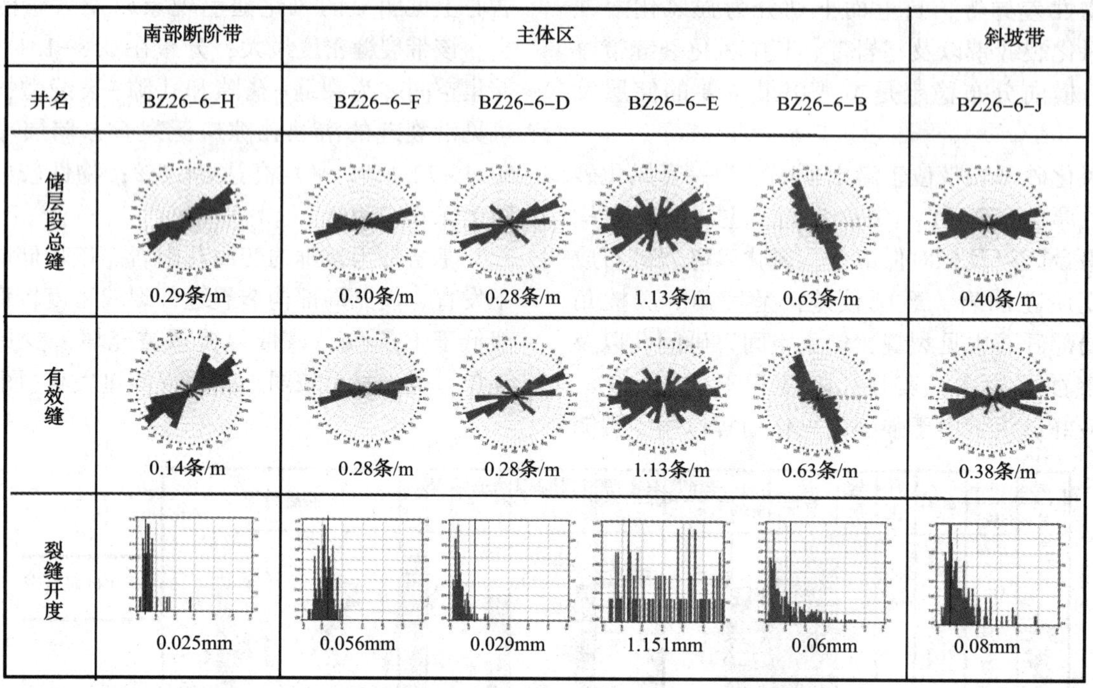

图 4　渤中 26-6 油田裂缝平面展布特征

3　优质储层主控因素

大量研究表明，太古宇规模储层的形成主要与岩性、裂缝发育及流体溶蚀等有关。渤中 26-6 油田的岩性整体为一套混合花岗岩和花岗片麻岩，岩性在横向上变化小，构造裂缝与大气淡水的流体溶蚀是控制储层差异分布的关键因素。

3.1　构造作用

渤南低凸起西段潜山储层主要的储集空间类型为裂缝-孔隙，而构造运动主要控制了潜山裂缝的形成，因此，明确关键期构造运动对潜山储层裂缝影响程度对于寻找潜山优质储层具有重要意义。渤中凹陷西南环为印支期、燕山期以及喜山 3 期构造运动的强叠合区，在其潜山带内已发现渤中 19-6 气田和渤中 13-2 油田两个亿吨级变质岩潜山油气田。不同时期的挤压应力、走滑应力与伸展应力的叠加对太古宇潜山有效裂缝的发育起到重要的控制作用。

已钻井证实，裂缝方向以 NNW 向和 EW 向为主，反应强印支运动为研究区主要造缝期。印支期的断裂在地震剖面中多为正断层的特征，但控山断层(F3)上盘潜山覆盖太古界地层，该断裂为印支期的逆冲断裂，因受到挤压抬升后而上覆新沉积地层遭到剥蚀(图 5)。因此，认为渤南低凸起西段潜山构造为印支期逆冲相关褶皱的主动盘，在断裂和褶皱体系的共同作用下，形成了现今规模性的优质储层。BZ26-6-B 井钻遇了印支期逆冲褶皱的核部，应力最为集中，潜山储层净毛比为 78.1%，证实了该类构造背景下潜山储层发育较好的特征，通过蚂蚁体追踪刻画以及成像测井分析，储层中北西向的裂缝居多，与印支期构造应力相吻合，也证实了印支期是主要成缝时期。

研究区局部井区可见燕山期改造证据，在 BZ26-6-A/H 井区，BZ27-2-C 井区见明显的 NE 向裂缝，与燕山期太平洋板块北西向俯冲关系密切。燕山期改造体现在两个方面，首先造成渤南低凸起西段东西高点储层差异，燕山期 NNW 逆冲控制了现今西高东低的构造格局，形成一系列高角度楔状逆冲断块，西侧被冲高后，部分优质储层被剥蚀，而东侧储层保存更好；这也解释了 BZ26-6-A 井净毛比低的原因；同时，从成像测井资料分析结果看，BZ26-6-A 井以北东向裂缝居多，保留少量北西向裂缝，这与燕山期构造运动应力场是十分吻合。

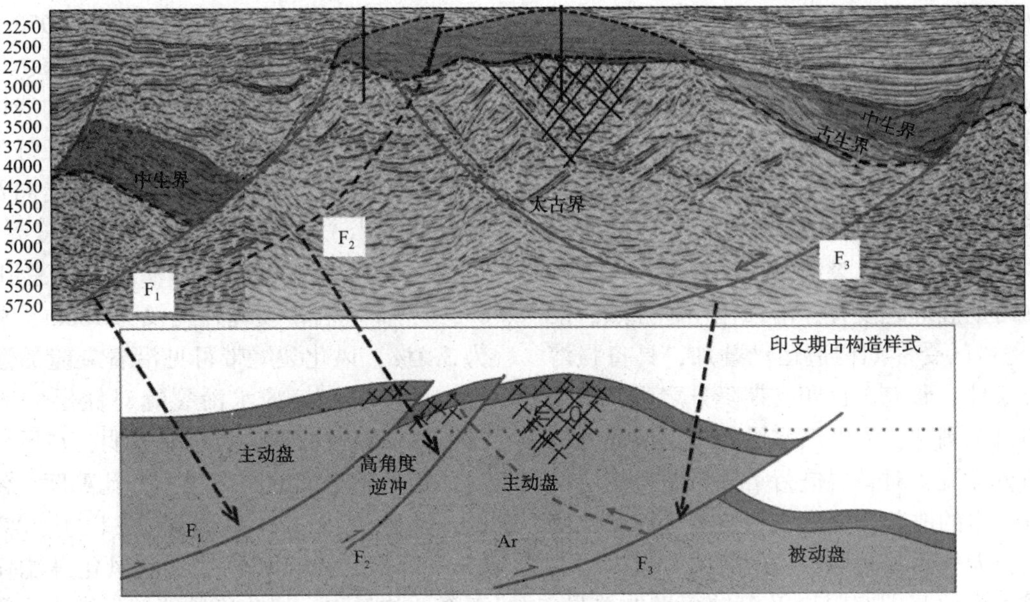

图 5　渤中 26-6 油田印支期造缝模式图

燕山期差异改造也体现在东块与倾末端差异改造上，通过构造图对郯庐断裂中支左旋到右旋转换过程的恢复，郯庐断裂中支左旋走滑断距可达 12.8km，在燕山期的剧烈的左旋走滑运动下，会活化先前印支期形成的 NWW 向裂缝，能有效增加 BZ27-2-C 井的潜山储层裂缝宽度，裂缝开度均值达到了 92um，其均值大于 BZ26-6-B 井。不仅如此，BZ27-2-C 井裂缝密度均值为 1.6 条/米，而受印支期影响最为强烈的 BZ26-6-B 井裂缝密度均值为 1.8 条/米，这是由于 BZ27-2-C 井处于燕山期断裂之间，燕山期 NW 向逆冲也对其潜山储层造成影响，在一定程度上增加了裂缝密度。

研究区渤南低凸起西段变质岩潜山主要受控于印支燕山两期控制，印支期为主要造缝时期，起最关键性作用；燕山期构造运动局部改造，造成渤南低凸起西高点、东高点、倾末端三个部分储层差异。研究区西部成缝的主要时期是燕山期，印支期形成的 NW 向的裂缝大部分被剥蚀，裂缝是由燕山期逆冲成缝和印支期挤压成缝共同作用的，燕山期影响最强烈，印支期影响较弱；东部成缝主要时期为印支期，裂缝方向只有一组印支期形成的 NW 向裂缝，成因是由印支期挤压和燕山期走滑活化共同作用的，其中，印支期挤压作用强烈，燕山期走滑活化作用强调一般；南部倾末端成缝主要时期为印支期，裂缝主要方向为 NW 向，也有部分 NE 向裂缝，成因是由印支期挤压、燕山期走滑活化、燕山期逆冲成缝共同作用形成，印支期作用强度一般，燕山期走滑活动较强，燕山期逆冲成缝作用一般(图 6)。

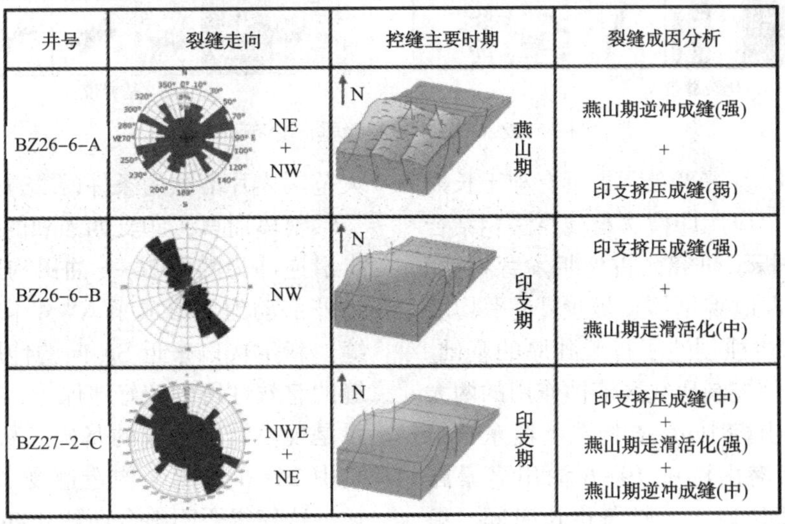

图 6　渤南低凸起西段潜山裂缝成因分析

渤海海域在喜山期，处于区域伸展背景之下，以南北向伸展为主，先存裂缝受伸展作用再活化，极大地保持了裂缝的有效性，为后期风化淋滤溶蚀提供了良好的空间。

3.2　风化淋滤

基于构造裂缝的风化溶蚀作用是太古界潜山储层形成的重要方式。裂缝是发生溶蚀作用的基础，溶蚀时期裂缝越发育，溶蚀作用越强烈，渤中 26-6 构造区受多期构造运动叠加，具备强溶蚀的先天条件。研究区自印支期隆升之后，遭受了长期的风化剥蚀，大气淡水沿印支期形成的构造裂缝向下渗流，对基岩进行溶蚀可使得储层性能得到进一步的改善。但是受构造裂缝连续性变化的影响，大气淡水向下渗流的范围有限，这也势必造成风化的范围有限以及溶蚀程度的差异，垂向上，风化段与未风化段在测井、井壁取芯以及物性资料上均具有明显的差异。

以 BZ26-6-B 井为例，3750～4050m 壁芯上风化特征明显，见明显风化褪色现象，反映了较强的风化作用，电阻率曲线和声波曲线以逐渐变化到接近基线。成像测井揭示风化裂缝带与基岩带裂缝倾角、开口缝走向、诱导缝走向及裂缝密度基本相当，但裂缝开度及总孔隙度差异较大，风化裂缝带裂缝开度为 57.73um，总孔隙度为 6.3%，而基岩带裂缝开度仅为 18um，总孔隙度为 3.1%，风化裂缝带可见沿着裂缝的溶蚀孔发育，反应了大气淡水沿裂缝对储层的改造作用（图 7）。物性数据分析结果表明，在风化裂缝带内，距不整合面的距离越大，孔隙度、渗透率越低，孔隙度由 17% 降低到 2% 以下，渗透率由 15md 降低到 2md 以下，反映风化淋滤作用的逐渐降低的过程。风化指数能够反映太古界潜山的风化程度，由顶到底，风化指数也呈现明显的降低过程。

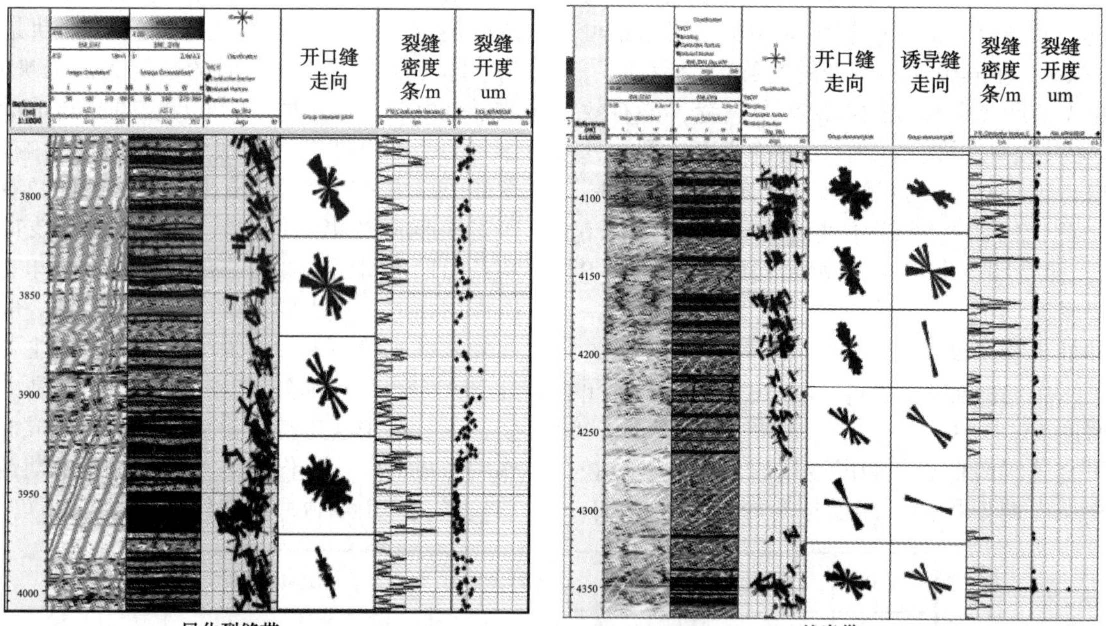

风化裂缝带　　基岩带

图 7　BZ26-6-B 井裂缝垂向分布特征

前人研究表明，宽缓平台背景更有利于长期风化溶蚀储层发育。应用印模法与残厚法相结合的手段，恢复和分析了研究区古地貌发育特征，渤中 26-6 构造区古地貌平缓、坡度小（平均坡度<4°），为大面积溶蚀创造了得天独厚的基础。古地貌和暴露时间是控制研究区溶蚀作用的两大关键因素，中位潜山渤中 26-6 构造上覆东营组地层，比邻区深埋潜山渤中 19-6 油田多暴露 20Ma（沙河街组时间）以上，具备更长时间、更大范围连片溶蚀的条件（图 8）。

整体而言，印支期强烈的挤压碰撞与燕山期走滑逆冲为渤中 26-6 油田构造裂缝的形成提供了外部动力，形成了 NWW 向和 NEE 向两组裂缝。新生代以来近 SN 向的伸展作用使得先期裂缝的有效性得到较好地保持，立体的有效缝网体系是规模储层形成的基础。从燕山期至古近纪，渤中 26-6 油田的构造遭受了超过 100Ma 的风化，这使得距不整合面约 400m 范围内的裂缝体系遭受了风化淋滤改造，潜山顶部 30～101m 发生强烈破碎，形成风化砂砾岩带，该带在地貌平台区和相对低部位厚度较大。在风化裂缝带，岩石保持刚性特征，并沿着裂缝发生溶蚀增孔，孔隙度为 5%～10%。在 400m 以深，裂缝带受风化改造较弱，孔隙度主要分布在 2%～5%。此外，构造裂缝后续溶蚀的“缝溶体”也使得渤中 26-6 油田顶部形成稳定分布的规模储集体。

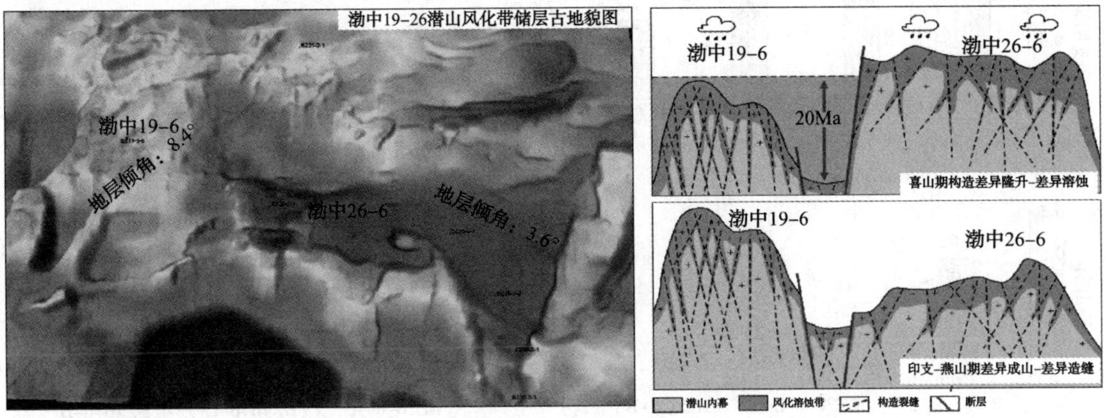

图 8 渤中 19-26 构造区潜山风化带储层古地貌及成储模式综合图

4 优质储层展布规律

印支期强烈的挤压碰撞叠加燕山期局部改造为渤中 26-6 构造提供了良好的裂缝基础，为规模性溶蚀创造了条件，两组应力发育叠加区是最为有利的裂缝发育区，印支主控区、燕山主控区为次有利的裂缝发育区。

前人研究表明，印支期裂缝主要受逆冲相关褶皱核部控制，在垂直于褶皱核部方向上，越靠近核部印支期裂缝发育程度越高，这直接导致了位于核部的主体区裂缝整体发育程度高，向南部断阶带 H 井区和北部斜坡区 J 井区裂缝密度相对较低。在平面上，渤南低凸起太古界潜山呈近东西向展布，褶皱中心位于渤中 19-6 构造，向东褶皱规模逐渐减小，受印支期剪刀口闭合影响，近 EW 向和 NW 向裂缝为印支期主要形成的裂缝，沿印支期核部东西向的已钻井统计结果表明，印支期裂缝密度从西向东逐渐减小，由 1.06 条/m 逐渐减小到 0.13 条/m（图 9），因此，越靠近西部印支期裂缝越发育。受太平洋板块俯冲方向改变影响，燕山期的断裂体系以早期逆冲、晚期走滑为主，现今走滑断层为早期逆冲断层再活化，对燕山期形成的 NE 向裂缝统计结果表明，越靠近主走滑断层裂缝密度和裂缝倾角相应也就越高，靠近走滑的 A 井和 B 井燕山期裂缝倾角可到 46.2°～50.9°，裂缝有效性好。整体而言，研究区主体区整体位于印支期形成褶皱核部，裂缝发育优于南侧断阶带和北部斜坡区，东部主走滑活动强，反映受燕山期局部改造强烈，燕山期裂缝东部优于西部，因此，受印支、燕山强改造的叠加区 B 井区裂缝最为发育，受印支运动主控的 E 井区及围区、受 BZ27-2-C 井区及围区裂缝相对发育，而受两大构造影响均相对较小的南部断阶带 H 井区裂缝密度仅为 0.29 条/m。

研究区整体风化暴露时长也有明显差异性，受印支期、燕山期差异隆升影响，前新生代渤中 26-6 太古界潜山整体呈现西高东低的构造格局，古地貌分析表明，研究区整体被古生界所覆盖。新生代沉积期，研究区为黄河口凹陷提供了大量物源，南部钻探的 BZ26-5-A 井在孔店组见大量碳酸盐母源砾石，胶结物以钙质胶结为主，反应了研究区在孔店组沉积前，太古界变质岩潜山尚未接受大规模风化淋滤。南部的 H 井区在孔店组沉积期即被覆盖，遭受的风化淋滤时间短，不利于形成风化壳型储层。北部斜坡区太古界虽受到较强的燕山期改造，裂缝密度达到 0.40 条/m，直至现今仍被古生界所覆盖，未遭受风化淋滤，导致太古界储层不发育。因此，主体区的风化淋滤作用优于南北两侧，主体区的沿缝溶蚀作用更强，更易于形成连片的风化裂缝型储层。

5 结论

（1）裂缝-孔隙型储层是太古宇潜山最为主要的储集空间，变质岩潜山储层垂向上可识别出风化砂砾岩带、风化裂缝带和基岩带，风化裂缝带厚度大、物性好，是最为主要的储层发育段；平面上，风化-裂缝型储层呈现出东西向“西薄东厚”，南北向“两侧薄中间厚”的特点。

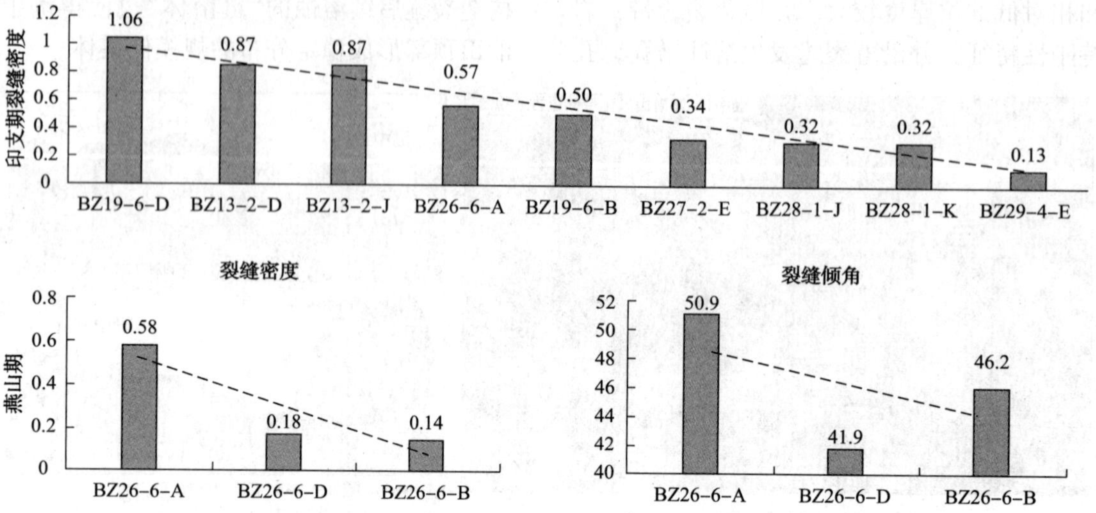

图9 渤南潜山带太古界变质岩潜山印支期和燕山期裂缝展布规律

（2）差异构造活动及强风化改造控制了优质储层的形成：①印支、燕山、喜山期构造运动形成的裂缝为储层的发育提供基础，印支期构造运动对研究区潜山储层裂缝起关键性作用，燕山期构造运动局部改造，喜山期南北向伸展活化早期裂缝，早期应力挤压集中区优质储层发育基础更为有利；②以先存裂缝为基础，长时期大气淡水沿缝溶蚀，形成了分布范围广、厚度大的潜山优质储层，古地貌控制了大气淡水溶蚀强度。

（3）受构造作用和风化淋滤作用的差异性，研究区优质储层主要分布于主体区东部，主体区西部和东南部也有一定优质储层发育，南部断阶带和北部斜坡区太古界储层相对较差。

参 考 文 献

[1] 薛永安，李慧勇．渤海海域深层太古界变质岩潜山大型凝析气田的发现及其地质意义[J]．中国海上油气，2018，30(3)：9.

[2] 周心怀，项华，于水等．渤海锦州南变质岩潜山油藏储集层特征与发育控制因素[J]．石油勘探与开发，2005(06)：17-20.

[3] 刘宗宾，程奇，吕坐彬等．渤海海域锦州南油田太古宇变质岩潜山储层特征及其发育模式[J]．吉林大学学报(地球科学版)，2022，52(03)：829-839.

[4] 薛永安．渤海海域深层天然气勘探的突破与启示[J]．天然气工业，2019，39(1)：10.

[5] 李欣，闫伟鹏，崔周旗等．渤海湾盆地潜山油气藏勘探潜力与方向[J]．石油实验地质，2012，34(02)：140-144+152.

[6] 宋柏荣，胡英杰，边少之等．辽河坳陷兴隆台潜山结晶基岩油气储层特征[J]．石油学报，2011，32(01)：77-82.

[7] 徐长贵，杜晓峰，刘晓健，等．渤海海域太古界深埋变质岩潜山优质储集层形成机制与油气勘探意义[J]．石油与天然气地质，2020，41(2)：14.

[8] 谢玉洪．渤海湾盆地渤中凹陷太古界潜山气藏BZ19-6的气源条件与成藏模式[J]．石油实验地质，2020，42(5)：9.

[9] 施和生，王清斌，王军等．渤中凹陷深层渤中19-6构造大型凝析气田的发现及勘探意义[J]．中国石油勘探，2019，24(01)：36-45.

[10] 周心怀，王清斌，冯冲，等．渤海海域大型太古界潜山储层形成条件及地质意义[J]．地球科学，2022，47(5)：15.

[11] 兰浩圆，李三忠，李玺瑶等．华北东部印支期变形特征：对大陆深俯冲极性的启示[J]．地学前缘，2017，24(04)：185-199. 于福生，漆家福，王春英．华北东部印支期构造变形研究[J]．中国矿业大学学报，2002(04)：75-79.

[12] 李伟，吴智平，赵文栋．渤海湾盆地区燕山期构造特征与盆地转型[J]．地球物理学进展，2010，25(06)：2068-2077.

[13] 薛永安，李慧勇，许鹏，等．渤海海域中生界覆盖型潜山成藏认识与渤中13-2大油田发现[J]．中国海上油气，2021，33(1)：10.

[14] 王德英，刘晓健，邓辉等．渤海湾盆地渤中19-6区中-新生代构造转换特征及其对太古宇潜山大规模储层形成的控制作用[J]．石油与天然气地质，2022，43(06)：1334-1346.

[15] 徐长贵，于海波，王军，等．渤海海域渤中19-6

大型凝析气田形成条件与成藏特征[J]. 石油勘探与开发，2019，46(1)：14.

[16] 侯明才，曹海洋，李慧勇等. 渤海海域渤中 19-6 构造带深层潜山储层特征及其控制因素[J]. 天然气工业，2019，39(01)：33-44.

[17] 徐长贵，杜晓峰，刘晓健等. 渤海海域太古界深埋变质岩潜山优质储集层形成机制与油气勘探意义[J]. 石油与天然气地质，2020，41(02)：235-247+294.

[18] 杜晓峰，刘晓健，张新涛，等. 渤海海域太古界变质岩储层特征与形成控制因素[J]. 中国海上油气，2021，33(3)：13.

[19] 叶涛，牛成民，王清斌等. 渤海湾盆地大型基岩潜山储层特征及其控制因素——以渤中 19-6 凝析气田为例[J]. 地质报，2021，95(06)：1889-1902.

随钻测井仪器 PCBA 防护流程及改进

吴家汕

（大庆钻探工程公司钻井工程技术研究院）

摘　要　随着钻井技术的发展，随钻测井仪器在油气开发中得到广泛应用。然而，由于钻井环境的高温、高压和剧烈振动，随钻测井仪器的可靠性面临严峻挑战。本文针对随钻测井仪器的 PCBA 防护问题，提出了一种封装注胶流程。通过优选三防涂覆材料和灌封胶，研发了一种灌封成型工装，并探讨了温度对灌封胶成型度的影响。研究结果表明，选择硅树脂作为三防涂覆材料，并使用双组份硅酮弹性体灌封胶，可以有效提高 PCBA 在恶劣环境下的可靠性。此外，通过优化 PCBA 结构和注胶工装，解决了灌封胶流平性差导致的空鼓问题，并确定了最佳高温固化温度区间。

关键词　PCBA 防护；三防涂覆材料；灌封胶真空处理；灌封胶高温固化

PCBA protection process and improvement of logging while drilling instruments

Wu Jiashan

(Daqing Drilling Engineering Company Drilling Engineering Technology Research Institute)

Abstract　With the development of drilling technology, while drilling logging instruments have been widely used in oil and gas development. However, due to the high temperature, high pressure, and severe vibration of the drilling environment, the reliability of logging instruments while drilling is facing severe challenges. This article proposes a packaging and gluing process for PCBA protection of logging instruments while drilling. A sealing molding fixture was developed by optimizing the three anti coating materials and sealing adhesive, and the influence of temperature on the molding degree of sealing adhesive was explored. The research results indicate that selecting silicone resin as the three proof coating material and using two-component silicone elastomer sealant can effectively improve the reliability of PCBA in harsh environments. In addition, by optimizing the PCBA structure and injection tooling, the problem of hollowing caused by poor leveling of the sealing adhesive was solved, and the optimal high-temperature curing temperature range was determined.

Key wordst　PCBA protection; Three proof coating materials; Vacuum treatment of sealing adhesive; High temperature curing of sealing adhesive

1　前言

随着钻井技术的发展，越来越多的随钻测井仪器被投入到油气开发中。因为钻井与测井同时进行，测井过程受到钻井的影响，工作环境恶劣：温度高，压强大，且伴随巨大的振动，所以对随钻仪器的可靠性要求很高。电子测量系统是决定随钻测井仪器可靠性的重要因素，因此对构成电子测量系统的 PCBA 进行严格防护来减少井底振动、高温、潮湿对 PCBA 的侵害是非常必要的。本文给出一种关于随钻测井仪器 PCBA 封装注胶流程，优选了三防涂覆和灌封胶材料，研发一种灌封成型工装，探讨了温度对灌封胶成型度的影响。

2　技术分析

2.1　三防涂覆材料性能对比和优选构

三防涂覆材料一般为透明色，均匀的覆盖在

PCBA 表面，起到保护各类封装元器件遭受恶劣环境侵蚀、损坏，进而达到延长电子产品工作寿命，确保工作的稳定性、可靠性。目前行业内常用的三防涂覆材料大致有对二甲苯树脂、硅树脂、环氧树脂、聚氨酯树脂、丙烯酸树脂 5 种类型。

（1）对二甲苯。这种材料能够形成均匀且致密的防护膜，具有良好的电绝缘性和防护性。然而，对二甲苯对操作人员的健康安全存在较大隐患

（2）硅树脂。具备强大的抗热能力，可以承受高达 200℃的工作环境，同时具有防潮和抗腐蚀性能。适用于有高发热元件（如大功率电阻）的高频电路板，比如随钻测量仪器驱动板。

（3）环氧树脂。具备出色的防潮性能、抗盐雾性能和抗化学品性能。但在对 PCBA 电路板元件进行替换或维护时，环氧树脂形成的致密膜难以剥离，涂覆前需要对电路元件进行加固保护。

（4）聚氨酯树脂。具有优越的防潮性能和抗化学品性能。但在更换元件或修理电路板时，必须使用专用的剥离剂。

（5）丙烯酸类。拥有理想的电性能、物理性能和抗霉菌性能，适用期长，固化时间短，固化时不放热，不会损坏热敏元件，固化后无收缩。但这种涂料对溶剂敏感，因此容易进行返修。

综上所述，结合各类三防涂覆材料性能和实际成本，选择硅树脂材料作为随钻测井仪器 PCBA 三防涂覆材料能适应井下高温、振动环境，对元件具有良好保护功能，后期维保也更易清除。

2.2 灌封胶选择与调配后处理

在使用三防涂覆材料进行基础防护后，为了保护 PCBA 上的敏感电子元件不受井下强震动环境引起的机械应力或膨胀系数不匹配引起的热应力，需使用灌封胶对 PCBA 进行二次防护。经过对比，双组份硅酮弹性体灌封胶相较于环氧树脂和聚氨酯材料而言，双组份硅酮弹性体材料更易于混合，导热性能高，具有更强的的防污染能力、持久的介电绝缘效果和应力保护作用。

但需注意的是，因为随钻测井仪器 PCBA 上有大量的嵌入式细长部件和直插式组件，在使用双组份硅酮弹性体材料灌封前，需对该材料进行真空抽吸排出由于混合而渗入的空气如图 1 所示，以免导致材料固化后由于空气在内部导致的孔洞，如图 2 所示，保证双组份硅酮弹性体灌封胶对随钻测井功率 PCBA 的保护作用和散热效果。

图 1　真空抽吸排除空气过程

图 2　未真空抽吸产生的孔洞

2.3 PCBA 结构优化与灌封胶注胶工装优化

灌封胶导热系数越高，黏性相对上升，流动性相对下降。当 PCBA 置于灌封注胶工装进行注胶时，如果该 PCBA 背部与工装贴合十分紧密，双组份硅酮弹性体材料虽然流动性较好，但也仍会出现流平性不佳而导致空气无法完全排除的情况，导致 PCBA 灌封效果不佳背部产生空鼓、胶量不足。如图 3 所示。

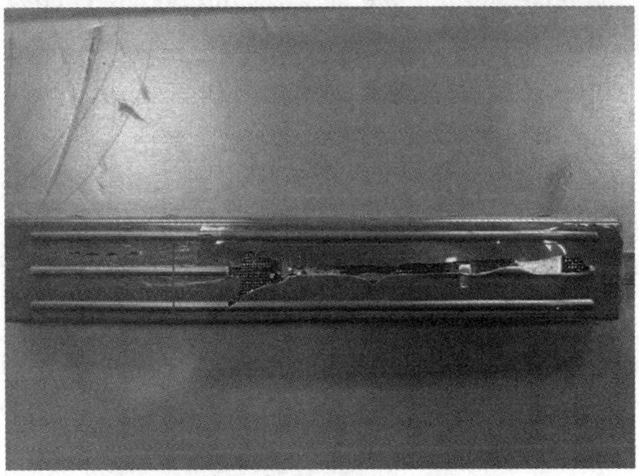

图 3　灌封胶流平性不佳导致的空鼓

为了解决该问题，本文提出以下方案：1. 设计 PCBA 时在板面上预留排气孔，如图 4 所示，根据 PCBA 焊接布局在 PCBA 设计时在四周合理均匀设置排气孔，并在合理范围内增大排气孔直径与数量，以便灌封胶能够均匀流向 PCBA 背部完并全覆盖。2. 优化灌封胶注胶工装，增加三道应力释放槽，如图 5 所示，三道应力释放槽不仅使得 PCBA 底部与工装之间存在一定空间，确保灌封胶能从预留排气孔流满 PCBA 背部，还使得胶体固化后有再压缩的能力，在井下高温环境二次膨胀时可以形变而不对 PCBA 造成挤压损坏电子元件如图 6 所示。

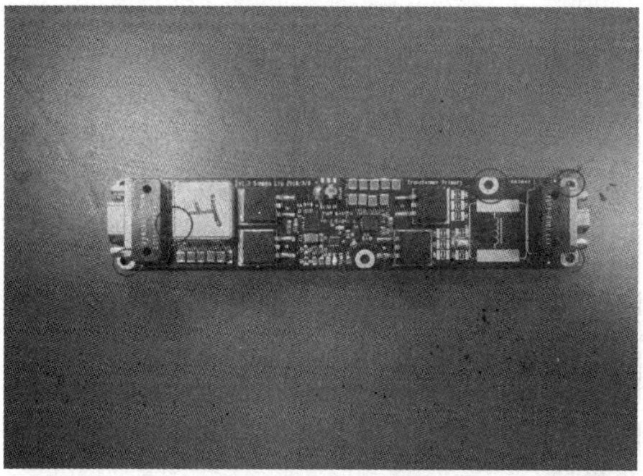

图 4　PCBA 结构优化

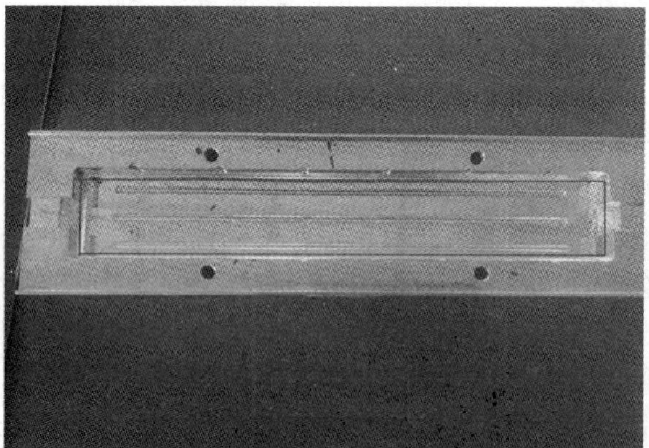

图 5　注胶工装优化

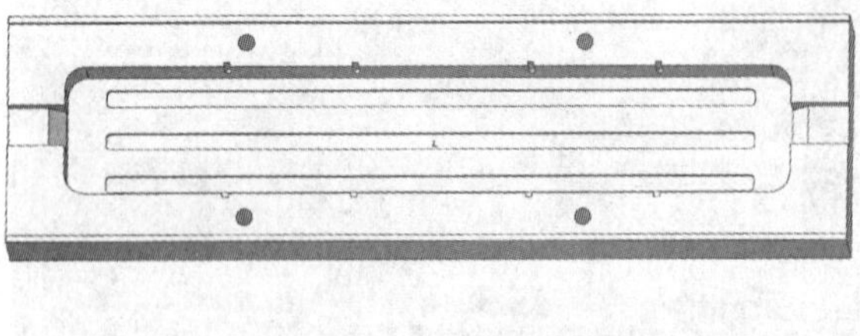

图 6　注胶工装改进模型

2.4　灌封胶高温烘干温度选择实验

灌封完成后，自然风干固化时间较长，为了节省时间成本和根据双组份硅酮弹性体材料本身性质，需进行高温加热烘干，如果温度不足，不能满足节省时间成本和本身材质需求，如果温度过高，会出现内外层固化速度不一致现象，外层固化，内层未干，继续固化膨胀会挤压 PCBA 电子元件造成损坏，以下进行了高温对照实验，探究温度对灌封胶固化速率和形成度的影响。如图 7~10 与表 1 所示。可以得出，处于 40°~60°之间灌封胶固化情况最佳，但固化时间相差 2h 左右，因此，得出固化最佳温度区间 60°左右。

图 7　40°下灌封胶固化情况

图 8　60°下灌封胶固化情况

图 9　80°下灌封胶固化情况

图 10　100°下灌封胶固化情况

表 1　不同温度下注胶时间与灌封胶固化情况

时间 温度	40°	60°	80°	100°
	7h10min	5h	4h	3h40min
灌封胶固化情况	良好，符合使用标准	良好，符合使用标准	有一处空鼓现象	有两处空鼓现象

5 结论

本文探讨了如何对随钻测井仪器 PCBA 进行防护，给出一种关于随钻测井仪器 PCBA 封装注胶流程，优选了三防涂覆和灌封胶材料，提出一种 PCBA 结构优化方案和灌封胶注胶工装改进方法，进行了对照试验，探讨了温度对灌封胶固化成型度的影响，得出同时满足节约时间成本和灌封胶材料自身特性的最佳温度区间。

参考文献

[1] 杨鲲，胡猛，杨彬彬 . PCBA 电子组件三防涂覆层的选择性去除及恢复工艺研究 . 中国设备工程，1671-0711(2024)03(上)-0147-02.

[2] 廖声礼 . 家电 PCBA 三防涂覆材料的优选与评价 . 中国家电科技年会论文集，DOI：10. 19784/J. CNKI. ISSN1672-0172. 2022. 99. 019.

[3] 刘春桂，闫继豪，唐晓明，等 . 导热灌封胶在电力功率印制电路板（PCBA）上的应用研究 . 机电工程技术 .：1009-9492（2024)05-0290-04.

[4] 严有祥，朱婷，张那明，等 . 交直流电缆共沟敷设电磁环境影响因素[J]. 电工技术学报，2022，37(6)：1329-1337.

高压电脉冲破岩的仿真与实验研究

张庆豫[1,2,3]　王广林[1]　潘旭东[1]　何健岐[1]　王　波[2]

(1. 哈尔滨工业大学；2. 大庆钻探工程公司钻井工程技术研究院；3. 油气钻完井技术国家工程研究中心)

摘　要　随着钻井深度的加深，复杂的地质条件使钻井工程的难度逐渐增大，传统的机械钻井方法体现出能耗大，效率低，周期长和成本高等问题。由于岩石本身的特点，岩石的高研磨性对钻头产生了很大的磨损，进而成为影响机械钻速的重要因素。高压电脉冲钻井技术是过去在几十年来发展起来的一种新技术。该技术是应用高压电脉冲放电产生的等离子通道、水射流或冲击波对岩石产生破坏，有着环保、可定向破碎、破碎过程易控制、面对复杂坚硬岩石破碎速度快等特点。本文对深层钻井难钻地层高压电脉冲法破岩机理及技术进行研究，并进行了功能性试验。

关键词　石油；钻井；破岩；高压电脉冲

Simulation andExperimental study of Rock Breaking by High Voltage Electric Pulse

Zhang Qingyu[1,2,3]　Wang Guanglin[1]　Pan Xudong[1]　He Jianqi[1]　Wang Bo[2]

(1. School of Mechatronics Engineering, Harbin Institute of Technology; 2. Daqing Drilling Engineering Company Drilling Engineering Technology Research Institute; 3. National Engineering Research Center of Oil & Gas Drilling and Completion Technology)

Abstract　With the deepening of drilling depth, the difficulty of drilling engineering increases gradually due to the complex geological conditions. The traditional mechanical drilling method shows the problems of high energy consumption, low efficiency, long cycle and high cost. Be-cause of the characteristics of rock, the high abrasiveness of rock causes great wear to the bit, which becomes an important factor affecting the drilling rate. High voltage electric pulse (Ab-breviated as HVEP later in this paper) drilling technology is a new technology developed in the past several decades. The technology uses plasma channel, water jet or shock wave generated by high voltage electric pulse discharge to break rock. It has the characteristics of environmental protection, directional breaking, easy control of rock breaking process and fast speed in the face of complex hard rock. In this paper, the mechanism and technology of rock breaking by high voltage electric pulse method in deep drilling are studied, and the functional test is carried out.

Key wordst　Petro; Drilling; Rock breaking; High voltage pulse

1　前言

石油天然气已经成为影响我国经济建设和可持续发展的战略资源之一，中国的石油对外依存度也逐年持续增高。截止到 2020 年底，中国进口石油将达到 2.7 亿吨，对外依存度将超过七成，在石油安全问题上将面临着巨大挑战。在石油勘探开发过程中，钻井工程具有投资大，风险高的特点，其成本约占石油开采过程的一半左右。在钻井过程中，破岩技术直接关系到钻井工程的效率和成本。随着钻井深度的加深，复杂的地质条件使钻井工程的难度逐渐增大，传统的机械钻井方法表现出能耗大，效率低，周期长和成本高等特点，尤其是在深层火山岩钻井时，由于岩石本身的特点，岩石的高研磨性对钻头产生了很大的磨损，进而成为影响机械钻速的重要因素，通过现场数据分析，发现在深层火山岩钻进过程中，机械钻速随地层研磨性的增加呈现很强的下降趋势。以松辽盆地徐深区块为例，该区块火山岩油气储量丰富，但地层压实程度高，岩石可钻性低、研磨性强，平均可钻性极值 8 级以上，深部地层机械钻速只有中上部地层机械钻速的 1/4~1/10。

为解决传统机械方法在深井钻进时效率低、成本高的问题，近年来涌现了一批新式的岩石破碎方法，如高压水射流破岩，热能破岩、超声波破岩、激光钻井破岩、高压电脉冲破岩等。其中，高压电脉冲钻井技术(EPD，electrical pulse drilling)是过去在几十年来发展起来的一种新技术，是应用高压电脉冲放电产生的等离子通道、水射流或冲击波对岩石产生破坏。相对于其他几种破岩方法，有着环保，可定向破碎，破碎过程易控制的优势，面对复杂坚硬岩石破碎速度快等特点，被称作一种绿色的岩石破碎技术。随着现代技术的飞速发展和多学科间的融会贯通，该技术在工业中的应用研究正逐渐受到重视。

高压电脉冲放电破岩，根据放电位置不同可分为液电破岩和电脉冲破岩。液电破岩是指其液体介质被电击穿，放电等离子通道在液体介质中产生，来自放电通道产生的冲击波、压力波将岩石破碎。电脉冲破岩是指放电等离子通道在岩石内部产生，等离子通道膨胀产生的应力将岩石破碎。结合现有井下钻井环境、钻井装备及钻井技术，高压电脉冲钻井(EPD)系统采用电脉冲破岩。

高压电脉冲破岩，根据电极的放电形式可分为 2 种：(1)电极与岩石不接触，通过高压放电将液体击穿产生的水射流或冲击波破碎岩石；(2)电极与岩石接触，通过沿面放电破碎岩石，其与电脉冲破岩区别在于等离子通道产生的位置不同。

20 世纪 50 年代末，Tomsk Polytechnic 大学发现在电压持续时间小于 500ns 时，水的电击穿场强高于一些岩石的电击穿场强，各态介质与电压上升时间关系如图 1 所示，当脉冲电压上升时间<500ns 时，各态击穿场强：空气<固体<液体。此时，以水作为液体介质，当采取电脉冲破岩时，岩石先于水被击穿，等离子通道在岩石内部形成，直接破碎岩石。

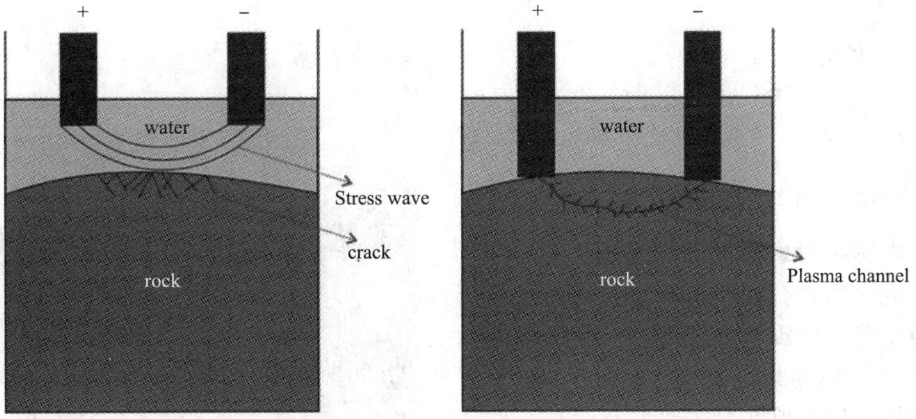

图 1　高压脉冲破碎岩石方式

20 世纪 50 年代末，Tomsk Polytechnic 大学发现放电时间小于 500 ns 时，液体的电击穿场强高于岩石的电击穿场强，气体、固体、液体的电击穿场强与时间关系如图 2 所示，当脉冲电压释放时间<500ns 时，各态的电击穿场强关系：空气<固体<液体。此时，当采用电脉冲破岩方式，岩石先于液体被击穿，等离子通道在岩石内部形成，岩石被破碎。

由于岩石和电击穿理论的复杂性，高压电脉冲破岩的机理研究相对困难。S. Boev 等人通过分析靠近电极的液体中的放电、极化和液体与固体中通过脉冲引起的电场再分布，将整个破碎过程分成了两个阶段：(1)在岩石介质中形成放电通道，(2)由于电脉冲能量的爆炸性引入，放电通道急剧向外扩散并破碎岩石；并通过实验研究了破碎过程各阶段的影响因素。Andres 等人发现单个脉冲对复合固体的破坏与由放电引起的均匀介质绝缘材料的电击穿破坏完全不同。他们通过计算得出，受高压电脉冲影响的岩石沿着具有不同介电常数/导电性的矿物成分之间的界面分裂。V V Burkin 等人从电击穿的功率特性上对电脉冲破岩理论进行了分析，并提出了物理和数学模型如图 3 所示。

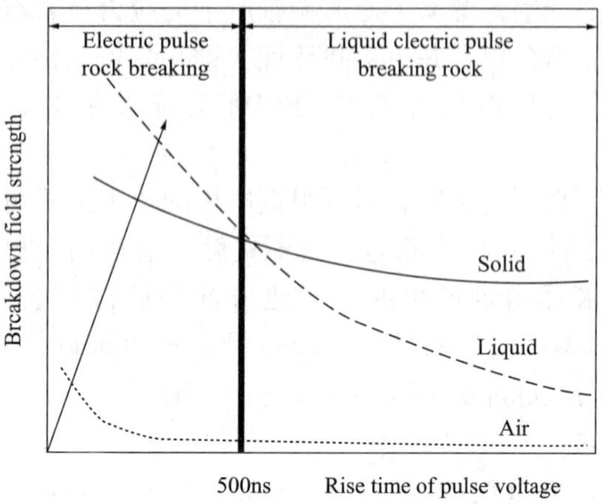

图 2　不同介质击穿场强与电压上升时间关系

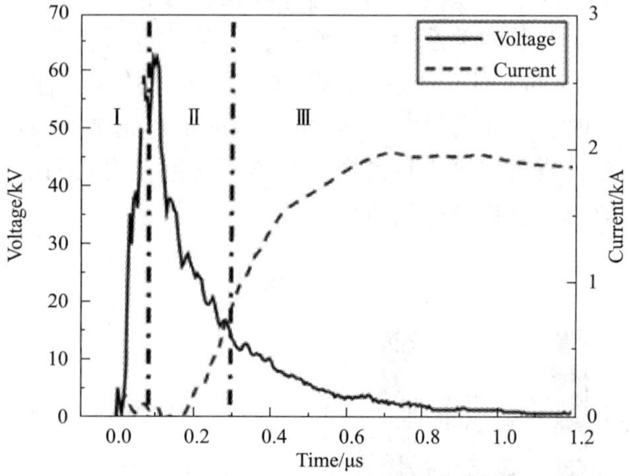

图 3　电击穿过程中电压电流变化波形图

关于高压电脉冲对岩石的破坏过程，Andres 等学者通过研究认为岩石破碎是因为由于岩石内部等离子通道膨胀，导致岩石沿径向产生爆炸冲击，产生的冲击波致使岩石破裂。Lisitsyn 等学者通过实验得出：岩石内部存在许多大小不一的气腔，在高压脉冲的作用下，腔体破裂，电流流动到气腔内，导致大量的等离子热量和冲击波产生，最终导致岩石形成裂缝并破裂。Bluhm 等学者指出岩石破碎的原因是脉冲波和拉应力共同作用的结果。Burkin 等学者指出在较低的功率下，岩石的破碎主要依靠拉应力实现，在较大功率下，岩石的破碎原因是压应力的直接影响。

在理论研究的基础上，学者们针对高压电脉冲破岩技术理论上难以计算的问题进行相关的实验研究。Wielen 等人运用高压脉冲发生器对 20 种岩石进行高压脉冲破岩实验，通过实验确定了脉冲电压、放电次数、电极间距、放电速率对脉冲放电对岩石破碎的影响。Toyohisa Fujita 等人通过对单个脉冲的波前持续时间对电脉冲破岩过程的影响进行相关实验研究。I. V. Timoshki 等、Cho 等为解决勘探和地下数据采集的成本问题，研制了等离子通道微孔钻井技术，并完成相关地面实验，实验结果如图 4 所示。K. Kusaiynov 等人研制出用于破碎天然石材的小型电脉冲装置，如图 5 所示，B. M. Kovalchuk 等人设计了专为岩石破碎实验使用的便携式高压脉冲发生器。

图 4　3.5mm 黄沙岩样品非典型孔

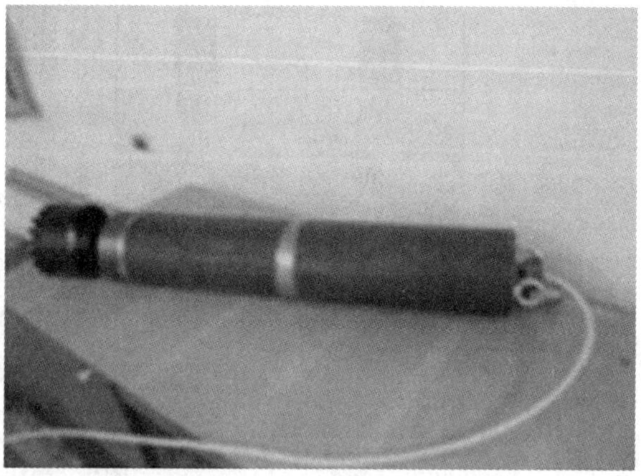

图 5　小型钻井单元

2　高压电脉冲岩石破碎过程理论背景

经典理论认为，通过外部储能电容 C 在向等离子通道注入能量时，在忽略等离子通道膨胀时其产生的辐射等因素的影响下，其能量 E 主要作用于两个方面，分别是注入等离子通道内的能量 E 和回路当中所消耗的能量 E_1，即：

$$E = E_1 + e_{ch} \tag{1}$$

其中，注入等离子体通道中的能量是以冲击

波的形式作用在岩石内部，产生的冲击波主要消耗在以下三个部分，分别是等离子体内能 E_i、压力势能 E_h 和等离子体动能 E_v，即：

$$E_{ch}=E_i+E_h+E_v \tag{2}$$

在等离子通道注入能量后，等离子体通道对岩石内部产生的破坏离子破坏过程问题上，相关学者有很多解释。其中，Burkin 等人通过岩石介质塑性、弹性变形和液体介质的动力学相关理论建立了电脉冲作用下岩石破碎模型。该模型提出，在电极作用下形成的等离子通道可看作长度不变，半径随时间变化的圆柱体，当等离子通道半径随时间变大时，等离子通道内部能量会对岩石产生作用，当作用力达到一定强度时，岩石内部产生裂缝并发生破碎。从模型得知，在注入等离子通道内部能量达到几十到几百焦耳的条件下，等离子通道会在岩石内部产生爆炸，形成相应的爆炸冲击波，冲击波的峰值压力在几百 MPa 到几千 MPa 之间。

通过爆炸力学、岩石力学相关理论探究等离子体通道膨胀爆炸后对岩石内部产生的影响，岩石在极短时间内迅速变化的压力的作用下，同时产生相应的位移和形变，这种位移和形变会在岩石内部的质点间相互传递，从而形成扰动，这种扰动以冲击波的形式传播。随着冲击波以等离子通道为中心向外传递的过程，岩石内部由于其多种不同介质的组成和连接方式的影响，使得岩石内部不同介质形变与位移不同，岩石发生破碎。等离子通道导致岩石破碎的过程主要分为二个阶段：一是等离子通道膨胀爆炸后所产生的冲击波的径向压缩阶段；二是岩石受等离子通道产生的超压力的影响下，在拉伸应力的作用下，径向初始裂缝迅速扩大。根据岩石破坏力学理论可知，在爆炸作用的影响下，岩石的破碎主要是拉伸破坏。

借鉴爆炸力学经典理论，假设被击穿岩石为流体介质，等离子通道能量爆炸的方式为一条插入岩石内部，半径可忽略不计的电爆丝起爆，且等离子通道为半径为 r，长度为 I 的圆柱体，起爆能量作用于等离子通道壁上从而对岩石作用，则岩石被电击穿后产生的最大 $P_{\max}$，可根据经验公式得出：

$$P_{\max}=\frac{\eta}{0.26}\sqrt{\frac{\rho U^2}{rI}} \tag{3}$$

式中：ρ：岩石密度，取 $3.3\times10^3\text{kg/m}^3$；$\eta$：能量注入效率，取 0.04；$U$：电压；$r$：等离子通道半径；$I$：等离子体通道长度。

据前文假设，计算得在 120kV 电压作用下，等离子通道半径为 1.7mm，长度为 10mm，则岩石被电击穿瞬间产生的最大压力 257.22MPa。

冲击波波前压力 P 可以表示为：

$$P=0.06P_{\max}\frac{I}{r}e\frac{\delta t}{\theta}\sigma[T-t] \tag{4}$$

式中：δ：放电效率随时间变化系数，取 3.6；t：冲击波移动时间，满足式(2-5)；$\sigma[T-t]$：爆炸函数，满足式(2-6)；θ：相关系数，约等于 1.09×10^{-6}。

$$t=\frac{r}{v_0} \tag{5}$$

式中：v_0 为声音在岩石介质中速度，取 6000m/s。

$$\sigma[T-t]=\begin{cases}0; & T\leqslant t\\ 1; & T\geqslant t\end{cases} \tag{6}$$

带入假定数据求得，在 $T\geqslant t$ 时，整理得 $P=231.12$MPa。

在等离子通道与岩石交界面处，等离子通道在极短的时间内膨胀、爆炸，并产生相应的爆炸冲击波，冲击波瞬间作用在岩石界面上，使岩石的状态参数发生突变，因此等离子体通道质点纵波波速大于岩石质点纵波波速，在冲击波的传播过程中，即存在投射压缩波也存在反射拉伸波。若认为爆炸瞬间是一个突变的过程，则波主要以反射拉伸波为主。由于岩石的抗拉强度一般是单轴抗拉强度的十分之一，在这种情况下，岩石的破碎主要以克服岩石的极限抗拉强度为主，岩石更容易发生破碎。

3　高压电脉冲破岩仿真研究

为了提供井下电脉冲破岩设备的研制和应用所需的理论基础和依据，及为设计井下电脉冲发生电源、电极钻头和选择钻井工具及工艺参数提供相关实验数据。本文对深层钻井难钻地层高压电脉冲法破岩机理及技术进行了研究，并进行了功能性试验。

根据已有的研究了解到，岩石的电击穿场强的范围在 50~400kV/cm 之间，而如二氧化硅薄膜等固体电介质材料的电击穿场强范围为 200kV/cm~10000kV/cm 之间，所以岩石的电击穿有着自身特殊的性质。从微观上看，岩石是由多种不同的矿物颗粒构成，矿物颗粒间通过结晶联结和胶结联结。这种联结方式不可能充分填充岩石内部的所有空隙。如图 6 所示，岩石中具有巨大的孔隙，所以岩石中的孔隙对岩石的电击穿过程可能起到重要的作用。同时，从电击穿的原理了解到，固体的电击穿与岩石内部场强的变化和场强的均匀性密切相关，针对不同物质，在相同情况下发生电击穿所需要的电场强度不同，所以通过研究不同因素对岩石内部场强的影响来分析岩石的等离子通道形成阶段。

图 6　帕拉宁大理石的次级电子成像照片

通过有限元分析软件对岩石中孔隙对岩石的电击穿的影响进行仿真分析。通过研究岩石中孔隙对岩石内部电场强度变化的影响，分析孔隙对岩石电击穿的影响。

几何模型建立及网格划分建立模型如图 7 所示，由于仿真考虑孔隙的影响，所以这里将孔隙进行放大处理，使孔隙边界与岩石边界更大面积的接触。这里设定岩石为 20 mm×10 mm 矩形，孔隙半径 3 mm。同时，因为网格质量的好坏又是决定后续仿真能否收敛，收敛结果是否准确的关键，又因为模型较为简单，计算迭代次数较少，所以对模型进行超细化网格划分，如图 8 所示。从图中可以看出，有限元软件将岩石与孔隙接触处边界网格划分更加细化，符合网格划分要求。

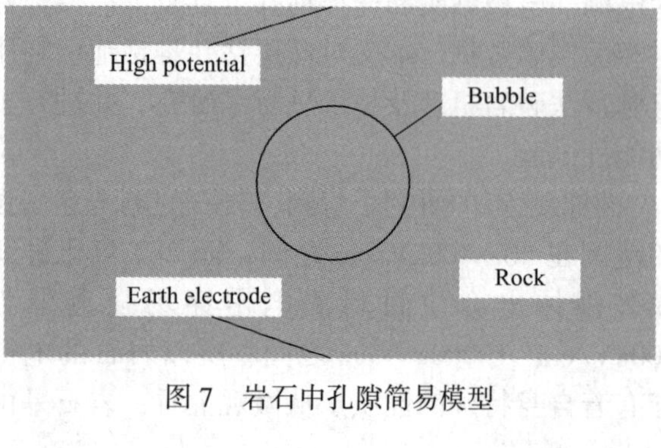

图 7　岩石中孔隙简易模型

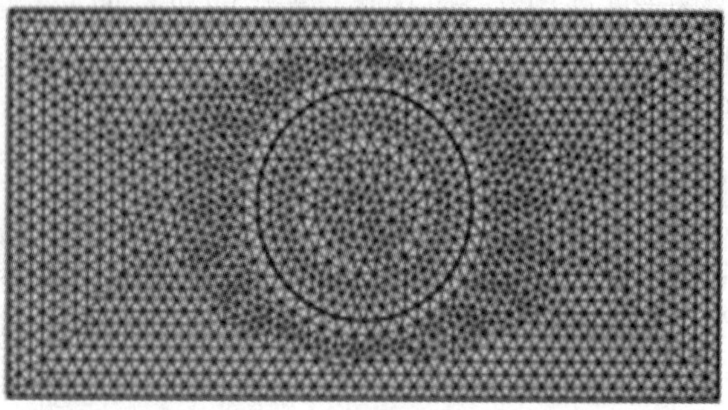

图 8　模型网格划分

仿真计算对模型进行计算后，结果如图 9 所示，从图中可看到，在远离孔隙的地方，电场强度为 100 kV/cm，接近孔隙处电场强度最大值为 161. 497kV/cm，同时孔隙上下边界的电场强度变小，接近孔隙边界处电场强度接近为零，电场强度在孔隙周围形成明显的高低差，岩石内部电场的均匀度下降，在这样的电场强度分布下，岩石的击穿变得更容易。

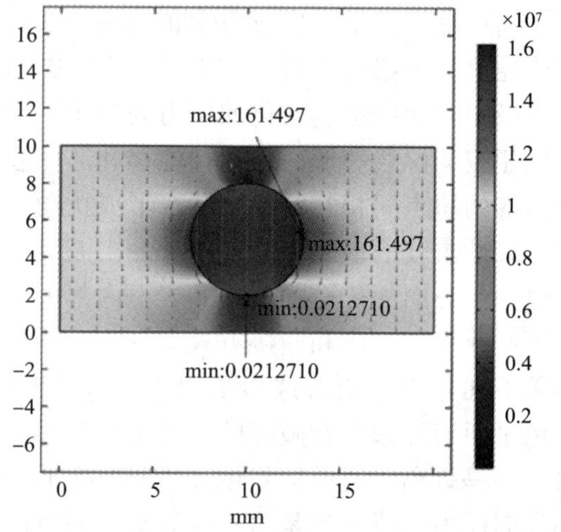

图 9　半径为 3mm 孔隙影响下岩石电场强度分布图

孔隙大小对岩石电场强度的影响；通过改变中间孔隙的半径来改变孔隙的面积，分析其对岩石电场强度的影响，如表 1 所示。拟合曲线如图 10 所示，随着孔隙面积的减小，对岩石内部电场强度的影响变大，但从图 11 和图 9 比较中可以看出，由于孔隙的体积变小，其与岩石边界的接触变小，导致其影响岩石电场强度的范围变小。综合孔隙内和岩石内部的平均场强可以看出，随着孔隙体积的增加，孔隙对岩石内部电场强度的影响范围增大，岩石内部的平均场强减小，最大最小电场强度的差值减小。所以，在岩石内部，更多微小的杂乱无章的孔隙比单一大孔隙对岩石内部电场强度的均匀度和最大值影响较大。

表1 不同半径孔隙下岩石电场强度变化

孔隙半径(mm)	孔隙内平均场强(kV/cm)	岩石平均场强(kV/cm)	最大电场强度(kV/cm)	最小电场强度(kV/cm)
0	/	100	100	100
0.5	198.36	99.711	198.991	0.562990
1	193.63	98.877	194.125	0.298403
1.5	186.22	97.595	187.372	0.716550
2	176.75	96.012	178.825	0.149587
2.5	165.93	94.316	170.046	0.225034
3	154.46	92.724	161.497	0.021227
3.5	142.98	91.485	154.22	0.009392
4	132.06	90.896	148.21	0.003924
4.5	122.10	91.329	143.38	0.001834
5	113.27	93.255	139.473	0.000001

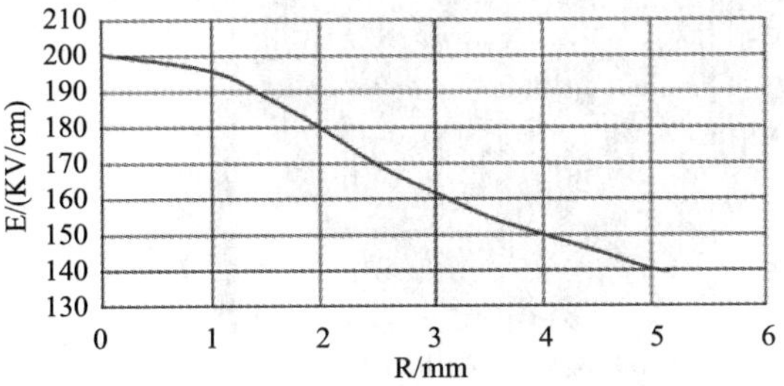

图10 岩石最大场强随孔隙半径变化

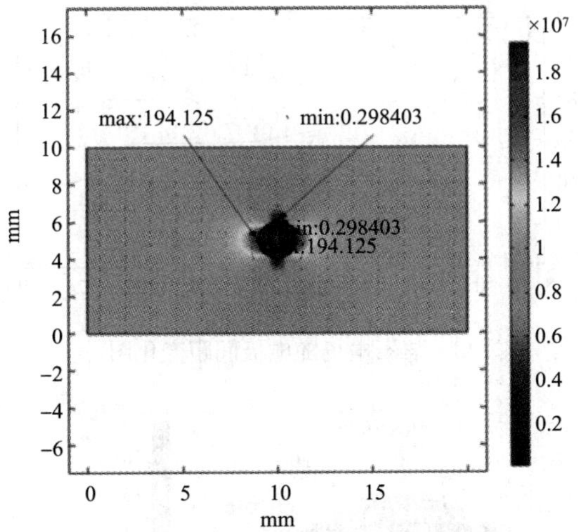

图11 半径为1mm孔隙影响下岩石电场强度分布

在高压电脉冲破碎岩石过程中，电极施加的工作电压的大小对岩石的破碎有着至关重要的影响。为了研究不同工作电压对高压电脉冲破岩过程的影响，对不同的工作电压下高压电脉冲破碎岩石电场分布进行仿真分析。定义电极间距20mm，岩石半径30mm、厚度10mm，花岗岩介电常数7；电极半径2.5mm；水介电常数81，比较工作电压峰值在40kV至220kV，步长为20kV条件下岩石的电场强度分布，仿真结果如图12所示。

图13为岩石的最大电场强度、平均电场强度及岩石中心场强随时间变化图。从图13可以看出，随着工作电压的增大，岩石内部最大电场强度增大，从而高压电脉冲破碎岩石的效率增大。随着电压的增加，岩石的电击穿单次脉冲所需能量增加，从而使得电击穿能量利用率降低，所以在实际应用中，应在满足要求的电压范围内选择尽量小的电压。

在仿真电极间距对高压电脉冲破碎岩石过程的影响时，设置峰值电压200kV，岩石半径30mm、厚度10mm，花岗岩介电常数7；电极半径2.5mm；水介电常数81并保持恒定，定义电极间距6mm至26mm，步长2mm。根据电极间距的变化，花岗岩内部电场强度曲线如图14所示，从整体趋势上看，花岗岩内部电场强度随电极间距的增加而减少，但是在一定范围内，电极间距并不是越小越好而是存在一个最优值使岩石的电击穿效果最好。

同时，从最大场强和中心场强曲线可以看出，在电极间距小于10mm时，最大场强和中心场强变化趋势剧烈，其原因是在电极间距过小时，电极本身形状及与岩石接触方式会对岩石内部电场强度产生影响，不能忽略不计。图15显示了高压电脉冲破碎岩石期间花岗岩内部的电极间距对电场分布的影响的仿真结果。从该图可以看出，花岗岩内部的最大电场强度随着电极间距的减小而增加。

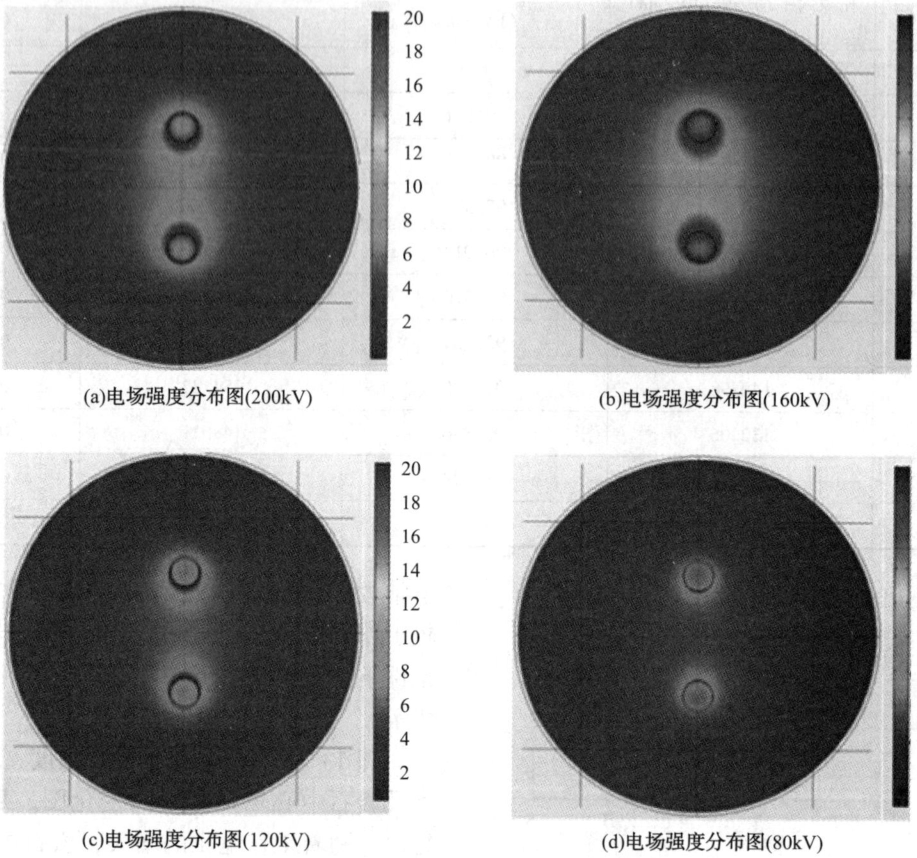

(a)电场强度分布图(200kV)　(b)电场强度分布图(160kV)

(c)电场强度分布图(120kV)　(d)电场强度分布图(80kV)

图 12　不同电压下电场强度分布图

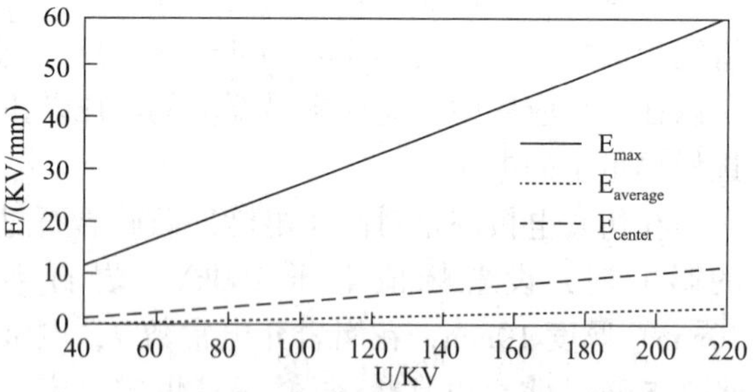

图 13　岩石电场随电压变化图

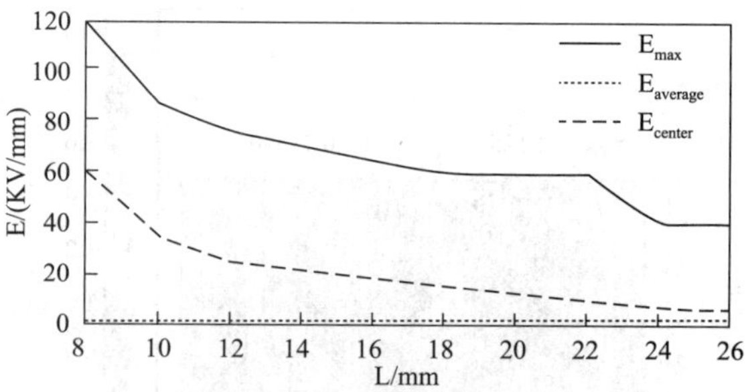

图 14　岩石电场随电极间距变化图

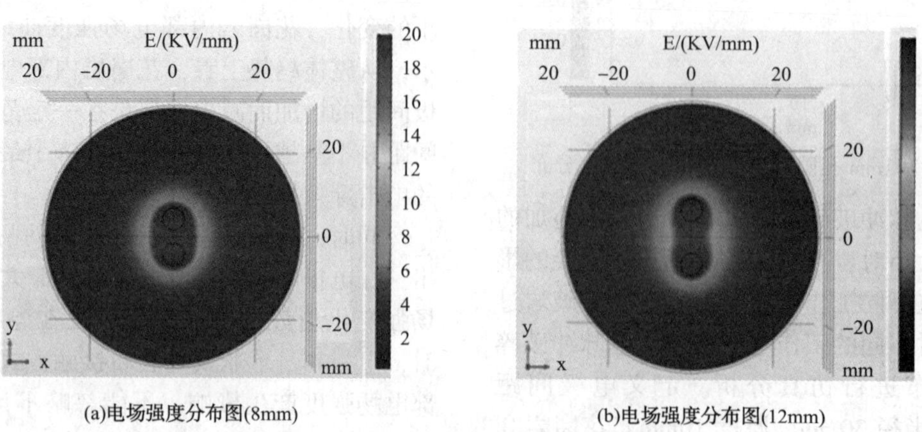

(a)电场强度分布图(8mm)　(b)电场强度分布图(12mm)

图 15　不同电极间距下岩石电场分布图

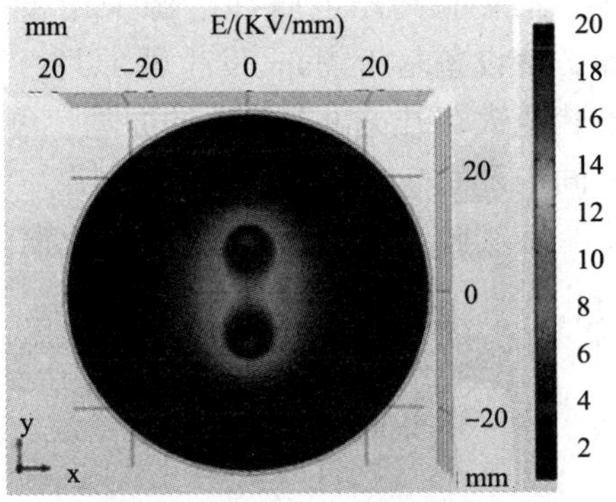

(c)电场强度分布图(16mm)

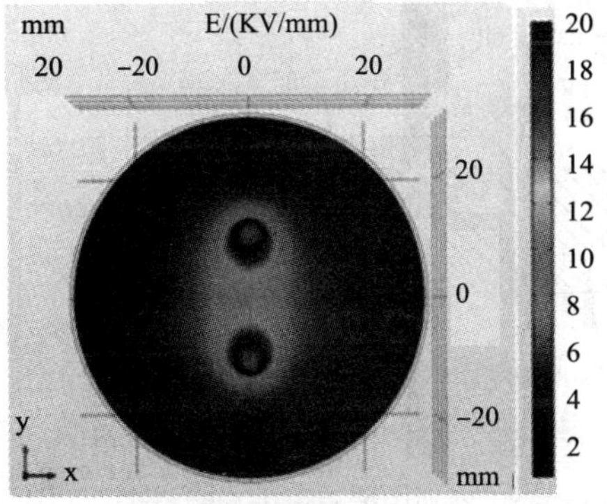

(d)电场强度分布图(20mm)

图 15　不同电极间距下岩石电场分布图(续图)

考虑到钻井过程中电极的分布，需要分析岩石厚度对岩石电击穿的影响，在设定峰值电压200kV，岩石半径30mm，介电常数7；电极半径2.5mm；水介电常数81条件下，改变岩石厚度大小，得到花岗岩内部最大电场强度曲线如图16所示，从图中可以看出，随着岩石厚度的增加，岩石内部最大电场强度总体上呈现减小的趋势，但是在部分范围内呈现增大趋势，同时岩石平均电场强度呈现减小趋势，并且随着厚度的增加逐渐成比例减少，原因是因为在该电压下，电压的影响只能作用在一定厚度内。从图中分析可以说明，岩石厚度对岩石的电击穿有一定的影响，但影响程度不大，在岩石厚度超出电压影响范围后，超出的岩石部分对岩石的电击穿没有影响。

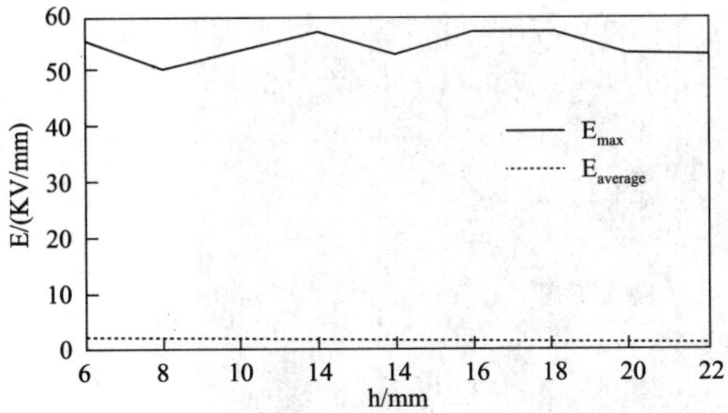

图 16　岩石场强随岩石厚度变化图

在相同的电参数影响下，由于不同种类岩石的相对介电常数不同导致不同种类的岩石的电击穿效果不同。如表2所示为几种常见岩石的相对介电常数。仿真结果曲线如图17所示，从图中可以看出，岩石相对介电常数越大，岩石内部电场强度越高，岩石越容易发生电击穿，但是随着岩石相对介电常数的增加，岩石内部平均场强降低，岩石对能量的利用率降低，从而使岩石的破碎效果降低。

表 2 常见岩石相对介电常数

岩石种类	相对介电常数
硅酸盐	6
花岗岩	7
黄铁矿	45
石英	80
铜矿	110

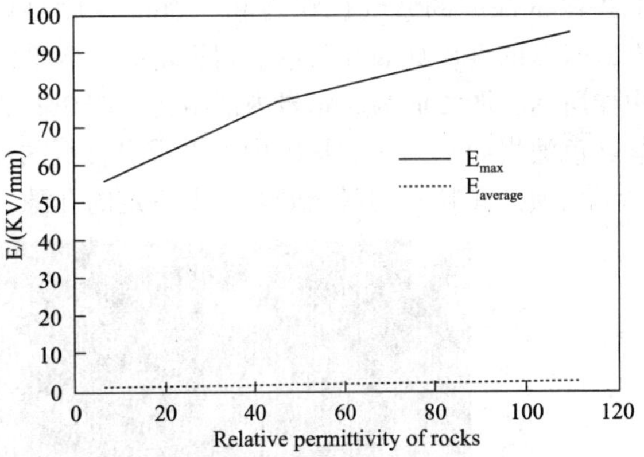

图 17　岩石场强随岩石介电常数变化图

4　雷电脉冲发生器岩石电击穿实验研究

确定岩石的电击穿场强是进行电脉冲破岩实验的首要问题，实验主要通过同轴对向的针-针电极来测定岩石的击穿场强。如图18所示，以变压器油为绝缘液介质，将高压电极、绝缘电极、岩石样本浸没在绝缘油中，岩石放置在高压电极与接地电极之间并时刻与电极保持接触，在针-针电极上施加不同大小的高压电脉冲，记录单次电脉冲下岩石的电击穿情况。

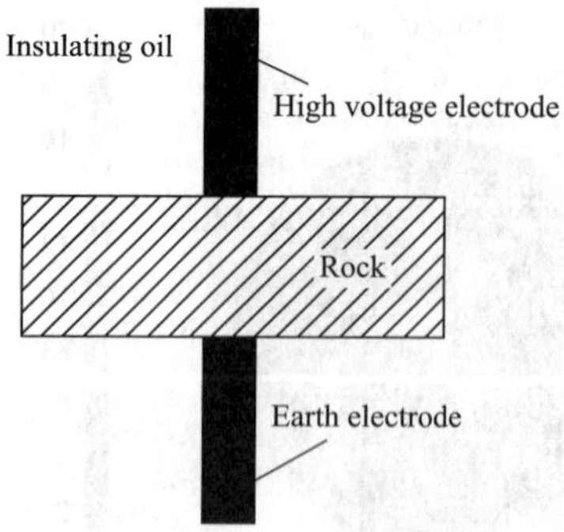

图 18　变压器油中岩石电击穿示意图

本实验高压电脉冲电源采用雷电脉冲发生器，该设备基于 Marx 发生器原理，采用电容充电，电火花开关击穿放电的原理，可以在极短的时间内产生 0~20000kV 可调电压。

本实验选用导电性良好的紫铜作为电极材料，设计了如图 19 所示试验工装，电极与夹具间采用螺纹连接，方便调节又可以避免在高压电脉冲的作用下脱落。

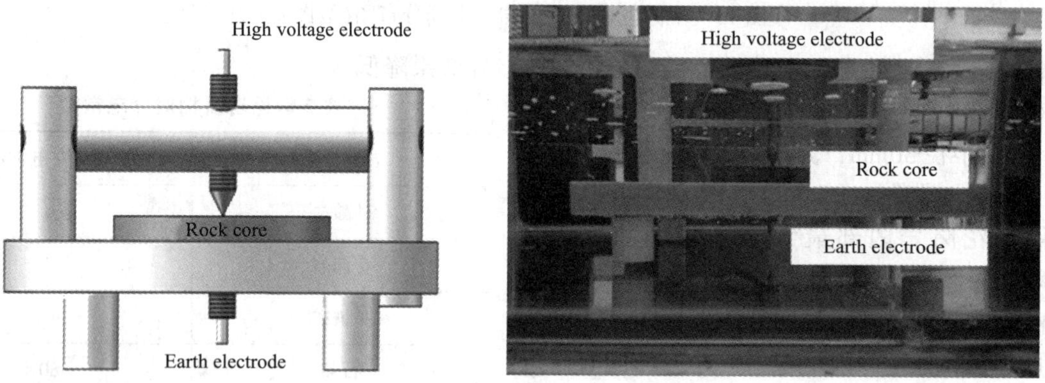

图 19　岩石电击穿实验夹具模型

本实验主要选用两种天然岩石，分别选取井下 2800m 深度的紫红色泥岩和 3200m 深度砂砾岩，岩石的性质如表 3 所示。岩石电镜下内部结构如所示，图 20a 为砂砾岩内部结构，图 20b 为紫红色泥岩内部结构。从图中可以看出岩石内部并不均匀，颗粒间的联结处存在着一定的孔隙。

表 3　岩石试样相关性质

岩石种类	孔隙度（%）	电阻率（Ω·m）
紫红色泥岩	4	65. 983
砂砾岩	2	430. 637

(a)砂砾岩内部结构　(b)紫红色泥岩内部结构

图 20　岩石样品内部结构

为了方便测定岩石样品的平均击穿场强，同时为了便于岩石样品的加工，这里将岩石样品统一制作成直径 100mm 厚 10mm 圆柱状，如图 21 岩石样品所示。

图 22 为岩石电击穿过程中典型电压图，图 a 为岩石在高压电脉冲作用下未被击穿的电压波形图，电压在迅速上升到峰值 114kV 后缓慢下降。图 b 为岩石被电击穿过程中电压波形图，电

压在 398ns 处达到峰值，岩石被电击穿，岩石内部电阻迅速下降，电压迅速下降，为岩石电击穿。图 23 为岩石破碎后的两种形态，左边为岩石在电脉冲作用下裂成两半，右边为岩石在电脉冲作用下发生炸裂，在这两种形态下，在电脉冲的电极处都存在一个明显的深坑。

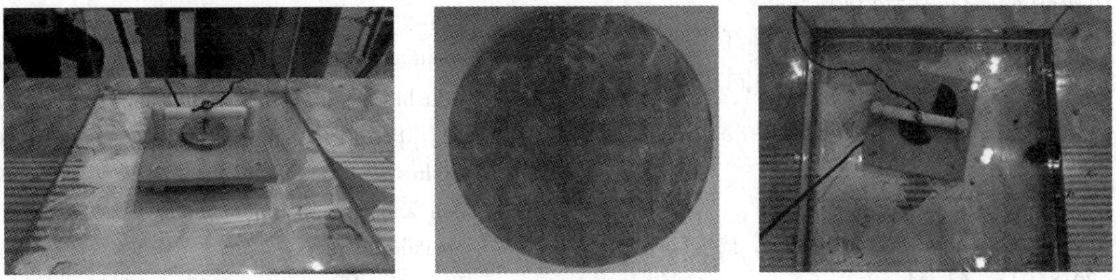

(a)测试前　(b)岩心试件　(c)测试后

图 21　岩石样品

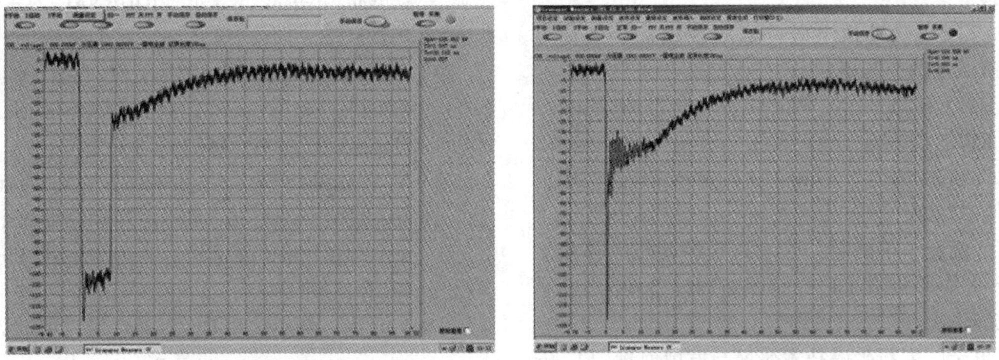

(a)岩石未击穿电压图　(b)岩石电击穿电压图

图 22　岩石电击穿实验下电压波形

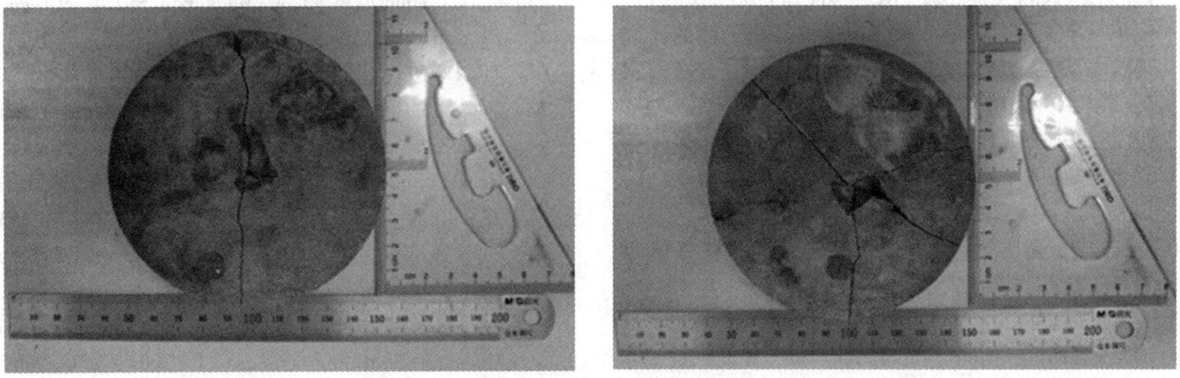

图 23　岩石电击穿破碎后形态

5　结论

本文通过仿真分析了高压电脉冲破岩的影响规律，选取不同井下岩石样品进行了部分参数高压电脉冲破岩实验，通过实验结果分析，本文的主要结论如下：

（1）通过对岩石中孔隙对岩石的电击穿的影响进行了仿真分析，得到孔隙体积、孔隙与电势间距离对岩石电场强度的影响规律及孔隙周围电场强度的分布规律，得出岩石中孔隙的无序分布有利于岩石的破碎。

（2）通过对不同的电极电压、电极间距、岩石厚度、液体介质在岩石电击穿时的仿真及分析，得到这些不同因素对高压电脉冲破碎岩石影响的规律。得出电极电压越高，在一定条件下电极间距越小，液体介质的介电常数越低，岩石的破碎效果越好；岩石厚度对岩石的电击穿影响程度不大。

（3）通过爆炸力学、岩石力学相关理论探究等离子体通道膨胀爆炸后对岩石内部产生的影响，对岩石破碎过程建立了数学模型，并对岩石破碎的过程和受力情况进行了分析。经计算等离子通道内部能量对岩石作用产生的压力远大于岩石抗拉强度，在岩石的电脉冲破碎过程中，岩石破碎是由于等离子通道所做功克服岩石的抗拉强度。

（4）以井下 2800m 深度的紫红色泥岩和 3200m 深度砂砾岩为实验对象，在同等条件下，紫红色泥岩的击穿概率大于砂砾岩。

参考文献

[1] 王清涛．高效破岩钻井技术研究[J]．技术应用与研究，2018(04)：43-44.

[2] 李昌平，契霍特金 VF，段隆臣．电脉冲破岩钻进技术研究进展[J]．地质科技情报，2018.37(06)：298-304.

[3] 章志成．高压脉冲放电破碎岩石及钻井装备研制[D]．浙江大学，2013.

[4] Schiegg H O. Rodland A，Zhu G，et al. Electro-pulse-boring(EPB)：Novel super-deep drilling technology for low cost electricity[J]. Journal of Earth Science，2015，26 (1)：37-46.

[5] 秦永红，高鹏，韩跃新，等．高压脉冲放电作用下破碎产物分形规律[J]．金属矿山，2019(512)：156-162.

[6] 鲍挺，黄宁．岩石破碎技术研究与发展前景[J]．安徽建筑，2010(6)：110-116.

[7] 闫铁，杜婕妤，李玮等．高效破岩前沿钻井技术综述[J]．石油矿物机械，2012，41(1)：50-55.

[8] 戴栋，宁文军，邵涛．大气压低温等离子体的研究现状与发展趋势[J]．电工技术学报，2017，32(20)：1-9.

[9] 张凯，王瑞雪，韩伟，等．等离子体重油加工技术研究进展[J]．电工技术学报，2016，31(24)：1-15.

[10] 章志成．高压脉冲放电破碎岩石及钻井装备研制[D]．杭州：浙江大学，2013.

[11] Toyohisa Fujita，Isao Yoshimi，Atsushi Shibayama. Crushing and Liberation of Materials by Electrical Disintegration[J]. The European Journal of Mineral Processing and Environmental (Vol. 1，No. 2，1303-0868)，2001(08)：113-122.

[12] Sperner B，Jonckheere R，Pfander JA. Testing the influence of high-voltage mineral liberationon grain size，shape and yield，and on fission track and Ar 40/39 dating[J]. Chemical Geo-logy，2014，371(2)：83-95.

[13] S. Boev，V. Vajov，B. Levchenko，D. Jgun，V. Muratov. Electropulse Technology of Material Destruction and Boring[J]. 11th IEEE International Conference on Pulsed Power，1997：220-225.

[14] Andres U. Development and prospects of mineral liberation by electricalpulses [J]. International Journal of Mineral Processing. 2010(97)：31-38.

[15] V. V. Burkin，N. S. Kuznetsova，V. V. Lopatin. Dynamics of electro burst in solids：I. Power characteristics of electro burst[J]. J. Phys. D：Appl. Phys. 2009(42)：185-204.

[16] Andres U，Timoshkin I，Jirestig，etal. Liberation of valuable inclusions in ores andslags by electrical pulses [J]. Powder Technology，2001，114(1)：40-50.

[17] Andres U，Timoshkin I，Soloviev M. Energy consumption and liberation ofminerals in explosive electrical breakdown of ores [J]. Mineral Processing and Extractive Metallurgy，2013，110(3)：149-157.

[18] I. V. Lisitsyn，H. Inoue，I. Nishizawa. Breakdown and destruction of heterogeneous solid dielectrics by high voltage pulses [J]. JOURNAL OF APPLIED PHYSICS，1998(84)：6262-6267.

[19] Bluhm H，Frey W，Giese H，etal. Drilling of hard rocks by pulsed power[J]. IEEEE lectrical Insulation Magazine，2000，16(3)：19-25.

[20] V. V. Burkin，N. S. Kuznetsova，V. V. Lopatin. Dynamics of electro burst in solids：II. Characteristics of wave process[J]. Journal of Physics D Applied Physics，2009，42(3)：209-213.

[21] Van der Wielen K P，Pascoe R，Weh A，etal. The influence of equipment settings and rock properties on high voltage breakage[J]. Minerals Engineering，2013 (46)：100-111.

[22] I，V，Timoshkin，J. W. Mackersie. S. J. MacGregor. PLASMA CHANNEL MICRO - HOLE DRILLING TECHNOLOGY[J]. IEEE. 2003：31-39.

[23] Sang ho Cho，Sang Sun Cheong，Mitsuhiro Yokota，Katsuhiko Kaneko. The Dyna-mic Fracture Process in Rocks Under High - Voltage Pulse Fragmentation [J]. Rock Mech Rock Eng (2016) 49：3841-3853.

[24] Sang Ho Cho，Katsuhiko Kaneko. Influence of the applied pressure wave form onthe dynamic fracture processes in rock [J]. International Journal of Rock Mechanics& Mining Sciences 41 (2004) 771-784.

[25] K. Kusaiynov，B. R. Nussupbekov，N. N. Shuyushbayeva. On electric-Pulse Well Drilling and Breaking of Solids [J]. Zhurnal Tekhnicheskoi Fiziki，2017 (vol. 87，No. 6)：852-855.

[26] B. M. Kovalchuk，A. V. Kharlov，V. A. Vizir. High-voltage pulsed generator for dynamic fragmentation of rocks [C]. REVIEW OF SCIENTIFIC INSTRU-MENTS，2010(103506).

[27] Mehta G，Somani M，Babu T N，et al. Contact Stress Analysis on Composite Spur Gear using Finite Element Method[J]. Materials Today：Proceedings，2018，5 (5)：13585-13592.

成熟探区固井候凝期精细补压技术研究

高 翔 邹昌运 杨 毅 马晓伟 于成龙

（大庆钻探工程公司钻井工程技术研究院）

摘 要 大庆成熟探区开发已进入特高含水期，为了保证油田稳产、高产和提高采收率，进一步完善注采井网，提高储量的动用程度，每年都要在老区钻相当数量的调整井，同时为了降低对油田油气产量的影响，油田实施了新的钻关标准，钻关距离进一步减小。油田经过60多年的开发，钻关方案几经调整，2019年下半年起，调整井全部执行300米钻关。调整井钻关优化后，近井区域地层压力不稳定，而随着水泥浆凝胶，液柱有效压力也不断降低，因此固井时面临高压防窜问题。针对这一问题，大庆油田采用具有直角稠化、短候凝、超短过渡、低失水、高早强、微膨胀性能的防窜双凝水泥浆体系和环空憋压候凝等措施提高固井质量。同时，大庆钻探开展了自动控压套管钻井试验，结合室内实验数据，进行失重压力与时间变化关系计算，实时优化井口回压值，提高压稳程度，取得了良好的试验效果，但由于控压钻井设备较多、安装工艺复杂且需要配套高级别井控设备，不能满足常规调整井规模化钻井的需求，因此，需要研制一套固井候凝精细补压装置，在满足调整井钻井规模化应用的前提下，提高钻关优化后调整井固井质量。本文主要针对双凝水泥浆体系下，固井憋压候凝的工艺和精细补压装置的研究。

关键词 钻关优化；高压防窜；控压固井

Research on automatic pressure replenishment technology during the waiting period of cementing in Mature Exploration Areas

Gao Xiang Zou Changyun Yang Yi Ma Xiaowei Yu Chenglong

(Daqing Drilling Engineering Company Drilling Engineering Technology Research Institute)

Abstract The development of mature exploration areas in Daqing oilfield has entered the stage of ultra-high water content. In order to ensure stable and high production of the oilfield, improve the injection production well network, and enhance the utilization of reserves, a considerable number of adjustment wells need to be drilled in the old area every year. At the same time, in order to reduce the impact on oil and gas production in the oilfield, the oilfield has implemented new drilling standards and the drilling distance has been further reduced. After more than 60 years of development, the oil field has undergone several adjustments to the drilling plan. Starting from the second half of 2019, all adjustment wells will be drilled at a depth of 300 meters. After the optimization of adjustment well drilling and shut in, the formation pressure in the near well area is unstable, and with the cement slurry gel, the effective pressure of the fluid column is also

decreasing, so the problem of high pressure channeling prevention is faced during cementing.

In response to this issue, Daqing Oilfield has adopted measures such as anti channeling dual setting cement slurry system with right angle thickening, short waiting time, ultra short transition, low water loss, high early strength, and micro expansion performance, as well as annular pressure

holding waiting time toimprove cementing quality. At the same time, Daqing Oilfield has carried out automatic pressure control casing drilling test, calculated the relationship between weight loss pressure and time change, optimized the wellhead back pressure value in real time, improved the pressure stability, and achieved good test results. However, due to the large number of pressure control drilling equipment, complex installation process, and the need for supporting high-level well control equipment, it cannot meet the needs of large-scale drilling of conventional adjustment wells. Therefore, it is necessary to develop a set of fine pressure compensation device for cementing waiting for setting, and improve the cementing quality of adjustment wells after drilling shut in optimization on the premise of meeting the large-scale application of adjustment well drilling. This article mainly focuses on the research of the process of well cementing pressure holding and waiting for setting under the dual setting cement slurry system, as well as the fine pressure compensation device.

Key wordst Drilling closure optimization; High pressure anti channeling; Pressure controlled cementing

油田开发已进入特高含水期后，为了保证油田稳产、高产和提高采收率，进一步完善注采井网，提高储量的动用程度，每年都要在老区钻相当数量的调整井，同时为了降低对油田油气产量的影响，油田实施了新的钻关标准，钻关距离进一步减小。油层发育有多个小层，由于长期注水开发，地层结构遭到破坏，水驱油过程中油水界面不平衡移动，层间、层内和平面的矛盾复杂化。

在新钻关标准条件下，调整井固井面临一些新的问题，主要表现在：(1)钻关方案调整，钻关距离不断缩小，钻关时间缩短，井口剩余压力增加，增加了井下环境的动态程度；(2)随着三元复合驱等驱油方式的应用，注入介质对界面胶结的影响尚不明确；(3)调整井采用了全封固井，水泥返至地面，水泥浆由于胶凝失重或桥堵等原因易产生压不稳地层流体的情况；(4)不同区块由于地质条件及开发程度的差异，影响固井质量的因素各不相同，单一技术措施不能满足所有区块要求。

针对上述问题，采用了双水泥浆体系+固井候凝加压的方式，有效提升固井质量。但由于水泥浆凝胶后，液柱有效压力也不断降低，井口补压需根据水泥浆失重情况不断调整，本文介绍了一种固井候凝期智能补压装置的研制。

1 研究现状

斯伦贝谢公司在 DAPC 控压钻井系统的基础上研制了控压固井系统，并进行了现场应用。在秘鲁 Sagari 油田、美国 Permian 盆地、阿根廷 Neuquén 盆地等区块成功应用。哈里伯顿公司在其研发的 MPD 控压钻井系统基础上研发了控压固井系统。在阿根廷 Neuquén 盆地的非常规气田中，成功克服了高孔隙压力和窄安全密度窗口的问题。威德福公司在 Secure Drilling 控压钻井系统的基础上研制了控压固井系统，并成功应用于北海海域。国内部分油田也进行了相关技术研究及应用。但都是在控压钻井的硬件基础上，进行改造应用于控压固井，没有开展针对候凝期控压固井装置的研制，无法满足调整井规模化应用。

2 固井候凝期补压工艺技术研究

首先分析水泥浆失重机理，根据井底有效压力计算，判断水泥浆失重情况，确定加“回压”的大小和加压时间，用“加回压”来补偿水泥浆的“失重”。加压过大，会引起井漏。加压过晚，水泥浆已经凝结硬化，压力将不能沿水泥浆柱向下传递。

2.1 水泥浆失重机理分析

水泥浆从液态转化为固态的过程中，水泥浆网架结构不断形成，靠近环空壁面的水泥浆就会受到环空壁面的支撑作用，并由水泥浆网架结构将这种力传递给整个水泥浆柱。随着水泥浆网架结构强度的逐渐形成，水泥浆对井底产生的静液柱压力越来越小。这就是水泥浆失重过程的描述。

注水泥完成后，会在水泥浆内部迅速形成一种与套管外表面和地层搭接且具有一定胶凝强度的空间网架结构，同时由于水泥浆失水性能和体积收缩导致水泥浆柱整体胶凝悬挂失重效应，使得部分水泥浆柱自身重量被悬挂在套管外表面和地层上，致使水泥浆液柱压力下降，发生失重。水泥浆在候凝过程中，胶凝强度是逐渐增加的，且网架结构越大，其所产生的悬挂力越大，失重越严重。因此随着水泥浆候凝，水泥浆失重越严重。该机理已被国内外固井界普遍接受。

2.2 井底有效压力计算方法

由于实际情况下，井底有效压力是难以直接测量的，因此在已知胶凝强度与失重的关系下，可通过测量水泥浆胶凝强度发展来计算井底有效压力液柱压力，以判断井底压稳地层情况。利用 MATLAB 软件，对胶凝强度曲线进行拟合，如

图 1 所示，拟合良好，相关性大于 0.99，从而可以得到不同井深及时间下水泥浆胶凝强度数据分布，如图 2 所示。

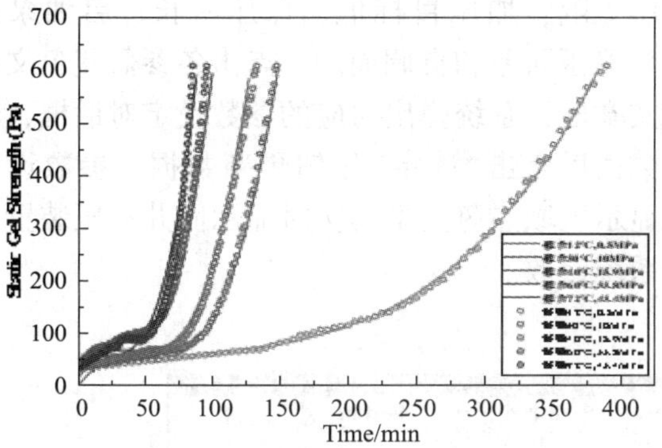

图 1　胶凝强度数据及拟合后的数据

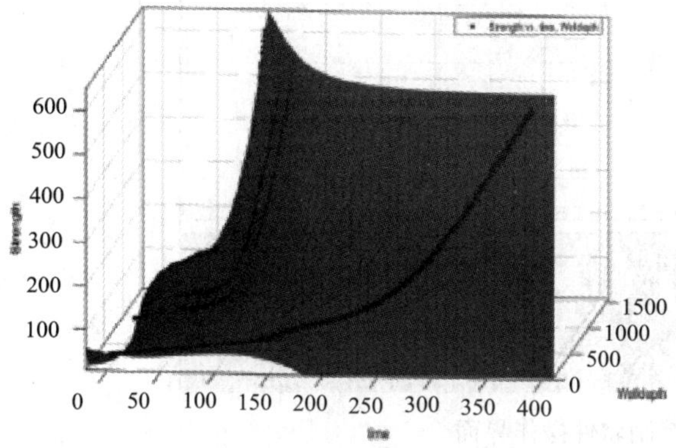

图 2　不同井深及时间下凝胶强度数据分布

结合现场高压层位置，通过该位置水泥浆静胶凝强度拐点，可确认临界时间，然后通过分段计算，利用胶凝强度数值对全井段井底有效压力进行分段计算，便可精准地掌握不同井深、不同时间下水泥浆有效液柱压力变化情况，为现场压稳情况提供理论指导。

2.3　现场压稳防窜设计方案

通过调控水泥浆胶凝强度发展，可以拉开上下部水泥浆失重时间差。上半段缓凝水泥浆，水化速度慢，“胶凝失重”发展缓慢，下半段速凝水泥浆，水化速度快，当上半段水泥浆还未过度“失重”时，下半段水泥浆已经能够形成足够的强度以封闭高压油气水层。避免了环空水泥浆同时“失重”，压力急剧下降的现象。

根据井底有效压力计算，判断水泥浆失重情况，确定加“回压”的大小和加压时间，用“加回压”来补偿水泥浆的“失重”。

3　固井候凝智能补压装置的研制

常规控压钻井主要装备包括：旋转防喷器、自动节流管汇、回压补偿系统、环空压力测试仪器，该项技术针对钻井液循环动态过程的精确控制，而控压固井主要在候凝期进行回压控制，属于静态过程，同时为了适应常规钻井设备，对原控压钻井设备及工艺进行优化。针对全封固井，采用井口加回压的方式，提高压稳程度。结合水泥浆室内检测数据，确定井口加压值，在候凝期间，对井口回压精确控制。

3.1　工作原理

智自动控压固井装置主要由回压系统和 PLC（远程）控制系统两部分组成。PLC 控制系统采集反馈的压力，结合内部算法向回压系统发出指令，回压系统通过蓄能器向套管环空补压，从而实现依据胶凝失重的井口分阶段梯度压力控制如图 3 所示。

（1）回压补偿模块：电动机、柱塞泵、比例

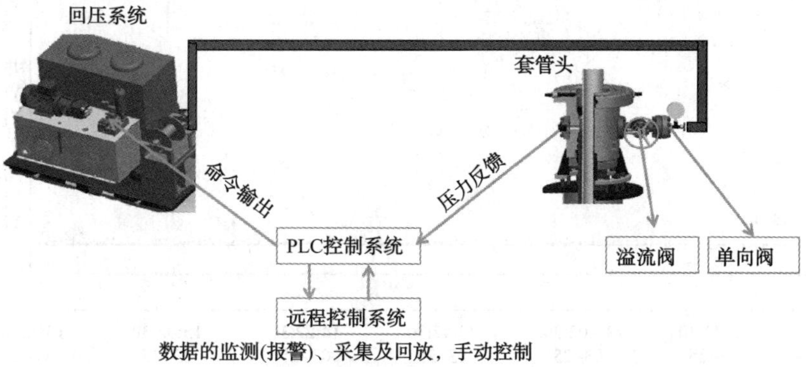

图 3　智能补压装置工作原理图

3.2　关键模块功能

装置中的关键模块及其功能如下：

背压阀、单向阀、单向节流阀、溢流阀、蓄能器、压力表、液位计、高压过滤器、吸油过滤器

等组成。

（2）PLC 计算控制模块：运用优化算法对参数进行自动调整，基于仿真结果提出决策建议，并根据采集的数据，控制回压补偿模块的各阀件。

远程数据监控模块：可实时采集固井补压装置的系统压力、比例阀开度、油泵压力等参数，通过智能控制补压、保压及泄压操作来实现固井候凝期自动调整井口回压。包括数据采集模块、显示存储模块、智能控制模块等。

如图 4 所示，点击“远程连接”按钮，软件自动与固井补压装置 PLC 系统进行通信。参数设置及显示区域可进行固井补压参数设置，包括水压上限、加压目标值、保压时长、启油泵压力、保压回差和自调周期。点击各参数蓝色文字的文本框，系统弹出对应的参数设定对话框，输入数值后点击“确定”按钮更新数据。参数设置及显示区域黑色文本框实时显示固井补压装置各项系统参数。

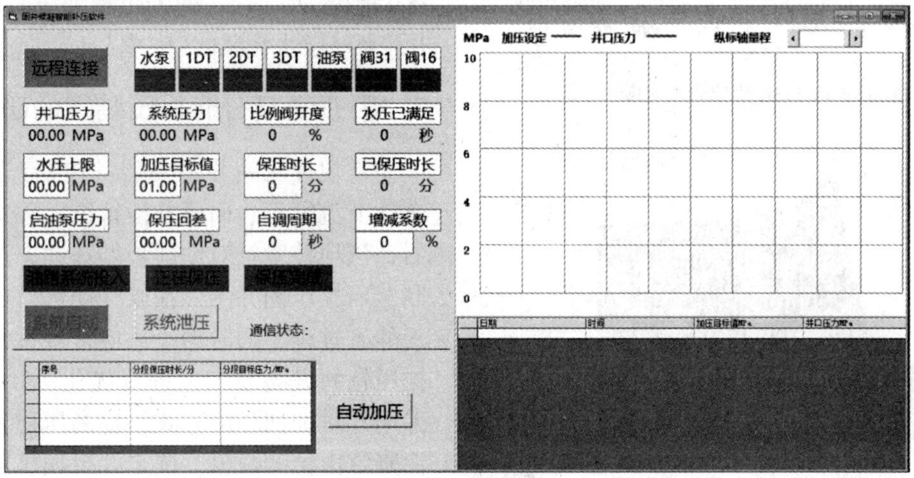

图 4　远程控制模块内嵌控制软件操作界面

（4）数据采集及存储模块：运用优化算法对参数进行自动调整，基于仿真结果提出决策建议。

3.3　应用案例

配合控压钻井在更新井、高压调整井应用了 40 口井，在有限钻关下固井优质率 88%，红线合格率 98%，变优质井段比例 96.1%，合格以上优质井段比例 100%。建井周期同比缩短 9.79%，15 天声变同比提升 34%。图 5 为现场加压曲线，加压时间为 4h，加压设定值 3.0MPa，实际井口压力 3.0MPa，波动误差 <1%。

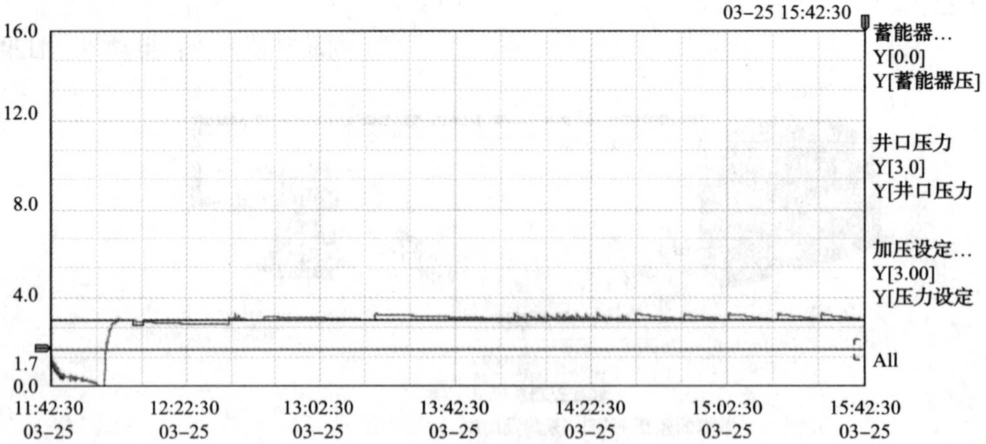

图 5　实际加压曲线

4　前景分析

油田开发已进入特高含水期，为了保证油田稳产、高产和提高采收率，进一步完善注采井网，提高储量的动用程度，每年都要在老区钻相当数量的调整井。为了降低对油田油气产量的影响，油田实施了新的钻关标准，钻关距离进一步减小，钻关时间进一步缩短，近井压力增加，同时油田含水率不断增长，井下动态环境会愈发复杂。在复杂地质条件下调整井全封井固井技术将发挥出重要作用，因此有限钻关下，固井候凝自动补压技术具有广阔的应用前景。

5　结论

（1）通过数值拟合和程序计算，将水泥浆胶凝失重计算精度提高 10 倍以上，为井口加回压工艺技术提供重要依据。

（2）使用双凝双密度防窜水泥浆+侯凝补压技术组合，再辅以通井、扶正器数量优化、界面增强剂、优化固井关井方案等技术措施，能够保障有限钻控条件下的更新井固井质量。

（3）在有限钻关下，应用智能补压装置能有效提升固井质量，通过现场应用，固井优质率 88%，红线合格率 98%，变优质井段比例 96.1%，合格以上优质井段比例 100%。建井周期同比缩短 9.79%，15 天声变同比提升 34%。

参　考　文　献

[1] 程小伟，刘开强，李早元等．油井水泥浆液-固态演变的结构与性能[J]．石油学报，2016，37(10)：1287-1292.

[2] 步玉环，穆海朋，姜林甫等．水泥浆失重建模以及实验研究[J]．钻井液与完井液，2007，24(6)：52-54.

[3] 吕英渤．水平井水泥浆静液压力传递机理和规律研究[D]．黑龙江大庆：东北石油大学，2017.

[4] 刘仍光．基于防气窜失重预测模型的胶乳水泥浆参数影响规律分析[J]．钻采工艺，2021，44(6)：7-12.

[5] 周燚，蒋宇，罗健侨等．固井环空逐级憋压候凝方法研究与应用[J]．石油工业技术监督，2022，38(10)：45-50.

[6] 李早元，周超，刘威等．低温短候凝水泥浆体系室内研究．石油钻探技术，2012，40(2)：46-50.

基于深度学习方法的海相页岩岩相预测

薛玉芳　罗　兵　陈亚琳　张道洪

(中国石化江汉油田分公司勘探开发研究院)

摘　要　页岩岩相控制着页岩的生烃能力、储层物性以及各向异性，决定了页岩“甜点”层段的分布，直接影响着页岩的可压裂性与水平井靶窗的选取，因此页岩岩相预测对于页岩储层精细评价和高效勘探开发起着至关重要的作用。由于川东红星地区二叠系吴家坪组页岩储层矿物成分复杂、隔夹层发育及岩相非均质性强，对于岩相预测而言是一项很大的挑战。本文以研究区 5 口取芯井的地质岩相精细划分结果作为训练集和验证集，通过融合卷积神经网络(CNN)和双向长短期记忆网络(BiLSTM)提出了一种新的网络架构(CNN-BiLSTM)，该网络架构中 CNN 模块用于捕获测井曲线局部信息，BiLSTM 模块用于处理时间序列信息，通过两者结合有效提高了模型的性能及预测精度。本文优选 6 种测井曲线(自然伽马、声波时差、密度、补偿种子、井径、深侧向)作为输入层训练 CNN-BiLSTM 网络模型实现了页岩岩相自动预测。基于研究区页岩岩相预测结果表明，CNN-BiLSTM 网络模型预测准确率为 82%，相比于单一的 CNN 网络模型，该网络模型岩相预测结果准确率提高了 12%。基于深度学习预测岩相的方法不仅在一定程度上克服了研究区页岩岩相识别困难的问题，还极大提高了未取心岩相识别效率与准确率，为页岩储层测井岩相预测提供了一种经济可行的方案，同时还可以对研究区页岩储层勘探选区评价与高效开发进一步提供理论指导以及科学的方法支撑。

关键词　深度学习；卷积神经网络；双向长短期记忆神经网络；岩相预测

Lithofacies Prediction of Marine Shale based on Deep Learning approach

Yufang Xue　Bing Luo　Yalin Chen　Daohong Zhang

(Exploration and Development Research Institute , Sinopec Jianghan Oilfield Company)

Abstract　Shale lithofacies control the hydrocarbon generation potential, reservoir properties, and anisotropy of shale, determining the distribution of shale " sweet spots " and the selection of horizontal well target windows. Therefore, predicting shale lithofacies is crucial for the detailed evaluation and efficient exploration and development of shale reservoirs. It is a significant challenge for lithofacies prediction of shale reservoirs of the Wujiaping Formation in the Permian of the Hongxing area in eastern Sichuan due to complex mineral composition and strong heterogeneity.

In this study, detailed geological data analyses were used to classify lithofacies, which served as training and validation sets. Notably, a novel network architecture, CNN-BiLSTM, was developed by integrating Convolutional Neural Networks (CNN) with Bidirectional Long Short-Term Memory networks (BiLSTM). In this architecture, the CNN module captures local information from logging curves, while the BiLSTM module processes time series information, significantly enhancing model performance and prediction accuracy. Besides, six logging curves (GR, AC, DEN, CNL, CAL, and LLD) were selected as input layers for train the CNN-BiLSTM network model to predict lithofacies automatically. Especially, the results demonstrated that the CNN-BiLSTM network model achieved an accuracy of 82%, which is 12% higher than that of the single CNN model. The lithofacies prediction by deep learning method not only addresses the challenges in identifying shale lithofacies in the study area but also significantly enhances the efficiency and accuracy of lithofacies identification in uncored wells. In fact, this approach provides an economical and feasible solution for logging-based lithofacies prediction, offering theoretical guidance and scientific support for exploration and efficient development of shale reservoirs in the study area.

Key wordst Deep Learning; Convolutional Neural Network; Bidirectional Long Short-Term Memory Neural Network; Lithofacies Prediction

世界能源发展已经进入从化石能源向新能源转换的关键时期，天然气作为最清洁的化石能源，是转型时期能源转化的“桥梁”或最佳“伙伴”。北美“页岩气革命”的成功，使美国由天然气进口大国变为出口大国，天然气的供给格局由此转变(Sohail et al.，2022)。我国页岩油气资源量丰富，勘探潜力巨大，是未来重要的战略性接替资源，但是当前我国油气对外依存度依然很高，大力发展页岩气是保障我国能源安全，实现能源绿色转型发展的重要途径(邹才能等，2021；张金川等，2021)。

页岩岩相是页岩气地质评价和勘探选区的重要内容，页岩岩相作为特定沉积环境下的岩石类型、岩性组合和沉积构造等特征的总和，既包含了岩石类型、颜色、结构、沉构造等宏观信息，也包含无机矿物与有机组分的微观信息(Bo et al.，2019；黎茂稳等，2022)。不同的岩相直接或间接控制着岩石的强度、脆性、含气性以及孔缝发育的各向异性和储层的电性、非均质性、生烃属性、储层物性以及页岩气富集和赋存方式(He et al.，2016；林伟等，2024)，同时页岩岩相还决定着页岩“甜点”层段的分布，因此页岩岩相准确预测对储层精细评价以及勘探开发生产的部署都有着十分重要的意义。

地质上岩相划分方案一般是依据页岩中无机矿物的组成、沉积构造以及总有机碳含量(TOC)(Chao et al.，2016；赵帅等，2024；刘雨迪等，2023)，该方法一般通过岩心薄片观察与全岩X射线衍射分析测试实验获取岩相信息，但是受到取心数量及成本约束，无法获取全井段岩相信息。测井资料以其纵向分辨率高、连续性好的特征，在岩相识别中被广泛应用(张晋言，2013；田瀚等，2023；张益粼等，2023)，但是由于页岩储层矿物成分复杂以及非均质性强，测井曲线间存在着大量的信息冗余，数据集类间分布不平衡，采用简单的线性方程和经验统计公式无法准确预测岩相。

近年来，人工智能技术的快速发展为解决测井岩相识别困难提供了新的研究思路，不少研究学者尝试使用机器学习算法解决复杂地区储层的岩相预测问题(Cui et al.，2022；Kim，2022；Xue et al.，2024；高飞等，2023；李红斌等，2022)。深度学习技术通过构建多隐藏层模型自动寻找储层信息中的非线性特征，不仅可以提高资料处理速度，还可以克服人为因素的影响，提高识别精度，在页岩岩相预测中具有较高的应用与推广前景。

本文以川东红星地区二叠系吴家坪组页岩储层为研究目标，基于“矿物组分+TOC”厘定页岩岩相类型，通过CNN-BiLSTM网络架构建立岩相预测模型并对岩相预测结果进行定量评价。研究成果可提高未取心井岩相预测效率及精度，对页岩气的勘探与后期开发提供理论指导以及科学的方法支撑。

1　深度神经网络原理

1.1　卷积神经网络(CNN)原理

CNN是深度学习一个重要的分支，与普通神经网络的区别是普通神经网络每层的神经元与下一层神经元是全连接，而CNN则通过全局滑动、局部连接、权值共享的方式连接相邻的两层，一个完整的CNN包括输入层、卷积层、池化层、全连接层和输出层，其中最重要的是卷积层和池化层。

卷积层又称为特征提取层，该层每个神经元都会接受上一层中一组局部区域的神经元的输入，这些神经元称为卷积核，对应的局部区域称为局部感受野，通过引进局部感受野，卷积核能够提取到不同类型的特征，而这些特征通过相互结合形成更高层次的特征。经过平移卷积之后得到的输出为：

$$h_n^l = f\left(\sum\nolimits_{\forall m}(h_{mm}^{l-1} \times k_{mn}^l) + b_n^l\right) \tag{1}$$

式中，$f(*)$为激活函数；h_n^l和h_{mm}^{l-1}分别表示当前层与上一层的特征，k_{mn}^l表示连接上一层与当前层从第m个到第n个特征的卷积核；b_n^l表示当前层第n个特征的偏置项。

池化层又称为下采样层，主要用来提取二次特征。池化操作是对卷积特征进行下采样，在提高数据特征鲁棒性的同时减少网络训练参数。常用的池化方式有最大池化和平均池化等。下采样层计算公式为：

$$h_n^l = f(\omega_n^l \times \frac{1}{p^2}\sum_{p\times p} h_n^{l-1} + b_n^l) \qquad (2)$$

式中，ω_n^l和b_n^l表示当前下层权重与偏置；$p\times p$为下采样尺度。

1.2 双向长短期记忆神经网络(BiLSTM)原理

长短期记忆神经网络(LSTM)是在传统循环神经网络(RNN)的基础上引入了遗忘门、输入门和输出门来控制神经单元的细胞状态，可以及时更新保留或遗忘信息的比例，LSTM网络不仅具备长期学习能力，还解决了梯度消失和梯度爆炸的问题。

双向长短期记忆神经网络(BiLSTM)是由前向的LSTM层和后向的LSTM层组合而成，使的BiLSTM具有利用过去和未来数据信息进行学习的能力，弥补了LSTM的不足，BiLSTM的计算过程如下：

$$h^b = f(W^b M(x_t) + V^b h_{t-1}^b + b^b) \qquad (3)$$

$$h^f = f(W^f M(x_t) + V^f h_{t-1}^f + b^f) \qquad (4)$$

$$h^f y_t = g(Uh_t + c) = g(U[h_t^b,\ h_t^f] + c \qquad (5)$$

式中，W、V和U为权重矩阵；b和c为偏置；h_t表示t时刻单向隐藏层的输出；y_t表示t时刻隐藏层的输出。

本文通过融合卷积神经网络(CNN)和长短期记忆网络(LSTM)提出了CNN-BiLSTM网络架构(图1)，该往网络架构主要由输入层、CNN模块、BiLSTM模块、全连接层和输出层组成，其中CNN模块用于捕获测井曲线的局部信息，BiLSTM模块用于处理时间序列信息。

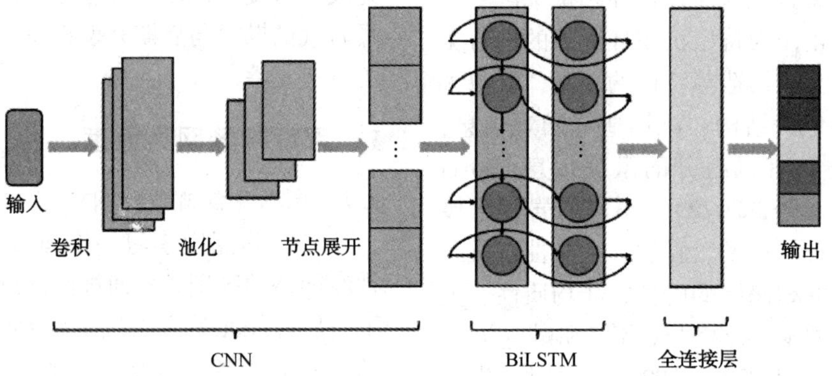

图1　CNN-BiLSTM网络架构示意

2 实验数据集分析

2.1 测井曲线选取

本文选取研究区5钻井数据用于训练网络模型，其中4口井作为训练集，1口井作为验证集来评估模型预测效果的优劣。为了优选测井曲线，以Pearson相关系数作为参数相关性评估标准。由于浅侧向(LLS)与深测向(LLD)相关系数达到0.99(图2)，说明这两条曲线具有极高的相似性，为了减少模型训练参数，不需要将相似性极高的两条曲线同时作为输入。最终优选出声波时差(AC)、井径(CAL)、补偿中(CNL)、密度(DEN)、自然伽马(GR)、深侧向(LLD)6条曲线作为网络模型的输入。

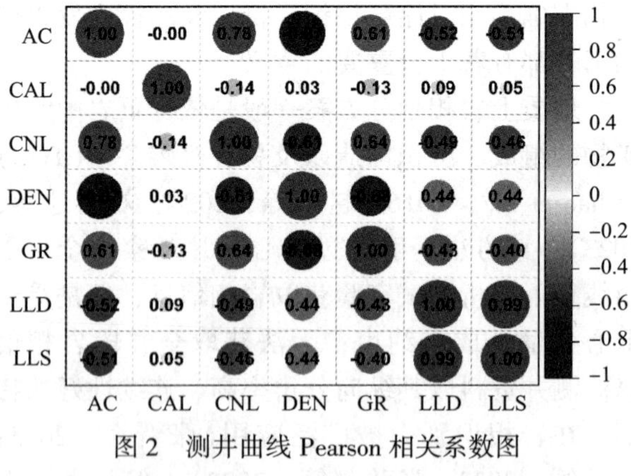

图2　测井曲线Pearson相关系数图

2.2 数据预处理

数据预处理是深度学习一项必不可少的工作，为了消除各个测井曲线之间的系统误差，使得研究区内所有具有相似沉积背景的测井曲线拥有相似的分布特征，对每口井进行了标准化处理。为了消除不同曲线之间的权重差异过大对网络训练过程稳定性的影响，对测井曲线进行了归一化处理。归一化处理的公式如下：

$$\bar{x} = \frac{x - x_{min}}{x_{max} - x_{min}} \qquad (6)$$

式中，$\bar{x}$为归一化之后的测井数据，$\bar{x}\in[0,$

1]；x_{min}和x_{max}是样本数据的最小值与最大值。

2.3 评价指标

在评价深度学习网络模型预测效果时，单一的评价指标不能有效、全面地衡量模型之间的优劣，本文采用准确率(*Accuracy*)、精准率(*Precision*)、召回率(*Recall*)以及F1值(*F1-score*)来综合评价模型的预测能力，其中准确率(Accuracy)表示预测正确的总样本数在实际样本总数中的占比；精准率(Precision)表示预测正确的某类样本数在该类样本预测总数中的占比，召回率(Recall)表示预测正确的某类样本数在该类样本实际总数中的占比，F1值(F1-score)为精准率和召回率的调和平均数，综合了精准率与召回率两个指标在不同方面的预测能力。

$$Accuracy=\frac{TP+TN}{TP+TN+FP+FN} \tag{7}$$

$$Precision=\frac{TP}{TP+FP} \tag{8}$$

$$Recall=\frac{TP}{TP+FN} \tag{9}$$

$$F1-score=2\times\frac{Precision\times Recall}{Precision+Recall} \tag{10}$$

式中，*TP*表示实际是正例且模型分类结果也是正例；*TN*表示实际是反例且模型分类结果也是反例；*FP*表示实际是反例而模型分类为正例；*FN*表示实际是正例而模型分类为反例。

3 实例应用

通过对取心井薄片观察与全岩X射线衍射分析测试实验，基于"TOC+矿物组分"四端元岩相划分方案对研究区内5口井岩相进行了精细划分，灰岩和页岩储层一共划分了5种岩相组合体，包括灰岩(MF1)、中碳高灰类岩相(MF2)、高碳中硅类岩相(MF3)、富碳高硅类岩相(MF4)及富碳中硅类岩相(MF5)。其中MF4垂直层理缝更为发育，硅质含量高，脆性指数高，其压裂效果更好。因此MF4为研究区页岩储层发育的优势岩相，准确预测优势岩相发育层段，是储层精细评价、水平井靶窗选取及工程压裂施工的关键，如图3所示。

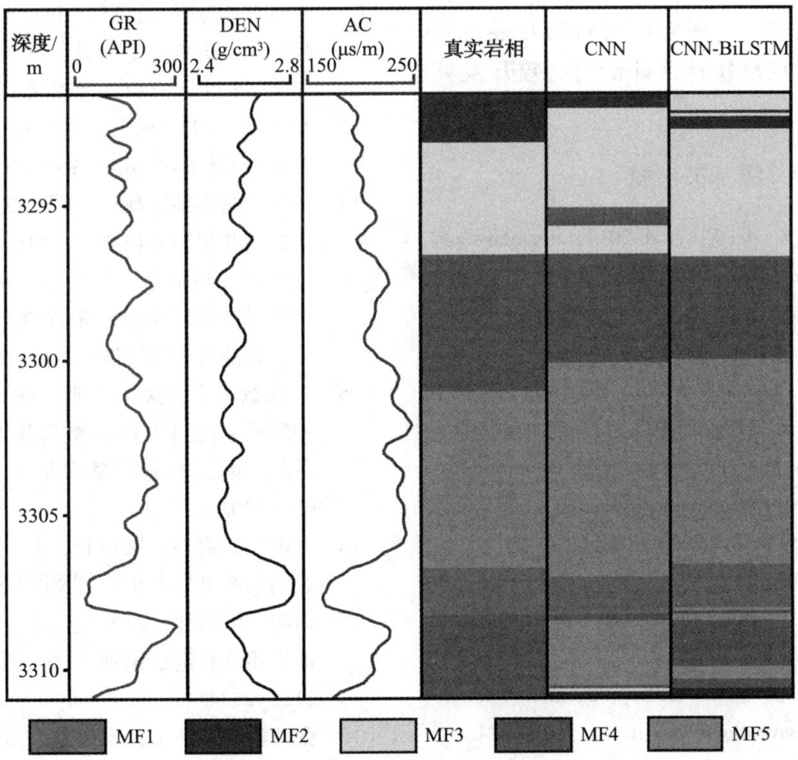

图3　well1井深度学习预测结果

从定量的评价指标结果(表1)可以看出，CNN-BiLSTM模型预测结果的准确率、精准率、召回率和F1值都高于CNN模型，其中CNN-BiLSTM模型的准确率相比与CNN模型提高了12%。在CNN-BiLSTM模型中，通过利用CNN模块捕获测井曲线局部信息和BiLSTM模块处理时间序列信息，使得模型内部的权重更新更贴合岩相纵向上的动态变化特征，有效提高了模型的岩相预测精度。因此，对于研究区而言，CNN-BiLSTM模型能够充分利用岩相随地层的变化趋势，岩相预测结果更精准更稳定。

表1　well1不同模型岩相预测评价指标对比

网络模型	准确率	精准率	召回率	F1值
CNN	0.7245	0.7673	0.7245	0.7095
CNN-BiLSTM	0.8214	0.7964	0.8214	0.8114

4　结论

本文通过CNN和CNN-BiLSTM模型探讨了深度学习在测井岩相识别中的可行性，利用6条测井曲线（AC、CAL、CNL、DEN、GR、LLD）作为输入进行网络训练。由于融合了CNN模块捕获测井曲线局部信息的功能及BiLSTM模块处理时间序列信息的功能，CNN-BiLSTM模型预测效果要明显好于CNN模型，预测结果准确率相比于CNN模型提高了12%。研究表明，深度学习是一种可靠、有效的岩相预测方法，为页岩储层测井岩相预测提供了一种经济可行的方案，对促进研究区页岩储层勘探选区评价与高效开发具有重要意义。

参考文献

[1] Bo L，Haoli W，Xiaofei F，et al. 2019. Lithofacies and Depositional Setting of a Highly Prospective Lacustrine Shale Oil Succession From the Upper Cretaceous Qingshankou Formation in the Gulong Sag，Northern Songliao Basin，Northeast China. Aapg Bull，103：405-432.

[2] Chao L，Zaixing J，Yingchang C，et al. 2016. Deep-Water Depositional Mechanisms and Significance for Unconventional Hydrocarbon Exploration：A Case Study From the Lower Silurian Longmaxi Shale in the Southeastern Sichuan Basin. Aapg Bull，100：773-794.

[3] Cui Q，Yang H，Li X，et al. 2022. Identification of Lithofacies and Prediction of Mineral Composition in Shales-a Case Study of the Shahejie Formation in the Bozhong Sag. Unconventional Resources，2：72-84.

[4] He J，Ding W，Jiang Z，et al. 2016. Logging Identification and Characteristic Analysis of the Lacustrine Organic-Rich Shale Lithofacies：A Case Study From the Es3L Shale in the Jiyang Depression，Bohai Bay Basin，Eastern China. Journal of Petroleum Science & Engineering，145：238-255.

[5] Kim J. 2022. Lithofacies Classification Integrating Conventional Approaches and Machine Learning Technique. J Nat Gas Sci Eng，100：104500.

[6] Sohail G M，Radwan A E，Mahmoud M. 2022. A Review of Pakistani Shales for Shale Gas Exploration and Comparison to North American Shale Plays. Energy Rep，8：6423-6442.

[7] Xue C，McBeck J A，Lu H，et al. 2024. Classification of Shale Lithofacies with Minimal Data：Application to the Early Permian Shales in the Ordos Basin，China. J Asian Earth Sci，259：105901.

[8] 赵帅，刘皓天，姜新雨，等. 2024. 四川盆地红星地区二叠系页岩岩相及其微观孔隙结构特征. 科学技术与工程，24：994-1006.

[9] 邹才能，赵群，丛连铸，等. 2021. 中国页岩气开发进展、潜力及前景. 天然气工业，41：1-14.

[10] 林伟，郭伟，张吉振，等. 2024. 川南地区龙马溪组复杂岩相类型页岩储层有机质差异性成孔机制. 天然气地球科学，35：133-148.

[11] 张金川，史淼，王东升，等. 2021. 中国页岩气勘探领域和发展方向. 天然气工业，41：69-80.

[12] 张晋言. 2013. 泥页岩岩相测井识别及评价方法. 石油天然气学报，35：96-103.

[13] 高飞，曲志鹏，魏震，等. 2023. 基于机器学习方法的测井岩相分类研究. 地球物理学进展.

[14] 黎茂稳，马晓潇，金之钧，等. 2022. 中国海、陆相页岩层系岩相组合多样性与非常规油气勘探意义. 石油与天然气地质，43：1-25.

[15] 李红斌，王贵文，王松，等. 2022. 基于Kohonen神经网络的页岩油岩相测井识别方法——以吉木萨尔凹陷二叠系芦草沟组为例. 沉积学报，40：626-640.

[16] 刘雨迪，梁超，操应长，等. 2023. 川南五峰组—龙马溪组页岩岩相特征及沉积作用. 沉积学报.

[17] 田瀚，闫伟林，武宏亮，等. 2023. 一种陆相页岩油岩相测井定量识别方法. 地球物理学进展，38：2122-2134.

[18] 张益粼，王贵文，宋连腾，等. 2023. 页岩岩相测井表征方法——以准噶尔盆地玛湖凹陷风城组为例. 地球物理学进展，38：393-408.

吉林油田页岩油水平井优快钻井技术

赵云飞　高　磊　张　良　孙平涛　赵建忠

（中国石油吉林油田公司钻井工艺研究院）

摘　要　吉林油田青山口组地层井壁稳定性差、夹层多，造斜段、水平段采用 LWD 常规导向工具，钻井速度慢、周期长。攻关配套强抑制强封堵油基钻井液，采用常规 LWD 导向工具，配套“一趟钻”提速、钻具组合优化、井底压力控制等技术。在 4 口页岩油水平井开展试验，水平段 2000m，平均钻井周期 25.2 天，较前期缩短 49%，该技术可以解决吉林油田页岩油钻井中存在的技术难题，满足了页岩油效益勘探开发的需求。

关键词　页岩油；水平井；“一趟钻”提速；钻具组合优化

Optimized and Efficient Drilling Technology for Horizontal Shale Oil Wells in Jilin Oilfield

Zhao Yunfei　Gao Lei　Zhang Liang　Sun Pingtao　Zhao Jianzhong

(Drilling technology Research institute of Jilin Oilfield Company)

Abstract　The Qingshankou Formation in Jilin oilfield exhibits poor wellbore stability and numerous interlayers. While conventional LWD guidance tools are employed in the deviation and horizontal sections of horizontal wells, the drilling speed remains sluggish and the drilling period prolonged. To address these challenges, it is essential to facilitate robust inhibition and effective sealing of oil-based drilling fluid, utilize conventional LWD guidance tools, enable speed enhancement in a single trip operation, optimize the drill assembly, and implement bottom hole pressure control along with other relevant technologies. The test was conducted on four horizontal shale oil wells, each with a 2000m horizontal section and an average drilling period of 25.2 days, representing a 49% reduction compared to the previous period. This technology addresses technical challenges in shale oil drilling in Jilin oilfield and satisfies the demand for efficient exploration and development of shale oil.

Key wordst　shale oil; Horizontal well; Accelerated drilling with ´one trip drill´; Optimization of drilling assembly

吉林油田前期已完成 5 口页岩油水平井钻井施工，平均井深 4221m，水平段长度 1065～2145m，采用三开井身结构、油基钻井液、旋转导向工具，钻井过程中存在井壁稳定性差、机械钻速慢、钻井周期长等问题。因此，开展了井身结构优化、“一趟钻”提速、强抑制强封堵油基钻井液、井底压力控制等技术攻关，在 4 口页岩油水平井开展了先导试验，钻井周期缩短 49%，钻井过程未发生复杂情况。

1　页岩油地层特点及优快钻井难点

吉林油田页岩油地层位于青山口组二段与一段，过路层系包括明水组、四方台组、嫩江组、姚家组和青山口组三段。嫩江组黏土矿物含量高易水化膨胀，导致井眼缩径；姚家组易坍塌掉块，易卡钻；青三段与青二段交界面井壁稳定性差、夹层多，前期钻井易发生井壁坍塌、掉块，形成“大肚子”井眼，影响安全钻进与固井质量；青二段至青一段分布 Q_1～Q_9层系 9 个页岩储层，富含有机质的泥岩、页岩为主，黏土矿物含量高，且多孔多缝，呈纹层状结构，微裂缝发育，钻进时滤液易侵入，导致页岩水化膨胀，易出现坍塌掉块，钻井液密度过低也易导致井壁应力支撑不足发生井壁垮塌，前期黑页平 2 井起钻抽汲过大，造成井壁失稳坍塌，损失水平段 282m。前期黑页平 4、黑页平 5 井造斜段采用 LWD 导向工具钻进，机械钻速慢、钻井周期长，水平段采用旋导工具钻进，钻井速度快，但成本高，不利于页岩油效益动用，水平段采用 LWD 导向工具虽然成本较低，但摩阻、扭矩大，钻井周期长，长时间侵泡井壁易失稳。

2 钻井关键技术

针对吉林油田页岩油水平井钻井完井技术难点，开展了钻井方案优化设计、钻井提速提效、高性能钻井液等技术研究，形成了页岩油水平井钻井完井关键技术，达到了钻井提速提效的目的。针对页岩油井壁稳定性差、钻井周期长、钻井成本高等问题，首先优化、简化井身结构，由二开优化为三开，为提速奠定基础，采用强抑制、强封堵油基钻井液与井底压力控制技术解决井壁易失稳问题，配套“一趟钻”提速技术，优选钻头、螺杆，强化参数钻井，提高机械钻速，缩短钻井周期，在坍塌周期到来之前完井。

2.1 井身结构优化

前期页岩油水平井采用三开常规结构(表 1)，技术套管下入到造斜段，三开钻进水平段，黑页平 2 井二开采用 Φ311.1mm 钻头钻进造斜段 2581m，井斜 77°处，水基钻井液抑制性差，井壁发生坍塌、掉块，导致封井侧钻，重新侧钻后二开完钻井深 2430m，井斜 55°。

表 1 黑页平 2 井井身结构数据表

开钻次序	井深/m	钻头尺寸/mm	套管尺寸/mm	套管下入地层层位	套管下入深度/m	环空水泥浆返深/m
一开	324	444.4	339.7	大安组	322	地面
二开	2430	311.1	244.5	青山口组	2426	地面
三开	4198	215.9	139.7	青山口组	4197	1000

为了降低造斜段施工风险，提高钻井效率，对井身结构进行了优化，采用二开浅表井身结构，表层采用 Φ393.7mm 钻头钻进，下入 Φ273.1mm 表层套管，下入深度 570m，封住明水组，二开采用 Φ215.9mm 钻头钻进，下入 Φ139.7mm 油层套管，水泥返至地面，采用 Φ215.9mm 钻头施工造斜段可以降低井壁失稳风险，同时缩短钻井周期(表 2)。

表 2 长页平 3 井井身结构数据表

开钻次序	井深/m	钻头尺寸/mm	套管尺寸/mm	套管下入地层层位	套管下入深度/m	环空水泥浆返深/m
一开	572	393.7	273	明水组	570	至地面
二开	4638	215.9	139.7	青山口组	4636	至 700

2.2 井眼轨迹设计优化

青山口组青二+三交界面稳定性差，前期钻井在此处造斜施工易导致井壁失稳，与地质结合，优化井眼轨迹应用七段制双稳剖面，稳斜穿过青二、三交接面，减少井壁失稳风险。长页平 3 井采用七段制双稳剖面，剖面有 2 个稳斜段，第 1 稳斜段主要用于稳斜穿过青二+三交界面，第 2 个稳斜段主要用于稳斜探顶，现场施工造斜段未发生复杂情况，满足安全施工同时实现精确入靶(表 3)。长页平 2 井周边邻井少，防止地层提前风险，与地质结合，Q6 顶为标志层，采用双稳剖面(表 4)，第一稳斜段底部设置为 Q6 小层顶，第二稳斜段为探顶段，在第一稳斜段稳斜过程中若 Q6 层提前出现，则将余下稳斜段变为造斜段，避免下部轨迹调整过大，该设计方法可以提高剖面弹性，防止因地层提前导致狗腿调整过大。

表 3　长页平 3 井井轨迹设计数据表

站点	测深 /m	井斜 /°	网格方位 /°	垂深 /m	北坐标 /m	东坐标 /m	闭合距 /m	狗腿度 (°·$30m^{-1}$)
井口	0.00	0.00	0.00	0.00	0.00	0.00	0.00	0.00
造斜点	2023.00	0.00	0.00	2023.00	0.00	0.00	0.00	0.00
增斜完	2301.19	51.00	359.09	2265.88	115.83	−1.84	115.85	5.50
稳斜完	2355.48	51.00	359.09	2300.05	158.02	−2.51	158.04	0.00
增扭完	2535.58	84.01	0.00	2368.01	322.12	−3.65	322.14	5.50
稳斜完	2568.96	84.01	0.00	2371.49	355.31	−3.65	355.33	0.00
A	2597.89	89.31	0.00	2373.18	384.19	−3.65	384.21	5.50
B	4598.04	89.31	0.00	2397.18	2384.19	−3.65	2384.19	0.00

表 4　长页平 2 井井轨迹设计数据表

站点	测深 m	井斜 °	网格方位 °	垂深 m	北坐标 m	东坐标 m	闭合距 m	狗腿度 °/30m
井口	0.00	0.00	0.00	0.00	0.00	0.00	0.00	0.00
造斜点	2057.66	0.00	0.00	2057.66	0.00	0.00	0.00	0.00
增斜完	2352.10	53.98	359.38	2310.43	128.73	−1.38	128.74	5.50
稳斜完	2390.50	53.98	359.38	2333.01	159.79	−1.72	159.80	0.00
增扭完	2554.27	84.00	0.01	2391.06	310.93	−2.44	310.94	5.50
稳斜完	2584.27	84.00	0.01	2394.20	340.76	−2.44	340.77	0.00
A	2613.56	89.37	0.01	2395.89	369.99	−2.43	370.00	5.50
B	4613.69	89.37	0.01	2417.89	2370.00	−2.24	2370.00	0.00

2.3　“一趟钻”提速技术

针对页岩油水平井钻井周期长、钻速慢的问题，通过开展优选高效 PDC 钻头、螺杆，强化参数钻井，优化钻具组合等实现了快速钻完井，钻井周期由前期 51 天降低至 25.2 天，钻井周期缩短 55%，水平段采用 LWD 导向工具，机械钻速、周期与旋转地质导向工具基本持平。

2.3.1　钻头、螺杆优选

黑页平 4 井、黑页平 5 井，前期造斜采用 5 刀翼 19mm 复合片 PDC 钻头，螺杆采用 5/6 头常规螺杆，排量控制 32L/s，定向钻进过程中，由于地层非均质强，存在工具面不稳定，机械钻速低，周期长等问题。长页平 3 井造斜段前期选用 5 刀翼 19mm 复合片 PDC 钻头，工具面不稳，钻速低，针对上述问题，优选 6 刀翼 16mm 复合片钻头，提高非均质地层工具面稳定性，同时螺杆采用等壁厚大扭矩螺杆配合大排量，提高钻头转速，降低钻压，有效提高定向钻进速度如图 1、图 2 所示。

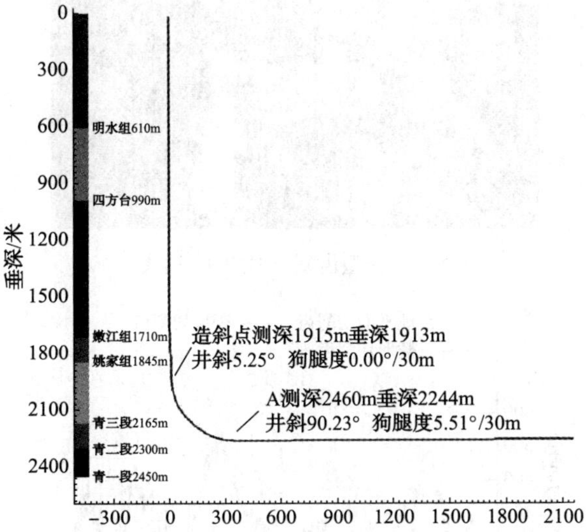

图 1　长页平 3 井井垂直投影图

长页平 1、长页平 2、长页平 3 井目的层为青一段下部 Q1、Q3 小层，造斜点位于青三段底部，夹层较少，采用 6 刀翼常规复合片 PDC 钻头

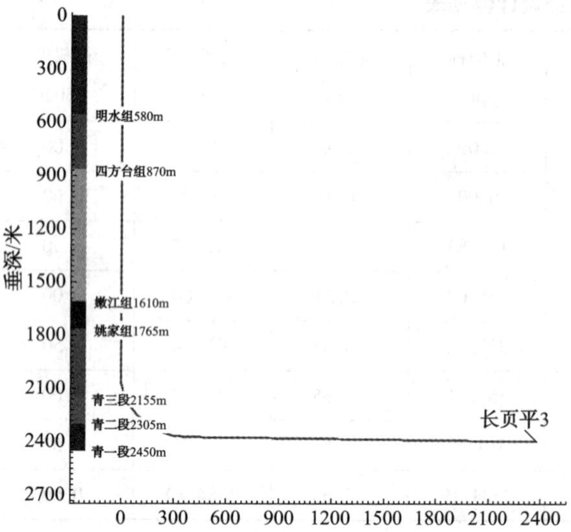

图 2　长页平 4 井井垂直投影图

工具面稳定、钻速快，长页平 4 井目的层为青二段 Q9 小层，以青一段下部为目的层位，造斜点位置在青三段顶部，造斜井段夹层多，滑动钻进过程中常规圆形 PDC 复合片钻遇夹层扭矩波动大，导致工具面不稳，滑动钻进速度 30~40min/m。非平面 PDC 切削齿破岩所需的切削力更小，随切削深度增大，差异愈明显，要求钻机提供的扭矩、钻压越小，钻遇夹层扭矩波动小，越有利于造斜段和水平段的钻进，调整为异型齿复合片后，工具面稳定，滑动钻进速度 8~15min/h，如图 3~图 6 所示。

图 3　异型齿复合片 PDC 钻头

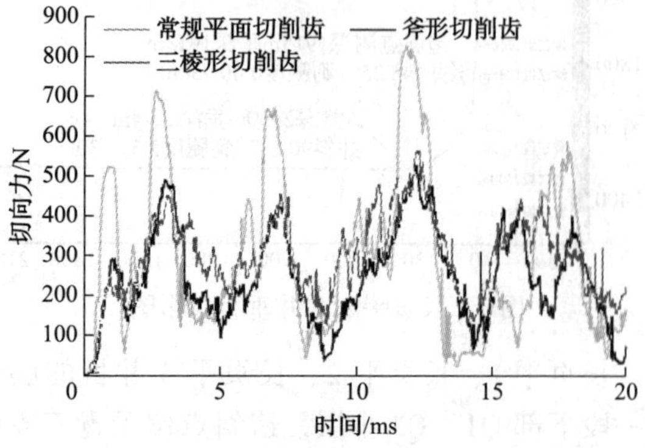

图 4　不同形状切削齿切向力变化曲线

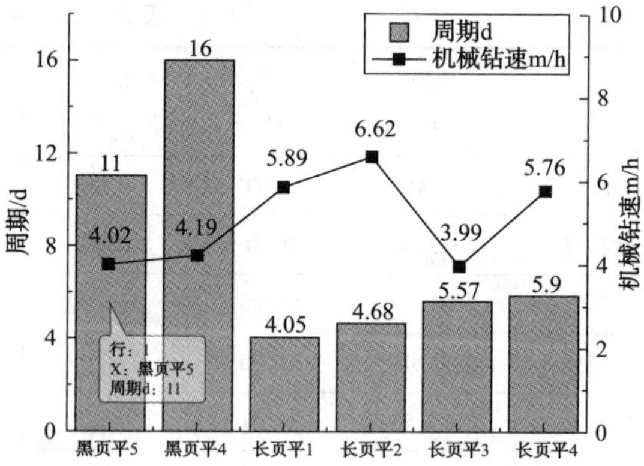

图 5　造斜段机械钻速、周期对比表

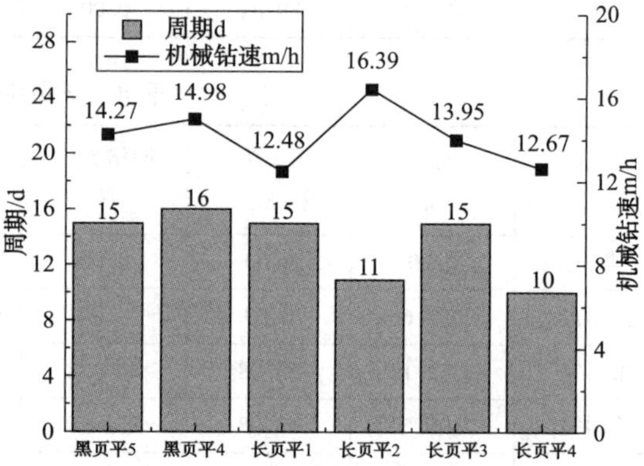

图 6　水平段机械钻速、周期对比表

前期黑页平 5 井、黑页平 4 井水平段应用旋转导向工具施工，为降低钻井成本，水平段设计 LWD 导向工具施工。为提高水平段机械钻速，缩短钻井周期，优选 6 刀翼 PDC 钻头提高定向工具面稳定性，同时兼顾复合钻进速度，优选大扭矩中空螺杆减少硬夹层影响，又能降低系统压耗。优化后的提速工具组合，机械钻速与钻井周期与旋转地质导向工具持平，长页平 4 井水平段 10 天完钻，创造了吉林油田记录。

2.3.2　强化参数钻井

前期页岩油水平井排量为 30~32L/s，即影响螺杆效率导致钻井周期长，同时低排量下水平段岩屑床增厚，后期摩阻扭矩增加。为解决此类问题，提高排量为 36L/s，配套采用 52MPa 高压管线与高压泥浆泵，钻井速度显著提高。长页平 3 井钻进至水平段 1200m 后，粘滑现象严重，表现为复合钻进钻压增加，但钻速降低情况，复合钻进井斜微增由单根 0.2~0.3°增加至 0.8~1.0°以上。针对此类情况通过调整钻井参数破坏钻柱粘滑状态，解决复合钻进钻速降低问题，顶驱转速由前期 60~70r/min 提高至 90r/min，钻压控制在 2-3t，机械钻速显著增加，同时复合微增趋势被遏制。

2.3.3　钻具组合优化

长页平 3 井钻进至水平段 1100m 后，摩阻、扭矩增加显著，定向托压严重，日进尺由前期 200m 降低至 65m，通过钻柱力学分析，钻具组合中底部至倒装加重钻杆位置过渡段过长，将加重钻杆位置下移，由造斜点上方调整至靶点前，造斜段全部覆盖加重钻杆，同时为了提高复合率，优化扶正器外径(前 209mm+后 210mm)，配合 1.25°螺杆即保证造斜率又能提高水平段复合率。钻具组合调整后复合率、日进尺大幅增加，由前期 65m 提高至 230m，复合率提高 99%，后期 500m 仅定向 8m，如图 7、8 所示。

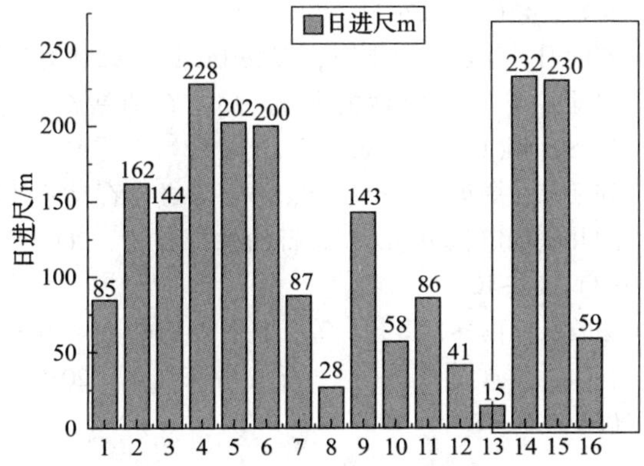

图 7　水平段平均日进尺情况

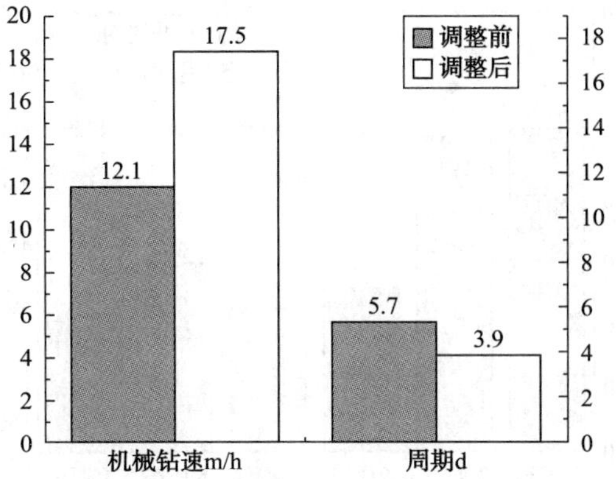

图 8　调整前后 500m 钻速、周期对比

2.4　强抑制强封堵油基钻井液

前期黑页平 4 井水平段采用油基钻井液，钻井液密度 1.38g/cm^3，水平段施工过程中，发生漏失，井壁掉块严重，后期旋转地质导向工具起钻遇阻现象明显。针对此类情况，优化钻井液性能，应用纳米级-微米级封堵材料，进一步增强钻井液封堵性，氯化钙浓度由 20%提高 40%，提高钻井液的抑制性，提高密度至 1.45g/cm^3，满足页岩力学井壁支撑需要。优化流变性，精确控制井底 ECD，减少起下钻压力波动，保证井壁应力稳定(表 5)。钻井液基础配方为：85%柴油+4%有机土+5%主乳化剂+3%辅乳化剂+4%降滤失剂+15% $CaCl_2$ 水溶液(20%～40%)+4% CaO+2%油包水封堵剂+2%纳米封堵剂+2%超细碳酸钙(324：1250：2000=1：1：2)。

表 5　提高封堵性能实验数据对比表

条件	PV/cP	YP/Pa	YP/PV	初切/Pa	终切/Pa	FL_HTHP/mL	厚/mm	ES/V
封堵前	32	9.5	0.3	7	9.5	4.8	3.32	1670
封堵后	32	11	0.34	6.5	10.5	1.9	1.67	1657

2.5　井底压力控制

页岩地层应力敏感，前期黑页平 2 井钻进至 4198m 处起钻，因钻井液流变性差，抽汲导致当量钻井液密度降低过大，造成井壁坍塌，损失水平段 282m。为保障页岩油水平段安全施工，软件模拟起下钻当量钻井液密度，优化钻井液流变性，划分起钻速度风险区(图 9)。长页平 3 井水平段起钻前开展井底 ECD 模拟，起钻前钻井液密度 1.40g/cm^3，钻井液密度提高至 1.42g/cm^3，起钻速度控制每柱 180 秒以上，保证起钻当量钻井液密度 1.35g/cm^3 以上，维持页岩井壁稳定(图 10)。

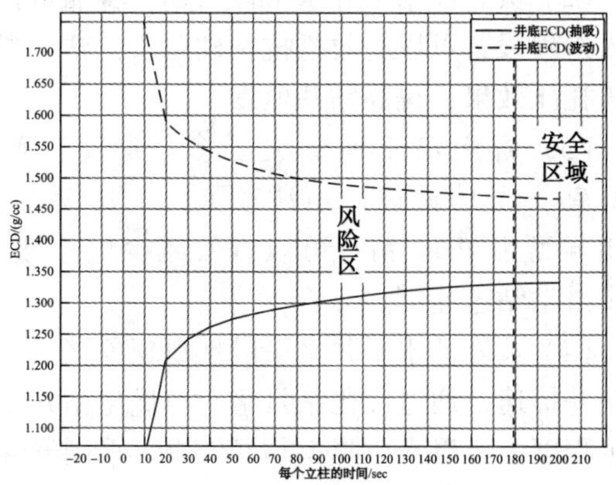

图 9　井底压力控制示意图

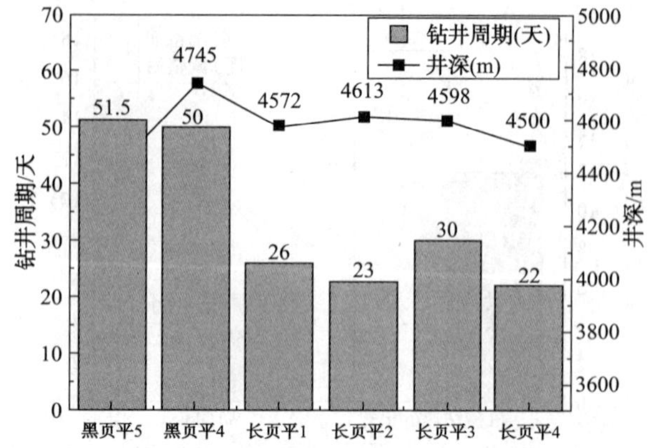

图 10　页岩油钻井周期对比数据

3　现场应用

页岩油水平井关键技术在页岩油区块开展 4 口井提速试验，4 口井平均井深 4571m，平均水平段长度 2000m，平均钻井周期 25.2 天，与之前比较钻井周期缩短 49%，直井段最高日进尺达到 1004m，强封堵油基钻井液与井底压力控制技术保证了钻井安全施工，没有发生任何复杂情况。井身结构优化为浅表二开结构，水平段采用 LWD，保证钻井安全、快速钻进同时钻井成本得到大幅度降低，4 口页岩油水平井的顺利实施，为页岩油效益勘探开发奠定了基础，也为国内同类型页岩油开发提供了借鉴。

4　结论

(1) 针对页岩油水平井前期存在的主要问题，开展了井身结构优化、强封堵钻井液、“一趟钻”提速、井底压力控制等技术攻关，形成页岩油水平井钻井关键技术，有力地保障了页岩油的效益勘探开发。

(2) 页岩油水平井水平段后期，将加重钻杆下入造斜段，可以有效抵抗钻柱屈曲，减少滑动钻进托压效果，提高钻井速度。

(3) 青山口组地层夹层多，常规平面齿 PDC 钻头滑动钻进扭矩波动大，工具面不稳，采用异型齿 PDC 钻头可以有效减少扭矩波动，提高滑动钻进速度。

(4) 页岩油水平井水平段粘滑现象严重，制约钻井提速，通过优化钻具组合与优化钻井参数一定程度上可以有效降低粘滑效果，采用异性齿 PDC 钻头，控制粘滑效果，实现速度突破。

参　考　文　献

[1] 腾学清，狄勤丰，李宁，等. 超深井钻柱粘滑振动特征的测量与分析[J]. 石油钻探技术，2017，45(2)：32-39.

[2] 张晓东，朱晓凤，何石，等. 钻柱系统粘滑振动稳定性分析及减振方法探讨[J]. 钻采工艺，2015，38(2)：89-94.

[3] 杨灿，王鹏，饶开波，等. 大港油田页岩油水平井钻井关键技术[J]. 石油钻头技术，2022，48(2)：34-41.

[4] 李玉海，李博，柳长鹏，等. 大庆油田页岩油水平井钻井提速技术[J]. 石油钻头技术，2022，50(5)：9-13.

[5] 于雷，张敬辉，刘宝锋，等. 微裂缝发育泥页岩地层井壁稳定技术研究与应用[J]. 石油钻探技术，2017，45(5)：27-31.

[6] 刘向君，丁乙，罗平亚，等. PDC 钻井卸载对泥页岩地层井壁稳定性的影响[J]. 石油钻探技术，2018，46(1)：10-16.

[7] 陈朝伟，周英操，申瑞臣，等. 考虑岩石尺寸效应的井壁稳定性分析[J]. 石油钻探技术，2009，37(3)：38-40.

[8] 谢晗，况雨春，秦超，等. 非平面 PDC 切削齿破岩有限元仿真及试验[J]. 石油钻探技术，2019，47(5)：69-73.

基于人工智能的压裂远程监控与指挥技术研究

黄　韬

（西南石油工程有限公司井下作业分公司）

摘　要　压裂技术在页岩气开采等领域中起着关键作用。鉴于压裂作业的复杂性和风险性，本研究应用人工智能技术，设计了一套压裂远程监控与指挥系统。该系统基于模型预测控制，旨在自动优化压裂工艺，提高操作精度和安全性。通过实地作业数据测试，结果显示该系统能有效监控压裂参数，如压力、排量等，自动调整操作方案，确保获得理想的压裂效果。同时，远程指挥功能可以实时处理现场数据，减少人为误操作的风险，又能为决策人员提供完备的作业信息，有利于提升压裂作业效率和安全性。这一研究为压裂作业的监控和指挥提供了创新的解决方案，具有广泛的应用前景。

关键词　人工智能；压裂技术；远程监控；自动优化；现场数据处理

Research on remote monitoring and commanding technology of fracturing based on artificial intelligence

Huang Tao

（Sinopec Southwest Petroleum Engineering Co., LTD. Downhole operations branch）

Abstract　Fracturing technology plays a key role in shale gas extraction and other fields. In view of the complexity and risk of fracturing operations, this study applied artificial intelligence technology to design a set of remote monitoring and command system for fracturing. Based on model predictive control, the system is designed to automatically optimize fracturing processes and improve operational accuracy and safety. Through the field operation data test, the results show that the system can effectively monitor fracturing parameters, such as pressure, displacement. and automatically adjust the operation plan to ensure the ideal fracturing effect. At the same time, the remote command function can process on-site data in real time, reduce the risk of human error, and provide decision-makers with complete operational information, which helps improve the efficiency and safety of fracturing operations. This research provides an innovative solution for the monitoring and command of fracturing operations and has a wide application prospect.

Key wordst　artificial intelligence; Fracturing technology; Remote monitoring; Automatic optimization; On-site data processing

随着页岩气采掘业的不断发展，压裂技术因其在资源开采中的突出贡献而被越来越多的研究者关注。由于压裂作业具有很高的复杂性与潜在风险，提高其操作精度与安全性的迫切性越来越高。这就需要采取更为科学并能适应现实工况的方法对压裂工艺进行优化。本研究正是基于这一背景，结合人工智能的优势，设计出了一套压裂远程监控与指挥系统。该系统旨在自动化优化压裂工艺，实时监控和调整压裂参数，保障理想的压裂效果的实现。并且，通过远程指挥功能，提供实时、准确的现场作业数据，进一步提高压裂作业的效率和安全性。

1　人工智能在压裂技术中的应用

1.1　人工智能和压裂技术的概述

人工智能技术在压裂技术中的应用，是当前

研究的热点之一。压裂作业的复杂性和风险性需要高效的监控与指挥系统来确保作业的安全和效率。人工智能技术通过建立数据驱动的模型和智能决策系统，可以实现对压裂参数的智能化监控和自动优化，从而提高作业的精度和安全性。通过人工智能技术，可以实现对作业过程的精准预测和实时调控，从而提高压裂作业的效率和安全性，为压裂作业提供了全新的解决方案。

1.2 人工智能优化压裂过程的模式和理论基础

人工智能在压裂技术中的应用，主要是基于模型预测控制技术，该技术通过建立复杂的数学模型来描述压裂过程中的关键参数和相互影响，进而实现对作业过程的优化控制。在压裂过程中，通过人工智能系统对实时数据进行监测和分析，系统可以根据沉积岩层特性、井筒条件等变量，预测压裂参数的最优取值，并快速调整操作方案以实现压裂效果的最大化。基于人工智能的优化模式，有效提高了压裂作业的精度和安全性，为压裂过程的智能化控制奠定了理论基础。

2 基于人工智能的压裂远程监控与指挥系统设计

2.1 系统设计的理论和方法

基于人工智能的压裂远程监控与指挥系统的设计主要基于模型预测控制理论和方法。通过建立压裂工艺的模型，包括压力、排量等关键参数的动态变化规律，并结合历史数据进行模型训练和参数优化，实现对压裂过程的精准预测。采用模型预测控制算法，利用实时监测数据对模型进行不断修正和优化，实现对压裂过程的自动调控。结合远程通信技术，将实时监测数据传输至远程指挥中心，为决策人员提供准确的作业信息，实现远程指挥功能。通过这一系统设计理论和方法，实现了对压裂过程的智能化监控与指挥，提升了作业效率和安全性。

2.2 压裂参数的自动监控和优化实现过程

基于人工智能的压裂远程监控与指挥系统通过实时监测压裂参数，并结合先进的模型预测控制算法，实现了对压裂过程的自动化监控和优化调整。系统对压裂作业中关键的参数如压力、排量等进行实时采集，并传输至中央控制中心。利用人工智能算法进行数据分析，结合历史数据和实时监测数据，系统能够快速做出响应，并自动调整操作方案，实现压裂参数的实时优化，确保压裂过程的高效、精准和安全。这一自动化的监控与优化实现过程极大地提升了压裂作业的效率和安全性，并为后续的远程指挥提供了可靠的数据支持。

3 系统运行效果及优势分析

3.1 通过实地作业数据展示系统运行效果

在实际的压裂作业中，收集了大量的数据来验证基于人工智能的压裂远程监控与指挥系统的运行效果。数据显示，该系统能够准确监控压裂参数，并根据实时情况自动调整操作方案，使压裂过程更加精准和高效。例如，系统可以实时调整压裂液的排量和压力，从而确保获得理想的压裂效果。系统还能够及时发现和处理异常情况，有效避免了潜在的安全隐患。通过实地作业数据的展示，验证了该系统在提高压裂作业精度和安全性方面的显著效果。

3.2 人工智能在压裂监控和远程指挥中的优势和影响

人工智能在压裂监控和远程指挥中的优势主要体现在系统的智能化和自动化程度上。通过人工智能技术的应用，系统能够实时监控压裂参数并进行数据处理，提高了作业的精准度和效率。人工智能系统可以根据实时数据自主做出调整和优化，避免了人为误操作可能导致的风险。在远程指挥方面，人工智能系统能够及时传递现场数据，为决策人员提供全面的信息支持，帮助其做出及时决策。总体而言，人工智能技术的应用使得压裂作业更加智能化、高效化，提升了作业的安全性和效益。

4 系统的应用前景和可能面临的挑战

4.1 基于人工智能的压裂远程监控与指挥系统的应用前景

基于人工智能的压裂远程监控与指挥系统具有广阔的应用前景。该系统可以实现对压裂参数的精确监控和自动调整，提高了作业效率和安全性，有利于推动压裂技术的发展。远程指挥功能可以减少人为误操作的风险，提供全面的作业信息，有助于决策人员实时把握现场情况，从而进一步提升作业效率和安全性。该系统还可以为压裂作业提供数据支持和智能决策，为工程师提供优化压裂方案的参考，有望成为未来压裂作业的标配技术。技术推广和应用中可能面临的挑战包括系统稳定性、对操作人员技能要求的提高以及数据安全等问题，需要进一步研究和解决。

4.2 技术推广和现有问题的分析及解决思路

基于人工智能的压裂远程监控与指挥系统在改善压裂作业效率和安全性方面表现出明显优势，但其推广应用仍面临一些挑战。需要克服技术推广过程中的信息交流和人员培训问题，以确保新系统能够被正确理解和操作。应注重解决不同地区或作业条件下的系统适应性问题，确保系统在不同环境下仍然能够稳定可靠地运行。另外，需要重视系统安全性和数据隐私保护，有效应对潜在的网络安全风险。针对这些问题，可以采取针对性的培训计划和技术支持措施，加强系统的灵活性和适应性设计，并加强网络安全技术的应用，以推动基于人工智能的压裂远程监控与指挥系统在更广泛领域的有效应用和推广。

5 结束语

本研究主要应用了人工智能的技术理念，实现压裂作业的远程监控与指挥，通过对内部因素的动态监控及模型预测控制，优化工作程序，提高压裂作业的成功率。大量真实数据的测试结果证明，该系统可以帮助我们更精确地控制压裂参数，降低人为误操作的风险，提高压裂作业的效率和安全性。未来，针对使用该系统的进一步优化，对于压力、排量等参数对压裂的影响将做更深入的研究，以实现定制化的压裂方案。此类技术对于提升页岩气开采的效率和安全性具有重要意义，预示着压裂作业的未来研究方向将更加智能化和精细化。

参考文献

[1] 冷迪. 基于人工智能的海量数据处理技术研究[J]. 电子世界，2020，0(04)：15-16.

[2] 裴玉城，彭文刚，陈公兴. 基于人工智能的医院输液远程监控系统[J]. 中国科技期刊数据库 工业 A，2021，(07)：0020-0021.

[3] 张明伟. 人工智能在压裂改造技术中的应用[J]. 化学工程与装备，2023，(06)：122-124.

[4] 傅晨宇，韩亮，王定松. 基于人工智能远程交互的立体巡检技术研究[J]. 电力安全技术，2020，22(09)：48-52.

[5] 韩少刚. 基于人工智能的大数据技术研究[J]. 中国科技期刊数据库 工业 A，2023，(07)：0029-0032.

可吸水膨胀类堵漏剂的设计与研究方法探讨

蒲亮春　王先洲　窦建宇　许俊洋　韩静宜　曹　成

（中国石油集团渤海钻探第四钻井工程分公司）

摘　要　在现代钻井堵漏施工中，吸水膨胀堵漏材料凭借其独特的性能优势日益受到关注。这类材料能够以较小的体积进入漏失通道，随后吸水迅速膨胀，紧密贴合通道壁，从而显著提高地层的承压能力，实现有效的封堵。然而，为了更好地适应现场施工的复杂要求，并克服现有吸水膨胀材料的局限，有必要对其性能进行进一步的研究与优化。本文基于现场施工的实际需求，进而提出了一系列具有前瞻性的研究路径。这些研究路径旨在指导后期吸水膨胀材料的研发工作，推动材料性能的全面提升。在分子层面，大量亲水基团的存在是膨胀材料实现吸水膨胀的关键所在。为了增强材料的力学性能，提出复杂化分子结构的设计思路，并建议通过添加无机刚性粒子来增强填充效果，尤其是活性无机刚性材料的引入能够进一步强化凝胶体系的力学结构，为堵漏材料提供更为稳固的支撑。针对膨胀过程的可控性问题，通过“胶囊”包裹技术、疏水基团的接入以及井下交联等方法的应用，可以有效控制材料的膨胀时间与速度，确保堵漏作业的精准性和安全性。此外，针对膨胀材料的解堵问题，化学破胶法和酸洗法因其直接有效性而被视为首选方案。这两种方法能够迅速解除堵塞，恢复通道的通畅性，为后续作业提供便利。本文提出的研究路径不仅针对吸水膨胀堵漏材料的吸水膨胀、力学增强和膨胀可控性等关键性能进行了系统探讨，还关注了材料解堵的实际操作问题，为后期吸水膨胀材料的研发提供有力的理论指导和技术支撑，推动钻井堵漏技术的进步与发展。

关键词　吸水膨胀；堵漏剂；延迟膨胀；可降解

Design and research methods of water absorbing and expanding plugging agents

Pu Liangchun　Wang Xianzhou　Dou Jianyu　Xu Junyang　Han Jingyi　Cao Cheng

（No. 4 Drilling Engineering Branch，CNPC Bohai Drilling Engineering Company Limited）

Abstract　In modern drilling and plugging construction，water absorbing and expanding plugging materials are increasingly receiving attention due to their unique performance advantages. This type of material can enter the leakage channel with a smaller volume，and then quickly absorb water and expand，tightly fitting the channel wall，significantly improving the pressure bearing capacity of the formation and achieving effective sealing. However，in order to better adapt to the complex requirements of on-site construction and overcome the limitations of existing water absorbing and expanding materials，it is necessary to further study and optimize their performance. This article proposes a series of forward-looking research paths based on the actual needs of on-site construction. These research paths aim to guide the research and development of water absorbing and expanding materials in the later stage，and promote the comprehensive improvement of material properties. At the molecular level，the presence of a large number of hydrophilic groups is the key to achieving water absorption and expansion in expanding materials. In order to enhance the mechanical properties of materials，the design idea of complex molecular structure is proposed，and it is suggested to enhance the filling effect by adding inorganic rigid particles. In particular，the introduction of active inorganic rigid materials can further strengthen the mechanical structure of gel system，providing more stable support for plugging materials. To address the issue of controllability in the expansion process，the application of "capsule" wrapping technology，hydrophobic group insertion，and underground cross-linking methods can effectively control the expansion time and speed of materials，ensuring the accuracy and safety of plugging operations. In addition， chemical gel breaking and acid washing methods are considered the preferred solutions for the unblocking problem of expanding materials due to their direct effectiveness. These two methods can quickly remove blockages, restore channel patency, and provide convenience for subsequent operations. The research path proposed in this article not only systematically explores the key properties of water absorption and expansion, mechanical enhancement, and expansion controllability of water absorption and expansion plugging materials, but also focuses on the practical operation problems of material unblocking, providing strong theoretical guidance and technical support for the later research and development of water absorption and expansion materials, and promoting the progress and development of drilling and plugging technology.

Key wordst　Water absorption expansion; Plugging agent; Delayed expansion; Degradable

井漏一直是钻井工程难以避免的难题，极大地影响了钻井施工进程，造成严重的经济损失，甚至导致其他一系列次生事故，如井塌、卡钻、井喷、井眼报废等严重工程事故。井漏发生的因素比较多，可分为自然漏失与人为漏失两类，主要表现在以下六个方面，一是钻井液密度设计不合理，地层承受的井筒液柱压力大于地层破裂压力，地层破裂而发生漏失；二是下管柱速度过快产生激动压力压漏地层；三是井筒内岩屑浓度高，开泵过程中，环空循环压耗增大，压漏地层；四是钻井液性能差，黏度大，动切力高，开泵过程中压漏地层；五是地层破裂压力与地层压力接近，存在在密度窗口狭窄问题，极易发生井漏；六是地层中存在天然孔隙、裂缝、溶洞及暗河等。近年来研究堵漏工艺及堵漏材料的学者较多，堵漏材料中以吸水膨胀类材料具有较为独到的优势，此类材料能以较小的体积进入漏失通道，滞留在漏失通道后，吸水膨胀材料不受通道形状的约束，同时具有一定的粘弹性，贴合漏失通道壁，抗稀释能力强，不溶解于水中，能应对多种类型的井漏，如渗透性漏失、裂缝性漏失、洞穴型漏失等。本文主要介绍近年来可吸水膨胀类堵漏剂的研究进展，结合现场堵漏施工要求及当前学者研究吸水膨胀堵漏材料科研方法，提出一套研制吸水膨胀堵漏材料的可行路径，具有一定的指导意义。

1　可吸水膨胀类堵漏剂作用机理及特点

1.1　可吸水膨胀类材料堵漏机理

可吸水膨胀类材料进入漏失地层后，滞留在空洞及裂缝中，同时在地层温度及水的作用下体积增大，进一步填充挤占漏失通道，材料粒子有一定的弹性形变，自适应各类型漏失通道内壁，不仅具有膨胀压力，而且具有一定的力学强度，胶粒之间相互压实，逐步降低漏失压差，形成胶团，既承压封堵层，如图1所示。

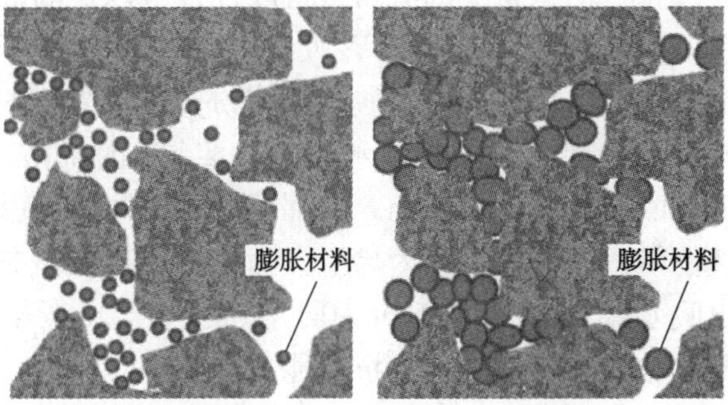

图1　吸水膨胀材料堵漏机理示意图

1.2　可吸水膨胀类材料特点

可吸水膨胀类材料主要有高分子凝胶、改性橡胶两大类。高分子凝胶类，分子量较大，属于一种交联聚合物，呈网状或三维网状结构，高分子链之间相互缠绕，分子结构以亲水基团为主，具有较强的吸水性能，如羟基、氨基、羧酸基、磺酸基、酰胺基等；这类材料在干燥的条件下分子卷曲收缩成团，体积较小，表面及内部多孔不规则，浸没在水中时，水首先与凝胶粒表面亲水基团接触，氢键等电位作用下水化，毛细作用及浸润作用使得水分子进入凝胶粒内部，进一步与凝胶粒内部分子亲水官能团结合，凝胶粒逐步水化膨胀，分子链之间距离增大，分子链有一定开度，宏观上表现为体积增大。改性橡胶类，以橡胶为基体，亲水类物质为助剂合成具有较强吸水膨胀性能的改性橡胶，该类堵漏剂质量与体积能膨胀到原质量与体积的几倍甚至几百倍；体积增大的同时形状能适应各种结构形态，封堵各类型裂缝及孔隙，该类堵漏剂膨胀压力较大，能有效遏制孔隙及裂缝封堵界面的渗透，在钻井堵漏领域以外的大坝裂缝、基建施工、管道连接等领域也均有应用。

2 可吸水膨胀类堵漏剂的分类

吸水膨胀堵漏剂材料研究发展很快，种类日益丰富，并且材料来源较广，由于这类材料在分子结构上携带有一定数量的亲水基团以及其他作用的官能团，或在分子空间结构上具有一定的网状结构或三维结构，因此这些吸水膨胀类堵漏剂具有独特的物化特性，应用效果及应用条件各具特色。

2.1 天然高分子类吸水膨胀材料

天然高分子类吸水膨胀材料较多，淀粉类是通过将生活中常见的淀粉进行改性，可以提高淀粉的吸水性能，此类材料吸水量最高可达数千倍，如淀粉接枝聚丙烯酸盐、淀粉接枝聚丙烯酰胺、淀粉接枝聚丙烯腈水解物、淀粉-丙烯酸-丙烯酰胺接枝共聚物等。刘福等选用单体丙烯酰胺、烯丙基磺酸钠、丙烯酸，食用淀粉接枝研制出吸水膨胀堵漏剂 HDL-1，膨胀达到 268 倍，同时也具有良好的抗盐抗温能力。王梅等用过氧化氢氧化后的淀粉与聚乙烯醇混合，并采用交联剂甲醛与皮革提取出的胶原蛋白降解物制备出一种能够快速吸水的溶胀膜(SCP 膜)，这种材料 3 小时内即可吸收水分达到最大值，抗温达到 256℃。纤维素类有纤维素接枝聚丙烯酸盐、纤维素接枝聚丙烯酰胺、纤维素羧甲基化产物等。张文哲等采用 2-丙烯酰氨基-2-甲基丙磺酸、甲基丙烯酸丁酯和丙烯酰胺为单体，纤维作为强化材料，交联聚合反应，研制出一种纤维强化凝胶堵漏剂，在 140℃高温下对高渗透性漏失层的封堵承压高于 7MPa。蛋白质类有大豆蛋白、丝胶蛋白 、谷蛋白等。郭颖将汾豆 78 作为参照，对 26 种大豆蛋白进行研究，小粒黑豆籽粒形态越接近于圆形，其蛋白吸水膨胀能力越高。其它天然高分子衍生类有果胶、藻酸、壳聚糖、肝素等。石菁菁把烟薯蒸制、烘干后制得烟薯干果胶，实验得出 80℃条件下烘干制得的烟薯干果胶吸水性能最好，达到 8.26mL/g。蒋丽霞等研究得出脱乙酰度为 95.14%的壳聚糖具有良好的吸水膨胀性能，吸水能力达到 21.31 倍。

2.2 人工合成高分子吸水膨胀类材料

人工有机合成的高分子吸水膨胀材料，可分为二类，一是丙烯酸类以聚丙烯酸盐、聚丙烯酰胺凝胶、丙烯酸酯与乙酸乙酯共聚水解物为主。胡焕波等选择单体丙烯酸与丙烯酰胺进行共聚反应，并用聚醚酯作为基体，研发出了 TPEE/P(AA-co-AM)吸水膨胀弹性体，吸水率大于 400 倍。牛磊星等对丙烯酸高吸水膨胀树脂进行一系列研究得出此类堵漏剂膨胀性能均在 250 倍以上，同时具有具有良好的抗温性和保水性，但抗盐性能较差，受环境 PH 值影响较大。二是聚乙烯醇类有聚乙烯醇、聚乙烯醇-酸酐交联共聚物等。曾尤等以成孔剂法研制出一种具有连通多孔的聚乙烯醇羧甲醛凝胶，80 秒内体积即可膨胀到最大，脱水后具有体积回弹以及膨胀压力回复的性能。

3 吸水膨胀类堵漏材料的性能设计与研究方法

以现场施工需求为导向，较好的吸水膨胀堵漏材料应当满足以下 7 个方面的要求：①具有较强的亲水能力，水分子能有效进入分子结构内部，达到亲水锁水而膨胀的目的。②现场施工中配置堵漏浆、将堵漏浆打入漏层，需要一定的时间，要求材料具有一定延迟膨胀性能，短时间内体积不发生较大变化，方便泵送作业，保证堵漏剂颗粒顺利进入漏层。③材料在漏层膨胀后应具有一定的承压能力，实现封堵承压。④随着时间的推移，以及后期施工等各种工序，堵漏材料应当具有一定的稳定性，抗压强度不减保证钻井施工顺利进行。⑤地层温度随着垂直井深的增加而增加，不同地层水具有不同矿化度，要求堵漏材料具有一定的抗温抗盐效果，即在高温及高矿化度水中具有吸水膨胀的性能，同时膨胀后材料仍具有一定的抗压强度。⑥堵漏材料应当具有良好的配伍型，对泥浆性能不造成较大的影响，与地层水配伍不伤害储层。⑦如在油气等目的层发生漏失，井筒后期投产有解堵需求，要求堵漏材料具有解堵特性，如可以生物降解、自然降解(满足一定时间)、酸碱降解、高浓度盐水收缩等。

3.1 吸水膨胀性能的设计

吸水膨胀堵漏材料具有良好的吸水性能是其基本特性也是其最基本要求。水分子表面电荷分布不均匀，属于极性分子，水分子和水分子之间由于电荷分布具有较强的氢键，吸水膨胀材料分子结构内部具有大量的亲水基团，这些亲水基团分也是电荷分布不均匀，与水分子之间形成电吸附甚至形成氢键，具有较强束缚水分子的能力。部分官能团属于阴离子型或阳离子型，具有更强

吸附水分子的能力。常见的亲水基团如表1所示。

表1　常见亲水基团

序号	亲人基团	化学式	单体类型
1	羟基	—OH	醇类
2	氨基	$—NH_2$	铵盐类
3	羧基	—COOH	羧酸类
4	羰基	—CO	酸酐类
5	磺基	$—SO_3H$	磺酸类
6	酰胺基	$—CO—NH_2$	酰胺类
7	醛基	—CHO	醛类

3.2　吸水膨胀后材料强度的设计

吸水膨胀材料在水环境下，随时间体积会实现几十倍甚至上千倍的增长，同时其抗压强度却会明显下降，这也是该类材料存在的天然缺陷。为了满足现场堵漏施工的要求，必须要提高材料吸水后的力学性能，这也是堵漏成功的关键。当前众多的研究中主要有2种方法来提高凝胶抗压强度。①控制高分子交联度到一定范围，使得分子具有一定的网状结构、三维结构，各分子之间包裹更为结实，有效提高凝胶强度。柳明珠探讨了交联度对凝胶强度的影响，交联剂含量低时凝胶强度与交联剂加量正相关，当交联剂加量到一定数值时，凝胶强度会随着交联剂的加量略有下降。②借助无机材料提高凝胶强度，合成时引入一种或多种无机材料增强凝胶强度。其中惰性材料和高分子之间包裹吸附属于物理吸附，有一定的支撑作用，这种力学性质和化学键比起来差别较大，所以更好的选择是具有一定活性的无机刚性材料，如膨润土、硅藻土、海泡石、硅藻土、云母石、伊利石等，这些材料颗粒表面具有大量的活性基团或化学键等，可以与高分子中的活性基团发生反应，形成强有力的化学键联接，也起到了一定的交联作用，高分子将这些无机刚性粒子锁在分子网格或三维“网泡”中，同时部分单体进入这些无机物晶层间隙，并发生聚合反应，有利于包裹无机刚性颗粒，这对凝胶强度的提高[illegible]有效的。程凯等使用丙酰胺(单体)和N,[illegible]甲基双丙烯酰胺(交联剂)聚合，以改性[illegible]为增强填充剂，并引入海藻酸钠研制出[illegible]凝胶，抗温可达150℃，承压为[illegible]率为62%，并具有良好的弹性变形能力。

3.3　延迟吸水膨胀的控制

钻井堵漏施工过程中，堵漏材料的加入、堵漏浆的泵送、堵漏材料进入漏层均需要一定的时间，如果膨胀速率太快，无法泵送，凝胶粒子体积太大无法有效进入漏层，出现“堵门”效应，使得其他堵漏材料也无法进入漏层，导致堵漏失败。所以延迟膨胀特性也是对此类堵漏材料的关键性要求。

3.3.1　表面包裹控制技术

在吸水材料颗粒表面包裹一层特殊材料，暂时物理隔离水与吸水材料的接触，形成“胶囊”能有效杜绝吸水材料的吸水膨胀，这是一种简单直接的延迟膨胀方法。包裹材料主要有疏水聚合物、石蜡等，包裹工艺有喷涂、包衣、表面化学改性等。吸水材料经包裹处理后在配浆、泵送、进漏层的过程中不发生膨胀或变化程度极小，当材料滞留在漏失通道后在地层温度、压差作用一定时间后表面包衣发生变化，自动降解、溶解、破裂以及化学变化，使得吸水材料暴露在水环境中，或水分子透过包衣进入吸水材料，实现膨胀而封堵漏失通道。薛玉志用树脂800、树脂900和石蜡对吸水膨胀材料作进行了包覆处理，取得了良好的实验效果。李韶利等对凝胶材料表面微胶囊处理，研制出一种可控凝胶堵漏剂，现场施工45口井，成功率为80%。

3.3.2　疏水溶剂携带技术

吸水材料天然的亲水特性，内部的极性亲水基团与非极性有机溶剂不产生吸附，故而可以利用这种特性将吸水膨胀堵漏材料用疏水溶剂携带进漏层，在地层水的稀释作用或直接替进一定量的水、水基钻井液等让吸水材料实现膨胀，提高地层承压能力，实现封堵。此技术对施工要求较高，现场施工中很容易受到水污染，同时井内大量水基钻井液，对于堵漏工艺的改进仍需要进一步研究。

3.3.3　疏水基团的引入

疏水基团通常指的是在分子结构中表现出对水分子有排斥作用的部分，它们往往是非极性的或极性很小的基团，对水没有亲和力，不溶于水或在水中溶解度很小。材料分子结构中引入部分疏水基团，其只能减缓膨胀速度，但初期并不能阻止凝胶膨胀。常见疏水基团如表2所示。

表 2　常见疏水基团

序号	基团名称	基团特征
1	烃基	直链、支链和环状的碳氢化合物链段，$C_{10}\sim C_{20}$的烃基
2	酯基	羧酸和醇通过酯化反应形成的基团，具有一定的疏水性
3	芳基	含有苯环或其他芳香结构的基团，如苯基等
4	醚基	含有氧原子连接两个碳原子或氢原子的基团
5	胺基	氮原子与其他基团相连形成的基团，如叔胺和季胺基团
6	酰胺基	由氨基与羧酸反应形成的基团
7	长链全氟烷基	氟取代的烷基链，这种基团具有很强的疏水特性
8	聚硅氧烷基	硅和氧交替组成的骨架，侧链为烷基的基团

另一方面，有学者将吸水膨胀材料分子内部部分亲水基团做疏水化处理，已达到材料延缓膨胀的目的。史野等将吸水材料分子中的部分亲水基团磺酸基、羧基作疏水化处理(羧酸基与磺酸基酯化)，研发出的可延迟膨胀堵漏剂 BZYD-1，室温下不发生吸水膨胀，当温度增加至 80℃时，膨胀体积可达 17.8 倍，符合现场施工实际条件，在地层温度的加持下具有很好的延迟膨胀效果。

3.3.4　井下交联法

井下交联法堵漏剂的研发比较多，可分为两个方面，一是堵漏施工时将两种或多种液态试剂先后注入漏层，在漏失通道内它们相遇融合，在地层温度等特殊条件下发生交联反应，实现体积膨胀形成固态凝胶封堵漏层。Zhao Liqiang 等研制出一种多相过渡型超分子凝胶，属于温敏型，随着温度的提高，迅速发生反应形成凝胶。二是将聚合物和交联剂混入油相介质中，起到隔离聚合物和交联剂的作用，泵入漏层后，由于地层水的稀释及侵入，聚合物和交联剂接触迅速发生交联反应实现体积膨胀，形成具有一定强度的凝胶，封堵漏失通道。刘晓东使用乳液聚合法将丙烯酰胺、2-丙烯酰胺基-2-甲基丙磺酸制成一种聚合物乳液，将三氯化铬作为体系交联剂，研发出一种聚合物交联堵漏材料，这种材料流动性较好，方便泵送至漏层，在地层水的稀释作用下交联增稠，4~5 秒即可形成弹性体，60 分钟后凝胶强度仍有增加，并具有一定的抗温抗盐性能。

3.4　增强抗温抗盐性能方法

吸水膨胀堵漏材料在漏失通道中经受地层高温，也受到具有一定矿化度地层水的浸泡。可以提高材料分子链的刚性以达到增强抗温性能的目的，如引入芳香族和酯环结构和极性基团，能有效增加分子之间的相互作用，从而提高抗温性能。合成时引入非离子亲水单体可显著提高聚合物抗盐性能。

3.5　吸水膨胀堵漏材料解堵路径

油气目的层的漏失通道也是良好的油气产道，钻井发生漏失时会使用大量堵漏剂进行封堵，但是在油气井投产时，需要将漏失通道打开，顺利产出油气，堵漏材料的降解与漏层的解堵也是一个比较热门的科研课题。①生物降解法，利用地层中的微生物，或引入微生物进行培养，对堵漏材料生物降解，起到通道解堵的作用，目前对聚合物堵漏剂进行生物降解的研究较少，但在压裂、堵水等油田开发领域有一定的研究，王志惠对降解细菌通过一系列筛选，找到 CGS 菌种能有效降解聚合物，60h 内聚合物分子量降低了 85%。②自然降解，部分凝胶类材料随着时间会逐步降解，强度不断变小，碎成细小颗粒，通过抽吸施工，能顺利流入井筒带出地面实现解堵。周宝才在淀粉上接枝丙烯酸和丙烯酰胺，研制出一种吸水膨胀型暂堵剂自降解时间在 3 天~15 天之间可调节，破胶后表观黏度小于 30MPa·s。③溶剂溶解，部分树脂堵漏材料具有强亲水作用，在水中实现吸水膨胀，但会直接溶解于有机溶剂中，流入井筒，实现解堵。王盛鹏等研利用石油树脂和烃类树脂研发出一种油溶性堵漏剂 ZD-150，48h 内油溶率可达到 95%以上。④高浓度盐水解堵，吸水树脂在不同水环境下吸水性能具有一定的差异，利用此特性，部分吸水树脂在吸水膨胀后，膨胀体在高浓度盐水中，树脂内的自由水在渗透压差的作用下，大量进入盐水中，实现“脱水”，体积变小，从而
现从漏失通道中解堵的作用。杨海涛等研
凝胶体和浸泡溶液之间的渗透压是吸水
动力，Ca^{2+}能和分子链上的羧基络合
物交联度，离子交联密度的提高会
压，所以吸水材料开始释水，体

破胶解堵，针对该聚合物材料特性使用一种破胶剂对其进行降解实现解堵。王正良等研制出了JBD 吸水膨胀材料，并针对该材料特性开发出JPC 破胶剂实现化学破胶解堵，实验表明地层渗透率恢复超过 90%。郭永宾等以丙酰胺和交联剂 DGCL(自制)为基础材料，研制出一种凝胶堵漏剂 P(AM-DGCL)，该堵漏剂可以使用过硫酸铵破胶，加量为 2%时，150℃环境温度，9 小时破胶率为 40%，16 小时破胶率为 95%。⑥酸洗降解，直接利用强酸对漏失通道中的堵漏材料进行酸解，这种方法也是一种比较直接有效的方法。刘书杰等采用甲基硼酸、氢氧化钠以及甲基膦酸为实验原料制得一种动态共价硼酸酯键交联剂，使用这种交联剂和聚乙烯醇、黄原胶进行物理化学的交联反应，研发出一种凝胶堵漏体系，其在酸性条件下会发生化学键断裂，具有良好的酸解性能。刘福等研究的吸水膨胀堵漏材料 HDL-1 酸溶率达到 86.85%。

3.6 合成试剂配比的优化

聚合物的合成单体的配比对产物性能和产率的影响至关重要，由于配比的不同，产物性能差异较大，甚至截然不同。有机合成实验中，单体配比的优选方法对合成产物的质量和产率具有重要影响。实验单体的配比可以通过理论计算，根据需求设计聚合物的分子结构，结合聚合反应方程理论计算所需要的单体配比。此时单体的配比只是理论数值，但是在实验条件下，受到多种因素的影响，仍需要做出调整优化。在实验中通过观察合成的聚合物质量和产率，以及仪器分析目标产物分子结构及时调整单体配比，此法耗时较长，也存在方向错误的风险。可理论计算结合正交实验，多因素、多水平寻找最优单体配比对目标产物的影响因子，此法能系统地考虑多因素多水平之间的相互影响达到优化配比的目的。

4 结论与建议

（1）吸水膨胀材料用于封堵漏层具有独到的优势，能够短时间内迅速吸水膨胀，高效封堵裂缝和孔隙，对于不同的地层均有较好的适应性，如多孔分布地层、裂缝发育地层、溶洞系统等。

（2）通过复杂化凝胶分子结构，网状结构、三维结构等能有效提高膨胀体的抗压强度；合成时引入无机刚性材料实现力学增强填充，活性度较高的无机刚性材料对聚合物还具有一定的交联作用，力学结构进一步加强。

（3）延迟膨胀的控制：现场堵漏施工中对材料吸水速度要求较高，需要延迟凝胶膨胀速度或膨胀时间，材料颗粒表面包裹技术能有效隔绝水分子与材料的接触，到达漏失通道后“胶囊”打开实现吸水膨胀；疏水溶剂携带吸水材料进入漏层，利用地层水的稀释或用水基钻井液替换，创造材料吸水膨胀环境条件，但对堵漏工艺要求较高；引入疏水基团只能减缓材料膨胀速度，初期并不能阻止膨胀；将两种或多种试剂注入漏层，在漏层中实现交联聚合体积膨胀实现封堵。

（4）吸水膨胀堵漏材料的解堵可以利用生物解堵、自然降解、高浓度盐水、酸洗解堵等方式实现，其中化学破胶和酸洗法最为直接有效。

（5）满足工程应用要求，设计出一套聚合物分子结构，据此选用合适的反应单体，材料合成时单体配比的优化，可先进行数学计算得出理论的单体配比，在理论范围内分出多因素多水平，利用正交实验快速找出单体的优化配比。

参 考 文 献

[1] 吕金帅，李玉雄，俞辉，等．钻井工程中井漏预防及堵漏技术[J]．自动化应用．2024，65(02)：126-128.

[2] 陈丹，朱萌，曾立．川西南部钻井井下复杂的地质原因[J]．天然气勘探与开发，2021，44(04)：44-51.

[3] 左星，罗超，张春林，等．四川盆地裂缝储层钻井井漏安全起钻技术认识与探讨[J]．天然气勘探与开发，2019，42(01)：108-113.

[4] 刘静，马诚，杨超，等．井漏地层钻井液堵漏材料研究现状与展望[J]．油田化学．2023，40(04)：729-735.

[5] 李建宇．钻井工程中井漏预防及堵漏技术分析[J]．石化技术．2023，30(07)：79-81.

[6] 毕书博．裂缝性地层漏失机理研究[D]．长江大学，2024.

[7] Qishuai Yin，Jin Yang，Mayank Tyagi，et al. Field data analysis and risk assessment of gas kick during industrial deepwater drilling process based on supervised learning algorithm[J]. Process safety and environmental protection. 2021，46(01)：312-328.

[8] 严君凤，蒋炳，罗显粱，等．膨胀堵漏材料及堵漏工艺研究进展[J]．钻探工程．2023，50(S1)：56-62.

[9] 翟科军，范胜，方俊伟，等．吸水膨胀树脂复合堵漏剂的研发与性能评价[J]．油田化学．2021，38(02)：196-203.

[10] Wang W, Qiu Z, Zhong H, et al. Thermo-sensitive polymer nanospheres as a smart plugging agent for shale gas drilling operations[J]. Petroleum Science, 2017, 45(01): 116-125.

[11] Nasr-El-Din, K. C. Taylor. Evaluation of sodium silicate/urea gels used for water shut - off treatments [J]. Journal of Petroleum Science and Engineering, 2005, 23(4): 141-160.

[12] 尹国强，崔英德，黎新明．高吸水性树脂的结构设计与性能改善[J]．河南化工，2004，23(11)：1-4.

[13] 余云祥，张义，夏世斌．高吸水性树脂研究进展[J]．化工新型材料，2014，42(01)：10-12.

[14] 刘阳，韩峰，侯乃贺．环境条件对丁腈基遇水膨胀橡胶性能的影响[J]．弹性体．2016，26(04)：56-59.

[15] 刘福，张军义，王克强，等．一种吸水膨胀类聚合物堵漏剂 HDL-1 的合成与评价[J]．精细石油化工进展，2022，23(06)：10-14+30.

[16] 王梅，戴睿，杨文华，等．淀粉-蛋白-PVA 膜的快速吸水与膨胀研究[J]．皮革科学与工程，2019，29(03)：19-24.

[17] 张文哲，孙金声，白英睿，等．抗高温纤维强化凝胶颗粒堵漏剂[J]．钻井液与完井液，2020，37(03)：269-274.

[18] 郭颖．不同品种大豆蛋白质凝胶特性及结构特性研究[D]．西北农林科技大学，2023.

[19] 石菁菁．蒸制和干制处理对甘薯质构及果胶特性的影响研究[D]．沈阳农业大学，2023.

[20] 蒋丽霞，徐家柱，杨小元，等．快速膨胀片层多孔壳聚糖止血海绵的制备及生物相容性研究[J]．现代生物医学进展，2018，18(15)：2829-2835.

[21] 胡焕波，吴唯，李宁，等．TPEE/P(AA-co-AM)吸水膨胀弹性体的制备及性能研究[J]．中国塑料，2022，36(03)：9-14.

[22] 牛磊星，孙平贺．丙烯酸高吸水膨胀树脂在深部钻探中的堵漏试验[J]．地质科技情报，2017，36(01)：208-212.

[23] 曾尤，王瑞春，周本濂．多孔聚乙烯醇缩甲醛凝胶力学行为对含水量变化的敏感性[J]．高分子学报，2005，20(03)：363-367.

[24] 陈雪萍，翁志学，黄志明．高吸水性树脂的结构与吸水机理[J]．化工新型材料，2002，5(03)：19-21.

[25] Flory P J. Principles of Polymer Chemistry[M]. Newyork: Cornell University Press. 1953, 589-591.

[26] 柳明珠，江洪申．高强度超强吸水剂研究[J]．兰州大学学报，2002，24(02)：106-110.

[27] 程凯，陈智，彭碧强．高分子凝胶堵漏剂的研发与评价[C]．2022 油气田勘探与开发国际会议论文集Ⅳ. 2022：6.

[28] 薛玉志，唐代绪，刘振东，等．可控膨胀堵漏剂包覆工艺技术研究[J]．钻井液与完井液，2008，25(05)：23-25+85.

[29] 李韶利，郭子文．可控胶凝堵漏剂的研究与应用[J]．钻井液与完井液，2016，33(03)：7-14.

[30] KEGANG Ling, HE Zhang, ZHENG Shen. A comprehensive approach to estimate invasion radius of mud filtrate to evaluate formation damage caused by overbalanced drilling[R]. SPE 168184, 2014.

[31] 史野，左洪国，夏景刚，等．新型可延迟膨胀类堵漏剂的合成与性能评价[J]．钻井液与完井液，2018，35(04)：62-65+72.

[32] Zhao Liqiang, Pei Yuxin, Du Guangyan, et al. Thermo-responsive temporary plugging agent based on multiphase transitional supramolecular gel [J] Petroleum Chemistry. 2018, 58 (01): 94-101.

[33] 刘晓东．一种聚合物交联堵漏剂的研制与评价[J]．辽宁化工，2024，53(03)：386-389.

[34] 魏秋月．三次采油用抗温抗盐聚合物分析[J]．化学工程与装备，2023，16(10)：43-45+7.

[35] 李云开，许廷武，周春发，等．金属离子对聚丙烯酸钾-丙烯酰胺共聚型 SAP 交替吸水吸盐特征的影响[J]．高分子材料科学与工程，2010，26(03)：39-42.

[36] 王志惠．微生物解除压裂污染机理研究[D]．中国石油大学(华东)，2020.

[37] 周宝才．可降解石油开采暂堵剂开发研究[D]．东北大学，2012.

[38] 王盛鹏，唐邦忠，崔周旗，等．一种新型油溶性暂堵剂及应用[J]．钻井液与完井液，2015，32(01)：87-89+104.

[39] Mechtcherine V, Reinhardt H W. Application of superabsorbent polymers in concrete construction[J]. State-of-the-Art Report Prepared by Technical, 2012, 13(01): 58-62.

[40] 杨海涛，卞洪健，刘娟红．水泥基材料中 SAP 的吸水、释水和再膨胀行为综述[J]．材料导报，2023，37(04)：247-253.

[41] 王正良，牛东岩，杨宇尧．吸水膨胀型聚合物暂堵剂储层保护效果研究[J]．石油天然气学报，2012，34(05)：143-145+8.

[42] 郭永宾，颜帮川，黄熠，等．高温成胶可降解聚合物凝胶堵漏剂的研制与评价[J]．钻井液与完井液，2019，36(03)：293-297.

[43] 刘书杰，徐一龙，宋丽芳，等．超深水裂缝储层钻井堵漏高效降解凝胶体系[J]．油田化学，2023，40(02)：198-204+222.

基于井完整性的超深井试油完井工艺技术研究

曾 松　王 汉　陆林峰　唐 庚　李玉飞　李 政　田 璐

（中国石油西南油气田分公司工程技术研究院）

摘 要　井筒完整性是试油完井作业的重要保障，超深井温度和压力高，含硫量高，储集类型多样，气、水关系复杂，给试油完井作业带来巨大的挑战。为此以保障井筒完整性为基础对试油完井工艺技术进行研究，确定完井试油阶段井筒完整性设计原则以及试油管柱结构设计原则。综合考虑超深井高温、高压、高含硫等条件，建立高温强度衰减、生产动态载荷以及射孔冲击载荷作用下的试油完井管柱力学分析方法。建立基于密封接触能理论的气密封扣二维轴对称有限元模型，形成气密封扣螺纹评级及优选方法。基于蓬莱气田气质分析以及室内腐蚀试验结果，建立完井管柱防腐工艺优选方法，综合成本考虑推荐钨合金镀层油管防腐方案。优化试油完井投产一体化技术，攻克试油完井射孔爆轰效应突出的问题，优化射孔酸化测试联作管柱结构，完善射孔酸化测试联作试油完井工艺，现场应用实施成功率100%。研究成果对于超深井安全、高效试油完井作业及其井筒完整性具有重要意义。

关键词　井完整性；试油；完井；蓬莱气田

Study of well testing and completion technology based on well integrity for extra deep well

Zeng Song　Wan Han　Li Yufei　Tang Geng　Zhang Lin　Li Zheng　Tian Lu

(Engineering Technology Research Institute of PetroChina Southwest Oil & Gas Field Company)

Abstract　Wellbore integrity is an important guarantee for well test and completion operation. There are great challenges in ultra-deep well testing and completion, such as high temperature and pressure, high sulfur content, various reservoir types, and complex gas - water relationship. Therefore, the concept of wellbore integrity is introduced to study the gas test and completion technology. The design principles of wellbore integrity and gas test string during gas testing and completion are determined. Considering the conditions of high temperature, high pressure and high sulfur content in ultra - deep wells, a mechanical analysis method of completion string under high temperature strength attenuation, production dynamic load and perforation impact load is established. A two-dimensional axisymmetric finite element model of gas seal buckle is established based on the theory of sealing contact energy, and the thread rating and optimization method of gas seal buckle are formed. The optimization method of anti-corrosion technology of completion string is established according to the Penglai Gas Field temperament analysis and corrosion experiment result. Tungsten alloy coated tubing corrosion protection scheme is recommended due to its low cost. The temporary closure-reset-completion technology and the integration technology of well test and completion are developed, the structure of perforating acidizing test combined string is optimized, and the perforation acidification test combined oil test completion technology and its safety control technology is formed. The success rate of these technologies in field application is 100 %. This is of great significance for guiding the design of oil test engineering and ensuring the wellbore integrity during oil test and completion operations.

Key wordst　well integrity; well testing; well completion; Penglai Gas Field

蓬莱气田位于川中古隆起平缓构造区南充构造群南部，产层位于灯影组二段埋深超过6000m，断层裂缝发育明显，中部地层温度为160.87℃，自2020年蓬探1井测试以来陆续获得测试日产量百万方级别的高产工业气流，具有极大的开发潜力。气井完井试油施工作业离不开井筒完整性的支撑。油管柱及其井下配套工具作为井筒完整性的第一道屏障，在试油完井期间的完整性直接影响气井产量和井生命周期。然而超深井温度和压力高，含硫量高，储集类型多样，气、水关系复杂，给试油完井作业带来巨大的挑战。井下温度和压力越高，对完井管柱以及井下配套工具耐温、耐压性能提出更高的要求，管柱和工具在恶劣工况和高含硫环境下受到复杂载荷和腐蚀作用更加容易失效。超深井复杂井身结构和恶劣工况下的完井试油作业必须考虑井筒完整性，充分考虑超深井高温高压以及高产条件、射孔爆轰工况以及高硫化氢腐蚀等条件，通过对各井屏障部件进行科学的设计，确保试油管柱、井下工具在整个试油期间及后期完井、生产直至弃置全过程安全可靠。

许多学者对井筒完整性理论及其设计准则进行了研究，郑有成等总结国内外井完整性管理现状，首次提出要建立适合四川地质特点的油气井完整性管理体系。张智等提出了高温含 CO_2 气井筒完整性设计理念和管理方法。马发明等建立了高含硫气井完整性评价管理技术并在以龙岗气田成功应用。冯耀荣等总结了油气井管柱完整性技术进展，指出超深、超高温、超高压井完整性管理和技术研究还有待进一步发展。刘洪涛等建立了多封隔器管柱力学分析方法，可开展压裂工况下井筒完整性评价。张坤等针对安岳气田磨溪区块特征建立了以井抬升风险分析和管控、环空压力管理技术、井腐蚀监测为主的井完整性管理体系。张昕等提出了利用宽频超声波技术对生产井井筒完整性进行检测。练章华等建立了通过环空压力预测液面高度和漏点位置的理论模型，可以为井完整性分析提供指导。杨向同等提出了利用钻井资料对深层高压气井试油作业风险和井完整性评价方法。

综上，尽管当前研究对完井试油作业中井口抬升、套管环空压力异常、井下油管腐蚀等对井完整性影响有一定的认识，但是目前试油完井方法鲜有以井筒完整性为基础对试油完井管柱、工具及工艺进行系统性设计，关于高温高压高含硫、射孔作业等恶劣工况对井筒完整性的影响认识还不够充分。因此，本文以川中蓬莱气田灯二气藏为例，综合考虑超深井高温、高压、高含硫等条件，开展基于井筒完整性试油完井工艺研究，建立完井管柱及其配套井下工具设计方法、气密封扣螺纹评级及优选方法，优化射孔管柱结构与工艺，对于保障完井试油过程中井筒完整性以及实现全面实现川中古隆起蓬莱气田灯二气藏安全、高效、经济开发具有重要意义。

1 试油完井阶段完整性设计原则

试油井完整性设计由试油前井屏障完整性评价、井屏障部件设计、井屏障完整性控制措施等三部分组成。即试油前分别评价地层、井筒和井口屏障部件的完整性，明确地层、井筒和井口装置现状及屏障失效造成的潜在风险。然后根据评估结果，设计第一井屏障，要求试油管柱能够实现井筒的关闭、循环压井作业等功能。最后根据井屏障完整性控制评价结果，确定井屏障部件初次验证和长期监控要求。

完井投产井完整性设计与试油阶段类似，由完井前井屏障完整性评价、井屏障部件设计、井屏障完整性控制措施等三部分组成。除此之外，还要考虑长期生产中的流动保障、腐蚀和冲蚀、油管内作业、屏障部件疲劳失效等可能带来的风险。完井期间原则上应有两道井屏障，并且要求所有的井屏障部件必须能够承受完井过程环境载荷和施工载荷，井口则必须安装带有压力监测和报警装置的采油树。对于产层压力大于等于 70MPa，或 H2S 含量大于 $30g/m^3$ 同时定产气量大于 $20\times10^4m^3/d$，同时不注缓释剂和不采用化学或机械方式排水采气的井需要安装井下安全阀。

试油完井阶段，完井管柱既是测试产气通道，又是井筒完整性的关键屏障，还串联起井下各个井屏障部件，成为该阶段作业过程中井筒完整性的关键。围绕油管柱结构、力学分析以及井下工具评价优选，是完井试油作业井筒完整性的重要保障。

2 管柱结构设计原则

2.1 完井管柱结构设计

（1）管柱尺寸选择要求

油管尺寸选择需要综合考虑完井试油方式、酸化改造、配产能力、排水采气等工艺技术的要求。其中按采气工艺要求设计油管主要考虑：携液能力、冲蚀条件、摩阻损失、能保证动态监测仪器在油管中的正常起下等；满足增产改造工艺要求的最大酸化施工排量要求。

（2）完井试油管柱设计要求

试油管柱设计的主要依据为 SY/T 6581《高压油气井测试工艺技术规程》、AQ 2012—2007

《石油天然气安全规程》、Q/SY 01037《高温高压及高含硫井完整性技术规范》以及《高温高压深层及含酸性介质气井完井投产技术要求》。

管柱本体结构安全方面，需要考虑最恶劣作业工况下的温度、腐蚀、磨损、疲劳、弯曲等因素进行配置设计，计算管柱所受载荷、应力分布及其薄弱点，确定安全系数，进一步根据管柱抗内压能力和抗挤毁能力给出试油各工况下的油、套压控制参数。另外还需要考虑管柱动载荷、疲劳以及管材强度降低等对管柱安全的影响。除管柱本体安全外，还需考虑高压气井试油管柱部件本体和接头气密封功能，及其对井筒完整性的影响。

生产管柱结构配置上应尽量简单可靠，满足短期的酸化、测试、测井以及长期生产过程管柱安全和井筒完整性，采用永久性封隔器完井的井需设计下入井下安全阀等井下作业工具。

（3）蓬莱气田生产管柱结构设计

根据设计要求和规范，蓬探气区灯二气藏需要下入井下安全阀和永久式完井封隔器进行完井，推荐以下方案：油管+井下安全阀+油管+完井封隔器+球座/裸眼分段改造管柱，管柱材质根据配产确定，如采用缓蚀剂防腐，根据实际情况确定是否增加化学剂注入阀。

2.2 井下工具设计

（1）封隔器

试油完井封隔器用于封隔地层和油套环空，设计的主要依据为 GB/T 20970《石油天然气工业-井下工具-封隔器和桥塞》和 SY/T 6581《高压油气井测试工艺技术规程》。设计应考虑井筒堵塞、泄漏等恶劣工况下的承压能力，坐封位置尽量选择在尾管悬挂器上部，这样尾管与套管重合段的泄漏将不会影响井完整性。封隔器入井前应进行地面测试，并对坐封位置处的套管进行刮壁处理从而保证坐封后的井完整性。

（2）井下测试阀

井下测试阀安装在靠近试油封隔器的上部，其主要功能包含：地层压力恢复测试、紧急情况下实现井下关井、配合循环阀实现循环压井。目前井下测试阀设计主要参考 NORSOK-007 和 NORSOK D010 标准，其设计应满足以下要求：通常通过地面操作环空压力来控制测试阀；能够承受来自其上部和下部可能的最大压力。

（3）井下安全阀

井下安全阀是用来隔离完井管柱内的压力和流体的屏障部件，关闭后可以防止井内流体不可控溢至地面。设计安装位置要求至少在井口以下 50 米处，能够进行地面控制关闭，并且可以承受井筒内流体的腐蚀和冲蚀，保障关井后的井筒完整性。

3 管柱力学分析技术

蓬莱气田埋藏深，高温、高压、高含硫环境以及高产带来高流速流体冲刷导致完井管柱受力十分复杂，极易发生管柱失效等安全事故。超深井高压环境射孔爆轰作业巨大的爆炸冲击载荷可能造成管柱断裂或螺纹失效。因此试油完井工艺设计需要考虑高温强度衰减、动态载荷、射孔冲击载荷等因素，才能精准分析管柱受力状态。

3.1 安全系数取值相关要求

油管柱强度设计采用安全系数法，即要求管柱强度/外载荷不小于设计安全系数。参考标准主要有 API 标准、Q/SY TZ0332《高温高压气井完井管柱设计规范》、Q/SH 0022《川东北含硫化氢天然气井试气推荐作法》等。综合西南地区油管设计经验以及蓬莱气田工况，油管设计及力学分析过程中抗内压安全系数 1.25，抗外挤安全系数 1.4，抗拉安全系数 1.6，三轴安全系数：1.5。

3.2 管柱力学分析技术

考虑管材强度衰减、动载及应变、射孔冲击载荷等因素，精准分析极限工况下管柱载荷状态，建立各工况下试油完井管柱力学分析技术，保障了深井超深井试油完井作业管柱 100%安全。

3.2.1 高温强度衰减

根据不同碳钢材料强度衰减系数随温度变化曲线，得到不同材料的屈服强度和抗拉强度衰减系数随温度变化的二次函数关系式。进一步开展不同管材在不同温度下的抗拉实验，根据实验结果分别对屈服强度与抗拉强度进行二次函数拟合，可得到管材强度随温度衰减变化关系式。

25℃-180℃条件下，N80 管柱抗拉强度随温度的变化关系式：

$$u_pT_p = 0.004T^2 - 2.433T + 909.04 \quad (1)$$

25℃-180℃条件下，N80 管柱屈服强度随温度的变化关系式为：

$$u_pY_p = 0.003T^2 - 0.3519T + 583.47 \quad (2)$$

式中，T 为温度，℃。

3.2.2 动态载荷

考虑超深气井的井身结构以及复杂管柱壁厚

组合、采气过程流体对油管动载荷、气液固三相含量变化、硫化氢气体含量变化等影响，建立了多因素综合考虑的多相流连续方程：

$$\rho_m \frac{\partial A_f}{\partial t}\mathrm{d}z\mathrm{d}t+A_f\frac{\partial \rho_\mathrm{m}}{\partial t}\mathrm{d}z\mathrm{d}t+\rho_\mathrm{m}u_\mathrm{m}\frac{\partial A_\mathrm{f}}{\partial z}\mathrm{d}t\mathrm{d}z+\rho_\mathrm{m}A_\mathrm{f}\frac{\partial u_\mathrm{m}}{\partial z}\mathrm{d}t\mathrm{d}z+A_\mathrm{f}u_\mathrm{m}\frac{\partial \rho_\mathrm{m}}{\partial z}\mathrm{d}t\mathrm{d}z=0 \tag{3}$$

式中，A_f 为油管截面积，m^2；ρ_m 为管内多相混合流体折算密度 $\mathrm{kg/m^3}$；u_m 为管内多相混合流体折算速度，m/s。

3.2.3　射孔冲击载荷计算分析

综合考虑射孔参数、射孔枪/减震器参数等影响因素，建立了射孔冲击载荷计算模型，结合试验分析减震器受力变形特征，可定量评价射孔冲击载荷以及减震器位置对管柱影响，计算结果与实测结果误差 2.51%。

采用多元非线性回归方法拟合射孔冲击载荷峰值计算公式：

$$p_c=\rho_h gH_0+1341.12\frac{(\rho_k m_d H_1-\rho_k m_d H_2)^{1.03}}{\left(\frac{\pi}{4}\times((H_0-H_3)(\phi_c-2d_c)^2-(H_2-H_3)\phi_t^{\ 2}-(H_1-H_2)\phi_q^{\ 2})\right)^{0.98}} \tag{4}$$

射孔管柱所受轴向载荷：

$$F_C=\frac{\pi}{4}P_c(\phi_t^{\ 2}-\varphi_t^{\ 2}) \tag{5}$$

式中，ρ_h 为射孔液密度，$\mathrm{kg/m^3}$；g 为重力加速度，$\mathrm{m/s^2}$；H_0 为人工井底深度，m；H_1 为射孔底界，m；H_3 为射孔顶界，m；ρ_h 为封隔器坐封位置，m；ϕ_c 为孔密，孔/m；m_d 为单枚射孔弹装药量，g；ϕ_c 为套管外径，m；d_c 为套管壁厚，m；ϕ_t 为油管外径，m；φ_t 为油管内径，m。

3.3　气密封螺纹评价与优选技术

油管柱螺纹密封性能是井筒完整性的关键，超深井恶劣的井况条件下，较大的拉伸载荷可能使主密封结构失效。因此，基于密封接触能理论方法，建立了 BGT2、BLUE、VAMTOP 和 LION 气密封扣的二维轴对称有限元模型，分析螺纹密封性能指数分布趋势。通过分析特殊螺纹在上扣、交变载荷、复杂载荷、压差工况条件下的密封指数变化规律、螺纹连接强度、气密封性能，结合结构完整性校核实现螺纹密封性能整体评价，形成特殊螺纹选用流程如图 1 所示，可以为深井超深井螺纹优选、完井管柱结构优化和井筒完整性提供支撑。

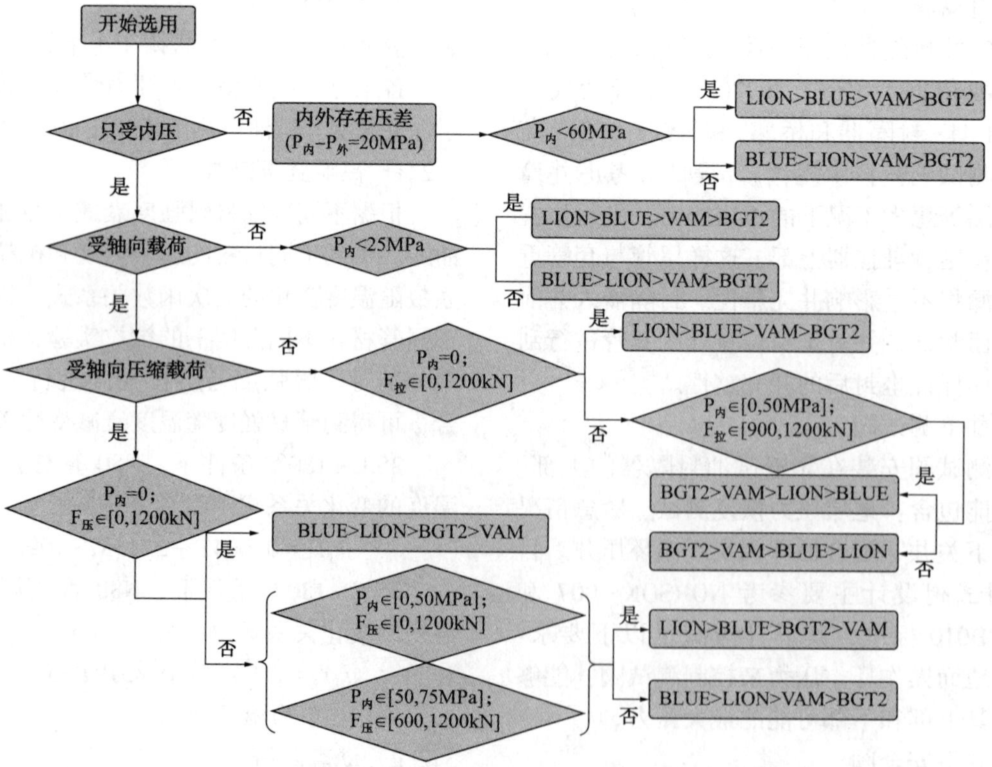

图 1　特殊螺纹优选流程

4 防腐方案

4.1 气质分析

以蓬探1井区灯二段气质分析为例，该气藏中部地层压力为62.54MPa，压力系数1.1，天然气相对密度为0.593，甲烷含量为94.94%，硫化氢含量为2.46%（35.29g/m³），为高含硫化氢；二氧化碳含量为2.32%（45.66g/m³），为中含二氧化碳。

4.2 图版选择结果

根据蓬探1井气质分析结果，计算出灯二段地层压力条件下H_2S分压1.71MPa左右，CO_2分压1.63MPa左右，$PCO_2/PH_2S=1.18$，$PCO_2/PH_2S<3.4$。根据NACE MR0175标准规定[17]，气藏腐蚀类型以H_2S腐蚀为主，属于中度至高度腐蚀环境。根据SY/T 6857.1—2012《含H_2S油气田环境下碳钢和低合金钢油管和套管选用推荐做法》选材图版，油管应选择镍基合金材质防腐满足要求。

4.3 防腐工艺

为了降低防腐经济成本，进一步分析现有防腐工艺特点，开展防腐效果实验进行对比，形成针对蓬莱气田灯二气藏的经济可靠防腐工艺。

目前国内外在酸性气藏开发中成熟应用的防腐工艺主要有三大类：一类是采用材质防腐；二类就是采用高抗硫油管+缓蚀剂的综合防腐工艺；三类是采用镀层油管进行防腐。以蓬莱气田灯二气藏地层水为腐蚀介质，模拟井下腐蚀环境，对不同防腐方案进行室内腐蚀评价实验，结果如下：①2532和2830等耐蚀合金平均腐蚀速率为0.0088mm/a；②110SS碳钢材质油管添加缓蚀剂后腐蚀速率为0.071mm/a；③钨合金镀层油管评价腐蚀速率0.0168mm/a。根据NACE RP 0775标准，三类防腐方案均可以满足油管防腐和安全生产要求。

然而超深井条件下高抗硫碳钢油管+缓释剂防腐方案存在诸多限制，首先井深过深可能导致缓蚀剂注入时间长而失效，高产气井高流速冲刷导致防腐效果不佳；其次常见的缓蚀剂加注方案存在诸多缺点，固体加入方式对于高压含硫气藏频繁开关井存在较大安全风险，毛细管注入方式作业时间太长，而环空注入法对生产压差要求较高。

钨合金镀层油管致密性高，易在表面形成镍、钨等的氧化物，构成具有保护性的钝化膜。在硫化氢和二氧化碳环境下，腐蚀速率约为普通碳钢的百分之一，对高温、高含硫的深井、超深井具有较好的适应性。各防腐工艺经济成本对比如图2所示，钨合金镀层油管相比镍基合金油管成本低60%左右，既能满足防腐要求又能效降低防腐成本。

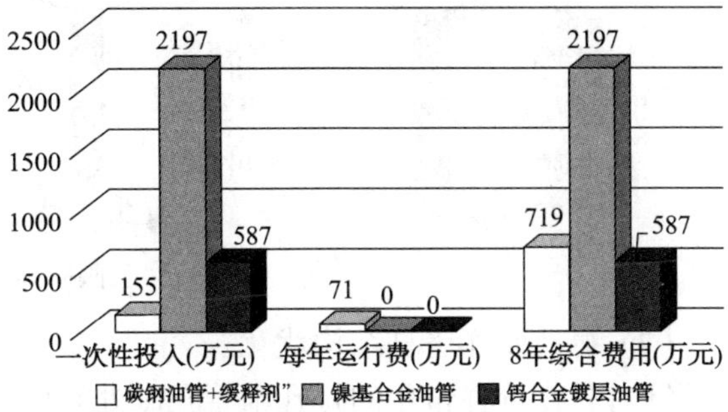

图2　不同防腐工艺成本对比

5 试油完井工艺设计

5.1 试油完井一体化工艺

面对川渝地区高产气井测试后储层易漏，在后期堵漏和压井过程容易引发管柱卡埋等井下复杂，且导致储层污染严重的问题，形成试油完井投产一体化技术。该技术的特点是在试油测试下入管柱时就提前考虑后期封堵完井，在测试结束后，利用测试管柱中的压启式对接封堵工具对产层的实现封堵，直接将地层与油管的通道隔断，从根本上避免压井堵漏带来的一系列难题和风险，能够提高试油-完井整个工期的作业效率，节约作业时间和成本，还能将上部测试工具及油管起出，完成试油及测试资料录取。若今后测试层位需要开采，则将完井油管带上配套插管直接插入封隔器中，打开油管通道，快速实现“二次完井”。

5.2 射孔酸化测试联作工艺

（1）精确分段延时射孔技术

针对模拟计算射孔冲击载荷大的井，利用火药延时技术实现单次引爆、分段延时射孔，形成精准分段延时射孔工艺，最大可分4段，可有效降低射孔冲击载荷。精确分段延时管柱采用火药延时技术可实现6min、10min和16min三个级别的延时起爆。该技术相比单次射孔，冲击载荷最大降低46.4%。

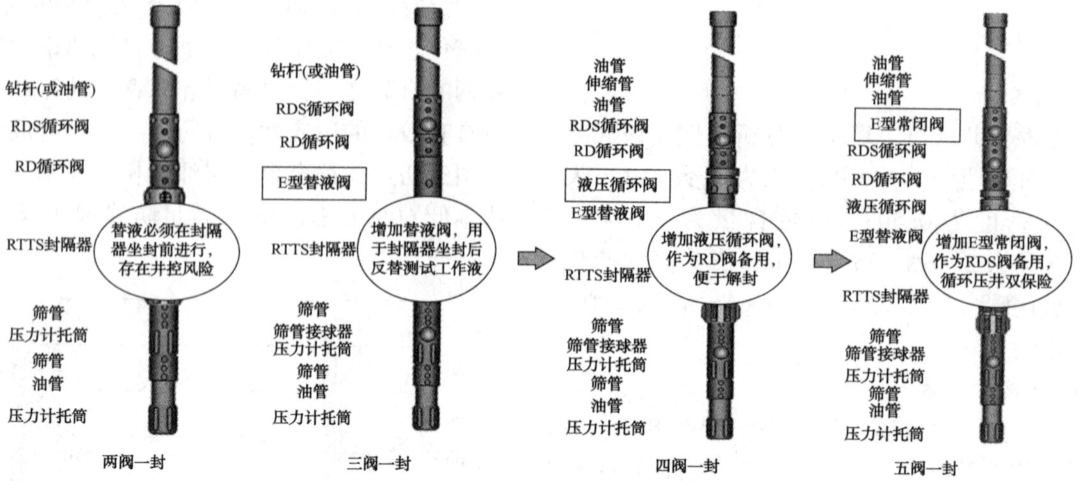

图 3 “五阀一封”的主体试油测试管柱结构

（2）射孔联作管柱结构优化

针对联作管柱常用的打孔筛管孔眼处易应力集中、管体强度低的问题，设计一体式开槽筛管，槽形孔数 3 个，减少了筛管的应力集中点，并在封隔器以下优化形成了双筛管结构，避免了压井起管柱过程中，圈闭压力带来的井控风险。进一步优化改进管柱配置，定型“五阀一封”的主体试油测试管柱结构如图 3 所示，保障替液、压井、解封作业的顺利实施。

（3）射孔工艺优化

进一步结合射孔作业时冲击载荷和减震器受力分析，优化了分层射孔工艺：两层射孔厚度相差不大时，优先对上层射孔；两层射孔厚度相差较大时，优先对射孔段较短段进行射孔；分层时优先去掉空枪段；两层物性相差较大，压力恢复时间差异大，优先对恢复时间快的井段进行射孔。

6 现场应用

应用基于井完整性的试油完井工艺技术，对蓬莱气田 XX-06 井开展试油工程设计和现场应用。该井灯二段采用在清水中下入带井下安全阀+井下节流工作筒+完井封隔器的射孔-酸化-测试-完井一体化管柱进行射孔、酸化及测试投产的试油工艺。

全井采用 Φ88.9mm × 6.45mm（TP110-TDJ028）油管，受力分析得到油管抗拉安全系数 2.09，酸化、产气等工况下三轴应力安全系数均大于 1.5；采用精确分段延时射孔技术，模拟射孔时井底爆轰峰值压力为 103.56MPa，三轴安全系数为 1.86，可以保证油管射孔时的安全。

井下工具采用 1 套 3-1/2″井下安全阀(718 材质、压力等级 70MPa)，1 套井下节流工作筒(718 材质、压力等级 105MPa)，1 套 7″TNT 完井封隔器(718 材质、压力等级 105MPa)，工具及变扣接头满足井下压力要求。

井下防腐采用镍基合金防腐工艺，扣型为 TP-G2 气密封扣，作业前第一、第二井屏障评估均合格，满足井筒完整性设计要求。

试油作业前套管刮管通井、循环，下射孔-酸化-测试-完井一体化管柱，电测校深确认位置后换装井口并试压，封隔器坐封后进行射孔、初排、初测、酸化、放喷、测试，最后关井复压试油收尾。现场试油完井施工作业顺利，射孔作业完井管柱安全成功率 100%，无任何完整性事故。

7 结论

（1）确定了完井试油阶段井筒完整性设计原则以及试油管柱设计原则，试油完井阶段井筒完整性设计需要以恶劣工况下管柱及其配套井下工具完整性为基础。

（2）开展完井管柱力学分析，确定了完井管柱设计安全系数，建立了考虑高温强度衰减、气井动态生产以及射孔冲击载荷的完井管柱力学分析方法；建立了基于密封接触能理论的气密封扣二维轴对称有限元模型，形成气密封扣螺纹评级及优选方法，指导完井管柱完整性设计。

（3）基于蓬莱气田气质分析以及室内腐蚀评价试验结果，建立了完井管柱防腐工艺优选方法，针对蓬莱气田灯二气藏可能出现重度 H_2S 腐蚀，综合考虑成本推荐进一步开展钨合金镀层油管防腐试验。

（4）优化了试油完井投产一体化技术，优化射孔酸化测试联作管柱结构，完善射孔酸化测试联作试油完井工艺，在蓬莱气田现场应用实施成功率 100%。

参 考 文 献

[1] 赵路子，汪泽成，杨雨，等．四川盆地蓬探 1 井灯影组灯二段油气勘探重大发现及意义[J]．中国石油勘探，2020，25(03)：1-12.

[2] 张绍槐．井筒完整性的定义、功能、应用及进展[J]．石油钻采工艺，2018，40(01)：1-13.

[3] 张绍槐．完井作业应用井筒完整性标准[J]．石油钻采工艺，2018，40(03)：275-286.

[4] 李政，杨建，唐庚，等．四川盆地深井超深井完井试油技术进展及发展方向[C]. The 2022 International Field Exploration and Development Conference in Urumqi，2022. 8.

[5] 李明飞，康兵辉，王桥等．典型工况下完井管柱伸缩管力学分析及安全性评价[J]．石油钻采工艺，2022，44(01)：37-42.

[6] 罗伟，何宏俊，唐锋等．高含硫气井完井管柱多漏点泄漏规律与控制[J]．石油钻采工艺，2019，41(03)：307-313.

[7] 郑有成，张果，游晓波，等．油气井完整性与完整性管理[J]．钻采工艺，2008，31(5)：6-9.

[8] 张智，李炎军，张超，等．高温含 CO2 气井的井筒完整性设计[J]．天然气工业，2013，33(9)：79-86.

[9] 马发明，余朝毅，郭建华．四川盆地高含硫气井完整性管理技术与应用——以龙岗气田为例[J]．天然气工业，2013，33(1)：122-127.

[10] 冯耀荣，韩礼红，张福祥，等．油气井管柱完整性技术研究进展与展望[J]．天然气工业，2014，34(11)：73-81.

[11] 刘洪涛，沈新普，刘爽等．高温高压气井多封隔器管柱完整性分析方法及应用实例[J]．天然气工业，2020，40(07)：83-89.

[12] 张坤，陈学忠，莫林等．磨溪区块龙王庙组气藏生产阶段井完整性管理实践[J]．钻采工艺，2020，43(03)：111-126.

[13] 张昕，吴奇兵，葛伟凤，等．基于宽频超声法的在产井井筒完整性检测技术研究[J]．石油管材与仪器，2016，2(5)：27-29.

[14] 练章华，李帅，丁亮亮等．高压气井油套环空带压模拟及对井筒完整性影响研究[J]．安全与环境学报，2022，22(02)：1-7.

[15] 杨向同，刘洪涛，曹立虎等．深层高压气井试油前的井完整性评价技术研究[J]．钻采工艺，2020，43(01)：53-56.

[16] NORSOK D010，Well integrity in drilling and well operations[S].

[17] NACEMR0175/ISO 15156-1，Petroleum and natural gas industries-Materials for use in HS-containing Environments in oil and gas production[S].

四川盆地中二叠统茅口组多类型储层特征及其形成演化史

李昌伟[1]　党录瑞[2]　文　龙[2]　张玺华[1]　陈　骁[1]　谢　忱[2]　高兆龙[1]　李天军[1]

（1. 中国石油西南油气田勘探开发研究院；2. 中国石油西南油气田分公司）

摘　要　自 JT1 井在川中地区获得日产百万方的油气发现以后，茅口组逐渐成为四川盆地勘探的热点层系。前期研究表明，茅二段沿台缘带发育一套稳定的层状白云岩储层，但其厚度普遍较薄。薄层高产的勘探实践对茅口组储量提交和储气空间的地质认识带来严峻挑战。对此本文通过野外地质剖面详测、岩心精描和相关实验分析研究，在茅口组中首次发现了弱云化储层段。在此基础上将茅口组储层划分为五类：孔洞/裂缝-孔洞型白云岩储层、裂缝/裂缝-孔隙型白云岩储层、孔隙型硅质白云岩储层、裂缝/裂缝-孔隙型灰岩储层以及孔隙型灰质云岩储层。且纵向上茅口组储层段自下而上整体可以形成茅二段云岩-弱云化和茅三段岩溶灰岩两大孔洞缝储渗体系。进一步的阴极发光和微区碳氧锶同位素、包裹体均一温度、微区稀土元素分析以及激光原位 U-Pb 同位素定年等地化实验分析结果表明，茅二段储层内发育多种类型的成岩作用，其中三期白云岩化作用、三期溶蚀作用和两期破裂作用是主要的建设性成岩作用，而压实/压溶作用、四期胶结作用和两期硅质交代/沉淀作用是主要的破坏性成岩作用。在成岩演化史恢复的基础上，本文重建了茅口组孔洞缝储渗体系的形成与演化过程（图 8）。其中同生期的大气淡水岩溶作用和早成岩阶段 B 期的热液破裂作用是储层孔洞缝形成的关键性成岩作用。

关键词　四川盆地；茅口组；储层特征；成岩作用；储层演化史

Multiple reservoirs characteristics and diagenetic evolution of Middle Permian Makou Formation in Central Sichuan Basin

Li Changwei[1]　Dang Lurui[2]　Wen Long[2]　Zhang Xihua[1]　Chen Xiao[2]
Xie Chen[1]　Gao Zhaolong[1]　Li Tianjun[1]

（1. Research Institute of Petroleum Exploration & Development of PetroChina Southwest Oil & Gasfield Company；2. PetroChina Southwest Oil & Gasfield Company）

Abstract　The Maokou Formation become an exploration hotspot after JT1 well obtained more than 100×104m3 in the Sichuan Basin. Previous researches have shown that a stable stratified dolomite reservoir with thin thickness were developed along the platform margin in the Second Member of Maokou Formation (P2m2). The exploration discovery of thin reservoirs and high production brought severe challenges to the geological cognition of gas storage space of Maokou Formation. Based on detailed survey of field geological profile, precise description of core and relevant experimental analysis, the weak-dolomited reservoirs were discovered in Maokou Formation for the first time. The Maokou Formation reservoirs can be divided into five categories: vuggy/fracture-vuggy dolomite reservoirs, fracture/fracture-porous dolomite reservoirs, porous siliceous dolomite reservoirs, fracture/ fracture-porous limestone reservoirs and porous calcareous dolomite reservoirs. Meanwhile, the upper Maokou Formation reservoirs can be segmented into two storage and infiltration systems: the weak-dolomized reservoirs in the P2m2 and karst limestone reservoirs in the P2m3. Further geochemical experiments, i. e. cathode luminescence, micro-carbon and oxygen isotope analysis, fluid inclusion homogenization temperature, micro-rare earth element analysis and in situ laser U-Pb isotope dating, show that there are many types of diagenesis in the reservoir of P2m2, among which three stages of dolomitization, three stages of dissolution and two stages of fracturing are the main constructive diagenesis. While the compaction/pressure dissolution, four stages of cementation and two stages of siliceous metasomatism/precipitation are the main destructive diagenesis. This paper reconstructs the formation and evolution process of the storage and infiltration systems of reservoirs in P2m2. Among them, the atmospheric freshwater karstification in the syndiagenetic stage and the hydrothermal fracturing in the eogenetic B stage are the critical diagenesis.

Key wordst　Sichuan Basin; Maokou Formation; reservoirs characteristics; diagenesis; reservoirs evolution history

四川盆地茅口组具有悠久的勘探历史，早在上世纪50年代，隆10井在圣灯山构造断层上盘茅二段首次在下二叠统获工业气流，由此揭开了四川盆地茅口组的勘探序幕。自2018年JT1井在川中地区茅口组勘探获得突破以后，茅口组勘探指导思路由寻找热液白云岩储层逐渐转向寻找相控型白云岩储层。基于全盆地实钻井和野外地层对比研究，前人明确了茅口组晚期存在台槽分异的沉积格局。其中茅二上亚段沉积时期，沿剑阁-南充-石柱一线发育大型台缘带，具备发育大规模滩相孔隙型白云岩储层的潜力，随后川中地区茅口组勘探连续获得多口超百万方气井。当前研究表明，茅口组晚期在拉张背景下堑垒构造发育，储层类型包括孔隙(洞)型和热液裂缝-孔洞型储层等多种类型白云岩储层，以及储层发育受古隆起、地裂作用和东吴运动的抬升剥蚀共同控制。但是前人对茅口组占主体的灰岩中是否发育储层以及茅口组储层的形成机理则缺乏研究。基于此，本文对新钻井岩心和薄片开展详细观察描述并开展系列地化分析实验，通过将茅口组孔洞缝储渗体系作为整体评价其储集性能，解决了茅口组当前“薄层高产”的矛盾并拓展了茅口组的勘探新领域和新层系，为茅口组下一步勘探方向和储量评价奠定了基础。

1　茅口组储层特征与纵向分布规律

茅口组储层的岩性和储集空间同时受到沉积相、成岩作用和构造运动的多重控制，导致其储层类型复杂多变且非均质性强。本文通过对大量岩心精细描述和系列分析实验结果分析认为，茅口组内发育有孔洞型、裂缝-孔洞型和孔隙型白云岩储层以及微孔型、裂缝型和孔隙型灰岩储层，且六种类型储层垂向上可以相互搭配形成孔洞缝储渗体系。

1.1　岩性与储集空间特征

详细的岩心观察和薄片鉴定结果表明茅口组储层依据岩性可以划分为两大岩类(白云岩类和灰岩类)，并可根据主要储集空间类型各进一步划分为三种储层类型(孔洞型、裂缝-孔洞型和孔隙型白云岩储层以及微孔型、裂缝型和孔隙型灰岩储层)。

四川盆地茅口组孔洞型白云岩储层岩性主要以细晶云岩为主，储集空间以溶蚀孔洞为主[图1(a)]，在镜下还可见大量生物铸膜孔和晶间孔发育，伴生少量发育裂缝[图1(d)]。裂缝-孔洞型白云岩储层主要由粉-细晶云岩和细晶云岩组成，岩心上可见大量溶缝和网状裂缝发育[图1(b)]，镜下见生物铸膜孔和晶间孔[图1(e)]。孔隙型白云岩储层主要由残余生屑细晶白云岩和细晶白云岩组成，岩心可见蜂窝状针孔，局部可见小型溶蚀孔洞[图1(c)]，薄片见大量白云石晶间孔、粒内或粒间溶孔[图1(f)]。孔隙-裂缝型白云岩储层的岩性主要以粉晶白云岩为主，储渗空间主要以溶缝为主[图1(c)]。镜下可以见溶缝多被鞍型白云石半充填，中央残余部位为有效储渗空间[图1(f)]。

孔隙型云质(含云)灰岩储层岩性主要以灰质云岩或云质灰岩为主，云化部位呈不规则斑块状与灰岩斑块混杂[图1(g)]。主要的储集空间为云化部位内部的晶间孔或者晶间溶孔[图1(j)]。裂缝型/孔隙-裂缝型灰岩储层在研究区主要岩性为生屑灰岩或泥晶生屑灰岩[图1(h)]，储集空间以半充填的网状裂缝为主，在局部可见少量孤立溶孔，被亮晶方解石胶结物半充填，网状裂缝和孤立溶蚀孔洞中部分可见充填沥青充填现象[图1(k)]。微孔隙型含云灰岩储层的岩性以生屑灰岩和含云灰岩为主，可见大量暗色富有机质生屑条带[图1(i)]，扫描电镜下在富生屑条带内见有机质、白云石，储集空间主要以微米到纳米级别的有机质微孔和白云石晶间微孔隙为主[图1(1)]。

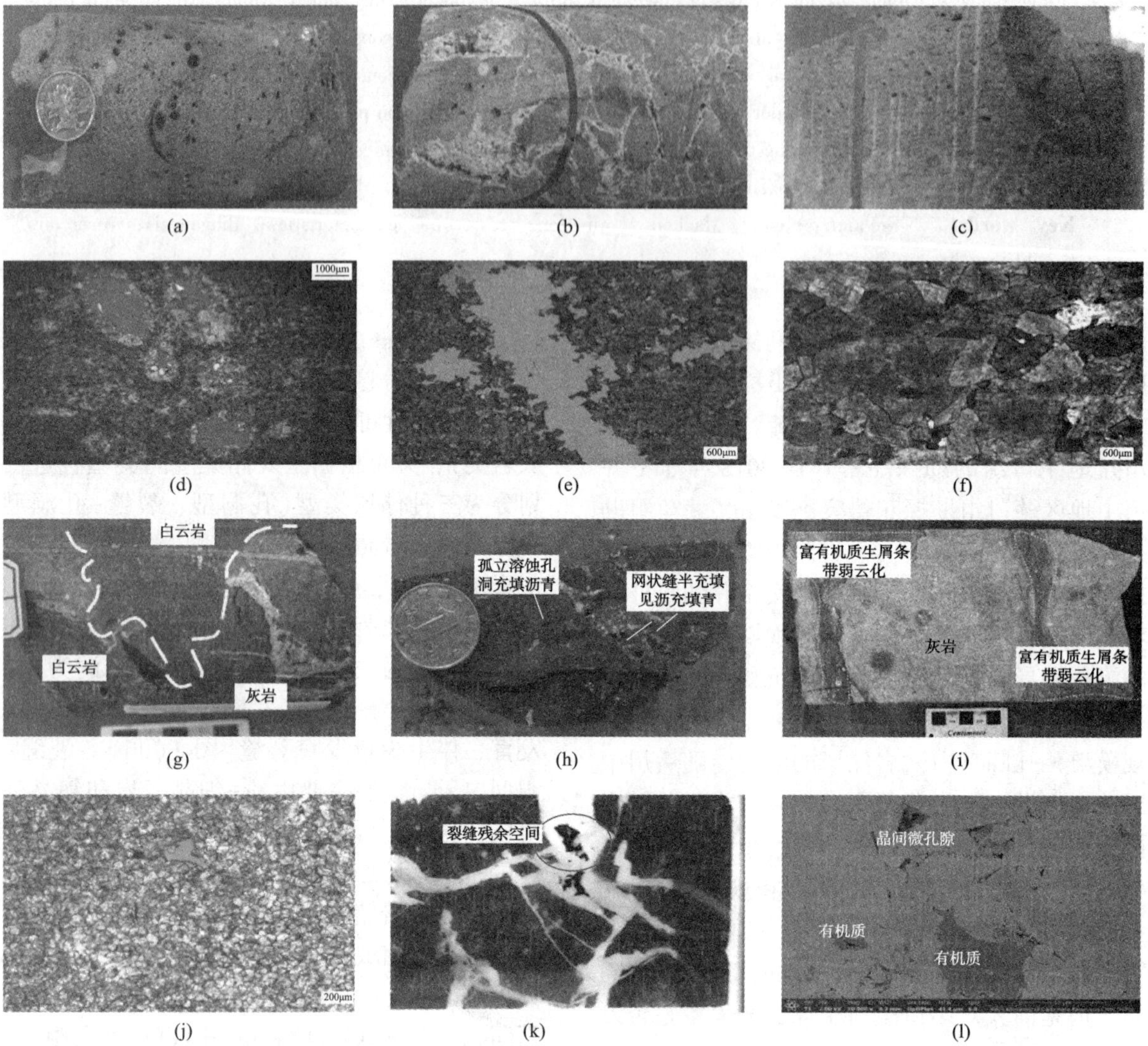

图1　储层类型岩性及储集空间特征照片

(a)孔洞型云岩储层岩心特征，见大量生物铸模孔和溶蚀孔洞；(b)裂缝-孔洞型储层见溶缝、溶洞、生物铸膜孔、晶间孔；(c)孔隙型储层；(d)孔洞型云岩储层以细晶白云岩为主，见溶蚀孔洞和生物铸膜孔；(e)裂缝-孔洞型云岩储层；(f)孔隙型储层见晶间孔，粒内溶孔，粒间溶孔；(g)孔隙型云质(含云)储层；(i)微孔隙含云储层；(h)裂缝型-孔隙储层；(j)孔隙型云质(含云)储层见晶间孔、晶间溶孔；(k)裂缝型-孔隙储层见半充填网状裂缝、孤立溶孔；(l)微孔隙含云储层见纳米级别有机质、晶间微孔隙

1.2　物性特征

孔隙度和渗透率是评价储层好坏最直接的因素之一，本文对茅口组划分的六类储层开展孔渗测定与储层定量评价。

物性实验分析结果表明，孔洞型白云岩的储层物性效果最好，大于4%的样品占比达到70%，其渗透率主要分布在0.01~1mD，其中样品数量大于0.01mD占比达到了80%。而孔隙型白云岩储层次之，孔隙度2.0%~4.0%的样品占比77%，平均孔隙度达到了3.0%，渗透率主要分布在0.001~0.1mD。裂缝-孔洞型的孔隙度与渗透率最差，主要分布在2.0%~9.1%，平均值为3.6%；渗透率分布在0.001~1mD，所用样品当中，渗透率大于0.01mD占比达到了63%(图2A，B)。

在灰岩所构成的储层类型中，孔隙度最好储层类型是孔隙型云质(含云)灰岩储层，孔隙度主要分布在0.9%~2.4%、平均值为1.5%，大于2%样品占比达15%。而裂缝型灰岩储层尽管孔隙度稍低，但其渗透率较高(主体分布在0.01~1mD)。微孔隙型含云灰岩储层的孔隙度与渗透率均较差，孔隙度值分布在0.5%~

1.2%，渗透率主体分布在 0.001～0.01mD[图 2(a)，(d)]。

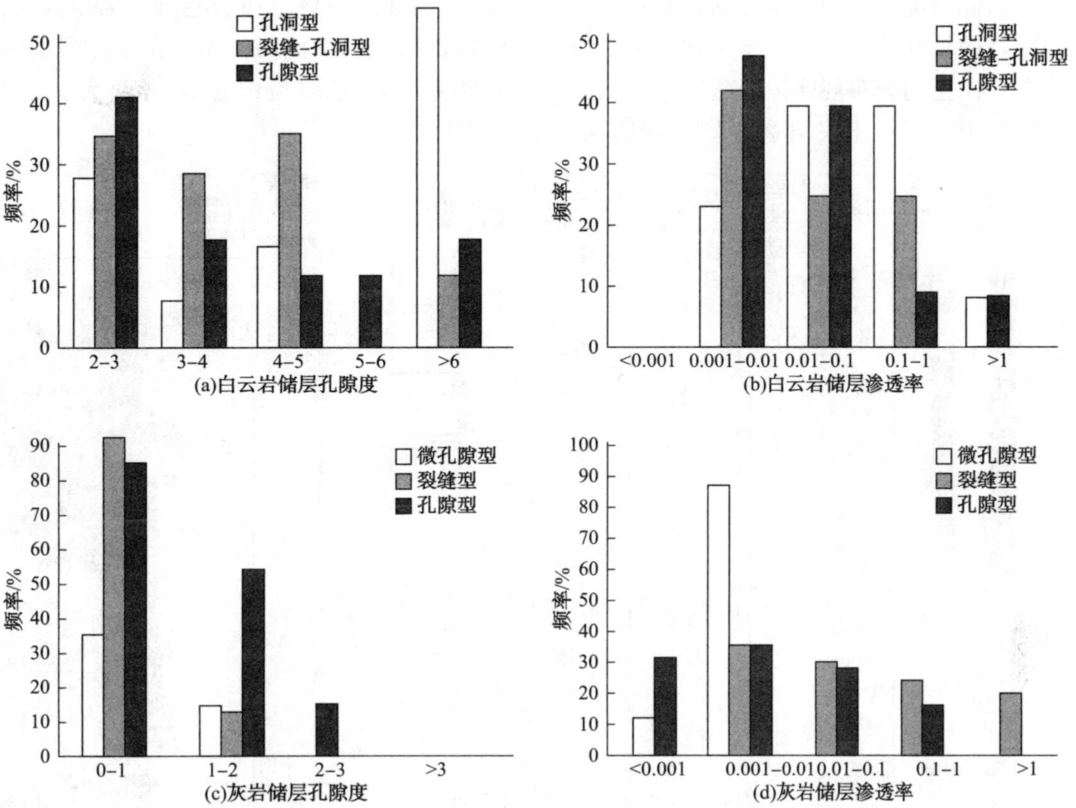

图 2　白云岩类与灰岩类储层孔隙度与渗透率频率直方图

综合分析结果认为，储层物性特征最好的是白云岩类储层，其中孔洞型白云岩储层应当是研究区茅口组勘探的主要目标储层，灰岩类储层当中孔隙型与裂缝型灰岩储层都具有较大的勘探潜力。

1.3　孔隙结构特征

此外针对研究区茅口组各类型储层同步进行孔隙结构的分析，结果表明白云岩类储层的孔喉结构均优于灰岩类储层。其中孔洞型白云岩储层的孔隙度与渗透率相关性比较好[图 3(a)]，且孔喉结构具有双平台段特征，表明其除了发育孔渗均优的溶蚀孔洞之外，搭配发育的小型针孔或晶间孔也同样具有储渗能力。而裂缝-孔洞型白云岩储层尽管孔隙度要略低于孔洞型白云岩储层，但其渗透性明显更好。其压汞饱和度曲线具有单平台段特征，排替压力集中在 0.5～1Mpa，反映其孔隙结构较为均一的特征。

孔隙型白云岩储层在压汞曲线上显示为一条曲率相近的斜线，表明该类型储层随着排替压力的逐渐增加，压汞饱和度逐渐升高，其孔隙结构较为均匀的分布特征[图 3(b)]。灰岩裂缝型储层在基质孔隙度较低的情况下具有渗透率偏高的现象，而孔隙型灰岩储层孔渗性具有弱相关关系。微孔隙型灰岩储层尽管具有一定的孔隙度，但其渗透率过低则表明该类型储层动用难度较大[图 3(c)]。

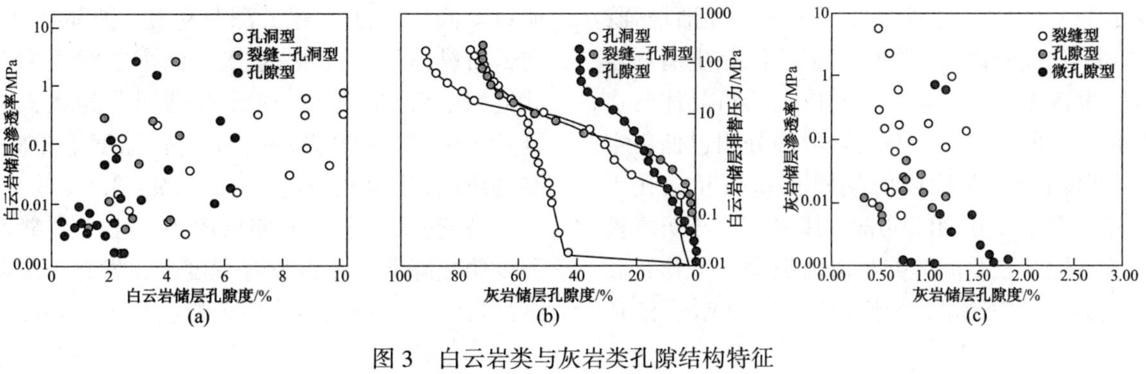

图 3　白云岩类与灰岩类孔隙结构特征

1.4 茅口组储渗体纵向分布规律

在茅口组储层类型识别与划分的基础上，通过岩心与薄片的精细观察描述，本文建立了茅口组储渗体在纵向上的分布规律。以蓬阳 3 井取心段为例，茅口组自下而上发育裂缝型灰岩储层、孔隙型含云斑灰岩储层、孔洞型云岩储层、裂缝-孔洞型云岩储层和裂缝型灰岩储层，总体形成两套孔-洞-缝储渗体系，即茅二段弱云化-云岩和茅三段岩溶裂缝型灰岩两大孔洞缝体系(图 4)。

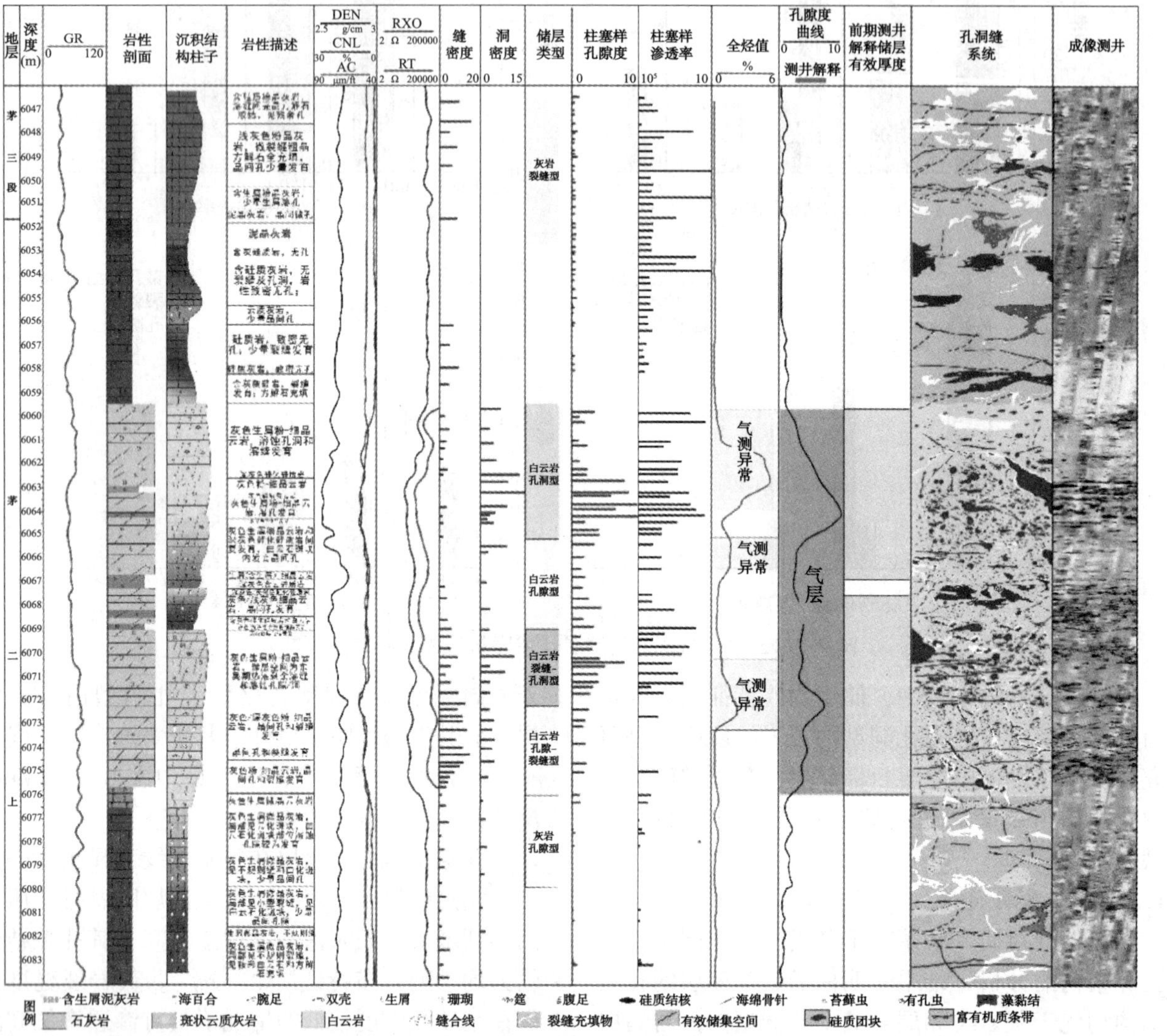

图 4 茅口组孔洞缝储渗体纵向分布规律示意图

在取心段中下部(茅二段)发育弱云化-白云岩孔洞缝系统，自下而上发育孔隙型含云灰岩储层、孔隙和裂缝-孔洞型云岩储层。下部为孔隙型含云灰岩储层，由底至顶云化作用逐渐增强，孔隙发育程度升高吗，岩性以云质泥晶生屑灰岩为主，发育暗色云化斑块，其内白云石晶体已达细晶且呈为凹凸接触，与灰岩界限分明，储集空间类型以白云石斑块内的晶间孔和晶间微孔为主，孔径介于 3.0~10.0μm，其中云岩与灰岩接触处的溶蚀缝及晶间缝充当渗流通道，平均孔隙度 1.3%；柱塞孔隙度介于 1.2%~2.29%，渗透率介于 0.00103~0.00663mD。上部发育孔隙-裂缝型、裂缝孔洞型、孔隙型、孔洞型云岩储层。孔隙-裂缝型云岩储层段由下至上裂缝发育程度明显降低，岩性发育了深灰色粉-细晶白云岩，白云石晶体呈半自型-它型。储集空间类型以网状缝(残余晶间孔)、白云石晶间孔为主，网状缝发育密度 8~18 条/m，平均孔隙度 3.3%、实测基质(柱塞氦孔)孔隙度 2.27%~3.5%。

裂缝-孔洞型云岩储层段由下至上裂缝发育程度明显降低、孔洞发育程度高，发育了深灰色细晶白云岩、残余生屑白云岩，白云石晶体以半自型为主，储集空间类型见网状缝，发育密度3~15条/m；白云石晶间孔、溶孔洞发育，局部见大型溶洞，实测基质（柱塞氦孔）孔隙度2.0%~9.09%，平均为3.7%。孔隙型云岩储层段由下至上硅质明显降低、孔隙发育程度高，常见深灰色硅质白云岩、细-粉晶白云岩，局部见硅质结核、团块，白云石晶体以半自型-它型为主，储集空间发育白云石晶间孔、晶间溶孔，实测基质(柱塞氦孔)孔隙度1.5%~3.4%，平均为2.2%。孔洞型云岩储层段：溶孔、溶洞发育程度高，下部发育浅灰色细晶白云岩，白云石晶体自型程度较高，以半自型为主；上部发育深灰色粉-细晶白云石，自型程度低，半自型-它型为主，储集空间可见白云石晶间孔、溶孔、溶洞，实测基质(柱塞氦孔)孔隙度2.1%~10.4%，平均为5.1%。

在取心段顶部(茅三段)发育岩溶裂缝型灰岩孔洞缝体系，主要储层类型以灰岩裂缝型储层为主。灰岩裂缝型储层在下部发育岩性以泥晶生屑灰岩或含生屑泥晶灰岩为主，岩溶充填泥质、方解石现象明显；储集空间类型以灰岩内溶蚀缝中的残余孔为主，网状缝发育密度5~15条/m；储层物性研究结果表明：孔隙度0.16%，渗透率0.003mD；中上部以泥晶生屑灰岩或含生屑泥晶灰岩为主，灰岩中溶蚀裂缝逐渐扩大但大部分被方解石胶结；储集空间类型以灰岩内溶蚀缝中的残余孔为主，网状缝发育密度5~15条/m；孔隙度达到了1.37%，渗透率0.0033mD。

2　茅口组储渗体系成因机理与演化过程

在储层特征研究的基础上，对研究区茅口组孔洞缝储渗体详细的显微光学研究表明，茅二段储层内发育胶结作用、压实/压溶作用、白云石化作用、热液硅化/沉淀作用、溶蚀作用和破裂作用等多种类型的成岩作用。依据进一步的地化分析实验，建立了茅二段内孔洞缝储渗体的成岩序列和形成演化过程，其中准同生期和早成岩B期是茅二段孔洞缝储渗体系形成的关键成岩期。

2.1　孔洞缝储渗体成岩作用类型

依据对茅口组孔洞缝储渗体的成岩作用差异性，可以将研究区成岩作用类型划分为建设性成岩作用与破坏性成岩作用两大类型。其中破坏性成岩作用主要包括多期胶结作用、压溶/压实作用和充填作用，建设性成岩作用主要包括多期溶蚀作用、白云岩化作用、交代作用和破裂作用。

显微光学鉴定结果表明，茅口组储层内至少发育四种不同类型的胶结物：①在同生成岩阶段，广泛发育的海底胶结作用将松散的沉积物固结成岩，在高能的台缘滩相中这些胶结物普遍表现为具有亮晶组构的它形针/柱状-细粒方解石，而在相对低能的滩间和台内滩中则普遍发育具有泥晶组构的它形细粒方解石[图5(a)]；②当外源性的热液流体侵入茅口组地层时，由于温度和压力的下降，热液流体优先在孔渗高的流体通道周围沉淀，表现为鞍形白云石、柱状石英以及少量的萤石胶结物[图5(b)]；③由于东吴期茅三段地层的暴露，在上部产生大气淡水溶蚀作用的同时，混合了富Ca流体的地层水不断下渗，在鞍形白云石和石英胶结物的基础上沉淀了充填残余孔洞的方解石胶结物[图5(c)]。在研究区压溶/压实作用主要表现为平行/斜交层面的锯齿状缝合线，缝内往往有炭化有机质或泥质赋存。而充填作用则包括东吴期渗流粉砂和后期沥青对不规则缝洞的充填。

茅口组储渗体内最重要的建设性成岩作用是多期多类型溶蚀作用，分别是同生期大气水溶蚀作用、表生期大气淡水岩溶作用和中成岩期有机酸性水溶蚀作用：①同生期大气水溶蚀作用主要表现为茅口组内普遍发育的铸模孔和粒内溶孔，大量生物组构发生选择性溶蚀[图5(d)]；②表生期大气淡水岩溶作用与茅口组顶部的东吴期不整合面有关，薄片下岩溶缝洞方解石内见到的渗流粉砂以及黄褐色胶结物均指示该期溶蚀及胶结形成于大气淡水环境[图5(e)]；③中成岩期有机酸性水溶蚀程度微弱，表现为岩溶缝洞内充填的方解石和白云石胶结物的次生溶蚀改造，在受溶部位晶体边界参差不齐以及沥青充注现象[图5(f)]；

第二种比较常见的建设性成岩作用则是茅口组储渗体内普遍发育的白云石化作用，依据其成因和产状的不同可以划分为三期：①同生期蒸发/回流渗透形成的高盐度白云石化作用，该期白云石晶体多为它形，彼此间镶嵌接触并且晶体表面比较污浊，阴极发光下表现为均匀地暗桔红色发光特征[图5(g)]；②准同生-早成岩A期浅埋藏白云石化作用，该期白云石晶体多呈半自形-自形，具有典型的"雾心亮边"结构，阴极发光下具有环带状桔红色发光特征[图5(h)]；③

早成岩期热液白云石化作用，该期白云石具有明显的马鞍状结构，普遍表现为细-粗晶结构，具有波状消光特征，在阴极发光下表现为桔红色-亮桔红色发光特征[图5(i)]。

图5　胶结作用与白云岩化作用典型照片

(a)PY1 5992.38m 海底方解石胶结物；(b)PY1 6002.86m 热液沉淀萤石矿物；(c)MX039-H1 4491.32m 巨晶方解石胶结物；(d)PS12 5929.86m 生物铸模孔；(e)CT1 5563.77m 渗流粉砂；(f)PY1 6001.86m 有机酸港湾状溶蚀；(g)PY7 5435.02m 同生期它形白云石；(h)PS6 6489.40m 浅埋藏期它形-半自形白云石；(i) 热液形成鞍形白云石

茅口组储渗体内最重要的建设性成岩作用是多期多类型溶蚀作用，分别是同生期大气水溶蚀作用、表生期大气淡水岩溶作用和中成岩期有机酸性水溶蚀作用：①同生期大气水溶蚀作用主要表现为茅口组内普遍发育的铸模孔和粒内溶孔，大量生物组构发生选择性溶蚀；②表生期大气淡水岩溶作用与茅口组顶部的东吴期不整合面有关，薄片下岩溶缝洞方解石内见到的渗流粉砂以及黄褐色胶结物均指示该期溶蚀及胶结形成于大气淡水环境；③中成岩期有机酸性水溶蚀程度微弱，表现为岩溶缝洞内充填的方解石和白云石胶结物的次生溶蚀改造，在受溶部位晶体边界参差不齐以及沥青充注现象；

第二种比较常见的建设性成岩作用则是茅口组储渗体内普遍发育的白云石化作用，依据其成因和产状的不同可以划分为三期：①同生期蒸发/回流渗透形成的高盐度白云石化作用，该期白云石晶体多为它形，彼此间镶嵌接触并且晶体表面比较污浊，阴极发光下表现为均匀地暗桔红色发光特征；②准同生-早成岩A期浅埋藏白云石化作用，该期白云石晶体多呈半自形-自形，具有典型的“雾心亮边”结构，阴极发光下具有环带状桔红色发光特征；③早成岩期热液白云石化作用，该期白云石具有明显的马鞍状结构，普遍表现为细-粗晶结构，具有波状消光特征，在阴极发光下表现为桔红色-亮桔红色发光特征。

在埋藏条件下，当碳酸盐岩地层受到外力作用时容易发生破裂作用，特别是白云岩相较于灰岩脆性更强。其特征表现为不同形式和大小的裂缝、溶缝，对碳酸盐岩储层渗透性的改善具有重要作用。岩心和薄片的鉴定结果表明，茅二段内发育三期构造破裂作用和裂缝，分别是东吴期构造破裂裂缝、东吴期热液破裂缝和燕山期构造破裂裂缝：①东吴期构造破裂裂缝表现为高角度斜交层面、平直或不规则展布特征，裂缝内被黄褐色等厚环边状方解石或者渗流粉砂充填[图6(a)]，剩余空间基本被后期胶结物或者沥青完全充填而堵塞，仅在茅三段地层中见少量残余空间可以充当油气储集与渗流通道[图6(b)]；②东吴期热液破裂缝在茅二段白云岩储层中最为发育，其特征为裂缝边界不规则[图6(c)]，其内可见鞍形白云石与柱状石英以及少量萤石环边状充填[图6(d)]，中央部位剩余有效储渗空间大；③燕山期构造破破裂缝边界较为平直并呈平行或羽状排列展布[图6(e)]，裂缝内被石英或粒状方解石充填，可明显切割改造早期硅化结核条带以及东吴期热液鞍形白云石[图6(f)]。

交代作用在储渗体形成过程中既具有建设性同时也具有破坏性：①当外源性的热液流体侵入茅口组地层时除了在渗流优势通道中发生的沉淀作用以外，富硅热液还可逐渐“拟晶交代”早期形成的白云石，在岩心上表现为灰白色/黑色的硅质岩团块与白云岩团块混杂的现象[图6(g)]；②交代完白云石以后的热液流体中普遍富集Mg^{2+}，当这部分流体继续下渗时，可以与云化段下部灰岩地层中的方解石发生交代作用[图6(h)]，在云化段下部形成斑块状的白云石[图6(i)]，使其具有油气储渗能力。

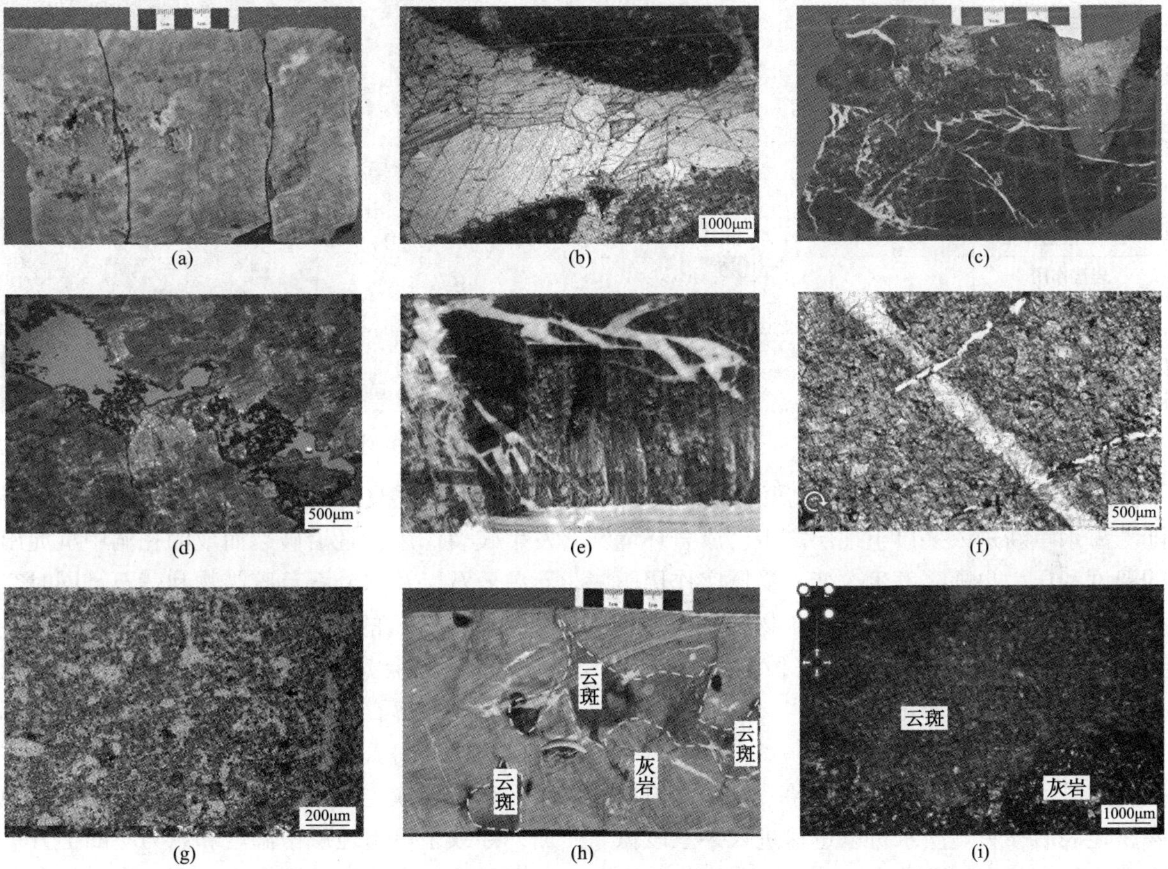

图6　多期破裂作用与交代作用示意图

(a)PY3 6048.73m 东吴期岩溶缝见方解石胶结；(b) PY3 6048.73m 东吴期岩溶缝见方解石胶结；(c)PY3 6073.5m 热液压裂缝内见鞍形白云石环边状胶结；(d) PY3 6073.5m 热液压裂缝内见鞍形白云石环边状胶结；(e)PS6 6490.81m 燕山期破裂缝内见方解石胶结；(f) PS6 6490.81m 燕山期破裂缝内见方解石胶结和沥青充填；(g)PY106 5214.55m 硅质拟晶交代白云石；(h)PY3 6077.58m 灰岩中局部云化形成白云石斑块；(i) PY3 6077.58m 灰岩中局部云化形成白云石斑块

2.2　茅口组储渗体成岩演化序列

根据前述区内茅二、茅三段碳酸盐岩储层成岩作用类型、特征与期次，参考石油天然气行业标准SY/T5478-2019将研究区成岩阶段划分为同生成岩阶段、早成岩阶段A期、表生成岩阶段、早成岩阶段B期、中晚成岩阶段，并且根据不同成岩阶段中成岩作用类型变化建立了茅口组储渗体成岩演化序列(图7)。

在同生成岩阶段，上扬子地台在茅口组沉积时期位于北纬零至三十度范围内，当时海水温度在 20~25℃之间。茅二上亚段沉积时期，上扬子地台发育镶边碳酸盐岩台地沉积体系。海水循环受限以及较高的温度导致研究区蒸发作用强烈。蒸发作用提高了 Mg^{2+}/Ca^{2+} 浓度的比值，为白云岩化作用打好了基础。此时处于台地边缘高部位的台缘滩受蒸发作用影响形成具有残余生屑结构的粉-细晶的它形白云石，而在滩体附近部位则受高盐度热卤水的回流渗透而发生白云石化，形成表面比较污浊的它形白云石晶体。同时沉积在古地貌高部位的富生屑台缘滩相由于高频的海平面变化而发生频繁的暴露。在大气水环境中相较于方解石和白云石，文石质的生屑组构更易发生选择性溶蚀并形成大量生物铸模孔和粒内溶蚀孔。

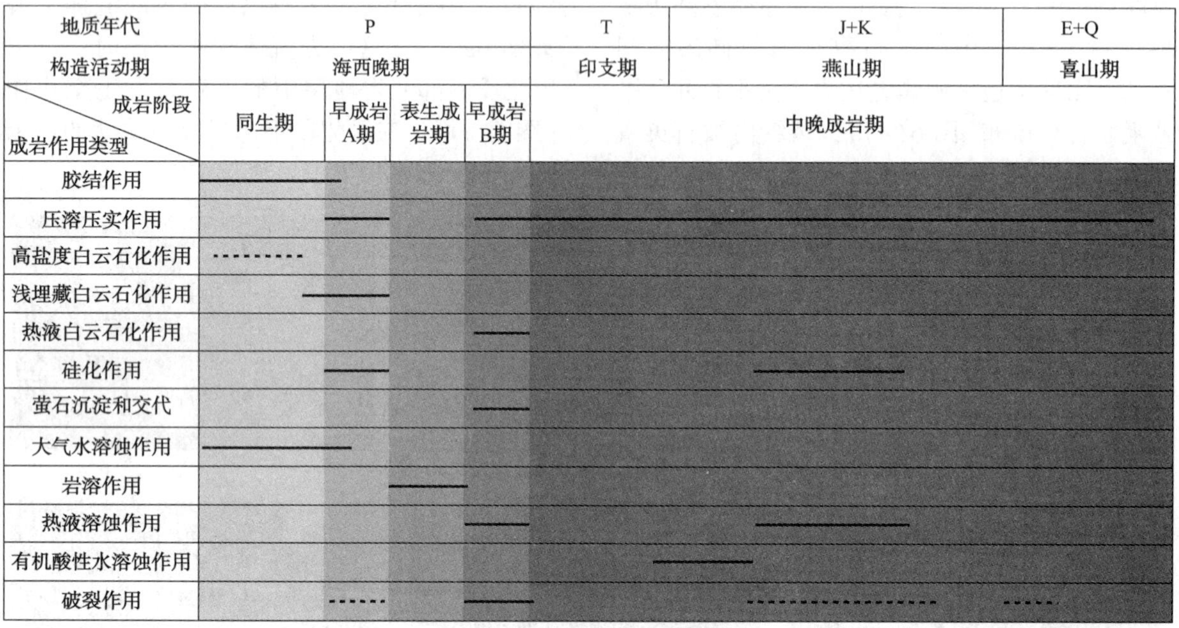

图 7　川中地区茅口组孔洞缝储渗体成岩序列图

在早成岩阶段 A 期，经历过短暂的暴露之后随着海水重新进入茅口组地层之中，成岩环境中的温度和压力也随之发生改变。受压实作用驱动，茅二段内高镁方解石和黏土矿物转变会释放的 Mg^{2+} 离子进入地层，导致茅二段内部分灰岩进一步通过交代作用转化为白云岩，形成很多表面污浊的粉-细晶白云石晶体。

当东吴运动短暂的暴露导致茅三段地层被抬升暴露地表后，大气淡水可以迅速进入茅三段原始孔隙度较高的岩石孔隙之中，此时茅三段灰岩地层以及茅二段内未交代完全的方解石会发生大气淡水溶蚀作用，形成不规则岩溶缝洞并且在岩溶缝洞内会形成少量渗流粉砂充填。

在早成岩阶段 B 期，随着龙潭期大范围海侵，茅口组地层又被迅速埋藏。此时由于峨眉山火山活动和地裂运动的影响，热液流体沿着断裂不断进入茅口组地层。由于温度和压力的驱动，热液流体优先沿着孔渗性好的通道发生硅质沉淀(形成石英胶结物)和硅质交代作用(形成硅质团块)。同时不断集聚的地层压力以及上覆龙潭/吴家坪组地层良好的封盖能力导致茅口组地层内发生破裂作用，且沿破裂而成的孔洞中沉淀出鞍形白云石以及部分石英胶结物和萤石。同时交代完白云石以后的热液流体中普遍富集 Mg^{2+}，当这部分流体继续下渗时，可以与云化段下部灰岩地层中的方解石发生交代作用，在云化段下部形成斑块状的白云石。

在中晚成岩阶段，由于上覆地层厚度的增加，导致茅口组地层中温度和压力不断上升。一方面导致压实作用持续发生，压溶缝合线不断形成。另一方面富 Ca^{2+} 的地层水会不断在鞍形白云石胶结物基础之上沉淀出细-粗晶的方解石胶结物。此外油气裂解的同时伴生有机酸的产生，会对地层中的方解石胶结物产生少量港湾状溶蚀。至燕山期时由于印度洋板块的挤压作用，导致茅口组地层普遍产生构造破裂作用，产生少量羽状或平行排列的构造缝。

2.3　茅口组孔洞缝储渗体形成演化模式

在储渗要素和成岩序列研究的基础上，本文恢复了研究区孔洞缝储渗体的形成演化过程，如

图 8 所示。

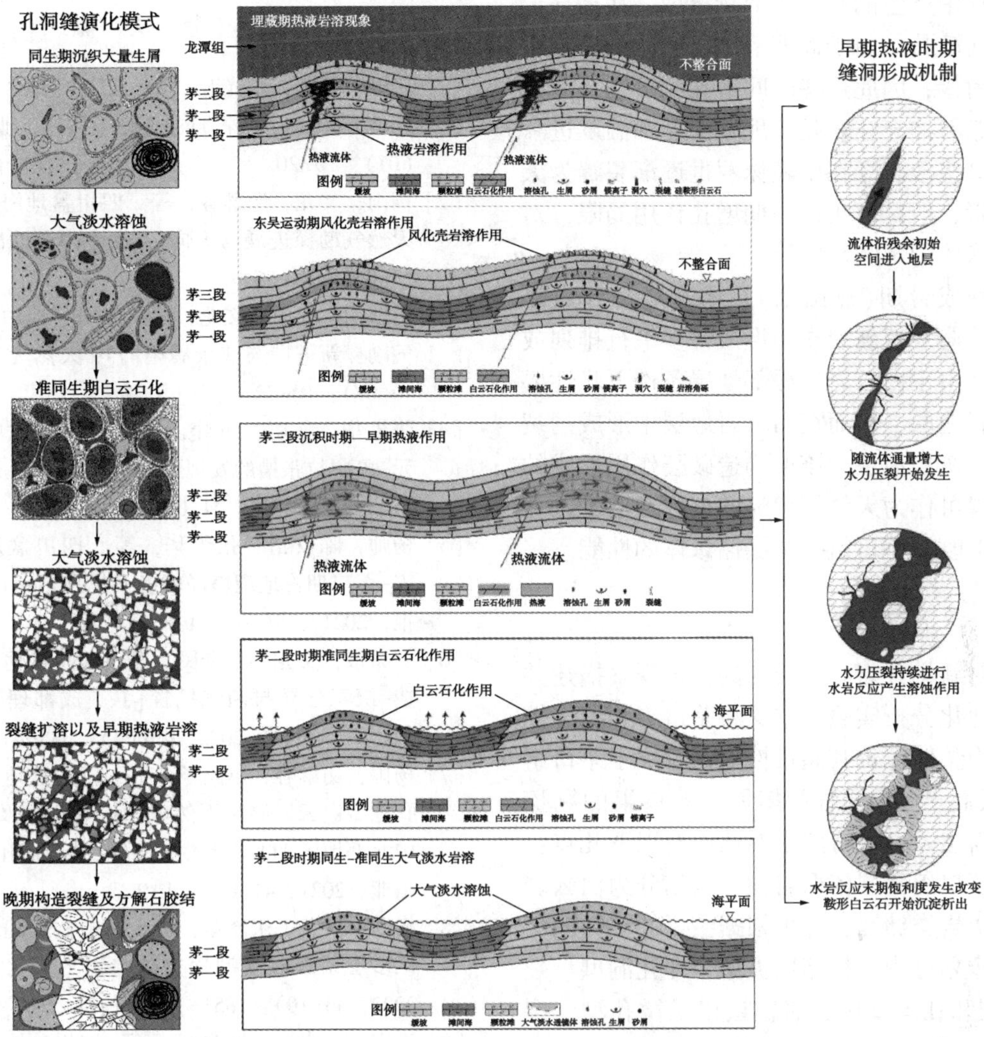

图 8　茅口组孔洞缝储渗体演化模式图

（1）同生期由于相对海平面变化导致台缘带处于微古地貌高地的滩体频繁暴露，滩体上发育的生屑灰岩和藻粘结灰岩内大量生物碎屑受大气水溶蚀作用形成粒内溶孔和铸模孔。

（2）东吴运动导致茅口组地层抬升，茅口组特别是茅三段内会形成垂向发育的岩溶缝洞及大型洞穴(此时茅三段地层还处于近地表的垂直渗流带)。随着大气淡水继续向下渗流，部分早期形成的铸模孔和粒内溶孔会发生扩溶形成许多中小型的溶洞。由于东吴期暴露溶蚀时间短且茅二段地层白云石化程度高，岩溶缝洞发育主要集中在茅三段内部，但多数被后期方解石完全充填，有少量剩余空间保存下来，可构成有效储渗空间。

（3）早成岩阶段 B 期热液作用一方面导致早期形成的岩溶缝洞被硅质胶结和交代以及鞍形白云石沉淀，另一方面热液导致的破裂作用会产生许多裂缝和溶蚀孔洞的形成，这些裂缝、溶蚀孔洞伴有鞍形白云石及石英和少量萤石矿物沉淀，但仍可有大量的剩余空间保存下来作为有效储集空间。同时热液流体的高温也可烘烤早期形成的它形白云石晶体，使其发生重结晶作用，形成晶形较好具有“雾心亮边”结构的粉-细晶白云岩，从而在这些白云石晶体间形成孔渗性能良好且均一性较好的晶间孔。同时在茅二上白云岩地层交代白云岩的热液流体普遍富含 Mg^{2+}，当温度降低后这部分流体与地层水继续下渗，在茅二段白云岩下伏地层中继续发生白云石化形成灰岩地层中混杂的白云石斑块，其内可发育少量晶间孔。

（4）中成岩早期，早先已经形成的白云岩或云质斑块部位由于溶蚀孔洞、压裂缝或者晶间孔发育，成为流体运移的优势通道优先受到与有机质演化过程中产生的酸性水溶物溶蚀，在局部形成少量晶间溶孔。由于此期溶蚀与随后的液态石油充注相衔接，因此这些晶间溶孔和溶蚀孔洞内往往有液态石油充注。随着埋藏深度和温度进一步增大，这些液态烃在中晚侏罗世逐渐裂解为天然气和沥青，但是由于这一期增孔作用局限，对茅口组储渗体的影响较弱。

（5）晚成岩期（燕山期），构造运动导致茅口组地层普遍发育破裂作用形成许多平行排列或者羽状缝。由于白云岩在深部地层条件下脆性要远强于灰岩地层，因而在白云岩地层中形成的裂缝要远多于灰岩地层。该期构造破裂作用形成的未充填裂缝可作为天然气渗流的良好通道，可在一定程度上改善茅口组孔洞缝储渗体的性能。

3　结论

通过对新钻井岩心和薄片的详细观察描述并开展系列地化分析实验，本文将茅口组孔洞缝储渗体系作为整体评价其储集性能，解决了茅口组当前“薄层高产”的矛盾并拓展了茅口组的勘探新领域和新层系，取得的主要认识有以下几点：

（1）茅口组储层依据岩性可以划分为白云岩类储层和灰岩类储层，并可根据主要储集空间类型各进一步划分为三种储层类型，即孔洞型、裂缝-孔洞型和孔隙型白云岩储层以及微孔型、裂缝型和孔隙型灰岩储层；

（2）储层物性和孔隙结构最好的是白云岩类储层，其中孔洞型白云岩储层应当是研究区茅口组勘探的主要目标储层，灰岩类储层当中孔隙型与裂缝型灰岩储层均具有较大的勘探潜力；

（3）茅口组自下而上发育裂缝型灰岩储层、孔隙型含云斑灰岩储层、孔洞型云岩储层、裂缝-孔洞型云岩储层和裂缝型灰岩储层，总体形成两套孔-洞-缝储渗体系，即茅二段弱云化-云岩和茅三段岩溶裂缝型灰岩两大孔洞缝体系；

（4）研究区破坏性成岩作用主要包括四期胶结作用、压溶/压实作用和两期充填作用，建设性成岩作用主要包括三期溶蚀作用、三期白云岩化作用、两期交代作用和三期破裂作用；

（5）研究区茅口组成岩阶段可以划分为同生成岩阶段、早成岩阶段 A 期、表生成岩阶段、早成岩阶段 B 期、中晚成岩阶段，其中同生期的大气淡水溶蚀作用和早成岩阶段 B 期的热液破裂作用是储层孔洞缝形成的关键性成岩作用。

参 考 文 献

[1] 张健，周刚，张光荣，等．四川盆地中二叠统天然气地质特征与勘探方向[J]．天然气工业，2018，38(01)：10-20.

[2] 杨雨，文龙，谢继容，等．四川盆地海相碳酸盐岩天然气勘探进展与方向[J]．中国石油勘探，2020，25(03)：44-55.

[3] 杨跃明，杨雨，文龙，等．四川盆地中二叠统天然气勘探新进展与前景展望[J]．天然气工业，2020，40(07)：10-22.

[4] 张玺华，陈聪，黄婕，等．四川盆地中二叠世广元-巴中拉张槽的发现及其油气地质意义[J]．中国石油勘探，2019，24(04)：466-475.

[5] 杨帅，陈安清，张玺华，等．四川盆地二叠纪栖霞-茅口期古地理格局转换及勘探启示[J]．沉积学报，2021，39(06)：1466-1477.

[6] 刘树根，文龙，宋金民，等．四川盆地中二叠统构造-沉积分异与油气勘探[J]．成都理工大学学报(自然科学版)，2022，49(04)：385-413.

[7] 杨雨，谢继容，赵路子，等．四川盆地茅口组滩相孔隙型白云岩储层天然气勘探的突破及启示-以川中北部地区 JT1 井天然气立体勘探为例[J]．天然气工业，2021，41(02)：1-9.

[8] 杨雨，文龙，宋泽章，等．川中古隆起北部蓬莱气区多层系天然气勘探突破与潜力[J]．石油学报，2022，43(10)：1351-1368+1394.

[9] 王兴志，李博，杨西燕，等．四川盆地北部中二叠世晚期“广元-旺苍”海槽特征及其油气地质意义[J]．石油勘探与开发，2021，48(03)：562-574.

[10] 蒋航，张玺华，陈聪，等．川北地区茅口中晚期斜坡相沉积特征及其油气地质意义[J]．海相油气地质，2023，28(04)：381-390.

[11] 胡安平，潘立银，郝毅，等．四川盆地二叠系栖霞组、茅口组白云岩储层特征、成因和分布[J]．海相油气地质，2018，23(02)：39-52.

[12] 霍飞，杨西燕，王兴志，等．川西北地区茅口组储层特征及其主控因素[J]．成都理工大学学报(自然科学版)，2018，45(01)：45-52.

[13] 黎霆，诸丹诚，李海平，等．中二叠统茅口组白云岩发育机理：以川中-川东地区为例[J]．现代地质，2020，34(02)：345-355.

[14] 杨雨，文龙，周刚，等．四川盆地油气勘探新领域、新类型及资源潜力[J]．石油学报，2023，44(12)：2045-2069.

[15] 郝毅，姚倩颖，田瀚，等．四川盆地二叠系茅口组沉积特征及储层主控因素[J]．海相油气地质，

2020，25(03)：202-209.
[16] 张宇，曹清古，罗开平，等．四川盆地二叠系茅口组油气藏勘探发现与启示[J]．石油与天然气地质，2022，43(03)：610-620.
[17] 李雯，杨帅，陈安清，等．川西北深层中二叠统茅口组岩相古地理及勘探意义[J]．地球科学，2023，48(02)：609-620.
[18] 孟宪武，陈安清，李雯，等．四川盆地南缘二叠系茅口组构造-沉积分异及控储效应[J]．成都理工大学学报(自然科学版)，2024，1-16.
[19] 罗冰，王文飞，陈韵骐，等．四川盆地东部中二叠统茅口组台内藻礁沉积特征[J]．海相油气地质，2015，20(01)：53-61.
[20] 李让彬，段金宝，潘磊，等．川东地区中二叠统茅口组白云岩储层成因机理及主控因素[J]．天然气地球科学，2021，32(09)：1347-1357.
[21] 张玺华，田兴旺，杨岱林，等．四川盆地海相碳酸盐岩储层成因及特征[J]．天然气勘探与开发，2021，44(03)：1-10.
[22] 朱茂，黄世伟，宋叙，等．四川盆地潼南-合川区块中二叠统白云岩储层形成主控因素与勘探区带预测[J]．中国石油勘探，2022，27(04)：149-161.
[23] 王良军，李红，曾韬，等．四川盆地东部茅口组白云岩成因：来自岩石学、矿物学和地球化学的证据[J]．古地理学报，2022，24(05)：989-1016.
[24] 张慧，田亚铭，邓剑，等．川北地区中二叠统茅口组溶蚀作用发育特征及控制因素[J]．矿物岩石，2023，43(03)：119-130.
[25] 肖钦仁，袁海锋，谌辰，等．川中北部地区茅口组白云岩成因分析-来自岩石学、原位地球化学及年代学证据[J]．天然气地球科学，2024，1-38.
[26] 印长海，师江波，谭秀成，等．四川盆地中部合川-潼南地区茅二下亚段白云岩储层特征及成储机制[J]．海相油气地质，2024，29(02)：136-146.
[27] 唐雪松，谭秀成，刘宏，等．四川盆地东部中二叠统茅口组白云岩及云质硅岩储层特征与发育规律[J]．石油与天然气地质，2016，37(05)：731-743.
[28] 刘建强，郑浩夫，刘波，等．川中地区中二叠统茅口组白云岩特征及成因机理[J]．石油学报，2017，38(04)：386-398.
[29] 印长海，师江波，郑剑锋，等．四川盆地合川-潼南地区茅二段滩相白云岩储层特征、主控因素及勘探意义[J]．大庆石油地质与开发，2023，42(01)：1-10.
[30] 韩月卿，张军涛，潘磊，等．川东南中二叠统茅口组白云岩特征与成因机理[J]．地学前缘，2023，30(06)：45-56.
[31] 刘孟琦，徐胜林，胡婧，等．川西南地区中二叠统茅口组层序-岩相古地理特征[J]．矿物岩石，2023，43(04)：120-131.
[32] Ting Li，Dancheng Zhu，Minglei Yang，et al. Early-stage marine dolomite altered by hydrothermal fluids in the Middle Permian Maokou Formation in the eastern Sichuan Basin，Southern China，Marine and Petroleum Geology，Volume 134，2021，105367.
[33] 芦飞凡．川中地区中二叠统白云岩成因及成岩流体示踪[D]．西南石油大学，2018.
[34] Runan Yong，Shi Sun，Anqing Chen，et al. Weathering，redox proxies and carbon isotope data from the Maokou Formation，Upper Yangtze，South China：Implications for the Guadalupian P3 glaciation of the Late Paleozoic Ice Age，Palaeogeography，Palaeoclimatology，Palaeoecology，650，2024，112350.
[35] Zharkov M A，Chumakov N M. 2001. Paleogeography and sedimentation settings during Permian--Triassic reorganizations in biosphere[J]. Stratigraphy & Geological Correlation，9(4)：340-363.
[36] 谢树成 2018. 距今 2.52 亿年前后的生物地球化学循环与海洋生态系统崩溃：对现代海洋的启示[J]．中国科学：地球科学，48 (12)：1600-1605.
[37] 杨帅，陈安清，张玺华，等．四川盆地二叠纪栖霞-茅口期古地理格局转换及勘探启示[J]．沉积学报，2021，39(06)：1466-1477.
[38] 罗启超．川北元坝地区中二叠统茅口组碳酸盐岩成岩作用及孔隙演化[D]．成都理工大学，2021.
[39] 胡欣，王宇峰，裴森奇，等．川西北地区中二叠统茅口组沉积演化及其对岩溶储层发育的控制[J]．天然气地球科学，2022，33(04)：572-587.
[40] Jianqiang Liu，Haofu Zheng，Bo Liu，et al. Petrology and geochemical characteristics of dolomite in the Middle Permian Maoukou Formation，Central Sichuan，Petroleum Research，Volume 2，Issue 4，2017，Pages 366-377.
[41] 王珏博，谷一凡，陶艳忠，等．川中地区茅口组两期流体叠合控制下的白云石化模式[J]．沉积学报，2016，34(02)：236-249.
[42] Yanxian Zhu，Zhiliang He，Xiaowen Guo，et al. Fuid evolution in the Permian Maokou Formation in the Tailai Gas Field，eastern Sichuan Basin，China，Marine and Petroleum Geology，Volume 160，2024，106591.
[43] 廖芸，张建勇，鲁鹏达，等．川中北斜坡中二叠统茅口组多期流体活动与成藏过程[J]．天然气地球科学．

[44]徐婷，袁海锋，陈聪，等．川中磨溪-龙女寺构造中二叠统茅口组白云岩成因分析[J]. 天然气地球科学，2024，35(01)：13-29.
[45] 曹华，陈延贵，陈聪，等．四川盆地东北部茅口组岩溶储层控制因素[J]. 天然气勘探与开发，2022，45(03)：1-10.
[46] 曾韬，柳昊，夏文谦，等．四川盆地元坝地区茅口组方解石充填物特征及指示意义[J]. 成都理工大学学报(自然科学版)，2022，49(04)：474-481.
[47] 何钊，高兆龙，李国蓉，等．川南云锦地区茅口组储集层溶蚀期次及模式[J]. 新疆石油地质，2022，43(05)：537-545.
[48] 胡明毅，胡忠贵，魏国齐，等．四川盆地茅口组层序岩相古地理特征及储集层预测[J]. 石油勘探与开发，2012，39(01)：45-55.
[49] 吴鹏．峨眉山大火成岩省动力隆升的地层记录及构造-沉积演化[D]. 中国地质大学(北京)，2015.
[50] 李双建，杨天博，韩月卿，等．四川盆地中二叠统热液白云岩化作用及其储层改造意义[J]. 石油与天然气地质，2021，42(06)：1265-1280.
[51] 李红，王良军，柳益群，等．四川盆地东部中二叠统茅口组热液活动特征[J]. 古地理学报，2021，23(01)：153-174.
[52] 文龙，李亚，易海永，等．四川盆地二叠系火山岩岩相与储层特征[J]. 天然气工业，2019，39(02)：17-27.
[53] 徐诗雨，祝怡，曾乙洋，等．蓬莱气田茅口组储层孔隙结构特征及分类评价[J]. 天然气地球科学，2024，1-12. 2023，34(11)：1927-1940.
[54] 李雯，杨帅，陈安清，等．川西北深层中二叠统茅口组岩相古地理及勘探意义[J]. 地球科学，2023，48(02)：609-620.
[55] 杨康．川东地区中二叠统茅口组硅质岩成因研究[D]. 西北大学，2022.
[56] 胡罗嘉，黄世伟，谭万仓，等．四川盆地东部二叠系茅口组层序地层特征及地质意义[J]. 海相油气地质，2021，26(04)：357-366.
[57] 黎霆，诸丹诚，杨明磊，等．热液活动对四川盆地中西部地区二叠系茅口组白云岩的影响[J]. 石油与天然气地质，2021，42(03)：639-651.
[58] 明盈，徐亮，周刚，等．四川盆地南部地区茅口组古岩溶缝洞充填演化特征[J]. 天然气勘探与开发，2021，44(01)：46-54.
[59] Yanxian Zhu，Zhiliang He，Xiaowen Guo，et al. Fuid evolution in the Permian Maokou Formation in the Tailai Gas Field，eastern Sichuan Basin，China，Marine and Petroleum Geology，Volume 160，2024，106591.
[60] 钟原，杨跃明，文龙，等．四川盆地西北部中二叠统茅口组岩相古地理、古岩溶地貌恢复及其油气地质意义[J]. 石油勘探与开发，2021，48(01)：81-93.
[61] 苏成鹏，唐浩，黎虹玮，等．四川盆地东部中二叠统茅口组顶部钙结壳的发现及其发育模式[J]. 古地理学报，2015，17(02)：229-240.
[62] 张玺华，陈聪，张亚，等．川西北地区茅口组海槽相地质特征及其油气地质意义[J]. 天然气勘探与开发，2018，41(03)：42-50.
[63] 张玺华，彭瀚霖，文龙，等．四川盆地西北部灯影组深水沉积的发现及油气地质意义[J]. 天然气勘探与开发，2020，43(04)：10-21.

超深碳酸盐岩储层酸压工艺技术研究

肖　兵[1,2]　郭粉娟[1,2]　邱　伟[1,2]　谢　娟[1,2]　王雪婷[1,2]　董永刚[1,2]

（1. 中石化中原石油工程有限公司井下特种作业公司；2. 中石化石油工程压裂酸化技术中心）

摘　要　万米深井储层具有超深、高温和高破裂压力等特点，酸压改造时存在酸蚀裂缝短、导流能力递减快等问题，为此，提出了应用深穿透酸压技术对超深碳酸盐岩储层进行改造的技术思路，并进行了技术攻关研究。合成了耐高温、低黏弹性稠化剂，研选配套的高温缓蚀剂，开发了200℃胶凝酸体系，并通过室内工艺技术研究，采用雷诺数相似原理，进行了现场应用技术研究。研究发现，采用“压裂液+胶凝酸”二级交替注入，可以有效避免裂缝表面出现均匀刻蚀的现象，在高闭合压力下可保持良好的长期酸蚀裂缝导流能力，且通过雷诺数相似完成排量转化后，现场最佳注酸规模500~700 m^3，最佳注酸排量6~8 m^3/min（$3^1/_2$″油管注入）、8~10 m^3/min（$4^1/_2$″油管注入）。研究认为，该200℃胶凝酸体系及工艺技术，可极大改善超深碳酸盐岩酸压效果，更适用于万米深井储层改造，可为国内类似储层的酸压改造提供借鉴。

关键词　碳酸盐岩储层；非均匀刻蚀；导流能力；深穿透；酸化压裂；胶凝酸

Study on Acid Pressing Technology of Ultra-deep Carbonate Reservoir

Xiao Bing[1,2]　Guo Fenjuan[1,2]　Qiu Wei[1,2]　Xie Juan[1,2]　Wang Xueting[1,2]　Dong Yonggang[1,2]

(1. Underground Special Operation Company of Sinopec Zhongyuan Petroleum Engineering Co., LTD;
2. Sinopec Petroleum Engineering Fracturing and Acidizing Technology Center)

Abstract　Ten-thousand-meter deep well reservoir has the characteristics of ultra-deep, high-temperature and high fracture pressure, and there are some problems in acid fracturing, such as short acid erosion fractures and rapid decline in conductivity. A technical idea of applying deep penetrating acid fracturing technology to the transformation of ultra-deep carbonate reservoir is put forward, and the key research is carried out. The high temperature resistant, low viscoelastic thickener and high temperature corrosion inhibitor were synthesized, and the 200℃ gelling acid system was developed, and the field application technology was studied by the indoor process technology and the Reynolds number similarity principle. It is found that the two-stage alternating injection of "fracturing fluid + gelling acid" can effectively avoid the phenomenon of uniform etching on the fracture surface, maintain good conductivity of acid-etched fracture under high closing pressure, and the optimal acid injection scale is 500~700m3 after the displacement conversion through similar Reynolds number. The optimal acid injection displacement is 6~8m3/min (31/2" tubing injection), 8~10m3/min (41/2" tubing injection). It is concluded that the 200℃ gelling acid system and technology can greatly improve the acid pressing effect of ultra-deep carbonate rocks, and is more suitable for the reservoir reconstruction of 10, 000 meters deep Wells, and can provide references for the acid pressing reconstruction of similar reservoirs in China.

Key wordst　Carbonate Reservoir; Non-uniform Etching; Diversion Capacity; Deep Penetration; Acid Fracturing; Gelling Acid

在世界范围内，碳酸盐岩中的油气储量约占油气总储量的38%，中国至少有300×10^8t的海相碳酸盐岩油气资源，油藏条件却非常复杂。随着深地工程加速推进，井温大于200℃、埋深>8000m，破裂压力>170MPa的储层不断被发现，油气开发难度日益增大，如中石化西北局顺科1

(10120m，223℃)，元深 1(206℃)，中石油四川盆地川科 1(10520m，224℃)，酸压改造难度极大。

影响酸压改造效果的关键因素是酸蚀裂缝的有效长度和酸压后酸蚀裂缝的导流能力，也是储集层酸压改造能否增产的关键。目前超深碳酸盐岩储层酸压改造主要技术难点为：

(1) 储层埋藏深、破裂压力梯度高导致井口施工压力高，排量受限，造成裂缝起裂及延伸难度大。

(2) 地层温度高导致酸岩反应速率快，滤失增大，难以实现深穿透。

(3) 高温、高闭合应力下导流能力低、作用距离短，现有的酸压工艺技术难以实现较长的酸蚀裂缝和高导流能力的改造目标。

针对上述难题，为提高超深碳酸盐岩储层深度酸压效果，笔者研制开发了耐温 200℃胶凝酸，开展了非均匀刻蚀高导流酸压工艺研究，以及现场施工参数优化研究，形成一套超深碳酸盐岩储层酸压改造工艺技术，可极大改善万米深井超深碳酸盐岩酸压效果。

1　体系配方形成

常规胶凝酸体系为提高其耐温性，会提高稠化剂加量，但却存在高浓度下泵送困难、摩阻高等问题。本文研制了耐温、抗盐、增黏性于一体的胶凝酸稠化剂，优选辅助添加剂，形成了200℃延缓胶凝酸体系：20%HCl+0.8%稠化剂+6.0%缓蚀剂+1.0%助排剂+1.0%铁离子稳定剂。该胶凝酸基液黏度 42mPa·s；高温高压动态腐蚀速率(20HCl%，200℃，16MPa，60r/min，4h)81.5g/(m^2·h)；抗温耐剪切能力(170s^{-1}、2h，200℃)38.5mPa·s，缓速率(与空白盐酸相比)94%。

2　非均匀刻蚀高导流酸压工艺研究

超深碳酸盐岩储层闭合应力高，裂缝闭合快，因此需要新的工艺提高酸蚀缝长和裂缝导流能力双重改造效果，以提高单井产能，最终到达提单井开发效益。针对超深碳酸盐岩进行非均匀酸蚀工艺研究，高排量泵入高黏前置液压开储层，并高排量泵入压裂液冷却地层来延缓酸岩反应速率，然后通过多级交替注入压裂液+酸液组合来降低酸液滤失，增加酸蚀作用距离，在裂缝表面形成非均匀的刻蚀形态，在高闭合压力下更好的支撑酸蚀裂缝，获得较好的酸蚀裂缝长期导流能力。

2.1　试验方法

室内采用奥陶系鹰山组灰岩标准岩板，开展了 200℃胶凝酸体系在不同注入排量、不同酸液规模及不同交替注入级数下，酸液刻蚀、酸蚀裂缝导流能力试验及酸液有效作用距离测算。具体试验参数为：

(1) 实验采用规则岩板，借鉴中国石油天然气行业标准 SY/T 6302-2019《压裂支撑剂导流能力测试方法》，切割一对尺寸为 API 反应室(长×宽×厚=17.78cm×3.81cm×2~3cm)灰岩岩板；

(2) 酸液体系为 200℃胶凝酸，压裂液为 240℃高温压裂液，具体配方如下：

胶凝酸：20% HCl +0.8%稠化剂 1#+6.0%缓蚀剂+1.0%助排剂+1.0%铁离子稳定剂+1.0%交联剂

240℃压裂液：0.80%聚合物稠化剂+0.8 %温控交联剂+1%耐温增强剂+

0.5%黏土稳定剂+0.5%助排剂+0.1%破乳剂

(3) 采用岩板高温刻蚀装置进行酸液刻蚀试验，试验温度 200℃，模拟缝宽 1mm，注酸规模 1.0L、1.5L、2.0L，注酸排量 60、80、100mL/min(分别对应现场施工排量 4、6、8m^3/min)，压裂液与酸液交替注入级数分别为一、二、三、六级。刻蚀后的裂缝形态采用三位激光扫描仪进行扫描，表征参数有刻蚀体积、表面粗糙度系数(JRC)、最大峰谷距等。

(4) 采用导流能力评价装置对酸蚀裂缝导流能力进行测试，驱替介质为清水，以 1MPa 为步长逐级加大闭合压力至 60MPa，每一级闭合压力采集 10~20 个数据点，选取排量和压差稳定点下的导流能力值；

2.2　注入排量优化

针对 200℃胶凝酸，进行了变排量(60mL/min、80mL/min、100mL/min，分别对应现场排量为 4、6、8m^3/min)刻蚀实验，注酸规模为 2L。随着排量增大，刻蚀体积越小，裂缝刻蚀表面非均质性减弱，实验结果见表 1，刻蚀形态表征见图 1。

表1　不同注入排量岩板刻蚀实验结果

注入排量/(ml/min)	60	80	100
刻蚀体积/cm^3	24.07017	22.1515	8.90529
粗糙度系数 JRC	71	60	54
岩板刻蚀后扫描图	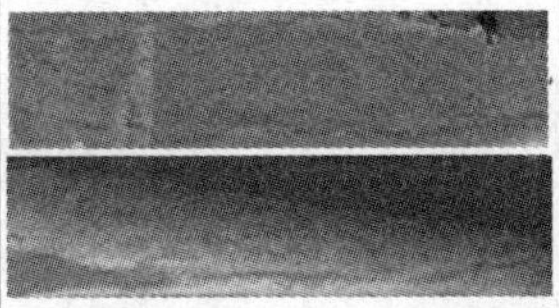		

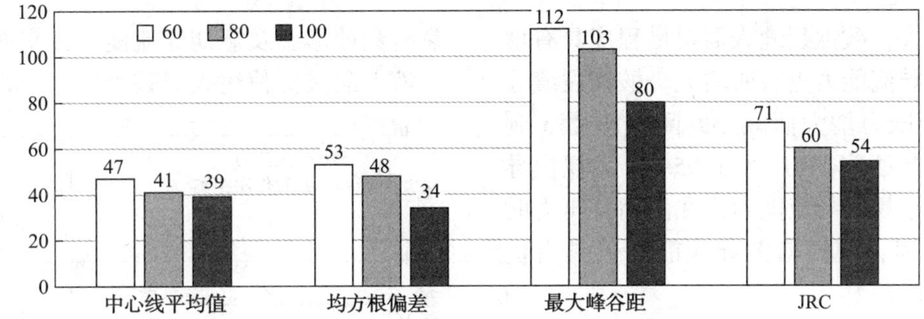

图1　不同排量刻蚀表征对比

从酸蚀裂缝导流能力实验结果(图2)可知，酸蚀裂缝导流能力随闭合压力增大而减小，闭合压力5到60MPa，导流能力下降程度大于95%，小排量导流能力均高于大排量导流能力，在高闭合压力时(大于30MPa)时，小排量导流能力具有优势。

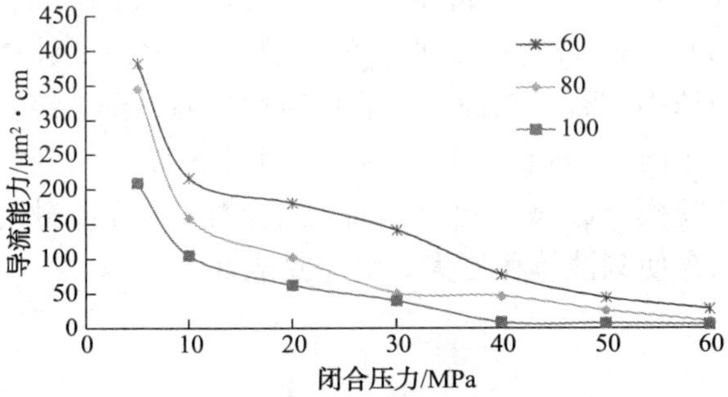

图2　不同排量刻蚀导流能力对比

从胶凝酸在不同排量下的有效作用距离测算(图3)可知，注酸排量越大酸液有效距离越长，这是由于排量越大，相同规模下酸岩接触时间越短，有效距离越长。若意在增加酸液有效作用距离、构建裂缝远端导流能力，则推荐采用大排量注入酸液。

兼顾酸液有效作用距离及酸蚀裂缝导流能力，推荐室内实验最优注入排量为80mL/min(图4)。

2.3　注入规模优化

根据变排量实验结果，针对200℃胶凝酸采用不同规模1L、1.5及2.0L，进行了排量60mL/min刻蚀实验，实验结果见表2。用酸规模增加，酸蚀裂缝表面粗糙程度JRC等参数均明显增大，更有利于有效作用距离的提高。

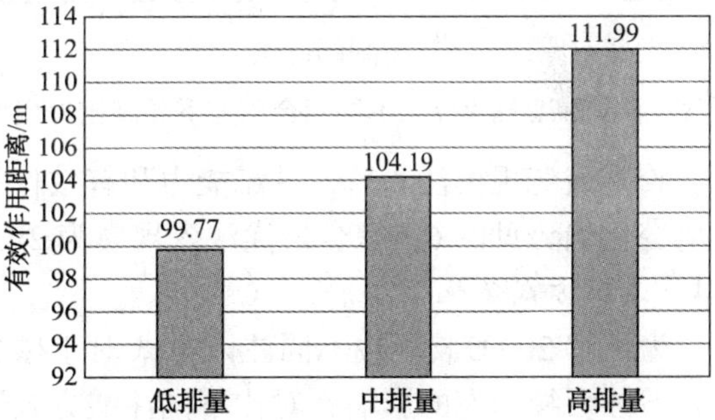

图3　胶凝酸在不同排量下的有效作用距离

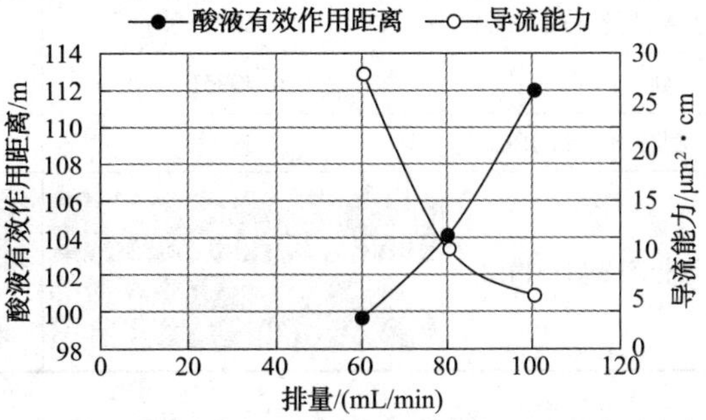

图4　胶凝酸在不同排量有效作用距离与导流能力关系

表 2　不同注入规模岩板刻蚀实验结果(实验排量 60 ml/min)

注入规模/L	1.0	1.5	2.0
刻蚀体积/cm^3	15.0924	20.9886	24.07017
粗糙度系数 JRC	49	57	71
岩板刻蚀后扫描图		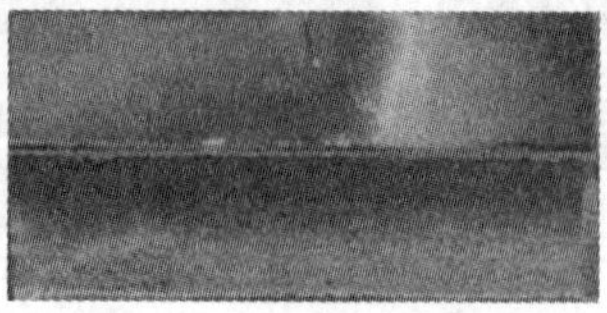	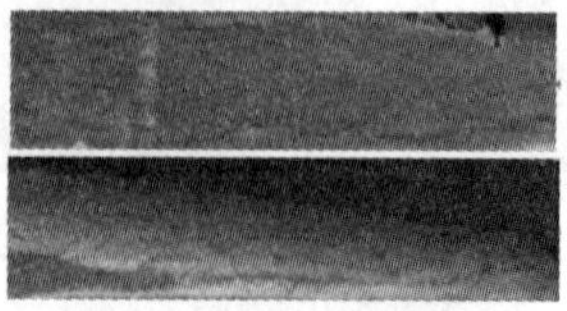

随规模增大，酸蚀裂缝表面粗糙程度具有增大趋势，因此导流能力也有所增大。酸蚀裂缝导流能力随闭合压力增大而减小，闭合压力 5 到 60MPa，导流能力下降程度大于 95%。大规模导流能力均高于小规模导流能力，在高闭合压力时(大于 30MPa)时，规模增大导流能力仍具有优势，但增幅一般。

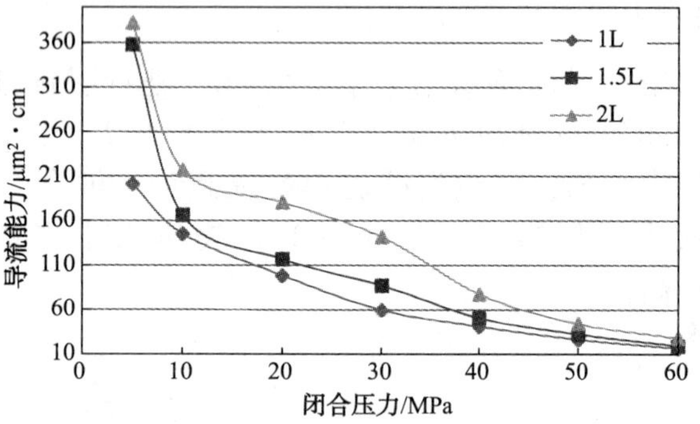

图 5　胶凝酸变规模注入不同闭合压力下导流能力变化

胶凝酸变规模注入后，导流能力和有效作用距离变化趋势见图 6，综合最优注入规模为 2L。

2.4　注入方式优化

为了解 200℃胶凝酸不同注入方式对于碳酸盐岩酸蚀裂缝形态的影响，对比不同注酸方式下裂缝刻蚀形态及短期导流能力，来选择最优的压裂液、酸液交替注入级数。

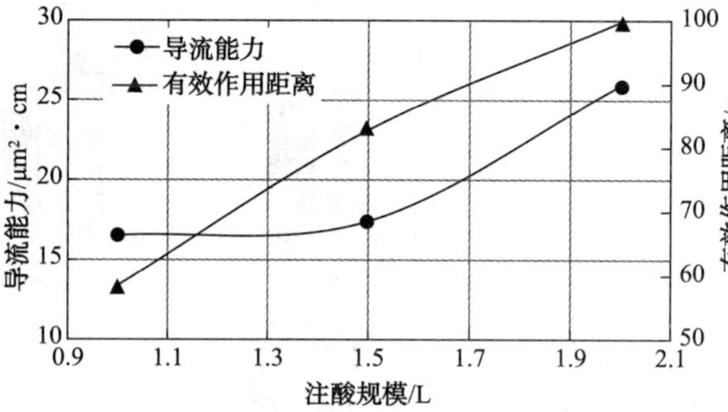

图 6　胶凝酸变规模注入导流能力和有效作用距离变化趋势图

(1) 压裂液+胶凝酸(一级)

针对前置液酸压压裂液+胶凝酸一级交替注入，进行了变排量(60mL/min、80mL/min、100mL/min)刻蚀实验，随着排量增大，刻蚀体积越小，裂缝刻蚀表面非均质性减弱，刻蚀缝宽分布向“少阶梯、长阶段”的特征过渡。相同酸液规模下，减小排量，能增大酸液岩石接触时间，使刻蚀体积增大。结果见表 3。

表 3　压裂液+胶凝酸(一级)岩板刻蚀实验结果

注入排量/(ml/min)	60	80	100
刻蚀体积/cm^3	16.40951	14.83462	9.22386
粗糙度系数 JRC	58	55	51
岩板刻蚀后扫描图	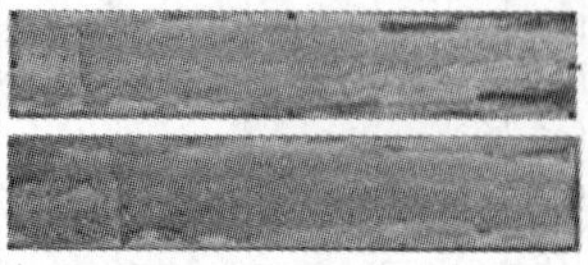	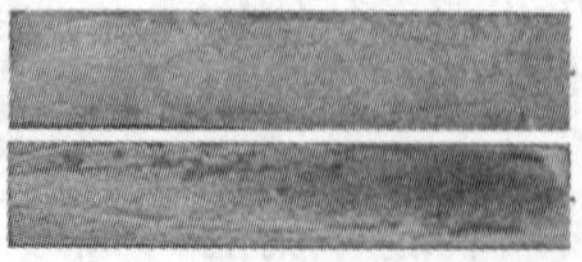	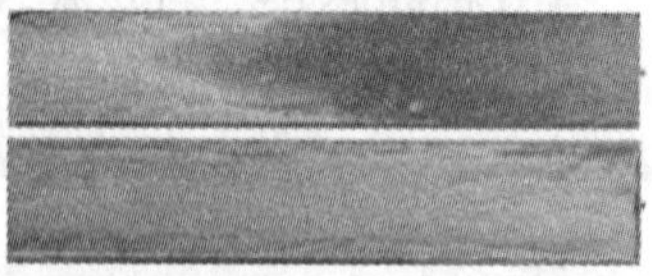

酸蚀裂缝导流能力随闭合压力增大而减小，闭合压力 5 到 60MPa，导流能力下降程度大于 95%，小排量导流能力均高于大排量导流能力，在高闭合压力时(大于 30MPa)时，不同排量前置液酸压导流能力相差不大(图 7)。

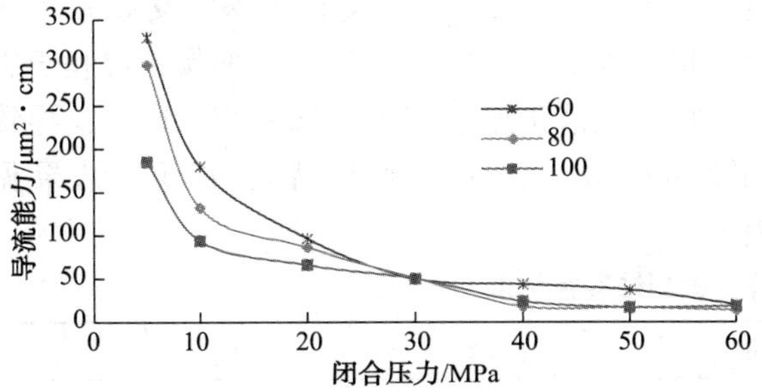

图 7　压裂液+胶凝酸(一级)注入不同闭合压力下导流能力变化

(2) 压裂液+胶凝酸(二级)

针对前置液酸压压裂液+胶凝酸二级交替注入，进行了变排量(60mL/min、80mL/min、100mL/min)刻蚀实验。随排量增大，刻蚀缝宽分布较越均匀，各项刻蚀参数均下降，结果见表4。酸蚀裂缝导流能力随闭合压力增大而减小，闭合压力 5 到 60MPa，导流能力下降程度大于95%，小排量导流能力均高于大排量导流能力，在高闭合压力时(大于 30MPa)时，小排量刻蚀导流能力最高(图 8)。

表 4　压裂液+胶凝酸(二级)岩板刻蚀实验结果

注入排量/(ml/min)	60	80	100
刻蚀体积/cm^3	20.55671	12.08397	8.8848
粗糙度系数 JRC	62	60	54
岩板刻蚀后扫描图	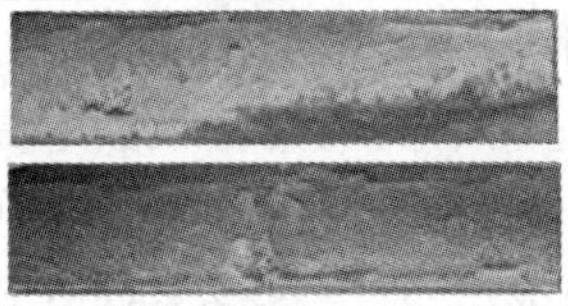	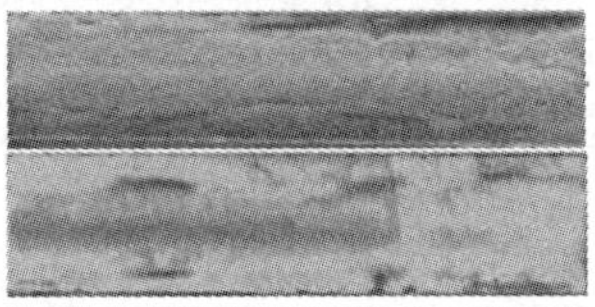	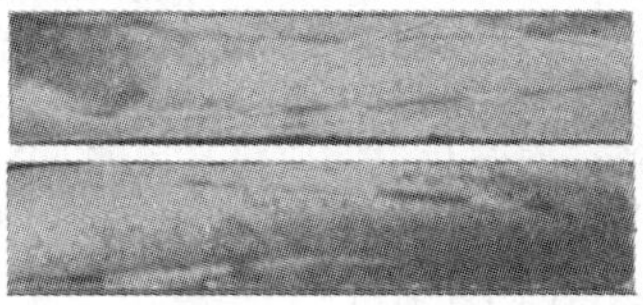

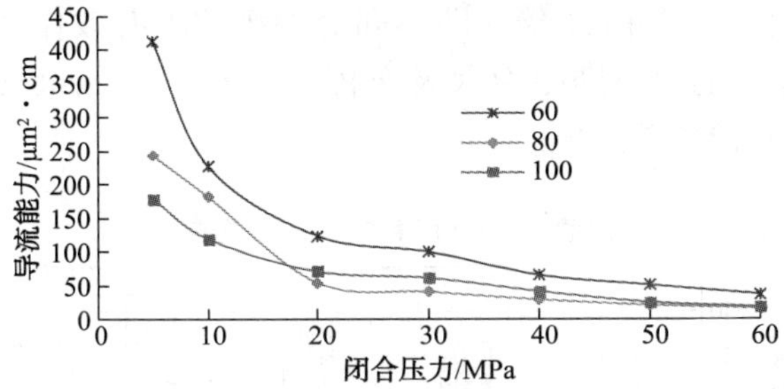

图 8　压裂液+胶凝酸(二级)注入不同闭合压力下导流能力变化

(3) 压裂液+胶凝酸(三级)

针对前置液酸压压裂液+胶凝酸三级交替注入，进行了变排量(60mL/min、80mL/min、100mL/min)刻蚀实验。随着排量的增大，刻蚀体积减小，裂缝刻蚀表面非均质性减弱，JRC 数值从 51 降到 43，刻蚀缝宽分布图向“少阶梯、长阶段”的特征过渡。结果见表 5。

表 5　压裂液+胶凝酸(三级)岩板刻蚀实验结果

注入排量/(ml/min)	60	80	100
刻蚀体积/cm^3	13.47115	10.8431	7.8244
粗糙度系数 JRC	51	47	43
岩板刻蚀后扫描图		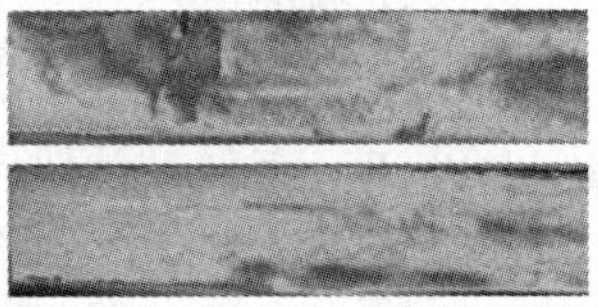	

酸蚀裂缝导流能力随闭合压力增大而减小，闭合压力 5 到 60MPa，导流能力下降程度大于95%，在低闭合压力时，小排量最明显优势，在高闭合压力时(大于 40MPa)时，导流能力差距不大(图 9)。

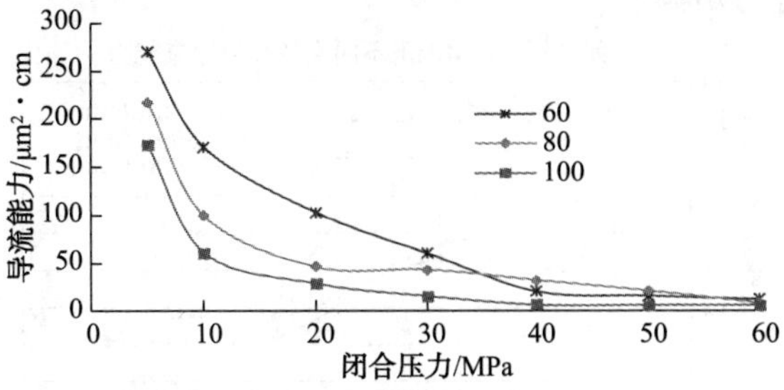

图 9　压裂液+胶凝酸(三级)注入不同闭合压力下导流能力变化

(4) 压裂液+胶凝酸(六级)

针对前置液酸压压裂液+胶凝酸六级交替注入，进行了变排量(60mL/min、80mL/min、100mL/min)刻蚀实验。随着排量增大，刻蚀体积越小，裂缝刻蚀表面非均质性减弱。相比前置液+胶凝酸一、二、三级交替，六级交替每单级酸液量减少更大，后续压裂液更加频繁覆膜于岩板，加之酸液被压裂液稀释和混溶带增加，导致刻蚀体积减少，刻蚀粗糙程度更低。结果见表 6。

表 6　压裂液+胶凝酸(六级)岩板刻蚀实验结果

注入排量/(ml/min)	60	80	100
刻蚀体积/cm^3	10.18146	9.92391	5.4974
粗糙度系数 JRC	50	41	34
岩板刻蚀后扫描图	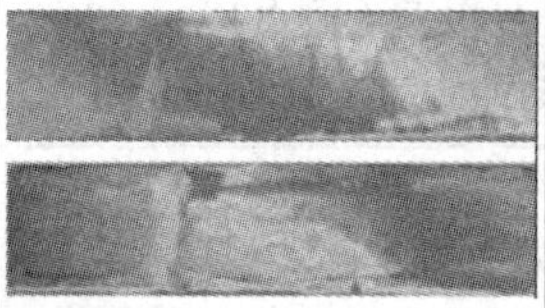	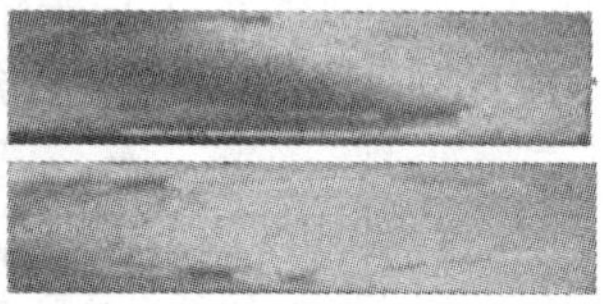	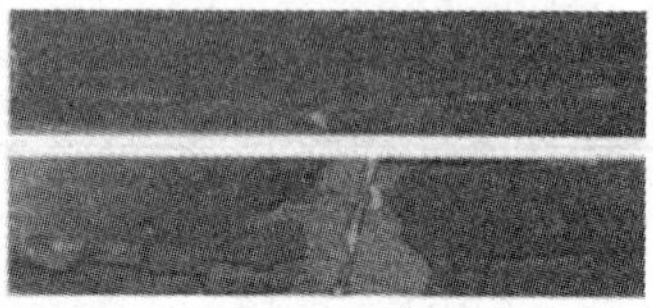

酸蚀裂缝导流能力随闭合压力增大而减小，闭合压力 5 到 60MPa，导流能力下降程度大于 97%，六级交替整体粗糙参数较小，导流能力相差不大(图 10)。

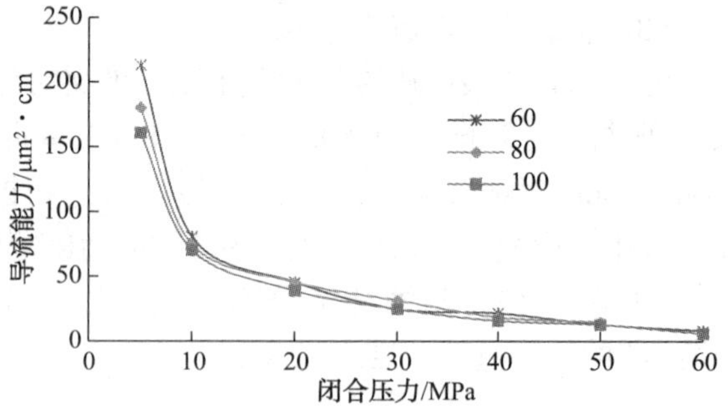

图 10　压裂液+胶凝酸(六级)注入
不同闭合压力下导流能力变化

综合一、二、三和六级交替注入的实验结果可知，相同液性、不同交替方式刻蚀形态、刻蚀程度呈显著差异，且交替级数与粗糙度、刻蚀体积呈先增大后减小的趋势，即交替注入酸压刻蚀能力优于前置液酸压，但并非交替级数越多越好，存在一个最佳交替级数。由图 11 可知，有效闭合压力 60MPa 下，二级交替酸蚀裂缝导流能力最高。

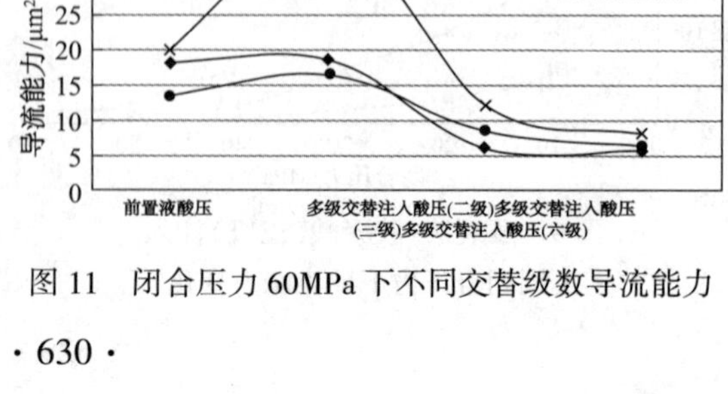

图 11　闭合压力 60MPa 下不同交替级数导流能力

不同交替级数有效作用距离如图 12 所示。实验过程中发现交替级数越高，酸液反应间断增大，加之前置液覆膜影响，使得反应速度降低，有效距离增大。六级交替有效作用距离可达前置液酸压的 1.24 倍。即不同交替级数下有效作用距离的大小排序为六级交替>三级交替>二级交替>前置液酸压。

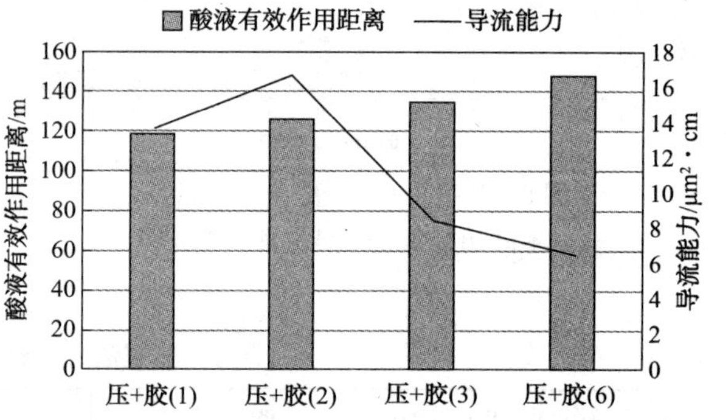

图 12　不同酸压工艺有效作用距离

从有效作用距离的角度考量：六级交替>三级交替>二级交替>前置液酸压。但高级数下的导流能力相较低级数有所下降，实验数据表明：二级>前置液酸压>三级>六级。实验条件“压裂液+胶凝酸”二级交替酸压工艺效果更好。

综上，追求造高导流能力裂缝时，推荐采用低排量注入酸液；若意在增加酸液有效作用距离、构建裂缝远端导流能力，则推荐采用大排量注入酸液；兼顾酸液有效作用距离及酸蚀裂缝导流能力，推荐采用二级交替注入酸压(压裂液+胶凝酸)工艺。

3 现场应用技术研究

根据实验研究结果，采用压裂液+胶凝酸组合进行多级交替注入工艺，当注酸级数为 2 级，可以有效避免裂缝表面出现均匀刻蚀的现象，在高闭合压力下可保持良好的酸蚀裂缝导流能力。通过雷诺数相似完成的排量转化后，推荐的注酸参数见表 7。

表 7　现场施工参数推荐表

注入方式	实验最佳酸液注入量/L	实验最佳注入排量/mL/min	现场最佳注酸规模 m^3	现场最佳注酸排量 m^3/min
压裂液+胶凝酸分 2 级注入	1.5~2.0	80	500~700	6~8($3^1/_2$"油管注入) 8~10($4^1/_2$"油管注入)

3.1 现场施工排量与规模优化

断溶体油藏压后模拟显示缝高、缝长基本同步扩展，且缝高更容易向上扩展，导致上缝高>下缝高，纵向深部沟通有一定难度；长裸眼井酸压改造滤失大、液体效率低，统计和模拟显示笼统酸压极限沟通范围 60~80m 左右。地震串珠与断裂叠合表明，放空漏失与断面及其破碎带发育叠合程度高，改造前首先必须注酸进行井筒预处理，参考满深区块成功经验可适当加大预处理酸用量，解除漏失污染，疏通释放吸液段；针对钻井漏失小(<400m^3)、井储连通弱，应根据地质需求沟通距离优化压裂液规模，大排量注压裂液提升缝长、缝高，进一步压开储层实现远距离/深部沟通。以 SB2 井为例，进行现场施工参数优化。

结合钻井漏失、测录井及地质资料分析认为：SB2 井位于顺北 4 条带南段弱压扭段，储层以断面+破碎带为主；串珠异常体纵向展布明显，且横向空间展布范围大，纵向沟通深部串珠异常体距离裸眼段地层 60m 左右(图 13)。

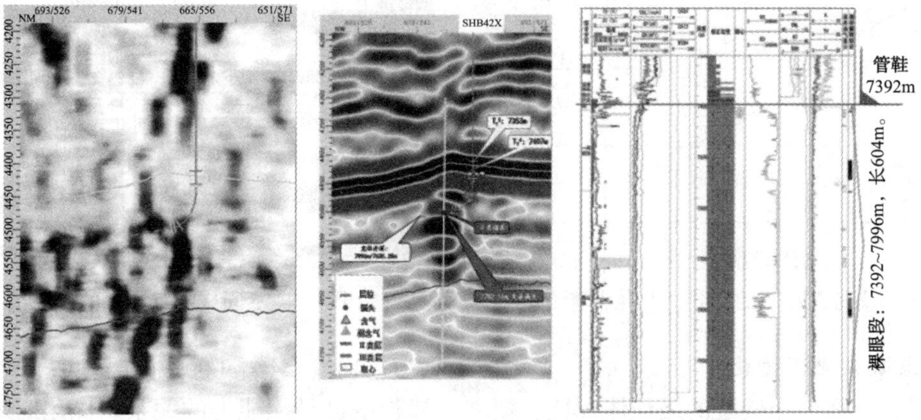

图 13　SB2 井储集体发育情况

根据排量优化模拟，设计采用酸液用量 600m^3，设计优化施工排量 10m^3/min 以上，可形成 60m 的下缝高，满足向下扩展缝高沟通范围需求(图 14)。

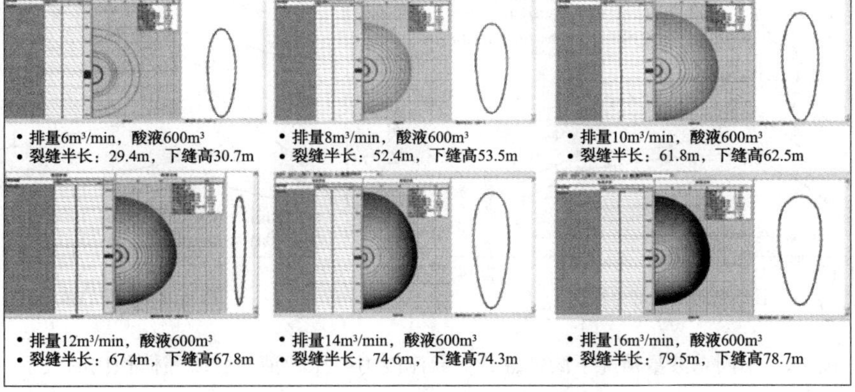

图 14　不同施工排量下裂缝几何尺寸模拟图

根据压裂造缝扩展范围，在排量 $10m^3/min\pm$ 条件下，酸液用量优化为 $600m^3$，有效酸蚀下缝高 60m(图 15)。

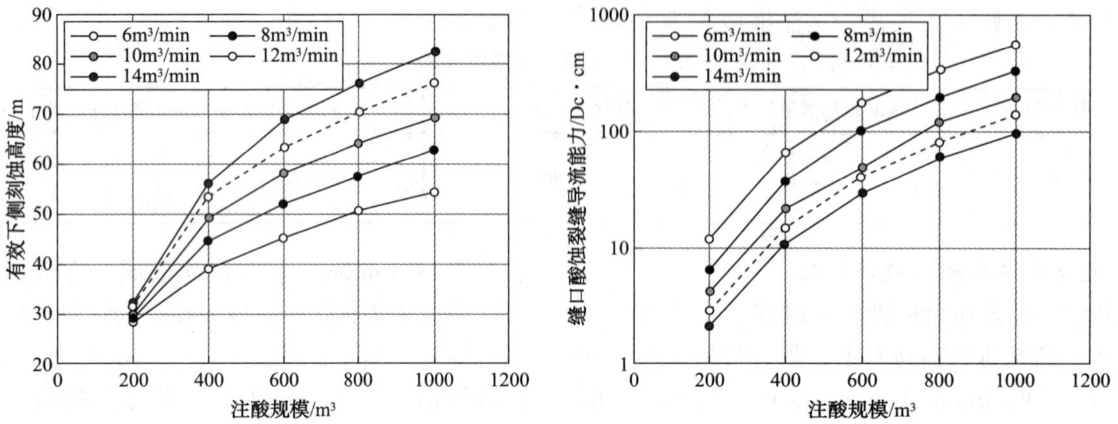

图 15　酸液用量模拟图

3.2　交替级数优化

通过压裂软件模拟得到，当交替级数大于 2 级后，酸蚀缝长增加幅度变缓，酸蚀裂缝导流能力大幅降低，推荐 2 级交替注入(图 16、17)。

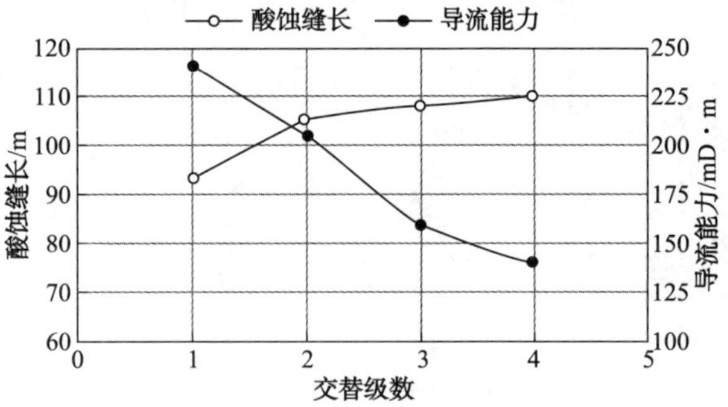

图 16　不同交替级数下的裂缝长及导流能力

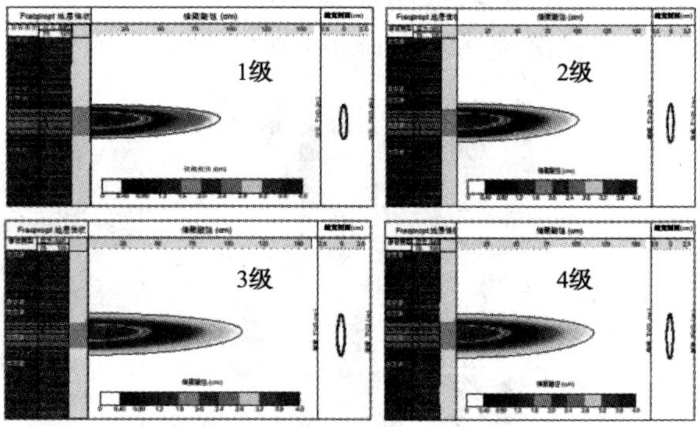

图 17　不同交替级数下的裂缝模拟图

3.3　压裂液与酸液比例优化

为了确定交压裂液和酸液的最佳体积比，模拟了 5 种不同体积比例（1∶1、1∶2、2∶3、3∶4、4∶3）和 6 种不同酸液施工规模（360、420、480、540、600、660 m^3）下产生的酸蚀裂缝长度、导流能力的关系。优化结果表明，压裂液和胶凝酸的最佳体积比为 1∶2(图 18)。

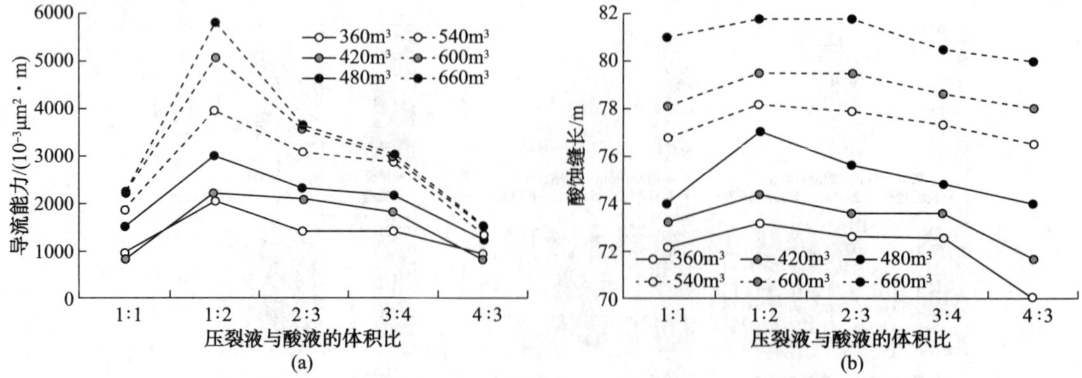

图 18　不同总液量情况下酸蚀缝长、导流能力与压裂液与胶凝酸体积比的关系

5 结论

(1) 针对万米深井碳酸盐岩储层酸压改造存在的难题，研制了耐温200℃的胶凝酸体系，开展了非均匀刻蚀高导流酸压工艺研究及现场应用技术研究，形成了适合该储层的深度酸压技术。

(2) 兼顾有效作用距离与裂缝导流能力，推荐“压裂液+胶凝酸”二级交替注入酸压工艺，得到现场最佳注酸规模500~700m^3，现场最佳注酸排量6~8m^3/min(3-1/2″油管注入)、8~10m^3/min(4-1/2″油管注入)。

水平井设计数字化系统的研究与实现

刘兴周　孙兆宽　陈　栋　李微巍　樊晋明　董甜甜

（中石油辽河油田勘探开发研究院）

摘　要　在油田开发过程中，随着易开采区段与浅层油气藏资源逐渐枯竭，水平井作为一种非常规钻探方式，逐渐成为提高单井采收率、增储上产的重要途径。相比常规井，水平井的钻探具有更高的复杂性，钻井井眼轨迹与储层的接触关系直接影响单井产量与采收率，因此需要在钻探过程中通过地质导向技术同步跟踪钻头近处地层情况，并根据储层的展布和物性调整钻井轨迹，从而提高对目的层和有利部位的钻遇率。近年来，随着随钻测量技术和数字化技术的迅猛进步，水平井钻井所获取的数据量呈现出快速增长的趋势，由于井眼轨迹与油层的关系只能通过这些数据间接反映给开发人员，迫切需要一种数字化水平井设计工具以高效地转化这些数据，搭建水平井井眼轨迹模型，实现水平井井眼轨迹可视化展示，为水平井井眼轨迹的调整提供有力的支持。本文提出了一种水平井设计数字化系统，该系统依托已有井数据与水平井随钻数据，结合数字化技术，通过切取沿水平井方向模型剖面、分析纵向属性布特征在剖面上优选低有利区，进行轨迹靶点的设计、设计参数提取、设计轨迹的自动生成和基于沿水平井轨迹地质模型剖面地质导向，实现钻井过程实时监控、方案部署动态优化，为数智化水平井开发提供支撑，促进地质、测井数据有效利用。

关键词　水平井设计、地质导向、数字化

Research and Implementation of Digital System for Horizontal Well Design

Liu XingZhou　Sun ZhaoKuan　Chen Dong　Li Weiwei　Fan Jinming　Dong Tiantian

(Research Institute of Liaohe Oil Field Company, CNPC)

Abstract　In the process of oilfield development, as resources in easily exploitable sections and shallow oil and gas reservoirs are gradually depleted, horizontal wells, as an unconventional drilling method, have gradually become an important way to improve single well recovery and increase reserves and production. Compared with conventional wells, the drilling of horizontal wells is more complex. The contact relationship between the drilling well trajectory and the reservoir directly affects the output and recovery rate of a single well. Therefore, it is necessary to use geosteering technology to synchronously track the drill bit′s proximity during the drilling process. According to the formation conditions, the drilling trajectory is adjusted according to the distribution and physical properties of the reservoir, thereby improving the drilling rate of target layers and favorable locations. In recent years, with the rapid advancement of measurement while drilling technology and digital technology, the amount of data obtained from horizontal well drilling has shown a rapid growth trend. Since the relationship between the well trajectory and the oil layer can only be indirectly reflected to developers through these data, There is an urgent need for a digital horizontal well design tool to efficiently transform these data, build a horizontal well trajectory model, realize the visual display of the well trajectory, and provide strong support for the adjustment of the well trajectory. This paper proposes a digital system for horizontal well design. This system relies on existing well data and horizontal well drilling data, combined with digital technology, to select low-favorable areas on the profile by cutting model sections along the direction of the horizontal well and analyzing the longitudinal attribute distribution characteristics. , carry out the design of trajectory targets, extraction of design parameters, automatic generation of design trajectories and geosteering based on the geological model profile along the horizontal well trajectory, to achieve real-time monitoring of the drilling process and dynamic optimization of plan deployment, support for the development of digital horizontal wells and promote the effective utilization of geological and logging data.

Key wordst Horizontal well design, geosteering, digitalization visualization

1 引言

目前国内进入开发中后期阶段的油田数量较多，增储建产难度增大，需要深挖地质条件复杂的油层潜力。水平井井眼在油层中保持水平或接近于水平的状态，从而显著增加了井眼与油层的接触面积，使得一些原本用直井或普通定向井无法开采的油藏具有了工业开采价值，是老油田保证稳产的重要措施。

水平井钻探比常规井更为复杂，水平井轨迹在油层中的走向亦与采油产量息息相关。为确保钻井井眼轨迹沿油层发育最佳趋向进行，需要在钻井前根据钻井区域的地质信息、测井资料、油藏特征等数据对钻井轨迹做出全面规划，并在钻井过程中整合各种地质资料、随钻测井及测量数据，实时地调整井眼轨迹。近年来，地质测井与随钻测量技术取得了显著的进步，使得测井数据呈现出爆发性的增长态势，迫切需要一种能够利用这些实时数据的数字化、智能化系统，将随钻测量数据迅速转化为有价值的钻井轨迹设计决策依据。闫振来提出了一种测量参数实时处理系统软件，实现了数据查询与解释操作一体化，并通过对比随钻测井曲线与邻井资料，及时了解地质特征变化。欧成华解析页岩小层结构特征，实现了页岩小层结构与层面构造的三维建模，形成了井工厂模式下页岩气建产区小层结构与层面构造三维可视化，为水平井设计提供了研究工具。周博宇通过离散原始井点数据，利用插值算法构建三维地层模型，利用保真抽稀算法和三维可视化技术，以多视角展示水平井井眼轨迹曲线。尽管与水平井钻探相关的各种设计方案、研究工具不断涌现，但是研究人员仍不能有效地利用测井数据，根本原因在于数据没有采用统一规范的存储，缺乏数字化水平井设计体系，使得数据难以辅助水平井设计，影响业务人员获取信息的效率，进而影响油田生产与开发效率。

基于上述问题，本文设计了一种水平井设计数字化系统，依托勘探开发数据库，提供数据管理、查询、分析功能，应用数字化图形学技术实现切取沿水平井方向剖面建模，分析纵向属性布特征，在剖面上优选低有利区，进行轨迹靶点的设计、设计参数提取、设计轨迹的自动生成和基于沿水平井轨迹地质模型剖面地质导向，实现水平井设计、实时监控、动态优化一体化，为数智化水平井开发提供支撑，促进地质、测井数据有效利用，是辽河油田基于本地勘探开发数据资源建设勘探开发一体化研究环境的重要组成部分。

2 水平井数字化设计系统

本文在已有水平井设计软件的基础上，分析油藏类型和特征等数据在水平井设计中的应用方式与意义，结合地层模型与井眼轨迹可视化理论与技术，实现水平井靶点设计以及水平井的轨迹设计，并针对水平井的井型、水平段的方位、水平段的剖面位置和水平段长度进行设计和优化，创新性地将智能连层技术引入轨迹设计过程，优化设计流程，简化操作，提高井轨迹设计效率。在钻井过程中，基于地质模型，通过切取沿水平井实钻轨迹或设计轨迹地质模型剖面，将实钻井轨迹、录井数据、测井数据、旋转导向随钻 GR 数据与地质模型剖面进行深度融合显示，实现在地质模型剖面上，直观反映实钻轨迹与储层的接触关系、沿轨迹储层的展布特征以及随钻过程中钻井、录井、测井参数的变化趋势，综合分析和进行轨迹优化调整。在完钻后，结合三参数融合方法，为水平井分段分级评价、水平井射孔压裂段优选提供技术支持。

综上所述，本文系统主要由靶点设计模块、轨迹设计模块、地质导向模块和水平井评价模块四个模块组成，如图 1 所示。

2.1 靶点设计模块

水平井靶点是水平井段的目标位置，用于确定井眼轨迹，确保实钻轨迹点在进入目标窗口平面后的每一个点都处于靶柱所限制的范围内，钻井作业能够按照预定的方向和深度进行，以实现有效的油气开采。

本文系统记录地质图件内所有井的相关数据，让业务人员可以任意选择井坐标、井轨迹、测井曲线等数据在平面图件中可视化查看，且能直接在图件上通过新建井口或在已有井口位置上进行水平靶点设计，如图 2 所示。通过输入井口与首靶点距离、井口与首靶点角度、靶点个数、靶点间距、水平段方位角等参数，或直接加载设计靶点完成单井靶点的设计，实现数据驱动设计、模型提升效能。同时，由于地质图件文件按地质数据类别与图件内图形实体类型分成多个图层，因此图件元素具有极高的灵活性，支持拖动靶点位置、设置靶点参数等操作对单井靶点编辑，以及靶点数据的批量导出等操作。

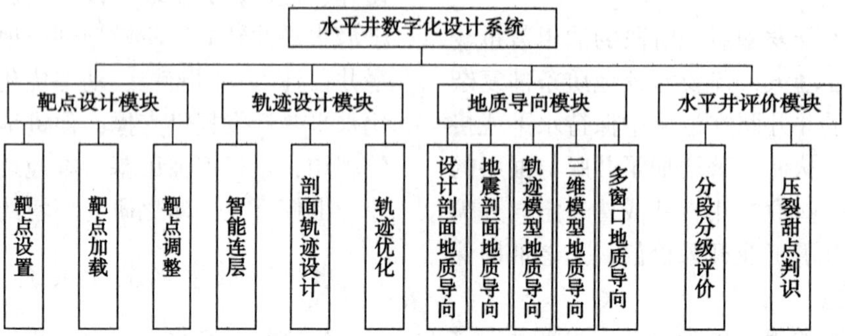

图 1　水平井数字化设计系统

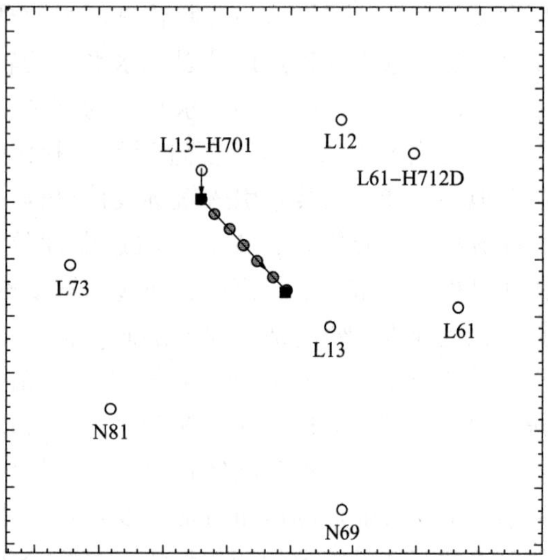

图 2　靶点设计

2.2　轨迹设计模块

水平井井眼轨迹是在钻井过程中，井眼在水平段所形成的一条特定路径。这条路径的确定是基于对地质构造、储层分布以及开采需求的深入分析和研究。在钻井作业中，水平井井眼轨迹的设计和优化至关重要，直接影响到油气开采的效率和效益。水平井井眼轨迹的设计通常需要考虑多个因素，包括地层倾角、断层分布、裂缝发育情况等地质条件直接影响到井眼的稳定性和油气运移的路径；储层的厚度、渗透率、孔隙度等储层特性也是设计轨迹时需要重点关注的数据，这些特性决定了油气的聚集和流动规律；目标产量、开采周期、成本控制等开采需求也是设计轨迹时必须考虑的因素。

基于上述需求，本文系统设计了一种使研究人员能够在油气藏地质精细研究、地质建模以及已有水平井数据的基础上，对水平井井眼轨迹进行精准设计的工具，称为轨迹设计模块。模块不仅支持水平井井型的选择，还能对水平段的方位、剖面位置以及长度等关键参数进行精细设计和优化。通过这一系统，研究人员能够综合考虑地质条件、储层特性以及开采需求，制定出更加科学、合理的水平井钻井方案，从而提高油气开采的效率和效益。井眼轨迹设计流程如下：

（1）智能连层。水平井井眼轨迹是一条空间曲线，将其投影在地层剖面上则为一条二维曲线。单井靶点设计完成后，系统根据单井靶点位置地层数据，自动完成轨迹设计剖面的智能连层，即为地层剖面，在此之上可以进行井眼轨迹设计。

（2）剖面轨迹设计。为使已有数据最大程度支撑新井设计，系统支持从数据库选取已有水平井作为轨迹设计剖面参考井，支持选择剖面井模板。选择完成后，自动进行轨迹靶点的部署和井轨迹的绘制，如图 3 所示。

（3）轨迹优化。用户直接在轨迹设计剖面（油藏剖面）中，选择发育稳定的油层，软件，用户可在此基础上应用平衡切线法优化和编辑井眼轨迹，可对轨迹参数进行重新设置，水平长度、靶点海拔进行修改。支持轨迹设计参数导出和设计剖面导出。

2.3　地质导向模块

地质导向是在水平井钻进过程中，根据各种地质资料、随钻测井及测量数据，实时调整井眼轨迹的测量控制技术。其关键在于实时采集和分析地质地层数据，利用这些数据预测和识别油气层，引导钻头准确钻达油气富集区域。

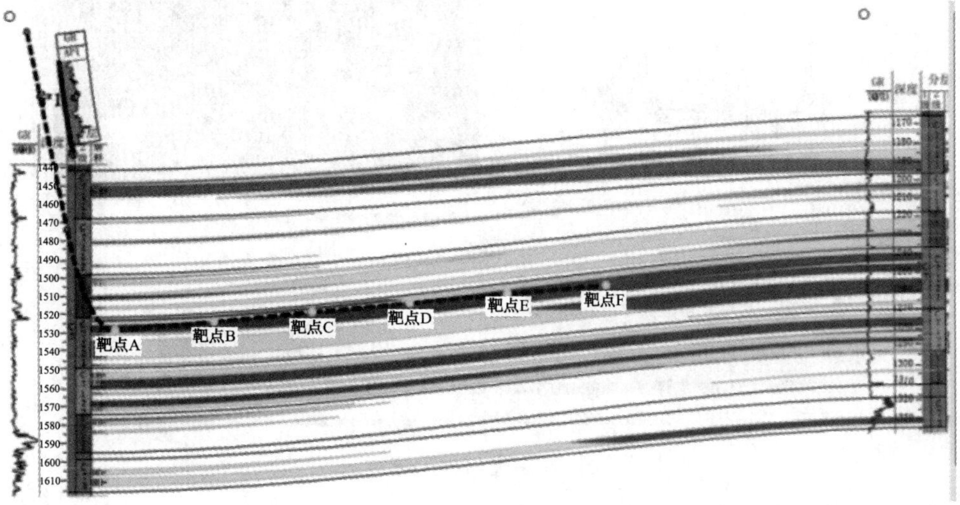

图3 剖面轨迹设计

地质导向模块全面整合了地质建模与水平井设计过程中的核心图件，包括地质设计剖面、三维地质模型及地震解释剖面等，实现多维度数据融合支撑水平井地质导向。同时结合实时钻井录井数据、测井数据、旋转导向随钻 GR 数据以及地质设计参数，通过高效整合随钻轨迹、岩屑、曲线数据与区域三维地质模型、地震剖面以及水平井设计剖面，实现对钻井过程的精准跟踪与实时分析。模块主要分为以下几个部分：

（1）设计剖面地质导向：在水平井设计剖面基础上，将正钻井测井曲线、录井数据、靶点等信息融合，以地质导向剖面图的方式开展随钻地质导向工作。这种方法直观展示油藏的空间分布和储集特征，为制定合理的优化开发策略提供重要支持。

（2）地震剖面地质导向：通过沿水平井方向切取地震剖面，将正钻井测井曲线、实钻轨迹、邻井分层融合，以地震剖面的方式进行导向分析。地震剖面图能够直观地展示地下的地质构造情况，包括地层分布、断层、褶皱等地质现，反映地层的物理性质，对于研究地层的岩石类型、孔隙度、渗透率等具有重要意义，有助于水平井轨迹整体设计。

（3）轨迹模型地质导向：通过切取沿水平井实钻轨迹或设计轨迹地质模型剖面，将实钻井轨迹、录井数据、测井数据、旋转导向随钻 GR 数据与地质模型剖面进行深度融合显示，实现在地质模型剖面上，直观反映实钻轨迹与储层的接触关系、沿轨迹储层的展布特征以及随钻过程中钻井、录井、测井参数的变化趋势，综合分析和进行轨迹优化调整。

（4）三维模型地质导向：基于三维地质模型，将实钻井轨迹、录井数据、测井数据与地质模型进行深度融合，在三维可视化窗口中，以沿轨迹剖面、栅状图、椅型图、沿轨迹数据体等多种视角和方式展示在三维空间中钻遇地质属性的变化特点，综合分析和进行轨迹优化调整。

（5）多窗口地质导向：综合应用地质建模和水平井设计中形成的成果图件，如图4所示。将正钻井录井数据、测井数据、旋转导向随钻 GR 数据、地质设计参数，以多窗口综合展示的方式有效结合利用，开展多维度、多专业数据综合分析与地质导向工作。

2.4 水平井评价模块

水平井评价在油气勘探与开发中具有重要的理论和实践意义，它不仅是油气藏工程研究的重要组成部分，也是优化钻井方案、提高开采效率的关键环节，有助于深入揭示油气藏的地质特征和储层性质。通过对水平井钻井过程中的各种数据进行综合分析和解释，可以获取关于地层结构、储层分布、物性参数等方面的详细信息。这些信息对于准确认识油气藏的构造形态、储层类型和油气分布规律至关重要，为后续的开采决策提供科学依据。水平井评价模块分为以下两个部分：

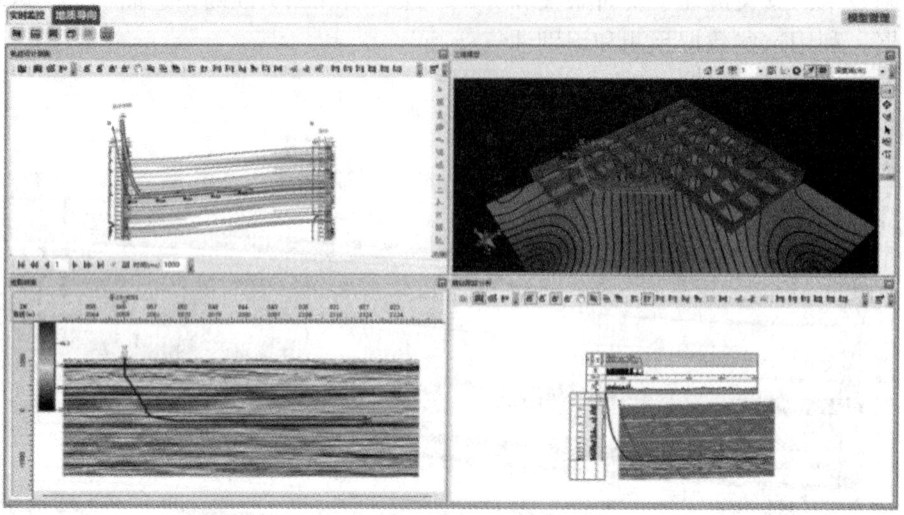

图 4　多窗口地质导向

（1）分段分级评价：水平井完钻后，利用物性指数、含油性指数和脆性指数构建的综合评价指数方法，结合三参数融合技术（RGB）方法，研发综合评价指数计算功能、三参数融合计算与成图功能，为水平井分段分级评价、水平井射孔压裂段优选提供技术支持。

（2）压裂甜点判识：选用综合甜点指数计算。选取孔隙度 ϕ、含油饱和度 S_o、泥质含量 SH 和 GR 变异系数表征储层物性及含油性参数 CA_{GR}，利用如下公式计算不同分类储层综合甜点指数 $fjzs$：

$$fjzs = min\left(1,\ \frac{\phi}{10}\right) \times \min\left(1,\ \frac{S_o}{80}\right) - \frac{SH}{100} \times \left(1,\ \frac{CV_{GR}}{10}\right) \tag{1}$$

当 $fjzs>0.6$ 时为Ⅰ类油；$0.6>fjzs>0.2$ 时为Ⅱ类油；$fjzs<0.2$ 时为差油层。

3　小结

在油田数字化转型的浪潮中，高效整合与利用既有地质数据与实时随钻数据，以精准设计水平井，已然成为油藏开发工作顺应新时代改革潮流的核心要求。水平井设计数字化技术，致力于实现多层次、多维度的数据互联互通，打破数据孤岛，充分发挥大数据的潜能与优势。通过科学方法的运用，不仅大幅提升了研究效率，更确保了科研质量的稳步提升。

我们依托勘探开发一体化研究平台，对水平井数字化设计流程进行了全面优化与再造，确保数据能够灵活、高效地更新、关联和应用。这一技术的实施，不仅提升了油田数据管理的精细化与智能化水平，更为辽河油田实现千万吨级稳定生产提供了强有力的技术支撑。展望未来，我们将继续深化油田数字化转型，不断完善水平井设计数字化技术，为油田的高效、可持续发展贡献更多力量。

参　考　文　献

[1] 闫振来，韩来聚，李作会等．胜利油田地质导向钻井技术研究与应用[J]．钻采工艺，2008，(01)：20-24+150.

[2] 欧成华，杨晓，梁成钢等．页岩小层水平井对比及其构造三维可视化表征[J]．西南石油大学学报(自然科学版)，2019，41(06)：44-50.

[3] 周博宇．水平井井眼轨迹与地层模型三维可视化技术研究与实现[D]．大庆：东北石油大学，2020.

[4] 房超，项德贵，赵庆等．地质导向软件发展现状、趋势及国产化建议[J]．石油钻采工艺，2020，42(04)：385-392.

[5] 田耀文．定向井井身轨迹最优化方法研究[D]．北京：中国地质大学(北京)，2007.

[6] 袁建强．中国石化页岩气超长水平段水平井钻井技术新进展与发展建议[J]．石油钻探技术，2023，51(04)：81-87.

[7] 张矿生，薛小佳，陶亮等．页岩油水平井体积压裂缝网波及体积评价新方法及应用[J]．特种油气藏，2023，30(05)：127-134.

[8] 张加林，阮成肖．一种基于改进 Bresenham 算法的三角形光栅化技术[J]．电子测量技术，2019，42(10)：86-89.

复杂油水层测井识别新方法及应用
——以 X 油田低饱和度油藏为例

汪爱云　付晨东　张志国　李洪征　任　莉　张维锋　王　蕃　王玉梅

（中国石油集团测井有限公司大庆分公司）

摘　要　X 油田 S 油层组近年来多口井获得工业油流，是老区富油凹陷压舱石工程增储的重要领域。但该油层组断裂带发育，油气沿断裂带两侧呈点状、串珠状分布，构造、断层和砂体匹配控藏，由于在断裂带附近没有形成较好的背斜等局部构造，只是发育一些微幅度构造，油藏规模较小，油水分异差，油水过渡带长，为低饱和度油藏特征，其广泛发育的复杂油水层的准确识别与评价不论是在新区勘探还是老区挖潜中都具有十分重要的现实意义。本文针对 X 油田 S 油层组垂向上存在多套油水系统，油水关系复杂，储层普遍含泥含钙，孔隙结构复杂，油水同层发育，同层与油层电性特征相近，偏油同层及偏水同层难以区分、两相流体压前及压后产能预测困难的情况，基于岩心配套实验资料，考虑含泥、含钙的影响应用变指数饱和度模型，同时对传统的相渗计算方法进行改进，实现了含水饱和度及相对渗透率的精准评价，在此基础之上，创建了双饱和度交会法、饱和度动态下限法及可动流体含油饱和度法等多种油水层判识技术，并结合两相流渗流规律和试油，融合反映储层品质、原油性质及压裂规模的多参数分别建立了两相流体压前及压后产能预测技术，实现了油水同层精细识别、分级评价及油水产出比例定量评价，经 10 口井验证，流体识别符合率由原来的 75%提高到 87.2%，产能预测级别符合率达到 83.3%，见到了较好的应用效果，为满足 X 油田测井老井再评价措施井层优选及多层位储量提交需求提供了有效技术支撑。

关键词　低饱和度油层，复杂油水层，流体性质识别，油水同层细分，产能预测

NewMethods and Applications For Logging Identification of Complex Oil-water Layers
——Taking Low Saturation Oil Reservoirs of X Oilfield as an example

Wang Aiyun　Fu Chendong　Zhang Zhiguo　Li Hongzheng　Ren Li　Zhang Weifeng　Wang Fan　Wang Yumei

(Daqing branch company, CNPC Logging)

Abstract　In recent years, multiple wells in the S reservoir group of X oilfield have obtained industrial oil flow, which is an important field for increasing storage capacity in the old oil rich depression ballast stone engineering. However, the fault zone of the oil layer group is developed, and oil and gas are distributed in a dotted or bead like pattern along both sides of the fault zone. The structure, fault, and sand body match to control the reservoir. Due to the lack of good local structures such as anticlines near the fault zone, only some micro amplitude structures are developed. The oil reservoir is small in scale, with different oil and water content, and a long oil-water transition zone, which is a characteristic of low saturation oil reservoirs. The accurate identification and evaluation of the widely developed Complex oil-water layers are of great practical significance in both new area exploration and old area potential tapping. This article focuses on the vertical existence of multiple oil-water systems in the S oil layer group of X oilfield, with complex oil-water relationships, reservoirs generally containing mud and calcium, complex pore structures, and the development of oil-water layers. The electrical characteristics of the oil-water layer and the oil layer are similar, making it difficult to distinguish between oil-water and oil layers, and predicting the production capacity of two-phase fluids before and after pressure. Based on core matching experimental data and considering the influence of mud and calcium content, a variable index saturation model is applied. At the same time, the traditional phase permeability calculation method is improved to achieve accurate evaluation of water saturation and relative permeability. On this basis, various oil-water layer identification technologies such as the double saturation intersection method, saturation dynamic lower limit method, and movable fluid oil saturation method are created. And combined with the two-phase flow seepage law and oil testing, multiple parameters reflecting reservoir quality, crude oil properties, and fracturing scale were integrated to establish pre pressure and post pressure production capacity prediction technologies for two-phase fluids. Fine identification, grading evaluation, and quantitative evaluation of oil-water production ratio in the same layer were achieved. After verification by 10 wells, the fluid identification coincidence rate increased from 75% to 87.2%, and the production capacity prediction level coincidence rate reached 83.3%, We have achieved good application results, providing effective technical support for meeting the needs of well layer optimization and multi-layer reserve submission in the reevaluation measures of X oilfield′s logging old wells.

Key wordst　low saturation oil layer; Complex oil-water layers; identification of fluid properties; subdivision of oil-water co layer; productivity prediction

X 油田位于 A 盆地西部斜坡带及部分凹陷区，S 油层组为三角洲前缘相沉积，砂体以水下分流河道、远砂坝、席状砂为主，岩性以粉砂岩、泥质粉砂岩及钙质砂岩为主，砂岩矿物以长石岩屑为主，胶结物以方解石和泥质为主，黏土矿物组成以伊利石为主，伊/蒙混层含量也较高，孔隙度中值为 18.0%，渗透率中值为 6.2mD，属中孔-低渗储层。低饱和度油层测井识别通常从分析成因机理入手，再针对成因建立相应的识别方法，X 油田 S 油层组复杂油水层成因机理主要存在以下 4 个方面：①泥质含量高及复杂孔隙结构导致高束缚水饱和度。S 油层组岩性较细，主要以粉砂岩和泥质粉砂岩为主，粒度中值小(0.01-0.1 之间占 56%以上)，泥质含量高(超过 15%的含量占 40%以上)，导致不动水含量高；14 口井 545 块扫描电镜分析结果显示，长石及石英溶蚀、次生石英、颗粒表明共生粘土、粘土充填孔隙、方解石胶结等共同导致储层孔隙结构复杂，平均孔喉半径小，微孔隙发育，小于 0.16μm 的孔隙所占比例为 43.8%，束缚水饱和度平均为 55.0%，易形成低阻油层；②黏土附加导电性强。S 油层组伊利石及伊蒙混层含量高，所占比例为 76.6%，阳离子交换容量相对较大，易形成低阻油层。③含钙及钙质砂岩占 38.8%，储层方解石含量高导致电阻率升高，形成高阻同层及高阻水层。④构造幅度低，油水分异不明显，低饱和度油层发育。由于上述四方面成因，偏油、偏水同层与油层电性特征相近，现有的饱和度解释模型评价结果与试油及岩心分析结果存在较大误差，很难满足流体识别和产能预测需求。油水同层细分的定量解释应以饱和度为核心，因此本文从求准含油饱和度和油水相对渗透率入手，创建了双饱和度交会法、饱和度动态下限法及可动流体含油饱和度法等多种油水层识别技术和两相流体压前及压后产能预测技术，有效解决了油水同层精细识别、分级评价及油水产出比例定量评价难题。

1　变指数含水饱和度模型

针对储层含泥、含钙、微孔隙发育特点，以及 S 油层组复杂油水层成因机理，经与西门杜、W-S 等模型对比，优选新三水模型计算含水饱和度，1998 年，李舟波教授和莫修文博士运用传统的体积模型提出了三水模型，认为岩石的导电路径是由自由孔隙水、微毛细孔隙水以及粘土束缚水组成，岩石总的电阻率是三种孔隙形成的电阻率相并联的结果。张丽华对三水模型进行了改进，提出了新三水模型。新三水导电模型公式按电导率写成如下形式：

$$C_t = C_f + C_i + C_c = \frac{s_{wf}^{n} \varphi_f^{mf} c_w}{af} + \frac{\varphi_i^{mi} c_w}{ai} + \frac{\varphi_c^{mc} c_{wc}}{a_c} \tag{1}$$

当岩样饱和水时，有如下公式：

$$C_0 = \frac{\varphi_f^{mf} c_w}{a_f} + \frac{\varphi_i^{mi} c_w}{a_i} + \frac{+\varphi_f^{mc} c_{wc}}{a_c} \tag{2}$$

其中，C_t 为岩石电导率，C_o 为岩石完全含水电导率，C_w 为地层水的电导率；C_{wc} 为粘土水的电导率；角标 f、i、c 分别表示自由流体孔隙、微孔隙以及粘土孔隙三项的贡献。

含水饱和度应用以下公式计算：

$$S_w = {}^{n*}\sqrt{\frac{C_0}{C_t}} \tag{3}$$

基于 30 块岩心配套实验资料，采用遗传最优化算法计算公式(2)中的参数，采用上面参数计算的与实际测量的完全含水时电阻率 R0 对比图如图 1 所示。相对误差为 3.4/% 。

模型参数 a、m 计算结果表

m_f	a_f	m_i	a_i	m_c	a_c
1.428	1.656	1.15	2.853	2.172	3.464

通过 X 油田 S 油层组岩心分析实验表明，饱和度指数 n 随着方解石含量的增加而增加(见图 2)，随着黏土含量的增加而减小(见图 3)，为此应用反映方解石及黏土含量的的补偿密度及自然伽马曲线构建了岩性综合指数 R，建立了岩性综合指数与饱和度指数 n 的相关关系(见图 4)，将变指数饱和度模型在密闭取心井 B1 中应用(见图 5)，含水饱和度计算绝对误差为 4.85%，实现了饱和度的精准评价。

岩性综合指数 R：

$$R = 10^{-4} * DEN^{1/2} * GR^{-2} \tag{4}$$

其中，DEN 为补偿密度测井值，GR 为自然伽马测井值。

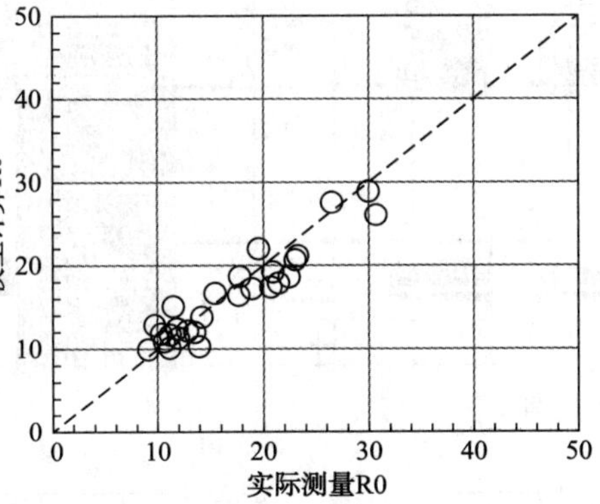

图 1　实际测量与计算 R0 值对比图

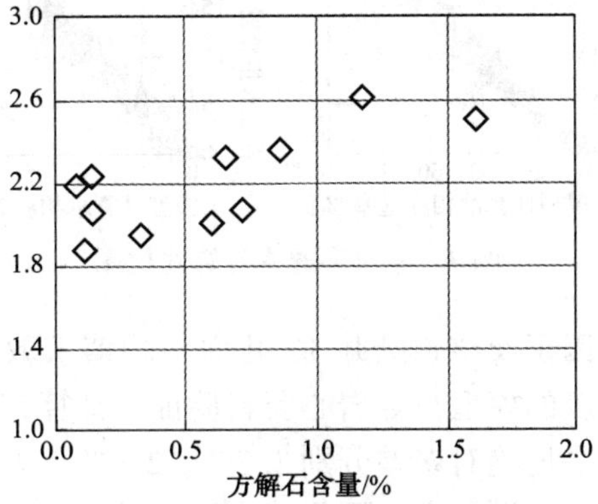

图 2　方解石含量与饱和度指数关系图

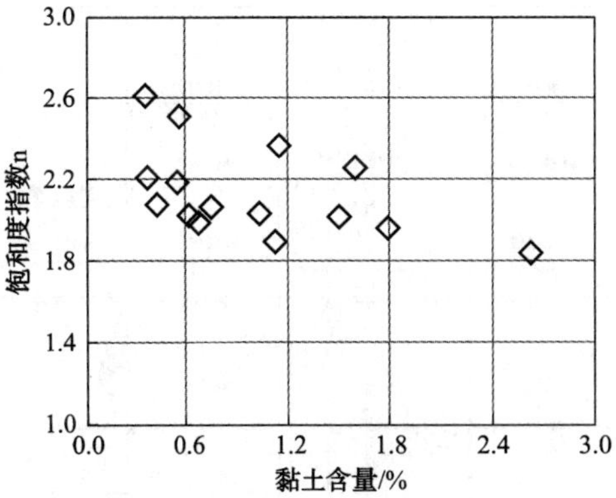

图 3　黏土含量与饱和度指数关系图

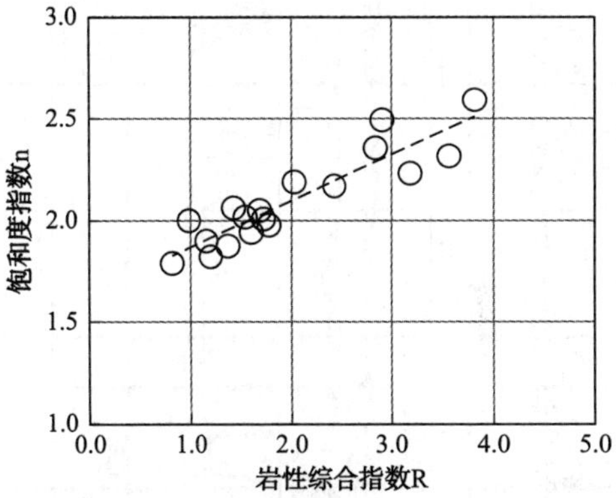

图 4　岩性综合指数与饱和度指数关系图

2　相对渗透率及相关参数计算方法

2.1　相对渗透率计算方法

对于油水同层，计算两相流产能的关键是准确计算油、水相相对渗透率，本文选取石油行业广泛应用的 Brooks-Corey 模型作为基础模型，应用研究区块 7 口井 34 块样品相渗分析资料分析研究，对模型进行改进，模型参数 a、b 与储层物性参数有关，c 为常数，计算油相、水相对渗透率平均相对误差为 13.6%、13.3%，提高了相对渗透率计算精度(见图 6-7)。

$$K_{ro} = K_{ro(S_{wi})}\left[a(1-S_w^*)^2 + b(1-S_w^* + c)\right] \tag{5}$$

$$K_{rw} = K_{rw(S_{or})}\left[a(S_w^*)^2 + bS_w^* + c\right] \tag{6}$$

$$S_w^* = \frac{S_w - S_{wi}}{1 - S_{wi} - S_{or}} \tag{7}$$

式中，K_{ro} 为油相相对渗透率(md)，$K_{ro(Swi)}$ 为束缚水状态下油相相对渗透率，K_{rw} 为水相相对渗透率(md)，$K_{rw(Sor)}$ 为残余油状态下水相相对渗透率，a、b、c 为模型系数，S_w^* 为中间变量，S_w 为含水饱和度(%)，由上述模型确定，S_{wi} 为束缚水饱和度(%)，S_{or} 为残余油饱和度(%)。

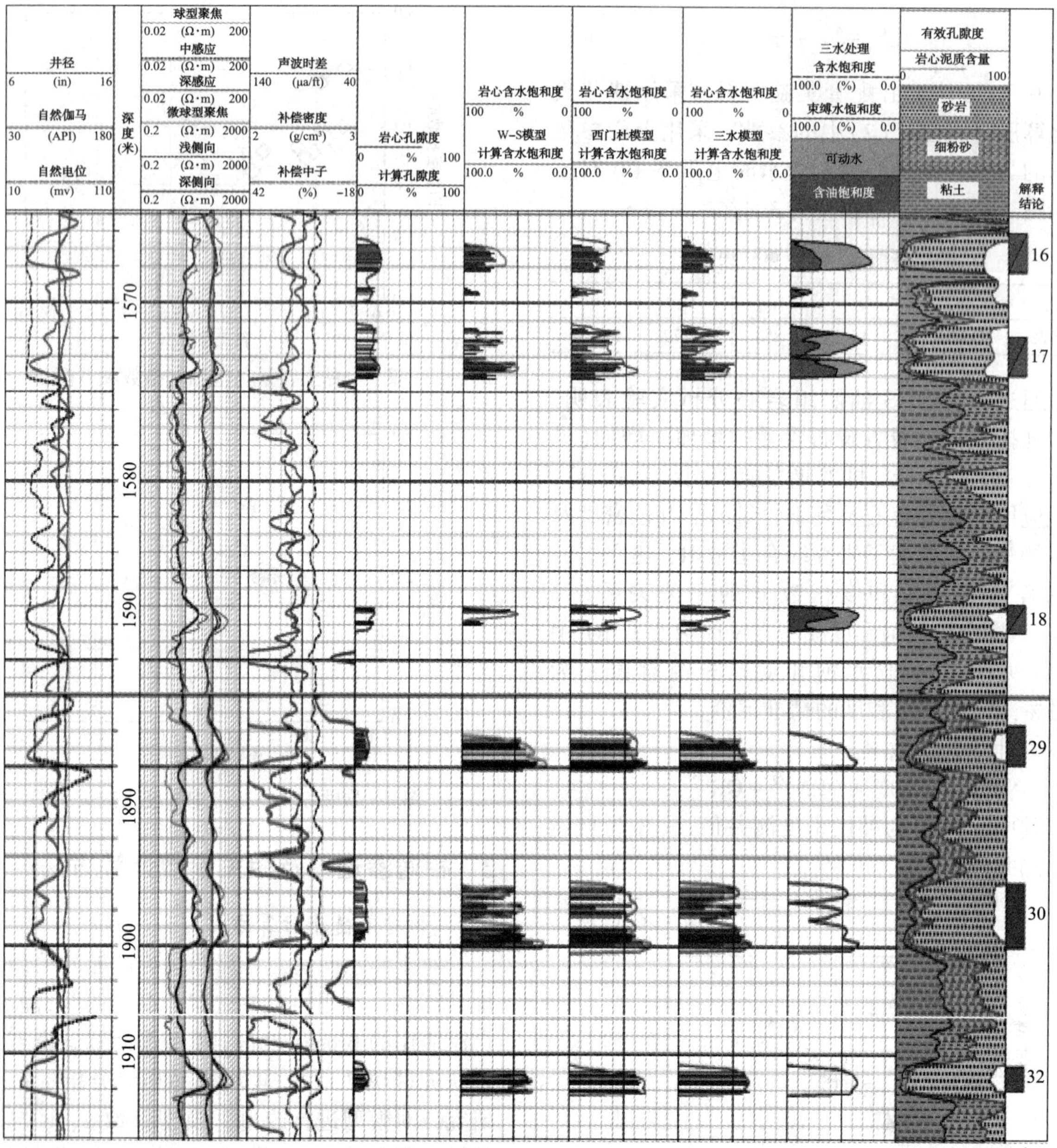

图5　B1井综合解释成果图

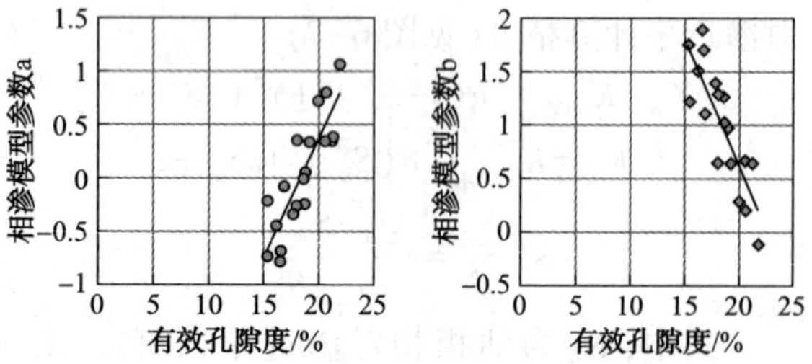

图6　模型参数求取方法

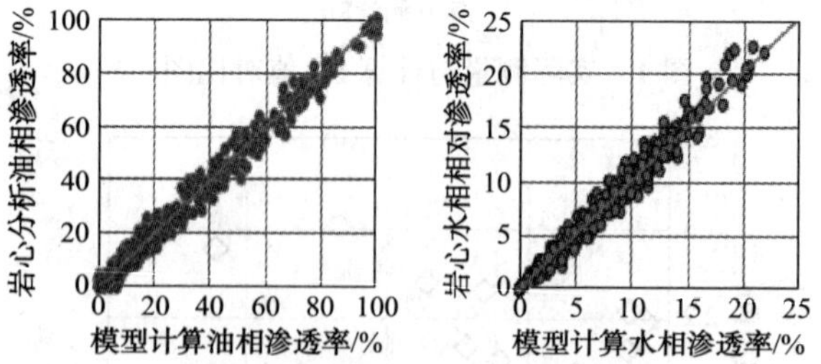

图7　相对渗透率计算对比图

2.2　束缚水饱和度计算方法

束缚水饱和度与储层品质因子 RQI(SQRT(K/φ))、核磁测井 T2 几何平均值密切相关，应用39块岩心分析资料，分别建立了基于储层品质因子及核磁测井 T2 几何平均值求取束缚水饱和度的模型，经岩心资料验证，计算束缚水饱和度平均绝对误差分别3.7%、2.9%，为储层流体性质识别及产能预测奠定了基础。

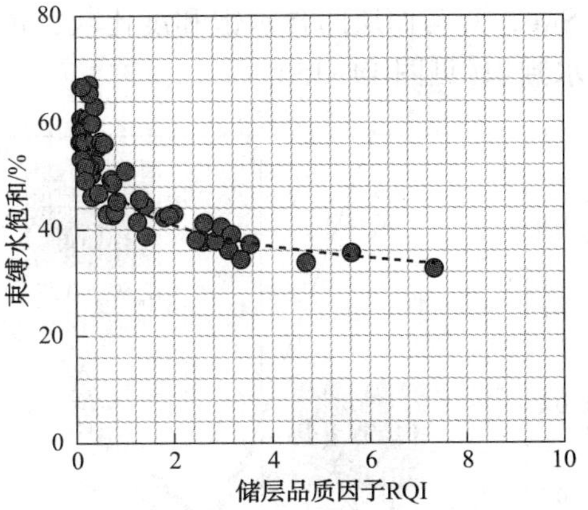

图 8　储层品质因子束缚水饱和度计算模型

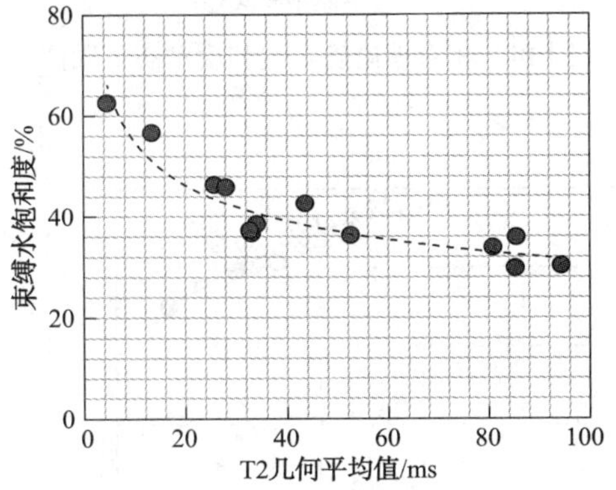

图 9　核磁测井束缚水饱和度计算模型

2.3　残余油饱和度及残余油状态下水相相对渗透率计算方法

残余油饱和度与束缚水饱和度、残余油饱和度下的水相渗透与有效孔隙度相关性较好，应用研究区块岩心相渗分析资料分别建立了残余油饱和度及残余油饱和度下的水相渗透率计算方法，残余油饱和度计算平均绝对误差为 3.74%（见图 2-6）；残余油饱和度下的水相渗透率平均相对误差为 17.8%（见图 10-11）。

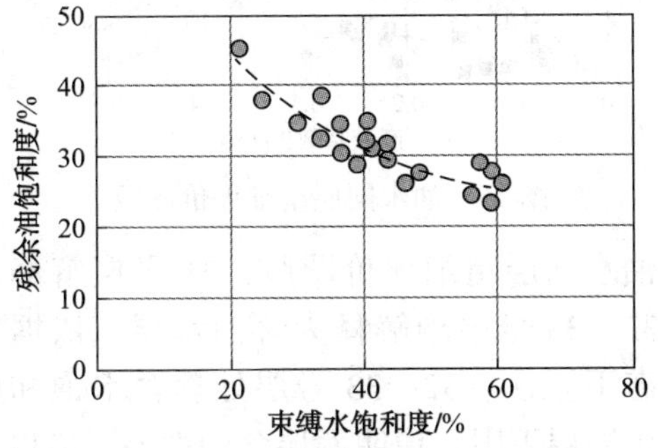

图 10　残余油饱和度计算模型

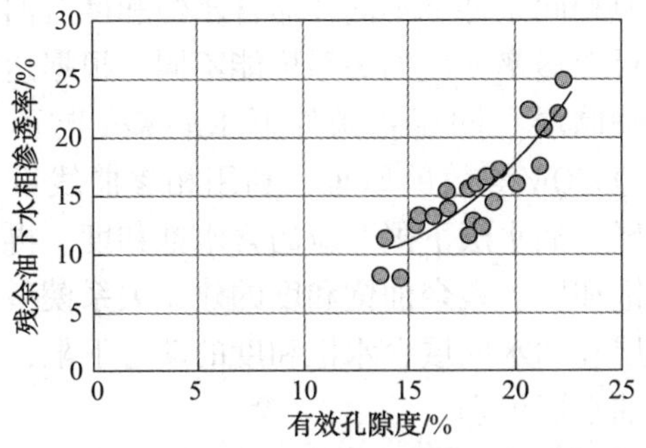

图 11　残余油饱和度下的水相渗透率计算模型

3　低饱和度油层流体性质识别技术

3.1　“双饱和度”交会法

应用 52 口井 84 层试油资料，应用有效孔隙度及深侧向电阻率，建立了常规流体性质识别图版，图版符合率为 88.9%，在准确评价含水饱和度的基础上，建立了“双饱和度”交会流体性质识别图版，图版解释符合率达到 91.7%，提高了油水层识别精度。

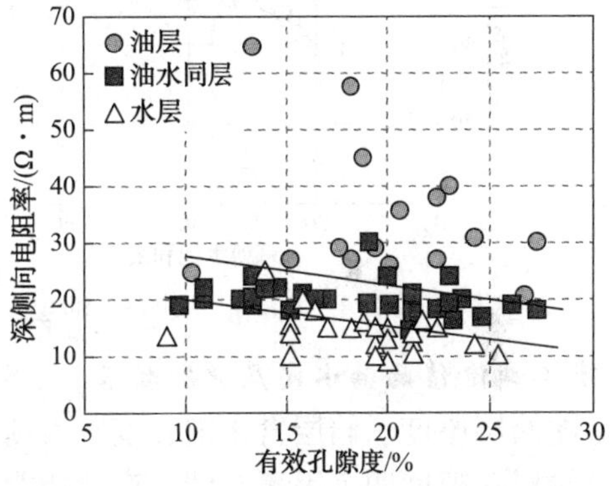

图 12　常规物性-电性交会流体性质识别图版

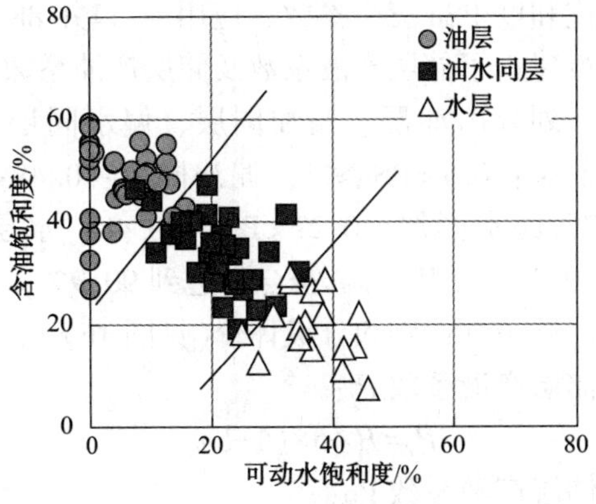

图 13　“双饱和度”交会流体性质识别图版

3.2　饱和度动态下限法

相渗曲线表明，同一实验样品油水两相的相对渗透率与含水饱和度呈一定的相关性。含水饱和度与油水两相相对渗透率比值具有良好的对应性。但相同条件下不同样品含水饱和度与油水两相相对渗透率比值的关系可能不同。根据达西定律同一储层相同压差条件下 Kro/Krw 与两相流量比 Qo/Qw 等效的原理，利用相渗曲线可以确定油层、油水层下限对应的含水饱和度，再与束缚水饱和度、残余油饱和度的建立关系模型，确定油层和油水同层含水饱和度的动态下限，从而进行油水层识别。

根据行业标准，油层、油水层的定义为日产油量达到工业油流时，产水率小于 20% 为油层，产水率在 20%～80% 为油水同层，产水率大于 80%为水层，即相渗表现为日产油量达到工业油流时，两相流量比 Qo/Qw≥4 为油层，4>Qo/Qw≥0. 25 为油水同层，Qo/Qw<0. 25 为水层，由于 Kro/Krw 与两相流量比 Qo/Qw 等效，因此，将 Kro/Krw 等于 4 和 0. 25 时的含水饱和度分别确定为油层、油水层的相渗等效产水率含水饱和度下限 Swe，并与储层的含水饱和度比较，进而进行油水判识(见图 14-15)。

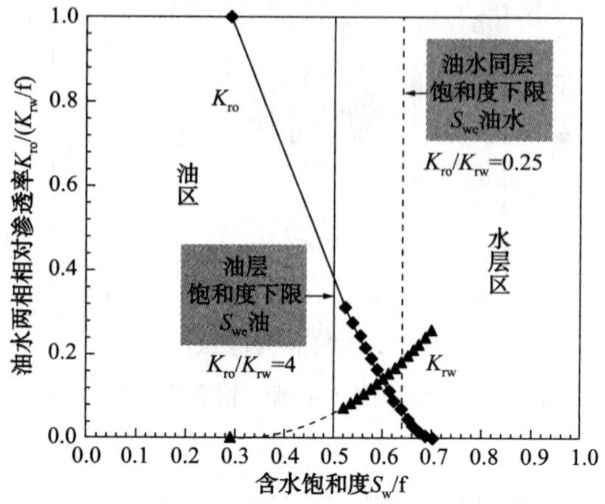

图 14　相渗理论确定饱和度动态下限图

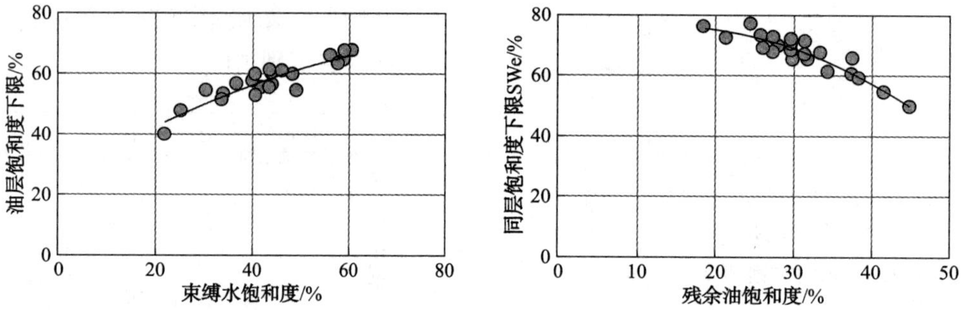

图 15　油层、油水层饱和度动态下限确定图

3.3　有工业价值的油水同层识别技术

考虑储层厚度、储层含水饱和度、束缚水饱和度及储层孔隙度四个因素对储层产油能力的影响，构建产液系数 Pf、产油系数 Po 及可动流体含油饱和度 PSo 三个参数，应用 57 口井 88 层试油资料建立了储层产液系数及储层产油系数交会图版，划分出油层、偏油同层、偏水同层及水层，油层：0. 7<PSo≤1；偏油同层：0. 48<PSo≤0. 7；偏水同层：0. 27<PSo≤0. 48；水层 0<PSo≤0. 27，图版解释符合率达到 90. 9%，实现油水同层精细识别和分级评价(见图 16)。

储层产液系数 P_f：

$$P_f = H \times \phi \times (1 - Sw_i) \tag{8}$$

储层产油系数 Po：　(9)

可动流体含油饱和度 PS_o：

$$PS_0 = \frac{1 - Sw}{1 - Sw_i} \tag{10}$$

B2 井 31、32、33 号层依据常规流体性质识别图版分别解释为油层、油水同层及含油水层，

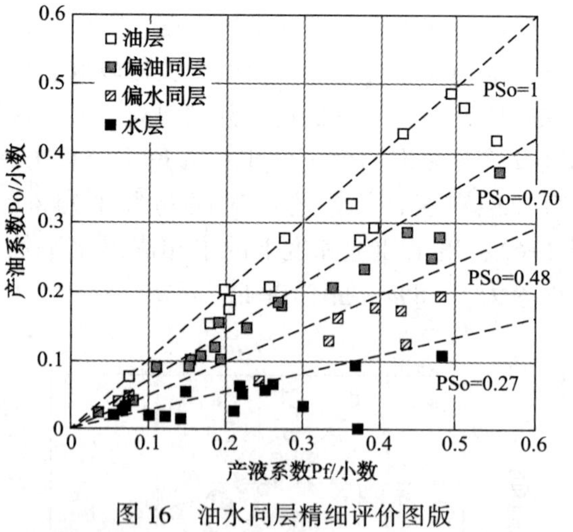

图 16　油水同层精细评价图版

依据油水同层精细评价图版，31 号层解释为油层，32、33 号层均解释为含油水层，依据饱和度动态下限法，32、33 号层处理含水饱和度接近油水同层下限，说明两层含油性差，应以产水为主。经试油，31 号层测试获日产油 23. 392 吨的高产工业油流，32、33 号层测试日产油 0. 06

吨，日产水 6.408 方，以水为主，见到较好的应用效果。

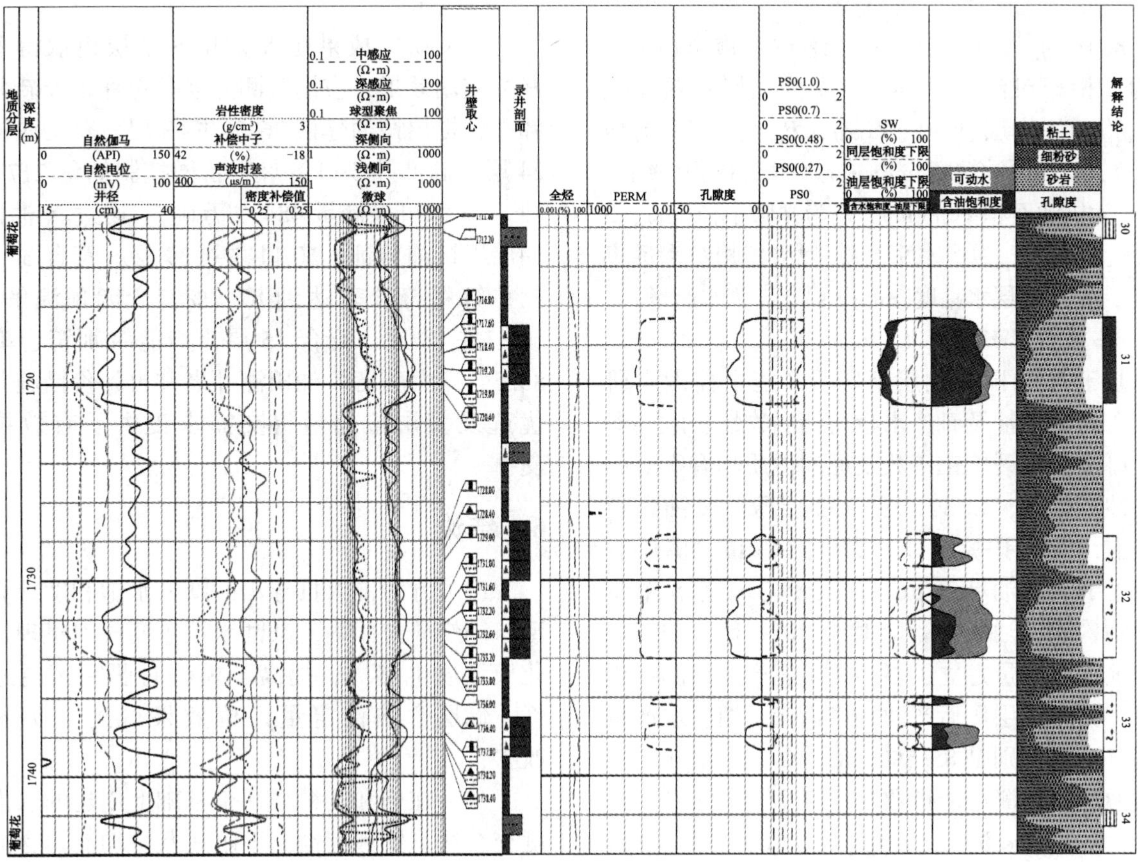

图 17　B2 井测井解释综合成果图

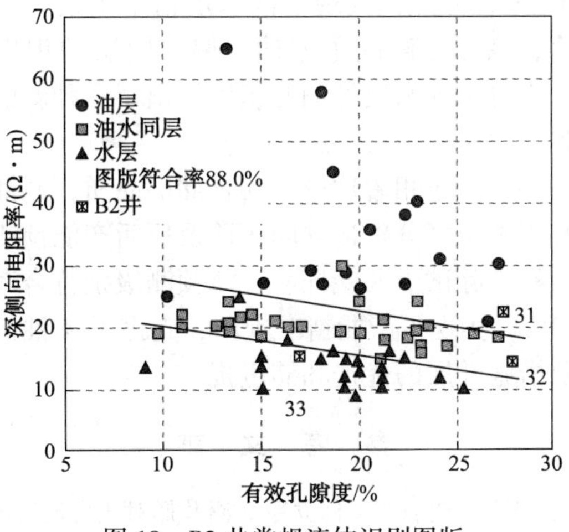

图 18　B2 井常规流体识别图版

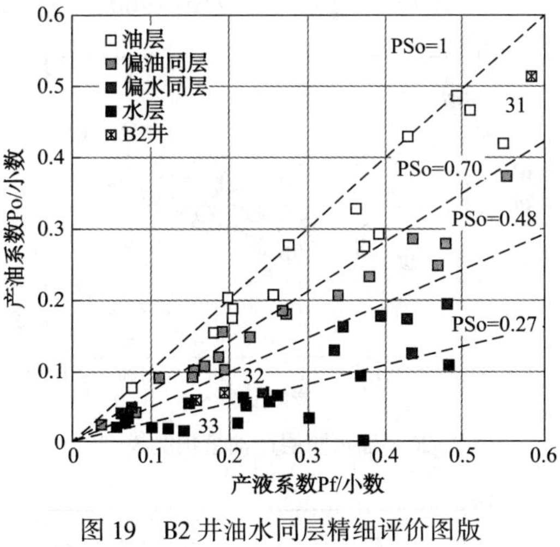

图 19　B2 井油水同层精细评价图版

4　低饱和度油层两相流产能预测技术

X 油田低饱和度油藏构造幅度低，储层多为油水同产，需要建立两相流产能预测方法，本文考虑试油方式的差别分别建立了压前及压后两相流产能预测方法。

4.1　压前自然测试产能预测方法

平面稳态径向流方程是确定储层自然产能的理论模型，见式(11)-(13)，各参数通过测井资料、邻井试油资料确定，为原油自然产能预测提供了依据。

$$q_o=\frac{2\pi K\cdot K_{ro}h(P_e-P_{wf})}{\mu_o B[\ln(r_e/r_w)+S]} \tag{11}$$

$$F_w=\frac{Q_w}{Q_o+Q_w}=\frac{1}{1+\frac{K_{ro}}{K_rw}\cdot\frac{\mu_w}{\mu_o}} \tag{12}$$

$$q_w = q_o \cdot \frac{F_w}{1-F_w} \tag{13}$$

式中，q_o为油产量，K 为绝对渗透率(md)，K_{ro}为油相相对渗透率(md)，h 为油层有效厚度(m)，P_e 为油层压力(Mpa)，P_{wf} 为井底流压(Mpa)，μ_o为原油粘度(mPa·s)，B 为体积压缩系数，r_e为供油面积半径(m)，r_w为井眼半径(m)，S 为表皮系数，F_w为产水率，K_{rw}为水相相对渗透率(md)，μ_w为地层水粘度(mPa·s)，q_w为水产量。

4.2 压后产能预测方法

基于 X 油田 S 油层组压后产能主控因素研究，压后日产油及日产水量与储层物性、电性参数、厚度和压裂施工参数及原油性质具有很好的相关性，因此，以 31 口井 132 层压后试油资料为基准，选取孔隙度 Φ、深电阻率 Rt、储层有效厚度 H、原油粘度 μo、加液量 $Q_{加液}$等 5 个参数分别构建了油、水产量预测产能指数，与压后日产油、产水量建立了多参数压裂产能预测评价模型，预测储层压后产油、产水量，油、水产量级别符合率分别是 85.5%、85.7%。

油产量预测产能指数 Po：

$$H * \Phi * Rt * Q_{加液} / \mu o / 100 \tag{14}$$

水产量预测产能指数 Pw：

$$H * \Phi * \mu o * Q_{加液} / Rt / 1000 \tag{15}$$

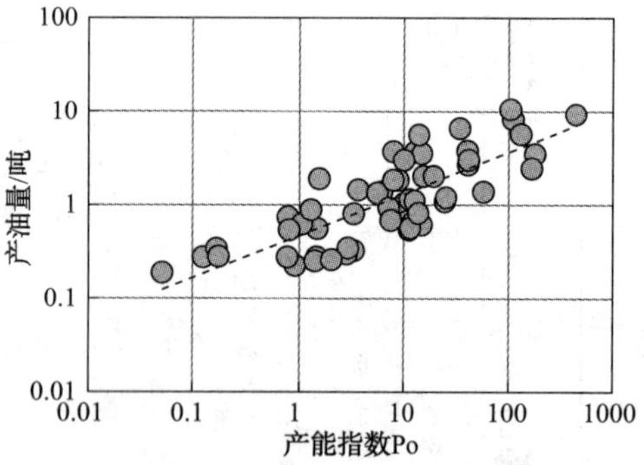

图 20　油水同层产油量预测模型

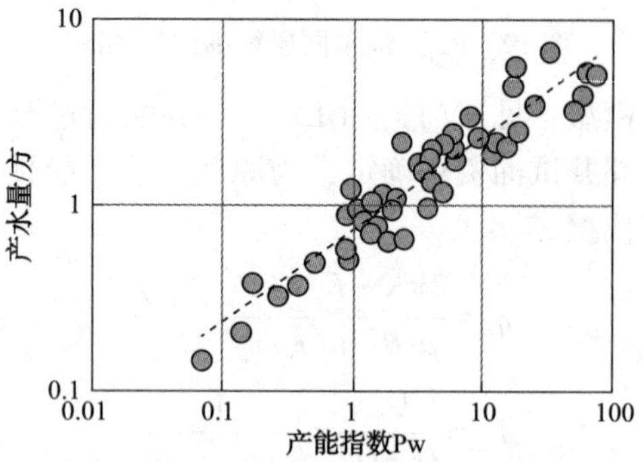

图 21　油水同层产水量预测模型

5 应用效果分析

本文研究成果在 X 油田 S 油层组取得了较好的应用效果，应用于测井老井再评价及新井解释中，提出试油建议 26 口井 43 层，获工业油层 24 层，高产井 5 口，落实新增控制储量 2177 万吨，技术可采储量 484.9 万吨 。通过 X 油田 S 油层组试油验证，10 口井共 39 层，符合 34 层，测井解释符合率达到 87.2%，产能预测解释，10 口井 18 层，符合 15 层，产能级别符合率为 83.3%，为满足 X 油田测井老井再评价措施井层优选及多层位储量提交需求提供了有效技术支撑。

6 结论

（1）针对前人推导出的新三水饱和度计算模型，围绕研究区内复杂油水层主要成因机理，优化模型岩电参数，提高了模型对研究区的适用性，储层含油性定量评价效果得到了明显的改善；

（2）在饱和度精准评价基础上创建的双饱和度交会法、饱和度动态下限法及可动流体含油饱和度法等多种油水层识别技术，提高解释符合率达 12 个百分点，实现了油水层精细识别和分级评价，该方法解决了偏油、偏水同层的识别难题，为复杂油水层的测井识别提出了一种新的思路和方法；

（3）基于相渗理论，融合储层品质、原油性质及压裂规模分别建立的压前及压后产能预测模型，经实际试油井验证，产能预测级别符合率达 83.3%，实现了产能精准预测，支撑了 X 油田潜力及措施井层的优选和储量提交。

参 考 文 献

[1] 欧阳健，毛自强，修立军．测井低对比度油层成因机理与评价方法［M］．北京：石油工业出版社，2009.

[2] 程相志．低阻油气层识别评价技术及分布规律研究［D］．中国石油大学，2008.

[3] 马宏宇，丁继伟，王雪萍，李金奉，杨清山，卢艳．大庆长垣薄差油水同层测井解释方法[J]．测井技术，2022，46(02)：182-187.

[4] 李雪英，万乔升，王福霖，何谓超．低饱和度油藏油水层解释方法——以新肇油田古 628 区块葡萄花油层为例[J]．地球物理学进展，2021，36(03)：

1088-1094.

[5] 宋鹏，杨卫国，孙栋，周新平，黄天镜，王楠．华庆油田长6油藏油水层识别方法[J]．大庆石油地质与开发，2016，35(06)：144-147.

[6] 韩雪．低孔低渗复杂油水层的油水同层识别方法[J]．中外能源，2009，14(05)：61-64.

[7] 孙建孟，王克文，李伟．测井饱和度解释模型发展及分析[J]．石油勘探与开发，2008，(01)：101-107.

[8] 罗少成，成志刚，林伟川，姜微微，肖飞，唐冰娥．复杂孔隙结构储层变岩电参数饱和度模型研究[J]．测井技术，2015，39(01)：43-47.

[9] 莫修文．低阻储层导电模型的建立及解释方法研究[D]．长春：长春科技大学，1998.

[10] 张丽华，潘保芝，李舟波等．新三水导电模型及其在低孔低渗储层评价中的应用[J]．石油地球物理勘探，2010，45(03)：431-435+472+318.

[11] 张丽华，潘保芝，单刚义，等．基于复电阻率—核磁联测实验的三水模型新形式[J]．物探与化探，2023，47(4)：1018-1023.

[12] 付晨东，汪爱云．新三水模型的改进与参数确定方法[J]．吉林大学学报(地球科学版)，2022，52(02)：654-661.

[13] 许永涛，韩博华，牟秋环，韩佳贝，王自亮．鄂尔多斯盆地侏罗系低对比度油层判识方法[J]．测井技术，2020，44(03)：278-282.

[14] 张万远，等．陆相地震地层学[M]．北京：石油工业出版社，1993.

[15] 万乔升．低饱和度油藏自然产能预测方法研究[D]．东北石油大学，2021.

[16] 许淑梅，付晨东，汪爱云等．低渗透油藏直井压裂后产能高精度预测方法研究[J]．测井技术，2022，46(02)：135-140+173.

第三篇　非常规油气勘探成果与关键技术

Chapter Ⅲ Unconventional oil and gas exploration results and key technologies

随着油气勘探的不断深入，非常规油气已成为中国油气增储上产的重要接替领域。21 世纪以来，美国掀起的页岩油气革命深刻改变了世界能源格局。中国陆相页岩与美国海相页岩相比，先天禀赋不足，理论认识和技术创新难度更大。中国石油地质、石油工程科研工作者不断解放思想，持续集成创新，在多个盆地取得了陆相页岩油革命性突破进展。深部煤层气近几年在理论创新、工艺技术突破方面取得重大进展。本篇主要收录了中国非常规油气领域在沉积、储层、烃源岩、地震、测井、水平井钻完井、体积压裂等方面取得的理论技术进展和勘探实践成果，对提高中国非常规油气勘探开发水平，突破新领域卡脖子技术有重要指导作用。

With the deepening of oil and gas exploration, unconventional oil and gas resources have become a key area for increasing oil and gas reserves and production in China. Since the 21st century, the shale oil and gas revolution in the United States has profoundly changed the world's energy landscape. Compared with the U. S. marine shale, China's continental shale has insufficient innate endowment, with more difficulty in theoretical understanding and technological innovation. China's petroleum geology and petroleum engineering researchers have kept their efforts in integration and innovation, with revolutionary breakthroughs achieved in continental shale oil in many basins. Significant progress has also been made in recent years in deep coalbed methane in terms of theoretical innovation and technological breakthroughs. This chapter contains theoretical and technological advances and exploration results in unconventional oil and gas in China in the areas of sedimentation, reservoirs, hydrocarbon source rocks, seismic prospecting, logging, drilling and completion of horizontal wells, volume fracturing, etc., which is an important guide to improve the level of unconventional oil and gas exploration and development and make breakthroughs in "neck stuck" technologies in new fields in China.

陆相断陷淡水湖盆页岩油形成条件及勘探潜力

——以南阳凹陷核桃园组为例

王良军　李连生　朱颜　李艳然

(中国石油化工股份有限公司河南油田分公司)

摘　要　南阳凹陷不同于中国东部多数含油气盆地的陆相断陷咸化湖盆，在主要勘探目的层核桃园组沉积期，发育受近东西向展布的边界断裂控制形成的敞流型陆相断陷淡水湖盆，主要发育滨浅湖-半深湖相泥页岩夹薄层粉砂岩，具有常压、有机质丰度低、中低演化程度等特点，制约了页岩油气勘探。本文利用矿物组分、有机地球化学和物性资料，结合岩心、测井、薄片、扫描电镜、激光共聚等观察分析，对南阳凹陷陆相断陷淡水湖盆页岩开展系统研究，明确了凹陷页岩油资源潜力与富集因素，建立了页岩油赋存模式。通过页岩油"四性"特征及赋存机制研究，认为烃源岩品质、页岩岩相、薄夹层是淡水湖盆页岩油富集的主控因素。南阳凹陷核桃园组沉积期以滨浅湖—半深湖相为主，水体浅，受古气候影响形成细粒沉积韵律层，大范围发育泥页岩与薄细粉砂岩夹层，有机质类型为Ⅰ-Ⅱ1型，有机质中含的藻类在淡水—微咸水条件下生烃效率高，Ro达到0.7%左右即可大量生烃。凹陷内富有机质泥页岩纹层生烃向长英质和碳酸盐质纹层聚集，夹薄砂层型泥页岩层中烃源岩和储层之间距离近、接触面积大，微裂缝发育，易于形成近源微运移，更有利于烃源岩的高效排烃，同时置换出更多空间促使烃源岩更高效生烃。泥页岩生排烃排出的有机酸溶蚀粉砂岩薄夹层中的碳酸盐矿物，进一步改善了夹层的物性，物性好的夹层捕获油气形成地质甜点，同时，粉砂岩薄夹层较好地改善了页岩层的可压性，形成工程甜点，整体具有"泥生、全储、纹层和缝控渗"的页岩油特征。根据地层展布和构造特征，部署低成本的大斜度井和直井，压裂取得了较好的生产效果，突破了淡水湖盆页岩油中低丰度(TOC<1%)甜点评价标准下限，拓展了南襄盆地页岩油勘探空间，对同类型页岩油勘探开发具有重要指导意义。

关键词　南阳凹陷；淡水湖盆；页岩油；赋存模式；勘探突破

Formation Conditions and Exploration Potential of Shale Oil in Continental Fault

—Depressed Freshwater Lake Basins: A Case Study of the Hetaoyuan Formation in Nanyang Depression

Wang Liangjun　Li Liansheng　Zhu Yan　Li Yanran

(China Petroleum & Chemical Corporation Henan Oilfield Branch)

Abstract　Nanyang Sag is different from the continental rifted saline lake basins in most petroleum-bearing basins in eastern China. During the sedimentary period of the main exploration target layer, the Hetaoyuan Formation, an open flow type continental faulted freshwater lake basin formed under the control of nearly east-west distributed boundary faults was developed, mainly consisting of shallow lake - semi-deep lake mud shale interbedded with thin layers of siltstone. It has characteristics such as atmospheric pressure, low organic matter(OM) abundance and medium-low evolution degree, which restrict shale oil and gas exploration. With the utilization of mineral components, geochemistry and physical properties data, a systematic study was conducted on the shale in the freshwater lake basin of the continental fault depression in Nanyang Sag, combined with the observation and analysis of core, logging, thin section, scanning electron microscope and laser copolymerization. The potential and enrichment factors of shale oil resources in the depression were identified and a occurrence model of shale oil was established. Based on the study of four characteristics (reservoir lithology, physical properties, oil-bearing properties and electrical properties) and occurrence mechanism of shale oil, it is considered that the quality of source rock, shale lithofacies and thin interlayers are the primary controlling factors of shale oil enrichment in freshwater lake basin. The sedimentary period of the Hetaoyuan Formation in Nanyang Sag is mainly characterized by shallow lake - semi deep lake facies with shallow water bodies. Influenced by paleoclimate, the fine-grained sedimentary rhythmic layers were formed, and mud shale and thin-fine sandstone interlayers were widely developed with the organic matter type of I-II1. Algae in the organic matter have high hydrocarbon generation efficiency under freshwater-brackish water conditions, and a large amount of hydrocarbons can be generated when Ro reaches about 0. 7%. Hydrocarbon generation of the organic-rich laminated shale in the sag accumulates to the felsic and carbonate laminae. While in shale laminae with thin sand layers, there is a short distance and large contact area between source rocks and reservoirs with developed micro-fractures, making it prone to the formation of near - source micro - migration. In addition, it is more conducive to the efficient hydrocarbon expulsion of source rocks, and meanwhile, more space is displaced to promote more efficient hydrocarbon generation.

Carbonate minerals in the thin sandstone interlayers with organic acid dissolution via the hydrocarbon generation and expulsion of shale rocks further improve the physical properties in the interlayers. The interlayer with good physical properties captures oil and gas, forming geological sweet spots. Simultaneously, thin siltstone interlayers enhance the compressibility of shale, bringing about engineering sweet spots, with the comprehensive shale oil characteristics of hydrocarbon generation from shale, whole reservoir, laminae and seepage controlled by fractures.

In reference to the stratigraphic distribution and structural characteristics, highly deviated wells and vertical wells with low cost are deployed, achieving fulfilling production results of fracturing. It breaks through the lower limit of sweet spot evaluation standards for low and medium abundance (TOC<1%) of shale oil in freshwater lake basin, expands the exploration space of shale oil in Nanxiang Basin and has crucial guiding significance for the shale oil exploration and development of the same type.

Key wordst　Nanyang Sag; freshwater lake basin; shale oil; occurrence mode; exploration breakthrough

中国陆相页岩油资源丰富、分布广，其主要分布于中国东部松辽盆地白垩系、渤海湾盆地古近系、苏北盆地古近系，中部鄂尔多斯盆地三叠系、四川盆地侏罗系与西部准噶尔盆地二叠系、三塘湖盆地二叠系等湖盆地层中。通过多年的攻关与探索，在 7 个盆地多个洼陷和层系取得重大战略突破及勘探新进展，中石化在渤海湾盆地咸化、高压的济阳坳陷部署的页岩油井有 22 口日产油超过百吨，在苏北盆地溱潼凹陷部署的页岩油井 SD1 井试获 50.89 t/d 工业油流。在高压、高有机质丰度的四川盆地侏罗系部署的 XY9 井试获高产页岩油气流(油 108.15 m^3/d，气 1.58×$10^4 m^3/d$)。在中高成熟度、富有机质咸化湖盆深湖—半深湖相页岩油的赋存状态及富集规律方面开展了大量研究工作，形成了系列新的地质理论和认识，积累了丰富的勘探开发实践经验。

但对南阳凹陷这种低有机质丰度(TOC 小于 1%)、中低演化程度、常压地层的淡水湖盆，是否为页岩油勘探的有利目标一直存争议。因此，这种类型页岩油形成条件及赋存机制研究有科学探索意义。本文从南阳凹陷构造沉积特征研究入手，结合 ZY1、ZD3 等井测录井及大量实验分析资料，剖析陆相淡水湖盆页岩油“四性”特征及赋存机制，建立页岩油赋存模式，优选有利勘探区带，部署大斜度井 ZD3、Z56 井和直井 ZY1 井获得日产 8.95 t-19.17 t 的工业油流，形成 5000 ×10^4t 规模增储新阵地，成为河南油田老区资源接替新领域，对南襄盆地及其他盆地同类型页岩油的勘探具有重要借鉴意义。

1　地质背景

南阳凹陷是南襄盆地的一个次级构造单元，为叠置在秦岭褶皱带之上的一个中新生代断陷盆地，总体呈现为南断北超的箕状断陷，面积约 3600km^2。凹陷正向构造带轴向近垂直于南部边界断裂，呈北西或北北东向展布，从西向东依次发育东赵庄、魏岗-官庄、张店-白秋鼻状构造带，其中凹陷中部的魏岗-官庄鼻状构造带将凹陷分为东庄与牛三门两个生油次凹，整体呈现“2 凹 3 隆”构造格局(图 1)。凹陷内沉积地层自下而上依次为古近系玉皇顶组+大仓房组、核桃园组、廖庄组，新近系凤凰镇组及第四系平原组，其中核桃园组从下至上细分为核三段、核二段和核一段，核二段进一步细分为 H_2ⅢⅠ、H_2Ⅱ、H_2Ⅰ三个亚段，核三段分为 H_3Ⅱ、H_3Ⅰ两个亚段，油气勘探的主要目的层为古近系核桃园组的 H_2Ⅱ-H_3Ⅰ亚段。

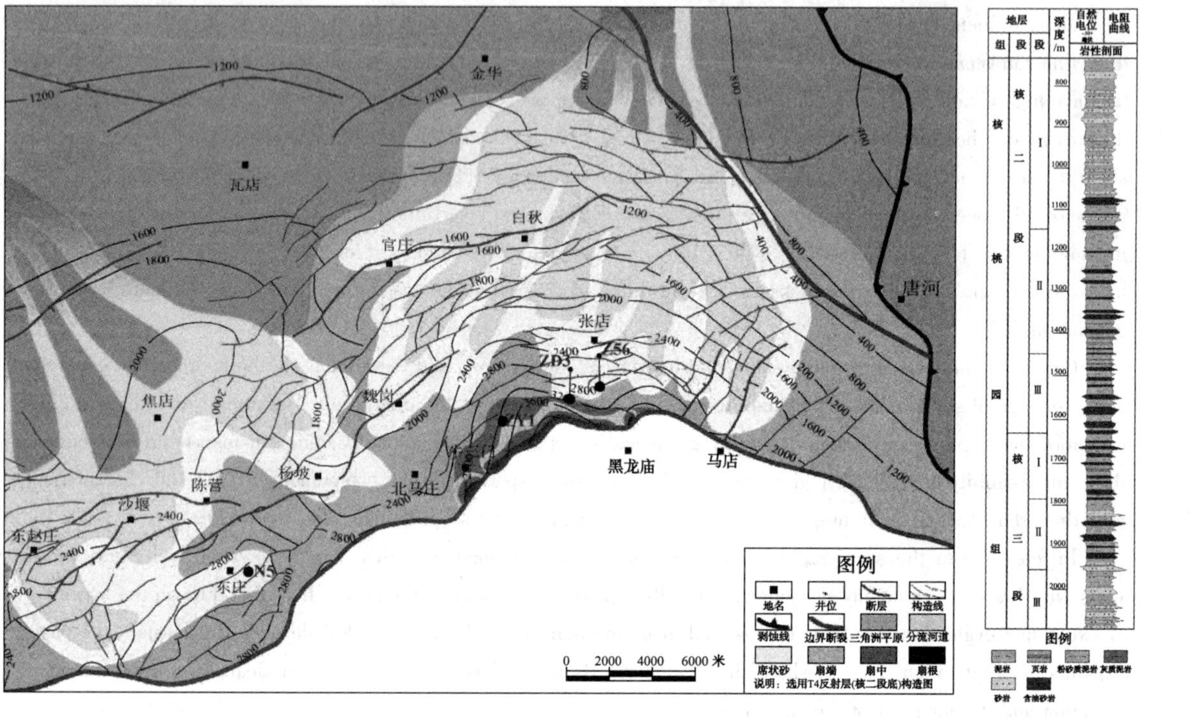

图 1　南阳凹陷构造与沉积相叠合图

南阳凹陷的形成与发展受“之”字型边界控制，在核桃园组沉积时期发育牛三门和东庄两个沉积中心，与北部发育的三角洲沉积体系和南部发育的水下扇沉积体系配置，形成良好的油气成藏组合。由于在沉积过程中注入量大于蒸发和渗漏量，核桃园组沉积期主要为敞流型淡水环境(Sr/Ba 值在 0.26~0.51)，古水体深度浅，沉积相带以滨浅湖—半深湖相为主，深湖相不发育。干旱—湿润古气候及边界断裂持续活动导致湖盆水体低幅度震荡，形成细粒沉积韵律层，主要发育长英质-粘土质混积页岩夹薄层粉砂岩，已钻井揭示油气显示丰富，是页岩油气勘探的有利目标。

2　形成条件

2.1　烃源岩特征

南阳凹陷核桃园组各亚段均有短期基准面上升后的高位域沉积时期，发育多套泥页岩层系，其中核三段晚期至核二段湖盆发育范围最大，最大累计厚度可达 1400 m，纵向上是南阳凹陷烃源岩主要的发育层系。凹陷的沉积中心和沉降中心主要位于牛三门次凹和东庄次凹，烃源岩平面上主要分布于两个次凹内靠近南部边界断层的深凹区(图 2、图 3)。烃源岩有机质类型为Ⅰ-Ⅱ1 型，以还原环境下的藻类为主，其有机显微组分主要为腐泥组和壳质组，其中壳质组发育有一定量的底栖藻无定型体和木栓质体，在生烃期间即可生成轻质油和天然气，有利于油藏的流动和产出。基于连续取心的 260 件样品 Toc、冷冻密闭热解分析结果对烃源岩有机质丰度进行定量表征，其 Toc 含量分布在 0.18%~1.58%，平均值 0.84%，S_1 分布在 0.15~1.23mg/g，平均值 0.46mg/g，上述结果表明南阳凹陷有机质丰度相对较低，但由于有机质类型好，生烃效率相对较高；核桃园组 15 口井 42 件镜质体反射率(R_o)及其对应取样深度的分析结果表明，R_o 值主要分布在 0.5%~1.0%(图 3)，最高热解峰温(Tmax)除少数点外，多数分布在 435 ℃~497 ℃，表明已经进入成熟阶段；R_o 值为 0.7%时对应深度约为 2400m，R_o 值为 0.9%对应深度约为

3200m，因此当泥页岩埋深大于2400m时开始进入大量生油阶段，是页岩油勘探的起始时窗（图4）。总体评价南阳凹陷烃源岩具有厚度大、有机质类型好、丰度低以及中低热演化程度的特点，靠近边界断层的牛三门次凹在核二段底部时的埋深基本大于2400m，是勘探的起始有利层系，而深凹区的埋深普遍大于3000m，热演化程度适中，是页岩油勘探的最有利区带。

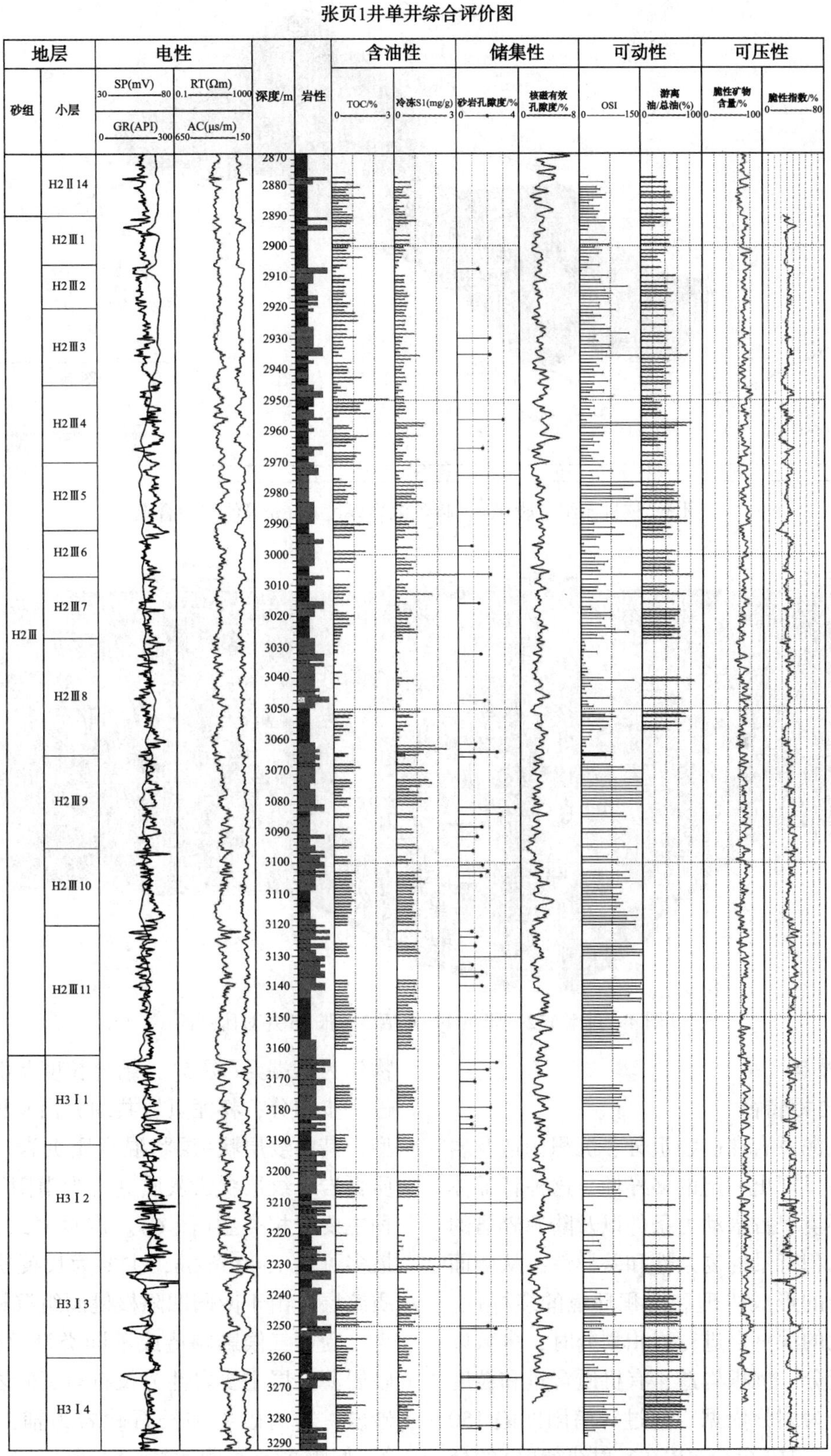

图2　南阳凹陷张页1井核桃园组“四性”特征评价图

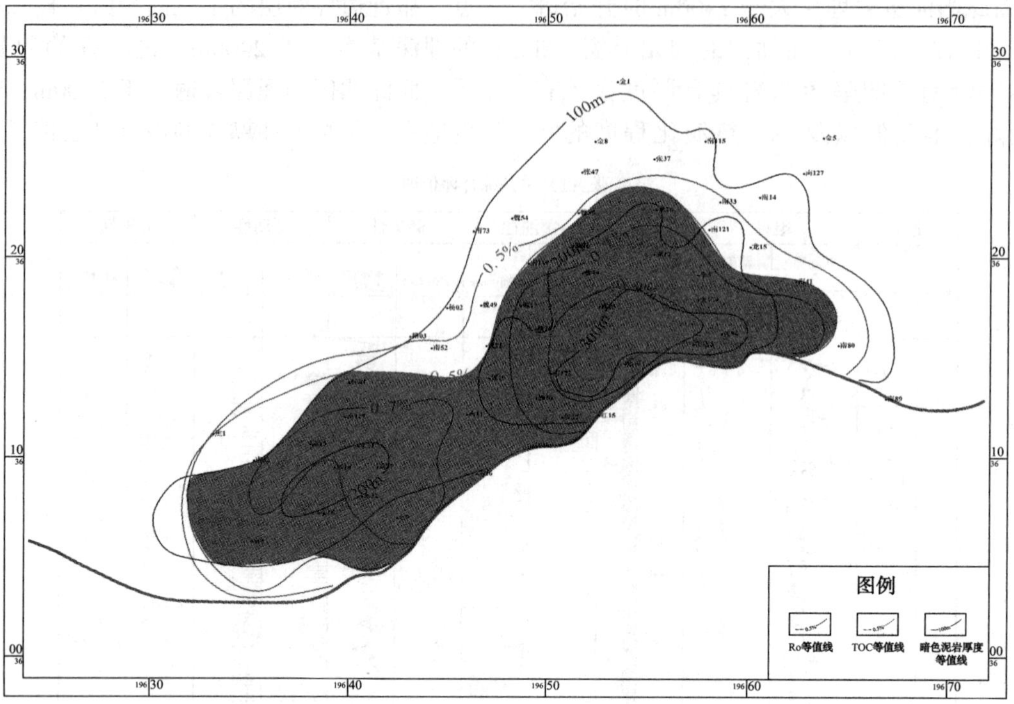

图 3　核桃园组三段 Toc、暗色泥岩厚度和 Ro 等值线叠合图

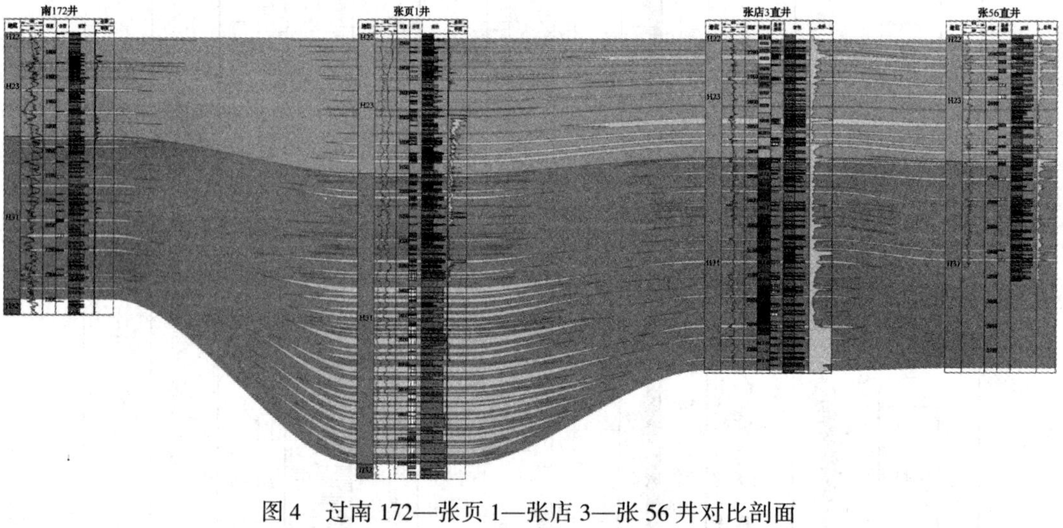

图 4　过南 172—张页 1—张店 3—张 56 井对比剖面

2.2　储集性特征

2.2.1　岩性岩相特征

陆相盆地泥页岩在矿物组分、沉积构造及岩石类型等方面呈现出一定的多样性，这种特征体现了古沉积环境、古水动力条件以及陆源碎屑的供给强度等沉积背景的复杂性和差异性，从侧面反映了泥页岩的形成机理和沉积环境的多样性。国内陆相盆地的泥页岩进行岩相划分时，多数以颜色、矿物组分、沉积构造、有机质含量和粒度等多种参数作为划分依据。通过对南阳凹陷 150 余个薄片鉴定、210 余个 XRD(X 射线衍射)的分析测试数据，粘土矿物、碳酸盐矿物及长英质矿物作为三端元(图 5)，结合粒度及沉积构造进行进一步细分，将泥页岩共划分出 9 种不同岩相类型，其中纹层状-层状混合质页岩、纹层状长英质页岩、纹层状云灰质页岩为南阳凹陷主要的 3 种主要岩相类型(图 6)。泥页岩纹层最为发育，最多可达 1500 条/m，主要为长英质纹层及粘土质纹层。由于南阳凹陷核桃园组沉积期湖盆面积小，受古气候影响造成不同类型纹层频繁互层。砂岩薄夹层主要岩性为长石石英砂岩、岩屑石英砂岩，岩屑砂岩和长石砂岩为辅，岩石分选中等-好为主，磨圆次棱-次圆状，结构成熟度中等；岩石以颗粒支撑为主，胶结方式为孔隙型，

胶结物为泥质或碳酸盐。

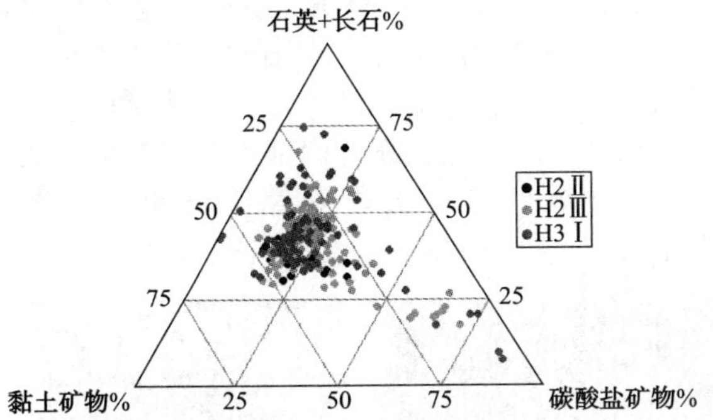

图 5　南阳凹陷核桃园组泥页岩全岩成分三角图

2.2.2　储集空间特征

基于岩心、岩石薄片和扫描电镜观察，南阳凹陷核二段、核三段泥页岩储集空间类型分为基质孔隙和裂缝两种。砂岩夹层储集空间类型以粒间孔、溶蚀孔为主。采用多种方法针对储集物性进行表征，泥页岩不规则样品法分析基质孔隙度介于 0.2%~5.4%，平均 3.1%(n=75)，岩心实测砂岩夹层孔隙度范围 1.3%~6.1%，平均孔隙度 4.6%(n=21)，泥页岩与薄夹层储集物性差异不大，均可以作为油气的储集层，砂岩夹层储集物性好于泥页岩，属于夹层型页岩油含油性和可压性甜点层(图 7)。

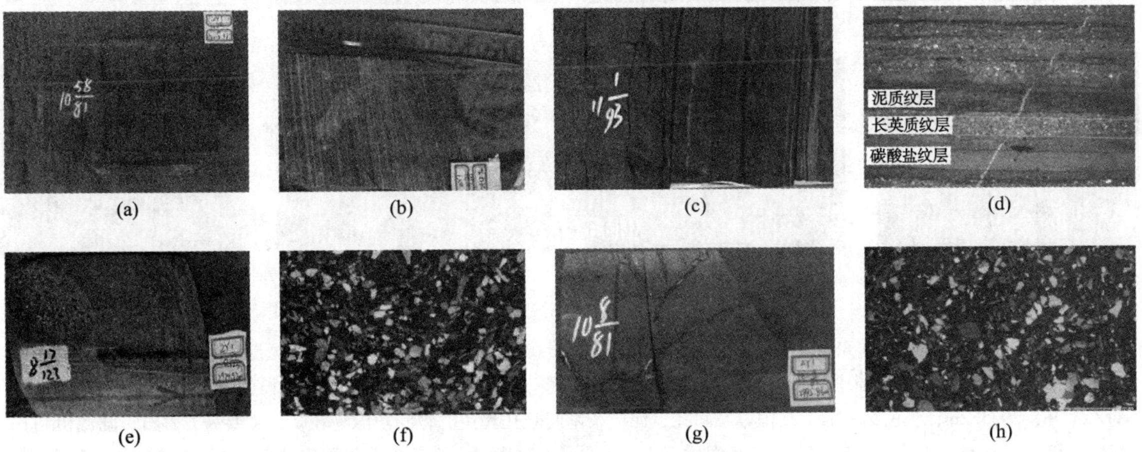

图 6　南阳凹陷核桃园组典型岩心照片

(a)ZY1，3002.9m，灰黑色纹层状混合质页岩；(b)ZY1，2938.4m，灰色纹层状长英质页岩；(c)ZY1，3007.6m，灰黑色纹层状云灰质页岩；(d)ZY1 井 3020.9m 纹层状混合质页岩；(e)ZY1，2977.17m，灰色细砂岩，发育变形构造；(f)ZY1，2974.97m，灰色细砂岩，见一泥质团块；(g)ZY1，2965.98m，粉砂岩，构造缝发育，缝面未充填；(h)ZY1 井，2995.86m，粉砂岩，块状，见多条低角度缝，被方解石充填

泥页岩基质孔隙类型主要以粒间孔、溶蚀孔、黏土矿物晶间孔等无机孔为主，发育少量有机质孔。核二段、核三段处于中成岩阶段 A1-A2 期，成岩演化程度较高，压实作用造成粒间孔的孔径分布在 0.07μm~1.2μm；伊利石、蒙脱石等黏土矿物和黄铁矿发育，矿物颗粒间发育较多的晶间孔，孔径分布以纳米级为主。同时，泥页岩中存在方解石、白云石等碳酸盐矿物，容易受到生排烃阶段形成的有机酸溶蚀，形成溶蚀孔，氩离子剖光扫描电镜下可见白云石形成的纳米级溶蚀孔(图 7)。

南阳凹陷裂缝整体发育程度高，构造缝、层理缝均发育。层理缝主要为粘土质纹层、长英质纹层及云灰质纹层之间的岩石薄弱面形成，岩心观察密度在 200~1500 条/m，薄片观察可到 2000~5000 条/m。构造缝主要分为高角度穿层剪切缝，低角度顺层剪切缝、张性缝。高角度缝的缝长一般在 2~15cm，裂缝密度到 10 条/m，多呈半填充状态，填充物主要为方解石、石英和原油，缝面多见较好油气显示。低角度顺层剪切缝常见明显擦痕和镜面特征，个别见充填方解石，部分缝面见局部显示，岩心观察极为发育。张性缝缝面弯曲，不规则，缝体宽度差异明显，纵向延伸短，部分缝面见不均匀显示(图 8)。

2.3　可动性评价

南阳凹陷 H_3 Ⅰ段-H_2 Ⅱ段热演化 Ro 一般 0.65%-1.0%，其中牛三门次凹及周缘原油密度在 0.84~0.87g/cm^3，多数小于 0.85g/cm^3，属于轻质原油。原油含蜡量 15.09%~58.86%，凝固点 28~58 ℃，含硫量 0~0.28%，胶质、沥青质含量 2.15% ~ 27.92%，黏度一般小于 50mPa·s，具有高含蜡、高凝固点、高析出蜡温度、低含硫的特点。通过对 153 个泥页岩样品的游离油(S_{1-1}+S_{1-2})/总油进行表征，其中 H_2 Ⅱ分布在 26%~56%，平均值 45%(n=29)，H_2 Ⅲ分布在 19%~85%，平均值 49%(n=87)，H_3 Ⅰ

分布在 39%～90%，平均值 63%（n=37），整体上游离油占比中等-高；页岩油藏的气油比适中（5～110m³/t），原油的族组分饱和烃和芳香烃的总量超过 79%，饱和烃/芳香烃比为 2.14，纵向上泥页岩 OSI 随着深度的增加有增大的趋势，H_2Ⅱ泥页岩 OSI 分布在 20～74mg/g，平均值 43mg/g，H_2Ⅲ泥页岩 OSI 分布在 15～142mg/g，平均值 56mg/g，H_3Ⅰ泥页岩 OSI 分布在 9～145mg/g，平均值 59 mg/g，通过上述研究总体评价页岩油可动性中等。南阳凹陷整体为正常地层压力，张店和魏岗地区主体部位地层压力系数在 0.92～1.02，但在靠近南部深凹区有增大的趋势，预测深凹区泥页岩发育段可能存在异常高压。

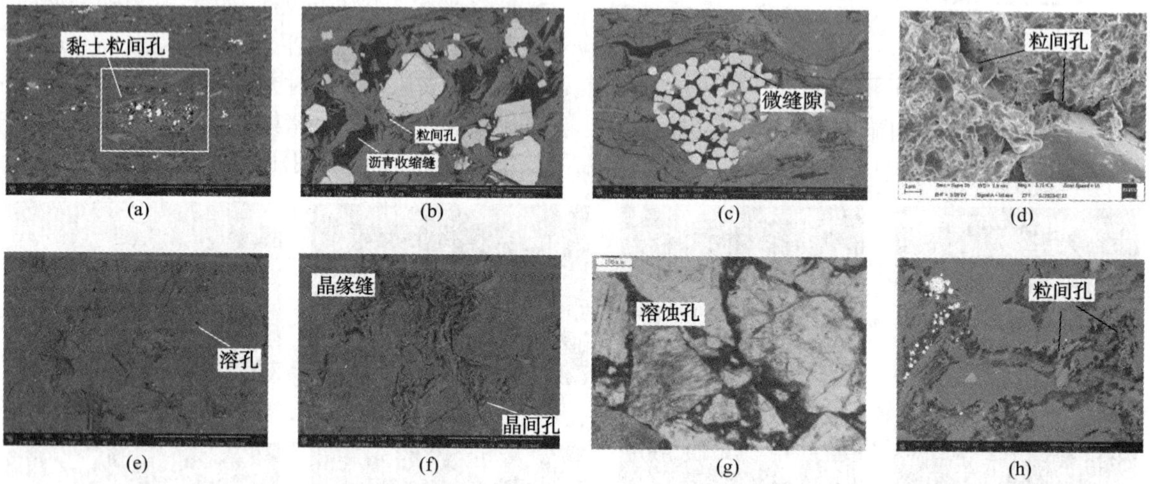

图 7　南阳凹陷核桃园组典型孔隙照片

(a)(b)ZY1 井，2936.88m，灰黑色混合质页岩，无机孔隙发育较好，主要为黏土间微缝隙和残余粒间孔。有机质沥青填充在黏土间孔隙中，沥青内发育少量收缩裂缝；(c)ZY1，32954.38m，纹层状长英质页岩，黄铁矿晶间孔；(d)ZY1 井，2935.2m，灰色细砂岩，孔隙以粒间孔、泥质杂基间微孔为主。粒间填隙物较多，主要为方解石、陆源伊利石。扫描电镜；(e)(f)ZY1 井，2956.30m，灰色泥质云岩，含少量细砂颗粒。白云石自形程度较高，普遍发育含铁环形亮边，发育晶缘缝及少量溶孔。黏土矿物充填堵塞晶间孔，发育黏土矿物间孔隙；(g)南 50 井，石英、长石溶蚀，铸体薄片；(h)ZY1 井，3250.8m，浅灰色细砂岩，黏土矿物和沥青充填粒间孔，黏土矿物片层间孔隙发育。Ar 离子抛光扫描电镜

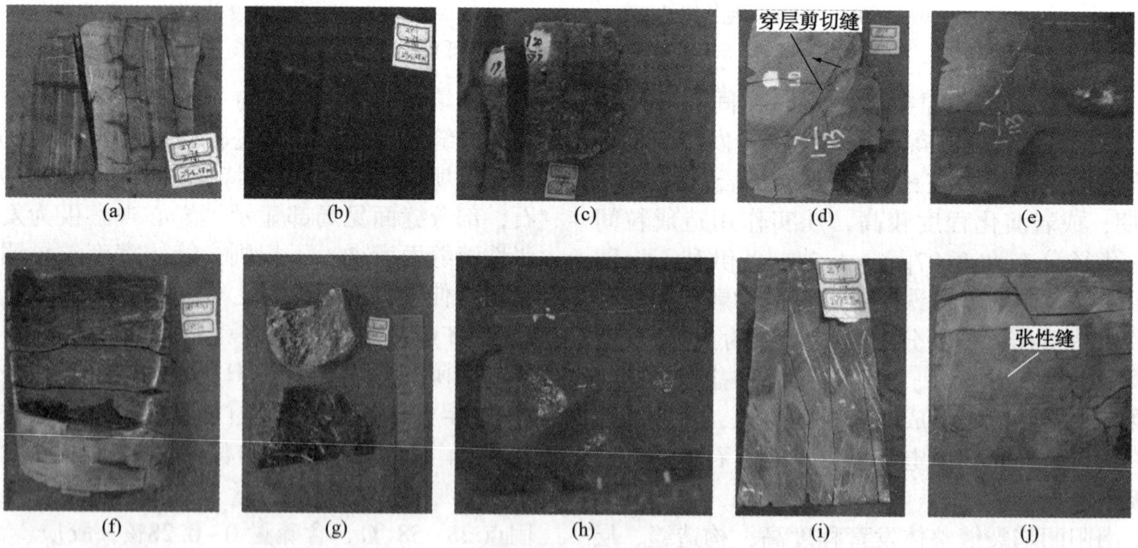

图 8　南阳凹陷核桃园组典型岩心照片

(a)(b)-ZY1 井，H2Ⅱ，2906.38m，不同类型裂缝形成缝网系统，缝面显示较好；(c)ZY1 井，3046.45，深灰色粉砂质泥岩，见波状层理，滑脱变形层理，裂缝发育，见方解石充填，见荧光；(d)(e)-ZY1 井，H2Ⅱ，2878.3m，多条穿层剪切缝构成复杂缝网系统，部分被方解石充填，裂缝内含油；(f)ZY1 井，H2Ⅱ，2897.4m，穿层剪切缝含油；(g)(h)ZY1 井，H2Ⅱ，2879.3m，顺层剪切缝，缝面有擦痕，干照见显示；(i)ZY1 井，H2Ⅱ，2885.91m，顺层剪切缝；(j)ZY1 井，H2Ⅱ，2887.9m，张裂缝与多条层理缝形成复杂缝网系统，缝面呈缝合线状

2.4 可压性评价

对南阳凹陷核桃园组341个泥页岩样品的全岩成分进行统计，结果表明长英质含量分布在18%~58%，平均42%；碳酸盐分布在5%~45%，平均21%；黏土分布在6%~60%，平均37%。统计南阳凹陷21口井223个数据得到页岩黏土矿物，整体看黏土矿物含量较高，伊蒙混层分布在19%~84%，平均57%；伊利石分布在6%~52%，平均30%；高岭石平均5%，绿泥石平均8%，黏土矿物中伊蒙混层的含量随深度增加而降低。针对南阳凹陷核桃园组46个砂岩夹层样品的全岩成分进行统计，结果表明长英质含量分布在18%~75%，平均45%；碳酸盐分布在6%~74%，平均26%；黏土分布在5%~53%，平均29%。岩石力学实验的分析结果显示，核桃园组页岩油有较高的杨氏模量（24.7~41.3GPa）、较小的泊松比（0.23~0.25）、脆性指数（35%~47%），易于在后期压裂过程中形成复杂缝网系统。同时，砂岩薄夹层脆性矿物含量高（70%~82%），属于压裂甜点，易于撕开周围泥页岩层形成复杂缝网，可以在一定程度改善可压性。此外，核桃园组整体发育层理缝、构造缝等天然力学弱面，在一定程度增大了泥页岩的可改造性。

2.5 差异性分析

南阳凹陷的页岩油与苏北盆地和济阳坳陷等国内东部陆相断陷盆地的页岩油相比，具有其独特的特征。苏北盆地的页岩油主要来源于开阔的半咸水湖盆环境，以灰云质和长英质的混积页岩为主；而济阳坳陷的页岩油则主要来自于开阔的咸化湖盆环境，以富灰质的混积页岩为主；南阳凹陷的页岩油则形成于宽浅的淡水湖盆环境，主要由长英质和黏土质的混积页岩组成，同时含有一定的碳酸盐矿物。岩相类型的差异性决定了储集空间类型的差异，南阳凹陷储集空间以无机孔为主，黏土矿物孔和碳酸盐粒内溶孔为主要的孔隙类型，裂缝整体较发育，济阳坳陷主要为碳酸盐晶间孔、溶蚀孔、黏土矿物孔和微裂缝，苏北盆地主要为长英质粒间孔、方解石粒内溶蚀、黏土矿物孔和微裂缝。从源储配置的角度看，南阳凹陷页岩油微观上泥质纹层生烃并向长英质和碳酸盐质纹层聚集（表1）。

表1　东部典型陆相断陷盆地页岩层特征对比（数据来自内部报告）

关键参数	南阳凹陷	泌阳凹陷	苏北盆地	济阳凹陷
盆地性质	淡水	半咸水	半咸水-咸水	半咸水-咸水
岩相类型	长英质-黏土质混积页岩	云灰质-长英质混积页岩	富灰质混积页岩	云灰质-长英质混积页岩
有机质类型	Ⅰ、Ⅱ1	Ⅰ、Ⅱ1	Ⅱ、Ⅲ	Ⅰ、Ⅱ1
TOC/%	0.84	2.3	0.5~2.4	1.5~3.5
Ro/%	0.5~1.0	0.7	0.8~1.1	0.7~1.4
孔隙度/%	砂岩4.6%，泥岩3.1%	3.3	4.2	5.5%
纹层	200~1500条/m	430~1700条/m	22~350条/m	400~2200条/m
黏土矿物/%	37	30	29.5	22.5
脆性矿物含量/%	63	70	70	71.2
游离烃 S_1/(mg/g)	0.15~1.23/0.46	0.14~9.08/2.3	>1.5	>2
压力系数	0.92~1.02	0.9~1.0	1.2~1.3	1.2~1.8
埋深/m	2000~3200	2740~3100	3800~4000	3000~4500

3 页岩油赋存特征

3.1 页岩油类型

南阳凹陷核桃园组岩性以泥页岩为主，本次研究中主要采用岩心数据、全岩数据、有机碳进行源、储的划分和识别，在勘探实践中将泥页岩层段Toc含量大于0.5%、纵向连续厚度大于5m，且岩心观察具有一定的含油性的划分为烃源岩。根据烃源岩厚度占岩相组合体系中的厚度分布和比例进行划分：纯页岩型烃源岩厚度比例大于90%，夹薄砂层型烃源岩厚度比例80%~90%，互层型烃源岩厚度比例小于80%（图9）。源储压差的作用下，油气由压力相对较高的烃源岩向压力较低的储集层中运移。纯页岩型在源储压差的作用下，砂岩夹层往往有较好的油气显示，泥页岩层中油气整体显示也较好；源夹储型烃源岩和储层之间距离较近，并且增大了烃源岩和储层之间的接触面积，形成了近源微运移，在一定程度上有利于烃源岩的高效排烃，同时由于泥页岩生排烃排出有机酸，有机酸进一步溶蚀薄夹层的碳酸盐矿物，改善了夹层的物性，基质孔隙度结果表明夹层物性明显得到改善(图 9)，物性好的夹层捕获油气形成甜点，具有整体含油气的特点，且砂岩夹层较好的改善了可压性；源储互层型相对于其它两种类型，虽然源-储之间的接触面积进一步增大，但烃源岩占比整体较低，油气显示较为一般，且由于砂岩-粉砂岩夹层较厚，造成生排烃时形成的有机酸只能溶蚀厚夹层的顶部和底部物性，厚砂岩中部的储层物性较难有效改善(图 9)。

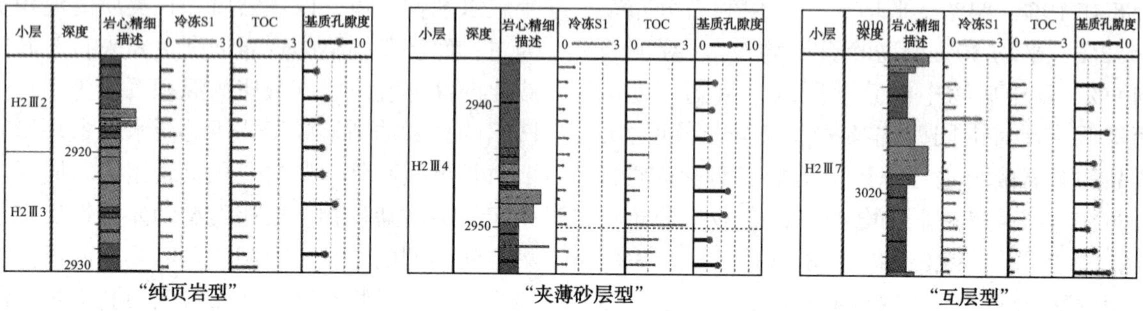

图 9　南阳凹陷页岩层岩相组合

3.2　赋存机制

南阳凹陷核桃园组页岩油在埋深 2400m 以深、Ro=0.7%左右富有机质泥质纹层开始大量生烃，富烃流体首先充满泥质纹层中微纳米级的无机孔隙，再通过层理缝-构造缝为烃类源内运移提供通道，微运移到邻近的长英质纹层、碳酸盐纹层中及砂岩薄夹层中，直至整个页岩体系富含油气。在此过程中，纹层间岩性薄弱面形成的层理缝以及多尺度的构造缝控制了油气的优势渗流通道，影响了油气的富集。

页岩油在泥页岩、砂岩夹层及裂缝中均可赋存，扫描电镜下可见泥页岩中粒间孔、晶间孔、溶蚀孔等见有机质充填，激光共聚焦实验表明轻质油在长英质纹层及泥质纹层中呈不均匀分布，具有明显的顺层分布的特点，砂岩夹层中轻质油含油体积较重质油高，含油总体积较泥页岩高，轻质油主要分布在粒间孔隙中；裂缝的赋存特征相对复杂，构造缝显示优于层理缝、高角度缝显示优于低角度缝、多成因复杂缝网显示优于单一缝(图 10)。

图 10　南阳凹陷页岩油赋存特征镜下照片

(a)激光共聚焦照片，黏土纹层和长英质纹层呈不等厚互层，2904.72m；(b)激光共聚焦照片，富含陆源碎屑的长英质纹层含油性优于黏土质纹层，2904.72m；(c)粒间孔、粒内孔间见油膜，2954.38m；(d)浅灰色细砂岩，整体荧光显示程度强，3228.38m；(e)浅灰色含砾中砂岩，云母类碎片呈定向分布，3249.92m；(f)烃类物质分布不匀，主要分布在粒间孔隙中，3249.92m；(g)灰黑色层状页岩，高角度缝见原油，2881.81m；(h)灰黑色纹层状页岩，整体荧光显示程度中等，裂缝周围见荧光显示，2892.66m

3.3　赋存模式

南阳凹陷泥页岩中粉砂岩纹层、泥质纹层发育多尺度基质孔隙，砂岩薄夹层发育粒间孔、粒内孔，与多级次裂缝共同构成复杂的无机孔(主要)-有机孔(次要)-缝网络系统，具有良好储集性能及渗流能力。源-储压差为烃类源内运移提供动力，层理缝-构造缝为既是烃类源内赋存的主要储集空间，又是烃类运移的通道，同时微纳米孔喉系统为油气聚集提供空间，在物性好的砂岩薄夹层及泥页岩中共同聚集(图11)。总体上，南阳凹陷页岩油具有“泥生、全储、纹层和缝控渗”的赋存模式。

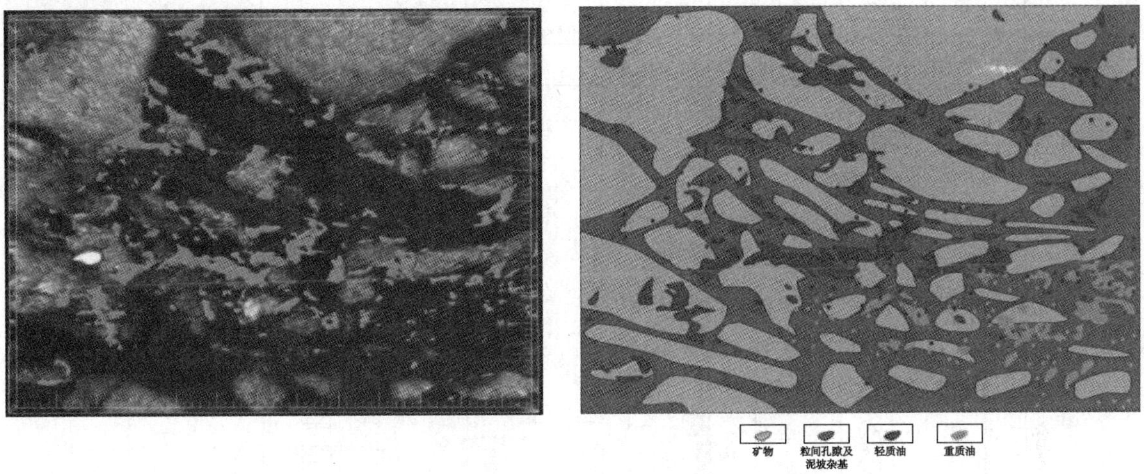

图11　砂岩夹层粒间孔中游离油赋存特征及模式

4　富集因素分析

4.1　淡水湖盆浅湖相发育、油气滞留丰富是页岩油气富集的基础

南阳凹陷为东部陆相小型断陷淡水湖盆，具有水体浅、以滨浅湖—半深湖相为主且易受古气候影响导致湖盆低幅度频繁震荡形成细粒沉积韵律层的特点。三角洲外前缘席状砂或滨浅湖薄层砂，单层厚度1m~2m，与生烃泥页岩横向对接、纵向叠置，泥地比介于80%~90%，源储耦合关系有利(图12)，在源内形成典型的页岩油，其中泥页岩、砂岩夹层中均见到良好油气显示。由于生烃中心砂体不发育，造成南阳凹陷生油区滞留油气丰富。

4.2　烃源岩的品质好、热演化程度适中是页岩油富集的关键

页岩油具有源储一体的特征，烃源岩的品质决定了页岩油的富集。南阳凹陷页岩层在核二段、核三段Ro为0.5%~1.2%，热演化程度适中，有利于生烃。有机质类型主要为II_1干酪根，生排烃模拟实验研究表明，在Ro为0.7%左右即可大量生烃，整体生烃转换率高，在有机显微组分以腐泥组和壳质组为主，其中壳质组发育有一定量的底栖藻无定型体和木栓质体，在生烃期间即可生成轻质油和天然气，有利于油藏的流动和产出。对比不同岩相类型泥页岩含油性表明纹层状混合质泥页岩含油性好，排烃效率最高。

4.3　烃源岩中长英质纹层及砂岩夹层的发育有利于高效排烃、促进高效生烃

荧光薄片表明，长英质纹层的显示较黏土质纹层好(图13a，图13b)，从岩心尺度也可以看出厚层层状页岩中间的砂岩夹层通常显示较好(图13c，图13d)，纵向上张页1井“氯仿沥青A/Toc、烷烃/ Toc”随深度演化图可以看出，上述指标向着砂岩夹层方向并不是一直减小的，反而有所增大，说明烃源岩越靠近砂岩夹层，转化程度越高，意味着泥页岩中夹有薄层的砂岩的源储组合生油条件比厚层泥页岩更为优越，前人在济阳坳陷、鄂尔多斯盆地均发现了类似规律。

本次研究中尝试针对这种现象进行成因解释，主要有两个原因，首先前期通过泌阳凹陷不同岩相组合类型的生排烃模拟实验证明了富黏土的块状泥岩在生油窗内可大量生油，但排油能力弱，滞留油可动性低；而混合质页岩上下夹薄层粉砂岩的岩相组合模式整体生排烃效率均较高，南阳凹陷与泌阳凹陷属于同一盆地，其生排烃效率推测应该具有一定的相似性；其次长英质纹层及砂岩夹层的主要成分为长英质矿物，一方面长英质矿物作为刚性骨架颗粒，粒间孔较为发育，紧邻的黏土质纹层生烃后通过近源运移到长英质

纹层富集，在此过程中黏土质纹层的烃类一直处于“欠饱和”状态，在一定程度上促进生烃并且提高了生排烃效率；另一方面，石英抗压实作用强，有利于孔隙的保存，长英质矿物与碳酸盐矿物与呈现此消彼长的关系，长英质矿物含量高会导致碳酸盐矿物含量减少，而碳酸盐矿物胶结作用较强，会充填部分孔隙空间，对储集性造成不利影响。

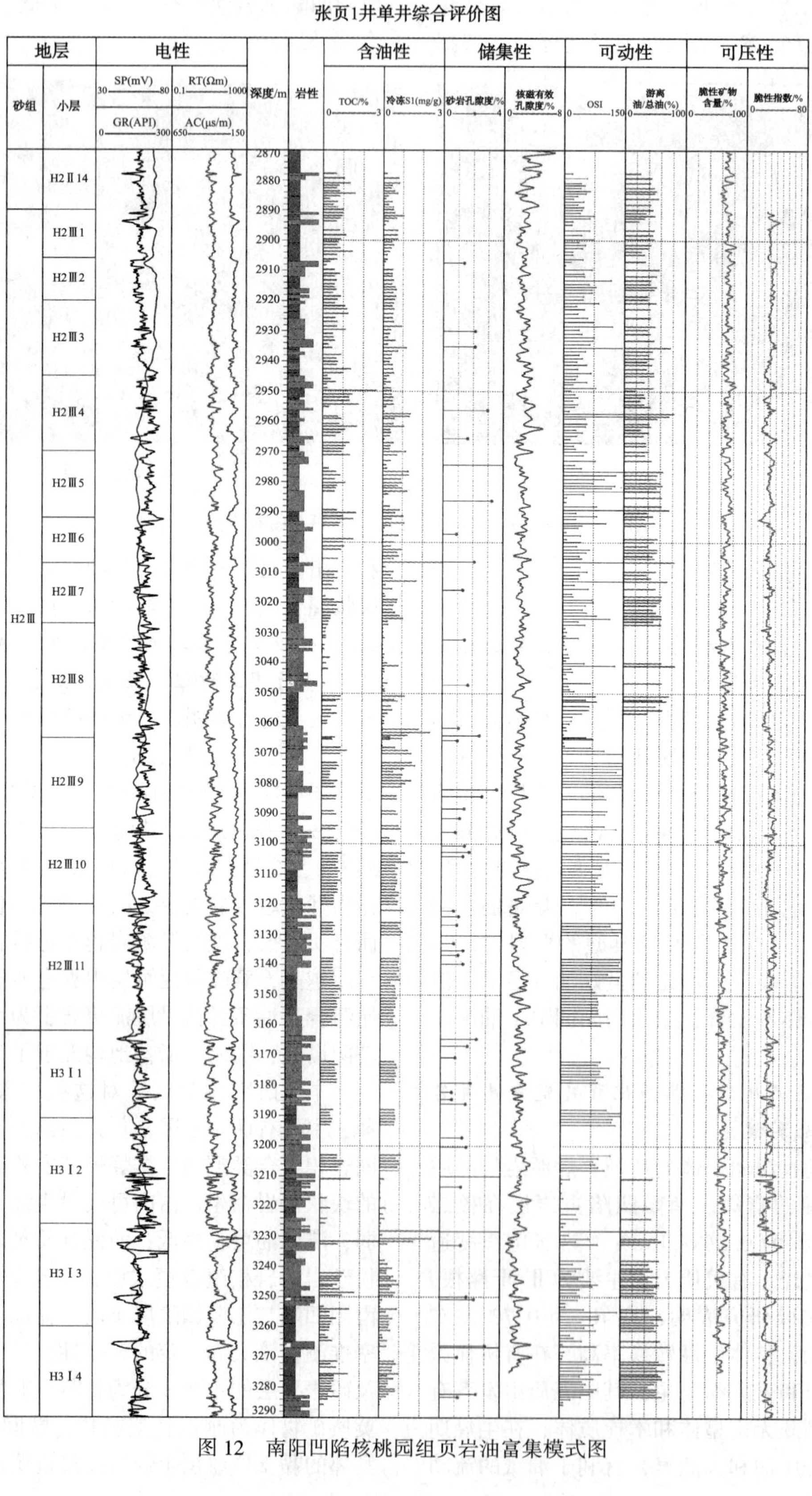

图 12　南阳凹陷核桃园组页岩油富集模式图

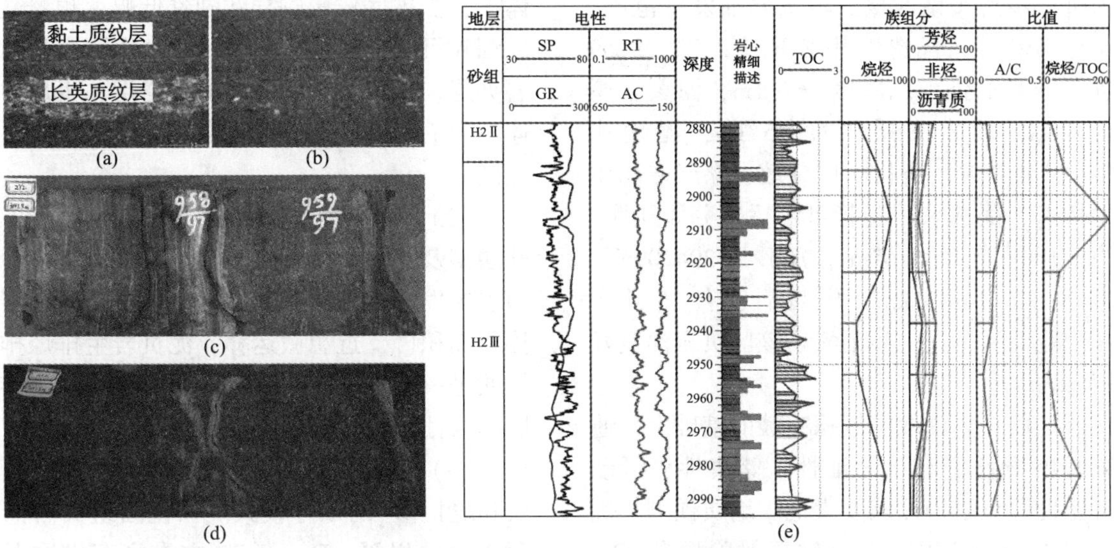

图 13　南阳凹陷核桃园组典型照片与张页 1 井有机质指标随深度变化图

(a)张页 1 井，2971.1m，纹层状混合质页岩(+)，长英质纹层与黏土质纹层互层；(b)张页 1 井，2971.1m，荧光薄片，长英质纹层显示较好；(c)(d)张页 2 井，3047.8m，层状页岩夹砂岩夹层，砂岩夹层中荧光干照见亮黄色显示；(e)张页 1 井有机质指标随深度变化图

5　勘探潜力分析

5.1　资源潜力

根据沉积旋回变化、岩性、岩相组合，结合测井响应特征，综合地震标定可识别、工程压裂需求等，将牛三门次凹划分了 H_2Ⅱ下、H_2Ⅲ上、H_2Ⅲ下、H_3Ⅰ上、H_3Ⅰ中及 H_3Ⅰ下 6 套主力页岩层段，确定各层段优质页岩层分布面积在 $41.3km^2$～$60.5km^2$，厚度在 30～120m。综合泥页岩发育情况、有利岩相、烃源岩地化指标等，参照页岩油“甜点”评价标准，以 TOC 大于 0.5%，Ro 大于 0.5%，S_1大于 0.5mg/g，泥地比大于 80%，确定各层段有利区范围在 $36.8km^2$～$50.1km^2$，叠合面积 $72.1km^2$，按照中石化页岩油储量估算规范，采用容积法计算总资源量 2.01×10^8 t。

5.2　目标优选及部署

针对牛三门次凹周缘有利区带，对比评价了魏岗、张店两个富油区块，认为张店鼻状构造南部紧邻牛三门凹陷区，三角洲前缘席状砂和滨浅湖薄层砂体与烃源岩对接，源储耦合条件好，为首选勘探目标区。按照常非兼顾的思路，结合该区地层产状，在张店鼻状构造部署大斜度定向井 ZD3 井。该井 E_2h_3Ⅰ段钻厚 578m，最大井斜达 70°以上，测井解释以干层和差油层为主，气测显示较好，全烃值在 1.9%～62.1%，平均 10.5%(图 12)。

根据该井气测、泥页岩及砂岩夹层发育情况，结合地层敏感性特点，共选取两套试油层。第一试油层为 E_2h_3Ⅰ14～16 小层，总厚度 95.5 m，泥页岩厚度 76.9 m，砂岩夹层厚度 18.6 m，泥地比 80.5%。针对该层段单层多，厚度薄、井斜角大等特点，选用油管压裂方式，采用“多薄层限流射孔+暂堵转向+体积压裂”的压裂工艺，同时针对该区原油高含蜡、高凝固点的特点，利用层内自生 CO_2预处理改善原油流动性；针对储层高黏土矿物含量，具中等水锁伤害、弱碱敏的特征，优化采用防水锁中性压裂液体系，降低储层伤害。该井累计注入压裂液 $1864.95m^3$，加砂量 $93.22m^3$，排量 5～$8m^3/min$，压后获日产 5.21 t 工业油流，实现了南阳凹陷页岩油的勘探突破。

在第一试油层取得压裂成功的基础上，优选该井 E_2h_3Ⅰ1～13 小层作为第二试油层，该层段总厚度 431.1m，泥页岩厚度 345.1m，砂岩夹层厚度 86.0m，泥地比 80.1%。针对第一试油层压裂存在的施工排量受限、加砂规模偏小、压裂液成本高等问题，第二试油层改用套管压裂方式和一体化压裂液体系，同时提高加砂量，按照“套管可溶桥塞+分段分簇体积压裂”压裂模式，改善压裂效果。该段累计注入压裂液 $9321.92m^3$，加砂量 $659.04m^3$，施工排量 8～$14m^3/min$，压后获日产 8.95t 工业油流。

为进一步落实该区核三段页岩油发育范围，加深钻探 Z56 井，优选该井 E_2h_3 Ⅰ 2、3、8、9 小层进行压裂试油，总厚度 265.1m，泥页岩厚度 220.0 m，砂岩夹层厚度 45.1m，泥地比 83.0%。针对该井压裂目的层分散、储层非均质性强的特点，优选采用套管可溶桥塞分段压裂，累计注入压裂液 4705.65m^3，加砂量 394.09m^3，施工排量 8～14m^3/min，压裂后获峰值日产 19.17t 工业油流，进一步证实了该区页岩油良好的勘探潜力。

在核三段页岩油取得勘探突破的基础上，通过系统开展岩性岩相、含油性、储集性、可动性、可压性等页岩油甜点要素地震地质预测，优选牛三门次凹中心区，部署钻探风险探井 ZY1 井。该井设计为直井，在 E_2h_2 Ⅱ～E_2h_3 Ⅰ 段钻遇 520 m 良好油气显示，综合解释页岩油甜点层 390m，综合优选 2916.2 m～3266.2 m 井段(E_2h_2 Ⅲ～E_2h_3 Ⅰ)作为试油层段(图 12)，总厚度 350 m，泥页岩厚度 282.9m，砂岩夹层厚度 67.1m，泥地比 80.8%。针对该井压裂段基质物性差、压裂段跨度大、天然裂缝发育的特点，借鉴张店 3 和张 56 井成功做法，以多簇限流大规模改造压裂模式，累计注入液量 8070.47m^3，加砂量 813.91m^3，施工排量 2～14 m^3/min，压裂后获日产 11.31 t 工业油流。示踪剂分析表明，ZY1 井产油超 80%来自核二段泥页岩和薄砂岩夹层，标志着南阳凹陷核二段页岩油实现了新层系突破。

ZD3 井、Z56 井、ZY1 井相继取得成功，突破了淡水湖盆页岩油中低丰度(TOC<1%)甜点评价标准下限，揭示了毫米-米级薄粉砂夹层页岩油具有层缝发育、脆性好的典型特征，有利于页岩油规模富集，拓展了页岩油勘探类型。勘探实践表明了南阳凹陷页岩油定向斜井、直井压裂均可获得工业产能。通过不断改进和优化压裂工艺，钻井和压裂费用从长水平井的近亿元降至两千万元以内，大幅度降低勘探开发成本。下步将针对新部署的页岩油井深入评价并优选甜点层段，评估水平井部署实施方案可行性，实现单井产量的进一步提高，为页岩油资源有效动用奠定基础。

6 结论

（1）南阳凹陷为东部陆相断陷淡水湖盆，水体浅，受古气候影响导致湖盆低幅度频繁震荡形成细粒沉积韵律层，大范围发育泥页岩与薄粉砂岩夹层，形成大面积分布的页岩层，生烃中心砂体不发育，中丰度烃源岩大量生烃滞留于生烃区。

（2）南阳凹陷核桃园组具有纯页岩型、夹薄砂层型及互层型三种页岩油类型，以夹薄砂层型为主要发育类型，夹薄砂层型烃源岩和储层之间接触面积广，近源微运移，泥页岩生排烃排出有机酸进一步溶蚀薄夹层的碳酸盐矿物，改善了夹层的物性，物性好的夹层捕获油气形成甜点。

（3）南阳凹陷页岩油具有“泥生、全储、纹层和缝控渗”的赋存模式。核桃园组页岩油在埋深 2400m 以深、Ro＝0.7%左右富有机质泥质纹层开始大量生烃，富烃流体首先充满泥质纹层中微纳米级的无机孔隙，再通过层理缝-构造缝为烃类源内运移提供通道，微运移到邻近的长英质纹层、碳酸盐纹层中及砂岩薄夹层中，直至整个页岩体系富含油气。

（4）良好的烃源岩品质、适中的热演化程度、纹层状页岩岩相、薄夹层发育是陆相断陷淡水湖盆页岩油富集的主控因素。其中薄夹层由于长英质含量高，不仅可作为脆性甜点，也提供了相对有利的储集空间，有利于烃源岩的高效排烃和持续生烃。

（5）南阳凹陷发育 6 套页岩油勘探层系，页岩油资源量 2.01×10^8t。通过实施直井、大斜度井及不同的压裂工艺均试获工业油流，在核二段、核三段均取得重要突破，2024 年落实新增预测储量规模 5 000×10^4t，成为河南油田增储上产的重要接替领域。

参 考 文 献

[1] 郭旭升，马晓潇，黎茂稳，等．陆相页岩油富集机理探讨[J]．石油与天然气地质，2023，44(6)：1333-1349.

[2] 马永生，蔡勋育，赵培荣，等．中国陆相页岩油地质特征与勘探实践[J]．地质学报，2022，96(1)：155-171.

[3] 杜金虎，胡素云，庞正炼，等．中国陆相页岩油类型、潜力及前景[J]．中国石油勘探，2019，24(5)：560-568.

[4] 郭秋麟，米石云，张倩，等．中国页岩油资源评价方法与资源潜力探讨[J]．石油实验地质，2023，45(3)：402-412.

[5] 王建，郭秋麟，赵晨蕾，等．中国主要盆地页岩油气资源潜力及发展前景[J]．石油学报，2023，44(12)：2033-2044.

[6] Cao Hairen, Zou Yanrong, Lei Yan, et al. Shale oil assessment for the Songliao Basin, northeastern China, using oil generation-sorption method [J]. Energy & Fuels, 17, 31(5): 4826-4842.

[7] Liang Chao, Cao Yingchang, Jiang Zaixing, et al. Shale oil potential of lacustrine black shale in the Eocene Dongying Depression: implications for geochemistry and reservoir characteristics [J]. AAPG Bulletin, 2017, 101 (11): 1835-1858.

[8] Chen Guohui, Lu Shuangfang, Zhang Junfang, et al. Estimation of enriched Shale oil resource potential in E2s4L of Damintun Sag in Bohai Bay Basin China [J]. Energy & Fuels, 2017, 31(4): 3635-3642.

[9] 付茜，刘启东，刘世丽，等．苏北盆地高邮凹陷古近系阜宁组二段页岩油成藏条件分析[J]．石油实验地质，2020，42(4)：625-631.

[10] CUI Jingwei, LI Seen, MAO Zhiguo. Oil-bearing heterogeneity and threshold of tight sandstone reservoirs: A case study on Triassic Chang 7 member, Ordos Basin [J]. Marine and Petroleum Geology, 2019, 104: 180-189.

[11] JIANG Shu, CHEN Lei, WU Yue, et al. Hybrid layering of Upper Triassic Chang 7 lacustrine source rocks in the interlayer of Yanchang Formation, Ordos Basin, China [J]. Journal of Petroleum Science and Engineering, 2017, 159: 182-196.

[12] WANG Xiao, HE Sheng, GUO Xiaowen, et al. The resource evaluation of Jurassic shale in the northern Fuling area, eastern Sichuan Basin, China [J]. Energy & Fuels, 2018, 32(2): 1213-1222.

[13] Zhang Guoyin, Wang Zhizhang, Guo Xuguang, et al. Characteristics of lacustrine dolomitic rock reservoir and accumulation of tight oil in the Permian Fengcheng formation, the west ern slop of the Mahu Sag, Junggar Basin NW China [J]. journal of Asian Earth Science, 2019, 178: 64-80.

[14] 范谭广，徐雄飞，范亮，等．三塘湖盆地二叠系芦草沟组页岩油地质特征与勘探前景 [J]．中国石油勘探，2021，26(4)：125-136.

[15] 刘惠民．济阳坳陷古近系页岩油地质特殊性及勘探实践--以沙河街组四段上亚段—沙河街组三段下亚段为例[J]．石油学报，2022，43(5)：581-594.

[16] 付金华，牛小兵，李明瑞，等．鄂尔多斯盆地延长组7段3亚段页岩油风险勘探突破与意义[J]．石油学报，2022，43(6)：760-769，787.

[17] 支东明，唐勇，杨智峰，等．准噶尔盆地吉木萨尔凹陷陆相页岩油地质特征与聚集机理[J]．石油与天然气地质，2019，40 (3)：524-534.

[18] 杨智峰，唐勇，郭旭光，等．准噶尔盆地玛湖凹陷二叠系风城组页岩油赋存特征与影响因素[J]．石油实验地质，2021，43(5)：784-796.

[19] 何文渊，柳波，张金友，等．松辽盆地古龙页岩油地质特征及关键科学问题探索[J]．地球科学，2023，48(1)：49-62.

[20] 姚红生，昝灵，高玉巧，等．苏北盆地溱潼凹陷古近系阜宁组二段页岩油富集高产主控因素与勘探重大突破[J]．石油实验地质，2021，43(5)：776-783.

[21] 赵贤正，周立宏，蒲秀刚，等．歧口凹陷歧北次凹沙河街组三 段页岩油地质特征与勘探突破[J]．石油学报，2020，41(6)：643-657.

[22] 蒲秀刚，时战楠，韩文中，等．陆相湖盆细粒沉积区页岩层系 石油地质特征与油气发现——以黄骅坳陷沧东凹陷孔二段为例[J]．油气地质与采收率，2019，26(1)：46-58.

[23] 胡东风，魏志红，刘若冰，等．湖相页岩油气富集主控因素与勘探潜力——以四川盆地涪陵地区侏罗系为例[J]．天然气工 业，2021，41(8)：113-120.

[24] 付金华，李士祥，郭芪恒，等．鄂尔多斯盆地陆相页岩油富集条件及有利区优选[J]．石油学报，2022，43(12)：1702-1716.

[25] 金之钧，王冠平，刘光祥，等．中国陆相页岩油研究进展与关键科学问题[J]．石油学报，2021，42(7)：821-835.

[26] 孙龙德，赵文智，刘合，等．页岩油"甜点"概念及其应用讨论 [J]．石油学报，2023，44(1)：1-13.

[27] 宋明水．济阳坳陷页岩油勘探实践与现状 [J]．油气地质与采收率，2019，26(1)：1-12.

[28] 刘惠民．济阳坳陷页岩油勘探实践与前景展望[J]．中国石油勘探，2022，27(1)：73-87.

[29] 朱相羽，段宏亮，孙雅雄．苏北盆地高邮凹陷古近系陆相页岩油勘探突破及意义[J]．石油学报，2023，44(8)：1006-1221，1257.

[30] 云露，何希鹏，花彩霞等．苏北盆地溱潼凹陷古近系陆相页岩油成藏地质特征及资源潜力[J]．石油学报，2023，44(01)：176-187.

[31] 夏东领，胡望水．南襄盆地中、新生代构造沉降史分析与构造演化[J]，石油天然气学报，2010，32(1)：17-21.

[32] 付志方，张本书，昝新．南阳凹陷层序地层学研究[J]，石油物探，2004，43(3)：283-287.

[33] 林一鹏，韩登林，邓远等．成藏动力对页岩油气聚集的影响——以准噶尔盆地吉木萨尔凹陷芦草沟组为例[J/OL]．沉积学报，1-17.
[34] 姜福杰，胡美玲，胡涛等．准噶尔盆地玛湖凹陷风城组页岩油富集主控因素与模式[J]．石油勘探与开发，2023，50(04)：706-718.
[35] 刘雅利，张顺，刘惠民，等．断陷盆地陡坡带富有机质页岩基本特征及勘探前景——以济阳坳陷为例[J]．中国矿业大学学报，2021，50(6)：1108-1118.
[35] 黄振凯，刘全有，黎茂稳，等．鄂尔多斯盆地长 7 段泥页岩层系排烃效率及其含油性[J]．石油与天然气地质，2018，39(03)：513-521+600.
[37] 刘喜武，刘宇巍，刘志远，等．陆相页岩油甜点地球物理表征研究进展[J]．石油与天然气地质，2019，40(3)：504-511.
[38] 刘喜武，刘宇巍，郭智奇．陆相页岩油关键甜点要素地球物理表征技术[J]．地球物理学进展，，2022，37(4)：1576-1584.

页岩气井生产制度优化研究及实践

刘若林[1,2]　张　庆[1]　袁翠平[1,2]　陈　佳[1,2]　钟思存[1]　王　滢[1]　王自明[1]　陈　涛[2]

（1. 中国石油川庆钻探工程有限公司地质勘探开发研究院；2. 四川越盛能源集团有限公司）

摘　要　长宁~威远页岩气示范区目前已进入快速上产阶段，但部分前期投产井产量递减较快、产能低于预期，生产方式及生产制度优化亟待深入研究。页岩气井普遍具有初期产量高、递减快，后期生产时间长、日产气量低的特征。初期产能高低是能否获得到较好开发效益的关键，为更好发挥气井产能、延长较高产量生产时间，有必要分析投产初期生产制度的合理性。本文分析了威远 W202+W204 井区页岩气井产能特征及主要影响因素，以数值模拟、产量~压降曲线图判别法等两种方法验证了放压和控压两种生产方式对单井产能及 EUR 的影响，数值模拟方法显示储层存在应力敏感时稳产时间变短，20 年累产气量相差 18.6%，应力敏感对生产的影响较明显；产量递减率~产量归一化压降曲线考虑了气井变压-变产生产特征，通过处理和对比典型井和新投产井，认为曲线特征偏左下的井可能受生产制度控制不合理引起储层应力敏感效应导致渗透率下降、产能损失，该方法与采用产量单一标准相比，对于准判定生产制度适应性更好。本文验证了气井产能与生产制度的适应性，总结了排液初期制度调整原则，提出了投产后合理生产制度快速实用的判别方法及调整思路。本文提出的生产制度评价方法及制度调整原则对其他区块页岩气井生产调整优化有借鉴意义。

关键词　页岩气井；产能影响因素；生产方式；生产制度评价；生产制度优化

Research and Practice on Optimizing the Production System of Shale Gas Wells

Liu Ruolin[1,2]　Zhang Qing[1]　Yuan Cuiping[1,2]　Chen Jia[1,2]　Zhong Sicun[1]
Wang Ying[1]　Wang Ziming[1]　Chen Tao[2]

(1. Geological Exploration and Development Research Institute of China Petroleum Chuanqing Drilling Engineering Co., Ltd; 2. Sichuan Yuesheng Energy Group Co., Ltd)

Abstract　The Changning Weiyuan shale gas demonstration zone has entered a rapid production stage, but some of the early production wells have experienced rapid decline in production and lower than expected capacity. The optimization of production methods and systems urgently needs further research. Shale gas wells generally have the characteristics of high initial production, rapid decline, long later production time, and low daily gas production. The initial production capacity is the key to achieving good development benefits. In order to better utilize the production capacity of gas wells and extend the production time of higher output, it is necessary to analyze the rationality of the production system in the early stage of production. This article analyzes the production characteristics and main influencing factors of shale gas wells in the W202+W204 well area of Weiyuan. Two methods, numerical simulation and production pressure drop curve discrimination, were used to verify the effects of pressure relief and control on single well production capacity and EUR. The numerical simulation method showed that when the reservoir is stress sensitive, the stable production time becomes shorter, and the cumulative gas production over 20 years differs by 18. 6%. Stress sensitivity has a more significant impact on production; The production decline rate ~ normalized pressure drop curve of production considers the production characteristics of gas wells with variable pressure and production. By processing and comparing typical wells and newly put into production wells, it is believed that wells with curve characteristics biased towards the lower left may be affected by unreasonable production system control, leading to reservoir stress sensitivity effects and permeability reduction and production capacity loss. Compared with using a single production standard, this method has better adaptability for accurately determining production systems. This article verifies the adaptability of gas well production capacity and production system, summarizes the principles of adjusting the system in the early stage of liquid discharge, and proposes a fast and practical method for distinguishing and adjusting the reasonable production system after production. The production system evaluation method and system adjustment principles proposed in this article have reference significance for the production adjustment and optimization of shale gas wells in other blocks.

Key wordst　Shale gas wells; factors affecting production capacity; production methods; evaluation of production systems; and optimization of production systems

四川盆地川南页岩气近两年内相继获得高产页岩气井，快速上产的条件成熟，但多数气井开发生产时间较短，部分前期投产井产量递减较快、产能低于预期，生产方式及生产制度优化亟待深入研究。页岩气的生产制度受地质条件、压裂改造、井筒条件、地面集输系统、开发方式、销售及需求等多因素影响。总体上，页岩气井生产方式分为放压生产和限产控压的生产方式，美国 Barnett、Marcellus 等多数页岩气田采用放压生产，长宁~威远页岩气田也借鉴这些气田开发经验，目前主要采用大压差生产；国外 Haynesville 页岩气田的 Petrohawk 公司开发的区块采取井口限制生产延缓产量递减，国内涪陵页岩气田、昭通页岩气采取定产控压生产。尽管目前多数页岩气井采取放压或者大压差的生产方式，但近年来国内对于页岩气井的开发研究表明储层及裂缝的应力敏感对于气井 EUR 的负面影响不容忽视。本文对威远页岩气井的产能特征、主要影响因素进行了总结，总结了排液初期制度调整原则及实际应用情况，提出了投产后基于典型井对比的合理生产制度判别方法及制度调整思路。

1　页岩气井生产模拟及生产制度分析

1.1　生产模拟分析

页岩气储层通常为异常高压储层，岩石颗粒弹性膨胀变形造成应力敏感效应，而且当孔隙压力衰竭、有效应力增加，裂缝逐渐闭合，压裂砂破碎、嵌入岩石引起渗透率降低，因此储层和人工裂缝均存在应力敏感。页岩气藏在经过大规模水力压裂所形成的复杂缝网是强应力敏感的渗流通道，过高的压差生产往往意味着井周形成大的生产压差，造成井周有效应力急剧升高。这首先会导致最强应力敏感的无支撑缝网区域的迅速闭合，接着触发弱支撑缝网区域压差进一步升高引起中等应力敏感的弱支撑缝网闭合，最后强支撑缝网也会因为有效应力超过支撑剂抗压强度极限而导致支撑剂压实或嵌入破坏而丧失部分导流能力。因此，实际生产过程中应考虑储层和水力压裂缝网的应力敏感性，尤其是在强应力敏感储层的页岩气井，过高定产会引发更快的生产递减，导致中长期累计产气量的减少。

采用数值模拟方法研究储层应力敏感对生产的影响，利用 IHS-RTA 软件中数值模型模块建立页岩气多级压裂水平井数值模型，模型参数参照威远页岩气区块(表 1)，目前公开发表文献调研未见威远龙马溪组页岩气储层的应力敏感实验结果，本文借用涪陵龙马溪组页岩储层应力敏感实验研究结果设置应力敏感特性，模拟是否存在应力敏感对生产影响情况。

表 1　页岩气多级压裂水平井数值模型参数表

参数名	参数值
原始地层压力/MPa	35
地层温度/K	380
储层厚度/m	20
有效孔隙度/%	6.7
综合压缩系数/($10^{-3}MPa^{-1}$)	0.83
气相对密度/小数	0.65
气黏度/(mPa·s)	0.028
渗透率/mD	0.0005
水平井段长度/m	1500
水平井排距/m	400
裂缝条数	50
裂缝半长/m	100
裂缝无因次导流能力	500

模拟结果见图 1，显示储层存在应力敏感时稳产时间变短，20 年累产气量相差 18.6%，应力敏感对生产的影响较明显。

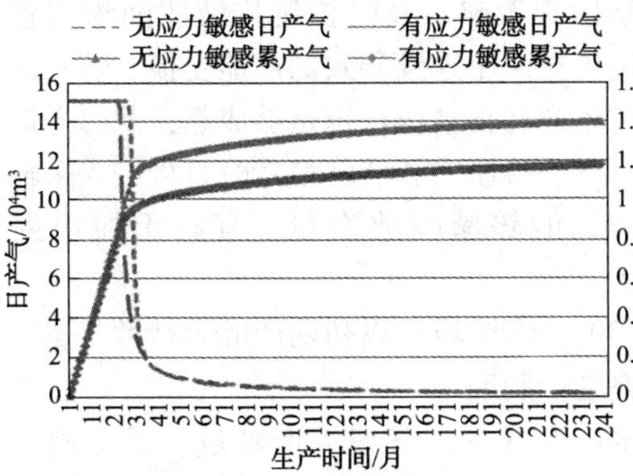

图 1　储层有无应力敏感情况下生产预测图

1.2　页岩气生产制度分析

控压生产和大压差生产对生产有不同的影响，增大生产压差一方面有助于基质到裂缝的渗流、增强页岩解吸附，从而提高产量；但另一方面又会触发储层应力敏感引起裂缝闭合，降低了水力压裂缝网连通性和有效渗透率，从而导致产量降低。在没有应力敏感实验分析资料时，参考三轴岩石力学实验分析的杨氏模量、泊松比参数可以表征基质塑性和形变程度，进而可以定性判断应力敏感强弱。但是，由于微细裂缝、天然裂缝相关参数资料的获取存在困难，加之人工裂缝的不确定性高，导致改造后储层及裂缝的应力敏感参数很难量化评价。

为了更加便捷可行地评价页岩气生产过程钟储层应力敏感对产量的影响程度，从实际生产动态分析工作中发现，采用产量递减率~产量归一化压降曲线图法可以判定是否存在强应力敏感引起的产能快速递减或损失。假设地质、储层、井筒情况基本相同，投产压力、初期产量相同，按相同生产制度生产，储层存在强应力敏和弱压敏两种情况的产量压力变化情况如图 2 所示，应力敏感强弱形成不同的曲线位置，因此，可以从曲线验证是否存在应力敏感引起产量加速递减。

气井产量递减率~产量归一化压降曲线对比动态特征表现较好的典型气井曲线可以判断生产制度是否合理。该方法考虑了气井变压-变产生产特征，与采用单一产量标准相比，该方法判定生产制度适应性更好。

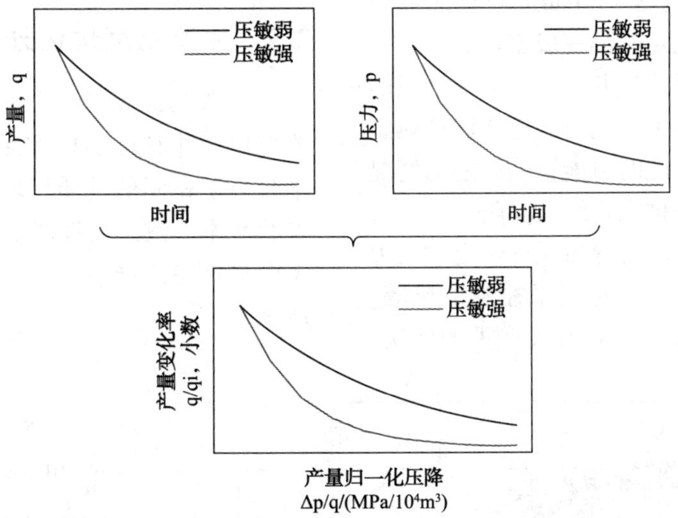

图 2　产量递减曲线(左上)；压力递减曲线(右上)；产量递减率~产量归一化压降曲线(下)

2　页岩气井生产制度分析及优化调整

2.1　生产制度分析

影响页岩气井产能因素众多，压力系数、优质页岩厚度、天然裂缝发育程度、压裂改造方式及规模等共同影响气井的产能，压裂改造完成后排液及生产阶段采取合适的生产制度有利于稳定发挥气井产能，威远页岩气目前采用排液及生产制度的控制方案归纳如下：

(1) 排液初期阶段：控制压力下降速度，连续稳定排液

排液初期~钻塞前：由于此时井口压力高裂缝未完全闭合，控制原则为：选用合适的油嘴控制高回压下平稳排液，控制压裂砂返吐。此排液应控制返排流速，根据威远页岩气中高产气井实践经验控制排液速度为：4~7m³/h，对应于井口压力高低选用 3~5mm 油嘴开井，逐级调大油嘴控制井口压力下降至安全钻塞施工压力。

钻塞期间：优选钻磨液体、泵入排量控制漏失入地层，保持井口压力连续稳定的原则满足携

带井下桥塞脆片及井筒可能的沉砂，适时调整地面油嘴。

分析排液过程中可能影响气井产能的主要原因有：压裂液对储层的损害、水锁等；压力下降速度过快引起压裂产出的细微裂缝过早闭合，导致改造后近井地带储层渗透率降低，该渗透率的降低是不可逆的；排液制度不合理频繁开关井造成井底压力激动或者井底压差过大引起压裂砂返吐，裂缝失去支持而闭合，降低其导流能力。为避免或减少排液过程中可能的不利影响，应根据排液过程中压力、返排液量和产气量变化范围，在不同的返排阶段采取不同的排采制度。

（2）气产量上涨至峰值-投产前：控制生产相对稳定，确定气井产能

钻塞后开始正常排液，逐级调大油嘴加快排液速度到气量峰值后气相占据主要渗流通道，此时则控制压力下降速度，确定测试产量。此阶段排液控制原则为：控制压力下降速度，保持压力稳定下降。按照测试定产规范要求，对应不同产量范围，井口压力下降速度控制范围 0.3～0.7MPa/d，油嘴控制为 8～13mm。调整油嘴控制压力下降速度达到规定标准完成定产。

测试定产阶段在保持气井生产压力和产量的相对稳定下评价产能水平，同时获得本区域典型的采气生产特征资料。此时可能影响产能的情况包括：工程因素导致的排采连续性受阻，单一大裂缝供气型井裂缝提前闭合导致供气不足、压力骤降，测试期油嘴-压降相对关系控制情况等。对于套变、砂堵等工程风险相对较严重的区块，须调整压裂策略、及时控制排液期油嘴调整速度，避免排采不连续导致的产能受损。若对区块产能和生产特征情况认识足够成熟，此时采取不测试定产、待压力和产气稳定时直接进入采输系统流程，能够减少放空量、有利于加快生产进度。

（3）投产阶段：以初期产能为参考，适时优化调整生产制度

定产完成后产气量、产液量、压力相对稳定，一般即按照测试定产制度生产接入采输系统流程生产。投产初期生产压力高、产量高，递减快，待压力降至管输压力后递减趋于平稳。

由于平输压后再进行井口制度控制对气井的影响小，因此评价验证生产制度是否合理应在气井投产～进入低压前的阶段，并结合开发设计、产量规划等进行适时调整。对未进行控制生产压降的井以投产初期获得的测试产量为基准，以产量递减率～产量归一化压降图版为参考，发现可能存在生产制度与储层不匹配的气井进行适当调整。

2.2　生产制度优化分析

以 W202+W204 区块实际生产井为例。早期典型投产井 H9、H10 平台与后投产井 H35、H42 平台位于相同的地质区域内，且压裂改造工艺、参数基本一致，处理产量归一化压降～产量变化率图如图 3，产量、压力变化曲线对比如图 4 所示。

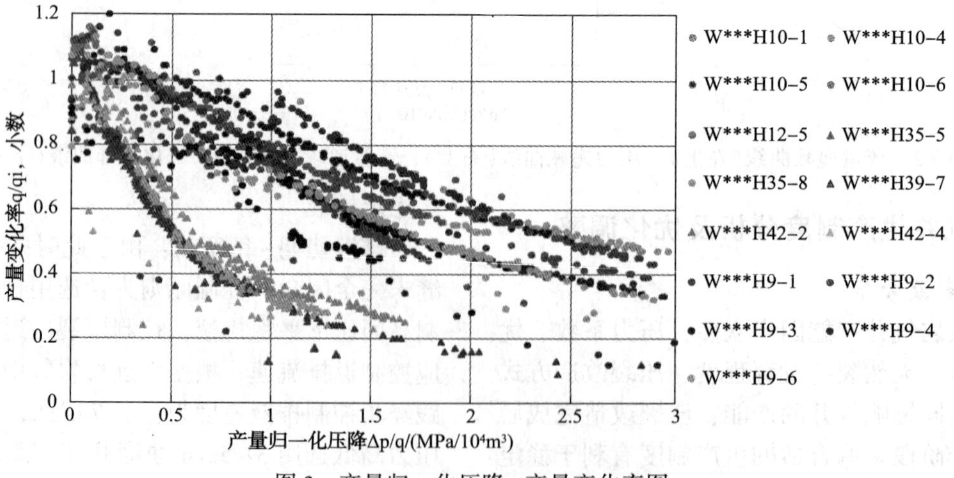

图 3　产量归一化压降～产量变化率图

图 3 可以看出可以看出 H42-2、H42-4、H39-7、H35-5 井变化曲线位于前期投产 H9、H10 平台变化曲线下方，显示出与前期井不同的生产特征。H42-2、H42-4、H39-7、H35-5 共

4口井的产量递减率~产量归一化压降数据点与投产时间长的典型井(H9、H10平台井)相比偏左下。图4可以看出4口井产量、压力递减明显偏快，分析认为可能由于生产制度控制不合理引起储层应力敏感效应导致渗透率下降、产能损失。整体曲线特征说明生产制度相对过快。

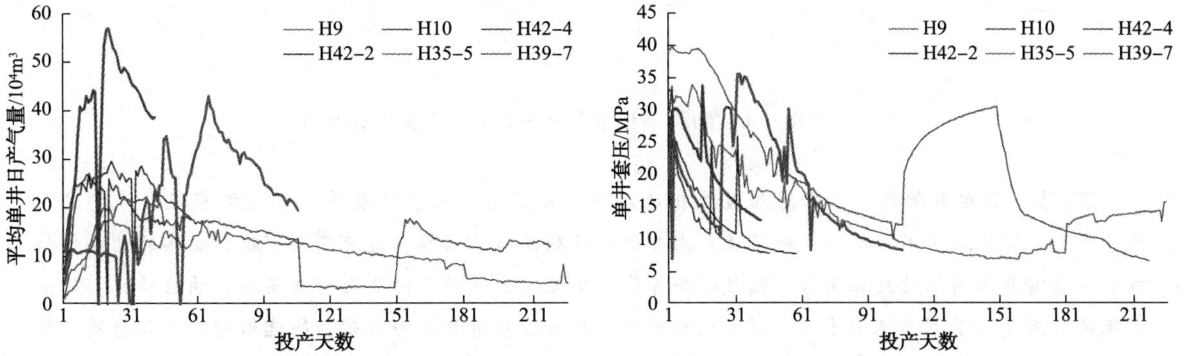

图4　H42-2、H42-4、H39-7、H35-5与H9、H10产量(左)、压力(右)对比曲线图

因此同区域的后期投产井应采用相对保守的生产制度，实践中后续投产井初期曲线特征显示偏移程度有所降低，实际产量递减率得到控制。

3　结论

(1)影响页岩气井产能因素众多，生产特征决定其产能评价方式不同于常规气井，对气井的产能合理生产制度的评价应更应考虑不同的初期产能和初期压力特征。

(2)产量递减率~产量归一化压降曲线考虑了气井变压-变产生产特征，与采用产量单一标准相比，该方法对于准判定生产制度适应性更好。

(3)采用生产数据图形分析法结合典型井曲线判定是否存在强应力敏感引起的产能快速递减或损失，判断结果对于生产制度合理性判断有指导作用。

参　考　文　献

[1] 马新华，谢军．川南地区页岩气勘探开发进展及发展前景[J]．石油勘探与开发，2018，45(1)：161-169.

[2] 贾成业，贾爱林，何东博，等．页岩气水平井产量影响因素分析[J]．天然气工业，2017，37(4)：80-88.

[3] 刘洪，庞进，何骁，等．页岩气藏早期产能评价[M]．石油工业出版社，2018.

[4] 沈金才．涪陵焦石坝区块页岩气井动态合理配产技术[J]．石油钻探技术，2018，46(1)：103-109.

[5] 谢军，鲜成钢，吴建发，等．长宁国家级页岩气示范区地质工程一体化最优化关键要素实践与认识[J]．中国石油勘探，2019，24(2)：174-185.

[6] 贾爱林，位云生，金亦秋．中国海相页岩气开发评价关键技术进展[J]．石油勘探与开发，2016，43(6)：949-955.

[7] 李凯，张浩，冉超，等．考虑应力敏感的页岩气产能预测模型研究：以川东南龙马溪组页岩气储层为例[J]．西安石油大学学报(自然科学版)，2016，31(3)：57-61.

[8] 姜瑞忠，张福蕾，崔永正，等．考虑应力敏感和复杂运移的页岩气藏压力动态分析[J]．岩性油气藏，2019，31(4)：149-156.

[9] 郭为，熊伟，高树生．页岩气藏应力敏感效应实验研究[J]．特种油气藏，2012，19(1)：95-97+140.

[10] 张小涛，陈满，蒋鑫，等．页岩气井产能评价方法研究[J]．天然气地球科学，2016，27(3)：549-553.

[11] 游利军，谢本彬，杨建，等．页岩气井压裂液返排对储层裂缝的损害机理[J]．天然气工业，2018，38(12)：61-69.

[12] 刘华，王卫红，陈明君，等．涪陵龙马溪组页岩储层应力敏感实验研究[J]．石化技术，2019，26(5)：155-158.

[13] 宋海敬，苏云河，熊小林，等．页岩气井EUR评价流程及影响因素[J]．天然气地球科学，2019，30(10)：1531-1537.

鄂尔多斯盆地东缘山$_2$段海陆过渡相页岩测井评价

史　彪

[陕西延长石油(集团)有限责任公司天然气研究院分公司]

摘　要　鄂尔多斯盆地东缘海陆过渡相地层中，页岩与砂岩、煤层等岩性频繁交互，纵向变化快，带来了资源评价不确定性、储层甜点测井识别预测困难等问题，目前尚未有较为成熟的储层评价方法，急需开展海陆过渡相页岩气储层测井评价。本文综合分析了优质页岩储层测井响应特征，建立了优质页岩气储层测井识别方法。以常规测井曲线和实验分析资料为基础，筛选出对岩性敏感的自然伽马、自然伽马能谱、密度和铀曲线，通过测井交会图对海陆过渡相地层岩性和页岩岩相进行识别。基于岩心数据标定测井曲线，通过单因素或多元拟合的方法建立了黏土矿物含量、孔隙度和总有机碳含量测井计算模型；基于等温吸附实验，采用 Langmuir 方程建立了校正后的吸附气含量计算模型。结果表明：利用伽马-密度测井交会图识别海陆过渡相地层岩性效果最好；铀-无铀伽马交会图能进一步对页岩岩相(硅质钙质页岩、硅质黏土质页岩和黏土质页岩)进行详细划分；在纵向岩性变化频繁的海陆过渡相地层中，新提出的铀-自然电位重叠法比 ΔlogR 法识别优质页岩效果更好；山$_2{}^3$底部硅质钙质页岩有机质含量大于 5%、孔隙度大于 4%、脆性矿物含量大于 50%、含气量大于 4m^3/t，为Ⅰ类优质页岩储层。本研究可为鄂尔多斯盆地东缘山$_2$段海陆过渡相页岩气勘探与高效开发提供技术支持。

关键词　鄂尔多斯盆地；海陆过渡相；页岩气；岩性识别；测井评价

Logging evaluation of marine-continental transitional shale in Shan$_2$ member of eastern margin of Ordos Basin

Shi Biao

[Natural Gas Research Institute of Shaanxi Yanchang Petroleum (Group) Co., LTD.]

Abstract　In the transitional facies strata of the eastern margin of the Ordos Basin, shale and sandstone, coal seam and other lithology interact frequently, and the vertical change is fast, which brings about the uncertainty of resource evaluation and the difficulty of reservoir dessert logging identification and prediction. Currently, there is no mature reservoir evaluation method, and it is urgent to carry out the logging evaluation of the transitional facies shale gas reservoir. In this paper, the logging response characteristics of high-quality shale reservoirs are comprehensively analyzed, and the logging identification method of high-quality shale gas reservoirs is established. Based on conventional logging curves and experimental analysis data, natural gamma, natural gamma energy spectrum, density and uranium curves sensitive to lithology are screened out, and the lithology and shale lithofacies of marine-continental transitional facies are identified by log cross-plot. Based on the core data, the logging curves were calibrated, and the logging calculation models of clay mineral content, porosity and total organic carbon content were established by single factor or multivariate fitting method. Based on the isothermal adsorption experiment, the Langmuir equation was used to establish the corrected adsorption gas content calculation model. The results show that The cross-plot of natural gamma-density logging data has a better effect on identifying the lithology of the marine-continent transitional facies, and the cross-plot of uranium logging data and gamma ray data without uranium can further identify three types of shale lithofacies (calcareous siliceous shale, siliceous clay shale and clay shale). In the marine-continental transitional facies strata with frequent vertical lithology changes, the newly proposed uranium-spontaneous potential overlap method is better than the △logR method to identify high-quality shale. The organic matter content of siliceous calcareous shale at the bottom of Shan 23 is greater than 5%, the porosity is greater than 4%, the brittle mineral content is greater than 50%, and the gas content is greater than $4m^3/t$, which is a class I high-quality shale reservoir. This study can provide technical support for the exploration and efficient development of marine-continental transitional shale gas in Shan 2 member of the eastern margin of Ordos Basin.

Key wordst Ordos Basin; marine-continent transitional facies; shale gas; lithology identification; well logging evaluation

1 引言

海陆过渡相页岩在我国广泛分布，有巨大的资源潜力，页岩气资源量约 $19.8\times10^{12}m^3$，占中国页岩气资源量的 25%。鄂尔多斯盆地东缘石炭系—二叠系发育大套海陆过渡相页岩沉积，是我国海陆过渡相页岩气资源的主体，若勘探开发取得突破，必将成为我国页岩气增储上产的新增长点。

海陆过渡相页岩气与以四川盆地涪陵、长宁、威远等区块为代表的海相页岩气有较大区别：海相页岩具有分布范围广、有机质含量高、厚度大、连续性好、脆性高等特点；海陆过渡相地层大量发育页岩、砂岩、煤层互层的岩性组合，纵向上岩性变化快，局部存在有机质含量高、含气性好的优质页岩甜点段，但其识别难度较大，且分布规律不易掌握。我国海陆过渡相页岩的勘探起步较晚，目前还未大规模建产，相应的研究工作开展得也比较少。部分学者在海陆过渡相页岩气沉积特征、地球化学特征、孔隙结构特征、资源量评价等方面开展了一些研究，但针对海陆过渡相地层的岩性识别、优质页岩气储层识别和页岩气储层参数定量评价等方面的研究非常少，仅有极少数学者对海陆过渡相地层的测井响应特征做了一些研究。

论文以鄂尔多斯盆地东缘大宁-吉县地区为研究对象，在岩心实验分析和测井响应特征分析的基础上，提出了测井交会图版法和曲线重叠法进行岩性识别和优质页岩气储层识别，并建立了粘土含量、孔隙度、TOC 和含气量的测井计算模型，为鄂尔多斯盆地东缘大宁-吉县地区山$_2$段海陆过渡相页岩气规模建产提供技术支撑，也为我国海陆过渡相页岩气勘探开发提供参考。

2 研究区概况

鄂尔多斯盆地是一个古生代地台及台缘坳陷与中新生代台内坳陷叠合的大型多旋回克拉通盆地。早二叠世受西伯利亚板块向南俯冲的影响，海水开始逐渐退出，山西组发育一套河流—三角洲—滨岸沉积体系的海陆过渡相地层。大宁-吉县地区位于鄂尔多斯盆地东缘晋西挠褶带南端与伊陕斜坡东南缘，山西组海陆过渡相页岩较发育，纵向上累积厚度大，但夹层相对较多。山西组地层自上而下分为山$_1$段(40~60m)和山$_2$段(40~80m)：其中，山$_1$段为湖泊相—三角洲相，主要沉积了煤、砂岩、页岩等岩性，页岩厚度为 9.7~51.5m，平均 24.6m，顶部与下石盒子组砂岩接触；山$_2$段为三角洲相—滨岸相，主要沉积了煤、砂岩、页岩等岩性，页岩厚度为 20~70m，最大单层厚度 50m，底部与滨岸相—浅海陆棚相沉积的太原组灰岩接触；山$_2$段又进一步划分为山$_2^1$亚段、山$_2^2$亚段和山$_2^3$亚段，其中山$_2^3$亚段的页岩分布最为稳定，厚度最大，主要分布在 20~50m 之间(图 1)。

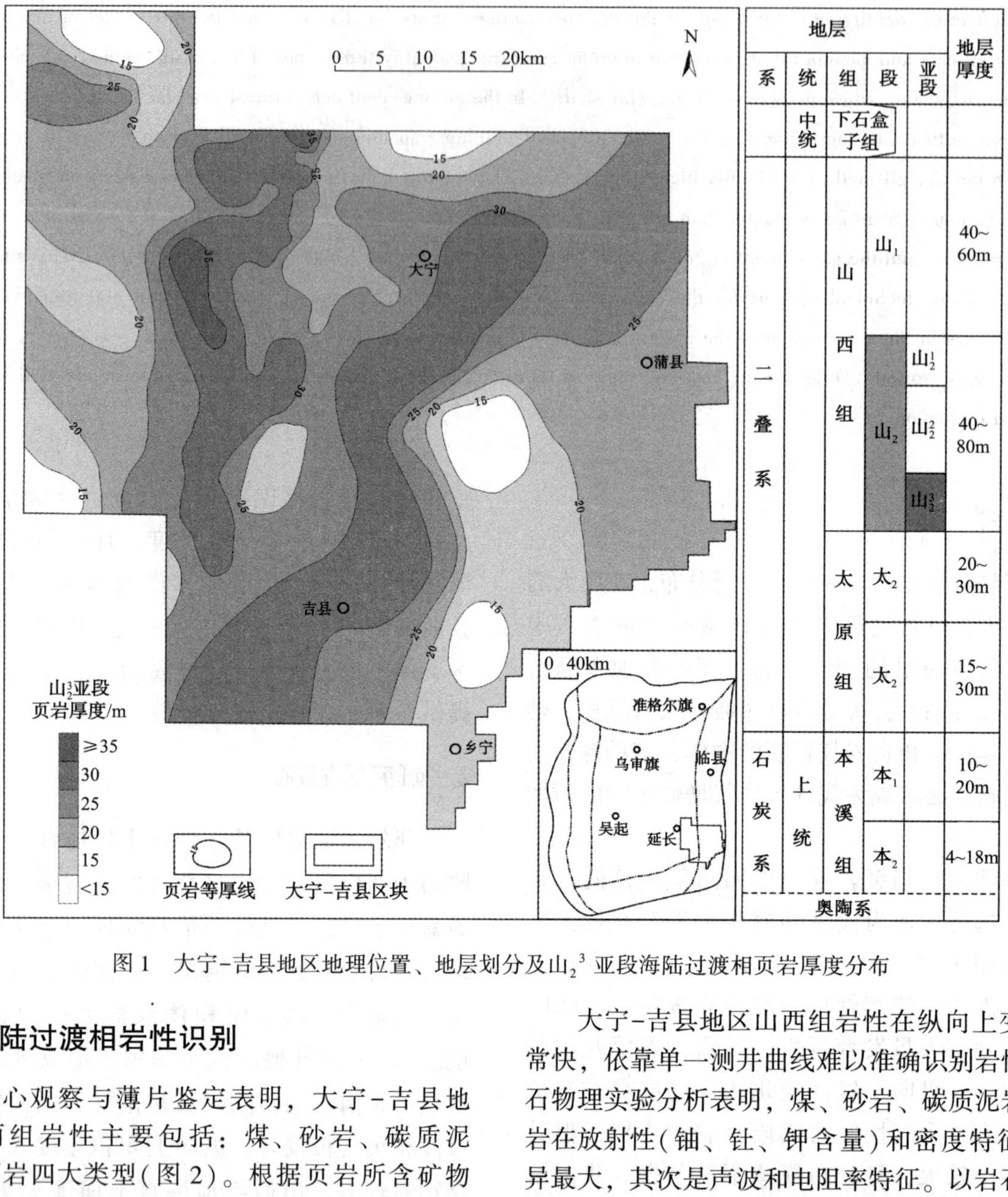

图 1　大宁-吉县地区地理位置、地层划分及山$_2^3$亚段海陆过渡相页岩厚度分布

3　海陆过渡相岩性识别

岩心观察与薄片鉴定表明，大宁-吉县地区山西组岩性主要包括：煤、砂岩、碳质泥岩、页岩四大类型(图 2)。根据页岩所含矿物组分比例，页岩可进一步划分为硅质钙质(钙质硅质)页岩、硅质黏土质页岩和黏土质页岩三种(图 3)。三种页岩对比来看：硅质钙质(钙质硅质)页岩(图 3a、d、g)呈灰色、灰黑色，黏土矿物含量较低，脆性矿物含量高，有机质含量高，孔隙类型以有机质孔为主，为研究区最有利岩相类型；硅质黏土质页岩(图 3b、e、h)为灰黑色，岩心观察可见砂质纹层发育，整体黏土矿物含量较高，有机质含量相对较低，可见少量有机质孔；黏土质页岩(图 3c、f、i)黏土含量最高，脆性矿物含量低，孔隙性较差，发育少量黏土矿物层间裂隙，部分层段有机质含量较高，有一定的生烃潜力。

大宁-吉县地区山西组岩性在纵向上变化非常快，依靠单一测井曲线难以准确识别岩性。岩石物理实验分析表明，煤、砂岩、碳质泥岩和页岩在放射性(铀、钍、钾含量)和密度特征上差异最大，其次是声波和电阻率特征。以岩石物理实验结论为基础，筛选出对岩性敏感的自然伽马(GR)、密度(DEN)、铀(U)、无铀伽马(GRTC)曲线，建立海陆过渡相地层的岩性识别组合图版：第一步，通过 GR-DEN 交会图区分出煤、砂岩、碳质泥岩、页岩 4 大类岩性(图 4a)；第二步，通过 U-GRTC 交会图进一步将 3 种不同岩相页岩(硅质钙质页岩、硅质黏土质页岩和黏土质页岩)识别出来(图 4b)。该图版识别不同岩相页岩的原理在于：硅质钙质页岩主要沉积于无障壁滨岸环境，具有相对较低的黏土含量，因此吸附的 K、TH 含量较低；同时有机质含量较高，因此吸附的 U 含量较高。

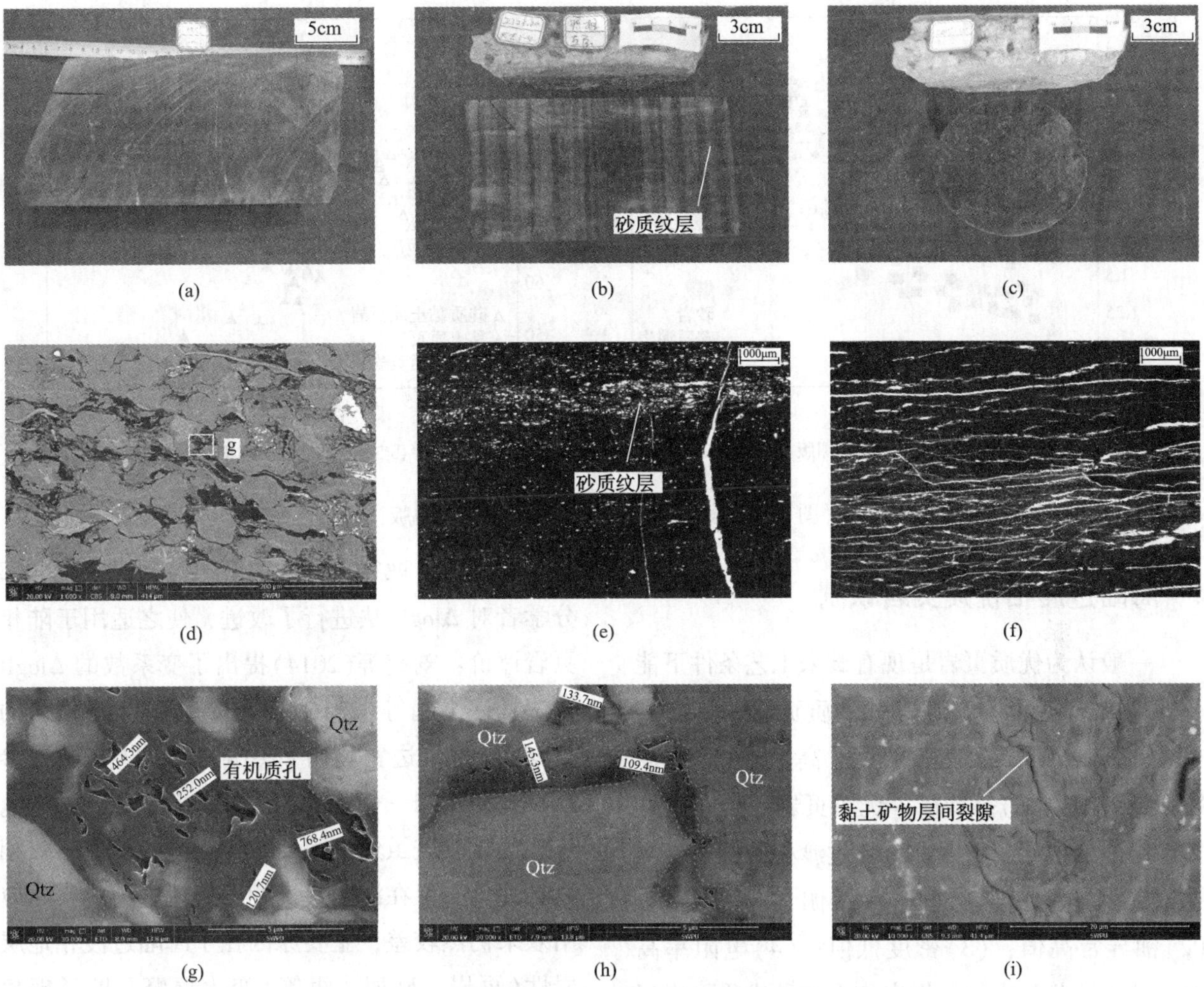

图2　山$_2$段海陆过渡相不同岩相页岩的岩心、薄片和扫描电镜照片

(a)2296.37m，灰黑色硅质钙质页岩，岩心照片；(b)2123.20m，灰黑色硅质黏土质页岩，砂质条带发育，岩心照片；(c)2023.60m，灰黑色黏土质页岩，岩心照片；(d)2301.02m，硅质钙质页岩，有机质发育，电镜照片；(e)2260.07m，硅质黏土质页岩，砂质纹层，薄片照片；(f)2274.00m，黏土质页岩，薄片照片；(g)2301.02m，硅质钙质页岩中有机质孔大量发育，电镜照片；(h)2283.45m，硅质黏土质页岩的有机质孔，电镜照片；(i)2278.32m，黏土矿物层间裂隙，电镜照片。

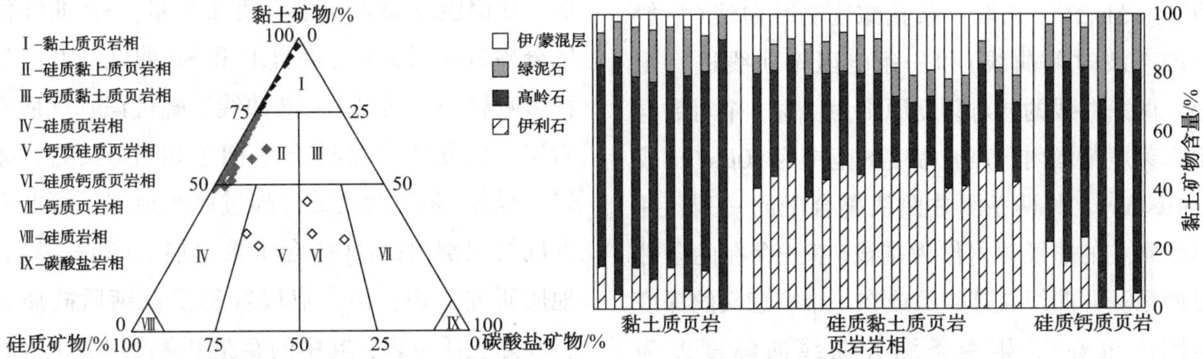

(a)海陆过渡相页岩岩相划分三角图　　(b)3种不同岩相页岩黏土矿物成分及含量图

图3　山$_2$段页岩岩相划分、黏土矿物类型及比例

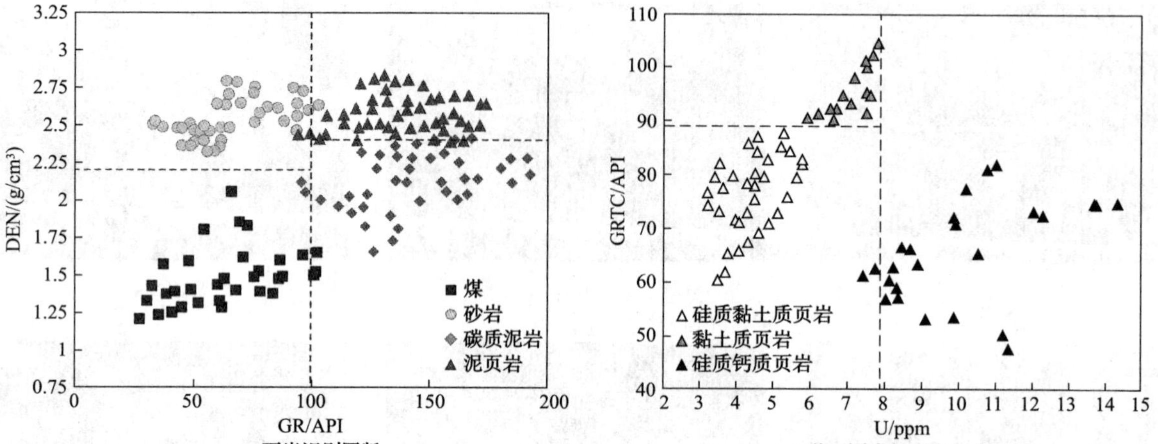

(a)页岩识别图版　　(b)3种不同岩相页岩细分图版

图 4　山$_2$段海陆过渡相地层岩性识别图版

4　海陆过渡相优质页岩识别

一般认为优质页岩是现有试采工艺条件下能获得高产工业油气流的富有机质页岩，具有高 TOC(TOC>2%)、较高孔隙度、高脆性(脆性矿物含量大于 40%)等特征。优质页岩识别在页岩气储层评价中十分重要。海陆过渡相优质页岩测井识别基本特征为：(1)自然伽马异常高值；(2)铀异常高值；(3)密度低值；(4)电阻率高值，基于这些基本特征提出如下两种优质页岩识别方法。

4.1　ΔlogR 法

ΔlogR 法最初由 Passey 于 1990 年提出，是利用测井曲线识别和定量评价富有机质烃源岩的方法。ΔlogR 法选取一条孔隙度测井曲线(一般选取声波时差曲线)和一条电阻率曲线进行重叠。两条曲线的相对刻度原则为：每 1 个对数电阻率刻度范围内，声波幅度的范围为 50μs/ft(或 164μs/m)，将两条测井曲线叠合于同一列，并以细颗粒的非烃源岩作为基线(基线存在的条件是两条测井曲线轨迹一致或在一个有意义的深度范围内重叠)，则两条测井曲线的幅度差为 ΔlogR。ΔlogR 的值越大，代表烃源岩或页岩气储层质量越高。

近些年，国内众多学者将 ΔlogR 法应用于海相页岩评价，取得了较好的效果。同时，也有部分学者对 ΔlogR 法进行了改进，使之适用于陆相页岩评价：刘超等(2014)提出了变系数的 ΔlogR 方法，许娟娟等(2016)提出了基于误差分析的 ΔlogR 技术，边雷博等(2018)引入自然伽马参数，并利用归一化方法对 ΔlogR 法进行了优化。这些优化改进虽然使得 ΔlogR 法进一步适用陆相页岩评价，但在海陆过渡相页岩地层中的实际应用效果仍然较差，主要原因在于海陆过渡相地层岩性(页岩、砂岩、煤等)变化频繁，扩径现象普遍，声波和电阻率曲线受岩性和坏井眼环境影响非常大(图 5)。

4.2　U-SP 曲线重叠法

针对海陆过渡相页岩气储层的特点，创新性的提出针对海陆过渡相地层的 U-SP 曲线重叠法。U 值能反映岩层中有机质含量，SP 曲线能区分砂岩和泥页岩，并且 U 和 SP 曲线受井眼扩径影响较小，通过 U-SP 曲线重叠可识别优质页岩层。该方法非常适合纵向上岩性(页岩、砂岩、煤等)频繁变化的海陆过渡相地层，可非常准确的识别出高 TOC 含量页岩层。同时，结合地质研究认识：山$_2^3$ 亚段容易发育钙质硅质页岩和黏土质页岩，其中的腐泥组显微组分生烃效果较好；山$_2^2$ 亚段则发育硅质黏土质页岩，其中的镜质组显微组分生烃效果较差；最终划分出优质页岩储层(图 5)。

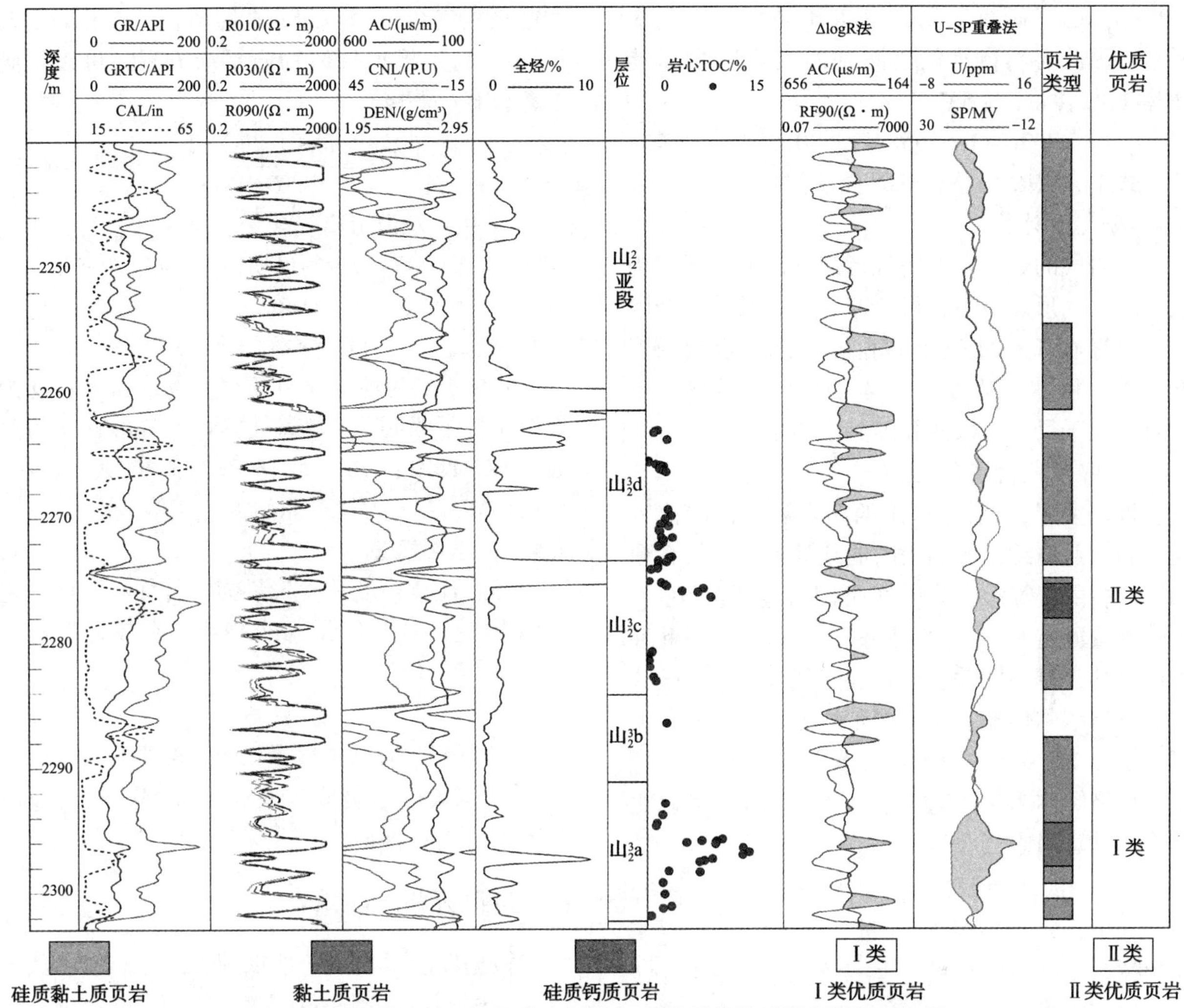

图5　ΔlogR 法和 U-SP 重叠法识别山$_2$段优质海陆过渡相页岩对比图

5　海陆过渡相页岩气储层参数计算

5.1　黏土含量计算

测井评价中，一般采用 GR 曲线计算黏土含量。但在海陆过渡相地层中，不同岩性的有机质含量不同，其中放射性元素 U 含量也有明显差异，GR 曲线自然不能准确反映黏土含量。因此，在有伽马能谱测井的情况下，优先采用无铀伽马曲线(GRTC)计算粘土含量(式 1)，山$_2{}^3$亚段底部钙质硅质页岩段则采用 GRTC 曲线和 U 曲线拟合计算泥质含量(式 2)。

$$V_{clay}=0.4199GRTC+28.61 \tag{1}$$

式中，V_{clay}为黏土含量，%；$GRTC$ 为无铀伽马测井值，API。

$$V_{clay}=0.4199GRTC-6.6367U+54.2895 \tag{2}$$

式中，U 为铀含量测井值，ppm。

5.2　孔隙度计算

岩心分析孔隙度与测井曲线进行单因素分析表明，岩心孔隙度与声波时差曲线、密度曲线和铀曲线的相关性较好。因此，利用岩心孔隙度、声波、密度和铀测井曲线建立大宁-吉县地区多元拟合孔隙度计算模型(式 3)。在海陆过渡相的页岩层段中，还夹有砂岩层，其孔隙度采用体积物理模型计算(式 4)。

$$\phi=5.92747+0.04708\times AC-5.53533\times DEN+0.12182\times U \tag{3}$$

式中，ϕ 为孔隙度，%；AC 为声波时差测井值，μs/m；DEN 为密度测井值，g/cm^3。

$$\phi=(\Delta t-\Delta t_{ma})/(\Delta t_f-\Delta t_{ma}) \tag{4}$$

式中，Δt 为声波时差测井值，μs/m；Δt_{ma} 为岩石骨架声波时差，μs/m；Δt_f 为孔隙中流体的声波时差值，μs/m。

5.3　TOC 含量计算

有机质丰度指单位质量岩石中有机质的数量，一般有机质丰度越高，其生烃能力越强。总有机碳(TOC)含量是衡量岩石中有机质丰度的重要指标。已有研究表明，有机质易吸附大量 U 元素，因此自然伽马能谱测井的 U 元素含量能计算 TOC 含量(式 5)。

$$TOC=1.3765\times U-3.8016 \quad (5)$$

式中，TOC 为总有机碳含量,%。

5.4 含气量计算

页岩气的赋存以吸附气形态和游离气形态为主，溶解气形态极少，可忽略不计。其中，吸附气主要存在于尺寸较小的孔隙中，其含量受温度、压力和 TOC 含量等因素的影响；游离气则主要存在于尺寸较大的孔隙和裂缝中。

5.4.1 吸附气含量

根据大宁-吉县地区山西组页岩等温吸附实验，利用兰格缪尔等温吸附曲线计算吸附气含量(式 6)。由于等温吸附曲线是用特定样品(总有机碳含量固定)、在一定温度下得到的，因此在利用测井计算不同深度页岩吸附气含量时，公式中的兰格缪尔体积和兰格缪尔压力还需要进行温度(式 7、8、9、10)和 TOC 含量校正(式 11)。经过兰格缪尔参数经过校正后(式 12)，可以更准确的计算吸附气含量。

$$V_a=(V_1\times P)/(P+P_1) \quad (6)$$

式中，V_a 为吸附气含量，m^3/t；V_1 为兰格缪尔体积，m^3/t；P_1 为兰格缪尔压力，MPa；P 为地层压力，MPa。

$$V_{lt}=10^{(-0.0027\times T+c_1)} \quad (7)$$

$$P_{lt}=10^{(-0.005\times T+c_2)} \quad (8)$$

$$c_1=\log V_1+0.0027\times T_i \quad (9)$$

$$c_2=\log P_1-0.005\times T_i \quad (10)$$

式中，V_{lt} 为地层温度下的兰格缪尔体积，m^3/t；P_{lt}为地层温度下的兰格缪尔压力，MPa；T 为地层温度,℃；c_1、c_2为中间过渡变量；T_i 为兰格缪尔等温线的实验温度,℃。

$$V_{lc}=V_{lt}\times TOC_{\log}/TOC_{iso} \quad (11)$$

式中，V_{lc}为油藏温度下经过 TOC 含量校正后的兰格缪尔体积，m^3/t；$TOC_{\log}$为测井得到的总有机碳含量,%；TOC_{iso}为等温吸附实验所用样品的总有机碳含量,%。

$$Q_a=(V_{lc}\times P)/(P+P_{lt}) \quad (12)$$

式中，Q_a 为校正后的吸附气含量，m^3/t。

5.4.2 游离气含量

游离气含量主要受孔隙度、含气饱和度、密度、温度、压力等影响。计算游离气含量时必须考虑吸附气会占据一部分孔隙体积，因此需要校正(式 13)。根据气体物质平衡方程，可以得到换算公式(式 14)。

$$Q_f=\frac{\phi\times(1-S_w)-\phi_s}{DEN} \quad (13)$$

式中，Q_f 为游离气含量，m^3/t；S_w 为含水饱和度，小数；ϕ_s 为吸附气所占孔隙度，0.7%。

$$V=\frac{Q\times P\times(t+273)}{P_0\times Z\times(T+273)} \quad (14)$$

式中，V 为地面条件下含气量，m^3/t；Q 为地层条件下吸附气(游离气)含量，m^3/t；t 为室温，取 25℃；P_0 为一个标准大气压，1.1013MPa；Z 为气藏原始天然气偏差系数。

5.4.3 总含气量

储层任意深度总含气量为吸附气与游离气之和(式 15)。计算结果与岩心数据有较好的对应关系(图 6、图 7)。

$$V_t=V_a+V_f \quad (15)$$

式中，V_t 为总含气量(地面条件下)，m^3/t；V_a 为地面条件下吸附气含量，m^3/t；V_f 为地面条件下游离气含量，m^3/t。

6 实例分析

根据以上页岩气定性识别方法和储层参数定量计算模型，以 A 井山$_2{}^3$ 亚段(2260m～2302m)为例，采用无铀伽马、声波、密度、铀等测井资料，结合岩心分析数据，计算了储层的黏土含量、孔隙度、TOC，根据等温吸附实验，利用参数校正后的兰格缪尔方程计算含气量(图 6)。结果显示：(1) A 井山$_2{}^3$ 亚段，黏土含量为 28%～67%，孔隙度为 1%～8%，TOC 含量为 1%～11%；(2) 2295m～2299m，黏土含量最低，为 28%～40%，脆性矿物含量较高，属于钙质硅质页岩，TOC 含量最高可达 11%，吸附气含量平均 2.5m^3/t，游离气含量平均 4.0m^3/t，总含气量平均 6.5m^3/t，因此划分为Ⅰ类优质页岩；(3)2275m～2278m，TOC 含量较高，约 5%左右，吸附气含量平均 2.0m^3/t，游离气含量平均 2.4m^3/t，总含气量平均 4.4m^3/t，因此划分为Ⅱ类优质页岩。A 井山$_2{}^3$ 亚段计算页岩气储层参数与岩心实验分析结果的对应较好(图 6)，两者相关性较高(图 7)，表明论文提出的海陆过渡相页岩气储层计算模型准确度较高，能为大宁-吉县地区山西组海陆过渡相页岩气规模建产提供可靠依据。

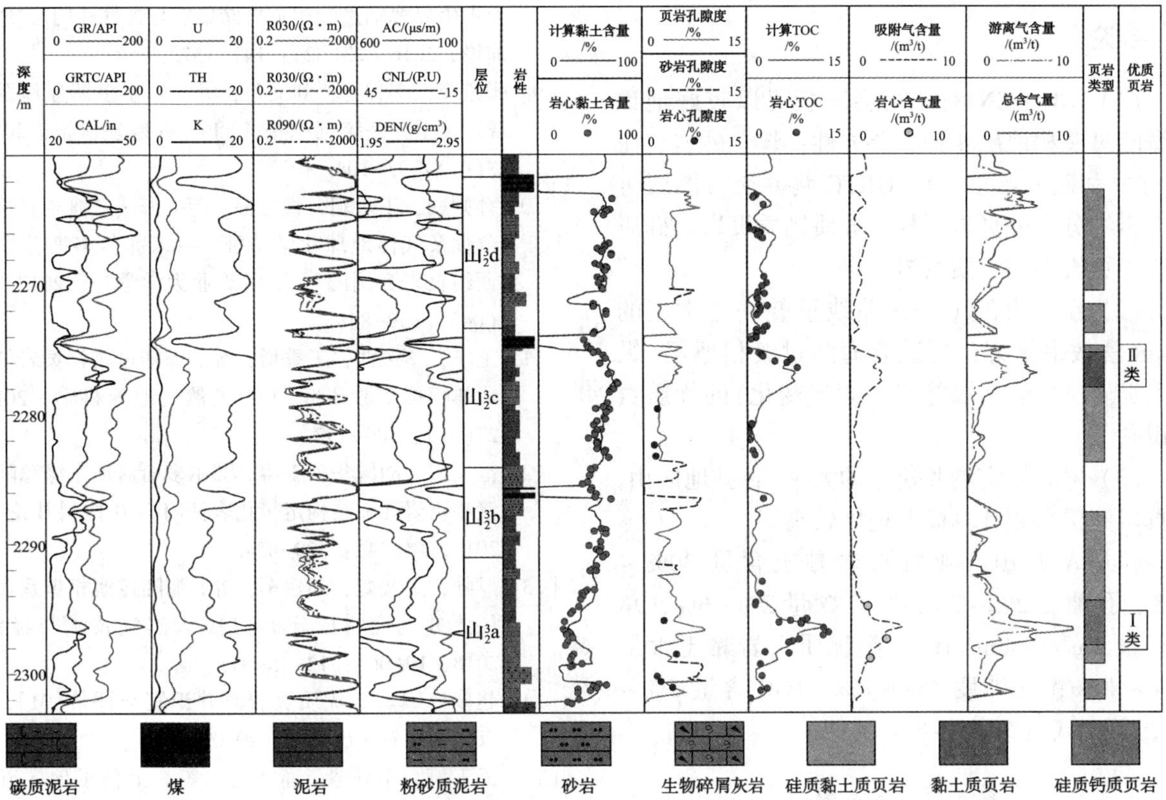

图6　A井储层参数计算结果图

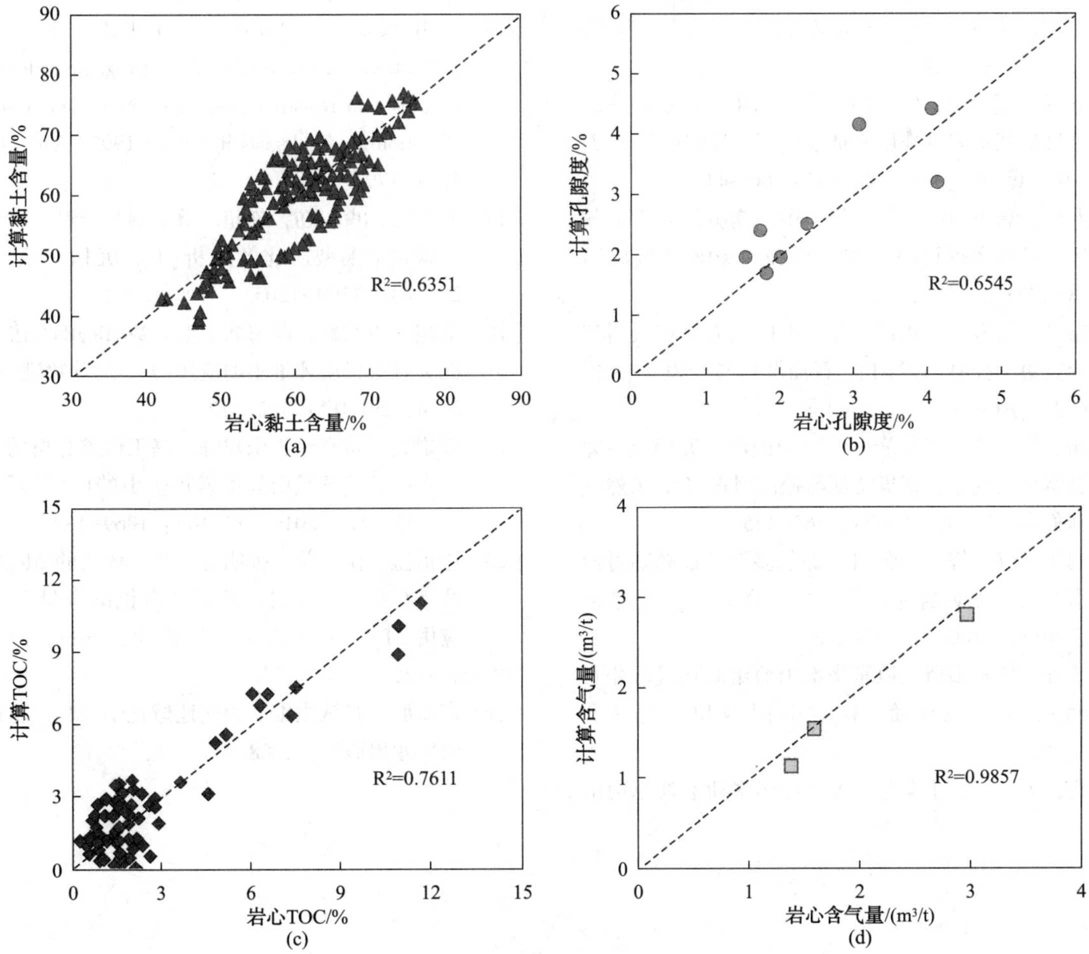

图7　储层参数计算模型精度检验

7 结论

(1) GR-DEN 测井交会图版可以较好地识别海陆过渡相地层 4 种主要岩性：煤、砂岩、泥(页)岩和碳质泥岩；U-GRTC 测井交会图版可进一步细分 3 种页岩岩相：硅质钙质页岩、硅质黏土质页岩和黏土质页岩。

(2) 新提出的 U-SP 曲线重叠法比常用的 ΔlogR 法效果更好，更适合海陆过渡相地层(纵向上页岩、砂岩、煤等岩性频繁变化)的优质页岩识别。

(3) 岩心标定测井建立的大宁-吉县地区山$_2$段页岩储层参数计算模型精度较高。

(4) A 井山$_2$^{3} 亚段页岩黏土含量 30%～70%，孔隙度 2%～7%，TOC 含量 2%～6%，总含气量 $2m^3/t \sim 8m^3/t$；Ⅰ类优质页岩黏土含量 30%～40%，孔隙度 4%～7%，TOC 含量 5%～6%，总含气量 $5m^3/t \sim 8m^3/t$。

参 考 文 献

[1] 董大忠，邱振，张磊夫，等．海陆过渡相页岩气层系沉积研究进展与页岩气新发现[J]．沉积学报，2021，39(01)：29-45.

[2] 匡立春，董大忠，何文渊，等．鄂尔多斯盆地东缘海陆过渡相页岩气地质特征及勘探开发前景[J]．石油勘探与开发，2020，47(03)：435-446.

[3] 郗兆栋，唐书恒，王静，等．中国南方海相页岩气选区关键参数探讨[J]．地质学报，2018，92(06)：1313-1323.

[4] 姜振学，宋岩，唐相路，等．中国南方海相页岩气差异富集的控制因素[J]．石油勘探与开发，2020，47(03)：617-628.

[5] 邱振，邹才能，王红岩，等．中国南方五峰组—龙马溪组页岩气差异富集特征与控制因素[J]．天然气地球科学，2020，31(02)：163-175.

[6] 闫德宇，黄文辉，张金川．鄂尔多斯盆地海陆过渡相富有机质泥页岩特征及页岩气意义[J]．地学前缘，2015，22(06)：197-206.

[7] 冯子齐．鄂尔多斯盆地东南部山西组海陆过渡相页岩储层特征与评价[D]．中国地质大学(北京)，2014.

[8] 唐玄，张金川，丁文龙，等．鄂尔多斯盆地东南部上古生界海陆过渡相页岩储集性与含气性[J]．地学前缘，2016，23(02)：147-157.

[9] 张道锋，李程善，刘文香，等．鄂尔多斯盆地及周缘地区上二叠统沉积特征[J]．古地理学报，2021，23(01)：93-104.

[10] 孙则朋，王永莉，魏志福，等．海陆过渡相页岩含气性及气体地球化学特征——以鄂尔多斯盆地山西组页岩为例[J]．中国矿业大学学报，2017，46(04)：859-868.

[11] 王宁，李荣西，王香增，等．海陆过渡相页岩气形成热模拟实验研究[J]．天然气地球科学，2016，27(01)：189-197.

[12] 范文田，胡国华，王涛．鄂尔多斯盆地东缘海陆过渡相页岩孔隙结构定量化表征[J]．中国科技论文，2019，14(04)：429-434.

[13] 尹帅，丁文龙，刘建军，等．海陆过渡相煤系含气层测井响应特征分析[J]．天然气技术与经济，2016，10(06)：12-15+81.

[14] 赵俊峰编著．优质页岩测井识别与评价[M]．北京：中国石化出版社，2020.

[15] 王玉满，李新景，董大忠，等．上扬子地区五峰组—龙马溪组优质页岩沉积主控因素[J]．天然气工业，2017，37(04)：9-20.

[16] Q. R. Passey, S. Creaney, J. B. Kulla, F. J. Moretti, J. D. Stroud. A practical model for organic richness from porosity and resistivity logs[J]. American Association of Petroleum Geologists Bulletin, 1990, Vol. 74(12): 1777-1794.

[17] 胡慧婷，卢双舫，刘超，等．测井资料计算源岩有机碳含量模型对比及分析[J]．沉积学报，2011，29(06)：1199-1205.

[18] 刘超，卢双舫，薛海涛．变系数 ΔlogR 方法及其在泥页岩有机质评价中的应用[J]．地球物理学进展，2014，29(01)：312-317.

[19] 许娟娟，蒋有录，朱建峰．基于误差分析的 ΔLogR 技术在长岭龙凤山烃源岩评价中的应用[J]．天然气地球科学，2016，27(10)：1869-1877.

[20] 边雷博，柳广弟，孙明亮，等．优化的 ΔlogR 技术及其在中——深层烃源岩总有机碳含量预测中的应用[J]．油气地质与采收率，2018，25(04)：40-45.

[21] 卢双舫，张敏主编．油气地球化学[M]．北京：石油工业出版社，2008.

延安气田南部本溪组致密砂岩天然气富集成藏模式

马 羚

［陕西延长石油（集团）有限责任公司天然气研究院分公司］

摘 要 延安气田南部本溪组砂岩储层较为致密，形成一套以障壁岛为主要沉积特征的岩性气藏，成为天然气储量重要接替区。基于超低渗岩石多相渗流NMR在线模拟实验系统，完成了不同岩相系列、不同物性系列、不同压差系列的岩心驱替实验，认识到致密砂岩储层天然气临界充注压力主要受岩相和渗透率控制，致密砂岩没有绝对的天然气充注物性下限，但充注效率、含气饱和度与储层物性尤其是渗透率呈正相关，天然气运聚效率则是饱和度和运聚规模受物性、孔隙结构、充注压差等多种因素耦合的结果。为进一步明确延长南部本溪组致密砂岩天然气成藏的主控因素，结合区内本溪组的储层地质条件，通过分析烃源岩条件、储层条件、气藏类型等成藏要素及特征，进一步认识到本溪组砂岩储层具有厚度较大的黑色泥岩层直接下伏/或上覆于砂体的匹配关系，以及储层优质岩石相的发育程度（石英净砂岩和贫塑性颗粒岩屑石英砂岩）和良好储层物性条件应是本溪组天然气富集的关键因素。研究认为，延安气田南部本溪组的天然气富集成藏，由部分砂体周缘与黑色泥岩、煤层等优质烃源岩直接接触，部分砂体周缘为细粒的泥质砂岩、泥质粉砂岩、铝土质泥岩或灰色泥岩，烃源岩与砂体的岩石相的空间配置关系对本溪组天然气成藏也具有重要的控制作用。这些认识和成果，对促进延长探区上古生界致密砂岩气田的高效勘探起到了重要指导作用。

关键词 延安气田；本溪组；致密砂岩气藏；主控因素；成藏模式

The natural gas enrichment and accumulation model of tight sandstone in Benxi Formation, southern Yan'an gas field

Ma Ling

[Natural Gas Research Institute of Shaanxi Yanchang Petroleum (Group) Co., Ltd.]

Abstract The sandstone reservoir of Benxi Formation in the south of Yan'an gas field is relatively dense, forming a set of lithologic gas reservoirs with barrier islands as the main sedimentary characteristics, which has become an important replacement area for natural gas reserves. Based on the ultra-low permeability rock multiphase seepage NMR online simulation experiment system, the core displacement experiments of different lithofacies series, different physical property series and different pressure difference series were completed. It is recognized that the critical filling pressure of natural gas in tight sandstone reservoirs is mainly controlled by lithofacies and permeability. There is no absolute lower limit of natural gas filling property in tight sandstone, but the filling efficiency and gas saturation are positively correlated with reservoir physical properties, especially permeability. The natural gas migration and accumulation efficiency is the result of the coupling of saturation and migration scale by physical properties, pore structure, filling pressure difference and other factors. In order to further clarify the main controlling factors of natural gas accumulation in tight sandstone of Benxi Formation in southern Yanchang, combined with the reservoir geological conditions of Benxi Formation in the area, by analyzing the reservoir forming factors and characteristics such as source rock conditions, reservoir conditions and gas reservoir types, it is further recognized that the sandstone reservoir of Benxi Formation has a matching relationship between the thick black mudstone layer directly underlying/overlying the sand body, and the development degree of high-quality rock facies (quartz arenite and poor plastic grain lithic quartz sandstone) and good reservoir physical conditions should be the key factors for natural gas enrichment in Benxi Formation. According to the research, the natural gas enrichment and accumulation of Benxi Formation in the south of Yan'an Gas Field is directly contacted by some sand bodies and high-quality source rocks such as black mudstone and coal seams. Some sand bodies are surrounded by fine - grained argillaceous sandstone, argillaceous siltstone, bauxite mudstone or gray mudstone. The spatial configuration relationship between the rock facies of source rocks and sand bodies also plays an important role in controlling the natural gas accumulation of Benxi Formation. These understandings and achievements have played an important guiding role in promoting the efficient exploration of the Upper Paleozoic tight sandstone gas field in Yanchang exploration area.

Key wordst Yan'an Gas Field; Benxi Formation; tight sandstone reservoir; main controlling factors; accumulation model

尽管鄂尔多斯盆地延安地区上古生界致密砂岩气勘探不断取得成功，地质认识也逐步深入，但上古生界天然气勘探结果表明，天然气藏纵横向分布特征复杂，在已获中高产工业气流的钻井旁的后续钻井勘探常常失利，原因在于上古生界储层类型复杂，物性条件差、非均质性强，天然气成藏机理、高产富集主控因素和成藏模式缺乏清楚的认识，造成天然气藏分布规律认识不清。这些问题是目前影响研究区上古生界致密砂岩气藏预测和提高勘探成效的难点问题。

本文通过对延安气田南部上古生界典型致密砂岩气藏的深入解剖，梳理研究区上古生界致密砂岩气的成藏条件，探究上古生界石炭系本溪组致密砂岩天然气的富集主控因素和成藏模式。研究所取得的成果对于鄂尔多斯盆地上古生界致密砂岩气田的高效勘探发现可提供理论依据和技术支撑。

1　区域地质背景

鄂尔多斯盆地是我国陆上的超大型低渗透含油气盆地，延安气田的气藏属性为上古生界致密砂岩气藏。研究区地理位置上区域北至靖边、南达黄陵、西接甘肃、东到山西，构造上位于鄂尔多斯盆地较为稳定的伊陕斜坡构造单元，现今构造平缓，坡度小于1°(图1)。区内上古生界海陆交互沉积背景为泥炭沼泽的发育创造了条件，形成的大套较厚且稳定分布的石炭—二叠系煤系地层，成为整个延安气田的主要气源。该套煤系烃源岩在早侏罗世至早白垩世末大量生烃排气，并就近运聚至二叠系三角洲前缘和石炭系障壁海岸砂体中，经历多期构造演化后最终形成现今上古生界大面积分布的岩性气藏。储集层以水下分流河道砂体、障壁岛砂坝为主，烃源岩广泛发育，泥岩盖层厚度大、分布稳定，天然气资源潜力较大。

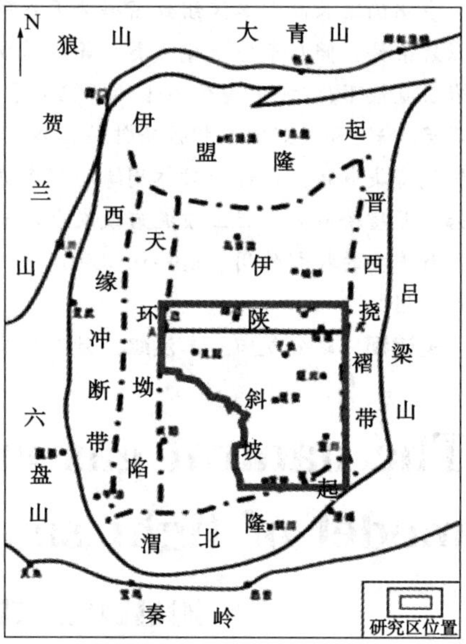

图1　研究区构造位置图

2　本溪组致密砂岩气成藏地质特征

2.1　烃源岩地球化学指标

研究区上古生界有机碳由老到新(本溪组至山1段)逐渐变差，本溪组有机碳平均含量最高，平均可达3.45%，这是由于受高-过成熟度的影响；因沉积相影响，本溪组氯仿沥青“A”含量较高，为0.0053~0.023mg/g；从生烃潜量上来说，本溪组的生烃潜量较大，平均值为0.37mg/g。本溪组煤岩有机碳含量本溪组平均值可达34.6%，氯仿沥青“A”含量为0.0163mg/g，煤岩生烃潜量平均值可达4.18mg/g。本溪组暗色有机碳含量、氯仿沥青“A”及生烃潜量均较高，总体上已属于中等—好烃源岩范畴。

本溪组暗色泥岩干酪根显微组分包含有机质腐殖型和腐泥腐殖型两种。腐殖型(Ⅲ型)镜质组组分含量最高，介于56%~98%之间，平均为67.47%，壳质组组分含量平均为24.78%，惰质组介于10%~11%；腐泥腐殖型（$Ⅱ_2$型）壳质组含量较高，平均为49.67%，腐泥组组分含量介于3.0%~72%之间，镜质组组分10%~39%，平均为25.03%。

鄂尔多斯盆地东南部上古生界烃源岩的有机地化指标统计表明，上古生界烃源岩在区内大部分地区已进入高成熟~过成熟生气阶段，Tmax值普遍较高，本溪组烃源岩样品的Tmax一般在552~568℃，平均值可达561℃。

研究区内本溪组烃源岩的镜质体反射率最小值为1.98%，最大值为2.46%，平均为2.3%。镜质体反射率值均较大，表明有机质的热演化程度高，已进入高成熟-过成熟生气阶段。

综上所述，本溪组的煤系暗色泥岩和煤岩总体均属于中等-好烃源岩范畴；有机质类型以腐殖型（Ⅲ型）为主，兼混合型腐壳质腐殖型（$Ⅱ_2$型）；烃源岩处于高成熟-过成熟生气阶段。

2.2　储层条件

本溪组储层以障壁岛中粗粒、粗粒石英砂岩为主，部分为中粒、中粗粒、中细粒岩屑石英砂岩，储层累计厚度介于0m~15m之间，垂向和横向上连通性差。储层孔隙度主要变化在0.65%~15.2%之间，平均值约5.5%；渗透率主要介于0.003mD~25.7mD之间，平均值约0.32mD。中粗粒、粗粒石英砂岩岩石相主要为石英净砂岩，少量为富凝灰质杂基石英砂岩和碳酸盐致密胶结砂岩。

2.3　圈闭类型及气藏特征

由于鄂尔多斯盆地稳定的刚性基底，致使在历次构造运动中均表现为整体的掀斜运动，从而导致研究区中生界地层顶面构造形态较单一，总体为一平缓倾斜的大单斜（角度1~2度），局部因差异压实作用会形成低幅度隆起或断鼻。本溪组沉积主要为一套障壁岛沉积，纵向上砂体叠置，横向上砂体连通性差，岩性、岩相变化频繁，不同类型的岩石相互叠置，有利于形成多种岩性圈闭。因此，研究区本溪组的气藏类型主要为岩性气藏。

岩性气藏根据其特点，又可细分为上倾尖灭岩性气藏、透镜状岩性气藏和致密层遮挡岩性气藏三种类型。延安气田南部本溪组主要发育透镜体型岩性气藏，形成于障壁岛砂坝中，这些砂体连续性较差，分布较为孤立，平面范围有限，砂体四周均为非渗透性岩层包围。本溪组气藏横向上延伸距离短，井间气藏连通性差，气藏上部和/或下部常被黑色泥岩、灰色泥岩、煤层围绕，无明显底水和边水。气藏的压力系数多数小于1。

2.4　天然气输导体系

油气运移的通道主要包括连通孔隙、裂缝、断层、不整合面。由于运移往往不是依靠单一的通道类型，而是孔隙、裂缝、断层、不整合面等主要运移通道在空间上的组合。因此输导体系类型受盆地的构造类型、地层格架特点、沉积充填特征及流体活动方式等诸多因素影响。

根据砂体形态、物性特征和裂缝发育状况等因素的综合分析，将鄂尔多斯盆地东南部上古生界的输导体系可分为砂体型、砂体-裂缝网络型两大类型。

（1）砂体型输导体系

砂体型是鄂尔多斯盆地东南部上古生界主要的输导体系类型，石炭系本溪组障壁岛砂体主要为石英砂岩砂体：岩性主要为细粒—中粗粒石英砂岩，具有较高的成分成熟度，由于石英含量高而相对抗压实，这类砂体物性较好，其主要孔隙类型为剩余粒间孔和溶蚀粒间孔。

（2）砂体-裂缝网络型输导体系

砂体-裂缝型指在油气运移过程中，砂体和裂缝共同发挥输导作用的一种输导体系。其输导能力往往比单一的砂体或裂缝要大，油气从源岩到圈闭的过程中，往往先后经过不同类型的输导体系。研究区内本溪组发育多套砂体，这些砂体在垂向上互不直接接触叠加，因此连通砂体之间的运移通道多为发育的裂缝网络。因不同原因产生的裂缝网络与砂体在三维空间上相互配套组合形成砂体一裂缝型输导体系，输导能力大大增强，输导距离也相对较长。

岩心观察鄂尔多斯盆地延安气田南部本溪组地层中裂缝均有发育，砂岩、泥岩与灰岩中均可观察到裂缝。根据裂缝的产状及其跟岩层层面的关系，把上古生界岩石中的裂缝分为水平裂缝、斜向裂缝和近垂直裂缝（图2）。

(a)延331井，本溪组，近垂直裂缝 方解石全充

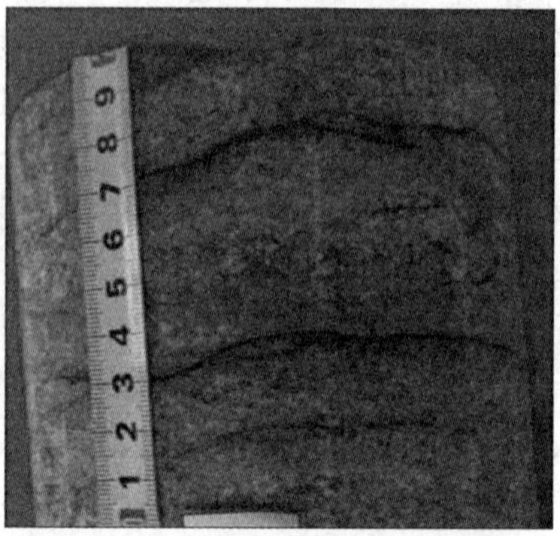

(b)延273井，本溪组，平行裂缝 泥质半充填

图 2 延安气田南部本溪组岩心裂缝发育特征

在这三种类型裂缝中，以高角度的近垂直裂缝发育程度较高，根据观察研究，这些高角度裂缝缝面一般比较平直，没有充填物，偶见方解石与泥质充填。通过储层热演化研究结合微裂缝及石英加大边温度测试分析认为研究区上古生界储层裂缝形成于晚侏罗世-早白垩世之间。由此可见裂缝形成的时期与上古生界烃源岩大规模生、排烃的时间相匹配，裂缝可作为上古生界地层中流体运移的通道之一。

按照源岩与输导体系的接触关系可以将它们之间的配置组合划分为垂向、侧向和交错接触型 3 种。其中垂向接触型和侧向接触型较为常见，交错接触型通常只在断裂较为发育的区域出现。本溪组主要发育烃源岩+输导砂体配置组合，上覆山西组泥岩作为直接盖层垂向封闭。输导砂体和烃源岩呈垂向、侧向接触，烃源岩中的天然气初次运移排出后在临近的输导砂体内运移，最终在同层的岩性圈闭中富集，其成因主要为沉积作用和成岩作用差异造成。

3 超低渗岩石多相渗流 NMR 在线模拟实验

根据研究区上古生界致密砂岩气实际地质特征的认识设计实验模型和边界条件，利用能够实现高精度测量的超低渗岩石多相渗流 NMR 在线模拟实验系统，选择盆地深层储层的代表性岩心样品，完成了不同岩相系列、不同物性系列、不同压差系列的岩心驱替实验，运用核磁共振“原位”观测气/水在岩心中流动过程和天然气气饱和度，实时测量注入压力的变化。根据实验模拟结果，分析定天然气进入致密砂岩储层的临界充注压力、饱和度和影响因素，获得致密砂岩气运移的临界动力学条件及高产富集的重要控制因素。

3.1 不同岩石相/物性系列储层天然气充注实验

在低速驱替模拟实验系列中，气体以 0.5ml/min 恒定速率注入实验岩心模实验在常温下完成 30 组实验，图 3 列出了代表性模型的气体运移模拟实验结果，其中左图是不同运移时刻的核磁共振 T2 谱，右图是压力和含气饱和度随时间的动态变化。

实验结果表明，图 3(a)中富凝灰质杂基石英砂岩和富塑性颗粒岩屑砂岩样品的渗透率低，含气饱和度低，稳态流动时的气体注入压力和临界(门槛)压力高。超低孔渗致密砂岩以小孔隙为主，中孔隙对含气饱和度的贡献小于小孔隙对其贡献。尽管该类储层非常致密，但当充注压力较高、天然气在储层内积累压力后，仍然可以发生天然气充注，但含气饱和度较低。图 3(b)为贫塑性颗粒岩屑石英砂岩岩心模型运移模拟的结果，发现普通致密砂岩孔隙半径相对物性较好致密砂岩较小，且中孔隙对含气饱和度的贡献大于小孔隙对其贡献。图 3(c)为石英净砂岩岩心模型运移模拟实验结果，可以看出物性相对较好的低孔渗砂岩中孔隙百分含量较大，孔隙半径相对较大，且中孔隙对含气饱和度的贡献大于小孔隙对其贡献。

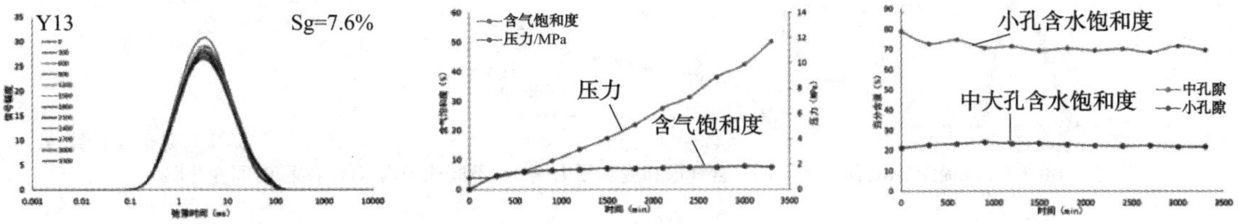

(a)YC31岩心(富塑性颗粒岩屑砂岩)T_2谱(左)、含气饱和度和压力(中)、不同孔径内流体(右)随时间变化图

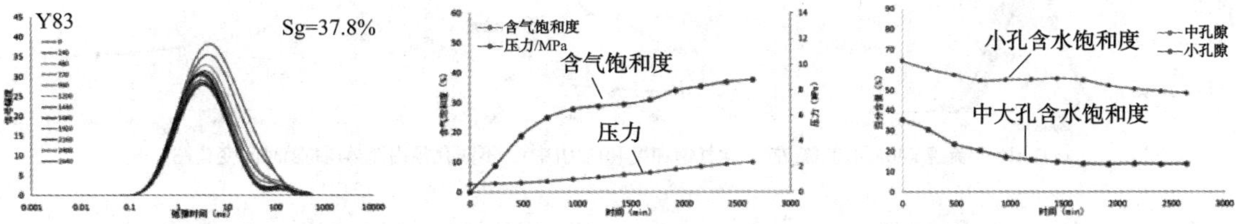

(b)YC83岩心(贫塑性颗粒岩屑石英砂岩)T_2谱(左)、含气饱和度和压力(中)、不同孔径内流体(右)随时间变化图

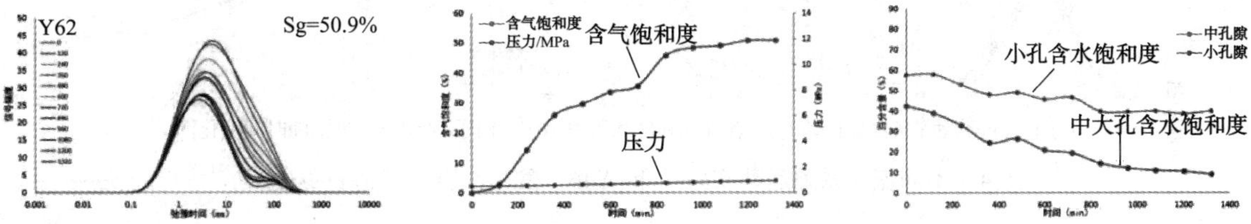

(c)YC62岩心(石英净砂岩)T_2谱(左)、含气饱和度和压力(中)、不同孔径内流体(右)随时间变化图

图3　不同岩石相/渗透率岩心的低速运移实验结果

3.2　不同流速(流量)系列储层天然气充注实验

在不同注入速率的运移实验系列中，选取了5块岩心，气体以0.5ml/min、1ml/min、2ml/min等恒定速率注入岩心模型，共进行了15组驱替实验，实验同样是在常温下完成的。图4是选取的典型模型岩心在不同注入速率下的气体运移模拟实验结果。

选取一块典型样品的不同流速对比试验进行介绍。YC46的孔隙度约7.6%，渗透率约0.12mD，实验结果代表了低孔渗砂岩在不同注入速率下的充注过程(图4)，随着注入速率逐渐增加，实验时间显著地缩短，从1700min缩短为1300min；临界注入压力没有发生变化，均为0.64MPa；准静态气体的注入压力由1.07增加至11.3MPa，含气饱和度为27.3%~42.2%。

3.3　不同压差系列储层天然气充注实验

考虑到不同充注压差实验与之前的不同注入速率实验的充注方式类似，所以这个系列的运移实验中，主要选取4块致密砂岩岩心，以1、3、6、9MPa等恒定注入压力注入岩心模型，共进行了16组驱替实验，这些实验在常温下完成。图5是选取典型模型Y64的不同注入压差下气体运移模拟实验结果。

选取Y64样品的实验结果介绍注入压差对岩心运移及含气饱和度的影响，该样品的孔隙度为8.07%，渗透率为$0.55\times10^{-3}\mu m^2$。Y64样品的实验结果显示了低孔渗砂岩在不同压差下的运移过程和饱和度变化特征。气体达到准静态运移时刻的含气饱和度由24.9增加到43.9%。为了使实验结果具有可对比性，选取典型T2谱进行对比分析。图5为不同驱替压差下T2谱随时间变化图。图5a为轴压为1MPa下的变化图，最终含气饱和度为24.9%。图5b为轴压为3MPa下的变化图，最终含气饱和度为33.5%。图5c为轴压为6MPa下的变化图，最终含气饱和度为38.7%。图5d为轴压为9MPa下的变化图，逐渐趋于稳定，最终含气饱和度为43.9%。

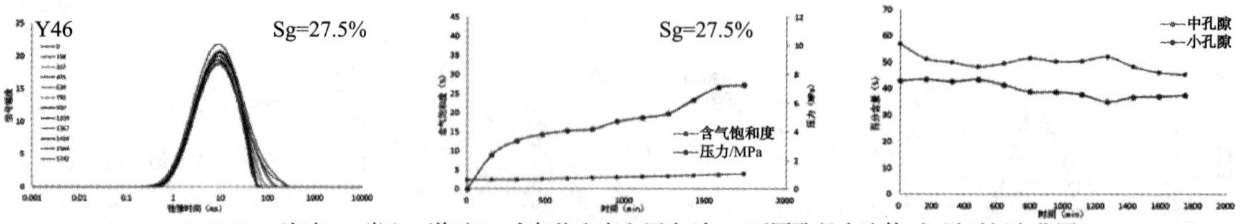

(a)0.5ml/min流速Y46岩心T_2谱(左)、含气饱和度和压力(中)、不同孔径内流体(右)随时间变化图

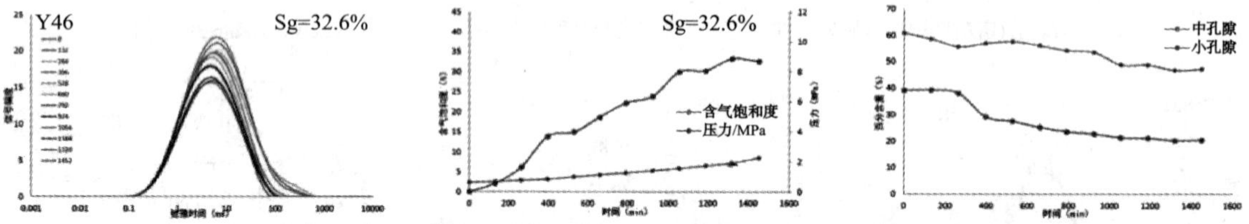

(b)1ml/min流速Y46岩心T_2谱(左)、含气饱和度和压力(中)、不同孔径内流体(右)随时间变化图

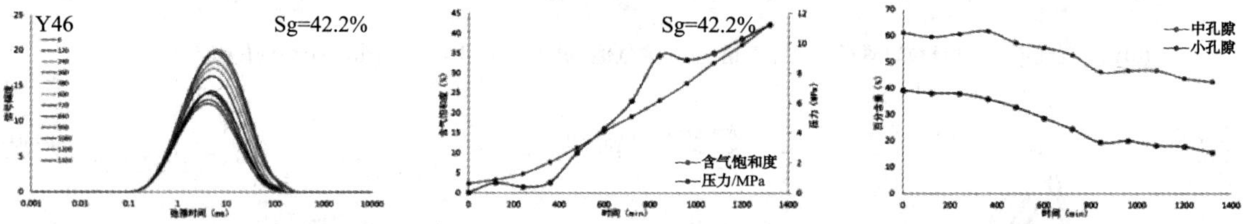

(c)2ml/min流速Y46岩心T_2谱(左)、含气饱和度和压力(中)、不同孔径内流体(右)随时间变化图

图 4　不同流速系列运移实验结果（Y46，贫塑性颗粒岩屑石英砂岩）

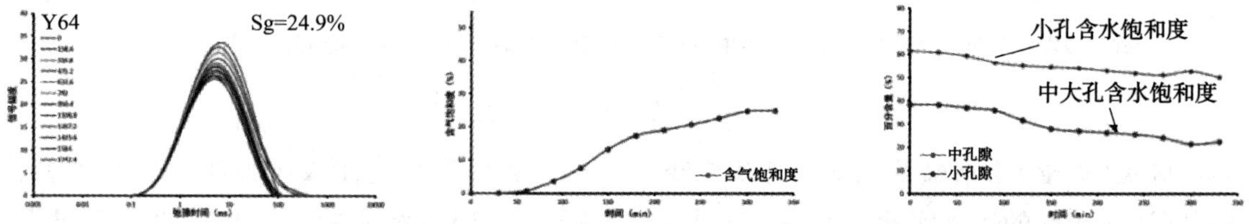

(a)1MPa压差Y64岩心T_2谱(左)、含气饱和度和压力(中)、不同孔径内流体(右)随时间变化图

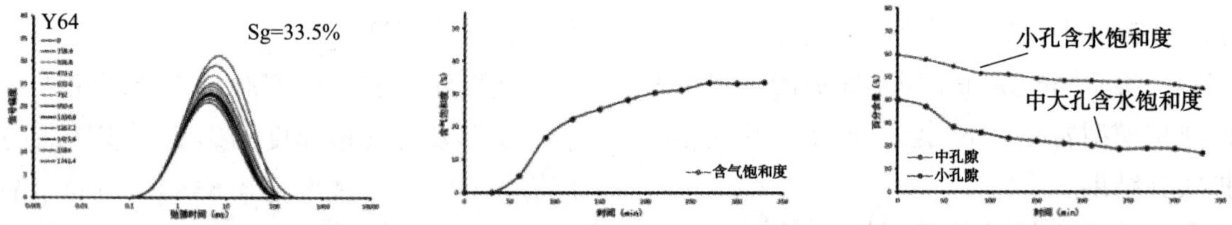

(b)3MPa压差Y64岩心T_2谱(左)、含气饱和度和压力(中)、不同孔径内流体(右)随时间变化图

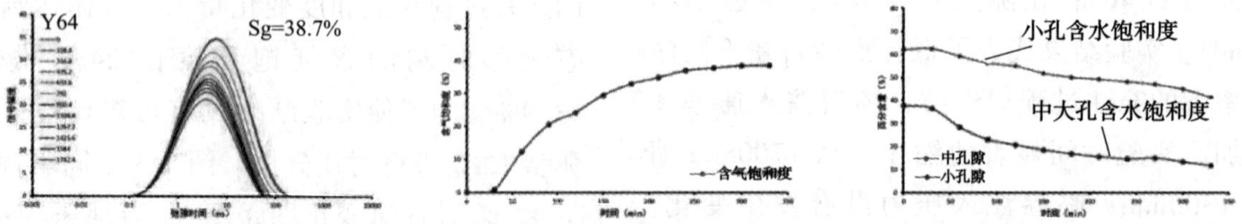

(c)6MPa压差Y64岩心T_2谱(左)、含气饱和度和压力(中)、不同孔径内流体(右)随时间变化图

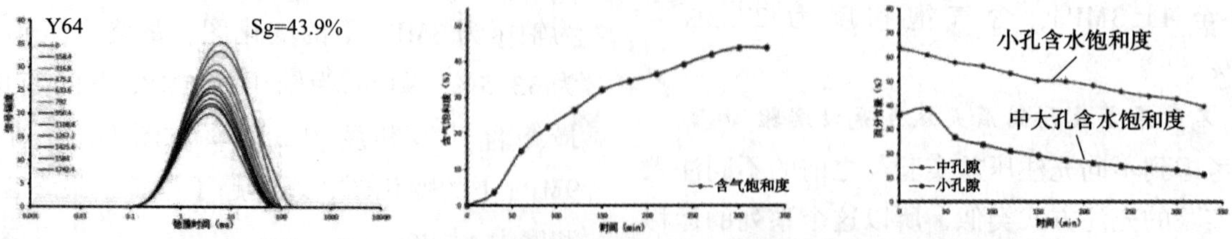

(d)9MPa压差Y64岩心T_2谱(左)、含气饱和度和压力(中)、不同孔径内流体(右)随时间变化图

图 5　不同压差系列运移实验结果（Y64，石英净砂岩）

4 影响本溪组致密砂岩天然气富集的主要因素

基于上述实验结果，探讨致密砂岩中天然气运移的临界压力、临界物性动力学条件和影响天然气运聚规模、运移效率的重要控制因素。

4.1 致密砂岩的临界充注压力分析

利用致密砂岩低流速(～0.5ml/min)实验系列的模拟结果，对比不同渗透率/不同岩石相样品的临界注入压力，可以认识天然气在不同岩石相的/渗透率条件下发生运移的临界动力。

图6显示了不同孔渗性样品在低速注气条件下的临界充注压差与样品孔隙度、渗透率的关系，总体表现随岩石相变好、孔隙度和渗透率增加，进入砂岩所需的临界充注压压力降低，临界充注压差与渗透相关性更为密切的负相关关系(图6b)。并且负相关关系明显呈现出非常不均一的变化趋势：当砂岩渗透率小于$0.1\times10^{-3}\mu m^2$时，临界充注压差从大约0.8MPa快速增加至1.2MPa；渗透率大于$0.1\times10^{-3}\mu m^2$的致密砂岩临界充注压差分布在0.5MPa～0.8MPa的狭窄区间内，这反映了当砂岩非常致密时，气体进入岩心所需要克服的临界充注压差非常高。这些实验数据说明，砂岩越致密，气体进入岩心需要克服的毛细管力越高，但是现今含气致密砂岩物性范围内气体运移所需的动力条件不是十分苛刻。

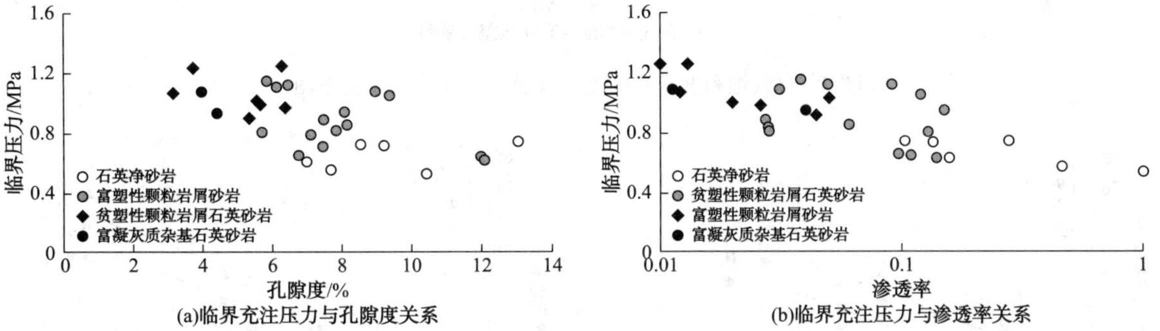

图6 临界充注压力与孔隙度、渗透率关系图

4.2 致密砂岩气运移的临界物性和影响天然气充注效率的主要因素

对致密砂岩系列实验结果进行分析，结合含气饱和度，讨论致密砂岩气充注的临界物性条件。在不同实验条件下的运移模拟发现，全部的致密砂岩样品都发生了明显的气体侵入运移，这反映出只要气体注入压差大于样品的排替压力，致密砂岩就会发生运移和充注的过程，只是物性越差的砂岩气体运移所需的注入压力更高，这可能说明致密砂岩储层没有绝对的运移物性下限。

通过不同孔渗性致密砂岩在最大注入压差状态下的最大含气饱和度与孔渗关系图(图7a，b)发现，致密砂岩含气饱和度主要受到岩石相、物性、充注压差等的影响，即渗透率、注入速率相关的充注增压和充注压差对致密砂岩气的充注规模产生了重要影响(图7c)，总体表现为含气饱和度随充注压力增加而增大的趋势，但数据点非常分散。

不同孔隙度和渗透率致密砂岩在不同注入速率条件下的含气饱和度数据表明(图8)，总体上含气饱和度表现为随孔隙度和渗透率增加而升高的趋势，然而似乎这种数据的相关性不显著，特定相似的孔隙度和渗透率都对应广泛的含气饱和度带，主要是受到了气体充注速率相关的差异性增压作用，气体低速注入一般产生了较低增压速率和充注压力，使得相当多的细小孔喉没有被气体侵入，造成其对应的含气饱和度往往偏低。

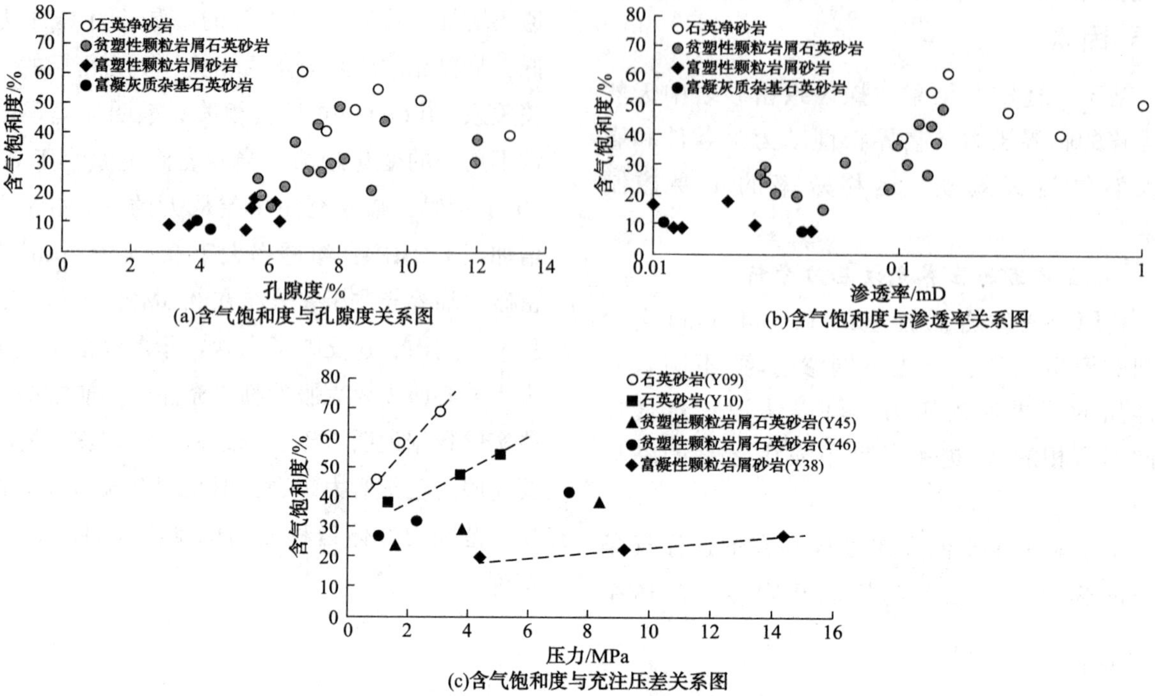

(a)含气饱和度与孔隙度关系图　(b)含气饱和度与渗透率关系图

(c)含气饱和度与充注压差关系图

图 7　含气饱和度与孔隙度、渗透率、充注压差关系图

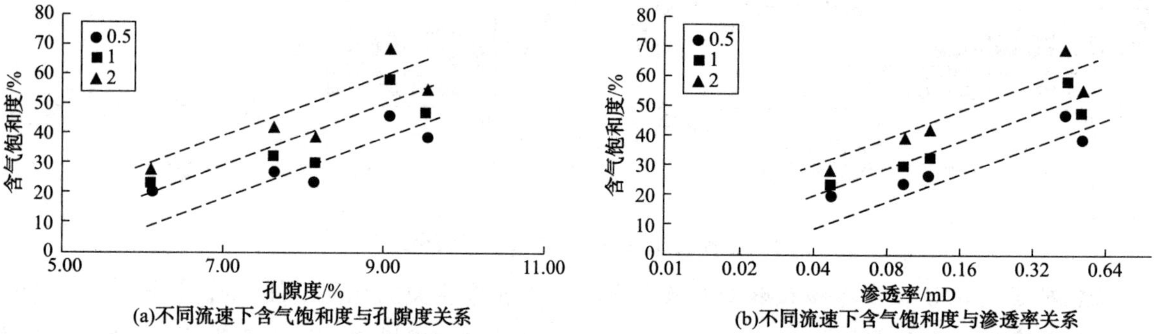

(a)不同流速下含气饱和度与孔隙度关系　(b)不同流速下含气饱和度与渗透率关系

图 8　不同流速下含气饱和度与孔隙度、渗透率的关系图

综合分析驱替压差与含气饱和度之间的关系(图 9)，含气饱和度与压差之间呈对数关系，压差越大，含气饱和度越高，随着压差的不断增大，含气饱和度变化率逐渐变小，最终会趋近于某一确定值，即该岩心束缚水条件下的含气饱和度。延安气田南部气藏受多种因素制约，储层岩石相和物性是高产富集的重要控制因素。石英砂岩、贫塑性颗粒岩屑石英砂岩等，物性好，充注流速高，含气饱和度高，含气性好；富塑性颗粒岩屑砂岩、富凝灰质杂基石英砂岩等，物性差，充注流速低，含气饱和度较低，含气性差。

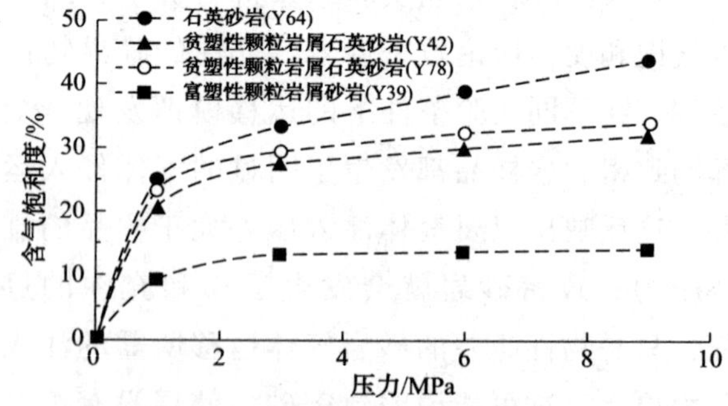

图 9　含气饱和度与驱替压差关系图

5　研究区本溪组天然气富集成藏模式

基于本溪组气藏的成藏地质特征与富集成藏主控因素分析，提出了研究区本溪组的天然气富集成藏模式(图 10)。

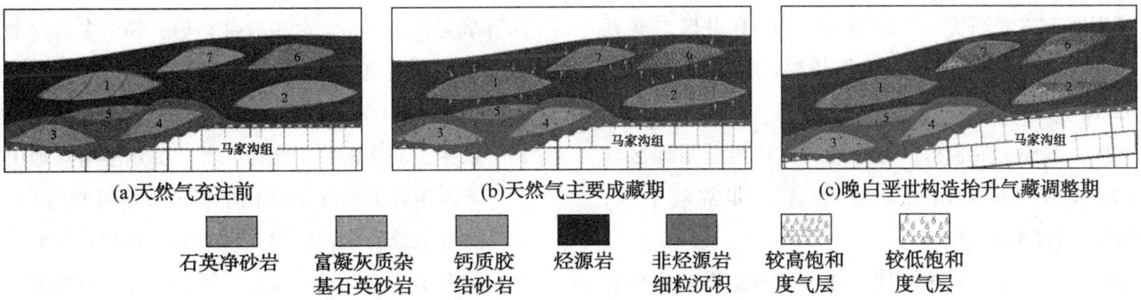

图 10　延安气田南部本溪组天然气富集成藏模式

5　研究区本溪组天然气富集成藏模式

晚白垩世至第三纪时期，本溪组地层因构造大规模抬升形成西倾斜坡，天然气在浮力作用下向上倾低气势区调整运移，受上倾致密层遮挡而富集，则天然气饱和度相对较高(图 10c)。

该致密储层主要为障壁岛中-中粗粒石英净砂岩，而且砂体顶底部或侧翼部分为粒度较细的、凝灰质杂基或泥质杂基含量较高、或大量高岭石黏土矿物充填孔隙的富凝灰质杂基石英砂岩，部分为方解石、白云石等碳酸盐致密胶结砂岩(图 10a)，由于沉积时期水动力条件差异导致了储层原始组分、结构存在差异，进而导致后期成岩作用差异性，造成储层空间分布不均一。

基于研究区内烃源及储盖条件，部分砂体周缘与黑色泥岩、煤层等优质烃源岩直接接触(如图 10a 中 1、2、7 号砂体)，部分砂体周缘为细粒泥质砂岩、泥质粉砂岩、铝土质泥岩或灰色泥岩(如图 10a 中 3、4 号砂体)，在天然气主要充注时期，与黑色泥岩、煤层等优质烃源岩直接接触的优质岩石相中，在较高源储压差下充注天然气，含气饱和度相对较高，而那些周缘无黑色泥岩、煤层直接接触且无黑色泥岩和煤层下伏的砂体，即使其上方发育黑色泥岩、煤层，因天然气难以克服毛细管阻力和浮力而无法向下运移充注至砂体(如图 10b 中 3、4 号砂体)，从而明确了优质岩石相(石英净砂岩、贫塑性颗粒岩屑石英砂岩)的发育程度是该致密砂岩天然气富集的关键因素，而直接下伏或上覆的黑色泥岩与致密砂岩气富集成藏也有着较大匹配关系。

综合上述分析，认为研究区本溪组致密砂体的岩石相空间的良好配置关系、烃源岩及储盖性质条件的良好匹配关系，均对天然气成藏具有重要的控制作用。这些认识和成果，对促进延安气田上古生界致密砂岩气藏高效勘探起到了重要的指导作用。

6　结论

(1) 延安气田南部发育的石炭系本溪组砂岩储层岩石类型主要为石英砂岩、岩屑石英砂岩。本溪组的煤系暗色泥岩和煤岩总体均属于中等-好烃源岩范畴；有机质类型以腐殖型(Ⅲ型)为主，兼混合型腐壳质腐殖型(Ⅱ_2型)；烃源岩处于高成熟-过成熟生气阶段。

(2) 鄂尔多斯盆地石炭系本溪组致密砂岩储层的天然气临界充注压力主要受岩相和渗透率控制，致密砂岩没有绝对的天然气充注物性下限，但充注效率、含气饱和度与储层物性尤其是渗透率呈正相关，天然气运聚效率则是饱和度和运聚规模受物性、孔隙结构、充注压差等多种因素耦合的结果。

(3) 较高的源储压差、优质的岩石相(石英净砂岩和贫塑性颗粒岩屑石英砂岩)和良好的物性是上古生界石炭系本溪组致密砂岩储层富集高产的重要因素，建立了本溪组的天然气成藏模式。

参 考 文 献

[1] 曾溅辉，张亚雄，张在振，等．致密砂岩气藏复杂气-水关系形成和分布主控因素及分布模式[J]．石油与天然气地质，2023，44(05)：1067-1083.

[2] 刘晓鹏，韩兴刚，赵会涛，等．鄂尔多斯盆地盒 8 段致密气藏气水分布特征及成因分析[J]．天然气地球科学，2023，34(11)：1941-1949.

[3] 刘鹏．基于 MATLAB“分级约束”致密砂岩气藏含气面积圈定方法研究——以延安气田 YQ 井区二叠系山西组山 2 段为例[J]．物探化探计算技术，2020，42(03)：392-400.
[4] 李成，魏虎，吴金桥，等．延安气田延长东地区盒8段致密气藏储层特征研究[J]．非常规油气，2024，11(04)：49-61.
[5] 邓长生．鄂尔多斯盆地甘泉地区上古生界致密砂岩气藏描述技术研究[D]．西安石油大学，2023.
[6] 席胜利，闫伟，刘新社，等．鄂尔多斯盆地天然气勘探新领域、新类型及资源潜力[J]．石油学报，2024，45(01)：33-51+132.
[7] 丛彭，赵俊兴，魏炜，等．煤系致密砂岩低熟气区气水分布规律—以鄂尔多斯盆地伊陕斜坡东北部太原组为例[J/OL]．矿物岩石．
[8] 姜磊，谢小飞，张毅．延安气田致密砂岩气水相对渗流特征研究[J]．重庆科技学院学报(自然科学版)，2020，22(02)：41-44+52.
[9] 王香增，乔向阳，米乃哲，等．延安气田低渗透致密砂岩气藏效益开发配套技术[J]．天然气工业，2018，38(11)：43-51.
[10] 付金华，魏新善，任军锋．伊陕斜坡上古生界大面积岩性气藏分布与成因[J]．石油勘探与开发，2008，35(5)：664-691.
[11] 赵喆，徐旺林，赵振宇，等．鄂尔多斯盆地石炭系本溪组煤岩气地质特征与勘探突破[J]．石油勘探与开发，2024，51(02)：234-247+259.
[12] 段逸飞，赵卫卫，杨天祥，等．鄂尔多斯盆地延安地区二叠系山西组页岩气源储特征及聚集规律[J]．岩性油气藏，2024，36(03)：72-83.
[13] 牛小兵，赵伟波，史云鹤，等．鄂尔多斯盆地本溪组天然气成藏条件及勘探潜力[J]．石油学报，2023，44(08)：1240-1257.
[14] 李芙蓉，刘文汇，王晓锋，等．鄂尔多斯盆地古生界天然气地球化学特征与成因[J]．石油实验地质，2023，45(04)：809-820.
[15] 张雯，刘文汇，王晓锋，等．鄂尔多斯盆地中东部下古生界天然气地球化学特征差异性机理[J]．天然气地球科学，2023，34(10)：1842-1854.
[16] 戴金星，王庭斌，宋岩，等．中国大中型天然气田形成条件与分布规律[M]．北京：地质出版社，1997.
[17] 冉新权，李安琪．苏里格气田开发论[M]．2 版．北京：石油工业出版社，2013.
[18] 张小菊，邓虎成，伏美燕，等．低丰度致密砂岩天然气分布特征及充注过程半定量评价——以鄂尔多斯盆地定北地区上古生界为例[J]．天然气工业，2024，44(03)：119-130.
[19] 王任一，许彪，李江涛，等．基于油气运移最小能耗率原理的成藏期地层倾角窗口研究——以鄂尔多斯盆地上古生界致密气藏为例[J]．天然气地球科学，2024，35(01)：30-40.
[20] 周庆．鄂尔多斯盆地上古生界烃源岩凹隆组合构造与断层、砂体的组合及与气藏的关系[D]．西北大学，2022.
[21] 汶锋刚，刘潇，朱冠芳，等．鄂尔多斯盆地延长气田上古生界气藏储层特征研究[J]．中国石油和化工标准与质量，2013，33(18)：151.
[22] 朱筱敏，刘成林，曾庆猛，等．我国典型天然气藏输导体系研究——以鄂尔多斯盆地苏里格气田为例[J]．石油与天然气地质，2005(06)：724-729.
[23] 王若谷，乔向阳，周进松，等．致密砂岩气运移的临界动力学条件探讨[J]．石油实验地质，2024，46(03)：532-541.

致密砂岩储层演化过程及有利目标区优选新技术研究
——以鄂尔多斯盆地南部延长组为例

萧高健[1,2]　赵彦超[2]　周进松[1]

[1. 陕西延长石油(集团)有限责任公司天然气研究院分公司；2. 中国地质大学(武汉)构造与油气教育部重点实验]

摘　要　鄂尔多斯盆地南部油气资源丰富，其中上三叠系延长组致密砂岩是增储上产的主力层系。但长8段致密砂岩地质条件复杂，存在成岩改造作用强烈、储层非均质强、储层致密及甜点分布模式不清等诸多问题，给勘探开发工作造成了巨大困难。其中，成岩作用对甜点发育与分布的控制作用尤为明显。因此锁定目标层段开展成岩作用的系统性研究，对后期勘探开发工作具有重要意义。

本研究基于普通岩石薄片、铸体薄片、扫描电镜等实验，通过对目标层段物性、岩石特征、成岩作用及油气充注期次等内容的分析，以成岩作用分析、成岩相类型划分与主要成岩相的测井响应特征分析等方法为手段，采用优化梯度提升算法最终建立了成岩相测井识别和预测模型，查明了长8段致密砂岩储层的成储机制，为后续工作奠定了基础。

本研究主要包含以下认识：

(1) 鄂南延长组致密砂岩长8段以岩屑长石砂岩及长石岩屑砂岩为主，长石砂岩及岩屑砂岩较少发育，石英砂岩极少量发育。储层孔隙以主要为次生孔隙，原生孔隙较少。孔隙度在5%~15%，渗透率在0.01mD~1mD，孔渗关系复杂，整体物性较差；

(2) 长8砂岩主要发育机械压实及胶结作用(碳酸盐岩矿物胶结及黏土矿物胶结)，硅质胶结其次，溶蚀作用最弱。根据成岩作用类型，划分出四类成岩相：1类-绿泥石衬边残余孔-溶蚀相，2类-高岭石+伊利石胶结残余孔-长石溶蚀和蚀变相，3类-高岭石+伊利石胶结-弱溶蚀相及4类-铁方解石+铁白云石胶结致密相，且以1类岩相为主；

(4) 基于成岩相类型及特征描述，根据各类测井响应特征，建立了多分类识别与预测模型，并提出了基于两次模型优化及GridSearchCV超参数确定的建模方法，模型具有较高准确率；

(5) 1类成岩相主要分布在辫状分流河道主体中上部，平面上不连续；2类及3类成岩相主要分布在河道及心滩砂体的侧翼，以及单砂体中下部。4类钙质胶结砂岩成岩相主要分布在单砂体边缘的河漫及溢岸砂等较薄砂体之中，剖面上分布在单砂体的顶和底；

(6) 储层主要发育两期油气充注：早期充注发生在晚侏罗纪到早白垩晚期(140~110Ma)；晚期充注发生在中白垩世(110~79Ma)。通过主要成岩作用期次及油气充注期次关系，确定储层致密化机制为：早期压实→早期方解石胶结→早期绿泥石包壳→早期石英胶结→岩屑及长石溶蚀→自生黏土矿物胶结→燕山期构造裂缝发育→早期充注→晚期自生硅质胶结→长石、岩屑以及方解石溶解→自生粘土矿物胶结→晚期铁方解石→晚期充注→晚期喜山期构造调整。

关键词　鄂尔多斯盆地；致密砂岩储层；成岩相；测井识别

Optimal selection of favorable targets and evolution process of tight sandstone reservoirs
——A case study of Yanchang Formation in southern Ordos Basin

Xiao Gaojian[1,2]　Zhao Yanchao[2]　Zhou Jinsong[1]

[1. Natural Gas Research Institute of Shaanxi Yanchang Petroleum (Group) Co., LTD.;
2. Key Laboratory of Tectonics and Petroleum Resources, China University of Geosciences]

Abstract Diagenetic facies are an important part of the research on tight sandstone sweet spot oil and gas reservoirs. The southern part of the Ordos Basin is rich in oil and gas resources, among which the tight sandstone of the Upper Triassic Yanchang Formation is the main layer system for increasing reserves and production. However, the geological conditions of the tight sandstone in the Chang 8 member of the Yanchang Formation are complex, with many problems such as strong diagenetic transformation, strong reservoir heterogeneity, tight reservoirs, diverse pore-throat types, and unclear distribution patterns of sweet spots, which have caused great difficulties for exploration and development. Among them, the controlling effect of diagenesis on the development and distribution of sweet spots is particularly obvious. Therefore, conducting a systematic study of diagenesis on the tight sandstone of Member 8 of the Upper Triassic Yanchang Formation in the southern part of the Ordos Basin is of great significance for the later exploration and development and the optimal selection of favorable target areas.

This study is based on microscopic physical experiments such as ordinary rock thin sections, cast thin sections, and scanning electron microscopy. Through a systematic analysis of the physical properties of the tight sandstone reservoir, rock characteristics, diagenesis, and oil and gas charging stages of the target layer section, by means of analyzing the characteristics of diagenesis, classifying the types of diagenetic facies and analyzing the logging response characteristics of the main diagenetic facies, the optimized gradient boosting algorithm is adopted to finally establish a logging identification and prediction model of diagenetic facies. The reservoir – forming mechanism of the tight sandstone reservoir in Member 8 is identified, laying a solid foundation for the subsequent exploration and development work.

The main understandings are as follows:

(1) The sandstone of Member 8 is mainly composed of lithic feldspathic sandstone and feldspathic lithic sandstone. Feldspathic sandstone and lithic sandstone are less developed, and quartz sandstone is developed in a very small amount. The pores of the reservoir are mainly secondary pores, and primary pores are fewer. The porosity of the reservoir is within 5%~15%, the permeability is within 0.01 mD–1 mD, the pore–permeability relationship is complex, and the overall physical properties are poor;

(2) The sandstone of Member 8 mainly develops mechanical compaction and cementation (carbonate mineral cementation and clay mineral cementation), followed by siliceous cementation, and the dissolution is the weakest. According to the types of diagenesis, four types of diagenetic facies are classified: Type 1 – chlorite – lined residual pore–dissolution facies, Type 2–kaolinite + illite cemented residual pore–feldspar dissolution and alteration facies, Type 3–kaolinite + illite cementation–weak dissolution facies, and Type 4–ferrocalcite + ankerite cemented tight facies, and Type 1 facies is dominant.

(3) Based on the description of the types and characteristics of diagenetic facies in the target layer section, and according to the logging response characteristics of various diagenetic facies, a multi–classification identification and prediction model based on machine learning was established, and a modeling method based on two model optimizations and the determination method of GridSearchCV hyperparameters was proposed. The results show that the model has a good accuracy rate.

(4) The reservoir mainly undergoes two stages of oil charging: The early low – maturity oil charging mainly occurs from the Late Jurassic to the Late Early Cretaceous (140~110Ma), which is the main charging stage; the late charging mainly occurs in the Middle Cretaceous (110~79Ma), which is the secondary charging stage of the reservoir. Through the relationship between the main diagenesis stages and the oil and gas charging stages, the densification mechanism of the reservoir is determined as: early compaction→early calcite cementation→early chlorite coating→early quartz cementation→dissolution of lithic fragments and feldspar→authigenic clay mineral cementation →development of structural fractures during the Yanshanian period→early low – maturity oil and gas charging→late authigenic siliceous cementation→dissolution of feldspar, lithic fragments and calcite→authigenic clay mineral cementation→late ferrocalcite→late high – maturity oil and gas charging→secondary fault fracture reservoir under the late Himalayan structural activities.

Key wordst Ordos Basin; tight sandstone reservoir; diagenetic facies; logging identification

致密砂岩油气在非常规油气资源中占有重要地位，目前我国新发现的油气储量中有超过一半为致密砂岩油气。致密砂岩油气层普遍具有物性差、非均质性强，含油气饱和度低、储层压力低、产能低及开发效益差的特点。但开发实践表明，在普遍低渗致密的背景下，仍然广泛发育具有开发效益的甜点储层，因此，寻找致密砂岩甜点储层，是有效开发致密砂岩油气的基础。

致密砂岩甜点形成的主控因素为沉积、成岩及构造等地质因素，并形成相控（沉积微相）、成岩控（成岩相）和构造控（裂缝带）等三类甜点。沉积微相控制了砂岩储层的先天特征。成岩相反映了砂岩储层埋藏之后所经历的各种物理和化学作用的改造。而与走滑断裂有关的裂缝带（断缝体）则与甜点油气富集以及后期的调整有关。虽然甜点储层与走滑断层带有关的裂缝带（断缝体）的关系密切，但是有利的沉积微相及成岩相带是甜点形成的基础。因此，在沉积微相分析的基础上，重点开展成岩相分析，对于分析甜点储层类型、成因及预测，指导致密砂岩储层高效开发具有重要意义。

成岩相的研究方法主要是采用岩石薄片的镜下成岩作用的识别与鉴定，结合各类先进的测试方法来辅助研究成岩相特征及分类。而在成岩相预测中，主要采用测井技术以及地震技术来建立成岩相的预测模式，预测成岩相空间分布。其中成岩相测井交会图技术是主要的技术方法。近年来，大数据、深度学习及人工智能技术广泛应用于油气勘探与开发的预测与决策领域。目前机器学习的方法多用于复杂岩性识别，用于成岩相的成功实例较少，究其原因应该是与成岩相测井特征复杂，不易识别有关。

本文利用薄片、铸体薄片、扫描电镜、流体包裹体等资料，分析鄂尔多斯盆地南部延长组致密砂岩储层长 8 段成岩作用特征，划分成岩相类型并分析成岩相测井特征，采用优化了的梯度提升算法（Gradient Boosting Classifier），对鄂尔多斯盆地南部延长组致密砂岩储层长 8 段致密砂岩储层成岩相的进行了测井识别和预测，为甜点储层分布规律的认识提供依据。

鄂尔多斯盆地地处华北地台西部，面积 25 万 km^2（图 1）。可划分为五个次级构造单元：北部伊盟隆起、西部天环凹陷，东部晋西挠褶带、南部渭北隆起以及中部西倾伊陕斜坡。鄂尔多斯盆地南部延长组致密砂岩储层地处鄂尔多斯盆地西南缘的庆阳和平凉地区，构造上位于天环凹陷南部及伊陕斜坡西南缘。目前勘探层位为晚三叠纪延长组的长 6～长 9 段。其中，长 8 段为实际开发层段，长 812 小层为主力储层段，其构造为西倾单斜构造，发育一套浅水辫状河三角洲前缘水下分流河道砂体。砂岩以细砂岩为主，见少量粉砂岩。砂岩储层致密，平均孔隙度 9.5%，平均渗透率 0.44mD。砂岩孔隙类型以粒间溶蚀孔和残余粒间孔隙为主，平均喉道半径 0.39μm，中值半径 0.11μm，存在粒间孔主导、粒内孔主导及晶间孔主导的三种孔喉结构模式。

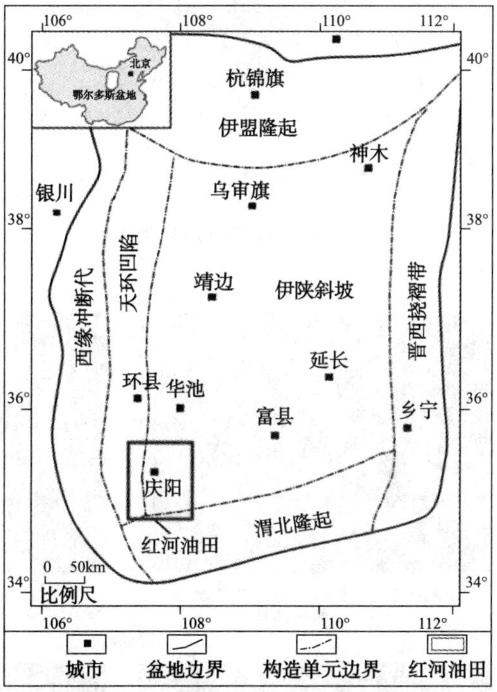

图 1　鄂尔多斯盆地、二级构造单元及延长组致密砂岩储层位置图

1　鄂尔多斯盆地南部延长组致密砂岩储层长 8 段储层成岩作用及成岩相划分

1.1　成岩作用特征

1.1.1　砂岩岩性组分及结构特征

根据鄂尔多斯盆地南部延长组致密砂岩储层长 812 小层 27 口探井 185 张薄片分析资料统计表明，砂岩碎屑石英含量在 19%～93%之间，平均 41.59%；碎屑长石含量在 4%～55%之间，平均 29.55%。主要为岩屑长石砂岩（56.59%），其次为长石岩屑砂岩（36.75%），含少量长石砂

岩以及岩屑砂岩，极少量石英砂岩。泥杂基含量在5%以下，胶结物平均含量9.32%，其中方解石胶结物含量6.71%；高岭石和绿泥石胶结物分别为3.13%和2.05%；硅质胶结物为石英次生加大以及粒状充填石英，总体含量较低；水云母以及白云石胶结物含量也较低(<0.5%)。如图2所示。

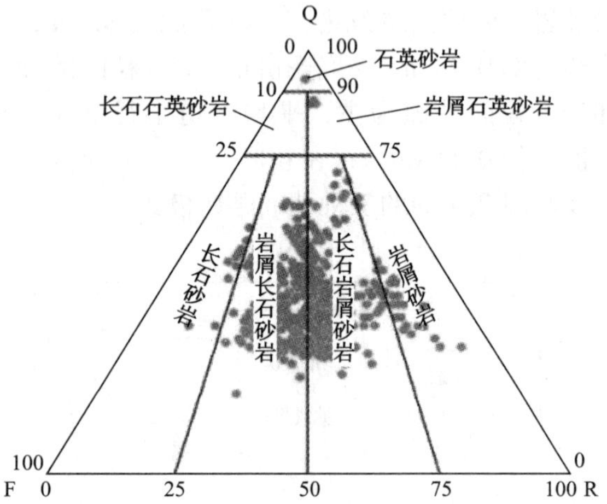

图2 砂岩岩性三角分类图

长8砂岩分选性较好，磨圆程度中低，以次棱角状为主，少量次棱-次圆状和次圆状。颗粒支撑为主；胶结类型以孔隙式胶结为主，含少部分薄膜-孔隙式和薄膜式胶结，见少量压嵌-孔隙式胶结。

1.1.2 成岩作用

(1) 压实作用

长8段砂岩储层经历了中-较强的压实作用。砂岩颗粒接触可见点-线和线接触(图3(a)、3(b)、3(c)、3(d))，局部表现为凹凸接触，骨架颗粒可见压溶以及次生加大，图3(e)、3(f)；可见刚性碎屑表面的脆性裂纹(图3(f))和刚性碎屑的重新排列(图3(d))。压实程度主要受砂岩成分及结构的控制。一般来讲，早期压实速率较高，砂岩中塑性岩屑(泥质)含量增加会导致砂岩抵抗压实能力弱，压实程度增加，图3(b)岩屑含量明显高于图3(a)，因此压实程度明显较强。但是早期绿泥石包壳、微晶石英颗粒、早期方解石胶结物等有抵制压实的能力，而这些成岩现象一般分布在杂基含量较低、储层原始物性较好的主相带部位，相对压实较弱。

(a)HH12井，长812，点-线接触；×25(-)。铸体薄片。

(b)HH97井，长812，线接触；×25(-)。铸体薄片。

(c)HH55，长812，线-点接触；×25(-)。铸体薄片。

(d)JH13井，长812，线接触；×25(-)。铸体薄片。

(e)ZJ9井，长812，×10(+)，线接触，局部凹凸接触。普通薄片。

(f)ZJ17井，长812，×10(+)，压溶作用，见石英次生加大。

图3 长812小层典型压实作用现象在镜下薄片的照片

(2) 胶结作用

红河长8段的胶结作用较强，胶结物含量较高，约3%~28%，平均为8.9%。接触式和基底式胶结为主，以碳酸盐岩、自生黏土矿物及少量硅质胶结物为主。

① 碳酸盐胶结作用普遍发育且非均质性较强，胶结物含量介于1%~25%，其中方解石平均6.71%，铁方解石平均0.6%。薄片分析可知，早期微晶方解石分布于原生粒间孔中，在其支撑作用下，碎屑颗粒多排列松散；晚期方解石

多以较好的晶型或嵌晶状发育(图 4(a)和 4(b))。方解石在阴极光下一般为橙黄色~橙红色，普通方解石一般为橙黄色，而当含铁后一般呈橙红色。从图 4(c)中可以看出，早期发橙黄色光方解石一般充填在粒间孔内，且被大量溶蚀后被后期铁方解石充填；铁方解石主要充填长石、岩屑溶孔内。对比图 4(b)和图 4(c)，方解石发育具有极强的非均质性。图 4(b)中早期方解石发育，且长石未见大量交代，说明方解石发育在长石大量溶蚀之前，也就是早期方解石完全将孔隙充填，后期无流体活动。而图 4(c)中，存在方解石和铁方解石，大量铁白云石交代长石，说明早期方解石仅部分堵塞孔隙，后期可能仍然存在流体的活动。同时，从碳酸盐岩胶结的位置来看，一般位于砂岩的顶部或底部，形成顶钙或底钙，导致储层致密，见图 13。

(a)ZJ17井，长812，×10(+)，方解石胶结。

(b)HH87井，长812，阴极发光，方解石连晶胶结。

(c)HH100井，长812，阴极发光，方解石和铁方解石胶结。

(d) ZJ9井，长812，×10(+)，石英Ⅱ级次生加大。

(e)ZJ9井，长812，绿泥石包壳，长8，扫描电镜。

(f)HH73，长812，×25(-)，岩屑蚀变高岭石。铸体薄片。

(g)HH311井，长812，自生高岭石，3000×，扫描电镜。

(h)HH73，长812，岩屑蚀变高岭石，扫描电镜。

(i)HH71井，长812，粒间自生石英，3000×，扫描电镜。

图 4　长 812 小层典型胶结作用现象在镜下薄片的照片

② 黏土矿物胶结。由 40 块砂岩样品的黏土扫描电镜(SEM)及 X 衍射分析(XRD)分析可知，储层中自生黏土矿物主要为绿泥石(平均含量为 42.8%)，伊蒙混层(35.7%)，伊利石(10.6%)及高岭石(10.9%)。其中，绿泥石黏土矿物主要以颗粒包壳和孔隙衬里状的形式出现，书页状六边形高岭石、蜂窝状伊蒙混层和丝缕状、针状伊利石充填在孔隙之中。

早期绿泥石膜胶结，以颗粒包壳及孔隙衬里的形式包裹石英颗粒(图 4(e))，绿泥石晶体垂直颗粒表面生长，有效地分隔了碎屑颗粒与孔隙水，并使颗粒表面没有足够的可供石英生长的空间，阻止石英的自生加大，只有在自生绿泥石膜较薄或不连续处发育自生石英，从而保护了粒间孔隙。同时，自生绿泥石含量增加会增强储层的抗压实能力，但当绿泥石含量较高，充填粒间孔后，则会堵塞喉道，导致孔喉减小，渗透率降低。对于红河长 8 段而言，绿泥石表现为多期性，以图 4(d) 为例，绿泥石可分为三期，第一期在早期低熟油充注之前，在颗粒边缘存在沥青环带。第二期绿泥石膜更厚，包裹在沥青之外，且存在大量绿泥石充填在粒间孔内。该样品无油气显示，说明晚期绿泥石包壳和绿泥石充填导致喉道被堵塞。但由于绿泥石包壳的存在，颗粒接触关系主要为线-点接触，说明绿泥石的存在抵抗压实，保存了孔隙。

高岭石多呈淡黄色沉淀在粒间溶孔或长石粒内溶孔中(图 4(f))，扫描电镜下高岭石多呈书页状，且多与石英相伴生(图 4(g))。表明储层中高岭石主要与溶蚀作用有关。由于高岭石颗粒相对较软，不能有效支撑岩石骨架，且其颗粒易堵塞喉道，故其形成的晶间微孔不能有效提高储层物性。扫描电镜分析可知，自生伊利石及其混层矿物多呈纤维状或片状桥接孔隙并堵塞喉道(图 4(g))，将原生粒间孔分隔成更小的微孔隙，极大地降低了储层物性，尤其是对储层渗透率破坏较强。

③ 硅质胶结物在红河长 812 小层储层中发育较少，平均含量约 0.4%。分析认为，硅质主要来源于压溶作用和溶蚀作用。早期硅质胶结多来自溶蚀压溶作用，长石及岩屑的溶蚀生成少量自生加大，次生加大边(Ⅱ级)围绕颗粒边缘，其厚度较薄，使颗粒呈自形晶状(图 4(i))，多与高岭石相伴生；晚期的硅质胶结多来源于压溶作用。

(3) 溶蚀作用与交代作用

长 7 段的张家滩油页岩是长 8 段的主力烃源岩，在侏罗纪(J)到早白垩世(K_1)的生排烃时期，生成大量有机酸，使得长石和岩屑颗粒及方解石胶结物等均受到不同程度的溶蚀。镜下观察可见，斜长石多沿聚片双晶解理面发生溶蚀(图 5(a)、(b)、(c))，少数情况下可形成铸模孔，并被后期方解石胶结充填(图 5(f))。另外，局部可见晚期石英颗粒溶蚀的碱性溶蚀现象，图 5(d)。溶蚀作用形成的粒内溶孔往往由于连通性较差，对储层影响不大，而粒间溶孔多为剩余粒间孔的溶蚀扩大孔，具有较大的孔喉半径，连通性较好，很大程度上改善了储层物性。

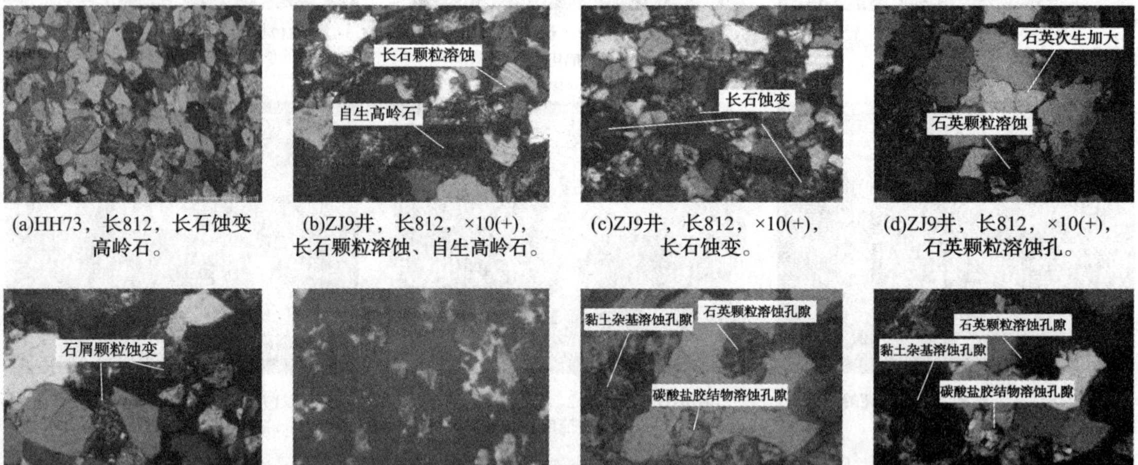

(a)HH73，长812，长石蚀变高岭石。　(b)ZJ9井，长812，×10(+)，长石颗粒溶蚀、自生高岭石。　(c)ZJ9井，长812，×10(+)，长石蚀变。　(d)ZJ9井，长812，×10(+)，石英颗粒溶蚀孔。

(e)ZJ9井，长812，×10(+)，岩屑颗粒蚀变、自生高岭石。　(f)HH100井，长812，铁方解石交代长石。　(g)ZJ17井，长812，×10(-)左，(+)右，填隙物溶蚀孔。

图 5　长 812 小层各类溶蚀作用特征镜下照片

长 8 储层组储层交代作用主要以方解石交代长石为主。阴极发光显微镜下方解石交代长石现象较为明显，可见长石颗粒(亮蓝色-暗蓝色)受到方解石(橙红色-橙黄色)不同程度的交代，显现出明显的交代残余(图 5(f))。长石颗粒和岩屑也多发生高岭石化(图 5(e))，阴极发光下高岭石呈靛蓝色，沉淀于长石颗粒粒内溶孔中，或沉淀于溶蚀颗粒附近的粒间孔中(图 5(f))。

1.1.3　鄂尔多斯盆地南部延长组致密砂岩储层长 8 段砂岩储层的油气充注期次

古流体活动是影响成岩作用演化的因素之一，而油气充注是古流体活动的重要形式。因此，以油气充注(古流体活动)分析为核心，分析成岩-成储-成藏的叠合关系，是我们识别、划分及预测成岩相的重要基础，也是进一步预测甜点储层的依据。

通过采集延长组致密砂岩储层长812小层的21块样品，进行了流体包裹体显微荧光观察、油包裹体及盐水包裹体均一温度测温、古流体压力恢复等测试。对比分析了长812小层致密砂岩储层的成岩-成储-成藏特征。

根据油包裹体显微荧光颜色及荧光光谱特征可以划分不同期次油气充注。长8段砂岩储层至少存在两期油气充注，已观察到砂岩储层中的油包裹体显微荧光颜色有两种，即，黄绿色(相对低成熟度)和蓝白色(相对高成熟度)。另外，还检测到一期亮黄色荧光油包裹体，其两期油包裹体成熟度更低，见图6。

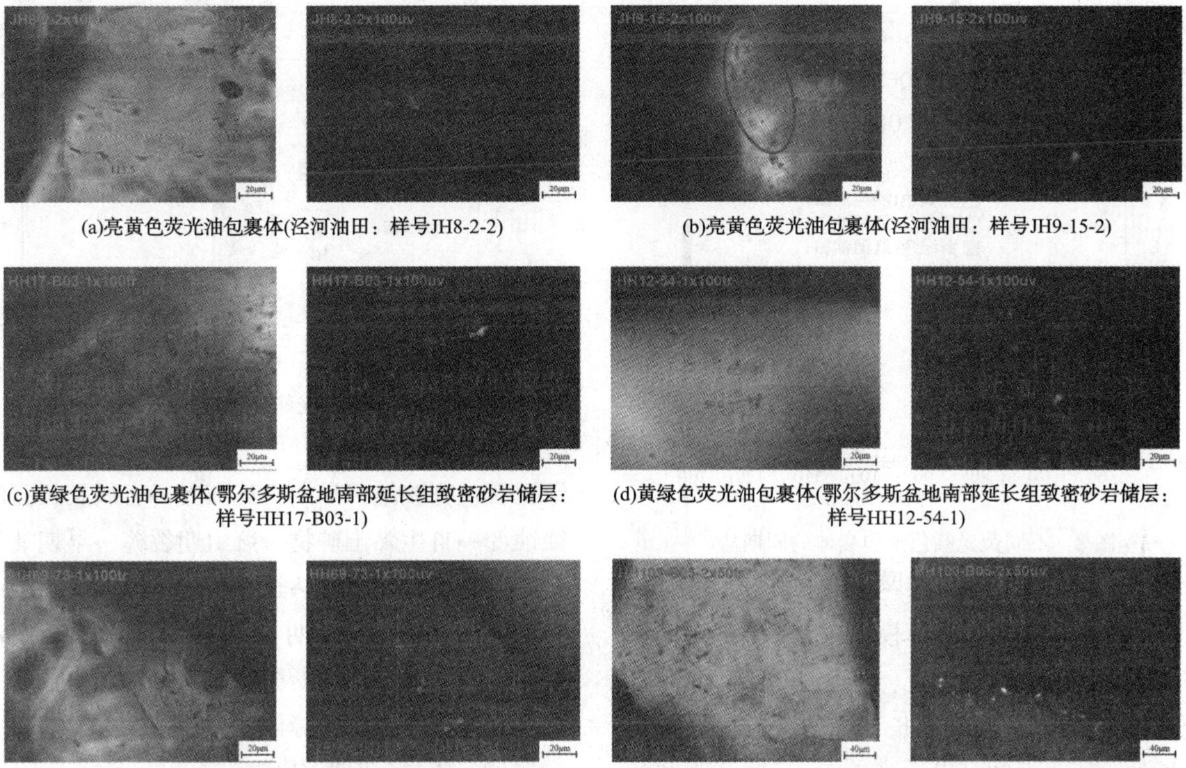

(a)亮黄色荧光油包裹体(泾河油田：样号JH8-2-2)

(b)亮黄色荧光油包裹体(泾河油田：样号JH9-15-2)

(c)黄绿色荧光油包裹体(鄂尔多斯盆地南部延长组致密砂岩储层：样号HH17-B03-1)

(d)黄绿色荧光油包裹体(鄂尔多斯盆地南部延长组致密砂岩储层：样号HH12-54-1)

(e)蓝白色荧光油包裹体(鄂尔多斯盆地南部延长组致密砂岩储层：样号HH69-73-1)

(f)蓝白色荧光油包裹体(鄂尔多斯盆地南部延长组致密砂岩储层：样号HH103-B06-2)

图6　长812小层石油包裹体典型荧光特征(TR：透射光；UR：紫外光)

(a)HH17-B03，×100，方解石中检测到油包裹体和共生盐水包裹体，油包裹体显微荧光颜色为黄绿色；(b)HH12-54-1，×100，石英颗粒裂纹中检测到油包裹体，显微荧光颜色为黄绿色；(c)HH17-B03-1，×100，石英颗粒裂纹中检测到油包裹体，显微荧光颜色为蓝白色；(d)HH103-B05-2，×50，石英颗粒裂纹中检测到油包裹体，显微荧光颜色为蓝白色。tr：透射光，uv：紫外光

由于肉眼区分荧光颜色有误差，因此可以根据荧光光谱的最大主峰波长(λ_{max})和QF_{535}等参数，来综合分析油气充注期次。图7为QF_{535}与λ_{max}交会图，图上可见，亮黄色、黄绿色与蓝白色的QF_{535}与λ_{max}参数明显不同，代表三期不同成熟度的油充注，其中红河有两期油充注。

统计显示，黄绿色油包裹体占88.5%，蓝白色的油包裹体占15%。表明相对低成熟度的早期油充注为主要充注期，相对高成熟的晚期充注为次要充注期。

镜下观察表明，鄂尔多斯盆地南部延长组致密砂岩储层长8段的包裹体主要分布在石英颗粒裂纹中，个别分布在长石及方解石之中。根据不同荧光颜色油包裹体的同期盐水包裹体均一温度的统计表明，黄绿色荧光油包裹体的同期盐水包裹体均一温度在56.5~85.2℃之间，平均为69.6℃；而蓝白色荧光的同期盐水包裹体均一温度在73.6~128.5℃之间，平均107.9℃。从图8

中可见，黄绿色与蓝白色荧光油包裹体的同期盐水包裹体均一温度明显为两个不同的总体，分别代表两期不同的油气充注。

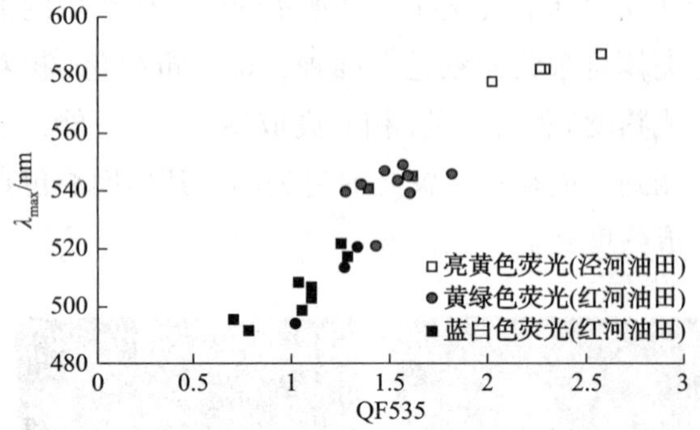

图 7　两期油气充注的 QF535 与 λ_{max} 交会图

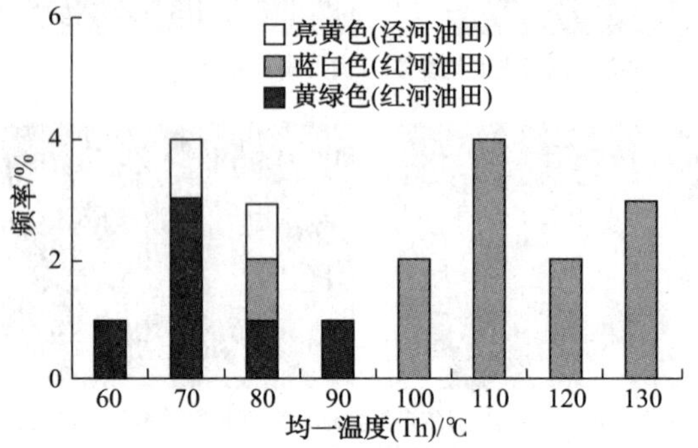

图 8　不同荧光颜色油包裹体的同期盐水包裹体均一温度分布直方图

图 9 为包裹体古流体模拟压力计算的古流体压力演化图。从图中可见，从晚侏罗纪(140Ma)到早白垩晚期(85Ma)，长 8 段的古流体压力持续增加，压力系数可以达到 2.0，反映了强烈的油气充注，早白垩晚期(85Ma)之后，随着盆地构造抬升，古流体压力逐渐下降，反映了油气充注的停滞。另外，根据不同荧光颜色的油包裹体对应的盐水包裹体均一温度所对应的地质时间并结合埋藏史图(图 10)可见，油充注大致也能划分出两期，即：早期油充注(140～110Ma)和晚期油充注(110～79Ma)。晚期古流体压力增加最大，这与长 8 地层埋藏深度最大，储层致密，油气充注压力增加有关，马立元等也有类似的认识。

1.1.4　成岩作用序列与成储模式

(1) 成岩-成储-成藏序列

综合上述，长 8 成岩及油气充注序列可概括为：早期机械压实作用→早期方解石胶结→早期

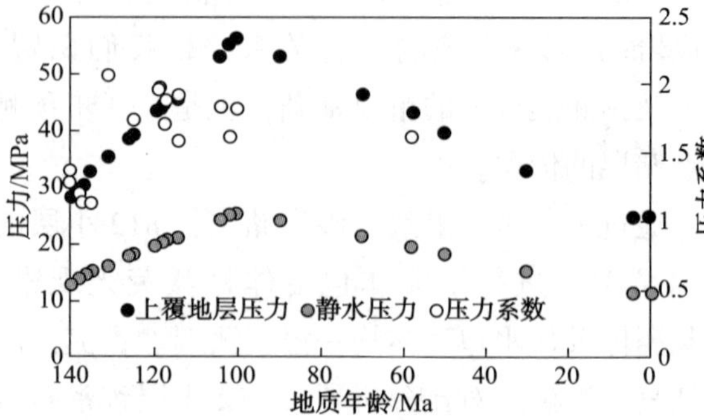

图 9　包裹体模拟计算的古流体压力演化图

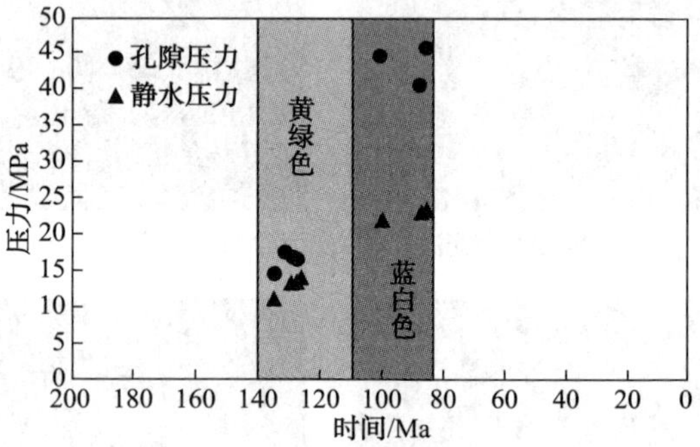

图 10　不同荧光颜色包裹体模拟计算的古流体压力演化图

绿泥石包壳胶结→早期石英加大→岩屑及长石溶蚀蚀变→自生黏土矿物→燕山期裂缝→早期油气充注→晚期硅质胶结→长石、岩屑、方解石溶解→自生黏土矿物→晚期 Fe 方解石胶结→晚期油气充注→晚期喜山期断缝体活动，对原生油藏进行调整，形成次生断缝体油藏。见图 11。

(2) 成岩-成储-成藏模式

长 8 段砂岩储层为辫状河三角洲前缘的水下分流水道微相，局部存在重力流(砂质碎屑流)砂体。主要为长石岩屑砂岩或岩屑长石中砂质细砂岩。储层的原始物性受沉积时期物源、砂岩成分及水流改造等因素控制。研究表明，水下分流河道主体部位的物性明显好于边缘相带及浊积相砂体。因此，沉积微相是储层物性进一步演化的基础。

鄂尔多斯盆地南部延长组致密砂岩储层经历了印支、燕山和喜山三个主要构造期。总体上，燕山期构造活动控制成岩早-中期的压实与胶结作用，其中早-中期压实作用对储层物性的降低远大于胶结作用。但是，成岩早期绿泥石包壳、微晶石英颗粒、早期方解石胶结物等有抵制压实

的能力，有利于保护粒间孔隙。而这些成岩现象一般分布在杂基含量较低、储层原始物性较好的主相带部位，相对压实较弱，储层原始粒间孔隙得以保存。

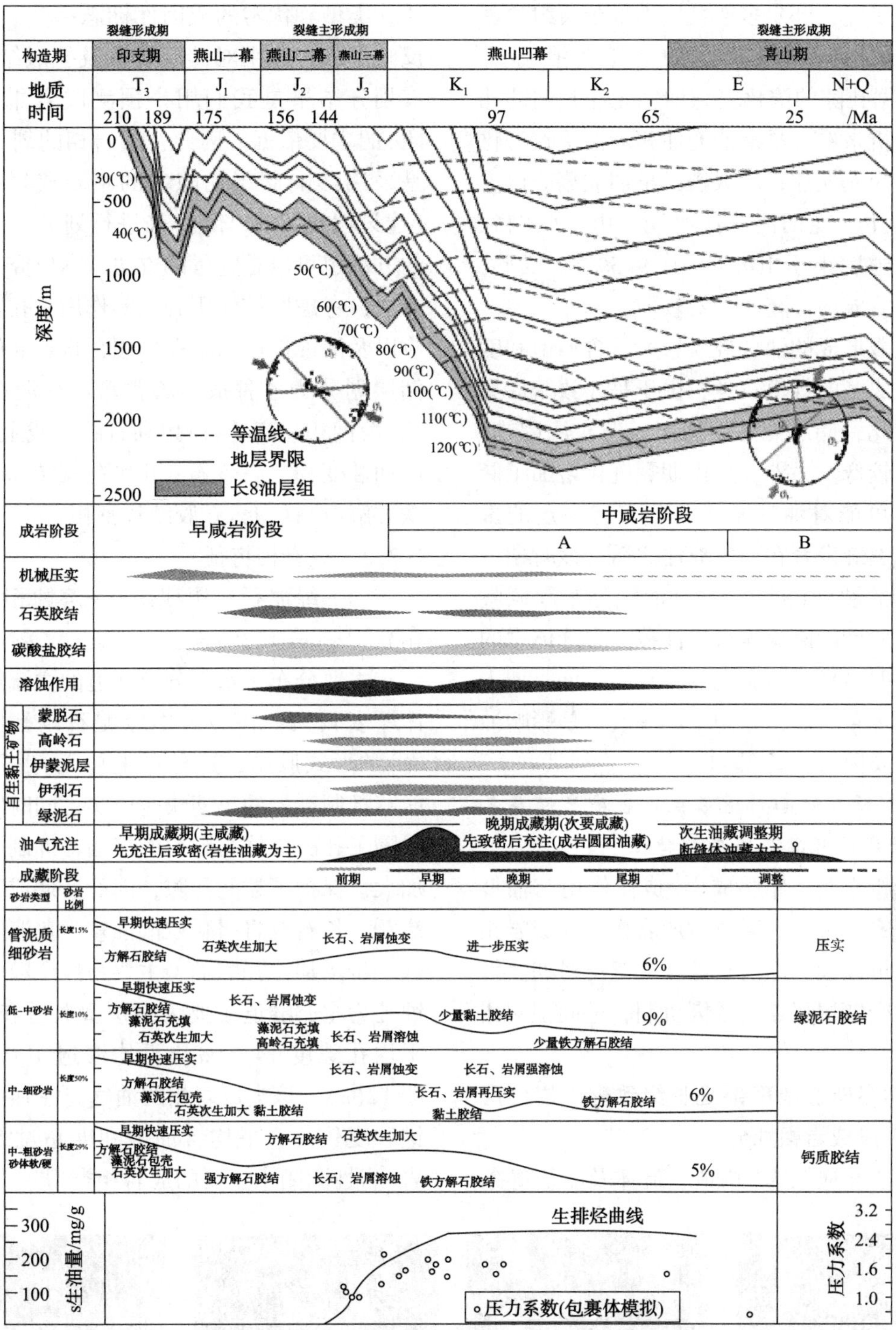

图 11　鄂尔多斯盆地南部延长组致密砂岩储层长 812 小层成储-成藏模式图

根据陈贺贺的计算公式，结合我们研究的储层参数，长 8 段砂岩的原始储层孔隙度在 37.8%。如果砂岩物性分析孔隙度为 9.5%，面孔率 5.12%，则计算压实造成孔隙度损失为 20.6%；胶结造成孔隙度损失为 16.2%；溶蚀造成孔隙度增加为 7.42%；交代作用造成孔隙度增加为 0.74%。由此可见，在成岩早-中期，压实作用相比于胶结作用，对储层的破坏作用更强。但在成岩的中晚期，胶结作用比压实作用对储层物性的影响更大，尤其是晚期的铁方解石的胶结，彻底堵塞孔喉，是致密化的关键因素之一。

同时，由于燕山期也是长 7 烃源岩油气生成与运聚时期，包裹体古流体压力模拟计算表明，该时期长 812 小层砂岩为超压状态，砂岩孔隙度在20%左右，油大量运聚。因此，燕山期的原始粒间孔隙+微裂缝控制了早期油气充注。根据潘高峰等的研究，鄂尔多斯盆地南部延长组致密砂岩储层长 8 段油气充注的下限为孔隙度10.5%。根据孔隙的演化史与油气充注时期的孔隙度对应分析来看，早期油充注相对储层致密化来看，应该为先充注，后致密，早期成藏应该以岩性油藏为主。晚期油充注时期，由于胶结致密，储层孔隙度小于 10%(平均 9.5%)，因此，为先致密，后充注，充注相对较弱。

早期成藏形成的油藏规模较大，含油饱和度较高；晚期成藏的规模较少，由于是先致密后充注成藏，因此，储层充注压力高，但充注困难，含油饱和度较低。另外，燕山期裂缝化增加了储层孔隙度，可能对油气充注及分布有一定的影响。喜山期裂缝发育在油气充注之后，该时期走滑断裂控制的裂缝(断缝体)对油气分布起调整作用，形成所谓的断缝体次生油藏。裂缝体中的含油饱和度明显高于基质孔喉，且由于该时期主应力方向与现今主应力方向基本一致，是影响油气产能的主要因素，见图 11。

1.2 鄂尔多斯盆地南部延长组致密砂岩储层长 8 段致密砂岩储层成岩相特征

上述分析表明，储层成岩-成储作用与油气充注成藏是密不可分。通过对成岩作用及成岩相的分析，就可以预测油气充注及成藏的时期及强度，查明致密储层甜点的成因机制，进而预测甜点的分布。

1.2.1 鄂尔多斯盆地南部延长组致密砂岩储层长 8 段成岩相划分

所谓成岩相应该为“构造、流体及温压等条件对沉积物综合作用的结果，其核心内容是现今的矿物成分和组构面貌，主要是表征储集体性质、类型和优劣的成因性标志…”。可见成岩相反映了成岩作用对储层物性及孔喉结构的影响，其划分结果是我们用来预测成岩甜点(成岩圈闭)的主要依据。因此，成岩相的划分方法主要是采用影响储层孔隙率的主要成岩-成储因素(建设性或/和破坏性)来进行划分。可以是定性的方法也可以是定量的方法。本研究采用定性的方法，考虑胶结作用和压实作用对孔隙的减孔效应以及溶蚀作用的增孔作用，将长 8 的致密砂岩储层划分为 4 种成岩相类型：绿泥石衬边残余孔-溶蚀相、高岭石+伊利石胶结残余孔-长石溶蚀和蚀变相、高岭石+伊利石胶结-弱溶蚀相和铁方解石+铁白云石胶结致密相。

1.2.2 成岩相特征

(1) 绿泥石衬边残余孔-溶蚀相(Ⅰ类成岩相)

主要分布于水下分流河道的主流线附近，砂体厚度较大；在砂岩中绿泥石以孔隙衬边(包壳)的形式胶结，这种黏土包壳有一定的韧性，能够抵制砂岩的早期快速压实。同时绿泥石包壳阻隔了孔隙流体与颗粒的接触，抑制了石英次生加大，保护了粒间孔隙，因而后期成岩流体较为活跃，长石及岩屑颗粒溶蚀较为普遍，使孔隙度进一步增加。孔隙类型主要为残余粒间孔以及溶蚀孔为主，喉道主要为缩颈型喉道和片状喉道。平均孔隙度 14.21%，平均渗透率 0.42mD。见图 12(a)。该类成岩相的油气充注强度大，含油饱和度较高，平均含油饱和度超过 50%，为成岩-岩性圈闭中主要的成岩相类型。

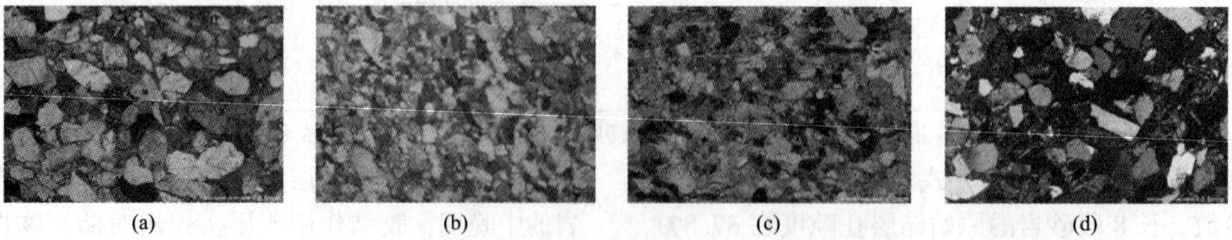

图 12　鄂尔多斯盆地南部延长组致密砂岩储层长 812 小层致密砂岩不同成岩相岩石薄片照片

(a) Ⅰ类，HH73 井，2296.84m，孔隙度 15.3%，渗透率 1.1mD，含油饱和度 So 为 54%；铸体，×25(-)；红色为铸体粒间孔隙；(b) Ⅱ类，HH103 井，2052.71m，孔隙度 9.9%，渗透率 0.65mD，含油饱和度 So 为 48%；铸体，×25(-)；红色为铸体粒间孔隙；(c) Ⅲ类，HH45 井，2357.4m，孔隙度 6.2%，渗透率 0.056mD，含油饱和度 So 为 32%；×50(-)；(d) Ⅳ类，HH74 井，2339.4m，孔隙度 2.3%，渗透率 0.02mD，含油饱和度 So 为 26%；×25(+)；红色为钙质胶结物。

（2）高岭石+伊利石胶结残余孔-长石溶蚀和蚀变相（Ⅱ类成岩相）

该类成岩相主要分布于水下分流河道的主体部位。砂岩原生杂基含量较低，主要是在砂岩中以长石溶蚀或蚀变形成的次生高岭石为主，其次为次生伊利石胶结。机械压实和压溶程度增强，原生粒间孔隙损失增大。而次生的晶间孔和溶孔发育程度增加，粒间溶孔与粒内溶孔发育。相比Ⅰ类成岩相，由于长石或岩屑溶解或蚀变后形成的孔隙充填式高岭石以及伊利石堵塞孔喉，导致储层物性变差。孔隙类型主要为溶蚀孔、晶间孔为主，喉道主要为片状及弯片状喉道为主。平均孔隙度 9.25%，平均渗透率 0.16mD。见图 12（b）。该类成岩相的油气充注强度较低，含油饱和度较低，平均含油饱和度低于 50%，为岩性-成岩圈闭中主要的成岩相类型。

（3）高岭石+伊利石胶结-弱溶蚀相（Ⅲ类成岩相）

该类成岩相主要分布于水下分流河道的边缘部位，砂体厚度较中到小，砂岩中黏土杂基含量较高。在砂岩中以原生泥质杂基以及长石蚀变形成的次生高岭石和次生伊利石胶结为主，高岭石和伊利石充填孔喉之中（图 12（c））。溶蚀作用不发育，仅存在早期长石以及岩屑的蚀变，发育少量溶蚀孔或晶间孔。部分情况下，存在早期石英次生加大和方解石胶结，进一步降低孔隙空间。孔隙以少量溶蚀孔和晶间孔为主，喉道主要为弯片状及管束状喉道。平均孔隙度 5.34%，平均渗透率 0.09mD。见图 12（c）。该类成岩相的油气充注强度低，含油饱和度低，平均含油饱和度低于 40%，为成岩圈闭中主要的成岩相类型。

（4）铁方解石+铁白云石胶结致密相（Ⅳ类成岩相）

该类成岩相主要分布于多期水下分流河道叠加部位、水下分流河道砂体的顶底部、水道边缘砂体。其分布相对较广，但该成岩相一般较薄（一般<2m）。砂岩中方解石胶结物呈连晶状分布于粒间及溶蚀孔隙中，或交代黏土杂基分布。铁方解石或铁白云石（图 12（d））主要在晚期大量沉淀，这与早白垩世晚期整体抬升，温压下降，CO_2分压下降，使钙质胶结物几乎完全充填孔隙有关。孔隙类型一般为少量残余粒间孔以及晶间孔，喉道一般为极窄片状或管束状喉道。平均孔隙度 2.98%，平均渗透率 0.03mD。该类成岩相的油气充注多为晚期蓝白色荧光油充注，充注强度很低，含油饱和度很低，平均含油饱和度低于 30%，为成岩圈闭中次要成岩相类型，主要分布在砂体顶底或两期砂体叠加部位，厚度较薄，一般小于 2m。

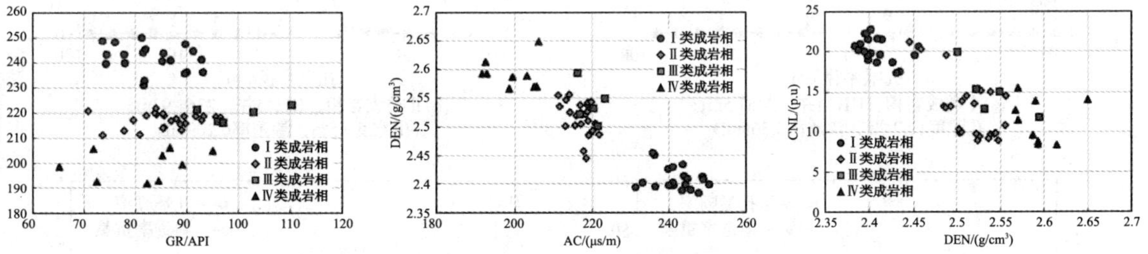

图 13 长 812 小层不同成岩相测井响应交会图

1.2.2 成岩相控储

统计鄂尔多斯盆地南部延长组致密砂岩储层长 812 小层的不同成岩相孔渗特征表明，Ⅰ类成岩相平均孔隙度 14.21%，平均渗透率 0.42mD；Ⅱ类成岩相平均孔隙度 9.25%，平均渗透率 0.16mD；Ⅲ类成岩相平均孔隙度 5.34%，平均渗透率 0.09mD；Ⅳ类成岩相平均孔隙度 2.98%，平均渗透率 0.03mD。可见四类成岩相类型孔、渗总体表现为Ⅰ类>Ⅱ类>Ⅲ类>Ⅳ类。见图 14。

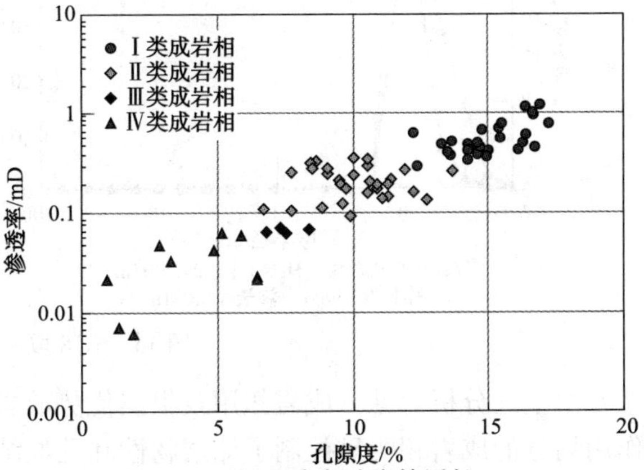

图 14 延长组致密砂岩储层长 812 小层不同成岩相孔渗交会图

物性结果与根据铸体薄片、压汞等资料进行孔喉结构分析的结果具有较好的一致性。

Ⅰ类成岩相由于绿泥石包壳发育，抗压实能力强，保存了大量的粒间孔，孔径大，喉道主要为缩颈型和片状喉道，因此物性最好，孔隙度总体较高。以 HH44 井为例，其孔隙度为 12.24%，渗透率为 0.565mD。孔喉半径分布曲线呈双峰特征，第一个峰对应孔喉半径一般大于 1μm，第二个峰一般小于 0.1μm，说明早期绿泥石包壳既保存了较大的喉道，同时由于绿泥石包壳本身也占据部分喉道，也会导致部分较小喉道被充填、缩小。因此该成岩相喉道特征为大小差异大、喉道分选差，见图 15。

Ⅱ类成岩相一般长石、岩屑溶蚀和蚀变较强，产生的大量自生高岭石、伊利石等矿物，充填粒间孔，减小喉道尺寸。因此孔隙度和渗透率均下降。从孔喉半径分布来看，也主要发育两个峰，第一个峰在 0.1~1μm 之间，第二个峰在 0.01~0.1μm 之间，以 0.1~1μm 之间的峰为主。这主要与粘土充填孔隙同时缩小喉道有关。

Ⅲ类成岩相泥质含量较高，主要为泥杂基，储层物性较差。从成岩相作用来看，压实作用是孔隙度和渗透率降低的主要原因。同时，成岩作用早期存在岩屑、长石以及岩屑的蚀变和少量溶蚀，主要为少量溶蚀孔以及晶间孔。因此，从孔喉分布曲线上看，为单峰分布，峰值一般小于 0.1μm。

Ⅳ类成岩相一般分布在砂岩顶部或底部，以大量(铁)方解石胶结为特征。研究显示，方解石一般存在 2 期，早期方解石胶结一般被部分溶蚀，之后晚期铁方解石、铁白云石，由于研究区整体抬升，温压下降，快速结晶析出，导致大量连晶铁方解石胶结，填充了孔隙空间，堵塞了喉道。从孔喉分布曲线上来看，主要为单峰分布，峰值小于 0.1μm。

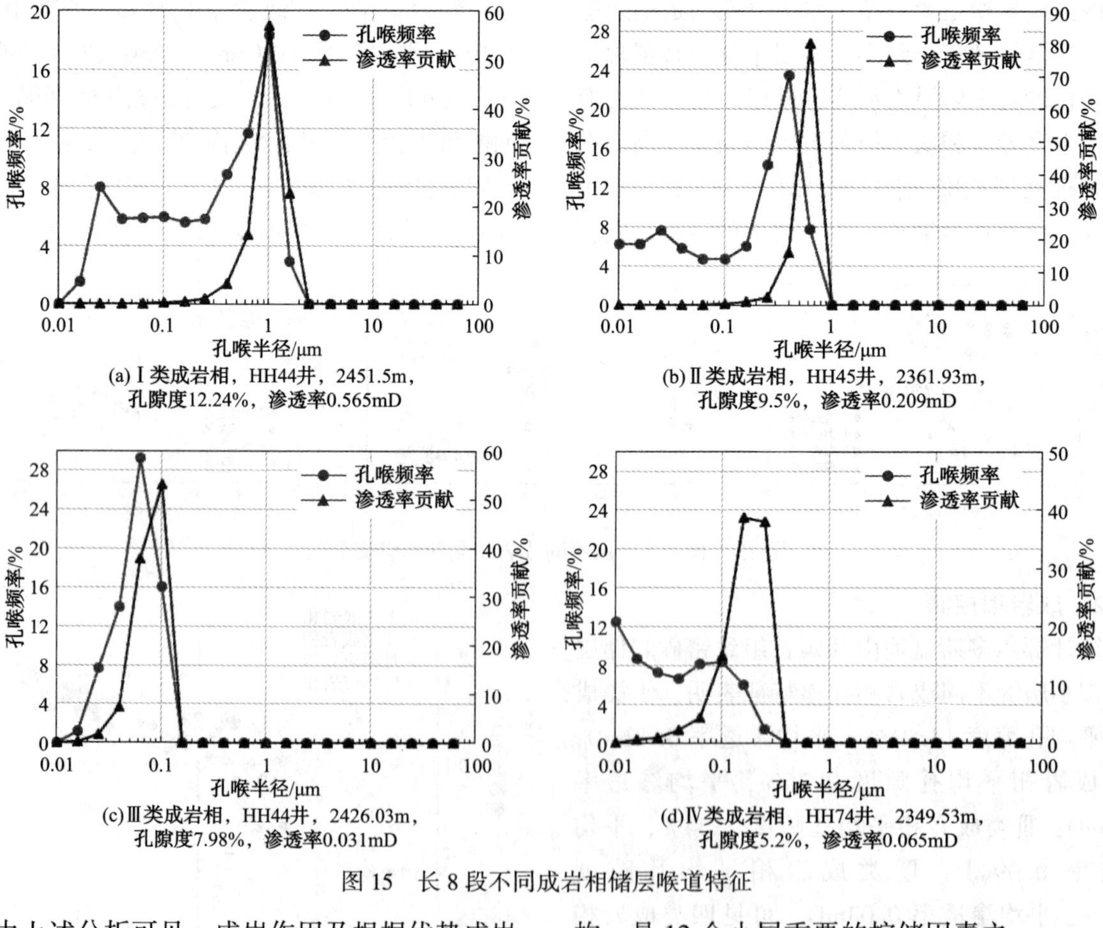

(a) Ⅰ类成岩相，HH44井，2451.5m，孔隙度12.24%，渗透率0.565mD

(b) Ⅱ类成岩相，HH45井，2361.93m，孔隙度9.5%，渗透率0.209mD

(c) Ⅲ类成岩相，HH44井，2426.03m，孔隙度7.98%，渗透率0.031mD

(d) Ⅳ类成岩相，HH74井，2349.53m，孔隙度5.2%，渗透率0.065mD

图 15　长 8 段不同成岩相储层喉道特征

由上述分析可见，成岩作用及根据优势成岩作用划分的成岩相明显控制了储层物性和孔喉结构，是 12 个小层重要的控储因素之一。

2　成岩相测井响应特征

运用常规测井资料进行成岩相的划分是目前进行成岩相空间分布特征研究的重要手段。自然伽马(GR)、自然电位(SP)测井可以反映储层的岩性、泥质含量和沉积环境；孔隙度测井系列可以反映储层物性和含氢指数等；电阻率对孔隙结构有一定的反映。通过提取对不同成岩相敏感的测井参数，通过交会图分析，可以建立成岩相的识别模式。见图13。

图13为鄂尔多斯盆地南部延长组致密砂岩储层长8段不同成岩相类型的测井曲线交会图。成岩相类型的测井特征如下：

(1)“绿泥石衬边残余孔-溶蚀相”测井响应特征

该类成岩相的自然伽马测井值(GR)总体较低，一般小于90API；声波时差(AC)大于240us/m；地层密度(DEN)一般小于2.45g/cm^3；由于孔隙发育，中子孔隙度(CNL)值一般较高，在18%~25%，平均为20%。电阻率受流体性质影响变化较大。见表1。

(2)“高岭石+伊利石胶结弱溶蚀相”测井响应特征

该类成岩相的GR总体较小，一般小于90API；AC一般在210~230us/m之间；DEN一般在2.45~2.55g/cm^{3}之间；CNL值一般较高，在10%~20%之间，平均为16%。电阻率受流体性质影响变化较大。见表1。

(3)“高岭石+伊利石胶结残余孔-长石溶蚀和蚀变相”测井响应特征

该类成岩相的GR大于90API；AC一般在210~230μs/m之间；DEN一般较高，在2.5~2.55g/cm^3；由于泥质含量较高，CNL值一般较高，在15%~20%，平均为18%。电阻率受流体性质影响变化较大。见表1。

(4)“铁方解石+铁白云石胶结致密相”测井响应特征

该类成岩相的GR小于90API；AC一般在195~210μs/m之间；DEN一般较高，在2.57g/cm^{3}以上；由于泥质含量低，孔隙不发育，CNL值一般较低(小于12p.u)。电阻率受强胶结作用影响而较高。见表1。

表1　鄂尔多斯盆地南部延长组致密砂岩储层长812小层段四类成岩相的测井识别标准

成岩相＼测井响应	类型代码	GR/API	AC/(μs/m)	DEN/(g/cm^3)	CNL/%	R_T/(Ω·m)
绿泥石衬边残余孔-溶蚀相	I	<90	235~260	<2.45	18~25	变化大受流体性质影响
高岭石+伊利石胶结残余孔-长石溶蚀和蚀变相	II	<90	210~235	2.4~2.5	15~20	
高岭石+伊利石胶结弱溶蚀相	III	90~110	210~220	2.5~2.6	10~15	
铁方解石+铁白云石胶结致密相	IV	<90	195~210	2.57~2.65	<12	较高

3　基于机器学习的成岩相测井识别及分布特征

3.1　基于机器学习的成岩相测井识别

成岩相划分非常依赖于取芯薄片鉴定和各类分析化验资料，这对于非取芯层段不适用。测井技术由于能提供多种垂向连续且分辨率较高的地球物理及地质参数，因而可以作为成岩相划分的资料基础。交会图技术是识别成岩相的重要手段(图13)，但是交会图对于多种成岩相的识别存在较大的不确定性，难以表征成岩相与测井响应特征之间的非线性关系，因而不能够提高成岩相识别的可靠程度。

机器学习算法技术为非线性数据特征的处理提供了一种新的方法和思路。监督学习算法，如人工神经网络(ANN)、支持向量机(SVM)和随机森林(RF)在石油领域的应用正在被广泛地探讨和应用，在复杂地质系统的识别与分类研究中具有较大的优势，尤其面对中小规模的数据集时，监督学习算法的优势更加明显。传统的监督学习算法广泛应用于二类分类问题，对于类似于致密砂岩储层成岩相测井分类与识别等多类分类问题，还需要进行改进。针对多类分类问题，我们对比了三种机器学习算法的分类效果，即：支持向量机(OVR-SVMs)、逻辑回归(OVR-LR)和梯度降低分类器(OVR-GB)。采用20口探井92组岩芯和薄片的成岩相分析资料进行优化分析。我们对这些数据按 4：1 的比例进行切分(80%为训练集，20%为检验集)。为避免数据规模影响模型训练精度，每一类成岩相包含相等样本点个数(23 个)。以成岩相类型为目标函数(四类)。自变量为对应的常规测井，包括 5 种测井方法，即自然伽马测井(GR)、自然电位测井(SP)、声波测井(AC)、密度测井(DEN)、中子孔隙度测井(CNL)、深感应测井(ILD)、。为了消除测井单位的尺度差异，对测井数据进行归一化处理。检验预测误差结果见表 2。可见梯度提升算法预测的效果最好。因此，我们采用该算法对 135 口直井进行成岩相预测。

表 2　三种深度算法对四种成岩相测井预测符合率的统计表

岩石相 / 深度学习算法	Ⅰ类岩石相	Ⅱ类岩石相	Ⅲ类岩石相	Ⅳ类岩石相
多分类支持向量机算法 OVR SVMs	75%	57.14%	45%	75%
多分类逻辑回归算法 OVR Logistic Regression	80%	71.74%	60%	80%
梯度提升算法 radient Boosting Classifier	92%	85.71%	71%	95%

3.2　成岩相分布特征

图 16 是 HH45 井 2350～2367m(长 812 小层)基于梯度提升算法(*Gradient Boosting Classifier*)的预测剖面图，可见该层段(长 812 小层)为叠加的辫状河三角洲前缘复合叠加的辫状分流河道砂体，可进一步划分为两个单砂体。

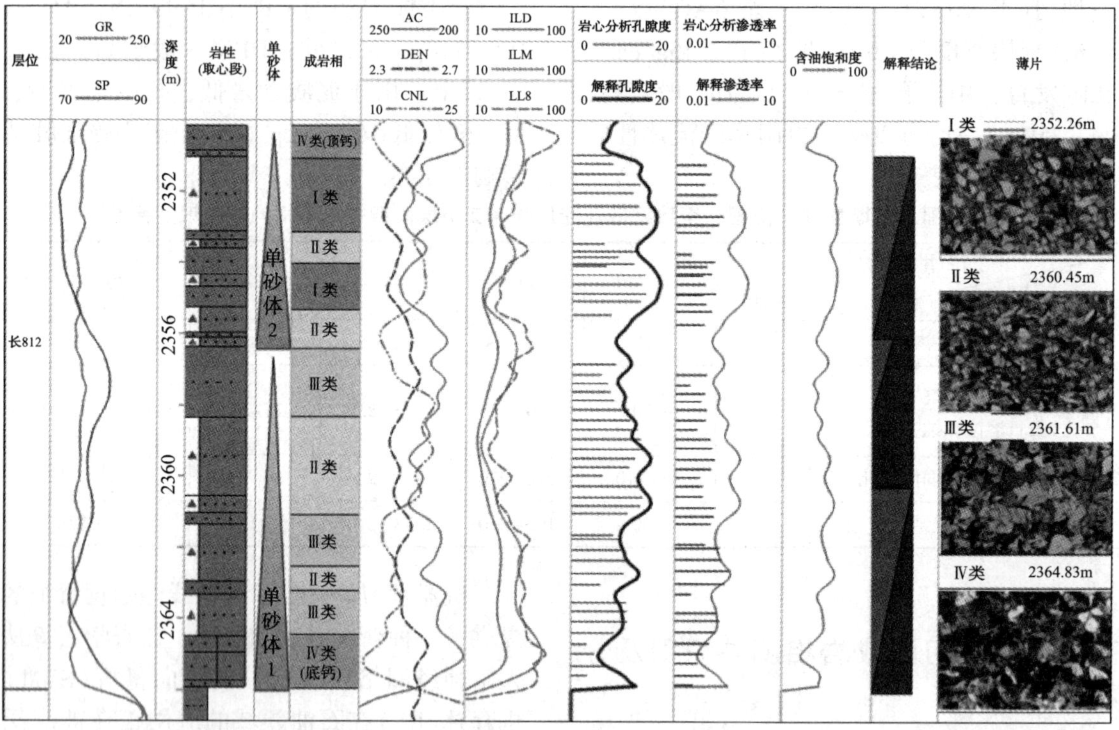

图 16　HH45 井基于 Gradient Boosting Classifier 成岩相预测单井柱状图

注明：Ⅰ类成岩相—绿泥石衬边残余孔-溶蚀相；Ⅱ类成岩相—高岭石+伊利石胶结残余孔-长石溶蚀和蚀变相；Ⅲ类成岩相—高岭石+伊利石胶结-弱溶蚀相；Ⅳ类成岩相—铁方解石/白云石胶结致密相。

单砂体 1 底部为钙质胶结砂岩相(底钙/Ⅳ类成岩相)，储层物性差，平均孔隙度 4.8%，平均渗透率 0.052mD，无油气显示。中上部为Ⅱ类成岩相(高岭石+伊利石胶结残余孔-长石溶蚀和蚀变相)为主，夹薄层的Ⅲ类成岩相(高岭石+伊利石胶结-弱溶蚀相)，总体储层物性较好，平均孔隙度 12.3%，平均渗透率 0.15mD，含油性较好，油斑级油气显示。顶部为富泥质的成岩相(Ⅲ类高岭石+伊利石胶结-弱溶蚀相)，储层物性较差，平均孔隙度 8.3%，平均渗透率 0.07mD，无油气显示。

单砂体 2 底部为Ⅱ类成岩相(高岭石+伊利石胶结残余孔-长石溶蚀和蚀变相)为主，储层物性稍差，平均孔隙度 7.03%，平均渗透率

0.08mD，见油迹显示。中上部以Ⅰ类成岩相(绿泥石衬边残余孔-溶蚀相)为主，夹薄层的Ⅱ类成岩相，储层物性最好，平均孔隙度14.5%，平均渗透率0.156mD，油斑级油气显示。顶部为钙质胶结的Ⅳ类成岩相(顶钙)，储层物性及含有性均差。总体来看，叠加复合砂体的底钙砂岩厚度大于顶钙砂岩厚度。这可能与在埋藏压实过程中，压实流主要是从砂体底部向上流动胶结有关。

按照小层Ⅰ类成岩相厚度占总砂岩厚度的比值>30%，Ⅱ类+Ⅲ类占比>55%，Ⅳ类>15%为原则，综合考虑沉积微相及砂体厚度，编制鄂尔多斯盆地南部延长组致密砂岩储层长812小层成岩相平面分布图，见图17。

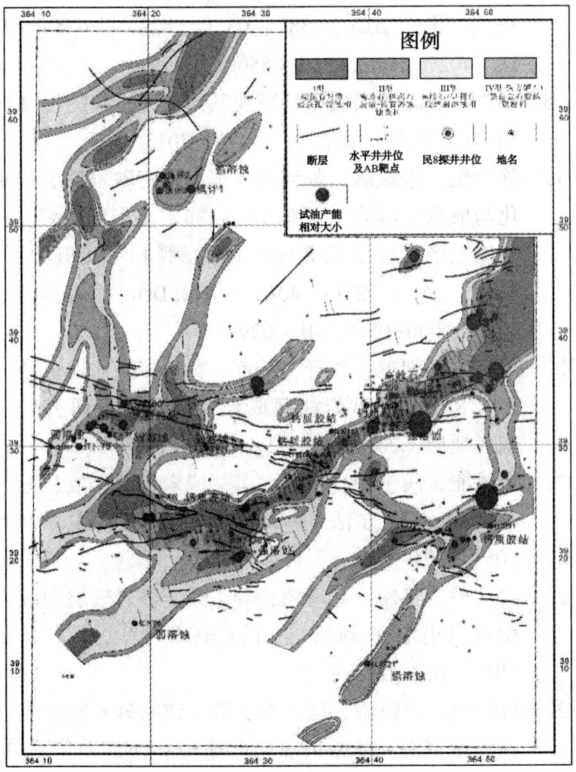

图17　长812小层成岩相分布图

Ⅰ类成岩相主要分布在辫状分流河道主体部位，剖面上受顶底钙胶结的影响，主要分布在单砂体中上部(图16)，平面上一般占25%左右，平面分布不连续；Ⅱ类及Ⅲ类成岩相主要分布在河道及心滩砂体的侧翼，剖面上主要分布在单砂体的中下部，约占砂体分布的55%(其中Ⅱ类较少，约占15%，Ⅲ类占30%不到5%)。Ⅳ类钙质胶结砂岩成岩相平面上主要分布在单砂体边缘的河漫及溢岸砂等较薄砂体之中，剖面上主要分布单砂体的顶底部，以顶底钙的形式出现，约占砂岩分布的25%左右。优质储层主要受Ⅰ类成岩相的控制，部分Ⅱ类成岩相具有较好的储层物性。

对比试油产能分布来看，如果不考虑走滑断裂相关的断缝体的影响，大多数测试有产能的井都位于Ⅰ类成岩相分布区域，部分Ⅱ类成岩相可以具有工业产能。其它类型的成岩相的测试产能总体较低，甚至无产。这表明，成岩相控制了甜点储层分布，而甜点储层控制了优质储层的发育。

4　结论

(1) 鄂尔多斯盆地南部延长组致密砂岩储层长812小层的甜点储层的形成主要受沉积微相、埋藏成岩以及与走滑断裂有关的裂缝带/断缝体控制。其中，成岩作用及成岩相分析是认识甜点储层形成机制进而分析及分布规律的重要手段。

(2) 鄂尔多斯盆地南部延长组致密砂岩储层长812小层成岩相可以划分出四种类型：Ⅰ类成岩相为绿泥石衬边残余孔-溶蚀相，储层物性最好；Ⅱ类成岩相为高岭石+伊利石胶结残余孔-长石溶蚀和蚀变相，储层物性较好；Ⅲ类成岩相为高岭石+伊利石胶结-弱溶蚀相，储层物性较差；Ⅳ类成岩相为铁方解石+铁白云石胶结致密相，储层最为致密。

(3) 四类成岩相在测井交会图上可以较好区分；

(4) 在优化三种机器学习算法的分类效果基础上，采用梯度提升算法在鄂尔多斯盆地南部延长组致密砂岩储层长812小层成岩相识别预测的效果最好。

(5) Ⅰ类成岩相主要分布在辫状分流河道主体中上部，平面上分布不连续；Ⅱ类及Ⅲ类成岩相主要分布在河道及心滩砂体的侧翼，主要分布在单砂体的中下部。Ⅳ类钙质胶结砂岩成岩相平面上主要分布在单砂体边缘的河漫及溢岸砂等较薄砂体之中，剖面上主要分布单砂体的顶、底部，以顶底钙的形式出现，且底钙厚度大于顶钙厚度。

(6) 较好的成岩相一般对应较好的试油产能，是甜点储层发育的主要部位。

参　考　文　献

[1] 邹才能，朱如凯，吴松涛，等．常规与非常规油气

聚集类型、特征、机理及展望-以中国致密油和致密气为例[J]. 石油学报, 2012, 33(02): 173-187.
[2] 贾承造, 邹才能, 李建忠, 等。中国致密油评价标准、主要类型、基本特征及资源前景[J]. 石油学报, 2012, 33(03): 343-350.
[3] 赵彦超, 骆杨, 刘洪平, 等. 非常规致密砂岩油气藏精细描述及开发优化[M]. 武汉: 中国地质大学(武汉)出版社, 2018.
[4] 刘龙龙, 孙中强, 张金亮, 等. 丽水凹陷古新统储层成岩相测井识别与预测[J]. 中国海上油气, 2021, 33(01): 64-75.
[5] 司兆伟, 谢伟彪, 陈晶莹, 等. 岩石物理相测井识别及其对优质储层的控制-以南堡凹陷古近系东营组一段为例[J]. 东北石油大学学报, 2019, 43(05): 48-57+76+122.
[6] 杨笑, 王志章, 周子勇, 等. 基于参数优化AdaBoost算法的酸性火山岩岩性分类[J]. 石油学报, 2019, 40(04): 457-467.
[7] 范存辉, 梁则亮, 秦启荣, 等. 基于测井参数的遗传BP神经网络识别火山岩岩性——以准噶尔盆地西北缘中拐凸起石炭系火山岩为例[J]. 石油天然气学报, 2012, 34(01): 68-71+166.
[8] 刘明军, 李恒堂, 姜在炳. GA-BP神经网络模型在彬长矿区测井岩性识别中的应用[J]. 煤田地质与勘探, 2011, 39(04): 8-12.
[9] 朱怡翔, 石广仁. 火山岩岩性的支持向量机识别[J]. 石油学报, 2013, 34(02): 312-322.
[10] 牟丹, 张丽春, 徐长玲. 3种经典机器学习算法在火山岩测井岩性识别中的对比[J]. 吉林大学学报(地球科学版), 2021, 51(03): 951-956. DOI: 10.13278/j.cnki.jjuese.20200210.
[11] 徐晗, 程丹仪, 徐永华, 等. 基于非开挖泥浆性能检测系统与弱监督学习的地层岩性识别[J]. 地质科技通报, 2021, 40(06): 293-301. DOI: 10.19509/j.cnki.dzkq.2021.0629.
[12] 谷宇峰, 张道勇, 鲍志东, 等. 利用GS-LightGBM机器学习模型识别致密砂岩地层岩性[J]. 地质科技通报, 2021, 40(04): 224-234. DOI: 10.19509/j.cnki.dzkq.2021.0416.
[13] 王玉柱, 赵彦超, 钟慧娟. 鄂尔多斯盆地镇泾油田镇泾5井区长812小层复合砂体的构成特征及优质储层分布[J]. 地质科技情报, 2010, 29(03): 62-68.
[14] 苏奥, 陈红汉, 平宏伟. 次生作用对原油和油包裹体荧光颜色及光谱参数的影响[J]. 光谱学与光谱分析, 2015, 35(03): 668-673.
[15] 刘世豪, 林小云, 刘建. 济源凹陷中生界流体包裹体特征与油气成藏期次[J]. 海洋地质前沿, 2020, 36(04): 55-60. DOI: 10.16028/j.1009-2722.2019.151.
[16] 方欣欣, 甘华军, 姜华, 等. 利用石油包裹体微束荧光光谱判别塔北碳酸盐岩油气藏油气充注期次[J]. 地球科学(中国地质大学学报), 2012, 37(03): 580-586.
[17] 马立元, 邱桂强, 刘春燕, 等. 鄂尔多斯盆地红河油田延长组储层致密化与石油成藏的关系[J]. 沉积学报, 2020, 38(03): 620-634. DOI: 10.14027/j.issn.1000-0550.2019.086.
[18] 刘岩. 低渗储层裂缝特征及其对油气富集的控制作用[D]. 成都: 成都理工大学, 2013.
[19] 陈贺贺, 朱筱敏, 陈纯芳, 等. 致密砂岩储层致密化与成藏史耦合关系研究-以鄂尔多斯南部镇原-泾川地区延长组长8储层组为例[J]. 沉积学报, 2018, 36(02): 401-414. DOI: 10.14027/j.issn.1000-0550.2018.029.
[20] 潘高峰, 刘震, 赵舒, 王菁. 鄂尔多斯盆地镇泾地区长8段致密砂岩油藏成藏孔隙度下限研究[J]. 现代地质, 2011, 25(02): 271-278.
[21] 邹才能, 陶士振, 周慧, 等. 成岩相的形成、分类与定量评价方法[J]. 石油勘探与开发, 2008(05): 526-540.
[22] 刘洪平, 骆杨, 赵彦超, 等. 致密砂岩气层中成岩相对岩电特征的影响[J]. 地球科学, 2017, 42(04): 652-660.
[23] 魏钦廉, 卢帆雨, 淡卫东, 等. 致密砂岩储层成岩相类型划分-以鄂尔多斯盆地环县西部地区长33储层为例[J]. 断块油气田, 2020, 27(05): 591-596.
[24] 何发岐, 梁承春, 陆骋, 等. 鄂尔多斯盆地南缘过渡带致密-低渗油藏断缝体的识别与描述[J]. 石油与天然气地质, 2020, 41(4): 710-718.

准噶尔盆地碱湖型页岩油甜点评价技术

王　伟[1]　陈山河[1]　刘财广[1]　汤富康[1]　王振林[1,2]　余佩蓉[1]

[1. 中国石油新疆油田公司勘探开发研究院；2. 中国石油大学(北京)石油工程学院]

摘　要　准噶尔盆地玛湖凹陷下二叠统风城组页岩油整体含油、资源潜力巨大。该套页岩为碱性湖泊沉积，岩性复杂、裂缝发育、甜点分散、单层厚度薄，甜点评价难度大。针对玛湖凹陷风城组碱湖型页岩油的特点，从生烃品质、储层品质以及工程品质三方面入手，优选关键核心参数建立适应的表征模型，分析各参数对产量的影响，建立了产量潜力指数计算模型，形成了“甜点”分类方法。研究取得了以下成果和认识：(1)P_1f_3、P_1f_2段有机质类型、含量有明显的差异，但均具有较好的生烃能力，排烃量相对较高；(2)二维核磁共振谱(T2，T1)可以有效区分可动水、游离油、吸附油(T1/T2：可动水<游离油<吸附油)，风城组页岩油层游离油孔隙度低，主要为0.5%~3%；(3)页岩油层脆性好，脆性指数在70%以上，但杨氏模量大，水力压裂起裂难度较大。根据产能潜力指数分为三类甜点，纵向上三类甜点交互叠合发育，可以优选出2套优质甜点集中发育段。研究形成的页岩油甜点评价关键技术，为风城组页岩油试油选层及水平井目标层选择提供了重要依据，可为国内其他陆相盆地页岩油甜点评价提供借鉴。

关键词　风城组；页岩油；生烃品质；游离油；脆性指数；甜点评价

Key technology of shale oil sweet spots evaluation and sweet spots type division in the Fengcheng Formation of Mahu sag

Wang Wei[1]　Chen Shanhe[1]　Liu Caiguang[1]　Tang Fukang[1]　Wang Zhenlin[1,2]　Yu Peirong[1]

[1. Research Institute of Petroleum Exploration and Development, Xinjiang Oilfield Company, PetroChina;
2. College of Petroleum Engineering, China University of Petroleum (Beijing)]

Abstract　The shale oil of the Lower Permian Fengcheng Formation in Mahu Sag, the Junggar Basin has huge oil and resource potential. This shale is an alkaline lake deposit with complex lithology, developed fractures, scattered sweet spots, and thin single-layer thickness, making sweet spot evaluation difficult. Based on the characteristics of alkaline lake shale oil in the Fengcheng Formation of the Mahu Depression, a characterization model was established by selecting key core parameters from three aspects: hydrocarbon generation quality, reservoir quality, and engineering quality. The impact of each parameter on production was analyzed, and a production potential index calculation model was established, forming a "sweet spot" classification method. The research has achieved the following results and insights: (1) There are significant differences in the types and contents of organic matter in the P1f3 and P1f2 segments, but both have good hydrocarbon generation capacity and relatively high hydrocarbon expulsion; (2) Two dimensional nuclear magnetic resonance spectra (T2, T1) can effectively distinguish between mobile water, free oil, and adsorbed oil (T1/T2: mobile water<free oil<adsorbed oil). The porosity of free oil in the Fengcheng Formation shale reservoir is low, mainly ranging from 0.5% to 3%; (3) Shale oil reservoirs have good brittleness, with a brittleness index of over 70%, but high Young′s modulus and difficulty in hydraulic fracturing initiation. According to the productivity potential index, they are divided into three types of sweet spots. Vertically, the three types of sweet spots interact and overlap, and two sets of high-quality sweet spots can be selected for concentrated development. The key technology for evaluating shale oil sweet spots formed through research provides important

basis for the selection of shale oil testing layers and horizontal well target layers in the Fengcheng Formation, and can provide reference for the evaluation of shale oil sweet spots in other terrestrial basins in China.

Key wordst Fengcheng Formation, shale oil, Quality of hydrocarbon generation, free oil, brittleness index, sweet spots evaluation

1 引言

勘探实践证实，中国陆相页岩油资源非常丰富，近年来受到广泛关注。然而，由于页岩油采收率低，中国页岩油的勘探开发仍处于早期阶段。美国页岩油革命的成功，给我们带来了两点重要启示：(1)优质“甜点”的选择是经济有效开发的基础；(2)水平井+体积压裂是页岩油开发的关键技术。

常规烃源岩评价有两个关键的指标，一是生烃量、二是排烃量。具有足够的生烃量，并能够有效地排出运移之圈闭储层的岩石称为有效烃源岩。页岩油滞留成藏，成藏期有机质能否大量生烃、并滞留于烃源岩层系是控制页岩油层品质的关键因素。两种评价都较为关注排烃量，常规烃源岩评价更为关注的是排出量，页岩油评价关注的则是滞留量。有机质的质量、含量和成熟度等决定了页岩油藏的生烃品质。有机质的品质取决于有机质的类型及保存环境(沉积与成岩)；有机质类型和成藏期成熟度控制着原油的组份及气油比，从而影响流动性；成藏期有机质的生烃量、储集特性及其保存条件决定了页岩油层的含油饱和度。

滞留于页岩层系内的原油具有多种赋存状态，可分为游离态、吸附态、溶解态和溶胀态，一般认为主要以游离态和吸附态 2 种赋存形式。吸附油具有较大的吸附能，现有经济技术条件下，难以实现有效开采，而游离油通过体积压裂即可实现有效开采，因此页岩油评价的核心是游离油含量和可压性，这也是国内外专家学者研究的重点。

目前页岩油层吸附油、游离油实验定量评价的方法主要有：分段热解法、溶剂分步萃取法以及吸附滞留实验法，其中分段热解法和溶剂分步萃取法都是假设游离油主要是赋存于大孔隙内的小分子烃类，吸附油主要赋存于无机微孔或有机孔内的大分子烃类，然而，不同分子量的烃类均存在吸附态和游离油，这两种实验方法都难以实现游离油、吸附油的有效测量。吸附滞留实验法没有考虑孔隙结构对页岩油赋存状态的影响。二维核磁共振纵向弛豫时间(T_1)和横向弛豫时间(T_2)与流体密度、粘度等参数密切相关，在页岩油赋存状态定量表征方面具有极大优势，这也是目前国内外页岩油评价技术研究中的新热点。前人对页岩油层干酪根、沥青、吸附油等的 T_1/T_2 比值及影响因素方面做了一些研究，建立了相应的 T_1_ T_2 二维核磁共振识别图版。Song 等人研究了高频核磁及低频核磁实验对 T_1、T_2 的影响，阐明了实验室岩心低频核磁共振实验可很好的用于井下测井数据分析。但从文献调研结果发现，前人建立的页岩油层不同组分的(T_1、T_2)二维核磁共振识别图版干酪根、粘土吸附水、可动水的位置基本相同，但游离油、吸附油的 T_1/T_2 比值及在二维谱图中的位置差别较大，在实际应用中效果不理想，不能满足研究区游离油含量评价的需求。

关于岩石脆性的涵义国内外学者有许多说法，不同学科的含义具有一定的差异。材料科学中，Morley 将脆性定义为材料塑性的缺失；Ramsey 认为脆性能表征岩石内聚力的破坏；Obert 和 Duvall 以铸铁和岩石为研究对象，认为试样达到或稍超过屈服强度即破坏的性质为脆性；以 Howell 为代表的地质学及相关学科学者认为材料断裂或破坏前表现出极少或没有塑性形变的特征为脆性。由于脆性的涵义不同，实验室岩石力学脆性的表征方法也多种多样，主要可分为三大类，分别为：(1)基于应力-应变曲线的方法；(2)基于硬度或坚固性的方法；(3)基于强度比值的方法。其中，岩石的应力应变曲线是定性评价岩石脆性程度大小最直观、最有效的方法。通过实验过程记录加载至破坏全过程的应力-应变曲线方法，具有简单、易掌握等优点。基于应力-应变曲线对脆性分类的实用性和有效性，本文实验脆性指数采用的该表征方法。在岩石脆性测井表征方面，主要有两种，一种是根据杨氏模量、泊松比，该方法没有考虑应力环境和矿物含量对脆性指数的影响，在埋深变化大、矿物种类多样的地层适用性差；另外一种是根据岩石中脆性矿物(石英、长石、碳酸盐等)的含量比例，该方法仅仅考虑了矿物成分单一因素对岩石脆性的影响，没有考虑岩石成岩演化过程中对脆性的影响，具体应用矿物方法时需要摸清研究区内主要的脆性矿物种类及成岩作用背景，建立适当的评价模型。

文献调研表明，每种方法具有特定的适应性，不能照搬照用。本文中，根据玛湖风城组页岩油的地质特征，在热解实验、二维核磁共振实验以及三轴抗压、全岩矿物联测实验基础上，建立了页岩油生排烃量模型、二维核磁共振流体性质识别图版以及岩石脆性指数测井表征模型。并以游离油含量和脆性指数评价以及裂缝发育指数为核心，形成了产量潜力指数表征模型，为页岩油甜点分类提供了可靠的新方法，为玛湖凹陷风城组页岩油藏有利勘探目的层和后续开发层段的选择提供了有效途径。

2　地质背景

玛湖凹陷是准噶尔盆地西部的一个二级构造单元，北部紧邻哈拉阿拉特山，西侧延伸至乌夏断裂和克百断裂带，东侧与夏盐凸起、英西凹陷相邻，南接中拐凸起、达巴松凸起，总面积约5000km^2。研究区风城组沉积期为典型的闭塞型碱湖环境，自下而上可分为3个层段，分别为风城组一段（P_1f_1，简称风一段）、风城组二段（P_1f_2，简称风二段）、风城组三段（P_1f_3，简称风三段），风一段主要为火山碎屑岩，风二段和风三段以暗色细粒沉积为主，发育云质粉砂岩、粉砂质云岩、泥晶云岩、云质泥岩等，其中风二段为碱湖发育的鼎盛时期，硅硼钠石、碳钠钙石等碱矿发育。风城组页岩油具有纵向厚度大、整体含油的特点（图1）。

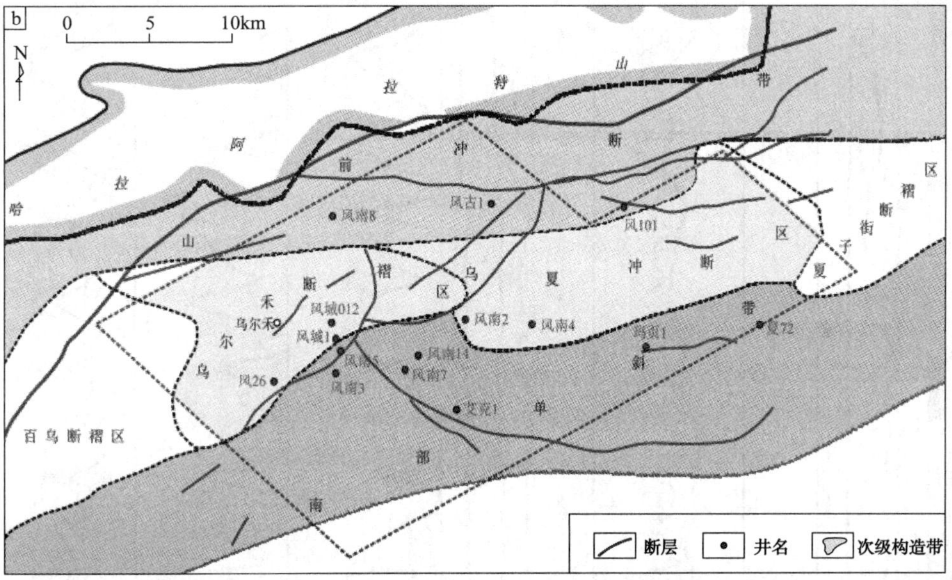

图1　准噶尔盆地玛湖凹陷研究区地理位置与构造区带

3　生烃品质评价

3.1　有机质的基本特征

烃源岩中有机质是油气生成的物质基础，有机质丰度、类型及成熟度决定了烃源岩的生烃能力。风城组源岩现今残余有机碳含量一般不超过2.0%，大于1.0%的好烃源岩占45%左右，还有一部分含量小于1.0%，生烃潜量（S1+S2）多数为2~10mg/g，氯仿沥青“A”含量为0.05%~0.50%，，可能是原始有机质大量生、排烃后导致源岩中残留量降低，风城组大部分达到中等—好标准，少部分属于很好烃源岩。岩石热解氢指数、干酪根元素、碳同位素分析数据显示，风城组有机质类型从Ⅰ~Ⅲ型均有分布，Ⅲ型很少，总体表现出风二段有机质类型优于风三段、风三段优于风一段的特征。岩石最高热解峰温数据表明，风城组烃源岩在3000~5000m深度内成熟度没明显变化，占60%左右的样品最高热解峰温Tmax在435℃~450℃之间，均处于成熟阶段。

3.2　常用地化参数及生排烃量测井计算

测井获得的测井数据是岩石的物理参数，这些岩石物理参数和一些地化参数之间存在内在的关联性。分析这些关联性，建立地化参数的岩石物理模型，实现地化参数的测井连续计算是地化参数测井评价研究的核心内容。

目前，应用测井资料计算TOC的方法较多

包括元素复活伽玛能谱测井法、核磁密度法、铀元素含量法、密度法、ΔlogR 法。受测井系列的影响，本次研究采用了 ΔLogR 法：

$$\Delta\log R=\log\left(\frac{R_{\rm t}}{R_{基线}}\right)+k(\Delta t-\Delta t_{基线}) \quad (1)$$

式中：ΔlogR 为表征电阻率和孔隙度曲线间距大小的表征数值；无量纲；R_t 为地层的电阻率，Ω·m；Δt 为地层的声波时差，μs/ft；Δt 为基线　非烃源岩层段对应的声波测井值，μs/ft；R 为基线　非源岩层段相对应的电阻率测井值，Ω·m；k 为刻度系数，为声波时差 Δt 的单位相对电阻率的一个对数坐标单位的系数。

由于研究区矿物种类多样，其中白云石含量较高占 10%~60%，且纵向变化快，受白云石含量的影响，导致电阻率及声波不能完全反映 TOC 的变化特征，基于全岩分析及电阻率联测实验建立了基于白云石含量的电阻率校正 ΔlogR 计算方法(式 2)，通过电阻率校正消除了复杂岩性对测井曲线的影响，使校正后的电阻率模型能更好地反映 TOC 的变化特征，解决了利用常规测井曲线直接进行 TOC 计算精度过低的问题，将 TOC 计算精度由 50% 提高到了 95% 以上(图 2)。

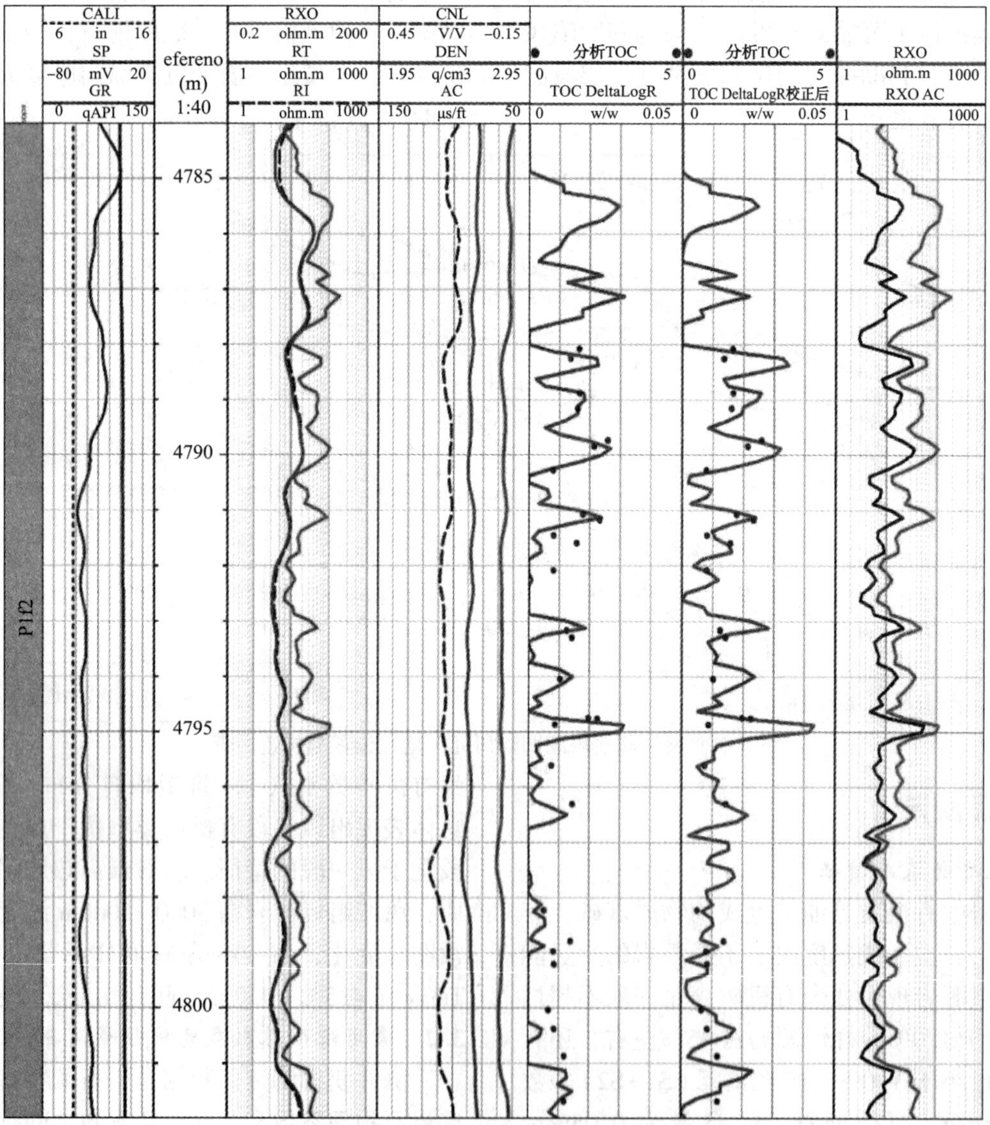

图 2　A 井电阻率校正前后 TOC 计算结果对比图

$$\Delta\log R=\log\left(\frac{\dfrac{RT}{\alpha * e^{\beta}(v^{\rm p}-b)}}{RT_{基线}}\right)+\varepsilon(\Delta t-\Delta t_{基线}) \quad (2)$$

式中，ΔlogR 为表征电阻率和孔隙度曲线间距大小的表征数值；无量纲；RT 为地层的电阻率，Ω·m；Δt 为地层的声波时差，us/ft；$\Delta t_{基线}$

为非烃源岩层段对应的声波测井值，us/ft；$RT_{基线}$ 为非源岩层段相对应的电阻率测井值，$\Omega \cdot m$；ε 为刻度系数，为声波时差 Δt 的单位相对电阻率的一个对数坐标单位的系数。

烃源岩的生、排烃量及生、排烃系数是烃源岩评价的重要参数。获得上述参数的方法通常有三种，盆地模拟法、热模拟实验法和有机地化分析法。盆地模拟法是根据烃源岩的排烃机理，应用地质数学模型求解排烃系数的方法。这种方法不仅可以计算烃源岩的现今累计排烃量，而且还能够计算不同时期的排烃系数。热压模拟实验法是常用的模拟油气生成的实验方法。该方法是在应用半封闭系统或分步密闭系统模拟实验未成熟烃源岩的生烃热演化过程，根据油气产量和排出岩样的油气数量来计算排烃系数。该方法的优点是生、排烃产物的收集和计量准确，但热压模拟实验的温度较高(一般在250℃以上)，岩样中油气受到的毛细管阻力要比实际油气运移的低，流体热的膨胀作用也会促使烃类的排出。因此，热压模拟实验法计算的排烃系数往往偏高。地球化学分析法是应用烃源岩系统地分析地化数据，估算生、排烃量与生、排烃系数，它又被称为生烃潜力法。该方法由于简单、直观应用较为广泛。

通常，应用“A”/TOC 和 S1/TOC 两个参数表征烃源岩单位有机碳对应的滞留油量，这两个参数可称为产烃率。图3为吉木萨尔芦草沟组泥岩类这两个参数与 TOC 交会图。交会图显示，在 TOC 较低的情况下，随着 TOC 的增大，交会图中数据的产烃率外包络线单调增大；当 TOC 达到一定的数值后，产烃率达到峰值，产烃率外包络线随有机碳含量增加不再是单调增加，而是降低了。事实上，在有机质的类型、成熟度一定的情况下，TOC 越大，生烃量越多，产烃率应呈单调增长的态势。然而，烃源岩对烃类的吸附能力是有限的，在 TOC 含量低，生烃量相对较小的情形下，源岩生成的烃类以吸附的方式滞留在烃源岩内而无法排除，此时源岩的“A”和 S1 应为实际生烃量，在交会图上表现为生烃率单调增长的态势；当 TOC 含量达到一定的数值后，产烃量达到源岩吸附烃的上限，源岩开始排烃，源岩的“A”和 S1 为残余含烃量，产烃率不再是单调增长，而是有所下降。这样，由单调增长到下降的转折点应为排烃开始点，对应的 TOC 应为有效烃源岩的下限。这样，生烃率单调增长段拟合的函数，应为 TOC 生烃率函数。生烃率与交会图上数据点的差值应为单位 TOC 的排烃量，排烃量与生烃量的比值应为排烃效率。

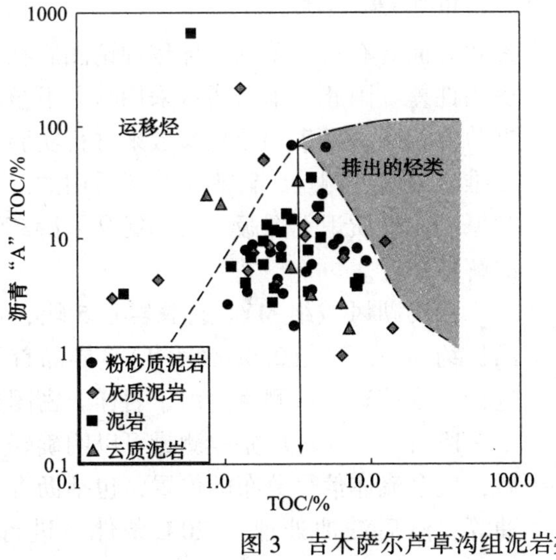

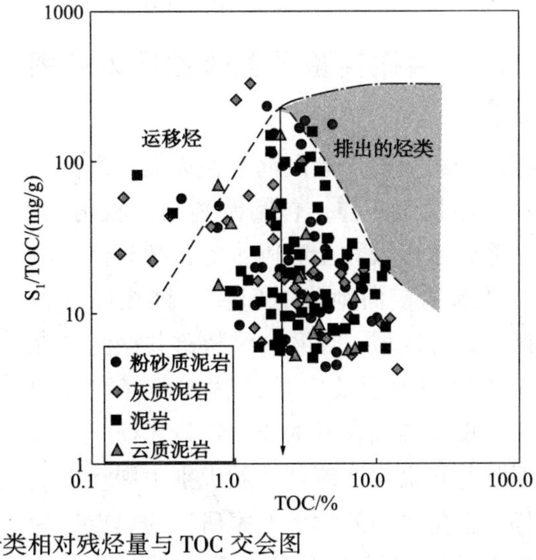

图3　吉木萨尔芦草沟组泥岩类相对残烃量与 TOC 交会图

如前所述，岩心实验测量的氯仿沥青“A”和 S1 均存在较大数量轻烃损失，且这种损失量难以准确补偿校正。用测井的方法，可以获得较为准确的滞留油量和 TOC 含量，应用这两个参数的交会图，可以获得产烃量的外包络线(无排烃)，从而拟合生烃量的计算模型。根据物质平衡原理，生烃量曲线与交会图数据点的垂直距离即为排烃量(图4)。

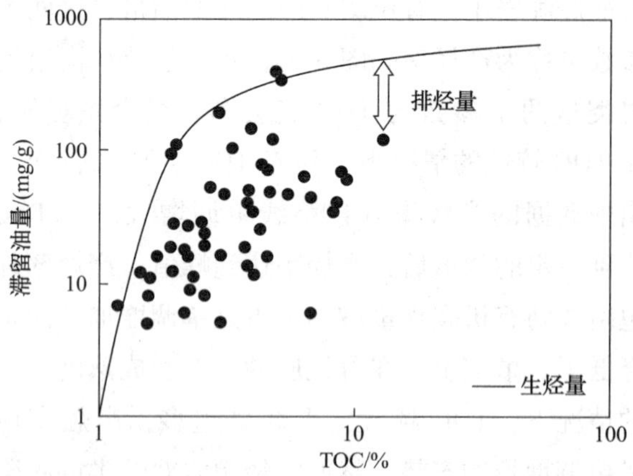

图 4　测井交会图法确定生烃量模型的方法原理示意图

图 4 为用交会图法确定生烃曲线的实例。交会图的横坐标为计算的干酪根有机质的含量，纵坐标为测井计算的滞留油量。建立的生烃量曲线为红色曲线，曲线上方的数据点可理解为有运移烃的存在，曲线下方的数据可理解为产生了排烃。这条生烃量曲线可以用二元一次方程拟合，拟合的生烃曲线的二元一次方程为：

$$QHC = 8.3 \times TOCK - 0.318 \times TOCK2 + 6.3 \quad (3)$$

式中：QHC 为生烃量，mg/g；$TOCK$ 为岩石中干酪根有机碳的含量的重量百分比，%。

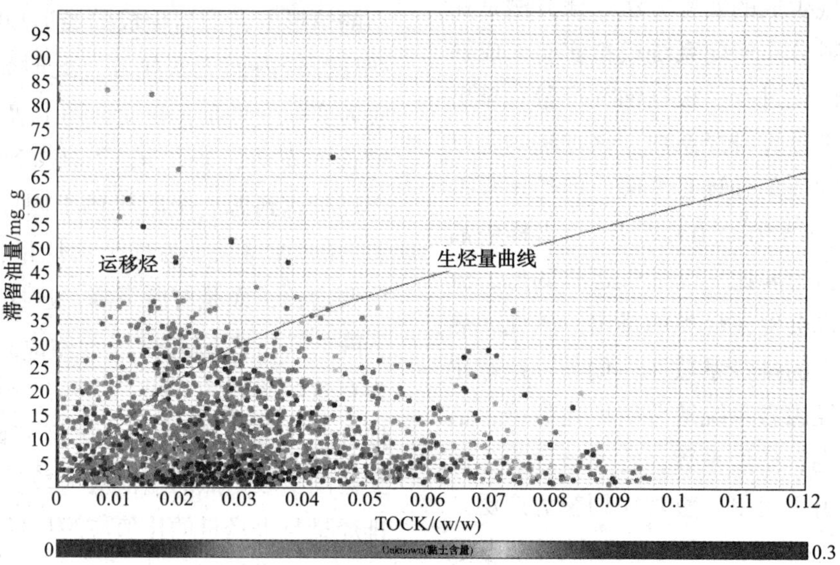

图 5　富有机质页岩段 TOC 与滞留油含量交会图

3　二维核磁共振实验及流体性质识别图版建立

玛湖风城组页岩油储层润湿性以混合润湿为主，油水赋存状态多样，包括游离油、吸附油、可动水、毛管水以及黏土吸附水等，游离油、吸附油及可动水的横向弛豫时间在一维核磁共振 T_2 谱上存在叠合区域，导致一维核磁共振测井在页岩油流体类型识别及定量计算方面存在局限性，无法实现游离油含量的连续定量表征。二维核磁共振测井在页岩油流体性质识别中展现出更大的优势，也是国内外学者专家研究的热点。为了明确玛湖凹陷风城组页岩油垂向甜点分布特征，MY1 井进行了二维核磁共振测井-CMR_NG。已有的二维核磁流体性质识别图版是在高频核磁岩心实验测量基础上建立的，与井下的低频核磁测井相比，在仪器结构、物理参数、采集参数方面均有较大差别，导致理论图版在研究区适用性差。因此，本文通过采用与井下核磁共振测井仪相同的采集和处理参数来进行实验室岩心二维核磁共振测量，得到了一套适用的二维核磁共振流体性质识别图版，大幅提高了游离油含量的解释精度。

在玛湖风城组 MY1 选取岩心 5 块，每块样品长约 5cm，直径 2.5cm（表 1）。样品首先原样进行二维核磁共振测量，由于岩样非密闭且搁置了一段时间，通过原始样测量可以明确轻烃挥发后，残余流体信号分布的位置，包括沥青、吸附油等；然后洗油处理，120℃ 条件下进行烘干，测量烘干样品的二维核磁共振特征，目的是观察岩心洗油是否彻底，便于与饱水样、饱油样进行对比；加压饱水，进行饱水样品的二维核磁共振测量，目的是明确毛管水及可动水在 T_1-T_2 谱上的位置；在离心机 12000RPM 条件下，离心 2 小时，进行离心样品的二维核磁共振测量，目的是将可动水离心掉，便于与饱油样对比；最后进行加压饱和原油（黏度<100mPs），测量饱油样品的二维核磁共振特征，此时的岩样具有亲水性，因此注入的原油为游离油，将此步骤的二维谱与离心后的二维谱对比，可以明确游离油在 T_1-T_2 谱上的位置。实验中使用的仪器为苏州纽迈的核磁仪器，该仪器在 2MHz 频率下，采用 CMR-NG 测井参数进行实验室岩心二维核磁共振测量。

表 1　实验样品的规格

编号	重量/g	平均长度/cm	平均直径/cm	体积/cm^3	井名
1-1	56.46	4.57	2.51	22.67	MY1
1-2	76.63	5.69	2.50	28.10	MY1
1-3	72.21	5.60	2.51	27.71	MY1
1-4	51.66	4.31	2.51	21.39	MY1
1-5	57.40	4.59	2.51	22.76	MY1

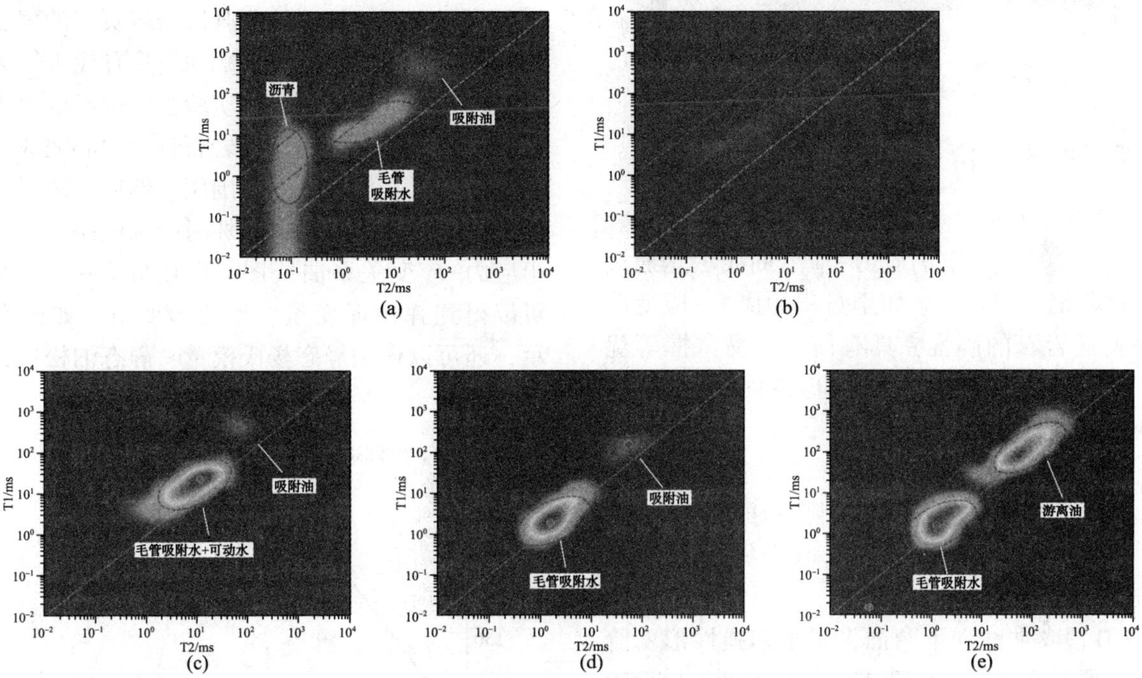

图 6　岩样不同状态下的二维核磁共振谱及一维核磁共振 T_2 谱

图 6 为 1-1 组样品的测量结果，(a)～(e) 为样品在五种状态下的核磁共振 T_1-T_2 图。如图 6(a) 所示，原始样品 T_1-T_2 图中有 3 个信号区：区域 1，T_1 分布在 0.01ms～10ms 之间，T2<0.2ms 和 T_1/T_2 在 10～100 之间；区域 2，T_1 在 1ms～100ms，T_2 在 1ms～30ms 之间，T_1/T_2 在 5～10 之间；区域 3，T_1 在 100ms 左右，T_2 在 20ms～70ms 之间，T_1/T_2 大于 10。根据横向弛豫时间 T_1 和纵向弛豫时间 T_2 对不同赋存状态流体的响应，分子越大、流动性越差，T_1 时间越长，T_2 时间越短，T_1/T_2 比值越大，判断区域 1 为沥青，区域 2 为毛管吸附水，区域 3 为吸附油。洗油洗烘干后，核磁共振 T_1-T_2 谱图几乎无信号[图 6(b)]，说明沥青、原油等清洗较彻底。饱水后核磁共振 T_1-T_2 谱图中[图 6(c)]有 2 个明显的区域，区域 1，横向弛豫时间 T_2 分布范围较大在 1ms～50ms 之间，T_1/T_2 在 1～10 之间，判断为毛管吸附水和可动水信号的叠合，可动水信号偏右，T_2 时间长，T_1/T_2 接近 1；区域 2，信号弱，与原始样中的区域 3 位置相当，为残余的吸附油信号。离心后核磁共振 T_1-T_2 谱图中[图 6(d)]有 2 个明显的区域，区域 1 为毛管水信号，区域 2 为残余的吸附油信号，与饱和水 T_1-T_2 谱图相比，T_2 时间较长，T_1/T_2 接近 1 的信号消失，也说明该信号为可动水，离心过程中散失。饱和油核磁共振 T_1-T_2 谱[图 6(e)]与离心后核磁共振 T_1-T_2 谱相比，增加了 T_2 时间长（30ms～300ms），T_1/T_2 接近 1 的信号，说明该信号为游离油信号。根据实验结果，建立了页岩油二维核磁流体性质识别图版，如图 7 所示。

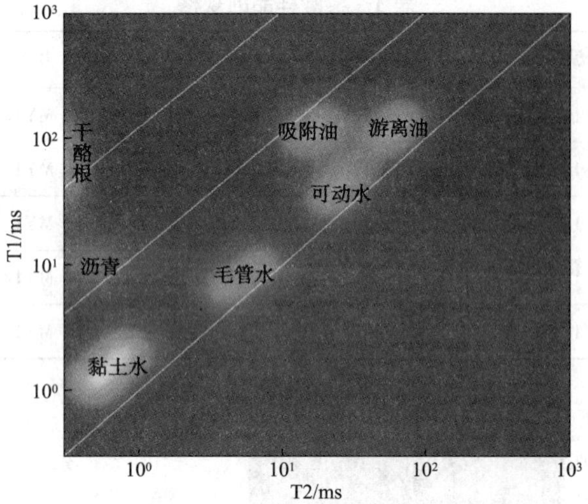

图 7 二维核磁解释图版

4 脆性指数评价

4.1 脆性的表征方法及实验

如前文所述岩石的应力-应变曲线法是通过实验过程记录加载至破坏全过程的应力-应变曲线来表征岩石的脆性，具有简单、易掌握等优点。图 8 为典型的岩石应力-应变曲线，应力-应变过程共可分为四个阶段：

OB 段：曲线稍微向上弯曲，属于压密阶段，这期间岩石中初始的微裂隙受压闭合；

BC 段：接近于直线，近似于线弹性形变阶段；

CD 段：曲线向下弯曲，属于非弹性形变阶段，主要是在平行于载荷方向开始逐渐生成新的微裂隙，C 点是岩石从弹性转变为非弹性的转折点；

DE 段：破坏阶段，D 点的纵坐标就是单轴抗压强度。

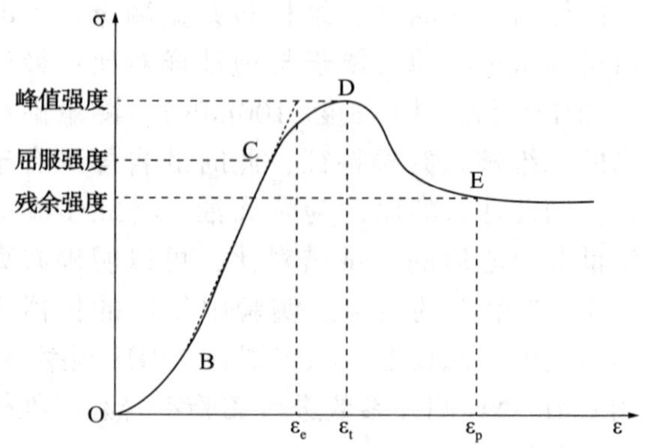

图 8 典型的应力-应变曲线

为了全面、精确地刻画风城组页岩的岩石脆性特征，选取了 MY1 井中 10 块具有代表性的岩心进行了三轴抗压测试，实验由中国石油集团测井有限公司测井应用研究岩石物理中心完成。实验对圆柱形岩样施加固定围压，然后逐渐增大轴向应力载荷，测出岩石破坏时的轴向压力，绘制出应力-应变关系曲线图。利用应力-应变曲线可以得到弹性形变量、塑性形变量，如图 9 所示，还可以得到静态杨氏模量、静态泊松比，见表 2。

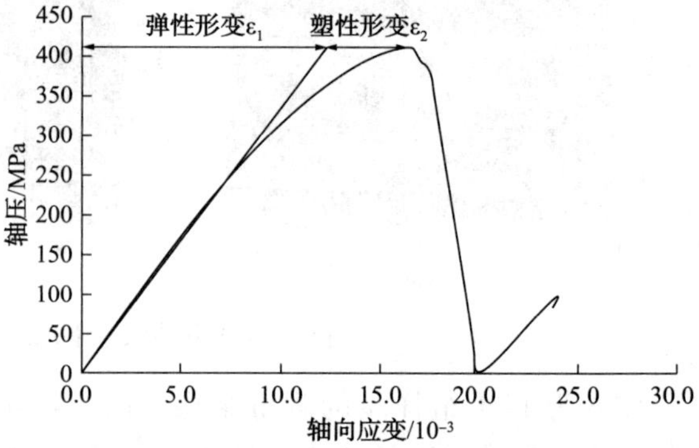

图 9 应力-应变曲线图

表 2 三轴抗压实验力学参数表

井号	深度/m	围压/MPa	峰值压力/MPa	静态杨氏模量/GPa	静态泊松比	弹性形变/(10^{-3}m)	塑性形变/(10^{-3}m)	脆性指数/%	黏土矿物含量/%	方解石+白云石/%
MY1	4715.07	55.0	530.3	60.0	0.22	13.20	5.13	72.0	2.8	20.9
MY1	4717.40	55.0	450.8	56.4	0.40	11.85	4.38	73.0	2.5	64.6
MY1	4731.65	55.0	610.8	72.0	0.29	12.92	0.82	94.0	5.5	34.2
MY1	4733.79	55.0	465.1	64.0	0.37	10.41	0.32	97.0	3.7	59.3
MY1	4747.42	56.0	403.7	53.5	0.38	11.35	4.87	70.0	1.8	60.9
MY1	4755.60	56.0	410.0	50.0	0.39	12.25	4.31	74.0	5.3	54.1
MY1	4758.23	56.0	723.8	67.4	0.36	16.49	1.63	91.0	1.6	47.0
MY1	4780.23	57.0	768.0	70.5	0.35	16.52	0.17	99.0	2.9	18.8

续表

井号	深度/m	围压/MPa	峰值压力/MPa	静态杨氏模量/GPa	静态泊松比	弹性形变/(10^{-3}m)	塑性形变/(10^{-3}m)	脆性指数/%	黏土矿物含量/%	方解石+白云石/%
MY1	4792.17	57.0	662.1	73.1	0.30	13.70	1.69	89.0	6.0	26.4
MY1	4810.43	57.0	734.1	70.5	0.20	15.80	1.19	93.0	3.6	52.8

本文按照Hucka(1974)脆性指数的计算方法，得到10块样品的岩石脆性指数(表2)。

$$BI=\varepsilon_1/(\varepsilon_1+\varepsilon_2) \tag{4}$$

式中：BI为脆性指数；ε_1为弹性形变；ε_2为塑性形变。

脆性好的样品在应力-应变曲线上表现为弹性形变段较长(ε_1大)，塑性形变段较短(ε_2小)。岩心破坏发生于整个样品，破坏形态为多条贯穿整个岩心的裂缝，此类样品杨氏模量大。图10(a)为MY1井4780.23m岩心的应力-应变曲线，图10(b)为岩心破碎前后的岩心照片。利用Hucka脆性指数计算方法求得脆性指数为99%，静态杨氏模量为70.5GPa。该岩心弹性形变段长，塑性形变段很短。破碎状态为复杂的裂缝网络，且贯穿于整个岩心。

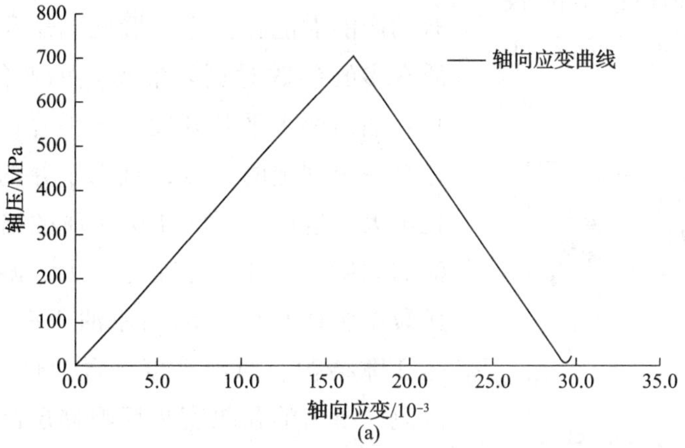

(a)

(b)

图10　4780.23m应力应变曲线图及岩心破碎照片

脆性一般的样品在应力—应变曲线上表现为弹性形变段较脆性好的段短，较脆性差的长。岩心破坏发生于整个样品，破碎形态一般为一条贯穿整个岩心的裂缝，此类样品静态杨氏模量相对较大。图11(a)为MY1井4717.4m岩心的应力-应变曲线，图11(b)为岩心破碎前后的岩心照片。利用Hucka脆性指数计算方法求得脆性指数为73%，静态杨氏模量为56.4GPa。该岩心弹性形变段相对较长，塑性形变段相对较短。破碎状态为一条裂缝，但贯穿于整个岩心。

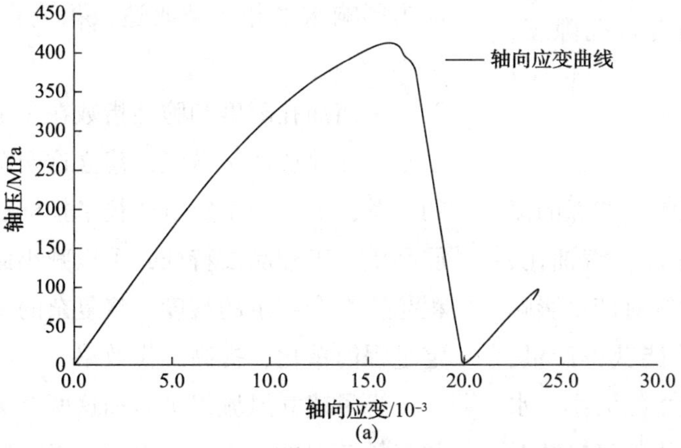

(a)

(b)

图11　4717.4m应力应变曲线图及岩心破碎照片

从表 2 可以看出，风城组岩石杨氏模量很大，整体在 50GPa 以上，脆性好，大于 70%。多参数联测实验分析发现，研究区风城组黏土含量低，普遍小于 10%；碳酸盐岩矿物成分含量高，尤其是风 2 段中下部，白云石含量普遍在 30%~60%之间；储层致密，核磁共振 3ms 孔隙度为 2%~5%。碳酸盐含量高、粘土含量低、储层致密是风城组岩石杨氏模量大、脆性好的根本原因。

4.2 脆性指数表征模型

通过表 2 可以发现，静态杨氏模量和脆性指数之间有着很好的线性关系（图 12）。静态杨氏模量可通过动态杨氏模量经物性和矿物组分校正得到（Zhenlin Wang et al，2018；李国欣等，2018）。因此得到脆性指数的测井表征模型：

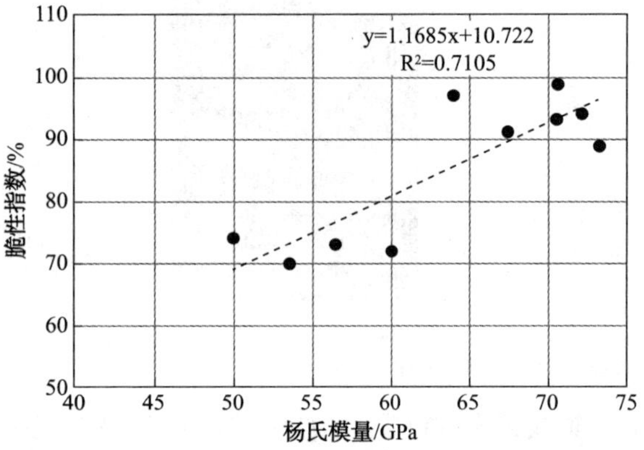

图 12 杨氏模量与脆性指数关系图

$$BI=f(v_p,\ v_s,\ den,\ Vdol,\ \varphi,\ a,\ b,\ c) \quad (4)$$

式中，BI 为脆性指数；v_p 为纵波速度，单位：ft/μs；v_s 为横波波速度，单位：ft/μs；den 为岩石密度，单位：g/cm^3；φ 为岩石孔隙度，小数；a，b，c 为系数，无量纲。

5 产量潜力指数及甜点分类

影响页岩油甜点产量的因素较多，甜点的储层品质参数游离油含量、原油的粘度、汽油比、渗透率、孔喉大小、裂缝发育程度等对产量影响较大。由于页岩油需要体积压裂才能获得产量，因此，甜点的工程品质参数闭合应力的大小、水平两向应力的应力差、岩石的脆性指数等参数对甜点的产量也有较大的影响。另外，压裂工艺和施工参数对改造缝网的性质与空间展布有控制作用，在很大程度对甜点的产量也具有重要的影响。

尽管页岩油需要体积压裂获得产量，但甜点不同参数对产量贡献潜能是不同的。如果甜点的孔隙内无游离油，即使进行体积压裂也不可能获得工业产能。如果甜点的游离油含量高、气油比高、原油的粘度低流动性好，且岩石的脆性好、水平主应力差小，就有较好的高产潜能。因此，对甜点本身所具有的对产量贡献大小潜能的综合评价是压裂改造缝网设计分段、分簇及工艺改造参数确定的重要基础工作。

那么，哪些参数能够反映页岩油甜点所具有的产能潜能呢？毫无疑问储层品质和工程品质众多的参数对页岩油甜点的产能均有影响。页岩油需要水平井开发，水平井钻井的对象往往是一个固定的甜点，且水平井的垂深往往变化不大。这样，反映储层品质的诸多参数如原油的黏度、气油比等变化不大。游离油是体积压裂单位体积内可动用原油所占体积的总和，是孔隙结构、原油粘度、含油性的综合反映。因此，游离油孔隙度是反映储层品质最为关键的参数。同样，在水平井条件下，地层的闭合应力、破裂压力、两个水平主应力的应力差等参数在不同的水平井段虽有变化，但总体变化不大，变化较大的是岩石的脆性指数，脆性指数是反映压裂改造难易程度的参数，岩石的脆性越好，越容易形成复杂缝网，岩石脆性指数成为影响水平井压裂改造效果内在因素的关键指标。

游离油孔隙度和脆性指数在一定程度上决定了水平井改造产量潜能，建立这两个参数与产量的关系，形成一个定量的技术指标表征甜点的储层品质、工程品质特征，可以减小储层品质、工程品质综合判定的难度，将复杂的多因素定性判定过程简单化，提高工作效率。

为了建立风城组页岩油这两个关键地质参数与产量潜力的关系，对玛页 1 井风城组 9 级 19 簇的 6 次平均产液剖面进行了研究，第 8 级和第

9级压裂段内裂缝发育，第5级为碱矿发育段，试油过程中反碱严重，因此第8级、第9级以及第5级本次甜点产能指数的建立中暂不考虑。表3为玛页1井风城组6段13簇平均产油量与游离油和脆性指数的统计表。

表3　MY1井试油层段相关参数统计表

级数	射孔簇	游离油孔隙度/%	脆性指数/%	六次平均产量/t
7	7-2	3.4	77.6	1.36
7	7-1	0.3	83.5	0.24
6	6-3	1.3	88.1	0.64
6	6-2	0.1	86.8	0.35
6	6-1	0.3	88.2	0.36
4	4-2	1.9	95.7	0.14
4	4-1	4.1	94.0	1.66
3	3-2	0.7	95.9	0.50
3	3-1	2.3	98.9	0.77
2	2-2	1.7	99.1	0.98
2	2-1	1.3	99.0	0.27
1	1-2	0.2	73.8	0.43
1	1-1	1.1	76.8	0.48

经多元回归得到产量潜力指数的计算公式：

$$I_p = \alpha \times \varphi_f \beta_e \gamma^{BI} \tag{5}$$

式中，I_p产量潜力指数，无量纲；BI岩石的脆性指数,%；φ^f游离油孔隙度,%；α、β、γ系数，无量纲。

该模型计算的产量潜力指数IP与产量具有较好的一致性，计算模型的相关系数达0.9以上(图13)。经测试，该模型具有较好的实用性，风城组页岩油目前处于勘探阶段，井数量有限，测试的井有FN4、FN14等，吻合性好。另外，该方法在吉木萨尔页岩油水平井中进行了测试，计算产能潜力指数与水平井初期半年累产油相关系数达0.9以上，因此该方法在吉木萨尔页岩油水平井开发中也得到了很好的应用，是水平井分段分簇的主要依据之一。

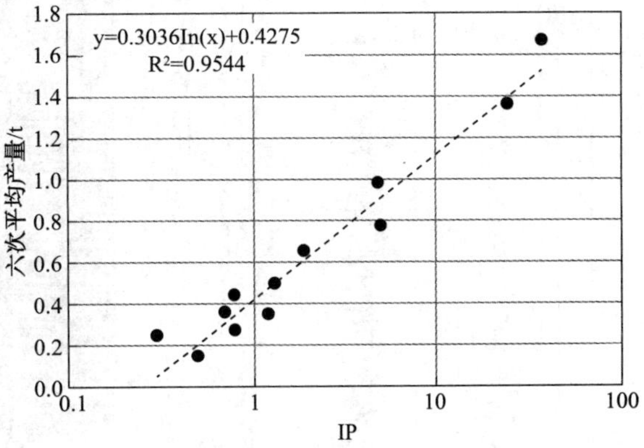

图13　产量潜力指数IP与产量关系图

从计算模型可以看出，游离油体积(游离油的丰度)是控制甜点产能的主要因素，脆性指数是甜点可压性的重要指标，是控制甜点潜能的关键因素。产量潜力指数可以准确的反映甜点的潜在产能，可作为甜点分类的标准，IP>10为1类甜点，1<IP<10为2类甜点，IP<1为3类甜点。

图14为MY1井风城组二段甜点分类成果图，图中，第七道为核磁共振测井T_1波谱图，第八道为核磁共振测井T_2波谱图，第九道为部分深度点的T_1-T_2二维核磁谱图，第十一道为游离油孔隙度，第十二道为脆性指数，第十三道为产量潜力指数，第十三道为甜点分类结果。从图中可以看出MY1井风城组游离油孔隙度整体在0.5%~2.5%之间，脆性指数70%~95%之间，甜点纵向连续发育，厚度大，但优质甜点发育较分散，其中风三段的底部发育一套相对集中的优质甜点段，厚度约20m，风二段的中下部发育一套相对集中的优质甜点段。针对这两套优质甜点段，已部署了两口水平井。靶窗为风三段的水平井MY1H，已完钻，目前前八级压裂获高产，最高日产油50立方米，证实了该甜点分类的可靠性。

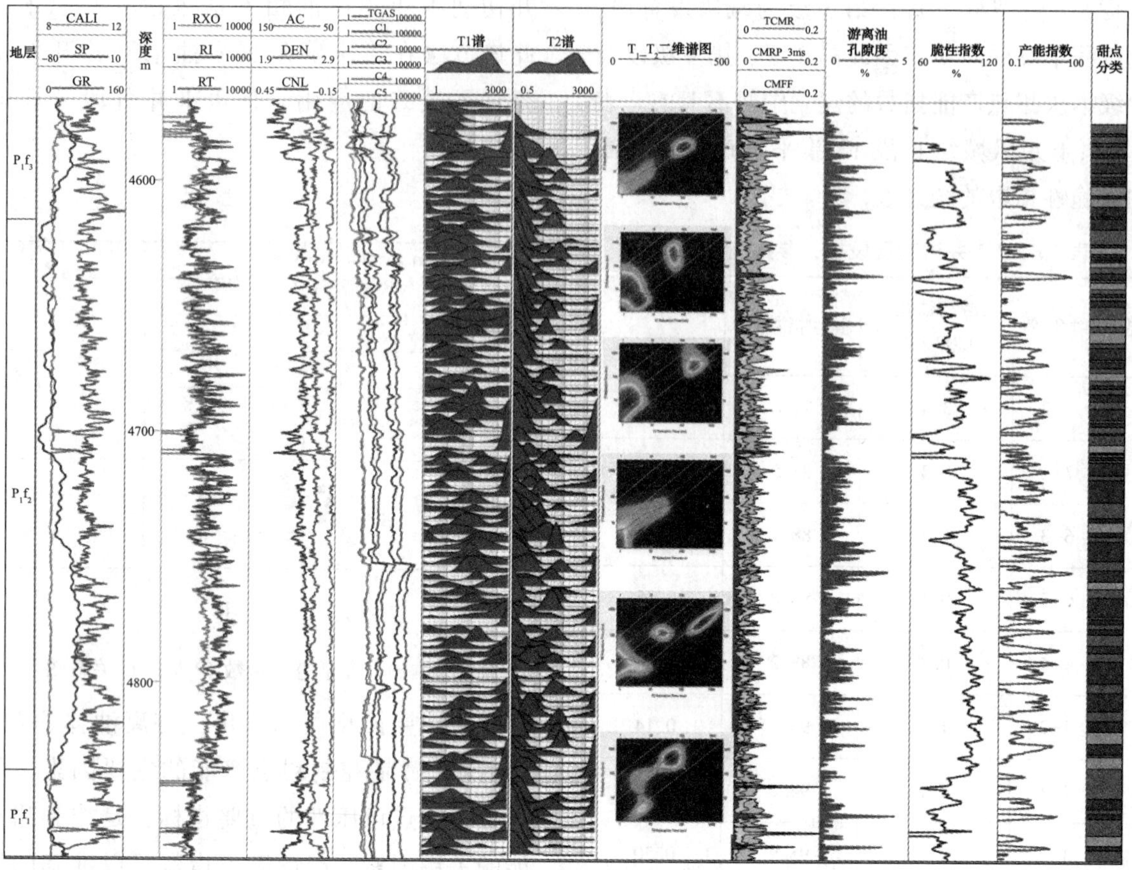

图 14　MY1 井风城组段甜点分类成果图

6　结论与认识

（1）有机质的类型以Ⅱ型为主，为陆相咸化湖泊沉积，其中 P_1f_3、P_1f_2 段有机质类型、含量有明显的差异，但均具有较好的生烃能力。排烃量相对较高，早期生成的较低成熟度的原油排出富有机质页岩层外，成为区域的主力烃源岩层；页岩油成藏期，相对高成熟度油气滞留于烃源岩层内，其中，P1f2 中下部页岩段生烃量大，保存条件好，游离油含量高成为甜点的集中发育层段。

（2）选取具有代表性的岩样，通过采用与井下核磁共振测井仪相同的采集和处理参数来进行实验室岩心二维核磁共振测量，得到了一套适用的二维核磁共振流体性质识别图版，二维核磁共振谱（T_2，T_1）可以有效区分可动水、游离油、吸附油（T_1/T_2：可动水<游离油<吸附油）。玛湖风城组页岩油游离油孔隙度整体小于 3%，但纵向连续发育，且厚度大，从目前已钻井来看，风城组页岩油层厚度在 300～500m，是风城组页岩油高产稳产的物质基础；

（3）多参数联测实验分析认为碳酸盐含量高、粘土含量低、储层致密是风城组岩石杨氏模量大、脆性好的根本原因，并通过岩石脆性指数与静态杨氏模量的相关关系，建立了岩石脆性指数的表征模型。玛湖风城组页岩油脆性好，脆性指数>70%，容易形成复杂缝网，但杨氏模量大，整体在 40～80GPa，会导致水平井压裂时起裂难度大。

（4）优选了影响页岩油产量的两个关键因素游离油孔隙度和脆性指数，通过多元线性回归得到产量潜力指数的计算公式，计算的产量潜力指数 IP 与产量具有较好的一致性，相关系数达 0.9 以上。计算结果显示，产量潜力指数可以准确的反映甜点的潜在产能，可作为甜点分类的标准，IP>10 为 1 类甜点，1<IP<10 为 2 类甜点，IP<1 为 3 类甜点，分类结果显示甜点纵向连续发育，但优质甜点发育较分散，纵向上发育 2 个

优质甜点发育段，分别位于风三段的底部以及风二段的中下部。

参 考 文 献

[1] Shuangfang, L. U., Huang, W., Chen, F., et al., Classification and evaluation criteria of shale oil and gas resources: discussion and application [J]. Petroleum Exploration & Development, 2012, 39(2), 268-276.

[2] Jiang, Z., Zhang, W., Liang, C., et al. Basic characteristics and evaluation of shale oil reservoirs. [J]. Petroleum Research, 2016, 1(2), 149-163.

[3] Jiang, Z., Zhang, W., Liang, C., et al. Basic characteristics and evaluation of shale oil reservoirs. [J]. Petroleum Research, 2016, 1(2), 149-163.

[4] Caineng, Z., Zhi, Y., Jingwei, C., et al. Formation mechanism, geological characteristics and development strategy of nonmarine shale oil in China [J]. Petroleum Exploration and Development, 2013, 40(1), 15-27.

[5] Li, S., Hu, S., Xie, X., et al. Assessment of shale oil potential using a new free hydrocarbon index [J]. International Journal of Coal Geology, 2016, 156, 74-85.

[6] Zhu, C., Guo, W., Li, Y., et al. Effect of occurrence states of fluid and pore structures on shale oil movability [J]. Fuel, 2021, 288, 119847.

[7] Cao, H., Zou, Y. R., Lei, Y., et al. Shale oil assessment for the Songliao Basin, northeastern China, using oil generation-sorption method [J]. Energy & Fuels, 2017, 31(5), 4826-4842.

[8] Song, Y. Q., Kausik, R. NMR application in unconventional shale reservoirs-A new porous media research frontier [J]. Progress in nuclear magnetic resonance spectroscopy, 2014, 112, 17-33.

[9] Kausik Ravinath, Fellah Kamilla, Feng Ling & Simpson Gary. High-and Low-Field NMR Relaxometry and Diffusometry of the Bakken Petroleum System. PETROPHYSICS 2017, (4).

[10] Thern, H., Horch, C., F Stallmach, Li, B., et al. Low-field nmr laboratory measurements of hydrocarbons confined in organic nanoporous media at various pressures [J]. Microporous and Mesoporous Materials, 2017, 21-25.

[11] Testamanti, M. N., & Rezaee, R... Considerations for the acquisition and inversion of nmr t2 data in shales [J]. Journal of Petroleum ence and Engineering, 2018, 174.

[12] Zhang, P., Lu, S., Li, J., & Chang, X... 1d and 2d nuclear magnetic resonance (nmr) relaxation behaviors of protons in clay, kerogen and oil-bearing shale rocks [J]. MarineandPetroleumGeology, 2020. 114, 104210.

[13] Korb, J. P., Nicot, B., & Jolivet, I... Dynamics and wettability of petroleum fluids in shale oil probed by 2d t1 - t2 and fast field cycling nmr relaxation. Microporous &Mesoporous Materials, 2017, S138718111730389X.

[14] Birdwell, J. E., & Washburn, K. E... Multivariate analysis relating oil shale geochemical properties to nmr relaxometry [J]. Energy & Fuels, 2015, 29 (4), 2234-2243.

[15] Zheng Li, Yan - Rong Zou, Xing - You Xu... et al. Adsorption of mudstone source rock for shale oil-Experiments, model and a case study. Organic Geochemistry, 2016.

[16] Li, J., Jiang, C., Wang, M., et al. Adsorbed and free hydrocarbons in unconventional shale reservoir: a new insight from nmr t1-t2maps. Marine and Petroleum Geology, 2016, 116, 104311.

[17] Wang, R.. Fundamentals of rock mechanics [J]. Engineering Geology, 1981, 17(3), 302-302.

[18] Paterson, M. S., and T. -f. Wong. Experimental rock deformation-the brittle field, Springer-Verlag, 2005.

[19] Hucka, V., & Das, B... Brittleness determination of rocks by different methods. International Journal of Rock Mechanics & Mining Sciences & Geomechanics Abstracts, 1974, 11(10), 389-392.

[20] Rickman, R., M. Mullen, J. Petre, W. Grieser, and D. Kundert, A practical use of shale petrophysics for stimulation design optimization: all shale plays are not clones of the barnett shale: SPE Annual Technical Conference and Exhibition. SPE 115258, 2008.

[21] Jarvie, D. M., R. J. Hill, T. E. Ruble, and R. M. Pollastro. Unconventional shale-gas systems: The Mississippian Barnett Shale of north-central Texas as one model for thermogenic shale - gas assessment [J]. AAPG bulletin, 2017, 91. 475-499.

[22] Hashin Z, Shtrikman S. A variational approach to the theory of the elastic behaviour of polycrystals. J. Mech. Phys. Solids 10, 343 - 352 [J]. Journal of the Mechanics & Physics of Solids, 1962, 10 (4): 343-352.

[23] Yagiz, S... Assessment of brittleness using rock strength and density with punch penetration test. Tunnelling and Underground Space Technology, 2009, 24 (1), 66-74.

[24] Hucka, V., & Das, B... Brittleness determination of rocks by different methods [J]. International Journal of Rock Mechanics & Mining Sciences & Geomechanics Abstracts, 1974, 11(10), 389-392.
[25] Atici, U., & Ersoy, A... Correlation of specific energy of cutting saws and drilling bits with rock brittleness and destruction energy. Journal of Materials Processing Tech, 2009. 209(5), 2602-2612.
[26] 金之钧，朱如凯，梁新平，等．当前陆相页岩油勘探开发值得关注的几个问题 [J]. 石油勘探与开发，2021，48(6)，12.
[27] 曹剑，雷德文，李玉文，等．古老碱湖优质烃源岩：准噶尔盆地下二叠统风城组 [J]. 石油学报，2015，36(7)：781-790.
[28] 党伟，张金川，聂海宽，等．页岩油微观赋存特征及其主控因素——以鄂尔多斯盆地延安地区延长组7段3亚段陆相页岩为例．石油学报，2022，43(4)：1-17.
[29] 刘得光，周路，李世宏，等．玛湖凹陷风城组烃源岩特征与生烃模式[J]. 沉积学报，2020，38(5)：10.
[30] 聂海宽，张培先，边瑞康，等．中国陆相页岩油富集特征[J]. 地学前缘，2016，23(2)：55-62.
[31] 蒋启贵，黎茂稳，钱门辉，等．不同赋存状态页岩油定量表征技术与应用研究[J]. 石油实验地质，2016，(06)，842-849.
[32] 张鹏飞．基于核磁共振技术的页岩油储集、赋存与可流动性研究[D]. 青岛：中国石油大学(华东))，2019.
[33] 张金川，林腊梅，李玉喜，等．页岩油分类与评价[J]. 地学前缘，2012，19(5)，10.
[34] 杨智峰，唐勇，郭旭光，等．准噶尔盆地玛湖凹陷二叠系风城组页岩油赋存特征与影响因素[J]. 石油实验地质，2021，43(5)：13.
[35] 李程善，张文选，雷宇，等．鄂尔多斯盆地陇东地区长9油层组砂体成因与油气差异分布[J]. 地球科学，2021，(10)：3560-3574.
[36] 支东明，唐勇，郑孟林，等．准噶尔盆地玛湖凹陷风城组页岩油藏地质特征与成藏控制因素[J]. 中国石油勘探，2019，24(5)：9.
[37] 梁卫，李小平．珠江口盆地东部碎屑岩-碳酸盐混合沉积区岩性油气藏形成地质条件与潜力[J]. 地球科学，2020，(10)：3870-3884.
[38] 韩文中，赵贤正，金凤鸣，等．渤海湾盆地沧东凹陷孔二段湖相页岩油甜点评价与勘探实践[J]. 石油勘探与开发，2021，48(4)：10.
[39] 宫亚军，张奎华，曾治平，等．准噶尔盆地阜康凹陷侏罗系超压成因、垂向传导及油气成藏[J]. 地球科学，2021，(10)，3588-3600.
[40] 邹才能，张国生，杨智，等．非常规油气概念、特征、潜力及技术——兼论非常规油气地质学[J]. 石油勘探与开发，2013，40(4)：385-399.
[41] 匡立春，侯连华，杨智，等．陆相页岩油储层评价关键参数及方法[J]. 石油学报，2021，42(1)，14.

威远页岩气井采气管柱优化研究与应用

黄友明[1]　张　健[2]

（1. 中国石油集团长城钻探工程有限公司地质研究院；2. 中国石油集团长城钻探工程有限公司四川页岩气项目部）

摘　要　页岩气藏具有储层埋藏深、低孔低渗等特点，通常需要水平井大规模压裂开采。依据页岩气井生产特征及排采规律，气井套管生产阶段后期随着携液能力下降，需要及时下入油管生产。为提高页岩气井下入油管后的排液生产效果，文本通过对不同尺寸油管携液能力和井筒摩阻模拟计算，以及生产效果对比分析，对页岩气井采气管柱尺寸、转油管生产时机和油管下入深度进行优化研究。页岩气井低压低产阶段，在现有油管内下入 1.5"连续油管作为速度管柱，能够在低产量下维持连续携液生产。气井转油管生产时的产气量、临界携液流量和转油管后的增产气量之间具有一定的相关性，综合考虑气井转油管生产后的生产效果，建议在产气量接近临界携液流量时转油管生产，并推荐了不同井口压力下转油管生产的产气量范围。油管下入深度越深，其携液生产能力越强，同时具有更好的稳产效果，在井筒完整性好的前提下，综合考虑管柱携液能力、抗拉强度及生产后期排采工艺要求等，建议下倾水平井油管下至 A 点以下 500m 范围内。

关键词　页岩气井；采气管柱；管柱尺寸；转油管生产时机；油管下入深度

Weiyuan Shale Gas Well Production String Optimization Research and Application

Huang Youming[1]　Zhang Jian[2]

(1. CNPC Greatwall Drilling Company Geology Research Institute;
2. CNPC Greatwall Drilling Company Sichuan Shale Gas Project Department)

Abstract　Abstract: Shale gas reservoir has the characteristics of deep burial, low porosity and low permeability, and usually needs large-scale fracturing production with horizontal wells. Based on the production characteristics and drainage gas production laws of shale gas wells, in the later stage of casing production, as the liquid carrying capacity decreases, it is necessary to produce with tubing. In order to improve the drainage gas production effect of shale gas wells with tubing production, the article optimizes the tubing size, tubing production timing and RIH tubing depth by simulating the liquid carrying capacity and well bore friction of different tubing, comparing and analyzing production data. In the low pressure and low production stage of shale gas well, RIH 1.5 " coiled tubing into the existing tubing as the speed string, which can maintain continuous liquid carrying production with low gas production. There is a corresponding relationship between the gas production rate, the critical liquid carrying flow rate, and gas production increase after tubing production. Taking into account the comprehensive production effect after tubing production, it is recommended to convert to tubing production when the gas production rate near the critical liquid carrying flow rate, and the gas production range under different wellhead pressure is recommended. With the tubing RIH depth increase, the liquid carrying capacity of tubing increases, and it provides a better stable production effect. Taking into account the liquid carrying capacity, tensile strength requirements and technical requirements in the later production stage, it is recommended to RIH tubing depth in a downward inclined horizontal well to a range of 500m below A point under the premise of good well bore integrity.

Key wordst　shale gas well; gas production string; string size; tubing production timing; tubing depth

页岩气藏具有储层埋藏深、低孔低渗、天然裂缝发育等特点，通常需要水平井大规模压裂开采。页岩气井投产初期采用套管生产，随着气井井口压力、产气量逐渐下降，套管携液生产能力下降，容易出现井筒积液，导致气井产能降低。通过下入油管生产，能够提升气井携液生产能力，延长气井稳定生产期。部分页岩气井下入油管生产后，生产效果变差，生产后期出现了水平段积液、排液困难等问题。本文通过开展采气管柱优化研究，进一步提升气井的排液生产效果。

1　页岩气井生产特征

根据威远页岩气井的生产特征及排采规律，将页岩气井全生命周期划分为焖井、测试返排、套管生产、油管控压生产、低压稳产等 5 个阶段，根据不同阶段的生产特征采取不同排采技术对策(图 1)。

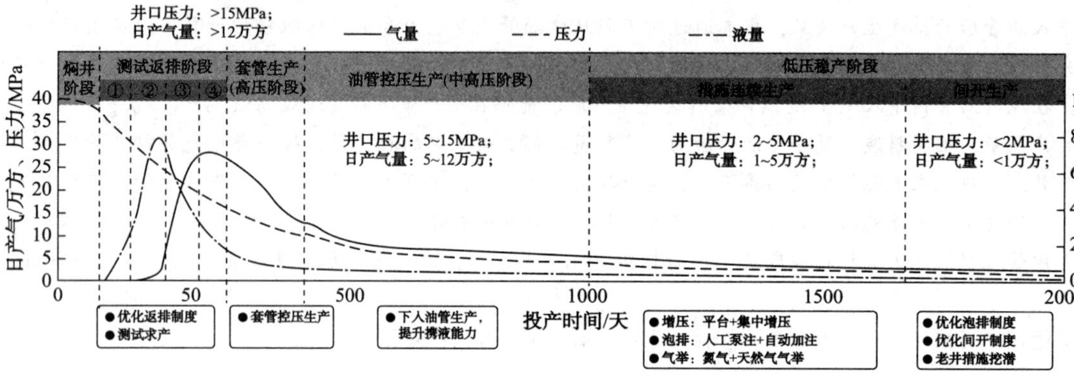

图 1　威远页岩气井全周期生产阶段划分图

2　页岩气井采气管柱现状

2.1　管柱尺寸

对 1.5”、2”、2-3/8”和 2-7/8”等不同尺寸油管的临界携液流量、井筒沿程摩阻损失等进行模拟分析。结果表明，下入的油管尺寸越小，其临界携液流量越低，携液生产能力越强，同时井筒沿程摩阻损失也越大。综合考虑管柱携液能力、后期生产测试需求等因素，现场主体采用 2-3/8”油管作为采气生产管柱。目前威远区块 220 口井已下入油管生产，其中 212 口井采用 2-3/8”油管，占比 96%(表 1)。

表 1　不同尺寸油管临界携液流量计算结果表(井口压力 5MPa)

序号	油管尺寸	临界携液流量/($10^4m^3/d$)
1	1.5”	1.21
2	2”	2.21
3	2-3/8”	2.92
4	2-7/8”	4.38

2.2　管柱下入方式

目前，威远页岩气井均采用带压作业方式下入采气生产管柱，下油管前应确保井筒的清洁、畅通。

2.3　管柱下入时机及下入深度

依据川渝页岩气开发实践，气井测试定产后，一般在井口压力 10~21MPa，并确保带压作业安全的前提下尽早下入油管。对于上倾水平井，油管一般下至 A 点以上，且管鞋垂深高于射孔最大垂深 10~20m；对于下倾水平井，油管一般下至射孔段顶部以上 10m 左右。

3　采气管柱优化研究

部分页岩气井下入油管生产后，生产效果变差，生产后期出现了水平段积液、排液困难等问题，影响气井产能发挥。本文主要对采气管柱尺寸、气井转油管生产时机和管柱下入深度等进行优化研究。

3.1　采气管柱尺寸优化研究

根据页岩气井生产特征及排采规律，气井生产中后期，随着地层压力、产气量逐渐降低，气井进入低压低产阶段。当气井产气量低于 2-3/8”油管的临界携液流量后，井筒携液能力下降，无法有效携液生产，会造成井筒积液。随着积液不断加剧，可能出现水平段积液问题，常规气举等措施无法有效排液，导致气井产能下降(表 2)。

通过模拟计算，在相同压力条件下，1.5”连续油管的临界携液流量明显低于2-3/8”油管，相同产气量条件下，1.5”连续油管的井筒摩阻高于2-3/8”油管。因此对于处在低压低产阶段气井，在2-3/8”油管内壁清洁、畅通条件下，可尝试下入1.5”连续油管作为速度管柱，在低产量(如小于$0.5\times10^4m^3/d$)条件下，1.5”连续油管的井筒摩阻不高，同时能够满足连续携液生产要求(图2)。

表2　1.5”连续油管和2-3/8”油管的临界携液流量计算结果表

序号	井口压力/MPa	1.5”连续油管	2-3/8”油管
		临界携液流量/($10^4m^3/d$)	临界携液流量/($10^4m^3/d$)
1	0.1	0.17	0.40
2	0.3	0.29	0.70
3	0.5	0.37	0.91
4	0.7	0.44	1.07
5	1.0	0.53	1.29

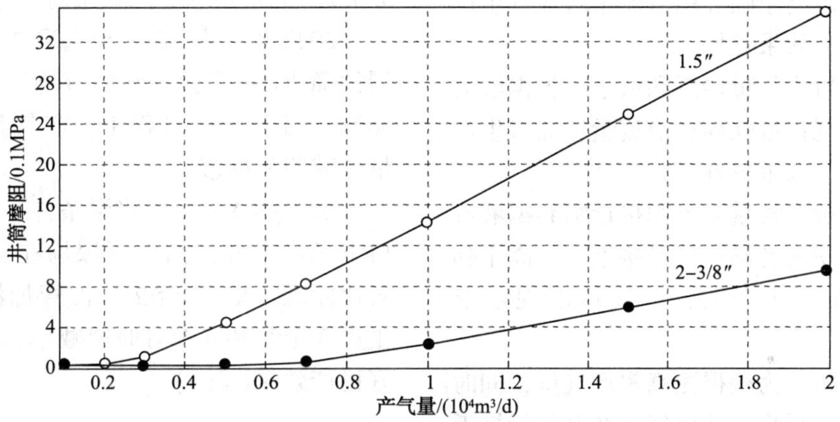

图2　1.5”连续油管和2-3/8”油管的井筒摩阻计算结果图

3.2　转油管生产时机优化研究

3.2.1　转油管生产效果影响因素分析

气井转油管生产前利用油套环空生产，转油管后采用油管生产，转油管生产前后井筒流体的流动截面积、流动摩阻等均发生改变。通过模拟计算，发现气井转油管生产时的产气量、临界携液流量与转油管后的增产气量之间具有一定的相关性(图3)。

(1) 产气量高于临界携液流量的井，转油管生产后由于流动截面积减小、流动摩阻增大等原因，转油管生产后均出现了产气量、产液量降低。

(2) 产气量低于临界携液流量的井，由于井筒内出现不同程度积液，转油管生产后气井携液能力增强，改善了井筒积液情况，转油管生产后产气量、产液量出现不同程度增加。

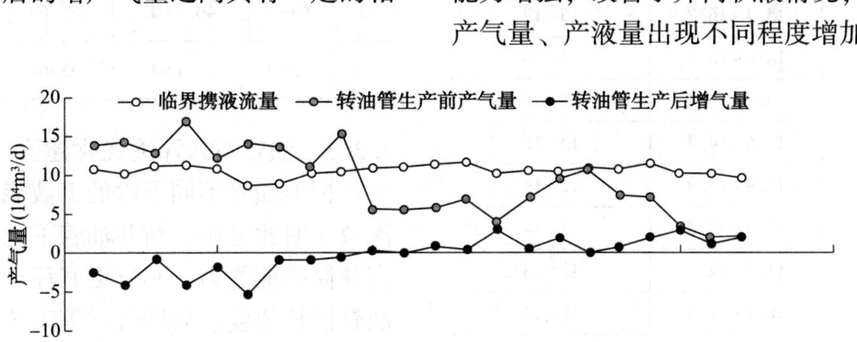

图3　气井转油管生产效果统计分析图

3.2.2　转油管生产时机优化

根据气井转油管后生产效果与产气量、临界携液流量的关系，将气井转油管生产时机分为产气量高于临界携液流量、接近临界携液流量和低于临界携液流量等3种情况（图4）。

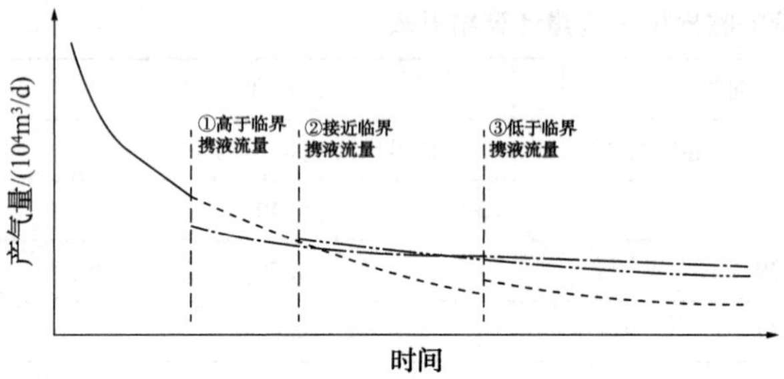

图4　转油管生产时机3种情况

（1）对比分析产气量高于和低于临界携液流量两种情况，发现高于临界携液流量转油管生产的累产气量更高、效果更好。

（2）对比分析产气量接近和低于临界携液流量两种情况，发现接近临界携液流量转油管生产的累产气量更高、效果更好。

（3）对比分析产气量高于和接近临界携液流量两种情况，发现两者累产气量接近，但高于临界携液流量转油管生产时，产气量出现明显下降。

综合以上分析，为获得更高累产气量，同时尽量保持气井生产平稳，建议气井在产气量接近临界携液流量时转为油管生产。通过模拟，计算不同井口压力下的临界携液流量，并推荐了气井对应转油管生产的产气量范围（表3）。

表3　转油管生产的产气量推荐范围表

序号	井口压力/MPa	临界携液流量/($10^4m^3/d$)	推荐转油管产气量/($10^4m^3/d$)
1	15	15.9~17.2	15~17
2	14	15.4~16.7	15~17
3	13	14.8~16.1	14~16
4	12	14.2~15.4	13~15
5	11	13.6~14.7	13~15
6	10	12.9~13.9	12~14
7	9	12.3~13.3	12~14
8	8	11.5~12.3	11~13
9	7	10.7~11.5	10~12
10	6	9.9~10.6	9~11
11	5	9.0~9.6	8~10

3.3　油管下入深度优化

3.3.1　油管不同下深的携液能力分析

在页岩气水平井井筒内，下入的油管深度不同，其携液生产能力也不同。根据X-1井的井身轨迹数据、生产参数等，模拟计算油管不同下深时的临界携液流量。结果表明，油管下入越深，临界携液流量越低，其携液生产能力越强（表4）。

表4　油管不同下深的临界携液流量计算结果表

油管下入深度/m	1500	2000	2500	2800	2850
临界携液流量/($10^4m^3/d$)	13.94	12.99	12.20	11.90	2.90

3.3.2　油管不同下深效果对比分析

2022年，在X2平台选取2口下倾水平井开展油管加深试验，油管下至A点以下200~500m。油管生产过程中，产气量保持平稳，产量递减明显减缓。

邻近的X3平台储层条件、产气量相似的2口下倾水平井，油管下深均在A点附近，通过对比发现，X2平台2口油管加深气井，在油管生产3个月和6个月时递减率明显更低，具有更好稳产效果（表5）。

表5　油管加深井与邻平台井生产对比

序号	井号	油管生产3个月递减率	油管生产6个月递减率	备注
1	X2-1	13.13%	22.37%	油管下至A点以下500m
2	X2-2	23.02%	30.19%	油管下至A点以下200m
3	X3-1	40.25%	55.55%	油管下至A点
4	X3-2	33.15%	35.66%	油管下至A点

3.3.3　油管下入深度优化建议

根据油管不同下深的携液能力分析和油管加深效果对比分析，新井油管下至水平段有助于提高井筒携液能力，具有更好稳产效果。综合考虑油管抗拉强度、后期气举等工艺要求，在井筒完整性较好情况下，建议下倾水平井油管下至A点以下500m范围内。

4 现场应用情况

4.1 速度管柱应用情况

X4-1 井于 2020 年 10 月投产，2021 年 1 月下入 2-3/8”油管生产，油管下深 3680.65m(A 点 3800m)。生产过程中出现油套压一致，根据产量、压力变化判断为油管穿孔。2023 年 9 月在现有 2-3/8”油管内下入 1.5”连续油管作为速度管柱，下深 3800m。

下入速度管柱后，实施外排气举、替喷等措施进行排液，停止气举后无法连续携液生产。根据气举时井口压力、产气量、产液量等参数进行模拟计算，产气量较高时井筒摩阻较大，不利于气井连续携液生产。通过开井控制瞬时气量，气井产能逐渐恢复，在产气量 0.2~0.3 时可以连续携液生产，7 天累计排液 12.6 方(图 5)。

4.2 油管加深应用情况

截至目前，威远区块共有 8 口井实施了油管加深，均取得明显排液增产效果。

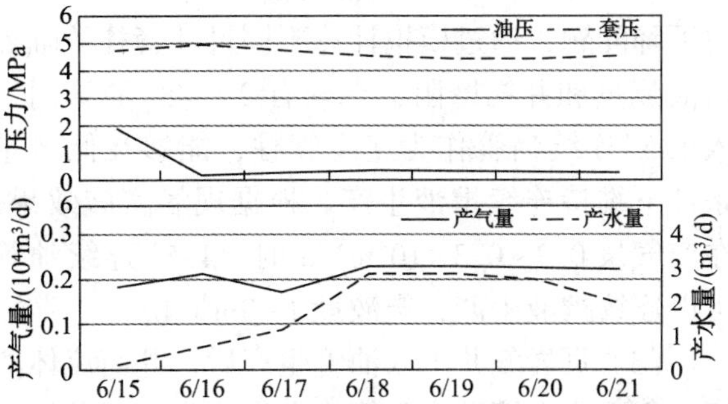

图 5 X4-1 井生产动态曲线

X5-1 井于 2021 年 9 月投产，2022 年 1 月下入 2-3/8”油管生产，油管下深 3942.39m(A 点 3940m)。生产过程中出现油套压一致，怀疑油管腐蚀穿孔。2023 年 4 月实施更换油管，重新下油管至 4349.10m(A 点以下 409.10m)。更换油管后，采取气举等复产措施，气井产气量恢复至 6.80×$10^4m^3/d$，恢复程度 91.5%，初期产液量达到 20.5m^3/d，高于更换油管前，携液生产能力明显增强，气井生产保持稳定(表 6、图 6)。

表 6 油管加深前后生产对比

序号	日期	油压/MPa	套压/MPa	油套压差/MPa	产气量/($10^4m^3/d$)	产液量/(m^3/d)	备注
1	2022/8/15	1.54	4.92	3.38	6.59	7.32	
2	2022/11/5	1.45	6.92	5.47	7.43	6.93	有泡排
3	2023/5/25	1.93	4.51	2.58	6.70	20.51	
4	2023/6/25	1.75	3.91	2.16	6.37	8.38	

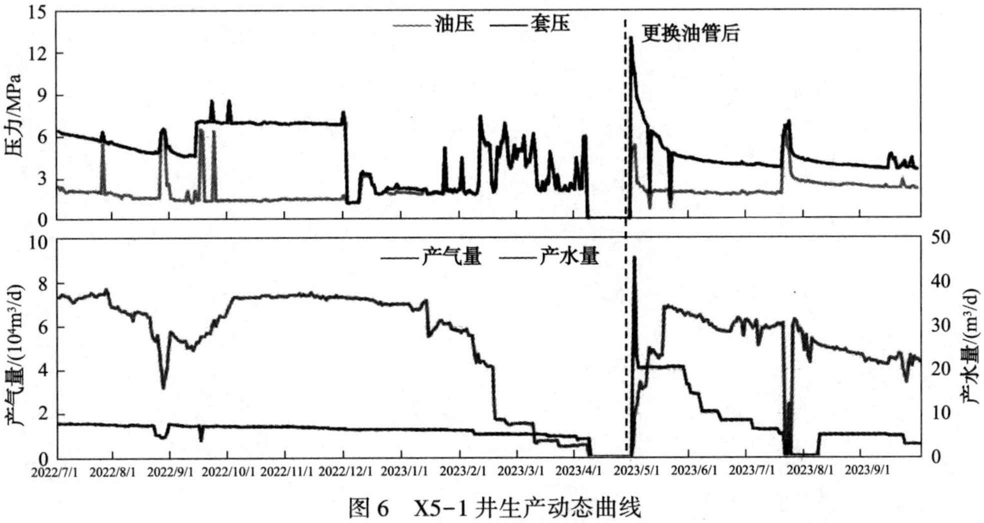

图 6 X5-1 井生产动态曲线

5 结论与建议

(1) 依据页岩气井生产特征及排采规律，气井套管生产阶段后期随着携液能力下降，需要及时下入油管生产。目前威远区块主体采用 2-3/8”油管。

（2）针对页岩气井低压低产阶段井筒携液能力下降问题，通过模拟计算不同尺寸管柱的临界携液流量和井筒摩阻，在现有 2-3/8"油管内下入 1.5"连续油管作为速度管柱，能够在低产量条件下维持连续携液生产。根据现场实施效果，在产气量 $0.2 \sim 0.3 \times 10^4 m^3/d$ 时，1.5"连续油管可以连续携液生产，产液量 $1 \sim 3m^3/d$。

（3）页岩气井下入油管生产后，井筒流体的流动截面积、流动摩阻等均发生改变，部分气井生产效果变差。通过模拟计算，发现气井转油管生产时的产气量、临界携液流量与转油管后的增产气量之间具有一定的相关性。通过不同转油管生产时机对比分析，建议气井在产气量接近临界携液流量时转为油管生产，并推荐了气井对应转油管生产的产气量范围。

（4）根据油管不同下深的携液能力分析和油管加深效果对比分析，新井油管下至水平段有助于提高井筒携液能力，具有更好稳产效果。综合考虑油管抗拉强度、后期气举等工艺实施要求，在井筒完整性较好情况下，建议下倾水平井油管下至 A 点以下 500m 范围内。

参 考 文 献

[1] 向建华，等．页岩气排水采气技术研究及应用[J]．石油科技论坛，2022，41(3)：67-76.

[2] 王庆蓉，等．页岩气井生产管柱优选研究与应用[J]．天然气与石油，2022，40(1)：72-76.

[3] 陈筱琳．页岩气完井管柱下入时机分析[J]．江汉石油职工大学学报，2020，33(3)：21-23.

[4] 何云，等．大牛地气田气井全生命周期采气管柱适应性分析[J]．石油地质与工程，2020，34(6)：109-112.

[5] 张宏录，等．页岩气排采工艺技术适应性分析及对策[J]．油气藏评价与开发，2020，10(1)：96-101.

[6] 张晓锋．四川威远区块页岩气水平井排水采气工艺技术优选[J]．中国石油和化工标准与质量，2019，39(10)：205-206.

[7] 李牧．下倾型页岩气水平井连续油管排水采气工艺[J]．石油钻采工艺，2020，42(3)：329-333.

[8] 商绍芬，等．四川盆地长宁页岩气井生产特征及开采方式[J]．天然气勘探与开发，2018，41(4)：69-75.

[9] 黄友明．速度管柱工艺在水平气井中的研究与应用[J]．中国石油和化工标准与质量，2019，39(24)：177-178.

[10] 王辉，等．页岩气井排水采气工艺综合优选方法[J]．钻采工艺，2022，45(2)：154-159.

四川威远页岩气藏三维地质建模技术研究与应用

滕先林[1]　易发新[2]　宋立新[1]　赵国英[1]

（1. 中国石油集团长城钻探工程有限公司地质研究院；2. 中国石油集团长城钻探工程有限公司）

摘　要　四川威远龙马溪组页岩储层是一套深水陆棚相沉积，储层相对稳定，但多年开发实践发现，相邻平台生产井开发效果差异较大，表明储层非均质性较强，由于工区直井较少，地震资料分辨率和速度场精度有限，仅利用地震资料精细刻画储层空间的非均质性变化难度较大。本文综合地震解释、测井解释、地质认识等成果，形成一套适合页岩气藏的三维地质建模方法，模型精度得到进一步提升，可精细刻画储层空间分布特征，预测储层的非均质性变化，有效指导水平井地质导向、井位优化部署、压裂设计、数值模拟等工作。

关键词　页岩气；非均质性；地质建模；地质导向；井位部署

Research and application of 3D geological modeling technology for shale gas reservoirs in Sichuan Weiyuan area

Teng Xianlin[1]　Yi Faxin[2]　Song Lixin[1]　Zhao Guoying[1]

(1. Geology Research Institute of Great Wall Drilling Company, PetroChina;
2. Great Wall Drilling Company, PetroChina)

Abstract　The shale reservoir of Longmaxi formation in Weiyuan, Sichuan is a deep-water continental shelf sedimentary system and it is relatively stable. However, years of development practice have found that there are significant differences in the development effects of production wells on adjacent platforms. It indicates that the reservoir has strong heterogeneity. Due to the limited number of vertical wells in the work area, the resolution and velocity field accuracy of seismic data are limited. It is difficult to finely characterize the heterogeneity changes in reservoir space using only seismic data. This article integrates seismic interpretation, logging interpretation, geological understanding and other achievements to form a three-dimensional geological modeling method suitable for shale gas reservoirs. The accuracy of the model has been further improved, which can finely characterize the spatial distribution characteristics of the reservoir and predict the heterogeneity changes of the reservoir. The model can effectively guide horizontal well geosteering, well location optimization deployment, fracturing design, numerical simulation and other work.

Keywords: shale gas reservoir; heterogeneity; geological modeling; geosteering; well deployment

页岩气是一种赋存于泥页岩中低孔、超低渗非常规气藏，作为一种新兴的清洁能源，已成为国内勘探开发热点。四川威远区块龙马溪组页岩储层自 2011 年首口气井投产以来，随着技术水平不断革新和进步，逐步走上大规模经济效益开发之路，目前已形成年产超百亿方大气田。但根据十多年的开发实践发现，相邻平台或相邻区域生产井开发效果差异较大，页岩储层虽为海相深水陆棚沉积，但储层非均质性较强，如何准确刻画储层空间非均质性变化特征对优选开发有利区具有重要的指导意义。

威远区块以水平井为主，直井较少，目标层位为龙马溪组底部 3~5m 地层，地震资料分辨率和速度场精度有限，因此仅依靠地震资料无法精确有效识别目的层空间分布特征。本文综合地震解释、测井解释、地质认识等成果，形成一套适合页岩气藏的三维地质建模方法，模型精度进一步提升，通过构建精细的构造模型、属性模型和天然裂缝模型，有效指导水平井地质导向、井位优化部署、压裂设计、数值模拟等工作。

1　区域地质概况

威远区块位于四川盆地西南部，隶属川西南古中斜坡低褶带，上奥陶统五峰组~下志留统龙马溪组地层为目前勘探开发的主要层段。基于岩性、沉积旋回、笔石化石带等特征，龙马溪组自下而上划分为龙一段和龙二段，其中龙一段自下而上可进一步划分为龙一$_1$亚段和龙一$_2$亚段。五峰组~龙一$_1$亚段为一套富含笔石和有机质，含气量较高，厚度约40~60m的黑色页岩段，为目前区域开发主要目的层。五峰组~龙一$_1$亚段地层整体为海相深水陆棚沉积，构造相对稳定，大断层不发育，储层埋深2500~4000m。按照中石油统一小层划分标准，龙一$_1$亚段由上至下精细划分为4个小层，即龙一$_1^4$、龙一$_1^3$、龙一$_1^2$、龙一$_1^1$小层。纵向上，龙一$_1^1$小层笔石最发育，有机质和含气量最高，泥质含量最低，脆性最好，储层品质最优，是目前区域水平井目标靶体位置（图1）。

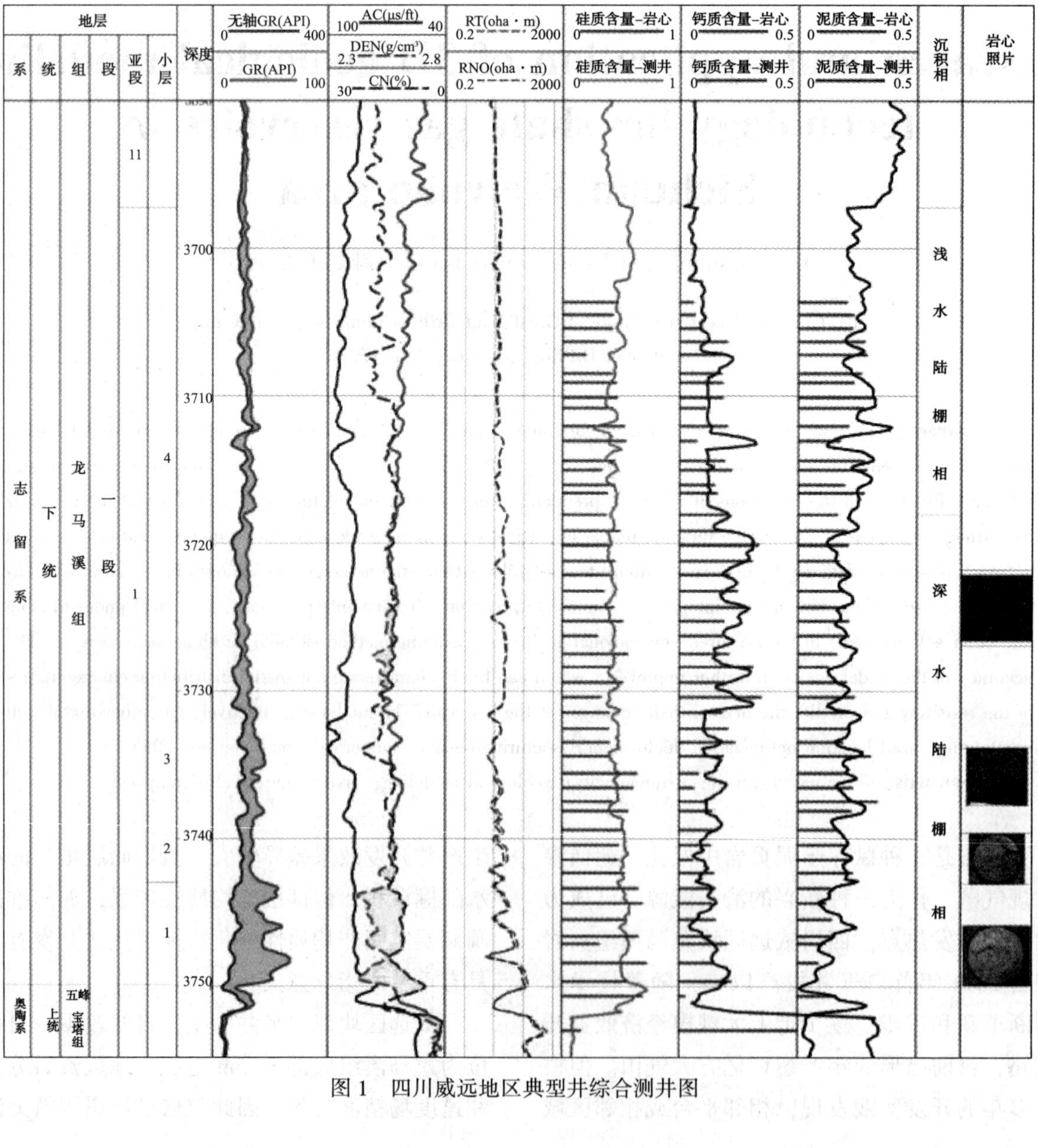

图1　四川威远地区典型井综合测井图

2 三维地质建模

常规砂岩油气藏建模内容一般包含构造建模、相建模和储层属性建模(孔隙度、渗透率和含水饱和度)，而页岩气藏整体为深水陆棚相沉积，沉积环境相对稳定，而油气储存空间包含基质和裂缝双重介质，针对页岩气藏独特的地质特征，页岩气藏地质建模内容包含构造建模、储层属性建模(TOC、含气量、孔隙度等)和天然裂缝建模，通过优化各部分建模方法，可进一步提升模型精度，对后期地质导向、井位部署、压裂设计、数值模拟等工作具有重要的指导意义。

2.1 构造建模

研究区内五峰组～龙一$_1$亚段为目前开发主要目的层，因此优选为本次建模的层段，构造模型主要涵盖龙一$_1^4$、龙一$_1^3$、龙一$_1^2$、龙一$_1^1$小层和五峰组。研究区面积 110km^2，包含 5 口直井和 70 口水平井。由于研究区内直井较少，井控程度较低，建立速度场模型精度有限，致使预测目的层海拔误差较大，一般在 30m 左右，增加水平井地质导向的难度。同时水平井目标箱体较薄(4～6m)，控制模型中水平段实钻轨迹在实际层位穿行难度较大。

针对上述建模技术难点，本文以地震解释层面数据、直井分层数据为基础，同时参考水平井水平段分层结果，建立多个虚拟井控制水平段(图 2)，综合运用框架建模与虚拟井相结合的方法，建立小层级别的精细地质模型(图 3)。建模过程中研究区内所有水平井实钻轨迹与地质模型进行逐一校正，确保轨迹在地质模型的纵向位置与实钻轨迹相符，从而保证地质模型精度。后期依据新完钻井数据，运用相同的方法实时迭代更新构造模型，使得模型进一步完善。

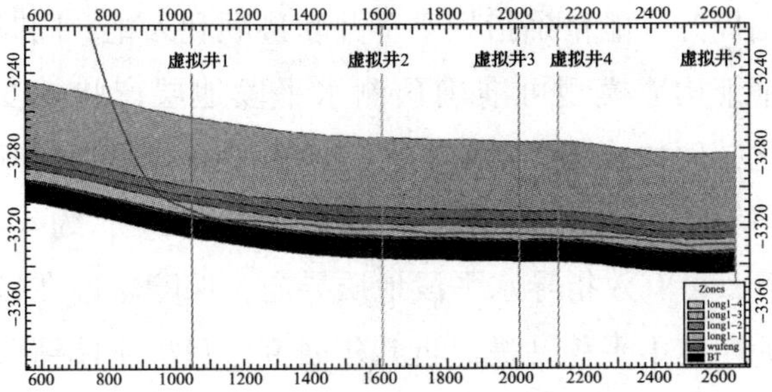

图 2　沿水平段增加虚拟井分层示意图

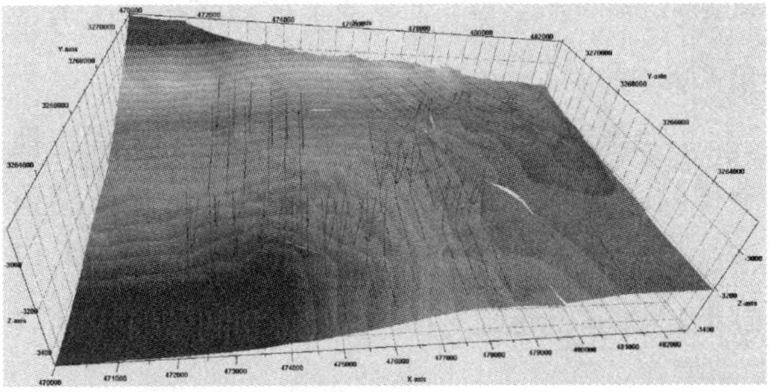

图 3　三维构造模型图

2.2 属性建模

页岩气藏属性建模主要基于测井数据，以地震反演和地质认识作约束，采用随机建模的方法，构建 TOC、孔隙度、含气量、脆性指数等属性参数模型(图 4)，精细刻画储层属性参数在三维空间的变化规律，主要包括以下 3 个步骤：(1)属性参数粗化处理：粗化前将直井测井和水平井测井数据进行校正处理，优选粗化方法，对直井和水平井测井数据进行粗化处理；(2)数据分析，确定变程值：由于水平井实钻轨迹情况可能与地质模型存在微小的误差，导致每个层位的数据可能不准确，依据前期的地质认识，需对粗化后的数据进行截断处理，设置每个小层各属性参数合理的数值范围。由于海相沉积储层相对稳定，储层各向连续性相近，因此基于储层整体发育特征，主变程方向设置为东西向，变程值设置应较大一些，主变程设为 2000m，次变程为 1500m；(3)利用地震反演成果进行约束，选取合适方法进行模拟：参考地震反演成果，同时依据现有的地质认识对反演成果进行校正分析，以校正后的地震反演成果作平面约束条件，选取序贯高斯模拟方法进行模拟计算，生成三维储层属性体。

2.3 裂缝建模

建模前需对地震资料解释的蚂蚁体、曲率体、相干体、似然体等天然裂缝预测结果的准确性进行分析，基于大量的钻井过程中遇到的井漏、气侵，压裂过程中发生套变、施工异常等数据的分析，综合分析蚂蚁体预测天然裂缝可靠性最高，作为本次裂缝建模的约束条件之一。基于研究区内成像测井成果，对蚂蚁体解释成果进行校正处理，同时确定研究区天然裂缝的主体方位角和倾向。

区域断层可被当作大尺度裂缝，利用确定性建模的方法，生成DFN离散裂缝网络。依据前期认识，构造裂缝的发育受断层影响，距离断层越近，构造裂缝更发育。需先建立距断层距离属性，综合蚂蚁体属性及距断层距离属性生成归一化的裂缝强度控制体，利用生成的裂缝强度控制体作为约束条件，建立研究区小尺度裂缝的DFN离散裂缝网络。综合构建的离散裂缝网络DFN模型(图5)，实现了不同尺度、不同类型裂缝的定量描述。

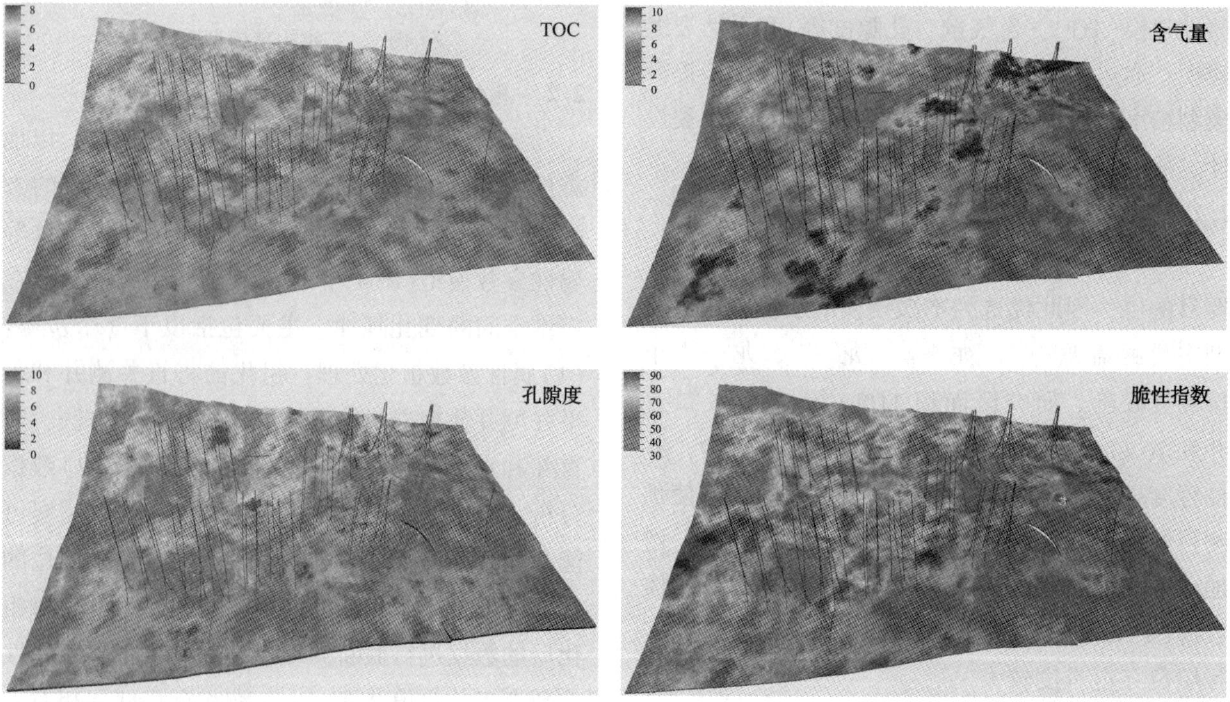

图4　龙一$_1^1$小层属性参数模型图

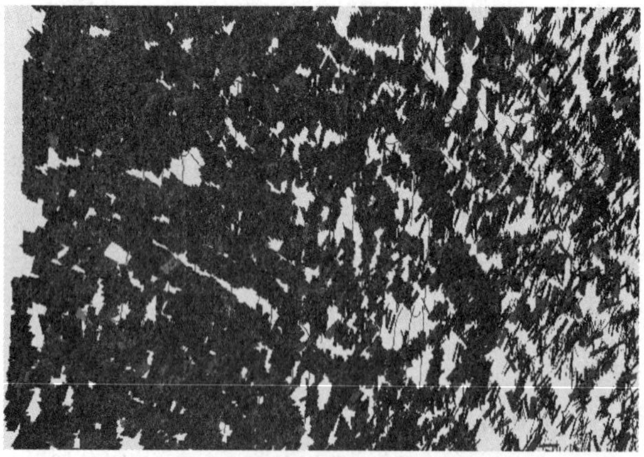

图5　研究区DFN裂缝模型图

3　地质模型的应用

三维地质模型的精度明显高于地震资料预测的精度，地质模型可精细刻画小层级别储层的构造、储层参数、裂缝等空间的发育特征，因此在地质导向、井位优化部署、压裂设计等方面均有较好的应用效果。

3.1　地质导向

精细构造模型可准确预测目的层(龙一$_1^1$小层)海拔深度，完成待钻井入靶点垂深精准预测，研究区2022~2023年共完钻55口井，入靶点垂深预测误差0~10m，平均误差仅4.1m，而相对于地震资料预测的误差(30m)，预测精度大幅提升，能精确指导水平井轨迹顺利入靶。同时精细构造模型可准确预测水平段地层产状的变化，例如威202H7X平台，水平段前半段地层倾角较陡，约6~8°，后半段地层倾角较缓，约4~5°，可有效指导水平段地质导向，保障轨迹在目标靶体中平稳钻进。近几年研究区目标靶体钻遇率稳步提升，均能达到95%以上，尤其2023年钻遇率达历年最高，达98.7%(图6、7)。

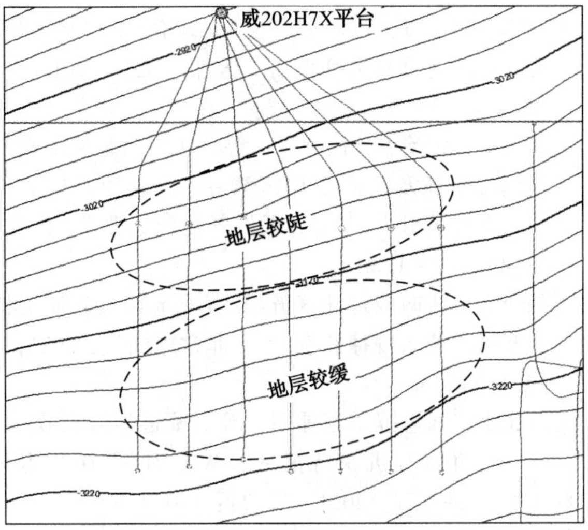

图6　构造模型预测五峰组顶部构造图

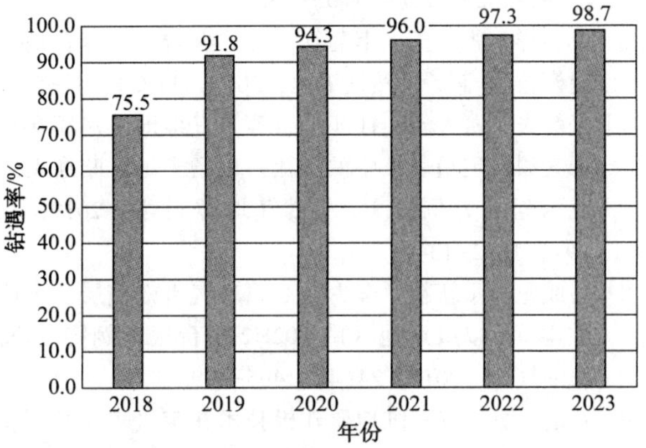

图7　历年目标靶体钻遇率统计图

3.2　井位优化部署

精细的属性模型融合了地震反演、测井解释以及前期地质认识，通过数据分析建立井与井之间的相关性，利用数学模拟的方法预测储层参数空间的分布特征，能有效刻画储层的非均质性变化，指导优选有利区。如图8、图9所示，属性模型可分小层刻画储层参数平面分布特征，也可根据页岩储层分类标准(QSY1847-2015)，精细刻画各小层Ⅰ类、Ⅱ类储层平面分布规律，既可为目的层(龙一$_1^1$小层)的井位部署提供参考，也对今后研究区进行立体开发的井位优选具有重要的指导意义。

3.3　压裂设计

裂缝模型通过多尺度裂缝的分级刻画，可准确预测天然裂缝不同区域的发育强度，指导压裂

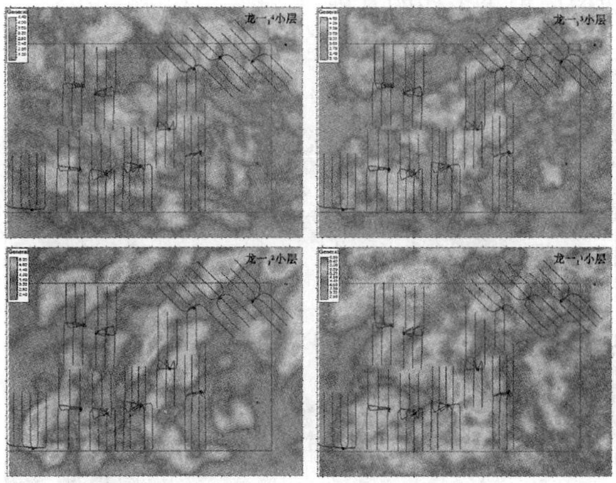

图8　各小层TOC属性平面图

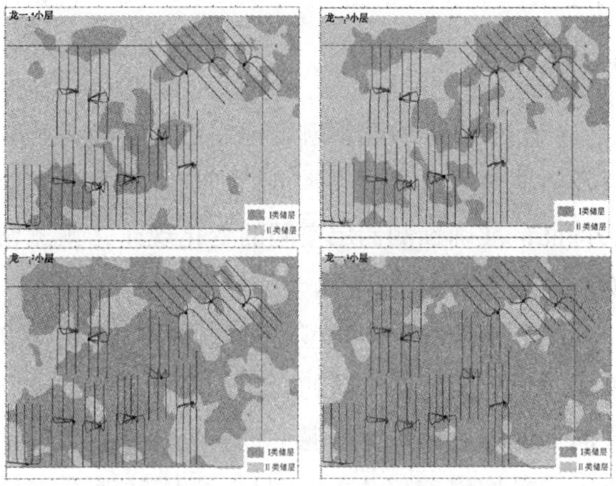

图9　各小层Ⅰ类和Ⅱ类储层分布图

地质设计。如图10，威204H1X-2井，裂缝不发育的井段采用常规设计，段长70~80m，主体8簇设计；A点附近(1~2段)裂缝发育强度较高，套变风险高，为降低套变风险，优化加大段长10m至80~90m，增加簇数，主体采用10簇设计，同时提示工程要控制施工规模；水平段后半段(12~17段)裂缝发育强度较低，套变风险低，优化加大段长5m至75~85m，簇数不变，仍8簇设计，同时提示工程要适当控制施工规模。同时参考裂缝模型，周边可能存在压窜通道，压裂过程中根据周边生产井情况及时提示压窜风险，跟踪调整设计。运用该方法研究区2023年共完成4个平台21口井压裂优化设计，实现零套变、零丢段，有效保障了储层的改造效果。

天然裂缝整体对压裂施工影响较大，因此建立精准的天然裂缝模型也是后期进行压裂模拟、

数值模拟等工作的基础。

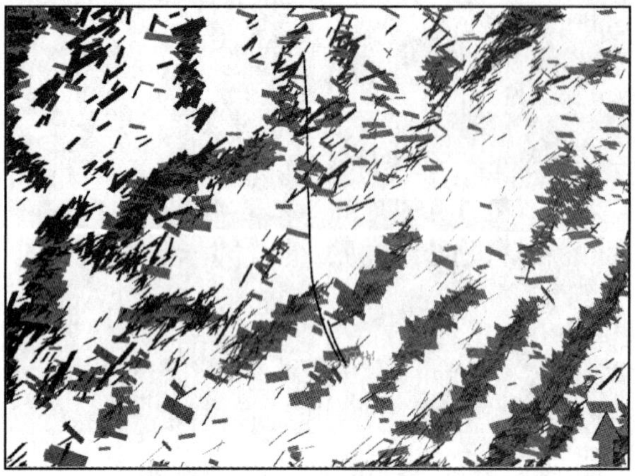

图 10 沿水平井 DFN 裂缝模型俯视图

4 结论

（1）三维地质建模融合地震解释、测井解释以及前期地质认识成果，可精细刻画小层级别储层特征，准确预测储层空间的变化规律，预测精度较地震资料大幅提升。

（2）精准的构造模型可精确预测目的层靶点垂深和水平段地层产状的变化，指导水平井地质导向，保障目标靶体钻遇率稳步提升，近 2 年靶点垂深平均误差仅 4.1m，目标靶体钻遇率维持在 97%以上，应用效果显著。

（3）精细的属性模型可分小层刻画储层参数平面分布规律，为目的层的井位优化部署以及立体开发的井位优选提供重要的指导。

（4）裂缝模型可实现多尺度裂缝的分级刻画，压前可根据裂缝发育程度优化压裂设计，提示套变风险，压裂过程中根据周边生产井情况提示压窜风险，跟踪调整设计，2023 年共完成 21 口井压裂优化设计，实现零套变、零丢段，有效保障储层改造效果。

参 考 文 献

[1] 谢军，赵圣贤，石学文，等．四川盆地页岩气水平井高产的地质主控因素[J]．天然气工业，2017，37(7)：1-12.

[2] 韩贵生，雷治安，徐剑良，等．四川盆地深层页岩气储层特征及高产主控因素——以渝西区块五峰组—龙马溪组为例[J]．天然气勘探与开发，2020，43(4)：112-122.

[3] 胡凯．川西南威远地区五峰-龙马溪组页岩储层特征及甜点分布规律研究[J]．非常规油气，2021，8(5)：34-44.

[4] 许宪金，郭志强，苏伟明，等．威远地区五峰-龙马溪组页岩有机质特征—以 W202H7-2D 井为例[J]．录井工程，2021，32(2)：130-135.

[5] 邓长生，耳闯，郭超，等．鄂尔多斯盆地延安地区长 7 段陆相页岩气储层三维地质建模研究[J]．中外能源，2023，28(6)：53-58.

[6] 龙胜祥，张永庆，李菊红，等．页岩气藏综合地质建模技术[J]．天然气工业，2019，39(3)：47-55.

[7] 张磊夫，董大忠，孙莎莎，等．三维地质建模在页岩气甜点定量表征中的应用—以扬子地区昭通页岩气示范区为例[J]．天然气地球科学，2019，30(9)：1332-1340.

[8] 马成龙，张新新，李少龙．页岩气有效储层三维地质建模—以威远地区威 202H2 平台区为例[J]．断块油气田，2017，24(4)：495-499.

[9] 石浩．页岩气三维地质建模技术在定量表征及开发实践中的应用[J]．江汉石油职工大学学报，2023，36(3)：11-13.

[10] 乔辉，张永贵，聂海宽，等．页岩储层多尺度天然裂缝表征与三维地质建模：以四川盆地平桥构造带五峰组-龙马溪组页岩为例[J/OL]．地学前缘，https：//doi.org/10.13745/j.esf.sf.2023.6.13.

[11] 刘艳祥，吕文雅，曾联波，等．鄂尔多斯盆地庆城油田长 7 页岩油储层多尺度裂缝三维地质建模[J/OL]．地学前缘，2024，27(3).

柴达木盆地三湖第四系泥岩生物气储层综合表征技术研究进展

李雅楠[1]　张　皓[1]　武云昭[1]　宋德康[1]　曾文杰[1]　蒋峥文[1]　王烨桐[2]

（1. 中国石油青海油田勘探开发研究院；2. 中国科学院西北生态环境资源研究院油气资源研究中心）

摘　要　柴达木盆地东部三湖地区是中国目前已知最大的生物气田区，随着近两年对气田勘探开发的不断深入以及对其周缘地区的精细挖潜，在气田范围内对多口井进行了泥岩段试气，并获得了工业产能，然而由于泥岩生物气勘探程度低，储层研究尚处在起步阶段，加之研究区地层具有"时代新、埋藏浅、弱成岩"的特点，导致该地区与常规厚层疏松砂岩储层相比，泥岩气储层综合表征技术研究没有成熟的经验，系统而全面的综合表征技术方法的建立仍然面临着诸多挑战。因此，本文依托青海油田勘探开发研究院首次保压保型泥岩取心，利用粒度分析、X衍射分析、（普通）铸体薄片、扫描电镜、Qemscan、CT、主微量元素分析、压汞与恒速压汞测试、气体吸附实验以及核磁共振等多种分析手段，对三湖地区泥岩生物气气田的岩石学特征、沉积特征和储集特征等多个方面进行了研究，并且首次使用保压保型取心的未烘干、烘干两种样品的物性实验数据，系统地开展了泥岩生物气储层的精细综合表征技术研究。研究表明：①三湖地区第四系泥岩生物气储层颜色以深灰色为主，粒径细，岩性主要为粉砂质泥岩和少量泥质粉砂岩，主要发育块状、条带状、纹层状3种沉积结构构造；主要矿物成分为粘土矿物和长英质矿物，其次为碳酸盐岩矿物，粘土矿物主要以伊利石和伊蒙混层为主，其次为绿泥石及少量高岭石，地化数据分析沉积环境为寒冷、干燥、缺氧、淡水–咸水过渡环境，为一浅湖沉积；②泥岩生气储层原生粒间孔和晶间孔被大量保存，裂缝发育，次生孔隙相对不发育，仅可见少量溶蚀孔；孔径0.75～80000nm，主要分布在100～40000nm之间，总体上以宏孔为主，可利用压汞结合气体吸附实验结果对泥岩气储层微–纳米孔隙进行全尺度联合表征将不同尺度孔隙结构定量表征；③由未烘干、烘干两种方法测定的物性数据，烘干样品测得结果与前人测得高孔特低渗渗结果一致，但这一结果未考虑烘干前后黏土矿物的含量对测试结果起到的决定性影响，黏土含量越高，烘干过程中越容易破坏岩石原始组构。烘干前孔渗数据的求取虽不符合目前国内的实验标准，但相比之下，烘干前孔渗数据的求取没有破坏岩石原始组构，且与成分、粒度等相关性更好，更能表征储层的物性特征。④实验结果综合分析，粒度、成分、岩性及沉积结构构造都是泥岩气储层物性的影响因素。以上研究结果可为后续泥岩生物气储层综合评价提供地质依据。

关键词　泥岩生物气；储层综合表征；第四系；三湖；柴达木盆地

Research progress on comprehensive characterization technology of quaternary mudstone biogas reservoir in Sanhu, Qaidam Basin

Li Yanan[1]　Zhang Hao[1]　Wu Yunzhao[1]　Song Dekang[1]
Zeng Wenjie[1]　Jiang Zhengwen[1]　Wang Yetong[2]

(1. Research Institute of Exploration and Development of Qinghai Oilfield, petrochina; 2. Oil and Gas Resources Research Center, Northwest Institute of Eco-Environment and Resources, Chinese Academy of Sciences)

Abstract　Sanhu area in the eastern Qaidam Basin is the largest known biogas field in China. With the continuous exploration and development of gas fields in the past two years and the detailed exploration of potential in its peripheral areas, mudstone section gas test has been carried out on several Wells within the gas fields and industrial production has been achieved. However, due to the low degree of mudstone biogas exploration, reservoir research is still in the initial stage.

In addition, the strata in the study area have the characteristics of "new age, shallow burial and weak diagenesis", so compared with the conventional thick loose sandstone reservoir, there is no mature experience in the comprehensive characterization technology of mudstone biogas reservoir

And the establishment of systematic and comprehensive characterization technology is still facing many challenges. Therefore, this paper relies on the first pressure-preserved mudstone coring by the Exploration and Development Research Institute of Qinghai Oilfield, using particle size analysis, X-ray diffraction analysis, (ordinary) cast thin slice, scanning electron microscopy, Qemscan, CT, main and trace element analysis, mercury injection and constant rate mercury injection test, gas adsorption experiment and nuclear magnetic resonance and other analytical methods. Forthe studies of petrological, sedimentary and reservoir characteristics of mudstone biogas gas field in Sanhu area. The detailed and comprehensive characterization technology of mudstone biogas reservoir is systematically studied by using the experimental data of undried and dried samples of pressure-preserved and shape-preserved cored samples for the first time. The results show that: (1) the quaternary mudstone biogas reservoir in Sanhu area is mainly dark gray in color and fine in particle size. The lithology is mainly silty mudstone and a small amount of argillaceous siltstone. The three sedimentary structures are blocky, banded and stratified. The main mineral composition is clay minerals and felsic minerals, followed by carbonate minerals, clay minerals are mainly illite and Emon mixed layer, followed by chlorite and a small amount of kaolinite. The sedimentary environment of geochemical data analysis is cold, dry, anoxic, freshwater-salt water transition environment, and a shallow lake deposit. (2) The primary intergranular pores and intergranular pores in shale gas reservoirs are largely preserved, fractures are developed, secondary pores are relatively undeveloped, and only a few dissolution pores can be seen. It is considered that the Sanhu mudstone biogas reservoir has the characteristics of full pore size, mainly micron pore size, and the pore size can be distributed from 0.75nm to 80000nm, mainly in the range of 100~40000nm. The results of mercury injection combined with gas adsorption were used to characterize the micro-nano pores of mudstone biogas reservoir at full scale and quantitatively characterize the pore structures at different scales. (3) According to the physical property data measured by both non-drying and drying methods, the measured results of dried samples are consistent with the results of high porosity and ultra-low permeability measured by predecessors, but this result does not consider the decisive influence of clay mineral content before and after drying on the test results. The higher the clay content, the more likely it is to destroy the original fabric of the rock during drying. Although the porosity and permeability data obtained before drying does not meet the current domestic experimental standards, in comparison, the porosity and permeability data obtained before drying does not destroy the original fabric of the rock, and has a better correlation with the composition and particle size, so it can better characterize the physical characteristics of the reservoir. (4) Comprehensive analysis of the experimental results shows that particle size, composition, lithology and sedimentary structure are all factors affecting the physical properties of mudstone biogas reservoirs. The above research results can provide geological basis for the subsequent comprehensive evaluation of mudstone biogas reservoir.

Key wordst mudstone biogas; Reservoir comprehensive characterization; Quaternary system; Sanhu; Qaidam Basin

三湖地区第四系(Q_{1+2})发育生物气含气系统，勘探面积为8000km^2，据第四次油气资源评价结果显示，柴达木盆地三湖地区生物气资源量可达千亿方，是盆地三大含油气系统之一。三湖地区目前已发现气田和含气构造7个，主要集中在三湖坳陷北斜坡，均为构造气藏。自2020年引入非常规勘探理念，在构造圈闭内优选开发井针对泥岩段试气测试，多口直井获得工业产能，日产气0.15~0.67万方。同时在台南针对泥岩保压取心测得含气量为2.1m^3/t，证实第四系广泛稳定沉积的湖相泥岩内，滞留有开发价值的泥岩气资源，是全新的勘探领域。以往三湖地区第四系储层研究多针对常规疏松砂岩开展储层特征及评价，泥岩气储层综合表征技术研究缺乏可借鉴的技术与经验，加之地层“时代新、埋藏浅，弱成岩”的特征，使得泥岩气储层综合表征技术建立面临着诸多挑战：和页岩气储层类似，泥岩气储层系细粒沉积物，与常规储层相比，其内部差异表现较为隐蔽，环境对于储层的非均质性更为精细，表现在微相尺度上。本文选用三湖涩北地区第四系泥岩气储层样品，开展粒度、X 衍射、(普通)铸体薄片、扫描电镜、Qemscan、主微量元素、压汞、恒速压汞、气体吸附、核磁共振等大量实验，并且针对保压保型取心首次开展干、湿两种样品物性实验，依托实验结果系统开展了泥岩气储层的精细综合表征技术研究，提升了三湖第四系泥岩气地质认识，指导后续勘探扩展。

1　地质概况

三湖坳陷位于柴达木盆地东部，西接柴西坳陷，北接北缘断块带，包括南斜坡、北斜坡和中央凹陷三个次级构造单元，具有“两斜坡、一凹陷”的构造格局。其中北部斜坡区受陵间断裂影响，在晚喜山期，发育多个形态宽缓的构造圈闭，形成自北向南的南陵丘—哑叭尔、台吉乃尔—驼峰山—盐湖和台南—涩北的三排地面构造，南部斜坡及中央凹陷区构造格局相对简单，构造圈闭不发育(图 1)。研究区位于涩北构造带，采样位置为第四纪地层。

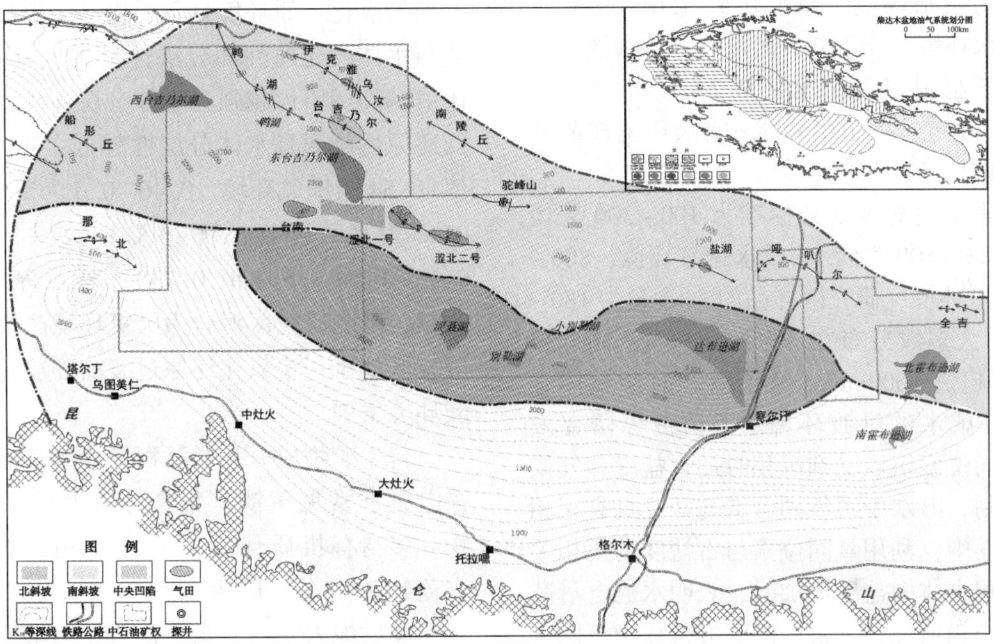

图 1　柴达木盆地三湖凹陷构造单元划分图

2　样品采集与实验方法

本次样品的采集依托于青海油田勘探开发研究院首次采用的保压保型取芯技术，共采集样品 100 余块，分别对样品进行了岩石学分析和储层物性分析。首次将进行干、湿样品储层物性实验对比分析。并开展了薄片鉴定、主微量元素测试、扫描电镜、Qemscan、主微量元素测试、压汞、恒速压汞、气体吸附以及核磁共振等实验。

3　沉积特征

3.1　沉积背景

晚喜山期，盆地沉积中心由西向东迁移，在三湖坳陷形成第四系的沉降和沉积中心。钻井资料揭示，三湖地区第四系七个泉组沉积物受南部昆仑山物源控制，整体为三角洲-滨浅湖沉积体系，其中南斜坡发育乌图美仁和格尔木两个大型三角洲沉积，岩性相对较粗，中央凹陷及北斜坡以滨浅湖相为主，发育一套以细粒砂和泥岩不等厚频繁互层为主的地层。地层累计厚度 1500～2500m，纵向划分为 13 个层组，最大湖泛面位于Ⅶ-Ⅷ层组，是目前泥岩气勘探的主力层段。

3.2　沉积环境

3.2.1　古气候

化学风化指数(CIA)常用来表示沉积物经历的化学风化程度，$CIA = 100\times[Al_2O_3/(Al_2O_3+CaO^*+Na_2O+K_2O)]$式中各氧化物均为摩尔百分含量，$CaO^*$只包括硅质矿物中得 CaO，碳酸盐岩中的 CaO 需经过校正扣除。CIA 值越高，样品经历的化学风化越强烈，CIA≤50，基本没有经过化学风化，CIA：50～65 弱化学风化，CIA：65～85，中等程度化学风化，CIA：≥85 经历较强程度的化学风化作用。通过多个样品主微量元素计算结果显示，研究区样品 CIA 值介于 50%～

63%之间(平均值为 54%)，基本上没有经历化学风化作用或经历了弱化学风化作用。

一般情况下，Sr/Cu 比值组合对于反映古气候有很好的反应，当 Sr/Cu 大于 5 时表现为干热的气候条件，当 $1.3<Sr/Cu<5$ 时则表现为温暖潮湿的气候条件，研究区 Sr/Cu 整体大于 5(平均值为 12)，证实为干旱环境。

3.2.2　古盐度

Sr/Ba 比值大小与古盐度的高低呈明显的正相关性。一般条件下，当 Sr/Ba 比值大于 1.0 时沉积水体为咸水环境，介于 0.5~1.0 时沉积水体为半咸水环境，小于 0.5 时沉积水体为淡水环境。研究区样品 Sr/Ba 比值 0.2~3.4(平均值 0.58)均有分布，指示半咸水-咸水环境样品和淡水环境样品各占一半。

Sr 元素丰度盐度划分标准为 100~300 为淡水环境，300~800 为淡水-咸水过渡环境，800~1000 为咸水环境。研究区样品的 Sr 含量为 180~1000ppm，大多数分布在 300~800ppm，部分样品 Sr 含量超过 1000ppm。表明沉积时期整体水体为淡水-咸水的过渡环境。孟苗苗等研究发现，碳氧同位素组成受到沉积时期古盐度和气候条件的控制，海水中碳氧同位素与盐度具有正相关关系。其中，利用氧同位素与古盐度的正相关性，当沉积水体中盐度增加时，表明水的含量减小，蒸发作用增强，蒸发后的碳酸盐样中氧同位素值增大。相反，当有大气降水和陆源淡入的参与时，使得沉积水体的盐度减小，此时氧同位素的值降低。本文主要利用碳氧同位素公式：$Z=2.048\times(\delta^{13}C+50)+0.498\times(\delta^{18}O+50)$来定性评价该地区的古盐度，当 $Z>120$ 时，碳酸盐岩归入海水型；$Z<120$ 时碳酸盐岩应纳入淡水型；而 Z 值接近于 120 的碳酸盐岩为未定型，同时 Z 值越大，则体现了沉积水体盐度越高的特点。研究区多数样品 Z 值大于 120，部分接近 120，证明沉积物形成于咸水-半咸水的环境。

3.2.3　古氧相

Hatch 研究发现 V/(V+Ni)不同比值可表征不同的氧化还原环境且不受岩性的影响，且其比值与水体的还原性和分层性呈现出正相关关系，比值越高还原性越强且水体分层性越高，比值越低还原性越弱且水体分层性越低；V/(V+Ni)比值>0.54 为厌氧环境、0.46~0.6 为贫氧环境、<0.46 为富氧环境，研究区 V/(V+Ni)比值为 0.46~0.81(平均值 0.73)，样品基本都大于 0.54，推测研究区泥岩为厌氧环境产物。反映了研究区处于一个氧化还原过渡的环境，整体向厌氧环境发展。

自生矿物成分是对沉积环境的良好响应，扫描电镜下常见黄铁矿集合体，为还原环境的产物，多与有机质伴生；全岩 X 衍射分析统计，有菱铁矿成分，区内 Fe^{2+}/Fe^{3+} 大于 1；结合泥岩、碳质泥岩颜色，水平层理极发育等证据(图 2)，证实研究区贫氧或厌氧的沉积环境。

综上，研究区泥岩生物气储层形成于寒冷、干燥、缺氧、淡水-咸水过渡的沉积环境。

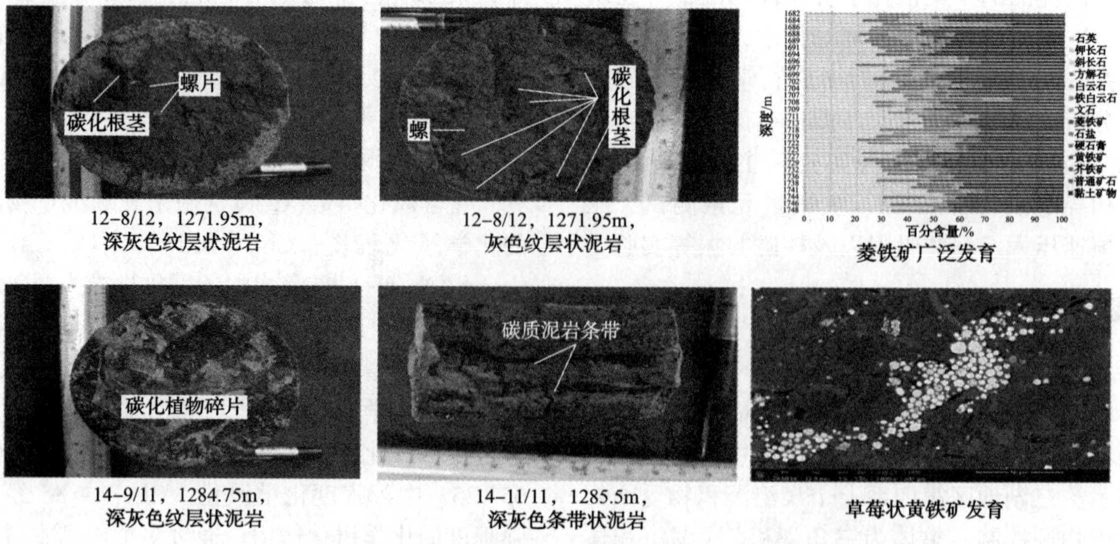

图 2　碳化植物碎片、碳质泥岩条带、黄铁矿、菱铁矿分布

3.3　岩性特征

通过岩心观察和描述，结果显示泥岩生物气储层颜色以深灰色为主，岩性包括粉砂质泥岩、含粉砂泥岩、灰质泥岩和泥质粉砂岩，以粉砂质泥岩为主，部分层段夹碳质条带和碳屑，碳质条带中可见伴生的黄铁矿。沉积构造以块状构造为主，发育条带状和纹层状结构构造，可见水平层理和部分透镜状交错层理以及薄层砂泥岩互层现象；部分层位可见大量螺类、双壳类碎片，植物根茎印模，指示浅水沉积环境，沉积相可能为滨浅湖相。

粒度直方图显示（图3），岩石粒径较小，0~62.5μm均有分布，主要集中在<15.6μm区间范围内，约占89%，样品颗粒较细、分选较好、以悬浮搬运为主（图2）。X衍射全岩数据表明，岩石主要矿物成分为黏土矿物（平均含量37%）、其次为长英质矿物（平均含量37%），最后为碳酸盐岩矿物（平均含量26%）；X衍射测得黏土矿物含量数据表明，黏土矿物以伊利石为主（平均含量为64%），次为绿泥石（平均含量为16%）伊蒙混层（平均含量为13%），高岭石含量较少。

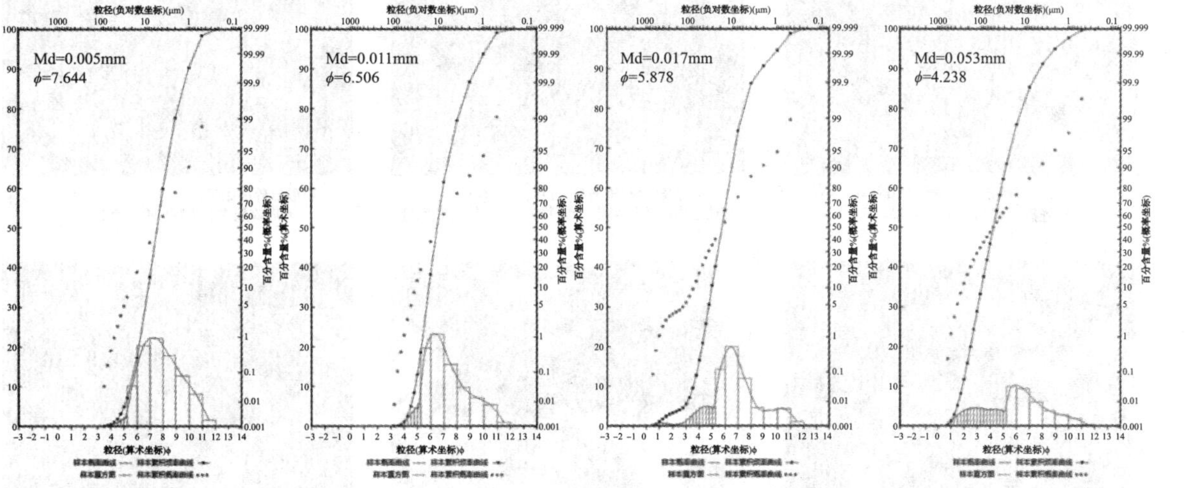

图3　泥岩气储层粒度直方图

3.4　沉积结构和构造

沉积结构构造是沉积环境表征的重要内容，尤其是对相对静水的泥岩气储层，受晚喜马拉雅运动影响，第四系冰期与间冰期频繁交替出现，导致沉积水体的频繁进退，地层在纵向上薄层砂泥岩频繁互层，泥岩气储层具有“厚度小、层数多”的特点。通过对岩心进行手标本和显微镜下的观察和描述可看到研究区样品主要发育块状、条带状、纹层状三种沉积结构构造（图4），条带状构造以泥岩和少量粉砂岩、碳酸盐岩夹层或互层的形式表现，局部砂质条带发育小型交错层理。

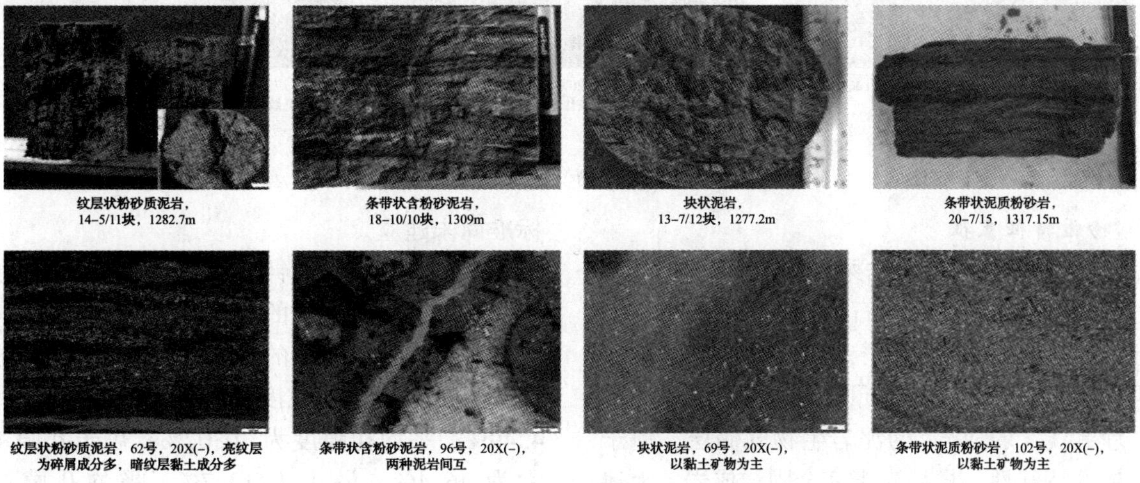

图4　宏观、微观尺度下沉积结构构造

4　储集特征

4.1　孔隙、胶结类型

三湖第四系储层由于埋深浅，所受成岩作用简单。铸体薄片观察可见泥岩生物气储层以脆性矿物纹层或条带为主，普遍发育粒间孔，少见粒间溶孔，贴粒缝和顺层裂缝常在脆性矿物较富集区较发育，此类储层多为微米级孔隙。通过扫描电镜观察可见黏土矿物大量发育晶间孔和微粒间溶孔，此类储层多为纳米级孔隙，少量碳酸盐岩中发育晶间孔，晶间溶孔。综上所述，泥岩生物气储层原生粒间孔、晶间孔孔隙被大量保留，次生孔隙相对不发育，可见少量溶蚀孔（图 5）。铸体薄片下胶结类型为基底式-孔隙胶结、点-线状接触，砂岩呈弱固结-半固结状。

粉砂岩碎屑条带，16号，50X(-)，碎屑粒向孔，粒间溶孔发育

粉砂岩碎屑条带，1号，50X(-)，亮纹层内碎屑粒间孔，粒间溶孔，粒缘溶孔发育

粉砂岩碎屑条带，2-11-11号，50X(-)，碎屑纹层主要为粒间孔、粒间溶孔

泥岩，53号，20X(-)，亮纹层粒间孔、粒间溶孔、裂缝发育，暗纹层黏土晶间孔发育

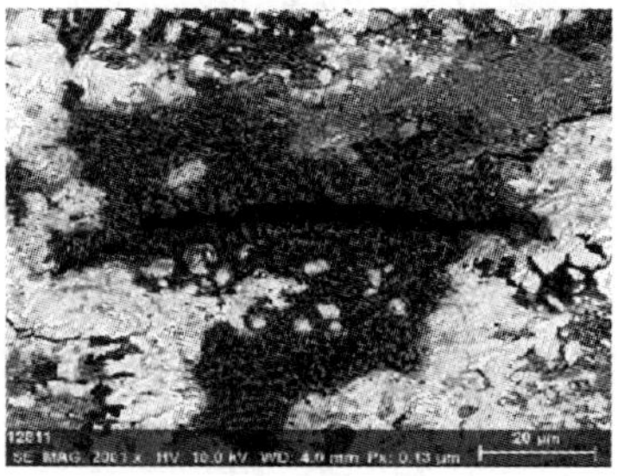

泥岩，53号，SEM，亮纹层粒间孔、粒间溶孔、裂缝发育，暗纹层黏土晶间孔发育

条带状泥岩，2-1-7号，50X(-)，黏土微粒孔发育

泥晶白云岩，30号，20X(-)，白云石晶间孔、溶孔发育

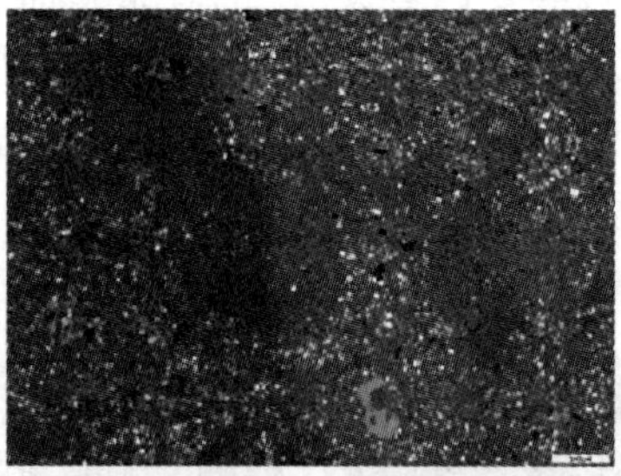

泥晶白云岩，65号，20X(-)，白云石晶间孔、溶蚀孔发育

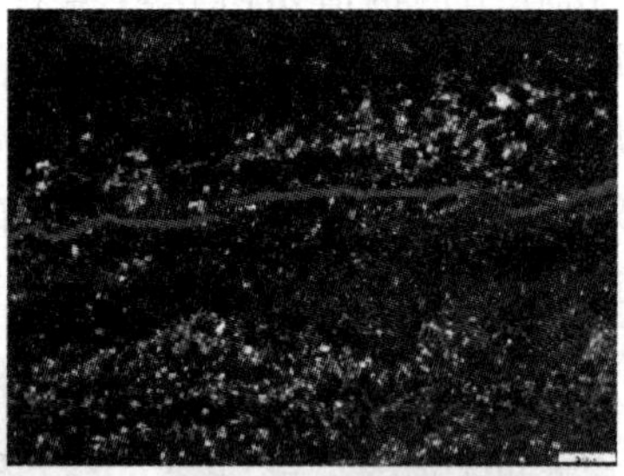

白云岩，78号，20X(-)，白云石球粒普遍存布，有些与亮纹层伴生，有些分布在暗纹层内，甚至形成暗纹层

图 5　泥岩生物气储层孔隙类型

4.2　物性特征表征

4.2.1　物性分析方法及结果

通常情况下，常规岩石物性测定需要依据行业标准在 80℃条件下烘干，烘两天，直到重量不再发生改变为止，再测量孔隙度。针对“时代新、埋藏浅，弱成岩”的泥岩生物气储层，由于其储层的特殊性，样品尚未完全固结成岩，上述测量方法并不完全适用，而新的物性测试方法的标准尚未建立。

因此，本次研究针对保压保型取心，首次开展了干、湿两种泥岩的孔隙度测定，分别对样品进行了不烘干和烘干的孔隙度测定。经过分析测定可得，不烘干孔隙度最大为 19.76%，最小为 4.49%，平均孔隙度为 10.02%；烘干孔隙度最大为 46.4%，最小为 13.7%，平均孔隙度为 32.2%。渗透率不烘干最大为 50.77mD，最小为

0.003mD；烘干渗透率最大为347.6mD，最小为0.1mD。将烘干前后的样品进行相关性对比分析可知(图6)，不烘干孔隙度和渗透率的相关性好于烘干后(图6)，烘干对孔隙度和渗透率的影响主要在改善大孔径的渗透率上。

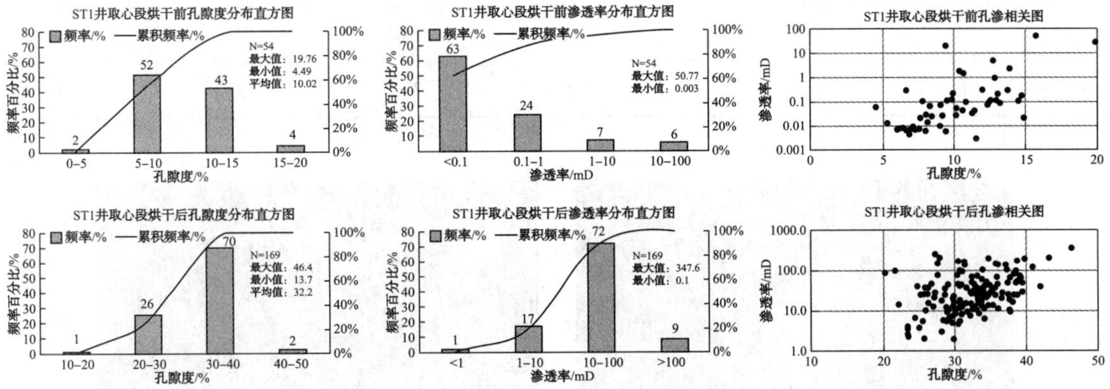

图6　烘干前后孔渗分布直方图及孔渗相关性图

4.2.2　物性影响因素

针对物性数据结果，本文从以下几个方面进行相关性分析，探讨了泥岩气储层物性的影响因素：

① 粒度：颗粒是孔隙骨架的主要组成部分，颗粒大小直接影响孔隙度和渗透率的好坏。本文对通过对比烘干前后孔隙度和渗透率与样品粒度之间的关系得出，烘干前岩心孔隙度和渗透率与粒度呈正相关关系，而烘干后样品的孔隙度与粒度呈负相关关系，渗透率与粒度相关性较差(图7)。

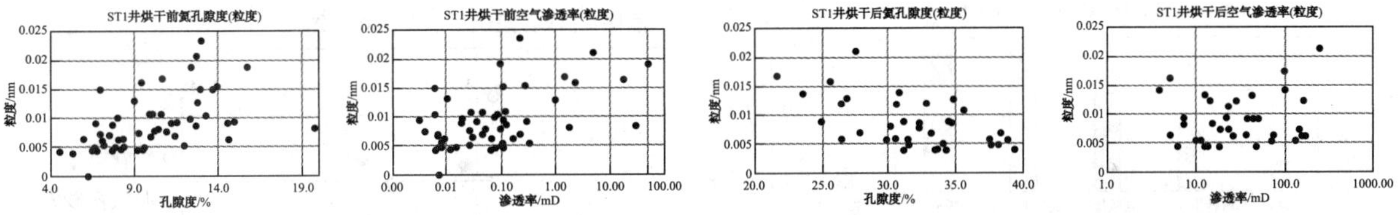

图7　烘干前后孔渗与粒度相关性图

② 成分：通过Oemscan扫描结果可知，样品主要是由长英质矿物、碳酸盐岩矿物和黏土矿物组成，其中将长英质和碳酸盐类脆性矿物含量与烘干前、后孔隙度和渗透率进行相关性分析可得，烘干前岩心孔隙度和渗透率与脆性矿物含量呈正相关关系，烘干后孔隙度与脆性矿物含量呈负相关关系，渗透率与脆性矿物成分相关性较差(图8)。

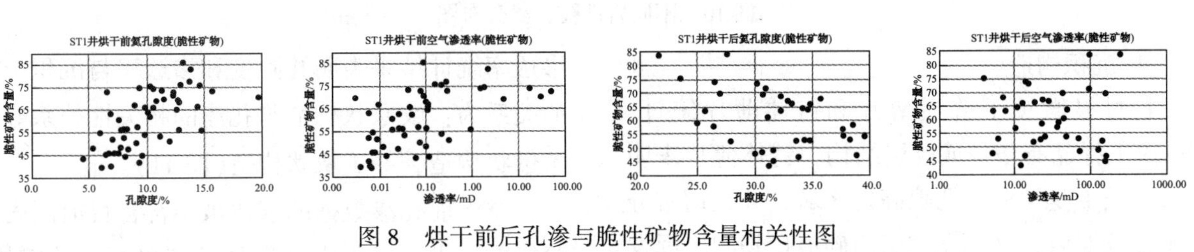

图8　烘干前后孔渗与脆性矿物含量相关性图

综上所述，不管是岩石粒度还是矿物成分与烘干前、后的孔隙度和渗透率相关性关系都出现了相反的结果，对实验结果开展了深入分析后发现，岩石粒度越细在一定程度代表黏土矿物含量越多，烘干后，孔隙度和渗透率值都有所增加，当黏土含量<45%，烘干后/烘干前孔隙度为2.8，烘干后/烘干前渗透率为13.9，当黏土含量>45%，烘干后/烘干前孔隙度为4.2，烘干后/烘干前渗透率为1677.8，此结果说明泥质含量越高烘干后孔隙度和渗透率都会成倍增加，且渗透率的增加倍数远大于孔隙度，结合烘干后铸体薄片(图9)，可以确定烘干后破坏了岩石组构，同时此结果也解释了烘干后孔渗相关性变差的原因。

表 1　不同黏土含量下烘干前、后孔渗数据的变化表

泥质含量	烘干前氦孔隙度	烘干后氦孔隙度	增加倍数	烘干前空气渗透率	烘干后空气渗透率	增加倍数
黏土>45%	7.8	33.0	4.2	0.04	67.1	1677.8
黏土<45%	11.2	31.2	2.8	3.2	44.3	13.9

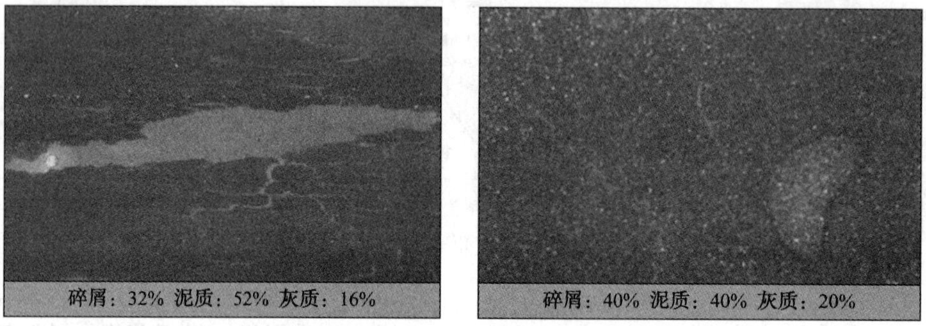

图 9　不同黏土含量烘干后铸体薄片

3　岩性

不同岩性物性数据分析显示，泥岩、粉砂质泥岩物性相较于碳酸盐岩和粉砂岩差(图 10)。

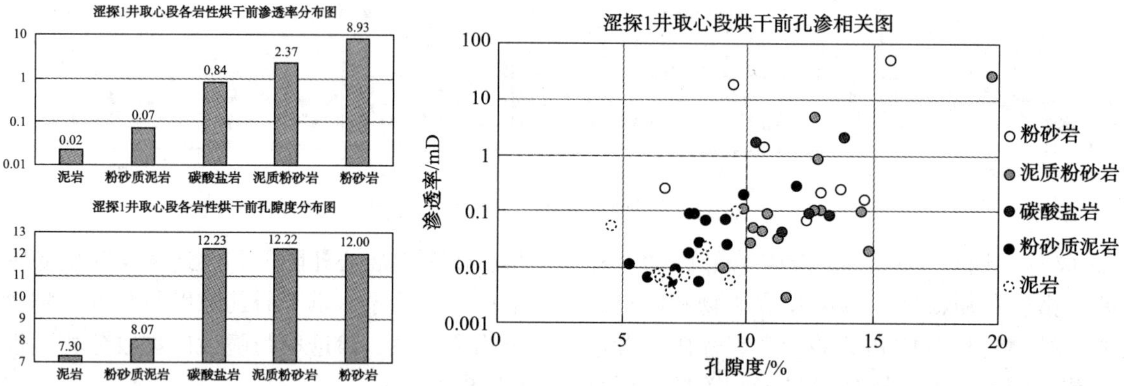

图 10　不同岩性孔、渗分布图

④ 沉积构造

通过显微镜下普通薄片和铸体薄片统计，50%以上样品有条带或纹层结构，铸体薄片表明纹层或条带是裂缝、孔隙高发区域，并且通常分布于亮纹层内，这类亮纹层内碎屑矿物间广泛发育粒间孔，而矿物间的黏土会受裂缝影响发生溶蚀，形成网状溶缝，又极大的增加了有效储集空间。结合水平渗透率和垂直渗透率研究表明，泥岩气储层的水平渗透率是垂向渗透率的数倍，这种高的水平渗透率主要受纹理缝发育程度的影响。对泥岩气储层沉积结构和烘干前后孔隙度和渗透率统计结果表明孔隙度和渗透率与沉积结构的关系为：纹层状构造与孔渗的相关性关系好于条带状构造，好于块状构造(图 11)。

烘干前孔渗数据的求取虽不符合目前国内实验标准，烘干过程中又容易破坏岩石原始组构，但笔者认为烘干前孔隙度/烘干后孔隙度可代表的是含气饱和度。相比之下，烘干前孔隙度和渗透率数据的求取没有破坏岩石原始组构，且与成分、粒度等相关性更好，因此，更能表征储层物性特征。

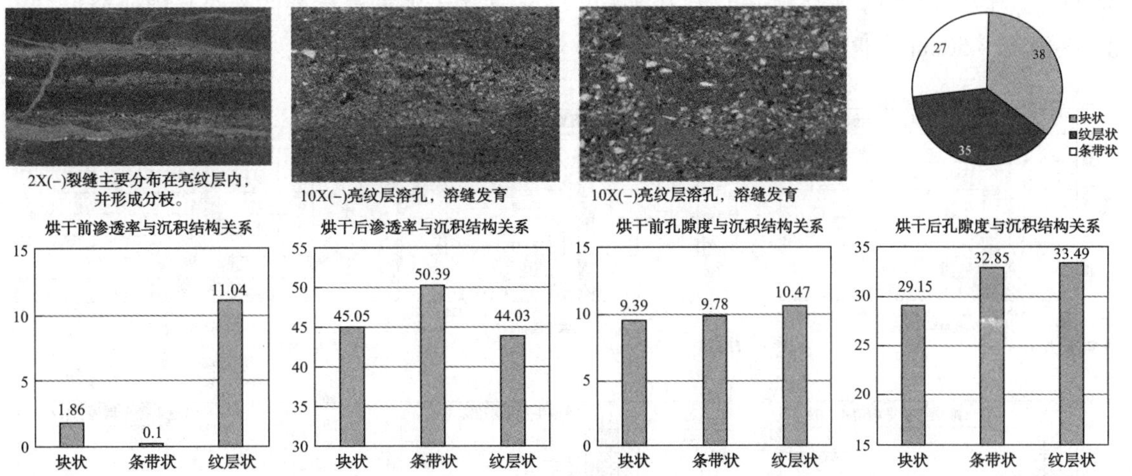

图 11　物性与沉积结构关系图

4.3　孔隙微观结构表征

目前国内外对于页岩气储层孔隙微观结构的表征一类是直接观察法，如运用普通扫描电子显微镜(SEM)、微米 CT、纳米 CT；另一类是利用孔隙中赋存的流体等间接推算页岩孔隙形态、孔径大小和孔隙连通性等，主要方法有气体吸附法、高压压汞法、核磁共振等，每种表征技术的测量精度范围不一致，导致每种实验手段都有一定局限性。压汞法探测范围为 2nm～1mm，但是高压会使孔隙结构发生变化，常用来表征 50nm 以上的大孔及微裂隙分布，CO_2吸附探测范围为 0.1～0.8nm，N_2吸附探测范围 0.1～400nm，因此常用CO_2吸附法、N_2吸附法及高压压汞法组合用于微孔、介孔和大孔的联合表征。

针对泥岩气储层技术表征没有明确的技术手段，因此效仿页岩气储层研究手段，本文开展如下实验进行精细孔隙微观结构表征：

4.3.1　常压压汞实验

常压压汞试验(30MPa)：从泥岩气储层压汞曲线图(图 11)中可以看到，所测样品压汞曲线形态类似，说明样品的孔隙结构、分选类似，所有样品不论孔渗大小如何，排驱压力都为 0.01MPa，退汞效率较高(图 12)。

分析原因：针对“时代新、埋藏浅，弱成岩”的泥岩生物气储层，实验过程中由于抽真空的实验步骤可能对岩心孔隙结构造成破坏，对实验结果有一定影响。

4.3.2　恒速压汞实验

由恒速压汞孔、喉半径分布图(图 13)可以看出，实验测得孔隙半径均在 100～250μm 之间；储层平均喉道半径分别为 3.09、0.25、

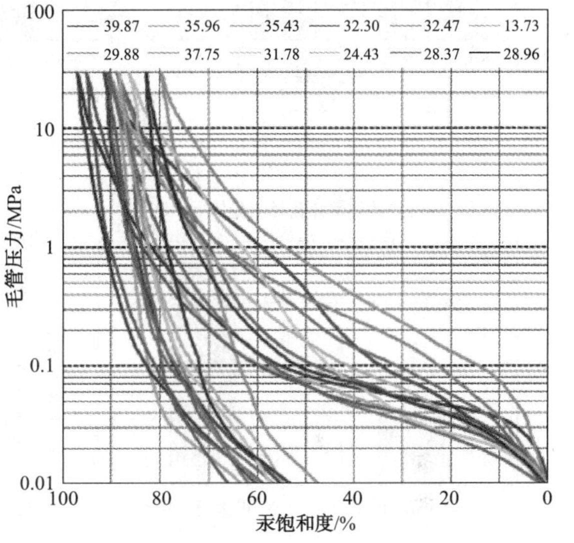

图 12　泥岩气储层压汞曲线

7.92μm，不同样品的孔隙半径峰值差异较大。但是恒速压汞实验测得孔隙半径远大于涩探 1 井矿物粒度大小，推测在实验过程中，样品孔隙结构已遭到破坏。因此该方法不适用于泥岩气储层孔隙结构表征。

4.3.3　铸体薄片

在 20 倍显微镜下，对铸体薄片中(烘干前湿切样)微米级孔隙的孔径，最大值、最小值各测量一个值。测量结果统计显示，孔径最小值平

均值为 24um，最大值平均值为 74um，孔径平均值中值在 40um～50um 之间(图 14)，因此该方法适用于泥岩气储层微米级孔隙研究。

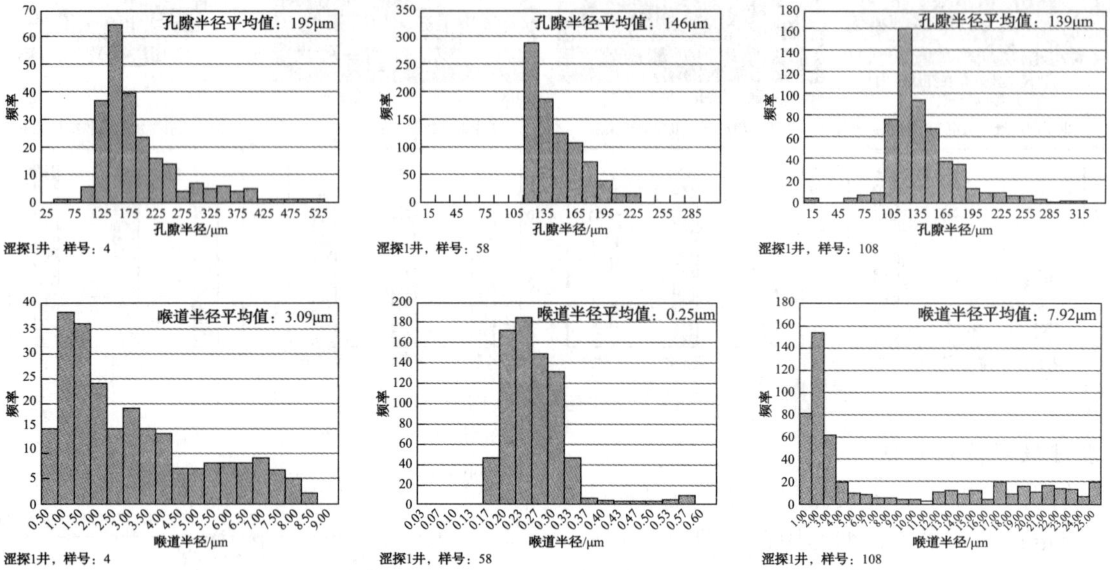

图 13　恒速压汞孔、喉半径分布特征图

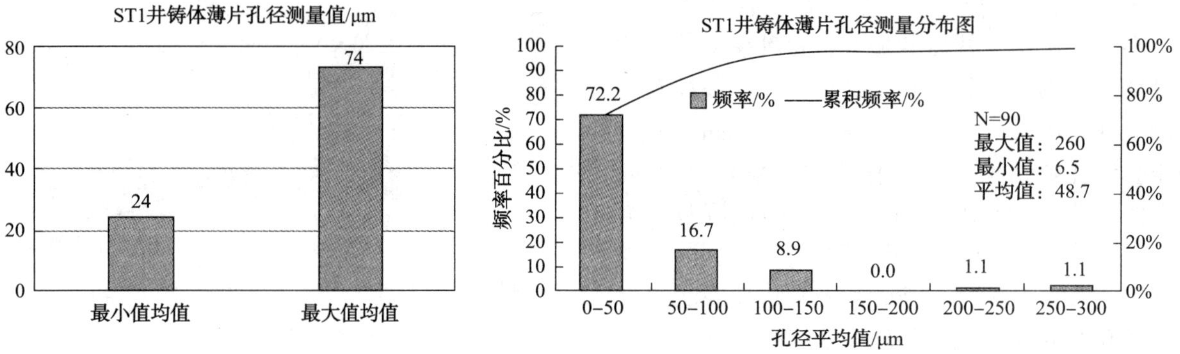

图 14　高倍镜下铸体薄片中孔径分布特征

4.3.4　CT

CT 分析表明，泥岩内发育晶间孔、粒间孔、粒内孔，以粒内孔、粒间孔等中-宏孔为主，孔径从几十纳米至微米级别，整体孔隙极为发育，主要分布在 10nm 至 3000nm 区间(图 15)

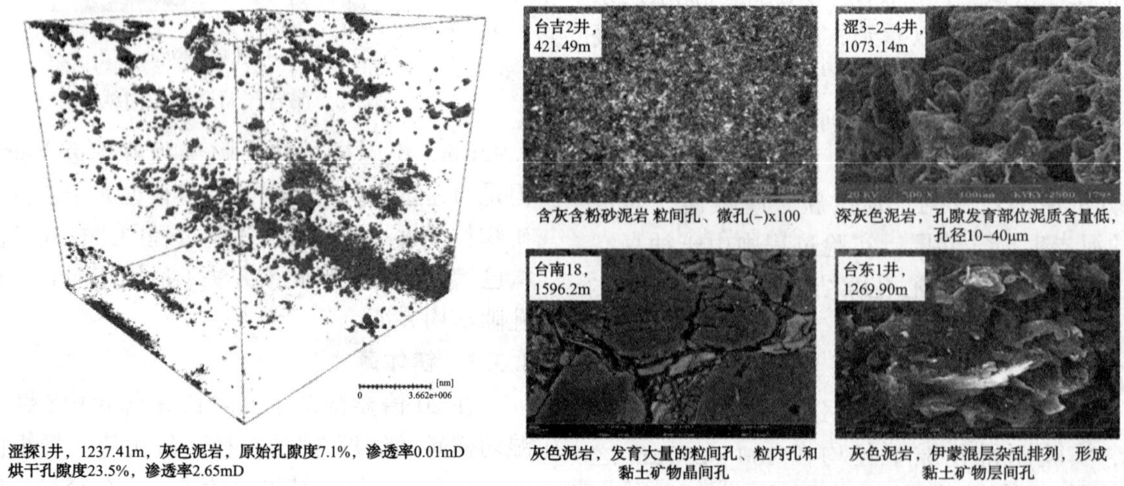

图 15　CT 分析下孔喉分布

4.3.5　气体吸附试验

气体吸附实验常用于对页岩储层微孔隙结构的求取，且测试前需要对样品进行烘干处理。泥岩气储层样品由于孔隙太大(200nm(0.2μm)以上)，完全超出氮气吸附法孔隙结构检测范围，仅能获得比表面积数据(图16)，样品数据显示孔宽中值在0.01~0.02μm之间。因此该实验只适用于微孔结构的表征。

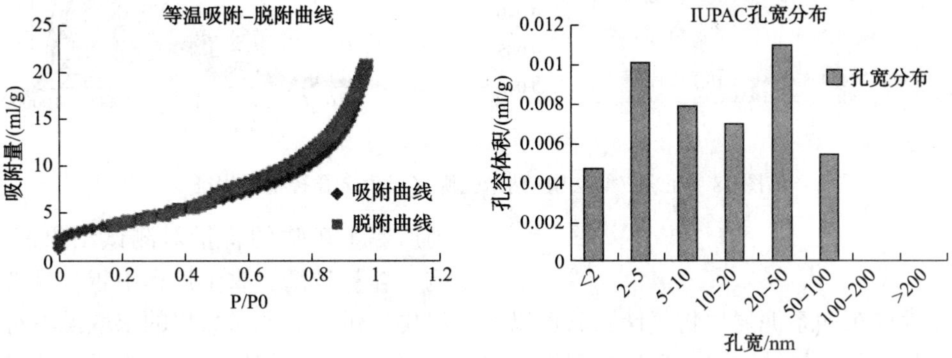

图16　N_2吸附实验孔径分布特征

4.3.6　核磁共振实验

由于核磁实验需要离心，离心后岩石组构也可能会发生破坏，然而经核磁共振实验测得的孔隙半径多分布在0.05~1um之间，符合实际情况，因此该方法可以对泥岩气储层孔隙进行表征(图17)。

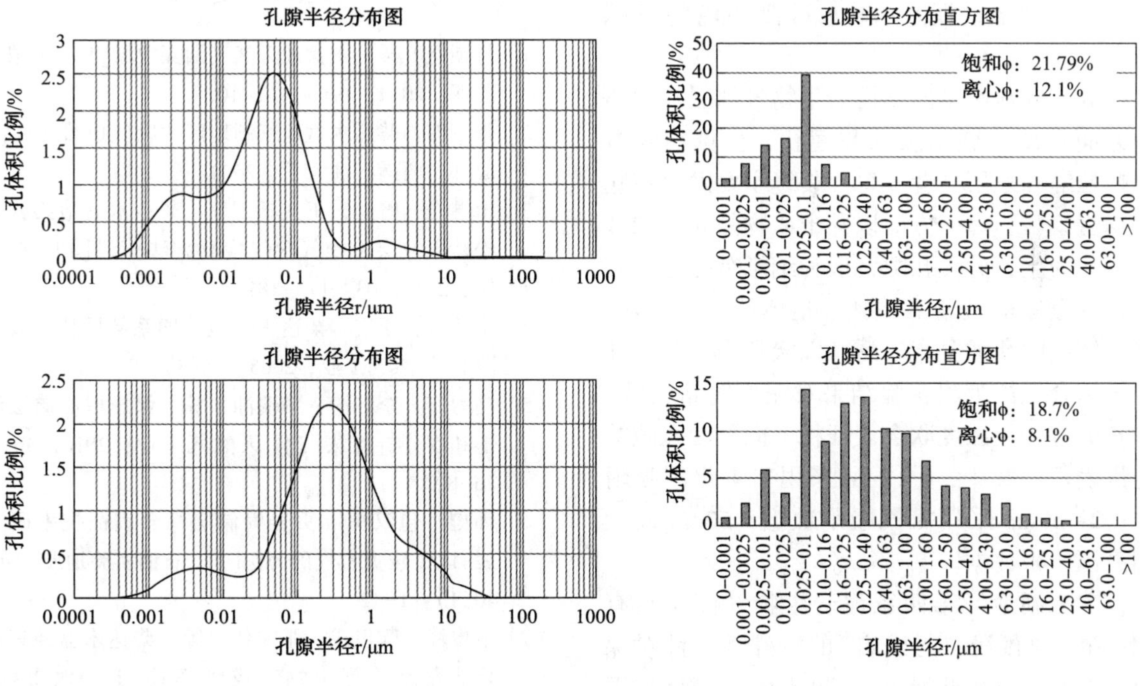

图17　核磁实验孔径分布特征

综上，通过多手段的孔隙表征，认为三湖泥岩储层具有全孔径特征，孔径主要分布在100~40000nm之间，总体上以大孔喉为主。考虑到实验观测的局限性，压汞法探测范围为2nm~1mm，但是高压会使孔隙结构发生变化，常用来表征50nm以上的大孔及微裂隙分布，CO^2吸附探测范围为0.1~0.8nm，N_2吸附探测范围1~200nm；

本次使用压汞结合气体吸附实验对泥岩气储层微-纳米孔隙进行多尺度全孔径定量表征；其中，0~2nm采用二氧化碳吸附数据表征；2~50nm采用氮气吸附数据表征；50nm以上采用高压压汞数据表征(图18)。

实验	平均孔隙半径/μm	平均孔隙半径/nm
铸体	40μm	40000nm
压汞	12μm	12000nm
核磁	0.05~1μm	>50nm
N_2吸附	0.001~0.2μm	1~200nm
CO_2吸附	0.0001~0.0008μm	0.1~0.8μm

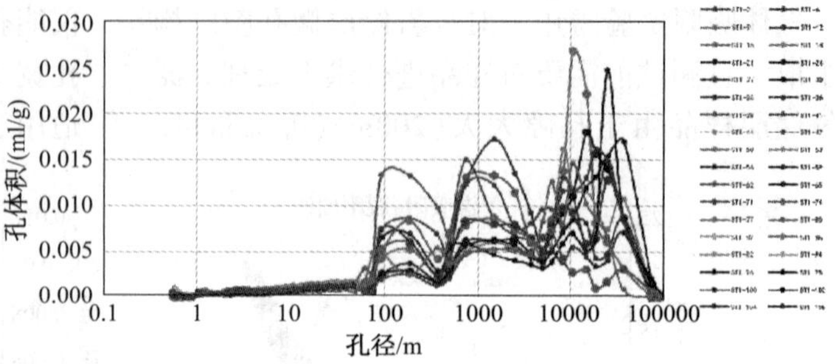

图 18　泥岩气储层微–纳米孔隙多尺度全孔径定量表征

5　结论

（1）三湖地区第四系泥岩生物气储层颜色以深灰色为主，粒径细，岩性主要为粉砂质泥岩和少量泥质粉砂岩及碳酸盐岩，发育块状、条带状、纹层状等沉积结构构造；主要矿物成分为黏土矿物和长英质矿物，次为碳酸盐岩矿物，黏土矿物矿物主要由伊利石、伊蒙混层为主，次为绿泥石及少量高岭石；泥岩生物气储层形成于寒冷、干燥、缺氧、淡水–咸水过渡环境的沉积环境。

（2）三湖地区第四系泥岩生物气储层孔隙类型一方面主要为微米级的粒间孔，少见粒间溶孔，贴粒缝和顺层裂缝发育，裂缝主要发育在脆性矿物富集区，另一方面以黏土矿物晶间孔和微粒间溶孔为主，此类孔隙一般为纳米级孔隙；其次发育少量碳酸盐岩溶蚀孔；整体储层物性好。泥岩气储层的孔喉分布广泛，以宏孔为主，可利用压汞结合气体吸附实验结果对泥岩气储层微–纳米孔隙进行全尺度联合表征将不同尺度孔隙结构定量表征；其中，0~2nm 采用二氧化碳吸附数据；2~50nm 采用氮气吸附数据；50nm 以上采用高压压汞数据。

（3）三湖地区第四系泥岩生物气储层具有“时代新、埋藏浅，弱成岩”的特殊性，针对保压保型取心，首次开展了干(烘干后)、湿(烘干前)两种泥岩的孔隙度测定方法测得孔隙度烘干前最大 19.76%，最小 4.49%，平均为 10.02%，烘干后最大 46.4%，最小 13.7%，平均为 32.2%。渗透率烘干前最大 50.77mD，最小 0.003mD；烘干后最大 347.6mD，最小 0.1mD；烘干前孔渗相关性好于烘干后。

（4）物性数据由干、湿两种样品测定，干燥样品测得结果与前人一致都为高孔低渗，但烘干前后黏土矿物的含量对测试结果起到决定性影响，含量越高，烘干过程中越容易破坏岩石原始组构。烘干后孔渗数据的求取虽不符合目前国内实验标准，但相比之下，烘干前孔渗数据的求取没有破坏岩石原始组构，且与成分、粒度等相关性更好，更能表征储层物性特征；粒度、成分、岩性及沉积结构构造都是泥岩气储层物性的影响因素。

参 考 文 献

[1] 付锁堂．柴达木盆地天然气勘探领域[J]．中国石油勘探，2014，19(4)：1-10.

[2] 张道伟．柴达木盆地三湖地区生物气成藏研究[D]．成都，西南石油大学，2004.

[3] 田继先，曾旭，王文卓，等．柴达木盆地第四系疏松砂岩地层生物气含气检测方法探讨[J]．石油物探，2016，03：173-187.

[4] 朱筱敏，康安．柴达木盆地第四系储层特征及评价[J]．天然气工业，2005，25(3)：29-31.

[5] 马力宁，李江涛，华瑞湘，等．保压取心储层流体饱和度分析方法[J]．天然气工业，2016，36(1)：76-80

[6] 孙健，包汉勇．页岩气储层综合表征技术研究进展-以涪陵页岩气田为例[J]．石油实验地质，2018，40(1)：1-12.

[7] 单俊峰，鞠俊成．张文伟，等．柴达木盆地三湖坳陷盐壳遮挡型生物气成藏模式[J]．地质勘探，2019，39(8)：25-32.

[8] 朱筱敏，康安．胡宗权，等．柴达木盆地第四系层序地层特征与油气评价[J]．石油勘探与开发，2002，29(1)：56-60.

[9] 党玉琪，张道伟，徐子远，等．柴达木盆地三湖地区第四系沉积相与生物气成藏[J]．古地理学报，2004，6(1)：110-118.

[10] 张天付，鲍征宇，李东，等．页岩孔隙系统研究实验方法[J]．古地理学报，2016，35(4)：192-198.

[11] 曹涛涛，宋之光，刘光祥，等．氮气吸附法—压汞法分析页岩孔隙、分形特征及其影响因素[J]．油气地质与采收率，2016，23(2)：1-8.
[12] 唐相路，姜振学，邵泽宇，等．第四系泥岩型生物气储层特征及动态成藏过程[J]．现代地质，网络首发．
[13] Nesbitt H W，Young G M. Early Proterozoic climates and plate motions inferred from major element chemistry of lutites [J]. Naturre, 1982, 299: 715-717.
[14] 王昱超，姜振学，唐相路，等．柴达木盆地三湖地区第四系七个泉组含水泥页岩气体吸附及流动能力分析[J]．天然气地球科学，网络首发．
[15] 应凤祥，何东博，龙玉梅．碎屑岩成岩阶段划分[Z]//应凤祥何，龙玉梅应凤祥，何东博，龙玉梅．石油标准．2003：15p：A14

苏 X 区块新投产井优化配产研究

陈斯宇　王　军　米董哲　何润华　翟亚若　郑　凡

（中国石油长庆油田分公司第四采气厂）

摘　要　随着近年来研究区气井试气无阻流量不断上升，按照经验配产法对气井进行配产，导致气井首年递减率偏高，不利于气田长期稳产开发。本文基于 Arps 衰竭递减推导气井初期配产与首年递减率的关系，建立初期配产降低程度与首年递减率降低程度的关系图版，并运用图版指导新投产井初期配产，通过合理降低配产来控降新投产井首年递减率，同时制定新的配产参照标准。

关键词　新投产井；初期配产；递减率；关系图版

Research on Optimizing Production Allocation of New Production Wells in SuX Blocks

Chen Siyu　Wang Jun　Mi Dongzhe　He Runhua　Zhai Yaruo　Zheng Fan

(The Fourth Gas Production Plant of petrochina Changqing Oilfield Company)

Abstract　In recent years, as the open flow rate of gas well testing in the research area has been continuously increasing, the production allocation method based on experience has led to a high decline rate in the first year of the gas well, which is not conducive to the long-term stable production development of the gas field. This article deduces the relationship between the initial production allocation of gas wells and the first year decline rate based on Arps depletion decline, establishes a graph of the relationship between the degree of reduction in initial production allocation and the degree of reduction in the first year decline rate, and uses the graph to guide the initial production allocation of new production wells. By reasonably reducing production allocation, the first year decline rate of new production wells is controlled, and new production allocation reference standards are formulated.

Key wordst　New production wells; Initial production allocation; Decline rate; Relationship chart

苏里格气田位于鄂尔多斯盆地西北部，具有“低孔、低渗、低压、低丰度”的特点，单个砂体面积较小，储层间的连通性极差，非均质性强。气井无稳产期，投产即开始递减，生产初期产量、压力下降快。对于苏 X 区块的新投产井，一般使用经验配产法配产，即：直定向井按无阻流量的 1/4-1/6 配产，水平井按无阻流量的 1/8-1/12 配产。自 2016 年至今气井无阻流量呈上升趋势，因此气井的初期配产也随之增大。苏 X 区块 2021 年投产井首年递减率 42%，不利于气田长期稳产开发。

因此，本文通过开展气井初期配产与递减率关系研究，建立气井初期配产降幅与首年递减率降幅关系图版，从而指导新投产井合理降低配产，以控制气井首年递减率。

1　理论关系推导

1.1　Arps 产量递减模型

Arps 将递减率定义为：

$$D=-\frac{1}{q}\frac{\mathrm{d}q}{\mathrm{d}t} \tag{1}$$

产量与递减率的关系式为：

$$\frac{D}{D_i}=\left(\frac{q}{q_i}\right)^{\mathrm{b}} \tag{2}$$

b 取值范围为 0~1，当 b 取不同值时，对应不同的递减类型。

当 $b=0$ 时，属于指数递减：

$$q=q_ie^{-D_it} \tag{3}$$

当 $b=1$ 时，属于调和递减：

$$q=\frac{q_i}{(1+D_i t)} \tag{4}$$

当 $0<b<1$ 时，属于双曲递减：

$$q=\frac{q_i}{(1+bD_i t)1/b} \tag{5}$$

当 $b=0.5$ 时，被称为衰竭递减。

式中，D 为递减率，1/d；D_i 为初期递减率，1/d；q 为产量，万方/天；q_i 为初期产量，万方/天；t 为生产时间，d；b 为递减指数。

1.2 图版建立

将 $b=0.5$ 代入式(5)，可得衰竭递减产量公式：

$$q=\frac{q_i}{(1+0.5D_i t)^2} \tag{6}$$

对式(6)两端积分可得累产气公式：

$$G^{p}=\int_0^t \frac{q_i}{(1+0.5D_i t)^2}dt \tag{7}$$

$$G_p=\frac{q_i}{0.5D_i}-\frac{q_i}{0.5D_i(1+0.5D_i t)} \tag{8}$$

$$\frac{1}{G_p}=\frac{0.5D_i}{q_i}+\frac{1}{q_i t} \tag{9}$$

式中，G_p 为累产气量，万方。

假设不同配产 q_{1i}，q_{2i} 不影响气井最终累产气量，当 t 趋于无穷大时，可得：

$$\frac{1}{G_p}=\frac{0.5D_{1i}}{q_{1i}}=\frac{0.5D_{2i}}{q_{2i}} \tag{10}$$

对式(10)变形可得：

$$\frac{q_{2i}}{q_{1i}}=\frac{D_{2i}}{D_{1i}} \tag{11}$$

式中，q_{1i}，q_{2i} 为气井不同初期配产，万方/天；D_{1i}，D_{2i} 为 q_{1i}，q_{2i} 分别对应的初期日递减率，1/d。

年递减率公式为：

$$D_y=\frac{q_i-qi末}{q_i} \tag{12}$$

将式(6)代入式(12)，可得：

$$D_y=1-\frac{1}{(1+0.5D_i T)^2} \tag{13}$$

式中，$q_{i末}$ 为初期配产为 q_i 时年末产量，万方/天；T 为 365 天，d；D_y 为年递减率，1/a。

利用式(13)将初期配产为 q_{1i}，q_{2i} 时的日递减率转化为年递减率：

$$D_{1iy}=1-\frac{1}{(1+0.5D_{1i}T)^2} \tag{14}$$

$$D_{2iy}=1-\frac{1}{(1+0.5D_{2i}T)^2} \tag{15}$$

式中，D_{1iy}，D_{2iy} 为初期日递减率对应的年递减率，1/a。

将式(11)代入式(15)，得：

$$D_{2iy}=1-\frac{1}{\left(1+0.5\frac{q_{2i}}{q_{1i}}D_{1i}T\right)^2} \tag{16}$$

令 $k=0.5D_{1i}T$，将式(16)减式(14)，得：

$$D_{2iy}-D_{1iy}=\frac{1}{\left(1+k\frac{q_{2i}}{q_{1i}}\right)^2}-\frac{1}{(1+k)^2} \tag{17}$$

令 $y=D_{2iy}-D_{1iy}$，$x=(q_{1i}-q_{2i})/q_{1i}$，可将式(17)转化为气井初期配产降幅与递减率降幅的关系式：

$$y=\frac{1}{[1+k(1-x)]^2}-\frac{1}{(1+k)^2} \tag{18}$$

根据式(18)，通过给定不同的首年递减率 D_{1iy}(10%~50%)，建立初期配产降幅与递减率降幅关系图版(图 1)。

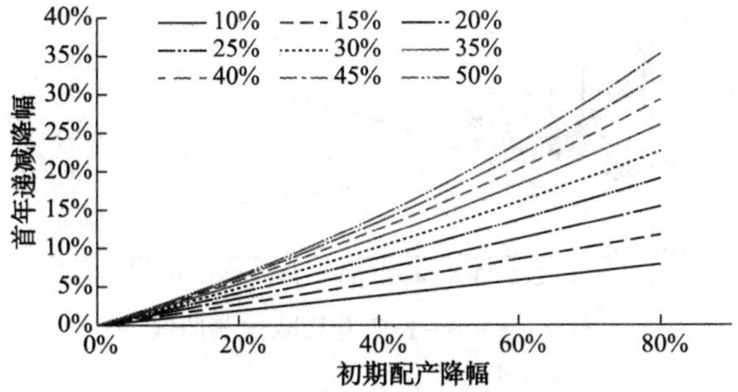

图 1　初期配产降幅与递减率降幅关系图版

2 优化新投产井配产

2.1 优化思路

苏里格气田气井基本符合衰竭递减，因此可反向利用建立的图版指导新投产井配产，但需要基于两个假设条件：

① 苏 X 区块气井具有相似的地质条件；

② 相近两年投产井初期配产相同时，首年递减率也相同。

具体优化新投产井初期配产的步骤如下：

① 确定与新投产井动静态条件相似的前一年投产井，明确前一年投产井的初期配产和首年递减率；

② 给定新投产井首年递减率指标，计算新

投产井首年递减率指标相对于前一年投产井首年递减率的降幅；

③ 查询图版，逆推新投产井初期配产相对于前一年投产井初期配产的降幅，进而计算新投产井初期配产。

优化思路流程如图 2 所示。

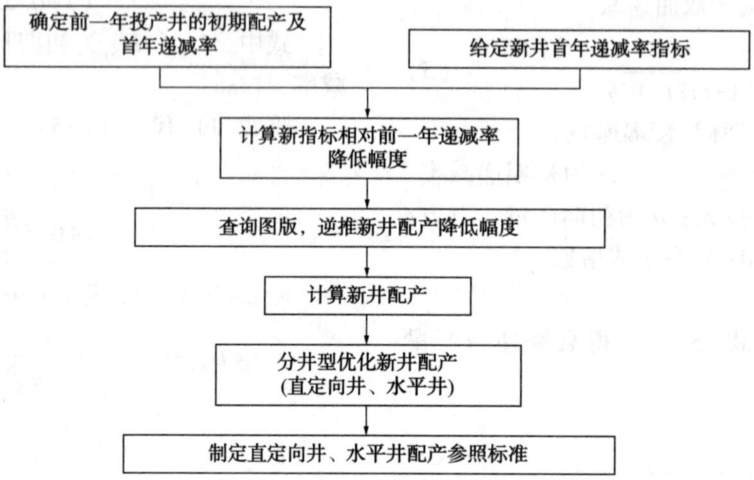

图 2 优化思路流程图

2.2 单井验证

S＊-1-7 井 2021 年投产，生产层位盒 8、山 1、山 2，无阻流量 17.64 万方/天，初期配产 2 万方/天，首年递减率为 45.7%(图 3)。

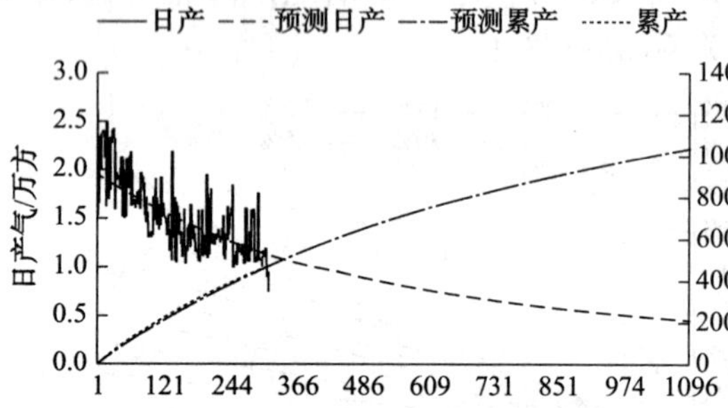

图 3 S＊＊-1-7 井衰减预测曲线

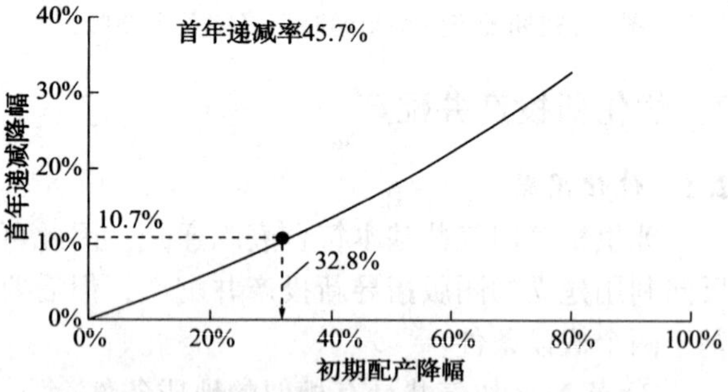

图 4 首年递减率 45.7%的初期配产降幅与递减率降幅关系图版

S＊-01-5 井 2022 年 9 月 27 日投产，无阻流量 11.35 万方/天，与 S＊-1-7 井动静态条件相似。目标控制其首年递减率在 35%以下，相对 S＊-1-7 井首年递减率降低了 10.7%。建立首年递减率为 45.7%的图版，如图 4 所示，查询图版可知：S＊-01-5 井的初期配产相对 S＊-1-7 井降幅达到 32.8%，即 S＊-01-5 井的初期配产 1.3 万方/天以下，实际配产 1.0 万方/天。

S＊＊-26-6H3 井 2021 年投产，生产层位山 1，无阻流量 107.62 万方/天，初期配产 8 万方/天，首年递减率为 46.1%(图 5)。

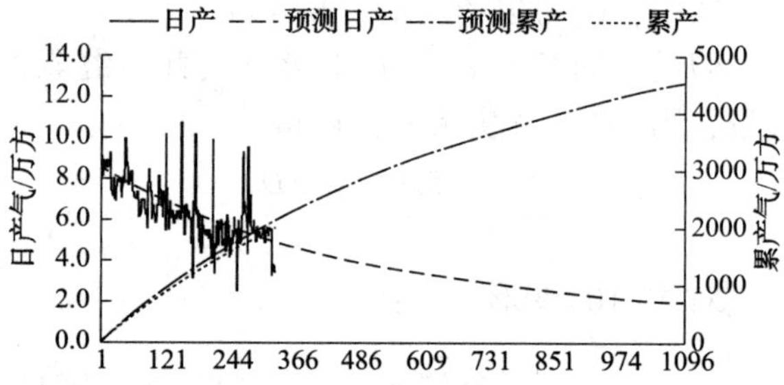

图 5 S＊＊-26-6H3 井衰减预测曲线

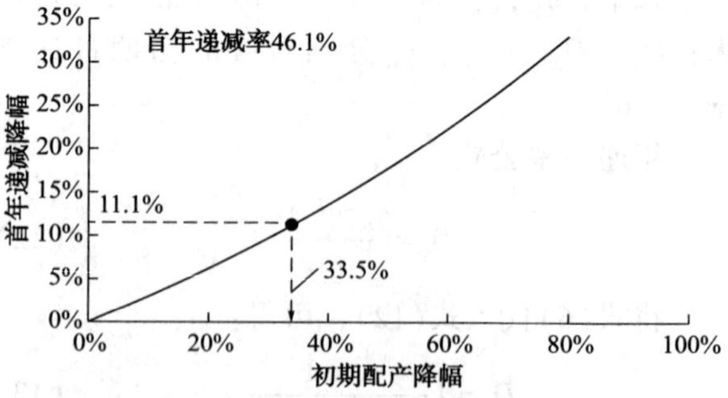

图 6 首年递减率 46.1%的初期配产降幅与递减率降幅关系图版

S＊＊-23-10H3 井 2022 年 8 月 3 日投产，无阻流量 131.53 万方/天，与 S＊＊-26-6H3 井动静态条件相似。目标控制其首年递减率在

35%以下，相对 S＊＊-26-6H3 井降低了 11.1%。建立首年递减率为 46.1%的图版，如图 6 所示，查询图版可知：S＊＊-23-10H3 井的初期配产相对 S＊＊-26-6H3 井降幅达到 33.5%，即 S＊＊-23-10H3 井的初期配产 5.3 万方/天以下，实际配产 5.0 万方/天。目前，对 S＊-01-5 和 S＊＊-23-10H3 进行递减分析，预测首年递减率均在 35%以下。

2.3 分井型优化配产

苏 X 区块 2021 年投产的直定向井平均初期配产 1.95 万方/天，首年递减率 43.4%。对 2022 年投产的 43 口直定向井适当降低配产，平均初期配产 1.7 万方/天，相较 2021 年投产直定向井初期配产下降 13%。建立首年递减率为 43.4%的图版，如图 7 所示，查询图版可知：对应首年递减下降 3.8%，预测首年递减率 39.6%，同时使用 Arps 衰竭递减预测首年递减率 37.9%(图 8)。

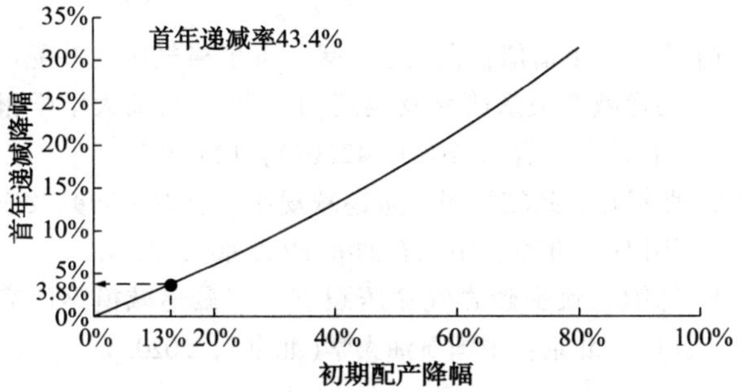

图 7　首年递减率 43.4%的初期配产降幅与递减率降幅关系图版

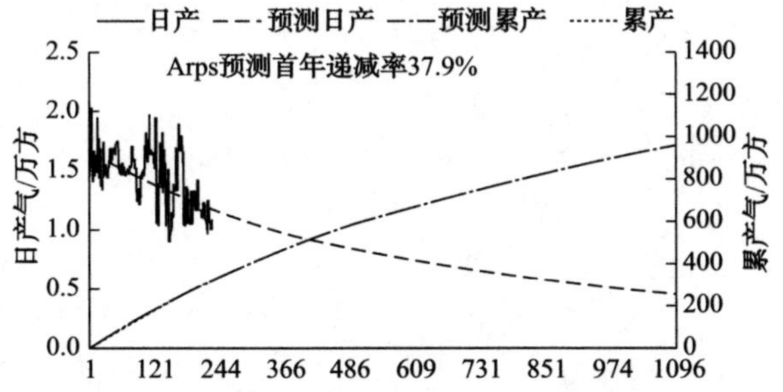

图 8　2022 年投产直定向井衰减预测曲线

苏 X 区块 2021 年投产的水平井平均初期配产 4.74 万方/天，首年递减率 40.4%。对 2022 年投产的 25 口水平井适当降低配产，平均初期配产 3.96 万方/天，相较 2021 年投产水平井初期配产下降 16.5%。建立首年递减率为 40.4%的图版，如图 9 所示，查询图版可知：对应首年递减下降 4.8%，预测首年递减率 35.6%，同时使用 Arps 衰竭递减预测首年递减率 36.8%(图 10)。

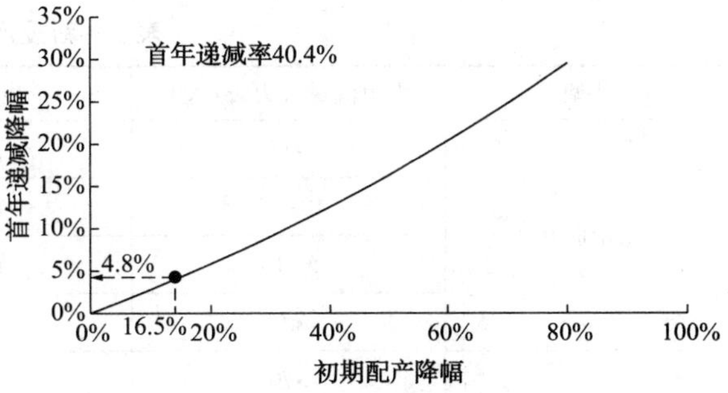

图 9　首年递减率 40.4%的初期配产降幅与递减率降幅关系图版

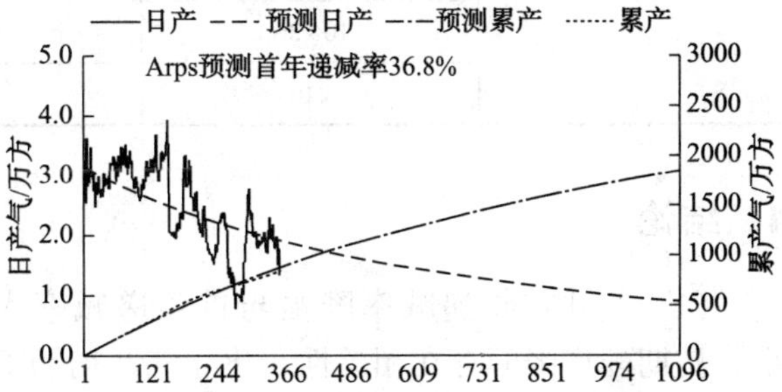

图 10　2022 年投产水平井衰减预测曲线

通过两种计算方法的对比可以发现：图版法计算的新投产井首年递减率与 Arps 衰竭递减预测的首年递减率误差均小于 2%。

3 制定配产参照标准

对降低配产的 2022 年投产井分井型进行配产比统计分析，按无阻流量划分区间，绘制散点图，如图 11、图 12 所示，进而归纳得出优化后的新投产井初期配产参照标准，如表 1 所示。

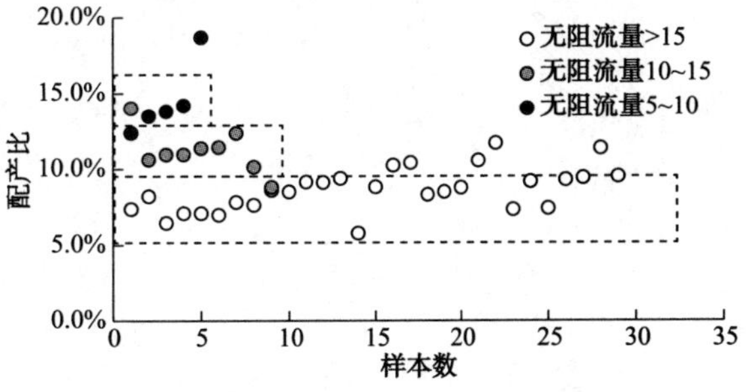

图 11　直定向井配产比散点图

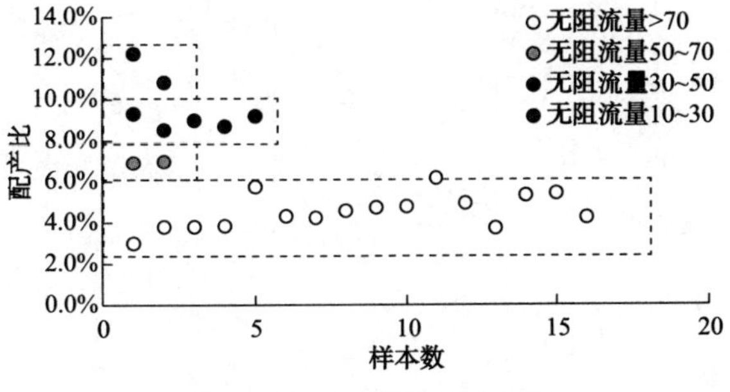

图 12　水平井配产比散点图

表 1　新投产井优化配产参照表

井型	无阻流量/(万方/天)	生产方式	参考配产/(万方/天)	配产比
直定向井	>15	节流器	1.5~2.0	≤1/10
	10~15	节流器	1.2~1.5	1/8~1/10
	5~10	节流器	1.0~1.2	1/6~1/8
	<5	无阻	/	/
水平井	>70	节流器	4.0~5.0	
	50~70	节流器	3.0~4.0	1/14~1/17
	30~50	节流器	2.0~3.0	1/10~1/14
	10~30	节流器	1.0~2.0	1/8~1/10
	<10	无阻	/	/

4　结论

(1) 气井首年递减率降幅与首年递减率大小、初期配产降幅存在相关性。建立气井初期配产降低与首年递减降低关系图版，能指导未投产井初期配产。

(2) 苏 X 区块直定向井配产参照标准：无阻流量>15 万方/天，配产≤无阻流量的 1/10；无阻流量 10~15 万方/天，按无阻流量的 1/8-1/10 配产；无阻流量 5~10 万方/天，按无阻流量的 1/6-1/8 配产。

(3) 苏 X 区块水平井配产参照标准：无阻流量>70 万方/天，配产≤无阻流量的 1/17；无阻流量 50~70 万方/天，按无阻流量的 1/14~1/17 配产；无阻流量 30~50 万方/天，按无阻流量的 1/10~1/14 配产；无阻流量 10~30 万方/天，按无阻流量的 1/8~1/10 配产。

参考文献

[1] 李鹏，范倩倩，霍明会，等．苏里格气田气井配产与递减率关系研究及应用[J]．西南石油大学学报(自然科学版)，2020，42(01)：126-132.

[2] 张凤远．致密气田产量递减规律分析方法研究及应用[D]．北京：中国石油大学(北京)，2017.

[3] 邹敏．致密砂岩气藏压裂直井产量递减模型研究[D]．北京：中国石油大学(北京)，2020.

苏里格东区致密砂岩多层气藏开发井型优化技术研究

王　通　王丽琼　王志恒　马羽龙　张　泽

（中国石油长庆油田公司第四采气厂）

摘　要　苏里格气田东区储层物性差、砂体规模小、单层厚度薄、储量集中度低，平直型水平井部署难度大，开发井型以直定向井为主，单井产量低，整体生产效果较差，高效开发面临挑战。文章以储层构型及叠置模式研究为基础，对研究区直井、大斜度井、水平井在渗流模式、产能方程、控制储量、生产指标等方面进行对比评价，基于储层构型特点优选开发井型。井斜角、储层厚度、井段长度是不同井型产能影响因素，单套储层厚度大、垂向储量集中度高适合水平井井开发，单层厚度一般、储量集中度中等适合大斜度井开发，单层厚度小、储量集中度低适合直井开发。在研究区单砂体发育规模有限、复合叠置砂体高度分散的地质背景下，平直型水平井穿行于单套砂体、控制储量少、气藏整体采收率低，大斜度井穿越多套砂体、控制储量更多、单井产能高且有利于提高气藏整体采收率。文章基于储层构型表征，综合单砂体发育规模、叠置模式及储量集中度大小，提出开发井型优选标准，通过气井产能影响因素评价提出大斜度井轨迹设计原则，研究方法及结论对多薄层致密气藏开发井型优选工作具有指导意义。

关键词　苏里格气田；开发井型；大斜度井；储量集中度；控制储量；渗流模式

Research of reservoir superposition model and development well type optimization in eastern Sulige Gas Field

Wang Tong　Wang Liqiong　Wang Zhiheng　Ma Yulong　Zhang Ze

(Gas Production Plant 4 of PetroChina Changqing Oilfield Company)

Abstract　The eastern Sulige gas field has poor reservoir physical properties, small sand body scale, thin single layer thickness, low reserve concentration, and it is difficult to deploy flat horizontal wells. The development well type is mainly direct directional wells, with low single well output and poor overall production effect. Therefore, efficient development faces challenges. Based on the research of reservoir configuration and stacking mode, this paper compares and evaluates the percolation mode, productivity equation, controlled reserves and production indexes of vertical wells, highly deviated wells and horizontal wells in the study area, and optimizes the development well type based on the characteristics of reservoir configuration. Well deviation angle, reservoir thickness and well section length are the factors affecting the productivity of different well types. A single set of reservoirs with large thickness and high vertical reserve concentration is suitable for horizontal well development, a single layer with general thickness and medium reserve concentration is suitable for highly deviated well development, and a single layer with small thickness and low reserve concentration is suitable for vertical well development. Under the geological background of limited development scale of single sand bodies and highly dispersed composite stacked sand bodies in the study area, flat horizontal wells pass through a single set of sand bodies, with less controlled reserves and low overall recovery rate of gas reservoirs. Highly inclined wells pass through multiple sets of sand bodies, with more controlled reserves and high single well productivity, which is conducive to improving the overall recovery rate of gas reservoirs. Based on the characterization of reservoir configuration, combining the development scale, stacking mode and reserve concentration of single sand body, this paper puts forward the optimization standard of development well type, and puts forward the design principle of highly deviated well trajectory through the evaluation of gas well productivity influencing factors. The research method and conclusion have guiding significance for the optimization of development well type of multi thin layer tight gas reservoir.

Key wordst　Sulige gas field; development well type; reserves concentration; highly deviated well; controlled reserves; seepage mode

鄂尔多斯盆地天然气资源储量巨大，苏里格气田是致密砂岩气藏的典型代表，主要含气层系为上古生界二叠系石盒子组盒$_8$段及山西组山$_1$段，气藏埋深 3000～3800m，地层厚度 900～140m，有效储层厚度 10～30m，储层岩性主要为石英砂岩及岩屑石英砂岩。截至 2021 年底，苏里格气田探明+基本探明储量为 $4\times10^{12}m^3$，年产气量 $290\times10^8 m^3$，约占国内天然气总产量的 15%，并且开发规模及年产气量仍逐年上升。

苏里格东区盒$_8$、山$_1$段砂体规模小、储层物性差、单层厚度薄且高度分散，储层品质远差于苏里格中区，开发效果较差(表 1)。以区内苏东 41-33 区块为例，由于水平井部署难度大，开发井型以直定向井为主，但直定向井 EUR 较中区降低 28.2%，导致全区目前开发效果较差，亟需探索适宜区块地质条件的开发井型，以提高单井产量及整体开发效果。

表 1　研究区与苏里格中区苏 6、苏 36-11 区块盒$_8$、山$_1$有效储层物性对比表

区块	孔隙度/%	渗透率/md	含气饱和度/%	储量丰度/($10^8m^3/km^2$)	直定向井 EUR/10^8m^3	水平井 EUR/10^8m^3
苏里格中区	7.74	0.46	58.0	1.75	2580	6962
苏里格东区	7.59	0.43	50.2	1.15	1852	5076

1　储层构型表征及有效砂体发育规模分析

储层构型是指储层内部不同级次储层构成单元的形态、规模、方向及叠置关系，体现了储层内部的层次性和结构性。论文选取了研究区中南部地质认识程度、井控程度高的苏东 65-05 井区作为典型构型解剖区，参考 Miall 河流相构型界面分级体系，重点厘定了研究区辫状河储层 5、4、3 级构型单元(即相构型 or 构型要素)的划分与特征。在总结辫状河构型要素特征的基础上，结合苏里格气田地质特征及生产需求，按照单一辫流带、心滩坝、心滩坝内部 3 个级次，由大到小逐级解剖储集层内部结构，以单井解释为基础，采用定性模式指导，定量模式约束的方法，平剖互动开展储层精细构型解剖，最终得到心滩与辫状河道发育规模及分布特征，并明确储层构型对有效砂体的控制作用，分析有效砂体发育规模及横纵向叠置模式，为下一步井型优化提供支撑。

1.1　储层构型精细解剖

以河流相构型要素分析方法为指导，首先开展单一辫流带(5 级构型)的划分，依据"垂向分期、侧向划界"的思路，按沉积旋回自下而上将主力小层盒$_{8下}{}^2$、盒$_{8下}{}^1$ 细分为 $H_{8x}{}^{2-3}$，$H_{8x}{}^{2-2}$，$H_{8x}{}^{2-1}$，$H_{8x}{}^{1-3}$，$H_{8x}{}^{1-2}$，$H_{8x}{}^{1-1}$共计 6 个单层。在单层的限定范围内，按河道间沉积、河道砂体顶面层位高程差异、河道砂体厚度变化、测井曲线特征差异 4 类测井响应标志实现单一辫流带的侧向划界，得到研究区平面上各单层辫流带砂体较为发育，泛滥平原与溢岸沉积分别呈条带状和透镜状分布，剖面上辫流带砂体侧向叠置明显，整体是"砂包泥"的特征，以 $H_{8x}{}^{1-3}$、$H_{8x}{}^{1-2}$ 单层砂体最为发育，单一辫流带砂体宽度变化范围较大，约为 300m～2500m。

在单一辫流带识别的基础上，开展心滩坝和辫状河道构型单元的解剖。通过分析野外露头和现代卫星照片资料建立辫状河内部构型模式，露头和现代卫星照片可以看出，辫状河道内部岩相充填类型包括砂质充填和泥质充填两种，剖面上呈顶平底凸状，往往下切到河道底部，心滩坝呈底平顶凸状，两者之间厚度基本相近。测量统计辫状河道与心滩坝规模，发现砂质辫状河道的宽

厚比约在 13～61，泥质辫状河道宽厚比则介于 4～20，而心滩坝宽厚比则介于 32～71。以此为指导，基于小井距对比分析、水平井分析等方法，根据密井网区的曲线特征分析不同构型单元的规模，结合心滩坝和辫状河道定量规模的经验公式，认为该公式对于二者的分布在一定的数量级范围内都是可约束的，考虑河道、心滩坝的规模比例关系，圈定构型单元范围与边界，利用平剖互动的思路对研究区的心滩坝与辫状河道进行组合，精细刻画 4 级构型单元心滩坝及辫状河道的空间分布特征(图 1)。结果表明研究区辫状河道厚约 2.5～5m，宽约 200～400m；心滩坝砂体厚约 3.5～6m，宽约 300～700m，长约 500～1200m。

在心滩坝识别的基础上，最后在典型密井网区，对心滩坝内部构型进行精细解剖，明确 3 级构型单元坝内增生体和落淤层的分布规律。本次研究从相似露头和现代沉积入手，总结了辫状河心滩坝内部夹层的类型和分布模式。密井网区心滩坝落淤层平面上呈透镜状局部分布或在坝尾连片分布，这一般取决于河流冲刷作用的影响，井间一般延伸范围 1-2 个井距；剖面上呈近水平分布或单斜式分布，这与心滩坝所处的位置有关，通常在辫流带中心的心滩坝内部多发育近水平式，位于辫流带边部的心滩坝内部落淤层多为单斜式。整体来说，落淤层平面分布离散，规模相对较小，其延展范围为 50～300m、厚度 0.1～0.5m、倾角主要分布在 1°～4°。

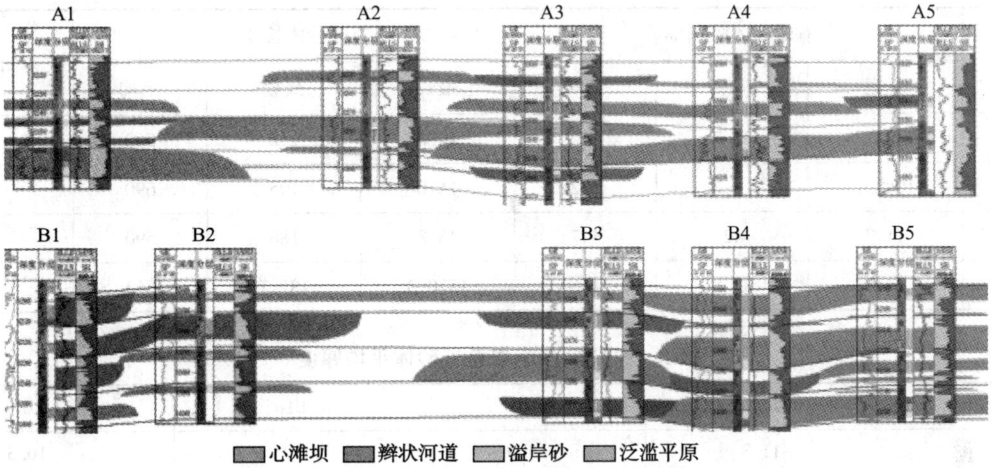

图 1　四级构型单元剖面分布图

1.2　有效砂体规模分析

苏里格气田目的层经历了多期河流相沉积，河道频繁横向迁移与纵向切割叠置，导致含气砂体多以小规模孤立状分布在垂向多个层段。受物源和沉积环境控制，有效砂体呈南北向条带状展布，平面分布较为分散。优质储层多位于心滩和分流河道底部，岩性较粗，成分较纯，物性最好，横向连通性较好，是水平井部署的目标储层，该类储层的分布规模决定了水平井规模开发是否可行。因而在储层构型分析的基础上，开展有效砂体分布规律研究(图 2)。5 级构型，即辫流带级次，从宏观的角度控制砂体分布，限制了有效砂体分布范围；4 级构型中，有效砂体多分布在心滩坝内部，辫状河道砂体分布较少；3 级构型中，受储层物性影响，心滩坝砂体层内渗透率韵律特征多以正韵律或均质韵律为主，因而有效砂体多分布于心滩底部和中部。在明确有效砂体分布规律的基础上，动静结合分析有效砂体规模及连通性，得到：垂向上有效砂体主要发育在厚层砂体的中下部，或呈孤立状分布。砂体南北向展布规模及连通性明显好于东西向，发育规模较大。

研究区有效单砂体发育规模小，连续性差，宽度主要分布在 400～500m，长度主要分布在 500～700m，长/宽比平均 1.3(表 2)。砂体广泛叠置，以切割叠置、堆积叠置形态为主(图 2)。叠置后的复合砂体发育规模较大，平均厚度 5～15m，宽度 500～1200m，长度 800～1500m。其中盒$_{8下}$叠置砂体厚度最大，达到 15.9m，分布范围较为集中，山$_1$次之；盒$_{8上}$及山$_2$厚度较小，且分布零散，表现出水动力弱、展布规模小的特点(表 3)。将主力气层盒$_{8上}$、盒$_{8下}$、山$_1$段有效砂体区域进行叠合，得到有效储层单期发育及多期叠合分布区域。研究区有效储层总面积 441.6km²，多期叠合区面积 215.2km²，占比达到 60%，整体呈现单期规模一般、叠置规模较大的特点。

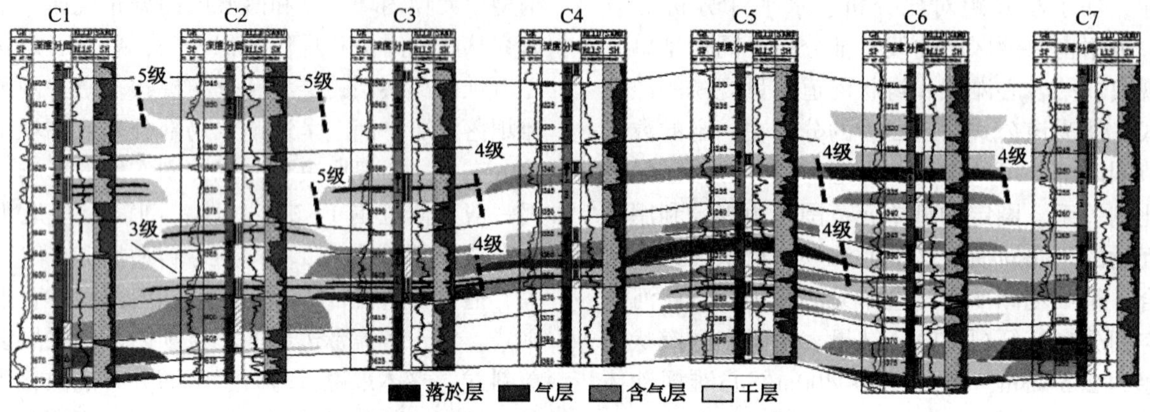

图 2　C1～C7 井东西向气藏剖面图

表 2　盒$_8$、山$_1$段储层有效砂体规模分析统计表

层位	有效砂体宽度/m			有效砂体长度/m			长宽比
	最宽	最窄	平均	最长	最短	平均	
盒$_{8上}$	1134.7	35.7	430	1423	176	560	1.3
盒$_{8下}$	1082.2	28.7	492	1620	195	690	1.4
山$_1$	1113	42	447	1518	186	590	1.3
平均	1110	35.5	456	1520.3	185.7	613	1.3

表 3　研究区各小层叠置砂体平均厚度

层位	盒$_{8上}$	盒$_{8下}$	山$_1$	山$_2$
厚度/m	11.3	15.9	12	10.3

2　剖面储量集中度分析

辫状河水动力条件、河道叠置情况等因素导致垂向上含气砂体的集中程度差异较大。一般含气砂体分布越集中，水平井开发时储量动用程度和采出程度就越高。含气砂体垂向上零散分布，储量分布在多个小层内，水平井纵向储量动用则不充分，导致最终采收率较低。为了研究储层纵向分布与水平井开发效果之间的关系，基于密井网区储层精细解剖，定义剖面储量集中度为最大砂层组连通体有效厚度与剖面储层总厚度的比值，定量描述了有效砂体纵向分布的集中程度，反映了区域水动力条件强弱以及叠置砂体的发育规模。根据有效储层剖面储量集中度，分为厚层块状型、垂向叠置泛连通型、分散局部连通型、分散孤立型四种类型（表 4）。厚层块状型是延伸范围最大的砂体类型，垂向叠置泛连通型是钻遇程度最高的砂体类型。

表 4　储量集中度分类表

类型	储量集中度/%	形成机制
厚层块状型	>75	持续强水动力条件在单一砂体沉积时出现，粗粒岩相
垂向叠置泛连通型	65～75	持续强水动力条件在多层系砂体沉积时出现，粗粒岩相
分散局部连通型	40～65	水动力条件变化频繁，无持续强水动力条件
分散孤立型	<40	水动力条件中等至偏弱，砂泥岩间互出现

2.1 储量集中度分布

研究区有效单砂体复合叠置，储量集中度整体较低，多在65%以下，有效单砂体以复合叠置或孤立分布为主。由于砂体内部存在“阻流带”，储层致密导致启动压力梯度大等原因，直井多层合采但控制范围有限。研究区直井泄流半径150～300m、平均256m，井均泄流面积仅0.21km²。泄流面积小、井控储量低是气井低产的主要原因。水平井可以有效克服阻流带的影响，提高层内储量动用程度，但大多钻遇1套砂体，对纵向多套储层动用不充分，整体采出程度较低。

2.2 不同储层结构采出程度分析

层内采出程度：研究区单层开采直定向井，井均控制地质储量$3855\times10^4m^3$，井均EUR$1508\times10^4m^3$，采收率为39.1%。平直型水平井井均控制地质储量$8383\times10^4m^3$，井均EUR$4791\times10^4m^3$，平均采收率为57.1%，水平井层内采出程度远高于直定向井。

层间采出程度：将水平井层内采出程度与剖面储量集中度相乘，得到层间采出程度。分析表明，当储量集中度小于68.2%，水平井层间采出程度会小于直井。研究区31口平直型水平井储量集中度为42.5%，层间采出程度仅为18.6%。出发直井多层合采、井均控制储量$5928\times10^4m^3$，井均EUR$2607\times10^4m^3$，层间采出程度为44.0%，远高于水平井24.3%。

2.3 不同储层结构开发井型优选

研究区储层多期叠置，储量集中度低，平直型水平井通常动用一套储层，上下储层无法动用，导致整体采出程度低。直定向井生产指标低，导致研究区开发效果较差。

大斜度井综合直井动用多套储层、水平井单一储层钻开面积增大从而增大泄流面积、水力泵送桥塞分段压裂提高储层改造规模的优势，理论上可提高气井产能。以剖面储量集中度及储层发育规模为依据，以提高层间采收率为目标优选开发井型：单层厚度大、储量集中度高适合水平井开发；单层厚度一般、储量集中度中等适合大斜度井开发；单层厚度小、储量集中度低适合直井开发(表5)。

表5 开发井型优选标准表

类型	储量集中度/%	最大储层厚度/m	开发井型	层内采出程度/%	层间采出程度/%
厚层块状型	>75	9.6	水平井	57.3	>43
垂向叠置泛连通型	65~75	6.7	大斜度井	57.3	57.3
分散局部连通型	40~65	5.5			
分散孤立型	<40	3.8	直井	39.1	39.1

3 不同井型产能影响因素

直定向井流体渗流为平面径向流，流态属于二维渗流，大斜度井可视为多个平面径向流的叠加，水平井是平面流和垂向流的复合，均属于三维渗流。据此建立渗流数学模型，得到气井产能方程，并分析产能影响因素。

3.1 不同井型产能方程

直定向井气相稳定流动达西产能方程为

$$q_{sc}=\frac{774.6Kh(p_e^2-p_{wf}^2)}{T\overline{\mu Z}\left(\ln\frac{r_e}{r_w}+S\right)} \tag{1}$$

各向同性、水平段位于地层中间、长轴a短轴b时水平井产能方程为

$$q_{sc}=q_h+q_v=\frac{774.6Kh(p_e^2-p_{wf}^2)}{T\overline{\mu Z}\left(\ln\frac{a+\sqrt{a^2-(0.5L)^2}}{0.5L}+\frac{h}{L}\ln\frac{2h}{\pi r_w}+S_H\right)} \tag{2}$$

斜井与储层接触面积增大，泄流区呈椭球状，可视为等效直井与短水平井的叠加(图3)。短水平井长度(L_h)是斜井长度在水平面的投影，一般情况下斜井完全穿透上古储层，则

$$L_h=h\tan\theta \tag{3}$$

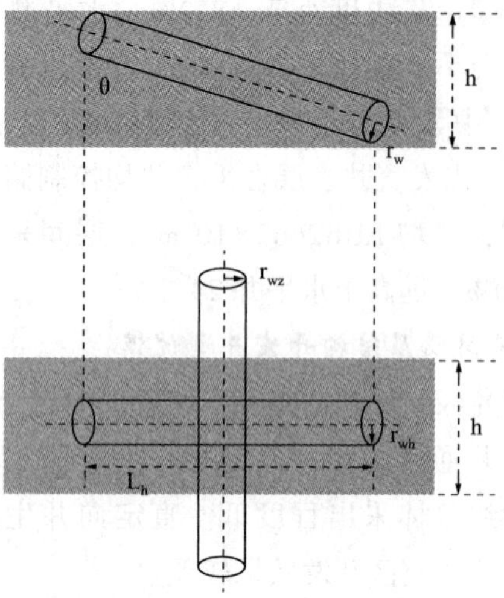

图 3 斜井渗流模型等效变换图

假设短水平井的泄流面积(A_h)与斜井(A)相同，则

$$A_h = 2\pi r_{wh} L_h = 2\pi r_{wh} h\tan\theta = A = 2\pi r_w L = 2\pi r_w h/\cos\theta \tag{4}$$

短水平井井筒半径

$$r_{wh} = r_w/\sin\theta \tag{5}$$

假设等效直井泄流面积(A_z)与斜井(A)相同，则

$$A_z = 2\pi r_{wz} h = A = 2\pi r_w L = 2\pi r_w h/\cos\theta \tag{6}$$

则等效直井井筒半径

$$r_{wz} = r_w/\cos\theta \tag{7}$$

则斜井稳定流动达西产能方程为

$$q_x = \frac{774.6Kh(p_e^2-p_{wf}^2)}{T\overline{\mu Z}\left(\ln\dfrac{r_e\cos\theta}{r_w}+S\right)} + \frac{774.6Kh(p_e^2-p_{wf}^2)}{T\overline{\mu Z}\left(\ln\dfrac{r_e+\sqrt{r_e^2-(0.5h\tan\theta)^2}}{0.5h\tan\theta}+\cot\theta\ln\dfrac{2h\sin\theta}{\pi r_w}+S_H\right)} \tag{8}$$

3.2 产能影响因素分析

将(8)式与(1)式相比，得到斜井与直井产能比值方程

$$\frac{q_x}{q_z} = \frac{\ln\dfrac{r_e}{r_w}+S}{\ln\dfrac{r_e\cos\theta}{r_w}+S} + \frac{\ln\dfrac{r_e}{r_w}+S}{\ln\dfrac{r_e+\sqrt{r_e^2-(0.5h\tan\theta)^2}}{0.5h\tan\theta}+\cot\theta\ln\dfrac{2h\sin\theta}{\pi r_w}+S_H} \tag{9}$$

水平井与直井产能比值方程为

$$\frac{q_h}{q_z} = \frac{\ln\dfrac{r_e}{r_w}+S}{\ln\dfrac{a+\sqrt{a^2-(0.5L)^2}}{0.5L}+\dfrac{h}{L}\ln\dfrac{2h}{\pi r_w}+S_H} \tag{10}$$

从产能比值方程看出，井斜角、储层厚度、井段长度为主要影响因素。

产能影响因素 1-井斜角：80 度前增产倍数缓慢增大，80 度后快速增大；为保证增产效果，大斜度井井斜应大于 85 度；90 度时增产 3 倍，与水平井增产 3 倍的认识一致(图 4)。计算参数：供给半径 r_e250m，井筒半径 r_w0.1m，直井表皮-1，储层厚度 5m。

产能影响因素 2-储层厚度：以井斜角 45 度为界，呈现相反规律，小于 45 度时，斜井以等效直井为主、短水平井为辅，随储层厚度增加，增产倍数逐渐降低，井斜角越小，降低幅度越大。大于 45 度时，斜井以等效短水平井为主、直井为辅，随储层厚度增加，增产倍数逐渐增大，井斜角越大，增加幅度越大。井斜角 45 度时，增产倍数保持 1.37 不变，不随储层厚度变化(图 5)。

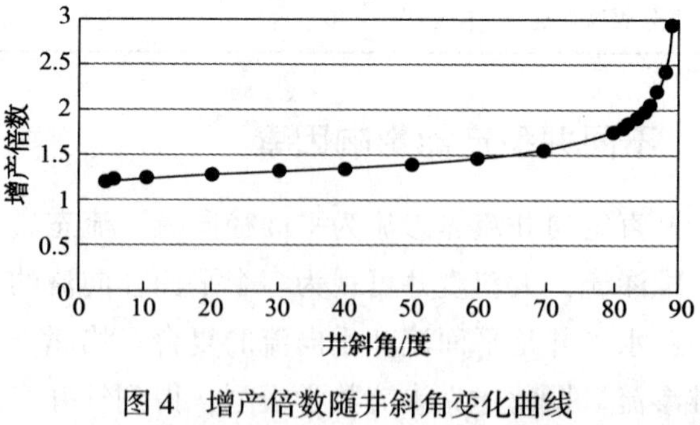

图 4 增产倍数随井斜角变化曲线

产能影响因素 3-井段长度：井段长度增加，控制储量增大，水平井和大斜度井产能均不断提高。大斜度井贯穿多套砂体、增产倍数始终大于水平井，井段长度 1500m 时增产达到 4.3 倍(图 6)。

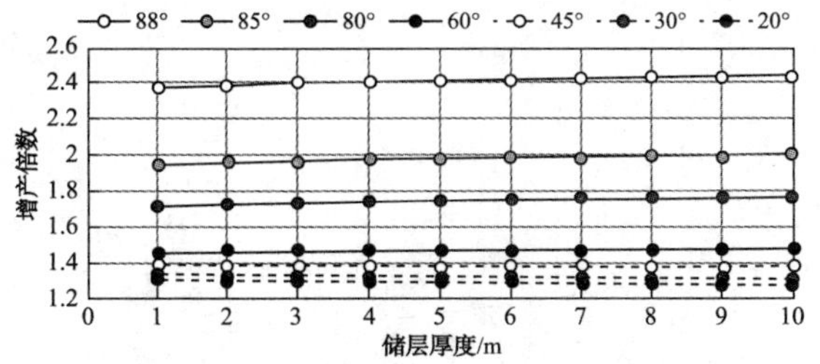

图5　增产倍数随储层厚度变化曲线

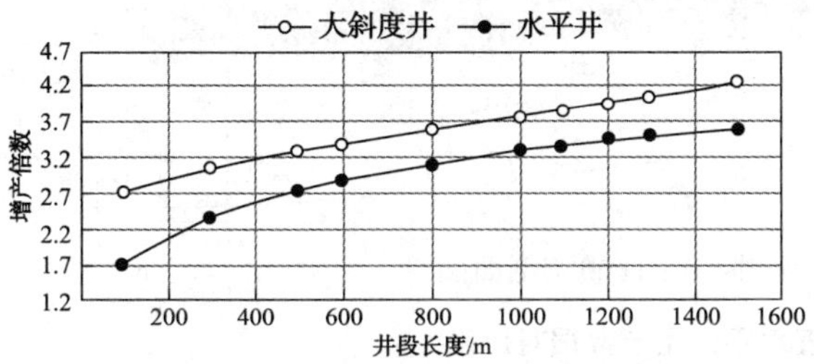

图6　井段长度对增产倍数影响曲线

3.3　大斜度井轨迹设计

$盒_{8上}$、$盒_{8下}$、$山_1$地层厚度分别约30m、30m、40m，为了增大有效储层钻遇率，大斜度井轨迹设计应遵循以下原则：一是目的层优先选取$盒_{8下}$、$山_1$段主力气层，防止钻遇大段泥岩；二是为保证增产效果，整体井斜应大于85度；三是为穿透$盒_{8下}$、$山_1$全部地层，井段长度应达到804m以上(70/cos85°=804m)。

4　实际生产效果

综合研究区储层构型及气藏工程研究，选取砂体单期发育的Ⅰ、Ⅱ类储量区可部署水平井46口，选取砂体多期叠置区域，可部署大斜度井70口(图7)。目前已完钻3口大斜度井，与同方位相邻平直水平井对比，大斜度井前三年井均日产气量、目前累产气量、单位压降采气量等生产指标更高，动储量是同方位水平井的1.75倍，大斜度井井均EUR5828×10^4m^3最高，平直水平井4791×10^4m^3，直井仅1846×10^4m^3。实际生产与前面理论计算结果相符，大斜度井生产效果好于平直型水平井(图8、表6)。

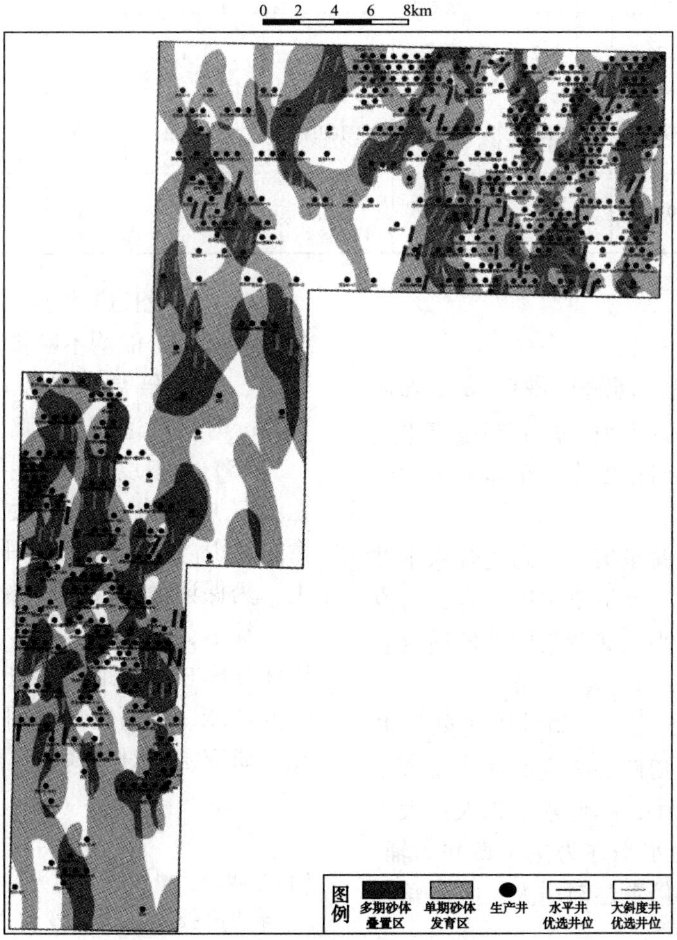

图7　研究区水平井及大斜度井部署图

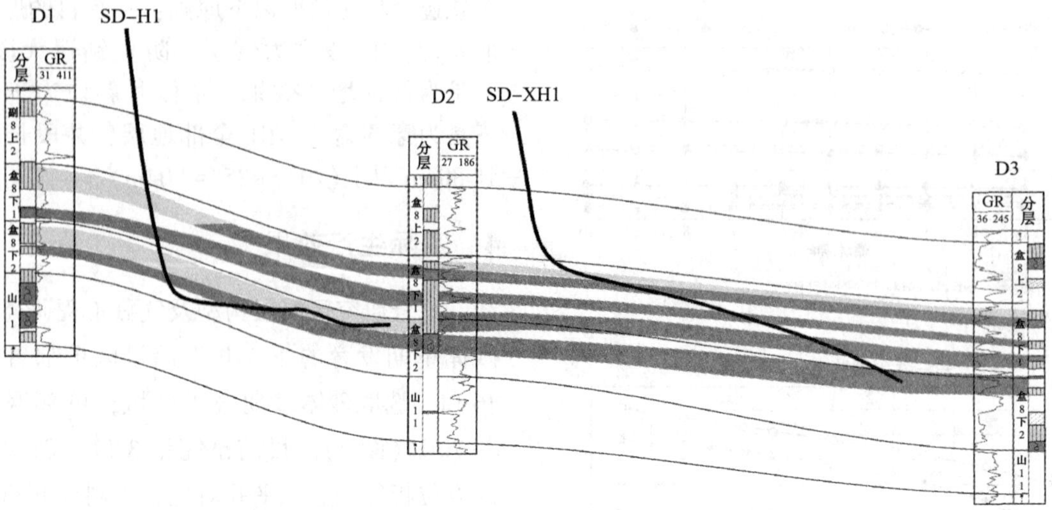

图 8　大斜度井 SD-XH1 与平直水平井 SD-H1 轨迹剖面图

表 6　大斜度井与同方位相邻平直水平井生产数据对比表

指标	对比一			对比二			对比三		
	大斜度井 SD-XH1	平直水平井 SD-H1	倍数	大斜度井 SD-XH2	平直水平井 SD-H2	倍数	大斜度井 SD-XH3	平直水平井 SD-H3	倍数
投产日期	2014/11/22	2012/9/30	/	2011/8/31	2016/11/23	/	2020/1/3	2014/11/20	/
前三年产气量/10^4m^3	3642.2	3153.1	1.2	1309.3	1116.2	1.2	2505.2	1453.5	1.7
前三年井均日产气量/$10^4m^3/d$	3.7	3.2	1.2	1.3	1.1	1.2	3.8	2.2	1.7
目前累产气量/10^4m^3	5639.7	3610.1	1.6	3107.8	1760.2	1.8	2422	2099.7	1.2
单位压降产气量/$10^4m^3/MPa$	293	166	1.8	178.6	109.5	1.6	179	122.3	1.5

5　结论

（1）研究区盒$_8$、山$_1$储层单砂体发育规模小，分布形态以复合叠置为主，剖面储量集中度低，导致水平井层间采出程度小，整体上不适合平直型水平井规模开发。

（2）单层厚度大、储量集中度高适合水平井井开发；单层厚度一般、储量集中度中等适合大斜度井开发；单层厚度小、储量集中度低适合直井开发。

（3）井斜角小于 45 度时，斜井以等效直井为主、短水平井为辅，随储层厚度增加，增产倍数逐渐降低，井斜角越小，降低幅度越大；大于 45 度时，斜井以等效短水平井为主、直井为辅，随储层厚度增加，增产倍数逐渐增大，井斜角越大，增加幅度越大。

（4）井段长度增加，控制储量增大，水平井和大斜度井产能均不断提高。大斜度井贯穿多套砂体、增产倍数始终大于水平井，井段长度 1500m 时增产达到 4.3 倍。

（5）大斜度井目的层优先选取盒$_{8下}$、山$_1$段主力气层，防止钻遇大段泥岩，二是为穿透盒$_{8下}$、山$_1$全部地层，井段长度应达到 804m 以上，为保证增产效果，整体井斜应大于 85 度。

综上，在研究区单砂体规模有限、复合叠置砂体规模较大的地质背景下，大斜度井具有提高气井产能、提高储量动用、提高整体采收率的优点，研究结论对多薄层气藏开发具有指导意义。

参　考　文　献

[1]张明禄，樊友宏，何光怀，等．长庆气区低渗透气藏开发技术新进展及攻关方向[J]．天然气工业，2013，33(8)：1-7.

[2] 余淑明，刘艳侠，武力超，贾增强．低渗透气藏水平井开发技术难点及攻关建议-以鄂尔多斯盆地为例[J]．天然气工业，2013，33(1)：54-60.

[3] 王国亭，贾爱林，闫海军，等．苏里格致密砂岩气田潜力储层特征及可动用性评价[J]．石油与天然气地质，2017，38(5)：896-904.

[4] 李波，贾爱林，何东博，等．苏里格气田强非均质性致密气藏水平井产能评价[J]．天然气地球科学，2015，26(3)：539-549.

[5] 李易隆，贾爱林，何东博．致密砂岩有效储层形成的控制因素[J]．石油学报，2013，34(1)：71-82..

[6] 郭智，贾爱林，何东博，等．鄂尔多斯盆地苏里格气田辫状河体系带特征[J]．石油与天然气地质，2016，37(2)：197-204.

[7] 何东博，贾爱林，冀光，等．苏里格大型致密砂岩气田开发井型井网技术[J]．石油勘探与开发，2013，40(1)：79-89.

[8] 齐荣，李良，秦雪霏．鄂尔多斯盆地北缘近源砂砾质辫状河砂体构型与含气性[J]．石油实验地质，2019，41(5)：682-690.

[9] 郭智，贾爱林，薄亚杰，等．致密砂岩气藏有效砂体分布及主控因素-以苏里格气田南区为例[J]．石油实验地质，2014，36(6)：684-691.

[10] 马志欣，张吉，薛雯，等．一种辫状河心滩砂体构型解剖新方法[J]．天然气工业，2018，38(7)：16-24.

[11] 卢涛，刘艳侠，武力超，等．鄂尔多斯盆地苏里格气田致密砂岩气藏稳产难点与对策[J]．天然气工业，2015，35(6)：43-52.

[12] 王继平，张城玮，李建阳，等．苏里格气田致密砂岩气藏开发认识与稳产建议[J]．天然气工业，2021，41(2)：100-110.

[13] 费世祥，陈兴官，靳锁宝，等．鄂尔多斯盆地苏里格气田有效砂体展布规律与开发方式研究-以苏东南区为例[J]．天然气勘探与开发，2018，41(4)：55-61.

[14] 程立华，郭智，孟德伟，等．鄂尔多斯盆地低渗透-致密气藏储量分类及开发对策[J]．天然气工业，2020，40(3)：65-73.

[15] 罗超，郭建林，李易隆，等．砂质辫状河隔夹层成因及分布控制因素分析-以苏里格气田盒8段为例[J]．天然气地球科学，2019，30(9)：1272-1285.

[16] 李跃刚，徐文，肖峰，等．基于动态特征的开发井网优化-以苏里格致密强非均质砂岩气田为例[J]．天然气工业，2014，34(11)：56-61.

[17] 王国亭，孙建伟，黄锦袖，等．神木气田低渗致密储层特征与水平井开发评价[J]．西南石油大学学报(自然科学版)，2019，41(5)：1-9.

[18] 刘占良，王琪，张林，等．苏里格气田东区气井产量递减规律[J]．新疆石油地质，2015，36(1)：82-85.

[19] 刘忠群．鄂尔多斯盆地大牛地致密砂岩气田水平井开发气藏工程优化技术[J]．石油与天然气地质，2016，37(2)：261-266.

[20] 刘群明，唐海发，冀光，孟德伟，王键．苏里格致密砂岩气田水平井开发地质目标优选[J]．天然气地球科学，2016，27(7)：1360-1366.

鄂尔多斯盆地深层致密气水平井体积压裂技术研究与试验

邝　聃[1,2]　胡阳明[1,2]　肖元相[1,2]　周长静[1,2]　刘晓瑞[1,2]　李　喆[1,2]

（1. 低渗透油气田勘探开发国家工程实验室；2. 中国石油长庆油田分公司油气工艺研究院）

摘　要　庆阳气田位于鄂尔多斯盆地西南部，与盆地主力气田相比，庆阳气田具有储层埋藏深、构造起伏大、砂体厚度薄、物性条件差、主力层系单一等地质特征，前期开发实践表明水平井是实现效益开发的关键。受储层地质特征影响，水平井压裂改造过程中存在"五高五难"的压裂特征，制约了单井产量和开发效益的进一步提升。针对以上问题，开展了井身结构优化研究，提升了井筒承压等级；优选地质—工程"双甜点"进行段簇优化设计，针对不同类型储层开展差异化参数设计，选用小粒径组合支撑剂进行多尺度强加砂设计；研发深井耐高温滑溜水及全金属可溶球座，配套二氧化碳增能助排提高压后排液效果，初步形成深层致密气水平井高效低成本体积压裂技术模式。现场试验20余口井，压裂施工成功率由前期的72%提高到100%，平均单井试气无阻流量较前期提升48.2%，技术上取得了突破性的成功，为深层致密气藏水平井开发提供了有力的技术借鉴。

关键词　深层致密气；水平井；体积压裂；甜点优选；耐高温压裂液

Research and Test on Volume Fracturing Technology for Deep Tight Gas Wells in Ordos Basin

Kuang Dan[1,2]　Hu Yangming[1,2]　Xiao Yuanxiang[1,2]　Zhou Changjing[1,2]　Liu Xiaorui[1,2]　Li Zhe[1,2]

(1. National engineering laboratory of low-permeability oil & gas exploration and development ;
2. Oil and gas technology institute , petroChina oilfield company)

Abstract　Qingyang Gas Field, located in the southwestern Ordos Basin, presents distinct geological characteristics compared to the primary gas fields of the basin, including deep reservoir burial, significant structural undulations, thin sand bodies, poor physical properties, and a singular main reservoir layer. Early development practices have demonstrated that horizontal wells are crucial for achieving profitable extraction. However, the unique geological features of the reservoir lead to "five high and five difficult" fracturing challenges during the horizontal well fracturing process, constraining the enhancement of single well production and overall development efficiency. to address these challenges, an optimization study of the wellbore structure was conducted, which increased the pressure-bearing capacity of the wellbore. Geology-engineering "dual sweet spots" were selected for cluster optimization design, and differentiated parameter designs were implemented for various reservoir types. Additionally, small particle - size composite proppants were employed for multi-scale high-intensity sand pumping designs. innovations included the development of high-temperature-resistant slickwater and fully dissolvable metal ball seats, as well as CO_2-assisted drainage to enhance post-fracturing fluid recovery. Field trials on over 20 wells yielded significant improvements: the fracturing success rate increased from 72% to 100%, and the average absolute open-flow rate per well increased by 48.2% compared to previous results. These technical advancements represent a breakthrough, providing valuable insights for the efficient and cost-effective development of deep tight gas horizontal wells.

Key wordst　Deep Tight Gas; horizontal wells; volume fracturing; sweet spot selection; high temperature-resistant fracturing fluid

庆阳气田位于鄂尔多斯盆地西南部，地理面积3.5万平方公里。该区主要目的层为上古生界山西组山$_1$层和石盒子组盒$_8$层，含气特征明显，开发潜力巨大，是长庆气田下步上产并持续稳产的重要战略接替区。与盆地中部苏里格气田等已开发区块相比，庆阳气田深层致密气具有储层埋藏最深(3800~5200m)、压力系数低(0.7)、构造起伏大、有效砂体厚度薄(3.5~6.5m)、物性条件差(覆压渗透率0.05mD)、主力层系单一(山$_1$)等地质特征。前期围绕陇东庆阳气田上古砂岩气藏开展了一系列钻采工程技术研究与试验，但从实施效果来看，储层改造主要面临破裂压力高地层破裂困难、闭合应力高裂缝延伸困难、杨氏模量高加砂困难、地层温度高液体携砂困难、排驱压力高压后返排困难等“五高五难”特征，采用常规压裂改造工艺技术，单井产量相对较低。针对上述问题，2021年以来以增加改造体积为目标，在提升承压等级的基础上开展了深薄层缝控体积压裂技术攻关与试验，探索提高单井产量和开发效益的新途径。

1　与国内外深层气储层特征对比

陇东致密气储层埋深3800~5200m，砂体厚度10~20m，但山$_{13}$层平均有效砂体厚度仅4.1m。储层主要以岩屑石英砂岩、石英砂岩为主，石英含量占总量85%以上，岩屑成分以火成岩、变质岩为主。山$_{13}$层储层孔隙度主要分布在4.0%~8.0%，平均孔隙度5.6%；渗透率主要分布在0.01~0.2mD，是典型的致密气砂岩储层。测试原始地层压力35.0~39.4MPa，地层压力系数仅0.7，地层温度120.4~153℃。与国内外深层气藏对比，具有储层埋藏更深、单层厚度更薄，储层温度更高、压力系数更低等特点(表1)。

表1　陇东致密气与国内外致密气储层特征对比

气田		深度/m	单层厚度/m	孔隙度/%	渗透率/mD	地层温度/℃	压力系数	闭合应力梯度/(MPa/m)
国外	Haynesville	3200~3900	45~90	8~12	0.01~0.1	130	1.94	0.0226
	Cana woodford	3200~4690	30~152	5~8		121	1.58	0.020
	HilliardMancos	4500~4700	30~100	4.2		130	1.6~2.0	0.0256
国内	吐哈油田	3100~3900	20~40	3.1~8.4	0.05~3.61	87~105	0.98~1.17	0.025
	吉林长深气田	>3500	20~40	<6	<0.2	100~120	1.142	0.017
	川西须家河	4000~5100	30~80	2.0~4.0	0.01~0.2	80~135	1.65	0.021
	川东南丁山	4200	30~50	4.0~6.0	0.01~0.2	100~120	1.0~1.55	0.0246
	川东永川	4300	36~47	4.0~6.0	0.01~0.2	100~120	1.7	0.024
	长庆陇东新区	3800~5200	10~20	4.0~8.0	0.01~0.2	120~150	0.70~0.76	0.0193

2　陇东深层致密气面临挑战

(1)储层埋深更大。对比国内外主要深层致密气藏，陇东新区致密气埋深更大，物性差，山$_{13}$层裂缝延伸压力81~106MPa，存在压裂施工起裂困难、工作压力高等问题，储层改造对压裂设备、管柱承压提出更高的要求。

(2)气层厚度更薄。国内外深层页岩气藏开发主体采用大排量、大液量、大砂量的体积压裂模式，然而陇东新区深层致密气藏纵向砂体较薄，厚度10~20m。因此，该区改造需要在控制裂缝高度的同时，增加裂缝长度和沟通天然微裂缝是提高改造体积的关键点。

(3)储层温度较高，达到130℃以上。高温条件下，常规胍胶压裂液耐高温和携砂性能大幅度下降，施工风险加大；同时较深的管柱具有较高的管柱沿程摩阻，无法实现大排量注入要求。

(4)地层压力系数更低。对比国内外深层气区，陇东新区地层压力系数仅0.7，孔隙类型差，黏土矿物主要以伊利石为主，易发生膨胀、絮凝、堵塞喉道。高压压汞分析结果表明，岩心排驱压力高，退汞效率低42.7%，不利于压裂液的返排。

3 深层致密气水平井体积压裂技术研究

3.1 完井方式优化

开发初期，陇东新区水平井采用 6″裸眼完井+4½″裸眼封隔器分段压裂工艺。但裸眼封隔器完井工序复杂，钻完井过程中出现复杂工况处理难度大，在单井上存在由于下钻复杂导致的水平段无法改造的情况；裸眼封隔器工具密封套管和井壁间的胶筒较短，一般不超过 500mm，如果裸眼封隔器坐封在不规则井眼段，段间封隔能力显著降低，压裂过程中存在串层的现象；陇东新区储层储层埋深大，裂缝延伸压力高，施工过程中存在部分致密井段起裂困难、加砂失败、施工压力高等问题，施工成功率仅为 72%(表 2)。

表 2　陇东水平井裂缝最大延伸压力测算

井号	垂深/m	破压/MPa	工压/MPa	停压/MPa	裂缝最大延伸压力/MPa
庆 1-＊＊-64H2	4288	64.5~69.3	48.6~74.2	38.7~59.5	102.4
庆 1-＊＊-65H1	4166	48.1~78.8	59.1~78.0	37.2~43.0	84.7
庆 1-＊＊-65H2	4266	54.8~72.8	65.9~76.5	41.6~56.8	99.5
庆 1-＊＊-66H1	4298	42.3~72.1	54~63.6	37.9~41.8	84.8
庆 1-＊＊-65H1	4262	67.0~74.4	56.4~67.0	45.0~75.2	96.3
平均	4256	48.1~78.8	48.6~78.0	37.9~75.2	93.5

结合深层致密气水平井生产特征，采用逆向思维、正向设计，从满足气井全生命周期生产、低成本钻完井的技术需求出发，通过开展水平井优快钻井技术、窄间隙固井技术、分段多簇压裂技术、全生命周期排水采气技术攻关，优化形成 6″井眼+4½″套管+2⅜″油管的“三小”一体化钻完井方案(图 1)。

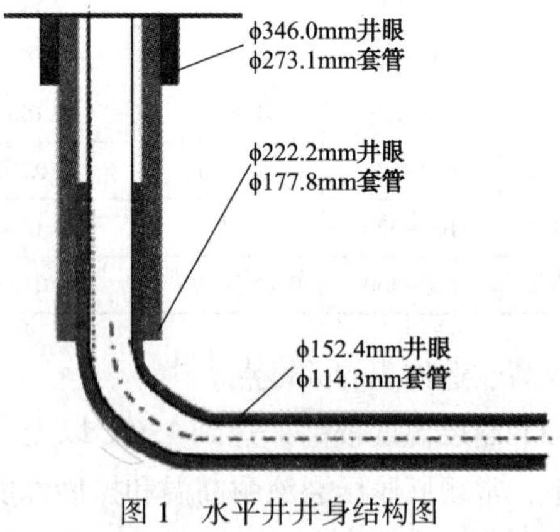

图 1　水平井井身结构图

3.2 提高压力等级

水平井完井方式由裸眼完井转变为固井完井，解决了前期 4½″裸眼封隔器下钻及压裂施工复杂，但压裂改造仍面临两方面的挑战：(1)深层致密气地应力较常规区块高 20MPa，裂缝延伸压力高，施工压力高，加砂难度大；(2)前期水平井压裂施工压力普遍高于 60MPa，其中 5 口井 14 段因施工压力高未达到设计要求。

由于压裂施工井口限压 70MPa，部分井段采用小排量压裂，井底压力超过壁厚 7.37mm、钢级 P110 生产套管的抗内压强度 0.3~4.9MPa，在固井质量较差的井段，存在套管变形的风险。

针对庆阳气田深层致密气水平井施工压力高的难点，将套管头、井口大四通承压等级由 70MPa 提高至 105MPa、生产套管壁厚由 7.37mm 提高至 8.56mm，提升了深层水平井分段压裂技术能力。具体做法有：(1)井筒安全等级提升：套管、套管头及井口承压等级由 70MPa 升级至 105MPa；(2)桥射联作升级：采用深穿透射孔弹，配套耐高压防喷管，提高安全限压；(3)压裂管线升级：提高施工限压，由 70MPa 提高到 84MPa。具体如表 3 所示。

表 3　陇东新区水平井气层套管抗内压强度与裂缝延伸压力比值表

气田	裂缝延伸压力/MPa	7.37mm 壁厚套管		8.56mm 壁厚套管	
		抗内压强度/MPa	抗内压强度/延伸压力	抗内压强度/MPa	抗内压强度/延伸压力
苏里格	55	85.6	1.55	99.4	1.80
庆阳	87	85.6	0.98	99.4	1.14

3.3 裂缝参数优化设计

根据山$_1$层物性参数特征，通过压裂模拟软件，优化最优裂缝半长150~250m。并在此基础上，结合裂缝导流能力优化结果和矿场实践，优化形成了高排量混合水体积压裂设计参数(图2、表4)。

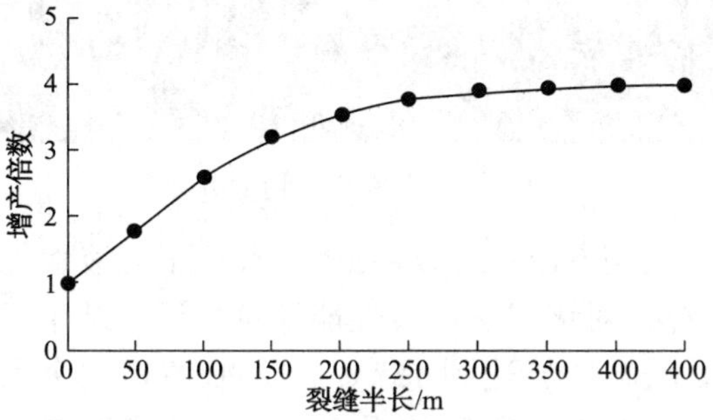

图2　增产倍数随裂缝长度的变化曲线

表4　陇东深层致密砂岩气藏压裂改造施工参数表

水平段长/m	1000	段间距/m	120
段数	8	簇数	3~5
簇间距/m	30~50	排量/(m^3/min)	8~10
单段砂量/m^3	50~80	单段液量/m^3	450~700

3.4 压裂支撑剂优选

高渗、低渗储层对裂缝导流能力需求不同，过高的裂缝导流能力不仅对产量增加提升有限，同时也会大幅度增加作业成本。因此，需结合储层渗透率和闭合应力条件评价储层改造需求。庆阳气田储层埋深3800~5200m，覆压渗透率0.05mD，裂缝闭合压力56~65MPa，采用数值模拟软件开展了支撑裂缝导流能力需求研究并优选了支撑剂组合。

(1) 基于庆阳气田储层物性特征，应用综合指数法、下限法以及神经网络法构建了地质-工程耦合的产能预测模型，模拟不同裂缝导流能力对累计产气量的影响。评价结果表明：庆阳气田致密气裂缝导流能力需求为2~5μm^2·cm(图3)。

(2) 在闭合压力60MPa、铺砂浓度5.0kg/m^{2}条件下，室内分别评价了20/40目、40/70目、70/140目、100/200目四种规格陶粒支撑剂的导流能力，结果显示四种支撑剂裂缝导流能力均满足要求，但20/40目陶粒裂缝导流能力溢出较大。根据评价结果优选40/70目以上陶粒作为庆阳气田储层改造支撑剂(图4)。

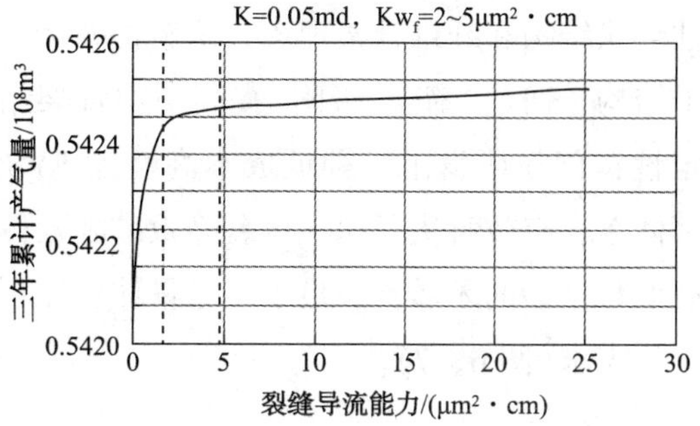

图3　累计产气量与导流能力的关系

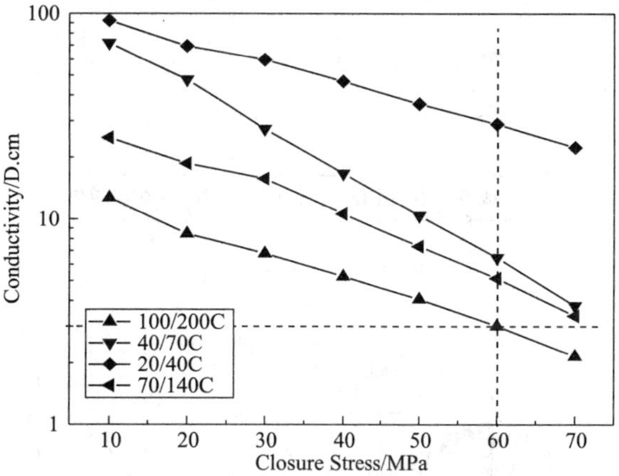

图4　不同闭合应力下支撑剂导流能力曲线

(3) 进一步采用平行板物模实验对缝内支撑剂运移铺置状态进行研究，结果显示小粒径支撑剂更易于被携带至裂缝深部，铺置距离更远，更有利于形成支撑长缝。综合考虑导流能力和长缝支撑需求，评价优选采用40/70目和70/140目两种陶粒组合，最佳配比3∶1(图5)。

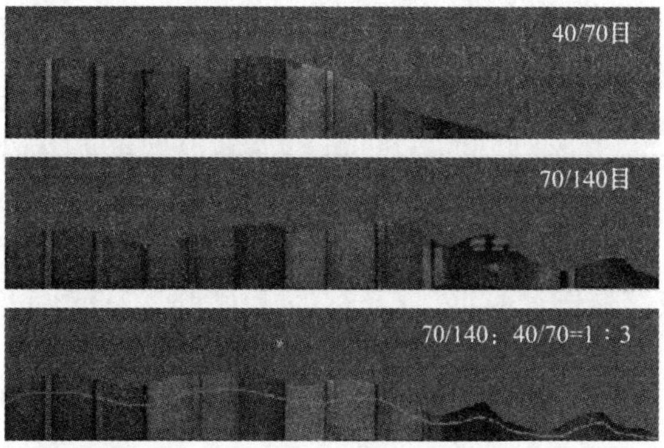

图5　不同支撑剂及组合平行板实验铺砂形态图

3.5　耐高温工具材料研发

3.5.1　耐高温压裂液体系

针对庆阳气田“储层温度高、加砂难度大、水源紧缺、压后返排难”等问题，围绕聚合物减阻和增稠理论、储层伤害机理等核心技术，引入刚性环状结构和纤维骨架理念，重新构架滑溜水分子结构，通过“缔合-吸附”提高空间骨架结构稳定性，创新研发了一种低成本高性能 FVS 滑溜水体系，有效解决了深井压裂高效减阻及体积压裂低黏携砂的矛盾，满足了高排量体积压裂改造工艺需求(图 6、7)。

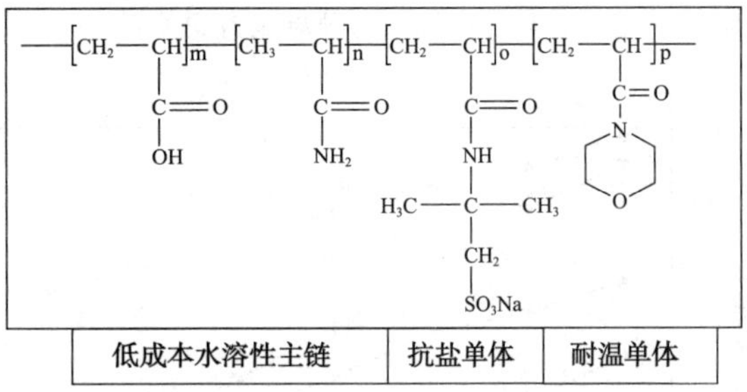

图 6　分子结构设计

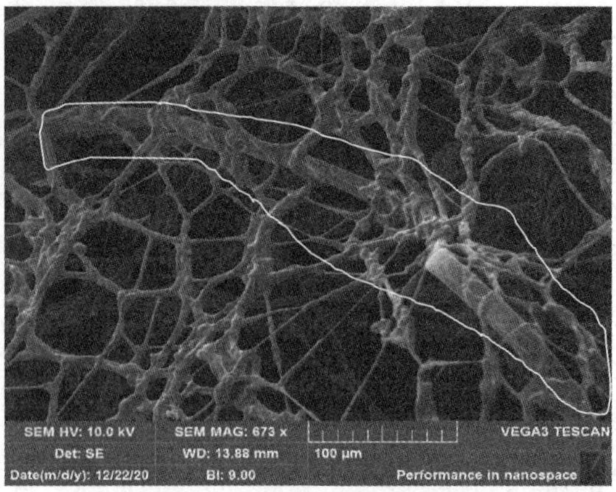

图 7　聚合物溶液扫描电镜

采用 SY/T 5107—2016《水基压裂液性能评价方法》对该体系进行性能评价，评价结果显示体系耐温性能达到 158℃，120℃剪切剩余黏度 85mPa · s，与胍胶体系相比减阻性能由 50%提高到 75%，基质伤害率 < 15%，表面张力 < 23mN/m，增大接触角 > 60°，毛细管阻力降低 40%，能有效降低施工压力，提高压后返排，解决“高携砂与易返排”矛盾；此外，体系配伍性更高，兼具可回收特性，能一定程度缓解黄土高原水资源紧缺及环保压力(图 8、表 5)。

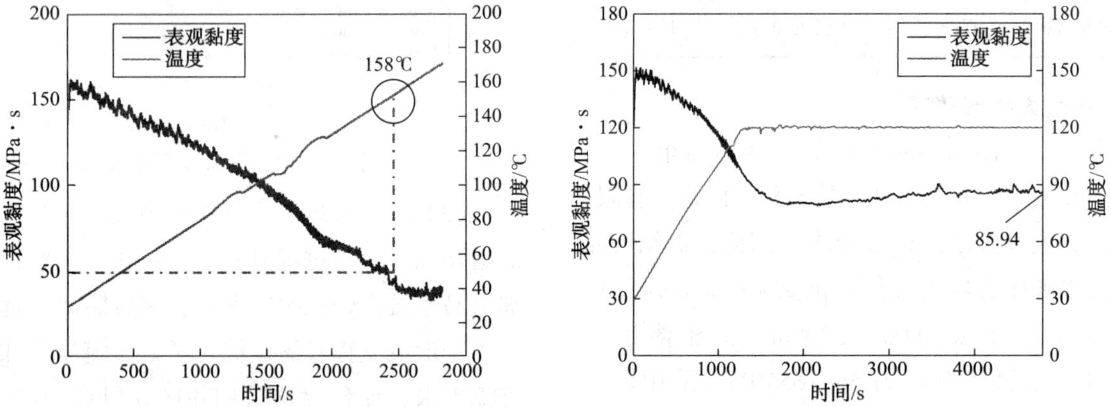

图 8　耐高温 FVS 压裂液耐温及抗剪切曲线

表 5　长庆气田常用压裂液体系指标对比

项目	胍胶体系	VSW 滑溜水体系	耐高温 FVS 体系
耐温性能/℃	143	124	158
减阻性能/%	55	72	75
120℃耐剪切性能/(mPa · s)	168	32	85
120℃携砂性能/(kg/m^3)	480	300	500
表面张力 δ/(mN/m)	25.98	24.64	22.22
岩心伤害率/%	26.6	13.8	14.7

3.5.2 耐高温全金属可溶球座

长庆气田前期主体压裂工具为可溶桥塞，性能满足现场试验需求，但可溶桥塞胶筒降解速度慢，且溶解产物多容易和返排液中固态物质粘在一起堵塞井筒等问题，影响气井压后排液及后期井下作业。针对这一问题，本着“全可溶工具封隔、可压后快速投产”的设计理念，创新研发了耐高温全金属可溶球座，实现了机械性能稳定、溶解产物少的应用需求(图9)。

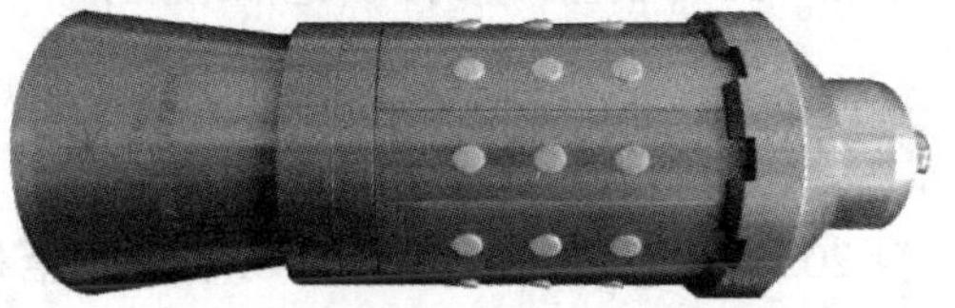

图9　全金属可溶球座示意图

设计研发的全金属可溶球座，锚封一体、力学自锁、结构紧凑，对比国内外同类桥塞产品，工具长度缩减30%左右，大幅削减溶解产物；通过可溶金属配方研究及优化、材料成型及热处理工艺创新，突破了可溶金属延展率低、溶解条件苛刻等技术瓶颈，实现了可溶金属扩径密封，地面打压试验耐高温150℃，压差105MPa；采用可溶金属密封替代橡胶密封，解决橡胶件溶解困难的问题，在110℃、0.1%KCL的溶解条件下，球座2天内失去锚定，7天完全溶解，最终全溶解产物为“粉末状”，在井筒条件下可与返排液混合返出地面，满足现场排液测试及安全生产需求(表6)。

表6　耐高温高压可溶球座技术参数

规格	外径/mm	内径/mm	总长/mm	可溶球尺寸/mm	适用套管内径/mm	适用温度/℃	耐压差等级/MPa	剪切力/kN
4½″	Φ89	Φ40	262	Φ55	97.18	150	105	170
5½″	Φ104	Φ52	278	Φ67.5	114.3	150	105	240

3.6 CO_2增能助排工艺研究

庆阳气田储层压力系数仅为0.7，孔隙结构以中-小孔为主，孔喉连通性差，不利于压裂液返排，前期采用液氮助排一次喷通率仅33%，排液周期高于盆地其它区块。针对低压深井快速排液难题，开展深井CO_2前置增能助排数值模拟研究，基于气藏地质储量计算方法，采用Stars数值模拟软件，建立了CO_2注入和返排过程中井底及近井储层压力场数值模型，模拟计算了不同注入液量、不同注入排量下的增压效果及对返排的影响，提出了合理的CO_2注入量和注入排量。

(1) 模拟注入量从50m^3增加到500m^3时，随着注入量增加，井底压力从28.4MPa增加到42.2MPa；近裂缝区储层(10～60m)增压4～10MPa(图10)。

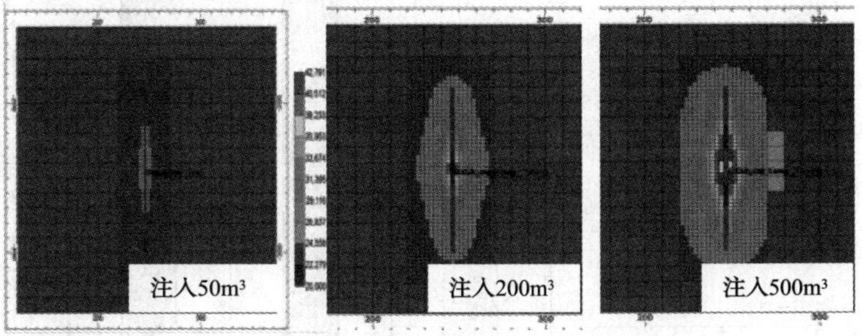

图10　不同CO_2注入量下井底及近裂缝区储层压力分布模拟

(2) 随着注入量增加，CO_2沿裂缝方向及两侧波及面积增加；注入排量越大，井底压力更高，当达到5.5m^3/min后，压力增幅变小。结合经济性考虑，优化单层/段CO_2用量为200m^3，注入排量为4-5方/分，可将近井地层地层压力系数提升至1.0以上(图11)。

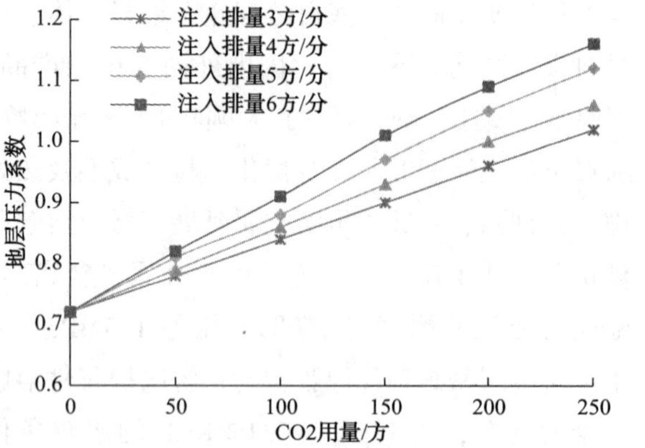

图 11　CO_2用量及注入排量对近井地层压力系数的影响

（3）返排模拟研究表明，不注 CO_2压裂返排最高为 $11m^3/d$；注 CO^2后，日返排最高为 $48m^3/d$，较前者提高了 4.36 倍，且 CO_2注入量大，返排更高，累积返排水量更大(图 12、13)。

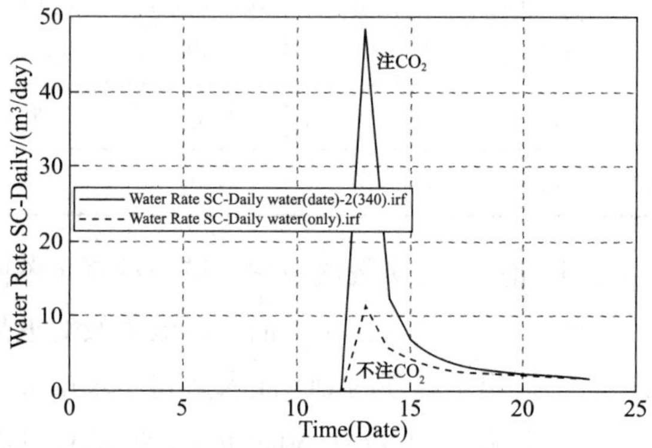

图 12　不注 CO_2和注入后对排液的影响

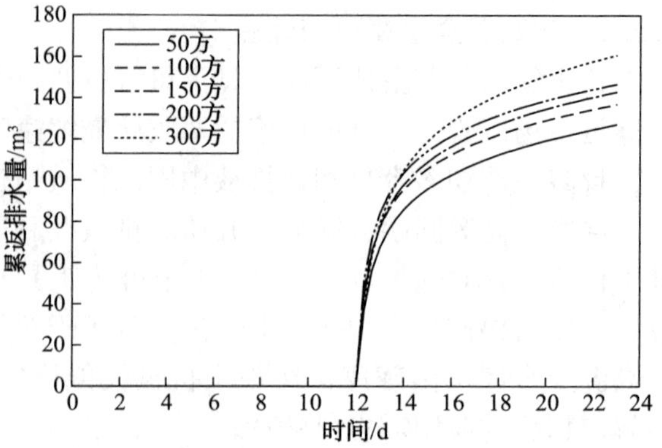

图 13　CO_2不同注入量对累计返排的影响曲线

4　现场应用及效果分析

自 2021 年开展先导性试验以来，截至目前累计应用 22 口井 154 段，平均单段加砂 62 方，前置 $CO_2$120 方。与技术升级前的水平井相比，技术升级后的各项工艺参数及实施效果均实现大幅提升：施工排量由 6.0～8.0 方/分提升到 8.0～10.0 方/分，主压裂施工压力范围由 55.6～66.9MPa 提升到 65.2～77.8MPa，加砂一次成功率由 72%提高到 100%，压后排液一次喷通率由 66.6%提升到 90%以上，平均单井试气无阻流量由 56.8 万方/天提升到 84.2 万方/天，提升幅度达到 48.2%。长期生产情况跟踪对比显示，试验井投产第一年累产气量提升约 30%，技术上取得了突破性的成功，为深层致密气藏水平井开发提供了有力的技术借鉴(图 14、15)。

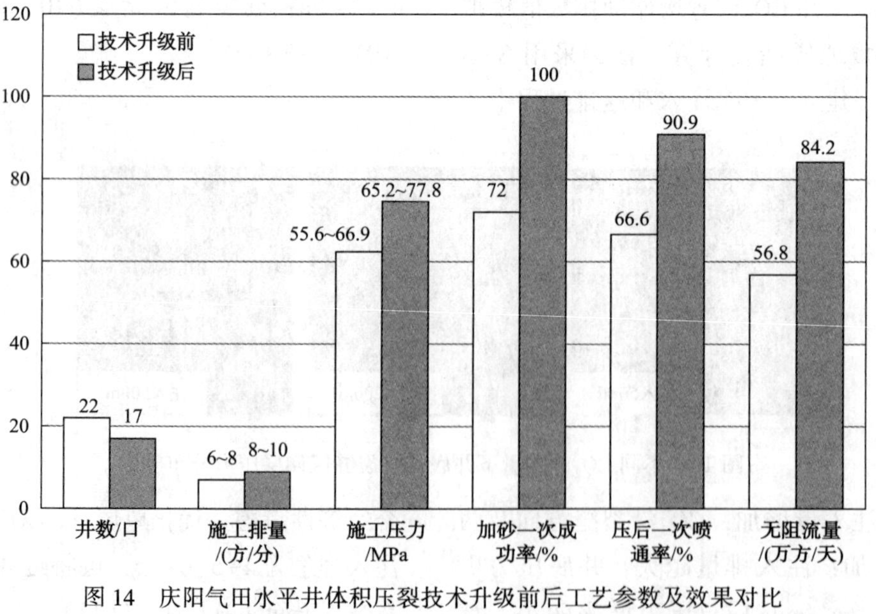

图 14　庆阳气田水平井体积压裂技术升级前后工艺参数及效果对比

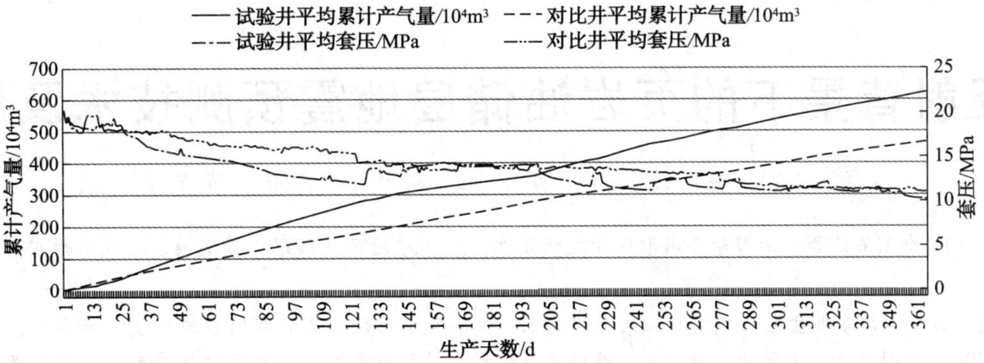

图 15　庆阳气田水平井体积压裂技术升级前后年累产气量对比

5　结论与认识

(1) 通过完井方式的转变，优化形成 6″井眼+4½″套管+2⅜″油管的“三小”一体化钻完井方式和提高压裂承压等级，为解决庆阳气田施工压力高、加砂压裂难的问题提供了硬件基础；根据储层物性条件优化定型压裂改造参数提高了储层改造针对性。

(2) 模拟研究表明，庆阳气田深层致密气裂缝导流能力需求为 2～5$\mu m^2 \cdot cm$，评价优选的 40/70 目+70/140 目组合支撑剂(比例 3∶1)，既满足了导流能力的需求，同时也满足长缝支撑需求，有效提高了储层改造体积。

(3) 研发的深井压裂液体系具有耐高温、高携砂、低摩阻、易返排、可回收的技术优势，满足深层致密气高排量混合水体积压裂需求；全金属可溶球座耐高温耐高压，坐封性能稳定、溶解产物少，满足高温深井排液测试及安全生产需求。

(4) 庆阳气田储层压力系数仅为 0.7，通过前置 CO_2增能助排工艺能显著提高近井地层压力系数，提高压后返排速率和累计返排液量。

(5) 现场累计应用 22 口井，与技术升级前相比，加砂一次成功率由 72%提高到 100%，压后排液一次喷通率由 66.6%提升到 90%以上，平均单井试气无阻流量由 56.8 万方/天提升到 84.2 万方/天，技术上取得了突破性的成功，为深层致密气藏水平井开发指明了技术方向。

参　考　文　献

[1] 李勇明，等．超深特低渗储层压裂改造技术关键与对策[J]．钻采工艺．2007，30(2)：57-59

[2] 胡阳明，等．水力压裂近井裂缝转向延伸轨迹模拟[J]．大庆石油地质与开发．2019，38(2)：53-57

[3] 毕曼，等．长庆气田深层致密气藏体积压裂技术研究与应用．非常规储层改造技术进展[M]．北京：石油工业出版社，2018.

强反射背景下的页岩油储层地震预测技术及应用

张　杰[1,2]　高　改[1]　丁　骞[1]　陈　娟[1,2]　李青阳[1]　黄黎刚[1,2]

（1. 中国石油长庆油田分公司勘探开发研究院；2. 低渗透油气田勘探开发国家工程实验室）

摘　要　鄂尔多斯盆地长 7_3 发育纹层型页岩油，主要集中在烃源岩底部的多岩性复合地层中，地层厚度 5～20m，岩性复杂，由页岩、凝灰岩、粉砂质泥岩和少量细砂岩组成，呈纹层状叠置，储层以凝灰岩及粉砂质泥岩为主，厚度为厘米级。在地震记录中，由于地层厚度未达到 1/4 波长，没有独立的地震响应。此外，储层与围岩的地球物理性质差异较小，储层的反射淹没在页岩地层的强反射中，难以用常规地震反演方法进行预测。针对这类非常规薄储层预测，提出了地震地质体识别度的概念，它是指地质体对所在地震反射同相轴波形的改变程度，它的大小与地质体与围岩的地球物理属性差、地质体的规模、地质体的结构及地震资料品质相关，这一概念突破了 1/4 波长地震分辨率的限制，为地震识别更小的地质体提供了理论依据。在这一理论指导下，依据页岩油发育区页岩反射同相轴具有“上凸”及下覆波谷加宽等特征，构建了波谷加宽量与储层厚度的关系公式，并成功预测了 5m 以上的页岩油储层。145 口验证井的预测精度达到 85.5%。该方法实现了对淹没在页岩地震强反射中且无独立地震响应的储层的准确预测，为非常规油气藏的预测提供了新思路。

关键词　鄂尔多斯盆地；纹层型页岩油；地震预测；地震地质体识别度

Seismic prediction technology and application of shale oil reservoirs under strong reflection background

Zhang Jie[1,2]　Gao Gai[1]　Ding Qian[1]　Chen Juan[1,2]　Li Qingyang[1]　Huang Ligang[1,2]

(1. Research Institute of Exploration and Development, Changqing Oilfield Company, PetroChina
2. National Engineering Laboratory for Low Permeability Oil & Gas Field Exploration and Development)

Abstract　The Change 73 of the Ordos Basin are source rocks with a thickness of 5～20m. The bottom of the source rock develops centimeter thick laminated shale oil reservoirs (LSOR), which are a lithological complex composed of shale, tuff, silty mudstone, and a small amount of fine sandstone. The thickness of the Chang73 laminated shale oil reservoir is thin and cannot reach a seismic resolution, so it cannot be identified in seismic reflections. In addition, it is difficult to predict the Chang73 shale oil reservoir through traditional seismic inversion methods because the geophysical properties between the Chang73 shale oil reservoir and the surrounding rock are very small, and its reflection is submerged in the strong reflection of the formation. We propose the concept of seismic geobody identifiability (SGI) to address this type of thin reservoir. The SGI is a concept that reflects the degree of change in seismic reflection waveforms caused by geological bodies. It is related to the geological bodies, the surrounding rocks and the quality of seismic data. This concept breaks through the limitation of seismic resolution and provides a theoretical basis for seismic identification of geological bodies below 1/4 wavelength. Under the guidance of this theory, the characteristics was discovered that the reflection peak protrude upwards and the trough widen in the Chang73 shale oil development area. We have established a relationship between the width of the reflection trough and the thickness of the reservoir, and successfully predicted shale oil reservoirs over 5meters. The prediction accuracy of 145 validation wells reached 85.5%. This method achieves accurate prediction of shale oil reservoirs with thickness below seismic resolution, providing a new approach for predicting unconventional oil and gas reservoirs.

Key wordst　Ordos Basin, Laminated-type Shale Oil Reservoirs, Seismic Prediction, Seismic Geobody Identifiability.

1　引言

鄂尔多斯盆地长7段发育了我国典型的陆相油页岩，纵向上划分为上甜点段（长7_1）、中甜点段（长7_2）和下甜点段（长7_3），其中上、中甜点段为泥页岩夹多期薄层粉细砂岩的岩性组合，为夹层型页岩油，已实现规模效益开发；下甜点段为砂-泥-页岩组合，为纹层型页岩油，近年来勘探取得了突破，展现了较好前景。前期主要对长7_3页岩的有机地球化学性质和生烃潜力进行了系统研究，长7_3页岩油勘探获突破后，一些学者对长7_3段的岩性组合特征进行分析，明确了页岩油储层的类型及分布。在长7_3张家滩页岩中下部发育一套多岩性复合体，厚度5~20m，是页岩油的有利储集体和甜点目标。由于厚度小于1/4波长，没有独立的地震响应，地震反射信息淹没在页岩强反射背景中，且储层与围岩地球物理属性差异小，常规地震预测技术较难预测。针对这种非常规的薄储层地震预测，提出了地震地质体识别度理论，地震地质体识别度是指地质体对所在地震同相轴波形的改变程度。该理论将地震识别的对象-地质体作为主体进行研究，突破了1/4波长地震分辨率的限制，使得小于1/4波长地质体的预测有了理论依据。在该理论的指导下，依据页岩油发育区张家滩页岩反射同相轴具有“上凸”及下覆波谷加宽的特征，构建了波谷加宽量与页岩油储层厚度的关系式，并成功预测了5m以上的页岩油储层。145口验证井的预测精度达到85.5%，为风险井位部署及资源落实提供有力的支持。

2　地质背景

庆城地区位于鄂尔多斯盆地伊陕斜坡西南部，受盆地构造沉降、沉积环境演化等因素影响，长7段沉积了一套半深湖-深湖相泥页岩与重力流砂体沉积组合，长7段自下而上划分为长7_3、长7_2和长7_1亚段。长7_3亚段以半深湖-深湖沉积环境为主，发育多期细粒沉积岩性复合段，这种砂泥薄互层是页岩油有利的储集体和甜点目标。在长7_3复合岩性段发育明显的纹层结构，纹层类型主要包括富有机质型、富凝灰质型、富黏土质型和长英质粉砂岩型，组合形式多样，结构复杂。单层厚度一般0.5~60cm，岩性类型主要包括粉砂岩、泥岩、页岩和凝灰岩（图1）。纹层型储集体宏观上具有厘米级的纹层变化，微观上可见微米级的粒序变化，粉砂岩纹层段普遍含油，岩心原油外渗明显，荧光显示好。

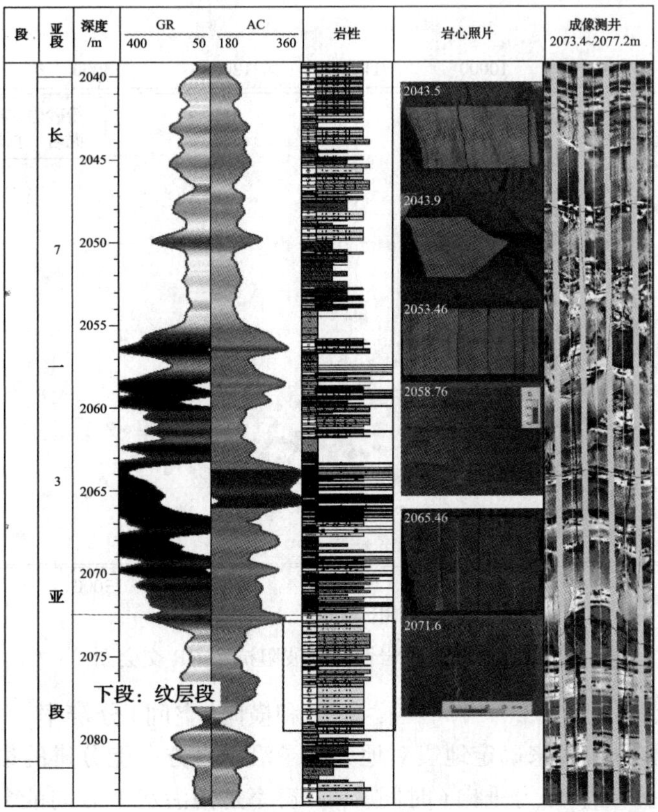

图1　X井长7_3井岩性柱状图

3 纹层型页岩油储层地震预测

3.1 地震响应特征及岩石物理分析

盆地广泛发育的张家滩页岩位于长 7_3段，厚度 5~15m，地震剖面上表现为强波峰反射特征，为主要区域标准层之一，纹层型页岩油主要发育在长 7_3中下部多岩性复合体，厚度 5~20m，由于厚度小于 1/4 波长，地震剖面上无独立的地震响应，反射信息淹没在页岩强反射背景中，如图 2 所示，图中的 T_{T7}反射同相轴为张家滩页岩反射特征，其中 X2 井长 7_3页岩油储层不发育，X3、X4 井在长 7_3底部发育页岩油储层，但在地震剖面上，地震响应无差异。利用 5 口典型井的测井数据对多岩性复合体进行岩石物理分析，如图 3 所示，围岩的纵波阻抗主要集中在 8200~12000(m/s)·(g/cm³)之间，页岩油储层的纵波阻抗主要集中在 9400~12000(m/s)·(g/cm³)，与围岩在同一区间，差异小。由于长 7_3页岩油发育层段无独立地震响应、且储层与围岩纵波阻抗差异小，常规地震反演等技术较难识别。

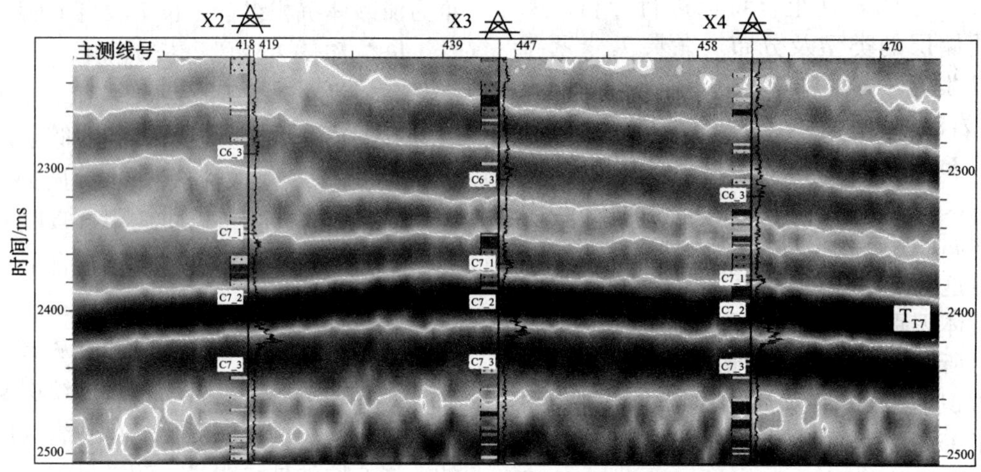

图 2　过 X2-X3-X4 井地震偏移剖面

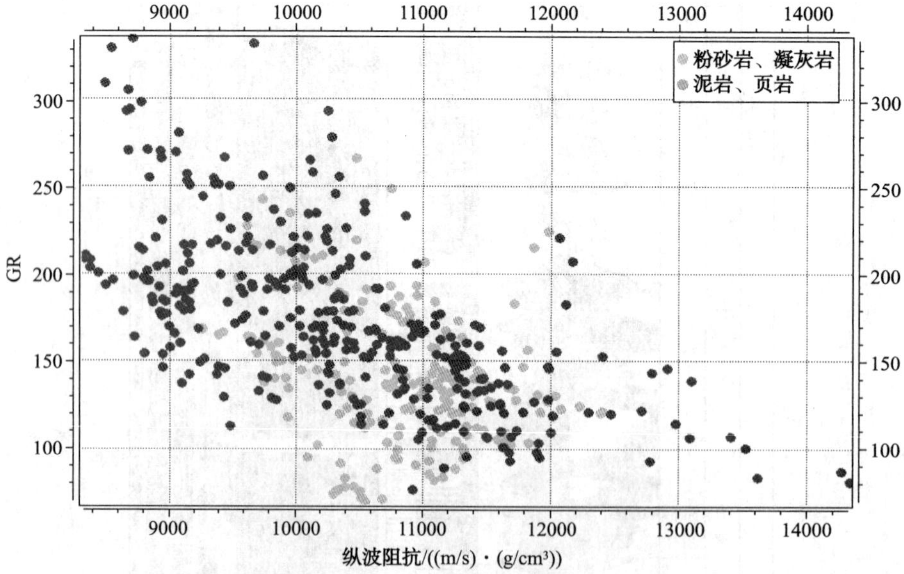

图 3　长 7_3复合岩性体纵波阻抗与 GR 交会图

3.2 地震地质体识别度

通常情况下，用地震分辨率来确定地震对地质体的预测能力。地震分辨率分为垂向(时间)和横向(空间)分辨率，垂向分辨率是指地震记录沿垂直方向能分辨的最薄地层的厚度；横向分辨率是指沿水平方向能分辨的地质体(断层、尖灭、岩性体)的大小，通过这个概念不难发现，它针对的是构造勘探。对于岩性勘探，特别是陆相沉积的地层，地质体的厚度多数小于 1/4 波长，许多学者通过研究，认为利用地震切片及属性，可以预测 1/8、1/16 波长的地质体，但关注点都是地震资料本身。本文提出了地震地质体识别度这一理论，地震地质体识别度是指地质体对所在地震反射同相轴波形的改变程度，它的大小与地质体与围岩的地球物理属性差、地质体的规模、地质体的结构及地震资料品质相关，这一理论将地震识别的主体-地质体作为主要研究对象，突破了 1/4 波长地震分辨率的限制，为地震识别更小的地质体提供了理论依据。例如在鄂尔多斯盆地庆城地区，地震资料主频为 30~35Hz，频宽 6~65Hz，长 8 油层组砂体与围岩的纵波阻抗差为 590(m/s)·(g/cm^3)，10m 厚的砂体在地震剖面上表现为中-弱波峰反射，且横向稳定，地震可识别，而该区侏罗系的煤层与围岩的阻抗差为 590(m/s)·(g/cm^3)，1.1m 的煤层所在同相轴的最大振幅值与长 8 油层组 10m 厚的砂体所在的同相轴的最大振幅值一致，2m 厚的煤层在地震剖面上表现为强反射特征，能被很好地识别。另一影响因素是地质体的结构，这里所说的结构一是指地质体本身的内部结构，二是指地质体与围岩的接触关系。例如长 8 主砂带砂体厚 10~20m，为厚层块状，地震剖面上表现为中-强振幅反射，横向波形稳定，在砂带边部，砂体厚度小于 10m，为薄互层特征，地震响应为弱-空白反射，波形横向变化快，因此，利用砂带边部砂体的结构特点，可以较好确定主砂带的边界(图 4)。

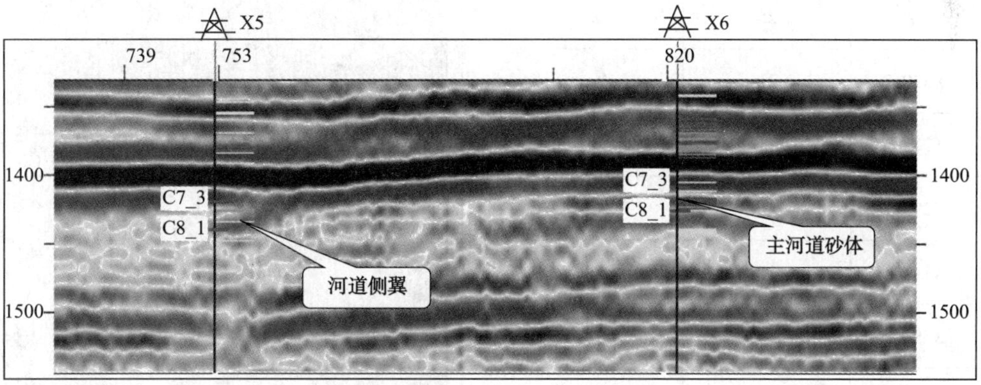

图 4　过 X5、X6 井地震叠加剖面

3.3　基于波谷延迟时间的页岩油储层预测

长 7_3纹层型页岩油储层虽然没有独立的地震响应，但是它的存在改变了张家滩页岩的地震响应特征，使 T_{T7}反射同相轴具有明显“上凸”及下覆波谷加宽的特征。如图 5 所示，图中 X7 井长 7_3段页岩油储层不发育，X8、X9 井长 7_3段测井解释页岩油储层厚度分别为 8.4m、4.2m，这两口井处的 T_{T7}反射轴具有明显的“上凸”及下覆波谷加宽特征。利用研究区 17 口井进行井震对比，发现波谷加宽量与页岩油储层厚度存在很好的线性关系，即波谷越宽，页岩油储层越厚，反之则越薄(表 1，图 6)，利用这一特征，拟合了波谷加宽量与页岩油储层厚度关系式，如下：

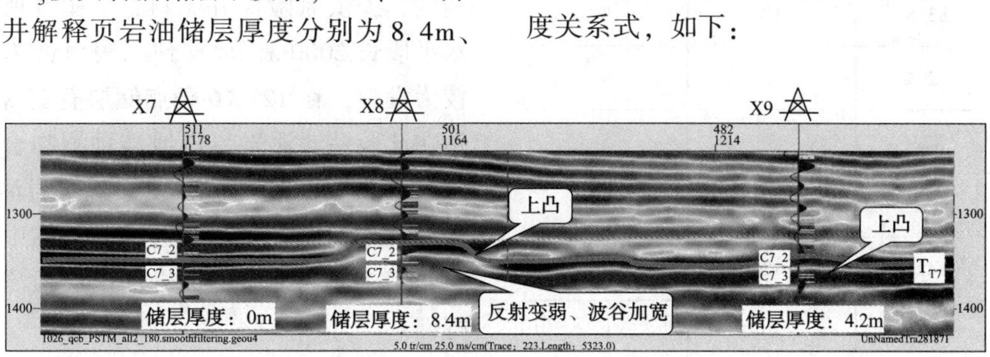

图 5　过 X7-X8-X8 井地震偏移剖面

$$A=1.951B-3.0601 \quad (1)$$

式中，B 为波谷延迟时间增加量，单位为 ms，A 为长 7_3 页岩油储层厚度，单位为 m。

通过对 T_{T7} 反射同相轴下覆波谷上下半幅点进行解释追踪，获得波谷加宽量，带入式 1，得到研究区长 7_3 纹层型页岩油储层厚度平面图(图 7)，利用 145 口井验证，预测符合率为 85.5%。长 7_3 页岩油储层厚度 5~15m，呈北西-南东向，具有条带状展布特征。该项技术依据的是地震地质体识别度中的结构特性，这类技术虽然不具有普适性，但是针对特定地区的特定目的层，它是最实用的。

表 1　17 口井页岩油储层厚度与波谷增宽量关系表

序号	井名	储层厚度/m	波谷增宽量/ms
1	X37	25	12
2	X320	21	9
3	X315	21	14
4	X293	16	9
5	X141	10	8
6	X390	3	3
7	X328	8	7
8	X319	17	7
9	X312	7	6
10	X287	2	2
11	X318	4	4
12	X316	13	8
13	X294	8	6
14	X23	3	5
15	X81	6	4
16	X421	12	10
17	X424	10	8

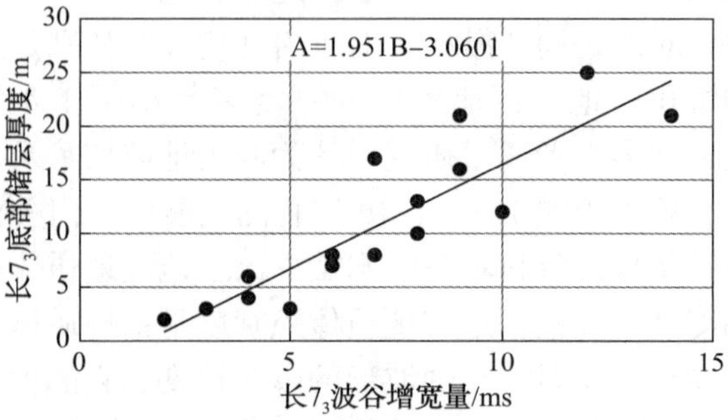

图 6　波谷增宽量与长 7_3 页岩油储层厚度交会图

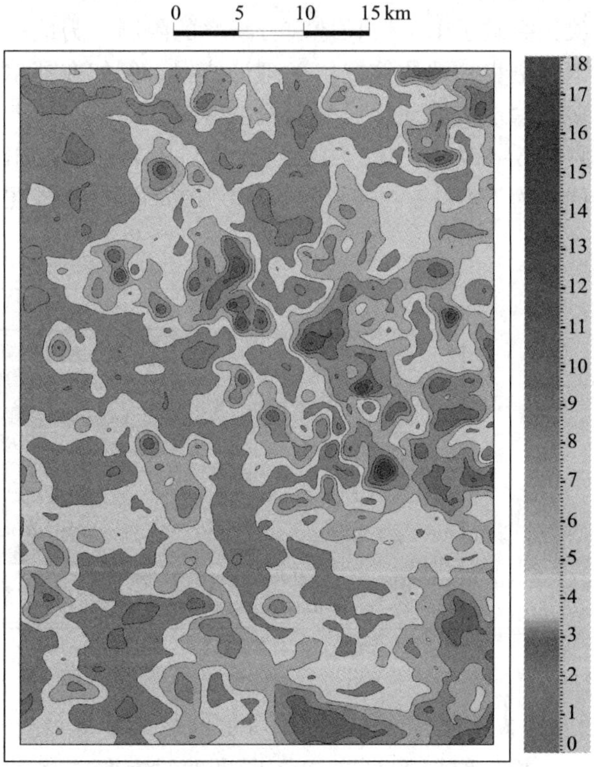

图 7　庆城地区长 7_3 页岩油储层厚度图

3.4　应用效果

利用研究成果，落实陇东地区 2200km² 有利区，提供风险探井 1 口，如图 8 所示，该井水平段长 2000m，地震预测表明长 7_3 储层整体较为发育，在 12~16 靶点储层有变薄趋势，实钻在此段钻遇泥岩，与地震预测吻合，该井试油获 108t/d 工业油流，使长 7_3 页岩油勘探获得重大突破，地震在该井选区及随钻中发挥了重要作用，证实了地震页岩油储层预测技术的可行性。

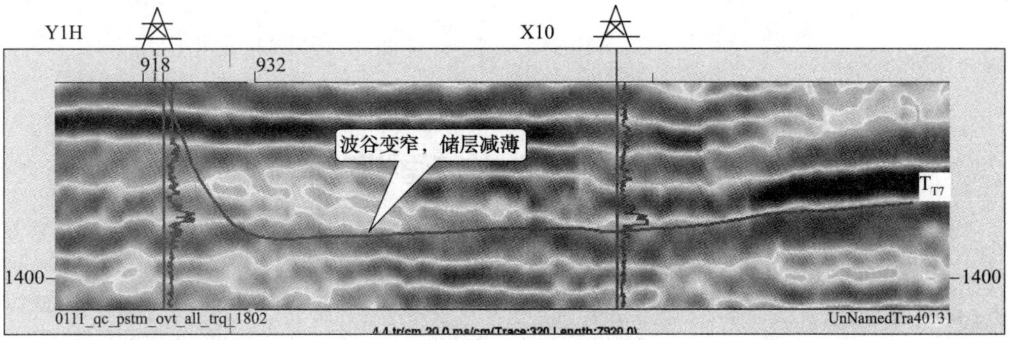

图 8　过风险井 Y1H 地震叠加剖面

4　结论

（1）长 7_3 页岩油储层没有独立的地震响应，储层与围岩地球物理属性差异小，常规地震技术较难识别；

（2）地震地质体识别度与地质体与围岩地球物理属性差、地质体规模、地质体结构及地震资料品质四种因素相关，利用该理论可以制定针对地质目标的靶向预测技术，突破地震 1/4 波长的限制，实现更薄地质体的地震预测；

（3）基于波谷延迟时间的页岩油储层地震预测技术，是针对陇东长 7_3 页岩油储层预测的定制技术，对类似地质体预测具有指导意义。

参　考　文　献

[1] 安成，柳广弟，孙明亮，等．鄂尔多斯盆地三叠系延长组长 7_3 及类型划分[J]．石油科学通报，2023，8(2)：125-140.

[2] 付金华，牛小兵，李明瑞，等．鄂尔多斯盆地延长组 7 段 3 亚段页岩油风险勘探突破与意义[J]．石油学报，2022，43(6)：760-769+787.

[3] 付金华，王龙，陈修，等．鄂尔多斯盆地长 7 页岩油勘探开发新进展及前景展望[J]．中国石油勘探，2023，28(5)：1-14.

[4] 李士祥，郭芪恒，周新平，等．鄂尔多斯盆地延长组 7 段 3 亚段页岩型页岩油储层特征及勘探方向[J]．石油学报，2022，43(11)：1509-1519.

[5] 李相博，陈启林，刘化清，等．鄂尔多斯盆地延长组 3 种沉积物重力流及其含油气性[J]．岩性油气藏，2010，22(3)：16-21.

[6] 刘显阳，郭雯，刘江艳，李士祥．鄂尔多斯盆地湖盆中部长 7_3 亚段深水砂质沉积特征及勘探前景[J]．地球科学，2023，48(1)：279-292.

[7] 张才利，刘新社，杨亚娟．鄂尔多斯盆地长庆油田油气勘探历程与启示[J]．新疆石油地质，2021，42(3)：253-263.

[8] 云美厚，丁伟．地震分辨力新认识[J]．石油地球物理勘探，2005，20(3)：741-746.

[9] 云美厚，丁伟，杨凯．地震道空间分辨力研究[J]．地球物理学进展，2022，20(3)：741-746.

[10] 云美厚．地震分辨力与信噪比无关[J]．石油地球物理勘探，2009，44(3)：379-383.

[11] Widess M B. Quantifying resolution power of seismic systems [J]. Geophysics, 1982, 47 (8): 1160-1173.

[12] 王延光，李皓，李国发，等．一种用于薄层和薄互层砂体厚度估算的复合地震属性[J]．石油地球物理勘探，2020，55(1)：153-160.

[13] 印兴耀，张洪学，宗兆云．数据域五维地震资料解释技术研究现状与进展[J]．石油物探，2018，57(2)：155-178.

[14] 穆星．利用地震几何属性和自组织神经网络进行地震相的自动识别[J]．地质科技情报，2005，24(3)：109-112.

[15] He Y H, Xue T, Li Z, et al. Development technologies for Triassic Chang 7 shale oil in Ordos Basin: A case study of Qingcheng Oilfield, NW China [J]. Petroleum Exploration and Development, 2023, 50(6): 1245-1258.

鄂尔多斯盆地陇东地区含铝岩系气藏地震预测关键技术

李　斐[1,2]　李明瑞[2,3]　杜广宏[1,2]　雷　迅[4]　佘钰蔚[1,2]　瞿　长[1]

（1. 中国石油长庆油田分公司勘探开发研究院；2. 低渗透油气田勘探开发国家工程实验室；3. 中国石油长庆油田分公司勘探事业部；4. 中国石油长庆油田分公司天然气评价项目部）

摘　要　近年来，鄂尔多斯盆地陇东地区二叠系下统太原组天然气勘探中获得重要突破，发现了含铝岩系岩性气藏，该类型气藏勘探潜力巨大。针对铝土岩储层地震反射受上覆围岩强反射干涉效应，与下伏围岩地球物理响应差异小，纵向上薄互层发育的特点，本文通过对控制铝土岩气藏沉积的微古地貌、储层以及裂缝分布、含气性4个因素进行地震识别、预测技术攻关，形成了陇东地区有效的铝土岩气藏地震预测关键技术方法：(1)岩溶古地貌恢复及微古地貌恢复技术预测铝土岩储层发育的有利区；(2)去除围岩强反射，提高铝土岩薄储层的识别程度；(3)地震叠前、叠后地质统计学反演技术预测铝土岩分布；(4)精准裂缝识别技术落实铝土岩优质储层发育带；(5)基于岩石物理实验分析的敏感参数预测铝土岩储层含气性。通过上述技术的综合应用，预测了陇东地区多个铝土岩气藏的空间分布，提交的L47等井获得高产气流，形成针对铝土岩岩性气藏的有效技术方法，对鄂尔多斯盆地铝土岩勘探成果的扩大具有重要实践意义，也可为其他类似的特殊岩性油气藏地震预测起到一定的借鉴作用。

关键词　鄂尔多斯盆地；陇东地区；铝土岩气藏；微古地貌；地震预测

Key techniques forBauxite Gas Reservoir Comprehensive Research on Earthquake Prediction in Ordos Basin LD area.

Li Fei[1,2]　Li Mingrui[2,3]　Du Guanghong[1,2]　Lei Xun[4]　She Yuwei[1,2]　Qu Chang[1]

(1. Research Institute of Exploration and Development, PetroChina Changqing Oilfield Company; 2. National Engineering Laboratory for Exploration and Development of Low Permeability Oil and Gas Fields; 3. Exploration Division of PetroChina Changqing Oilfield Company; 4. Natural Gas Evaluation Project Department, PetroChina Changqing Oilfield Company)

Abstract　Bauxite, a weathering crust type of lithologic gas reservoir with great exploration potential, has made a major breakthrough in the gas exploration from the Lower Permian Taiyuan formation in the Longdong area of the Ordos Basin. The seismic reflection of the bauxite reservoir is obviously interfered by the strong reflection of the overlying rock and the similar reflection of the underlying rock and thus the identification degree of the bauxite vertically is low. To address the above issues, an effective key technology method for seismic prediction of bauxite gas reservoir in Longdong area has been developed through tackling the 4 factors, including micro-paleomorphology, reservoir and fracture distribution, and gas-bearing detection: (1) matching pursuit separates post-stack seismic data, removes the strong reflection of surrounding rock, and thus improves the identification of thin bauxite reservoir; (2) The paleo-geomorphology restoration technique of "impression method" and karst micropaleo-geomorphology restoration technique based on trend surface method both predict the favorable zone of bauxite reservoir; (3) Pre-and post-stack geostatistical inversions predict bauxite distribution; (4) The post-stack fracture identification based on post-stack amplitude direction decomposition is used to identify the fracture development of bauxite reservoir; (5) pre-stack simultaneous elastic inversion gets the gas sensitive parameters of bauxite reservoir. The comprehensive application of the above technologies, the spatial distribution of several bauxite gas reservoirs in the Longdong area have been effectively predicted, and the submitted Wells such as L47 has obtained high-yield gas flow. The effective technical procedure for bauxite gas reservoirs has important practical significance for the expansion of bauxite exploration in the Ordos Basin, and can also be used as reference for other similar special lithologic reservoirs.

Key wordst Ordos Basin; Longdong area; Bauxite gas reservoir; micropalaeo-geomorphology; seismic prediction

铝土岩是一种古风化壳中形成的富含铝质矿物的沉积岩，主要分布在山西、河南、贵州、广西、云南等地，其主要矿产作用是生产铝金属及耐火、研磨等非金属材料的重要原料，鄂尔多斯盆地陇东地区油气勘探中在二叠系下统太原组也发现有含铝岩系(包括铝土岩、泥质铝土岩、铝土质泥岩、暗色泥岩等)广泛发育，该岩系发育于下古生界碳酸盐岩风化壳之上，受风化剥蚀作用形成富含硬水铝石和黄铁矿的碎屑岩层，长期以来该岩系一直被作为盖层进行研究，国内外也少有铝土岩作为储层含油气的报道。近年来，针对太原组底部铝土岩高气测异常段进行老井复查试气及钻探作业 10 口，7 口井获得 $1\times10^4m^3/d$ 以上的天然气流，其 L47 井在太原组铝土岩试气获无阻流量 $67.38\times10^4m^3/d$ 的高产气流，发现落实了多个铝土岩风化壳型岩性气藏，揭示了陇东地区铝土岩良好勘探前景。钻探结果证实：陇东地区铝土岩有效储层厚度较小(厚度小于 15m)、横向分布变化剧烈，铝土岩气藏具有“大分散、小聚集”，单个气藏圈闭规模小的特点。铝土岩岩性气藏在地震预测中存在以下主要难题：(1)铝土岩厚度整体较薄，上覆含煤碳质泥岩及下覆稳定的碳酸盐岩导致地震强反射干涉作用明显，铝土岩层的地震响应弱，地震分辨程度低，传统方法难以准确预测；(2)目的层系受构造运动改造作用弱，构造变形平缓，主要发育小断距的拉张性质走滑断裂，铝土岩微裂缝难以精确预测；(3)铝土岩的分布受古地貌、微古地貌控制明显，需有效精细刻画；(4)铝土岩空间分布非均质性强、储层含气性差异大，现有地震预测方法难以适应铝土岩岩性气藏需要。国内外学者对铝土岩储层地震预测少有研究，但对类似的特殊岩性预测进行了有益的探索，孙夕平等采用从近地表整体速度建模和保真叠前深度偏移技术，提高了基岩潜山风化壳储层地震资料成像准确性，在此基础上，利用地震振幅分类预测基岩潜山风化壳储层的有效储层厚度，风化壳裂缝识别应用井震结合定量表征、叠前地震反射振幅检测、相干体和蚂蚁追踪可有效识别；常少英等、韩翀等、欧阳诚等对碳酸盐岩溶储层首先应用构造导向滤波技术提高风化壳的地震分辨程度，利用印模法恢复风化壳的古地貌精细刻画局部岩溶构造单元，地震振幅几何属性分别对微断裂及岩溶风化壳孔洞和进行预测，应用最大曲率属性落实局部微幅圈闭，然后在分频解释单频体孔洞及储层正演模拟基础上，开展波形分解、弱振幅提取岩溶储层预测解决了溶风化壳储层预测及含气性检测的难题，另外，曹鉴华等、周宇成等采用地震属性优选、多属性融合、三维像素属性雕刻、地震同相轴沟槽识别等方法也可识别岩溶孔洞、裂缝型碳酸盐岩储层，陈刚等采用基于匹配追踪时频分析的低频能量增强有效检测了碳酸盐岩古岩溶储层气藏；针对花岗岩风化壳储层，邱宇等、迟唤昭采用地震正演模拟方法确定不同厚度花岗岩风化壳储层与地震响应之间的联系识别风化壳，通过印模法确定花岗岩潜山古地貌，以正演模拟为基础多样点拟合计算风化壳储层厚度及地震属性分析等方法进行有效预测；顾雯等对于风化壳型火山岩则采用古地貌恢复与多属性断裂精细识别技术落实有利目标区的方法进行预测。本文在充分借鉴其他类似特殊岩性储层油气藏预测的基础上，结合鄂尔多斯盆地铝土岩的特征，在铝土岩储层厚度、局部构造、微古地貌、裂缝、储层含气性 5 大因素的识别、描述展开了预测技术攻关，形成了铝土岩岩性气藏预测关键技术方法，并成功应用于陇东地区多个区块的铝土岩储层天然气勘探，取得了良好的效果，对鄂尔多斯盆地铝土岩勘探成果的扩大具有重要的实践意义，同时，本文形成的技术方法也可对国内类似的油气藏勘探提供借鉴。

1 地质背景

陇东地区位于鄂尔多斯盆地伊陕斜坡与天环坳陷交界的南部，受吕梁运动及以前期构造运动控制，鄂尔多斯盆地西南缘形成“L”形中央古隆起，陇东地区则位于该大型中央古隆起的东北部，加里东运动时期，鄂尔多斯盆地整体抬升，古隆起遭受强烈剥蚀，经历了 1.3 亿年的表生作用阶段。二叠系下统太原组形成海陆过渡相碎屑岩建造，地层厚度 20~40m，太原组底部发育一套较为稳定的铝土岩系，该铝土岩系为太原组第一期海退期间在盆地边缘的滨海潮间带形成的沉积型铝土岩，其成因主要有两种：一种是表生期马家沟组风化淋滤形成的铝土岩，另外一种是太原组第一期海侵期间，滨浅海环境中氧化铝胶体沉淀形成的铝土岩，纵向上铝土岩系通常具有三层结构的复杂的岩性组合，其底部为铝土质泥岩+黏土岩，黏土矿物主要为伊利石；中部为铝质含量极高的铝土岩；上部为铝土岩+炭质泥岩+黏土岩。铝土岩的主要矿物为一水硬铝石，含量最高达到 96.90%，平均为 67.13%，黏土矿物主要则为高岭石。铝土岩平面上分布范围较为广，在陇东地区环县-庆城-合水一带均有连续的分布，铝土岩储层厚度为 2m~14m，铝土岩的储层物性条件较好，孔隙度主要分布在 8%~24%，渗透率主要分布在 0.1~20.0mD，孔隙类型主要为溶蚀孔。铝土岩系上部以及上覆山西组发育大面积分布且厚度稳定的泥岩、碳质泥岩、煤层等组成的煤系地层，该煤系地层同时具备良好的烃源岩条件和盖层条件，与下覆铝土岩储层可形成良好的“上生下储”的源储配置关系，同时区域发育的多期断层-裂缝体系可有效沟通气源，有利于天然气的成藏，形成近源岩性气藏组合(图 1)。

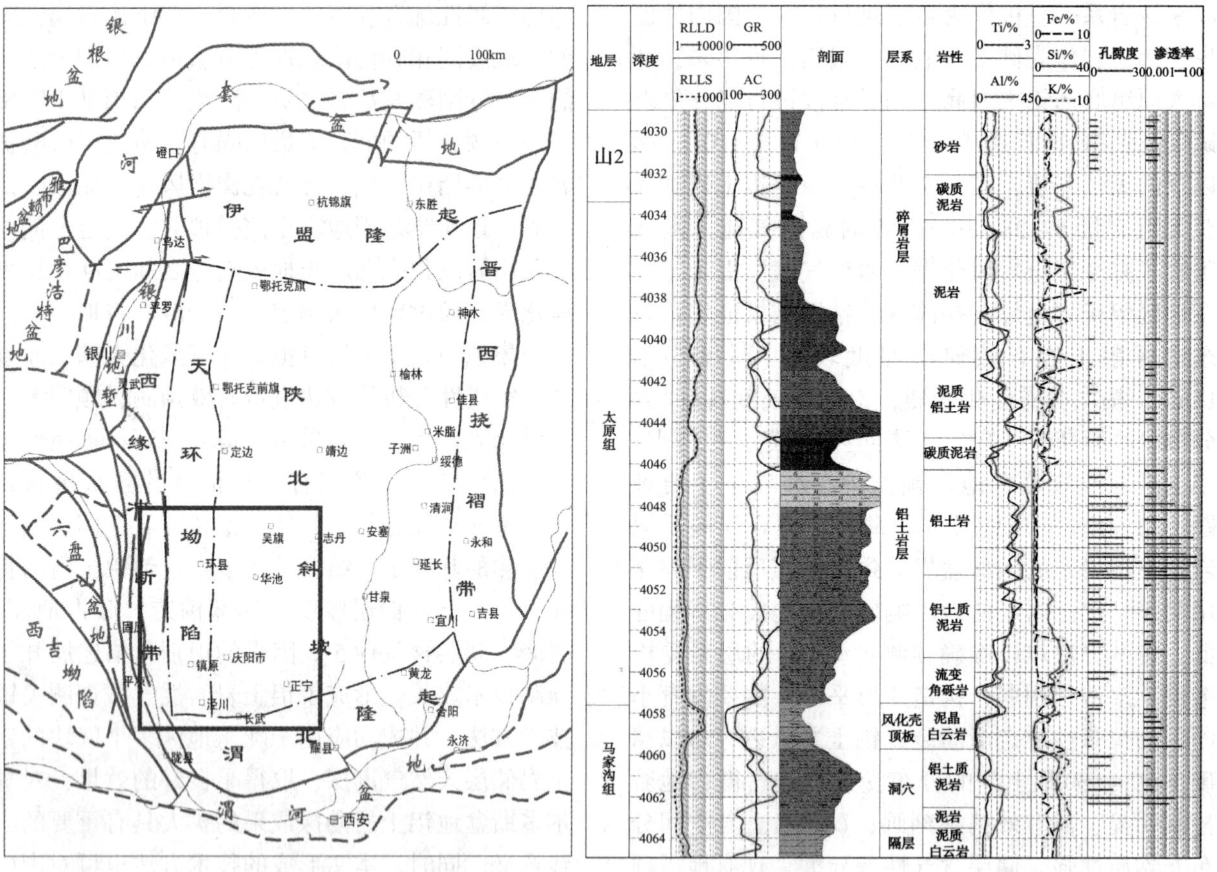

图 1　研究区位置(a)及二叠系地层柱状图(b)

2　沉积期古地貌恢复技术

2.1　“印模法”古地貌恢复技术

陇东地区铝土岩的发育程度受风化壳岩溶古地貌控制明显，精细刻画风化壳古地貌是铝土岩储层预测的关键技术之一，前人对古地貌的研究方法比较多，如沉积学法、层拉平法、高分辨率层序地层学法、井震联合法及“双界面法”等进行古地貌恢复。本文针对陇东地区铝土岩发育广泛、厚度较小的特点，基于大面积高精度三维地震，采用“印模法”恢复风化壳古地貌。印模法是根据古地形较低的上覆地层厚度较厚，古地形较高的上覆地层较薄的原理进行沉积补偿，利用上覆沉积层中的标志层将其拉平，统计不同钻井上覆沉积层中的标志层面到目的层底剥蚀面的厚度，结合井震合成记录标定、地震剖面解释，精细刻画填充地层的时间厚度，再利用镜像关系将其转化为平面厚度图的方法。研究区刘家沟组在侵蚀面填平补齐后距离古地貌最近，具有广覆式沉积的特点，与石千峰组底、盒8段底等相比，其地层界面地震反射结构清晰，同相轴连续稳定，可全区连续追踪对比，因此计算中选取刘家沟组底面为标志层。古地貌恢复中，通过刘家沟组沉积界面与二叠系太原组风化壳间的地层真厚度来求取风化壳上的地形的相对高低，再精细解释出三维地震剖面上两个反射界面的填充时间厚度，综合进行三维空间上的填充厚度及镜像古地貌的刻画。

根据印模法恢复的的古岩溶地貌[图2(a)]，将陇东地区太原期形成的岩溶古地貌进一步划分为岩溶高地、岩溶斜坡和岩溶洼地3个二级地貌单元，从工区西南部到东北部古地形相对高程逐渐降低，古地貌由岩溶高地过渡为岩溶斜坡和岩溶洼地。钻探结果证实：岩溶斜坡主要发育潮坪和泻湖相沉积，在海进背景下，覆盖沉积胶体成因铝土岩；在海退背景下，之前形成的铝土岩被剥蚀成碎屑并被搬运至附近的泻湖或山间湖泊中，形成异地沉积成因铝土岩，因此，岩溶斜坡带是陇东地区铝土岩发育的主要有利位置。

2.2　基于趋势面的岩溶微古地貌恢复技术

由于陇东地区铝土岩储层具有“大分散、小聚集”的特点，古地貌划分的三个岩溶相带仍然无法满足精细刻画铝土岩储层展布特征的精度要求，需要进一步对微古地貌进行细分刻画。经过实验，本文采用一种适用于克拉通盆地弱构造变形区的基于构造趋势面转换方法恢复研究区沉积期岩溶微幅度古地貌的方法对于陇东地区铝土岩储层分布进行刻画，该方法是假设后期盆地多阶段升降或扭转运动表现为构造趋势面的变动，但是该变动并没有改变局部古高地与其周围地形的拟构造幅度，利用现今构造和趋势面求得拟构造幅度，然后将太原组沉积期构造趋势面与拟构造幅度相加即为太原期微古地貌。

利用“印模法”古地貌恢复与基于趋势面的岩溶微古地貌恢复结合的方法落实的微古地貌，可将陇东地区二级地貌单元岩溶斜坡进一步划分为潜坑、阶地及沟槽3个三级微地形地貌单元[图2(b)]，结合已钻井铝土岩发育特征与微古地貌的分布，分析认为潜坑地貌单元主要发育Ⅰ类铝土岩，其岩性组合为铝土岩+碳质泥岩；阶地地貌单元主要发育Ⅱ类铝土岩，其岩性组合为铝土岩+煤(碳质泥岩)+碎屑岩；沟槽主要发育Ⅲ类铝土岩，其岩性组合为铝土岩+煤(碳质泥岩)+碎屑岩+灰岩，其中，潜坑和阶地低部位铝土岩储层厚度较大，物性较好；古沟槽由于连通古河易被泥质充填，铝质矿物不易富集，物性也较差。

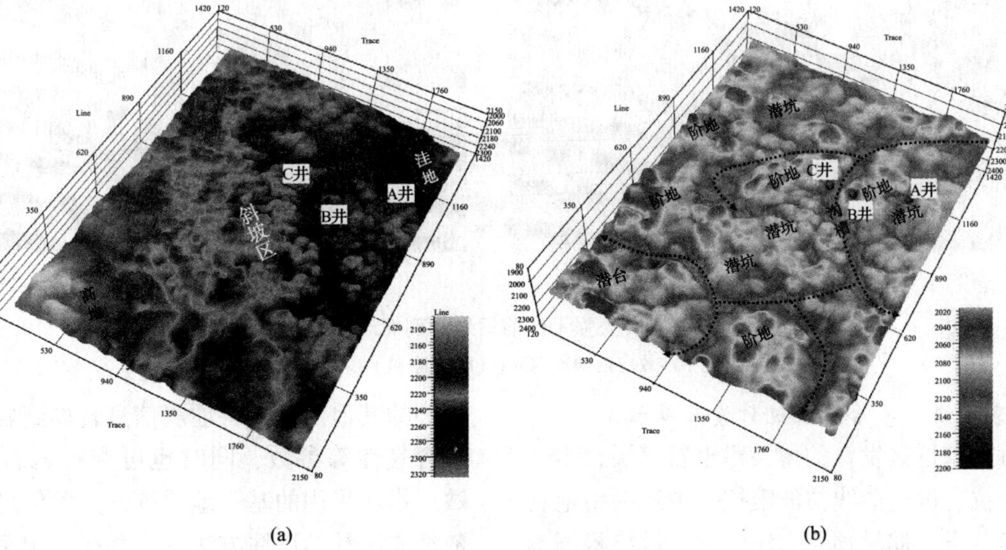

(a)　　(b)

图2　陇东地区庆城-庆城北连片三维区地震预测古地貌与微古地貌图

3　铝土岩储层预测

陇东地区二叠系太原组铝土岩厚度平面分布薄厚不均，钻井统计其厚度分布在5~15m之间，而研究区的三维地震资料主频为30Hz左右，合成记录井震标定结果显示铝土岩层段的地震表现为弱反射，同时受上覆地层地震反射干涉效应明显，铝土岩层段难以识别到有效的反射特征，这给铝土岩的解释、标定、地震反演预测等工作带来不确定性，铝土岩储层预测难度非常大。通过不断的实践生产探索，形成了一套薄层铝土岩识别预测的针对性技术，并取得良好的应用效果。

3.1　去除围岩地震反射的强干涉效应技术

由于铝土岩受上覆煤系地层干涉效应明显，进行地震去除强反射影响，突出铝土岩有效反射的解释性处理计算十分必要，该技术采用了基于反射系数分解的一次匹配强反射剥离算法(图3)，将任意一对地下层状介质反射系数对分解为奇分量、偶分量之和，奇偶反射系数矩阵与子波褶积，构建稀疏约束目标函数，进行高分辨率反演，在此基础上，对奇、偶反射系数对构建的反射系数矩阵进行排序，去除目标反射系数形成的强反射能量，该算法考虑了围岩速度差异性，沿层时窗内动态搜索强反射，在一定程度上消除了围岩厚度和距离的影响，从而达到去除强干涉的目的。对去除强反射地震叠后处理的剖面进行对比，去除强干涉前[图4(a)]、后[图4(b)]，地震剖面的振幅响应整体变化不大，太原组上覆的煤系地层强反射明显减弱，铝土岩地震响应初显。

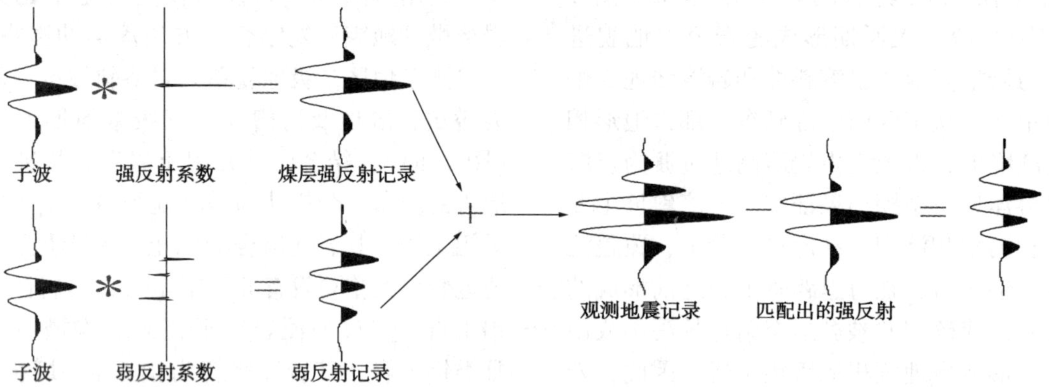

图3　匹配追踪强反射分离示意图

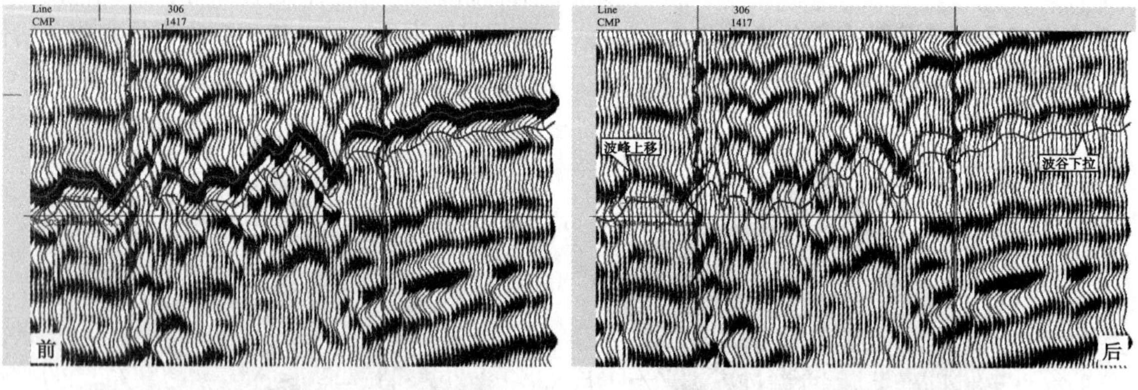

(a)　　(b)

图4　去强干涉前后地震剖面对比图

(a)去除强干涉效应前地震剖面；(b)去除强干涉效应后地震剖面

3.2　地震叠前、叠后地质统计学反演技术

针对陇东地区发育的薄层铝土岩储层，本文通过波阻抗、电性曲线拟波阻抗、神经网络地震属性波形分类等储层预测方法试验，最终根据本区具有多井先验的资料优势及铝土岩储层横向变化大的特点，选取地质统计学反演方法进行储层预测，与其他反演技术相比，该方法具有能够识别较薄储层的优势，可以通过概率统计结合钻井岩心的其他信息，将地震信息转换到岩性、物性及含气性等参数，同时也可获得岩石的弹性参数。本次采用的基于地质统计先验信息的储层参数地质统计学反演方法是一种高分辨率的非线性反演方法，该方法综合利用岩石物理参数和地质统计先验信息，在贝叶斯理论框架约束下，首先通过结构分析得到合理的变差函数，进而利用高斯贯序模拟算法和逐渐变形算法(GDM)得到基

于地质统计学的储层各项参数信息，然后根据统计岩石物理模型建立弹性参数与储层参数之间的关系，构建似然函数，最后利用 Metropolis 抽样算法对后验信息进行优化得到反演问题的解。陇东地区勘探涉及 CT3、QC 等多个区块的多块三维地震，在储层预测时尽量用各自区块内的钻井信息进行井的一致性、标准化处理，以保证井震匹配的可靠性，如 CT3 地区选用 L42、C15-15 等 49 口钻遇铝土岩系钻井与地震进行统计反演，提取铝土岩的厚度预测平面分布图(图 5)较好的刻画了该区铝土岩的分布规律，用实钻数据与预测井点数据进行对比，两者之间误差较小(表 1)预测结果较为可靠，将预测铝土岩分布与微古地貌图进行叠合，该区铝土岩的分布规律与微古地貌的高地潜坑、斜坡阶地及洼地沟槽三级地貌单元吻合较好，据此，可以总结出该区共有 3 种的铝土岩分布模式：(1)高地潜坑型：在高地中的低洼带有厚度较大的铝土岩分布，该模式以 L42 井为代表铝土岩厚度为 33.7m；(2)洼地沟槽型：在古地貌整体较低的地区沿早期断裂、裂缝发育带发育的沟槽内填充厚度中等的铝土岩，该模式以 L51 井为代表铝土岩厚度为 19.3m；(3)斜坡阶地型：在古地貌高地与洼地之间过渡的斜坡带微古地貌负地形充填的铝土岩；该模式以 C3 井为代表铝土岩厚度为 16.7m。

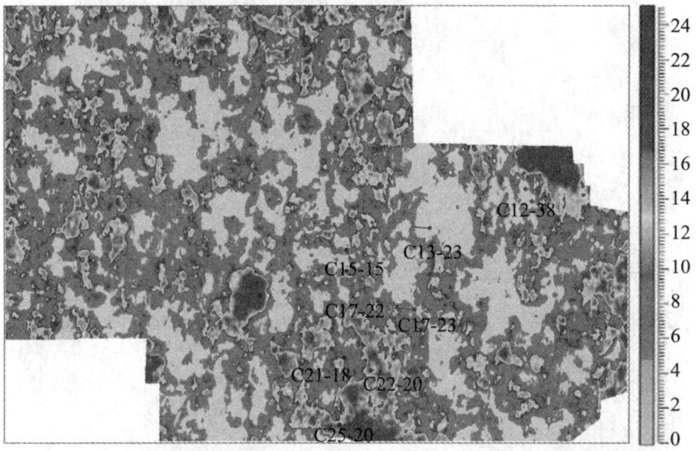

图 5　陇东地区太原组铝土岩厚度预测平面图

表 1　CT3 地区部分钻井铝土岩预测厚度统计表

井名	实钻厚度/m	预测厚度/m	误差/m
C22-20	18	16	-2
C25-20	10	14	4
C12-38	4.5	5	0.5
C13-23	7	5.5	-1.5
C21-18	5.4	7	1.6
C17-23	8	5.8	-2.2
C17-22	20	17.3	-2.7

3.3　基于振幅方向分解(PADD)的叠后裂缝识别技术

铝土岩属于特殊岩性的储层，物性的好坏是铝土岩能否成为有效储层的先决条件，铝土岩除了自身在成岩期因淋虑作用形成的粒内、粒间溶蚀孔隙之外，裂缝发育也对铝土岩的物性起到积极重要影响，有利于形成铝土岩储层“甜点”，因此，如何对薄互铝土岩储层进行有效的裂缝识别成为铝土岩储层预测的重点内容。根据前期精细构造及断裂体系解释结果，陇东地区太原组主要发育拉张及少量走滑性质的断裂，断层断距较小，一般分布在 5~25m，常规叠后地震结构类属性如相干、曲率等，无法精确刻画该微弱形变的构造-裂缝体系，利用蚂蚁追踪技术、IPA 技术记忆时频域分析等方法尽管均突出了叠后数据的多尺度效应，也无法展现其方向效应，本文通过深入分析现有叠后地震数据特征，优选了基于 PADD 的图像增强技术预测裂缝，并取得很好的应用效果。该技术原理是利用地震波经过曲波变换后，在频率域可开展不同方向滤波的特性，对能量进行不同方向的滤波，而后转换到时间域，则表现为方向分解后的振幅在不同方向上能量分布不均，通过不连续特征检测(如相干)就可以突出常规方法无法展现的细节特征，从而在视觉成像角度突出了图像的细节边界，达到检测细微裂缝的目的。可得到裂缝发育敏感因子、裂缝发育强度、裂缝带走向等表征裂缝特征的参数，其中裂缝发育强度计算公式如(1)所示，裂缝发育带走向如(2)所示。

$$FI = 1.0 - (Cl)\min \quad (1)$$

其中，FI 表示裂缝发育强度；$(C_l)\min(1\leq l\leq L)$ 表示 L 个方向上最小相干系数值。

$$FR = 90/L + (l-1) * 180/L - \Phi \quad (2)$$

其中，FR 表示裂缝走向；l 表示 L 个方向的上最小相干系数对应的方向编号；Φ 表示工区倾斜时的方位校正量。

基于 PADD 叠后裂缝识别技术落实的裂缝分布平面图显示：裂缝主要发育在研究区中部 QC-HS 地区(图 6)呈北西西-南东东条带展布，分析认为鄂尔多斯盆地在燕山期盆地东部大幅抬升，本区所处的中央古隆起东侧发生"跷跷板"式构造反转，工区中部则位于构造反转"跷跷板"的转换带，是两期构造运动应力的集中释放区，从而形成较为集中的裂缝发育带。工区其它零散分布的裂缝则主要集中在断层附近，这些裂缝的成因主要为断裂伴生下的构造裂缝，将预测结果与工区内具有 FMI 成像测井资料进行对比，预测裂缝与实钻吻合程度较高，证实了该方法在陇东地区的的适用性。

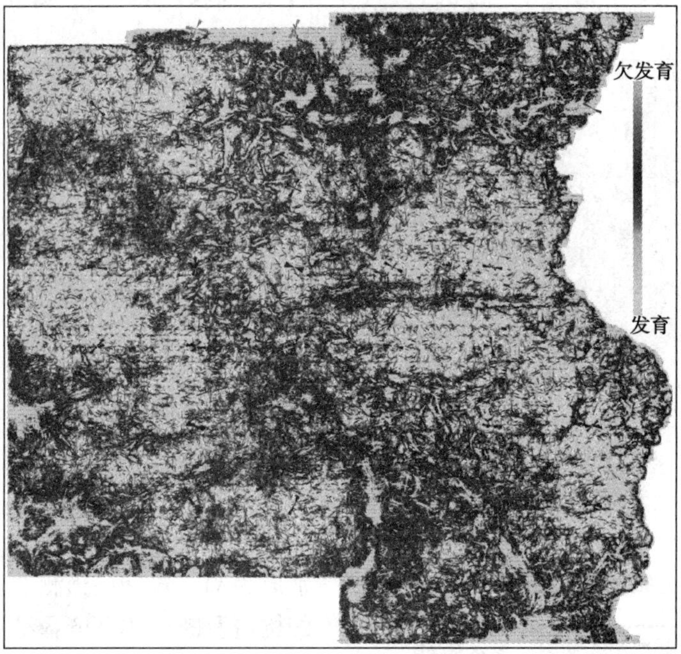

图 6　陇东地区庆城-庆城北连片三维区地震预测裂缝平面分布图

4　铝土岩储层含气性检测

4.1　岩石物理测试分析及敏感参数优选

陇东地区铝土岩发育具有厚度较小、横向连续性差，形成的气藏规模小的特点，要想准确预测铝土岩气藏的分布，必须找出该类型气藏较为敏感的的物理参数。进行岩石物理实验测试不同类型、含不同孔隙流体岩石样品的岩石物理参数，可为寻找优质储层及烃类流体的敏感性参数提供实验依据，也是研究储层地震响应特征的重要手段，针对太原组铝土岩，本文选取了 Y 井全井段 17 块岩心样品进行了较为系统的岩石物理测试，实验采用中国石油油藏描述重点实验室自主研制的"高温高压岩石物理多参数联合测试系统"进行实验测试，测试的系列有：(1)岩石纵横波速度测试分析，包括孔隙度、渗透率、岩石密度、纵、横波速度等参数，其中纵、横波速度是采用超声脉冲透射方法，测试温度 130℃；测试围压 80MPa，测试获得了铝土岩系较为完整的测试数据(表 2)；(2)动、静态弹性参数测试，测定规则形状岩石样品在不同围压作用下纵、横向的变形量；(3)变饱和度测试。对上述试验测试获得的数据进行分析，结果表明：纵横波速度、波阻抗等岩石物理参数之间存在相关度较高的线性关系(图 7a)，结合 L47 等 5 口井的阵列声波测井数据绘制的交汇图(图 7b)显示：铝土岩区分其他岩性的纵波速度下限为 5150m/s，横波速度下限为 3000m/s，以此为依据可有效预测、划分铝土岩地震反射波的弹性参数；另外，从结合上述 5 口井阵列声波数据绘制绘制的泊松比与纵波阻抗交会图可以看出，铝土岩表现为中-高纵波阻抗和中-低泊松比的特点，利用这一特性也可有效识别优质铝土岩(图 8a)；试验测试获得的变饱和度测量证明，随着含气饱和度增加，泊松比整体单调减小(图 8b)，表明泊松比也是表征铝土岩含气性的敏感参数之一。

表 2　陇东地区 Y 井岩石物理测试数据表

序号	井深/m	岩性	孔隙度/%	渗透率/mD	纵波速度/(m/s)	横波速度/(m/s)
L58-1	4041.35	铝土质泥岩	2.4	0.03887	7878.64	4448.12
L58-2	4042.18	含铝土泥岩	4.2	0.03047	7107.10	4123.16
L58-3	4044.31	铝土质泥岩	5.8	0.08890	破损	破损
L58-4	4044.63	铝土质泥岩	2.3	0.05143	4995.09	4327.26
L58-5	4044.63	铝土质泥岩	5.5	0.01909	4656.75	2458.33
L58-6	4048.01	铝土岩	10.4	0.37513	6552.79	3698.56
L58-7	4051.1	铝土岩	3.3	0.04881	5593.50	3129.87
L58-8	4052.04	铝土质泥岩	3.0	0.05810	8231.17	4758.50
L58-9	4055.78	铝土质泥岩	1.0	0.03851	4614.28	2550.27
L58-10	4056.67	白云岩	0.4	0.10129	6916.53	4031.93
L58-11	4056.67	白云岩	1.4	0.05450	6823.54	3624.81
L58-12	4059.63	含铝土泥岩	6.8	0.15113	4174.35	2308.44
L58-13	4059.63	含铝土泥岩	4.3	0.03675	3885.22	2319.65
L58-14	4070.8	含铝土泥岩	4.1	0.022609	3188.53	1724.62
L58-15	4070.8	含铝土泥岩	2.7	0.07946	3349.13	1578.79
L58-16	4071.2	含铝土泥岩	6.4	0.04185	3822.08	2135.79
L58-17	4071.2	含铝土泥岩	3.0	0.04362	3914.85	2146.29

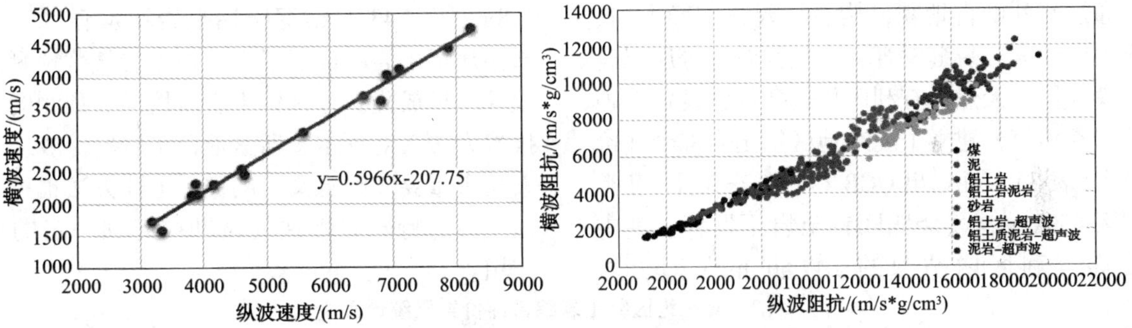

图 7　陇东地区纵/横波速度、纵/横波阻抗交汇图
(a)纵/横波速度交汇图；(b)纵/横波阻抗交汇图

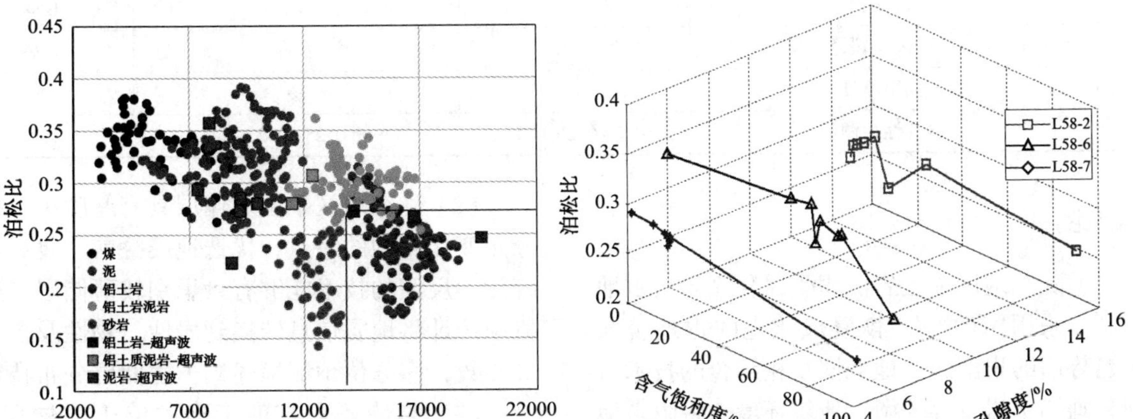

图 8　陇东地区多维岩石物理交汇图
(a)纵波阻抗、泊松比交汇图；(b)样品测试变饱和度与泊松比交汇图

4.2 含气性检测

在岩石物理分析的基础上，基于 AVO 理论，利用不同偏移距的地震信息提取纵波速度、横波速度、密度和泊松比等多种地层弹性参数对储层进行表征，有效预测储层的岩性、物性、含油气性等特征，本文选取较为敏感的高纵波阻抗和低泊松比参数对优质铝土岩含气性进行预测，从过 L47 井反演结果显示(图 9)，太原组组底部发育一套高纵波波阻抗和低泊松比的优质铝土岩，太原组上部发育低纵波阻抗和高泊松比的泥岩，与底部的低泊松比铝土岩有明显界限，预测 L47 井铝土岩厚度 18m，气层厚度 5m，其含气预测结果与测井解释气层对应性较好，证实了叠前反演结果的精度和可靠性。

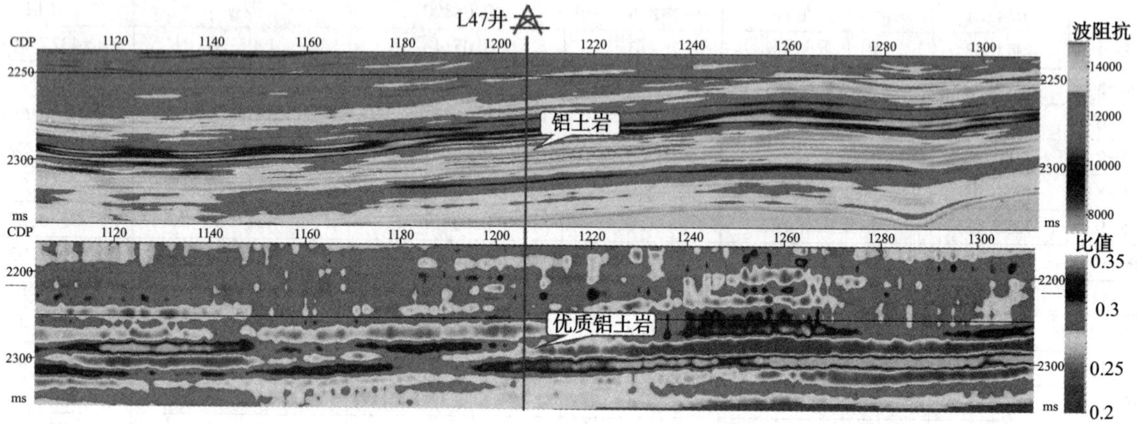

图 9　过 L47 井纵波阻抗反演及泊松比剖面

5　有利区综合评价

通过有利微古地貌、构造隆起或上倾方向、铝土岩厚度大、裂缝发育、含气性较好等层层递进的模式作为天然气有利区优选条件，设定 5 种主控因素阈值，建立了陇东地区铝土岩综合评价体系表(表 3)。优选出 QCB 和 CT3 三维Ⅰ+Ⅱ类有利区 450km²，其余地区铝土岩不发育。其中在Ⅰ类有利区内钻探的 L47 井钻遇铝土岩 15.2m，试气获无阻流量 $67.38\times10^4m^3/d$ 高产气流；Ⅱ类有利区内钻探的 L48 井钻遇铝土岩 4.8m；而 L43 井钻探于铝土岩不发育区，实钻未钻遇铝土岩，证实了上述铝土岩气藏预测的有效性，形成陇东地区铝土岩岩性气藏预测的有效技术方法，对鄂尔多斯盆地铝土岩勘探成果的扩大具有重要实践意义，同样，上述方法也可为其他类似的特殊岩性油气藏勘探起到一定的借鉴作用。

表 3　陇东地区铝土岩综合评价结果统计表

指标	评价参数	Ⅰ类有利区	Ⅱ类有利区	权重
1	今构造	高部位	斜坡	10%
2	古地貌	潜坑	潜坑	10%
3	断裂及裂缝	发育	发育	10%
4	储层厚度	大	中	30%
5	含气性检测值	0.2~0.25	0.25~0.27	40%

6　结论

(1) 陇东地区铝土岩沉积受风化壳岩溶古地貌控制，采用“印模法”恢复风化壳的古地貌与基于趋势面的岩溶微古地貌恢复相结合的技术可精细刻画铝土岩发育的微古地貌环境，将陇东地区二级地貌单元岩溶斜坡进一步划分为潜坑、阶地及沟槽 3 个三级微地形地貌单元。

(2) 陇东地区铝土岩储层具有厚度小、横向分布变化剧烈的特点，优选地震叠前、叠后地质统计学反演的技术能够有效识别较薄储层，通过概率统计将地震信息转换到岩性、物性及含气性等参数，多方位预测描述铝土岩储层分布特征。

(3) 裂缝发育有助于形成铝土岩储层“甜点”，基于振幅方向分解的叠后裂缝识别技术可有效识别预测陇东地区太远组弱形变的构造-裂缝体系，从视觉成像角度突出裂缝发育细节边界特征，达到检测细微裂缝的目的，检测的裂缝带展布与实钻结果具有较高的吻合度。

（4）基于岩石物理测试分析，优选高纵波阻抗和低泊松比优质铝土岩敏感参数，开展充分利用叠前道集 AVO 信息的叠前同时反演，是铝土岩气藏地震预测的核心技术，对落实铝土岩气藏的分布及有利区优选起到关键作用。

（5）结合微古地貌、今构造、储层预测、裂缝等甜点分布、含气性 5 种因素对铝土岩气藏有利区进行层层递进的条件优选，并设主控因素阈值，优选出陇东地区Ⅰ+Ⅱ类有利区 450km^2，该方法可为类似的特殊岩性油气藏优选提供借鉴。

参 考 文 献

[1] 刘国栋，付勇，何伟，等．中国铝土岩系中伴生钪资源富集规律及富集机制初探[J]．地质论评，2021，67(4)：954-968.

[2] 杨俊杰，裴锡古．中国天然气地质学[M]．北京：石油工业出版社，1996.

[3] 王禹诺，任军峰，杨文敬，等．鄂尔多斯盆地中东部奥陶系马家沟组天然气成藏特征及勘探潜力[J]．海相油气地质，2015，20(4)：29-37.

[4] 刘显阳，魏柳斌，刘宝宪，等．鄂尔多斯盆地西南部寒武系风化壳天然气成藏特征[J]．天然气工业，2021，41(04)：13-21.

[5] 黄建松，郑聪斌，张军．鄂尔多斯盆地中央古隆起成因分析[J]．天然气工业，2005，(04)：23-26+4-5.

[6] 南珺祥，柳娜，王邢颖，等．鄂尔多斯盆地陇东地区太原组铝土岩储层特征及形成机理[J]．天然气地球科学，2022，33(2)：288-296.

[7] 付金华．鄂尔多斯盆地古生界盖层封盖性研究[J]．天然气工业，1991，(06)：6-11+6.

[8] 刘文辉，潘和平，李健伟，等．鄂尔多斯盆地大牛地气田铝土质泥岩储层的测井评价[J]．天然气工业，2015，35(05)：24-30.

[9] 付金华，李明瑞，张雷，等．鄂尔多斯盆地陇东地区铝土岩天然气勘探突破与油气地质意义探索[J]．天然气工业，2021，41(11)：1-11.

[10] 孙夕平，张昕，李璇，等．基于叠前深度偏移的基岩潜山风化淋滤带储层预测[J]．岩性油气藏，2021，33(1)：220-228.

[11] 刘军迎，雍学善，杨午阳，等．基于叠前方位振幅的大港—埕海地区奥陶系风化壳裂维储层的叠前预测[J]．地球物理学进展，2012，27(4)：1588-1597.

[12] 穆燕，曹兰柱，高帅，等．冀中坳陷孙虎潜山带裂缝发育特征及定量预测[J]．能源与环保，2021，43(11)：1085-114.

[13] 常少英，李世银，乔占峰，等．碳酸盐岩风化壳岩溶地震弱振幅储层识别技术的应用以塔里木盆地TZ62井区为例[J]．海相油气地质，2019，24(3)：91-96.

[14] 韩翀，梅安鑫，黄文明，等．岩溶风化壳气藏有利勘探区地震预测技术[J]．内蒙古石油化工，2021，47(2)：78-84.

[15] 欧阳诚，韩翀，石新，等．岩溶高地风化壳有利勘探区的储层地震预测技术-以鄂尔多斯盆地苏5区块马五层为例[J]．天然气工业，2014，34(11)：48-55.

[16] 曹鉴华，张学丰．地区奥陶系碳酸盐岩岩溶储层地震属性预测[J]．特种油气藏，2021，19(2)：42-45.

[17] 周宇成，姚光明，魏荷花，等．鄂尔多斯盆地延安气田南部岩溶古地貌分级识别及有利区预测[J]．特种油气藏，2020，27(6)：102-107.

[18] 陈刚，张玺华，陈勇，等．风化壳古岩溶储层地震预测方法-以川东北元坝地区雷口坡组四段为例[J]．煤田地质与勘探，2015，43(4)：85-93.

[19] 邱宇，李安琪，周杰，等．琼东南盆地深水区松南低凸起花岗岩风化壳储层底界面识别技术[J]．海相油气地质，2021，37(7)：87-96.

[20] 迟唤昭．松辽盆地徐家围子断陷营城组火山岩风化壳及其储层预测[D]．长春：吉林大学，2016.

[21] 顾雯，印兴耀，卞保力，等．准噶尔盆地石炭系火山岩地震勘探关键技术[J]．石油地球物理勘探，2022，57(6)：1453-1463.

[22] 张文雅，张春阳，刘治恒，等．鄂尔多斯盆地陇东地区太原组铝土岩储层录井评价[J]．录井工程，2022，33(3)：41-48.

[23] 贺敬聪，朱筱敏，李明瑞，等．鄂尔多斯盆地陇东地区二叠系山西组—石盒子组母岩类型和构造背景[J]．古地理学报，2017，19(2)：286-298.

[24] 刘蝶，张海涛，杨小明，等．鄂尔多斯盆地铝土岩储集层测井评价[J]．新疆石油地质，2022，43(3)：261-270.

[25] 徐彬．古地貌恢复方法及研究进展[J]．中国锰业，2018，36(1)：65-68.

[26] 刘永涛，刘池洋，周义军，等．双界面地震层拉平的古地貌恢复技术及应用一以鄂尔多斯盆地天环坳陷为例[J]．石油地球物理勘探，2019，54(3)：656-666.

[27] 王高平，王震亮，赵雪娇，等．鄂尔多斯盆地延安地区奥陶系风化壳古地貌恢复[J]．沉积学报，

2013，31(4)：563-570.

[28] 陈刚，张玺华，陈勇，等．风化壳古岩溶储层地震预测方法--以川东北元坝地区雷口坡组四段为例[J]．煤田地质与勘探，2015，43(4)：85-93.

[29] 侯林君，陈洪德，罗林军，等．鄂尔多斯盆地前寒武纪末期古地貌恢复及其对烃源岩的控制作用[J]．地球科学与环境学报，2019，41(4)：475-490.

[30] 桑琴，未勇，程超，等．蜀南地区二叠系茅口组古岩溶地区水系分布及岩溶地貌单元特征[J]．古地理学报，2012，14(3)：393-402.

[31] 牛华伟，刘苗，蒋涔，等．东海陆架盆地西湖凹陷平北地区含煤地层岩性圈闭识别[J]．石油实验地质，2022，44(5)：755-760.

[32] 张学敏，但玲玲，张军林，等．叠后地质统计学反演在混积层预测中的应用[J]．石油化工应用，2022，41(6)：71-74.

[33] 魏达，孙章庆．利用地质统计学反演预测砂岩型铀矿体的变差函数求取方法[J]．石油地球物理勘探，2021，56(6)：1381-1390.

[34] 郭同翠，姜明军，纪迎章，等．叠前地质统计学反演在页岩甜点和薄夹层预测中的应用一以西加拿大盆地 W 区块为例[J]．石油地球物理勘探，2020，55(1)：167-175.

[35] 赵万金，周春．基于 Contourlet 变换的图像增强技术识别裂缝[J]．岩性油气藏，2017，29(3)：103-109.

[36] 高刚，杨亚华，赵彬，等．砂岩敏感识别因子的建立及直接提取方法[J]．石油地球物理勘探，2019，54(6)：1329-1338，1347.

[37] 陈胜，赵文智，欧阳永林，等．利用地球物理综合预测方法识别页岩气储层甜点——以四川盆地长宁区块下志留统龙马溪组为例[J]．天然气工业，2017，37(5)：20-30.

苏里格气田密切割水平井最优改造段数及合理配产研究

马羽龙　何润华　王　证　王武刚

（中国石油长庆油田分公司第四采气厂）

摘　要　2018年以来，苏里格气田水平井在水平段固井完井工艺基础上，应用水力泵送桥塞分段多簇压裂、密切割改造等新型储层改造工艺，试气无阻流量大幅提升。以压裂水平井产能方程分析法、数值模拟法、经济评价法分析密切割水平井最优改造段数，裂缝数量增加，气井产量增加，但缝间干扰加重、产量增幅逐渐减小，单条裂缝产量降低，最优段间距为62.5m，平均水平段长度1200m、有效储层钻遇率60%，最优改造段数为11段，建立了改造段数计算方程及图版。利用Arps递减分析方法、分析产量与生产时间的变化规律，通过拟稳态流动分析，建立产量递减率与气井配产关系方程，实现产量递减率、地层压力、气井配产三者相统一，克服了Arps分析中产量递减率与气井配产计算相互脱节的问题。由于密切割水平井单位压降采气量大幅增加，相同递减率下的产量更高，初期合理配产可达$5.3\times10^4m^3/d$，远高于常规水力喷射水平井$2.4\times10^4m^3/d$。该研究对目前致密气藏密切割水平井压裂改造段数设计及合理配产制定具有指导意义。

关键词　水平井；密切割改造；改造段数；合理配产；产量递减率

Study on the number of reconstruction sections and rational production allocation of tight cut horizontal wells in Sulige gas field

Ma Yulong　He Runhua　Wang Zheng　Wang Wugang

(Company Gas Production Plant No. 4; Petro China Changqing Oilfield Company)

Abstract　Since 2018, based on the horizontal section cementing and completion process, the horizontal well in Sulige gas field has applied new reservoir reconstruction processes such as hydraulic pumping bridge plug staged multi cluster fracturing and dense cutting transformation, and the open-ended flow of gas test has been greatly increased. In this paper, the productivity equation analysis method, numerical simulation method and economic evaluation method are used to analyze the optimal number of reconstruction sections of tight cut horizontal wells. The number of fractures increases, and the production of gas wells increases, but the inter fracture interference increases, the production increase decreases gradually, and the production of a single fracture decreases. The optimal section spacing is 62.5m, the average horizontal section length is 1200m, the effective reservoir penetration rate is 60%, and the optimal number of reconstruction sections is 11, The calculation equation and chart for the number of reconstruction sections are established. At present, the commonly used Arps decline analysis method only analyzes the change law of production and production time. Through quasi steady-state flow analysis, this paper establishes the relationship equation between production decline rate and gas well production allocation, realizes the unification of production decline rate, formation pressure and gas well production allocation, and overcomes the problem of disconnection between production decline rate and gas well production allocation calculation in ARPS analysis. As the gas production per unit pressure drop of closely cut horizontal wells increases significantly, the production under the same decline rate is higher, and the reasonable production allocation at the initial stage can reach $5.3 \times 10^4 m^3/d$, much higher than that of conventional hydraulic jet horizontal well $2.4 \times 10^4 m^3/d$. This research has guiding significance for the design of fracturing interval number and rational production allocation of tight cut horizontal wells in tight gas reservoirs.

Key wordst horizontal well; close cutting reconstruction; reconstruction sections number; rational production; production decline rate

2018 年以前，苏里格气田水平井水平段裸眼完井，采用常规水力喷射或裸眼封隔器压裂，管外封隔效果差，起裂方式为诱导随机起裂，裂缝形态较为单一，采用投球连续分压的作业方式，试气无阻流量平均 $48 \times 10^4 m^3/d$。2018 年推广应用水平段固井完井工艺，在此基础上采用水力泵送桥塞分段压裂改造工艺，实现段间可靠封隔，分级点火射孔精准布缝，套管注入实现大排量高砂浓加砂压裂，压后下油管实现井筒全通径，成为目前水平井改造主要的工艺。2019 年后进一步升级为密切割改造，裂缝形态呈多簇多条状，采用桥射联作逐级压裂的作业方式，水平井压裂段数由 6.6 段提高至 10 段以上，段内簇数达到 3 簇，单段加砂量由 40 左右提高至 45～55m^3、平均砂浓度由 310 左右提高至 350～380kg/m^3，井均试气无阻流量大幅提高至 $95.5 \times 10^4 m^3/d$(图 1)。

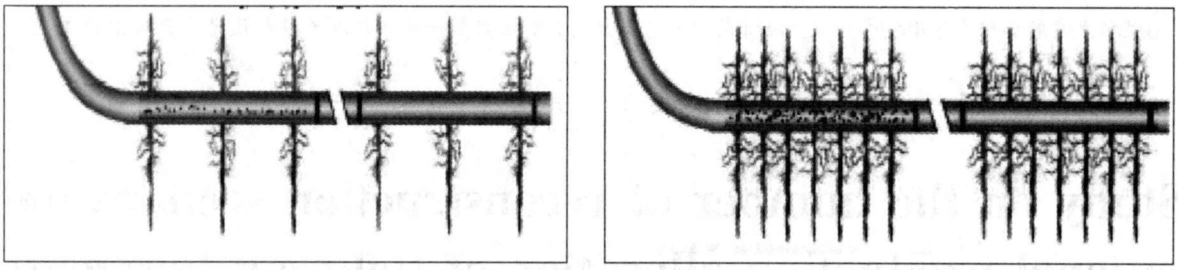

图 1　常规水力喷射、密切割压裂改造示意图

密切割缩小人工裂缝间距，增大裂缝网络规模，实现渗流基质单元最小化，是致密气藏提高单井产量的有效手段。但裂缝间距减小，裂缝数量增加，缝间干扰加剧，单条裂缝产量贡献降低，储层改造费用也大幅增加，因此有必要论证最优改造段数。同时密切割水平井增大改造规模后，无阻流量大幅增加，但生产效果有待结合生产动态进行评价。为解决上述问题，文章综合压裂水平井产能方程分析法、数值模拟法、经济评价法分析密切割水平井最优段间距，结合水平段实际长度及储层钻遇率得到最优改造段数，并通过拟稳态流动分析，建立产量递减率与气井配产关系方程，分析密切割水平井合理配产及产量递减率指标。

1　密切割水平井生产效果

水平井密切割改造后缝网规模增大，有利于增大泄流面积、提高控制储量，生产效果同样更好。分析苏里格气田气井实际生产指标，常规水力喷射水平井生产初期压降速率 0.044MPa/d、单位压降采气量 $87.2 \times 10^4 m^3/MPa$、井均 EUR$6249 \times 10^4 m^3$，密切割水平井生产初期压降速率 0.026MPa/d、单位压降采气量 $199.1 \times 10^4 m^3/MPa$、井均 EUR 达到 $7837 \times 10^4 m^3$，预测累产气量可提升 $1588 \times 10^4 m^3$(表 1、图 2)。

表 1　不同改造工艺生产数据统计表

改造工艺	无阻流量/($10^4 m^3/d$)	投产套压/MPa	压降速率/(MPa/d)	单位压降采气量/($10^4 m^3/MPa$)	井均 EUR/($10^4 m^3$)
密切割	95.5	21.4	0.026	199.1	7837
常规水力喷射	48.0	21.6	0.044	87.2	6249

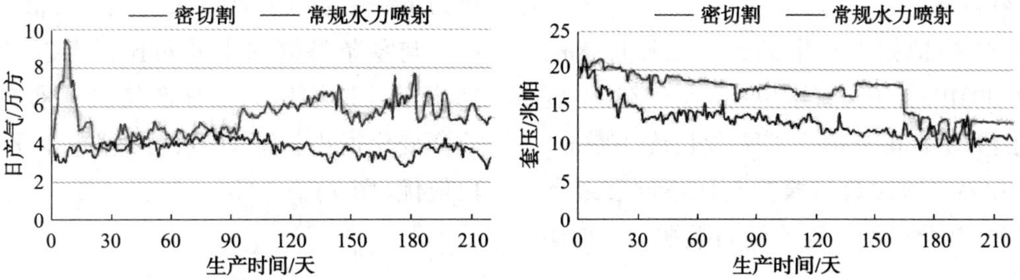

图 2　密切割与常规水力喷射改造水平井生产对比曲线

2　水平井改造段数优化

裂缝数量增加，气井产量增加、但增幅逐渐减小，并且压裂费用升高，因此应结合生产效果及压裂费用得到最优改造段数。

2.1　产能方程法

令拟压力 $\psi_p = 2\int_0^p \frac{p}{\mu Z}dp = \frac{p^2}{\mu Z}$，裂缝内流压为 p_f，单条裂缝渗流方程为

$$\psi_f(x,\ y)=\frac{Tq_{sc}}{774.6kh}\operatorname{arcch}\frac{1}{\sqrt{2}}\left\{1+\frac{x^2}{L_f^2}+\left(\frac{y_0}{L_f}-\frac{y}{L_f}\right)^2+\sqrt{\left(1+\frac{x^2}{L_f^2}+\frac{(y_0-y)^2}{L_f^2}\right)^2-4\frac{x^2}{L_f^2}}\right\}^{1/2}+c \tag{1}$$

压裂水平井为多条裂缝的叠加(图 3)，设 N 条裂缝等距平行、长宽相同、垂直于水平井，产能方程为

$$q_{sc}=\frac{774.6kh\left[m(\bar{p})-m(p_f)\right]}{T\left[\ln\sqrt{1+\frac{R^2}{L_f^2}+\frac{R}{L_f}}+2\ln\sqrt{\frac{1+\frac{(R-d)^2}{L_f^2}+\frac{R-d}{L_f}}{1+\frac{d^2}{L_f^2}+\frac{d}{L_f}}}+\cdots+2\ln\sqrt{\frac{1+\frac{(R-N_0d)^2}{L_f^2}+\frac{R-N_0d}{L_f}}{1+\frac{N_0^2d^2}{L_f^2}+\frac{N_0d}{L_f}}}\right]} \tag{2}$$

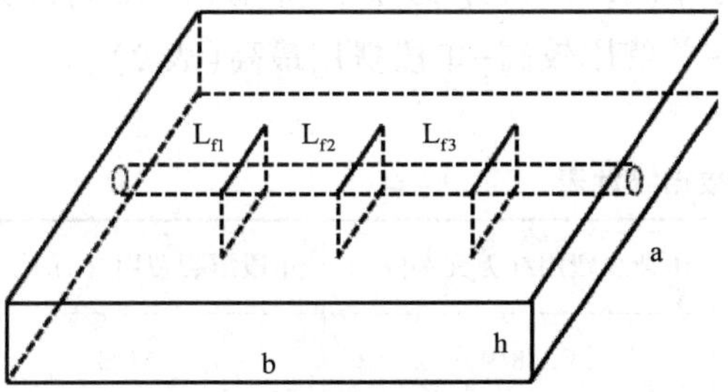

图 3　压裂水平井多裂缝渗流模型

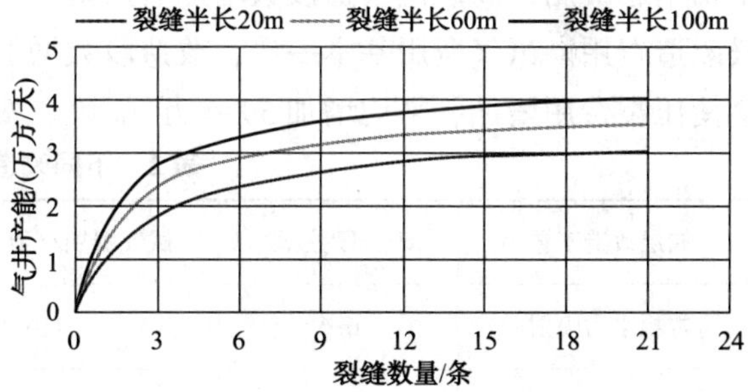

图 4　裂缝数量与气井产能关系曲线

由方程(2)得出：裂缝数量增加，气井产量增加、但增幅逐渐减小，因为裂缝数量增加后裂缝间距变小、相互干扰加重，单条裂缝产量降低。对于 1000m 水平段 100%有效储层钻遇率的理想水平井，裂缝数量超过 15 条，产量增加很小，对应的裂缝间距为 62.5m(图 4)；裂缝长度增加，裂缝控制范围增大，产量线性增加。裂缝长度与加砂量、排量等压裂施工参数有关，增大改造规模、增加裂缝长度也可以增大气井产能(图 5)。

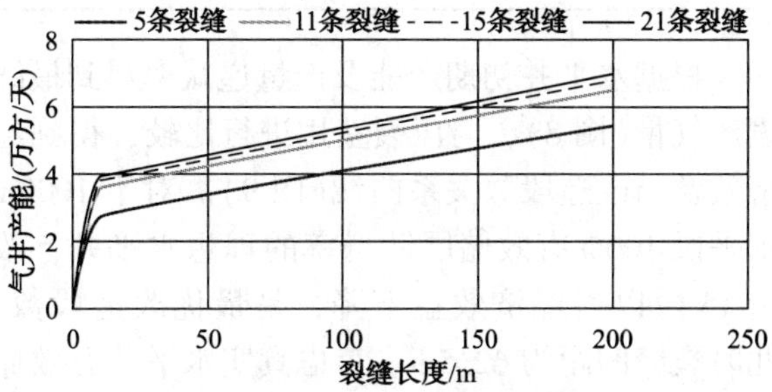

图 5　裂缝长度与气井产能关系曲线

2.2 数值模拟法

建立数值模拟模型(图 6)，气层厚度 8m，地层压力 30MPa，孔隙度 8%，含气饱和度 60%，储层渗透率 0.5mD，水平段长度 1000m，裂缝半长 100m。通过数值模拟对比不同裂缝条数下生产指标变化情况，随裂缝条数增加，地层压力下降更快，日产气量、累产气量、采收率更高，与零条裂缝水平井对比，当裂缝条数大于 15 条后，地层压力、日产气量、累产气量、采收率变化很小，证明 1000m 理想水平段改造 15 段最优(图 7)。

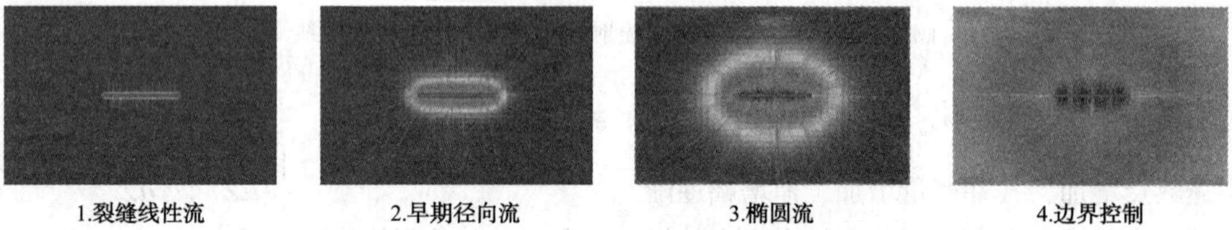

图 6　压裂水平井不同渗流阶段流线模型

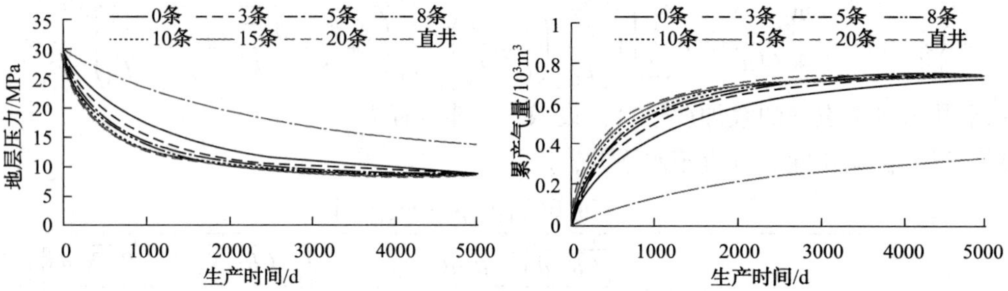

图 7　水平井不同裂缝数量地层压力与累产气量变化曲线

2.3 经济评价法

常规水力喷射工艺总费用及单段费用最低，密切割总费用最高、但改造段数增加后摊薄了单段改造费用。试气费用基本一致，改造段数增加会使压裂费用增加，平均增加 59.6 万元/段。费用构成表现出以下特点，常规水力喷射-总费用低-单段费用低；密切割改造-总费用最高-单段费用降低，常规水力泵送桥塞(未提高改造段数)-总费用较高-单段费用最高(表 2)。

表 2　不同改造工艺生产数据统计表

储层改造工艺	改造段数/段	试气费用/(万元/井次)	压裂总费用/(万元/井次)	单段压裂费用/(万元/段)
常规水力喷射	6.6	176.1	338.9	51.3
常规水力泵送桥塞	6.5	199.2	390.9	60.1
密切割	10.4	194.0	619.9	59.6

根据水平井初期产能及产量递减率得到最终累产气量(图 8)，与压裂费用进行比较，得到经济效益与改造段数关系曲线(图 9)。对于 1000m 水平段 100%有效储层钻遇率的理想水平井，改造 15 段以后经济效益下降，是最优改造段数，此时裂缝间距为 62.5m。考虑真实水平井有效储层钻遇率及水平段长度，建立了改造段数计算方程及图版。平均水平段长度 1200m、有效储层钻遇率 60%，最优改造段数为 11 段(图 10)。

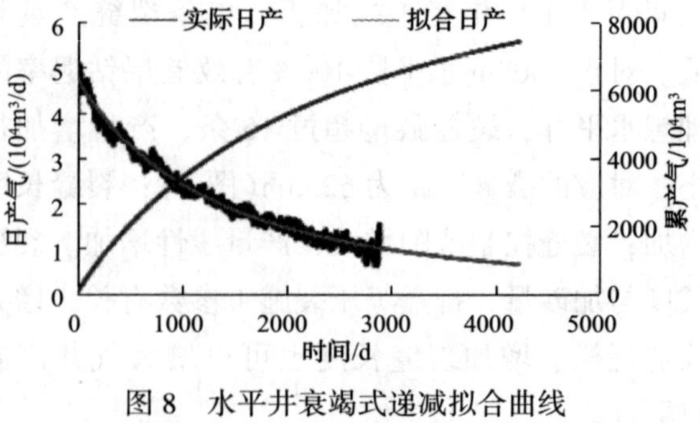

图 8　水平井衰竭式递减拟合曲线

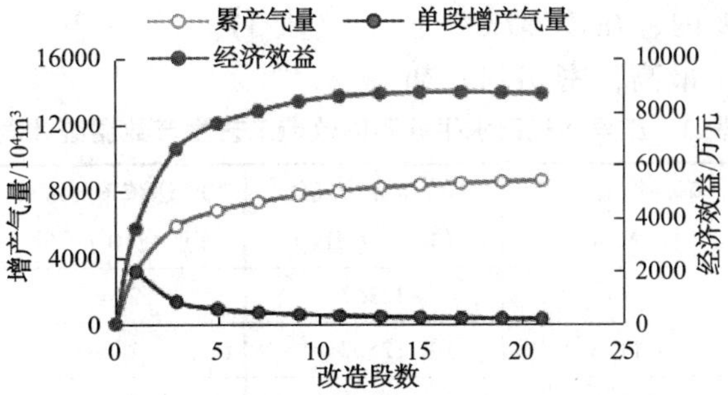

图 9 经济效益与改造段数关系曲线

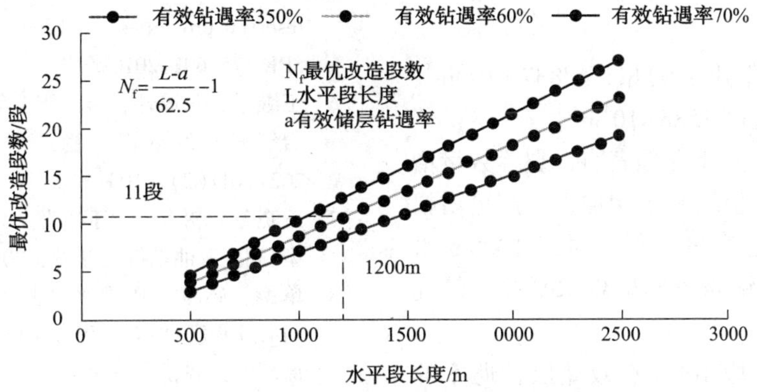

图 10 水平井最优改造段数计算方程及图版

3 水平井配产与递减率关系研究

苏里格气田水平井合理配产计算多采用无阻流量经验法或采气指示曲线法，产量递减率分析采用 Arps 递减分析中的衰竭递减模型、仅分析产量与生产时间的变化规律。气井配产与产量递减率密切相关，一直以来未能将两者计算统一起来，本文根据拟稳态渗流模型，建立两者关系方程，开展水平井合理配产计算，并对产量递减率进行分析。

3.1 气井产量与递减率关系方程推导

气井平面径向流压力平方产能方程为

$$q_{sc}=\frac{2.714\times10^{-5}KhT_{sc}(P_R^2-P_{wf}^2)}{T\mu ZP_{sc}\left(\ln\frac{0.472r_e}{r_w}+s\right)} \tag{3}$$

拟稳态流动地层各点压降速率相同，一定时间内压降一致

$$P_{R1}-P_{wf1}=P_{R2}-P_{wf2}=\Delta P \tag{4}$$

气井递减率可以表示为

$$D=\frac{q_{sc1}-q_{sc2}}{q_{sc2}}=1-\frac{P_{R2}^2-P_{wf2}^2}{P_{R1}^2-P_{wf1}^2}=1-\frac{(P_{R2}-P_{wf2})(P_{R2}+P_{wf2})}{(P_{R1}-P_{wf1})(P_{R1}+P_{wf1})}=\frac{2\Delta P}{P_{R1}+P_{wf1}} \tag{5}$$

一段时间内累产气量 Q 可表示为配产与时间的乘积

$$Q=qt \tag{6}$$

已知一段时间内单位压降采气量 M 及累产气量 Q，则压降

$$\Delta P=Q/M=qt/M \tag{7}$$

递减率可表示为

$$D=\frac{2\Delta P}{P_{R1}+P_{wf1}}=\frac{2qt}{M(P_{R1}+P_{wf1})} \tag{8}$$

通过气井生产数据就可计算产量递减率：已知一定时间内套压降及气井配产，开展井筒气柱压力计算、由井口套压求取井底流压，由原始地层压力、目前累产气量、根据压降法求得目前地层压力，就可计算出该生产时间内的产量递减率。通过拟稳态流动分析，建立递减率与配产关系方程，实现产量递减率、地层压力、气井配产三者相统一，解决长久以来递减率与配产计算相互脱节的问题。

3.2 密切割水平井产量与递减率计算

密切割水平井单位压降采气量大幅增加，相

同递减率下的产量更高。苏里格气田水平井投产第一年递减率控制在 30%以内，在该递减率下密切割井配产 $5.3\times10^4 m^3/d$ 最高，密切割井初期实际配产 $4.3\times10^4 m^3/d$，递减率 24.2%最小（表 3）。

表 3　苏里格气田水平井不同改造工艺生产数据统计表

改造工艺	投产套压/MPa	第一年末套压/MPa	单位压降采气量/(10^4m^3/MPa)	30%递减率对应的配产/(10^4m^3/d)	初期实际配产/(10^4m^3/d)	实际配产下的递减率/%
常规水力喷射	20.5	11	123.7	2.4	4.5	55.8
常规固井桥塞改造	20.1	11.8	125.7	2.5	3.2	38.1
密切割改造	20.3	16.9	233.2	5.3	4.3	24.2

4　结论

（1）密切割改造井预测累产 $7837\times10^4 m^3$，比常规水力喷射井提高 $1588\times10^4 m^3$。

（2）压裂水平井产能方程表明，裂缝数量增加，气井产量增加，但缝间干扰加重、产量增幅逐渐减小，单条裂缝产量降低，对于 1000m 水平段 100%有效储层钻遇率的理想水平井，最优段间距为 62.5m。

（3）1000m 水平段 100%有效储层钻遇率的理想水平井，改造 15 段经济效益最优，建立改造段数计算方程及图版，平均水平段长度 1200m、有效储层钻遇率 60%，最优改造段数为 11 段。

（4）通过拟稳态流动分析，建立递减率与配产关系方程，实现产量递减率、地层压力、气井配产三者相统一，密切割水平井单位压降采气量最大，相同递减率下的产量更高，密切割井初期实际配产 $4.3\times10^4 m^3/d$，递减率 24.2%最小。

参 考 文 献

[1] 郑有成，范宇，雍锐，等．页岩气密切割分段+高强度加砂压裂新工艺[J]．天然气工业，2019，39(10)：76-81.

[2] 范宇，周小金，曾波，等．密切割分段压裂工艺在深层页岩气 Zi2 井的应用[J]．新疆石油地质，2019，40(2)：223-227.

[3] 王继平，张城玮，李建阳，等．苏里格气田致密砂岩气藏开发认识与稳产建议[J]．天然气工业，2021，41(2)：100-110.

[4] MOHAGHEGH S D，GASKARI R，MAYSAMI M. Shale analytics：making production and operational decisions based on facts：a case study in Marcellus Shale[R]. SPE 184822，2017.

[5] CIPOLLA C L，WARPINSKI N R，MAYERHOFER M，et al. The relationship between fracture complexity，reservoir properties，and fracture-treatment design[R]. SPE 115769，2010.

[6] 王继平，张城玮，李建阳，等．苏里格气田致密砂岩气藏开发认识与稳产建议[J]．天然气工业，2021，41(2)：100-110.

[7] 王晓冬，胡永乐，丁一萍．水平井生产数据分析模型[J]．石油勘探与开发，2010，37(1)：99-103.

[8] 单娴，姚军．压裂水平井生产效果影响因素分析[J]．油气田地面工程，2011，30(2)：74-76.

[9] 徐严波，齐桃，杨凤波，等．压裂后水平井产能预测新模型[J]．石油学报，2006，27(1)：89-91.

[10] 李海燕，彭仕宓．苏里格气田低渗透储层成岩储集相特征[J]．石油学报，2007，28(3)：100-104.

[11] 郎兆新，张丽华，程林松．压裂水平井产能研究[J]．石油大学学报，1994，18(2)：43-46.

[12] 熊健，王绍平，郭平．低渗油藏水平裂缝井增产规律研究[J]．特种油气藏，2012，19(6)：101-103.

[13] 王天驹，陈赞，王蕊，等．致密砂岩油藏体积压裂簇间距优化新方法[J]．新疆石油地质，2019，40(3)：351-356.

[14] 任龙，苏玉亮，王文东，等．分段多簇压裂水平井渗流特征及产能分布规律[J]．西安石油大学学报：自然科学版，2013，28(4)：55-59.

[15] 李龙龙，姚军，李阳，等．分段多簇压裂水平井产能计算及其分布规律[J]．石油勘探与开发，2014，41(4)：457-461.

[16] 胡勇，李熙喆，徐轩，等．含水致密砂岩气藏可动用储量评价新方法及其应用[J]．石油学报，2021，42(3)：332-340.

[17] 徐凤兰，李苏蓉，刘其芬，等．苏里格气田产量递减规律的综合研究与应用[J]．油气井测试，2014，23(1)：42-45.

[18] 张春雨，金大权，刘刚果，等．低渗砂岩气藏水平井产量递减规律分析与合理配产-以苏里格气田某区块为例[J]．石油天然气学报，2014，36(11)：223-227.

地震岩石物理建模技术在时移地震可行性分析中的应用

李春雷

（中海油田服务股份有限公司物探事业部物探研究院）

摘　要　时移地震是石油勘探开发中预测油藏剩余油分布的重要技术手段，但是时移地震的成本较高，且并非适用于所有油藏，为确保时移地震取得理想的效果，必须在实施前进行充分的可行性论证。本文基于地震岩石物理建模技术对时移地震的可行性进行了研究。地震岩石物理模型是油藏参数与纵波速度、横波速度、密度之间转换的桥梁，纵波速度、横波速度和密度又与地震响应特征相关联，因此借助于地震岩石物理模型，结合地震正演模拟，可以分析油藏开发造成的油藏参数变化与地震响应之间的量化关系，从而实现时移地震可行性评价。本文通过对我国渤海几个目标油藏进行岩石物理建模，首先利用V-R-H模型计算岩石基质的弹性模量，然后通过Hertz-Mindlin模型计算疏松砂岩的干岩石骨架弹性模量，使用Batzle&Wang公式和Wood公式计算混合流体的弹性模量，最后利用Gassmann方程向干岩石孔隙中加入流体，完成岩石物理模型的构建。通过改变与油藏开发相关的岩石物理模型参数（含水饱和度、温度、压力等），分析油藏开发活动对地层纵波速度、横波速度和密度的影响规律，结合地震正演模拟，定量分析油藏开发引起的地震振幅变化量，最终对几个研究目标的时移地震可行性进行评价，并且预测了达到时移地震观测门槛值时的含水饱和度数值，对开展时移地震研究具有重要的参考意义。

关键词　岩石物理模型；岩石物理；时移地震；地震岩石物理建模

The application of seismic rock physics modeling technology in time-lapse seismic feasibility analysis

Li Chunlei

(Geophysical Research Institute, Geophysical-COSL)

Abstract　Time lapse seismic is an important technique for predicting residual oil distribution in petroleum exploration and development, but the cost of time lapse seismic is high, and it is not suitable for all reservoirs. In order to ensure the ideal effect of time lapse seismic, sufficient feasibility demonstration must be carried out before implementation. In this paper, the feasibility of time-shift earthquakes is studied based on seismic petrophysical modeling technology. Seismic petrophysical model is a bridge between reservoir parameters and P-wave velocity, S-wave velocity and density, which in turn are related to seismic response characteristics. Therefore, the quantitative relationship between reservoir parameter changes and seismic response caused by reservoir development can be analyzed by means of seismic petrophysical model combined with seismic forward simulation. So the feasibility evaluation of time-shift seismic can be realized. In this paper, the petrophysical modeling of several target reservoirs in Bohai Sea is carried out. Firstly, the elastic modulus of rock matrix is calculated by V-R-H model, then the elastic modulus of dry rock skeleton of loose sandstone is calculated by Hertz-Mindlin model, and the elastic modulus of fluid is calculated byBatzle&Wang formula and Wood formula. Finally, fluid is added to dry rock pores by Gassmann equation to complete the construction of rock physical model. By changing the parameters of petrophysical model related to reservoir development (water saturation, temperature, pressure, etc.), the influence law of reservoir development activities on formation P-wave velocity, S-wave velocity and density is analyzed. Combined with seismic forward simulation, the seismic amplitude changes caused by reservoir development are quantitatively analyzed, and finally the time-shift seismic feasibility of several research objectives is evaluated. And the water saturation value is predicted when the threshold value of time lapse seismic observation is reached, which has important reference significance for the study of time lapse seismic.

Key wordst Rock physics model; Rock physics; Time-lapse earthquake; Seismic rock physics modeling

时移地震(Time-lapse seismic)又称为四维地震(4D Seismic),是石油勘探开发中预测油藏剩余油分布的重要技术手段。其原理是在油藏开发的不同时期分别进行地震数据采集,通过对比分析这些不同时期的地震数据,对油藏的动态变化进行预测,为油田的开发方案制定提供重要的参考信息。

时移地震技术始于20世纪80年代,之后迅速在世界上多个油田成功应用,在美国的墨西哥湾、英国的北海松恩峡湾以及西非等多个地区的油田取得了较好的应用效果及经济效益。国内油田地质条件大多比较复杂,储层厚度小、物性差、单个油藏规模小、地震数据采集条件差等限制时移地震应用的问题比较常见,因此目前时移地震技术在国内的应用相对较少。随着油田的开发逐渐进入中后期,预测剩余油气分布成为提高钻井成功率、降低开采成本的重要因素,时移地震作为剩余油气监测的主要技术变得越来越重要;随着"CCUS"(碳捕集、利用与封存技术)概念的兴起,利用时移地震对地下二氧化碳封存情况进行监测也成为当前的研究热点。

时移地震的成本较高,为确保时移地震取得理想的效果,必须在实施前进行充分的可行性论证。对于时移地震的可重复性和可探测性,国内外已经有比较成熟的评价标准,本文从地震岩石物理学的角度,基于地震岩石物理建模技术对时移地震可行性进行了研究和探讨。

地震岩石物理是联接储层特征与地震特性之间的桥梁,主要研究与地震响应特性有关的岩石物理特征参数以及两者之间的关系。地震岩石物理建模是地震岩石物理研究的重要内容,其原理是基于双相介质和等效介质理论把实际岩石等效为理想介质,根据物理学原理建立储层岩石物性参数与弹性参数的量化关系。利用岩石物理模型,可以定量分析油田开发造成的地层特征变化引起的地层速度、密度的变化,结合地震正演模拟,进一步分析地震响应特征的变化,从而实现对时移地震可行性分析的评价。

1 研究目标地质背景

油藏构造、储层特征、原油密度和黏度是影响时移地震技术应用效果的主要因素,时移地震成功应用的理想条件是:(1)油藏构造简单,地震资料采集、处理条件好,地震资料品质高;(2)储层岩石疏松、孔隙度大、埋深浅、厚度大;(3)原油密度、黏度小或者气藏。本文的研究工作选择了A和B两个油田的5个砂体进行分析和研究。

两个油田都位于我国渤海海域,储层为新近系的曲流河-浅水三角洲相砂体,埋深900米到1300米之间,砂体厚度都在10米左右,岩石疏松,所有砂体的孔隙度都在30%左右,储层物性条件优越。A油田原油为重质原油,地面原油密度0.912g/cm^3,地层压力下原油黏度为158MPa·s。两个油田地层水矿化度差别不大,总矿化度在1697.13mg/L~11774.10mg/L之间,水型为$NaHCO_3$型。B油田原油为轻质原油,地面原油密度0.830g/cm^3,地层压力下原油黏度4.94MPa·s。

两个油田均采用边底水天然能量开采,这种开采方式水驱油的过程比较温和,剩余油一般分布在构造顶部、油层上部以及平面相对低渗区有利于时移地震监测。

2 地震岩石物理建模

岩石物理模型是油藏参数与纵波速度、横波速度、密度之间转换的桥梁,纵波速度、横波速度和密度又与地震响应特征相关联,因此准确的岩石物理模型对于分析油藏参数变化与地震响应特征变化之间的关系非常重要。

研究靶区储层属于弱成岩性质的地层,砂岩胶结程度低,比较疏松,孔隙度较大。针对目标储层的岩石特征,选择适用于疏松砂岩的Hertz-Mindlin理论构建目标储层的岩石物理模型。

岩石物理建模的具体技术流程为:①计算岩石基质的等效弹性模量;②计算干岩石模量;③计算流体(油和水)的混合模量;④计算饱和岩石的弹性模量;⑤纵波速度和横波速度计算。具体流程如图1所示。

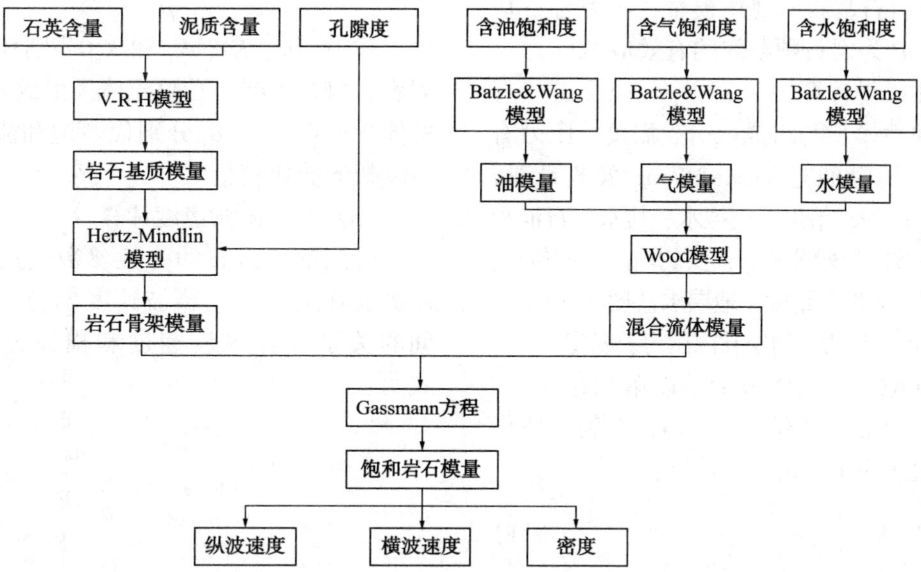

图1　岩石物理建模技术流程

（1）基质等效弹性模量计算

Voigt-Reuss-Hill（V-R-H）边界平均模型是一种经典的混合基质模型，常用于计算各向同性线弹性固体矿物混合物的等效弹性模量，首先利用该模型对石英、黏土矿物进行混合计算等效弹性模量，表达式如下：

$$M_V = V_{clay}M_{clay} + V_{quart}M_{quart} \tag{1}$$

$$M_R = 1/(V_{clay}/M_{clay} + V_{quart}/M_{quart}) \tag{2}$$

$$M_{VRH} = \frac{M_V + M_R}{2} \tag{3}$$

其中 M_V 代表混合物弹性模量的 Voigt 上限，M_R 代表混合物弹性模量的 Reuss 下限，V、M 分别为各矿物组分的体积含量和弹性模量，右下角的 clay、quart 分别代表粘土、石英。

（2）干岩石模量计算

Hertz-Mindlin（H-M）模型是疏松砂岩弹性模量计算常用的一种岩石物理模型。疏松砂岩一般有比较典型的粒状结构特征，弹性波通过互相接触的岩石颗粒进行传播。在干燥条件下，大小相同的球状岩石颗粒随机堆积组成的岩石介质的等效体积模量可由 H-M 接触模型进行计算：

$$K_{HM} = \frac{n(1-\varphi)}{12\pi R}S_n \tag{4}$$

$$\mu_{HM} = \frac{n(1-\varphi)}{20\pi R}(S_n + 1.5S_t) \tag{5}$$

式中，K_{HM} 为等效体积模量，μ_{HM} 为等效剪切模量，n 为颗粒接触的个数，φ 为介质的孔隙度，R 为颗粒半径，S_n 为颗粒接触面的正向刚度，S_t 为颗粒接触面的切向刚度。其中 S_n 和 S_t 的数值由颗粒接触面的物理性质决定。H-M 模型假定岩石颗粒之间的接触面紧密相连，颗粒接触面的静摩擦系数无穷大，在应力作用下不发生相对滑动，计算公式为：

$$S_n = \frac{4R_c\mu}{1-\sigma} \tag{6}$$

$$S_t = \frac{8R_c\mu}{2-\sigma} \tag{7}$$

式中，μ 和 σ 分别代表岩石基质的剪切模量和泊松比，R_c 为颗粒接触面半径，R_c 的计算公式如下：

$$R_c = \overline{R}\left[\frac{3\pi(1-\sigma)}{2n(1-\varphi)\mu}P\right] \tag{8}$$

其中，$\overline{R}$ 代表颗粒接触面的局部平均曲率半径；P 为作用在介质上的静水压力。

由于 H-M 模型假设岩石颗粒在应力作用下不产生相对滑动，但是实际情况并非如此，从应用效果来看，通过该理论模型计算得出的体积模量与实际测量结果吻合较好，但是剪切模量一般高于实际测量值。Helgerud 等对 Hertz-Mindlin 模型进行了改进，改进后的疏松干岩石的体积模量计算公式如下：

$$K_{HM} = \left[\frac{C^2\ (1-\phi_c)^2G^2}{18\pi^2\ (1-\sigma)^2}P\right]^{\frac{1}{3}} \tag{9}$$

$$\mu_{HM} = \frac{5-4\sigma}{5(2-\sigma)}\left[\frac{3C^2(1-\phi)^2\mu^2}{2\pi^2(1-\sigma)^2}P\right]^{\frac{1}{3}} \tag{10}$$

式中，C 代表配位数（与 1 个岩石颗粒直接接触的岩石颗粒的平均数目）；φ 为岩石骨架的孔隙度；μ 为岩石基质的剪切模量；σ 为岩石基质的泊松比；P 为岩石颗粒间的有效应力。

（3）流体模量计算

流体的弹性模量与组成成分、温度、压力有关。单项流体模量通过 Batzle&Wang 公式计算，Batzle 和 Wang(1992) 给出了模拟水、盐水、石油和天然气弹性参数的经验公式，需要的输入数据包括：原油 API 重度、天然气重度、地层水盐度、气水比、气油比、原油泡点压力、地层孔隙压力、温度。

在地层孔隙中，流体很少是以单相存在的，一般以多相混合的形式存在，流体混合物的体积模量可以通过 Wood 公式进行计算：

$$K_f=\left(\frac{S_w}{K_w}+\frac{S_o}{K_o}+\frac{S_g}{K_g}\right)^{-1} \tag{11}$$

式中，K_f为混合流体的体积模量；K_w、K_o和K_g分别为水、油和气的体积模量；S_w、S_o和 S_g分别为含水、油、气饱和度。

（4）饱和岩石模量计算

饱和流体岩石的弹性参数需要通过 Gassmann 方程向干岩石孔隙中加入流体进行计算，公式为：

$$K=K_d+\frac{\left(1-\frac{K_d}{K_m}\right)^2}{\frac{\phi}{K_f}+\frac{1-\phi}{K_m}-\frac{K_d}{K_m^2}} \tag{12}$$

$$\mu=\mu_d \tag{13}$$

式中，K、K_d、K_f 和 K_m 分别代表饱和流体岩石、岩石骨架、孔隙流体、组成岩石矿物基质的体积模量；μ、μ_d分别代表饱和流体岩石和岩石骨架的剪切模量。

（5）纵、横波速度计算

得到饱和岩石的弹性参数之后，就可以利用纵波速度(V_p)、横波速度(V_s)与弹性参数之间的关系计算纵波速度和横波速度，计算公式为：

$$V_p=\sqrt{\frac{K_s+\frac{4}{3}\mu_s}{\rho_s}} \tag{14}$$

$$V_s=\sqrt{\frac{\mu_s}{\rho_s}} \tag{15}$$

式中，K_s、μ_s、ρ_s分别代表饱和流体岩石的体积模量、剪切模量和密度。

图 2 为研究区内测井的实测纵波速度、横波速度和密度曲线与岩石物理模型预测结果的对比，预测曲线与实测曲线的一致性是对岩石物理模型合理性质控的重要标准，图中黑色曲线为实测曲线，红色为正演曲线，正演曲线与实测曲线的误差很小，证明岩石物理模型比较可靠。

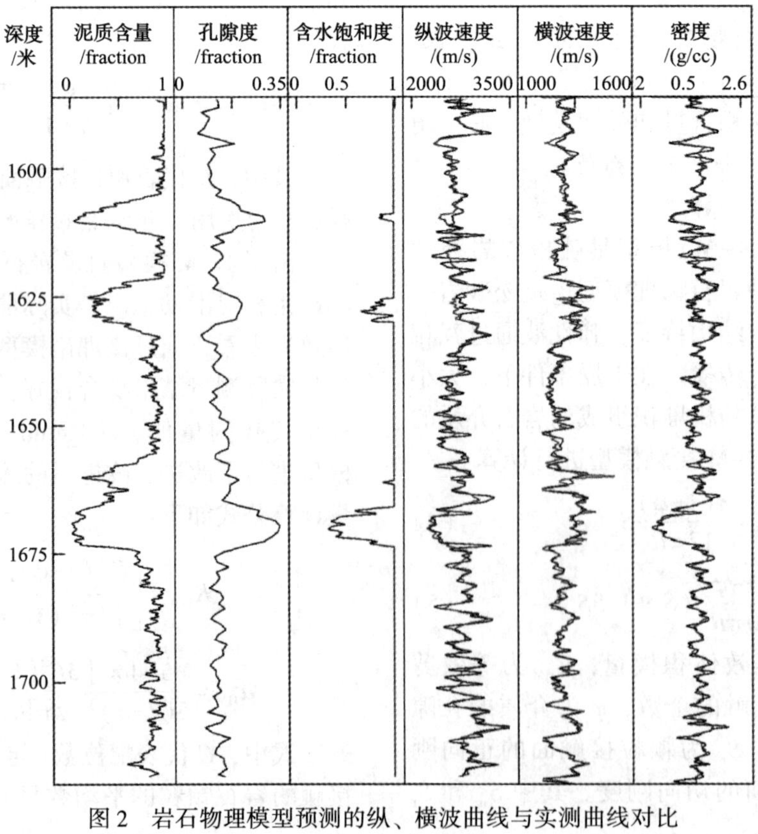

图 2 岩石物理模型预测的纵、横波曲线与实测曲线对比

3　时移地震可行性分析

油藏开发方式一般包括天然能量开采、注水、注气等方式，油藏开采一般带来地层含水饱和度、温度、压力等参数的变化。时移地震可行性分析的主要目的，就是分析油藏参数变化所引起的地震响应变化能否被地震有效观测到。地震岩石物理模型结合地震正演，是分析油藏参数变化和地震响应变化之间量化关系的有效技术手段。

以地震岩石物理模型为基础，结合油藏开发情况，改变岩石物理模型的相关参数，预测油藏开发对地层速度、密度的影响，再利用速度和密度进行地震正演，就可以进一步分析地震响应模式的变化。

图 3 为地层速度和密度在含水饱和度、温度、压力影响下的变化规律。含水饱和度变化一般是油藏开发前后最大的变量，随着油藏的开发含水饱和度变大。研究区目标储层含水饱和度增加时，纵波速度和密度变大，横波速度变小，但是变化幅度很小。地层温度变化对地层速度和密度的影响较小。研究区目标储层地层温度变化时，存在一个温度临界点，小于临界点温度时纵波速度随温度增高变大，大于临界点温度时纵波速度随温度增高变小；横波速度随温度的增高变大；密度随地层温度的升高变小。地层压力的变化也会引起地层速度和密度的变化。研究区目标储层地层孔隙压力增加时，纵波速度和横波速度减小，密度增大。

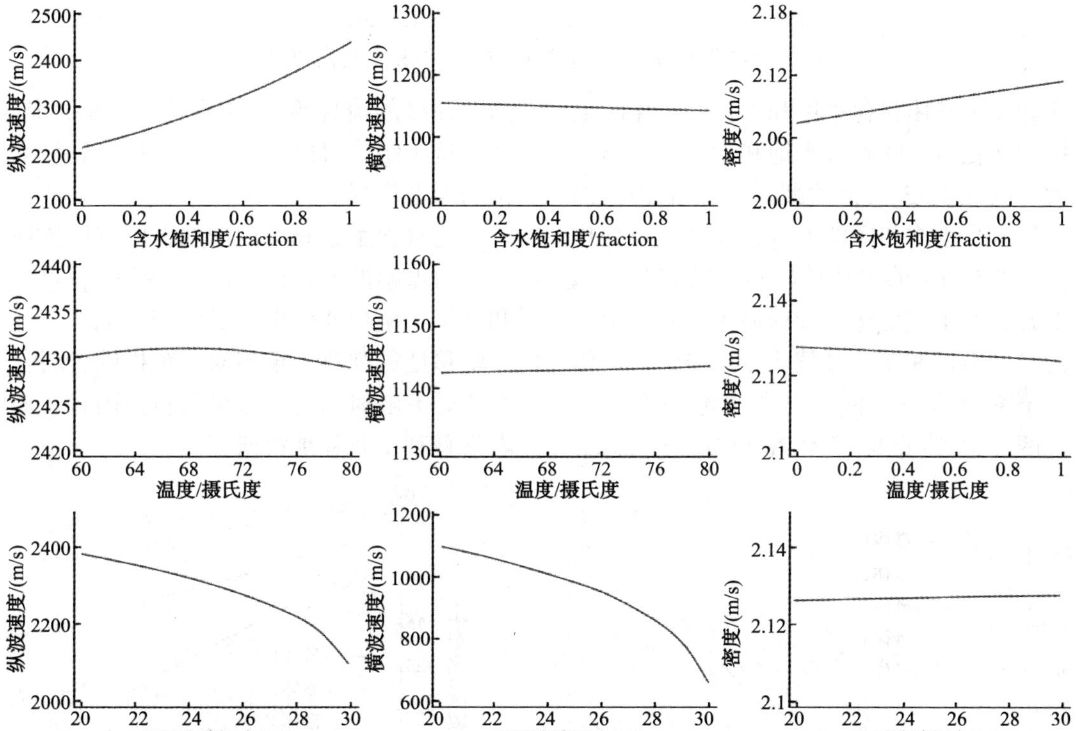

图 3　含水饱和度、温度、压力变化对纵横波速度和密度的影响规律

本文的目标油藏均采用天然能量开采，开采前后地层温度、压力基本没有变化，只有含水饱和度发生变化，所以在进行时移地震可行性分析时，只有含水饱和度一个变量。通过改变含水饱和度的数值，利用地震岩石物理模型计算地层纵波阻抗的变化，进而计算油藏开发情况引起的地层波阻抗变化量；通过波阻抗可以计算地层界面的反射系数，反射系数与地震子波褶积得到地震正演数据，就可以将地层波阻抗变化与地震振幅变化联系起来。

本文研究的 5 个砂体相对于围岩都是低阻抗，因此油层顶界面对应的地震反射是波谷，随着含水饱和度的增加，油层纵波阻抗增加，油层顶界面的地震反射系数变小。图 4 为油层顶界面地震反射振幅与含水饱和度变化的关系，随着含水饱和度变大，油层顶界面地震反射振幅绝对值越来越小。

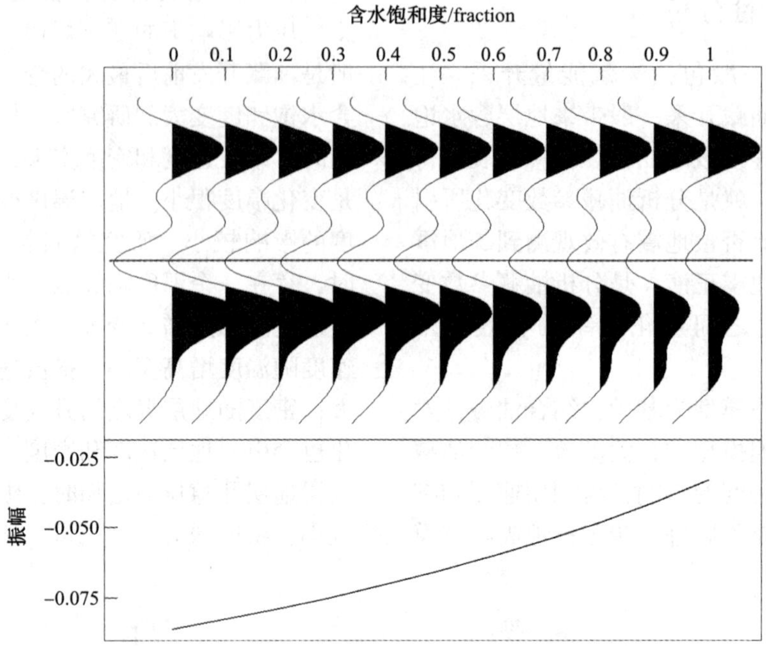

图 4　油层顶界面地震反射振幅与含水饱和度变化的关系

图 5 为 5 个砂体在含水饱和度发生变化时地层波阻抗的变化量，随着含水饱和度上升，纵波阻抗变大。其中 1～3 三个油藏属于 A 油田，油质较重，随着含水饱和度的上升，纵波阻抗变化率较小，4 和 5 两个油藏油质较轻，随着含水饱和度的上升纵波阻抗变化率较为显著。时移地震可识别的纵波阻抗变化门槛值为 3%～5%，砂体 4 和砂体 5 符合这一条件，当含水饱和度升为 90%时，两个砂体振幅变化率分别为 3.75% 和 3.99%。

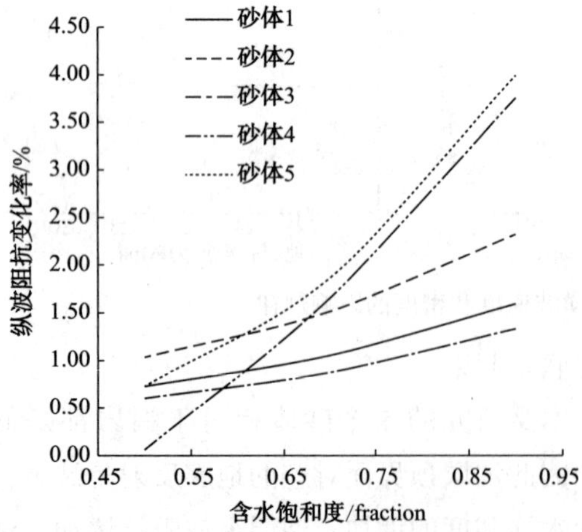

图 5　纵波阻抗随含水饱和度的变化

当纵波阻抗变化率达到 3%时，砂体 4 和砂体 5 的含水饱和度在 80%左右，这就意味着这两个油藏的含水饱和度上升到 80%以后，才可以通过时移地震观测到，含水饱和度低于 80%时，两个油藏的流体变化很难通过时移地震反映出来，这一结论可以作为实施时移地震采集作业安排的参考依据。

随着含水饱和度的增加，所有砂体顶界面地震反射振幅的绝对值都减小(图 6)，其中砂体 4 和砂体 5 振幅变化率明显大于其他几套砂体，利于时移地震观测。说明对于疏松砂岩而言，流体性质是影响时移地震效果的重要因素，轻质油或者气藏利于时移地震研究。

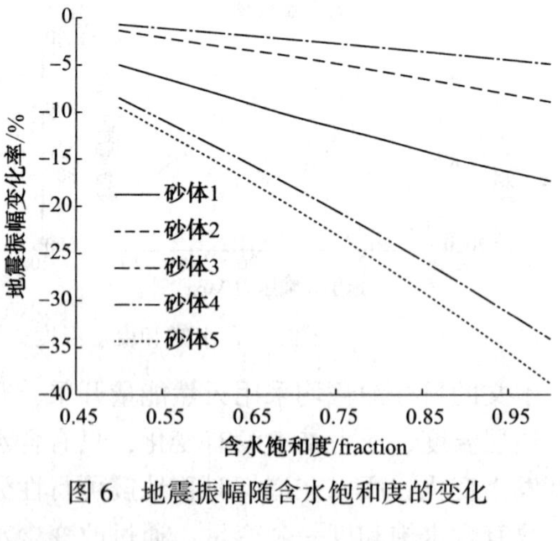

图 6　地震振幅随含水饱和度的变化

4　总结

为保证时移地震技术的研究效果，可行性分析论证工作非常必要。通过岩石物理建模结合地震正演是时移地震可行性分析非常高效的一种方式，关键技术环节包括以下几项：

（1）选择适用于目标储层的岩石物理模型，不同岩石适用的岩石物理模型不同，必须对目标储层的岩石结构、矿物组分、孔隙类型等性质进行分析，选择最适用的岩石物理模型进行建模；

（2）准确的岩石物理模型参数是岩石物理建模的关键工作，可以通过岩石物理模型正演速度和密度曲线检验模型参数的精度，正演曲线与实测曲线越接近，说明模型参数越精确；

（3）需要对对油田开发引起的油田参数变化进行准确分析，不同开采方式对油藏的影响不同，掌握精确的油藏参数变化，才能对时移地震可行性进行精确分析。

本文利用岩石物理建模技术结合地震正演模拟对两个油田的5个油藏的时移地震可行性进行了分析，其中油质较轻油田的2个砂体比较利于时移地震观测，给出了地震振幅变化与含水饱和度变化的量化关系，并且预测了达到时移地震观测门槛值时的含水饱和度数值，对开展时移地震研究具有重要的参考意义。

参 考 文 献

[1] 乐靖，范廷恩，范洪军，等．深海浊积砂岩油藏时移地震定量解释技术研究[J]．海洋工程装备与技术，2019，6(S1)：261-267.

[2] 周家雄，张亮，刘巍，等．时移地震气藏监测技术在崖城13-1气田的应用[J]．石油探，2020，59(04)：637-646.

[3] 陈筱，杨希濮，肖鹏，等．时移地震技术在油藏监测中的应用——以西非深水扇A油田为例[J]．石油物探，2023，62(03)：538-547.

[4] MAVKO G，MUKERJI T，DVORKINJ，The rock physics handbook：tools for seismic analysis in porous media[M]，Cambridge：Cambridge University Press，1998：106-220.

[5] 印兴耀，刘欣欣．储层地震岩石物理建模研究现状与进展．石油物探．2016，55(3)：309-325.

[6] 马淑芳，韩大匡，甘利灯，等．地震岩石物理模型综述[J]．地球物理学进展，2010，25(2)：460-471.

[7] 李绪宣，胡光义，范廷恩，等．海上油田时移地震技术适用条件及应用前景[J]．中国海上油气，2015，27(06)：48-52.

[8] 芮拥军，尚新民．胜利油田非一致性时移地震关键技术探索与实践[J]．物探与化探，2021，45(06)：1439-1447.

[9] 张安宝．时移地震可行性论证中的关键技术研究[J]．石化技术，2024，31(02)：204-206.

[10] 孙月成，李永飞，孙守亮，等．时移地震叠前同时反演关键技术及其在D气田开发中的应用[J]．东北石油大学学报，2019，43(04)：50-58+7-8.

[11] 邓继新，韩德华，王尚旭．未固结砂岩地震弹性性质的岩石物理模型表征研究[J]．石油地球物理勘探，2010，45(02)：248-253+320+160.

[12] 张金强，韩磊，刘俊州，等．海域天然气水合物岩石物理建模方法[J]．石油地球物理勘探，2022，57(04)：879-887+740-741.

[13] Batzle，M. and Wang Z.（1992）：Seismic properties of pore fluids，Geophysics，VOL（57），11，1396-1408.

[14] 朱振宇，王小六，何洋洋，等．海上时移地震关键技术研究与应用[J]．中国海上油气，2018，30(04)：76-85.

苏北盆地阜二段页岩油含油性及可动性实验评价
——以 H 井为例

姜志高　马晓东　丁安徐　高和群　曾　隽　王雨梦　吴艳艳

（中国石油化工股份有限公司华东油气分公司勘探开发研究院）

摘　要　由于现有实验方法都无法准确测定岩石中的的全部滞留烃量，为了实现对页岩油含油量进行准确的定量评价，通过密闭热释、冷冻热解等技术手段对密闭取心和常规取心两种取心方法进行实验比对，实验结果表明，苏北盆地阜二段页岩油轻烃占比为 27%左右，密闭热释含油量是冷冻热解 S_1 的 1.81 倍，密闭取心的 S_1 为常规取心 S_1 的 1.10 倍，实验对页岩油轻烃恢复，再抽提前后热解 S_2 差值对重烃进行校正，得到页岩油中全部滞留烃量。此外，通过二维核磁共振技术对不同质量原油进行标定，提出一种通过二维核磁共振法计算含油量方法，并通过洗油前后核磁谱图，划分出可动油与吸附油 T_2 截止值，得到游离油占比及含量，实验结果表明，通过二维核磁共振法得到的含油量与轻烃恢复出来的含油量相关性良好，通过此方法，可以快速、准确的对页岩油含油性及可动性进行评价。

关键词　页岩油；轻烃恢复；重烃校正；含油性；二维核磁共振

Experimental evaluation of oiliness and mobility of shale oil in Ef2 ofSubei Basin: A case study of well H

Jiang Zhigao　Ma Xiaodong　Ding Anxv　Gao Hequn
Zeng Jun　Wang Yumeng　Wu Yanyan

(SINOPEC East China Oil and Gas Company Exploration and Development Research Institute)

Abstract　As the existing experimental methods are unable to accurately determine all the retained hydrocarbon content in the rock, in order to achieve an accurate quantitative evaluation of the oiliness of shale oil, the experimental comparison between closed coring methods and conventional coring methods is conducted by closed pyrolytic, frozen pyrolysis and other technical means. The experimental results show that the proportion of light hydrocarbons in the shale oil of Ef_2 in Subei Basin is about 27%. The oiliness of closed pyrolytic release is 1.81 times that of frozen pyrolysis S_1, and the S_1 of closed coring is 1.10 times that of conventional coring S_1. In the experiment, the recovery of light hydrocarbons in shale oil, the difference of S_2 after extraction and pyrolysis is corrected for heavy hydrocarbons, and the total amount of retained hydrocarbons in shale oil is obtained. In addition, two-dimensional nuclear magnetic resonance technology was used to calibrate different quality crude oil, and a method was proposed to calculate oil content by two-dimensional nuclear magnetic resonance method. The T_2 cutoff values of movable oil and adsorbed oil were divided by nuclear magnetic spectrum before and after oil washing, and the proportion and content of free oil were obtained. The experimental results showed that, There is a good correlation between the oil content obtained by 2D NMR and the oil content recovered from light hydrocarbons. This method can quickly and accurately evaluate the oiliness and mobility of shale oil.

Key wordst　Shale oil; Light hydrocarbon recovery; Oil content; Heavy hydrocarbon correction; Two dimensional nuclear magnetic resonance

1　前言

近年来，页岩油已成为热门的非常规资源，松辽盆地、渤海湾盆地、准噶尔盆地、鄂尔多斯盆地等区块已经取得页岩油勘探开发的突破，苏北盆地 SD1 井、SD2 井、QY1 井等井相继勘探成功，并且取得日产 60t 以上的工业油流，预示着苏北盆地页岩油取得突破，页岩油成为国内目前的研究重点。国内外页岩油勘探的成功案例均表明，具有较高的含油性是页岩油具备商业开采价值的前提，可以说，含油性是页岩油甜点段评价至关重要的一个指标，可起到一票否决的作用。因此，如何准确评价页岩油样品中的含油性，是目前亟需攻关的方向之一。但是，由于致密页岩洗油不完全，常规抽提法测试含油饱和度来的方法在页岩油领域不适用，目前较为流行的观点是通过含油量来代表含油性，但是目前的所有实验方法都无法准确测定岩石中的的全部滞留烃量，主要原因有：一是页岩致密，抽提不完全；二是页岩油自生自储特征，轻烃含量高，轻烃容易逸散。如何对页岩油含油性进行准确评价，来解决储量计算问题，是目前的难点问题之一，针对此问题，前人主要通过轻烃恢复和重烃校正的方法来对滞留油进行评价。此外，页岩油的赋存方式主要分为游离态和吸附态，但是，吸附态的页岩油在当前技术条件下还难以被开发出来，游离态赋存的页岩油才是目前开发的主要贡献者，因而如何确定页岩油的赋存状态(游离油量)成了页岩油勘探开发的另一个焦点问题之一，针对此问题，前人主要通过多温阶热解法和溶剂分步抽提法两种方式对页岩油赋存状态进行划分。但是，针对以上两个问题的解决方法，均存在实验流程较为复杂等问题。因此，针对以上两个方面问题，目前仍需要研究新的解决方案，本文通过密闭热释法和抽提前后热解，对滞留烃进行恢复，然后通过二维核磁共振技术对不同质量原油进行标定，提出一种通过二维核磁共振法计算含油量方法，并通过洗油前后核磁谱图，划分出可动油与吸附油 T_2 截止值，得到游离油占比及含量，实验结果表明，通过二维核磁共振法得到的含油量与恢复出来的含油量相关性良好，通过此方法，可以快速、准确的对页岩油含油性及可动性进行评价。

2　样品

在常规取心中，岩石从开始取钻至实验分析的过程中，轻烃主要存在以下几个环节的损失：起钻过程中随着压力的降低，部分轻烃逸散至井筒中；出筒后岩心暴露在地表环境过程；实验分析过程中碎样及上机过程。因此，在页岩油资源评价研究中，对热解参数 S_1 进行轻烃恢复已是行业共识。为避免上述过程中轻烃在几个环节中的损失，采用密闭取心方法，取心筒到达地面后连衬筒一起切割成 100cm 长，编号后对衬筒两端用密封帽密封，然后打卡紧固，以上步骤完成后第一时间放入-60℃冷冻冰柜中进行冷冻 24h。然后连带冷冻冰柜一起运送至实验室，用切割机对铝合金衬筒切割，去除密闭液后。用切割机对岩心剖切，其中三分之一保存，在三分之二部分取中间部位，取同一块样品分为四部分，其中一部分进行液氮冷冻碎样，然后进行常规热解实验；一部分进行密闭热释实验；一部分进行二维核磁共振实验；一部分在常温状态下放置 24h，然后进行冷冻热解实验。

3　实验方法

3.1　冷冻热解

热解实验分析前需要将样品粉碎，常规碎样法会产生高温导致轻烃损失，为尽量避免样品在粉碎过程中轻质油的散失，保证测试过程的准确性，使用冷冻碎样仪，将样品放置于密闭环境，并在碎样过程中注入液氮，使得粉碎过程处于低温(-196℃)环境中，同时，粉碎好样品后立即进行上机测试。岩石热解分析遵循国家标准《岩石热解分析：GB/T 18602—2012》，采用程序升温方法，测定岩石的 S_0、S_1、S_2 值。S_0、S_1、S_2 值温度范围分别为 90℃，90 ~ 300℃，300 ~ 600℃；同时为模拟常规取心起钻过程中及出筒后岩心暴露过程中的轻烃损失，将密闭取芯同一块岩心样品分为若干块状，拿到冷冻样品后立即进行一次冷冻热解实验，其他比对样品放置在常温状态，以此为起点，间隔 2h、24h、48h 进行三次热解比对实验(图 1)。

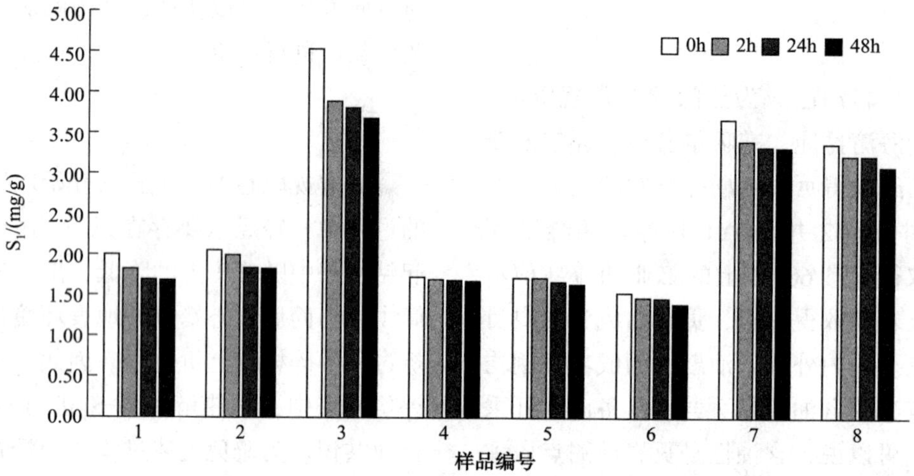

图 1　不同放置时间热解比对实验图

3.2　多温阶热解

前处理流程与冷冻热解方法一致，仅上机流程中升温程序存在差别，其升温程序为在 200℃恒温 1min 测试 S_{1-1}，然后以 25℃/min 升温至 350℃，并恒温 1min 测试 S_{1-2}，再以 25℃/min 升温至 450℃，并恒温 1min 测试 S_{2-1}。其中，S_{1-1}主要成分为轻油组分，S_{1-2}主要成分为轻中质油组分，S_{2-1}主要成分为重烃、胶质沥青质组分。并因此得出游离油占比计算公式为：

$$\text{游离油占比}=\frac{S_{1-1}+S_{1-2}}{S_{1-1}+S_{1-2}+S_{2-1}}\times 100$$

3.3　密闭热释实验

密闭热释实验分析系统主要由样品密封罐、低温粉碎仪、烃类含量检测器和气体发生器等组成。密闭取心样品取出后第一时间采样并称重之后密封于样品罐中，并将样品罐冷却至 0～5℃，再将罐内样品保存密封状态下低温粉碎至 80～100 目，然后和烃类检测器进行连接，测定样品中的烃类含量。密闭热释分析也采用了程序升温方法和氢火焰离子检测器。升温程序为低温下恒定 3min，测定 S_g值，然后以 50℃/min 升温速率将温度升至 90℃，恒定 5min，测定 S_0值，再以 50℃/min 升温速率升至 200℃，恒温 12min，测定 S_{1-1}值，再以 50℃/min 升温速率升至 300℃，恒温 12min，测定 S_{1-2}值。密闭热释法含油量 = $S_g+S_0+S_{1-1}+S_{1-2}$，由于密闭热释法最高升温至 300℃，和冷冻热解中的 S_1温度一致，因此，在比对过程中，将密闭热释法含油量与 S_1进行比较。密闭热释实验分析系统优点在于实现样品仓和密封罐一体化，可以避免样品转移以及处理过程中的烃类损失。

3.4　二维核磁共振实验

NMR 信号幅度与测试样品的氢含量呈正比，目前，国内主流利用二维核磁共振技术主要得到含油饱和度指数，并且在对油和水的信号量进行分析时，对其核磁信号采样了相同的校准系数，也就是相当于相同体积的原油和水的信号量是相当的，但是，不同地区、不同性质的原油应该是存在差异的，且地层岩石孔隙中除了水和油以外，还含有一部分气，而此部分，是核磁共振技术无法检测到的，因此，利用二维核磁共振技术计算含有饱和度和真实情况存在一定误差。为了利用二维核磁共振技术对含油性进行准确评价，利用研究区块的目标层位采的页岩油原油对二维核磁共振进行标定，准确称量 5 个以上不同质量的页岩油油样，进行二维核磁测试，得到油样的氢核信号量，用油样的氢核信号量作为横坐标，油样的样品质量作为纵坐标进行画图，得到页岩油的氢核信号量与页岩油质量的标准曲线(图 2)。

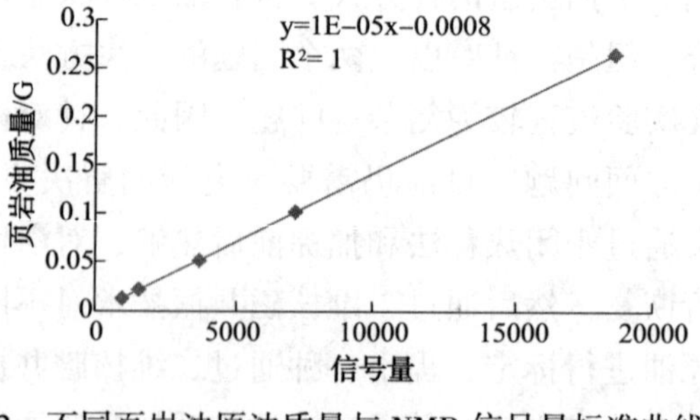

图 2　不同页岩油原油质量与 NMR 信号量标准曲线图

然后将冷冻的块状岩心解冻后进行称重，然后与原油标定时相同的参数下进行二维核磁共振实验，根据二维核磁共振油水分布图版，得到不同区域的油水分布信号量。再通过上述得到的标准曲线，可将页岩油的信号量转变为得到页岩油质量，再除以样品质量，即可得到质量法的含油量。

4 实验结果与分析

4.1 实验结果

不同实验方法所得结果如表 1 所示。

表 1 苏北盆地 H 井密闭取心不同实验方法的含油性实验数据比对

编号	密闭热释法/(mg/g)				冷冻热解法/(mg/g)		多温阶热解法			二维核磁共振法/(mg/g)		抽提后热解
	S_g	S_0	S_{1-1}	S_{1-2}	S_1	S_2	S_{1-1}/(mg/g)	S_{1-2}/(mg/g)	S_{2-1}/(mg/g)	二维核磁含油量	游离油含量	S'_2/(mg/g)
1	0.20	0.31	0.68	1.03	1.36	6.27	0.65	0.96	1.60	5.84	3.30	3.43
2	0.39	0.45	0.97	1.19	1.61	5.12	1.09	1.35	2.09	4.57	2.72	3.14
3	0.22	0.50	1.19	1.02	1.78	4.49	1.33	1.31	2.52	4.28	2.36	3.03
4	0.35	0.66	1.48	1.56	2.01	4.90	1.66	1.46	2.69	5.71	3.40	3.16
5	0.59	0.73	1.31	1.49	2.24	4.01	1.84	1.58	1.02	5.96	5.07	2.44
6	0.26	0.66	0.98	1.53	2.05	4.99	1.34	1.57	1.23	6.27	4.73	2.92
7	0.22	0.26	0.58	1.01	1.29	5.02	0.66	0.86	1.55	3.91	2.19	3.04
8	0.34	0.49	1.21	1.27	1.53	1.00	0.72	0.86	0.68	3.19	2.40	0.66
9	0.17	0.29	0.49	0.76	1.01	3.85	0.39	0.34	0.88	3.07	1.61	2.57
10	0.34	0.39	0.74	0.74	1.23	3.62	0.88	0.88	1.22	3.00	1.95	2.38

4.2 轻烃恢复

通过不同放置时间热解比对实验，得出不同放置时间的恢复系数 k_1，通过表 2 可看出，放置 24h 和 48h 的平均恢复系数差异较小，同时，由于常规取心起钻时间及地面暴露时间一般未超过 24h，因此，取 24h 下的恢复系数 1.10 作为常规取心起钻及地面暴露过程的恢复系数 k_1。

表 2 不同放置时间的热解恢复系数

样品编号	S_1/(mg/g)				恢复系数 k_1		
	0h	2h	24h	48h	2h	24h	48h
1	2.03	1.85	1.72	1.71	1.1	1.18	1.19
2	2.08	2.02	1.86	1.85	1.03	1.12	1.12
3	4.58	3.93	3.85	3.72	1.17	1.19	1.23
4	1.75	1.72	1.71	1.7	1.02	1.02	1.03
5	1.74	1.74	1.69	1.66	1.04	1.03	1.05
6	1.55	1.49	1.44	1.41	1.04	1.08	1.1
7	3.71	3.44	3.37	3.36	1.08	1.10	1.1
8	3.41	3.26	3.2	3.12	1.05	1.07	1.09
平均					1.06	1.10	1.11

如表 2 密闭热释结果，S_g和 S_0之和占密闭热释含油量平均为 27%，说明了轻烃部分含量较高，此部分含量不容忽视，但是，此部分结果通过热解方法无法测试，为恢复样品粉碎过程及常规热解过程中烃类的损失，通过图 3 的冷冻热解及密闭热释结果可看出密闭热释含油量与热解 S_1相关性明显，且通过图 3 中的相关性公式可得出，密闭热释含油量与热解 S_1 的恢复系数 k_1 为 1.81。

通过模拟起钻过程中及出筒后岩心暴露的恢复系数 k_1与热解测试过程中轻烃损失的恢复系数 k_2。得到总轻烃恢复系数 $K=k_1\times k_2=1.10\times 1.81=1.99$。

因此，轻烃$=K\times S_1=1.99S_1$

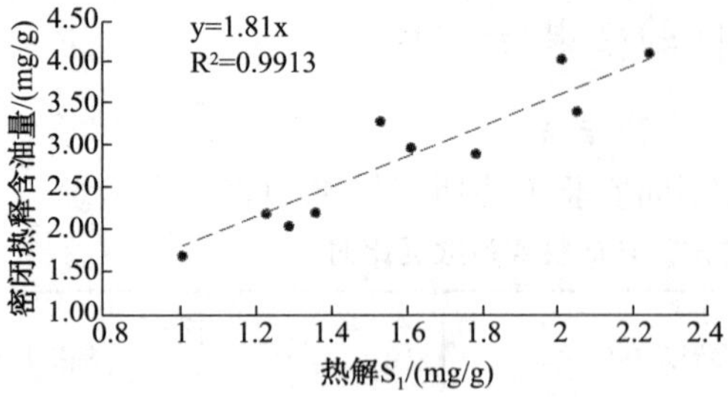

图3　热解 S_1 密闭热释含油量相关性图

4.3　重烃校正

前人通过抽提前后的热解 S_2 差值来进行重烃校正。根据样品抽提前、后岩样热解所得 S_2 差值进行重烃补偿校正，抽提前 S_2 与抽提后 S'_2 的差值(ΔS_2)即为页岩油进入 S_2 中的重质组分。通过页岩样品实验数据分析，如图4所示，发现 ΔS_2 与 S_2 有很好的线性关系。

重烃 = 抽提前 S_2 - 抽提后 S_2 = $0.4526S_2-0.3079$

因此，总滞留油量 = 轻烃 + 重烃 = $1.99S_1+0.4526S_2-0.3079$

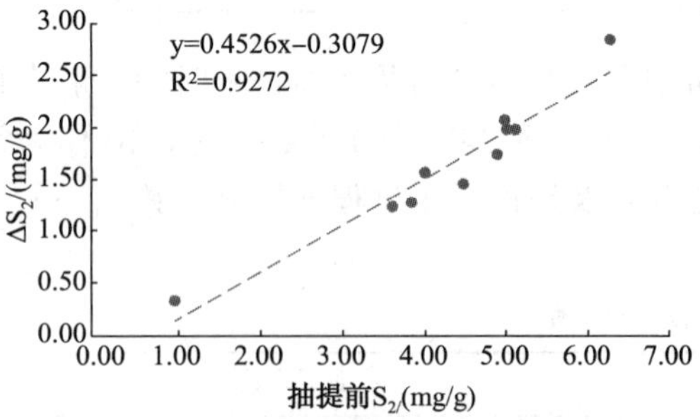

图4　抽提前 S_2 与 ΔS_2 相关性图

4.4　二维核磁共振法测试含油性

二维核磁含油量优点：不需要通过升温或洗油手段分离岩心中的油，直接测试岩心中的氢核信号，范围包含轻烃到重烃，结果较热解或抽提法测试范围更广、更接近真实含油性，缺点为无法测试岩石样品中的气态烃含量，即密闭热释法中的 S_g 含量。因此，对二维核磁共振测试出来的含油量与密闭热释法去除 S_g 的含油量与重烃校正后的含油量之和进行比对。如图5所示，发现其具有较强的正相关性，同时也说明了二维核磁共振测试出的含油量具有较强的指导意义。

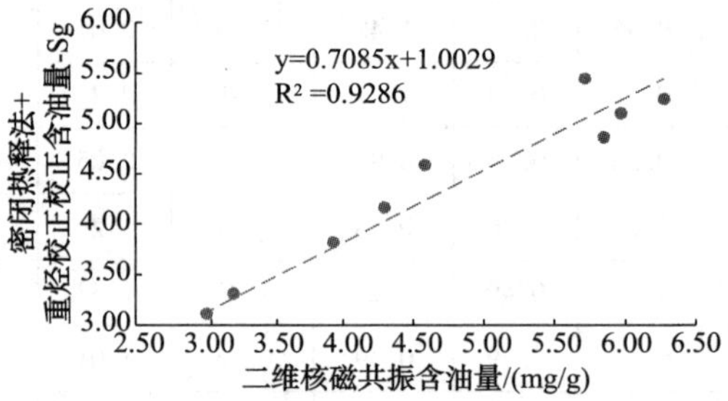

图5　核磁共振含油量与恢复后的含油量相关性图

对抽提前和抽提后的岩心样品进行二维核磁共振测试，如图6所示，通过比对图版中油区域的信号变化，认为抽提后信号消失的区域为游离油，而通过抽提无明显变化的区域为吸附油，由此确定游离油和吸附油的 T_2 截止值界限，并通过游离油和吸附油各自的信号强度转换成含量，因此可对其赋存状态定量计算出游离油含量及游离油占比。

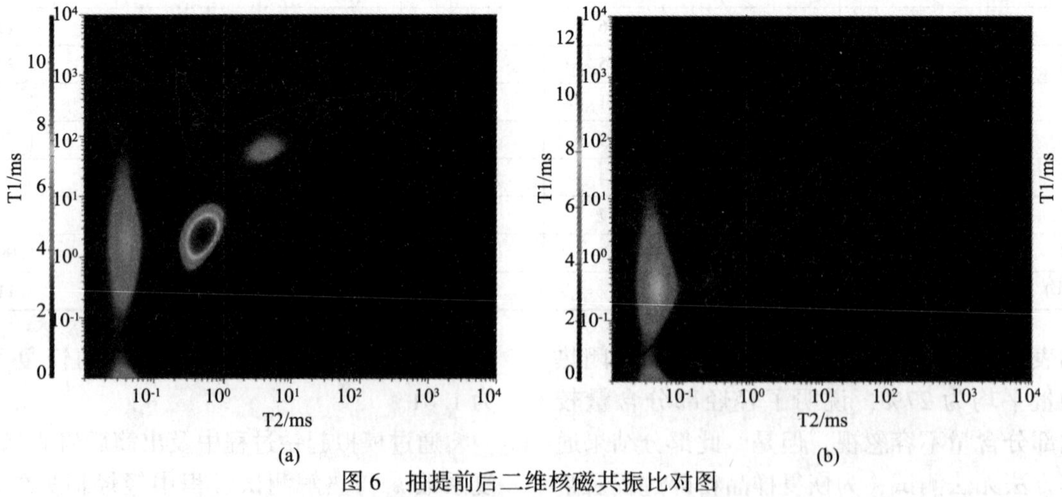

图6　抽提前后二维核磁共振比对图
（a：抽提前；b 抽提后）

通过二维核磁共振法计算出的游离油占比与多温阶热解法计算出的游离油占比进行相关性分析，如图所示。发现两者具有很强的相关性，并且由于热解方法的缺陷，样品粉碎及上机分析测试过程中轻烃存在损失，导致其计算出来的游离油占比应较真实值偏低。从结果可看出，二维核磁共振法计算出来的游离油占比较多温阶热解法计算出的游离油占比相对偏高，因此，也说明了二维核磁共振法计算出的游离油占更符合样品中的真实情况。

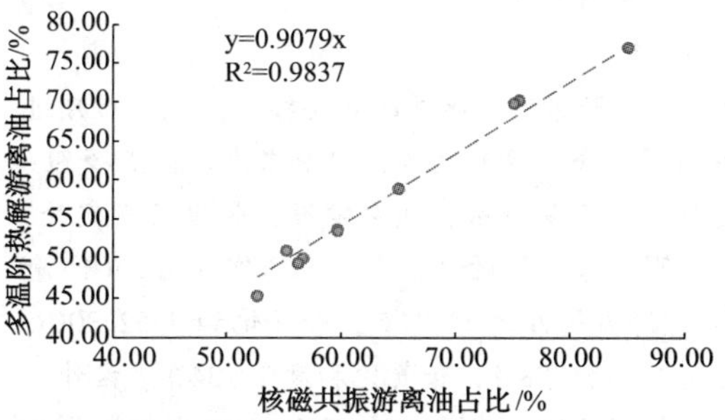

图 7　核磁共振与多温阶热解游离油占比比对图

5　结论

本文主要通过对苏北盆地 H 井密闭取心冷冻热解、多温阶热解、密闭热释实验、二维核磁共振等实验研究。分析和讨论了阜二段页岩滞留烃含量评价与页岩油赋存状态，结论如下：

（1）通过不同放置时间比对实验及密闭热释恢复实验，得出苏北盆地页岩油轻烃含量较高，S_g+S_0含量占比平均为 27%。热解 S_1密闭热释含油量具有较强相关性，可对其进行轻烃恢复，阜二段页岩油轻烃恢复系数为 1.99。再通过抽提前后比对实验，热解 S_2和抽提前后的 S_2差值 ΔS_2 相关性明显，得出重烃校正公式为重烃 = $0.4526S_2-0.3079$。在此基础上得出总滞留烃量 $=1.99S_1+0.4526S_2-0.3079$。

（2）通过不同质量页岩油原油进行二维核磁共振测试，得出其氢核信号量，在此基础上，得出原油与氢核信号量之间的标准曲线，可将样品通过二维核磁共振测试出来的氢核信号量转换成原油质量，因此得到含油量数据，并且通过核磁共振含油量与恢复后的含油量进行比对，发现二者具有很强的相关性，表明了此方法的可靠性，并进一步通过样品抽提前后的二维核磁谱图比对，确定游离油与吸附油界限，并以此计算出游离油含量及游离油占比，并与多温阶热解得到的游离油占比进行比对，二者之间同样具有极强的相关性，同样验证了此方法。通过此方法，可以快速、准确、无损的的对页岩油含油性及可动性进行评价。

参　考　文　献

[1] 孙龙德，刘合，何文渊，等．大庆古龙页岩油重大科学问题与研究路径探析[J]．石油勘探与开发，2021，48(3)：453-463.

[2] 周立宏，韩国猛，杨飞，等．渤海湾盆地歧口凹陷沙河街组三段一亚段地质特征与页岩油勘探实践[J]．石油与天然气地质，2021，42(2)：443-455.

[3] 霍进，支东明，郑孟林，等．准噶尔盆地吉木萨尔凹陷芦草沟组页岩油藏特征与形成主控因素[J]．石油实验地质，2020，42(4)：506-512

[4] 焦方正．陆相低压页岩油体积开发理论技术及实践——以鄂尔多斯盆地长 7 段页岩油为例[J]．天然气地球科学，2021，32(6)：836-844.

[5] 孙龙德，崔宝文，朱如凯，等．古龙页岩油富集因素评价与生产规律研究[J]．石油勘探与开发，2023，50(3)：441-454.

[6] 钱门辉，黎茂稳，蒋启贵，等．页岩岩心样品烃类散失特征与地质意义[J]．石油实验地质，2022，44(03)：497-504+514.

[7] 林腊梅，程付启，刘骏锐，等．济阳坳陷渤南洼陷沙一段页岩油资源潜力评价[J]．中国海上油气，2022，34(04)：85-96.

[8] 范彩伟，游君君，周刚．北部湾盆地涠西南凹陷流沙港组页岩油赋存空间多尺度表征及可动性评价 *[J/OL]．地球科学：1-17[2024-05-15].

[9] 李家程，王永宏，冯胜斌，等．鄂尔多斯盆地西南部长 7 段夹层型页岩油储层物性特征与原油赋存状态分析[J]．天然气地球科学，2024，35(02)：217-229.

[10] 朱如凯，张婧雅，李梦莹，等．陆相页岩油富集基础研究进展与关键问题[J]．地质学报，2023，97(09)：2874-2895.

[11] 罗超，张焕旭，张纪智，等．岩石密闭热释方法评价页岩含油性特征——以四川盆地侏罗系大安寨段为例[J]．石油实验地质，2022，44(04)：712-719.

[12] 张鹏飞．基于核磁共振技术的页岩油储集、赋存与可流动性研究[D]．青岛：中国石油大学(华东)，2022.

渝东南地区页岩含气性差异及主控因素

马　军

（中国石化华东油气分公司勘探开发研究院）

摘　要　页岩含气性评价是页岩气资源量计算、有利区评价、勘探目标优选的重要指标，也是后期进行储量计算、气藏描述、开发规划的关键参数。为了探索影响页岩含气性的因素，以渝东南地区五峰组-龙马溪组一段页岩为研究对象，通过对比分析不同构造单元探评井现场解吸、测井解释、等温吸附实验、压裂后测试产量等结果，研究其含气性特征及差异，归纳影响页岩含气性的主控因素。研究认为，（1）渝东南地区⑥~⑨小层总含气量 0. 33~4. 30m³/t，平均 1. 47m³/t，游离气占比 52. 31%，含气饱和度 52. 30%；①~⑤小层总含气量 0. 77~10. 88m³/t，平均 3. 55m³/t，游离气占比 55. 28%，含气饱和度 70. 34%。盆外优质页岩段总含气量 0. 77~6. 65m³/t，平均 3. 04m³/t，游离气占比 53. 85%，含气饱和度 69. 80%；盆缘优质页岩段总含气量 1. 08~9. 01m³/t，平均 3. 46m³/t，游离气占比 53. 68%，含气饱和度 67. 73%；盆内优质页岩段总含气量 1. 06~10. 88m³/t，平均 4. 27m³/t，游离气占比 60. 82%，含气饱和度 68. 83%。整体上，自上而下、由盆外到盆内页岩含气性逐渐变好，单井产量依次升高；（2）影响页岩含气性因素包括静态和动态两类，其中页岩储层品质是影响含气性的基础静态因素，保存条件是影响页岩含气性的关键因素，成藏演化是影响含气性的决定因素。尤其是构造变形起始时间和页岩气逸散时间长短存在差异，造成总含气量及游离气占比不同，进而影响单井产量。该研究结果可为四川盆地及其周缘或其他构造复杂区页岩气勘探开发提供参考。

关键词　页岩含气性；五峰-龙马溪组；渝东南地区；页岩品质；保存条件；富集规律

Shale gas-bearing properties differences and main controlling factors of shale in southeast Chongqing

Ma Jun

（Research Institute of Exploration and Development，East China Oil & Gas Company，SINOPEC）

Abstract　Shale gas bearing evaluation is an important index for shale gas resource calculation，favorable area evaluation，exploration target selection，and also a key parameter for reserve calculation，gas reservoir description and development planning. In order to explore the factors affecting the gas content of shale，the first member of Wufeng Formation and Longmaxi Formation in southeast Chongqing is taken as the research object. By comparing and analyzing the results of desorption，logging interpretation，isothermal adsorption experiment and production test after fracturing，the gas content characteristics and differences of shale are studied，and the main controlling factors affecting the gas content of shale are concluded. The results show that（1）the total gas content of the ⑥~⑨ small layer in southeast Chongqing is 0. 33~4. 30m³/t，with an average of 1. 47m³/t，the proportion of free gas is 53. 29 %，and the gas saturation is 52. 14 %. ①~⑤ The total gas content of the small layer is 0. 77~10. 88m³/t，the average is 3. 55m³/t，the free gas proportion is 54. 21 %，and the gas saturation is 66. 65%. The total gas content of the high-quality shale section outside the basin is 0. 77~6. 65m³/t，with an average of 3. 04m³/t，with free gas accounting for 52. 12% and gas saturation of 69. 47 %. The total gas content of high-quality shale in the basin margin is 1. 13~9. 01m³/t，with an average of 3. 57m³/t，the proportion of free gas is 53. 58 %，and the gas saturation is 64. 80 %. The total gas content of the high-quality shale section in the basin is 1. 06~10. 88m³/t，with an average of

4.27m^3/t, the proportion of free gas is 60.33%, and the gas saturation is 66.65%. On the whole, the gas bearing property of shale gradually improved from top to bottom, from outside to inside the basin, and the output of single well increased successively. (2) The factors affecting shale gas bearing include static and dynamic factors, in which shale reservoir quality is the basic static factor affecting gas bearing, preservation conditions are the key factors affecting gas bearing, and reservoir formation and evolution are the decisive factors affecting gas bearing. In particular, there are differences in the starting time of tectonic deformation and the length of shale gas escape time, resulting in different proportion of total gas content and free gas, which will affect the output of a single well. The research results can provide reference for shale gas resource evaluation in Sichuan Basin and its surrounding areas or other structurally complex areas.

Key wordst shale gas-bearing property; Wufeng-Longmaxi Formation; southeast Chongqing; Shale quality; preservation condition; pattern of enrichment

渝东南地区是四川盆地及周缘上奥陶统五峰组-下志留统龙马溪组海相页岩气勘探开发的重点区域之一，经过十多年的勘探开发实践已经发现了涪陵、南川、丁山等多个页岩气田。但是，由于该地区海相页岩形成年代老且普遍经历了多期复杂改造，含气量变化差异非常大，页岩气成藏模式差异显著，富集高产主控因素也不尽相同。如南川地区以背斜型和斜坡型页岩气藏为主，页岩含气性相对较好，并已累计提交页岩气探明地质储量超过2000亿方，累计产气超过65亿方，而武隆、桑柘坪的向斜型常压页岩气藏，甚至在武隆向斜核部钻遇低阻低含气性页岩层。勘探开发实践已充分认识到早期富有机质沉积是富集的基础，后期有效保存条件是控制海相页岩气富集的关键因素。其中远离断裂、抬升幅度相对小、构造整体平缓有利于页岩气的富集，通过勘探实例剖析提出了不同的富集模式。然而深层复杂构造带以及浅层页岩气的勘探发现，说明一些地区即使经历地层大幅度抬升剥蚀或者临近大断裂附近仍有可能富集页岩气，这对认识页岩气成藏机理提出了更多挑战。

因此本文以渝东南地区不同构造单元五峰组-龙马溪组一段，尤其是TOC>2%的优质页岩段含气性为研究对象，通过现场含气量测试、测井解释、室内等温吸附实验以及水平井压裂后试气等成果分析含气性差异，深入研究造成含气性差异的主控因素。以期对后续的勘探部署和开发建产提供参考。

1 区域地质概况

渝东南地区构造上处于四川盆地东南缘高陡构造带万县复向斜南部和武陵褶皱带西北缘，紧邻焦石坝、丁山等有利构造区。该地区经历加里东期到喜马拉雅期构造运动，定型与燕山期-喜马拉雅期挤压构造作用，形成了向斜与背斜相间的槽-档构造格局。由西向东、自盆内到盆缘、盆外，依次分布阳春沟、东胜、平桥、石门、武隆、道真和彭水等多个构造带(图1)。该地区页岩层段自下而上依次发育在下寒武统水井沱组/牛蹄塘组、上奥陶统五峰组、下志留统龙马溪组、下二叠统梁山组和茅口组、上二叠统龙潭组/吴家坪组、长兴组、上三叠统须家河组、以及下侏罗统自流井组、凉高山组等。目前实现大规模商业开发的页岩气目的层段主要为上奥陶统五峰组-下志留统龙马溪组一段，根据岩性、电性、古生物、含气性等特征的差异，纵向上可划分为9个小层，其中下部气层①~⑤小层为TOC>2%的优质页岩段(甜点段)，上部气层⑥~⑨小层为较有利聚集层段。区域上上奥陶统五峰组-下志留统龙马溪组一段页岩主要分布盆外残留向斜区，部分位于盆缘斜坡区和盆内背斜区。

2 含气性特征和差异

目前对于页岩含气性评价方式有直接法和间接法。通过现场岩心解吸实验测定页岩含气量是含气性评价最直接和有效的方法，可获得页岩总含气量，并可采集气体样品，开展气体组分、同位素特征等实验分析。而后采用测井解释法、等温吸附法和测试产量等间接法来计算页岩吸附气、游离气含量和占比、含气饱和度等参数，以精确表征页岩含气性特征。

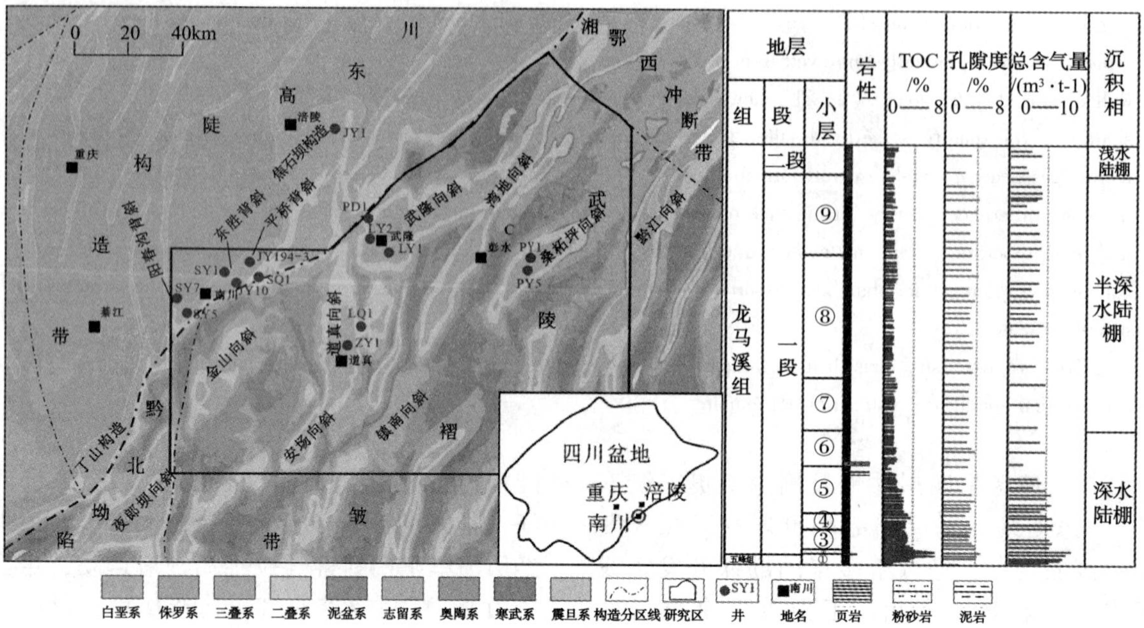

图 1　研究区区域地质概况图

2.1　现场解吸含气性差异

采用本单位自主研发的全自动解吸对五峰组-龙马溪组一段页岩岩芯样品进行了现场解吸实验（其中盆内 4 口井 377 个样，盆缘 8 口井 959 个样，盆外 7 口井 429 个样）。实验结果显示，自上而下随着页岩品质变好，总含气量逐步增加，含气性逐渐变好，并且（图 2a）；其中①~⑤小层解吸气含量 0.33~4.03m³/t，平均 1.46m³/t，总含气量 0.77~10.88m³/t，平均 3.55m³/t，主要分布在 2.0~4.5m³/t（图 2b）；⑥~⑨小层解吸气含量 0.16~2.51m³/t，平均 0.74m³/t，总含气量 0.33~4.30m³/t，平均 1.47m³/t，主要分在 0.5~2.0m³/t（图 2c）。

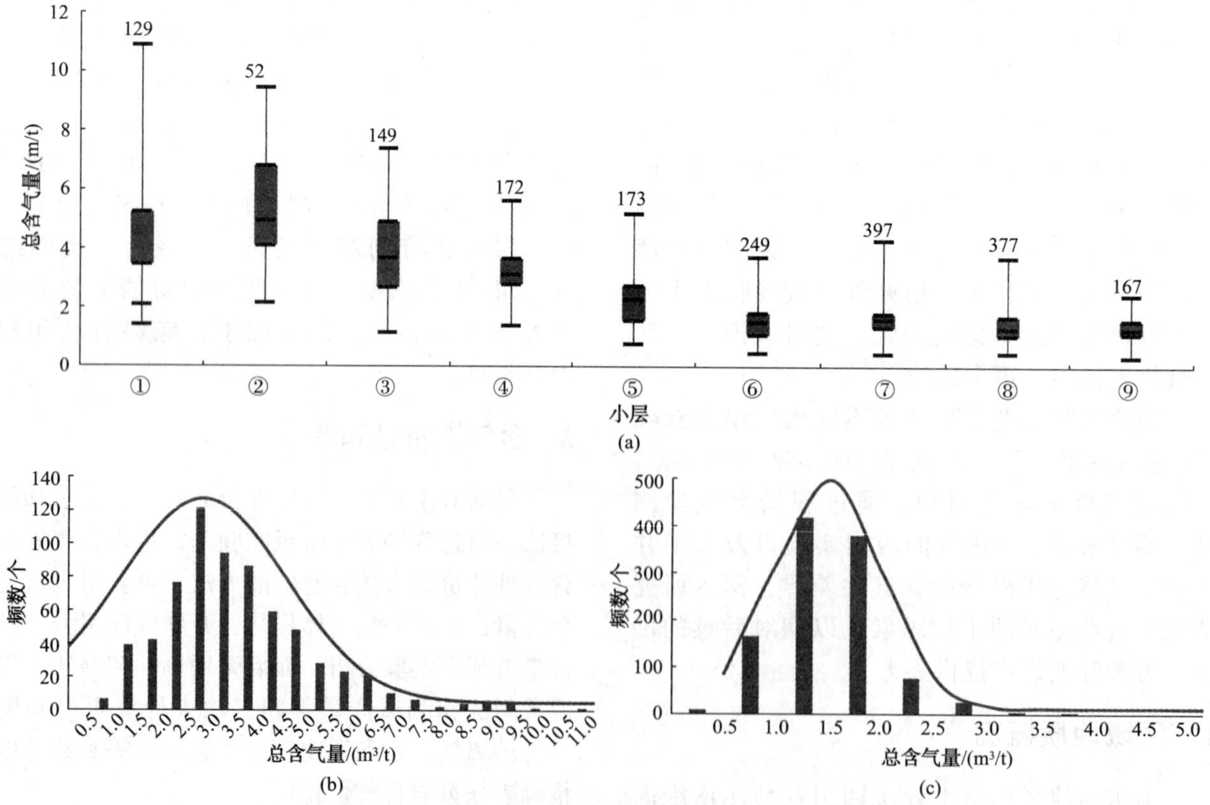

图 2　渝东南地区五峰-龙马溪组一段不同小层页岩总含气量分布图

（a）各小层总含气量分布图；（b）①~⑤小层总含气量分布图；（c）⑥~⑨小层总含气量分布图

从区域分布上来看，由盆外到盆内页岩含气性逐渐变好。盆外优质页岩段解吸气含量0.33~2.90m³/t，平均1.33m³/t，总含气量0.77~6.65m³/t，平均3.04m³/t，主要分在1.5~4.0m³/t(图3a~3b)；盆缘优质页岩段解吸气含量0.35~4.07m³/t，平均1.55m³/t，总含气量1.08~9.01m³/t，平均3.46m³/t，主要分在2.0~4.5m³/t(图3c~3d)；盆内优质页岩段解吸气含量0.49~3.27m³/t，平均1.43m³/t，总含气量1.06~10.88m³/t，平均4.27m³/t，主要分在2.5~5.0m³/t(图3e~3f)。

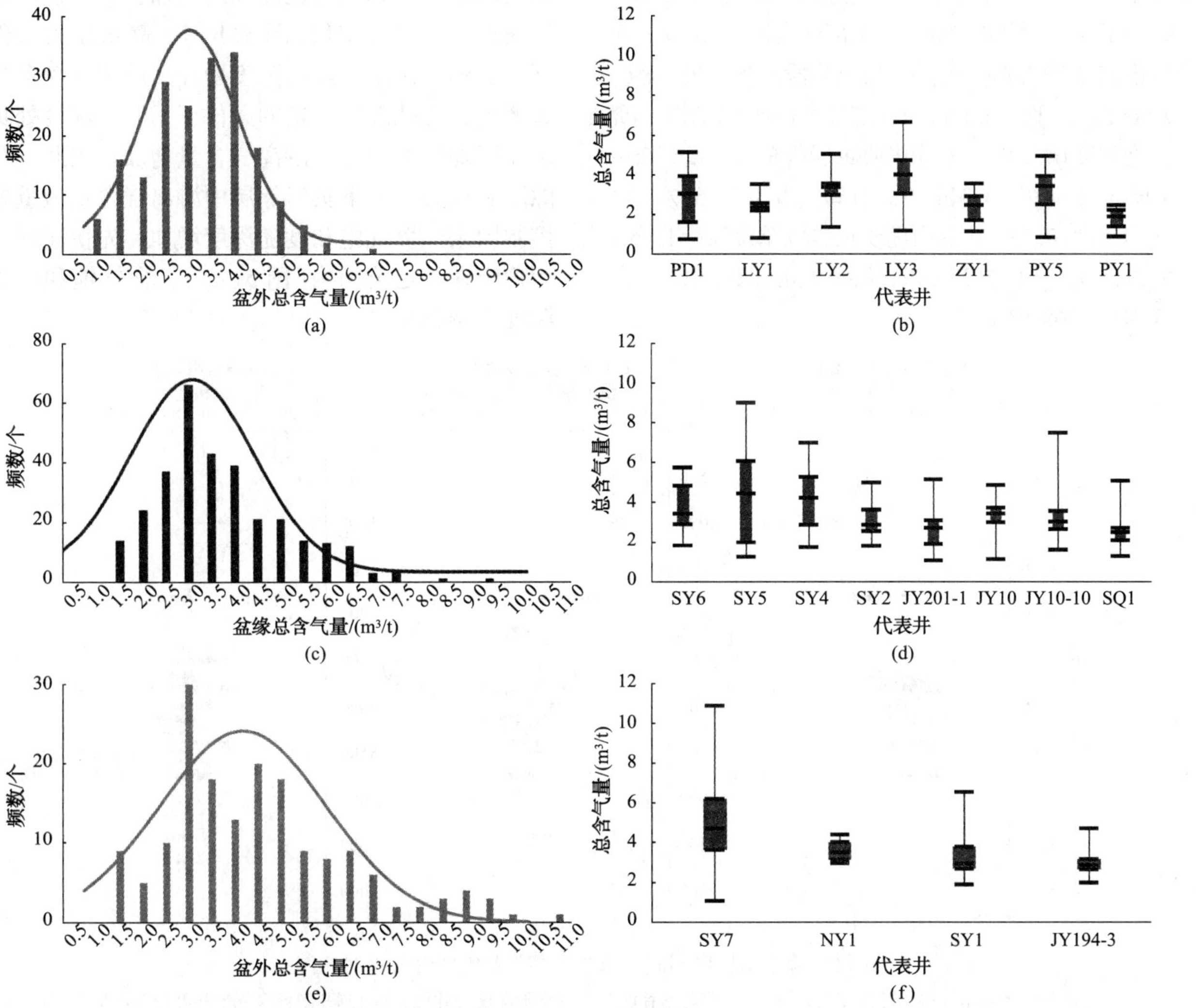

图3　渝东南地区不同区域优质页岩段总含气量分布图

(a)盆外总含气量分布图；(b)盆外典型井总含气量分布图；(c)盆缘总含气量分布图；(d)盆缘典型井总含气量分布图；(e)盆内总含气量分布图；(f)盆内典型井总含气量分布图

现场解吸速率结果也显示渝东南地区页岩含气性存在差异。以③小层为例，盆内和盆缘解吸速率高于盆外(图4)，具有解吸速率快，解吸时间短，计算出的损失气含量高的特点。说明盆内和盆缘地区保存条件相对较好，地层压力系数较高，页岩含气量较高，页岩储层孔隙度、孔隙形状以及连通孔隙率保持较好，其解吸速率和游离气占比较高。

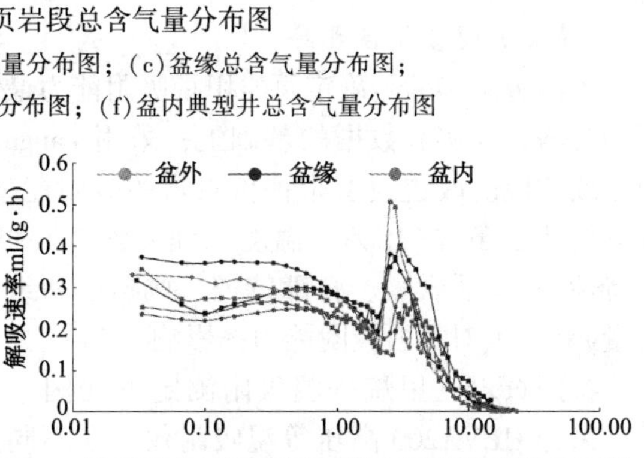

图4　渝东南地区不同区域③小层解吸速率对比图

2.2　测井解释含气性差异

根据现场含气量测试样品位置，结合小层电性特征，按照 1.5~2.0m/个的采样密度读取测井解释结果，作为测井解释含气性对比分析样本点。测井解释结果显示，渝东南地区总含气量 0.42~9.70m^3/t，平均 3.09m^3/t，游离气占比 54.59%，含气饱和度 59.95%。其中⑥~⑨小层总含气量 0.42~3.88m^3/t，平均 1.84m^3/t，游离气占比 54.02%，含气饱和度 52.21%；①~⑤小层总含气量 1.08~9.70m^3/t，平均 4.76m^3/t，游离气占比 55.35%，含气饱和度 70.30%。盆外优质页岩段总含气量 0.89~7.96m^3/t，平均 4.11m^3/t，游离气占比 53.85%，含气饱和度 69.80%；盆缘优质页岩段总含气量 0.58~9.68m^3/t，平均 3.94m^3/t，游离气占比 53.68%，含气饱和度 67.73%；盆内优质页岩段总含气量 1.46~9.10m^3/t，平均 5.23m^3/t，游离气占比 60.82%，含气饱和度 68.83%。

同一小层页岩，随深度增加，温度和压力不断增加，测井解释吸附气占比先快速增加后缓慢降低[图 5(a)]，研究区龙马溪页岩在埋深为 800~1350m 时达到最大吸附能力。压力对浅层-中浅层页岩吸附甲烷能力起主要作用；随深度增加，温度对中深层-深层页岩吸附甲烷能力控制作用增强。游离气占比随深度增加，先快速增加后增速变缓趋于定值[图 5(b)]，静水压力条件下，在同一深度，随孔隙度增加，游离气含量显著增加；在孔隙度一定的条件下，同一深度处页岩储层随压力增加，游离气含量增加。因此，孔隙度和压力是地下页岩储层中游离气含量最重要控制因素。含气饱和度随深度增加，先快速增加后稳定在一定范围内[图 5(c)]，含气饱和度受深度影响较小。

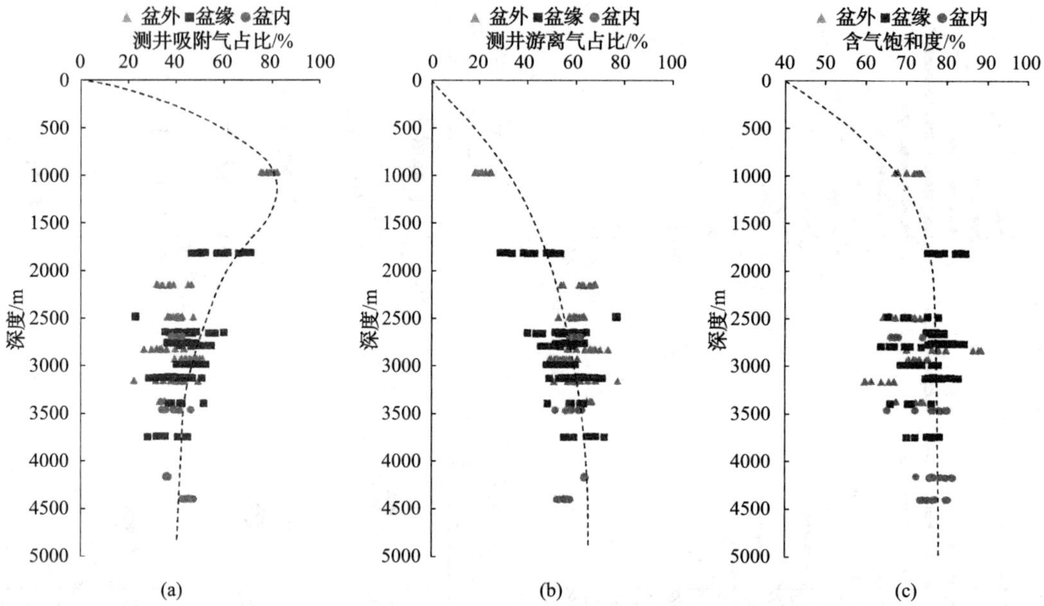

图 5　渝东南地区不同区域③小层测井解释含气性对比图

(a)测井解释吸附气占比随深度变化图；(b)测井解释游离气占比随深度变化图；(c)测井解释含气饱和度随深度变化图

2.3　等温吸附含气性差异

等温吸附实验是确定页岩甲烷吸附能力最常用的方法，在实验数据的基础上，采用 Langmui 模型或相应的改进模型来评价页岩的吸附能力，并分析地层条件(压力、温度和埋藏深度)和储层特性(有机质含量、孔隙特征、成熟度和组分含量)等因素对页岩吸附能力的影响。

参照页岩气甲烷等温吸附测定方法国家标准，采样 HPVA200 高压等温吸附仪，在不同温压条件下对渝东南地区页岩岩心开展等温吸附解吸实验。在 30℃下采用容积法进行等温吸附实验，结果显示，渝东南五峰组-龙马溪组一段 Langmuir 体积(V_L)为 1.88~5.82m^3/t，平均值为 4.16m^3/t。整体上看 V_L 与 TOC 和孔隙度(Φ)呈正相关关系(图 6a~6d)，其中下部①~⑤小层 TOC 和孔隙度优越上部⑥~⑨小层，①~⑤小层页岩吸附能力⑥~⑨小层(图 6a~6b)。

基于不同温度下页岩甲烷等温吸附实验数据，Langmuir 模型能较好拟合 30、40、50、60 和 75℃时甲烷在龙马溪页岩上的吸附平衡数据，V_L 与温度具有很好的负相关关系(图 6e~6f)。但是，当实验温度超过 80℃时，V_L 与温度的负相关关系以及与 TOC 和孔隙度的正相关关系不明显。如 SY6 井⑤小层样品在 50℃等温吸附实验结果计算 V_L 为

2.31m³/t，在80℃等温吸附实验结果计算 V_L 为6.01m³/t；LY2井①~⑤小层75℃下等温吸附实验结果计算 V_L 平均值为2.00m³/t，在88℃下实验结果计算 V_L 平均值为4.28m³/t。

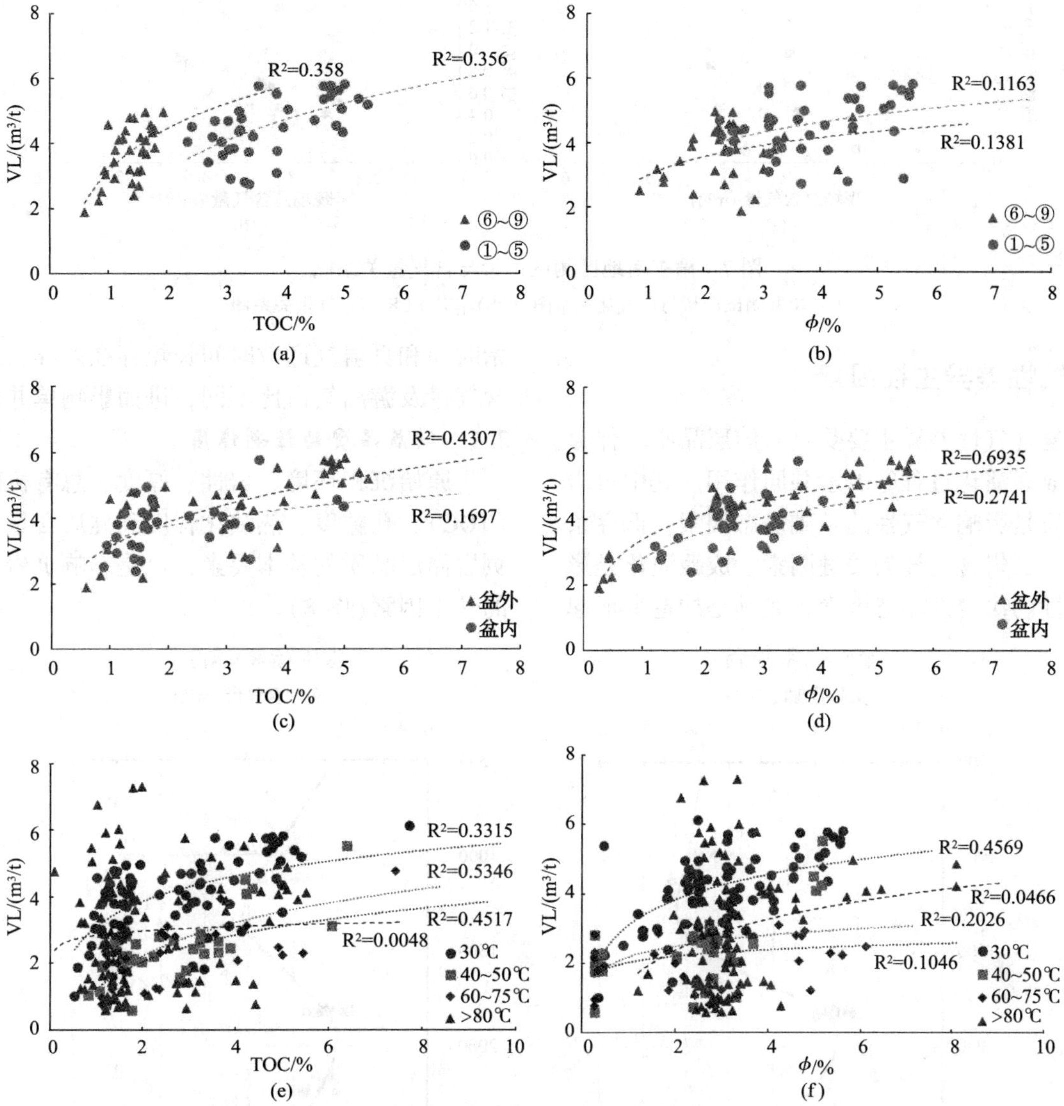

图6　渝东南地区不同区域等温吸附特征对比图

(a)不同层段 Langmuir 体积(V_L)随 TOC 变化图；(b)不同层段 Langmuir 体积(V_L)随孔隙度变化图；(c)不同地区 Langmuir 体积(V_L)随 TOC 变化图；(d)不同地区 Langmuir 体积(V_L)随孔隙度变化图(e)不同实验温度下 Langmuir 体积(V_L)随 TOC 变化图；(f)不同实验温度下 Langmuir 体积(V_L)随孔隙度变化图

2.4　压裂后测试产量差异

页岩气单井产量高低影响因素较多且机理较为复杂，包括储层含气性、天然裂缝、地应力等地质条件和钻井、压裂、排采等一系列配套工程工艺技术。含气性是决定单井产量的物质基础，单井产量差异可以反映含气性差异。

渝东南地区不同构造单元单井产量存在明显差异。处在盆外的桑柘坪向斜测试产量0.9~3.5×10⁴m³，套压0.5~5.0MPa，测算EUR0.35~0.45×10⁸m³；道真向斜测试产量1.2~7.5×10⁴m³，套压1.2~14.4MPa，测算EUR0.40~0.58×10⁸m³；武隆向斜测试产量2.40~9.22×10⁴m³，套压1.15~12.27MPa，测算EUR0.36~0.65×10⁸m³。盆缘斜坡区测试产量2.5~32.8万方×10⁴m³，套压4.0~16.8MPa，测算EUR0.65~1.40×10⁸m³；盆内背斜区测试产量4.0~45.0×10⁴m³，套压6.0~31.0MPa，测算EUR0.71~1.74×10⁸m³。整体呈现出由盆外向盆地测试效果逐渐变好[图7(a)]，单井EUR逐渐升高的趋势[图7(b)]，进一步说明页岩含气性也存在同样的变化趋势。并且同一构造不同部位也存在差异，如平桥背斜轴部、主体和翼部的差异，甚至呈现“一井一藏”的特征。

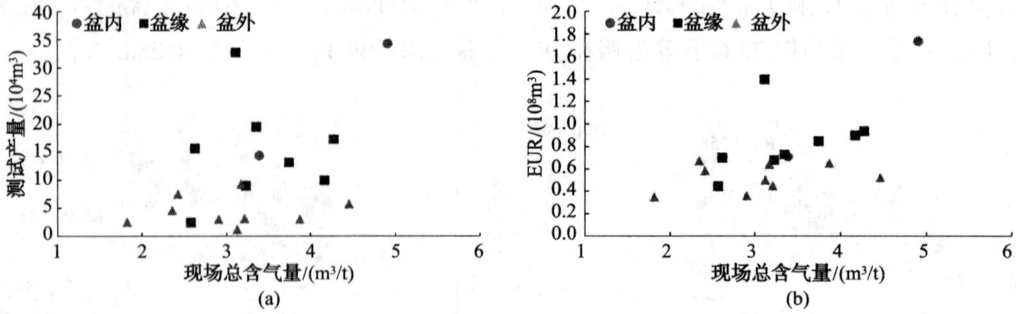

图 7　渝东南地区测试产量与含气量关系图

(a)单井测试产量与含气量关系图；(b)单井 EUR 与含气量关系图

3　含气性差异主控因素

页岩含气性差异主要受页岩储层品质、保存条件和成藏演化过程等因素共同作用。其中页岩储层品质是影响含气性的基础静态因素，保存条件是影响页岩含气性的关键因素，成藏演化是影响含气性的决定性动态因素。尤其是构造变形起始时间和页岩气逸散时间长短存在差异，造成总含气量及游离气占比不同，进而影响单井产量。

3.1　储层品质的控制作用

原始沉积环境、岩性、厚度、总有机碳含量(TOC)、孔隙度、热演化程度和硅质含量等决定页岩储层品质的基本要素，也是影响页岩含气性的基本因素(图 8)。

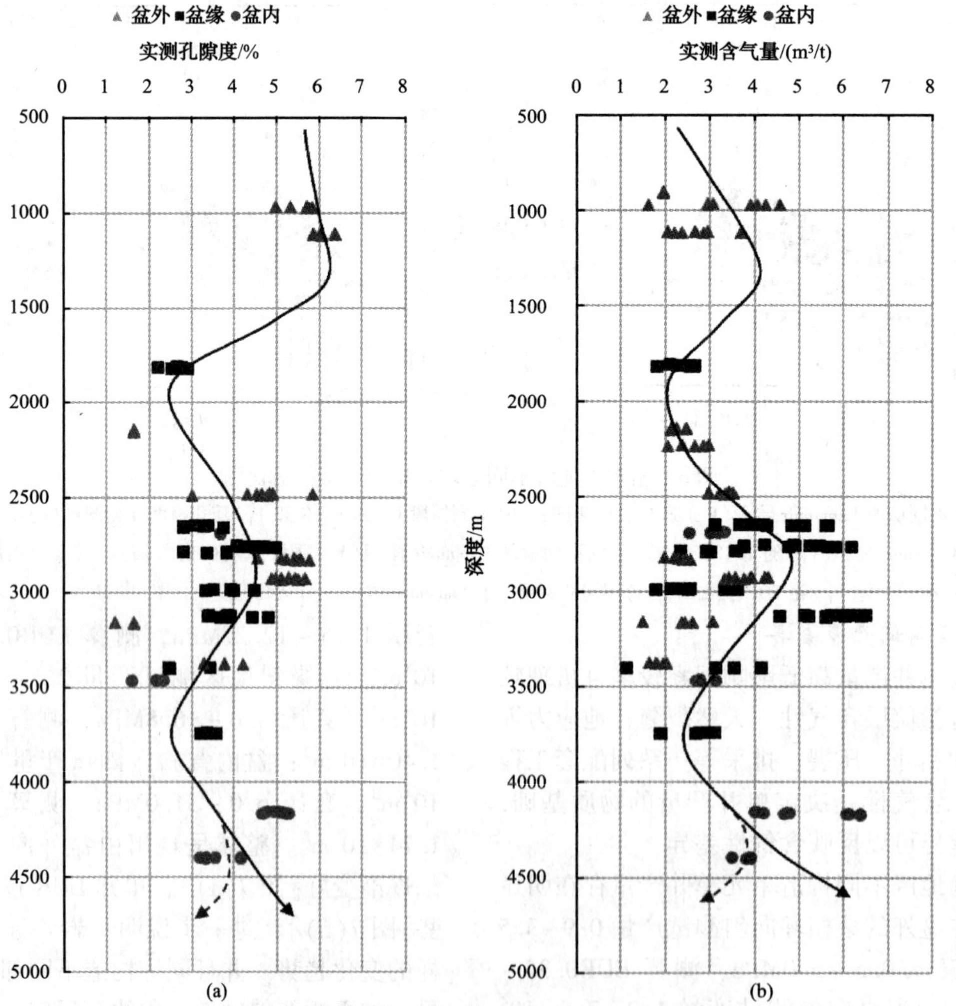

图 8　渝东南地区总含气量与静态指标系数关系图

(a)TOC 与含气量关系图；(b)硅质含量与含气量关系图；(c)孔隙度与含气量关系图；(d)BET 比表面积与含气量关系图(e)BET 平均孔直径与含气量关系图；(f)DFT10~50nm 孔径孔容比与含气量关系图

渝东南地区五峰-龙马溪组一段页岩同为缺氧陆棚环境下沉积的富有机质页岩，有利于页岩气大量生成。但各个构造单元由于沉积微相和岩相古地理的差异，致使五峰-龙马溪组一段底部TOC>2%的优质页岩段厚层存在明显差异，进而引起原始供烃能力变化，表现出现今含气性差异。盆内涪陵和盆外武隆地区处在原始沉积中心，优质页岩厚度相对较大，TOC含量相对较高，涪陵地区优质页岩段厚度30.0～50.0m，TOC为2.0%～6.7%，平均3.58%，原地生气量15.68～24.99m^3/t，平均21.23m^3/t，现今含气量介于3.52～8.85m^3/t，平均5.86m^3/t；武隆向斜区优质页岩段厚度31.5～37.0m，TOC为2.03%～6.60%，平均4.57%，现今含气量介于0.83～6.65m^3/t，平均3.21m^3/t；南川地区背斜区优质页岩段厚度30.0～35.0m，TOC为2.06%～7.71%，平均3.64%，现今含气量介于1.06～10.88m^3/t，平均4.27m^3/t；盆缘斜坡区优质页岩段厚度26.0～33.0m，TOC为2.04%～7.42%，平均3.42%，现今含气量介于1.08～9.01m^3/t，平均3.46m^3/t；道真向斜优质页岩段厚度25.0～35.5m，TOC为2.17%～5.72%，平均3.59%，现今含气量介于1.14～3.54m^3/t，平均2.42m^3/t；桑柘坪向斜，五峰组顶部未见观音桥段，存在沉积间断，导致五峰组顶部和龙马溪组底部地层有缺失，优质页岩段厚度只有24.0m，TOC为2.38%～4.77%，平均3.47%，原地生气量16.17～21.56m^3/t，平均18.99m^3/t，现今含气量介于0.87～4.95m^3/t，平均2.92m^3/t。

龙马溪组富有机质页岩中，随有机质含量的升高，页岩的润湿性由弱亲油性逐渐转变为亲油性，油润湿角不断减小，自封闭性不断增强。且有机质发育纳米孔喉系统，并吸附大量页岩气，吸附气占据了部分孔隙空间和喉道空间，相应地降低了孔隙、喉道大小和孔隙连通性，限制了页岩气在纳米级孔隙中的运移，增强了页岩储层的自封闭性，有利于页岩气大量储集；并且相对稳定陆棚环境发育封闭的顶板与底板，可形成有效的纵向压力封存系统，利于页岩气保存。但高热演化引起的石墨化则会导致有机孔润湿性转变，并将进一步影响页岩自封闭性。如武隆向斜核部LY4井，优质页岩段出现低电阻率（优质页岩电阻率为2.3～30.0Ω·m，平均为5.6Ω·m，①～③小层电阻率异常低，平均为3.4Ω·m），低含气量（平均含气量2.9）的现象，激光拉曼实验测得R_o为3.37%，有机碳发生了弱炭化，电阻率与TOC呈明显负相关性。

3.2 保存条件的控制作用

页岩埋藏深度、与剥蚀区距离、断裂性质和规模、地层产状、地层接触关系、构造样式等是评价页岩气保存条件的主要参数，也是影响页岩含气性的关键因素。地层压力系数大小是页岩气保存条件好坏的直观反映，保存条件越好，地层压力系数越高，含气性就越好。

渝东南地区受海西期—喜马拉雅期的多期构造作用影响，从四川盆地内到盆外残留向斜区，构造改造作用逐步增强，保存条件逐步变差，地层压力系数逐步减小，含气性也逐渐变差（图9）。该地区长期受到挤压作用，发育逆断层为主，断层两盘多为泥页岩接触，断层封闭性较好，因此保存条件主要是受页岩埋深、与剥蚀区距离和构造样式控制。但断层会影响页岩储层天然裂缝发育程度，影响水力压裂效果，进而影响单井产量。

以南川区块阳春沟构造带为例，由南向北与剥蚀区距离越来越大（由2.7km增加至10km），埋深逐步增加（由2000m增加至4500m），由常压逐步过渡到高压（地层压力系数由1.05增加至1.35），保存条件逐渐变好，含气性也逐渐变好（增含气量由3.4m^3/t增加至4.5m^3/t），测试产量逐渐升高（由$4.4\times10^4m^3$增加至$21.8\times10^4m^3$）（图10）。

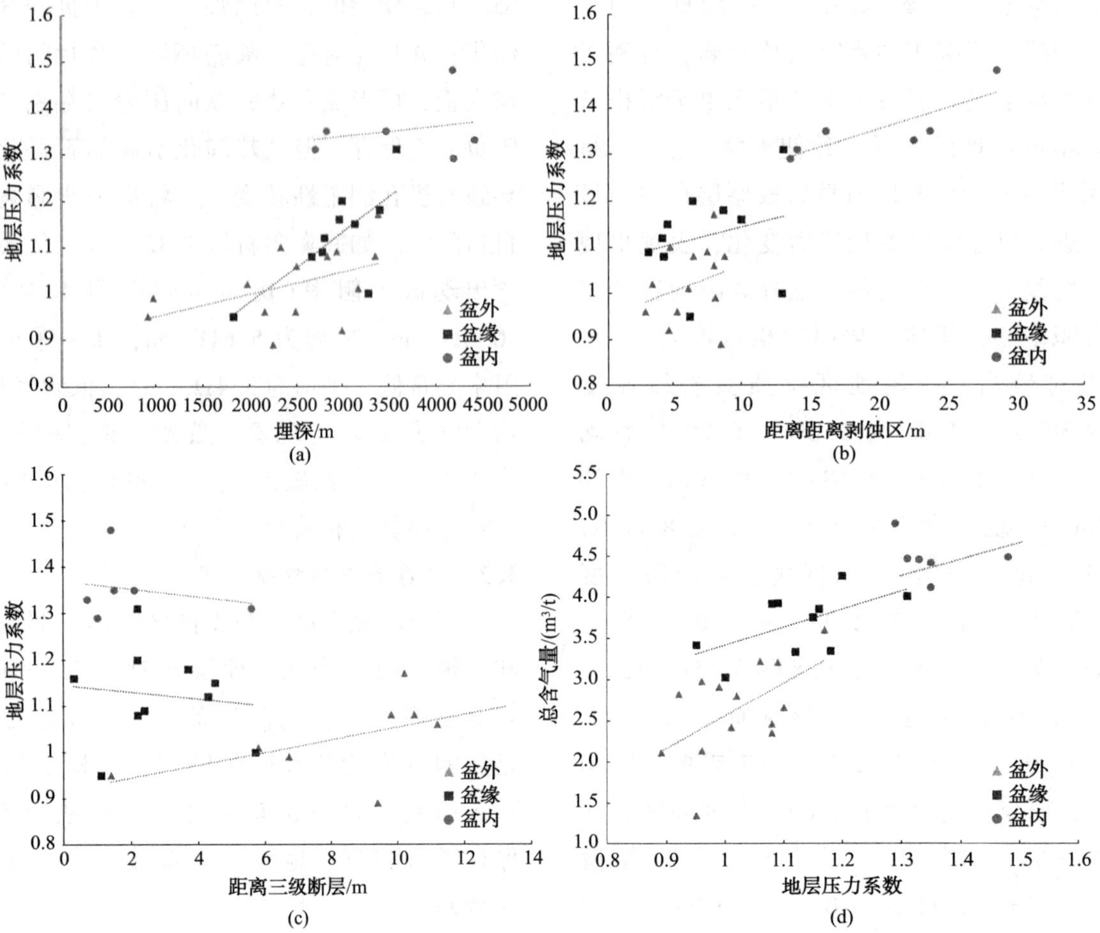

图 9　渝东南地区保存条件与总含气量系数关系图

(a)页岩埋深与地层压力系数关系图；(b)剥蚀区距离与地层压力系数关系图

(c)三级断层距离与地层压力系数关系图；(d)地层压力系数与总含气量关系图

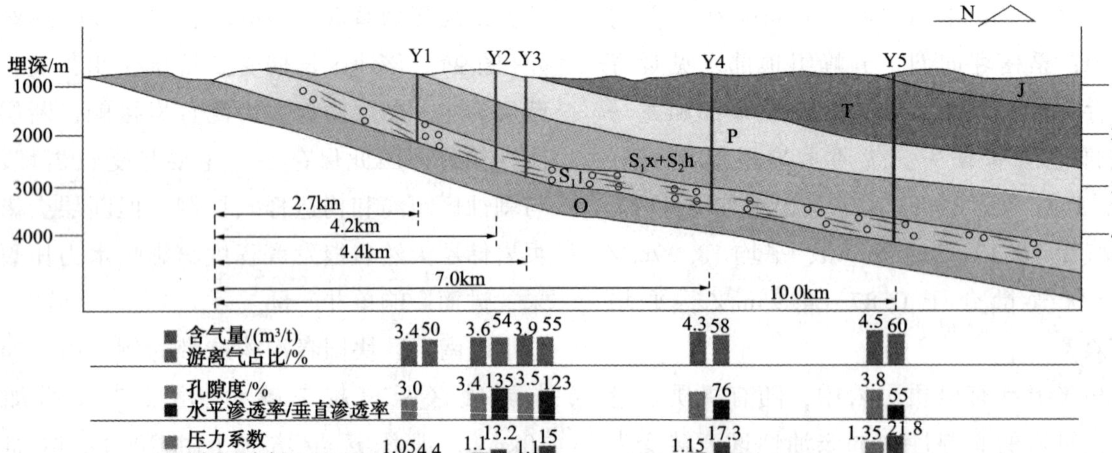

图 10　渝东南地区阳春沟构造带页岩气藏模式图

3.3　成藏过程的控制作用

渝东南地区五峰组-龙马溪组页岩经历了生-排-滞-聚的成藏演化过程，生排烃演化史及后期构造抬升时间和变形强度是造成含气性差异的决定性因素。根据天然气在页岩中的赋存状态可划分为 4 个阶段，即早期生物游离气阶段、热解吸附气阶段、热解游离气阶段和游离气吸附阶段。页岩地层达到最大埋深后开始抬升，生气过程停止，游离气储集能力开始逐渐降低，页岩吸附能力逐渐增加。若页岩大量生烃后，封存时间越晚，构造变形时间越早，越不利于页岩气留存，页岩储层将以常压为主(如盆外残留向斜区)；若封存时间越晚，构造变形时间越早，则游离气得以保存，形成超压，页岩气将以游离气为主(如盆内背斜区)。

彭水地区桑柘坪向斜页岩气封闭体系形成的起始时间为183Ma，已过原油和干酪根裂解生气高峰期页岩气开始聚集并富集成藏前已有大量油气排出烃源岩层，减少了页岩气来源，在距今125Ma时开始抬升至现今埋深2500m左右。武隆-道真地区武隆向斜封存富集成藏的时间为距今205Ma，在95Ma时开始抬升；盆内南川地区则在距今220Ma开始封存，90Ma时开始抬升遭受破坏。而焦石坝地区开始聚集并被封存富集成藏的时间为231Ma，刚好对应生油高峰期初期阶段，也是油气开始大量生成并被封闭滞留富集的起始时间，具有足够的气源供给页岩气富集成藏，开始抬升时间约为距今85Ma仍保持超压至今。盆外背斜区相对向斜区抬升高度更高，埋藏更浅，页岩气逸散量更大，现今游离气占比仅有20%左右，而游离气占比的降低直接导致压裂改造后的初期产量偏低。但经过后期排水降压至临界解吸压力后产量快速提升，甚至可以实现自喷生产(图11)。

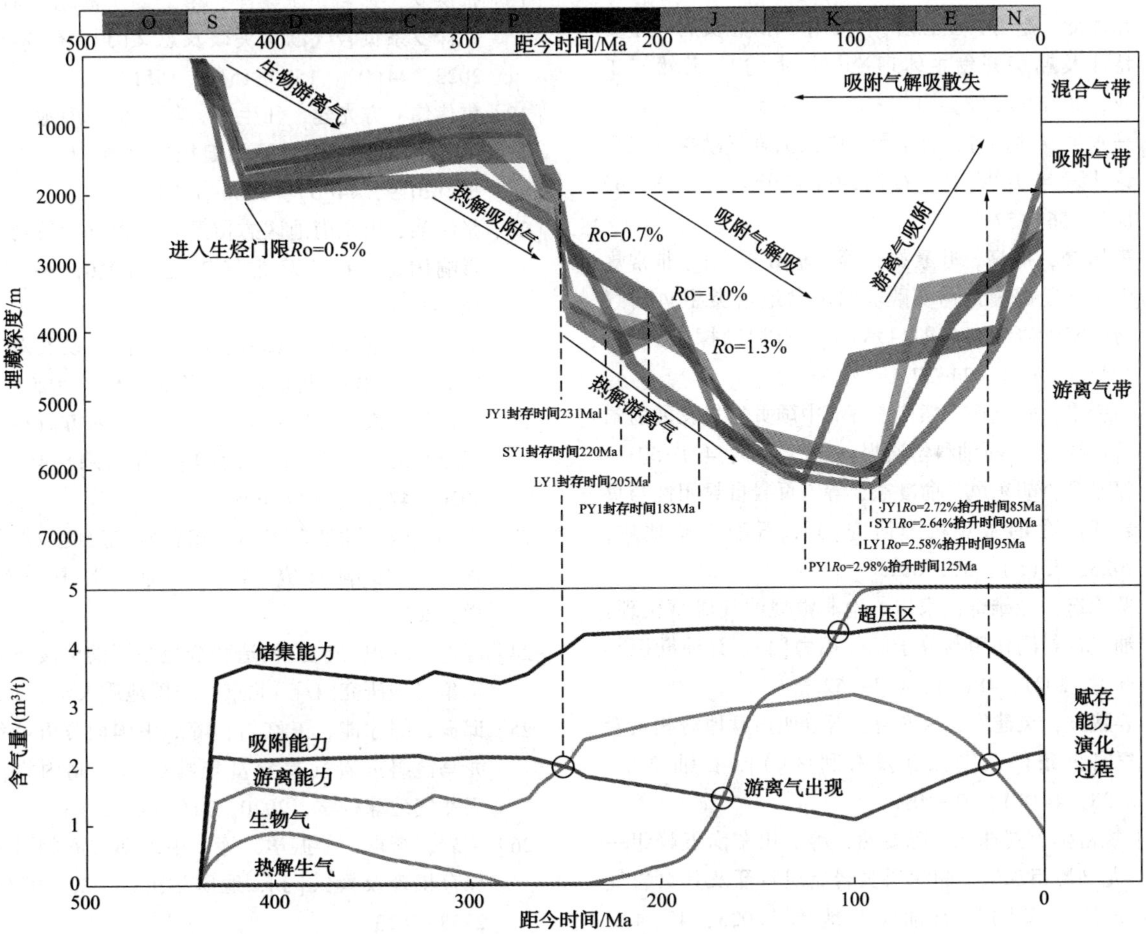

图11　渝东南地区页岩气赋存演化过程模式图

4　结论

研究认为，渝东南地区五峰组-龙马溪组一段页岩，纵向上受沉积微相控制，自上而下随着总有机碳含量(TOC)、孔隙度和硅质含量等决定的静态指标逐渐变好含气性也随之逐渐变好。平面上由盆外到盆内页岩含气性逐渐变好，单井产量依次升高。

影响页岩含气性因素包括静态和动态两类，其中优质页岩厚度、是影响含气性的基础静态因素，静态指标越优越，原始生烃量越大，页岩含气性越好；埋藏深度、与剥蚀区距离和断裂系统等决定保存条件的指标是影响页岩含气性的关键因素，远离剥蚀区，埋藏深度适中，构造相对稳定地区，保存条件较好，地层压力系数较高，页岩含气性较好；成藏演化是影响含气性的决定因素，尤其是页岩气藏封存时间、构造变形起始时间和页岩气逸散时间长短存在差异，造成总含气量及游离气占比不同，进而影响单井产量。

参考文献

[1] 姚红生，蔡勋育，郭彤楼，等．渝东南常压页岩气勘探开发关键技术[M]．北京：石油工业出版社，2023：8-102.

[2] 何希鹏，何贵松，高玉巧，等．常压页岩气勘探开发关键技术进展及攻关方向[J]．天然气工业，2023，43(6)：1-14.

[3] 邹才能，赵群，王红岩，等．中国海相页岩气主要特征及勘探开发主体理论与技术[J]．天然气工业，2022，42(8)：1-13.

[4] 马永生，蔡勋育，赵培荣．中国页岩气勘探开发理论认识与实践[J]．石油勘探与开发，2018，45(4)：561-574.

[5] 郭彤楼，熊亮，叶素娟，等．输导层(体)非常规天然气勘探理论与实践：四川盆地新类型页岩气与致密砂岩气突破的启示[J]．石油勘探与开发，2023，50(1)：24-37.

[6] 马新华，张晓伟，熊伟，等．中国页岩气发展前景及挑战[J]．石油科学通报，2023，04：491-501

[7] 郭旭升，胡东风，俞凌杰，等．页岩自封闭性与页岩气保存的微观机理研究[J]．石油实验地质，2023，45(5)：821-831.

[8] 贾承造，庞雄奇，宋岩．论非常规油气成藏机理：油气自封闭作用与分子间作用力[J]．石油勘探与开发．2021，48(3)：437-452.

[9] 姜鹏飞，吴建发，朱逸青，等．四川盆地海相页岩气富集条件及勘探开发有利区[J]．石油学报，2023，44(1)：91-109.

[10] 魏富彬，刘珠江，陈斐然，等．川东南五峰组—龙马溪组深层、超深层页岩储层特征及其页岩气勘探意义[J]．石油实验地质，2023，45(4)：751-760.

[11] 梁兴，单长安，王维旭，等．中国南方海相浅层页岩气富集条件及勘探开发前景[J]．石油学报，2022，43(12)：1730-1749.

[12] 包汉勇，孟志勇，李凯，等．四川盆地涪陵地区龙马溪组含气页岩段上部气层平面非均质性特征及其发育主控因素[J]．地球科学，2023，48(7)：2750-2763.

[13] 张培先，何希鹏，高玉巧，等．川东南五峰组-龙马溪组页岩气目标评价及水平井设计技术[J]．科学技术与工程，2023，23(3)：1024-1032.

[14] 马军，关琳琳，高全芳，等．渝东南地区背斜型浅层常压页岩气勘探发现[J]．中国石油勘探，2022，27(3)：47-60.

[15] 王鹏万，焦鹏飞，贺训云，等．昭通示范区太阳-海坝浅层页岩气富集模式[J]．中国石油大学学报(自然科学版)，2023，47(3)：45-54.

[16] 冯动军．川东南二叠系龙潭组海-陆过渡相页岩气甜点评价及意义[J]．石油与天然气地质，2023，44(3)：778-788.

[17] 周文，徐浩，余谦，等．四川盆地及其周缘五峰组—龙马溪组与筇竹寺组页岩含气性差异及成因[J]．岩性油气藏，2016，28(5)：18-25.

[18] 张洪安，彭君，王学军，等．四川盆地普陆页1井侏罗系页岩气勘探突破及意义[J]．石油学报，2023，44(9)：1500-1516，1551.

[19] 焦伟伟，方光建，汪生秀，等．渝东南地区下古生界页岩含气性差异关键控制因素[J]．煤炭学报，2019，44(6)：1786-1794.

[20] 张汉荣．川东南地区志留系页岩含气量特征及其影响因素[J]．天然气工业，2016，36(08)：36-42.

[21] 王幸蒙．富有机质页岩孔隙形成演化及其对含气性的控制[D]．北京：中国石油大学，2020.

[22] 姜振学，宋岩，唐相路，等．中国南方海相页岩气差异富集的控制因素[J]．石油勘探与开发，2020，47(3)：617-628.

[23] 徐翔．四川盆地东南部海相页岩多尺度裂缝及对含气性影响研究[D]．北京：中国石油大学，2021.

[24] 舒逸．沉积-成岩-构造联合控制下的涪陵页岩气富集机理研究[D]．北京：中国地质大学，2021.

[25] 邱振，邹才能，王红岩，等．中国南方五峰组—龙马溪组页岩气差异富集特征与控制因素[J]．天然气地球科学，2020，31(2)：163-175.

[26] 宋岩，李卓，姜振学，等．中国南方海相页岩气保存机理及模式[J]．地质学报，2023，97(9)：2858-2873.

[27] 姜志高，曹海虹，丁安徐，等．基于页岩现场含气量测试结果预测产能的方法[J]．石油实验地质，2019，41(5)：773-778.

[28] 纪文明，朱孟凡，宋岩，等．南方海相页岩气赋存状态演化规律[J]．中南大学学报(自然科学版)，2022，53(9)：3590-3602.

[29] 高雯璐，周文，徐浩，等．高演化富有机质页岩地层条件下吸附气量计算新方法[J]．特种油气藏，2023，30(2)：71-77.

[30] 陈掌星，冯东，吴克柳，等．页岩气有机质和无机质吸附能力定量表征[J]．中国石油大学学报(自然科学版)，2023，47(5)：65-75.
[31] 聂海宽，汪虎，何治亮，等．常压页岩气形成机制、分布规律及勘探前景——以四川盆地及其周缘五峰组—龙马溪组为例[J]．石油学报，2019，40(2)：131-143，164.
[32] 郭彤楼，蒋恕，张培先，曾萍．四川盆地外围常压页岩气勘探开发进展与攻关方向[J]．石油实验地质，2020，42(5)：837-845.
[33] 何希鹏，张培先，房大志，梅俊伟，何贵松，卢比．渝东南彭水—武隆地区常压页岩气生产特征[J]．油气地质与采收率，2018，25(5)：72~79.
[34] 胡东风．四川盆地东南缘向斜构造五峰组—龙马溪组常压页岩气富集主控因素[J]．天然气地球科学，2019，30(5)：605-615.
[35] 何希鹏．四川盆地东部页岩气甜点评价体系与富集高产影响因素[J]．天然气工业，2021，41(1)：59-71.
[36] 郭旭升．四川盆地涪陵平桥页岩气田五峰组—龙马溪组页岩气富集主控因素[J]．天然气地球科学，2019，30(1)：1-10.
[37] 张培先，高全芳，何希鹏，等．南川地区龙马溪组页岩气地应力场特征及对产量影响分析[J]．油气地质与采收率，2023，30(4)：55-65.
[38] 何贵松，何希鹏，高玉巧，等．渝东南盆缘转换带金佛斜坡常压页岩气富集模式[J]．天然气工业，2020，40(06)：50-60.
[39] 马波．常压页岩气背斜构造分区生产特征研究—以平桥南区为例[J]．非常规油气，2023，10(03)：80-88，120.
[40] 蔡文，王伟，梅俊伟，等．南川常压页岩气地质特征及水平井参数优化研究—以东胜区块 SY1 井区为例[J]．非常规油气，2022，9(03)：83-89.
[41] 腾格尔，陶成，胡广，等．排烃效率对页岩气形成与富集的影响[J]．石油实验地质，2020，42(3)：325-334.
[42] 马军．页岩裂缝成因及其对含气性影响—以渝东南地区阳春沟构造带五峰—龙马溪组为例[J]．油气藏评价与开发，2020，10(3)：126-134.
[43] 楼章华，张欣柯，吴宇辰，等．四川盆地南川地区及邻区页岩气保存差异的流体响应特征[J]．油气藏评价与开发，2023，13(4)：451-458.
[44] 丁佳彤，陈孔全，汤济广，等．页岩气富集与保存条件差异研究—以焦石坝—武隆地区为例[J]．石油地球物理勘探，2023，58(6).
[45] 吴建发，吴娟，刘文平，等．页岩气成藏过程的阶段划分—以四川盆地宁西地区五峰组—龙马溪组页岩气成藏过程为例[J]．天然气工业，2021，41(01)：83-92.

200℃加重胶凝酸体系研究及其性能评价

张世岭 张 杨 乔 岩 侯腾飞 刘 乐 尚立涛 白昊立 任广聪

（中国石油集团工程技术研究院有限公司）

摘 要 为应对油气勘探的持续推进以及保障中国能源供应的迫切需要，解决深层资源开采的挑战已成为重要的科学和技术任务。因此，中国在塔里木和四川地区开展了两项一万米超深井的科学技术探索。本研究旨在解决在超深和高温条件下有效部署酸化工作液所面临的挑战。我们通过优化加重剂、缓蚀剂和胶凝剂的选择，开发了一种具有耐200℃的加重胶凝酸体系。该体系的性能通过流变特性、高温高压动态腐蚀率等关键指标进行了评估。结果表明，该加重胶凝酸体系的密度可达1.3g/cm³。此外，在200℃下，体系表现出小于80g/(m²·h)的高温高压动态腐蚀速率。在170s⁻¹剪切30分钟后，黏度保持在15mPa·s以上。这些发现为酸化液在超深高温储层中的成功应用提供了重要的技术支持。

关键词 超深井；超高温；万米井；加重胶凝酸；酸化压裂

Study and performance evaluation of 200℃ weighted gelled acid system

Zhang Shiling Zhang Yang Qiao Yan Hou Tengfei Liu Le
Shang Litao Bai Haoli Ren Guangcong

(CNPC Engineering Technology R&D Company Limited)

Abstract In response to the continuous advancement of oil and gas exploration, as well as the imperative to secure China's energy supply, addressing the challenges of deep-earth resource extraction has become a crucial scientific and technological endeavor. Consequently, China has initiated two 10, 000-meter scientific and technological explorations of ultra-deep wells in the Tarim and Sichuan regions. This study aims to address the challenges associated with the effective deployment of acidizing working fluids under ultra-deep and high-temperature conditions. We developed a robust 200℃-resistant weighted gelling acid system by optimizing the selection of weighting agents, corrosion inhibitors, and gelling agents. The system's performance was evaluated in terms of rheological properties, high-temperature and high-pressure dynamic corrosion resistance, and other key metrics. The results demonstrate that the density of the weighted gelling acid system can reach up to 1.3g/cm³. Additionally, at 200℃, the system exhibits a high-temperature and high-pressure dynamic corrosion rate of less than 80g/(m²·h). After 30minutes of shearing at 170s⁻¹, the viscosity remains above 15mPa·s. These findings provide significant technical support for the successful application of acidizing fluids in ultra-deep, high-temperature reservoirs.

Key wordst Ultra-deep well; ultra-high temperature; 10, 000-meter well; weighted gelled acid; Acid fracturing

1 前言

为了积极响应中国"十三五"规划中提出的"深地、深海、深空、深蓝"战略，中国在塔里木盆地和四川盆地开展了1万米超深井的科学探索。这些努力旨在确保国家能源安全。酸压裂是改造深井和超深井的关键技术。然而，根据深层储层勘探与开发的经验，超深储层面临独特的挑战，包括超过200℃的极高温度，这加速了酸岩反应并导致井下管柱和套管的严重腐蚀。此外，这些储层具有超低孔隙度和渗透率的非常致密的地层特征。进一步，这些储层的破裂压力和闭合压力显著偏高，导致高施工压力、低施工排量和巨大的施工风险。

利用加重酸液进行酸化和增产是改造超高破裂压力储层（如深井和超深井）的有效方法。增加酸体系的密度提高了井筒内静液柱压力，从而降低了施工过程中所需的地面泵压。此外，酸的溶解作用有助于缓解由于重型钻井和完井泥浆造成的近井区污染，恢复近井区的孔隙度和渗透率，并进一步降低储层的破裂压力。该技术还具有操作简单、安全性高和加重性能强的特点。然而，在超高温条件下，加重酸对井下管柱的腐蚀作用比常规酸更严重，影响施工安全，并限制其在高温深井中的应用。

本文介绍了一种耐受高达200℃温度的加重胶凝酸体系的开发。该体系通过精心选择合适的加重剂并优化缓蚀剂配方构建而成。所得的胶凝酸体系表现出优异的流变特性和低腐蚀率，适用于深井和超深井的酸化预处理。

2　实验部分

2.1　实验仪器与材料

实验仪器：数字六速旋转黏度计（HTD-6ST，青岛恒泰达机电设备有限公司），高温高压缓蚀评价装置（GHPJ-3型，江苏南通华星石油仪器有限公司），高温高压流变仪（HAAKE MARS 60，Thermo Fisher Scientific，德国），电热鼓风干燥箱（101-3B型，绍兴速佩仪器有限公司）。

实验材料：复合缓蚀剂、缓蚀剂、铁离子稳定剂、拔染辅助剂、胶凝剂均为实验室自制；溴化钙、溴化钠、氯化钙、氯化钾、氯化钠、氢氧化钠、酚酞试剂等均购自国药集团化学复碱剂有限公司；P110钢板购自成都博恒通科技有限责任公司。

2.2　实验方法

腐蚀速率：按照中华人民共和国石油天然气行业标准《SY/T 5405—2019 酸化用缓蚀剂性能试验方法及评价指标》测定高温高压静态和动态腐蚀速率。

流变性能：按中华人民共和国石油天然气工业标准《SYT 6214—2016 稠化酸用稠化剂》评价加重胶凝酸体系的高温高压流变性能。

铁离子稳定能力：酸体系稳定铁离子的能力按照中华人民共和国石油和工业部标准《SY/T 6571—2012 酸化用铁离子稳定剂性能评价方法》进行评价。天然气工业。

助排性能：残余酸截留能力按照中华人民共和国石油天然气行业标准《SY/T 5755—2016 压裂酸化用助排剂性能评价方法》进行测试。

3　结果与讨论

3.1　加重剂优选

加重剂的优化主要基于酸溶解度和加重密度。使用质量分数15%的盐酸溶液评价这些性能。实验结果如表1所示。

表1　各种加重剂的酸溶解度和加重密度

类型	酸溶性	加重密度/(g/cm³)
氯化钾	不溶	/
氯化钠	不溶	/
氯化钙$_2$	易溶	1.4
溴化钠	不溶	/
溴化钙	易溶	1.6
复合加重剂	易溶	1.7

如表1所示，氯化钾、氯化钠和溴化钠不溶于盐酸溶液，因此不能增加酸密度。相比之下，氯化钙、溴化钙和实验室制备的复合加重盐都高度溶于盐酸。然而，氯化钙的重量密度低，溶解时氯含量高，导致严重的腐蚀问题。溴化钙虽然可实现高达1.6g/cm^{3}的高重量密度，但价格昂贵且经济效率不高。与溴化钙相比，复合加重剂以更低的成本提供了高加重密度。综合考虑这些因素，复合加重剂更适合在盐酸溶液中使用。

3.2　缓蚀剂体系优化

通过高温高压静态腐蚀实验对各种缓蚀剂进行优化。优化的主要标准是P110钢片的腐蚀速率和表面腐蚀情况。实验温度为200℃，盐酸浓度为15%，胶凝剂用量为0.6%，加重后密度为1.3g/cm^3。实验结果如图1至图3所示。

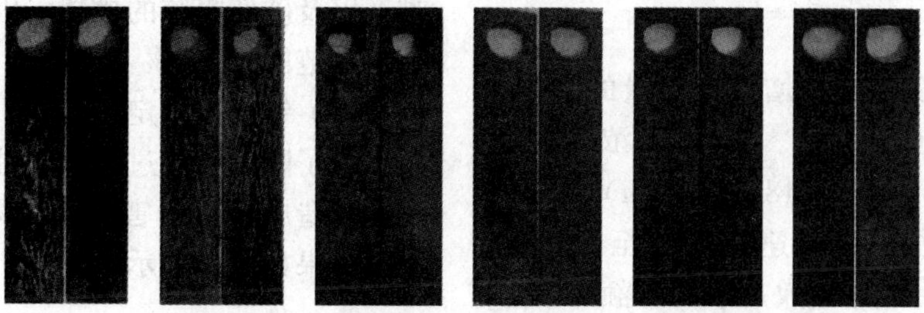

图1　P110钢片在不同类型缓蚀剂作用下的形貌

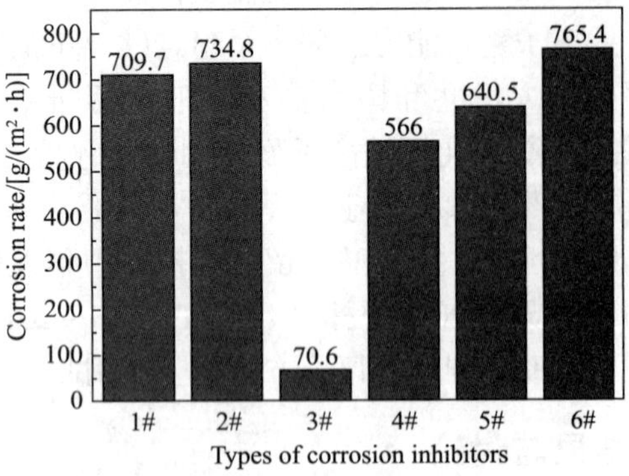

图 2　不同类型缓蚀剂的腐蚀速率

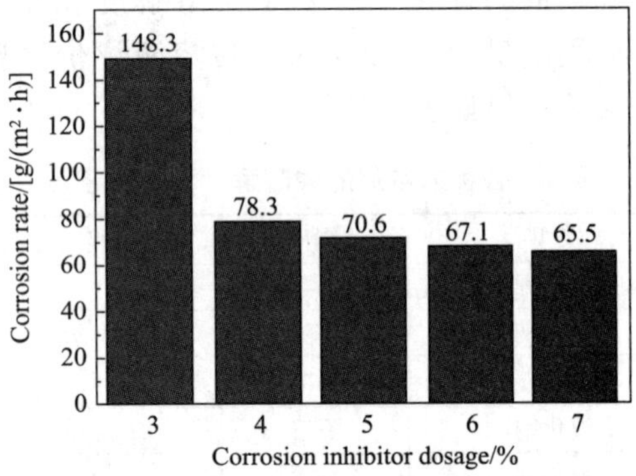

图 3　缓蚀剂加剂量对腐蚀速率的影响

如图 1 和图 2 所示，经 1#、2#、6#缓蚀剂处理后的 P110 钢片表面出现凹槽状的不均匀腐蚀，腐蚀速率超过 700g/(m^2·h)。相比之下，用缓蚀剂 3#、4#和 5#处理的钢板表现出均匀的腐蚀，没有明显的点蚀或缩孔。其中，缓蚀剂 4#和 5#性能较差，腐蚀速率超过 550g/(m^2·h)。缓蚀剂 3#的腐蚀速率显着降低，为 70.6g/(m^2·h)，成为后续实验的首选。如图 3 所示，增加缓蚀剂 3#的用量，P110 钢片的腐蚀速率逐渐降低。当用量达到 4%时，进一步增加用量导致腐蚀速率下降较慢。因此，缓蚀剂 3#的最佳添加量范围为 4%~5%。

为了提高加重酸缓蚀剂体系的缓蚀性能，优化缓蚀增效剂的用量，进一步降低腐蚀速率。实验温度为 200℃，盐酸浓度为 15%，胶凝剂用量为 0.6%，加重密度为 1.3g/cm^3。实验结果如图 4 所示。

如图 4 所示，随着缓蚀增效剂用量的增加，加重酸溶液的腐蚀速率降低。当增效剂浓度达到 0.3%时，腐蚀速率降至 21.18g/(m^2·h)。进一步增加浓度至 0.5%，腐蚀速率降低至 5.83g/(m^2·h)。超过这一点，增效剂浓度的额外增加仅导致腐蚀速率轻微降低。因此，缓蚀增效剂的最佳浓度范围为 0.3%~0.5%。

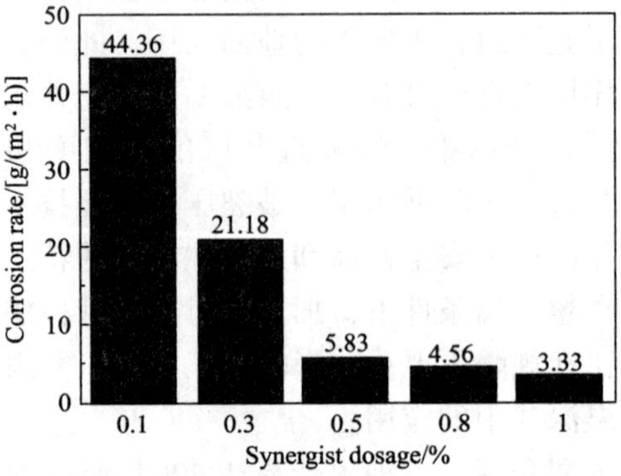

图 4　缓蚀增效剂对腐蚀速率的影响

3.3　加重胶凝酸体系配方研究

(1) 胶凝剂

考虑到加重胶凝酸必须表现出良好的耐温耐剪切性能，因此基液需要相对高的黏度。在质量分数为 15%的盐酸浓度下，使用不同加剂量的胶凝剂测试基液的黏度，实验结果如图 5 所示。

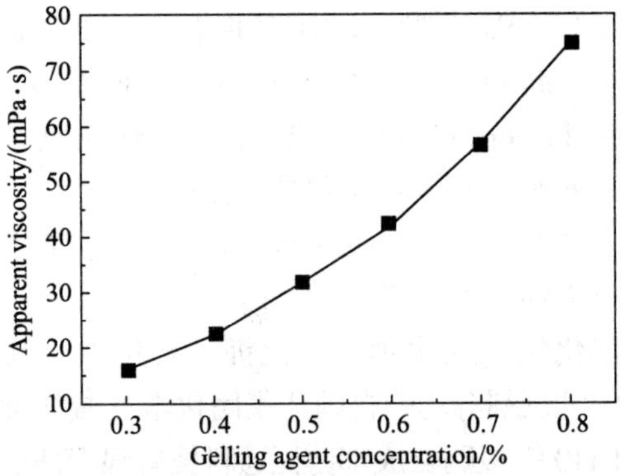

图 5　不同胶凝剂浓度下的基液黏度

如图 5 所示，盐酸溶液的表观黏度随着胶凝剂浓度的增加而增加。当胶凝剂用量为 0.6%时，表观黏度超过 40mPa·s。当用量增加到 0.8%时，表观黏度达到 75mPa·s 以上。这些结果表明该胶凝剂具有优异的耐酸增黏能力。然而，过高的黏度会导致摩擦阻力增加和泵送困难，以及破坏凝胶的挑战。因此，建议最佳胶凝剂浓度范围为 0.5%~0.7%。

(2) 铁离子稳定剂

为了防止酸化过程中管柱酸腐蚀产生铁离子沉淀，造成储层损害，必须添加铁离子稳定剂。实验结果如表 2 所示。

表 2　加重胶凝酸体系铁离子稳定能力评价

铁离子稳定剂种类及用量	稳定 Fe^{3+}/(mg/mL)的能力	平均值/(mg/mL)
1%FS-1 型	246	248
	251	
	249	

如表 2 所示，FS-1 型铁离子稳定剂表现出优异的稳定能力。添加 1%的 FS-1 铁离子稳定剂后，稳定能力超过 240mg/mL。

（3）助排剂

为保证施工后残酸顺利返排，必须在酸液体系中添加酸用助排剂剂。判断残酸排放效果最直观的方法是在室内实验中测量表面张力。实验结果如表 3 所示。

表 3　加重胶凝酸体系表面张力测试实验

助剂种类及用量	表面张力/(mN/m)	平均值/(mN/m)
1%HA-1	24.82	24.84
	24.66	
	25.03	

如表 3 所示，多次测试助排剂在酸溶液中的表面张力，其表面张力始终保持在 25mN/m 以下。这表明该助排剂在加重胶凝酸体系中性能稳定，可有效保证残酸的高效返排。

综合上述评价实验，耐 200℃加重胶凝酸体系配方如下：15%盐酸、加重剂、4%~5%缓蚀剂、0.3%~0.5%缓蚀增效剂、0.5%~0.7%胶凝剂、1%铁离子稳定剂和 1%助排剂。

3.4　加重胶凝酸体系性能评价

（1）流变学性能

胶凝酸体系的流变特性决定了其在储层内的作用距离，从而影响储层改造的效果。在超高温条件下，酸岩反应速率极快，使得胶凝酸体系的流变性能尤为关键。在 200℃，170s^{-1}剪切 90 分钟后的流变测试结果如图 6 所示。

如图 6 所示，加重胶凝酸体系的初始黏度约为 36mPa·s，在 200℃剪切 90min 后其黏度仍约为 18mPa·s。可见，加重胶凝酸体系在 200℃超高温下仍保持良好的耐温性和抗剪性，可以保证施工时作用到储层远端，实现深层超高温油藏的超深酸化。

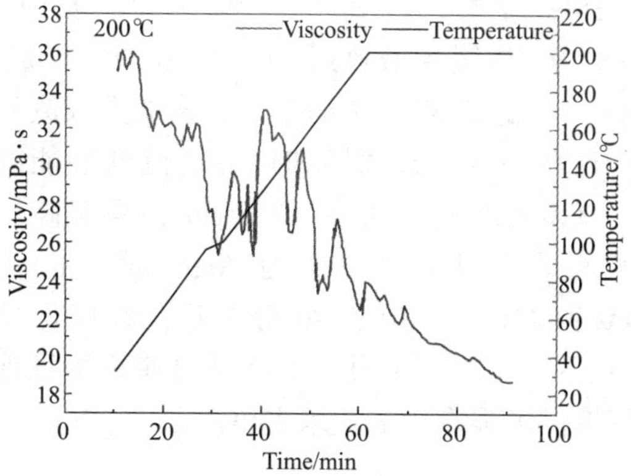

图 6　加重胶凝酸体系流变性能曲线

（2）高温高压下的动态腐蚀速率

为了模拟真实施工条件，进行高温高压动态腐蚀实验，评价施工过程中酸液对管柱的腐蚀作用。实验条件为 200℃、16MPa、100rpm、4h。实验结果如表 4 和图 7 所示。

表 4　加重胶凝酸体系高温高压动态腐蚀速率测试

序号	温度/℃	腐蚀速率/g/(m^2·h)	腐蚀条件
1	200	69.2	腐蚀均匀，无点蚀
2		78.6	腐蚀均匀，无点蚀
3		73.1	腐蚀均匀，无点蚀

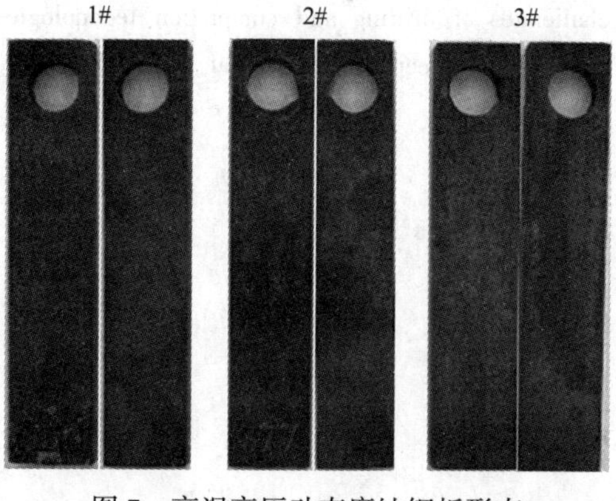

图 7　高温高压动态腐蚀钢板形态

由表 4 和图 7 可知，加重酸体系的高温高压动态腐蚀速率低于 80g/(m^2·h)。钢板表现出均匀的腐蚀，没有点蚀或其他不良影响。结果表明，加重酸体系满足高温深井酸化施工的要求。

4　结论

本研究通过优化选择加重剂、缓蚀剂、缓蚀增效剂、胶凝剂、铁离子稳定剂和助排剂，研发了耐温 200℃的加重胶凝酸体系。具体配方如下：15% 盐酸、加重剂、4% ~ 5% 缓蚀剂、0.3%~0.5%缓蚀增效剂、0.5%~0.7%胶凝剂、1%铁离子稳定剂、1%助排剂。该加重胶凝酸体系具有高密度、低腐蚀和优异的流变性能的特点。该体系的密度可达 1.7g/cm^3，高温高压条件下的动态腐蚀速率约为 70g/(m^2·h)。在 200℃和 170s^{-1}下剪切 90 分钟后，黏度保持在 15mPa·s 以上。这为确保超深层油藏平稳保压运行提供了强有力的技术支撑。

参 考 文 献

[1] C Y She. Progress in ultra-deep drilling and completion technology in the Sichuan Basin and its implications for extra-deep wells of more than ten thou-sand meters in depth [J]. Natural Gas Industry, 2024, 44(1), 40-48.

[2] J S Sun, W Liu, Q Wang, et al. Challenges and Development Prospects of Oil and GasDriling and Completion in Myriametric Deep Formation in China[J]. Drilling & Production Technology, 2024, (02), 1-9.

[3] Z G Wang, W S Wang, L Y Zhang, et al. Present situation and prospect of drilling and completion of 10000meter scientific ultra deep wells[J]. Science & Technology Review, 2022, 40(13), 27-35.

[4] H G Wang, H C Huang, G D Ji, et al. Progress and challenges of drilling and completion technologies for deep, ultra-deep and horizontal wells of CNPC[J]. China Petroleum Exploration, 2023, 28(03), 1-11.

[5] M G Wang, C J Zhang, X Long, et al. Study on application of less corrosive weighted acids in deep zone with high fracture pressure inYuanba block[J]. Oil Drilling & Production Technology, 2010, 32(S1), 142-145.

[6] X G Li, ZZ Yang, T Y Wang, et al. Evaluation of aggravated acid corrosion performance test[J]. Energy Conservation in Petroleum & Petrochemical Indus-try, 2006, (01), 19-21.

[7] X S Cheng, Y P Li, Y H Ding, et al. Study and Application of High Densi-ty Acid in HPHT Deep Well [J]. Society of Petroleum Engineers. 2011.

[8] M G Wang, P Wang, H Li, et al. Application of weighted acid with lowcorrosivity in deep zone with high fracturing pressure: to yuanba block[J]. Natural Gas Exploration and Development, 2011, 34(03), 62-65.

[9] P Wang, X Long, H Li, et al. Laboratory Study and Application of Less Corrosive Weighted Acid[J]. Sino-Global Energy, 2011, 16(03), 68-72.

[10] M Ke, J Boles, K E Lant. Understanding Corrosivity of Weighted Acids. 2005.

[11] B G Chesser, G F Nelson. Applications of Weighted Acid-SolubleWorko-ver Fluids, 1979, 31(01), 35-39.

[12] Dennis, Denney. High-Density Acid Used in a Deep HP/HT Well, 2011, 63(09), 74-75.

大数据群集原位成像技术在页岩气高效开发中的应用

李宏伟

（中国石油勘探开发研究院）

摘　要　数据群集是基于多维度离群点检测来识别异常、发现异常分布的大数据分析技术，可用于页岩气甜点段的识别与甜点区分布研究。该技术方法的原理是批量、同步开展数据集中各个数据点在不同维度上的邻近度及其相似度计算，计算结果取各个维度上离群点的交集，利用原位成像手段刻画离群点在纵向和横向上的分布及其变化规律。研究流程以都沃内页岩气为例，首先对页岩气产层的测井数据开展群集分析，识别离群点形成的异常井段，发现异常井段正是页岩气甜点段集中发育的部位；其次，针对甜点段开展沿层地震数据群集分析，识别离群点在横向上的分布，发现井上的甜点段在地震上表现为高频衰减、振幅增强的地震响应特征。据此利用数据群集原位成像技术在横向上重新刻画了页岩气甜点区的分布，为都沃内页岩气的高效开发指明了方向。

关键词　大数据；群集；原位成像；页岩气；甜点

Big data grouping technology in-situ imaging and its application in efficient shale gas development

Li Hongwei

(Research Institute of Petroleum Exploration and Development, PetroChina)

Abstract　Data grouping is a technique of big data analysis based on multi-dimensional outliers' detection and anomalies' identification. It can be used for identifying sweet spots in shale gas and studying the distribution of sweet spots. The principle of this technical method is to batch and synchronously calculate the proximity and the similarity of various data points in different dimensions in the dataset. The calculation results take the intersection of outliers in each dimension to characterize the distribution and variation patterns of outliers based on the in-situ imaging methods. The research process takes Duvoney shale gas field as an example. Firstly, grouping analysis is conducted on the logging data of shale gas production layers to identify abnormal well sections formed by the outliers. It is found that the abnormal well sections are developed in the areas where the sweet spots of shale gas are enriched; Secondly, grouping analysis of seismic data along the sweet spot segment is conducted to identify the distribution of outliers in the study area. It is revealed that the sweet spot segments are characterized by high-frequency attenuation and amplitude enhancement in seismic responses. Based on the data clustering in situ imaging technology, the distribution of sweet spots in shale gas filed was re-characterized, and the promising blocks is pointed out for the efficient development of shale gas in Duvoney.

Key wordst　Big data; Data grouping; In-situ imaging; Shale gas; Sweet spot

1　问题的提出

近年来，国内外页岩气的勘探开发方兴未艾，页岩气勘探开发技术取得长足进步，带来了页岩气储量与产量的大幅增长。页岩气勘探开发中面临的一个问题是，同一套页岩气产层，不同井区的测试结果发现页岩气产量存在差异；同一水平井的不同压裂段的岩气产量存在差异。勘探开发实践表明，虽然页岩层大面积连续分布，但页岩气仅在局部的甜点段、甜点区最为富集，页岩气的勘探开发需要识别甜点段、预测甜点区的分布。

页岩气属于原位生烃、原位聚集、原位成藏，因此，页岩层总有机碳含量与有机质的热演化程度决定了一个地区页岩气资源的丰度以及页岩气产量的高低。甜点往往发育于总有机碳含量高且有机质的热演化程度高的部位。在页岩气勘探开发初期，在钻井数量较少的情况下，如何利用少量井点的信息来发现页岩气甜点区在横向上的分布，是页岩气勘探开发初期最为关注的问题。为此，引入了数据群集原位成像技术，以都沃内页岩气高效开发研究为例，开展了页岩气甜点段和甜点区的检测。

2　地质背景

研究区位于加拿大卡阿尔伯达省西南部的西页岩次盆，面积 420 平方公里，目前该区钻井 123 口，三维地震满覆盖。页岩气的烃源岩、储层及产层均为上泥盆统都沃内组海相页岩。从研究区中部向盆地周边的台缘带，都沃内组页岩由海相深水页岩沉积相变为台缘礁滩相沉积，二者同期异相，都沃内组沉积厚度由薄增厚。页岩气产层顶面构造形态表现为由北东向南西方向倾覆的单斜(图 1)。

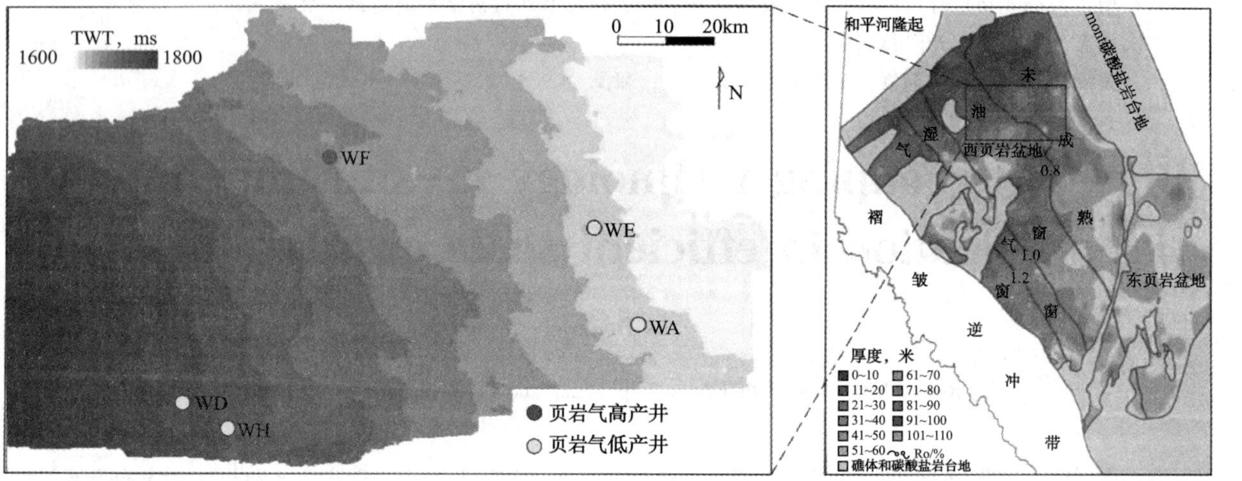

图 1　研究区位置平面图(右)及都沃内组页岩气产层顶面构造平面图(左)

前人在此做了大量研究工作。黎茂稳等在此开展了页面油气富集特征的研究工作，指出甜点高有机碳页面发育于热演化程度高的深水海盆沉积中心一带；王鹏威等研究了西加盆地页岩的总有机碳含量，提出总有机碳含量越高，页岩吸附页岩气的能力越强；赵文光等总结了加拿大页岩气勘探开发新进展，指出都沃内页岩气富集于资源量丰度高、但页岩厚度却较薄的局部地区。地球物理人员在此开展过测井解释与总有机碳含量、泊松比等地震反演工作，但结果并不理想，页岩气甜点的刻画有待细化。

3　数据分析

为了搞清高产井区的测井与地震响应特征，利用研究区内有限的 5 口井的测井解释结果开展了甜点成因分析。搞清了甜点的成因之后，充分利用三维地震沿层振幅数据和瞬时频率数据，开展了页岩气甜点的地震震响应特征研究工作。

3.1　甜点成因分析

不同井区的页岩气产量与页岩总有机碳含量、页岩有效厚度、页岩物性的关系，开展了数据分析工作。

通过不同井区页岩气产量与页岩层有效厚度的相关性分析发现，二者呈负相关关系，都沃内组页岩气产量高的部位并不在页岩有效厚度大的部位，而是在页岩有效厚度较薄的部位；进一步分析发现，都沃内组页岩总有机碳含量与其有效厚度也呈负相关关系，都沃内组沉积厚度薄的部位，总有机碳含量反而高，甜点区发育于页岩有效厚度薄的部位；页岩气产量与总有机碳含呈强相关(图 2)。

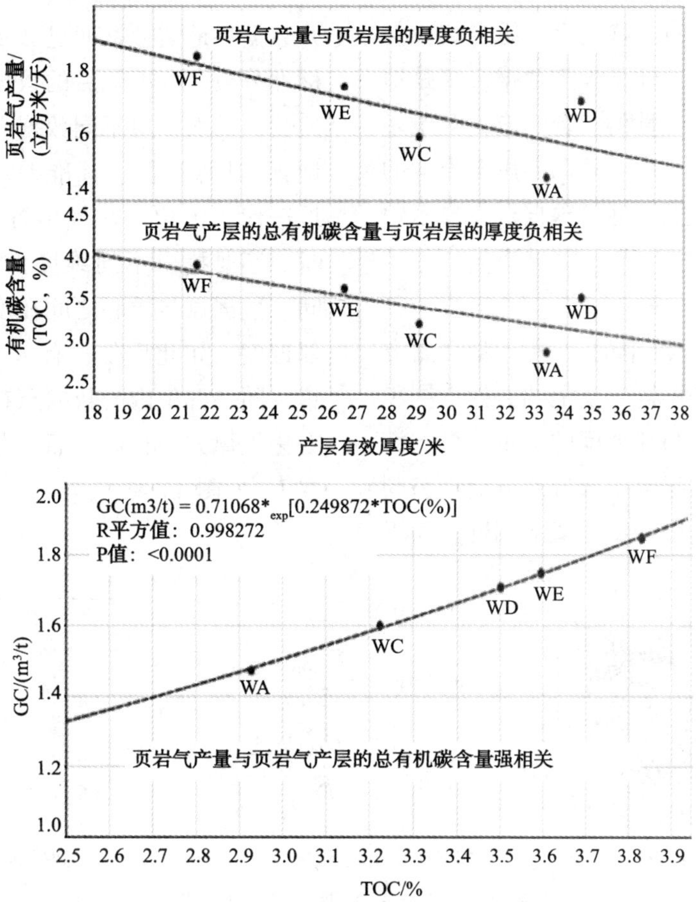

图 2　都沃内组页岩气产量与有机碳含量、页岩有效厚度之间的关系

3.2　甜点地震响应特征

利用沿层振幅数据、沿层瞬时频率数据，通过数据成像手段可以直观地显示甜点区的地震响应特征，揭示出高产区与低产区在地震响应特征上的差异。

通过地震数据沿层信息提取发现，页岩气高产井区的地震响应特征表现为强振幅、低频，而页岩气低产井区的地面响应特征则表现为弱振幅、低频(图 3)。显然，这种单一地利用振幅信息或频率信息识别甜点区的方法难以清晰反映页岩气甜点区的分布，都沃内页岩气甜点区的识别，需要有新的技术方法和手段。

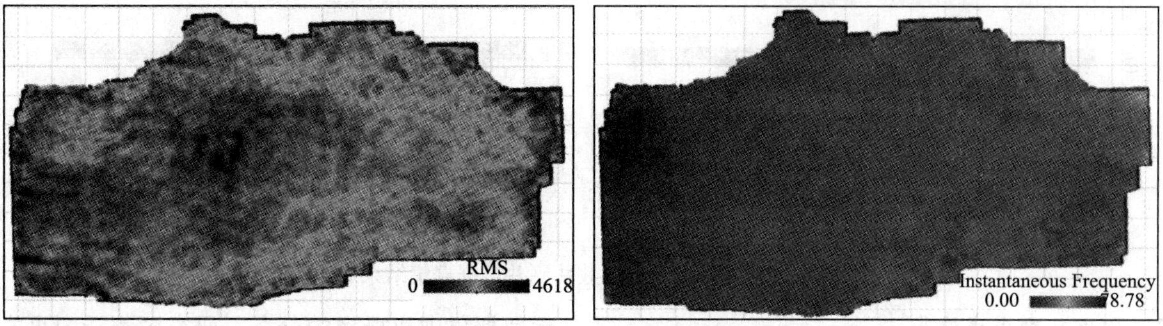

图 3　都沃内组页岩气产层沿层振幅(左)、沿层瞬时频率(右)信息提取

4　数据群集

数据群集是利用多个维度上的度量信息，从多个角度协同研究数据点在横向上的综合响应与变化。无论是测井数据，还是地震数据，都是地层岩性、物性及其含油气性的综合响应，对于多因素控制下的页岩气甜点区，可以利用多维度的测井数据、三维地震数据，通过数据群集技术预测页岩气甜点区的分布。

4.1　原理方法

数据群集是数据分析中的一种异常检测方法，原理是对数据集中不同维度上的数据点同步开展邻近度的批量计算与相似度的批量计算，计算结果取各个维度上数据点中离群点的交集，同一群集内数据点在邻近度和度量值上相近，而不同数据群集之间的数据点，在邻近度和度量值上存在显著差异。

具体方法是首先将不同量纲、极差悬殊的测井数据和地震数据通过 Z-Score 转化为无量纲的标准分数，标准化后的数据在各个维度上具有可比性；其次，对不同数据点开展邻近度和相似度计算（计算均值、标准差、协方差），通过不断地迭代、优化，在找出各个数据点的质心的同时，还要找出不同维度上的数据点与数据点之间、数据点与质心之间在度量特征上的相似度与邻近度，如此反复，有 K 个质心，就有 K 个群集。同一群集内的数据点在邻近度、相似度以及变化规律方面相近，而与背景数据的普遍特征存在不同（图 4）。

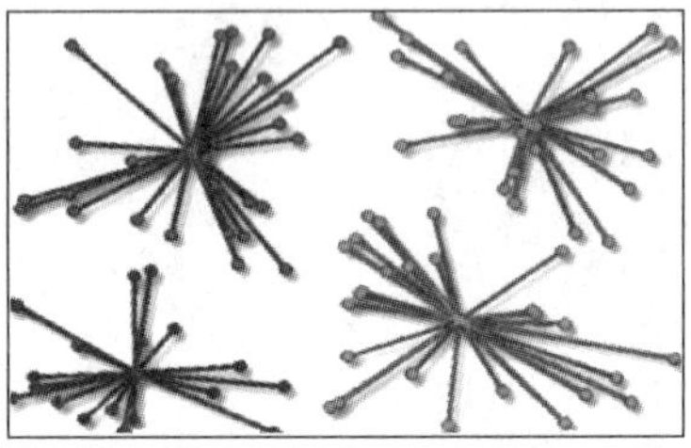

数据点上的维度和度量

$$\text{distance}(x, y)=\left(\sum_{k=1}^{n}(|x_k-y_k|)^r\right)^{1/r}$$

$$\text{similarity}(x, y)=\frac{\sum_{k=1}^{n}\delta_k S_k(x, y)}{\sum_{k=1}^{n}\delta_k}$$

$$CH=\frac{SS_B}{SS_W}\times\frac{(N-k)}{(k-1)}\qquad SS_B=\sqrt{\frac{\sum_{i=1}^{k}(x_i-\bar{x})^2}{k-1}}\qquad SS_W=\sqrt{\frac{\sum_{i=1}^{n}(x_i-\bar{x})^2}{n-1}}$$

邻近度与相似度计算

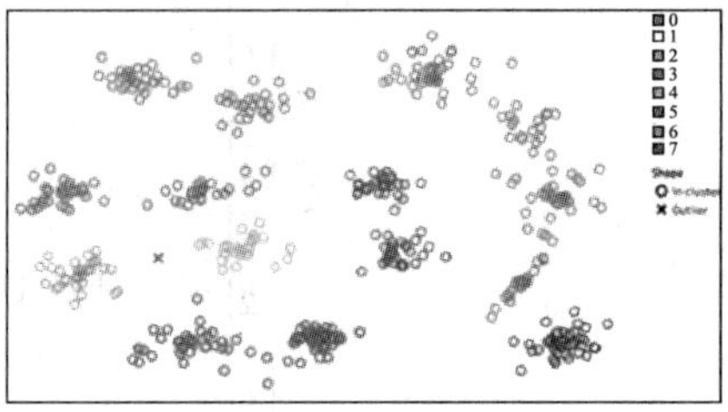

数据群集成像结果

图 4　数据群集原理与方法示意图

4.2　甜点段群集成像

在页岩层中，群集成像可以直观地显示页岩气甜点段的分布。以研究区 WF 井为例，高产井的甜点段在标准化后的电阻率、自然电位、声波时差、电导率等维度的测井综合响应上，明显与上、下的围岩不同。页岩气甜点段在群集后的测井综合响应上表现为更高的电阻率值、更低的电导率值以及更低的声波时差值、更低的自然电位值；而页岩气低效井的测井数据群集结果却没有检测出甜点段（图 5）。

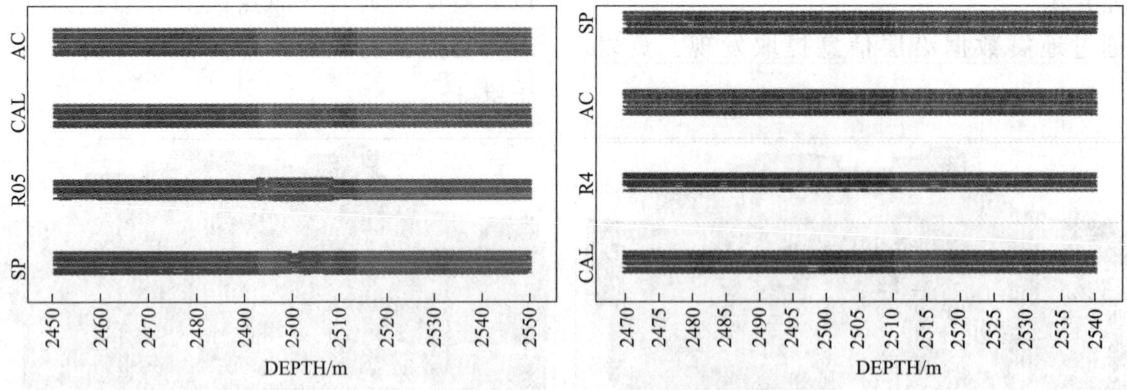

图 5　页岩气高产井与低效井测井数据群集结果对比

4.3　甜点区群集成像

借助数据群集分析与箱线分析技术，可以发现数据集中离群点的分布。研究区都沃内页岩层的平均厚度在 24m 左右，其在地震上表现为与上覆泥岩之间形成的强波峰反射，在时间厚度上对应于最大波峰到峰谷转换零相位之间的四分之一波长。沿页岩气产层顶面的地震最大波峰反射界面提取了 574465 个数据点的对含气响应敏感的瞬时振幅数据、瞬时频率数据。

在开展数据分析前，首先要对这些瞬时振幅数据、瞬时频率数据进行数据标准化处理，在此基础上，运用数据群集技术、箱线分析技术开展数据离群点分布分析，可以发现页岩层背景数据(蓝色数据点)中与异常相关的离群点(红色数据点和橙色数据点)的分布；进一步通过质心查找，发现数据点分别围绕着红、橙、蓝三个不同的质心分布，每个质心内的数据点代表一个群集，不同的群集之间，数据点的邻近度以及振幅响应特征和频率响应特征存在差异，而同一个群集内的数据点则具有相近的邻近度以及振幅响应特征和频率响应特征，其中，蓝色的背景数据点表现为弱振幅、高频率的地震综合响应特征；通过数据点群集原位成像，可以发现，叠置于蓝色背景数据点之上的红色数据点与橙色数据点的叠置区，就是我们要找的页岩气甜点区(图 6)。

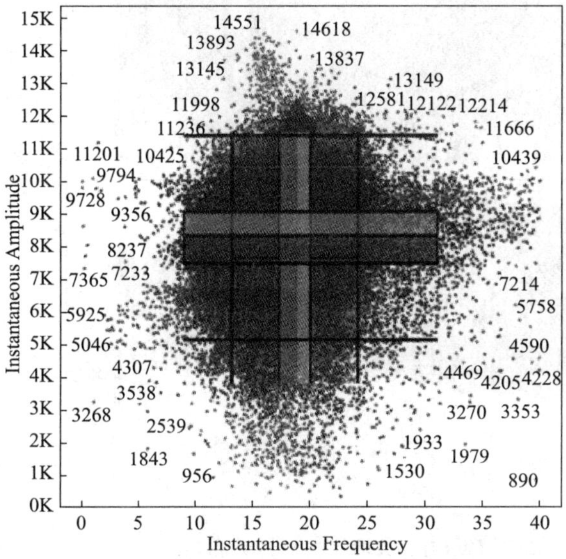

地震数据集中的离群点分布

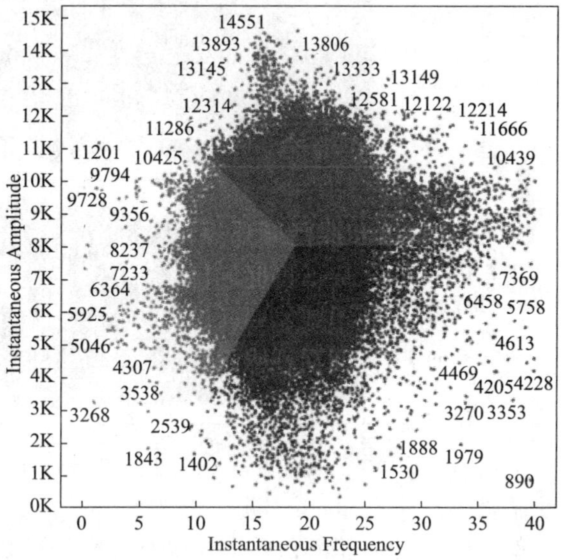

群集分析识别地震数据集中的质心分布

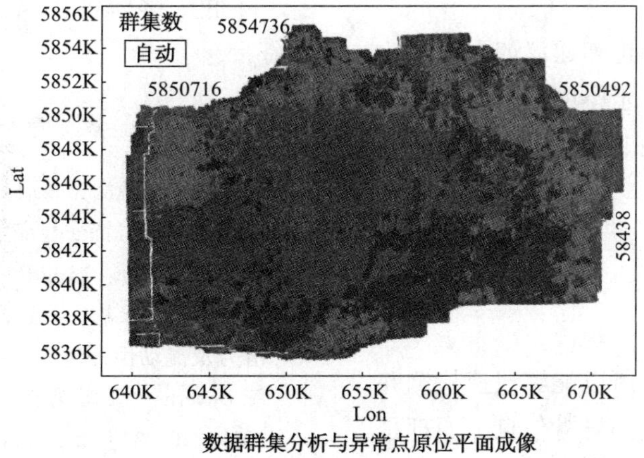

数据群集分析与异常点原位平面成像

图 6　都沃内页岩气产层地震数据离群点分布、质心查找及群集成像结果

5　结果与讨论

红色数据点与黄色数据点的叠置区之所以被认为是页岩气的甜点区，除了有研究区内的钻井证实之外，还因为在页岩气的甜点区，出现了沿层的高频信息发生了衰减，而振幅响应却出现了

增强。

高频衰减与页岩层含气相关，因为沿层瞬时频率对地层的含气性最为敏感，地层在横向上一旦出现含气层段，瞬时频率将出现衰减；地层振幅增强与薄层的地震波调谐有关，当页岩层厚度薄到小于四分之一地震波波长时，薄层的振幅响应就会加强。页岩厚度减薄处正是总有机碳含量更高的甜点区发育的最有利部位(图 7)。

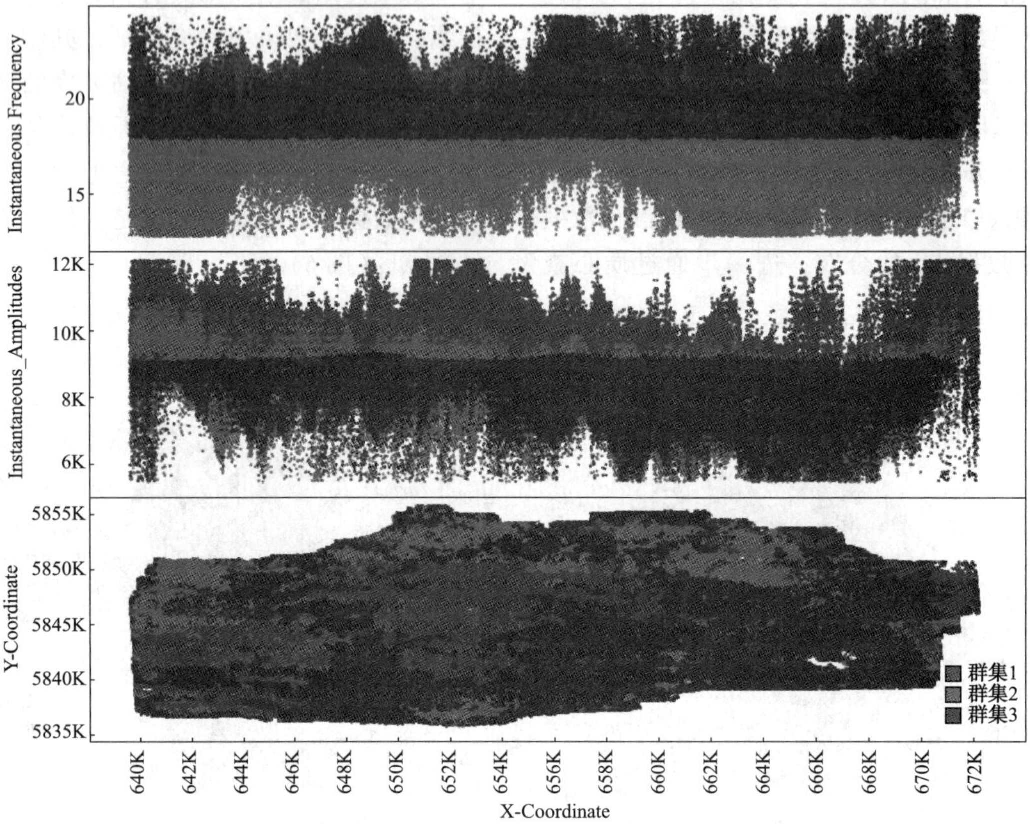

图 7 都沃内页岩气甜点区高频衰减(上)、振幅增强(中)及地质甜点区分布(下)

6 结论与建议

综合以上研究，得出结论和建议如下：

(1) 页岩气甜点区发育于厚度薄、但有机碳含量高的沉积中心部位，而非厚度大的盆地边缘部位；

(2) 页岩气甜点区在地震响应上表现为高频衰减、振幅增强，与页岩含气性及薄层的调谐有关；

(3) 该甜点检测技术之所以能够快速检测并发现数据集中与背景值不同的异常信息，原理是数据群集的结果利用的是多维度的、标准化后的度量值进行了邻近度和相似度的计算、质心的查找以及数据点原位成像；

(3) 该方法检测速度快、识别精度高、可拓展、可推广，既可应用于页岩气、煤层气甜点的识别，也可用于其它常规天然气甜点区的检测，由于降低了多解性，因而也就减小了勘探开发风险。

参考文献

[1] 黎茂稳，马晓潇，蒋启贵，等．北美海相页岩油形成条件、富集特征与启示[J]．油气地质与采收率，2019，26 (1)：13-28.

[2] 谌卓恒，黎茂稳，姜春庆，钱门辉．页岩油的资源潜力及流动性评价方法——以西加拿大盆地上泥盆统 Duvernay 页岩为例[J]．石油与天然气地质，2019，40 (3)：459-468.

[3] 赵文光，夏明军，张雁辉，等．加拿大页岩气勘探开发现状及进展[J]．国际石油经济，2013，7：41-46.

[4] 王鹏威，谌卓恒，金之钧，等．页岩油气资源评价参数之“总有机碳含量”的优选：以西加盆地泥盆系 Duvernay 页岩为例[J]．地球科学，2019，44(2)：

504-511.
[5] 邹才能，等．非常规油气地质[M]．北京：地质出版社，2014
[6] 邹才能，陶士振，袁选俊，等．连续型油气藏形成条件与分 布特征[J]．石油学报，2009，30（3）：324-331.
[7] 傅成玉，等．非常规油气资源勘探开发[M]．北京：中国石化出 版社，2015.
[8] 邹才能，董大忠，王玉满，等．页岩气地质评价方法：GB/ T 31483—2015[S]．北京：中国标准出版社，2015.
[9] 潘继平．对促进中国页岩气勘探开发若干问题的思考[J]．国际石油经济，2012(1-2)：101-106
[10] 李登华，李建忠，王社教，等．页岩气藏形成条件分析[J]．天然气工业，2009，29(5)：22-26

复杂地质条件煤层气“有效能量疏导”理论与实践

张永平[1,2]　王　宁[1,2]　杨延辉[1,2]　李志军[1,2]　刘　忠[1,2]　张　聪[1]　乔茂坡[1]　马海涛[1]

（1. 中国石油天然气股份有限公司华北油田分公司；
2. 中国石油天然气集团有限公司煤层气开采先导试验基地）

摘　要　针对我国复杂地质条件下煤层气藏勘探开发特征，采用室内实验分析了煤储层结构特征和流体赋存规律，基于有效能量疏导理论，明确了高产靶区成因机制和差异化疏导式排采控制方法，形成了高效低成本开发建设配套技术，结果表明：①煤层孔隙结构复杂，各向异性极强，从微构造形态、煤体结构、天然裂缝发育、地应力、含气饱和度等五个角度，建立了多维度精细开发单元划分技术，通过精细划分开发单元和精细设计调整，形成地质工程一体化方法与思路；②形成了以“低前置比、变排量、粒径组合铺砂、快速返排、拉链交互式”低伤害高效压裂增产技术，通过建立低效井区适应疏导式改造的有效增产靶区，形成基于井网调整、疏导式压裂改造的井组协同降压；③基于解吸渗流理论，建立产能微分方程，明确产能影响因素，不同储层压力条件，存在最优产能；储层排水降压过程中应尽可能增大可动水渗流范围和打通束缚孔裂隙通道，保证煤层气有效能量的高效产出，应合理控制流压降速-气水产量-导压系数三者实时匹配；④构建井组建设丛式化、地上地下一体化、系统布局集约化、运行管控智能化、场站建设撬装化、清洁生产无害化的“六化”建设理念，形成高效智能化排采工艺；有效指导了开发技术优化，为实现煤层气高效开发奠定基础。

关键词　有效能量疏导；高产靶区；气-水赋存；地质工程一体化；疏导式排采

Theory and practice of effective energy dredging for coalbed methane under complex geological conditions

Zhang Yongping[1,2]　Wang Ning[1,2]　Yang Yanhui[1,2]　Li Zhijun[1,2]　Liu Zhong[1,2]
Zhang Cong[1]　Qiao Maopo[1]　Ma Haitao[1]

(1. Petrochina Huabei oilfield company; 2. The CBM Exploration and Development Pilot Test Base of CNPC)

Abstract　In view of the exploration and development characteristics of coal-bed gas reservoir under complex geological conditions in our country, the characteristics of coal-bed gas reservoir structure and the law of fluid occurrence are analyzed by indoor experiments, the formation mechanism of high-yield target area and the control method of differential drainage and mining are clarified, and the matching technology of high-efficiency and low-cost development and construction is formed, the division technology of multi-dimensional fine development units is established from five aspects, such as microstructure, coal body structure, natural fracture development, in-situ stress and gas saturation, through fine division of development units and fine design adjustment, formation of geological engineering integration methods and ideas; 2 forming a“Low pre-ratio, variable displacement, particle size combination sand, rapid return, zipper interactive” low-damage high-efficiency fracturing stimulation technology, through the establishment of effective stimulation target zones for low-efficiency well zones to adapt to conductive fracturing, the formation of well group pressure reduction based on well pattern adjustment and conductive fracturing transformation, and the establishment of productivity differential equation based on desorption and percolation theory, in the process of reservoir drainage and depressurization, the scope of movable water seepage should be enlarged as far as possible and the channel of bound pore fracture should be opened, in order to ensure the efficient output of effective energy of coalbed methane, it is necessary to control the real-time matching of flow pressure reduction, gas-water production and pressure conductivity 4 construction well group construction cluster, underground and above ground integration, system layout intensive, intelligent Operation Management and control, site construction skid-mounted, harmless clean production of the“Six” construction concept, the formation of high-efficient intelligent drainage and mining technology, effectively guide the optimization of development technology, for the realization of high-efficient development of coal-bed methane laid the foundation.

Key wordst　effective energy dredging; high-yield target area; gas-water storage; geological engineering integration; dredging mining

“十二五”至“十三五”期间，以沁水盆地(高煤阶储层为主)800米以浅煤层气为研究对象，先后发展形成了滞留水封堵成藏、高渗与富集叠合区高产、“沉积、构造、热变质、水动力”四元成藏和“断裂发育、地应力、流体流动性”三要素控产等煤层气勘探开发地质理论，有效指导煤层气精确建产、有效改造和高效开发，又从与产量密切相关的富集、可采和产出机制三个方面进行攻关，开展了全尺度微观孔裂隙结构测试、气体流态表征、煤储层伤害评价等研究攻关，围绕煤层气富集、可采、改造、排采、集输的关键环节，取得了高产靶区成因机制、疏导式工程改造和疏导式排采控制方法等认识，建立全尺度微观孔隙结构测试和气体流态表征技术，逐步形成了煤层气疏导开发地质理论。

截止2022年底，我国累计探明煤层气田26个，地质储量7259.11亿方，累计钻井2万余口，地面开发煤层气产量超103亿立方米，累计生产煤层气超350亿立方米，产量主要来自沁水盆地和鄂尔多斯盆地东缘。我国的煤层气资源勘探开发步伐逐渐向中深层和中低煤阶迈进，地质条件更加复杂，同时为工程改造技术提出更高要求。不同类型储层煤层气赋存状态及其呈现形式具有差异性。煤层气压力传导途径具有多尺度、自驱动特征，需要准确预测评价煤储层开发中的物性的变化和储层流体的流动状态及影响因素，形成了包括煤层气前期勘探评价、开发方案设计、可控水平井优快钻完井、疏导式工程改造、定量化排采控制和集约化分布式地面集输技术，整体开发效果显著，单井产气量大幅提升，产能到位率达90%以上，克服了相关技术瓶颈，其成功的开发经验为我国复杂地质条件下煤层气的勘探开发提供借鉴。

1　存在的问题与认识

1.1　孔隙结构特征问题

煤岩孔隙流体流动状态及影响因素复杂，进一步影响了可采储量程度，实践表明采气速度和含气量无明显的相关性，需要深化研究。煤储层孔隙结构的差异直接影响气-水赋存流动特征和煤层气的可开采性，也直接影响工程技术的选取，煤储层裂隙发育与微观孔隙结构主要影响裂隙渗透率、基质解吸速率、甲烷吸附能力三个方面。通过薄煤层地质信息提取技术，叠前方位各向异性裂缝预测技术进行储层预测，通过裂隙数量、尺度自动识别统计技术进行显微观察，通过连通孔隙识别表征技术进行纳米CT，通过开发煤岩CO_2微孔测试方法，建立液氮-CO_2孔径测试结果一体化处理方法，进行低温液氮-CO_2连测进行流动性评价。

表1　煤储层各尺度综合评价手段表

评价手段	评价尺度			主要作用	
	名称	主要类型	裂缝宽度		
储层预测	外生裂隙	大裂隙	0.1mm~10mm	高速渗流通道评价	高效建产区优选、排采控制制度优化
		劈理	0.1mm~10mm		
显微观察	内生大裂隙	割理	1~100μm	解吸汇流通道评价	
纳米CT	内生微裂隙	失水裂隙	0.1~10μm		
		静压裂隙			
低温液氮-CO_2联测	基质孔隙	大孔	>100nm	流动性评价	
		中孔	10~100nm		
		小孔	2~10nm		
		微孔	<2nm		

以中深部储层马必东区块为例，原生结构煤孔隙度介于3.5%~4.5%之间，吸附孔贡献率>75%；不同孔径孔隙之间连通性较差。碎裂结构煤孔隙度介于6%~6.7%之间，渗流空间体积明显增大；孔裂隙之间连通性有所提高，微观尺度下(煤岩基质)煤岩孔隙度介于1.83%~5.94%，但多来自孔隙体积的贡献，显微裂隙几乎不发育，有效孔隙度或连通孔隙存在极强的各向异性，见图1。

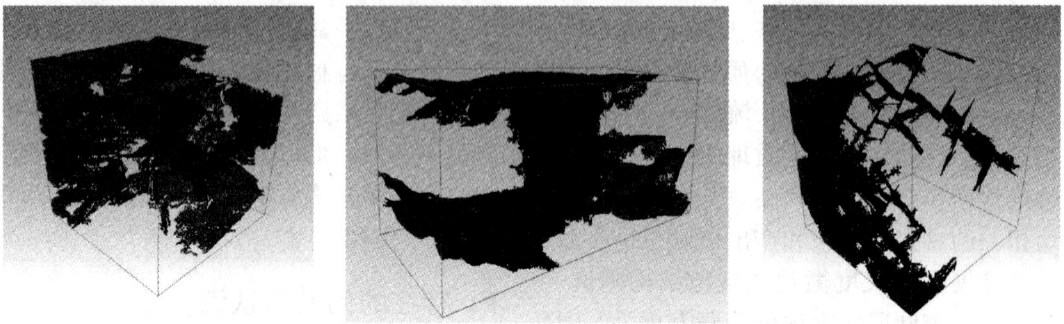

X，Y方向联通(2.44%)　　X，Y，Z方向联通(4.11%)　　X，Y，Z方向联通(1.93%)

图1　马必东煤岩孔隙模拟连通形态图

1.2　储层流体赋存规律

流体的赋存和流动状态影响着储层可采性，微观状态的基质孔隙和内生裂隙内气相以吸附为主，宏观状态下外生裂隙割理内气体以游离状态为主，为了精准刻画流体赋存状态和科学评估储量，基于煤全尺度孔隙结构分析及数值模拟计算，煤储层中含气量和赋存状态不同，不仅体现为资源量差异，更大程度上体现为有效渗流压差的差异性，游离气和吸附气占比不同，煤岩基质渗透率低，压缩系数大，综合导压速度减小，作为双重介质，基质内和改造区域以外视为封闭储层，裂隙内单相流井底流压-平均压力同步下降，两相综合压缩系数受两相孔隙度、解吸压缩系数和气体压缩因子作用，随着储层压力和井底压力的降低，综合压缩系数增大，根据物质平衡原理，得到气水两相产能关系公式：

气相产能关系方程：

$$Q_g=\frac{\mathrm{d}G_p}{\mathrm{d}t}=\frac{\mathrm{d}A}{\mathrm{d}t}\frac{G_p}{A}+Ah\left\{\frac{\rho_B V_L P_L}{(P_L+\bar{P})^2}+\frac{\mathrm{d}\bar{P}}{P_{sc}\mathrm{d}t}\left[\phi_{f0}(1-S_{w0})-\left(\frac{\mathrm{d}\phi_f}{\mathrm{d}\bar{P}}\bar{P}+\phi_f\right)(1-S_{\bar{w}})+\frac{\mathrm{d}\overline{S_w}}{\mathrm{d}\bar{P}}\phi_f\bar{P}\right]\right\} \tag{1}$$

水相产能关系方程：

$$Q_w B_w-\frac{\mathrm{d}W_e}{\mathrm{d}t}=\frac{\mathrm{d}A}{\mathrm{d}t}\frac{W_p B_w-W_e}{\mathrm{A}}+Ah\left[\frac{\mathrm{d}\phi_f}{\mathrm{d}\bar{P}}(S_{w0}C_w(P_0-\bar{P})-\overline{S_w})\frac{\mathrm{d}\bar{P}}{\mathrm{d}t}+\phi_f\left(\frac{\mathrm{d}\overline{S_w}}{\mathrm{d}t}-S_{w0}C_w\frac{\mathrm{d}\bar{P}}{\mathrm{d}t}\right)\right] \tag{2}$$

其中，G_p为累计产气量，m^3；$\bar{P}$为储层平均压力，0.1MPa；A为解吸面积，m^2；h为煤层厚度，m；ρ_B为煤岩密度，g/m^3；V_L为兰氏体积；P_d为解吸压力，0.1MPa；$Q_{解吸}$为解吸气流速，m^3/d；P_w为井底流压，0.1MPa；ϕ_f为裂隙孔隙度；S_{w0}为含水饱和度；B_{g0}为原始地层压力p_0下的气体体积系数；B_g为地层压力p下的气体体积系数；t为生产时间，d；P_{sc}为大气压力，0.1MPa；W_p为累计产水量，m^3；B_w为水相体积系数；W_e为水侵水量，m^3；C_w为水相压缩系数，MPa^{-1}；R_e为供给半径，m；K_{rw}为水相渗透率，mD；K_{rg}为气相渗透率，mD；考虑气相导压速率、解吸能力、含气饱和度和改造体积为产能主要控制因素；与产气速率正相关因素主要为：导压系数、累产气丰度、吸附能力、改造体积、孔隙度和应力敏感性，负相关因素主要为：储层压降速率，对于不同含气孔隙，存在合理的储层压力，使得式(1)第二项达到最大；考虑外水供给能力、降压速率、应力敏感性、改造体积和导压速率为产水速率的主控因素，式(1)与式(2)中的孔隙-应力敏感项对产能具有一定影响，与产水速率正相关因素主要为：导压系数、累产水丰度、改造体积、孔隙度，负相关因素主要为：应力敏感性和储层压力大小，对于不同含水孔隙，存在合理的压降速率，使得式(2)第二项达到最大。

2 复杂地质条件煤层气开发特征

2.1 "有效能量疏导"理论

煤层气的开发是以排水降压获得煤层吸附气为目的，微观气-水赋存方式通常分为固气和固液吸附，煤岩孔隙一般可划分为吸附孔隙、束缚水孔隙和可动水孔裂隙，将吸附孔隙中的吸附气和游离气能量作为有效能量，大小反映储层含气性高低；将吸附孔隙中吸附水/结合水能量作为无效能量，其在开发过程中呈负相关作用；将影响气-水流动尺度的束缚水孔隙和可动水孔裂隙内能量作为附加能量，在气-水产出动态过程中，部分附加能量伴随有效能量同时消耗，开发过程中应优选有效能量富集区，合理控制气-水产出时的附加能量，降低无效能量的消耗。

煤储层是能量场-应力场-渗流场的叠加，从煤层气开发全周期角度来看，是精准识别甜点储层(筛选有效气-水能量的地质单元)-优化改造储层(匹配煤岩力学的有效改造)-科学排采控制方法(控制有效气-水能量的合理产能)的过程，对有效采用疏导性开发，"疏"主要是指疏通煤储层内流体运移通道，改善流体运移条件，扩大压降波及范围，使更多煤层气资源与煤层气井建立有效联系；"导"主要是指主动引导煤储层内流体运移，使受产出基本规律控制的煤层气以高效率方式产出，实现煤层气解吸、扩散以及渗流速率的最大化，利用煤储层发育的微裂隙系统，建立有效通畅的流体向井底渗流通道，最大限度的控制储量；利用排水初期和煤层气初解吸时的高压，引导流体较高速流动，进一步改善渗流通道；建立了以实现单井产量最大化为目标，从物质基础、开发设计、工程改造和排采实现四个环节全程贯彻疏导，以弱动单元富集可采、井缝匹配开发优化、流固匹配工程改造、高压排采疏导通道为内涵的疏导式勘探开发理论体系，并形成主体和配套技术。

2.2 高产靶区成因机制

沁南盆地高产井基本分布于盆地南部，呈现郑庄-樊庄最高、马必东区域次之、沁南东区域较低的产能特征，高产井分布普遍埋深小于800m，物性较好0.1~1mD的区域，同一区块不同区域及同一井组内产量差异大，樊庄-郑庄区块新达产的套管压裂水平井组中，同一区块不同区域产量差异大；同一井组内单井产量差异可达到2~5倍，受平面和层间非均质性影响，不同区域储量动用采出程度差异大，采出程度较高区域主要集中在埋藏较浅、煤矿等周边区域，中深层采出程度很低，不同储层单井产量与含气量不成比例，樊庄区块含气量普遍低于郑庄区块，但产量整体较高，南部浅层区域含气量普遍低于北部深层区域，南部产量普遍较高，开发实践表明，煤储层非均质性强、丰度差异大，同一区域和同一井组内采出状况差别较大，沁水盆地南部含气量一般大于18m³/t，煤层气采气速度和采出程度差异明显，通过引入储层导流能力、煤体结构性、脆性指数等相关地质参数建立了高效建产区评价指标标准，如表2所示。

表2　高阶煤煤层气高效建产区评价参数及标准表

影响因素	影响参数	评价标准		
		好	中	差
构造性	断层侧向封堵性	$SGR>0.8$	$0.6<SGR<0.8$	$SGR<0.6$
	距断层距离/m	正断层≥500 逆断层≥150	—	正断层<500 逆断层<150
	局部构造高低	高	—	低
含气性	理论吸附压力与实际地层压力大小关系	$P_{理}>P_{地层}$	$P_{理}\approx P_{地层}$	$P_{理}<P_{地层}$
导流性	导流指数	≥0.8	—	<0.8
结构性	煤体结构	原生为主	碎裂为主	碎粒、糜棱
可改造性	地应力	裂隙密度>10，$Kh>0.5$ 裂隙密度<10，$Kh<0.5$	—	裂隙密度>10，$Kh<0.5$ 裂隙密度<10，$Kh>0.5$
	脆性指数/%	≥60	—	<60

基于“有效能量疏导”理论，不同煤岩类型原始气水赋存类型不同，如图 2 所示，煤层气高产靶区形成机理包括三个方面：①从微观到宏观的断裂系统和水动力作用控制煤层气富集机制；②煤体结构和微构造形态控制煤层气可采机制，需从渗透率变化形成“特殊岩性”界面、微构造形态成因角度进行机理阐释；③微观孔裂隙结构和气体流态控制煤层气产出机制，需以实验室直接测试的方法，获得微观状态下流体吸附和流动的机理。

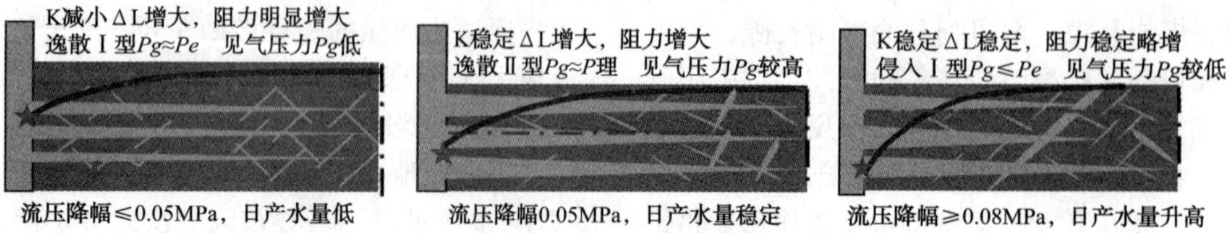

图 2　不同气水赋存类型储层模式图

精准描述储层空间划分储层分布，表现为局部构造高部位解吸压力高，产气量高，局部构造低部位解吸压力低，产气量低，目前对于煤储层原始裂缝发育程度和储层改造范围认识有待提高，受应力影响的裂缝发育程度决定了储层渗透率和气-水产出能力，不同构造部位储层裂隙组合发育特征不同，微裂隙尺度是流体赋存和流动的基础，如表 3 所示。

表 3　不同微构造-裂缝组合模式图

构造类型	构造模式	微构造	局部构造下裂缝模型	裂缝扩展方向	主次裂缝比
Ⅰ：单斜构造	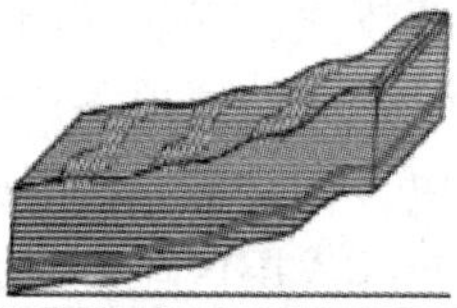	倾角<3°	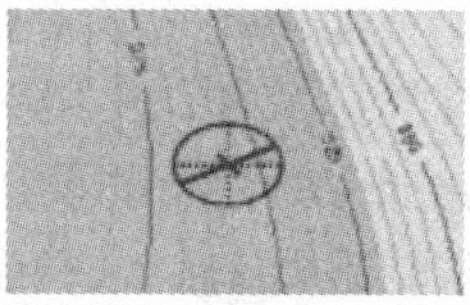	与区域最大水平主应力方向一致(实测为北东向 50~70°)	(2.0~4.0)/2.8
		倾角 3°~7°			(3.0~5.0)/3.8
		倾角>7°			(2.0~4.0)/5.5
Ⅱ：背斜构造	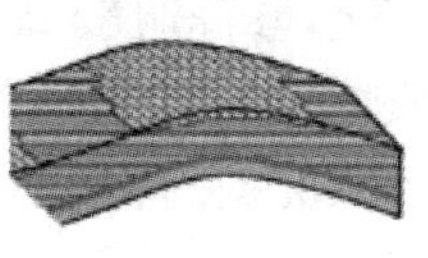	轴部	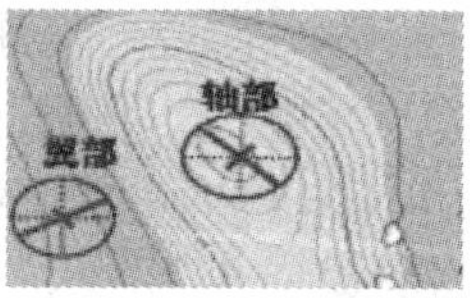	与背斜轴向一致	(2.0~4.0)/3.1
		翼部		与区域最大主应力保持—致	(3.0~6.0)/3.5
Ⅲ：向斜构造	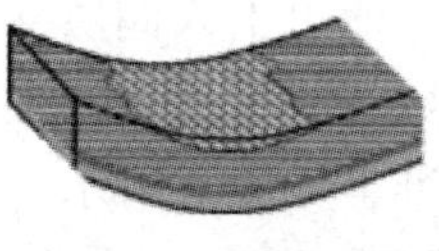	轴部	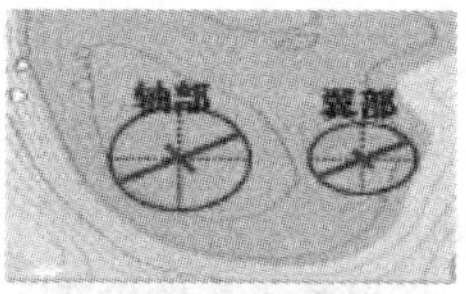	与向斜轴部基本一致	(3.0~7.0)/3.8
		翼部		与区域最大主应力保持一致	(3.0~6.0)/3.6
Ⅳ：断裂构造	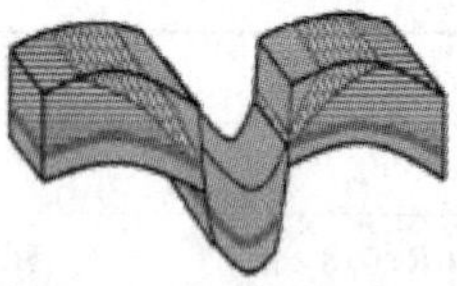	靠近断层	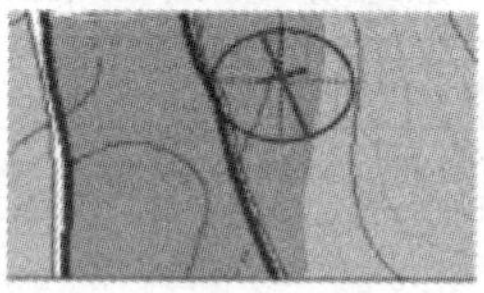	与断层走向相交或平行	(3.0~7.0)/4.0
		远离断层		与区域最大主应力保持—致	(3.0~6.0)/3.5

宏观储层非均质性差异明显，需要综合开展有利煤储层的精细评价，根据断层发育情况进行煤体结构划分，优先考虑构造因素，煤储层孔隙结构的差异直接影响气-水赋存流动特征和可开采性，同时也直接影响工程技术的选取，基于地球物理评价方法对煤层岩性、物性、含气性、含水性和产气性进行“五性”评价。

外生宏观裂隙发育程度与平均渗透率相关性较弱，微裂缝尺度宽度对产能影响显著，说明地层条件下被水充填的宏观裂隙不影响气-水水产出，微裂缝宽度是影响气-水产能的关键通道，如表 4 和 5。

表 4　不同储层宏观裂隙发育-渗透率关系表

区块	外生宏观裂隙发育程度	平均渗透率
樊庄	一般发育(主裂隙 7 条/5cm)	0.34
郑庄	发育(主裂隙 12 条/5cm)	0.098
安泽	非常发育(主裂隙 20 条/5cm)	0.04
沁南东	发育到较发育(主裂隙 13 条/5cm)	0.16

表 5　不同储层微裂隙发育-产能关系表

区块	评价井			开发井	
	井数/个	微裂缝宽度/μm	总宽度/μm	井数/个	产量/m^3
樊北	8	9.1	61.5	445	800
樊中	3	10.38	84	239	1250
樊南	2	41.17	240.8	291	2500
郑北	14	13.16	82.8	109	250
郑 1、2	18	15.6	100.2	299	550
郑 3、4	15	12.56	131.1	303	1250

2.3 疏导式差异化排采控制

有效能量疏导式排采控制关键主要包括三个方面：①储层导压能力是排采各阶段流压降幅控制的基础，排水降压过程中应尽可能增大可动水渗流范围和打通束缚孔裂隙通道，控制附加能量，保证煤层气有效能量的高效产出，因此应合理控制流压降速-气水产量-导压系数三者实时匹配，如图 3 所示。②高压流动气体可驱替微孔束缚水，全面启动三级缝网，各级束缚孔隙是关联吸附孔隙的关键通道，一方面通过压裂造缝大量沟通，一方面通过压差控制气-水流速有效驱替束缚水，提高气相产能，获得有效能量。③建立排采控制关键点，采用不同模型和不同地质工程参数量化排采全过程。精细研究不同气-水产出阶段流体饱和度变化和储层压力传播特征，科学划分产出阶段，井底流压管控与储层导压系数相匹配，合理释放产能，建立科学量化排采控制模式。

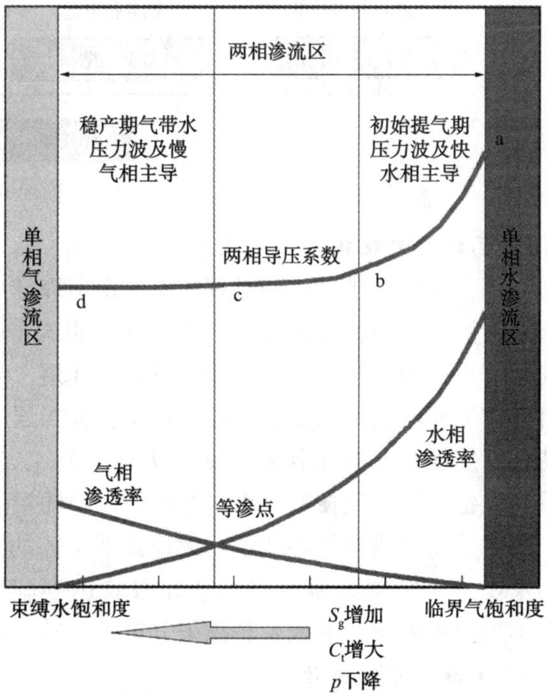

图 3　宏观裂隙气-水相渗曲线-导压系数示意图

3　高效低成本开发建设配套技术

3.1 地质工程一体化技术

将储层"生烃演化、富集成藏及疏导式可采"量化成为七元系数进行评价，并建立分类评价标准，指导富集可采区的精细评价。从微构造形态、煤体结构、天然裂缝发育、地应力、含气饱和度等五个角度，建立了多维度精细开发单元划分技术，明确其地质特点并精细划分开发单元，精细设计施工调整，规避地层突变区域，保证井眼平滑，增加控制点减小出层率，实现地质-工程一体化和高产高效管理，如图 4 所示。

3.2 低效井增产增储技术

针对产能低效井情况，通过增大压裂液排量、优化支撑剂改善了压裂新技术，从整体笼统改造变为优选甜点层集中射孔，选用石墨烯渗透石支撑剂，构建高渗透、高强度、微纳米连通孔。形成了以"低前置比、变排量、粒径组合铺砂、快速返排、拉链交互式"低伤害高效压裂增产技术。低效区高效增产技术基于疏导理论实现升级，通过建立低效井区适应疏导式改造的有效增产靶区，形成基于井网调整、疏导式压裂改造的井组协同降压；水平井二开全通径水平井钻完井技术配套完善了水平井优快钻完井系列技术，主要包括井身结构优化设计、可降解稳定井壁钻井液、近钻头地质导向、水平井井眼延伸、固井技术以及斜直井钻机等特色技术，重点解决稳定井壁快速钻井、长水平段获取、提高煤层钻遇率及轨迹平滑等问题，形成了二开全通径井身结构设计、漂浮下套管及配套工具、近钻头导向等工艺，奠定了疏导工程有效缝网系统建立基础，钻井周期和成本大幅降低，基本满足了煤层气低成本效益开发的需求。

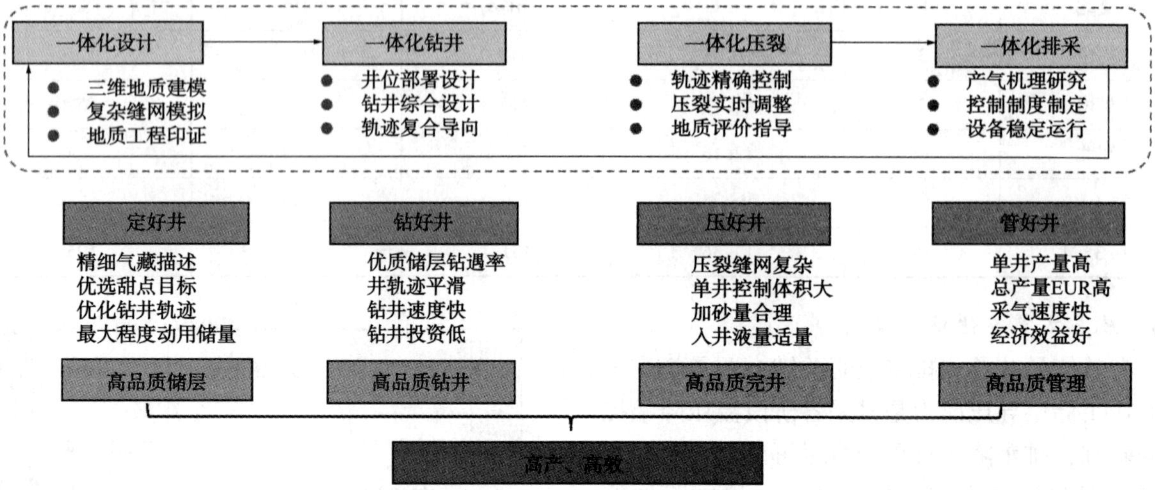

图 4　勘探开发一体化设计流程图

3.3　高效智能化排采工艺技术

基于疏导式排采控制机理认识，提出以储层压力管控为核心，主动引导流体能量驱动疏导渗流通道，扩大解吸面积。形成了以疏通孔道、导引流体为原则的定量化排采控制技术，为煤层气高效开发提供了技术保障，新型无杆举升工艺、举升设备的智能化控制及水平井排采煤粉防治三方面攻关，形成该核心技术，无杆排采工艺的完善及攻关，保障 L 型可控水平井有效达到疏导式排采控制要求。形成智慧排采分析决策技术。

3.4　工程工厂化设计

煤层气为低效益开发，需要以“低投资、高效运行”为理念，通过工厂化设计减少占地、提高效率、节约投资。目前采用的单井或井丛式设计、复杂的地面建设系统均无法满足低成本、高效率开发需求。构建井组建设丛式化、地上地下一体化、系统布局集约化、运行管控智能化、场站建设撬装化、清洁生产无害化“六化”建设理念，保障煤层气事业绿色、高效、健康发展。地面投资降低 20%，运行能耗降低 26%，占地面积降低 58%，井站智控率 100%。

4　结语

煤层气“有效能量疏导”理论是针对我国煤层气开发过程中面临的复杂地质和工程问题而提出的，是在识别优选有效能量的基础上进行疏导式开发，基于该理论不仅形成了高产靶区成因机制和疏导式差异化排采控制方法，同时应用于地质-工程一体化设计和储层改造过程。深化研究“有效能量”分布特征确定煤层气富集规律，依据有效能量和附加能量关系确定可采性均具有必要性。“十四五”期间华北油田主要围绕“以水平井多段改造方式为核心的配套的开发技术”，成为目前主体开发技术。实现了单井产量的大幅度提升，新投产近百口水平井平均产量超过 7000 方，万方井的比例数达到 46%，丰富了高煤阶煤层气地质理论，指导高煤阶煤层气勘探由寻找富集区向精准圈定高产区的转变，为沁水盆地高煤阶煤层气高效开发示范工程圆满完成打下了基础。

参　考　文　献

[1] 朱庆忠，杨延辉，左银卿，等．对于高煤阶煤层气资源科学开发的思考[J]．天然气工业，2020，40(1)：55-60.

[2] 朱庆忠，杨延辉，王玉婷，等．高阶煤层气高效开发工程技术优选模式及其应用[J]．天然气工业，2015，37(10)：27-34.

[3] 朱庆忠，刘立军，陈必武，等．高煤阶煤层气开发工程技术的不适应性及解决思路[J]．石油钻采工艺，2017，39(1)：92-96.

[4] 赵贤正，朱庆忠，孙粉锦，等．沁水盆地高阶煤层气勘探开发实践与思考[J]．煤炭学报，2015，40

(9)：2131-2136.

[5] 朱庆忠．沁水盆地高煤阶煤层气高效开发关键技术与实践[J]．天然气工业，2022，42(6)：87-96.

[6] 朱庆忠．我国高阶煤煤层气疏导式高效开发理论基础[J]．煤田地质与勘探，2022，50(3)：82-91.

[7] 赵贤正，杨延辉，陈龙伟，等．高阶煤储层固—流耦合控产机理与产量模式[J]．石油学报，2015，36(9)：1029-1034.

[8] 朱庆忠，左银卿，杨延辉．如何破解我国煤层气开发的技术难题—以沁水盆地南部煤层气藏为例[J]．天然气工业，2015，35(2)：106-109.

[9] 徐凤银，闫霞，林振盘，等．我国煤层气高效开发关键技术研究进展与发展方向[J]．煤田地质与勘探，2022，50(3)：1-14.

[10] 韩旭．非常规气勘探开发一体化部署研究与实践[J]．中国石油和化工标准与质量，2020，40(13)：109-110.

[11] 杨延辉，王玉婷，陈龙伟，等．沁南西-马必东区块煤层气高效建产区优选技术[J]．煤炭学报，2018，43(6)：1620-1626.

[12] 石军太，李相方，徐兵祥，等．煤层气解吸扩散渗流模型研究进展[J]．中国科学，2013，43(12)：1548-1557.

[13] 朱庆忠，李志军，李宗源，等．复杂地质条件下煤层气高效开发实践与认识-以沁水盆地郑庄区块为例[J]．煤田地质与勘探，2023，51(1)：131-138.

火成岩干扰影响下砂岩储层预测方法研究

张生强　高　伟　李怀懿　刘浩男

［中海石油(中国)有限公司天津分公司］

摘　要　渤海油田曹妃甸 A 构造馆四段与东一段火成岩沿火山通道呈零星或条带状分布，占据了储层位置，成为油气分布的不利区。同时，由于火成岩的复杂性，火成岩与砂岩储层的地震响应特征相互混杂，分布规律认识不清楚，进而大大增加了火成岩发育区砂岩储层预测的难度。这一情况已经成为制约该区油气勘探开发的重要限制因素。为了解决这一问题，通过分析地震响应特征，发现火成岩和砂岩储层的地震响应可以用原始地震数据的不同波形相位分量来表示。因此，本研究通过采用基于反演复谱分解方法获得高分辨率且准确有效的相位谱，并对其所有频率成分进行反变换形成相位道集，自主实现了地震数据相位稳定分解与重构，构建出一种新的地震地质解释维度。在此基础上，本研究创新性地将地震相位分解技术引入到曹妃甸 A 构造火成岩发育区储层表征中，该技术具有将复杂地震信号分解为多个相位分量的能力，每个分量都承载着不同的地质和地球物理信息。该技术在理论数据和实际数据上的应用结果显示，它能够快速有效区分火成岩和砂岩储层的地震响应，实现了对于复杂火成岩发育区储层的精确表征。这一技术的使用为曹妃甸 A 构造快节奏勘探评价过程中的井位部署方案确定以及探明储量准确计算提供了重要支持。

关键词　储层预测；火成岩；地震相位分解；地震响应特征；渤海油田

Research of the prediction method for sandstone reservoir under the influence of igneous rock interference

Zhang Shengqiang　Gao Wei　Li Huaiyi　Liu Haonan

(CNOOC China Limited, Tianjin Branch)

Abstract　The igneous rocks of the fourth member of Guantao formation and the first member of Dongying formation in Caofeidian A structure of Bohai Oilfield are scattered or banded along the volcanic channel, occupying the reservoir position and becoming an unfavorable area for oil and gas distribution. At the same time, due to the complexity of igneous rocks, the seismic response characteristics of igneous rocks and sandstone reservoirs are mixed with each other, which greatly increase the difficulty of predicting igneous rocks and sandstone reservoirs, and become a serious bottleneck restricting the oil-gas exploration and development of this area. In order to solve this problem, by analyzing the seismic response characteristics, we have found that the seismic response of igneous rocks and sandstone reservoirs could be represented by different phase components of the original seismic data. Therefore, in this study, we firstly obtain accurate and effective phase spectrum by using sparse inversion complex spectral decomposition method. Then the inverse transform is applied to all frequency components of phase spectrum to form phase gather, which realizes phase stable decomposition and reconstruction of seismic data, and then constructs a new seismic geological interpretation dimension. On this basis, we creatively introduce phase decomposition technology into reservoir characterization of igneous rock development area. This technique can decompose the composite seismic signal into different phase components, and each component has different geological and geophysical significance. Finally, the application results of synthetic data and real data show that the phase decomposition technology can quickly and effectively distinguish the seismic response of igneous rocks and sandstone reservoirs. And it has realized the reservoir characterization in the complex igneous rock development area, which may provide important support for the determination of well location deployment scheme and the accurate calculation of proved reserves in the fast-paced exploration and evaluation process of Caofeidian A structure

Key wordst reservoir characterization; igneous rock; seismic phase decomposition; seismic response characteristics; Bohai Oilfield

随着对渤海油田的勘探开发工作不断加深和推进，具有一定规模和构造背景的岩性或纯岩性油气藏的重要性逐步凸显。在这种情况下，储层预测的准确性直接影响着勘探开发工作的效果。同时，所面临的地质和地震情况也越来越复杂，如在火成岩发育的地区，火成岩与砂岩储层地震响应特征互相混杂难以有效区分等，进一步加大了储层预测的难度。近年来，随着地震技术的不断发展和应用，火成岩发育地区砂岩储层预测的研究也取得了显著进展。王炳章等利用三维地震不连续性检测技术全方位预测目标储层内火成岩侵入体的形态及其分布，为塔中围斜区碎屑岩目标储层的横向预测提供了一项实用有效的技术手段。高斌等针对南堡凹陷1号构造中火成岩与砂岩储层之间复杂的关系和预测难题，采用了岩石物理分析、逆时偏移、能量频率耦合属性、叠前反演等多种方法来应对，通过这些技术手段，他们建立了一套适用于处理和解释火成岩问题的技术方案，并取得了显著的效果。陈文婕研究利用正演模拟火成岩的影响，定量分析影响砂体边界识别精度的因素，并采用分频滤波去噪、弱信号恢复等解释性处理技术和综合测井、地质等多信息的方法，成功实现了火成岩干扰压制和储层边界预测。目前，虽然在火成岩发育地区预测砂岩储层方面已经取得了一些成效，但在实际应用中，需要结合实际地质条件进一步研究和改进方法，以提高预测精度、适用性和效率。

针对渤海油田曹妃甸A构造复杂火成岩发育区砂岩储层精细预测难的问题，通过分析实际地震剖面和正演地震剖面，研究火成岩和砂岩储层的地震响应特征。研究发现，火成岩和砂岩储层的地震响应可以用原始地震数据的不同相位波形分量来表示。然而，常规方法得到的瞬时相位或时频相位谱不能满足要求。因此，本文创新性地将地震相位分解技术引入到曹妃甸A构造火成岩发育区储层表征中。该技术具有将复杂地震信号分解为多个相位波形分量的能力，每个分量都承载着不同的地质和地球物理信息，可以有效识别薄层或特殊地质体等，为地震数据的处理和解释提供了一种有效的分析工具。

综上所述，本文通过持续的攻关和实践，分别从复杂地质条件下储层地震响应特征分析、基于反演的谱分解方法实现、地震相位分解方法实现等方面，开展了针对火成岩影响的复杂地质条件下储层精细刻画的深入研究，并形成了如下具体的研究思路。首先，利用实际资料结合正演模拟来进行地震响应特征分析。其次，建立不同地震响应特征的波形信息与相位信息以及地质信息之间的联系，并对不同地层之间的地震响应差异进行详细分析。接着，利用反演谱分解的地震相位分解方法，对地震数据进行分解与重构，从而提取出储层对应的特定相位分量。在此基础上，可以压制其他影响因素产生的冗余相位分量，突出目标储层的特征。最后，基于这些研究成果，进行储层精细预测和刻画。应用正演数据和实际资料进行验证表明，地震相位分解技术能够快速有效区分火成岩和砂岩储层的地震响应，这为曹妃甸A构造的快节奏勘探评价井位部署和探明储量计算提供了重要依据。

1　研究区概况

曹妃甸A构造位于渤海西部海域，北邻南堡凹陷，南邻沙垒田凸起，是处于二者之间的断阶带上的一个局部断块(图1)，该地区是油气富集的有利区带，水深约在6~12m之间。在曹妃甸A构造地区，经历了古近系末期和新近系早期的漫长过程中，形成了多个时期的火成岩。这些火成岩主要分布在馆三段、馆四段和东一段地区。其中，火山岩主要由火山熔岩组成，同时也有一些火山碎屑岩存在。馆三段火成岩以其巨厚的熔岩覆盖层为特征，其平均厚度超过100m。而侵入岩则只局限于东一段地区的部分地带。在该区域中，馆三段火成岩以巨厚熔岩的形态覆盖在馆四段与东一段的油层之上，形成了一个有利于油气储集的良好盖层。然而，馆四段与东一段火成岩则沿着火山通道呈现出零星或条带状分布，占据了储层的位置，导致油气分布受到不利影响。同时，由于火成岩的复杂性，火成岩与砂岩储层的地震响应特征相互混杂，其分布规律尚未被充分认识，极大地增加了火成岩发育区砂岩储层预测的难度。这一情况已经成为制约该区油气勘探开发的重要限制因素。

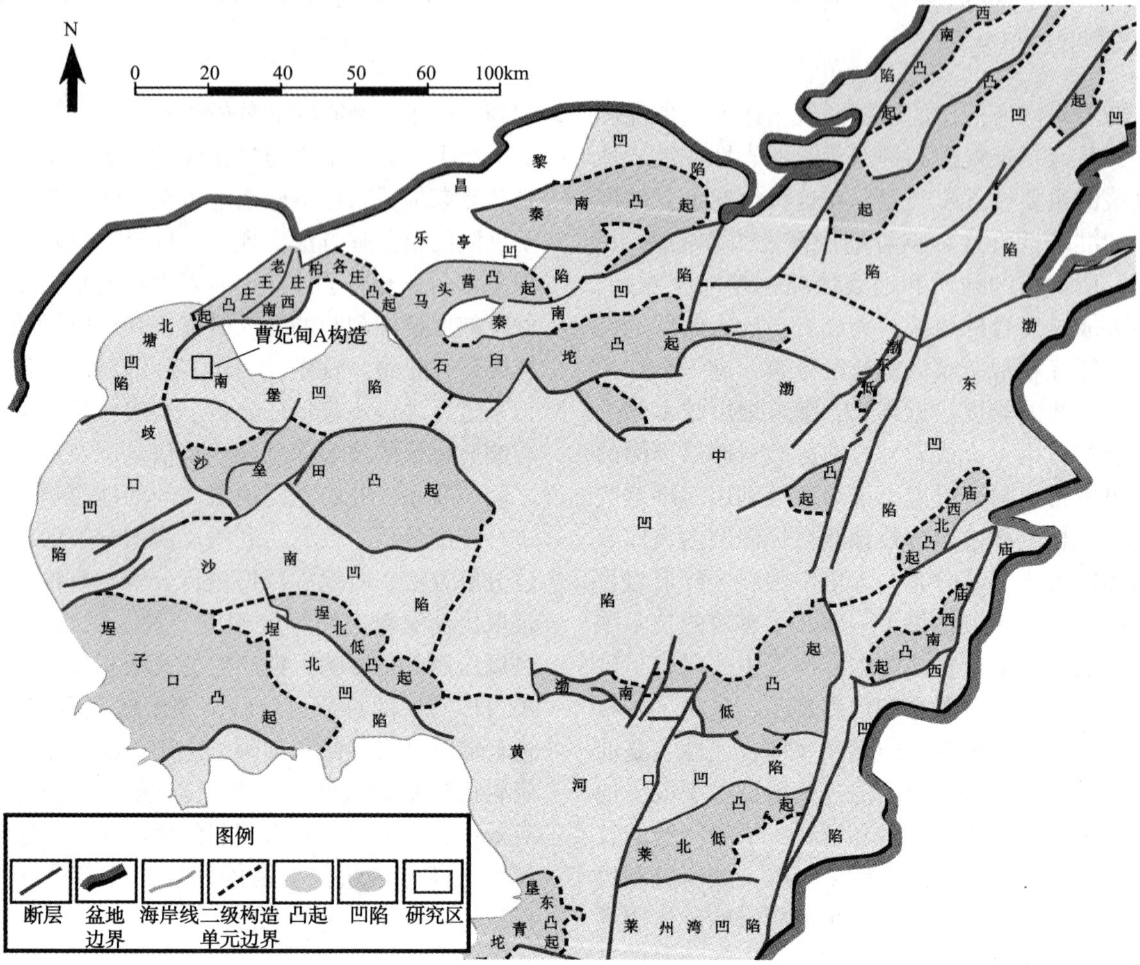

图 1　曹妃甸 A 构造位置

近年来，在曹妃甸 A 构造的勘探工作中，出现了在主力油层段钻遇火成岩的情况，这导致了钻井的失利。如图 2 所示，为曹妃甸 A 构造中火成岩发育区过 A 井和 B 井的实际叠后地震剖面。测井解释结果表明，A 井和 B 井在主力油层段分别钻遇高阻抗火成岩和低阻抗砂岩储层。从图中可以看出，粉红色虚线标记的强波谷反射地震同相轴对应 A 井火成岩的底部，而对应 B 井则为砂岩储层的顶部，仅靠追踪解释的波谷反射地震同相轴已不能准确反映储层的展布范围。因此，火成岩和砂岩储层的快速准确预测是曹妃甸 A 构造高效勘探开发中亟待解决的问题。

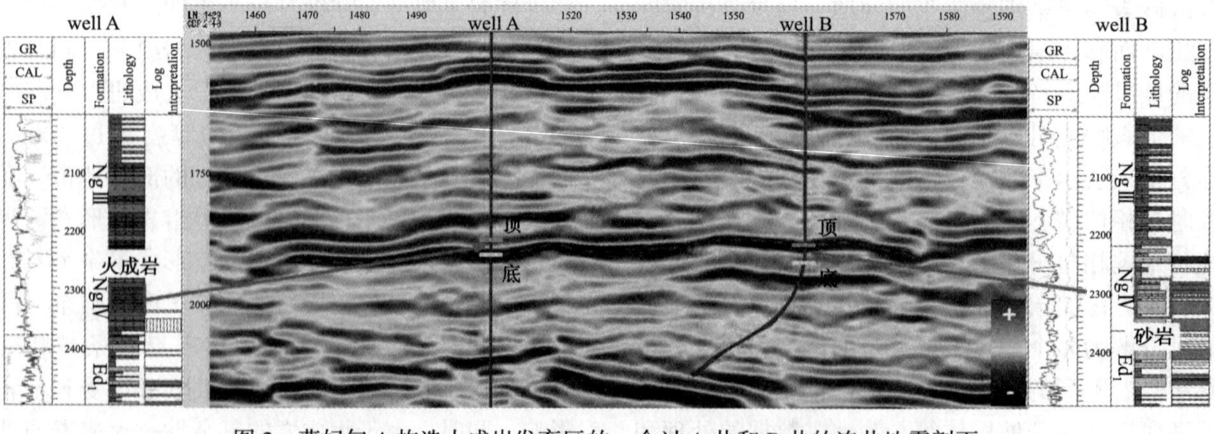

图 2　曹妃甸 A 构造火成岩发育区的一个过 A 井和 B 井的连井地震剖面

2　地震相位分解

本文根据2016年Castagna等提出的公式描述了地震相位分解的数学模型，公式(1)即为地震信号$S(t)$相位分解的具体计算公式。

$$S'(\theta,\ t)=\int_{f_1}^{f_2}S'(f,\ \theta,\ t)\mathrm{d}f \tag{1}$$

式中，f_1和f_2表示参与反变换运算所使用频率的下限和上限值；$S'(f,\ \theta,\ t)$为原始地震道$S(t)$的时频分析结果。本文采用基于反演的谱分解方法来实现地震道的时频分析，与其他时频分析方法相比，基于反演的谱分解方法得到的振幅谱分辨率高、相位谱准确有效且便于解释。该方法可以帮助我们更准确地分析地震数据中不同频率成分的时变特性，并揭示地下结构的细节信息。函数$S'(\theta,\ t)$被称为相位道集，用于显示地震振幅和相位随时间变化的分布情况。相位道集可直观解释为地震道中单个相位分量振幅和时间之间的关系。而且，通过下面的公式(2)，可以针对地震信号中特定的相位分量进行重构。因此，使用相位道集和该公式，我们能够更好地分析数据，并对其进行重构，以获得更加准确、全面的信息。

$$S'(t)=\int_{\theta_1}^{\theta_2}S'(\theta,\ t)\mathrm{d}\theta \tag{2}$$

式中，θ_1和θ_2表示在相位道集叠加中所使用相位的下限和上限值。如果在相位道集叠加计算中包含了所有的相位和频率信息，那么$S'(t)=S(t)$。这意味着可以通过公式(2)来进行无损重构，从而完全还原原始地震信号。

下面是一个关于合成地震信号相位分解与重构效果的例子，图3a展示了由不同相位雷克子波合成的一道地震信号。原始地震信号以蓝色实线表示，而重构后的地震信号以红色虚线表示。图3b展示了对图3a中原始合成地震信号进行相位分解后得到的相位道集。通过观察图中的结果，可以发现相位分解后得到的相位道集与原始合成地震信号中的相位信息非常匹配，也能准确重构信号，这表明了本文所提出的相位分解与重构方法的准确性。不仅如此，相位道集还具有区别于相位谱或属性的特点，它能同时显示振幅和相位信息，并代表了不同时间下的地下结构信息。通过观察相位道集，可以分析地下结构的界面、构造特征、岩性变化等信息，从而推断地质构造和储层分布状况等。

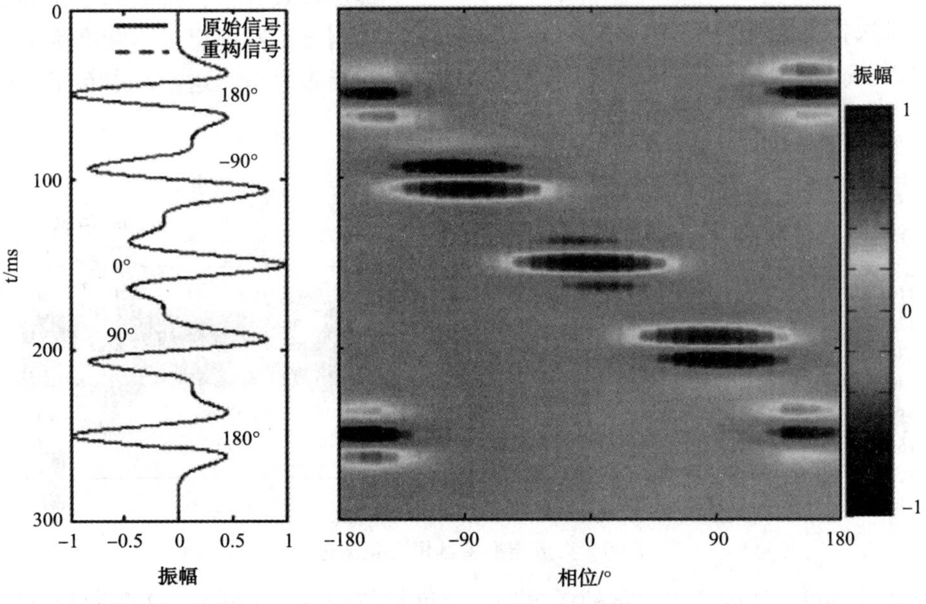

图3　地震相位分解与重构

3　理论模型验证

在解决曹妃甸A构造火成岩发育区的储层表征问题之前，需要进行正演模拟分析，以进一步论证该地区火成岩和砂岩储层地震响应特征之间的差异。通过正演模拟分析，本文将比较火成岩和砂岩在地震响应上的差异，这将帮助我们更好地理解火成岩和砂岩在地震记录中的波形相位特征，该分析将对储层的识别和预测提供重要的依据。进一步，根据分析结果我们将利用地震相位分解方法对正演模拟结果进行处理，提取出相应的波形相位分量。地震相位分解方法可以帮助我们准确刻画储层的地震反射特征，实现对储层的预测和解释。

在正演模拟中，根据曹妃甸 A 构造火成岩发育区的实际地质情况，建立了一个简单的时域模型，如图 4 所示。该模型考虑了火成岩和砂岩的厚度变化，从调谐厚度附近到调谐厚度以下的范围内变化，具体模型参数详见表 1。

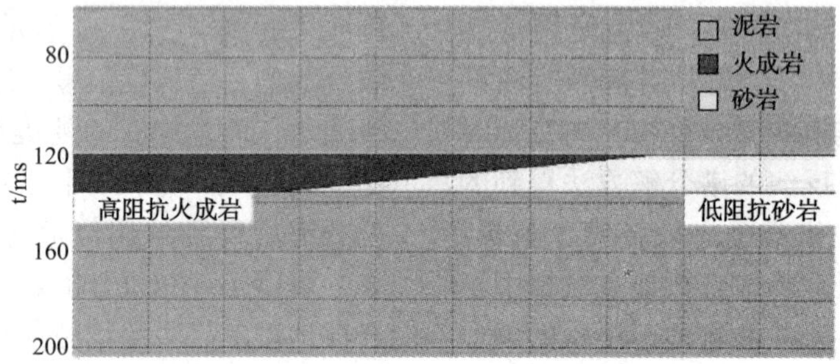

图 4　火成岩发育区时间域正演模型

表 1　模型参数

层段	纵波速度/(m/s)	密度/(kg/m^3)
泥岩	3600	2510
火成岩	5700	2840
砂岩	3600	2300

随后，通过选择主频为 30Hz 的零相位雷克子波进行褶积正演。根据图 5 所示的正演记录，可以观察到单一的高阻抗火成岩的顶部和底部在地震响应上呈现波峰和波谷特征，其整体响应与+90 度相位子波相似。相对地，单一的低阻抗储层的顶部和底部在地震响应上则表现为波谷和波峰特征，其综合响应与-90 度相位子波相似。然而，在火成岩和储层叠置区，地震响应特征相互混杂，尤其在实际情况下，波场特征更加复杂，很难有效区分，常规基于振幅和频率信息的储层预测方法不理想，不能准确刻画砂岩储层的边界和展布形态，这给储层精细刻画带来了巨大挑战。

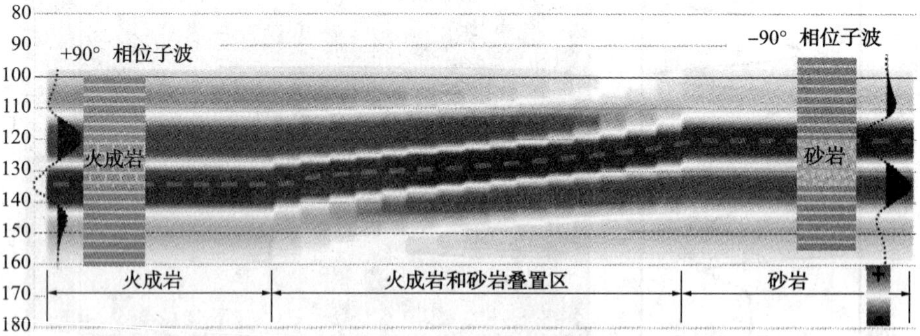

图 5　火成岩发育区模型正演记录

根据分析结果，我们认识到需要将地震数据分解并重新构建为不同波形相位分量，以提取与储层对应的-90 度波形相位分量，以此实现储层与火成岩的有效区分和识别。因此，利用地震相位分解方法对原始综合地震响应进行处理。通过该方法，得到了+90 度相位分量(图 6a) 和-90 度相位分量(图 6b)，这两者分别对应着火成岩部分地震响应和储层部分地震响应。这种地震相位分解与重构方法成功地剥离了储层与火成岩的地震响应，表明新方法为解决复杂岩性背景下储层刻画问题提供了可行的解决方案。

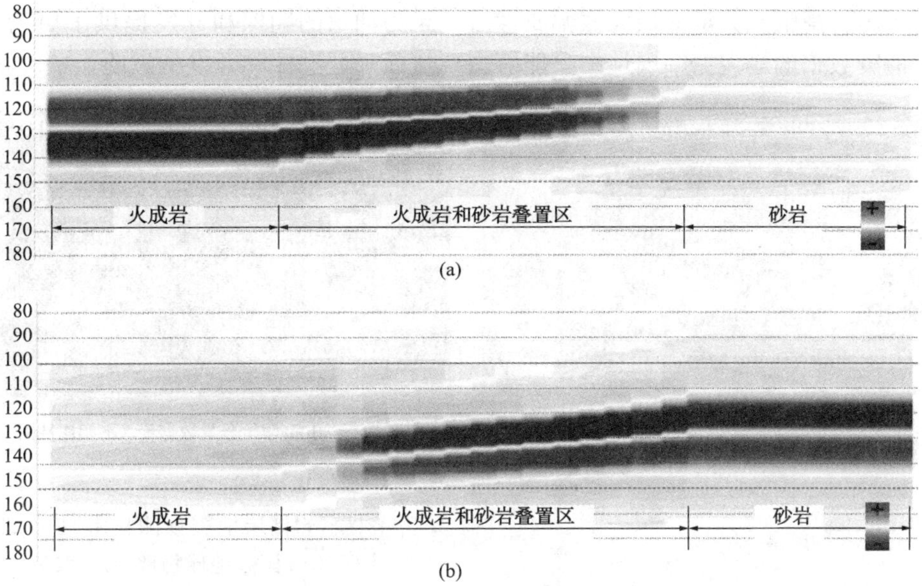

图 6　合成数据的相位分解结果，(a)+90°相位分量，(b)-90°相位分量

4　实际数据应用

曹妃甸 A 构造位于中国渤海湾西部，是油气富集的有利区带。然而，该地区中浅层广泛发育火成岩，这给储层预测带来了挑战。在这种情况下，基于常规地震资料的储层预测精度难以满足油田勘探开发的需求。举例来说，图 7a 展示了一个连井的叠后地震剖面。由于砂岩储层和火成岩的地震响应相互混杂，无法有效分离，导致 A 井的早期钻探失败了。然而，在实际应用中，由于火成岩的地震反射相对较强，易于识别和提取。因此，我们在这里采用逆向思维的方法，首先提取高阻抗分量，以识别被火成岩充填的储集空间，而不受火成岩影响的空间主要是砂岩储层发育的区域。此处高阻抗分量定义为 90°和 0°相位波形分量之和。其中包括 0°相位波形分量的原因是，当火成岩较厚(远远大于调谐厚度)时，来自火成岩顶部的反射表现为 0°相位子波。通过提取高阻抗分量(图 7b)可见，成功地分离了砂岩储层和火成岩的地震响应。这一结果为后续的 C 井和 D 井的钻探提供了有力支撑，成功钻遇砂岩储层。

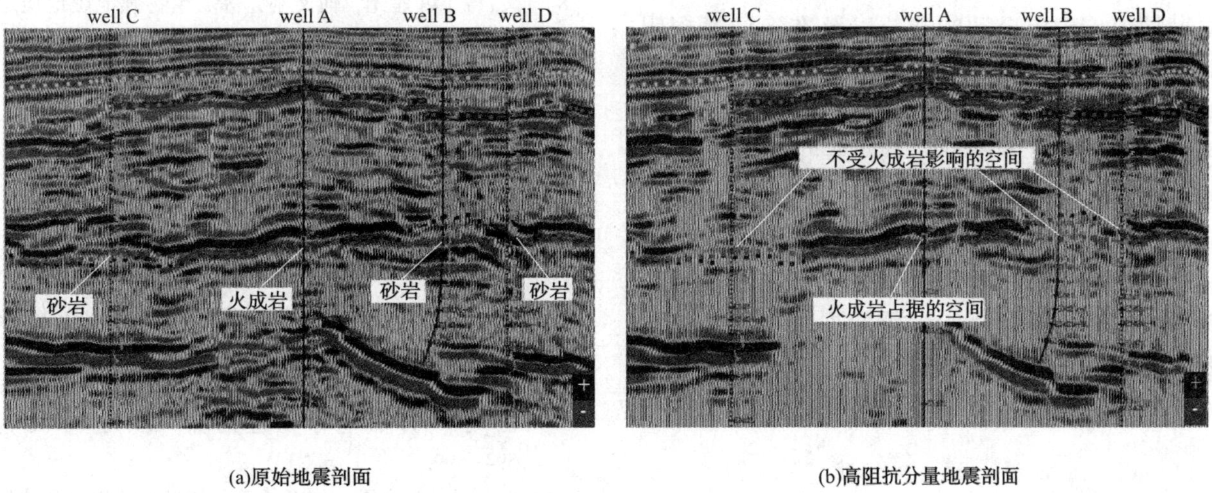

图 7　连井叠后地震剖面

图 8a 和图 8b 展示了从原始地震数据和高阻抗分量中提取的最大振幅属性图。从图 8a 中可以看到砂岩储层与火成岩之间的区分并不明显，储层边界不清晰。然而，从图 8b 中可以清晰地

观察到砂岩储层的分布范围(粉红色实线标注)。通过比较这两幅图，高阻抗分量的最大振幅属性图相较于原始地震数据的最大振幅属性图，能够更准确地刻画砂岩储层的平面分布情况。研究成果为油田的勘探和开发提供了更为可靠的依据，从而降低勘探和开发的风险。

(a)原始地震数据最大振幅属性图

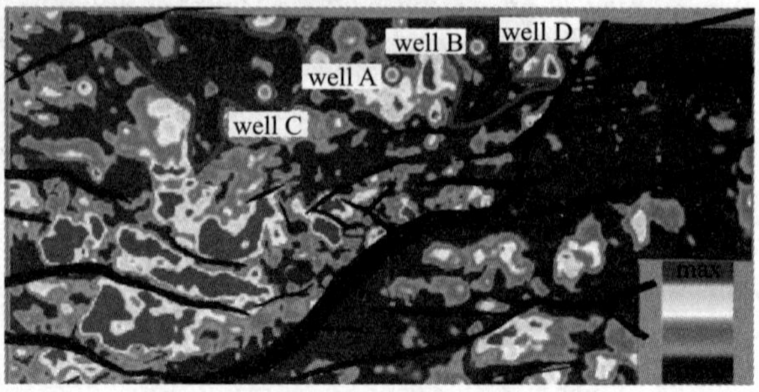

(b)高阻抗分量数据最大振幅属性图

图 8　最大振幅属性平面图

5　结论

地震相位分解技术具有将复杂地震信号分解为多个相位分量的能力，每个分量都承载着不同的地质和地球物理信息。它在储层预测中特别有用，尤其是在特殊地质条件下。在这些情况下，来自地层顶和地层底的反射波之间的干扰会导致地震响应的相位与子波相位不同。例如，假设我们使用零相位子波，薄层的高阻抗火成岩在+90°相位分量中识别效果最好；而薄层的低阻抗砂岩储层在-90°相位分量中识别效果最好。

地震相位分解技术在理论数据和实际资料上的应用结果显示，它能够有效区分火成岩和砂岩储层的地震响应。这为曹妃甸 A 构造快节奏勘探评价确定合适的井位以及准确计算探明储量提供了更精确的解释和决策支持。该方法的应用有望推动类似地质条件下的其他区域的勘探开发工作，并为储层预测提供新的实用技术手段。

此外，该项技术在没有钻井数据的情况下同样适用，尤其是在海上油气勘探开发中。然而，钻井数据对于标定原始地震数据的相位至关重要，因为它提供了关键的参考信息，可以确保对地质解释的准确性。

参 考 文 献

[1] 王炳章，徐雷鸣，王世星．塔中围斜区碎屑岩储层火成岩侵入体预测[J]．石油物探，2006，45(6)：602-606.

[2] 高斌，赵宝银，张明，等．南堡 1 号构造火成岩发育区砂岩储层地震预测技术[C]．北京：SPG/SEG 北京 2016 国际地球物理会议，2016，409-412.

[3] 陈文婕．火成岩屏蔽下碎屑岩储层预测方法研究[J]．河南科技，2023，42(9)：54-58.

[4] 郭树祥．火成岩发育区的地震处理技术及需求分析——以胜利油田济阳拗陷探区为例[J]．石油地球物理勘探，2013，48(2)：228-238.

[5] 张立安．黄河口凹陷古近系火成岩特征及构造影响分析——以 BZ34-9 油田为例[J]．广东石油化工学院学报，2022，32(6)：5-8.

[6] 邢文军，赵宝银，李玉存，等．南堡 1 号构造中浅层火成岩识别方法研究与应用[J]．石油天然气学报，2013，35(10)：72-77.

[7] 乔锦杨，张英波，杨香华，等．黄河口凹陷莱北斜坡带玄武岩发育区砂岩成岩特征、孔隙流体及储层控制因素[J]．现代地质，2016，30(1)：209-219.

[8] 邢占涛，韩建光，何文刚，等．生物礁地震地质综合识别技术——以 ZJ 坳陷为例[J]．断块油气田，2018，25(2)：177-180.

[9] CASTAGNA J，OYEM A，Portniaguine O，et al. Phase decomposition[J]．Interpretation，2016，4(2)：T65-T74.

[10] Meza R，Haughey G，Castagna J，et al. Phase decomposition as a hydrocarbon indicator：A case study[C]．Dallas：Society of Exploration Geophysicists，2016，1839-1843.

[11] 杨培杰，罗红梅，王金铎．地震数据分相位重构方法[J]．石油地球物理勘探，2019，54(3)：594-599.

[12] 张生强，张志军，李尧，等．基于地震相位分解的自适应强反射分离方法[J]．石油地球物理勘探，2021，56(6)：1236-1243.

[13] 张志军，张生强，官大勇，等．基于地震相位分解的自适应围岩强反射分离方法[P]．中国，

CN202011245307. X. 2022-04-15.

[14] Portniaguine O and Castagna J. Inverse spectral decomposition[C]. Denver: Society of Exploration Geophysicists, 2004, 1786-1789.

[15] Bonar D C, Sacchi M D. Complex spectral decomposition via inversion strategies[C]. Denver: Society of Exploration Geophysicists, 2010, 1408-1412.

[16] 张生强，张志军，郭军，等. 时频空间域低频约束AVO响应校正方法[J]. 石油地球物理勘探，2021，56(1)：137-145.

[17] 张生强，韩立国，李才，等. 基于高分辨率反演谱分解的储层流体流度计算方法研究[J]. 石油物探，2015，54(2)：142-149.

中国湖相碳酸盐岩勘探与潜力

郑爱维　舒　逸　陈绵琨　刘皓天　彭　伟　肖　雄

（中国石油化工股份有限公司江汉油田分公司）

摘　要　湖相碳酸盐岩广泛分布于我国各大陆相湖盆二叠系-新近系地层中，大量勘探实践证实了其具备一定的生烃和良好的储集能力，是我国未来重要的陆相油气接替领域。本次研究以四川盆地侏罗系大安寨段、江汉盆地古近系潜江组、渤海湾盆地古近系沙河街组、柴达木盆地古近系下干柴沟组等多套湖相碳酸盐岩为重点解剖对象，分析了不同地区碳酸盐岩形成地质背景、烃源条件、储层特征及油气富集成藏过程。研究认为：碳酸盐岩是古湖盆从淡水咸化为碱湖的阶段性产物，按照其岩石学特征、结构构造及成因可划分为生物成因类储层、化学成因类储层和机械/化学耦合成因类储层。湖水咸化程度决定了碳酸盐岩源-储配置关系，咸化环境有益于提高烃源岩产烃率和改善储集能力。按照油气成藏特征，湖相碳酸盐岩多为“非连续型”常规油气藏，以岩性油气藏分布为主，源-储配置关系、裂缝发育特征和油气富集特征决定了碳酸盐岩油气成藏差异性。该研究成果为进一步评价我国湖相碳酸盐岩勘探方向与潜力提供了理论依据。

关键词　湖相碳酸盐岩；烃源条件；储层特征；成藏条件；勘探潜力

Exploration and potential of lacustrine carbonate rocks in China

Zheng Aiwei　Shu Yi　Chen Miankun　Liu Haotian　Peng Wei　Xiao Xiong

(China Petroleum&Chemical Corporation Jianghan Oilfield Branch)

Abstract　Lacustrine carbonate rocks are widely distributed in the Permian Neogene strata of various continental lake basins in China. Extensive exploration practices have confirmed that they have certain hydrocarbon generation and good storage capabilities, making them an important field for future terrestrial oil and gas succession in China. This study focuses on dissecting multiple sets of lacustrine carbonate rocks, including the Da´anzhai Formation of the Jurassic in the Sichuan Basin, the Qianjiang Formation of the Paleogene in the Jianghan Basin, the Shahejie Formation of the Paleogene in the Bohai Bay Basin, and the Lower Ganchaigou Formation of the Paleogene in the Qaidam Basin. The geological background, hydrocarbon source conditions, reservoir characteristics, and oil and gas accumulation processes of carbonate rocks in different regions were analyzed. Research suggests that carbonate rocks are a stage product of ancient lake basins transitioning from freshwater salinization to alkaline lakes. According to their petrological characteristics, structural features, and genesis, they can be divided into biogenic reservoirs, chemical reservoirs, and mechanically/chemically coupled reservoirs. The degree of salinization of lake water determines the source reservoir configuration relationship of carbonate rocks, and the salinization environment is beneficial for improving the hydrocarbon production rate of source rocks and enhancing storage capacity. According to the characteristics of oil and gas accumulation, lacustrine carbonate rocks are mostly "discontinuous" conventional oil and gas reservoirs, mainly distributed in lithological oil and gas reservoirs. The source reservoir configuration relationship, fracture development characteristics, and oil and gas enrichment characteristics determine the differences in carbonate rock oil and gas accumulation. This research provides a theoretical basis for further evaluating the exploration direction and potential of lacustrine carbonate rocks in China.

Key wordst　lacustrine carbonate rocks; Hydrocarbon source conditions; Reservoir characteristics; Reservoir formation conditions; Exploration potential

1 引言

碳酸盐岩作为重要的常规油气储层，油气资源占全球一半左右，通常可将其划分为湖相、沼泽相和海相碳酸盐岩。其中，湖相碳酸盐岩在全球范围内分布广泛，美国的 Uath 盆地、Green River 盆地、非洲的 Ganggo 和巴西的 Canpos 盆地为 4 个国外典型的湖相碳酸盐岩盆地。以犹他州湖相碳酸盐岩为代表的研究结果表明，气候变化控制湖平面升降和陆源输入，湿润气候强降雨导致湖平面升高，后期干旱气候有利于湖相碳酸盐岩沉积，咸水湖中的碳酸盐岩储层主要为鲕粒灰岩、粪球粒砂屑灰岩和藻生物层，受水体的震荡强弱的不同，所产生的鲕粒形态、核心及结构也相应的不同。

国内处于古生代、中-新生代时期的各大陆相湖盆中广泛沉积湖相碳酸盐岩，中国湖相碳酸盐岩的勘探经历了近 70 年的时间，于 1966 年在渤海湾盆地黄骅坳陷和柴达木盆地茫崖坳陷首次提交探明地质储量 3558×10^4t，之后经历了数年的勘探突破阶段，2012 年底，在西部柴达木盆地、中部四川盆地和东部的渤海湾盆地累计探明湖相碳酸盐岩油气田 63 个，提交地质探明储量 5.97×10^8t。近年来，随着致密油勘探探索的不断突破，在渤海湾盆地辽河坳陷、济阳坳陷、江汉盆地的潜江坳陷、准噶尔盆地的玛湖凹陷等多个地区取得了新的勘探突破，济阳坳陷平方王地区多口井日产油量超千吨，是我国第一个湖相生物礁油气田，柴达木盆地西部的跃进、尕斯库勒等地区也是生物礁储层的典型代表。此外，近期，江汉盆地多口井相继取得重大勘探突破，先后在潜江凹陷黄 20 斜井潜三段、钟 99 斜井潜四段分别取得日产 26.22 方和日产油 137.6 方高产工业油流，2023 年提交控制储量 907 万吨，预测储量 1054 万吨，形成了近两千万吨规模性的致密油能源接替阵地。

大量的基础研究表明，湖相碳酸盐岩的形成与海相碳酸盐岩差异性较大，主要受大地构造背景、气候条件变化、海陆变迁及陆源输入等因素的影响。湖相碳酸盐岩通常形成于构造活动缓和、湖盆的发育阶段，该阶段湖水扩张、气候条件温暖潮湿，促使藻类等生物大量繁殖，在浅水区沉积为生物碳酸盐岩、颗粒碳酸盐岩，在深湖区沉积为泥灰岩或泥晶灰岩。湖相碳酸盐岩常多与油源伴生沉积，具备较优的储集空间特征，在适配的盖层和圈闭条件下，通常能形成油气藏，受分布规律和自身结构的影响，以地层和岩性油气藏为主，少数为构造或圈闭油气藏。在现阶段的勘探实践中，严重制约我国湖相碳酸盐岩勘探开发进展的主要问题是“甜点”分布预测难、成藏条件复杂等问题。本文通过精细解剖渤海湾盆地沙河街组、江汉盆地潜江组、四川盆地自流井组及柴达木盆地下干柴沟组等国内典型湖相碳酸盐岩沉积环境、储集物性、成藏特征及与油气的关系，进行综合性对比论述，探讨不同类型湖相碳酸盐岩形成、储层发育、油气成藏富集规律，以期为我国湖相碳酸盐岩勘探开发部署提供理论依据和地质支撑。

2 湖相碳酸盐岩储层特征及储集差异性

本次研究根据岩石学特征、结构构造及成因将湖相碳酸盐储层分为生物成因类、化学成因类和机械/化学耦合成因类三大类储层，受沉积环境变化的影响，不同成因的碳酸盐储层结构及储集物性存在差异。

2.1 生物成因类储层

在近期勘探实践中发现，渤海湾盆地东营凹陷八面河地区和江汉盆地古近系潜江组中也存在藻灰岩等生物礁类储层。其中，八面河地区沙四段沉积时期，按照碳酸盐岩的结构及支撑类型可分为藻纹层、颗粒、泥晶三种类型，纹层碳酸盐岩主要由枝管藻、叠层石、藻粘连、藻屑、介形虫等藻类生物遗体组成，常见有波纹状，叠层状，发育于水动力较强的滨浅湖中，藻体间充填藻泥晶灰岩、泥晶灰岩和颗粒灰岩，存在白云石化，溶蚀作用较强，溶蚀孔隙较发育，孔隙类型以生物格架孔、生物溶孔为主，呈花斑针孔、溶洞状，储层孔隙度一般在 16.4%~27.02%之间，渗透率在 87.9~445mD 之间，总体表现为中高孔高渗储层。潜江凹陷西部斜坡发育藻团块灰岩，该类碳酸盐岩呈灰褐色-灰白色块状(图 1a，1b)，厚度 0.2~2.5m。矿物组成以方解石为主，含量 78%~95%，白云石含量 8%~12%，黏土矿物含量 3%~6%。岩石薄片镜下方解石呈团块状分布，部分团块具有鲕粒结构，颗粒粒径 100~800μm(图 1c，1d)。该类储层主要储集空间以粒间孔和溶蚀孔为主，岩心上能观察到明显的米粒状溶蚀孔，薄片镜下观察该类储层发育粒间孔。实测孔隙度 10.4%~36.8%，渗透率 52.3~800mD，总体表现为中高孔高渗储层。潜江凹陷目前钻井揭示的藻团块灰岩主要分布在潜江凹陷西部斜坡带，该区陆源物源补给弱，浅湖相沉积为主，古盐度中等，有利于藻团块灰岩发育。

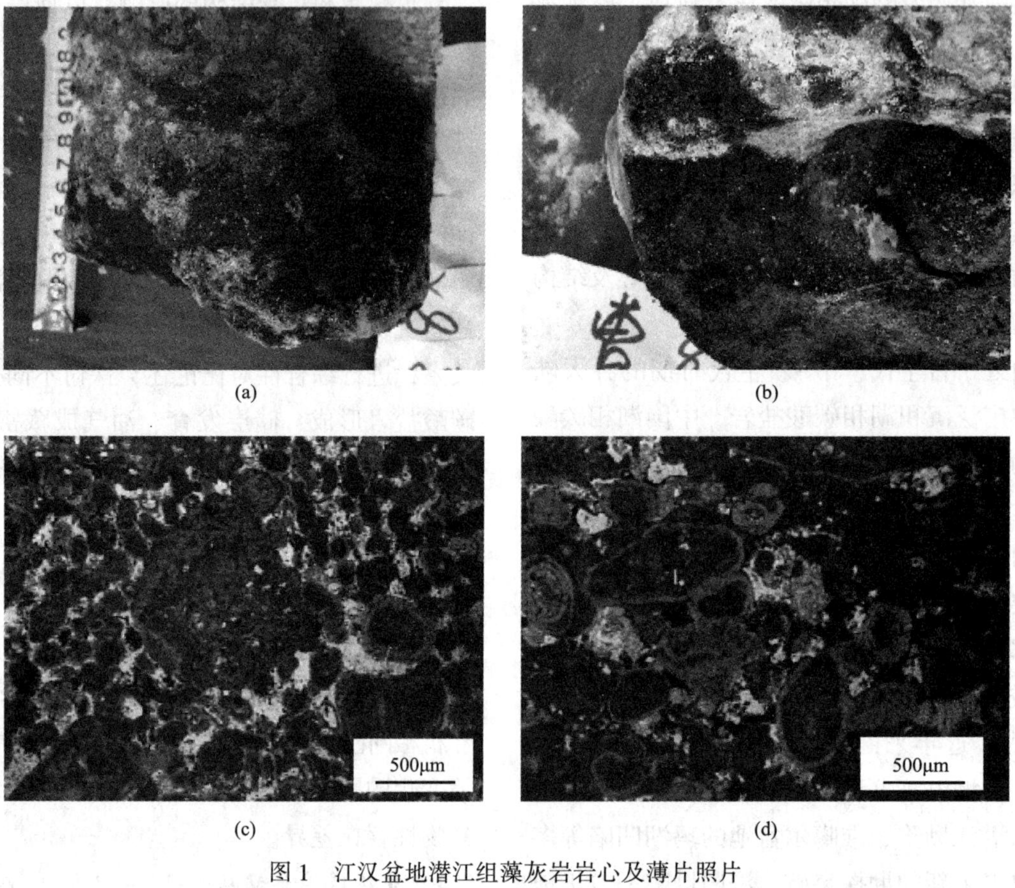

图 1　江汉盆地潜江组藻灰岩岩心及薄片照片

2.2　化学成因类储层

化学成因类储层主要包括颗粒碳酸盐岩和泥晶碳酸盐岩储层两种，受水动力条件的控制，颗粒碳酸盐岩形成于高能浅水沉积环境，泥晶碳酸盐岩通常形成于低能偏深水沉积环境。颗粒碳酸盐岩和泥晶碳酸盐岩在各类湖盆中普遍存在，例如四川盆地侏罗系大安寨段介壳灰岩和渤海湾盆地东营凹陷沙河街组碳酸盐岩，前者被认为是高能介壳滩相，为国内典型的淡水浅湖-半深湖相沉积，储层岩性为介壳灰岩，介壳含量高，以腕足类生物碎屑为主。根据兴隆场地区大安寨段一亚段实际资料显示介壳灰岩的储集空间类型以次生孔隙为主，包括粒内、粒间溶孔、晶间溶孔、溶蚀孔洞和微裂缝等，裂缝发育改善储层储集性能，包括构造裂缝、层间缝、壳缘缝、微裂缝等(图 2)。介壳灰岩孔隙度分布范围 0.39~4.11% 之间，中值为 1.67%，孔隙度 1.00~3.00% 占总样的 88.89%，孔隙度>3.00% 的占 4.17%；储层渗透率分布在 0.0015~9.1054×10^{-3} μm^2 之间，中值为为 0.026×10^{-3} μm^2，大多数样品渗透率小于 0.1×10^{-3} μm^2，占总数的 81.69%(图 3)。总体上，大安寨段一亚段储层具有低孔、低渗特征。

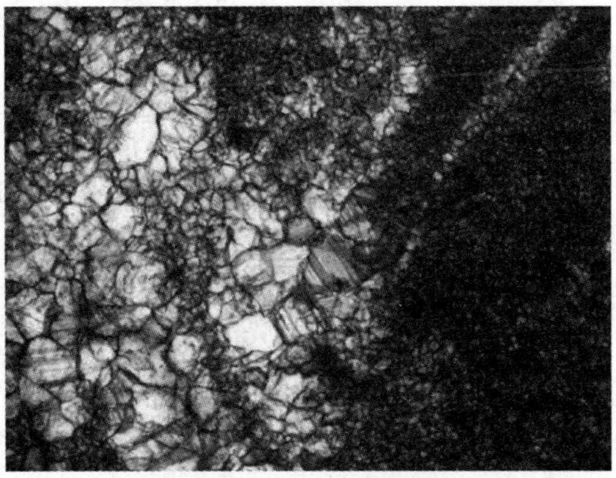

兴隆101井，大安寨段一亚段，2129.47m，粉晶残余粒屑灰岩

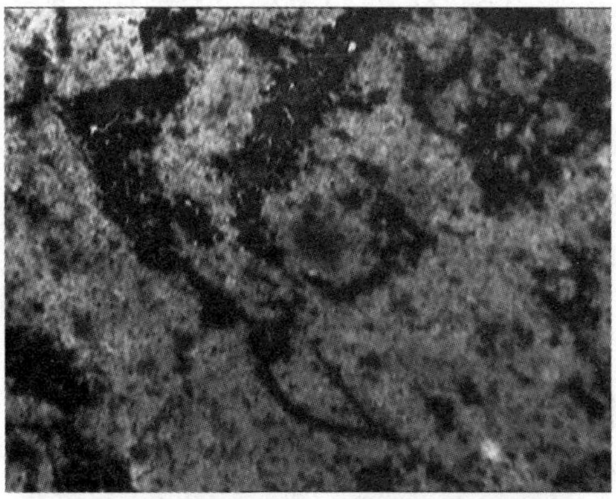

涪页1井，大安寨段一亚段，2566.25m，介壳灰岩

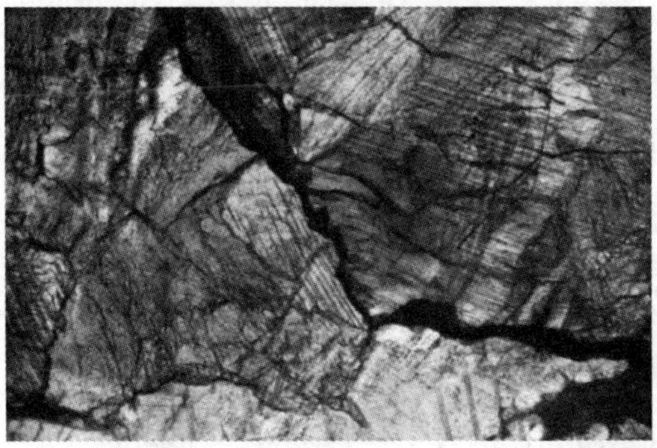

兴隆101井，大安寨段一亚段，2126.4m，粗晶残余介壳灰岩，发育晶间微溶孔

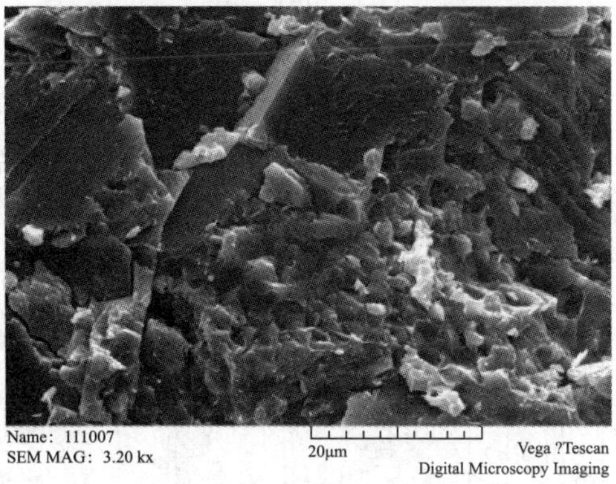

兴隆101井，大安寨段一亚段，2128.97~2129.25m，微孔隙

图 2　四川盆地大安寨段一亚段储层岩性薄片照片

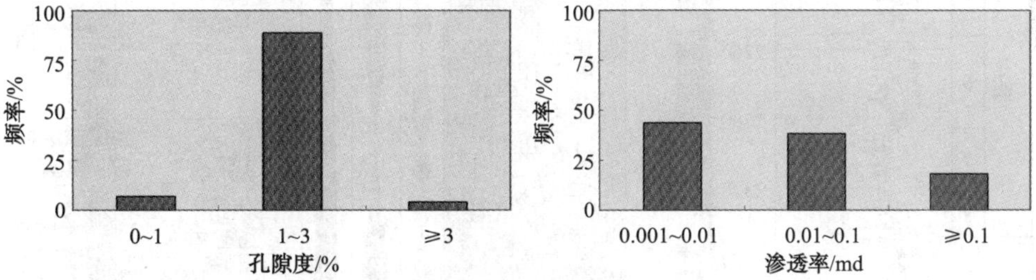

图 3　四川盆地大安寨段一亚段岩心实测孔隙度、渗透率分布直方图

表 1　不同类型碳酸盐岩储层矿物组成统计表

储层分类	长英质/%		碳酸盐岩/%		黏土矿物/%	孔隙度/%	渗透率/mD
	石英	长石	方解石	白云石			
颗粒碳酸盐岩	17.89	19.44	26.58	24.82	4.41	2.2~12.4	1.01~3.13
泥晶碳酸盐岩	10.65	3.34	14.44	38.07	21.13	2.6~11.5	0.15~1.81

3.3 机械/化学耦合成因类储层

受干湿气候交替影响，江汉盆地潜江凹陷潜三段纵向上形成了盐-泥多韵律频繁互层沉积的特点(图4)，为典型的盐湖沉积。全岩X衍射结果显示，碳酸盐岩储层矿物组成复杂，主要包括方解石、白云石、石英、长石、钙芒硝、硬石

膏、黏土矿物和黄铁矿，其中，碳酸盐矿物含量35.2%～79.6%，长英质矿物含量5.79%～43.1%，黏土矿物含量0～21.8%，不同样品之间差异大。根据碳酸盐岩储层中碳酸盐矿物含量，将潜江组碳酸盐岩分为碳酸盐岩（碳酸盐矿物含量>50%）和混积岩（碳酸盐矿物含量<50%）两大类，其中混积岩的形成是机械搬运和化学成因耦合作用的结果，细分为颗粒混积岩和细粒混积岩两种类型，颗粒混积岩中碳酸盐含量介于35.2%～49.7%（平均值44.07%），长英质含量介于24.9%～37.5%（平均值30.52%），黏土矿物含量介于8.21%～26.6%（平均值18.03%），孔隙度2.5%～9.3%，平均值7.3%，渗透率1.83～3.10mD，平均值2.10mD，其中孔隙类型以粒间孔和少量粒内溶蚀孔为主（图6a、c、e）；细粒混积岩中碳酸盐含量介于17.9%～47.5%（平均值36.5%），长英质含量介于11.5%～31.9%（平均值20.5%），黏土矿物含量介于7.9%～29.5%（平均值14.5%），孔隙度1.3%～12.6%，平均值9.3%，渗透率0.16～2.65mD，平均值0.87mD（表2），孔隙类型以白云石晶间孔为主（图6b、d、f），整体表现出低孔低渗-低孔特低渗特征。

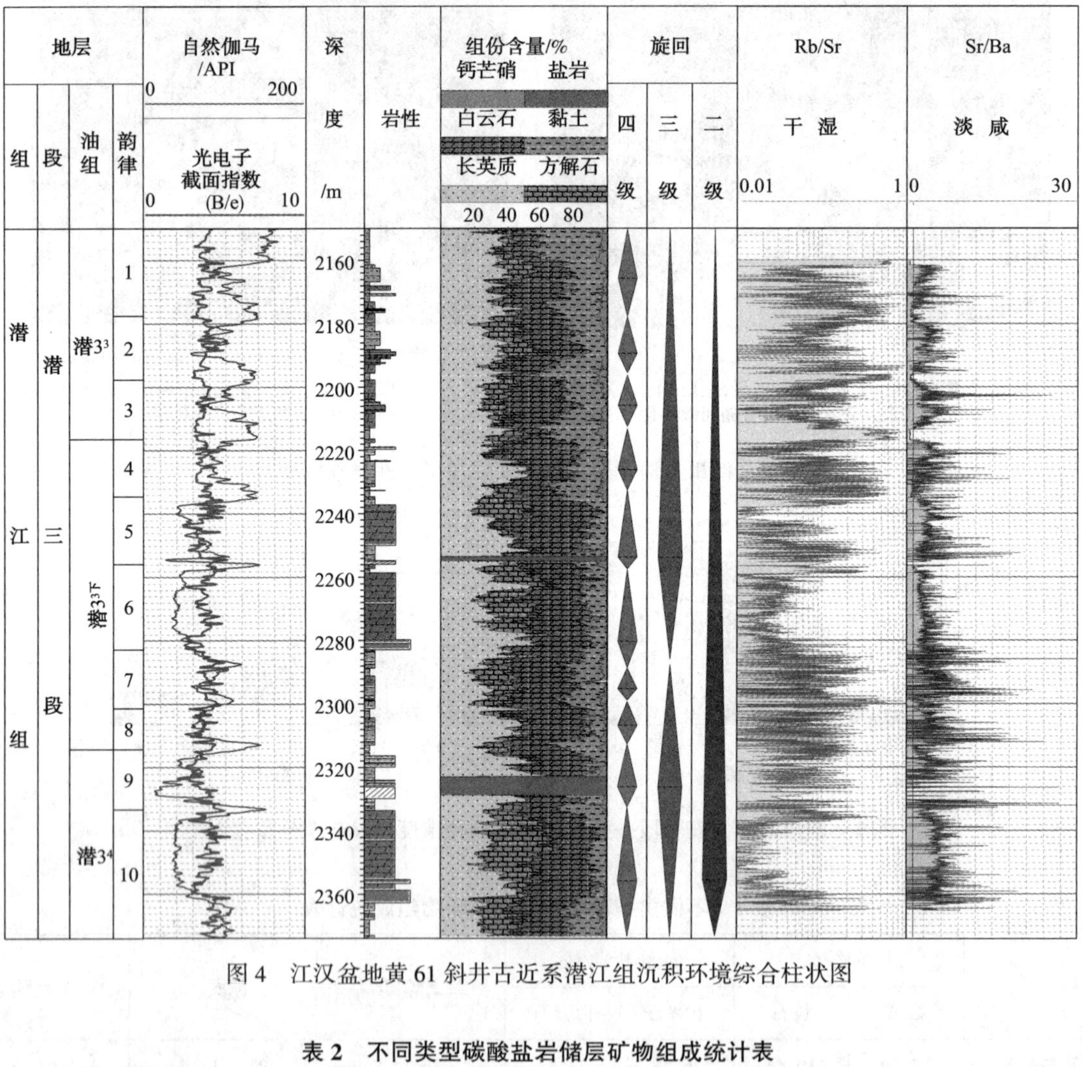

图4　江汉盆地黄61斜井古近系潜江组沉积环境综合柱状图

表2　不同类型碳酸盐岩储层矿物组成统计表

储层分类	长英质/%		碳酸盐岩/%		黏土矿物/%	钙芒硝等其他矿物/%	孔隙度/%	渗透率/mD
	石英	长石	方解石	白云石				
颗粒混积岩	24.12	11.81	21.40	16.12	19.22	7.33	2.5～9.3	1.83～3.10
细粒混积岩	13.26	4.67	10.01	38.24	23.34	10.48	1.3～12.6	0.16～2.65

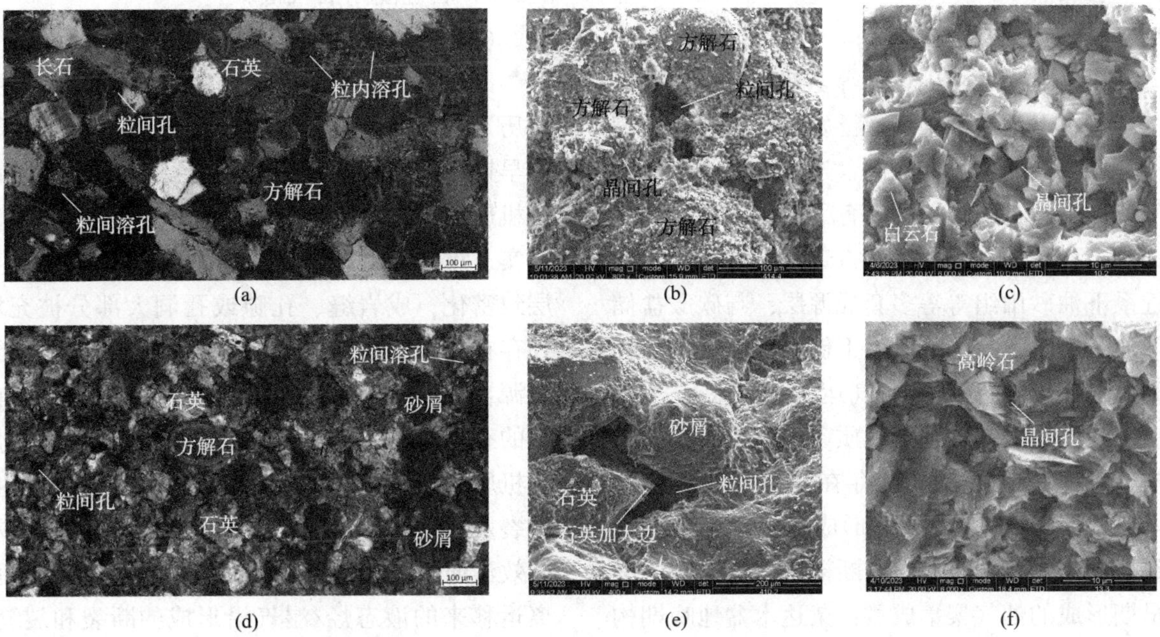

图5　江汉盆地潜江组碳酸盐岩储层显微镜下照片及电镜照片

4　湖相碳酸盐岩成藏条件分析

我国湖相碳酸盐岩多表现为良好的源储配置关系，油源条件较优，纵向上与烃源层互层分布或沉积于同一层位，“近源成藏、源储一体、垂向上整体含油”的说法也普遍被广大学者接受。

4.1　生烃条件差异性分析

湖相碳酸盐岩有机质丰度整体偏低、大多数以Ⅱ型-Ⅲ型干酪根为主。热演化程度跨度大(以低成熟为主)(图6)。四川盆地侏罗系大安寨段二亚段发育灰黑色泥岩(为大一亚段碳酸盐岩烃源岩)，有机碳含量介于0.4%~2.56%，有机质类型主要为Ⅱ1-Ⅱ2型、Ⅲ型次之，反映了沉积演化过程中生源母质多源混合的特征，热演化程度Ro介于0.7%~1.4%，具有“生烃时间晚，生油时间长”的典型特征；渤海湾盆地沙河街组(Ro为0.3%~0.7%)和柴达木盆地下干柴沟组(Ro为0.5%~0.9%)均发育热演化程度较低的碳酸盐岩，烃源岩分布通常与碳酸盐储层存在一定距离，整体具有“早生早排，远源运移”生排烃特征；而江汉盆地古近系潜江组碳酸盐岩热演化程度跨度大(Ro介于0.3%~1.2%)，源-储配置条件优，碳酸盐岩储层与富有机质页岩频繁互层，其中上下段页岩类型以Ⅰ型和$Ⅱ_1$型为主，有机碳平均值范围1.48%~2.2%，S1 + S2介于9.05~12.96mg/g，达到好-最好烃源岩标准，同时碳酸盐岩储层TOC介于0.15%~3.46%，平均值为0.65%具有一定生烃能力，整体具有“早生早排，近源储集”的生排烃特征。

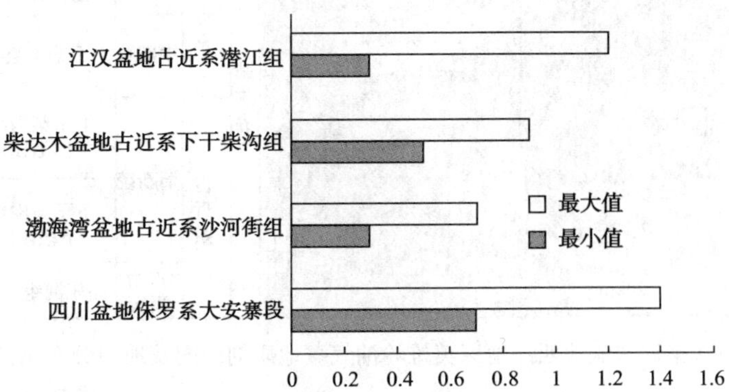

图6　中国典型盆地中湖相碳酸盐岩烃源岩镜质体反射率对比图

4.2　成藏特征分析

4.2.1　构造圈闭油气藏

受喜马拉雅和燕山运动等多期构造运动的影响，柴达木盆地深部地层广泛发育断背斜、大型背斜等构造圈闭类型。在湖盆迁移，湖水咸化的沉积背景下，英雄岭地区发育了优质碳酸盐岩储层，分布面积大，区内发育古近系下干柴沟组和新近系下油砂山组等等多套烃源层，与碳酸盐储层形成了下生上储型、上生下储型及源储一体的多类源储组合类型，为油气运聚成藏奠定了基础。但是柴达木盆地整体地质条件较为复杂，不同构造带形成的圈闭类型存在明显差异，以背斜-断背斜构造为主的圈闭形成时间早，存在于深部地层，主要为基底卷入断褶式构造圈闭，利于早期形成的油气聚集成藏；柴达木盆地晚期构造活动区带英雄岭构造带则以大型的背斜圈闭发育为主，圈闭构造幅度大，分布范围相对较大，对于中深层和深层形成的构造圈闭，通常与烃源岩存在一定距离，深大断裂为油气从烃源层运移至构造高部位提供了有利通道，为源外疏导体系。而浅部地层形成的构造圈闭通常受滑脱断层控制，如油砂山断层上盘的表褶背斜，构造轴线与地层构造轴线保持一致，为源内疏导体系，深层烃源岩生成的油气通过微裂缝等疏导体系运移至油砂内部聚集成藏，再二次运移至圈闭内部(图 7)。

4.2.2　岩性圈闭油气藏

(1) 四川盆地大安寨段碳酸盐岩

四川盆地大安寨段湖相碳酸盐岩的形成主要经历了成岩期油气初次邻近运聚、构造期规模运聚早期富集和构造后期规模运聚成藏三个阶段：有机质热演化、成岩埋深阶段，介壳灰岩在机械压实、重结晶、胶结等成岩作用的影响下发生储层致密化，成岩缝、孔隙或孔洞大部分被充填，仅存在少数有效或连通性孔缝，该时期以烃类的近源自生自储为主，烃源层排出的烃类因没有足够的有效储集空间，只能运移至邻近的储渗体；有机质由成熟向高熟转化阶段，在燕山期发生的破裂及构造形变作用的影响下碳酸盐储层形成了有效沟通的孔、洞、缝等储渗体，本层内或短距离运移来的液态烃/湿气沿形成的断裂和裂缝大规模运移至储渗体；进入有机质高成熟阶段时，印支期隆起带在南北应力的挤压下，形成了鼻状隆起或低缓背斜，燕山期形成的储渗体被进一步改造，在构造抬升、溶蚀等建设性成岩作用的影响下，孔、洞、缝等储渗体被进一步扩大，为油气的运移提供了充足的储集空间和运输通道(图 8)。总体上，大安寨段碳酸盐岩以近源或源内聚集成藏为主，为典型的岩性油气藏，无明显的油水界面，垂向上与凉高山组和沙溪庙段砂岩多层含油、叠合连片分布，不受构造圈闭的控制，在构造高部位、凹陷和斜坡区均产油。

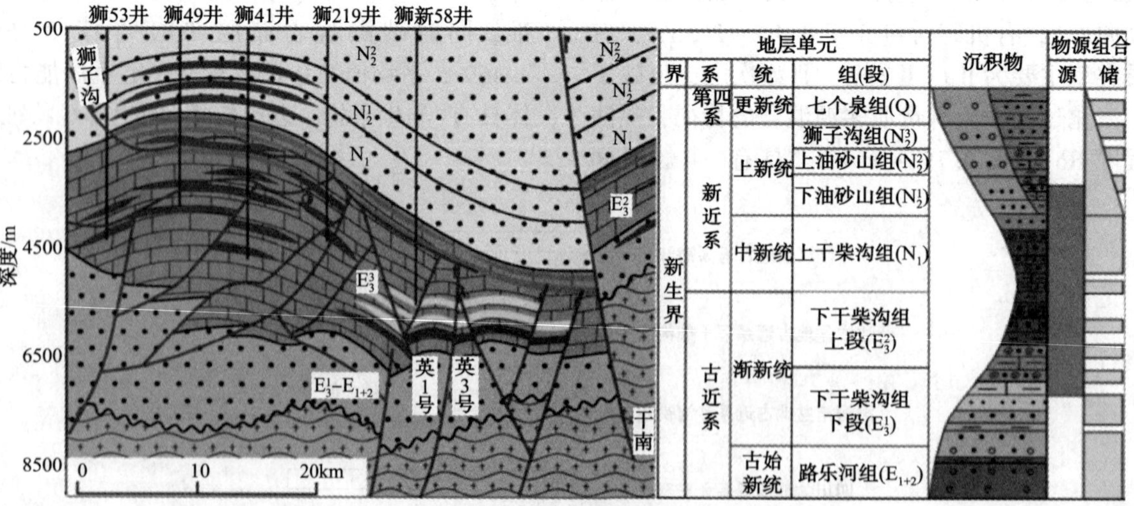

图 7　柴达木盆地西部地区英雄岭油气藏地质剖面图及地层分布示意图

(2) 江汉盆地潜江组碳酸盐岩

江汉盆地潜江组作为典型的盐湖碳酸盐岩油藏总体上具有烃源岩条件好。通过开展油源对比分析，油藏中原油主要来自上下段页岩和邻近洼陷区同层成熟烃源岩，且洼陷区烃源岩贡献比例由下向上逐渐增加。高生烃潜力、高有机质丰度的泥岩与碳酸盐岩储层互层，泥岩生成的油气纵向、侧向运移至碳酸盐岩储层中，在泥岩上盖层、下底板、侧向封闭的条件下，碳酸盐岩形成独立的超压含油气系统(图9)，油气聚集成为岩性油藏。此外，岩相是该类油藏油气富集成藏的基础，储集物性和地层压力控制油气产量，碳酸盐岩与页岩呈纹层状互层的岩相组合，具有烃源好、储集优、含油性高、超压等优越的页岩油地质条件：一是该类岩相组合形成温暖湿润气候环境下，水体分层明显，表层光合作用带湖泊藻类勃发、古生产力的大，地层水体盐度高、利于有机质保存，烃源条件好；二是该类岩相组合白云石、方解石晶间孔、溶孔发育，储集条件好；三是由于该类岩相组合往往发育在盐岩之间，富含有机质，生成的油气受上下盐岩封隔，滞留在盐间页岩系统中，含油性好，在封闭体系中形成生烃增压作用，压力系数高，后期产量高，稳产效果好。

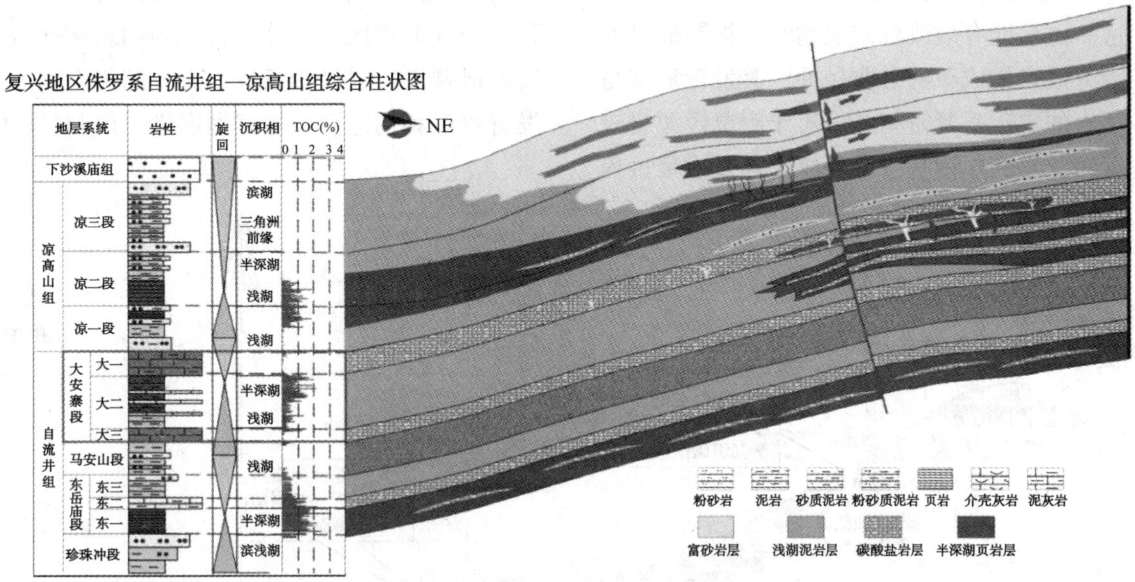

图8　四川盆地大安寨段淡水湖碳酸盐岩油藏成藏模式图

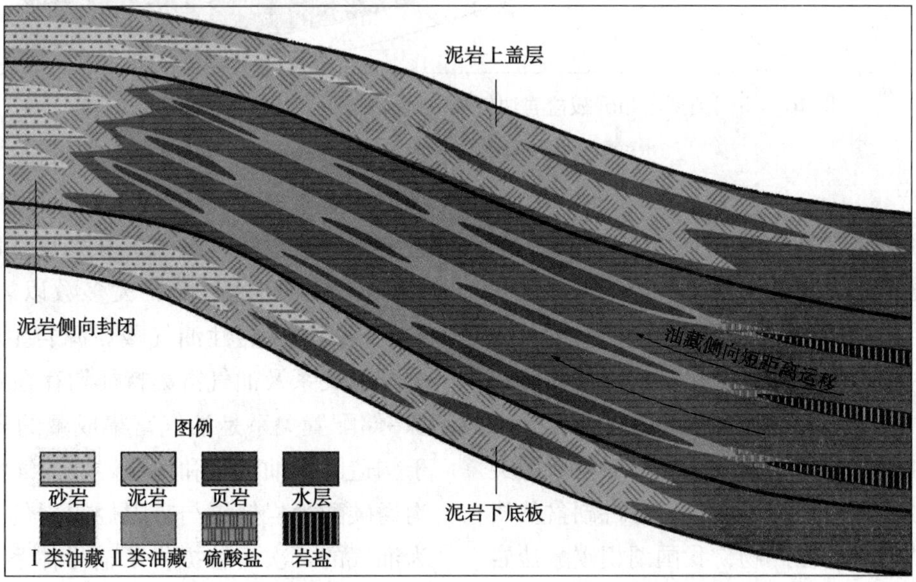

图9　江汉盆地潜江组盐湖碳酸盐岩油藏成藏模式图

4.3 湖相碳酸盐岩油气成藏控制因素分析

研究认为在湖相碳酸盐岩成藏过程中，良好的源-储匹配关系是油气富集的先决条件。相比淡水沉积，咸化湖盆中的烃源岩条件具有一定的先天优势，一方面，前文指出咸化环境能有效提高烃源岩的产烃率，另一方面淡水碳酸盐岩白云石基本不发育，孔隙度整体<3%的储层特点明显区分与渤海湾盆地、柴达木盆地等形成的咸化湖盆，同时咸化湖盆中的白云石含量明显增多，白云石含量增多的碳酸盐储层中，孔隙度也显著增大(>10%左右)，咸化环境有利于白云石作用，这一过程能有效改善储层物性。微裂缝是油气能否有效聚集成藏的必要条件，其发育程度与碳酸盐岩的渗透率紧密相关，对于距离烃源岩较远的碳酸盐岩储层而言，微裂缝是油气运聚过程中的"桥梁"石油气成藏过程中的关键一环，在后期油气开采过程中，微裂缝的存在成为了采油井井口周边的裂缝与碳酸盐岩孔隙连接的通道，保障了油气的快速递补，在柴达木盆地英西地区勘探实践中，裂缝不太发育的"盐间"油层组的产量远低于裂缝发育的"盐下"油层组的产量的现象便应证了这一观点，微裂缝的形成除了源自沉积过程中形成的层理缝和构造作用造成的破裂缝外，主要形成于烃源岩裂解过程中的生烃超压缝，同时，在这个过程中，异常高压加大了缝的开启，也使得油气可以顺着裂缝快速、高效的运移至油气低势区。总体而言，湖相碳酸盐岩油气富集成藏主要受烃源条件、有效储集空间、裂缝发育程度和构造部位等多因素耦合控制(图10)。

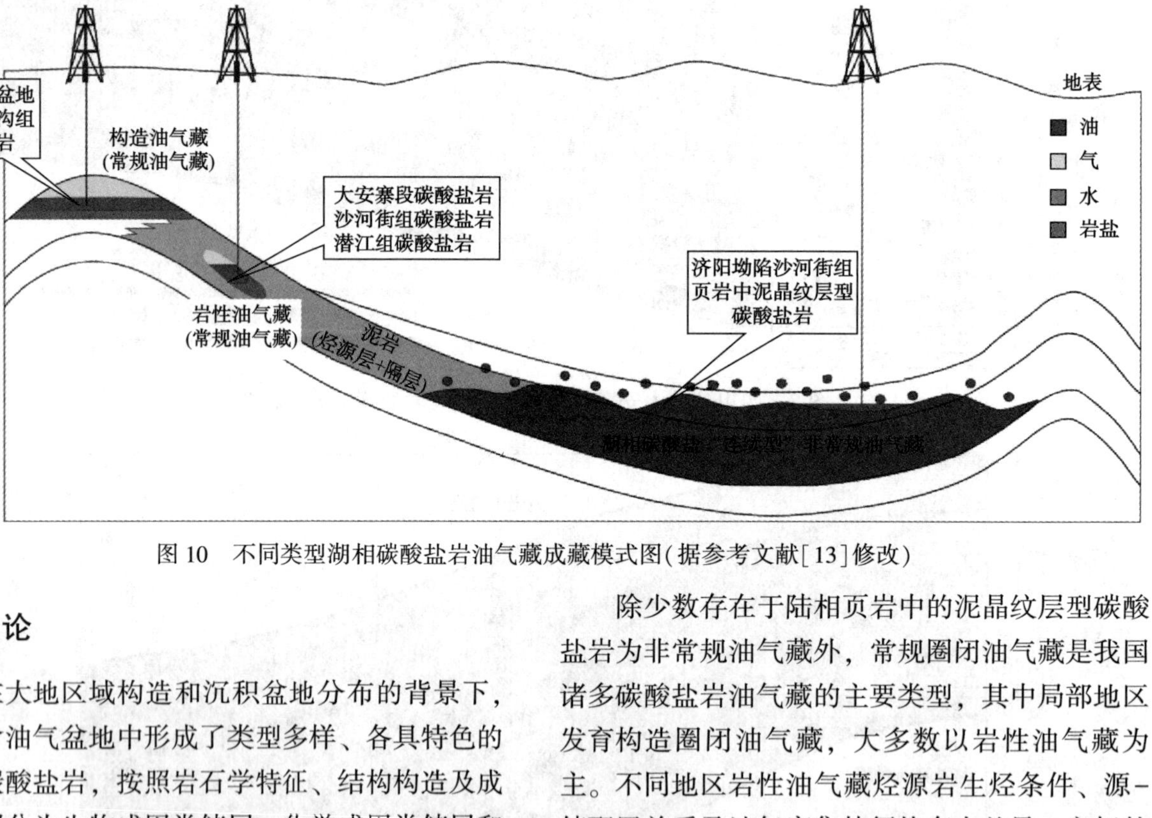

图10　不同类型湖相碳酸盐岩油气藏成藏模式图(据参考文献[13]修改)

5 结论

在大地区域构造和沉积盆地分布的背景下，各大含油气盆地中形成了类型多样、各具特色的湖相碳酸盐岩，按照岩石学特征、结构构造及成因可划分为生物成因类储层、化学成因类储层和机械/化学耦合成因类储层，不同类型碳酸盐岩储层储集物性及孔隙类型存在差异，生物成因类储层整体物性较好。湖相碳酸盐岩是古湖盆从淡水咸化为碱湖的阶段性产物，我国湖相碳酸盐岩划分为淡水湖盆、半咸水-咸水湖盆和盐湖中的碳酸盐岩3种类型，咸化环境对于提高烃源岩产烃能力，改善碳酸盐岩储层物性具有积极作用。

除少数存在于陆相页岩中的泥晶纹层型碳酸盐岩为非常规油气藏外，常规圈闭油气藏是我国诸多碳酸盐岩油气藏的主要类型，其中局部地区发育构造圈闭油气藏，大多数以岩性油气藏为主。不同地区岩性油气藏烃源岩生烃条件、源-储配置关系及油气富集特征均存在差异，良好的源-储配置关系是油气富集成藏的先决条件，对于构造圈闭油气藏和部分岩性油气藏，微裂缝是沟通碳酸盐岩储层与有限烃源岩的直接"桥梁"，为油气的二次运移提供了输导体系，在"自生自储型"油气藏内，超压封存和泥岩的封盖能力是油气有效保存的直接原因。非达西渗流是流体运移的源动力，"超压+扩散"的驱动力保障了油气的渗流，因此近源或远源成藏的碳酸盐岩储层均可以作为良好的勘探资源。

参 考 文 献

[1] 穆龙新，万仑昆．全球油气勘探开发形势及油公司动态(勘探篇·2017)[M]．北京：石油工业出版社，2017.

[2] 杜韫华．中国湖相碳酸盐岩油气储层[J]．陆相石油地质，1992，3(6)：25-37.

[3] 刘震，张军华，王静，等．湖相碳酸盐岩研究进展及展望[J]．石油地球物理勘探，2022，57(2)：482-497.

[4] Gibbs A G，Perkins M C，Markow T A. No place to hide：Microclimates of Sonoran Desert Drosophila[J]. Journal of Thermal Biology，2003，28(5)：353-362.

[5] Willianmson C R，Picard M D. Petrology of carbonate rock of the Green River Formation (Eocene) [J]. Journal of Sedimentary Research，1974，44 (3)：738-759.

[6] Muniz M C，Bosence D W J. Lacustrine carbonate platforms：facies，cycles，and tectonosedimentary models for the presalt Lagoa Feia Group (lower Cretaceous)，Campos Basin，Brazil. AAPG Bulletin，2018，102 (12) ：2569-2597.

[7] Gierlowski－Kordesch. E. H. Chapter1：Lacustrine Carbonates. Developments in Sedimentology，2010，61：1-101.

[8] Arribas M E，Bustillo A，Tsige M. Lacustrine chalky carbonates：Origin，physical properties and diagenesis (Paleogene of the MadridBasin，Spain) . Sedimentary Geology，2004，166(3-4)：335-351.

[9] Carvalho M D D，Praca U M，Jr S T，Jahnert R J，Dias J L. Bioclastic carbonate lacustrine facies models in the Campos Basin (Lower Cretaceous)，Brazil. In：Gierlowski－Kordesch E H，Kelts K R. (eds) . Lake Basins Through Space and Time. AAPG Studies in Geology，2000，46. AAPG，Tulsa，Oklahoma：245-256.

[10] Schmoke J W，Halley R B. Carbonate porosity versus depth：A predictable relation for South Florida. AAPG Bulletin，1982，66(12)：2561-2570.

[11] Wright V P，Zarza A M A，Sanz M E，Calvo J P. Diagenesis of Late Miocene micritic lacustrine carbonates，Madrid Basin，Spain. Sedimentary Geology，1997. 114(s1-4) ：81-95.

[12] 闫伟鹏，杨涛，李欣，等．中国陆上湖相碳酸盐岩地质特征及勘探潜力[J]．中国石油勘探，2014，19 (4)：11-17.

[13] 杜江民，龙鹏宇，杨鹏，等．中国陆相湖盆碳酸盐岩储集层特征及其成藏条件[J]．地球科学进展，2020，35(1)：52-69.

[14] 夏青松，田景春，倪新锋．湖相碳酸盐岩研究现状及意义[J]．沉积与特提斯地质，2003，23(1)：105-112.

[15] 孙钰，钟建华，袁向春，等．国内湖相碳酸盐岩研究的回顾与展望[J]．特种油气藏，2008，15(5)：1-7.

[16] 杜韫华．中国湖相碳酸盐岩油气储层[J]．陆相石油地质，1992，3(6)：25-37.

[17] 杜金虎，何海清，杨涛，等．中国致密油勘探进展及面临挑战[J]．中国石油勘探，2014，19(1)：1-9.

[18] 王英华，周书欣，张秀莲．中国湖相碳酸盐岩[M]．北京：中国矿业大学出版社，1991.

[19] 陈磊，丁靖，潘伟卿，等．准噶尔盆地玛湖凹陷西斜坡二叠系风城组云质岩优质储层特征及控制因素[J]．中国石油勘探，2012，17(3)：8-11.

[20] 李勇，钟建华，温志峰，等．济阳坳陷古近系湖相生物礁油气藏研究[J]．沉积学报，2006，24(1)：56-67.

[21] 匡立春，唐勇，雷德文，等．准噶尔盆地二叠系成化湖相云质岩致密油形成条件与勘探潜力 [J]．石油勘探与开发 ，2012，39(6)：657-667.

[22] 蒲秀刚，周立宏，肖敦清，等．黄骅坳陷歧口凹陷西南缘湖相碳酸盐岩地质特征[J]．石油勘探与开发，2011，38(2)：136-144.

[23] 陈登钱，沈晓双，崔俊，等．柴达木盆地英西地区深部混积岩储集层特征及控制因素．岩性油气藏，2015，27(5) ：211-217.

[24] 丁一，李智武，冯逢，等．川中龙岗地区下侏罗统自流井组大安寨段湖相混合沉积及其致密油勘探意义[J]．地质论评，2013，59(2)：389-400.

[25] 姜秀芳．济阳坳陷湖相碳酸盐岩沉积主控因素．油气地质与采收率，2011，18(6) ：23- 27，112.

[26] 赵兰全．咸化湖盆缓坡带碳酸盐岩岩石学特征及沉积模式：以东营凹陷古近系沙四上亚段为例．西安石油大学学报(自然科学版)，2022，37(4)：10-16，35.

[27] 黄成刚，常海燕，崔俊，等．柴达木盆地西部地区渐新世沉积特征与油气成藏模式[J]．石油学报，2017，38(11)：1230-1243.

[28] 李鹏飞，康麒龙，权小康，等．湖相碳酸盐岩沉积环境及油气成藏条件分析[J]．辽宁化工，2015，45(4)：433-435.

[29] 王振升，周育文，刘艳芬，等．歧口凹陷西南缘湖相碳酸盐岩油气聚集规律浅析[J]．中国石油勘探，2012，17(2)：17-21.

[30] 蒲秀刚，周立宏，肖敦清，等．黄骅坳陷岐口凹陷西南缘湖相碳酸盐岩地质特征[J]．石油勘探与开发，2011，38(2)：136-144.

[31] 王芝尧，卢异，刘志英．歧口凹陷构造演化特征及控油气作用[J]．中国石油勘探，2013，18(1)：15-21.

[32] 邹才能，张国生，杨智，等．非常规油气概念、特征、潜力及技术——兼论非常规油气地质学[J]．石油勘探与开发，2013，40(4)：385-397.

[33] 黄成刚，王建功，吴丽荣，等．古近系湖相碳酸盐岩储集特征与含油性分析——以柴达木盆地英西地区为例[J]．中国矿业大学学报，2017，46(5)：909-922.

[34] 黄成刚，袁剑英，田光荣，等．柴西地区始新统湖相白云岩储层地球化学特征及形成机理[J]．地学前缘，2016，23(3)：510-521.

[35] Zhao Fan. Lacustrine algal limestone reservoir in western Qaidam Basin，China [J]. Carbonates and Evaporites，2015，30(2)：127-133.

[36] 朱明，霍进杰，白雪峰．准噶尔盆地风城地区风城组叠前裂缝检测技术应用 [J]．中国石油勘探，2011，16(5-6)：25-28.

[37] 韩刚，张文婧，黄清华，等．松辽盆地白垩系青山口阶界线层型剖面研究[J]．地层学杂志，2012，36(3)：569-578.

[38] 刘护创，王文慧，陈治军，等．银额盆地哈日凹陷白垩系云质泥岩气藏特征与成藏条件[J]．岩性油气藏，2019，31(2)：24-34.

[39] Wang J，Jiang Z，Zhang Y. Subsurface lacustrine storm-seiche depositional model in the Eocene Lijin sag of the Bohai Bay Basin，East China [J]. Sedimentary Geology，2015，328：55-72.

[40] 王东，王国芝，郝雪峰，等．东营凹陷沙四段碳酸盐岩稀土元素地球化学特征[J]．沉积与特提斯地质，2009，29(4)：62-67.

[41] 宋国奇，王延章，石小虎，等．东营沙四段古盐度对碳酸盐岩沉积的控制作用[J]．西南石油大学学报(自然科学版)，2013，35(2)：8-14.

[42] 朱超，刘占国，宋光永，等．柴达木盆地英雄岭构造带古近系湖相碳酸盐岩沉积模式、演化与分布[J]．石油学报，2022，43(11)：1558-1567.

[43] 黄成刚，常海燕，崔俊，等．柴达木盆地西部地区渐新世沉积特征与油气成藏模式[J]．石油学报，2017，38(11)：1230-1243.

[44] 蔡媛，孔祥鑫，姜在兴，等．潜江凹陷古近系盐间地层沉积环境与有机质富集——以潜江组三段下亚段 10 号韵律为例[J]．石油学报，2022，43(05)：605-616+636.

[45] Cao Z，Wei Z，Lin C，et al. The kinetics of oil generation inasaline basin：A case study of the source rock of Tertiary in Zhahaquan Depression，Qaidam Basin，China[J]. Petroleum Science and Technology，2014，32(21)：2648-2657.

[46] 吴丽荣，黄成刚，袁剑英，等．咸化湖盆混积岩中双重孔隙介质及其油气储集意义[J]．地球科学与环境学报，2015，37(2)：59-67.

[47] 白晓寅，韩长春，贺永红，等．银额盆地哈日凹陷火成岩发育特征及其成藏作用[J]．岩性油气藏，2018，30(6)：18-26.

[48] 吴丰，罗莹莹，李昱翰，等．四川盆地公山庙油田大安寨段湖相灰岩-页岩与测井识别[J]．地质科技通报，2022，41(05)：55-67.

[49] 孙志民，胡明毅，邓庆杰，等．四川盆地平昌地区侏罗系大安寨段沉积特征及演化模式[J]．大庆石油地质与开发，2022，41(06)：32-41.

[50] 贾承造．论非常规油气对经典石油天然气地质学理论的突破及意义[J]．石油勘探与开发，2017，44(1)：1-11.

[51] 初广震，张矿明，柳佳期．湖相碳酸盐岩油气资源分析与勘探前景[J]．资源与产业，2010，12(2)：99-102.

叠前反演分频融合技术在新场须二气藏开发中的应用

钱玉贵　赵　爽

（中石化西南油气分公司勘探开发研究院）

摘　要　新场须家河组二段致密砂岩气藏随着开发不断深入，大量水平井工艺被采用，为保证水平段在优质储层中钻进，储层精细预测至关重要。须二段致密砂岩优质储层具有非均质性强、储层薄等特点。前期储层预测开展大量研究工作，确定性反演受限于地震资料纵向分辨率、随机模拟反演受限于测井资料横向分辨率，导致单一反演结果往往不能满足气藏精细开发（描述）需求。针对上述问题，本文将钻井（测井）低频信息、地震中频信息和随机模拟高频信息通过机器深度学习技术进行有机融合，不仅提高了薄储层预测精度，同时也保证了储层横向预测吻合度，实现优质储层综合预测。后经A-1H井钻井证实，该方法行之有效，预测结果对储层研究、成藏分析和井位部署等提供了有效支撑，在新场须家河组二段气藏开发中取得较好应用效果。

关键词　优质储层；分辨率；确定性反演；随机模拟；叠前地质统计学反演；机器深度学习

Application of prestack spectral decomposition and fusion inversion technology in the development of Xu2 gas reservoir of Xinchang

Qian Yugui　Zhao Shuang

(Exploration and Production Research Institute, SINOPEC Southwest Oil & Gas Company)

Abstract　As the development of the tight sandstone gas reservoir in the second section of the Xujiahe Formation in Xinchang continues to deepen, a large number of horizontal well techniques are adopted. To ensure that the horizontal section is drilled in high-quality reservoirs, precise reservoir prediction is crucial. The high-quality reservoir of tight sandstone in the second section of the Xu Formation has the characteristics of strong heterogeneity and thin reservoir. A large amount of research work has been carried out in the early stage of reservoir prediction, and deterministic inversion is limited by vertical resolution, while stochastic simulation inversion is limited by horizontal resolution, resulting in single inversion results often unable to meet the needs of fine development of gas reservoirs. In response to the above issues, this article organically integrates drilling low-frequency information, seismic intermediate frequency information, and randomly simulated high-frequency information through machine deep learning technology to achieve comprehensive prediction of high-quality reservoirs. This not only improves the prediction accuracy of thin reservoirs, but also ensures the lateral prediction accuracy of reservoirs. After drilling in well A, this method has been proven effective, and the prediction results provide effective support for reservoir research, reservoir analysis, and well location deployment. It has achieved good application results in the development of the second section of the Xujiahe Formation gas reservoir in Xinchang.

Key wordst　High quality reservoir; Resolution; Deterministic inversion; Stochastic simulation; Pre-stack simultaneous Inversion Technology; machine deep learning.

新场须二气藏已开发 20 余年，前期针对储层预测开展了大量研究工作，包括地震属性方法、叠后反演技术、叠前反演技术，多波反演技术等，每一种方法技术在气藏不同开发阶段都发挥了重要作用。随着气田开发不断深入，开发目标由易变难，气藏富集规律越发复杂，优质薄储层预测更加困难，尤其是水平井技术的应用，更需要精准的储层预测结果来保证钻井水平段在优质储层中钻进。研究发现，叠后反演技术在研究区不能解决储层与围岩叠置问题，而叠前同时反演技术可以得到纵波阻抗体、横波阻抗体、纵横波速度比体和密度体，能够解决复杂波阻抗储层的识别问题，但反演受地震频带限制，纵向分辨率有限。基于随机建模技术的叠前地质统计学反演方法，能有效地综合地质、测井和三维地震数据，极大地提高储层预测结果的纵向分辨率，但受限于变程参数不易确定，导致该方法反演结果横向分辨率往往较差。本文根据两种方法特点，采用目前比较广泛的机器深度学习技术，把叠前确定性反演结果和叠前模拟反演结果进行分频段融合，实现储层精细预测，该方法不仅保留了模拟结果纵向分辨率的优势，同时，保留了确定性反演结果横向分辨率的优势，储层预测精度得到较大提高，预测结果在新场地区钻井部署中发挥了重要作用。

1　研究区概况

新场须二气田处于四川盆地川西坳陷中段孝泉-丰谷北东东向大型隆起构造带上，该隆起构造带位于彭州-德阳向斜和梓潼向斜之间，是从晚三叠世以来经历了多期构造运动的古今复合大型隆起带。工区内发育多条东西向和南北向大断裂，是须二气藏成藏的主要运移通道。新场须二主要为辫状河三角洲沉积，发育厚大砂岩，纵向上砂岩的粒度变化较大，横向上岩性变化较快，储层非均质性强，储层孔隙度一般在 5%左右，属于致密储层，有效优质储层薄。储层波阻抗特征与泥岩叠置严重，地震属性变化同时受到岩性变化和孔隙变化等多重因素影响，属于常规属性和叠后反演难以识别的隐蔽储层。须二下覆地层马鞍塘-小塘子组发育巨厚泥页岩，可作为须二气藏的烃源岩，为其提供充足气源；上覆地层须三段为泥页岩沉积，可作为良好盖层。新场须家河组二段满足成藏的基本地质条件。

2　方法技术

叠前反演分频融合技术旨在解决确定性反演纵向分辨率低、随机模拟反演横向分辨率低的问题，通过分频段融合技术充分挖掘确定性反演横向分辨率高、随机模拟反演纵向分辨率高的优势，进而实现优质储层的精准预测。无论哪种地震储层预测技术，都是基于地震数据开展研究工作，但地震数据的频带宽度有限，缺失了甚高频和低频的信息。高频信息的缺失影响薄层的分辨率，而低频信息的缺失则影响储层的变化趋势。图 1 为不同频带数据频谱，第 1 部分(约 0~10HZ)为低频部分，代表地层长旋回背景，反应地层的横向展布趋势，具有连续、平稳特点，可以应用钻井资料采用克里金或等距离加权等插值方法进行建模实现；第 2 部分(约 0~90HZ)是地震频带，可以采用叠前确定性反演技术实现，此时反演的结果与原始地震资料的分辨率相当，往往可以预测较为厚大砂体储层；第 3 部分(约 90HZ 以上)表征的是超短旋回的地层，此时储层连续性差、随机性强，应采用满足地质统计规律的叠前随机模拟反演技术实现。最后把每个实现作为机器学习的输入，根据钻井上的学习，最终实现储层的预测。

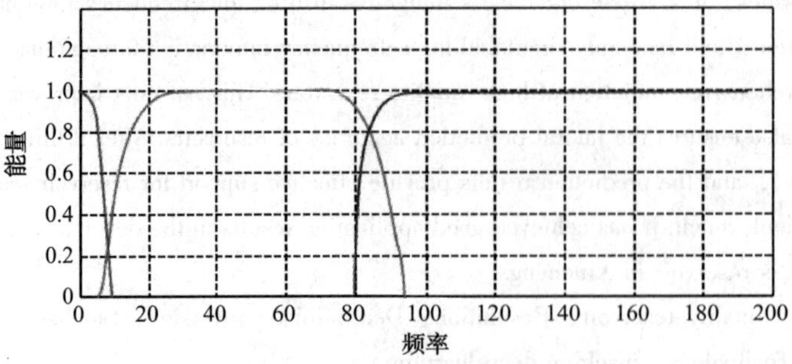

图 1　不同频带能量谱

2.1　叠前确定性反演

叠前多角度道集的同时反演以常规约束稀疏脉冲反演技术为基础，根据选择的弹性参数配置，对不同角度或者偏移距叠加后的多个地震数据体同时进行反演，生成纵波阻抗、横波阻抗、纵横波速度比等数据体，此反演方法可以解决子波随偏移距变化的问题，即每一个角道集都对应一个子波。对于每个叠加道集数据应用相同的褶积模型，应用 Knott－Zoeppritz 方程或者 Aki－Richards 近似方法，确定适合每个叠加道集数据的反射系数。同时反演还可对小块三维数据体进行操作，这使得可以对多道数据同时进行反演，而不是传统意义上的单道反演。在叠前同时反演过程中需注意三个方面：

首先，该算法中的关键参数之一 λ，该系数用于控制每个等角度道集反射系数序列的稀疏程度，进而也就控制了合成记录与实际地震资料匹配程度。λ 值越小，角度道集的反射系数序列越稀疏；λ 值越大，从稀疏反射系数序列得到的合成地震数据与实际地震数据之间的符合程度越高。如果 λ 值选择过高，在模型中会加入地震数据的噪音。如果 λ 值选择太小，在所建立的模型将无法提取细小的地质信息。在测试 λ 参数时，需检查反演得到的纵波阻抗、纵横波速度比和测井测量的纵波阻抗、纵横波速度比之间的相关关系。

期次，叠前同时反演算法可直接得到绝对弹性参数模型。实测地震数据中缺失的低频成分无法直接从反演中得到，需要建立低频趋势模型作为反演的约束条件。在反射率域首先进行角度道集数据的非约束反射率反演。通过加权叠加，将得到的反射系数转换成为弹性参数。得到的弹性参数进一步与低频模型组合为弹性参数。对于弹性参数，开展完全约束同时反演，以提高合成地震记录与输入角度叠加道集数据之间的相关性。

最后，软空间约束用于沿层方向上，约束反演结果的横向突变。可以在弹性参数模型中消除随机噪音，增强弹性模型的横向连续性。软空间约束同样有助纵波阻抗、横波阻抗、纵横波速度比等模型更加稳定。通过调整软空间约束的强度，可以在反演的弹性模型中保留重要的横向变化信息。

2.2　叠前随机反演

叠前随机反演目前比较成熟的技术有叠前地质统计学反演和叠前波形指示模拟，根据钻井密度和地质分布特征，本文研究采用叠前地质统计学反演技术实现高频部分反演。叠前地质统计学反演以地质统计学分析为基础，主要包括随机模拟过程和反演过程。通过对地震和测井数据进行统计分析，求取变差函数，选择合适的随机模拟算法和反演算法，得到高分辨率的数据体。当然在提高纵向分辨率的同时也会引入误差，通过应用多次的等概率模拟，可以得到多个与井资料、地质信息，地震资料相吻合模拟结果，基于多个模拟实现可以求取最大似然属性体。

叠前地质统计学反演方法采用严格的马尔科夫链蒙特卡洛算法，通过将地震和岩相、测井曲线、概率分布函数、变差函数等信息相结合，定义严格的概率分布模型，通过对井资料和地质信息的分析后获得概率分布函数和变差函数。其中概率分布函数描述的是特定岩性对应的岩石物理参数在空间的概率分布情况，对于序贯高斯模拟要求数据服从高斯分布，因此模拟前应对数据进行分析，若不服从高斯分布，需要进行数据转换。而变差函数描述的是横向和纵向地质特征的结构和特征尺度，是地质统计学中描述区域化变量空间结构性和随机性的基本工具。地质统计学反演中垂向变差函数从井数据求取，水平方向变差函数根据已经建立的地质信息库信息，结合研究区的沉积环境特征，地震属性分析，定性确定不同沉积环境下沉积体的变差函数。

2.3　机器学习分频融合技术

随着计算机算力的提高使得多层次网络机器学习应用到生产中得以实现，训练更复杂的网络变得更为快捷，现已成为最受欢迎的数据挖掘工具。随着机器学习技术在各个领域不断应用，现已开发出多种机器学习模型，如卷积神经网络模型、决策树模型、支持向量机模型和随机森林模型等。这些具有算法的机器学习模型被用于多个领域并取得了很好的应用效果。深度学习是机器学习领域里更高阶、更深层的方法技术，主要运用统计学、应用数学等理论知识，通过建立多层神经元或采用多个非线性转换函数来学习训练以实现目标属性更深层的表征。在众多的深度学习方法中，应用最为广泛的模型为全连接网络模型，该模型的基本原理如下：

假设一个由 n 个输入层、n 个隐藏层和一个输出层构成的全连接模型。n 个输入层子空间的期望值构成的输入层，数据可表示为(x_1，x_2，$x_3 \cdots x_n$)。n 个隐藏层的第 i 层可表示为 i^n 维全连接层，数据可表示为(y_{i1}，y_{i2}，$y_{i3} \cdots y_{in}$，)，$y_{im} = \sum_{a=1}^{n} x_a w_{am} + b_m$，$m \in [1, n]$，其中隐藏层之间分别通过激活函数 tanh 和 Leaky relu 连接，依次作为隐藏层的计算；最后产生一维输出层数值 Y_{out}，由输出值 Y_{out} 与实际目标值的最小均方差构建损失函数。采用实际属性值样本点作为训练数据与验证数据训练网络模型，由损失函数通过前向传播和反向传播控制训练吻合度，最终完成属性预测网络模型训练。

双曲正切激活函数(tanh)表达式为：$f(x) = \tanh(x)$，

Leaky Relu 激活函数表达式为：$\mathrm{LeskyRelu}(x) = \begin{cases} x, & x>0 \\ ax, & x<0 \end{cases}$

损失函数(Lose)表达式为：$\mathrm{MSE} = \frac{1}{n}\sum_{i}^{n}(y_{out} - y'_{in})^2$

3　应用实例

新场地区须家河组二段气藏高效开发受控于优质储层和裂缝发育程度，其中优质储层是高效开发的物质基础。前期开展多轮的储层预测研究，分别从叠后反演、叠前反演、确定性反演、模拟反演和多波反演开展了大量研究工作，每种方法都取得一定效果但都具有局限性。根据新场须二段开发需求，本文从多种方法预测结果特点出发，通过机器深度学习方法有效融合了确定性反演结果和统计学反演结果，因此，既保留了确定性反演结果横向分辨率的优势，同时也发挥了统计学反演纵向分辨率较高的优势，使得优质储层预测精度大大提高，有效支持开发建产。

3.1　储层基本特征

新场须家河组二段致密砂岩气藏埋深4500m左右，主要为辫状河三角洲沉积环境，发育大套的砂岩，砂岩类型主要为岩屑石英砂岩、石英砂岩、长石岩屑砂岩，其中在砂岩之间分布不均匀的泥岩条带。对研究区15口取芯钻井1481个样品进行物性分析，孔隙度主要分布在1~6区间，孔隙发育程度极差，渗透率普遍低于 $0.06 \times 10^{-3} \mu m^2$，基质渗透性极差。总体上须二段储层受岩相变化影响，具有岩性复杂、物性差、储层类型多样、岩相变化快、非均质性强等特点(图2)。

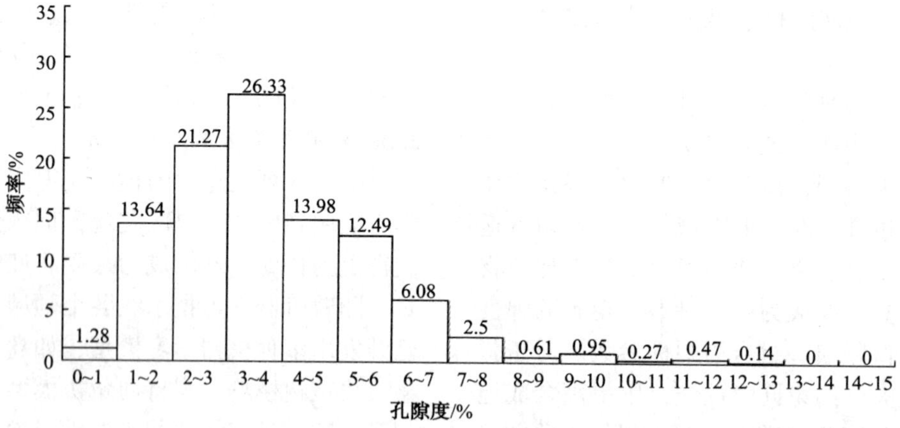

图2　物性分析图

3.2　储层敏感参数分析

须二储层岩性主要为致密砂岩，因此，优质储层预测思路为先剔除泥岩影响，然后在砂岩中进行高孔隙砂岩预测。从钻井弹性参数与岩性的直方图统计表明，砂岩的纵波速度略大于泥岩，砂岩和泥岩的纵波阻抗叠置非常严重，但纵横波速度比可以有效识别砂岩和泥岩，如图3所示。因此，纵横波速度比是个对岩性非常敏感且与地震相关的弹性参数，可以作为优质储层预测过程中深度学习的输入。

根据测井孔隙度解释结果与弹性参数的交汇分析，孔隙度与砂岩纵波阻抗有很好的负相关性(图4)，优质储层主要位于低波阻抗区域，这也意味着在岩性有效划分前提下，通过钻井物性解释结果与阻抗的学习，把反演得到的阻抗作为深度学习的输入可以得到准确的孔隙度体。

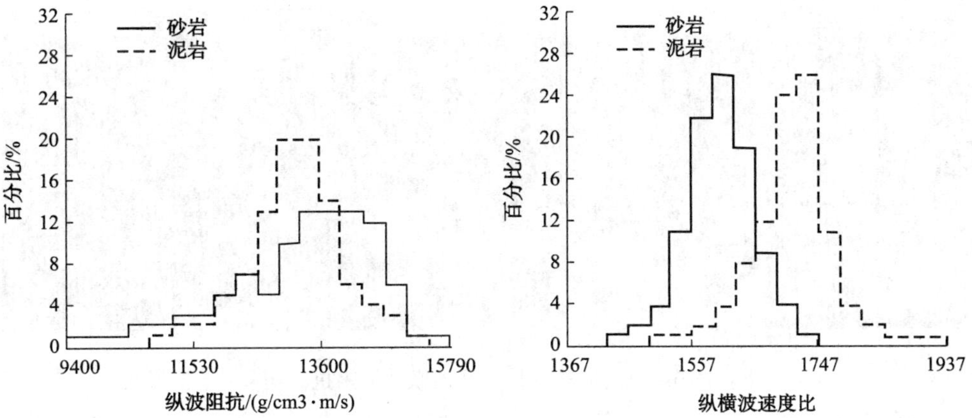

图3　岩性敏感参数统计结果

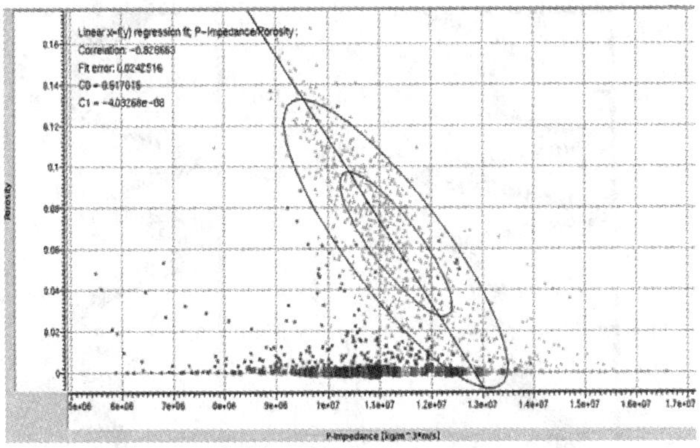

图4　须二砂岩样本孔隙度和波阻抗交汇图

3.3　叠前同时反演

AVO叠前同时反演得到了地震分辨率下精确的岩石弹性参数数据体，在测井资料的约束下对不同角度或者偏移距部分叠加后的多个地震数据体同时进行反演，生成纵波阻抗、横波阻抗、纵横波速度比等数据体。对于同时反演结果，横向分辨率较高，但纵向分辨率较差，如图5所以。叠前同时反演涉及的主要步骤有：①地震子波提取；②根据地质模型建立纵波阻抗、纵横波速度比和密度的低频约束模型；③部分叠加数据体的AVO/AVA约束稀疏脉冲同时反演。

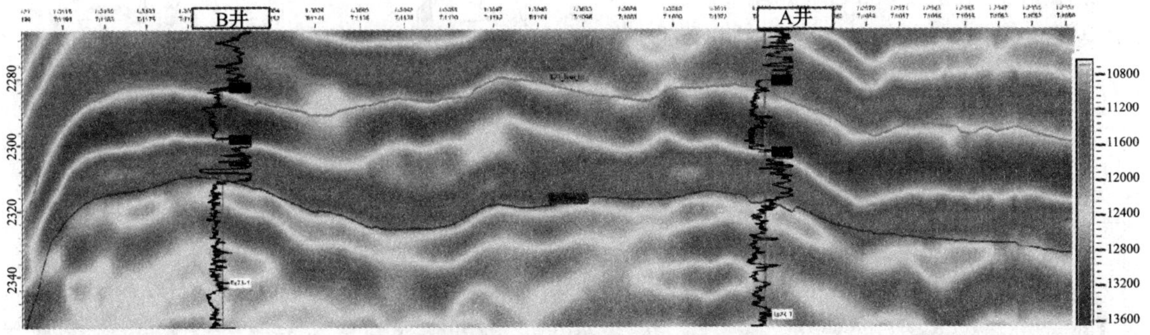

图5　叠前确定性反演联井波阻抗剖面

3.4　叠前地质统计学反演

叠前地质统计学反演重点工作是参数的选择，通过对工区内15口测井曲线质量好的井进行分析，确定阻抗概率分布严格服从高斯分布，中值为1.14952e+07(kg/cm^3·m/s)，方差为1.478611(kg/cm^3·m/s)^2；变差函数的求取来自于井震拟合，在拟合的过程中需要确定三个方向的变程(纵向、横向之东西向、横向之南北向)，由于纵向样本点较多，拟合的纵向变程比较落实，通过对高斯型和指数型拟合的比较，本地区指数型拟合较好，纵向变程为6m；而其余两个水平方向的变程往往由于横向采样数据点不足，研究中是通过对地质沉积规律的认识来确定，可以通过测试稳定分布泥岩或煤层反演结果确定变程参数。为了减小单次模拟造成的统计学涨落误差，进行了20次岩性模拟，然后对20次实现的岩性概率体和属性概率体进行统计计算，得到阻抗体和纵横波速度比体，虽然纵向有较高分辨率，但横向连续性较差，如图6所示。

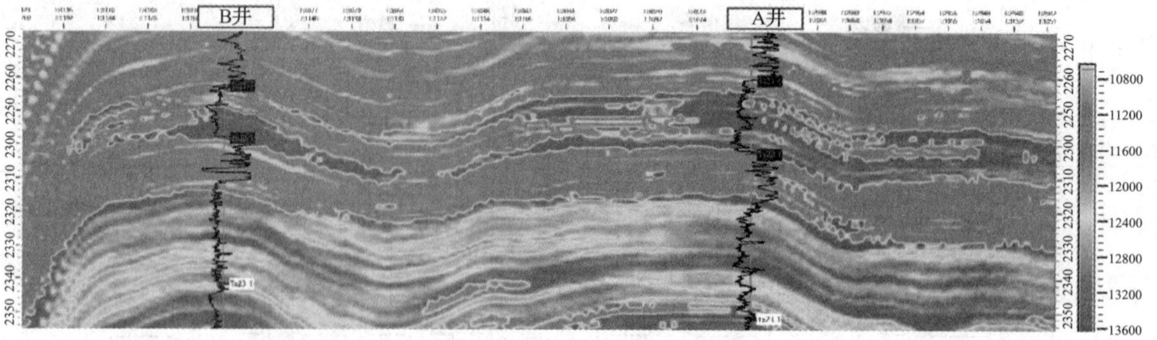

图 6　叠前地质统计学反演联井波阻抗剖面

3.5　深度机器学习储层预测

深度学习开展储层预测学习样本和参数选取十分重要，需要根据实际钻井资料开展多次重复试验，最终确定输入的参数和计算层数，在学习过程中可以与实际目标曲线对比，满足要求择参数正确，切记学习过度。如图 7 所示，为学习后与实际曲线对比，红色为原始曲线，蓝色为学习曲线，从对比结果看，学习结果与实际结果对比度较高，说明学习参数确定合理。以叠前同时反演阻抗数据和叠前地质统计学反演阻抗数据作为输入，以纵横波速度比作为岩性约束，根据孔隙度和阻抗之间的负相关关系，采用机器深度学习方法实现孔隙度预测，预测结果如图 8 所示，从预测结果看，在保留了横向连续性的同时提高了纵向分辨率。

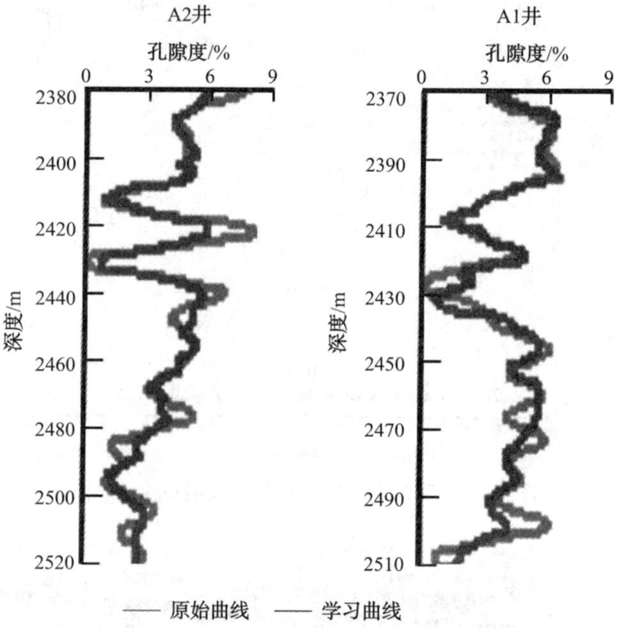

图 7　深度学习参数确定(红色曲线为原始，蓝色曲线为学习)

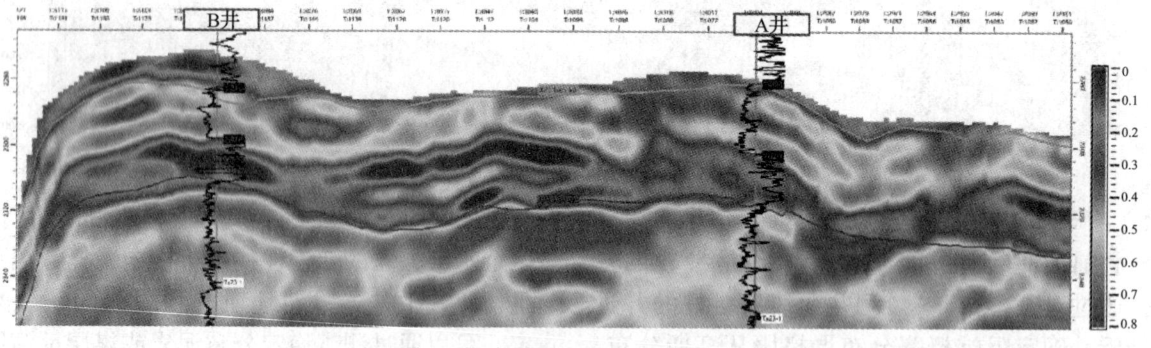

图 8　深度学习联井孔隙度剖面

3.6　效果分析

本文的研究成果直接应用到 A-1H 水平井部署及靶窗制定，从预测结果得知，TX21 砂组存在两套砂岩(图 9)，在原始储层预测剖面上不能有效区分，根据最新研究成果建议水平井轨迹在 TX21 砂组砂岩下部钻进，在水平井钻进过程中，根据储层预测结果实时调整钻井轨迹，最终实现该井顺利完钻，最终储层钻遇率达 90%以上。

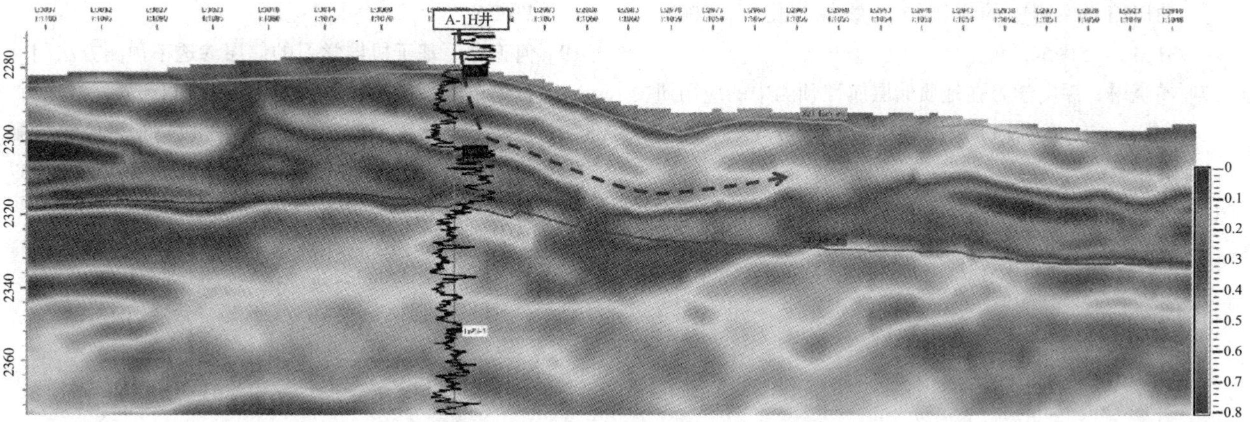

图 9　A-1H 井水平估计设计孔隙度剖面

4　结论

（1）须家河组致密砂岩储层往往具有储层薄、横向非均质性大的特点，叠后反演技术难以准确预测，叠前储层预测技术常规属性分析难以解决储层识别和量化预测问题。

（2）叠前确定性反演主要依据地震，因此具有很高的横向分辨率，但纵向分辨率与地震保持一致，往往不能直接满足薄储层预测需求；叠前地质统计学反演具有很高的纵向分辨率，但受限于变程(变差函数)参数不准，横向分辨率较差。

（3）叠前反演分频融合技术重点采用深度机器学习技术，将叠前确定性反演结果和叠前地质统计学反演结果有效融合，即提高了纵向分辨率，同时保持了反演的横向分辨率。实践证明，该方法在生产中行之有效。因此，该技术具有较广阔的发展空间，有望在气藏开发中发挥越来越大的作用。

参　考　文　献

[1] 伊万顺，陈绪清，徐海，等．叠前道集地层约束反演技术在砂砾岩储层预测中的应用[J]．大庆石油学院学报，2009，33(2)：27-30.

[2] 刘百红，李建华，魏小东，等．随机反演在储层预测中的应用[J]．地球物理学进展，2009，24(2)：581-589。

[3] HAAS A，DUBRULE O. Geostatistical inversion—A sequential method for stochastic reservoir modeling constrained by seismic data [J]. First Break，1994，3(12)：25-29.

[4] 季玉新，刘春园，陈冬，等．分频反演方法及其在塔河 A 区储层预测中的应用[J]．石油与天然气地质，2010，31(1)：38-42。

[5] 黄林军，潘建国，黄玉，等．分频反演技术在准东 XIQ 地区古沟谷薄砂层储层预测中的应用[J]．石油天然气学报，2012，34(11)：52-55。

[6] 代玲，万钧，罗泽．分频反演精细储层预测[J]．中外能源，2021，26(12)：48-53。

[7] 张新超，李锋，严永新，等．分频融合反演技术在春光探区的应用[J]．石油地球物理勘探，2018，53(5)：1006-1013。

[8] 赵继龙，熊冉，陈戈，等．分频重构反演及在薄互层储层预测中的应用[J]．西南石油大学学报：自然科学版，2014，36(4)：47-54。

[9] 郎晓玲，彭仕宓，康洪全，等．叠前同时反演方法在流体识别中的应用[J]．石油物探，2010，49(2)：164-169.

[10] 吴淑玉，陈建文，刘俊，等．叠前同时反演技术在南黄海崂山隆起储层预测中的应用[J]．海洋地质与第四纪地质，2018，38(3)：162-174.

[11] 成德安．叠前同时反演在复杂岩性预测中的应用[J]．油气地球物理，2017，15(3)：32-36.

[12] 黄饶，刘志斌．叠前同时反演在砂岩油藏预测中的应用[J]．地球物理学进展，2013，28(1)：380-386.

[13] 何火华，李少华，杜家元，等．利用地质统计学反演进行薄砂体储层预测[J]．物探与化探，2011，35(6)：804-808.

[14] 赵林．马尔可夫链蒙特卡罗模拟在储层反演中的应用[J]．石油天然气学报，2009，24(2)：249-252.

[15] 孙思敏，彭仕宓．地质统计学反演方法及其在薄层砂体预测中的应用[J]．西安石油大学学报，2007，22(1)：41-48.

[16] 孙思敏，彭仕宓．地质统计学反演及其在吉林扶余油田储层预测中的应用[J]．物探与化探，2007，31(1)：51-54.

[17] 侯晓琳．深度学习在地质储层属性预测中的应用研究[J]．计算机应用与软件，2020，37(4)：40-47.

[18] 郑宇哲，叶朝辉，等．基于深度学习的储层物性参数预测方法研究[J]．探索与发现，2020，35(6)：23-26.

[19] 何玉春．基于机器学习的储层渗透率预测方法[J]．石化技术，2022，11(13)：182-184.

[20] 程超，李培彦，陈雁，等．基于机器学习的储层测井评价研究进展[J]．地球物理学进展，2022，37(1)：164-177.

松辽盆地南部德惠断陷凝灰岩气藏精细刻画技术

李文瑞[1]　韩诗文[2]　魏靖依[3]　刘　野[1]　孙海霞[1]

(1. 中国石油吉林油田公司地球物理勘探研究院；
2. 中国石油大庆钻探工程公司地质录井二公司；3. 西南石油大学)

摘　要　德惠断陷火石岭组凝灰岩致密气藏是目前松辽盆地南部可动用油气资源的重要组成部分。以德惠断陷 Dsh101 区块为代表的层状凝灰岩气藏，其储层物性非均质性强，在不同断阶处凝灰岩储层区域上不连续，同时具有不同断块差异化充注、同一断块差异性含气的特点。为实现凝灰岩气藏的精细刻画，本文采用①基于综合速度建模优化的叠前深度偏移处理技术，提高了深层地震成像品质，实现了复杂构造运动背景下小断层和地质体准确成像，为层间微小断裂识别和"层段"级别优质储层刻画提供资料基础。②基于复杂构造背景下的凝灰岩储层预测与有效圈闭精细刻画技术，针对德西凝灰岩建立了复杂断块凝灰岩气藏有效圈闭精细刻画技术流程，通过开展"储层宏观分析-有利相带预测-有利储层刻画"，结合构造与有利对接带分析，实现主力含气单元凝灰岩有效圈闭定量化表征。应用两项关键技术，对德惠断陷天然气勘探开发中的区带优选和井位部署起到了关键性作用，该地区部署多口水平井取得良好钻探效果，拓展了效益储量规模。

关键词　凝灰岩；速度模型优化处理；多参数反演

Tuff Gas Reservoir Fine Depiction Technology of Dehui Rift of South Songliao Basin

Li Wenrui[1]　Han Shiwen[2]　Wei Jingyi[3]　Liu Ye[1]　Sun Haixia[1]

(1. Geophysical Exploration and Research Institute, Jilin Oilfield, CNPC;
2. Geological Logging Second Company of Daqing Drilling Engineering Company; 3. SouthWest Petroleum University)

Abstract　The tight tuff gas reservoir in Huoshiling Formation of Dehui Rift is now an important part of the available hydrocarbon resources in the south of Songliao Basin. The stratified tuff is typical of gas reservoir in the WellDsh101 tract of Dehui Rift, heterogeneity in its physical property strong, tuff reservoir of different fault terraces discontinuous in the region, and fault blocks are of the characteristics which are differential charging in different fault blocks and variable gas-bearing in the same fault block. To complete finely characterizing tuff gas pool, Prestack Depth Migration Processing Technology based on Integrated Velocity Modeling Optimization by which deep seismic imaging quality has been improved, and accurate imaging on the small faults and geo-bodies under complex tectonic movement background completed to provide data base for the identification of interlayer micro-fracture and the characterization of premium reservoir at interval level, and the tuff reservoir prediction and finely effective trap characterization technique based on complex structural background by which a technical flowsheet of fine characterization of effective traps in complex fault-block tuff gas reservoirs has been established for Dehui Tuff and combined with structure and favorable docking zone analysis, effective tuff traps quantitative characterization in main gas-bearing units has been achieved by launching reservoir macro-analysis, prospective facies tract prediction and favorable reservoir characterization, are adopted in this article. Applying the foregoing two key technologies has played a key role in the play optimum seeking and well location deployment on natural gas exploration and development of Dehui Rift. Multi-horizontal-wells deployed in this area have achieved good drilling effects, so that the scale of beneficial reserves is expanded.

Key wordst　Tuff, Velocity Model Condition Processing, Multiparameter Inversion

德惠断陷位于松辽盆地南部东南隆起区(图1)，是一个相对独立的断陷盆地。该断陷属于“两洼夹一隆”的双断式结构，具有东西分带、南北分断的特点。其火石岭组凝灰岩致密气藏是目前松辽盆地南部可动用油气资源的重要组成部分，是吉林油田天然气业务增储上产的重要领域。自 2018 年 Dsh101 井获得突破以来，多口井相继获得高产工业气流。

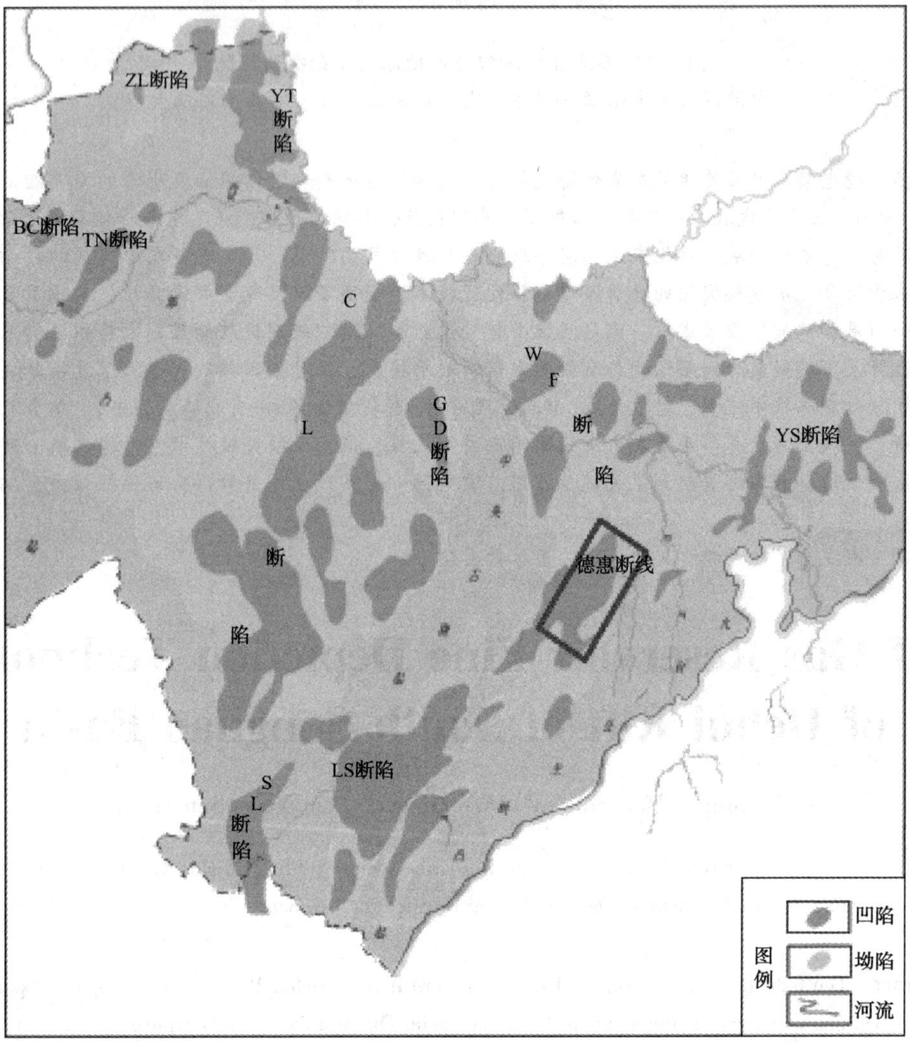

图 1　德惠地区构造位置图

德惠断陷在平面上可分为南部 NA 地区、中部 HJ 构造带、北部 GJ 断阶带。该区在火石岭组断层非常发育，能够以西侧逆断层为起始位置，向东依次划分出四个断阶。由于受到复杂构造运动等客观条件影响，德惠断陷地质条件复杂，现有资料和物探技术对构造及储层的落实程度相对较低，严重制约了该区凝灰岩气藏的高效开发和动用。

德惠断陷 Dsh101 区块为代表的层状凝灰岩气藏，其储层物性非均质性强，不同断阶凝灰岩储层区域上不连续，断块差异化充注、同一断块差异性含气。

针对这些问题，本文在实践中研究出了一套适用于凝灰岩气藏有效圈闭刻画技术，实现资源快速发现与效益动用，保障吉林油田天然气发展战略顺利实施。

1　技术方法

1.1　叠前深度偏移处理技术

受地震资料条件的限制，对构造及储层的落实程度较低，严重制约凝灰岩气藏的高效勘探和开发。本文通过应用小尺度保真保幅处理、速度-深度模型优化、叠前数据规则化等技术方法，创新基于综合速度建模优化的叠前深度偏移处理技术，提高深层地震成像品质，实现了复杂构造运动背景下小断层和地质体准确成像，为层间微小断裂识别和“层段”级别优质储层刻画提供资料基础。

1.1.1　“小尺度”保真保幅处理

针对深层地质体内幕成像，提高地震资料保真度与成像质量，形成一套“小尺度处理”的保真保幅的处理流程。从注重频率的大尺度拓频提频处理全面转向在保真、保持振幅相对性的基础上适度提高分辨率处理，深层成像效果好；岩性井震匹配更好，实现深层复杂断块地层精细成像。

1.1.2　速度-深度模型的优化

速度-深度模型的优化是叠前深度偏移处理的关键。针对速度模型变化过程的合理性予以分析、研究。在速度建模时采用综合建模的思路，通过常规速度分析、高密度速度拾取与高阶动校正技术、CGG 的四维速度分析、GeoDepth 的剩余速度分析，剩余延迟时分析等多种分析方法相结合，提高速度建模的精度。

1.1.3　OVT 域叠前数据规则化

OVT 域处理主要是针对宽方位资料，可以应用于该区域的资料去噪、叠前数据规则化处理。将 CMP 道集数据抽成 OVT 域以后，数据被分成较小的方位角和较小的偏移距数据，各项异性明显变小更有利于叠前数据规则化，提高数据精度。

处理后的新资料如图 2 所示，在地震特征上构造成像效果改善明显，断点更加清晰、内幕细节更加分明、岩性地震差异也更加明显，相比于老资料更能真实地反映地质现象。

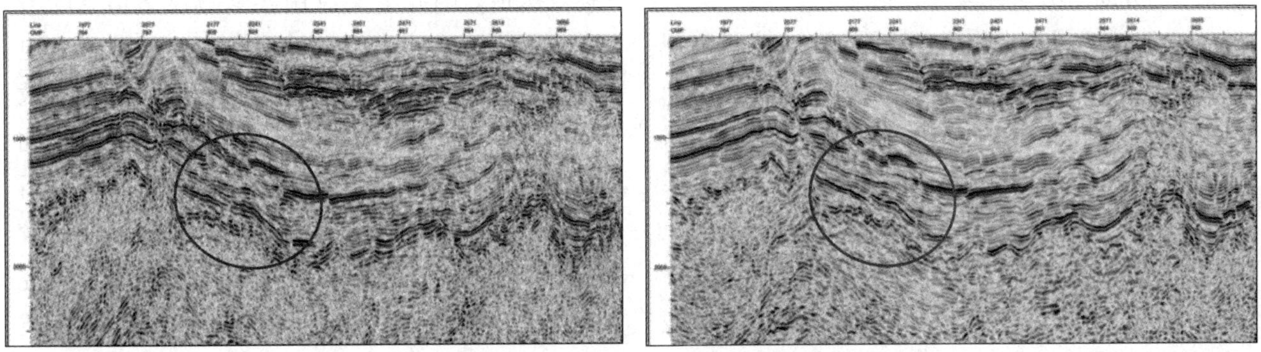

图 2　重新处理前(左)、后(右)地震剖面对比图

1.2　基于复杂构造背景下的凝灰岩储层预测技术

德西构造带火三段凝灰岩为岩性气藏，具备连片成藏的条件，其控制油气成藏主要因素有两个方面：一是源储有效对接模式控制气藏分布；二是构造和优质储层控制油气富集。从油气富集规律来看，其油气富集主要有三种类型：一是大断裂作为油气疏导体系，其又可以分为两种类型，侧向和垂向复合疏导及小断裂相对发育的垂向疏导；二是各个断块独立成藏，构造高部位油气富集程度高；三是凝灰岩储层的物性决定了储层的含油气性。本文建立了有针对性的储层预测技术流程，通过开展“储层宏观分析-有利相带预测-有利储层刻画”，实现主力含气单元凝灰岩有效圈闭定量化表征。

1.2.1　凝灰岩储层特征分析

研究区凝灰岩储层具有分区分带、整体连片分布特征。通过南北向连井地震剖面分析，火三段凝灰岩储层可以连续对比追踪。在南部的 NA 地区断裂不发育，凝灰岩沉积相表现为火山沉积相、再搬运相特征，地震相为强弱分明层状反射特征；在中部的 HJ 构造带，远离主断裂，沉积相为爆发空落相特征，地震相表现为中低频亚平行反射特征；北部的 GJ 断阶带靠近主断裂，凝灰岩储层发育，沉积相表现为火山熔岩相沉积特征，地震相表现为杂乱反射特征。

通过井信息对比，凝灰岩储层在纵向上能够划分成两个单元的喷发序列，同时从沿火石岭组顶面层位拉平的地震剖面来看(图 3),这两个单元不仅能够识别、在横向上层序相对可追踪,中间还具有明显的喷发间断面。另外凝灰岩储层在近火山口区一般为多透镜状强振幅反射,具有空间叠置的现象,对应着多中心喷发的特征。

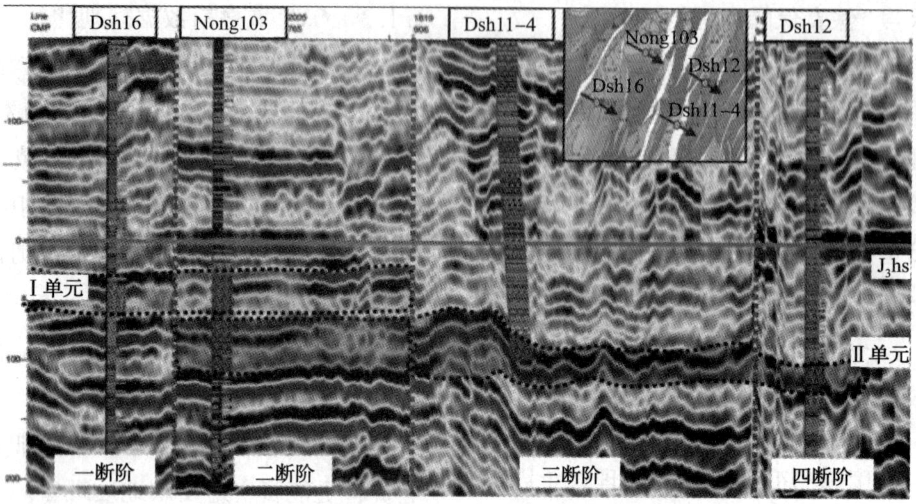

图 3 过 Dsh16-Dsh12 井旁连井地震剖面

1.2.2 分断阶分单元属性分析

由于该区凝灰岩储层在地震剖面上主要表现为强振幅特征,针对火三段首先开展波形聚类和自相关属性分析,结果表明不同种类凝灰岩的岩性分布范围大致能够识别,但是难以对其中储层进行区分。因此本文通过平面上分断阶、纵向上分单元的方法开展优质岩性及储层预测。

本着凝灰岩"一块一体、一体一藏"的成藏认识,在德惠断陷针对不同断阶内部分别开展了分单元的多种属性分析。通过与井信息验证对比,结果表明最大波谷振幅属性对于凝灰岩储层的预测吻合度最高。其代表着指定分析时窗内的最大负振幅,适合识别岩性和烃类聚集的变化引起的异常。

图 4 是 HJ 地区二单元凝灰岩自西向东四个断阶内的最大波谷振幅属性图,预测高值区为暖色部分。从预测结果来看,凝灰岩储层在一断阶广泛分布,主要集中在断块中部,在二断阶集中发育在断块北部,在三断阶集中发育在中部位置,在四断阶基本不发育。预测结果经统计与井吻合率较高,能够达到 75%以上。

1.2.3 凝灰岩储层预测

研究区凝灰岩储层利用常规反演方法难以有效识别,因此本文应用多参数反演信息融合法,将能够描述岩性的波阻抗、自然伽马、电阻率等测井曲线,按照"交集—并集"思想有效融合,提取敏感参数窗口信息作为是提取高物性储层的关键依据。通过多井多参数交汇分析发现,测井曲线自然伽马与电阻率交汇能够较好的识别该类储层,从交汇分析结果看,研究区凝灰岩储层自然伽马值大于 90API,波阻抗大于 10500g/cm^3 · m/s。

多参数反演结果与已知井岩性对应较好(图 5),能够有效解决 8m 以上储层识别问题,预探区储层预测符合率达到 75%以上,评价区储层预测符合率达到 80%以上。

1.2.4 凝灰岩有效圈闭识别

德惠断陷火三段断裂系统非常发育,导致该区的凝灰岩储层受断层影响较大。因此将断层按供烃窗口大小,综合断裂样式、断距大小等进行分级分类。将能够垂向沟通烃源岩的断裂识别出来,其中按照供烃窗口排序,供烃窗口越大,代表断层对接越有利,其对应的储层物性越好。

综合属性分析、储层预测、对接关系,形成"储层宏观分析-有利相带预测-有利储层刻画",继而开展凝灰岩储层有效圈闭的刻画。

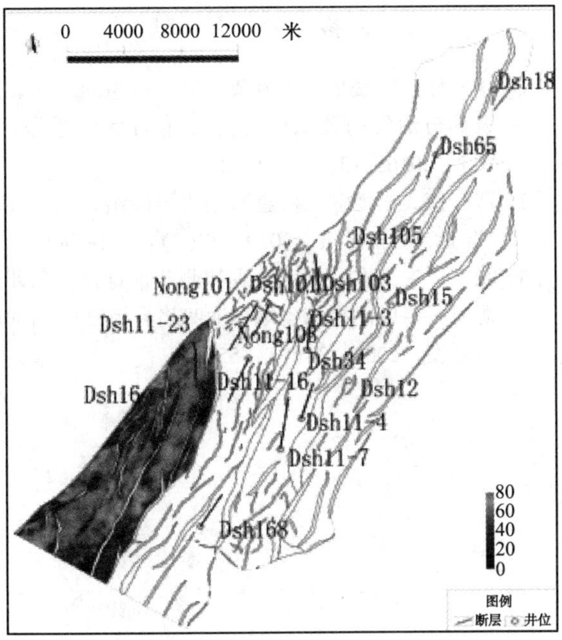

(a)

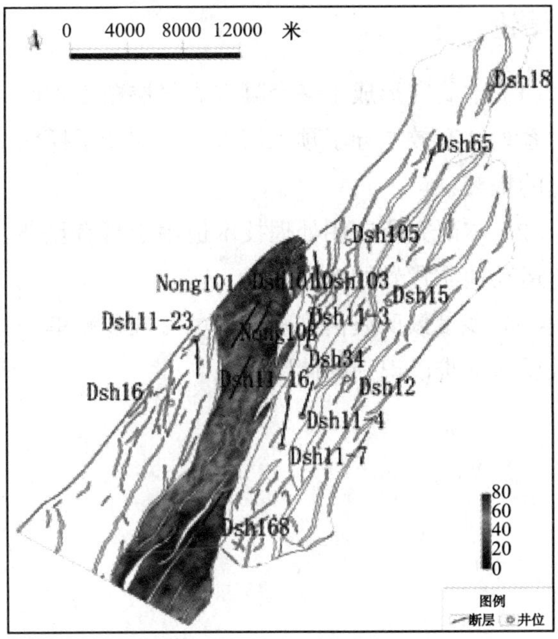

(b)

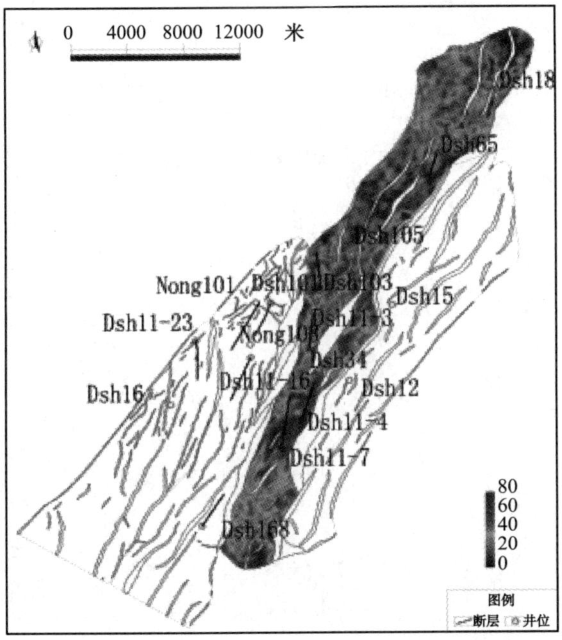

(c)

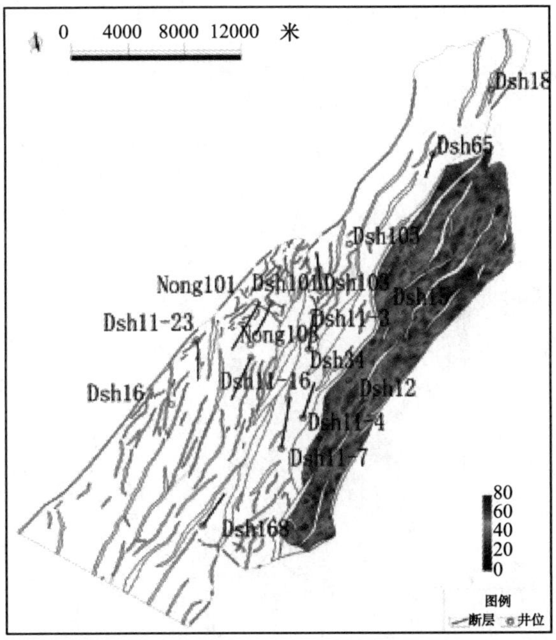

(d)

图 4　HJ 地区二单元最大波谷振幅属性图
(a)一断阶；(b)二断阶；(c)三断阶；(d)四断阶

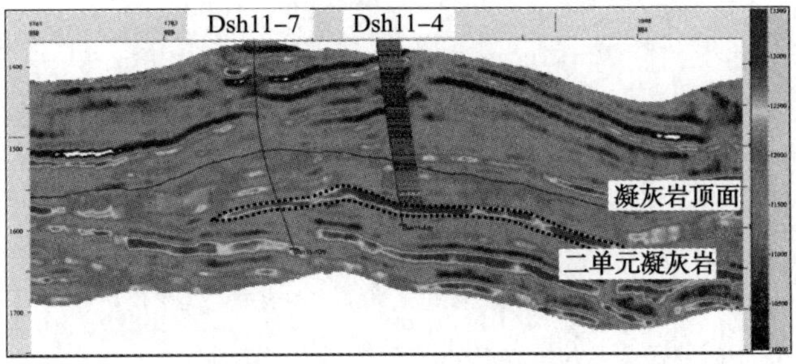

图 5　波阻抗-自然伽马双参数反演预测剖面

2　结论

（1）本研究形成了一套凝灰岩气层精细刻画技术系列，有效指导了预探部署，并支持了探明储量的提交；

（2）本研究所应用处理技术适用于具有复杂构造运动地质背景的地区。

（3）多参数反演信息融合法可有效预测单一参数反演下难以识别的储层。

参 考 文 献

[1] 王玉柱，宁松华，王海荣，等．德惠断陷断裂演化及其与油气的关系研究[J]．长江大学学报(自然版)，2016，13(8)：19~25.

[2] 邓守伟．松辽盆地德惠断陷火石岭组天然气成藏机理[J]．沉积学报，2019，37(2)：432~442.

[3] 张寒，朱光有．利用地震和测井信息预测和评价烃源岩——以渤海湾盆地富油凹陷为例[J]．石油勘探与开发，2007，34(1)：55~59.

阿姆右岸地区碳酸盐岩区域性地层超压特征与成因

聂明龙[1]　张　波[1]　程木伟[2]　于太极[1]

［1. 辽宁工程技术大学；2. 中国石油(土库曼斯坦)阿姆河天然气公司］

摘　要　碳酸盐岩储层易育裂缝、孔洞等，超压多具有高度非均质性，但是阿姆河右岸地区碳酸岩地层却发育区域性超压现象。论文运用实测地层压力、钻井液密度计算压力的方法，刻画了研究区碳酸盐岩地层异常超压的空间分布特征，运用碳酸盐岩物性、压汞分析和烃源岩生烃模拟及构造挤压增压模拟等方法，从纵向与横向对比超压与常压差异分布的角度，探讨了碳酸盐岩超压成因。研究表明：碳酸盐岩发育大面积连续强超压(压力系数>1.6)，与局部构造和断裂无关，强烈构造挤压和烃源岩生成液态烃类提供了超压的原动力，盐膏岩的保存条件和碳酸盐岩致密储层形成的封闭体系是区域性超压的关键，虽然构造挤压作用发育了断层与裂缝，但是由于盐膏岩的塑性，未破坏盐下碳酸盐岩封闭体系，石膏成岩脱水作用不是碳酸盐岩超压的主要因素，研究成果对盐下异常超压的预测具有借鉴意义。

关键词　盐下碳酸盐岩；异常超压；碳酸盐盐储层；烃源岩；阿姆河盆地右岸区块

Regional overpressure genesis of carbonate formations in Right Bank of Amu Darya

Nie Minglong[1]　Zhang Bo[1]　Cheng Muwei[2]　Yu Taiji[1]

[1. Liaoning Technical University, Huludao; 2. CNPC(Turkmenistan) Amu Darya River Gas Company]

Abstract　Carbonate rock sedimentary formation is different from clastic rock, the overpressure is highly inhomogeneous, . Regional overpressure phenomenon is developed in the carbonate formation in Right Bank of Amu Darya. This article uses the method of measured formation pressure and drilling fluid density calculation pressure to depict the spatial distribution characteristics of anomalous overpressure in different stratigraphic layers of ointment salt rock and carbonate rock in the study area, as well as their vertical superposition relationship. By using methods such as carbonate rock physical properties, mercury analysis, hydrocarbon source rock hydrocarbon generation simulation, and tectonic extrusion pressure simulation, the origin of overpressure in carbonate rock is discussed from the perspective of comparing the differential distribution of overpressure and normal pressure in both the longitudinal and transverse directions. The study shows that the while the sub-salt carbonate rocks are developed with both normal pressure and strong overpressure. The strong overpressure zone develops continuously over a large area and is unrelated to local structures and fractures. The sub-salt dense carbonate rocks form a closed system. Although tectonic extrusion has resulted in the development of faults and fractures, the plasticity of the salt rocks has prevented the destruction of the sub-salt carbonate rock closed system, which is a prerequisite for the continuous development of the overpressure area. At the same time, strong tectonic extrusion has made a significant contribution to the development of overpressure. Due to the good closure of the Gypsum-salt rock, the high-quality hydrocarbon source rock (with TOC up to 6%) between the Gypsum-salt rock layer and the carbonate rock layer generates liquid hydrocarbons, discharging hydrocarbons into the subsalt carbonate rock, thus promoting the development of overpressure. The dehydration of gypsum mineral between the Gypsum-salt rock and carbonate rock is not the cause of carbonate overpressure, and the effect of gypsum-forming dehydration on the open system of the sub-salt carbonates is weak. The research findings are valuable for predicting anomalous overpressure in the subsalt.

Key wordst　Carbonate reservoirs; Regional Anomalous overpressure; Sub-salt ; Foreland Amu Darya Basin

地层超压对烃源岩生烃、烃类运移及钻井事故等都有影响。碎屑岩地层超压发育有孔隙体积压缩和流体体积膨胀两种机制，受不均衡压实、流体膨胀、成岩作用、构造挤压、压力传递等多种因素控制。碳酸盐岩沉积成岩与碎屑岩有很大不同，机械压实作用远远不如碎屑岩明显，判断超压成因的声波速度—有效应力法和密度-速度交会图法不能很好应用。碳酸盐岩后生改造作用强烈，易发育裂缝孔洞，使碳酸盐岩层系超压具有高度非均质性。

阿姆河盆地位于中亚土库曼斯坦、乌兹别克斯坦和阿富汗三国境内，盆地面积 $45\times104m^2$，是一个以大型/巨型气田而闻名的富天然气盆地，盆地内分布有多个中石油对外勘探开发及工程服务区块。阿姆河右岸地区是主要的对外合作区块，位于阿姆河盆地东北部，中上侏罗统卡洛夫-牛津阶碳酸盐岩是主要的含油气层位，气藏存在大面积区域性异常高压现象。本文从碳酸盐岩层气藏超压的分布特征入手，探讨了碳酸盐岩区域性超压的主要控制因素，以期为碳酸盐岩超压预测及油气勘探开发提供参考。

1　区域地质背景

阿姆河右岸地区呈北西—东南向的狭长区域(图 1)，构造格局具有“西高东低、南北高低”的特点。自西向东依次为查尔朱阶地、别什肯特坳陷和西南基萨尔冲断带 3 个二级构造单元。阿姆河盆地东北部构造演化经历二叠纪—三叠纪裂陷期、侏罗纪—古近纪沉降期和新近纪—第四纪挤压改造阶段，形成现今前陆盆地。

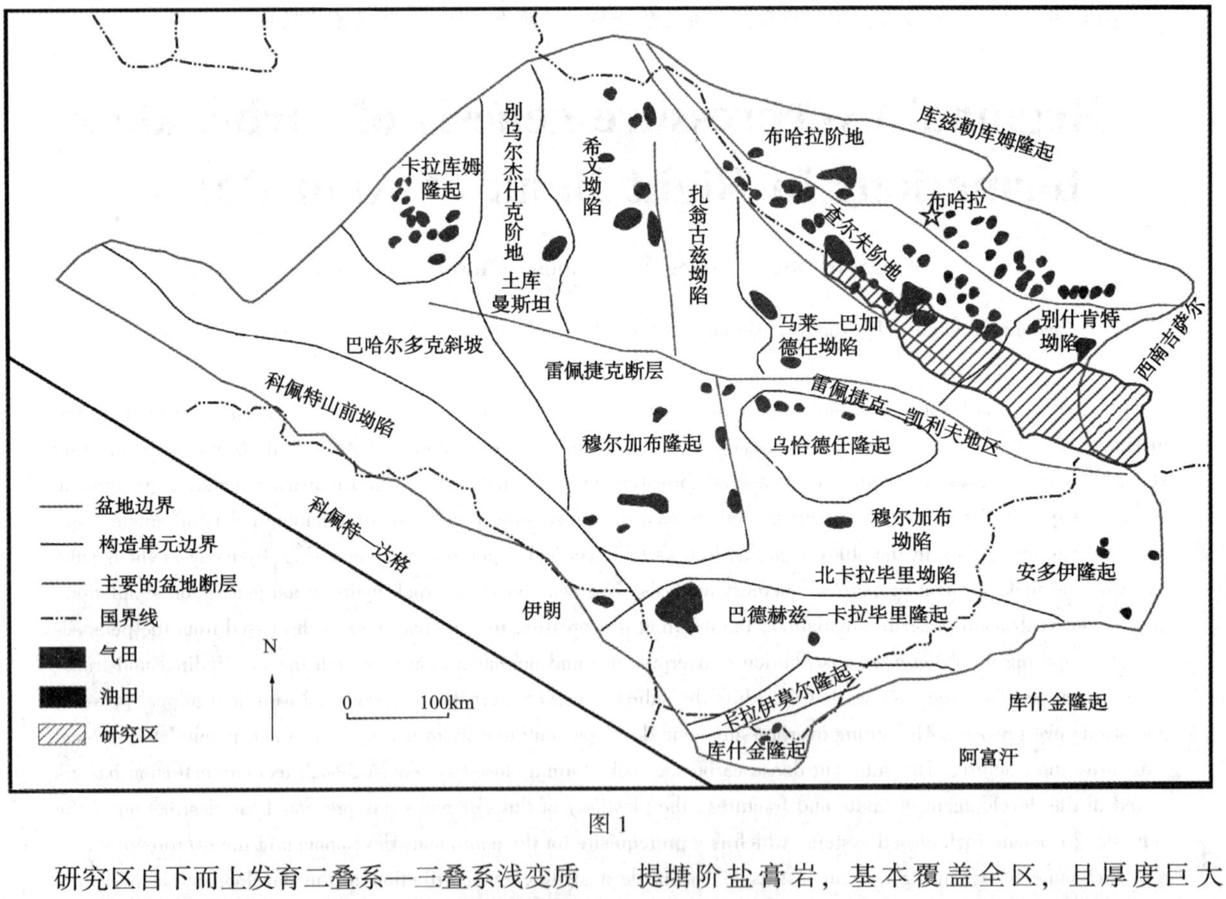

图 1

研究区自下而上发育二叠系—三叠系浅变质岩，中下侏罗统碎屑岩(J_{1-2})、上侏罗统卡洛夫—牛津阶碳酸盐岩(J_{2ko})、上侏罗统基末利—提塘阶盐膏岩(J_{3km}–J_{3kt})、白垩系、古近系、新近系碎屑岩及第四系(图 2)。中上侏罗统卡洛夫—牛津阶灰岩是主要的储集层，上覆基末利—提塘阶盐膏岩，基本覆盖全区，且厚度巨大(100~1200m)。灰岩与上覆盐膏岩构成了良好的储盖组合。在盐膏岩和碳酸盐岩之间，夹持一套具有高放射性泥岩层(GAP 层)，有机质丰度较高，处于大量生排烃阶段，是一套优质烃源岩。

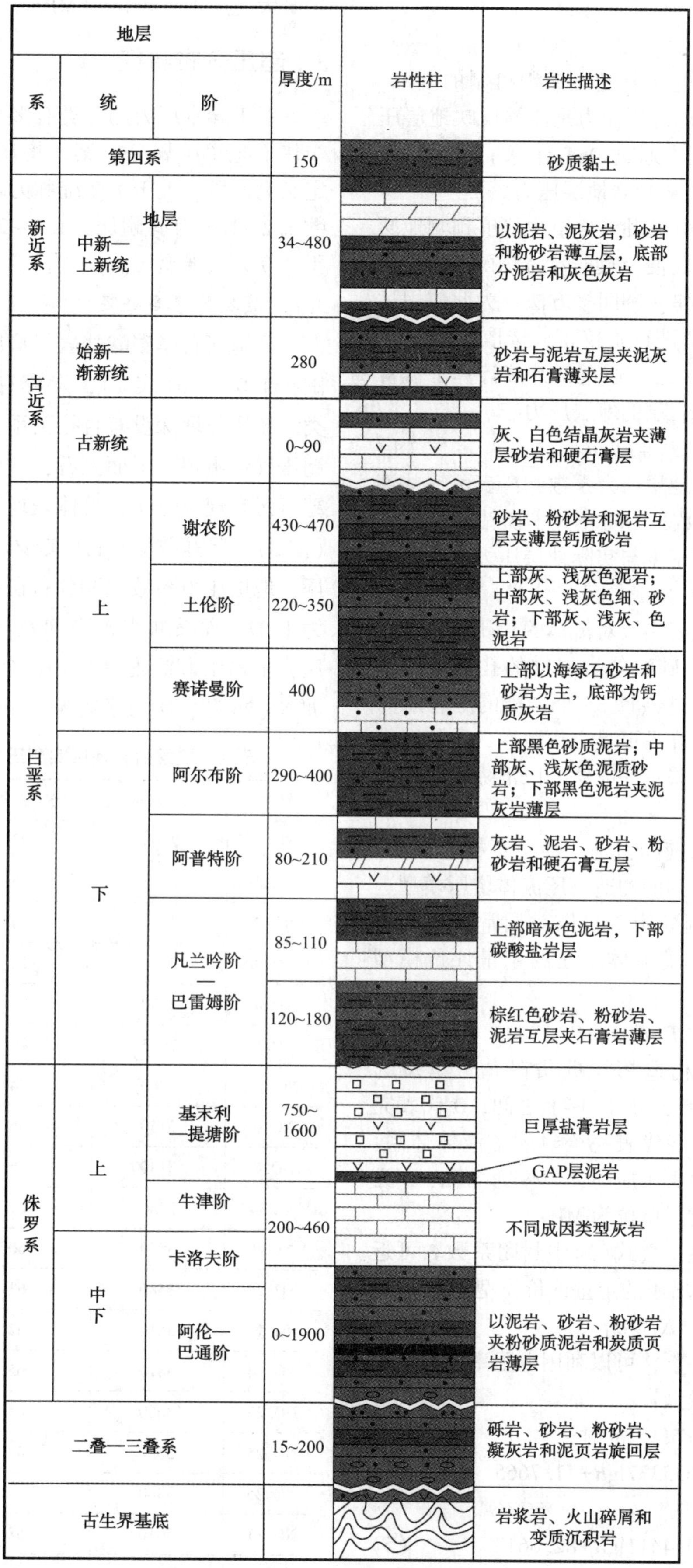

图 2　研究区位置及地层柱状图

2 研究方法

超压体系特征是分析超压成因机制的基础，钻杆测试(DST)实测地层压力是能够反映地层压力情况的直接证据，通过 DST 计算了阿姆河右岸 19 口井的盐下碳酸盐岩地层压力。

通过欠平衡钻井钻井液比重也能够预测地层压力，且压力预测简便，数据容易获得，由于钻井液计算地层压力是一种间接方法，为此使用过程中利用实测 DST 进行了校正。选取 5 口井典型代表井运用公式(1)，通过钻井液计算了盐膏岩层和盐下碳酸盐岩层的地层压力。

$$P_c = F_c - \mu \tag{1}$$

式中，P_c表示地层压力系数；F_c表示钻井液密度；μ 为附加系数，为防止欠平衡钻井中钻井井漏，需要校正液密度与实际地层压力之间的差值，一般在 0~0.2g/cm^{3}之间。

为分析碳酸盐岩储层对流体的封闭性，运用 6 口井共计 2165 个碳酸盐岩岩样的孔隙度及渗透率、测量了 3 口井共计 35 个岩样的毛管压力及孔隙结构。为了样品更具有代表性，采集了多口井及垂向均进行采集等方法，以消除样品的引起的误差。

由于研究区为前陆盆地，经历了构造挤压，为此，通过前人建立的构造挤压流体增压模型进行数值模拟，以判断构造挤压对异常高压的贡献。构造挤压引起的流体增压的定量评价模型如下：

$$\Delta T = \xi(\sigma_1 - S) \tag{2}$$

式中：ΔT 为构造挤压的贡献值，单位为 MPa；ξ 为封闭系数，介于 0~1 之间，0 代表完全开放流体体系，1 代表完全封闭了流体体系；σ_1为侧向的水平最大主应力，单位为 MPa；S 为增压前的上覆负荷，单位为 MPa。

对于封闭体系，公式(2)中封闭系数 ξ 可近似看为 1，则流体增压的定量评价模型为：

$$\Delta T = \sigma_1 - S \tag{3}$$

封闭体系条件下，可以利用电阻率定量计算水平最大主应力模型：

当 $1\Omega \cdot m < R < 5\Omega \cdot m$ 时，

$$\sigma_1 = 26.3337\lg R + 71.7665 \tag{4}$$

当 $R > 5\Omega \cdot m$ 时，

$$\sigma_1 = 13.4411\lg R + 82.6613 \tag{5}$$

式中，R 为电阻率，单位为 $\Omega \cdot m$，σ_1 为水平最大主应力，单位为 MPa。

3 超压分布特征

对于异常压力的分类有多个标准，本文采用李伟等的超压划分方案。将压力系数 0.9~1.2 定义为常压、大于 1.2 统称为超压，其中压力系数 1.2~1.6 为弱超压，1.6~2.0 为强超压，大于 2.0 为极强超压。

3.1 碳酸盐岩层超压

阿姆河右岸碳酸盐岩气藏压力系数在分布范围在 1.0~2.0(表 1)，发育有常压和强超压两类。超压与埋深没有直接关系，埋藏浅的也有强超压气藏出现。平面上看，常压区、弱超压和强超压区有规律分布，总体表现为东强西弱的特征(图 3)；坚基兹库尔古隆起区及其西部气藏为常压，地层压力系数主要分布在 1.06~1.10，平均为 1.07。而桑迪克雷隆起及其以东地区为强超压，平均压力系数为 1.79，个别气藏为弱超压，如 No.25 井，压力系数为 1.39。

表 1　碳酸盐岩地层实测压力及压力系数

钻井	深度/m	DST 压力/MPa	压力系数
NO.1	2100	23.1	1.06
NO.29	2175	23.1	1.08
NO.2	2410	24.8	1.06
NO.3	2440	26.0	1.08
NO.4	2500	27.1	1.10
NO.5	2675	29.2	1.11
NO.16	2980	24.3	0.83
NO.6	3150	56.9	1.8
NO.7	3140	56.8	1.8
No.34	3250	57.2	1.76
NO.9	3520	60.9	1.76
NO.24	3580	63.7	1.78
NO.17	3610	62.2	1.72
NO.14	3810	65.9	1.73
NO.23	3660	61.2	1.69
NO.25	3620	49.4	1.39
NO.35	3340	61	1.82
NO.11	3610	58.2	1.61
NO.28	2794	43.83	1.60

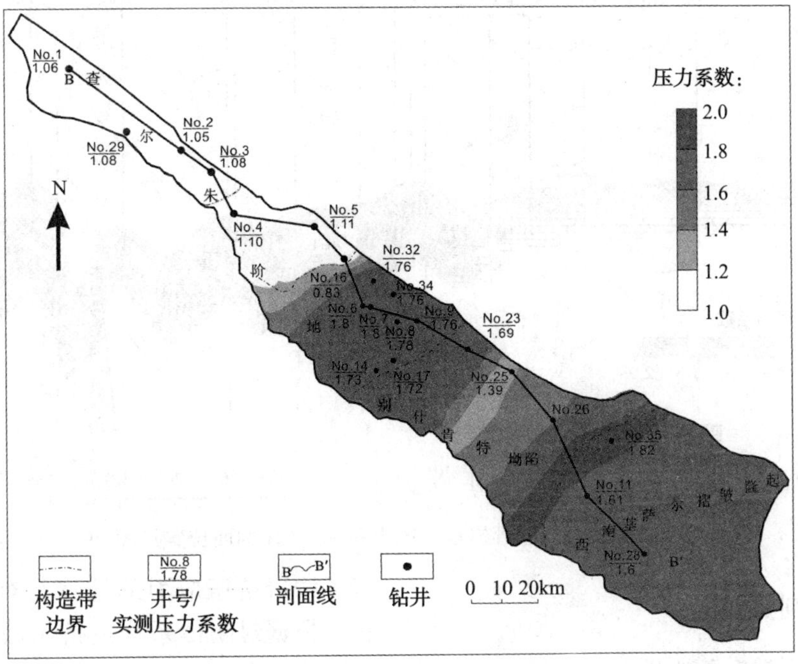

图 3　碳酸盐岩地层压力平面展布图(位置见图 2)

3.2　盐膏岩层超压

根据阿姆河右岸地区 6 口井钻井液比重计算压力系数表明(图 4)，盐膏岩层全区普遍发育超压，分为和强超压区和弱超压区，超压西弱东强(图 5)。强超压区发育在查尔朱断阶带坚基兹库尔古隆起及其以东地区，东部 No. 6 及 No. 11 井区超压最强，压力系数可达到 1. 7 ~ 1. 9 之间。弱超压发育在查尔朱古隆起地区，压力系数一般在 1. 2~1. 6 之间。

盐膏岩层压力系统与碳酸盐岩压力系统叠合，表现出东西不同的地层压力结构。在桑迪克雷隆起及其以东地区，表现为盐膏岩超压—盐下超压，坚基兹库尔隆起及其以西地区表现为盐膏岩超压—盐下常压压力系统(图 5)。

盐膏岩层以上层系压力系数 1. 0~1. 2，未发现超压(图 4)。碳酸盐岩层下伏的中下侏罗统砂泥岩压力系数在 1. 2~1. 4，为弱超压。

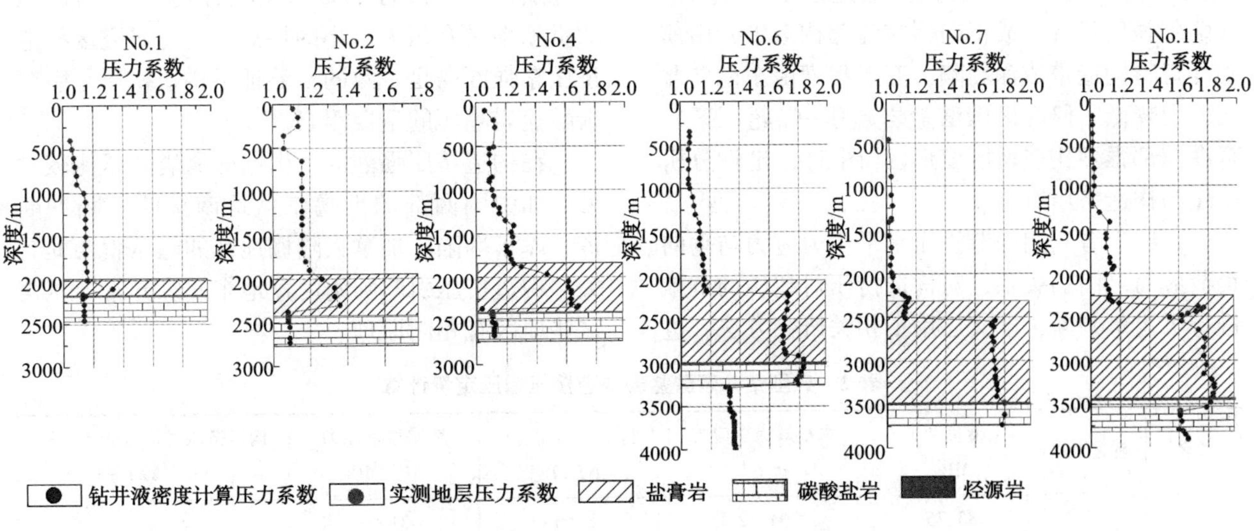

图 4　校正的动平衡钻井液预测的碳酸盐岩与盐膏岩地层压力系数

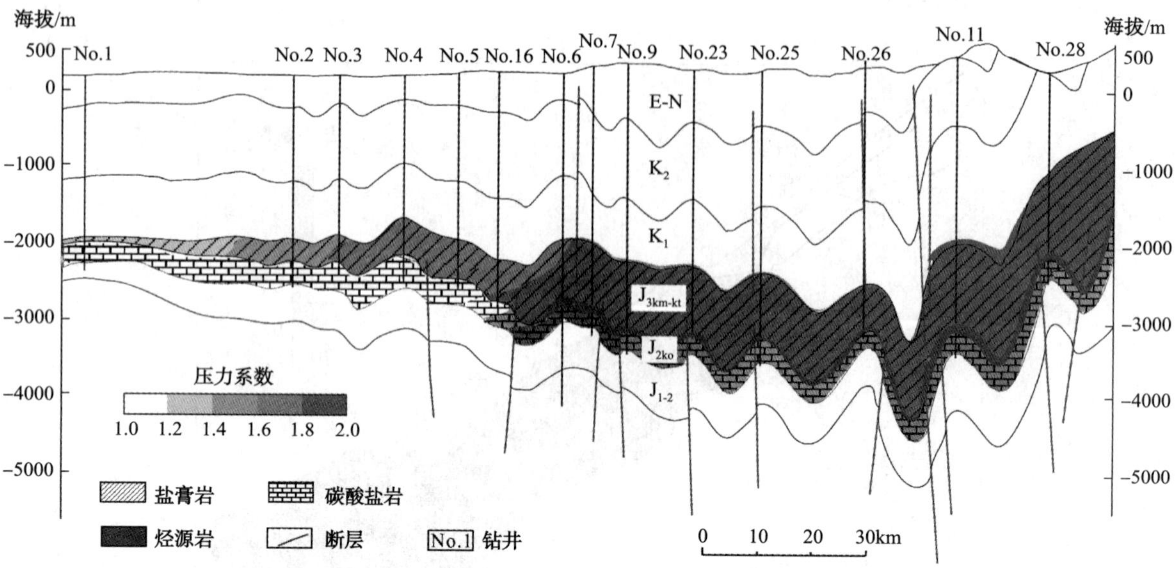

图 5　碳酸盐岩与盐膏岩地层压力系统结构(剖面位置见图 3)

4　超压成因机制探讨

4.1　构造挤压作用与区域性超压

构造挤压是附加于岩石侧向上的应力作用，可以看作是侧向上对沉积物颗粒的压实作用，其作用于沉积物颗粒而不直接作用于孔隙流体。当侧向构造挤压应力超过岩石静岩压力时，岩石在侧向受到挤压，地层的孔隙缩小，并使得流体在孔隙空间处于封闭条件时无法排出或排出受阻，部分地压力传递给孔隙流体，促进了超压的形成，即构造挤压作用引起地层异常超压。

新近纪喜马拉雅运动，印度板块向欧亚板块俯冲，帕米尔突刺到欧亚板块，阿姆河盆地东北缘经历了强烈构造挤压作用，挤压应力由 SE 向 NW 方向，地层整体在横向上缩短近千米。西南基萨尔强烈隆升，成正向褶皱隆起构造带，山前别什肯特构造带成深坳陷，变形程度由东南向北西方向降低。研究区碳酸盐岩超压-强超压区发育在东部强烈构造挤压变形区(图 5)，定性分析超压与构造挤压有关。

一些学者利用构造挤压水平主力应力与垂向负荷应力之间的关系，对构造挤压对超压的贡献进行了定量判断，本文运用了相关研究方法，进行了构造挤压应力的计算及对超压的贡献的分析。根据封闭体系构造挤压增压计算公式(3)，对阿姆河右岸 4 口井计算盐下碳酸盐岩层流体增压及水平最大主应力(表 2)，结果表明，东部超压区侧向最大主应力大于增压前上覆负荷，并且表现为挤压增量由东向西逐渐减弱：西南基萨尔地区构造挤压增量约为 7～10MPa(No. 11 井)，别什肯特坳陷构造挤压增量约为 9～10MPa(No. 25 井)，查尔朱阶地东部约为 7～8MPa(No. 9 井和 No. 6 井)。可见构造挤压对超压具有一定的贡献。进一步计算构造挤压对超压的贡献率，表明西南基萨尔地区增压占地层过剩压力的 31%～41%；别什肯特坳陷构造挤压增压占地层过剩压力的 32%～35%；查尔朱阶地东部增压占地层过剩压力的 25%～28%。构造挤压对超压的贡献率具有东大西小的特征，这与研究区构造挤压东强西弱是一致的，验证了构造挤压是引起碳酸盐岩超压的重要因素。

在构造挤压强烈区，引起碎屑岩超压比较常见，如中国西部的准噶尔盆地南缘的前陆冲断带、库车坳陷、加拿大陆棚地区的超压就与此有关。构造挤压引起阿姆河盆地东北缘异常超压与这些地区有相同原理。

表 2　典型钻井碳酸盐岩构造挤压增压定量计算

井名	深度/m	上覆负荷 S/MPa	水平最大主应力 $\sigma_1\sigma 1$	构造挤压增量 $\Delta T\Delta T$	地层过剩压力 ΔP_r/MPa	构造挤压对超压的贡献率 $(\sigma_1/\Delta T)$/%
No. 6	3150	85.76	94.32	8.56	31.02	28
No. 6	3250	86.14	94.23	8.09	30.12	27

续表

井名	深度/m	上覆负荷 S/MPa	水平最大主应力 $\sigma_1\sigma 1$	构造挤压增量 $\Delta T\Delta T$	地层过剩压力 ΔP_r/MPa	构造挤压对超压的贡献率 $(\sigma_1/\Delta T)$/%
No. 6	3460	87.73	95.33	7.60	29.51	26
No. 9	3500	88.32	96.93	8.61	30.62	28
No. 9	3520	88.43	96.89	8.46	30.83	27
No. 25	3215	88.64	98.74	10.10	28.66	35
No. 25	3350	89.03	98.17	9.14	28.42	32
No. 11	3610	91.43	102.01	10.58	25.94	41
No. 11	3790	93.12	102.84	9.72	25.76	38
No. 11	3905	95.76	103.02	7.26	23.15	31

4.2 有机质生排烃作用与区域性超压

烃类物质的生成是沉积盆地中最常见的超压成因机制。通常发育在有机质丰度高、煤镜质反射率高的烃源岩地层中，这类烃源岩往往会在短时间内产生大量的烃类流体。烃源岩生烃引起体积膨胀，有助于增压，液态烃在有效烃源层内体积的纯增量可达到原始有机质体积的 25%，而当Ⅱ型或Ⅲ型干酪根直接生气或有石油裂解气生成时增压现象更为显著，研究认为当总有机碳含量超过 5%时，生油作用对超压形成具有重要贡献

阿姆河盆地东北部超压地区，在盐膏岩与碳酸盐岩储层之间发育一套泥岩烃源岩(Gap 高伽马值泥岩层)，烃源岩厚度 5~30m(图 6)，有机质丰度高，TOC 高者达到 6%，氯仿沥青“A”平均值为 0.7%，为一套优质烃源岩。有机质为Ⅱ2 型干酪根，镜质体反射率大部分 0.8%~1.3%之间，达到生液态烃类高峰阶段。这套富有机质烃源岩分布与超压发育区十分吻合，而研究区的西部常压区则未发育这套烃源岩，形成鲜明对比(图 7)。由于盐膏岩是良好的盖层，封闭性极强，突破压力极高，说明在盐膏岩强封闭作用下，烃源岩生成的烃类反向下排出，运移进入碳酸盐岩中，烃类的注入使孔隙压力升高，从而产生异常高压。为此，上侏罗统烃源岩生烃增压是盐下碳酸盐岩储层异常高压的重要原因。

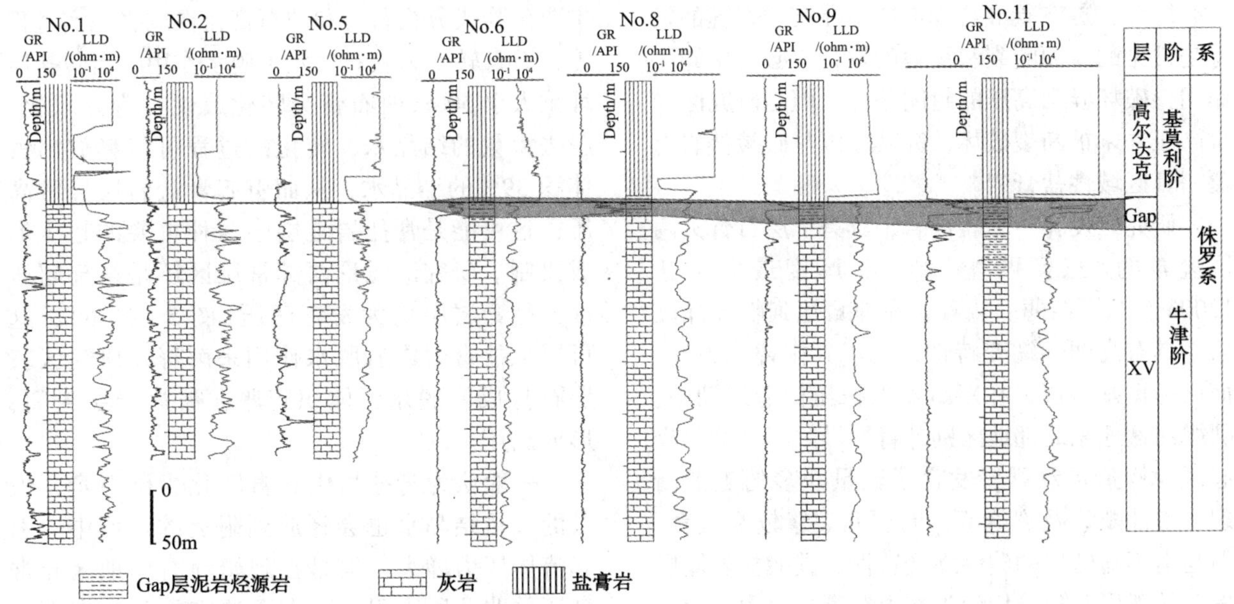

图 6　研究区烃源岩层(GAP 层)对比图(剖面位置见图 3)

烃源岩生烃作用引起的碳酸盐岩超压现象近年来有所报道，在四川盆地液态烃类裂解生气引起碳酸盐岩超压；塔里木盆地奥陶系碳酸盐岩超压与烃类充注有关，通常是烃源岩在碳酸盐岩下

部向上充注，而阿姆河东北缘烃类充注引起的超压，是液态烃类生烃向下部碳酸盐岩充注形成超压，这与盐膏岩强封闭性有关。另外，碳酸盐岩一般有机质含量低，为非烃源岩层，烃源岩生烃作用引起超压非自身生烃引起，而为其它岩层的烃源岩充注引起，这与泥页岩生烃引起自身岩层超压方式不同。

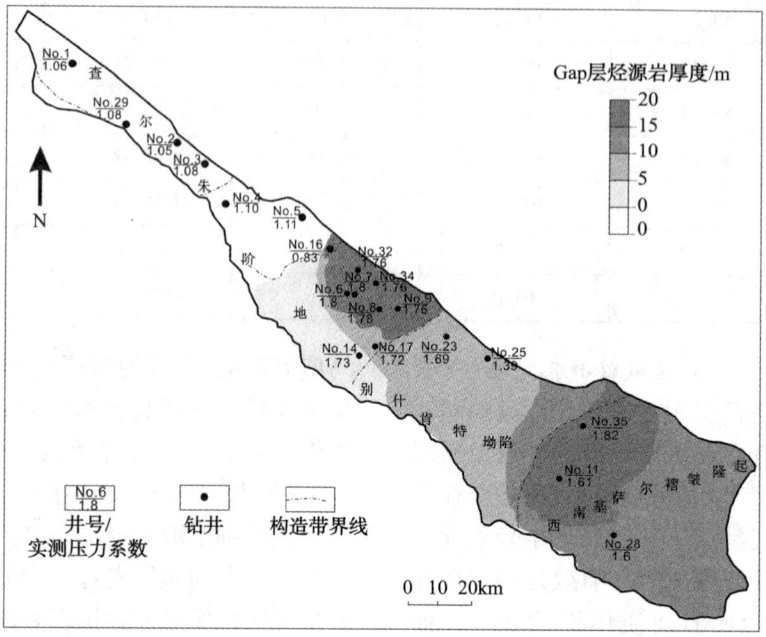

图 7　碳酸盐岩地层压力系数与烃源岩(GAP 层)分布图

4.3　盐膏岩与碳酸盐岩区域性超压

强烈的构造挤压产生侧向应力不但对储层产生侧向压实，使孔隙减少，将压力传导给孔隙流体，同时，也会导致断裂或局部次生裂缝发育，特别是碳酸盐岩的脆性矿物发育，更易产生断裂及裂缝等，这在碳酸盐岩地层中孔洞和裂缝的发育是常见的。而断裂和裂缝的发育势必产生卸压作用，破坏异常高压的封闭条件，但是研究区异常高压并未被断裂破坏，究其原因是碳酸盐岩上覆一套区域性盐膏岩。

研究区发育一套盐膏岩，具有三层石膏夹两层盐岩的“三膏两盐”结构，厚度最大可达1200m，东厚西薄。盐膏岩在埋藏达到临界深度后，具有高塑性蠕变特性，由于其排替压力高，而成为良好盖层。在新近纪的挤压构造运动中，阿姆河盆地东北部地区别什肯特坳陷、基萨尔隆起区为构造活动强，发育了数量众多的走滑断裂、逆冲断裂及裂缝等，断层和裂缝较为发育，但是由于盐膏岩的塑性蠕变特性，碳酸盐岩储层发育的断层和裂缝均消失在上覆膏盐岩中，无法穿透膏盐岩之上(图 5)，盐膏岩的这种特性在许多盆地都得到验证。因此，盐膏岩层的塑性蠕变特性使断裂和裂缝不能对碳酸盐岩储层卸压，储层内流体仍然保持在封闭体系内，这是在强烈构造挤压作用下，形成盐下碳酸盐岩异常高压的主要原因。我国的塔里木盆地盐下异常高压，盐膏岩也有类似的作用。

膏盐岩脱水可以形成膏岩层超压，膏盐岩的主要矿物成分为石膏和硬石膏，在成岩压实过程中，石膏转变为硬石膏发生脱水作用，当膏盐层埋藏大于 500m 时石膏会转化成硬石膏并软化，脱去大量的结晶水，转化的过程可以释放出占体积 39%的结晶水，从而引起膏盐岩层异常高压，这可能是膏盐岩地层中一种重要的超压形成机制。研究区无论西部常压区还是东部超压区，盐膏岩层均为发育超压(图 5、图 6)，这可以从盐膏岩成岩脱水作用来解释。研究区三层石膏成岩脱水，体积膨胀，被盐岩层封闭，形成高压。

一般认为膏盐岩由石膏转化为硬石膏，失去的大量结晶水也会释放到附近的地层中，引起流体压力增大，但是在阿姆河右岸地区异常高压并非此原因引起。在桑迪克雷隆起东部异常高压区，盐膏岩与碳酸盐岩之间的 GAP 层泥岩，连续分布，不只是良好的烃源岩，实际上 5~20m 厚度的泥岩(图 6)，还是一套压力隔夹层，隔档了下层石膏脱水进入碳酸盐岩中，因此，可以认为石膏的脱水并不是碳酸盐岩异常高压的因素。

4.4 碳酸盐岩的封闭体系与区域性超压

封闭体系对于超压的保存，特别是渗透性地层中超压的长期保存具有重要意义，已经发育的超压可以由于地质条件的变化而泄露和消失。阿姆河盆地东北部盐下致密碳酸盐岩形成的封闭体系，是超压形成的重要条件，碳酸盐岩层常压与超压发育区储层物性及超压条件对比证明了这个问题。

研究区卡洛夫—牛津阶碳酸盐岩储层岩心物性分析表明，异常高压区储层致密，物性差，平均孔隙度为5.6%，平均渗透率只有0.11×$10^{-3}\mu m^2$，为低孔低渗储层。孔隙度与渗透率不具有线性关系(图8)，只靠微裂缝渗流。最大连通半径R_{c10}平均值为0.31μm，中值半径R_{c50}平均值为0.085μm(表2，图9)。由于碳酸盐岩物性差，排替压力较大，中值压力一般在20MP以上。与此形成鲜明对比的是，常压区碳酸盐岩储层物性好，平均孔隙度11%，平均渗透率50×$10^{-3}\mu m^2$，孔隙度和渗透率呈正相关关系，孔隙中值半径较大，排替压力较小(图9)，储层物性好。

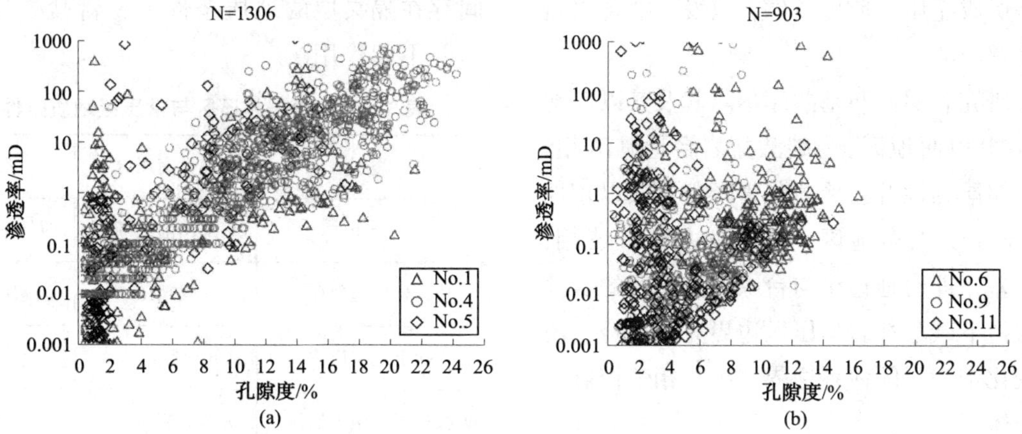

图8　碳酸盐岩地层常压区与超压区岩石样品物性对比(a. 常压区；b. 超压区)

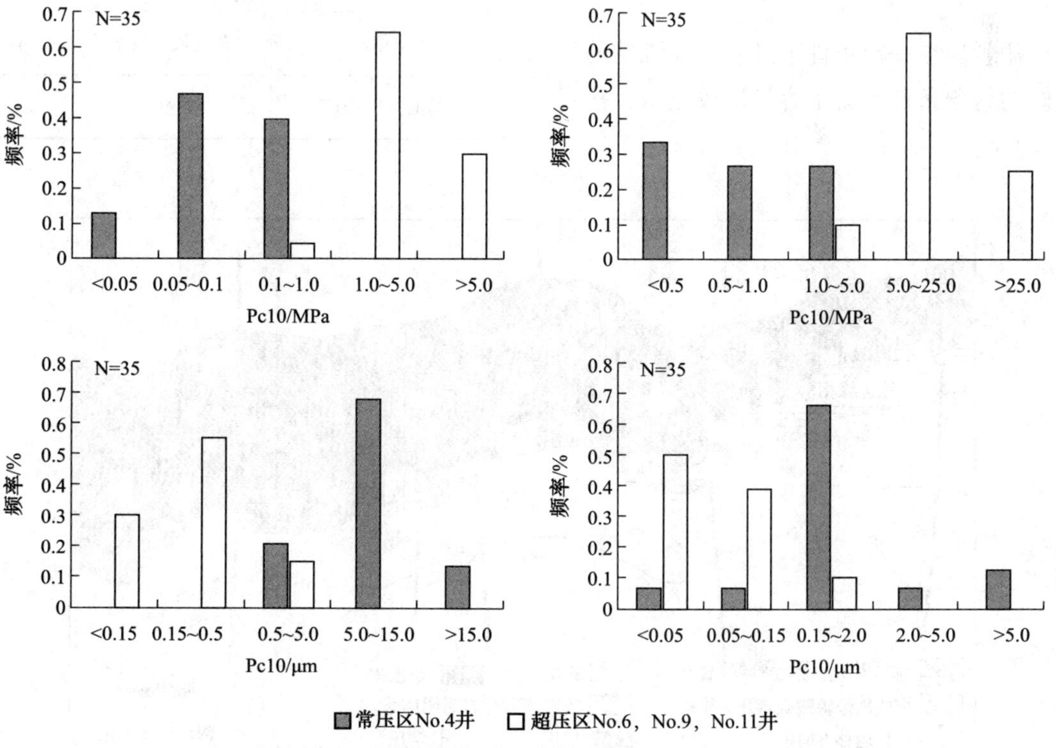

图9　碳酸盐岩地层常压区与超压区岩石样品孔隙结构及排替压力

前已论述，一般膏盐岩由石膏转化为硬石膏，失去的大量结晶水也会释放到附近的地层中，引起流体压力增大。但是在阿姆河右岸地区的坚基兹库尔古隆起及其以西地区，碳酸盐岩并未形成超压（图 3），这说明碳酸盐岩储层物性好，并未形成封闭体系。因此，即使膏岩脱水流体膨胀，会产生增压动力，但是流体在开放体系中会产生卸压，因此不能形成异常高压。相反，在东部异常超压区，由于碳酸盐岩物性差，形成封闭体系，在构造挤压及烃源岩排烃作用下，压力被保持，为此形成超压区。可见，致密碳酸盐岩发育是形成超压的前提条件，只发育盐膏岩是不能保存超压的。

前人研究表明，坚基兹库尔隆起及其以西地区（No. 16 井以西地区）为碳酸盐岩台地礁滩相，碳酸盐岩储层物性好，桑迪克雷隆起及其以东地区（No. 16 井及以东地区）为台地边缘斜坡相，储层物性差，即台地边缘与台缘斜坡之间的岩性变化带与盐下碳酸盐岩超压区边界完全重合，说明岩相变化带为封闭体系边界，沉积相带控制了盐下封闭体系。

5 超压对油气勘探开发的启示

由于盐膏岩在一定条件下具有塑性流动的特点，良好的封盖条件使盐下容易形成超压，盐膏岩的脱水作用也促进了盐下超压的形成。为此，盐下碳酸盐岩超压形成的控制因素具有特殊。通过对研究区超压差异分布特征的分析（表 3），表明盐膏岩封闭盖层对阿姆河盆地东北部碳酸盐岩区域性超压保持起到重要作用，但是碳酸盐岩斜坡相致密储层才是形成封闭体系关键（图 10），这是区域性超压形成的前提。在研究区，前陆冲断带构造挤压和盐膏岩与碳酸盐岩之间分布的优质烃源岩生烃共同作用下促进了异常超压形成，而石膏成岩引起异常超压具有前提条件，在开放体系或与碳酸盐岩之间存在隔夹层的地质条件下，膏盐岩成岩对超压并不起作用。

表 3　碳酸盐岩超压区与常压区地质条件对比

类别	异常高压区	常压区
分布	东部山前冲断带	西部平缓构造带
盐膏岩层地层压力	强超压	弱超压-强超压
盐上地层压力	常压	常压
碳酸盐岩下伏地层压力	弱超压	未知
碳酸盐岩物性	致密	好
烃源岩	发育优质烃源岩	不发育
构造挤压强度	强烈	一般

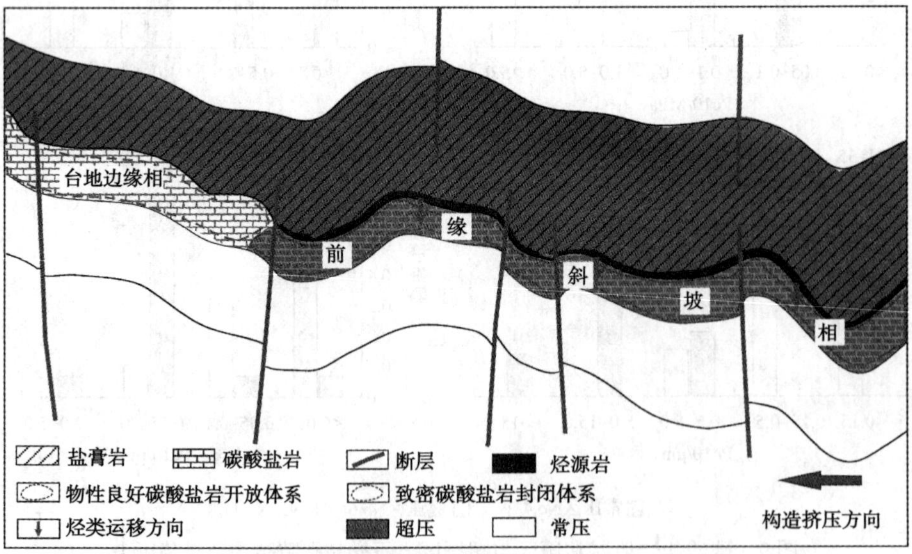

图 10　阿姆河盆地东北缘碳酸盐岩超压形成模式图

构造研究表明，研究区位于基萨尔山前前陆冲断带，由于喜山运动特提斯封闭而形成的，为此，阿姆河盆地前陆冲断带盐下致密碳酸盐岩钻井工程中应该注意盐下超压发育，在油气勘探中烃源岩的生烃演、深层储层物性的保持及储量评估中应该注意异常高压的影响。构造平缓区盐下碳酸盐岩发育区，石膏成岩脱水是超压的主要因素，但是盐下能否形成异常高压的需要看岩层的物性，前提是致密岩性形成封闭体系，开放体系不能形成异常高压。不过能够引起盐膏岩层的异常高压，对钻井工程具有重要影响。

6 结论

（1）阿姆河右岸地区卡洛夫-牛津阶碳酸盐岩发育区域性连续分布的地层异常超压(压力系数>1.6)，强超压大面积分布，与局部构造和断裂无关。

（2）构造挤压为卡洛夫-牛津阶碳酸盐岩区域性超压形成的主要因素。盐膏岩与碳酸盐岩之间分布优质烃源岩生排烃作用利于超压形成，盐膏岩排替压力高，烃源岩生成的烃类反向向盐下深部碳酸盐岩储层运移，促进超压发育。

（3）碳酸盐岩上覆盐膏岩对区域性超压具有重要作用，虽然构造挤压形成大量的断裂、裂缝，但是盐膏岩具有塑性蠕变特性，使断裂和裂缝不能穿透盐膏岩层形成卸压，对超压保持具有重要作用。

（4）致密碳酸盐岩形成的封闭体系是强超压发育的先决条件，碳酸盐岩斜坡致密储层形成封闭体系，台地边缘与台缘斜坡相变带是封闭体系的边界。

（5）石膏成岩脱水作用引起碳酸盐岩层超压是有条件的，对盐下碳酸盐岩开放体系作用微弱，不是阿姆河盆地东北缘区域性超压的控制因素。

参 考 文 献

[1] 戴金星，倪云燕，廖凤蓉，等．煤成气在产气大国中的重大作用[J]．石油勘探与开发，2019，46(3)：417-432. DOI：10.11698/PED.2019.03.01.

[2] 方杰，徐树宝，吴蕾，等．阿姆河右岸地区侏罗系海相烃源岩生烃潜力[J]．海相油气地质，2014，19(01)：8-18.

[3] 贾颖，李培军，付鑫，等．潜江凹陷潜江组膏盐层特征及其对地层压力的影响[J]．地质科技情报，2011，30(4)：5. DOI：10.3969/j.issn.1000-7849.2011.04.007.

[4] 贾承造，张荣虎，魏国齐，等．天山陆内冲断带构造动力控储效应与超深层规模储层[J]．石油学报，2023，44(08)：1191-1205.

[5] 李浩武，童晓光，王素花，等．阿姆河盆地侏罗系成藏组合地质特征及勘探潜力[J]．天然气工业，2010，30(05)：6-12+133-134.

[6] 李军，王贵文，欧阳健．利用测井信息定量研究库车坳陷山前地区地应力[J]．石油勘探与开发，2001，28(5)：93-95. DOI：10.3321/j.issn：1000-0747.2001.05.027.

[7] 李培，刘成林，冯德浩，等．咸化湖盆地层超压特征及成因机制——以柴达木盆地英西地区渐新统为例[J]．中国矿业大学学报，2021，50(5)：13.

[8] 李伟，陈竹新，黄平辉，等．中国中西部典型前陆盆地超压体系形成机制与大气田关系[J]．石油勘探与开发，2021，48(3)：536-548.

[9] 廖凤蓉，洪峰．世界巨型气田分布特征及其启示[J]．天然气地球科学，2019，30(6)：860-865. DOI：10.11764/j.issn.1672-1926.2019.05.013.

[10] 刘合年，史卜庆，薛良清，等．中国石油海外“十三五”油气勘探重大成果与前景展望[J]．中国石油勘探，2020，25(4)：1-9.

[11] 李鹭光，何海清，范土芝，等．中国石油油气勘探进展与上游业务发展战略[J]．中国石油勘探，2020，25(1)：10. DOI：CNKI：SUN：KTSY.0.2020-01-001.

[12] 聂明龙，吴蕾，徐树宝，等．阿姆河盆地别什肯特坳陷及其邻区构造成因与勘探意义[J]．天然气工业，2013，33(11)：6. DOI：10.3787/j.issn.1000-0976.2013.11.008.

[13] 史海东，王晖，郭春秋等．异常高压气藏采气速度与稳产期定量关系—以阿姆河右岸B-P气田为例[J]．石油学报，2015，36(5)：6. DOI：10.7623/syxb201505009.

[14] 沈克非．土库曼斯坦查尔朱台阶超压形成机理及压力预测[C]．北京：中国地质大学(北京).

[15] 田雨，张兴阳，朱国维，等．阿姆河盆地右岸地区膏盐岩分布及其对盐下礁滩成藏的影响分析[J]．科学技术与工程，2016，16(12)：1671-1815.

[16] 王存武．川东北地区碳酸盐岩层系超压发育演化与成因机制[C]．北京：中国地质大学(北京)，2008.

[17] 王红军，张良杰，陈怀龙，等．阿姆河右岸盐下侏罗系大中型气田地质特征与分布规律[J]．中国石油勘探，2020，25(4)：13. DOI：10.3969/

j. issn. 1672-7703. 2020. 04. 006.
[18] 徐剑良，程绪彬，吴蕾，等. 阿姆河右岸区块构造演化与成藏条件[J]. 天然气工业，2010，30(05)：18-20.
[19] 徐士林，吕修祥，杨明慧，等. 库车坳陷膏盐岩对异常高压保存的控制作用[J]. 西安石油大学学报（自然科学版），2004，(04)：5-8.
[20] 杨树锋，贾承造，陈汉林，等. 沉积盆地构造核心理论和关键技术方法：前沿与发展方向[J]. 地学前缘，2022，29（6）：010 - 023. DOI：10. 13745/j. esf. sf. 2022. 8. 12.
[21] 余一欣，殷进垠，郑俊章，等. 阿姆河盆地成藏组合划分与资源潜力评价[J]. 石油勘探与开发，2015，42(06)：750-756.
[22] 张凤奇，王震亮，宋岩，等. 库车坳陷构造挤压增压定量评价新方法[J]. 中国石油大学学报：自然科学版，2011，35（4）：7. DOI：10. 3969/j. issn. 1673-5005. 2011. 04. 001.
[23] 张津宁，张金功，杨乾政，等. 膏盐岩对异常高压形成与分布的控制—以柴达木盆地狮子沟地区为例[J]. 沉积学报，2016，34(03)：563-570. DOI：10. 14027/j. cnki. cjxb. 2016. 03. 014.
[24] 赵靖舟，李军，徐泽阳. 沉积盆地超压成因研究进展[J]. 石油学报，2017，38(9)：973-998.
[25] 曾联波，周天伟，吕修祥. 构造挤压对库车坳陷异常地层压力的影响[J]. 地质论评，2004，50(5)：471 - 475. DOI：CNKI：SUN：DZLP. 0. 2004 - 05-004.
[26] 曾帅，邱楠生，李慧莉，等. 塔里木盆地顺托果勒地区奥陶系碳酸盐岩超压差异分布研究[J]. 地学前缘，2023，30（6）：305 - 315. DOI：10. 13745/j. esf. sf. 2023. 2. 30.
[27] 周新科，许化政. 海相碳酸盐岩的形成环境与有机质特征[J]. 石油与天然气地质，2009，30(3)：337-342. DOI：10. 3321/j. issn：0253-9985. 2009. 03. 013.
[28] Bowers G L. Detecting high overpressure [J]. The Leading Edge, 2002, 21(2): 174-177.
[29] Bowers G L. Pore pressure estimation from velocity data: accounting for overpressure mechanisms besides undercompaction. [J]. SPE Drilling & Completion, 1995, 10(2): 89-95.
[30] Burrus J. 1998. Overpressure models for clastic rocks, their relation to hydrocarbon expulsion: a critical re-evaluation. Aapg Memoir, 70: 35-63. DOI: 10. 0000/PMID14067.
[31] Hunt J M. Generation and Migration of Petroleum from Abnormally Pressured Fluid Compartments [J]. AAPG Bulletin, 1990, 74(1): 1-12.
[32] Hunt J M, Whelan J K, Eglinton L B et al. Gas generation-a major cause of deep Gulf Coast overpressure [J]. Oil and Gas Journal, 1994, 92(29): 59-63.
[33] Jowett E C, Cathles L M and Davis B W. Predicting Depths of Gypsum Dehydration in Evaporitic Sedimentary Basins [J]. AAPG Bulletin, 1993, 77 (3): 402-13.
[34] Klocke M, Voigt T, Kley J et al. Cenozoic evolution of the Pamir and Tien Shan mountains reflected in syntectonic deposits of the Tajik Basin [J]. Geological Society of London Special Publications, 2017, 427. DOI: 10. 1144/SP427. 7.
[35] Law B E and Spencer C W. Abnormal pressure in hydrocarbon environments [J]. Aapg Memoi, 1998, 70: 1-11. DOI: 10. 0000/PMID14065.
[36] Li F J, Jing X Q, Zou C Y et al. Facies analysis of the Callovian - Oxfordian carbonates in the northeastern Amu Darya Basin, southeastern Turkmenistan [J]. Marine and Petroleum Geology, 2017, 88: 359-80.
[37] Liu Y k, He Z L, He S et al. A new quantitative model and application for overpressure prediction in carbonate formation [J]. Journal of Petroleum Science & Engineering, 2021, 198(1).
[38] Luo X, Dong W, Yang J, et al. Overpressureing mechanisms in the Yinggehai Basin, South China Sea. AAPG Bulletin, (4): 87.
[39] Luo X and Vasseur G. Contributions of Compaction and Aquathermal Pressuring to Geopressure and the Influence of Environmental Conditions1 [J]. AAPG Bulletin, 1992, 76(10): 1550-9.
[40] Lu X, Zhao M, Zhang F et al. Characteristics, origin and controlling effects on hydrocarbon accumulation of overpressure in foreland thrust belt of southern margin of Junggar Basin, NW China [J]. Petroleum Exploration and Development, 2022, 49(5): 991-1003.
[41] Mouchet J and Mitchell A. Abnormal Pressures While Drilling: Origins, Prediction, Detection, Evaluation. Elf Aquitaine, 1989.
[42] Mordvintsev D. Tectono-stratigraphic evolution of the northern margin of the Amu-Darya basin in Uzbekistan (Bukhara-Khiva and Southwestern Gissar regions). EGU General Assembly Conference Abstracts, 2015.
[43] Osborne M J and Swarbrick R E. Mechanisms for generating overpressure in sedimentary basins: a reevaluation [J]. AAPG Bulletin, 1997, 81 (6): 1023-1041
[44] Swarbrick R E. Mechanisms that generate abnormal

pressures: an overview [J]. Aapg memoir, 1998, 70: 13-14.

[45] Tingay M R P, Morley C K, Laird A et al. Evidence for overpressure generation by kerogen - to - gas maturation in the northern Malay Basin [J]. AAPG Bulletin, 2013, 97(4): 639-72.

[46] Ungerer P, Behar E and Discamps D. Tentative calculation of the overall volume expansion of organic matter during hydrocarbon genesis from geochemistry data. Implications for primary migration. Implications for primary migration, 1981.

[47] Zeng S, Qiu N, Li H et al. Generation and distribution of overpressure in ultra - deep carbonate reservoirs controlled by intra - cratonic strike - slip faults: The Ordovician of Shuntuoguole area in the Tarim Basin [J]. Marine and Petroleum Geology, 2023, 158: 106515.

[48] Zhang F, Lu X, Botterill S et al. Horizontal tectonic stress as a cause of overpressure in the southern margin of the Junggar Basin, northwest China [J]. Journal of Petroleum Science and Engineering, 2021, 205: 108861.

[49] Zhang F, Wang Z, Zhong H et al. Origin of abnormal high pressure and its relationship with hydrocarbon accumulation in the Dina 2 Gas Field, Kuqa Depression [J]. Petroleum Research, 2016, 1(1): 93-102.

多波联合河道砂体刻画技术在川西陆相致密气勘探中的应用

陈　康[1]　张广智[1]　冉　崎[2]　魏　玮[2]　杨广广[2]　戴隽成[2]

[1. 中国石油大学(华东)；2. 中国石油西南油气田分公司勘探开发研究院]

摘　要　四川盆地川西北部侏罗系沙溪庙组三角洲前缘水下分流河道广覆式发育，河道砂体类型多样，非均质性强，在常规叠后地震剖面上形成复杂多样的地震反射特征，难以通过单一振幅“亮点”准确刻画出河道砂体展布特征。为解决多类型砂体刻画的难题，本研究充分利用目标区采集的三维三分量转换横波资料，结合纵波叠前数据和常规叠后地震资料，针对沙一段提出了多波联合河道砂体精细刻画技术。在波动方程正演模拟的基础上，分析总结了河道砂体多波地震响应特征随砂体厚度和孔隙度的变化规律，明确了转换横波和叠前 P-G 属性对多类型河道砂体的刻画优势；为进一步提高砂刻画精度，分析对比转换横波和叠前 P-G 属性砂体刻画效果差异，发现反映横波阻抗变化率的叠前 P-G 属性对砂体的刻画效果具有更高的纵向分辨率，有利于区分叠置砂体；而转换横波振幅能量更聚焦，刻画的河道砂体横向展布特征更清晰。多波联合砂体刻画方法充分整合二者优势，利用高分辨率 P-G 确定砂体纵向期次，转换横波刻画砂体横向边界，完成了川西北部沙一段主要河道砂体精细刻画。

关键词　四川盆地；沙溪庙组；河道砂；转换横波；叠前 P-G 属性；分辨率

Application of multi-wave channel sand body characterization technology in tight gas exploration in western Sichuan Basin

Chen Kang[1]　Zhang Guangzhi[1]　Ran Qi[2]　Wei Wei[2]　Yang Guangguang[2]　Dai Juancheng[2]

[1. China University of Petroleum(Eastern China);
2. Exploration and Development Research Institute of PetroChina Southwest Oil and Gas Field Branch]

Abstract　The diversion channel sandbodies in the delta front of the Jurassic Shaximiao Formation in northwestern Sichuan Basin is widely developed. The types of channel sand bodies are diverse and heterogeneous. Complex and diverse seismic reflection characteristics are formed on conventional post-stack seismic sections, and it is difficult to accurately describe the distribution characteristics of channel sand bodies through a single amplitude “bright spot”. In order to solve the problem of multi-type sand body characterization, this study makes full use of three-dimensional three-component converted shear wave data collected in the target area, combines longitudinal wave pre-stack data and conventional post-stack seismic data, and puts forward a multi-wave combined channel sand body fine characterization technology for the first member of Shaximiao Formation. On the basis of forward modeling of wave equation, the variation of multi-wave seismic response characteristics with thickness and porosity of sand bodies is analyzed and summarized. In order to further improve the accuracy of sand characterization, the difference between the characterization effect of two methods is analyzed and compared, and it is found that the pre-stack P-G attribute reflecting the change rate of shear wave impedance has higher longitudinal resolution which has the advantage to distinguish superimposed sand body. The converted shear wave amplitude energy is more focused, and the lateral distribution characteristics of channel sand body are clearer. The multi-wave combined sand body characterization method fully integrates the advantages of both, uses high-resolution P-G attributes to determine the longitudinal period of the sand body, and transforms shear wave to characterize the transverse boundary of the sand body. The application effect is remarkable, providing favorable support for well deployment and reserve upgrade in the ZT area.

Key wordst　Shear wave; pre-stack P-G attribute; resolution; Shaximiao Formation; Sichuan Basin

四川盆地侏罗系沙溪庙组河道砂气藏广泛发育，前期已在川中多个区域取得良好成效。近年来，紧临储量探明区的ZT地区沙一段河道砂体钻井油气显示活跃，勘探开发潜力巨大，成为下一步增储上产重点领域。

ZT地区沙一段三角洲河道砂体广覆分布，沉积物源主要来源于北部的米仓山、大巴山，水下分流河道与河口坝等微相连片发育形成规模砂组，形成了天然气储集运移的主要空间通道。ZT地区纵向发育5套砂组，河道规模较大，砂组叠置程度高，多条河道交错分布，自北东向西南方向河道规模逐减小。优质储层主要发育在河道砂组内，储集空间主要为残余粒间孔、长石粒内溶孔，储层物性非均质性强。受控于沉积相发育特征，河道砂体纵向多期叠置，横向同期交会，砂体类型多样，与围岩之间的波阻抗关系复杂，且同期河道不同位置砂体厚度、孔隙度和含气性差异明显。“多类型、强非均质”的特点导致ZT地区沙一段砂体的叠后地震反射特征复杂多变，在叠后纵波(PP波)剖面上难以通过单一振幅“亮点”准确刻画河道砂体展布。

为解决河道砂体刻画精度不足的问题，本研究利用ZT地区采集的转换横波(PS波)三维三分量(3D3C)资料，结合PP波叠前数据P-G属性和常规叠后地震资料，针对沙一段提出了多波联合河道砂体精细刻画技术。首先，通过工区内30口已钻井资料分析和测井二次评价，基于井震标定研究了砂体的多波地震响应特征。其次，开展了多波叠后地震及PP波叠前P-G属性正演模拟，研究了在不同物性条件下河道砂体的多波地震响应变化规律。在此基础上，结合实际地震资料，分析总结了PP波、PS波以及PP波叠前P-G属性在砂体刻画和方面的优势及不足，并形成了针对ZT地区沙一段河道砂体精细刻画的多波联合解释方法。最后，利用该技术实现了ZT地区沙一段砂体的精细刻画，应用结果表明该方法有效降低了单一数据砂体刻画方法的局限性和多解性问题，提高了砂体识别精度。

1　多波地震响应特征分析

为厘清致密砂岩多波地震响应特征随砂体物性的变化规律，本项研究开展多井交会分析，结合ZT地区泥包砂的地质特征，建立了泥岩背景下不同物性河道砂模型。首先，通过统计工区内代表井砂体的各项弹性参数与泥质含量和孔隙度的关系，拟合趋势获得了正演模型所需的纵波速度、横波速度和密度参数。接着，设计了如图1所示的三层砂泥互层模型，其中绿色、蓝色和黄色区域分别代表沙溪庙组沙二^{1}亚段、沙一段以及凉高山组的泥岩，彩色方块代表孔隙度3%~14%变化的河道砂体。砂体厚度20m，宽度60m，砂体间距40m，砂体顶部距离沙一亚段顶界50m。最后，基于模型利用Zoeppritz方程求取纵波和转换横波在界面处的反射系数，并分别采用主频为35Hz和25Hz的雷克子波与反射系数褶积得到对应多波叠后地震反射剖面。此外，依照shuey(1985)对Zoeppritz方程的近似推导，按照模型正演了纵波叠前P-G属性，计算表达式如下：

$$R_{pp}(\theta)\approx R_0+\left[A_0R_0+\frac{\Delta\sigma}{(1+\bar{\sigma})^2}\right]\sin^2\theta=P+G\sin^2\theta \tag{1}$$

其中

$$P=R_0=\frac{1}{2}\left[\frac{\Delta v_p}{v_p}+\frac{\Delta\rho}{\bar{\rho}}\right]$$

$$G=-\frac{\Delta v_S}{\bar{v}_S}+\frac{1}{2}\left[\frac{\Delta v_p}{\bar{v}_p}-\frac{\Delta\rho}{p}\right]$$

P-G的表达式为：

$$\text{P-G}=\frac{\Delta v_S}{\bar{v}_S}-\frac{\Delta\rho}{\bar{\rho}} \tag{2}$$

正演结果分析表明，不同物性的河道砂体在叠后纵波剖面上表现为不同的地震响应特征。随着孔隙度增加，纵波地震响应经历了由“顶峰底谷”向“顶谷底峰”的转变，低孔致密砂岩(孔隙度小于6%)的孔隙度与纵波叠后振幅呈负相关，高孔砂岩(孔隙度大于9%)的孔隙度与纵波叠后振幅呈正相关。值得注意的是，中孔砂岩(孔隙度6%~9%)在叠后纵波剖面上响应微弱，难以形成有效反射，因此无法通过纵波振幅属性对该类型砂体进行有效刻画。

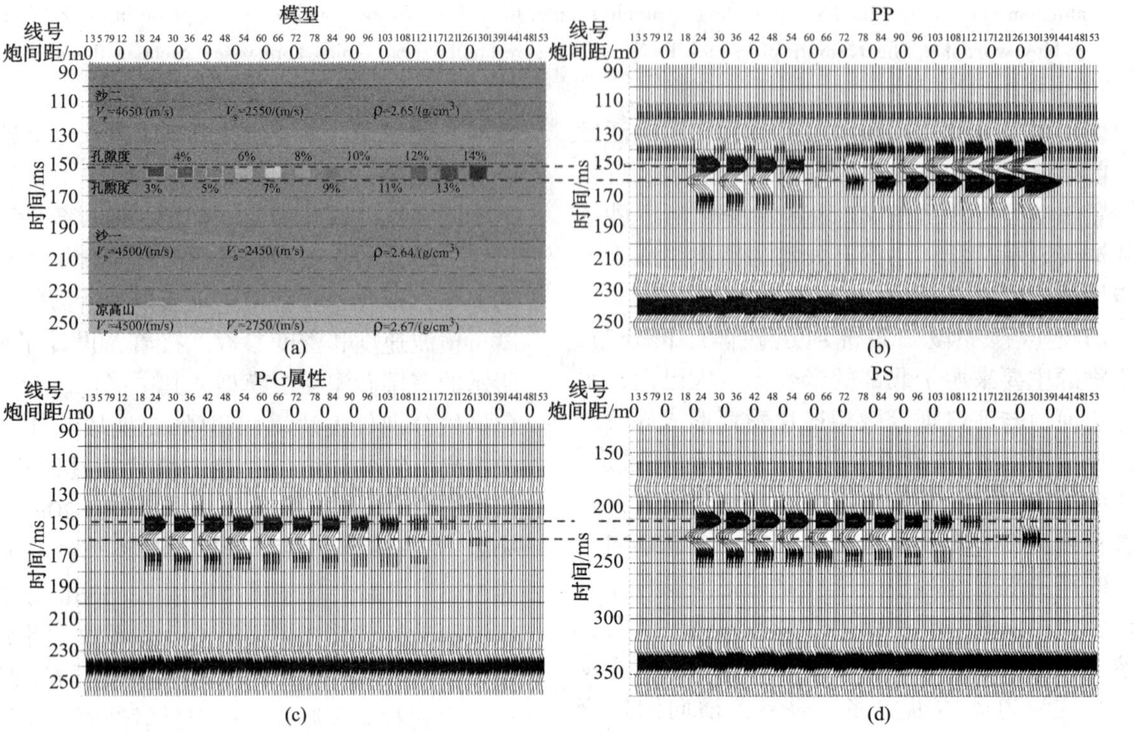

图 1　多波地震正演模型测试

(a)三层砂泥互层模型；(b)PP 波地震响应；(c)叠前 P-G 属性；(d)PS 波地震响应

然而，转换横波和纵波叠前 P-G 属性正演结果显示砂体的响应始终表现为“顶峰底谷”，不会随着物性增加而发生极性反转。但波峰振幅能量随孔隙度的增加而降低，当孔隙度高于12%时，砂体的反射特征微弱。由于纵横波波速差异影响，转换横波与纵波位于不同的时间尺度，而叠前 P-G 属性是纵波叠前道集运算所得，与纵波不存在时间差。因此，纵波叠前 P-G 属性可作为纵波和转换波之间的桥梁，从而有效避免纵波和转换横波数据时间匹配难的问题。

2　转换波和叠前 P-G 属性对比

转换横波和纵波叠前 P-G 属性均能够区分砂泥岩并对不同物性的河道砂体进行有效识别，因此利用二者进行中阻“隐蔽”河道砂体刻画得到了广泛应用。但是目前仍然缺乏对转换横波和纵波叠前 P-G 属性在砂体刻画中不同点深入的分析讨论。本文通过对 ZT 地区转换横波和纵波叠前 P-G 属性在纵向分辨率、横向连续性和适用条件三个方面进行差异对比，进一步总结了二者在砂体精细刻画方面的优势与不足。

首先，利用纵波叠前 P-G 属性进行砂体刻画极大依赖于叠前道集的品质，低信噪比叠前地震资料的干扰会极大增加 AVO 属性分析的多解性。受地震覆盖次数影响，在地震资料边界处采集的地震道集品质较差，从而难以利用叠前 P-G 直接进行河道砂体的刻画(图 2)。其次，相较于纵波叠前 P-G 属性对砂体的刻画效果，转换横波振幅能量更聚焦，同相轴横向连续性高。如图 2 所示，虽然纵波叠前 P-G 属性剖面和转换横波剖面整体波阻特征一致，但沙溪庙组底界的 1 号砂体在 P-G 属性剖面中振幅能量弱，横向连续性差，难以对河道进行连续追踪对比；而在转换横波剖面内 1 号砂体地震反射特征清晰，刻画的河道砂体平面展布特征边界轮廓更为清楚(图 2)。

然而，相较于转换横波，纵波叠前 P-G 属性具有更高的纵向分辨率，ZT 地区纵波三维地震的主频为 35Hz，有效频宽介于 11～70Hz，而转换波资料频带较窄，主频为 25Hz，有效频带范围为 5～40Hz。如图 3 所示，4 号砂和 5 号砂体在 P-G 属性剖面上为两条独立的地震反射同相轴，但在转换横波剖面上难以区分。因此，叠前纵波 P-G 属性对于纵向叠置砂体的区分能力更强，有利于砂体期次划分。

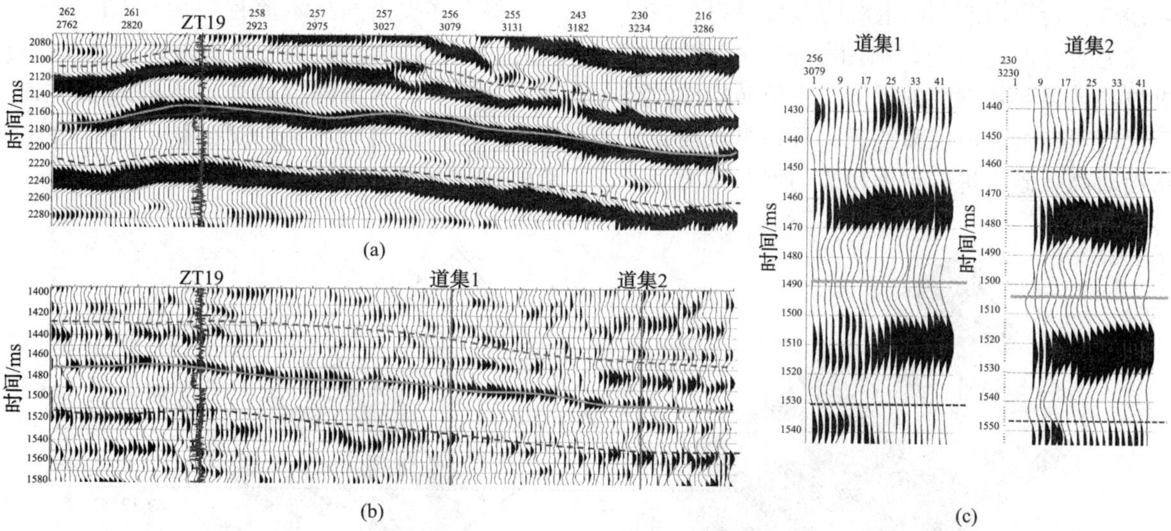

图 2. PS 波与叠前 P-G 属性横向连续性对比

(a)PS 波叠后时间偏移地震剖面；(b)叠前 P-G 属性剖面；(c)点 1 及点 2 处为 PP 波叠前角道集；其中红色虚线代表沙二 1 段底部界面；蓝色虚线为沙一段底部界面；黄色实线代表河道砂体顶部界面；ZT19 井曲线为伽马曲线

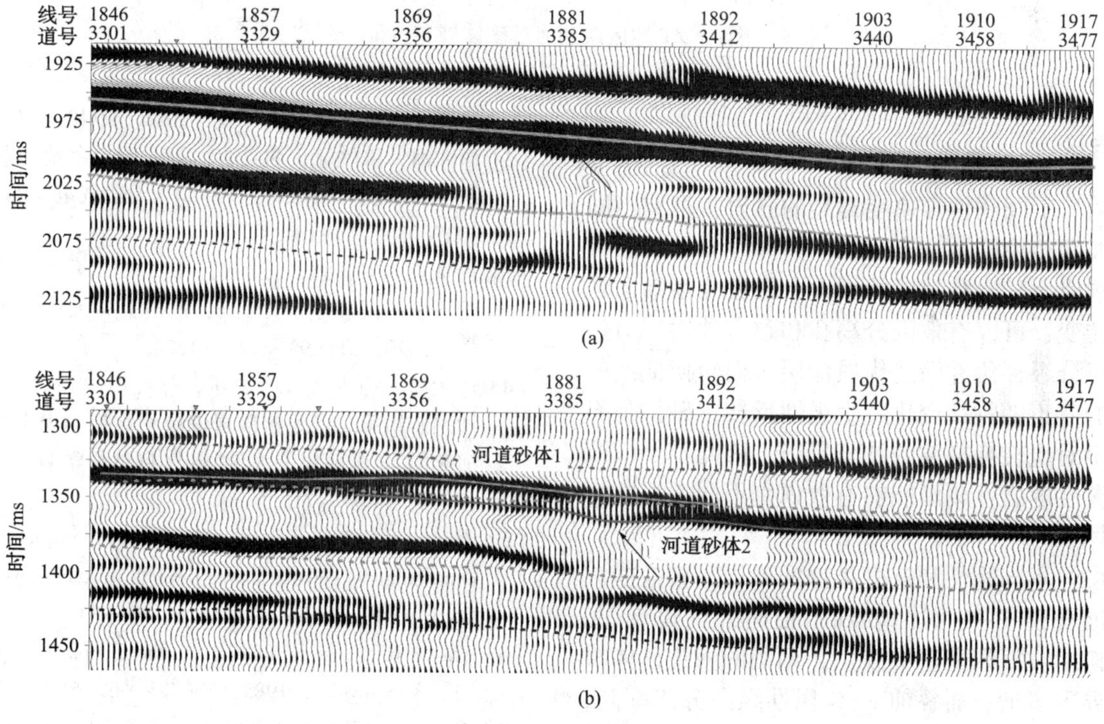

图 3　PS 波与叠前 P-G 属性纵向分辨率对比

(a)PS 波叠后时间偏移地震剖面；(b)叠前 P-G 属性剖面；其中红色虚线代表沙二段底部界面；蓝色虚线为沙一段底部界面；青色虚线代表沙一 2 段和沙一 3 段底部界面；黄色和橙色实线为河道砂体顶部界面

4　多波河道砂体刻画及应用

本项研究形成了一套综合利用纵波、转换横波和叠前 P-G 属性进行河道砂体精细刻画的技术流程。首先，利用叠前 P-G 属性进行砂体期次划分，叠前 P-G 属性的波峰对应砂体顶界面，波谷对应砂体底界面，顶底界面纵向定位砂体发育位置。在此基础上，依照 P-G 属性划分的砂体期次，在转换横波上连续追踪砂体顶底的波形反射刻画砂体走向，通过提取砂体顶底界面间转换横波振幅属性获得不同期次砂体的横向展布特征。最后，在砂体期次划分和横向边界刻画的基础上，结合纵波数据进行高孔砂体的识别。高孔砂体在纵波和转换横波上具有极性反转的特点，砂体顶界在转换横波剖面上对应波峰反射，在纵波剖面上对应波谷反射。利用叠前 P-G 属性建立纵波和转换波数据间的桥梁，定位转换横波波峰反射所对应的纵波反射特征，寻找纵波波谷反射从而对高孔砂岩进行识别和横向展布刻画。

将上述提出的技术流程应用于 ZT 地区，可以对沙一段内河道砂体发育情况以及物性进行定性预测。多波精细河道砂体预测成果显示 ZT 地区沙一段纵向刻画 5 期河道砂体，砂体呈北东-南西向分布，多条河道交错发育(图 4)。

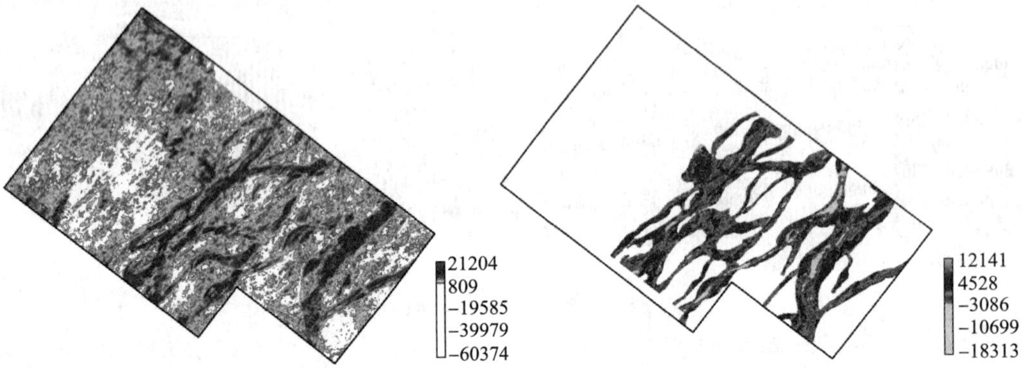

(a)　　　　(b)

图 4　ZT 地区四期河道砂体展布特征

(a)4 号河道砂体分布；(b)4 号河道储层分布

4　结论

(1) 不同物性和速度类型的砂岩，具有不同的纵波和转换横波响应特征。砂体顶界面的纵波地震响应会随着孔隙度的增大由强波峰逐渐向强波谷转变，可以有效区分高孔和致密砂岩，对砂体进行分级评价并筛选优质储层。而转换横波的砂体响应不随物性变化发生极性反转，砂体顶界面稳定对应转换横波的波峰反射，因此基于横波振幅属性的岩性刻画能够有效识别不同类型的河道砂体。

(2) 不同物性和速度类型的砂岩，转换横波和纵波叠前 P-G 属性表现出相同的变化规律。但转换横波振幅能量更聚焦，刻画的河道砂体横向边界更清晰；而叠前 P-G 属性纵向分辨率高，有利于落实砂体期次。并且叠前 P-G 属性与纵波间不存在时间差，因此可作为纵波和转换波之间的桥梁，有效避免纵波和转换横波数据时间匹配难的问题。

(3) 综合利用纵波、转换横波和叠前 P-G 属性进行河道砂体精细刻画可以充分发挥多套数据的优势，ZT 地区新钻井证实多波河道砂体刻画成果与实钻井吻合度高，效果显著。

参　考　文　献

[1] 张道伟，杨雨．四川盆地陆相致密砂岩气勘探潜力与发展方向[J]．天然气工业，2022，42(01)：1-11.

[2] 唐大海，陈洪斌，谢继容，等．四川盆地西部侏罗系沙溪庙组气藏成藏条件[J]．天然气勘探与开发，2005(03)：14-194.

[3] 肖富森，韦腾强，王小娟，等．四川盆地川中—川西地区沙溪庙组层序地层特征[J]．天然气地球科学，2020，31(09)：1216-1224.

[4] 唐大海，谭秀成，涂罗乐，等．川中-川西过渡带沙溪庙组第二段致密砂岩储层物性控制因素及孔隙演化[J]．成都理工大学学报(自然科学版)，2020，47(04)：460-471.

[5] Zoeppritz K & Erdbebnenwellen V. On the reflection and penetration of seismic waves through unstable layers[J]. Göttinger Nachrichten，1919，1：66-84.

[6] Shuey RT. A simplification of the Zoeppritz equations [J]. Geophysics，1985，50(4)：609-614.

[7] Castagna JP，Swan HW & Foster DJ. Framework for AVO gradient and intercept interpretation [J]. Geophysics，1998，63(3)：948-956.

[8] 戴隽成，陈康，张宇生，等．四川盆地川中地区沙溪庙组致密含气砂岩地震预测方法及应用[J]．天然气勘探与开发，2022，45(03)：99-107.

[9] 赵尧，白静，李明翼，等．转换波地震资料在 QL 地区隐蔽河道砂岩识别中的应用[C]//中国石油学会石油物探专业委员会，中国地球物理学会勘探地球物理委员会．2022 年中国石油物探学术年会论文集(下 册)．2022：337 - 340. DOI：10.26914/c.cnkihy.2022.039546.

准噶尔盆地哈山山前带风城组泥页岩储层特征及形成机制

宋梅远[1,2] 于洪洲[2] 周 健[2] 倪胜利[2]

（1. 成都理工大学能源学院；2. 中国石油化工股份有限公司胜利油田分公司勘探开发研究院）

摘 要 准噶尔盆地二叠系风城组页岩油勘探取得了丰硕的成果，从盆缘到凹陷油气藏呈常规油、致密油、页岩油有序分布的态势。哈山山前带位于准噶尔盆地西北缘，紧邻玛湖富烃凹陷，近年来钻探的哈山5等井风城组获得重大突破，开拓了山前带源内系统新领域。为探究哈山山前带风城组泥页岩储层发育特征及成储机制，综合利用薄片、X衍射分析、扫描电镜、CT扫描、高压压汞-氮气吸附联作、核磁共振等手段，结合成像资料，对泥页岩岩石学特征、储集特征及控制因素开展研究。分析认为哈山山前带风城组碱湖细粒沉积，岩石类型复杂，主要以长英质矿物为主，黏土矿物含量低，提出了“矿物组分、沉积构造、盐类含量和有机质丰度”四要素三端元划分方案，将哈山山前带风城组划分为富有机质纹层状碱盐岩相、富有机质纹层状低盐云质岩相、富有机质纹层状云质砂岩相、含有机质层状长英页岩相、含有机质层状凝灰岩相等7类岩相，以富有机质纹层状碱盐岩相、富有机质纹层状低盐云质岩相、富有机质纹层状云质砂岩相、含有机质层状长英页岩相为主要储集岩相；储集空间主要包括粒间孔、晶间孔、溶蚀孔、有机质孔和裂缝，总体孔渗相对较差，富有机质纹层状云质砂岩相粒间孔、晶间孔、溶蚀孔、层间缝发育，晶间孔占比最多，孔径以宏孔为主，主要集中在50nm以上，储集能力最好，孔隙度平均4.68%，其次为富有机质纹层状低盐云质岩相、含有机质层状长英页岩相，富有机质纹层状碱盐岩相物性最差；受沉积作用、白云石化(碱化)作用、构造作用和酸性流体溶蚀作用4个因素的共同影响，“富长英质抗压保孔，先碱后酸增孔、构造裂缝增渗”，发育大量粒间孔、晶间孔及溶蚀孔缝，富有机质纹层状云质砂岩、富有机质纹层状低盐云质岩形成规模储集体，发育于斜坡区，呈环带状展布。

关键词 哈山山前带 风城组 泥页岩储层 储层表征 控制因素

Characteristics and formation mechanism of shale reservoir in the Fengcheng Formation, frontal zone of the Hashan Mountain, Junggar Basin

Song Meiyuan[1,2] Yu hongzhou[2] Zhou jian[2] Ni shengli[2]

(1. Chengdu University of Technology College of Energy;

2. Exploration and development Research Institute, Shengli Oilfield Company)

Abstract The oil and gas exploration of Permian Fengcheng Formation in Junggar Basin has achieved fruitful results, and the oil and gas reservoirs from the basin margin to the depression show the orderly distribution of conventional oil, tight oil and shale oil. The Hasan piedmont zone is situated in the northwest margin of the Junggar Basin, proximate to the Mahu hydrocarbon - rich depression. A significant breakthrough has been made in the Fengcheng Formation of Hasan No. 5 well drilled in recent years, which has unlocked a new source system domain in the piedmont zone. To investigate the development characteristics and storage mechanism of the shale reservoir in the Fengcheng Formation, various methods such as thin section analysis, X-ray diffraction analysis, scanning electron microscopy, CT scanning, high - pressure mercury - nitrogen adsorption, and nuclear magnetic resonance, in combination with imaging data, were employed for the study of shale. Based on the analysis, the fine - grained sedimentary rocks of the Fengcheng Formation in the front of Hashan feature complex rock types, predominantly consisting of felsic minerals and having a low content of clay minerals. A four-element and three-end-element division scheme of "mineral composition, sedimentary structure, salt content, and abundance of organic matter" is put forward. The Fengcheng Formation in the Hashan fore-mountain zone can be categorized into seven types of rock facies, including organic-rich laminar alkali rock facies, organic-rich laminar low salt cloud rock facies, organic-rich laminar cloud sandstone facies, organic-rich laminar felsic shale facies, and organic-rich laminar tuff facies. The main reservoir rock facies are organic-rich laminar alkali rock facies, organic-rich laminar low salt cloud rock facies, organic-rich laminar cloud sandstone facies, and organic-containing laminar felsic shale facies. The reservoir space mainly encompasses intergranular pores, intergranular pores, solution pores, organic matter pores, and fractures. The overall porosity is relatively poor. Intergranular pores, intergranular pores, solution pores, and interlayer fractures are well-developed in organic lamellar sandstone facies, with intergranular pores accounting for the largest proportion. The second is organic-rich laminar low-salt dolomitic rock facies, organic-rich laminar feldspar facies, and organic-rich laminar alkali rock facies, which have the poorest physical properties. Under the combined influence of four factors: sedimentation, dolomitization (alkalization), tectonic process, and acid fluid dissolution, a large number of intergranular pores, intergranular pores, and dissolution pores have developed, and organic laminary-layered sandstone and organic-rich laminary-low-salt dolomitic rock form large-scale reservoirs. They develop in the slope area and are distributed in a ring band.

Key wordst Hasan mountain front belt; Fengcheng Formation; shale reservoir; Reservoir characterization; Control factor

随着世界经济全球化的发展，世界油气需求量持续增长，而常规油气勘探难度越来越大，产量呈持续下降趋势，非常规油气资源对能源需求的补充日益引起全世界的高度重视，作为页岩油五大领域之一的准噶尔盆地二叠系风城组碱湖页岩油因其生烃潜力大、所生烃类性质好而著称，油气勘探取得了丰硕的成果，在其页岩油勘探中，寻找甜点储集体至关重要。前人针对准噶尔盆地风城组沉积环境、岩石特征及成因、储层发育特征开展了大量的研究，但对泥页岩储层的微观分析及成储控制因素研究的较薄弱，且研究主要集中在玛湖凹陷等稳定区，对山前带的研究更是少之又少。为了进一步推进准噶尔盆地北缘哈山山前带风城组常非立体勘探，本文以典型探井岩心观察、薄片精细鉴定为基础，结合元素、测井、X 衍射分析等资料，系统开展岩石的矿物组成分析，明确储层的岩石类型，利用 CT 扫描、氩离子抛光+SEM、核磁、高压压汞-氮气吸附联合测定等测试手段，确定了哈山山前带风城组泥页岩储层储集空间类型、孔径分布及物性特征，进而查明控制因素，为本地区油气勘探生产部署和决策提供依据。

1　地质概况

哈山山前带地处准噶尔盆地西北缘，南邻玛湖凹陷，北以达尔布特断裂与和什托洛盖盆地相接，处于准西北缘北北东向与北东东向构造的转换部位，是油气的有利聚集区，由于构造位置非常特殊，受到二叠纪以来的多期次强烈碰撞以及构造改造过程，形成现今逆冲推覆叠加构造，发育准原地、推覆体、超剥带三个构造单元，风城组卷入构造变形，多层叠置，展开面积 $1250km^2$，受石炭系古凸的控制，东西呈现“三洼两凸”的格局（图 1）。风城组纵向受水体变化控制，发育完整水进-水退沉积旋回，具有三分结构，风一段早期物源供给强，砂砾岩为主，晚期物源供给弱，半湿润-半干旱气候，出现碱矿；风二段早期物源供给弱，半干旱-干旱气候，碱矿富集，晚期陆源输入增多，碱矿减少；风三段物源供给不断增强，水体变浅，以陆源碎屑为主，碱矿不发育。横向上，受陆源碎屑供给、火山作用和碱云化作用控制，由盆缘到湖盆中心呈砂砾岩—灰质砂岩-云质砂岩—云质泥页岩-碱盐序次分布，盆缘发育多个物源体系，盆内风一段、风二段以湖相-扇三角洲沉积为主，呈环带状展布。风城组沉积时期湖平面频繁升降，加之火山活动及碱云化作用，形成岩性复杂、类型多样的细粒混积岩。

2　风城组泥页岩储层特征

2.1　岩石学特征及岩相类型

哈山山前带风城组为典型的盐碱湖沉积，其泥页岩矿物组成复杂，依据矿物成分分析得出，主要包括黏土、石英以及长石(钾长石、斜长石)等陆源碎屑，方解石、白云石、碱性矿物等内源化学沉积矿物，火山碎屑主要包括凝灰质、火山岩岩屑、辉石、角闪石等，整体以长英质矿物为主，占比14%~75%，平均58%，其次为灰云质，含量在12%~51%之间，平均24%，碱盐含量变化大，在1%~70%之间，平均7.2%，黏土含量较少，仅占5%~15%。不同岩相组合的矿物成分也存在较大的差异，如砂泥岩发育段，陆源碎屑矿物占总矿物成分的80%左右，其中泥质粉砂岩类黏土含量在10%左右，石英、长石两者含量超过了65%，主要发育于风三段；白云岩段，黏土含量普遍低于10%，均值为6.8%，石英含量14%~60%，均值为39%，白云石含量5.1%~56.2%，均值为22%，发育于风一段上部及风三段下部，平面上位于斜坡区；碱性矿物发育段，碳钠钙石、碳钠镁石、氯碳钠镁石、苏打石、硅硼钠石含量显著增加，发育于风二段洼陷中心；而在风一段底部火山岩发育的层段，角闪石、辉石等火山特征矿物较为发育。不同沉积位置岩相变化较大，对储层物性和油气成藏产生较大影响。

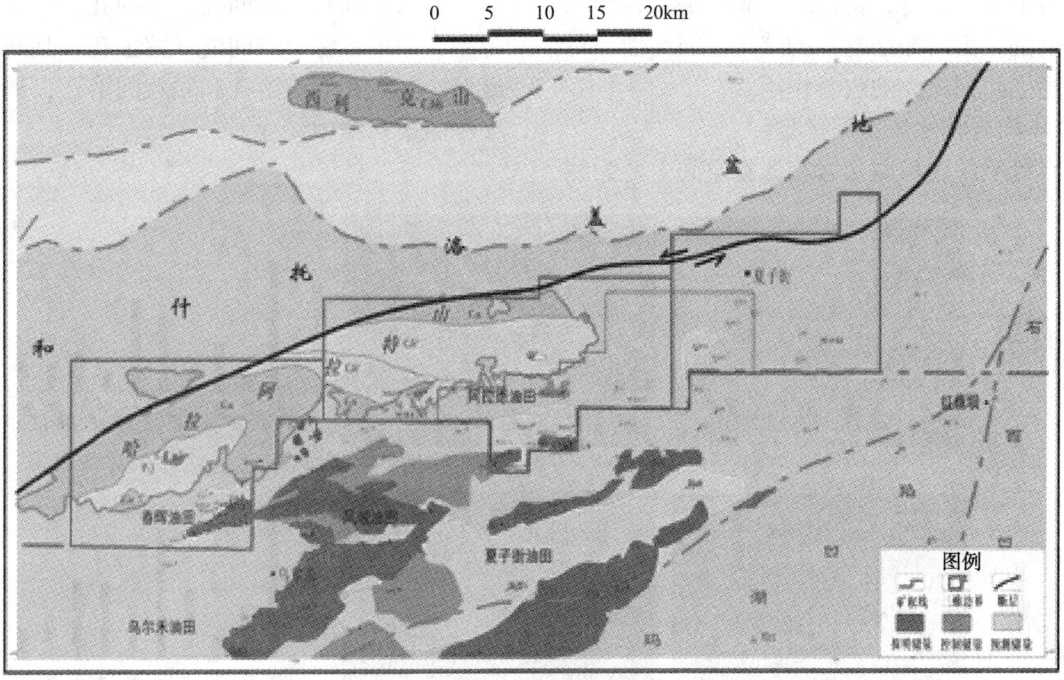

图1　研究区区域位置图

针对风城组页岩特殊性(盐类矿物含量高)，依据“矿物组分、沉积构造、盐类含量和有机质丰度”，提出了页岩“四要素三端元”划分方案，将哈山山前带风城组划分为富有机质纹层状碱盐岩相、富有机质纹层状低盐云质岩相、富有机质纹层状云质砂岩相、含有机质层状长英页岩相、含有机质纹层状凝灰岩相等7类岩相，富有机质纹层状碱盐岩相、富有机质纹层状低盐云质岩相、富有机质纹层状云质砂岩相、含有机质层状长英页岩相为研究区主要岩相类型。

2.2　储集空间类型

与常规砂岩储层孔隙直径相比，致密砂岩储层主体孔隙直径仅为其十分之一，而页岩储层主体孔隙直径仅为其千分之一，孔隙度较低，渗流能力极弱，其储层的发育特征对于页岩油的富集具有重要的影响作用。本文结合CT、氩离子抛光+SEM、同步辐射等高分辨率表征技术对风城组泥页岩储集空间类型开展研究。

2.2.1　泥页岩储集空间

哈山地区风城组页岩储集空间主要由宏观孔隙和微观孔隙组成，以微观孔隙为主，微观孔隙包括粒间孔、晶间孔、溶蚀孔、有机质孔和裂缝等。

宏观孔隙按其直径分为三种类型：针孔，孔隙直径为1~2mm；绿豆状溶孔，孔隙直径为2~5mm；黄豆状溶孔，孔隙直径为大于5mm，岩心观察发现，风城组泥页岩储层宏观溶孔以针孔和绿豆状溶孔为主，黄豆状溶孔常伴随裂缝发育。

微观孔隙晶间孔占比最高，主要发育在矿物晶体颗粒之间，哈山山前带风城组主要发育黏土矿物晶间孔、碎屑矿物晶间孔、白云石晶间孔和金红石晶间孔，黏土矿物晶间孔包括片状绿泥石集合体晶间孔、片状滑石集合体晶间孔和片状绿蒙混层集合体晶间孔，晶间孔常以不规则的多边形和狭缝型产出；粒内溶孔主要以钾长石、钠长石等碎屑矿物粒内溶孔和白云石、方解石等碳酸盐矿物粒内溶孔为主，局部见少量石英矿物粒内溶孔，部分粒内孔隙被有机质充填。粒内溶孔形状多样，多表现为港湾状、椭圆状和细条状，孔径大小不一，以纳米级、微米级孔隙为主；风城组页岩相中有机质呈不规则条带状或碎片状与周围各矿物组分致密接触，有机质内部发育少量有机质孔和微裂缝。

山前带断裂发育，构造缝、异常高压裂缝和微裂缝也是泥页岩储层有利的储集空间类型，对储层物性也起到极大的改善作用。

2.2.2 不同岩相储集空间类型

富有机质纹层状碱盐岩相储集空间主要为碱粒间孔缝、钾长石晶间孔及溶孔等，少量有机质孔，以晶间孔占比最多，其次为碱粒间孔和长石溶孔，油气主要赋存在碱矿晶间孔缝和长石溶孔中。富有机质纹层状低盐云质岩相以晶间孔、溶蚀孔为主，少量粒间孔、粒缘缝，晶间孔和长石溶孔占比最多，其次白云石和颗粒间溶孔、层理缝，油主要赋存在晶间孔及裂缝中。富有机质纹层状云质砂岩相以粒间孔、晶间孔、黏土矿物间收缩缝、层间缝、溶蚀孔为主，晶间孔占比最多，其次是白云石和长石溶孔，少量粒缘缝，油主要赋存在晶间孔及溶孔中。含有机质层状长英页岩相以晶间孔、粒间孔、溶蚀孔、黏土收缩缝为主，少量粒缘、层间缝、溶蚀孔，晶间孔占比最多，其次是长石溶孔和颗粒间溶孔，油主要赋存在基质孔隙中。

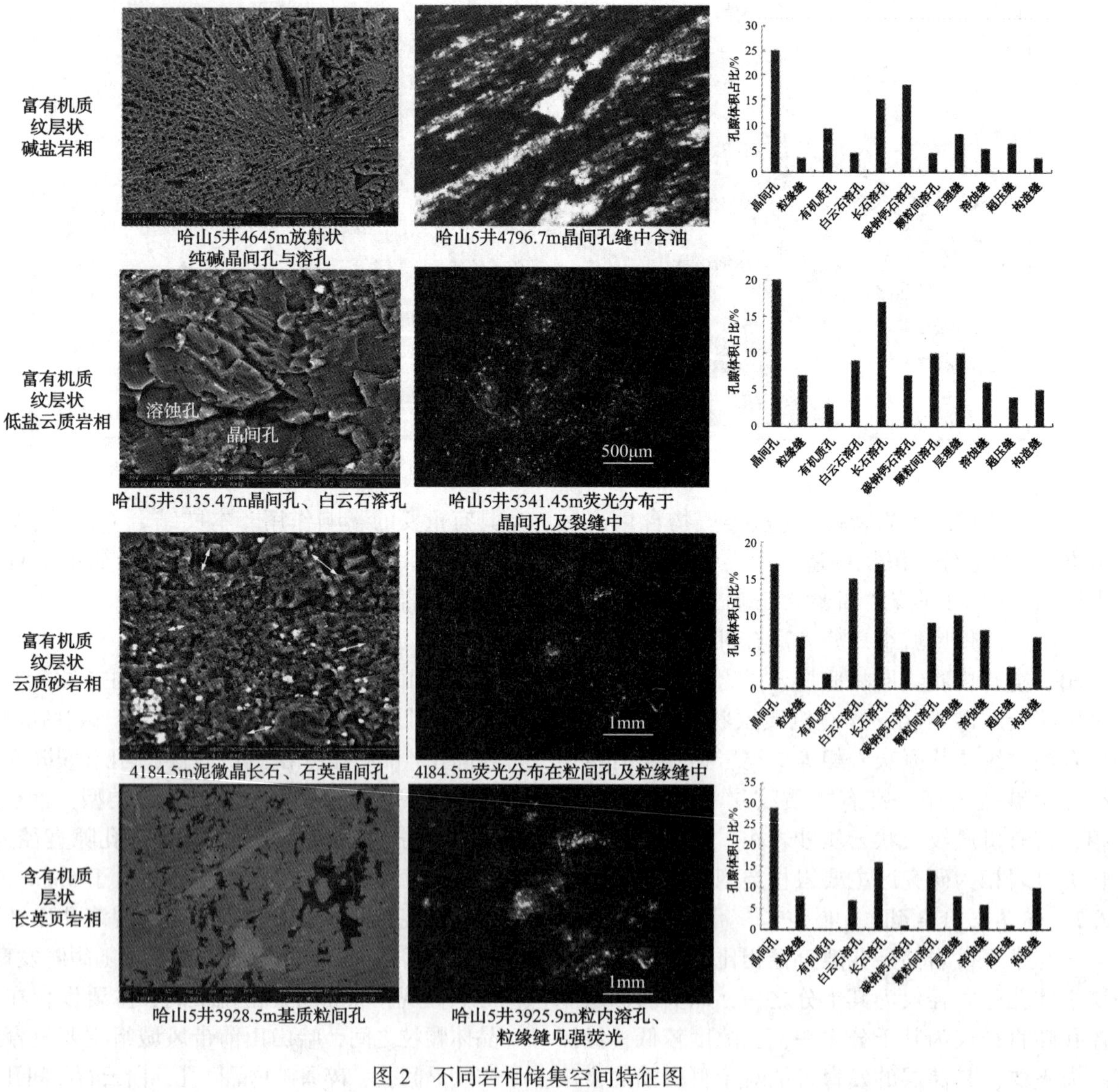

图2 不同岩相储集空间特征图

2.3　孔径分布及储集物性

2.3.1　孔径分布特征

氮气吸附结果(图3)显示，富有机质纹层状碱盐岩相泥页岩在相对低压和相对中压区(P/P_0<0.8)液氮吸附量较小，在相对高压区(P/P_0>0.8)吸附量突增，表明其局部发育宏孔。富有机质纹层状低盐云质岩相泥页岩孔隙结构最好，在相对压力(P/P_0)较小时液氮吸附量缓慢增加，在相对压力(P/P_0>0.8)时，液氮吸附量迅速增加，表明孔隙较为发育，且主要为四周开放的狭缝型孔隙，孔隙连通性较好。富有机质纹层状云质砂岩相泥页岩液氮吸附量较小，且回滞环开口较大，表明孔隙发育较差且结构复杂，白云质砂岩的吸附量略优于白云质白云质泥岩，表明白云质砂岩的孔隙更发育。含有机质层状长英页岩相泥页岩孔隙结构次之，液氮吸附量在相对压力(P/P_0>0.4)时逐渐增加，随压力增大，吸附量迅速增加，相较于(粉砂质)泥岩，(泥质)粉砂岩的吸附量明显较高且回滞环开口较大，表明(泥质)粉砂岩孔隙更为发育，孔隙结构也更为复杂。

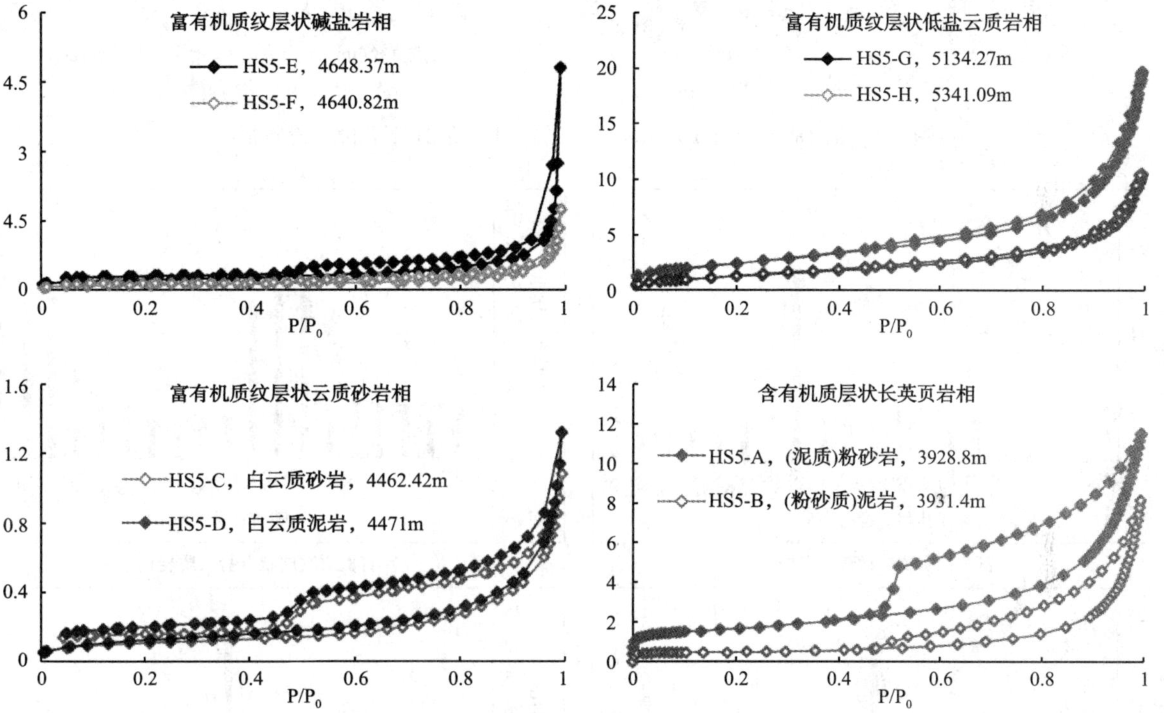

图3　哈山地区风城组不同岩相样品氮气吸附实验下回滞环发育特征

微-纳米CT显示，哈山山前带风城组含有机质层状长英页岩相孔隙较发育，孔径集中在4~80μm，具一定连通性；富有机质纹层状云质砂岩相孔隙发育较差，发育少量大孔，但连通性较差；富有机质纹层状低盐云质岩相主要发育小于20μm的孔隙，孔径较小，但连通性好；火山岩相基本不具备储集性能(图4)。

为更好表征哈山地区不同岩相泥页岩的孔径分布特征，研究中采用氮气吸附与高压压汞联测的方法，表征不同岩相的孔隙分布特征与总孔体积。对泥页岩储层孔径的分类的孔隙分类方法(BRUNAUER S，1940)，以<2nm、2~50nm、>50nm将孔隙分为微孔、介孔、宏孔。氮气吸附与高压压汞联测详细表征各岩相泥页岩的孔径分布特征可以看出(图5)，富有机质纹层状碱盐岩相泥页岩孔隙发育较为集中，主要集中在80~300nm，180nm孔隙最多，占23.1%；富有机质纹层状低盐云质岩相泥页岩中孔隙呈两段式分布，主要集中在20~80nm以及大于600nm的孔隙范围；富有机质纹层状云质砂岩相泥页岩孔隙孔径集中在20nm以上，50nm微孔占21.1%，其中，泥质粉砂岩的孔隙在小于50nm的范围均有发育，粉砂质泥岩的孔隙主要集中在10~50nm；含有机质层状长英页岩相泥页岩孔隙以宏孔为主，主要集中在80nm以上。

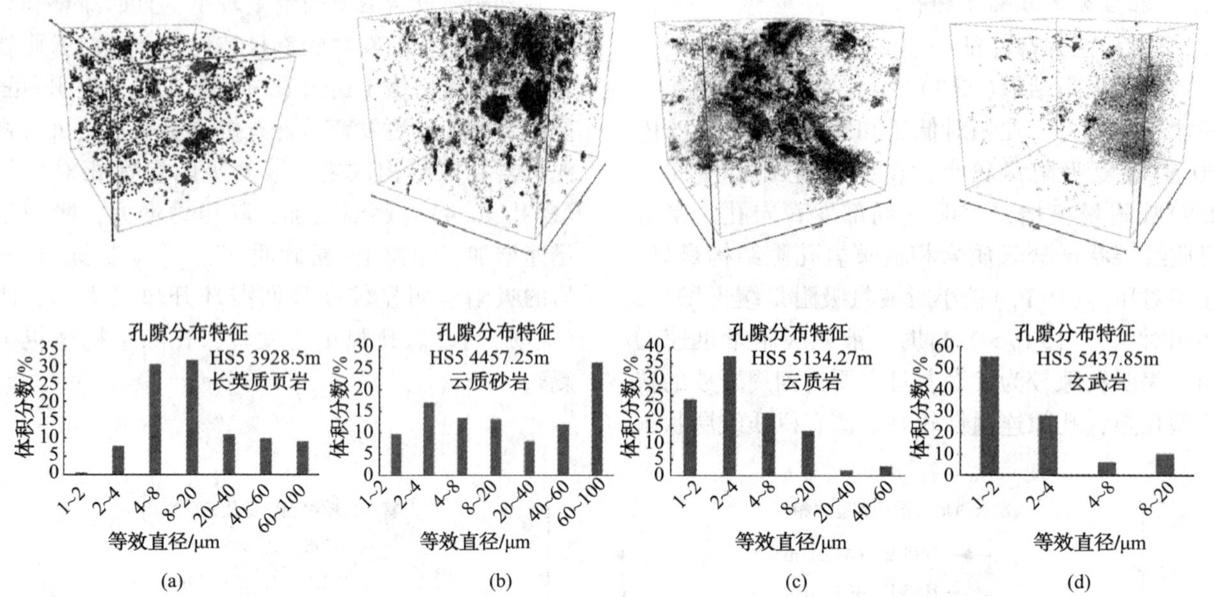

图 4　哈山地区哈山 5 井风城组不同岩相样品 CT 下孔隙发育特征

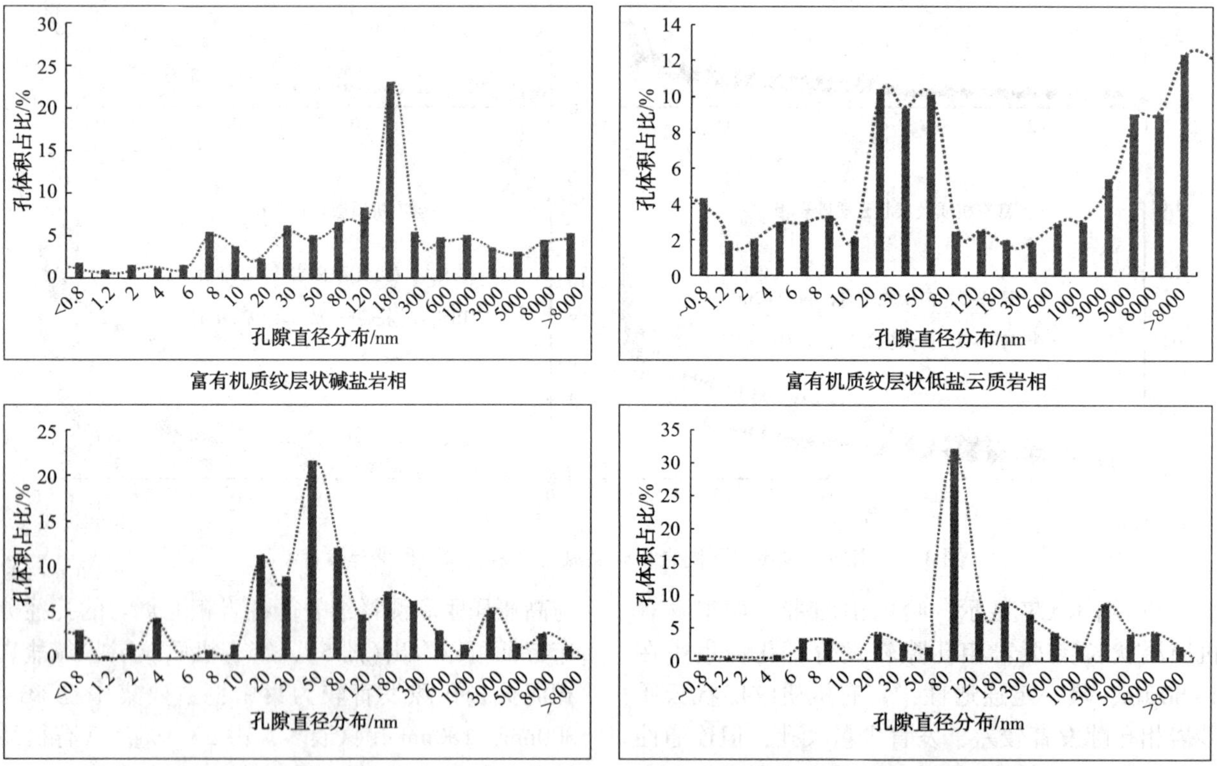

图 5　哈山地区风城组不同岩相孔隙直径分布图

2.3.2　储集物性

在哈山山前带风城组发育的 4 种主要岩相类型中，富有机质纹层状碱盐岩相孔隙度 1.47%~5.79%，平均值为 2.1%，渗透率 0.01~0.15×$10^{-3}\mu m^2$，平均值为 0.1×$10^{-3}\mu m^2$；富有机质纹层状低盐云质岩相孔隙度 2.9%~7.92%，平均值为 4.3%，渗透率 0.01~32.15×$10^{-3}\mu m^2$，平均值为 0.22×$10^{-3}\mu m^2$；富有机质纹层状云质砂岩相孔隙度 1.9%~11.95%，平均值为 4.68%，渗透率 0.001~9.84×$10^{-3}\mu m^2$，平均值为 0.12×$10^{-3}\mu m^2$；含有机质层状长英页岩相孔隙度 2%~6.94%，平均值为 4.5%，渗透率 0.01~2.58×$10^{-3}\mu m^2$，平均值为 0.09×$10^{-3}\mu m^2$。总体孔渗相对较差，表现为富有机质纹层状云质砂岩相储集能力最好，其次为富有机质纹层状低盐云质岩相、含有机质层状长英页岩相，富有机质纹层状碱盐岩相物性最差。

3　储层控制因素及成储机制

3.1　储层控制因素

研究区风城组泥页岩储层受沉积作用、白云石化(碱化)作用、构造作用和酸性流体溶蚀作用4个因素的共同影响。

3.1.1　沉积作用

决定优质页岩储层的分布范围及发育条件，研究区沉积环境形成富长英质贫黏土岩石类型，抑制压实作用的进行，此外，气候干旱、蒸发作用强烈、湖泊水体受到围限且淡水供应匮乏，加之间歇性火山活动及构造运动，造成湖泊水体盐度升高，化学成因的碳酸盐类矿物(文石和高镁方解石)发育，为白云石化作用的发生提供了物质基础。

3.1.2　白云石化作用

文石或方解石发生白云石化作用，分子体积缩小从而形成孔隙空间。但研究区白云石化作用主要发生在岩石固结成岩之前，形成的孔隙空间经过成岩压实作用而变小，对于储层物性的改善作用甚微。白云石化作用形成的晶间孔虽对储层物性具有一定的改善，但这种改善主要表现在增强岩石脆性，使之在构造作用下更易发生破碎，产生裂缝。

3.1.3　构造作用

研究区构造活动强烈，多旋回的构造运动造成多期活动及类型多样的构造组合，为裂缝的发育提供了构造基础，构造作用形成的裂缝，除了作为油气储集空间及运移通道外，还为溶蚀作用的发育提供了场所及渗滤通道。

3.1.4　溶蚀作用

酸性流体溶蚀有效增大了储集空间，根据岩心、薄片观察研究区溶蚀作用至少存在两期，第一期溶蚀作用发生在早成岩阶段，大气淡水溶蚀作用，分布非常普遍，这期溶蚀作用溶蚀强度大，后期部分溶孔或裂缝被充填或半充填，被保存下来的溶孔较少；第二期溶蚀作用发生在中成岩埋藏作用阶段，当盆地埋藏演化到一定的阶段，有机质因成熟而产生有机酸，与孔隙水结合，形成有利于碳酸盐岩溶解的酸性溶液，在孔隙及裂缝中流动，溶解早期的胶结物、碱性矿物及不稳定矿物，尤其是硅硼钠石、碳酸钠钙石等矿物对地层水酸碱度异常敏感，容易被溶蚀形成溶蚀孔，从而形成大量次生孔隙。

3.2　储层成储机制

风城组沉积环境形成富长英质贫黏土岩石类型，富长英质抗压，抑制压实作用的进行，使粒间孔、晶间孔等原生孔隙得以保存，早期强碱性环境，碳钠钙石、碳钠镁石等碱性矿物析出，进一步抑制压实作用；成岩作用中期，风城组碱湖环境富有机质湖相泥岩与云质砂岩、云质岩等源储互层，烃源岩成熟生排烃，形成大量的酸性流体在流动过程中溶解早期的方解石胶结物、碳钠钙石等碱性矿物及长石等不稳定矿物，形成大量的溶蚀孔隙，生排烃造成地层压力升高，发育异常高压缝；在成岩孔隙演化过程中，山前带强烈的构造运动形成大量裂缝，提供一定的储集空间，为酸性流体溶蚀作用的发生提供了渗滤通道，沿缝进一步溶蚀扩大，形成有利储集空间(图6)。

哈山山前带风城组泥页岩“富长英质抗压保孔，先碱后酸增孔、构造裂缝增渗”，发育大量粒(晶)间孔、溶孔、微裂缝，富有机质纹层状云质砂岩、富有机质纹层状低盐云质岩形成规模储集体，发育于斜坡区，呈环带状展布。

4　结论

(1) 哈山山前带风城组碱湖细粒混积岩，岩石类型复杂，主要以长英质矿物为主，黏土矿物含量低，针对风城组泥页岩特殊性(盐类矿物含量高)，提出了“矿物组分、沉积构造、盐类含量和有机质丰度”四要素三端元划分方案，将哈山山前带风城组划分为富有机质纹层状碱盐岩相、富有机质纹层状低盐云质岩相、富有机质纹层状云质砂岩相、含有机质层状长英页岩相、含有机质纹层状凝灰岩相等7类岩相，富有机质纹层状碱盐岩相、富有机质纹层状低盐云质岩相、富有机质纹层状云质砂岩相、含有机质层状长英页岩相为研究区主要岩相类型。

(2) 哈山地区风城组泥页岩储集空间主要由宏观孔隙和微观孔隙组成，以微观孔隙为主，微观孔隙包括粒间孔、晶间孔、溶蚀孔、有机质孔和裂缝。总体孔渗相对较差，表现为富有机质纹层状云质砂岩相储集能力最好，粒间孔、溶蚀孔、黏土收缩缝发育，晶间孔占比最多，孔径上以宏孔为主，主要集中在50nm以上，储集能力最好，孔隙度平均4.68%，其次为富有机质纹层状云质砂岩相、含有机质层状长英页岩相，富有机质纹层状碱盐岩相物性最差。

(3) 哈山山前带风城组泥页岩储层受沉积作用、白云石化作用、构造作用和酸性流体溶蚀作用4个因素的共同影响，"富长英质抗压保孔，先碱后酸增孔、构造裂缝增渗"，发育大量粒(晶)间孔、溶蚀孔缝，富有机质纹层状云质砂岩、富有机质纹层状低盐云质岩形成规模储集体，发育于斜坡区，呈环带状展布。

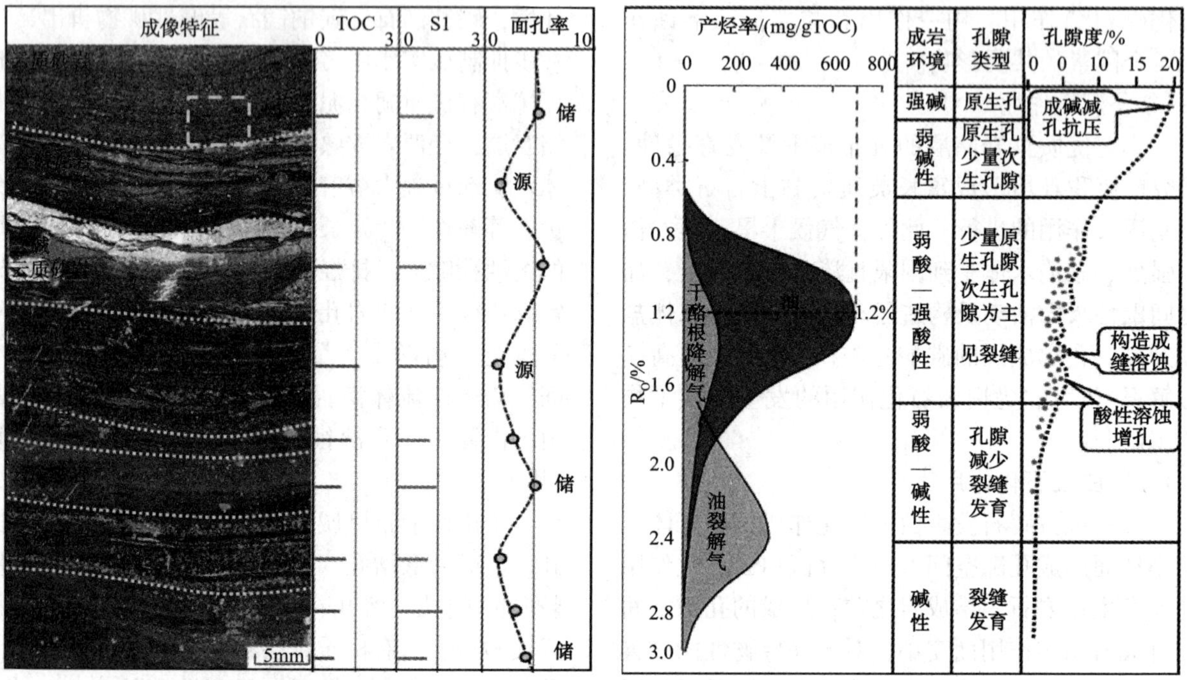

图6　哈山山前带风城组泥页岩储层孔隙演化模式图

参　考　文　献

[1] 唐勇，郭文建，王霞田等．玛湖凹陷砾岩大油区勘探新突破及启示[J]．新疆石油地质，2019，40(2)：127-137.

[2] 支东明，唐勇，杨智峰，等．准噶尔盆地吉木萨尔凹陷陆相页岩油地质特征与聚集机理[J]．石油与天然气地质，2019，40(3)：524-534.

[3] 支东明，唐勇，何文军等．准噶尔盆地玛湖凹陷风城组常规-非常规油气有序共生与全油气系统成藏模式[J]．石油勘探与开发，2021，48(1)：38-51.

[4] 唐勇，曹剑，何文军等．从玛湖大油区发现看全油气系统地质理论发展趋势[J]．新疆石油地质，2021，42(1)：1-9.

[5] 唐勇，郑孟林，王霞田，等．准噶尔盆地玛湖凹陷风城组烃源岩沉积古环境[J]．天然气地球科学，2022，33(5)：677-692.

[6] 刘财广，季瑞雪，王伟，等．玛湖凹陷风城组页岩油产量影响因素及甜点评价[J]．新疆石油地质，2022，43(6)：733-742.

[7] 杨帆，孟鑫，王先虎，等．玛页1井风城组页岩微观孔隙特征及其影响因素[J]．新疆石油地质，2022，43(1)：1-10.

[8] 李学良，张奎华，林会喜，等．准噶尔盆地西北缘二叠系风城组储层发育特征及油气富集因素[J]．特种油气藏，2019，26(1)：37-44.

[9] 肖芳锋，侯贵廷，王延欣，等．准噶尔盆地及周缘二叠纪以来构造应力场解析[J]．北京大学学报(自然科学版)，2010，46(2)：224-230.

[10] 于洪洲．准噶尔盆地西北缘哈拉阿拉特山前复杂构造带建模技术[J]．天然气地球科学，2014，25(S1)：91-97.

[11] 肖芳锋，侯贵廷，王延欣，等．准噶尔盆地及周缘二叠纪以来构造应力场解析[J]．北京大学学报(自然科学版)，2010，46(2)：224-230.

[12] 何海清，唐勇，邹志文等．准噶尔盆地中央坳陷西部风城组岩相古地理及油气勘探[J]．新疆石油地质，2022，43(6)：640-653.

[13] 于洪洲．准北缘哈山地区风城组白云化地层地球化学特征[J]．东北石油大学学报，2019，43(1)：

1-10.
[14] 张志杰，袁选俊，汪梦诗，等．准噶尔盆地玛湖凹陷二叠系风城组碱湖沉积特征与古环境演化[J]．石油勘探与开发，2018，45(6)：54-66.
[15] 许琳，常秋生，冯玲丽，等．准噶尔盆地玛湖凹陷二叠系风城组页岩油储层特征及控制因素[J]．中国石油勘探，2019，24(5)：649-660.
[16] 吴松涛，朱如凯，李勋，等．致密储层孔隙结构表征技术有效性评价与应用[J]．地学前缘(中国地质大学(北京)；北京大学)，2018，25(2)：191-203.
[17] 杨侃，陆现彩，徐金覃，等．气体吸附等温线法表征页岩孔隙结构的模型适用性初探[J]．煤炭学报，2013，38(5)：817-821.
[18] 于炳松．页岩气储层孔隙分类与表征[J]．地学前缘，2013，20(4)：211-220.

海相碳酸盐岩岩碎成储机制及油气地质意义

王文之[1] 杨跃明[2] 周 刚[1] 袁 倩[1] 白晓亮[1] 徐 亮[1] 陈 曦[1]
张 新[1] 李 勇[1] 徐少立[1]

(1. 中国石油西南油气田分公司勘探开发研究院；2. 中国石油西南油气田公司)

摘　要　四川盆地油气资源丰富，仅海相碳酸盐岩天然气产层就达20套，通过对主力产层的优质储集开展岩石学、地球化学、地球物理等方面的系统研究，探究各优质储层成因的共性，以便进一步扩大油气的勘探领域，取得六点认识：①主力碳酸盐岩产层普遍发育一种特殊的沉积现象，即碳酸盐泥在弱固结状态下被再次搬运的现象，暂命名为岩碎；②岩碎呈层状或块状展布，以软角砾、砂屑、粉屑混杂堆砌，颗粒具有一定的磨圆度和分选，但砾屑边缘模糊，常有塑性形变或港湾状撕裂的特征，同一颜色的软角砾具有相似的碳同位素特征，与围岩的碳氧同位素存在一定的差异性，因此岩碎作用是将不同环境的碳酸盐泥混合后异地堆砌，属于沉积作用；③岩碎现象具有一定的周期性，在纵向上受旋回控制，主要发育沉积旋回中晚期的高位体系域，横向上受古地貌，特别是受同沉积断层或坡折带控制；④岩碎的动力机制来源于各沉积环境之间的沉积速率差，当相邻沉积环境的沉积速率出现明显差异时，高部位大量碳酸盐岩沉积物无法原地堆积，在古地貌、重力和海平面升降作用下，处于弱固结的碳酸盐岩失稳，发生碎裂、垮塌，并向海方向搬运，并被磨圆、分选；⑤优质储层与岩碎体密切相关，岩碎导致碳酸盐泥的物理结构发生改变，并产生大量原始粒间孔、洞，增大了岩碎体的比表面积，岩碎体内的不稳定的矿物与低洼区欠饱和的流体充分溶蚀，进一步扩大储集空间，在岩碎、水下溶蚀双重作用下，岩碎体的物性发生显著的改变；⑥岩碎体与那些未发生岩碎的围岩在物性上存在明显的区别，共同构成了岩石结构圈闭，是碳酸盐岩油气聚集的有利场所之一；综上，岩碎成储机制与传统高能滩叠加岩溶成储存在明显区别，该模式的提出有利于减少对高能相带的依赖，拓宽油气勘探领域，为台内低能相带、构造斜坡区或低洼区等油气探勘提供新的勘探思路。

关键词　四川盆地；碳酸盐岩；岩碎作用；结构圈闭；岩溶；成储；机制

The Mechanism of Fragmentation and Storage of Carbonate Rocks and Geological significance for Oil and Gas

Wang Wenzhi [1] Yang Yueming[2] Zhou Gang[1] Yuan Qian[1] Bai Xiaoliang[1] Xu Liang[1]
Chen Xi[1] Zhang Xin[1] Li Yong[1] Xu Shaoli[1]

(1. Exploration and Development Research Institute, PetroChina Southwest Oil & Gasfield Company;
2. PetroChina Southwest Oil & Gasfield Company)

Abstract　The Sichuan Basin is rich in oil and gas resources, with as many as 20 sets of marine carbonate gas reservoirs. By conducting systematic studies on petrology, geochemistry, geophysics, and other aspects of the main production layers' high-quality reservoirs, we aim to explore the commonalities in the formation of these high-quality reservoirs. This will help expand the exploration field for oil and gas and achieve six key understandings: ①The main carbonate reservoirs commonly exhibit a special sedimentary phenomenon, which is the re-transportation of carbonate mud in a weakly consolidated state, temporarily named as rock fragmentation process; ②The rock fragments are layered or blocky in distribution, with a mixture of soft angular gravel, sand particles, and fine debris. The particles have a certain degree of rounding and sorting, but the edges of the gravel are blurred and often exhibit plastic deformation or harbor-like tearing features. Soft angular gravels of the same color share similar carbon isotope characteristics, which differ from the carbon-oxygen isotopes of surrounding rocks. Therefore, the fragmentation process involves mixing carbonate mud from different environments and depositing it elsewhere, belonging to sedimentary processes; ③The phenomenon of rock fragmentation exhibits a certain degree of periodicity, being controlled longitudinally by depositional cycles in the middle-late stages of high-order sedimentary systems and laterally by paleogeomorphology or slope-fold belts; ④The power mechanism of rock fragmentation originates from the difference in sedimentation rates between different depositional environments. When there is a significant difference in sedimentation rates between adjacent depositional environments, large amounts of carbonate sediments at higher positions cannot accumulate in place. Under the influence of paleogeography, gravity, and sea level changes, weakly consolidated carbonate rocks undergo fracturing and collapse, being transported towards the sea direction and undergoing rounding and sorting; ⑤The high-quality reservoir is closely related to the rock fragmentation, which leads to changes in the physical structure of carbonate mud and generates a large number of original intergranular pores and cavities, increasing the specific surface area of the rock fragments. The unstable minerals within the rock fragments are fully dissolved by undersaturated fluids in low-lying areas, further expanding the storage space. Under the dual action of rock fragmentation and karstification, the physical properties of rock fragments undergo thorough changes; ⑥There are obvious differences in physical properties between fractured rock masses and the surrounding rocks that have not undergone fracturing, which together form traps in the rock structure and provide favorable locations for the accumulation of carbonate oil and gas; In conclusion, the mechanism of rock fragmentation and storage in karst reservoirs has significant differences from traditional high-energy beach-stacked karst reservoirs. The proposal of this model is beneficial for reducing dependence on high-energy facies belts, expanding the field of oil and gas exploration, and providing new exploration ideas for oil and gas prospecting in plateau interiors, structural slope areas, or low-lying areas.

Key wordst Sichuan Basin; Carbonate rock; Rock fragmentation process; Structural trap; Karst formation as a reservoir; Mechanism

碳酸盐岩在地球上分布十分普遍，覆盖区约占陆地面积的六分之一。随着石油工业的发展，认识到碳酸盐岩中蕴含着丰富的沉积型矿产，具有十分重要的经济价值。20 世纪 50 年代，由于在西亚地区的碳酸盐岩地层中发现多个大油气田，吸引全球地质工作者极大关注与全面深入的研究。特别是石油危机后，碳酸盐岩的研究进入了一个新的阶段，在岩石学、沉积环境分析、沉积模式研究等方面，取得了长足的进步，并建立了标准微相及相模式。关于陆表海和温暖浅水、清水促进碳酸盐岩沉积作用的论述，标志着碳酸盐岩岩石学及岩相学研究逐渐成熟。

二战后，随着科学技术的快速发展，对现代碳酸盐岩连续观测，对碳酸盐岩的多尺度、多模态的表征及分析测试，对碳酸盐岩的成因认识，从原先的“化学岩”转变为生物、生物化学及机械作用，形成了多种机理的综合参与。Folk 提出内碎屑这一概念，表示灰岩某种组分的一个概括性通用名词，推动了碳酸盐岩岩石学的研究。用异常化学颗粒岩描述这些内碎屑，后人多以强水动力作用解释内碎屑的成因。Flugel 认为灰岩是生物沉积物，直接或间接受生物的影响及控制，已经得到普遍的认可。微生物岩的发现是碳酸盐岩成因机制研究领域中的另一重大发现。地质工作者在研究碳酸盐岩的微观结构中，发现以细菌、蓝藻为主的微生物在新陈代谢过程中，微生物能够改变水体的物理化学条件，从而诱导或促使钙镁离子发生沉淀。综上，前人从机械作用、生物化学作用的角度，深入研究的碳酸盐矿物的沉淀、沉积的过程，推动了沉积学的快速发展，但对内碎屑的主要来源、成因，特别是对油气勘探的意义有待进一步深化研究。因此本文在前人的研究基础上，结合大量野外露头、钻井岩心及分析测试资料，提出碳酸盐岩地层普遍发育有岩碎的沉积现象，由于沉积期各地貌单之间存在沉积速率差，高部位过快的碳酸盐岩沉积物会周期性失稳，导致处于早成岩期的碳酸盐岩发生垮塌、破碎，向邻近的低洼区搬运和充填，并产生大量内碎屑和粒间孔、洞。由于岩碎成滩有别于传统的高能成滩，且具有普遍性，对油气的富集、储层的品质具有重要的控制作用，因此有必要从地质、地化、地球物理等方面系统研究，以便进一步扩大油气的勘探领域。

1 岩碎特征

1.1 岩石学特征

岩碎作用在岩心、露头、薄片上均有不同程度的表现，岩碎作用下会产生软角砾岩，但该类岩石在各个地层的名称也不统一，在灯影组常称为岩溶角砾岩或泥晶凝块云岩，在寒武系龙王庙组叫花斑云岩，在二叠系栖霞组常称为豹斑云质灰岩。它们的共同特征是均发育大于 2mm 的角砾，而且角砾的边缘模糊不请，棱角不分明，因此发育软角砾是它们的共性。

震旦系灯影组二段与灯影组四段的中上部，普遍发育角砾岩层，前人多认为其成因为桐湾期风化壳岩溶作用形成的溶塌角砾岩。通过对野外露头的地质调查表明，宏观上，软角砾岩呈层分布为主，厚度稳定，纵向上与泥晶云岩不等厚互层[图 1(a)]；其次，软角砾岩层发育大量包卷构造[图 1(b)]，浅色的泥晶云岩被破碎撕裂成大小不一的砾屑，浅色砾屑的母岩为泥晶云岩，暗色的围岩较为复杂，有砂屑、粉屑和藻云岩；微观上，镜下薄片显示浅色的泥晶砾屑边缘柔软，与围岩呈渐变式接触[图 1(c)]，与棱角分明的角砾岩存在显著差别，这说明泥晶砾屑处于早成岩阶段，弱固结状态下被搬运至此，属于异地沉积；此外，软角砾岩层颗粒大小混杂，结构成熟度差，说明泥晶砾屑离母岩区较近。

川中磨溪寒武系龙王庙组普遍发育花斑云岩，浅色部分为泥晶结构，暗色部分常为砂屑。前人多认为是油气充注期，被沥青侵染，导致颜色的差异较大。随着取心井的增加，发现该类现象主要发育在龙王庙组的中下部分，花斑云岩段的下部通常发育冲刷侵蚀面和板状斜层理[图 1(d)]，是其向海方向进积过程中留下的沉积构造证据。因此其孔、洞储层沿一定角度展布[图 1(e)]，镜下可见泥晶组构与亮晶组构天然的杂交在一起[图 1(f)]，反映软角砾岩是由不同沉积环境产生的碎屑在异地沉积。

川西二叠系栖霞组台缘带普遍发育“豹斑”，通过对钻井岩心、野外露头及薄片分析，暗色豹斑为云质，围岩为灰质，豹斑边缘模糊，常伴有撕裂或港湾状特征[图 1(g)]，豹斑内部更发育裂缝和孔隙[图 1(h)]；镜下可见豹斑与围岩在晶体大小、晶面洁净程度上存在明显差别，豹斑以粉-细晶为主，晶面较为干净，围岩则多以泥晶为主，晶面泥质含量较重[图 1(i)]。总之，豹斑的岩石学特征研究表明，豹斑与基质围岩并非来自同一沉积环境。

1.2 岩石物理、化学特征

以震旦系灯影组为例，灯影组软角砾白云岩开展多模态物理、化学分析，通过对岩心 CT 扫描、元素扫描、可见光扫描，并开展对比分析，取得三点认识。首先，在可见光下，岩心内部发育大量浅灰色软角砾组构，软角砾边缘模糊，与深灰色泥晶结构的围岩存在显著差别[图 2(a)]；其次，对剖面元素扫描分析表明，Fe[图 2(b)]、Mn[图 2(c)]、Sr[图 2(d)]的面扫描结果显示暗色围岩部分的重金属含量，特别是围岩 Mn 元素明显高于软角砾，这说明围岩的沉积环境属于还原环境，与软角砾存在明显的沉积环境差异；最后，CT 扫描表明，软角砾白云岩内部存在相对较高密度组构，说明该岩石的组构来源于不同沉积环境。

颜色斑杂的软角砾岩也是判断岩碎的典型标志，通常发育深色和浅色软角砾，通过对同一块岩心上不同颜色的软角砾开展稳定碳同位素分析(图 3)，结果表明两者的同位素非常接近；其次，对软角砾组构的围岩开展同位素分析，得出相同结论，这说明软角砾组构来自同一亚相或微相，岩碎作用是将不同沉积环境的沉积物重新堆积在一起，化学成分没有发生变化，但岩石的物理结构发生显著变化。

1.3 地球物理特征

通过对震旦系灯影组、寒武系龙王庙组及三叠系飞仙关组高产井的岩心、声波及过井剖面的综合分析，与泥晶白云岩层相比，软角砾岩层的密度、声波速度、电阻均显著降低，因此在阻抗上会存在一定的差异；其次，岩碎现象在沉积变化趋势上存在显著的差异，碳酸盐岩沉积由垂向加积演化为侧向加积，因此在地震反射上较为容易识别。主要表现为三个方面的地震反射特征，①在等时格架下，岩碎发育区地层厚度明显增大；②岩碎区同相轴以断续、进积特征，与等时界面呈中-低角度斜交；③岩碎内各轴近似平行，横向上可追踪性差，局部“穿时”特征明显(图 4)。综上，各领域岩碎现象都在向海方向呈叠瓦状进积，反映高部位沉积物发生岩碎，向低洼区搬运，地层的充填模式由垂向加积转变为侧向加积。

2　岩碎与钙质空间的发现

为了深化研究德阳-安岳裂陷周缘地层、岩石组合、储层发育规律，自四川盆地德阳-安岳裂陷发现以来，中国石油与国内科研机构持续不断对裂陷周缘勘探一系列勘探实践和科学研究表明，岩碎现象主要集中在灯影组台缘带，远离台缘带的台内以泥晶云岩、藻云岩为主，地层变薄，岩碎现象不发育，以泥晶云岩为主；通过对碳同位素剖面对比发现，裂陷内、外灯影组的沉积环境演化存在明显的沉积分异，裂陷内灯影组顶部普遍发育凝缩层，裂陷区之外则不发育。在此基础上，提出海平面之下发育一个随地貌起伏变化的钙质空间，呈“S”型分布，控制碳酸盐岩沉积的地层厚度、岩石组合，钙质空间在台缘带附近最大，向斜坡-盆地相区或台内浅水区钙质空间越小(图5)，水体的深度与岩层的厚度没有必然的联系，钙质空间的大小决定了岩层的厚度。在没强烈剥蚀的碳酸盐岩地层中，地层厚度是无数个钙质空间在纵向上叠置的结果。

图1　四川盆地碳酸盐岩典型岩碎岩石学特征

(a)软角砾岩层与泥晶云岩层不等厚互层，川东城口县康家坪剖面，震旦系灯影组；(b)软角砾层发育包卷构造，川东城口县康家坪剖面，震旦系灯影组；(c)软角砾边缘发生塑性变形与撕裂，城口县康家坪剖面，震旦系灯影组；(d)板状斜层理，MX12井，寒武系龙王庙组；(e)花斑状云岩纵切面，暗色斑块为砂屑，浅色部分为泥晶结构，MX12井，寒武系龙王庙组；(f)浅色斑块的泥晶结构与暗色斑块的亮晶结构呈渐变接触关系，MX12井，寒武系龙王庙组；(g)豹斑云岩，暗色斑块有塑性撕裂特征，ST9井，栖霞组；(h)豹斑云岩，白云岩斑块边缘发生塑性变形，广元金真村，栖霞组；(i)浅色斑块的灰质结构与暗色斑块的云质结构呈渐变接触关系，发育粒间孔，广元金真村，栖霞组

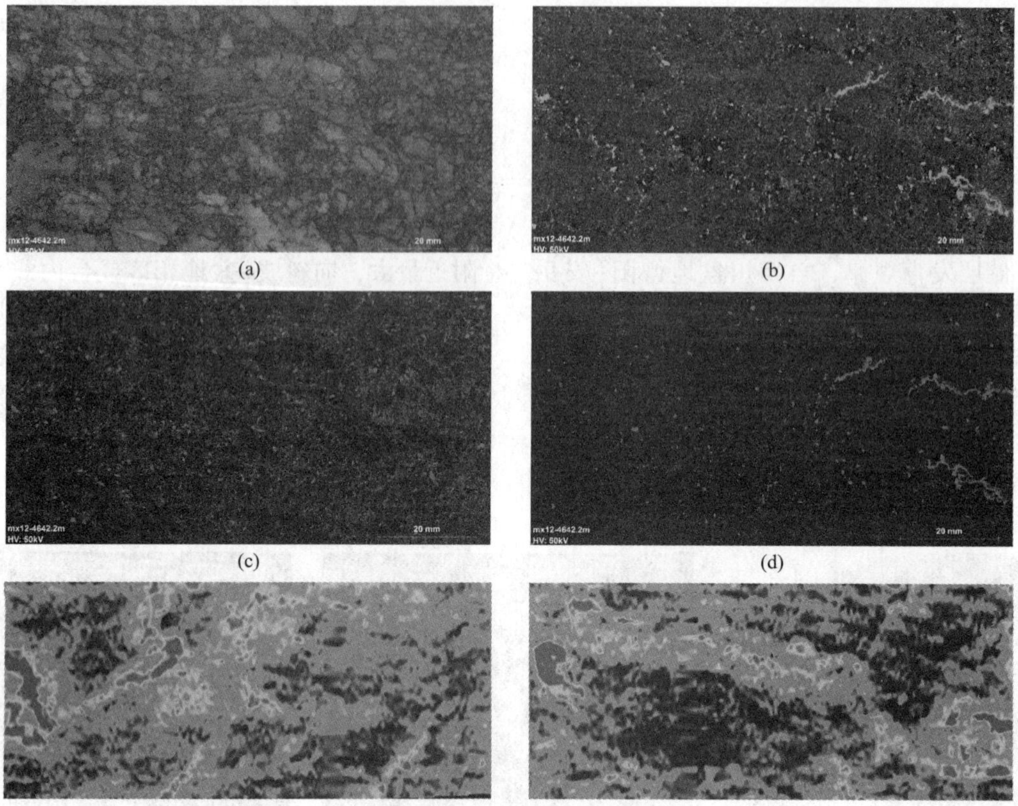

图 2　灯影组岩碎体多模态特征

<table>
<tr><th>地层</th><th>样品</th><th>碳氧同位素</th></tr>
<tr><td>震旦系 灯影组</td><td>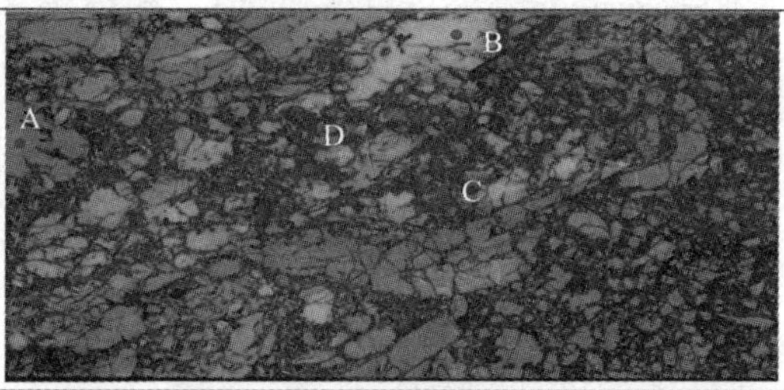</td><td>
<table>
<tr><th>样品</th><th>$\delta^{13}C_{pdb}$/‰</th><th>$\delta^{18}O_{pdb}$/‰</th></tr>
<tr><td>A</td><td>2.64</td><td>−2.63</td></tr>
<tr><td>B</td><td>2.58</td><td>−2.23</td></tr>
<tr><td>C</td><td>1.96</td><td>−5.96</td></tr>
<tr><td>D</td><td>1.78</td><td>−8.28</td></tr>
</table></td></tr>
<tr><td>寒武系 龙王庙组</td><td>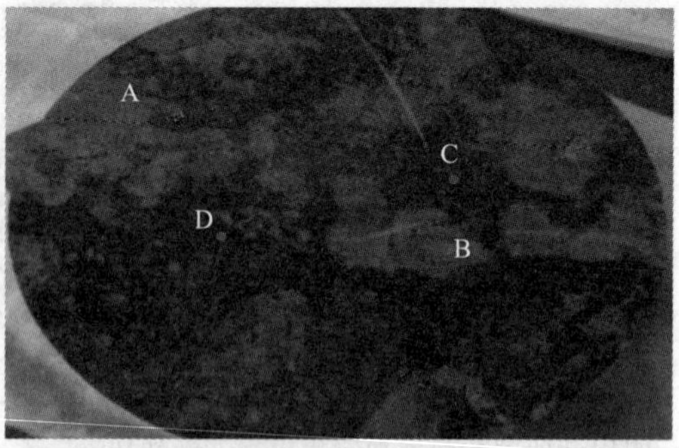</td><td>
<table>
<tr><th>样品</th><th>$\delta^{13}C_{pdb}$/‰</th><th>$\delta^{18}O_{pdb}$/‰</th></tr>
<tr><td>A</td><td>−1.15</td><td>−7.45</td></tr>
<tr><td>B</td><td>−1.08</td><td>−7.15</td></tr>
<tr><td>C</td><td>−1.30</td><td>−8.60</td></tr>
<tr><td>D</td><td>−1.31</td><td>−7.16</td></tr>
</table></td></tr>
<tr><td>二叠系 栖霞组 大木垭剖面</td><td>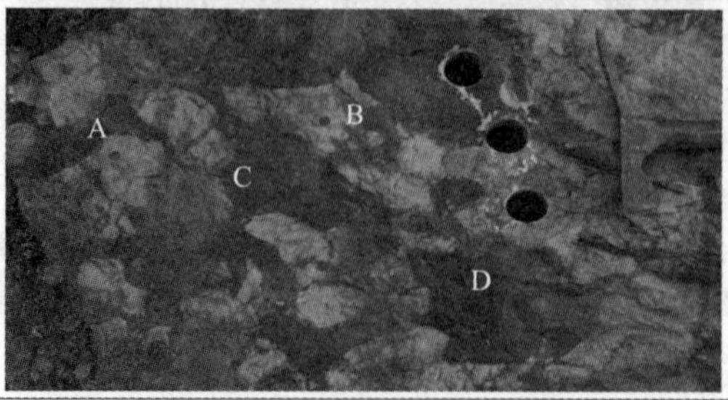</td><td>
<table>
<tr><th>样品</th><th>$\delta^{13}C_{pdb}$/‰</th><th>$\delta^{18}O_{pdb}$/‰</th></tr>
<tr><td>A</td><td>4.84</td><td>−6.38</td></tr>
<tr><td>B</td><td>4.42</td><td>−6.18</td></tr>
<tr><td>C</td><td>2.05</td><td>−5.88</td></tr>
<tr><td>D</td><td>3.42</td><td>−5.38</td></tr>
</table></td></tr>
</table>

图 3　不同地层里岩碎体同位素特

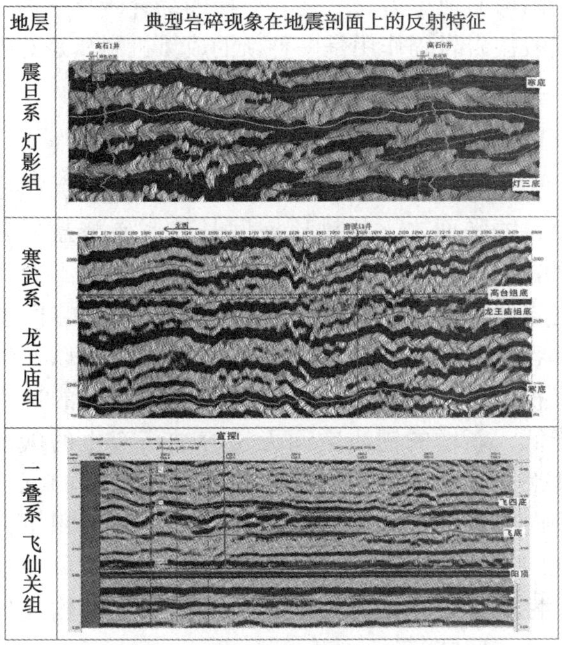

图 4　典型岩碎在地震反射上的反射特征

通过建立 St1 井-Ps3 井-Pt1 井-Db1 井连井同位素剖面(图 6)，以重建裂陷沉积演化过程。裂陷不同地区灯影组的碳同位素剖面形态特征基本一致，中下段的碳同位素值为正值，表现为富藻的浅水台地相沉积环境，均在顶部出现数十米碳同位素负值层，表现为贫藻、薄层泥晶白云岩，更接近斜坡相的凝缩层。St1 井凝缩层厚 41m，Ps3 井凝缩层厚 45m，Pt1 井凝缩层厚 60m。裂陷之外灯影组各段序列齐全的 Db1 井不发育凝缩层。推测裂陷区灯影组不同程度的减薄，是钙质空间横向上迁移的结果。由于裂陷内沉积古地貌相对低洼，随海平面持续上升，微生物群落逐渐向古地貌高部位的浅水区迁移，导致低洼区由生物化学沉积为主向无机化学沉积为主的转变，钙质空间持续变小，碳酸盐岩沉积速率急剧下降，导致裂陷内、外沉积环境、地层厚度产生显著变化。

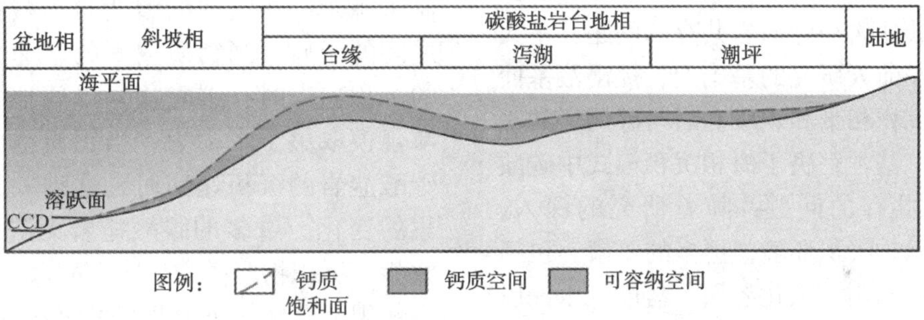

图 5　钙质空间、可容纳空间与海平面关系图

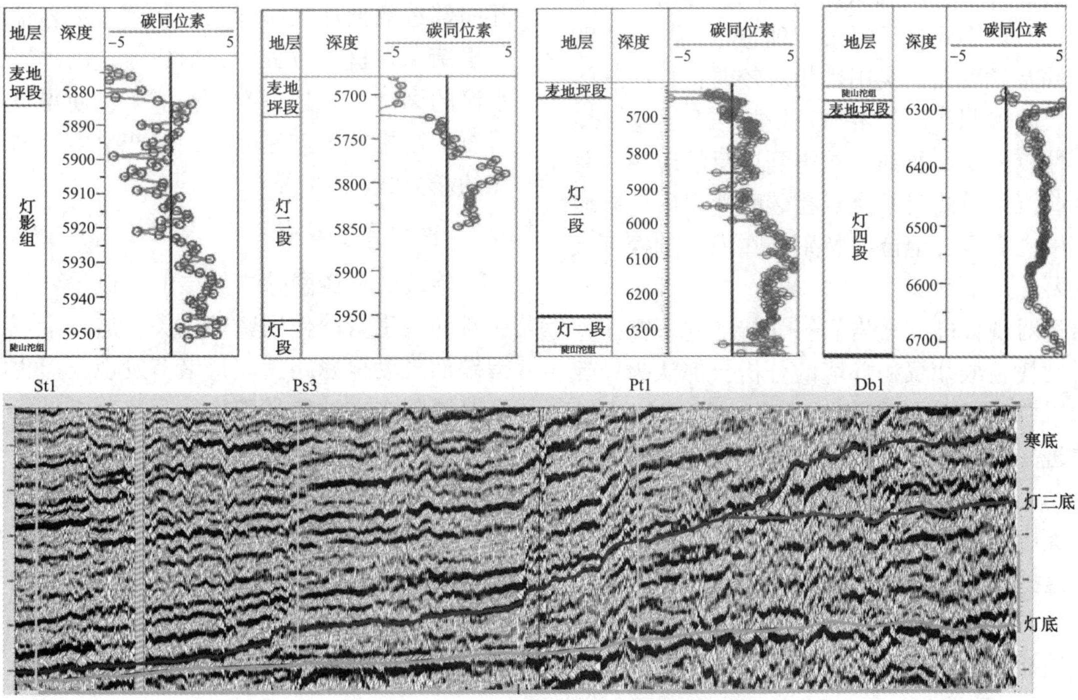

图 6　裂陷周缘碳同位素连井剖面图

综上，在平面上，裂陷周缘的沉积速率可以“三分”，裂陷内最低，钙质空间最小，沉积速率最慢，地层累计厚度最薄，顶部普遍发育一套叶片状凝缩层；台内沉积速率居中，以薄-中层状白云岩为主，在地震上呈平行反射，岩性以泥晶云岩、藻云岩为主；台缘带沉积速率最快的，以中-厚层状白云岩为主，在地震上呈进积反射特征，钻探证实台缘带软角砾岩普遍发育。因此，钙质空间对地层、岩性组合及储层分布均有控制作用。

3　岩碎模式与成储机制

针对碳酸盐岩沉积分异动力机制，前人大多采用“将今论古”的思路，从现代碳酸盐沉积环境和相模式入手，提出了一系列沉积模式和新概念，描述碳酸盐沉积分异的特征，这些模式和新概念的主要代表如：肖、欧文首先总结了陆表海清水碳酸盐岩模式，但该模式存在高度理想化，难以使用于碳酸盐岩与碎屑岩共存的问题；不久以后，拉波特在前人研究的基础上，提出浪基面之下陆源碎屑沉积相带和碳酸盐岩与碎屑岩共存的陆表海模式，基本解决了海相沉积模式中碳酸盐岩与碎屑岩共存的问题；随着研究的深入，Wilson 综合考虑了沉积环境中更多的要素，包括潮汐作用、波浪作用、氧化界面、盐度、水深以及水循环等因素，提出的威尔逊标准模式，在识别和恢复古代碳酸盐沉积环境和沉积相研究有重要意义，但该模式过于复杂和理想化，与真实的地质条件差异较大，实用性相对较弱；Tucker 将碳酸盐岩的沉积作用与沉积环境相结合，这一模式实用性较强，在石油领域得到广泛的应用。总之，这些沉积模式时至今日在碳酸盐岩研究领域与应用中占有重要地位，特别是在油气勘探领域发挥重要作用。

通过对现代碳酸盐岩岩石学特征的研究，特别是对现代碳酸盐沉积环境的分析，都认为导致碳酸盐岩沉积分异的主要地质营力是潮汐和波浪，并进一步划分为 X、Y、Z 三个水动力带，极大推动了碳酸盐岩沉积模式的建立和应用，并进一步提出海平面、正常浪基面、风暴浪基面等概念，这些模式主要基于强水动力或被动大陆边缘的沉积背景，不适用于弱水动力沉积背景，特别是碳酸盐岩台地内部的沉积分异作用。本文基于四川盆地主力碳酸盐岩产层的综合研究，提出碳酸盐岩岩碎作用是一种新的成滩机制，是对强水动力成滩、成储理论的补充。

3.1　岩碎成滩模式

海水的深度并不等同于碳酸盐岩的沉积厚度，海平面之下的钙质空间是控制碳酸盐岩单个岩层沉积厚度的关键。海侵阶段一般不会产生岩碎，海平面持续上升，新增的钙质空间足够容纳新产生的碳酸盐泥，因此沉积物以原地沉积为主；在高位域阶段，海平面上升的速率降低，新增的钙质空间无法容纳新产生的碳酸盐泥，则必然发生岩碎作用作用，过多的沉积物向邻近的低洼区搬运，使得水下各沉积单元之间达到某种均衡，周而复始，岩碎现象便规律性的出现在钻井岩心或野外露头上，构成地层的旋回特征。

在前人研究的基础上，提出岩碎的动力机制来源于钙质空间的增速与碳酸盐岩沉积速率之间的矛盾，当钙质空间的增速大于碳酸盐岩的沉积速率时，碳酸盐岩以原地沉积为主，成滩规模取决于水动力；当钙质空间的增速小于碳酸盐岩的沉积速率时，这种差异经过日积月累的变化，过多的碳酸盐岩无法原地堆积，导致相邻沉积物厚度产生巨大的水下地貌起伏，在古地貌、海水静压力及海平面升降的影响下，导致高部位弱固结的碳酸盐岩失稳、垮塌、碎裂，并向邻近的低洼区搬运，以达到水下各地貌之间的平衡；在这一过程中，形成大量内碎屑，经过水流的淘洗、分选再次堆积下来，使得早成岩期岩石的结构发生彻底改变，是产生内碎屑、颗粒滩的新方式(图 7)。

3.2　水下岩溶成储

传统认为碳酸盐岩储层的形成主要与高能颗粒滩和表生岩溶作用密切先关，这一个观点长期指导油气勘探思路，获得诸多发现，但也将勘探思路局限在古地貌高部位的台地边缘带内，制约了台地内部或低能相带的油气勘探。对研究区内岩心、露头、地震资料及测试数据的综合分析表明，岩碎作用使得浅水弱固结的碳酸盐岩被搬运到低洼区的过程，岩碎成储经历机械成滩和水下溶蚀成储两个阶段。岩碎机械成滩、成储是基础，水下溶蚀成储是关键(图 8)。

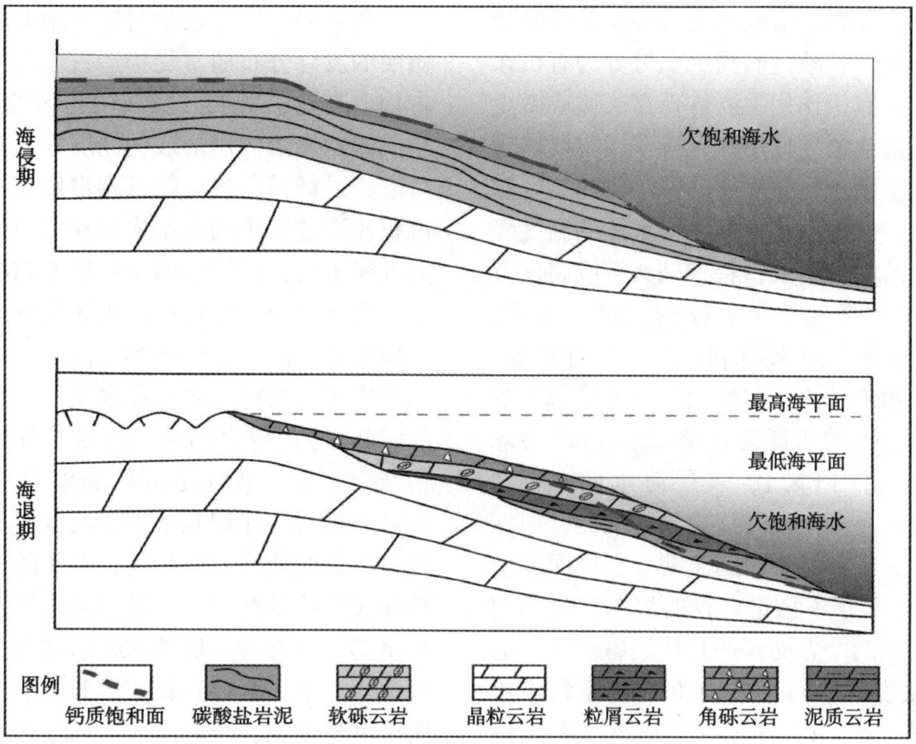

图7　碳酸盐岩岩碎模式图

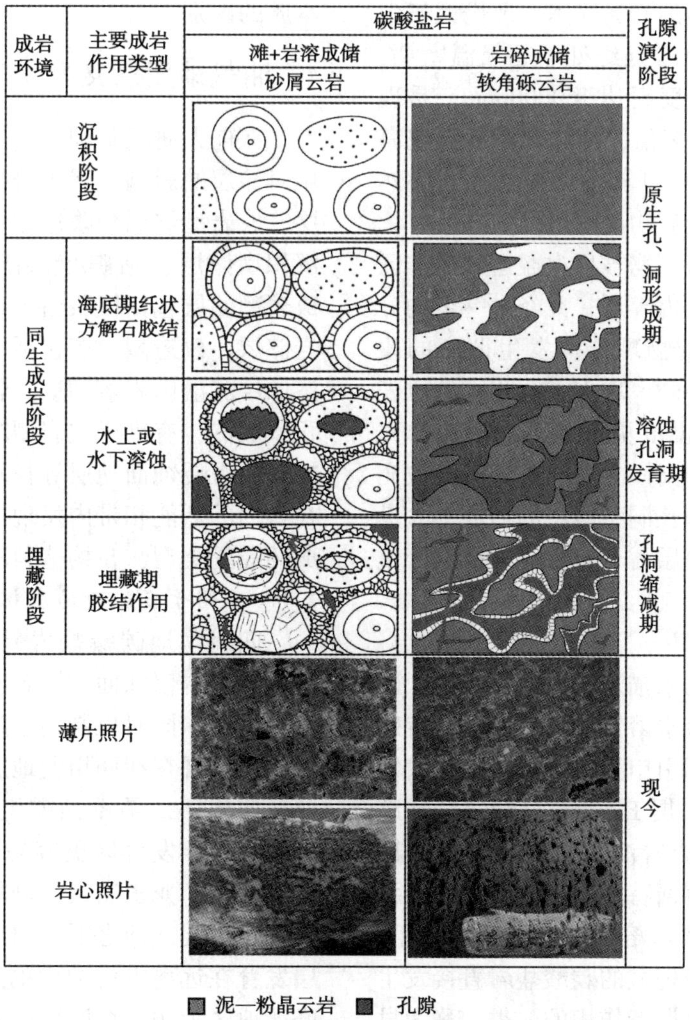

图8　颗粒类与岩碎类成储模式图

靠近赤道，温暖、清澈的浅水环境是碳酸盐沉淀的主要场所，碳酸盐矿物沉积可分为有机作用和无机作用。有机作用主要体现在宏体或微生物对碳酸盐建造或诱导作用；无机作用主要体现在钙离子的特殊物理化学性质，即水体的温度越高，钙离子的溶解度越小，反之，水体的温度降低，钙离子的溶解度增大，特别是文石或高镁方解石等不稳定碳酸盐，受水体的温度、压力、pH 值的影响更大。海水的 pH 值主要由水温、水深来调节，水体越深压力增大、温度降低，溶解在水体中的 CO_2 的浓度会显著增加，pH 会降低，现代海洋 pH 值 8.1，表层海水的 PH 在 7.9~8.3 之间，有利于碳酸盐矿物的沉淀，中深层海水的 pH 在 7.5~7.8 之间波动，水体深度增加 pH 降低，有利于不稳定矿物的溶解；化学调节可分为酸、碱两个方面，一是代表碱性离子的 K、Na 离子浓度，它们主要来源于陆源黏土矿物，诸如蒙脱石和伊利石提供；二是代表酸度调节的 CO_3^{2-} 和 HCO_3^- 离子的浓度，它们主要来源于大气或地球内部逸出的 CO_2 气体；现代大气中 CO_2 平均浓度 387ppm，震旦纪处于超级温室期，震旦纪大气中的 CO_2 浓度高达 160000ppm，是现代大气中 CO_2 浓度 400 多倍，因此推测震旦纪海水的 pH 更接近 7，甚至可能呈弱酸性，这必然促进碳酸盐泥中不稳定矿物的溶解。

综上，弱固结的沉积物被再次搬运到低洼区沉积，形成大小不等的内碎屑，并经过一定的分选、淘洗，使得原岩的物理结构发生彻底的改变，形成早期的储集空间，增大了沉积物的比表面积，与低洼区 pH、温度更低的不饱和流体充分接触，使得不稳定的高镁方解石和文石会被充分溶解，促进孔隙型和孔洞型储层的形成，大量孔洞层的形成是保障深层古老碳酸盐岩抗致密化的主要岩类。

3.3 岩碎与岩溶的区别

喀斯特一词最早用来描述前南斯拉夫地区碳酸盐岩露头经受大气淡水溶蚀作用后形成的特殊地貌，后将喀斯特作用引申为对于碳酸盐岩大气淡水溶蚀作用的代称。据 Esteban 统计，全球超过 30%的古生代碳酸盐岩油气藏的储层由喀斯特作用形成。传统的喀斯特作用指碳酸盐岩埋藏后抬升地表发生大气淡水溶蚀的表生岩溶作用，而近年来有学者将未经埋藏的碳酸盐岩直接发生大气淡水溶蚀也归为喀斯特作用的一类，称为早成岩期岩溶作用。表生岩溶作用形成的碳酸盐岩储层的发育分布通常受构造古地貌控制，发育于古构造高地、斜坡区域或内幕区的断裂发育带；早成岩期岩溶作用形成的储层则具有明显的相控特点，沿颗粒滩或生物礁相带发育。部分学者把沉积改造过程中的大量岩碎现象当作早成岩期岩溶或风暴岩，把储层的主要成因归结到岩溶作用上，会导致原本应该以沉积研究方向转变为成岩作用研究，制约了科研和生产。

岩溶与岩碎两者存在本质的区别。一是发生的时间不同，岩溶作用属于成岩作用，发生在沉积结束之后，岩碎是沉积现象，发生在沉积期内；二是岩溶作用几乎不会改变岩石的结构，岩碎作用会改变岩石的结构，会伴随大量内碎屑颗粒和粒间孔的产生；三是岩溶作用发生需要沉积物暴露，通常与区域性构造运动有关，常位于古侵蚀面之下，会伴有较大溶洞的形成；岩碎作用属于沉积现象，与暴露或区域性构造运动没有必然关系，溶蚀主要发生在水下，与表生岩溶存在本质的区别。

4 油气地质意义

在前人研究基础上，强调沉积作用和成岩作用对储层的影响，将碳酸盐岩储层分为沉积型储层，成岩型储层和改造型储层等三种机制，其中沉积型储层包括礁/滩储层和潮坪白云岩储层，成岩型储层包括埋藏白云岩储层和构造热液白云岩储层，改造型储层包括层间岩溶储层、顺层岩溶储层和潜山岩溶储层。岩碎成滩、成储属于沉积型成储，有别于成岩型和改造型成储，有利于在远离古侵蚀面地层寻找新的勘探层系，有利于在台内的低能相带内发现规模化储层，有利于形成的圈闭类型，在构造斜坡寻找油气藏。

4.1 有利于发现新的勘探层系

四川盆地碳酸盐岩领域勘探，在“古隆起、古裂陷、古侵蚀面”指导下开展，陆续获得多个重大发现，同时也制约了远离古侵蚀面的勘探部署。岩碎现在在四川盆地震旦系灯影组、寒武系龙王庙组、二叠系栖霞组的主力产层中普遍发育。在岩碎发育区更容易获得勘探发现。其次，在灯影组、龙王庙组、栖霞组大部分优质储层都发育在古侵蚀面之下，但也有部分地区的优质储层发育在远离古侵蚀面的层段，以川中高石梯-磨溪地区为例，灯四段优质储层普遍发育在灯四上亚段的顶部，但高石梯地区灯四上、下亚段同样发育优质储层，同样处于台缘带的磨溪地区则不发育。取心表明，这种造成这种差异的原因是高石梯地区灯四下亚段发育岩碎作用，通过井震结合，进一步落实灯四下亚段岩碎体的分布，新增勘探层系。

4.2　有利于台内低能环境的油气勘探

国内、外勘探实践表明，台缘带是最有利的油气勘探领域，受该认识的影响，国内碳酸盐岩油气勘探长期聚焦于台缘带，对碳酸盐岩台内的油气勘探未给予足够的重视。其次，传统理论认为碳酸盐岩储层与台缘带的强水动力环境密切相关，有利于滩体的形成，台内不具备这样的沉积环境，因此制约了台内油气勘探部署。

近年来，随着川中寒武系龙王庙组、灯影组台内、川中栖霞组、茅口组等气藏的陆续取得突破，在碳酸盐岩台地内部也可发生规模化的成储作用，通过对这些相关储层的研究，其储层形成机制并非完全是高能滩相叠加表生岩溶的成储模式。在沉积充填过程中，只要地貌存在一定差异，并产生一定的沉积速率差，就具备岩碎发育的基本条件，特别是发育同沉积断层的上盘或坡折带高部位是台内岩碎作用发育的有利区，新模式丰富了碳酸盐岩台内成滩、成储理论。

4.3　有利于构造斜坡区的油气勘探

目前过内碳酸盐岩油气勘探的主力层系以风化壳岩溶型储层为主，该类储层占据高能相带、古侵蚀面、古隆起等各项有利条件，储层纵向厚度大、品质高、横向分布稳定的特征，一旦获得油气突破，可以大规模的增储上产，如果在低部位发现边水或底水，其斜坡区难以形成新的气藏，勘探难度极大。

岩碎体具有纵向厚度大、品质高，横向储层连通性相对差，颗粒类储层岩与泥晶类致密层在横向上交替发育，易在斜坡区形成岩石结构圈闭气藏。以川中古隆起斜坡区灯影组为例，在灯二期、灯四期台缘带的不同岩碎发育区分别部署蓬探1井、蓬深8井区，均在气水建模之下的构造斜坡区获得高产工业气流，间接证实岩石结构圈闭的有效性，在同一个相带、同一套岩性组合的不同岩石结构圈闭区可以独立圈闭成藏，不受构造、相带、岩性的控制，具有重要的科学和生产意义。

5　结论

（1）由于碳酸盐岩沉积受古地貌、古生物、水深的影响，各沉积单元之间存在沉积速率差，高部位弱固结的碳酸盐岩会周期性向低洼区搬运的现象，暂命名为岩碎。岩碎现在四川盆地碳海相酸盐岩地层中普遍发育，且周期性的出现，是低能成滩的新机制。

（2）岩碎作用在岩石学、沉积学、地球物理响应特征清晰，其主要岩石类型是软角砾岩，颜色通常较为班杂，组构存在明显的差异，并伴随发育包卷构造，偶见板状斜层理；在地球物理上，表现对S型进积或碳酸盐岩顶界变弱或“斜亮点”发育等特征。

（3）由于岩碎产生大量的内碎屑，是早期粒间孔、洞层形成的基础，增大沉积体的比表面积，与低洼区水体温度、pH相对更低、更不饱和的流体充分接触，导致文石、高镁方解石等不稳定矿物被充分溶解，具有增孔作用，因此岩碎成滩、成储是碳酸盐岩成储的新机制，是对传统高能滩叠加岩溶成储理论的补充。

（4）目前，沉积相主流编图单元为岩性地层，并采用优势相法编制沉积相图，更多反映某一时期的静态沉积格局，而忽略其沉积充填的动态过程；隐藏在台地内部、混积环境下的碳酸盐岩领域未得到充分重视，制约了勘探发现。岩碎属于成滩、成储、成圈的新机制，有利于重新认识沉积相控滩、控储和控圈，有利于释放碳酸盐岩台内隐蔽型有利区，有利于构造斜坡区圈闭类型与有效性评价。

参考文献

[1] Illing L V. Bahaman calcareous sands [J]. AAPG Bull. 1954, 38(1): 1-95.

[2] Murray R C. Origin of porosity in carbonate rocks[J]. Sediment petroleum. 1960, 30: 59-84.

[3] Lucia F J. Origin and distribution of porosity in crionoidal rocks [M]. Proc 7th World Petroleum Congress. Mexico city, Mexico, 1966. pp: 409-423.

[4] Wilson J L. Carbonate facies in geologic history [M]. Berlin Heidelberg New York, Springer-Verlag. 1975.

[5] Roehl R O, Choquette P W. Carbonate petroleum reservoirs[M]. New York Berlin Heidelberg, Springer—Verlag, 1985.

[6] Lake L W, Carroll H B, Wesson T C. Reservoir

characterization II[M]. London, Academic Press, 1991.

[7] Flugel E. Microfacies of carbonate rocks: analysis, interpretation and application [M]. Berlin Heidelberg New York, Springer-Verlag, 2004.

[8] 汪泽成，姜华，王铜山，等．四川盆地桐湾期古地貌特征及成藏意义[J]．石油勘探与开发，2014，41(3)：305-312.

[9] 杨雨，黄先平，张健，等．四川盆地寒武系沉积前震旦系顶界岩溶地貌特征及其地质意义[J]．天然气工业，2014，34(3)：38-43.

[10] 文龙，杨跃明，张玺华，等．川中—川西地区灯影组沉积层序特征及其对天然气成藏的控制作用[J]．天然气工业，2016，36(7)：8-17.

[11] 徐春春，沈平，杨跃明，等．乐山—龙女寺古隆起震旦系—下寒武统龙王庙组天然气成藏条件与富集规律[J]．天然气工业，2014，34(3)：1-7.

[12] Carbonate reservoir characterization. jerry Lucia. springer, berlin, germany, 1999.

[13] Burne R V, Moore L S. Microbialites: organosedimentary deposits of benthic microbial communities [J]. Palaios, 1987, 2(3): 241-254.

[14] Riding R. Microbial carbonates: the geological record of calcified bacterial - algal mats and biofilms [J]. Sedimentology, 2000, 47(Suppl. 1): 179-214.

[15] Morse J W, Mackenzie F T. Geochemistry of Sedimetary Carbonates[M]. Amsterdam New York Oxford Tokyo, Elsevier, 1990.

[16] Tucker,& MauriceE. Carbonate Sedimentology. Blackwell Scientific, 1990.

[17] 克莱德 H. 莫尔．．碳酸盐岩储层：层序地层格架中的成岩作用和孔隙演化[M]．石油工业出版社，1999.

[18] 马永生．(2000)．碳酸盐岩储层沉积学．地质出版社．

[19] 翟惟东，海洋酸化与水体净碳酸钙形成/溶解的关系[J]．海洋科学进展，2023，41(4)：565-577.

[20] 张正斌．海洋化学[M]．山东：中国海洋大学出版社，2018.

[21] Berner R A. 3Geocarb: a revised model of atmospheric CO_2 over Phanerozoic time。Amer J Sci, 1994, 291: 56-91.

[22] Ford, D., Williams, P. W., 2007. Karst hydrogeology and geomorphology. Wiley, New York. Vacher, H. L., Mylroie, J. E. Eogenetic karst from the perspec-tive of an equivalent porous medium. Carbonates Evapo-rites, 2002, 17, 182-196.

[23] Esteban, M., and Wilson, J. E. Introduction to karst systems and paleokarst reservoirs. In: Fritz, R. D., Wilson, J. L., Yurewicz, D. A., (Eds.), Paleokarst related hydrocarbon reservoirs. SEPM, Tulsa, pp, 1993, 1-9.

[24] 赵文智，沈安江，潘文庆，等．碳酸盐岩岩溶储层类型研究及对勘探的指导意义——以塔里木盆地岩溶储层为例[J]．岩石学报，2013，29(09)：3213-3222.

[25] 谭秀成，肖笛，陈景山，等．早成岩期喀斯特化研究新进展及意义[J]．古地理学报．2015(04)：441-456.

东濮凹陷多层薄层页岩油沉积特征及勘探对策分析

杨栋栋[1]　李胜玉[2]　袁　波[1]　李令喜[3]　徐云龙[1]　王亚明[1]　徐田武[1]　李红磊[1]

（1. 中国石化中原油田分公司勘探开发研究院；2. 重庆科技大学石油与天然气工程学院；
3. 中国石化中原油田分公司）

摘　要　东濮凹陷作为渤海湾盆地南缘的一个断陷咸化湖盆，具有“满盆含砂、普遍偏细”的沉积充填特点，细粒沉积岩普遍发育，古近系自下而上发育5套盐湖相烃源岩层段。“十三五”资评显示页岩油具有较大的资源潜力，是中原探区未来油气勘探的重要接替领域。自2011年开展非常规领域勘探以来，东濮凹陷先后经历了两轮页岩油评价，在老井回顾性评价和常非兼顾系统取心基础上，通过开展岩相分析和单井四性关系评价，完成新一轮页岩油勘探基础地质研究。通过对2019年以来5口兼探井新取414m岩心和29口老井1000m岩心进行厘米级描述和系统测试分析，明确了东濮页岩油具有“多、薄、杂、近”的特点，认为纹层状黏土质碳酸盐岩及混合岩，含油性好，TOC>1.5%，是东濮凹陷薄互层页岩油探索的有利岩相类型。通过新钻井勘探实践，明确了东濮凹陷页岩油具有“多层、薄层”近源富集成藏的特点，建立了多层楼式的薄层页岩油勘探模式，探索出适用于东濮页岩油特点的选层、定洼评价方法。

关键词　薄互层页岩组合；页岩油；细粒沉积；东濮凹陷

Sedimentary characteristics and exploration countermeasures analysis of multi-laminae thin-bedded shale oil in the Dongpu Depression

Yang Dongdong[1]　Li Shengyu[2]　Yuan Bo[1]　Li Lingxi[3]　Xu Yunlong[1]
Wang Yaming[1]　Xu Tianwu[1]　Li Honglei[1]

(1. Exploration and Development Research Institute, Zhongyuan Oilfield Company, SINOPEC;
2. School of Petroleum and Natural Gas Engineering, Chongqing University of Science& Technology;
3. Zhongyuan Oilfield Company, SINOPEC)

Abstract　As a rift saline lacustrine basin in the southern Bohai Bay basin, the sedimentary filling characteristics of Dongpu Depression (DD) are "full of sand and generally fine", and fine-grained sedimentary rocks are generally developed. The Paleogene developed five salt lake facies source rock intervals from bottom to top. The "13th Five-Year Plan" resource evaluation shows that shale oil has great resource potential and is an important replacement field for future oil and gas exploration in the Central Plains exploration area. Since 2011, when the unconventional fields exploration was carried out, the DD has undergone two shale oil evaluation On the basis of retrospective evaluation of old wells and conventional and unconventional coring, the basic geological research of shale oil exploration was completed by carrying out petrofacies analysis and four properties evaluation (oiliness, reservoir, motility and fracability) of single wells. Through centimeter-level description and systematic experiment analysis of the 414 m cores of 5 new wells and the 1000 m cores of 29 old wells, it is found that DD shale oil has the characteristics of "diverse, thin-bedded, complex and near-sourced". laminated clayey carbonate rocks and mixed rocks (with good oil content, TOC > 1. 5%) are favorable lithofacies for thin interbedded shale oil in the DD. The new drilling and exploration practice shows that the shale oil in the Dongpu Sag has the characteristics of "multi-laminae and thin-bedd" near-source rich accumulation. In this study, a multi-storey thin-bedded shale oil exploration model was established, and a formation selection and sag determination evaluation method suitable for the characteristics of DD shale oil was explored.

Key wordst　Thin-bedded shale combination; Shale oil; Fine-grained sediment; Dongpu Depression

北美页岩油的勘探开发给石油地质界带来了革命性的进展，不仅提出了一整套非常规成藏理论，还引领了石油工程领域的技术革命，对中国的油气工业影响深远。近年来，国内各大油田在借鉴北美页岩油勘探经验和技术基础上，国内各大含油气盆地在页岩油勘探开发领域取得积极进展，四川、渤海湾、松辽、鄂尔多斯、准格尔、柴达木、苏北等盆地都取得了页岩油气勘探开发的大突破，中石化胜利、华东及四川盆地的几家油田分公司都取得页岩油气的大发现。国内外学者普遍认为，源内页岩油资源量远大于源外常规石油资源量，从源外向源内转变是石油工业持续发展的必然选择。“十三五”资源评价证实东濮凹陷页岩油资源量约 7.29 亿吨，资源潜力巨大，是东濮凹陷增储稳产的规模接替领域。东濮凹陷地质条件复杂，基础资料匮乏，导致目前东濮凹陷页岩油勘探仍面临很多挑战，需要进一步解放思想、反思经验，从基础地质特征入手针对东濮页岩油成藏特征寻求勘探突破。

1　地质背景

东濮凹陷位于鲁、豫两省交界处，是渤海湾盆地南端的次一级构造单元，面积约 5300km^2，呈北北东向展布，是一个以新生界地层为主的断陷型盐湖凹陷。盆地具有南宽北窄、东断西超、东西分带、南北分块、隆洼相间的构造格局(图 1)。地层由古近系沙河街组(Es)、东营组(Ed)和新近系馆陶组(Ng)、明化镇组(Nm)以及第四系平原组(Qp)组成。沙河街组(Es)为主要油气勘探层系，自下而上分为沙四段(Es_4)、沙三段(Es_3)、沙二段(Es_2)和沙一段(Es_1)。

东濮凹陷古近系盆地沉积充填厚度可达 4000~6000m，岩性以粉砂岩、砂岩和泥岩夹膏-盐岩为主，具有“满盆含砂、普遍偏细、砂泥岩薄互层、膏盐岩发育”的特点。自下而上发育 5 套盐湖相烃源岩层段，分布稳定，见良好油气显示，具备页岩油勘探潜力。

2　东濮凹陷页岩油勘探回顾性评价

随着国内外页岩油革命的不断推进，东濮页岩油勘探经历了两个阶段：第一阶段(2010—2012 年)为早期探索探阶段，也是中石化页岩油大规模勘探阶段。紧跟美国页岩油革命风潮，根据当时页岩油评价标准，在东濮凹陷北部区域部署了 5 口非常规水平井(见表 1)，其中 W88-1HF 因井眼垮塌为能成功完井。其他四口页岩油探井分别以薄砂条，小部分为页岩和碳酸盐岩为目的层，对沙三中 4、沙三中 5 砂组和沙一下亚段页岩油进行了探索，按现今页岩油分类标准可分为基质型(V68-1HF)、盐间夹层型(V383-2HF)、盐间互层型(V383-1HF)和泥质白云岩缝洞型(P1-1HF)。四类页岩油初产都获得油流，最高日产油可达到 13.7t，但受当时压裂工艺及完钻井技术影响各井累产不高，总体评价认为页岩油的初期勘探总体不成功。回顾性分析认为主要有如下原因：一是页岩油选层选区随意性强，未进行系统的选层选区评价；二是目的层上下有盐层，固井质量差，有三口井均是由于套管错断、管外窜、盐堵等因素造成关井；三是压裂工艺不成熟，当时水平井压裂以造长缝、主缝为主，压裂液中加入胍胶，对微裂缝进行刻意封堵，加之液量、砂量无法足量供给使得地层能量低无法支撑后期产能。但以现今页岩油评价标准对东濮页岩重新回顾性评价，上述页岩油探井在当时虽然未形成规模性产能但展现了巨大的资源潜力。第二阶段(2019—2021 年)重新认识评价东濮页岩油阶段。该阶段以取全取准页岩油资料为主，针对沙四、沙三下、沙三中亚段重点潜力页岩组合，先后部署了 W410、V456、V457HF、P161、W318 等 5 口页岩油专探井，完成累计取心 414m，在此基础上开展东濮页岩油基础地质再评价再认识。

3　东濮凹陷页岩油地质特征分析

东濮凹陷作为渤海湾盆地中典型陆相断陷盐湖盆地，湖盆面积相对局限，受构造活动频发和古气候频发波动影响，具有纵向相变快、泥页岩连续分布厚度小、横向有利相带窄、有机质丰度不稳定、断层多稳定块体小、埋深大等不利于页岩油勘探的客观地质背景。近年来，随着在页岩油领域的不断系统攻关，通过对岩心进行精细描述和薄片分析、扫描电镜、全岩 X 衍射等一系列分析后，发现研究区页岩油岩性组合整体表现为灰色、深灰色，具有块状、层状（层厚>1mm）、纹层状（层厚<1mm）沉积构造的细粒沉积岩（图2），岩石组分为粉砂-细粉砂级石英和长石、碳酸盐矿物、黏土矿物、有机质以及黄铁矿，其中碳酸盐矿物含量变化较大（1%～85%），均值为37.5%，黏土矿物均值为33%（3.4%～64%），主要为伊利石约占黏土矿物总量的74.7%（68%～82.5%），石英和长石等陆源碎屑为22%（3.3%～64%）。脆性矿物含量均值为46.5%（13%～86%），主要为石英、长石、方解石纹层和白云石微晶颗粒。（图3）根据取心资料分析认为东濮页岩油的有利岩相组合类型主要为纹层状黏土质碳酸盐岩-碳酸盐岩、纹层状碳酸质混合岩的富有机质页岩油组合，主要发育在半干旱向半潮湿演化环境，分布在晚期湖扩和早期高位体系域，属于盐湖沉积背景下汇水-蒸发浓缩沉积旋回中的高水位期泥页岩，具有由盐-含膏泥岩-泥页岩的岩相序列（图4）。

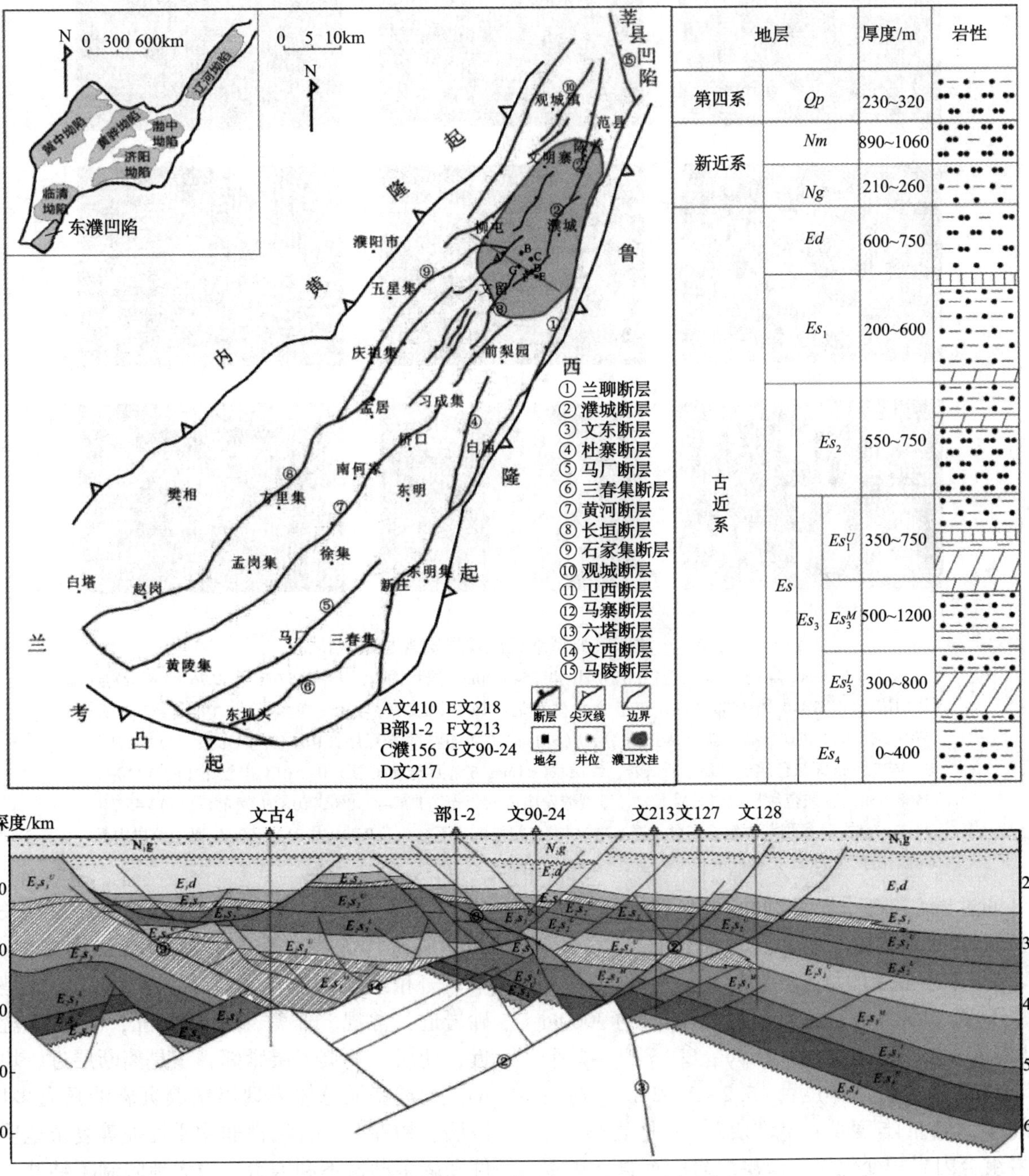

图1　东濮凹陷区域位置及构造地层格架图

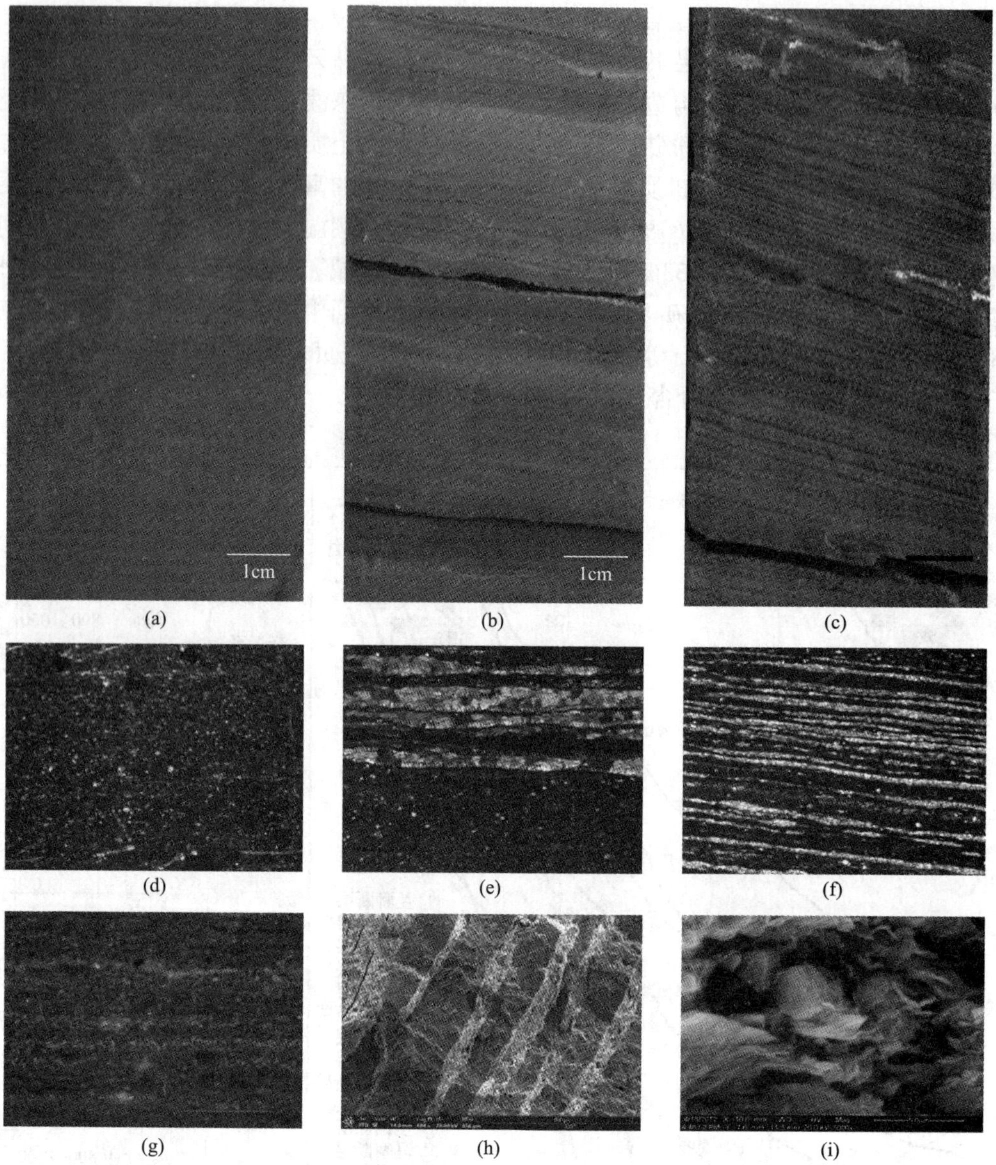

图 2　东濮凹陷典型细粒沉积岩宏观与微观特征

(a) W410 井 3550.74m，块状构造；(b) W410 井 3546.70m，层状构造；(c) V457HF 井 3676.47m，纹层状构造；(d) W410 井 3550.74m，灰色含粉砂泥岩，微裂缝发育，10x5(单偏光)。(e) V457HF 井 3701.50m 深灰色层状碳酸盐质黏土岩，层状(>1mm)方解石与泥岩互层，10x5(单偏光)；(f) V457HF 井 3675.00m 深灰色纹层状黏土质灰岩，纹层状(<1mm 方解石与黏土层) 10×5(单偏光)；(h) W410 井 3588.55m，深灰色纹层状白云质泥岩，微裂缝发淡黄色荧光，TOC = 2.8%，10×5(荧光)；(i) V457HF 井 3797.57m，纹层状方解石与黏土层互层，484x(扫描电镜下)；(j) W410 井 3139.60m，黏土纹层中晶间微孔隙，8000x(扫描电镜)

通过岩心精细分析和横向对比，发现东濮凹陷页岩油相比其他盆地的页岩油具有“多、薄、杂、近”四个显著的特征：①“多”—层数多，主力层不明。从沙一段、沙三段到沙四段约 3000m 地层有 56 层页岩发育段(图 5)；②“薄”—单个页岩油层系(组合)厚度薄(5.2~34.2m)，勘探空间小，储量丰度低；③“杂”——一是岩性杂，页岩组合内岩相变化快，薄层泥岩、页岩、灰质泥岩、泥灰岩和粉砂岩频繁互层。二是矿物组分杂，以黏土矿物、碳酸盐矿物居多，石英、长石等碎屑矿物无序分布。三是 TOC 纵向差异大，单一岩相组合内非均质性强；④“近”——一是离砂岩近，常规、非常规油藏间互，二是离盐岩近，盐层、油页岩层紧邻，三是离断层近，块体小。上述特征总体表现出东濮页岩油具有多层、薄层、物性差、含油性非均质性强等复杂地质条件和诸多勘探不利因素，极大地限制了钻井、固井工艺和长井段水平井的部署。

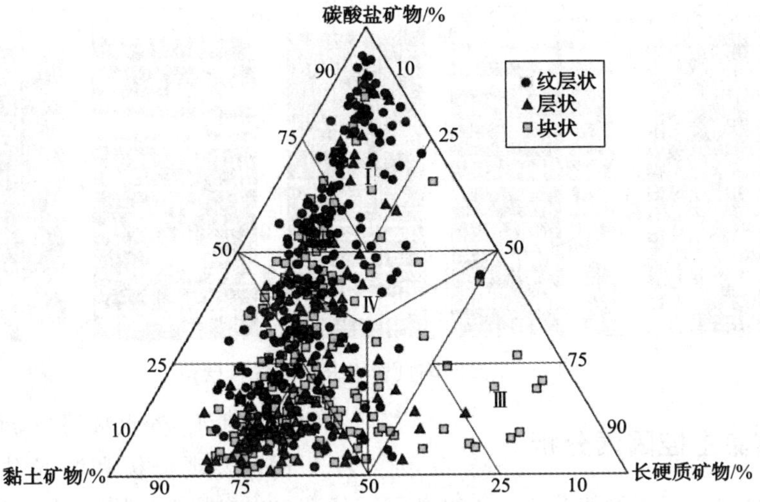

图3　东濮凹陷沙三–沙四段细粒成分及类型频率图

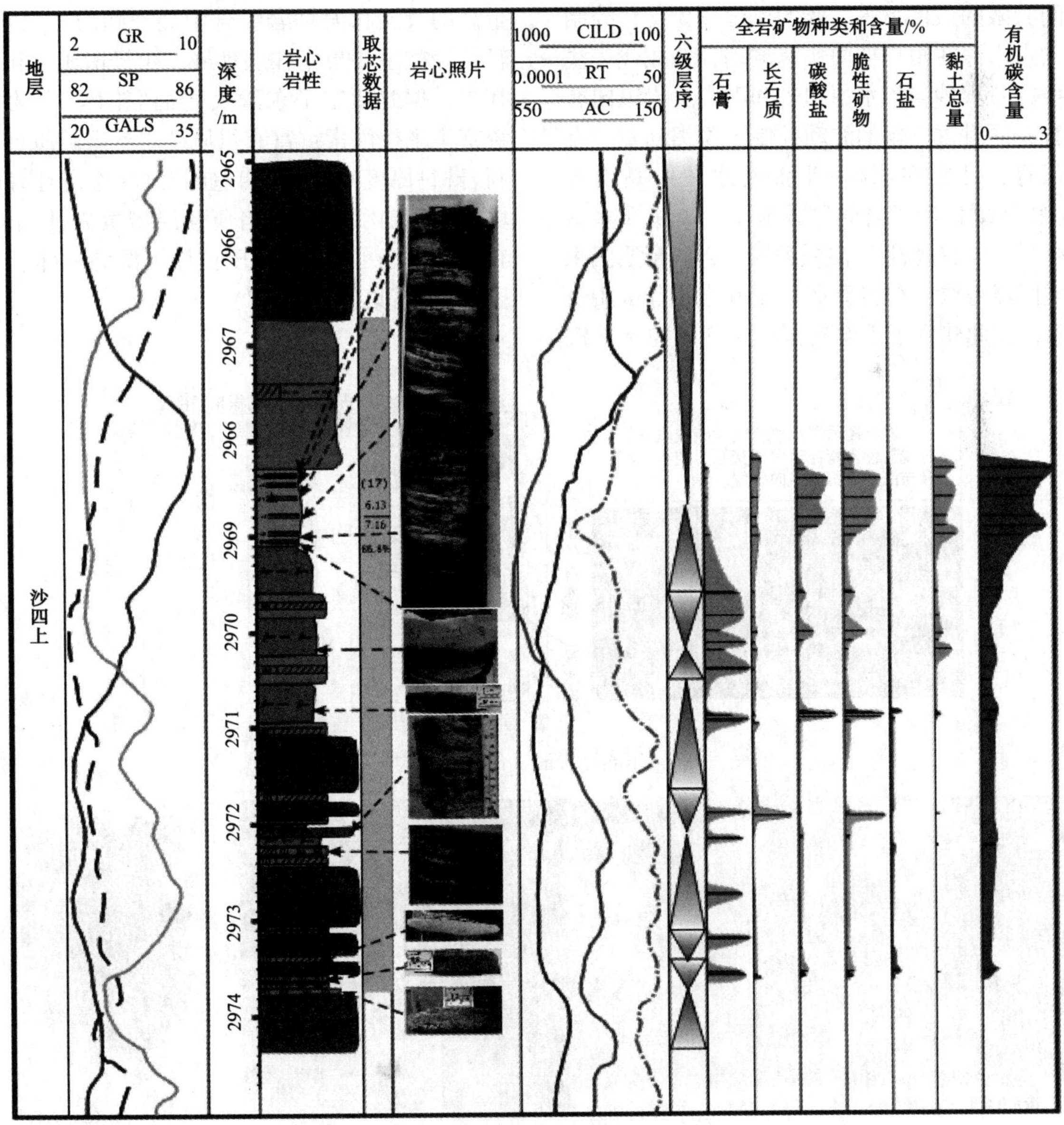

图4　东濮凹陷W26井细粒沉积单井综合柱状图

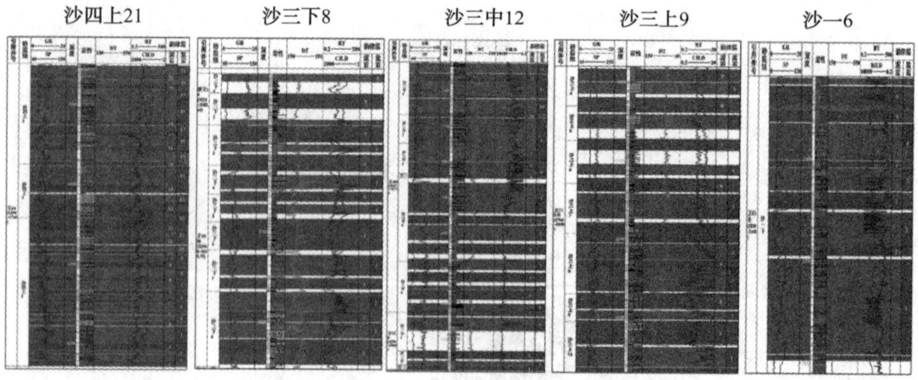

图 5　东濮凹陷页岩组合纵向发育层位

4　沉积机理及富集主控因素分析

通过开展厘米级岩心沉积韵律分析、地球化学古气候古水深与有机碳相关性分析，发现在可容空间有限的条件下古气候的干湿频繁交，控制了湖盆古水深在短周期内快速波动，造成代表浅水环境的滩坝砂与深水浊积砂和泥岩页岩纵向叠置发育；同时古气候的波动控制了藻类勃发与有机质保存，证实在深湖-半深湖水体中黏土机械-生物絮凝作用耦合共同控制下，有机质多富集于纹层状碳酸盐岩/碳酸质泥岩中，盐膏层沉积后形成区域盖层，有利于富含烃组分的有机质快速保存。据此建立了干湿气候频繁交替控制下沉积物出现浅水-深水频繁交互的沉积模式(图 6)。

通过宏观分析和激光共聚焦扫描、核磁共振、CT 扫描等微观解剖，开展东濮细粒沉积机理和页岩油富集主控因素研究，表明在有机质含量高的纹层状泥页岩组合中烃类物质成层富集，轻质烃类主要集中在层理缝、生烃增压缝和晶间孔中，据此厘定了东濮页岩油“箱体”含油气系统富集主控因素：富有机质纹层状碳酸质页岩有利岩相+厚度+主生烃期超压发育+稳定且有规模块体，明确了东濮凹陷薄互层型页岩油“沉积-有机相控烃、岩相-超压控储、源储一体、三元耦合”的富集机理(图 7)。

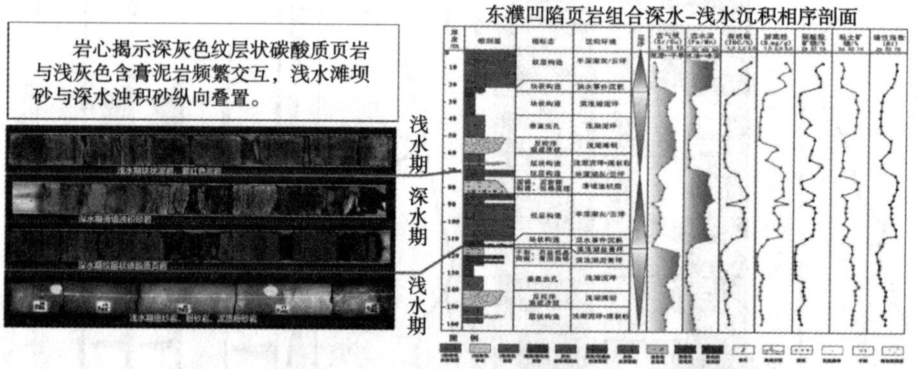

图 6　东濮页岩油组合沉积模式图

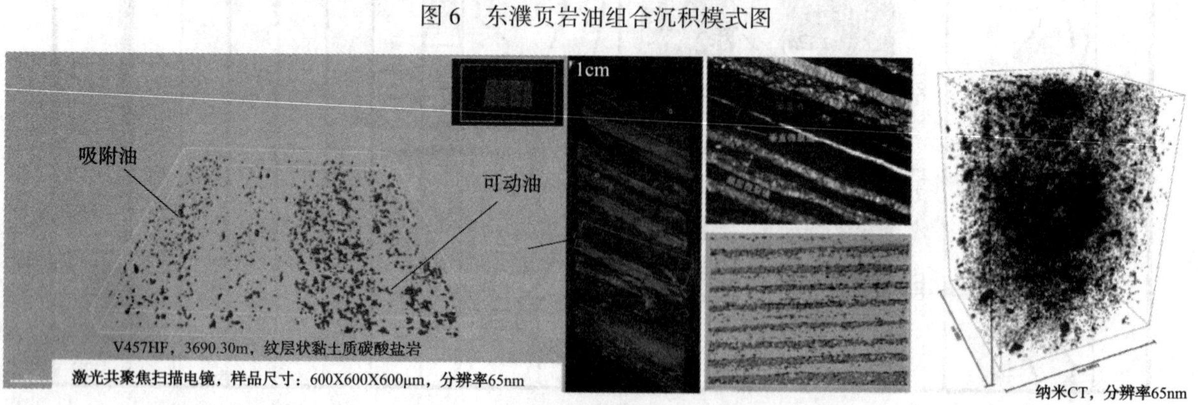

图 7　东濮页岩油微观富集特征

5　东濮凹陷页岩油勘探难点及对策分析

根据东濮页岩油单层厚度薄、纵向相变快的特点，结合中国石化统一的页岩油选区评价标准，探索出了东濮页岩油选层选区评价原则。首先按照页岩组合厚度分级、页岩品质分类、页岩分布范围、油气显示四因素建立选层原则（表1），沙三中4页岩组合是优先探索的页岩油层，其次是沙三下6、沙三下8页岩组合（表2）。针对东濮凹陷多旋回沉降沉积中心不断迁移导致古沉积中心与现今构造洼陷不一致特点，结合页岩油层系地层压力及显示等情况，建立了深湖页岩相（沉积中心）、现今稳定负向构造与高压发育区叠合的选洼方法，明确了前梨园洼陷、柳屯洼陷及海通集洼陷3个页岩油有利区带（图8），其中前梨园洼陷沙三中4页岩组合三因素叠合有利区面积大（131km²）、资源规模大（3810万吨）、埋藏适中（小于4200m面积79km²），是页岩油勘探的首选区带。

表1　东濮凹陷页岩油选层评价参数

参数名称		分类评价		
		Ⅰ类	Ⅱ类	Ⅲ类
页岩油厚度分类	单层厚度/m	>30	30-20	20-10
页岩油品质分类	有机质类型	Ⅰ型-$Ⅱ_1$型	$Ⅱ_1$型为主	$Ⅱ_2$型-Ⅲ型
	TOC/%	>1.5	1.1~1.5	0.5~1.0
	Ro	1.1~1.3	0.9~1.1	0.7~0.9
	游离烃 S_1/(mg/g)	>1.5	1.1~1.5	0.5~1.0

表2　东濮页岩油单层页岩组合资源潜力

层位	页岩段连续厚度/m	级别划分	页岩品质			压力系数	5000m以浅有利岩相面积/km²	有利区资源量/10^4t
			TOC/%	S1/(mg/g)	Ro/%			
沙三中4	21	Ⅱ	0.16~6.32/1.9	0.01~2.9/1.4	0.98	>1.2	1388.2	6381
沙三下6	34	Ⅰ	0.52~2.27/1.53	0.01~6.31/1.2	1.05	>1.2	1070.4	6135
沙三下8	28	Ⅱ	0.41~3.74/1.52	0.01~4.59/1.4	1.1	>1.2	1108.5	5337
合计								34681

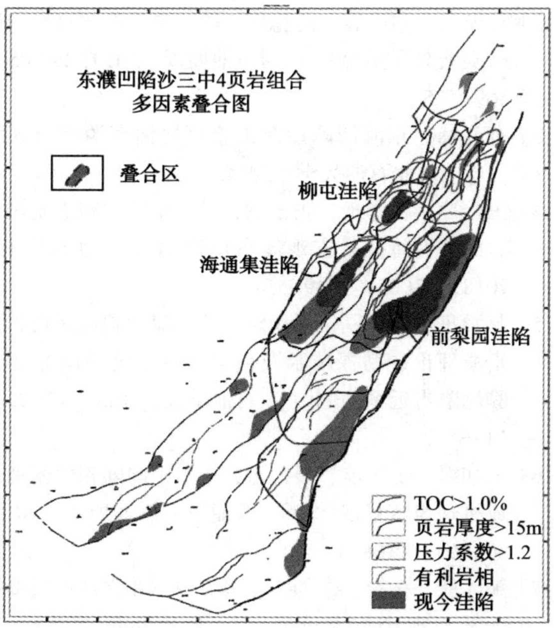

图8　东濮凹陷沙三中4页岩油组合多因素叠合图

根据东濮页岩油地质特征及富集规律，结合选层选区评价，按照常非兼顾勘探思路，探索出东濮多层楼式页岩油勘探模式（图9）。在前梨园洼陷西翼南北两端部署了2口常非兼探井，直井压裂获工业油气流，推动“一场多井、一井多层”页岩油高效能井场立体勘探部署，有望拓展中国石化在陆相页岩油领域新类型。

6　结论

东濮页岩油历经两轮规模性勘探，取得了宝贵经验和系统资料，本次研究在回顾性评价基础上结合兼探取心资料，对东濮页岩油开展地质认识再评价工作。通过系统取心、厘米级岩心分析、全岩、薄片、扫描电镜、激光共聚焦、CT扫描等宏观和微观分析手段，明确了东濮页岩油具有“多、薄、杂、近”的客观地质特征，通过元素地球化学和有机地球化学综合分析，进一步明确了古气候对页岩油细粒沉积的控制作用和对藻类生物勃发的影响及与有机质富集的关系，建立了干湿古气候频繁波动条件下深-浅水沉积物纵向叠置的沉积模式，明确了东濮页岩油富集的主控因素为富有机质纹层状碳酸质页岩有利岩相+厚度+主生烃期超压发育+稳定且有规模块体，阐明了东濮凹陷薄互层型页岩油"沉积-有机相控烃、岩相-超压控储、源储一体、三元耦合"的富集机理。

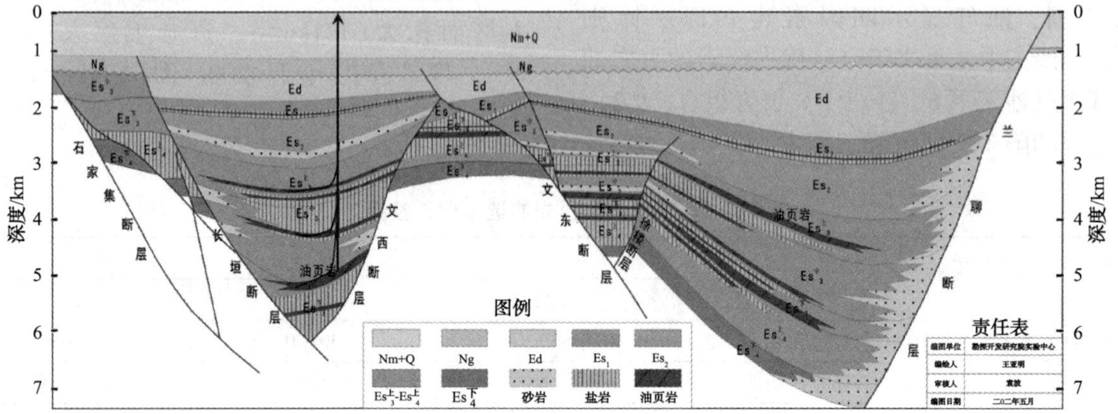

图 9　东濮凹陷页岩油多层楼式勘探模式图

根据东濮页岩油存在的客观地质条件等不利因素，针对性提出了适合东濮页岩油勘探的选层选区评价原则，优选出 3 套有利层系及 1 个优先勘探的有利区，按照"一场多井、一井多层"的勘探思路部署两口兼探井均见良好油气显示，为拓展中国石化在陆相页岩油领域新类型奠定基础。

参 考 文 献

[1] 金之钧，王冠平，刘光祥，等．中国陆相页岩油研究进展与关键科学问题[J]．石油学报，2021，42(07)：821-835.

[2] 金之钧，朱如凯，梁新平，等．当前陆相页岩油勘探开发值得关注的几个问题[J]．石油勘探与开发，2021，48(06)：1276-1287.

[3] 金忠慧．东营凹陷古近系沙四上亚段细粒岩沉积环境研究[D]：北京：中国地质大学(北京)，2017.

[4] 靳亚勤，杨栋栋，蒋飞虎，等．东濮凹陷碎屑岩沉积充填特征及变化对构造活动的响应[J]．科学技术与工程，2019，19(29)：83-89.

[5] 黎茂稳，金之钧，董明哲，等．陆相页岩形成演化与页岩油富集机理研究进展[J]．石油实验地质，2020，42(04)：489-505.

[6] 李红磊，张云献，周勇水，等．东濮凹陷优质烃源岩生烃演化机理[J]．断块油气田，2020，27(02)：143-148.

[7] 刘惠民，王勇，李军亮，等．济阳坳陷始新统页岩岩相发育主控因素及分布特征[J]．古地理学报，2023，25(04)：752-767.

[8] 刘秀岩，陈红汉，张洪安，等．多套烃源岩联合供烃下的原油成藏特征及其与压力的耦合关系：以东濮凹陷濮城地区沙河街组为例[J]．地球科学，2020，45(06)：2210-2220.

[9] 马小祥，姚素平，张柏林，等．渤海湾盆地东濮凹陷古近系古湖盆氧化还原条件及其优质烃源岩的发育模式[J]．高校地质学报，2019，25(06)：801-812.

[10] 彭君，周勇水，李红磊，等．渤海湾盆地东濮凹陷盐间细粒沉积岩岩相与含油性特征[J]．断块油气田，2021，28(02)：212-218.

[11] 舒徐洁，杨栋栋，程成，等．陆相断陷湖盆生烃潜力的古气候波动响应研究——以东濮凹陷古近系文古 4 井为例[J]．岩石矿物学杂志，2022，41(01)：87-94.

[12] 孙焕泉，蔡勋育，周德华，等．中国石化页岩油勘探实践与展望[J]．中国石油勘探，2019，24(05)：569-575.

[13] 孙业峰．东濮凹陷沙河街组页岩油资源潜力评价[D]：东北石油大学，2014.

[14] 王金萍，黄泽贵，张云献，等．东濮凹陷优质烃源岩的岩性特征及宏观展布规律[J]．断块油气田，2018，25(05)：549-554.

[15] 赵贤正，蒲秀刚，周立宏，等．深盆湖相区页岩油富集理论、勘探技术及前景——以渤海湾盆地黄骅坳陷古近系为例[J]．石油学报，2021，42(02)：143-162.

[16] 朱如凯，邹才能，吴松涛，等．中国陆相致密油形成机理与富集规律[J]．石油与天然气地质，2019，40(06)：1168-1184.

[17] 邹才能，杨智，朱如凯，等．中国非常规油气勘探开发与理论技术进展[J]．地质学报，2015，89(06)：979-1007.

鄂尔多斯盆地延长组地层结构新认识
——以宁县-正宁地区为例

鞠俊成 牟 春 王宇斯 曹宇森 张文伟 潘 克 李 明

（中国石油辽河油田分公司勘探开发研究院）

摘 要 鄂尔多斯盆地延长组石油资源丰富，但不同地区勘探及认识程度差异大，致密油-页岩油形成条件及富集控制因素有待深化。通过对新采集处理高密度宽方位三维地震资料的充分应用，重新构建了鄂尔多斯伊陕斜坡带南缘宁县-正宁地区延长组地层结构，并在基础上，对延长组石油形成富集控制因素进行了探讨，结果表明：①受控于喜山运动及秦岭造山带的隆升，延长组长7-长2段地层具有“楔状发育、逐层向湖盆中心进积”的地层结构，改变了以往各段地层平行沉积、等厚发育的传统认识；②宁县-正宁地区延长组物源主要来自于秦岭造山带，长7段各期楔形地层内顺物源方向以河流-三角洲-半深湖-深湖重力流序列充填，具有典型的“同期异相”特征；长7段发育砂质碎屑流及浊流沉积，储层横向变化快，非均质性强，总体属于低孔-特低孔超低渗致密储层；③宁县-正宁地区延长组围绕长7段主力烃源岩，发育致密油-页岩油，具有上生下储、自生自储、下生上储三种成藏组合类型，长7段发育自生自储型页岩油，具有优质源岩-有利相带控藏特征，其中烃源岩控制页岩油有利发育区，优势相带控制页岩油甜点分布。上述认识对宁县-正宁地区页岩油细分层系甜点区精细预测与水平井效益开发具有重要的指导意义。

关键词 宁县-正宁地区；延长组；地层结构；页岩油；甜点区预测

New understanding on stratigraphic structure of Yanchang formation, Ordos Basin
——A case study in Ningxian-Zhengning area

Ju Juncheng Mu Chun Wang Yusi Cao Yusen Zhang Wenwei Pan Ke Li Ming

(Research Institute of Petroleum Exploration and Development, Liaohe Oilfield Company, Petrochina)

Abstract Yancxhang formation of Ordos Basin is rich in oil resources with different exploration and understanding degree, and formation condition and enrichment-controlling factor need to deepen for tight oil and shale oil. The stratigraphic structure of Yanchang formation is re-established through the full application of newly acquired high density and wide-azimuth 3D seismic data in Ningxian-Zhengning area, southern margin of Yishan Slope Belt, Ordos Basin, and enrichment controlling factor is discussed for tight-oil and shale-oil of Yanchang formation. The results show that: ①The member Chang 7-Chang2 of Yanchang formation has the stratigraphic structure of "wedge-shaped development and progradation layer by layer", which changes the traditional viewpoint of parallel sedimentation and equal thickness develnpment controlled by the uplift of Qinling Orogenic Belt due to Himalayan Movement; ②The provenance of Yanchang formation is mainly from the southwestern Qinling Orogenic Belt in Ningxian-Zhengning area, extending northeasternly. The sedimentary sequence of single-stage wedge-shaped formation is filled with fluvial, delta, semi-deep lake, deep-lake gravity-flow deposits along the source of sediment-supply direction for member chang 7, which has the typical characteristics of "same formation with different sedimentary facies"; sandy debris flow and turbidity flow reservoirs are developed in Member Chang7, which belong to low-porosity and ultra-low porosity ultra-low permeability tight reservoir generally with characteristics of rapid lateral change and strong reservoir heterogeneity; ③Tight oil and shale oil reservoir are continuously developed with three reservoir combination types including reservoir below source rock, reservoir and source rock co-existing in same layer, reservoir above source rock center on main source rocks of member Chang 7 in Yanchang Formation. Self - generation self - storage shale oil is developed in Member Chang7, controlled by the combination of high-quality source rock and favorable microfacies. High-quality source rock controls the advantageous distribution range of shale oil, favorable sedimentary facies controls the sweet spot location. Above understandings have important guiding significance for fine subdivision prediction of sweet spot and efficient development in manner of horizontal well for shale oil in Ningxian-Zhengning area.

Key wordst Ningxian - Zhengning area, Yanchang formation, stratigraphic structure, shale oil, sweet spot prediction

鄂尔多斯盆地位于华北地台的中西部，是一个多构造体系、多旋回演化、多沉积类型的大型沉积盆地，横跨陕、甘、宁、蒙、晋等5省区，面积约为$37\times10^4km^2$，是中国第二大沉积盆地。盆地基底为新太古界和古元古界变质岩系，沉积盖层具有下古生界陆表海碳酸盐岩、上古生界海陆过渡相煤系碎屑岩及中新生界内陆湖盆碎屑岩的三层结构。盆地主体古生界缺失中上奥陶统、志留系、泥盆系及下石炭统，自中生代以来，受印支、燕山、喜山运动的影响，发生了以三叠系/侏罗系、侏罗系延安组/直罗组、侏罗系/白垩系、白垩系/第四系等地层不整合界面为标志的4期不均匀抬升和地层剥蚀事件，沉积岩厚度约6000m。据现今盆地构造特征，划分为伊盟隆起、渭北隆起、天环向斜、西缘逆冲带、晋西挠褶带及中部伊陕斜坡等六个次级构造单元。

鄂尔多斯盆地发育古生界含气系统、中生界含油系统以及潜在中元古界含气系统，非常规油气资源丰富，具有“满盆气、半盆油”的特点。盆地晚三叠世延长期发育典型的大型内陆坳陷湖盆，延长组长7段沉积期处于最大湖泛期，发育了一套富有机质泥页岩与砂岩沉积，为大面积广覆式分布陆相致密油-页岩油的形成奠定了坚实的基础。其中延长组长7段以页岩油为主，长2段、长6段、长8~9段则以低渗透-致密油为主，延长组总石油资源规模达百亿吨以上，落实了陇东、陕北两大含油富集区，致密油-页岩油是鄂尔多斯盆地十四五至十五五石油增储上产的主要领域。

宁县—正宁地区位于鄂尔多斯盆地伊陕斜坡南部，面积约$2000km^2$(图1)，区内延长组致密油—页岩油预测资源规模10亿吨。关于延长组的地层结构和地层层序，长期以来，认为延长期湖盆演化具有“整体升降、平起平落”的特征，按照“标志层约束、等厚旋回对比”的思路进行划分，划分对比结果是各个地层单元大致等厚、全盆垂向加积分布。随着近年来高精度三维地震资料的普及与广泛应用，延长组地层传统等厚划分方法存在明显的穿时现象，长7~长2油层组具有明显的“楔状”反射特征，由盆地边缘向盆地中心逐层进积“超覆”于长7底部稳定分布泥页岩地层之上，由此改变了传统认识，更真实反映湖盆原始沉积面貌。随地层结构的改变，延长组源岩及沉积储层的对比关系亦发生重大变化，致密油-页岩油成藏条件得到重新认识，对下步细分层系有利区精细预测与水平井效益开发具有重要的指导意义。

1.1　延长组传统地层划分

构造演化研究表明，中三叠世末，受早印支运动影响，华南板块快速向北漂移，与华北板块碰撞形成秦岭造山带，残余秦岭海槽封闭。上三叠统延长组经历了大型坳陷湖盆发生、发展、萎缩、消亡的演化过程，纵向上按岩性组合、沉积旋回、典型特征及化石组合以及主要标志层特征及分布，同时为了方便科研与生产，由老至新将延长组划分为长10~长1共10个油层组(图2)。传统观点认为延长组沉积时期华北板块无大规模构造运动，地质界面(尤其是夹薄层凝灰岩的稳定泥页岩段)连续性好，各期地层平行整合接触，平面上厚度大致相当，该方式更注重按照相同岩性进行地层的划分对比(图3)。延长组长10期为湖盆初始形成期，长9~长8_2期为扩张期，期间湖盆宽浅，发育辫状河-曲流河三角洲沉积；长8_1~长7期为鼎盛期，其中长7_3为强烈坳陷期，湖盆基底快速沉降，水体面积及深度达到巅峰，可容空间最大，广泛发育深湖相细粒泥页岩沉积；长6~长3期为萎缩期，期间发生间歇性振荡式湖进、湖退的演变过程；长2~长1期为抬升消亡期，地层由边缘向中心逐渐充填，湖盆范围缩小，水深变浅，直至消亡。延长组岩性主要为一套灰绿色、灰色中厚层-块状细砂岩、粉砂岩和深灰色、灰黑色泥页岩，下部以河流相中-粗砂岩沉积为主，中部为一套湖泊-三角洲-河流相砂泥岩互层，上部为河流相砂泥岩沉积。三叠纪末，受晚印支运动影响，延长组地层整体抬升广泛遭受剥蚀，宁县-正宁地区长1段地层被剥蚀殆尽，且西侧剥蚀强度远大于东侧，仅保留了长6段以下的地层，形成现今延长组和延安组之间广泛发育的角度不整合面。

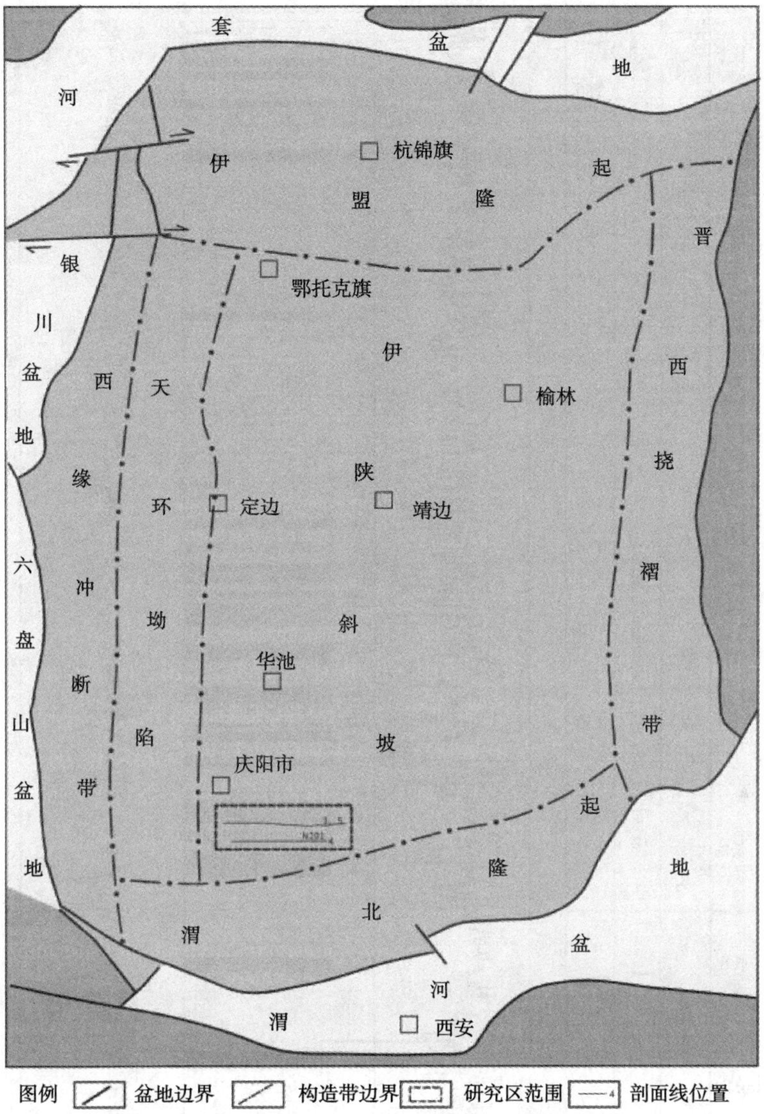

图1　宁县-正宁地区构造位置图

1.2　延长组等时地层格架特征

近年以来，随着延长组低渗透-致密油-页岩油的勘探开发取得重大进展以及高密度宽方位三维地震资料的广泛应用，对延长组的地层结构取得了更明确的认识，在宁县-正宁地区长10~长8段地层总体表现为近平行等厚分布，地层整合接触，反映延长组早期地貌坡度宽缓、沉降缓慢，呈近补偿沉积，对应三角洲平原-前缘-浅湖的沉积环境；长7段底界表现为区域连续的强振幅反射，对应长7底部稳定分布含凝灰质夹层的泥页岩与长8顶部含灰粉砂岩的强阻抗岩性界面，反映湖盆水体急剧加深，沉积环境由浅湖转变为半深湖-深湖；长7_2~长2段地层表现为向湖心方向“楔状进积、叠瓦状排列”的反射特征，各期地层反射同相轴前端与长7底界面呈低角度斜交，上部地层叠置在早期地层之上逐层推进，表现为进积充填，对应由深湖向浅湖环境的转变(图4)；延长组顶部地层反射特征表现为与下伏地层斜交接触的较连续的中振幅同相轴，对应三叠系与侏罗系之间的区域不整合面，反映了晚三叠纪华北地台整体隆升剥蚀的地质历史。

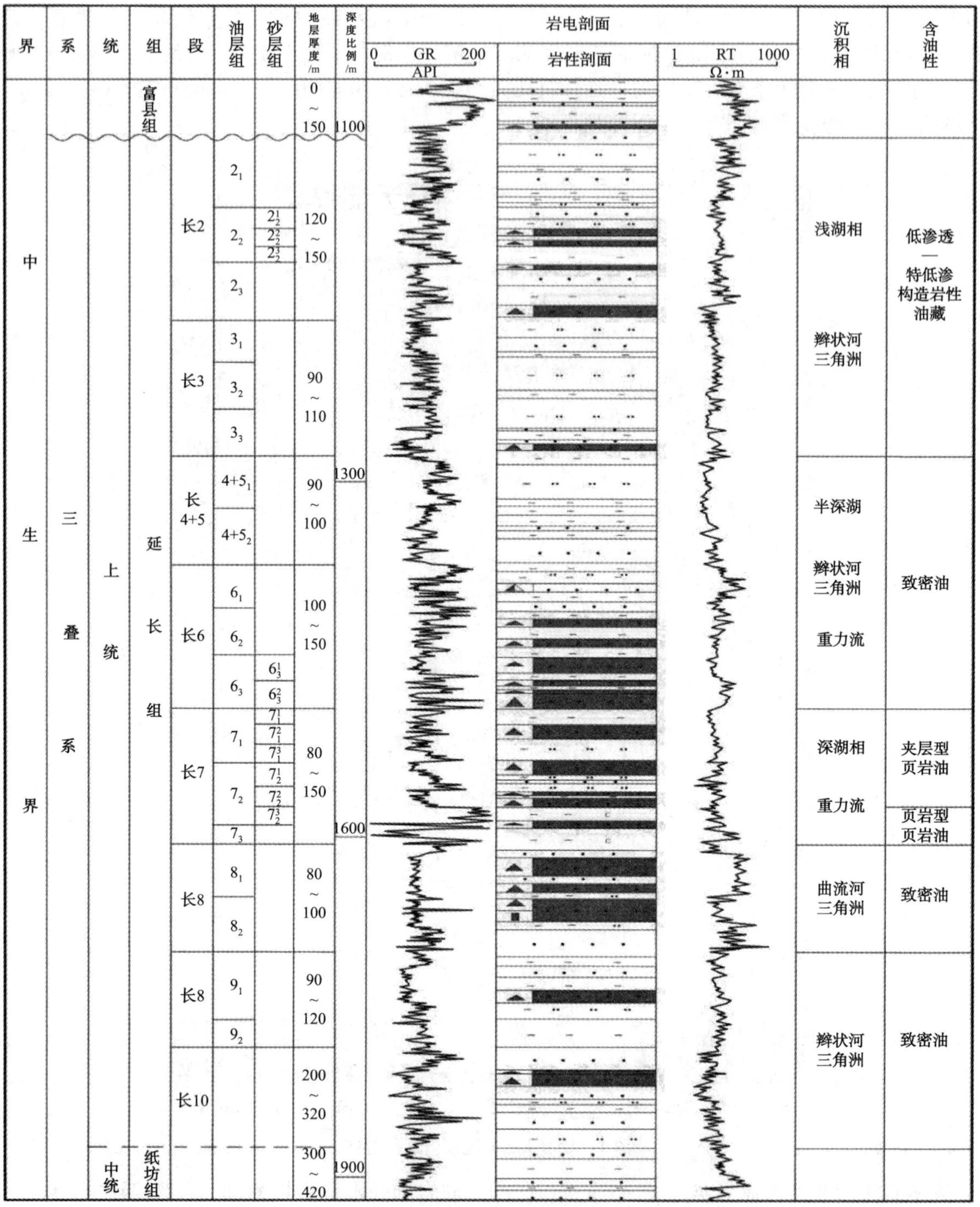

图 2　宁县-正宁地区延长组综合柱状图

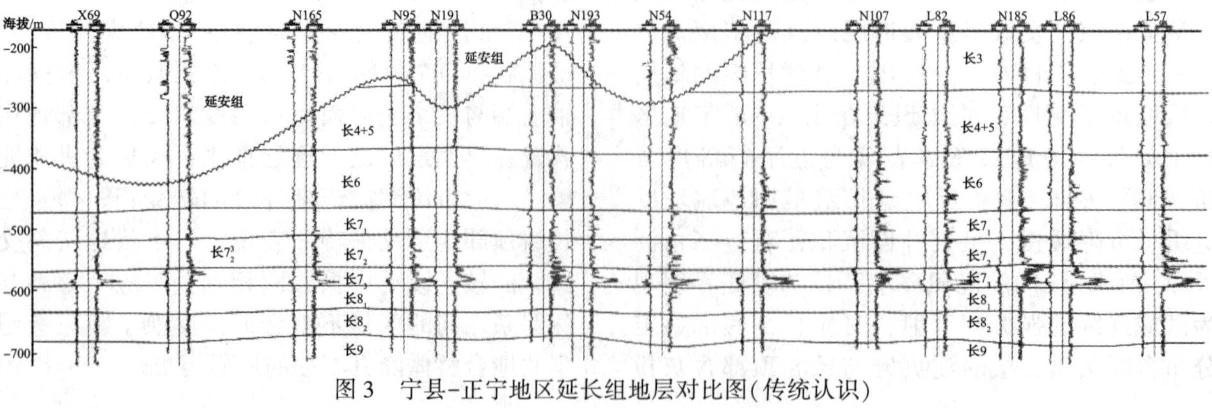

图 3　宁县-正宁地区延长组地层对比图(传统认识)

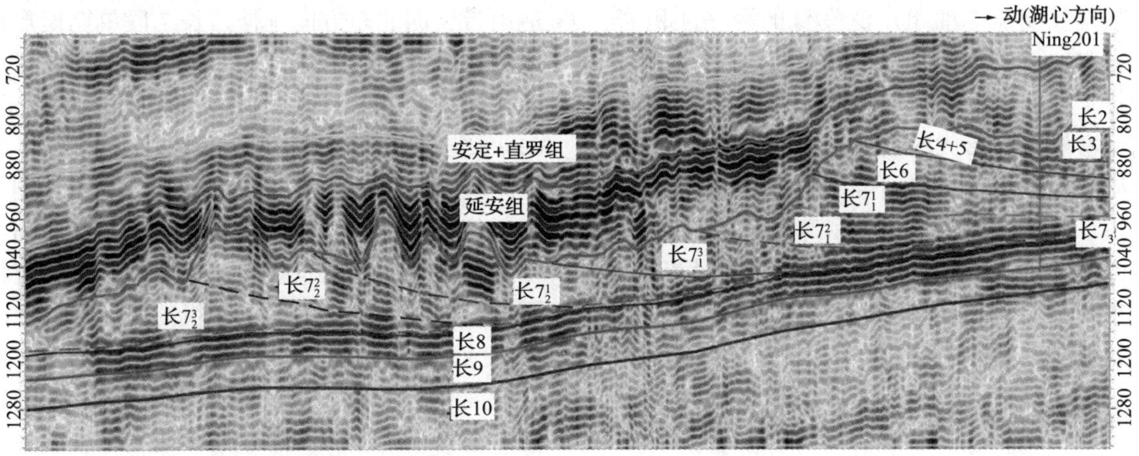

图 4　宁县-正宁地区 Line634 地震剖面

1.3　延长期湖盆充填模式

根据楔形地层的地震反射特征，在宁县-正宁地区长 7-长 2 段识别出 4 期主要地震界面，分别对应于长 3、长 4+5、长 6 及长 7_1段底界的区域稳定分布的地质界面。长 7 地层内部可进一步划分为 6 期楔形地层，自西向东叠置分布。各期地层平面上平行于湖岸线呈北西-南东向展布，受根部剥蚀及前端相变影响具有单期地层厚度呈两端薄、中间厚的分布特征，顺进积方向延伸距离 20~40km(图 5)。

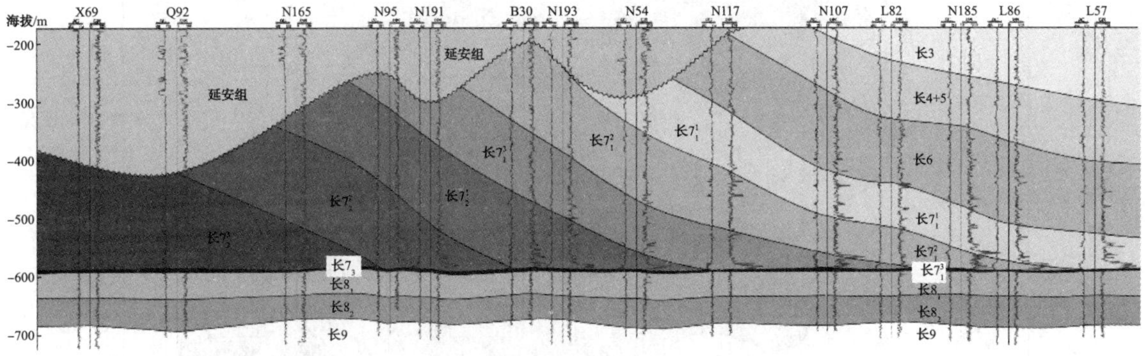

图 5　长 7 段 6 期楔形地层对比剖面及厚度图

楔形地层展布模式可合理解释湖盆充填的地质历程：长 7 段沉积早期湖盆快速沉降，达到最大湖泛期，沉积了一套广泛分布的张家滩泥页岩，厚度 20~30m。之后随秦岭造山带的隆起发生缓慢湖退，随进积作用各期沉积物呈楔形超覆在张家滩泥页岩之上，沉积速率大于沉降速率，可容空间逐渐减小，湖盆水体逐渐变浅，湖水范围逐渐缩小，直至完全充填湖盆消亡。

1.4　延长期控盆机制

鄂尔多斯盆地四周被各地质历史时期形成的不同类型和规模的陆内造山带所环绕，盆地的形成演化经历了中晚元古代坳拉谷、早古生代陆表海、晚古生代海陆过渡、中生代内陆湖盆及新生代周边断陷等五大阶段，而真正作为独立沉积盆地的形成演化，则主要发生在中新生代的大陆动力学演化阶段，受控于古亚洲洋、特提斯-古太平洋、印度洋-太平洋三大区域动力学体系的发展和演化。印支晚期扬子板块快速向北漂移，并与中朝板块发生碰撞，形成秦岭—大别—胶南碰撞造山带，中国大陆各地块先后转变成为陆相河湖沉积环境，这一时期鄂尔多斯盆地西南快速沉降，为晚三叠世湖相烃源岩层的发育(尤其是长 7 段湖相烃源岩)提供了适宜的构造环境，奠定了盆地西南部中生界油藏形成的油源基础。

鄂尔多斯盆地印支旋回的构造变革期主要发生在 230 ~ 190Ma 之间，包含 215 ~ 220Ma 和 195Ma 早晚两期主要构造事件，受晚三叠世印支运动的影响，祁连-秦岭造山带强烈碰撞隆升，盆地底形呈现为东北翼宽缓、西南翼陡倾的地貌特征，陡坡边缘发育扇三角洲、陡坡三角洲，缓坡边缘发育河流-湖泊三角洲。宁县-正宁地区位于盆地西南翼，与早期构造事件在沉积上相对应的是延长期长 7 油组广泛发育的滑塌浊积岩、凝灰岩和油页岩。凝灰岩、油页岩的高潮期均发生在长 7 早期，也是延长期湖盆进入鼎盛发育和坳陷型富烃凹陷形成的重点时期。其中凝灰岩火山物质主要来自秦岭造山带，与勉略洋壳向南秦岭板块下俯冲形成的岛弧火山等联系密切。随秦岭造山带的垂向隆升，延长期湖盆范围逐渐自西南向东北湖盆中心萎缩，形成长 7～长 2 进积型充填的地层结构特征。

2　新地层结构对延长组油气分布影响

延长组地层结构认识的改变，直接影响了对延长组低渗透-致密油-页岩油成藏条件的认识，尤其是针对长 7 段页岩油的成藏特征影响较大。

2.1　长 7 段沉积相展布特征

宁县-正宁地区延长组物源主要来自于秦岭造山带，向北东方向延伸。长 7 段单期楔形地层内顺物源方向以河流-三角洲-半深湖-深湖重力流积序列充填，具有明显的“同期异相”特征(图 6)。受三叠纪晚期隆升剥蚀影响，近源端(西南方向)主要发育三角洲前缘河口坝相带(图 7)，岩心相为纯净的砂岩，单期厚度一般 3～5m，局部发育平行、槽状及楔形交错层理，牵引流特征明显，测井相表现为向上变粗的反旋回，地震相表现为倾角平缓的弱振幅、中等连续反射。地层中段发育半深湖泥岩，厚度 50～200m，夹具有重力流特征的 1～3m 薄砂层，地震相表现为不连续的弱振幅反射，呈现为具有较大倾角的斜坡状。地层前部(远源端)发育深湖相重力流沉积，夹暗色泥岩或黑色碳质泥岩，单砂体厚度 3～15m，地震相表现为中强-强振幅的连续低频反射，局部具有中高频 S 型前积反射特征。

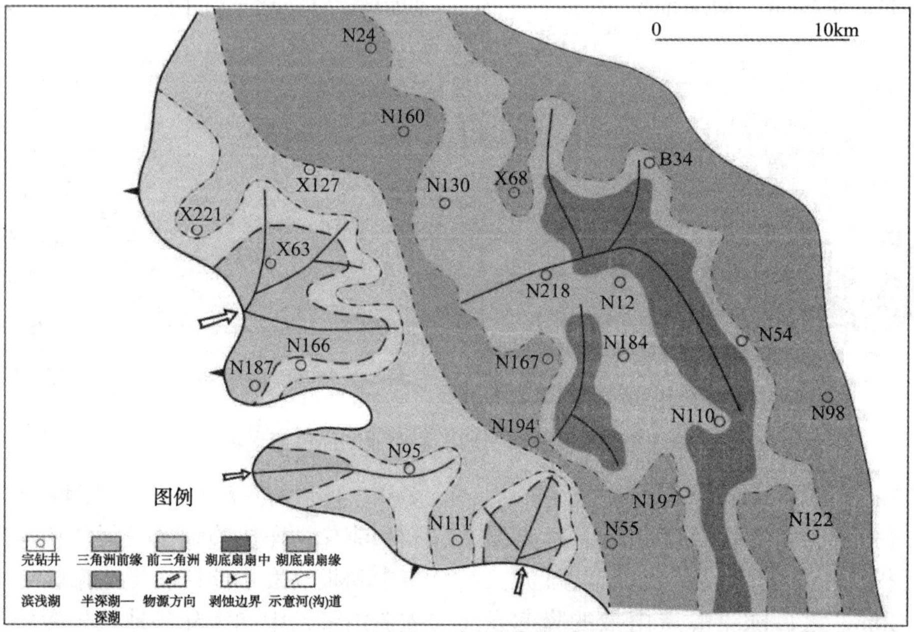

图 6　延长组长 7_2^1 段沉积相平面图

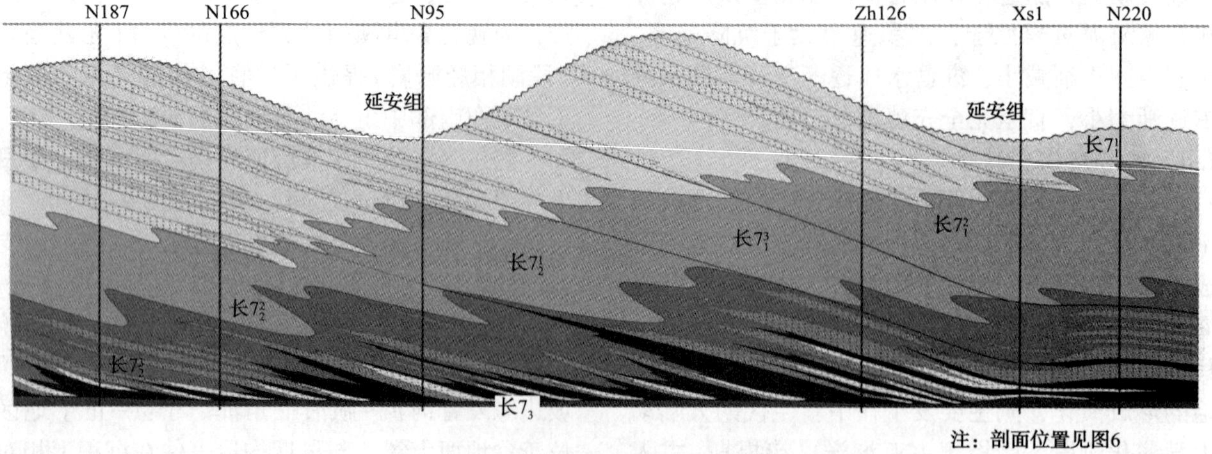

图 7　N187-N220 井沉积相剖面

2.2　长 7 段储层物性特征

砂体展布受沉积相带控制，平面上表现为根部及前端厚、中段薄的“哑铃状”分布，根部三角洲前缘相带砂地比一般 40%~70%，中段半深湖相带砂地比普遍小于 10%，前端重力流相带砂地比达到 30%~60%。钻探成果也表明砂体纵向上具有“哑铃状”特征，长 7 底部一般钻遇 30~100m 厚的重力流砂岩段，向上相变为 50~200m 楔形地层的半深湖泥岩段，顶部则钻遇“楔形”地层三角洲砂岩段，局部地区顶部砂岩段剥蚀殆尽，表现为下粗上细的正旋回岩性组合特征。

深湖重力流是页岩油发育的主体储集相带，受事件性沉积控制，水动力条件不稳定，砂体横向变化快，储层非均质性强。储层物性明显受沉积相带控制：砂质碎屑流砂体单层厚度 2~10m，岩性以细砂岩为主，储层物性较好(平均孔隙度 10%，渗透率 0.2mD)，岩心核磁分析显示大孔发育，自由流体饱和度大于 40%[图 8(a)、(b)]。浊流砂体以砂泥岩薄互层岩性组合为主，泥质含量高，储层物性较差(平均孔隙度 7%，渗透率 0.06mD)，岩心核磁显示大孔不甚发育，自由流体饱和度小于 20%[图 8(c)、(d)]。

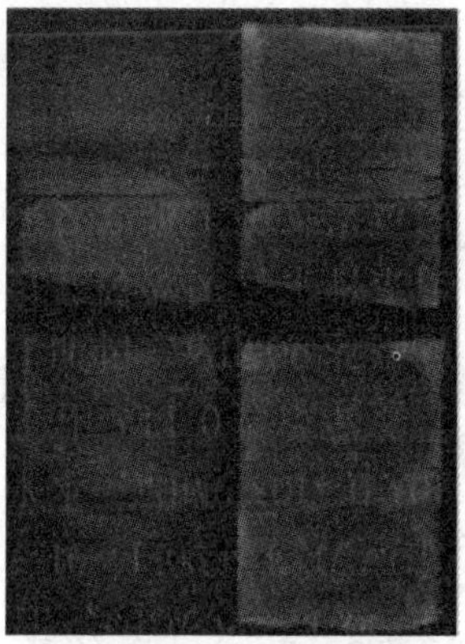

(a) N51-H702D井 1709.7~1710.8m砂质碎屑流

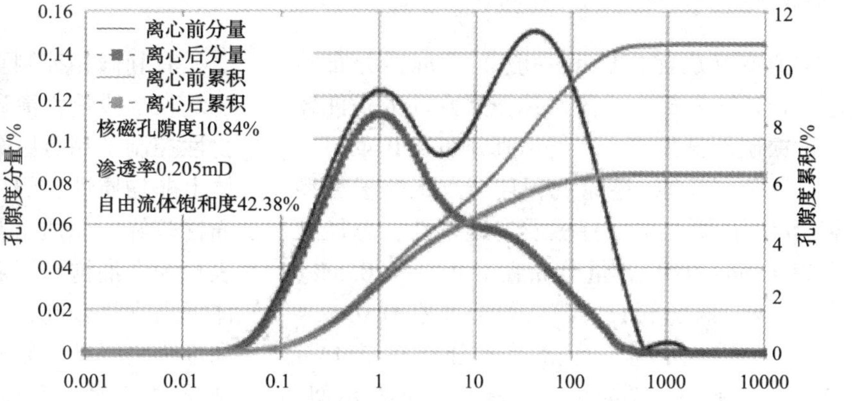

(b) N51-H702D井1710.15m T_2谱分布图

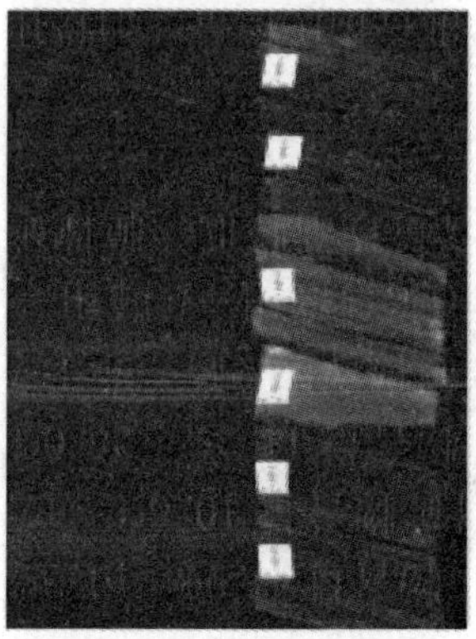

(c) N51-H702D井 1738.2~1739.2m浊流岩心照片

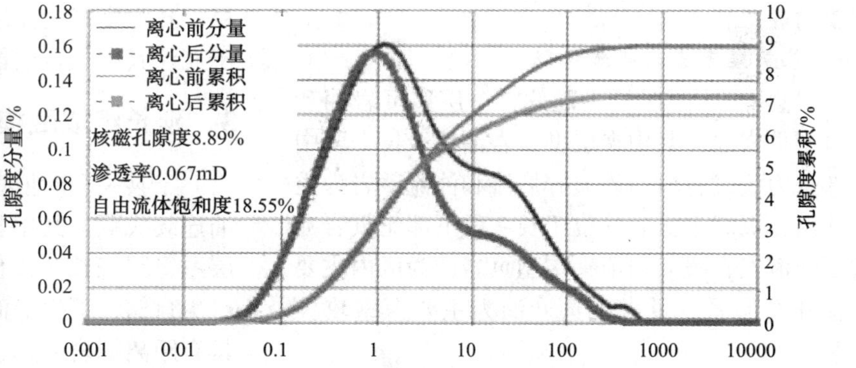

(d) N51-H702D井1739.1m T_2谱分布图

图 8　重力流储层典型岩心照片及 T_2 核磁图谱

2.3　长 7 段烃源岩发育特征

宁县-正宁地区延长组长 7 段处于淡水湖泊沉积环境，气候温暖湿润，湖盆水体深度 50~120m，泥页岩广泛发育，按发育部位及相带可以分为 3 种类型：长 7 底部稳定发育的张家滩页岩；与重力流砂体间隔发育的泥岩及碳质泥岩；半深湖沉积的厚层泥岩，其中前两种是页岩油发育的主要烃源岩。

长 7 底部页岩是延长组最重要的烃源岩，在区内广覆式分布，厚度 20~30m，向湖心方向厚度逐渐增大。该期为延长组最大湖泛期，水体深且水动力弱，物源供给少。全岩分析及镜下观察显示，地层中有大量伴随有机质发育的黄铁矿(含量 15%~75%)，Pr/ph 值普遍小于 1，反映还原-强还原沉积环境。干酪根类型以Ⅰ型和$Ⅱ_1$型为主，少量$Ⅱ_2$型。有机质丰度高，总烃含量可达5500ppm；TOC含量分布在0.29%~35.1%，平均11.99%；氯仿沥青"A"含量分布在0.01%~4.0%，平均0.96%；生烃潜量分布在0.66~154.6mg/g，平均41.77mg/g。成熟度中等，Ro分布在0.6%~0.9%，平均0.7%，Tmax分布在435~450℃之间，平均441℃，综合评价为成熟的优质烃源岩(表1)。

表1 长7段烃源岩评价参数表

岩性	有机质类型	有机质丰度				成熟度Ro/%	综合评价
		TOC/%	"A"/%	HC/ppm	S1+S2/(mg/g)		
泥岩	$Ⅱ_1$、$Ⅱ_2$	0.483~20.5	0.031~0.515	161~2137	0.44~46.19	0.56~0.73	成熟好烃源岩
		3.34(43)	0.1949(14)	750(7)	9.72(43)	0.68(25)	
页岩	Ⅰ、$Ⅱ_1$	0.29~35.1	0.0136~4.0363	24~27752	0.66~154.59	0.60~0.91	成熟优质烃源岩
		11.99(76)	0.9658(118)	5509(86)	41.77(76)	0.7(31)	

备注：$\frac{0.483-20.5}{3.34(43)}=\frac{最小值-最大值}{平均值(样品数)}$

重力流互层泥岩厚度一般2~10m，分布不稳定，较长7底部页岩段水体浅且水动力条件较强，黄铁矿不甚发育，Pr/ph值分布在0.4~1.5之间，反映弱还原-还原沉积环境。干酪根类型以$Ⅱ_1$型和$Ⅱ_2$型为主。有机质丰度较高，总烃含量达750ppm；TOC含量分布在0.48%~20.5%，平均3.3%；氯仿沥青"A"含量分布在0.03%~0.52%，平均0.19%；生烃潜量分布在0.44~46.2mg/g，平均9.7mg/g。成熟度与页岩相似，综合评价为成熟的好烃源岩，是长7页岩油另一重要的烃源岩。

2.4 长7段页岩油成藏特征

宁县-正宁地区长7段发育夹层型页岩油和页岩型页岩油，其中夹层型页岩油位于长7段中上部重力流发育段，砂质碎屑流和浊流砂岩为主要储层，页岩型页岩油位于长7段下部泥页岩夹薄层浊流发育段。目前夹层型页岩油为区内主要勘探开发层系，页岩型页岩油为主要探索攻关层系。

优质烃源岩控制页岩油的分布

对鄂尔多斯盆地长7段页岩油成藏动力及机理研究表明，生烃增压产生的异常压力是原油运移的主要动力，油藏以近源富集模式为主，纵向远源运移模式次之，烃源岩发育情况是页岩油成藏的主要控制因素。宁县-正宁地区靠近长7底部页岩段的50m内砂体含油饱和度最高，平均可达到65%，在储层物性相近的情况下向上随着距离源岩越远呈降低趋势，表明原油在纵向运移过程中由于能量损耗压力降低造成充注度逐渐降低。

有利微相控制页岩油甜点区分布

长7段重力流砂体类型控制储层物性，储层物性控制了甜点区分布。块状砂质碎屑流砂体整体上非均质性较弱，纵向上物性变化小，储层连通性较好，泥质含量低，原油在砂层顶部富集，表现为含油饱和度弱分异的特征(图9)。浊流砂体泥质含量较高，孔隙度及渗透率降低，含油饱和度随之降低。岩心二维核磁成像显示，原油在储层中以黏土束缚态(T2<1ms)、毛管束缚态(1ms<T2<8ms)及自由态(T2<8ms)赋存，岩性粗、孔隙度高的储层大孔隙相对更发育，原油易于充注其中，含油饱和度也更高。

3 延长组成藏模式

宁县-正宁地区延长组低渗透-致密油-页岩油连续成藏，其中长6、长7、长8为主力含油层系，围绕长7段优质烃源岩，发育上生下储、自生自储、下生上储三种成藏组合类型(图10)，具有距离源岩越远，油富集程度越低的特征。

延长组长7段发育自生自储型页岩油，区内长7段优质烃源岩分布稳定，生油能力强，与互层型砂质碎屑流、浊流砂体紧密接触，具有良好的源储配置关系。长7段烃源岩在晚侏罗世进入生烃门限，生烃强度在早白垩世晚期达到高峰，源岩生烃增压产生过剩压力是页岩油成藏的主要动力。具有优质源岩-微相-断裂-构造共同控藏特征，其中烃源岩控制油气分布范围，相带和断裂控制页岩油富集部位。楔形体前端近源充注：重力流砂体前端与长7底部优质烃源岩直接接触近源成藏；楔形体中末端自生自储、短距离运聚：长 7 段源储共生聚集成藏，构造高部位饱和度高；长 7 烃源岩通过断层、裂缝、不整合面与砂体沟通，构成复合输导体系，垂向运聚成藏。延长组下组合长 9、长 8 段以长 7 段油页岩为主力烃源岩，灰黑色泥岩次之，长 9 段暗色泥岩有一定程度的生烃贡献，主要发育上生下储源下型致密油，沟通优势源岩–有效储层的断裂及伴生的裂缝是致密油成藏的主控因素。长 6～长 2 段发育下生上储型低渗透–致密油，以长 7 段油页岩为主力烃源岩，由断裂–古剥蚀面–优势砂体组合的复合运移通道控制了构造–岩性油藏的形成与富集。

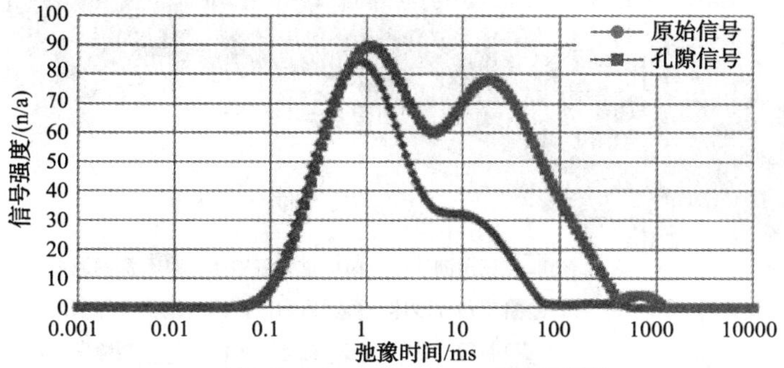

(a) L61-H712D井1566.49m一维核磁图谱

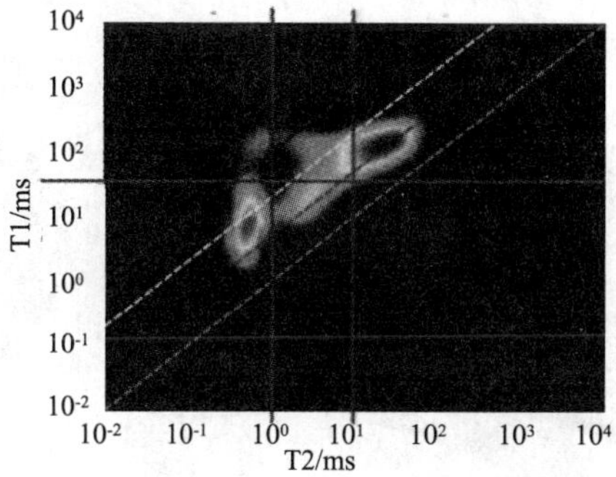

(b) L61-H712D井1566.49m二维核磁图谱

乐61-H712导综合测井曲线图

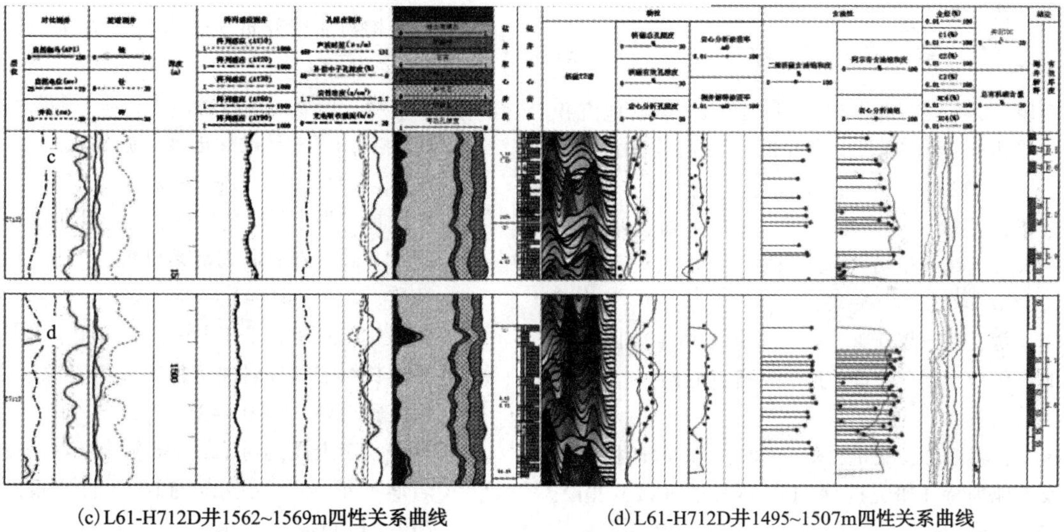

(c) L61-H712D井1562~1569m四性关系曲线　　(d) L61-H712D井1495~1507m四性关系曲线

图 9　长 7 段重力流储层含油性对比图

6　结论与认识

（1）按照等时对比原则对鄂尔多斯伊陕斜坡带西南缘宁县–正宁地区延长组地层结构进行了重新认识，建立了长 7–长 2 段地层“楔状发育、逐层进积”的地层发育模式，改变了以往平行沉积、等厚发育的传统认识。

（2）宁县–正宁地区延长组物源主要来自于秦岭造山带，向北东方向延伸。长 7 段各期楔形地层内顺物源方向以河流–三角洲–半深湖–深湖重力流积序列充填，具有“同期异相”特征，区内长 7 段主要发育砂质碎屑流及浊流重力流主要两种储层类型，横向变化快，储层非均质性强，总体属于低孔–特低孔超低渗致密储层。

（3）宁县–正宁地区延长组围绕长 7 段主力烃源岩，发育低渗透–致密油–页岩油，具有上生下储、自生自储、下生上储三种成藏组合类型，长 7 段发育自生自储页岩油，具有优质源岩–微相–断裂–构造共同控藏特征，其中烃源岩控制油气分布范围，优势相带和断裂控制页岩油富集部位。

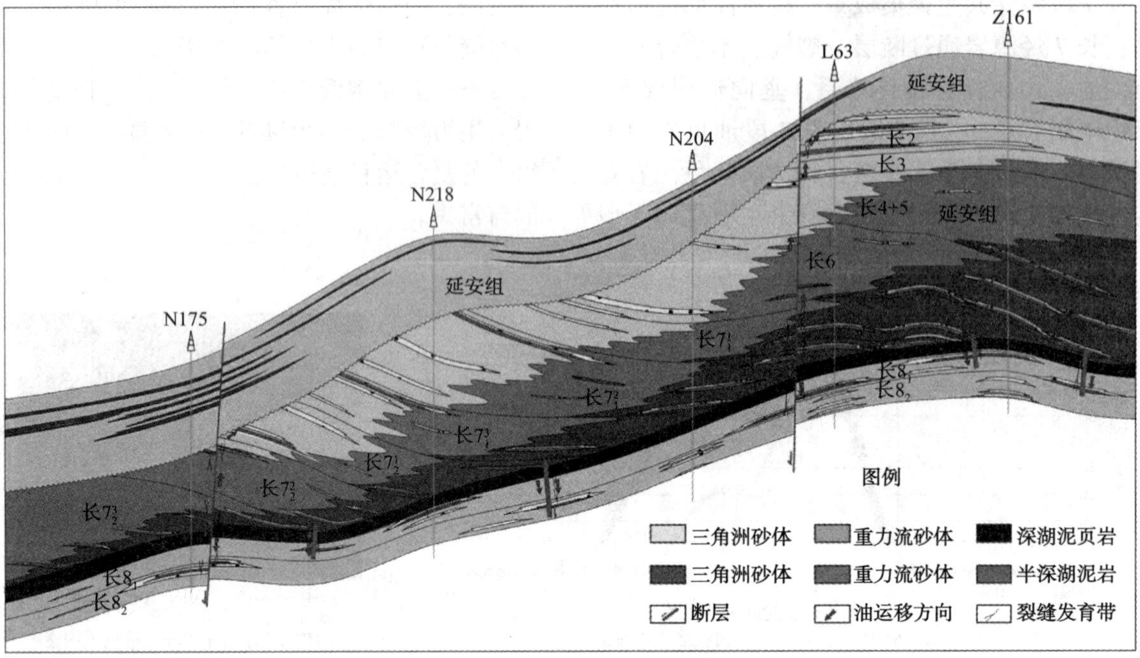

图 10　宁县-正宁地区延长组成藏模式图

参　考　文　献

[1] 郭艳琴，李文厚，郭彬程，等．鄂尔多斯盆地沉积体系与古地理演化[J]．古地理学报，2019，21(2)：293-320.

[2] 程立华，郭智，孟德伟，等．鄂尔多斯盆地低渗透—致密气藏储量分类及开发对策[J]．天然气工业，2020，40(3)：65-73.

[3] 杨华，席胜利，魏新善，等．鄂尔多斯多旋回叠合盆地演化与天然气富集[J]．中国石油勘探，2006，11(1)：17-24.

[4] 赵振宇，郭彦如，王艳，等．鄂尔多斯盆地构造演化及古地理特征研究进展[J]．特种油气藏，2012，19(5)：15-19.

[5] 陈瑞银，罗晓容，陈占坤，等．鄂尔多斯盆地中生代地层剥蚀量估算及其地质意义[J]．地质学报，2006，80(5)：685-693.

[6] 郭庆银，李子颖，于金水，等．鄂尔多斯盆地西缘中新生代构造演化与铀成矿作用[J]．铀矿地质，2010，26(3)：138-144.

[7] 雷振宇，张朝军．鄂尔多斯盆地含油气系统[J]．勘探家，1998，3(1)：11-15.

[8] 张才利，刘新社，杨亚娟，等．鄂尔多斯盆地长庆油田油气勘探历程与启示[J]．新疆石油地质，2021，42(3)：253-263.

[9] 杜金虎，李相博，包洪平，等．鄂尔多斯盆地中新元古界—下古生界天然气成藏地质条件及勘探新领域[J]．石油勘探与开发，2019，46(5)：820-835.

[10] 何登发．中国多旋回叠合沉积盆地的形成演化、地质结构与油气分布规律[J]．地学前缘，2022，29(6)：24-59.

[11] 何发岐，张宇，王付斌，等．鄂尔多斯盆地中国石化“十三五”油气勘探进展与新领域[J]．中国石油勘探，2022，27(5)：1-12.

[12] 李士祥，牛小兵，柳广弟，等．鄂尔多斯盆地延长组长 7 段页岩油形成富集机理[J]．石油与天然气地质，2020，41(4)：719-729.

[13] 付锁堂，姚泾利，李士祥，等．鄂尔多斯盆地中生界延长组陆相页岩油富集特征与资源潜力[J]．石油实验地质，2020，42(5)：698-710.

[14] 杨华，李士祥，刘显阳．鄂尔多斯盆地致密油、页岩油特征及资源潜力[J]．石油学报，2013，34(1)：1-11.

[15] 付金华，董国栋，周新平，等．鄂尔多斯盆地油气地质研究进展与勘探技术[J]．中国石油勘探，2021，26(3)：19-40.

[16] 杨华，梁晓伟，牛小兵，等．陆相致密油形成地质条件及富集主控因素：以鄂尔多斯盆地三叠系延长组长 7 段为例[J]．石油勘探与开发，2017，44(1)：12-20.

[17] 刘显阳，杨伟伟，李士祥，等．鄂尔多斯盆地延长组湖相页岩油赋存状态评价与定量表征[J]．天然气地球科学，2021，32(12)：1762-1769.

[18] 孙照通，辛红刚，吕成福，等．鄂尔多斯盆地长 7_3 亚段泥页岩型页岩油赋存状态与有机地球化学特征[J]．天然气地球科学，2022，33(8)：1304-1318.

[19] 肖玲，胡榕，韩永林，等．鄂尔多斯盆地新安边地

区长 7 页岩油储层孔隙结构特征[J]. 成都理工大学学报(自然科学版), 2022, 49(3): 284-293.

[20] 李士祥，周新平，郭芪恒，等. 鄂尔多斯盆地长 7_3 亚段页岩油可动烃资源量评价方法[J]. 天然气地球科学, 2021, 32(12): 1771-1784.

[21] 付金华，喻建，徐黎明，等. 鄂尔多斯盆地致密油勘探开发进展及规模富集可开发主控因素[J]. 中国石油勘探, 2015, 20(5): 9-19.

[22] 李建新，上官静雯，袁义东，等. 鄂尔多斯盆地延长组长 2 油藏成藏控制因素综述[J]. 石油地质与工程, 2019, 33(3): 38-43.

[23] 王卓，赵靖舟，孟选刚，等. 鄂尔多斯盆地东南部柴上塬区三叠系延长组长 6 致密油成藏主控因素及富集规律[J]. 石油实验地质, 2022, 44(2): 251-261.

[24] 白玉彬，罗静兰，王少飞，等. 鄂尔多斯盆地吴堡地区延长组长 8 致密砂岩油藏成藏主控因素[J]. 中国地质, 2013, 40(4): 1159-1168.

[25] 罗丽荣，张文正，吴凯，等. 鄂尔多斯盆地姬塬地区长 8 油源分析[J]. 延安大学学报(自然科学版), 2012, 31(3): 89-94.

[26] 马瑶，朱云龙，侯煜菲，等. 鄂尔多斯盆地陕北地区延长组长 9 深部层系油气成藏特征研究[J]. 非常规油气, 2018, 5(5): 1-7.

[27] 李相博，刘化清，陈启林，等. 大型坳陷湖盆沉积坡折带特征及其对砂体与油气的控制作用: 以鄂尔多斯盆地三叠系延长组为例 J]. 沉积学报, 2010, 28(4): 717-729.

[28] 惠潇，侯云超，喻建，等. 大型陆相坳陷湖盆深湖区前积型地震地层特征及砂体分布规律—鄂尔多斯盆地陇东地区延长组中段为例[J]. 沉积学报, 2022, 40(3): 787-800.

[29] 王西强，舒成龙，高雪，等. 对鄂尔多斯盆地三叠系延长组传统地层划分方案的反思—以姬塬油田罗 38 区、罗 211 区为例[J]. 大庆石油地质与开发, 2020, 39(6): 21-30.

[30] 冯雪，高胜利，刘永涛. 鄂尔多斯盆地延长组前积反射结构及地质意义[J]. 河北大学学报, 2022, 44(6): 25-32.

[31] 郭艳琴，惠磊，张秀能，等. 鄂尔多斯盆地三叠系延长组沉积体系特征及湖盆演化[J]. 西北大学学报(自然科学版), 2018, 48(4): 593-602.

[32] 王峰，田景春，范立勇，等. 鄂尔多斯盆地三叠系延长组沉积充填演化及其对印支构造运动的响应[J]. 天然气地球科学, 2010, 21(6): 882-889.

[33] 孙宁亮，钟建华，倪良田，等. 鄂尔多斯盆地南部上三叠统延长组物源分析及热演化[J]. 中国地质, 2019, 46(3): 537-556.

[34] 邓秀芹，蔺晓，刘显阳，等. 鄂尔多斯盆地三叠系延长组沉积演化及其与早印支运动关系的探讨[J]. 古地理学报, 2008, 10(2): 159-166.

[35] 李亚婷，吴小斌，刘江斌. 鄂尔多斯盆地延长组标志层特征及成因[J]. 内蒙古石油化工, 2018(5): 118-119.

[36] 邓胜徽，卢远征，罗忠，等. 鄂尔多斯盆地延长组的划分、时代及中-上三叠统界线[J]. 中国科学: 地球科学, 2018, 48(10): 1293-1311.

[37] 周桂芹. 鄂尔多斯盆地延长组中部层序地层格架及有利储层分布[J]. 油气地质与采收率, 2012, 19(2): 16-19.

[38] 吴志宇，赵虹，李文厚，等. 安塞地区延长组层序地层特征[J]. 天然气地球科学, 2005, 16(2): 190-193.

[39] 万天丰，朱鸿. 中国大陆及邻区中生代—新生代大地构造与环境变迁[J]. 现代地质, 2002, 16(2): 107-120.

[40] 包洪平，郭玮，刘刚，等. 鄂尔多斯地块南缘构造演化及其对盆地腹部的构造—沉积分异的效应[J]. 地质科学, 2020, 55(3): 703-725. PHam

[41] 孙建博，陈刚，章辉若，等. 鄂尔多斯盆地中新生代构造事件的峰值年龄及其沉积响应[J]. 西北地质, 2006, 39(3): 91-96.

[42] 李向平，陈刚，章辉若，等. 鄂尔多斯盆地中生代构造事件及其沉积响应特点[J]. 西安石油大学学报(自然科学版), 2006, 21(3): 1-4.

[43] 陈安清，陈洪德，侯明才，等. 鄂尔多斯盆地中-晚三叠世事件沉积对印支运动 I 幕的指示[J]. 地质学报, 2011, 85(10): 1681-1690.

[44] 王建强，刘池洋，李行，等. 鄂尔多斯盆地南部延长组长 7 段凝灰岩形成时代、物质来源及其意义[J]. 沉积学报, 2017, 35(4): 691-704.

[45] 曹佰迪，曹伟忠. 鄂尔多斯盆地中生代构造活动响应特征[J]. 内蒙古石油化工, 2012(5): 130-134.

[46] 魏斌，魏红红，陈全红，等. 鄂尔多斯盆地上三叠统延长组物源分析[J]. 西北大学学报(自然科学版), 2003, 33(4): 447-450.

[47] 张才利，高阿龙，刘哲，等. 鄂尔多斯盆地长 7 油层组沉积水体及古气候特征研究[J]. 天然气地球科学, 2011, 22(4): 582-587.

[48] 杨亚南，周世新，李靖，等. 鄂尔多斯盆地南缘延长组烃源岩地球化学特征及油源对比[J]. 天然气地球科学, 2017, 28(4): 550-565.

[49] 邱欣卫，刘池洋. 鄂尔多斯盆地延长期湖盆充填类型与优质烃源岩的发育[J]. 地球学报, 2014, 35(1): 101-110.

[50] 杨华，刘显阳，张才利，等. 鄂尔多斯盆地三叠系

延长组低渗透岩性油藏主控因素及其分布规律[J]. 岩性油气藏，2007，19(3)：1-6.

[51] 杨伟伟，柳广弟，刘显阳，等. 鄂尔多斯盆地陇东地区延长组低渗透砂岩油藏成藏机理与成藏模式[J]. 地学前缘，2013，20(2)：132-139.

[52] 任战利，李文厚，梁宇，等. 鄂尔多斯盆地东南部延长组致密油成藏条件及主控因素[J]. 石油与天然气地质，2014，35(2)：190-198.

[53] 付金华，郭雯，李士祥，等. 鄂尔多斯盆地长 7 段多类型页岩油特征及勘探潜力[J]. 天然气地球科学，2021，32(12)：1749-1761.

[54] 张婷，王克，罗安湘，等. 鄂尔多斯盆地三叠系延长组长 7 致密油成藏组合与模式[J]. 矿产勘查，2021，12(2)：295-302.

[55] 王永炜，李荣西，王震亮，等. 鄂尔多斯盆地南部延长组长 7 段致密油成藏条件与富集主控因素[J]. 西北大学学报（自然科学版），2019，49(1)：144-154.

[56] 李相博，刘显阳，周世新，等. 鄂尔多斯盆地延长组下组合油气来源及成藏模式[J]. 石油勘探与开发，2012，39(2)：172-180.

[57] 王香增，任来义，张丽霞，等. 鄂尔多斯盆地吴起定边地区延长组下组合油源对比研究[J]. 石油实验地质，2013，426-431.

[58] 张卫刚，陈刚，郭望，等. 鄂尔多斯盆地姬塬地区延长组下组合油源特征综合研究[J]. 西北地质，2020，53(4)：140-152.

泸州区块深层页岩气压裂技术研究与应用

邱　伟[1,2]　于　洋[1,2]　肖　兵[1,2]　赵凯灵[1,2]　卢战区[1,2]

（1. 中石化中原石油工程有限公司井下特种作业公司；2. 中石化石油工程压裂酸化技术中心）

摘　要　川南泸州区块页岩气田埋深 3600～4200m，优质页岩储层厚度 35～40m，孔隙度为 4.5%～5.9%、TOC 为 2.5%～5.7%、含气量为 4.8～8.1m^3/t、地层压力系数为 1.2～1.5。通过测井解释及岩心分析表明，泸州区块深层页岩脆性矿物及力学脆性指数较高，但两向水平应力差值大，在 12～14MPa 之间，难以形成复杂体积缝网；天然裂缝带和断层发育，易引起套管变形。针对以上压裂难点形成的“密切割+暂堵转向+伴注纤维+连续高强度加砂、适度控制规模”工艺成功于泸 203H76 平台 4 口井，压后测试产量在 16.8～25.6 万方/日，效果显著。

关键词　泸州区块；深层页岩气；体积压裂；密切割分段；暂堵转向

Research and application of deep shale gas fracturing technology in Luzhou area

Qiuwei[1,2]　Yu Yang[1,2]　Xiao Bing[1,2]　Zhao Kailing[1,2]　Lu Zhanqu [1,2]

(1. DownHole Special Operation Company of Sinopec Zhongyong Oilfied Service Corporation;
2. Sinopec petroleum engineering fracturing and acidizing technology center)

Abstract　The shale gas field in the Luzhou area of southern Sichuan is buried at a depth of 3600～4200m, with a thickness of 35～40m, a porosity of 4.5%～5.9%, a TOC of 2.5%～5.7%, a gas content of 4.8～8.1m^3/t, and a formation pressure coefficient of 1.2～1.5. Log interpretation and core analysis show that the brittle minerals and mechanical brittleness index of deep shale in Luzhou area are high, but the difference of two－dimensional horizontal stress is large, and it is difficult to form complex volumetric fracture network between 12 and 14 MPa Natural fracture zones and faults are well developed, which are easy to cause casing deformation. The process of “Close cutting + temporary plugging and steering + fiber injection + continuous high－strength sand addition, moderate scale control” was successfully applied to four wells in name of a river 203H76 platform, the output after pressing test is 468000 and 356000 cubic meters per day, and the effect is remarkable.

Key wordst　Luzhou area, deep shale gas, volumetric fracturing, tight segmentation, temporary plugging and deflecting

四川盆地海相地层五峰–龙马溪组页岩气资源量巨大，近几年来，逐渐建设了涪陵、长宁–威远、昭通等国家级页岩气开发示范区，实现了埋深介于 2500～3500m 页岩气的商业化开采，但 3500m 以深的丁山、威远、永川、泸州等深层页岩气田，由于其埋深导致压裂施工难度及成本远大于浅层页岩气，使得深层页岩气还未实现大规模效益开发。

川南泸州区块前期壳牌公司累计完成 12 口水平井压裂施工，测试产量 1.7～23 万方/天，平均 10.43 万方，单井压后产量差异较大，压后产量递减快。主要因地质条件复杂，水平应力差异大、施工泵压高、缝宽窄等原因，导致加砂困难，压裂后的裂缝复杂程度和改造体积有限，压后产气量低，并且衰减快、长期稳产难。为此，针对该区块改造难点，以提高裂缝复杂性、导流能力和预防套变为思路，配套针对性体积压裂工艺技术措施，在4口井中成功应用，实现了突破，为泸州区块深层页岩气田的开发打下了坚实的技术基础。

1　工程地质特征

1.1　物性及含气性分析

川南泸州区块深层页岩气目的储层位于龙马溪组-五峰组地层，埋深3600~4200m，其中五峰组-龙马溪组一段1~4小层储层厚度大，其中Ⅰ+Ⅱ类储层厚度为35~40m，岩性主要为黑色泥页岩、灰黑色碳质泥页岩。测井解释孔隙度为4.5%~5.9%之间，平均4.9%；有机碳含量为2.5%~5.7%，平均3.5%；总含气量4.8~8.1m^3/t，平均6.7m^3/t，底部含气量明显高于中上部。表明该区域良好的资源前景，具备较大的勘探开发潜力。

1.2　岩石矿物分析

采用全岩矿物X射线衍射对龙马溪组-五峰组目的层取心岩石进行分析，优质页岩层段马溪组-五峰组一段石英矿物含量47.9%~61.3%，平均56.4%；碳酸盐岩矿物含量10.6%~17.9%，平均13.8%；黏土矿物含量11.2%~26.0%，平均18.4%。整体脆性矿物含量较高，介于72%~88%，而且自上到下(龙马溪组-五峰组一段一亚段到四亚段)黏土含量逐渐降低，脆性矿物逐渐上升，见表1。

1.3　力学特征分析

对目的层取心并进行杨氏模量、泊松比及三轴应力测试，结果表明，优质页岩龙马溪组一段1~4号亚层杨氏模量40.1~45.7GPa，泊松比0.20~0.22；最小水平主应力约为90.1~91.7MPa，最大水平主应力约为103.0~103.9MPa，水平主应力差为12.0~12.9MPa，差异系数0.14。由于其最小水平主应力绝对值就高达90MPa，再加上压裂时需要形成较高净压力条件下，天然裂缝较大程度的开启，说明该深层页岩气施工难度及形成复杂裂缝的难度极大(表2)。

表1　泸203区块深层页岩矿物组成

层位	石英/%	碳酸盐岩/%	黏土/%	脆性矿物/%
龙一$_1^4$	47.9	14.5	26.0	72.5
龙一$_1^3$	53.6	10.6	23.9	74.1
龙一$_1^2$	59.8	16.5	13.6	84.5
龙一$_1^1$	61.3	17.9	11.2	88.4

表2　泸203区块深层页岩力学特征

层位	杨氏模量/GPa	泊松比	最大主应力/MPa	最小主应力/MPa	垂向应力/MPa	破裂压力/MPa	脆性指数(不含碳酸盐岩)/%
龙一$_1^1$	45.2	0.21	103.9	91.0	97.2	105.0	52.5
龙一$_1^2$	45.7	0.20	103.0	90.1	97.2	103.4	54.7
龙一$_1^3$	40.1	0.22	104.6	91.7	97.5	100.2	47.8
龙一$_1^4$	42.1	0.20	103.8	90.8	97.8	104.7	51.7

1.4　裂缝发育特征分析

通过对蚂蚁体裂缝解释分析，泸203H76-1井1691m水平井段中钻遇6个与井筒呈大角度相交的裂缝带，共计长度280m,；而且水平段在钻进过程中分别于4714m(第2、3段分段界面)、5506m(第14、15段分段界面)等2处钻遇断距为10m、8.8m的断层，说明泸州区块深层页岩天然裂缝、断层相对发育(图1)。

2　压裂改造的难点及技术对策

2.1　压裂改造难点

(1)储层水平两向应力差异较大，形成复杂缝网难度较大。水平主应力差为12.0~12.9MPa，差异系数0.14，在较高的裂缝延伸下，再进一步提高较高的施工净压力很难，会导致天然裂缝开启难，裂缝的复杂程度低。

(2)泸州区块深层页岩储层埋藏深(3500~

4500m)，具“三高一变”储层特性：高破裂压力，高停泵压力，高闭合压力，页岩塑性变强。由此将导致施工压力高，压裂缝宽小，加砂难度大。如阳 101H1-2 井前七段压裂过程中出现多次砂堵，地层对砂比敏感，整个加砂砂比较低(综合砂液比小于 3.0%)，加砂量偏低(单段砂量仅为 40~60m^3)，难以获得较高的导流能力。

(3) 易发生套管变形的风险，会严重耽误工期，减少压裂改造段数，影响产能。初步统计表明，套管变形及破损问题在泸州区块较为普遍，已进行压裂施工的井中，发生明显套管变形的井有 47 口，套管变形率为 78.5%，如何预防在压裂施工中套管变形是亟待解决的问题。

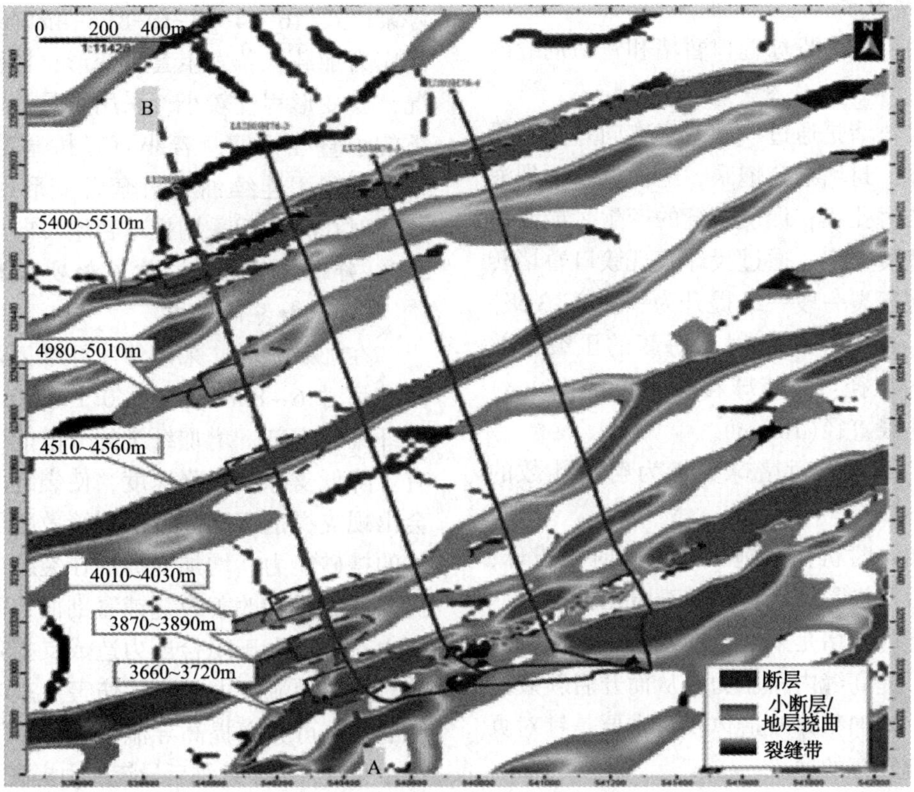

图 1　泸 203H76-1 井多级裂缝预测

2.2　技术对策

针对前述压裂改造面临的难点，并借鉴国内外页岩气水平井的压裂经验和最新发展趋势，以提高裂缝的复杂性和增大裂缝导流能力为核心目标。通过采用“密切割分段分簇+暂堵转向”等技术来提高裂缝的复杂性，采用低砂比连续加砂增加加砂强度，提高裂缝导流能力，提升压裂改造效果。具体为：

(1) 加强地质和工程甜点结合优化分段分簇和射孔参数，采用“密切割分段分簇+暂堵转向”压裂工艺；并采用投球缝口暂堵+暂堵剂缝内暂堵复合转向工艺，保障各段簇的充分改造。

(2) 采用多粒径支撑剂适当增加小粒径支撑剂用量，保障分支缝的有效支撑；并伴注纤维，降低支撑剂沉降速度，提高压裂液携砂能力，采用低砂比连续加砂模式，尽量提高加砂强度至 2.0~2.5m^3/m。

(3) 优化压裂液体系，采用变黏度滑溜水体系，其中，施工前期采用低粘滑溜水，尽可能的沟通天然裂缝，后期采用高粘滑溜水，提高压裂液的携砂能力以保障。

3　压裂工艺优化设计

3.1　超高压装备配套、大排量施工

为了克服较大的水平主应力差形成复杂裂缝，须采用大排量施工以提高裂缝内净压力。在泸 203H76 平台采用 140MPa 的套管、压裂井口及大功率电动压裂泵车(60000HHP)，施工限压达到 120MPa、施工排量达到 16~18m^3/min (图 2)。

图 2　泸 203H76 平台 140MPa 压裂施工现场

3.2　暂堵转向技术

暂堵转向可分为投球缝口暂堵和暂堵剂缝内暂堵。

投球缝口暂堵是通过一次或多次向井段内投送可溶性堵球，封堵射孔炮眼，迫使后续压裂液进入未压开的射孔簇，促使新缝的产生，最终提高改造段的缝覆盖率。通过投球实现簇口暂堵转向压裂，并将压裂一段一级提升为一段 2~3 级。均匀改造每条裂缝，提高射孔每簇的压裂有效率。暂堵球的粒径：暂堵球粒径(13.5~15mm)稍大于射孔孔眼直径(10mm)。

暂堵球的数量：暂堵球数量为射孔孔数的 50%~60%。

暂堵球加入时机：在施工的中间时段投球，促使投球前后两级裂缝均有效及充分延伸。

暂堵剂缝内暂堵是采取添加暂堵剂颗粒对缝内进行暂堵，提高缝内净压力，从而开启新裂缝或转向裂缝，增加整体改造体积，主要是针对页岩气天然裂缝发育的井段。

暂堵剂颗粒粒径：0.212~0.425mm、2~3mm。暂堵剂的数量：300~400kg。

暂堵剂加入时机：在施工的中间时段加入，促使加入前后两级裂缝均有效及充分延伸。

3.3　分段分簇射孔优化

一般射孔位置的优选原则有：

(1) 优选脆性高、含气量高、破裂压力低的甜点取进行射孔；

(2) 将物性参数、地应力差异小、固井质量相当的井段划为一段进行压裂改造；

(3) 对地质评价较好的井段，适当减少段间距，加密段数，增加改造规模。在射孔参数优化方面，可增加射孔簇数(每段射孔簇数由 2~3 簇/段增加到 5~8 簇/段)、缩短簇间距(由 20~35m 缩短至 10~15m)、减小单簇射孔长度(由 1~2m/簇减至 0.3~0.6m/簇)，利用簇间干扰，集中液体能量，提高多簇射孔孔眼开启率，提高裂缝的复杂程度。而且造针对深层页岩气应力差异大，不利于缝网形成的客观条件下，可增加裂缝条数，同样提升改造体积。

3.4　防套变施工对策

易诱发套变井段(蚂蚁体裂缝追踪显示裂缝相对发育)控制施工规模和施工排量，如在裂缝带上，施工排量控制在 10~12m^3/min，施工规模控制在 600~800m^3液+5~-60m^3砂。采用阶梯降排量停泵模式(16-14-12-10-8-6-4m^3/min)，缓解局部应力加载；若发生套管变形，根据套管变形情况，若变形程度较小，采用满足该地层温度条件下的小直径桥塞，若小直径桥塞都无法正常下入，则利用连续油管对套管变形影响段进行射孔，射孔完毕后采用投球暂堵转向压裂。

3.5　纤维伴注加砂，降低加砂难度，增加改造体积和导流能力

在加砂阶段，采用伴注纤维工艺技术，加入纤维尺寸 6~8mm，浓度 0.1%~0.2%，同时注入纤维稳定剂，增加纤维的分散能力，主要作用有：降低支撑剂沉降速度，使裂缝闭合过程中不会出现支撑剂沉降导致的裂缝效率下降；具有很好的携砂能力，增加支撑剂在裂缝内的填充宽度提高加砂量和改善裂缝铺置剖面，确保裂缝导流能力；降低由于闭合压力造成支撑剂破碎、嵌入等对裂缝导流能力带来的伤害。室内实验证明纤维的加入可大幅提高导流能力，在闭合压力 60~80MPa 时，加了纤维后导流能力提高了 40%~60%。

4　压裂施工参数优化设计

4.1　裂缝参数优化

(1) 缝长优化

采用 Meyer 压裂软件，输入地质参数，模拟了裂缝半长 220m、240m、260m、280m、300m 时累计产气，模拟结果发现(图 3)，累计产气量随裂缝半长增加而增大。当裂缝半长大于 280m 时累计产量增长速度减缓，综合考虑最优裂缝半长为 280m 左右。

(2) 裂缝导流能力优化

在设定裂缝半长为 280m 时，模拟了裂缝导流能力 2D · cm、4D · cm、6D · cm、8D · cm、10D · cm 时累计产气，模拟结果发现(图 4)，累计产气量随裂缝导流能力增加而增大。当导流能力大于 6D · cm 时累计产量增长速度减缓，综合考虑最优裂缝导流能力为 6D · cm 左右。

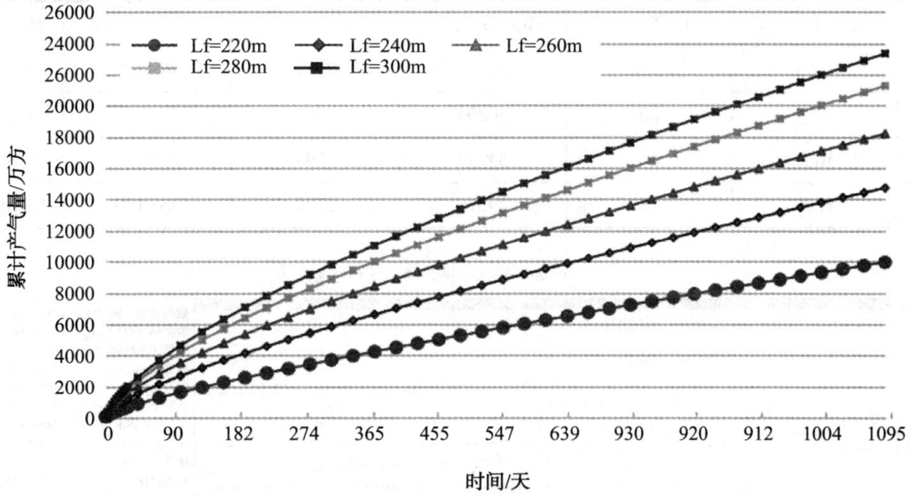

图 3　不同裂缝半长对累计产气量的影响图

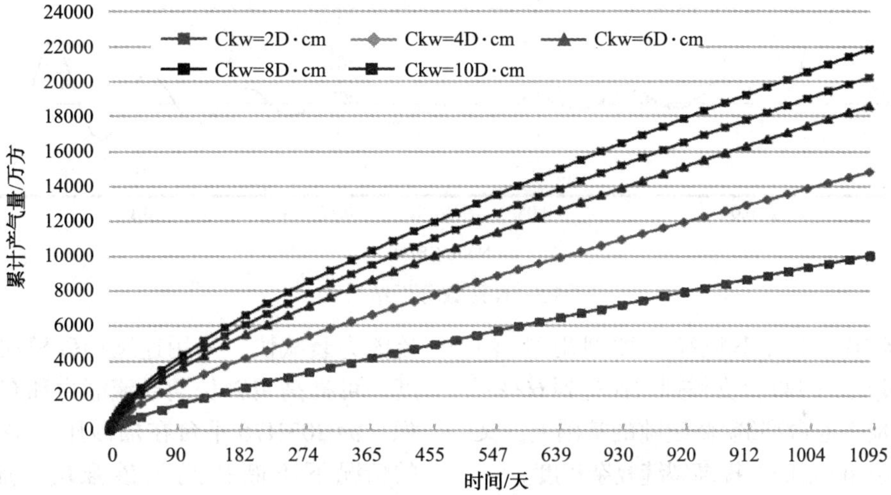

图 4　不同裂缝导流能力对累计产气量的影响图

4.2　施工参数优化

（1）规模优化

采用 Meyer 压裂软件模拟不同施工液量为 $1200m^3$、$1400m^3$、$1600m^3$、$1800m^3$、$2000m^3$ 时裂缝半长，结果表面，随着施工规模的增加，裂缝半长不断增加，但增加的趋势逐渐减缓，当注入液量为 $1600m^3$ 时，裂缝半长为 285m，满足最优裂缝半长的要求。综合考虑单段压裂最优液量为 $1600m^3$ 左右。

（2）加砂量优化

采用 Meyer 压裂软件模拟不同支撑剂规模 $60m^3$（平均砂比 2.7%）、$80m^3$（平均砂比 3.7%）、$100m^3$（平均砂比 4.5%）、$120m^3$（平均砂比 5.4%）、$140m^3$（平均砂比 6.3%）时裂缝的导流能力，当支撑剂规模 $100m^3$～$120m^3$ 时，裂缝导流能力在 5.7～7.16D·cm，即能获得最优支撑剂导流能力。

5　现场应用

5.1　现场应用总体情况

在川南泸州区块深层页岩气泸 203H76 平台 4 口井进行应用，共计压裂 86，施工成功率 100%，无套变发生。单井最大注入液量 $34797m^3$，单井最大加砂量 3294t，压后测试产量 16.8～25.6 万方/日，有利推动泸州区块深层页岩气高效开发（表 3）。

5.2　压后效果评价分析

（1）采用多段多簇密切割，缩短缝间距，裂缝越密集，越有利于提高裂缝渗流面积，实现“全”可采，不留死区。泸 203H76 平台的簇间距较常规的 25～30m 缩短至 12～20m，应用 G 函数分析两井多裂缝特征明显（图 5）。

表 3　泸 203H76 平台页岩气井压裂测试参数表

井号	压裂水平段长/m	压裂段数	注入液量/m^3	加砂量/t	施工压力/MPa	测试产量/($10^4m^3/d$)
泸 203H76-1	1463	22	32796	3217	90-100	16.8(套压 23.2MPa)
泸 203H76-2	1324	20	30204	3066	85-100	25.6(套压 28.5MPa)
泸 203H76-3	1653	26	34797	3294	85-100	23.6(套压 26.5MPa)
泸 203H76-4	1266	18	29616	2690	85-100	15.6(套压 21.2MPa)

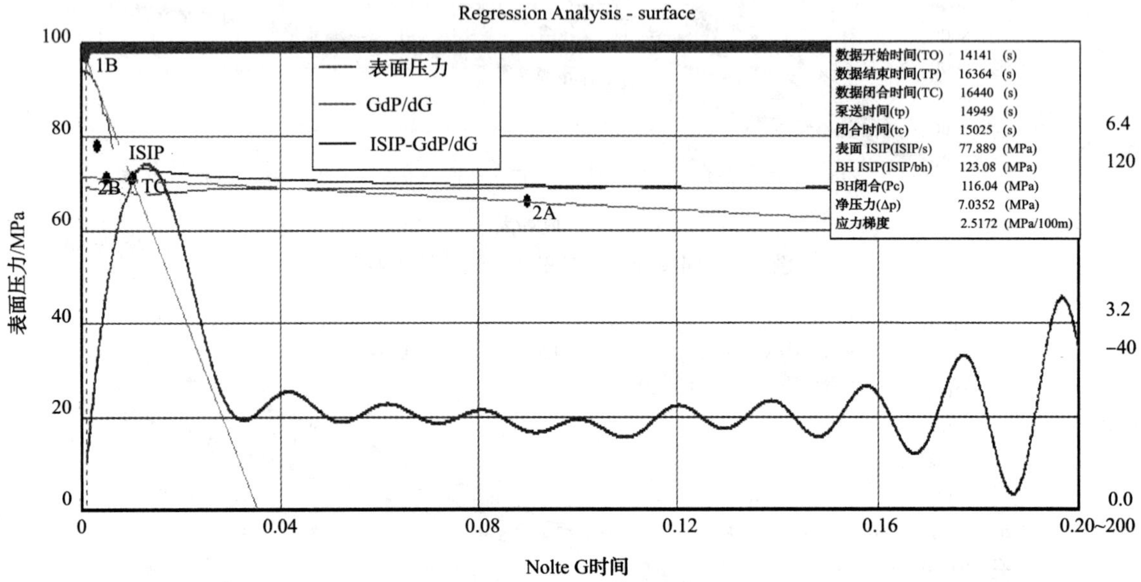

图 5　G 函数分析结果图

(2) 提高 70/140 目小粒径支撑剂用量(泸 203H76 平台井使用 70/140 目支撑剂占比达到 60%~70%)，在更好地沟通微裂缝/微裂隙的基础上，又能够起到缝内转向的目的，提高裂缝复杂程度。

(3) 深层页岩气层闭合应力大，裂缝长期导流能力衰减快，采用连续加砂模式，增加加砂强度，可提高裂缝长期导流能力和有效支撑裂缝体积。泸 203H76 平台在加砂压力平稳，加砂顺畅的情况下不断提高加砂强度，加砂强度达到 2.5~3.0t/m，为压后的高产奠定了基础(图 6)。

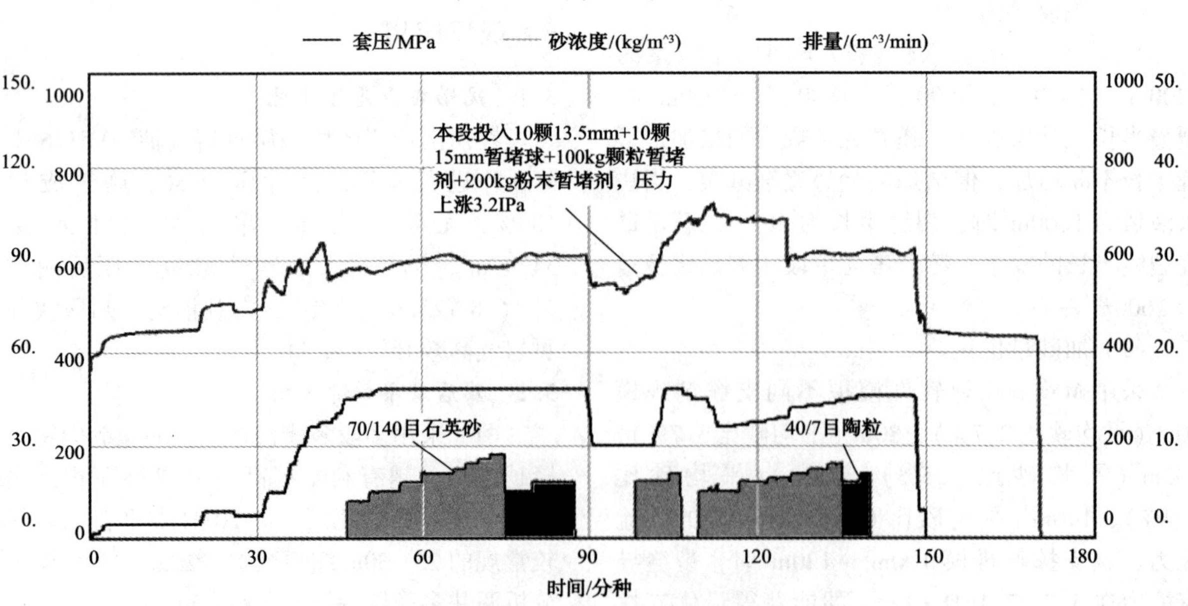

图 6　泸 203H76-3 井第 4 段施工曲线

(4) 采取加入暂堵球、暂堵剂转向技术，促使形成复杂缝网，确保储层有效改造体积。阳101H1-2井第5段压裂裂缝监测可知，暂堵前事件点集中在井筒西侧连续响应，添加暂堵剂后，微地震事件点集中在井筒东侧响应，暂堵效果明显(图7)。

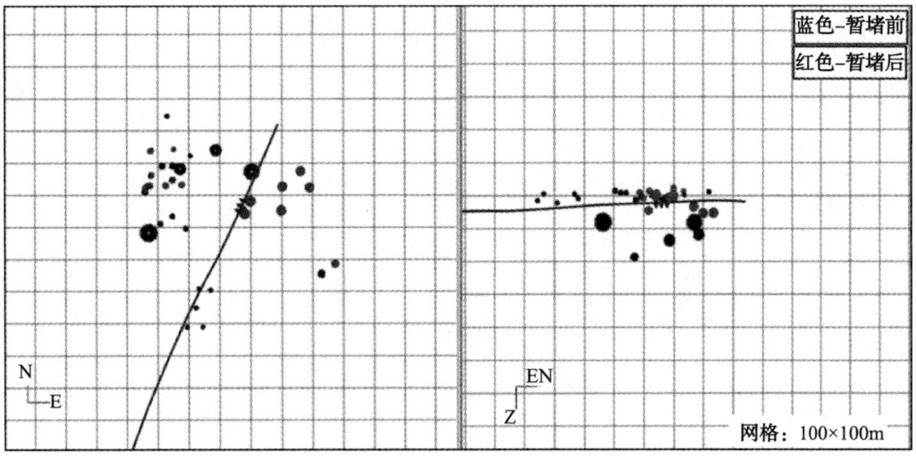

图7 泸203H76-3井第4段微地震检测图

6 结论与认识

(1) 泸州区块深层页岩气气藏物性、含气量、脆性矿物含量中等偏上，可压性较好。但其埋藏深、地应力高、水平主应力差异大、天然裂缝发育一般，裂缝起裂及延伸压力高，导致施工泵压高，加砂困难，难以形成复杂缝网。

(2) 针对泸州区块深层页岩气井压裂改造的难点，形成了“多段多簇密切割+高强度长段塞连续加砂+暂堵转向、大排量、大液量”主体压裂工艺”，以增加裂缝的改造体积和导流能力。

(3) 该压裂工艺在目标区块4口页岩井得到成功应用，压后测试均得到高产工业气流，为泸州区块深层页岩气大规模商业开发提供技术支撑。

参 考 文 献

[1] 张相权．川东南地区深层页岩气水平井压裂改造实践与认识[J]．钻采工艺，2019，42(5)：124-126.

[2] 林永茂，王兴文，刘斌．威荣深层页岩气体积压裂工艺研究及应用[J]．钻采工艺，2019，42(4)：67-69.

[3] 曾义金，陈作，卞晓冰．川东南深层页岩气分段压裂技术突破与认识[J]．天然气工业，2016(1)：6-11.

[4] 蒋学庭，卞晓冰，王海涛，等．深层页岩气水平井体积压裂技术[J]．天然气工业，2017(1)：90-96.

[5] 陆程，刘雄，程敏华，李兵．页岩气体积压裂水平井产能影响因素研究[J]．特种油气藏，2014，21(4)：108-112.

[6] 王海涛，蒋廷学，卞晓冰，段华．深层页岩压裂工艺优化与现场试验[J]．石油钻探技术，2016，44(2)：76-81.

[7] 陆程，刘雄，程敏华，李兵．页岩气体积压裂水平井产能影响因素研究[J]．特种油气藏，2014，21(4)：108-112.

[8] 纪国法，张公社，许冬进，等．页岩气体积压裂支撑裂缝长期导流能力研究现状与展望[J]．科技技术与工程，2016，16(14)：78-88.

[9] 任岚，林然，赵金洲，吴雷泽．基于最优SRV的页岩气水平井压裂簇间距优化设计[J]．天然气工业，2017，37(4)：69-79.

[10] 周健，蒋廷学．四川页岩压裂裂缝扩展实验及力学特性研究[J]．中国科学：物理学力学天文学，2017(11)：153-160.

第四篇　深层超深层油气勘探技术篇

Chapter Ⅳ　Deep and ultra-deep oil and gas exploration technologies

深层超深层已成为中国当前及未来重要的油气增储上产领域之一。近年来，在塔里木盆地、四川盆地等深层超深层取得了一系列油气勘探发现，展示出良好的油气勘探前景。本篇收录了大量有关中国近期深层超深层油气勘探研究与勘探实践进展的优秀论文，包括深层超深层油气藏形成地质条件、优质规模储层发育机制、油气成藏主控因素与资源潜力、新区新领域地质评价和油气勘探重大发现，以及深层超深层地震勘探、复杂岩性流体测井识别等，对推动中国深层超深层油气勘探具有重要指导意义。

Deep and ultra-deep reservoirs have become an important area for increasing oil and gas reserves and production in China at present and in the future. In recent years, a series of oil and gas exploration discoveries have been made the Tarim Basin, Sichuan Basin and other deep and ultra-deep reservoirs, demonstrating good prospects for oil and gas exploration. This chapter contains many excellent papers on the recent progress of deep and ultra-deep oil and gas exploration researches and practices in China, including the geological conditions for the formation of deep and ultra-deep reservoirs, the development mechanism of large-scale high-quality reservoirs, the main controlling factors and resource potential of oil and gas accumulation, the geological evaluation of new zones and new fields, and major discoveries in oil and gas exploration, as well as deep and ultra-deep seismic prospecting, and identification of complex lithologies and fluids by well logging, which are of great guiding significance for promoting deep and ultra-deep oil and gas exploration in China.

含沥青储层测井评价及油气地质意义
——以滨里海盆地石炭系 K 油藏为例

窦立荣[1,2] 侯 珏[1] 赵 伦[1] 朱向东[2] 吕明胜[2] 赵海燕[2] 王进财[1] 曾 行[1]

（1. 中国石油勘探开发研究院；2. 中国石油国际勘探开发有限公司）

摘 要 滨里海盆地石炭系 K 油藏储层中广泛发育着天然沥青，沥青作为一种高密度差流动性的烃类，充填在储层的孔隙和喉道、影响着储层物性及产能，导致了储层测井解释孔隙度出现误差，并且，沥青的分布及成因与古油藏密切相关，甚至控制着油气的运移和聚集，因此，沥青的识别表征成为该油藏储层评价中不可缺少的一个方面。然而，沥青的常规测井响应特征与油气类似，沥青的测井评价一直都是困扰油气行业的难题。本文创新性地提出一种适用范围广、识别精度高的储层中沥青识别计算方法，对 K 油藏储层中沥青进行精细表征：深度分析含沥青储层测井响应机理，利用中子、密度重叠法构建出沥青识别指数 N_Bitumen，以对含沥青储层精细定性识别，认为 N_Bitumen>0.007 的储层中含有沥青，识别符合率达到 93.7%；在含沥青储层定性识别的基础上，建立含沥青储层测井响应体积模型，根据岩石物理试验测定结果赋予沥青特定的测井响应值，精确定量反演计算出储层中沥青含量，单井的孔隙度测井解释精度提高了 19.1%；基于单井沥青测井解释成果，总结沥青主要富集在孤立碳酸盐岩台地边缘的分布规律，结合油藏的沉积、构造、成藏模式，分析出沥青是由古油藏裂解而形成的成因机制，并大胆猜想古油藏向深层运移的可能性，对滨里海盆地明确深层-超深层油气勘探目标具有重要的指示意义。

关键词 沥青；测井评价；古油藏；碳酸盐岩台地；滨里海盆地

Geological significance of bitumen-bearing reservoirs' logging evaluation

Dou Lirong[1,2] Hou Jue[1] Zhao Lun[1] Zhu Xiangdong[2] Lv Mingsheng[2] Zhao Haiyan[2] Wang Jincai[1] Zeng Xing[1]

(1. Research Institute of Petroleum Exploration and Development, PetroChina;
2. China National Oil and Gas Exploration and Production Company)

Abstract Bitumen is widely developed in the Carboniferous K reservoir of Pre-Caspian Basin. As a kind of hydrocarbon with high density and poor fluidity, bitumen is filled in the pores and throats of the reservoir, affecting the physical properties and productivity of the reservoir, resulting in errors in the porosity of the reservoir logging interpretation. Moreover, the distribution and genesis of bitumen are closely related to the paleo-oil reservoir, and even control the migration and accumulation of oil and gas. Therefore, the identification and characterization of bitumen has become an indispensable aspect in the reservoir evaluation. However, the conventional logging response characteristics of bitumen are similar to those of oil and gas, and the logging evaluation of bitumen has always been a difficult problem in the oil and gas industry. In this paper, an innovative method for the identification of bitumen in reservoirs with wide application range and high identification accuracy is proposed, and the bitumen in K reservoir reservoir is finely characterized. The logging response mechanism of bitumen reservoir is analyzed in depth, and the bitumen identification index N_Bitumen is constructed by neutron and density overlap method to identify the bitumen reservoir. It is considered that the reservoir with N_Bitumen > 0.007 contains bitumen, and the recognition coincidence rate is 93.7 %. On the basis of qualitative identification of bitumen reservoir, the logging response volume model of bitumen reservoir is established. According to the results of rock physics test, the specific logging response value of bitumen is given, and the bitumen content in the reservoir is calculated by accurate quantitative inversion. The porosity logging interpretation accuracy of single well is improved by 19. 1 %. Based on the results of single well bitumen logging interpretation, the distribution law of bitumen mainly enriched in the edge of isolated carbonate platform is summarized. Combined with the deposition, structure and accumulation mode of oil reservoirs, the genetic mechanism of bitumen formed by the cracking of ancient oil reservoirs is analyzed, and the possibility of migration of ancient oil reservoirs to deep layers is boldly guessed, which has important guiding significance for the identification of deep-ultra-deep oil and gas exploration targets in Pre-Caspian Basin.

Key wordst Bitumen; well logging interpretation; paleo-oil reservoir; cabonate; Pre-Caspian Basin

天然沥青广泛发育在含油气储层中，世界上很多油气田都发现大量沥青富集在储层中的现象，储层中的固体沥青很长时间被石油工作者所忽略，随着石油勘探开发深入，人们逐渐认识到了储层中固体沥青的重要性。由于沥青的存在使利用常规测井解释方法计算出的孔隙度大于岩心分析孔隙度，导致我们对储层物性认识出现偏差，进而引起测井解释结论错误、油气田储量计算不准确等问题。赖强等等利用测井响应数据绘制纵波时差与电阻率交会图，利用沥青段电阻率升高这一性质，拟合得到富含沥青段和不含沥青层段分界线，但测井响应电阻率受储层孔隙类型、含油气饱和度等因素影响较大，该方法并未能做到控制单一变量，不具有说服力。王建强等认为横波时差测井曲线受储层中沥青影响较小，通过拟合横波时差测井曲线与岩心分析孔隙度的关系式计算无沥青孔隙度，经尝试该方法在一些油田含沥青储层评价效果不佳，不具备可行性。冀昆等等利用核磁共振有效孔隙度基本不受沥青影响这一性质，采用核磁共振测井孔隙度反映真实孔隙度，核磁共振测井方法可以真实地反映含沥青储层孔隙度，但核磁共振测井不属于常规测井，很多老井和开发井无该测井项目，并且核磁共振测井项目成本高、处理解释价格昂贵，不具备实用性。宋泽章等将沥青作为基质的一部分，并赋予沥青以电阻率等特定的测井响应值，对电阻率等测井曲线进行反演重构，得到储层中沥青的含量。但实际上沥青和骨架矿物均不导电，地层的导电能力是由于岩石孔隙中自由水和束缚水并联导电的结果，以上方法显然不符合实际岩石物理认识。此外，沥青的分布还与古油藏或现今的油藏密切相关，在很多情况下，甚至控制着油气的富集与分布。本文鉴于 K 油藏实际资料情况，对可行的储层沥青识别评价方法进行试验，建立一套高精度、合理可信的含沥青储层的有效识别和评价方法为储层测井物性解释、油气田储量计算和油气田开发方案优化等奠定了重要的基础。并且基于沥青测井解释成果，总结了沥青的分布规律，据此推测出古油藏向深层运移的可能性，坚定了滨里海盆地走向深层-超深层油气勘探的信心。

1　区域地质概况

滨里海盆地蕴藏着丰富油气资源，至今已在盆地二叠系盐层下部发现了阿斯特拉罕、K 油藏、田吉兹、肯基亚克和等一系列大型、特大型碳酸盐岩油气田。K 油藏位于滨里海盆地南缘里海东北部水域，为具有统一油水界面带边底水的大型整装碳酸盐岩油藏，钻井揭示的目的层为石炭系碳酸盐岩储层，自上而下包括巴什基尔阶、谢尔普霍夫阶、上维宪亚阶，油层埋深 3900~5900m。基于岩心及薄片定量统计结果，储层岩性按照邓汉姆的分类规则可分为颗粒灰岩、泥粒灰岩、粒泥灰岩以及泥晶灰岩 4 种类型，据此分析岩石组构类型、古生物类型、矿物成分在纵向上的变化规律，及与沉积相带的匹配关系，识别出 K 油藏石炭系碳酸盐岩主要发育 6 种沉积相类型，包括台地边缘的生物礁和台缘滩以及台内的滩间、台内滩、生物丘和潟湖环境，通过对沉积相类型的组合特征分析，认为 K 油藏自西向东发育盆地-斜坡-台地边缘-台内-台地边缘-斜坡-盆地的孤立碳酸盐岩台地沉积模式(图 1)。

2　含沥青储层典型特征

在进行 K 油藏的测井解释过程中，发现部分井段岩心分析孔隙度与测井解释孔隙度不匹配的现象：该油藏采用中子-密度孔隙度交会模型处理该层的孔隙度，在 4270~4291m，测井解释孔隙度很好地吻合岩心分析孔隙度，而在 4291~4295m，测井解释孔隙度明显大于岩心分析孔隙度[图 2(a)]。筛选出该井段在 4292. 7m 的镜下薄片照片，该薄片属于面孔率小于 5%的致密储层段，孔隙类型以原生的粒间孔为主，大部分孔隙被暗色沥青充填，沥青充填部分孔隙约占全孔隙的 60%[图 2(b)]。根据含沥青的薄片找到含沥青岩心，利用沥青作为烃类有机物质在紫外光照射下会发出特有荧光的特性，对该井段的岩心进行紫外光照射，可以观察到含沥青岩心在紫外光照射下显示出亮色荧光，呈现出一个个亮色光斑，且沥青的发光强度小于石油的发光强度，图中 3 种颜色图例由明到暗分别为石油、沥青和岩石骨架的荧光显示(图 2c)。

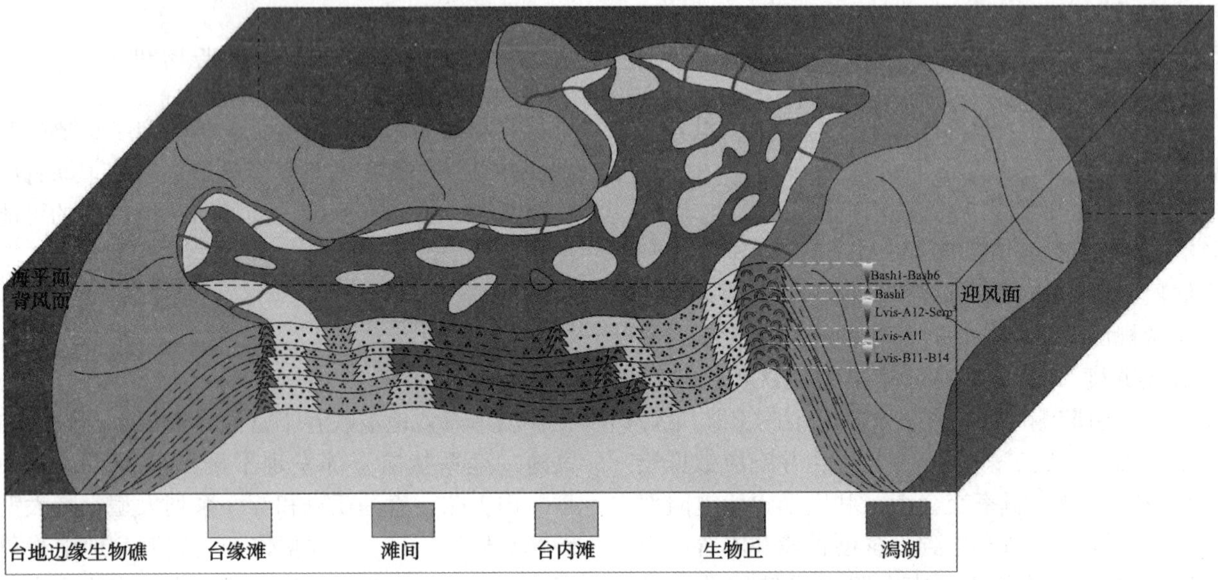

图 1　滨里海盆地石炭系 K 油藏沉积相模式图

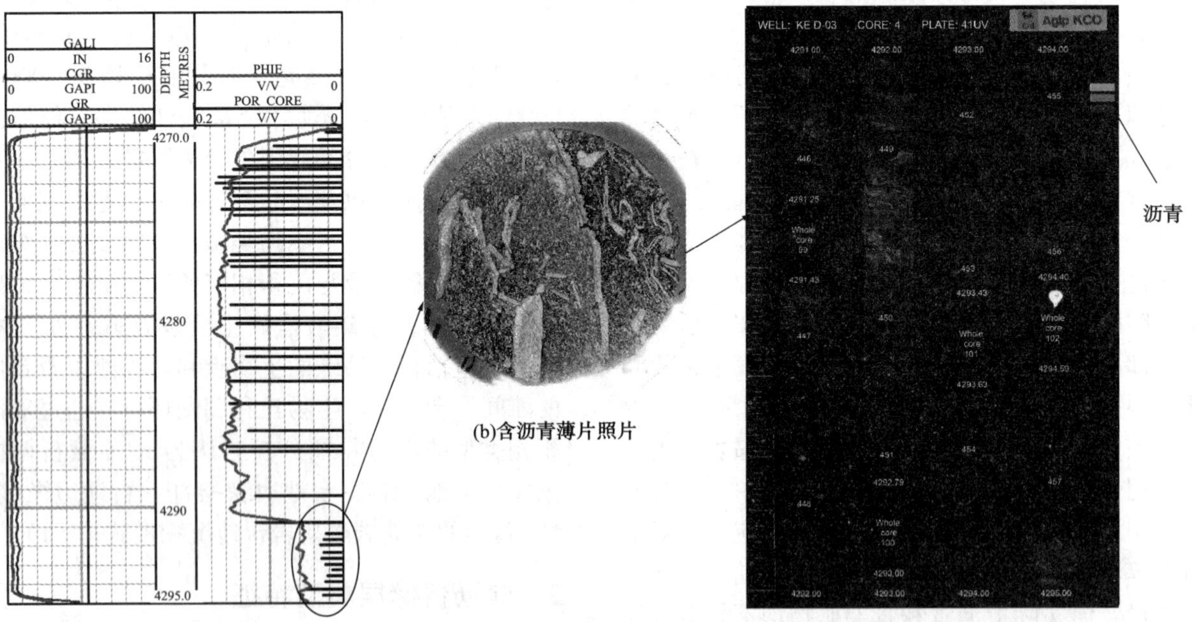

(a)含沥青储层孔隙度解释图　(b)含沥青薄片照片　(c)含沥青岩心荧光照片

图 2　含沥青储层典型特征图

常规测井孔隙度计算是基于岩石骨架值的选取并进行泥岩校正，得到的是除骨架和泥岩外的孔隙体积，该体积包括沥青所占据的孔隙空间。该油田岩心孔隙分析方法为氦气岩心测试，该方法得到的孔隙为岩石的实际有效孔隙度，即油气和自由水所占据的孔隙体积。因此，常规测井解释孔隙度减去氦气岩心测试孔隙度，可真实反映沥青占据的孔隙体积(图 3)。基于该原理可以对具有岩心分析数据井含沥青储层的沥青含量进行计算，验证沥青定性识别效果，奠定非取心井段含沥青储层测井评价的基础。

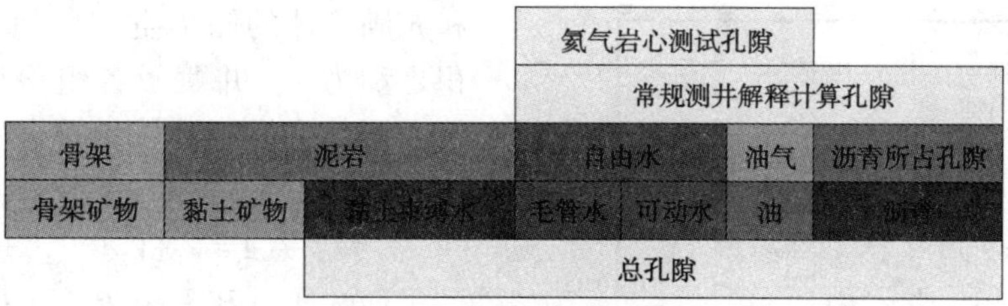

图 3　含沥青储层富集规律表征图

3　含沥青储层测井评价方法

3.1　含沥青储层定性识别

K 油藏储层岩性为较纯石灰岩，对于石灰岩储层 $\phi_N = TNPH$，储层中子测井响应值($TNPH$)取决于储层中总的含氢量，储层中常见的岩石，其矿物成分不含氢，岩石含氢量分布在岩石孔隙的流体中，即水和油气中。沥青作为一种特殊烃类，会影响储层中的总含氢量，改变中子测井响应值。根据斯伦贝谢公司矿物手册可知，沥青含氢指数一般在 45%，远远小于水和油气的含氢指数，即相同的孔隙空间下，被沥青充填的岩石的中子测井响应会偏小。

对于石灰岩储层$\phi_D = \dfrac{D_{ma}-DEN}{D_{ma}-D_f}$，将该公式变换为 $DEN=D_{ma}-\phi_D \cdot (D_{ma}-D_f)$，密度测井响应值($DEN$)取决于骨架密度($D_{ma}$)、流体密度($D_f$)以及储层密度孔隙度$\phi_D$，沥青作为一种特殊的烃类，充填在岩石中的孔隙和喉道，将沥青看作孔隙中流体的一部分，分析密度测井响应值。根据斯伦贝谢公司矿物手册可知，沥青密度一般在 1.25~1.30g/cm^3，密度与油气和水的密度相近，相同的孔隙空间下，被沥青充填的岩石的密度测井响应值变化不大，对于含沥青储层，中子、密度曲线重叠会重现包络面积，进而实现对储层中沥青的初步识别。黑色斑点为常规测井解释孔隙度减去岩心分析孔隙度得到的沥青含量(图 4a)，中子、密度曲线形成的黑色包络面积为中子、密度曲线重叠而初步识别出的沥青，二者具有很好的一致性(图 4b)。

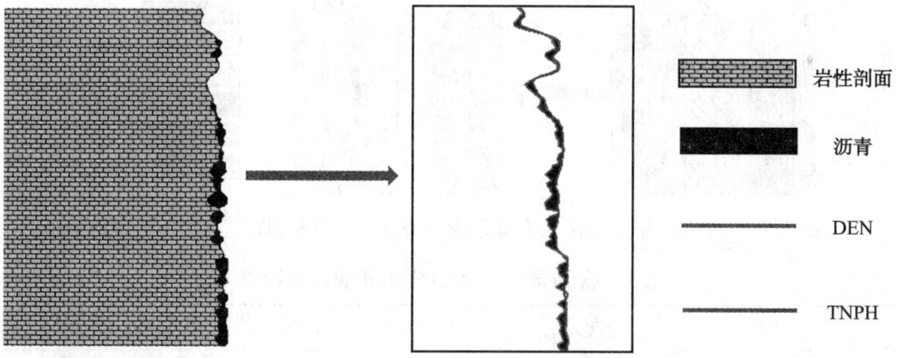

(a)储层真实沥青含量　　(b)中子、密度曲线重叠

图 4　含沥青储层富集规律表征图

中子密度曲线重叠可进行储层中沥青的初步识别，在此基础上对识别成果进行精细处理，构建出沥青识别指数 N_Bitumen 定性精细表征出储层中的沥青含量，主要步骤如下：首先，将重叠后的中子、密度测井曲线进行归一化处理$N_N = \dfrac{TNPH-TNPH_{min}}{TNPH_{max}-TNPH_{min}}$，其中 N_N为归一化后的中子曲线值，$TNPH_{max}$和 $TNPH_{min}$ 分别为中子曲线刻度的最大值和最小值，同理$N_D = \dfrac{DEN_{max}-DEN}{DEN_{max}-DEN_{min}}$，其中 N_D为归一化后的中子曲线值，DEN_{max}和 DEN_{min}分别为密度曲线刻度的最大值和最小值；然后用归一化后的密度中子曲线差值与实际沥青孔隙体积做交会图，得到识别沥青归一化差值的下限值为 0.007(图 5)，目的是消除不同仪器、不同探测范围等因素引起的测井响应差异，实现对含沥青储层的精细定性识别。

3.1　含沥青储层定量计算

对于含沥青储层测井解释，传统的测井解释

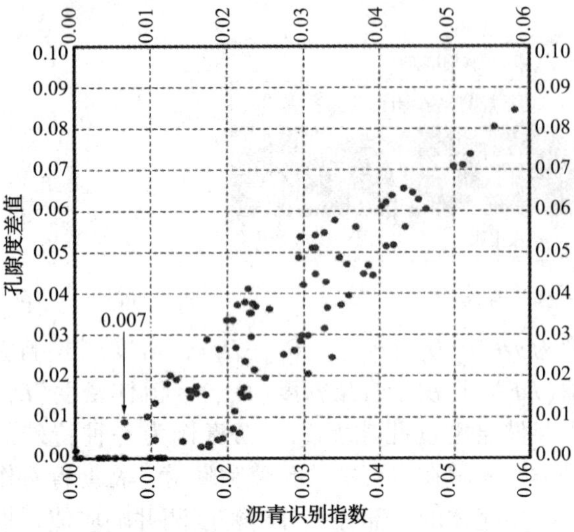

图 5　沥青识别指数 N_Bitumen 下限值

模型把沥青当作储集空间中的一部分流体，无法反映储层中沥青含量，本次创新性地含将沥青加入传统的测井解释体积模型中，建立出含沥青储层测井解释体积模型(图 6)。

传统的测井解释方法采用经验公式计算储层参数，由于测井解释体积模型改变，测井解释计算方法也将随之改变。根据物质守恒原则，把含沥青储层看成是由均匀分布的骨架矿物、沥青和充满流体的储集空间所组成的，各组份的体积之和为 1，并赋予各组份以特定的测井响应值，用组合模型计算地层各矿物的含量和孔隙体积：

$$1=V_1+V_2+\cdots\cdots+V_j+V_\phi \tag{1}$$

$$\begin{bmatrix} L_1 \\ L_2 \\ Li \\ L_{n-1} \end{bmatrix} = \begin{bmatrix} P_{11}\cdots\cdots P_{1j}\cdots\cdots P_{1\phi} \\ P_{21}\cdots\cdots P_{2j}\cdots.\ \ P_{2\phi} \\ P_{11}\cdots\cdots P_{ij}\cdots.\ \ P_{i\phi} \\ P_{(n-1)1}\cdots P_{(n-1)j}\cdots P_{(n-1)\phi} \end{bmatrix} \begin{bmatrix} V_1 \\ V_2 \\ V_j \\ V_\phi \end{bmatrix} \tag{2}$$

式中，L_i 为测井曲线读值，无单位；P_{ij} 为各组分测井响应参数，无单位；V_j 为各组分的相对体积含量，单位：v/v。

优选中子、密度、声波、深、浅电阻率共计 5 条曲线，用组合模型计算得到沥青所占孔隙体积，并对 XX-2 井沥青密度、声波时差、中子响应值进行了岩石物理实验分析，得出其密度为 1.30g/cm^3，声波时差为 109us/ft，中子响应值为 43%,，并且认为储层导电方式符合双水模型，最终实现对含沥青储层中沥青含量的精确定量评价(表 1)。

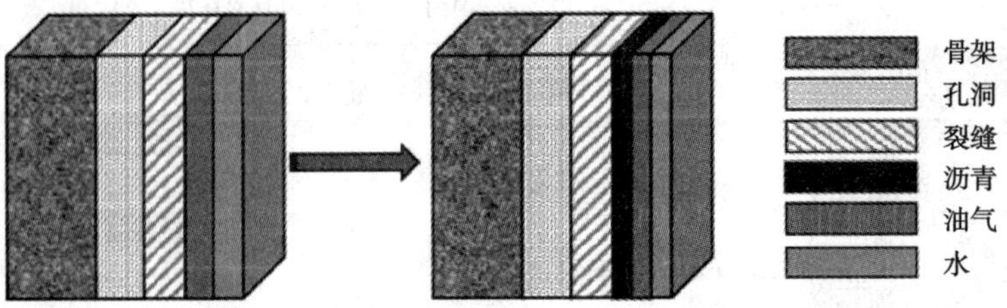

图 6　含沥青储层测井解释体积模型图

表 1　含沥青储层各组分测井响应参数表

矿物骨架	中子/%	密度/(g/cm^3)	声波时差/(μs/m)	深电导率/(S/m)	浅电导率/(S/m)
方解石	0	2.71	156.8	0	0
伊利石	24.7	2.78	280	0	0
沥青	43	1.30	357.5	0	0
原油	97	0.79	620.1	0	0
地层水	97	0.99	620.1	62.34	7.267

4　含沥青储层评价应用实例

如图 7 所示，图中第 3 道为沥青识别指数 N_Bitumen 的计算成果，将其数值大于 0.007 的值显示为红色的包络面积，图中第 1 道为储层岩性剖面，其中黑色斑点为常规测井解释孔隙度减去岩心分析孔隙度得到的沥青含量，可以发现二者具有极佳的对应关系，根据统计的识别成果，识别符合率达到 93.7%。根据含沥青指数 N_Bitumen 的计算结果：若 N_Bitumen≤0.007，则储层中不含沥青，若 N_Bitumen≤0.007，则储层中含有沥青，进而选择不同的孔隙度计算模型来计算储层有效孔隙度，实现含沥青储层精细定量表征(表2)。如图8所示，图中第4道为不同测井方法计算的孔隙度曲线，其中紫色曲线为常用的中子-密度交会计算的孔隙度、红色曲线为利用双重孔隙度解释模型计算的孔隙度、黑色杆状曲线为岩心分析的孔隙度，可以看出利用双重孔隙度解释模型优化后的明显更吻合岩心分析孔隙度，经过误差分析，单井测井解释与岩心分析孔隙度标准差由2.0缩小到1.62，测井解释精度提高了19.1%。

表2　不同含沥青指数对应孔隙度计算模型

含沥青指数 N_Bitumen	孔隙度计算模型
≤0.007	中子-密度交会
>0.007	组合模型反演孔隙度

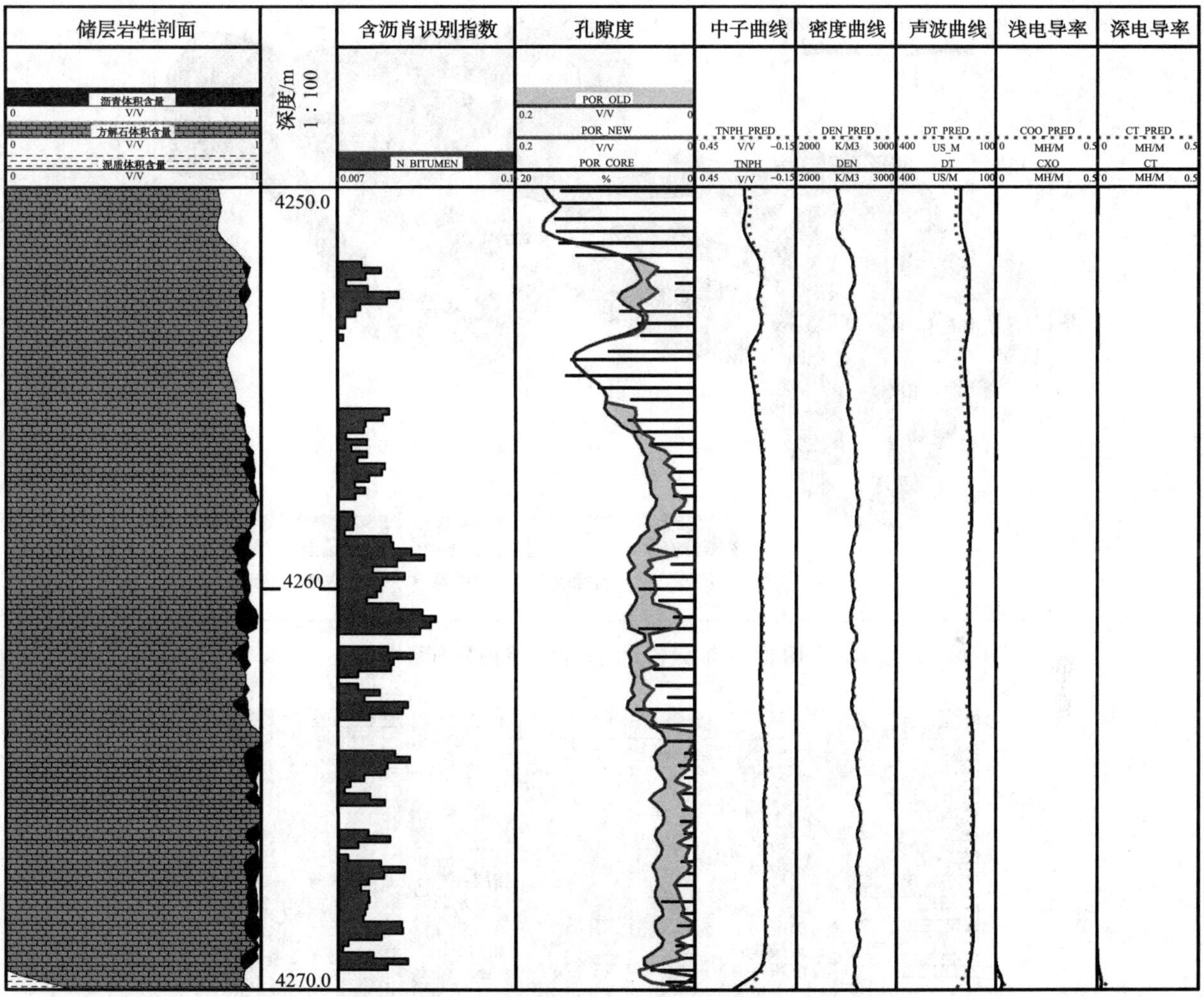

图7　含沥青储层沥青定量计算图

5　思考和讨论

利用上述的测井评价方法对K油藏40多口井的沥青含量进行计算，以该油藏沉积相展布图为底图，绘制出沥青体积含量平面分布图(图8)，可以看出台缘井沥青含量要远高于台内，对油田XX-1、XX-04井原油物性、组分进行了实验分析验证，原油表现为低密度(地层0.6g/cm^3)、低黏度(0.21mPa·s)、高气油比(513m^3/m^3)、高含H_2S(15.07%)，由此推断出沥青是由古油藏裂解为天然气而形成的，具体过程如下：K油藏存在两期油气充注，第一套烃源岩为中泥盆碎屑岩，分布在孤立台地侧翼，有限的生烃能力以及早期台缘原始储层结构好于台内，使得第一期的油气沿着裂缝、溶洞等油气运移通道主要充注于孤立碳酸盐岩台地边缘，仅有少量油气进入台内，随着古油藏埋藏深度增加至4500米以上、温度和压力升高，有机质演化进入原油热裂解生湿气阶段，裂解产物为天然气、沥青、H_2S 等，导致了台缘处沥青大量形成；第二阶段即现今所看到的石油生成阶段，Domanik 相泥页岩为滨里海盆地一套覆盖范围广、生烃能力极强的烃源岩，位于中泥盆碎屑岩上方，随着油藏温度、压力升高，Domanik 相烃源岩成熟生烃演化形成现今的石油，并充注于台内及台缘等，但由于有机质演化程度仅为热催化生油气阶段，沥青并没有大量形成(图9)；沥青的分布主要与第一期热演化程度高的古油藏有关，其受控于烃源岩的分布、古油藏热演化程度及储层原始流体通道的发育情况。

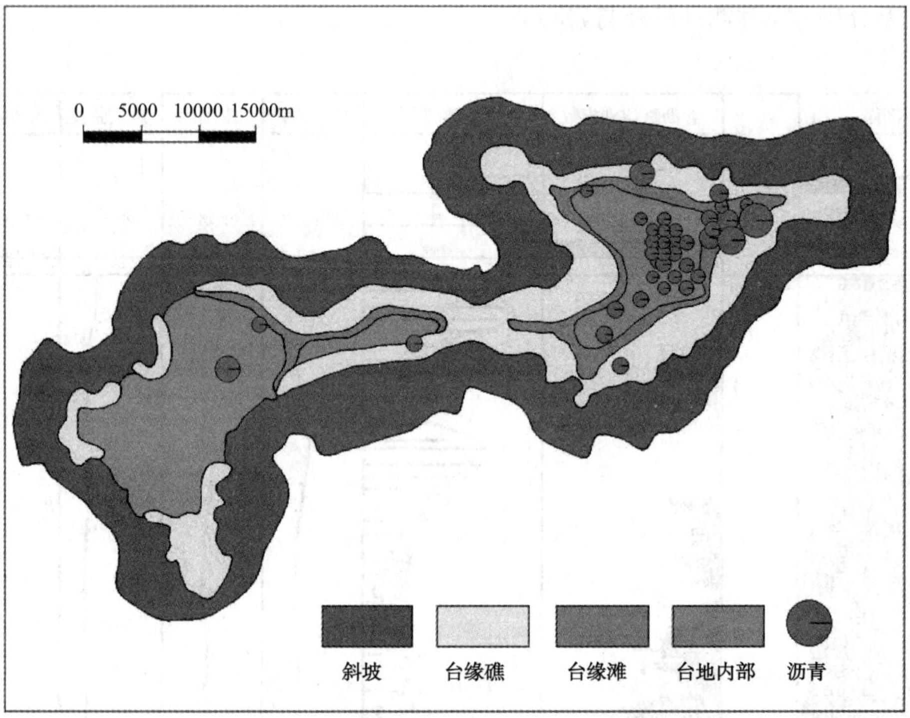

图8 K油藏各井沥青含量平面分布图

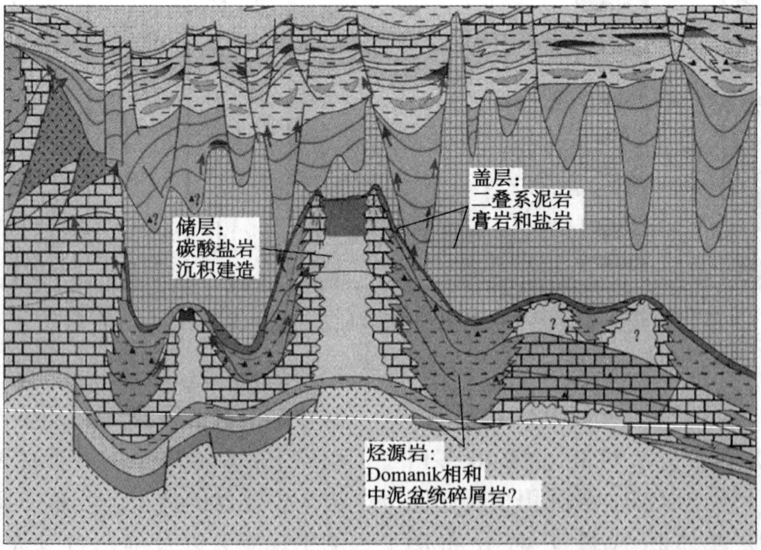

图9 K油藏成藏模式图

据统计，K油藏原始气油比($513m^3/m^3$)远高于滨里海盆地让那若尔油田($202m^3/m^3$)、北特鲁瓦油田($240m^3/m^3$)以及肯基亚克油田($336m^3/m^3$)等碳酸盐岩油田的原始气油比，这是古油藏裂解为天然气后，与二期充注的原油混合，导致了现今油藏的高原始气油比。此外，油藏高含原油裂解产物 H_2S 同样加证实了该理论的可靠性。原油裂解为天然气会释放出大量的能量，使油藏温度和压力迅速升高，加速油气的运移，二叠系的泥岩、膏盐和盐岩作为良好的盖层，广泛覆盖在整个孤立碳酸盐岩台地，对油藏起到很好的封闭作用。在此条件下，油气向浅层运移受到了强烈的遮挡，促使油气向深层运移，并且，二期油气充注会使油藏的温度和压力进一步增加，更加增大了油气向深层运移的可能性。

5 结论

（1）K 油藏位于滨里海盆地南缘，沉积建造属于孤立碳酸盐岩台地沉积，原油表现为低密度（$0.6g/cm^3$）、低黏度（0.21mPa·s）、高气油比（$513m^3/m^3$）、高含 H2S（15.07%），油藏石炭系石灰岩发育着大量的天然沥青，且主要分布在台地边缘，沥青在储层中富集导致了测井解释孔隙度与岩心分析孔隙度不匹配的现象。

（2）创新创新研发了基于常规测井曲线的含沥青储层识别评价方法，结合中子、密度常规测井曲线的响应机理构建沥青识别指数 N_Bitumen 对含沥青储层定性识别，识别符合率达到 93.7%，建立含沥青测井响应体积模型对储层中沥青定量计算，单井的孔隙度测井解释精度提高 19.1%，克服了现有技术高成本、缺乏可行性等不足。

（3）根据油藏 40 多口井的沥青含量的计算结果，对各井沥青含量进行平面展布，发现沥青主要分布在孤立碳酸盐岩台地边缘，结合油藏的成藏模式、现今油藏高原始气油比、高含硫化氢的特点，得出沥青是由古油藏裂解为天然气过程中的产物，推测出古油藏向深层运移的可能性，奠定了滨里海盆地深层-超深层油气勘探的理论基础。

参考文献

[1] 黄军平，井向辉，张艳，等．鄂尔多斯盆地寒武系储层沥青地质特征及来源分析[J/OL]．地质学报，1-15[2024-07-16]．https：//doi.org/10.19762/j.cnki.dizhixuebao.2023297.

[2] 陈思淼，韩登林，闫康，等．沥青填隙物成因差异及其对储层储集性能的控制效应——以塔北西部白垩系巴西改组碎屑岩储层为例[J/OL]．沉积学报，1-20[2024-07-16]．http：//kns.cnki.net/kcms/detail/62.1038.P.20240207.1035.002.html.

[3] 何文渊，白雪峰，钟建华，等．松辽盆地古龙页岩油储层干酪根的有机元素组成及其 N 元素的地球化学意义[J]．地质学报，2024，98（06）：1840-1866. DOI：10.19762/j.cnki.dizhixuebao.2023051.

[4] 张关龙，郭瑞超，范婕，等．准噶尔盆地征沙村地区三叠系储层沥青赋存特征及成因探讨[J]．地质论评，2024，70（S1）：97-98. DOI：10.16509/j.georeview.2024.s1.044.

[5] 邓宾，田腾振，李泽奇，等．米仓山震旦系灯影组流体充注特征及油气成藏过程[J]．中国石油勘探，2024，29(02)：98-111.

[6] 赖强，谢冰，吴煜宇，等．沥青质碳酸盐岩储集层岩石物理特征及测井评价——以四川盆地安岳气田寒武系龙王庙组为例[J]．石油勘探与开发，2017，44(06)：889-895.

[7] 王建强，张丽君．利用横波时差计算孔隙度的方法研究[J]．石油天然气学报，2007，29(6)：92-94.

[8] RAGHU R，WILLIAM F M，CAROLINA C. Total porosity estimation in shaly sands shear modulus[R]. Tulsa：SPWLA 36th Annual Logging Symposium，1995.

[9] 冀昆，郭少斌，李新，等．溶孔发育的含沥青质碳酸盐岩核磁共振特征分析——以四川盆地高磨地区龙王庙组储层为例[J]．天然气地球科学，2017，28(08)：1257-1263.

[10] 殷榕，赖强，吴煜宇，等．碳酸盐岩储层沥青质测井识别与孔隙度校正——以四川盆地安岳气田龙王庙组为例[J]．天然气勘探与开发，2022，45(02)：31-38.

[11] 宋泽章，柳广弟，罗冰，等．深层、超深层致密碳酸盐岩储层固态沥青测井评价——以川中地区上震旦统灯四段为例[J]．沉积学报，2021，39(01)：197-211. DOI：10.14027/j.issn.1000-0550.2020.127.

[12] 刘欢．储层沥青成因类型与古油藏热蚀变成藏研究[D]．成都：西南石油大学，2019. DOI：10.27420/d.cnki.gxsyc.2019.001112.

[13] 陈双．安岳气田原油及分散沥青的成气差异及成气贡献研究[D]．北京：中国地质大学(北京)，2018.

[14] 杨泽光，王爱国，范立勇，等．鄂尔多斯盆地奥陶系盐下储层中固体沥青的发现及其对天然气成藏的启示[J]．天然气工业，2024，44(02)：68-80.

[15] 陈烨菲，赵伦，侯珏，等．滨里海盆地东缘北特鲁瓦油田石炭系层序地层与沉积演化特征[J]．古地理学报，2024，26(01)：58-74.

济阳坳陷古近系页岩油富集高产条件与勘探实践

刘惠民[1,2]

(1. 页岩油气富集机理与高效开发全国重点实验室; 2. 中国石油化工股份有限公司胜利油田分公司)

摘　要　济阳坳陷古近系沙河街组页岩油普遍高产，屡创中国陆相断陷盆地页岩油产能之最，其富集高产受控于陆相断陷咸化湖盆独特的地质条件。基于前期基础研究，系统总结了济阳坳陷页岩油基本特征，剖析了页岩油富集高产条件，认识到：济阳坳陷为新生代古近纪陆相断陷咸化湖盆沉积，具有“演化程度低、埋深大、厚度大、高碳酸盐含量、高温高压以及岩相类型、构造特征、流体性质均复杂”的特征；咸化湖盆利于有机质的顺层富集与保存，烃源岩具有早生早富、中等演化程度即可大量生烃的成烃特点；页岩储集空间孔、缝并存，二者匹配形成了有效的无机孔缝网络，构成了济阳页岩油富集的成储条件；成烃与成储条件时空配置构成“二元耦合”模式，奠定了富集高产的基础；页岩层系普遍发育的异常高压不仅为页岩油的高效产出提供充足能量，还为页岩油产出通道的开启提供应力条件，是页岩油高产的关键因素；济阳坳陷页岩具有中等可压性，应用组合缝网压裂技术可构建出规模大、复杂程度高的人工缝网体系，是济阳页岩油高产的保障；基于富集高产地质条件的认识，济阳页岩油在主力洼陷、富油小洼陷、外围小洼陷三大勘探领域已取得全方位战略性突破，展示出济阳页岩油广阔的勘探开发前景。

关键词　济阳坳陷；页岩油；富集条件；高产条件；勘探实践

The Enrichment and High Productivity Condition of Shale Oil in the Shahejie Formation of the Jiyang Depression and Its Exploration Practices

Liu Huimin[1,2]

(1. State Key Laboratory of Shale Oil and Gas Enrichment Mechanisms and Effective Development;
2. Sinopec Shengli Oilfeld Company)

Abstract　Shale oil of the Shahejie Formation in the Jiyang Depression is characterized by high productivity, repeatedly setting records for shale oil production capacity in China's lacustrine rift basins. The enrichment and high productivity are attributed to the unique geological conditions of the saline lacustrine rift basin. Based on preliminary research, this paper systematically summarizes the fundamental characteristics of the shale oil and analyzes the conditions for its enrichment and high productivity in the Jiyang Depression. It is recognized that the Jiyang Depression is a Paleogene saline lacustrine rift basin from the Cenozoic era, characterized by low evolutionary degree, significant burial depth, substantial thickness, high carbonate content, high temperature and pressure, as well as complex lithofacies, structural features, and fluid properties. The saline lacustrine basin facilitates the enrichment and preservation of organic matter in the parallel form. The hydrocarbon source rocks are characterized by hydrocarbon generation in the early evolution and accumulation with moderate evolution, sufficient for extensive generation. The source rocks are characterized by hydrocarbon generation and accumulation of oil in the early stage, with moderate maturation being sufficient for extensive hydrocarbon generation. Shale reservoirs exhibit coexisting pores and fractures, which form an effective inorganic pore-fracture network, constituting the reservoir conditions for shale oil enrichment. Spatial and temporal configuration of hydrocarbon generation and reservoir conditions forms a "binary coupling" model, laying the foundation for enrichment and high productivity. The generally developed abnormally high pressure in shale formations not only provides sufficient energy for efficient shale oil production but also offers the stress conditions necessary for the opening of shale oil production pathways, which is a key factor for high productivity. Shale in Jiyang Depression exhibits moderate compressibility. The application of combined fracture network fracturing technology can create a large-scale, highly complex artificial fracture network system, ensuring high productivity of shale oil. Based on the understanding of the geological conditions for enrichment and high productivity, Jiyang shale oil has achieved comprehensive strategic breakthroughs in three major exploration fields: main sags, oil-rich minor sags, and peripheral minor sags, demonstrating broad exploration and development prospects for shale oil.

Key wordst Jiyang Depression, shale oil, enrichment conditions, high productivity conditions, exploration practice

北美页岩油革命改变了世界能源格局。在此影响下，近年来中国加大页岩油勘探开发力度，并相继在渤海湾盆地沧东坳陷孔店组、济阳坳陷沙河街组、松辽盆地青山口组、鄂尔多斯盆地延长组、准噶尔盆地吉木萨尔凹陷芦草沟组、玛湖凹陷风城组等多类型盆地、多样性沉积环境下发育的页岩层系中取得页岩油勘探突破，展示出中国页岩油勘探开发的巨大潜力。但因不同类型沉积盆地构造演化、成烃成储、富集保存等地质条件的巨大差异，页岩油产能差异大，总体上济阳坳陷沙河街组页岩油普遍高产，目前已有超20口井初期日产油超百吨，屡创中国陆相断陷盆地页岩油产能之最，且最高日产达到263t/d，在控压稳产阶段日油一般保持在20t以上，首年累产油气当量普遍超万吨，相较国内其它陆相盆地具有一定的产能优势。济阳坳陷页岩油富集高产受控于其独特的地质条件，加强济阳页岩油富集高产条件的分析总结有利于固化模式、提升认识，进一步指导济阳页岩油的勘探实践，并对类似盆地的页岩油勘探提供方法指导和思路借鉴。

1 区域地质概况

济阳坳陷为渤海湾盆地的一个次级构造单元，位于渤海湾盆地东南部，主要由东营、沾化、惠民、车镇4个凹陷组成(图1)，勘探面积超过$2.6\times10^4km^2$，主要的烃源岩层系分布在古近系沙河街组，这一时期气候由干旱向湿润转变，对应着盐湖、咸化湖、半咸化湖向淡水湖的转变，主要发育沙河街组四段上亚段(沙四上亚段)、沙河街组三段下亚段(沙三下亚段)2套厚层优质烃源岩，其中沙四上亚段烃源岩为一套半深湖—深湖相沉积，厚度主要介于50m~350m之间，以深灰色油页岩、泥岩互层沉积为主，有机碳含量为1.0%~4.0%，干酪根类型以Ⅰ型、$Ⅱ_1$型为主；沙三下亚段烃源岩也为一套半深湖—深湖相沉积，厚度主要介于100m~400m，以厚层深灰色泥岩夹油页岩为主，有机碳含量为2.0%~5.0%，干酪根类型以Ⅰ型为主。两套主力烃源岩生成的页岩油滞留油量超200亿吨，为济阳坳陷页岩油的勘探开发奠定了雄厚的资源基础。

2 济阳坳陷页岩油基本特征

济阳坳陷页岩油主要发育在古近系沙河街组，与国内外其他盆地页岩油相比，在页岩沉积演化过程、成岩成储阶段、温压流体系统等方面都存在较大差异，总体上具有“演化程度低、埋深大、厚度大、高碳酸盐含量、高温高压以及岩相类型、构造特征、流体性质均复杂”的特征。

济阳坳陷古近系沙河街组页岩沉积时期晚、地层年代新，造成热演化程度低，其中中低演化页岩油资源量占比可达66%。济阳坳陷为断陷成因，构造持续沉降，古近系页岩层段埋藏深，现今主要介于3000m~5500m之间，同时持续的构造沉降导致可容空间充足，页岩地层沉积厚度大，一般介于300m~1500m。济阳坳陷古近系沙河街组主力烃源岩沉积期对应于总体咸化的沉积环境，造成页岩中碳酸盐矿物含量普遍超过50%，且富碳酸盐类页岩分布范围广大，主力页岩发育层段在生烃增压作用下，地层流体压力普遍为异常高压，压力系数介于1.2~2.0(图2)，页岩埋深大导致地层温度可达到130℃~200℃。

济阳坳陷为陆相断陷湖盆，受气候季节性和物源供给间歇性影响显著，多形成由于季节性变化导致的层偶结构，在矿物组成与层偶结构的多重影响下岩相类型复杂多样，发育多达16种岩相，其中广泛分布的主要类型有6种。不同岩相在空间上交互出现，非均质性较强。济阳坳陷古近纪先后经历了喜马拉雅期3幕断陷活动，沙河街组页岩发育期对应于断陷初始到鼎盛期，在多期次、高强度的构造活动影响下，各级别断层以及构造裂缝异常发育，此外生烃超压及其伴生的垂向超压缝也较发育，复杂的裂缝系统可在一定程度上改善页岩储集性，提高页岩油的渗流能力。受热演化程度和埋藏深度跨度大的影响，济阳坳陷页岩油原油密度跨度大，主要介于 0.83g/cm³~0.94g/cm³之间（图 2），流体性质多样，轻质、中质油都有发育，同时流体性质在横纵向上的变化较快。

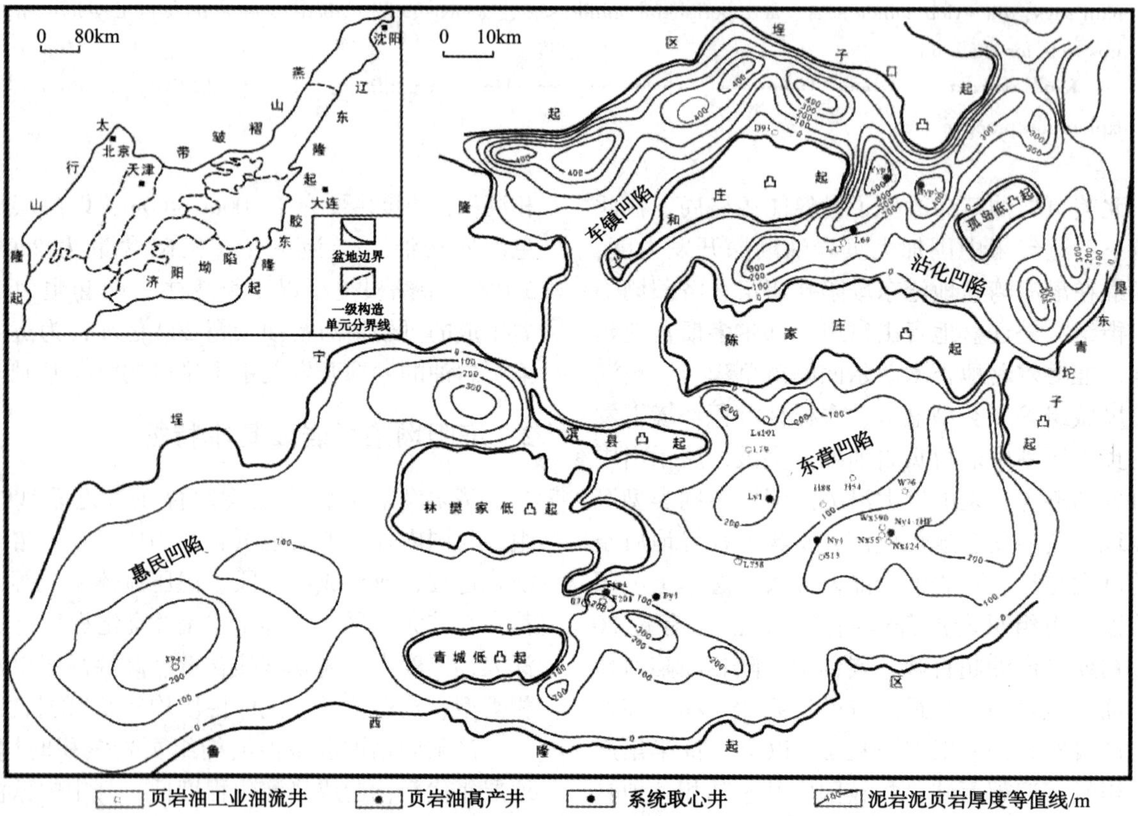

图 1　济阳坳陷区域位置

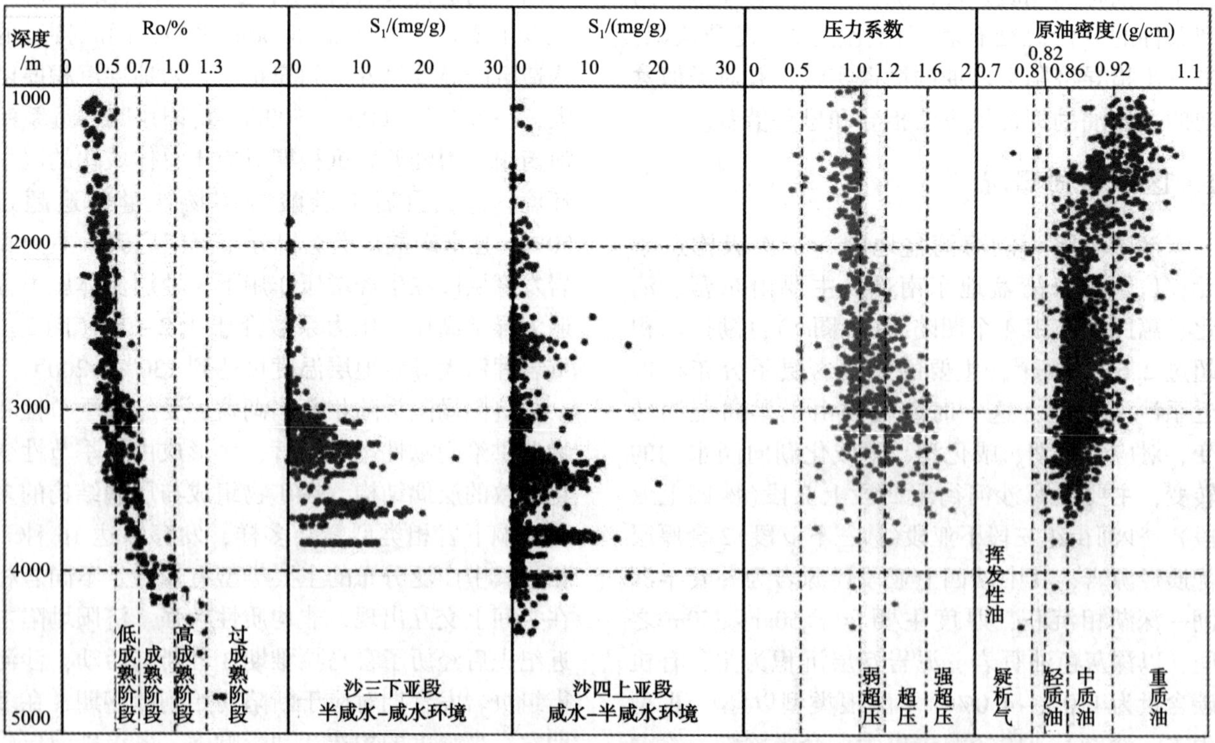

图 2　济阳坳陷东营凹陷沙三下亚段与沙四上亚段页岩油各类参数随埋深变化

3 济阳坳陷页岩油富集条件

3.1 咸化环境下的成烃条件

济阳坳陷古近系沙河街组主力烃源岩沉积期对应的咸化环境造就了其不同于渤海湾盆地其他断陷盆地的成烃特色，咸化的水体环境为页岩油富集奠定了重要的物质基础。济阳坳陷沙四上亚段烃源岩沉积期水体环境为咸水—半咸水的强还原环境，这一水体环境下有利于有机质的顺层富集与保存，且由于可溶有机质中大分子烃和含硫干酪根易发生早期降解，造成分子活化能较低，导致尚处于埋藏较浅的中—低演化阶段的页岩油中游离烃浓度会急剧增加，具有明显的早生早富优势，咸化环境下页岩油达到中等演化程度即可形成游离烃富集。沙三下亚段烃源岩沉积期的水体环境为半咸水—微咸水环境，水体盐度相对沙四上亚段沉积期较低，还原环境相对较差，在有机质的顺层富集与保存方面略差于沙四上亚段，一般在中—高演化阶段形成游离烃的富集。

据济阳坳陷沙四上亚段—沙三下亚段页岩油游离油量分布规律显示：沙四上亚段咸化环境页岩的游离油发育深度更浅，埋深到2500m后便出现大量游离油，并随着埋深增大，游离油量逐渐增大，直至埋深超过3800m时游离油才出现递减，因此2500m是沙四上亚段页岩油优质的生烃边界深度(图2)；沙三下亚段半咸化环境页岩的游离油发育深度相对更深，埋深达到3000m时才大量出现游离油，并在埋深3700m处达到游离油的高峰，3700～4200m为游离油递减段(图2)，其中3000m是沙三下亚段页岩油优质的生烃边界深度。

3.2 无机孔缝主导的成储条件

基于氩离子抛光扫描电镜、核磁共振、小角中子散射等技术方法表征了济阳坳陷页岩的储集空间类型及分布特征，结果显示碳酸盐纹层中主要在酸性流体影响下发生重结晶和溶蚀作用，形成纳米、微米级晶间孔(孔径5nm～200nm)、晶间溶孔(孔径200nm～400nm)，而在富长英质矿物的泥质纹层中主要发育纳米级粒间孔(孔径一般为2nm～100nm)和黏土片间孔(孔径3nm～100nm)，孔径比碳酸盐纹层中的孔隙小。在储集空间类型识别基础上，应用核磁共振冻融法孔隙尺度定量表征技术(探针液体为八甲基环四硅氧烷)，分析了济阳坳陷沙河街组页岩储集空间尺度构成及其影响因素，研究表明济阳坳陷沙河街组页岩储集空间以介孔和大孔居多(图3)，占比普遍高于50%，其中粗介孔发育程度与碳酸盐矿物含量成正比、与黏土矿物含量成反比，而细介孔发育程度则与之相反(图4)，表明碳酸盐纹层中的晶间孔、晶间溶孔尺度大于泥质纹层中的粒间孔和黏土片间孔。

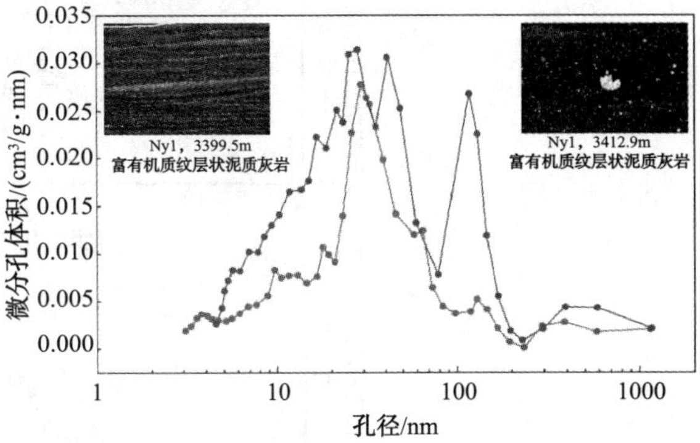

图3　不同岩相孔径分布特征

页岩中除普遍发育孔隙外，受构造、生烃增压、成岩作用等因素影响，微裂缝也极为发育，如纳米级成岩缝、微米级层理缝、生烃增压缝以及不同级别的构造缝等多级次微裂缝，据岩心观察、薄片鉴定等发现不同级别构造缝中普遍存在油气侵染或沥青充填，表明页岩中的微裂缝也是页岩油的主要储集空间。

整体上，济阳坳陷沙河街组页岩储集空间具有孔、缝并存的特点，以无机孔、缝为主(占比在95%以上)，有机质孔隙相对不发育，孔隙与裂缝二者匹配形成了济阳坳陷页岩有效的孔、缝网络体系，构成了济阳页岩油富集的成储条件。

4 济阳坳陷页岩油高产条件

4.1 源储的有效配置是页岩油高产的基础

济阳坳陷沙河街组页岩主要以纹层状、层状岩相为主，碳酸盐矿物层、黏土矿物层以及长英质矿物层频繁互层，构成了页岩油生烃与储集的物质基础，也展现出济阳页岩油源储一体的特点，决定着页岩油的富集高产。据Fyp1井岩心的有机碳测试表明，纹层状页岩样品中泥质纹层有机碳含量为8.11%～14.03%，而方解石纹层有机碳含量为0.83%～4.39%，两种纹层都具有较高的有机碳含量，均可生烃，但泥质纹层有机碳含量相对更高，具有咸化湖盆早生早富，在中等演化程度即可大量生烃的成烃特色，而方解石纹层具有无机孔缝并存、大孔优势的成储特色，两种纹层匹配为多类型游离态页岩油提供了静态赋存的“双层结构”(图5)，形成了页岩成烃与成储条件在空间上的有效配置；此外，在成烃过程中不同演化阶段生成的原油性质具有差异，同时伴随着生烃增压效应中产生的幕式流体以及超压裂缝，成烃过程中的不同类型流体与成储过程中产生的复杂孔缝体系相互作用、协同演化，在时间上页岩成烃与成储条件进行有效配置，构成了“二元耦合”模式，奠定了济阳坳陷页岩油富集高产的基础。

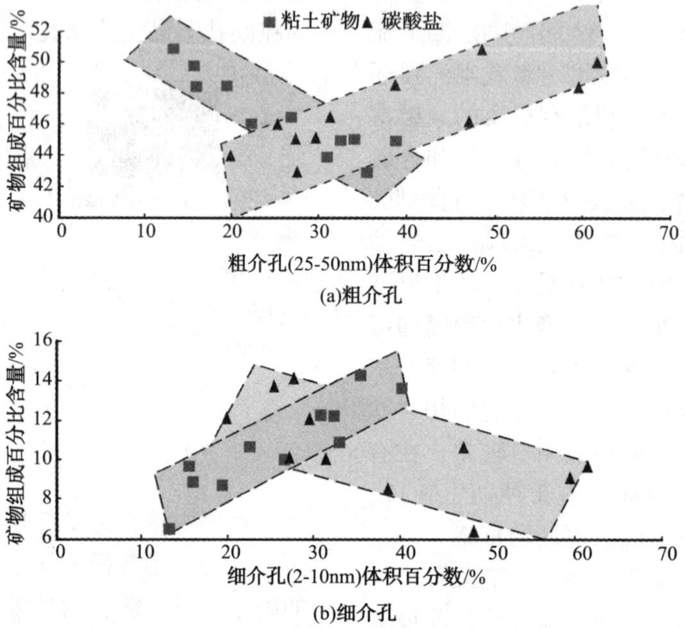

图4 介孔发育演化特征

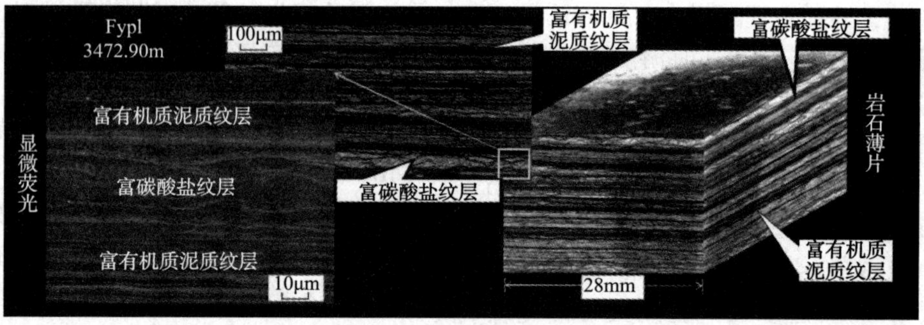

图5 济阳坳陷 FYP1 井成烃与成储纹层“双层结构”

济阳坳陷沙河街组咸化湖盆页岩成烃与成储在空间上“双层结构”叠置发育、时间上“二元耦合”协同演化，其时空协同演化过程中主要分为两个阶段：

中成岩 A 阶段：当埋深超过 2500m 时($R_o>0.5\%$)，进入中成岩 A 期，这一阶段成烃作用伴生的酸性流体开始影响成储作用，主要表现在两个方面：①成烃过程中产生的 K^+ 为成储过程中蒙脱石向伊利石的转化提供了离子置换条件，可促进黏土片间孔、黏土矿物收缩缝等储集空间的发育；②在烃类排出过程中伴随有驱水效应，可导致泥质纹层中大量富 Ca^{2+} 流体排出，为方解石纹层中的重结晶作用提供了物质来源和化学反应环境，有效促进了方解石晶间孔的形成和扩大。

中成岩 B 阶段：当埋深超过 3500m 时($R_o>0.7\%$)，进入中成岩 B 期，这一阶段有机质演化程度升高，到达生烃高峰，成烃过程中产生的大量酸性流体与碳酸盐类矿物发生有机-无机作用，促进了成储过程中方解石晶间溶蚀孔、重结晶孔等储集空间的发育。同时，成烃过程中生烃增压作用产生的超压缝与页岩中的广泛分布的孔隙网络进行组合，形成复杂的孔缝体系，为游离油的规模富集提供了场所。

4.2 普遍发育的异常高压体系是页岩油高产的关键

异常高压发育程度代表了地层能量高低，是页岩油产出的主要动力，是页岩油高产的关键因素。济阳坳陷沙河街组页岩体系主要为内源化学沉积形成了富碳酸盐类和混合类页岩，在湖盆中心广泛分布，周围往往被外源富黏土类页岩体系所包围，内源体系与外源体系之间的地层流体压力传导往往受限。生烃演化过程中干酪根热解生成大量烃类，尤其是低分子烃类的生成更易造成体积膨胀，导致生烃增压作用发生，济阳坳陷沙四上亚段—沙三下亚段页岩层系大量生烃与超压发育的深度基本吻合，异常压力的发育不但为页岩油产出提供充足动力，而且对页岩油相态也具有重要影响，具体而言，济阳坳陷沙河街组2500m以浅的页岩地层以常压—弱超压为主，伴随的烃类流体为重质油与中质油(图2)，2500m~3000m以弱超压—超压为主，伴随的烃类流体为中质油，埋深大于3000m以超压—强超压为主，伴随的烃类流体为中质油和轻质油，埋深大于4300m以强超压为主，伴随的烃类流体为轻质油与凝析油气，构成了济阳坳陷中—低成熟-中—强超压、中—高成熟-强超压的页岩油类型(图2)。

页岩地层中异常高压的发育不仅为页岩油产出提供充足的天然能量，也为页岩中微裂缝、微喉道等页岩油流动的有效通道长期处于开启状态提供了应力条件，支撑着页岩油的长期高效产出。这是因为大量烃类流体的生成使地层中的流体由水相这一单相流动变为水、烃并存的多相流动，两种流体渗透率之和(即其相对渗透率之和)降低到单相流动时的1/10，从而导致孔隙流体排出速率降低，从而降低了流体的整体渗透率，流体的流动和交换受阻，最终导致页岩系统内形成高压，久而久之地层流体压力的持续增高与页岩系统内渗透率的持续降低叠加，最终导致页岩系统内相对薄弱的区域出现破裂形成超压裂缝。济阳坳陷沙河街组页岩体系内普遍发育异常高压，测试地层压力系数一般在1.3~2.0，普遍高于济阳坳陷页岩的破裂压力下限1.38(图6)。

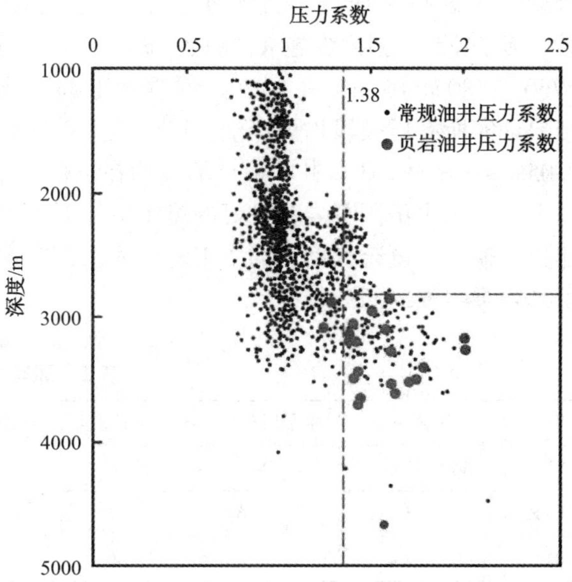

图6　地层流体压力与页岩油富集关系

4.3　良好可压条件下复杂人工缝网的构建是页岩油高产的保障

页岩储层相较常规储层而言渗透率极低，无论是北美海相页岩油还是中国陆相页岩油的高产均依赖大型压裂改造，因此页岩可压性是页岩油气勘探开发设计中最关键的评价参数之一，决定着页岩油的高产、稳产，影响页岩可压性的因素主要包括矿物成分、岩石脆性高低、天然裂缝发育程度、水平应力各向异性大小等。基于济阳坳陷沙河街组页岩系统自身特点，综合考虑页岩脆性指数、脆性矿物组成、力学特征以及天然裂缝发育情况，结合已有压裂井的裂缝监测结果，赋予不同参数不同的权重，最终建立了济阳页岩的可压性评价标准(表1)。总体上，济阳坳陷沙河街组页岩脆性指数为0.32~0.56，脆性矿物指数为0.35~0.80，水平应力差相对较小，为3MPa~9MPa，但受控与断陷盆地的特征，天然裂缝较发育，最终评定可压性指数为0.36~0.52，属于中等可压性。

表1　济阳页岩可压性评价标准

可压裂级别	脆性指数	脆性矿物指数	应力各向异性	天然裂缝	可压性指数	可压裂性评价
Ⅲ	0.1~0.3	0.20~0.30	1.5	不发育	0.18~0.32	低
Ⅱ	0.3~0.6	0.30~0.50	1.3	中等发育	0.36~0.58	中等
Ⅰ	0.6~0.8	0.50~0.80	1.1	发育	0.62~0.82	高

针对济阳坳陷沙河街组页岩中等可压的特点，建立了“酸蚀裂缝、微裂缝、分支缝、高导流主缝”有效匹配衔接的组合缝网压裂技术(图7)，构建了波及范围大、渗流能力强的复杂人工裂缝网络，实现了有效缝控和快速排液。以济阳坳陷3口页岩油风险探井为例，3口井在组

合缝网压裂技术应用下，实现了水平段“千方砂、万方液”的压裂施工规模，改造体积为(760~1180)×$10^4$$m^3$(表2)，同时据示踪剂监测结果证实所有压裂段均可产油，段产能贡献率为1.05%~6.84%，3口井峰值产油量均在100m^3/d以上，展示出济阳页岩在良好的可压条件下可构建出规模大、复杂程度高的人工缝网体系，支撑了济阳页岩油的高产、稳产。

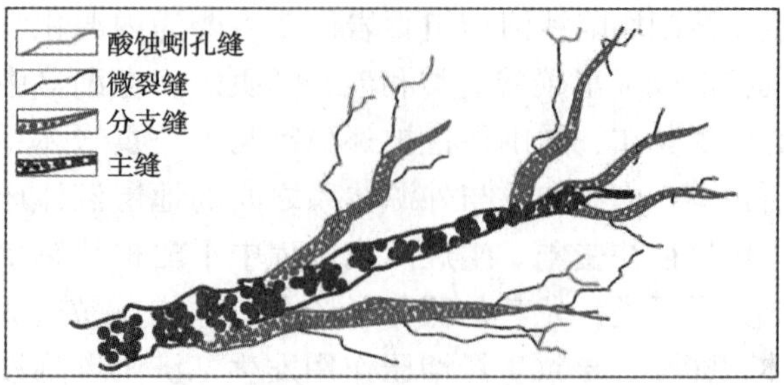

图7 组合缝网压裂示意图

表2 风险探井压裂参数统计

井号	井深/m	水平段长度/m	分段数	压裂液量/m^3	加砂量/m^3	排量/(m^3/min)	改造体积/(10^4m^3)
YYP1	3487~3540	942	21	43545	2836.0	12~16	760
FYP1	3320~3560	1716	30	80253	3762.3	14~18	1180
BYP5	4075~4309	1060	21	48617	2789.0	13~17	711

5 济阳坳陷页岩油勘探实践

济阳页岩油基于自身地质特征的认识，系统总结页岩油的富集、高产条件，构建了具有济阳特色的页岩油基础地质理论体系，配套了针对性的工程工艺技术。自2019年钻探首口页岩油风险探井YYP1井以来，按照“战略展开、战略突破、战略准备”三个层次，在主力洼陷、富油小洼陷、外围小洼陷三大勘探领域取得全方位战略性突破，相继突破了九个洼陷，沙三下亚段、沙四上纯上亚段、沙四上纯下亚段三套层系以及富碳酸盐类、混合类基质型、混合类夹砂条互层型两大类型页岩油，截止2024年6月底，24口井峰值日油超百吨，34口井累产油气当量超万吨。

5.1 富油主力洼陷页岩油勘探实践

济阳坳陷富油主力洼陷烃源岩生烃能力强，富集高产条件好。以东营凹陷博兴洼陷为例，其页岩油资源量9.83亿吨，纹层状富碳酸盐类页岩核磁孔隙度介于3.0%~10.1%，均值6.6%，地层流体压力系数1.3~1.6，脆性矿物含量普遍超过80%，博兴洼陷页岩油突破井FYP1峰值日油171t[图8(a)]，创当时国内页岩油峰值日产之最，截止2024年6月底累产油气当量超2.5万吨，已上报控制石油地质储量1.13亿吨，发现了胜利油田第83个油田——新兴油田，随着济阳陆相断陷湖盆页岩油国家级示范区建设的推进，博兴洼陷已完钻水平井21口，投产20口，日产油350吨、日产气3.3万方，累产油28.2万吨、累产气2605万方，展示出富油主力洼陷页岩油富集程度高、产能好的特点。

5.2 富油小洼陷页岩油勘探实践

济阳坳陷富油小洼陷烃源岩生烃能力较强，富集高产条件良好。以沾化凹陷孤北洼陷为例，其页岩油资源量3.79亿吨，层状长英质混合类页岩核磁孔隙度介于1.3%~9.5%，均值4.8%，地层流体压力系数1.2~1.5，脆性矿物含量普遍超过70%。孤北洼陷是济阳页岩油向富油小洼陷拓展的首个地区，突破井ZY1HF针对沙三下亚段13上层组钻探水平段1300m，分23段压裂后，峰值日油43.3t，投产初期油压近40Mpa，但压降快、稳产难，在经历了256天的放喷后油压降为0Mpa[图8(b)]，累产油3200余吨、产气34.6万方，展示出富油小洼陷页岩油富集高产条件中等、产能欠佳的特点。

5.3 盆缘小洼陷页岩油勘探实践

盆缘小洼陷因构造沉降幅度小，沉积时期水体浅，烃源岩品质较差、规模较小，生烃能力较弱，富集高产条件差。以济阳坳陷西邻的临清坳陷禹城洼陷为例，初步测算页岩油资源量2.06亿吨，层状混合类页岩核磁孔隙度介于1.2%~7.0%，均值3.7%，地层流体压力系数1.0~1.1，脆性矿物含量在70%左右。禹城洼陷历经60余年勘探但未见油气流，常规油气勘探停滞不前，认为该洼陷油气勘探潜力小，但随着济阳页岩油勘探向全区域扩展，禹城洼陷在页岩油勘探中获得发现，其在沙三下亚段钻探的水平井YX6CHF分35段压裂后，自喷阶段峰值日油9.4t，投产初期油压39Mpa，但压降快，两个月

油压降为 0，后泵抽日油 3t 左右[图 8(c)]，投产 180 余天累产油 680 余吨、产气 6.5 万方，展示出盆缘小洼陷页岩油富集程度差，难以获得高产的特点。

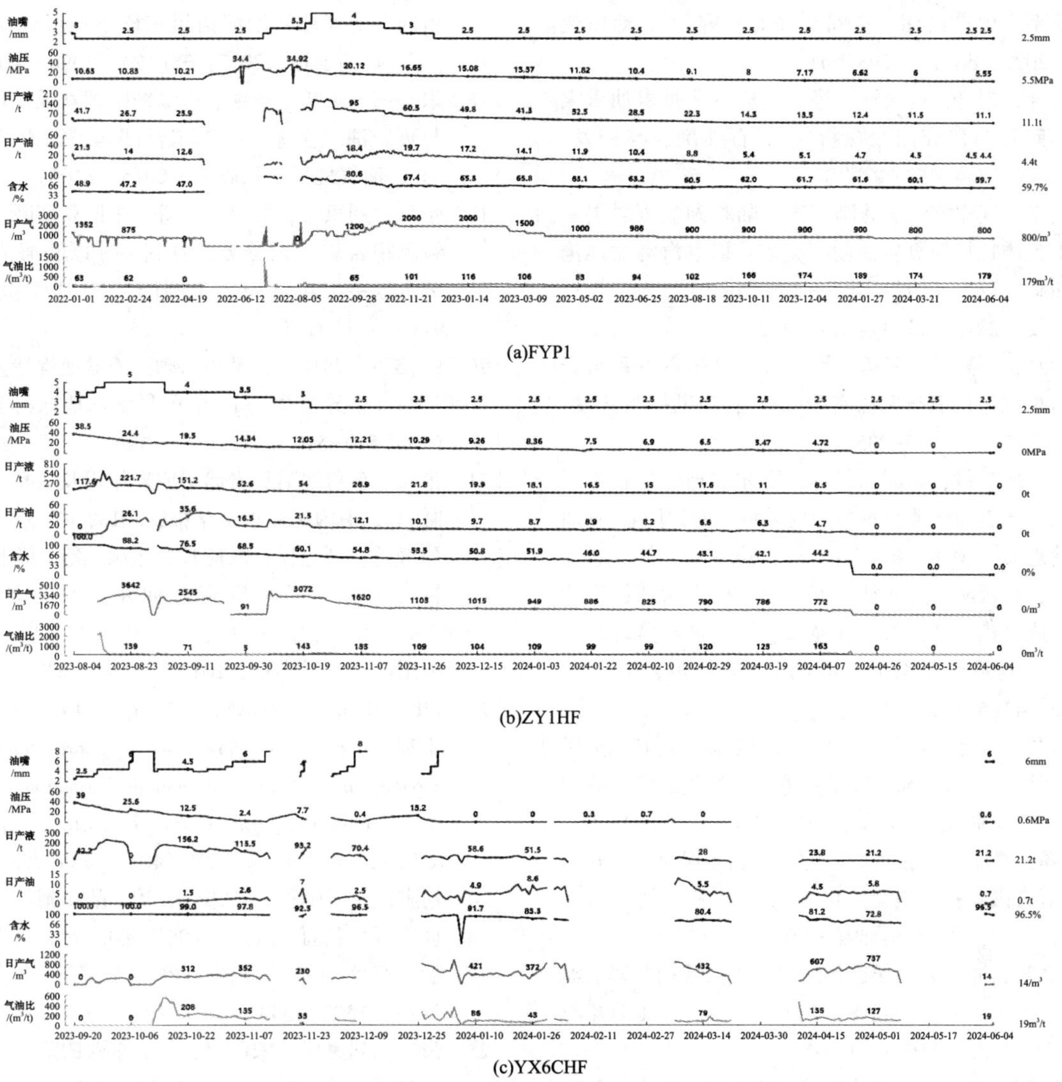

(a)FYP1

(b)ZY1HF

(c)YX6CHF

图 8　济阳坳陷不同类型洼陷典型页岩油井生产曲线

6　结论

（1）济阳坳陷为新生代古近纪陆相断陷咸化湖盆沉积，具有“演化程度低、埋深大、厚度大、高碳酸盐含量、高温高压以及岩相类型、构造特征、流体性质均复杂”的特征。

（2）咸化湖盆更利于有机质的顺层富集与保存，烃源岩具有早生早富的特点；济阳页岩储集空间孔、缝并存，二者匹配形成了有效的无机孔缝网络，构成了济阳页岩油富集的成储条件。

（3）成烃与成储条件时空有效配置构成了“二元耦合”模式，奠定了济阳页岩油富集高产的基础；页岩层系在生烃增压作用下往往形成异常高压，不仅为页岩油的高效产出提供充足能量，还为页岩油产出通道的开启提供应力条件；济阳坳陷沙河街组页岩具有中等可压性，应用组合缝网压裂技术可构建出规模大、复杂程度高的人工缝网体系，保障了济阳坳陷页岩油的高产。

（4）济阳页岩油在主力洼陷、富油小洼陷、外围小洼陷三大勘探领域已取得全方位战略性突破，相继突破了九个洼陷，沙三下亚段、沙四上纯上亚段、沙四上纯下亚段三套层系以及富碳酸盐类、混合类基质型、混合类夹砂条互层型两大类型页岩油。

参　考　文　献

[1] 傅成玉．非常规油气资源勘探开发[M]．北京：中国石化出版社，2015.

[2] 邹才能，潘松圻，荆振华，等．页岩油气革命及影响[J]．石油学报，2020，41(1)：1-12.

[3] 何文渊，崔宝文，王凤兰，等．松辽盆地古龙凹陷白垩系青山口组储集空间与油态研究[J]．地质论评，2022，68(2)：693-741.

[4] 孙龙德，刘合，何文渊，等．大庆古龙页岩油重大科学问题与研究路径探析[J]．石油勘探与开发，2021，48(3)：453-463.

[5] 赵贤正，周立宏，蒲秀刚，等．陆相湖盆页岩层系基本地质特征与页岩油勘探突破：以渤海湾盆地沧东凹陷古近系孔店组二段一亚段为例[J]．石油勘探与开发，2018，45(3)：361-372.

[6] 宋明水，刘惠民，王勇，等．济阳坳陷古近系页岩油富集规律认识与勘探实践[J]．石油勘探与开发，2020，47(2)：225-235.

[7] 高辉，何梦卿，赵鹏云，等．鄂尔多斯盆地长 7 页岩油与北美地区典型页岩油地质特征对比[J]．石油实验地质，2018，40(2)：133-140.

[8] 柳波，吕延防，孟元林，等．湖相纹层状细粒岩特征、成因模式及其页岩油意义：以三塘湖盆地马朗凹陷二叠系芦草沟组为例[J]．石油勘探与开发，2015，42(5)：598-607.

[9] 支东明，唐勇，何文军，等．准噶尔盆地玛湖凹陷风城组常规-非常规油气有序共生与全油气系统成藏模式[J]．石油勘探与开发，2021，48(1)：38-51.

[10] 李磊，李平平，张正辰，等．川北元坝地区大安寨段页岩微观孔隙空间定量表征[J]．科学技术与工程，2020，20(22)：8923-8932.

[11] 赵文智，胡素云，侯连华，等．中国陆相页岩油类型、资源潜力及与致密油的边界[J]．石油勘探与开发，2020，47(1)：1-10.

[12] 张林晔，李钜源，李政，等．陆相盆地页岩油气地质研究与实践[M]．北京：石油工业出版社，2017：146-154.

[13] 孙龙德，刘合，何文渊，等．大庆古龙页岩油重大科学问题与研究路径探析[J]．石油勘探与开发，2021，48(3)：453-463.

[14] 赵贤正，周立宏，蒲秀刚，等．陆相湖盆页岩层系基本地质特征与页岩油勘探突破：以渤海湾盆地沧东凹陷古近系孔店组二段一亚段为例[J]．石油勘探与开发，2018，45(3)：361-372.

[15] 高辉，何梦卿，赵鹏云，等．鄂尔多斯盆地长 7 页岩油与北美地区典型页岩油地质特征对比[J]．石油实验地质，2018，40(2)：133-140.

[16] 柳波，吕延防，孟元林，等．湖相纹层状细粒岩特征、成因模式及其页岩油意义：以三塘湖盆地马朗凹陷二叠系芦草沟组为例[J]．石油勘探与开发，2015，42(5)：598-607.

[17] 王勇，刘惠民，宋国奇，等．济湖相泥页岩中碳酸盐成因及页岩油气地质意义—以东营凹陷沙河街组四段上亚段—沙河街组三段下亚段烃源岩为例[J]．石油学报，2017，38(12)：1390-1400.

[18] 朱德燕，王勇，银燕，等．断陷湖盆咸化环境沉积与页岩油气关系——以东营凹陷、渤南地区为例[J]．油气地质与采收率，2015，22(6)：7-13.

[19] 张顺，刘惠民，陈世悦，等．中国东部断陷湖盆细粒沉积岩岩相划分方案探讨——以渤海湾盆地南部古近系细粒沉积岩为例[J]．地质学报，2017，91(5)：1108-1119.

[20] 滕长宇，邹华耀，郝芳．渤海湾盆地构造差异演化与油气差异富集[J]．中国科学：地球科学，2014(4)：579-510.

[21] 张顺．东营凹陷页岩储层成岩作用及增孔、减孔机制[J]．中国矿业大学学报，2018，47(3)：1-17.

[22] 孙善勇，刘惠民，操应长，张顺，等．湖相深水细粒沉积岩米兰科维奇旋回及其页岩油勘探意义——以东营凹陷牛页 1 井沙四上亚段为例[J]．中国矿业大学学报，2017，46(4)：649-661.

[23] LIU Huimin, ZHANG Shun, SONG Guoqi, et al. Effect of shale diagenesis on pores and storage capacity in the Paleogene Shahejie Formation, Dongying Depression, Bohai Bay Basin, east China[J]. Marine & Petroleum Geology, 2019(103), 738-752.

[24] 刘惠民，于炳松，谢忠怀，等．陆相湖盆富有机质页岩微相特征及对页岩油富集的指示意义——以渤海湾盆地济阳坳陷为例[J]．石油学报，2018(12)：1328-1343.

[25] 张顺，刘惠民，宋国奇，等．东营凹陷页岩油储集空间成因及控制因素[J]．石油学报，2016，37(12)：1495-1507.

[26] 包友书．济阳坳陷超压和应力场对页岩油富集的影响[J]．断块油气田，2018，25(5)：585-588.

[27] Chapman R E. Clays with abnormal interstitial fluid pressure. AAPG Bulletin, 1972, 56: 790-795

[28] 王勇．岩性油藏成藏机理及运聚模式——以牛庄洼陷为例[J]．特种油气藏，2012，19(3)：18-21.

[29] 宋明水．济阳坳陷页岩油勘探实践与现状[J]．油气地质与采收率，2019，26(1)：1-12.

[30] 刘惠民．济阳坳陷页岩油勘探实践与前景展望[J]．中国石油勘探，2022，27(1)：73-87.

[31] 刘惠民．济阳坳陷古近系页岩油地质特殊性及勘探实践—以沙河街组四段上亚段—沙河街组三段下亚段为例[J]．石油学报，2022，43(5)：581-594.

鄂尔多斯盆地深层煤岩气地质工程甜点地震预测及综合评价方法

李　斐[1,2]　张　栋[1,2]　张盟勃[1,2]　崔晓杰[1,2]　彭剑康[1,2]　倪　娜[1,2]

（1. 中国石油长庆油田分公司勘探开发研究院；2. 低渗透油气田勘探开发国家工程实验室）

摘　要　鄂尔多斯盆地深层煤岩气资源量巨大，是下一步天然气增储上产的战略性接替资源。盆地5、8号煤层普遍具有厚度薄、顶底板岩性组合复杂、孔隙结构多样、吸附气与游离气并存的特征，地质工程甜点的地震响应特征不甚明确。优选深层煤层气富集"甜点"区，能够指导开发井位部署，有利于提高煤层气开发经济效益。本文通过岩石物理实验及地震正演分析，探究煤岩气地球物理响应特征及地震表征参数，以煤岩"厚度、顶板岩性、含气量、脆性、裂缝"作为地震甜点评价的关键要素，继而开展基于地震属性定量预测煤岩厚度，逐级相控地质统计学反演预测顶板岩性，岩石物理驱动的煤岩含气量、脆性等叠前弹性参数反演以及各向异性裂缝预测技术研究。最终，通过综合评价实现研究区深层煤岩气的甜点类型划分。该技术在鄂尔多斯盆地深层煤岩气甜点目标落实的过程中发挥了重要作用，对深层煤层气地质工程甜点的地震预测和综合评价具有有益借鉴意义。

关键词　鄂尔多斯盆地；深层煤岩气；地质工程甜点；地震预测；甜点综合评价

Seismic prediction and comprehensive evaluation methodof geological and engineering sweet spots for deep coalbed methane in the Ordos Basin

Li Fei[1,2]　Zhang Dong[1,2]　Zhang Mengbo[1,2]　Cui Xiaojie[1,2]　Peng Jiankang[1,2]　Ni Na[1,2]

(1. PetroChina Changqing Oilfield Company;
2. National Engineering Laboratory of Low-Permeability Oil & Gas Exploration and Development)

Abstract　The deep coalbed methane resources in the Ordos Basin are enormous, and it is a strategic replacement resource for increasing natural gas storage and production in the future. The No. 5 and No. 8 coal seams in the basin generally have the characteristics of thin thickness, complex top and bottom rock lithology, diverse pore structures, and coexistence of adsorbed gas and free gas. The No. 5 and No. 8 coal seams in the basin generally have the characteristics of thin thickness, complex top and bottom rock lithology, diverse pore structures, and coexistence of adsorbed gas and free gas. The seismic response characteristics of geological engineering desserts are not very clear. Usually, by selecting the sweet spot area for deep coalbed methane enrichment, it can guide the deployment of development wells and improve the economic benefits of coalbed methane development. Therefore, we explored the geophysical response characteristics and seismic characterization parameters of coalbed methane through rock physics experiments and seismic forward modeling. The key elements for seismic sweet spot evaluation include coalbed thickness, roof lithology, gas content, brittleness, and cracks. Subsequently, we conducted quantitative prediction of coalbed thickness based on seismic attributes, stepwise facies controlled geostatistical inversion to predict roof lithology, rock physics driven inversion of pre-stack elastic parameters such as gas content and brittleness of coalbed, and prediction of anisotropic fractures. Finally, we classified the sweet spot types of deep coalbed methane in the study area through comprehensive evaluation. This technology has guided our understanding of the sweet spot targets for deep coalbed methane in the Ordos Basin. And it has beneficial reference significance for seismic prediction and comprehensive evaluation of deep coalbed methane geological engineering sweet spots.

Key wordst Ordos Basin; Deep coalbed methane; geological and engineering sweet spots; Seismic prediction; Comprehensive evaluation of sweet spots

深层煤岩气指埋深大于2000m、游离气与吸附气共存、投产初期有明显游离气产出的煤层气。深层煤岩气具有与中浅层煤层气截然不同的赋存特征，具有高含气、高饱和、高游离的特征。鄂尔多斯盆地晚古生代海陆过渡环境形成广泛分布的煤系地层，自上而下发育10套煤层，其中下二叠统山西组5号煤、上石炭统本溪组8号煤为主力煤层，含气量高，是深层煤岩气勘探的主要领域。

鄂尔多斯盆地煤岩勘探历史主要有以下四个阶段。一是烃源岩认识阶段(1986—1990年)：煤岩是古生界最重要的生气母岩，具备形成大气田的物质基础。该阶段系统评价了煤岩生气潜力，认为煤岩是良好的烃源岩，在煤成气理论指导下发现了靖边大气田。二是浅层煤层气勘探阶段(1990—2009年)：浅层煤层气以吸附气为主，见气周期长，需排水采气，具有一定的开采价值。该阶段在盆地东缘大吉区块开辟了3个浅层(300~1500m)煤层气勘探直井试验井组，共试验40口井，平均试气产量约1000方/日，浅层煤层气勘探见到好的苗头。三是煤岩气探索阶段(2010—2021年)：深层煤岩勘探潜力大，但常规压裂不能有效解放煤岩气藏。该阶段盆地东部天然气勘探兼顾2000m以深的煤系地层，对5口井开展了含气量现场测试，4口井煤系地层试气，突破出气关。榆160井8#煤岩试气排采269天，稳定日产1100~1300方，深层煤岩气展现了一定的勘探潜力。四是风险勘探突破阶段(2022年—至今)：煤岩气源储一体，具备形成整装气田的条件，高强度大规模改造才能有效动用。2022年在油气和新能源分公司部署下，风险探井纳林1H按“大规模体积压裂”改造喜获5.4万方/日高产气流，稳产能力好，实现了深层煤岩气的重大突破。

目前，国内外在煤层气地震预测方面取得了一定研究成果。祁雪梅、陈勇等对煤层气储层的地震响应特征进行了分析研究。孟召平等、李启成等、仇念广、尹海洋等、李俊等基于地震属性分析方法对煤层储层的厚度和顶底板岩性进行了分析识别。范亮、彭刘亚等、吴海波等、霍丽娜等应用多种地震反演方法对煤层厚度、含气性、裂缝、脆性等特征进行了参数预测。陈信平等、田忠斌等、罗忠琴等基于岩石物理分析并应用叠前弹性参数反演方法，对煤层气富集区进行了预测研究。Pan 等、Yang 等、林柏泉等对煤体各向异性特征与渗透率关系进行了研究。

本文以鄂尔多斯盆地中东部纳林河地区石炭统8号煤为研究区，基于岩石物理实验及地震正演分析，明确煤岩气地球物理响应特征及地震表征参数，通过地震属性分析技术、逐级相控地质统计学反演、岩石物理驱动叠前弹性参数反演等方法，对煤岩“厚度、顶板岩性、含气量、脆性、裂缝”等甜点要素进行地震预测并综合评价，最终实现研究区深层煤岩气地质工程甜点的类型划分。

1 煤岩源储特征及其地球物理响应

1.1 煤岩岩石物理参数分析

鄂尔多斯盆地煤岩具有“生气强度高、持续时间长”的生烃特征，最大生气成熟度 Ro 可达5.0%，最大产气率可达160mg/g-TOC。煤岩孔隙类型以植物组织孔(胞腔孔)、气泡孔等有机孔为主，占比达90%以上，呈集群式孤立式分布。割理裂隙发育，8号煤割理平均7~8条/5cm。显微裂隙密度统计表明：光亮煤裂隙密度最高，平均112条/9cm^2，半亮煤平均83条/9cm^2(图1)。

为了探究煤岩双孔隙结构的地球物理响应特征，选取36块(取自8口井)煤岩样品，进行宽频带(超声波、低频、岩石力学试验)岩心测试分析，并主要取得以下三点认识：

(1) 8号煤以光亮煤为主，纵波阻抗和纵横波速度可有效区分煤岩宏观类型

煤岩宏观类型反映了煤的岩相组成，表现出不同的光泽强度，一般分为光亮煤、半亮煤、半暗煤和暗淡煤四种。根据图2所示的统计结果，

盆地 8 号煤的宏观类型主要为光亮煤，占比 45.45%；其次为半暗煤，占比 30.48%；末位为半亮煤，占比 24.06%。

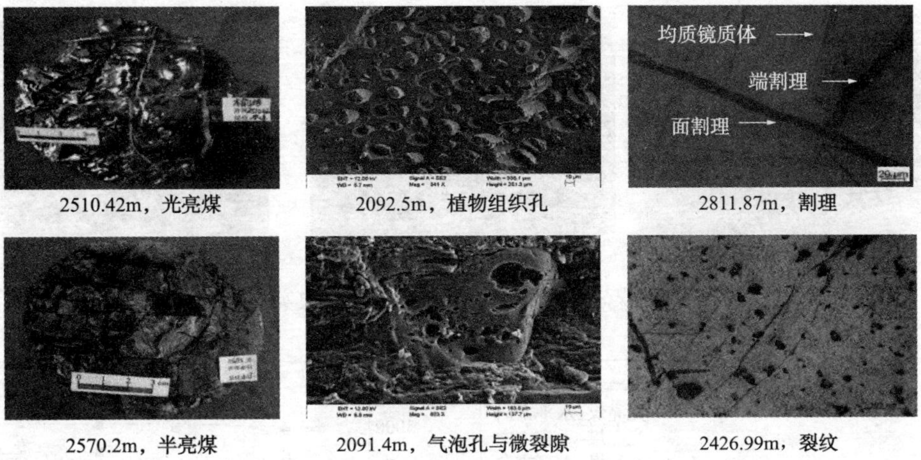

图 1　煤岩储层微观特征

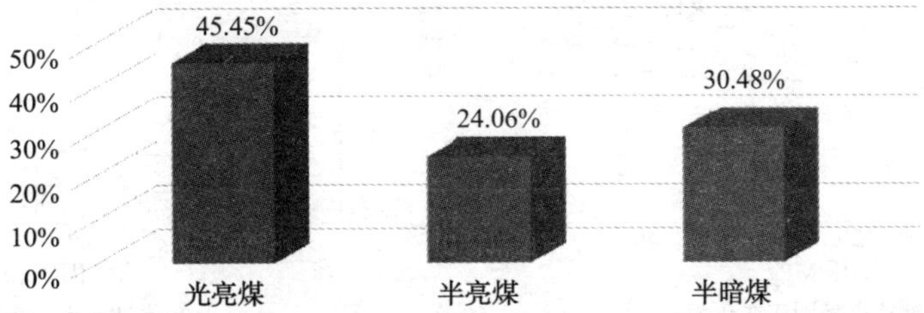

图 2　煤岩宏观类型统计直方图

图 3 所示为研究区不同煤岩宏观类型的纵波阻抗与纵横波速度交会图。可见，煤岩夹矸的纵波阻抗普遍高于 7000g/cm³·m/s，光亮煤的纵横波速度比大于 2.05，暗煤小于 1.94，半亮煤介于 1.94~2.05 之间。因此，通过纵波阻抗和纵横波速度可有效区分煤岩宏观类型。

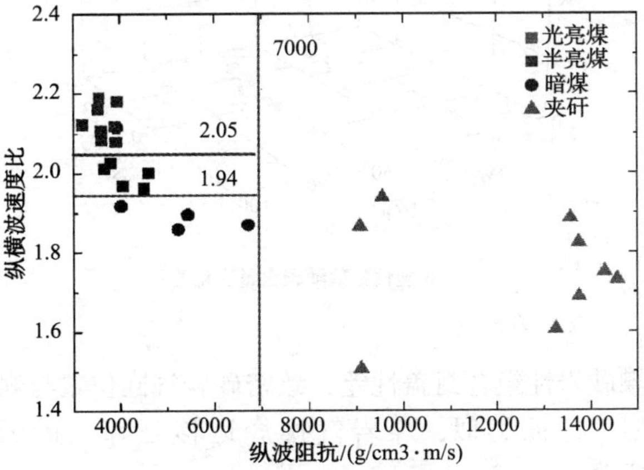

图 3　煤岩宏观类型的纵波阻抗与纵横波速度比交会图

(2) 煤岩割理、裂缝发育，纵横波速度各向异性特征明显

采用线切割技术从全直径岩心样品中分别获得 3 组标准柱塞样品进行实验。如图 4 所示，每一组样品中包含两块钻取方向互相垂直的样品。开展干岩样变围压条件下纵波速度和横波速度超声波测试，测试结果见图 5 所示。可见，水平方向样品的纵波速度和横波速度均高于垂直方向样品。其中，光亮煤岩在 50MPa 围压条件下，水平方向纵波速度比垂直方向纵波速度高 307m/s，横波速度高 289m/s；半亮煤岩水平方向纵波速度比垂直方向纵波速度高 532m/s，横波速度高 311m/s；夹矸水平方向纵波速度比垂直方向纵波速度高 67m/s，横波速度高 18m/s。相比夹矸，光亮煤岩和半亮煤岩具有明显的各向异性特征。微裂缝及割理的定向排列是煤岩各向异性形成的主要原因。

(3) 光亮煤和半亮煤碳含量高、脆性大，杨氏模量小，泊松比大

开展全岩矿物组分及岩石弹性参数实验，分析碳含量-杨氏模量-泊松比变化关系和脆性指数随碳含量变化关系，见图 6。如图 6(a) 所示，光亮煤和半亮煤碳含量较高、大于 64%，暗煤碳含量较低、介于 20%~40%，脆性指数与碳含

量正相关。如图 6(b) 所示，光亮煤和半亮煤碳含量较高，具有较小的杨氏模量和较大的泊松比值。因此，煤岩脆性与碳含量相关，岩性弹性参数杨氏模量和泊松比是其敏感参数。

(a)全直径样品

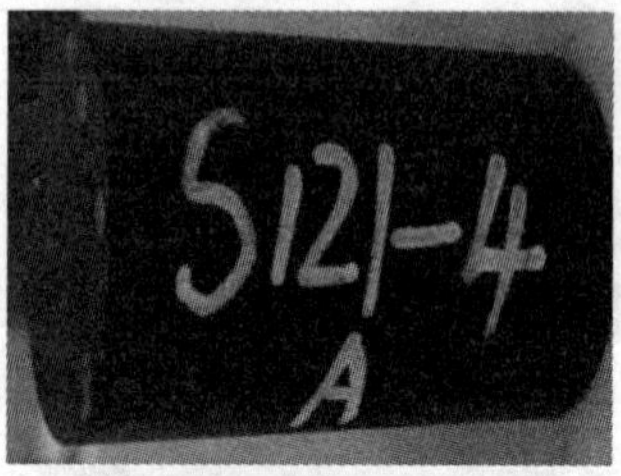

(b)垂直方向样品

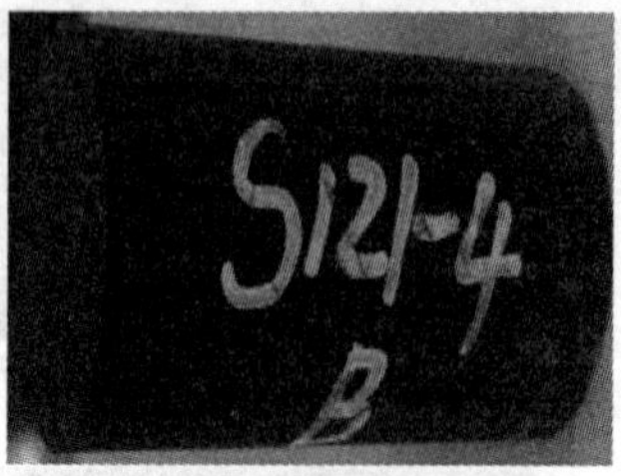

(c)水平方向样品

图 4　煤岩各向异性测试样品选取方向实物图

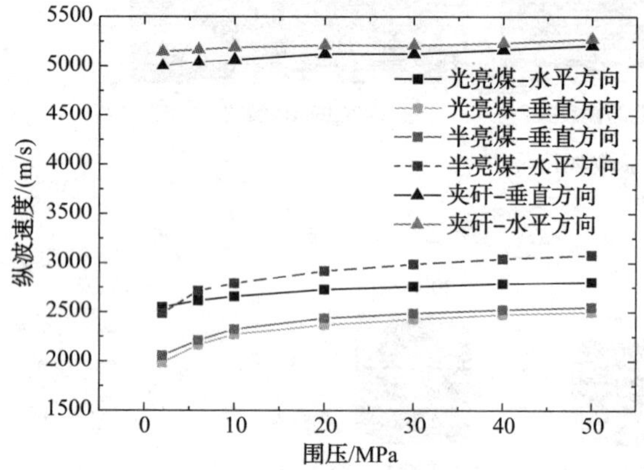

(a) 纵波速度随围压变化关系

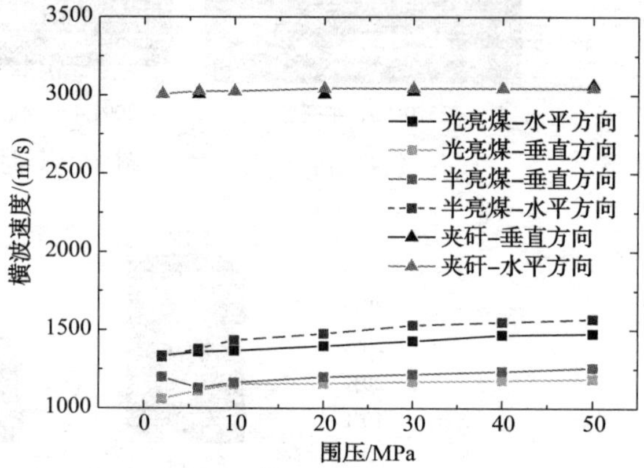

(b)横波速度随围压变化关系

图 5　煤系地层速度各向异性实验测试结果

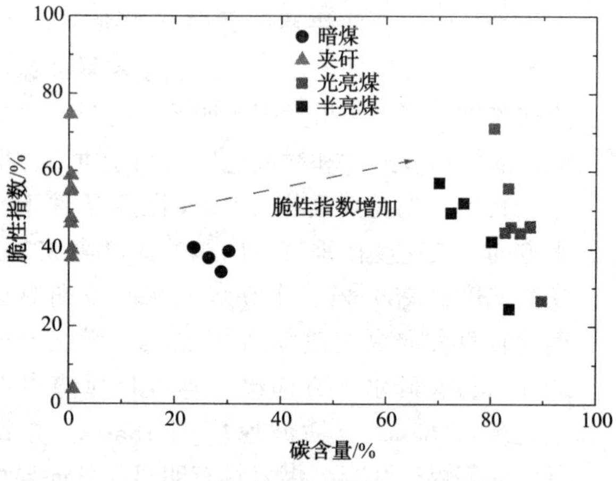

(a)碳含量-杨氏模量-泊松比变化关系

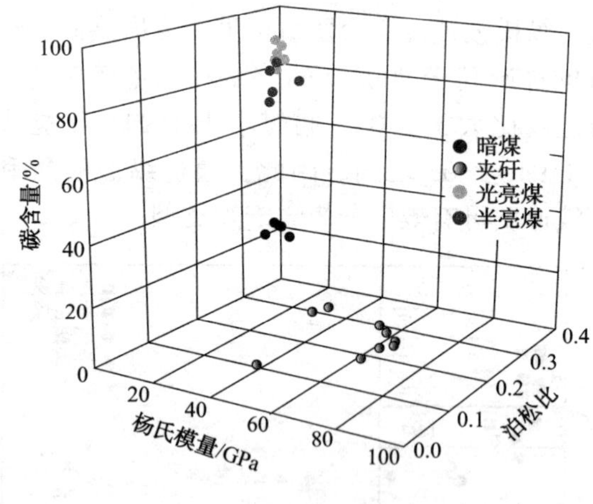

(b)脆性指数随碳含量变化关系

图 6　煤岩脆性指数与碳含量关系

1.2　煤岩厚度及其顶底板岩性组合地震响应特征

盆地本溪组 8 号煤埋深主要在 2000～4000m，厚 6～16m，平均 7.8m，分布稳定，连续性好，总体呈现为构造平缓、东厚西薄、东浅西深的展布格局。根据钻井信息统计，8 号煤顶底板岩性可划分为 3 类，见表 1。煤灰和煤泥岩性组合封盖性好，煤岩气主要为原位滞留富集；煤砂岩性组合封盖性差，致密砂岩气同位素与煤岩气特征类似，煤岩气排烃运移至邻近砂岩成藏。

盆地本溪组 8 号煤岩测井曲线具有低密度、高声波时差特征。图 7(a) 所示为不同岩性的声波时差分布直方图，其中煤层的声波时差明显高于其它岩性，表明煤层为低速层。图 7(b) 所示为不同岩性的密度分布直方图，其中煤层的密度明显低于其它岩性，表明煤层为低密度层。因此，煤层与围岩之间具有较大的波阻抗差异，导致在沉积界面处产生较强的地震反射。

表 1　鄂尔多斯盆地 8 号煤储盖组合类型划分表

类型	Ⅰ类 灰-煤	Ⅱ类 泥-煤	Ⅲ类 砂-煤
岩性组合示意图			
代表井	龙探 1	米 148	陕 30
封盖能力	好	较好	差

为了探究煤层厚度及其顶板不同岩性组合的地球物理响应特征，设计了两组正演模型，采用波动方程有限差分法进行地震正演模拟，正演参数见表 2。图 8(a) 所示为等厚煤层不同顶板岩性组合模型及其地震响应特征。其中，煤层厚度为 8m。图 8(b) 所示为煤层地震响应振幅变化特征。可见，当煤层厚度不变时，不同顶板岩性的振幅差异不大，顶板岩性变化对振幅影响较弱。

图 9(a) 所示为煤层厚度变化模型及其地震响应特征。其中，煤层厚度从 0～30m 渐变。图 9(b) 所示为煤层地震响应振幅变化特征。可见，在顶底板岩性不变时，当煤岩厚度小于 λ/8 (12.8m)，振幅随着厚度单调增大。因此，可通过地震振幅属性预测煤岩厚度。

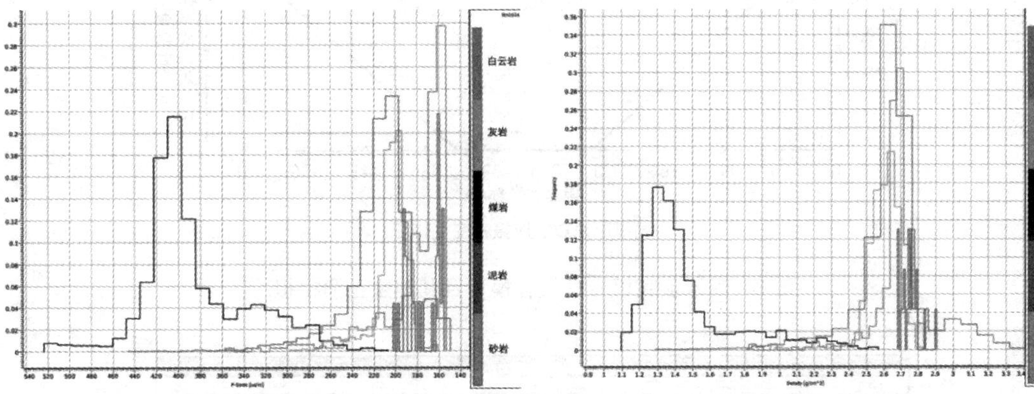

(a)声波时差分布直方图　　(b)密度分布直方图

图 7　煤岩声波时差和密度分布图

表 2　模型地震正演模拟参数表

地层岩性	速度/(m/s)	密度/(g/cm³)	子波/Hz	炮间距/m	道间距/m
砂岩	5025	2.52	35	20	20
泥岩	4930	2.67			
灰岩	6173	2.67			
煤层	2525	1.40			

2　甜点地震预测

2.1　地质甜点地震预测

2.1.1　基于地震属性预测煤岩厚度

正演分析结果表明，煤岩厚度与振幅值强弱具有相关性，因此可以根据振幅强弱采用多元拟合的方法求解煤层厚度。通过统计研究区内 18 口钻井 8 号煤层厚度，开展煤层厚度与振幅交汇分析(图 10)，确定煤层厚度与振幅关系可表示为：

$$y=-1E^{-07}\times 2+0.0036x-23.403 \quad (1)$$

图 11 所示为根据上式计算拟合得到的煤层厚度预测图。可见，8 号煤层在研究区广泛分布，但薄厚差异不均。厚煤层主要分布在研究区

北部和中部，而南部则较薄。为了验证该预测结果的可靠度，对研究区 18 口钻井实钻厚度和预测厚度进行统计分析，如表 4 所示。如果把绝对误差在 1m 以内的钻井表示预测吻合，大于 1 米的则为不吻合进行统计计算，该技术预测厚度与钻井的吻合度达到 88.9%，说明该方法在煤层厚度预测中行之有效。

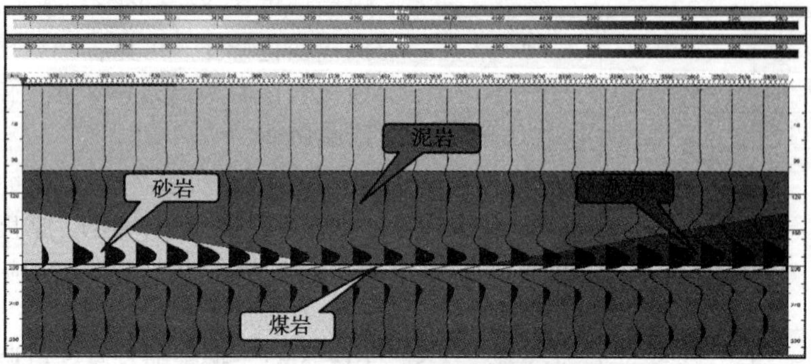

(a)等厚煤层不同顶板岩性组合模型及其地震响应特征

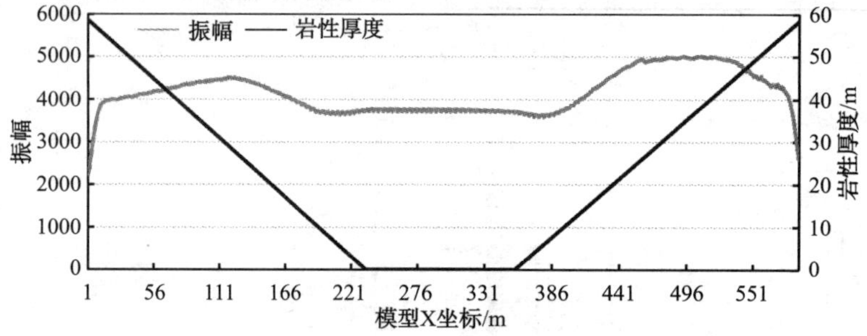

(b)煤层地震响应振幅变化特征

图 8　煤岩顶底板岩性组合模型及其地震正演模拟

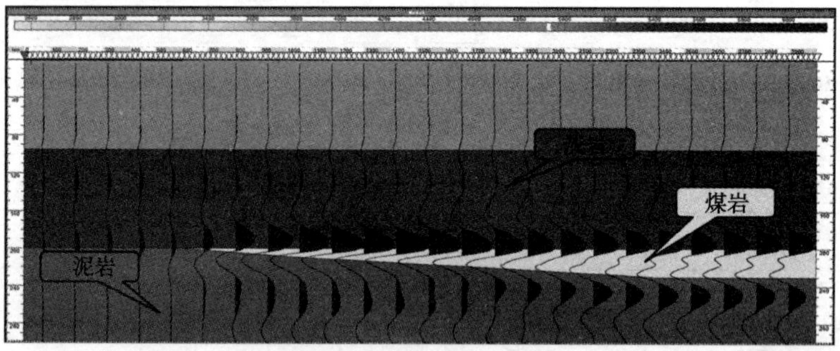

(a)煤层厚度变化模型及其地震响应特征

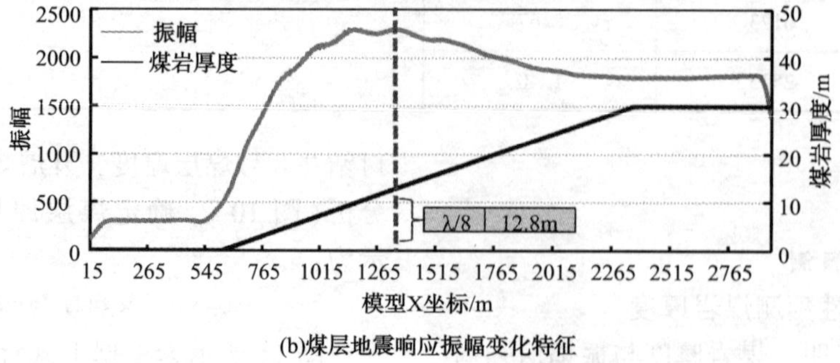

(b)煤层地震响应振幅变化特征

图 9　煤岩厚度变化模型及其地震正演模拟

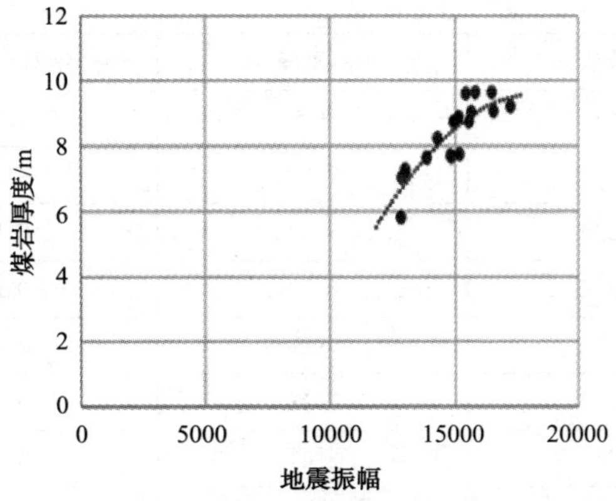

图 10 煤厚与地震振幅交汇图

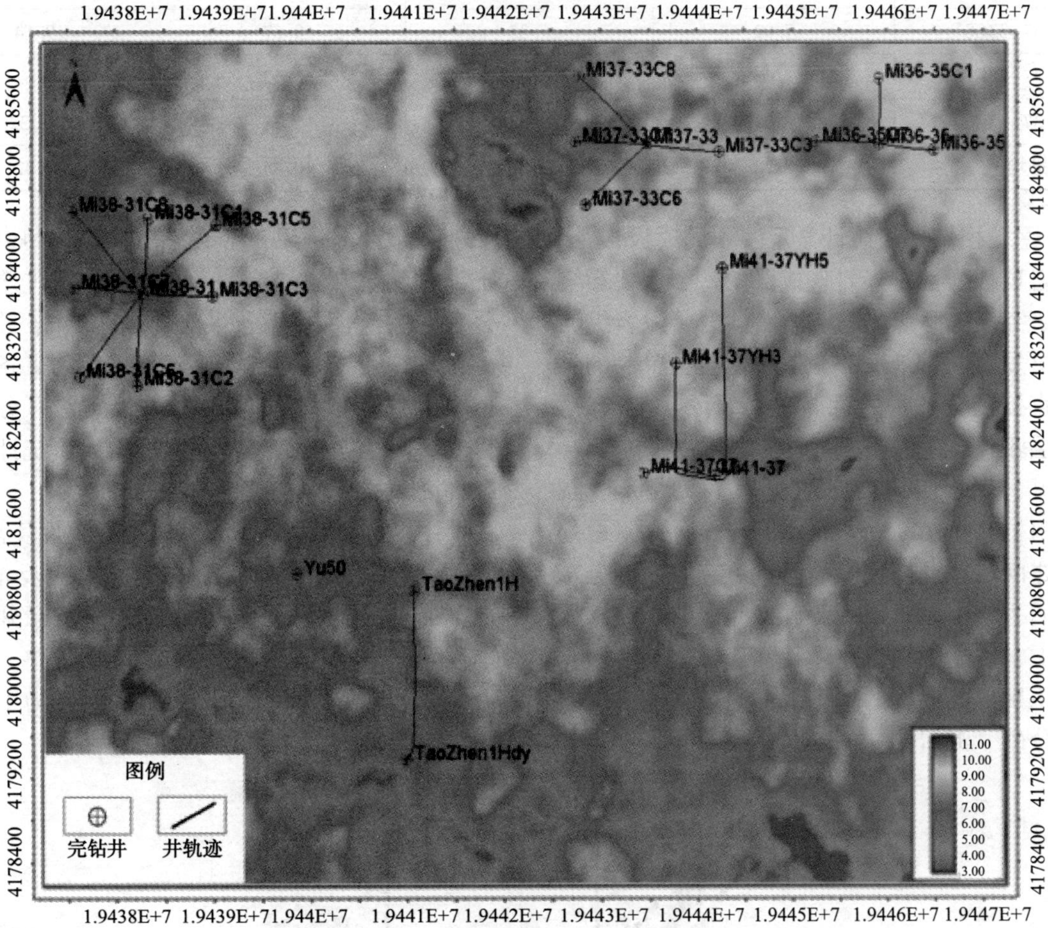

图 11 盆地 8 号煤层厚度平面图

表 4 钻井煤层厚度与预测厚度误差统计表

井名	井点垂厚/m	预测垂厚/m	绝对误差/m	相对误差/%
米 36-35	8.27	7.58	0.69	8.34
米 37-33	8.75	8.04	0.71	8.11
米 38-31	7.19	6.45	0.74	10.29
米 41-37	9.07	8.79	0.28	3.09
榆 50	5.82	6.36	-0.54	9.28
米 36-35C1	9.66	8.77	0.89	9.21

续表

井名	井点垂厚/m	预测垂厚/m	绝对误差/m	相对误差/%
米 36-35C3	9.65	8.5	1.15	11.92
米 36-35C7	7.68	7.99	-0.31	4.04
米 37-33C3	9.03	8.44	0.59	6.53
米 41-37C7	9.21	8.93	0.28	3.04
米 38-31C8	7.27	6.5	0.77	10.59
米 38-31C6	7.76	8.18	-0.42	5.41
米 38-31C5	8.74	8.41	0.33	3.78
米 38-31C2	7.73	7.96	-0.26	2.98
米 38-31C1	8.91	8.16	0.75	8.42
米 37-33C8	7.02	6.35	0.67	9.54
米 37-33C7	7.65	7.22	0.43	5.62
米 37-33C6	9.61	8.33	1.28	13.32
平均值	8.28	7.83	0.45	7.42

2.1.2 逐级相控地质统计学反演预测顶板岩性

煤岩顶板岩性是煤岩气成藏的一个重要影响因素。研究区 8 号煤岩与灰岩、砂岩、泥岩纵向上薄互层发育，常规反演分辨率低，且单一的参数难以直接区分各种岩性。图 12 所示为研究区煤系地层不同岩性纵波阻抗与纵横波速度交会图，可见，煤岩阻抗低于 7000g/cm^3 · m/s，灰岩纵波阻抗高于 14000g/cm^3 · m/s，而碎屑岩处于两者之间。因此应用纵波阻抗可有效的区分灰岩、碎屑岩，但是难以区分砂岩和泥岩。在碎屑岩区间上，砂岩纵横波速度比高于泥岩(>1.8)，即可在识别出碎屑岩的基础上，通过纵横波速度比来区分砂、泥岩。

基于以上认识，本文提出了岩相约束的地质统计学反演方法。首先，基于纵波阻抗差异开展叠后岩性反演以区分煤岩、灰岩、碎屑岩。然后，以叠后波阻抗岩性反演结果为约束条件，进行纵横波速度比叠前反演，实现逐级区分岩性的目的。同时，在反演过程中采用地质统计学方法来提高薄层分辨能力。

图 13 所示为研究区煤岩顶板岩性反演结果，图 14 所示为过 T1-S15-S17 井岩性反演剖面。从剖面上可以看出，岩性反演结果与录井岩性基本吻合，煤岩顶板岩性横向变化比较快。从平面上可以看出研究区，西侧以煤泥组合为主，东侧为煤灰组合为主。

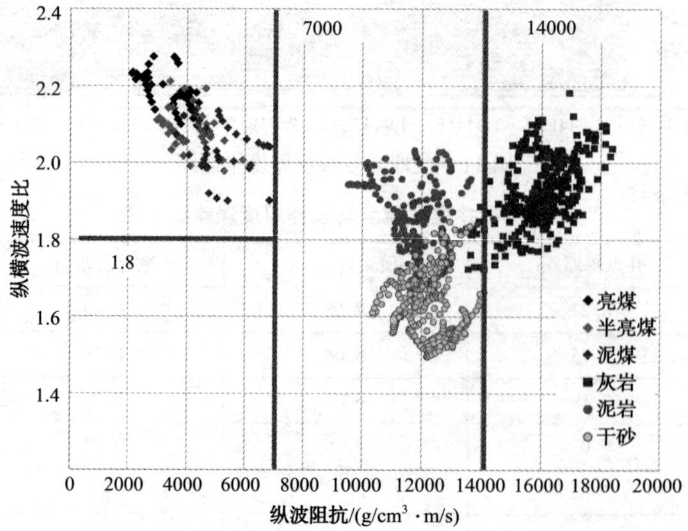

图 12　研究区煤系地层不同岩性纵波阻抗与纵横波速度交会图

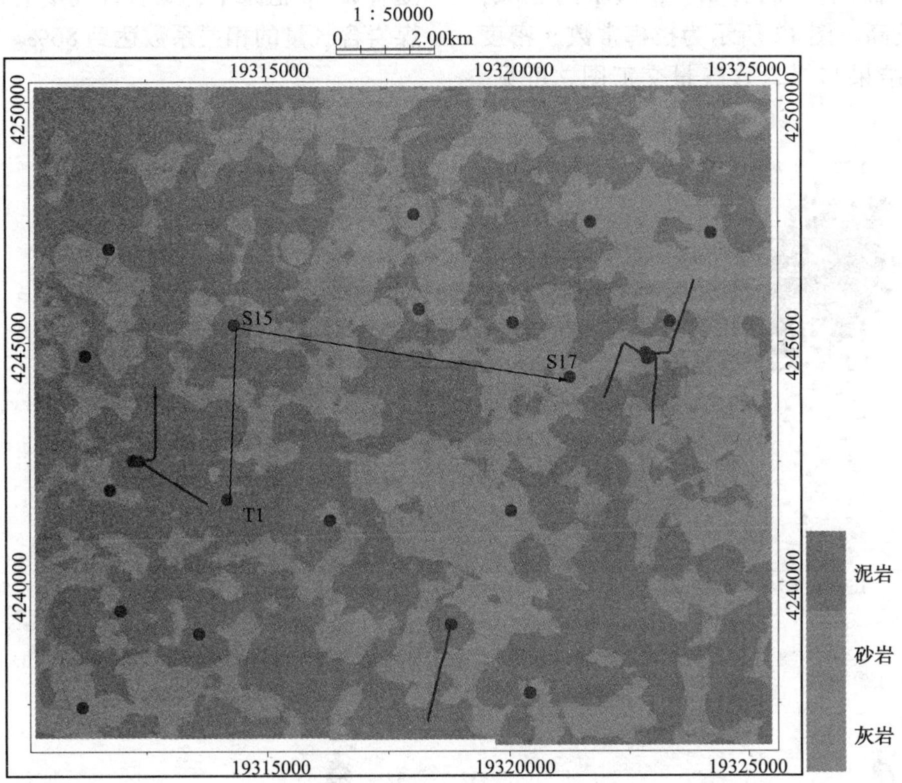

图 13　研究区三维地震预测煤岩顶板岩性图

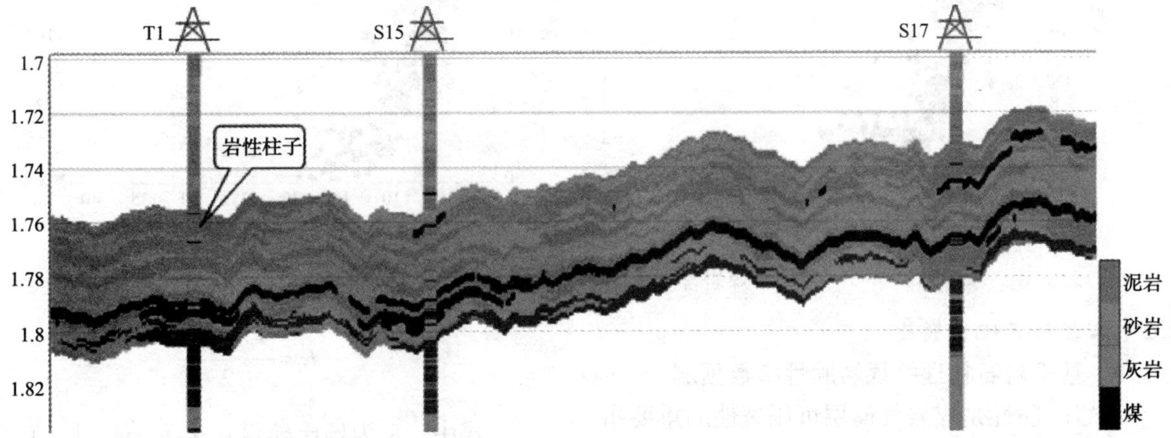

图 14　过 T1-S15-S17 井岩性剖面

2.1.3　叠前拉梅常数 * 密度反演预测煤岩含气量

图 15 所示为煤岩总含气量同地震弹性参数的交会分析图。分析表明：杨氏模量、体积模量与含气性均表现出负相关性；Vp/Vs 与含气量相关性不明显；拉梅常数 * 密度(λ * ρ)与含气量关系最好，相关系数达到 0.88。因此，选择拉梅常数 * 密度(λ * ρ)作为敏感参数，开展叠前弹性参数反演来预测煤岩含气量。

常规叠前三参数反演主要是针对纵波速度 VP、横波速度 VS 和密度 ρ 进行直接反演，而拉梅常数 λ 通常由这三个参数间接计算得到。由于密度量纲很小，受制于地震叠前资料品质和反演方法的精度，不易求准且难度较大。因此，采用叠前弹性反演对纵波阻抗 IP、横波阻抗 IS 参数稳定反演，然后通过公式(2)计算得到拉梅常数 * 密度(λ * ρ)，这样避免了密度项参与间接计算带来的累积误差。公式如下：

$$\lambda * \rho = I\mathrm{p}2 - 2I\mathrm{s}2 \qquad (2)$$

图 16 所示为研究区拉梅常数 * 密度(λ * ρ)

反演结果的平面图。可见，λ＊ρ 值小的区域，含气量普遍较高。图 17 所示为拉梅常数＊密度(λ＊ρ)反演结果与煤岩含气量交汇图。可见，随着 λ＊ρ 值减小，煤岩含气量增大，λ＊ρ 值与煤岩含气量的相关系数达到 86%。

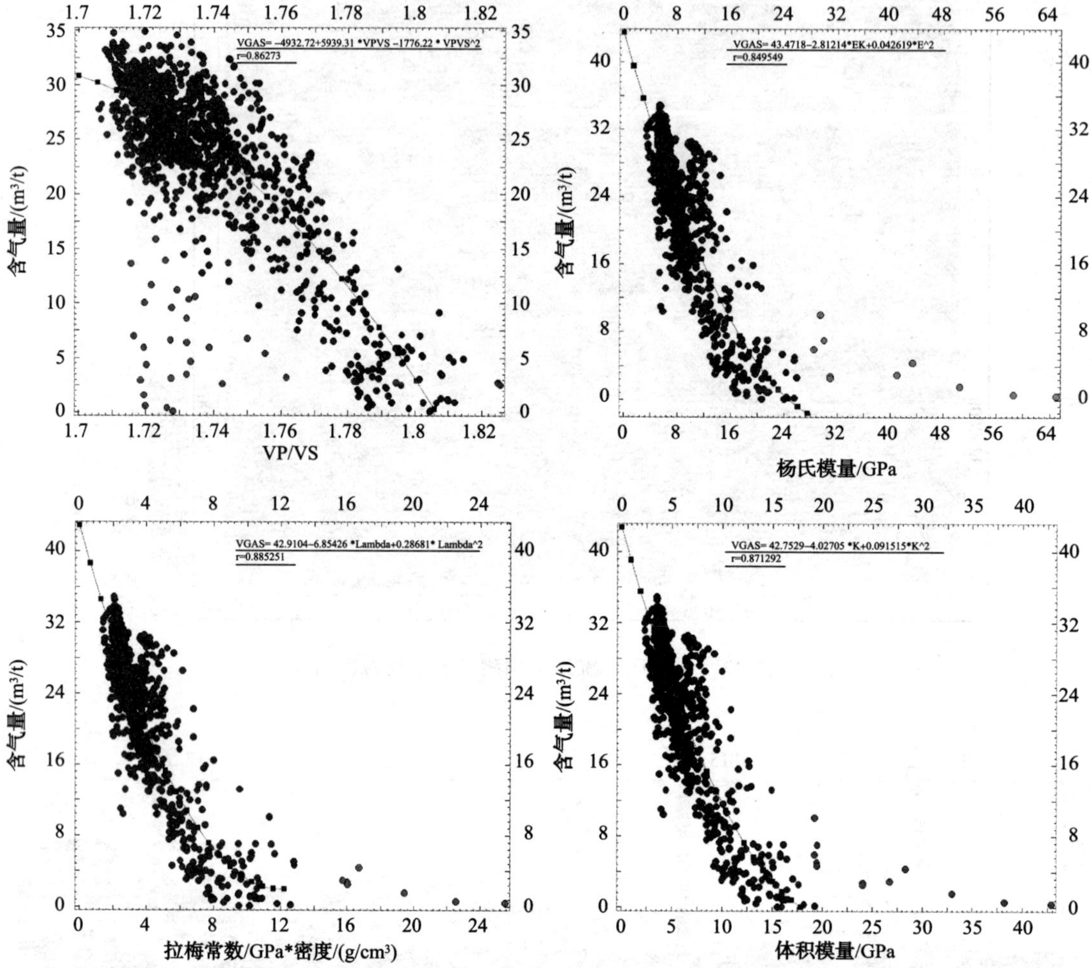

图 15　煤岩含气量同弹性参数相关性交会分析图

2.2　工程甜点地震预测

2.2.1　基于岩石物理的煤岩脆性指数预测

煤岩的脆性是煤岩气储层可压裂性的重要指标。该指数越高，说明储层越容易压裂形成网状裂缝；该指数越低则说明储层塑性较强，越容易形成双翼裂缝。基于前述碳含量-杨氏模量-泊松比变化关系和脆性指数随碳含量变化关系分析认识(图 6)，以碳含量为纽带，通过建立基于杨氏模量和泊松比的煤岩脆性指数计算公式，可实现煤岩脆性的地震预测。公式如下：

$$I_{BE}=100\times\frac{E-4}{65-4}\cdot C \tag{3}$$

$$I_{B\mu}=100\times\frac{\mu-0.2}{0.4-0.2} \tag{4}$$

$$I_B=\frac{I_{BE}+I_{B\mu}}{2} \tag{5}$$

式中，E 为杨氏模量；μ 为泊松比，C 为碳含量百分比；I_{BE}、$I_{B\mu}$ 分别为利用杨氏模量、泊松比计算的煤岩脆性指数；I_B 为最终地震预测的煤岩脆性指数。

图 18 所示为研究区煤岩脆性指数预测结果的平面图。其中，橙色柱子的高度代表实钻井产能大小。可以看出脆性大的区域，产能普遍较高。图 19 所示为各井产能于预测脆性指数交会图。可见，煤岩产能与脆性指数呈正相关关系，相关系数达 81%，说明脆性大的储层有利于压裂改造形成缝网，获得高产。

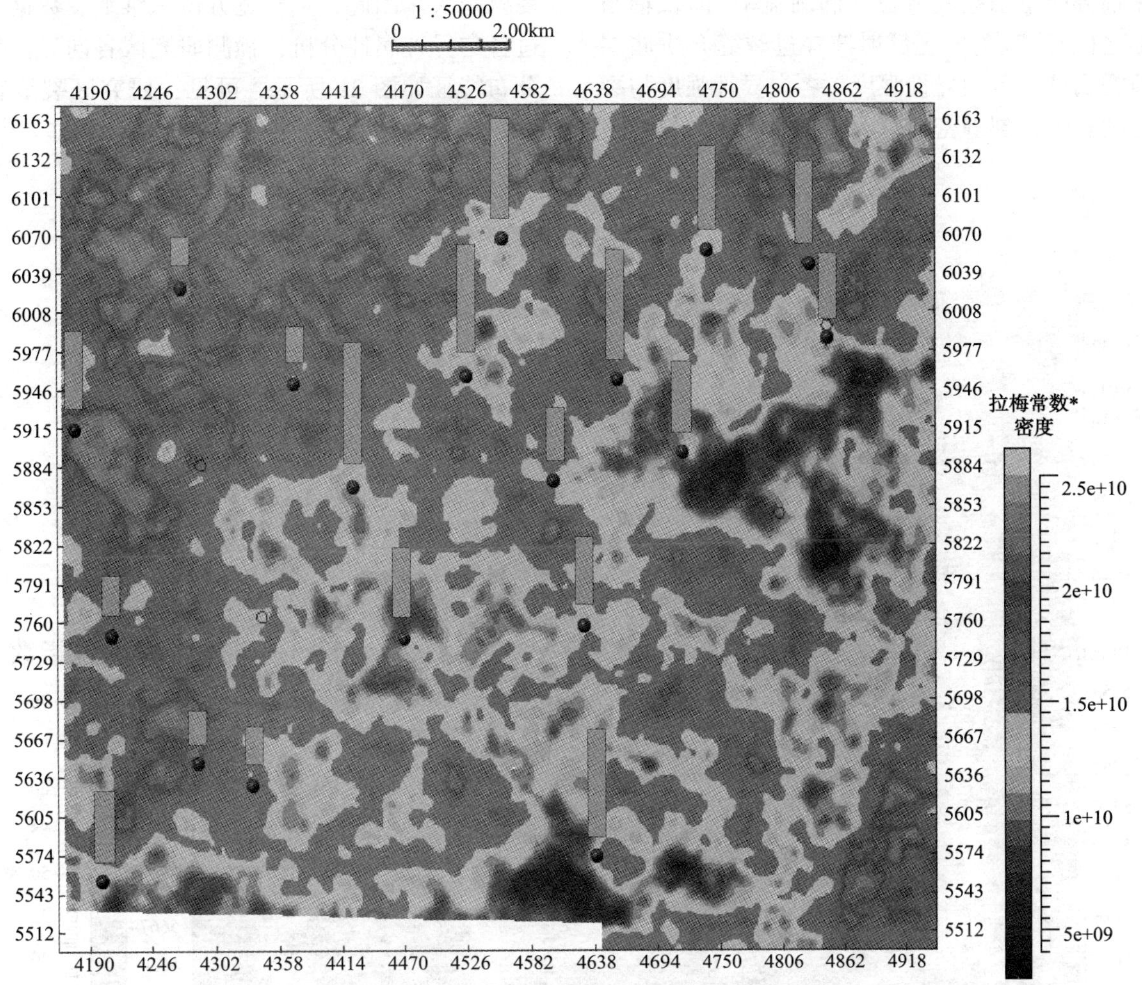

图 16　研究区拉梅常数＊密度(λ＊ρ)反演结果平面图

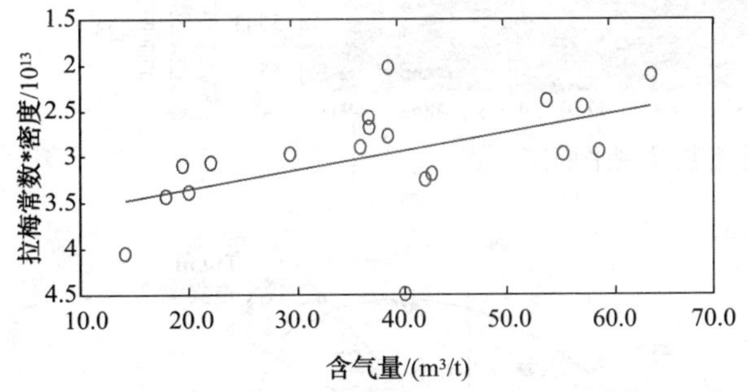

图 17　研究区拉梅常数＊密度(λ＊ρ)反演结果与煤岩含气量交汇图

2.2.2　各向异性裂缝预测

岩心测试表明，微裂缝及割理的定向排列导致煤岩具有明显的各向异性特征。通过宽方位三维地震各向异性分析，可以表征裂缝的密度和方位，间接地表征储层的渗透性。

常用的宽方位三维地震 pp 波各向异性反演理论基于 Ruger 公式，Ruger 推导出上下两层均为 HTI 介质的反射界面的纵波反射系数，给出纵波反射系数随着方位角和入射角变化的近似公式：

$$R_{pp}(\mathrm{i},\ \psi)\approx\frac{1}{2}\frac{\Delta Z}{\bar{Z}}+\frac{1}{2}\left\{\frac{\Delta\alpha}{\bar{\beta}}-\left(\frac{2\bar{\beta}}{\beta}\right)^2\frac{\Delta G}{\bar{G}}+\left[\Delta\delta^{(V)}+2\left(\frac{2\bar{\beta}}{\bar{\beta}}\right)^2\Delta\gamma\right]\cos^2\psi\right\}\sin^2\mathrm{i}+\frac{1}{2}\left\{\frac{\Delta\alpha}{\bar{\alpha}}+\Delta\varepsilon^{(V)}\cos^4\psi+\Delta\varepsilon^{(V)}\sin^2\psi\cos^2\psi\right\}\sin^2\mathrm{i}\tan^2\mathrm{i} \tag{6}$$

式中，Z 为纵波波阻抗；β 为纵波波速；α 为横波波速；$\varepsilon^{(V)}$、$\delta^{(V)}$ 为裂隙参数，ε、γ 分别表示纵波和横波各向异性；δ 表示纵向和横向各向异性；$G=\rho\beta^2$ 表示切向模量；i 和 ψ 分别为入射方向和测线方向与裂缝对称轴的夹角；符号“-”和“Δ”分别表示上下界面参数的算术平均值、差值。

根据公式 6，将反射振幅随观测夹角的变化关系拟合成属性椭圆，如图 20 所示。椭圆长轴和短轴方向指示裂缝方位，椭圆扁率（即长轴与短轴之比）反映了地震反射波穿过裂缝介质储层后地震属性的各向异性强度。各向异性强度与裂缝密度有关，裂缝密度越大，振幅的各向异性强度就越大。因此，基于宽方位三维地震数据，通过各向异性属性分析，预测研究区各向异性裂缝分布特征如图 21 所示。可见，研究区裂缝普遍发育，煤岩储层渗透性较好。

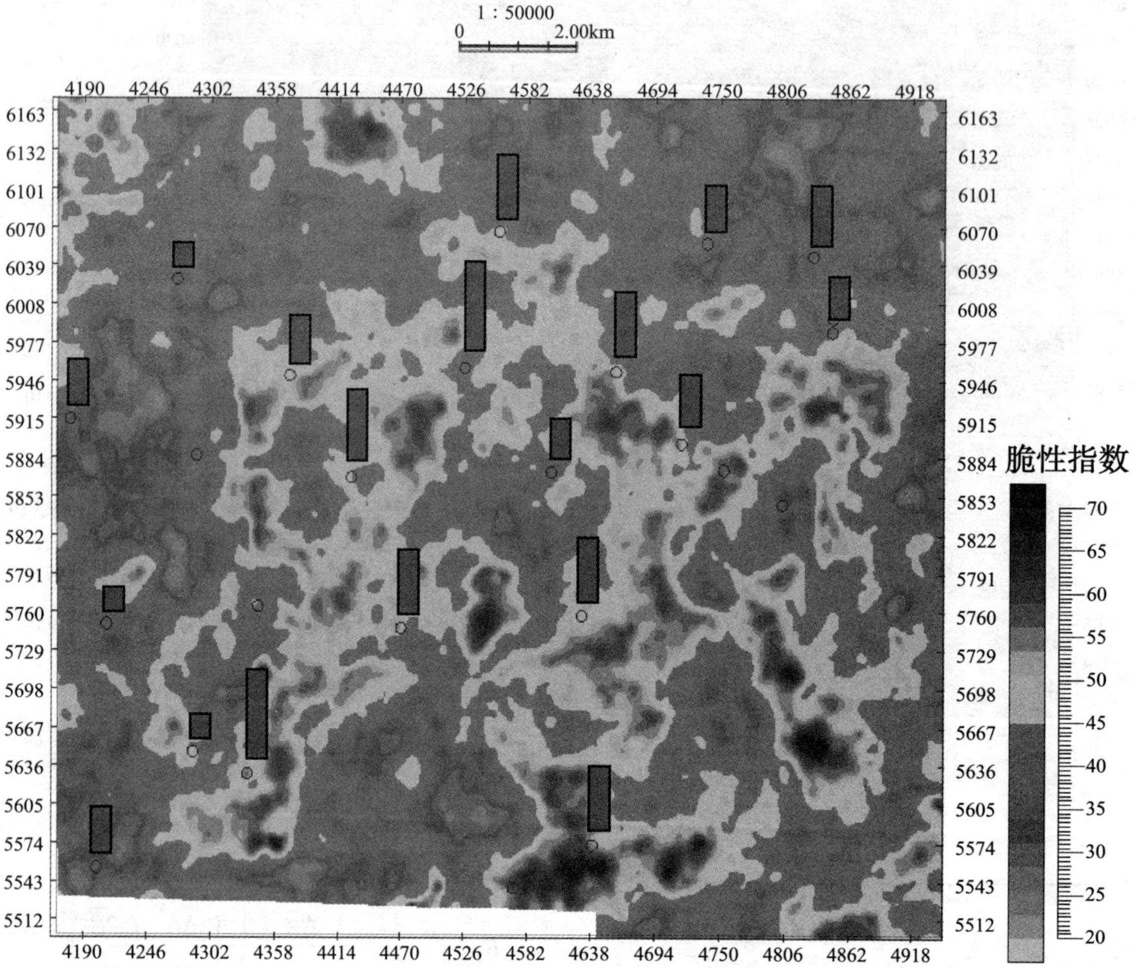

图 18　研究区煤岩脆性指数预测平面图

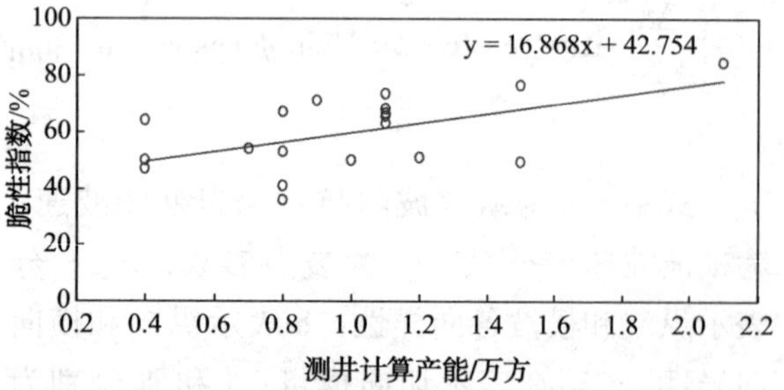

图 19　研究区预测煤岩脆性指数与产能交会图

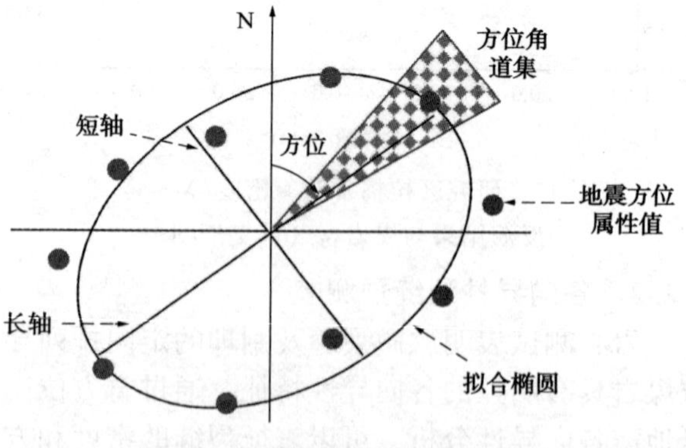

图 20　方位属性椭圆拟合示意图

3　煤岩气甜点综合评价

选取煤岩厚度、顶板岩性、裂缝、含气量、脆性 5 个评价要素，对研究区煤岩气甜点进行综合评价，评价标准见表 5。Ⅰ类甜点区为煤岩厚度大于 8m，顶板岩性为灰岩，含气量大于 $18m^3/t$，裂缝发育，脆性指数大于 45 的区域；Ⅱ类甜点区为煤岩厚度介于 5~8m，顶板岩性为泥岩，含气量介于 10~18m^3/t，裂缝较发育，脆性指数介于 30~45 的区域；Ⅲ类甜点区为煤岩厚度小于 5m，顶板岩性为砂岩，含气量小于 10m^3/t，裂缝不发育，脆性指数小于 30 的区域。根据以上标准，综合评价划分研究区煤岩气甜点评价平面图，见图 22 所示。其中，Ⅰ类甜点区 540km^2，Ⅱ类甜点区 750km^2，Ⅲ类甜点区 210km^2。

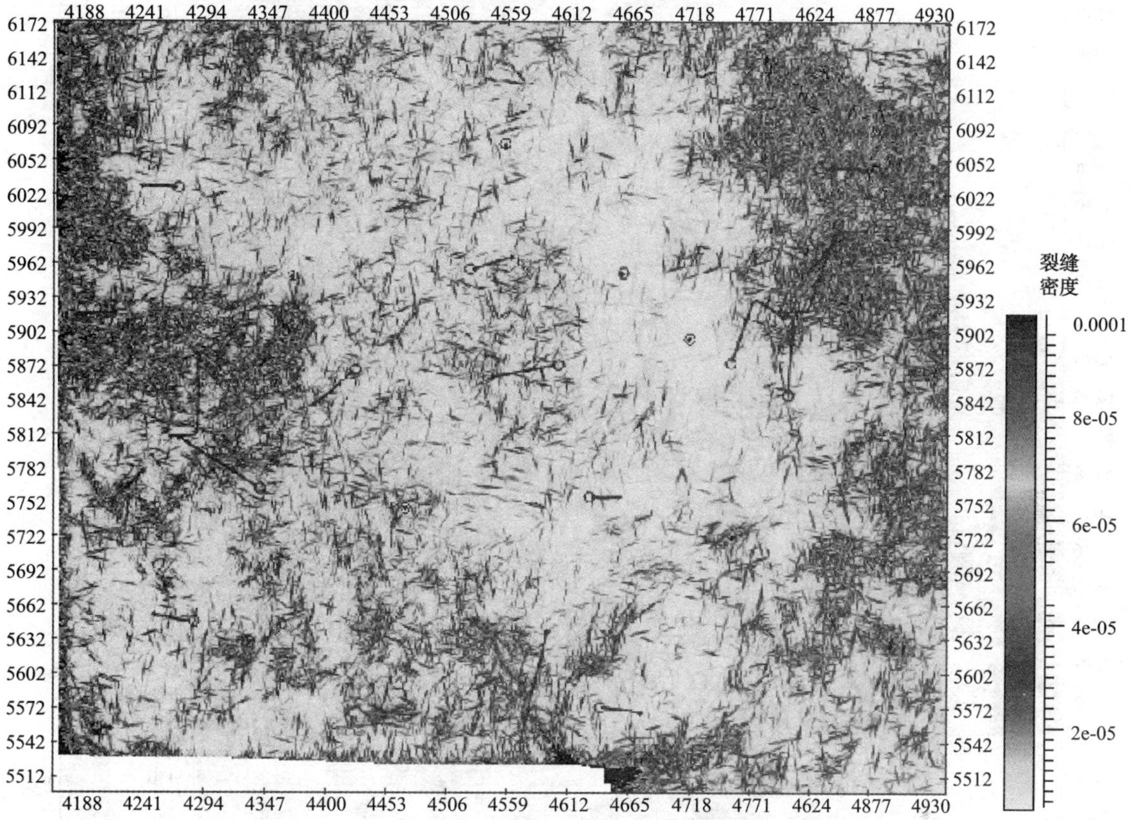

图 21　研究区各向异性裂缝预测平面图

表 5　煤岩气地质工程甜点地震评价标准

甜点要素	地震评价参数	Ⅰ类	Ⅱ类	Ⅲ类
煤岩厚度	纵波阻抗	>8m	5~8m	<5m
顶板岩性	纵波阻抗、纵横波速度比	灰岩	泥岩	砂岩
含气量	拉梅常数＊密度	>18m^3/t	10~18m^3/t	10m^3/t
裂缝	各向异性	裂缝发育	裂缝较发育	裂缝不发育
脆性指数	杨氏模量、泊松比	>45	30~45	<30

4　结论

（1）煤岩的厚度、含气量、顶板岩性是深层煤岩气地质甜点评价的关键参数，顶板岩性组合控制着煤岩气原位富集或立体排烃运移结果。煤岩的脆性、裂缝是深层煤岩气工程甜点评价的关键参数，影响着储层压裂改造效果及钻井开发效益。

（2）岩石物理实验及地震正演分析表明，煤岩具有低纵波阻抗、高纵横波速度比、低杨氏模量、高泊松比及各向异性等地球物理响应特征。煤岩厚度与振幅强弱具有相关性；顶板岩性划分的敏感参数是纵波阻抗与纵横波速度比；含气量同拉梅常数＊密度（$\lambda * \rho$）呈正相关；脆性指数与杨氏模量负相关，与泊松比正相关；煤岩微裂缝及割理的定向排列具有典型的各向异性特征。

（3）地震属性分析及叠前弹性参数反演可实现煤岩厚度、含气量、顶板岩性、脆性、裂缝等地质工程评价参数的定量地震预测，综合评价可实现深层煤岩气甜点类型划分。

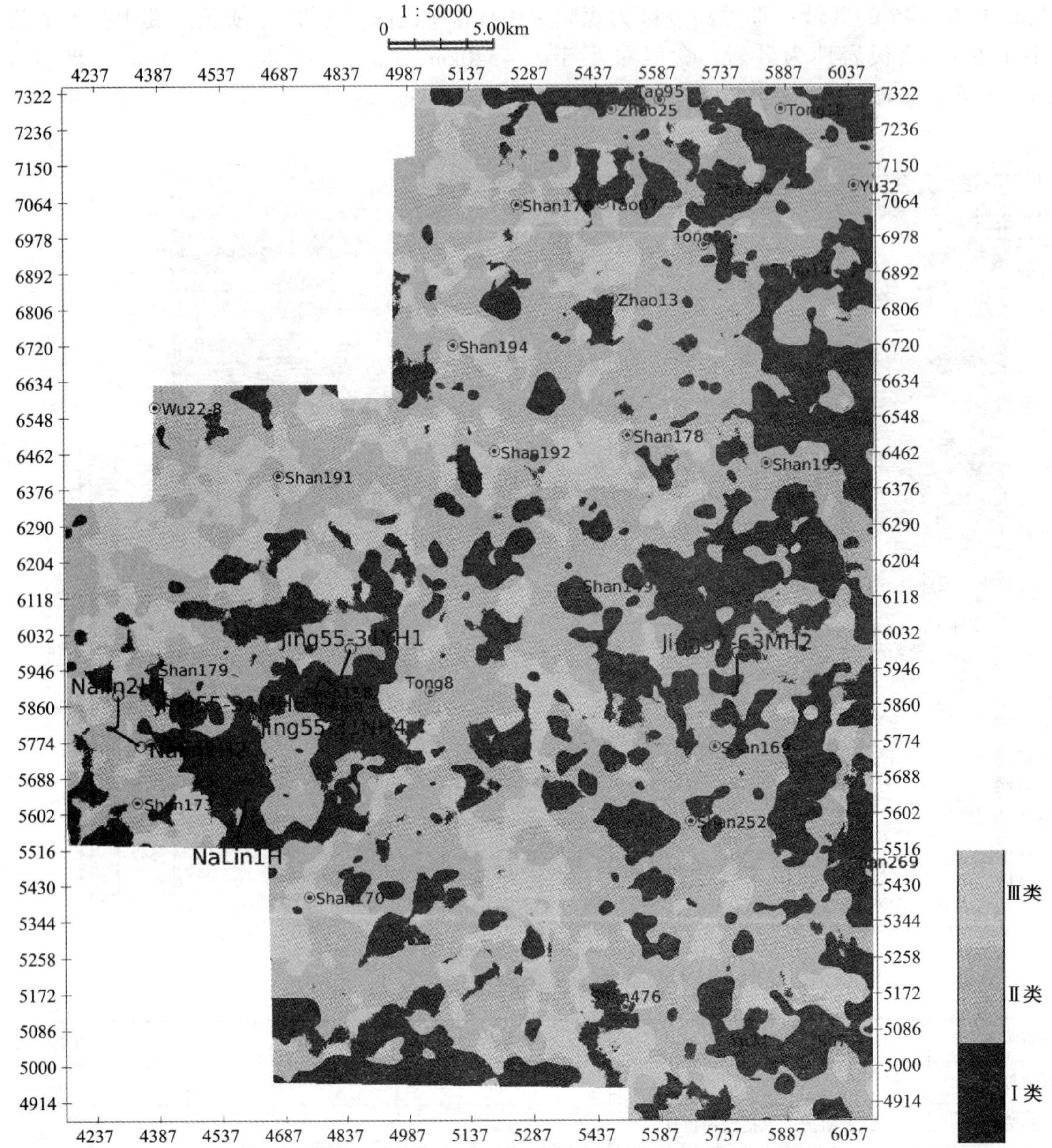

图 22　纳林河地区煤岩气甜点评价平面图

参 考 文 献

[1] 周德华，陈刚，陈贞龙，等．中国深层煤层气勘探开发进展、关键评价参数与前景展望[J]．天然气工业，2022，42(06)：43-51.

[2] 曾雯婷，葛腾泽，王倩，等．深层煤层气全生命周期一体化排采工艺探索——以大宁-吉县区块为例[J]．煤田地质与勘探，2022，50(09)：78-85.

[3] 聂志宏，时小松，孙伟，等．大宁-吉县区块深层煤层气生产特征与开发技术对策[J]．煤田地质与勘探，2022，50(03)：193-200.

[4] 牛小兵，赵伟波，史云鹤，等．鄂尔多斯盆地本溪组天然气成藏条件及勘探潜力[J]．石油学报，2023，44(08)：1240-1257.

[5] 徐凤银，闫霞，李曙光，等．鄂尔多斯盆地东缘深部(层)煤层气勘探开发理论技术难点与对策[J]．煤田地质与勘探，2023，51(01)：115-130.

[6] 祁雪梅．煤层气储层地震属性响应特征及应用[D]．徐州：中国矿业大学，2014.

[7] 陈勇，关达，陈洪德，等．地震属性技术在煤层及煤层气储层预测中的应用[J]．石油天然气学报，2014，36(07)：65-69.

[8] 孟召平，郭彦省，王赟，等．基于地震属性的煤层厚度预测模型及其应用[J]．地球物理学报，2006(02)：512-517.

[9] 李启成，郭雷，孙颖川，等．地震属性融合技术在

煤层厚度预测中的研究[J]. 地球物理学进展，2017，32(05)：2014-2020.

[10] 仇念广. 地震属性在煤层气开发有利区块优选中的应用[J]. 煤矿安全，2019，50(12)：131-134.

[11] 尹海洋，陈同俊，宋雄，等. 基于地震属性优化和机器学习的煤层厚度预测方法[J]. 煤田地质与勘探，2023，51(05)：164-170.

[12] 李俊，张聪，张武昌，等. 基于地震属性优选技术的煤层气开发单元划分[J]. 煤矿安全，2024，55(02)：48-54.

[13] 范亮. 地震反演在煤层厚度预测的应用研究[D]. 北京：中国地质大学(北京)，2016.

[14] 彭刘亚，崔若飞，任川. 多参数岩性地震反演在识别煤层顶板砂岩中的应用——以新景煤矿为例[J]. 地球物理学进展，2013，28(04)：2033-2039.

[15] 吴海波，徐宏杰，张平松，等. 基于地震反演参数的煤层气储层甜点区预测[J]. 煤炭科学技术，2018，46(07)：218-222.

[16] 霍丽娜，徐礼贵，邵林海，等. 煤层气"甜点区"地震预测技术及其应用[J]. 天然气工业，2014，34(08)：46-52.

[17] 陈信平，霍全明，林建东，等. 煤层气储层含气量与其弹性参数之间的关系——思考与初探[J]. 地球物理学报，2013，56(08)：2837-2848.

[18] 田忠斌，张胤彬，王建青，等. 富含煤层气储层的叠前地震反演预测方法研究——以山西晋东南测区为例[J]. 地球物理学报，2016，59(12)：4494-4504.

[19] 罗忠琴，刘鹏，孟凡彬. 低阶煤煤层气富集区预测方法研究与应用[J]. 煤田地质与勘探，2021，49(06)：251-257.

[20] Zhejun Pan，Luke D. Connell. Modelling of anisotropic coal swelling and its impact on permeability behaviour for primary and enhanced coalbed methane recovery [J]. International Journal of Coal Geology，2011，Vol. 85(3)：257-267.

[21] Yun Yang，Christopher R. Clarkson，Hamidreza Hamdi，et al.，Numerical Simulation of the Impact of Coal Anisotropy on CO_2 Sequestration in Deep Mannville Coal Seams [C]. SPE/AAPG/SEG Unconventional Resources Technology Conference，2022.

[22] 林柏泉，宋浩然，杨威，等. 基于煤体各向异性的煤层瓦斯有效抽采区域研究[J]. 煤炭科学技术，2019，47(06)：139-145.

[23] 刘保民. 霍林河煤田宏观煤岩类型划分及煤岩特征[J]. 煤炭技术，2005(11)：103-105.

滨里海盆地东南缘阿克若尔油田勘探发现及启示

盛善波[1,2]　杨　峰[3]　金树堂[1,2]　陈洪涛[3]　孙铁军[1,2,3]
李一宝[3]　王国军[1,2]　聂　辉[3]

[1. 中国石油国际勘探开发有限公司；2. 中国石油(哈萨克斯坦)阿克纠宾公司；
3. 中国石油集团东方地球物理勘探有限责任公司]

摘　要　阿克若尔油田位于滨里海盆地东南缘东部成藏带低缓坡区，其主力储层为盐下石炭系碳酸盐岩。随着探区可供钻探的大型构造圈闭越来越少、规模越来越小，油气勘探领域向斜坡区岩性油气藏拓展对探区勘探具有重要战略意义。阿克若尔油田早期多口钻井未获油气发现，一度成为油气勘探“禁区”，勘探工作停滞近十年。2018 年以来，一方面转变勘探思路，构建斜坡区岩性油气藏勘探新模式，力争开拓探区新的勘探领域；另一方面加强碳酸盐岩薄储层预测技术攻关研究，开展高分辨率层序地层学研究，明确沉积相带展布特征，精细刻画碳酸盐岩礁滩体边界，落实有利岩性体分布范围。最终实现阿克若尔油田油气勘探的突破，发现两大含油气区，形成亿吨级规模勘探战场。本文通过深入解剖阿克若尔油田油气发现过程，认为深化基础地质研究，明确有利勘探方向，是奠定研究区迈向构造-岩性油气藏勘探的基础；强化物探技术攻关，实现碳酸盐岩薄储层定量化预测，是研究区取得效益油气发现的关键；创新油气成藏模式，构建复合型新储层类型，拓展勘探领域，是研究区实现规模增储的保障。

关键词　滨里海盆地东南缘；阿克若尔油田；岩性油气藏；碳酸盐岩礁滩体；地质统计学反演

Exploration Discovery in Akzhar Oilfield at Southeastern Margin of the Pre-Caspian Basin and Its Implications

Sheng Shanbo[1,2]　Yang Feng[3]　Jin Shutang[1,2]　Chen Hongtao[3]　Sun Tiejun[1,2,3]
Li Yibao[3]　Wang Guojun[1,2]　Nie Hui[3]

(1. China National Oil and Gas Exploration and Development Company Ltd.;
2. CNPC-AktobeMunaiGas JSC.; 3. BGP Inc., China National Petroleum Corpomation)

Abstract　The Akzhar Oilfield is located in the low-gentle slope at the southeastern margin of the Pre-Caspian Basin, and its main reservoir is the sub-salt Carboniferous carbonate rock. With the decreasing number and scale of large-scale structural traps available for drilling in the exploration area, the expansion of the oil and gas exploration towards lithological reservoirs in slope area is of great strategic significance for exploration in this region. In the early stages, multiple wells in the Akzhar Oilfield did not obtain oil and gas discovery, thus it once became a “forbidden zone” for oil and gas exploration, with exploration stalled for nearly a decade. Since 2018, on the one hand, we have changed our exploration idea and constructed a new exploration model for lithological reservoirs in the slope area, striving to explore new domain in this exploration area; On the other hand, we have strengthened the research and development of prediction technologies for thin carbonate reservoirs, carried out high-resolution sequence stratigraphy research, clarified the distribution characteristics of sedimentary facies zones, finely characterized the boundaries of carbonate reef-shoals, and determined the distribution range of favorable lithological bodies. We ultimately achieved a breakthrough in oil and gas exploration in the Akzhar Oilfield, discovered two major petroliferous zones, and formed a billion ton scale exploration domain. This article deeply dissects the process of oil and gas discovery in the Akzhar Oilfield, and concludes that: (1) Deepening basic geological research and clarifying favorable exploration direction are the foundation for the study area to move towards exploration of structural-lithological reservoirs; (2) Strengthening geophysical exploration technology research and achieving quantitative prediction of thin carbonate reservoirs are the key to achieving profitable oil and gas discoveries in the study area; (3) Innovating hydrocarbon accumulation models, constructing composite new reservoir types, and expanding exploration domain are the guarantees for achieving large-scale reserves increase in the study area.

Key wordst Southeastern margin of Pre-Caspian Basin; Akzhar Oilfield; Lithological reservoir; Carbonate reef-shoal; Geostatistical inversion

1 研究区概况

滨里海盆地位于东欧地台的东南缘，为早古生代裂谷-晚古生代克拉通边缘坳陷-中新生代克拉通内坳陷等多期叠合型盆地，是世界上石油、天然气最为富集的地区之一。盆地呈长条状，约1000km长，最宽处达650km，形状近似东西向椭圆形，面积约为$58\times10^4km^2$，沉积物的最大厚度达22km，其面积的85%位于哈萨克斯坦境内。盆地内部可划分为北部及西北部断阶带、中央坳陷带、阿斯特拉罕—阿克纠宾斯克隆起带和东南部坳陷带4个次级构造单元，向东进入乌拉尔造山带(海西褶皱山系)，东南部则紧邻南恩巴造山带(图1)。A探区位于滨里海盆地东南缘，构造上横跨阿斯特拉罕—阿克纠宾斯克隆起带的东部及东南坳陷带的北部。根据区域地层分布特征、构造样式、断裂发育情况及油气成藏特征，探区可划分为西部、中部、东部和逆冲推覆等四大成藏带(图2)。前期勘探重心主要集中于大型构造圈闭发育的中部成藏带上，发现有TLW油田、TKR油田。

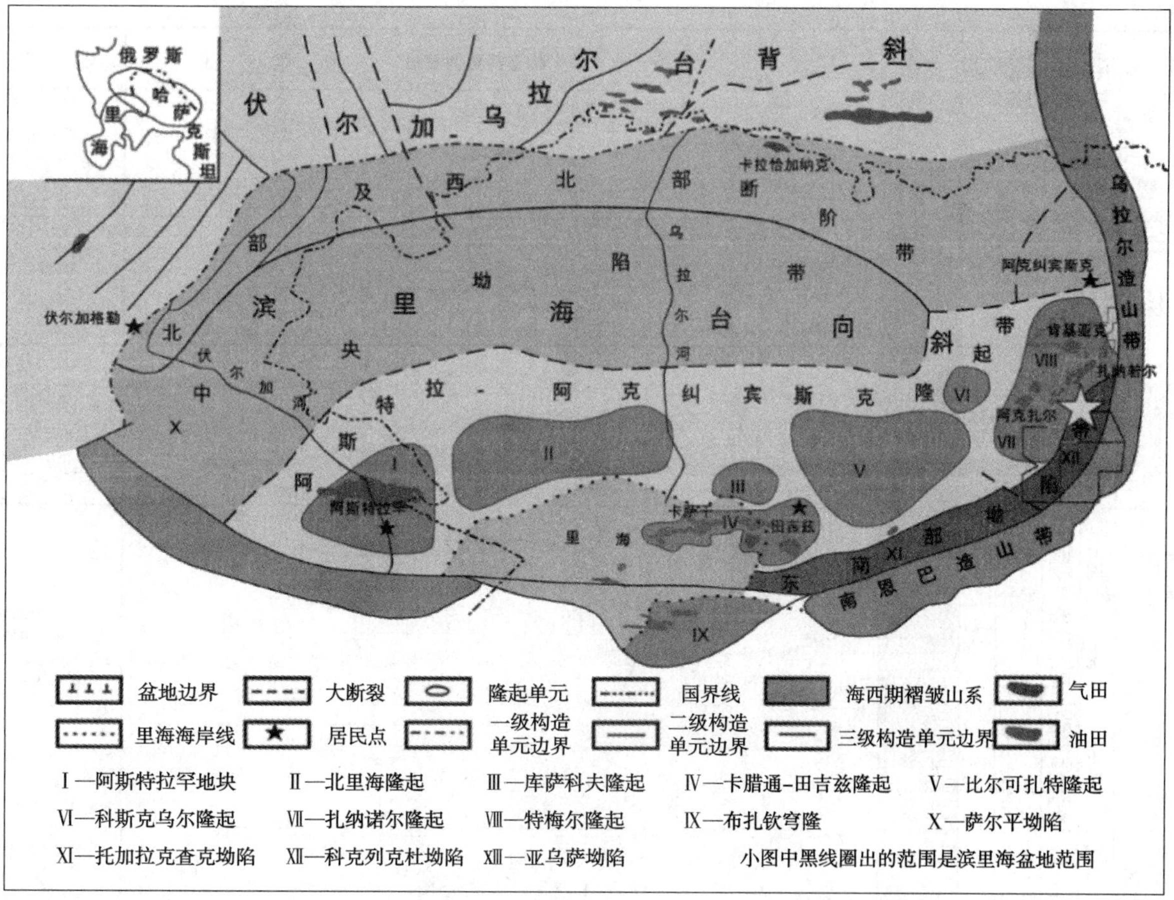

图1　滨里海盆地构造区划图(星号为研究区所在位置)

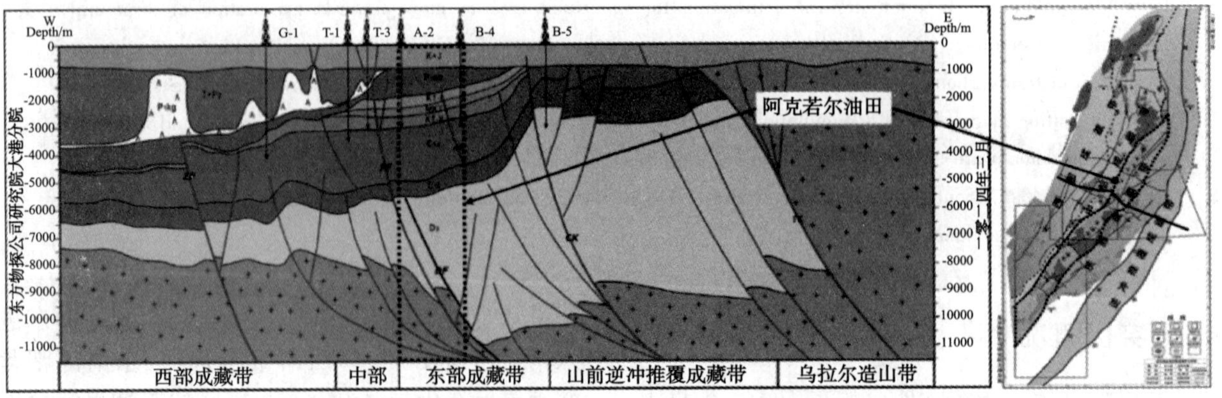

图 2　滨里海盆地东南缘 A 探区成藏带划分示意图

阿克若尔油田位于东部成藏带低缓坡区，其主力勘探层系为石炭系 KT-I 段和 KT-II 段碳酸盐岩(图 3)。2005—2007 年，在阿克若尔油田西北部部署钻探多口井位，录井见油气显示，但是储层发育较差，始终未获油气发现，认为受储层因素影响，不具备油气成藏条件，一度成为探区勘探“禁区”，勘探工作停滞近 10 年。通过加强基础地质研究，深化斜坡区碳酸盐岩岩性油气藏成储、成藏机制研究，认为阿克若尔构造具备优越的油气成藏条件，于 2018 年再次开展阿克若尔构造油气勘探，优选部署甩开探井 X-13 井，实现阿克若尔油田勘探的突破；后续通过探井/评价井的部署，明确一个南北延伸近 150km 的有利含油气区带，实现阿克若尔油田的发现，形成亿吨级规模勘探战场。

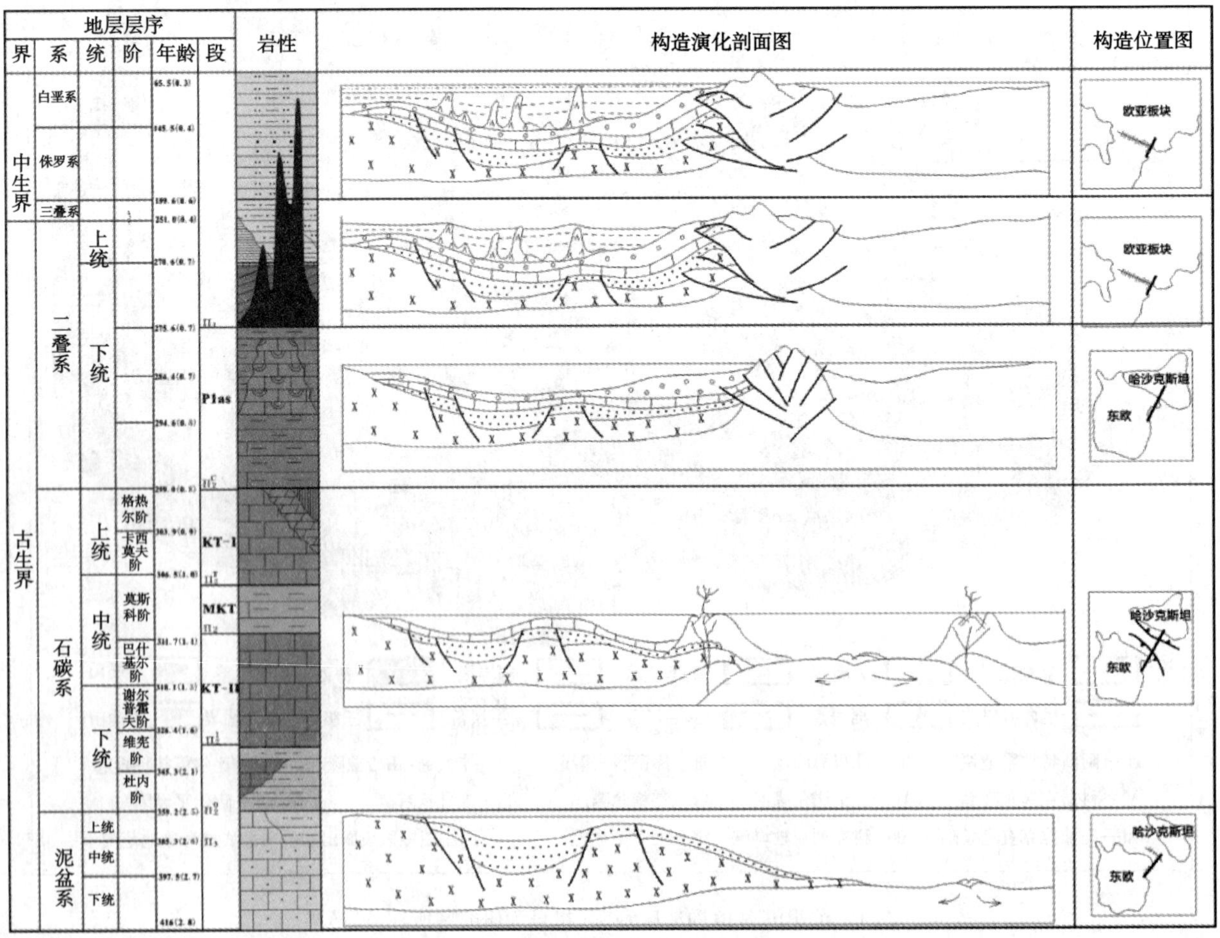

图 3　滨里海盆地构造演化史简图

2 斜坡区碳酸盐岩构造-岩性油气藏勘探思路与方法

2.1 加强区域地质调研，明确滨里海盆地东南缘斜坡区具备优越的多类型圈闭油气成藏条件，推动滨里海盆地东南缘由构造油气藏勘探走向构造-岩性油气藏勘探，奠定重上阿克若尔构造勘探信心

2.1.1 盆地构造-沉积演化的新认识

研究过程中，滨里海盆地东南缘的构造沉积演化史出现了许多争论，最主要的争论集中在石炭纪的沉积背景、目的层是否发育生物礁台缘及其方位、油气运聚模式等几个方面。对于这些争论所涉及的地质问题，前人对于滨里海盆地的构造演化过程无法给出准确的答案。

为了解决勘探生产中出现的地质争论，通过分析前人对滨里海盆地构造演化的认识，结合几十年来勘探实践中的认识，通过对滨里海盆地的区域地质演化特征进行重新的认识，建立起滨里海盆地新的构造-沉积演化特征，总体上划分为断陷盆地、弧后盆地、前陆盆地、断-坳转换及坳陷盆地五个阶段(图3)。

其中，主力勘探层系石炭纪至早二叠世初期为弧后盆地阶段。早石炭世，哈萨克斯坦板块持续向东欧板块靠近，两板块之间(乌拉尔洋)的洋壳向两个板块之下俯冲，形成汇聚型的主动大陆边缘，俯冲带形成岛弧，乌拉尔洋开始缩小。现今的滨里海盆地位于乌拉尔洋与东欧板块之间的火山岛弧背向大洋的一侧，形成弧后盆地。在深海弧后盆地的背景下，接受了石炭系杜内阶和维宪阶泥岩加细砂岩的海相碎屑岩伴局部碳酸盐岩沉积，水体由西向东逐渐加深，在滨里海盆地东南缘，该套地层出现次复理石沉积，表明深海沉积环境。

中晚石炭世，乌拉尔洋进一步缩小，但东欧板块与哈萨克斯坦板块尚未发生碰撞。虽然火山岛弧一直间歇活动，但处于岛弧后方的滨里海盆地构造活动保持相对的安静，沉积稳定。只是全球海平面的升降以及岛弧上碎屑物质的波及范围不同对沉积物岩性及成分组成造成影响。中晚石炭世海平面下降，海水深度有利于造礁生物的发育，在该时期，滨里海盆地广泛发育碳酸盐岩建造，围绕阿斯特拉罕—阿克纠宾斯克隆起带形成孤立台地沉积相带(图4左)，地层岩性以生物格架灰岩、生物碎屑灰岩、泥灰岩、粒泥灰岩、补丁礁等碳酸盐岩沉积为主，夹泥岩层(MKT)或泥岩条带(KT-I段内)。

早二叠世初期，随着乌拉尔洋洋壳向东欧板块之下俯冲活动的加剧，上地幔岩浆活动活跃，局部基底地层抬升较高的区域地层发生进一步的拱升，部分孤立台地区抬升形成海岛，上石炭统遭受一定的剥蚀而形成不整合面(图4右)，在水线之下的P1a-s底部形成了短暂沉积的薄层沉积物，内碎屑灰岩、泥灰岩、鲕粒灰岩、球粒灰岩和泥岩沉积，包括剥蚀后再沉积的灰岩成分的砾岩和角砾岩。

2.1.2 地质演化新认识在勘探实践中的指导意义

重新认识滨里海盆地的构造-沉积演化特征，对于盆地东南缘的油气勘探来说有着非常现实的指导意义，明确了盐下主要勘探层系沉积环境，解决了对石炭系古地形的争论，推动了油气勘探由构造向构造+岩性勘探及多类型油气勘探的转变，将油气勘探的重心从西侧向东侧转移。

在滨里海盆地东南缘十几年的勘探历程中，对于主要勘探目的层石炭系在沉积时期的古地形究竟是西侧高还是东侧高，不同的研究者有着截然不同的观点。而不同的观点，对于目的层系的潜力及下一步勘探方向的选择起着至关重要的作用。新的地质演化观点认为盆地东南缘石炭纪碳酸盐岩为孤立台地成因，台地周缘发育台缘礁，内部为台内滩等沉积。由于孤立台地发育在陆棚之上，而乌拉尔山是曾经的乌拉尔洋所在的位置，所以，在乌拉尔山以西的区域大概率能找到孤立台地的东侧台缘，而且是成藏物性最好的面向大洋一侧的生物礁台缘。研究区位于属于孤立台地的东翼，矿权区西侧区域主要目的层遭受剥蚀，而东侧区域地层保留完整，而且在乌拉尔山前位置，具备较好的碳酸盐岩台缘生物礁及台内生屑滩的发育条件。同时，基于碳酸盐岩后期的改造以及山前带断层的发育，预测斜坡区可发育断层遮挡型构造圈闭、礁滩体型构造-岩性复合型圈闭、层间岩溶型圈闭、断溶体圈闭等多种圈闭类型(图5)，进一步说明斜坡区具备优越的油气成藏条件，为阿克若尔油田的勘探发现奠定了基础。

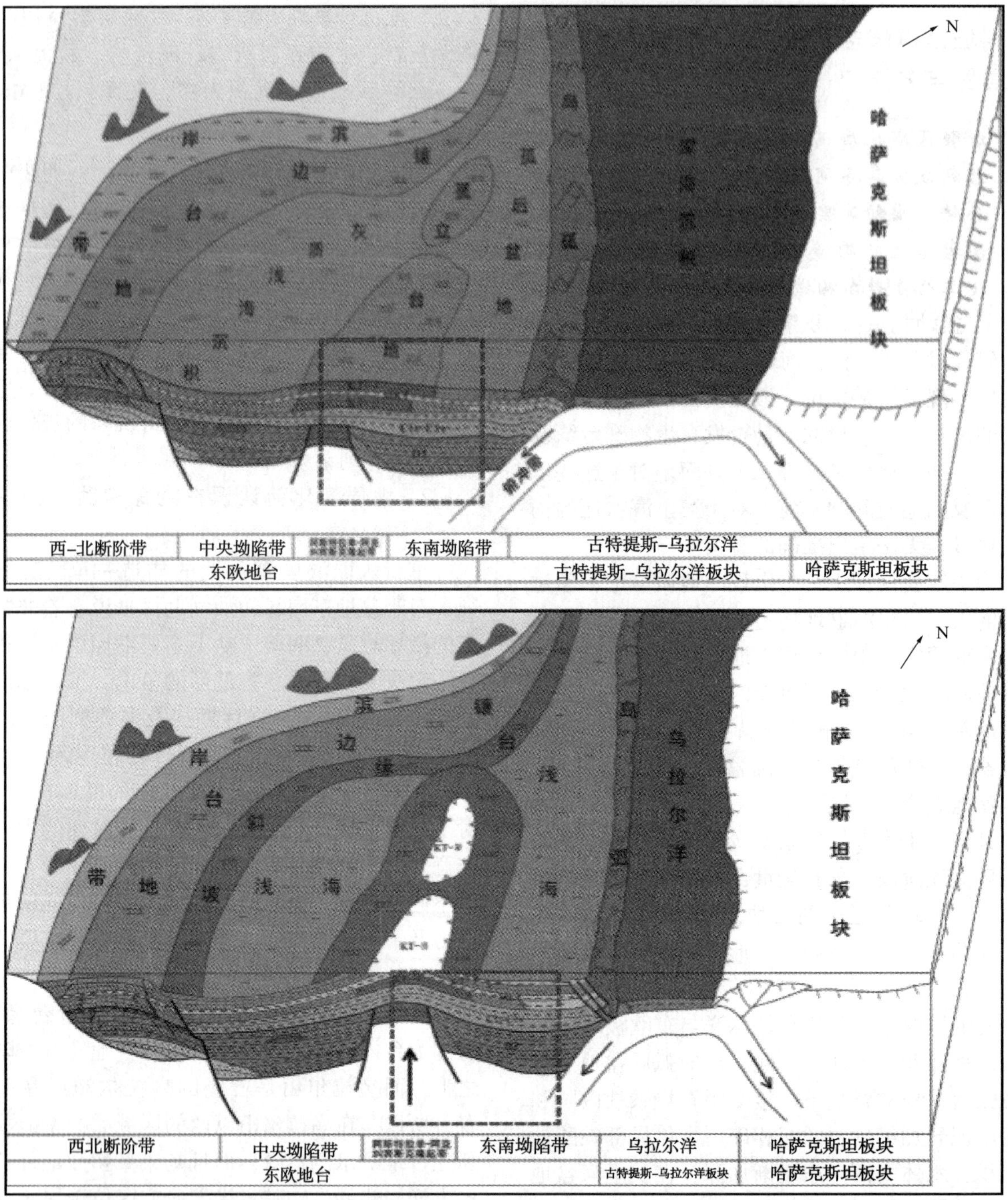

图 4　滨里海盆地晚石炭世(左)及早二叠世(右)沉积体系示意图

2.2　加强基础地质研究，重构滨里海盆地东南缘山前带构造样式，落实主力目的层双向挤压背景下的三组断裂分布特征，分析断裂系统对油气成藏的控制作用，明确阿克若尔构造两大有利勘探区带

从构造演化特征分析可知，滨里海盆地是典型叠合型复合盆地，经历多期次构造演化。滨里海盆地东南缘东部紧邻乌拉尔造山带，南部为南恩巴造山带，具有典型的山前带构造特征，构造变形及其油气成藏规律更为复杂。为明确盆地多期构造运动以及双侧挤压褶皱作用对探区构造演化及断裂分布特征的控制作用，开展探区砂箱模拟实验分析。结合盆地演化特征以及研究区区域地质背景，设计了多组改变先存凸起位置、边界断裂尺寸、应力大小等条件的构造物理模拟实验(图 6)，通过改变单一因素的砂箱实验明确盆地东南缘构造变形机制，梳理多期次构造变形动态过程，明确主力目的层构造及圈闭特征与构造演化特征(图 7)。砂箱物理实验表明，研究区自泥盆系以来发育一系列伸展构造和收缩构造，构造

差异变形外部应力主要来自东部乌拉尔造山及东南部南恩巴造山带作用差异挤压和西部先存隆起。而不同层系受应力及岩性差异影响，构造变形也存在明显的差别。其中，主力目的层主应力方向来自于北北东向乌拉尔造山带，同时东南侧南恩巴造山运动提供近南北向次应力方向。双向差异挤压背景下，一方面研究区发生以北北东走向为主的构造变形，形成四大主要成藏区带；另一方面，次应力影响过程中，各成藏区带内又发育南侧挤压作用下近东西向次级褶皱。多应力方向、多构造变形、多断裂期次，形成研究区内多种类型的构造圈闭，并为碳酸盐岩内部裂缝的形成以及后期的储层改造奠定基础。

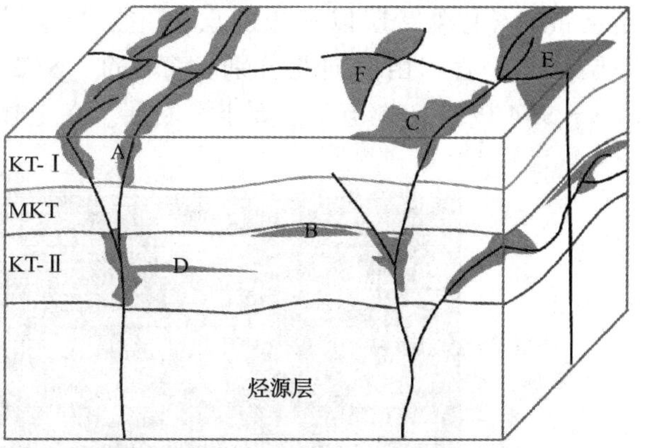

图5　滨里海盆地东南缘A探区油藏类型示意图

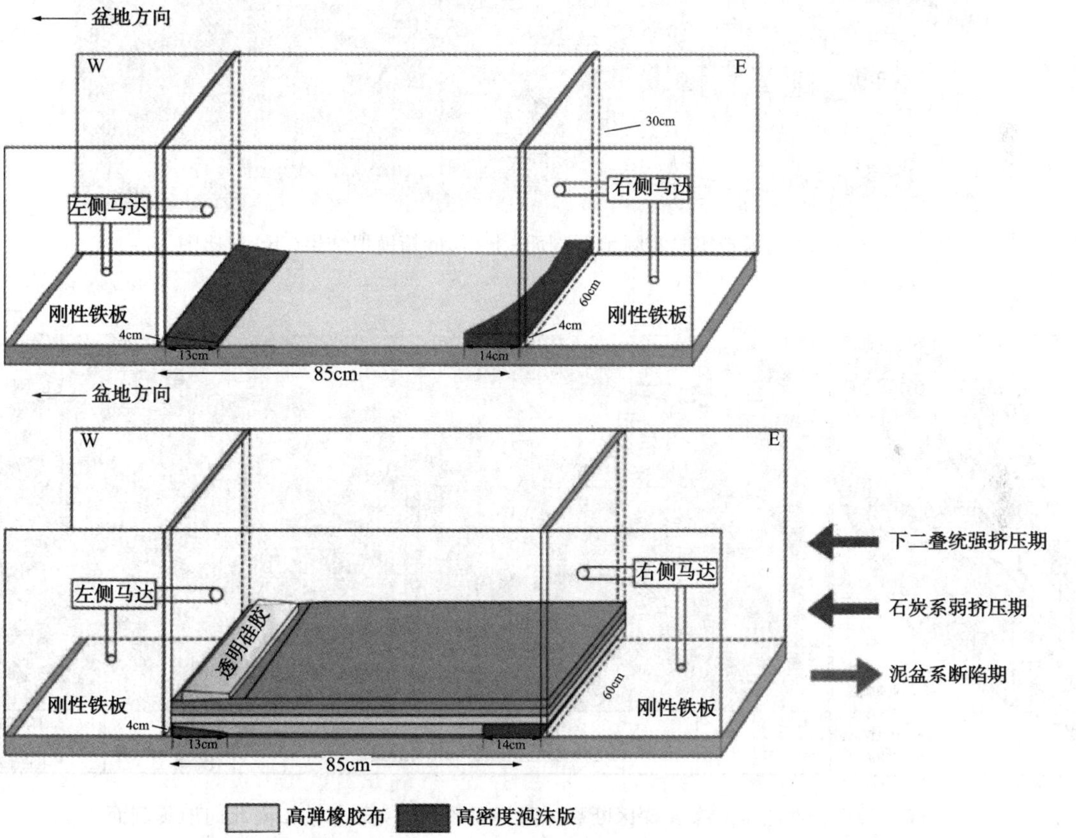

图6　砂箱模拟试验基底背景(上)及不同构造演化阶段应力作用示意图(下)
(高密度泡沫板：造山带边界模型；高弹橡胶布：代表沉积地层；透明硅胶：代表盐岩)

通过砂箱模拟实验，明确研究区断层分布规律，在此基础上，指导完成断层的精细刻画。研究区可识别出三组断层，包括与乌拉尔造山带走向基本一致的北北东向逆冲断层，与逆冲断层近于垂直起到应力调节作用的走滑断层以及双向挤压应力下的北西西向压扭断层。

逆冲断层及压扭断层组合形成研究区控边及控带断裂系，包括一级边界断裂带-柯克别克金断裂带(*CK* 断裂带)，是滨里海盆地向乌拉尔造山带过渡的边界断层；二级控带断裂带-TLW 断裂带(*TF* 断裂带)、ZND 断裂带(*ZF* 断裂带)，TKR 西断裂带(*WF* 断裂带)等三条二级断层发育带，是挤压应力作用下褶皱变形所形成的斜坡/凹陷与隆起的分界断层；三级控坡断层主要位于带内坡折转换部位，包括东部成藏带高陡坡与低缓坡的分界断层-AKNR 断裂带(*AF*

断裂带)。走滑断层以三级断层为主，与逆冲断层基本垂直，由南向北分别发育 *SF*1、*SF*2、*SF*3、*SF*4 以及 *SF*5 五条主要走滑断层。在上述断层的控制下，还发育一系列规模小，数量众多的四级断层，走向与上述三类高级别断层基本一致(图 8)。

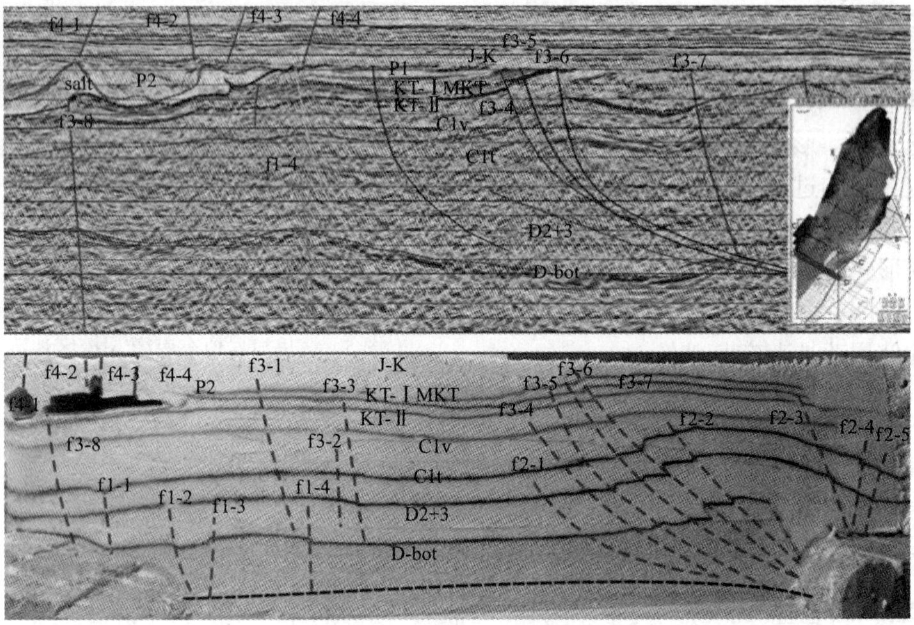

图 7　砂箱模拟实验实际地震剖面(上)与砂箱模拟结果(下)对比图

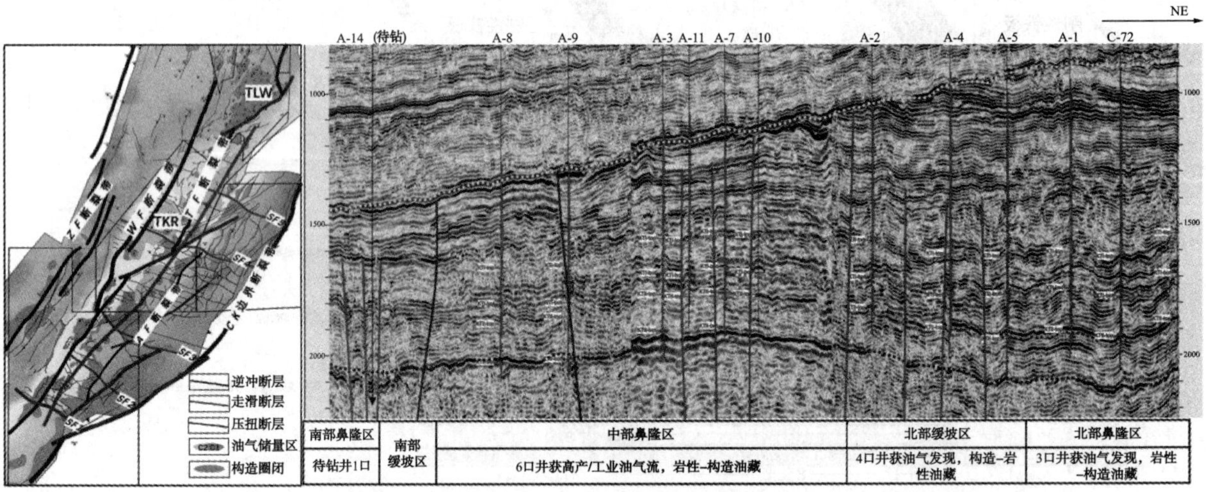

图 8　滨里海盆地东南缘 A 探区断裂体系纲要图及阿克若尔油田南北向地震剖面

断层对研究区构造及成藏作用控制明显。首先，部分断裂活动时间长，断距大，有利于深层油气向主力目的层的运移；其次，二级逆冲断层控制滨里海盆地东南缘的主要构造格局，其控制下形成的各级坡折对主力勘探层系沉积相带具有一定的影响作用，成为研究区成藏带划分的重要标志。在整体东高西低的构造背景下，滨里海盆地东南缘不同级别断层的存在成为滨里海盆地多种类型的断鼻、断块以及断背斜圈闭的发育奠定了基础。值得注意的是，在整体东部乌拉尔造山运动及东南部南恩巴造山运动影响下，一系列北北西走向的压扭断层以及轴向与压扭断层近乎垂直的北西西向褶皱鼻隆带的组合形成探区多个大型鼻状构造带，成为滨里海盆地东南缘最为有利的油气聚集带。目前已发现的油气田，如 TLW 油田以及 TKR 油田均属于该类大型断鼻圈闭。

克若尔油田位于东部成藏带低缓坡区，主力目的层全，构造相对平缓，压扭断层发育，由北向南又可分为北部鼻隆区、北部缓坡区、中部鼻隆区、南部缓坡区及南部鼻隆区等五个构造单元。其中三大鼻隆区与具有探区已发现油田类似的压扭断层控制的大型断鼻构造背景，构造勘探前景较为优越；缓坡区地层较缓，受碳酸盐岩非均质性影响，储层横向变化快，易于形成物性侧向遮挡，有利于岩性油气藏的成藏。

2.3 加强物探技术攻关，以高分辨率层序地层学理论为基础，完成重点区带相控递进式地质统计学反演，实现碳酸盐岩储层定量化预测，为高效井位的钻探提供依据

2.3.1 高精度层序地层学分析

以岩心、露头、测井曲线和高分辨率地震资料为基础，以多级次的基准面旋回为参照面，运用精细层序划分和对比技术将钻井的一维信息变为三维地层关系，建立区域、油田乃至油藏级储层的成因地层对比格架，有效提高储层预测的准确性。

在沉积学、旋回地层学等地质理论指导下，根据滨里海盆地东南缘石炭系构造发育背景、地层发育年龄、沉积特征等开展高精度层序地层学分析，明确主要目的层石炭系 KT-I 以及 KT-II 段主要发育两种层序及旋回界面：海平面相对下降的地层缺失不整合以及海平面快速上升的淹没不整合界面。缺失不整合层序界面岩性上以代表氧化环境的红色泥岩或者铝土质泥岩沉积为特征，在地震剖面上表现为下伏地层的削截以及上覆地层的下超；淹没不整合代表了水体的突然上升，上覆地层被海相泥岩沉积所替代，岩性界面为碳酸盐岩向深海泥岩的岩性突变。地震剖面下伏地层表现为平行整合关系，上覆地层则多见下超现象。以 A-13 井为例，石炭系 KT-I 和 KT-II-段整体可划分为 7 个中期旋回以及 13 个短期旋回(图 9)。从储层分布情况上看，优质储层发育层段主要位于中期旋回界面以及最大海泛面附近，表明探区储层主要受碳酸盐岩生长期快速建隆作用以及水体动荡同期改造作用控制。

2.3.2 层序格局控制下的沉积相分析

从目前世界各地碳酸盐岩油气田储量分布情况看，储层最发育的相带大多位于台地边缘礁滩相或者台内滩相带。碳酸盐岩台缘表现为沉积厚度的明显变化和地震反射特征的异常变化，通过古构造恢复和地震相分析结果，可以准确的落实各层序碳酸盐岩台地边缘。碳酸盐岩礁滩体是碳酸盐岩的主要储层，通过对碳酸盐岩台地不同部位的礁滩体沉积及地震反射特征进行分析和总结，可以明确台地不同沉积相带内各礁滩体的共性和差异。通过区域沉积演化、古地貌恢复以及地震相特征，明确主力目的层 KT-I 段和 KT-II 段具有孤立台地沉积特征，发育东西双侧台缘(图 10)。东侧台缘面向早期的乌拉尔洋，物性相对较好，但南段受南恩巴造山作用影响，地层抬升明显，台缘遭受剥蚀；西侧台缘为盆内浅海环境，虽然沉积厚度较大，但是物性相对较差。不同层段主力目的层受沉积演化及水体变化影响沉积环境又存在一定差别。其中 KT-I 段以水体相对封闭的局限台地沉积为主，以大量的白云岩沉积、石膏沉积以及红色泥岩段沉积为重要标志；KT-II 段以开阔台地沉积为主，以厚层灰岩夹薄层泥岩沉积为主要标志。

阿克若尔构造带沉积相南北存在一定的差异。KT-II 段沉积相图上看，北段以台内滩沉积为主，分布范围较大，与已知油田 TLW 油田处于相同的沉积相带内，具备与 TLW 油田类似的优质储层发育条件。南段则位于西侧台缘及台内滩过渡部位，预测具备较好的储层发育条件；同时受南恩巴造山挤压作用影响，东南部地层抬升明显，构造活动较为剧烈，强挤压作用导致该区局部断裂较为发育，地层抬升则导致局部地区出露地表遭受剥蚀，具备较好的岩溶发育背景，有利于台缘礁滩体及台内礁滩体的储层改造，进而形成优质储层。

2.3.3 碳酸盐岩相薄储层定量化预测技术攻关

周边钻井表明，研究区碳酸盐岩储层厚度薄，预测难度大，主要表现为：①区块内孔隙灰岩(储层)广泛发育但单层厚度相对较薄，导致孔隙灰岩地震响应特征不明显，地震资料分辨率低，储层识别及描述困难；②早期研究区钻井较少，依靠周边区块已钻井构建低频模型影响研究区的储层预测精度；③已钻井特征曲线交绘分析表明，孔隙灰岩(储层)与含泥灰岩或泥岩弹性参数(波阻抗等)值域叠置、常规反演区分难度大。为有效落实研究区有利储层分布范围，开展高分辨率层序地层格架控制下的碳酸盐岩相控递进式地质统计学反演预测技术攻关研究。

通过原始测井曲线以及地震资料进行交互性智能迭代，构建井震相匹配的低频波阻抗模型，解决研究区钻井不足及分布不均带来的误差和不确定性，丰富反演低频信息。利用高分辨率层序地层格架控制下的沉积相划分结果，开展递进式相控地质统计学反演技术攻关研究。通过不同曲

线交绘分析，明确区分泥岩和灰岩、孔隙灰岩和致密灰岩的敏感曲线。结合层序地层格架构建反演地层模型，应用沉积相划分结果确定不同相带反演参数，通过敏感曲线约束得到不同层级的反演结果，形成"先分灰泥，灰中找优，定量预测"的递进式地质统计学反演预测流程，有效减少单一方法、单一流程预测带来的多解性及不确定性(图 11)。以阿克若尔油田某区块为例，通过该技术在研究区的应用，有效实现探区碳酸盐岩储层的定量化预测，并将碳酸盐岩储层可预测厚度由 10m 以上提高到 5m 左右，预测结果与钻井孔隙度吻合率达到 80%以上，有效提高阿克若尔油田区内碳酸盐岩薄储层预测精度，为后期高效井位的钻探提供依据(图 12)。

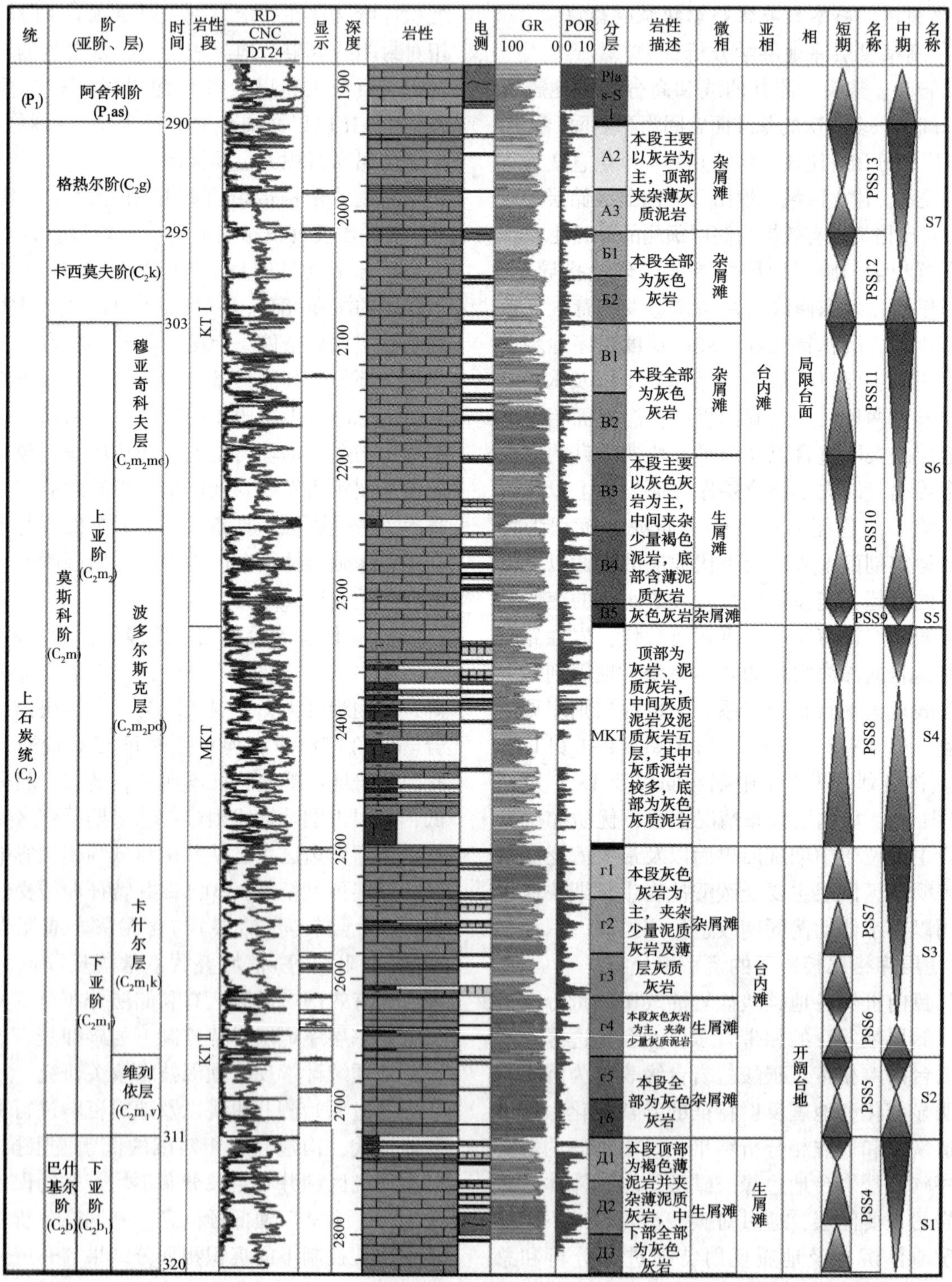

图 9　A-13 井单井层序地层综合柱状图

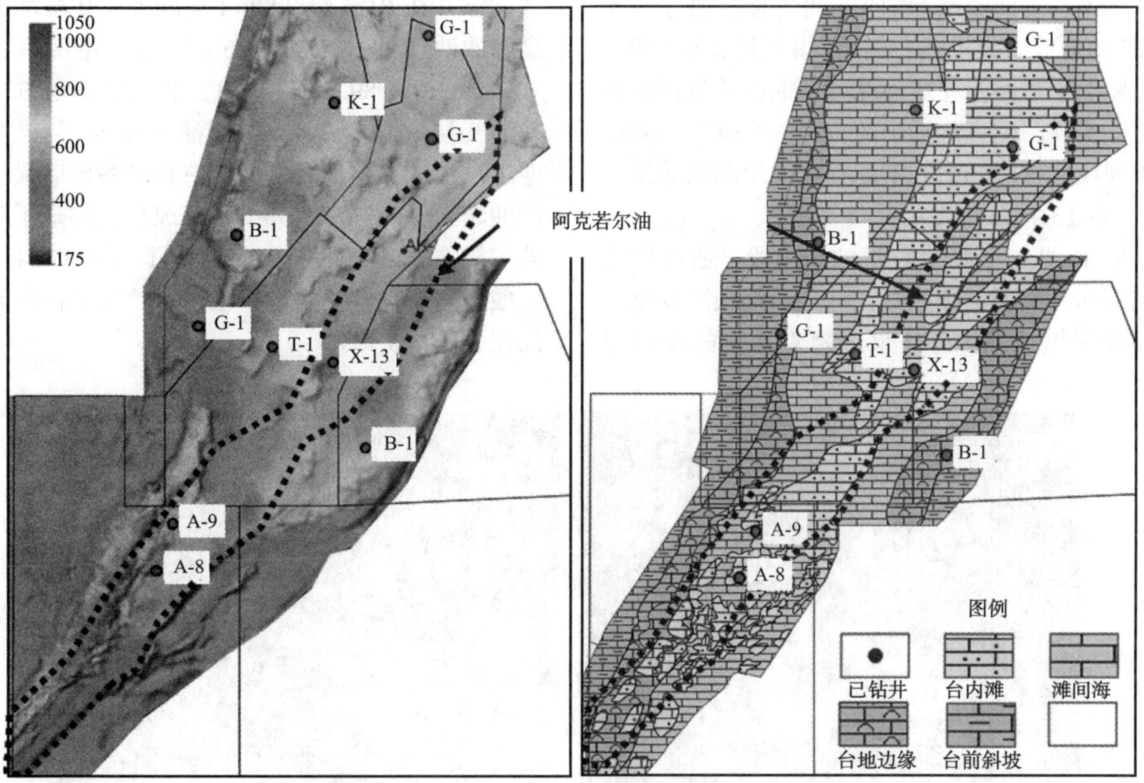

图 10　A 探区 KT-II 段残余厚度图(左)及沉积相图(右)

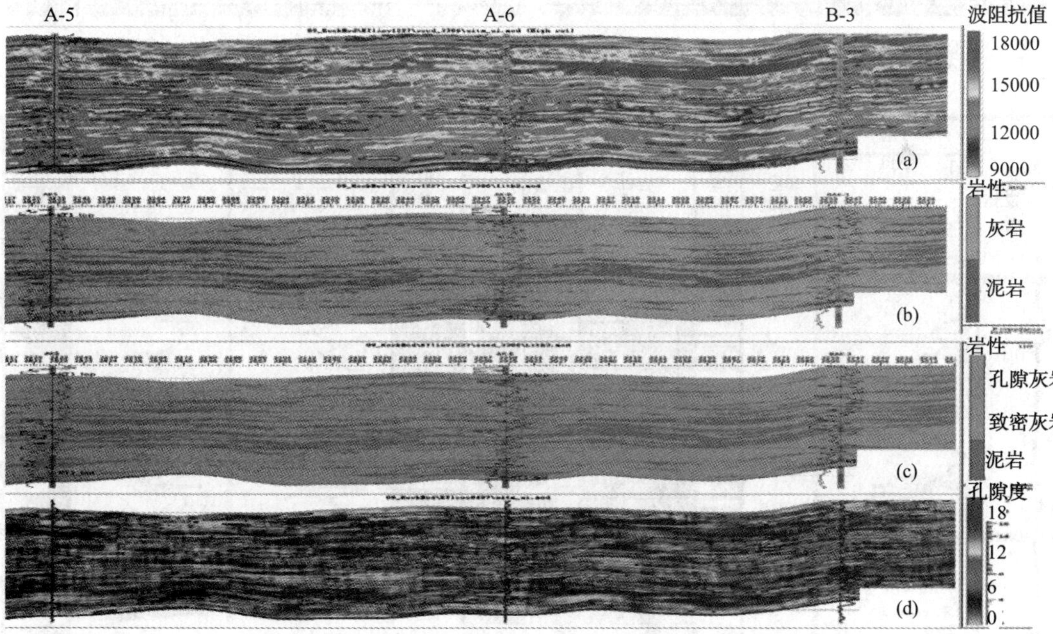

图 11　逐级逼近岩性嵌套多变程地质统计学反演剖面

(a)波阻抗反演剖面；(b)岩性反演剖面；(c)储层预测反演剖面；(d)孔隙度预测反演剖面

3　勘探成效

在滨里海盆地东南缘早期勘探成果总结和分析的基础上，深化基础地质研究，通过校企联合开展构造-沉积演化特征分析，表明东部成藏带具备较好的油气勘探前景，并优选低缓坡区阿克若尔构造作为重点勘探区带；结合碳酸盐岩薄储层预测技术攻关，落实阿克若尔油田碳酸盐岩储层平面分布规律；通过滨里海盆地东南缘整体油气富集规律解剖，建立阿克若尔油田“东西双向油气供给、垂向断层+横向层间运移、油气差异聚集”的油气聚集模式，提出“沿斜坡，钻礁滩”的总体勘探思路，完成阿克若尔油田井位钻探和部署，实现阿克若尔油田的含油气突破，形成亿吨级规模勘探战场，并不断扩大油田勘探前景。

3.1　X-13 井勘探突破

X-13 井位于阿克若尔油田中段，通过构造精细解释、圈闭精细刻画，储层精细预测以及油气成藏规律认识，部署重上阿克若尔的首口探井。该井在 P1as 阶、KT-I 段和 KT-II 段均见到良好的油气显示，合计 26 层 65m，电测解释有效储层 39 层 89.2m，其中，油气层 6 层 9.8m，差油气层 5 层 7.1m，可疑油气层 6 层 27.3m。通过试油，在主力目的层 KT-II 段酸压后最高日产油超 50 方。X-13 井的钻探成功，实现了阿克若尔构造含油气的突破，证实了 A 探区斜坡区碳酸盐岩岩性油气藏勘探潜力，打开了探区新的勘探领域(图 13)。

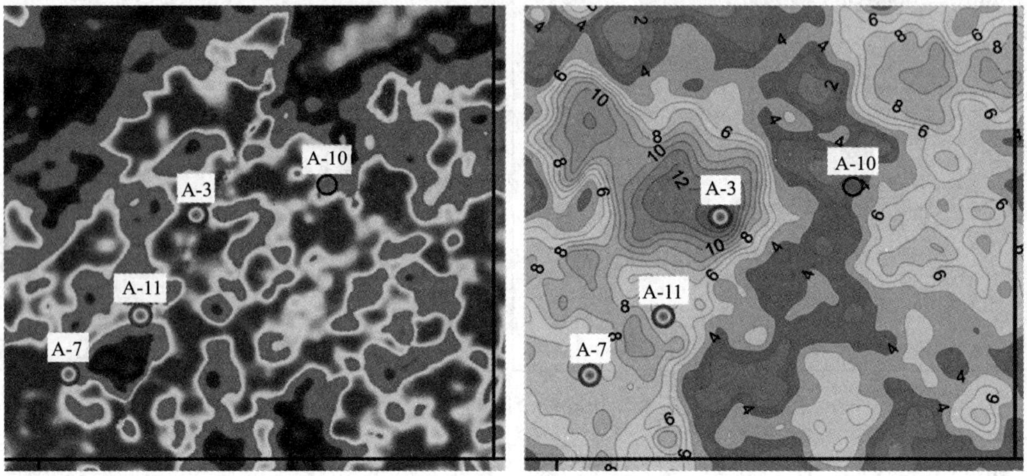

图 12　阿克若尔油田某区块常规反演预测结果(左)与相控递进式反演预测结果(右)平面对比图

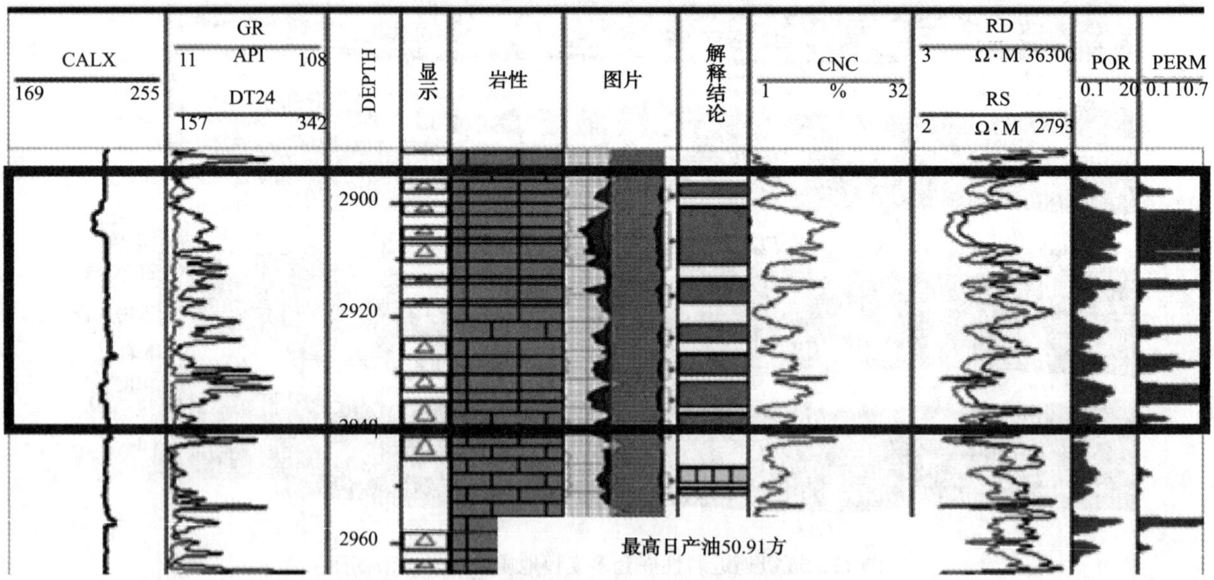

图 13　X-13 井主力出油层段综合柱状图

3.2　两大含油气区的发现

X-13 井获得突破以后，针对阿克若尔油田制定“南北延伸、东西拓展”的勘探策略，结合不同区带构造及沉积背景，开展针对性勘探部署，并持续完善油气成藏主控因素分析研究。针对鼻隆区，加强主力油层组的精细构造解释及精准构造成图，加大控圈断层封堵性分析，以构造油藏为勘探重心，优选优质储层发育区部署井位目标；针对缓坡区，加强碳酸盐岩有利沉积相带的研究，加大有利礁滩体的精细刻画，以岩性油藏为勘探重心，优选有利岩性体高部位开展井位部署。后续部署实施井位 17 口，其中 15 口获得油气发现，1 口井待试，明确阿克若尔油田发育北部缓坡及中部鼻隆两大含油气区，形成亿吨级规模勘探战场。

中部鼻隆区为一个大型断鼻构造，圈闭面积超过 400km^2，目前部署实施探井 7 口，6 口井获油气发现，4 口井获高产油气流，A-7 井在主力目的层试油最高日产油超百方，日产气超 10 万方，整体具有“构造控藏、储层控边、顶气底油、层状分布”的油气成藏特征，落实三级石油地质储量超 7000 万吨。北部缓坡区构造相对平缓，为北部鼻隆与中部鼻隆起的过渡带，为碳酸盐岩台内滩发育区，构造圈闭相对不发育，目前，该缓坡区钻井 10 口，除 C-74 井待试油外，其余井位均获得油气发现，C-72 井在主力目的层试油日产油超百方，整体具有“局部层状连续、物性侧向封堵、纵向差异聚集、平面叠加连片”的油气成藏特征，落实三级石油地质储量超 4000 万吨(图 14、图 15)。

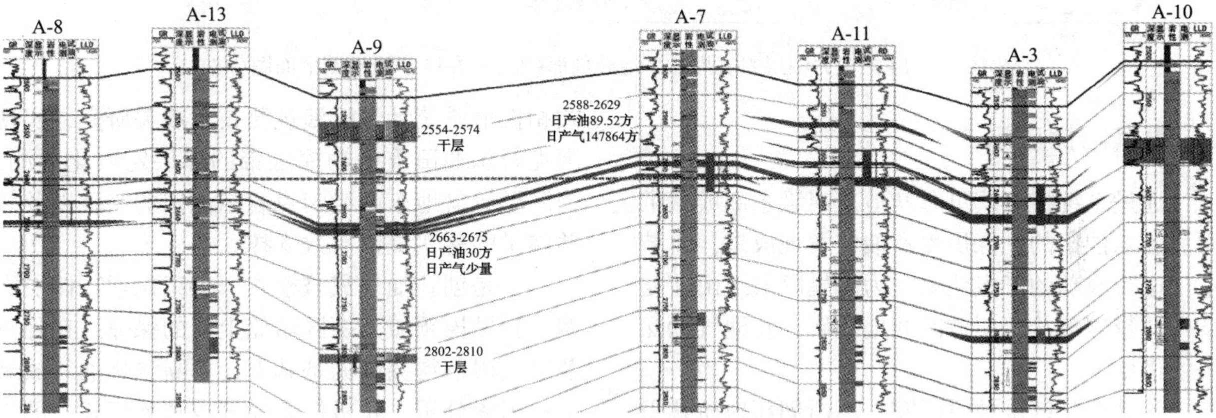

图 14　阿克若尔油田中部鼻隆区油藏剖面

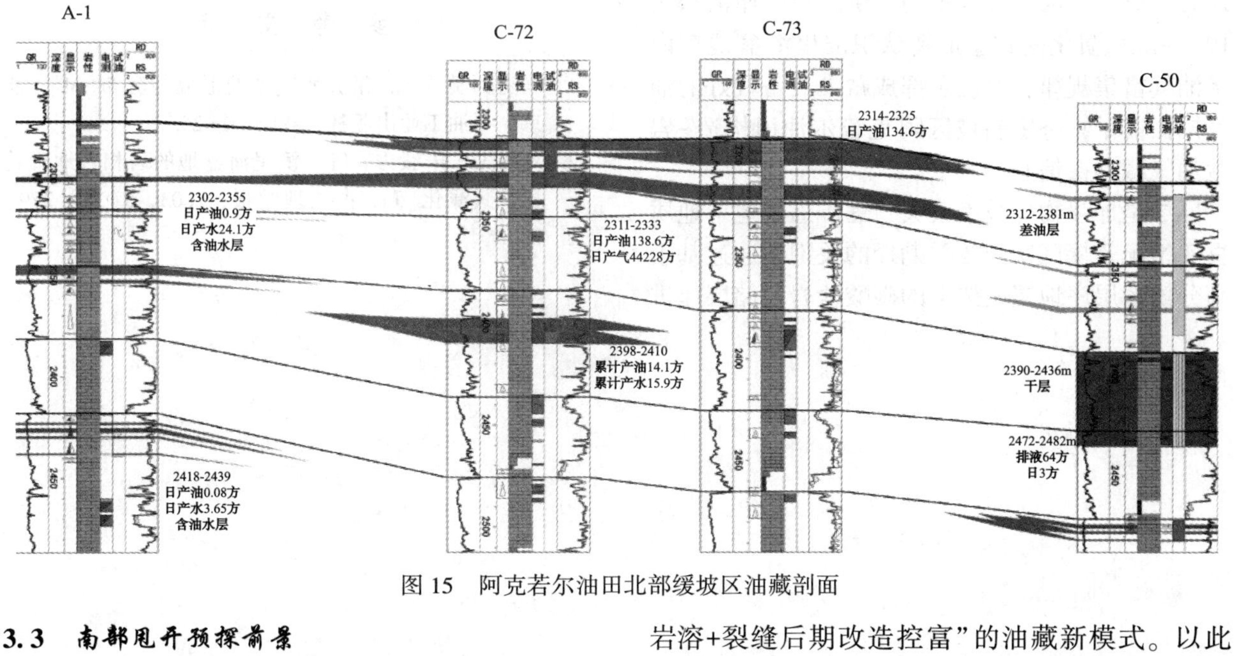

图 15　阿克若尔油田北部缓坡区油藏剖面

3.3　南部甩开预探前景

为进一步扩大阿克若尔油田勘探成果，积极创新思维，结合国内外综合调研以及区域地质背景分析，预测阿克若尔油田南部鼻隆区具备碳酸盐岩“礁滩体+裂缝+岩溶体”复合型储层发育条件，并构建“鼻隆控圈、滩体控储、岩性控藏、岩溶+裂缝后期改造控富”的油藏新模式。以此模式为指导，通过精细落实鼻隆构造形态，精细刻画有利岩性体边界，精细预测裂缝平面分布范围，并首次在滨里海盆地东南缘开展岩溶体的研究、评价及其对油气成藏影响因素分析，优选部署甩开探井 A-14 井，一旦该井获得突破，将打开阿克若尔油田南段勘探局面，并明确新类型储层的勘探前景，有效拓展滨里海盆地东南缘勘探领域(图16)。

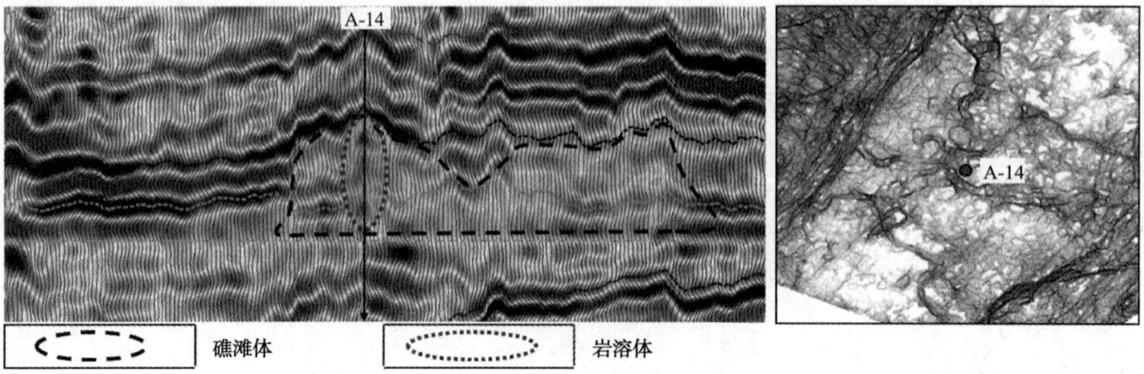

图16　A-14井主力油层组底界拉平地震剖面(左)及井区裂缝预测平面图(右)

4　油气勘探启示

通过系统梳理滨里海盆地东南缘东部成藏带阿克若尔油田的勘探历程及油气发现成果，总结本区取得成功的三点认识，为滨里海盆地山前复杂构造带碳酸盐岩斜坡区的地质研究及油气勘探提供借鉴。

一是深化基础地质研究，不断创新地质认识是探区取得勘探新突破的基础。通过盆地级区域地质调研与探区研究成果的有机融合，厘清探区构造-沉积演化模式，重新认识滨里海盆地东南缘油气富集规律，明确东部成藏带具备较好的油气勘探前景，坚定斜坡区阿克若尔油田构造-岩性油气藏勘探信心。

二是加强物探技术攻关，逐步逼近地下地质真实情况是探区实现效益勘探的关键。通过基于高分辨率层序地层格架下的碳酸盐岩薄储层递进式相控地质统计学反演预测技术攻关研究，实现阿克若尔油田重点勘探区带的储层定量化预测，为滨里海盆地东南缘阿克若尔油田的突破以及效益储量的落实提供有效支撑。

三是创新油气成藏模式，持续探索新储层类型、新勘探领域是探区增储上产的保障。在阿克若尔油田取得突破的基础上，不断深化油气成藏主控因素分析，积极探索油气成藏新模式，助力更大规模储量的发现。

参　考　文　献

[1] 马克西莫夫C. 深层油气藏的形成与分布[M]. 北京：石油工业出版社，1988：1-25.

[2] 刘洛夫，朱毅秀，等. 滨里海盆地的岩相古地理特征及其演化[J]. 古地理学报，2003，5(3)：279-290.

滨里海盆地东南缘构造演化及碳酸盐岩礁滩+岩溶缝洞复合型储层综合预测研究与应用

李 宝[1,2,3] 盛善波[1,2] 陈建功[3] 金树堂[1,2] 孙铁军[1,2,3]
李孟泽[1,2,3] 杨建房[3] 刘 勇[4] 王国军[1,2] 丁学垠[3] 董贵斌[3]

[1. 中国石油国际勘探开发有限公司；2. 中国石油(哈萨克斯坦)阿克纠宾公司；
3. 中国石油集团东方地球物理勘探有限责任公司；4. 中国石油新疆油田公司]

摘 要 滨里海盆地东南缘石炭系发育KT-I、KT-II层两套碳酸盐岩礁滩+岩溶缝洞复合型储层，近年来在加强盆地基础地质研究及东南缘成藏带划分基础上，在无盐岩覆盖区东部成藏带低缓坡区阿克若尔构造集中勘探，部署17口井，其中15口井均获得工业油流，钻探成功率为88.2%。东南缘整体上受乌拉尔造山带和卡延隆起控制，经历多期次构造运动，泥盆系-石炭系从早期断陷到被动大陆边缘沉积，石炭系碳酸盐岩原始礁滩相沉积在准同生期和后期构造及溶蚀作用下，礁滩+岩溶缝洞复合型储层发育。同时，钻井证实石炭系碳酸盐岩储层十分复杂，具有非均质性强、纵横向变化快及地震预测难度大等特点，该区碳酸盐岩礁滩+岩溶缝洞储层勘探面临很大挑战。本文充分利用现有地震、地质、测井及岩芯等基础资料，以构造地质学、沉积岩石学及层序地层学为指导，针对该区碳酸盐岩开展从盆地-区带-目标岩性体刻画，应用碳酸盐岩礁滩+岩溶缝洞复合型储层系列特色综合预测技术取得良好效果，集中勘探成功率和井震吻合率大幅提高，在东部成藏带低缓坡阿克若尔构造南北延、东西拓成效显著，亿吨级规模储量接替区进一步夯实，值得类似盆地碳酸盐岩礁滩+岩溶缝洞复合型储层预测借鉴和推广应用。

关键词 低缓坡区；被动大陆边缘；准同生期；溶蚀作用；礁滩+岩溶缝洞复合型储层

Tectonic Evolution and Comprehensive Prediction Research and Application of the Reef-shoal + Karst Fracture-cave Composite Reservoir of Carbonate Rocks in the Southeastern Margin of the Pre-Caspian Basin

Li Bao[1,2,3] Sheng Shanbo[1,2] Chen Jiangong[3] Jin Shutang[1,2]
Sun Tiejun[1,2,3] Li Mengze[1,2,3] Yang Jianfang[3] Liu Yong[4]
Wang Guojun[1,2] Ding Xueyin[3] Dong Guibin[3]

[1. China National Oil and Gas Exploration and Development Company; 2. PetroChina (Kazakhstan) Aktobe Company;
3. BGPInc., China National Petroleum Corporation; 4. China Petroleum Xinjiang Oilfield Company]

Abstract Two sets of carbonate reef-shoal + karst fracture-cave composite reservoirs, KT-I and KT-II layers, are developed in the Carboniferous in the southeastern margin of the Pre-Caspian Basin. In recent years, based on strengthening the basic geological research of the basin and the division of the hydrocarbon accumulation zones in the southeastern margin, concentrated exploration has been carried out in the Akzhol structure in the low gentle slope area of the hydrocarbon accumulation zone in the east of the area without salt rock coverage. 17 wells have been deployed, and 15 wells have obtained industrial oil flow, with a drilling success rate of 88. 2% . The southeastern margin is generally controlled by the Ural orogenic belt and the Kayen uplift, and has experienced multiple tectonic movements. From the Devonian to the Carboniferous, it changed from early fault depression to passive continental margin deposition. The original reef-shoal facies deposition of the Carboniferous carbonate rocks has developed into the reef-shoal + karst fracture-cave composite reservoir under the syndepositional period and later tectonic and dissolution effects. At the same time, drilling has confirmed that the Carboniferous carbonate rock reservoir is very complex, with characteristics such as strong heterogeneity, rapid vertical and horizontal changes, and great difficulty in seismic prediction. The exploration of the carbonate reef-shoal + karst fracture-cave reservoir in this area faces great challenges. This paper makes full use of the existing basic data such as seismic, geological, well logging and cores, and is guided by structural geology, sedimentary petrology and sequence stratigraphy. It conducts the characterization of the basin-zone-target lithologic body for the carbonate rocks in this area. The application of the series of characteristic comprehensive prediction technologies of the carbonate reef - shoal + karst fracture - cave composite reservoir has achieved good results. The success rate of concentrated exploration and the well - seismic coincidence rate have been greatly improved. The north - south extension and east - west expansion of the Akzhol structure in the low gentle slope of the hydrocarbon accumulation zone in the east have achieved remarkable results, and the replacement area of reserves on the scale of 100 million tons has been further consolidated. It is worthy of reference and popularization and application for the prediction of the carbonate reef - shoal + karst fracture - cave composite reservoir in similar basins.

Key wordst Low gentle slope area; Passive continental margin; Syndepositional period; Dissolution; Reef-shoal + karst fracture-cave composite reservoir

1 盆地区域地质特征及东南缘勘探开发概况

1.1 滨里海盆地区域地质及演化特征

滨里海盆地为世界上油气资源最为丰富的沉积盆地之一，已发现原油可采储量近 42.5 亿吨，天然气 5.2 万亿方，盆地面积约 $58\times10^4km^2$，东西长 1000km，南北最宽 650km，沉积地层最厚 22km，为大型克拉通盆地。盆地发育北部断阶带、中央坳陷带、阿斯特拉罕-阿克纠宾隆起带及东南坳陷带共计 4 个构造单元，中石油 AMG 探区位于东南坳陷带。

成藏组合：滨里海盆地发育盐上和盐下两大含油气系统。(1)盐下油气组合，①储集层：D3-P1 碳酸盐岩，少量碎屑岩；②盖层：P1 盐及层间泥岩；③油藏：构造-岩性。(2)盐上油气组合，①储集层：P2-E 砂岩；②盖层：P2-E 泥岩；③油藏：断块、背斜、盐侧封堵。

烃源岩：发育 4 套优质烃源岩，D2-P1 泥质碳酸盐岩、黑色页岩。地温梯度平均 23℃/km，TOC 平均 4.4%，厚度可达 1000m 以上，晚二叠世-侏罗纪达到生油高峰。

盆地形成于东欧克拉通东南缘，经历四大构造演化阶段：(1)裂谷期，晚泥盆世以前，东欧克拉通东南缘形成滨里海盆地裂谷；(2)被动大陆边缘发育期，晚泥盆世-早石炭世中期，盆地内形成被动大陆边缘沉积物，沿古微陆块发育浅海相碳酸盐岩建造；(3)聚敛期，早石炭世中晚期-早二叠世，构造反转阶段。周边板块发生碰撞，滨里海盆地与广海隔离，从此结束了海相沉积环境；(4)叠合坳陷盆地发育阶段，二叠纪后，快速沉降期(P2-T)、广泛抬升剥蚀期(T-J)、盆地整体沉降与盐构造再活动期(K-N)。

1.2 盆地东南缘中石油勘探开发历程

目前，中石油东南缘四个勘探区块经 20 余年勘探，经历风险勘探、勘探评价、滚动勘探及滚动+风险并重四个发展阶段，实现从无到有的历史跨越，先后发现北特鲁瓦、塔克尔、西部斜坡区、让纳若尔南部、阿克若尔 5 个油田或含油气构造，累计发现石油地质储量 3 亿余吨，可采储量 7000 余万吨。

近年来，随着滨里海盆地东南缘油气勘探逐步推进及盆地基础地质认识逐步深入，盆地东南缘东部成藏带低缓坡区逐渐突破西方前人“山前带单斜无构造、台缘斜坡储层不发育、无盐覆盖区盖层条件差、老探井失利勘探无潜力”认识藩篱，在无盐覆盖区的阿克若尔构造先后甩开钻探多口探井、评价井均获工业油流，但同时盆地东南缘东部成藏带低缓坡区碳酸盐岩礁滩+岩溶缝洞复合型储层成藏特征复杂性也更为突显。因此，分级精细梳理落实断裂系统和低幅度圈闭，准确预测优质碳酸盐岩礁滩+岩溶缝洞复合型储层，研究其成藏规律并寻找大规模油气富集区成为下一步勘探评价的重点任务。

研究中仍然存在三大难题：一是下二叠统碎屑岩地层中的高速碳酸盐岩夹层的发育，导致速度纵横向变化大，造成局部同相轴变形，影响断层和圈闭的有效识别；二是钻探也证实该区碳酸盐岩礁滩+岩溶缝洞复合型储层十分复杂，具有非均质性强，纵横向变化快及地震预测难度大等特点，该区碳酸盐岩礁滩+岩溶缝洞复合型储层勘探面临很大挑战；三是碳酸盐岩礁滩+岩溶缝洞复合型储层油气成藏复杂，成藏规律认识不清，存在油水矛盾问题，寻找下步有利勘探目标难度大。

为了在东部成藏带寻找下步的有利勘探目标，发现并落实规模效益储量，提供优质钻探井位，本文充分利用现有地震、地质、测井及岩芯等基础资料，以构造地质学、沉积岩石学及层序地层学为指导，针对该区碳酸盐岩开展从盆地-区带-目标岩性体刻画，应用碳酸盐岩礁滩+岩溶缝洞复合型储层系列特色综合预测技术取得良好效果，集中勘探成功率和井震吻合率大幅提高，在东部成藏带低缓坡阿克若尔构造南北延、东西拓成效显著，亿吨级规模储量接替区进一步夯实，值得类似盆地碳酸盐岩礁滩+岩溶缝洞复合型储层预测借鉴和推广应用。

2 盆地东南缘构造、断裂及成藏特征分析

盆地东南缘盐下地层结构特征：盐下地层厚度变化大，西侧卡延隆起，上石炭统碳酸盐地层遭受剥蚀，东侧乌拉尔褶皱带，中部东南坳陷带盐下地层沉积全、厚度大。

盆地东南缘紧邻乌拉尔造山带，受区域应力场控制，构造左旋挤压能量释放程度大，研究区发育两组断裂体系（图 1、2）：一组以北东向为主的逆冲挤压断裂体系，一组以北西向为主的走滑剪切断裂体系，两组断层体系互相切割。在东部成藏带低缓坡阿克若尔构造北东向剖面上发育一系列北西走向花状走滑断层（图 3），该组花状走滑断层对该区碳酸盐岩后期断溶储层改造和油气运聚成藏具有明显控制作用。

构造起伏受乌拉尔造山运动影响较大，盐下构造具有北东向成排分布特点。

石炭系主力层系（KT-I/KT-II）无镶边碳酸盐岩台地沉积：石炭系沉积期，滨里海盆地以东为古乌拉尔洋，盆地东南缘具有西高东低的古构造格局，碳酸盐岩建造沿古微陆块呈环带状展布，灰岩滩体大面积分布，有利于规模性勘探。

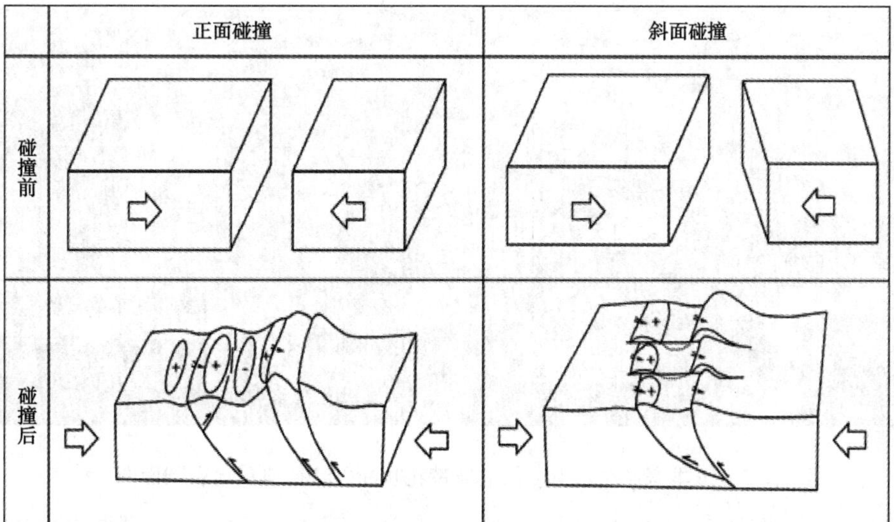

图 1 滨里海盆地东南缘东部成藏带断裂模式图

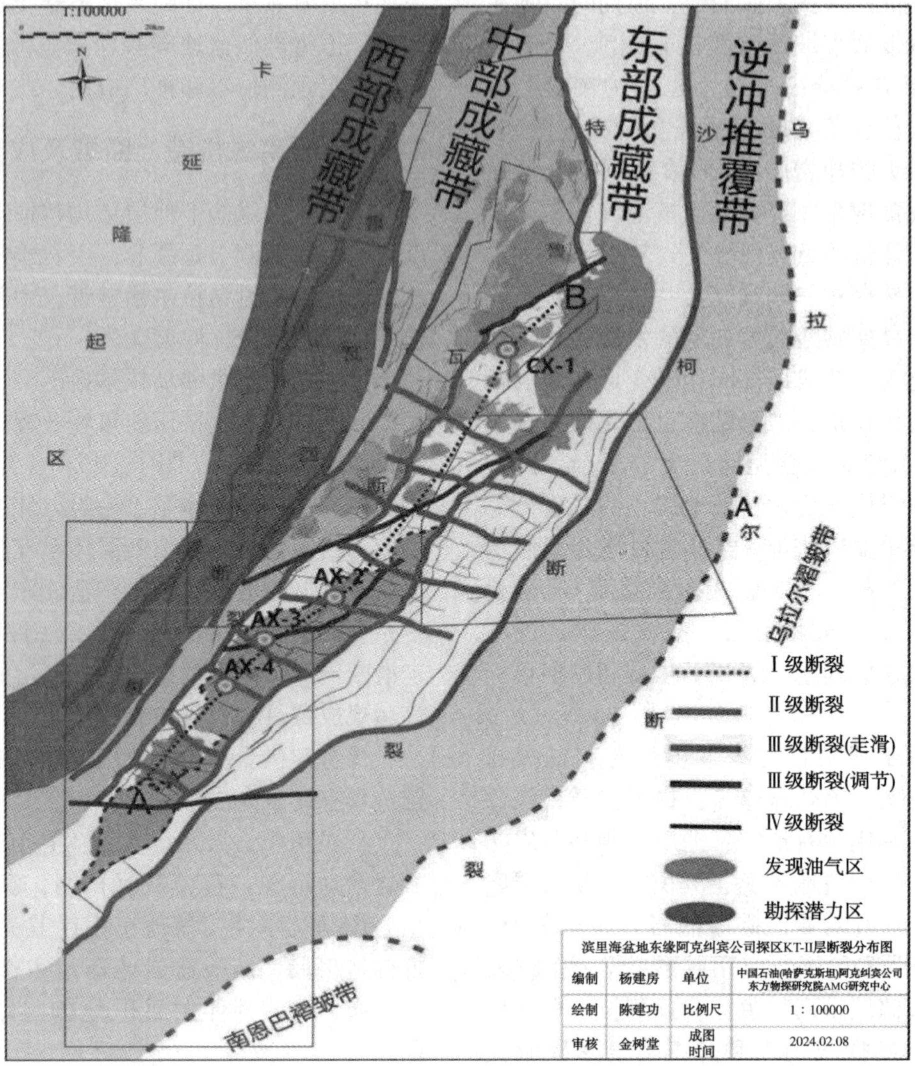

图 2　滨里海盆地东南缘断裂系统图

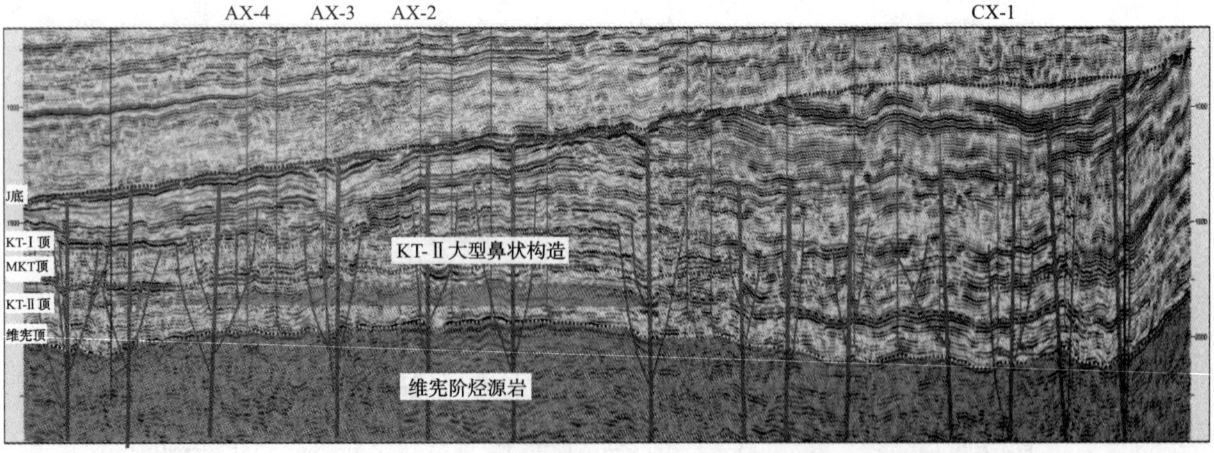

图 3　滨里海盆地东南缘低缓坡带花状断裂特征典型地震剖面图

盐下石炭系主力勘探层系（KT-Ⅰ/KT-Ⅱ）油气分布具有“东西分带，南北成排”的成藏特点。

自西向东划分“西部、中部、东部”三个成藏带（图 4、图 5），构造带走向比较清楚，规律性强，均为北东东向。

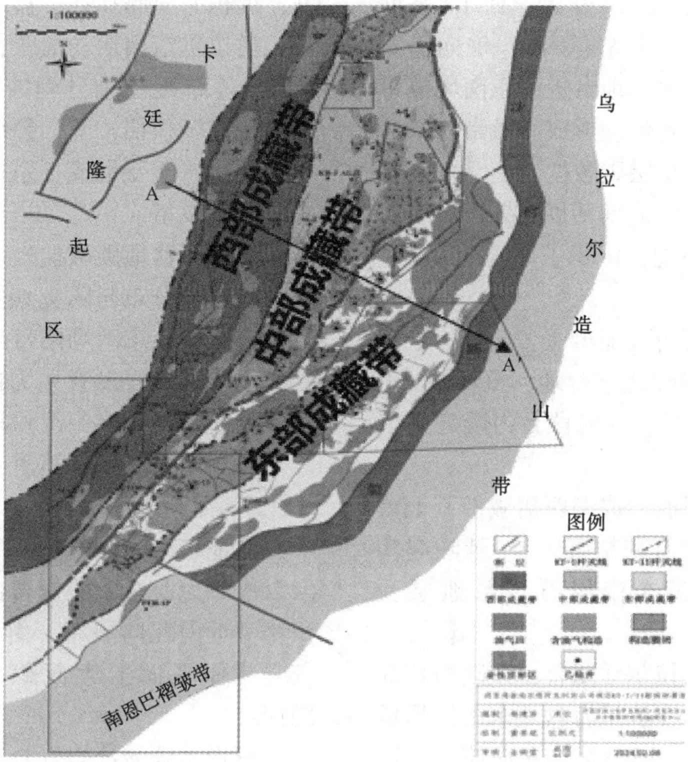

图 4　滨里海盆地东南缘石炭系成藏带划分图

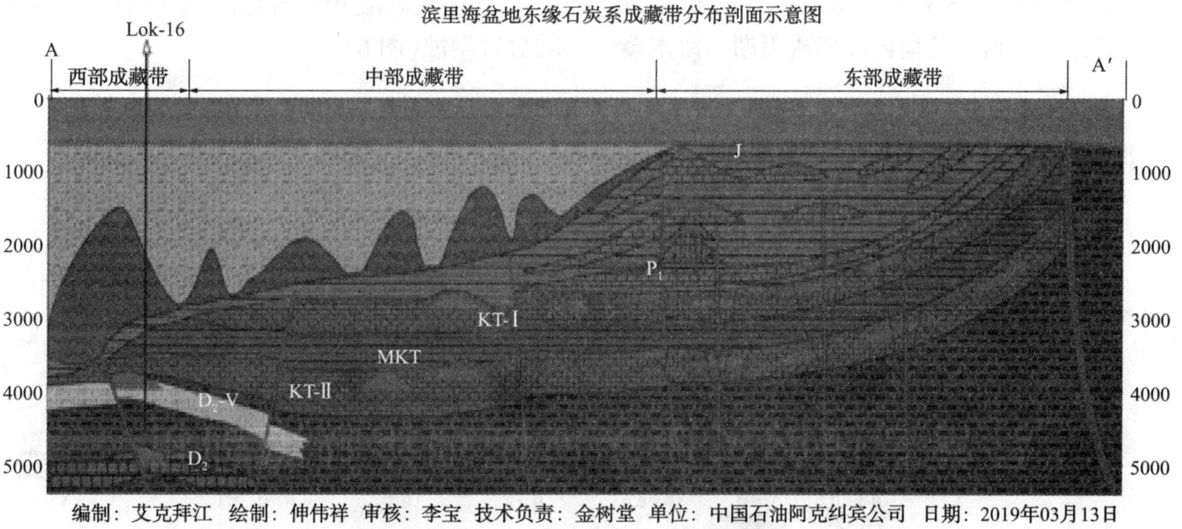

图 5　滨里海盆地东南缘石炭系成藏带分布剖面示意图

3　盆地东南缘构造演化及碳酸盐岩沉积特征

中区块古生界地层经历了断陷盆地、弧后盆地、前陆盆地和乌拉尔造山地层翻转四个时期，其中滨里海盆地闭合和地层翻转发生在早二叠纪晚期。

在滨里海盆地早石炭系沉积时期哈萨克斯坦板块和东欧板块中间乌拉尔洋形成并开始收缩，盆地东南缘受洋-陆碰撞形成系列岛弧。

在盆地东南缘，构造演化特征如下：

晚泥盆世为断陷期，阿斯特拉罕-阿克纠宾斯克隆起带以东的区域沉积了巨厚的碎屑岩，以深海沉积的泥岩为主。西部隆起带上由于水深适合，碳酸盐岩发育（KT-III）。早石炭世，地形起伏不大，发育维宪——杜内阶浅海——半深海碎屑岩沉积，以泥岩为主，砂岩次之，局部少量碳酸盐岩。

早石炭世晚维宪期(C1V)开始，处于“平静期”的乌拉尔地槽，地背斜高度下降，地向斜宽度扩展，陆源物供给有限，地台边缘东南坳陷带相对上升，背靠卡延隆起带，形成一条带状碳酸盐台地环境，沉积 KT-II 层碳酸盐岩。

晚莫斯科世早期为“地槽活跃”期，东南部坳陷又成为浅海陆相环境，沉积了厚度 350m 左右的碎屑岩层(MKT)。

晚莫斯科世晚期处于“地槽平静”期，东南部坳陷带又成为浅海碳酸盐岩台地，沉积了“生物碳酸盐建造”，(KT-I)，该阶段台内隆起区很少或无沉积。

石炭纪末，地槽回返形成海西褶皱带；地台东部的海水退出石炭纪沉积结束，卡-延隆起相对抬升，卡-延隆起带东南缘石炭系地层受剥蚀。

早二叠世海侵，乌拉尔洋闭合，东欧板块和哈萨克斯坦板块合拢，在滨里海盆地东南缘形成乌拉尔造山带，沉积下二叠统阿舍里阶第一层序碎屑岩(探区南部沉积碳酸盐岩)，滨里海盆地闭合，东南缘下二叠统阿舍里阶发育台缘礁滩体，形成镶边台地，盆地内部形成泻湖，海水蒸发，沉积一套厚孔谷阶盐岩层。

乌拉尔造山运动活跃，石炭系碳酸盐岩地层翻转，东部地层抬升剥蚀。盆地中心物源充足，进入快速沉积期，下二叠统孔谷阶盐岩层受上伏地层等挤压塑变形成一系列盐丘底辟权造，现今构造形态成型。

滨里海盆地碳酸盐岩环盆地边缘发育，东南缘碳酸盐岩分布与阿克纠宾-阿斯特拉罕隆起带有直接关联，东南坳陷带是现今哈萨克斯坦境内石炭纪碳酸盐岩发育主力区，阿克纠宾-阿斯特拉罕隆起带在石炭纪沉积期为微陆壳。

石炭系沉积期，滨里海盆地以东为古乌拉尔洋，卡-延隆起带在板块碰撞中不断处于升降中，盆地东南缘西高东低的古构造格局控制了该区以浅海无镶边碳酸盐岩台地沉积模式为主，沉积相呈近南北向展布，由西向东水体逐渐变深，灰岩滩体平面上大面积分布，有利于规模性勘探。

石炭系碳酸盐岩发育在阿克纠宾-阿斯特拉罕隆起带东侧(现今方向)，该模式能很好的解释 T-II 区块碳酸盐岩台缘滩和 T-I 区块西部碳酸盐岩剥蚀(图 6)。

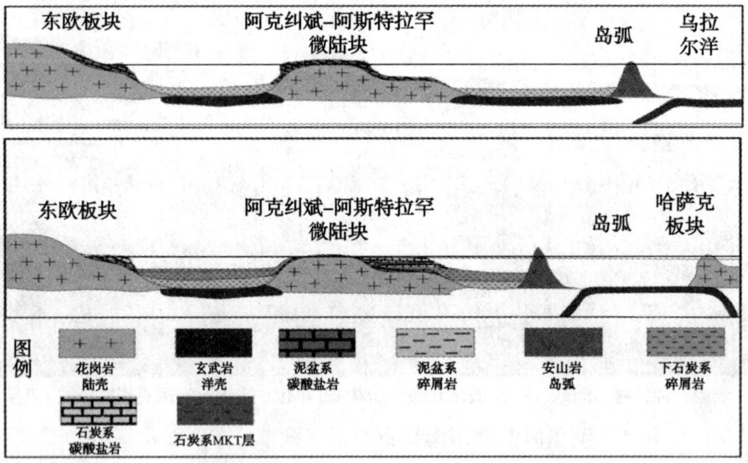

图 6　滨里海盆地东南缘碳酸盐岩沉积模式图

根据中外研究资料，从基底到泥盆系沉积末期，卡-延隆起持续发育，泥盆系推测沉积碳酸盐岩，到石炭系沉积初始期，西侧卡-延隆起由于处于古高地形，东侧沉积早石炭 C1 (TP-III)碎屑岩地层，从东侧东南坳陷带到西侧卡-延隆起沉积由厚减薄。从地震资料反射特征上，预测探区内上泥盆统地层沉积有碳酸盐岩镶边台地。

4　盆地东南缘石炭系构造沉积体系研究

首次明确石炭系 KT-I、KT-I 层四级层序划分，优质储层发育于高频旋回中上部早期沉积间断暴露面附近。

建立了石炭系 KT-I、KT-II 层碳酸盐岩沉积模式，明确高能礁滩复合体及同生-早成岩期溶蚀为储层发育主控因素(图 7)。

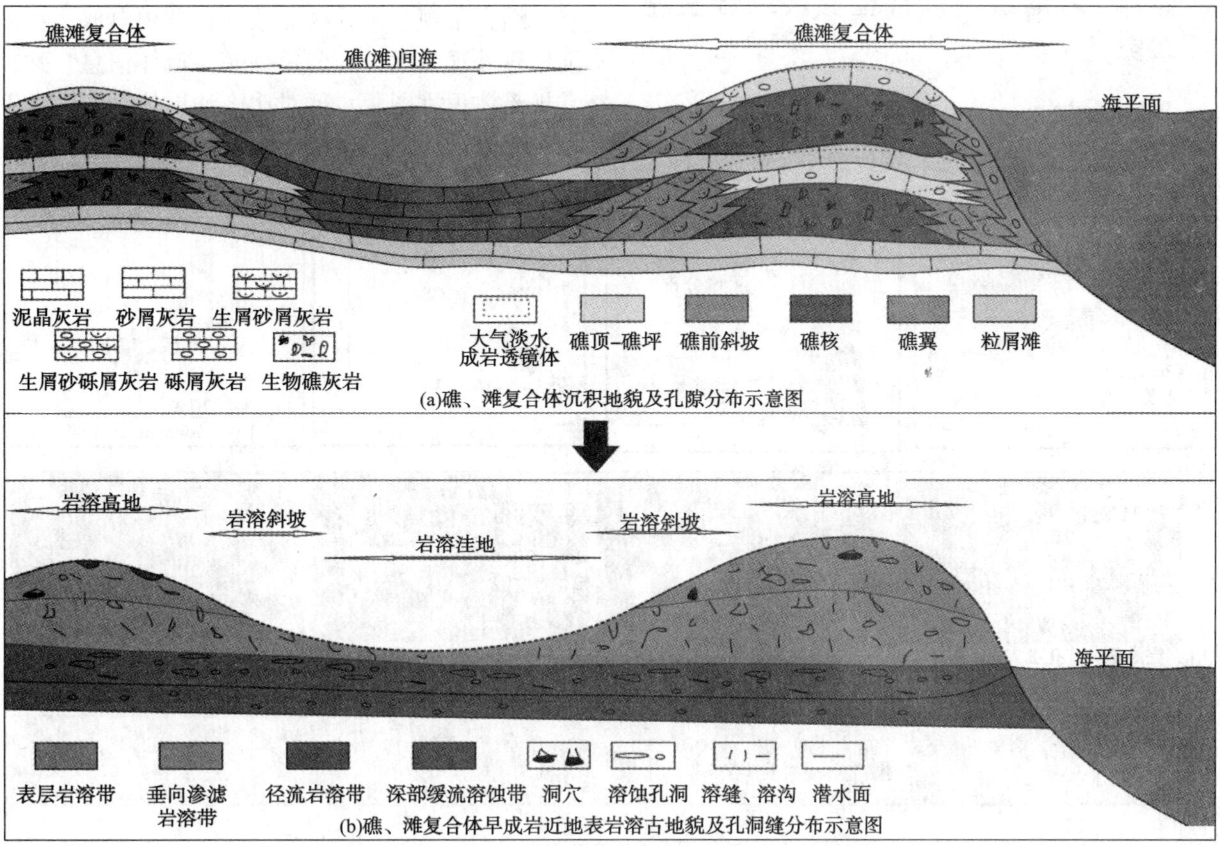

图7　石炭系碳酸盐岩礁滩+岩溶缝洞储层模式示意图

利用残厚法、印模法开展岩溶古地貌研究，多属性融合法预测岩溶储层，进而刻画优质储层发育区。

东南缘阿克若尔构造带处于古地貌坡折带，高能滩体发育，高频层序旋回控制溶蚀储层发育，局部高部位与滩体叠合区有利于油气聚集（图8）。

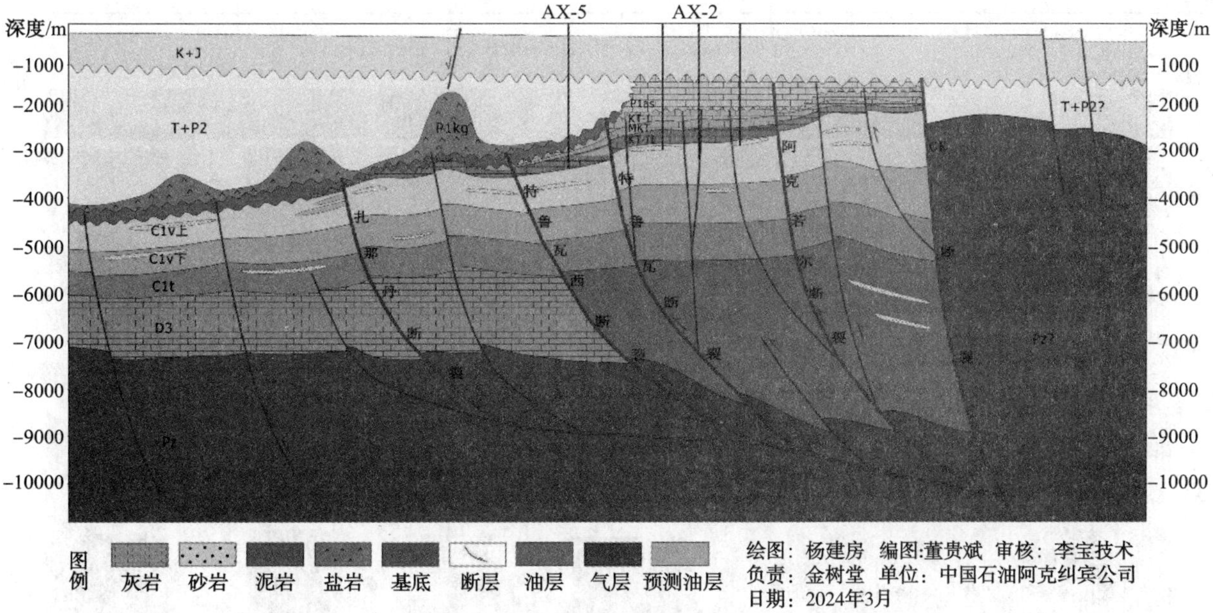

图8　盆地东南缘石炭系构造沉积体系示意图

5 礁滩+岩溶缝洞复合型储层综合预测研究

5.1 测井储层综合精细评价

综合测、录井、岩芯、岩石物理分析等明确了有效储层孔隙度下限4%，划分3类有效储层(图9)。

结合常规、录井气测数据，利用电成像和二维核磁处理技术，充分挖掘储层流体信息，弥补常规流体识别图版对低对比度油层识别能力的不足，提高流体识别精度(图10)。

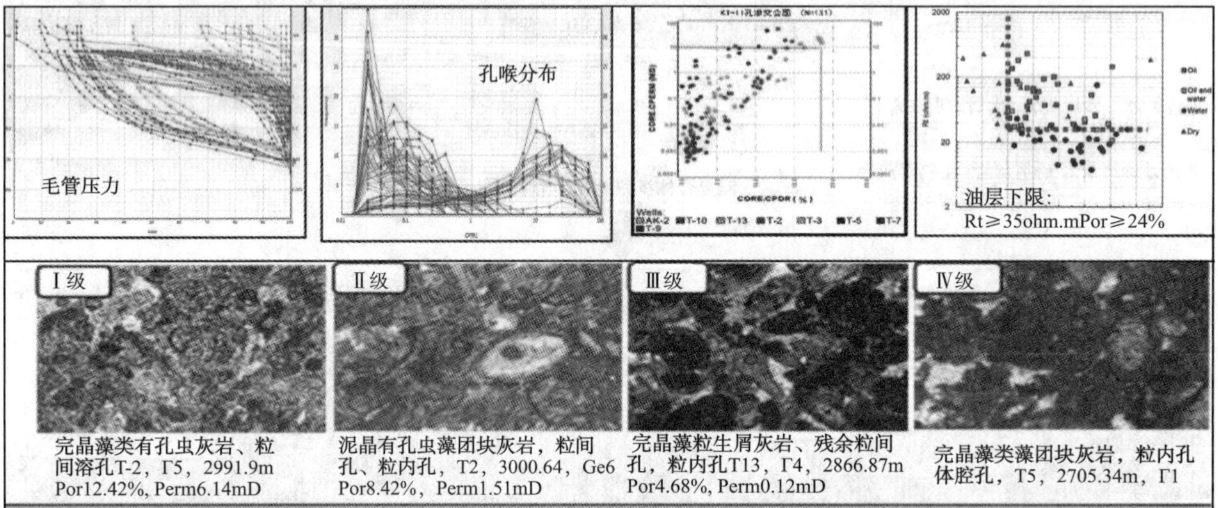

储层分级	孔隙度 φ/%	渗透率 /mD	最大进汞饱和度Shg/%	储集空间类型	储层类型	储层级别
Ⅰ	≥10	≥0.3	≥80	粒间溶扩孔和铸模孔发育，粒间溶孔和溶蚀缝洞起到良好沟通作用	孔洞(缝)型，裂缝–孔隙型	好储层
Ⅱ	6–10	≥0.1	≥7.0	以粒间孔、铸模孔和粒内孔为主，裂缝和局部粒间溶孔形成连通	裂缝–孔隙型和孔隙型为主	较好储层
Ⅲ	4–6	≥0.1	<70	孔隙发育较差，以孤立孔为主，如裂缝发育可形成有效储层	裂缝–孔隙型为主	差储层
Ⅳ	<4	<40.1	<60	孔隙不发育，常见粒内、壳壁孔		非储层

图 9　石炭系碳酸盐岩储层级别测井综合划分图

流体类型	深侧向	录井	电成像测井	核磁测井	二维核磁(T1-T2)	二维核磁(T2-D)
油层	≥35 ohm.m	录井气测组分较全/有荧光显示、TG>0.8%				
油水同层	20-35 ohm.m	录井气测组分较全/有荧光显示、TG>0.8%				
水层	<20 ohm.m	录井气测值较低/组分不全、TG<0.8%				
干层	>20 ohm.m	录井气测值较低/组分不全、TG<0.8%				

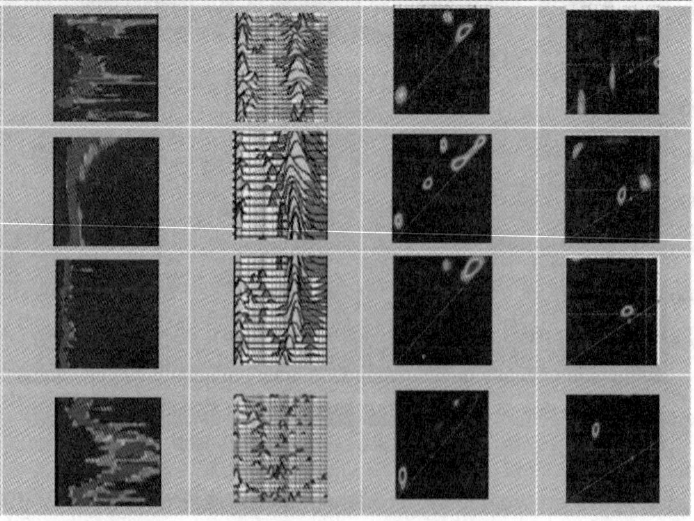

图 10　石炭系碳酸盐岩储层流体综合识别图版

5.2 岩芯储层微观精细识别

通过岩芯薄片分析，优质碳酸盐岩储层(单储层)具有“三元控储”特征(图 11)，首先最重要的控制因素是发育优势沉积微相，其次准同生期是增孔的重要时期，后期构造及溶蚀决定了最终的储层品质。

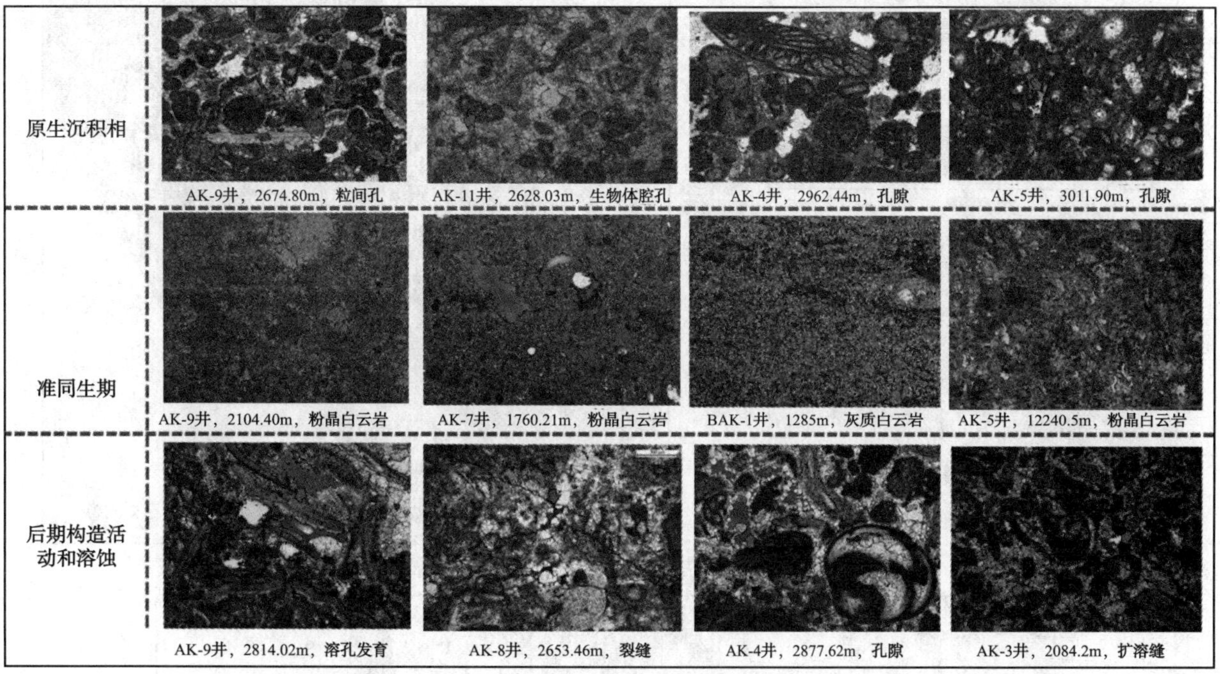

图 11　礁滩+岩溶缝洞储层岩芯微观精细识别

5.3 地震储层综合预测研究

叠前储层精细预测：根据测井岩石物理分析结果，利用横波阻抗与孔隙度线性关系，落实有利储层发育区

断裂体系研究：(1)利用最大似然等多种裂缝检测技术对地震资料开展裂缝分布预测，识别出 NE-NNE 向挤压逆断裂，NWW 向、NW 向走滑断裂。(2)基于成像测井、阵列声波测井方法的裂缝有效性评价，明确最大水平主应力方向呈北西-南东，对裂缝有效性较有利。

针对区域内碳酸盐岩薄储层，开展高精度储层预测研究：

(1)研究思路：保真的前提下增加低频和高频信息；(2)基于神经网络的地震宽频重构：拓宽低频和高频信息，频宽达 5~75hz；(3)精细构造解释：精确刻画低幅构造、断裂、裂缝，可识别断距约 5m 的断裂；(4)高精度叠后-叠前智能反演：解决 6m 左右薄储层预测难题，平均符合率达 86%。

针对德莱斯肯-I 区块开展礁滩+岩溶缝洞复合型储层综合预测：(1)对原始高品质三维地震资料进行预处理；(2)碳酸盐岩内幕层识别地层残余厚度基础上，开展微古地貌+构型研究，有效识别礁滩体。(3)通过地震相干属性、振幅属性等地震多属性融合，有效识别溶蚀河道；(4)通过地震方差体边界探测，开展蚂蚁体缝洞预测，有效识别岩溶缝洞体。

德莱斯肯-I 区块碳酸盐岩 KT-II 层 Γ4 小层具有“相控区、断控带、溶控点”的复合控储特征(图 12)。

6 主要认识与结论

(1) 盆地东南缘构造演化研究是分析石炭系碳酸盐岩构造沉积背景与沉积体系的基础。

(2) 石炭系碳酸盐岩构造沉积体系研究，为找准东部成藏带低缓坡高能礁滩+岩溶缝洞复合型岩性目标提供依据。

(3) 测井、岩芯、地震综合预测方法，提高了碳酸盐岩礁滩+岩溶缝洞复合型储层预测精度和井震吻合度。

近年来，利用测井、岩芯、地震综合预测储层方法，在东部成藏带低缓坡阿克若尔构造先后集中勘探 17 口探井、评价井，其中 15 口钻遇油层，获商业发现，钻探成功率 88.2%，有效降低了钻探风险(图 13)。

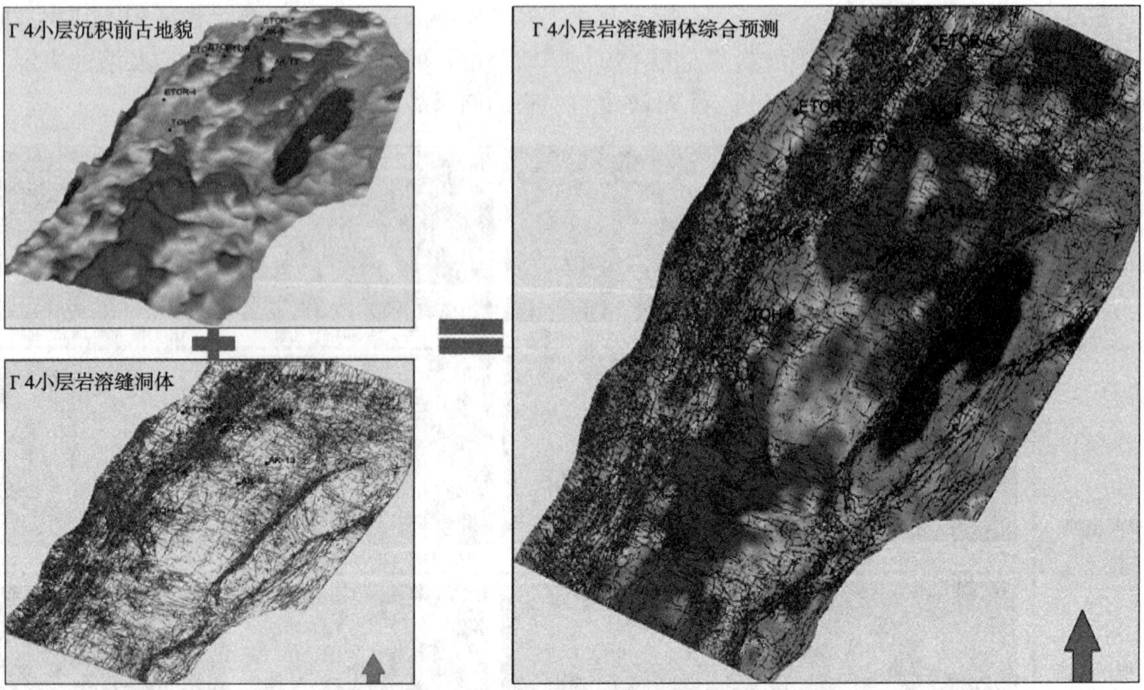

图 12　德莱斯肯-I 区块 KT-II 层 Γ4 小层礁滩+岩溶缝洞复合型储层综合预测

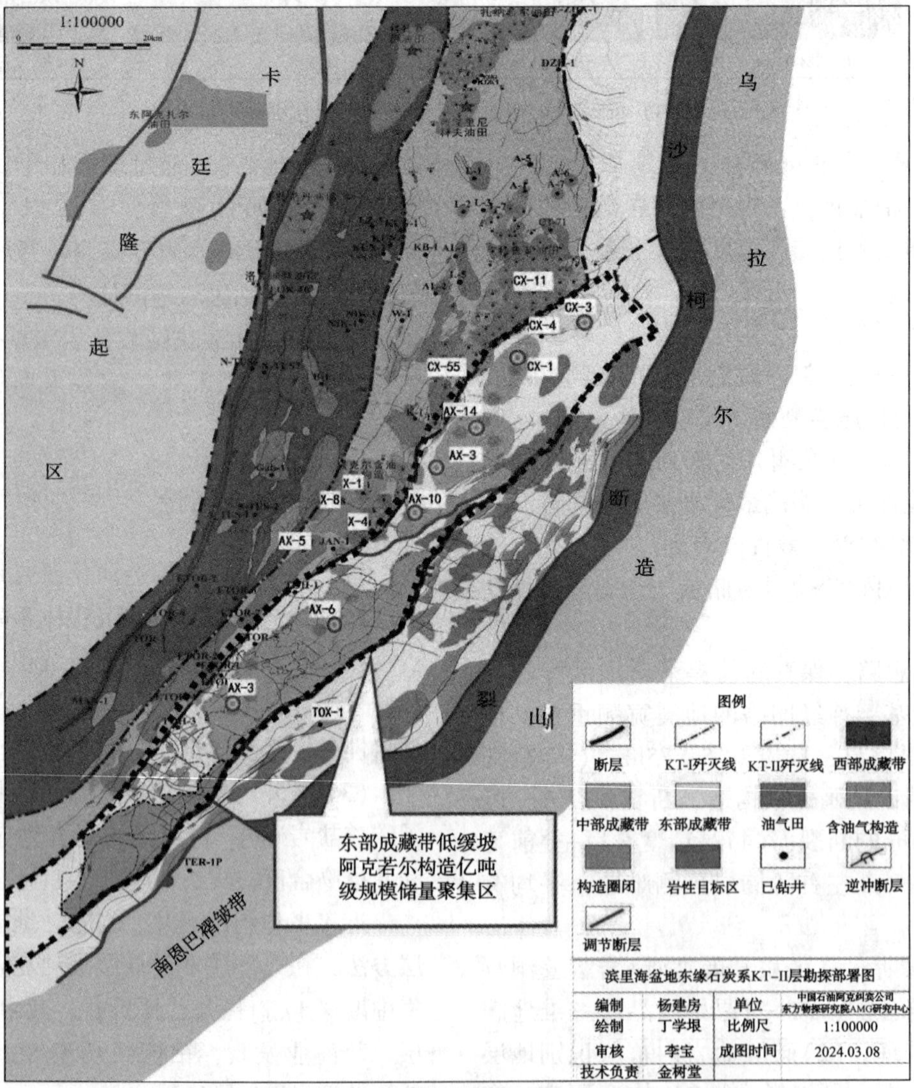

图 13　滨里海盆地东南缘东部成藏带勘探综合评价图

（4）在斜坡区碳酸盐岩内幕礁滩+岩溶缝洞复合型储层综合预测基础上，集中勘探成功率和井震吻合率大幅提高，在东部成藏带低缓坡阿克若尔构造南北延、东西拓成效显著。

整体呈现出“北部缓坡区多层系油气富集，中部鼻隆区整装规模含油，南部缓坡区预测礁滩+岩溶缝洞储层更为发育甩开勘探潜力大”亿吨级规模储量聚集区特征。亿吨级规模储量接替区进一步夯实。值得类似盆地碳酸盐岩礁滩+岩溶缝洞复合型储层预测借鉴和推广应用。

参考文献

[1] 金之钧，王骏．滨里海盆地盐下油气成藏主控因素及勘探方向[J]．石油实验地质，2007，29(2)：111-115.

[2] 徐可强．滨里海盆地东缘中区块油气成藏特征和勘探实践[M]．北京：石油工业出版社，2011.

[3] 王连岱，沈仁福．滨里海盆地石油地质特征及勘探方向分析[J]．大庆石油地质与开发，2004，23(2)：17-18.

[4] 顾家裕，邓宏文，朱筱敏．层序地层学及其在油气勘探开发中的应用[M]．石油工业出版社，1997：82-86.

[5] 朱筱敏．层序地层学[M]．北京：石油大学出版社，2000：11-41.

[6] 马永生，梅冥相，陈小兵．碳酸盐岩储层沉积学[M]．地质出版社，1999：141-14.

[7] 何晓松、孙 林、张红斌．盐下碳酸盐岩储层礁体识别[J]．石油地球物理勘探，2009，44：98-100.

[8] 余海洋．滨里海盆地科尔占地区盐下油气成藏条件及成藏模式[J]．中国石油勘探，2008(6)：67-71.

[9] 李占海，州13区块裂缝形成机理与分布特征模拟[D]．大庆石油学院，2009.

[10] 李开建．裂缝综合预测技术在WD地区的应用[D]．成都：成都理工大学，2009.

[11] 甘其刚．川西坳陷深层致密非均质裂缝性气藏地震识别技术研究[D]．成都：成都理工大学，2005.

[12] 杨勤勇．裂缝型储层预测的纵波地震方法技术研究[D]．吉林：吉林大学，2006.

异常高压的欠压实成因理论缺陷剖析

周鹏高　孙新铭　孙　洁　邵温琪

（克拉玛依职业技术学院）

摘　要　欠压实作用能否形成异常高压，学术界存在不同观点。分析了异常高压的欠压实成因理论缺陷，主要有 3 点：1 未提出孔隙流体压力(或压力系数)的计算方法；2 对孔隙度与孔隙体积变化规律的描述不当；3 欠压实作用的产生条件与有机质的堆积和保存条件相悖。以某一封闭地层为研究对象，根据弹性力学理论和有效应力理论，建立了欠压实作用下孔隙流体压力的计算模型。定量计算结果表明：在地层封闭的条件下，随着埋深的增大，岩石孔隙体积略微减小，导致的孔隙流体压力增量不足以超过相应的静水压力增量，孔隙流体压力系数下降。欠压实理论只关注了岩石孔隙体积减小导致的孔隙流体压力增大，却忽略了地层埋深增大对压力系数的影响。欠压实作用不能形成异常高压，反而倾向于形成异常低压。

关键词　欠压实；异常高压；孔隙流体压力；定量计算

Analysis of Theoretical Defects in Undercompaction Causes of Abnormal High Pressure

Zhou Penggao　Sun Xinming　Sun Jie　Shao Wenqi

（Karamay，Vocational & Technical College Karamay）

Abstract　There are different opinions in the academic community on whether the under compaction effect can form abnormal high pressure. Analyzed the theoretical defects of the undercompaction cause of abnormal high pressure，mainly including three points：① No calculation method for pore fluid pressure(or pressure coefficient) was proposed；Inappropriate description of the relationship between porosity and pore volume changes；The conditions for the generation of undercompaction are contradictory to the accumulation and preservation conditions of organic matter. A calculation model for pore fluid pressure under undercompaction was established based on the theory of elastic mechanics and effective stress theory，taking a closed formation as the research object. The quantitative calculation results indicate that under the condition of formation sealing，as the burial depth increases，the pore volume of the rock slightly decreases，resulting in an insufficient increase in pore fluid pressure to exceed the corresponding increase in static water pressure，and a decrease in pore fluid pressure coefficient. The theory of undercompaction only focuses on the increase in pore fluid pressure caused by the decrease in rock pore volume，but neglects the influence of the increase in formation depth on the pressure coefficient. Undercompaction cannot form abnormal high pressure，but instead tends to form abnormal low pressure.

Key wordst　undercompaction；abnormal high pressure；pore fluid pressure；quantitative calculation

地层流体赋存于岩石孔隙之中，孔隙流体具有一定的压力，孔隙流体压力(又称地层压力)与相应静水压力之比称为孔隙压力系数(又称地层压力系数)。压力系数大于 1 时的孔隙流体压力称为异常高压。由于地质年代跨度极大，受技术水平的制约，异常高压的形成过程还无法在实验室进行模拟。目前，异常高压的成因机理研究仍以定性分析为主，定量计算和实验研究方面缺乏突破。长期以来，石油地质学界认为欠压实作用是异常高压形成的最主要原因，但也有学者持不同观点，例如：李传亮对比了岩石压缩阶地层水体积的压缩量和岩石孔隙体积的压缩量之后，对排水不畅而"憋压"的欠压实理论进行了否定。欠压实作用能否形成异常高压，其与地层异常高压的关系仍有待进一步探讨。以某一封闭地层为研究对象，根据弹性力学理论和有效应力理论，建立了欠压实作用下孔隙流体压力的计算模型，分析了欠压实作用对孔隙流体压力和压力系数的影响。定量计算结果表明，欠压实作用不可能形成异常高压。

1　欠压实理论缺陷

欠压实理论认为：在正常压实状态下，随着地层埋深增大，地层孔隙度和孔隙体积均不断减小，地层流体顺利排出，孔隙流体压力与静水压力相当。如果由于某种原因孔隙流体未能及时排出或排出受阻，孔隙中流体承受的上覆地层负荷增大，孔隙流体压力高于相应静水压力，地层处于欠压实状态。快速沉降和快速充填是导致欠压实的最主要原因，因为缓慢沉积使得地层流体有充足的时间被排出，压实与排水作用保持平衡；而沉积速度越快，地层厚度越大，过剩的流体就不能及时地被排替出去，就越容易导致欠压实作用的形成。

通过分析发现，欠压实理论主要存在以下缺陷：

(1) 该理论只是对异常高压的形成进行了"合理"的定性解释，但未提出孔隙流体压力(或压力系数)的计算方法，无法定量评价欠压实作用下的孔隙流体压力。因此，欠压实理论本质上只是一种未经过实验证实和定量计算检验的学术假说。

(2) 对孔隙度与孔隙体积变化规律描述不当。对于特定物质组成的岩石，随着埋深增大，其孔隙度与孔隙体积变化会经历两个阶段：由浅部到成岩深度的过程中，岩石受力不断增大，骨架颗粒被不断压缩，由疏松排列向致密排列转变，孔隙体积和孔隙度均不断减小，该阶段称为岩石的压实阶段(图 1，I)；达到成岩深度之后，继续增加埋深，岩石的骨架体积、孔隙体积和外观体积同步(等比例)减小(图 2)，因此孔隙度保持不变，该阶段称为石的压缩阶段(图 1，II)。

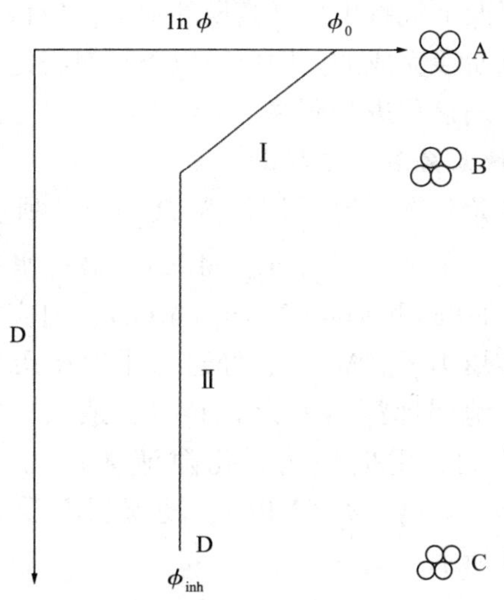

图 1　岩石压实与压缩曲线

注：φ_0为岩石初始孔隙度；

φ_{inh}为压实作用之后的剩余孔隙度；

B 点为成岩深度点

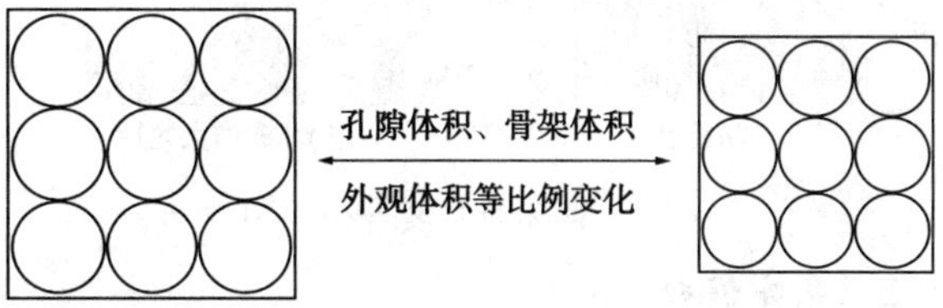

图 2　弹性变形过程中岩石体积等比例变化示意图

欠压实理论未区分岩石的压实和压缩阶段，将疏松介质与致密介质混为一谈，认为只要随着埋深的增加，岩石孔隙度就会减小，实际上是对孔隙度与孔隙体积变化规律描述错误。

(3) 欠压实作用的产生条件与有机质的堆积和保存条件相悖。烃源岩的形成要求沉积作用稳定，这样有利于有机质的形成、堆积和保存，也有利于有机质的生烃演化。然而，目前的欠压实理论认为快速沉降和快速充填才能使地层岩石"欠压实"。若发生快速沉降，沉降速率远远超过沉积速率，将导致沉积物补给不足，有机质受水体包围并被水中的氧气所氧化，无法生成大量石油和天然气；若发生快速充填，沉降速率远远低于沉积速率，沉积物暴露于地表，有机质易受空气中的氧气氧化破坏。因此，欠压实作用的产生条件与有机质的堆积和保存条件相悖。

2　孔隙流体压力的计算模型

干酪根晚期生烃学说认为，有机质在一定深度、温度和压力下才能大量生成石油和天然气，该深度远超过岩石的成岩深度。油气的运移、聚集，以及油气藏中异常高压的形成，应该是在岩石压缩阶段完成的。因此，以下针对特定地层岩石的压缩过程进行研究。

2.1 地层岩石受力状态

初始状态，地层埋深为 D_0(m)，所受外应力为最大水平主应力 σ_{H0}(MPa)、最小水平主应力 σ_{h0}(MPa)和垂向应力 σ_{z0}(MPa)，内应力为孔隙流体压力 p_{p0}(MPa)；经过若干地质历史时期之后，地层埋深增大为 D_1(m)，最大、最小水平主应力、垂向应力、孔隙流体压力分别为 σ_{H1}、σ_{h1}、σ_{z1}、p_{p1}(MPa)；地层岩石受力状态如图 3 所示。

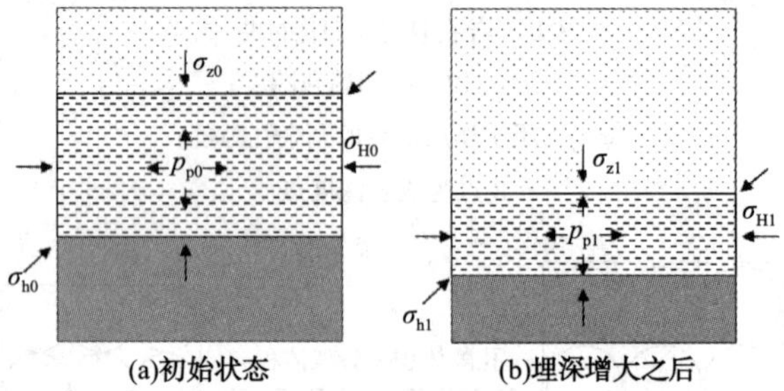

图 3　地层岩石受力示意图

2.2 基本假设

某一特定物质组成的地层，假设在埋深增大过程中具有如下特点：

① 地层处于封闭状态，与静水压力隔绝，埋深增大过程中不向外排液；

② 地层岩石为各向同性的弹性体；

③ 初始状态地层孔隙流体压力等于静水压力，即：

$$p_{p0}=\rho_w gD \tag{1}$$

式中，ρ_w 为地层水密度，g/cm^3；g 为重力加速度，取 $g=0.0098\text{m/s}^2$。

④ 为便于后续计算，假设最大、最小水平主应力之和等于垂向应力的 2 倍，即：

$$\sigma_{H0}+\sigma_{h0}=2\sigma_{z0} \tag{2}$$

$$\sigma_{H1}+\sigma_{h1}=2\sigma_{z1} \tag{3}$$

⑤ 不考虑温度变化对孔隙流体压力的影响。

2.3 公式推导

初始状态地层岩石所受的有效应力为

$$\begin{cases}\sigma_{eH0}=\sigma_{H0}-\phi p_{p0}\\ \sigma_{eh0}=\sigma_{h0}-\phi p_{p0}\\ \sigma_{ez0}=\sigma_{z0}-\phi p_{p0}\end{cases} \tag{4}$$

式中，σ_{eH0}、σ_{eh0}、σ_{ez0} 分别为初始状态最大、最小水平主应力、垂向应力方向的有效应力，MPa；ϕ 为岩石孔隙度。

地层岩石所受的体积应力（有效应力）σ_e^0(MPa)为

$$\sigma_e^0=\sigma_{eH0}+\sigma_{eh0}+\sigma_{ez0}=\sigma_{H0}+\sigma_{h0}+\sigma_{z0}-3\phi p_{p0}=3(\sigma_{z0}-\phi p_{p0}) \tag{5}$$

埋深增大之后，地层岩石的体积应力 σ_e^1(MPa)为

$$\sigma_e^1=\sigma_{H1}+\sigma_{h1}+\sigma_{z1}-3\phi p_{p1}=3(\sigma_{z1}-\phi p_{p1}) \tag{6}$$

地层岩石的体积应力增量 $\Delta\sigma_e$(MPa)为

$$\Delta\sigma_e=\sigma_e^1-\sigma_e^0=3(\Delta\sigma_z-\phi\Delta p_p) \tag{7}$$

其中，

$$\Delta\sigma_z=\sigma_{z1}-\sigma_{z0}=\overline{\rho_s}g(D_1-D_0) \tag{8}$$

$$\Delta p_p=p_{p1}-p_{p0} \tag{9}$$

式(7)～(9)中，$\Delta\sigma_z$、Δp_p 分别为埋深增大之后垂向应力增量、孔隙流体压力增量，MPa；$\overline{\rho_s}$为上覆沉积物的平均密度，g/cm^3。

埋深增大之后，地层岩石的体积应变 ε_V(无因次)为

$$\varepsilon_V=\frac{\Delta\sigma_e}{E/(1-2\upsilon)} \tag{10}$$

由于地层岩石孔隙体积和外观体积同步减小，岩石体积应变 ε_V 与孔隙体积应变 ε_p 相等。根据“地层埋深增大过程中不向外排液”的假设，孔隙体积应变等于孔隙中流体的体积应变 ε_L，因此有

$$\varepsilon_V=\varepsilon_p=\varepsilon_L=\frac{-\Delta V_L}{V_L}=\left(-\frac{1}{V_L}\frac{\Delta V_L}{\Delta p_p}\right)\Delta p_p=c_L\Delta p_p \tag{11}$$

式中，V_L、ΔV_L 分别为初始状态孔隙流体体积、埋深增大之后孔隙流体体积变化量，m^3；c_L 为孔隙流体的压缩系数，MPa^{-1}。

联立(7)、(8)、(10)、(11)式，整理可得

$$\Delta p_p=\frac{3\overline{\rho_s}g(D_1-D_0)}{3\phi+\dfrac{Ec_L}{1-2\upsilon}} \tag{12}$$

地层埋深增大之后，孔隙流体压力系数 α_1(无因次)为

$$\alpha_1=\frac{p_{p1}}{\rho_w gD_1}=\frac{p_{p0}+\Delta p_p}{\rho_w gD_1} \tag{13}$$

联立(1)、(12)、(13)式，化简得

$$\alpha_1=\frac{D_0}{D_1}+\frac{3\overline{\rho_s}}{\left(3\phi+\dfrac{Ec_L}{1-2\upsilon}\right)\rho_w}\left(1-\frac{D_0}{D_1}\right) \tag{14}$$

式(14)即为孔隙流体压力系数的计算模型。该式表明，孔隙流体压力系数与地层深度变化量、上覆沉积物平均密度、岩石孔隙度、杨氏模量、泊松比、地层流体压缩系数以及地层流体密度有关。

3 计算与讨论

取$\overline{\rho_s}=2.7\text{g/cm}^3$、$\phi=15\%$、$E=10000\text{MPa}$、$\upsilon=0.25$、$c_L=4\times10^{-4}\text{MPa}$、$\rho_w=1.03\text{g/cm}^3$；若地层从初始深度 $D_0=1200\text{m}$ 逐渐增大到 $D_1=6000\text{m}$，根据(12)、(14)两式计算孔隙流体压力增量及压力系数的变化，结果如图 4 所示。

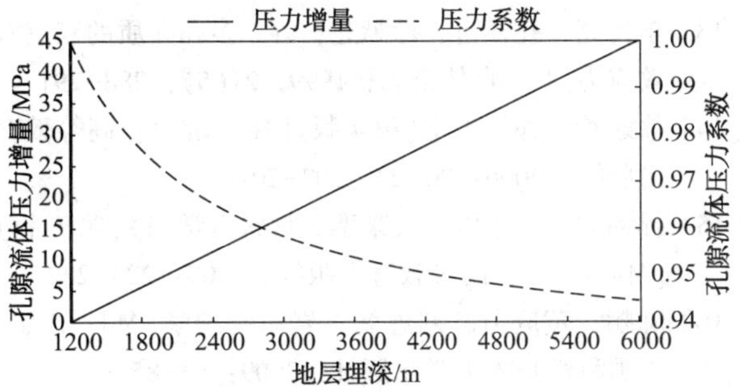

图 4 埋深增大过程中孔隙流体压力的变化

从图 3 可以看出，埋深从 1200m 增大到 6000m，孔隙流体压力增大 45MPa，但压力系数却略微下降。由(14)式可知，上覆沉积物平均密度越大，岩石的杨氏模量、泊松比、孔隙度、地层流体压缩系数和地层流体密度越小，埋深增大之后的孔隙流体压力系数越大。通常，上覆沉积物平均密度不会超过 2.7g/cm³，岩石的泊松比为 0.1～0.4，砂泥岩的杨氏模量为 5000～80000MPa，岩石孔隙度一般为 5%～30%，地层水的压缩系数为$(3.7\sim5.0)\times10^{-4}\text{MPa}$、地层原油的压缩系数为$(10\sim140)\times10^{-4}\text{MPa}$。在各参数的取值范围内，计算埋深增大之后的孔隙流体压力系数均小于 1.0。定量计算结果表明，欠压实作用不能形成异常高压，反而倾向于形成异常低压。

地层封闭是形成异常高压的必要条件。在封闭的条件下，由于与静水压力隔绝，地层由浅到深，若不考虑温度变化的影响，孔隙流体压力增量仅由岩石孔隙体积减小造成。若欠压实作用要形成异常高压，由岩石孔隙体积减小导致的孔隙流体压力增量，必然要大于相应的静水压力增量，即

$$\Delta p_p>\rho_w g(D_1-D_0) \tag{15}$$

将(12)式代入(15)式，化简得

$$\frac{3\overline{\rho_s}}{3\phi+\dfrac{Ec_L}{1-2\upsilon}}>\rho_w \tag{16}$$

然而，在各参数的取值范围内(16)式并不成立。

地层埋深增大的过程中，岩石应变与体积应力增量呈正比，与杨氏模量呈反比；随着岩石所受的体积应力增大，孔隙体积减小，孔隙流体压力增大；由于岩石的杨氏模量在数值上远大于体积应力增量，岩石孔隙体积只是略微减小，导致的孔隙流体压力增量不足以超过相应的静水压力增量。因此，欠压实作用一方面会使孔隙流体压力升高，另一方面会使压力系数降低。显然，欠压实理论只关注了岩石孔隙体积减小导致的孔隙流体压力增大，却忽略了地层埋深增大对压力系数的影响。

在推导孔隙流体压力的计算模型过程中，假定 3 个主应力满足(2)、(3)两式。一般情况下，地层受非均匀地应力作用，三个主应力不等，最大、最小水平主应力之和也不一定等于垂向应力的 2 倍。若三个主应力不满足(2)、(3)两式，采用上述方法，同理可建立相应的孔隙流体压力计算模型。在地应力合理取值范围内，计算的孔隙流体压力系数仍小于 1.0。

在推导孔隙流体压力的计算模型过程中，忽略了温度变化的影响。地层温度会随着埋深增大而升高。流体具有热胀冷缩的性质，当温度升高时，岩石孔隙中的流体要发生膨胀，在封闭的体系内，流体体积的膨胀必然导致压力的增大。因此，流体热膨胀作用(又称水热作用)会伴随欠压实作用同时发生。若地层流体为气体，根据气体状态方程计算温度升高对气体压力(孔隙流体压力)的影响。结果表明，由于气体具有较大的压缩性，即使考虑温度变化的影响，欠压实作用仍不可能形成异常高压。

若地层流体为液体，流体的热膨胀系数取$2.08\times10^{-4}℃^{-1}$，岩石的热膨胀系数取$4.50\times10^{-5}℃^{-1}$，若温度升高 100℃，则流体体积应变为 1.63%，可见由温度升高引起的流体体积应变很小。前人的研究结果表明，流体热膨胀作用的效力很大，但它必须在完全封闭的的条件下才能体现出来，然而地下岩层的实际情况却很少能

满足这一条件。根据 Luo 和 Vasseur 所做的水热膨胀数值模拟表明，哪怕泥岩的渗透率低到 3×10^{-15}D(比实测泥岩最小的渗透率 10^{-11}D 还小几个数量级)，由水热作用产生的超压也可忽略不计。

4 结论

(1) 欠压实理论是一种未经证实的学术假说，其主要缺陷在于，未提出孔隙流体压力(或压力系数)的计算方法，对孔隙度与孔隙体积变化规律的描述不当，欠压实作用的产生条件与有机质的堆积和保存条件相悖。

(2) 在地层封闭的条件下，随着埋深的增大，岩石孔隙体积略微减小，导致的孔隙流体压力增量不足以超过相应的静水压力增量，孔隙流体压力系数下降。

(3) 欠压实理论只关注了岩石孔隙体积减小导致的孔隙流体压力增大，却忽略了地层埋深增大对压力系数的影响。欠压实作用不能形成异常高压，反而倾向于形成异常低压。

参 考 文 献

[1] 柳广弟．石油地质学(第五版)[M]. 北京：石油工业出版社，2018：184-186，260-262.

[2] 李明诚．石油与天然气运(第四版)[M]. 北京：石油工业出版社，2013：32-36，380-381

[3] 张健，刘树根，冉波，等．异常高压与页岩气保存[J]. 成都理工大学学报(自然科学版)，2016，43(2)：177-187.

[4] Anissimov L. Overpressure phenomena in the Precaspian Basin[J]. Petroleum Geoscience，2001，7：389-394.

[5] 王江涛，李育．沉积盆地异常高压形成机制综述[J]. 石油化工应用，2014，33(1)：5-9.

[6] 褚庆忠，李耀华．异常压力形成机制研究综述[J]. 天然气勘探与开发，2001，24(4)：38-46.

[7] 李传亮．岩石欠压实概念质疑[J]. 新疆石油地质，2005，26(4)：450-452.

[8] 李传亮．等效深度法并不等效[J]. 岩性油气藏，2009，21(4)：120-123.

[9] 李传亮．孔隙度校正缺乏理论依据[J]. 新疆石油地质，2003，24(3)：254-256.

[10] 李传亮．岩石本体变形过程中的孔隙度不变性原则[J]. 新疆石油地质，2005，26(6)：732-734.

[11] 卢双舫，张敏．油气地球化学[M]. 北京：石油工业出版社，2008：9-10，51-52.

[12] 李传亮．油气初次运移机理分析[J]. 新疆石油地质，2005，26(3)：331-335.

[13] 李传亮，孔祥言，徐献芝，等．多孔介质的双重有效应力[J]. 自然杂志，1999，21(5)：288-291

[14] 徐芝纶．弹性力学(第 4 版)[M]. 北京：高等教育出版社，2006：20-23，202-204.

[15] 孙训方，方孝淑，关来泰．材料力学(I)(第五版)[M]. 北京：高等教育出版社，2009：225-232.

[16] 陈颙，黄庭芳，刘恩儒．岩石物理学[M]. 合肥：中国科学技术大学出版社，2009：83-85.

[17] 何更生，唐海．油层物理(第二版)[M]. 北京：石油工业出版社，2011：169-170，180-181.

[18] Hunt J M. Genneration and migration of petroleum from abnormally pressured fluid compartments[J]. AAPG Bulletin，1990，74(1)：1-12.

[19] Powley D E. Presusures and hydrogeology in petroleum basins[J]. Earth Science Reviews，1990，29：215-226.

[20] 周鹏高，李亚双，刘燕．挤压作用形成异常高压的定量研究[J]. 西南石油大学学报(自然科学版)，2017. 39(3)：97-102.

[21] 李传亮．地层异常压力原因分析[J]. 新疆石油地质，2004，25(8)：443-445.

塔里木油田高温高盐超深油藏表活剂复合驱油体系研究及应用

田苗苗 顾俊颖 王怡萍 刘紫微 叶思杰 刘鑫宇

（中国石油塔里木油田分公司）

摘 要 H油田东河砂岩油藏属高温、高盐、超深油藏，目前已进入高含水后期，水驱效果逐渐变差，部分注入水逐渐趋于无效循环，常规注水调整难以改善已经形成的地下渗流场，加上层间矛盾突出、低吸水层动用程度低，井间尚有大量剩余油难以正常驱动。通过优选适用H油田东河砂岩油藏地质条件的表活剂复合驱油体系开展先导性现场试验，结合聚合物微球、冻胶分散体等柔性颗粒与泡沫组成三相复合驱油体系以及表面活性剂驱油体系组成一种全新的表面活性剂复合驱油体，对高温高盐非均质性强油藏的开采有很好的效果。

关键词 高温高盐；超深油藏；中高渗油藏；表活剂；复合驱油体系

Research and application of surface active agent composite flooding system in high-temperature, high salinity, and ultra deep oil reservoirs in Tarim Oilfield

Tian Miaomiao Gu Junying Wang Yiping Liu Ziwei Ye Sijie Liu Xinyu

(Hade Oil and Gas Production Management Area of China Petroleum Tarim Oilfield Branch)

Abstract The Donghe sandstone reservoir in H oilfield belongs to a high-temperature, high salt, and ultra deep reservoir. Currently, it has entered the late stage of high water cut, and the water drive effect is gradually deteriorating. Some injected water is gradually becoming ineffective in circulation, and conventional water injection adjustments are difficult to improve the already formed underground seepage field. The contradiction between the upper layers is prominent, the degree of utilization of low water absorbing layers is low, and there is still a large amount of remaining oil between wells that is difficult to drive normally. The pilot field test was carried out by optimizing the surfactant composite oil displacement system suitable for the geological conditions of Donghe sandstone reservoir in H oilfield. The three-phase composite oil displacement system was composed of flexible particles such as polymer microsphere, gel dispersion and foam, and the surfactant oil displacement system formed a new surfactant composite oil displacement body, which has a good effect on the development of high temperature, high salt and strong heterogeneity reservoirs.

Key wordst High temperature and high salt; Ultra-deep reservoir; Medium to high permeability reservoirs; Surface active agents; Composite oil displacement system

H油田位于塔里木盆地塔北隆起南坡的低幅度背斜构造带上，是我国第一个探明储量超过亿吨的海相碎屑岩整装大油田。它由石炭系中泥岩段薄砂层油藏、东河砂岩油藏共同构成，其中东河砂岩段为本次研究的重点。

东河砂岩油藏属于中高渗透油藏，并且发育边底水，油藏渗透率级差 20 倍、突进系数 4.5。目前东河砂岩油藏已进入高含水后期，水驱效果逐渐变差，部分注入水逐渐趋于无效循环，常规注水调整难以改善已经形成的地下渗流场，加上层间矛盾突出、低吸水层动用程度低，井间尚有大量剩余油难以正常驱动。油田的产量逐渐下降，出水量反而逐年攀升，造成了严重的经济损失，如何有效的应对这种情况对采油工程技术提出了更高的挑战。因此，迫切需要针对 H 油田的具体地层情况开展针对性的表面活性剂驱油体系研究，要寻找快捷有用的新方法，提高中高含水地层的产油效率。

1　实验材料处理

1.1　油水样处理

针对 H 油田油样进行脱水处理并进行测试，得到油样的基础数据，在 120℃ 下的黏度为 5.87mPa·s，水样过滤去除大颗粒杂质后用于表活剂、起泡剂等溶液的配置(图 1、图 2)

1.2　岩心处理

对已取得的油田现场岩心样品进行切片并标号(表 1)，将岩心切片用四氯化碳溶剂清洗，然后用甲苯、酒精、丙酮溶剂清洗，最后用清水冲洗干净。将清洗后的不同岩心切片放在相同浓度的表面活剂溶液中浸泡 24h 以使岩心切片亲水。把清洗后的岩心切片放入老化罐中饱和油并老化一周以使岩心切片亲油，将亲油岩心切片放在表面活剂溶液中浸泡 24h 备用。

图 1　H 油田脱水油样及地层水样

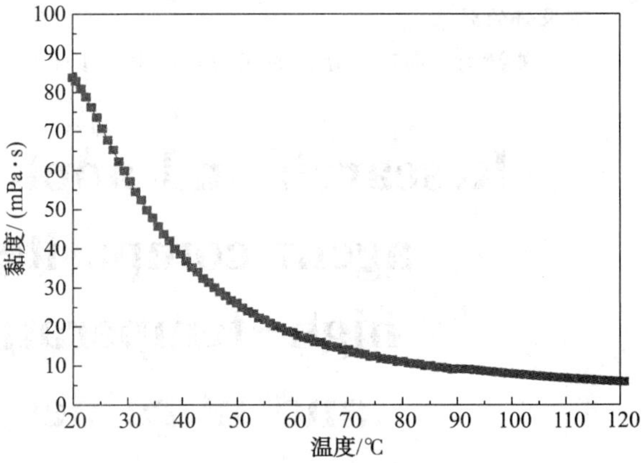

图 2　H 油田脱水原油黏温曲线

表 1　H 油田岩心样品基本数据

序号	井名	井段数量	筒次/层位	块数	备注
1	H4-22H	5069m	16~24	>5cm(3 块)	CⅢ-5
2	H4-2H	5051.5m	31~44	>5cm(3 块)	CⅢ-6
3	H4-4-1H	5062m	17~27	>5cm(3 块)	CⅢ-3
4	H4-71-2	5050.5m	17~21	>5cm(3 块)	CⅢ-6

2　表活剂研究

2.1　界面张力接触角初选及优选

降低油水界面张力是表面活性剂提高原油采收率的主要机理。针对 H 油田条件开展界面张力测试，用模拟地层水将五种表面活性剂配制成不同质量百分数(0.05%、0.1%、0.2%、0.3% 和 0.5%)的溶液。五种表面活性剂中能使油水界面张力各有差异，但均在浓度大于 0.2% 之后逐渐表现出最佳将第界面张力性能。其中，表面活性剂 SYQ-1 的降低油水界面张力能力最为优异，能够达到 0.96×10^{-3}mN/m(图 3 左)。

为了使该种表面活性剂降低油水界面张力的能力更强，针对 H4-27 的油水情况，在表面活性剂 SYQ-1 的基础上进行优化使之性能更加优异，再次开展界面张力测试，可以得到其油水界面张力最低可达 0.79×10-3mN/m(图 3 右)。

在得到降低界面张力能力更强的复配表活剂溶液后对岩石切片进行接触角测试，为了验证改良前后 SYQ-1 对于接触角的影响，共进行两组接触角测试，图 4 测量了岩心在表活剂溶液中浸泡前后的接触角。

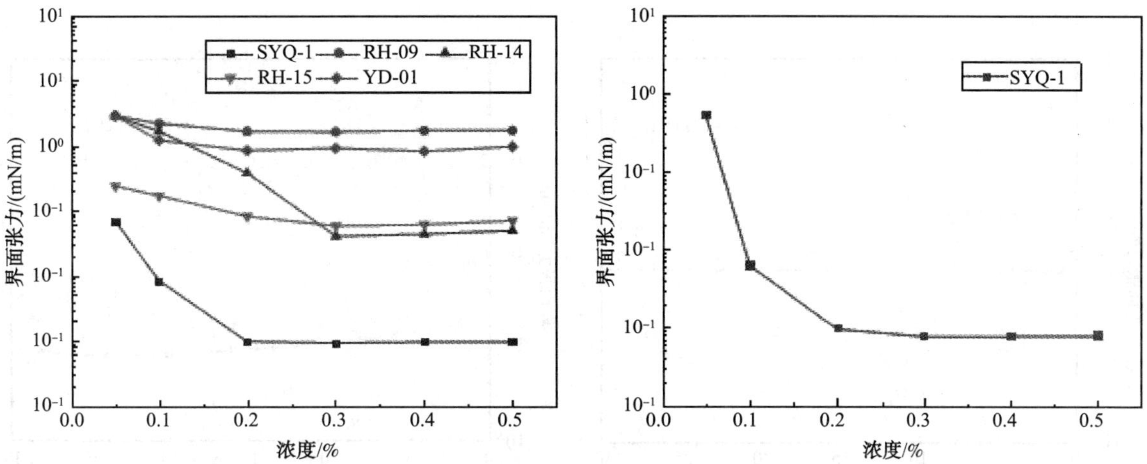

图 3　(左)不同表面活性剂与原油的油水界面张力
(右)优化后 SYQ-1 与原油的油水界面张力

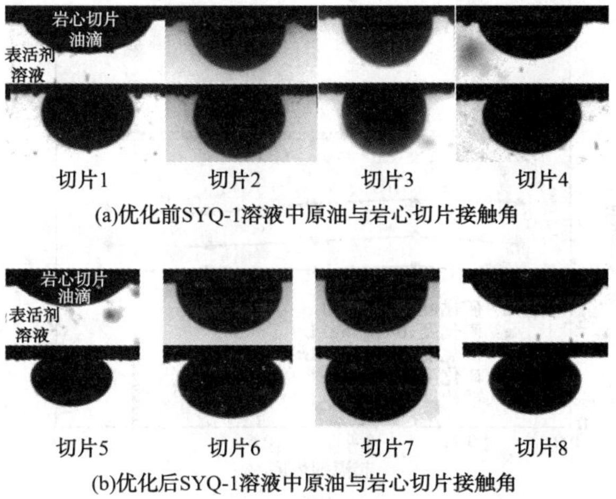

图 4 不同岩心切片浸泡前后接触角图片

对比优化前后 SYQ-1 溶液可以看出，优化后的 SYQ-1 溶液具有更好的改变润湿能力，切片 5，6，7，8 的接触角从左到右依次为 53.16°、47.33°、50.45°、48.86°，相较于第一组岩心切片 59.23°、50.34°、53.21°、57.09°，接触角又有明显降低。

2.2　耐温耐盐性能评价

耐温耐盐性能是表面活性剂对于高温高盐油藏适应性非常重要的指标之一，本次实验主要对优化后的表活剂进行耐温耐盐性能测试，从图 5 中可知，表面活性剂 SYQ-1 展现出优异的耐高温性能和耐盐性能，能够在 120℃ 的高温下起效长达 30 天甚至更久，随着矿化度不断增加，无机盐离子能够压缩离子头基间的距离，使得油水界面处表面活性剂排列更加紧密，因此界面张力降低。

从上述结果可知：表面活性剂 SYQ-1 溶液可以将岩心的润湿性从油湿和中性湿变为水湿，显著降低接触角，有助于将原油从岩石表面剥离、运移，从而提高原油采收率。

3　复合驱油体系

3.1　起泡剂优选

三相泡沫体系是由柔性颗粒与起泡剂组成的复合体系，体系的起泡能力，由泡沫的起泡能力决定。为此本文首先对多相泡沫体系进行了优选，以便进一步研究稳定的多相泡沫体系液膜性质以及起泡剂以及柔性颗粒在液膜表面的吸附和排列。

3.1.1　矿化度对起泡剂起泡性能影响

配制五组不同浓度矿化度的起泡剂溶液各 100mL，其中，矿化度为 25×10^4mg·L^{-1}时，每 100mL 溶液中含有 NaCl、$MgCl_2$、$CaCl_2$、$NaHCO_3$、Na_2SO_4，起泡剂浓度为 0.1%～0.9%。选用室内实验经常用的 Warning-blender 搅拌法，在 8000r/min 的转速下搅拌 3min，记录起泡体积 V(mL)以及析出 50mL 液体所需的时间，即析液半衰期 t(s)。

由图 6、图 7 可知，随着矿化度的增加，HY-3J 的起泡能力没有明显减弱，尤其在矿化度为 25×10^4mg/L 的起泡能力是最好的，而 RH-14 的起泡体积明显减小，在高矿化度环境下，RH-14 的起泡能力减弱。随着起泡剂浓度的变化 HY-3J 的析液半衰期变化不大，并且随着矿化度的增加 HY-3J 的泡沫稳定性越来越好，而 RH-14 在矿化度 20×10^4mg/L 之后明显下降。

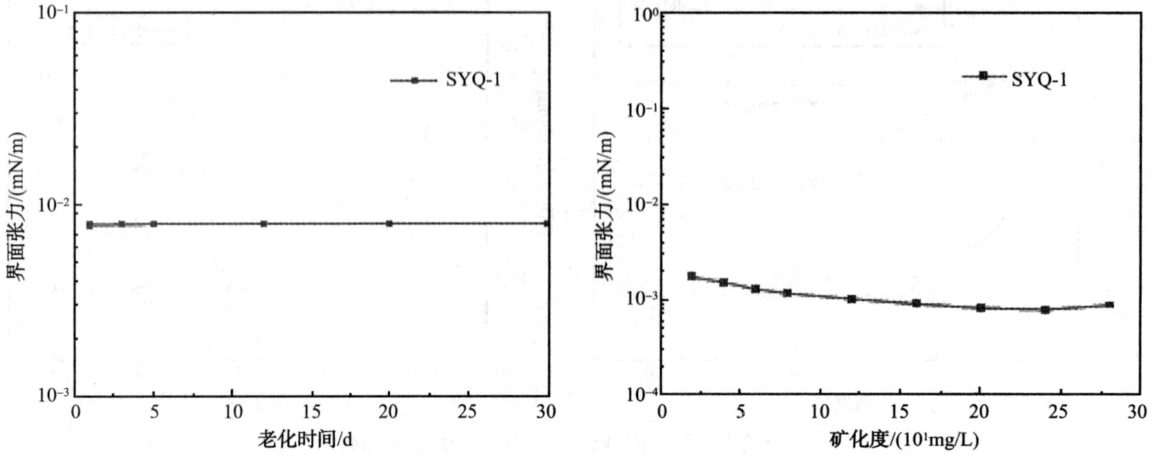

图 5　表面活性剂耐温(左)耐盐(右)性能测试

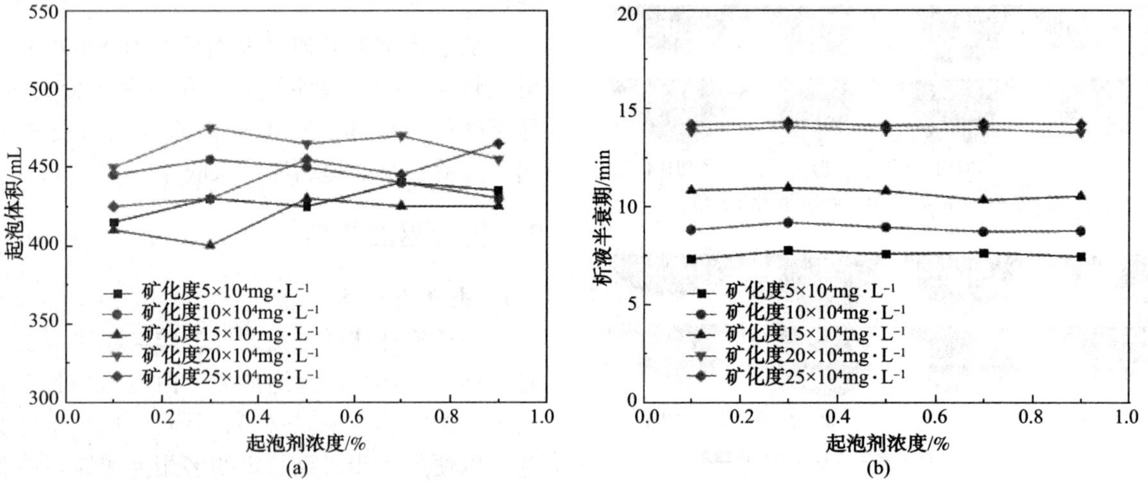

图 6　不同矿化度对起泡剂 HY-3J 影响规律

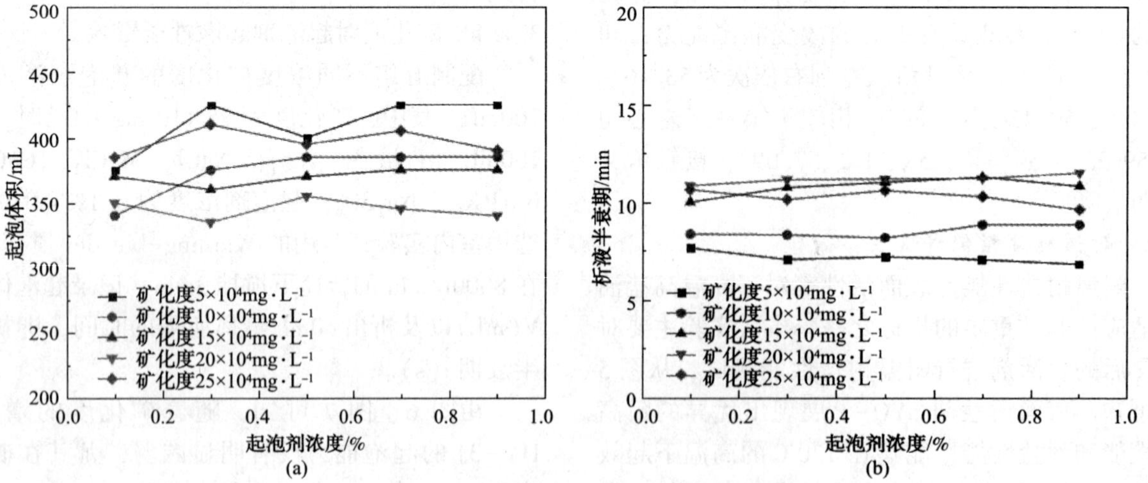

图 7　不同矿化度对起泡剂 RH-14 影响规律

3.1.2　温度对起泡剂起泡性能影响

用模拟地层水配置质量分数为0.3%的起泡剂溶液RH-14和HY-3J，密封静置于120℃的恒温箱中放置30天，每隔一定时间取出然后测试起泡体积和析液半衰期变化。从图8可知，在放入恒温箱中后，起泡剂RH-14迅速失活，无法正常起泡。起泡剂HY-3J在该实验中展现出优异的耐高温性能，能够在120℃的高温下起效长达30天甚至更久。

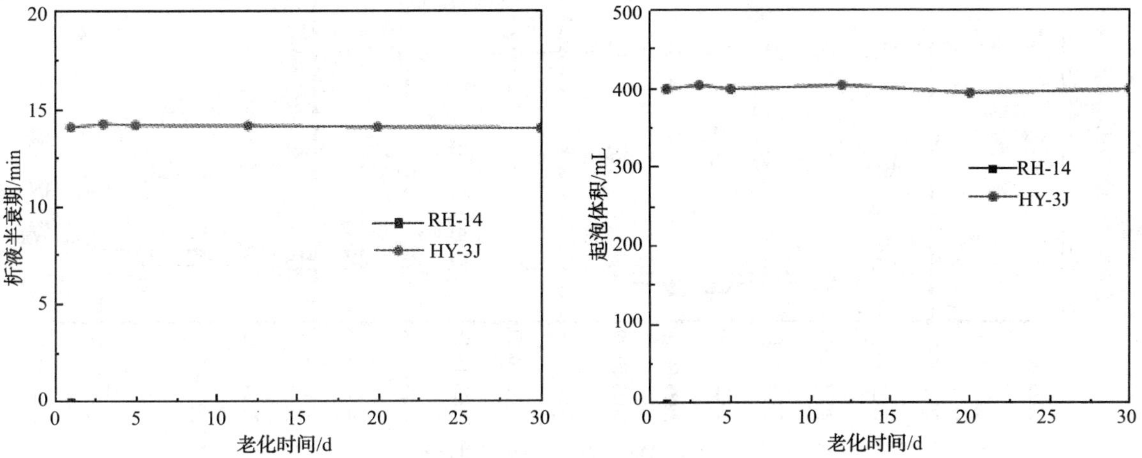

图8　(左)不同起泡剂析液半衰期测试(右)不同起泡剂起泡体积测试

起泡剂HY-3J在高矿化度环境下起泡能力稳定且泡沫稳定性随着矿化度的增加越来越好，在高温环境下也不受较大影响。最终选用起泡剂HY-3J作为表面活性剂驱油体系的起泡剂，最优浓度为3000mg/L。

3.2　柔性颗粒与起泡剂复配

泡沫体系具有“堵水不堵油、堵大不堵小”的特性，可以使液流发生转向，提高波及系数，但是泡沫是热力学不稳定体系，对特高含水期的高渗地层和水驱优势通道封堵能力较弱。因此，本次项目提出的表活剂复合驱油体系是在泡沫体系中加入柔性颗粒，颗粒降低孔隙绝对渗透率，泡沫降低气液相相对渗透率，柔性颗粒协同稳定泡沫、封堵大孔道，提高特高含水期驱油效果。

室内实验选取了一种研究较为成熟的柔性颗粒(冻胶分散体)与起泡剂进行复配。该种冻胶分散体在高温高盐环境下依然可以油较好的稳定性，在高温老化之后颗粒的粒径会增大，但是粒径的增大程度在可控范围内，对于后续驱替影响较小，因此选择冻胶分散体作为本次实验的柔性颗粒与泡沫组成复合驱油体系。

HY-3J起泡剂在加入柔性颗粒形成的三相泡沫，起泡体积进一步减小，而泡沫半衰期却大大增长，在强化泡沫的基础上又增加了20%以上。分析原因认为，加入柔性颗粒后，机械强度也更大，因此形成的泡沫壁变厚，从而使得形成的泡沫数量有所减少；但同时也使得泡沫的强度更大，更加不易破裂，泡沫半衰期大大增长。

4　现场应用

在东河砂岩油藏优选H4-27T井组为实验井组，井组6口油井，其中4口油井高含水生产；2口油井低液量、中高含水生产；井组存在注水优势通道，且水洗程度高。2023年7月1日开始注表活剂驱油施工，进行八轮次段塞注入，2023年10月15日完成施工，施工期间，共计注入氮气45.1万标方、起泡剂6.34吨、柔性颗粒372.4吨、表活剂21.2吨(图9、图10)。

施工过程中H4-27T井组对应8口采油井，优势注水方向上H4-4H井明显受效。H4-4H井2023年6月施工前平均日产油量4.9吨，含水75%，施工期间平均日产油量5.9吨，平均含水71.9%，日产油较施工前有明显上升，施工期间增油648.77吨。

2023年9月第五轮次施工完成后，为监测本井射孔井段吸水情况进行能谱水流测井，封堵射孔层5056.6~5059.6m本次测井不吸水，目前射孔层位5051~5056.6m吸水量100%，4个小层吸水强度较均匀，层间矛盾得到有效改善，调驱作用效果明显。

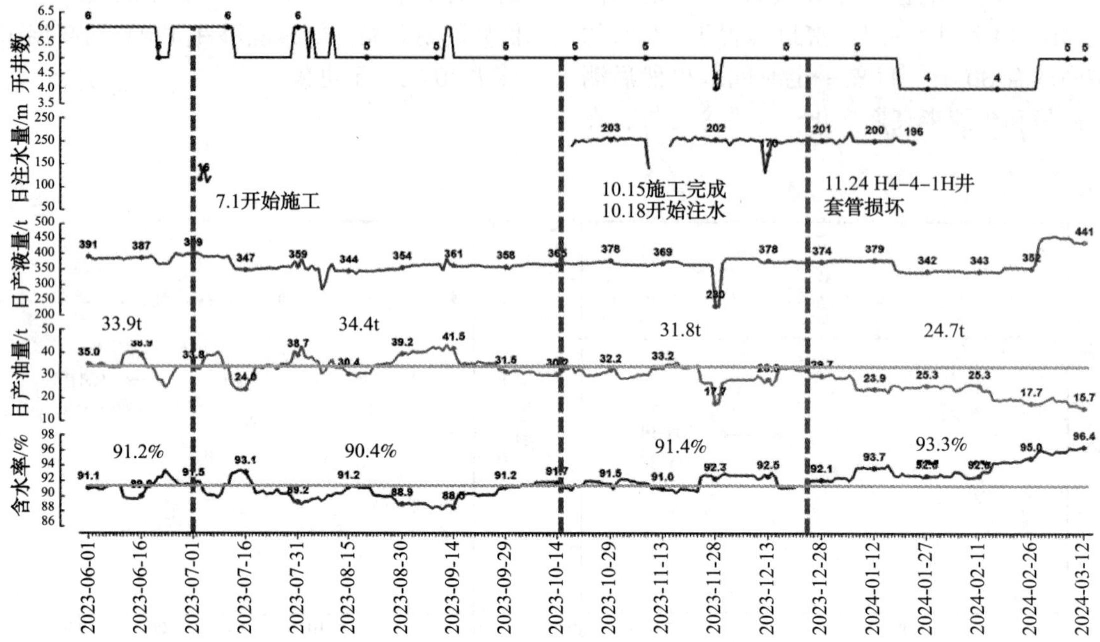

图 9　H4-27T 井组生产曲线

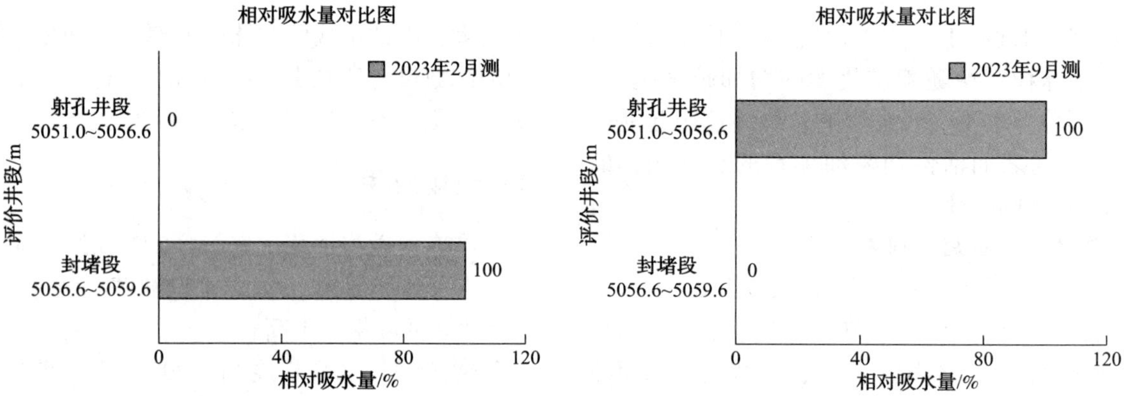

图 10　注表活剂复合驱油体系前后吸水测试对比图

5　结论

（1）通过改变浓度、温度和矿化度等一系列条件优选出 SYQ-1 最为本次表面活性剂驱油体系所使用的耐高温高盐表面活性剂，降低油水界面张力性能优异，最佳使用浓度为 3000mg/L。

（2）起泡剂 HY-3J 的析液半衰期接近 15min，而且 HY-3J 在 120℃高温环境下依然保持优异的起泡性能。最终选用起泡剂 HY-3J 作为该次表面活性剂复合驱油体系的起泡剂，最优浓度为 3000mg/L。

（3）优选的 HY-3J 起泡剂与柔性颗粒具有很好的配伍性，并且，柔性颗粒与起泡剂的协同作用使得泡沫能够维持更长的时间，能够大大提高调驱体系的有效作用期。

（4）从井组整体动态上看，施工过程中有见效显示，增油 648.77 吨，同时从本井射孔井段吸水情况显示，层间矛盾得到有效改善。

参 考 文 献

[1] 陶小晚，李明，贾进华，等．塔里木盆地哈得逊油田东河砂岩油藏天然气地球化学特征及油藏类型研究[J]．天然气地球科学，2014，25(1)：1672-1926.

[2] 孙龙德，宋文杰，何君，等．塔里木盆地哈得逊油田海相砂岩油藏滚动勘探开发[M]．北京：石油工业出版社，2011：1-284.

[3] 李媛丽．新型耐温耐盐型驱油用表面活性剂研究[D]．无锡：江南大学，2020.

[4] 李田靓．无碱超低界面张力体系驱油行为研究[D]．青岛：中国石油大学(华东)，2018.
[5] 王昕．超低界面张力驱油体系的研制与评价[D]．大庆：东北石油大学，2013.
[6] 王成俊，李小瑞，高瑞民，江邵静，薛媛，赵晓亮．异常低压油藏表面活性剂提高采收率影响因素分析[J]．陕西科技大学学报(自然科学版)，2016，34(06)：116-119.
[7] 褚春波．表面活性剂降低残余油微观机理研究[J]．中国石油和化工标准与质量，2014，34(09)：134.
[8] 陈勇．表面活性剂驱在改善低渗油藏开发中的作用[J]．内蒙古石油化工，2011，37(05)：118-119.
[9] 李胜彪，贾胜彬．表面活性剂驱提高采收率先导性试验研究[J]．石油天然气学报，2007(04)：117-118+128+169.
[10] 杨丽媛．裂缝性低渗透油藏多相泡沫体系调驱机理研究[J]．中国石油大学(华东)，2014.
[11] 李翔，徐国瑞，贾永康，等．海上油田泡沫堵水体系优选及适应性评价[J]．当代化工，2019(9)：6.
[12] 杨红斌．低弹性聚合物微球的调剖作用机理研究[D]．中国石油大学，2016.
[13] 高杨．可渗透三相泡沫复合体系研究及性能评价[D]．中国石油大学，2017.
[14] 赵凤兰，高杨，等．可渗透三相泡沫复合体系性能研究[J]．中国石油大学，2017，34(4)：642-646.

乍得 Doseo 坳陷 K 组低对比度油气层成因及测井识别

梁巧峰[1]　胡　欣[1]　罗　曼[1]　史艳丽[1]　袁志云[1]　王一帆[1]　黄　亮[2]

（1. 中国石油国际勘探开发有限公司；2. 中国石油集团测井有限公司国际公司）

摘　要　乍得 Doseo 坳陷目前是中石油在非洲继苏丹之后的重要产能接替区。区域内地层水矿化度低且纵横向变化较大，导致高阻水层与低对比度油层并存，油气水不易分辨，加之现有测井系列简单，大大增加了测井评价难度。本文以 119 块岩心物理实验为基础，从地层水矿化度、泥质含量、束缚水饱和度、黏土附加导电性等资料入手，充分利用测井资料，剖析低对比度油层形成机理；根据地层水及油层分布特征，平面上分带、纵向分层组，针对性解决了不同成因的低对比度油水定性识别难题。同时，基于实验数据和测井响应特征，通过分析地层水矿化度、粒度、泥质含量及品质因子等因素对胶结指数的影响，建立了多参数变胶结指数的饱和度模型，与 J 函数法确定的原始含油饱和度互为约束和验证，确定了低地层水矿化度复杂油藏含油饱和度的定量计算。该方法提高了油藏原始含油饱和度的解释精度，具有广泛的适用性。通过应用该技术攻关成果，指导了 Doseo 坳陷新层系内油层的识别，开拓新的储量增长点。

关键词　地层水矿化度；岩石物理实验；低对比度油层；胶结指数；含水饱和度

Genetic Analysis of Low-Contrast Oil Reservoirsand Logging identification of K Formation in Doseo basin, Chad

Liang Qiaofeng[1]　Luo Man[1]　Hu Xin[1]　Shi Yanli[1]　Yuan Zhiyun[1]　Wang Yifan[1]　Huang Liang[2]

(1. China National Oil and Gas Exploration and Development Corporation; 2. China National Logging Corporation)

Abstract　The Doseo Depression in Chad has become an important production area for CNPC in Africa, following Sudan. The region is characterized by low salinity formation water with significant vertical and horizontal variations, leading to the coexistence of high-resistivity water layers and low-contrast oil layers, making it difficult to distinguish between oil, gas, and water. This complexity is compounded by the simplicity of the existing logging series, greatly increasing the difficulty of logging evaluation. Based on physical experiments with 119 core samples, this study investigates the mechanisms behind the formation of low-contrast oil layers by examining data on formation water salinity, clay content, bound water saturation, and clay-associated conductivity. The study also addresses the qualitative identification challenges of low-contrast oil and water layers by zoning horizontally and layering vertically according to the distribution characteristics of formation water and oil layers. Additionally, by analyzing the effects of formation water salinity, grain size, clay content, and quality factors on the cementation index, a multi-parameter variable cementation index saturation model was established. This model, constrained and verified by the original oil saturation determined by the J-function method, provides a quantitative calculation of oil saturation in complex reservoirs with low formation water salinity. This approach improves the accuracy of interpreting the original oil saturation in reservoirs and has broad applicability. The application of these technical breakthroughs has guided the identification of oil layers in new formations within the Doseo Depression, opening up new growth points for reserves.

Key wordst　Formation water salinity; Rock physics experiments; Low-contrast oil layers; Cementation index; Water saturation

Doseo 坳陷主要位于非洲中部乍得共和国境内，呈北东东—南西西向狭长型展布，由半地堑、地堑组成，整体呈现北断南超的结构特点。平面上，自北向南依次为北部构造、中央凹陷、中部凸起、南部斜坡、南部凹陷等 5 个构造单元。盆地内发育三套沉积地层，从老到新分别为下白垩统河湖相沉积、上白垩统河流相砂岩沉积、新近系河流相粗碎屑与湖相砂岩沉积，其中下白垩统发育较为完整，D、K 与 M 组为主要勘探目的层系。岩石类型为石英砂岩为主。储层以细砂岩、不等粒砂岩及粉砂岩互层为主要特征，中-低孔、中高渗储层。孔隙度值主要集中在 10%~25%，渗透率主要集中在 10~1000mD。原油品质较好，以中质-轻质油为主，平均 API 为 34.34；地层水矿化度低且纵横向变化范围较大。油藏类型多为薄互层砂岩层状边水油藏，油层垂向跨度大，纵向存在多套油水系统，储层流体横向变化快、可对比性差。测井系列以常规测井为主，特殊系列测井相对较少。低对比度油层大量存在导致前期测井解释符合率仅 60.5%。从岩性和电性来说，该区低对比度油层主要包括三种类型，图 1 显示了本区不同油层类型的测井响应特征。三类低对比度油层与相邻水层的电阻率差异都较小，一般小于 2。目前，83%的油气层分布于 K 组，因此，本文以 K 组为例对三种不同成因的低对比度油层的成因进行分析、定性识别和储层参数的定量计算。

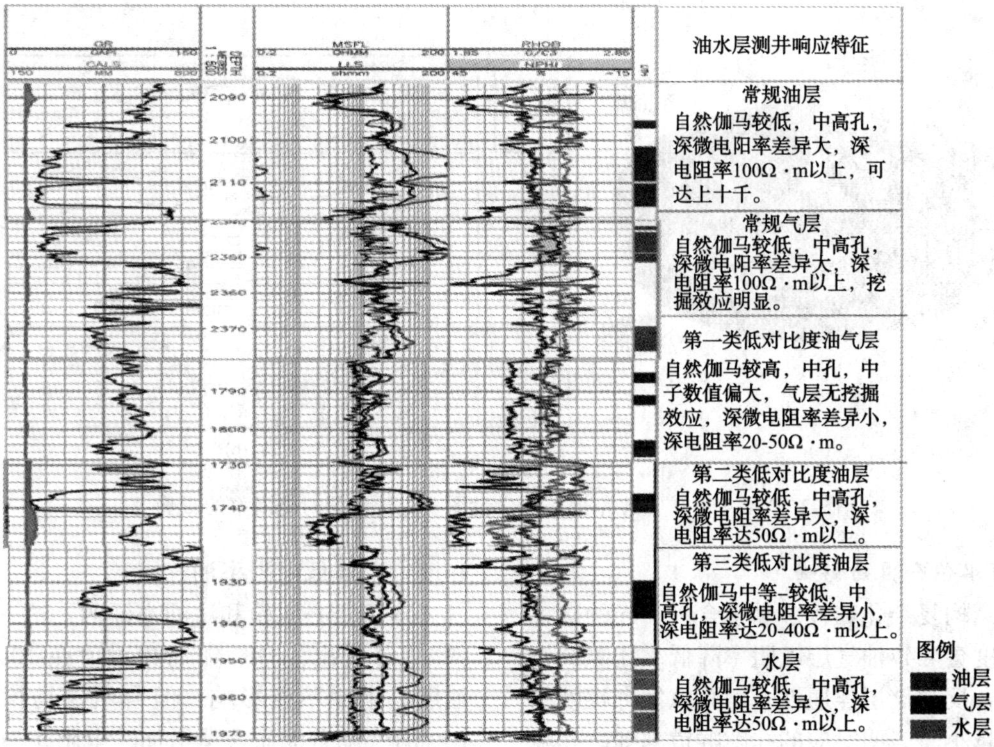

图 1　Doseo 坳陷 K 组不同油气层的测井响应特征

GR 为自然伽马，CALS 为井径，BS 为钻头直径，LLD、LLS、MSFL 分别为深侧向电阻率、浅侧向电阻率和微球聚焦电阻率，RHOB、NPHI 和 DT 分别为密度、中子和声波时差曲线，以下同

1　第一类低对比度油层成因分析

第一类低对比油层的储层具有岩石颗粒细，泥质含量高的特点，表现在测井响应上是具有较高自然伽马数值，较大的中子数值和绝对值较低的电阻率数值、一般在 20~50Ω·m。低地层水矿化度条件、黏土矿物附加导电性和高束缚水饱和度是造成此类低阻的主要成因。该类主要在 Doseo 坳陷的 D 组和 KI 组发育，试油统计，这种类型的油层占全部油层的 15%。

1.1　黏土矿物附加导电性

黏土附加导电性的大小主要和黏土类型、含量及地层水矿化度有关。常见的黏土矿物类型有高岭石、蒙脱石、伊利石、绿泥石和伊蒙混层等，因为在引起黏土矿物阳离子交换吸附的电荷中，由晶格内的类质同象替代产生的电荷占有很大比重，因此，晶格内类质同象替代愈多的黏土矿物的阳离子交换容量愈大。高岭石矿物，构造内没有类质同象替代现象，故其阳离子交换容量较低。蒙脱石矿物，构造内广泛发育类质同象替代，故其阳离子交换容量较大。因此，当储层黏土中含有较高蒙脱石等矿物时，由于该类矿物带有负电荷，在外电场作用下，黏土颗粒表面会吸附地层水中的阳离子，从而产生附加导电性。蒙脱石的阳离子交换能力最强，受其影响而形成的附加导电性也最大。不同类型的黏土矿物具有不同的晶体构造，导致阳离子交换容量也有很大差异，其大小关系为蒙脱石>伊利石>绿泥石>高岭石。

根据 Waxman 等人的研究成果，泥质地层中蒙皂石、伊利石、绿泥石等活性黏土矿物成分的存在对岩石导电性具有附加作用，这种作用可归因于发生在颗粒表面的阳离子交换过程。黏土矿物颗粒表面的阳离子交换作用与地层水矿化度有密切的关系，一般在中低矿化度情况下，泥质的附加导电性显著；而在高矿化度情况下，认为泥质的附加导电性贡献很小。

根据 20 块岩心黏土矿物 X 射线衍射分析报告，本区黏土矿物主要是伊蒙混层为主、高岭石、绿泥石及伊利石次之(图 2a)。其中伊蒙混层平均含量达 46.3%，高岭石平均含量 34.6%，绿泥石平均含量 11.4%，伊利石平均含量 7.8%。高的伊蒙混层含量将极大地改善了储层的导电性能，使电阻率降低。当储层随着泥质变重，伊蒙混层相对含量增高，附加导电性越强，电阻率会进一步降低(图 2b)。

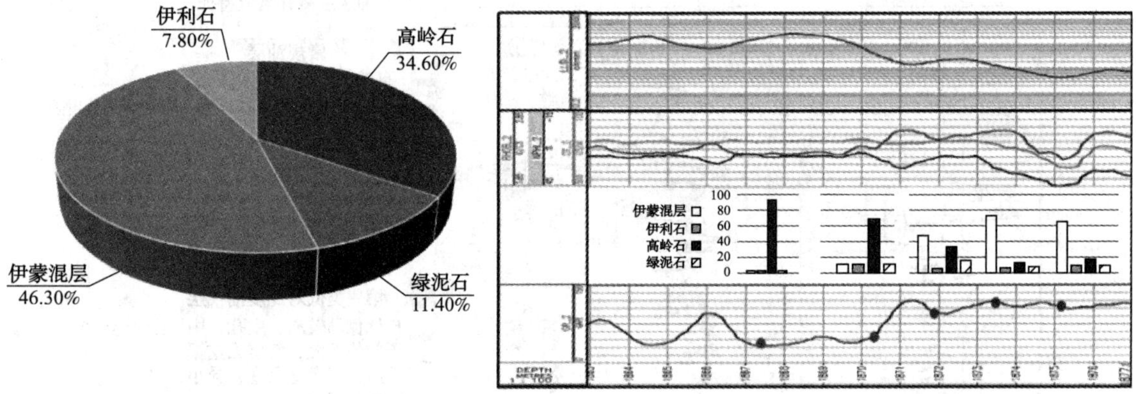

(a) (b)

图 2 XX-1 井矿物 X 衍射平均含量图及黏土含量对电阻率的影响

1.2 束缚水饱和度的影响

孔隙结构复杂化和较多黏土含量引起的高束缚水饱和度会导致油气层电阻率降低。孔隙结构指数为综合反映储层连通性及微孔隙发育程度的参数，值越小，表明对应的孔隙喉道越细，孔隙结构越复杂，反之，则说明储层连通性好，微孔隙不发育。微孔喉所占比例较大，使得微孔隙发育，未连通的孔隙和喉道较多，充填在其中的水不易流动，造成较高的束缚水饱和度。

泥质含量增加，储层的微孔隙越发育，岩层中束缚水含量就会增高，形成以束缚水为主要成分的导电网络，使油层电阻率降低；另一方面孔隙结构复杂、微孔隙发育时，颗粒之间的孔喉半径越小，毛细管力越大，使毛细管中水的含量上升，由毛细管滞水和薄膜水造成很高的束缚水饱和度，形成低电阻率油气层。

本区岩心实验和试油也证明了这一观点。从图 3(a)看出，自然伽马相对值在 10%以内时，油层电阻率不受影响，但自然伽马相对值大于 10%时，随着泥质含量增加，电阻率有不同程度的降低的趋势。自然伽马相对值和孔隙结构与束缚水饱和度的关系也表明[图 3(b)、3(c)]，泥质含量的增加和孔隙结构指数的减小都会使束缚水饱和度增加，从而造成油层电阻率低。同时，低地层水矿化度进一步增加了储层的附加导电性，造成了油层电阻率的进一步降低。无论地层水矿化度高或低，黏土附加导电均可能造成储层的电阻率降低而形成低阻油气层。在同等条件下，地层水矿化度愈低，附加导电作用愈强，愈容易形成低阻油层。

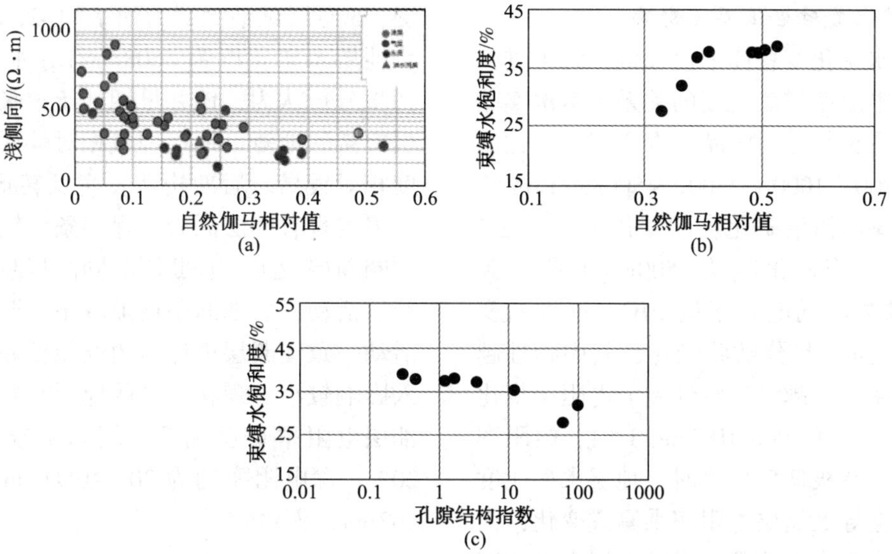

图 3　自然伽马相对值和电阻率、孔隙结构指数、束缚水饱和度关系图

2　第二类低对比度油层成因分析

第二类低对比度油层是岩性纯、物性好、电阻率绝对值比较高的油层，可达 50Ω·m 以上。极低的地层水矿化度，导致整个区域水层电阻率普遍偏高，低对比度油层广泛发育，以南部斜坡带和中央低凸起带最为突出。试油统计，这种类型的油层占全部油层的 40%。

2.1　地层水分布特征及测井响应特征

由于该区断层发育密集，推测后期低矿化度的地表淡水通过断-砂疏导选择性地渗入到地下原生储层，使原生地层水淡化，导致地层水矿化度变化较大。根据 Doseo 坳陷地层水矿化度统计发现，矿化度主要在 265mg/L～6608mg/L 之间都有分布，70%井的地层水矿化度小于 1000mg/L。水型以 $NaHCO_3$ 为主，少量见 $CaCl_2$（仅在 2 口井中出现），反映当时为地层水交替能力强的开放型水文地质环境。区域地层水矿化度的总体分布规律如下：纵向上地层水矿化度由浅至深，随深度增大而增大，地层水逐渐变咸，电阻率变小；横向上地层水电阻率总体上呈现东高西低、以东南向最高的特点［图 4(a)］。以 KI 组为例，北部斜坡带地层水电阻率最低，地层水电阻率一般小于 2Ω·m。中央低凸起带的地层水电阻率在 2.7～10Ω·m 之间，东部高西部低。南部斜坡带总体偏高，一般大于 4Ω·m，也呈现东部高西部低的特征，东部可达 24Ω·m。

不同曲线的测井响应也反映了地层水矿化度变化。自然电位测井幅度可以直接反映地层水矿化度和泥浆滤液矿化度间的差异，是目前分析地层水矿化度差异的最有效方法。本区 KI 和 KII 之间 SP 曲线幅度或方向发生了变化，反映了上下层组地层水的显著变化，KI 组地层水比 II 地层水矿化度要淡，表现在电阻率是相同岩性、物性条件下，SP 随着自然电位异常从负到正，地层水矿化度变低、电阻率增大。自然电位正负异常的油水层电阻率存在明显差异［图 4(b)］。

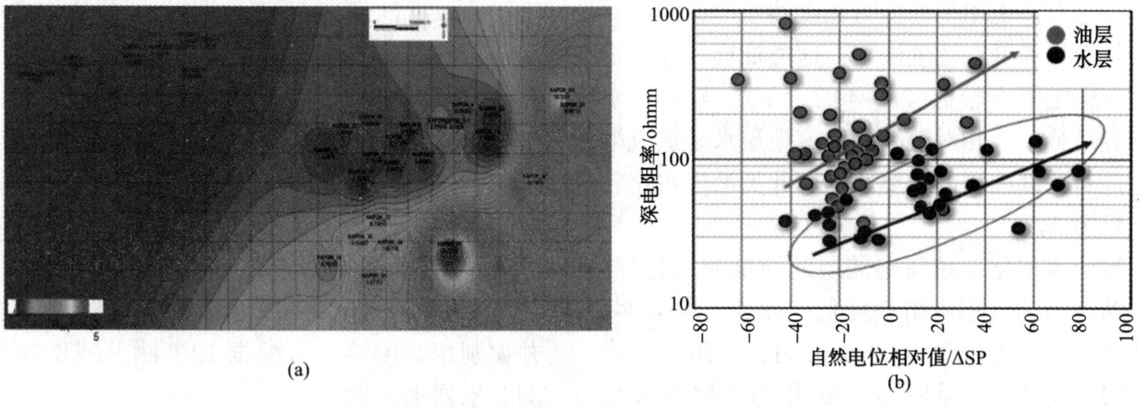

图 4　KI 层组地层水平面分布特征及自然电位测井响应特征

2.2 地层水矿化度对电阻率的影响

本区地层水矿化度总体上比较低，为了进一步弄清楚岩石电阻率与矿化度的关系，本次实验采用 Doseo 坳陷 5 块岩心样品，测定溶液矿化度分别在 400、700、1000、2500、4500mg/L 的情况下岩石电阻率与溶液矿化度的变化规律。图 5 岩心实验看出，当矿化度从 4500mg/L 降低到 400mg/L，5 块岩心的电阻率从 20Ω · m 左右变化到 45 ~ 80Ω · m，呈分散状变化，其中物性越好的岩心电阻率变化越大，物性差的电阻率变化相对较小。矿化度在 400 ~ 1000mg/L 时，电阻率变化最为显著。在极低矿化度时，地层水矿化度的较小变化也会导致储层电阻率乘幂式变化，而本区南部斜坡带和中央低凸起带的地层水矿化度正好处于这个区间。当溶液矿化度大于 1000mg/L 时，随着溶液矿化度的增加，5 块岩心电阻率的减小程度变缓，物性、渗透性好的岩心电阻率趋于重合。2000 ~ 5000mg/L 的溶液矿化度与北部斜坡带化验分析的地层水矿化度接近，而岩石电阻率实验结果与北部斜坡带纯水层电阻率数值较低相符合。

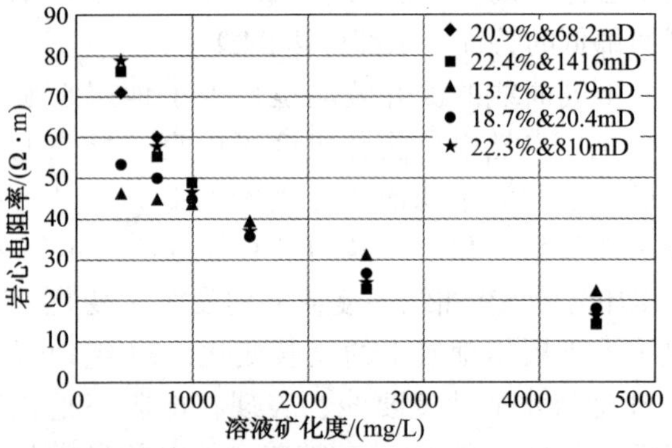

图 5　岩石电阻率与溶液矿化度的变化规律

3　第三类低对比度油层成因分析

与绝对高电阻率的低对比度油层形成鲜明对比的是第三类低对比度油层。这类油层岩性、物性好，但电阻率较低（20 ~ 40Ω · m），与该区水层不容易分开。相对较高矿化度地层水是造成第三类低对比度油层的主要成因。此类油层占比较少、仅为 5%。

地层水矿化度越高则储层的导电能力越好，使得储层内油气层电阻率降低。图 5 实验表明，当地层水矿化度大于 4000mg/L 时，电阻率下降到 20Ω · m 左右。图 6 为 BB 井测井解释成果图，5 号层试油测试为油水同层，水分析资料显示地层水矿化度为 6608mg/L，水型为 $CaCl_2$ 型。初步分析认为，该井早期处于拉张形成的两条断层夹持的地堑，地层埋藏相对较深，地层水矿化度相对较高。后期构造发生反转形成背斜圈闭，上覆发育有厚层泥岩，保存条件较好，加之距离控圈断层较远、且断层为同沉积断层，早白垩世开始活动，后期断距逐渐减小，至晚白垩世停止活动，致使断层整体封闭性能较好，受地表水渗入影响较小。现存较高的地层水矿化度导致该井油层电阻率普遍偏低，例如 1 号层，孔隙度为 20%，深电阻率约为 20 ~ 40Ω · m，试油日产油 407bbl，无水。

4　低对比度油层定性识别

低阻成因多种多样，不同地区成因因地区而异，造成低阻的原因不止一种，往往是一种成因主导下多种因素共同作用的结果。通过上述分析可知，地层水矿化度低、高束缚水含量、黏土附加导电性是造成 Doseo 坳陷低对比度油层的主要成因。不同成因的低对比度油层评价方法也是一样的。针对第一类低电阻率油层，通过深浅电阻率与中子、密度、声波时差和自然伽马关系研究，发现浅电阻率 LLS 与自然伽马相对值相对于其他曲线有着相对好的相关性，因此，根据地层水情况，区分 KI 和 KII 建立 LLS-ΔGR 关系图版。鉴于该区复杂的油水关系，RFT 的应用对于区分该区低阻油层起到了非常重要的作用，两者结合能很好地识别第一类低阻油层。见图 7 实例。对于第二类低阻油层，根据该区地层水分布特征及试油情况，平面上分三带，纵向分 5 个层组建立油水标准，即北部陡坡带 K 组、中央低凸起带 KI 西部、KII 西部及南部陡坡带 KI 西部、KII 西部，利用交会图版，建立油水定性解释标准。中央低凸起带和南部斜坡带东部由于井少且试油层数较少，无法建立图版。图 8 为电阻率和孔隙度关系图版。图中展示了不同地区不同地层的电阻率、孔隙度和饱和度的下限值。图版中油水混合区域均为第一类和第三类低对比度油层，对于第二类低对比度油层，该图版有着很好的区分效果。利用该图版，测井解释符合率显著提升，达 86% 以上。第三类低对比度油层常规测井识别相对困难，可根据 RFT 测井或增加核磁测井系列来识别。

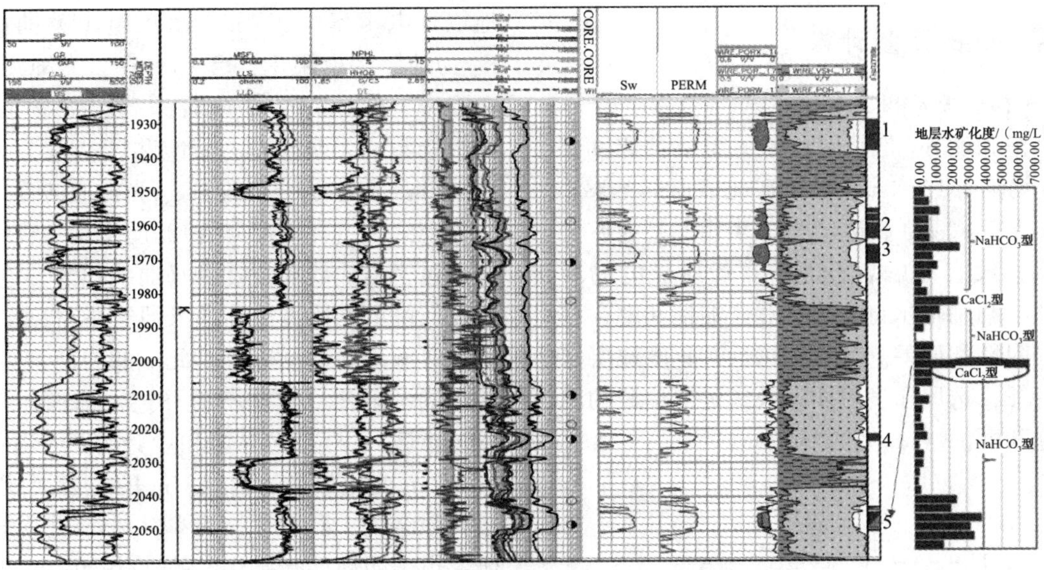

图 6　BB 井高矿化地层水造成的低对比度油层实例

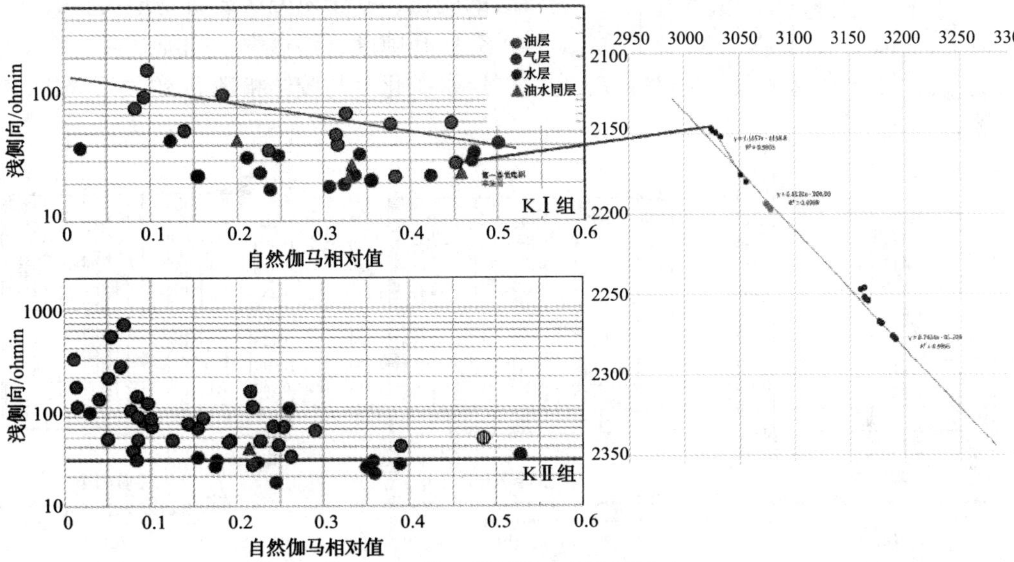

图 7　第一类低阻油层识别方法

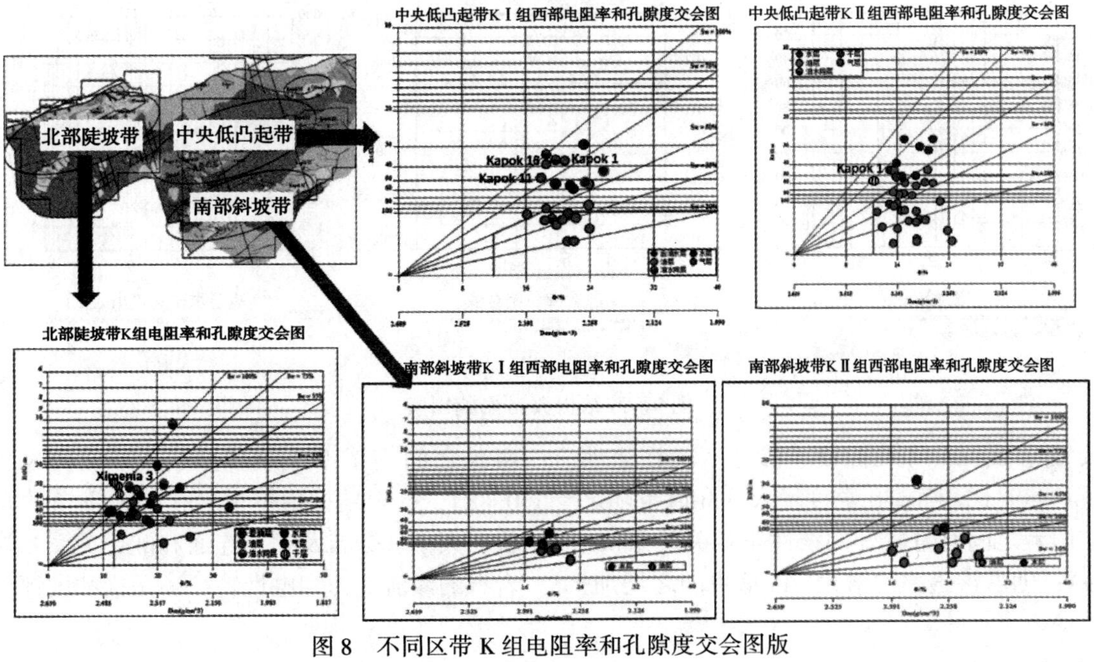

图 8　不同区带 K 组电阻率和孔隙度交会图版

5　储层参数的定量计算

5.1　含水饱和度的确定

含水饱和度Sw是储层评价的重要参数，乍得Doseo坳陷K组油藏属于低矿化度砂岩油藏．由于阿尔奇公式基于的岩心实验采用的是高矿化度的盐水，没有考虑岩石泥质含量对导电的影响，因此，利用阿尔奇公式计算含油饱和度存在一定的局限性和误差。针对该区低矿化度地层水的地质特征，选用印度尼西亚公式确定油藏的原始含油饱和度。

$$S_{\mathrm{WIndonesia}}=\left\{\frac{\frac{1}{\sqrt{R_t}}}{\left[\frac{V_{SH}^{\left(1-\frac{V_{SH}}{2}\right)}}{\sqrt{R_{Sh}}}\right]+\left[\frac{\Phi^{\frac{m}{2}}}{\sqrt{a*R_W}}\right]}\right\}^{\left(\frac{2}{n}\right)}$$

其中，$S_{\mathrm{wIndonesia}}$为含水饱和度，小数；R_t为地层真电阻率，Ω·m，由深电阻率曲线读取；R_w为地层水电阻率，Ω·m；R_{SH}为纯泥岩层的电阻率，Ω·m；a为岩性系数，无量纲；m为胶结指数，无量纲；n为饱和度指数，无量纲；Φ为储层孔隙度，小数；V_{SH}为泥质含量，小数。

上式中，孔隙度Φ和泥质含量VSH可以分别通过密度曲线和自然伽马曲线得到，这两个参数比较高的精确度已在前人研究中得到证实，一直在非洲地区广泛应用。此次的岩心实验又进一步得到了证实，本文不再详述。前人研究发现，胶结指数m的变化对饱和度计算的影响远大于a、b、n变化带来的影响。m的主要影响因素包括孔隙结构、孔隙度、颗粒大小、泥质含量等，研究也表明地层水矿化度的变化会引起岩电参数的变化，基于研究区岩石物理实验数据，开展研究区孔隙度、渗透率、孔隙结构、粒度中值、地层水矿化度与胶结指数m的关系分析(图9)。

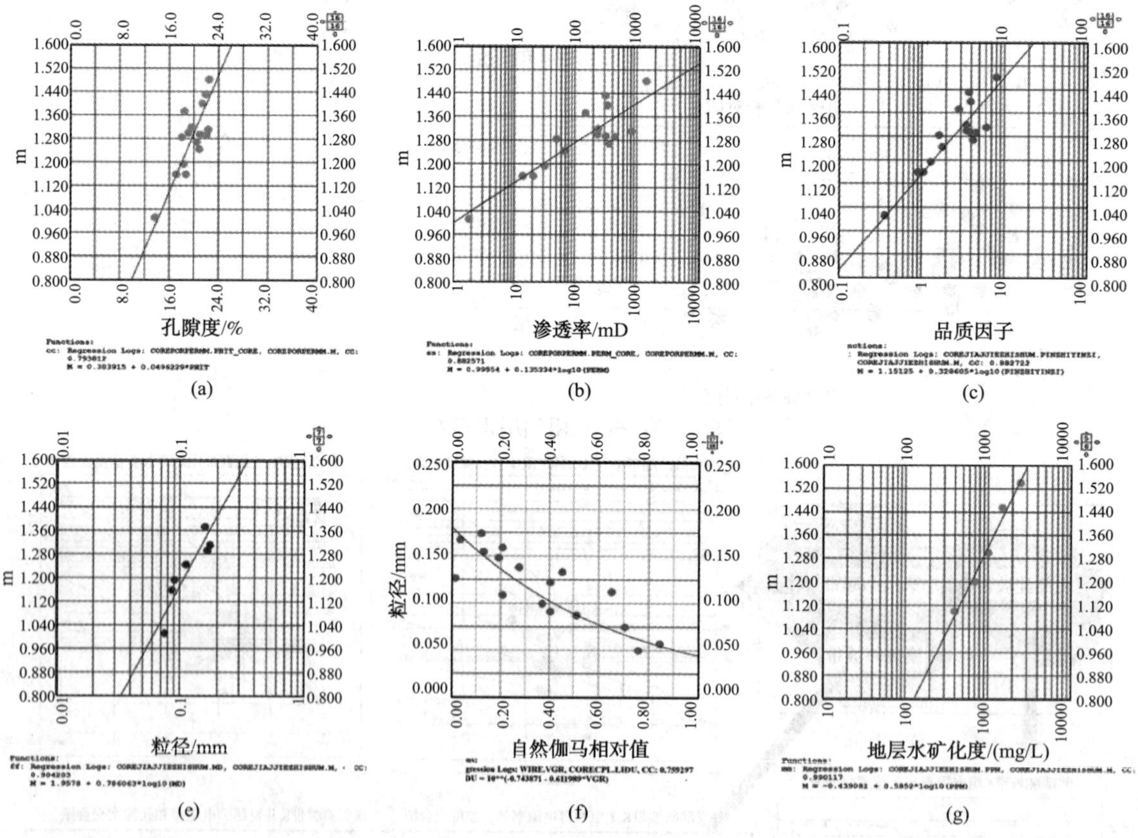

图9　胶结指数m影响因素

胶结指数(m)和孔隙度、渗透率关系表明[图9(a)、9(b)]随着孔隙度增大，m值也随之增加，两者之间有着较好的线性正相关关系(R^2=0.79)；随着渗透率的增大，m值也随之增加，两者之间有着较好的对数正相关关系(R^2=0.88)，孔隙结构指储集层孔隙和吼道的几何形状、大小、分布及相互连通和配比关系，控制着岩石的渗流能力和电性特征，是饱和度评价的关键因素。储层品质因子($\sqrt{\frac{K}{\phi}}$)能定量表征孔隙结构。图 9c 可以看出，随着品质因子的增大，孔隙结构变好，胶结指数 m 随之增大，两者具有很好的对数正相关关系(R^2=0.882722)。

粒度大小变化是储层非均质性的直观表现，粒径随着自然伽马相对值的增加而变小[图 9(f)]，但胶结指数 m 随着粒径的增加而增大[图 9(e)]，两者具有很好的指数相关性(R^2=0.90)。

胶结指数与溶液矿化度关系表明[图 9(g)]，随着矿化度的增加，m 也随之增大。由于本区地层水矿化度变化范围比较大，可变的 m 值的确定对于饱和度的求取至关重要。

上述结果表明了孔隙度、渗透率、孔隙结构、粒径和地层水矿化度均与 m 值具有较好的相关性且各因素的参数均易于表征，综合分析对孔隙结构、粒径和地层水矿化度三个参数采用多元线性回归拟合的方法建立多参数的变胶结指数 m 建模，其模型表达式如下：

$$m=0.35705\log_{10}PW+0.259603\log_{10}Md+0.004734\log_{10}QI+0.451893$$

其中：QI 为品质因子，Md 粒径(由自然伽马计算获得)，mm；PW 为矿化度，mg/L。

5.2 应用效果分析

由于没有密闭取心的饱和度数据，为了验证印度尼西亚公式含油饱和度的精确程度，利用采用 J 函数法确定的原始含油饱和度进行对比，用毛管压力曲线计算的结果来检验测井资料计算的结果，进而提高测井解释的精度，这样在电阻率异常层中也能得到满意的效果。图 10 为 CC 井利用多参数变胶结指数模型根据印度尼西亚、阿尔奇公式和 J 函数处理结果。

第一道 M_d 为粒径，第五道为气测曲线和油气显示级别；第六道：PERM_CORE 和 PERM 分别为岩心渗透率和模型计算渗透率；第七道：SWJ、SW_ARCH 和 SWE_INDO 分别为 J 函数、阿尔奇和印度尼西亚公式计算的含水饱和度；第 8 道：PHIE_CORE 为岩心分析孔隙度，POR 为密度曲线计算的孔隙度。图 10 右为本区 J 函数计算含水饱和度公式。

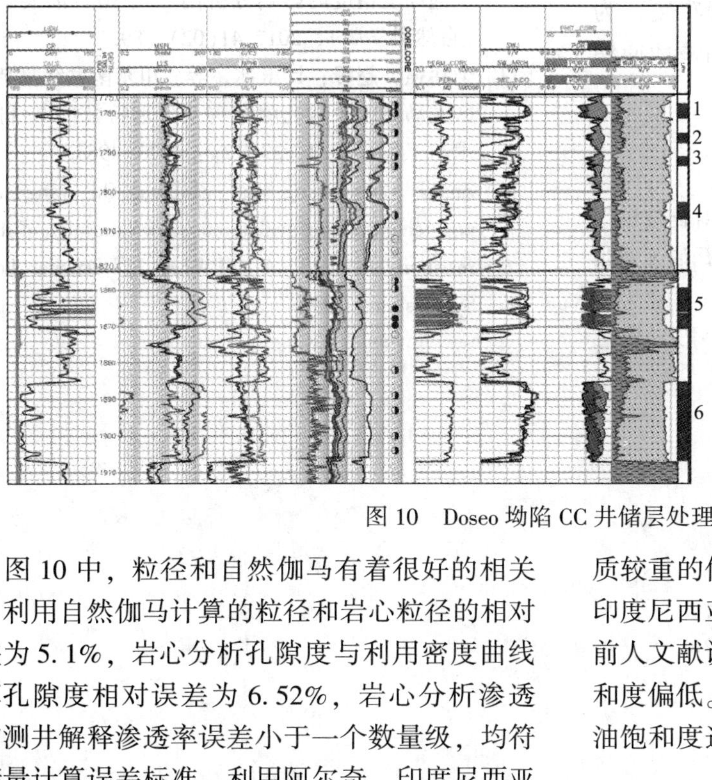

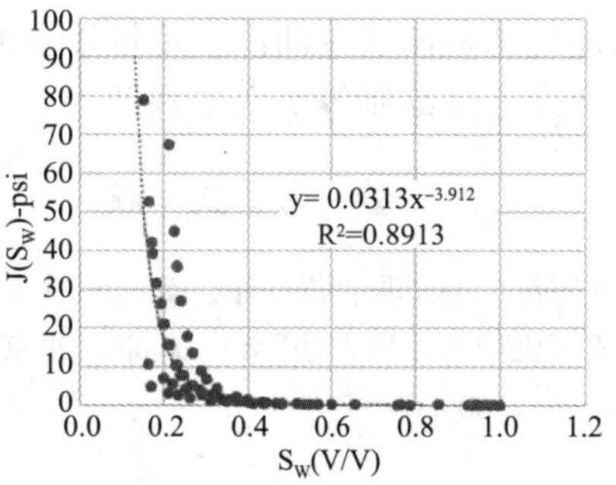

$$S_W=2.28\times\left[\frac{1}{H}\times\sqrt{\frac{\phi}{K}}\right]^{1/3912}$$

图 10　Doseo 坳陷 CC 井储层处理结果

图 10 中，粒径和自然伽马有着很好的相关性，利用自然伽马计算的粒径和岩心粒径的相对误差为 5.1%，岩心分析孔隙度与利用密度曲线计算孔隙度相对误差为 6.52%，岩心分析渗透率与测井解释渗透率误差小于一个数量级，均符合储量计算误差标准。利用阿尔奇、印度尼西亚和 J 函数 3 个公式计算的含油饱和度在中高孔中高渗储层中(5 号层、6 号层)相差不大，但在泥质较重的低阻油层中(2 号层、3 号层、4 号层)，印度尼西亚和 J 函数计算的含油饱和度接近，与前人文献认识一致，而阿尔奇公式计算的含油饱和度偏低。本井 4 号层印度尼西亚公式计算的含油饱和度达 60%，试油日产油 321bbl。

6　结论

(1) 地层水矿化度、泥质含量、束缚水饱和度、黏土附加导电性是造成该区低对比度油层的主要成因，通过分析地层水及油层分布特征，平面上分带、纵向分层组，建立不同的解释图版和标准，针对性解决了不同成因的低对比度油水定性识别难题，有效地提高了测井解释符合率。

（2）通过研究区岩石物理实验数据，分析了孔隙结构、孔隙度、渗透率、粒度及地层水矿化度与胶结指数 m 的关系。基于胶结指数 m 与孔隙结构、孔隙度、渗透率、粒度中值及地层水矿化度均具有较好的相关性，建立了多参数变胶结指数 m 模型，替代了以前饱和度计算中固定的岩电参数。

（3）可变胶结指数 m 法充分考虑了泥质、孔隙结构和地层水对含油饱和度计算精度的影响，而这三种因素正是本区低对比度油层形成的主要成因。因此，利用多参数变胶结指数模型，运用印度尼西亚公式计算的含油饱和度具有广泛的适用性，能够很好地解决该区复杂油水的定量计算难题。

（4）印度尼西亚公式与 J 函数法确定的原始含油饱和度互为约束和验证，进一步确定了低地层水矿化度复杂油藏含油饱和度的定量计算，该方法提高了油藏原始含油饱和度的解释精度，为准确评价油藏储层含油性、定量计算油藏地质储量及开发方案编制等奠定了基础。

参 考 文 献

[1] 欧阳健，毛志强，修立军，等．测井低对比度油层成因机理与评价方法[M]．北京：北京石油工业出版社，2009.6.

[2] 李国欣，欧阳健，周灿灿，刘国强．中国石油低阻油层岩石物理研究与测井识别评价技术进展[J]．中国石油勘探，2006.(2)：43-51.

[3] 左银卿，郝以岭，安霞，周明顺．高束缚水饱和度低阻油层测井解释技术[J]．西南石油学院院报，2000.22(2)：27-33.

[4] 谢光宇．低电阻油层测井方法在江汉油田的应用[J]．江汉石油学报，2005.18(4)：29-32.

[5] 雍世和，张超谟．测井数据处理与综合解释[M]．东营：中国石油大学出版社，1996.

[6] 李雄炎，秦瑞宝，毛志强，等．高精度胶结指数模型的建立与应用[J]．石油学报，2014，35(1)：76-84.

[7] Fleury M. Al－NayadiK，BoydD. Water saturation from NMR，resistivity and oil base core in a heterogeneous middle east carbonate reservoir [R]. Huston：SPWLA，2005.

[8] 高红贤，冯明刚，王建波，等．元坝气田长兴组气藏含水饱和度计算[J]．断块油气田，2014，21(3)：348-351.

[9] 张海荣，何胜林，胡向阳，等．低孔低渗储层基于测井资料反演 m 值与饱和度计算方法研究[J]．科学技术与工程，2015，15(24)：18-22.

[10] 申辉林，张立旭，谢莹峰，等．地层水矿化度对含水饱和度精度的影响分析[J]．中国石油大学学报(自然科学版)，2017.41(02)：89.

[11] 柴兵强，赵峰，计玉冰，等．川东南盆缘复杂构造区龙马溪组页岩孔隙结构及分形特征[J]．科学技术与工程，2023，23(12)：4973-4983.

[12] Zhang Chengguang. Mao Zhiqiang. Qu yangjian. The new technique for evaluation water saturation of the low resistivity in field [A] SPWLA 35th Annual Logging Symposlum，1994.

高密度大温差水泥浆体系的研制与应用

宋　琳[1]　吕　斌[2]　徐小龙[3]　胡　磊[4]　吴彦先[1]

（1. 中国石油新疆油田公司采油工艺研究院；2. 中国石油集团工程技术研究院有限公司；
3. 中国石油新疆油田公司勘探事业部；4. 中国石油西部钻探固井公司）

摘　要　准噶尔盆地深井超深井固井过程中，面临井深、高温、高压、长封固段大温差等难题对高密度水泥浆体系高温高压工况下的流变、失水及热冲击后的力学性能等提出了更高的要求。通过强化浆体颗粒级配、复配悬浮结构、增加活性物质，优化外掺料组成，开发了高密度大温差水泥浆体系。结果表明，密度2.10g/cm^3～2.30g/cm^{3}的水泥浆体系API失水控制在50mL以内，游离液为0、密度差小于0.03g/cm^3，流变和稠化性能良好，浆体"低温不增稠、高温不稀释"；水泥石强度发育快，静胶凝强度过渡时间短，底部高温区域抗压强度大于30MPa、无衰减，顶部低温区域。应用新体系在准噶尔盆地目的层尾管固井中进行了现场试验，效果良好，为改善深井超深井封固质量、保障井筒完整性提供了技术支撑。

关键词　深井；高温；高密度；水泥浆

Development and Application of High Density and Large Temperature Difference Cement Slurry System

Song Lin[1]　Lv Bin[2]　Hu Lei[3]　Wang Qiang[2]　Xu Xiao-Long[4]　Zhang Wei[2]

(1. Oil Production Technology Research Institute of PetroChina Xinjiang Oilfield Company, Xinjiang;
2. China Petroleum Engineering Technology Research Institute Co., Ltd;
3. China Petroleum Western Drilling and Cementing Company;
4. Exploration Division of PetroChina Xinjiang Oilfield Company)

Abstract　During the cementing process of deep and ultra deep wells in the the Junggar Basin, the difficulties such as well depth, high temperature, high pressure, and large temperature difference in the long cementing section put forward higher requirements for the rheology, water loss, and mechanical properties after thermal shock of high-density cement slurry system under high-temperature and high-pressure conditions. A high-density and large temperature difference cement slurry system has been developed by strengthening the particle size distribution of the slurry, compounding the suspension structure, adding active substances, optimizing the composition of external additives. The results showed that the API water loss of the cement slurry system with a density of 2.10sg to 2.30sg was controlled within 50mL, the free liquid was 0, the density difference was less than 0.03sg, the rheological and thickening properties were good, and the slurry "did not thicken at low temperatures and did not dilute at high temperatures"; The strength development of cement stone is fast, the transition time of static bonding strength is short, the compressive strength of the high-temperature area at the bottom is greater than 30MPa without attenuation, and the low-temperature area at the top. The application of the new system in the tail pipe cementing of the target formation in the the Junggar Basin has been field tested with good results, providing technical support for improving the cementing quality of deep and ultra deep wells and ensuring the integrity of the wellbore.

Key wordst　Deep well; High temperature; High-density; Cement paste

1　前言

准噶尔盆地是中国七大内陆含油气盆地之一，面积约为 $13\times10^4km^2$，油气综合探明率 24.3%，已探明石油资源量超过 30×10^8 吨，探明天然气资源量超过 $1500\times10^8m^3$，是西部地区重要的叠合含油气盆地。受火山作用、湖盆水体盐度变化以及物源供给的差异性影响，中-下二叠统碳酸盐岩型混积岩是咸化湖盆的特征沉积，既具备生烃能力，又具备储集能力。2020 年以来，新疆油田公司围绕下组合天然气勘探领域，陆续部署了多口风险探井。其中，呼探 1 井、天湾 1 井在白垩系清水河组分别试获 $61.9\times10^4m^3/d$ 和 $75.8\times\times10^4m^3/d$ 的高产工业气流，长期试产的压力和产量稳定，展现了准噶尔盆地南缘下组合天然气勘探的广阔前景。然而，深井超深井下部钻遇侏罗系、奥陶系、寒武系、震旦系等复杂地层，地层跨度大，井身结构复杂，钻完井过程中主要面临井深、高温、高压、长封固段大温差等难题，要求水泥浆体系具有密度高、耐温性好、失水少、流变性好，热冲击后沉降稳定性及力学性能稳定等特点。

传统高密度水泥浆体系中水化活性物质少、惰性外掺料含量高，加之高温对水泥水化产物的影响，稠化时间满足施工要求后，水泥石强度发育慢、抗压强度偏低且存在衰减，难以实现对地层有效封隔；同时，外加剂种类多、加量大，水泥浆体系综合性能易受影响，和易性差、浆体粘稠、API 失水难以减小，有些增强材料与聚合物类外加剂复配后明显增稠，尤其是在封固深部异常高压地层时，浆体密度上调范围有限、流变性不佳，浆体泵送压力增大；此外，还有些悬浮稳定剂的悬浮能力有限、需水量大，进一步制约了水泥浆体系密度的降低和抗压强度、流变性的改善，影响了高密度水泥浆综合性能的提高。

因此，本文从水泥浆体系的设计入手，以强化颗粒级配、悬浮结构，提高活性物质含量等理论为指导，通过对外加剂的研选和复配，设计出一套高温大温差高密度水泥浆体系，并对其综合性能进行了评价。结果表明，该体系具有密度高，失水量小，强度发育快，流变性及高温稳定性好，耐高温等特性，为保障深井超深井施工安全、改善封固质量提供了技术支撑。

2　高温大温差高密度水泥浆的设计

高温大温差高密度水泥浆体系的高温沉降稳定性和低温区域早期强度是衡量其性能优劣的两个重要指标。以强化颗粒级配、悬浮结构、增加活性物质理论为指导，提高 Si/Ca 比、增加悬浮颗粒，提高水泥浆体系的密实程度，可以使高温大温差高密度水泥浆体系的强度和悬浮稳定性大幅度的提高。在设计时要注意以下问题：

（1）良好的高温稳定性：水泥浆在一定的条件下，浆体不发生分层离析，形成的水泥石纵向密度分布要基本一致，析水小、体积收缩小。

（2）较快的强度发育：综合考虑水泥浆的流变性能、滤失量控制和强度发育，选择合适的增强剂以提高早期强度。缩短稠化时间和静胶凝过渡时间，满足“以快制气”的需求。

（3）合适的流变性和密度：优化加重材料的类型和级别粒径，不能盲目增加液固比，用水量应严格控制在所选择加重材料的最大允许范围内。

3　实验部分

3.1　实验仪器

30-60 型瓦林搅拌器、4207 型压力试验机、7025 型高温高压稠化仪，美国 CHANDLER 公司；35SA 型旋转黏度计，美国 Fann 公司；岩心渗透仪、高压失水仪、高温高压养护釜等。

3.2　实验材料及药品

天山 G 级高抗硫油井水泥，沙湾天山水泥有限责任公司；高密度加重剂 GM-1，重庆新益机械制造有限公司；消泡剂，磷酸三丁酯，青岛汇和化工生产。缓凝剂 DRH-3L，高温增强材料 DRB-2S，超高温增强材料 DRB-4S，膨胀增韧材料 DRE-3S，分散剂 DRS-1S，中国石油集团工程技术研究院有限公司。

3.3　水泥浆配方

按照 GB/T 19139—2012《油井水泥实验方法》和 GB/T 39421—2020《水泥浆静胶凝强度测定方法》要求，结合准噶尔南缘固井施工实际工况，对高温大温差高密度水泥浆体系的各项性能进行了评价。

水泥浆体系基础配方：G 级油井水泥+高温增强材料 DRB-2S+超高温增强材料 DRB-3S+高

密度球形加重剂+微锰+增韧材料 DRE-3S+微硅+分散剂 DRS-1S+悬浮剂 DRK-3S+缓凝剂 DRH-3L+降失水剂 DRF-3L+水。水泥浆密度：2.10g/cm^3~2.30g/cm^3。

其中，高密度加重剂微观形貌为规整的球形，与传统不规则型、角锥型加重剂相比有着更小的比表面积，并减少多棱角颗粒之间相互碰撞、干扰等影响，可以用更少的水达到相同的流动性能，如图1所示。

3.4 水泥浆综合性能评价

高温大温差高密度水泥浆的施工性能如表1所示。

(a)传统加重剂

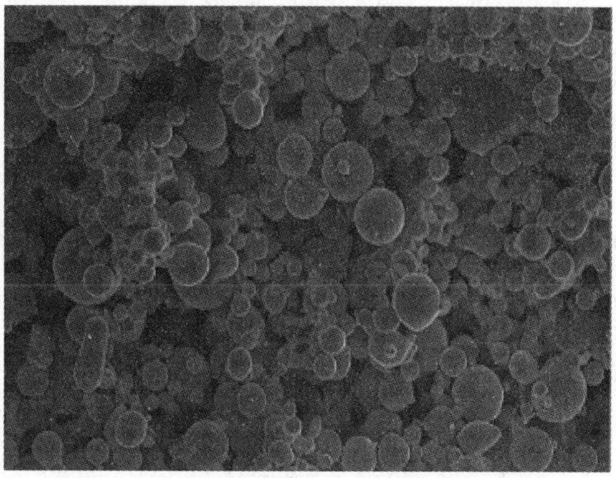

(b)新型球形加重剂

图1　加重剂微观形貌

表1　DLS低密度水泥浆体系综合性能

密度	流动度 cm	游离液/%	API 失水/mL	密度差/(g/cm^3)	n	K/Pa·S^n	$t_{稠化}$/min
2.10	22	0	40	0.02	0.80	0.87	363
2.25	21	0	46	0.02	0.79	0.97	361
2.30	21	0	48	0.03	0.82	0.48	317

注：水泥浆游离液、流变性等性能为室温下测得，水泥浆 API 滤失量在对应循环温度下测得，表中 $t_{稠化}$ 为 150℃×76.5MPa 条件下的稠化时间，渗透率在 170℃×20.7MPa 条件下养护 7d，在围压 2MPa，工作压力 1.5MPa 下测得。

由表1可知，水泥浆体系流动度大于21cm，API失水量可控制在50mL以内，稠化时间大于300min(BHCT 150℃)，凝结过程中无游离液析出，浆柱的稳定性好、上下密度差不超过0.03g/cm^3，流性指数 n 大于0.79、稠度系数 k 小于0.50，流变性能良好，有利于减少水泥浆摩阻从而降低注水泥泵注压力。

降失水剂 DRF-3L 具有良好降滤失效果，既可防止滤液对敏感地层的污染、消除井壁坍塌隐患、保证施工安全，还能形成均质的水泥环、避免形成窜流通道。微观形貌为球形的加重材料复配使用，与油井水泥颗粒一起形成三级颗粒级配，在提高水泥石致密程度的同时，改善水泥浆的和易性、流变性。非线型结构的聚合物悬浮剂 DRK-3S，在保证分子链上具有足够的亲水性基团实现悬浮的前提下，缩小了分子链的均方末端距、降低了聚合物分子在溶液中的缠绕程度及表观黏度。杂环的存在，增大了分子链构象变化时的内旋转位垒，保证了良好的耐温性，调节了分子链在水泥颗粒表面的吸附程度，改善了大加量下低温增稠、高温稀释的不足。分子链上的吸附基团在“固相颗粒-悬浮稳定型降失水剂-水分子”之间形成了较好的链接，使得水泥浆体系低温时增稠不明显、高温仍具有良好的粘滞作用，有利于控制泵送压力、兼顾预防沉降。

水泥浆体系的稠化性能是保障注水泥施工安全的关键技术指标，应用高温高压稠化仪对高密度水泥浆体系在高温高压工况下的初始稠度、稠化时间进行了研究，如图2所示。

由图2可知，高温大温差高密度水泥浆体系初稠小于25Bc，升温过程中稠度波动小，升温结束后稠度曲线平稳、未出现高温稀释、大幅降低的现象，稠化曲线正常无“包心”现象，且

40~100Bc 过渡时间短，说明高温条件下水泥浆性能良好，有利于保证抗窜封隔效果。

水泥浆体系的力学性能是影响井筒完整性的一个重要因素，提高水泥浆体系的抗压强度、缩短静胶凝起强度时间和过渡时间，将有利于降低环空窜流风险、改善深井超深井的封固效果。高温工况下，高温大温差高密度水泥浆体系的抗压强度和静胶凝强度如表 2 和图 3 所示。

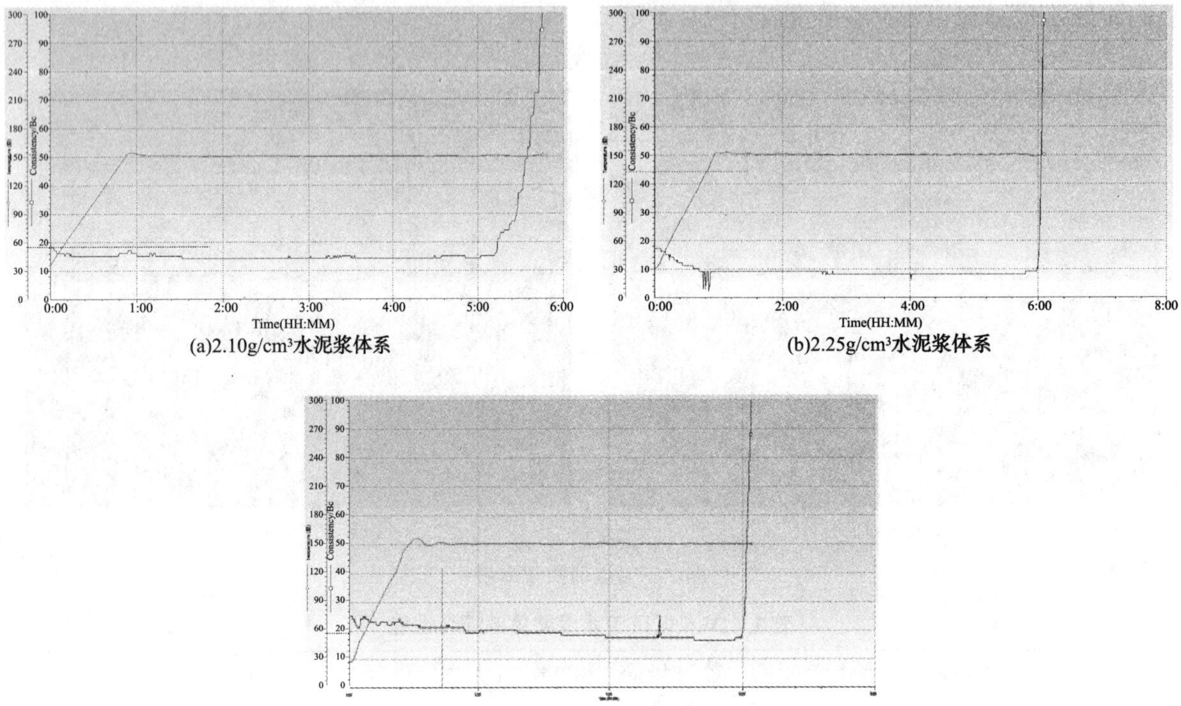

(a)2.10g/cm³水泥浆体系

(b)2.25g/cm³水泥浆体系

(c)2.30g/cm³水泥浆体系

图 2　高温大温差高密度水泥浆体系稠化曲线(BHCT 150℃)

表 2　高温大温差高密度水泥浆体系的力学性能

水泥浆密度/(g/cm³)	顶部抗压强度 *	顶部静胶凝强度 *		底部抗压强度 * *		
	P_{24h}/MPa	起强度时间/min	过渡时间/min	P_{24h}/MPa	P_{48h}/MPa	P_{7d}/MPa
2. 10	5. 3	768	13	27. 5	33. 6	38. 7
2. 25	4. 6	891	13	23. 9	31. 5	37. 8
2. 30	3. 8	923	14	22. 6	30. 9	35. 1

* 顶部抗压强度、* 静胶凝强度试验养护温度 110℃；

* * 底部抗压强度试验取井底静止温度(BHST)170℃。

由上述数据可知，高温大温差高密度水泥浆体系密度 2. 10g/cm³时，顶部 110℃静胶凝起强度时间(1MPa)768min、48~240Pa 过渡时间 13min，水泥石 24h 强度 8. 0MPa，2. 30g/cm³时，顶部 110℃静胶凝起强度时间(1MPa)923min、48~240Pa 过渡时间 14min，水泥石 24h 强度 6. 5MPa。底部静止温度(BHST)170℃工况下，密度 2. 10g/cm³时，24h 抗压强度 27. 5MPa，48h 提高到 33. 6MPa、增幅在 22. 2%，养护 7d 后强度可达 38MPa 以上；水泥浆体系 2. 30g/cm³时，水泥石 24h 强度 22. 6MPa，养护 7d 后达到 35. 1MPa。实验结果表明，高温大温差高密度水泥浆体系抗压强度发育快，有利于抵御地层流体的侵入，降低水泥浆失重过程中环空窜流的风险，保证水泥环的抗窜封隔能力；同时，力学性能稳定、无衰退，为后续作业提供了良好保障。

分析原因是，高温大温差缓凝剂 DRH-3L 是通过水溶液自由基聚合反应制备的一种多元共聚物。其分子主链上引入了磺酸基团、双羧基基团等多种官能团，使其具有良好的抗温抗盐性能，且缓凝剂分子具有温度感应伸缩性，即在低温下分子处于蜷缩状态，部分缓凝基团被“包埋”在缔合结构中；随着温度升高，分子链逐渐伸展而发生解缔合，“裸露”的缓凝基团比例逐渐增大，在水泥颗粒表面由部分吸附变为全吸附。并且，这一过程是可逆的。因此，缓凝剂在高温下具有较强的缓凝作用，低温下又表现为部分吸附，解决了水泥浆高温稠化时间长与低温强度发展缓慢的矛盾。缓凝剂 DRH-3L 的适用温度范围为 70~200℃，与水泥浆常用外加剂配伍性良好。在有效温度范围内，配制的水泥浆稠化时间易调，稠化时间与掺量线性关系好，水泥石强度高，对水泥浆的失水量等性能无不良影响。使用该缓凝剂的水泥浆体系，具有高温大温差条件下水泥石强度发展快的特点。

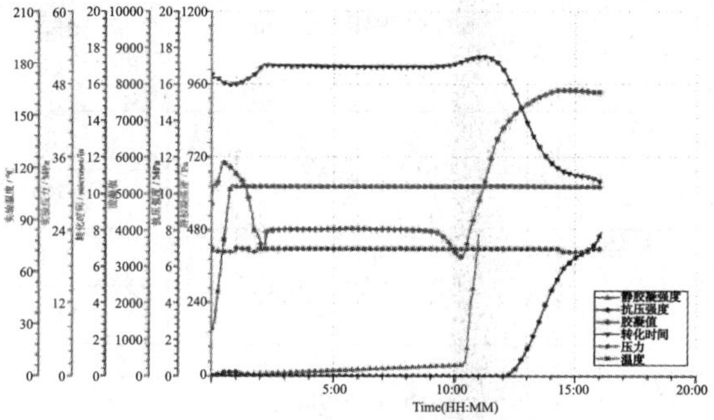

(a)2.10g/cm³水泥浆体系

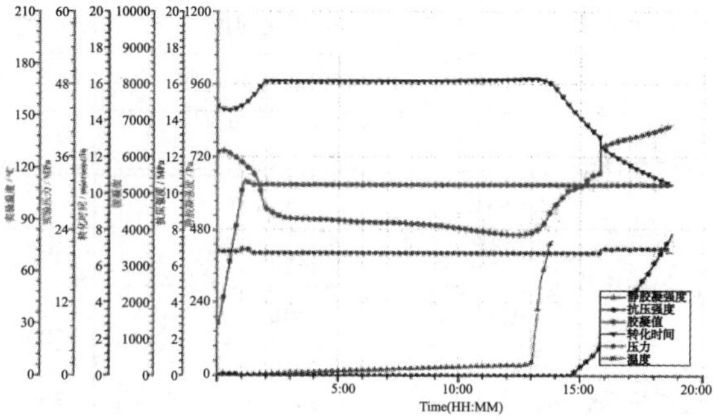

(b)2.25g/cm³水泥浆体系

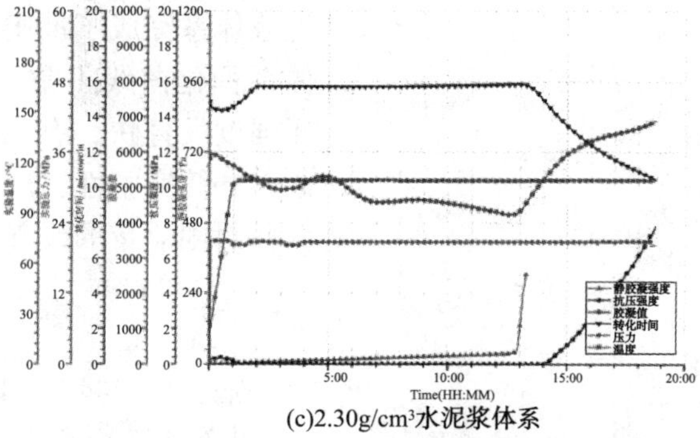

(c)2.30g/cm³水泥浆体系

图 3　高温大温差高密度水泥浆体系静胶凝强度曲线(顶部 110℃)

4　现场应用

4.1　基本情况

应用高温大温差高密度水泥浆体系，在准噶尔南缘超深井固井施工中进行了现场试验，效果良好。

以 TX1 井为例，该井是位于准噶尔盆地南缘的一口预探井，采用六开井身结构，完钻井深 8140m，井底静止温度 161℃，钻井液密度 2.24g/cm³；六开使用 Φ139.7mm 尾管封固 6790m 至井底。裸眼井段气显示较活跃，且悬挂器最大外径处与上层套管单边通道 3.35mm，施工排量受限、窜流风险高。为降低摩阻，保证对油气水层的压稳、密封，采用高温大温差高密度水泥浆体系固井，密度 2.26g/cm³尾浆封固主力油气层。

4.2　水泥浆性能及施工过程

高温大温差高密度水泥浆体系：沙湾 G 级油井水泥+81%球形高密度加重剂+44%增强材料 DRB-2S+28%微锰+3.5%微硅+3%增韧材料 DRE-3S+5%稳定剂 DRK-3S+2.5%分散剂 DRS-1S+3.5%高温缓凝剂 DRH-2L+6%降失水剂 DRF-3L+1%消泡剂 DRX-1L+81%现场水。

水泥浆性能如表 3、图 4 所示。

现场配置的高温大温差高密度水泥浆体系沉降稳定性好，可防止产生窜流通道；稠化曲线正常、流变性好，能够保证注水泥施工安全；候凝时间短、早期强度发展快，有利于改善封固质量。

固井过程中，注入前置液 20m³，水泥浆 23m³，后置液 4m³，中心管保护液 15m³，替浆 64.8m³；碰压正常，起钻 15 柱，循环，关井憋压候凝，候凝期间没有发生油气水窜，封固质量良好。

表 3　高温大温差高密度水泥浆体系施工性能

项目		单位	实验条件	结果
密度		g/cm³	常温×常压	2.26
流动度		cm	常温×常压	22
API 失水		mL	145℃×6.9MPa	46
沉降稳定性	游离液	%	145℃高温养护→93℃×常压静置 2h	0
	上下密度差	g/cm³		0.02
稠化性能	初稠	Bc	145℃×179MPa×120min	17
	40Bc 稠化时间	min		445
	40~100Bc 过渡时间	min		7
流变性能	n	—	161℃高温养护	0.81
	k	Pa·s^n		0.50
顶部抗压强度	24h	MPa	138℃×20.7MPa	7.1
	48h			22.5
底部抗压强度	24h	MPa	161℃×20.7MPa	24.8
	48h			33.1

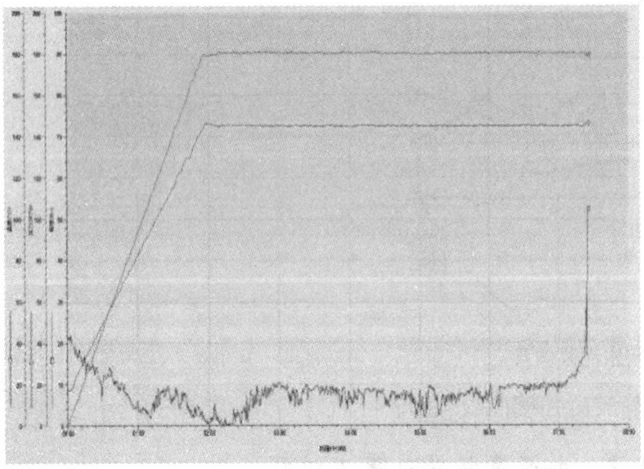

图 4　高温大温差高密度水泥浆体系现场试验稠化曲线

5　结论

(1) 以强化颗粒级配、悬浮结构、增加活性物质为指导，通过合理设计水泥浆外掺料组成，优选抗高温性能良好的外加剂，最终得到一套密度 2.10~2.30g/cm³ 的高温大温差高密度水泥浆体系。

(2) 该水泥浆体系具有高温区域沉降稳定性好，滤失量低，稠化时间可调，施工性能良好，同时顶部低温区域强度发育快，水泥石 24h (110℃) 抗压强度大于 3.5MPa，对缩短施工周期、改善固井质量具有积极作用。

(3) 应用密度 2.26g/cm³ 的抗高温高密度水泥浆体系完成了准噶尔南缘深井固井现场试验，体系稠化曲线正常、无“包芯”，流动度大，抗压强度发育快，有利于提高环空抗窜封隔能力、改善井筒完整性，现场应用效果良好，为深井超深井封固质量的改善提供了技术支撑。

参　考　文　献

[1] 靳建洲，魏凤奇，艾正清，等．超深特深油气井固井关键技术进展[J]．钻采工艺，2024，47(2)：104-112.

[2] 杨建鑫，郑会锴，张源，等．超 140℃高温大温差水泥浆体系的研究与应用[J]．内蒙古石油化工，2023，1：27-31.

[3] 刘景丽，刘平江，任强，等．适用于万米深井的大温差水泥浆[J]．钻井液与完井液，2023，40(6)：778-786.

[4] 唐凯，万向臣，沈明华，等．低密度水泥浆用大温差悬浮稳定剂研究与应用 IFEDC—202314029.

[5] 于永金，夏秀建，王治国，等．深井、超深井固井关键技术进展及实践[J]．新疆石油天然气，2023(02)：24-33.

[6] 冯德杰，杨启贞，曹成章，等．油井水泥大温差缓凝剂的合成及性能研究[J]．合成化学，2023(02)：93-100.

[7] 王养锋，刘智勤，刘贤玉，等．南海北部盆地深水钻井关键技术现状[J]．新疆石油天然气．2022(03)：12-18.

准噶尔盆地南缘超高压油气藏渗透率实验室测量新方法

张　浩　甘仁忠　牟立伟　徐永华　房　涛

（中国石油新疆油田公司）

摘　要　实验观测超高压致密油气藏的地层压力条件的渗透率对于定量表征储层物性以及制定开发方案具有重要意义。常规的方法采用在岩心的出口端设置回压阀的方式实现孔隙压力的控制和流量的计量，存在回压阀控制孔隙压力精度低、灵敏度低、流量计量不准确的技术缺陷，渗透率测量精度低。在岩心的出口端使用高精度恒速恒压泵代替回压阀，开发了一种基于高精度恒速恒压泵双泵联动控制孔隙压力及流量/压力计量技术的渗透率测量新方法，通过岩心的入口端和出口端的两台高精度恒速恒压泵做进液、退液的联动操作计量恒压模式的进液/退液体积或者恒流量模式的上游压力/下游压力实现超高压渗透率的测量。在最高为138MPa的超高压条件下，实验观测了准噶尔盆地白垩系清水河组的超高压致密油气藏的5块岩样的地层压力条件的渗透率，结果发现：低地层压力条件下的渗透率测量结果与相同有效压力的覆压渗透率吻合较好，超高压条件下的渗透率重复性好并且符合渗透率随有效压力变小而变大的一般规律。

关键词　超高压；致密油气藏；地层压力；渗透率；实验

A New Measurement Method of Permeability under the Pore Pressure Condition of Southern margin of Junggar Basin

Zhang Hao　Gan Renzhong　Mou Liwei　Xu Yonghua　Fang Tao

(China Petroleum Xinjiang Oilfield Company)

Abstract　It is very important to measure the permeability under the formation pressure condition of rock sample of ultrahigh pressure tight reservoir for the reservoir characterization and prediction. The normal method with back-pressure valve technology for exerting pore pressure and measurement of flow was not able to gain ideal permeability precision because of low control precision of pore pressure, low sensitivity, and low measurement precision of flow. A new measurement method of permeability was developed through the flow linkage of 2 high precision constant pressure and speed pumps located both sides of rock sample for exerting pore pressure and measurement of flow or pressure, in which the back-pressure valve at the end of rock sample was replaced by a high precision constant pressure and speed pump and the permeability can be calculated by the measurement of flow in the mode of constant pressure or the measurement of differential pressure in the mode of constant flow. Under the ultrahigh pore pressure condition up to 138MPa, the permeabilities of 5 rock samples from ultrahigh pressure tight reservoir of Qingshuihe Formation of Lower Cretaceous in southern margin of Junggar Basin were measured with the employment of new method. The results showed that the permeabilities measured by new method match the permeabilities measured by overburden pressure method good under the low pore pressure condition and good reproducibility of the measurement and positive correlation between permeability and effective pressure under the ultrahigh pressure condition.

Key wordst　ultrahigh pressure; tight reservoir; formation pressure; permeability; experiment

异常高压油气藏是目前深层和超深层等非常规油气藏勘探和开发的主要目标之一，其地层压力系数大以及埋深大的特点导致异常高压油气藏的地层压力常常大于 70MPa（相当于 7000m 油藏的正常压力），压力指标上属于超高压油气藏。对于超高压油气藏，超高的地层压力对储层物性的影响直接关系到储层表征和地质勘探甜点的预测。以准噶尔盆地南缘白垩系清水河组深层致密油气藏为例，地层压力系数在 1.6～2.4 之间，上覆地层压力在 150MPa 左右，地层压力绝对值甚至超过 138MPa。有文献研究认为异常高压会通过保持原生孔隙、产生以及保存微裂隙等次生孔隙来改善储层的物性特别是渗透率。由于渗透率直接关系到储层物性表征以及开发方案的制定，如何得到超高压致密油气藏地层压力条件的渗透率一直是岩石物理学家和油藏工程师关注的重点问题。

目前，主要通过钻井取心的渗透率实验测量得到油藏的渗透率（韩学辉，2021）。实验室测量渗透率的方法包括：稳态测量法、瞬时压力脉冲法、核磁共振法（NMR）、脱气测试法、压汞法、岩石复电阻率法。针对致密储层（如致密页岩气、页岩油储层），最近提出一些新方法来提高渗透率的测量精度，包括周期振荡法、毛细管流黏法。

通常，这些渗透率测量都是在孔隙压力近于大气压（0.1MPa）的条件下进行的。如果需要在孔隙压力条件下测量渗透率，则需要在岩心的出口端设置回压阀来施加孔隙压力并计量出口端流量。具体的做法包括：首先，按照油藏条件或者实验设计压力条件在岩心的出口端设置回压阀来控制孔隙压力。其次，在岩心的入口端设置合适的进口压力产生压差（应该大于启动压力）驱动实验液体（高压情况一般采用盐水或者油）向出口端流动。最后，计量通过回压阀的流体流量结合压差、岩样长度、横截面积等参数按照达西定律计算渗透率。图 1 给出了典型的基于回压阀控制孔隙压力并计量流量的渗透率实验测量装置的示意图。

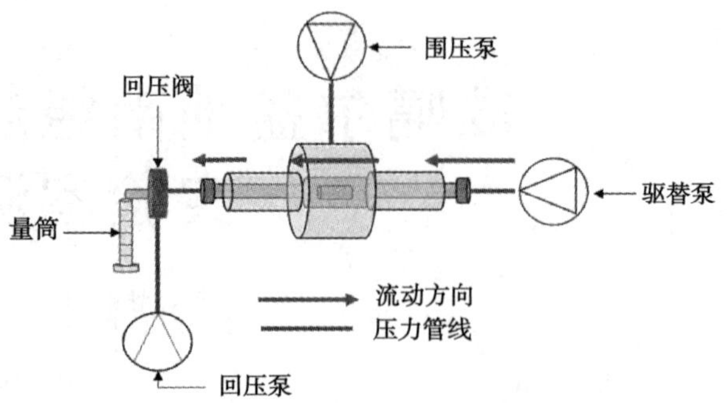

图 1　基于回压阀控制孔隙压力的渗透率实验测量装置的示意图

该方法在实际使用中，特别是超高压条件下测量致密储层的渗透率有一些技术缺陷。首先，利用回压阀建立油藏实际地层压力或者实验设定孔隙压力较为困难。回压阀具有单向流通的特性，压力并不能通过回压阀传导至夹持器出口端。出口端的孔隙压力的建立必须依赖驱替泵泵入的流体从夹持器进口端流过岩心，然后在夹持器出口端汇集而缓慢升高。当岩心渗透率较低时，建立孔隙压力耗费的时间过于漫长。其次，回压阀变形不易恢复，灵敏度低。当流动压力大于设定压力较高数值时阀门仍然不能打开，而一旦打开，流动压力低于有效压力又不能及时关闭，造成整个流动实验过程压力波动过大，不能对出口端的压力和流量做出快速响应。最后，由于回压阀出口处的管汇体积难以计量，驱出的液体暴露于空气中存在蒸发影响，使用量筒或者天平称重计量流量的方式容易产生较大的流量误差。特别是对于致密岩心，储层产出的流体体积较少，渗透率测量过程中过低的流速会放大量筒或者天平称重计量流量的测量误差，直接导致渗透率的测量精度变差。

图 2 为来自准噶尔盆地的 3 块超高压致密油藏岩心的变孔隙压力的渗透率实验测量结果，实验采用的固定围压为 150MPa。当孔隙压力低于 60MPa 的时候，两次实验测量渗透率的平均相对偏差小于 5%，随孔隙压力增加（有效压力减小）渗透率变大，符合一般认识。当孔隙压力高于 60MPa 的时候，两次实验测量渗透率的平均相对偏差远大于 5%，岩心 A 和岩心 B 出现了随孔隙压力增加（有效压力减小）渗透率变小的情况，不符合一般实验规律，表明基于回压阀控制孔隙压力的渗透率实验测量方法无法用于超高压致密油气藏的地层压力条件渗透率的实验室测量。

为了克服传统的基于回压阀控制孔隙压力的渗透率实验测量结果的精度低的技术缺陷，本次研究开发了一种基于高精度计量泵双泵联动控制孔隙压力及流量/压力计量的超高压致密油气藏

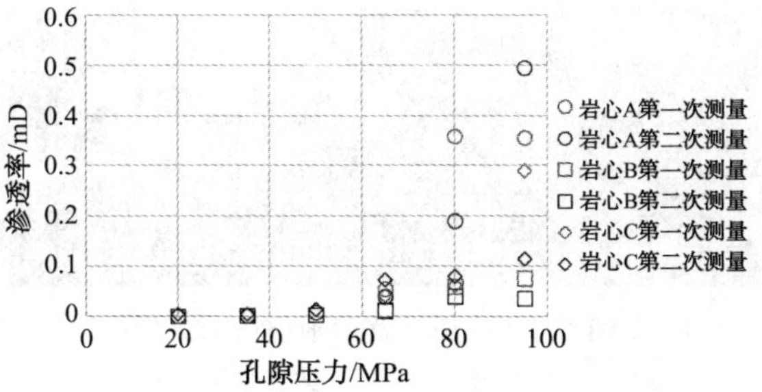

图 2　基于回压阀控制孔隙压力的渗透率实验测量结果

的地层压力条件渗透率的实验室测量新方法。实验测量了准噶尔盆地白垩系清水河组超高压致密油气藏的超高压条件的渗透率，结果重复性好，与其他方法测量结果吻合较好并且符合渗透率随有效压力变小而变大的一般实验规律，能够满足超高压致密油气藏的地层压力条件渗透率的实验室测量需求。

1　高精度恒速恒压计量泵双泵联动的渗透率实验测量方法

由达西定律可知，准确测量超高压致密油气藏的地层压力条件渗透率的技术关键是孔隙压力施加以及驱替过程中的压差和流量的计量。为了实现高孔隙压力的施加、以及压差和液体流量的计量的技术目的，在岩心的出口端使用高精度恒速恒压泵代替回压阀，开发了一种基于高精度恒速恒压泵双泵联动控制孔隙压力及流量/压力计量技术的渗透率测量新方法，通过岩心的入口端和出口端的两台高精度恒速恒压泵做进液、退液的联动操作计量恒压模式的进液/退液体积或者恒流量模式的上游压力/下游压力实现超高压渗透率的测量。

为了完成在给定的上覆压力、孔隙压力条件下的渗透率测量，需要实验观测 3 个基本的参数：在上覆地层压力、孔隙压力条件下液体流动的压差 ΔP；在压差 ΔP 作用下液体在岩样中流动达到稳定状态后，T_0时刻的出口端计量泵体积读数 V_0；液体在压差 ΔP 作用下稳定流动一定时间后，T_1时刻的出口端计量泵体积读数 V_1。

在压差 ΔP 作用下流过岩样的流量 Q，有

$$Q=\frac{V_1-V_0}{T_1-T_0} \tag{1}$$

在某一上覆压力和地层压力下的渗透率 K，有

$$K=\frac{Q\mu L}{A\Delta P}\times 100 \tag{2}$$

式中，Q 为流过岩样的流量，mL/s；ΔP 为岩样两端压差，MPa；μ 为液体的黏度，cP；L 为岩样的长度，cm；A 为岩样的横截面积，cm^2。

具体实验测量时，可以采用图 3 所示的技术路线图设置围压、孔隙压力并采集压差 ΔP、T_0时刻的出口端计量泵体积读数 V_0和 T_1时刻的出口端计量泵体积读数 V_1，最终结合长度 L 和横截面积 A 按照式(1)和式(2)计算得到围压、孔隙压力条件的渗透率。

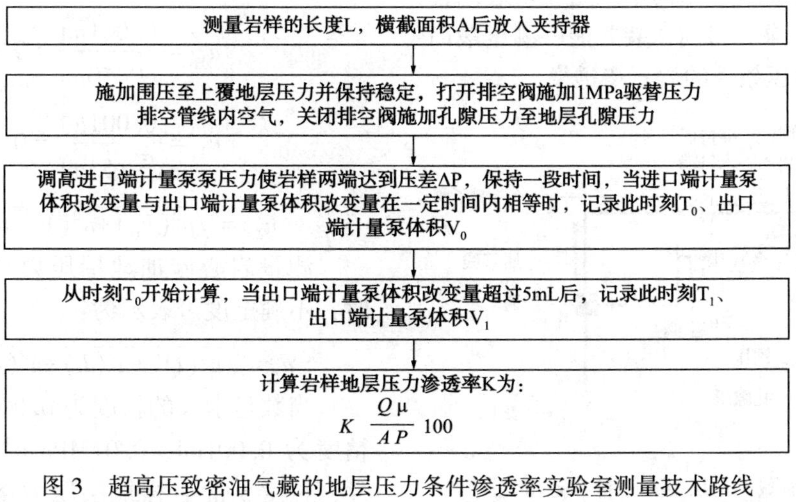

图 3　超高压致密油气藏的地层压力条件渗透率实验室测量技术路线

相对于传统的基于回压阀控制孔隙压力的渗透率实验技术，高精度恒速恒压计量泵双泵联动的渗透率实验测量方法具有以下优点：可以在恒压泵的工作压力范围内连续地设置孔隙压力；可以通过使用合适的高精度恒速恒压计量泵大幅度提升孔隙压力，目前可以做到大约 170MPa 左

右。回压阀常用的合金膜片存在容易被拉力撕裂导致回压阀失效等易发问题，同时存在高压条件下阀针使用寿命短、在高温高压条件下可靠性差等缺点，国产和进口的回压阀一般做到 70MPa 以上就比较困难；该方法较好地克服了回压阀变形不易恢复、压力控制精度低的缺点；高精度恒速恒压计量泵计量压差和流量的精度高，压力的计量精度可以达到 0.01MPa，流量的计量精度可以达到 0.001ml/分钟，并且压差和流量无波动和迟滞。

2　实验装置及不确定度分析

2.1　实验装置

为了实现图 3 方法所示的地层压力条件渗透率的测量，设计制作了一种超高压致密油气藏的地层压力条件渗透率的实验测量装置，图 4 为装置的示意图。装置包括：高温高压岩心夹持器、高精度恒速恒压计量泵、三通阀门、阀门、金属管线等。其中，夹持器围压接口通过金属管线与高精度计量泵连接；夹持器孔隙压力进口端及出口端均采用双管线设计，分别与高精度计量泵 1、高精度计量泵 2 和排空阀相连接。这种设计的优势主要有：采用高精度计量泵代替回压阀控制孔隙压力，解决了回压阀启动压力较大，变形不易恢复、压力控制精度低的缺点，能够精确计量岩石两端压差；采用进口端、出口端双计量泵计量液体流量，比采用量筒、天平等传统方法计量液体流量的精度高，可以根据进口端泵体积变化等于出口端泵体积变化来简单判定流动进入稳态。采用高压计量泵，目前该装置能够测量最高为 150MPa 的超高压条件的岩石渗透率。

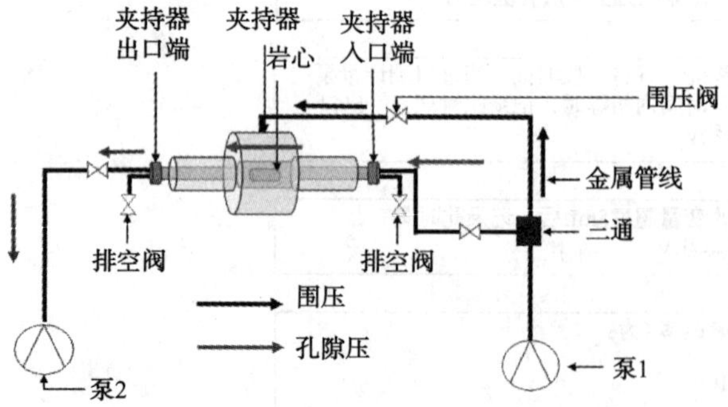

图 4　超高压油藏的地层压力条件渗透率的实验测量装置示意图

2.2　实验测量的不确定分析

当不考虑环境和人为因素带来的测量不确定时，依据 CNAS-GL05《测量不确定度要求的实施指南》，参考 CNAS-GL016：2020《石油化工领域理化检测不确定度评估指南及实例》，高孔隙压力地层压力渗透率的 B 类不确定度可按以下方法评估。

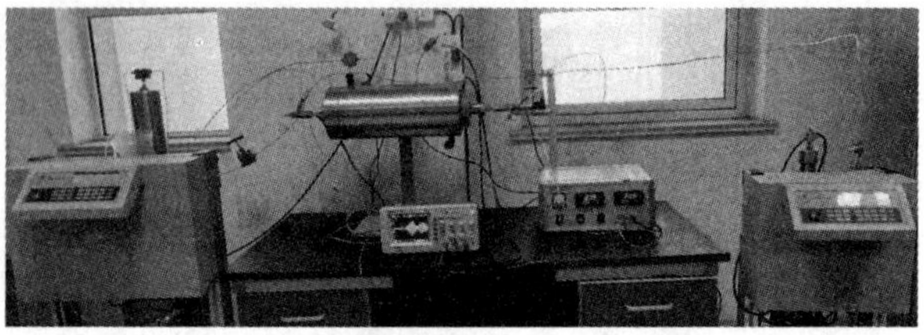

图 5　超高压油藏的地层压力条件渗透率实验测量装置照片

假设样品的长度 L 为 5cm、直径 D 为 2.5cm，数显卡尺的测量精度为 0.001cm，则测量岩样长度 L 和横截面积 A 的测量不确定度可表示为：

$$u_L = \frac{0.001\text{cm}}{\sqrt{3}\times 5\text{cm}} = 0.0001 \tag{3}$$

$$u_A = 2\frac{0.001\text{cm}}{\sqrt{3}\times 2.5\text{cm}} = 0.00046 \tag{4}$$

假设测量岩心施加地层压力环境状态岩心两端压差 ΔP 为 5MPa 时，不确定度可表示为：

$$u_{\Delta P} = \frac{0.01\text{MPa}}{\sqrt{3}\times 5\text{MPa}} = 0.001 \tag{5}$$

测量岩心施加地层压力环境状态，并在压差 ΔP 下稳定流动的流量 Q 时，假设 T_0 时刻出口端计量泵体积读数 V_0 读数为 50ml，T_1 时刻出口端计量泵体积读数 V_1 为 55ml，不确定度可表示为：

$$u_{V_0} = \frac{0.001\text{ml}}{\sqrt{3}\times 50\text{ml}} = 0.00001 \tag{6}$$

$$u_{V_1} = \frac{0.001\text{ml}}{\sqrt{3}\times 55\text{ml}} = 0.00001 \tag{7}$$

$$u_{\Delta P} = \sqrt{u^2(V_0)+u^2(V_1)} = 0.000014 \tag{8}$$

测量岩心施加地层压力环境状态渗透率 K 时，不确定度可表示为：

$$u_K = \sqrt{u^2(Q)+u^2(L)+u^2(A)+u^2(\Delta P)} \tag{9}$$

当数显卡尺的精度为 0.001cm，计量泵计量精度为 0.001ml、0.01MPa 时，测量直径 1 英寸、长度 5cm 岩样地层压力条件渗透率的合成不确定度 $u_K \approx 0.001mD$。当测量岩心的渗透率大于 0.02mD 时，渗透率测量的相对不确定度不高于 5%，能够满足渗透率测试的准确度要求。

3 超高压致密油气藏的地层压力条件渗透率的实验效果分析

3.1 实验样品

选取来自准噶尔盆地白垩系清水河组异常高压致密油气藏的5块岩样，从超高压的地层压力条件渗透率测量的重复性、与覆压渗透率的对比、以及渗透率随孔隙压力的变化规律三方面考察了地层压力条件渗透率的实验测量方法和装置的效果。表1给出了5块岩样的埋深、上覆地层压力、地层压力、常规渗透率、岩性信息。岩性主要是含砾砂岩和小砾岩，上覆地层压力大约150MPa，地层压力大约138MPa，常规渗透率分布在0.08mD～1.69mD之间，为超高压致密储层。

表1　超高压致密油气藏的5块岩样的基本信息

岩样号	深度/m	常规渗透率/mD	上覆地层压力/MPa	地层压力/MPa	岩性
1	6498.37	1.48	149.46	137.44	小砾岩
2	6505.82	0.52	149.63	137.60	含砾砂岩
3	6521.55	1.69	150.00	137.93	含砾砂岩
4	6528.38	0.08	150.15	138.08	小砾岩
5	6534.64	0.89	150.30	138.21	小砾岩

3.2 地层压力条件渗透率的实验测量的重复性和实验规律

在150MPa围压条件下，成功地应用上述高精度恒速恒压计量泵双泵联动方法和装置重复测量了孔隙压力分别为38MPa、58MPa、78MPa、98MPa、118MPa、138MPa的渗透率，并将两次结果做了对比，结果见图6。5块样品的两次重复测量的渗透率相对偏差均小于5%，显示了较好的重复性。同时，5块样品的渗透率随着孔隙压力增大而增大，这与渗透率随有效压力变小而变大的一般实验规律相同。

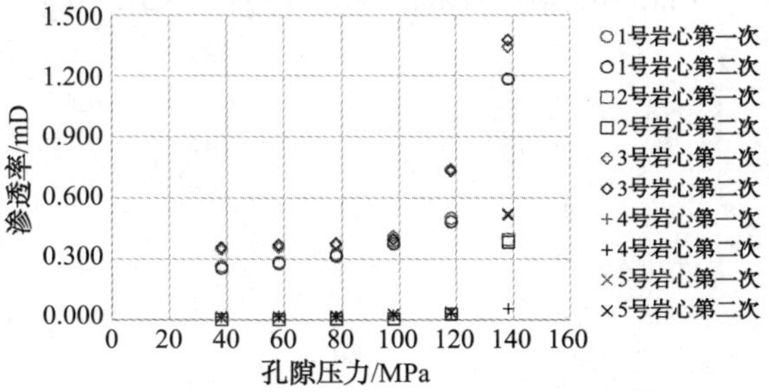

图6　地层压力条件渗透率的重复性测量结果

3.3 与覆压渗透率实验结果对比

为了考察异常高压地层压力条件渗透率的测量结果的准确性，选用1-4号岩样与同等有效压力条件的覆压渗透率测量结果做了对比，实验测量结果见表2。表中覆压渗透率的结果由业界比较认可的CMS-300型计算机控制覆压孔渗自动测试仪测试，最高测试围压约为68MPa（10000PSI），渗透率测试时的孔隙压力在0.1MPa（等于大气压力）左右。

在有效压力不高于68MPa时，超高压地层压力条件渗透率与覆压渗透率的差值较小并且有正有负。以覆压渗透率为参照，超高压地层压力条件渗透率的平均相对偏差约为4%，小于5%，吻合得较好。

4 结论与认识

（1）基于回压阀控制孔隙压力的渗透率实验测量方法存在回压阀控制孔隙压力精度低、灵敏度低、流量计量不准的技术缺陷，在超高压条件下测量渗透率的相对不确定度远大于5%，无法满足超高压致密油气藏的地层压力条件渗透率定量表征的需要。

（2）高精度恒速恒压计量泵双泵联动的渗透率实验测量方法最高可以实现约170MPa的地层压力条件的渗透率的实验测量，具有可连续地设置孔隙压力、使用寿命长、在高温高压条件下可靠性好、压差和流量的计量精度高、压差和流量无波动和迟滞的优点，低孔隙压力条件下渗透率测量结果与相同有效压力的覆压渗透率吻合较好，超高压条件下的渗透率重复性好并且符合随有效压力变小而变大的一般实验规律，能够满足超高压致密油气藏的渗透率定量表征的需要。

表 2　地层压力条件渗透率和覆压渗透率测量结果对比

编号	孔隙压力/MPa	有效压力/MPa	地层压力条件渗透率/mD	覆压渗透率/mD	差值/mD	相对偏差/%	编号	孔隙压力/MPa	有效压力/MPa	地层压力条件渗透率/mD	覆压渗透率/mD	差值/mD	相对偏差/%
1	138	12	1. 185	1. 221	-0. 036	-3. 01	3	138	12	1. 378	1. 295	0. 083	6. 02
	118	32	0. 485	0. 471	0. 013	2. 72		118	32	0. 732	0. 748	-0. 016	-2. 13
	98	52	0. 377	0. 373	0. 003	0. 90		98	52	0. 399	0. 387	0. 012	2. 98
	84	66	0. 316	0. 317	-0. 001	-0. 44		84	66	0. 377	0. 362	0. 015	4. 06
2	138	12	0. 383	0. 360	0. 023	6. 01	4	138	12	0. 055	0. 055	-0. 001	-1. 10
	118	32	0. 031	0. 029	0. 002	6. 47		118	32	0. 029	0. 030	-0. 001	-4. 11
	98	52	0. 005	0. 005	0. 000	-4. 00		98	52	0. 021	0. 021	0. 000	-1. 44
	84	66	0. 004	0. 004	0. 000	7. 32		84	66	0. 017	0. 016	0. 001	5. 78

参 考 文 献

[1] 戴俊生，汪必峰，马占荣 . 2007. 脆性低渗透砂岩破裂准则研究[J]. 新疆石油地质，2008，28(4)：393-395.

[2] 韩学辉 . 测井岩石物理实验教学指导书[M]. 北京：石油工业出版社，2021.

[3] 胡济世 . 异常高压、流体压裂与油气运移(下)[J]. 石油勘探与开发，1989，(3)：17-23.

[4] 黄理善，张胜业，陈长敬等 . 用岩石复电阻率求渗透率的研究[J]. 工程地球物理学报，2007，4(5)：444-49.

[5] 戢俊文，陈一健，游立军等 . 致密岩心液体渗透率测量的新方法——毛细管流黏法[J]. 钻井液与完井液，2007，24(3)，29-30.

[6] 马晓鸣，赵振宇，刘昊 . 山东车西洼陷异常高压对特低渗储层的影响[J]. 中南大学学报(自然科学版)，2011，42(8)：2507-2513.

[7] 王小琼，葛洪魁，陈海潮 . 利用周期振荡法测试超低渗储层的渗透率[J]. 岩石力学，2015，36(2)：237-244.

[8] 杨明松 . 瞬时脉冲渗透率测试装置最佳工作条件研究[J]. 西南石油学院学报，2001，23(1)：46-48.

[9] 张凤奇，鲁雪松，卓勤功等 . 准噶尔盆地南缘下组合储层异常高压成因机制及演化特征[J]. 石油与天然气地质，2020，41(5)：1004-1016.

[10] 张海勇，何顺利，顾岱鸿等 . 孔隙压力对微裂隙低渗透介质变形的影响实验研究[J]. 科学技术与工程，2014，14(11)：22-25.

[11] 周军良，胡勇，何康，等 . 渤海海域渤中 C 地区中深层异常高压成因及对储层质量的影响[J]. 西安石油大学学报(自然科学版)，2017，32(1)：23-30.

[12] 邹良志，刘清华 . 核磁共振测井渗透率模型分析[J]. 国外测井技术，2001，(3)：27-31.

准噶尔盆地南缘冲断带地震技术攻关进展及发展方向

宋志华　毛新军　朱　明　杨万祥

（中国石油新疆油田公司勘探事业部）

摘　要　准噶尔盆地南缘冲断带位于北天山山前，具备形成万亿方气区的资源潜力。但受多期构造运动影响地下构造多重叠置、变形复杂，地表发育高山、冲积扇群、河谷，造成原始地震资料信噪比低，下组合构造成像难，导致"构造带轱辘、高点带弹簧、圈闭捉迷藏"，深层圈闭难以准确落实，油气勘探长期未能取得突破。近年来新疆油田公司联合东方地球物理公司按照"先靶区攻关、后规模应用"的思路，结合构造变形、地表类型将南缘冲断带细分为三类，"一类一策"开展地震采集处理技术攻关。采集方面强化表层巨厚冲积扇砾岩调查、采集观测系统参数优选和山地高效采集配套技术攻关。处理方面开展多尺度初至层析反演、高保真信噪分离处理、全层系速度变速成图、多方位网格层析速度建模及TTI各向异性叠前深度偏移等技术攻关。经过多年持续技术攻关，形成了针对性采集处理配套技术，地震成像质量明显提高，准确落实了一批圈闭目标，推动了南缘下组合井位部署和储量落实，呼图壁、东湾构造带天然气先后获重大发现，打开了南缘下组合天然气勘探新局面。

关键词　南缘冲断带　复杂构造　冲积扇砾岩　层析反演　叠前深度偏移

Progress and Development Direction of Seismic Technology in the Alluvial Zone of the Southern Margin of Junggar Basin

Song Zhihua　Mao Xinjun　Zhu Ming　Yang Wanxiang

(Exploration Utility Department Xinjiang Oilfield Company CNPC)

Abstract　The alluvial zone at the southern edge of the Junggar Basin is located in front of the North Tian Shan Mountains, which has the resource potential of forming a trillion - square - foot gas area. However, due to the influence of multi - stage tectonic movements, the underground structures are often overlapped with complex deformations, and mountains, alluvial fan groups, and river valleys are developed on the surface. This results in low signal-to-noise ratios in the original seismic data and challenges in imaging the lower structural combinations, leading to difficulties in accurately pinpointing deep traps and a long-standing lack of breakthroughs in oil and gas exploration. In recent years, Xinjiang Oilfield Company, in collaboration with BGP Inc., has subdivided the southern thrust belt into three categories based on the concept of "tackling key problems in target areas first and then applying on a large scale", taking into account structural deformation and surface types, and has adopted individualized strategies for each category to tackle technical challenges in seismic acquisition and processing. In terms of collection, we will intensify the investigation of the surface extremely thick alluvial fan conglomerate, optimize the parameters of the collection and observation system, and research on supporting technologies for efficient collection in mountainous areas. In terms of processing, we carried out technical breakthroughs such as multi-scale first break tomographic inversion, high fidelity signal-to-noise separation, full-system velocity variable mapping, multi-azimuth grid tomographic velocity modeling, and TTI anisotropic prestack depth migration. After years of continuous technical research, we have developed specialized acquisition and processing technologies, significantly improved seismic imaging quality, accurately identified a number of trap objectives, and promoted well placement and reserve determination in the lower combination of the southern margin. Significant discoveries of natural gas have been made in the Hutubi and Dongwan structural zones, breaking new ground in the exploration of natural gas in the lower combination of the southern margin.

Key wordst　Southern margin thrust belt; Complex structure; Alluvial fan conglomerate; Tomographic inversion; Pre stack depth migration

1　引言

准噶尔盆地南缘冲断带勘探面积大，油气资源丰富，勘探程度低，是新疆油田天然气最重要的增储上产领域。南缘油气勘探始于20世纪初，是中国最早开展勘探的地区之一，经过了“四上四下”的勘探困境，历程曲折，是典型的超高难度油气勘探区域。南缘冲断带地表复杂多样，近地表结构十分复杂，造成地震资料品质极低；地下三套滑脱层，断裂发育，构造变形剧烈。复杂的地质条件给地震勘探带来了基础理论和技术应用的挑战。新疆油田始终坚持南缘地震先行，2020年再上南缘，针对复杂的地震地质条件，按照“先靶区攻关、后规模应用”的思路，结合构造变形、地表类型将南缘冲断带细分为三类，“一类一策”开展地震采集处理技术攻关，地震资料品质持续提升，勘探成像明显。本文主要总结有关南缘冲断带物探技术攻关成果，分析后续技术攻关方向。

2　区域地质概况

2.1　区域地质特征

南缘冲断带是准噶尔盆地一级构造单元(图1)，南部为天山和博格达山，北邻西部坳陷、中央隆起和东部坳陷，西北侧为西部隆起，东北接东部隆起。南缘冲断带位于天山与盆地结合部，受西伯利亚板块、哈萨克斯坦板块、印度板块碰撞和天山多期构造运动控制形成现今的“东西分段、南北分带”构造格局(图2)。东西分为西段四棵树凹陷、中段北天山山前坳陷、东段阜康断裂带，中段南北分为托齐逆冲推覆带、东湾滑脱褶皱带、霍玛吐滑脱褶皱带、呼安滑脱褶皱带以及芳草湖前缘斜坡带(图3)。

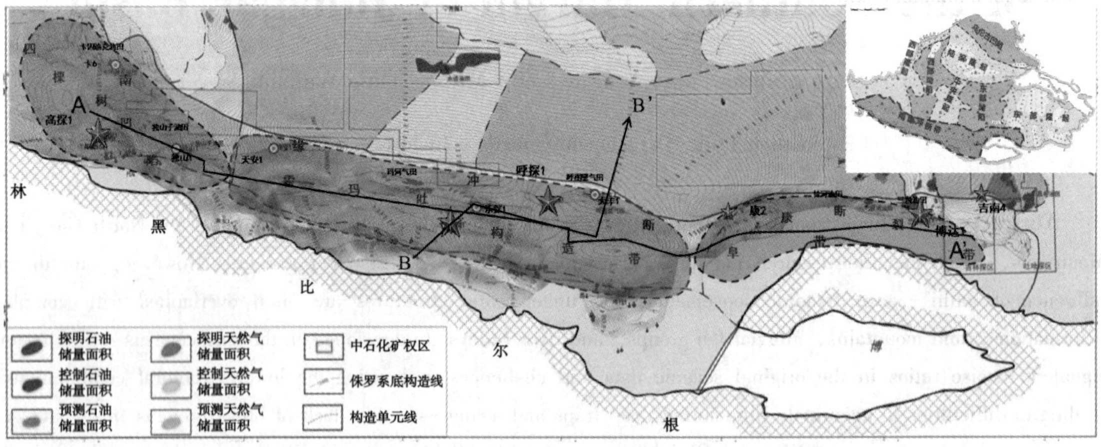

图1　准噶尔盆地南缘冲断带构造单元划分及勘探成果

南缘冲断带为叠合于晚海西前陆、中生代坳陷之上的喜山期再生前陆，发育侏罗系、二叠系两套深埋高熟的规模烃源岩，油气资源基础丰厚。喜山期印度板块向欧亚大陆挤压，导致天山隆升并向盆地方向逆冲推覆，形成不对称楔形坳陷，南部下降，北部抬升，加快了烃源岩的成熟演化，同时构造运动形成了一系列逆冲断裂及不对称褶皱，为油气运移和聚集提供了通道和场所。南缘冲断带上中下发育三套成藏组合(图4)，其中上组合为新近系塔西河组盖沙湾组，中组合为古近系安集海河组盖紫泥泉子组，下组合为白垩系吐谷鲁群盖清水河组和侏罗系，勘探潜力极大。

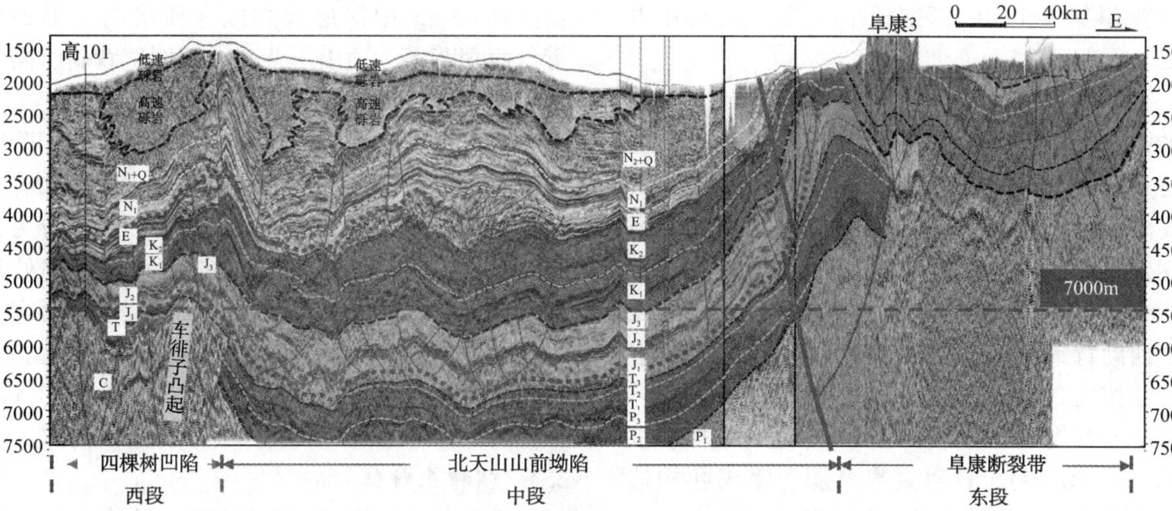

图 2　南缘冲断带东西向地震地质解释剖面(剖面位置见图 1 中 A-A')

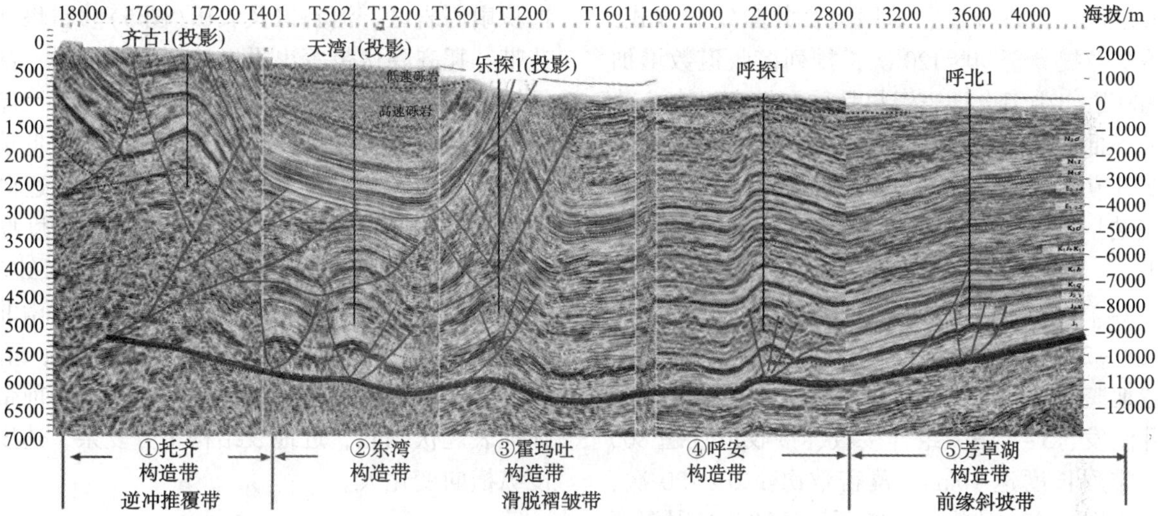

图 3　南缘冲断带中段南北向地震地质解释剖面(剖面位置见图 1 中 B-B')

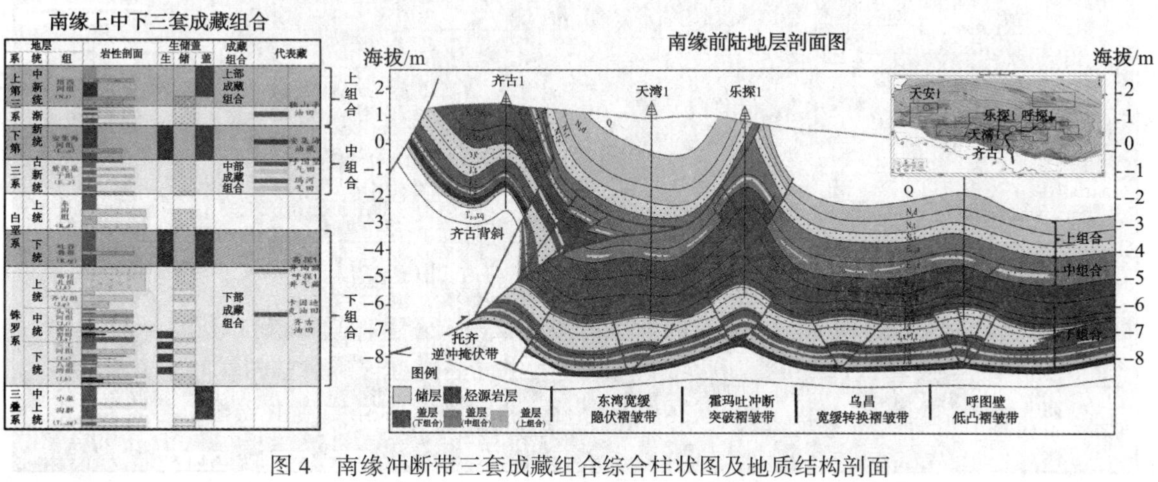

图 4　南缘冲断带三套成藏组合综合柱状图及地质结构剖面

2.2　勘探历程

南缘冲断带油气勘探经历以下 5 个阶段。

(1) 地表调查和地面构造勘探阶段(1909—1959 年)。以地面油气、油苗调查的方式为主，围绕地表油苗和背斜，开展区域地质填图和浅层构造油气勘探，发现一批浅地表背斜构造。1936 年，独山子上钻第一口探井喷油，发现独山子油田，成为新疆近代石油工业的开端；1957 年在齐古背斜第一口井齐浅 1 井喷油，发现齐古油田。

（2）区域穿沟二维地震和上组合勘探阶段（1979—1995 年）。受地震采集技术和设备影响，主要是沿着南缘冲断带四棵树河、霍尔果斯河、安集海河等河谷、冲沟开展二维地震普查，主要采用浅井及坑炮激发，短排列接收（120 道/1.8km 左右），覆盖次数只有 30~60 次。先后发现了西湖背斜、霍尔果斯背斜等含油气构造，但均无法拓展。

（3）常规二维、三维地震和中组合勘探阶段（1996—2007 年）。针对高泉背斜、霍玛吐构造带、独安构造、东湾构造带等南缘冲断带主要构造，开展常规二维和三维目标调查。通过表层调查成果设计激发深度，采用组合井激发的方式，覆盖次数提高至 90~120 次，排列接收道数增加到 480 道。中组合地震资料品质有较大提高，落实了一批中组合构造目标。1996 年呼图壁背斜呼 2 井获高产气流，发现了呼图壁气田；2006 年玛纳斯背斜玛纳 1 井获高产气流，发现玛河气田。

（4）宽线二维地震和下组合勘探阶段（2008—2019 年）。这一阶段针对深层下组合大构造地震成像开展宽线二维攻关，采用单井或组合井激发、3~4 串大组合接收、接收道数超 800 道、排列长度达 10km、覆盖数次 120~720 次，精细表层调查和建模，戈壁砾石区钻井极限深度提高到 65m。中深层地震成像质量明显得到改善，西湖背斜、独山子背斜、呼图壁背斜、高泉背斜上钻 4 口风险井，高探 1 井获千方高产。

（5）高密度三维地震和下组合精细勘探阶段（2020 至今）。为了提高南缘下组合勘探成功，结合构造变形、地表类型将南缘冲断带细分为三类，“一类一策”开展高密度三维地震采集处理技术攻关，深层下组合成像大幅度提高，落实了一批圈闭目标，先后推动呼西背斜、东湾背斜规模天然气储量落实，开创了南缘下组合天然气勘探新局面。

2.3 浅地表特征

准噶尔盆地南缘冲断带浅地表条件复杂，包括地形高陡岩石出露的复杂山地、戈壁砾石区、冲积扇砾岩区、河谷以及农田（图 5）。霍玛吐构造带、托齐隐伏带等出露老地层 50°~90°，甚至倒转，北翼地层成像困难。山体中间发育巨厚冲积扇砾岩，可分为低速砾岩和高速砾岩，低速砾岩厚度 0~400m、速度 800~2800m/s，高速砾岩厚度 0~2500m、速度 3000~4500m/s，速度厚度纵横向变化大，严重影响深层圈闭落实（图 6）。受喜山期构造运动产生的走滑断裂影响，南北向发育 20 余条河谷，最大宽度达 1800m，落差 50~400m，影响地震采集均匀性。南缘山前带整体地表起伏剧烈，近地表结构十分复杂，速度厚度纵横向变化大。

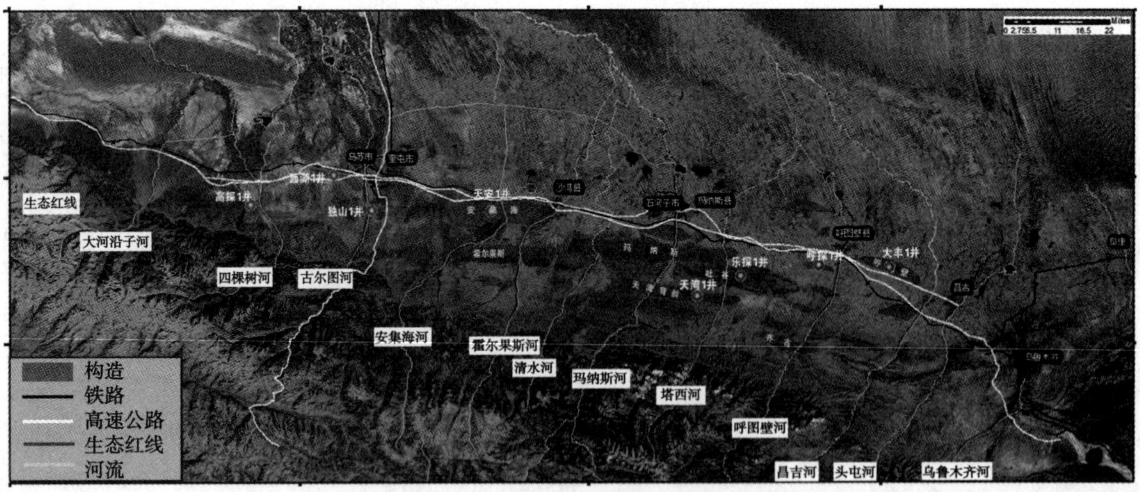

图 5　南缘地表地物叠合构造图

2.4 面临的技术问题

南缘冲断带是典型的地表、地下双复杂勘探区，包含复杂表层地震地质条件和深层复杂地震波场及构造特征，地震资料品质普遍较差，深层成像不清，无法满足构造精细建模和圈闭精准落实的需求。

(1) 南缘地表条件复杂，山多、扇多、河多，造成激发接收条件差，地震波吸收衰减和散射作用强，有效能量难以向下传播，断裂发育，弱反射信号被强噪声淹没，同时位于丝绸之路经济带，铁路、公路、城镇广泛分布，人文干扰严重，原始单炮信噪比低，单炮品质空间差异大(图7)。

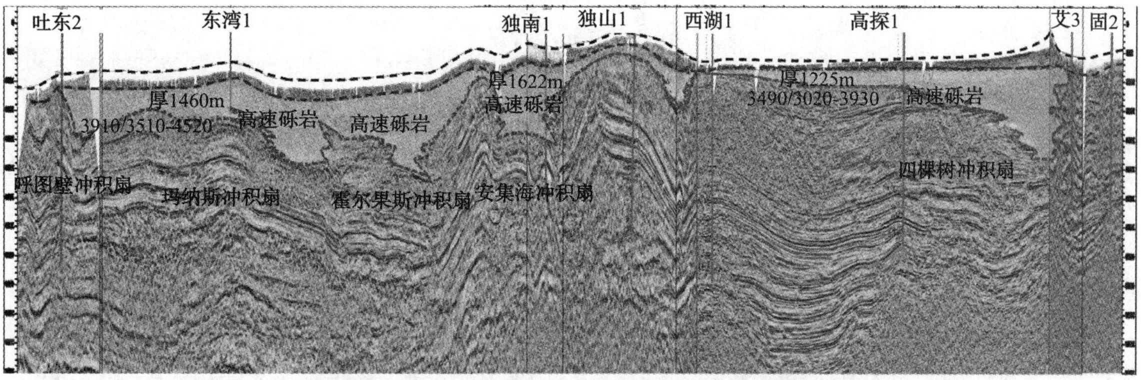

图6　南缘冲断带过五大冲积扇浅层地震剖面

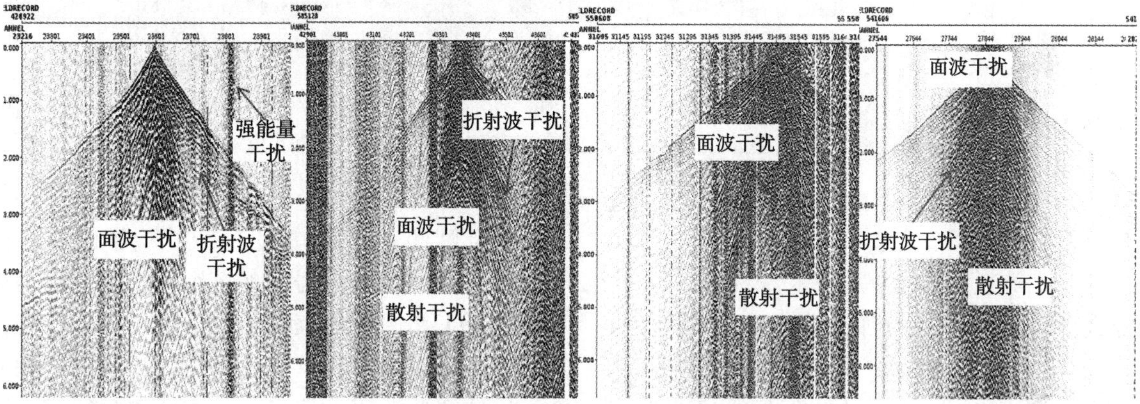

图7　南缘冲断带不同区域单炮

(2) 近地表结构复杂，静校正问题严重，高精度速度建模难度大。复杂山地地表起伏剧烈，地表横向岩性变化大，表层结构横向变化快，仅靠稀疏分布的微测井约束大炮初至可以得到相对准确的速度规律，但对于高速砾石异常体和浅层速度横向变化较大区域刻画精度不够，表层反演速度与真实速度存在差异。

(3) 速度复杂，纵向上存在四套速度异常层，浅表层两套巨厚突变的冲积扇砾岩，安集海低速泥岩速度稳定但横向厚度变化大，白垩系东沟组横向变化快，异常速度影响造成时间域“假构造”。

(4) 地下构造变形复杂，受多期构造运动叠加，纵向上多层、多期叠置，横向上构造样式多，地层倾角大，甚至导致，断裂极其发育，波场杂乱，地震波组对应关系较差，构造模式无法确立，控圈控藏断裂无法落实。

(5) 各向异性强，浅表层广泛发育的冲积扇砾岩存在超强的各向异性，快慢波速度差最大可达750m/s，浅表层各向异性强度最大可达0.4，中深层断裂、裂缝发育，不同方位角的地震速度差异大。

3　物探攻关进展及应用成效

3.1　分区开展技术攻关

前期多轮次二三维地震勘探攻关表明，南缘冲断带不同区的地表地貌和地下构造存在差异性，同一套采集处理技术思路和流程难以解决南缘双复杂地震成像问题。2019年结合地表情况、地下构造复杂程度及地震资料情况将南缘冲断带中段细分三类地震攻关目标区(图8)，“一类一策”开展地震采集处理技术攻关。其中一类区为呼图壁构造带、东湾构造带、昌吉转换带、，地表以冲积扇砾石、农田为主，地下构造相对平缓，地震资料有一定信噪比；二类区为霍玛吐构造带、独安构造带，地表以山地为主，地下构造复杂、变形强，地震资料信噪比低；三类区为托齐掩伏带，地表以高陡山地为主，地下构造极其复杂、变形极强，地震资料信噪比极低。历经4年的持续地震勘探技术攻关，已形成了针对性的采集处理配套技术，地震资料品质提升明显，油气勘探成效明显。

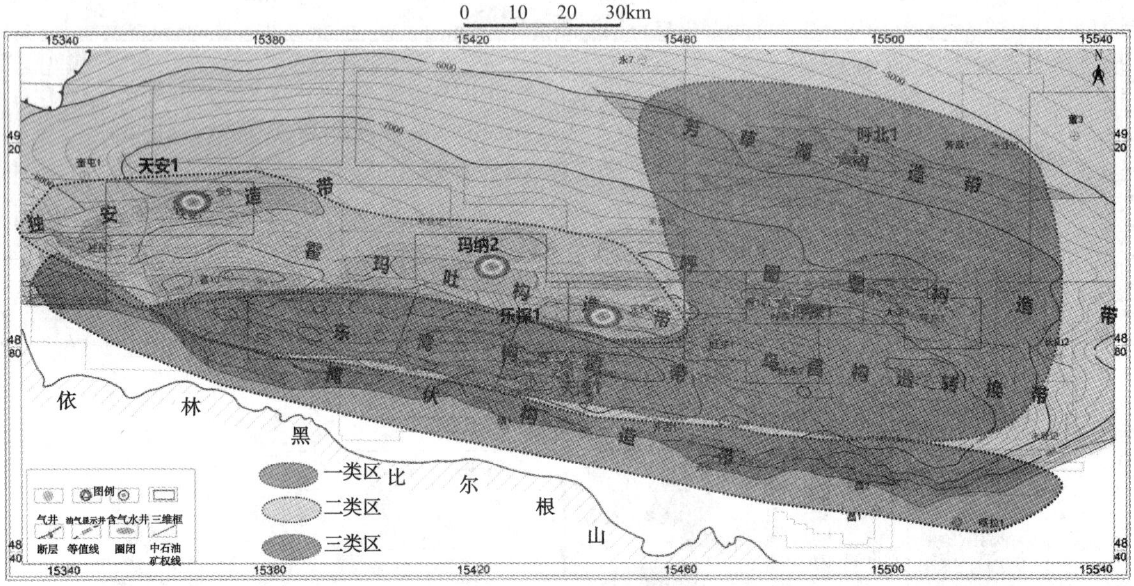

图8　南缘中段三类攻关目标区划分

3.2　采集关键技术及进展

3.2.1　山地高密度三维地震技术

南缘多期冲断构造叠加，造成地震波场采样不充分，以往二维、常规三维采集的资料深层普遍不成像。2019年将高密度宽方位三维采集理念引入南缘山地地震勘探，平均炮道密度由常规三维10万增加到312万炮道/km^2以上，横纵比由常规三维0.3以下提高到0.6以上，南缘冲断带地震采集进入高密度地震勘探阶段。为了增强南缘冲断带复杂高陡构造弱信号的接收能力，采用通过长排列避噪思路和低频理念，将排列长度从常规三维6000m增至10000m，激发频率由以往6Hz拓至1.5Hz，提高深层弱信号可记录性和低频信息采集量，大大提高复杂构造三维成像质量(图9)。地震采集观测系统分析技术由定性走向定量，形成观测密度均匀性评价、噪声压制能力、偏移分辨率参数设计等叠前观测系统属性定量分析技术，数值模型正演论证由二维走向三维，地震处理也由叠加向偏移转变，实现复杂构造充分采样和均匀照明，为双复杂区地震采集参数合理化设计提供重要依据。

3.2.2　巨厚冲积扇砾岩调查技术

南缘山前冲积扇砾岩普遍发育，对地震资料品质及圈闭落实影响很大。2019年以来，针对南缘巨厚冲积扇砾岩开展精细调查研究，表层砾岩调查工作由近地表调查向浅表层调查转变，由静校正计算向深度域建模转变，由各向同性向各向异性转变形成4项关键技术。一是集成光纤井中接收与电火花激发形成超深微测井调查技术，微测井调查深度突破常规微测井调查极限，由200m以内拓至600m以上，准确获得高速砾岩的速度。二是近源高频与远源低频相结合形成了双源宽频时频电磁观测技术，解决了常规时频电磁勘探无法同时兼顾观测精度和探测深度的难题，实现1000m以浅10m级别砾岩准确刻画。三是利用环状激发超深微测井对浅表层冲积扇砾岩各向异性全方位观测，通过基于HTI介质射线追踪的各向异性参数反演方法计算浅表层各向异性参数，为建立浅表层各向异性速度模型提供准确数据。

2019年以来针对南缘冲断带浅表层巨厚冲积扇砾岩调查，共计实施超深微测井64口、时频电磁2960km、各向异性调查微测井26口、Q值调查微测井34口，精确的获得了冲积扇砾岩速度、厚度和各向异性强度，为后续地震处理和圈闭落实提供了重要的基础(图10)。

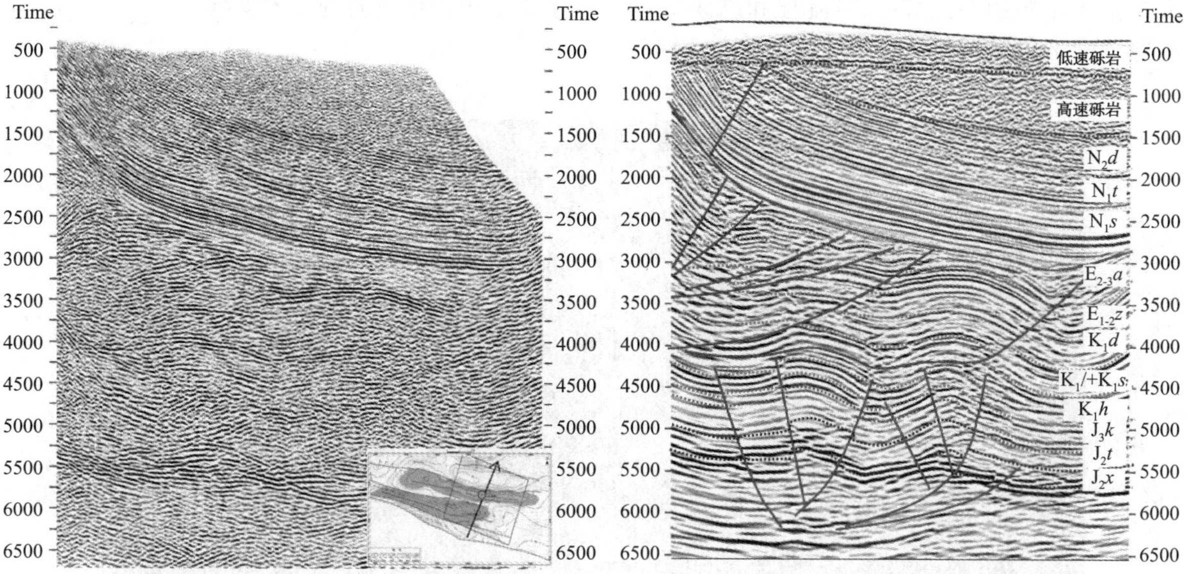

图 9　高密度三维(右)与二维(左)叠前时间偏移剖面对比

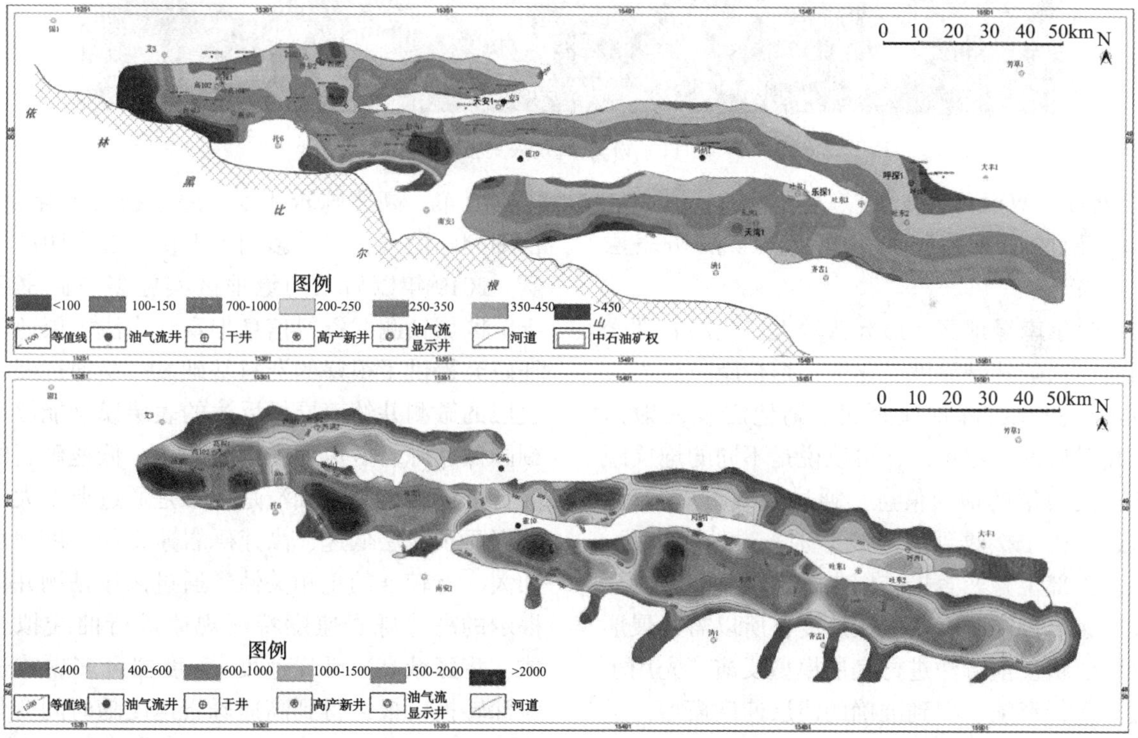

图 10　南缘冲断带冲积扇砾岩厚度图(上为低速砾岩，下为高速砾岩)

3.2.3　山地高效采集配套技术

准噶尔盆地南缘山前地表复杂，传统的井炮激发、有线接收方式效率低、成本高、安全风险多，难以满足山地高密度三维地震的高效实施。经过不断套索形成了以混源激发、全节点接收和智能化地震队为核心的山地高效采集配套技术。一是采用激光雷达获取高精度高分辨率的地理信息，定量优选井炮与可控震源激发点位、检波点位，结合地表信息和激发点位分布，定量划分地表，设计作业路径，井可控震源占比超 50%，有效提高了激发效率和降低安全风险。二是全面应用无线节点替代有线检波器采集，应用 VPM 高效采集技术(图 11)，解决了山地、城区通讯不畅问题，实现无信号盲区采集有力保障了野外无线节点在高密度采集中的实施能力。三是应用了大数据技术将野外主要工序流程和结果数字化，通过网络传输到互联网，实现野外大数据分析、共享，为野外工序快速质控、高效协同、科学决策等提供重要的技术支撑。

图 11　VPM 高效采集技术

3.3　处理关键技术及进展

3.3.1　面向深度偏移的多尺度初至层析表层建模

准噶尔南缘地区地形起伏较大、表层岩性变化剧烈、低降速带厚度变化大，炮检距与地震波入射角成正比，即炮检距大，则地震波入射角大，其对应的地层也深，可以说是不同的炮检距反应不同地层的地质信息，通过射线正演，近、中、远炮检距接收到的射线分别来自地表下浅、中深、深部位置。直接应用大炮检距反演，会导致浅层速度偏高于真实浅层速度，所以需开展形多尺度层析反演方法进行表层模型反演。先用小炮检距进行反演，得到准确的浅层速度模型；进而用大炮检距进行反演，并将小炮检距反演的速度模型作为初始迭代速度模型。这样既可以保证浅层速度模型准确性，又减小了中深层速度的误差，提高了近地表速度模型的精度。从图 12 中可以看到，加入了反演的表层模型的深度偏移结果明显优于常速替换模型的深度偏移结果。

3.3.2　低高速砾岩成像技术

准南缘地区受多条河流影响发育多个超级冲积扇，不同期次冲积扇纵向叠置，高低速砾岩不规则分布，高速砾岩速度、厚度横向变化剧烈，精细刻画困难，严重影响了下伏构造圈闭准确落实。2019 年以后在南缘地区实施多块高密度三维，区域钻测井资料信息丰富，为浅表层速度特征研究提供了很好的资料基础。一是通过嵌入浅表层的微测井约束层析反演的表层模型能够精细刻画低速砾岩区速度纵横向变化，低速砾岩的底界特征标志层同相轴清楚。二是通过典型大钻井钻揭显示浅层低速、高速砾岩速度随深度增加而加大，有较强的正相关性，通过区域钻测井信息揭示的高速砾岩速度特征规律进行曲线拟合公式，将区域高速砾岩速度-深度拟合多项式进行时深转换，最终得到高速砾岩速度随时间变化的关系式。通过精细砾岩速度分期次建模，提高了深度偏移速度建模的精度，砾岩及下伏地层成像质量得到提高(图 13)。

3.3.3　基于“六分法”高保真信噪分离处理

南缘冲断带原始地震单炮主要发育面波、折射波、散射波等相干噪声以及随机异常噪声，噪声范围广、能量强，通过近几年的实践探索，形成了基于“六分法”高保真信噪分离处理方法。按照“分类、分频、分域、分区、分级、分排列”的去噪理念，结合山地、山前带、戈壁草地的不同噪声特点，采用“正演法”、“减去法”去噪，利用“残差法”做好每一步监控，注重绕射波和低频信号的保护。

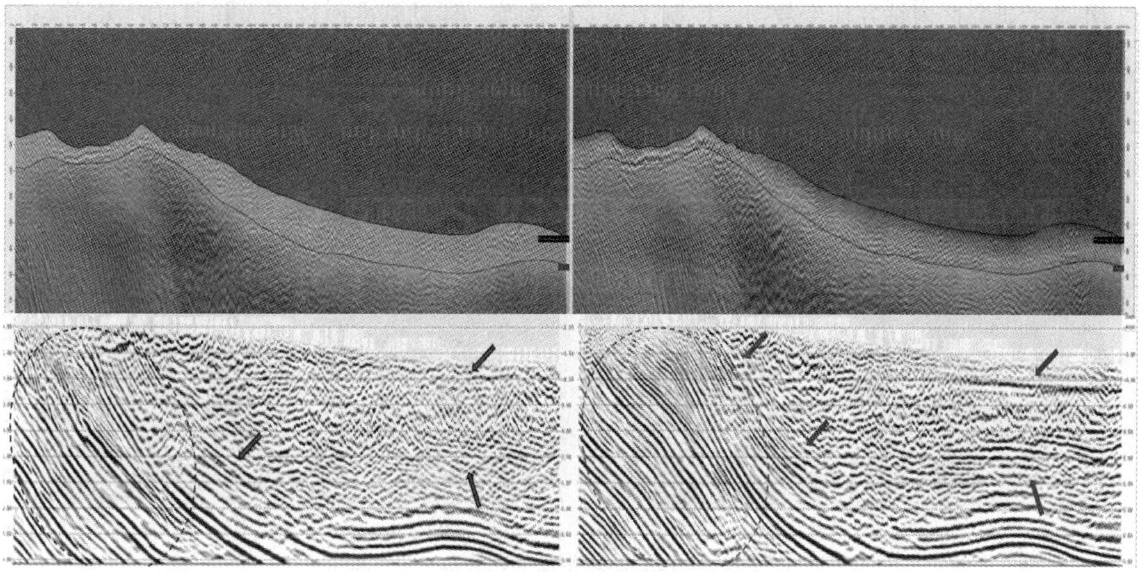

图 12　常规层析反演表层速度模型偏移剖面(左)和多尺度层析反演表层速度模型偏移剖面(右)

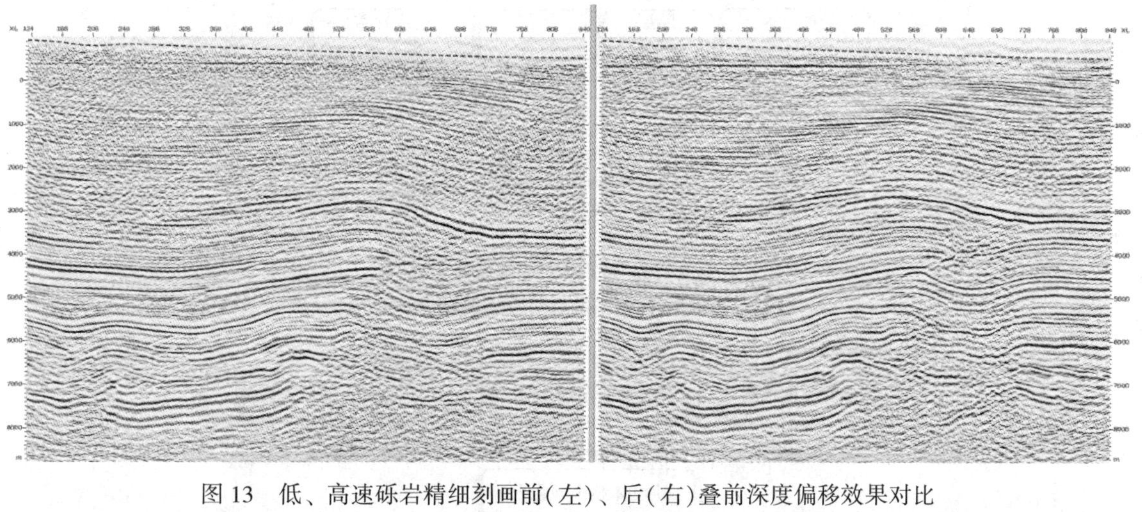

图 13　低、高速砾岩精细刻画前(左)、后(右)叠前深度偏移效果对比

针对山前带区域面波发育，绕射波信息丰富的特点，采用面波正演噪声衰减多阶逐步去噪，实现由压噪到去噪的升级，更利于低频弱信号及绕射波信息的保护(图 14)。针对山前带构造复杂区信噪比低、波场复杂问题，采用 5DSRNA 噪声压制技术，保留了数据运动学特征的同时剖面浅层高陡地层和砾岩界面成像质量得到显著改善。面波和散射噪声压制提高了整体单炮数据的信噪比，特别是提高了近偏移距地震数据的信噪比，为后续浅层速度建模奠定了有利基础。

3.3.4　多信息约束全层系速度变速成图

由于准噶尔盆地南缘冲断带地表覆盖巨厚冲积扇砾石，地下存在速度变化异常层，加之剧烈构造变形带来的地层叠置，时间域地震资料难以准确还原地下构造真实形态。为了实现山前复杂构造带时间域准确构造成图，逐步形成了适合南缘复杂构造的多信息约束全层系速度变速成图技术(图 15)，也为叠前深度偏移初始速度建模提供支撑。首先，鉴于山前带地震资料的信噪比低，导致地震叠加速度谱的质量不高，充分利用钻井声波测井资料和 VSP 速度资料，通过多井对比和交会分析确定各套地层的速度变化范围和总体变化趋势，剔除速度谱异常。其次，选取多个地层速度相对稳定的控制层以及区域大断裂建立速度格架模型。针对冲积扇砾岩、膏岩层等速度异常体，采用地震属性雕刻等方法进行了精细刻画，确保格架模型能够真实反映研究区的速度结构特征。然后，在格架模型约束下，进行全层系地震速度建场，充分利用地震速度谱宏观变化趋势，并参考研究区内钻井速度数据，控制了地层层速度的变化趋势和变化梯度。在少井、无井区域，借助虚拟井及相控拟合的方式，建立多层控制的速度场；最后，从全层系空间速度场中提取目的层平均速度，进行井速度校正、异常速度剔除、浮动基准面校正，并通过时深转换得到了海拔深度构造图。

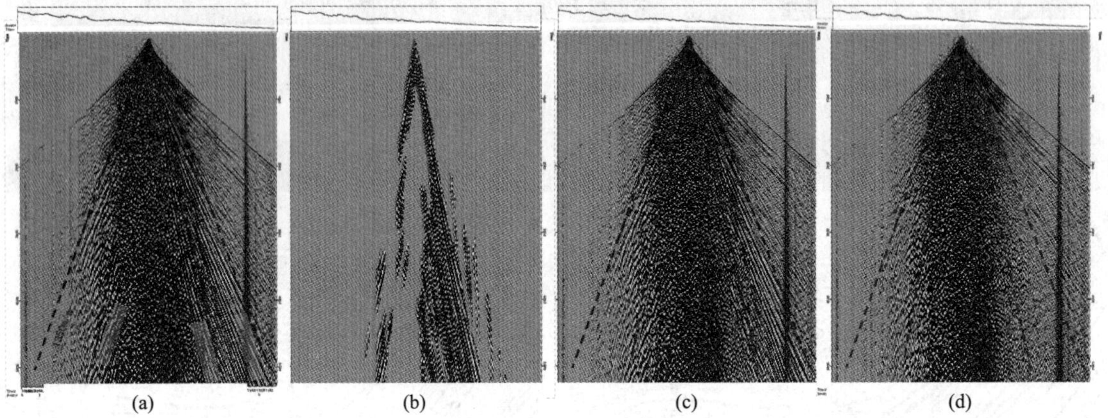

图 14　面波正演去噪效果

(a)原始单炮；(b)一阶噪声；(c)一阶去噪后；(d)二阶去噪后

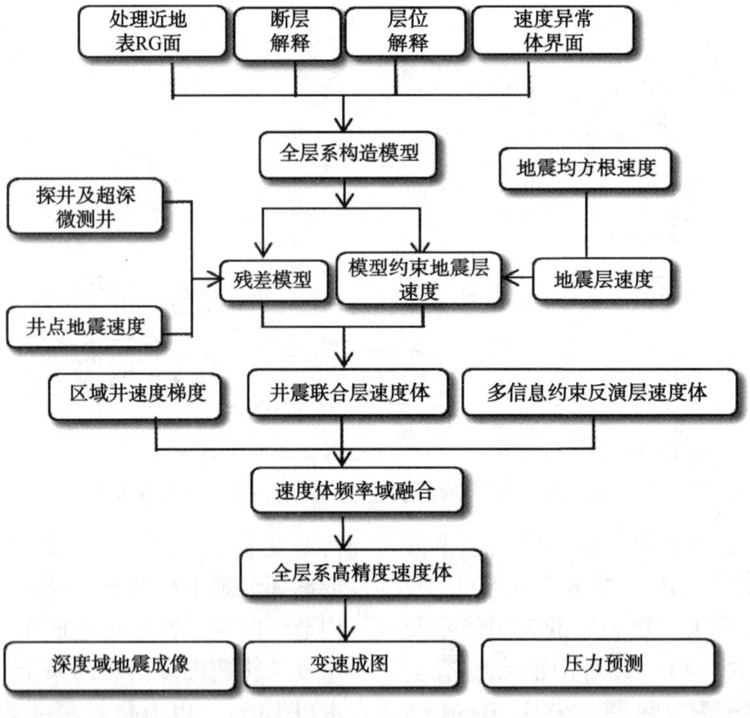

图 15　多信息约束全层系速度变速成图流程

3.3.5　多方位网格层析叠前深度偏移速度建模

地表地形多表，地下地层陡直、多重构造叠覆，构造解释多解性强，速度纵横向变化剧烈，导致构造建模和速度建模极为困难，形成了多方位网格层析叠前深度偏移速度建模技术。首先，利用超深微测井、钻井资料与非地震等资料约束进行回转波层析反演，精确获取符合浅层地质结构的近地表结构模型；然后利用地质露头、测井资料、地震、非地震等数据多信息融合，一体化建立中深层初始速度模型；其次充分考虑炮点、检波点随高程变化的趋势，优选接近于真实地表的浮动面作为偏移基准面，利用双平方根动校正提高了起伏地表速度建模的精度和成像质量；在此依据回转波反演的射线密度及探测的深度，结合已有钻测井资料，确定速度融合面；最后应用全局优化的反射波网格层析速度反演技术，得到精度更高的速度-深度模型，用于最终叠前深度偏移聚焦成像处理。

图 16 全方位网格层析迭代前(左)、后(右)对应的叠前深度偏移剖面对比可以看到，全方位网格层析后 1、2 期砾岩的成像边界刻画更为清楚。砾岩体下覆层的反射层成像明显改善(蓝色箭头标示处)，分辨率得到显著提高，其下深层构造同相轴连续性变好，成像变得明显清晰可靠，蓝色框内由于偏移不足导致的交叉反射得到解决。

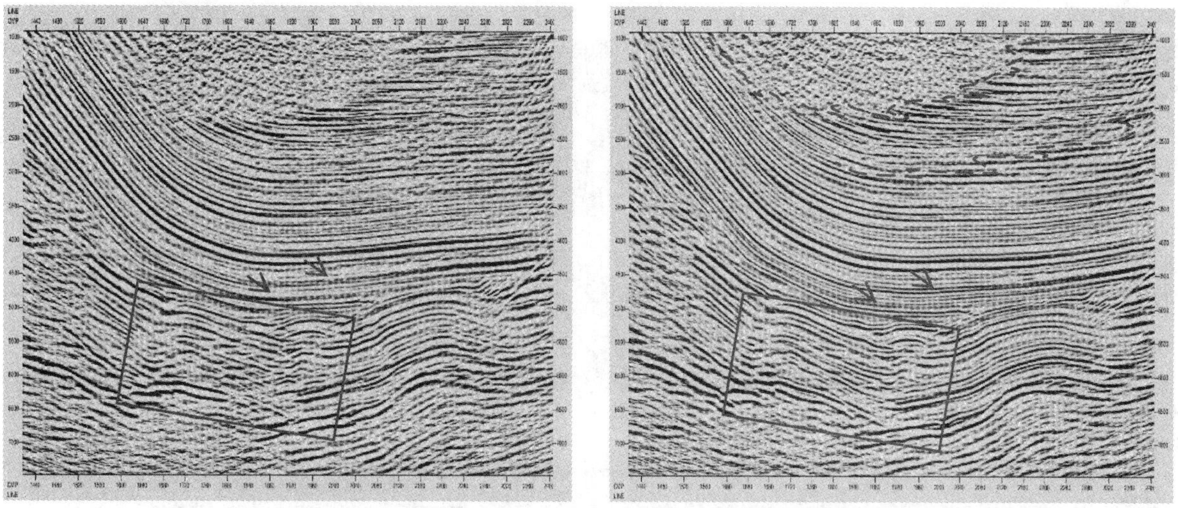

图 16　全方位层析前(左)、后(右)对应的叠前深度偏移剖面

3.3.6　TTI 各向异性叠前深度偏移

南缘冲断带浅层冲积扇砾岩发育，深层受断裂裂缝影响，各向异性很强。针对浅层各向异性，利用光纤接收点距小优势，通过地面环形激发利用三维微测井调查低速砾岩各向异性特征，在分方位动静校正迭代基础上进行各向异性校正，同相轴得到有效拉平，提升深层侏罗系西山窑煤层聚焦能力。同时开展 TTI 各向异性叠前深度偏移，在速度初始建模时就考虑了 TTI 各向异性偏移的五个参数，尽管其精度不高，但其射线的传播路径相对于各向叠前深度偏移更加接近实际情况，尤其是因为考虑了地层倾角和倾向，构造的平面位置相对于各向同性和 VTI 各向异性更加可靠。由于初始模型就考虑 TTI 各向异性偏移的五个参数，射线路径、偏移算子更加接近实际，也使得迭代的过程能够更快的收敛，在此基础上通过井震联合误差分析建立最终各向异性参数模型，实现 TTI 各向异性叠前深度偏移成像，可以明显提高叠前深度偏移成像精度，呼图壁地区井震误差小于 50m(图 17)。

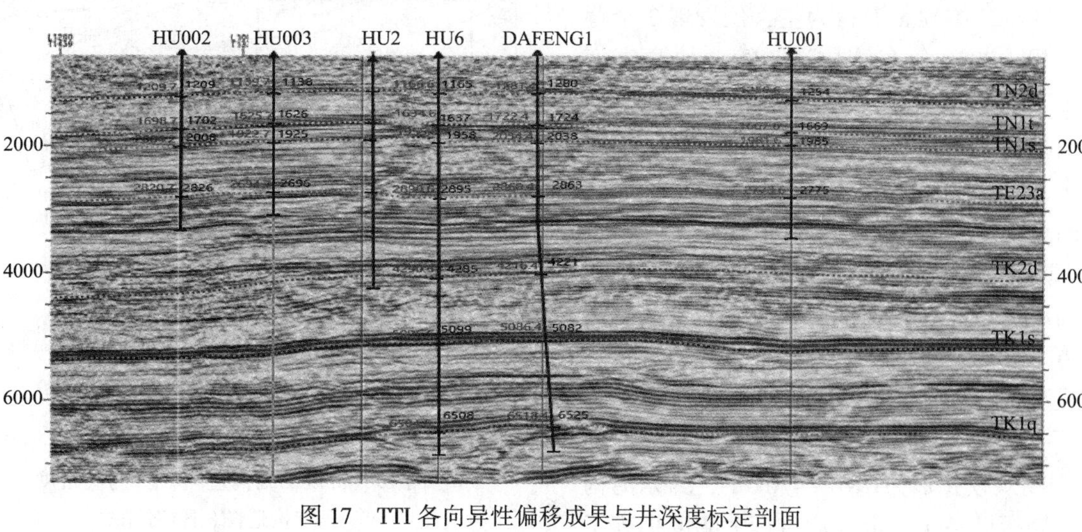

图 17　TTI 各向异性偏移成果与井深度标定剖面

3.4 应用效果

由于下组合地震资料品质差，圈闭落实精度不高，导致井位目标储备不足。为了提高南缘冲断带复杂构造成像质量，推动南缘下组合油气勘探，2019 年开始，先后部署了高密度三维 15 块 4272km²，整体覆盖率呼图壁、东湾构、独安等构造带，高密度三维地震成像质量较二维及常规三维地震有质的飞跃，下组合成像实现了由无到好的跨越(图 18)。高密度三维进一步推动了南缘冲断带基础研究工作，深化了南缘中段五排构造带地质和成藏认识，为油气勘探目标优选奠定资料基础。

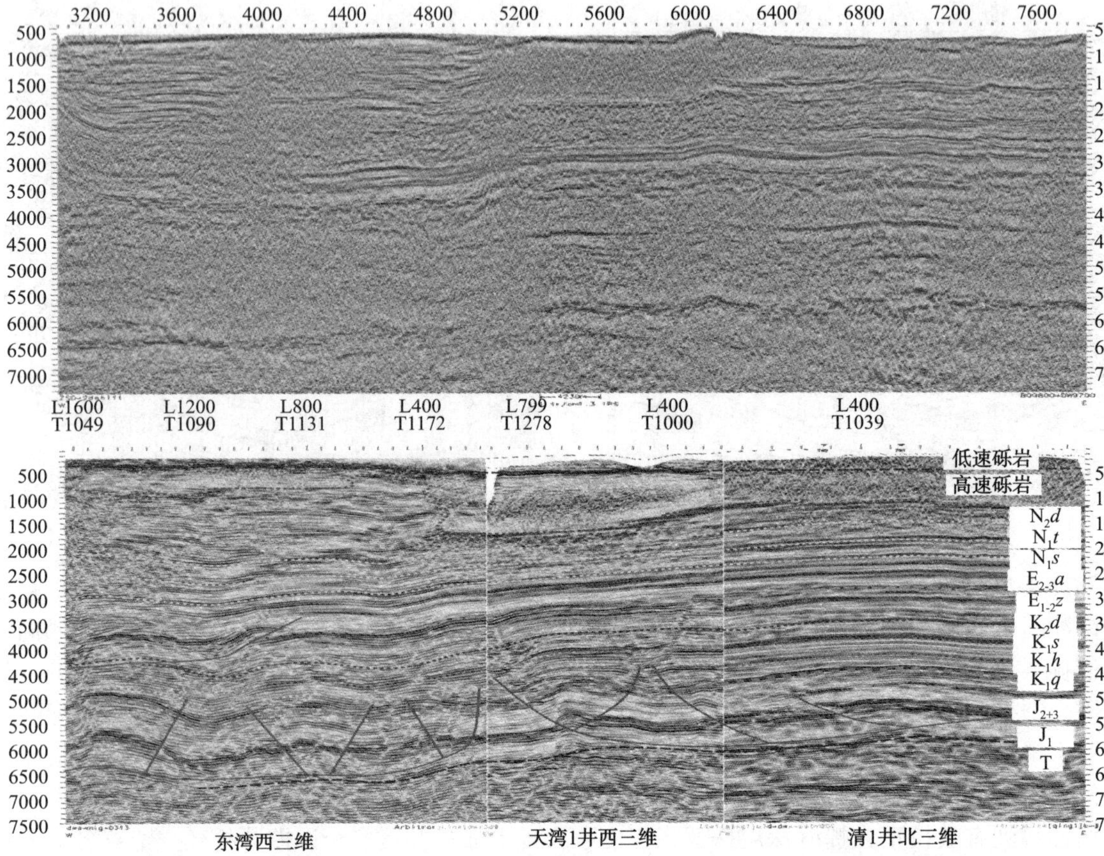

图 18　东湾构造带常规二维(上)与高密度三维(下)叠前时间偏移剖面对比

一是东湾构造带地震资料品质显著提升，支撑了领域目标群落实和风险勘探突破。东湾构造带以往该区以二维地震资料为主，仅发现 2 个背斜构造目标，2019 年东湾构造带第一块高密度三维清 1 井北三维通过攻关，资料整体信噪比，成像精度均由显著提升，落实了东湾背斜，推动了天湾 1 风险探井上钻，2022 年 6 月天湾 1 井试油获高产工业油气流，日产气 75.82 万方、折日产油 127.2 方，折算油气当量 885.4 方，创南缘中段高产记录。在此基础上，后续先后部署实施了天湾 1 井西三维、东湾西三维，地震资料品质均获显著提升(图 18)。在高密度三维地震资料应用下，东湾构造带东西长由 56km 增长到 85km，圈闭规模拓展为 18 个 470km²，为东湾构造带油气勘探储备了一批优质目标大幅度提高了该区带的勘探潜力和价值(图 19)。

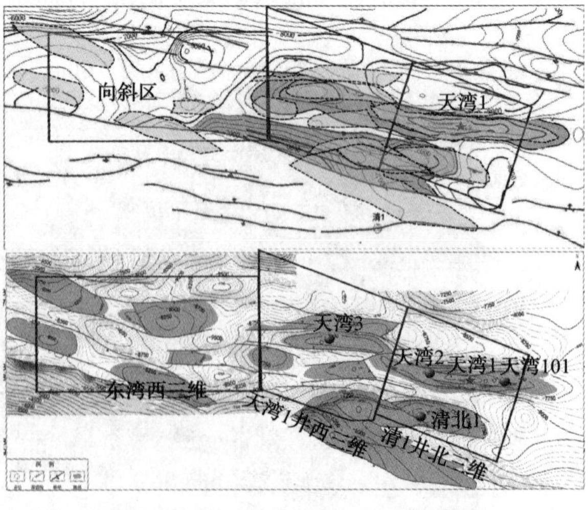

图 19　常规二维构造图(上)与高密度三维构造图(下)对比

二是呼图壁构造带地震资料品质显著提升，支撑了目标精细刻画和规模储量落。2020 年呼探 1 井在白垩系清水河组获重大突破后，为开展油藏精细评价，整体部署实施了三块高密度地震三维，面元由以往的 50×100 提高至 12.5×25，接收线距由 400m 加密至 200m，炮道密度突破 240 万道/km^2。通过超深微测井、精细砾岩刻画、高精度近地表建模、全层系速度建模等高保真高精度采集处理技术，大幅度提高了下组合成像精度(图 20)，井震误差小于 1%。在高密度三维地震资料应用下，圈闭精细化，由早期的发育三个高点的大背斜细化为由 3 个背斜、9 个断块组成的背斜断块目标群(图 21)，整体圈闭面积由 156km^2 增加到 198km^2，部署上钻井位 7 口，有望推动该区千亿方天然气储量落实。

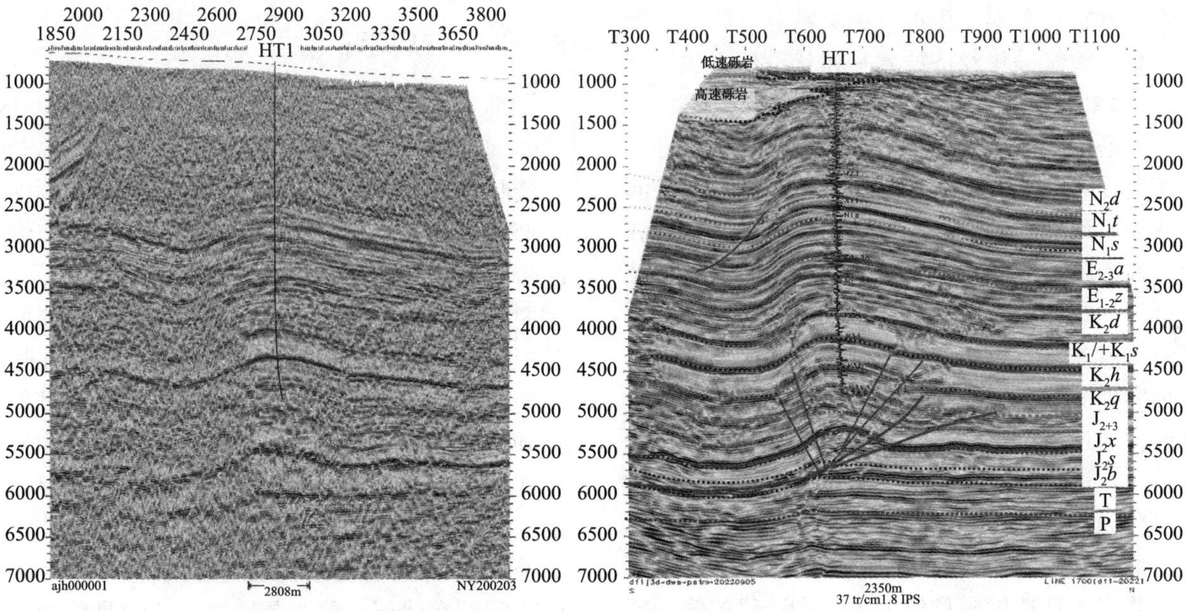

图 20　呼图壁构造带常规二维(上)与高密度三维(下)叠前时间偏移剖面对比

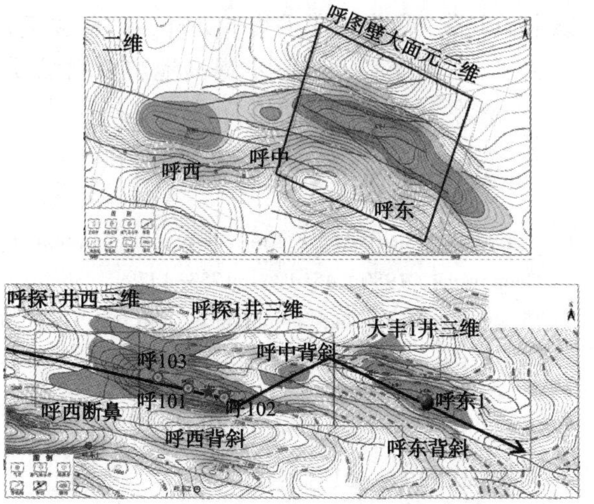

图 21　常规二维构造图(上)与高密度三维构造图(下)对比

4　技术攻关方向

4.1　地震采集技术方面

在山地地表条件下，解决采集参数的不断强化，采集方案的针对性有效性和经济技术一体化等问题迫在眉睫。因此，技术发展需求围绕两个方面展开。

一是围绕资料品质提升需求精准的采集方案设计。首先围绕准南缘复杂构造成像，建立高精度表层模型。要求横向速度厚度变化特征清楚、纵向由表层到浅层速度厚度调查精细，同时需要在各向异性强的地区开展各向异性特征调查以及建模。提高初至拾取效果方面，根据南缘外界干扰大的特点，开展以提高资料信噪比的采集方式研究，同时在客观的外界干扰条件下，围绕如何提高初至拾取比例方面，结合人工智能手段，提高远偏移距初至拾取比例，从而提高表层反演精度。针对高速夹层问题，常规基于初至反演的方法不能够适用的难题，开展天然源+超深层微测井技术研究，形成一套高速夹层的表层调查方法。其次，需要围绕提高原始资料品质，开展了目标成像驱动的观测系统设计方法研究。基于“好钢用在刀刃上”的理念，需要精细开展目标成像驱动的观测系统设计方法研究，形成了南缘复杂构造北翼成像关键采集技术，为复杂构造处理成像提供地震资料保障。

二是需要围绕经济技术一体化方面开展观测系统研究。从南缘的资料品质，特别是在外界干扰较强、地震波场复杂的条件下，盆地最强的采集观测系统方案用在南缘都不为过，但是南缘复杂的地表条件，野外采集投入成本高，无法满足现有的成本条件。因此，找到采集方案强化与地震品质提升速度的拐点非常重要，下一步需要围绕采集方案与资料品质提升的关系开展研究，形成一套准南缘采集经济技术一体化设计方法。

4.2　地震处理技术方面

一是全波形反演提高复杂山地的表层、砾岩建模精度。全波形反演是利用观测地震数据反演地球介质地球物理参数的方法，其关键是基于波动方程有限差分的正演模拟技术。全波形反演技术得到的速度模型可用于改善深度偏移的质量，进而提供非常有价值的成像结果。全波形反演以减小模拟波场与实际观测波场数据之间的残差为目标，通过最小化目标泛函反演获得高精度速度模型。在迭代求解过程中，通过在模型空间寻找梯度和局部下降方向使数据空间的最小二乘目标泛函最小，从而获得每次迭代的速度模型更新量，并将更新速度模型作为下一次迭代的输入模型。同时，全波形反演效果受诸多因素影响，可靠的大炮检距数据、低频信息、初始速度模型等是获得较好反演结果的基本保障。

二是逆时偏移成像技术。从理论上讲，逆时偏移是目前精度最高的偏移算法。与积分法相比，逆时偏移适用于任意复杂的速度体，没有倾角限制，有利于高陡地层和复杂构造成像。偏移方法的发展给地下构造的成像提供了更精确的技术手段，但前提是必须有精确的速度模型做保障，精确的速度建模技术结合高精度偏移方法是提高山地复杂构造成像精度的保证。是积分法和RTM 成像效果对比，可以看出，在速度模型精度提高的前提下，逆时偏移成像较积分法在高角度断面、复杂构造成像更好。

三是倾斜正交晶系介质叠前深度偏移成像技术。随着“两宽一高”地震勘探技术在南缘地区的广泛应用，速度方位各向异性问题越来越突出，TTI 各向异性参数已不能完全满足高精度偏移成像的要求，为了突破以往叠前深度偏移算法基于横向各向同性介质假设的束缚，提高宽方位三维资料成像精度，进一步满足地震精细勘探的需求，倾斜正交晶系介质叠前深度偏移技术首先在南缘地区开始进行创新应用，它参数更多，算法精度更高，充分考虑了地震波在不同方位速度的变化，能够有效的解决宽方位高精度成像问题。正交晶系叠前深度偏移消除了由于方位各向异性造成的 TTI 各向异性克希霍夫叠前深度偏移螺旋道集中的波浪起伏现象，道集更平整，剖面上超深构造“看得更清楚”。

5　认识与启示

准噶尔盆地南缘地处丝绸之路经济核心区，战略地位突出，能源保供责任重大，全面提升物探资料品质对促进该区油气勘探突破、扩大油气生产规模和社会长治久安意义重大。面对南缘冲断带极高难度的地质勘探难题和物探技术问题，需要我们始终坚定信心，坚持技术攻关。前期攻关形成了一批先进适用的物探技术，并在在呼图壁、东湾构造带、乌昌转换带等区域应用过程中见到了明显效果，但托齐隐伏带、霍玛吐构造带等区域地震成像难关的攻克已见到曙光，但还不能完全满足该区勘探开发需求。长期物探技术攻关经验表明，双复杂探区地震成像“目标在深层，问题在浅层，核心是速度，关键是精细，重点在创新”，下一步需要以突破近地表建模技术瓶颈为抓手，强化物探采集、处理、解释关键技术攻关与集成配套，进一步提高地震资料品质，为实现南缘大气区建设奠定资料基础。

参 考 文 献

[1] Yilmaz O, Claerbout J F. Prestack partial migration[J]. Geophysics, 1980, 45(12): 1753-1779.

[2] Popovici A M. Prestack migration by split step DSR[J]. Geophysics, 1996, 61(5): 1412-1416.

[3] Li J C, Don P. Land data migration from rugged topography [C]//SEG Technical Program Expanded Abstracts, 1999, 21(1): 1137-1139.

[4] Miao X G. Surface consistent full wave imaging from topography for complex structures[C]//Beijing: Beijing 2009 International Geophysical Conference and Exposition, 2009: 208.

[5] 李庆忠. 1994. 走向精确勘探的道路[M]. 北京：石油工业出版社，61-69.

[6] 赵邦六，刘依谋，李大军，等. 塔里木盆地塔西南山前带地震技术攻关进展及发展方向[J]. 石油物

探，2024，63(02)：265-278.

[7] 吕焕通，吴永强，高奇，等．准噶尔盆地南缘下组合复杂构造地震成像技术效果[J]．新疆石油地质，2012，33(3)：586-588.

[8] 林娟，罗勇，张龙，等．GeoEast 处理系统在准南复杂高陡构造地区的应用[J]．石油地球物理勘探，2014，49(增刊1)：60-65.

[9] 罗勇，张龙，马俊彦，等．复杂构造地震叠前深度偏移速度模型构建及效果[J]．新疆石油地质，2013，35(5)：576-579.

[10] 王学军，于宝利，赵小辉，等．油气勘探中"两宽一高"技术问题的探讨与应用[J]．中国石油勘探，2015，20(5)：41-53.

[11] 苏卫民，李孟，李献民，等．节点地震仪与高精度可控震源组合，实现"两宽一高"采集的应用实例[J]．物探装备，2019，30(5)：284-288.

[12] 朱明，汪新，肖立新，2020. 准噶尔盆地南缘构造特征与演化[J]．新疆石油地质，41(1)：9-17.

[13] 朱明，袁波，梁则亮，等，2021. 准噶尔盆地周缘断裂属性与演化[J]．石油学报，42(9)：1163-1173.

[14] 窦强峰，罗勇，杨晓海，等．基于近似真地表浮动面叠前深度偏移成像技术应用研究[J]．物探与化探，2022，46(2)：444-450.

[15] 徐蔚亚．关于浮动基准面与起伏地表面的讨论[J]．物探与化探，2021，45(1)：95-101.

[16] 刘宜文，罗勇，尹丽丽，等．准南复杂山地探区基准面静校正方法与质控策略[J]．物探与化探，2018，42(6)：1209-1214.

[17] 何英，王华忠，马在田，等．复杂地表条件下波动方程叠前深度成像[J]．勘探地球物理进展，2002，25(3)：13-19.

[18] 黄丽娟，罗文山，方勇，等．天山南北复杂构造成像技术进展及应用效果[J]．新疆石油地质，2020，41(1)：114-119.

[19] 罗勇，杨晓海，谭佳，等．准南双复杂区高精度叠前地震成像关键影响因素研究[J]．新疆地质，2020，38(04)：493-498.

南海东部古近系储层预测技术创新及成效

朱焱辉　刘　军　刘道理　朱　焕　刘　灵　吴宇翔　陈兆明　陈人杰

［中海石油(中国)有限公司深圳分公司］

摘　要　近年来在南海东部深层古近系地层中，发现了多个大中型油气田。古近系恩平、文昌组剩余资源量超 10 亿吨油当量，勘探潜力巨大，目前已经成为了南海东部最重要的勘探领域之一。但是，由于古近系陆相地层埋深大，沉积相带变化快，储层横向非均质性强，地震资料分辨率和信噪比普遍较低，常规储层预测方法预测结果精度低，无法满足勘探需求。为此本文从提高地震资料分辨率和信噪比出发，提出了基于岩石物理模型的神经网络储层参数定量预测方法。该方法主要分为三个步骤：首先采用压缩感知拓频方法在保持低频能量不损失的条件下，拓展地震的高频信息，提高地震分辨率的同时，剖面不失真。然后提出了基于储层参数反演的岩石物理建模方法。该方法在岩石物理模型控制下，通过反演修正测井解释的孔隙度和泥质含量，克服了因此测井解释孔隙度和泥质含量误差导致的岩石物理正演弹性参数曲线与实测弹性参数曲线不匹配的问题。最后采用人工神经网络方法计算上述岩石物理模型的反函数，再作用于弹性参数体上，实现整个三维空间的泥质含量和孔隙度定量预测。该方法充分利用了岩石物理模型作为联系弹性参数与储层参数规律的作用，克服了传统储层预测方法与岩石物理模型“两张皮”，以及常用神经网络储层预测方法严重依赖大数据的问题。勘探实践证明，该储层预测方法预测结果可靠，精度高，可操作性强。

关键词　南海东部；压缩感知拓频；岩石物理；储层预测；神经网络

Innovation and effectiveness of reservoir prediction methods for the Paleogene formation in the eastern South China Sea

Zhu Yanhui　Liu Jun　Liu Daoli　Zhu Huan　Liu Lin　Wu Yuxiang
Chen Zhaoming　Chen Renjie

(Shenzhen Branch, CNOOC China Limited)

Abstract　In recent years, multiple large and medium-sized oil and gas fields have been discovered in the deep Paleogene strata of the eastern South China Sea. The remaining resources of the Enping and Wenchang formations in the Paleogene strata exceed 1 billion tons of oil equivalent, with enormous exploration potential, and the Enping and Wenchang formations have become one of the most important exploration domain in the eastern South China Sea. However, due to the deep burial depth of the Paleogene continental strata, rapid changes in sedimentary facies zones, strong lateral heterogeneity of reservoirs, and low seismic data resolution and signal-to-noise ratio, conventional reservoir prediction methods have low accuracy in predicting results and cannot meet exploration demand. Starting from improving the resolution and signal-to-noise ratio of seismic data, this article proposes a quantitative prediction method for reservoir parameters based on rock physics models using neural networks. This method mainly consists of three steps: firstly, the compressed sensing frequency extension method is used to expand the high-frequency information of seismic data while maintaining the low-frequency energy without loss, improving the seismic resolution without distorting the profile. Then, a rock physics modeling method based on reservoir parameter inversion was proposed. This method overcomes the problem of mismatch between the rock physics forward elastic parameter curve and the measured elastic parameter curve caused by errors in logging interpretation porosity and shale content by inverting and correcting the logging interpretation porosity and shale content under the control of the rock physics model. Finally, artificial neural network methods are used to calculate the inverse function of the rock physics model mentioned above, which is then applied to the elastic parameter volume to achieve quantitative prediction of shale content and porosity in the entire three-dimensional space. This method fully utilizes the role of rock physics models as a link between elastic parameters and reservoir parameter laws, overcoming the "two skins" of traditional reservoir prediction methods and rock physics models, as well as the serious dependence of commonly used neural network reservoir prediction methods on big data. Exploration practice has proven that the reservoir prediction method has reliable prediction results, high accuracy, and good manipulates.

Key wordst Eastern South China Sea; Compressed sensing and frequency extension; Rock physics; Reservoir prediction; neural network

近年来，南海东部以寻找大中型油气田为目标，围绕富洼中浅层、富洼双古、新洼陷和天然气四大重点领域，实现储量大突破。特别是在深层古近系地层中，勘探成效显著，发现了多个大中型油气田。古近系恩平、文昌组剩余资源量超10亿吨油当量，勘探潜力巨大，目前已经成为了南海东部最重要的勘探领域之一。但是，由于南海东部古近系地层埋深大，属陆相沉积环境，沉积相带变化快，储层横向非均质性强，地震资料分辨率和信噪比普遍较低，储层预测难度大，常规储层预测方法基本还停留在定性，或半定量的状态，其预测结果精度低，无法满足当前勘探需求。

经调研国内外深层陆相碎屑岩地层储层地球物理预测方法发现，目前最常用的思路是通过岩石物理分析或者岩石物理建模，寻找反应储层的敏感参数及其门槛值，然后通过地震叠前或者叠后敏感参数反演，预测有效储层的分布范围。这种定性或者半定量的方法，没有充分利用岩石物理规律，且通过门槛值划分的储层与非储层，其预测结果精度低，误差大。近年来随着人工智能神经网络技术的蓬勃发展，基于深度学习的人工智能储层参数预测技术也得到了深入研究，如卷积神经网络(CNN)、长短期记忆网络(LSTM)和变分自编码器(VAE)混合模型的储层参数预测方法等。但是，由于油气勘探领域，钻井数量少，采集到的数据非常有限，且数据标签质量不够高，无法满足人工智能机器学习对大数据的要求，导致其储层预测结果和应用成效不理想。

为此本文从提高地震资料分辨率和信噪比出发，提出了基于岩石物理模型的神经网络储层参数定量预测方法。该方法主要分为三个步骤：首先夯实地震资料基础，采用压缩感知拓频方法在保持低频能量不损失的条件下，拓展地震的高频信息，提高地震分辨率的同时，剖面不失真。然后提出了岩石物理模型控制下的测井孔隙度和泥质含量反演修正方法。该方法建立的岩石物理模型，克服了常规岩石物理建模方法正演的弹性参数曲线与实测弹性参数曲线差异大的问题，使得找到的岩石物理规律更符合实际钻井情况。最后采用人工神经网络方法计算上述岩石物理模型的反函数，再作用于弹性参数体上，实现整个三维空间的泥质含量和孔隙度定量预测。该方法充分利用了岩石物理模型作为联系弹性参数与储层参数规律的作用，克服了传统储层预测方法与岩石物理模型“两张皮”，以及常规神经网络储层预测方法严重依赖大数据的问题。勘探实践证明，该储层预测方法预测结果可靠，精度高，可操作性强。

1　压缩感知拓频

南海东部古近系地层埋深较大，属陆相沉积，砂泥互层严重，地震资料主频较低，频带较窄，导致分辨率低(图1)，难以区分储层与非储层。同时，由于地震资料信噪比较低，储层预测结果可信度较低，无法满足勘探需求。为此本文采用了既能保持低频能量基本不损失，又可拓展高频能量的压缩感知拓频方法，拓宽地震的有效频带。

压缩感知拓频方法是将频率域受子波压缩后的地震数据，通过建立感知矩阵恢复出原始信号的方法。其原理是求解目标函数：

$$\min_{x}\frac{1}{2}\|b-Ax\|_2^2+\lambda\ \|x\|_1 \tag{1}$$

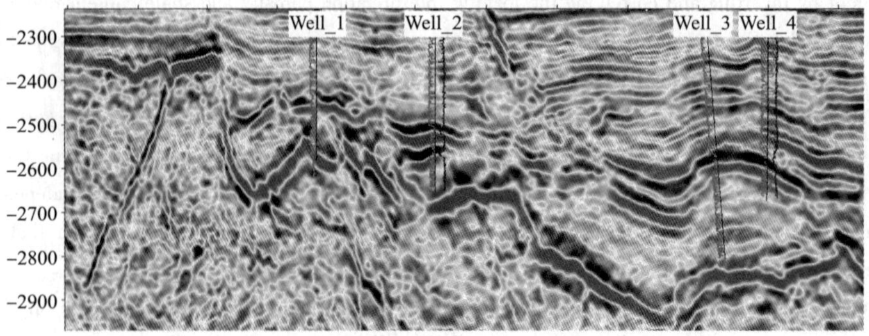

图 1　南海东部古近系连井地震剖面

其中

$$b=\begin{bmatrix} R_e\left[\dfrac{S(f_1)}{W(f_1)}\right] \\ \vdots \\ R_e\left[\dfrac{S(f_m)}{W(f_m)}\right] \\ \vdots \\ I_m\left[\dfrac{S(f_1)}{W(f_1)}\right] \\ \vdots \\ I_m\left[\dfrac{S(f_m)}{W(f_m)}\right] \end{bmatrix} \quad A=\begin{bmatrix} a_eA_1a_eA_2 \\ a_oA_3a_oA_4 \end{bmatrix} \quad x=\begin{bmatrix} 2\,r_{e(0,n)} \\ \vdots \\ 2\,r_{e(\frac{n}{2}-1,\frac{n}{2}+1)} \\ 2\,r_{e(0,n)} \\ \vdots \\ 2\,r_{e(\frac{n}{2}-1,\frac{n}{2}+1)} \end{bmatrix}$$

λ：正则化参数

式中，S 为频率域地震信号，w 为频率域子波，f_i为第 i 个频率，Re 为复数的实部，Im 为复数的虚部，r_e为反射系数偶分量，r_o为反射系数奇分量。

$$A_1=\begin{bmatrix} \cos(\pi f_1T_1)\cos(2\pi f_1\Delta t)\cdots\cos(\pi f_1T_{\frac{n}{2}})\cos(2\pi f_1\Delta t) \\ \vdots\ \vdots \\ \cos(\pi f_mT_1)\cos(2\pi f_m\Delta t)\cdots\cos(\pi f_mT_{\frac{n}{2}})\cos(2\pi f_m\Delta t) \end{bmatrix}$$

$$A_2=\begin{bmatrix} \sin(\pi f_1T_1)\sin(2\pi f_1\Delta t)\cdots\sin(\pi f_1T_{\frac{n}{2}})\sin(2\pi f_1\Delta t) \\ \vdots\ \vdots \\ \sin(\pi f_mT_1)\sin(2\pi f_m\Delta t)\cdots\sin(\pi f_mT_{\frac{n}{2}})\sin(2\pi f_m\Delta t) \end{bmatrix}$$

$$A_3=\begin{bmatrix} \cos(\pi f_1T_1)\sin(2\pi f_1\Delta t)\cdots\cos(\pi f_1T_{\frac{n}{2}})\sin(2\pi f_1\Delta t) \\ \vdots\ \vdots \\ \cos(\pi f_mT_1)\sin(2\pi f_m\Delta t)\cdots\cos(\pi f_mT_{\frac{n}{2}})\sin(2\pi f_m\Delta t) \end{bmatrix}$$

$$A_4=\begin{bmatrix} \sin(\pi f_1T_1)\cos(2\pi f_1\Delta t)\cdots\sin(\pi f_1T_{\frac{n}{2}})\cos(2\pi f_1\Delta t) \\ \vdots\ \vdots \\ \sin(\pi f_mT_1)\cos(2\pi f_m\Delta t)\cdots\sin(\pi f_mT_{\frac{n}{2}})\cos(2\pi f_m\Delta t) \end{bmatrix}$$

式中，Ti 为对称反射系数时间间隔，Δt 为地震信号时间采样间隔。

通过求解上述目标函数可以得到反射系数的奇偶分量，再通过奇偶分量组合出最终的地层反射系数。最后利用重构的地层反射系数与一个宽频地震子波褶积，重构出宽频的地震记录，实现地震频带的拓宽。

为了检验压缩感知拓频方法的有效性，对南

海东部流花地区的一套薄层高孔隙灰岩，采用了4种拓频方法的效果进行了对比。从原始地震资料看出，B1高孔隙灰岩层顶面标定在波峰位置，其上部是A致密层，其下部是B2致密层。由于地震资料分辨率太低，无法从地震资料上区分A、B1和B2层。通过对比4种拓频方法的处理结果(图2)发现，固态小波变换曲波域拓频结果[图2(b)]地震频带比较单一，频宽较窄；俞氏子波拓频结果[图2(c)]低频信息比较缺失；BWXT拓频结果[图2(d)]低频能量太强，高频能量相对弱，导致地震视分辨率低，信噪比较低；压缩感知拓频结果在保持低频能量不损失的条件下，高频信息得到了较好的恢复，地震分辨率和信噪比都较高，B1层也有很好的响应特征，频宽较原始资料拓展了80HZ[图2(f)]。由此可见，压缩感知拓频方法在保持住低频的同时可以拓宽高频，达到分辨薄层的同时，剖面不失真。

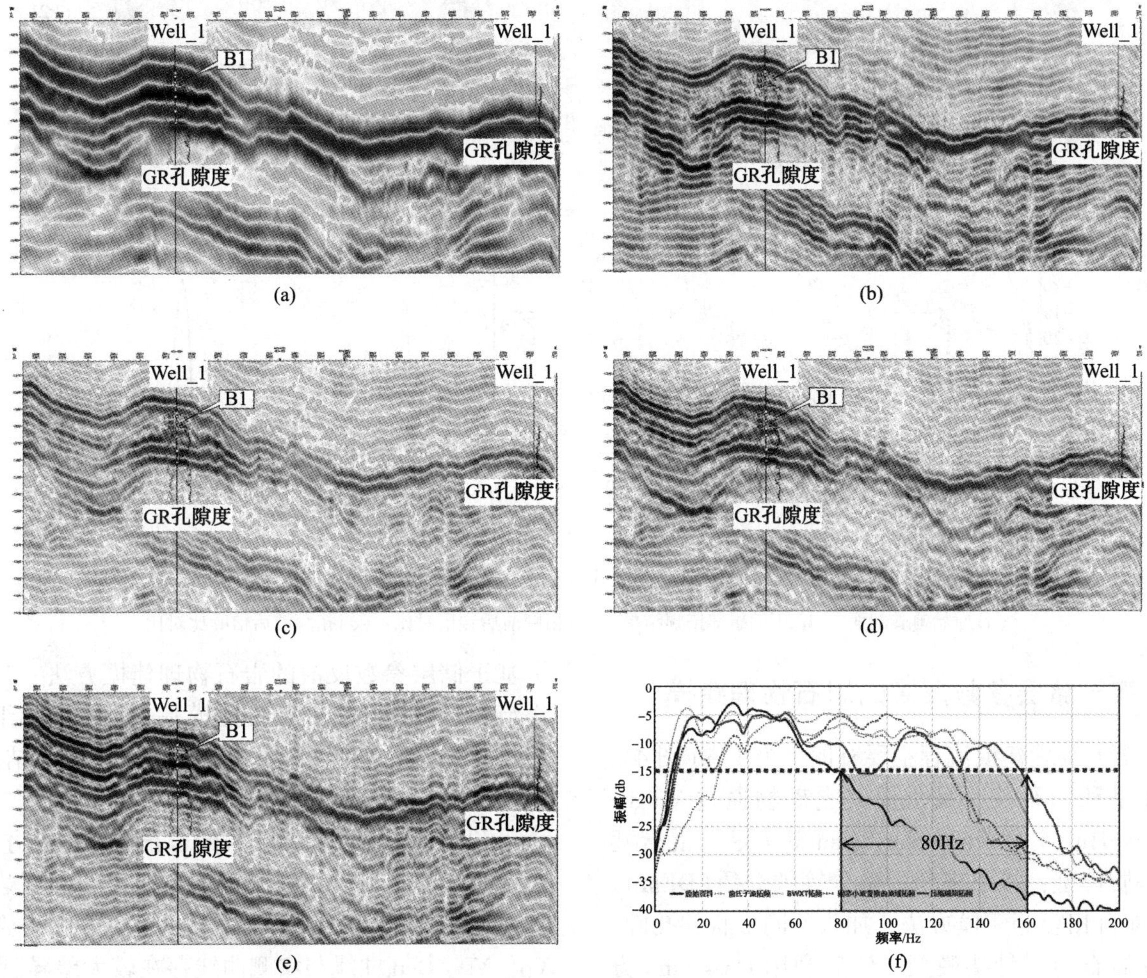

图2 不同拓频方法效果对比

(a)原始地震剖面；(b)固态小波变换曲波域拓频结果；(c)俞氏子波拓频结果；

(d)BWXT拓频结果；(e)压缩感知拓频结果；(f)拓频前后频谱

利用该方法对南海东部惠州地区恩平、文昌组地震资料进行了拓频处理。从拓频前后的剖面(图3)可以看出，原始地震资料主频在15Hz左右，频宽25Hz，纵向分辨率和信噪比都较低，无法分辨EP21砂层组的沉积特征。采用压缩拓频后的地震资料，低频几乎没有损失，高频能量拓宽了29Hz，平均信噪比从0.6提高到1。从拓频前后剖面对比可以看出，拓频后的地震资料分辨率和信噪比相对老资料都有较大的提升，EP21砂体叠瓦状沉积特征也得到了较好的识别。

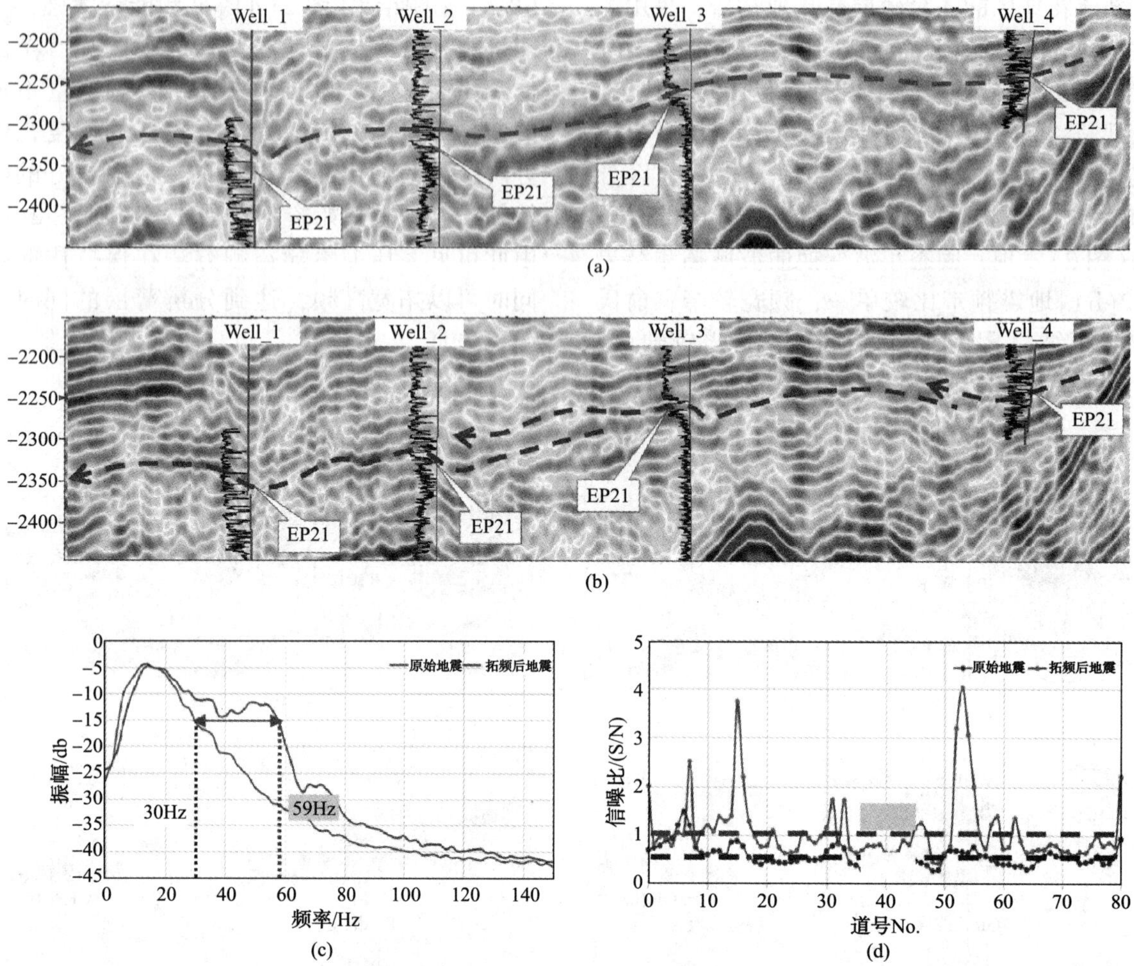

图 3　惠州地区古近系地层拓频效果对比

(a)原始地震剖面；(b)压缩感知拓频结果；(c)拓频前后频谱对比；(d)拓频前后信噪比对比

2　基于储层参数反演的岩石物理建模

岩石物理建模流程主要有四个个步骤(图 4)，首先是利用石英、黏土及其它矿物通过 Voigt-Reuss-Hill 或 Hashin-Shtrikman 等方法，混合建立基质模型；接下来利用微分等效介质(DEM)、KT 或自相容等建模方法，加入不同形状的孔隙，建立岩石的干骨架模型；然后利用 Gassmann 方程在干骨架模型中填充混合流体；最后利用岩石物理模型正演出弹性参数曲线(Vp、Vs、Den 等)，然后与实测曲线进行对比，根据误差情况和原因，修改组分矿物的模量、密度和孔隙形状。这种岩石物理建模流程严重依赖测井解释孔隙度和矿物含量的准确性。如果测井解释矿物组分含量或孔隙度不够准确，这种建模流程将导致岩石物理正演曲线与实测曲线难以较好地吻合，再加上井间差异性，所得的岩石物理模型难以正确反映研究区的岩石物理规律。为此，本文提出了基于储层参数反演的岩石物理建模方法，其工作流程是在通用岩石物理建模基础上，增加组分矿物含量和孔隙度反演，以修正测井解释结果，消除解释误差(图 4)。

利用基于储层参数反演的岩石物理建模方法，对南海东部惠州 26 地区古近系典型井进行了岩石物理建模(图 5)。常规岩石物理建模方法得到的 Vp、Vs、Den 曲线与实测曲线存在较大差异[图 5(a)]，通过基于储层参数反演的岩石物理建模得到了 Vp、Vs、Den 曲线与实测曲线差异较小，其岩石物理规律更符合实测结果。对比两种方法，其区别在于输入数据的不同。常规方法输入的泥质含量和孔隙度为原始测井解释结果，而基于储层参数反演的岩石物理建模方法输入的泥质含量和孔隙度为该方法反演得到的结果[图 5(c)]。对比反演得到的泥质含量和孔隙度[图 5(c)红色曲线]与原始测井解释结果[图 5(c)黑色曲线]，其误差较小，不影响后续用于储层预测。

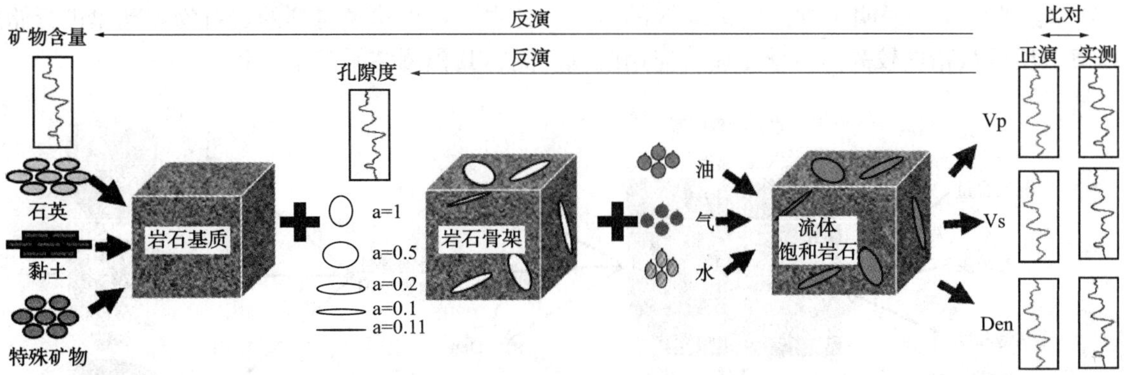

图 4　基于储层参数反演的岩石物理建模方法

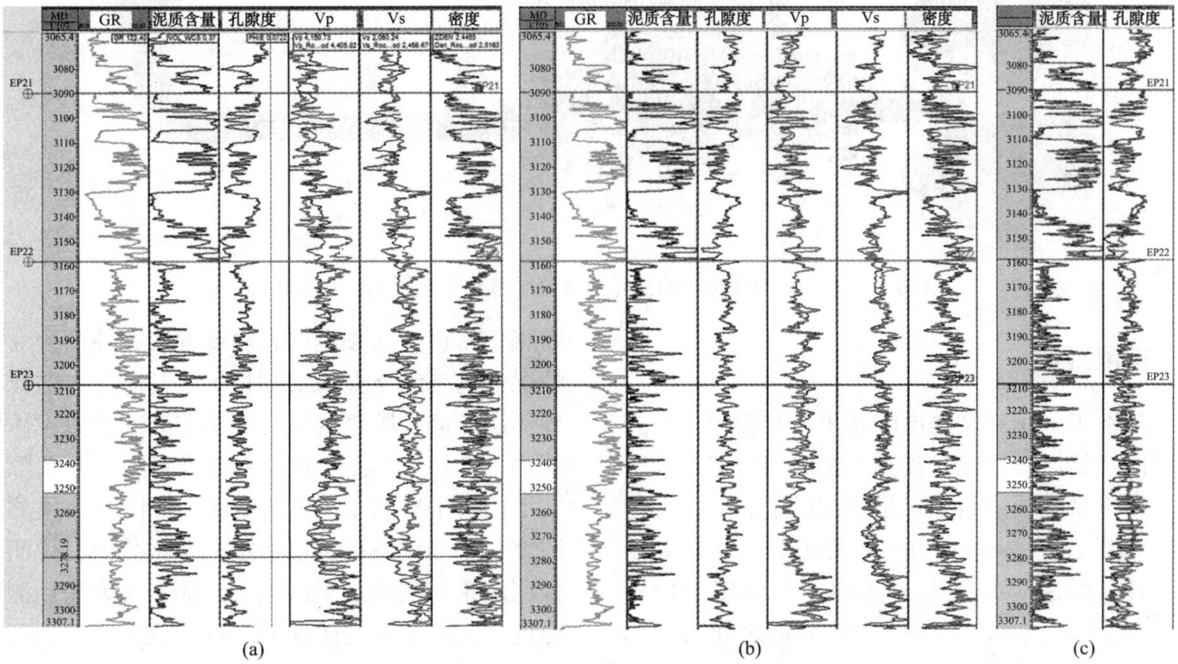

图 5　惠州 26 古近系典型井岩石物理建模结果

(a)常规岩石物理建模结果；(b)基于储层参数反演的岩石物理建模结果；

(c)基于储层参数反演的岩石物理建模反演的孔隙度、泥质含量与测井解释结果对比。

绿色曲线：GR，黑色曲线：实测曲线，红色曲线：正演/反演曲线。

3　基于岩石物理模型的神经网络储层参数定量预测

由于常规储层预测方法大多采用敏感弹性参数反演定性或者半定量预测储层与非储层，其预测精度低，难以满足实际勘探需求。而基于深度学习的神经网络储层参数预测方法虽然定量获得储层的泥质含量、孔隙度等参数，但是由于地学类数据由于钻井资料少、反映地下介质参数类型少、维度低，且标签数据质量准确度难以保证，因此其预测的结果稳定性差，用于勘探开发参考价值低。针对当前储层预测方法存在的问题，本文提出的基于岩石物理模型的神经网络储层参数定量预测方法，其根本是要符合岩石物理规律。要利用岩石物理规律进行储层预测，必须要知道岩石物理模型的反函数。但是，岩石物理模型即岩石物理函数非线性非常强，难以获得其解析的反函数。为此本文提出利用神经网络方法求取岩石物理模型的反函数，软后将叠前反演得到的弹性参数代入岩石物理模型的反函数，就可以定量计算出储层的泥质含量和孔隙度，实现储层的定量预测(图 6)。

为了验证用神经网络方法求取岩石物理模型反函数的精度和准确性，对惠州 26 地区的岩石物理模型进行了反演(图 7)。通过对比岩石物理建模得到的岩石物理规律[图 7(a)、图 7(c)]与神经网络反演得到的岩石物理规律[图 7(b)、图

7(d)]其差异非常小，说明了神经网络求取的岩石物理模型反函数精度较高。也就是说，应用两种岩石物理建模得到的岩石物理规律进行储层预测，其预测结果基本一致。

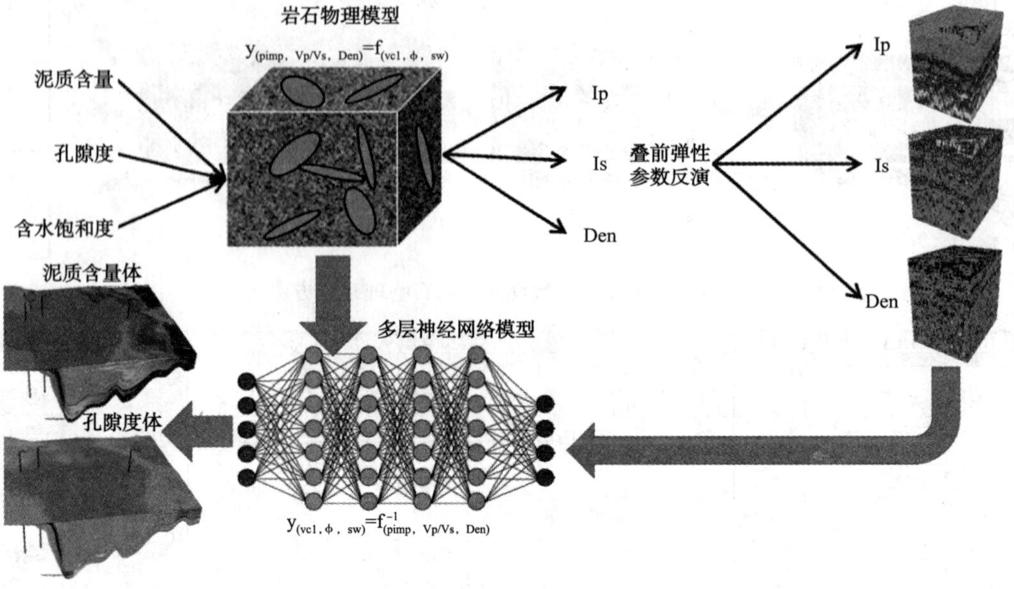

图 6　基于岩石物理模型的神经网络储层参数定量预测方法和流程

4　应用效果

接下来采用本文提出的基于岩石物理模型的神经网络储层参数定量预测方法对南海东部开平地区古近系储层进行了定量预测(图 8)。在进行储层预测之前，well_1 井为已钻井，well_2 为设计钻井。通过 well_2 钻前预测的孔隙度剖面可以看出，well_1 井在 T83—T84 界面之间为大套泥岩，表现为高 GR、高密度(RHOB)特征。按常规储层预测思路，well_2 井位置处，T83—T84 之间也应该为大套泥岩，砂体发育的可能性低。但是从反演的过井孔隙度剖面上可以清晰地看出①位置处有一套高孔隙度储层发育[图 8(a)]，这与常规认识存在差异，是否是孔隙度预测错误导致的？后来经随钻证实[图 8(b)]，在①位置处随钻密度(RHOB)值非常低，测井解释为一高孔优质储层，这与钻前预测非常吻合。从随钻的密度曲线(RHOB)与钻前预测的孔隙度曲线(Por)[图 8(b)]整体特征可以发现，其对称较好，说明了钻前预测储层孔隙的准确性。

常规储层预测方法首先通过 Vp/Vs 属性区分出砂岩和泥岩，然后通过砂岩阻抗与孔隙度统计关系，预测出目标区孔隙度[图 9(a)]。其中白色抠除部分为泥岩，其余为不同孔隙度的砂岩。采用本文方法预测孔隙度剖面如图 9(b)所示。对比两种方法预测孔隙度结果，可以清楚地发现，常规方法预测的孔隙度存在孔隙度为 0 的情况，这与地下介质实际情况显然不符。对比常规储层预测孔隙度与实际钻井孔隙度交汇图[图 9(c)]与本文方法预测孔隙度与实际钻井孔隙度交汇图[图 9(d)]，可以发现，常规储层预测孔隙度与实际钻井孔隙度交汇点非常分散，说明其预测结果与实测结果误差大，而本文方法预测孔隙度与实际钻井孔隙度交汇点比较集中，预测数据是实测数据匹配情况好。

5　结论

(1) 压缩感知拓频在保持住低频的同时可以拓宽高频，达到分辨薄层的同时，剖面不失真。

(2) 岩石物理模型控制下的测井孔隙度和泥质含量反演修正方法，克服了常规岩石物理建模方法正演的弹性参数曲线与实测弹性参数曲线差异大的问题，使得找到的岩石物理规律更符合实际钻井情况。

(3) 基于岩石物理模型的神经网络储层参数定量预测方法，充分利用了岩石物理模型作为联系弹性参数与储层参数规律的作用，克服了传统储层预测方法与岩石物理模型“两张皮”，以及常规神经网络储层预测方法严重依赖大数据的问题。

勘探实践证明，该套储层预测方法预测结果可靠，精度较高，可操作性非常强。

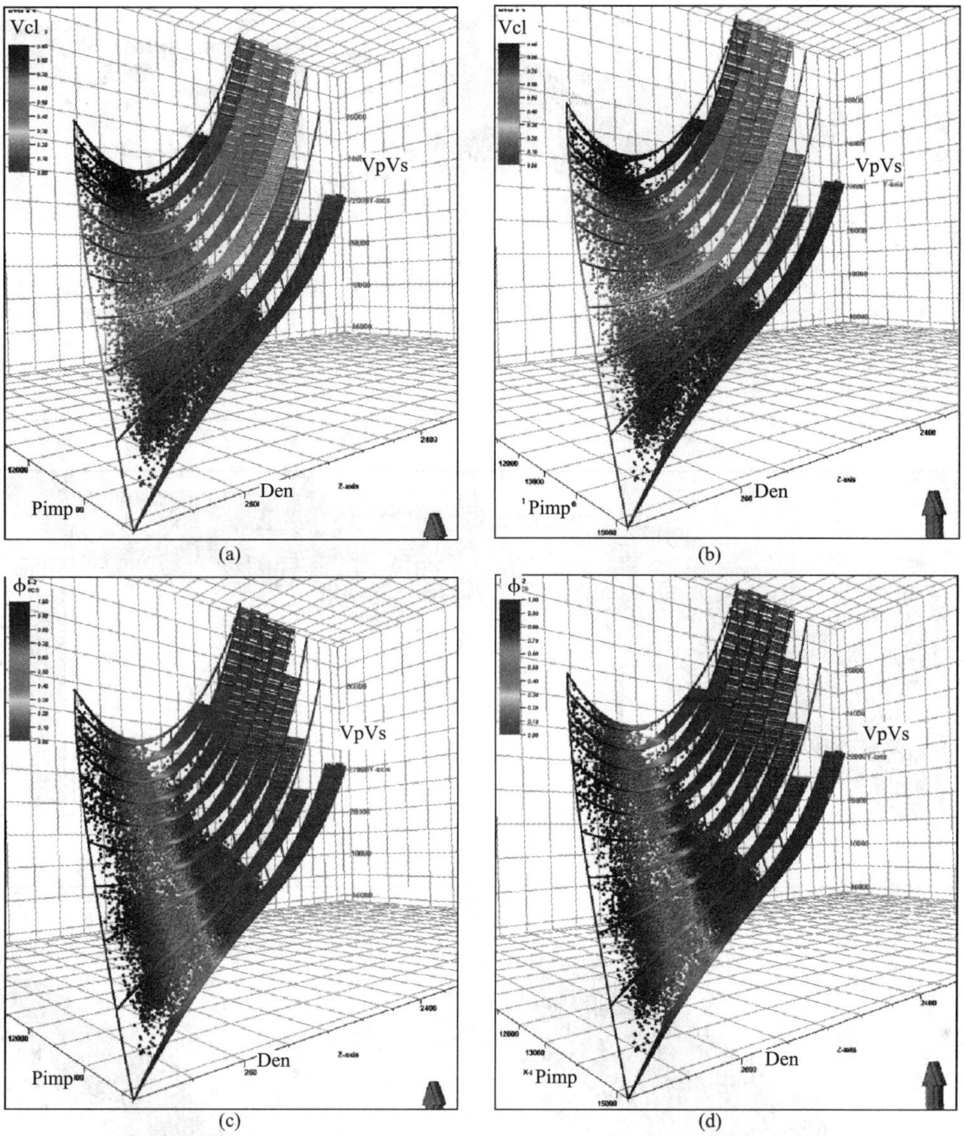

图 7　岩石物理正演结果与神经网络反演的储层参数结果对比

(a)岩石物理正演弹性参数与泥质含量关系；(b)神经网络反演的泥质含量与弹性参数关系；(c)岩石物理正演弹性参数与孔隙度关系；(d)神经网络反演的孔隙度与弹性参数关系；散点为测井解释数据

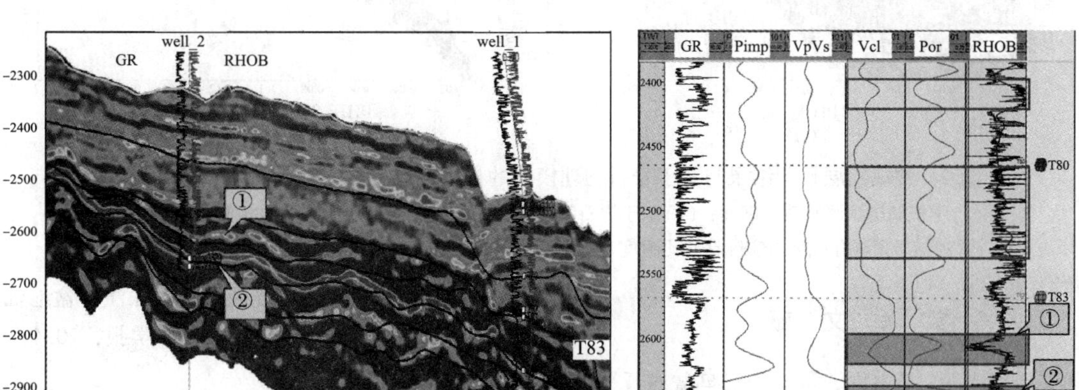

图 8　南海东部开平地区古近系储层结果

(a)well_2 钻前预测孔隙度剖面；(b)well_2 随钻曲线与钻前预测曲线对比

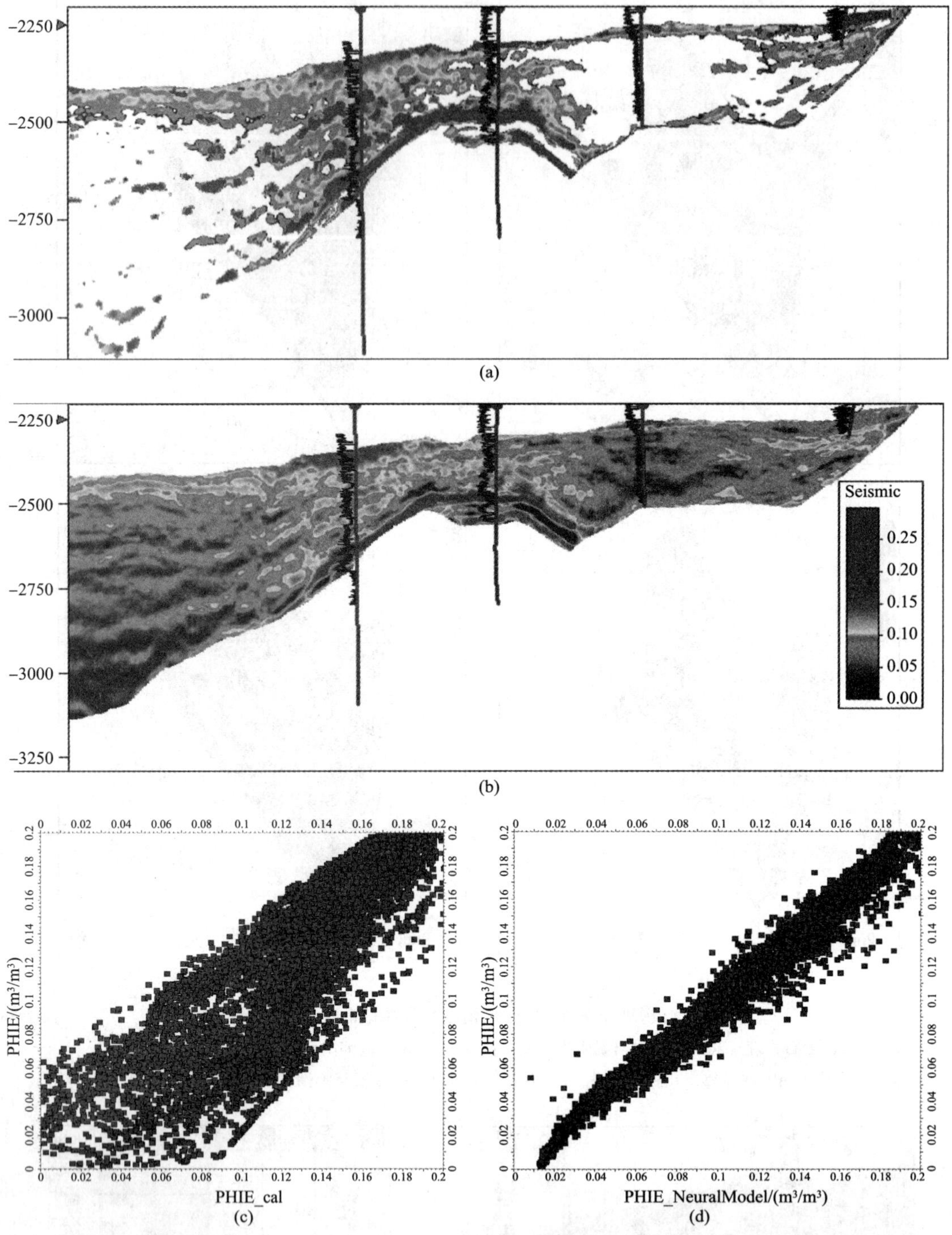

图 9　常规储层预测结果与基于岩石物理模型的神经网络储层参数定量预测结果对比

（a）常规储层预测孔隙度剖面；（b）基于岩石物理模型的神经网络储层参数定量预测孔隙度剖面；（c）常规储层预测孔隙度与实际钻井孔隙度交汇图；（d）本文方法预测孔隙度与实际钻井孔隙度交汇图

参　考　文　献

[1] 高阳东，彭光荣，陈兆明，等．珠江口盆地开平凹陷深水古近系勘探重大发现及意义[J]．石油学报，2023，7(44)：1029-1040

[2] 徐长贵，范彩伟．南海西部近海大中型油气田勘探新进展与思考[J]．中国海上油气，2021，33(2)：13-25.

[3] 高阳东，刘军，彭光荣，等．珠江口盆地油气勘探新领域及资源潜力[J]．石油学报，2024，45(1)：183-201

[4] 田立新，刘杰，张向涛，等．珠江口盆地惠州 26-6 大中型泛潜山油气田勘探发现及成藏模式[J]．中国海上油气，2020，32(4)：1-11.

[5] 施和生，高阳东，刘军，等．珠江口盆地惠州 26 洼“源-汇-聚”特征与惠州 26-6 大油气田发现启示

[J]. 石油与天然气地质，2022，43(4)：777-791.

[6] 徐长贵，高阳东，刘军，等. 珠江口盆地西江凹陷番禺4洼古近系勘探重大发现及其意义[J/OL]. 石油学报，[2024-07-13].

[7] 史运华，陈人杰，徐颖晶，等. 改善古近系内幕成像的关键技术及应用——以珠江口盆地番禺4洼缓坡带古近系为例[J]. 石油物探，2024，63(02)：357-369.

[8] 李振升，彭光荣，陈维涛，等. 珠江口盆地番禺4洼古近系文昌组构造-沉积耦合关系[J]. 海洋地质前沿，2024，40(02)：50-58. DOI：10.16028/j.1009-2722.2023.032.

[9] 雷永昌，彭光荣，何雁兵，等. 珠江口盆地陆丰凹陷古近系储层特征及优质储层主控因素[J]. 海洋地质前沿，2024，40(02)：37-49. DOI：10.16028/j.1009-2722.2023.015.

[10] 徐长贵，高阳东，刘军，等. 珠江口盆地开平南大型深水深层油田发现与认识创新[J]. 中国海上油气，2024，36(01)：1-13.

[11] 徐长贵，高阳东，刘军，等. 南海东部富砂砾型大中型油气田发现与启示——以珠江口盆地惠州26洼古近系恩平组为例[J]. 石油勘探与开发，2024，51(01)：14-27.

[12] 彭光荣，王绪诚，陈维涛，等. 珠江口盆地惠州26洼东南缘古近系恩平组上段断-拗转换期源-汇系统及勘探意义[J]. 石油与天然气地质，2023，44(03)：613-625.

[13] 刘灵，张卫卫，朱焱辉，等. 基于岩石物理模型的凝灰质砂岩的识别与刻画——以珠江口盆地惠州凹陷古近系砂岩储层为例[J]. 石油物探，2024，63(02)：336-345.

[14] 敖威，张卫卫，朱焱辉，等. 岩石物理模型约束下声波测井数据评价及处理[J/OL]. 应用声学，[2024-07-13]. https：//kns.cnki.net/kcms/detail/11.2121.O4.20240304.1456.002.html.

[15] 张卫卫，肖张波，易浩，等. 致密砂岩储层“双甜点”识别方法在南海东部陆丰地区古近系储层的应用[J]. 石油物探，2024，63(01)：217-228.

[16] 田立新，朱焱辉，刘军，等. 地震响应特征的分析方法、装置、电子设备及介质，CN202110120785.6[P]. 2024-01-12.

[17] 田立新，刘军，朱焱辉，等. 一种地震频带拓宽方法、装置、介质及电子设备，CN202110213988.X[P]. 2024-01-12.

[18] 田立新，朱焱辉，刘军，等. 一种储层参数确定方法、装置、电子设备和存储介质. 广东省：CN202110214077.9[P]. 2024-01-12.

[19] 陈人杰，徐乐意，朱焱辉，等. 一种储层预测方法、装置、电子设备及介质. 广东省：CN202310810593.7[P]. 2023-09-12.

[20] 齐宇，吴奎，赵志刚，等. 煤系地层致密砂岩储层预测方法、装置、介质及设备. CN202410247924.5[P]. 2024-06-14.

[21] 骆迪，王宏斌，蔡峰，等. 深度学习技术在地震储层预测中的应用及挑战[J]. 石油地球物理勘探，2024，59(03)：640-651. DOI：10.13810/j.cnki.issn.1000-7210.2024.03.027.

[22] 汪锐，李芳，刘仕友，等. 岩石物理建模引导的低渗储层参数预测方法[J/OL]. 煤田地质与勘探，2024，13(7).

柴达木盆地尕斯油区Ⅰ号断层主断裂带展布及油气富集规律研究

苏亚中　王　勇　火　宁　王　举　郝　俊　王　俊　泽仁拉姆　赵　匡

（中国石油青海油田公司）

摘　要　本文主要研究了尕斯油区内的主断裂带特征及其油气分布规律。尕斯油区位于柴达木盆地西南部的茫崖凹陷。该区域的油气藏主要是受断层控制的背斜、断鼻、断块类断控型油藏。借鉴国内油气田“断缝体”储层研究成果。通过现场试点压裂试验。认为尕斯油区主控断层主断裂带内裂缝发育，因四周低渗储层遮挡，在断层内部形成有效的油气存储空间。研究通过对比分析过路井数据，绘制了Ⅰ号断层的横向与纵向分布图，并结合断层走向制作了平面分布图。利用地震资料验证了断层走向，并通过井震结合的方式准确地确定了Ⅰ号断层的空间分布特征。主裂缝带油气分布特征方面，Ⅰ号断层主裂缝带受断层活动强烈的挤压研磨作用，岩性复杂。通过现场压裂改造，部分井取得了较好的增油效果。主裂缝带储集空间类型多样，流体性质划分标准及油气富集规律是当前开发工作的核心内容。除Ⅰ号断层外，Ⅱ号断层主裂缝带也开展了相应挖潜工作，未来可推广至油区范围内油源断层。Ⅰ号断层断缝体储层主裂缝带及上下伴生带均含油，沿断层产状在不同区域、不同深度找油潜力较大。断控体储层常规投产效果差异大，压裂改造可以有效提升油井单产。初步判断Ⅰ号断层主断裂带在单井配产2~3吨前提下，可具备5至7万吨建产能力。

关键词　断控体系　断缝体　主断裂带　储集空间类型　尕斯油区　柴达木盆地

Study on the Distribution and Oil and Gas Enrichment Patterns of the Main Fault Zone in the No. Ⅰ Fault of the Gas Oilfield in the Qaidam Basin

Su Yazhong　Wang Yong　Huo Ning　Wang Ju　Hao Jun　Wang Jun　Zeren Lamu　Zhao Kuang

(Petrochina Qinghai Oilfield Company)

Abstract　This paper mainly investigates the characteristics of the main fault zone and the distribution patterns of oil and gas in the Gas oilfield, which is located in the Mangya Depression in the southwestern part of the Qaidam Basin. The oil and gas reservoirs in this area are mainly fault-controlled anticlines, fault noses, and fault block types of fault-controlled reservoirs. Drawing on the research results of “fractured body” reservoirs in domestic oil and gas fields, and through on-site pilot fracturing tests, it is believed that the main fault zone in the Gas oilfield is developed with fractures. Due to the surrounding low-permeability reservoirs acting as barriers, effective oil and gas storage spaces are formed within the fault. The study compiled cross-sectional and longitudinal distribution maps of Fault No. Ⅰ by comparing and analyzing the data from pass-by wells and combined these with the fault trend to create a planar distribution map. Seismic data was used to verify the fault trend, and the spatial distribution characteristics of Fault No. Ⅰ were accurately determined through a combination of well and seismic data. Regarding the oil and gas distribution characteristics of the main fracture zone, the main fracture zone of Fault No. Ⅰ is subject to intense extrusion and grinding due to fault activity, resulting in complex lithology. Through on-site fracturing transformation, some wells have achieved better oil increment effects. The reservoir space types in the main fracture zone are diverse, and the criteria for fluid property classification and the patterns of oil and gas enrichment are the core content of current development work. In addition to Fault No. Ⅰ, corresponding potential exploration work has also been carried out in the main fracture zone of Fault No. Ⅱ, which can be extended to the oil source faults within the oilfield in the future. Both the main fracture zone and the associated zones of the faulted body reservoir in Fault No. Ⅰ contain oil, indicating significant potential for oil exploration in different regions and depths along the fault occurrence. The conventional production effects of fault-controlled body reservoirs vary greatly, and fracturing transformation can effectively increase the single well production. Preliminary judgment suggests that under the premise of a single well production allocation of 2-3 tons, the main fault zone of Fault No. Ⅰ could have the capacity to build production of 50, 000 to 70, 000 tons.

Key wordst　Fault-controlled System, Fractured Body, Main Fault Zone, Reservoir Space Type, Gas Oilfield, Qaidam Basin

1　区域地质特征

尕斯油区位于柴达木盆地西南茫崖凹陷，主要包含尕斯 $E_3$1、N1-N21、油砂山等 10 个油藏，探明地质储量 1.8957 亿吨，含油面积 64.1km^2，主要是中高渗砂岩油藏。尕斯油区所有油气藏主要是Ⅰ号断层(狮子沟断裂)、Ⅱ号断层、阿拉尔断层作用形成的背斜、断鼻、断块类断控型油藏，因断层对油气成藏控制作用不同，构造发育区油气富集程度不一。尕斯库勒油田是在基岩长期隆起的基础上形成的同沉积构造。E3 为主要的发展时期，N1 进入缓慢发展阶段，N2 末期形成稳定古构造特征。到 N23 末期，受区域构造影响，Ⅱ号—油砂山大逆断层及Ⅰ号逆断层开始形成。Ⅰ号逆断层上盘为油砂山油田(图 1)。

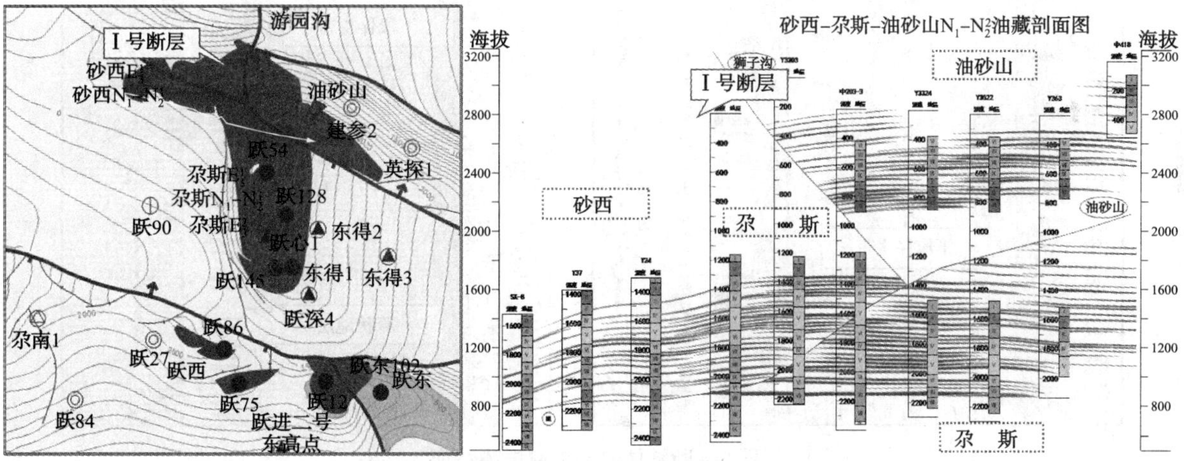

图 1　尕斯油区构造图及Ⅰ号断层纵向展布

2　主裂缝带展布特征

本研究主要借鉴了国内关于“断缝体储层”的纵向分类标准，对原有的断层破碎带进行了细致的分层，具体划分为上段的伴生带、主断裂破碎带以及下段的伴生带。通过对比分析大量的过路井数据绘制了Ⅰ号断层的横向与纵向分布图，进一步结合断层的走向，制作了平面的Ⅰ号和Ⅱ号断层分布图。此外，我们还利用地震资料对前期的断层走向进行了验证，并通过井震结合的方式，准确地落实了Ⅰ号断层的空间分布特征。考虑Ⅰ号断层纵向上沟通茫崖凹陷 E32 烃源岩，断层本身为初期油气运移通道，随后期断层周围岩性变化，若存在泥质粉砂岩、泥灰岩等低渗层遮挡，则断层主裂缝段及其周围衍生断缝体可形成断缝体油藏。(图 1)

2.1　重新定义断层破碎带划分标准

本次研究历经三个阶段室内对比分析和现场

试采反馈，断缝体储层认识不断深入，将Ⅰ、Ⅱ号断层的断缝体储层纵向划分为主裂缝破碎区、上下伴生带诱导裂缝区、上下微裂缝改造区。其中主裂缝带主裂缝带电性特征主要为电阻变平，深浅电阻率多呈低阻侵入特征。上下伴生带电性特征主要为感应电阻率值相对原状地层电阻较高。主裂缝带声波明显增加、密度缩小，因裂缝发育，井壁常有垮塌现在，井径扩径明显。上下伴生带声波值较常规地层变好。因受断层牵引作用，上下伴生带倾角较大，主裂缝带倾角杂乱。原生状地层倾角较小(图 2)。

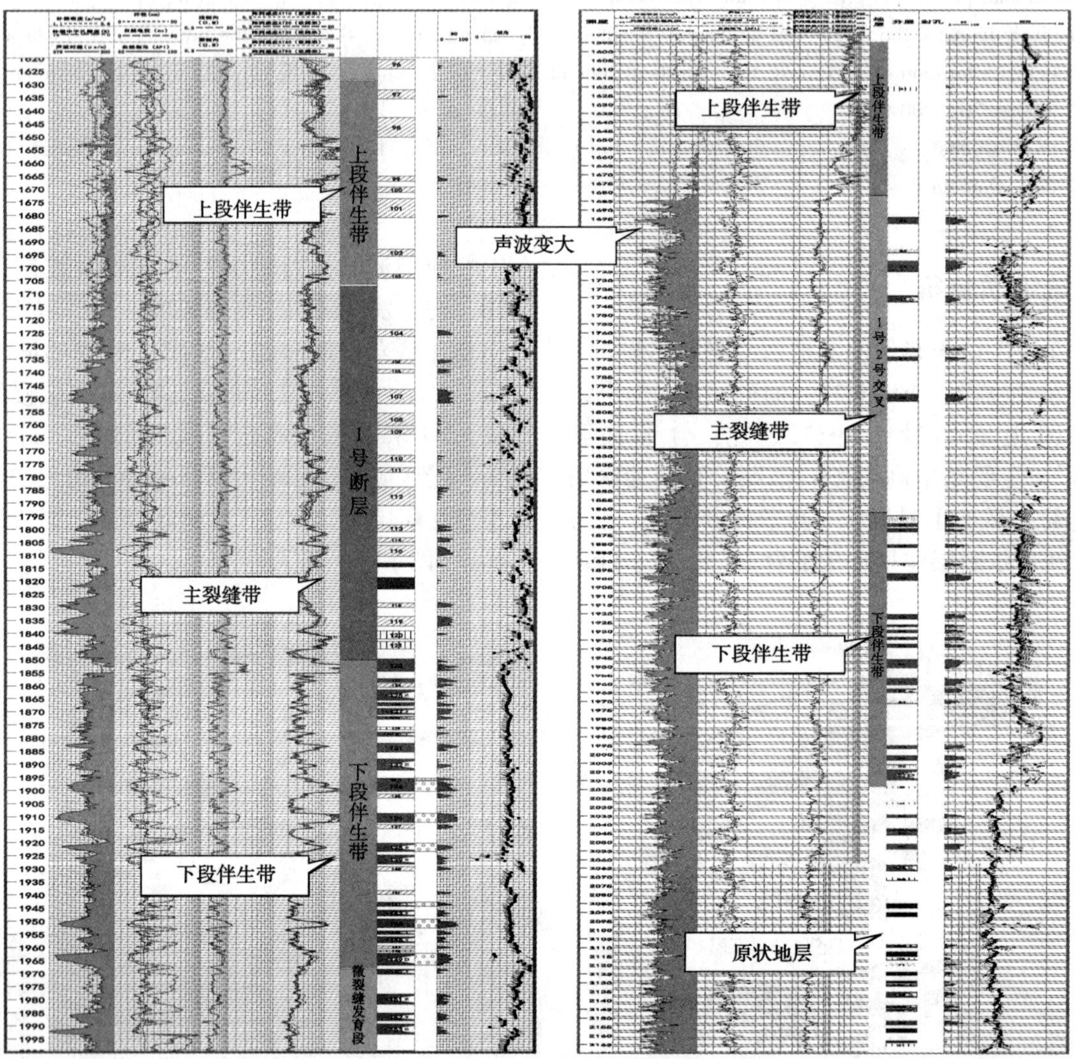

图 2　断缝体储层纵向电测特征

2.2　依托地层对比明确主裂缝带空间分布

据本次研究结果表明，从Ⅰ号断层到尕斯上盘外扩区域的 2.3 公里范围内，存在断缝体储层。这些储层的长度在 120 到 480 米之间变化。从过路井资料来看，无论是南北平面还是东西平面，主裂缝带及其上下伴生带都有发育。这些裂缝带和伴生带是断层活动形成的裂缝系统，它们在平面上和纵向上的展布特征对于油气藏的开发具有重要指导意义。

南北平面展布达到 2300 米，东西平面展布达到 1350 米，表明这些裂缝带和伴生带在平面上的规模较大。断距从南到北逐渐缩小，这可能是由于断层活动力的变化或者是地层条件的差异导致的。断层长度在 120~480 米之间，这个长度范围对于断层物理特性和油气藏的建模都是重要的参数。

上段伴生带平均长度约为 100 米，下段伴生带平均长度约为 110 米，这样的长度差异可能反映了断层在不同部位的活动程度或者地层条件的变化。伴生带的长度及其分布对于油气藏的开发设计也是非常重要的，因为它们影响着油气的运移和储存条件。从南北剖面看Ⅰ号断层南部消失于与Ⅱ号断层相接处。整体断距南部大，向北断层逐渐加深主裂缝带断距逐渐减小。深部断层主裂缝段断距虽变小，但考虑深部断层形成期构造应力更强，上下伴生带纵向长度实际较浅部长（图 3）。

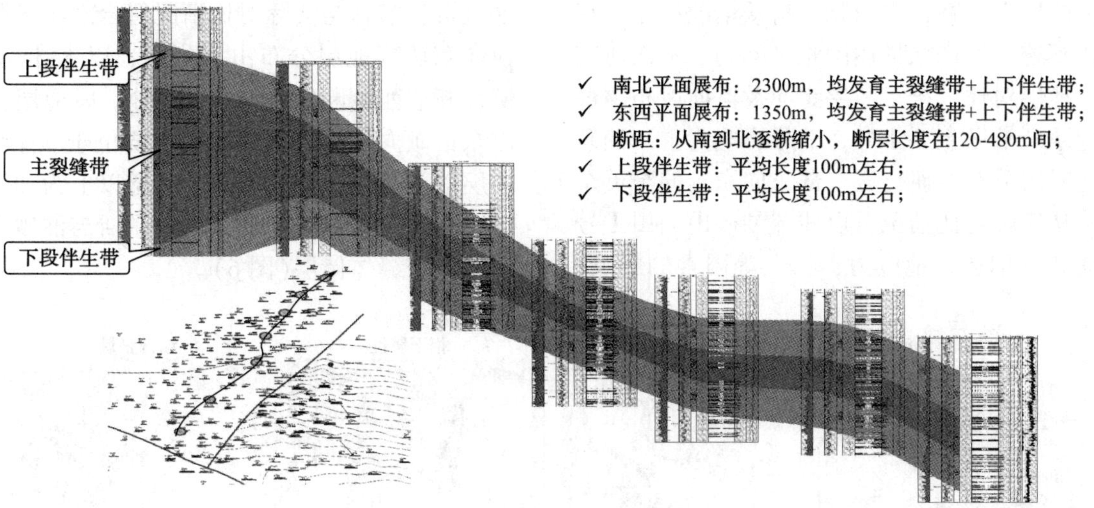

图 3　断缝体储层纵向电测特征

从东西剖面看Ⅰ号断层在中间区域纵向搭接在Ⅱ号上，中间区域南北条带存在两条断层的交叉，断距最大可达 800 米，这表明该区域地质构造复杂，断层活动显著。断缝体储层厚度的增加意味着该区域具有较大的油气储集空间和资源潜力。

在西部 Y3309 井以西，Ⅰ号和Ⅱ号断层逐渐分开，导致断缝储层分为两段伴生。这种情况下，分段潜力评价对于确定未来的勘探和开发策略至关重要。每段伴生带的储层特征可能有所不同，需要分别进行评价，以便优化井位布置和开采方案。

在东部 Y3460 井区，由于Ⅰ号断层的倾向问题，其深度发生变化，导致常规井位未能钻遇该断层。相反，只有Ⅱ号断层被钻遇。这种情况下，Ⅱ号断层可能成为该区域储层控制的主要因素（图 4）。

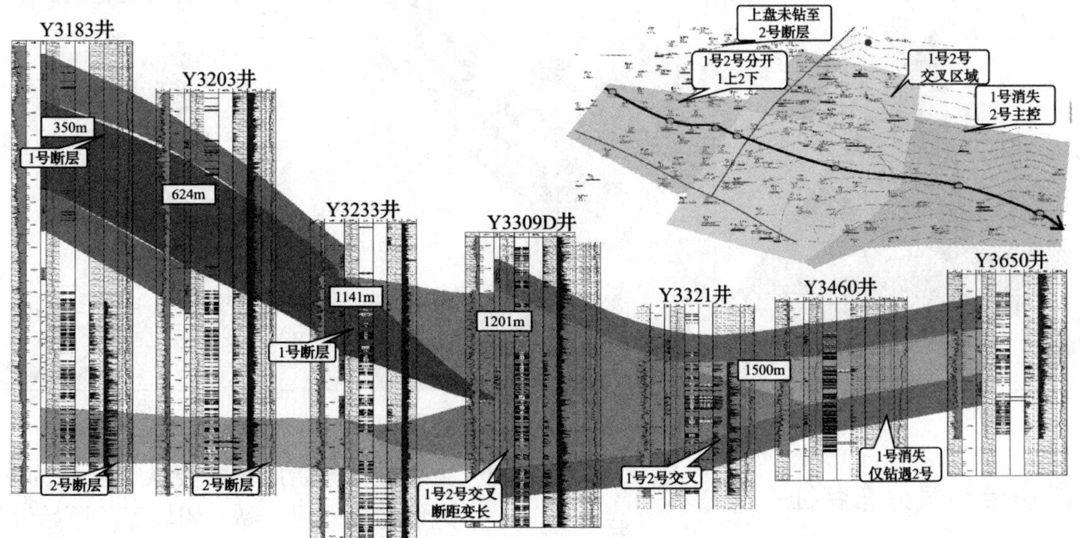

图 4　断缝体储层纵向电测特征

实际对比断层空间展布与地震资料相符合，从自西向东地震剖面明显看出浅部Ⅰ号断层搭接在Ⅱ号断层之上(图 5)。

2.3　井震结合确定断层平面分布

尕斯油田Ⅰ号断层、Ⅱ号断层及油砂山大逆断层纵向展布关系，空间相互搭接情况历年来存在说法不统一，产状描述困难等问题。本次研究经大量地层对比，推演断层走向及倾向展布。最终确定尕斯油区主要Ⅰ号、Ⅱ号影响为主。油砂山大逆断层分布在研究区东部，向东延伸至英东构造。从实际对比情况看以浅部油砂山油田Ⅰ号断层受储层构造、地应力、物性等因素的影响，断裂带内部结构是极其复杂的；即使是同一断裂带也具有垂向上的分层性、横向上的分带性和走向上的分段性。Ⅰ号断层走向近南北、东倾，南端搭接在Ⅱ号断层之上。Ⅱ号断层近东西向展布，北北西倾向断面上陡下缓，断距东大西小，地震资料解释与实际对比情况符合。Ⅰ号断层自西向东切割地层分布由浅到深，以 K_6 构造图为例，断层西侧断缝体储层影响 N_2^1 段地层，断层以东最倾向加深断缝体储层主要位于 N_1 段地层，断层以下为尕斯上盘油藏，断层以上为油砂山油田，本次挖潜对象主要为纵向尕斯与油砂山地层中间段控缝体储层(图 6)。

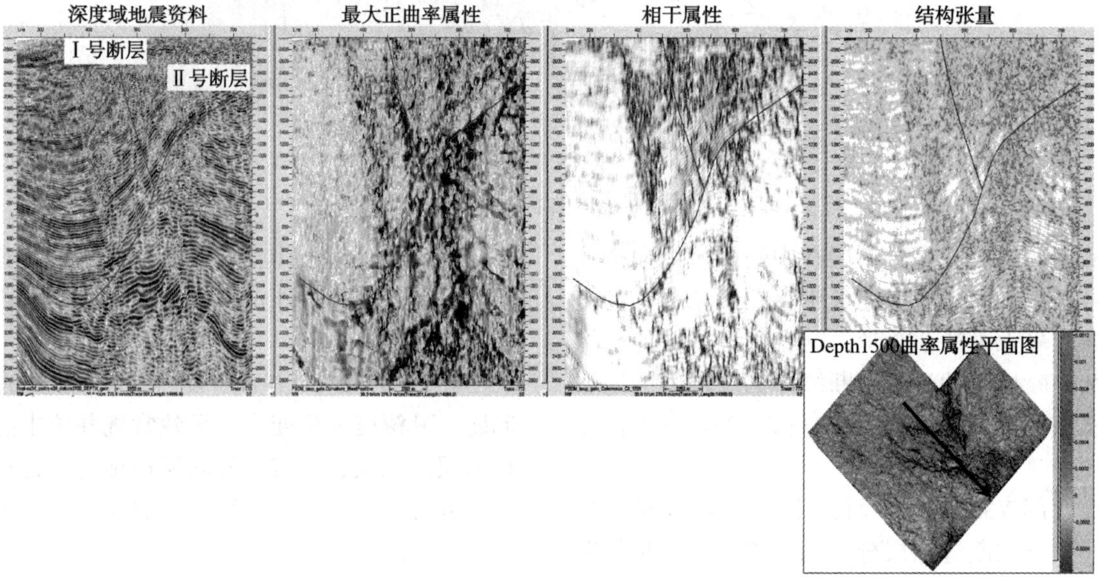

图 5　地震剖面Ⅰ号断层位置

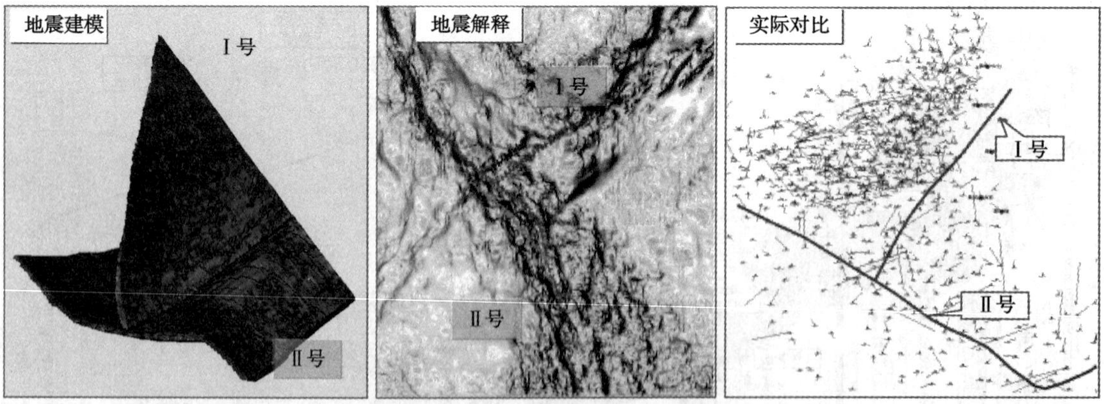

图 6　地震解释与实际对比断层平面形态

3　主断裂带油气分布特征

研究区内Ⅰ号断层受断层活动强烈的挤压研磨作用的影响，岩性比较复杂，不太位置岩性不同，主裂缝带原始解释主要认为岩心为断层泥、上下地层储层碎块、黏土团块等。原始解释均以干层、水层或纵向未划分渗透层段。本次对Ⅰ号断层主裂缝带现场压裂改造，均取得较好增油效果。部分井初期弱喷，也有个别井改造效果差。分析认为实施效果主要受断层平面位置、纵向深度、储集空间类型、原始电性差异所致。如何识别主裂缝带储层储集空间类型、流体性质划分标准、沿断层产状油气富集规律是目前开发工作的核心内容。

3.1　主断裂带测井特征

研究区内I号断层沿倾向分布切割N_2^1、N_1段地层。N_2^1段地层岩心主要以常规砂岩夹泥岩隔夹层为主。电测特征主要表现为渗透层自然电位负异常明显、油层电阻值多在3~4.5Ωm间，声波值较高。N_1段地层因处于滨浅湖沉积环境，泥质、灰质含量逐渐增多，储层以粉砂岩、泥质粉砂泥、灰质泥岩等岩性为主。若断层位于N_2^1段，进入断层后，声波有小幅增加，断层内电阻拉平，呈小幅锯齿状。密度测井大幅下降，井径测井上存在明显垮塌现象；若断层位于N_1段，进入断层后因上部接触地层偏致密，主裂缝带声波会有大幅提升，密度下降明显，井径垮塌现象明显，相对于N_2^1段主裂缝带特征，N_1段电阻有明显"下降台阶"，且断层内部电阻拉平趋势更直观(图7)。

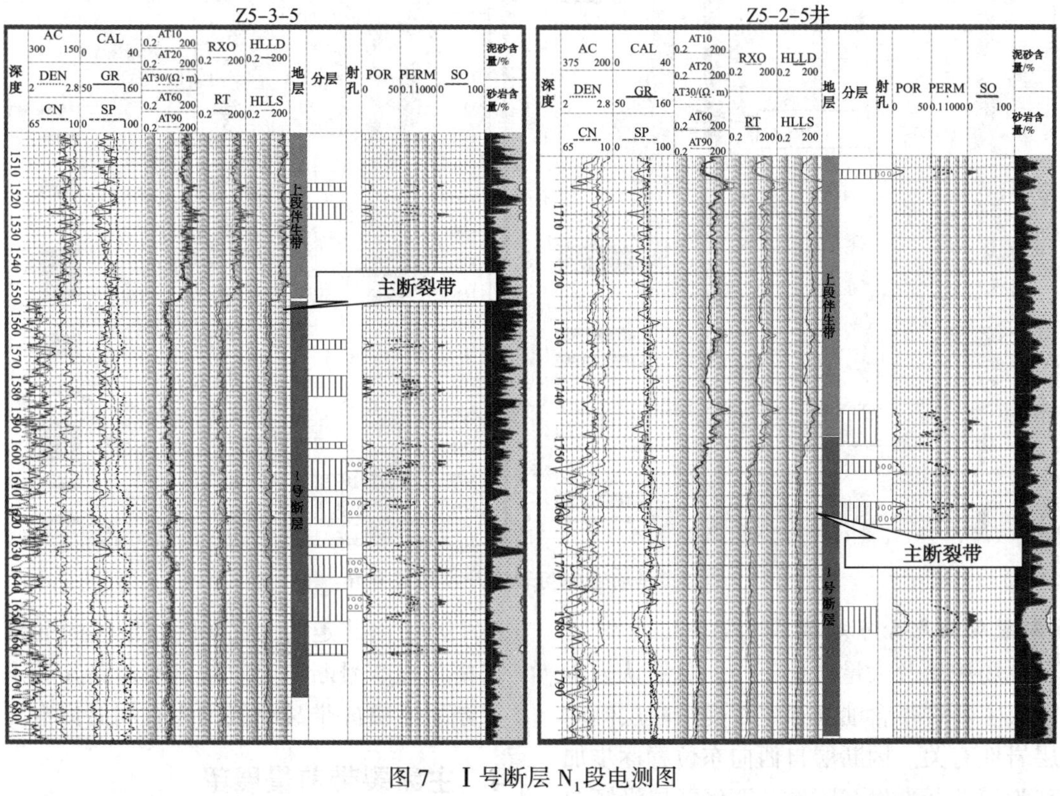

图7　I号断层N_1段电测图

3.2　主断裂带储集空间类型

经对比I号断层主裂缝带电性特征，发现因裂缝带高角度裂缝发育，钻井过程中主裂缝带井径垮塌现象明显，井径曲线纵向上裂缝段扩井明显。未破碎砂岩碎块及上下段常规砂岩钻井过程中主要以形成泥饼，井径曲线以缩径为主；结合主断裂带密度测井下降明显，组合密度与井径曲线，并对两条曲线包络区进行充填，可直观从测井曲线常规识别裂缝及基质孔隙均发育(图8)。

3.3　主断裂带试油效果

结合研究成果推翻原I号断层主裂缝带储层破碎，油气逸散导致储层偏干不含油的常规认识。认为I号断层在周围低渗围岩遮挡下主裂缝孔隙发育，应该为较好的储油空间。现场相继压裂主裂缝带段15口，均取得不用程度增油效果。结合措施跟踪情况取得以下几点认识：一是虽主断裂带深度不同，压裂效果差距明显。整体上表现为压裂段越深，上覆地层压力大，压裂井段供液能力重组，液量较高。压裂段在500~800米单井初期日产油在1.5~3吨。压裂段在800~1200米单井初期日产油在2~4吨。压裂段在1200~1500米初期单井日产油3~5吨；压裂段在1500~1900米单井日产油5吨以上；二是利用扩井及密度变化可初步识别纵向高角度裂缝，裂缝发育段或裂缝与基质空隙搭配较好层段压裂效果最好。如图 7 中 5-3-5 井 2023 年 7 月压裂 1650 米主裂缝段储层，压裂初期日产液 6 吨，日产油 5.4 吨，截至 2024 年 5 月仍在措施有效期内。图 8 所示 Z4-6-13 井 2024 年投产初期日产液 10 吨，日产油 7 吨，截至 2024 年 5 月仍高产。Y6952D 井 2023 年 12 月压裂投产后日产液 7.3 吨，日产油 4.6 吨，2024 年 4 月日产液 8.8 吨，日产油 8.48 吨，含水仅 3%。由此可见主断裂带高角度裂缝储层压裂后增产效果好，稳产期长。相对基质空隙压裂试验井，表现为改造后前 3 月产量高，第四月开始递减可达 50%，但后期仍可维持日产油 2 吨左右生产水平。

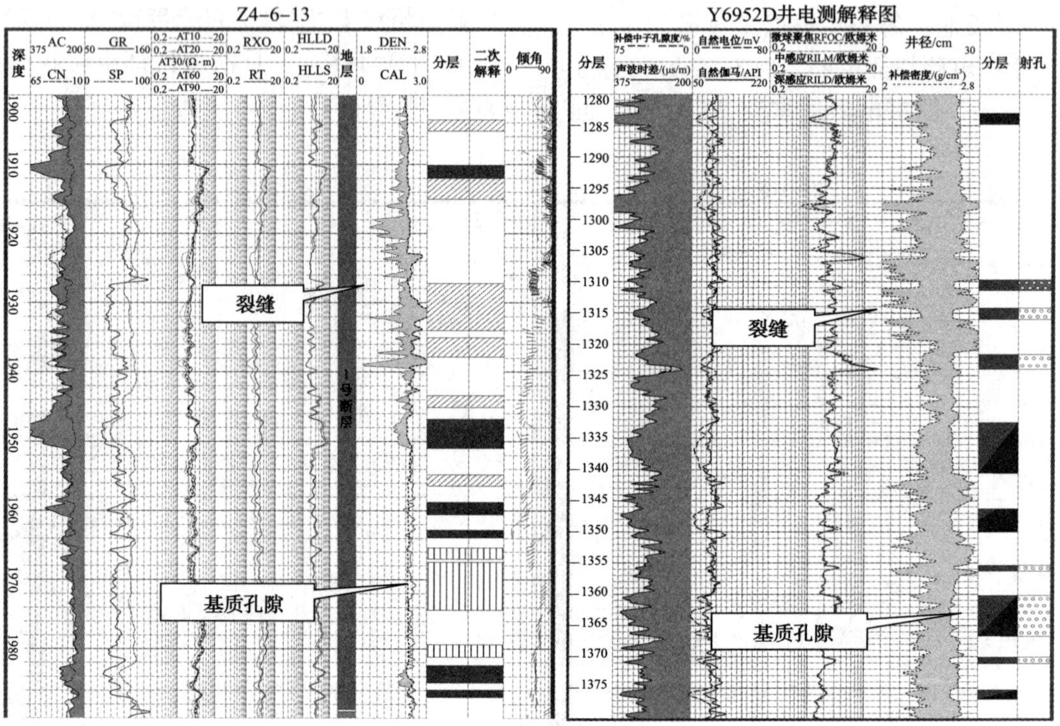

图 8　基质空隙与裂缝井径曲线差异

3.4　主断裂带油气分布规律

结合现场挖潜及大量对比工作，总结认为本次Ⅰ号断层主断裂带含油规律主要受沿断层倾向切割地层岩性有关。因断层自西向东位置逐步加深，东部为深部断裂发起区域。西侧断层沿倾向在浅部切割 $N_2{}^1$ 段储层，从本次挖潜情况看主破碎带在 900 米以上，$N_2{}^1$ 段地层以常规砂岩为主，储层物性条件好。主裂缝带内油气可能会沿Ⅰ号断层断裂系统逸散到浅部，900 米以下 $N_2{}^1$ 段地层因沉积环境渐变泥质含量逐渐增加，泥岩隔夹层发育。主裂缝带内储集空间因低渗及不渗透带遮挡逐渐含油。沿断层倾向向西至深部 N_1 段地层，因处于滨浅湖沉积微相，还原环境下泥质、灰质含量逐渐增加。储层渗透性变差，对主破裂带剩余油气可形成天然遮挡。结合现场认识及断层产状整体上认为沿断层倾向自西向东从 900 米至西部 2200 米均为有利的主破碎带储油空间（图 9）。南北走向上北部断层继续向北延伸，南部搭接在 2 号断层上。从目前过路井看走向方向上断层主破碎带裂缝区均为有利储集空间。

4　主断裂带前景展望

经现场开展不同深度主裂缝带压裂及储层下限评价工作。目前可确定Ⅰ号断层主裂缝带沿倾向方向东西 1350 米，沿走向南北 2500 米均为有利主裂缝带储油空间。初步可确定该区域挖潜面积 2.5km^2 左右。预估储量在 1000 万吨左右。除Ⅰ号断层断层外，目前试点在Ⅱ号断层主裂缝带也开展相应挖潜工作。下步可推广至油区范围内油源断层。

5　结论

（1）Ⅰ号断层断缝体储层主裂缝带及上下伴生带均含油。沿断层产状在不同区域、不同深度找油潜力较大。油砂山及尕斯中浅层含油边界外均存在断控体类型储层，下步可作为储量上报挖潜区块。

(2) 断控体储层常规投产效果差异大，若基质孔隙与裂缝搭配较好，则油井高产，否则油井产量较低。压裂改造可以有效提升油井单产。

(3) Ⅰ号断层主断裂带经现场试点评价，目前储量较落实。在单井配产 2~3 吨前提下，初步判断可具备 5~7 万吨建产能力。

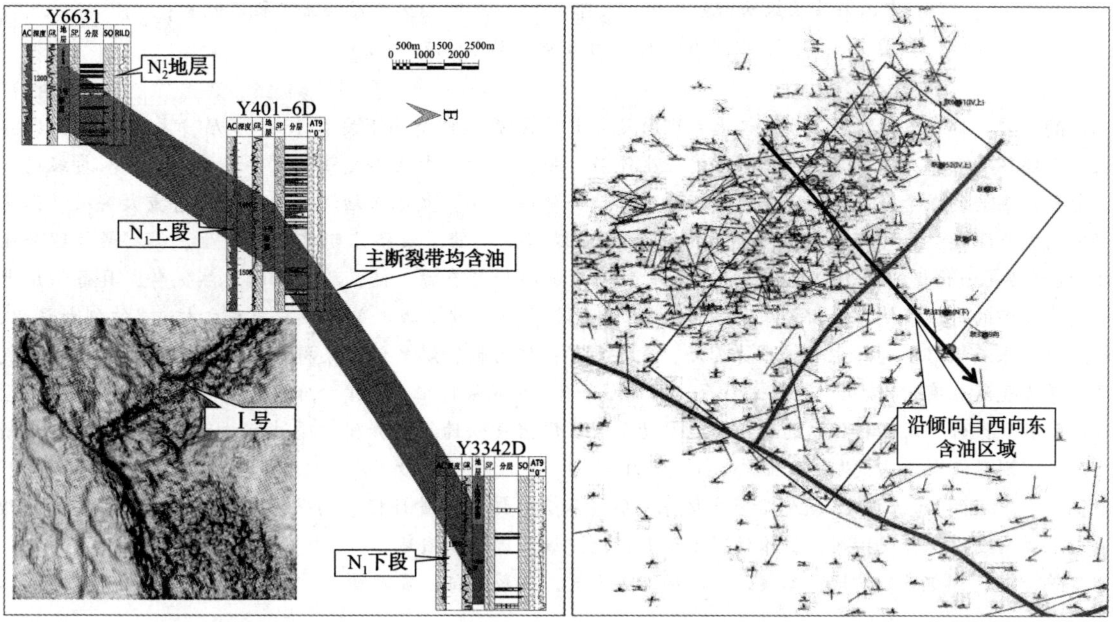

图 9　Ⅰ号断层切割地层及含油区域示意图

参 考 文 献

[1] 王威，凡睿，等．川东北地区须家河组“断缝体”气藏有利勘探目标和预测技术[J]．石油与天然气地质 2021，8(4)：993-1001.

[2] 刘振峰，刘忠群，郭元岭，等．“断缝体”概念、地质模式及其在裂缝预测中的应用—以四川盆地川西坳陷新场地区须家河组二段致密砂岩气藏为例[J]．油与天然气地质 2021，8(4)：974-980.

鄂尔多斯盆地深层煤岩气勘探研究新进展

刘显阳[1,2] 史云鹤[2,3] 赵伟波[2,3] 戴贤铎[2,3] 焦鹏帅[2,3]

(1. 中国石油长庆油田分公司；2. 低渗透油气田勘探开发国家工程实验室；
3. 中国石油长庆油田公司勘探开发研究院)

摘 要 鄂尔多斯盆地石炭—二叠系煤系地层广泛发育，自上而下发育10套煤层，主力煤层5#、8#煤岩成煤环境有利，煤质好，演化程度高，生气能力强，是盆地古生界气藏的主要气源。科研人员经过三十余年对煤岩的艰辛探索，实现了煤岩从源到源储一体的转变，盆地深层煤岩气勘探取得重大突破，落实了国内首个深层煤岩气万亿方大气区。通过对深层煤岩源、储、藏整体研究，开展生、排、聚、留和生烃-成储协同演化模拟试验，证实了鄂尔多斯盆地深层煤岩具有源、储、藏一体的天然优势，具备形成大型整装气田的有利条件，得出了深层煤岩气"源是藏之基础、储是藏之关键、聚是藏之核心"的创新认识，作为源，深层煤岩全时段生气，滞留量大，资源丰富；作为储，煤岩储层集群式孤孔，割缝成网，游离气高；煤岩气藏具有"持续生烃、箱式封存、源储藏一体"的成藏特征，连续分布，差异富集，具备形成大型气田的有利条件。而工程技术的进步有力推动了深层煤岩气快速勘探开发，通过有效动用技术序列的不断攻关，实现了深层煤岩气"看得准、能打成、压得好、产能优、有效益"。盆地深层煤岩气估算资源量23万亿方，中石油"十五五末"规划2万方亿探明储量和200亿方产量目标，勘探开发前景广阔，有望开创盆地深层煤岩气勘探开发大场面，推动鄂尔多斯盆地建设能源超级盆地。

关键词 鄂尔多斯盆地；本溪组；煤层；煤岩气；成藏特征；资源量

New Research Progress in Exploration and Research of Deep Coalbed Methane in the Ordos Basin

Liu Xianyang[1,2] Shi Yunhe[2,3] Zhao Weibo[2,3] Dai Xianduo[2,3] Jiao Pengshuai[2,3]

(1. PetroChina Changqing Oilfield Company;
2. National Engineering Laboratory for Exploration and Development of Low-Permeability Oil & Gas Fields;
3. Research Institute of Exploration and Development)

Abstract The Ordos Basin hosts extensively developed Carboniferous-Permian coal-bearing strata, comprising ten coal seams with the primary layers, 5# and 8#, characterized by favorable coalification environments, high-quality coal, advanced maturation, strong gas generation potential, and constitute the primary gas source for Paleozoic reservoirs. Following over three decades of arduous research on coal geology, scientists have achieved a transformative understanding, shifting coal from a mere source to an integrated source-reservoir entity, leading to significant breakthroughs in the exploration of deep coal-rock gas. This endeavor has confirmed China's first ultra-large deep coalbed methane field, estimated at trillions of cubic meters. An integrated investigation of the source, reservoir, and accumulation characteristics of deep coal rocks was conducted, involving simulations of hydrocarbon generation, migration, accumulation, retention, and synergistic evolution of hydrocarbon generation and reservoir formation. These studies established the unique advantage of the Ordos Basin's deep coal rocks as an integrated source-reservoir system, ripe for the formation of large, contiguous gas fields. A novel understanding emerged, emphasizing that the 'source is the foundation, reservoir is the key, and accumulation is the core' of deep coal-rock gas systems. As sources, these deep coals continuously generate gas over extended periods, retaining substantial volumes and indicating abundant resources. As reservoirs, they feature clustered isolated pores and interconnected fractures, harboring high volumes of free gas. Deep coal-rock gas reservoirs exhibit characteristics of continuous hydrocarbon generation, box-like seal, and an integrated source-reservoir-accumulation system, distributed continuously with variable enrichments, fulfilling the prerequisites for giant gas field formations. Technological advancements have significantly accelerated exploration and development, enabling precise targeting, successful drilling, effective fracturing, optimized production, and economic viability. With estimated resources reaching 23 trillion cubic meters, the mid-term plan ("Ⅰ 15th Five-Year Plan") of China National Petroleum Corporation (CNPC) aims for 200 billion cubic meters of proven reserves and an annual output of 20 billion cubic meters by the end of this period. The outlook for exploration and development is promising, poised to usher in a new era of extensive deep coal-rock gas exploration and development in the basin, driving the transformation of the Ordos Basin into a super-energy basin.

Key wordst Ordos Basin; Benxi Formation; Coal seams; Coalbed methane; Reservoir formation characteristics; Resource volume

鄂尔多斯盆地是我国第二大沉积盆地，面积约为 $25\times10^4km^2$，是一个大型、多期聚煤盆地，发育三套含煤岩系，自下而上分属于石炭—二叠纪、三叠纪和侏罗纪，其中盆地晚古生代石炭—二叠系海陆过渡环境形成广泛分布的煤系地层，自上而下发育10套煤层，其中，5#、8#煤为主力煤层，分布稳定、厚度大，是盆地古生界气藏的主要气源，支撑长庆油田发现了下古生界的靖边、乌审旗等碳酸盐岩气田和上古生界的榆林、苏里格、子洲、米脂、神木等致密砂岩气田，截止目前，共探明气田14个，探明地质储量6.98万亿方，支撑长庆油田天然气建成500亿方大气区，成为中国最大的天然气生产基地和天然气枢纽中心，有力保障了国家能源安全。

煤成气理论的建立，煤岩作为重要的生气源岩进入了人们的视野，天然气也得以大发展。20世纪初开始了对煤层产气能力的探索，盆地东缘1500m以浅的浅层煤层气得以勘探开发，埋深大于2000m的煤层，长期视为古生界烃源岩，虽长期探索，但限于认识的局限和工程技术条件，钻试效果不是很理想，2019年以后随着认识的深入，加大了深层煤岩的勘探力度，在大规模改造思路的指导下，鄂尔多斯盆地深层煤岩气勘探取得重大突破，中海油2023年发现探明地质储量超1143亿方的神府气田；中石化大牛地阳煤1HF井获10.4万方/日的高产气流；中石油长庆油田落实国内首个深层煤岩气万亿方大气区。盆地深层煤岩气勘探展现出良好的勘探前景，有望成为保障国家能源安全的最重要战略接替资源。

1 盆地煤岩勘探历程及最新进展

早在东汉班固所著《汉书》记载“祠天封苑火井于鸿门”；北宋沈括在《梦溪笔谈》中描述“此物后必大行于世……石油至多，生于地中无穷”，首次命名了石油并沿用至今。到1907年在延长县钻成中国陆上第一口油井，闪现出中国近代石油工业文明的曙光，鄂尔多斯盆地始终与油气相连。作为新中国石油工业的起点，鄂尔多斯盆地的油气勘探开发走过了百年发展历程，早在1914年，北洋政府的袁世凯就与美孚石油公司签订了《中美合资创办石油公司合同》，成立“中美油矿事务所”，决定由中美合作开采陕北延长、热河承德等处的油矿。随后，美孚石油公司派出地质技师6人、测量技师5人，进入中国陕北进行石油地质调查，他们在陕北延长、石门子、金牛庄、段家湾等地打了7口井，结果却没有见到一处可供大规模开采的工业油流，拉开了鄂尔多斯盆地油气勘探的大幕；民国时期，在陕西延长投入开发了油田；新中国成立后，石油工业得到了大发展，1969年10月，石油部根据党中央和国务院“要大上人马，加快勘探步伐，在西北老区建设大油田”的指示要求，提出“在陕甘宁盆地开辟重点石油探区”的构想，1970年9月《关于请兰州军区组织陕甘宁地区石油钻探指挥部的请示报告》得到国务院、中央军委批转同意。11月，兰州军区组织成立会战指挥机构，鄂尔多斯盆地油气勘探由此进入蓬勃发展阶段，长庆油田历经五十余年艰苦探索，通过地质理论创新和工程技术进步，推动了勘探大突破、大发现，实现了从“井井见油、井井不流”到成长为全国储量、产量增长最快的地区，建成了国内第一大油气田。

鄂尔多斯盆地勘探对象从低渗透-超低渗透油气、致密油气再到源内非常规油气资源的转变，勘探坚定向源内的大跨步挺进，页岩油10亿吨庆城大油田和深层煤岩气万亿方大气区的大发现，是大胆思想解放、不断突破固有思维、持续探索认识的过程。通过对盆地深层煤岩勘探历程的剖析，能够使我们认识到长庆油田所经历的诸多波折和艰辛，认识到长庆科研人员科技创新、艰苦奋斗、攻坚克难的壮举，见识到长庆人自强不息、油气报国的奋斗之路。

1.1 烃源岩认识阶段(1986—1999年)

1978年，戴金星院士在《成煤作用中形成的天然气和石油》文章中提出煤系成烃以气为主、以油为辅的科学思想，煤成气理论的诞生，不仅打破了“一元论”(油型气)的束缚，更推动了中国天然气勘探的理论由“一元论”向“二元论”(煤成气和油型气)转变，随着煤成气理论深入，鄂尔多斯盆地天然气勘探进入了一个崭新的发展阶段。

盆地煤岩的研究工作始于国家“六五”、“七五”重点科技攻关，“六五”期间，从自然演化剖面、低熟样品的成烃热压模拟试验两条途径系统研究提出了煤系有机质的热演化成烃模式。“七五”期间，为加速盆地天然气勘探，国家计委委托原石油工业部科技司与长庆石油勘探局于1986年签订了国家科技攻关专项《鄂尔多斯地区天然气富集条件》合同，长庆油田联合石油大学(北京)、北京大学、中国地质大学、西安煤炭研究院、中国科学院地质所、成都沼气研究所等高校和科研院所开展联合攻关，其中一项重要研究内容就是完善了盆地上古生界天然气源岩的定性评价和煤系有机质的成烃演化模式，着重改进成烃热压模拟试验技术，对原成烃模式进行补充完善并提高其准确性。课题对煤岩、暗色泥岩和灰岩等上古生界气源岩进行了系统分析，盆地煤层主要分布在上石炭统太原组(相当于现在的本溪组、太原组)和下二叠统山西组，广布于全区；通过对煤岩显微组分、荧光性质与成烃关系研究，石炭-二叠系煤层镜质组含量高(65%~75%)，自北向南、自西向东镜质组含量有增加的趋势，产烃能力较高(最终产甲烷为156方/吨)，通过煤岩组分与成烃能力的关系研究，肯定了镜质组是煤系成气的主体成分和有利组分；研究认为根据有机质丰度推算，煤岩是鄂尔多斯盆地上古生界天然气中贡献最大的岩类，是古生界最重要的生气母岩，具备形成大气田的物质基础，并提出了中央古隆起区气藏序列中的古地貌圈闭则是发现大中气田的主要勘探目标，1989年6月，在陕西靖边部署实施的陕参1井经过酸化改造、测试求产，获得无阻流量28.3万方/日高产工业气流，盆地天然气勘探取得重大发现，同年12月，长庆油田确立了“油气并举、协调发展”的战略决策，通过四年勘探会战，发现了当时我国最大的海相碳酸盐岩气田-靖边气田，截至1999年，累计探明天然气地质储量2384.85亿方。

1.2 浅层煤层气勘探阶段(2000—2009年)

从2000年开始，长庆油田将勘探的目光瞄向了源内煤岩，开始思考作为源岩的煤岩是否能作为储层，储集能力如何？尝试探索评价煤层天然气的产气能力，通过综合分析，结合当时国内外现状和技术水平，认为盆地东缘主力煤层5#煤、8#煤埋深在800~1300m之间，埋藏浅，有利于试气求产，因此选取盆地东缘开展浅层煤层气勘探工作，2000年在山西省临汾市蒲县山中乡常家湾村钻探了吉试1井，5#煤厚5.0m，8#煤厚7.2m，测试含气量18m^3/t，最高瞬时气产量2847m^3/d，稳定气产量1000~1500m^3/d。2004~2008年开始进行浅层煤层气井组试验工作，先后在大宁、合阳、吉县地区实施了午城、合阳、小回宫3个试验评价井组，完成二维地震283km、钻井22口，其中2004年午城井组完钻12口井，见气时间35~65天，平均日产气595方/日；2006年合阳井组完钻5口井，见气时间16~24天，但试气产量偏低，以气显示为主；2008年小回宫井组完钻5口井，见气时间51~105天，其中宫1-2井最高产气量2379方/日，宫1-3井最高产气量2757方/日，井组平均产气量2025方/日，大大超过了浅层煤层气工业气流井标准，该井组后期生产稳产，截止到现在仍在正常生产。3个试验井组的排采，突破了浅层煤层气的出气关，证实了浅层煤层气具有一定的开采价值。2009年中石油成立了专门的煤层气公司，长庆油田相关业务和矿权区块一并划转煤层气公司。

相关取样和分析研究工作使我们对浅层煤层

气有了基本认识，盆地东缘5#煤厚4.2~8.0m，8#煤厚5.0~8.5m，煤岩埋深300~1500m，结构以原生结构煤为主，宏观煤岩类型以光亮煤为主，孔隙度1.6%～4.8%、渗透率0.1～42.86mD，含气量5.2~18.8方/吨，研究认为浅层煤岩具有较好的储集性能，是可以作为储层，为天然气的赋存提供储集空间的，但甲烷主要以吸附态赋存于煤孔隙中，少量以溶解态存在于煤层内的地下水中，因此浅层煤层气具特有的产出机理：排水—降压—解吸—采气，煤层气井通过排水来降低储层压力，使得甲烷分子从煤基质表面解吸，进而在浓度差的作用下由基质中的微孔隙扩散到割理裂隙中，然后在割理裂隙系统中运移，最后在流体势的作用下流向井筒，见气周期长。

1.3　深层煤岩气探索阶段(2010—2021年)

2010年开始，长庆油田开始集中对盆地东部进行天然气勘探，先后探明了神木、子洲、米脂等气田，在对致密砂岩勘探的同时过程中，科研人员始终没有放弃对煤岩的继续探索，将目光瞄准了2000m以深的深层煤岩，选取了5口井开展煤岩含气量、物性分析等测试工作，测试含气量10~24m^3/t，平均孔隙度6.8%、渗透率1.833mD，深层煤岩含气量高，物性好，有良好的储集性能，坚定了我们探索深层煤岩的信心。

2019年选取直井榆160井8#煤岩开展煤岩试气工作，该井8#煤岩厚度7.8m，埋深2380m，气测峰值达65.6%，因为没有深层煤岩的排采经验和技术，借鉴了当时盆地东缘浅层煤层气的排采经验，采用了“跨层压裂、小粒径支撑剂、复合压裂液、抽油机长期排采”的改造模式与排采制度，入井液量983.6m^3，砂量44.9m^3，排量4~7m^3/min砂比11.2%，2019年6月13日投产，有效排采269天，该井开井压力23.10MPa，排采18天后见套压，排采35天后产气，最高产气量达到1669方，稳定产气量1100~1300方，稳定产水量2~2.5方；停排前井底流压降至3.4MPa，累产气19.62万方，累产水405方(图1)。该井临界解吸压力19.175MPa，临储比0.82，展现出一定的产气潜力。该井的成功突破了深层煤岩的出气关，盆地埋深超过2000m的深层煤岩面积超10万平方公里，且分布稳定，预示着该领域资源潜力巨大，但直井和常规压裂产量低，不能有效解放煤岩气藏。

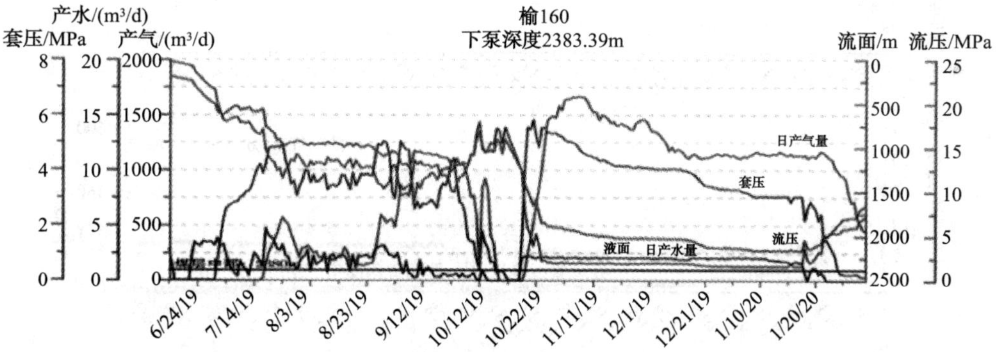

图1　Y160井8#煤岩气排采曲线

同时，煤层气公司在东缘浅层煤层气勘探开发的同时，也在向河西埋深大于1500m的深层煤岩探索，2019年实施的大吉3-7向2井埋深2217~2225m，压后开井即见气(临储比1.0)，产量迅速攀升至5790方，后期几乎不产水；2021年实施的吉深6-7平01井埋深2189m，体积压裂改造后，当天点火可燃，日产气达到9.6万方，证实与浅层煤层气相比，深层煤岩具有含气量高、游离气富集特征。

1.4　风险勘探突破阶段(2022年至今)

2022年，中石油在盆地部署了NL1H、SD1H、JN1H等3口风险井，长庆油田同时在榆160井原井场部署了水平井榆160H，完钻的NL1H、Y160H、JN1H按照“大规模高强度压裂”思路进行改造，试气分获5.4、4.8、8.1万方/日的高产气流，NL1H垂深3221m，水平段长1500m，采用前置酸、胍胶加砂压裂，排量10~15方/分，加砂量2920方，入地总液量3.6万方，2022年11月14日开始排采，截止6月10日已累计生产599天，日产气2.0~5.7万方/日，累产气1642万方，目前日产2.0万方，返排率80.9%，油套压1.5、5.3MPa(图2)，稳产能力好，实现了深层煤岩气的重大突破。证实了深层煤岩气源储一体，具备形成整装大气田的条件，高强度大规模改造才能有效动用。

2023年长庆油田紧密围绕围绕资源勘探、储量提交、先导试验等重点工作，坚持勘探开发一体化部署、地质工程一体化实施，完钻水平井33口，平均水平段长度1230米，煤岩长度1127米，煤岩钻遇率91.6%，排采水平井20口，试气产量3.2~19.8万方/日，9口日产突破10万方，18口连续排采3个月以上，8口井稳定日产5.0万方以上，6口井累产超千万方，其中M172H井累产超2000万方(图3)，油套压保持稳定，生产势头强劲。落实三级储量超万亿方，快速落实了国内首个深层煤岩气万亿方大气区。

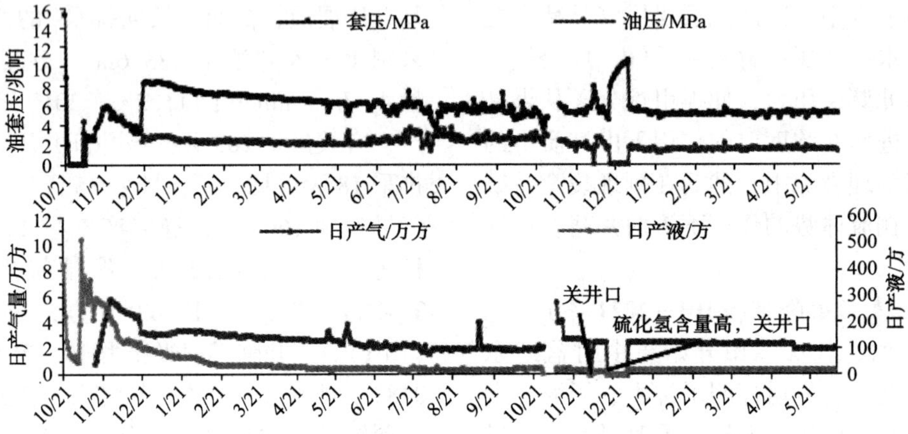

图2 NL160井8#煤岩排采曲线

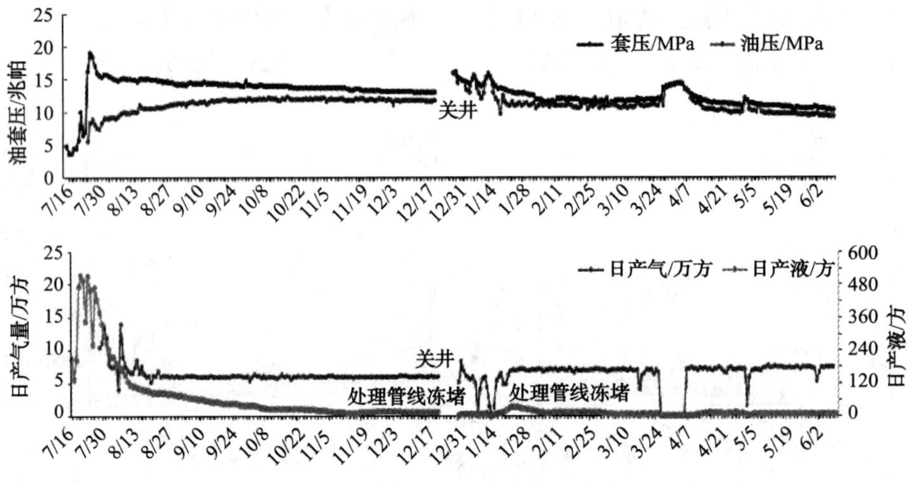

图3 M172H井8#煤岩排采曲线

同时，2023年针对5#煤岩实施的风险探井WT1H试气获10.4万方/日，按配产2.5~6.8万方/日配产，已累计生产191天，累产气916万方，生产稳定，鄂尔多斯盆地深层煤层气实现全面突破，深层煤岩气有望重塑盆地天然气发展新局面。

2 主要地质认识

盆地煤岩作为盆地古生界气藏的生气母岩，大面积生烃，奠定了鄂尔多斯盆地“满盆气”的格局。煤与致密砂岩、致密碳酸盐岩、泥页岩、灰岩等储层配置关系优越，发育远源、近源、源内等多套成藏组合，落实了苏里格、下古生界、盆地东部、盆地西南部四个万亿方大气区。近年来，长庆油田解放思想，积极向源内挺进，突破上古生界煤岩仅作为烃源岩的传统思维，实践证明鄂尔多斯盆地深层煤岩具有源、储、藏一体的天然优势，具备形成源内大型气田的有利条件。

2.1 煤层分布稳定，生烃强度高，原地滞留量大，资源丰富

2.1.1 聚煤环境有利，后期保存条件好，主力煤层厚度大，分布稳定

晚石炭世—早二叠世为中国4个最主要聚煤

期之一，这种大区域范围的聚煤作用是由区域性的甚至全球性的海平面变化引起的，盆地晚古生代，华北板块位于北纬30°以南，华北地台发育一套陆表海背景下的潮坪－三角洲沉积体系（图4），地形开阔平缓，气候温暖湿润，植物生长茂盛，在近滨海平原环境发育4层结构的成煤植物群落，第一层次为鳞木构成的高大乔木，高度可大于20m，第二层次为科达为主的中小乔木，高度一般为5～10m；第三层次由总状厥、回卷厥等构成，高度多在2m以下；第四层次为生活在成煤环境水体中的大量菌藻类植物，同时平缓的地形和海水大规模进退使泥炭坪的发育波及宽广的海岸带并与滨海平原泥炭沼泽相接，形成了该地质历史时期独特的聚煤环境（图5）。

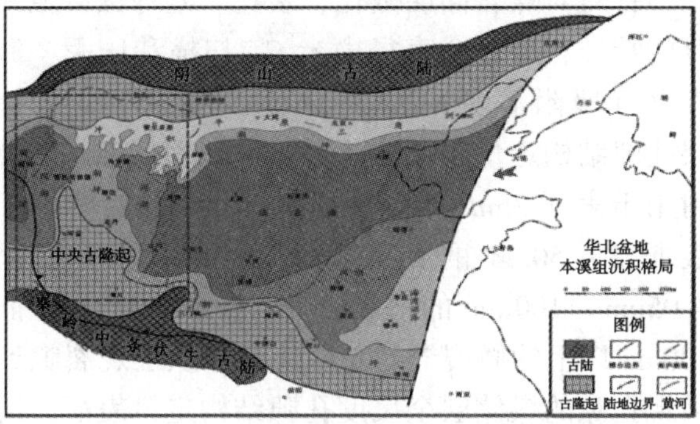

图4　华北地台石炭二叠纪主要时期海侵方向和海岸线分布

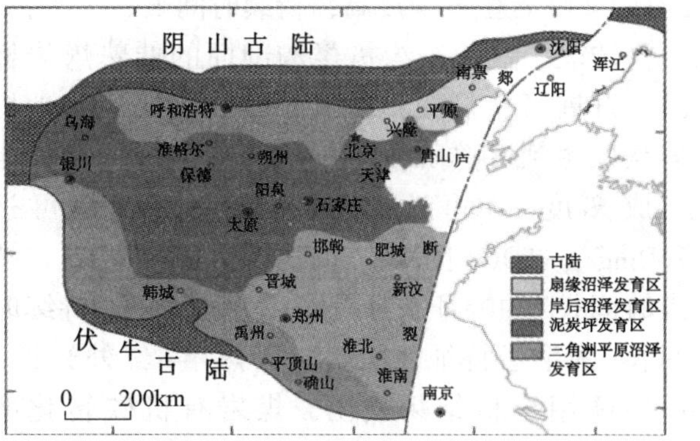

图5　华北地台石炭二叠纪成煤环境分布图

鄂尔多斯盆地是华北克拉通最稳定的一个地块，盆地内部构造稳定，石炭－二叠系煤层沉积后的印支运动、燕山运动、喜马拉雅运动对鄂尔多斯盆地本部破坏较小，煤岩保存条件好，煤岩得以连续稳定分布，其中本溪组8#煤岩厚6～16m，平均7.8m，山西组5#煤厚2～6m，平均3.0m，叠合分布面积约10万平方千米，埋深适中，主要在2000～4000m，为深层煤岩气广泛发育奠定了基础。从东西向地震格架大剖面看，整体为一宽缓西倾单斜，地层倾角小于1°，自西向东埋深逐渐变浅（4000～2000m），煤层反射稳定，构造平缓，断裂不发育，有利于煤层气保存富集（图6）；从南北向格架大剖面看，盆内构造平稳，煤层厚度稳定，南北构造相对复杂、煤层埋藏变浅（图6）。

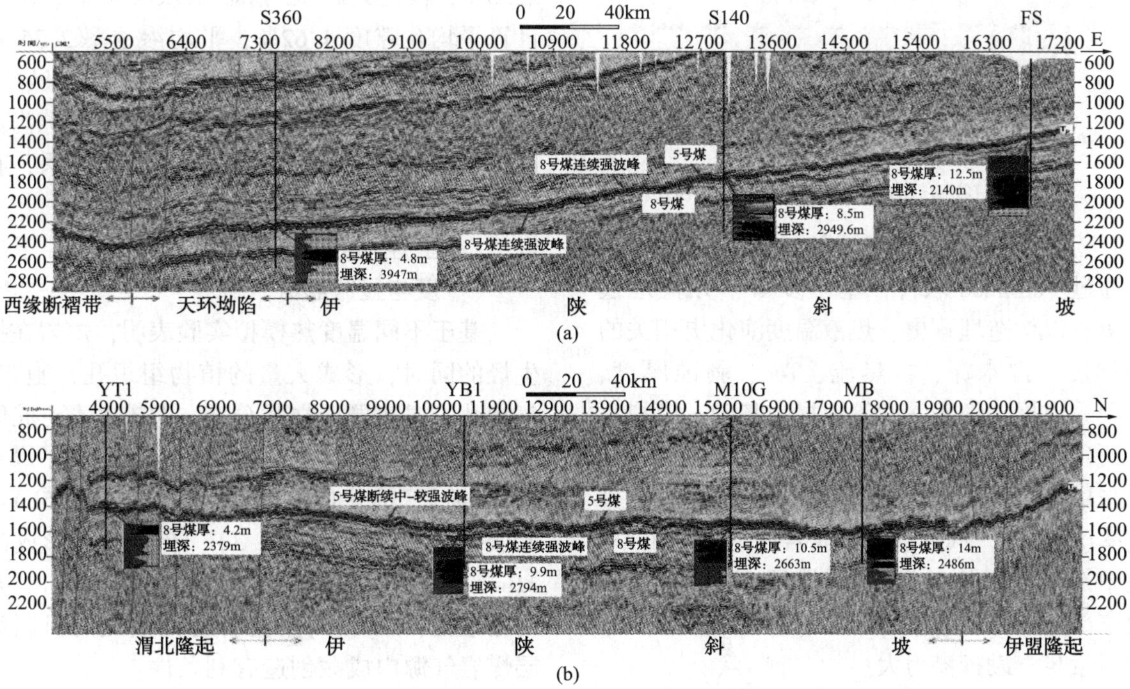

图6　鄂尔多斯盆地东西向（a）、南北向（b）地震地质解释剖面

2.1.2　煤岩生气强度高、持续时间长

选取了盆地东缘扒楼沟剖面的低熟煤岩样品，开展了生烃模拟试验，试验表明，盆地煤岩从低熟到过熟阶段，长期持续生烃，最大生气成熟度 Ro 可达 5.0%，最大产气率可达 160mg/g-TOC（图 7），具有"生气强度高、持续时间长"的特征，具有"生气强度高、持续时间长"的生烃特征。同时基于热重-红外光谱-质谱联用分析结果表明，煤岩有机碳转化率 20%，产气率为海相页岩的三分之一，但煤岩原始有机碳高达 70%，单位体积内累积产气率为海相页岩的 2.5 倍，即 8m 煤岩资源量等同于 20 米优质海相页岩（图 8a、图 8b），生气能力强。

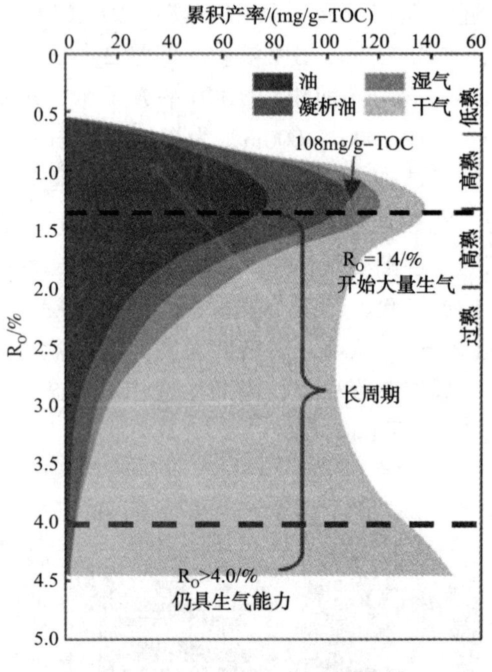

图 7　盆地煤岩生烃演化模式

2.1.3　源内滞留量足，资源潜力大

通过 Petromod 软件，基于多口单井盆地模拟分析，以构造埋藏史、热液温度演化史相关的地温梯度、古水深、古热流、Toc、剥蚀厚度、地层划分数据、埋藏深度等数据为基础，模拟不同井的生排烃史（图 9），并以煤岩热解数据为基础，采用原始生烃潜力法，计算了不同井煤岩排烃效率（图 10），从而得出了煤岩理论的滞留率，盆地中部的苏里格地区 8#煤滞留率接近 40%，盆地东部地区滞留率高于 50%（图 11），源内滞留资源量足，勘探潜力大。

2.2　深层煤岩储层发育集群式孤孔，割理裂隙成网，游离气高

2.2.1　储层以孤立集群有机孔为主，割理裂隙发育

煤岩孔隙类型以植物组织孔（胞腔孔）、气泡孔等有机孔为主，占比达 90%以上，呈集群式孤立式分布（图 12），无机孔次之，主要为矿物晶间孔。

煤岩宏观割理和显微裂隙发育，呈线状、网状连续分布，割理一般 3～33 条/5cm，平均 7～8 条/5cm，未充填-全充填不等，充填物以方解石为主，见泥质和硅质。显微裂隙密度统计表明：光亮煤裂隙密度最高，平均 112 条/$9cm^2$，半亮煤平均 83 条/$9cm^2$（图 13）。

针对对煤岩储层微孔、宏孔、割理微裂隙并存的特征，通过全直径微米 CT 扫描和压汞、氮气-CO_2吸附等多方法综合应用，建立了煤岩储层孔隙结构定量表征方法，其中利用低温 CO_2吸附用于表征 2nm 以下的孔隙，低温 N_2吸附用于表征 2～50nm 的孔隙，高压压汞用于表征 0.05um～100um 的孔隙，微米 CT 用于表征 100um 以上的微裂缝，初步实现了从宏观裂隙到微观孔隙的煤储层全尺度孔隙结构定量表征，结果表明煤岩发育微孔+大孔的"哑铃型"双孔隙结构，微孔（<2nm）、大孔（宏孔+微裂隙>50nm）占比高，微孔占比平均 69.6%，大孔占比平均 22.0%，核磁共振 T2 谱显示双峰特征（图 14）。计算平均孔隙度 4.62%，平均渗透率 2.352mD，而其基质渗透率测试只有 0.005mD，煤岩中集群式孤立基质孔隙与未充填的割理微裂隙沟通成网，形成了高质量的扩散-渗流输导体系，有效提高了煤岩储层渗流能力。

2.2.2　生烃-成储协同演化，储层受控于成熟度与显微组分

基于不同温度热模拟实验表明，煤岩在持续生烃的同时，形成大量的植物组织孔、胞腔孔、气泡孔，以集群孤立状分布，具有生烃-成储协同演化的特征，根据热模拟实验，建立了煤岩储层"四阶段"演化成储模式（图 15a、图 15b）：初始宏孔增加（0.5<Ro<1.3）、有机介孔形成（1.3<Ro<2.0）、有机微孔增加（2.0<Ro<3.5）、孔隙坍塌减孔（Ro>3.5）。这种协同演化的机制为深层煤岩气源内成藏创造有利条件。

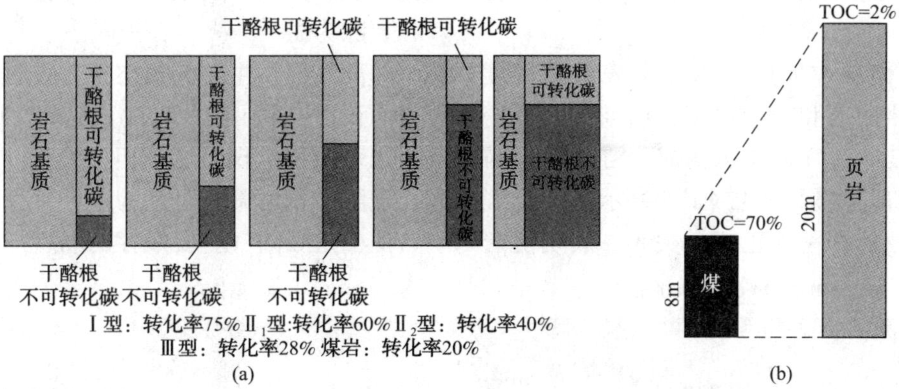

图 8　烃源岩有机碳转化率(a)与资源量对比转化(b)

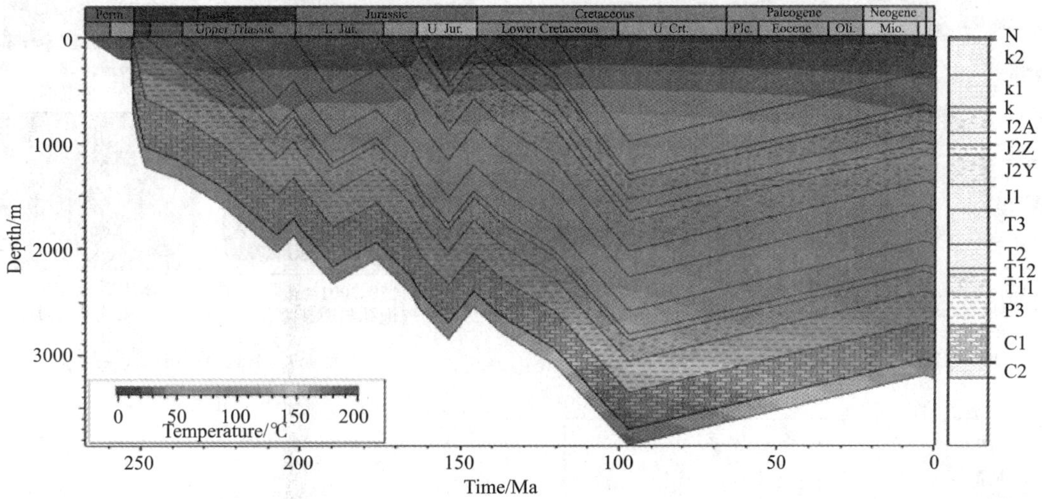

图 9　鄂尔多斯盆地热演化史和排烃史

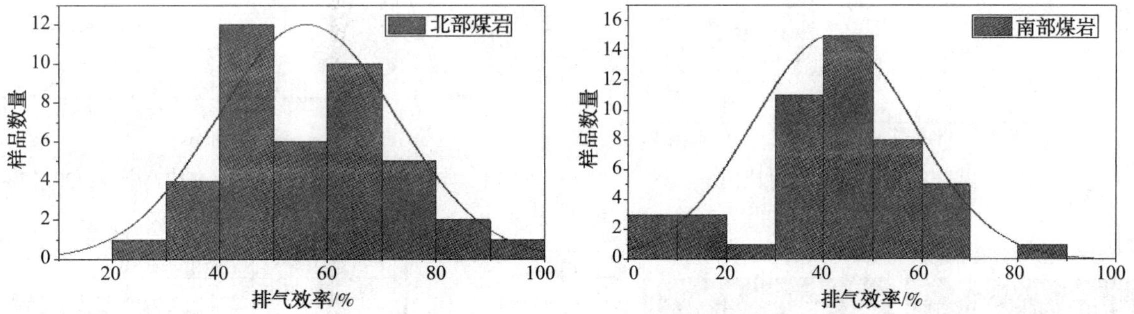

图 10　原始生烃潜力法计算排烃效率

煤岩有机显微组分主要由植物遗体转变而成，包括镜质组、惰质组和壳质组(稳定组)。镜质组是煤中最主要的显微组分，主要由植物中的木质纤维组织经凝胶化作用形成。惰质组由植物的木质纤维组织经丝炭化作用形成。壳质组则是由成煤植物中化学稳定性强的角质层、树脂、孢粉等转化而来。盆地煤岩显微组分以镜质组为主，约为67%，不同显微组分本身性质差异导致煤岩成孔差异明显，从显微组分与微孔、宏孔占比散点图来看(图16)，镜质组与微孔占比成正相关性，与宏孔占比成负相关性，惰质组与宏孔占比成正相关性，与微孔占比成负相关性，镜质组控制了煤岩微孔发育，而惰质组控制了宏孔发育。

2.2.3　天然气赋存空间存在差异，游离气含量高

深层煤岩储层中天然气以孔壁表面高密度（0.43g/cm³）吸附态和不同尺度自由空间的低密度（0.09～0.17g/cm³）游离态构成。游离气量与宏孔裂隙体积散点图[图17(a)]显示，游离气量与宏孔+裂隙体积呈现正相关关系，表明随宏孔+裂隙体积的增大，游离气量逐渐增大，宏孔和裂隙为游

离气提供主要储集空间；吸附气量与微孔比表面积散点图[图17(b)]显示，吸附气量与微孔比表面积呈现明显正相关关系，主要因为煤岩孔裂隙体积由微孔贡献为主，可以提供大量吸附点位，是吸附气主要赋存的场所。

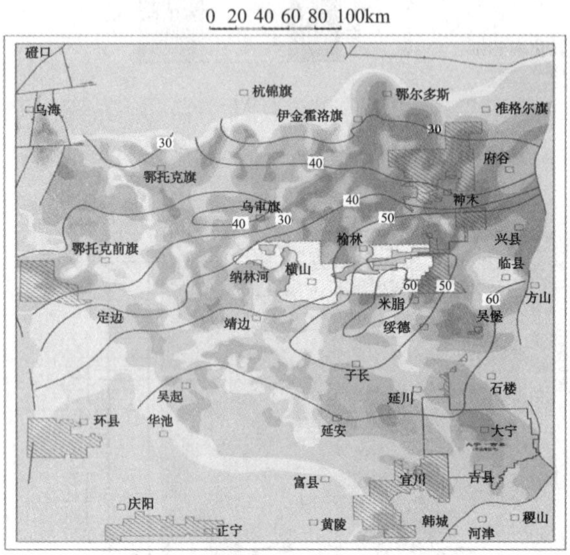

图11　盆地8#煤岩烃类滞留率平面分布图

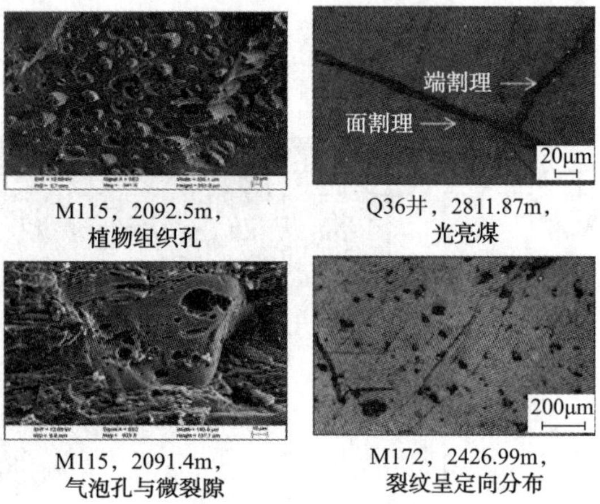

图12　盆地煤岩孔隙类型

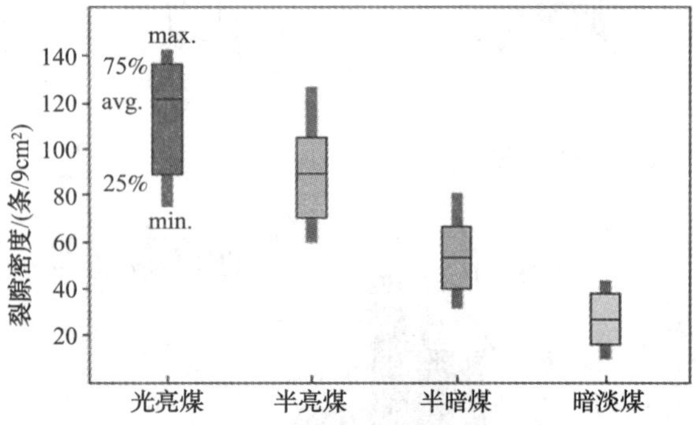

图13　煤岩显微裂隙密度对比图

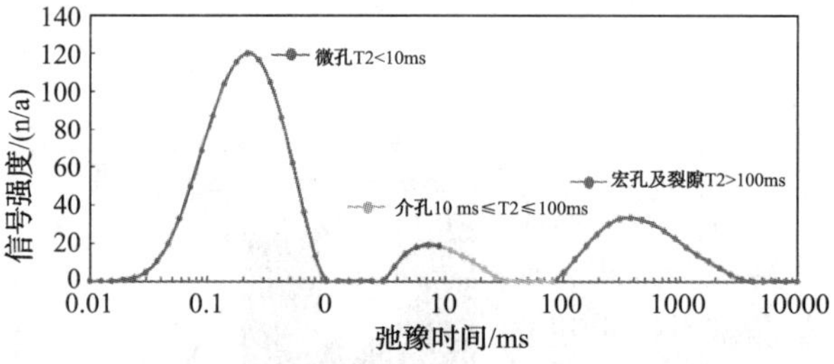

图14　本溪组8#煤岩T2谱图(M172井，2427.27m)

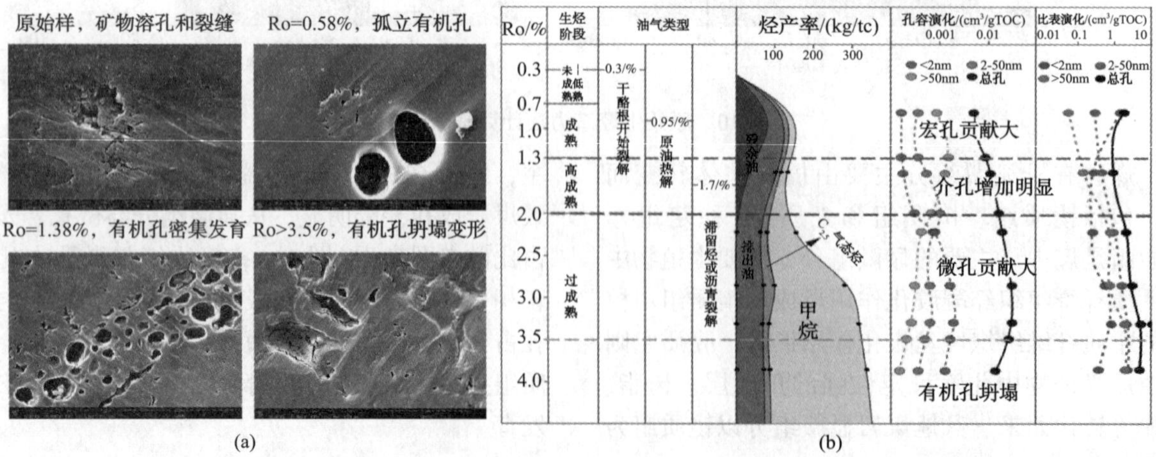

(a)　　　　　　　　　　(b)

图15　不同演化阶段煤岩孔隙演化(a)与生烃过程中煤岩孔隙“四阶段”演化模式(b)

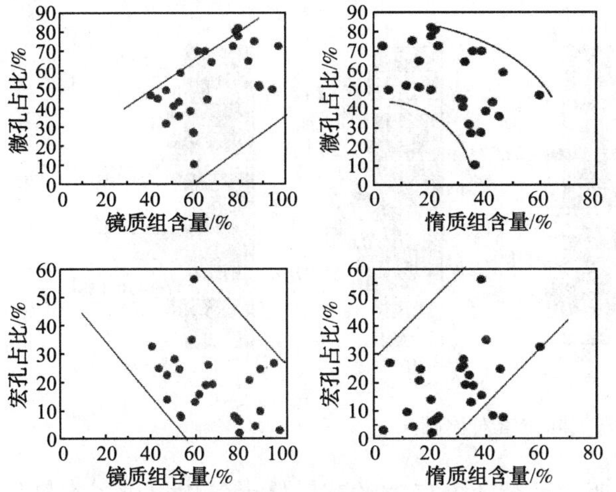

图 16　显微组分与微孔、宏孔占比关系散点图

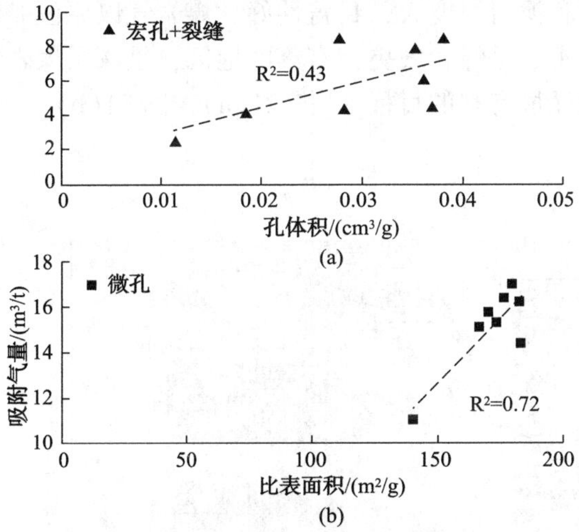

图 17　游离气量-宏孔裂隙体积(a)与吸附气-微孔比表面积(b)关系图

目前盆地内采用了保压、密闭、绳索、常规四种取芯方式，通过开展不同取心方式现场含气量测试对比，建立了不同取心含气量校正模型，总体分析认为结果可靠性：保压≥绳索>密闭>常规，通过对 23 口井系统取心开展现场含气量解析，8#煤岩总含气量主体介于 15~25m³/t，平均 21.8m³/t，通过等温吸附试验计算出了吸附气含量，求得游离气含量 1.03~18.27m³/t，平均 7.42m³/t，游离气占比平均 29.93%，占比近三分之一。

2.3　箱体型封存，连续分布，差异富集

2.3.1　围岩对煤层形成箱体封存效应，煤灰、煤泥组合下煤岩气更为富集

本溪组上部沉积的太原组，为一套海陆过渡相沉积，浅海沉积环境发育庙沟灰岩，上覆灰岩厚度 2~20m，海相和陆相沉积过渡区，泥岩较厚，上覆泥岩厚度 3~10m，三角洲平原环境以砂岩沉积为主，上覆砂岩厚度 4~15m，根据 8#煤层顶板岩性变化，8#煤岩与上覆岩性组合划分为煤灰、煤泥、煤砂三种储盖组合，根据顶板突破压力测试分析，煤灰、煤泥储盖组合封存能力强(图 18)，气测峰值统计结果显示，煤灰、煤泥储盖组合气测峰值一般 65%~95%(图 19)，含气性好。

类型	Ⅰ类	Ⅱ类	Ⅲ类
	煤灰组合	煤泥组合	煤砂组合
岩性组合示意图	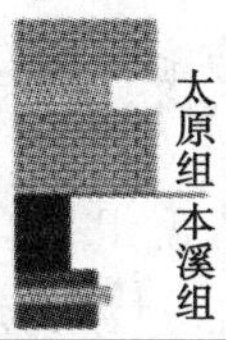	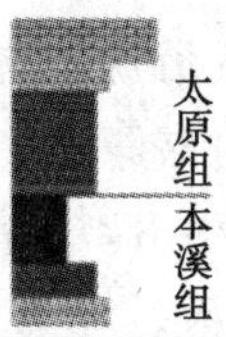	
代表井	龙探1	双148	神30
突破压力(MPa)	15.02–26.03 (20.53)	3.05–7.01 (5.03)	0.31–2.61 (1.51)
封盖能力	好	较好	差

图 18　本溪组 8#煤岩气储盖组合类型划分

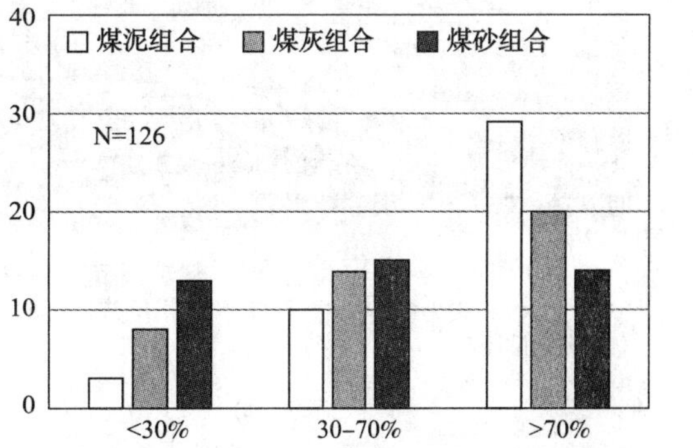

图 19　不同储盖组合煤岩气测峰值统计图

基于生烃热模拟实验，明确了上古生界煤岩和泥页岩生成天然气差异，煤岩生成气乙烷碳同位素重于-21‰，而泥页岩生成气乙烷碳同位素轻于-23‰，为上古生界气源精细判识奠定了基础。从天然气同位素分析来看(图 20)，煤泥和煤灰组合下，封盖性好，致密砂岩气乙烷碳同位素主体上明显轻于煤岩气，而与泥岩气同位素特征类似，煤岩生成的天然气主体未运移至致密砂岩，煤岩气主要为原位滞留富集；煤砂组合下，封盖性差，致密砂岩气同位素与煤岩气特征类似，煤岩气排烃运移至邻近砂岩成藏，储盖组合控制了煤岩气排烃运移，围岩对煤层形成了箱体封存效应。

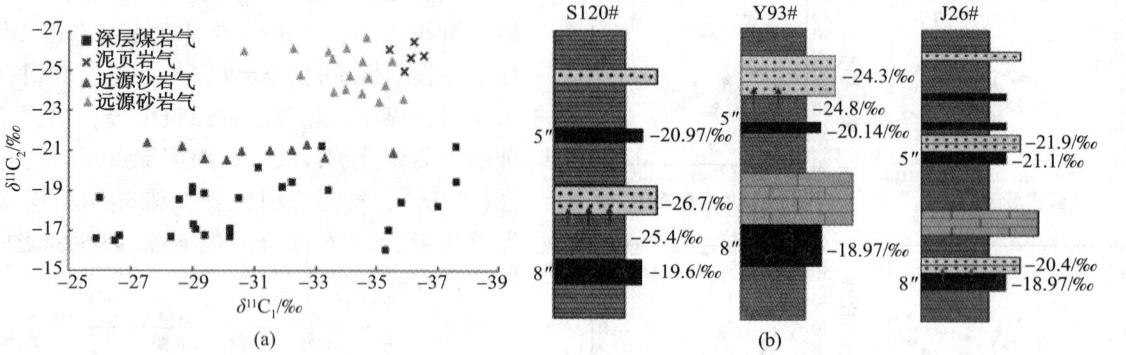

图 20　煤岩气-致密砂岩气同位素对比图

2.3.2　煤岩气资源立体分配，中东部煤岩气原位更为富集

盆地本溪组 8#煤层储盖组合自南向北，自东向西，由煤灰、煤泥组合过渡为煤泥、煤砂组合，其中，苏里格地区灰岩和泥岩厚度薄，封盖性较差，煤岩生成的天然气充分向上运移，为探明储量超 4 万亿方的苏里格大气田提供了充足的气源，常规、非常规资源立体分配；盆地东部灰岩和泥岩厚度大，封盖性好，煤岩气以原位滞留为主，是煤岩气更为富集的地区，是深层煤岩气勘探最有利的目标区[图 21(a)、图 21(b)]。

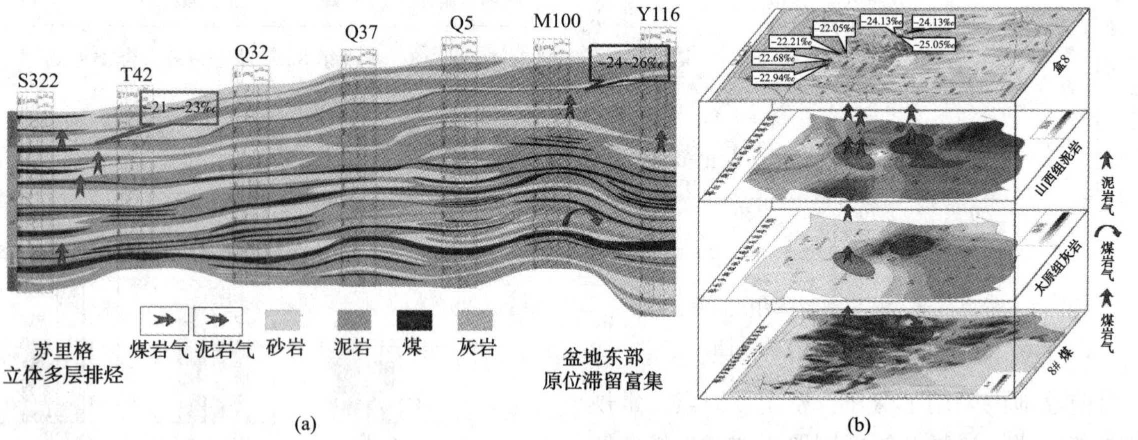

图 21　鄂尔多斯盆地煤层气-致密气成藏模式(a)与立体分配图(b)

2.3.3　煤岩气藏具有“常高并存”的双压力特征

盆地致密气藏储层溶孔发育，孔隙和裂缝相互连通，为均一的压力系统，从已有测试结果来看，山西-石盒子组压力系数 0.70~0.90，石千峰组压力系数 0.40~0.60，压力系数均小于 1.0，离本溪组源岩越远，压力系数越低(图 22)。

煤岩储层发育双孔隙结构，宏孔、裂缝成网，孤立微孔相互不连通(图 23)，分析认为宏孔、裂缝网络体系的天然气主要是游离气，与地层压力相当，多以常压为主；孤立微孔中的天然气，被封闭在孤孔中，煤岩生烃演化过程中，在生烃增压作用下，其中的天然气压力高于地层压力，压力系数较高。深层煤岩大规模高强度压裂改造后，孤立孔与宏孔、裂缝连通，导致气藏整体压力较高，在盆地探井 S11 井、M172 井中测得的压力系数分别为 1.1、1.0，证实了深层煤岩气藏与盆地常规致密气藏相比具有较高的压力系统。

总之，深层煤岩气具有“源储一体、持续生烃、箱式封存”的成藏特征(图 24)，气藏大面积连续分布，叠合面积超 10 万平方千米，估算资源量 23 万亿方，具备形成大型整装气田的有利条件，勘探潜力巨大。

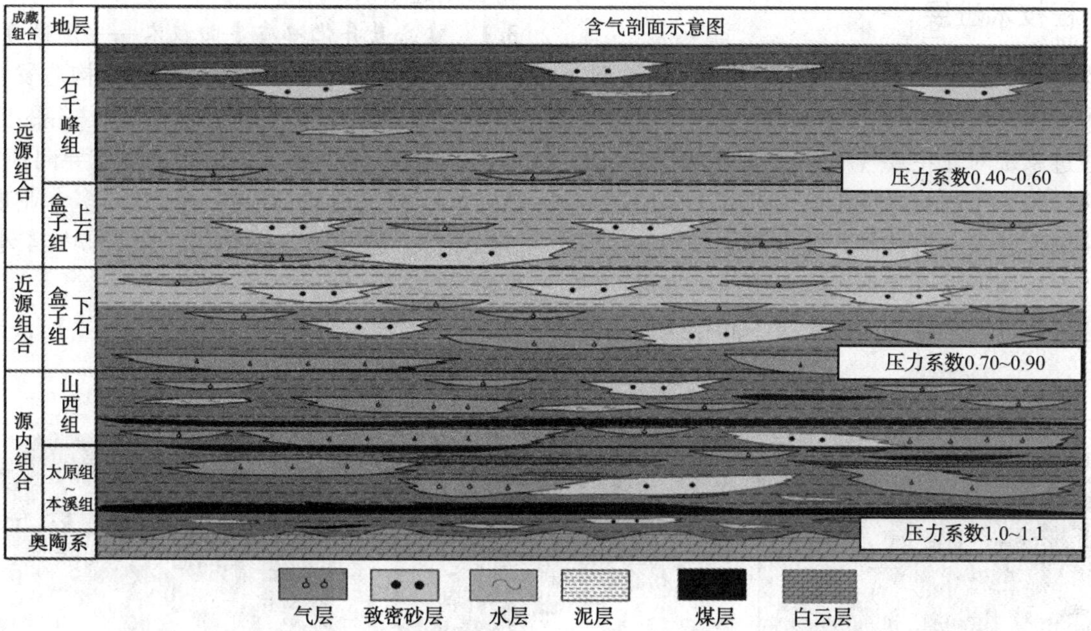

图 22　盆地上古生界成藏立体模式

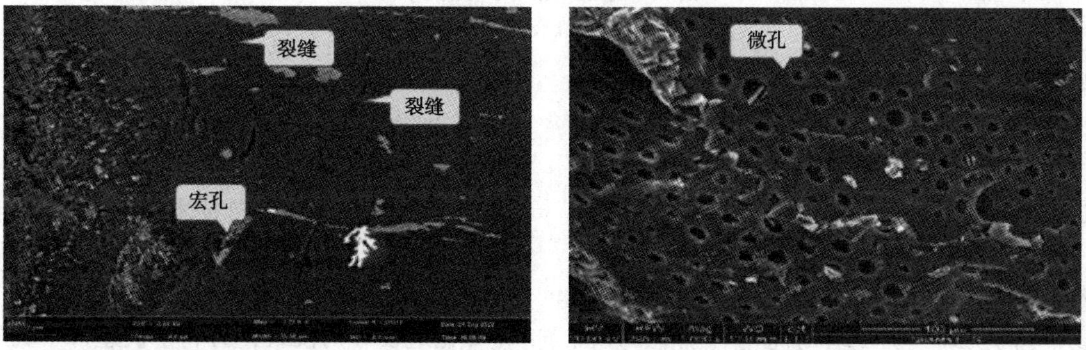

图 23　煤岩孔隙特征：宏孔、裂缝成网，微孔孤立

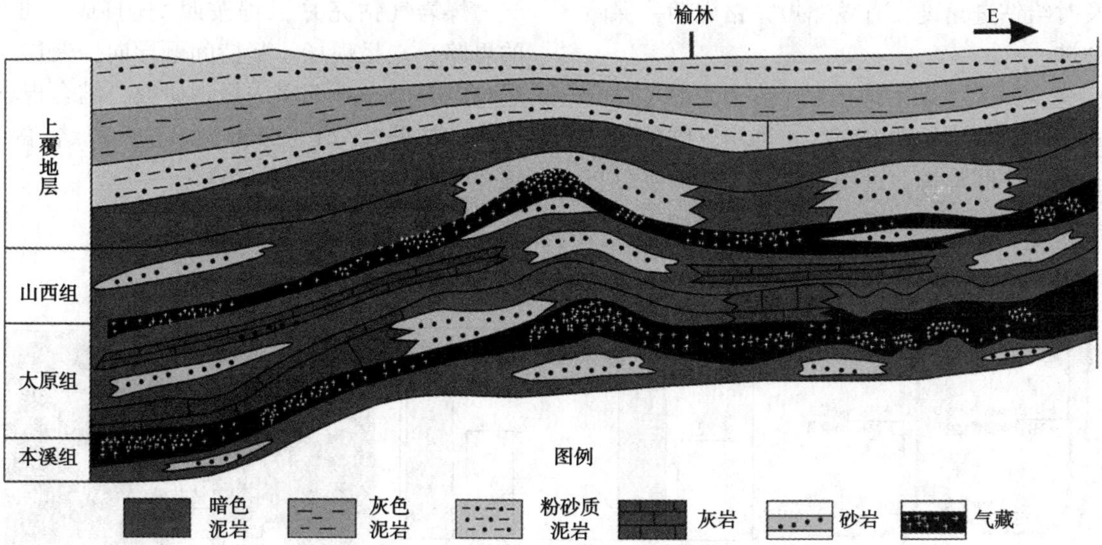

图 24　鄂尔多斯盆地深层煤层气成藏模式图

3　工程技术进展

反映气藏特征的主要关键参数有气藏类型、压力、温度、气体组分、地层水性质、产能特征等，通过系统对比主要气藏特征，明确了二者之间有何异同。工程技术进步有力推动了深层煤岩气快速勘探开发，近些年，随着鄂尔多斯盆地煤岩气的大规模勘探开发由东缘向中西部推进，钻井工艺、地球物理预测、压裂技术和排采技术取得长足进展。

3.1　建立差异化地质导向技术——看得准

针对煤岩水平井钻探面临的微构造发育、煤岩非均质性强、轨迹控制要求高等一系列难点，建立“两区三类”水平井差异化地质导向模式(见图 25)，成立地质、地震、钻井等多专业现场导向小组，“进现场、住井场、全天候”24 小时保驾护航。

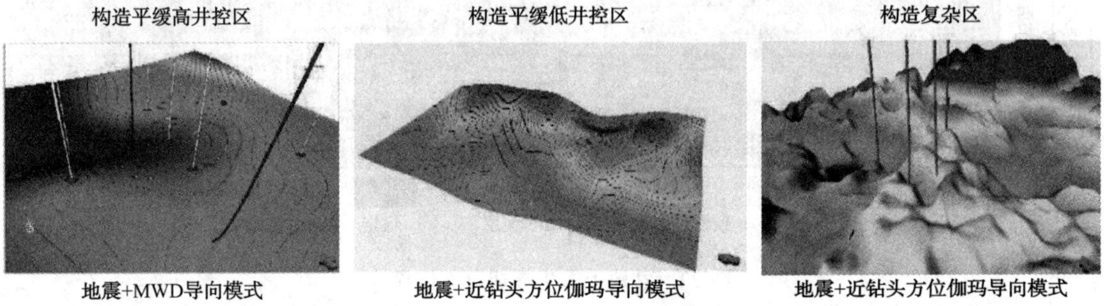

图 25　地震+地质导向技术图

构造平缓区、高井控区：采用地震+MWD 导向模式，三开结构优化+MWD 钻具组合，以三维地震构造形态为主导，结合远端 GR、钻时、岩屑，分析煤岩旋回，及时判断煤岩产状，兼顾工程微调，及时给钻进角度，有效缩短完钻周期，保障快优钻进。

构造平缓区、低井控区：采用地震+近钻头方位 GR 导向模式，三开结构优化+近钻头方位 GR 钻具组合，以地震地质模型为主导，结合方位 GR、钻时，分析煤岩旋回，及时判断煤岩产状，及时给钻进角度，有效缩短完钻周期，保障快优钻进。

构造复杂区：采用地震+近钻头方位 GR 导向模式，在小幅度构造发育区，利用三维地震精准落实煤岩空间形态，近钻头方位 GR 信息分析煤岩结构旋回，及时判断煤岩产状，兼顾工程风险，及时给钻进角度，保障井筒安全，实现快优钻进。

地震综合应用人工智能解释、相控高分辨反演技术，精准识别 3~5m 微构造及顶底板岩性；建立了水平井随钻导向技术流程，2023 年支撑水平井煤岩平均钻遇率 91.6%，2024 年钻遇率提升至 95.7%，一趟钻比例 100%。实践表明，差异化地质导向模式，有利于快速科学决策，实现降本增效。

3.2　优快钻井技术初步定型——能打成

煤岩气钻完井工程按照“先打成，再打好”的思路，立足现场，坚持问题导向，聚焦煤岩坍塌难题，通过精细室内机理研究，结合现场技术攻关，按照“一口一分析，一轮一总结”的制度，优化定型技术模板(图 26)。

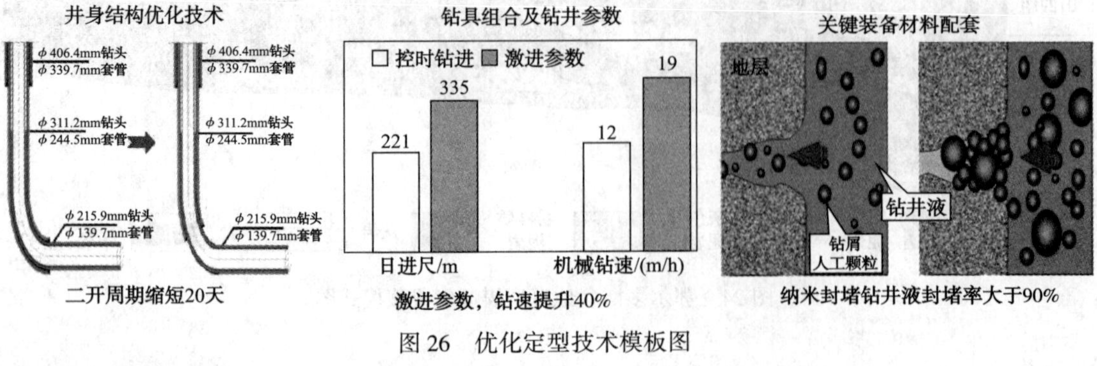

图 26　优化定型技术模板图

定型深表二开井身结构，在三开优井身结构基础上，将技术套管封固石千峰组，优化为表层套管封固石千峰组，形成深表层二开井身结构，同时开展深表层二开小井眼井身结构试验。较三开优井身结构平均钻井周期缩短 32.8 天，大幅提升钻井速度。

定型强封堵防塌钻井液体系，基于深层煤岩、煤矸井壁失稳机理研究，在钻井液核心处理剂室内优选结果的基础上，结合现场实际，研发出一套强护壁、强封堵、强抑制的防塌钻井液体系。

定型钻井参数及钻具组合，充分考虑不同区域煤屑密度、尺寸和井壁稳定特征，以井筒清洁和提速为主，制定了分区钻进参数模板。根据不同区域煤岩钻井难点，以防卡和提速为主要目标，制定分区钻具组合方案。

针对煤岩易坍塌、复杂多等难点，2023 年优化井身结构、研发强封堵钻井液，平均钻井周期由 89↓64 天；2024 年开展分区域参数优化试验，平均钻井周期由 64↓35 天，米脂地区钻井周期 30 天以内，水平段达到 6 天以内，一趟钻比例 100%。

3.3 经济压裂参数优化固化——压得好

持续推进煤岩储层增产机理实验研究（图 27），通过超大物模实验得出：煤岩面割理与端割理开启，形成横纵交错的复杂裂缝网络，较砂岩裂缝密度↑4~6 倍；高排低粘模式裂缝形态简单，缝长较长；低排中粘模式裂缝形态复杂，但缝长较短。（图 28）

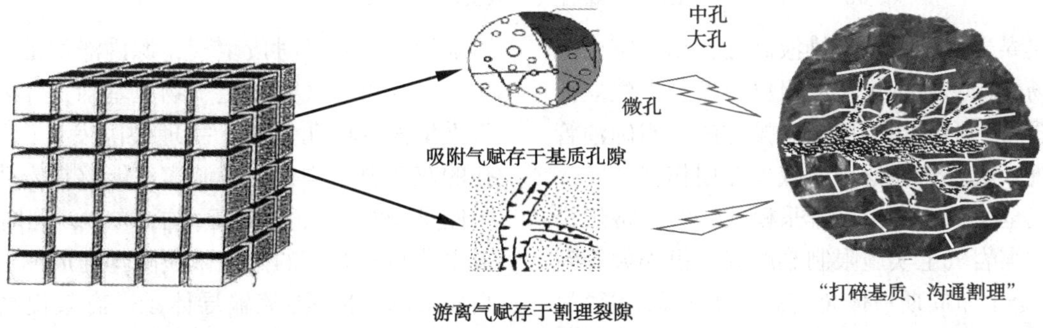

图 27　煤岩储层增产机理图

图 28　大型物模煤岩露头与裂缝扩展规律研究

创新高回压稳态+压力衰减动态伤害评价方法，初步评价了不同压裂液体系对煤岩伤害程度：乳液体系（51.9%）>0.4%胍胶体系（43.3%）>0.2%胍胶体系（37.8%）>水性体系（36.1%）。

适度规模全域支撑压裂试验基本实现经济开发，针对割理发育、缝网构建难问题，形成以最大裂缝连通体积、最优经济改造参数为核心的适度规模全域支撑经济压裂技术，并结合不同区块储层地质特征，形成差异化的东/中部工艺参数。持续下探加砂强度经济下限（6→5→4t/m），较 2023 年费用下降 15%。

聚能压裂试验初现提产效果，针对煤岩储层塑性强、脆性低，多簇改造能量分散、缝长受限、均衡起裂难的问题，以“控近扩远”为改造思路，与勘探总院联合开展以“密切割布缝+单段单簇聚能+单缝强加砂”为核心的聚能压裂提产试验，试验井压后一次喷通，目前火长 7～8m。

煤岩具有塑性强-缝网构建难，比表面积高-储层易伤害的特点，储层改造以连通体积最大、渗流距离最短、流动压差最小为目标，制定了“打碎基质、沟通割理”的改造思路，提高储量动用程度，充分释放产能。

3.4　控压生产效果突显——产能优

精细划分煤岩气生产阶段，针对煤岩气“见气早、液量大、气液变化快”的开发特点，全流程跟踪生产动态，开展煤岩气扩散机理模拟理论研究(图 29)，初步明确阶段式生产特征，为煤岩气井控压排采及工艺优选提供技术保障。

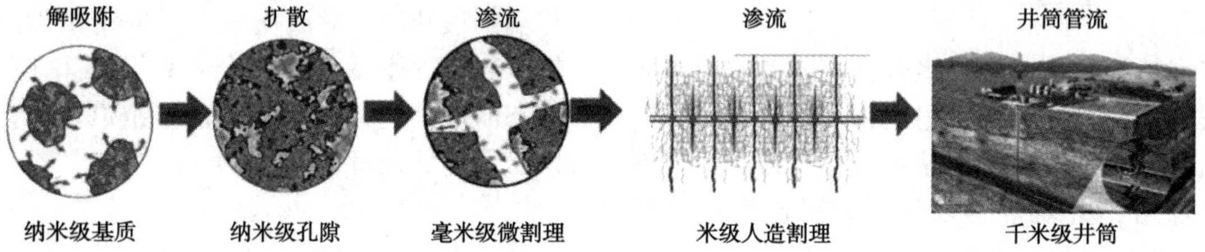

图 29　煤岩气扩散机理示意图

建立煤岩气压后试采排液制度，结合室内试验和矿场数据，持续优化油咀放喷模型，建立油咀调整图版，形成精细控压返排方法，明确油管下入时机，实现快速返排，减少储层伤害。

形成全生命周期控压排采模式，针对常规排采工艺在煤岩气上实施限制难度大、投入大等问题，以“全生命周期一体化完井”为目标，以“放压排采向控压排采转变、分阶段排采向一体化排采转变”为技术思路，形成煤岩气压后一体化排采工艺新模式。

以建立优势人工渗流场、均衡地层压力、连续带液生产为目标，采用控压生产模式，实现单位压降最大产能释放，初步形成“初期产量高、高中低压均可持续生产、提高 EUR”的生产制度。

4　结论

鄂尔多斯盆地石炭—二叠系煤系地层广泛发育，主力煤层 5#、8#煤岩成煤环境有利，煤质好，演化程度高，生气能力强，是盆地古生界气藏的主要气源。经过三十余年对煤岩的艰辛探索，实现了煤岩从源到源储一体的转变，深层煤岩气勘探取得重大突破，落实了国内首个深层煤岩气万亿方大气区。

通过创新认识，不仅深化了煤岩源的认识，更是从源、储、藏整体出发，通过生、排、聚、留和生烃-成储协同演化的角度开展模拟试验，盆地深层煤岩全时段生气，源内滞留量大，资源丰富，为煤岩气藏奠定了物质基础；煤岩储层以孤立集群有机孔为主，割理裂隙发育，微孔+宏孔的双孔隙结构，使得游离气能够在宏孔和裂隙中储集，游离气占比高(约 30%)，同时集群式孤立孔与未充填的割理微裂隙沟通成网，形成了高质量的扩散-渗流输导体系，有效提高了煤岩储层渗流能力，良好的储集性能是煤岩气可以有效开发的关键；煤岩顶板大面积分布的灰岩和泥岩对煤层形成箱体封存效应，生成未排除的甲烷被强力封存在煤岩中，形成了自生自储型煤岩气藏，煤岩气藏连续分布，而围岩封盖性能的不同，造成煤岩气藏差异富集，苏里格地区灰岩和泥岩厚度薄，封盖性差，立体多层排烃，资源立体分配，盆地东部灰岩和泥岩厚度大，封盖性好，深层煤岩气原位滞留富集，是深层煤岩气勘探最有利的目标区。

工程技术的进步有力推动了深层煤岩气快速勘探开发，通过有效动用技术序列的不断攻关，实现了深层煤岩气“看得准、能打成、压得好、产能优、有效益”。地球物理预测评价技术精准识别 3～5 米微构造及顶底板岩性，煤岩水平井随钻导向技术使得水平井煤岩钻遇率提升至 95%以上；初步定型的优快钻井技术，使煤岩水平井钻井周期降至 35 天，水平段降至 6 天以内；探索井筒投资和单井 EUR 最佳平衡点，建立了经济参数压裂模式，千米水平段初期稳定日产达到4~5万方；提出控压排采模式，使单位压降最大产能释放，实现了“初期产量高、压力保持水平高、提高EUR”的目的；通过内部收益率计算，深层煤岩气经济评价好，能够实现效益开发。

盆地深层煤岩5#、8#煤岩叠合面积超10万平方千米，估算深层煤岩气资源量23万亿方，目前随着地质认识的突破和工程技术的进步实现了深层煤岩气的突破，取得了一定的成果，但与中石油“十五五末”落实2万方亿探明储量和200亿方产量的要求还有很大差距，需要我们不断深化基础地质研究，不断优化勘探开发技术系列，持续降本增效，持续扩大勘探成果，加快资源向储量产量的转化，努力开创深层煤岩气勘探开发大场面，推动鄂尔多斯盆地建设能源超级盆地。

参考文献

[1] 杨俊杰．鄂尔多斯地区天然气富集条件[J]．“七五”国家重点科技攻关项目成果报告，1990(06)．

[2] 杨俊杰．陕甘宁盆地下古生界天然气的发现[J]．天然气工业，1991(02)：1-6.

[3] 孙斌，孙粉锦，田文广，等．鄂尔多斯盆地乌审旗地区煤层气富集主控因素及其勘探方向[J]．天然气工业，2011，31(2)：34-38.

[4] 付金华，范立勇，刘新社，等．鄂尔多斯盆地天然气勘探新进展、前景展望和对策措施[J]．中国石油勘探，2019，24(4)：418-430.

[5] 杨华，魏新善．鄂尔多斯盆地苏里格地区天然气勘探新进展[J]．天然气工业，2007(12)：6-11.

[6] 杨华，席胜利，魏新善，等．苏里格地区天然气勘探潜力分析[J]．天然气工业，2006，26(12)：45-48.

[7] 马新华．鄂尔多斯盆地天然气勘探开发形势分析[J]．石油勘探与开发，2005，32(4)：50-53.

[8] 马硕鹏，何文渊．鄂尔多斯盆地天然气勘探领域分析[J]．天然气工业，2006，26(8)：5-7.

[9] 李春光．鄂尔多斯盆地赋存特大型古生界天然气田的地质依据[J]．海相油气地质，2009，14(3)：19-30.

[10] 杨华，刘新社，闫小雄，等．鄂尔多斯盆地神木气田的发现与天然气成藏地质特征[J]．天然气工业，2015，35(6)：1-13.

[11] 何江川，余浩杰，何光怀，等．鄂尔多斯盆地长庆气区天然气开发前景[J]．天然气工业，2021，41(8)：23-33.

[12] 纪成君．中国煤炭产业组织研究[D]．辽宁工程技术大学，2004.

[13] 赵欣，姜波，张尚锟等．鄂尔多斯盆地东缘三区块煤层气井产能主控因素及开发策略[J]．石油学报，2017，38(11)：1310-1319.

[14] 黄中伟，李国富，杨睿月，等．我国煤层气开发技术现状与发展趋势[J]．煤炭学报，2022，47(9)：3212-3238.

[15] 郭绪杰，支东明，毛新军，等．准噶尔盆地煤岩气的勘探发现及意义[J]．中国石油勘探，2021，26(6)：38-49.

[16] 杨秀春，徐凤银，王虹雅，等．鄂尔多斯盆地东缘煤层气勘探开发历程与启示[J]．煤田地质与勘探，2022，50(3)：30-41.

[17] 李勇，汤达祯，牛鑫磊．鄂尔多斯盆地东缘可容纳空间变化控制的C-P煤系沉积特征[J]．煤炭学报，2017，42(07)：1828-1838.

[18] Jarvie，Daniel & Hill，R. J. & Pollastro，R. M..(2003). Evaluation of unconventional natural gas prospects：The Barnett Shale fractured shale gas model. The 21st International Meeting on Organic Geochemistry. 8-12.

[19] 胡雄，邬长武，杨秀春，等．低渗透煤层微观孔隙结构与煤层气解吸规律[J]．特种油气藏，2024，31(02)：129-135.

[20] 韩德馨．中国煤岩学[M]．徐州：中国矿业大学出版社，1996：26-35.

[21] Scott A C，Glasspool I J. Observations and experiments on the origin and formation of inertinite group macerals[J]. International Journal of Coal Geology，2007，70(3)：53-66.

[22] 黄鹏程，王力圆，王贝，等．宁夏红墩子矿区富油煤赋存特征及其沉 积环境研究[J]．中国煤炭地质，2021，33(10)：65-70.

[23] 李焕同，朱志蓉，张战波，等．柠条塔煤矿富油煤赋存特征及其成煤 环境控制[J]．煤炭技术，2022，41(4)：63-66.

[24] 付黎明，庄新国，李建伏，等．内蒙古早白垩世五间房含煤盆地煤层 煤相分析[J]．煤田地质与勘探，2011，39(3)：1-6+13.

[25] 周贺．煤中有机显微组分微晶结构与孔隙结构特征研究[D]．河南理工大学，2020.

[26] 杨焦生，冯鹏，唐淑玲，等．大宁—吉县区块深部煤层气相态控制因素及含量预测模型[J]．石油学报，2023，44(11)：1879-1891.

[27] 赵喆，徐旺林，赵振宇，等．鄂尔多斯盆地本溪组煤岩气地质特征与勘探突破[J]．石油勘探与开发，2024，51(2)：1-15.

[28] 李勇，徐立富，张守仁，等．深煤层含气系统差异及开发对策[J]．煤炭学报，2023，48(02)：

900-917.

[29] 康永尚，皇甫玉慧，张兵，等．含煤盆地深层“超饱和”煤层气形成条件[J]．石油学报，2019，40(12)：1426-1438.

[30] 降文萍，张培河，李忠城，等．深部煤层气异常地质特征及开发技术探讨[J]．煤炭工程，2022，54(06)：158-164.

[31] 康永尚，邓泽，皇甫玉慧，等．中煤阶煤层气高饱和—超饱和带的成藏模式和勘探方向[J]．石油学报，2020，41(12)：1555-1566.

[32] 邓泽，王红岩，姜振学，等．深部煤储层孔裂隙结构对煤层气赋存的影响——以鄂尔多斯盆地东缘大宁-吉县区块为例[J/OL]．煤炭科学术：1-18[2024-06-23].

[33] 王涛．四川盆地东溪地区五峰-龙马溪组页岩超临界甲烷吸附机理研究[D]．中国地质大学，2024.

[34] Liu Y，Zhu Y M，Li W，et al. Molecular simulation of methane adsorption in shale based on grand canonical Monte Carlo method and pore size distribution[J]. Journal of Natural Gas Science and Engineering，2016，30：119-126.

[35] Tang X，Ripepi N，Stadie N P，et al. A dual-site Langmuir equation for accurate estimation of high pressure deep shale gas resources[J]. Fuel，2016，185：10-17.

[36] 张永胜．山西煤层气产业发展的风险识别与防控研究[D]．太原理工大学，2022.

[37] 李勇．鄂尔多斯盆地东缘煤层气富集成藏规律研究[D]．中国地质大学(北京)，2021.

[38] 沈玉林．鄂尔多斯中东部晚古生代古地理及高效储层控制因素研究[D]．中国矿业大学，2010.

[39] 林玉祥，吴玉琛，赵承锦，等．山西沁水盆地天然气封存箱成藏机理与模式[J]．地球科学与环境学报，2017，39(01)：95-102.

[40] 徐长贵，朱光辉，季洪泉，等．中国海油陆上天然气勘探进展及增储发展战略[J]．中国石油勘探，2024，29(01)：32-46.

[41] 刘广景，陈彦丽，胡皓，等．高阶煤吸附能力与其微观组分含量关系探究——以沁水盆地F区块3#煤层为例[J]．天然气勘探与开发，2022，45(4)：128-133.

[42] 武瑾．鄂尔多斯盆地大宁-吉县区块山西组页岩微观孔隙特征及其控制因素[D]．成都理工大学，2024. DOI：10.26986/d.cnki.gcdlc.2020.001324.

[43] 李勇，朱治同，吴鹏，等．鄂尔多斯盆地东缘上古生界致密储层含气系统压力演化[J]．石油与天然气地质，2023，44(06)：1568-1581.

[44] 郭为，高金亮，李海，等．中国海陆过渡相页岩气地质开发特征——以鄂尔多斯盆地东缘山西组和四川盆地龙潭组页岩气为例[J]．矿产查，2023，14(03)：448-458. DOI：10.20008/j.kckc.202303010.

[45] 张瑞天．强层间非均质性低渗致密砂岩气藏产能评价[D]．中国石油大学(北京)，2022.

[46] 杨刚，韩学婷，李斌，等．鄂尔多斯盆地临兴致密气小井眼高效钻完井技术[J]．大庆石油地质与开发，2021，40(06)：72-78. DOI：10.19597/j.issn.1000-3754.202002022.

[47] 朱宝存，唐书恒，蔡超．煤层气井压裂技术研究现状[C]//中国石油学会石油地质专业委员会，中国煤炭学会煤层气专业委员会．煤层气勘探开发理论与实践．石油工业出版社，2007：7.

[48] 刘畅，张道旻，李超，等．鄂尔多斯盆地临兴区块上古生界致密砂岩气藏成藏条件及主控因素[J]．石油与天然气地质，2021，42(5)：1146-1158.

[49] 李剑，张春林，姜福杰，等．鄂尔多斯盆地上石炭统本溪组致密气富集主控因素[J]．天然气工业，2021，41(4)：30-40.

[50] 肖子亢，刘宝平，高小平，等．鄂尔多斯盆地东南部上古生界致密砂岩储层特征及主控因素分析[J]．科技通报，2017，33(8)：48-56.

[51] 接铭训．鄂尔多斯盆地东缘煤层气勘探开发前景[J]．天然气工业，2010，30(06)：1-6+121.

[52] 徐凤银，肖芝华，陈东，等．我国煤层气开发技术现状与发展方向[J]．煤炭科学技术，2019，47(10)：205-215. DOI：10.13199/j.cnki.cst.2019.10.0.

[53] 朱庆忠，杨延辉，左银卿，等．中国煤层气开发存在的问题及破解思路[J]．天然气工业，2018，38(04)：96-100.

[54] 周德华，陈刚，陈贞龙，等．中国深层煤层气勘探开发进展、关键评价参数与前景展望[J]．天然气工业，2022，42(06)：43-51.

河套盆地临河坳陷(超)深层碎屑岩油气成藏因素与富集规律

陈树光　张锐锋　史原鹏　李志军　淡伟宁　武　函　王建广　张晰蒙　王　鑫

(中国石油天然气股份有限公司华北油田分公司)

摘　要　为了实现河套盆地临河坳陷(超)深层碎屑岩油气藏勘探突破，近年利用重磁电震等综合物探资料，重点开展成烃、成储、成藏机理研究。研究表明：①古地貌和古沉积环境控制烃源岩生烃物质及其展布，揭示了古近系临河组发育富含树脂体(陆源)和藻类体(水生)的咸化湖相早熟早排高效成烃的优质烃源岩；②盆缘大型构造转换带和坳陷湖盆整体沉降控制大型浅水辫状河三角洲砂体广覆式沉积，石英含量高，抗压实作用强，早充注、弱胶结，晚深埋，弱成岩，加上超深层超高压造缝增渗，深层超深层碎屑岩仍可发育中高孔渗优质储集体；③古地貌揭示环洼源储配置好，晚期环洼发育大型鼻隆构造等有利汇聚体，源内/近源早充注且持续充注成藏，控制深层超深层油气汇聚富集成藏，形成环洼汇聚体控藏新认识，指导深层井位部署，实现了临河坳陷北部深层超深层油气勘探重大突破，发现了深层碎屑岩领域兴华、光明等高产高丰度富集油藏。研究成果极大丰富了拗断叠合盆地晚期油气富集成藏理论新认识，为其他地区深层碎屑岩领域油气勘探提供重要理论参考。

关键词　河套盆地；转换带；古环境；弱成岩；超高压；汇聚体

Hydrocarbon accumulation factors of (ultra) deep clastic rocks in Linhe Depression, Hetao Basin

Chen Shuguang　Zhang Ruifeng　Shi Yuanpeng　Li Zhijun　Dan Weining
Wu Han　Wang Jianguang　Zhang Ximeng　Wang Xin

(PetroChina Huabei Oilfield Company)

Abstract　In order to achieve a breakthrough in the exploration of (ultra) deep clastic reservoirs in Linhe Depression of Hetao Basin, in recent years, comprehensive geophysical data such as gravity, magnetic, electric and seismic data have been used to focus on the study of hydrocarbon generation, reservoir formation and reservoir formation mechanism. The research shows that: ① The paleogeomorphology and paleo-sedimentary environment control the hydrocarbon generation materials and their distribution of source rocks, and reveal that the Paleogene Linhe Formation develops high-quality source rocks rich in resinite (terrestrial) and algae (aquatic), which are early-maturing and early-discharging high-efficiency hydrocarbon generation in saline lacustrine facies. ②The large-scale tectonic transition zone in the basin margin and the overall subsidence of the depression lake basin control the extensive deposition of large-scale shallow-water braided river delta sand bodies. The quartz content is high, the compaction resistance is strong, the early filling, weak cementation, late deep burial, weak diagenesis, coupled with ultra-deep ultra-high pressure fracture permeability, deep ultra-deep clastic rocks can still develop high-quality reservoirs with medium-high porosity and permeability. ③The paleogeomorphology reveals that the source-reservoir configuration around the sag is good. In the late stage, favorable convergence bodies such as large nose-uplift structures are developed around the sag. The early filling and continuous filling of intra-source/near-source reservoirs control the accumulation and accumulation of deep ultra-deep oil and gas, forming a new understanding of the accumulation control of the sink around the sag, guiding the deployment of deep wells, achieving a major breakthrough in deep ultra-deep oil and gas exploration in the northern part of the Linhe Depression, and discovering high-yield and high-abundance reservoirs such as Xinghua and Guangming in the deep clastic rock field. The research results have greatly enriched the new understanding of the theory of oil and gas enrichment and accumulation in the late stage of the depression-fault superimposed basin, and provided important theoretical reference for oil and gas exploration in the field of deep clastic rocks in other areas.

Key wordst Hetao Basin; transition zone; paleoenvironment; weak diagenesis; ultra-high pressure; convergence body

随着全球能源需求的日益增长和油气探明程度逐年加深，油气勘探向更复杂领域拓展，深层超深层以及非常规领域已成为未来油气勘探的重要趋势。目前国内外在深层碎屑岩领域尤其发育原生孔隙的深层碎屑岩油气藏鲜有报道。临河坳陷北部目的层埋藏深(古近系平均 4500m 以深)，深埋时间晚(5.3Ma 以来快速沉降)，埋藏时间短，导致储层压实作用弱和成岩演化相对滞后，保留了大量原生孔隙，储层物性较好。

2018 年，临河坳陷中部吉兰泰构造带在古近系、白垩系、太古界三大领域均取得石油勘探重大突破，生油岩位于白垩系，展现了临河坳陷良好勘探潜力。但临河坳陷北部上世纪八十年代钻井 8 口，均未取得油气勘探突破。究其原因，早期钻井主要集中在坳陷北部兴隆构造带外带，圈闭落实程度低，古近系烃源岩热演化程度低。基于前期钻井分析，认为该地区古近系烃源岩较为发育，储层物性普遍较好，源储互生，作为演化程度更高的古近系(超)深层能否实现勘探突破？其资源潜力、成储机理以及勘探前景如何？本文针对北部古近系资源潜力、油气成藏主控因素开展重点研究，为实现临河坳陷中北部油气勘探重要突破和规模储量发现提供了重要支撑。

1　地质概况

河套盆地位于内蒙古自治区中西部，北邻阴山山脉，东接鄂尔多斯高原，东南与贺兰山、桌子山毗邻，西至狼山，为弧形展布的中-新生代拗断叠合盆地，自西向东依次发育临河坳陷、乌拉山隆起、乌前坳陷、包头隆起以及呼和坳陷，形成“三坳两隆”的构造格局(图 1)，其中西部临河坳陷呈 NNE-EW 向弧形构造展布形态，具有面积大($2.24\times10^4km^2$)，埋藏深(最大基底埋深超 $1.4\times10^4m^2$)的特点，基底为太古界-元古界变质岩系，沉积盖层主要为白垩系、古近系、新近系、第四系砂泥岩地层(图 1)，发育白垩系和古近系两套主力烃源岩，成藏配置条件较好，是目前盆内最主要的生油坳陷和含油气区。

2　油气成藏条件

2.1　古环境控烃

关于临河坳陷烃源岩基本特征及分布不少学者基于早期钻井资料做了相关研究，指出临河坳陷主要发育白垩系和古近系两套烃源岩，其中古近系临河组烃源岩主要分布在临河坳陷中北部，表现为咸化湖沉积特点，具有演化程度低，早熟早排的成烃特征。而关于优质烃源岩的成烃环境及其早熟早排的成烃机制研究较少，本次通过开展生烃组分、来源及热模拟研究，进一步明确了临河坳陷古近系临河组烃源岩发育环境与成烃机制，为下步精准资源潜力评价提供重要参考。

通过临河坳陷北部临河组烃源岩色质谱图分析发现，该烃源岩具有低姥植比(<1)，高 γ 胡萝卜烷，高 γ 蜡烷(>C30 藿烷)的特点，表明该时期为典型咸化湖沉积特征，而 C27<C29，呈反 L 型，表明生烃有机质可能以来自陆源高等植物为主；古生物研究表明，烃源岩孢粉中裸子植物孢粉含量高，其中松科属的含量高达 88%，包括单双束松粉含量近 40%，方体云杉粉、云杉粉和破隙杉粉含量合计超 40%，一方面指示当时为干旱温热的气候条件，另一方面松科粉属中含有丰富的树脂体，其可生成大量的 C21-C35 烃类化合物，是原油中蜡质的主要来源，这与研究区临河组原油高含蜡(约 20%)特征相一致。同时，干旱温热气候条件，蒸发能力强，大气降水能力弱，水体盐度较大(伽马蜡烷指数为 1~1.5)，水体分层现象明显，水体表层富氧，发育大量有机质，底层水体缺氧-还原，有机质的保存条件优越，形成“高生产、优保存”的生烃模式。

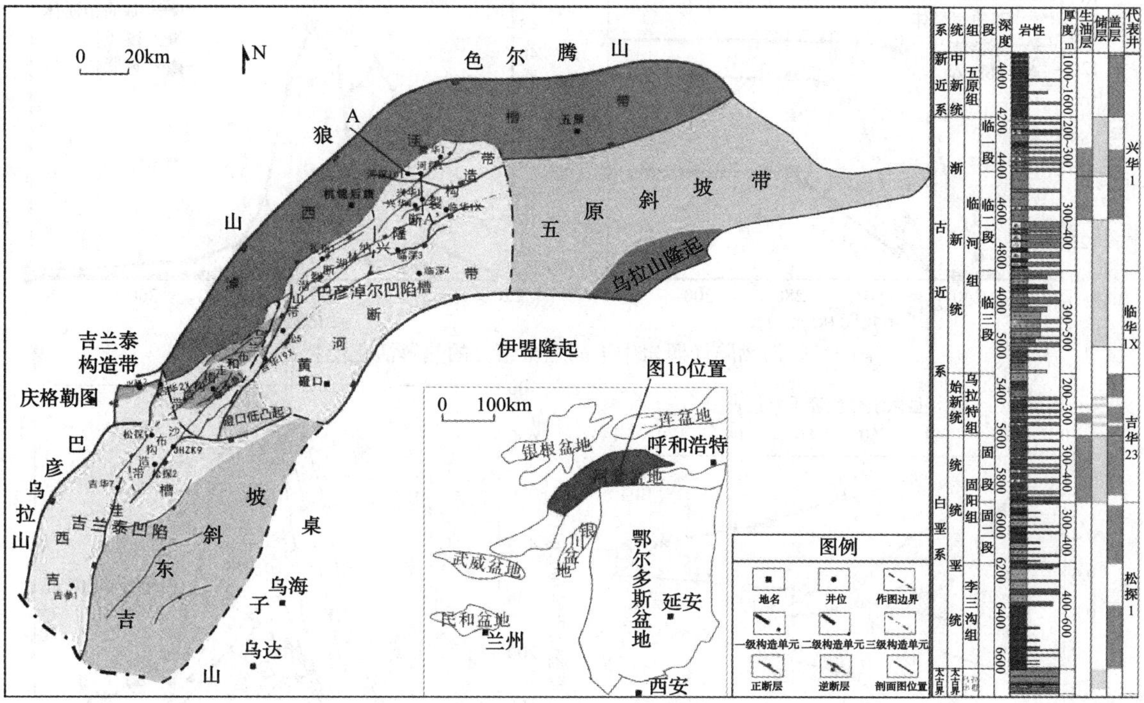

图 1　河套盆地临河坳陷构造单元划分与综合柱状图

通过开展热模拟和显微组分分离实验，基于样品量和实验要求，本次测定出基质镜质体、藻类体和树脂体的热解参数(表 1)，其中树脂体生烃潜力最大(S1 + S2 = 94.35mg/g)，生烃最早(Tmax = 426℃)，有机质丰度(17.64%)、氢指数(508.33mg/g TOC)最高；同时，树脂体生烃活化能低(223 ~ 256kJ/mol)，累计生烃量高(139mg/g)，完成生烃总量的 40%(图 2)，热演化要求低(Ro 为 0.2%~0.9%)，生烃高峰早(Ro =0.61%)；其次为藻类体，主体活化能在 235~266kJ/mol 之间，累计生烃量最高为 116mg/g，完成生烃总量的 45%(图 2)，热演化区间为 0.27%~1.70%，在 Ro 为 0.9%时达到生烃高峰(图 3)。树脂体和藻类体生烃百分比占比高，生烃量大，是咸湖烃源岩早熟早排、高产烃率主因(图 4)，整体处于国内优质烃源岩最好行列(图 4b)。

表 1　研究区烃源岩中不同显微组分的热解参数

显微组分	S_1/(mg/g)	S_2/(mg/g)	(S_1+S_2)/(mg/g)	Tmax/℃	TOC/%	I_H/(mg/g TOC)
基质镜质体	1.23	29.78	31.01	430	9.37	317.82
藻类体	2.46	65.34	67.80	430	13.24	493.50
树脂体	4.68	89.67	94.35	426	17.64	508.33

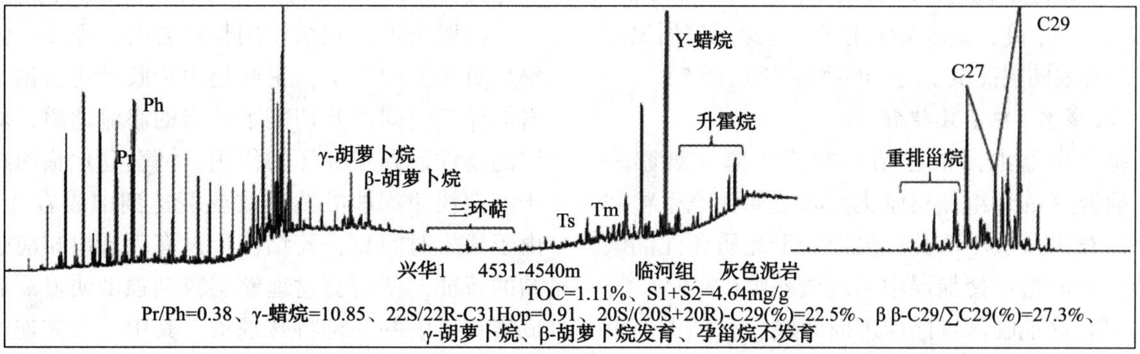

图 2　兴华 1 井临河组灰色泥岩气相色谱图、色质谱图

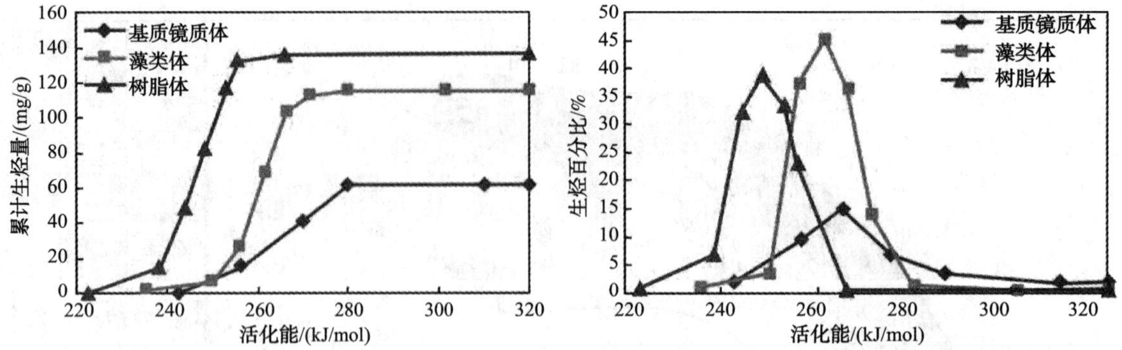

图 3　临河坳陷烃源岩中不同显微组分的热解活化能特征

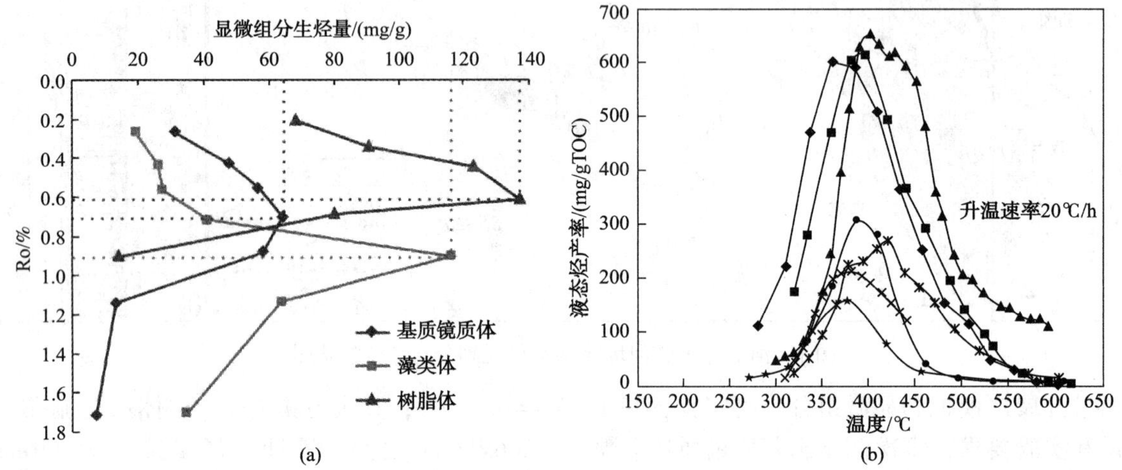

图 4　临河组烃源岩不同显微组分生烃热演化及国内典型烃源岩产率对比图

2.2　转换带控砂

河套盆地新生代以来为继承性发育盆地，古近纪沉积期，盆地处于弱伸展拗断转换期，整体地形较为平缓，其中北部物源欠发育，狼山和伊盟隆起尚未成型及形成规模，因此物源主要来自中南部成山较早、高差较大的桌子山、贺兰山、巴音乌拉山等，不同山脉间发育大型构造转换带，是大型物源体系发育的最有利通道。通过露头观察、盆内古水流、轻矿物变化、砂地比以及地震相特征分析，提出盆内主要发育 5 大物源体系，以东南部桌子山与贺兰山形成的 3 大物源体系为主，发育大型浅水辫状河三角洲沉积，具有扇体规模大，延伸距离远，矿物成分、结构成熟度高，尤其石英含量高，抗压实作用强，为深层碎屑岩形成优质有效储层提供了良好的物质基础(图 5)。

2.3　弱成岩+超高压控储

据河套盆地深层已钻井的铸体薄片观察表明，研究区临河组储层储集空间主要为原生粒间孔，发育少量次生溶孔，局部由于泥质和泥晶碳酸盐含量的增加使储层中出现微孔隙(图 6)。

河套盆地临河坳陷深埋时间晚，直到上新世(5.3Ma)以来才开始快速沉降，导致储层压实作用弱，实际钻井揭示 4500m 以浅深层砂岩岩心较为疏松，成岩作用不强；另外，根据已钻井实测计算临河坳陷平均地温梯度小于 2.5℃/100m，地温梯度低，成岩演化相对滞后，保留大量原生孔隙；弱成岩作用是河套盆地特有地质背景下形成的孔隙度随埋深减小率明显低于其他盆地的一种独特现象。河套盆地优质储层的孔隙度随埋深减小率为 3%/1000m，明显低于冀中拗陷 7%/1000m。兴隆地区碎屑组分中石英含量高，可达 50%以上，具有较强的抗压实能力，同时石英含量与孔隙度的相关性也表明：石英含量越高，孔隙度越大，说明较高的石英含量导致储层抗压实能力强，导致压实减孔小，保存较多的原生孔隙。

一般来说，胶结作用与砂岩的孔隙度、渗透率呈负相关的关系，主要是由于胶结物占据了砂岩的储集空间，并切割了砂岩的渗流通道，对储层的物性起到了破坏的作用。河套盆地临河组由于晚期快速深埋虽然导致温度达到中成岩 A 期，由于成岩时间短，胶结作用没有表现出相应强胶结的特征，使河套盆地储层胶结强度明显滞后于成岩演化阶的一种特殊现象。其中，砂体连通性是控制胶结物含量的重要因素，水下分流河道砂体连通性好，胶结物含量低。河套盆地较缓的坡度导致砂体广覆式分布，砂体稳定且连通性好，是导致储层胶结作用弱的内在原因。另外，前人研究表明，在储层埋藏成岩过程中，早期烃类充注后，油气占据大量孔喉空间，能够有效阻碍油气藏中孔隙水的流通和交换，造成孔隙水流动减缓和离子供给障碍，从而抑制甚至停止胶结作用，有效保存储层储集空间。临河坳陷发育早熟早排优质烃源岩，在低演化阶段即开始大量生排烃，具有典型的早充注成藏的特点，对超深层原生孔隙和渗透率保存发挥重要的积极作用。临河坳陷北部兴隆构造带优质储层中胶结物含量整体较低，胶结物未占据太多原生孔隙空间，使原生孔隙得以大量保留。

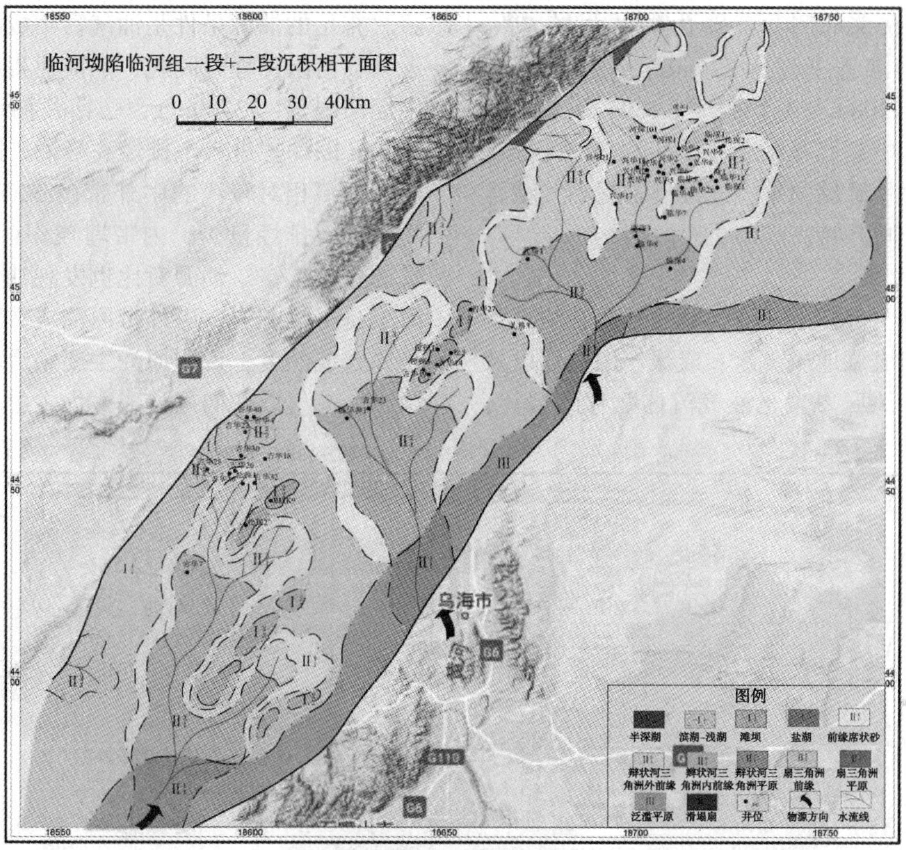

图 5 临河坳陷临河组沉积相平面图

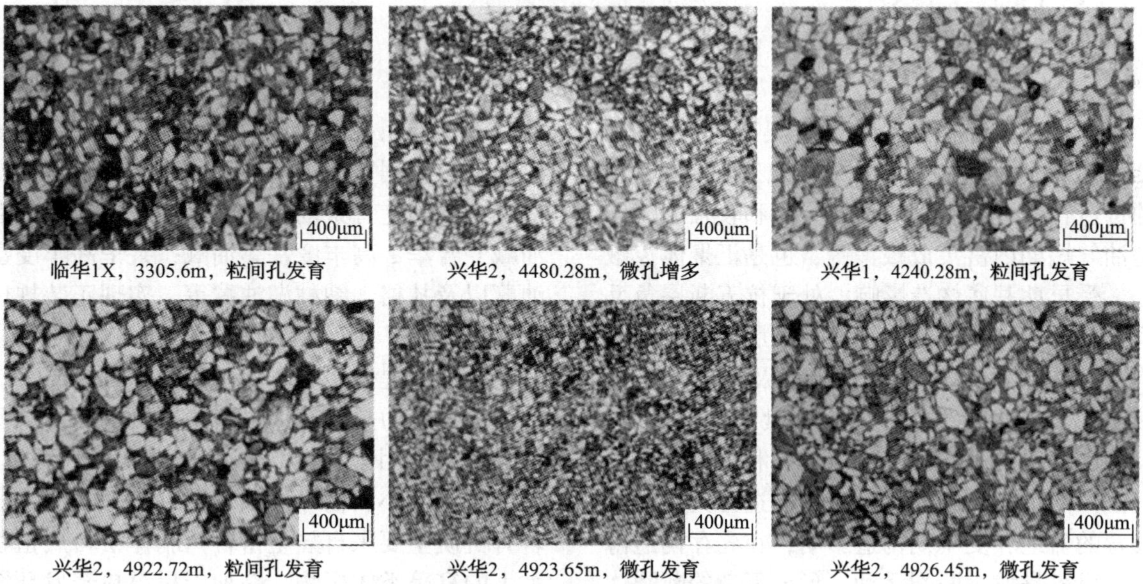

临华1X，3305.6m，粒间孔发育　兴华2，4480.28m，微孔增多　兴华1，4240.28m，粒间孔发育

兴华2，4922.72m，粒间孔发育　兴华2，4923.65m，微孔发育　兴华2，4926.45m，微孔发育

图 6 临河组辫状河三角洲型砂岩储层储集空间特征

同时，洼槽区早熟早排优质烃源岩不仅早充注，且持续强排烃(基于河探 1 井烃源岩过剩压力预测，发现该井临河组不同层段源储压差为 32~57MPa)强充注形成超高压油气藏，当地层压力达到一定程度超过储层破裂压力下限时，砂岩储层就很有可能开始由内及外发生破裂，产生裂缝，并进一步连通孔隙，使储层物性尤其渗透率得到进一步改善，进而形成孔缝型储层。河探 101 井 6557~6566m 测井解释孔隙度达 15.7%，试油测试流动渗透率高达 226mD，试油获日产油 1285.77m^3(1084.8 吨)日产气 1.07 万方的高产油气流，其中超高压对储源交互体天然压裂，形成缝孔连通、源储同聚、连续型常规油气藏是超深层形成千吨井特高产的重要原因。

2.4　汇聚体控藏

赵文智院士曾提出，油气藏的形成必须具备三大要素，即成藏地质要素、成藏作用过程以及能量场环境。地质要素是油气流体赋存的载体，成藏作用过程是油气从生成、运移、聚集、保存与改造的全过程，能量场环境是地质要素形成和作用过程发生的环境条件。而油气富集成藏就要求三大要素同时具有良好的时空配置关系。通过对河套盆地油气成藏特征和富集规律研究，认为充足的油源条件、近源良好的构造背景和圈闭条件以及强大的源动力条件是河套盆地晚期富集成藏的最重要因素。

充足的油源条件是油气富集成藏的基础。古近系临河组深埋时间晚，热演化程度低，烃源岩生烃门限深(>3700m)，已钻井揭示兴隆构造带 5700m 以深才进入生排烃高峰期。因此，兴隆构造带埋藏相对较浅的中外带(<5000m)烃源岩成熟度低，排烃量少；内带埋藏深(>6000m)，油气源更加丰富。油源对比也发现油气主要来自临河组自身烃源岩，中外带原油成熟度均高于本地烃源岩成熟度，说明原油主要来自本层系深层烃源岩，油气以侧向运移成藏为主(图 7)。

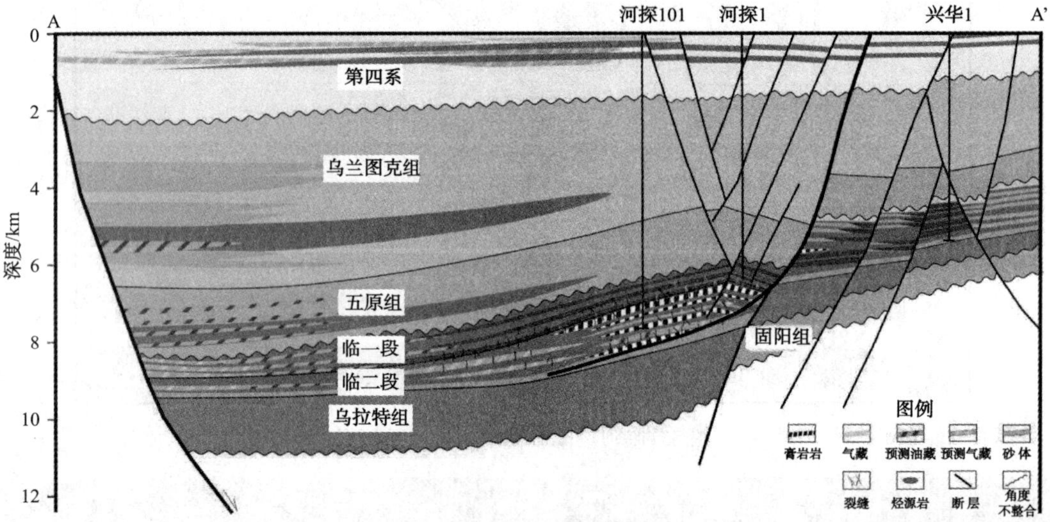

图 7　兴隆构造带油藏模式图

近源大型鼻隆构造是油气富集成藏的关键。河套盆地油气成藏期晚(3~5Ma 以来)，源内良好的构造背景形成有利的汇聚方向和较强的流体势是油气短期内富集成藏关键，也是汇聚体控藏核心。受早期基底构造影响，处于杭五断层负反转后上升盘的兴华构造、纳林湖断层上升盘的扎格构造、纳林湖断鼻/断垒构造以及狼山分支断层控制的吉华 2 断鼻构造、上升盘潜山构造等，为洼槽区生成的大量油气提供了有利汇聚体，是油气汇聚的最有利方向。而晚期构造尤其是继承性发育的盆地，受早期构造影响，在先存构造薄弱带上更容易发生断裂活动，形成复杂的断裂体系和多种圈闭类型，为汇聚体定型及控藏提供重要保障。根据以上汇聚体控藏新认识，近年围绕以上有利构造背景勘探，先后发现了吉华 1 潜山油藏，吉华 2 高丰度富集油藏，兴华高丰度富集油藏以及扎格、纳林湖油藏等，实现正装规模高效储量发现，为河套盆地“十四五末”建成 200 万吨新油田提供坚实资源基础。

强源动力是晚期油气富集成藏的保障。源动力强度制约因素主要包括生烃强度、油源远近、流体势差大小、输导体系强弱。兴隆构造带烃源岩有机质主要来自陆生富含树脂体松科属植物及水生的富藻类体生物，叠加干旱温热蒸发环境形成咸化湖优质烃源岩，热模拟表明 Ro = 0.7% ~ 0.9%为生烃高峰期，生烃强度大；晚期强伸展断陷，形成西断东超的半地堑结构，以及盆中央断裂带发现大型构造圈闭，西侧往往发育大型顺向断层，使源-圈配置好，流体势差大，源动力强。同时，源储互生使超深层生成的油气快速排到临近砂层中，油气在砂体中的运移速度远远高于烃源岩自身，结合大型辫状河三角洲砂体大面积广泛稳定分布的特点，洼槽区生成的大量油气通过砂体高速公路向临近低势区快速汇聚富集成藏。临洼的兴华油藏和吉华 2 油藏均是晚期强源动力高效汇聚为形成规模富集油藏提供重要保障，而纳林湖断鼻油气富集程度较低，与该断鼻埋藏较深，流体势差相对较小，叠加洼槽区发育巴音构造，油气输导欠顺畅等不利条件密切相关。

4 结论

（1）河套盆地新生代以来为继承性发育盆地，早期基底构造控制了晚期盆地格局和大型构造带展布，为晚期大型汇聚体形成提供重要基础；

（2）干旱温热蒸发古气候及坡缓水浅大量陆源沉积物供应的古环境条件，为内陆咸化湖早熟早排、高产烃率优质烃源岩发育提供了重要的资源保障。

（3）盆缘大型构造转换带控制发育远物源高成分和结构成熟度的大型辫状河三角洲沉积砂体，为形成良好的抗压实和弱胶结砂体储层提供有利条件，结合晚深埋、弱成岩、早充注、超高压的地质特点，超深层碎屑岩仍可形成中高孔渗优质储集体。

（4）提出大型汇聚体控制晚期油气富集成藏。继承性发育盆地形成的早期构造是大型汇聚体形成的重要基础，晚期构造是大型汇聚体定型及圈闭形成的关键，强流体势和强源动力是大型汇聚体晚期富集成藏的重要保障。

参 考 文 献

[1] 何治亮，金晓辉，沃玉进，等．中国海相超深层碳酸盐岩油气成藏特点及勘探领域[J]．中国石油勘探，2016，21(1)：3-14.

[2] Zhu Guangyou, Milkov Alexei V, Chen Feiran, et al. Noncracked oil in ultra - deep high - temperature reservoirs in the Tarim Basin, China[J]. Marine and Petroleum Geology, 2018, 89: 252-262.

[3] 马永生，蔡勋育，郭旭升．普光气田的发现[J]．中国工程科学，2010，12(10)：14-23.

[4] 马永生，傅强，郭彤楼，等．川东北地区普光气田长兴—飞仙关气藏成藏模式与成藏过程[J]．石油实验地质，2005，27(5)：455-461.

[5] 杨雨，黄先平，张健，等．四川盆地寒武系沉积前震旦系顶界岩溶地貌特征及其地质意义[J]．天然气工业，2014，34(3)：38-43.

[6] 杜金虎，邹才能，徐春春，等．川中古隆起龙王庙组特大型气田战略发现与理论技术创新[J]．石油勘探与开发，2014，41(3)：268-277.

[7] 施和生，王清斌，王军，等．渤中凹陷深层渤中19-6 构造大型凝析气田的发现及勘探意义[J]．中国石油勘探，2019，24(1)：36-45.

[8] 张锐锋，何海清，陈树光，等．河套盆地临河坳陷石油地质新认识与重大发现[J]．中国石油勘探，2020. 25(6)：1-12.

[9] 沈华，何海清，张锐锋，等．河套盆地洼槽区河探1 井风险勘探突破及意义[J]．石油学报，2022，43(9)：1213-1222.

[10] 张锐锋，何海清，朱庆忠，等．河套盆地临河坳陷石油地质特征与油气富集规律[J]．石油勘探与开发，2023，50(4)：695-705.

[11] 张以明，张锐锋，王少春，等．河套盆地临河坳陷油气勘探重要发现的实践与认识[J]．中国石油勘探，2018，23(5)：1-11.

[12] 付锁堂，付金华，喻建，等．河套盆地临河坳陷石油地质特征及勘探前景[J]．石油勘探与开发，2018，45(5)：749-762.

[13] Shaochun Wang, Zengyuan Zhou, Dexiang Yang et al. Study on saturated hydrocarbons in organic rich rocks indicative significance of special compound molecules for hydrocarbons [J]. Fresenius Environmental Bulletin, 2021. 30(7): 8109-8116.

[14] Chenxi Li, Zhen Liu, Shaochun Wang, et al. Prediction of major source rocks distribution in the transition from depressed to rifted basin using seismic and geological data: The Guyang to Linhe Formations in the Linhe Depression, Hetao Basin, China [J]. Journal of Petroleum Science and Engineering.

[15] 陆鹿，陈树光，李壮福，等．河套盆地临河坳陷白垩纪-古近纪沉积环境演化及油气地质意义[J]．古地理学报，2022，24(2)：308-331.

[16] 张锐锋，于福生，刘喜恒，等．河套盆地临河坳陷及周边地区中-新生代成盆演化特征[J]．石油与天然气地质，2020，41(6)：1139-1150.

[17] 赵文智，汪泽成，李晓清，等．油气藏形成的三大要素[J]．自然科学进展，2005，15(3)：304-312.

渤海大型中位太古界潜山优质储层形成机制与油气勘探意义

李 龙 宿 雯 张兴强 梁 晓 安俊睿

[中海石油(中国)有限公司天津分公司]

摘 要 渤中26-6油田是渤海湾盆地近期发现的规模最大的深层变质岩油田，探明储量超过2亿方油当量，油柱高度超600m，现今埋深大于3200m，储层规模大但非均质性强，优质储层展布差异明显：构造平缓区主要为裂缝-溶蚀型储层，平均孔隙度为6.3%、渗透率为6.17×10^{-3}μm^2，断阶带和倾末端主要为裂缝型储层，平均孔隙度3.2%、渗透率为2.17×10^{-3}μm^2。基于三维地震、钻井、测井以及薄片资料，明确了中位太古界潜山储层的发育特征，并探讨了潜山优质储层形成机制。结果表明：(1)印支、燕山两期应力叠加为规模性裂缝的形成提供了外部动力，为优质储集层的发育奠定了良好的裂缝基础；(2)晚期活化作用差异对太古界潜山储层空间发育具有明显控制作用，是影响太古界潜山储层平面分区、纵向分带的主要因素。在上述控制因素指导下，建立了“构造主控、差异活化”的大型中位太古界潜山优质储层发育模式。

关键词 太古宇；中位潜山；优质储层；形成机制；渤海海域

Formation mechanism of high quality reservoir in large middle Archean buried hill in Bohai Sea and its significance in oil and gas exploration

Li Long Su Wen Zhang Xingqiang Liang Xiao An Junrui

(CNOOC China Limited, Tianjin Branch)

Abstract Bozhong 26-6 oilfield is the largest deep metamorphic rock oilfield in Bohai Bay Basin, which grows below 3200m with confirmed oil equivalent reserves of over 200 million square meters, oil column height of over 600m. The scale reservoir is large but heterogeneous, and the distribution of high-quality reservoirs is clearly distinct: The average porosity and permeability are 6.3% and 6.17×10^{-3}μm^2 in the flat structure area, while the average porosity and permeability are 3.2% and 2.17×10^{-3}μm^2 in the fault step zone and inclined end. Based on 3D seismic, well drilling, well logging and thin slice data, the development characteristics of middle Archean buried hill reservoir are defined, and the formation mechanism of high quality buried hill reservoir is discussed. The results show that: (1) the stress superposition in the indosinian and Yanshan phases provided external impetus for the formation of large-scale fractures and laid a good foundation for the development of high-quality reservoirs; (2) The difference of late activation has a significant control effect on the spatial development of buried hill reservoirs, and is the main factor affecting the plane zoning and longitudinal zoning of buried hill reservoirs in Archean. Under the guidance of the above control factors, the distribution model of high quality reservoir in large middle Archaean buried hill with "structure control and differential activation" is established.

Key wordst Archean; Middle buried hill; High quality reservoir; Formation mechanism; Bohai sea

从上世纪70年代任丘古潜山高产油田发现 以来，潜山一直是渤海湾盆地重要的勘探层系。

针对渤海西南部潜山已开展多轮次勘探，早期勘探成效整体欠佳，仅发现渤中28-1、渤中26-2等小型油气田。2016年以来，渤海油田掀起了太古界潜山勘探的热潮，相继发现渤中19-6、渤中13-2等一系列太古界潜山大型油气田，展现了渤海海域太古界潜山巨大勘探潜力。在近年的潜山勘探实践过程中，业界专家与学者提出了“优势矿物-多期应力-双向流体”“超压动力封闭”等多项适用于渤海湾盆地太古界潜山油气勘探的成藏理论与地质认识。已发现的潜山大型油田(亿吨级油田)，紧邻渤中富生烃凹陷，具备优越的油气成藏条件。

渤中26-6油田位于渤南低凸起中位潜山带，是近期渤海湾盆地发现的全球规模最大的变质岩油田，探明储量超过2亿吨油当量。前人针对该油田生烃物质基础、圈闭形成演化以及油气运移、保存开展了相应的工作，认识到渤中凹陷、黄河口凹陷新生界沙河街组厚层高熟烃源岩为优质大油田的形成提供了物质基础，印支期挤压、燕山期走滑以及喜马拉雅期走滑-拉张共同控制了规模性圈闭的形成，而东营组厚度达200~500m的超压泥岩为油气的保存提供了重要。

本次研究以研究区丰富的三维地震资料、钻测井资料、岩芯、壁芯资料以及薄片资料为基础，系统分析了中位太古界潜山储层的储层特征及分布规律，探讨了优质规模性储层形成的主控因素并建立了发育模式。该研究成果一方面对渤海湾盆地下一步的中位潜山勘探具有指导作用，同时也对相似背景下太古界潜山储层的分布与预测具有借鉴意义。

1　区域地质概况

从构造位置上看，渤南低凸起北邻渤中凹陷，南侧以近东西向大断层为界与黄河口凹陷相接，东西向被郯庐走滑断裂带分隔，整体为受基底控制的近东西向发育的构造脊，是在古穹隆背景上发育的并经多期构造改造、多期断裂相互切割形成的复杂断块圈闭，构造基底为太古界潜山(图1)。已钻井揭示，研究区自下而上依次发育太古界潜山、古近系孔店组、沙河街组、东营组，新近系馆陶组、明化镇组和第四系平原组。其中太古界潜山见到较好的油气显示与油气层。研究区中生代具有频繁构造格局转换和多旋回构造运动，受挤压、走滑叠合构造活动影响，主要发育三组断裂体系，分别为近EW、NW向印支逆冲断裂体系、近SN向左旋走滑断裂和NE向燕山断裂体系(图1)。

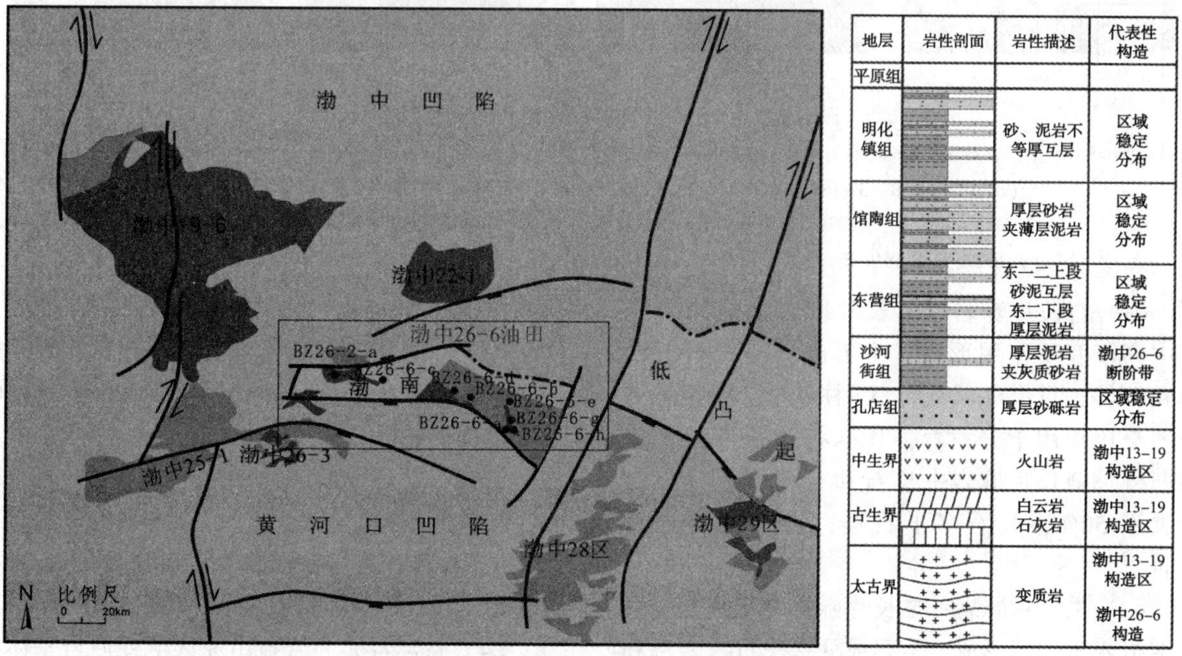

图1　渤中26-6油田区域位置图

渤中 26-6 太古界潜山上覆古近系地层，埋藏较浅，不具备规模生烃能力，但凸起北侧和南侧分别被渤中和黄河口两大富烃凹陷夹持，具有良好的油源条件。其中，北侧的渤中凹陷烃源岩以东三段、沙一段烃源岩为主，有机质类型以混合型为主(Ⅱ1-Ⅱ2 型)，部分为腐植型(Ⅲ型)，Ro 普遍介于 0.50%~1.20%，处于成熟阶段，TOC 在 0.45%~11.20%(平均值 2.30%)，该套烃源岩有机质丰度高、品质好，为好—优质烃源岩，现今处于生烃高峰期；南侧的黄河口凹陷烃源岩以沙一段、沙三段烃源岩为主，有机质类型以Ⅱ1—Ⅱ2 型为主，有机质丰度高，为好—优质烃源岩。相邻两个凹陷沙河街组湖相生烃层系厚度为 1000m~3000m，已经进入成熟~高成熟生烃阶段，生烃中心已进入生烃高峰阶段。

2 中位潜山变质岩储层特征

2.1 储层岩性特征

研究区主要发育区域变质岩、动力变质岩碎裂岩以及混合岩类 3 类岩性，其中：区域变质岩主要为各类片麻岩(斜长片麻岩及二长片麻岩)，动力变质岩碎裂岩多为区域变质岩在应力作用下碎裂化的结果；混合岩类为混合岩化作用的结果，以混合花岗岩/片麻岩、混合岩化花岗岩/片麻岩等为主(图 2)。

图 2 渤中 26-6 油田典型岩性及储集空间类型

(a)BZ26-6-B，4135m，斜长片麻岩；(b)BZ26-6-C，4102m，二长片麻岩；(c)BZ26-6-B，3965m，碎裂化混合花岗岩；(d)BZ26-6-B，3940m，混合花岗岩；(e)BZ26-6-B，3883m，裂缝较发育，见沿缝溶蚀强；(f)BZ26-6-B 3750m，沿钾长石节理发育沿缝溶蚀扩大孔；(g)BZ26-6-E 3849.5m 沿钾长石粒内微裂缝发育的溶孔；(h)BZ27-2-A，4695m，4695，微裂缝

(1) 斜长片麻岩　斜长片麻岩为花岗岩经过中高级变质作用形成，主要成分是长石、云母和石英，具有粒状或片状(柱状)粒状变晶结构，交代作用十分发育，片麻状或条带状构造(图 2)。斜长片麻岩中长石和石英体积分数之和大于 50%，长石多于石英，长石主要为斜长石。

(2) 二长片麻岩　二长片麻岩为花岗岩经过中高级变质作用形成，主要成分是长石、云母和石英，具有片麻状构造或条带状构造。二长片麻岩中长石和石英体积分数之和大于 50%，长石多于石英，其中钾长石体积分数大于斜长石体积分数(图 2)。

(3) 碎裂岩　碎裂岩是岩石强烈挤压破碎的产物，岩石破碎严重，破碎后形成大小不一的碎块，因而矿物除碎裂外，还部分发生形变，出现波状消光，解理或双晶纹发生扭曲、裂开以至压扁、拉长等现象。在镜下，碎裂岩具典型的碎裂结构或碎斑结构，岩石的颜色较相应的正常岩石变深(图 2)。

(4) 混合岩类　岩石由原区域变质岩基体和新生长英质脉体两部分组成，根据脉体和基体的含量，划分为混合片麻岩类和混合变质花岗岩类，发育片麻状、条带状构造。

2.2 储集空间类型

变质岩由于本身不发育原生孔隙，因此其储集空间主要为次生孔隙。岩心观察与薄片镜下观察研究区变质岩储集空间主要发育构造裂缝、溶蚀孔(缝)以及破碎粒间孔 3 种类型，其中溶蚀孔(缝)、构造裂缝是最主要的储集空间类型。

研究区可见多期构造裂缝相互切割，尽管部分裂缝被方解石、铁白云石充填，但大部分裂缝现今仍然保持开启或被溶蚀改造作为有效的储集空间(图 2)。先期的构造裂缝在大气淡水或者有机酸的作用下会发生溶蚀而形成溶蚀缝，流体的溶蚀会使得裂缝的有效性大大增强，裂缝是发生溶蚀作用的基础，溶蚀时期裂缝越发育，溶蚀作用越强烈。流体除了使得构造裂缝发生溶蚀外，同样会对黑云母、长石等矿物进行溶蚀(图 2)。溶蚀孔极大地提升了变质岩的孔隙度，这些孔隙与构造裂缝进行沟通，是变质岩高产稳产的重要保障。破碎粒间孔是变质岩较为特殊的一类储层类型，其多分布于碎裂岩之中。区域变质岩在构造应力作用下发生破碎，破碎的颗粒间形成了大量的破碎粒间孔(图 2)，这类储层尽管在变质岩中占比不高，但是其储层物性极好，是变质岩重要的储层类型。

2.3 储层空间展布特征

研究区潜山优质储层具有“平面分区、纵向分带”空间差异展布规律，这种空间差异与受风化淋滤作用强度的变化有关。根据岩性、电性以及储层发育程度的差异将潜山储层划分为强风化溶蚀带、弱风化裂缝带以及内幕基岩带 3 部分(图 3)。

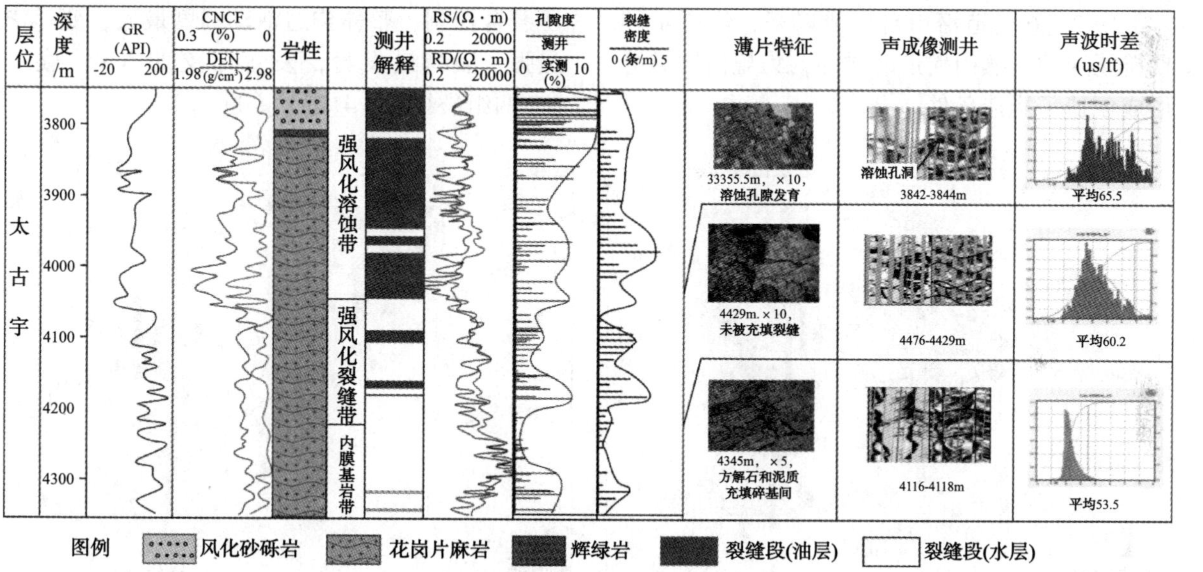

图 3　渤中 26-6 构造潜山储层纵向分带

(1) 强风化溶蚀带　主要分布在潜山主体构造平缓区，是主体区最重要的优质储层发育带。受风化淋滤作用影响，该带主要由风化砂砾岩、风化裂缝带组成，不同井区厚度存在较大差异(40m~380m)，储集空间主要为孔隙型、孔隙-裂缝型，镜下可见大量沿裂缝溶蚀扩大孔(缝)(图)，储层孔隙度 3.3%~27.3%(平均 6.3%)，渗透率 $(0.07\sim45.6)\times10^{-3}\mu m^2$(平均 $6.17\times10^{-3}\mu m^2$)。

(2) 弱风化裂缝带　该带平面分布具有差异性，主体区分布在强风化溶蚀带之下，距离潜山顶面 200m 左右，不同井区厚度也存在一定差异(80m~220m)；与主体区不同，断阶带和倾末端主要分在潜山顶部，最大厚度可达 400m，是断阶带和倾末端最主要的储层发育带。该带主要受构造作用影响，受风化淋滤作用较弱，储集空间主要为构造裂缝，局部可见溶蚀扩缝现象。储层孔隙度 1.5%~4.9%(平均 3.2%)，渗透率 $(0.02\sim18.8)\times10^{-3}\mu m^2$(平均 $2.17\times10^{-3}\mu m^2$)。

(3) 内幕基岩带　该段全区普遍发育，整体较为致密，基本不受风化作用改造，因此具有高密度、低中子孔隙度以及高电阻特征。尽管在成像测井图案中偶尔可以观察到少量构造裂缝，但该区域的裂缝多发生闭合或者充填，而与上段的裂缝呈现出极大的差异(图 3)。

综合分析来看，研究区潜山优质储层呈现明显的“平面分区、纵向分带”规律，主体区主要发育强风化溶蚀带+弱风化裂缝带+内幕基岩带构成的三层结构，而断阶带和倾末端则以弱风化裂缝带+内幕基岩带构成的二层结构为主。

3 储层形成机制与发育模式

3.1 优质储层发育机制

变质岩储层的形成主要受内因与外因共同控制，研究区发育大规模高脆性矿物含量的岩石是优质储层形成的主要内因；印支+燕山两期强烈的挤压为规模裂缝的形成提供了关键的外力条件；而晚期活化作用对裂缝型储层的改善是研究区储层进一步优化的保障。

3.1.1 印支、燕山两期构造活动是裂缝形成的关键

多期构造运动对裂缝的形成具有重要的控制作用，构造应力是决定研究区裂缝发育的主导因素。渤中 26-6 构造潜山自形成以来，经历了印支期挤压逆冲、燕山期走滑逆冲，为规模性裂缝的形成创造了构造条件。

印支期，渤中 26-6 太古界位于挤压褶皱的主动盘，随着挤压强度增强，主动盘褶皱核部裂缝密度也随之增加，从而奠定了太古界潜山储层形成的基础。整体而言，印支期东部挤压强度大于西部，构造裂缝密度也明显体现出东大西小的特征[图 4(a)]。进入燕山期，由 SN 向挤压转向 NNE 向走滑逆冲，进一步对潜山内幕裂缝缝网化，愈加靠近走滑断裂带，构造挤压强度越大，地层形变也愈大，裂缝更发育，裂缝密度全区较大[图 4(b)]。据此，明确在强压性应力区及应力交汇区变形作用强，是构造裂缝的有利发育区。根据印支和燕山逆冲挤压活动的差异性，研究区断裂、裂缝在平面上呈现出明显的分区分带性。具体表现为西块受燕山期构造活动控制，NE 向断层发育，构造活动性强，裂缝以燕山期 NE 向为主；东块受印支期和燕山期两期逆冲挤压叠合控制，整体构造活动强度最大，变形作用最强，裂缝最发育，发育印支期 NW、燕山期 NE 两组裂缝[图 4(c)、(d)]。

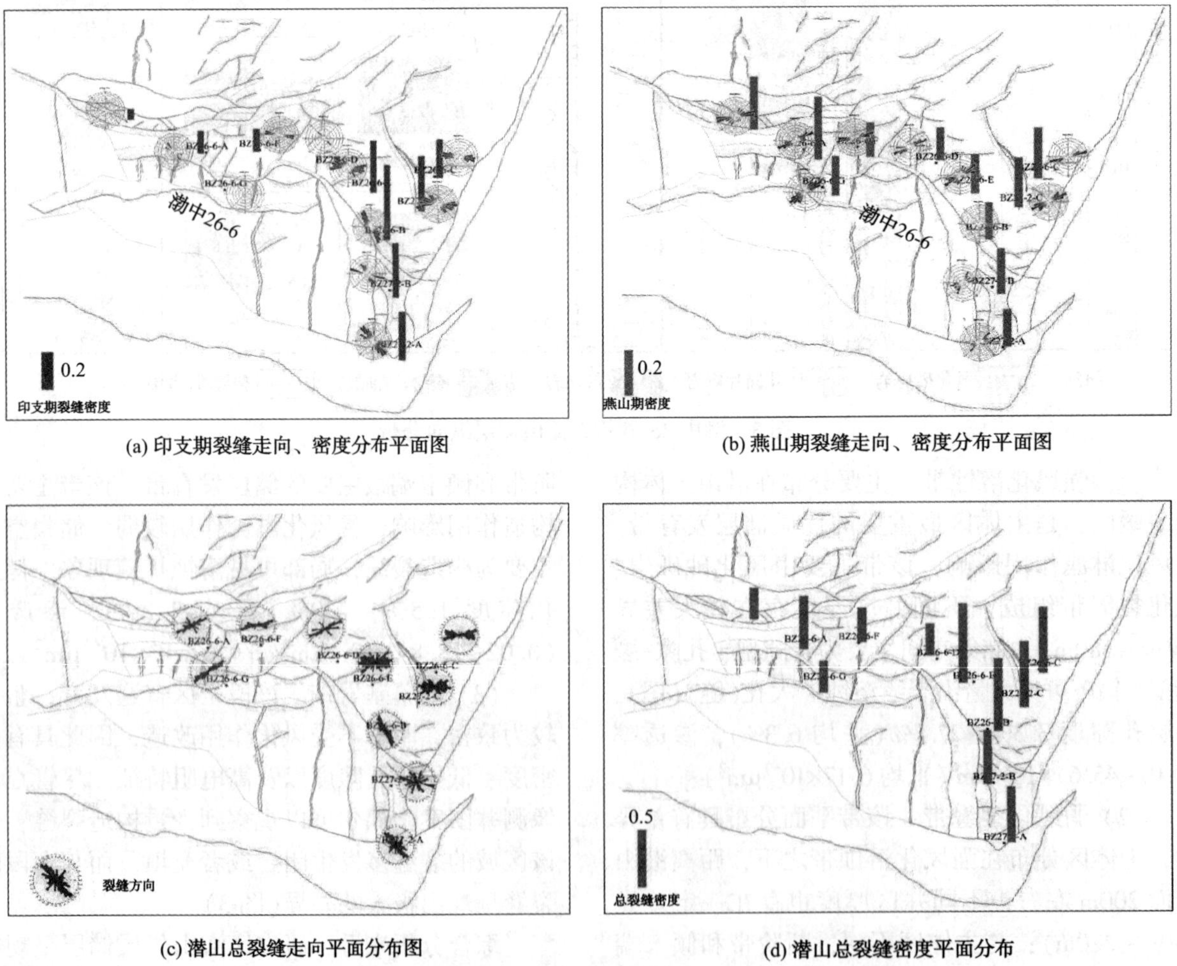

(a) 印支期裂缝走向、密度分布平面图　(b) 燕山期裂缝走向、密度分布平面图

(c) 潜山总裂缝走向平面分布图　(d) 潜山总裂缝密度平面分布

图 4　渤中 26-6 构造潜山裂缝平面分布图

3.1.2　晚期活化作用是优质储层空间展布差异的决定要素

深层变质岩潜山受多期构造变形形成的多期裂缝，裂缝大部分被后期胶结物充填，裂缝的晚期活化作用是有效裂缝形成的根本，因此探讨研究区裂缝的活化机制是优质储层分布的关键。

（1）“地貌主控—风化淋滤”是主体平缓带裂缝-溶蚀型优质储层发育的关键

潜山在形成大量的构造裂缝后，暴露地表同时会遭受强烈的风化淋滤。一方面，风化淋滤形成风化砂砾岩，高部位风化壳往往会被剥蚀，仅局部能够保存下来；另一方面，在平缓区岩石持续遭受风化，使抗风化能力差的长石类矿物发生蚀变，大大增加了岩石的破碎程度，化学淋滤溶蚀作用对储集层进一步改善，加大了裂缝的开度，形成优质储集层并得以保存。风化淋滤作用一定程度上受古地貌控制，因此古地貌位置对风化的强度以及风化壳的保存具有明显的控制作用。结合研究区实际情况，采用印模法与上覆地层残厚法对古地貌进行了恢复(图5)。结合古地貌的高低关系、地势坡降、断层组合及上覆古近系地层差异，进一步将研究区古地貌划分出5类二级地貌单元：高凸起带、平缓区、斜坡带、断阶带、倾末端。

古地貌恢复结果(图5)表明：主体区整体上风化壳储层较为发育，位于西部的1井区属于高凸起带，该带风化作用强，但往往被削蚀，仅残余部分风化壳储层，储层厚度较小(40~60m)；东部的4井区和2井区位于主体平缓区，风化溶蚀改造强，储层段厚度大(100~320m)，测试产能高(油324.6m^3/d，气32.4×10^4m^3/d)；而位于断阶带的8井和倾末端的3井区，由于古地貌位置较低，古始新世长期被覆盖，新生代风化时窗短，整体风化壳不发育。

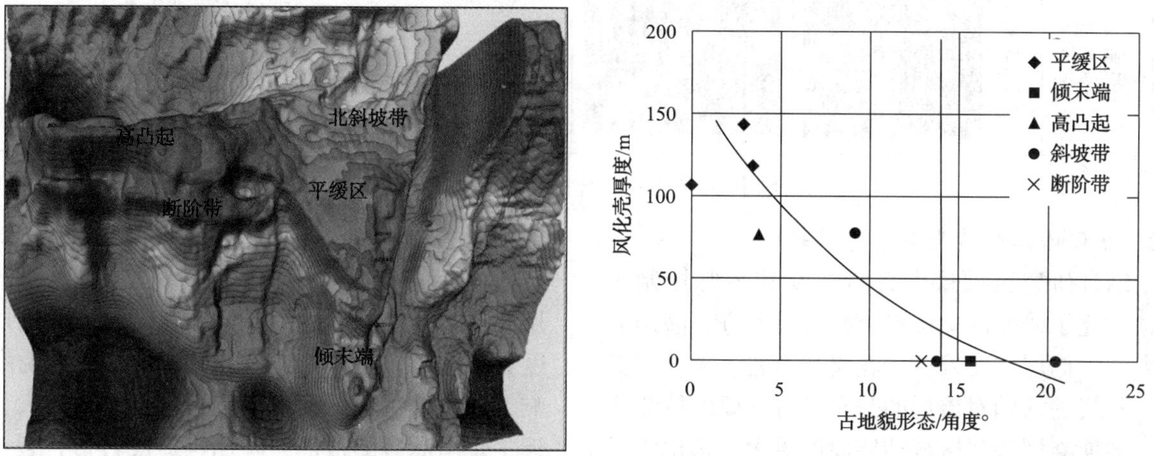

图5　渤中26-6构造潜山微古地貌划分及其与风化壳厚度关系

（2）“走滑扩缝—反转活化”差异制约断阶带与倾末端优质裂缝型储层的发育程度

主体区钻井揭示，受燕山晚期走滑作用影响，越靠近主走滑断层，先存裂缝扩缝越明显；倾末端紧邻主走滑断裂带，具备燕山期左旋走滑扩缝的动力条件，有利于提升先存裂缝开度。同时对倾末端精细构造解析表明，在喜山期NE向右旋走滑作用下，受基底边界限制，倾末端挤压反转，潜山已有裂缝进一步持续活化，大大增加有效裂缝纵向长度(图6)。

实钻表明，距离主走滑较近，有效裂缝开度越大、井段越长。与主体平缓区裂缝-溶蚀型、溶蚀-裂缝型储层不同，处于主走滑强控区的倾末端主要发育裂缝型储层(孔隙度4.9%)，平均裂缝开度90um，平均有效裂缝段长度达655m，其中BZ27-2-A井测试获得高产，日产油304.8m^3/d，气7.8×10^4m^3/d(图7)。

对比储层厚度以及产能结果表明，平缓区储层发育稳定，测试产能高；处于古地貌较低的断阶带和倾末端，储层厚度发育差异较大，靠近主走滑带的倾末端处，受主走滑持续改造，裂缝活化，储层厚度较大，而断阶带整体储层较不发育。

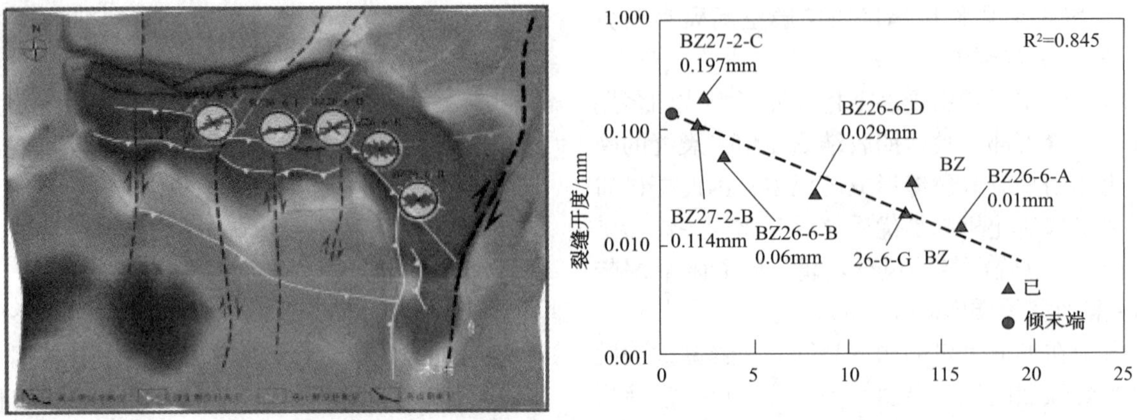

图 6　渤中 26-6 潜山已钻井距离主走滑的距离与裂缝开度相关性图版

储层类型		壁心	薄片	开度	裂缝段储层长度	最高产能
主体区典型井 BZ26-6-2	溶蚀型储层	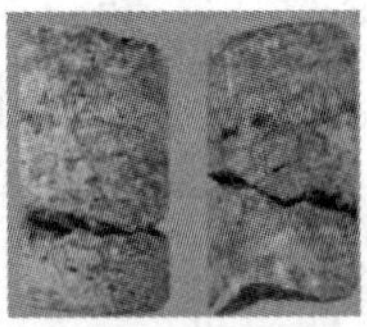	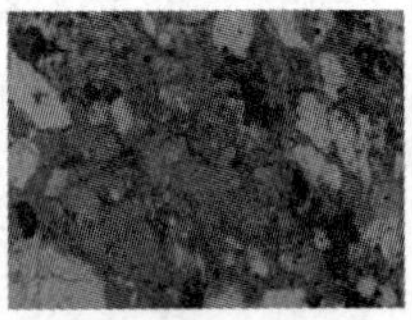	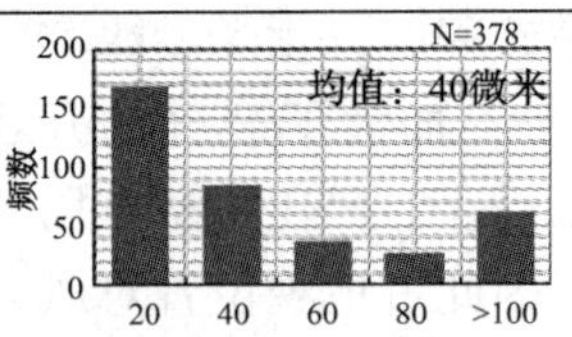	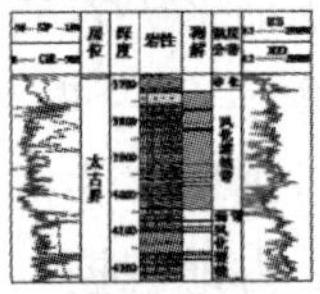 549m	油324.6方 气32.4万方
倾末端典型井 BZ27-2-3	裂缝型储层		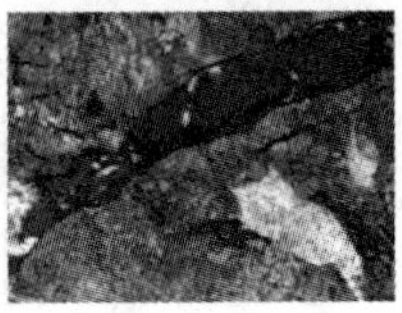	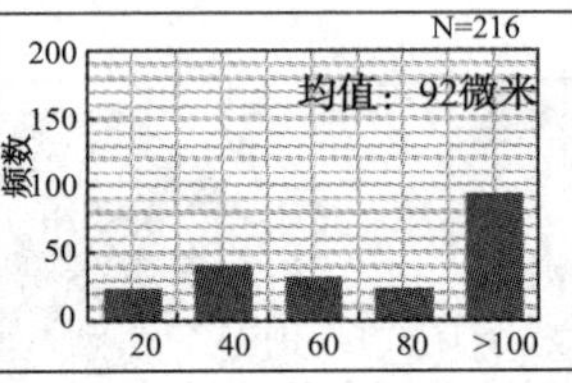	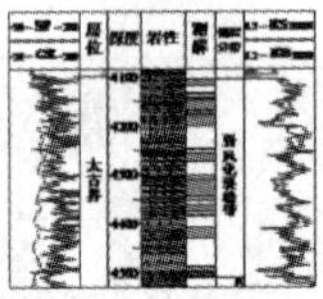 947m	油301.8方 气7.8万方

图 7　渤中 26-6 潜山主体区与倾末端优质储层特征

3.2　中位潜山优质储层发育模式

结合研究区储层发育特征及其主要控制因素，建立了研究区储层发育模式(图 8)。潜山岩体内部，储层主要发育于花岗片麻岩、混合岩类中；断裂的活动对储层的分布具有重要的控制作用，多期断裂叠加区域储层厚度更大，这也为后期的风化作用提供了渗流的通道。构造作用形成了不同的古地貌特征，进一步控制了空间上储层结构的变化，其中主体构造平缓区受风化淋滤作用改造强烈，以裂缝-溶蚀型储层为主，储层厚度大、孔渗高；断阶带与倾末端受古地貌的影响，以裂缝型储层为主，储层厚度变化较大，靠近主走滑断裂的根部，晚期构造反转带，裂缝储层更发育。

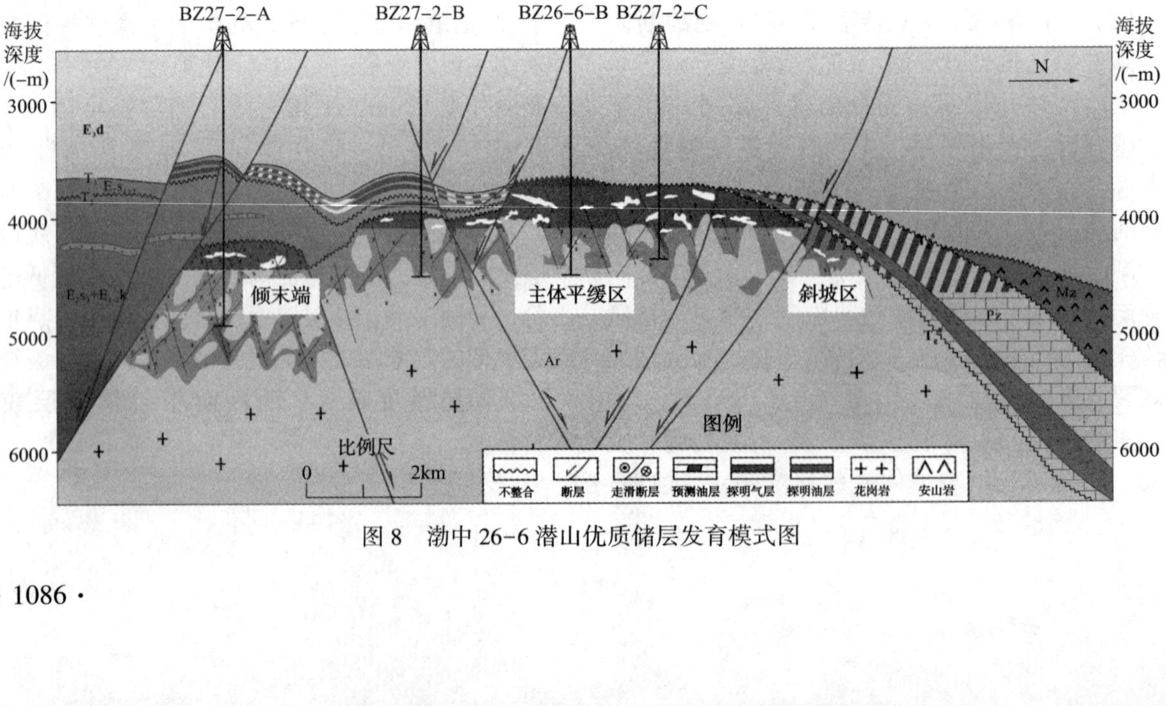

图 8　渤中 26-6 潜山优质储层发育模式图

值得注意的是，主体构造平缓区区由于地势平坦，一方面利于风化壳的保存，同时其上部易于沉积滩坝砂，潜山储层结构最为完整、储层厚度最大；断阶带及倾末端由于构造位置较低，上覆古新世地层，风化时窗短，受风化作用较弱，因此往往缺失强风化溶蚀带段。因此，渤中26-6中位太古界潜山油田储层发育程度整体具有“构造主控、差异活化”空间异展布规律，但不同构造区储层的垂向结构模式具有显著差异。

4　油气勘探意义

渤中26-6油田的成功发现，打破了渤海低凸起潜山带从未发现亿吨级潜山油田的局面，证实了新生代长时间暴露风化是潜山优质风化壳储层发育的关键；在古地貌低、风化时窗较短的潜山带，寻找晚期构造强活动区，是裂缝型优质储层潜力区带，进一步丰富了太古界潜山控储模式，也进一步拓展渤中西南太古界潜山带的勘探潜力，同时为渤海海域类似中位潜山构造勘探提供了借鉴。

5　结论

（1）渤中26-6变质岩潜山储层以溶蚀-裂缝、裂缝-溶蚀、构造裂缝为主；在垂向上，根据风化强度以及储层发育等因素可将潜山划分为强风化溶蚀带+弱风化裂缝带+内幕基岩带3部分。

（2）渤中26-6油田优质储层分布受风化淋滤作用和晚期构造活化共同控制。“地貌主控—风化淋滤”是主体平缓带裂缝-溶蚀型优质储层发育的关键，“走滑扩缝—反转活化”差异制约断阶带与倾末端优质裂缝型储层的发育程度。

参 考 文 献

[1] 邓运华，彭文绪．渤海锦州25-1S混合花岗岩潜山大油气田的发现[J]．中国海上油气，2009，21(3)：145-150.

[2] 周心怀，项华，于水等．渤海锦州南变质岩潜山油藏储集层特征与发育控制因素[J]．石油勘探与开发，2005(06)：17-20.

[3] 薛永安，李慧勇．渤海海域深层太古界变质岩潜山大型凝析气田的发现及其地质意义[J]．中国海上油气，2018，30(3)：9.

[4] 薛永安．渤海海域深层天然气勘探的突破与启示[J]．天然气工业，2019，39(1)：10.

[5] 李欣，闫伟鹏，崔周旗等．渤海湾盆地潜山油气藏勘探潜力与方向[J]．石油实验地质，2012，34(02)：140-144+152.

[6] 宋柏荣，胡英杰，边少之等．辽河坳陷兴隆台潜山结晶基岩油气储层特征[J]．石油学报，2011，32(01)：77-82.

[7] 徐长贵，杜晓峰，刘晓健，等．渤海海域太古界深埋变质岩潜山优质储集层形成机制与油气勘探意义[J]．石油与天然气地质，2020，41(2)：14.

[8] 谢玉洪．渤海湾盆地渤中凹陷太古界潜山气藏BZ19-6的气源条件与成藏模式[J]．石油实验地质，2020，42(05)：858-866.

[9] 施和生，王清斌，王军等．渤中凹陷深层渤中19-6构造大型凝析气田的发现及勘探意义[J]．中国石油勘探，2019，24(01)：36-45.

[10] 周心怀，王清斌，冯冲，等．渤海海域大型太古界潜山储层形成条件及地质意义[J]．地球科学，2022，47(5)：15.

[11] 兰浩圆，李三忠，李玺瑶等．华北东部印支期变形特征：对大陆深俯冲极性的启示[J]．地学前缘，2017，24(04)：185-199.

[12] 李伟，吴智平，赵文栋．渤海湾盆地区燕山期构造特征与盆地转型[J]．地球物理学进展，2010，25(06)：2068-2077.

[13] 薛永安，李慧勇，许鹏，等．渤海海域中生界覆盖型潜山成藏认识与渤中13-2大油田发现[J]．中国海上油气，2021，33(1)：10.

[14] 王德英，刘晓健，邓辉等．渤海湾盆地渤中19-6区中-新生代构造转换特征及其对太古宇潜山大规模储层形成的控制作用[J]．石油与天然气地质，2022，43(06)：1334-1346.

[15] 漆家福，于福生，陆克政，等．渤海湾地区的中生代盆地构造概论[J]．地学前缘，2003，10(S1)：199-206.

[16] 吴智平，侯旭波，李伟．华北东部地区中生代盆地格局及演化过程探讨[J]．大地构造与成矿学，2007，31(4)：385-399.

[17] 谭明友，刘福贵，董臣强，等．埕北3潜山构造演化与油气富集规律研究[J]．石油地球物理勘探，2002，37(2)：134-137.

[18] 李勇，钟建华，温志峰，等．印支运动对济阳坳陷构造形态形成演化的影响[J]．地质论评，2006，52(3)：321-330.

[19] 吴永平，付立新，杨池银，等．黄骅坳陷中生代构造演化对潜山油气成藏的影响[J]．石油学报，2002，23(2)：16-21.

[20] 李三忠，索艳慧，戴黎明，等．渤海湾盆地形成与华北克拉通破坏[J]．地学前缘，2010，17(4)：

64-89.
[21] 李洪颜．华北克拉通原型盆地及岩浆活动时空演化对克拉通破坏的制约[J]．中国科学：地球科学，2013，43(9)：1396-1409.
[22] 朱光，王薇，顾承串，等．郯庐断裂带晚中生代演化历史及其对华北克拉通破坏过程的指示[J]．岩石学报，2016，32(4)：935-949.
[23] 黄镇国，张伟强，陈俊鸿，等．中国南方红色风化壳[M]．北京：海洋出版社，1996.
[24] 杨洁．华南沿海花岗岩风化壳岩土工程特征变化研究[D]．西安：西安科技大学，2004.
[25] 徐长贵，周心怀，邓津辉，等．辽西凹陷锦州 25-1 大型轻质油田发现的地质意义[J]．中国海上油气，2010，22(1)：7-16.
[26] 宋柏荣，胡英杰，边少之，等．辽河坳陷兴隆台潜山结晶基岩油气储集层特征[J]．石油学报，2011，32(1)：77-82.
[27] 徐长贵，于海波，王军，等．渤海海域渤中 19-6 大型凝析气田形成条件与成藏特征[J]．石油勘探与开发，2019，46(1)：14.
[28] 侯明才，曹海洋，李慧勇等．渤海海域渤中 19-6 构造带深层潜山储层特征及其控制因素[J]．天然气工业，2019，39(01)：33-44.
[29] 徐长贵，杜晓峰，刘晓健等．渤海海域太古界深埋变质岩潜山优质储集层形成机制与油气勘探意义[J]．石油与天然气地质，2020，41(02)：235-247+294.
[30] 杜晓峰，刘晓健，张新涛，等．渤海海域太古界变质岩储层特征与形成控制因素[J]．中国海上油气，2021，33(3)：13.
[31] 叶涛，牛成民，王清斌等．渤海湾盆地大型基岩潜山储层特征及其控制因素——以渤中 19-6 凝析气田为例[J]．地质报，2021，95(06)：1889-1902.

新近系弱成岩输导体系梯级截流与大面积成藏

彭靖淞　王广源　张　参　霍飞宇　蒋怿铭

[中海石油(中国)有限公司天津分公司]

摘　要　本文以渤海海域环渤中地区为研究区，综合油气成藏动力学原理和勘探实际资料，通过储层物性分析、典型油气藏解剖、油气运移物理模拟和油气运移数值模拟等方法，理清了浅层弱成岩砂体输导体系，落实了梯级截流成藏的机理，总结了成藏模式，建立了弱成岩砂体油气运聚的预测方法，得到以下4点成果：(1)渤海浅层发育岩性/构造岩性油气藏主要输导体系为弱-中连通的曲流河藤蔓砂体和河湖交互相枝蔓砂体。(2)浅层弱成岩砂体中隔层阶梯分布，当油气大规模充注时，呈现梯级截流现象，造成多级油水系统和含油饱和度的旋回增减，形成运移链上"大面积链式成藏"。(3)建立了浅层弱成岩砂体三种成藏模式，弱连通砂体藤蔓成藏、中连通砂体枝蔓成藏和强连通砂体成藏3种成藏模式。其中弱连通砂体藤蔓成藏和中连通砂体枝蔓成藏属于岩性油气藏，而强连通砂体通常形成构造油气藏。(4)建立了基于实验地球物理和地质模式的浅层弱成岩砂体油气运聚数值模拟预测方法，实现了莱州湾凹陷和黄河口洼陷的浅层大型连片砂体油气运移路径的精确预测，推动了垦利6-A和垦利10-B油田的勘探评价。

关键词　弱成岩；输导体系；梯级截流；岩性油气藏

Stepwise Trapping and Large-scale Hydrocarbon Accumulation in the Neogene Weakly Cemented Conduit System

Peng Jingsong　Wang Guangyuan　Huo Feiyu　Zhang Can　Jiang Yiming

(CNOOC China Limited, Tianjin Branch)

Abstract　This paper focuses on the central Bohai Sea region, integrating principles of petroleum accumulation dynamics with practical exploration data. By employing methods such as reservoir physical property analysis, dissection of typical oil and gas reservoirs, physical simulation of hydrocarbon migration, and numerical simulation of hydrocarbon migration, we clarified the shallow weakly cemented sandstone conduction system, established the mechanism of stepwise hydrocarbon trapping, summarized the hydrocarbon accumulation models, and developed a prediction method for hydrocarbon migration and accumulation in weakly cemented sandstones. The following four key findings were obtained: (1) Shallow lithological/structural lithological oil and gas reservoirs primarily develop in weakly cemented strata at depths of 1000-2000m. The conduction system mainly consists of weakly to moderately connected meandering river vine-like sandbodies and river-lake interaction branched sandbodies. (2) The displacement pressure of interlayers in shallow weakly cemented sandstones is low, ranging from 0.05 to 0.4 MPa, which translates to a maximum hydrocarbon column blockage of 25-60m. When the hydrocarbon column accumulates beyond 60m, the interlayer sealing fails, presenting a stepwise trapping phenomenon that forms multi-level oil-water systems and cyclic variations in oil saturation, resulting in large-scale chain-type hydrocarbon accumulation along the migration chain. (3) Three accumulation models for shallow weakly cemented sandstones were established: weakly connected sandbody vine-like accumulation, moderately connected sandbody branched accumulation, and strongly connected sandbody accumulation. The weakly connected sandbody vine-like and moderately connected sandbody branched accumulations belong to lithological oil and gas reservoirs, while the strongly connected sandbody typically forms structural oil and gas reservoirs. (4) A numerical simulation prediction method for hydrocarbon migration and accumulation in shallow weakly cemented sandstones, based on experimental geophysics and geological models, was developed. This method accurately predicted the migration paths of large contiguous sandbodies in the shallow layers of the Laizhou Bay depression and the Yellow River Mouth depression, advancing the exploration and evaluation of the KL 6-A and KL 10-B oilfields.

Key wordst weakly cement; conduit system; stepwise trapping; lithological oil and gas reservoirs

受新构造运动的控制，渤海海域浅层新近系油气探明储量在渤海海域占比达到了近七成，是渤海主要含油层系。新近系不发育烃源岩，其油气来至于深层烃源岩生成的油气对浅层的充注，属于源外成藏。前人对新近系进行了大量的研究，龚再升等提出晚期成藏理论，认为新近系发育曲流河与极浅水三角洲等沉积类型，为浅层油气运聚提供了良好的储盖组合，且长期活动断层，油气运移能力强，从而促成了油气在新近系运聚和逸散的动平衡中晚期成藏。张善文等提出网毯式油气运移模式，网状断层为垂向输导体系，毯式新近系储盖组合提供了横向输导体系，形成立体的油气运移。可见，除了运移断层，浅层砂体的侧向输导在源外油气运移中也起着重要的控制作用。

渤海海域浅层55%的储量为岩性和构造岩性油气藏，近年来，渤海油田在渤海南部海域新近系明化镇组发现了大型的连片砂体成藏，其油水关系极其复杂，常见高部位见水、低部位含油的情况。罗晓蓉等学者研究发现，碎屑岩输导体系砂体展布多样、连通性复杂，隔层对油气运移、油水关系和成藏模式有着重要的影响。渤海浅层输导体系主要为河流相和河湖交互相沉积，其砂地比约10%~35%，砂体连通性较差，其中泥岩/粉砂质泥岩隔层较多，但新近系成岩作用弱，泥岩的封堵能力弱，传统认为如果泥岩封堵能力不强，则控制的烃柱高度较小，并不能形成大规模的岩性油气成藏。渤海明化镇组大面积岩性成藏的机制和模式还有待进一步研究落实。

研究亿环渤中地区为研究区，通过储层物性实验分析、油气地质统计、地震属性分析、油气运移物理模拟和数值模拟等方法，提出了新近系弱成岩输导体系梯级截流机制和模式，建立了弱成岩砂体油气运聚的预测方法。

1 区域地质概况

研究区位于渤海海域环渤中地区，包含渤中凹陷、黄河口凹陷和莱州湾凹陷(图1)，面积$1.6\times10^4km^2$，属于渤海湾盆地，区内发育新近系、古近系和潜山等三个构造层。新近系构造层为拗陷阶段河流相和浅水三角洲相的砂砾岩和砂(泥)岩沉积，由深到浅依次发育馆陶组和明化镇组；古近系构造层为裂陷期多期次扇三角洲—辫状河三角洲砂体和湖相泥岩的旋回沉积，由深到浅依次为孔店组、沙河街组和东营组；潜山构造层包括元/太古界、古生界和中生界地层。区内这三个构造层均有油气发现，古近系和潜山构造层油气成藏通常都在-3000m之下，笔者将其统一称为深层，探明储量约15×10^8t。新近系构造层油气成藏通常都在海拔-3000m之上，探明储量约25×10^8t，笔者将其称为浅层，其油气主要来至于古近系沙河街组和东营组，属于源外成藏，这是本文研究的重点。

2 弱成岩砂体梯级截流模式

2.1 弱岩输导体系

渤海浅层新近系主要的输导层为明化镇组下部区域盖层之下的多期叠置的连片砂体。其埋藏浅、通常在1000~2000m以内，成岩作用弱，处在造成岩A期或B期(图2)，性软，固结程度弱。浅层的输导层由砂体和隔层组成，其中砂岩孔隙度在30%~40%，都远远大于古近系15%~25%，可见浅层输导体系具有很好的油气输送能力。

基于沉积相、测井相和地震相等分析，浅层输导体系可细分为曲流河藤蔓砂体、河湖交互相枝蔓砂体和辫状河厚层砂体3种类型(图3)。(1)曲流河藤蔓砂体：主要为曲流河相藤蔓状的砂体，中粗砂岩，层厚2~5m，通常为正粒序，具有河道典型的跳跃和悬浮两段式粒度特征，砂地比10%~20%，地震相为中低频弱连续强振幅特征，砂体连通性较差；(2)河湖交互相枝蔓砂体：主要为河湖交互相湖控枝蔓状砂体，中细砂岩，层厚5~10m，通常为反粒序，具有一跳跃—悬浮夹过渡粒度特征，砂地比20%~35%，地震相为中低频中连续强振幅特征，砂体连通性中等；(3)辫状河厚层砂体：主要为辫状河砂体，中粗砂岩，层厚10~50m，通常为正粒序，具有滚动-跳跃-悬浮三段式粒度特征，砂地比在35%以上，地震相为低频强连续强振幅特征，砂体连通性很强。

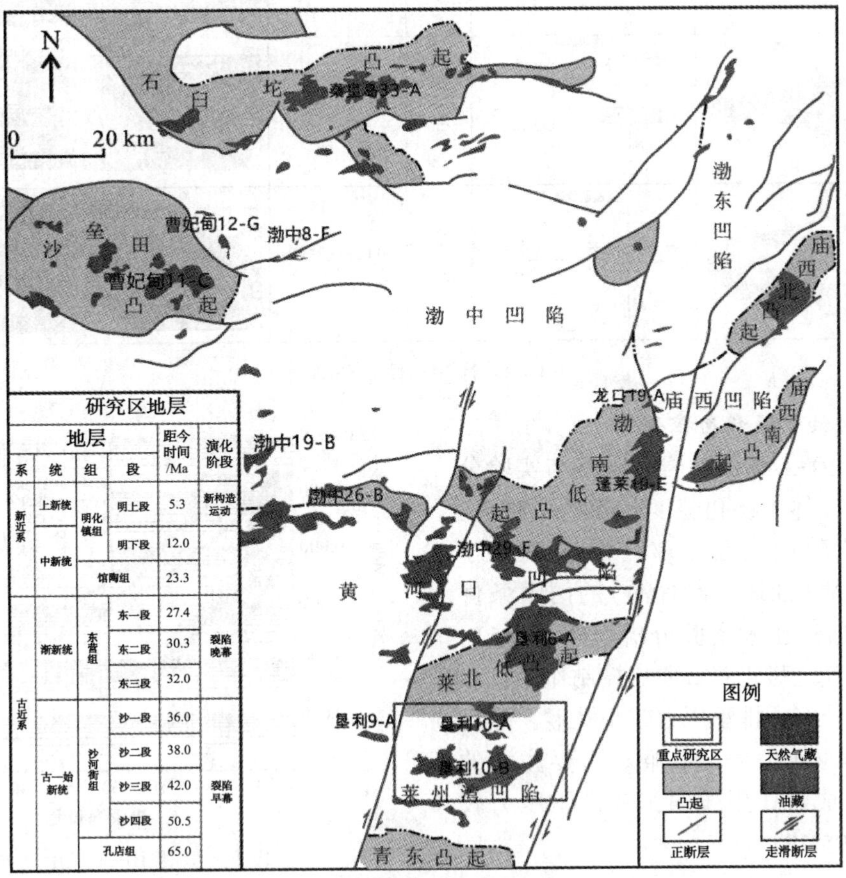

图1　环渤中地区区域位置图

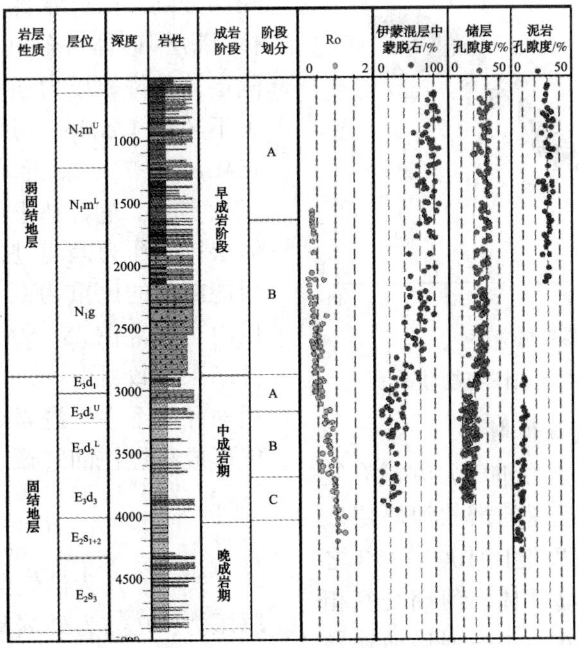

图2　成岩阶段划分剖面

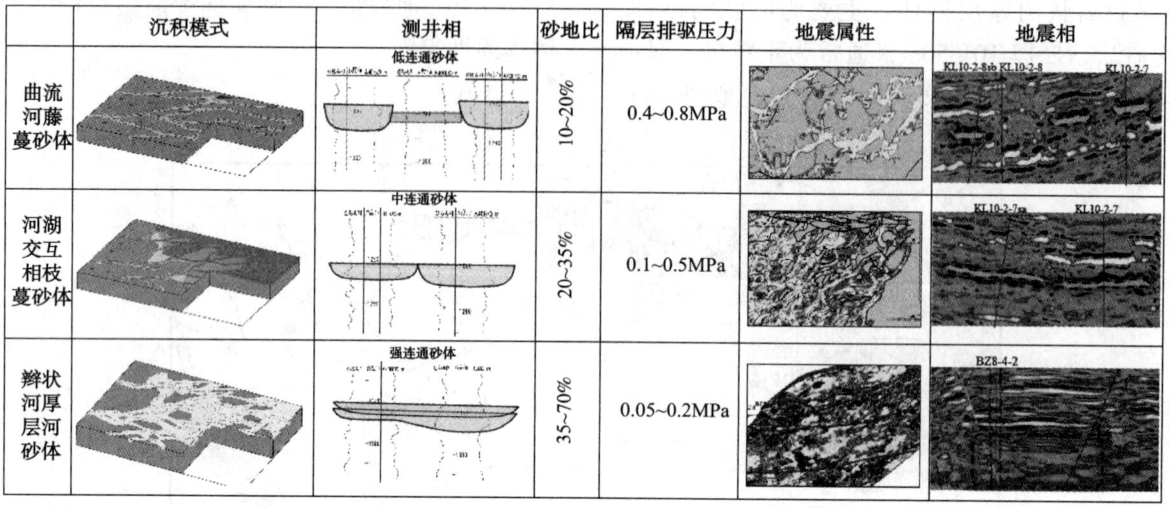

图 3　浅输导体系分类

2.2　排驱压力对油气运移的控制

通过对垦利 10-A 油田的岩心观察与实验分析表明：弱成岩砂体中，孔隙度和渗透率越大，含油性越好；孔隙度大于 20%、渗透率大于 100md 是油气成藏（油斑—富含油）的门限条件（图 4、图 5）。通过压汞实验分析表明（图 5）：排驱压力对于油气运移起着重要的控制作用，油气优先充注孔渗较好、排驱压力较小孔喉，然后再孔渗较差、排驱压力大的孔喉。需要注意的是：研究区砂岩成藏作用较弱，其排驱压力较小，为 0.01~0.05MPa。

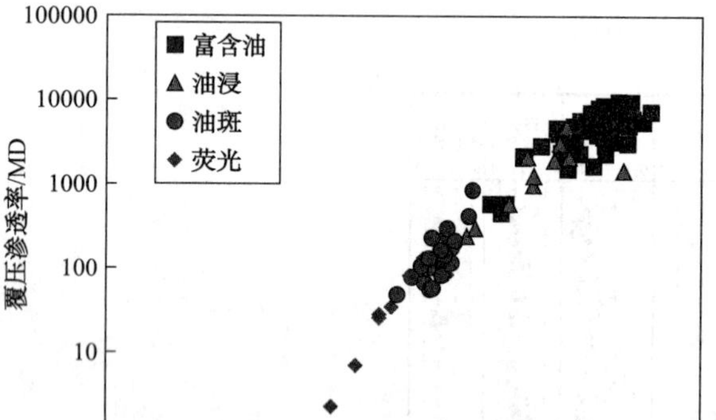

图 4　垦利 10-A 新近系砂体含油性与物性关系

2.3　中-弱输导体系梯级截流机制

统计分析表明：新近系岩性油气藏并没有发育在砂地比>35%的连通性优越的辫状河厚层砂体输导体系中，而是发育在砂地比 10%~35%之间的中-弱连通的曲流河藤蔓砂体、河湖交互相枝蔓砂体等输导体系中（图 6）。中-弱连通输导体系在横向上非均质性较强，其河道/河口坝砂

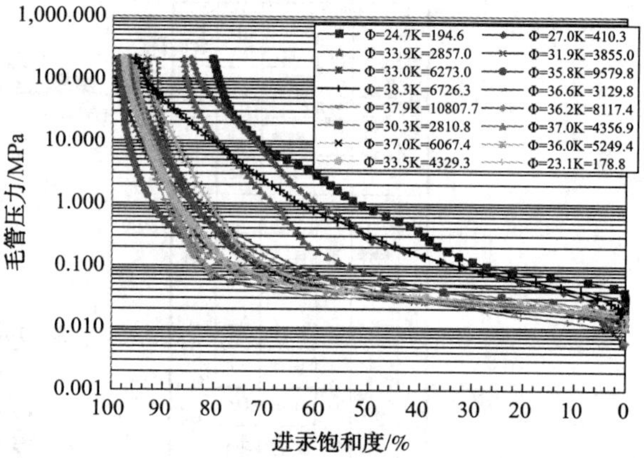

图 5　垦利 10-A 储层压汞曲线

体间常常有弱成岩的河道间的粉砂质泥岩/泥岩隔层分割，由此在侧向上形成了砂体-隔层-砂体-隔层-砂体-隔层的结构……作为侧封的泥岩隔层，其排驱压力通常通常在 0.4~0.8Mpa，最大不超过 1.5Mpa，远远小于古近系泥岩的 5~15Mpa（图 7），新近系的隔层封堵能力弱。通过压汞实验，笔者基于输导体系中泥岩隔层与砂岩储层排驱压力差通过公式（1）计算了新近系泥岩所能封堵的比重为 0.9 原油的烃柱高度在 100m 以内，通常在 25~60m 之间，这与实际的地质统计结果一致（图 8），证明了浅层弱成岩中-弱连通输导体系中，泥岩隔层的截流能力较弱，并不能形成高烃柱油气藏。

$$H=\frac{P_{泥岩}-P_{砂岩}}{ag(\rho_w-\rho_h)} \tag{1}$$

式中，H 为油气藏高度，$P_{泥岩}$ 为泥岩隔层排驱压力，$P_{砂岩}$ 为砂岩储层排驱压力，a 为油-水体系与汞-空气体系的转换系数 15，ρ_w 为水的密度，ρ_h 为烃柱密度。

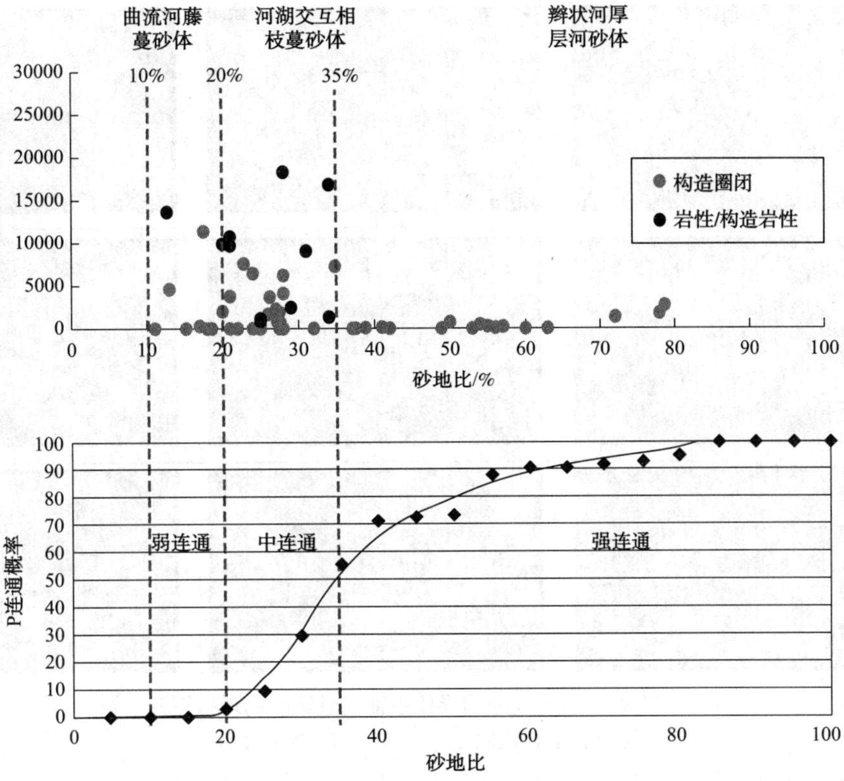

图 6　输导体系连通性分析

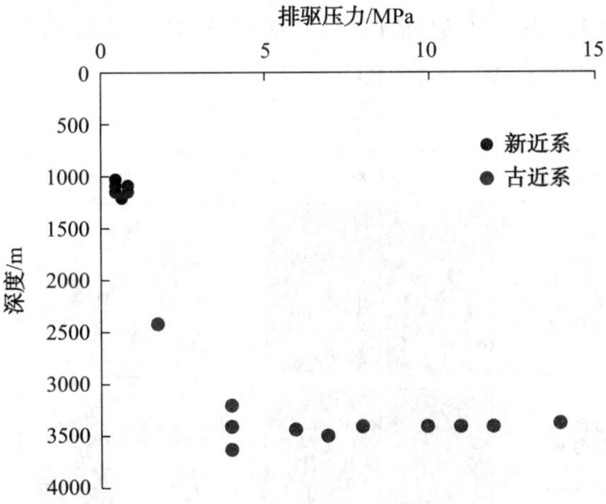

图 7　泥岩隔层排驱压力与深度的关系图

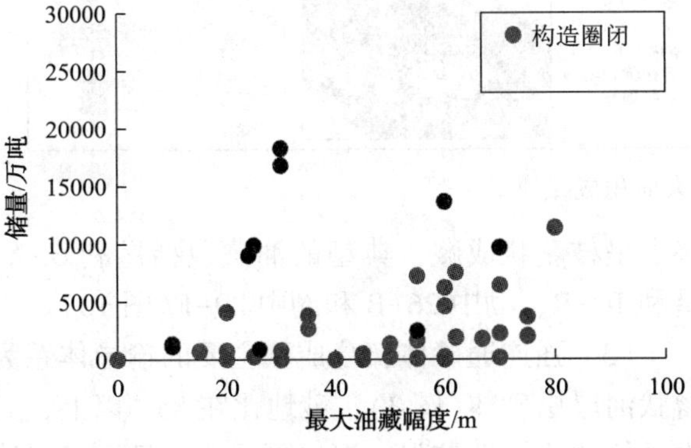

图 8　环渤中油藏高度与储量之间的关系

通过 1：2000 油气运聚物理模拟发现：在中-弱连通的浅层砂体-隔层-砂体-隔层-砂体-隔层输导层中，随着油气的充注，第一级阶梯油气开始聚集，由于泥岩隔层的排驱压力小，仅能封堵一定约 0.2m 高的烃柱；当烃柱累积浮力大于隔层封堵极限时，第一级阶梯隔层封堵失效、油气突破隔层高点发生泄漏，充注到输导体系的第二级阶梯中，遭遇第二级阶梯泥岩隔层，油气开始聚集、然后累计烃柱高度，封堵失效、泄露；然后充注到第三级阶梯，如此反复充注聚集，封堵失效，隔层泄漏……最终，在半连通的输导体系中，呈现出梯级截流现象，形成多级油水系统和含油饱和度的旋回增减，和“大面积连片成藏”(图 9)。

可见，泥岩隔层在输导体系的油气运聚过程中发挥了巨大的作用，在油气运聚的平衡中，其既是封堵层，亦是封堵失效后的。其控制了油气梯级截流成藏的位置和规模。

2.3　弱成岩砂体梯级截流模式

结合渤海浅层河湖交互相储层特征，提出河湖交互相砂体梯级截流控制了大面积链式成藏，据此建立弱连通砂体藤蔓成藏、中连通砂体枝蔓成藏和强连通砂体构造成藏 3 种模式。

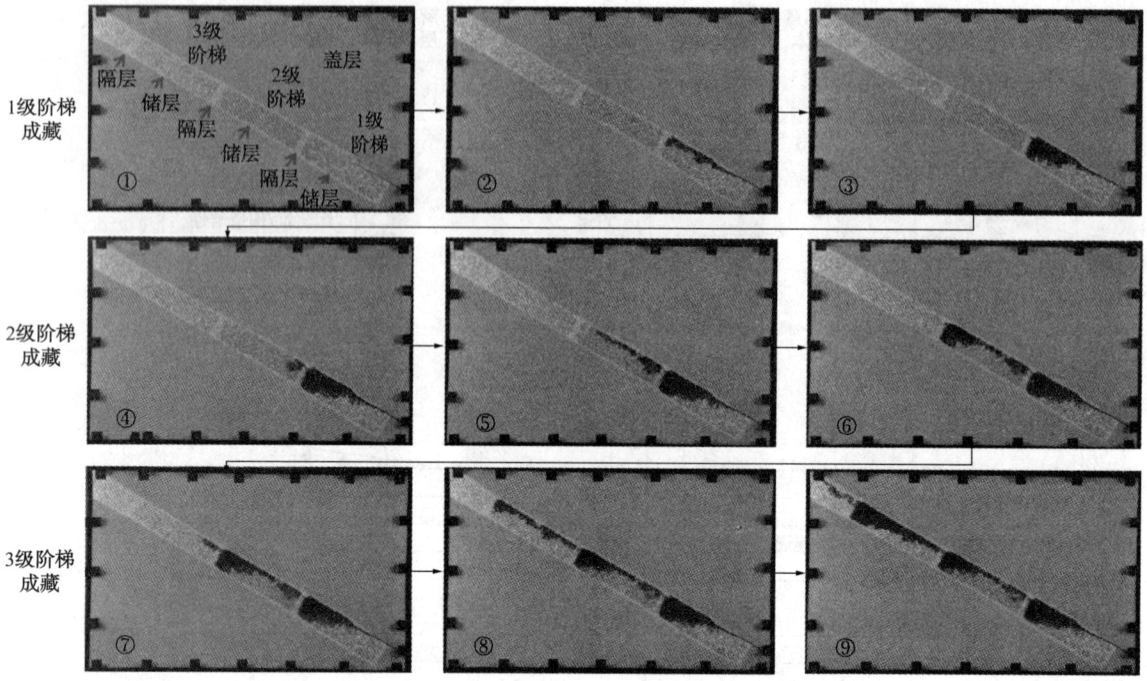

图 9　中-弱连通输导体系油气运聚模物理拟图

注：沙箱 1.0m×1.5m，模拟油田比例 1：2000。

（1）弱连通砂体藤蔓成藏主要的输导体系为曲流河藤蔓砂体(图 3)，砂地比在 10%~20%之间，砂体的连续性较弱，泥岩隔层厚，且封堵性较强，隔层的封堵性较弱导致封堵失效较少发生，油气运移方向主要受砂体展布约束，从充注带到运移终点呈藤蔓状成藏，典型的油藏包括渤中 19-B、曹妃甸 11-C、垦利 3-B、秦皇岛 33-A 和垦利 9-A(图 10)。

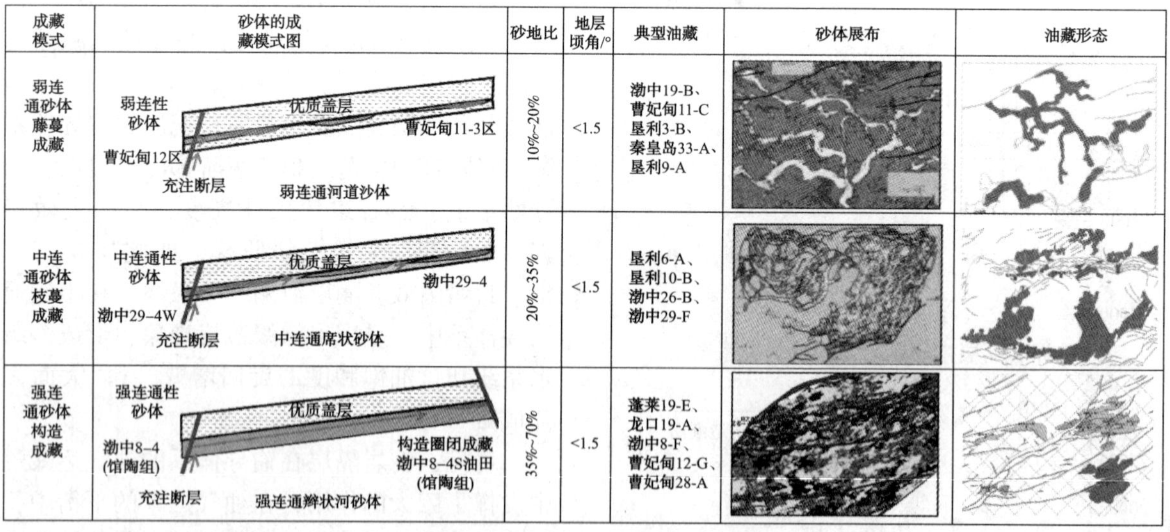

图 10　浅层弱成岩砂体大面积成藏模式

（2）中连通砂体藤蔓成藏主要的输导体系为河湖交互相枝蔓砂体(图 3)，砂地比在 20~35%之间，其中砂体的连续性较强，泥岩隔层中等，且封堵性较弱，导致封堵失效不时发生，油气运移主要受高点和砂体同时约束，从充注带到运移终点呈枝蔓状成藏，典型的油藏包括垦利 6-A、垦利 10-B、渤中 26-B 和渤中 29-F(图 10)。

（3）强连通砂体藤蔓成藏主要的输导体系为辫状河厚层砂体(图 3)，砂地比在 35%以上，其中砂体的连续性较强，泥岩隔层薄，且不具封堵能力，油气运移主要受高点控制，油气只在背斜和断块圈闭构造高部位成藏，典型的油藏包括蓬莱 19-E、龙口 19-A、渤中 8-F 和曹妃甸 12-G 等油田(图 10)。

该系列认识在渤海中南部得到了良好的应用，很好地解释了大面积岩性砂体油藏复杂的油水关系，预测了岩性甜点的链式分布，指导了这些油田构造低部位的勘探，对于岩性油气藏的勘探开发具有重要的指导意义。

3　弱成岩砂体油气运聚路径预测

为了进一步预测浅层弱成岩砂体大面积成藏模式油气运聚的路径，以莱州湾为例进行了浅层弱成岩砂体油气运聚路径研究。

莱州湾凹陷位于渤海海域东南部，面积约为 1780km^2，是环渤中地区一个次级凹陷。北以深大断裂与莱北低凸起为邻，向南为一个巨大的斜坡带，逐渐过渡到潍北凸起，东西两侧被郯庐断裂带东支与西支挟持，东侧为鲁东隆起区，西侧则与肯东凸起相接，整体呈现“北断南超，东西双断”的构造格局，其浅层的油气成藏主要集中在明化镇组，其输导体系属于典型的河湖交互相枝蔓砂体和曲流河藤蔓砂体。

3.1　浅层次生成藏的油源断层

通过运移断层的识别和分析，研究区主要的优势运移断层为研究区北部深切垦利 10-A 沙河街组油田边界断层 F1。垦利 10-A 区古近系沙三段油田储量规模超过 5000 万吨，这为其油气沿边界断层 F1 充注到浅层次生成藏提供了物质基础(图 11)。

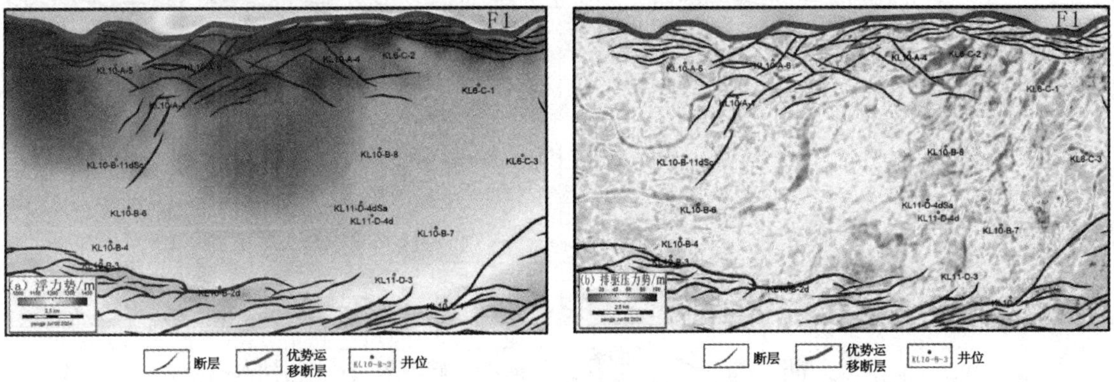

(a) 浮力烃头　　(b) 排驱压力烃头

图 11　毛细管压力烃头与浮力烃头

3.2　输导体系排驱压力烃头

对于油气的侧向运移，输导体系的浮力烃头和排驱压力烃头非常重要。从浮力烃头可见，研究区南高北低，南部是油气运聚的低势区，在浮力作用下，油气在北部 F1 充注后将向南运移[图 11(a)]。依据实验标定属性进行排驱压力地球物理预测，得到输导层的排驱压力烃头平面分布其中，河道砂体的排驱压力烃头较小，为粉红色；而河道间泥质/粉砂质沉积的排驱压力烃头较大，为浅蓝色[图 11(b)]。

3.3　油气充注—运聚数值模拟

对浅层进行油气充注—运聚数值模拟，预测运聚路径。从图 12 中可以看出，油气从北向南，由垦利 10-A 向垦利 10-B 逐渐运移成藏。最开始，油气在 F1 油源断层附近的第一级阶梯垦利 10-A 区，优先成藏；随着油气充注量越来越大，油气开始向南沿着粉红色低烃势/烃头的砂体向南不断运移，并遭遇隔层遮挡发生第二级阶梯聚集，当其累计到一定烃柱高度之后，其高部位的隔层的薄弱区发生封堵失效，油气继续向南运移，并在次遭遇隔层遮挡发生聚集，然后累计烃柱高度，封堵失效、泄露；接着充注到第三级阶梯……如此多级截流，最终在垦利 10-B 区发生大规模的聚集(图 12)。同时，饱和度模拟亦展示了在同一运移路径上不同阶梯的油藏，其具有独立的油水系统，从垦利 10-A 向垦利 10-B 有多个含油饱和度有小到大的旋回(图 13)。以上数值模拟的结果与中-弱连通输导体系油气运聚模物理拟的成藏模式高度一致(图 9)，同时在垦利 10-2 油田的勘探评价过程中综合预测成功率高达 85%，沿运聚路径勘探取得了良好的勘探成效，证明了浅层油气充注—运聚模拟数值模拟方法的可靠性，亦展现了弱成岩砂体梯级截流模式在浅层岩性勘探中具有广泛的推广价值。

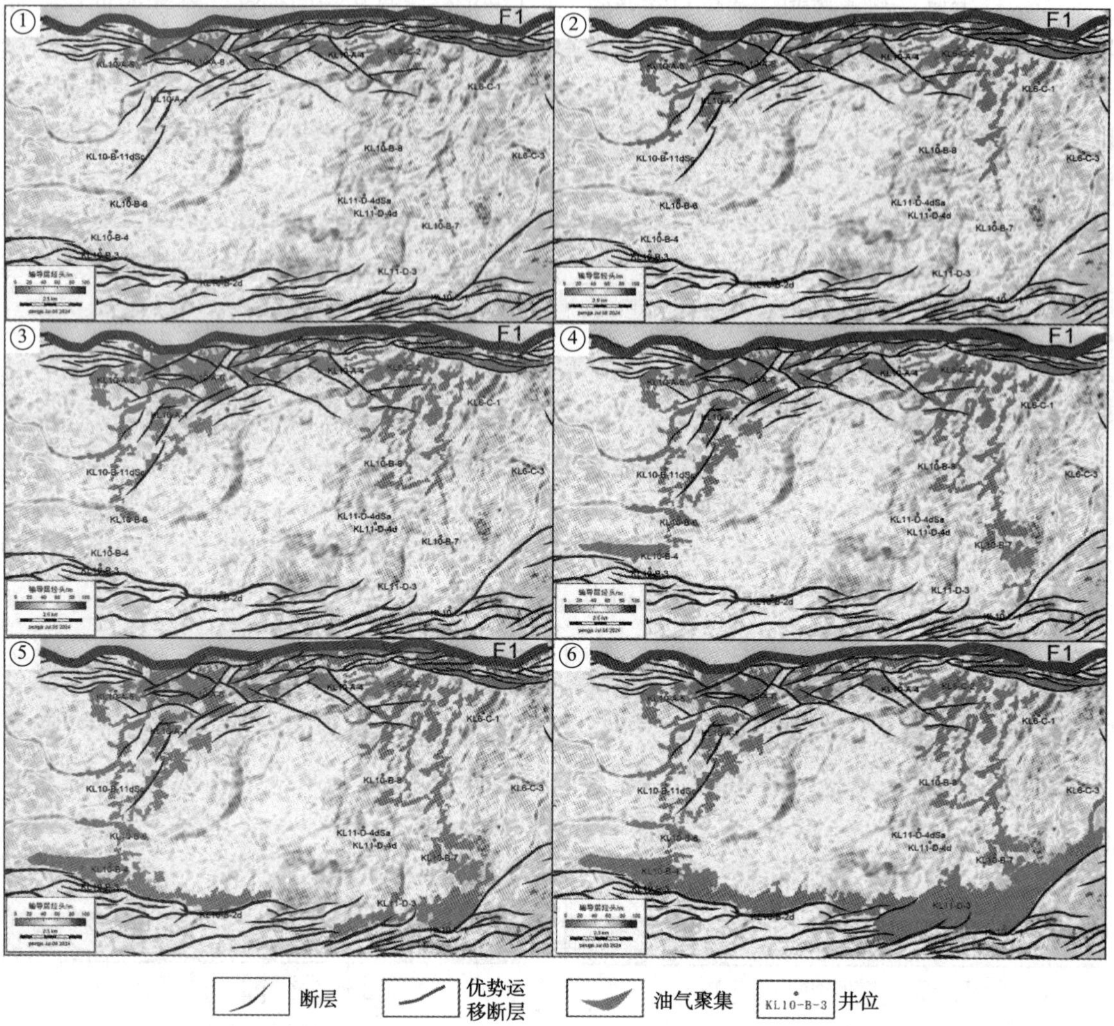

图 12　浅层岩性油气运聚梯级成藏模拟

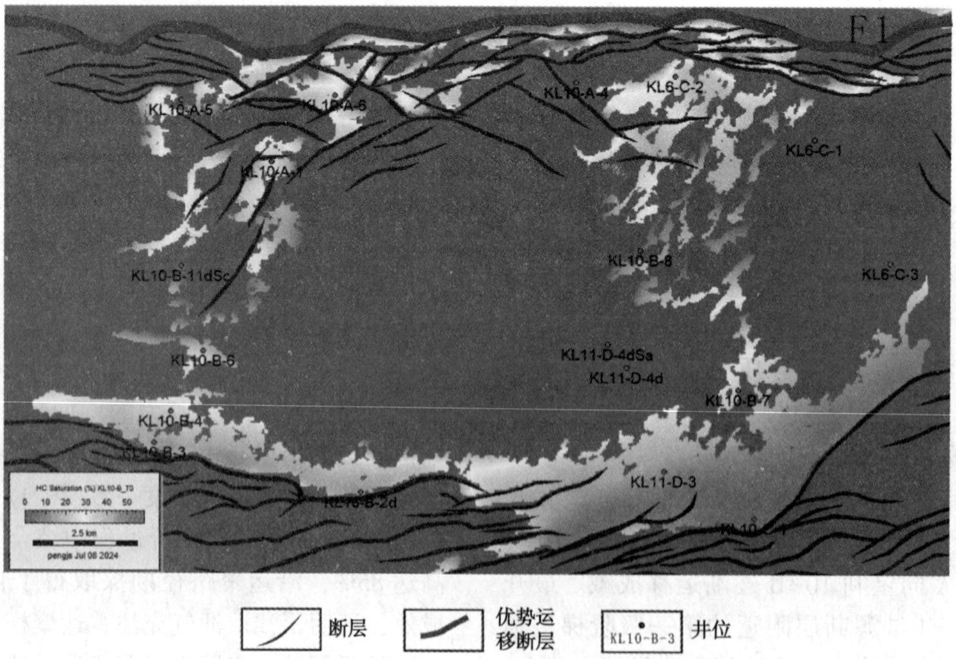

图 13　含油饱和度数值模拟图

4 结论

（1）渤海浅层发育岩性/构造岩性油气藏主要输导体系为弱-中连通的曲流河藤蔓砂体和河湖交互相枝蔓砂体。

（2）浅层弱成岩砂体中隔层的排驱压力小，仅0.05~0.4MPa，折算最大封堵25~60m的烃柱；随烃柱累积大于60m时，隔层封堵失效、呈现梯级截流现象，形成多级油水系统和含油饱和度的旋回增减，造成运聚路径上“大面积链式成藏”。

（3）建立了浅层弱成岩砂体三种成藏模式，弱连通砂体藤蔓成藏、中连通砂体枝蔓成藏和强连通砂体成藏3种成藏模式。其中弱连通砂体藤蔓成藏和中连通砂体枝蔓成藏属于岩性油气藏，而强连通砂体通常形成构造油气藏。

（4）建立了基于实验地球物理和地质模式的浅层弱成岩砂体油气运聚数值模拟预测方法，实现了莱州湾凹陷和黄河口洼陷的浅层大型连片砂体油气运移路径的精确预测，推动了垦利6-A和垦利10-B油田的勘探评价。

参考文献

[1] 龚再升．中国近海含油气盆地新构造运动和油气成藏[J]．石油与天然气地质，2004，25(2)：133-138.

[2] 夏庆龙．渤海油田近10年地质认识创新与油气勘探发现[J]．中国海上油气，2016，28(3)：1-9.

[3] 张善文，王永诗，石砥石，等．网毯式油气成藏体系：以济阳坳陷新近系为例[J]．石油勘探与开发，2003，30(1)：1-10.

[4] 龚再升，王国纯．渤海新构造运动控制晚期油气成藏[J]．石油学报，2001，22(2)：1-7.

[5] 薛永安，柴永波，周圆圆．近期渤海海域油气勘探的新突破[J]．中国海上油气，2015，27(1)：1-9.

[6] 周心怀，牛成民，滕长宇．环渤中地区新构造运动期断裂活动与油气成藏关系[J]．石油与天然气地质，2009，30(4)：469-475.

[7] 付晓飞，方德庆，吕延防，等．从断裂带内部结构出发评价断层垂向封闭性的方法[J]．地球科学，2005，30(3)：328-336.

[8] 徐长贵，彭靖淞，吴庆勋，等．渤海湾凹陷区复杂断裂带垂向优势运移通道及油气运移模拟[J]．石油勘探与开发，2019，46(4)：684-692.

[9] 刘畅，陈冬霞，董月霞，等．断层对南堡凹陷潜山油气藏的控制作用[J]．石油与天然气地质，2015，36(1)：43-50.

[10] 徐长贵．渤海走滑转换带及其对大中型油气田形成的控制作用[J]．地球科学，2016，41(9)：1548-1560. XU Changgui.

[11] 胡志伟，徐长贵，王德英，等．渤海海域走滑断裂叠合特征与成因机制[J]．石油勘探与开发，2019，46(2)：254-267.

[12] 邓运华．渤海油气勘探历程回顾[J]．中国海上油气，2002，16(2)：98-101.

[13] 邓运华．断裂砂体形成油气运移的“中转站”模式[J]．中国石油勘探，2005，10(6)：14-17.

[14] 薛永安．渤海海域油气运移“汇聚脊”模式及其对新近系油气成藏的控制[J]．石油学报，2018，39(9)：963-970，1005.

[15] 郝芳，蔡东升，邹华耀，等．渤中坳陷超压-构造活动联控型流体流动与油气快速成藏[J]．地球科学，2004，29(5)：518-524.

[16] 彭靖淞，徐长贵，韦阿娟，等．渤海湾盆地辽中南洼压力封存箱的破裂与油气运移[J]．石油勘探与开发，2016，43(3)：386-394.

[17] 金之钧，张发强．油气运移研究现状及主要进展[J]．石油与天然气地质，2005，26(3)：8.

[18] 罗晓容，喻建，张发强，等．二次运移数学模型及其在鄂尔多斯盆地陇东地区长8段石油运移研究中的应用[J]．中国科学：地球科学，2007，37(S1)：73-82.

[19] 侯贵廷，钱祥麟，蔡东升．渤海湾盆地中-新生代构造演化研究[J]．北京大学学报(自然科学版)，2001，37(6)：845-851.

[20] 王洪亮，邓宏文．渤海湾盆地第三系层序地层特征与大中型气田分布[J]．中国海上油气，2000，14(2)：100-103.

[21] 徐长贵，周心怀，邓津辉．渤海锦州25-1大型轻质油气田的发现与启示[J]．中国石油勘探，2010，15(1)：34-38.

[22] 万涛，蒋有录，董月霞，等．渤海湾盆地南堡凹陷油气运移路径模拟及示踪[J]．地球科学，2013，38(1)：173-180.

[23] 王冠民，庞小军，张雪芳，等．渤中凹陷古近系石南断层活动性及其对油气成藏条件的控制作用[J]．石油与天然气地质，2012，33(6)：859-866.

[24] Dahlberg，E C. Applied Hydrodynamics in Petroleum Exploration，2nd Ed.，Springer-Verlag，New York，1995，295

[25] Hindle，A. D.，Petroleum migration pathways and charge concentration：a three - dimensional model. AAPG Bulletin，1997，81(9)：1451-1481.

[26] Pang, X. Q.，Lerche，I.，Zhou，H. Y.，Jiang，Z. X.，Hydrocarbon accumulation control by predominant migration pathways，Energy exploration and exploitation，2003，21(3)：167-186.

[27] 牛成民，于海波，胡安文，等．渤海湾盆地渤中坳陷天然气成藏主控因素与有利勘探方向[J]．中国石油勘探，2021，26(6)：152-164.

辽东湾锦州 25-1 南变质岩潜山断层封隔性研究及勘探意义

杨传超　张明升　王　鑫　郑　果

[中海石油(中国)有限公司天津分公司]

摘　要　应力形变之外，断层封隔是寻找变质岩潜山新圈闭的关键因素。利用辽东湾锦州 25-1 南油田开发动态资料、钻井资料、测井资料以及三维地震资料，从宏观的潜山断裂演化到微观的潜山断层内部结构展开综合分析。研究认为：(1)锦州 25-1 南潜山储层发育，断层封闭是控制潜山分隔的主控因素；(2)碎斑岩化断层核形成的低渗致密带是主要封闭机制；(3)早期强压扭-晚期弱活化断层起主要封隔作用。基于上述研究，在锦州 25-1 潜山油田油水界面之下部署探井获重大突破，实现了同层系油田之下找到新油田。

关键词　碎斑岩；断层核；断层封隔；变质岩潜山；锦州 25-1 南

Study on Fault Sealing Characteristics of Metamorphic Rock Buried Hill in the South of Jinzhou 25-1, Liaodong Bay and Its Exploration Significance

Yang Chuanchao　Zhang Mingsheng　Wang Xin　Zheng Guo

(CNOOC China Limited, Tianjin Branch)

Abstract　In addition to stress deformation, fault sealing is a key factor in finding new traps in metamorphic buried hills. A comprehensive analysis was carried out from macroscopic buried hill fault evolution to vmicroscopic internal structure of buried hill fault, using the development dynamic data, drilling data, logging data and three-dimensional seismic data of JZ25-1 South Oilfield in Liaodong Bay. Research suggests that: (1) The buried hill of JZ25-1 south has reservoir development. The fault sealing is the main controlling factor to control the separation of buried hill. (2) The low permeability and density layers formed by the porphyroclast lithification fault core is the main sealing mechanism. (3) The early strong compression-torsion and late weakly activated faults play a major role in sealing. Based on our research, exploration wells are deployed in JZ25-1 buried hill Oilfield and significant breakthroughs have been obtained. The discovery of new oil fields under the same layer system is achieved.

Key wordst　mortar rock; fault core; fault Sealing; metamorphic rock buried hill; JZ25-1S

长期以来，古潜山一直是油气勘探的重要领域，目前已经形成了大量的潜山油气藏勘探理论与认识。国内外勘探实践证实潜山油气藏岩性多样，包括火山岩、碳酸盐岩、碎屑岩和变质岩，其中变质岩油气藏勘探潜力最大。据统计，世界上已发现的几百个工业性基岩油气田中变质岩基岩油气田占总数的 40%，油气储量占基岩潜山总储量的 75%。从目前已发现的变质岩潜山油田藏来看，层位均为前寒武系，储集层岩性主要为变质花岗岩、片麻岩和混合岩，其中规模较大的油气藏包括乌克兰第聂伯-顿涅茨盆地前寒武系变质岩油田、委内瑞拉马拉开波盆地拉帕兹油田、中国渤海海域渤中凹陷渤中 19-6 变质岩潜山气田和辽西凸起锦州 25-1 南变质岩油气田等。

关于变质岩潜山油藏分隔性研究及报道主要集中在潜山的纵向分隔，钻井揭示变质岩内幕油气藏存在多个流体压力系统，甚至出现“油-水-油”等特殊现象，前人研究认为主要是潜山岩性控制下的裂缝储层发育差异的，变质岩潜山存在多种岩性组合，形成储隔层的交替分布。对于潜山平面分隔研究则主要集中在断层的侧封上，认为潜山控圈断层断距较大，储层最发育的风化壳部分被断开，对接泥岩或者火山岩等致密层，形成侧封，油气聚集成藏；或者从断层涂抹等角度评价断层的封隔性。但是一般认为对于潜山内部小断距的断层一般认为不具备封闭性，关于潜山小断距断层封隔性认识的研究目前还未见报道。

近年来，渤海海域在潜山勘探领域不断获得发现，位于渤海海域东北部的辽东湾探区潜山勘探程度较低，并且潜山都见到了水，位于油水界面之下的潜山深部是否还有潜力，潜山断层能否封隔成为制约勘探的关键。为此，本文基于锦州 25-1 南油田开发动态资料、钻井资料、测井资料以及三维地震资料，结合宏观的潜山断裂演化和微观的潜山断层内部结构，建立了变质岩潜山断层封隔模式，以期为后续变质岩潜山研究和勘探提供一定的借鉴。

1　区域地质背景及油田概况

辽东湾海域位于渤海海域东北端，构造上包括辽西凹陷、辽西低凸起、辽中凹陷、辽东凸起和辽东凹陷 5 个二级构造单元，形成了凹凸相间的构造格局。锦州 25-1 南潜山位于辽东湾坳陷辽西凸起北段，西侧以辽西大断层为界紧邻辽西凹陷中洼，东南呈缓坡向凹陷过渡，东西两侧分别毗邻辽中凹陷北洼及辽西凹陷北洼，是一个具潜山背景、由断层控制的半披覆背斜[图 1(a)]。

锦州 25-1 南地区基底主要为区域变质的花岗片麻岩，顶部风化壳非常发育，储集空间具有孔、洞、缝并存的双重介质特点。油田自 2012 年开发，目前仅有 1 口开发井见到了水层，并揭示了海拔-1880m 的油水界面，受控传统认识的制约，潜山各个断块之间统一按照-1880m 进行生产[图 1(b)]，未向潜山更低部位进行探索。但后续多口开发井的动态资料显示，潜山不同块体之间存在一定的分隔性。

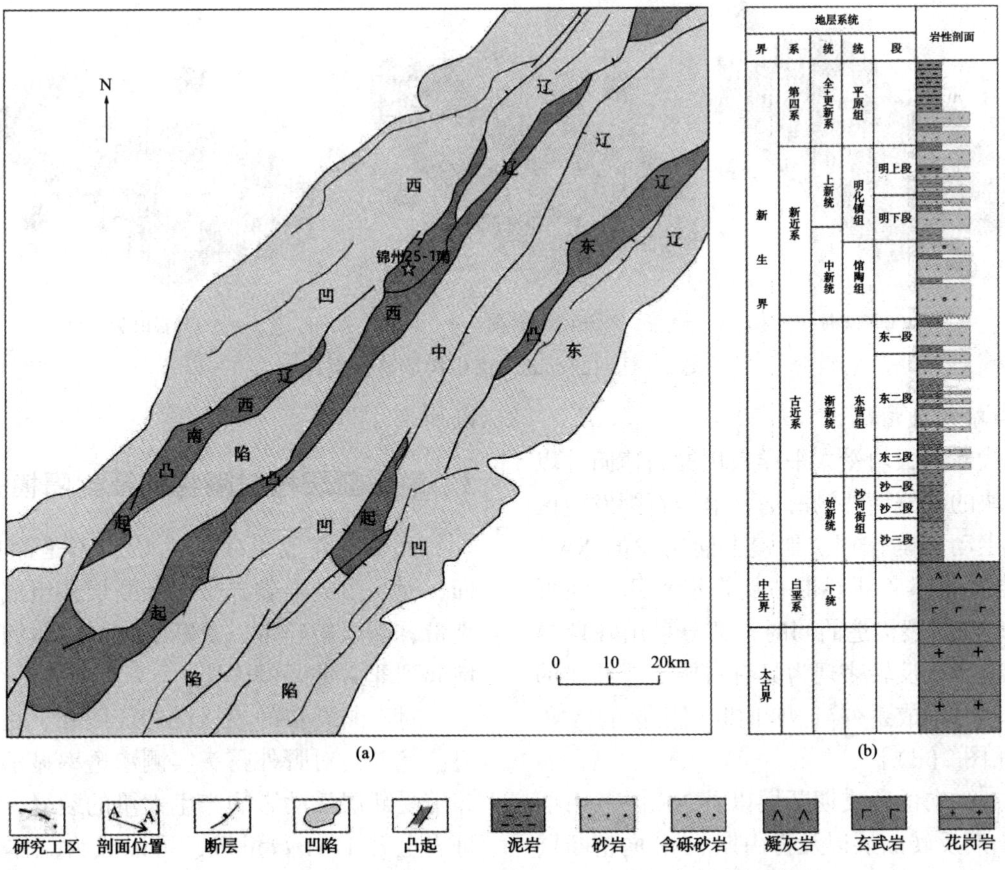

图 1　辽东湾北部潜山区域位置及锦州 25-1 南断裂纲要图

2 潜山断裂系统特征

辽北潜山带隶属华北克拉通，位于西伯利亚板块、扬子板块，西太平洋板块的交会处，板块间垂向或横向运动是控制构造演化的动力来源，断裂、褶皱、地层残留展布均是对各期构造运动中应力释放的地质响应。基于上述构造特征分析并结合前人的研究成果，认为辽北潜山带经历了从印支、燕山、喜山三期构造活动，控制着潜山断裂系统的演化。

2.1 印支期断裂特征

晚三叠世印支构造时期华北板块构造与扬子板块自东向西剪刀式碰撞闭合，在近南北向强挤压作用下华北板块发育了逆冲断层及相关褶皱等一系列的挤压构造。强烈挤压引发的持续隆升剥蚀导致整个渤海海域缺失上三叠，且古生界遭受不同程度剥蚀。现有地震资料和钻井资料揭示包括锦州25-1南潜山在内的辽北潜山在印支期整体处于一个巨型挤压背斜核部，隆升剥蚀作用非常强烈，整体缺失古生界，奠定了辽北潜山高构造的雏形，同时在锦州25-1南构造形成一些列NW向印支期大型逆冲断层[图2(a)]。

2.2 燕山期断裂特征

侏罗纪-白垩纪的燕山构造运动可以划分为早中晚三期。燕山运动早期为印支运动到燕山运动的转型阶段，华北板块与扬子板块挤压碰撞仍在继续，但已经明显减弱，西太平洋板块开始向华北板块俯冲挤压，整个辽北潜山仍处于构造高部位且遭受剥蚀(燕山运动中期，晚侏罗纪到早白垩世受多向挤压运动诱发岩石圈减薄垮塌，大规模软流圈地幔上涌引发强烈的火山运动和伸展断陷，整个辽西凸起北段沉积了巨厚中生界，主要表现为印支期形成的大量逆冲断层及褶皱反转，所产生的低洼带的填平补齐，燕山运动晚期晚白垩世伊泽奈崎板块的俯冲碰撞导致NW-SE向挤隆升构造运动占据主导地位，同时叠加一定强度郯庐走滑断裂带左旋走滑作用，发育NE向兼具走滑性质的逆冲断层。局部发育有NE-SW走向挤压褶皱构造，各构造带沿NE向断层发生不同程度的反转隆升整体处于隆升剥蚀。燕山晚期挤压形成的NE向逆冲断裂切割早期印支期NW向逆冲断层[图2(b)、(c)]。

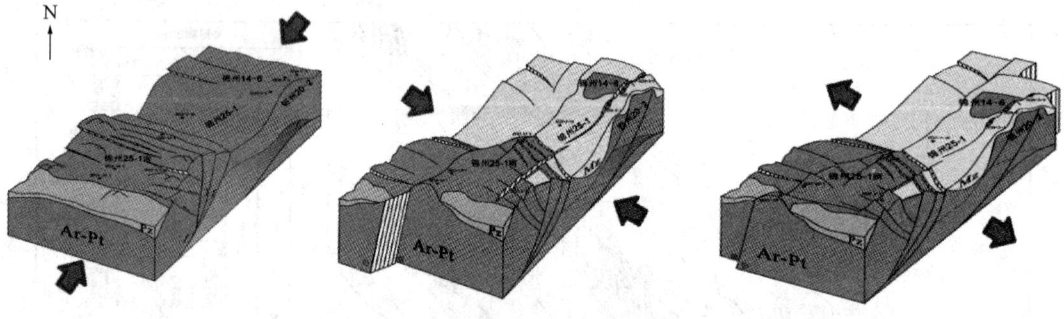

(a) 印支期 (b) 燕山晚期 (c) 喜山期

图2 辽西凸起北段潜山构造演化模式

2.3 喜山期断裂特征

新生代欧亚板块受太平洋板块的高速俯冲以及印度板块的硬碰撞，渤海湾盆地岩石圈发生区域性强烈主动裂陷作用，地幔上涌引发的NW-SE向强伸展和郯庐断裂带右旋走滑作用，在形成新的NE向断裂构造的同时，部分燕山晚期逆冲断裂再次活化反转表现为具有右旋走滑性质的正断层，同时形成系列与NE向断层搭接的NNE向正断层[图2(d)]。

最终NW向的印支期断层以及NE向燕山期逆冲-喜山期反转断层以及喜山期NNE向正断层控制了潜山的构造格局，将潜山分成了不同的断块。

3 潜山断层核封隔特征及封隔模式

大量研究成果表明，断层不是简单的一个面，而是由断层破碎带以及断层核组成的一个断裂带，断层破碎带以及断层核对流体的运移及封堵起到非常重要的作用。

对于断裂带的渗透性特征展开了相当多的研究，尤其是对野外露头实测渗透率显示，断层破碎带受断层活动影响产生大量的裂缝，渗透率比母岩上升1~4数量级，可以成为流体运移的优势通道，而断层核渗透率对比母岩则会下降1~6

个数量级，成为流体运移的有效阻隔层。根据断层的环形剪切试验显示，随着应力的增加，断层核的渗透率会明显下降数个数量级，同时随着剪切位移的增加断层核的渗透率同样会急剧下降，代表断层活动过程中，应力越大，断层活动越强，约能形成低渗透的断层核。对于变质岩潜山地层来说，在断层不同阶段会产生不同断层核类型，对流体的封堵期起到不同的作用(图 3)。

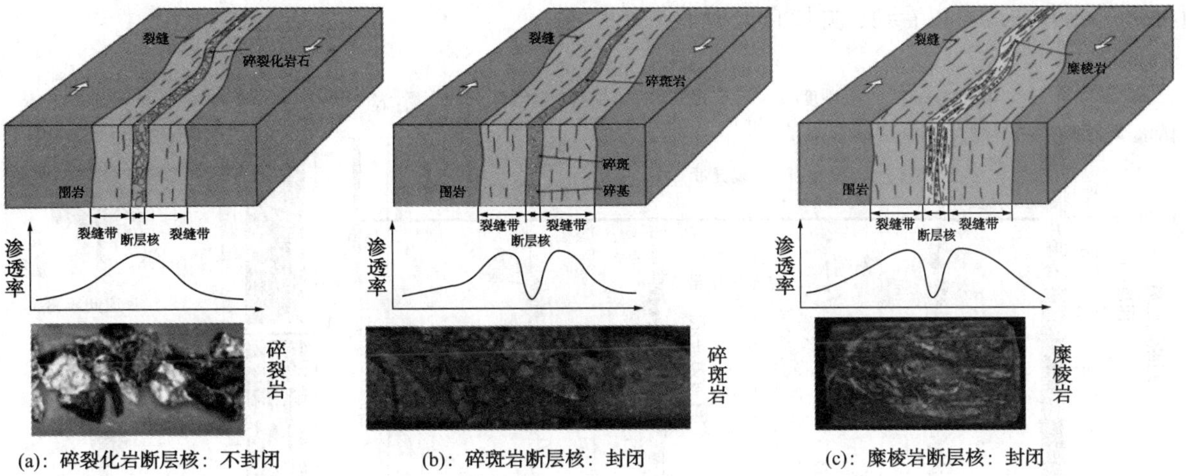

图 3　变质岩断层核演化阶段及渗透率变化

锦州 25-1 南潜山主要发育了 NW 向的印支期断层、NE 向燕山期逆冲-喜山期反转断层以及喜山期 NNE 向正断层，三组断层发育不同的断层核，具有不同的封隔特征。

3.1　印支期断层核特征

印支期主要发育 NW 向断层，是受强烈的挤压作用的形成的逆冲断层，它们在燕山期发生一定的反转，在喜山期一般不再活动。印支期断层核在测井曲线上表现为高密度、低孔隙度和高电阻率的特征。锦州 25-1 南油田开发井 C3 井水平穿过该断层，该井穿过断层进入潜山之后前152m 水平段无任何油气显示，此后的 200m 井段钻井返出的岩屑均见到了 D 级别的荧光显示，通过井上的测井曲线可以看到，常规裂缝带内测井密度、测井孔隙度以及电阻率平均值分别为 2.6g/cm^3、4.5%和 100ohmn，而断层核内测井密度、测井孔隙度以及电阻率平均值分别为 2.65g/cm^3、3.0%和 240ohmn。此外，在薄片上可以看到，常规裂缝带的薄片中有大量的裂缝发育，而在断层核的薄片中，可见大量的碎基夹杂碎斑岩，碎基大于 80%，薄片上难以见到裂缝发育(图 4)。

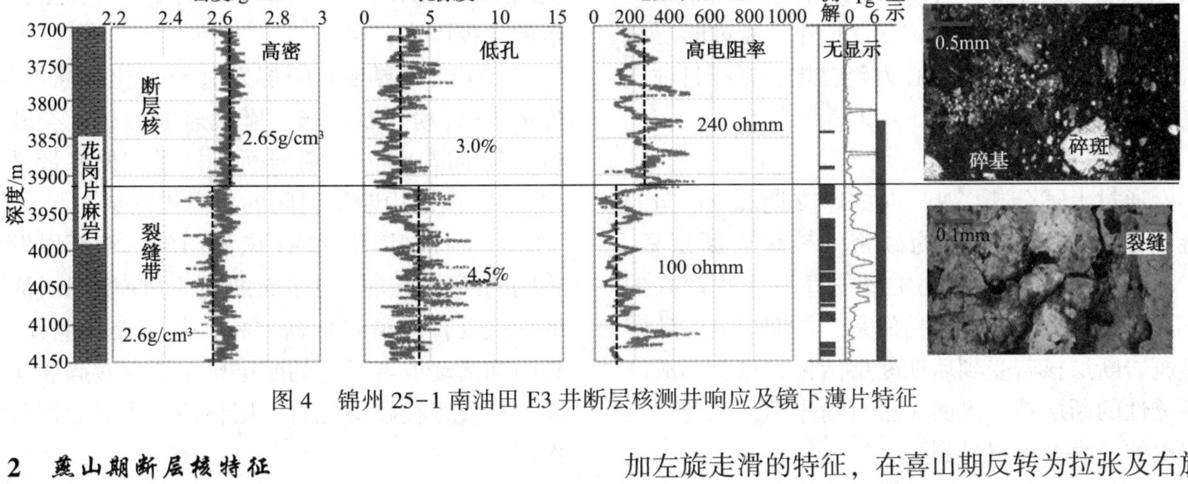

图 4　锦州 25-1 南油田 E3 井断层核测井响应及镜下薄片特征

3.2　燕山期断层核特征

燕山期主要发育 NE 向断层，表现为逆冲叠加左旋走滑的特征，在喜山期反转为拉张及右旋走滑特征，受到走滑作用影响，断层在平面上发生弯曲、叠覆等特征。燕山期断层核在测井曲线上与印支期断层核有一定的相似性，同样表现为高密度、低孔隙度和高电阻率的特征。锦州 25-1 南油田虽然无井直接穿过燕山期断层，但是 A1 井从浅往深钻探，离燕山期断层越来近，通过井上的测井曲线可以看到，井段自上而下测井密度和测井孔隙度均表现为增高的趋势，测井孔隙度和声波时差变小[图 5(a)]。此外，在成像测井图中可以看到，上部发育大量的网状缝且裂缝走向十分丰富，而下部裂缝较少且走向较为单一[图 5(b)]。

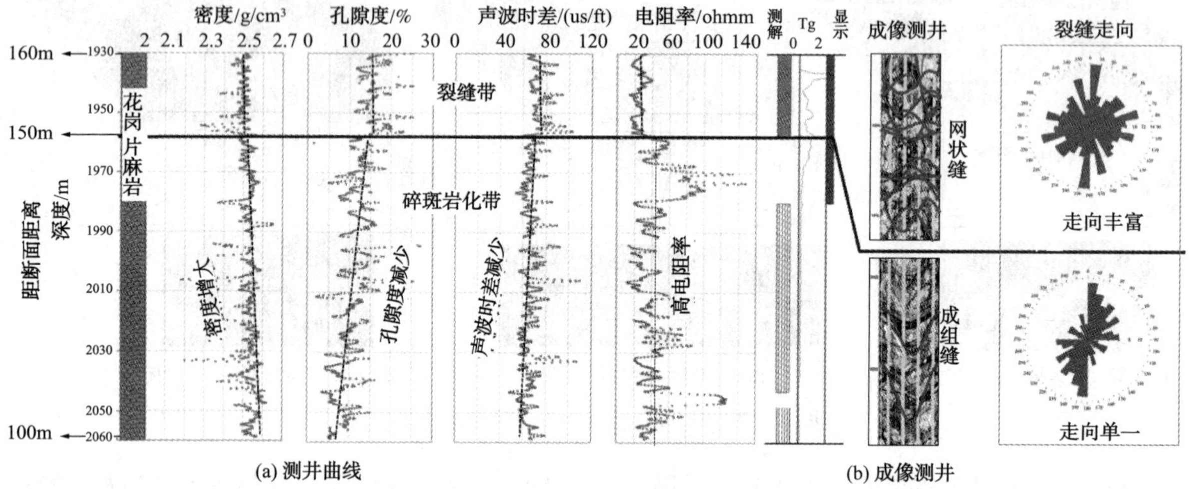

图 5　锦州 25-1 南油田 A1 井断层核测井响应特征

3.3　喜山期断层核特征

喜山期主要发育 NNE 向断层，为 NE 向走滑断层的调节断层，主要为拉张性质，且整体活动性较弱。喜山期断层核在测井曲线上与印支期和燕山期断层核呈现相反的特征，表现为低密度、高孔隙度和低电阻率的特征。锦州 25-1 南油田 E2 井水平穿过喜山期断层，通过井上的测井曲线可以看到，常规裂缝带内测井密度、测井孔隙度以及电阻率平均值分别为 2.6g/cm³、4.0%和 150ohmn，而断层核内测井密度、测井孔隙度以及电阻率平均值分别为 2.5g/cm³、5.0%和 100ohmn[图 6(a)]。此外，通过断层核岩心观察，可以看到岩心为碎裂化的岩石且油气显示较好[图 6(b)]。

3.4　断层核封隔模式

通过上述分析，NW 向的印支期和 NE 向的燕山期断层可发育较为致密的碎斑岩断层核，NNE 向的喜山期断层则主要发育渗透性较好的碎裂岩断层核。值得一提的是，早期形成的致密碎斑岩断层核若受到后期断层活化，也会形成高渗透性的断层核，进而失去封隔作用，该现象在油田的开发井可以见到。

为此，锦州 25-1 南潜山断层核的封隔模式为“早期强压扭-喜山期弱(不)活化”断层封闭。研究认为，未经喜山期活化的印支期或燕山期挤压断层是有效的封闭断层，而喜山期断层或经喜山期活化的早期断层易形成碎裂化岩断层核而连通(图 7)。

4　结论

(1) 锦州 25-1 南潜山受印支-燕山-喜山三期构造运动的控制主要发育 NW 向的印支期断层以及 NE 向燕山期逆冲断层以及喜山期 NNE 向正断层三组断层；三组断层的封闭是控制潜山分隔的主控因素；

(2) 太古界变岩断层发育碎裂化岩断层核、碎斑岩-碎粉岩断层核、糜棱岩断层核 3 类断层核，其中碎斑岩-碎粉岩断层核形成低渗带是锦州 25-1 南潜山断层封闭的主要机制。

(3) 控制锦州 25-1 南潜山的三组断层发育不同的断层核，早期印支期强压扭-晚期弱活化的断层发育碎斑岩化断层核，起主要封隔作用；喜山期活动或者活化的断层则主要发育碎裂化岩断层核或存在碎裂化岩断层核段，不能起到封隔作用。

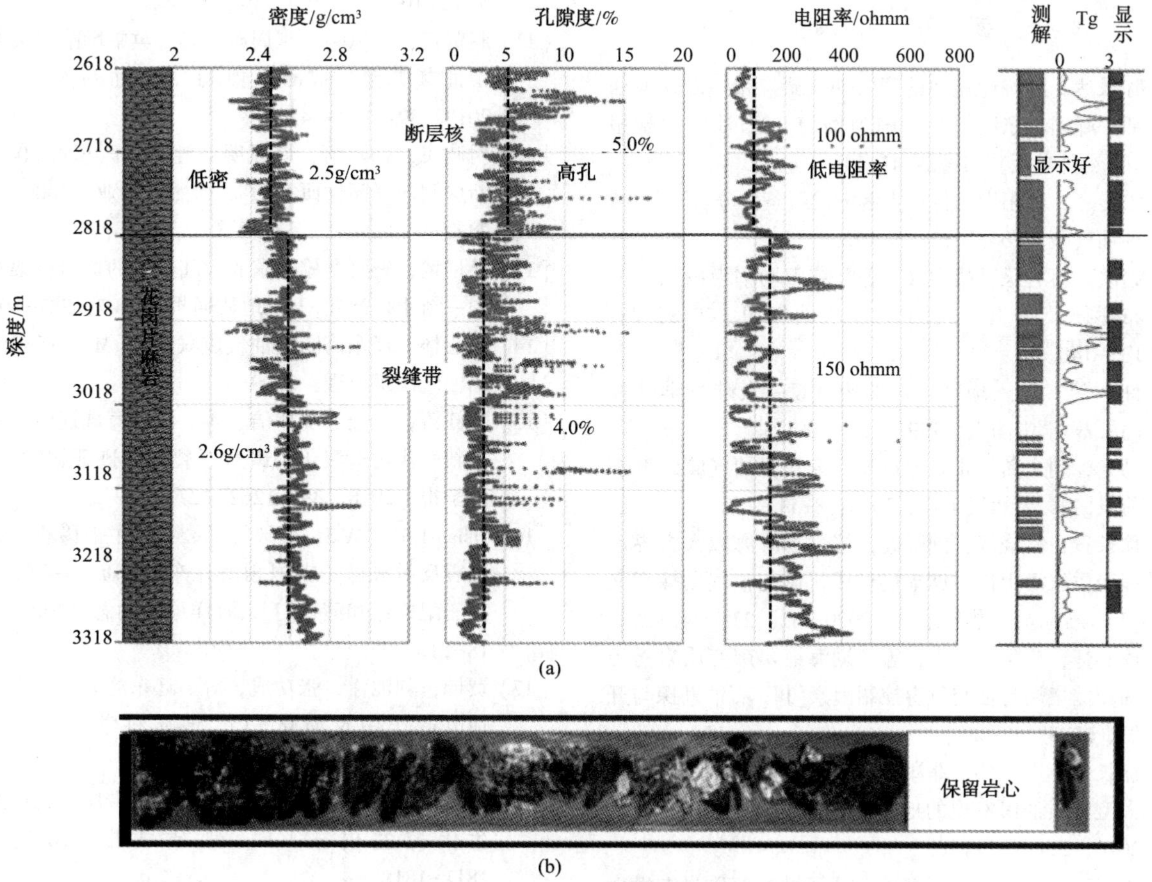

图6　锦州25-1南油田E2井断层核测井响应特征(a)及岩心特征(b)

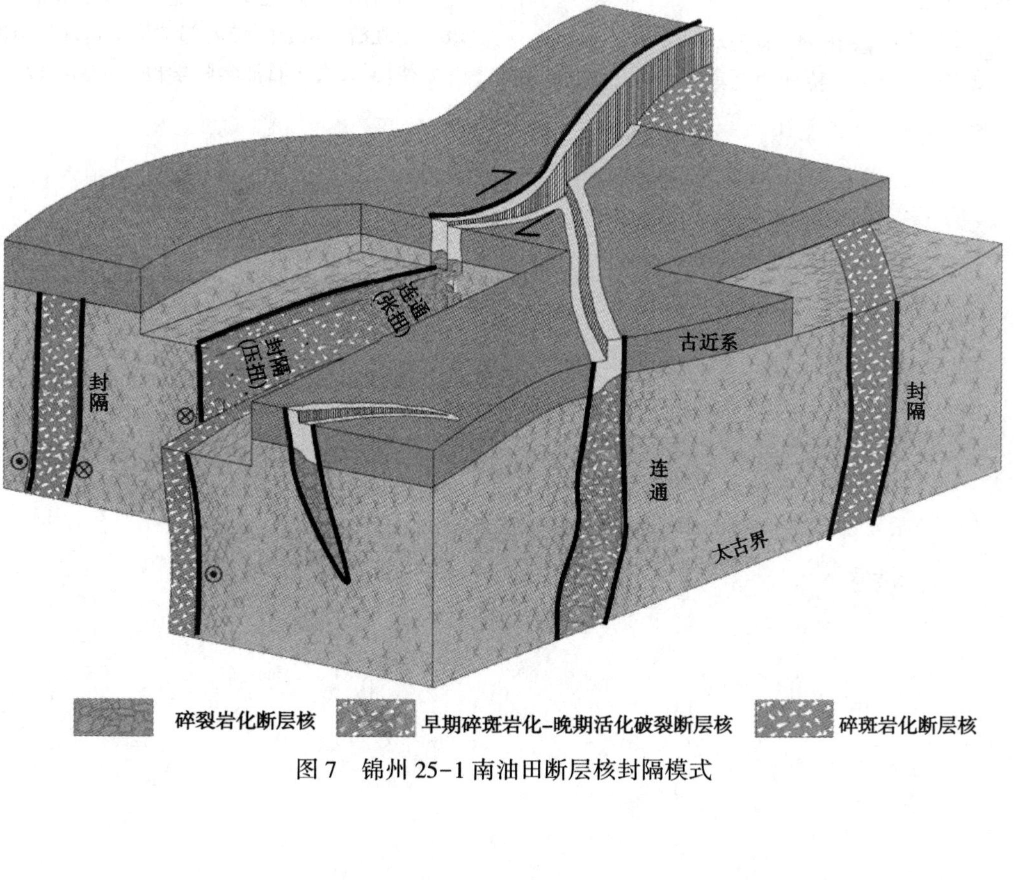

图7　锦州25-1南油田断层核封隔模式

参 考 文 献

[1] 陈景达．渤海湾盆地的复式油气聚集带—以辽河西部、廊固和东濮三个凹陷为例[J]．石油大学学报（自然科学版），1988：41-51.

[2] 宋传春．济阳坳陷低位古潜山成藏条件分析[J]．特种油气藏，2004：12-15+122.

[3] 赵凯，蒋有录，胡洪瑾，等．济阳坳陷潜山油气分布规律及富集样式[J]．断块油气田，2018，25：137-140.

[4] 许志琴．伸入地球内部的望远镜—大陆科学钻探[J]．科学中国人，1995：11-14+1.

[5] 马龙，刘全新，张景廉，等．论基岩油气藏的勘探前景[J]．天然气工业，2006：8-11+155.

[6] 徐长贵，杜晓峰，刘晓健，等．渤海海域太古界深埋变质岩潜山优质储集层形成机制与油气勘探意义[J]．石油与天然气地质，2020，41：235-247+294.

[7] 周心怀，项华，于水，等．渤海锦州南变质岩潜山油藏储集层特征与发育控制因素[J]．石油勘探与开发，2005：17-20.

[8] 徐长贵，周心怀，邓津辉，等．辽西凹陷锦州 25-1 大型轻质油田发现的地质意义[J]．中国海上油气，2010，22：7-11+16.

[9] 孟卫工，李晓光，刘宝鸿．辽河坳陷变质岩古潜山内幕油藏形成主控因素分析[J]．石油与天然气地质，2007：584-589.

[10] 李晓光，刘宝鸿，蔡国钢．辽河坳陷变质岩潜山内幕油藏成因分析[J]．特种油气藏，2009，16：1-5+12+104.

[11] 赵贤正，金凤鸣，崔周旗，等．冀中坳陷隐蔽型潜山油藏类型与成藏模拟[J]．石油勘探与开发，2012，39：137-143.

[12] 付晓飞，孙永河，许凤明．胜利油区车古 20 潜山断层侧向封闭性研究[J]．天然气工业，2006：32-34+149.

[13] 吴根耀，矢野孝雄．东亚大陆边缘的构造格架及其中—新生代演化[J]．地质通报，2007：787-800.

[14] 周心怀．辽东湾断陷油气成藏机理[M]．辽东湾断陷油气成藏机理，2009.

[15] 张江涛，吴奎，王冰洁，等．渤海海域辽西凸起北段新生代构造演化的磷灰石裂变径迹证据[J]．石油学报，2018，39：1262-1271.

[16] Hsiao L-Y，A S，任凤楼．裂谷系主平移断层带的地震反射成像：中国渤海辽东湾郯庐断裂带的早第三纪构造和演化[J]．海洋地质动态，2009，25：18-21.

[17] 贾楠，刘池洋，张功成，等．辽东湾坳陷新生代构造改造作用及演化[J]．地质科学，2015，50：377-390.

[18] 王应斌，黄雷．渤海海域营潍断裂带展布特征及新生代控盆模式[J]．地质学报，2013，87：1811-1818.

[19] 付晓飞孙永河．从断裂带内部结构出发评价断层垂向封闭性的方法[J]．地球科学，2005：328-336.

[20] 宋胜浩．从断裂带内部结构剖析油气沿断层运移规律[J]．大庆石油学院学报，2006：17-20+145.

火成岩高发育区岩性圈闭定量刻画技术及勘探实践

左中航　王改卫　王　军　张君博

[中海石油(中国)有限公司天津分公司]

摘　要　沙西北构造带馆陶组火山岩广泛发育，具有厚度大、岩性多样的特点。该区主要目的层为馆陶组砂岩储层，受火山岩占位影响，巨厚火山岩内部夹杂的砂岩以及由馆陶底部火山岩侧向遮挡形成的砂岩储层为该区的主要勘探目标。由于多期喷的玄武岩、凝灰岩等多种岩相的火山岩与砂泥岩岩石物理特征相近，地震响应区分度低，因此，精确刻画和识别火山岩对寻找受火山岩控制形成的岩性圈闭至关重要。本次研究基于岩石物理特征和反演技术分析，提出了一种新的基于分相位重构的分频反演方法，可多级多参数精确识别火山岩，其核心是优选地震90度相位分量，有效凸显高阻抗微小变化，实现放大振幅差异有效刻画火山岩边界，继而重构0+90度相位地震数据为非线性分频反演提供准确的学习样本，从而有效提高火山岩反演精度。该方法的优点在于深化了火山岩反演技术，克服了单一参数反演精度低的局限性、非线性分频反演学习样本不准确等问题。实际钻井表明，该方法可以定量反演分辨多类型火山岩，明显提升了沙西北火山岩发育区勘探成效。

关键词　火山岩；分相位重构；分频反演；岩性圈闭刻画；馆陶组

Quantitative characterization technology and exploration practice of lithological traps in highly developed areas of igneous rocks

Zuo Zhonghang　Wang Gaiwei　Wang Jun　Zhang　Junbo

(CNOOC China Limited, Tianjin Branch)

Abstract　The Guantao Formation volcanic rocks in the northwest structural belt of Shaleitian Uplift are widely developed, characterized by large thickness and diverse lithology. The main target layer of this area is the Guantao Formation sandstone reservoir, which is affected by the occupation of volcanic rocks. The sandstone reservoir mixed with thick volcanic rocks and formed by lateral shielding of volcanic rocks at the bottom of Guantao are the main exploration targets of this area. Due to the similarity in physical characteristics between volcanic rocks of various rock facies such as basalt and tuff sprayed in multiple periods and sandstone and mudstone rocks, the seismic response discrimination is low. Therefore, accurate characterization and identification of volcanic rocks are crucial for finding lithological traps controlled by volcanic rocks. This study is based on the analysis of rock physical characteristics and inversion techniques, and proposes a new frequency division inversion method based on phase division reconstruction to accurately identify volcanic rocks at multiple levels and parameters. The core is to optimize the 90 degree phase component of the earthquake, effectively highlight the small changes in high impedance, achieve the effective characterization of volcanic rock boundaries by amplifying amplitude differences, and then reconstruct 0+90 degree phase seismic data to provide accurate learning samples for nonlinear frequency division inversion, Thus effectively improving the accuracy of volcanic rock inversion. The advantage of this method lies in its deepening of volcanic rock inversion technology, overcoming the limitations of low accuracy in single parameter inversion and inaccurate learning of samples in nonlinear frequency division inversion. Actual drilling shows that this method can quantitatively invert and distinguish multiple types of volcanic rocks, significantly improving the exploration effectiveness of the volcanic rock development area in the Northwest Structure of Shaleitian Uplift.

Key wordst　volcanic rock; Split phase reconstruction; Frequency division inversion; Lithological trap characterization; Guantao Formation

沙西北构造带馆陶组火山岩广泛发育，具有厚度大、岩性多样的特点。该区主要目的层为馆陶组砂岩储层，受火山岩占位影响，巨厚火山岩内部夹杂的砂岩以及由馆陶底部火山岩侧向遮挡形成的砂岩储层为该区的主要勘探目标，因而火山岩分布对油气成藏起着至关重要的作用。火山岩岩相多，结构复杂，横向变化快，导致地震反射特征多样，使得火山岩的识别和预测非常困难。针对火山岩的刻画，主要基于地震相、地震属性、相干体及反演等技术，对研究区的火山岩发育情况、平面分布特征及地震反射特征等方面进行预测。综合国内外的研究现状及进展，火山岩研究多以定性描述为主，随着火山岩油气勘探开发的不断深入，火山岩预测技术在向定量化方向发展。

地震反演是储层表征的关键环节，常规测井约束反演适用于层状、均匀且波阻抗差值较大的介质，但受地震资料有限带宽影响，储层分辨能力有限。地质统计学反演利用变差函数和密井网提高了反演精度，但高频部分随机性强，且对钻井数量和分布要求高。波形指示反演利用波形横向变化代替变差函数提高横向分辨率，利用测井曲线高频信息提高纵向分辨率，反演精度明显高于地质计学反演，但有效样本数和最佳截止频率选择不当会影响反演精度。神经网络反演通过训练地震数据和测井曲线建立地震与测井曲线间的非线性映射关系，使地震属性与测井曲线表征的地质属性达到最大程度的相关，同时得到除波阻抗之外的其他储层参数信息，可反演岩性、岩相或储层物性等，分频融合反演利用低、中、高不同频段的地震资料进行分频反演，再将不同频段的反演结果融合，频带范围变宽、分辨率提高，可减少测井资料高频信息横向插值的不确定性，储层识别能力明显高于原始地震数据主频的分辨能力。

本次研究基于岩石物理特征和反演技术分析，提出了一种新的基于分相位重构的分频反演来多级多参数精确识别火山岩方法，其核心是优选地震 90 度相位分量，有效凸显高阻抗微小变化，实现放大振幅差异有效刻画玄武岩边界，继而重构 0+90 度相位地震数据为非线性分频反演提供准确的学习样本，从而有效提高火山岩反演精度。该方法的优点在于深化了火山岩反演技术，克服了单一参数反演精度低的局限性、非线性分频反演学习样本不准确等问题。实际应用表明，该方法可以有效定量反演出各类型火山岩，从而落实并新增刻画出岩性圈闭，为井位部署和深度预测提供技术支持，应用成效显著。

1　区域概况及火山岩特征

1.1　区域位置

沙西北构造带位于渤海西南海域，北邻南堡凹陷，西接歧口凹陷(图 1)，成藏条件较优越，相邻的冀东油田南堡 1 号构造全层序勘探已经获得亿吨级油气发现，作为南堡凹陷向沙垒田凸起延伸的沙西北构造带，地质背景与成藏条件与南堡 1 号构造极为相似，在中浅层几乎没有油气发现。主要原因是区域内馆陶组地层火山岩大量占位，地震资料品质差，构造解释难度大，浅层圈闭落实程度低。由于火山岩发育控制了区域圈闭形态，因此如何精确刻画火山岩的展布，落实圈闭成为整个区域后续勘探的关键。

1.2　火山岩地质特征

新近系馆陶组火山具有典型裂隙喷发特点，喷发时间相对集中且火山规模大，火山岩平面上区域连片，喷发中心在断裂交汇处，火山岩厚度大且分布范围广。区域钻井资料揭示火山岩主要表现为火山喷出岩，岩相主要为火山通道相、爆发相、溢流相及火山沉积相，岩性主要为玄武岩、凝灰岩和玄武质、凝灰质沉积岩。此外，部分井也钻遇火山侵入岩，主要为基性的浅成侵入岩，如辉绿岩等。钻探证实，在沙西北构造带存在三种与火山岩有关的油气藏模式：构造油气藏、构造-岩性油气藏和地层超覆油气藏类型，研究区火山岩对油气成藏主要起到区域盖层及侧向遮挡作用。

1.3　火山岩地震响应特征

本区馆陶组火山岩主要为中心式喷发和裂隙喷发为主，在地震剖面上具有典型的丘状外形，其中火山通道相多为火山岩充填，表现为堆砌、充填结构，具有较明显的速度异常，反射振幅与围岩差别较大；爆发相主要位于火山口附近，位于丘状结构的核心部分，外部几何形态呈眼球状结构，内部地震反射波组为杂乱或断续弱反射；溢流相位于爆发相向外延伸的部分，地震响应特征为连续低频强振幅(图 2)；火山沉积相位于火山机构的最外沿，整体为较连续平行反射波组，与沉积岩反射特征相似(图 3)。

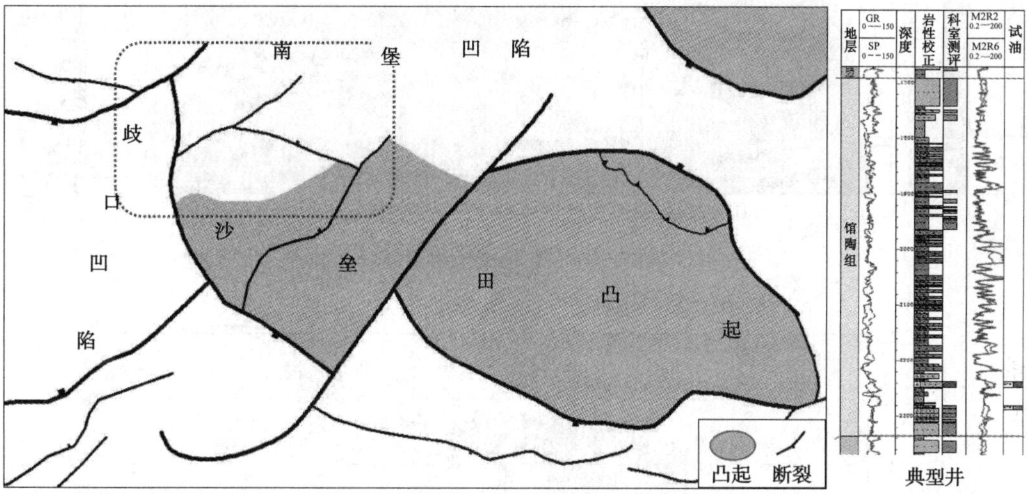

图 1　区域位置图

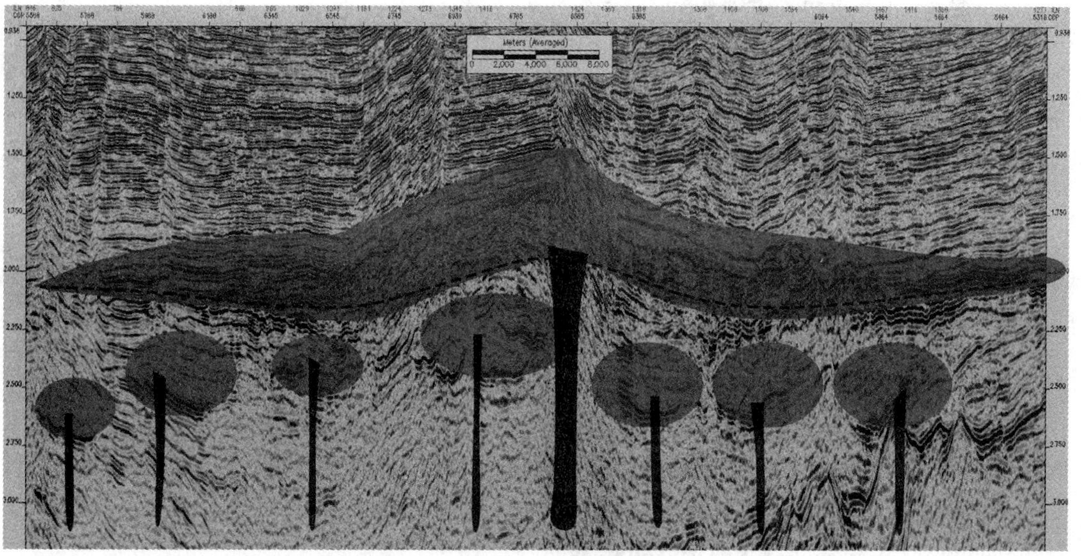

图 2　区域火山岩广泛发育

1.4　火山岩岩石物理特征

岩石物理分析是寻找敏感参数的关键，同时也是建立测井与地震之间的桥梁。因此采用样本点逐点统计方式分析火山岩特性，火山岩主要包括玄武岩和凝灰岩两大类，而两种火山岩岩石物理参数差异较大，玄武岩表现为高速高密特征，局部与砂岩有重叠区，而凝灰岩与砂泥岩在速度和密度上完全不可区分，但是火山岩整体表现为低伽马特征(图 4)，因此可以根据对应敏感参数进行岩性反演识别。首先火山岩均为低伽马特征，可通过非线性的 GR 反演出火山岩，但是岩性众多、响应复杂、精度不高，因此可以基于玄武岩的高速高密特征刻画出玄武岩，从而提高 GR 反演火山岩的精度。

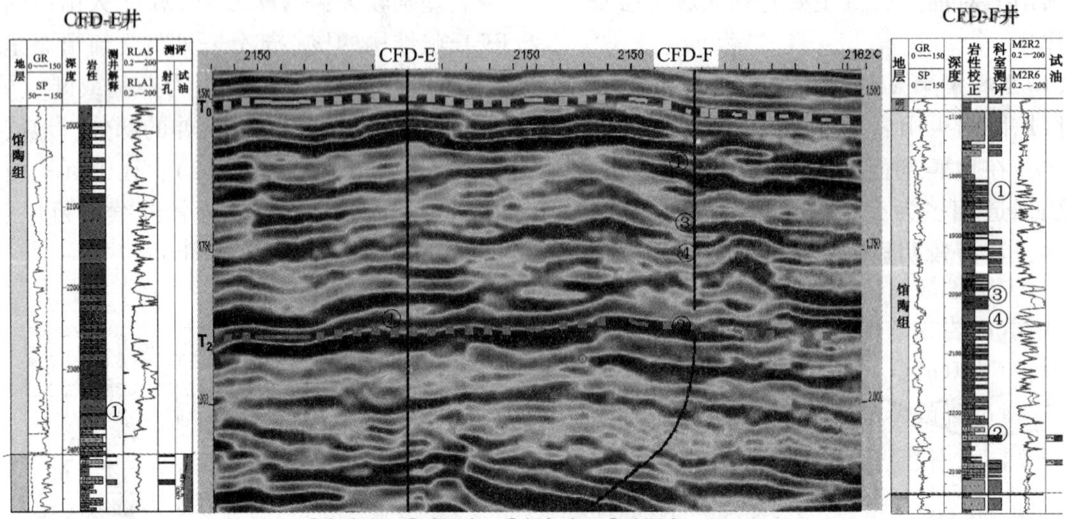

图3　火山岩地震响应复杂

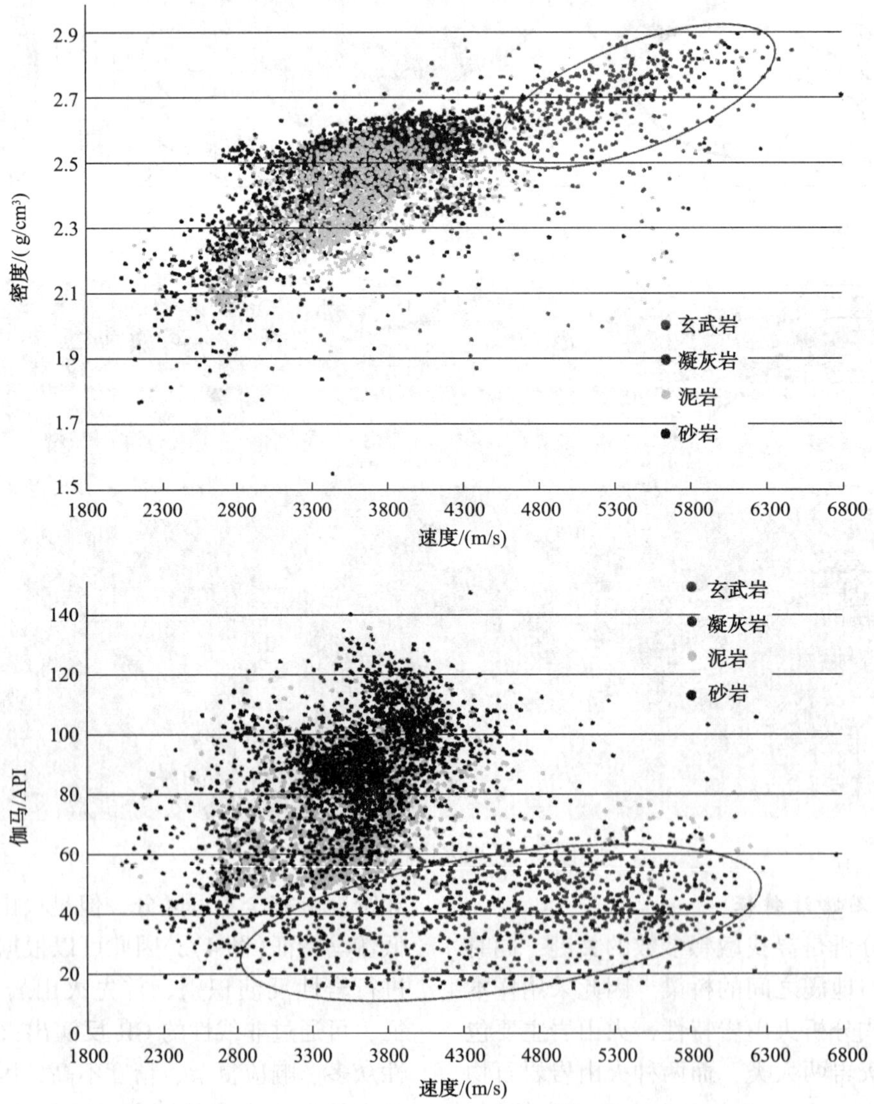

图4　岩石物理特征分析

2　研究思路及技术流程

根据岩石物理特征分析构建了一种新的基于分相位重构的分频反演来多级多参数精确识别火山岩方法(图5)。首先基于玄武岩的高速高密特征分相位重构技术的一级反演，其核心是优选地震90度相位分量，有效凸显高阻抗微小变化，实现放大振幅差异有效刻画玄武岩边界。其次是开展基于火山岩的低伽马特征非线性分频反演，其关键是重构0+90度相位地震数据为非线性分频反演提供准确的学习样本，从而有效提高火山岩反演精度。

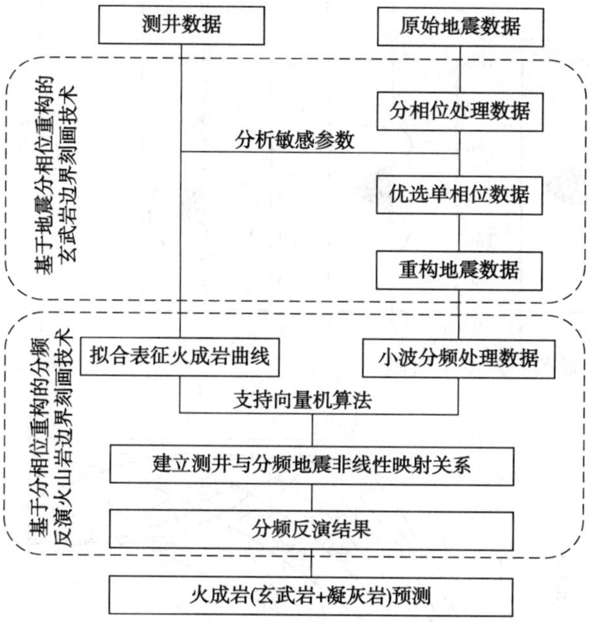

图5　研究技术流程

2.1　基于地震分相位重构的玄武岩边界刻画技术

谱估计的目的是得到地震数据的振幅谱和相位谱，这些振幅谱和相位谱包含了丰富的信息，进而可以进行储层预测。目前常用的谱估计方法包括短时傅里叶变换、小波变换、S变换、匹配追踪分解等，这些方法在石油勘探中得到了广泛的应用。

本文采用基于反演理论的谱估计方法(Inversion based Spectral Analysis，ISA)实现地震信号的谱估计，与其他的谱估计方法相比，ISA方法具有更高的分辨率和稳定性。在通过ISA方法得到地震数据的时频谱Fd(f，t)后，时变振幅谱和相位谱的计算公式如下：

$$A(f,\ t)=\sqrt{\{real[F_d(f,\ t)]\}^2+\{imag[F_d(f,\ t)]\}^2} \tag{1}$$

$$P(\theta,\ t)=\frac{\arctan\dfrac{imag[F_d(f,\ t)]}{real[F_d(f,\ t)]}*180°}{\pi} \tag{2}$$

式中，$A(f,\ t)$为地震数据的振幅谱；$P(\theta,\ t)$为地震数据的相位谱；θ为相位；$imag(\cdot)$为求虚部；$real(\cdot)$为求实部。

针对高速高密玄武岩，首先考虑基于振幅识别，然而研究区局部发育的高速砂岩，与玄武岩速度相近，同样具有强反射特征，且二者振幅差异小，门槛值难以确定，仅依赖强反射识别玄武岩存在很大的不确定性。

针对这一问题，创新提出基于地震分相位重构的玄武岩边界刻画技术，这一方法区别于常规的相位旋转，而是将原始数据在相位域上分解展开，然后将某一相位角度的分量提取出来，组合为该相位角度的相位分量数据体。构建水平层状模型，地层厚度确保一致，玄武岩的阻抗大于砂砾岩，其上下的围岩的为泥岩波阻抗值最小，通过正演分析表明，在合成记录上水平层状介质界面为正反射，不同岩性对应的合成记录差别不明显，但是90度相位分量对高阻抗的变化比较敏感，将90度分量和原始0度分量等比例融合能够凸显高阻抗的微小变化(图6)。

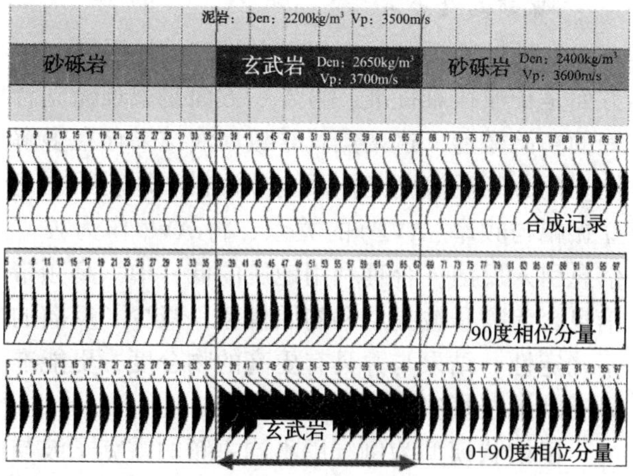

图6　正演模型试算

具体的反演分析中，高阻玄武岩和砂体的波阻抗差异小，以致在正常剖面上不足以区分，但是通过稀疏反演复频分解得到振幅谱和相位谱，并且分解其90度相位分量，通过傅里叶反变换得到90度相位分量体，就能够很将差异放大，以致轻松通过振幅值得以区分。通过图7上下两个阻抗模型的对比，在高阻抗的背景下随着两个高阻抗差异变大，其对应的原始地震和 0 度分量变化不明显，但是在 90°分量上，随着高阻抗差异变大对应的 90 度分量更为明显。

因此，对原始地震数据进行相位分解，提取地震数据的 90 度相位分量，对比原始地震，玄武岩的强反射差异明显被大，实现了基于 90 度相位分量的振幅信息开展玄武岩的刻画。

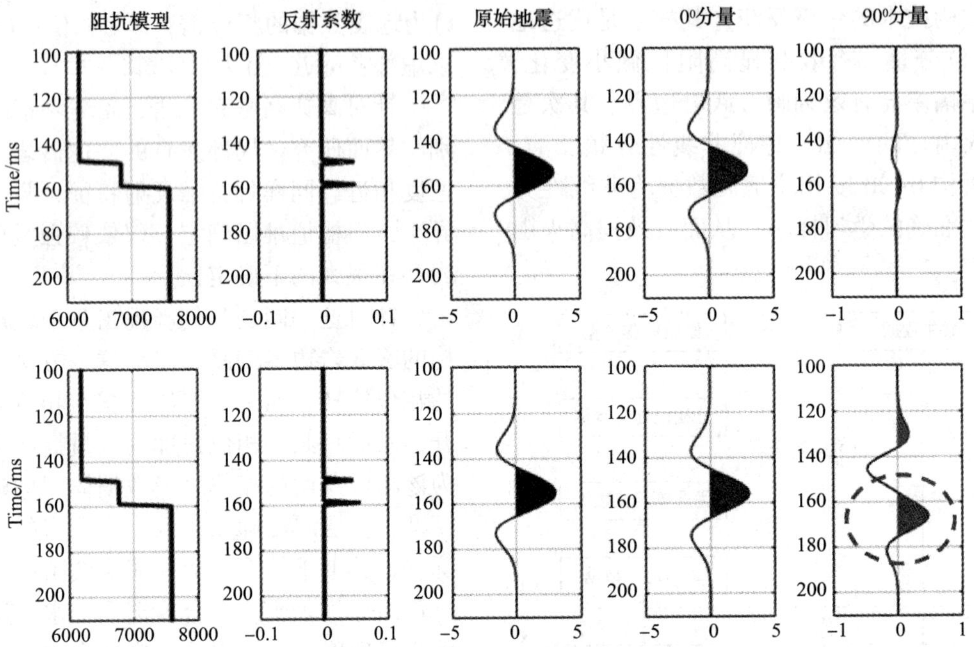

图 7　90°相位分量能够凸显高阻抗微小变化

2.2　基于地震分相位重构的分频反演火山岩边界刻画技术

常规地震反演的应用存在一定的局限性，一方面是子波很难提准，另外一方面是很难建立合理的初始模型，这两点就导致反演结果存在多解性。而分频反演则是依靠测井资料和地震数据建立振幅与频率(AVF)的关系，将 AVF 作为独立信息引入反演，合理利用地震的低，中，高频带信息，无需子波提取和初始模型，减少了反演的不确定性，结果与井具有更高的吻合度，更能准确反映地层真实的接触关系。

以楔状模型为例，用不同主频的雷克子波与其褶积，得到一系列合成地震剖面，从而得到振幅与厚度在不同频率时的调谐曲线(图 8)。通过坐标转换，可以得到在不同时间厚度下振幅随频率变化(AVF)的关系(图 9)。

针对同样为低伽马特征的火山岩，采用分频反演技术，其合理利用地震的不同频带信息，以支持向量机算法为桥梁，建立地震与测井关系，得到一个高分辨率的反演结果。

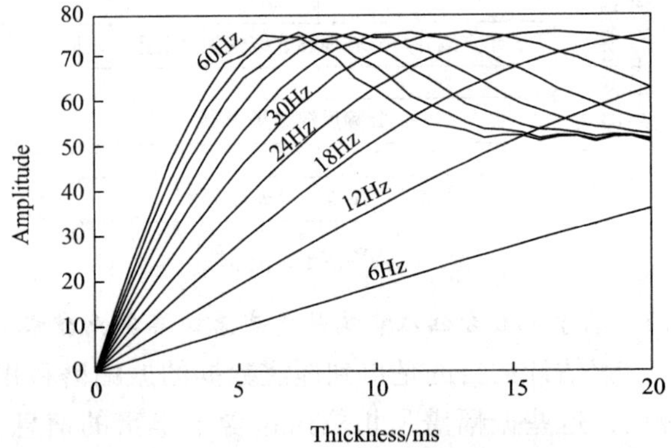

图 8　不同频率下振幅与厚度的关系

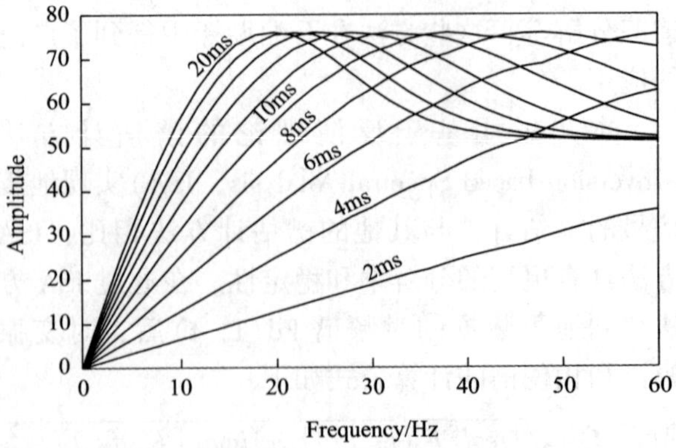

图 9　不同厚度下振幅与频率的关系

3　实际应用效果

沙西北构造北邻南堡凹陷，西接歧口凹陷，为沙垒田凸起的倾末端，馆陶组火山岩大量占位，埋深1000~1500米，馆陶组及以上地震资料品质较好，火山岩段主频20Hz左右，受巨厚火山岩影响，下覆地层地震资料品质较差。地震资料为新处理的深度偏移资料，能够满足馆陶组岩性圈闭的刻画要求。

对原始地震数据进行相位分解，提取地震数据的90度相位分量，对比原始地震，玄武岩的强反射差异明显被大(图10)，实现了基于90度相位分量的振幅信息开展玄武岩的刻画。利用0+90°分相位重构数据体统计各类岩性振幅值，重构体振幅值区分明显，玄武岩振幅值大于6000，实现通过振幅值直观定量的区分出高阻抗玄武岩(图11)。

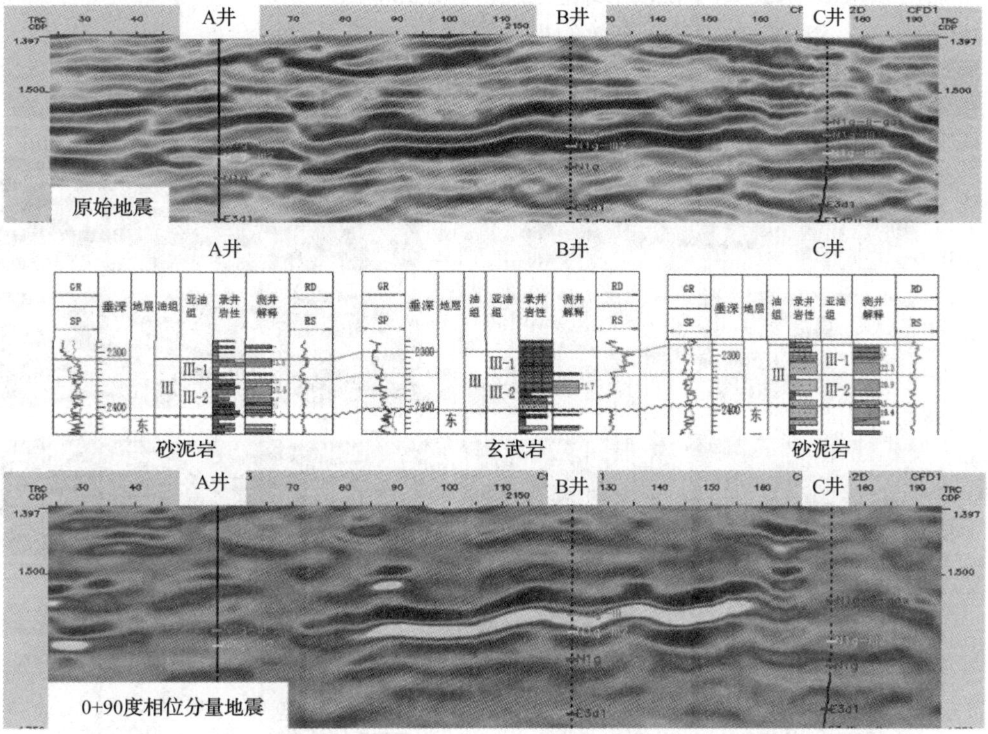

图10　过井剖面上明显能够凸显高阻抗微小变化

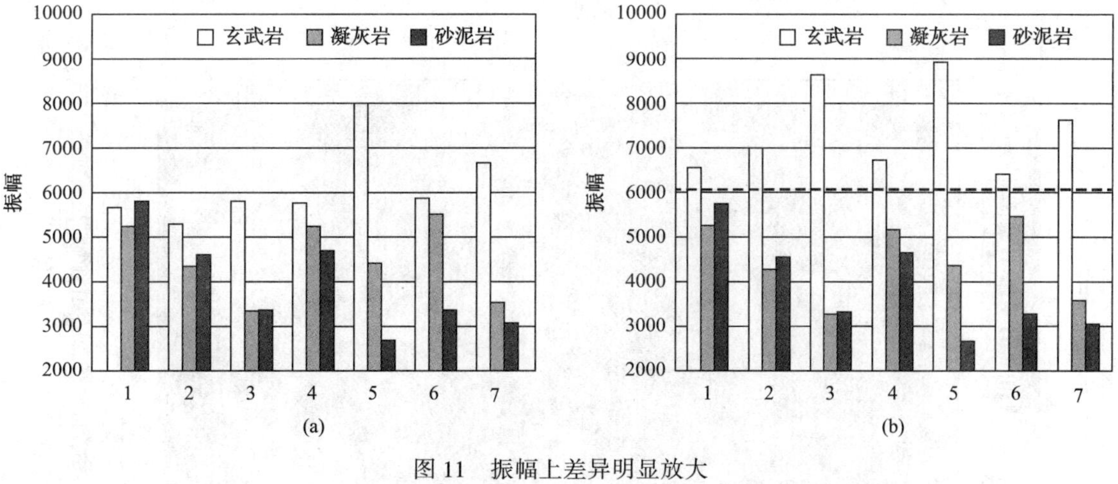

图11　振幅上差异明显放大

(a)原始地震振幅统计；(b)0+90°相位重构地震振幅统计

因此设置振幅定量值6000，大时窗确定玄武岩展布特征，与裂隙式火山喷发认识完全一致，实现高速玄武岩的空间厚度求取，为后期的构造成图奠定基础；同时，小时窗精细刻画各小层火山岩平面展布，玄武岩边界清楚，井震吻合好。

基于上述方法，结合本区实际特征，以伽马体为目标曲线，以 0+90 度相位分解体为输入地震，开展神经网络训练，形成了基于分相位重构的分频反演方法。

相比常规分频反演，其关键是的 90 相位分解体的引入，通过上述分频体可以看出，相比于原始地震分频体，90 度相位分频体保留了对玄武岩强反射的精准刻画效果，其与 GR 曲线建立的关系更加清楚明确，相关系数更高，有效的提高了反演精度(图 12)。

采用矿区内的 7 口探井参与井震匹配训练，建立起较好的非线性映射关系，外推地震数据，完成分频反演。针对反演结果，广泛统计最终确定 GR 门槛值来进行直观展示。从反演结果来看，与验证井火山岩识别较好，能有效反演出纯火山岩，并指示内部夹杂砂泥岩，同时大套火山岩顶底面反演清楚，指示火山岩底面存在有利储层发育区，该区域为火山岩底面控制型岩性圈闭(图 13)。

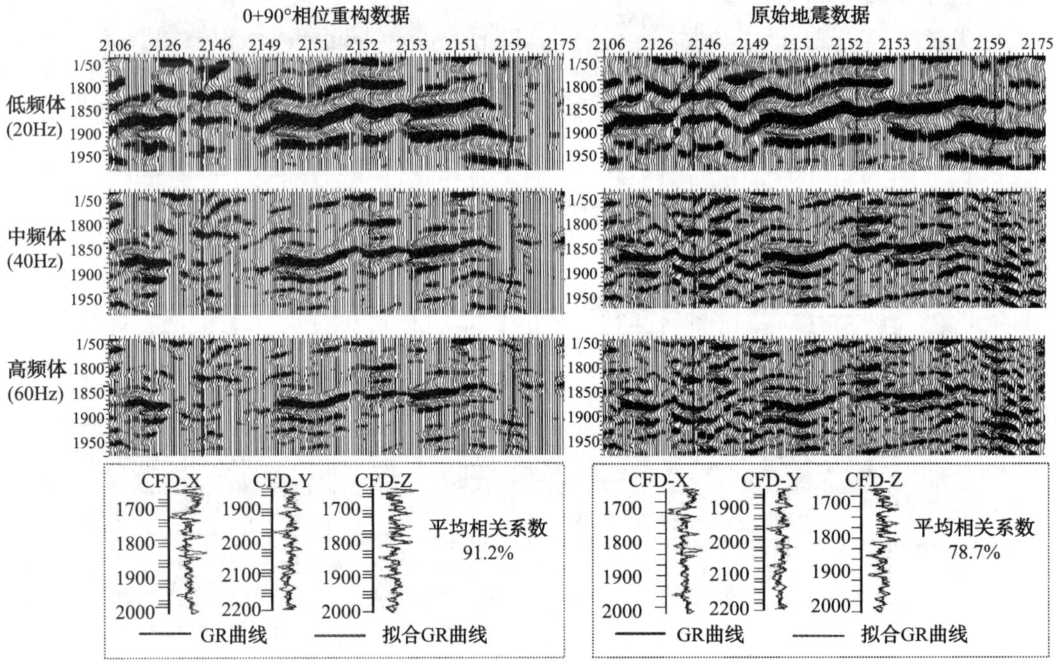

图 12　有效提高反演精度

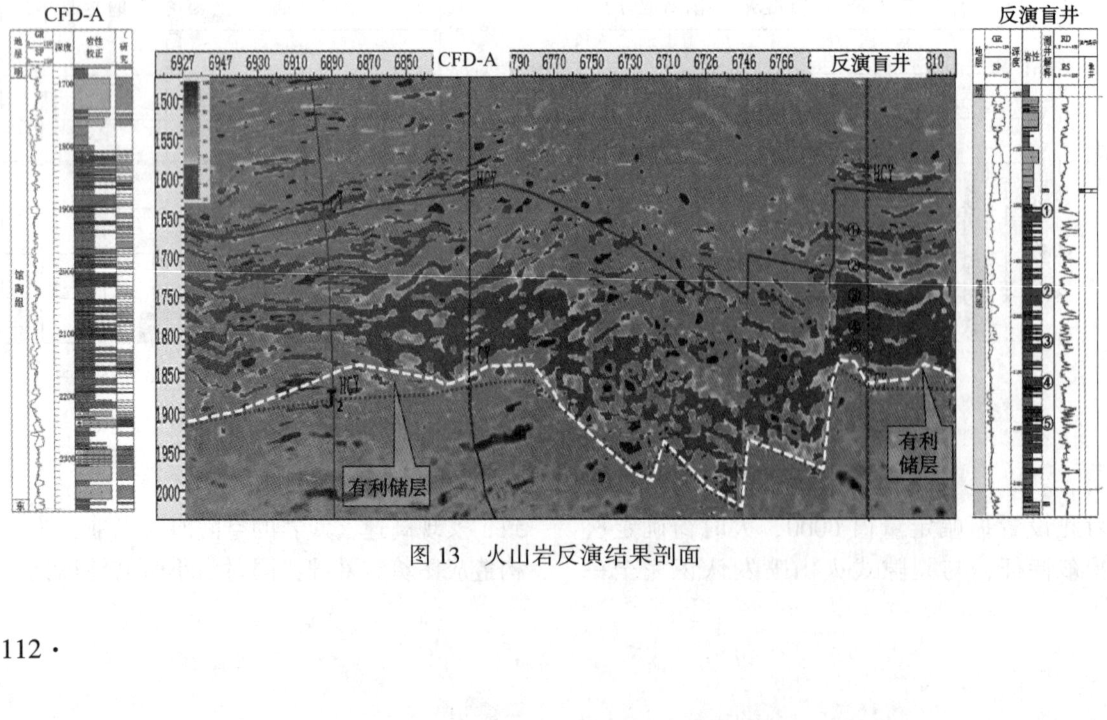

图 13　火山岩反演结果剖面

通过技术的运用，90°相位分量对高阻抗的变化比较敏感，能够凸显高阻抗的微小变化，因此采用0+90°分相位重构地震数据能有效刻画高速玄武岩边界。图14上在原始地震上，火山通道伴生着断层而生，但火山通道的边界不清楚，与通道外地震轴连续性较好，对应深度的方差切片上，火山通道边界模糊，且通道外形不明显；而在0+90°分相位重构地震数据上，火山通道与边界不连续，剖面上边界清楚，对应的方差切片上，方差能准确反映通道边界，且通道外形清楚，通道内微小变化也能够有效凸显。

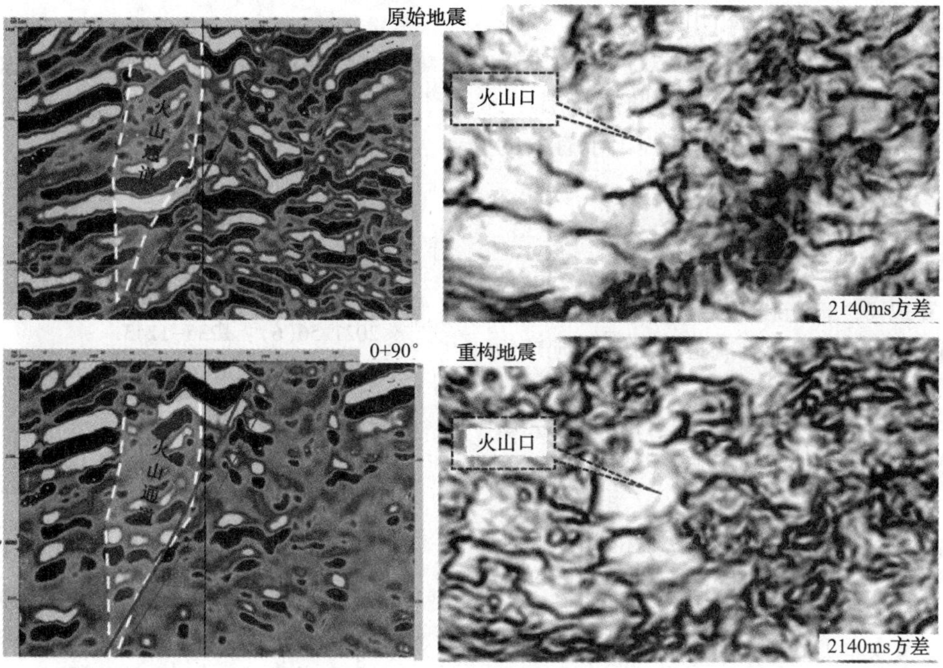

图14　火山岩底面控制型岩性圈闭

火山通道通常发育于断裂破碎带，发育圈闭高部位其连通性较差是圈闭的有利遮挡层，准确识别通道能有效识别岩性圈闭，在沙西北构造火山岩高发育区，钻探的CFD-F井收获厚油层证实其高部位的火山通道侧封性较好，通过新技术的运用，火山岩边界得到有效的刻画最终在沙西北新增多个构造岩性圈闭。累积构造岩性圈闭面积30km²，拓展了勘探新层序，直接新增以新层序为目的层位设计井1口，新设计井钻探同样获得油层，证实其圈闭的有效性，构造岩性圈闭勘探发现明显提升了沙西北火山岩发育区勘探成效（图15）。

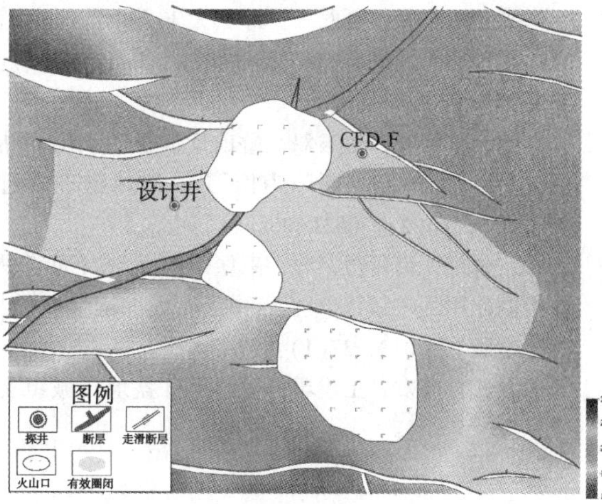

图15　玄武岩高遮挡岩性圈闭

4　结论

（1）沙西北构造带主要目的层为馆陶组砂岩储层，但巨厚火山岩占位。火山岩主要包括玄武岩和凝灰岩两大类，岩石物理参数差异较大，玄武岩表现为高速高密特征，局部与砂岩有重叠区，而凝灰岩与砂泥岩在速度和密度上均不可区分。但火山岩整体上表现为低伽马的特征。

（2）创新构建了一种基于分相位重构的分频反演来多级多参数精确识别火山岩方法。首先基于玄武岩的高速高密特征开展分相位重构技术反演，其核心是优选地震90度相位分量，有效凸显高阻抗微小变化，实现放大振幅差异有效刻画玄武岩边界。其次开展基于火山岩的低伽马特征非线性分频反演，其关键是重构 0+90 度相位地震数据为非线性分频反演提供准确的学习样本，从而有效提高火山岩反演精度。

(3) 从应用成效上看，由于火山岩边界的精细刻画最终在沙西北新增多个构造岩性圈闭，直接新增以新层序为目的层位设计井 1 口并且钻探获得油层，证实了构造岩性圈闭的有效性，明显提升了沙西北火山岩发育区勘探成效。该技术是火山岩勘探的一种实用方法，扩展勘探新层序，为井位设计、井位优化及储量发现提出了有效的决策方案。

参 考 文 献

[1] 谷志猛，牛成民，杨波，等．溢流相火山岩定量刻画新尝试——以渤海海域 B 构造为例[J]．地球物理学进展．2017，32(03)，1346-1351.

[2] 谭开俊，张帆，潘建国，等，火山岩优质储层定量预测技术及应用[J]．天然气地球科学．2012，23(1)：175-180.

[3] 于建国，韩文功，刘力辉．分频反演方法及应用[J]．石油地球物理勘探，2006，41(2)：193-194.

[4] 朱红涛，刘依梦，王永利，等．渤海湾盆地黄河口凹陷 BZ34-9 区带火山岩三维刻画及火山喷发期次[J]．地球科学(中国地质大学学报)．2014，39(9)：1309-1316.

[5] 左国平，屠小龙，夏九峰，等．大丰兴化地区火山岩地震识别方法研究[J]．石油物探．2011，50(3)：252-259.

[6] 张芝铭，张明学，胡玉双．叠前反演预测火山岩储层——以莺山-双城断陷为例[J]．地球物理学进展．2015，30(2)：0621-062.

[7] 刘哲，付广，吕延防，等．南堡凹陷断裂对油气成藏控制作用的定量评价[J]．中国石油大学学报(自然科学版)，2013，37(1)：27-34.

[8] 黄玉龙，孙德友，王璞珺，等．松辽盆地营城组玄武岩流动单元测井响应特征[J]．地球物理学报，2011，54(2)：524-533.

[9] 吕延防，许辰璐，付广，等．南堡凹陷中浅层盖-断组合控油模式及有利含油层位预测[J]．石油与天然气地质，2014，35(1)：86-97.

[10] 朱学娟．南堡 5 号深层火山岩油气藏测井识别与评价技术研究[D]．东营：中国石油大学，2011.

[11] 周海民，马乾．南堡凹陷北堡地区火成岩储层特征[J]．石油与天然气地质，2003，24(1)：36-38.

[12] 杨培杰；罗红梅；王金铎. 地震数据分相位重构方法[J]．石油地球物理勘探．2019，54(03)：594-599.

[13] 杨培杰．地震子波盲提取与非线性反演[D]．山东东营：中国石油大学(华东)，2008.

[14] 张生强，张志军，李尧，等．基于地震相位分解的自适应强反射分离方法[J]．石油地球物理勘探，2021. 56(6)：1236-1243.

[15] 李素华，李兆影．官渡构造下沙溪庙组致密砂岩储层有效识别[J]．东北石油大学学报，2014. 38(2)；35-42.

[16] 季玉新，刘春园，陈冬，等．分频反演方法及其在塔河 A 区储层预测中的应用[J]．石油与天然气地质，2010，31(1)：38-42.

[17] 刘力辉，李建海，孙莹频，等．时频属性法薄互层预测[J]．石油地球物理勘探，2017，52(6)：1261-1268.

[18] 穆星，卢新甫，杨培杰．基于高阶统计量的高分辨率时频分析方法[J]．油气地质与采收率，2009. 16(6)：56-59.

[19] 郭诚，张建民，朱建敏，等. 海上河流相油田少井条件下储层精细解剖———以垦利 3-2 油田 3-1483 砂体为例[J]．东北石油大学学报，2016. 40(3)；10-17.

[20] 赵磊，柯岭，段太忠，等. 基于地震反演及多信息协同约束的冲积扇储层精细建模[J]．东北石油大学学报，2017. 41(1)；63-72.

渤海南部海域中生界火山岩潜山储层特征及控制因素

郭 颖 叶 涛 任 健 吴庆勋 孙 哲

[中海石油(中国)有限公司天津分公司]

摘 要 渤海南部海域中生界火山岩广泛发育，多个火山岩油气藏的发现证实该地区火山岩油气藏勘探潜力巨大。但是，该区中生界火山岩潜山岩性多样、储层非均质性强、油气富集程度差异大、优质储层发育主控因素尚不明确，严重制约了该区下一步火山岩油气勘探工作。本次研究利用钻井岩心、薄片、扫描电镜、元素、地震、测井等资料为基础对渤海南部海域火山岩储层特征及控制因素进行深入研究。结果表明：(1)研究区火山岩岩性以基性和中性为主，中酸性次之，酸性火山岩较少，岩相以溢流相和爆发相为主储集空间以次生溶蚀孔隙和裂缝为主，储层物性以中低孔、中低渗为主；(2)岩性-岩相为优质储层发育的基础，中酸性火山岩含油气性优于中-基性火山岩，爆发相优于溢流相火山岩；(3)风化淋滤作用控制储层垂向分带性；(4)将火山岩成岩演化模式划分为强充-弱溶、弱充-强溶、强充-强溶型3类，并控制了横向上储层差异性，弱充-强溶型储层最优，强充-强溶型次之，强充-弱溶性储层质量最差；(5)裂缝是决定储层有效性关键因素，中高渗透率储层和裂缝发育区集中于北东向深大断裂5~6km，走向与现今最大水平主应力方向一致的裂缝有效性最好。综合以上认识，认为沿郯庐走滑断裂带分布的中酸性爆发相火山岩，距离风化壳160m以内中高孔隙带，具有有利的成岩演化类型，并且靠近北东向走滑深大断裂和断裂交汇带，有效裂缝发育的地区为优质火山岩储层发育的有利地区。

关键词 渤海南部；中生界；火山岩；潜山；储层特征；控制因素

Characteristics and Control Factors of Mesozoic Volcanic Buried Hill Reservoirs in the Southern Bohai Sea

Guo Ying Ye Tao Ren Jian Wu Qingxun Sun Zhe

(CNOOC China Limited, Tianjin Branch)

Abstract The Mesozoic volcanic rocks are widely developed in the southern waters of the Bohai Sea, and the discovery of multiple volcanic rock oil and gas reservoirs confirms that the exploration potential of volcanic rock oil and gas reservoirs in this area is enormous. However, the diverse lithology, strong heterogeneity of reservoirs, significant differences in oil and gas enrichment, and unclear main controlling factors for the development of high-quality reservoirs in the Mesozoic volcanic rock buried hills in the area have seriously constrained the next step of volcanic rock oil and gas exploration work in the area. This study conducted an in-depth study on the characteristics and control factors of volcanic reservoirs in the southern Bohai Sea based on drilling cores, thin sections, scanning electron microscopy, elemental analysis, seismic analysis, and logging data. The results show that: (1) the lithology of volcanic rocks in the study area is mainly basic and neutral, followed by medium acidic, with less acidic volcanic rocks. The rock facies are mainly overflow and explosive, and the storage space is mainly secondary dissolution pores and fractures. The reservoir properties are mainly medium low porosity and medium low permeability; (2) Lithology and lithofacies are the basis for the development of high-quality reservoirs. Medium acidic volcanic rocks have better oil and gas bearing properties than medium basic volcanic rocks, and explosive facies are better than overflow facies volcanic rocks; (3) Weathering and leaching control the vertical zoning of reservoirs; (4) The diagenetic evolution patterns of volcanic rocks are divided into three types: strong filling weak dissolution, weak filling strong dissolution, and strong filling strong dissolution, and the horizontal reservoir differences are controlled. The weak filling strong dissolution type reservoir is the best, followed by the strong filling strong dissolution type, and the quality of the strong filling weak dissolution type reservoir is the worst; (5) Cracks are the key factor determining the effectiveness of reservoirs, with medium to high permeability reservoirs and fracture development areas concentrated within 5~6 kilometers of the northeast trending deep fault. The most effective fractures are those that strike in the direction of the current maximum horizontal principal stress. Based on the above understanding, it is believed that the moderately acidic explosive volcanic rocks distributed along the Tan Lu strike slip fault zone have favorable diagenetic evolution types within a 160m distance from the weathering crust, and are close to the northeast trending strike slip deep fault and fault intersection zone. The area with effective crack development is a favorable area for the development of high-quality volcanic rock reservoirs.

Key wordst　Southern Bohai Sea; Mesozoic; lava; Qianshan; Reservoir characteristics; Control factors

火山岩油气藏作为一种非常规油气藏类型，在全球五大洲 50 多个国家/地区均有发现(Schutter SR，2003；王洛等，2015；唐华风等，2020)，正在成为世界上油气勘探的重要新领域。中国自 1957 年在准噶尔盆地西北缘首次在火山岩中获得气流以来，目前已在准噶尔、塔里木、四川、二连、海拉尔、苏北、渤海湾等 10 余个盆地发现了火山岩油气藏，累计石油探明储量达数亿吨，天然气数亿万方，显示了广阔的勘探前景(邹才能等，2008)。近年来，随着渤海油田勘探和研究程度的不断加大，火山岩潜山油气勘探日益受到关注，近年来陆续发现了 K16A 火山岩油气田及 BZ6-A、LD25-A、BZ8-A 等多口高产火山岩油气井(徐长贵等，2024)，证明了渤海海域火山岩油气藏勘探的巨大潜力。从渤海海域中生界火山岩油气藏或含油气构造的勘探结果来看，火山岩储层质量对于油气的富集程度及测试产能都具有明显的控制作用，加强火山岩储层研究对于进一步开展火山岩油气勘探至关重要。

前人针对渤海海域中生界火山岩开展了卓有成效的研究工作，但研究目标主要围绕火山岩岩性、岩相、喷发旋回、分布等方面，而针对火山岩储层形成演化机理和控制因素研究较少且缺乏系统性。相较于准噶尔盆地、松辽盆地、塔里木盆地等目前火山岩油气勘探研究程度较高的地区，渤海火山岩储层研究和油气勘探工作尚处于起步探索阶段。

渤海南部海域中生界火山岩潜山广泛发育，而该区渤中凹陷、黄河口凹陷、莱州湾凹陷等几大富生烃凹陷可以为其提供充足的油气源，成藏条件十分优越，是目前渤海火山岩潜山勘探的重点地区。特别是莱州湾凹陷南斜坡 K16A 中生界火山岩油气田的发现进一步坚定了该区火山岩油气勘探的信心。同时，前期勘探结果表明，该地区火山岩岩性、岩相复杂多变，储层非均质强，不同深度、不同岩性-岩相及不同地区的储层质量和油气富集程度差异较大，优质火山岩储层发育机理及控制因素尚不明确，限制了该区下一步火山岩油气勘探部署。本文以研究区丰富的钻井岩芯、岩石薄片、扫描电镜、测井、测试、地震、分析化验等资料，对渤海南部海域中生界火山岩潜山储层特征和控制因素进行深入研究，以期深化渤海中生界火山岩储层研究，为该区中生界火山岩藏油气勘探提供理论依据。

1　区域地质背景

渤海湾盆地位于我国东北部，为叠置在华北克拉通基底之上的中、新生代多旋回裂谷盆地，是我国东部最重要的含油气盆地之一(徐长贵等，2019，2022)。渤海海域为渤海湾盆地在海域的延伸部分，由辽河坳陷、渤中坳陷及济阳坳陷与黄骅坳陷部分构造组成，勘探面积约 $4\times10^{4km^2}$(牛成民等，2018)。受太平洋板块向欧亚大陆俯冲消减诱发的陆内裂谷作用控制，渤海湾盆地经历了中生代和新生代两个裂陷旋回，形成了大量的中酸性和中基性岩浆岩(杨海风等，2018)。其中，中生代形成的火山岩分布最为广泛，储层条件较好，是目前渤海湾盆地火山岩油气藏勘探的主要目标。

古生代以来，渤海所在的华北板块构造演化受古亚洲洋、特提斯洋、滨太平洋三大全球动力学体制控制。中生代晚三叠世末，随着华北板块与南部扬子板块的于大别-苏鲁造山带碰撞-拼合结束，印支运动对于渤海湾盆地的构造变形作用逐渐减弱，整个盆地逐渐受东部滨太平洋构造域控制进入裂谷盆地发育阶段。燕山早期(早-中侏罗世)，伊泽奈崎板块开始向东亚大陆北西向俯冲，强烈的 NW 向挤压应力导致盆内 NE-NNE 相逆冲断裂和褶皱的发育，例如研究区内渤东低凸起、庙西北凸起、庙西南凸起等 NE 向正向构造单元在此时期开始形成。该时期主要发育一套含煤碎屑岩地层，渤海海域主要在其西部地区分布；燕山中期(晚侏罗-早白垩世)，伊泽奈崎板块沿 NNW 向持续俯冲，华北克拉通东部整体进入伸展-拉张构造背景，岩石圈发生快速减薄，深部软流圈地幔上涌，岩浆沿断裂等构造薄弱带上升、喷发，造成强烈的火山活动，尤其以早白垩世火山活动最为强烈，形成厚层的火山岩、火山碎屑岩地层。该套火山岩广泛分布于渤海湾盆地东部辽河坳陷、渤海海域，在济阳、冀中、黄骅坳陷也有少量发育，是本次研究的主要层系；晚白垩世，伊泽奈崎板块俯冲消亡，太平洋板块向东亚大陆 NW 向俯冲硬碰撞开始，华北克拉通发生挤压抬升并遭受强烈剥蚀，渤海海域剥蚀尤为严重，上白垩统整体缺失，其下白垩统与上覆新生界地层呈角度不整合接触，是风化壳型火山岩储层发育带。至此，渤海湾盆地中生代裂陷旋回结束，逐渐进入新生代裂陷旋回，对盆地构造格局及储层进行改造。

研究区位于渤海海域南部，是渤海中生界火山岩最为发育的地区之一，被渤中凹陷、渤东凹陷、黄河口凹陷、莱州湾凹陷等富生烃凹陷所环绕、夹持，为中生界火山岩潜山构造提供了充足的油气源。深切至岩石圈的郯庐走滑断裂带呈 NE、NNE 向从研究区穿过，分为西支、中支和东支，强烈的走滑运动对区内火山岩储层的改造具有重要作用(图 1)。

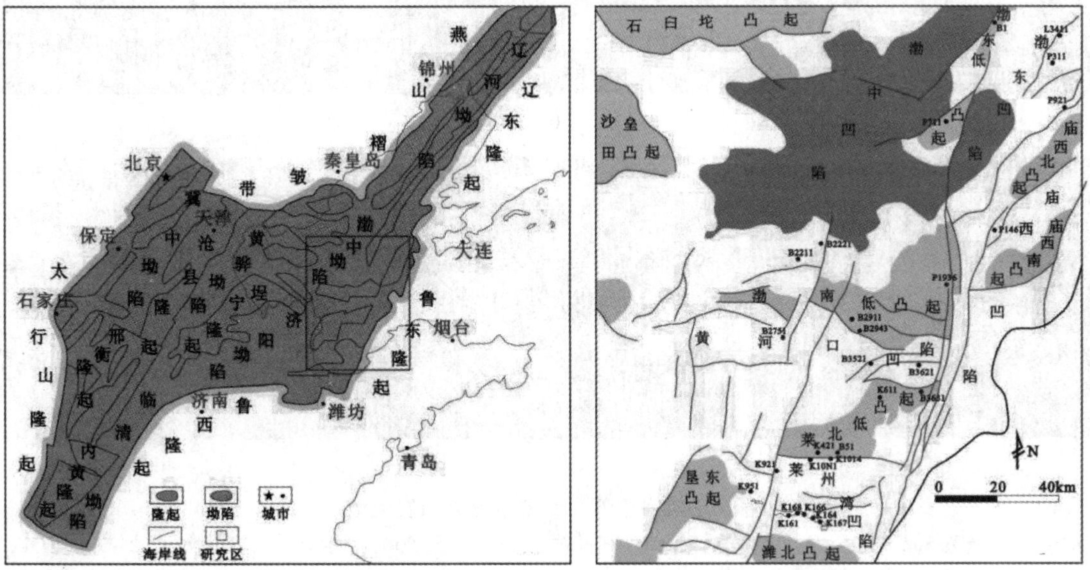

(a)渤海湾盆地构造分区图 (b)研究区构造区划及钻井分布图

图 1 研究区构造位置图

2 火山岩储层特征

2.1 岩性岩相特征

渤海海域中生界火山岩主要由一套碱性-偏碱性火山熔岩-火山碎屑岩组成。研究区钻井揭示的中生界火山岩种类丰富，主要岩石类型包括安山岩、玄武岩、英安岩、流纹岩、霏细岩及各类过渡岩性。按照岩石结构分为火山熔岩类(玄武岩、安山岩、英安岩、流纹岩、霏细斑岩)、火山碎屑岩类(火山角砾岩、凝灰岩)及少量沉火山碎屑岩类(沉凝灰岩)。按照成分划分为基性、中性、中酸性和酸性火山岩，其中以基性(玄武岩及玄武质火山碎屑岩)和中性火山岩(安山岩及安山质火山碎屑岩)居多，中酸性(英安岩)和酸性火山岩(流纹岩、霏细斑岩及相应凝灰岩)次之，为方便表述，本文将中酸性英安岩亦归入酸性火山岩类。岩相的划分对于火山岩成因、机构刻画及储层研究具有重要意义，王璞君等人依据“岩性-组构-成因”分类方案，将松辽盆地火山岩相分为5种相、15种亚相(王璞君等，2003)，该分类方案对同属中国东部的渤海湾盆地火山岩岩相划分同样具有较好的适用性和代表性，笔者亦采用此标准将研究区中生界火山岩分为溢流相、爆发相、火山沉积相3种岩相，而火山通道相、侵出相在研究区尚未钻遇。因沉凝灰岩等火山沉积相储层受水动力、沉积作用影响较大且在本区发育较少，故本次不作为重点讨论。从岩相上来看，研究区发育的溢流相主要包括玄武岩、安山岩、英安岩、流纹岩、霏细斑岩，爆发相主要包括各类火山岩角砾岩和凝灰岩(图2)。

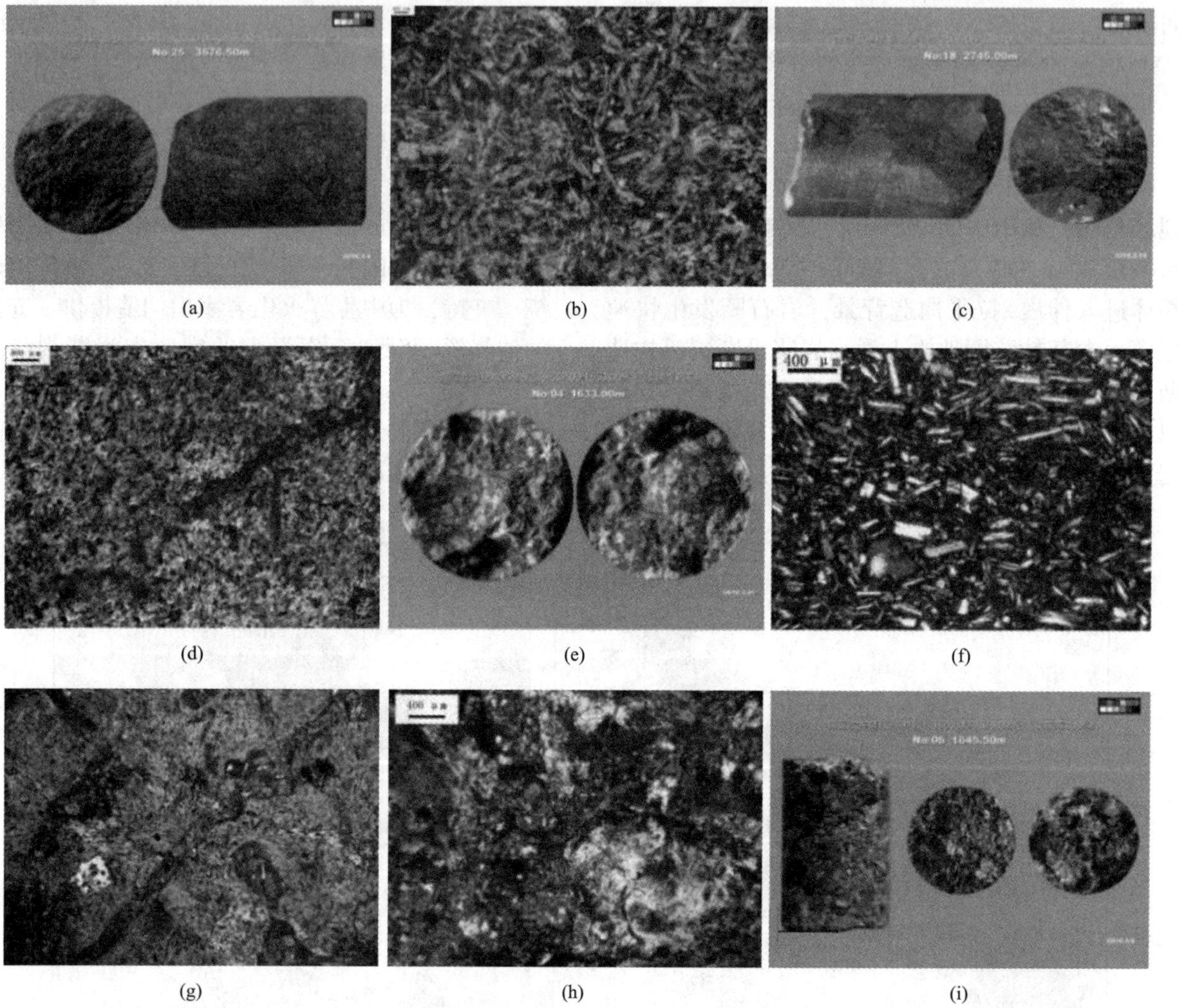

图2　渤海南部海域中生界火山岩类型

(a)K10N井，3576.5m，岩心，基性玄武岩，溢流相，气孔被绿泥石等矿物充填为杏仁体；(b)K10N井，2595m，薄片，基性玄武岩，玄武-交织结构，斜长石高岭石化，辉石绿泥石化，岩石致密，单偏光；(c)K10N井，2745m，岩心，中性安山岩，溢流相，含黄铁矿脉体；(d)K921井，2025m，薄片，中性安山岩，玻基交织结构、斑状结构，裂缝被方解石充填，单偏光；(e)K161井，1633m，岩心，中酸性英安岩，溢流相；(f)K951井，1620.5m，薄片，英安岩，斑状结构，交织-微嵌晶结构，正交光；(g)K164井，1630.5m，薄片，流纹岩，斑状-流纹结构，酸性，溢流相，单偏光；(h)K164井，1603.68m，薄片，流纹质凝灰岩，正交光；(i)KL166井，1645.5m，岩心，火山角砾岩，爆发相

2.2　物性特征

对研究区12口钻井110块岩芯、壁芯样品进行物性分析。结果显示，研究区中生界火山岩储层孔隙度和渗透率相关性较差(图3a)，表明储层孔喉结构十分复杂。储层孔隙度整体较高，所有样品孔隙度均在1%以上，最高达37.6%，平均孔隙度为14.0%，孔隙度主要集中分布于5%～20%之间，占总样本数的67.27%，且67.27%的样品孔隙度大于10%，属于中-高孔储层(图3b)。73个渗透率数据统计表明，研究区中生界火山岩基质渗透率较低，分布范围介于$0.003\times10^{-3}\sim14.4\times10^{-3}\mu m^2$，其中小于$1\times10^{-3}\mu m^2$的样本占总体的81.03%(图3c)，平均渗透率仅为$1.07\times10^{-3}\mu m^2$，属于低渗、特低渗储层。

同时，需要指出的是，此处所测得的孔隙度与渗透率仅代表基质孔、渗特征，裂缝对火山岩储层物性可以起到改善作用。

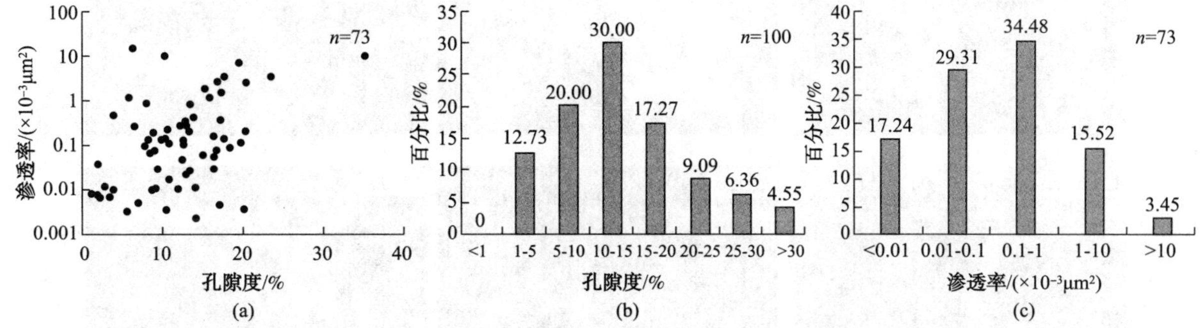

图 3　渤海南部海域中生界火山岩储层物性特征

2.3　储集空间类型

利用岩心、岩石薄片、扫描电镜等资料对研究区火山岩储层储集空间进行分析。结果表明，研究区中生界火山岩储集空间类型可以分为原生孔隙、次生溶蚀孔隙和裂缝 3 大类(图 4)。

原生孔隙是岩浆喷发冷却固结过程中形成的气孔及火山碎屑颗粒间孔隙，主要包括原生气孔和未被完全充填的残余气孔(图 4a)、砾(粒)间孔(图 4d，图 e)、晶间孔等。在岩浆喷发、冷却过程中，岩浆里所含 H_2O，CO_2，S(S^{2-}，SO_4^{2-})和 Cl 等挥发组分溢出膨胀形成圆形、椭圆形原生气孔(毛治国等，2015)，该类孔隙在研究区玄武岩、安山岩等基性、中性火山熔岩中最为发育(图 4a)，而酸性火山岩由于其 SiO_2 含量较中、基性岩石高，岩浆黏度较大、流动性差，挥发组分难以逸出，所以不易形成气孔(李宗浩等，2023)，较少见。研究区火山岩储层中原生气孔在岩浆期后热液作用及后期成岩作用影响下，大多都被铁白云石、方解石、绿泥石、石英、沸石等矿物完全充填形成杏仁体(郭颖等，2007；谷文龙等 2023)，仅少量气孔未被完全充填留下残余气孔(图 4b，图 c)。爆发相火山碎屑岩主要包括火山角砾岩和凝灰岩，火山碎屑在固结成岩过程中，颗粒间形成砾(粒)间孔(图 4d，图 4e)，晶屑间形成晶间孔，这些原生孔隙经过压实和胶结作用后，孔隙体积有所损失，但为后期的溶蚀改造提供了空间和物质基础(图 4i)。

次生孔隙主要包括(砾)粒内/晶内溶蚀孔(图 4f，图 4g)、颗粒间基质溶蚀孔(图 4h)、杏仁溶孔(图 4i，图 4j)。火山岩在成岩过程中，地表大气淡水及地层中酸性流体对长石等矿物进行溶蚀形成粒内/晶内溶蚀孔，部分矿物被完全溶蚀形成铸模孔。酸性流体对颗粒间基质中长石微晶、晶屑、火山灰及玻璃质进行溶蚀形成基质溶孔。另外，成岩早期被碳酸盐岩、沸石等矿物充填的原生气孔和原生砾(粒)间孔在成岩后期，充填、胶结矿物被地层流体溶蚀，杏仁体重新形成溶孔(图 4i，图 4j)，砾(粒)间孔重新开启并扩大(图 4e)，这类现象在研究区普遍存在。

裂缝主要为火山喷发和岩浆冷却固结过程中形成的原生裂缝(冷凝收缩缝、炸裂缝)及后期成岩演化过程中形成的构造裂缝、溶蚀缝、风化缝等(谷文龙等，2023；李瑞磊等，2023)。

冷凝收缩缝为熔浆冷却固结成岩过程中，由于冷却收缩速度差异造成非均匀收缩形成的原生裂缝(柳成志等，2012；杨凯凯等，2016)，研究区火山岩中该类裂缝主要分布于火山角砾岩砾间基质中及火山熔岩气孔周围，裂缝形态呈不规则弧形(图 4k)。炸裂缝主要为深部岩浆喷出地表时由于压力释放及形成的上拱力导致斑晶发生炸裂而形成的裂缝，这些裂缝发育于斑晶内部，晶体形态较完整，裂而不碎。炸裂缝在研究区火山岩中可以观察到，但数量较少。上述两类原生裂缝由于形成时期较早，后期往往被各类矿物充填，对储层储集性能贡献较小。对研究区火山岩孔渗(特别是渗透率)提升起主要作用的裂缝主要是后期成岩作用形成的裂缝。其中，构造裂缝在研究区火山岩中最为常见(图 4h，图 4i)，许多构造缝经过流体溶蚀改造扩大，对于储层物性的改善更加明显。另外，火山岩在表生环境或埋藏环境下受地表淡水风化淋滤作用及地层有机酸、热液等流体溶蚀作用影响形成风化缝(图 4o)和溶蚀缝(图 4i)，对储层物性改善同样具有积极作用。

图4　渤海南部海域中生界火山岩储集空间类型

(a)K951井，1594.5m，铸体薄片，安山岩，原生气孔(红色箭头所示)，正交光，×25；(b)K10N井，2835m，薄片，安山岩，原生气孔被石英、铁白云石充填为杏仁体，正交光，×50；(c)K951井，1616.5m，铸体薄片，安山岩，原生气孔被绿泥石、铁白云石、方解石充填为杏仁体，正交光，×25；(d)K166井，1445.5m，壁心，火山角砾岩，砾间孔隙发育(红色箭头所示)；(e)K951井，1592.5m，铸体薄片，凝灰岩，颗粒间孔隙发育，后期溶蚀扩大，正交光，×50；(f)K161井，1233.5m铸体薄片，凝灰岩，颗粒内溶蚀孔，单偏光，×100；(g)K167井，1735.0m，铸体薄片，火山角砾岩，砾内溶蚀孔，单偏光，×50；(h)K161井，1235.0m，铸体薄片，凝灰岩，粒间溶蚀孔，单偏光，×25；(i)K951井，1596.0m，铸体薄片，安山岩，原生气孔早期被绿泥石、方解石充填为杏仁体，晚期方解石被溶蚀形成杏仁体内孔，单偏光，火山角砾岩，×25；(j)K951井，1587.0m，扫描电镜，安山岩，气孔内充填碳酸盐岩矿物，后期被溶蚀，×100；(k)K10N井，2718m，铸体薄片，安山质火山角砾岩，不规则冷凝收缩缝，缝内被铁白云石和绿泥石充填，正交光，×25；(k)K161井，1233.5m，铸体薄片，凝灰岩，构造缝和溶蚀缝发育，单偏光，×50；(m)K166井，1652.0m，铸体薄片，火山角砾岩，角砾内裂缝，被充填或半充填，裂缝与颗粒溶蚀孔连通，单偏光，×25；(n)K161井，1206m，荧光薄片，凝灰岩，充填裂缝中充隐晶方解石发中亮褐黄色荧光，未被充填部分发暗黄绿色荧光，反映油气沿裂缝充注；(o)K166井，1578m，壁心，火山角砾岩，表生风化淋滤作用形成风化缝和溶蚀孔，裂缝被充填或半充填。

3　火山岩储层主控因素

3.1　岩性-岩相为优质储层发育提供物质基础

全球各个地区火山岩油气勘探和研究结果显示，火山岩岩性、岩相与储层物性具有密切联系。基性火山岩中暗色矿物含量高，塑性较中酸性火山岩更强，不容易产生裂缝，并且暗色矿物容易发生蚀变形成黏土矿物堵塞孔缝，破坏储层物性。中酸性火山岩暗色矿物含量低，而长石等易溶矿物含量高，更容易形成裂缝和溶蚀孔隙，改善储层物性，更有利于油气富集。相较于溢流相火山熔岩相，爆发相火山岩角砾岩、凝灰岩由于固结速度快，其热熔程度相对较低，导致了原生砾(粒)间孔、晶间孔、气孔等各类孔隙发育(李军等，2008)。这些储集空间孔径大，连通性更好，有利于后期流体在地层中流动，从而对砾(粒)内和砾(粒)间长石、晶屑、火山玻璃等易溶成分进行溶蚀形成各类溶蚀孔，并容易受构造作用和风化淋滤作用改造形成裂缝。研究表明，研究区不同岩性、岩相火山岩储层物性和含油气性差异显著，中酸性爆发相火山岩储层物性和含油气性远优于中基性岩和溢流相火山熔岩相(图5)，是研究区优质火山岩储层发育物质基础。

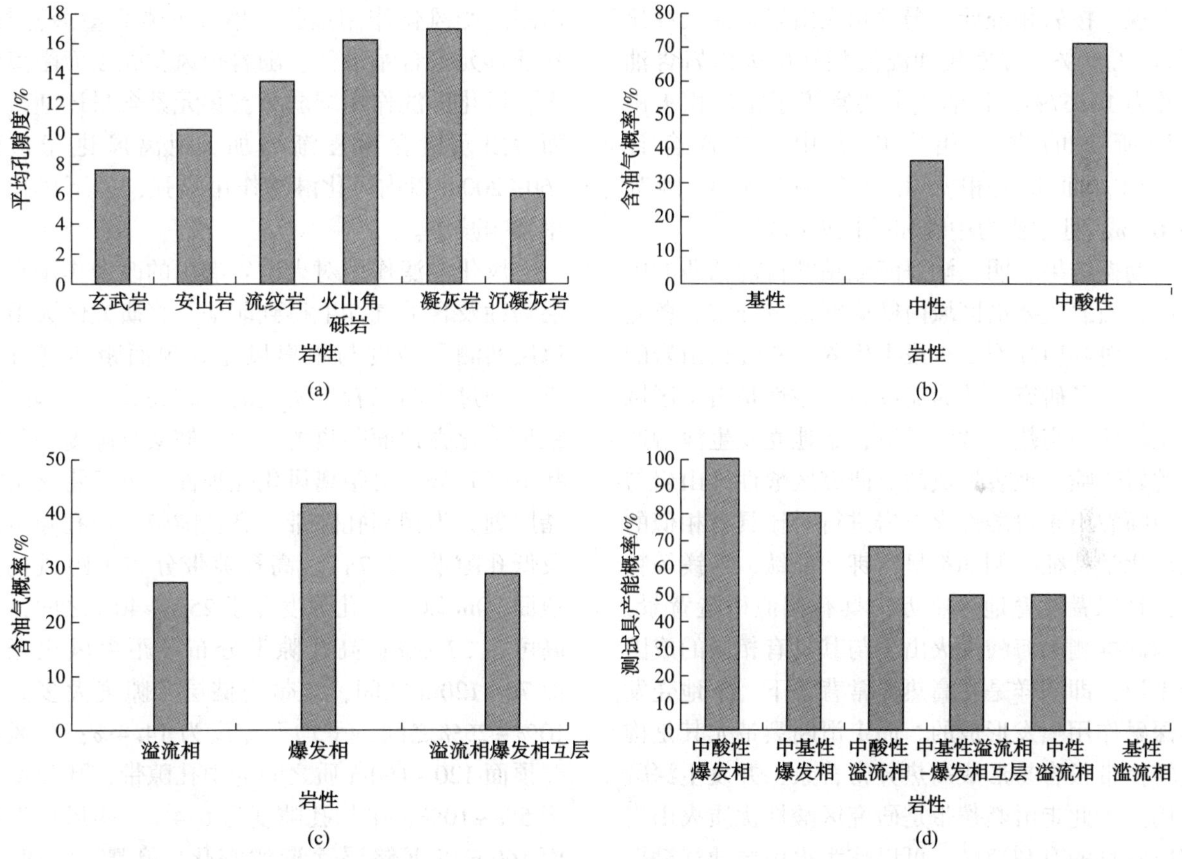

图5　渤海南部海域中生界火山岩岩性-岩相与储层物性及含油气性关系

通过对研究区不同岩性、岩相火山岩储层物性进行统计，研究区基性玄武岩壁心实测平均空隙度仅为7.70%，中性安山岩平均孔隙度为10.24%，酸性流纹岩平均孔隙度13.5%，在所有岩性中，酸性火山岩孔隙度明显高于其它岩性。就岩相而言，研究区爆发相火山角砾岩平均孔隙度为16.23%，凝灰岩平均孔隙度为17.02%，由此可以看出，爆发相火山岩角砾岩及凝灰岩储层物性较溢流相火山岩更好(图5)。在此需要特别指出的是，一些地区研究认为凝灰岩很难形成有效储集层(侯连华等，2013)，但是通过本次研究表明，凝灰岩在研究区所有类型火山岩中储层物性最好，基质平均渗透率可以达到$7.24\times10^{-3}\mu m^2$，是优质的火山岩储层。这是因为一方面凝灰岩往往内部比较疏松，容易产生裂缝，另一方面，凝灰岩含有大量长石微晶、晶屑、火山灰及玻璃质，更有利流体溶蚀形成连片溶蚀孔，连通性较好，增强了储层渗透性。事实上，许多学者通过对准噶尔盆地等多个地区火山岩储层进行研究，表明凝灰岩都是该地区良好的火山岩储层，孔隙度或渗透率都高于其他火山岩（邹才能等，2008；李军等，2008；陈庆等，2009；杨志冬等，2020），因此应该重视对渤海凝灰岩储层的研究。

不同岩性、岩相火山岩含油气性差异与其储层物性差异具有高度一致性，中酸性火山岩含油气性优于中基性火山岩，爆发相火山岩优于溢流相火山岩，更有利于油气富集。研究区已钻井显示，在所有发现油气层或具有油气显示的火山岩中，酸性火山岩占比高达 71.43%，中性火山岩占比 36.36%，目前尚未在基性火山岩中获得油气发现。按岩相统计，爆发相火山岩含油气性比例为 37.50%，爆发相和溢流相互层火山岩含油气性为 16.67%，且油气主要富集于溢流相火山熔岩所夹的爆发相火山岩中，二者合计 44.17%。而溢流相火山岩含油气性比例为 26.67%，且主要为中性和酸性火山岩。

勘探结果表明，渤海海域钻井目前钻遇的中酸性火山岩主要沿区域内郯庐断裂带分布。曹光跃等人对郯庐断裂山东段中生界中酸性火山岩的成因进行了研究，认为流纹岩等酸性是由于区域拉张环境和高热异常背景下，下地壳发生深融产生的岩浆喷出地表形成的。研究区酸性火山岩与郯庐断裂山东段酸性火山岩进行对比具有相似的地球化学特征，例如都呈富钾，低钛、低镁等特征，且二者发育地区临近，具有相似构造背景，而因此推测渤海酸性火山岩与其具有相同的成因和来源，即同样是在高热异常背景下，下地壳发生深融作用喷发形成的。而走滑断裂带尤其是构造转换带很容易形成高热异常背景，并发生深融作用，因此走滑断裂带是研究区酸性优质火山岩储层发育的有利地区，可以作为火山岩油气勘探重点。

3.2　风化淋滤作用控制储层垂向分带性

晚燕山期，由于太平洋板块向东亚大陆 NW 向俯冲碰撞，研究区乃至整个华北克拉通发生 NW 向挤压抬升并遭受强烈剥蚀，中生界火山岩潜山经历了长时期的风化淋滤作用，形成厚层的风化壳型火山岩储层，且控制了研究区中生界火山岩储层纵向分带性。

在表生风化淋滤作用下，火山岩中不同元素发生差异化风化迁移。其中碱金属元素 Ca、Na、K、Mg 等易迁移元素迁出速度远大于 Fe、Al 等难迁移元素，导致在风化壳储层地球化学特征表现为 Fe、Al 元素的相对富集及 Ca、Na、K、Mg 元素的亏损（徐长贵等，2024）。利用元素录井资料对 K10N 井中生界火山岩风化壳顶面（深度 2490m）以下几种主要元素含量进行分析（图 6）。其中，Fe、Al 两种惰性元素含量在风化壳顶面以下 100~160m 以内显著富集，160m 以下开始逐渐减小（图 6a，图 6b）。与之对应，Ca、Na、K、Mg 几种易活动元素含量在距风化壳顶面 160m 范围内表现为相对亏损，向下其含量逐渐升高（图 6c，图 6d，图 6e，图 6f）。表明该区中生界火山岩明显受风化淋滤作用影响，且潜山顶面附近受风化作用最强，惰性元素含量最富集，易迁移元素含量最低，随着距风化壳顶面距离增大，风化淋滤作用减弱，富集元素含量逐渐减小而亏损元素含量逐渐增加。距离风化壳顶面 160~200m 以内风化淋滤作用最强，向下风化作用影响减小。

风化淋滤作用对火山岩潜山的改造作用在储层物性及含油气性上得到印证。将研究区火山岩储层实测孔隙度与距离风化壳顶面距离进行分析，记过表明二者呈明显的负相关关系。即随着距离风化壳顶面距离的增大，储层孔隙度呈阶梯状下降趋势。自距离风化壳顶面向下可将火山岩储层划分为超高孔隙带，高孔隙带、中孔隙带以及低孔隙带（图 7a）。高孔隙带分布于距风化壳顶面 70m 以内，孔隙度介于 25%~40%之间，最高可达 37.6%；高孔隙带分布于距离风化壳顶面 70~120m 之间，该带内储层孔隙度大多介于 10%~25%之间，平均孔隙度为 14.4%；距风化壳顶面 120~160m 质之间为中孔隙带，孔隙度介于 5%~10%，平均孔隙度为 6.4%，距风化壳顶面 160m 以下储层逐渐致密化，孔隙度均低于 5%，最高不超过 3.5%，为低孔隙带。这种孔隙度的纵向分带性与油气的纵向分布规律十分吻合，研究区共有 8 口钻井在中生界火山岩中发现油层、气层或油气显示，其中油层和气层均集中分布于距风化壳 70m 以内的超高孔隙带内，而油气显示层段主要分布于距离风化壳 120m 以内高孔隙带与超高孔隙带。除此之外，K921 井虽未钻遇油气层，但在距风化壳顶面 50m 以内发育多套水层，证明其储层物性较好（图 8）。由此可以看出，研究区火山岩储层受风华淋滤作用改造强烈，其超高孔隙带、高孔隙带储层孔隙度较高，最有利于油气富集成藏。需要指出的是，风化淋滤作用对火山岩改造的改造的厚度不仅受地表风化环境的影响，同时还受火山岩自身岩性、岩相及构造破碎作用影响。在渤海海域其它地区，新钻探井已经证实，在有利岩性、岩相发育条件下，中生界火山岩受风化影响的厚度可达300m(张新涛等，2023；徐长贵等，2024)，在构造破碎作用强烈的地区，风化壳厚度可能会更大。

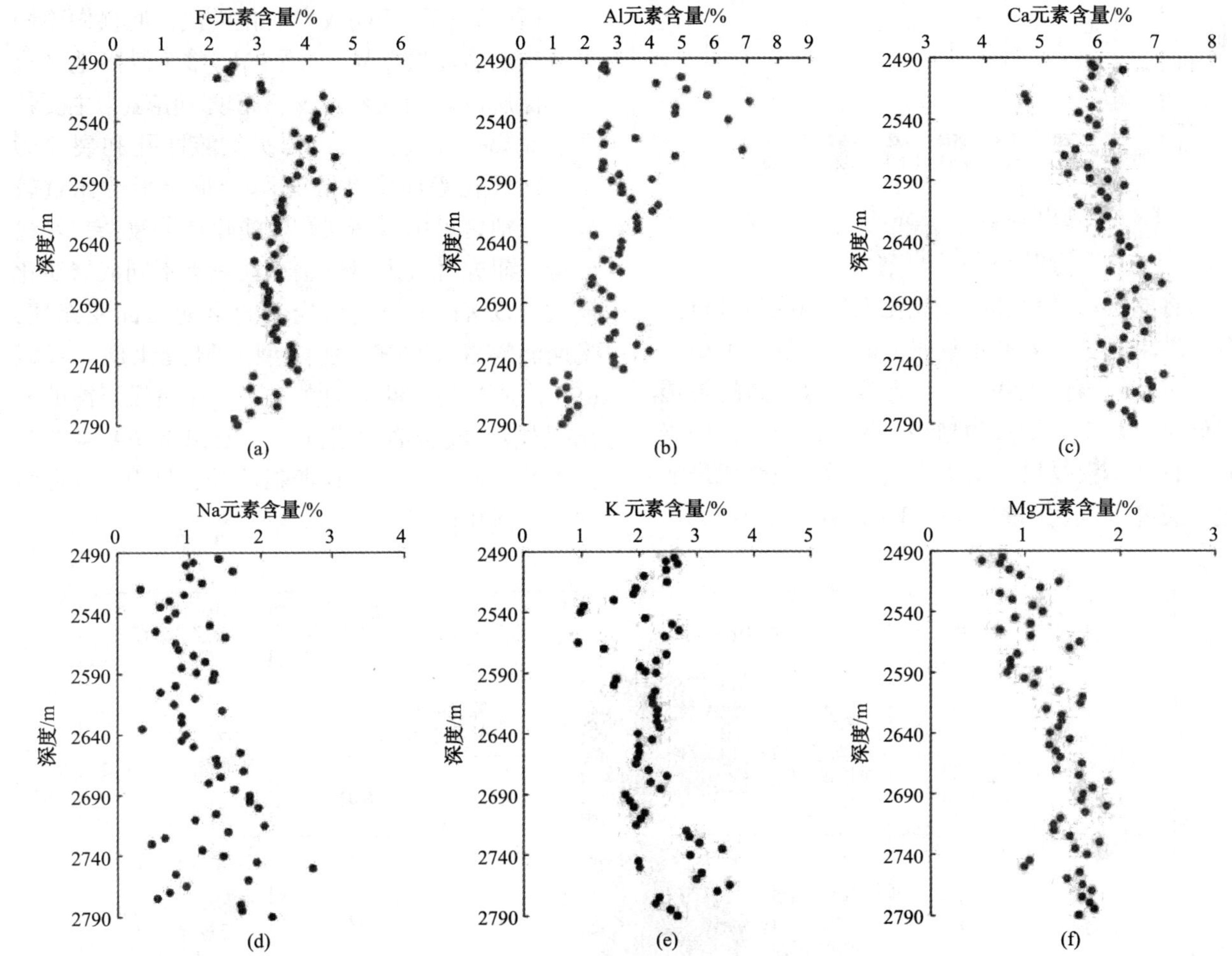

图 6　K10N 井中生界火山岩风化壳主量元素变化特征

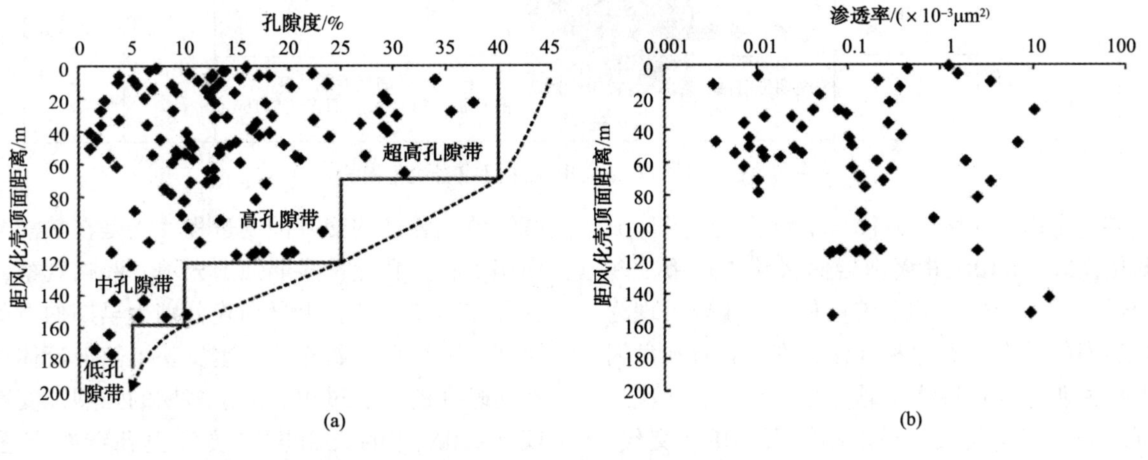

图 7　渤海南部海域中生界火山岩储层物性与距风化壳顶面距离关系

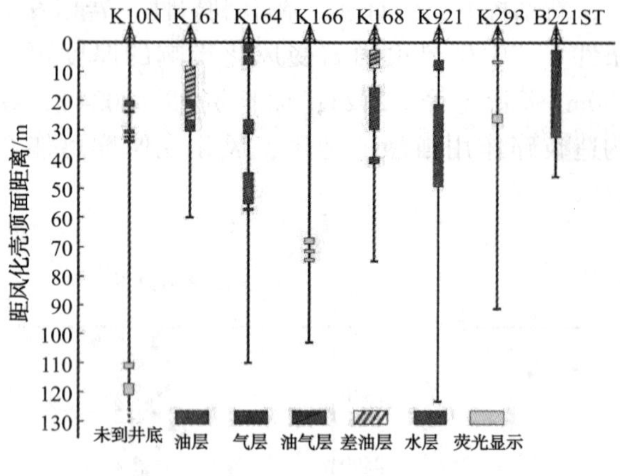

图 8　渤海南部海域中生界火山岩含油气性与距风化壳顶面距离关系

将储层渗透率和距离风化壳顶面距离进行拟合，结果显示二者并不具明显的相关性(图 7b)，在距风化壳顶面 120m 以下依然发育较高的渗透率储层，甚至有增大的趋势，说明研究区火山岩储层物性不仅受风化淋滤作用控制，还受成岩演化、裂缝等其它因素影响。K164 井中生界火山岩储层实测基质平均渗透率仅为 0. 16×$10^{-3}\mu m^2$，但全直径岩心测定其平均渗透率为 33. 37×$10^{-3}\mu m^2$，最高可达 89. 15×$10^{-3}\mu m^2$，证明构造裂缝的存在对储层渗透性的改善起到至关重要的作用。

3.3　成岩演化模式控制储层横向差异性

研究区三种不同成岩演化模式控制横向不同地区火山岩储层差异性(图 9)。整个渤南地区火山岩储层以多期强烈蚀变、充填和溶蚀为主要特征。储集空间类型以各类次生溶蚀孔和裂缝为主，而气孔等原生孔隙充填严重，所占比重较小。该地区火山岩储层孔隙演化十分复杂，经过分析，研究区火山岩储层存在三类不同成岩演化模式：以 K10A 构造为代表的早期强蚀变充填，晚期弱溶蚀的强充-弱溶型成岩演化模式；以 K95 构造为代表的早期强充填，晚期强溶蚀的弱充-强溶型成岩演化模式；以及以 K16A 构造为代表的早期弱充填、晚期强溶蚀，即强充-强溶型成岩演化模式。

构造	井	成岩演化模式	孔隙度/%	渗透率/(×$10^{-3}\mu m^2$)	储层类型评价	
K10A	K10N	①强充-弱溶 早期强充填； 晚期弱溶蚀 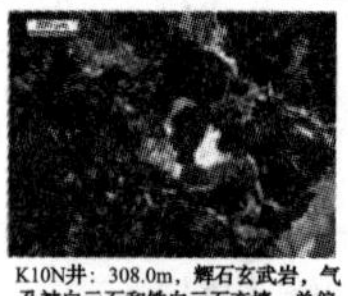 K10N井：308.0m，辉石玄武岩，气孔被白云石和铁白云石充填，单偏	除顶部风化层外 储层整体较致密		中孔 特低渗	差
	K104		6.6	0.02		
K95	K951	②强充-强溶 早期强充填； 晚期强溶蚀 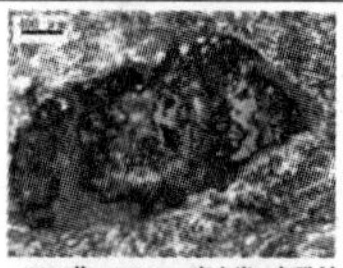 K951井：1596m，安山岩，气孔被绿泥石和方解石充填，后期充填物被溶蚀，单偏	11.8	0.95	较高孔 中低渗	中
K16A	K161	③弱充-强溶 早期弱充填； 晚期强溶蚀 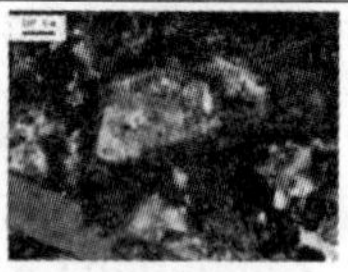 K161井：1233.5m，凝灰岩，颗粒溶蚀孔隙，单偏	24.3	1.6	高孔 中渗	好
	K164		高油气产能 日产油：313.7m³；日产气5315m³			

图 9　渤海南部海域火山岩储层成岩演化模式

第 1 类以 K10N 井为代表的强充-弱溶型成岩演化模式。K10N 井火山岩储层整体经历了多期的强烈蚀变交代，其中矿物和岩屑主要表现为这种强烈的铁白云石化和硅化，许多辉石和角闪石等暗色矿物经过蚀变呈黏土化。其蚀变交代过程可以分为三个阶段：早期高岭石等矿物交代、随后是绢云母等矿物交代，最后是铁白云石等矿物交代。反映了深层热液流体从酸性变成中-弱碱性再到碱性的交替蚀变过程。正是在热液流体作用下，其孔缝被多期强烈充填，经过观察，至少存在两期充填，由早到晚分别为早期的石英充填和晚期铁白云石充填，也反映了热液流体从酸性向碱性的转变过程。由于多期的强烈蚀变和充填，K10N 井的火山岩储层各类孔缝被严重充填，而后期的溶蚀改造作用却很弱，很少看到溶蚀孔等次生孔隙。由此导致其储层坚硬致密，储集物性较差。临近的K104井火山岩储层平均孔隙度为6.6%，平均基质渗透率为0.02×10^{-3} μm^2，为中孔-特低渗储层。

第2类成岩演化模式是以K951井为代表的强充-强溶型成岩演化模式。通过观察K951井火山岩储层通K10N井相同，早期都经历了强烈充填，导致原生孔隙大量减少，充填过程可以分为四期，由早到晚分别为石英、黄铁矿充填，绿泥石充填，铁白云石和方解石充填，以及这种淡水方解石充填。但是与K10N井不同的是，虽然其早期经历了强烈充填，但是晚期又经历了强烈的溶蚀。镜下可以观察到大量的气孔早期被充填成杏仁体，而后期方解石甚、铁白云石等充填物又被溶蚀使气孔重新开启，改善了储集物性。这种杏仁体后期被如此严重的溶蚀，在渤海其它地区十分少见，说明其后期的溶蚀作用非常的强。其平均孔隙度为11.8%，而平均基质渗透率达到$0.95\times10^{-3}\mu m^2$，属于较高孔-中低渗储层。

第3类成岩演化模式是以K161井为代表的这种弱充-强溶型演化模式。与前两种模式不同的是，K161井火山岩储层不仅早期充填作用较弱，而且后期还经历了强烈的溶蚀和裂缝作用，储层中次生溶蚀孔和裂缝大量发育，储集空间类型以裂缝各类次生溶蚀孔为主，具有良好的储集物性。其中平均孔隙度高达24.3%，测井平均渗透率也达到$1.6\times10^{-3}\mu m^2$，属于高孔-中渗储层，储集性能优越。

上述三类成岩演化模式中，以第3种弱充强溶型成岩演化模式最有利于优质储层发育，而第一种模式储层最差。但是，通过对不同模式形成的火山岩储层物性进行分析，发现，即便是向KL10-1这种较差的储层的孔隙度也达到5%以上，属于中孔，因此，认为孔隙度并不是决定储层有效性的关键因素，而渗透率才是决定储层是否有效的关键因素，而火山岩储层渗透率主要受裂缝控制。

3.4 裂缝是决定储层有效性的关键因素

裂缝是决定火山岩储层有效性的关键因素。而研究区裂缝发育又受区域断裂控制。通过对研究区火山岩潜山储层物性和含油气性进行统计分析，中高渗透率和裂缝段发育的储层都分布于靠近北东向深大断裂5~6km之内，并且在多组不同方向断裂交汇带这一应力集中区裂缝和优质储层更为发育。

利用成像测井资料对K10N井和K164井裂缝发育情况进行分析(图10a，图10b)，K10N井发育NW和NE向两组高角度裂缝，由于其距离NE向大断裂较远，因此裂缝发育较少，并且以NW向裂缝为主，平均每10m发育1.87条裂缝，渗透性较差，临近的KL10-1-4井火山岩储层平均渗透仅为$0.02\times10^{-3}\mu m^2$。而K164井虽然同样距离北东向大断裂较远，主要发育一组北西向裂缝，但是由于它位于多组不同方向断裂交汇切割的复杂断块，因此裂缝密度较大，平均每10m发育裂缝3.97条，裂缝密度是K10N井的两倍多，其临近的K161井渗透率达到1.6×10^{-3} μm^2，显示该地区火山岩具有更好的储集物性。

另外，只有未被充填的开启有效裂缝才能成为油气运移通道，而裂缝的有效性与裂缝的形成期次和裂缝走向与最大水平地应力方向是否一致有关。将K10N井火山岩储层裂缝中的充填缝和张开缝分别进行统计分析表明(图10a)。，形成于燕山期NE向伸展作用下的裂缝大多都被充填，而受新生代NE向水平挤压应力场控制的NE向裂缝充填作用较弱，有效性较高K614井受晚期NW向挤压应力场控制的北西向裂缝形成时间较晚，充填作用较弱，有效性较高。另一方面，K10N井NW向裂缝与现今北东向水平挤压主应力垂直，也促进了该组裂缝的闭合充填，而NE向裂缝与最大水平主应力平行，有效性较好。而K164井裂缝走向与水平最大主应力方向一致，都以NW向为主，因此裂缝具有较好的有效性(图10b)。

对于没有成像测井资料的井区，本次研究尝试利用直井井眼轨迹法对地层水平主应力方向进行分析。在钻井过程中，井眼会受地层应力的影响而发生方向性的井壁崩落和井眼轨迹方向性偏移，而井壁崩落方向和井眼轨迹偏移方向往往与最大水平主应力垂直，因此对于钻遇潜山这种致密地层的直井，可以利用井眼轨迹偏移方向来预测地层中最大主应力方向(图11)。而K10N井和K164井利用利用井眼轨迹法预测的地层水平主应力方向与成像测井资料计算得出的方向一致，说明其在一定条件可以适用于潜山地层地应力的判断，从而预测有效裂缝和有效储层的展布方向，指导潜山油气勘探开发。利用这种方法对其他钻井的水平主应力方向进行预测。以KL951井为例，经过预测，该井水平主应力方向以

NE-SW 向为主(图 10f)，该井距离 NE 走滑断裂较近，储层容易受 NE 向大断裂影响发育 NE 向裂缝，裂缝走向与水平地应力方向一致，裂缝张开性和有效性较好。其储层基质平均渗透率为 $0.95\times10^{-3}\mu m^2$，最高可达 $10\times10^{-3}\mu m^2$，属于中等储层。

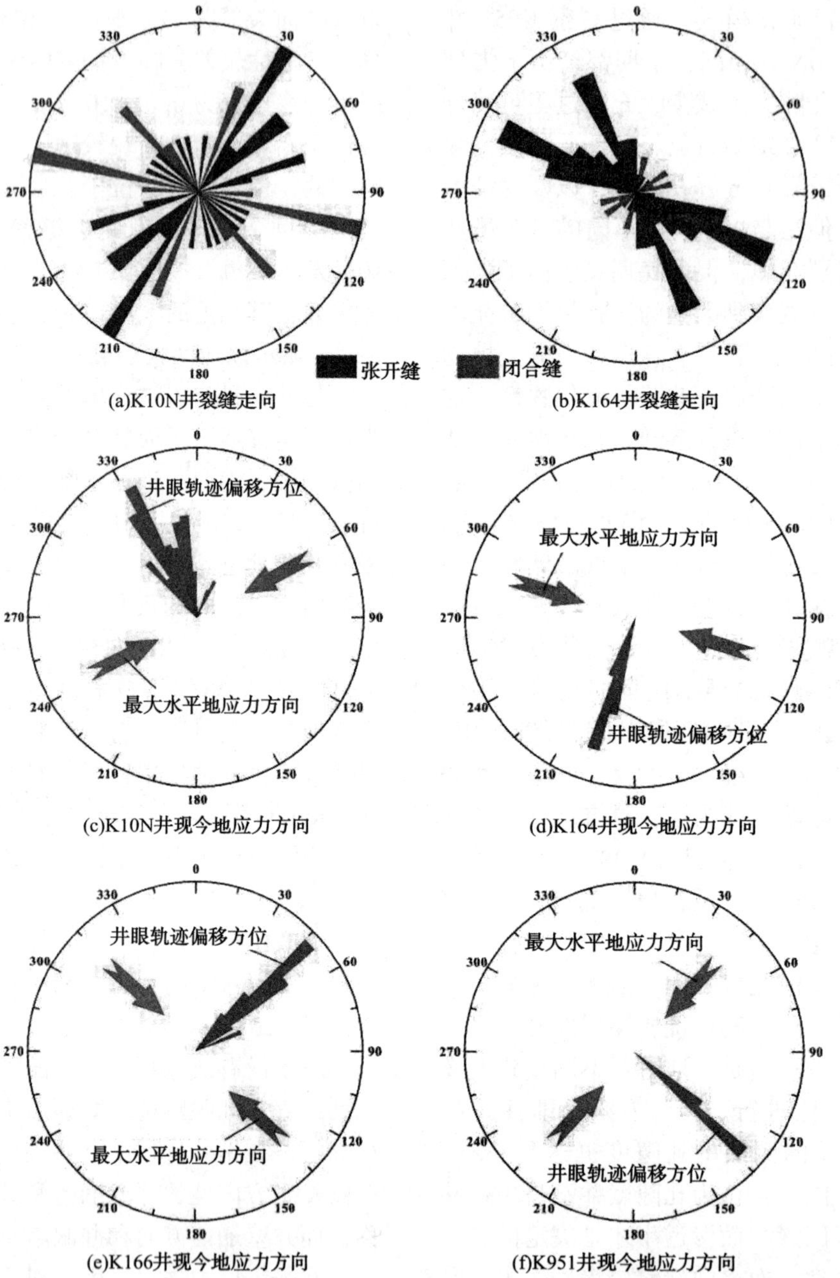

(a)K10N井裂缝走向　(b)K164井裂缝走向
(c)K10N井现今地应力方向　(d)K164井现今地应力方向
(e)K166井现今地应力方向　(f)K951井现今地应力方向

图 10　渤海南部海域主要钻井最大水平主应力方向

4　结论

（1）渤海南部海域中生界火山岩岩性以基性和中性火山岩为主，中酸性和酸性火山岩次之。岩相以溢流相和爆发相为主，溢流相主要包括玄武岩、安山岩、英安岩、流纹岩、霏细斑岩，爆发相主要包括各类火山岩角砾岩和凝灰岩。

（2）研究区火山岩储集空间类型分为原生孔隙、次生溶蚀孔隙和裂缝 3 大类，原生孔隙充填作用较强，有效孔隙以次生溶蚀孔隙和构造裂缝为主。储层孔隙度和渗透率相关性较差，孔喉结构复杂。储层平均孔隙度为 14.0%，基质渗透率较低，平均渗透率仅为 $1.07\times10^{-3}\mu m^2$，属于低渗、特低渗储层。

（3）研究区火山岩储层发育受岩性-岩相、风化淋滤作用、孔隙演化模式、裂缝共同控制。

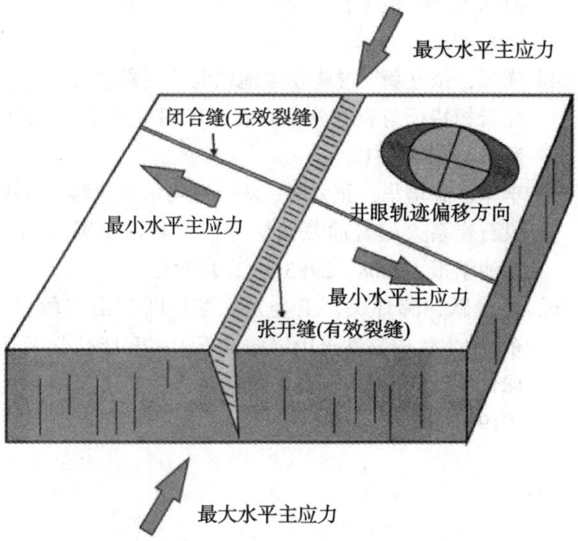

图 11　井眼轨迹法预测水平主应力原理图

优势岩相-岩相为优质储层发育的基础，中酸性火山岩含油气性优于中-基性火山岩，爆发相优于溢流相火山岩。风化淋滤作用控制火山岩储层垂向分带性，距风化壳顶面 160m 以内风化壳储层最为发育，储层物性较高。成岩演化模式控制储层横向差异性，将火山岩成岩演化模式划分为强充-弱溶、弱充-强溶、强充-强溶型 3 类，弱充-强溶型储层最优，强充-强溶型次之，强充-弱溶性储层质量最差。裂缝是决定储层有效性关键因素，中高渗透率储层和裂缝发育区集中于北东向深大断裂 5~6km 之内，走向与现今最大水平主应力方向一致的裂缝有效性最好。

（4）综合研究认为，沿郯庐走滑断裂带分布的中酸性爆发相火山岩，距离风化壳 160m 以内中-高孔隙带，具有有利的成岩演化类型，并且靠近北东向走滑深大断裂和断裂交汇带，有效裂缝发育的地区为研究区优质火山岩储层发育的有利地区。

参 考 文 献

[1] Seemann U and Schere M. Volcaniclastics as potential hydrocarbon reservoir [J]. Clay Mineral, 1984, 19(9): 457-470.

[2] Hawlander HM. Diagenesis and reservoir potential of volcanogenic sandstones-Cretaceous of the Surat Basin, Australia[J]. Sedimentary Geology, 1990, 66(3/4): 181-195.

[3] Schutter S R. Occurrences of Hydrocarbons in and around Igneous Rocks [J]. Geological Society London Special Publications, 2003, 214(1): 35-68.

[4] Mark EM and John GM. Volcanogenic deposits: Implications for hydrocarbon exploration In: Richard V, Fisher and Smith GA(eds.). Sedimentation in Volcanic Settings[J]. Society for Sedimentary Geology, Special Publication, 1991, 20-27

[5] Petford N, Mccaffrey K J W. Hydrocarbons in crystalline rocks[M]. London: The Geo-logical Society of London, 2003.

[6] 邹才能，赵文智，贾承造，等．中国沉积盆地火山岩油气藏形成于分布[J]．石油勘探与开发，2008，35(3)：1-6.

[7] 王洛，李江海，师永民，等．全球火山岩油气藏研究的历程与展望[J]．中国地质，2015，42(5)：1610-1620.

[8] 唐华风，王璞君，边伟华，等．火山岩储层地质研究回顾[J]．石油学报，2020,，41(12)：1444-1773.

[9] 徐长贵，张功成，黄胜兵，等．渤海湾盆地海域白垩系大中型火山岩油气藏形成条件[J]．石油勘探与开发，2024，51(3)：467-477.

[10] 金春爽，乔德武，淡伟宁．渤海湾盆地中、新生代火山岩分布及油气藏特征[J]．石油与天然气地质，2012，33(1)：19-36.

[11] 徐长贵，于海波，王军，等．渤海海域渤中 19-6 大型凝析气田形成条件与成藏特征[J]．石油勘探与开发，2019，46(1)：25-38.

[12] 徐长贵．海海域大型伸展-走滑复合断裂特征与控藏作用[J]．中国海上油气，2022，34(6)：1-13.

[13] 牛成民，王昕，叶涛，等．渤中凹陷西南部大型变质岩潜山裂缝特征及预测方法[J]．石油钻采工艺，2018，40：66-69.

[14] 杨海风，徐长贵，牛成民，等．渤海湾盆地黄河口凹陷 BZ34-9 油田新生界“断裂-岩浆”联合控藏作用[J]．石油与天然气地质，2018，39(5)：1056-1064.

[15] 郭颖，王粤川，韦阿娟，等．潜山内幕火山岩储层特征及控制因素—以渤海海域秦皇岛 30A 地区白垩系为例[J]．沉积学报，2017，35(2)：343-357.

[16] 李宗浩，侯磊，李卉，等．准噶尔盆地石西凸起晚石炭世火山岩储层发育影响因素[J]．油气地质与采收率，2023，30(3)：1-13.

[17] 张新涛，张黎，刘晓健．渤海湾盆地渤中凹陷中生界火山岩优质储层发育规律[J]．吉林大学学报(地球科学版)，2023，53(1)：1-15.

[18] 陈欢庆，石为为，杜宜静，等．火山岩储层岩相研究进展[J]．地质科学，2022，57(4)：1307-1323.

[19] 毛治国，朱如凯，王京红，等．中国沉积盆地火山岩储层特征与油气聚集[J]．特种油气藏，2015，

22(5)：1-8.

[20] 杨志冬，张梦露，张欣，等．准噶尔盆地车排子凸起火山岩储层特征及主控因素[J]．云南大学学报(自然科学版)，2020，42(3)：507-514.

[21] 王璞君，迟元林，刘万洙，等．松辽盆地火山岩相：类型、特征和储层意义[J]．吉林大学学报(地球科学版)，2003，33(4)：449-456.

[22] 谷文龙，牛花朋，张关龙，等．乌伦古地区石炭系火山岩成岩作用及其对储层发育的影响[J]．地学前缘，2023，30(2)：296-305.

[23] 孟凡超，周立宏，魏嘉怡，等．渤海湾盆地黄骅坳陷潜山中生界火山岩储层特征及成储机制[J]．中南大学学报(自然科学版)，2021，52(3)：859-875.

[24] 陈庆，张立新．准噶尔盆地西北缘石炭系火山岩岩性岩相特征与裂缝分布关系[J]．现代地质，2009，23(2)：305-312.

[25] 李军，薛培华，张爱卿，等．准噶尔盆地西北缘中段石炭系火山岩油藏储层特征及其控制因素[J]．石油学报，2008，29(3)：329-335.

[26] 曹光跃，薛怀民，王金光．郯庐断裂山东段(胶东)中生代中酸性火山岩的锆石 U-Pb 年代学及地球化学特征[J]．岩石矿物学杂志，2014，33(6)：1019-1038.

渤海北部中深层沙一二段富生屑混积岩优质储层发育模式：以 LD25-AE 构造为例

贾　业　刘晓健　郭龙龙　郭一凡　达丽亚　刘泽宇

[中海石油(中国)有限公司天津分公司]

摘　要　以渤海北部辽西低凸起南倾末端为研究区，针对埋深超过 3500m 的沙一二段储层，综合利用铸体薄片、扫描电镜、阴极发光、碳酸盐原位同位素、包裹体压力恢复等分析化验手段，结合埋藏史-热史分析，对储层的基本特征、成岩作用类型、深部优质储层控制因素与发育模式进行综合研究。研究结果表明：①储层岩石类型包含正常碎屑岩和混积岩，单期砂体以岩屑长石砂岩、长石岩屑砂岩为主，顶部发育富生屑混积岩；两类岩石碎屑成分组构优越，长石平均含量超过 40%。高孔渗带以长石溶蚀孔为主要储集空间类型，残余粒间孔次之。②受波浪淘洗改造强烈的辫状河三角洲前缘亚相有利于深部优质储层的发育，砂体在垂向上具有滩坝和三角洲的复合特征，颗粒间杂基含量低，储层具有较高的初始孔隙度(45%)。③储层经历了“碳酸盐胶结-中等压实-强溶蚀”的成岩演化序列，早期碳酸盐胶结有助于原生孔隙保存，有机质成熟排酸促进了次生溶蚀孔隙的形成。④沙河街组储层内存在异常高压(压力系数 1.47)，上覆东营组泥岩盖层内同样超压发育，这对储层在深埋条件下保存孔隙具有积极意义。该类储层进一步揭示了渤海海域中深层的勘探潜力，为渤海海域深部古近系有利储层预测提供了理论支持。

关键词　混积岩；沙一二段；碳酸盐胶结；溶蚀作用；储层发育模式

Development model and exploration significance of bioclastic-rich mixed deposit high quality reservoir in middle and deep Sha-1st and 2nd member of northern Bohai Sea

Jia Ye　Liu Xiaojian　Guo Longlong　Guo Yifan　Da Liya　Liu Zeyu

(CNOOC China Limited, Tianjin Branch)

Abstract　Focused on the southern Liaoxi low bulge in the northern Bohai Sea, this study comprehensively investigates the first and second member reservoirs of the Paleogene Shahejie Formation, buried at depths exceeding 3500m. The investigation employs a combination of cast thin sections, scanning electron microscopy, cathodoluminescence, in-situ carbonate isotopes, and pressure recovery of inclusions alongside burial history-thermal history analysis. It provides a comprehensive examination of the fundamental characteristics, diagenetic types, controlling factors, and development models of deep high-quality reservoirs. The findings reveal that: (1) Reservoir rock types encompass normal clastic rocks and mixed stones; lithic-feldspar sandstone and feldspar lithic sandstone dominate single-stage sand bodies with rich lithic mixed rocks at their tops. Both rock types exhibit superior clastic composition with an average feldspar content exceeding 40%. In high-porosity zones, feldspar dissolution pores are predominant followed by residual intergranular pores. (2) Braided river delta front subfacies characterized by strong wave washing facilitate the development of deep high-quality reservoirs. The vertical sand body exhibits composite beach bar and delta characteristics with low intergranular matrix content resulting in high initial porosity(45%). (3) The reservoir has undergone diagenetic evolution following a sequence of "carbonate cementation-medium compaction-strong dissolution". Early carbonate cementation contributes to primary pore preservation while mature organic matter releases acid promoting secondary dissolution pore formation. (4) An abnormal high pressure(pressure coefficient 1.47) is present within the Shahejie Formation reservoir; overpressure also develops in the overlying Dongying Formation which positively impacts pore preservation under deep burial conditions. This type of reservoir further underscores exploration potential in middle and deep layers within Bohai Sea while providing theoretical support for predicting favorable deep Paleogene reservoirs.

Key wordst mixed deposition; 1st&2nd-member of Shahejie Formation; carbonate cementation; dissolution; reservoir development pattern

随着钻井的技术的发展和浅层勘探程度的提高，含油气盆地深层-超深层正在逐渐成为全球油气勘探的重要领域之一。对于深层-超深层的具体深度定义，在学者间产生了不同的认识。目前，国际上将4500m以深确定为深层储层。我国石油天然气储量计算规范中，明确规定了埋深大于3500m的储层属于深层，而4500m以深的属于超深层。然而在具体研究过程中，科研人员往往根据盆地内地温梯度的差异，对深层的界线进行上下浮动。在地温梯度较低的"冷盆"，如平均20℃/km的塔里木、准噶尔等西部盆地，部分学者建议将深层界限下调至4000m以深。而对于典型的"热盆"，如地温梯度超过35℃/km的渤海湾盆地，部分学者认为将中深层界限定在2500m较为恰当。

以上研究主要针对陆上盆地的深层-超深层开展，在渤海海域，中深层碎屑岩优质储层的发育与否，同样是制约油气发现的关键因素。参考行业标准和研究区实际地温梯度，本次研究以3500m为深层界线。渤海早期勘探实践表明，在陆相湖盆沉积背景下，受埋深大、地温梯度高影响，渤海海域深层储层遭受强烈成岩改造，3500m以深储层往往较为致密。近15年来，在渤中凹陷北部深层沙一二段内，渤海勘探工作者先后发现多个含油气构造和油气田。渤海沙一二段深部优质储层中几乎均发现了生屑混积岩层段，前人研究认为此类特殊岩性形成于滩坝沉积。然而在2023年，新钻探井揭示混积岩与正常沉积岩构成厚层砂体，粒度累积曲线兼具三角洲特点。同时，混积岩层段及下伏正常碎屑岩在岩屑成分上具有一致性，在成因上具有连续性，需要开展整体研究。

本次研究以辽西凸起南段沙一二段深层生屑混积岩和碎屑岩储层为研究对象，依托新钻井与已钻井对比，综合运用多种分析化验手段。在详细介绍储层特征的基础上，对成岩作用类型与演化、储层质量控制因素展开分析，进而建立深部优质储层发育模式。

1 地质概况

辽西凸起南倾末端位于渤海海域东北部，北部为辽西凸起，东侧与富生烃的渤中凹陷相邻，西与秦南凹陷西南次洼相接，成藏条件十分优越，区域内已发现LD25-A、LD25-AE、秦皇岛29-A等含油气构造(图1a)。辽西凸起的形成受到NW-SE向伸展作用和NE向走滑作用的共同影响，古近系沉积时期受调节断层影响，导致沙河街组厚度在断层两盘差异较大；在新近系沉积期，本区域进入坳陷阶段构造相对稳定。

研究区内古近系发育较为齐全，主要发育沙河街组和东营组，孔店组地层厚度较小。东营组主要发育东三段、东二段和东一段，沙河街组发育一、二、三段。其中，沙三段、沙一二段泥岩为研究区主要烃源岩，沙一二段为储层主要发育段，东三段区域性厚层泥岩为主要盖层段(图1b)。前人研究认为，沙一二段沉积类型以近岸混积扇、近岸混积滩坝、远岸混积滩坝为主，储层段内厚层混积岩发育，与上下地层构成良好的生储盖组合，具源内-近源成藏特点。

2 储层基本特征

2.1 岩石学特征

根据研究区薄片鉴定结果，以碎屑物质成因进行分类，绘制岩性三角图，如图2(a)所示。研究区钻遇的混积岩在成分上以生物碎屑为主，陆源碎屑含量高，属于含生屑碎屑岩。对辫状河三角洲碎屑岩进行成分分类，结果如图2(b)所示，以岩屑长石砂岩、长石岩屑砂岩为主，成分成熟度低。

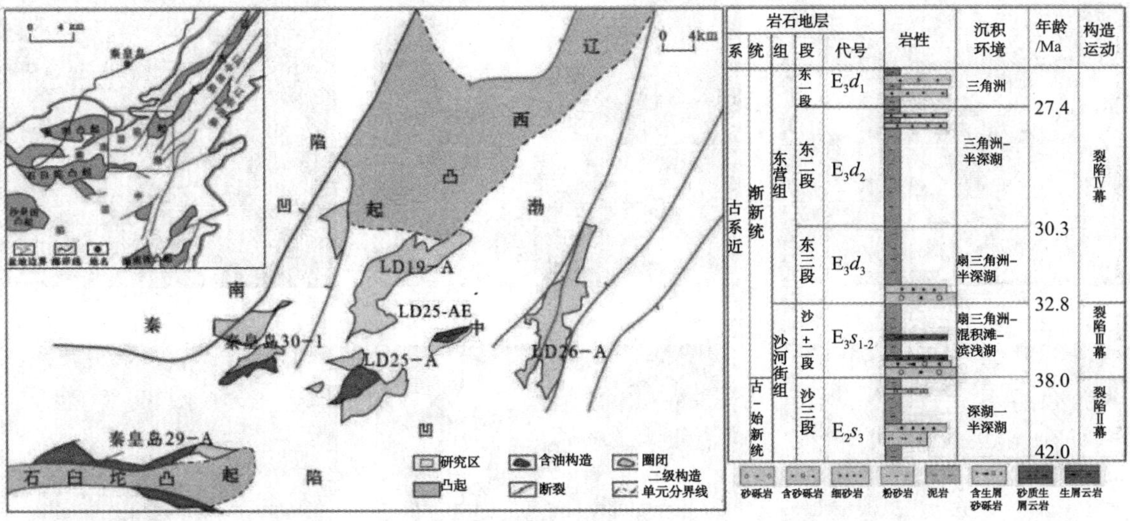

(a)　(b)

图 1　辽西凸起南部区域位置分布图

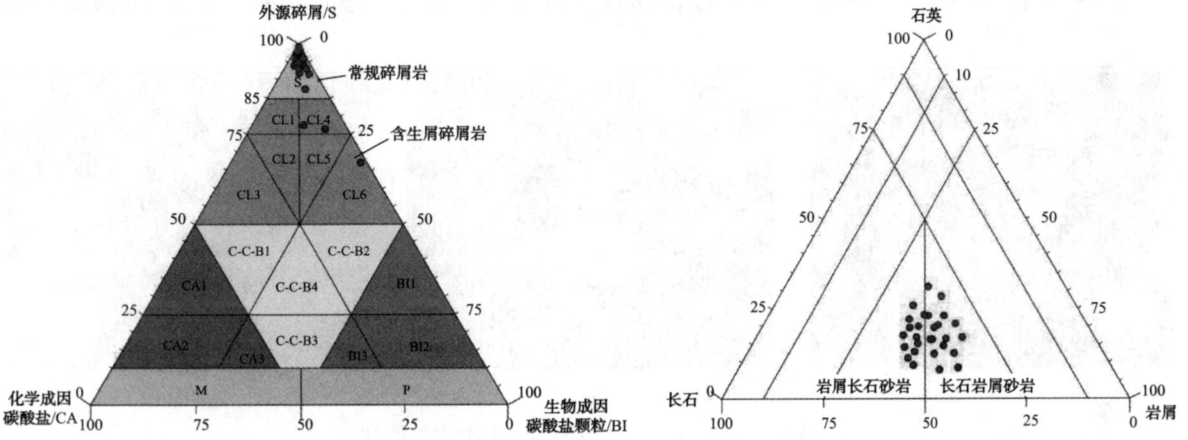

(a)混积岩分类三角图　(b)常规碎屑岩分类三角图

图 2　沙河街组储层岩性三角图

铸体薄片鉴定表明，研究区具有生屑混积岩和正常碎屑岩两类岩石。碎屑岩颗粒分选中等、呈棱角状-次棱角状，颗粒间呈点接触-短线接触，岩屑含量较高(图 3a)。岩屑种类以花岗岩和火山岩岩屑为主，花岗岩岩屑磨圆较火山岩岩屑好(图 3b)，在正交光下可见明显的花岗结构(图 3c)。火山岩岩屑种类较多，包括火山碎屑岩和火山熔岩。火山碎屑岩岩屑蚀变强烈，火山凝灰质物质发生高岭土化，岩屑中的石英晶屑较为明显(图 3b、图 3c)。熔岩岩屑成分较为复杂，酸性、中性、基性火山熔岩都有发现。显微镜下可见具交织结构的安山岩岩屑(图 3d)，球粒流纹岩岩屑(图 3e)，以及富含基性斜长石和暗色矿物的玄武岩岩屑(图 3f)，整体上以中酸性火山熔岩为主。在混积岩层段中，可见生物碎屑和鲕粒(图 3g)，鲕粒以长石碎屑为核心(图 3h)，部分鲕粒核心被选择性溶蚀形成表鲕。在混积岩层段深度附近地层中，发育异地搬运的混积岩岩屑，岩屑中可见生物碎屑(图 3i)。

2.2　储集空间和物性特征

沙河街储层埋深 3550~3700m，属于深层储层。壁心物性实测数据表明，研究区沙一二段平均孔隙度为 17.4%，平均渗透率为 19.6mD，属于中孔中渗储层。在储层发育层段，孔隙度随深度的变化不明显(图 4a)，这表明混积岩段储层的抗压实能力较强。孔渗特征交会图表明，孔隙度和渗透率具有正相关性，结合图 3 中的薄片特征，储层的主要储集空间类型为孔隙型，存在中高孔、高渗的样品(图 4b)。

图 3　LD25-AE-A 井沙河街组典型岩性照片

a. 长石岩屑砂岩，埋深 3550. 5m，铸体薄片(—)；b. 长石岩屑砂岩，岩屑为火山碎屑岩和花岗岩，埋深 3565. 5m，铸体薄片(—)；c. 与 b 视域相同，岩屑磨圆程度中等到次园状，见明显的花岗结构，铸体薄片(+)；d. 中酸性喷出岩岩屑和花岗岩岩屑，埋深 3565. 5m，铸体薄片(—)；e. 花岗岩岩屑和球粒流纹岩岩屑，埋深 3685m，铸体薄片(—)；f. 中性喷出岩岩屑，长石溶蚀作用强，埋深 3624m，铸体薄片(—)；g. 混积岩中见生物碎屑，埋深 3588m，铸体薄片(—)；h. 混积岩中见鲕粒，鲕粒核心为长石碎屑，埋深 3588m，铸体薄片(—)；i. 砂岩中见异地搬运生屑，埋深 3585. 7m，铸体薄片(—)

a.(生物碎屑：绿色箭头；花岗岩岩屑：黄色箭头；火山岩岩屑：红色箭头)

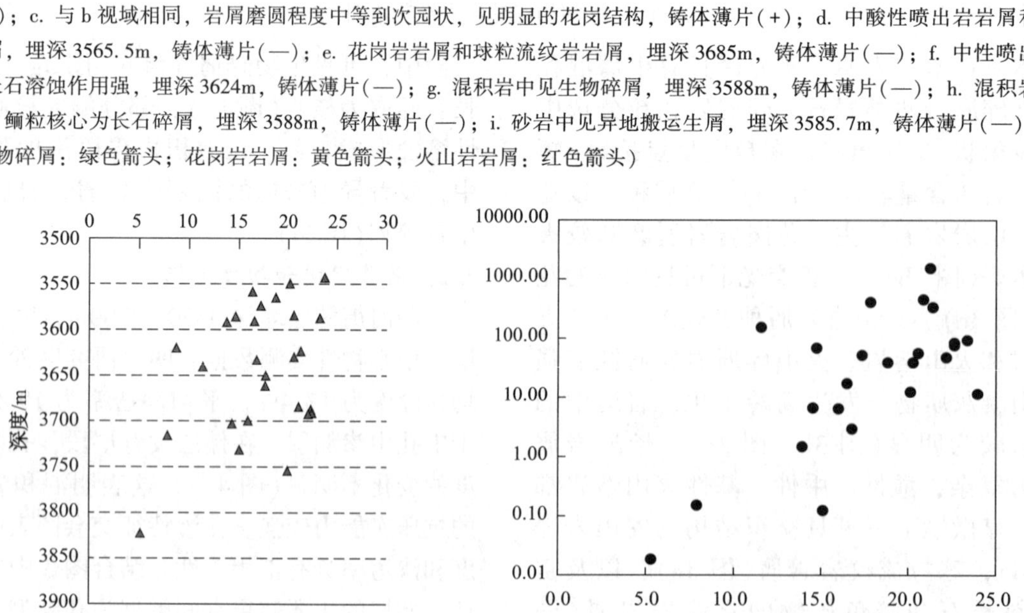

图 4　LD25-AE-A 井孔渗特征图

铸体薄片镜下统计目的层储集空间类型，以溶蚀孔为主，粒间溶蚀扩大孔在不同深度都有发现，是主要的储集空间类型，粒内溶孔、铸模孔和胶结物内孔也有发现(图 5)。不同岩性特征的储层，储集空间类型存在差异。混积岩层段发育大量原生孔，薄片鉴定表明，以生屑体腔孔为主；同时，混积岩段内发育大量的胶结物内孔，与正常碎屑岩区别明显。正常碎屑岩层段以溶蚀孔占绝对多数，既包含粒内溶蚀孔也有粒间溶蚀扩大孔。

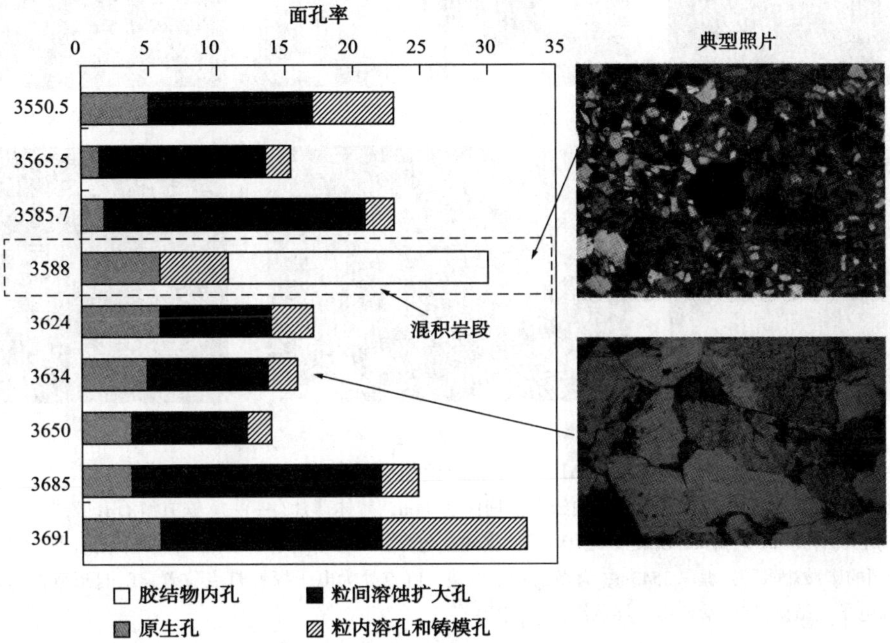

图 5　LD25-AE-A 井储层沙河街组储层储集空间类型图

2.3　成岩作用特征

2.3.1　压实和胶结作用

(1) 压实作用

研究区压实作用中等，在深部储层中属于压实改造较弱的情况。在无生屑发育的正常碎屑岩段，颗粒间以点-短线接触为主(图 3a、图 3ab)。在生屑较为发育的混积岩层段，颗粒间呈漂浮状(图 3g、图 3ah)。

(2) 碳酸盐胶结

研究区碳酸盐矿物具有三种产状，分别为构成鲕粒、生物碎屑的碳酸盐和与其伴生的泥晶方解石(图 3g、图 3ah)，基底式胶结碳酸盐(图 6a)，孔隙式胶结富铁碳酸盐(图 6b、图 3ac)。鲕粒碳酸盐及泥晶方解石属于同生期碳酸盐，形成于动荡水体环境。阴极发光为橘红色，反映了较高的 K_2O 含量(图 6d)。背散射扫描电镜下表鲕中的方解石具有多期性，不同期次间因成分差异而颜色深浅不同(图 6e)。扫描电镜表明方解石自形程度较高(图 6f)。

(3) 自生黏土矿物

研究区目的层自生黏土矿物包括高岭石和伊利石，以高岭石为主，在显微照片中较为常见(图 7a、图 7b)。高岭石常常充填于粒间孔隙当中，溶蚀孔内也可以见到大量的自生高岭石(图 7c)。扫描电镜下高岭石自形程度高，片状晶体构成手风琴状集合体(图 7d)。同时，可见高岭石与溶蚀残留的长石格架紧密伴生。伊利石呈纤维状(图 7e)，自形的自生高岭石、伊利石和石英在粒间孔隙内也较为常见，对储层的孔隙度和渗透率有一定的破坏作用(图 7f)。

(4) 黄铁矿等热液矿物

热液是指温度较高的地层流体，可以沿断裂进入储层，形成典型的热液矿物，包括黄铁矿、重晶石等。邻近区域如秦皇岛 29-A 构造中已发现大量热液活动的特征矿物，表明了热流体对该区域储层存在改造作用。在本次研究中，同样发现了黄铁矿充填孔隙空间(图 8a、图 8b)，黄铁矿集合体在背散射扫描电镜下成莓球状(图 8c)。

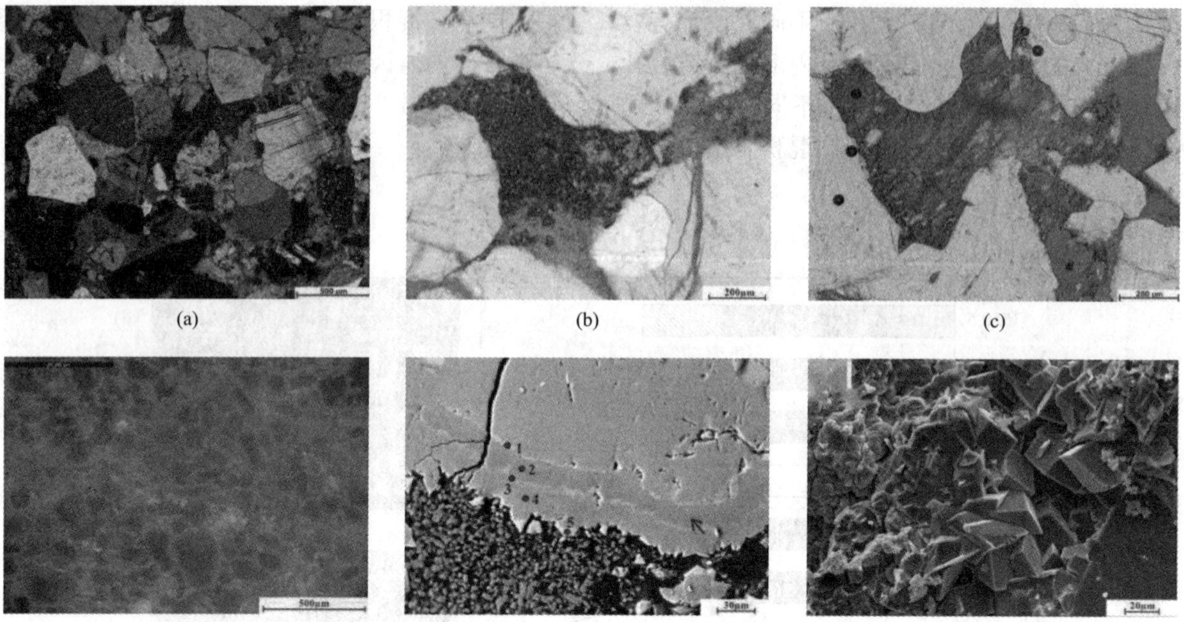

图 6　LD25-AE-A 井沙河街组碳酸盐矿物典型照片

a. 基底式碳酸盐胶薄片(+)；b. 孔隙式胶结铁白云石，埋深 3624m，铸体薄片(—)；c 铁方解石孔隙式胶结，岩屑长石砂岩，埋深 3685m，铸体薄片(—)；d. 阴极发光照射下，碳酸盐包壳发出橙红色、橘黄色光，混积岩，埋深 3584m，阴极发光薄片；e. 表鲕的碳酸盐圈层，埋深 3543m，背散射扫描电镜，红点处为电子探针打点位置；f. 自形碳酸盐胶结物，埋深 3585.7m，扫描电子显微镜(碳酸盐矿物：红色箭头)

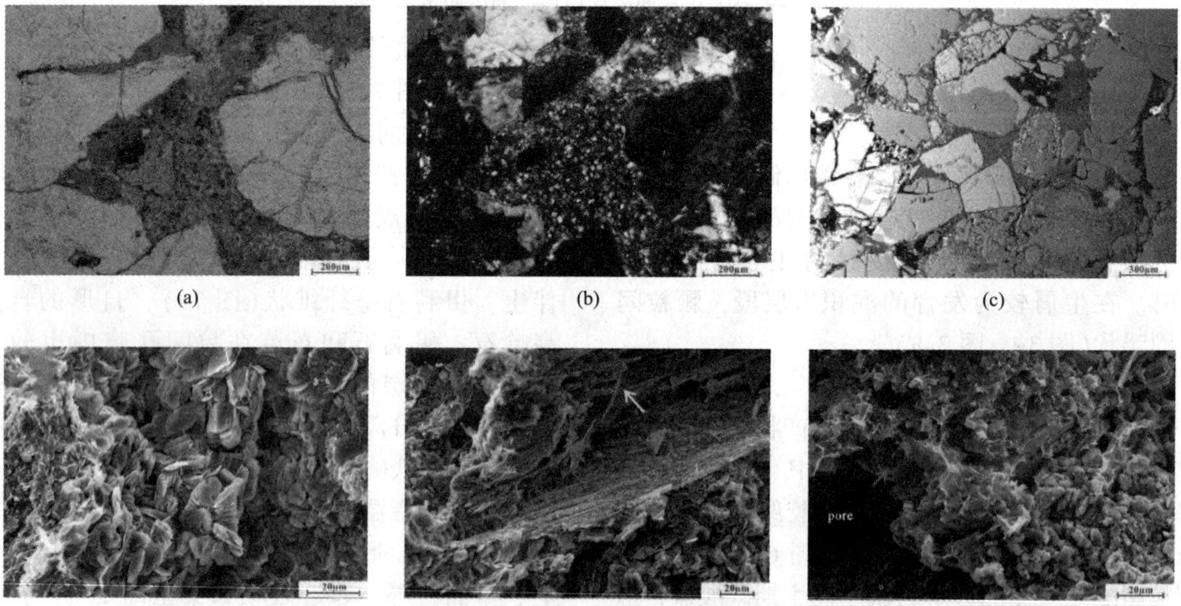

图 7　LD25-AE-A 井沙河街组自生黏土矿物典型照片

a. 砂岩孔隙中的自生高岭石，埋深 3585.5m，铸体薄片(—)；b. a 对应的正交光照片，高岭石充填孔隙，埋深 3585.5m，铸体薄片(+)；c. 自生高岭石在孔隙中普遍发育，埋深 3624m，背散射扫描电镜(红点处为电子探针位置)；d. 自形片状高岭石，埋深 3640m，扫描电镜照片；e. 长石溶蚀孔周围见自生高岭石和伊利石，埋深 3640m，扫描电镜照片；f. 自生高岭石、伊利石和石英围绕孔隙发育，埋深 3690m，扫描电镜照片

（高岭石：红色箭头；伊利石：蓝色箭头；长石：黄色箭头；自生石英：绿色箭头）

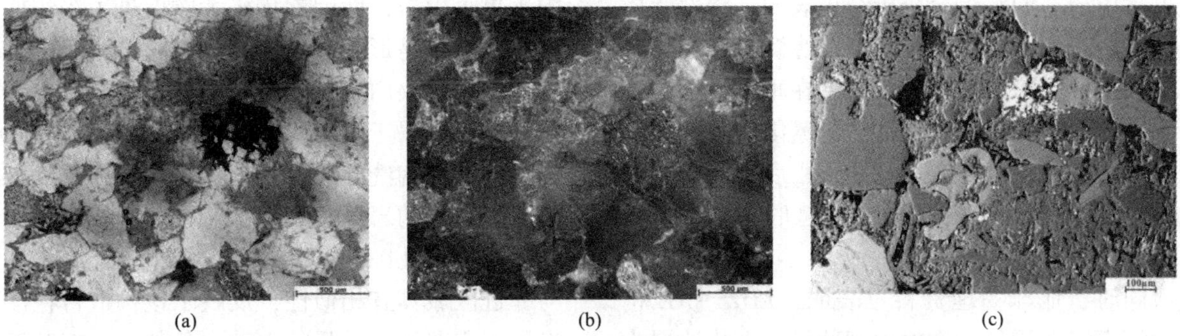

图 8　LD25-AE-A 井沙河街组自生黏土矿物典型照片

(a)砂岩孔隙中的不透明矿物黄铁矿，埋深 3753.5m，铸体薄片(—)；(b)a 对应的反射光照片，黄铁矿具有金属光泽，埋深 3753.5m，反射光；(c)莓球状热液黄铁矿，埋深 3591m，背散射扫描电镜(黄铁矿：红色箭头)

2.3.2　溶蚀作用

薄片鉴定表明，长石和岩屑是储层被溶蚀的主要物质。在不同深度段中，长石铸模孔均有发育。长石沿结理溶蚀后残余矿物格架(图 9a)，强溶蚀段颗粒呈漂浮状(图 9b)，火山岩岩屑内部溶蚀孔发育(图 9c)。花岗岩岩屑中长石溶蚀强烈，自边缘向内部溶蚀，形成大量的次生孔隙，部分颗粒被完全溶蚀形成铸模孔(图 9d、图 9f)，这大大增加了薄片的面孔率。

图 9　LD25-AE-A 井沙河街组储集空间类型镜下照片

a. 岩屑长石砂岩，长石铸模孔，埋深 3550.4m，铸体薄片(—)；b. 岩屑长石砂岩，强烈同时作用，颗粒呈漂浮状，埋深 3674m，铸体薄片(—)；c. 长石岩屑砂岩，火山岩岩屑中的斑晶溶蚀孔，埋深 3685m，铸体薄片(—)；d. 长石岩屑砂岩，长石铸模孔，见矿物残留，埋深 3685m，铸体薄片(—)；e. 长石岩屑砂岩，长石铸模孔，花岗岩中长石溶蚀，埋深 3691m，铸体薄片(—)；f. 长石岩屑砂岩，颗粒内孔隙和铸模孔，长石被强烈溶蚀，埋深 3753.5m，铸体薄片(—)

3　优质储层控制因素

3.1　沉积作用

前人研究渤海南部深层混积岩储层认为，咸化淡水湖盆、局部隆起地貌背景、强波浪作用是形成富生屑混积滩坝沉积的有利条件。研究区沉积相以辫状河三角洲为主，主要物源区位于北部的辽西凸起南段，物源区岩性经已钻井落实为中生界火山岩。源汇综合分析结果表明，深部优质储层主要发育于辫状河三角洲前缘沉积，也见到富砂的生屑混积滩坝沉积，二者在垂向上叠置发育(图 10a)。薄片中较为完整的螺化石表明，混积岩成因为原地混积，由原地死亡后堆积的生物遗骸与陆源碎屑物质混合在一起形成(图 3g、图 3h)。

同时，地球物理资料也表明，LD25-AE 构造沙河街组沉积位于古地貌高部位，下伏地层为中生界火山岩(图 10b)。前人研究表明，基底岩性对湖相混积岩储层的发育具有控制作用，火山岩含有较高含量的可水解物质。LD25-AE 构造储层内部富含火山岩岩屑，同时沙河街组基底为中生界火山岩，两因素均极大的促进了沉积期的生物繁盛，是形成富生屑混积岩的有利条件。此外，中生界火山机构在沙河街组沉积期作为古地貌高部位，属于遭受波浪淘洗改造的高能区域。强烈的波浪淘洗导致岩石内颗粒间较为干净，在非混积岩段的岩屑砂岩内部杂基含量较低，具有较多的初始孔隙空间(图 3a)。较低的黏土含量与邻近区域具有相似性，反映了该构造带在沙一二段沉积期处于较强的水动力条件下，有利于滩坝和三角洲在垂向上叠置发育形成下洲上滩的复合型储层。较强的波浪作用也导致固结不久的混积岩发生了破碎，在邻近深度的碎屑岩段内可以见到经历短距离搬运的混积岩岩屑(图 3i)。

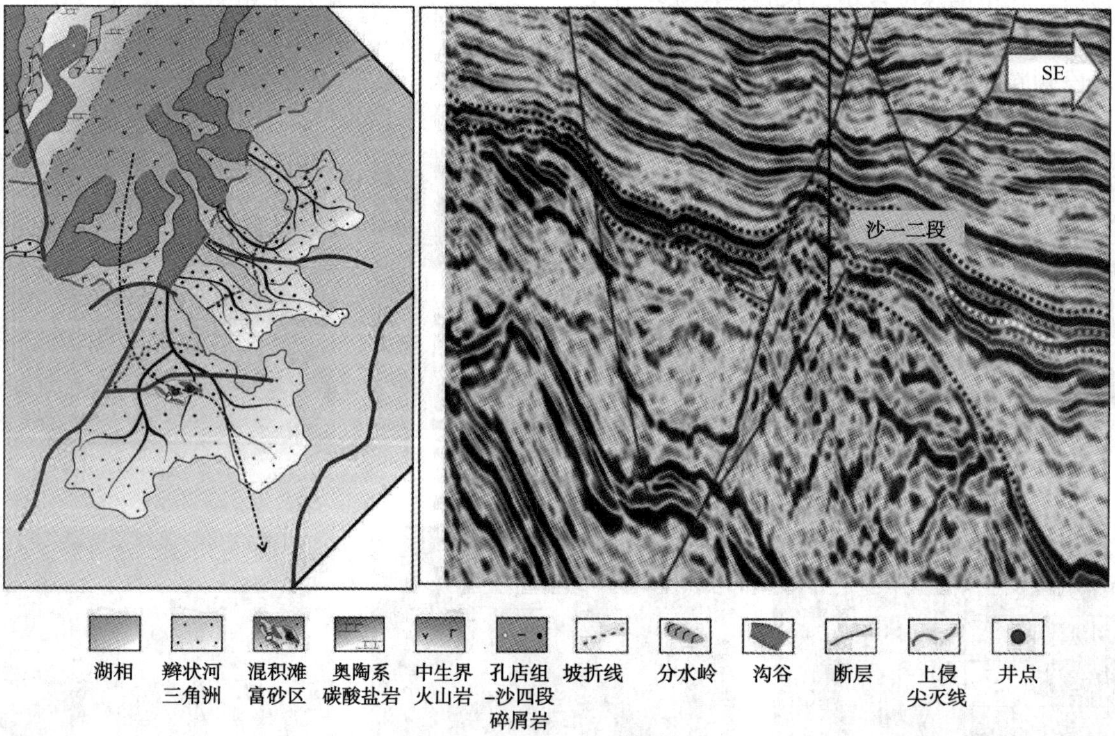

图 10　研究区沉积相图

3.2　成岩作用

研究区成岩自生矿物包括方解石、白云石、铁白云石等碳酸盐矿物，高岭石、伊利石等自生黏土矿物和特殊的热液矿物黄铁矿。成岩自生矿物体现了储层经历的成岩流体改造，本节对研究区目的层典型成岩自生矿物特征进行介绍。

沙一二段储层内碳酸盐胶结物具有三种产状，每种产状分别对应了不同的成岩阶段和形成条件，这为成岩流体演化分析提供了物质基础。笔者将碳酸盐胶结物的形成划分为三个阶段：同生期大气淡水和微咸水环境泥晶碳酸盐矿物(MC)，埋藏早期弱压实条件下的基底式胶结碳酸盐矿物(BC)，以及后期热液相关的孔隙式胶结富铁碳酸盐矿物(HC)。根据电子探针数据，绘制不同样品的成分三角图(图 11)。三类碳酸盐均有较为纯净的方解石样品点，除基底式胶结型碳酸盐外，其余两种方解石矿物都发生了不同程度的白云石化作用。同生期碳酸盐现今矿物以白云石为主，晚期孔隙式碳酸盐铁含量较高，碳酸盐种类以白云石和铁白云石为主。

对鲕状碳酸盐中的不同环带进行电子探针打点，打点位置如图 6e 所示。对比不同圈层的碳酸盐成分，3 点位置的碳酸盐矿物锰元素含量明显较高(图 12a)，反映了大气淡水的影响。交替的湖盆水体、大气淡水作用表明了动荡的水体环境；此外，同一颗粒的碳酸盐表鲕具有明显的圈层厚度不均一现象(图 12b)，这是微钟乳状胶结的特征，是大气淡水淋滤的又一重要证据。

利用微区碳氧同位素实验可以对碳酸盐矿物的形成温度、流体条件进行恢复，本次研究对三类碳酸盐矿物分别进行了微区原位打点，以期对成岩流体演化和矿物形成时间开展系统研究(表 1)。

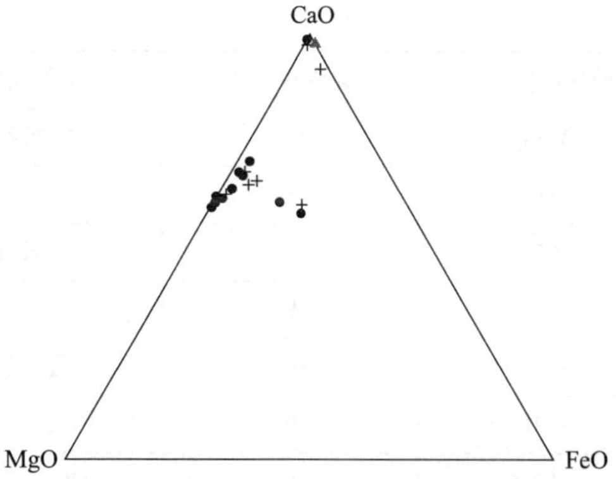

图 11　研究区目的层碳酸盐胶结物矿物电子探针三角图

(黑点：同生期碳酸盐(MC)；红三角：早期碳酸盐(BC)；蓝十字：晚期碳酸盐(HC))

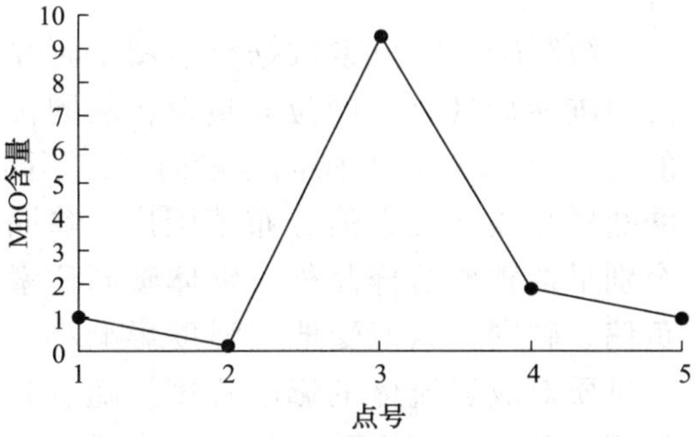

(a)碳酸盐锰含量图

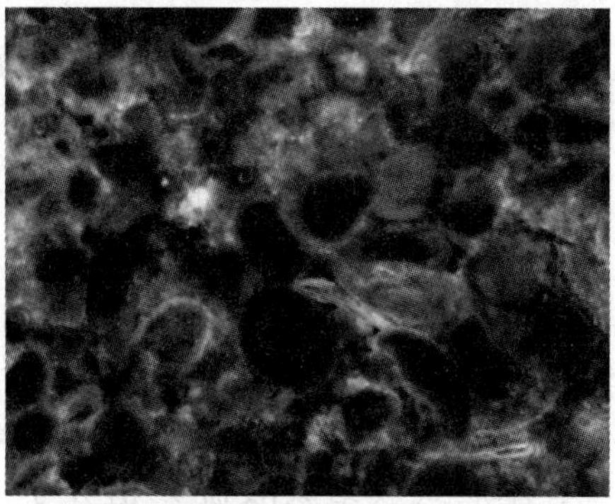

(b)微钟乳胶结，3543m，荧光照片

图 12　大气淡水影响的证据

表 1　不同产状碳酸盐胶结物微区原位碳氧同位素数据表

样品深度/m	碳酸盐产状	矿物描述	δ^{13}CPDB/‰	δ^{18}OPDB/‰	Z 值
3543	MC	生屑	-0.046	2.593	128.497
3543	MC	生屑	0.623	0.671	128.910
3543	MC	表鲕	-2.862	-4.046	119.424
3550.5	MC	表鲕	-3.874	-3.094	117.825
3585.7	MC	生屑	2.849	3.632	134.943
3585.7	MC	生屑	1.354	3.879	132.005
3585.7	MC	生屑	1.206	2.254	130.892
3591	MC	表鲕	0.693	-1.511	127.967
3591	MC	生屑	-7.270	-5.037	109.903
3591	MC	生屑	-2.164	8.766	127.234
3565.5	BC	方解石	-4.878	-9.589	112.535
3699	BC	方解石	-3.778	-5.165	116.990
3714	BC	方解石	-5.711	-10.312	110.468
3584	BC	方解石	-0.699	-6.989	122.388
3584	BC	方解石	-3.085	-8.641	116.679

续表

样品深度/m	碳酸盐产状	矿物描述	δ^{13}CPDB/‰	δ^{18}OPDB/‰	Z 值
3584	BC	方解石	−5.985	−7.103	111.505
3584	BC	方解石	−5.978	−9.693	110.230
3624	HC	白云石	−4.981	−11.179	111.532
3624	HC	白云石	−2.058	−11.314	117.451
3691	HC	白云石	−7.476	−10.792	106.615
3691	HC	白云石	−4.424	−12.816	111.857
3565.5	HC	白云石	−3.302	−9.964	115.575
3685	HC	铁方解石	−4.809	−15.429	109.768
3685	HC	铁方解石	−4.671	−12.502	111.508
3685	HC	铁方解石	−4.311	−13.041	111.977
3685	HC	铁方解石	−8.094	−12.568	104.465

前人利用碳氧同位素数据总结了盐度指数 Z 的计算公式(公式 1)。

$$(Z)=2.048\times(\delta^{13}C_{PDB}+50)+0.498\times(\delta^{18}O_{PDB}+50) \quad (1)$$

对三种产状的碳酸盐盐度指数进行计算表明，同生期碳酸盐 Z 值介于 109~134，平均值为 125，大于 120 的 Z 值表明该类碳酸盐形成于咸水环境；基底式胶结碳酸盐 Z 值介于 110~122，平均值为 114；而孔隙式富铁碳酸盐 Z 值最低，平均值为 111，整体数值介于 104~117。就 Z 值比较而言，同生期碳酸盐胶结>早期早期碳酸盐胶结>晚期碳酸盐胶结。三类碳酸盐胶结物均形成于咸化环境，反映了研究区的咸化湖盆背景。

绘制碳氧同位素数据交会图，研究区不同类型碳酸盐具有碳同位素负偏，氧同位素分带的特征(图 13)。对碳同位素而言，不同期次碳酸盐样品碳同位素值分布范围广，除同生期和个别早期碳酸盐样品外，整体碳同位素值发生负偏。碳同位素值受地层温度影响小，反映了有机质对成岩流体的影响程度。随着有机质成熟度的升高，有机酸的脱羧反应增强，不断产生较轻的 CO_2，导致了碳酸盐矿物碳同位素的负偏加剧。三类碳酸盐胶结碳同位素均发生负偏，这表明了后期有机酸对不同胶结物均发生了溶蚀作用。

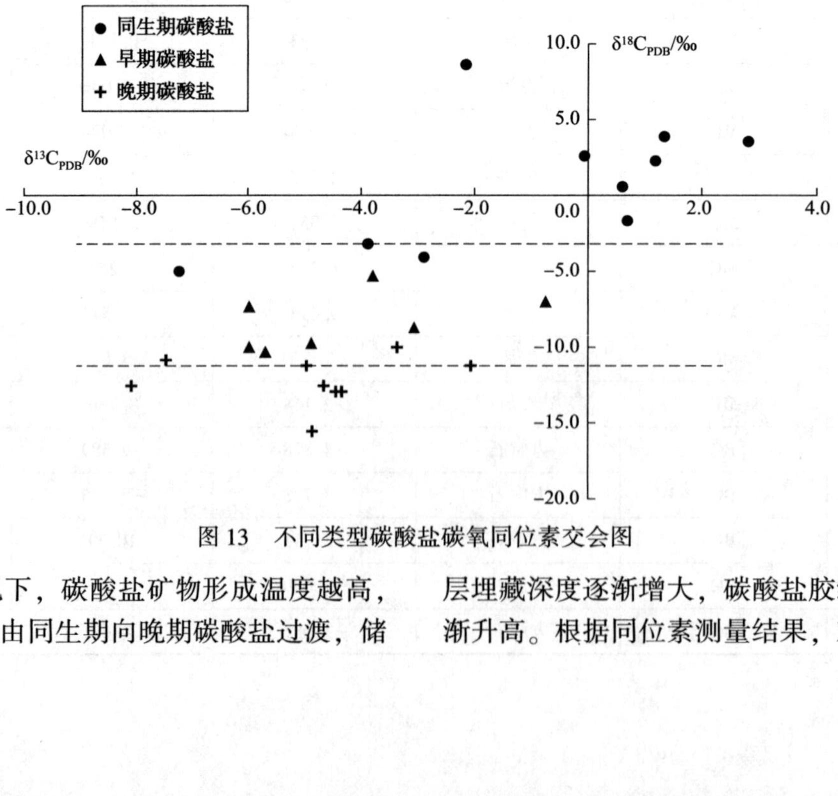

图 13　不同类型碳酸盐碳氧同位素交会图

在同等情况下，碳酸盐矿物形成温度越高，氧同位素越轻。由同生期向晚期碳酸盐过渡，储层埋藏深度逐渐增大，碳酸盐胶结物形成温度逐渐升高。根据同位素测量结果，对研究区三类产状的方解石进行形成温度恢复（图 14）。本次研究取现今海水 $\delta^{18}O_W$(SMOW) = 0‰，方解石和白云石的温度恢复计算公式基于文献 32-33。

恢复结果表明，方解石胶结物的形成温度具有明显的三分性，分别对应了三种产状的矿物。MC 型方解石形成温度介于 33～42℃，BC 型方解石形成温度介于 51～72℃，HC 型方解石形成温度介于 75～123℃。温度特征与同生期、浅埋藏、深埋藏的地温特征相吻合。白云石具有两期特点，形成温度分别为 32～67℃ 以及 100～119℃，对应了同生期生屑和晚期热液白云石，反映了白云石化机理的差异。

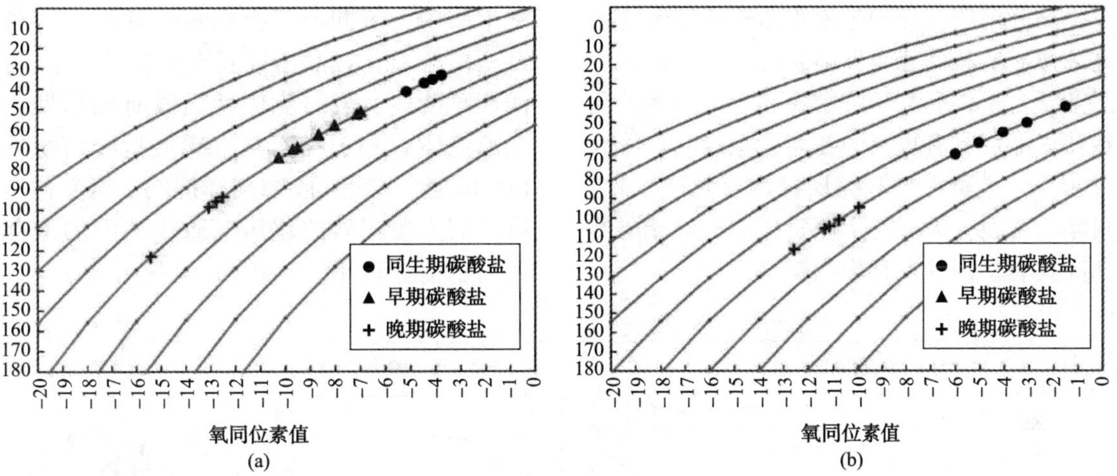

图 14　不同类型碳酸盐形成温度同位素恢复图

（a）方解石温度恢复；（b）白云石温度恢复

3.3　流体超压和油气充注

泥岩欠压实可以形成异常压力，并构成压力封箱，对下伏的砂岩储层成岩产生影响。研究区目的层上覆东营组发育超 500m 厚层泥岩，黏土矿物 X 衍射数据表明，在 3350～3550m 的深度范围内伊蒙混层比存在异常，反映了黏土矿物转化受到明显抑制作用（图 15a）。镜质体反射率随深度的变化也反映出相同的特点，在该深度范围内 *Ro* 值保持小范围震荡（图 15b）。特殊的镜质体反射率和混层比变化是超压发育的重要证据，上覆泥岩超压也会导致砂岩中存在传导超压。超压泥岩的存在一方面抑制了上覆地层对储层的压实作用，同时也导致封箱内砂岩中流体反应更为彻底充分。在沙一二段下伏沙三段烃源岩成熟排酸后，大量有机酸进入目的层溶蚀早期碳酸盐胶结物和长石、岩屑。

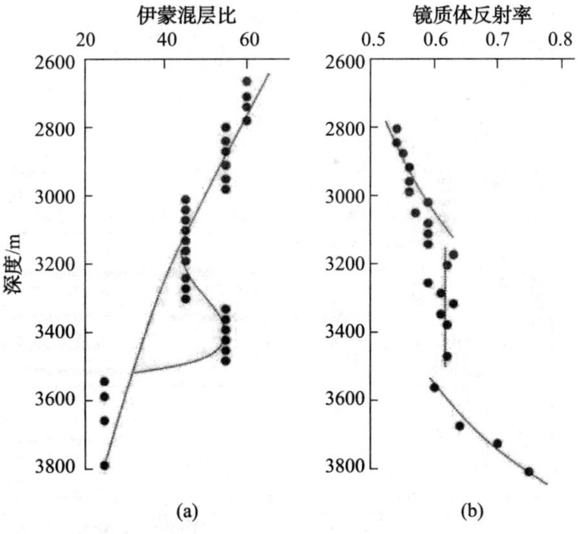

图 15　黏土矿物转化和 Ro 演化随深度变化

低温高压包裹体是储层超压发育直接证据，这类包裹体是储层在地质历史时期中超压发育的直接记录，可以通过流体包裹体 pvt 模拟实验进行压力恢复测得。本井在 3588m 的样品中测得捕获温度分别为 88℃、91℃和 101.2℃的三个低温包裹体，对应的捕获压力分别为 43.9MPa、44.6MPa 和 44.1MPa。根据埋藏史曲线图，可以对计算包裹体被捕获时所处的深度，从而计算该深度下的静岩压力大小。计算得到的包裹体捕获时，正常地层的静岩压力分别为 26.9MPa、30.2MPa 和 32.3MPa，对应的压力系数分别为 1.63、1.48 和 1.37。包裹体、黏土矿物和镜质体反射率数据均表明，储层和上覆泥岩盖层在埋藏过程中即受到了超压的影响，超压对孔隙具有较好的保护作用。

4 优质储层发育模式与勘探启示

4.1 优质储层发育模式

基于以上实验数据认识，优质储层的发育受到源汇特征、成岩改造、异常压力三个因素的控制。其中，源汇特征决定了储层发育的物质基础，丰富的火山岩物源母质既有利于溶蚀作用也促进了生物的繁盛，而中生界火山机构导致的古地貌高部位、辫状河三角洲前缘的强烈波浪淘洗降低了杂基含量，有利于胶结保孔。生屑体腔孔的存在使得储层具有更高的初始孔隙度，具体数值超过 45%。上覆泥岩和储层内均有超压发育，压力封箱的存在大大减弱了压实作用，对储层的原生孔隙具有良好的保存作用。

研究区成岩演化复杂，三期碳酸盐胶结物分别对应了从同生期至深埋阶段的三期成岩流体。同生期成岩流体包括咸化湖盆水体和大气淡水，在本阶段砂体形成后遭受了波浪淘洗和大气淡水淋滤改造，下部为正常辫状河三角洲沉积的碎屑岩储层，顶部为滩坝型储层，二者在垂向上叠加复合(图 16)。在同生期白云石化的生屑中，氧同位素存在正偏样品，这与蒸发泵型白云石化样品特征具有相似性(图 13)。在浅埋藏阶段，成岩流体性质具有继承性，碱性孔隙流体有利于早期自生碳酸盐胶结物的形成(图 6a)。基底式胶结同样抑制了压实作用的进行，而上覆泥岩的超压对原生孔隙的保存同样起到了促进作用。

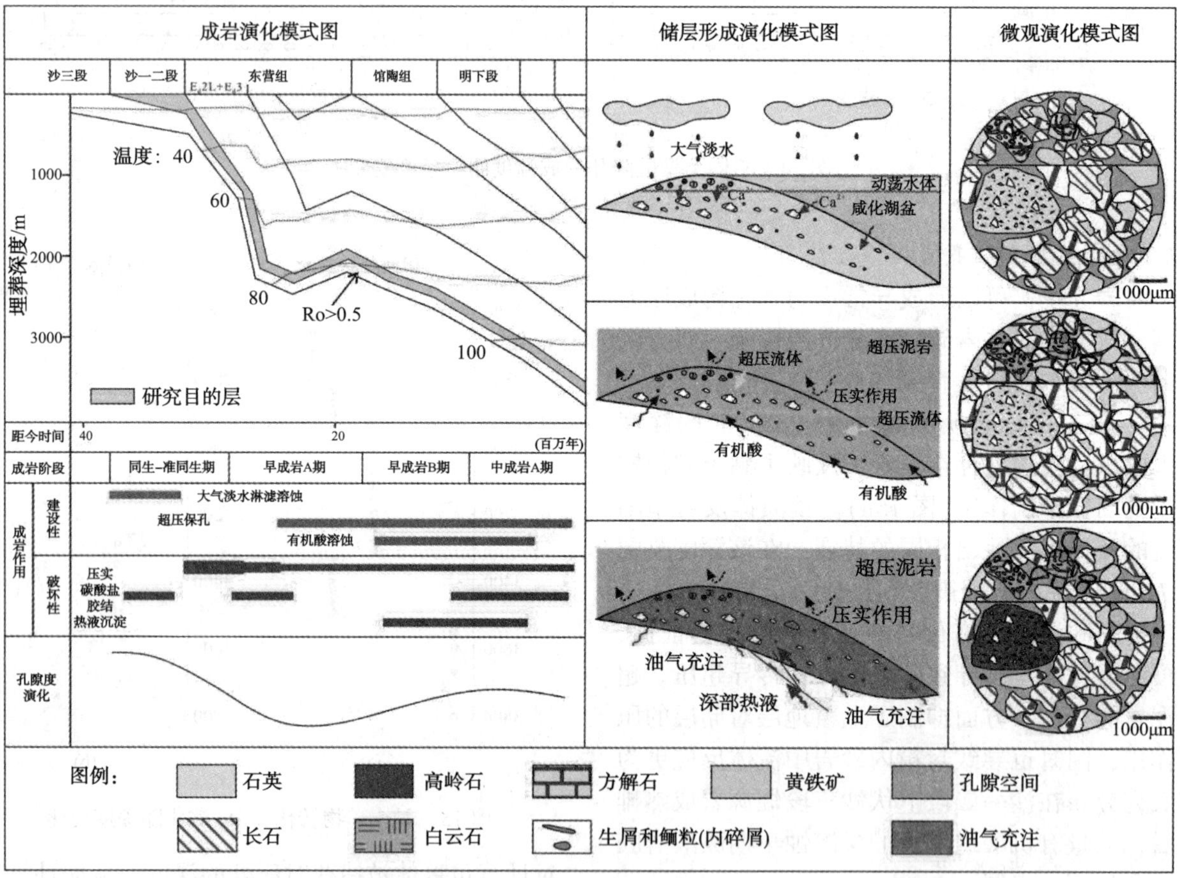

图 16 深部优质储层发育过程综合模式图

随着 *Ro* 演化不断进行，目的层下伏的沙三段烃源岩开始大量排酸。有机酸进入储层后，在压力封箱内与储层迅速反映，既溶蚀了孔隙内的早期碳酸盐胶结物，同时在长石颗粒内形成了大量的粒内孔隙甚至铸模孔(图 5d、图 5e)。储层形成后即发生晚期油气冲注，在油气进入孔隙空间后对孔隙继续保护，晚期未发生致密化作用。未被溶蚀的早期碳酸盐胶结物被后期热液和地层流体交代，发生埋藏白云石化，形成富铁的白云石矿物(图 6b、图 6c)。研究区储层孔隙度具有原生孔隙度好、前期胶结减小、后溶蚀增大的变化过程，形成了先降低后增高的演化曲线。

4.2 勘探启示

本构造区发育的三角洲-滩坝复合型储层在渤海海域沙一二段广泛发育，在埋深超过 3500m 的深层也具有较好的物性，因此此类储层往往测试高产。本次研究明确了该类型有利储层的发育模式：即古地貌高部位、波浪强烈淘洗，较好的初始沉积相带；富含长石和变质岩、火山岩岩屑，抗压易溶的储层物质基础；咸化的湖盆水体和早期碳酸盐胶结，保存了大量的原生孔隙；超压泥岩封盖和有机酸大量溶蚀，释放了原生孔隙，大大促进了次生孔隙的形成。

在海上少井区开展勘探工作时，可以格局以上控制因素进行有利储层平面预测。在编制沉积相图的基础上，明确研究区主要烃源岩层系及 *Ro* 大小判断是否进入排酸期，通过物源精细分析明确母岩类型，通过井震结合标定超压泥岩分布范围，最终将勾画出各控制因素有利区域的边界进行叠合，明确Ⅰ类储层发育区。与传统砂体追踪刻画和构造圈闭研究相比，该方法拓展了岩性圈闭面积，同时为探井井位部署提供了行之有效的操作流程。

5 结论

（1）辽西凸起南段沙一二段储层具有辫状河三角洲-滩坝复合叠加的特征，每期砂体在岩屑成分上具有一致性。砂体顶部发育富生屑混积岩，底部为辫状河三角洲前缘近源沉积的长石岩屑砂岩。砂体整体遭受强烈的波浪淘洗和大气淡水淋滤作用，储层的初始孔隙度较大，杂基含量低。

（2）有利储层以溶蚀孔为主要的储集空间类型，岩屑、长石和碳酸盐胶结物被溶蚀，部分长石遭受强烈溶蚀形成铸模孔。生物体腔孔是混积岩段的特殊储集空间类型。富长石的火山岩和变质岩母岩是形成有利储层的物质基础，有机酸溶蚀是成储的关键。

（3）研究区目的层内碳酸盐矿物可按成因和产状分为三期，同生期生屑碳酸盐反映了咸化湖盆和大气淡水的影响，早期基底式胶结碳酸盐含有有机酸脱羧反应的特征，晚期富铁碳酸盐揭示了区域内的热液活动。

（4）沙一二段有利储层的发育受母岩性质、沉积相带、成岩流体的综合控制。储层经历了波浪淘洗降低杂基含量，早期基底式胶结保孔，超压盖层抗压实，后期有机酸溶蚀成孔的形成过程。本次研究从已钻井出发，为有利储层的平面预测提供了新思路，对于海上少井区岩性勘探区具有重要意义。

参 考 文 献

[1] 操应长，远光辉，杨海军，等．含油气盆地深层—超深层碎屑岩油气勘探现状与优质储层成因研究进展[J]．石油学报，2022，43(01)：112-140.

[2] 刘佳庚，王艳忠，操应长，等．渤海湾盆地东营凹陷民丰洼陷陡坡带深层-超深层碎屑岩优质储层控制因素[J]．石油与天然气地质，2023，44(05)：1203-1217.

[3] 胡宗全，齐育楷，张福顺，等．超深层碎屑岩有效储层成储机理与油气勘探前景[J/OL]．地质学报[2024-06-30]．DOI：10.19762/j.cnki.dizhixuebao.2023502.

[4] 王元君，冯明石，王峻，等．渤中凹陷石南斜坡区古近系中深层优质储层特征[J]．矿物岩石，2012，32（03）：77 - 84. DOI：10.19719/j.cnki.1001 - 6872.2012.03.011.

[5] 钟大康，朱筱敏，王红军．中国深层优质碎屑岩储层特征与形成机理分析[J]．中国科学(D 辑：地球科学)，2008(S1)：11-18.

[6] 远光辉，操应长，贾珍臻，等．含油气盆地中深层碎屑岩储层异常高孔带研究进展[J]．天然气地球科学，2015，26(1)：28-42.

[7] 孙龙德，邹才能，朱如凯，等．中国深层油气形成、分布与潜力分析[J]．石油勘探与开发，2013，40(06)：641-649.

[8] 中华人民共和国国土资源部．石油天然气储量计算规范：DZ/T0217-2005[S]．北京：中国标准出版社，2005.

[9] 史原鹏，刘占国，王少春，等．深层—超深层优质碎屑岩储层成因及主控因素——以河套盆地临河坳陷古近系渐新统临河组为例[J]．石油勘探与开发，2024，51(03)：478-489.

[10] 薛永安，张新涛，牛成民．辽西凸起南段斜坡带油气地质新认识与勘探突破[J]．中国石油勘探，2019，24(04)：449-456

[11] 张藜，王德英，张新涛，等．渤海海域秦皇岛 29-2 东构造优质混积储层主控因素[J]．沉积学报，2019，37(01)：200-211.

[12] 刘志刚，周心怀，李建平，等．渤海海域石臼坨凸起东段 36-3 构造古近系沙二段储集层特征及控制因素[J]．石油与天然气地质，2011，32(06)：832-838.

[13] 宋章强，杜晓峰，徐伟，等．渤海古近系混合沉积

发育特征与沉积模式[J]. 地球科学, 2020, 45(10): 3663-3676.

[14] 庞小军, 牛成民, 杜晓峰, 等. 渤海海域环渤中地区沙一二段混积岩优质储层差异及成因[J]. 地球科学, 2020, 45(10): 3853-3869.

[15] 徐长贵, 余一欣, 吴奎, 等. 辽东湾坳陷断裂联接及其控油气作用[J]. 石油与天然气地质, 2014, 35(4): 456-462.

[16] 徐长贵, 许效松, 丘东洲, 等. 辽东湾地区辽西凹陷中南部古近系构造格架与层序地层格架及古地理分析[J]. 古地理学报, 2005, 7(4): 449-458.

[17] 杨海风, 魏刚, 王德英, 等. 秦南凹陷秦皇岛 29-2 油气田原油来源及其勘探意义[J]. 油气地质与采收率, 2011, 18(06): 28-31+112-113.

[18] 解习农, 叶茂松, 徐长贵, 等. 渤海湾盆地渤中凹陷混积岩优质储层特征及成因机理[J]. 地球科学, 2018, 43(10): 3526-3539.

[19] 叶茂松, 解习农, 徐长贵, 等. 混积岩分类命名体系探讨及对混积岩储层评价的启示——以渤海海域混积岩研究为例[J]. 地质论评, 2018, 64(05): 1118-1131.

[20] 朱筱敏. 沉积岩石学(第四版)[M]. 北京: 石油工业出版社, 2008, 112-114.

[21] 郭芪恒, 金振奎, 史书婷, 等. 鲕粒成因研究进展[J]. 沉积学报, 2023, 41(04): 959-967.

[22] 张兰馨, 张凤奇, 赵振宇, 等. 热液流体活动的识别方法及油气地质意义研究进展[J]. 海相油气地质, 2023, 28(03): 225-238.

[23] 张藜, 张新涛, 刘艺萌, 等. 渤海海域深部热流体存在的证据及其对油气成藏意义——以秦皇岛 29-2/2E 油气田为例[J]. 天然气地球科学, 2021, 32(5): 633-644.

[24] 庞小军, 牛成民, 王冠民, 等. 渤海海域深层沙一段混积岩优质储层成因——以渤中 13-A 构造为例[J]. 中国矿业大学学报, 2022, 51(02): 354-369.

[25] 王清斌, 牛成民, 潘文静, 等. 渤海海域沙一段基底岩性条件对湖相混积岩储层的控制作用[J]. 地球科学, 2020, 45(10): 3556-3566.

[26] 王清斌. 渤海海域湖相混积岩中流体活动对储集层质量的控制作用[D]. 吉林大学, 2020.

[27] 韩俊, 尤东华, 钱一雄, 等. 微区原位碳氧同位素分析技术对碳酸盐岩成岩流体性质的约束——以塔里木盆地寒武系—奥陶系为例[J]. 石油实验地质, 2023, 45(01): 135-144.

[28] Keith A. 1979. Kenvolden, Hydrothermally derived petroleum: examples form Guaymas basin, Gulf of California & Escanba Troug, North-east Ocean[J]. AAPG Bull, 74(3): 438-452.

[29] 李世恩, 关平. 湖相碳酸盐碳、氧同位素与团簇同位素的研究进展[J]. 北京大学学报(自然科学版), 2023, 59(06): 1052-1068.

[30] 张庄, 庞江, 杨映涛, 等. 川西坳陷中段须家河组四段砂岩中碳酸盐胶结物碳、氧同位素特征及成因探讨[J]. 地质学报, 2022, 96(06): 2094-2106.

[31] 崔航, 朱世发, 高艺珊, 等. 碎屑岩储集层成岩流体类型、年代学研究方法及地质应用综述[J]. 古地理学报, 2023, 25(05): 1176-1198.

[32] Friedman I, O' Neil JR. 1977. Compilation of stable isotope fractionation factors of geochemical interesr, In: Fleischer M, ed. Date of Geochemistry. U. S. Geological Survey Professional Paper, 40KK; 12.

[33] Land L. S. 1983. The application of stable isotopes to studies of the origin of dolomite and to problems of diagenesis of clastic sediments. The Society of Economic Palentologists and Mineralogists (SEPM) Stable Iosotopes in Sedimentary Geology (SC10), 4: 1-22.

[34] 滑彦岐. 沾化凹陷超压封存箱流体演化及其控藏作用研究[D]. 中国地质大学, 2023.

[35] 孟元林, 黄文彪, 王粤川, 等. 超压背景下黏土矿物转化的化学动力学模型及应用[J]. 沉积学报, 2006(04): 461-467.

[36] 尤丽, 曲希玉, 钟佳, 等. 高温超压储层孔隙演化的物理模拟实验[J]. 天然气工业, 2019, 39(07): 21-30.

[37] 曲希玉, 闫振, 王清斌, 等. 含体腔孔生物碎屑混积岩初始孔隙度恢复方法——以环渤中地区沙一二段混积岩储层为例[J/OL]. 沉积学, 1-13 [2024-07-16]. https://doi.org/10.14027/j.issn.1000-0550.2024.005.

渤中凹陷洼陷带浅层复杂河流相油藏富集条件与大中型油田发现

刘庆顺 汤国民 孙 哲 刁俊才 刘泽宇

［中海石油（中国）有限公司天津分公司］

摘 要 渤海油田已发现的浅层新近系油田主要集中于凸起带、斜坡带以及洼中隆起带，而洼陷带的浅层新近系长期是油气勘探的空白区，渤中凹陷从未在洼陷带浅层发现规模性油田，是传统地质认识中的“勘探禁区”。以浅层大面积岩性勘探思路为指导，创新提出洼陷带浅层复杂河流相油藏富集条件新认识与勘探新技术。①建立基底走滑叠覆区岩浆喷发成脊模式，岩浆喷发造成馆陶组构造高点向北横向迁移，为油气“双脊接力运移”创造了地质条件。②提出气候主控河流沉积演化模式，湿润气候有利于形成稳定长河道型岩性圈闭。③建立“双脊联控-断脊强运-分级充注”油气成藏模式，明确洼陷带浅层油气富集部位。④建立地质模式指导下复杂河流相砂体分类标准与地质地震联合驱动的复合砂体连通性判别技术，实现了复杂岩性圈闭精细的刻画，提升了岩性油藏的勘探成功率。通过建立洼陷带浅层复杂河流相岩性油藏富集条件与相关技术，成功指导发现了渤中凹陷最大的河流相岩性油田-渤中 19-2 油田。

关键词 河流相油藏；富集条件；浅层新近系；洼陷带；渤中凹陷

Enrichment conditions of shallow complex fluvial reservoir and discovery of large and medium-sized oilfields in Bozhong sag

Liu Qingshun Tang Guomin Sun zhen Diao Juncai Liu Zeyu

(CNOOC China Limited, Tianjin Branch)

Abstract The shallow Neogene oil fields discovered in Bohai Oilfield are mainly concentrated in the uplift zone, slope zone and sub-sag uplift zone, while the shallow Neogene in the sub-sag zone has long been a blank area for oil and gas exploration. The Bozhong Sag has never found a large-scale oil field in the shallow layer of the sub-sag zone, which is the ′ exploration forbidden zone ′ in the traditional geological understanding. Guided by the idea of shallow large-area lithology exploration, a new understanding and new exploration technology for the enrichment conditions of shallow complex fluvial facies reservoirs in the sag zone is proposed. (1) The ridge-forming mode of magma eruption in the basement strike-slip overlapping area is innovatively proposed. The magma eruption causes the structural high point of Guantao Formation to migrate northward and horizontally, which creates geological conditions for the ′ double ridge relay migration ′ of oil and gas. Secondly, the sedimentary evolution model of climate-controlled river is established innovatively, and the humid climate is conducive to the formation of stable long channel lithologic traps. Thirdly, the oil and gas accumulation model of ′ double ridge joint control-fault ridge strong transport-staged filling ′ is innovatively established, and the shallow oil and gas enrichment sites in the sag belt are clarified. Fourthly, the connectivity discrimination technology of composite sand body driven by the classification standard of complex fluvial facies sand body and geological earthquake under the guidance of geological model is innovatively established, which realizes the fine characterization of complex lithologic traps and improves the exploration success rate of lithologic reservoirs. By establishing the enrichment conditions and related technologies of shallow complex fluvial facies lithologic reservoirs in the sag zone, the largest fluvial facies lithologic oilfield in

Bozhong sag, Bozhong 19-2 oilfield, was successfully discovered.

Key wordst Fluvial reservoir; enrichment conditions; shallow Neogene; depression belt; Bozhong sag

自渐新世以来，渤海海域渤中凹陷是渤海湾盆地的沉积沉降中心，沉积了较厚新近系地层，新近系地层厚度最大可达4000m，同时，郯庐走滑断裂晚期强活动使得深部油气运移到浅层新近系，新近系成为渤海海域最重要的勘探开发层系。截至2021年年底，渤海海域新近系累计探明石油地质储量近30亿t，占渤海油田总探明储量约60%，成为渤海油田增储上产的"压舱石"和"稳定器"。由于新近系地层不发育有效烃源岩，油气运移条件成为新近系能否成藏关键。前人对渤海湾盆地新近系油气成藏特征和富集规模提出了诸多认识，例如，张善文(2008年)提出新近系网毯式油气成藏体系，邓运华(2012年)提出油气运移"中转站"模式，薛永安(2018)提出油气运移汇聚脊理论，这些认识对油气运移过程和富集规律等进行了系统研究，有效指导渤海海域新近系勘探实践。尤其近年来汇聚脊理论提出，在渤海南部海域成功指导发现垦利6-1、垦利10-2和渤中29-6等一系列大中型新近系油田。

渤中凹陷西南部自2003年在新近系发现渤中19-4油田以来，在剩余断块部署钻探了一批探井，均未获规模性储量发现。2019年以来，通过深化浅层关键成藏要素"脊-断-砂"研究，明确油气纵向、横向运移路径，在洼陷区创新建立了"双脊联控-断脊强运-分级充注"油气成藏模式，形成了地震地质联合驱动的复合砂体连通性判别技术，并于2022年在渤中凹陷成功发现和评价了渤中凹陷最大的河流相岩性油田，同时，也实现了渤中凹陷中浅层油气勘探由以构造勘探为主转向大型岩性勘探的战略方向转移，对类似地区大面积岩性勘探具有重要的借鉴意义。

1　区域基本地质特征

1.1　区域位置

渤中19-2油田位于渤海中部海域，处于渤中凹陷、沙南凹陷、渤南低凸起及沙垒田凸起接壤处的洼中隆构造带(图1)。渤中19-2油田南北被渤中25-1南和渤中13-1南油田所夹持，深层为渤中19-6太古界潜山构造脊。渤中凹陷面积约9000km^2，新生界厚度最大超过10km，是渤海湾盆地面积最大、埋藏最深的富烃凹陷，油气资源基础雄厚，总资源量约58亿m^3。研究区发育有古近系孔店组、沙河街组、东营组，新近系馆陶组、明化镇组和第四系平原组地层，其中沙河街组沙三段、沙河街组一段和东营组三段为主要烃源岩层系。

1.2　区域构造特征

渤中凹陷西南部深层发育渤中19-6大型潜山构造脊，深层构造脊整体呈现近SN走向，构造脊高点位于脊的南部。渤中19-4油田位于潜山构造脊高部位的上部，而渤中19-2油田位于潜山构造脊低部位的上部。渤中凹陷西南部新近系发育有一系列近东西向断层，仅南部大型走滑断层F1深切潜山构造脊，其余浅层断裂未断至潜山构造脊。渤中19-4油田为大型走滑断裂控制花状构造，发育有断鼻和断块圈闭，而渤中13-1南受两条大型边界断裂控制，呈"Y字型"，浅层发育有多个断块圈闭，而渤中19-2油田夹持于两个构造之间，浅层断裂不发育，为一单斜构造。

1.3　沉积特征

渤中凹陷是渤海湾盆地中一个典型的新生界陆相断陷盆地，构造-沉积演化经历了早第三纪裂陷和晚第三纪裂后拗陷两大阶段。孔店组沉积时期，渤中凹陷处于盆地初始裂陷期，主要发育有扇三角洲沉积，岩性主要为厚层砂砾岩；沙三段沉积时期，以深湖-半深湖相泥岩、灰质泥岩沉积为主，局部发育近源湖底扇、扇三角洲；东营组下段沉积时期，裂陷活动再次加强，以深湖-半深湖相泥岩沉积为主，陡坡发育近源湖底扇；东营组上段沉积时期，裂陷逐步向拗陷转换，以辫状河三角洲沉积为主。晚第三纪馆陶组和明化镇组沉积时期，盆地进入裂后拗陷阶段，断裂活动减弱，坳陷沉降缓慢，但渤中坳陷作为渤海湾盆地晚第三纪沉积沉降中心，局部仍存在面积较大的湖区。具体来看，渤中凹陷西南部馆陶组主要发育辫状河流相沉积，局部发育辫状三角洲沉积；而明化镇组时期以河流相沉积为主，在局部残留浅水湖盆，发育有河湖交互沉积，明下段岩性以河漫滩泥岩和河道细砂岩沉积为主，其中泥岩颜色以紫红色的水上沉积氧化色为主。

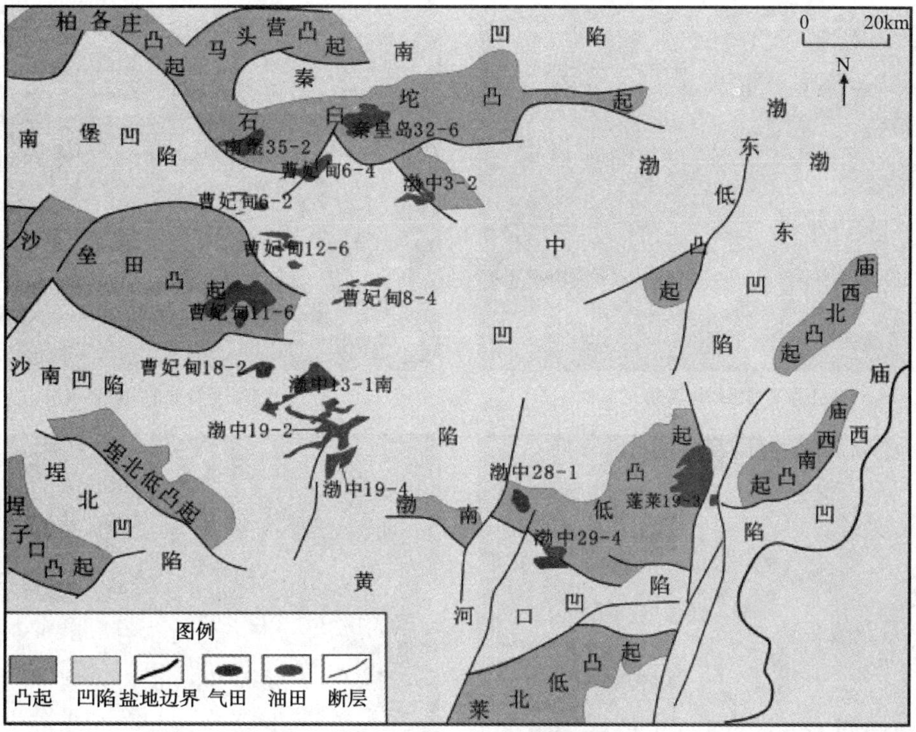

图 1　渤中 19-2 油田区域位置图

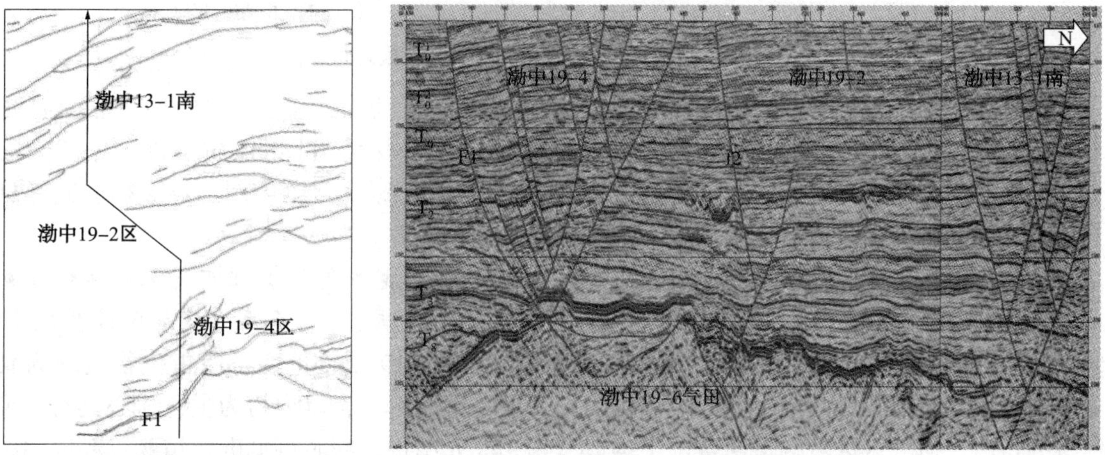

(a)研究区浅层断裂纲要图　(b)研究区地震剖面特征

图 2　渤中 19-2 油田深层构造特征及剖面

研究区主要目的层明下段按照油层对比关系从上到下可划分为 0、Ⅰ、Ⅱ、Ⅲ和Ⅳ共 5 个油层组。其中，明下段早期Ⅳ油组沉积时期气候干凉，GR 泥岩基线值偏高，处于低位体系域，可容纳空间较小，物源供给相对充分，河道砂体呈北东向展布，砂体垂向上可见河道叠置特征；Ⅲ油组沉积时期气候湿热，GR 值泥岩基值最低，处于湖扩张体系域，河道砂体呈北西向展布，砂体以孤立河道或决口扇为特征；Ⅱ～0 油组沉积时期气候转为干凉，GR 泥岩基线值由下部高低间逐渐变为上部高值，处于高位体系域，沉积基准面下降，物源供应充足，河流频繁迁移改造，发育叠置片状砂体(图 3)。

2　渤中 19-2 岩性油田关键成藏条件

结合已钻井分析，通过对油气运移路径和成藏过程进行研究，确定深浅层复式汇聚脊控制明下段岩性圈闭规模成藏，主要包含三大主要成藏要素，分别为深层浅层复式汇聚脊，脊断有效配置关系和大型切叠型岩性圈闭。

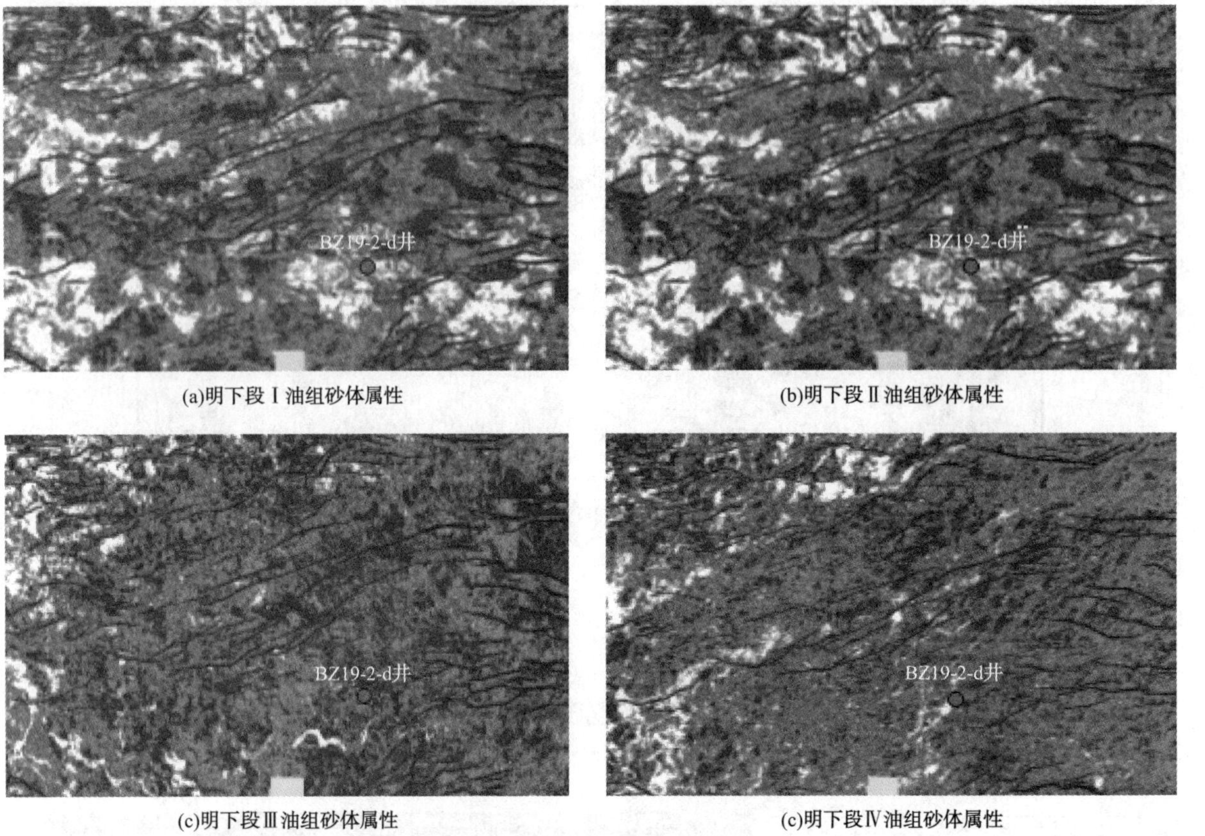

(a)明下段Ⅰ油组砂体属性　(b)明下段Ⅱ油组砂体属性

(c)明下段Ⅲ油组砂体属性　(c)明下段Ⅳ油组砂体属性

图3　渤中凹陷西南部明下段典型地震切片

2.1 创新提出基底走滑叠覆区岩浆喷发成脊模式，明确浅层有利勘探方向

结合浅层雁列化断裂，对基底走滑断裂进行刻画，渤中凹陷西南部发育有三条大型基底走滑断裂，走滑断裂转换带形成带间伸展薄弱面，控制玄武岩体束状喷发。渤中19-4油田北块位于大型走滑断裂转换带带间伸展薄弱面，馆陶组方差切片显示该区岩浆喷发活动最为强烈。在馆陶组馆陶组沉积前，研究区区域构造高点位于构造脊南侧；馆陶组沉积早期，岩浆喷发占位形成低缓披覆背斜，地层发生反转，构造高点向北迁移，位于构造脊北侧；新构造上新世(明上段沉积期)青藏高原大幅隆升，造成华北地区处于近北东东向水平挤压应力场中，产生一系列北东东向晚期断裂，晚期断层断距具有上大下小特点，其中f1断裂与构造脊形成良好的脊断配置关系(图4)。

火山喷发在渤中19-2构造南侧形成大型馆陶组构造脊，构造圈闭面积达$52km^2$，构造高点向北迁移约8km；油气运移模拟表明，火山喷发脊成为浅层区域油气汇聚中心，已钻井证实馆陶组构造圈闭范围内探井均具有较厚油气显示(图5)。岩浆喷发造成构造高点向北横向迁移，形成“双脊接力运移”地质条件，进而确定远离深层脊和深大断裂的渤中19-2构造同样具有油气运移条件。

2.2 创新建立气候主控河流沉积演化模式，湿润气候有利于形成稳定长河道型岩性圈闭

渤中19-2构造明下段古生物表现为藻类稀少、属种单一，以孢粉为主；岩心具有典型河流相二元结构，壁芯可见碳化植物；粒度曲线以跳跃和悬浮搬运为主，为典型河流沉积体系。不同于垦利10-2河湖交互体系沉积，渤中19-2构造能否发育规模型岩性圈闭是关键。

区域构造沉积表明，渤中西南洼发育有西北方向古滦河水系和西南方向古黄河水系，同时，重矿物资料表现为岩浆岩类和变质岩类不同物源特征，古水系为浅层规模砂体提供了物质基础；西南洼整体为河流平原沉积环境，局部发育有小型积水低洼沉积，有利于不同方向河道相互切割叠置，为切叠型河道砂体形成创造条件。古气候条件直接控制河流类型和砂体形态。明下段Ⅲ油组沉积期(距今6.0~8.5Ma)，由于亚洲季风增强事件，降水量明显增强，气候明显湿润，气候

变化具有以下几方面证据：泥岩颜色由绿灰色、红褐色相间转为以绿灰色为主，Ⅲ油组地层沼泽类和浅水藻类明显发育(图6)。

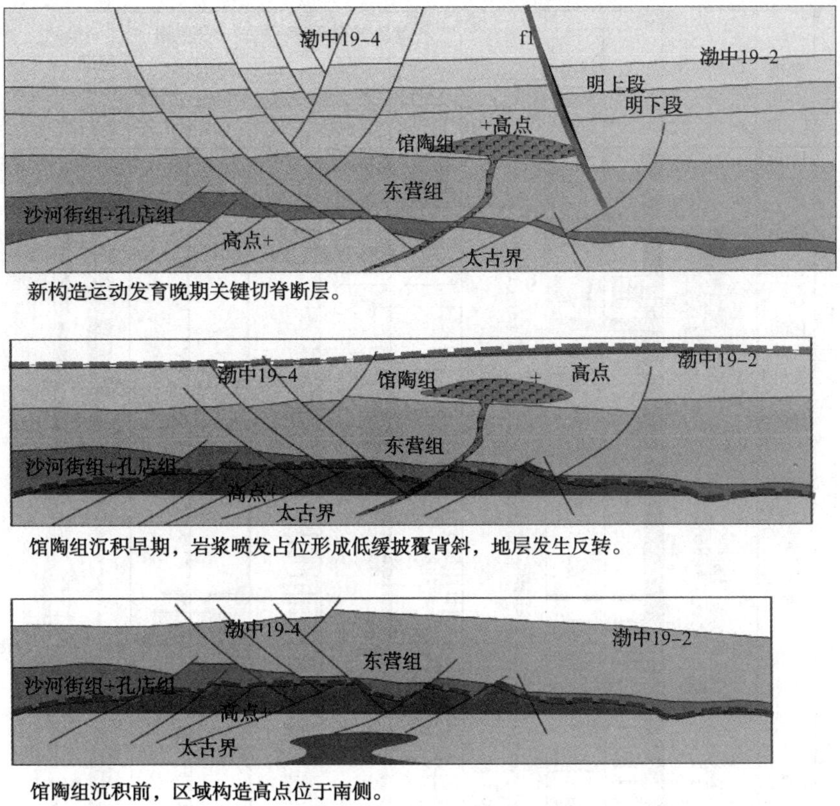

新构造运动发育晚期关键切脊断层。

馆陶组沉积早期，岩浆喷发占位形成低缓披覆背斜，地层发生反转。

馆陶组沉积前，区域构造高点位于南侧。

图4　渤中凹陷西南部构造脊演化图

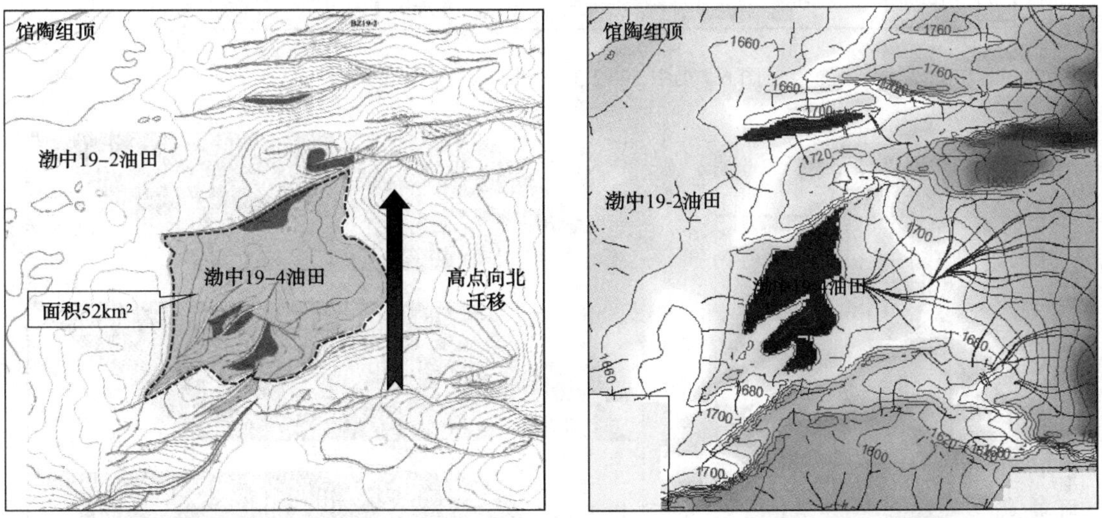

(a)馆陶组构造脊形态图　　(b)馆陶组油气运移模拟图

图5　渤中凹陷西南部馆陶组构造脊形态和控藏模式图

明下段Ⅲ～Ⅳ油组沉积时期，气候湿润，可容纳空间大，河床相对稳定，发育受限型河流，砂体形态表现为河道型砂体；明下段Ⅰ～Ⅱ油组沉积时期，气候干旱，可容纳空间小，河床不稳定，发育游荡型河流，砂体形态表现为片状砂体(图7)。河道砂体和片状砂体成藏特征具有明显的差异性，其中，河道砂体内部结构稳定，连通性好，表现为“一砂一藏”特点；而片状砂体由迁移河叠置而成，废弃河道发育，连通性差，表现为”一砂多藏“特点。另外，明下段Ⅲ油组顶部发育有稳定的泥岩盖层，其下部砂体油柱高度明显高于上部油柱高度，稳定泥岩盖层下部砂体油柱高度介于23~72m，稳定泥岩盖层上部砂体油柱高度介于12~31m。

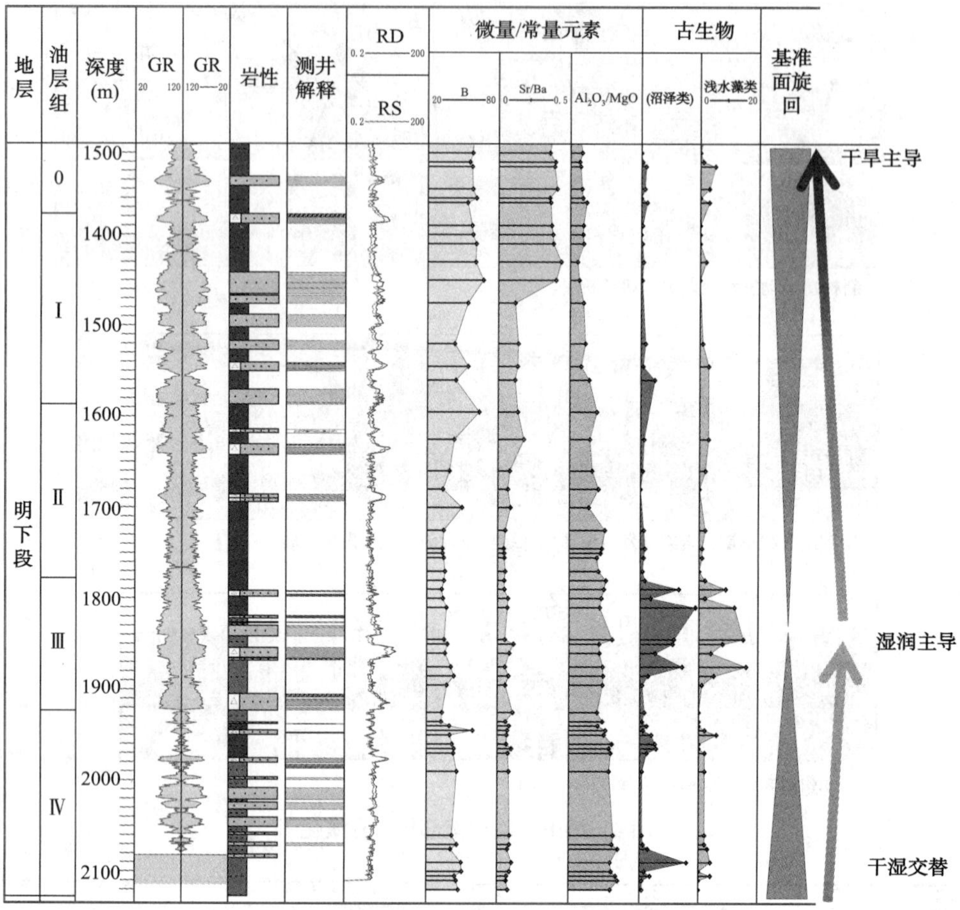

图6 渤中19-2油田明下段气候演化图

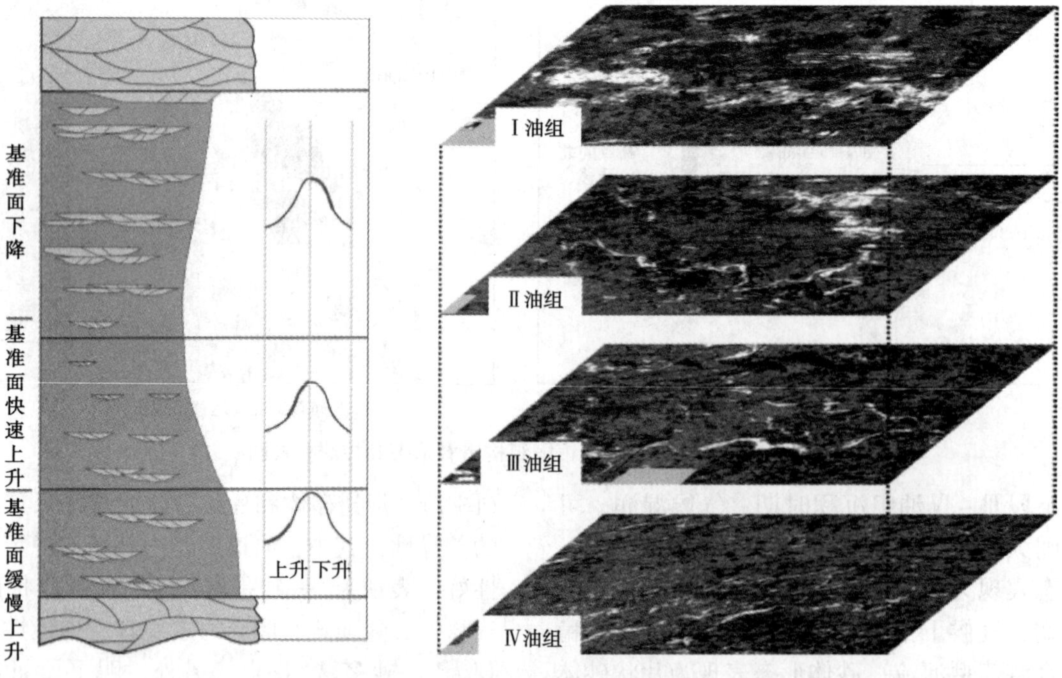

图7 渤中19-2油田明下段砂体沉积演化模式

综上，渤中凹陷西南部具备双水系供给背景，局部发育小型积水洼地有利于河道切割叠置；基准面快速上升可形成稳定且连通性好的长河道砂体，其中，明下段Ⅲ油组2号砂体河道砂体长达45km，砂体面积达144km^2，河流相同样可形成大型岩性圈闭(图8)。

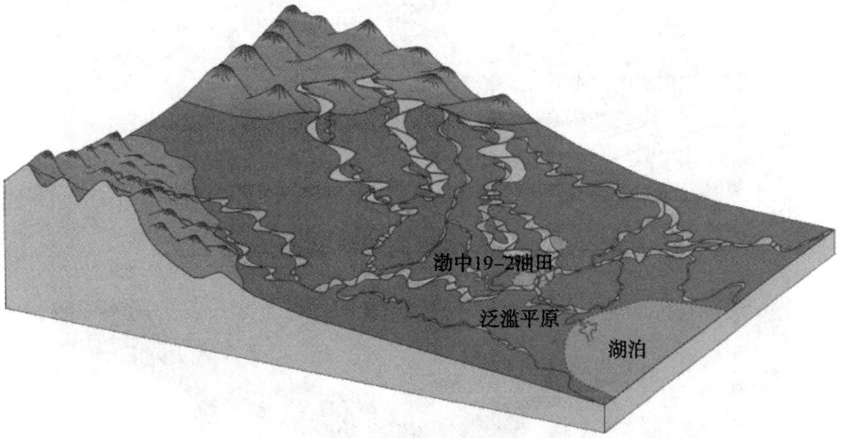

图8 渤中19-2油田明下段Ⅲ油组河流相砂体沉积模式图

2.3 创新建立"双脊联控-断脊强运-分级充注"油气成藏规律，明确洼陷带浅层油气富集部位

渤中西南洼发育深浅复式构造脊，其中，深层潜山脊控制油气汇聚方向和规模，是浅层规模成藏前提，生标特征显示深层脊对西南次洼和南洼油气具有明显汇聚作用；馆陶组是浅层油气优先充注层和疏导层，作为明下段油气运移"中转站"，物理模拟实验表明油气幕式充注条件下，油气优先向馆陶组充注运移，另外，馆陶组整体富砂(砂岩含量53%～64%)，储层横向分布稳定，普遍见油气显示，是区域疏导层。脊断配置关系直接油气充注效率，切脊核部断裂油气运移能力明显高于切脊翼部断裂，统计结果表明，烃柱高度与断砂接触面积不成正相关关系，与脊砂横向距离具有明显负相关关系，断砂接触部位距构造脊核部越近，油气垂向运移能力越强，砂体油柱高度越大(图9)。渤中19-2油田明下段油气成藏表现为分级充注成藏的特点，与切脊断层直接接触的北西向河道优先充注，与其叠置的北东向河道次级充注，钻探证实，北西向河道油气充注能力强，饱和烃色谱二次充注明显，油品性质好，油柱高度大。

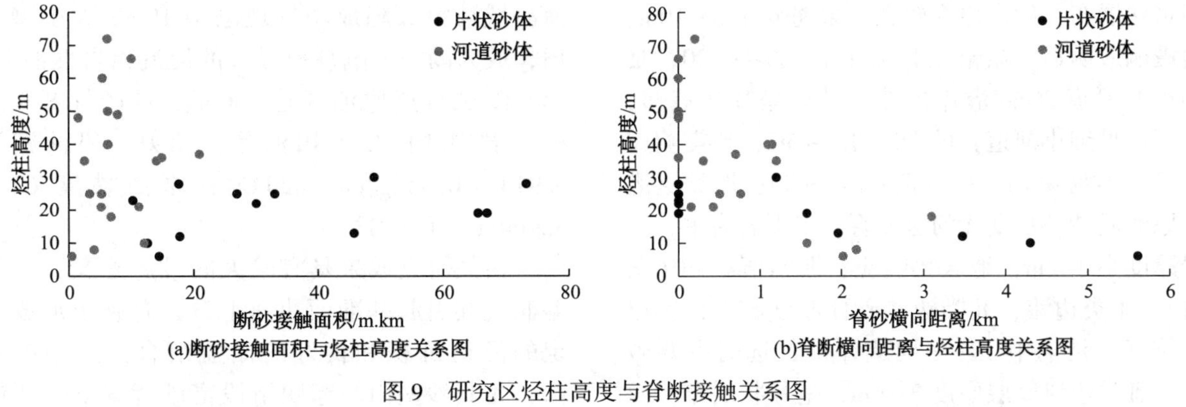

图9 研究区烃柱高度与脊断接触关系图

基于以上分析，创新建立"双脊联控-断脊强运-分级充注"油气成藏模式，渤中19-6潜山汇聚脊汇聚油气通过通源断裂运移至渤中19-4馆陶组分配脊，再由馆陶组通过切脊断层疏导至明下段砂体；脊断配置关系影响油气充注效率，切脊核部断裂油气运移能力明显高于切脊翼部断裂；明下段发育有多期切叠型河道砂体，与切脊断层接触的河道砂体较叠置河道砂体优先充注，油气运移表现为分级充注和接力运移特点(图10)。在成藏模式指导下，明确洼陷带浅层

油气富集部位，在远离断裂的斜坡区成功发现了渤中 19-2 大中型河流相岩性油田。

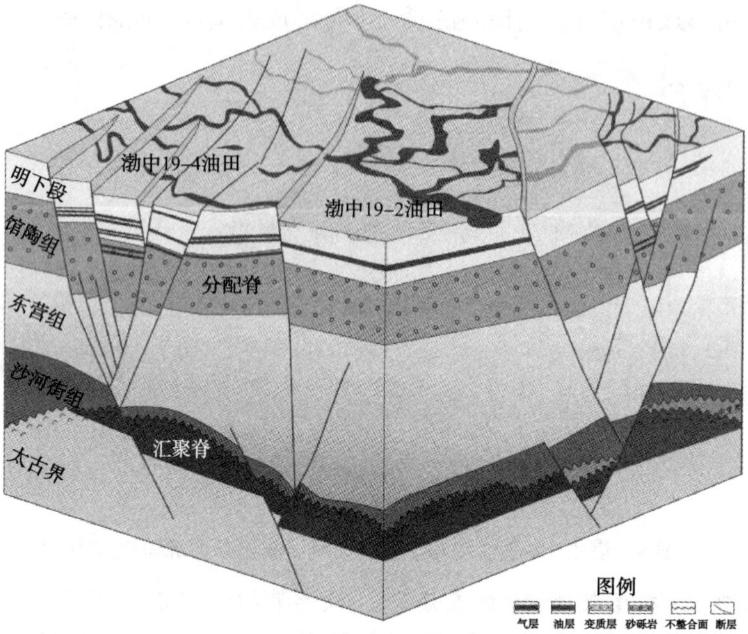

图 10　渤中凹陷洼陷带油气成藏模式图

3　分类标准与关键技术

3.1　创新建立地质模式指导下复杂河流相砂体分类标准

基于 42 口井单井岩性组合、沉积微相和地震属性统计，将渤中 19-2 构造明下段Ⅲ油组砂岩划分为四类，Ⅰ类主干河道边滩砂体，砂体呈条带状展布，砂岩厚度大，普遍介于 10～15m，地震响应明显，振幅值普遍介于-80～-210，地震上容易识别；Ⅱ类次级河道边滩砂体，砂体呈条带状展布，砂岩厚度较大，普遍介于 5～10m，地震响应明显，振幅值普遍介于-80～-120；Ⅲ类小型河道边滩/溢岸砂体，砂体呈片状展布，局部可见细小河道，砂岩厚度 3～6m，地震响应较差，不易识别，振幅值-40～-80；Ⅳ类泛滥平原河漫砂，长期无河流发育，以泥岩为主，砂岩厚度小于 2m，地震无响应，振幅值<-40(图 11)。Ⅰ类边滩、Ⅱ类边滩砂体厚度较大，连通性较好，是渤中 19-2 构造评价首选的主要砂体；Ⅲ类边滩储层厚度 3～6m，呈片状展布，面积相对较大，可作为后续储量拓展区；Ⅳ类泛滥平原河漫砂，地震无响应，不作为勘探目标。

3.2　创新建立地质地震联合驱动的复合砂体连通性判别技术

基于河流相沉积地质模式，构建弯曲系数、叠置比例和接触关系等砂体连通性参数。河道弯曲程度越大，边滩砂体越厚越宽，连通性越好。叠置比例反映砂体接触的紧密程度，叠置比例>0.29 且数值越大，连通性越强。通过机器学习算法将不同连通性判别方法进行融合表征，并自主编程建立砂体连通性综合评价系统，实现砂体连通性定量评价(图 12)。

4　勘探成效与油藏特征

在新的地质理论认识和技术的支撑下，在渤海海域渤中凹陷成功发现渤中 19-2 大中型油田，成为渤中凹陷规模最大的河流相岩性油藏，单井测试日产原油高达 330m^3、日产气 8.9 万 m^3。渤中 19-2 油田油品性质好，原油密度 0.914～0.957g/cm^3(20℃)，原油黏度 62～529mPa·s(50℃)。

相关研究成果具有较大的推广意义，一是湿润气候引起基准面快速上升，有利于形成稳定的河道沉积和良好的储盖组合，是渤海西部、尤其沙垒田凸起明下段富砂背景下重要的目的层系。二是渤中凹陷馆陶组是重要的勘探层系，累计探明油当量近 10 亿 t，“洼陷带馆陶组构造脊控藏模式”对明下段进一步挖潜具有一定的借鉴意义，拓展浅层明下段大面积岩性勘探空间。

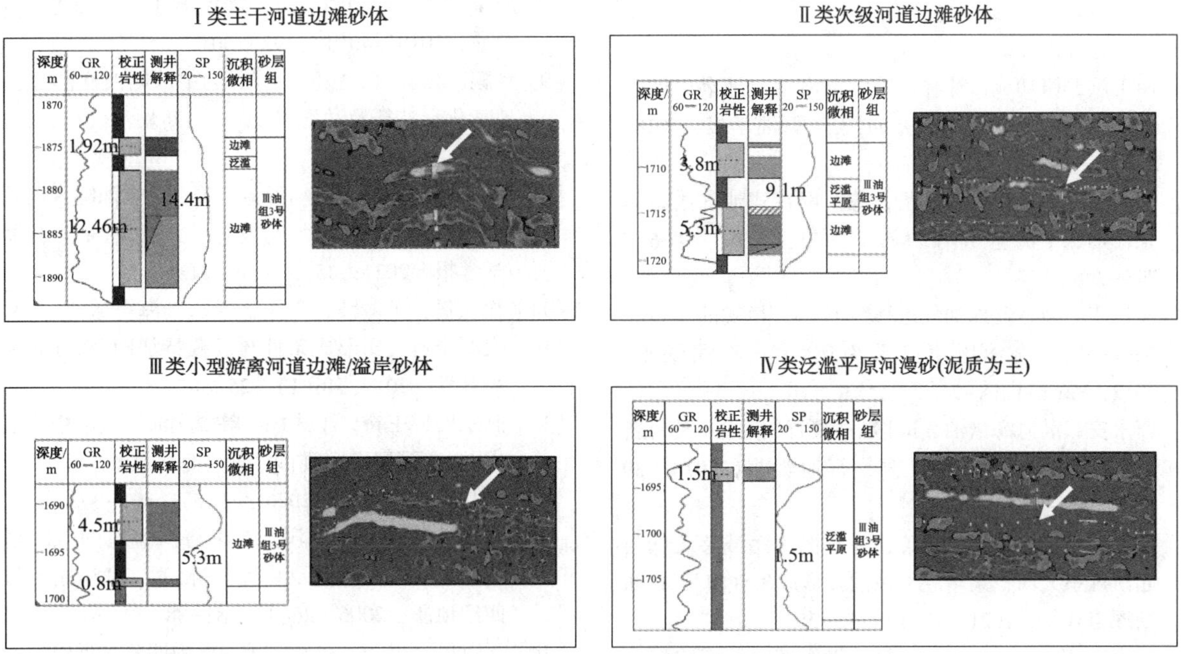

图 11　地质模式指导下复杂河流相砂体分类标准

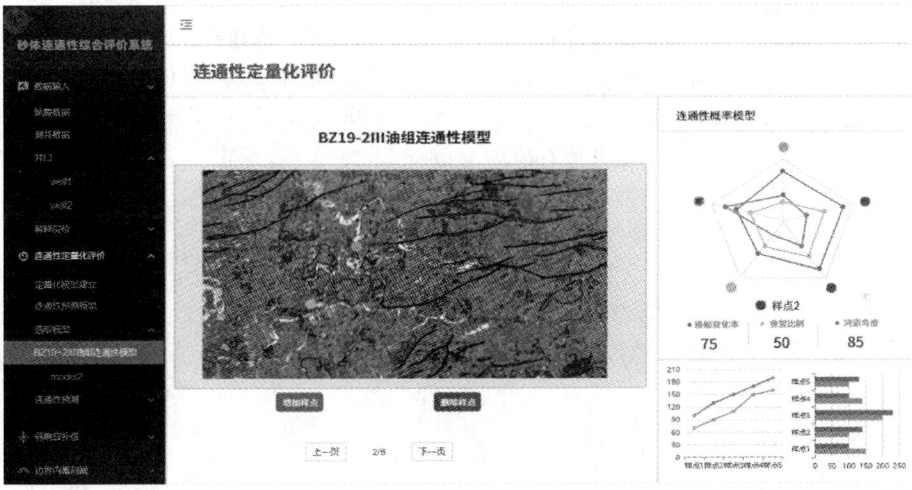

图 12　砂体连通性综合评价系统

5　结论与认识

(1) 提出基底走滑叠覆区岩浆喷发成脊模式，岩浆喷发造成馆陶组构造高点向北横向迁移，形成“双脊接力运移”地质条件，确定远离深层脊和深大断裂的渤中 19-2 构造同样具有油气运移条件。

(2) 建立气候主控河流沉积演化模式，渤中凹陷西南部具备双水系供给背景，局部发育小型积水洼地有利于河道切割叠置，基准面快速上升可形成稳定且连通性好的长河道砂体，河道砂体长达 45km，砂体面积达 144km^2，河流相同样可形成大型岩性圈闭。

(3) 建立“双脊联控-断脊强运-分级充注”油气成藏模式。渤中 19-6 潜山汇聚脊汇聚油气通过通源断裂运移至渤中 19-4 馆陶组分配脊，再由馆陶组通过切脊断层疏导至明下段砂体；脊断配置关系影响油气充注效率，切脊核部断裂油气运移能力明显高于切脊翼部断裂；明下段发育有多期切叠型河道砂体，与切脊断层接触的河道砂体较叠置河道砂体优先充注，油气运移表现为分级充注和接力运移特点。

(4) 建立地质模式指导下复杂河流相砂体分类标准与地质地震联合驱动的复合砂体连通性判别技术，实现了复杂岩性圈闭精细的刻画，提升了岩性油气藏的勘探成功率。

参 考 文 献

[1] 谢玉洪，张功成，沈朴，等．渤海湾盆地渤中凹陷大气田形成条件与勘探方向[J]．石油学报，2018，39(11)：1199-1210.

[2] 张善文，王永诗，彭传圣，等．网毯式油气成藏体系在勘探中的应用[J]．石油学报，2008，29(6)：791-796.

[3] 邓运华．裂谷盆地油气运移“中转站”模式的实践效果——以渤海油区第三系为例[J]．石油学报，2012，32(1)：18-24.

[4] 薛永安．渤海海域油气运移“汇聚脊”模式及其对新近系油气成藏的控制[J]．石油学报，2018，39(9)：963-970.

[5] 徐长贵，杨海风，王德英，等．渤海海域莱北低凸起新近系大面积高丰度岩性油藏形成条件[J]．石油勘探与开发，2021，48(1)：12-25.

[6] 薛永安，杨海风，王航，等．渤海莱州湾凹陷深洼带垦利10-2新近系大型油田发现与意义[J]．中国海上油气，2022，34(1)：17-26.

[7] 周心怀，王德英，于海波，等．环渤中地区浅层大规模岩性油藏的成藏主控因素与成藏模式[J]．石油勘探与开发，2022，49(4)：660-669.

[8] 钟锴，朱伟林，薛永安，等．渤海海域盆地石油地质条件与大中型油气田分布特征[J]．石油与天然气地质，2019，40(1)：92-100.

[9] 郝鹏，臧春燕，王波，等．渤中凹陷西次洼烃源岩地球化学特征及油源对比[J]．断块油气田，2019，26(6)：681-686.

[10] 耿名扬，陈少平，刘丽芳，等．渤中凹陷古近系优质烃源岩沉积古环境与发育模式[J]．东北石油大学学报，2021，45(3)：10-21.

[11] 徐长贵，于海波，王军，等．渤海海域渤中19-6大型凝析气田形成条件与成藏特征[J]．石油勘探与开发，2019，46(1)：25-38.

[12] 薛永安，王奇，牛成民，等．渤海海域渤中凹陷渤中19-6深层潜山凝析气藏的充注成藏过程[J]．石油与天然气地质，2020，41(5)：891-902.

[13] 吴磊，徐怀民，季汉成，渤海湾盆地渤中凹陷古近系沉积体系演化及物源分析[J]．海洋地质与第四纪地质，2006，26(1)：81-88.

[14] 王冠民，付尧，张健，等．渤中凹陷古近纪控盆断裂的活动速率与沉积响应[J]．海洋地质与第四纪地质，2016，36(4)：85-92.

[15] 赖维成，程建春，周心怀，等．湖盆萎缩期准平原沉积层序划分与砂体特征研究[J]．中国海上油气，2009，21(3)：157-161.

四川盆地西部地区二叠系火山岩喷发古地理环境及油气勘探意义

苏成鹏[1,2]　宋晓波[1]　孟宪武[1]　李素华[1]　王海军[1]　胡　昊[1]　赵姗姗[1]

（1. 中国石油化工股份有限公司西南油气分公司勘探开发研究院；
2. 中国石油化工股份有限公司西南油气分公司地质中心实验室）

摘　要　火山岩作为一种重要的油气储层，越来越受到国内外学者的关注与重视。其中，火山喷发沉积期的古地理环境是控制火山岩油气储层发育的关键因素之一。而川西地区二叠纪火山碎屑岩作为四川盆地一个全新的勘探领域，勘探前景良好，但其喷发古地理环境等方面认识不清，有待进一步深入研究。本次研究重点对火山喷发古地理环境进行了识别。研究结果表明：川西地区二叠系火山岩既存在海相喷发，又存在陆相喷发。根据不同特征火山岩纵向发育位置、钻井对比和地震资料等分析，结合区域沉积背景，认为海相喷发环境为早期(茅口期)，陆相喷发环境为晚期(龙潭期)。钻井上，只发育龙潭期火山岩的，其下伏茅口组地层保存较全，通常发育茅四段。发育茅口期火山岩的，其下伏地层为茅二段，且茅二段上覆火山岩为碳酸盐岩与火山源物质混积的熔积岩。地震上，茅口期火山喷发表现为火山岩与海相碳酸盐岩的同时异相地质体，龙潭期火山喷发的火山岩与茅口组灰岩界限清晰，不存在同时异相特征。此外，茅口期海相喷发，火山岩横向延伸较近，很快相变为茅口组海相碳酸盐岩沉积；相比之下，龙潭期陆相喷发，由于暴露地表，缺少水下的横向阻力，因而影响范围较广，火山岩横向延伸较远。进一步利用“厚度+属性分析+手工解释”，明确了研究区茅口期爆发相火山岩主要发育在广汉-新都及Y1井一带；龙潭期溢流相火山岩主要发育在研究区中东部，呈大面积展布。不同时期火山岩平面展布特征的刻画，对川西地区二叠系油气勘探在地层(火山岩等时地层格架建立)、沉积(茅口组晚期沉积相厘定)、储层(火山岩储层差异对比和预测)方面具有重要意义。

关键词　川西坳陷；二叠纪火山岩；喷发环境；古地理演化；油气勘探

Paleogeographic environment of Permian volcanic eruption and its significance for oil and gas exploration in western Sichuan Basin

Su Chengpeng[1,2]　Song Xiaobo[1]　Meng Xianwu[1]　Li Rong[1]　Li Suhua[1]
Wang Haijun[1]　Hu Hao[1]

(1. Research Institute of Exploration and Development, Southwest Branch Company, SINOPEC;
2. Geological Center Laboratory, Southwest Branch Company, SINOPEC)

Abstract　As an important oil and gas reservoir, volcanic rocks have been paid more and more attention by scholars at home and abroad. The paleogeographic environment of volcanic eruption sedimentary period is one of the key factors controlling the development of volcanic oil and gas reservoir. The Permian pyroclastic rocks in western Sichuan Basin are a new exploration field with good exploration prospects, but their eruptive paleogeographic environment is unclear and needs further study. This study focuses on the identification of volcanic paleogeographic environment. The results show that there are both marine and terrestrial eruptions in Permian volcanics in western

Sichuan Basin. According to the analysis of longitudinal development positions of volcanics with different characteristics, drilling correlation and seismic data, combined with the regional sedimentary background, it is considered that the marine eruption environment is early (Maokou Stage), and the continental eruption environment is late (Longtan Stage). On drilling, only Longtan Stage volcanics are developed, and the underlying Maokou Formation is well preserved, usually developing the fourth member of Maokou Formation. The volcanics of Maokou Stage are formed, and the volcanics overlying the second member of Maokou Formation are meluvitic rocks mixed with carbonate rocks and volcanic source materials. Seismically, the volcanic eruption of Maokou Stage shows that volcanics and marine carbonate rocks are simultaneously out-of-phase geological bodies, while the volcanics of Longtan Stage are clearly demarcated with Maokou Formation limestone. In addition, the marine eruption of Maokou Stage resulted in the lateral extension of volcanics, which soon changed into marine carbonate deposits of Maokou Formation. In contrast, the Longtan Stage continental eruption, due to the exposure of the surface, the lack of underwater lateral resistance, so the influence range is wider, and the volcanics extend far. Further using "thickness + attribute analysis + manual interpretation", it is clear that the volcanics of Maokou Stage are mainly developed in Guanghan-Xindu and Y1 well. The Longtan Stage effusive volcanic rocks are mainly developed in the central and eastern part of the study area. The characterization of the planar distribution of volcanics in different periods is of great significance to Permian oil and gas exploration in the western Sichuan Basin in terms of strata, sediments and reservoirs.

Key wordst Western Depression of Sichuan Basin; Permian volcanics; volcanic eruption environment; paleogeographic evolution; oil-gas exploration

火山岩作为一种重要的油气储层，越来越受到国内外学者的关注与重视，全球 20 多个国家近 300 个盆地内的火山岩中获得了可观的油气储量或良好的油气显示(黄亮等，2009；王锦文等，2021；单玄龙，2023；等王敏等，2024；徐长贵等，2024)。四川盆地火山岩勘探始于上世纪 90 年代，在盆地西南部周公山地区发现了峨眉山火山岩气藏，此后经过多轮次钻探，未取得进一步突破，预示峨眉山火山岩成藏条件复杂。直至 2017 年，在川西地区钻遇厚大、爆发相火山碎屑岩储层，重新拉开火山岩勘探序幕，多口井钻获工业气流，证实四川盆地火山岩分布范围广，具有良好的勘探潜力(马新华等，2019；罗冰等，2019；汤晶等，2023；郑虹等，2023)。

通过大量实践与研究表明，火山喷发沉积期的古地理环境是控制火山岩油气储层发育的关键因素之一(伍宏美等，2022；唐华风等，2023；黄金富等，2023；王剑等，2023；孙小萍等，2024)。而四川盆地二叠系火山岩作为四川盆地一个全新的勘探领域，勘探前景良好，但其喷发方式、岩相分布规律、喷发古地理环境等方面认识不清(熊绍云等，2022；刘飞龙等，2023；周克明等，2023)，尤其是缺乏一种有效的超深层火山岩喷发古地理环境的判识方法，导致无法对火山岩储层时空分布规律进行预测，进而制约了火山岩气藏的勘探评价部署进程。因此，很有必要厘清火山岩喷发古地理环境，为进一步火山岩储层分布规律预测奠定基础。

熊绍云等(2024)通过大量露头和钻井剖面资料，对川西南二叠系火山岩海相喷发典型标志(主要包括枕状玄武岩、熔积岩、海相灰岩透镜体或夹层、磷块岩、$TiO_2-K_2O-P_2O_5$判别图解等 5 个方面)和陆相喷发典型标志(主要包括岩性及结构构造、产状和氧化系数等 3 个方面)进行识别，认为川西南地区二叠系火山岩存在海相和陆相两种喷发环境。本次研究重点针对川西坳陷中段的地腹区，通过钻井和地震资料对研究区二叠系火山岩喷发古地理环境进行识别，并探讨其油气勘探意义。

1　区域地质背景

峨眉山大火成岩省(ELIP)位于上扬子克拉通，其东西宽超过 900 公里，南北长超过 1000km，覆盖面积接近 70 万 km^2，总体积超过 $50\times10^4km^3$(林建英，1985；侯增谦等，1996；李宏博等，2015)。四川盆地二叠纪火山岩属于滇黔岩带(熊绍云等，2024)，主要分布在川西南地区，其次为川东达州—梁平地区，川中和华蓥山地区局部发育(图 1A)。川西南地区火山岩分布面积约 4.38 万 km^2，具有西南厚，向北东逐渐减薄的特征，本次研究区位于四川盆地西部地区大邑-安县之间，属龙门山中段(图 1A)。

研究区海、陆相地层发育齐全，沉积厚度超

万米，特别是三叠纪晚期及以后，受多期构造活动挤压作用影响，在研究区形成了四周高、中部低的坳陷，陆相地层厚度超 5000m(宋晓波等，2011)。海相地层二叠系自下而上主要发育中统梁山组、栖霞组及茅口组，上统峨眉山玄武岩组、龙潭组及长兴组，下统在研究区不发育(图 1B)，其中峨眉山玄武岩组的火山岩则是本次的研究对象。

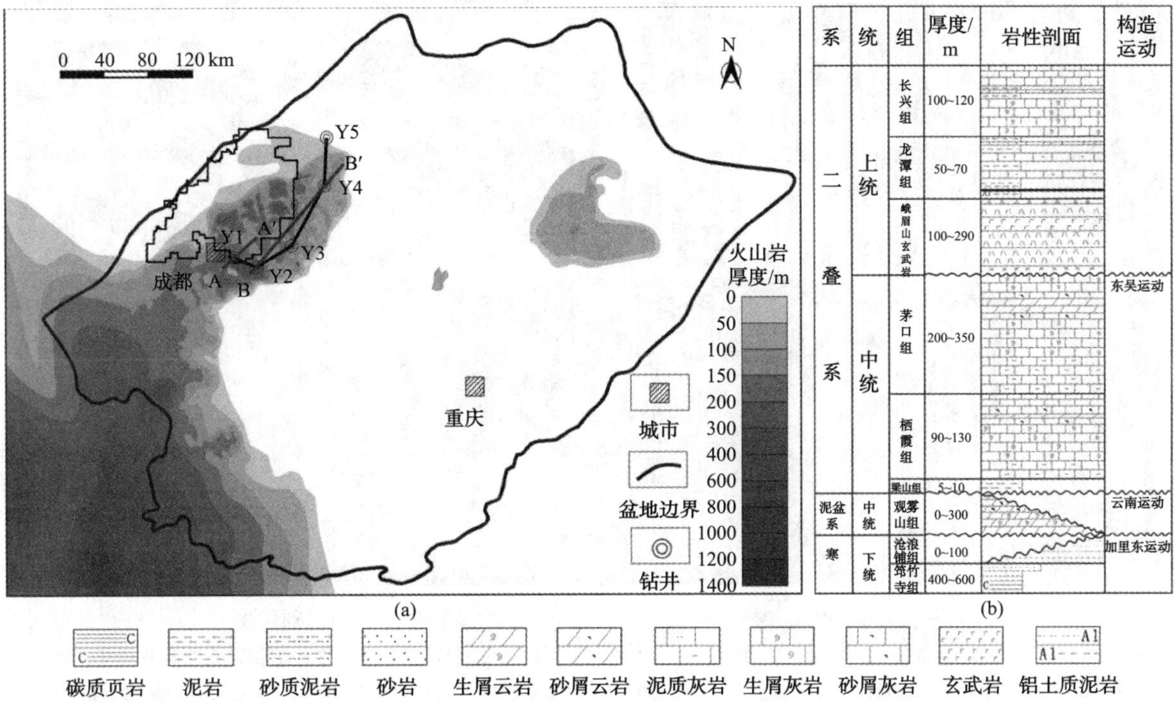

图 1　四川盆地及周缘二叠系火山岩厚度平面分布图(A)及川西二叠系地层发育特征(B)

2　喷发古地理环境识别

由于研究区火山岩位于埋藏超深的地腹区，所以一些露头剖面常见的用于判识火山岩喷发古地理环境的识别标志将无法使用，如海相喷发形成的枕状玄武岩(李兆鼐，1983)、陆相喷发形成的柱状节理(王连根，1984；张艳等，2007)、以及产状(陆上喷发的火山岩常发育风化壳，与下伏地层多为不整合接触，王岚等，2010)等。本次研究主要通过岩心、岩屑和成像测井资料对研究区火山岩喷发古地理环境进行了识别。研究结果表明：川西地区二叠系火山岩既存在海相喷发，又存在陆相喷发。

2.1　海相喷发典型标志

研究区海相喷发典型标志主要包括熔积岩、海相灰岩透镜体或夹层两种(图 2)。

熔积岩：未固结的沉积物(宿主沉积物)与流动的岩浆混合形成，宿主沉积物可指示沉积环境(Busby - Spera et al.，1987；Skilling et al.，2002)。研究区 Y1 井和 Y2 井火山岩下部发育熔积岩，宿主沉积物为碳酸盐岩角砾，灰岩角砾在成像测井上高亮，高电阻；周围基质火山岩在成像测井上较暗，低电阻(图 2A、图 2B)。镜下薄片可见宿主沉积物主要为亮晶生屑砂屑灰岩、云质灰岩、含砂屑泥晶灰岩等海相沉积物(图 2C ~ 图 2F)。

海相灰岩透镜体或夹层：不同沉积环境的沉积物与火山岩互层或以夹层出现可以作为火山喷发环境识别的标志(熊绍云等，2024)。海相灰岩透镜体或夹层是海相喷发的典型标志(黄开年，1984)。研究区 Y1 井下部发育海相灰岩透镜体或夹层，其在成像测井上亮色条带明显(图 2G)，取心证实其为海相灰岩(图 2H)。

2.2　陆相喷发典型标志

研究区陆相喷发典型标志主要体现在熔岩和熔结凝灰岩(火山碎屑岩)这两种岩性上(图 3)。研究区 Y1 井火山岩上部发育玄武质凝灰角砾熔岩，溶蚀孔洞发育，见沥青和方解石半充填(图 3A ~ 图 3C)。研究区 Y2 井火山岩上部发育熔结凝灰岩，可见玻屑和塑性浆屑定向排列呈假流纹构造(图 3D ~ F)。熔结凝灰岩是陆上喷发典型标志(Cas and Wright，1987)，成因为陆地中酸性火山强烈爆发后，浮岩流堆积形成。

图 2　川西地区二叠系峨眉山玄武岩组火山岩海相喷发典型识别标志

(A) Y1 井熔积岩成像测井特征，可见亮色的碳酸盐岩角砾，分选较差，磨圆较好；(B) Y2 井熔积岩成像测井特征，可见亮色的碳酸盐岩角砾，分选较差，磨圆较好；(C) Y1 井熔积岩中碳酸盐岩角砾镜下特征，亮晶生屑砂屑灰岩，6549m；(D) Y1 井熔积岩中碳酸盐岩角砾镜下特征，云质灰岩，6573m；(E) Y2 井熔积岩中碳酸盐岩角砾镜下特征，含砂屑泥晶灰岩，可见有孔虫，5728m；(F) Y2 井含凝灰角砾熔积岩，5732mm；(G) Y1 井火山岩中海相灰岩透镜体或夹层成像测井特征，6486~6487m；(H) Y1 井火山岩中海相灰岩透镜体或夹层岩心特征，6486~6487m

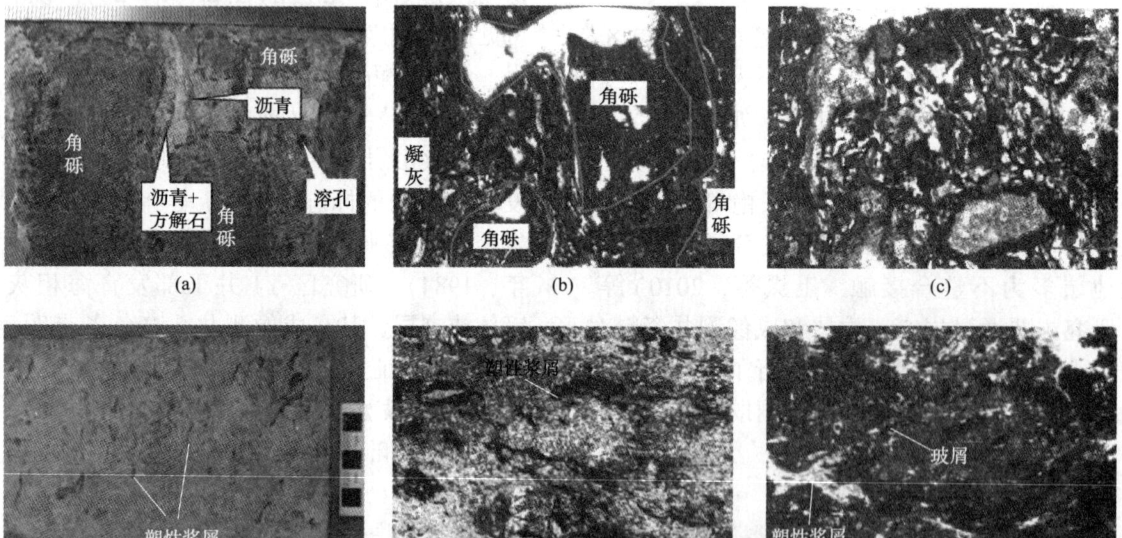

图 3　川西地区二叠系峨眉山玄武岩组火山岩陆相喷发典型识别标志

(A) Y1 井玄武质凝灰角砾熔岩岩心特征，溶蚀孔洞发育，见沥青和方解石半充填，6421. 3m；(B) Y1 井玄武质凝灰角砾熔岩镜下特征，6421. 3m；(C) Y1 井玄武质浆屑熔岩，原生且未遭破坏的独立孔隙面孔率约 10%，6414. 83m；(D) Y2 井熔结凝灰岩岩心特征，可见塑性浆屑，5646. 87m；(E) Y2 井熔结凝灰岩镜下特征，可见塑性浆屑，5646. 87m；(F) Y2 井熔结凝灰岩镜下特征，可见塑性浆屑和玻屑，5646. 87m (D~F 据熊绍云等，2024)

2.3 火山喷发古地理演化

通过上述火山岩海、陆相喷发典型标志的识别(图2、图3)，结合其纵向发育位置，可以看出海相喷发环境为早期，陆相喷发环境为晚期。进一步结合茅口期整个上扬子地区为海相沉积，茅口末东吴运动使四川盆地整体抬升为陆相，龙潭期由川西南往川东北依次为陆相、海陆过渡相和海相沉积的区域构造演化背景，认为川西地区二叠系的火山岩早期海相喷发为茅口期，晚期陆相喷发为龙潭期。

此外，根据研究区Y1井与Y2井的岩性-测录井数据关系(图4)可以看出，二者纵向上的岩性岩相分布具有较大差异。Y1井具有明显的3期次的爆发-溢流旋回，而Y2井只有明显的2期次爆发-溢流旋回，且底部的第1期次未见明显的爆发相，说明Y1井与Y2井受控于不同的火山机构。进一步元素分析发现，Y1井第1期和第2期的爆发相具有较高的Ca元素含量，岩性扫描方解石含量一般大于20%(图4)，为海相喷发的碳酸盐岩熔积岩，且局部可见灰岩夹层和透镜体(图2)。相比之下，Y1井第3期爆发相则基本不含Ca元素，岩性扫描方解石含量一般小于5%(图4)，成像测井上也无灰岩夹层和透镜体，为陆相喷发的角砾熔岩。Y2井虽然旋回对比具有差异性，但其第2期的爆发相同样具有底部为富Ca的海相喷发，表现为碳酸盐岩熔积岩；顶部为贫Ca的陆相喷发，表现为角砾熔岩(图4)。因此，Y1井与Y2井喷发环境由早期海相转变为晚期陆相具有一致性。其中，早期富碳酸盐岩的海相喷发，横向相变为茅口组的碳酸盐岩沉积；晚期贫碳酸盐岩的陆相喷发，横向相变为龙潭组的滨岸沼泽沉积。

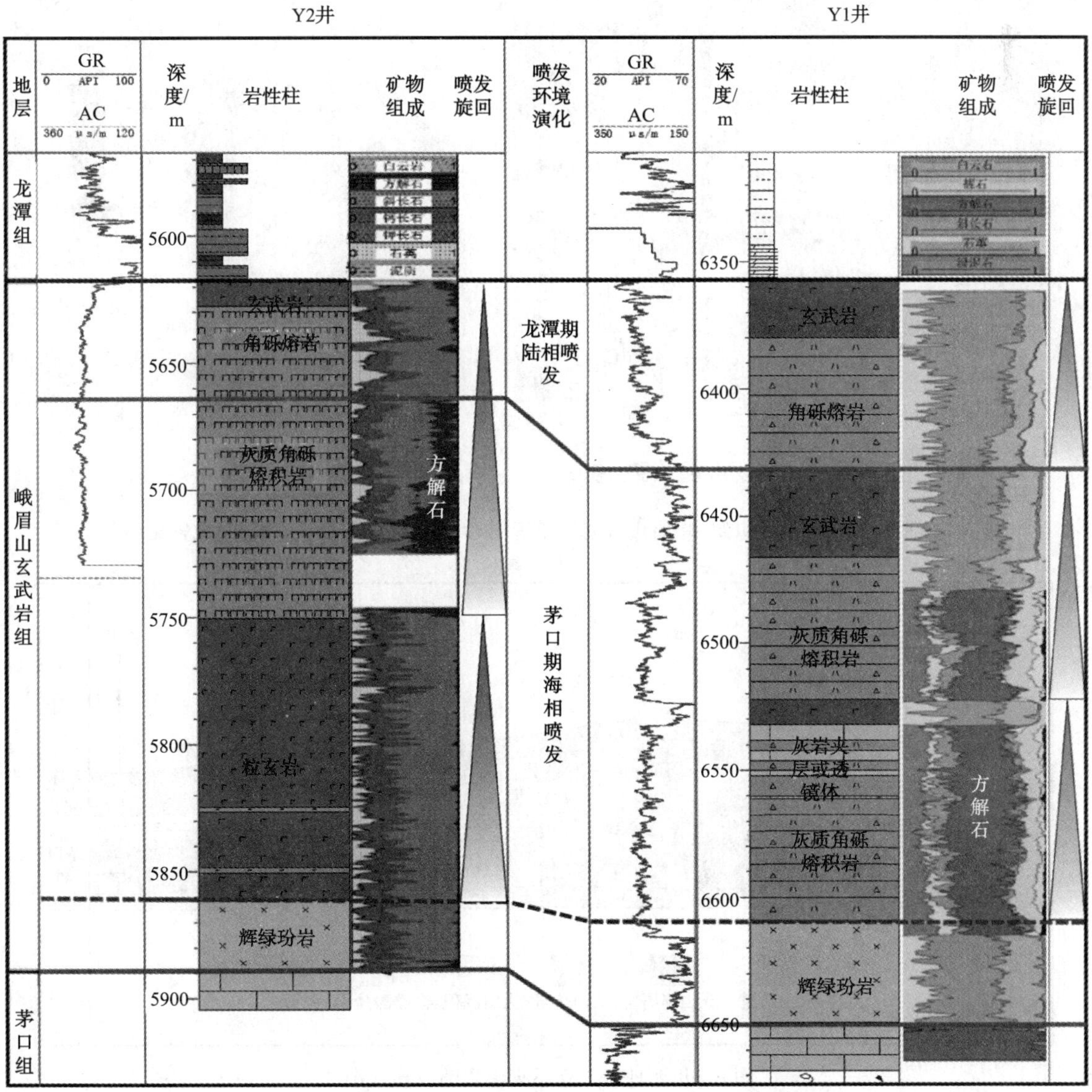

图4　川西地区二叠系火山岩喷发古地理环境纵向演化特征

3　喷发古地理环境井震判识方法

有了上述认识之后，为了能更快捷、准确的判识研究区火山岩喷发古地理环境，本次研究通过茅口组-峨眉山玄武岩组等时地层剖面连井对比，总结了钻井识别方法，建立了火山岩喷发模式，对不同喷发古地理环境火山岩的地震响应特征进行了标定和正演，进而总结了川西地区二叠系峨眉山玄武岩组岩性、岩相及对应地震剖面特征的模板，从而完成研究区不同喷发古地理环境火山岩的地震识别及平面展布的刻画。

3.1　钻井识别

基于研究区钻井和区域地质背景，建立区域连井剖面，根据岩性-测录井数据关系，总结层序界面在岩心和测录井数据上的发育特征及识别标志，进一步结合层序界面的识别标志，确定层序地层等时界面，对层序进行横向对比分析，明确层序地层在横向上的展布规律(图 5)，进而构建地层横向变化地质模式(图 6)。

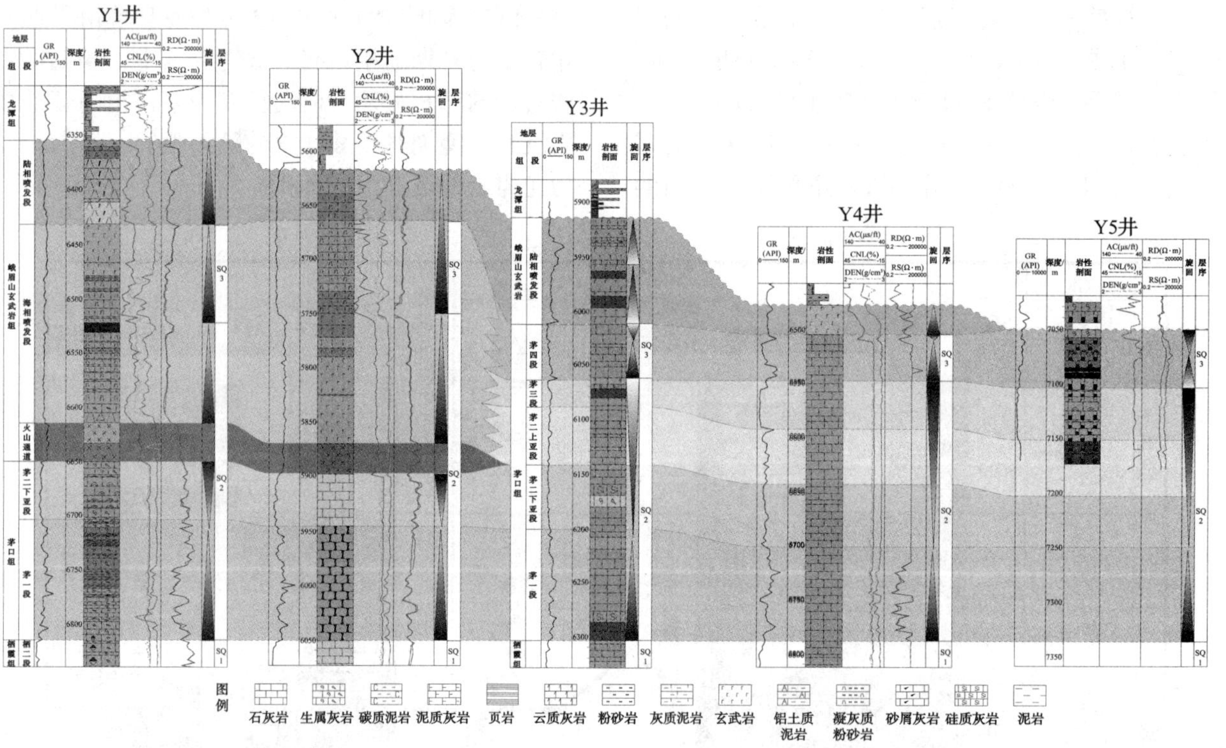

图 5　川西地区二叠系茅口组-峨眉山玄武岩组等时地层对比剖面图(连井剖面位置见图 1)

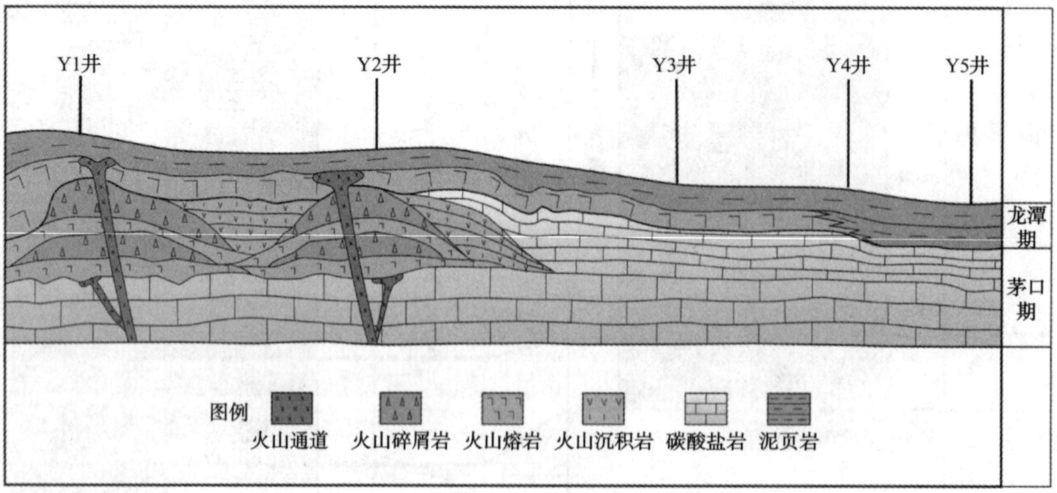

图 6　川西地区二叠系火山岩喷发模式图

钻井上，只发育龙潭期(陆相喷发)火山岩的，其下伏茅口组地层保存较全，通常发育茅四段：如 Y3 井和 Y4 井，只发育龙潭期火山岩，下伏残余茅四段地层，茅口组厚度介于 282～291m，火山岩厚度为 0～98m(图 5)。发育茅口期(海相喷发)火山岩的，其下伏地层为茅二段，且茅二段上覆火山岩为碳酸盐岩与火山源物质混积的熔积岩：如 Y1 井和 Y2 井，发育茅口期火山岩，下伏地层为茅二段，整个茅口组厚度介于 154～164m；而整个火山岩厚度则厚达 279～297m(图 5)。

3.2 地震识别

川西地区火山岩岩相变化快、厚度差异大、非均质性强，地震反射特征杂乱、复杂，不同火山岩难以准确识别和预测(郭毅等，2024)。本次研究根据上述火山岩喷发古地理环境在钻井上的识别，通过钻井-地震合成记录标定，可以确定不同喷发古地理环境的火山岩和沉积岩在地震剖面上的反射特征。

地震上，茅口期火山喷发表现为火山岩与海相碳酸盐岩的同时异相地质体，龙潭期火山喷发的火山岩与茅口组灰岩界限清晰，不存在同时异相特征(图 7)。通过已有钻井标定可以看出，早期(茅口期)海相喷发的火山岩，横向延伸较近，很快相变为茅口组海相碳酸盐岩沉积；晚期(龙潭期)陆相喷发的火山岩，由于暴露地表，缺少水下的横向阻力，因而影响范围较广，火山岩横向延伸较远(图 7)。

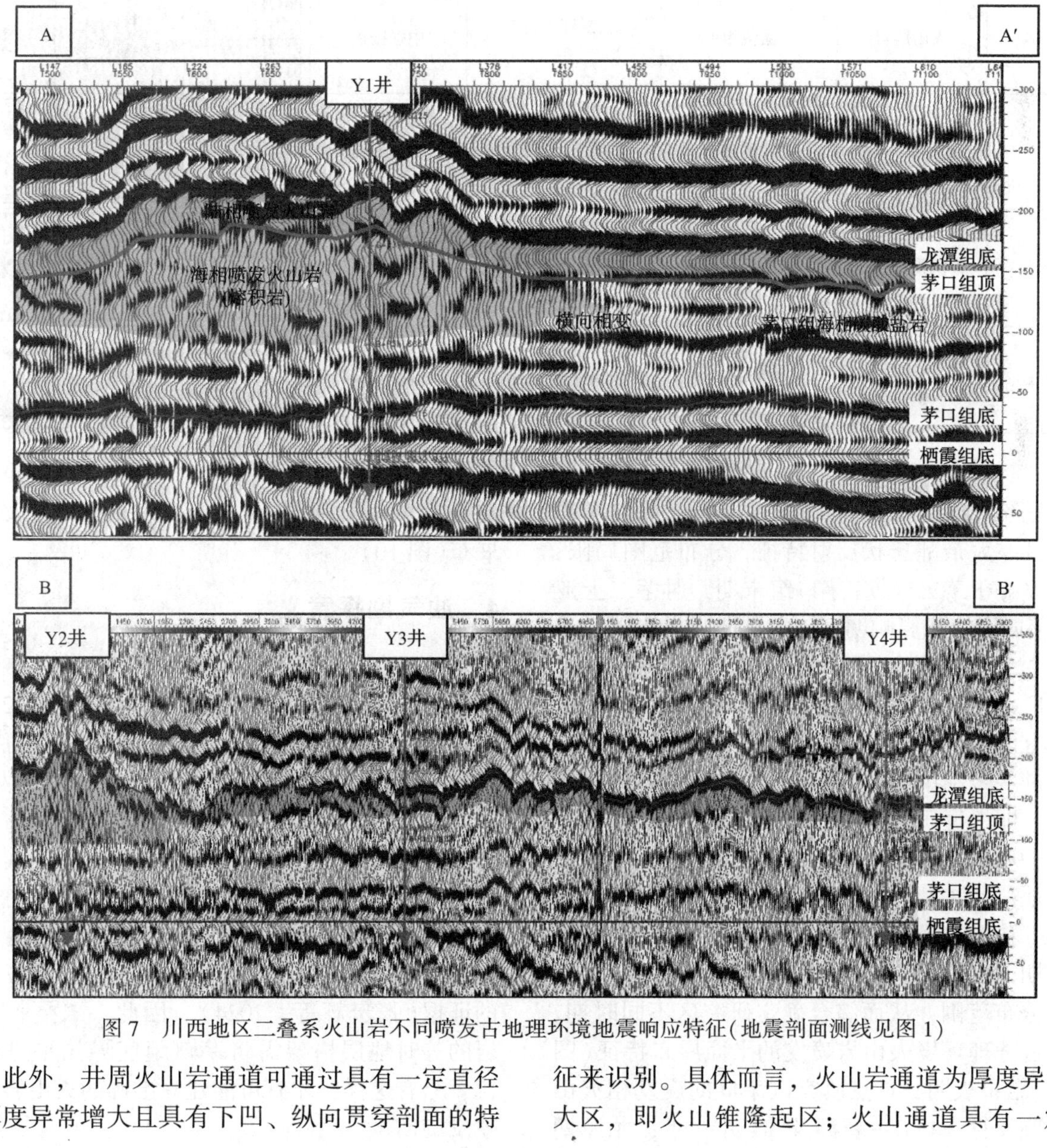

图 7 川西地区二叠系火山岩不同喷发古地理环境地震响应特征(地震剖面测线见图 1)

此外，井周火山岩通道可通过具有一定直径的厚度异常增大且具有下凹、纵向贯穿剖面的特征来识别。具体而言，火山岩通道为厚度异常增大区，即火山锥隆起区；火山通道具有一定直径，异常持续至少 20 道(500m)；异常厚度区具有下凹特征，即火山锥典型下凹特征；异常纵向贯穿剖面，非针对性处理无法处理的小面积纵向速度异常。

根据基于钻井构建的地层横向变化地质模式(图 6)建立二维正演模型，并对二维正演模型进行正演模拟。将正演模拟的地震剖面反射结构分布特征与实际单井地震剖面反射结构分布特征进行对比。若不一致，则适当调整二维正演模型，继续正演模拟，直至对比结果一致；从而获得与研究区实际相符的火山岩和沉积岩的二维分布模型图，总结出川西地区二叠系峨眉山玄武岩组岩性、岩相及对应地震剖面特征的模板(图 8)。最后，利用最终的二维分布模型图对三维地震数据进行精细解释。

类型	岩性	岩相	反射特征	振幅特征	典型剖面
A	火山碎屑岩	爆发相	杂乱反射	中强振幅	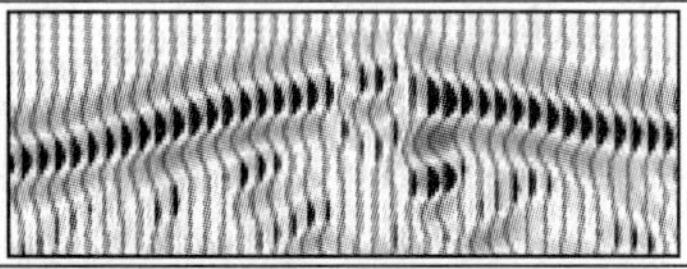
B	火山熔岩	溢流相	斜交-亚平行反射	中强振幅	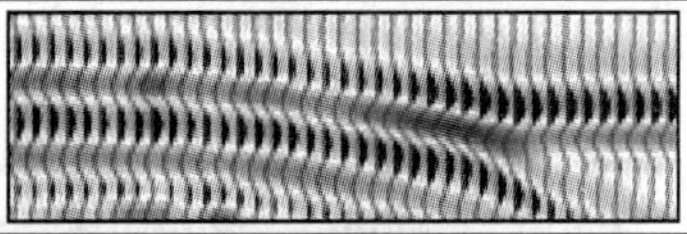
C	火山侵入岩	火山通道相	竖状、杂乱、空白反射	中弱振幅	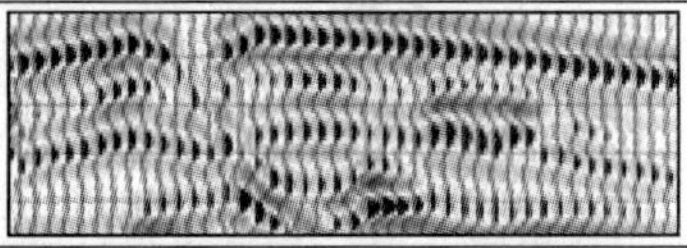
D	沉凝灰岩	火山沉积相	平行、亚平行反射	中等振幅	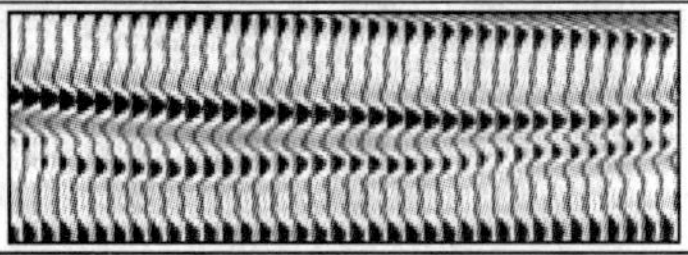
E	灰岩	碳酸盐沉积相	平行反射	弱振幅	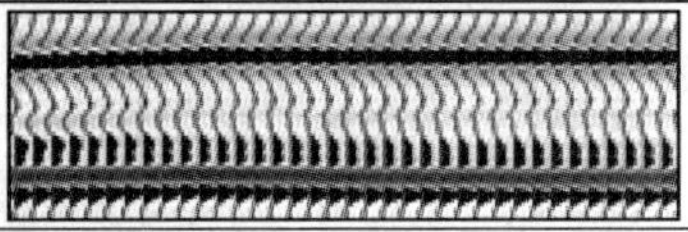

图 8　川西地区二叠系峨眉山玄武岩组岩性、岩相及地震剖面特征

研究结果表明，茅口期火山岩以爆发相为主，具厚大杂乱丘状反射特征，分布范围局限；主要发育于茅二晚期-茅口组末期，对茅二上亚段~茅四段沉积影响明显。龙潭期火山岩以溢流相为主，具强波谷反射特征，厚度小，平面分布范围广；主要发育于龙潭早期，对下伏茅口组沉积没有影响(图 6、图 7)。

进一步利用“厚度+属性分析+手工解释”的方法，即根据研究区茅口组时间厚度平面展布特征(图 9A)、龙潭期火山岩最大振幅属性平面展布特征(图 9C)，结合建立的岩相-地震相模板(图 8)和火山岩喷发地质模式(图 6)，手工勾绘茅口期火山岩(图 9B)和龙潭期火山岩(图 9D)平面分布范围，从而综合确定研究区不同时期、不同古地理环境火山岩喷发的平面展布特征(图 10)。结果表明，重点研究区茅口期爆发相火山岩主要发育在广汉-新都及 Y1 井一带；龙潭期溢流相火山岩主要发育在探区中东部，呈大面积展布(图 10)。

4　油气勘探意义

地层方面：前期火山岩对比大多直接将火山岩底界拉平进行喷发旋回对比(汤晶等，2023；郭毅等，2024)，默认为四川盆地火山岩的喷发时间一致，都划归到茅口组沉积后的主喷发期，即龙潭期的陆相喷发。而本次研究表明，川西地区二叠纪火山岩存在茅口期海相和龙潭期陆相两种喷发环境，且最近乌蒙山地区茅口组中上部火山物质的发现和测年结果(268.7±1.7Ma)为峨眉地幔柱早期(茅口组沉积期)活动提供了最直接的证据(张宏辉等，2024)。因此，二叠系火山岩的等时地层格架需将茅口组底界拉平进行对比，只有这样，才有可能建立准确的火山岩等时喷发旋回。

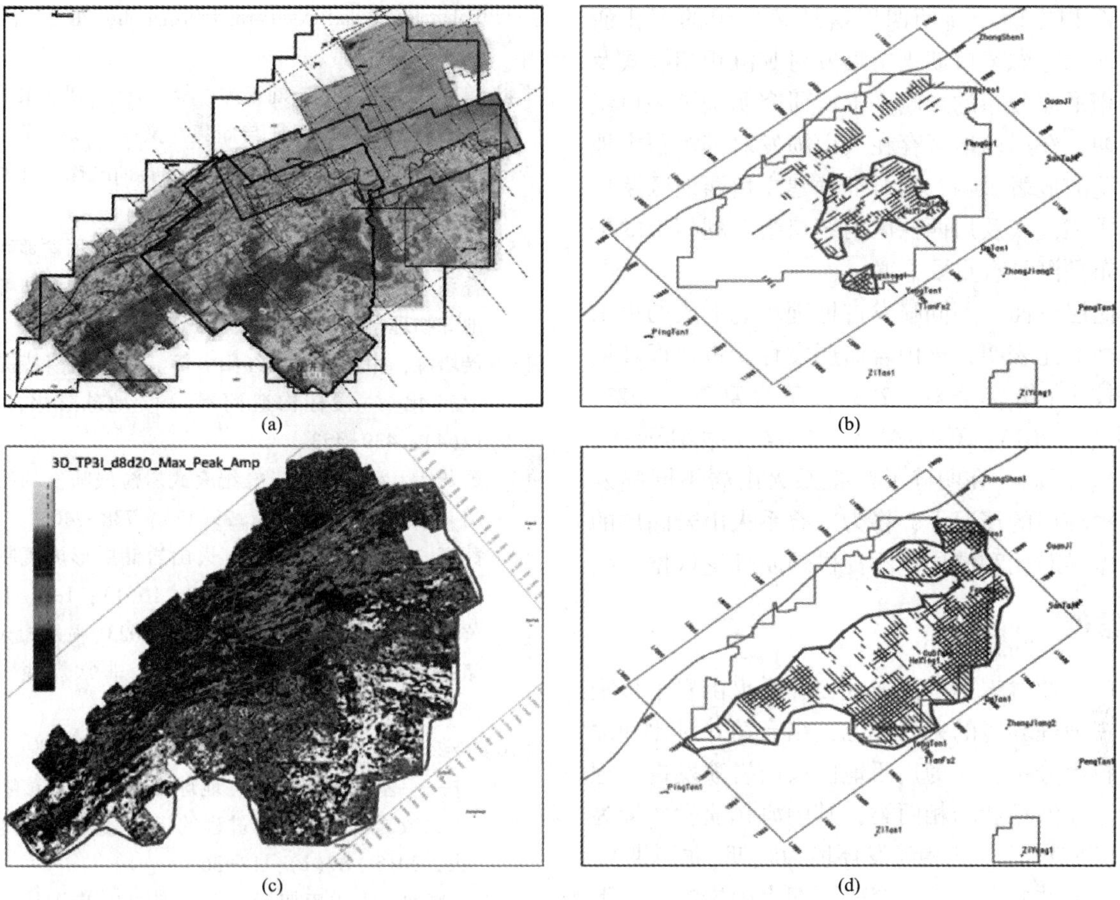

图 9　川西地区二叠系不同时期火山岩分布范围平面刻画

(a)茅口阶时间厚度平面图；(b)茅口期火山岩分布手工解释；
(c)龙潭期火山岩最大振幅属性平面展布特征；(d)龙潭期火山岩分布手工解释

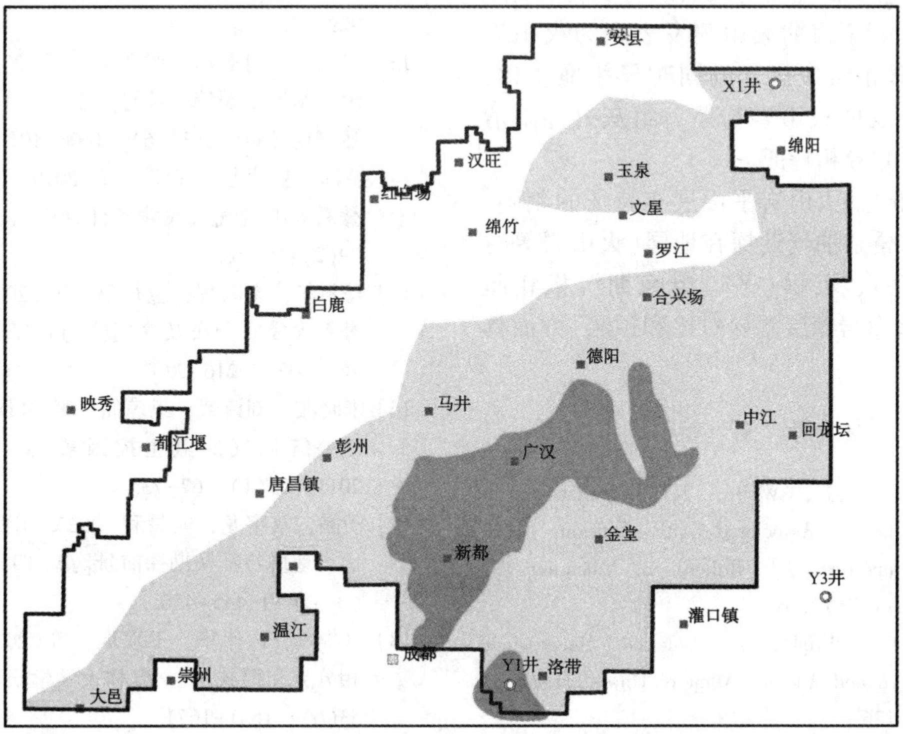

图 10　川西地区二叠系不同时期火山岩平面展布特征

沉积方面：前期四川盆地茅口组的沉积研究，均未考虑茅口期火山喷发对其沉积相模式及沉积相平面分布的影响。本次研究明确了茅口组中晚期，在川西地区存在火山喷发对其沉积古地理环境的显著影响，这对准确建立川西地区茅口组沉积相模式及川西探区内茅口组有利相带的平面分布预测具有重要意义。

储层方面：不同喷发古地理环境形成的火山岩物性对比表明，火山岩储层发育受古地理环境影响较大(伍宏美等，2022；黄金富等，2023；王剑等，2023；孙小萍等，2024；熊绍云等，2024)。因而，在明确了二叠系火山岩不同喷发古地理环境的情况下，将为二叠系火山岩储层的纵向差异对比和储层预测提供地质理论依据。

5 结论

(1) 通过识别川西地区二叠系火山岩中代表喷发古地理环境的系列标志，结合钻井对比和地震资料等分析，认为川西地区火山岩喷发古地理环境存在海相和陆相两类，其中海相喷发环境为早期(茅口期)，陆相喷发环境为晚期(龙潭期)。

(2) 钻井上，只发育龙潭期火山岩的，其下伏茅口组地层保存较全，通常发育茅四段；发育茅口期火山岩的，其下伏地层为茅二段，且茅二段上覆火山岩为碳酸盐岩与火山源物质混积的熔积岩。地震上，茅口期火山喷发表现为火山岩(熔积岩)与海相碳酸盐岩的同时异相地质体，龙潭期火山喷发的火山岩与茅口组灰岩界限清晰，不存在同时异相特征。

(3) 不同时期火山岩平面展布特征的刻画，对川西地区二叠系油气勘探在地层(火山岩等时地层格架建立)、沉积(茅口组晚期沉积相厘定)、储层(火山岩储层差异对比和预测)方面具有重要意义。

参 考 文 献

[1] Busby-Spera，C. J.，White，J. D. L. Variation in Peperite Textures Associated with Differing Host Sediment Properties [J]. Bulletin of Volcanology,，1987，49(6)：765-776.

[2] Cas，R. A. F.，Wright，J. V. Volcanic Successions [M]. Modern and Ancient. Allen & Unwin，London，1987，. 93-126.

[3] Skilling,I. P.，White，J. D. L.，McPhie，J. Peperite：A Review of Magma-Sediment Mingling[J]. Journal of Volcanology and Geothermal Research，2002，114(1-2)：1-17.

[4] 单玄龙，牟汉生，刘玉虎，等 . 2023. 湖盆水下喷发火山岩相类型、特征与储集意义——以松辽盆地南部查干花地区白垩系为例[J]. 石油勘探与开发，50(4)：719-730.

[5] 郭毅，熊晓军，张本健，等 . 2025. 四川盆地西部二叠系火山岩精细雕刻及地震相带分类预测研究[J]. 地球物理学进展：1-12.

[6] 侯增谦，卢记仁，李红阳，等 . 中国西南特提斯构造演 化——幔柱构造控制[J]. 地球学报，1996，17(4)：439-453.

[7] 黄开年 . 洱海东侧二叠纪玄武岩海底喷发的新证据[J]. 科学通报，1984，29(12)：738-740.

[8] 黄亮，彭军，周康，等 . 火山岩储层形成机制研究综述[J]. 特种油气藏，2009，16(1)：1-5，12.

[9] 黄金富，王啊丽，夏国朝，等 . 2023. 喷发相火山岩储层特征研究及地质意义[J]. 非常规油气，10(6)：27-34.

[10] 李宏博，张招崇，李永生 . 云南富民晚二叠世中——基性岩年代学、地球化学特征：对峨眉山大火成岩省岩浆作用过程的指示意义[J]. 地质学报，2015，89(1)：18-36.

[11] 李兆鼐 . 火山碎屑岩及其鉴别[J]. 中国地质科学院地质研究所所刊，1983，7：1-113.

[12] 林建英 . 中国西南三省二叠纪玄武岩系的时空分布及其地质特征[J]. 科学通报，1985，30(12)：929-932.

[13] 刘飞龙，付敬浩，张兆芳，等 . 2023. 川西—蜀南地区基底断裂特征及与二叠系火山岩关系[J]. 天然气地球科学，34(6)：1006-1017.

[14] 罗冰，夏茂龙，汪华，等 . 2019. 四川盆地西部二叠系火山岩气藏成藏条件分析[J]. 天然气工业，39(2)：9-16.

[15] 马新华，李国辉，应丹琳，等 . 2019. 四川盆地二叠系火成岩分布及含气性[J]. 石油勘探与开发，46 (02)：216-225.

[16] 宋晓波，刘诗荣，王琼仙，等 . 川西坳陷西缘中下三叠统油气成藏主控因素[J]. 岩性油气藏，2011，23(1)：67-73.

[17] 汤晶，秦宇龙，熊昌利 . 2023. 川西坳陷二叠系火山岩地质特征及勘探前景[J]. 四川地质学报，43(3)：440-445+456.

[18] 唐华风，边伟华，王璞珺，等 . 2023. 盆地火山岩相分类和模式[J]. 吉林大学学报(地球科学版)，53(6)：1651-1671.

[19] 王剑，刘金，吴晓光，等 . 2023. 不同喷发环境下的优质火山岩储层分布规律——以准噶尔盆地东

部石炭系为例[J]. 新疆地质，41(3)：386-395.

[20] 王敏，曹玥，李万才，等. 2024. 基于孔隙结构和核磁测井建立火山岩储层分类标准——以松南断陷查干花气田为例[J]. 油气藏评价与开发，14(2)：216-223+236.

[21] 王锦文，屈亚光，薛钊. 火山岩油气藏开发研究进展[J]. 辽宁化工，2021，50(9)：1407-1411.

[22] 王岚，李文厚，林潼，等. 陆上、水下喷发成因火山岩 储层发育特征和成藏控制因素对比分析——以三塘湖 盆地石炭系火山岩油藏为例[J]. 地质科学，2010，45(4)：1088-1097.

[23] 王连根. 青海鄂拉山地区古火山群陆相喷发特征及地层划分[J]. 西北地质，1984，17(3)：1-9.

[24] 伍宏美，陈亚军，孟朋飞，等. 2022. 火山岩陆上与水下喷发环境的氧化系数判别方法[J]. 沉积学报，40(3)：599-615.

[25] 熊绍云，史志伟，王尉，等. 2022. 川西南地区二叠纪火山岩储层类型及其主控因素分析[J]. 天然气地球科学，33(6)：899-916.

[26] 熊绍云，史志伟，周刚，等. 2024. 川西南二叠纪火山岩喷发古地理环境及演化[J]. 地球科学，49(1)：84-102.

[27] 徐长贵，张功成，黄胜兵，等. 2024. 渤海湾盆地海域白垩系大中型火山岩油气藏形成条件[J]. 石油勘探与开发，51(3)：467-477.

[28] 张宏辉，杨朝，李致伟，等. 2024. 乌蒙山地区茅口组中上部火山物质的发现：峨眉地幔柱早期活动的证据[J]. 地质通报：1-15.

[29] 张艳，舒萍，王璞珺，等. 陆上与水下喷发火山岩的区别及其对储层的影响——以松辽盆地营城组为例[J]. 吉林大学学报(地球科学版)，2007，37(6)：1259-1265.

[30] 周克明，刘婷芝，袁小玲，等. 2023. 川西地区二叠系火山岩储层岩石敏感性及气水两相渗流特征[J]. 天然气勘探与开发，46(1)：77-84.

渤海湾盆地南堡凹陷沙一段湖相页岩储层孔隙结构分形特征及影响因素

高永亮　王建伟　庄东志　邹　娟　程丹华

（中国石油冀东油田分公司勘探开发研究院）

摘　要　孔隙和喉道是决定页岩储层孔隙结构和流体流动特征的关键参数，孔喉结构的分析评价是页岩油气藏勘探开发的关键。采用扫描电镜（SEM）、恒速压汞等实验方法，研究了渤海湾盆地南堡凹陷古近系沙一段页岩不同尺度孔喉分形特征及其主控因素。利用扫描电镜（SEM）对页岩孔喉类型和大小进行了定性分析，根据恒速压汞实验数据定量计算了页岩孔喉的大小和分布等结构参数。基于分形理论，对页岩不同尺度孔喉的分形维数（D）进行了评价。结果表明：恒速压汞实验方法在研究孔喉分形特征方面具有代表性，根据分形曲线存在拐点及其对应的进汞压力，可以将页岩孔喉分成大尺度和小尺度两种类型，不同尺度孔喉分形维数（D）差异较大。小尺度孔喉受压实作用和胶结作用强烈，以晶间孔、粒内孔和管束状喉道为主，该尺度孔喉非均质性弱，孔喉空间变形较少，分形维数较小；大尺度孔喉以粒间孔、孔隙缩小型喉道和弯片状喉道为主，该尺度孔喉储集空间大，孔喉变形明显。因此大尺度孔喉非均质性强，分形维数较大。页岩储层不同孔喉类型及孔径大小的发育造成了孔隙结构非均质性各异，其分形维数大小与储层孔隙结构参数之间有较好的相关性，且储层矿物组成及其含量的差异加剧了储层孔隙结构的复杂程度，影响着储层质量评价和油田后期开发。

关键词　孔喉结构；分形维数；恒速压汞；页岩；沙河街组；南堡凹陷

Pore structure, Fractal Characteristics and Influencing Factors of Shale Reservoirs Pore Structure in the first Member of Shahejie Formation in the Nanpu Sag, Bohai Bay Basin

Gao Yongliang　Wang Jianwei　Zhuang Dongzhi　Zou Juan　Cheng Danhua

(Research Institute of Exploration and Development, PetroChina Jidong Oilfield Company)

Abstract　Pore throat structure evaluation is the key to tight oil and gas reservoir exploration and development. By means of scanning electron microscopy (SEM) and mercury-porosimetry, the pore throat fractal characteristics and main controlling factors of shale of different scales in the First member of Shahejie formation in Nanpu Sag, Bohai Bay Basin were studied. The types and sizes of shale pore-throats were qualitatively analyzed by scanning electron microscopy (SEM), and the size and distribution of shale pore-throats were quantitatively calculated based on the experimental data of mercury injection at constant speed. Based on fractal theory, fractal dimension(D) of pore throat at different scales of shale was evaluated. The results show that the experimental method of constant mercury injection is representative in the study of pore throat fractal characteristics. According to the inflection point of the fractal curve and the corresponding mercury injection pressure, shale pore throat can be divided into two types: large scale and small scale, and the fractal dimension(D) of pore throat varies greatly with different scales. The compaction and cementation of small scale pores and throats are strong, mainly intergranular pores, intergranular pores and bundle throats. The pore-throat heterogeneity is weak, the pore-throat spatial deformation is less, and the fractal dimension is smaller. The large scale pore throat mainly consists of intergranular pore, intragranular pore, pore narrowing throat and curved throat. The reservoir space of pore-throat in this scale is large and the pore-throat deformation is obvious. Therefore, the heterogeneity of large scale pore-throat is strong and the fractal dimension is large. Shale reservoir pore throat types and different aperture size development caused the heterogeneity of different pore structure, its size and fractal dimension has good correlation between the parameters of reservoir pore structure and reservoir minerals and the difference of composition and its content increased the complexity of the reservoir pore structure, influence on reservoir quality evaluation and the late oilfield development.

Key wordst Pore-throat structure; Fractal dimension; Constant speed mercury injection; Shale; Shahejie Formation; Nanpu sag

中国页岩油资源丰富。根据美国能源部的数据，中国页岩油技术可采资源量排在第三位，仅次于俄罗斯和美国。中国陆相湖盆以页岩为主的储层中页岩油可采资源量为(30-60)×10^8t。事实上，在常规油气勘探中，已有多口井在页岩地层中发现了优质油气和工业油流，显示出中国页岩油的巨大勘探潜力。然而，中国近年来许多页岩油钻井项目都没有达到预期产能，甚至远远低于美国的页岩油产能。这表明，虽然中国页岩油资源十分丰富，但页岩油的勘探开发依然面临严峻挑战。除了地质条件较美国差(美国页岩油藏成熟度普遍较高、油质较轻、脆性矿物含量较高、可压性较好，而中国东部湖相页岩油藏主要集中在岩性单元相对较纯、较厚、成熟度较低的页岩中)外，中国页岩油勘探开发效果不佳的另一个原因是对页岩储层形成机理认识不足，即对某一特定页岩其内部不同尺度孔喉的分布特征缺乏系统认识。

页岩油是近年来的地质领域研究热点，它通常以吸附及游离状态赋存于泥页岩中。页岩中的孔隙特别是纳米级孔隙作为游离油和吸附油赋存的主要场所，其结构类型和发育特征直接影响着页岩的储集性能和页岩油的赋存及运移，是页岩油评价中必不可少的关键参数之一。深入研究和精细表征孔喉结构，对于页岩的含油性分析、页岩油的赋存方式及富集规律乃至成藏机理的探讨都具有重要意义。目前，表征页岩储层微观孔喉的方法和技术有很多种，对比这些研究方法，笔者优选恒速压汞实验技术，来充分表征页岩孔喉分布特征，得到页岩储层的有效孔喉数量，使本研究具备较强的可靠性。前人对致密砂岩孔喉特征及影响因素进行了大量研究，认为孔喉结构及发育程度主要受控于有机质丰度、矿物含量等因素，相比之下，对陆相页岩孔喉系统的研究相对较少。为了探索页岩不同尺度下孔喉的分形特征及其主控因素，本文选取了渤海湾盆地南堡凹陷林雀次洼沙河街组一段6个页岩样品，实验样品均来自NP-X井，以扫描电镜(SEM)、恒速压汞为主要实验手段，根据分形理论进行孔喉类型及结构表征，探究不同尺度孔喉分形维数的主控因素，研究结果为研究区储层品质的确定提供地质依据。

1　地质背景

南堡凹陷是冀东油田深层油气重要探区，区域上位于华北地台东北部，燕山台褶带南缘，为渤海湾盆地北侧的小型含油气凹陷。构造上位于塘沽蓬莱走滑构造带内，处于黄骅坳陷东北部，为受区域正断层控制的构造沉降单元，西南庄和柏各庄两条基底断层相交汇构成了盆地的最北边界，是控制南堡凹陷的构造应力场演化的主要断层。在凹陷属性上，具有典型主动裂谷的特征，演化上具有多幕拉张，中、新生代继承发育的特点，沉积上，不同演化阶段，受不同控凹和控洼断裂控制，沉积及沉降中心随之迁移，从而在结构上，为上下叠置、南北分区的复合型断陷(图1)。

整体上渤海湾盆地的地层组合具有明显一致的规律，但受断陷盆地差异性升降及各凹陷所处构造位置控制，不同凹陷的地层组合往往具有不同的特色。南堡凹陷为受北东和北西两组断裂控制形成的复合型断陷，具有独特的地层组合特征。南堡凹陷为一中新生界叠置的小型断陷盆地，新生界的地层厚度约4000~6000m。新生界中，渤海湾盆地古近系底部的孔店组及沙河街组四段在南堡凹陷普遍缺失，该区古近系主要由沙河街组和东营组两套地层组成，本次研究目的层位为古近系沙河街组一段(以下简称沙一段)。

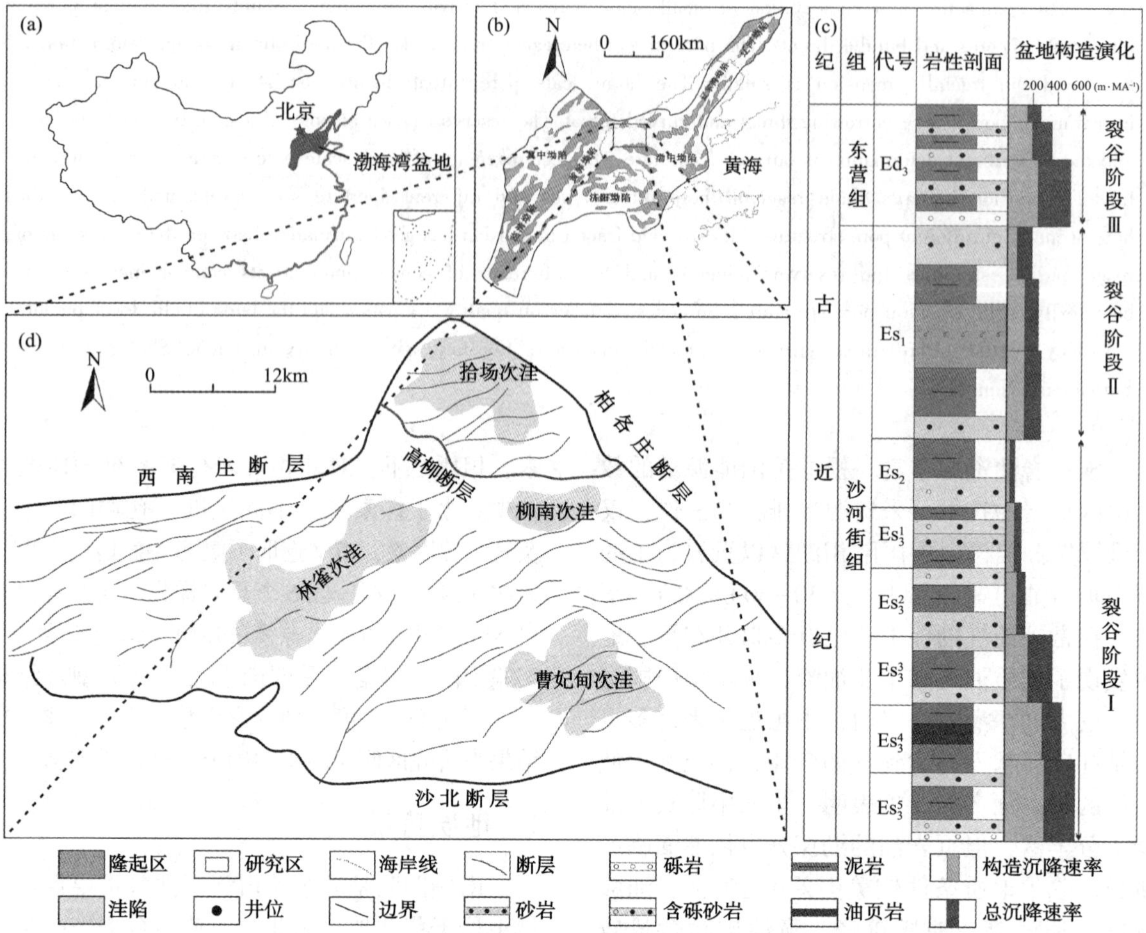

图 1　(a)渤海湾盆地在中国北方的地理位置；(b)渤海湾盆地南堡凹陷的位置；(c)南堡凹陷各构造带分布；(d)南堡凹陷地层综合柱状图

2　实验与方法

2.1　实验方法

利用中国石油大学(北京)油气资源与探测国家重点实验室设备对样品进行 X 射线衍射(XRD)、总有机碳(*TOC*)以及扫描电镜实验，采用 X'Pert Pro 型 X 射线衍射仪分析矿物成分，*TOC* 由 CS－230HC 碳硫分析仪测定，借助 SIGMA 300 型场发射扫描电镜(FE-SEM)观察孔喉类型和形态。恒速压汞实验使用 ASPE-730 型恒速压汞分析仪。实验最大进汞压力为 6.205MPa，汞注入速率为 5×10^{-5}mL/min，接触角为 140°，表面张力为 485dyne/cm。实验时以极低速度向岩石样品中注入汞，通过进汞压力的变化来分辨岩石中的孔隙与喉道。由于恒速压汞最大进汞压力较低，该实验能识别的最小喉道半径为 0.12μm。

2.2　分形方法

由于受沉积环境和成岩作用影响，页岩孔喉狭小，微观结构复杂，非均质性强，传统的测试手段难以表征页岩孔喉形态特征，结合分形几何理论可以对页岩复杂孔喉结构进行深入研究。本次研究通过恒速压汞进汞曲线计算页岩孔喉的分形维数。根据分形理论，若页岩孔喉分布符合分形结构，则有关系式：

$$N(r)=r^{-D} \tag{1}$$

式中，r 为单个孔喉的半径，μm；D 为该孔喉对应的分形维数；$N(r)$ 为半径大于 r 的孔喉数。根据毛细管模型，$N(r)$ 可以表示为：

$$N(r)=V_{Hg}/(\pi r^2 l) \tag{2}$$

式中，l 为毛细管长度，μm，V_{Hg} 为对应毛细管压力下累计进汞体积，μm^3。结合毛细管计算公式：

$$P_c=2\sigma\cos\theta/r \tag{3}$$

式中，P_c 为毛细管压力，MPa；σ 为表面张力，dyne/cm；θ 为接触角，(°)。

可以得到：

$$N(r)\propto P_c^{-(2-D)} \tag{4}$$

因此毛细管力(P_c)和汞饱和度(V_{Hg})取双对数后呈线性关系，且拟合直线的斜率(S)与孔喉分形维数(D)满足以下关系：

$$D=S+2 \tag{5}$$

3 结果

3.1 页岩基本地质特征

南堡凹陷林雀次洼 NP-X 井沙一段页岩样品 TOC 值为 0.26%~1.11%，平均值为 0.75%，有机质丰度较低。镜质体反射率 Ro 介于 0.75%~0.78%，平均为 0.77%，整体处于成熟阶段。矿物组分以黏土矿物、石英、长石、方解石、白云石为主，石英含量介于 35.60%~60.70%，平均含量为 48.03%，黏土矿物含量次之，平均含量为 27.88%，碳酸盐矿物含量最少，介于 9.30%~23.50%，平均为 15.68%(表 1)。

表 1 研究区沙一段页岩基本地质特征 %

样品编号	*TOC*	*Ro*	石英	长石	方解石	白云石	黏土矿物
NP-X-1	0.26	0.75	53.1	8.8	3.2	20.3	14.6
NP-X-2	0.61	0.75	55.2	10.9	6.9	8.6	18.4
NP-X-3	1.11	0.76	60.7	13.7	6.2	5.1	14.3
NP-X-4	1.07	0.77	42.8	6.1	7.1	5.5	38.5
NP-X-5	0.87	0.78	35.6	3.1	9.8	4.7	46.8
NP-X-6	0.57	0.78	40.8	5.8	7.8	10.9	34.7

3.2 孔喉类型

在本研究中，根据前人的分类方案，结合研究区有机质和矿物组成基本特征，将南堡凹陷沙河街组页岩储层孔隙类型分为脆性矿物粒间孔隙、粒内溶蚀孔隙、有机质孔隙与微裂缝。镜下观察发现：研究区沙一段页岩微观孔隙类型主要为粒间孔及粒内孔。粒间孔主要由石英、长石和黏土颗粒形成，沉积物埋藏后，颗粒间的不完全胶结以及后期的成岩改造都会产生粒间孔隙，石英和长石粒间孔在孔隙形态上较为光滑(图 2d、图 2f)；粒内孔隙主要是由于石英、长石以及方解石在成岩过程中随着成岩环境的温度、压力等因素改变，产生溶蚀而形成的次生孔隙或生物化石内部孔隙等，其形成过程受矿物化学活性的限制，外部条件复杂，样品的孔隙形态多样，有圆形和纤维状等(图 2g)；有机质孔隙是页岩中有机质在热裂解生烃过程中形成的孔隙，发育在有机质内部及有机质与其他颗粒之间，由于研究区页岩样品有机质成熟度较低，使得沙一段页岩生烃孔隙发育程度较低，有机质与矿物之间的微裂缝相对较多(图 2h)；此外，研究区页岩样品中微裂缝较为发育，且以成岩收缩缝为主，主要通过黏土矿物脱水收缩作用、压溶作用等形成微裂缝，主要产生在黏土矿物中或沿颗粒边界分布(图 2e、图 2i)。

通过薄片观察，发现研究区沙一段的压实程度相对较高，颗粒呈定向排列，喉道作为连通两个孔隙的狭窄通道，表现出细而短的特点。根据罗蛰潭的分类方案，喉道类型主要包含孔隙缩小型、弯片状及管束状喉道三种类型。其中孔隙缩小型指的是以孔隙缩小部分作为喉道的主体部分，这种喉道类型在研究区一般出现在粒间孔相对发育的位置，是最重要的喉道类型(图 2a~图 2c、图 2f)；颗粒之间弯曲的长条状通道通常为弯片状喉道，研究区该种喉道半径变化范围较大，既可以是小孔极细喉型，也可以是受溶蚀作用改造后的大孔粗喉型(图 h~图 2i)；管束状喉道在研究区一般出现在晶间孔较为发育的地区以及蜂窝状长石溶蚀区，其既可以作为孔隙又可以作为喉道，这些孔隙形态如一支支微毛细管交叉分布形成的管束状喉道，直径细小(图 2d、图 2e、图 2g)。沙河街组页岩中孔隙缩小型喉道和管束状喉道较为发育，且非均质性强，为研究区页岩油气提供了良好的储集空间。

3.3 孔喉分布特征

南堡凹陷页岩样品孔隙度分布范围为 2.37%~7.38%，平均值为 5.21%，渗透率分布范围为(0.02~0.13)×$10^{-3}\mu m^2$，平均值为 0.08×$10^{-3}\mu m^2$(表 2)。样品孔隙度与渗透率之间相关性差(图 3)，表明样品中存在微裂缝或者部分连通性极好的孔隙，这部分空间主导了流体在页岩孔喉中的流动。

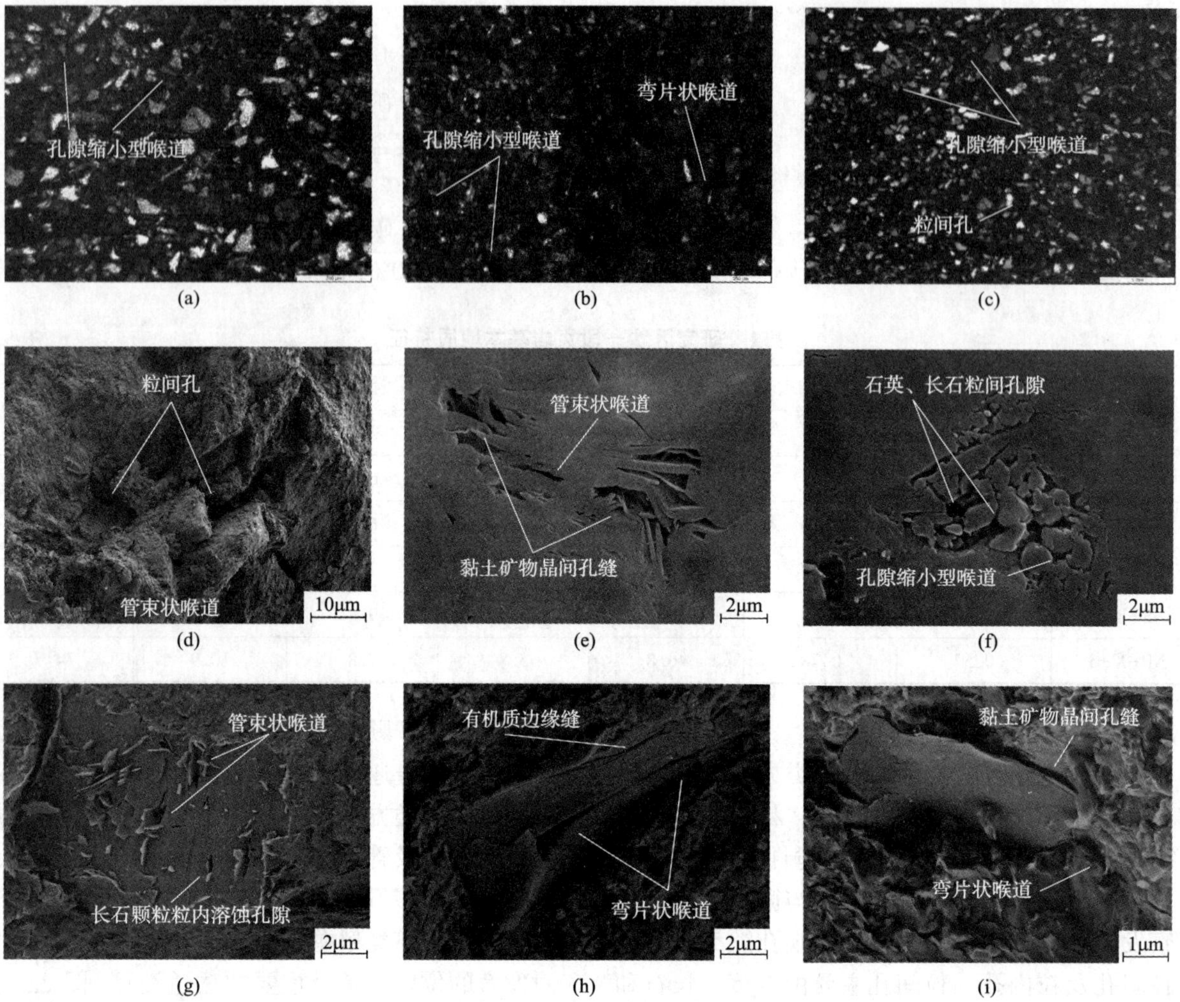

图 2　研究区沙一段页岩孔隙和喉道微观特征

表 2　NP-X 井沙一段页岩样品孔隙结构参数

样品编号	孔隙度/%	渗透率/%	平均孔喉比	平均孔隙半径/μm	平均喉道半径/μm	最大进汞饱和度/%	分选系数
NP-X-1	3.61	0.02	49.10	123.487	8.028	11.33	0.35
NP-X-2	4.99	0.13	385.25	125.369	0.377	29.18	1.11
NP-X-3	2.37	0.05	95.34	126.269	0.731	27.82	1.25
NP-X-4	6.20	0.07	198.00	130.000	0.663	33.18	2.72
NP-X-5	6.72	0.12	218.02	156.048	0.860	58.15	3.20
NP-X-6	7.38	0.10	140.41	141.819	1.640	60.06	0.97

利用低压准静态实验速度和数据校正，并根据进汞压力的波动来区分孔隙和喉道，进而得到喉道半径、孔隙半径及孔喉半径比的频率分布曲线(图 4)。从频率分布图来看，各样品孔隙和喉道半径均呈正态分布，喉道半径主峰在 0.5～2μm（图 4a），平均喉道半径介于 0.377～8.028μm(表 2)。孔隙半径频率分布基本相似(图 4b)，主要分布在 100～200μm，平均孔隙半径介于 123.487～156.048μm，总体呈双峰分布，峰值分别在 130 和 150μm 左右。各样品孔喉半径比变化范围较大(图 4c)，主要分布在 20～600，平均孔喉半径比介于 49.10～385.25，喉道

分布的差异导致了异常大的孔喉比。受实验条件的限制，恒速压汞的最大进汞饱和度较低，平均值为36.62%，表明有大量半径小于0.12μm的喉道或者与之不连通的孔隙空间不能被识别出。根据孔隙和喉道的总孔体积，可以得到各样品的孔喉半径分布曲线(图4d)，从中可看出孔喉分布具有相似的右峰和各异的左峰，表明页岩储层孔喉半径分布较为复杂。

3.4 分形维数计算

根据页岩样品 $\lg S_{Hg}$ 和 $\lg P_c$ 的关系曲线分布规律拟合得出其不同曲线的斜率，从而得到测试范围内孔喉的分形维数特征(图5)。从分形曲线中观察到，孔喉分形曲线存在明显的转折点，将其分成两个阶段，且每个阶段分形曲线斜率差异明显，线性相关性显著，说明页岩样品不同尺度孔喉分形维数存在一定的差异性。依据分形曲线的转折点，将孔喉分成渗流能力弱的小尺度孔喉和渗流能力强的大尺度孔喉两种类型。当进汞压力小于转折点压力时，对应大尺度孔喉；当进汞压力大于转折点压力时，对应小尺度孔喉。

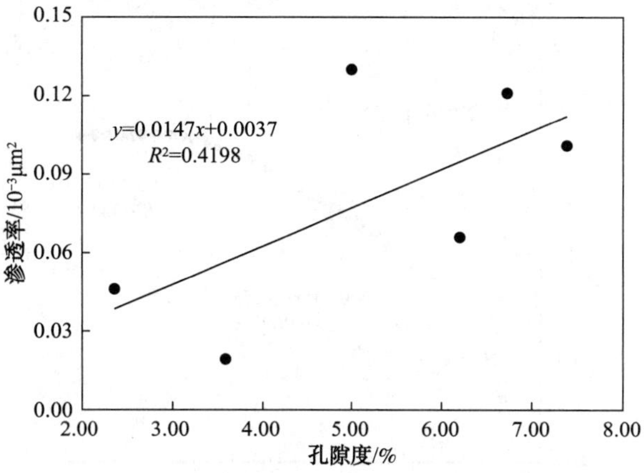

图3　研究区页岩样品孔隙度与渗透率相关性

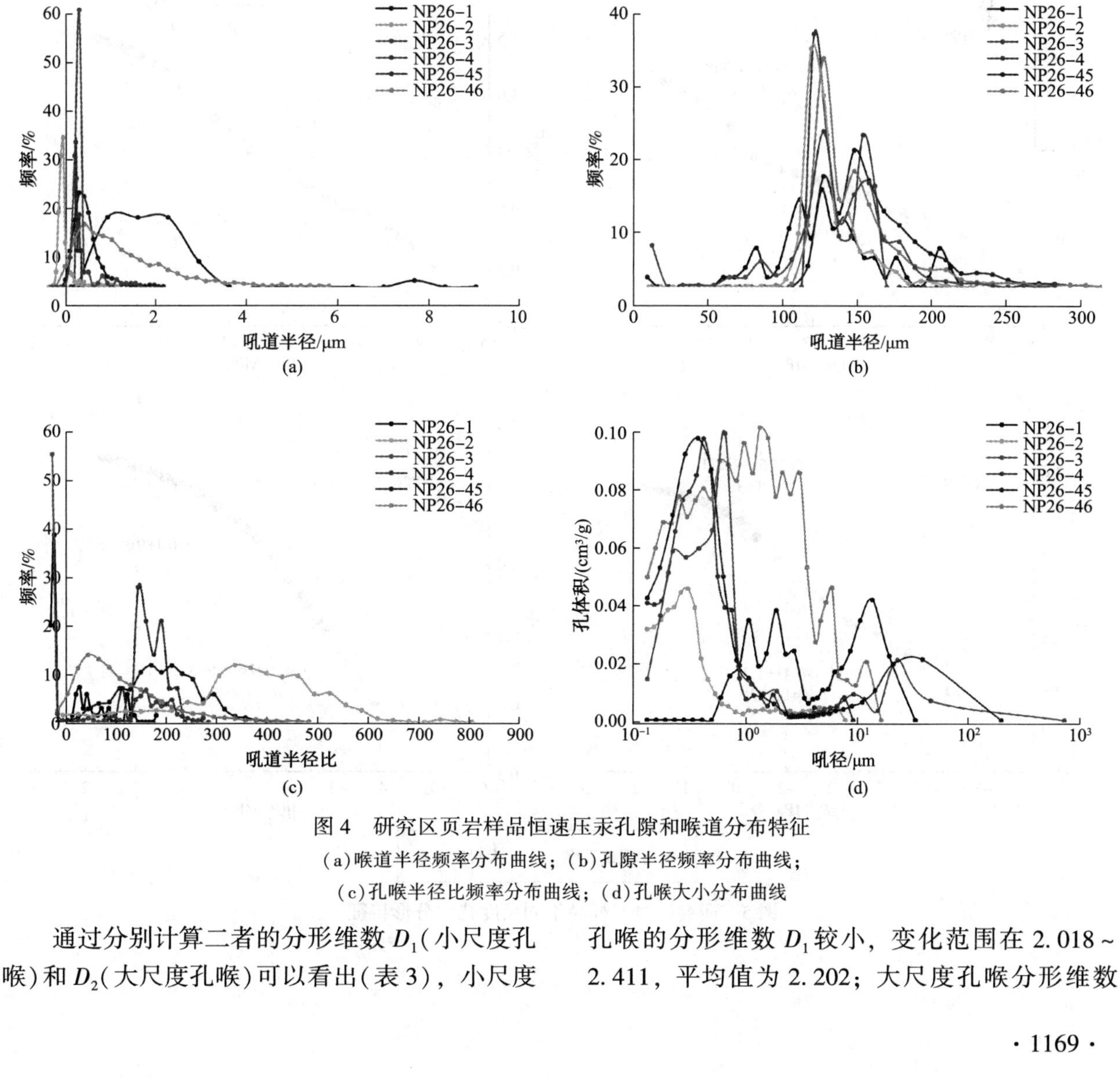

图4　研究区页岩样品恒速压汞孔隙和喉道分布特征

(a)喉道半径频率分布曲线；(b)孔隙半径频率分布曲线；
(c)孔喉半径比频率分布曲线；(d)孔喉大小分布曲线

通过分别计算二者的分形维数 D_1(小尺度孔喉)和 D_2(大尺度孔喉)可以看出(表3)，小尺度孔喉的分形维数 D_1 较小，变化范围在2.018~2.411，平均值为2.202；大尺度孔喉分形维数

D_2较大，介于 2.185~2.521，平均值为 2.352，表明沙一段页岩孔隙系统具有较高的复杂性，且大尺度孔喉的复杂程度大于小尺度孔喉的复杂程度。上述讨论仅局限于孔隙结构分形维数在 2.0~3.0(不包括 3.0)范围内的情况。上限值 3 对应的是完全不规则或粗糙的表面，下限值 2 代表的是完全光滑的表面。

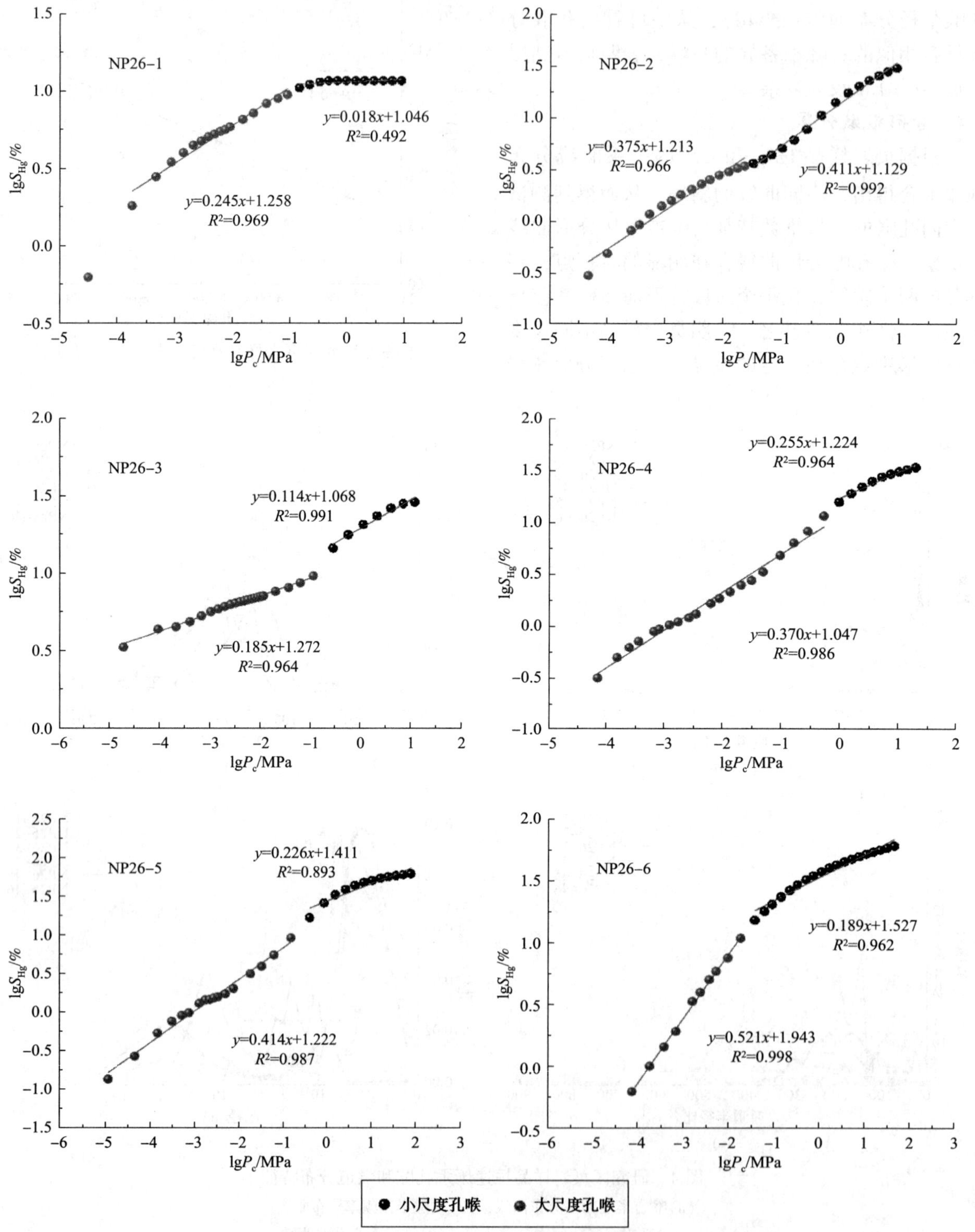

图 5　研究区页岩样品不同尺度孔喉分形特征

表 3　研究区页岩样品恒速压汞分形维数统计

样品编号	分形维数及回归系数			
	D_1	R^2	D_2	R^2
NP-X-1	2.018	0.492	2.245	0.969
NP-X-2	2.411	0.992	2.375	0.966
NP-X-3	2.114	0.991	2.185	0.964
NP-X-4	2.255	0.964	2.37	0.986
NP-X-5	2.226	0.893	2.414	0.987
NP-X-6	2.189	0.962	2.521	0.998

4 讨论

4.1 分形维数与有机质丰度的关系

页岩生排烃演化过程中会产生有机质有关的孔隙，其是泥页岩储集空间的重要组成部分，有机质丰度是影响有机质孔产生与发育的关键因素。从相关系数来看，*TOC* 与分形维数 D_1 和 D_2 的相关系数分别为 0.0557 与 0.0195，相关性较差（图 6）。随着有机质含量的增加，分形维数 D_1 和 D_2 并未出现明显变化，说明有机质对于储层孔隙结构发育影响程度较低，主要是由于有机碳含量低，热演化程度较低，有机质孔隙对于页岩储集空间贡献程度低，对孔隙结构并未产生实质性影响，有机质颗粒可能并未形成孔隙，这与海相泥页岩具有较大差异，即海相泥页岩孔隙结构发育程度往往与有机质等都具有较强的正相关关系。

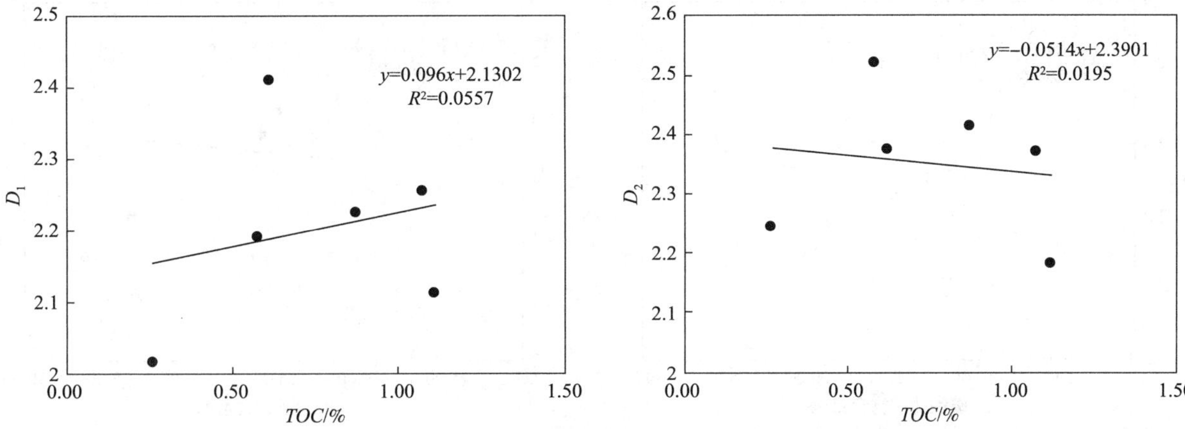

图 6　研究区页岩样品分形维数与 *TOC* 含量之间的关系

4.2 分形维数与矿物组分的关系

矿物成分的类型及其含量是储层沉积和成岩综合作用的结果，同时也是造成储层微观孔隙结构差异的主要因素。通过分析表明，石英含量与分形维数 D_1 无关，D_2 与石英含量之间有较好的负相关性（图 7a、图 7b），表明石英含量对大尺度孔喉的复杂程度影响较大，这主要是因为储层中石英含量与粒间孔的形成有关，刚性颗粒石英含量越高，页岩储层中粒间孔抵抗压实等成岩作用的改造能力越强，导致孔隙分布越简单。图 7c、图 7d 显示，D_1 与碳酸盐矿物含量呈较弱负相关关系，D_2 与碳酸盐矿物含量无关，表明小尺度孔喉的复杂程度与碳酸盐矿物含量有关，储层碳酸盐矿物含量越高，胶结作用堵塞孔喉的影响越显著，D_1 越小。黏土矿物含量与 D_1 无关，与 D_2 呈正相关关系（图 7e、图 7f），表明黏土矿物充填孔喉程度对半径较大的孔喉及整个孔隙空间的复杂程度有着重要的影响。较大尺度的孔喉中黏土矿物含量越高，分布越不规则，其表面粗糙程度和非均质性越强，整体孔隙结构越复杂。储层矿物成分组成及其含量的差异加剧了微观孔隙结构的复杂程度，进而影响了储层的质量和非均质性。

4.3 分形维数与有效储集空间的关系

通过镜下观察可以看出，小尺度孔喉主要为压实作用、胶结作用形成的粒内孔和管束状喉道，该类型孔喉非均质性较强，分形维数主要位于 2~2.4，平均分形维数为 2.202。大尺度孔喉多为粒间孔以及孔隙缩小型或弯片状喉道，与微裂隙形态接近，形成较大的分形维数，平均分形维数为 2.352。孔喉分形曲线由进汞曲线转换的 $\lg S_{Hg}$ 和 $\lg P_c$ 散点拟合而成，因此分形曲线形态与进汞曲线有较好的一致性（图 8）。当进汞曲线斜率高时，其转换成分形曲线线性拟合斜率也较高，从而形成较大的分形维数。因此当孔喉有效储集空间较大时，在进汞压力的驱使下，非润湿性的汞会更多地进入孔喉空间，即在准静态的压汞过程中，储集性越好的孔喉其进汞效率越高，累计进汞饱和度越高，致使孔喉进汞曲线斜率升高，孔喉的分形维数变大。并且，样品中大尺度孔喉的分形维数大于小尺度孔喉的分形维数，该现象也证实了分形维数受孔喉储集性的影响。孔喉有效储集空间越大，其分形维数越大。

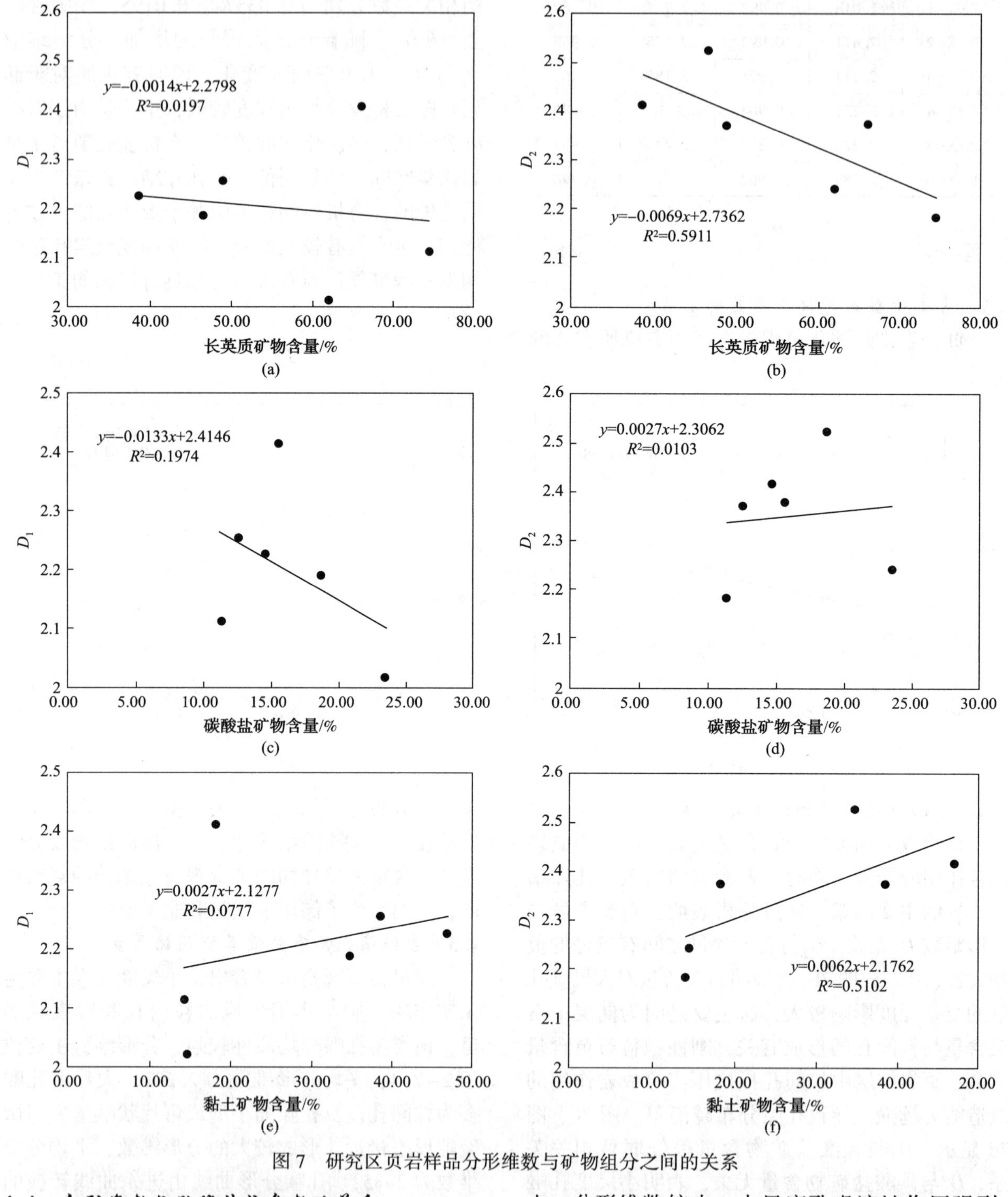

图 7　研究区页岩样品分形维数与矿物组分之间的关系

4.4　分形维数与孔隙结构参数的关系

分形维数是岩石非均质性的表征，随着岩石孔隙结构复杂性的增强，分形维数不断增加。也就是说，分形维数越大，孔隙结构的非均质性越大。小尺度孔喉由于受强烈的压实作用和胶结作用，孔隙结构的非均质性较弱，孔喉空间变形较少，分形维数较小。大尺度孔喉溶蚀作用强烈，储集空间大，孔喉变形明显，孔隙结构的非均质性较强，分形维数较大。绘制各分形维数与孔隙结构参数的散点图，深入探讨两者之间的影响关系。分选系数与分形维数 D_1 和 D_2 之间的相关性较差(图 9a、图 9b)，表明纳米孔和整体孔隙结构的非均质性对储层的分选程度影响较小。最大进汞饱和度、平均孔喉半径与 D_1无关，而与大尺度孔喉分形维数 D_2均呈正相关关系(图 9c～图 9f)，这与以往的认知有所差别，原因在于研究区孔隙主要为有机酸溶蚀石英、长石提供，并且以钾长石溶蚀为主。在溶蚀过程中形成形态各异，呈条带状、不规则的半连通状和蜂窝状的孔隙和喉道，并且溶蚀过程会剩下杂乱的长石残骸，溶蚀微孔被新生不规则的黏土矿物充填，这样就形成了三维空间上复杂的孔喉系统。通过分形维数 D_2与最大进汞饱和度、平均孔喉半径也可以看出，石英、长石溶蚀产生的粒内孔和粒间孔大大改善了页岩储层的孔隙结构，同时也增加了孔喉的非均质性，使得大尺度孔喉分形维数 D_2增加。

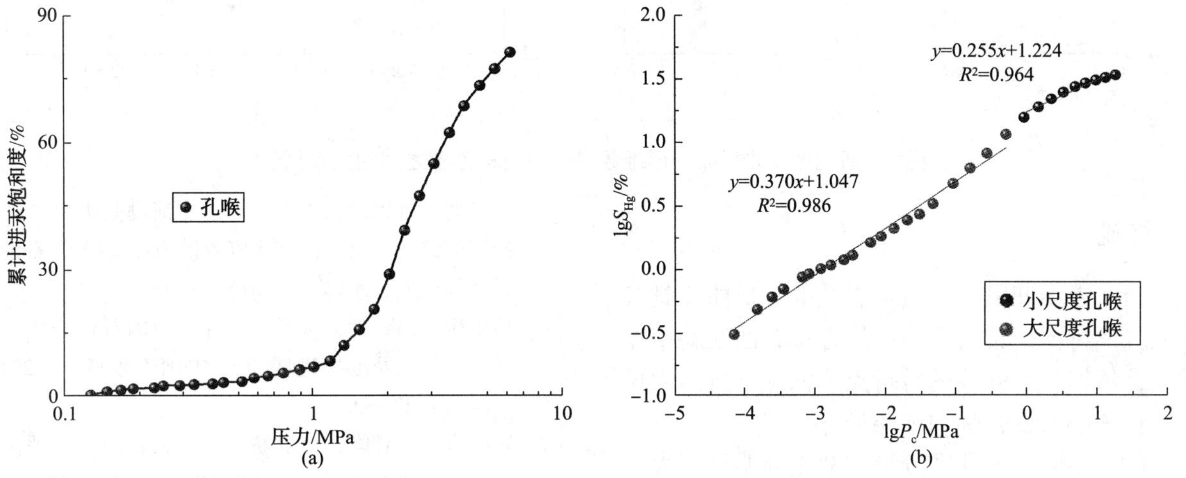

图 8　研究区页岩样品 4 恒速压汞进汞曲线(a)与分形特征(b)

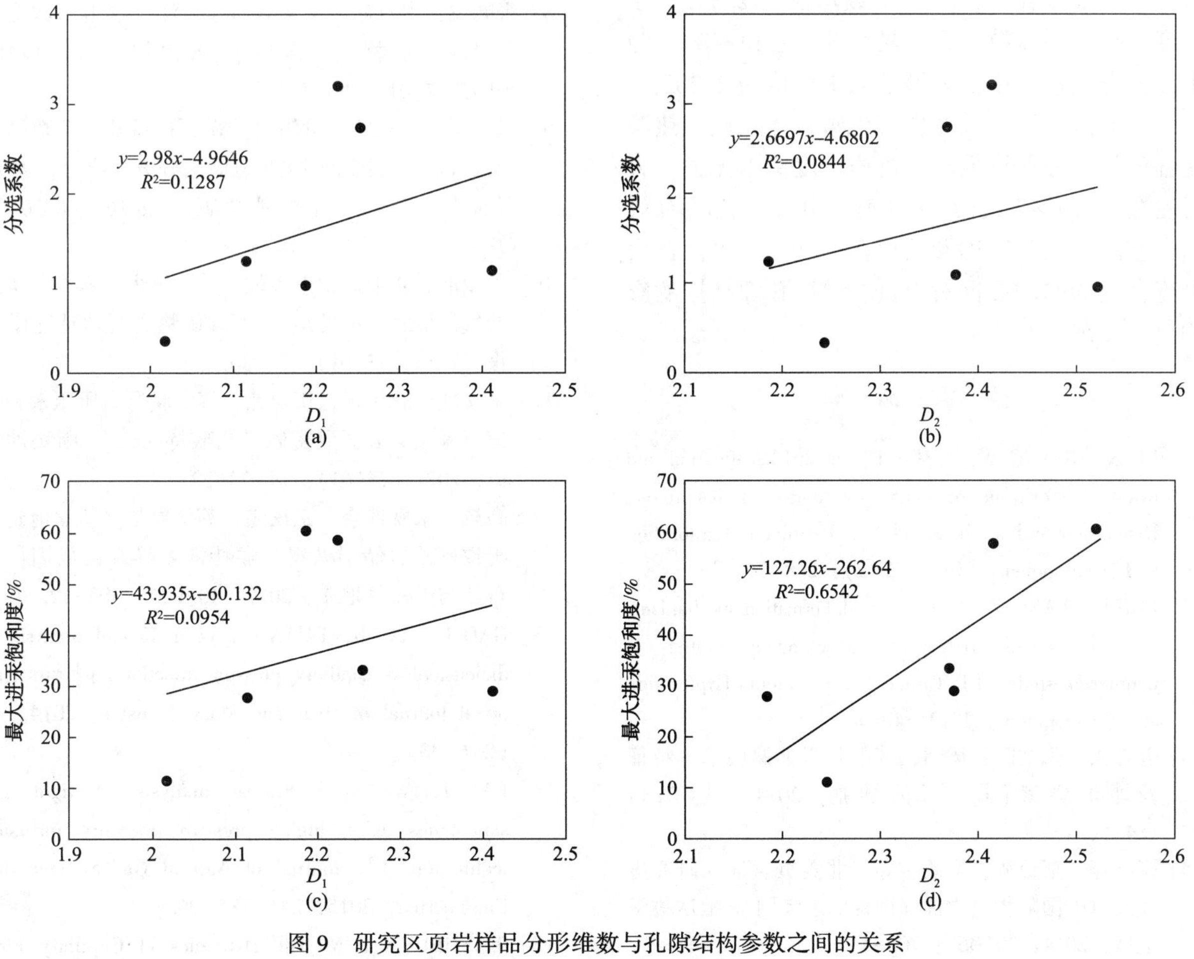

图 9　研究区页岩样品分形维数与孔隙结构参数之间的关系

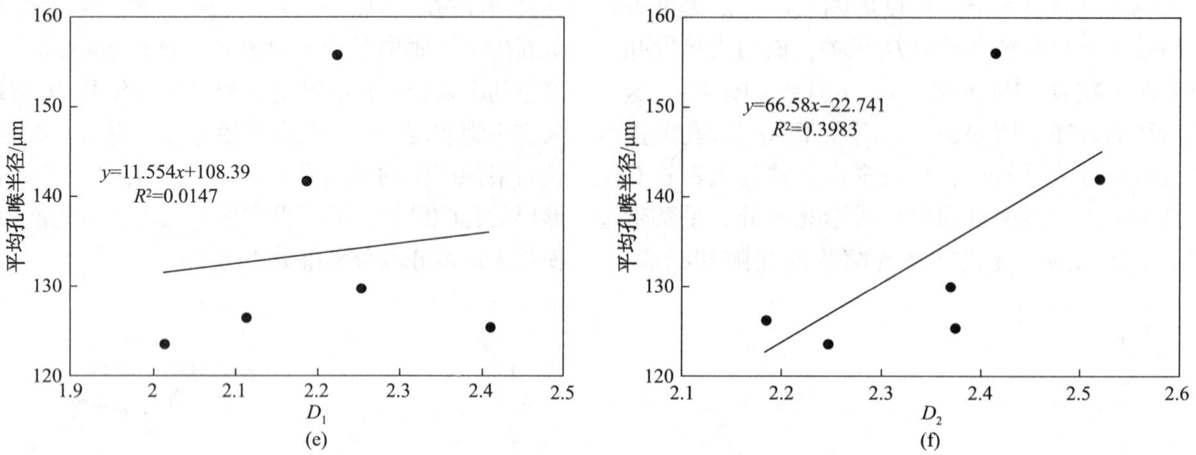

图 9　研究区页岩样品分形维数与孔隙结构参数之间的关系(续)

5　结论

(1) 南堡凹陷沙一段页岩孔喉分形曲线具备明显分形特征，转折点前后线性拟合曲线斜率差异大，依据分形曲线的转折点可依次划分出大尺度孔喉和小尺度孔喉两种类型。

(2) 不同尺度孔喉分形维数差异明显。大尺度孔喉主要为粒间孔和孔隙缩小型或弯片状喉道，分形维数较大，分形维数均值为 2.352；小尺度孔喉主要以粒内孔、晶间孔及管束状喉道为主，分形维数较小，分形维数平均值为 2.202。

(3) 由于沙一段页岩有机碳含量较低，热演化程度低，分形维数与有机质丰度基本无关。大尺度孔喉分形维数(D_2)与矿物组分、孔喉有效储集空间及孔隙结构参数存在较好的相关性，大尺度孔喉的非均质性对于页岩储层孔隙结构的影响更为显著。

参考文献

[1] LU S, HUANG W, CHEN F, et al. Classification and evaluation criteria of shale oil and gas resources: Discussion and application[J]. Petroleum Exploration and Development, 2012, 39(2): 268-76.

[2] ZOU C, YANG Z, CUI J, et al. Formation mechanism, geological characteristics and development strategy of nonmarine shale oil in China[J]. Petroleum Exploration and Development, 2013, 40(1): 15-27.

[3] 姜在兴，张文昭，梁超，等. 页岩油储层基本特征及评价要素[J]. 石油学报，2014，35(01)：184-96.

[4] 张林晔，李钜源，李政，等. 北美页岩油气研究进展及对中国陆相页岩油气勘探的思考[J]. 地球科学进展，2014，29(06)：700-11.

[5] 卢双舫，陈国辉，王民，等. 辽河坳陷大民屯凹陷沙河街组四段页岩油富集资源潜力评价[J]. 石油与天然气地质，2016，37(01)：8-14.

[6] 马永生，冯建辉，牟泽辉，等. 中国石化非常规油气资源潜力及勘探进展[J]. 中国工程科学，2012，14(06)：22-30.

[7] 宋国奇，张林晔，卢双舫，等. 页岩油资源评价技术方法及其应用[J]. 地学前缘，2013，20(04)：221-8.

[8] 张鹏飞，卢双舫，李文浩，等. 江汉盆地新沟嘴组页岩油储层物性下限[J]. 石油与天然气地质，2016，37(01)：93-100.

[9] 王伟明，卢双舫，田伟超，等. 利用微观孔隙结构参数对辽河大民屯凹陷页岩储层分级评价[J]. 中国石油大学学报(自然科学版)，2016，40(04)：12-9.

[10] 卢双舫，张亚念，李俊乾，等. 纳米技术在非常规油气勘探开发中的应用[J]. 矿物岩石地球化学通报，2016，35(01)：28-36.

[11] 张文凯，施泽进，田亚铭，等. 联合高压压汞和恒速压汞实验表征致密砂岩孔喉特征[J]. 断块油气田，2021，28(01)：14-20+32.

[12] 高辉，朱耿博仑，王泫懿，等. 鄂尔多斯盆地延长组致密砂岩储层微观孔喉特征差异及其成因[J]. 石油与天然气地质，2019，40(02)：302-12.

[13] GAO H, YU B, DUAN Y, et al. Fractal analysis of dimensionless capillary pressure function[J]. International Journal of Heat and Mass Transfer, 2014, 69(2)6-33.

[14] LAI J, WANG G. Fractal analysis of tight gas sandstones using high - pressure mercury intrusion techniques[J]. Journal of Natural Gas Science and Engineering, 2015, 24(1)85-96.

[15] WASHBURN E W. The Dynamics of Capillary Flow

[J]. Physrevser, 1921, 17(3): 273-83.

[16] LOUCKS R G, REED R M, RUPPEL S C, et al. Spectrum of pore types and networks in mudrocks and a descriptive classification for matrix - related mudrock pores[J]. AAPG Bulletin, 2012, 96(6).

[17] SINGH P, SLATT R, BORGES G, et al. Reservoir Characterization of Unconventional Gas Shale Reservoirs: Example From the Barnett Shale, Texas, U. S. a[J]. Earth Sciences Research Journal, 2008, 60(1): 15-31.

[18] SLATT R M, O" BRIEN N R. Pore types in the Barnett and Woodford gas shales: Contribution to understanding gas storage and migration pathways in fine-grained rocks [J]. Aapg Bulletin, 2011, 95 (12): 2017-30.

[19] 罗蛰潭. 油气储集层的孔隙结构[M]. 油气储集层的孔隙结构, 1986.

[20] 王伟, 陈朝兵, 许爽, 等. 鄂尔多斯盆地延长组致密砂岩不同尺度孔喉分形特征及其控制因素[J]. 石油实验地质, 2022, 44(01): 33-40.

[21] LI K. Analytical derivation of Brooks - Corey type capillary pressure models using fractal geometry and evaluation of rock heterogeneity [J]. Journal of Petroleum Science and Engineering, 2010, 73 (1): 20-6.

[22] LIU X, XIONG J, LIANG L. Investigation of pore structure and fractal characteristics of organic - rich Yanchang formation shale in central China by nitrogen adsorption/desorption analysis [J]. Journal of Natural Gas Science and Engineering, 2015, 22(6)2-72.

[23] WANG H, LIU Y, SONG Y, et al. Fractal analysis and its impact factors on pore structure of artificial cores based on the images obtained using magnetic resonance imaging[J]. Journal of Applied Geophysics, 2012, 86(70-81.

[24] 张全培, 王海红, 刘美荣, 等. 超低渗透储层全孔径分布及其分形特征研究[J]. 中国矿业大学学报, 2020, 49(06): 1137-49.

胜利油田西部探区准噶尔盆地深层压裂技术进展与实践

林柏华[1]　钟安海[1]　丁　然[1]　任　涛[2]　张筠旋[3]

（1. 中国石油化工股份有限公司胜利油田分公司石油工程技术研究院；
2. 胜利油田西部油气勘探项目部；3. 胜利油田胜利采油厂）

摘　要　胜利西部探区主要集中于准噶尔盆地中部，储层垂深在4000~8000m，表现为应力高、塑性强、应力差大等特点。前期常规压裂加砂难度大，压后增产效果差，为此近年强化超深层压裂技术攻关。本文以高围压力学特征为基础，建立超深层脆性评价方法，明确裂缝扩展规律，并针对不同类型储层配套差异性改造工艺；基于超深层研究认识，目前已形成强支撑长缝体积压裂技术。现场实践20余井次，压裂深度突破7800m，单井压后最高日油破百吨。

关键词　深层压裂；高温高压；甜点预测；复杂裂缝；裂缝扩展；强化支撑；渗吸补能

Advancements and Practices in Deep Fracturing Technology in the Western Exploration Area of Shengli Oilfield, Junggar Basin

Baihua Lin[1]　Anhai Zhong[1]　Ran Ding[1]　Tao Ren[2]　Junxuan Zhang[3]

(1. Institute of Petroleum Engineering Technology, Shengli Oilfield Branch, Sinopec.
2. Western Oil and Gas Exploration Project Department of Shengli Oilfield.
3. Shengli Production Plant of Shengli Oilfield)

Abstract　The western exploration area of Shengli Oilfield is primarily situated in the central part of the Junggar Basin, with reservoirs lying at depths between 4000 and 8000 meters. These reservoirs exhibit high stress, strong plasticity, and significant stress differentials. Conventional fracturing with proppant addition has been challenging and has not yielded satisfactory production increases. Recently, efforts have intensified to advance ultra-deep fracturing technology. This paper introduces an ultra-deep brittleness evaluation method based on high confining pressure characteristics, elucidates fracture propagation patterns, and develops customized transformation techniques for different reservoir types. Drawing from research on ultra-deep formations, a high-strength proppant volumetric fracturing technology with extended fractures has been developed. Field trials on over 20 wells have achieved fracturing depths surpassing 7800 meters, with post-fracturing daily oil production per well exceeding 100 tons.

Key wordst　Deep fracturing; high temperature and high pressure; sweet spot prediction; complex fractures; fracture propagation; enhanced proppant support; imbibition and energy replenishment

1　前言

准噶尔盆地中部整体深度分布在4000~8000m，水平应力差达10~30MPa，闭合应力达120~170MPa，在高围压下塑性较强，且多为低饱和度油藏，含油丰度低。绝大部分单井自然投产日油低于5t，无商业价值，需压裂改造增产。前期压裂多出现施工压力高，加砂难度大，甚至压不开储层的情况。整体施工成功率与措施有效率达不到50%，因此有必要开展准中深层压裂关键技术研究。

胜利西部深层见过前期十年的深层探索和实践，分别从储层评价、裂缝扩展、压裂改造、液体体系以及改造工艺5个方面，总结出5点改造难点，包括：难点一，高围压下岩石塑性转变加剧，常用脆性评价方法不适用；难点二，高位压走滑断层下，水力裂缝起裂扩展规律不明确；难点三，施工压力高加砂难度大，无法有效改造；难点四，孔喉半径小(Ⅱ-Ⅲ类)，压裂液低伤害性要求高；难点五，胜利油田东部成熟工艺适用性差，未形成针对性改造技术和体系。针对以上难点，胜利油田石油工程技术研究院以岩石力学、矿物组分和渗流特点为攻关基础，并基于“降低破裂压力、裂缝扩展最大化、支撑剂高效铺置、裂缝强化支撑”等多个方面开展关键技术研究，完成了对超深层储层可压型的评价，揭示了超深层的裂缝扩展机理，研发并形成低伤害加重压裂液体系，建立了强支撑长缝体积压裂技术(图1)。

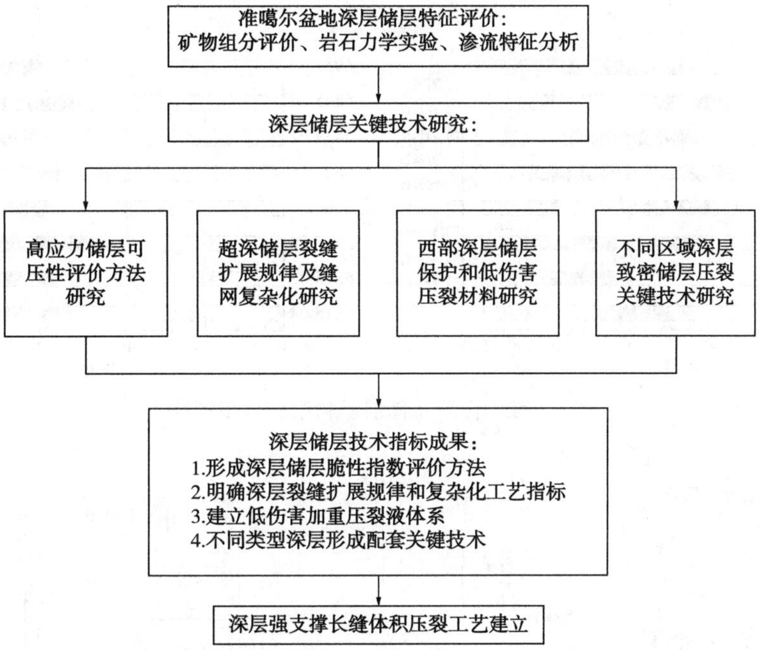

图1　准噶尔盆地超深层技术攻关流程图

2　准噶尔盆地深层储层特征评价

2.1　储层矿物特征分析

埋深相对较浅(4000~6000m)的准中侏罗系储层，脆性矿物成分以石英为主，占比38%~53%，长石含量次之，占比30%~40%，部分样本含有少量方解石、白云石以及赤铁矿、铁白云石等含铁矿物；黏土含量10%~30%，属于中等水平，以伊利石，绿泥石，伊蒙间层为主(图2~图4)。

对于埋深较大的二叠系、三叠系储层，脆性矿物含量相对较高，以长石、石英为主，部分储层含凝灰质及白云质，脆性矿物总体占比80%~90%以上，黏土矿物含量低于10%，以绿泥石含量为主，伊利石、伊蒙间层次之(图5)。

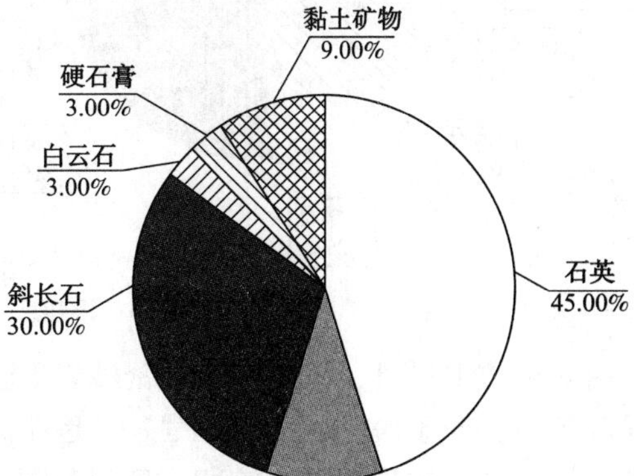

图2　侏罗系Z1-4井矿物成分图(4783.8m)

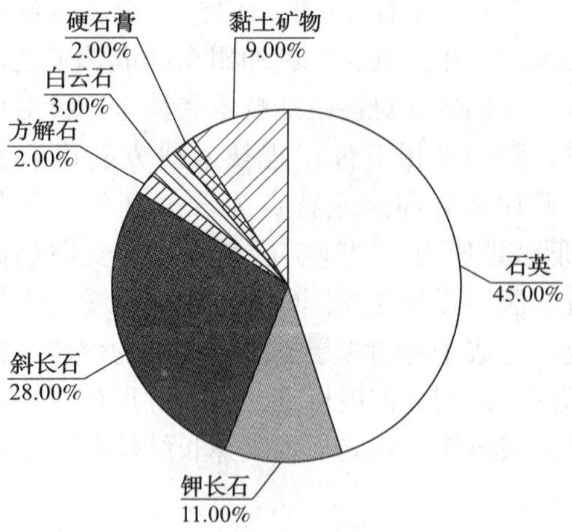

图 3　Z1-4 井矿物成分图(4785.00m)

因此通过准中深层侏罗系—二叠系储层矿物分布规律来看，整体脆性矿物含量较高，黏土含量低，水敏风险较低，但整体绿泥石含量高，具有一定酸敏风险。

2.2　高围压下力学特征分析

通过岩石力学实验得出，单轴条件下岩心破坏呈现以劈裂破坏为主导的破裂模式，主要由贯穿整个岩心的高角度劈裂裂纹和一条斜向剪切裂纹导致，局部产生多条伴生裂纹，表现出强脆性特征。随着围压增大，破裂模式转为单斜面剪切破坏，说明脆性变弱。

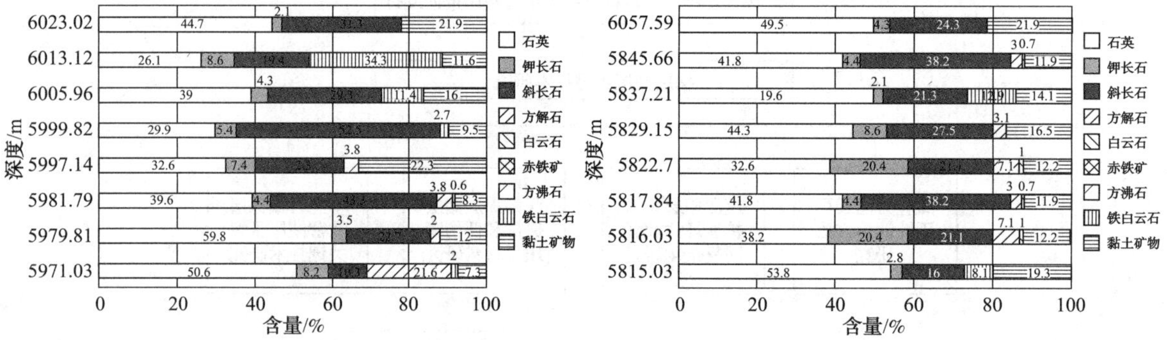

图 4　准中侏罗系储层矿物组份分布特征

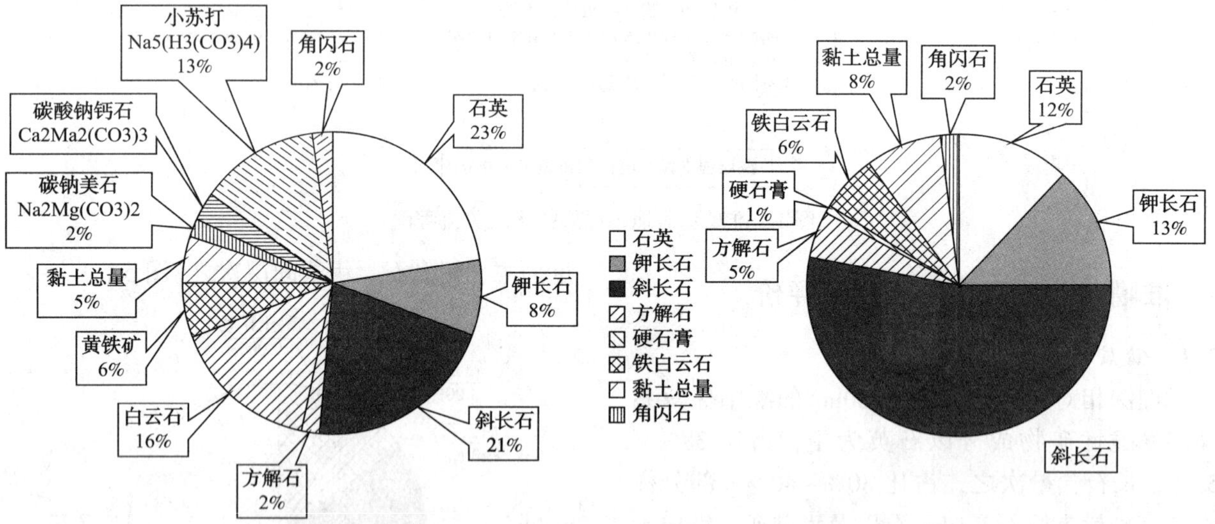

图 5　准中二叠系储层矿物组份分布特征

由测试数据可见，准中深层致密砂岩单轴抗压强度较小，介于 49.1～60.3MPa，但是在高围压条件下，其三轴抗压强度较高，且随着围压增大，岩石抗压强度参数显著增大。抗剪强度指标之一的黏聚力达到 20MPa 以上，而内摩擦角平均不到 35°。整体呈现为高围压下塑性强，抗剪强度大，难以形成复杂剪切缝的状态(图 6)。

通过深层抗压强度随围压变化曲线图可见，抗压强度 240～380MPa，杨氏模量 35～50GPa，残余应力 240MPa，说明在真实储层围压中表现出更高抗压，更强塑性，造缝难，缝宽较窄的特点(图 7)。

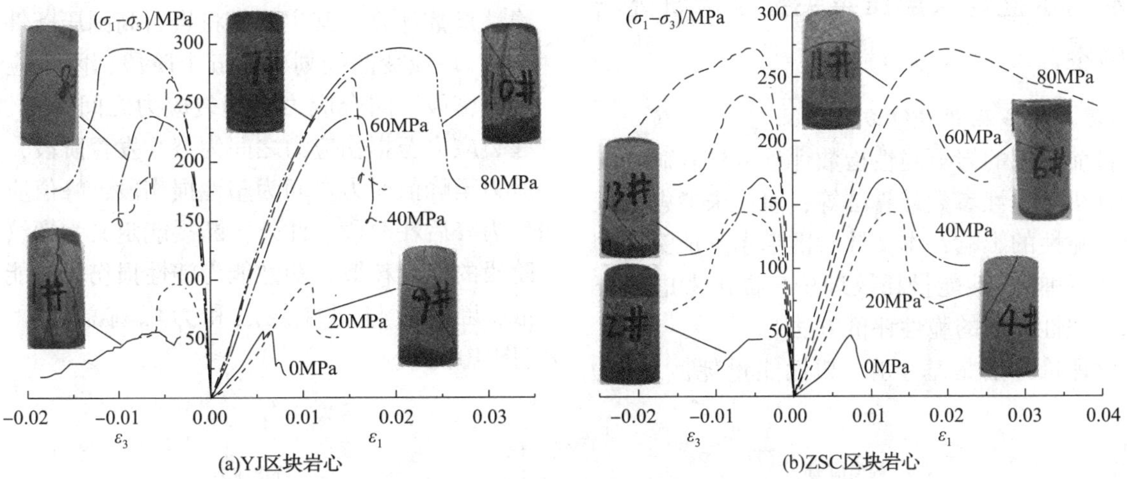

(a)YJ区块岩心　　(b)ZSC区块岩心

图 6　准中深层三轴压缩测试应力应变曲线及破裂模式

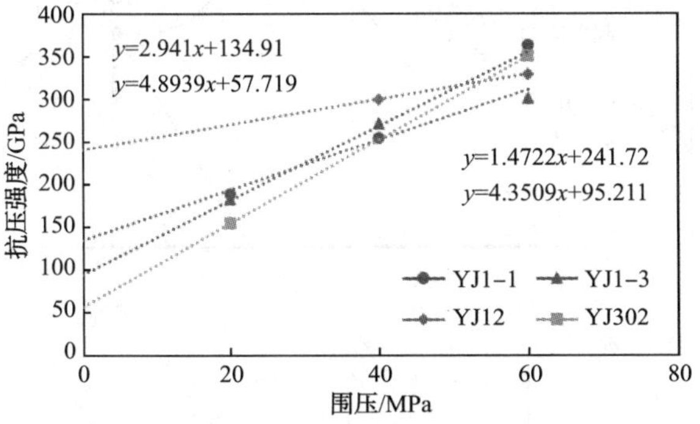

图 7　准中深层抗压强度随围压变化曲线图

2.3　高围压下孔隙及渗流特征分析

根据扫描电镜看出，准中深层主要喉道类型为片状喉道为主，具有孔隙极小、喉道极细的特点，导致储层连通性较差；储集空间以粒间孔、粒内溶孔为主，大部分地区储层由于塑性岩屑含量高且埋深大，因此压实作用强烈。少部分地区因脆性矿物解理、破碎，形成粒缘缝及微裂缝，是改善储层物性条件的重要因素(图 8)。

根据压汞试验得出，准中深层岩心毛管压力曲线形态为细歪度为主，孔喉尺寸分布较均匀，孔喉分选性差，孔喉半径介于 0.5~4.27μm，中值半径 0.08~0.42μm，排驱压力介于 0.8~1.0MPa，退汞效率介于15%~25%，属于Ⅱ类中低-低孔细喉型和Ⅲ类低-特低孔微细喉型，导致孔隙连通性较差，需要储层改造后方可实现有效流动(图 9)。

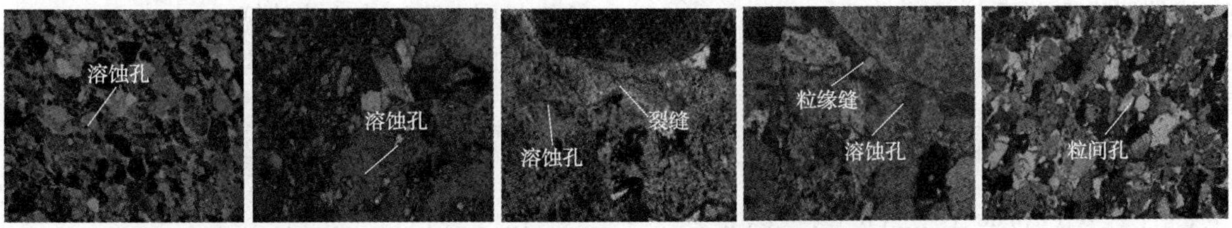

图 8　准中深层扫描电镜下孔隙特征

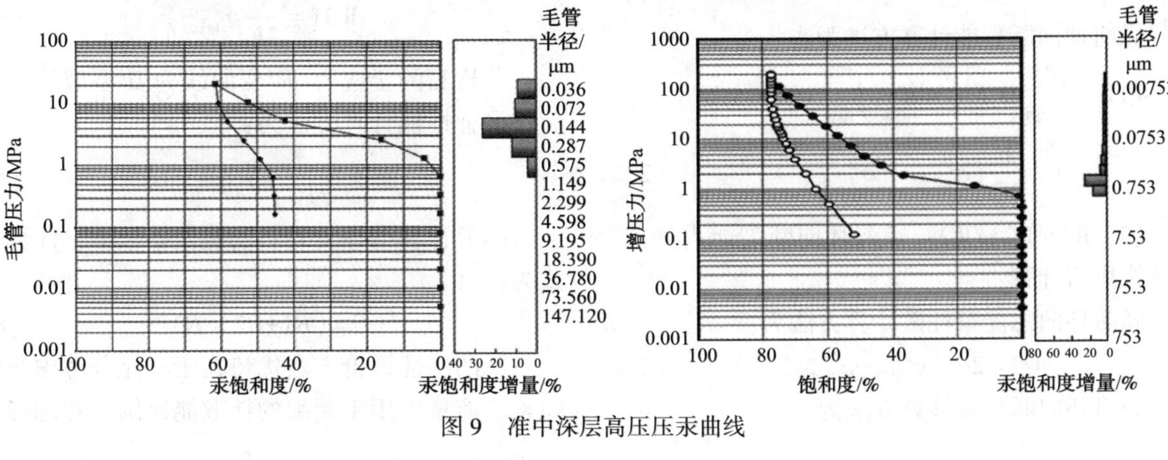

图 9　准中深层高压压汞曲线

3 准噶尔盆地深层压裂关键技术研究与成果

3.1 深层岩石脆性评价方法建立

目前常用的岩石脆性指数评价方法有矿物成分计算法、弹性参数计算法等，但均未考虑围压对岩石脆性的影响，本文针对准噶尔盆地深部储层，基于弹-塑性能量耗散理论，提出考虑围压与峰后塑性耗散的脆性评价方法。

此评价方法是基于弹-塑性能量耗散理论，并通过三轴力学试验的应力-应变测试曲线完成脆性指数计算。其主要是将岩石高围压条件下的全应力-应变曲线划分为五个阶段，闭合应力前为压密段，闭合应力至起裂应力之间为弹性段，起裂应力至损伤应力之间为裂纹发育阶段，损伤应力至峰值应力之间为塑性损伤段，峰值应力之后为峰后耗散段。此外，断裂能定义为裂纹发育阶段的能量耗散，塑性能为塑性损伤段的能量耗散，断裂能与塑性能之和为峰前总能量耗散（图 10）。

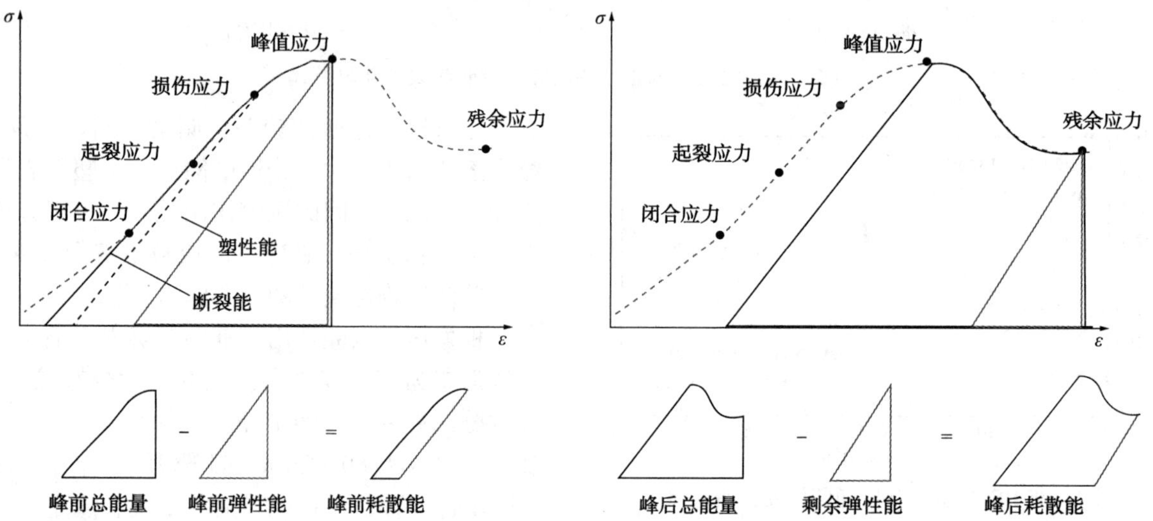

图 10　基于弹-塑性能量耗散理论的脆性评价方法原理

并根据上述五个阶段，开展峰前轴向断裂能、峰前环向耗散能和峰后耗散能等相关计算，并完成储层脆性表征：

（1）$B1=W11/W1$，峰前轴向断裂能占峰前耗散能比值计算：

峰前轴向总能量耗散计算方法为：

$$W1=\int_{\text{起裂}}^{\text{峰值}}\sigma_1(\varepsilon_1)\mathrm{d}\varepsilon+\frac{1}{2E}(\sigma_{1\text{起裂}}^2-\sigma_{1\text{峰值}}^2) \quad (1)$$

峰前轴向断裂能计算方法为：

$$W11=\int_{\text{起裂}}^{\text{峰值}}\sigma_1(\varepsilon_1)\mathrm{d}\varepsilon-\int_{\text{损伤}}^{\text{峰值}}\sigma_1(\varepsilon_1)\mathrm{d}\varepsilon+\frac{1}{2E}(\sigma_{1\text{起裂}}^2-\sigma_{1\text{损伤}}^2) \quad (2)$$

（2）$B2=W21/W2$，峰前环向断裂能占峰前耗散能比值计算：

峰前环向总能量耗散计算方法为：

$$W2=2\sigma_3(\varepsilon_{2\text{起裂}}^2-\varepsilon_{2\text{峰值}}^2) \quad (3)$$

峰前环向断裂能计算方法为：

$$W21=2\sigma_3(\varepsilon_{2\text{起裂}}^2-\varepsilon_{2\text{损伤}}^2) \quad (4)$$

（3）$B3=W3/(W3+W31+W32)$，峰后轴向耗散能与剩余弹性能比值计算：

峰后耗散能计算方法为：

$$W3=\int_{\text{峰值}}^{\text{残余}}\sigma_1(\varepsilon_1)\mathrm{d}\varepsilon+\frac{1}{2E}(\sigma_{1\text{峰值}}^2+\sigma_{1\text{残余}}^2) \quad (5)$$

峰后剩余弹性能计算方法为：

$$W31=\frac{1}{2E}\sigma_{1\text{残余}}^2 \quad (6)$$

若岩石的全应力-应变曲线为 II 型破坏，峰后过剩弹性能计算方法为：

$$W32=\int_{\text{破坏}}^{\text{残余}}\sigma_1(\varepsilon_1)\mathrm{d}\varepsilon \quad (7)$$

（4）计算待评价岩石的脆性指数 B，计算公式为：

$$B=(B1+B2)/B3 \quad (8)$$

新的脆性评价方法优势在于，充分考虑峰前积累总能量中用于断裂的耗散能比例，考虑峰后剪切滑移耗散能比例，通过考虑围压对环向应变能的影响，考虑地应力条件对岩石脆性的影响，根据新的脆性指数评级方法评级准噶尔盆地深层岩石，结果显示整体脆性较低，体现出深层岩石在高围压下的塑性变强(表 1)。

表 1　准噶尔盆地深层部分地区储层的脆性评价结果

井号	$B1$	$B2$	$B3$	能量耗散理论计算 B
ZSCSGH	0.32	0.76	0.37	0.03
ZSCQG	0.31	0.85	0.43	0.04
ZSCBDW	0.52	0.86	0.60	0.06
YJ1-1	0.49	0.86	0.61	0.06
YJ1-3(L)	0.58	0.87	1.14	0.13
YJ12	0.54	0.82	1.04	0.12
YJ302	0.44	0.83	1.67	0.20
YJ1-3(H)	0.68	0.77	3.73	0.39

3.2　准噶尔盆地深层裂缝扩展规律研究

走滑断层应力情况下的裂缝扩展规律：物模结合 CT 扫描，完成切片三维重构，获取裂缝扩展路径。模拟走滑断层应力分布($SH=45$MPa，$Sv=40$MPa，$Sh=25$MPa)。黏度选择 1mPa · s、10mPa · s、50mPa · s，不同排量，结果如图 11 所示。结果显示走滑断层应力状态下，裂缝形态仍以沿着最大主应力方向的垂直缝为主，裂缝为双翼单缝。

不同天然裂缝下真三轴压裂裂缝扩展规律：通过水泥试样浇筑时预置纸片、亚克力板模拟天然或填充裂缝，开展真三轴物模实验结合压后 CT 扫描，完成三维裂缝面描述。重构结果显示：高围压以沿着最大主应力方向的垂直单一缝为主，天然裂缝的开度对裂缝扩展影响较大，大尺度裂缝下裂缝有较多分支偏转(图 12)。

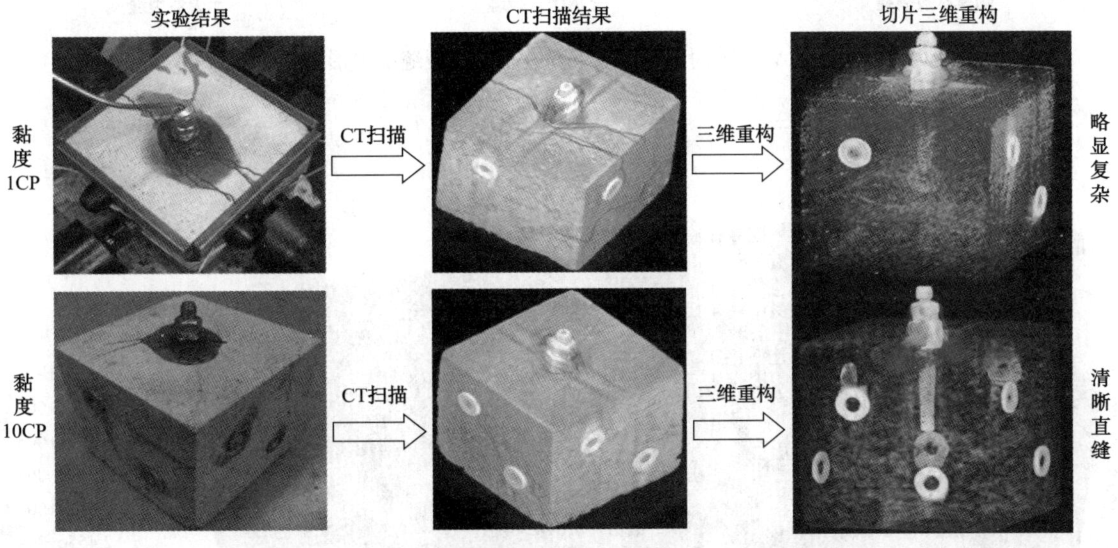

图 11　不同参数下走滑断层裂缝扩展形态

3.3　准噶尔盆地深层裂缝复杂化研究

基于宏观物模裂缝扩展结果，完成裂缝扩展耦合算法反演(公式 9)，建立超深层原位工程尺度下的裂缝扩展数值模型(图 13)，模型 X、Y、Z 方向尺寸分别为 500m、270m、100m，划分为 900000 个单元网格。模型垂向应力为 130MPa，最大水平主应力为 140MPa，最小水平主应力为 115MPa，水平应力差为 25MPa，储层渗透率为 0.1mD，完成裂缝复杂缝工艺参数研究。

$$\sigma_\theta=-\frac{1-3m^2+2m\cos2\theta}{1+m^2-2m\cos2\theta}p_{\text{net}}+\frac{1-m^2-2m+2\cos2\theta}{1+m^2-2m\cos2\theta}\sigma_h+\frac{1-m^2+2m-2\cos2\theta}{1+m^2-2m\cos2\theta}\sigma_H \tag{9}$$

$$\sigma_\rho=-p_{\text{net}},\ \tau_{\rho\theta}=0$$

三维模型完成排量和黏度对裂缝复杂性的模拟，并绘制复杂性关系图版，结果显示施工排量 $25m^3/min$ 或压裂液黏度为 5mPa · s 时，FCI 值接近到 0.3，而目前施工工况难以满足参数要求，可知预置低黏流体预先干预近井孔隙压力，降低有效应力从而提高缝网复杂性，模拟显示在水平应力差是 25MPa 条件下，近井带约 30~40m 内具备裂缝转向的条件(图 14、图 15)。

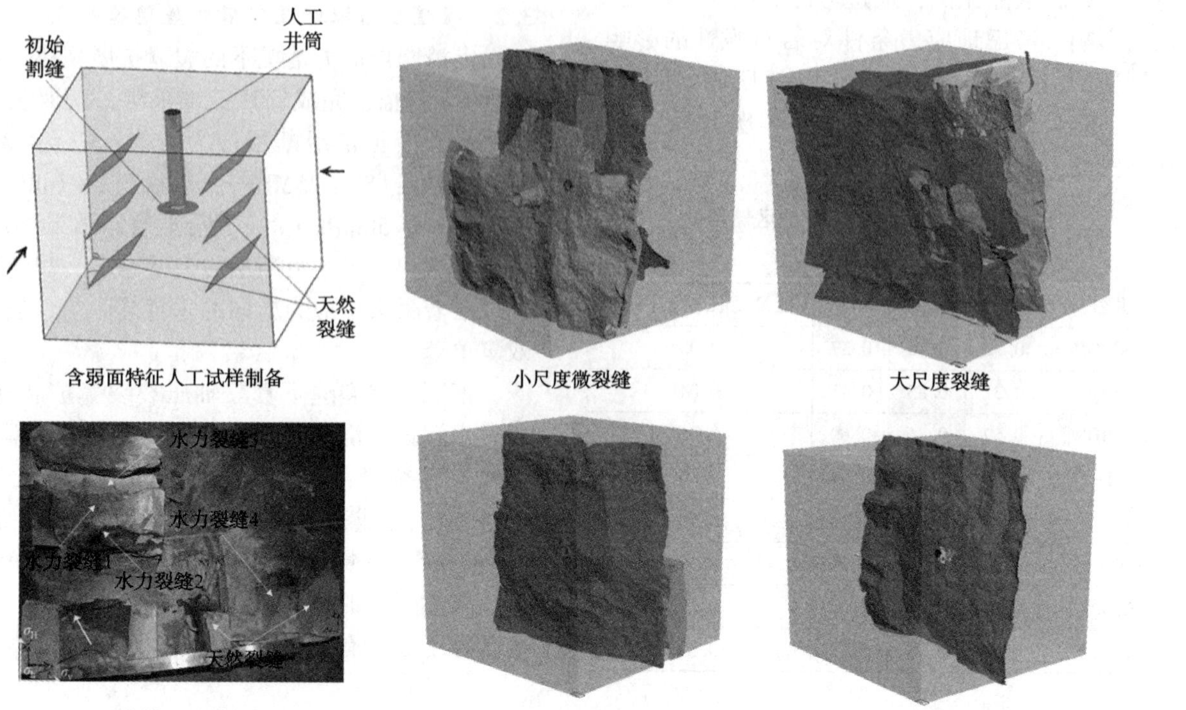

图 12　不同天然裂缝下真三轴压裂裂缝扩展形态

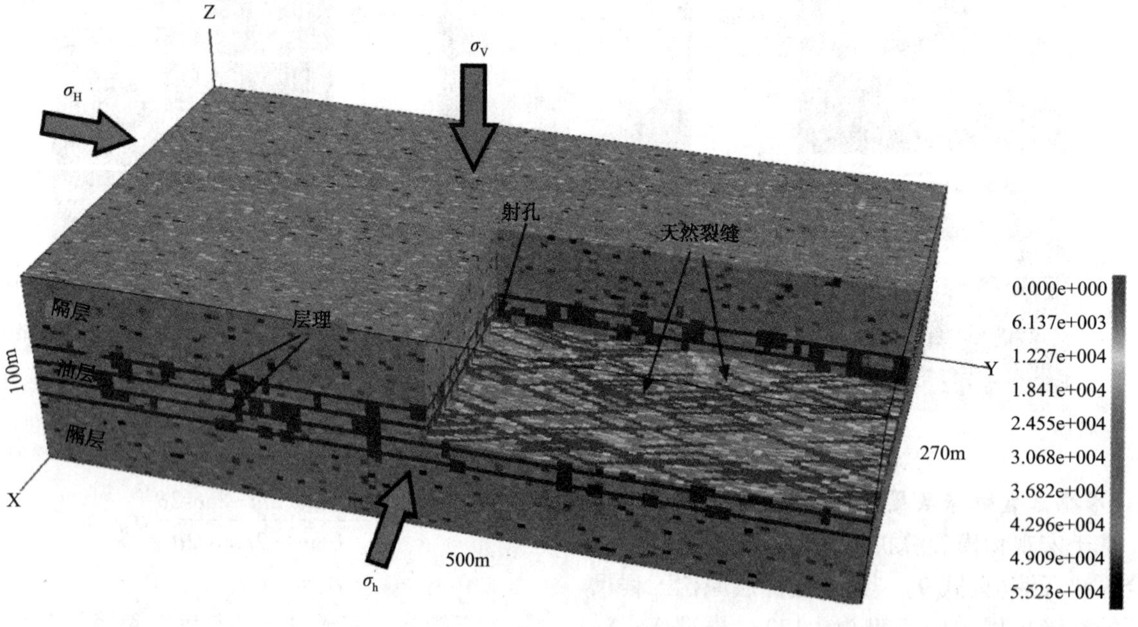

图 13　水力压裂三维数值计算模型

3.4　准噶尔深层低伤害一体化压裂液体系研发

研发 NaCl、KCl、HCOOK 和 HCOONa 加重，密度 1.2～1.4g/cm^3 的一体化体系，成本降低 40%以上，加重滑溜水降阻率 70%～78%，可降低施工压力 10～16MPa。

开展不同加重盐配置的压裂液破胶液(过滤残渣后)岩心水敏伤害实验，均会导致 KCl 溶液流速降低，产生水敏伤害。通过岩心 CT 扫描，破胶液固相残渣对岩心基质的侵入滞留，岩心伤害率 10%～18%，整体低于 20%(图 16)。

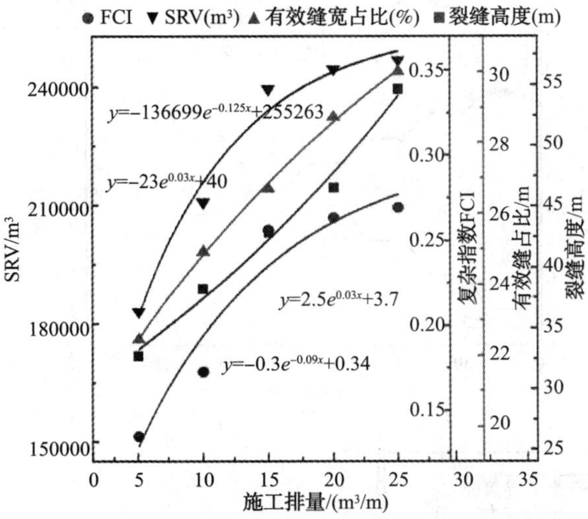

图 14　排量与裂缝复杂性关系图版

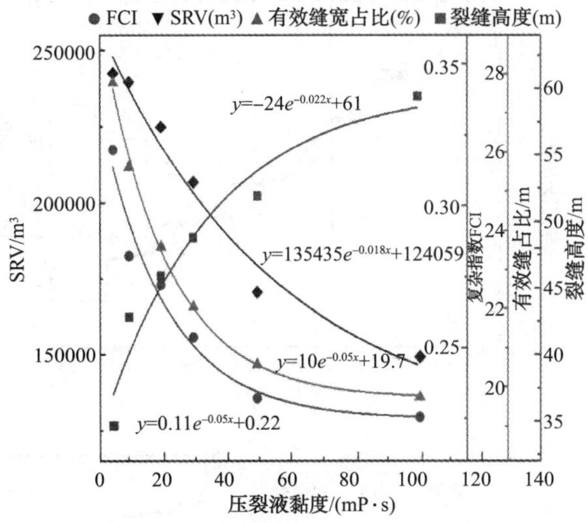

图 15　黏度与裂缝复杂性关系图版

图 16　压裂液伤害前后岩心 CT 扫描

4　初步形成准噶尔盆地深层长缝体积压裂技术体系

4.1　形成深层支撑裂缝导流能力优化技术

针对准中深层人工裂缝支撑稳定性差的问题，开展不同陶粒[30/50 目(86MPa)、40/70 目(103MPa)、70/140 目(103MPa)]在不同围压下的导流能力对比，高闭合压力下 103MPa 小粒径陶粒仍能保持 45%的导流能力，因此建议对于高闭合深井采用 103MPa 小粒径陶粒作为主要支撑剂(图 17)。

通过不同铺砂浓度的导流实验结果，随着闭合压力升高，高铺砂浓度整体导流能力相对较高，因此认识到主缝支撑时应通过提高段塞砂量及整体砂比(图 18)。

4.2　形成循环泵注法降压扩缝技术

开展不同泵注方式条件下深部储层(围压 50MPa，轴压 56.5MPa)水力裂缝起裂及扩展规律研究。结果发现，采用循环泵注方式，注入过程会对井筒近场围岩产生形变，当由于泵压循环试验破裂时，对应径向应变有明显的突变点，产生了宏观压裂缝面。其中，最大流体压力 90% Pb = 92.07MPa 的条件下，高压段(5s)，低压段(15s)，试样经历 7 次循环后试样发生破裂，依次降低最大流体压力，最大流体压力 80% Pb = 81.84MPa、70% Pb = 71.61MPa 的条件下，试样需经历 37、44 次循环后破裂。

通过声发射数据显示，在水压初始加载阶段，试样中主要发育小尺寸微裂缝拉伸裂纹，但拉伸裂纹仅在不稳定生长阶段产生声发射，在临近试样破裂阶段，由于裂纹的快速扩张和聚结，加上闭合裂纹面之间的剪切摩擦，试件内部应变能迅速释放，声发射能量急剧增加，呈现出跳跃增加并达到顶峰，表明径向应变出现明显突变点，产生宏观裂缝面(图 19)。

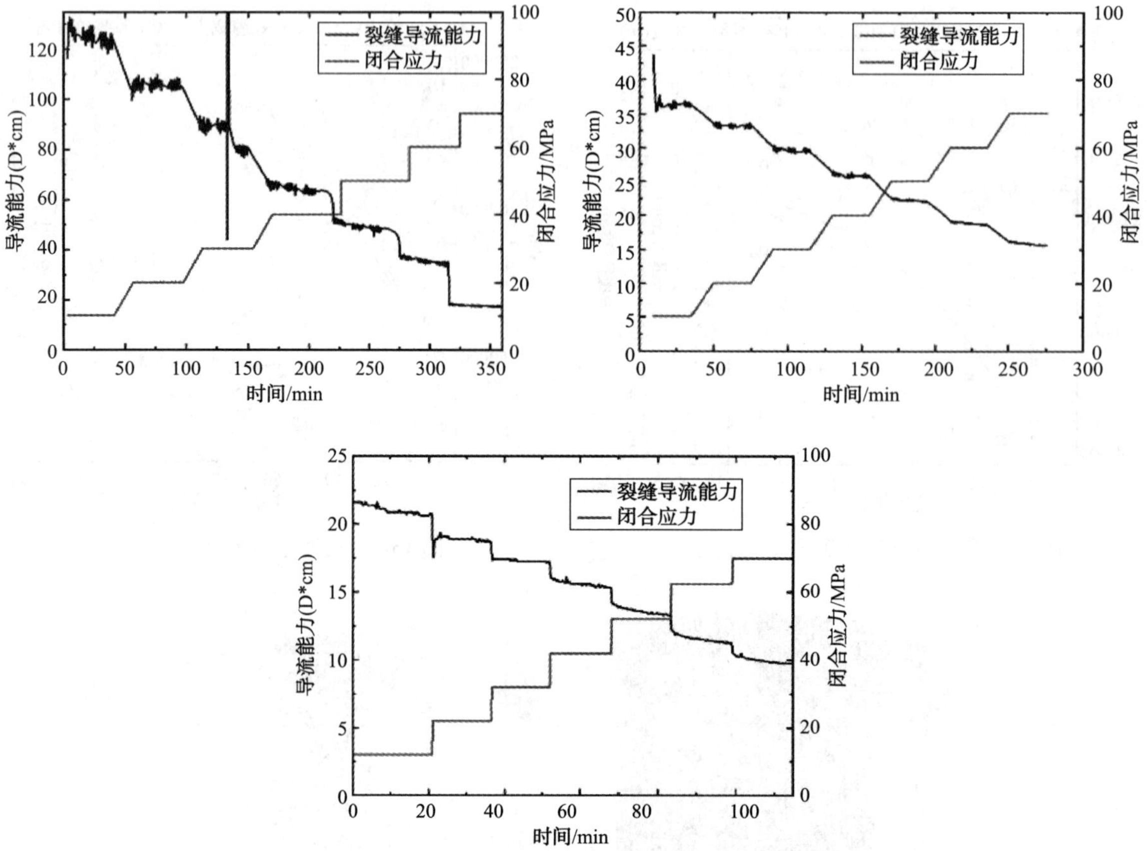

图 17　30/50 目(86MPa)、40/70 目(103MPa)和 70/140 目(103MPa)导流能力

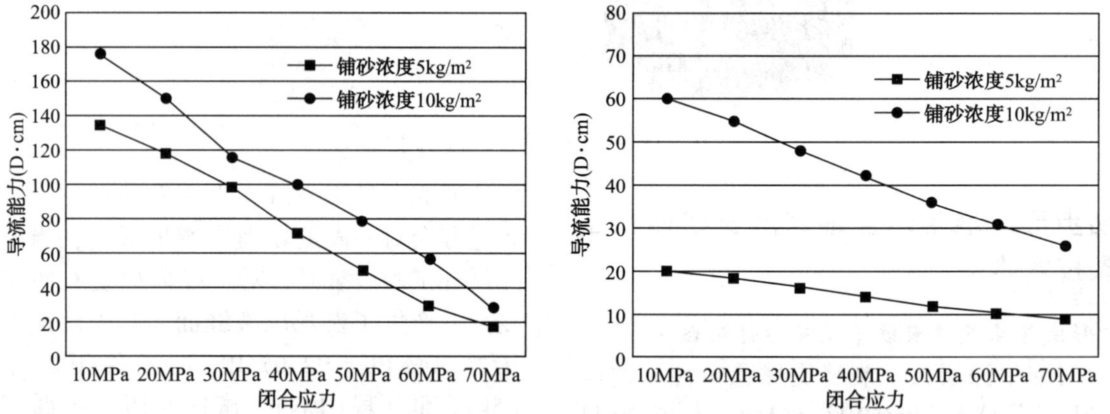

图 18　30/50 目(86MPa)、40/70 目(103MPa)不同铺砂浓度下的导流能力

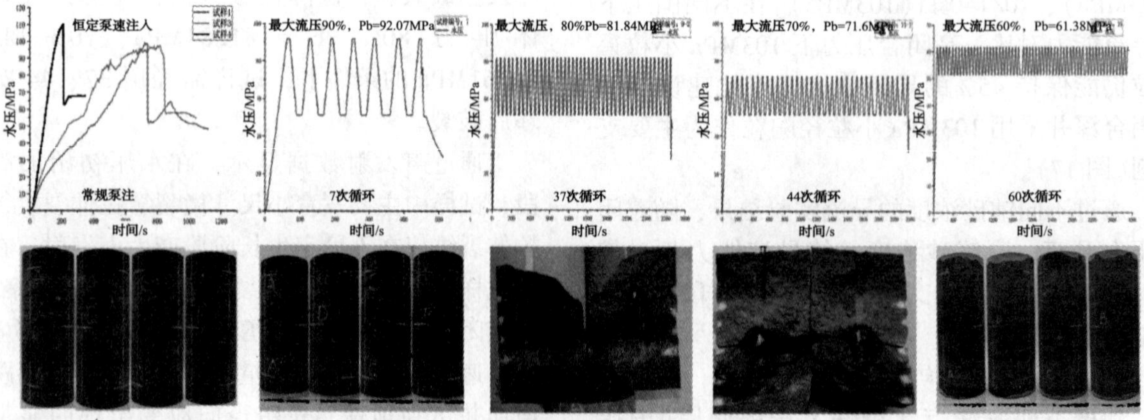

张拉缝，裂缝复杂度较低　宏观压裂缝面　宏观压裂缝面，复杂度高　宏观压裂缝面，复杂度高　未发生破裂

图 19　循环泵注时间曲线及裂缝特征

4.3 形成前置二氧化碳降压扩缝技术

在相同三向地应力加载条件，开展线性胶、滑溜水及超临界二氧化碳压裂裂缝扩展试验。通过泵压特征看，高粘压裂液对应破裂压力值更高，超临界 CO_2 对应的破裂压力峰值最低。从裂缝形态特征看，线性胶、滑溜水裂缝简单，以主纵向压裂缝为主，小范围的天然裂缝开启；超临界二氧化碳激活了较多的天然裂缝，裂缝形态更加复杂(图 20)。

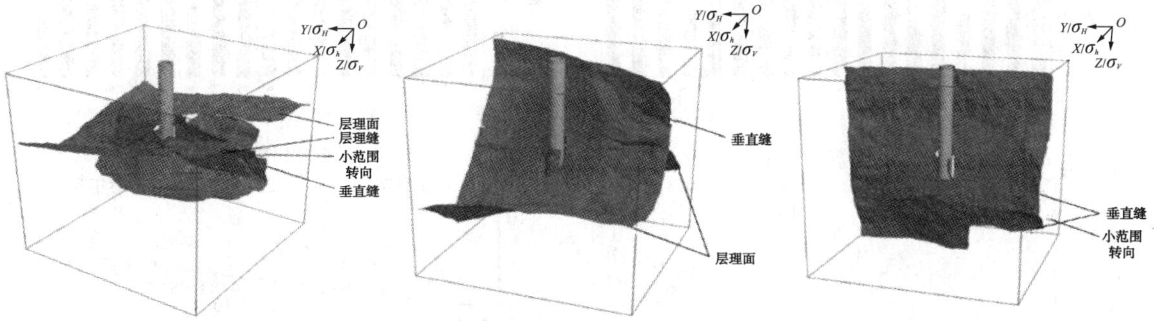

(a)超临界二氧化碳致裂特征　(b)滑溜水致裂特征　(c)线性胶致裂特征

图 20　不同流体起裂裂缝形态扫描图

4.4 研发活性硅点纳米渗吸剂

针对地层水矿化度高，常规渗吸剂易乳化，研发耐温 150℃，耐盐 70000mg/L 的渗吸剂；室内岩心渗吸采出程度达 38.9%，乳化率仅 7%。

不同渗吸驱油体系采收率对比，如图 21 所示，实验方法如图 22 所示。

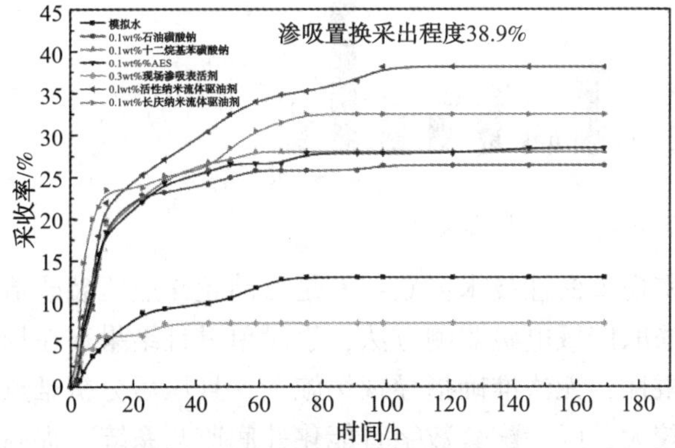

图 21　不同渗吸驱油体系采收率对比

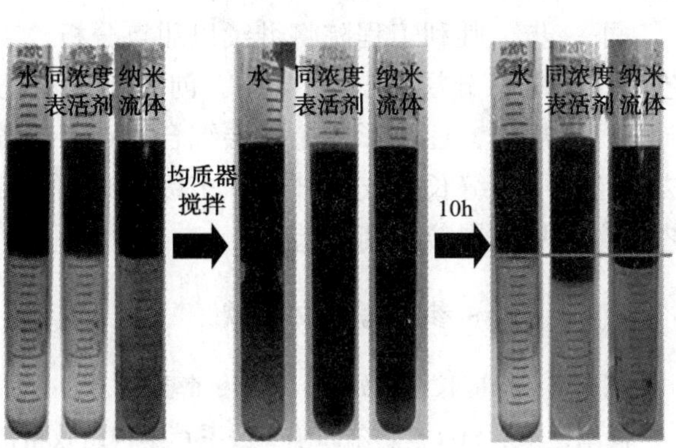

图 22　水油体积比 2∶1，60℃静置 10h

4.5 形成不同类型储层压裂技术体系

针对准噶尔盆地侏罗系储层，虽然埋深相对较浅，但闭合应力梯度较高，储层塑性强，裂缝不发育，水平应力差大，目前创新提出“前置 CO_2 降破扩缝+二次压裂强制转向+大段塞强支撑高导流+渗吸闷井置换”的压裂技术体系，提高裂缝有效支撑，加快油水置换效率。

针对准噶尔盆地二叠系、三叠系储层，埋深突破 6000m 以深，以凝析气藏为主，闭合压力高，有一定裂缝发育，创新提出“预置低黏液裂缝复杂化+大砂量长段塞连续铺砂+低摩阻压裂液有效携砂+广域电磁裂缝监测识别裂缝”的压裂技术体系，在保证缝长的同时尽可能提高裂缝复杂程度。

5 矿场实验效果

“十四五”以来，准噶尔盆地深层储层压裂改造已实践近 20 井次，压后产液量较“十三五”期间提高 10 倍以上，其中 ZS1 井在石炭系实现压裂深度突破 7800m，压裂深度、规模、排量等多项指标打破了目前中石化压裂记录。2023 年试油的 HS5 井，目的层段位于二叠系风城组，埋深 5500m。采用“长缝深穿透压裂+纳米渗吸”的压裂工艺，实现了纵向上大跨度的有效改造，压后峰值日油 112m³，创造了准噶尔盆地胜利探区压裂产量纪录(图 23)。

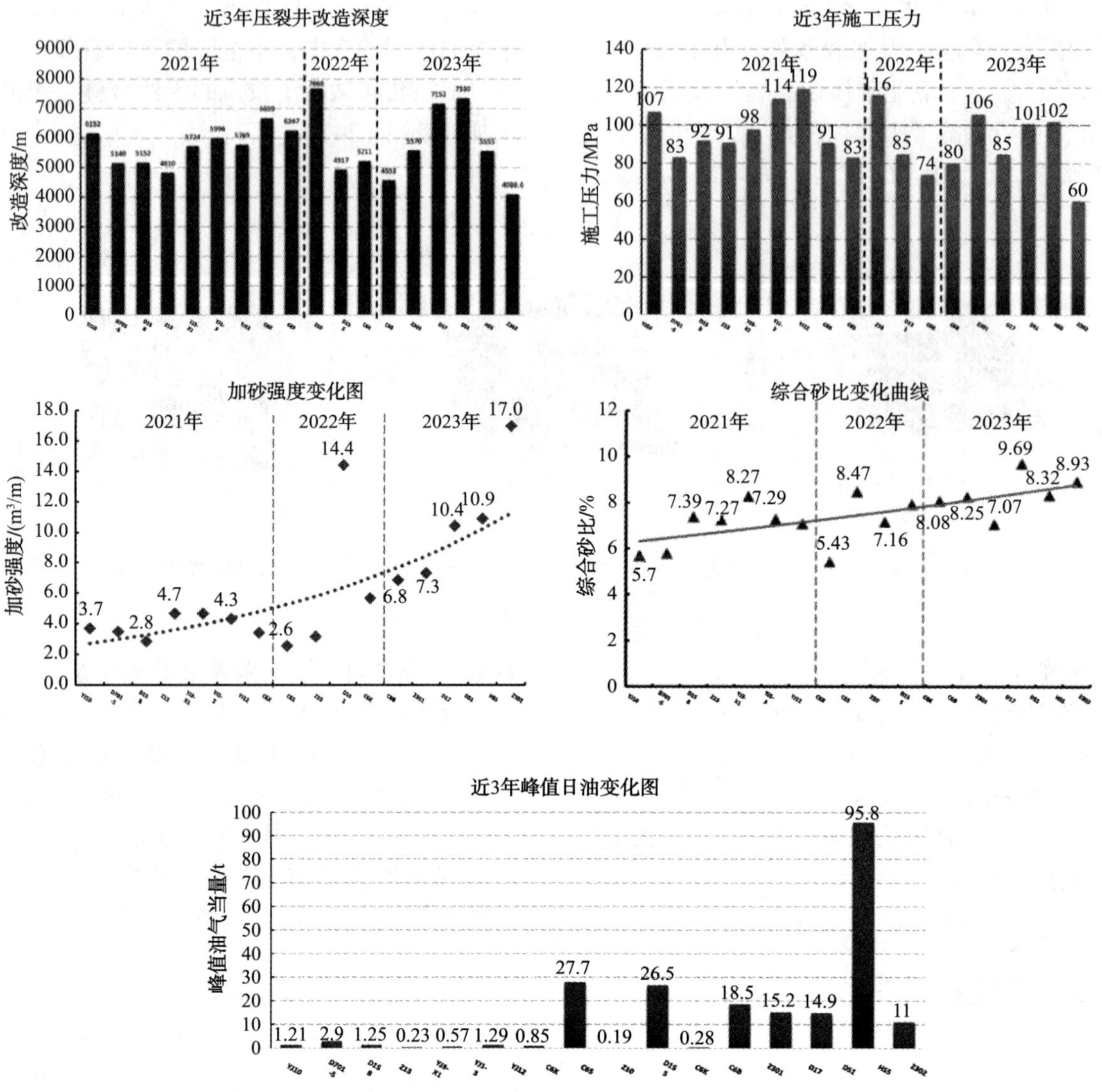

图 23　胜利西部探区近 3 年深层压裂改造矿场实验结果

6　总结及建议

西部深层致密砂岩，经历了“十四五”期间的技术攻关，目前逐步向“压的好”方向攻关，其主要改造矛盾和难点为：一是资源储备不足，甜点认识不足，工程甜点与地质甜点匹配度差；二是针对更差品质的胜利准中下组合超深层，应致力于更大缝控体积及裂缝导流的压裂改造，因此有必要从裂缝扩展及裂缝导流等机理研究出发，开展下组合超深层大规模强化体积压裂技术研究；三是深层水平井作为勘探部署重要一环，在大应力差下水平井裂缝形态不清楚，分层、分段、布缝等工作需提速攻关；四是储层埋藏深地应力高，压裂改造时存在压力高无法提高单簇排量、裂缝形态简单、缝口支撑不足，地层能量低压后压力和产量难以维持，亟待创新型压裂工艺实现革命性技术突破；五是目前超深层压裂改造采取广域电磁监测方法，手段单一且结果存在局限性，无法准确指导现场施工，且压后分析难点较大，亟待配套数字智能化井底监测系统，提高监测。

下一步，胜利工程院将继续以甜点分析、工艺迭代、精细分层、长效支撑、创新工艺为方向，开展规划，逐步形成超深层综合甜点评价方法、超深层裂缝长效支撑技术、多级实时暂堵工艺，实现甜点层位均衡改造。

参　考　文　献

[1] 蒽克来，操应长，朱如凯，邵雨，薛秀杰，王小军，高阳，张景．吉木萨尔凹陷二叠系芦草沟组致密油储层岩石类型及特征[J]．石油学报，2015，36(12)：1495-1507.

[2] 匡立春，唐勇，雷德文，等．准噶尔盆地二叠系咸化湖相云质岩致密油形成条件与勘探潜力[J]．石油勘探与开发，2012.
[3] Mark M B E Moen K. Compaction microstructures in quartz grains and quartz cement in deeply buried reservoir sandstones using combined petrography and EBSD analysis[J]. Journal of Structural Geology. 2007 29(11)：1843-1854.
[4] Nelson R A. Geologic analysis of naturally fractured reservoirs[M]. Houston：Gulf Professional Publishing，2001：332.
[5] 李华阳，周灿灿，李长喜，李潮流，石玉江，王长胜．致密砂岩脆性指数测井评价方法——以鄂尔多斯盆地陇东地区长 7 段致密砂岩储集层为例[J]．新疆石油地质，2014，35(05)：593-597.
[6] 郭旭光，牛志杰，王振林，等．岩石脆性预测在吉木萨尔凹陷致密油勘探中的应用[J]．地质与勘探，2015，51(3)：592-598.

西湖凹陷杭州斜坡深层-超深层油气勘探重要突破与启示

李　宁　张　武

[中海石油(中国)有限公司上海分公司]

摘　要　西湖凹陷杭州斜坡埋深近5000m、温度179.4℃地层发现商业天然气藏，但深埋、高温条件下规模性优质气藏成因与发育模式不明确。通过铸体薄片、扫描电镜、物性测试、油气地化测试等实验分析，结合构造演化及沉积充填特征，论述西湖凹陷杭州斜坡深层-超深层气藏特征、优质储层成因及气藏成藏模式。结果表明，西湖凹陷杭州斜坡深层-超深层发育低渗-中渗气藏，巨厚辫状河道砂体、绿泥石包膜及近洼早期油气充注共同控制了杭州斜坡优质储层的发育；大断裂下降盘可容纳空间大有利于富砂背景下规模盖层的形成，中成岩B期河道侧缘粉、细砂岩演化至致密层也能成为有效盖层；控洼断裂下降盘厚层烃源岩叠加高地温促使平湖组煤系烃源岩快速生烃，近源近断强充注成藏。明确了深层-超深层优质储层形成条件及富砂背景下储盖组合特征，理清了成藏过程与富集规律。从资源潜力来看，西湖凹陷深层-超深层油气资源占比77%，是未来最重要的增储领域之一。

关键词　西湖凹陷；深层-超深层；优质储层；成藏过程；勘探方向

Important breakthrough and revelation in deep and ultra-deep oil and gas exploration of Hangzhou slope in Xihu Sag

Li Ning　Zhang Wu

(Shanghai Branch of CNOOC Ltd.)

Abstract　Commercial natural gas reservoirs have been found in Hangzhou slope in Xihu Depression with a depth of nearly 5000m and a temperature of 179.4℃, but the genesis and development model of large-scale high-quality gas reservoirs under deep buried and high temperature conditions are unclear. Based on the experimental analysis of cast thin section, scanning electron microscope, physical property test, oil and gas geochemical test, combined with the structural evolution and sedimentary filling characteristics, the characteristics of deep-deep gas reservoir, high-quality reservoir genesis and reservoir formation model of Hangzhou slope in Xihu Depression are discussed. The results show that low-medium permeability gas reservoir is developed in deep and ultra-deep strata of Hangzhou slope in Xihu Sag, and the development of high quality reservoir of Hangzhou slope is controlled by thick braided channel sand body, chlorite envelope and early oil and gas charging near the depression. The large space of the downthrown side of the major fault is conducive to the formation of large-scale cover layer in the sand-rich background, and the silty and fine sandstone on the channel side of the B stage of the middle diagenetic rock can also become the effective cover layer. The combination of thick layer source rocks and high geothermal temperature in the downthrown side of the depression fault promoted the rapid hydrocarbon generation of coal measure source rocks in Pinghu Formation, and the strong injection of near source and near fault to form reservoir. The formation conditions of deep-ultra-deep high-quality reservoirs and the reservoir-cap combination characteristics under the sand-rich background are clarified, and the accumulation process and enrichment law are clarified. From the perspective of resource potential, deep-ultra-deep oil and gas resources in Xihu Depression account for 77%, which is one of the most important areas for increasing storage in the future.

Key wordst Xihu sag; Deep and ultra - deep; Good quality reservoir; Reservoir forming process; Exploration direction

近10年来，深层-超深层油气在新增探明储量中占据主体地位，小于4000m、4000～6000m和大于6000m的层系天然气探明储量分别占新增探明储量的39%、40%和21%，当前，我国深层、超深层油气资源达671亿t油当量，占全国油气资源总量的34%，深层已成为中国油气勘探开发规模增储上产的重要领域。受益于水力压裂、水平井和分支井等技术的普及，先后在塔里木盆地、四川盆地、渤海湾盆地、鄂尔多斯盆地、松辽盆地等地区取得重大突破。全球新发现油气田不断向深层、深水发展，深层/超深层成烃及热演化机制、中成岩B期优质储层成因机理与成藏过程及油气富集规律是目前面临的重要挑战和亟待解决的问题。

东海盆地西湖凹陷主要目的层为古近系平湖组、新近系花港组，埋深多在3500～5000m，现今地温梯度2.8～4℃/100m，成岩演化程度高，整体属于低渗-致密储层。随着中浅层勘探目标钻探殆尽，资源结构及勘探实践证实深层/超深层已成为勘探的必然领域。西湖凹陷深层-超深层具有单井产能低、商业经济下限高的特点，储层品质及油气富集机理一直制约着油气深层/超深层的勘探开发效率。“十三五”以来，通过对深层-超深层优质储层成因、成藏富集机理等的系统研究，明确了杭州斜坡深层-超深层优质储层形成条件及富砂背景下储盖组合特征，理清了成藏过程与富集规律，为西湖凹陷深层/超深层勘探提供技术支撑。

1 地质概况

东海陆架盆地西湖凹陷是中国东部近海最大的含油气凹陷，总面积约$5.9\times10^4km^2$，盆地周缘为北部北部虎皮椒隆起、西部海礁隆起及渔山低凸起、东部钓鱼岛隆褶带，凹陷东西方向上划分位西部斜坡带、西次凹、中央反转构造带、东次凹和东部断阶带。西湖凹陷内以新生代碎屑沉积为主，沉积地层从老到新分别为始新统平湖组、渐新统花港组、中新统龙井组-玉泉组-柳浪组、上新统三潭组及更新统东海群(图1)。其中始新统平湖组和渐新统花港组是西湖凹陷深层-超深层主要的勘探层系，平湖组为三角洲-局限海沉积背景，储层主要发育于辫状河道、水下分流河道、潮汐砂坝及潮道等微相，岩性以厚层细-中砂岩、含砾砂岩为主，埋深超过4500～5000m依然具有自然商业产能；始新统平湖组同时发育一套煤系烃源岩，煤系地层分布范围广、厚度大，有机质类型主要为腐殖型和含腐泥的腐殖型，热演化程度已达高成熟-过成熟阶段，油气兼生以气为主。杭州斜坡构造渐新统花港组下段主力气藏为强物源供给的辫状河沉积体系，发育巨厚叠置河道砂体且分布稳定；平湖组上段气藏为辫状河三角洲沉积体系，发育厚层叠置河道砂体、储盖组合较花港组变好。

2 深层-超深层气藏特征

2.1 烃源岩特征

西湖凹陷平湖组为断-拗转换背景下发育的海陆过渡相煤系烃源岩，从平湖组的洼陷结构来看，从北到南分别为嘉兴25洼、宁波27洼、绍兴36洼和天台24洼。以钓鱼岛隆褶带为障壁体系，形成整个西湖凹陷的三角洲-潮坪-潟湖沉积体系。从斜坡到洼陷中央西湖凹陷平湖组发育两类烃源岩：一类是西部斜坡带偏氧化环境、以高等植物母质来源为主的三角洲-潮坪相煤系烃源岩；另一类是洼中带带弱还原-弱氧化环境、含一定低等水生生物母质来源的潮坪-潟湖相暗色泥岩烃源岩。HZ-A井未钻遇嘉兴25洼平湖组优质烃源岩，局部间湾泥壁心取样实测TOC均小于1%，利用油气样地化数据分析结果来看，平上段与花下段凝析油样生标特征相似，油中二萜类化合物含量高，以异海松烷为主，伽马蜡烷含量高，富含孕甾烷，甲基环己烷的相对质量分数在54%～56%之间为Ⅲ型母质；HZ-A井花下段、平上段气藏均取得工业气流，天然气样同位素 $\delta^{13}C_1$ －34.8‰～－35.5‰，$\delta^{13}C_2$ －23.7‰～－25.5‰，依据天然气成因图版(图2)，花下段天然气为煤成气，平上天然气为混合气，推测杭州斜坡为高等植物和低等生物的混合来源、以高等植物为主烃源岩供烃。

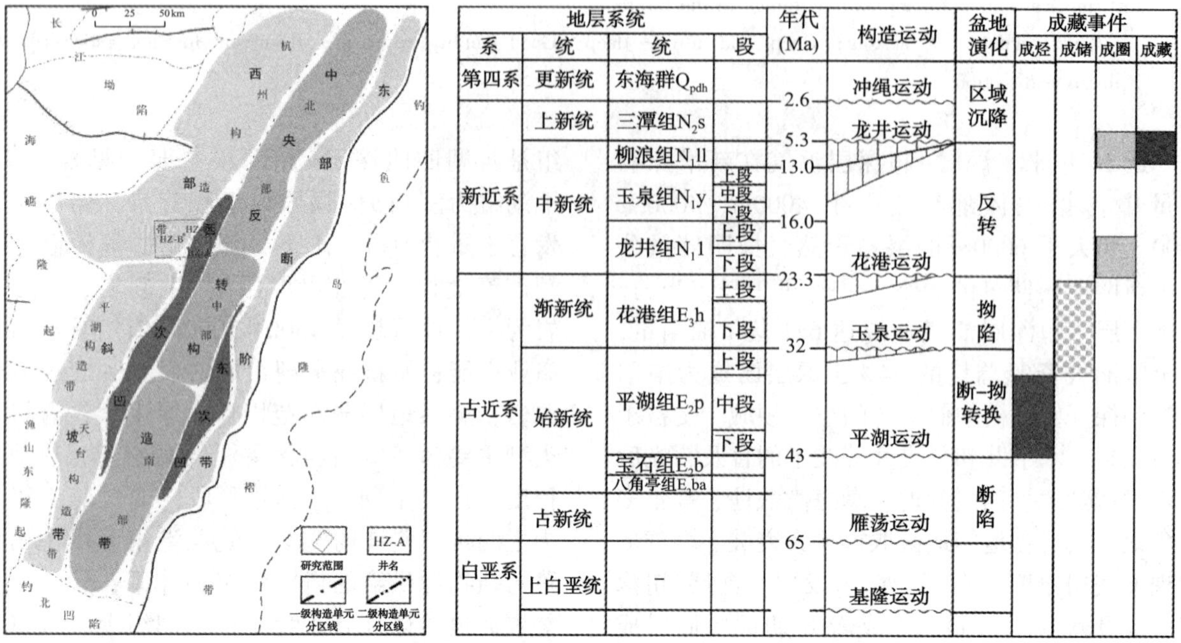

图 1　西湖凹陷杭州斜坡构造位置及地层简表

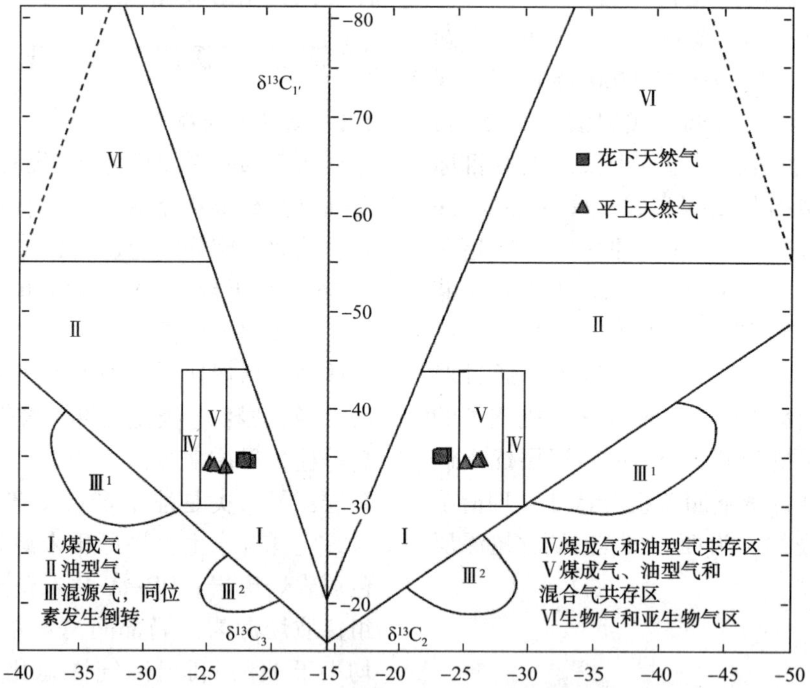

图 2　西湖凹陷 HZ-A 井天然气成因图版

2.2　储层特征

根据西湖凹陷平湖组、花港组储层以长石岩屑质石英砂岩为主。岩石组分中刚性颗粒含量占比较高，石英颗粒含量平均 63.6%，长石平均为 16.9%，岩屑平均 19.6%，岩屑以火山岩屑、变质石英岩屑为主。以细-中粒砂岩、中粒砂岩、含砾砂岩/砂砾岩为主。分选中-好，磨圆度主要为次棱-次圆。花下段泥质杂基平均含量 2.1%，平上段泥质杂基平均含量 0.3%。胶结物主要为碳酸盐胶结物(方解石、白云石)，平均含量为 4%，硅质平均含量为 3.5%，其他类型胶结物少见。

镜下微观特征显示，西湖凹陷平湖组、花港组组为孔隙型储层，储层在仍保留原始孔隙的前提下，大量发育粒间溶蚀孔、粒内溶孔和铸模孔(图 3A~3D)，局部孔隙被钙质胶结充填，粒间石英次生加大常见，花下段、平上段储层粒表均发育环边绿泥石包膜(图 3E、图 3F)，高岭石、丝状伊利石及微裂缝少见。

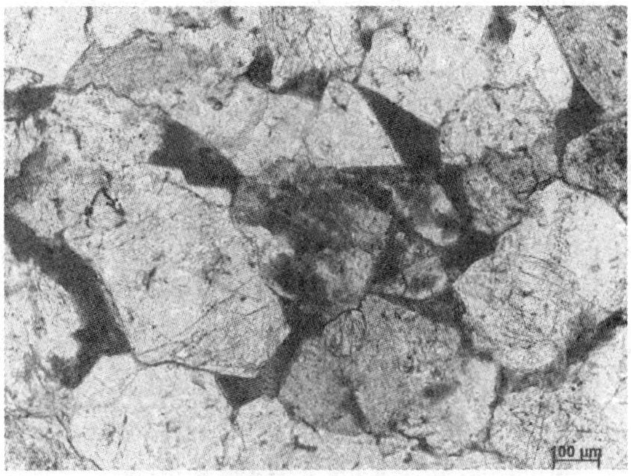

(a)HZ-A，花上段，4396m，溶蚀扩大孔发育，孔隙连通性好，10×10(-)

(b)HZ-A，花下段，4396m，原生孔隙发育，点-线接触，10×10(-)

(c)HZ-A，平湖组，4911.6m，长石、火山岩屑溶蚀孔隙发育10×10(-)

(d)HZ-A，平湖组，4911.6m，原生孔隙、喉道发育，点-线接触，10×10(-)

(e)HZ-A，花下段，4433.6m，见绿泥石包膜、次生石英，1000×

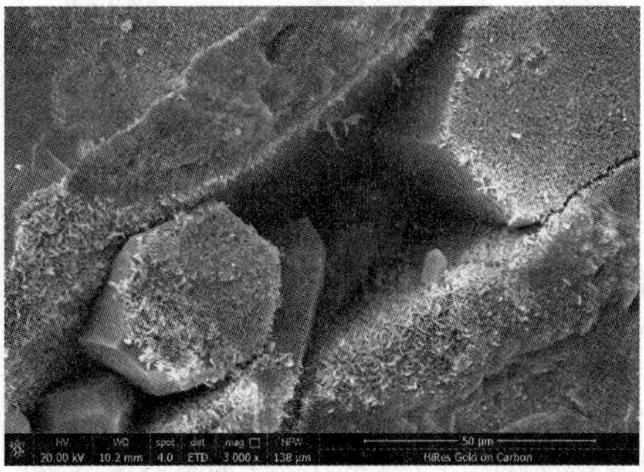

(f)HZ-A，P4，4911.6m，自生石英、丝状伊利石充填孔隙，3000×

图 3　西湖凹陷 HZ–A 深层–超深层储层孔隙微观特征

参照《海上石油天然气储量计算规范》中气藏储层物性划分标准，西湖凹陷将空气渗透率<10mD 储层划为低渗储层。西湖凹陷杭州斜坡壁心实测物性统计可以看出，平湖组储层孔隙度分布范围 5.7%~16.1%，其中孔隙度<15.0%的占到 82%；渗透率范围 0.17~40.2mD，其中渗透率<10mD 占到 36.4%，10~50mD 占到 63.6%。花港组储层孔隙度分布范围 4.9%~14.6%，其中孔隙度 10~15%占到 28%，渗透率范围 0.11~502mD，其中渗透率<10mD 占到 84.4%；从孔渗关系图来看，杭州斜坡孔渗相关性较差（R^2 = 0.47），孔隙度 5%~10%储层渗透率差异极大

（图 4）。纵向上，埋深超过 4200m 储层孔隙度多<10%，4200～5000m 发育大量低渗–中渗储层（图 5）。杭州斜坡地温梯度 3.35℃/100m，花下段、平上段主力气藏均进入中成岩 B 期，整体孔渗均保存较好，极高砂地比、强水动力淘洗使得该区黏土矿物胶结物质来源少，高刚性颗粒含量、低泥质杂基、弱胶结作用是西湖凹陷杭州斜坡深层–超深层然保留规模优质储层的物质基础。

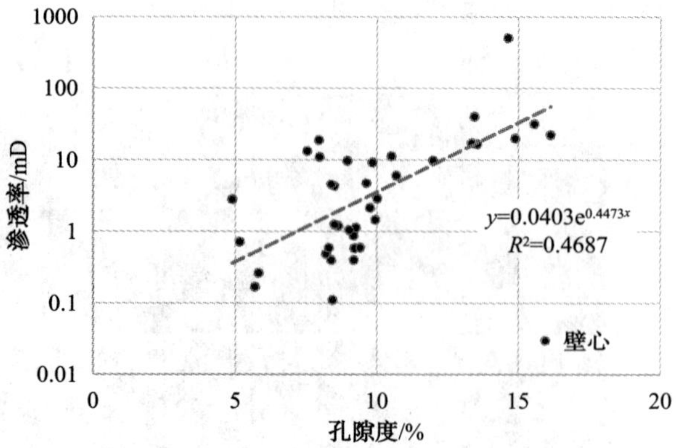

图 4　西湖凹陷 HZ–A 井储层孔渗关系

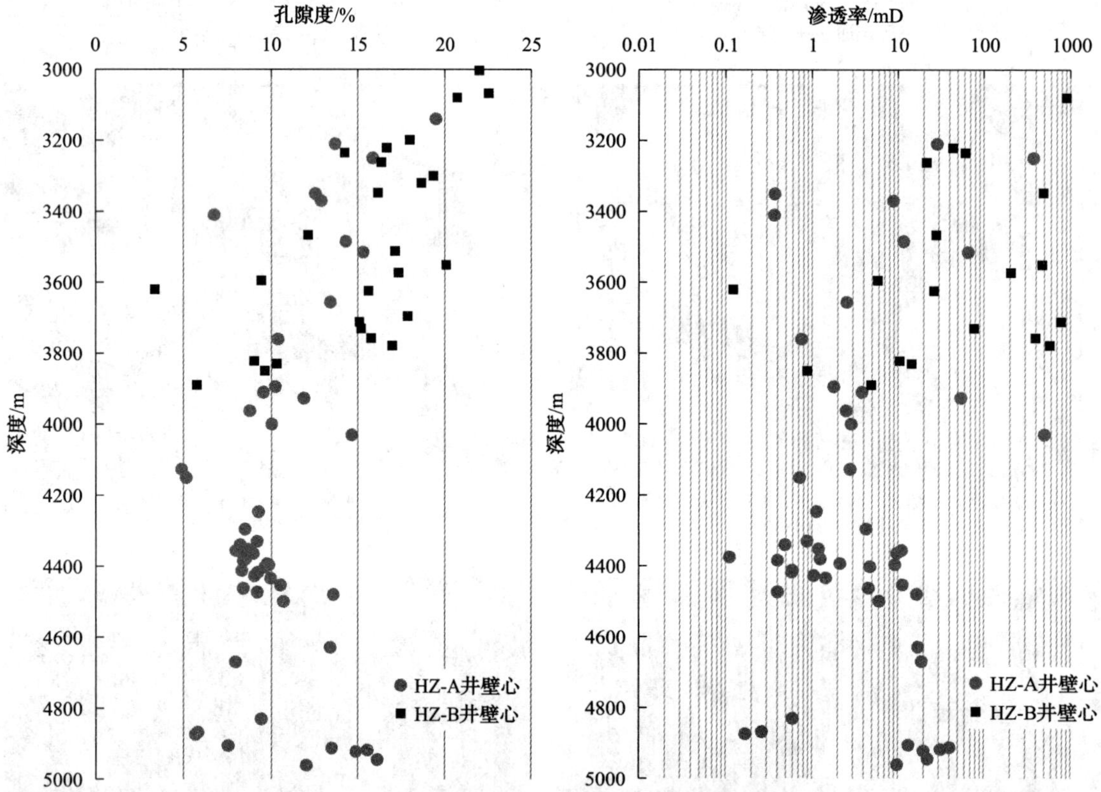

图 5　西湖凹陷杭州斜坡储层物性随深度变化图

2.3　成藏要素分析

西湖凹陷杭州斜坡埋深近 5000m、温度 179.4℃岩屑岩储层中发现孔隙型商业天然气藏，其优质储层成因、富砂背景下区域盖层发育条件、油气富集规律均有其独特性。本位重点从沉积水动力条件、油气充注抑制胶结作用及区域储盖条件等论述杭州斜坡深层–超深层成藏关键要素。

2.3.1　巨厚辫状河砂体

西湖凹陷杭州斜坡主要勘探层位平湖组、花港组埋深多在 4000m～5000m，压实减孔是储层物性变差主因，不同粒度储层抗压实能力有差异，从前人对粗粒砂岩、中粒砂岩和细粒砂岩进行常规三轴试验和三轴压缩全过程渗透试验，粒度越小砂岩内部颗粒排列越紧密，颗粒间接触面积更大，砂岩内部胶结程度更好，砂岩强度越大，同一埋深下粒度越细压实程度越高。从西湖凹陷 HZ–A 花港组储层综合柱状图可以看出（图 6），叠置砂体不同部位控制了储层渗透性，叠置河道中下部储层物性好。究其原因，叠置河道中下部发育中粗砂岩且淘洗干净，原始沉积条件决定了流体运移方式及差异胶结作用，同一套砂岩里离子总是在孔隙结构差的地方先富集，导致物性变差。另外，叠置河道中下部普遍发育绿泥石包膜（图 3E、图 3F），对硅质、丝状伊利石生长具有明显抑制作用。随着埋深的加大，粒度对物性的控制越来越明显，深层–超深层对粗相带的刻画尤为重要。

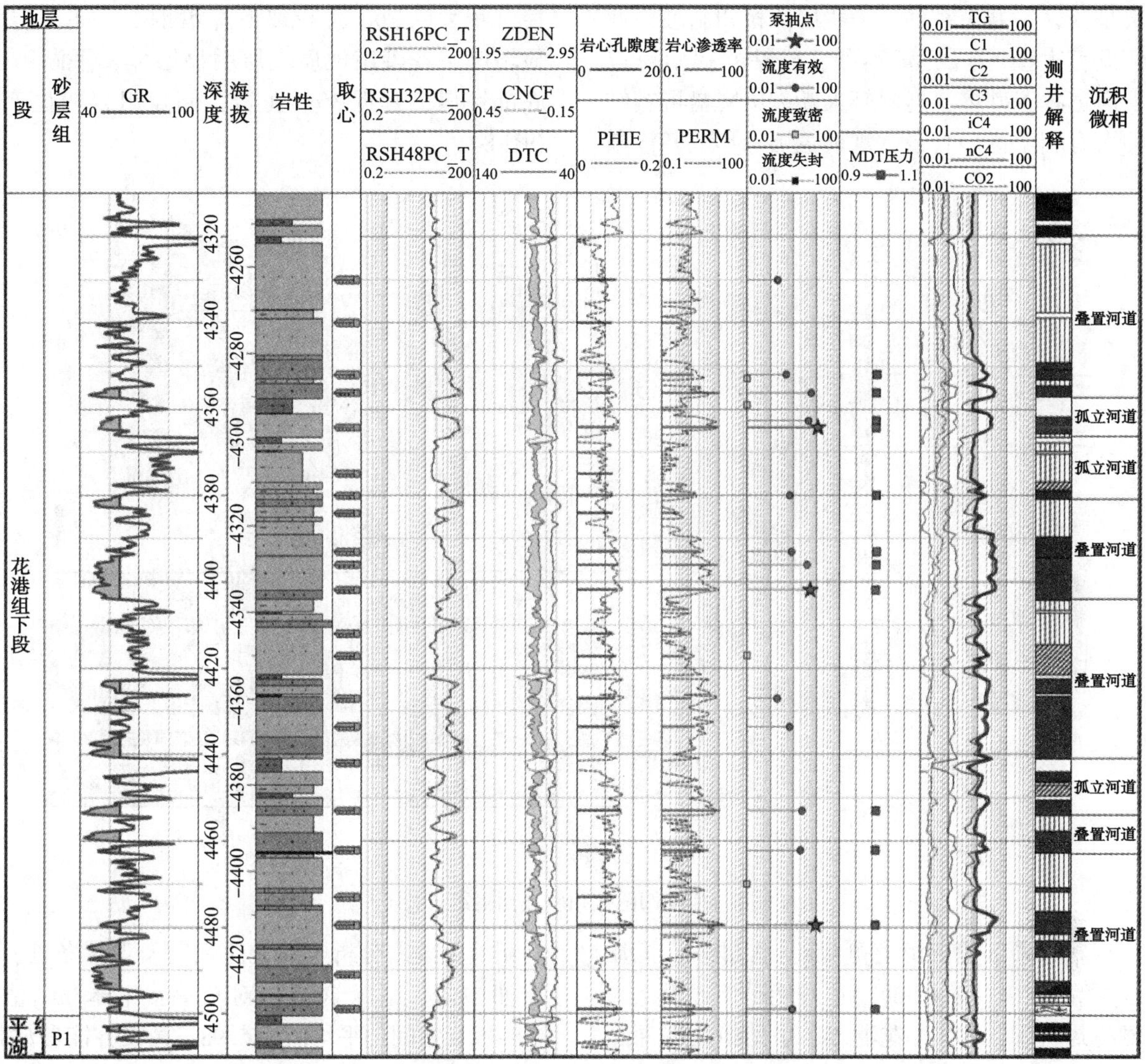

图 6　西湖凹陷 HZ–A 花港组储层综合柱状图

2.3.2　近洼早期油气充注

西湖凹陷深层–超深层储层多已进入中成岩 B 期至晚成岩期，碳酸盐、硅质及自生黏土矿物开始大量生长，原生孔隙及次生溶蚀孔喉如何有效保存是深层–超深层保存优质储层的关键，研究认为油气充注成藏不仅仅带来酸性流体溶蚀储层，更关键是会抑制储层中黏土矿物的转化，特别是抑制对储层孔喉起破坏作用的伊利石的形成。西湖凹陷 HZ–A 井深层气层与水层物性对比图（储层埋深 4300～5000m）可以看出，气层物性明显优于水层（图 7），天然气充注驱替地层水，隔绝水岩反应进而抑制自生伊利石等胶结作用，成藏时间越早越有利于优质储层的形成。

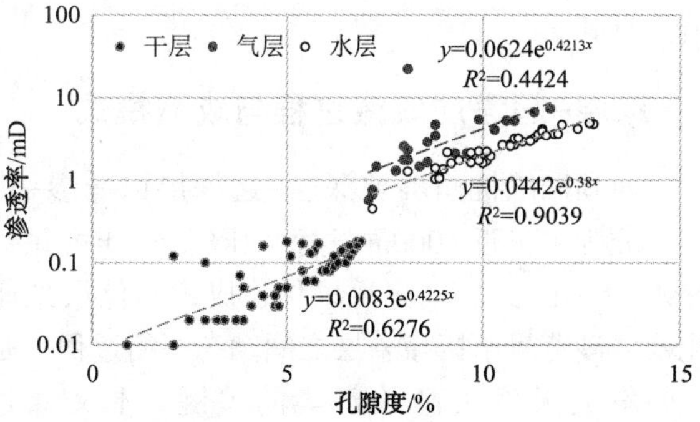

图 7　西湖凹陷 HZ–A 井深层气层与水层物性对比

2.3.3　区域盖层

东海陆架盆地西湖凹陷的油气盖层主要为泥质、粉砂质泥岩类，常含薄砂层或呈互层状，甚至粉砂岩组成的盖层在埋深 3500～4800m 之所能封闭几百米的气柱高度，证实成岩作用提高了泥岩的封闭作用。杭州斜坡区已钻井揭示花港组、平湖组砂地比超过 90%，中浅层缺乏稳定泥岩盖层是该区钻井失利的一大主因。杭州斜坡带西北侧发育大型“宽浅型”沟谷，已钻井揭示巨厚辫状河道叠置砂体，迎翠轩大断裂下降盘可容纳空间大有利于富砂背景下规模盖层的形成，该断层基底古落差达 2~4km，断陷期明显继承性活动，其中平湖组平均断距约 500~1100m、古落差 200~750m、生长指数在 2.0~5.0，为典型控沉积大断裂。大断裂下降盘 HZ-A 井地层明显增厚，花港组泥质夹层明显增多，平湖组 P3 底部钻遇一套近 30m 泥岩，储盖组合明显变好(图 8)。

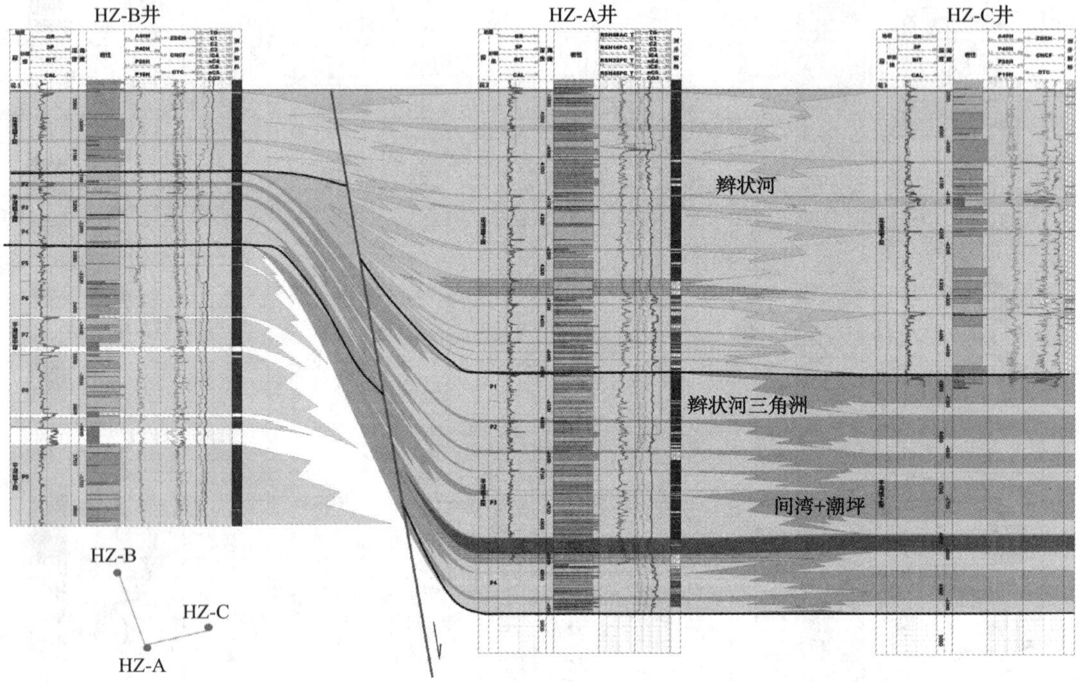

图 8　西湖凹陷杭州斜坡储盖组合特征

富砂背景下叠置河道侧缘粉-细砂岩、泥质细砂岩等物性较差(图 6)，也可能是该区天然气重要的封盖层，HZ-A 花港组、平湖组在埋深至 4000m 左右进入中成岩 B 期，成岩作用提高了盖层封闭性能，中等成岩程度对封盖的封盖能力最为有利。

3　深层-超深层成藏过程与成藏模式

西湖凹陷杭州斜坡深层-超深层以低渗-中渗气藏为主，近 5000m 发育常压气藏(压力系数 0.99~1.01)，油气充注条件、成藏与储层致密化及富砂背景下区域盖层之间动态平衡过程，是杭州斜坡天然气高效富集的关键。本文通过 HZ-A 平湖组、花港组气藏油气样分析资料，结合埋藏式-热史及构造演化，论述杭州斜坡深层-超深层成藏过程与成藏模式。

3.1　*成藏过程*

HZ-A 平上段与花下段气藏均取得油气样，利用地化数据分析气藏充注强度及保存条件，凝析油中苯、甲苯含量相对较高，甲苯/nC_7值在 4.8~6.9 之间，平均值为 5.98，蒸发分馏参数高，油气藏发生了相对强烈的蒸发分馏作用(图 9)。甲苯/正庚烷值的大小是判断油样经历气洗强度的重要指标，该值越大，表明气洗强度也越大，花下段较平湖组气藏甲苯/nC_7值更高，一方面表征杭州斜坡天然气充注强度大，另一方面花下段压力系数 0.99，平上段气藏压力系数 1.01，结合储层组合条件，花下段气藏保存条件一般。

N_2/C_2H_6(氮气/乙烷)可以有效的表征天然气运移距离，HZ-A 井天然气运移指标值 0.06~0.41，表明该井的天然气未经历过长距离运移，为本地近距离成藏。天然气碳同位素序列特征显示(表 1、图 10)，花港组、平湖组天然气同位素显示 C_1-C_4序列具有一期成藏特征，干燥系数 92%~94%，天然气甲烷同位素计算成熟度 1.42~%1.45%，结合 HZ-A 单井埋藏史-热史，平中段烃源岩 14~12Ma 进入生气高峰，龙井运动 12~9Ma 充注成藏(图 11)，此时花下段气藏对应埋深 3500m，P4 气藏对应埋深 3900m，参照杭州斜坡储层物性随深度变化规律(图 5)，花港组、平湖组气藏均为先成藏后致密气藏。

表 1　西湖凹陷 HZ-A 井天然气同位素特征

井号	井深/m	层位	甲烷	乙烷	丙烷	异丁烷	正丁烷	干燥系数/%	计算成熟度/%
			$\delta^{13}C_{VPDB}$(‰)值						
HZ-A	4364.25	花下段	-35.521	-23.904	-21.638	-20.929	-21.668	94	1.42
HZ-A	4479.53	花下段	-35.378	-23.651	-21.578	-20.796	-21.793	94	1.42
HZ-A	4911.61	P4	-34.826	-25.501	-23.034	-23.906	-23.532	92	1.45

Rc%(天然气成熟度)计算公式参考 $\delta^{13}C_1(‰) \approx 58.67 \times \lg R_o - 44.37$

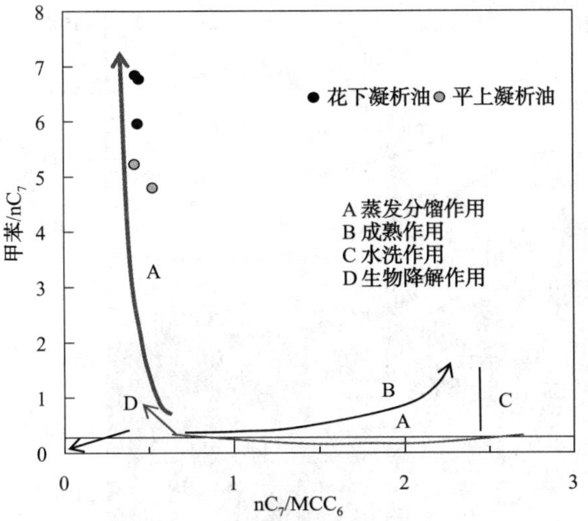

图 9　西湖凹陷杭州斜坡气藏凝析油甲苯/正庚烷图版

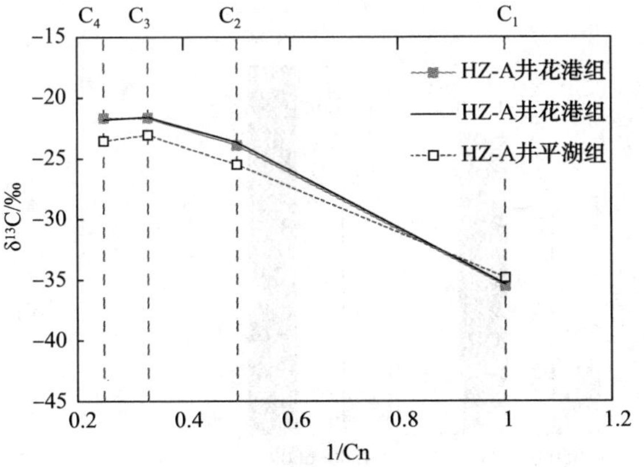

图 10　西湖凹陷杭州斜坡天然气碳同位素序列特征

3.2　成藏模式

西湖凹陷杭州斜坡埋深近 5000m、温度 179.4℃地层发现商业天然气藏，对花港组储层致密成因、成藏期次、有效储层分布规律等展开系统研究。巨厚辫状河道砂体、绿泥石包膜及近

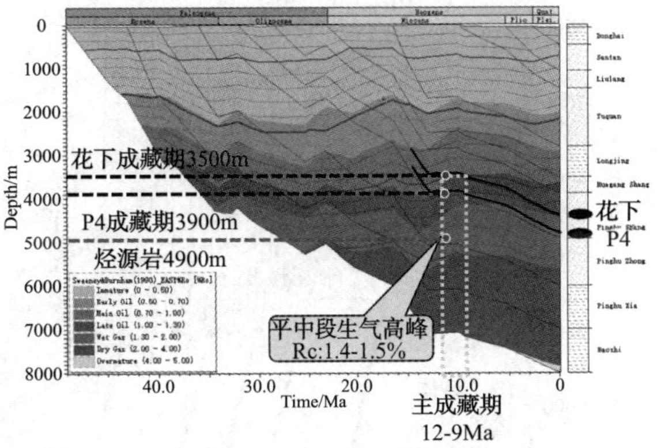

图 11　西湖凹陷 HZ-A 埋藏式-热史-油气充注史分析

洼早期油气充注共同控制了杭州斜坡优质储层的发育，河道侧缘粉、细砂岩演化至致密层也能成为有效盖层；控洼断裂下降盘厚层烃源岩叠加高地温促使平湖组煤系烃源岩快速生烃，近源近断强充注成藏。建立了“源-断-砂耦合物性封堵”成藏模式(图 12)。该模式是指控洼断裂、高地温促使平湖组优质煤系烃源岩快速生烃，近源近断强充注，河道侧缘致密层耦合成圈。该模式推动了杭州斜坡深层-超深层构造-岩性气藏的勘探，该区有望建成西湖凹陷第四个千亿立方米大气田。

4　深层-超深层勘探启示

西湖凹陷为东海陆架盆地明确的富生烃凹陷，“十四五”新一轮资源评价通过深度分级摸清西湖凹陷深层、超深层资源潜力。本文采用盆地模拟法，结合西湖凹陷三角洲-潮坪相煤系烃源岩、潮坪-潟湖相暗色泥岩烃源岩两类烃源岩生烃物理模拟等，明确西湖凹陷深层、超深层资源潜力。

西湖凹陷总资源量为 35 亿 t 油当量，其中石油 9. 24 亿 t 油当量，天然气 25. 86t 吨油当量。深层石油 2. 86 亿 t 油当量，天然气 8. 53 亿 t 油当量；超深层石油 2. 59 亿 t 油当量，天然气 11. 38 亿 t 油当量，西湖凹陷深层、超深层油气资源占比 77%(图 13)，其中杭州斜坡发育大型辫状河三角洲储集体，嘉兴 25 洼总资源量占西湖凹陷总资源量的 25. 6%，近 5000m 埋深钻遇规模优质气藏，显示西湖凹陷深层、超深层勘探潜力巨大，但面临超深层甜点刻画、区域盖层展布预测等的问题，源内特低渗气藏的经济有效开发也是海上勘探开发面临的关键问题，向深层、深海拿资源的挑战与机遇并存。

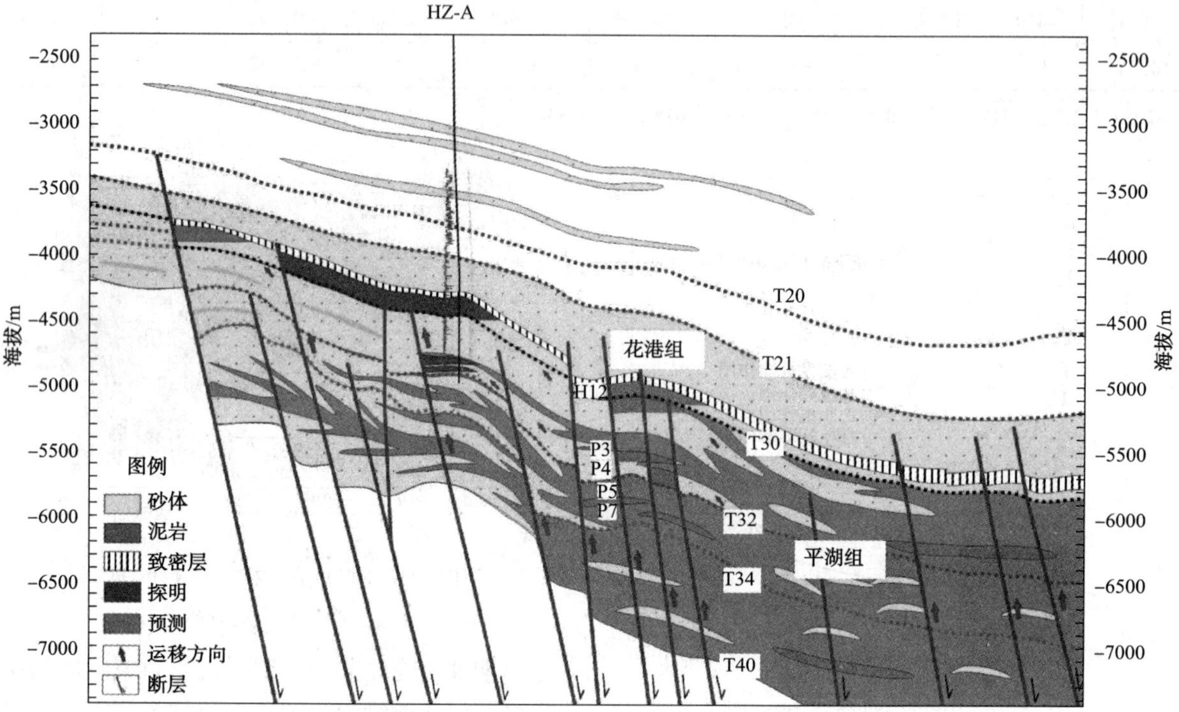

图 12 西湖凹陷杭州斜坡成藏模式

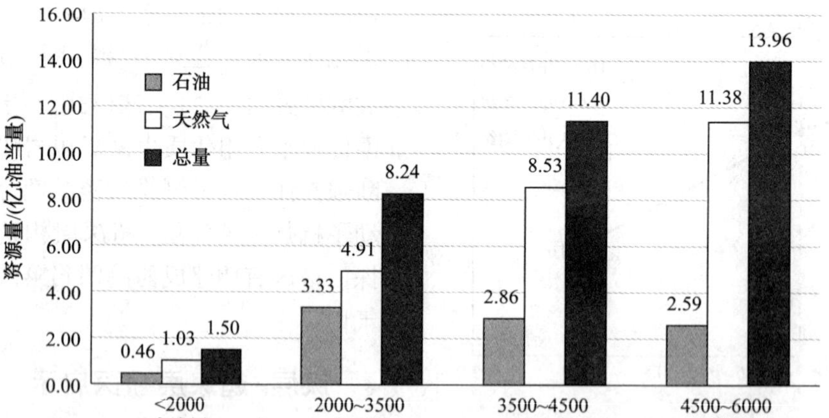

图 13 西湖凹陷不同深度油气资源分布特征

5 结论

(1) 西湖凹陷杭州斜坡埋深近 5000m、温度 179. 4℃地层发现低孔、低渗-中渗孔隙型天然气藏，巨厚辫状河道砂体、绿泥石包膜及近洼早期油气充注共同控制了规模优质储层的发育。

(2) 控洼断裂、高地温促使平湖组优质煤系烃源岩快速生烃，近源近断强充注，河道侧缘致密层耦合成圈，建立了“源-断-砂耦合物性封堵”成藏模式。

(3) 西湖凹陷深层、超深层油气资源占比77%，其中杭州斜坡发育大型辫状河三角洲储集体，嘉兴25洼总资源量占西湖凹陷总资源量的25.6%，近5000m埋深钻遇规模优质气藏，显示西湖凹陷深层、超深层勘探潜力巨大。

参考文献

[1] 李剑，佘源琦，高阳，等．中国陆上深层—超深层天然气勘探领域及潜力[J]．中国石油勘探，2019，24(04)：403-417.

[2] 操应长，远光辉，杨海军，等．含油气盆地深层—超深层碎屑岩油气勘探现状与优质储层成因研究进展[J]．石油学报，2022，43(1)：112-140.

[3] 郭旭升，胡东风，黄仁春．四川盆地深层—超深层天然气勘探进展与展望[J]．天然气工业，2020，40(5)：1-14.

[4] 朱筱敏，潘荣，朱世发，等．致密储层研究进展和热点问题分析[J]．地学前缘，2018，25(2)：141-146.

[5] 邹才能，朱如凯，吴松涛，等．常规与非常规油气聚集类型、特征、机理及展望——以中国致密油和致密气为例[J]．石油学报，2012，33(2)：173-178.

[6] 李进步，崔越华，黄有根，等．鄂尔多斯盆地低渗-致密气藏水平井全生命周期开发技术及展望[J]．石油与天然气地质，2023，44(2)：480-494.

[7] 戴金星，倪云燕，吴小奇，等．中国致密砂岩气及在勘探开发上的重要意义[J]．石油勘探与开发，2012，39(4)：257-264.

[8] 张武，侯国伟，肖晓光，等．西湖凹陷低渗储层成因及优质储层主控因素[J]．中国海上油气，2019，31(3)：40-49.

[9] 徐长贵，赖维成，张新涛，等．中国海油油气勘探新进展与未来勘探思考[J]．中国海上油气，2023，35(2)：1-12.

[10] 卓勤功．深层超压低孔渗、致密砂岩储层物性新认识[J]．天然气地球科学，2022，33(10)：1628-1636.

[11] 周心怀，蒋一鸣，唐贤君．西湖凹陷成盆背景、原型盆地演化及勘探启示[J]．中国海上油气，2019，31(3)：1-10.

[12] 刁慧，刘金水，侯读杰．中国近海断—坳转换期煤系烃源岩特征——以西湖凹陷平湖组烃源岩为例[J]．海洋地质与第四纪地质，2019，39(6)：102-114.

[13] 戴金星，倪云燕，龚德瑜，等．中国大气田烷烃气碳同位素组成的若干特征[J]．石油勘探与开发，2024，51(2)：223-233.

[14] 黄思静，黄可可，冯文立，等．成岩过程中长石、高岭石、伊利石之间的物质交换与次生孔隙的形成：来自鄂尔多斯盆地上古生界和川西凹陷三叠系须家河组的研究[J]．地球化学，2009，38(5)：498-506.

[15] 邹航，刘建锋，边宇. 不同粒度砂岩力学和渗透特性试验研究[J]．岩土工程学报，2015，37(8)，1462-1468.

[16] 张武，肖晓光，苗清，等．西湖凹陷中北部花港组优质储层主控因素及强溶蚀区预测[J]．成都理工大学学报(自然科学版)，2019，46(5)：597-608.

[17] 张宙，赵洪，罗仁春，等．东海盆地西湖凹陷中央反转构造带花港组盖层特征[J]．海洋地质前沿，2020，36(10)：50-56.

[18] 程熊，侯读杰，赵喆，等．2019. 西湖凹陷天然气成因及来源分析[J]．中国海上油气，2019，31(3)：50-60.

[19] 刘金水，李树霞，秦兰芝，易琦，陈晓东，康世龙，沈文超，邵龙义．东海盆地西湖凹陷古近系煤的生烃动力学[J]．石油学报，2020，41(10)：1174-1187，1218.

西湖凹陷深层—超深层碎屑岩优质储层成因及主控因素

肖晓光　张　武　李　帅　姜　雪　马文睿

[中海石油(中国)有限公司上海分公司]

摘　要　西湖凹陷历经四十多年的勘探，随着技术的发展和理论认识的突破，勘探实践证实目前油气埋藏深度 3200~5000m 的深层-超深层仍然发育碎屑岩优质储层。深埋条件下碎屑岩优质储层成因及其主控因素是储层地质研究和油气勘探的重要问题。通过薄片、物性、扫描电镜、能谱、粒度、X 衍射和碳、氧和锶同位素等分析化验，结合区域构造背景、热流动力条件等研究成果，对深埋背景下储层优质形成机理进行了系统分析。结果表明，在深层-超深层条件下，先天有利的沉积相带、后期埋藏史-热演化史、成岩演化路径等多种地质作用共同控制深层-超深层优质储层的形成。先存抗压实能力强的物质组构除本身可以作为中成岩阶段优质储层的成因外，又是另外两个富石英贫长石抑制胶结和陆相强物源富砂少泥绿泥石发育因素的必备条件。沉积水动力条件强的条件下平湖组潮坪体系下反复淘洗的潮汐砂坝、潮道，花港组强物源千米尺度巨厚砂岩是 150℃后优质储层发育的潜力区。

关键词　西湖凹陷；深层-超深层；优质储层；主控因素；平湖组

Genetic mechanism and main controlling factors of high-quality clastic rock reservoirs in deep and ultra-deep layersin the Xihu Sag

Xiao Xiaoguang　Qln Lanzhi　Zhang Wu　Jiang Xue　Zhang Cang

(Shanghai Branch of CNOOCLtd.)

Abstract　After more than 40 years of exploration, with the development of technology and breakthroughs in theoretical understanding, exploration practice has confirmed that high-quality clastic reservoirs are still developed in deep to ultra deep layers with oil and gas burial depths of 3500~5000m. The genesis and main controlling factors of high-quality clastic reservoirs under deep burial conditions are important issues in reservoir geological research and oil and gas exploration. A systematic analysis of the formation mechanism of high-quality reservoirs under deep burial background is conducted through thin section, physical properties, scanning electron microscopy, energy spectrum, particle size, X-ray diffraction, and carbon, oxygen, and strontium isotope analysis, combined with research results such as regional structural background and thermal flow dynamic conditions. The results indicate that under deep ultra deep conditions, various geological processes such as favorable sedimentary facies zones, later burial thermal evolution history, and diagenetic evolution pathways jointly control the formation of high-quality reservoirs in deep ultra deep layers. The material composition with strong resistance to compaction is not only the cause of high-quality reservoirs in the middle diagenetic stage, but also a necessary condition for the development of two other factors: rich quartz and poor feldspar to inhibit cementation, and strong terrestrial material sources with rich sand and less mud and chlorite. The tidal sand bars and channels repeatedly washed by the Pinghu Formation tidal flat system under strong conditions of sedimentation and water dynamics, as well as the kilometer scale thick sandstone of the Huagang Formation with strong sediment sources, are potential areas for the development of high-quality reservoirs after 150 ℃.

Key wordst　Xihu sag; Deep-ultra-deep; high-qulity clastic reservoir; main controlling factors; Pinghu Formation

深层-超深层领域资源丰富，勘探潜力巨大，一直是全球油气地质研究的热点。国内2005年颁布的《石油天然气储量计算规范》将埋深在3500~4500m地层定义为深层、超过4500m为超深层，但国内外专家学者和机构更倾向于把4500m、6000m分别作为深层和超深层的界限，超过9000m则作为特超深层地层。随着油气勘探开发技术和地质理论的日趋成熟，全球对深层—超深层的油气勘探开发取得了一系列重要成果，如美国墨西哥湾Kaskida油气田、南海珠江口盆地恩平组、塔里木盆地寒武系在5000~8000m深度内仍然获得工业油气田，让深层-超深层成为油气勘探最现实的接替领域。

西湖凹陷主要目的层平湖组、花港组分别发育潮坪体系和三角洲体系，储层埋深普遍超过3500m，超压发育，加上现今大地热流值分布在40~60mW/m^2，属于典型的"热盆"，储层不仅存在先天沉积环境、体系的差异，而且沉积后经历了复杂的构造作用和埋藏演化过程，成岩改造强烈，孔喉系统杂乱，非均值性强，整体低渗-特低渗背景下优质储层成因及主控因素不清。历经40年的勘探，从最初的大背斜含气，到深层成岩演化进入中、晚成岩阶段，推测可勘探下限可能不超过3200m；到"十三五"研究显示地温差异控制优质储层下限，低地温区（2.8℃/100m）可达4600m；再到当前钻井揭示埋深5000m地温接近180℃晚成岩阶段仍发育低渗常规储层，深层—超深层碎屑岩优质储层发育下限不断延拓。一系列深层-超深层勘探的突破刷新了科研人员对西湖凹陷储层的认知，同时对于碎屑岩有效储层埋深下限和成因及主控因素也亟需革新。本文针对上述问题，综合运用涉及西湖凹陷60口井的4196块普通(铸体)薄片鉴定、8300块岩壁心物性、760块粒度分析、1660块扫描电镜、691块X衍射和136块DST与MDT测试等实物资料，深入研究西湖凹陷有效储层的形成机理，明确其主控因素，总结在普遍低孔低渗的背景上优质储层的分布规律和下限，以期为当前西湖凹陷乃至中国的低孔低渗砂岩储层油气勘探提供借鉴。

1　研究区概况

西湖凹陷位于上海市东南部，构造上属于东海盆地浙东拗陷内的三级构造单元(图1)。凹陷北接虎皮礁隆起、福江凹陷，南邻钓北凹陷，西面从北到南与长江坳陷、海礁隆起、钱塘凹陷及渔山东低隆起四个构造单元相接，东部与钓鱼岛隆褶带相邻，内部呈现"两洼夹一隆"的构造格局，且具有"东西分带，南北分块"的构造特征。根据新生代的构造格局、断裂系统、沉积发育及油气分布等特征，西湖凹陷自西到东可划为西部斜坡带、西次凹、中央反转构造带、东次凹和东部断阶带，其中西部斜坡带由上向下又可进一步划分为杭州、平湖和天台构造带等三个次一级的构造。西湖凹陷构造演化主要经历了古新世-始新世断陷期、渐新世-中新世拗陷期和上新世-第四系区域沉降期三个阶段。从下到上依次发育始新统瓯江组和平湖组，渐新统花港组，中新统龙井组、玉泉组和柳浪组，上新统三潭组以及第四系东海群。

平湖组和花港组作为西湖凹陷主要目的层是本次研究的重点，其中平湖组储层主要在西斜坡钻遇，钻井揭示的沉积厚度约为500~1500m，是一套潮坪背景下发育的自生自储的三角洲沉积，物源主要为来自西部海礁隆起的变质岩和花岗岩，岩性以深灰色粉砂质泥岩、黑色泥岩，浅灰色细、中砂岩为主，夹有沥青质薄煤层，有利沉积微相为水下分流河道、潮汐砂坝，砂体薄且不连续，埋深普遍在3500~4800m；上覆花港组储层在整个西湖凹陷均有分布，探井揭示地层厚度600~2200m，主要为河流相沉积，受北部轴向虎皮礁隆起和东、西部钓鱼岛隆褶带和海礁隆起短轴物源联合供给的影响，岩性以浅灰色细砂岩、中砂岩，泥岩、粉砂质泥岩为主，局部含砾，单套砂体厚、连续性好、叠置频繁、横向分布广，厚度最大可达数百米，储层沉积微相为心滩和河床，埋深普遍在3200~4500m。总体上，储层物性跨度大，有效储层发育(图2)。

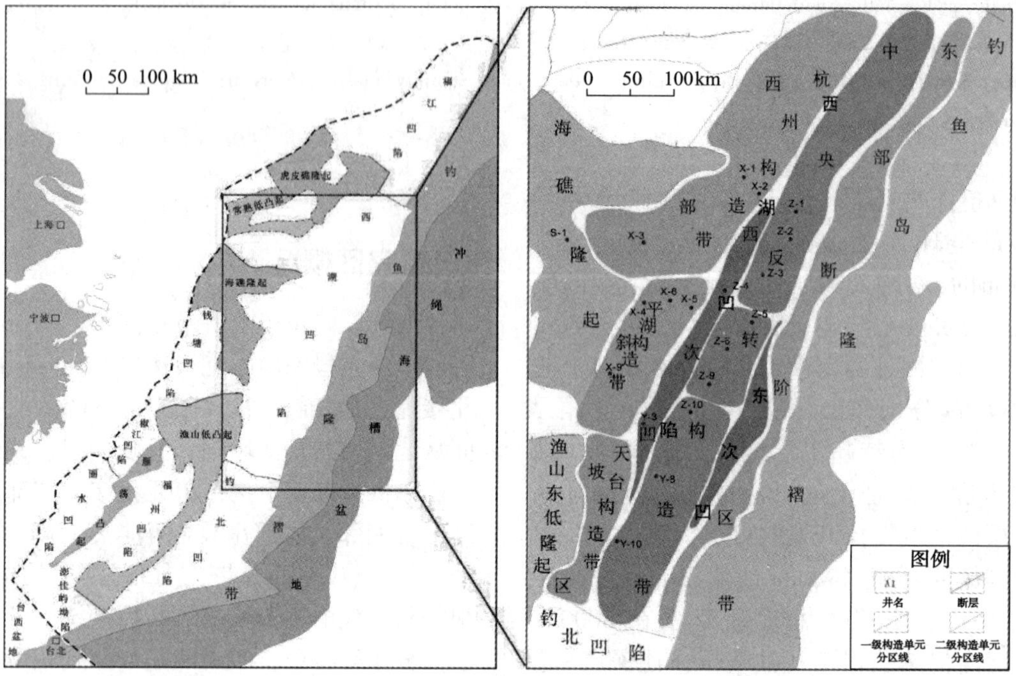

图1 西湖凹陷构造带位置图

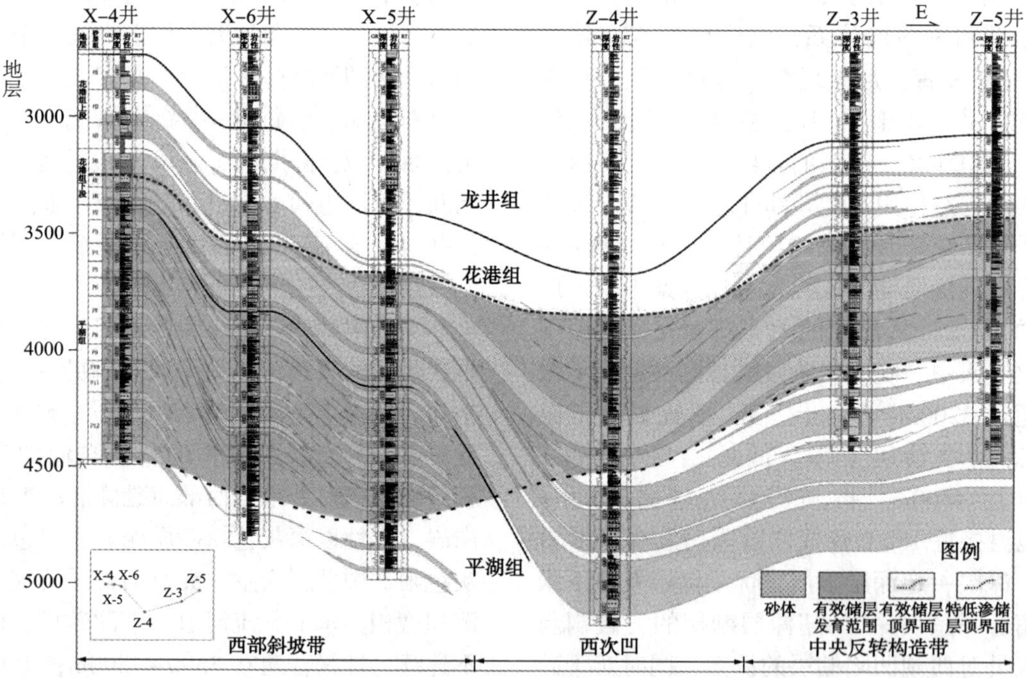

图2 西湖凹陷储层分布特征

2 储层基本特征

2.1 岩石学特征

从4196余块薄片分析统计可知(图3)，平湖组和花港组储层砂岩岩石类型均主要为长石岩屑质石英砂岩，含部分岩屑质石英砂岩和岩屑质长石砂岩，岩矿特征差异不大。其中平湖组石英含量59.0%~90.0%，平均68.0%，长石含量为8.0%~23.0%，平均14.5%，岩屑含量为5.0%~32%，平均17.5%；花港组石英含量50.0%~93.0%，平均65.5%，长石含量为6.8%~25.0%，平均16.3%，岩屑含量为5.0%~36%，平均18.2%。整体结构成熟度较高，分选以好为主，次为中-好及中等分选；磨圆度则都以次圆~次棱、次棱~次圆为主；泥质杂基含量普遍低于5%。平湖组储层的主要粒度区间值为0.18~

0.46mm，花港组储层的主要粒度区间值为0.15~0.48mm，均以细粒砂岩为主，占砂岩总量的70%以上，其次为中砂岩，粉砂岩和含砾砂岩。

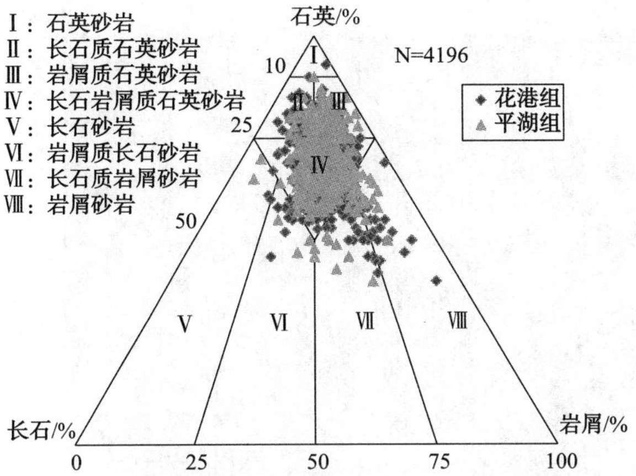

图3　西湖凹陷储层岩石学三角图

2.2　物性特征

统计63口井8300块岩、壁心实测物性资料，西湖凹陷平湖组砂岩储层的平均孔隙度为12.0%，主要分布区间为10.0%~15.0%，其次为6.0%~10.0%；平均渗透率为43.34mD，主要分布区间为0.1~1.0mD，其次为10.0~100.0mD，少部分1.0~10.0mD，分别占37.11%、21.95%和17.82%；花港组储层的平均孔隙度为9.4%，孔隙度主要分布区间为6.0%~10.0%，10.0%~15.0%；平均渗透率为7.88mD，主要分布区间为0.1~1.0mD，其次为1.0~10.0m，分别占57.01%、25.54%（图4）。由数据分析可知，平湖组砂岩储层以低孔低~特低渗为主，其次为中孔中渗，花港组砂岩储层总体以特低孔特低渗为主，其次为低孔低渗型。

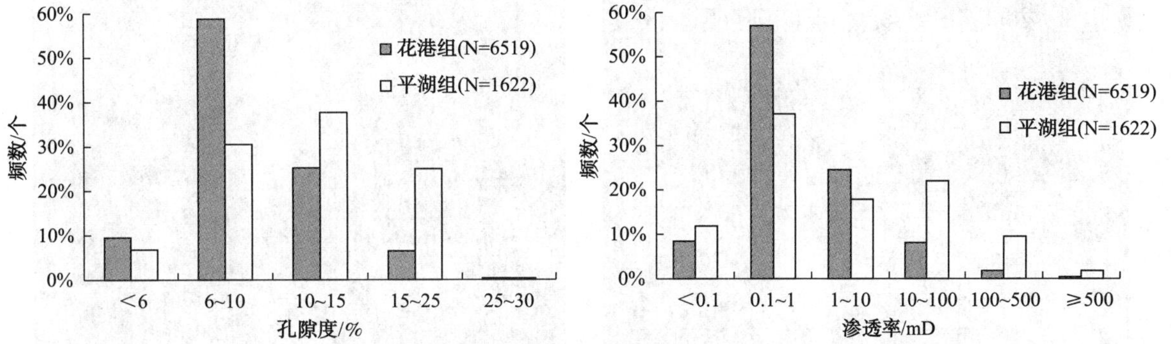

图4　西湖凹陷储层物性特征

2.3　储层孔喉特征

通过对西湖凹陷50口井6856块岩样铸体薄片和扫描电镜的观察与数据统计表明：西湖凹陷储层的储集空间主要为孔隙（图5），仅见少量裂缝。孔隙类型以次生孔隙为主，平均面孔率约为4.42%，占总孔隙的73.0%，包括粒间溶孔、粒内溶孔、铸模孔等，溶蚀介质主要为长石，易溶岩屑等硅铝酸盐的溶蚀，形态往往呈不规则状。原生孔隙相对较少，平均面孔率为1.18%，占总孔隙的27.0%。面孔率大小和孔隙类型受深度、粒度和溶蚀强度控制，平湖组中、下段溶蚀强、粒度较粗，面孔率大且原生孔占比高，花港组上段虽然埋深较浅，但粒度细，溶蚀作用不强，面孔率小且原生孔不发育。

喉道是决定储层渗透性好坏的最根本因素，其复杂程度难以用普通的高压压汞识别，恒速压汞作为近年来应用比较广泛的新技术可以有效区分孔隙半径和喉道半径。从图中可以看出，不同物性的样品反映到孔隙半径上区别不大，均集中分布在90~250μm，而喉道半径差异较大，呈现喉道半径峰值越大渗透率越好的规律。渗透率小于1mD的样品，喉道半径峰值均小于1μm，而渗透率达到7.9mD的样品，喉道半径峰值大于3μm，曲线平台低且平缓。不同大小和类型的喉道结构对渗透率的贡献不一，作为以溶蚀孔为主的储层，喉道半径峰值大和平台宽缓往往意味着溶蚀更加强烈，有效储层发育的概率更高（图6）。

2.4　成岩作用

2.4.1　压实作用

石英和长石等刚性颗粒抗压实能力较强，而塑性岩屑抗压实能力相对较弱。西湖凹陷花港组和平湖组均有相对较高的岩屑含量，岩屑平均含量达到4%~20%，主要为火山岩岩屑和变质岩岩屑，少量的沉积岩岩屑。由于西湖凹陷储层埋深大，普遍超过 3500m，在偏光显微镜和扫描电镜下观察，砂岩中碎屑颗粒多呈线~凹凸接触，甚至缝合线接触，低级变质岩岩屑如千枚岩、片岩，云母、火山岩等发生定向排列甚至塑性变形（图 5-b）。定性分析储层致密因素，可以看到压实是导致储层减孔的主因(图 7)。

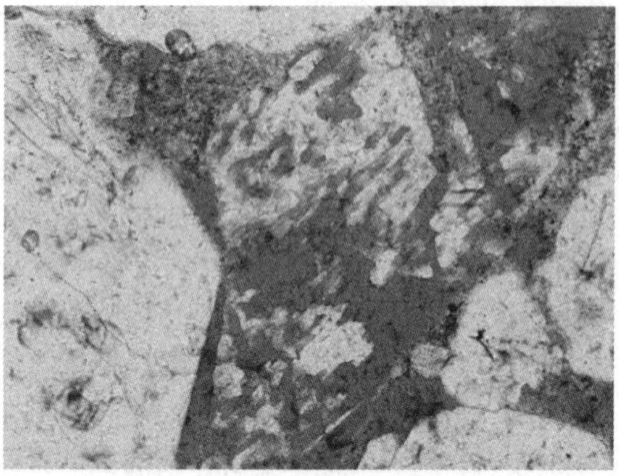

(a)X-4井，4251m，颗粒内部溶蚀，×10(-)

(b)Z-7井，4334m，颗粒挤压变形，原生孔隙发育，×10(-)

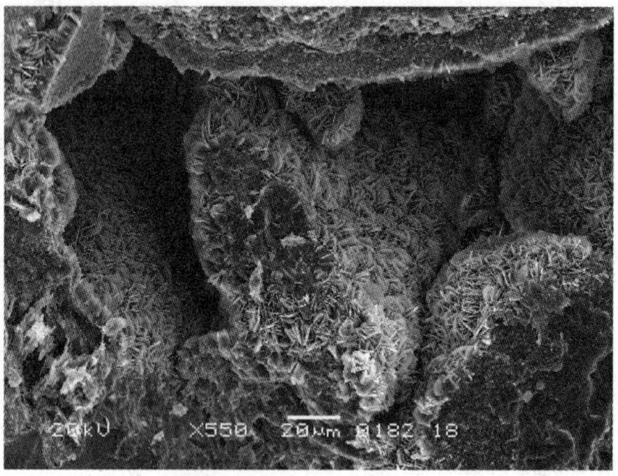

(c)Z-6井，3785.2m，原生粒间孔，×550

(d)X-6井，4054.96m，碎屑具溶蚀形成次生孔，×1300

图 5　西湖凹陷储层孔隙类型特征

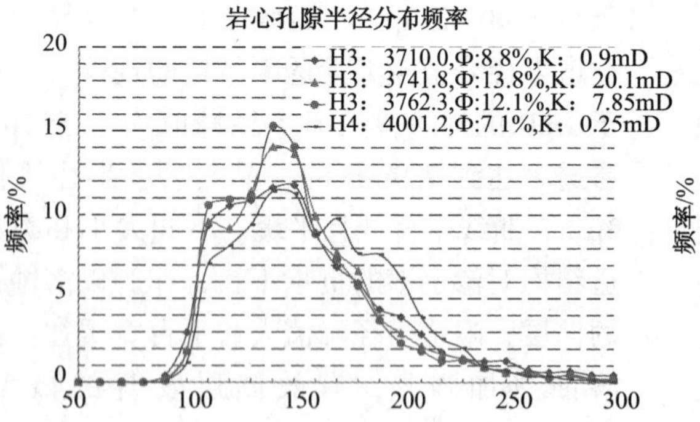

a

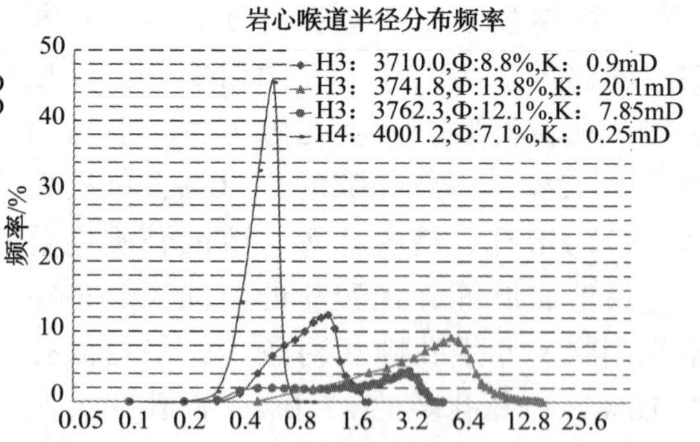

b

图 6　西湖凹陷 Z-5 气田孔隙、喉道半径分布特征

成岩作用除了受到埋深的影响外，地温场也是影响其压实强度的重要因素。大量学者通过物理模拟实验研究表明，砂岩的压实速率会随着地温梯度的变大而明显增高。从西湖凹陷中央反转构造带、西部斜坡带分别选取两个构造做物性随深度变化图，结合各个构造的地温梯度来看，随着地温梯度的升高，平湖组、花港组相同物性的埋深明显变浅，地温梯度越高，物性减小的趋势越大。参考西湖凹陷有效储层下限 1mD/100m，在中央反转构造带高地温梯度区的花港组，

3.7℃/100m 地温梯度的有效储层对应的深度为3700m，3.6℃/100m 地温梯度的有效储层对应的深度为3800m；而在西部斜坡带低地温梯度区的平湖组，3.1℃/100m 地温梯度的有效储层对应的深度为4400m，2.8℃/100m 地温梯度的有效储层对应的深度可达到4700m。

镜下薄片观察和孔隙结构分析表明，中央反转构造带高地温梯度区花港组砂岩接触关系为凹凸-线及以上的占比40.0%，而斜坡带低地温梯度区平湖组组砂岩接触关系为凹凸-线及以上的占比仅为27.7%(图8)；利用负胶结物孔隙度图版也可以看出，压实减孔是西湖凹陷储层致密的主因，但低地温梯度区的平湖组压实减孔率相比高地温梯度区的花港组更小(图7)。一般来说，平湖组为花港组下覆地层，埋深更大，静岩压实作用更强，但高地温梯度区埋藏更浅的花港组储层砂岩颗粒的接触却更紧密，说明地层在高增温速率的影响下产生了更大的热压实效应，使得地层整体的压实作用强度大大提高。

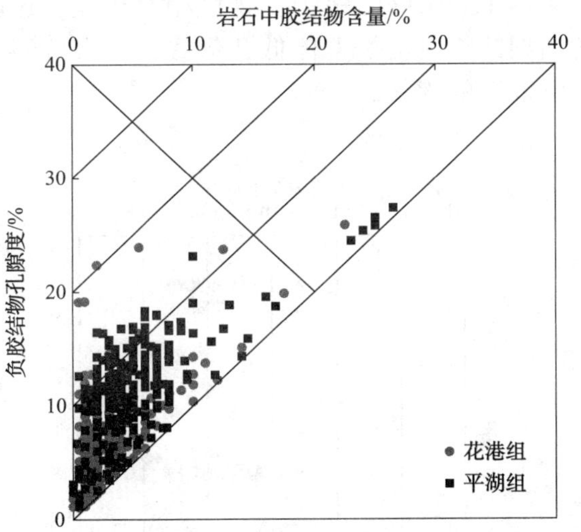

图7 西湖凹陷负胶结物孔隙度图

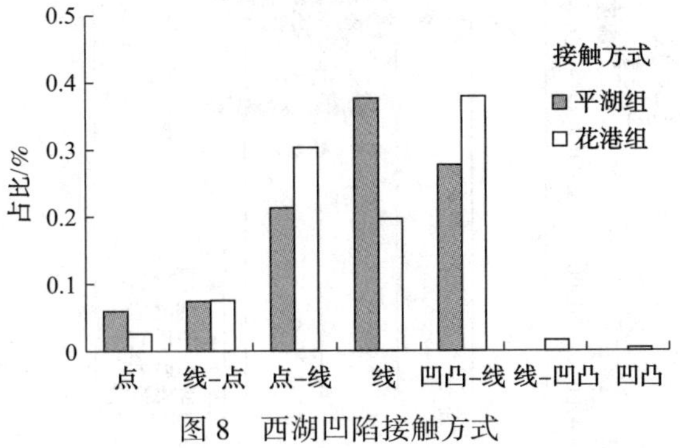

图8 西湖凹陷接触方式

2.4.2 胶结作用

胶结作用在西湖凹陷砂岩中普遍存在，胶结物总量平湖组为4.6%，花港组为3.4%。具体胶结物类型花港组和平湖组基本相同，常见的胶结物主要有方解石、白云石、伊利石、高岭石、绿泥石和硅质等，均以碳酸盐胶结物为主，占比超过各组胶结物总量的一半。其余胶结物相比而言，花港组和平湖组硅质含量均为1.0%且整段均匀分布，花港组中绿泥石发育，主要集中在H3-H5，高岭石含量较少，且高岭石只出现在个别层段和井中；平湖组中伊利石、高岭石含量较多，主要集中在平中、上段，绿泥石较少，镜下基本观察不到绿泥石。

胶结物是成岩阶段水-岩相互作用的产物，其形成时间、赋存状态决定了对储层物性的影响，除早期的绿泥石对储层起保护作用外，其他胶结物形成后通常呈衬边式、桥塞式或加大式充填孔隙，导致沉积物固结、孔喉堵塞、孔喉结构复杂，从而降低储层的渗透性。

2.4.3 溶蚀作用

西湖凹陷四周以变质岩为主、岩浆岩为辅的母岩来源为储层提供了大量石英刚性颗粒和长石、火山岩岩屑等可溶性硅铝酸盐矿物。一方面提高了砂岩的抗压实能力，另一方面也为溶蚀作用的发生提供了大量的物质基础。砂岩中的胶结物因形成时间、类型和产状的差异，对储层的影响不同。花港组成岩早期储层处在淡水~半咸水介质中，成岩环境为碱性，在颗粒周边形成碳酸盐的泥晶包壳和早期绿泥石，可在一定程度上抵抗压实作用和其他胶结物对颗粒的胶结作用，有利于剩余原生粒间孔隙的保存；而平湖组由于是自生自储的煤系地层，早期成岩环境为酸性，缺乏方解石、石膏、沸石等矿物的胶结充填。

随着埋深加大，地温大约到了80℃，有机质开始成熟，地层中流体酸性增强，硅铝酸盐矿物被大量溶蚀，特别是平湖组得天独厚的"三明治"式(泥岩中间夹砂岩)自生自储的储层，溶蚀发生的更为广泛，高岭石随处可见(图5a、5d，公式1~2)；到了140℃，进入中成岩B期，脱羧基作用减弱，羧酸阴离子被破坏，加上有机酸的消耗，导致孔隙流体性质逐渐由酸性向碱性演变，溶蚀变得有选择性，粒度粗、洁净的砂岩更容易在深层发育溶蚀孔隙，形成有效储层，现今西湖凹陷大部分储层正处在这个成岩演化阶段。

$$CaAl_2Si_2O_8(\text{钙长石})+2H^++H_2O\rightarrow Al_2Si_2O_5(OH)_4(\text{高岭石})+Ca^{2+} \quad (1)$$

$$2KAlSi_3O_8(\text{钾长石})+2H^++H_2O\rightarrow$$
$$Al_2Si_2O_5(OH)_4(\text{高岭石})+4SiO_2(\text{石英})+2K^+ \quad (2)$$

3　深层-超深层优质储层成因

深层-超深层优质储层的形成是先天有利的沉积相带，后期埋藏史-热演化史，成岩演化路径等多种地质作用相互耦合的结果。在总结勘探实践成果的基础上，结合储层物质组构、沉积体系、热动力条件及成岩演化研究认为，先存抗压实能力强的物质组构是优质储层发育的前提，除本身可以作为中成岩阶段优质储层的成因外，又是另外两个富石英贫长石抑制胶结和陆相强物源富砂少泥绿泥石发育因素的必备条件。

3.1　先存物质抗压实能力强

母岩类型和沉积过程中沉积物碎屑的成分、结构、成熟度、粒度决定了原生孔隙的大小以及岩石经受后期成岩改造的潜力。西湖凹陷花港组和平湖组储层物源以元古代变质岩(均为 7.6%)为主、中生代火山岩(分别为 7.3%、6.6%)为辅，石英含量普遍在 65%以上，中好分选占总量都接近 50%；次圆-次棱、次棱-次圆占统计总量的约 90%，砂岩洁净，泥质杂基普遍低于 5%，胶结物含量大多低于 5%，砂岩粒度主要为细粒及以上。

研究发现，花港组和平湖组的渗透率、孔喉半径与颗粒分选、粒度具有较好的正相关性，孔喉半径本身就是衡量物性的压汞参数；颗粒分选、粒度更是水动力条件等沉积环境的代表。按照 Baldwin 和 Butler 的压实理论，粒度粗、分选好的样品具有更大的原始孔隙度和机械压实减孔较慢的压实曲线，相同埋深，含砾中粗砂岩物性最好，中粗砂岩次之，细砂岩最差，且同孔不同渗的样品中，粒度大的渗透性更好(图 9)。造成这种现象的原因是先天性的沉积条件给予了洁、粗砂岩良好的物质基础，在后天的成岩过程中，粒度较粗的砂岩不仅能有效的抵抗压实作用，保留更多的原生孔隙，而且在后期的成岩改造过程中，粒度大的颗粒拥有更好的孔喉系统，更便于酸性流体的通过，溶蚀往往发育更强烈。而大量的细粒沉积物在深埋藏条件下孔渗得不到很好的保护，物性相对较差，这就为西湖凹陷奠定了整体低孔低渗，但有效储层广泛发育的背景。

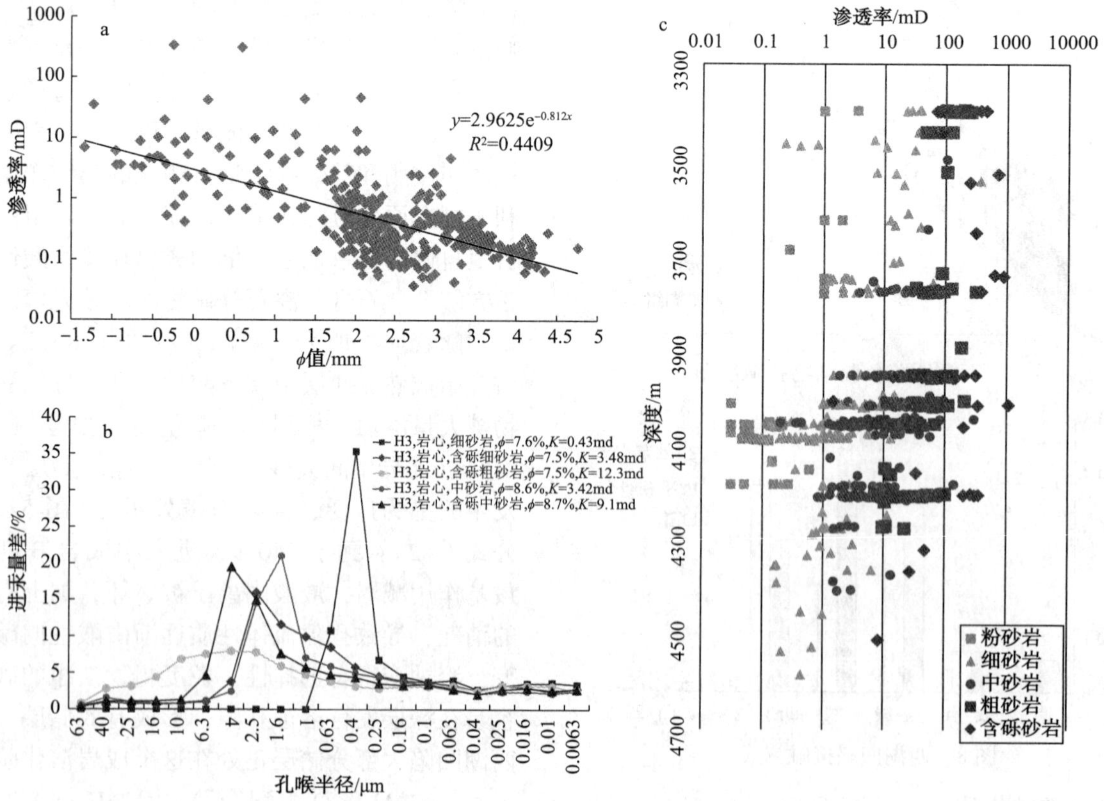

9　西湖凹陷储层物性与粒度、孔喉半径和深度关系

3.2　富石英贫长石抑制胶结

西湖凹陷储层平湖组、花港组岩矿差异不大，在中成岩B期之前，抗压实能力决定了优质储层发育的深度，而进入中成岩B期地层由开放体系转变为半封闭—封闭状态，一方面由于有机酸供给减少、前期消耗，地层中H^+离子越来越少；另一方面，长石溶蚀形成的K^+离子富集，地层随着埋深加大温度越来越高，高岭石或钾长石加高岭石向伊利石转化所需的K^+/H^+比越来越低，导致伊利石大量生成引起储层致密（公式3、公式4）。

$$3Al_2Si_2O_5(OH)_4(\text{高岭石})+2K^++OH^-\rightarrow$$
$$2KAl_3Si_3O10(OH)_2(\text{伊利石})+2H^++3H_2O \quad (3)$$
$$Al2Si_2O_5(OH)_4(\text{高岭石})+KAlSi_3O_8(\text{钾长石})\rightarrow$$
$$KAl_3Si_3O_{10}(OH)_2(\text{伊利石})+2SiO_2+H_2O \quad (4)$$

平湖组作为潮坪沉积体系，微古地貌控制下有利沉积相潮汐砂坝、潮道发育：斜坡背景下水下低凸起的阻挡使得潮流流速急剧降低，卸载粗碎屑形成潮汐砂坝；凸起之间由于潮汐能量受到限制集中在局部通道卸出，产生文杜里效应，潮汐流速急剧加快，能量增强，形成强潮流，直接控制潮道砂体的发育。在潮汐作用下反复淘洗，碎屑颗粒差异性筛选，长石相比于石英更不稳定逐渐减小，含量仅为3.2%；石英增多，平均石英含量81.6%左右，变成富石英贫长石的石英砂岩。在成岩过程中，这类砂岩具有更好的抗压实能力，另外由于缺少长石溶蚀产生的K^+离子，在进入中成岩B期后，无法触发高岭石或钾长石加高岭石向伊利石反应，在保存一定原始孔的同时，孔喉系统畅通，在中成岩B期后仍能发育优质储层（图10、图11）。

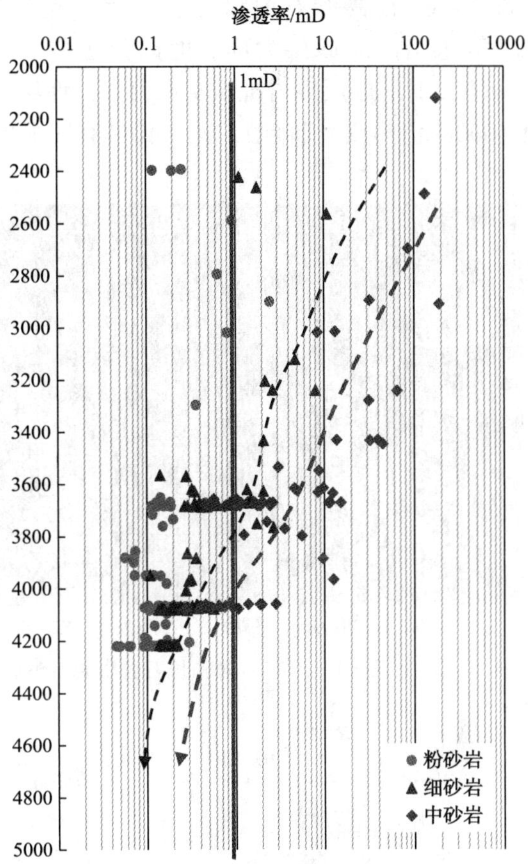

图10　天台构造带不同粒度砂岩渗透率随深度变化图

3.3　陆相强物源富砂少泥绿泥石发育

花港组强水动力条件下发育的河流-三角洲沉积体系含有较高的溶解态铁浓度，优势相带中的中粗砂岩形同过滤器捕集的Fe^{2+}、Mg^{2+}絮凝胶体以吸附状态附着于颗粒表面形成早期绿泥石膜（图5c、图12）。进入早成岩A期末期-B期（0.35~0.5），泥岩受静岩压实和热压实的双重影响快速排水，大量Fe^{2+}、Mg^{2+}受浓度差影响被运移到相连砂体中，在碱性富铁、镁环境下，绿泥石持续生长，以孔隙衬里出现。研究表明，呈包膜、衬里的绿泥石厚度在3~10μm时能有效抑制胶结保护孔喉，与传统观点认为绿泥石通过隔绝碎屑颗粒与孔隙水反应的保护机制不同，Billault镜下观察发现，包膜或孔隙衬里绿泥石晶体间存在大量的晶间孔，孔隙衬里绿泥石不能真正地将孔隙流体与颗粒表面分开。绿泥石的保护机制主要体现在两方面，一方面石英具有很强的向外延伸加大生长的性质，只有具有相对充分的空间时才能自生加大，孔隙衬里绿泥石通过占据空间来抑制石英加大的发育；另一方面绿泥石的层间是八面体氢氧化物片，它对局部孔隙流体的pH值有一定的调节能力，营造一种偏碱性环境，通过增加石英的溶解度抑制其生长。

参考Laird的划分标准，根据电子探针和能谱分析资料的统计计算发现，西湖凹陷中央带花上段的绿泥石主要来自铁镁质、泥质岩蚀变。花港组碎屑颗粒中有大约5%的中基性火山岩、1.5%的黑云母，进入早成岩A期末期-B期（0.35~0.5）后，虽然缺乏泥岩，但暗色矿物让水解释放的Fe^{2+}、Mg^{2+}仍能营造有利绿泥石衬里生长的环境（表1）。随着埋深加大，温度升高，到了中成岩A期仍有一部分有机酸通过断层输导进入储层，形成一部分高岭石和Fe^{2+}、Mg^{2+}。进入中成岩B期，有机酸消耗后和地层的封闭，

局部富 Fe^{2+} 让高岭石向绿泥石发生转化（公式5），花港组巨厚砂层大部分时间处于弱碱—碱性环境，加上厚层砂岩抗压实能力强，埋深达到近 5000m 仍然点-线接触，让生长具有明显的环境专属性和空间选择性的自生绿泥石，在温度到 180℃、水动力较强的水下分流河道和辫状河道仍然发育，对储层起保护作用，从而形成优质储层。

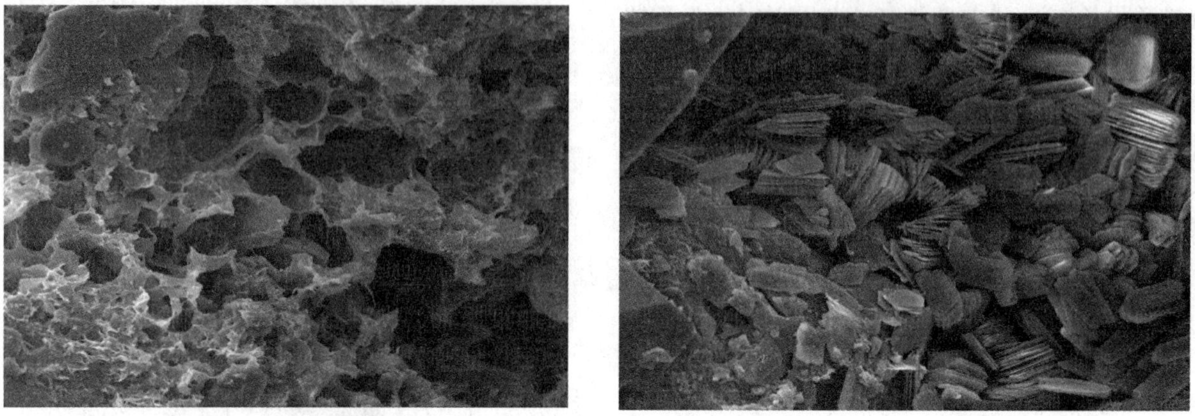

(a)T1，3899.8m，平湖组，伊利石发育，X2025　　(b)T1，4060m，平湖组，高岭石发育，X2407

图 11　石英砂岩和长石岩屑质石英砂岩镜下特征（a 长石岩屑质石英砂岩，b 石英砂岩）

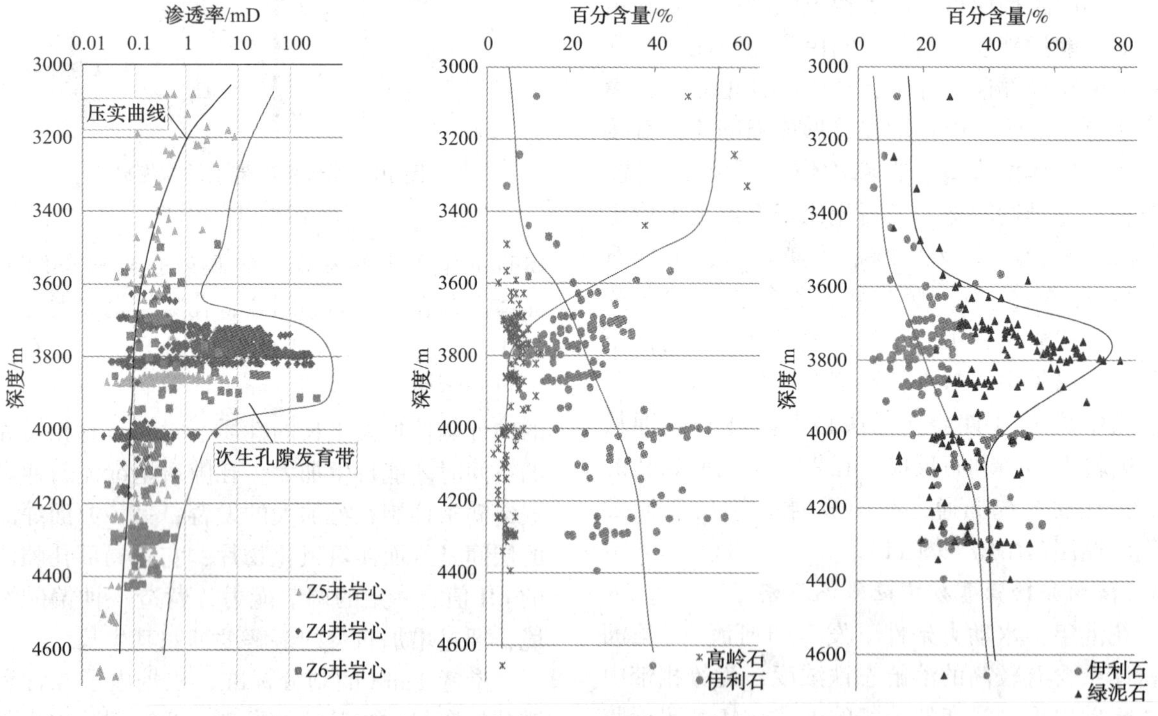

图 12　花港组黏土矿物转化与物性关系

表 1　绿泥石能谱分析成分表

类型	产状	O/%	Mg/%	Al/%	Si/%	Fe/%	K/%	Al/(Al+Fe+Mg)	样品数
孔隙衬里型	绿泥石包膜	40.7	2.5	10.5	29.7	12.5	3.2	0.43	10
	绿泥石环边	40.0	3.4	12.0	20.9	22.1	1.4	0.32	8
孔隙填充型	片状绿泥石	25.5	1.8	9.4	19.5	39.6	2.4	0.18	6
	绒球状绿泥石	34.9	2.9	11.0	14.4	36.9	0	0.22	5

$$Al_2Si_2O_5(OH)_4(\text{高岭石})+SiO_2+7H_2O+5Mg^{2+}+OH^- \rightarrow Mg_5Al_2Si_3O_{10}(OH)_9(\text{绿泥石}) \quad (5)$$

4　优质储层主控因素及有利区分布

4.1　优质储层控制因素

4.1.1　沉积水动力条件

有效储层主要发育在平湖组水下分流河道、潮汐砂坝，花港组河道、心滩等优势相带粒度较粗、砂岩洁净的有利部位。对于深埋藏低孔低渗储层来说，强水动力条件下发育的中砂岩、中-粗砂岩和含砾中粗砂岩往往意味着更高的原始孔隙度和更强的抗压实能力，不仅能在深埋过程中相对于细粒砂岩保持更高的孔隙度，而且能为后期酸性流体提供更优的通道，粒度粗细往往代表了储层物性好坏(图 13)。砂岩洁净程度取决于填隙物含量，主要受源区母岩类型和水动力大小控制。西湖凹陷物源主要来自周边的变质岩母岩，有利储层位于微相类型为(水下)分流河道中下部、心滩砂体中上部等砂体较粗部位，沉积时的强水动力对砂岩颗粒筛选充分，填隙物含量较少，含量普遍小于 5%。

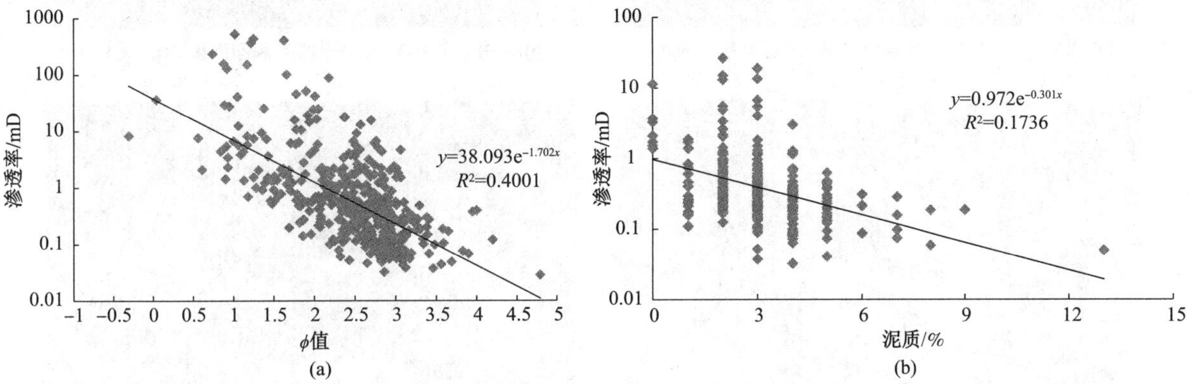

图 13　西湖凹陷粒度、泥质与渗透率关系

随着温度升高，沉积下来的泥质杂基或胶结物会发生水岩反应，成岩早期形成的绿泥石、中成岩阶段(80～120℃)大量生成的高岭石在温度继续升高过程中转化为伊利石，堵塞喉道导致储层致密。在 120℃以前，储层主要是压实减孔，胶结作用对渗透率的影响有限，甚至在烃源岩演化过程中排出的有机酸能溶蚀产生大量的次生孔隙改善喉道，所以这个温度对应的埋深之上，细粒及以上砂岩均可以形成优质储层。120℃后，成岩阶段由中成岩 A 期到 B 期转化，K^+/H^+的升高导致高岭石和绿泥石向伊利石转化，封闭体系下同一套砂岩内部，离子总是在粒度细、泥质纹层多、分选差、孔喉系统差的部位富集率先转化，这也导致了细、中粗粒及砂砾岩的选择性成岩，处于相同地质条件下，中、粗粒砂岩更容易在深层—超深层形成优质储层。

4.1.2　沉积环境差异

西湖凹陷储层的储集空间类型为原生孔、次生溶蚀孔和少量微裂缝，其中次生孔隙占比 70%以上，部分层位高达 90%，这让溶蚀作用对砂体的改造成为西湖凹陷形成有效储层关键的因素。

研究区的次生孔隙主要来源于酸性流体的溶蚀，平湖组煤系地层沉积时因植物很快腐烂分解产生腐殖酸，使得地层中的孔隙水在沉积过程中和早成岩阶段的早期(Ro=0.3%左右)变成酸性介质，在这种酸性条件下铝硅酸盐矿物、中酸性-酸性岩屑及玻璃基质水解蚀变成高岭石等黏土矿物，产生部分溶蚀孔。至中成岩 A 期早期(Ro=0.5%～0.7%)，平湖组煤、炭质泥岩和泥岩等烃源岩逐渐成熟，有机质脱羧形成大量有机酸，而平湖组独特的“三明治”式生储组合使得有机酸能快速进入储层，长石及火山岩屑在酸性流体介质下发生强烈溶蚀，极大的改善了储层物性(图 14)。中北部花港组地层煤系不发育，泥岩 TOC 低，属差烃源岩，有机酸主要来源平湖组。花港组储层从埋藏开始到中成岩 A 期为弱碱性环境，溶蚀作用不发育，至早成岩阶段 B 期和中成岩阶段 A 期，随着有机酸的排出孔隙水慢慢转变为酸性，长石、花岗岩屑和凝灰岩屑等易溶组分才开始大量溶蚀(图 14)，由于酸性流体主要由下面的平湖组供应，断层的疏导作用显得尤为重要。中北部四个构造已发现的有油气且测试成功的井，都有良好的断层疏导体系，特别是在孔隙发育的层段，断层作为有机酸的通道在溶蚀发育过程中的作用十分明显。

(a)X-6井，4199.5m，平湖组，原生孔隙发育，x4(-)　(b)X-4井，4191.27m，平湖组，粒间溶孔发育，x10(-)

(c)Z-6井，3790.7m，花港组，粒间溶孔发育。x5(-)　(d)Z-6井，3763.6m，花港组，粒间扩大溶孔发育。X10(-)

图 14　西湖凹陷储层孔隙类型

4.1.3　地温场的控制

温度控制了黏土矿物的赋存状态和转化过程，各构造不同的热动力条件下地温梯度不一进而导致黏土矿物的分布和转化深度不同。高岭石是典型的酸性环境指示矿物，大量出现标志着溶蚀广泛发生的酸性环境，随着温度上升到140℃，成岩环境开始向碱性转变，书页状高岭石会逐渐转化为片状、丝发状伊利石，到温度到达 155℃，也就是中成岩阶段末期，高岭石基本完全消失，成岩环境进入碱性阶段，储层完全致密化。通过 X 衍射资料统计结果，高岭石和伊利石此消彼长的深度受热动力条件控制，在中央反转构造带高地温梯度区的花港组，3.7℃/100m 地温梯度的深度为 3500m，3.6℃/100m 地温梯度对应的深度为 3700m；而在西部斜坡带低地温梯度区的平湖组，3.1℃/100m 地温梯度对应的深度为 4300m，2.8℃/100m 地温梯度对应的深度可达到 4700m。考虑到酸碱过渡带的深度影响，高岭石、伊利石转化的深度与有效储层下限基本吻合(图 15)。

成岩温度的变化会影响蒙脱石向伊利石的转化，虽然蒙脱石向伊利石转化的机理和起始温度现在存在分歧，但伊蒙混层随着压实脱水、地层温度的升高逐渐向伊利石转化，并逐渐从无序结构变为有序结构的认识较为统一，因此有序度也可以用来判断温度高低。西湖凹陷储层砂岩中 I/S 中的 S%随深度变化趋势也反映了这样的规律。中央反转构造带高地温梯度区的花港组砂岩储层中 I/S 中 S%从埋深 2700m 的 30%减少到4400m 的 5%，减小速率较快，在 3700m 左右减少 15%，该深度段正好对应中成岩 A-B 期过渡界限；西部斜坡带低地温梯度区的平湖组砂岩储层中 I/S 中 S%从埋深 3000m 的 30%减少到5000m 的 5%，减小速率缓慢，在 4300m 左右减少 15%，中成岩 A-B 期过渡界限与高岭石向伊利石的转化，优质深度对应良好(图 16)。

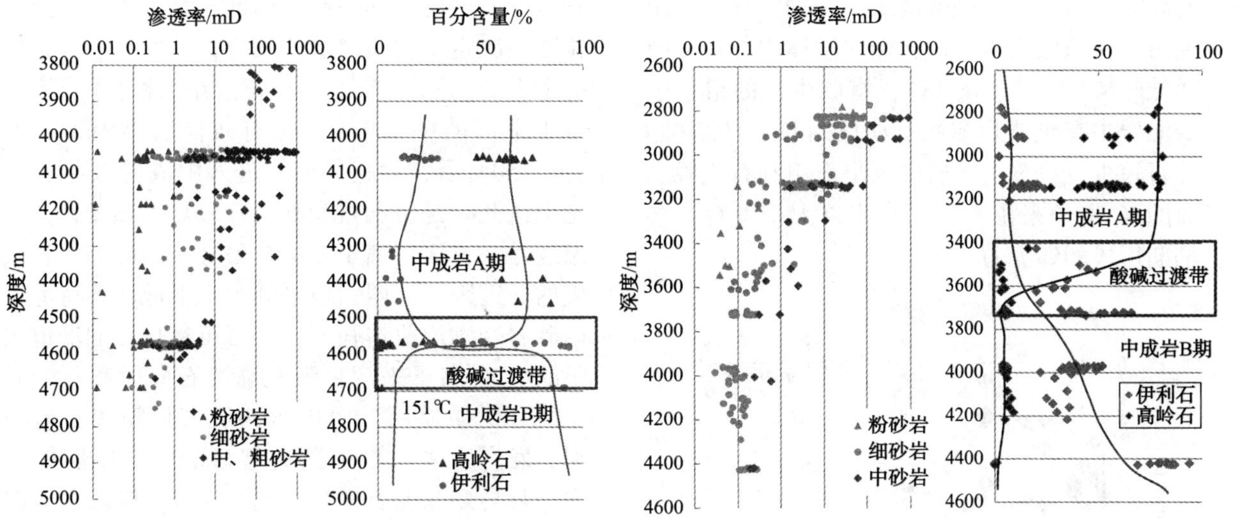

图 15　高岭石、伊利石转化与物性对应关系

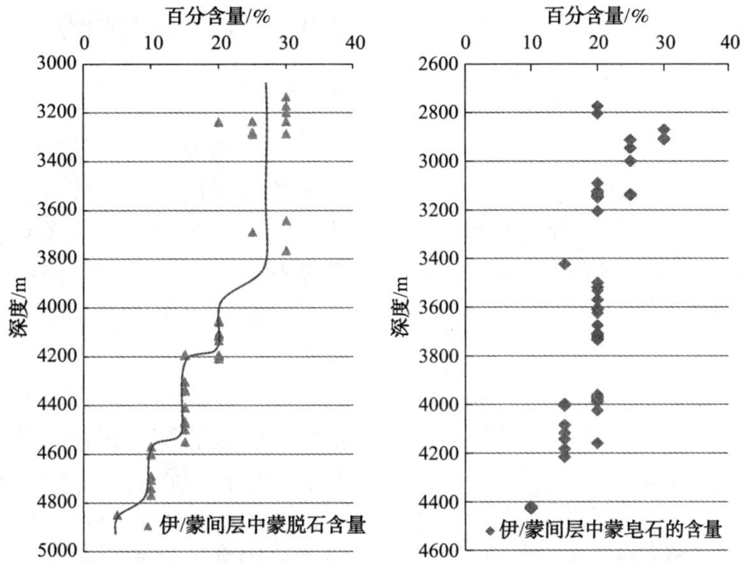

图 16　不同地区伊蒙混层随深度变化

地温场和埋深控制了成岩作用的发生和转变，最直接的反映就是成岩矿物的区别。在不同热流背景和地温场的影响下储层中黏土矿物的类型、赋存状态和分布有较大差异，在垂向上，西湖凹陷地温梯度越低的区域高岭石富集段越深、I/S 中蒙脱石向伊利石转化速率越慢、有效储层的深度越大。

4.1.4　砂泥组合样式

储层的物性演化其实是砂泥协同成岩作用的结果，砂泥岩组合样式的差异对储层中胶结物含量及转化路径具有控制作用，进而影响了储层物性。泥岩中富含丰富有机质，黏土矿物以蒙脱石为主，赋存的水体携带 Fe^{2+}、Ca^{2+}、Mg^{2+}、$SO4^{2-}$、$CO3^{2-}$ 等离子。沉积物被水流搬运卸载后的准同生—早成岩阶段，砂、泥岩受上覆载荷影响孔隙压力变大，泥岩骨架抗压实能力小于砂岩，砂泥岩接触处泥岩中的水由于压力差和浓度差的变化通过扩散作用进入相邻砂岩，形成早期的碳酸盐、绿泥石等胶结物。平湖组作为煤系地层腐殖酸发育，这个阶段地层水体为弱酸性，绿泥石不发育。进入中成岩阶段，泥岩中有机质成熟生成大量有机酸溶蚀中基性火成岩、长石等硅铝酸岩矿物，伴生大量 K^+ 离子。随着埋深加大，不同砂泥组合样式中的砂岩成岩演化路径不一，厚泥薄砂受泥岩中富 K^+、Fe^{2+}、Ca^{2+}、Mg^{2+}、$CO3^{2-}$ 的碱性流体影响，砂岩中碳酸盐、伊利石发育；厚砂薄泥组合中的砂岩由于 K^+ 离子来源广泛，高岭石、钾长石发育，大量生成伊利石，而碳酸盐矿物容易在顶、底与泥岩接触处发育，砂岩中心部位相对较少，不同部位胶结作用强度的差异性与其距砂泥接触面距离相关，胶结作用强度由砂体顶底的砂泥接触面向砂体中部具有明显降低趋势(图 17、图 18)；富砂少泥的组合中缺少泥岩中有机质形成的有机酸对长石的溶蚀，高岭石较少，也没有泥岩中蒙皂石伊利石化脱水形成的 K^+离子来源，伊利石难以大量发育，多见早期形成的绿泥石。

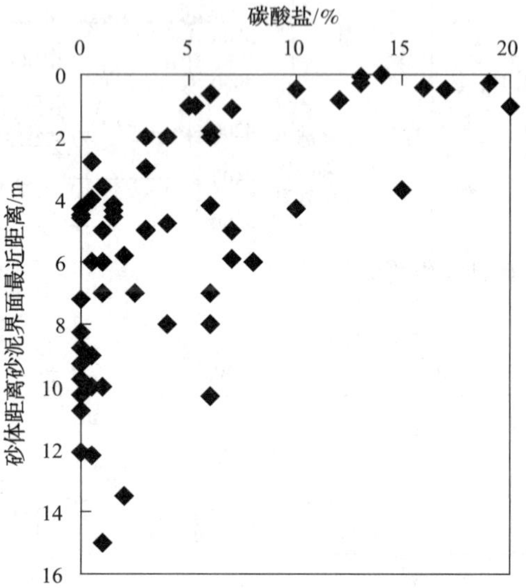

图 17　单砂体内部不同部位胶结物含量分布规律

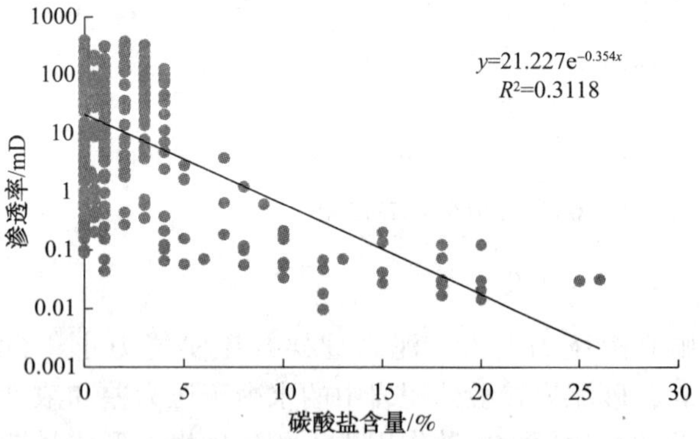

图 18　胶结物含量与渗透率关系

4.2　优质储层有利区分布规律

西湖凹陷深层—超深层储层不同层位随深度的变化优质储层主控因素不一。埋深超过 3200m 的储层在地层温度到达 120℃前，基本以压实减孔为主，西湖凹陷储层石英等刚性颗粒含量高，易溶岩屑、长石丰富，这个阶段虽然损失了部分孔隙度，但细粒及以上砂岩仍能保存较好喉道系统，全区均可发育优质储层。到了 120～150℃，作为煤系地层平湖组经历长时间酸性环境黏土矿物以高岭石为主，陆相沉积的花港组沉积早期为咸化水体黏土矿物主要为绿泥石，都在此时向伊利石开始转化，同一砂体内部的黏土矿物差异转化路径决定了优质储层的发育，平湖组潮汐砂坝的中上部、潮下带潮道和花港组(水下)分流河道中下部的中–粗砂岩是有效储层集中发育部位。150℃后，也就是彻底进入中成岩 B 期，理论上讲此时是伊利石和晚期碳酸盐大量发育，但温度是一方面，离子浓度是另外一个影响水岩反应的关键因素，西斜坡平湖组水下低凸夹持通道内砂岩受潮汐改造强烈，富石英贫长石的潮道由于缺少 K^+离子来源，阻断高岭石向伊利石的转化发育优质储层。而杭州斜坡带强物源富砂少泥，发育千米尺度厚的叠置砂岩，抗压实能力强，且早期绿泥石发育，到了晚成岩阶段由于缺少泥岩有机酸排入溶蚀产生的 K^+离子，也没有泥岩中富 K^+流体的进入，缺少堵塞性伊利石的生成，从而发育优质储层。

5　结论

(1) 西湖凹陷深层–超深层储层岩石类型主要为长石岩屑质石英砂岩，储集空间以次生孔隙为主，占比 73.0%。在整体低孔特低孔–低渗特低渗背景下，优质储层储层在 3200～5000m 广泛分布，横向上覆盖整个凹陷。压实作用是减孔的主因。

(2) 先天有利的沉积相带，后期埋藏史–热演化史，成岩演化路径等多种地质作用共同控制深层–超深层优质储层的形成。先存抗压实能力强的物质组构除本身可以作为中成岩阶段优质储层的成因外，又是另外两个富石英贫长石抑制胶结和陆相强物源富砂少泥绿泥石发育因素的必备条件。

(3) 沉积水动力条件、沉积环境差异、地温场的控制和砂泥岩组合样式是控制西湖凹陷优质储层是否发育的主要因素，150℃前强水动力条件下形成的厚层砂岩中的中粗砂岩、含砾粗砂岩等高刚性颗粒含量的洁粗砂岩是优质储层发育的有利部位，150℃后水岩反应中离子浓度的影响下的黏土矿物差异演化路径是关键，西斜坡平湖组水下低凸夹持通道内砂岩受潮汐改造强烈，杭州斜坡带强物源富砂少泥，发育千米尺度厚的叠置砂岩，都由于缺少 K^+离子无法形成堵塞性伊利石的生成，从而发育优质储层。

参 考 文 献

[1] 施和生，王清斌，王军，等．渤中凹陷深层渤中

19-6构造大型凝析气田的发现及勘探意义[J]. 中国石油勘探, 2019, 24(1): 36-45.
[2] 贾承造. 含油气盆地深层-超深层油气勘探开发的科学技术问题[J]. 中国石油大学学报(自然科学版), 2023, 47(5): 1-12.
[3] BLOCH S, LANDER RH, BONNELL L. Anomalously high porosity and permeability in deeply buried sandstone reservoir: origin and predictability [J]. AAPG Bulletin, 2002, 86(2): 301-328.
[4] 冯佳睿, 高志勇, 崔京钢, 等. 深层、超深层碎屑岩储层勘探现状与研究进展[J]. 地球科学进展, 2016, 31(7): 718-736,
[5] 李阳, 薛兆杰, 程喆, 等. 中国深层油气勘探开发进展与发展方向[J]. 中国石油勘探, 2020, 25(1): 45-57.
[6] 中华人民共和国国土资源部. 石油天然气储量计算规范: DZ/T0217—2005[S]. 北京: 中国标准出版社, 2005.
[7] 贾承造, 庞雄奇. 深层油气地质理论研究进展与主要发展方向[J]. 石油学报, 2015, 36(12)1457-1469.
[8] 伍劲, 刘占国, 王少春, 等. 河套盆地临河坳陷古近系临河组深层——超深层碎屑岩储层物性差异成因[J]. 天然气地球科学, 43(2): 368-376.
[9] DUTTON S P, LOUCKS R G. Diagenetic controls on ecolution of porosity and permeability in Lower Tertiary Wilcox sandstones from shallow to ultradeep (200-6700m) burial, Gulf of Mexico Basin, U. S. A [J]. Marine and Petroleum Geology, 2010, 27(1): 69-81.
[10] BARKER C, TAKACH N E. Prediction of natural gas composition in ultradeep sandstone reservoir [J]. AAPG Bulletin, 1992, 76(12): 1859-1873.
[11] 孙龙德, 邹才能, 朱如凯, 等. 中国深层油气形成、分布与潜力分析[J]. 石油勘探与开发, 2013, 40(6): 641-649.
[12] 胡文瑞, 鲍敬伟, 胡滨. 全球油气勘探进展与趋势[J]. 石油勘探与开发, 2013, 40(4): 409-413
[13] 张功成, 屈红军, 赵冲, 等. 全球深水油气勘探40年大发现及未来勘探前景[J]. 天然气地球科学, 2017, 28(10): 1447-4477
[14] 周海廷, 姜效典, 李德勇, 等. 东海陆架盆地西湖凹陷岩石圈热流变性质[J]. 2017, 大地构造与成矿学, 41(3): 481-490.
[15] 沈伟锋, 于仲坤, 刁慧, 等. 西湖凹陷热流演化史模拟及成藏意义[J]. 中国海上油气, 2020, 32(1): 43-50.
[16] 张武, 侯国伟, 肖晓光, 等. 西湖凹陷低渗储层成因及优质储层主控因素[J]. 中国海上油气, 2019, 31(3): 40-49.
[17] 肖晓光, 侯国伟, 张武, 等. 西湖凹陷平湖组低渗储层成岩环境及孔隙演化[J]. 海相油气地质, 2021, 26(1): 60-70.
[18] 钟韬, 曹冰, 刘金水, 等. 西湖凹陷花港组低孔低渗砂岩储层中绿泥石环边的成因及其意义[J]. 成都理工大学学报(自然科学版), 2017, 44(6): 708-716.
[19] 苏奥, 陈红汉, 陈旭, 等. 东海盆地西湖凹陷平湖组构造带致密砂岩储层成岩成藏的耦合关系[J]. 中南大学学报(自然科学版), 2015, 46(3): 1016-1026.
[20] 肖晓光. 西湖凹陷深层有效储层形成机理及深度下限研究[J]. 高校地质学报, 2023, 29(4): 630-643.
[21] 秦兰芝, 刘金水, 李帅, 等. 东海西湖凹陷中央反转带花港组锆石特征及物源指示意义[J]. 石油实验地质, 2017, 39(4): 498-503.
[22] 周心怀, 蒋一鸣, 唐贤君. 西湖凹陷成盆背景、原型盆地演化及勘探启示[J]. 中国海上油气, 2019, 31(3): 1-10.
[23] 王道伸, 辛红刚, 蒽克来, 等. 致密砂岩储层孔喉结构特征及其对含油性的控制作用——以鄂尔多斯盆地志靖—安塞 地区延长组8段为例[J]. 天然气地球科学, 2024, 35(4): 623-634.
[24] 朱筱敏, 潘荣, 朱世发, 等. 致密储层研究进展和热点问题分析[J]. 地学前缘, 2018, 25(2): 141-146.
[25] 李弛, 罗静兰, 胡海燕, 等. 热动力条件对白云凹陷深水区珠海组砂岩成岩演化过程的影响[J]. 地球科学, 2019, 44(2): 572-587.
[26] Morad S, Al-Ramadan K, Ketzer J M, et al. The impact of diagenesis on the heterogeneity of sandstone reservoirs: A review of the role of depositional facies and sequence stratigraphy[J]. AAPG Bulletin, 2010, 94(8): 1267-1309.
[27] Wang J, Cao Y C, Liu K Y, et al. Pore fluid evolution, distribution and water-rock interactions of carbonate cements in red-bed sandstone reservoirs in the Dongying Depression, China [J]. Marine & Petroleum Geology, 2016, 72: 279-294.
[28] 姜雪, 肖晓光, 王宇. 多手段厘定东海西湖凹陷花港组物源体系[J]. 海洋地质前沿, 2023, 39(6): 55-64.
[29] Baldwin B, Butler C O. Compaction curves [J]. American Association of Petroleum Geologists Bulletin, 1985, 69: 622-626.

[30] 魏问问，黄思静，郇金来，等．伊利石形成相关反应的热力学计算及其对砂岩成岩作用研究的意义[J]．地质科技情报，2011，30(1)：20-25.

[31] Billault V, Beaufort D, Baronnet A, et al. A nanopetrographic and textural study of grain-coating chlorites in sandstone reser - voirs [J]. Clay Minerals, 2003, 38(3): 315-328.

[32] Laird J. Chlorites: Metamorphic petrology[J]. Reviews in Mineralogy and Geochemistry, 1988, 19(1): 405-453.

[33] 杨晓萍，顾家裕．煤系地层中储层基本特征与优质储层的形成与分布[J]．沉积学报，2007，25(6)：891-895.

[34] 钟大康，朱筱敏，张琴，等．不同埋深条件下砂泥岩互层中砂岩储层物性变化规律[J]．地质学报，2004，78(6)：863-870.

[35] GEOFFREY THYNE. A modelfor diagenetic mass transfer between adjacent sandstone and shale [J]. Marine and Petroleum Geology, 2001, 18(1): 743-755.

[36] Jian Wang, Yingchang Cao, Keyu Liu, et al. Mass transfer between mudstone-sandstone interbeds during diagenesis as revealed from the type and distribution of carbonate cements in the Eocene beach - bar sandstones, Bohai Bay Basin [J]. Marine and Petroleum Geology, 2019, 110: 21-34.

西湖凹陷西部控洼断裂带特征、控藏作用及勘探实践

唐贤君 何新建 张 武 蒋一鸣 李 宁 覃 军 钟荣全 孙 鹏

[中海石油(中国)有限公司上海分公司]

摘 要 盆地大型断裂带对油气规模富集具有显著的控制作用，传统认识表明西湖凹陷为“东断西超”结构，西部不发育规模性大断裂，一定程度上制约了规模性油气勘探突破。本文综合最新资料，在西湖凹陷西部识别出了“杭州-绍兴控洼断裂带”“宁波-平湖控洼断裂带”和“宝石-初阳控洼断裂带”三条大型断裂带，断裂带平面分布具有“整体NE走向雁行、局部近N-S走向错列”的特点。针对控洼断裂带研究表明：西湖凹陷在中始新世前强断陷期具有“东西双断”特点，中晚始新世断-拗转换期转变为以“东断西超”为主，这种活动差异主要受控于“洼陷迁移引起的伸展强度减弱”“区域应力场旋转引起的伸展方向调整”两大因素，导致控洼断裂带活动在大部分地区表现为“早断-早衰”，仅局部近N-S向断层表现出继承性强活动特点，继承性强活动段控制了区域内早期生烃的物质基础；进一步厘定出控洼断裂带在新近纪构造挤压反转“向心式”演变作用背景下存在多期构造运动叠加，尤其是在龙井运动期整体“右行走滑”背景下，其近N-S向“强增压段”发育显著的多期复合圈闭群，这些复合圈闭群奠定了油气相对早期充注的构造条件。最终，本文提出了西部沿控洼断裂带具有早、晚两期油气充注，利于控制油气规模富集，并经勘探实践证实，相关圈闭储量规模大、储层物性好、成熟度相对低，揭示西部控洼断裂带规模油气富集的巨大潜力。

关键词 西部控洼断裂带；多期伸展；构造运动叠加；复合圈闭；多期成藏；西湖凹陷

Characteristics, reservoir control function, and exploration practice of the control depression fault belt in west of Xihu sag

Tang Xianjun He Xinjian Zhang Wu Jiang Yiming Li Ning Qin Jun Zhong Rongquan Sun Peng

(Shanghai Branch of CNOOC Ltd.)

Abstract Large scale basin fault belts have a significant controlling effect on oil and gas accumulation. Traditional understanding, which Xihu sag presents the characteristic of “East fault- West onlap” and large-scale faults are not developed in the west, restricts break throughs in large-scale oil and gas exploration. Based on the latest data, three large fault belts have been identified in the western part of the Xihu sag, namely the Hangzhou-Shaoxing control depression fault belt, the Ningbo-Pinghu control depression fault belt, and the Baoshi-Chuyang control depression fault belt. The planar distribution of the fault belt has the characteristics of “overall NE trending and locally near NS trending diagonal arrangement”. Research on control depression fault belt shows that the Xihu sag had a “double fault” characteristic during the strong faulting period before the Middle Eocene, and the transition period from faulting to inversion in the Middle Late Eocene was dominated by “East fault - West onlap”. This difference in activity is mainly controlled by two factors: “weakening of extension intensity caused by depression migration” and “adjustment of extension direction caused by regional stress field rotation”. As a result, the activity of the control depression fault belt is characterized by “early faulting and early decline” in most areas, and only local near N-S trending faults show strong inheritance activity characteristics. The strong inheritance activity segment controls the material basis of early hydrocarbon generation in the region; It is further determined that the control depression fault belt has multi－stage superposition of structural movement under the background of "centripetal" evolution of Neogene structural inversion. In particular, under the background of the whole "right strik－slip" in Longjing movement period, significant multi－stage composite trap groups have developed in the "strong pressure boosting section" near the N-S direction, laying the structural conditions for relatively early oil and gas accumulation. Finally, this article proposes that the western control depression fault belt has two stages of early and late oil and gas accumulation, which is conducive to the formation of large-scale oil and gas reservoirs. proved by exploration practice, it has been confirmed that the relevant traps with large reserves, good reservoir properties, and relatively low maturity oil and gas reveals the huge potential for oil and gas accumulation in the western control basin fault belt.

Key wordst　control depression fault belt; multi－stage extensionl; structural movement superposition; composite trap; multi-stage reservoir; Xihu sag

中国东部断陷型盆地结构及构造样式普遍受到复杂断裂体系的控制，尤其是大型凹陷、洼陷的形成、演化与控洼断裂密切相关，已有勘探实践表明大型控洼断裂对区域内烃源岩、储集条件、圈闭及保存条件具有明显的控制作用，且决定了油气的规模富集(刘军等，2021；徐长贵等，2022，2024；彭靖淞等，2018；彭光荣等，2019)。因此，研究控洼断裂的形成及演化过程对含油气盆地勘探研究工作具有重要的指导意义。

东海陆架盆地是中国近海重要的含油气盆地之一(张迎朝等，2024)，西湖凹陷是盆地内最大的凹陷，面积达 5.4 万 km^2，该凹陷目前是东海陆架盆地油气勘探开发的主战场。前人研究表明，西湖凹陷以发育 NE 及 NNE 向断裂为主，断裂密度大、活动时期长(蔡华等，2014；何新建等，2023)，复杂断裂体系决定了各区带构造样式的差异及圈闭的形态(张绍亮等，2014；张宙等，2022)。随着对西湖凹陷断裂活动认识的逐步深入，已经注意到强断陷作用及断裂活动主要发生在前平湖组沉积时期。目前，对于西湖凹陷内与强断陷作用相关的控洼断裂研究罕有报告，主流观点认为盆地东部坳陷带西湖凹陷为"东断西超"的箕状断陷，受东缘"西湖-基隆大断裂"控制(刘金水等，2020；张建培等，2014；Zhang 等，2016)。虽然近期前人针对凹陷西部地区断裂体系做了大量且细致的研究工作(杨彩虹，2014；周祥林，2014；秘丛永，2015；唐贤君等，2018，2019)，但现有研究中多为针对局部区带级的断裂认识，研究对象断裂规模偏小，多为三级、四级断层。凹陷西部仅见报道的平湖大断裂虽被揭示为大型控洼断裂，但延伸长度不及 40km，这与巨大的凹陷规模及 200km 以上得轴向延伸长度极不相称，总体而言，缺乏西部地区成规模型断裂的整体认识。

近年来，随着西湖凹陷三维地震资料的不断丰富及资料品质提升，笔者及研究团队逐步发现西湖凹陷中西部深层存在断控洼槽，反映西湖凹陷并不是简单的"东断西超"盆地，强断陷时期明显受到西部控洼大断层的影响。因此，本文在上万平方公里的三维连片地震资料精细梳理基础上，系统识别西部大型控洼断裂带，研究断裂带发育模式及其与烃源岩、圈闭及油气运汇、成藏的配置关系，形成大型断裂带控制油气规模富集新认识，为西湖凹陷西部斜坡及近洼区油气勘探理论及认识突破提供了重要支撑。

东海陆架盆地及西湖凹陷"东断西超，向东迁移"的发育演化模式如图 1 所示。

1　区域地质概况

西湖凹陷位于东海陆架盆地东部坳陷带中段，北依福江凹陷，南接钓北凹陷，东靠钓鱼岛隆褶带，西部由北至南依次与虎皮礁隆起、长江坳陷、海礁隆起、钱塘凹陷和渔山东低隆起相邻；地质结构在横向上表现为东西分带、南北分块特征，纵向上则主要为多层结构；传统区带划分观点认为西湖凹陷自西向东分为西部斜坡带、中央洼陷-反转带以及东部断阶带三个次级构造单元，其中西部斜坡带自北向南分为杭州斜坡、平湖斜坡和天台斜坡(图 2a)。在地层特征上，西湖凹陷自上而下依次发育第四系东海群，上新统三潭组，中新统柳浪组、玉泉组和龙井组，渐新统花港组，始新统平湖组、宝石组、八角亭组，推测深层还存在古新统(图 2b)。在构造演化上，西湖凹陷自晚白垩世末初始裂陷以来，先后经历了古新世(？)-早中始新世断陷、中晚始新世断-拗转换、渐-中新世拗陷-反转和上新世以来区域沉降四个演化阶段。

西湖凹陷断裂不同构造演化阶段，断裂活动特征有显著的差异。古新世(？)-早中始新世断陷阶段NE及NNE向断裂活动普遍较强，并局部伴随有岩浆作用。中晚始新世断-拗转换阶段，虽然大部分断裂仍持续活动，但活动强度明显减弱，随着一系列伴生次级断层发育，断裂密度增大，大部分NE及NNE向断裂多定型于该时期。渐-中新世拗陷-反转阶段，首先表现为断裂活动的停止，之后随着区域挤压作用增强，部分主干断层反转活化，形成剖面上“下正上逆”的反转断层，该时期中浅层的NWW向及E-W向断层开始在反转背斜核部同步发育。上新世以来区域沉降阶段，NE及NNE向反转断层停止活动，西湖凹陷内仅西部斜坡带边缘及中央洼陷-反转带背斜核部分别存在部分NE-NNE向、NWW向及E-W向断层得持续活动，但断层规模及活动强度均很小。

西湖凹陷构造区划及地层格架如图2所示。

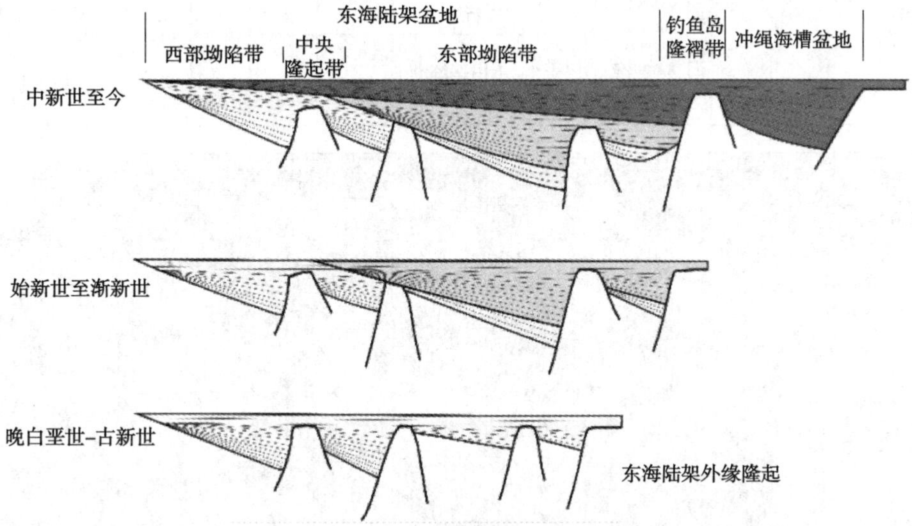

图1 东海陆架盆地及西湖凹陷“东断西超，向东迁移”的发育演化模式

2 断裂带识别及分布规律

2.1 西部控洼断裂带识别标志

控洼断裂带多为下延至基底的深大断裂，对中深层前平湖组强断陷地层充填的控制作用较强，考虑到部分地区地层厚度大、基底面埋藏深，且容易受到强断陷期岩浆作用影响，针对深层地震资料品质相对降低的不利因素，本文在三维地震资料解释梳理的基础上，辅以区域布格重力异常资料加以判别。

(1) 布格重力异常的识别标志。在断陷盆地中，布格重力异常资料可用于揭示基底面的起伏，极低的重力异常反映基底埋藏较深的洼陷区，而相对高重力异常则反映基底高背景下的隆起或凸起背景，因此可根据西湖凹陷中高重力异常区与邻近极低重力异常区的过渡带来揭示控洼断裂带，即通过低重力异常边缘“条带状梯度带”作为控洼断裂带识别的标志之一。

(2) 地震资料的综合识别标志(图3)。由于西部斜坡带东倾控洼断裂带控制的强断陷期地层厚，在地震剖面上最典型的特征即为基底面西高、东低差异下的“断崖”，断裂下降盘巨厚强断陷地层具有“楔状充填”特点，受控洼断裂强伸展控制下的断块掀斜作用影响，地层表现为西倾，显著不同于上覆平湖组地层总体东倾的特点。在地震层位解释立体可视化图及地震水平方差切片图上，控洼断裂带也多表现出明显的线性特征，表现为相对连续与相对杂乱地震反射信号的分界(图3a、图3b)。

综上所述，地震剖面上的“基底面断崖”“深层巨厚西倾楔状地层”，地震水平方差切片上的“线性分界”，以及布格重力异常中“极低异常边缘条带状梯度带”可作为西湖凹陷西部控洼断裂带的主要识别标志。

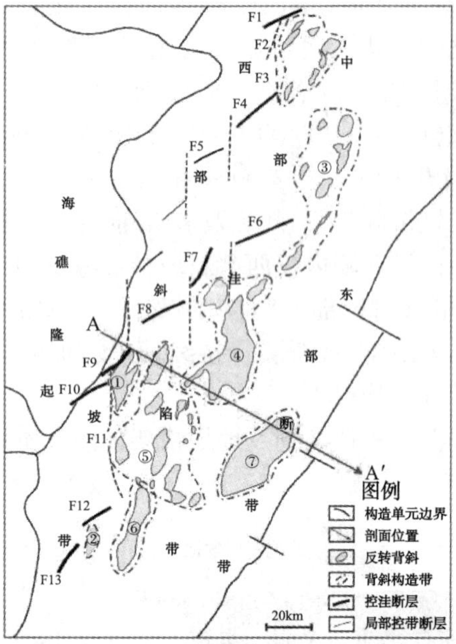

系	统	组	段	年代/Ma	反射界面	构造动动	盆地演化
第四系	更新统	东海群Q_{pdh}		2.6	T0	冲绳运动	区域沉降
新近系	上新统	三潭组N_2s		5.3	T10	龙井运动	
	中新统	柳浪组N_1^3l			T12		反转
		玉泉组N_1^2y	上段				
			下段		T16		
		龙井组N_1^1l	上段		T17	花港运动	
			下段	23.3	T20		
古近系	渐新统	花港组E_3h	上段		T21		拗陷
			下段	32.0	T30	玉泉运动	
	始新统	平湖组E_2p	上段		T32		断-拗转换
			中段		T34		
			下段	43.0	T40	平湖运动	
		宝石组E_2b			T50		断陷
	古新统	前宝石组E_{1-2}		65.0	T100	雁荡运动	
白垩系	上白垩统	?		96.0	Tg	基隆运动	

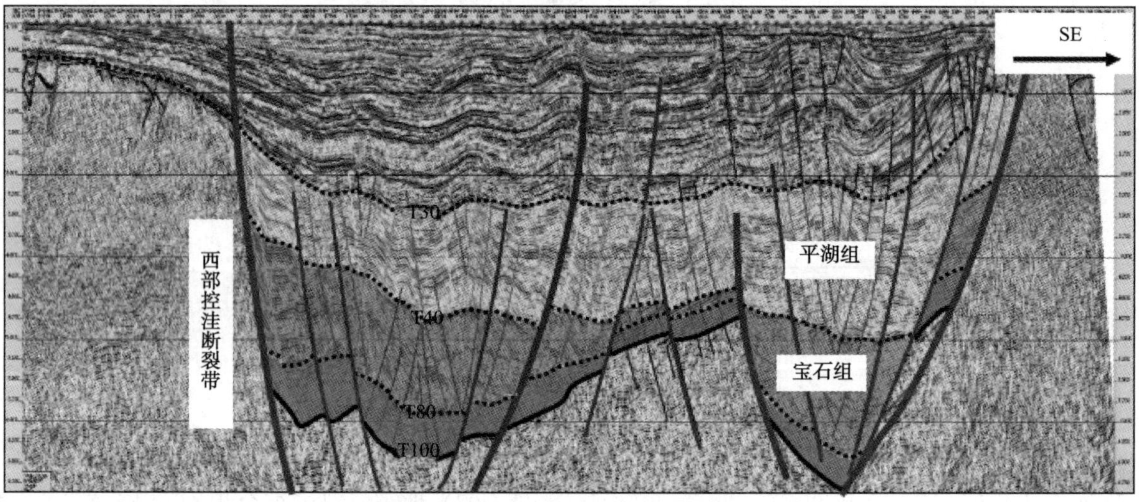

图 2　西湖凹陷构造区划及地层格架

(a)左上，区域格架；(b)右上，地层格架；(c)典型地震剖面

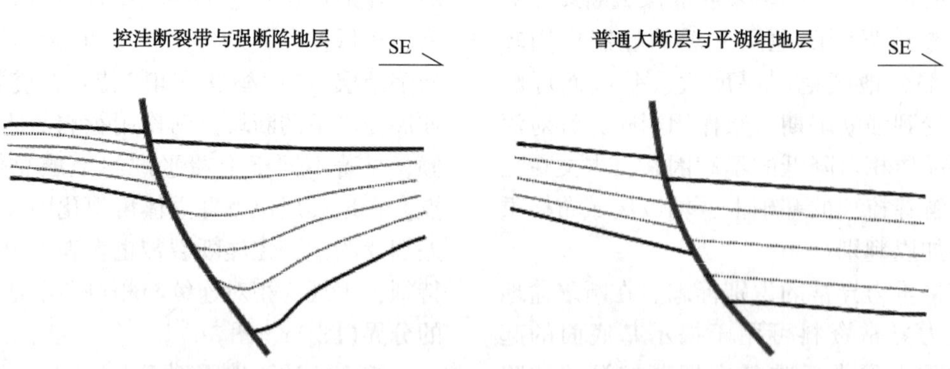

(a)控洼断裂带与强断陷地层　　(b)普通断层与平湖组地层

图 3　西湖凹陷中西部控洼断裂带剖面识别标志对比

2.2 西部控洼断裂带分布特征

西湖凹陷西部控洼断裂带平面延伸具有“整体 NE 走向雁行、局部近 N-S 走向错列”的特点，呈锯齿状形态，且受更古老的 NWW 向基底先存断层影响，自北向南可分为三条主要的控洼断裂带，本文将其依次命名为“杭州-绍兴控洼

断裂带”“宁波-平湖控洼断裂带”和“宝石-初阳控洼断裂带”，三条控洼断裂带整体具有“左阶雁列”的特点(图4a、图4b)。

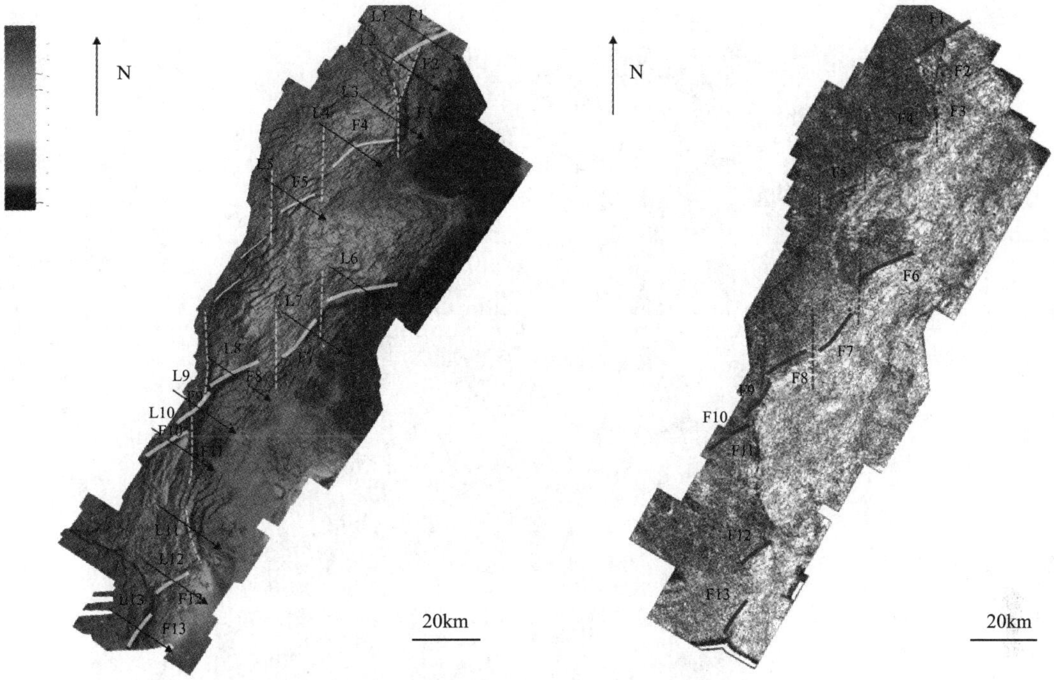

(a)T100界面可视化图　　(b)4800ms地震水平方差切片

图4　控洼断裂带平面分布图

2.2.1　杭州-绍兴控洼断裂带

杭州-绍兴控洼断裂带主要顺西湖凹陷西北缘杭州35古隆外缘发育，其整体形态并不平直，表现为由NE向和近N-S向交替出现的锯齿状，不同走向段的断层上断层位及断裂组合样式也存在明显差异，进一步可将该断裂带自北向南划分为五段(F1-F5)(图5)。

第一段F1表现为NE向主断裂，在剖面上与次级断层形成顺向多级断阶，主断层向上多终止于T30界面附近；第二段F2表现为NE向主断裂，不发育伴生次级断层，在剖面上表现为大断阶，主断层具有长期活动特点，普遍上断至T20界面之上；第三段F3表现为近N-S向主断裂伴生NE向次级断层，剖面上表现为向下收敛于主断层的多级断阶，断裂平面、剖面样式揭示存在扭动背景，主断层大部分上断至T20界面之上；第四段F4、第五段F5均表现为NE向主断裂，断裂发育规模相对第一至三段明显减弱，且主断层向上多终止于T30界面附近。

2.2.2　宁波-平湖控洼断裂带

宁波-平湖控洼断裂带北部主要顺西湖凹陷平湖斜坡带的低凸起东缘发育，南部顺海礁隆起东缘发育，进一步可划分为六段断层，其中含五段NE向主断层(F6-F10)，呈左阶排列组成的断层带，各主断层之间不同程度地发育有近N-S向断层，另有一段为近N-S向断层F11(图6)。

第一、二段F6/F7表现为NE-NNE向主断裂，在剖面上与走向相同的次级断层形成顺向多级断阶，主断层向上多终止于T20界面附近；第三段F8表现为NE向主断裂，伴生有NNE向次级断层，主断层及次级断层向上多终止于T30界面附近；第四段F9表现为NNE向-近N-S向曲折延伸的大断面，为前人文献中常提及的平湖大断裂，在断层局部伴生有次级近N-S向小断层，剖面上向下收敛于主断裂，该段主断裂表现为长期活动特点，断面普遍上断至T16界面之上，其在中新世末反转期活动控制了平湖大背斜的发育；第五段F10表现为NE向延伸的主断面，局部伴生近N-S向次级断层，该段为宁波-平湖控洼断裂带西南延伸的末端，断层的发育规模不及第一至三段，断层的平、剖组合样式与第三段平湖大断裂相似。第六段为该断裂带内唯一的一条近N-S向断层F11，即前人文献中常提及的放鹤亭大断裂，断层两侧局部伴生次级NNE向断层，该段断层两侧相对于其它段基底面埋藏较浅，断层具有长期活动特点，断面均上断至 T16 界面之上，在中新世末反转期活动控制了放鹤亭大背斜的发育，根据地层挠曲及背斜褶皱的紧闭程度分析，放鹤亭大背斜所承受的挤压程度强于平湖大背斜。

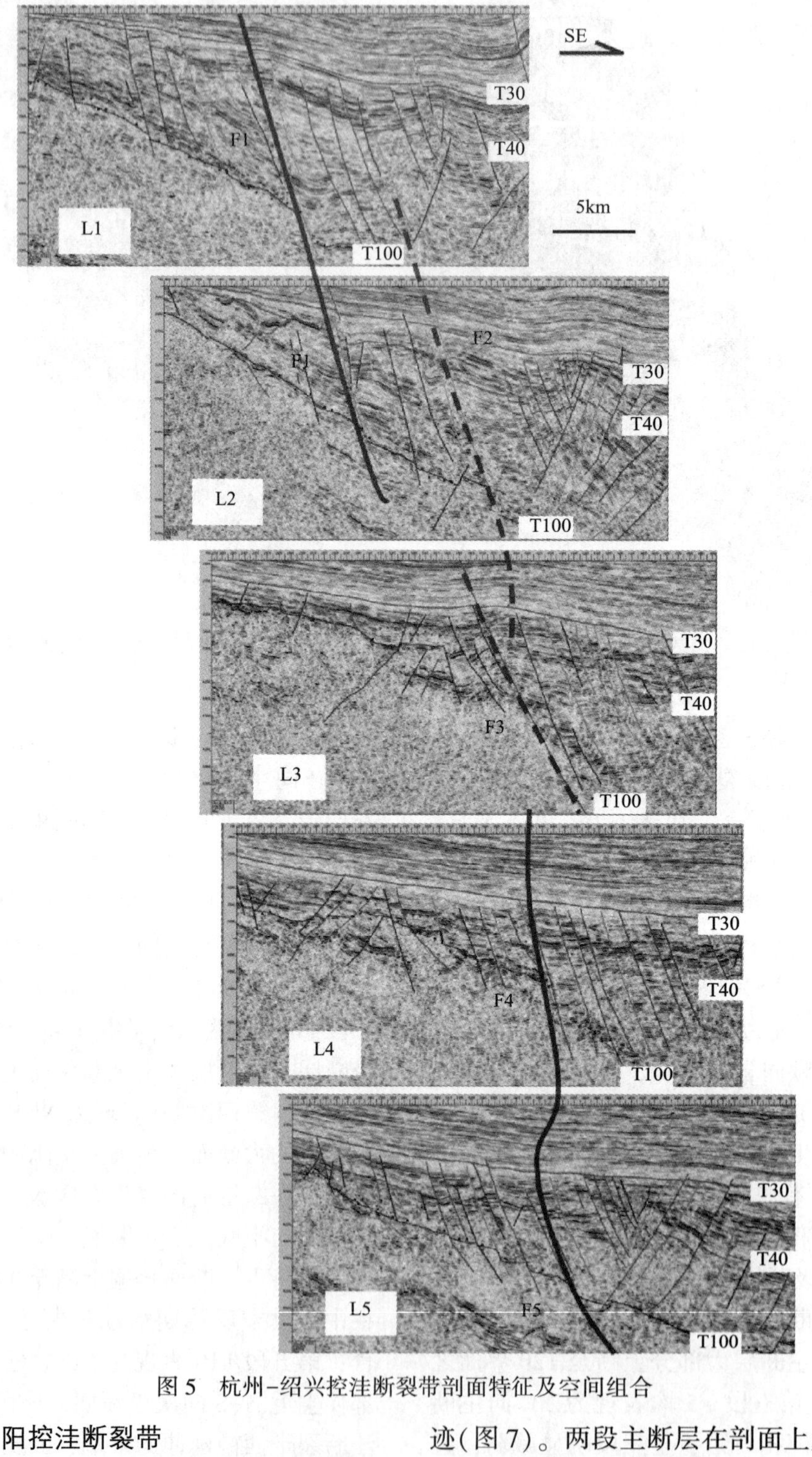

图 5　杭州-绍兴控洼断裂带剖面特征及空间组合

2.2.3　宝石-初阳控洼断裂带

宝石-初阳控洼断裂带主要顺渔山东低隆起东缘发育，在现有资料范围内整体表现为两段 NNE 向主断层(F12-F13)、左阶排列组成的断层带，两段断层之间局部可见近 N-S 向构造形迹(图 7)。两段主断层在剖面上多表现为单断阶发育，断层对宝石组及下覆地层控制显著，但至平湖组控沉积特征明显减弱，断层向上多终止于 T20 界面附近，对下降盘中新世末形成的背斜形态具有一定的控制作用。

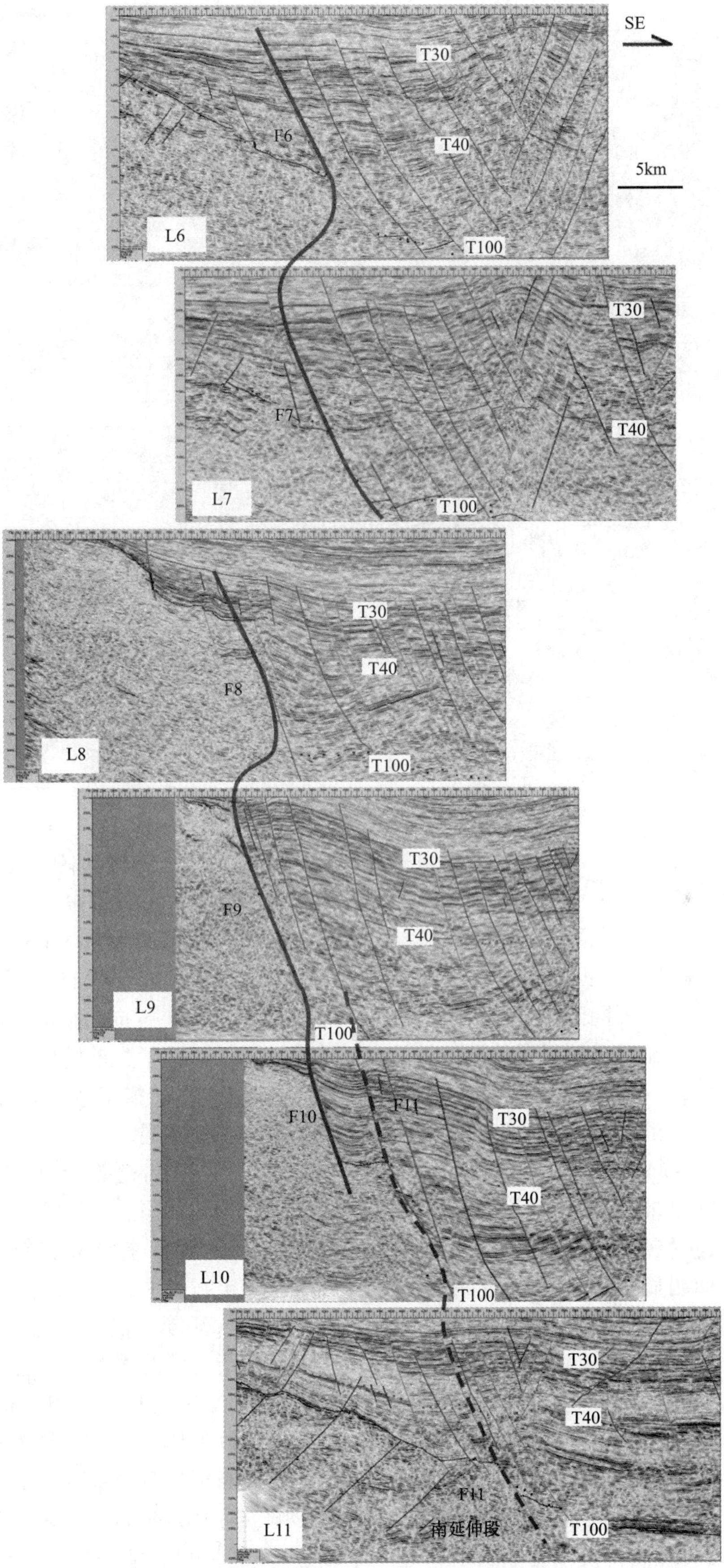

图 6　宁波-平湖控洼断裂带剖面特征及空间组合

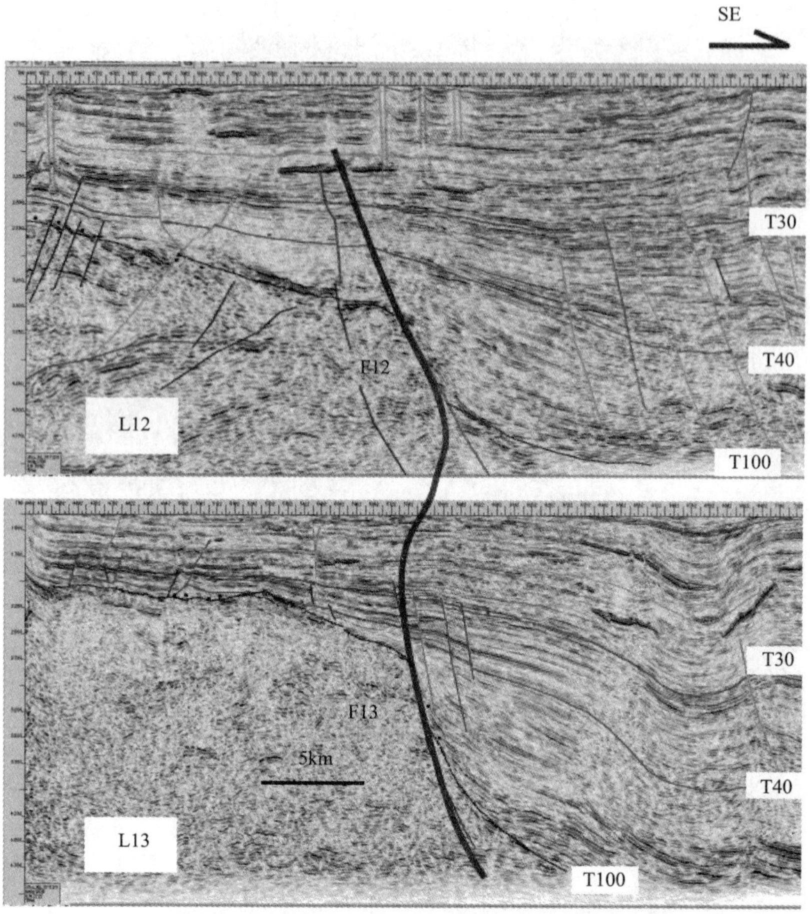

图 7　宝石-初阳控洼断裂带剖面特征及空间组合

3　断裂带控洼特征及差异性剖析

本文对杭州-绍兴控洼断裂带、宁波-平湖控洼断裂带和宝石-初阳控洼断裂带进行精细分析，发现三条控洼断裂带不同延伸方向的断层在断陷演化不同阶段表现出明显的强弱差异。

3.1　西部控洼断裂带活动强弱及演变规律

本文主要通过控洼断裂带在断陷期(T100-T40 界面)和断-拗转换期(T40-T30 界面)的古落差数据来揭示断裂带活动强弱及演变规律(图 8)。数据反映，控洼断裂带活动强度从断陷期到断-拗转换期明显减弱，但 NE 向控洼段和近 N-S 向转换段的活动强度是存在巨大差异的：

1) NE 走向控洼段，无论是杭州-绍兴控洼断裂带、宁波-平湖控洼断裂带还是宝石-初阳控洼断裂带，其 NE 走向控洼段在断陷期古落差可普遍达到 1000m 以上，局部最大甚至接近 4000~5000m，而在断-拗转换期古落差骤降至 800m 以内，衰减特征非常显著；

2) 近 N-S 向转换段，在这些控洼大断裂中，在断陷期古落差普遍不及 500m，而在断-拗转换期古落数据增大至 500m 以上，杭州-绍兴控洼断裂带中的近 N-S 向断层甚至超过 1000m，这些原有的近 N-S 向转换断层在断-拗转换期活动强度不仅超越了先前断陷期自身的活动强度，还反超了断-拗转换期 NE 走向控洼段的活动强度，成为主控断层。

因此，断层古落差活动数据可以揭示，控洼断裂带在伸展断陷发育阶段活动特征按断层走向具有明显差异性，控洼断裂带中占主体的 NE 向断层段随宝石到平湖时期的洼陷东移衰减，甚至表现为隐伏活动，仅局部近 N-S 向断层表现出继承性强活动。总体上，控洼断裂带在大部分地区表现为“早断-早衰”特点，这也是造成该断裂带此前难以整体识别，容易被忽视的重要原因。这些控洼断裂带活动差异对洼陷结构也产生了显著影响，可分为两类，第一类为 NE 走向控洼段断层“早断-早衰”活动的区域，表现为主体强迁移型洼陷(图 9a)；第二类为近 N-S 向断层区为局部强活动段，具有显著的继承型活动(图 9b)，表现为平湖、迎翠轩等斜坡区域，基底面埋藏深，控制了较厚的宝石组及平湖组地层，形成了相对稳定的烃源岩层系。

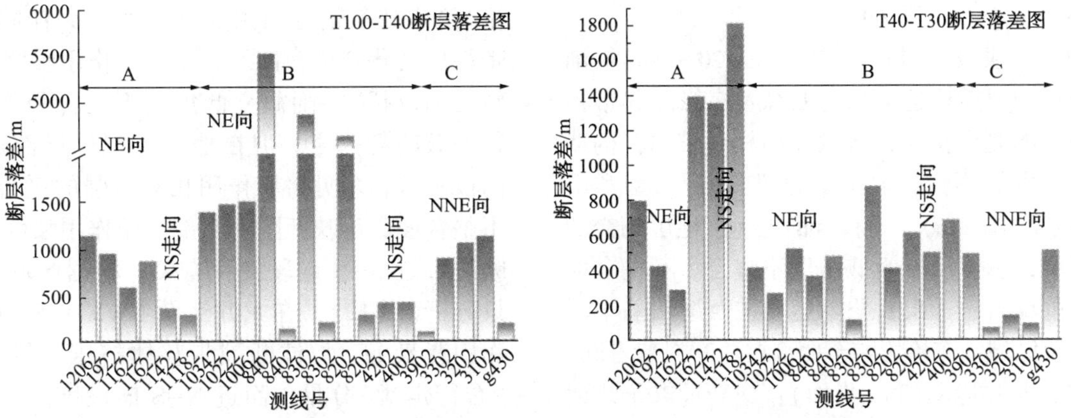

图 8　断陷期(a)与断-拗转换期(b)控洼断裂带古落差数据

A)杭州-绍兴控洼断裂带；B)宁波-平湖控洼断裂带；C)宝石-初阳控洼断裂带

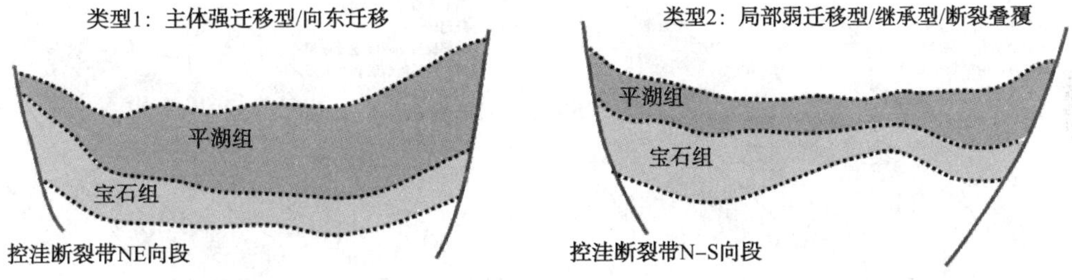

(a)类型1主体强迁移型　(b)类型2局部继承型

图 9　控洼断裂带两类迁移演变模式

3.2　西部控洼断裂带活动差异机制探讨

控洼断裂带不同走向延伸段在伸展断陷阶段活动强弱的差异，体现了古新世-早中始新世断陷期 NE 向断裂主控转换到中晚始新世 NNE 向、近 N-S 向断裂主控的特点，这与前人(唐贤君等，2018；赵军等，2020)在平湖斜坡带、杭州斜坡带局部所揭示的认识是一致的，其反映的都是中始新世时期(约 43Ma 前后)平湖运动作用的结果。从断裂延伸的优势方位由 NE 向转为近 N-S 向变化特征看，西湖凹陷所处的区域应力场在中始新世前后可能发生了明显的“逆时针”旋转，由断陷期 NW-SE 向伸展转变为断-拗转换期近 E-W 向伸展，这也与大量文献揭示的太平洋板块在约 43Ma 前后俯冲方向转换的认识相吻合。综上所述，西湖凹陷西部控洼断裂带中始新世前后活动差异机制主要受控于“洼陷迁移引起的伸展强度减弱”“区域应力场旋转引起的伸展方向调整”两大因素，上述两大因素均与太平洋板块在该时期的俯冲作用调整有关(图 10)。

4　断裂带对大型圈闭带的控制作用

4.1　西部控洼断裂带与主要构造运动的响应关系

根据以往研究成果，西湖凹陷主要圈闭带的形成时间与断陷结束后发生的多期反转作用有关(张绍亮等，2014；张宙等，2022)，且不同区带圈闭的定型时间是有差异的，西部斜坡带断块、断鼻型圈闭主要定型于始新世末期玉泉运动，局部受到渐新世末花港运动影响，而中央洼陷-反转带的大中型背斜、断背斜圈闭主要形成于中新世末龙井运动时期。而西部控洼断裂带总体处于西部斜坡带和中央洼陷-反转带强反转背斜区之间，背斜紧闭程度及圈闭规模均显著不及强反转背斜，因此，对于该断裂带控圈的主要期次及发育模式，以往也多被忽视。

鉴于西部控洼断裂带在反转时期以弱压性反转为主，早期的相对高角度正断层难以以向上错断上覆地层的形式来活动，而是主要表现为断层上盘地层横向收缩。本文以 T30、T20 及 T12 等反射界面分析为主，辅以断层活动性分析，确定主要构造运动的作用方式及波及范围，厘清控洼断裂带控制圈闭发育的主要阶段。主要反射界面的不整合分类及追踪表明：

（1）玉泉及花港运动(T30 及 T20 界面)：渐新世前后的两期构造运动为西缘及东缘隆起带抬升所引发的侧向挤压，挤压作用相对较弱，构造作用所引发的不整合面主要为超覆-削截型和平行-削截型(图 11a)，不整合面上、下地层相交的角度较低，总体反映为低角度不整合。不整合面波及范围反映，玉泉及花港运动在西湖凹陷中西部所波及区域向东恰影响至西部控洼断裂带附近。

（2）龙井运动(T12 界面)：中新世末龙井运动挤压应力主要来自于东侧，动力学背景上受到菲律宾海板块俯冲和冲绳海槽扩张的影响(周心怀等，2019)，挤压作用较强，自东向西传递，西湖凹陷均被波及(图 11b)。根据不整合面的主要类型综合判定挤压作用强弱，挤压作用较强的平行-褶皱不整合面主要分布在中央洼陷-反转带强反转背斜区，向西由于挤压作用整体减弱而转变为以超覆-削截型低角度不整合和平行-平行型假整合为主。但在控洼断裂带局部近 N-S 向段附近，多见挤压作用相对较强的平行-褶皱不整合面，反映凹陷中西部挤压作用强度与控洼断裂带近 N-S 向段发育有关。根据区域应力背景分析(图 12)，在龙井运动 NWW-SEE 向挤压作用背景下，控洼断裂带整体挤压背景下具有“右行走滑”分量，而近 N-S 向段恰处于“强增压段”，控制局部应力集中，在其上盘形成一定规模的背斜褶皱。

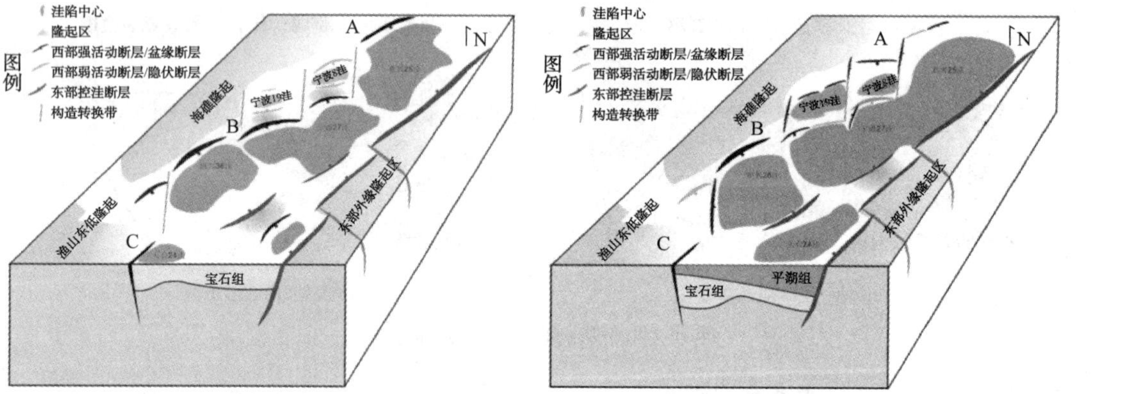

图 10　断陷期(a)与断-拗转换期(b)控洼断裂带的发育模式

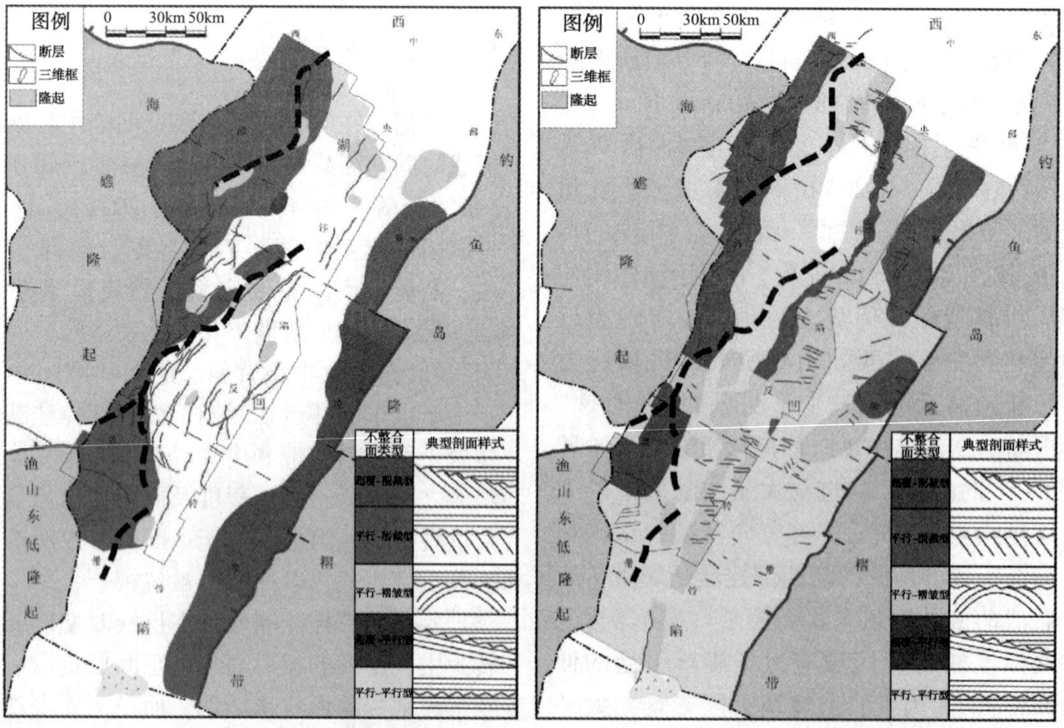

(a)T30及T20界面不整合类型与控洼断裂带叠合图　　(b)T12界面不整合类型与控洼断裂带叠合图

图 11　关键构造运动界面不整合与控洼断裂带叠合图

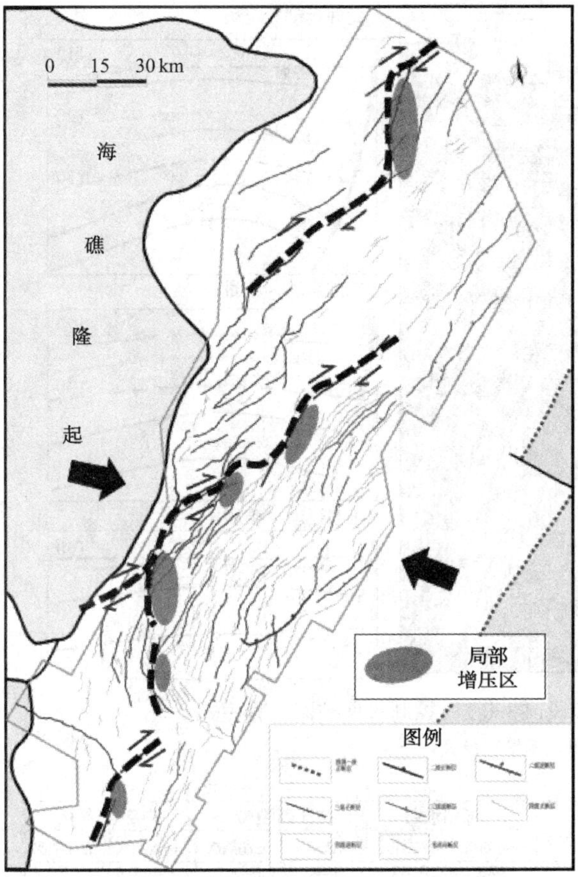

图 12　西部控洼断裂带龙井运动反转阶段
"右行走滑"增压模式

综上所述，古近纪末期至新近纪西部控洼断裂带附近多期构造反转作用具有"早期西抬、晚期东挤，向心式复合叠加"的特点，因此，在西部控洼断裂带附近多期构造运动相互叠覆，具有沿断裂带复合控圈的特点，且受"右行走滑"局部增压控制，在近 N-S 向段更易于形成一定规模的断背斜构造。

4.2　西部控洼断裂带多期叠加控圈模式

在控洼断裂带多期复合控圈作用机制下，沿断裂带近 N-S 向段上盘构造普遍存在多期挤压下的褶皱变形。以杭州-绍兴控洼断裂带为例，根据构造演化恢复结果，其近 N-S 向 F3 断层控制下的褶皱表现出多期控圈发育特征：①始新世末期玉泉运动作用背景下，控制宽缓、微幅的背斜褶皱，圈闭初具雏形，局部可见微弱的角度不整合；②渐新世末花港运动作用背景下，背斜褶皱进一步发育，圈闭形成；③中新世末龙井运动强挤压背景下，相对紧闭的背斜褶皱最终定型。由于该区早期玉泉和花港运的挤压应力主要来自西侧的海礁隆起，深层背斜高点相对偏西侧，而后期龙井运动挤压应力主要来自东侧，T20 界面之上背斜轴迹及高点明显向东偏移。上述断裂复合控圈的现象在宁波-平湖控洼断裂带 F7、F11 和宝石-初阳断裂带 F13 断层附近均有类似明显的反映。因此，控洼断裂带多期复合控制下的圈闭具有"成群成带"发育的特点，这些圈闭普遍表现出"由早期到后期的圈闭规模增大"及"由深层向中浅层的高点迁移"的特点(图 13)。

5　断裂带对油气成藏的控制作用及实践

5.1　西湖凹陷油气充注期次再认识

本文结合区域内宝石组、平湖组烃源岩热演化史分析表明，控洼断裂带对宝石组、平湖组两套烃源岩厚度分布具有较为明显的控制作用，尤其是控洼断裂带近 N-S 向继承性发育段，控制的平湖组主力烃源岩系最厚，加上控洼断裂带深大断裂属性约束下的相对高地温带更利于区域内烃源岩的早期成熟，这些因素决定了西部控洼断裂带上盘具有相对早期生烃的物质基础。

结合区域内圈闭的发育史对比及不同区带构造作用与油气充注期次的强-弱配置分析，本文提出了控洼断裂带控制油气规模富集，具早、晚两期油气充注的新认识(图 14)，不同于前人认为的龙井运动以来晚期成藏为主认识。通过区域对比揭示，西湖凹陷不同区带主成藏期次是略有差异的。其中，西部斜坡带主体区域平湖组圈闭主要形成于始新世末期的玉泉运动，但由于该区域平湖组烃源岩埋藏较浅，尚未成熟，直到中新世以来才有大量的油气充注；中央洼陷-反转带强反转背斜区圈闭主要形成于中新世末期龙井运动，成圈较晚，且受浅层断层破坏影响，存在最后一期的调整破坏，较难形成整装规模。而控洼断裂带所控制的区域，具有早期生烃的物质基础，且成圈早，具备早期油气生成的潜力，早期油气相对于强反转背斜区充注的晚期油气成熟度略低，同时该区域内在龙井运动反转阶段，以近 N-S 向继承性段为中心断层持续活动，控制了与其它区带同时发生的晚期油气充注。因此，控洼断裂带附近这种早、晚两期充注的认识已经得到与相对低成熟油气相关的甲烷碳同位素数据的证实。

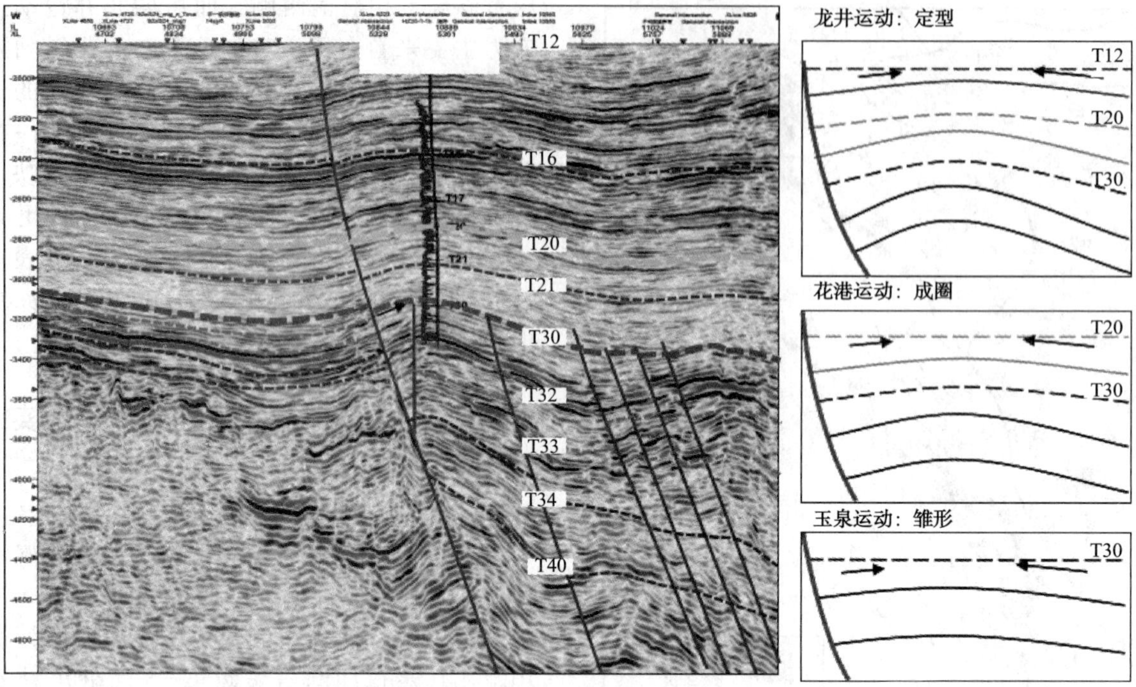

图 13　杭州-绍兴控洼断裂带近 N-S 向断裂段(F3 断层)控制多期控圈发育模式

(a)地震剖面；(b)圈闭三期发育模式

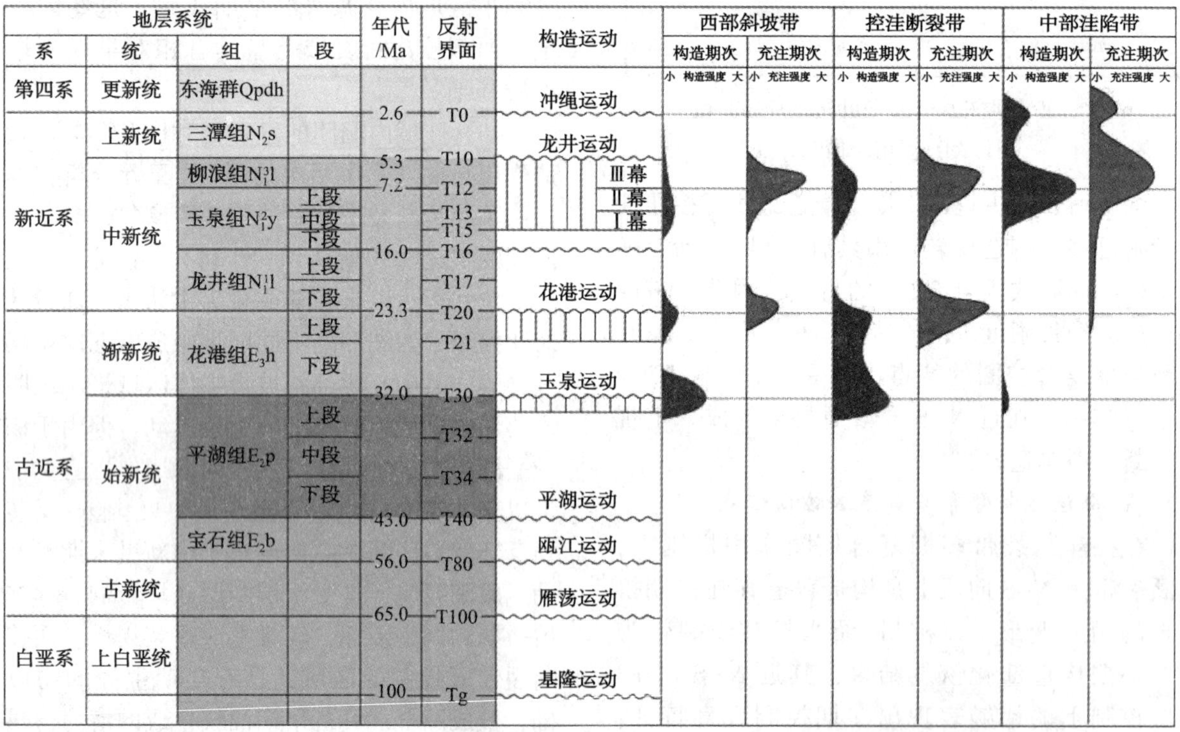

图 14　西湖凹陷不同区带油气充注期次与构造运动的配置关系

5.2　西部控洼断裂带的有利勘探方向及实践

本文认为，西部控洼断裂带具有一系列有利的成藏条件。控烃方面，控洼断裂控制宝石组、平湖组烃源岩，且具备早期油气生成的相对高地温条件；控储方面，东倾为主的控洼断裂带影响下的断阶体系控制规模储集体；控圈方面，玉泉/花港、龙井多期构造运动叠合，控制了复合圈闭的形成，且圈闭形成时间较早；控运聚：控洼断裂带近 N-S 向段，利于形成优越的古隆背景，加上深层 T30 界面作为烃源岩层顶面，局部良好的油气汇聚背景，且在龙井运动中等活动强度作用下，断层活动具备垂向运移条件，油气运、汇及输导效率高；保存条件方面，该区NNE向通天断层及浅层近E-W向横张断层基本不发育，且NNE/近N-S向增压段利于断层侧封，油气富集且更易于保存。因此，总体而言，西部控洼断裂带强增压段圈闭带中形成的油气具有“汇聚背景好、强充注、相对低熟气”的特点。

综上所述，针对西部斜坡带储量规模“小、碎、散”；中央洼陷-反转带强反转背斜区纵向“储保耦合窗口窄”的勘探困境。本文提出了在西部沿控洼断裂带拿规模优质储量的新认识。近年来，顺西部控洼断裂带NNE向/近N-S向段探井证实，揭示构造及岩性圈闭储量规模大、储层物性好、成熟度相对低，反映西部控洼断裂带控制规模油气富集的巨大勘探潜力。同时，在钻井已证实控洼断裂带NNE或近N-S向段具有“近主洼、强充注”特点，今后可以进一步向控洼断裂带NE向扭动段下盘拓展勘探领域，该段断层侧向封闭性相对弱于NNE或近N-S向段，油气可以通过穿断运移至上升盘潜山圈闭中。

西湖凹陷成藏模式图如图15所示。

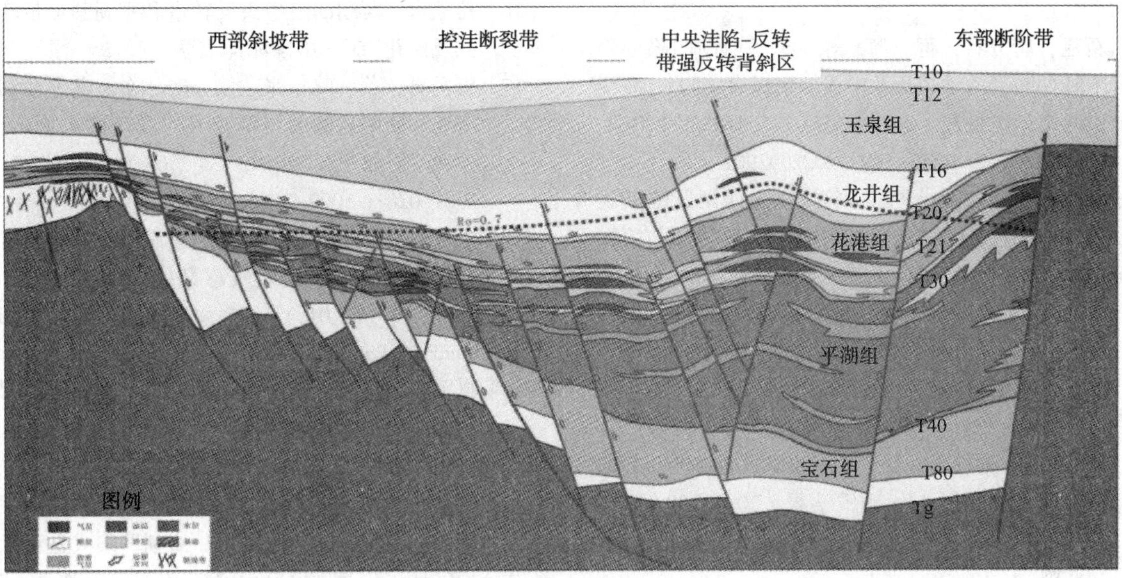

图15　西湖凹陷成藏模式图

6　结论

（1）本文以三维地震资料解释梳理为基础，在西湖凹陷西部识别出了“杭州-绍兴控洼断裂带”“宁波-平湖控洼断裂带”和“宝石-初阳控洼断裂带”三条大型断裂带，这些断裂带平面延伸具有“整体NE走向雁行、局部近N-S走向错列”的特点。

（2）西部控洼断裂带中始新世前后活动差异主要受控于“洼陷迁移引起的伸展强度减弱”“区域应力场旋转引起的伸展方向调整”两大因素，大部分地区表现为“早断-早衰”特点，仅局部近N-S向断层表现出继承性强活动，控制了西湖凹陷两种类型的洼陷迁移形态。

（3）在新近纪构造挤压反转“向心式”演变作用背景下，西部控洼断裂带附近存在多期构造运动叠加效应，且在龙井运动期整体“右行走滑”背景下，其近N-S向“强增压段”发育显著的多期复合大型圈闭群。

（4）本文提出在西部控洼断裂带控制油气规模富集新认识，经探井证实相关圈闭储量规模大、储层物性好、成熟度相对低，揭示西部控洼断裂带规模油气富集的巨大潜力。

参　考　文　献

[1] 徐长贵，尤丽．琼东南盆地松南—宝岛凹陷北坡转换带特征及其对大中型气田的控制[J]．石油勘探与开发，2022，49(6)：1061-1072.

[2] 徐长贵，高阳东，刘军，等．南海东部富砂砾型大中型油气田发现与启示：以珠江口盆地惠州26洼古近系恩平组为例[J]．石油勘探与开发，2024，51(1)：14-27

[3] 刘军，彭光荣，朱定伟，等．珠江口盆地阳江凹陷东部地区断控成藏条件[J]．大地构造与成矿学，

2021，45（01）：123－130. DOI：10.16539/j. ddgzyckx. 2021. 01. 010.
[4] 彭靖淞，韦阿娟，孙哲，等．张家口—蓬莱断裂渤海沙垒田凸起东北段盆岭再造及其对油气成藏的影响[J]．石油勘探与开发，2018，45(2)：200-211.
[5] 彭光荣，许新明，吴静，等．珠江口盆地阳江凹陷构造迁移及其对烃源岩发育的影响[J]．中国海上油气，2023，35(5)：1-13
[6] 张迎朝，陈忠云，刁慧，等．东海盆地 X 凹陷油气成藏模式与勘探突破[J]．中国海上油气，2024，36(2)：1-12
[7] 蔡华，张建培，唐贤君．西湖凹陷断裂系统特征及其控藏机制[J]．天然气工业，2014，34(10)：18-26.
[8] 何新建，唐贤君，蒋一鸣，等．东海西湖凹陷中新世中晚期断裂活动特征及中浅层勘探启示[J]．海洋地质与第四纪地质，2023，43(03)：167-174. DOI：10. 16562/j. cnki. 0256-1492. 2022092901.
[9] 张绍亮，张建培，唐贤君，等．东海西湖凹陷断裂系统几何学特征及其成因机制[J]．海洋地质与第四纪地质，2014，34(01)：87-94.
[10] 张宙，何新建，唐贤君，等．东海盆地西湖凹陷构造圈闭特征及其油气藏类型[J]．海洋地质前沿，2022，38(03)：27－35. DOI：10. 16028/j. 1009－2722. 2021. 139.
[11] 张建培，张田，唐贤君．东海陆架盆地类型及其形成的动力学环境[J]．地质学报，2014，88(11)：2033-2043. DOI：10. 19762/j. cnki.dizhixuebao.2014. 11.002.
[12] 刘金水，许怀智，蒋一鸣，等．东海盆地中、新生代盆架结构与构造演化[J]．地质学报，2020，94(03)：675-691.DOI：10.19762/j.cnki.dizhixuebao.2020115.
[13] JIANPEI ZHANG, SANZHONG LI and YANHUI SUO. Formation, tectonic evolution and dynamics of the East China Sea Shelf Basin, GEOLOGICAL JOURNAL Geol. J. (2016) Published online in Wiley Online Library.
[14] 杨彩虹，曾广东，李上卿，等．东海西湖凹陷平北地区断裂发育特征与油气聚集[J]．石油实验地质，2014，36(01)：64-69+82.
[15] 周祥林，高伟中，张建培，等．东海西湖凹陷平北断裂特征及其对油气成藏的控制[J]．上海国土资源，2014，35(02)：54-57.
[16] 秘丛永．西湖凹陷中央反转带和平湖斜坡带断裂特征及演化[D]．中国海洋大学，2015.
[17] 唐贤君，蒋一鸣，张建培，等．东海盆地西湖凹陷平北区断陷层断裂特征及其对圈闭的控制[J]．海洋地质前沿，2019，35(08)：34－43. DOI：10. 16028/j. 1009-2722. 2019. 08005.
[18] 唐贤君，蒋一鸣，张绍亮．平湖斜坡带火山岩层发育构造环境及油气地质意义[J]．地质科技情报，2018，37（01）：27－36. DOI：10. 19509/j. cnki. dzkq. 2018. 0104.
[19] 赵军，唐贤君，蒋一鸣，等．东海盆地西湖凹陷西北缘中始新世构造变革厘定及成因探讨[J]．地质科技通报，2020，39（03）：58－67. DOI：10. 19509/j. cnki. dzkq. 2020. 0307.
[20] 周心怀，蒋一鸣，唐贤君．西湖凹陷成盆背景、原型盆地演化及勘探启示[J]．中国海上油气，2019，31(03)：1-10.

宜川地区深层煤层气勘探开发新进展

李博文　吕　滨　王奕舜　缑　鹏

(中国石油辽河油田分公司庆阳勘探开发分公司)

摘　要　近十年，随着地质工程一体化和压裂革命的兴起，致密气得到充足的开发与发展，其中页岩气近5年天然气产量占全国天然气总产量越来越大，涪陵页岩气田是中国首个大型页岩气田，同时也是全球除北美之外最大的页岩气田，随着技术的发展，深层煤层气近两年呈现爆发式增长，中国石油先后在陕北组织三家公司组织深层煤层气先导试验，辽河油田庆阳分公司、长庆煤层气项目部、冀东油田西部分公司，2024.4月冀东油田佳县项目部佳25-2井，目的层本溪组8#煤，压裂放喷后求产，日产15.2万m^3，辽河油田在宜川甜点地区部署宜10-8-52H1等5口水平井准备于五月末压裂，预计每口井10万m^3/d。

关键词　地质工程一体化；深层煤层气；甜点；水平井压裂

New Progress in Increased Storage and Production of Deep Coalbed Methane in Yichuan Area

Li Bowen　Lu Bin　Wang Yishu　Goupeng

(China National Petroleum Corporation Natural Gas Institute of Exploration and Development Research Institute)

Abstract　Over the past decade, with the rise of integrated geological engineering and the fracking revolution, tight gas has been abundantly developed and advanced. Shale gas, with its natural gas production increasing in the country's total natural gas output over the past five years, Fuling shale gas field is China's first large-scale shale gas field, and also the largest shale gas field globally outside of North America. With technological advancements, deep coalbed gas has shown explosive growth in the past two years. PetroChina has successively organized three deep coalbed gas pilot tests in northern Shaanxi, including the Qingyang branch of the Liaohe Oilfield, Changqing Coalbed Gas Project Department, and the western branch of the Jidong Oilfield. In April 2024, Jidong Oilfield's Jiaxian project Jia 25-2 well in the target Xingning Formation 8# coal, after fracturing and stimulation, achieved a daily production of 152, 000 cubic meters. Liaohe Oilfield is preparing to fracture five horizontal wells including the Yixi 10-8-52H1 in the Yichuan sweet spot area and expects a production rate of 100, 000 cubic meters per day per well by the end of May.

Key wordst　ABC Integration of geological development; deep coalbed gas; Dessert area; horizontal well sub-fracturing

1　宜川地区深层煤层气先导试验概况

1.1　先导试验背景

宜川地区深层煤层气是增储上产的新领域，初步评价结果表明，地质条件较为有利且与大吉地区相当，资源规模5102亿m^3(8#煤3026亿m^3、5#煤2076亿m^3)，即将成为辽河油田高质量发展新的支撑点。根据吴奇在地质工程一体化勘探高效开发中指出，要利用地质工程一体解决深层致密油/气难点。充分借鉴煤层气公司成熟的技术及经验，优选地质条件代表性强、地面条件有利的宜平2井区三维区编制先导试验方案。方案设计2座平台，14口井(13口新井：5平8直)，新建产能0.85亿m^3，总投资3.79亿元，内部收益率 6.45%。

1.2 地区矿权现状及自然环境

试验矿权位置：位于宜川气田北部，行政区属于陕西省延安市宜川县，构造位于鄂尔多斯盆地伊陕斜坡东南部。地貌：典型的黄土塬地貌，沟壑纵横、墚峁广布，地面海拔 1100m 左右。自然气候：内陆性半干旱气候。年气温最高 36℃、最低-28℃。交通：较为便利，一级公路和乡村简易公路遍布全区。环保：方案编制区不涉及自然保护区等禁止勘查开采区域。矿权合法有效。方案编制区位于“陕西鄂尔多斯盆地宜川 A2 油气勘查”探矿权（T1000002023021018001327），有效期限至 2028 年×月×日。

鄂尔多斯盆地辽河矿权区块位置图如图 1 所示。

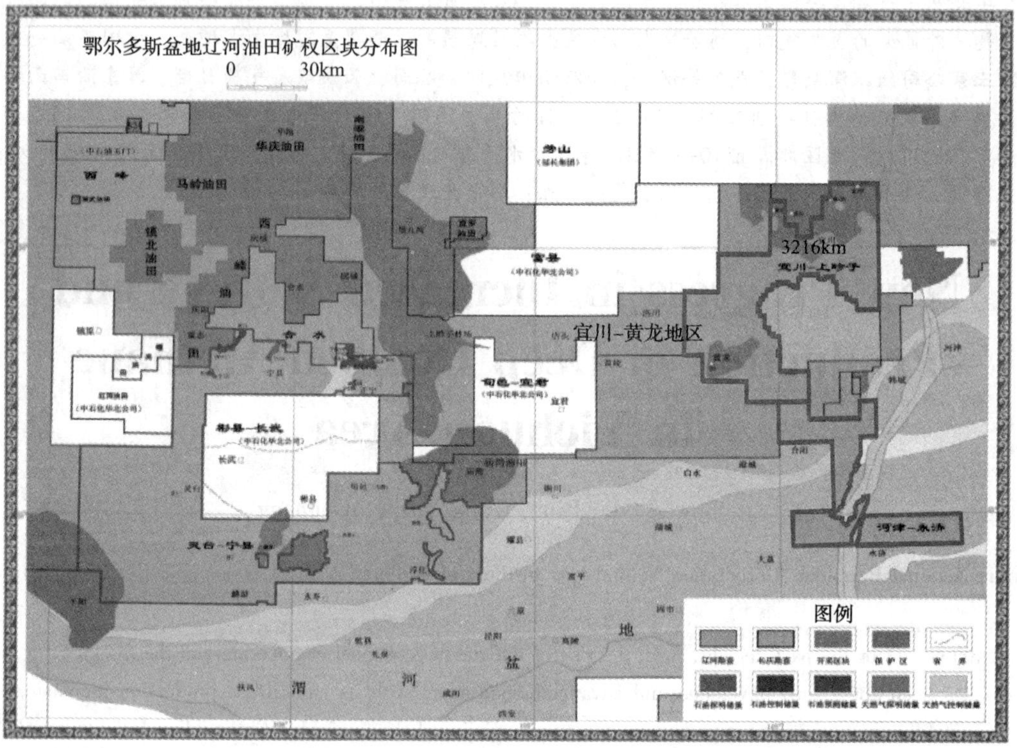

图 1　鄂尔多斯盆地辽河矿权区块位置图

1.3 先导试验目的

试验目的：针对宜川地区煤层气埋藏深、厚度薄、含气好、游离气与吸附气并存的特征，以提高单井产量及经济效益为目标，深化认识气藏地质特征，试验培植钻压采及地面配套技术，为增储建产提供依据。

（1）实现规模开发的现实需求，根据地质认识和深层煤层气资源初步评价结果，宜川地区深层煤层气是天然气规模增储效益上产的主要领域。

（2）实现效益开发技术系列完善定型的现实需求，邻区大吉地区初步形成了以厚煤层储层评价技术、水平井一体化地质导向技术、超密缝网极限体积压裂技术、气井全生命周期采气工艺技术等为代表的深层煤层气效益开发主体技术，支撑了规模开发。但上述技术系列对宜川地区薄煤层适用性有待进一步评价、完善。

（3）提交探明储量和编制开发方案的基本要求《天然气开发管理纲要》规定，深层煤层气评价应按照勘探开发一体化工作模式，在勘探初步查清气藏构造特征、资源潜力的基础上，部署地震、评价井，开展井组、区块试采或开发先导试验，取全取准相关资料，评价气藏地质特征、产能特征、可开发地质储量及采收率，优选开发主体工艺技术，确定合理的开发指标，开展质量健康安全环境预评价，完成初步开发方案或开发方案编制，提交控制储量、探明储量。

1.4 先导试验方案要点

现有资料基本满足先导试验方案编制需求。区内完钻井 53（探评井 35 口、开发井 18 口），三维地震资料 200km^2，煤岩分析化验 17 类/373 块次。下步通过本方案实施继续补充、完善相关资料。

地质与气藏工程方案要点：统筹煤层气与致密气立体开发，针对不同类别储层个性化设计。方案动用储量 $10.78\times10^8m^3$，采用单排水平井与不规则定向井井网，分别试验1200m、1500m、2000m长度水平段评价气井产能，设计井距350m、400m评价井距合理性；设计2座平台14口井，新钻井13口(水平井5口、定向井8口)，利用老直井1口，峰值年产气量 $0.87\times10^8m^3$，评价期末累产气 $4.97\times10^8m^3$。钻采工程方案：借鉴大吉区块已有成功经验，优选高效钻压采工艺技术，践行地质工程一体化、钻压采一体化设计理念，努力提产降本。

2 深层煤层气先导试验目前工作进展

2023年3月9日，油田公司首席专家单××在西安前线审查煤岩气井位整体部署工作，并提出指导意见：①梳理明确储量上报潜力区，落实目前区内井控程度和资料基础；②明确上钻顺序，落实近期能快速上钻的井位；③要充分挖潜老井，新老井结合落实储量规模。

2.1 启动储量预研工作

(1) 了解大吉地区探明储量提交情况一是在大吉区块河东中北部探明国内首个千亿立方米深层煤层气田，探明地质储量1121.62亿 m^3，单层丰度 $2.34\times10^8m^3/km^2$。二是通过扩大试采明确第二个千亿立方米储量目标区，初步落实三级地质储量1238亿 m^3。三是整体规划，滚动评价，规划至2026年实现大吉区块深层煤层气资源整体规模探明，累计探明3700亿 m^3 以上。

(2) 了解大吉地区探明储量区钻完井工作量。

(3) 学习大吉煤层气储量含气面积与计算边界圈定方法，①含气面积由计算边界确定。②构造类型简单，煤层厚度大、分布稳定，储量区为Ⅰ类一型。③基本井距：3.0~4.0km。综合考虑，沿达标井向外推1个基本井距划计算边界。

2.2 梳理优选潜力老井

宜川-黄龙地区共有钻遇本溪组完钻井186口，其中宜川125口、黄龙61口。综合厚度、气测、含气量等优选潜力井25口，考虑井况、储层特征分成两个批次(表1)。

表1 宜川-黄龙地区深层煤岩气潜力井筛选

延长井	生产井	计划投产井	有利区外井	复杂井况井						煤岩气潜力井
				计划试气	同平台有生产井	同平台有计划投产井	注灰封井	井口报废、井场被占	合计	
53	28	19	40	3	8	3	5	2	21	25

2.3 开展煤岩气整体部署

宜川-黄龙煤岩气勘探程度低，完钻井数不能满足探明储量上报需求。为加快推进煤岩气储量工作、完成既定目标，按照“整体部署、分步实施”的原则，主攻评价宜平2、宜探1、宜庆21区块，部署评价井16口，保障2024年煤岩气储量任务顺利完成；甩开预探宜29、宜庆9、宜12区块，部署探井7口，为2025年400亿 m^3 储量储备潜力区块(表2)。

表2 宜川-黄龙地区煤岩气井部署工作量统计表

区块	层位	2023年煤岩气整体部署井位	
		2023年实施	2024年实施
宜平2	8#煤	评价井4口	评价井6口
宜探1	8#煤	评价井1口	评价井1口
宜21	8#煤	评价井2口	评价井2口
宜29	5#煤、8#煤	预探井1口	预探井2口
宜庆9	8#煤	预探井1口	预探井1口
宜12	8#煤	预探井1口	预探井1口
合计		评价井7口、预探井3口	评价井9口、预探井4口

3　先导试验区地质特征

3.1　具备发育优质煤岩古地理背景

（1）宜川-黄龙地区晚古生代经历了早期海相潮坪-海陆过渡相-陆相河流、三角洲沉积体系演变过程，形成海陆过渡相和陆相含煤碎屑岩建造。本溪末期发生大范围海退，以泥坪沼泽沉积为主，发育区域上广泛分布的8#煤层。

（2）利用亚显微组分开展煤岩岩相分析，8#煤煤相为强还原条件下的富营养沼泽相，利于优质煤岩发育，通过结构保存指数（TPI）和凝胶化指数（GI）分析表明：区块深层8#煤层的煤相类型为覆水森林沼泽相。通过植被指数（VI）和流动性指数（MI）分析表明（图2）：区块深层8#煤层的成煤沼泽为富营养森林沼泽。富营养覆水森林沼泽相发育的煤层，植被指数高、水体流动性弱，强还原环境，最有利于有机质沉积和保存，形成富凝胶化组分的光亮和半亮煤（镜质组含量高），最有利于煤层气生成。

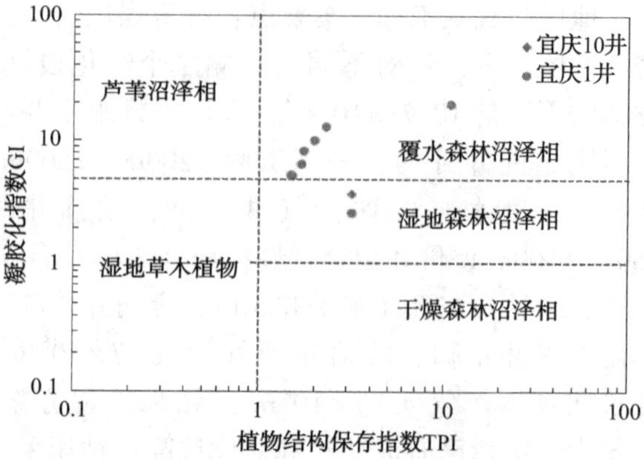

图2　深部煤层TPI-GI相图

3.2　煤层厚度大、分布广泛

8#煤埋深1600～2900m，测井上具有"四高两低"测井响应特征，与围岩波阻抗差异大，地震反射能量强、连续性好。井震结合落实煤层厚度，8#煤厚2～10m，平均厚度4.2m。

区域地层剖面图如图3所示。

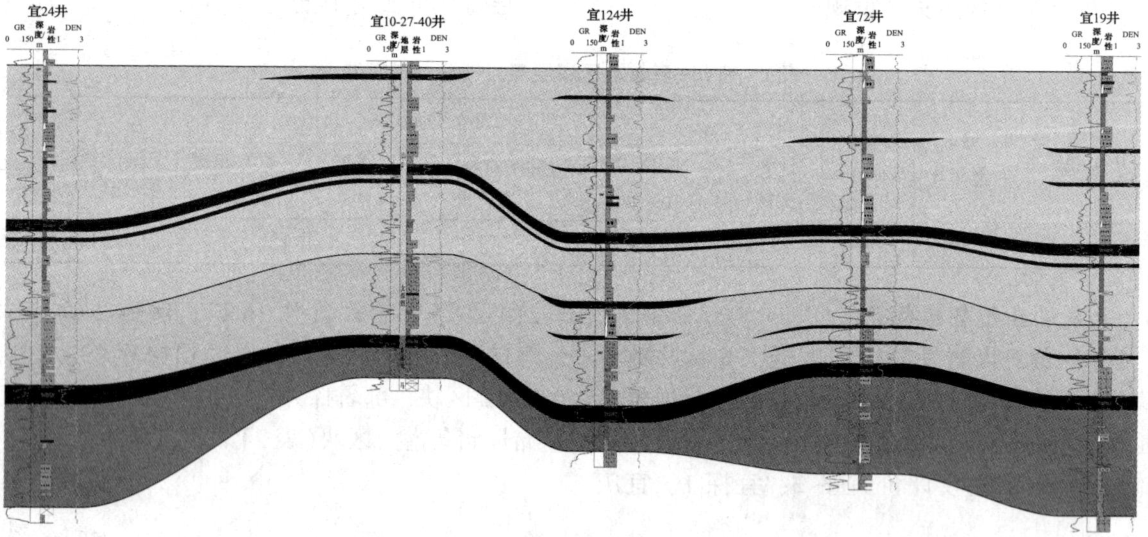

图3　区域地层剖面图

3.3　主体位于平缓斜坡区，构造稳定、断裂少

大吉西部平缓带整体地层倾角小于2°，为非常平缓的大型斜坡区。宜川-黄龙位于西部平缓带，构造相对简单、本溪组顶界断层不发育，为深层煤层气的富集提供了极为有利的构造条件。

宜川-黄龙地区二维地震剖面如图4所示。

3.4　煤岩演化程度高、生烃能力强

宜川地区煤的演化程度偏高，镜质体反射率*Ro*显示有机质演化阶段和特征为1.2～2.0，高成熟阶段，干酪根颜色深暗褐色，生烃机理为热裂解作用，主要产物是湿气，6口井实测8#煤*Ro*值1.64%～3.01%，平均2.78%，主要为瘦煤-无烟煤，煤岩处于中-高煤阶；随深度加深，演化程度升高，生烃能力增强。

通过对6口井岩心实际试验，含气量现场解吸测定：12块样品现场解吸计算含气量16.9～33.13m^3/t，平均含气量24.26m^3/t；等温吸附测

试分析：兰氏体积（VL）介于 11.9～34.8m³/t，平均值为 25.92m³/t，兰氏压力平均 1.33MPa；测井解释：含气量 4.31～27.8m³/t，平均值为 20.6m³/t。

三家试验单位煤层含气量对比如图 5 所示。

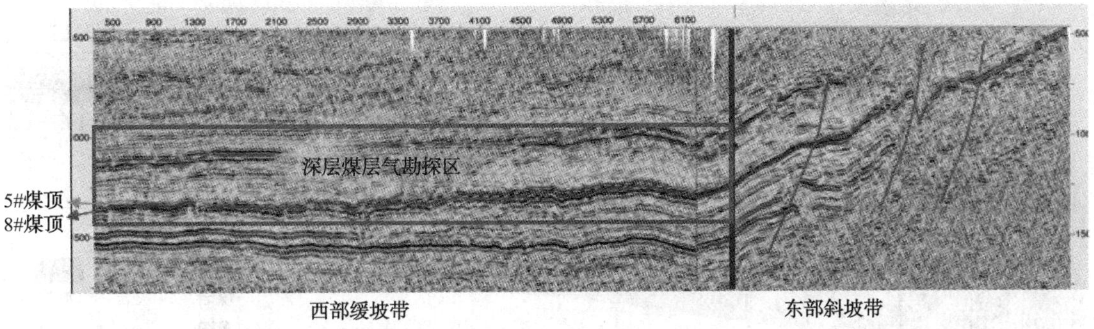

图 4　宜川-黄龙地区二维地震剖面

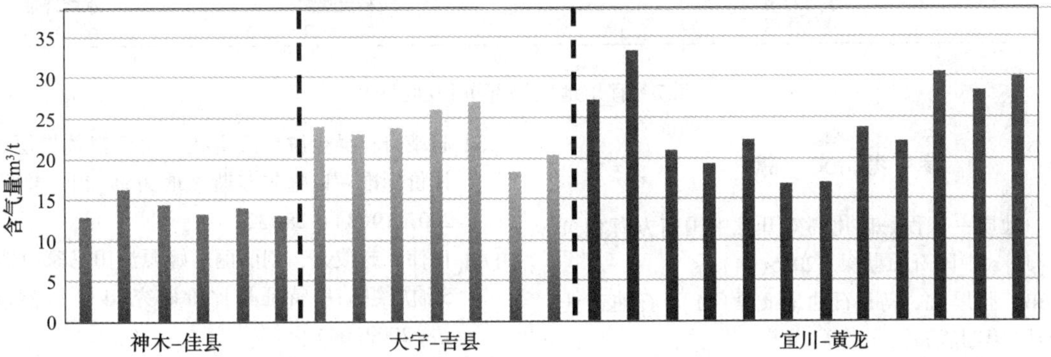

图 5　三家试验单位煤层含气量对比

3.5　镜质组含量高，微裂隙发育，物性条件好

宏观上，以光亮煤、半亮煤为主，煤体结构以原生结构煤为主，割理裂缝发育，岩心断面可见，割理呈线状、网状连续性分布，面割理 4 条/5cm，端割理 3～7 条/5cm，利于气体产出。微观上，有机质孔、晶间孔等纳米级孔隙和有机质裂缝等微米级裂隙发育，组成孔-缝复合储层。图 6 为宜庆 19 井本溪组 8#煤的岩片分析，可以明显观察到有机质孔隙，部分孔隙中充填黏土矿物，裂隙发育，次裂隙与主裂隙近垂直，局部偶见气体晕痕。

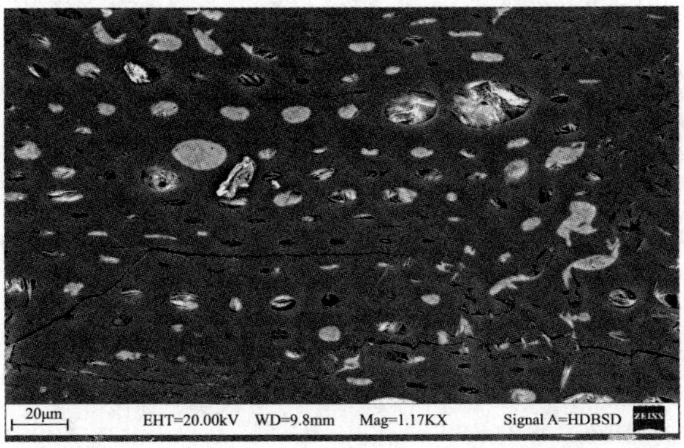

图 6　宜庆 19 井，1976.14m，本溪组煤岩

利用液测法测孔隙度：0.84%～5.11%，液测法测渗透率：0.017～159mD。氦气法测孔隙度：1.45%～6.33%，氦气法测渗透率：0.006～25.1mD。CT 扫描孔隙度：1.6%～2.8%，核磁测定孔隙度：3.4%～6.3%。

综上所述利用多方法测试表明煤岩物性较好，裂隙发育可有效提升渗流能力，也为游离气富集提供储集空间。

3.6　深层煤岩气成藏模式

宜川-黄龙地区本溪组地层水矿化度平均 61350mg/L，水型为 $CaCl_2$，表明地下水流动强度较弱，有利于深层煤层气的保存。处于承压滞留水区，深层煤层气保存条件好。

宜川地区煤层所属不同组合类型的封闭条件不同，煤泥、煤灰储盖组合封闭条件好，气测值高，游离气含量高。发育有利储盖组合、位于滞留水区，保存条件好。分析成藏条件，初步认为控制深层煤岩气富集存在三个关键地质因素，一是煤体规模是煤岩气富集物质基础，二是煤质、煤阶是决定煤岩气生烃能力的关键，三是构造、储盖组合和水文地质条件是影响含气量的主要因素。

综上所述煤岩厚度大、构造平缓稳定的微幅构造斜坡是井位部署有利部位。以主控因素为依据，初步建立宜川-黄龙地区自生自储游离-吸附型气藏的成藏模式。

宜川地区局部沉积剖面图如图 7 所示。

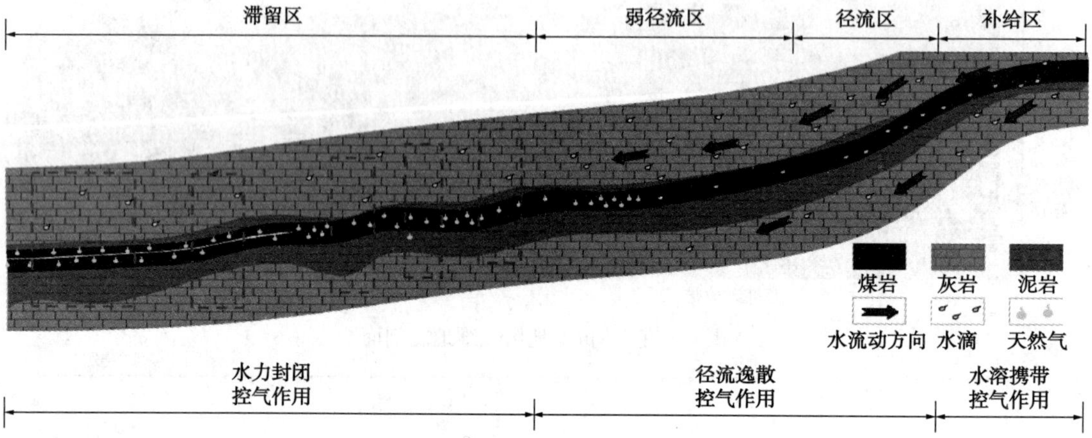

图 7　宜川地区局部沉积剖面图

参 考 文 献

[1] 吴奇．地质—工程一体化高效开发中国南方海相页岩气[D]．中国石油勘探，2015(04)．

[2] 柳广弟，张厚福，等．石油地质学[M]．石油工业出版社(第四版)．

[3] 赵靖舟，吴少波，武富礼．论低渗透储层的分类与评价标准—以鄂尔多斯盆地为例[J]．岩性油气藏，2007. 19(3)：28-32.

[4] 付伟，赵俊兴，刘丽丽．姬塬油田马家山地区长 4+5 油层组储层特征与评价研究[J]．天然气地球科学．2009(04)．

塔里木油田高温、高盐海相砂岩深部调驱技术研究及应用

王怡萍　顾俊颖　王怀龙　田苗苗　叶思杰　刘鑫宇　宋　帆

（中国石油塔里木油田分公司）

摘　要　XX 油田是国内第一个亿吨整装沙漠油田，整体处于特高含水、特高采出程度和递减阶段。经历二十年的水驱开发，由于注水时间长、储层非均质性强，优势通道发育，常规注水调整难以改善已经形成的地下渗流场，低吸水层动用程度低、井间非主流线区域均有大量剩余油难以动用。本文针对 XX 油田深层、高温、高盐的特点，利用物理插层技术，交联有机物和无机物，研发低密度柔性颗粒和原位增稠体系开展了 10 个井组的深部调驱矿场试验。结合现场试验结果，建立了深层油藏注水优势通道识别表征和效果评价技术。深层高温高盐碎屑岩油藏深部调驱的技术对国内外同类油藏开发具有重大借鉴意义。

关键词　海相砂岩；高温；高盐；深部调驱；应用效果

Research and application of deep flooding technology of high-temperature and high-salt marine sandstone in Tarim Oilfield

Wang Yiping　Gu Junying　Wang Huailong　Tian Miaomiao　Ye Sijie　Liu Xinyu　Song Fan

(Hade Oil and Gas Production Management Area of China Petrleum Tarim Oilfield Branch)

Abstract　XX Oilfield is the first 100 million ton integrated desert oilfield in China, and the whole is in the stage of ultra-high water cut, ultra-high recovery degree and decreasing. After 20 years of water flooding development, due to the long water injection time, strong reservoir heterogeneity, and the development of dominant channels, it is difficult to improve the underground seepage field formed by conventional water injection adjustment, and it is difficult to produce a large amount of residual oil in the low-absorption layer and the non-mainstream line area between wells. In view of the characteristics of deep depth, high temperature and high salinity in the XX oilfield, this paper uses physical intercalation technology, cross-linking organic and inorganic matter, develops low-density flexible particles and in-situ thickening system, and carries out deep flooding field tests in 10 well groups. Combined with the field test results, the identification and characterization of the dominant channel of water injection in deep reservoirs and the effect evaluation technology were established. The technology of deep flooding in deep, high-temperature and high-salt clastic reservoirs has great reference significance for the development of similar reservoirs at home and abroad.

Key wordst　marine sandstone; High temperature; High salt; Deep profile control; Application effect

XX 油田东河砂岩油藏作为西部最大的海相砂岩油藏，通过不断优化实施注水开发方案，前期实现了稳产，但由于整体水平井开发，边水、底水、注入水水驱规律复杂，没有有效的水平井控水稳油措施，导致油藏含水上升快、产量递减大、平面及纵向矛盾日益突出，导致剩余油分布

零散。如何有效的封堵优势通道，提高水驱波及面积和最大限度地提高水驱采收率，是 XX 油田海相砂岩老区面临的难点问题。针对注水层间、层内矛盾，剩余油分布零散，采用碎屑岩油藏深部调驱技术，已在国内高含水油田得到广泛的应用。

1　油藏特征及开发概况

XX 油田东河砂岩油藏是目前国内最大的海相碎屑岩整装油田，具有倾斜油水界面的地层-构造复合型油藏，油水界面由北西向南东逐渐抬升(图 1)。渗透率主要分布在 $10\times10^{-3}\mu m^2$-$500\times10^{-3}\mu m^2$，平均 $238.77\times10^{-3}\mu m^2$，孔隙度主要分布在 8%～20%，平均 14.09%，为中孔、中高渗储层；纵向上岩性、物性非均质程度较强(图 2)。东河砂岩油藏平均地温梯度 1.92℃/100m，油藏埋藏中深 5074m，压力系数 1.12，油藏平均温度为 115.1℃，正常压力系统，平均原始地层压力 55.5MPa，油藏水型为 CaCl2 型，密度 1.161g/cm³，总矿化度 23.2～27.2×104mg/L。

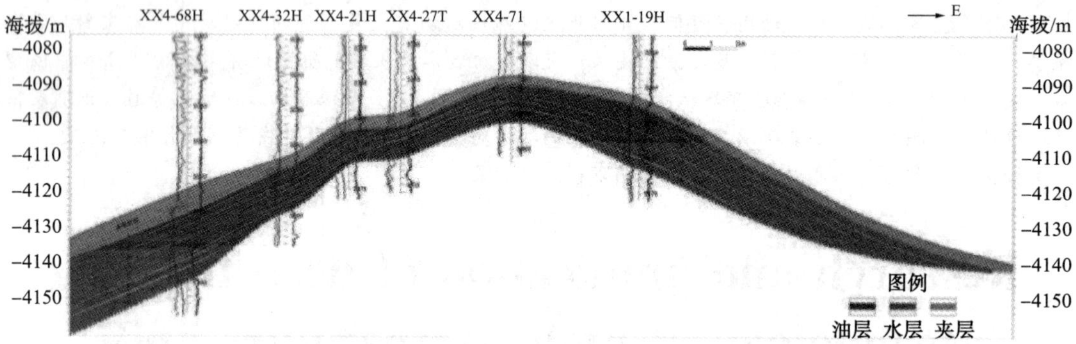

图 1　XX 油田东河砂岩油藏过 XX4-68H～XX1-19H 井油藏剖面图

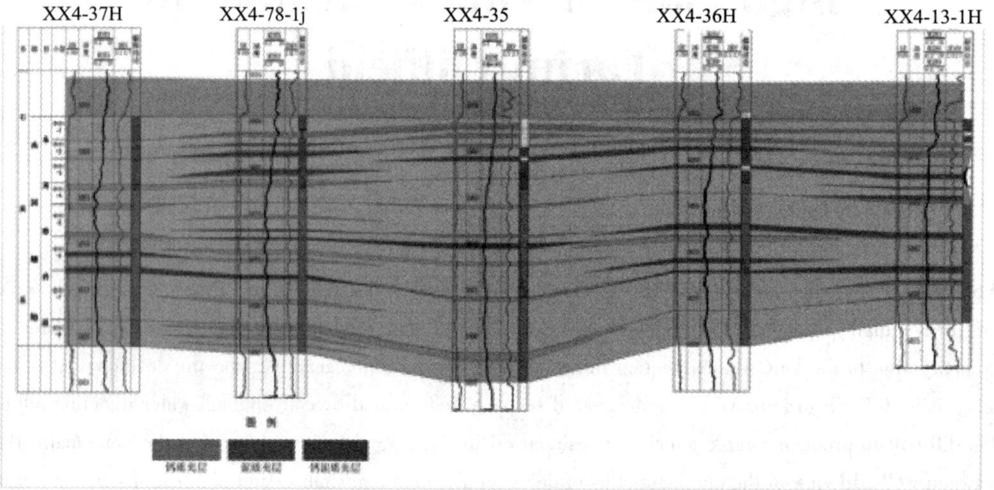

图 2　XX 油田东河砂岩油藏过 XX4-37H～XX4-13-1H 井储层夹层对比图

历经二十多年的水驱开发，目前东河砂岩油藏综合含水 92.61%，可采储量采出程度 92.45%，综合递减大于 10%，整体处于特高含水、特高采出程度和递减阶段。受边、底水突破和注水优势通道形成的影响，油藏含水上升率较高，存水率(图 3)及水驱指数(图 4)逐年下降，注入水逐渐趋于无效循环。注水区平面上在井组间存在优势窄流通道，注入水沿着优势窄流通道流动，波及效率降低，平面注水矛盾突出；纵向上直井和水平井的吸水剖面均显示了吸水不均匀现象，甚至出现单层段 100%吸水，层间矛盾突出。

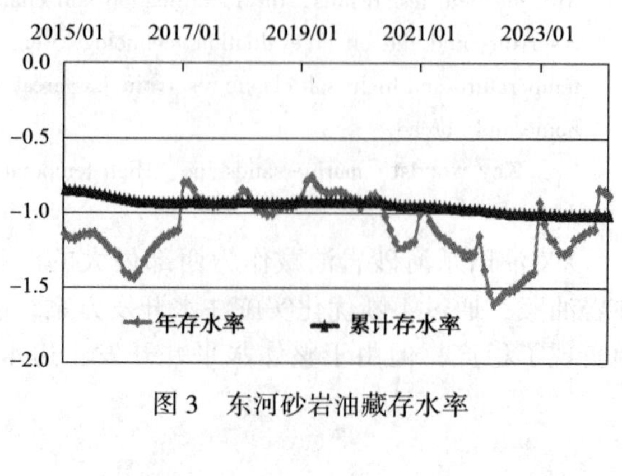

图 3　东河砂岩油藏存水率

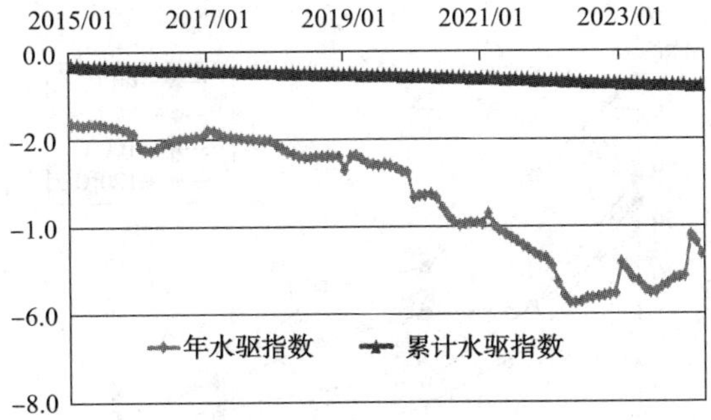

图 4　东河砂岩油藏水驱指数

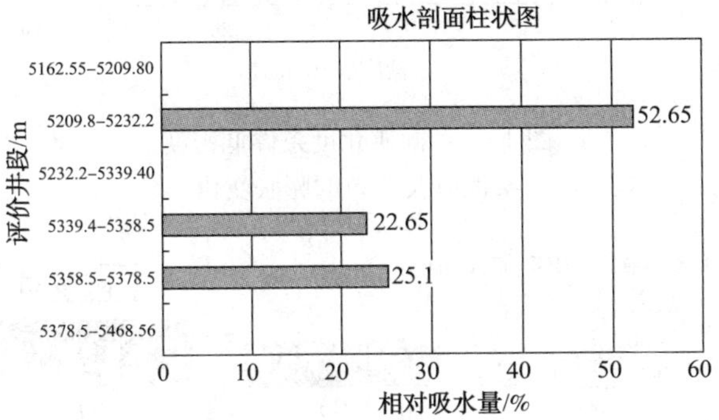

图 5　XX4-6H 井吸水剖面

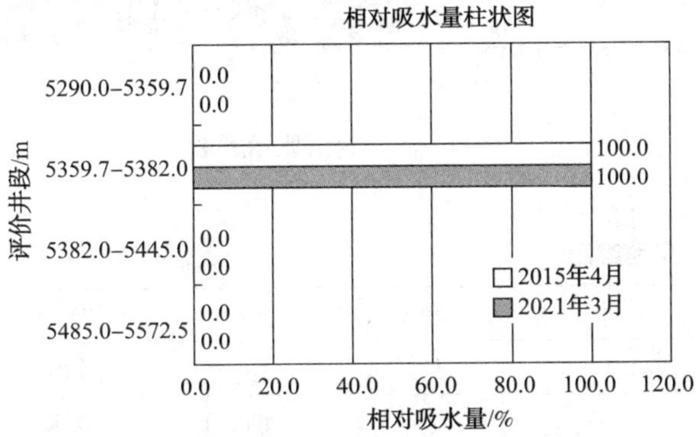

图 6　XX4-28-2H 井吸水剖面

2　高温高盐油藏深部调驱研究分析

XX 油田东河砂岩油藏为高温特高盐油藏，在此恶劣环境中，化学驱油剂的长期稳定性面临更严峻考验。大井距合采条件下注入水平面、纵向高渗层突进现象严重，水窜通道和剩余油分布规律复杂，对化学剂油藏自适应及配套工艺要求更高。注水井注调驱剂，使调驱剂充填或堆积在油水井间水流优势通中，封堵优势通道，从而缓解层间和层内矛盾，提高后续注入流体波及体积（图 7）。

2.1　调驱选井要求

①井网比较完善，注采井间连通性好；②井组含水率高，含水上升速度快；③平面和纵向矛盾突出；④剩余油分布集中。此外，还综合考虑注水井的压力指数、吸水剖面非均质性、连通井日产油量、液量和含水率等指标。

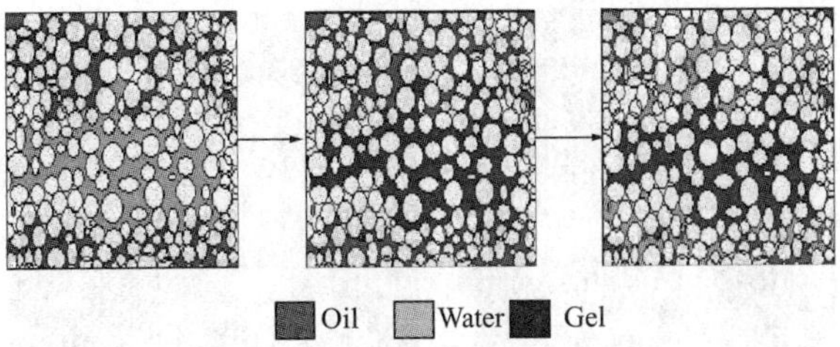

图 7　注水井深部调驱效果图

2.2　调驱颗粒优选

调驱颗粒及配套工艺需满足调驱体系在地表配置简单，注入能力强，具备达到油藏深部的能力和地层条件下调驱剂体系具备良好的耐温耐盐性，能维持较长时间的封堵能力。针对 XX 油田油藏高温高盐条件，利用物理插层技术（图 8），研发低密度柔性颗粒调驱体系，优先选择性进入高渗层，对水窜优势通道进行封堵和调控。通过改变传统凝胶颗粒生产工艺，降低密度，凝胶颗粒具有更好的悬浮性，有利于改善井筒沉积的现象（图 9）。随着温度的升高，膨胀度减小，高温条件下的膨胀度 30 天时仍可保持在 5～10 之间（图 10）；随着盐度的增加，膨胀度减小，当盐度高达 25×10^4mg/L 时膨胀度仍能保持在 9～30 之间（图 11），可进入地层深部，对大通道形成有效封堵，同时具有良好的注入性和耐冲刷能力，可在地层深部长期维持较强封堵（图 10）。

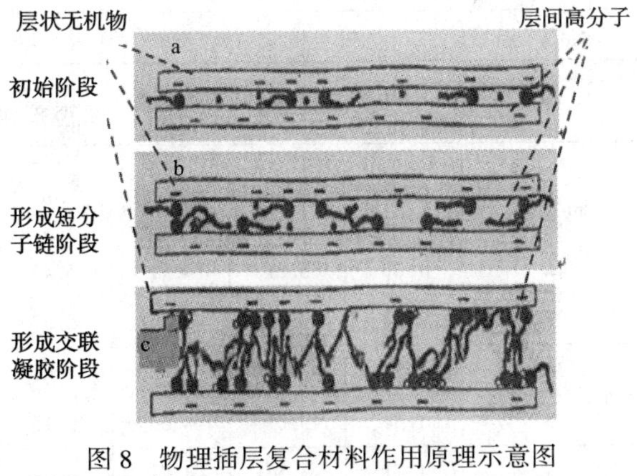

图 8　物理插层复合材料作用原理示意图

同时引入聚合物溶胀延缓技术（图 12），凝胶颗粒在初期 24 小时以内吸水速度较快，随着时间的延长，凝胶颗粒仍在继续吸水膨胀，这个过程将持续一周；引入原位增稠体系，加强注入水粘度，提高携带颗粒能力，持续冲洗近井地带最终实现降压增注、深部调控，解决大井距油藏注入半径小，注入水层间绕流问题（表 1、表 2）。

图 9　凝胶颗粒水中悬浮性测试

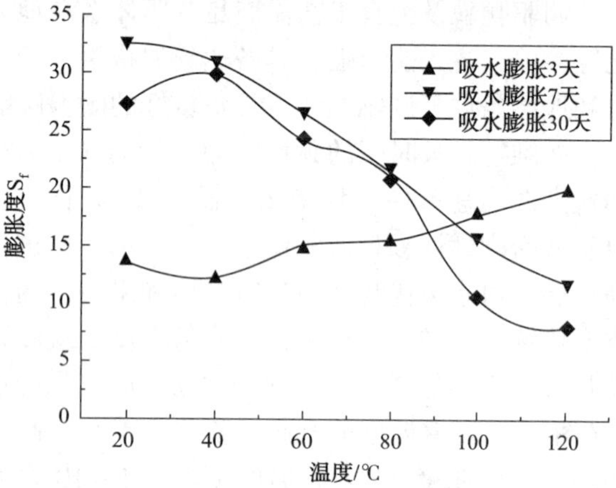

图 10　不同温度条件低密度柔性凝胶颗粒的膨胀变化图

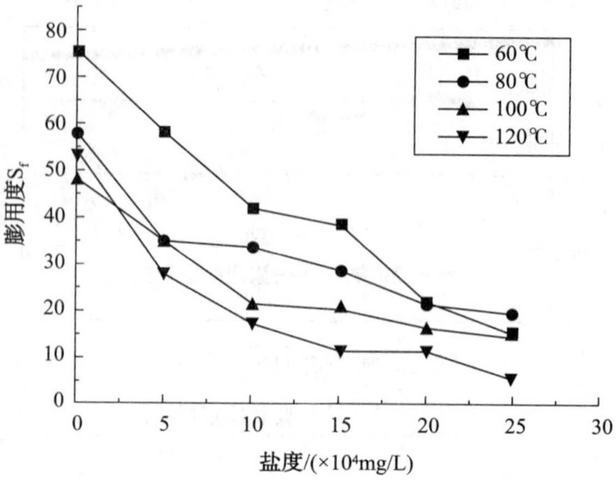

图 11　不同矿化度条件低密度柔性凝胶颗粒的膨胀变化

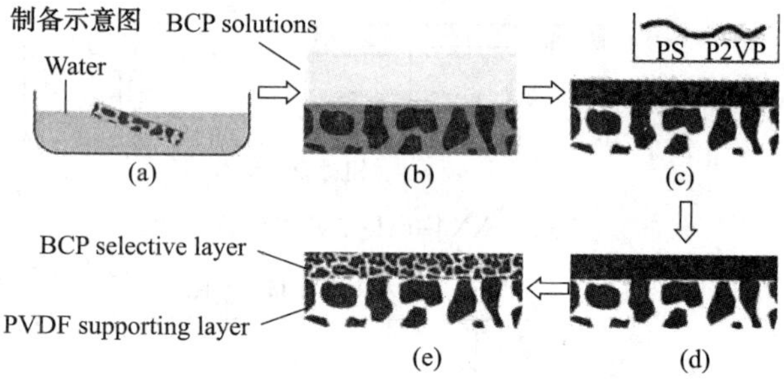

图 12　聚合物溶胀示意图

表 1　调驱剂膨胀实验溶液

样品编号	1#	2#	3#	4#	5#	6#	7#
含盐(Na^+)mg/L	15	20	0	0	15	20	自来水
含盐(Ca^{2+})mg/L	0	0	2000	4000	2000	4000	自来水

表 2　调驱剂膨胀倍率和时间关系表

编号 / 时间	0	0.5h	1.5h	3h	7h	12h	1 天	3 天	7 天	15 天
1#	1.76	3.51	4.71	5.47	5.94	8.05	11.23	18.06	23.08	19.91
2#	1.85	3.44	4.39	5.27	5.53	7.34	10.83	16.83	19.37	13.99
3#	1.78	3.69	4.88	5.67	6.1	7.74	9.42	9.9	10.35	9.81
4#	1.81	3.69	4.53	5.15	5.43	6.8	8.54	8.81	9.53	9.19
5#	1.71	3.54	4.71	5.6	5.96	8.14	11.29	11.78	13.25	13.33
6#	1.74	3.38	4.63	5.5	5.81	7.62	10.61	11.03	11.86	12.02
7#	1.51	3.88	7.51	10.03	11.03	17.18	24.67	35.98	45.85	51.50

3　调驱实施工艺

（1）调驱井采用原注水管线、注水管柱进行注入施工。

（2）在井口连接调驱流程，配液用水来源于注入水，采用两个地面罐交替配制，交替泵入。

（3）调驱流程全部由两个注入子流程组成，分别是调驱配液及注入流程、清水注入及洗井流程，两套流程可随意切换，满足不同注入阶段的注水需求(图11)。

（4）调驱剂注完后，分别采用正注、反注等方式洗井将井筒内调驱颗粒注入地层，然后油气运维中心进行正常注水。

（5）依据注入过程中泵压上升情况，及时调整调驱剂粒径和浓度，以保证调驱剂按方案设计进行。

（6）基于平面径向流处理半径、对应储层有效孔隙体积，施工压力和排量，确定注入速度、原位生长颗粒(体系)浓度与粒径(式1)，形成深部调驱施工方案。

$$V = \pi \sum_{i=1}^{n} r_i^2 \cdot h_i \cdot \phi_i \qquad (1)$$

式中，V 为调驱剂用量，m^3；h_i 为 i 层厚度，m；ϕ_i 为 i 层孔隙度，%；r_i 为 i 层处理半径。

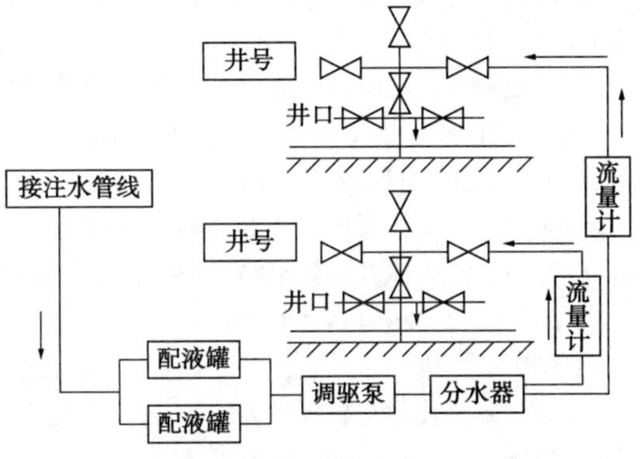

图13　XX油田调驱施工地面流程图

4　现场实施情况

2016年起，优选XX4－71、XX4－12H、XX4-87开展区域面积调驱，区域月度递减由调驱前的2.7%下降到1.5%，2018年下半年开始，针对调驱井组开展激动注水试验，强化调驱效果，井组产量止跌回升，目前已累积增油9.3万吨。2019年上半年又完成了第二轮6口井的区域面积调驱，目前调驱已累计递减增油16万吨。2024年继续开展XX4-6H等5口井调驱扩大试验。以XX4-84井为例分析如下：

XX4-84井组注采对应关系较好，对应的7口一线油井中有5口是双向或多向受效的(图14)，同时该井2-5#小层分布稳定，油水井对应关系较好，储层厚度较大且普遍含油(图15)，区域发育断层，受邻井干扰较小，可建立独立驱替体系，有利于发挥整体调驱效果。

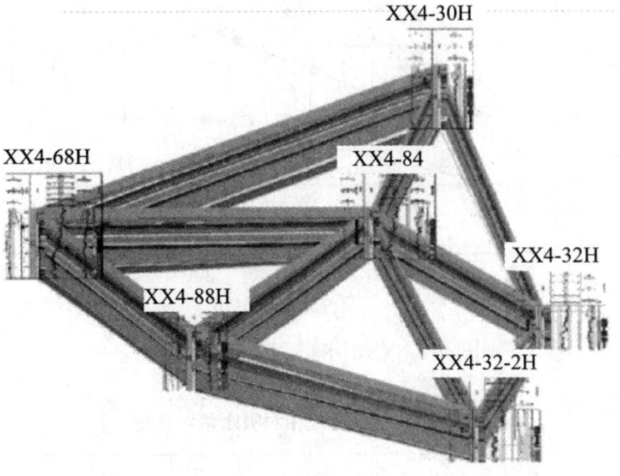

图14　XX4-84井组注采对应层位栅状图

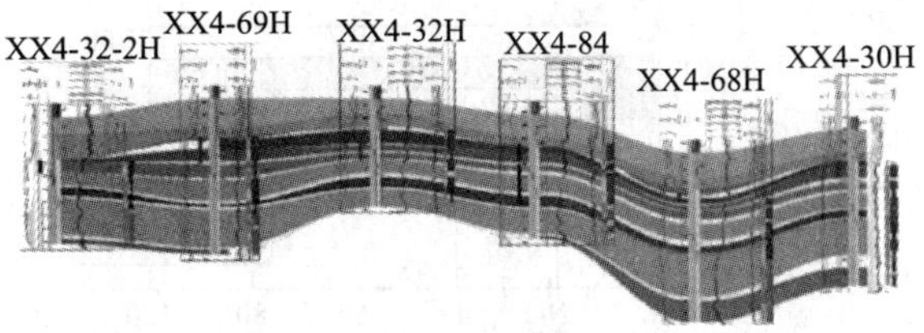

图15　过XX4-32-2H~XX4-84~XX4-30H
连井剖面图

XX4-63井注入调驱剂后，下部高渗透层射孔段封堵吸水量降，层间矛盾改善，顶部剩余油等到动用。从注水指示曲线来看油压、启动压力升，油压4↗17MPa，启动压力4.13↗6.35MPa(图16)。根据历次相对吸水量对比，吸水剖面测试4-6#吸水量降，2-3#层吸水量显著上升0↗85%，层间矛盾改善(图17)。从井口压降曲线上看PI指数明显升高1.03↗7.53，充满度0.83，非均质性改善(图18)。调驱前井组平均含水率90.2%，调驱后井组平均含水率90%，下降0.2%；依据标定及递减，递减率下降1.99%，日增油13t，累计递减增油5657t(图19)。截止目前XX油田共开展调驱施工10井次，10井组共累计递减增油10.43万吨，增效3.43亿元，产出投入比9.25。

5　结论及认识

根据10个井组现场调驱试验的实施效果，初步总结了从选井到实施工艺再到效果评价的一套完整的调驱实施体系，为老油田二三结合提前进行技术储备，2024年继续实施5井次。

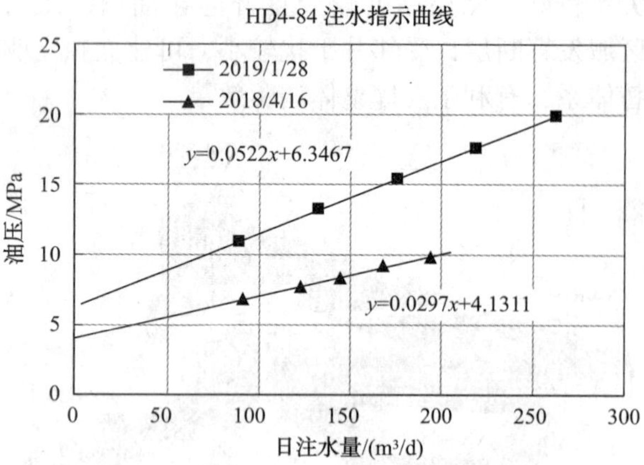

图 16　XX4-84 注水指示曲线

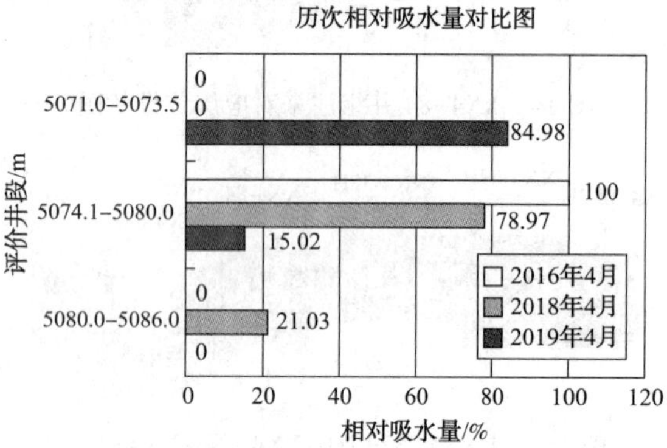

图 17　XX4-84 相对吸水量对比

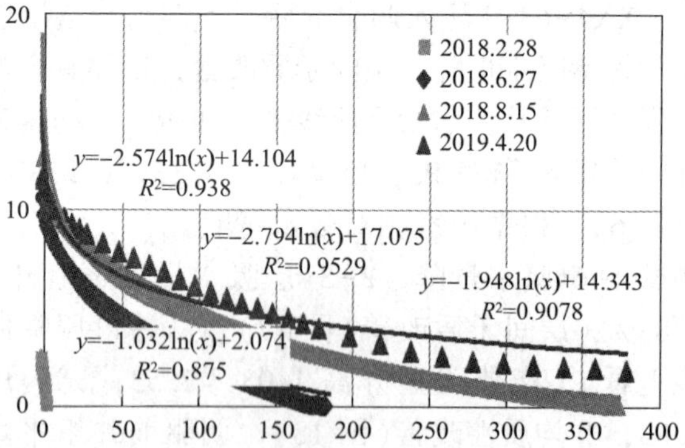

图 18　XX4-84 井压降曲线图

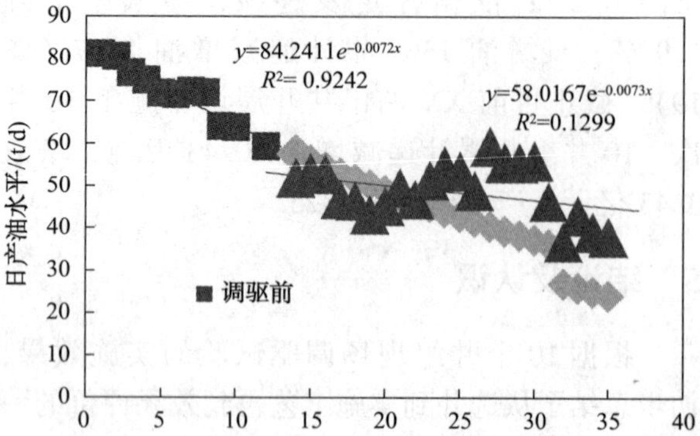

图 19　XX4-84 井组递减增油曲线图

（1）针对 XX 油田深层高温高压的特点，研发低密度柔性颗粒调驱体系，并引入聚合物溶胀延缓技术和原位增稠体系，使之进入深部地层，对大通道形成有效封堵，长期维持较强的封堵效果。

（2）本调驱体系通过选择性封堵，解决了大井距井网深部绕流问题，为高温、高盐、超深油藏提高采收率提供了有效手段。

（3）平面矛盾明显、剩余油富集井组容易取得较好调驱效果。

（4）在 XX 油田开展 10 个井组调驱矿场试验，累计递减增油 10.43 万吨；并形成以压降曲线、注水指示曲线和井口压降曲线为主体的效果评价体系。

参　考　文　献

[1] 刘玉莉．耐温抗盐型复合调剖体系的研究[D]．长江大学，2015.

[2] 顾锡奎，王小泉，金永辉．超强吸水颗粒型凝胶调驱剂的合成与性能评价[J]．新疆石油科技，2010，20(01)：53-56.

[3] 管错，石成方，王继强，等．特高含水期厚油层动用状况及注水无效循环对开发效果影响分析[J]，长江大学学报(自科版)，2016，13(14)：54-58.

[4] 袁润成，陈美华，邓鲁强，等港西油田深部调驱技术改善高含水砂体开发效果与认识[J]．石石油地质与工程，2012，26(4)：93-95.

[5] 杨中建，贾锁刚，张立会，等．高温高盐油藏二次开发深部调驱技术与矿场试验[J]．石油与天然气地质，2015，36(04)：681-687.

[6] 黄学宾，李小奇，金文刚，等．文中油田耐温抗盐微球深部调驱技术研究[J]．石油钻采工艺，2013，35(5)：100~103

[7] 陈兰，于志楠，刘敏，等．哈得逊油田超深海相碎屑岩油藏深部调驱技术与矿场试验[J]，长江大学学报(自科版)，2018，15(19)：65~69

[8] 朱怀江，王平美，刘强．一种适用于高温高盐油藏的柔性堵剂[J]．石油勘探与开发，2007，34(2)：230~233.

[9] 赵洪，罗晓容，肖中尧，等．塔里木盆地哈得逊油田东河砂岩隔夹层特征及其石油地质意义[J]，天然气地球科学，2014，25(6)：824-833.

[10] 刘进祥，卢祥国，王荣健，等．高矿化度下特殊黏弹性流体的性能评价及驱油机制研究[J]．中国石油大学学报（自然科学版），2013，37（01）：159-166.